ADVANCES IN ROCK MECHANICS

Volume I, Part B

Proceedings of the Third Congress of the International Society for Rock Mechanics

Themes 4-5

Denver, Colorado
September 1-7, 1974

PROGRÈS EN MÉCANIQUE DES ROCHES

Volume I, Tome B

Comptes Rendu du Troisième Congrès de la Société Internationale de Mécanique des Roches

Thèmes 4-5

Denver, Colorado
Septembre 1-7, 1974

FORTSCHRITTE IN DER FELSMECHANIK

Band I, Teil B

Sitzungsberichte des Dritten Kongresses der Internationalen Gesellschaft für Felsmechanik

Themen 4-5

Denver, Colorado
September 1-7, 1974

U.S. National Committee for Rock Mechanics
National Research Council
National Academy of Sciences / National Academy of Engineering

NATIONAL ACADEMY OF SCIENCES
Washington, D.C. 1974

PUBLISHER'S NOTE

To expedite the appearance of this manuscript in book form, the text has been reproduced directly from the authors' typescript. Use of this format eliminates the considerable time and expense required for detailed text editing and composition in print—processes that sometimes act to delay or prevent publication of significant manuscripts whose specialized nature or currency of content demand prompt publication.

Readers will find the text edited to a satisfactory level of completeness and comprehensibility, although no special effort has been made to achieve the standard of editorial consistency in minor detail that is typical of typeset books issued under our imprint.

National Academy of Sciences
Printing and Publishing Office

International Standard Book Number 0-309-02231-2
Library of Congress Catalog Card Number 74-444

Available from
Printing and Publishing Office
National Academy of Sciences
2101 Constitution Avenue, N.W.
Washington, D.C. 20418 USA

Printed in the United States of America

FOREWORD

The Council of the International Society for Rock Mechanics, at its meeting during the Second International Congress on Rock Mechanics, held in Belgrade, Yugoslavia, in September 1970, accepted the invitation of the United States National Academy of Sciences and National Academy of Engineering to hold the Third International Congress on Rock Mechanics in the United States. The Congress will convene in Denver, Colorado, September 1-7, 1974, with the U.S. National Committee for Rock Mechanics serving as host committee. The U.S. National Committee's plans were reviewed and approved by the ISRM Council at its meeting in October 1971, in Nancy, France.

The objective of the Third Congress is to ascertain on an international scale the advances in roch mechanics during the years since the Second ISRM Congress and to indicate directions for further effort. Five major sub-fields of rock mechanics were chosen as themes for the Congress: Theme I, Physical Properties of Intact Rock and Rock Masses; Theme II, Tectonophysics; Theme III, Surface Workings; Theme IV, Underground Openings; and Theme V, Fragmentation Systems.

The success of the Congress depends to a large measure upon the extent to which international communication and oral discussion of recent developments in rock mechanics can be stimulated during the one-week meeting. To this end, the Organizing Committee has solicited the help of nearly 30 outstanding authorities from around the world in preparing comprehensive reports of "Recent Advances in Rock Mechanics" for the five themes of the Congress. The state-of-the-art in each theme is covered by the major report by the General Reporter for that theme, followed by four or five supplementary reports by the theme Panelists.

These reports, carefully prepared over the past two years and translated into the three official languages of the Congress -- English, French, and German -- are being published as Volume I, Parts A and B, of the Proceedings. Volume I, Part A, contains the General and Supplementary Reports for Themes I, II, and III, and Part B contains the General and Supplementary Reports for Themes IV and V. Volume II, Parts A and B will contain approximately 250 Congress papers submitted from all parts of the world. Together, these Volumes will serve as a comprehensive statement of current worldwide thinking in rock mechanics. They are published in advance of the Congress so that participants can arrive fully prepared for discussions. It is hoped that valuable new insights may result from a study of this material, though it seems likely that some recent work may have inadvertently escaped attention.

Summaries of selected papers from Volume II will be presented by the authors at Discussion Sessions of the Congress, where special efforts will be made to develop effective international communication through simultaneous translation in the official ISRM languages. Discussions from the floor and other events of the Congress will be recorded and summarized in Volume III of the Proceedings, to be published following the Congress.

In accordance with ISRM statutes, the National Groups within each country selected the papers for the Congress Proceedings. Papers of authors from countries that do not have National Groups were screened by the Organizing Committee. To keep the size and cost of the proceedings within reasonable bounds, the Organizing Committee suggested national quotas based on the number of papers in the field of rock mechanics published by workers of each country during the past seven years. The quotas were offered as guidelines only, and the Chairmen of the National Groups were invited to submit all papers with significant new findings.

It is hope of the Organizing Committee that the arrangements outlined above will result in a Congress that will be remembered as a major milestone in the process of fully establishing sound principles of rock mechanics, from which solutions to important practical problems can be derived. The Committee is sincerely grateful to the Reporters and to many other colleagues in the United States and abroad who, already engaged full-time in other duties, have selflessly devoted many hours to the tasks of writing, translating, and assembling for publication all of the material in these volumes. On behalf of everyone associated with rock mechanics we offer them our sincere thanks.

Charles Fairhurst

Chairman, U.S. National Committee for Rock Mechanics,
and Program Chairman, Third ISRM Congress

George B. Wallace

Chairman, Organizing Committee, Third ISRM Congress

AVANT PROPOS

Lors de la réunion qu'il a tenue, en septembre 1970, à l'occasion du Deuxième Congrès de mécanique des roches, à Belgrade, en Yougoslavie, le Conseil de la Société internationale de mécanique des roches a accepté comme l'y invitaient la National Academy of Sciences et la National Academy of Engineering des Etats-Unis, de tenir le Troisième Congrès international de mécanique des roches dans ce pays. Le Congrès aura donc lieu à Denver, Etat du Colorado, du 1er au 7 septembre 1974; le comité hôte sera le Comité national de mécanique des roches des Etats-Unis. Le Conseil de la SIMR a étudié et approuvé les projets du Comité national des Etats-Unis lors de la réunion qu'il a tenue en octobre 1971 à Nancy, en France.

Le Troisième Congrès se donne pour objectif de faire le point, sur le plan international, des progrès réalisés par la mécanique des roches depuis le deuxième congrès de la SIMR et d'indiquer les directions dans lesquelles de nouveaux efforts pourraient être entrepris. Les thèmes du Congrès sont au nombre de cinq: Thème I, Propriétés physiques de la roche intacte et des massifs rocheux; Thème II, Tectonophysique; Thème III, Travaux de surface; Thème IV, Travaux souterrains; et Thème V, Système pour la comminution.

La réussite du Congrès dépend, dans une large mesure, des présentations et des échanges de vues qui peuvent avoir lieu, au cours d'une semaine, au sujet des progrès récents de la mécanique des roches. A cette fin, le Comité d'organisation a demandé à une trentaine de spécialistes éminents du monde entier de préparer des rapports détaillés sur les "Progrès récents de la mécanique des roches" dans l'optique des cinq thèmes du Congrès. Le rapporteur général doit présenter un exposé d'ensemble faisant le point de la situation au sujet de chaque thème; ces exposés seront complétés par quatre ou cinq rapports supplémentaires des membres du panel.

Ces rapports, qui ont demandé deux ans de préparation, sont traduits dans les langues officielles du Congrès - Anglais, allemand et français -; ils constituent le Volume I, Parties A et B, des comptes-rendus. La Partie A du Volume I contient les rapports généraux et supplémentaires concernant les Thèmes I, II, et III, tandis que la Partie B renferme les rapports généraux et supplémentaires relatifs aux Thèmes IV et V. Le Volume II, qui contient lui aussi deux Parties A et B, contiendra environ 250 présentations soumises au Congrès par des spécialistes du monde entier. Ces deux volumes constitueront un exposé détaillé de la situation actuelle de la mécanique des roches dans le monde. Ils sont publiés avant les Congrès, de façon à permettre aux participants de se préparer pour les discussions. Ces ouvrages, nous l'espérons, conduiront à mieux comprendre les problèmes, même si, comme il semble probable, des travaux récents ont été oubliés par erreur.

Les auteurs de certaines communications contenues dans le Volume II les présenteront lors des séances de discussion du Congrès où, grâce à l'interprétation simultanée dans les langues officielles, un effort tout particulier a été fait pour assurer de bonnes communications internationales. Les questions posées en cours de séance, ainsi que les réponses qui leur seront faites, seront enregistrées et résumées dans un troisième volume publié après le Congrès.

Conformément aux statuts de la SIMR, ce sont les groupes nationaux qui, dans chaque pays, ont choisi les communications à publier. Dans le cas des pays où il n'existe pas de comité national, la sélection a été faite par le Comité d'organisation. Afin de maintenir le volume et le coût des publications dans des limites raisonnables, le Comité d'organisation a proposé des contingents nationaux qui ont été établis en fonction du nombre d'articles publiés au cours des sept dernières années par le spécialistes de chaque pays. Ces contingents ont été fixés uniquement à titre d'indication; en effet, les Présidents des groupes nationaux ont été invités à soumettre toutes les communications qui présentaient d'importants faits nouveaux.

Le Comité d'organisation espère que les dispositions que nous venons d'esquisser permettront de marquer d'une pierre blanche le Congrès de Denver, dans la longue route qui conduit à atteindre la définition de principes solides de mécanique des roches, permettant à leur tour d'arriver à la solution d'importants problèmes d'ordre pratique. Le Comité remercie sincèrement les rapporteurs et les nombreux collègues des Etats-Unis et d'ailleurs qui, malgré leurs nombreuses occupations, ont sans compter consacré de longues heures à la rédaction, à la traduction et au collationnement de ces volumes. Nous leur offrons nos remerciements les plus sincères au nom de tous ceux qui s'intéressent à la mécanique des roches.

Charles Fairhurst

Président du Comité national de la mécanique des roches des Etats-Unis
et Président du Comité du programme, Troisième Congrès de la SIMR

George B. Wallace

Président du Comité d'organisation, Troisième Congrès de la SIMR

VORWORT

Während des im September 1970 in Belgrad, Jugoslawien stattgefundenen Zweiten Internationalen Kongresses für Gebirgsmechanik akzeptierten die Mitglieder der Internationalen Gesellschaft für Gebirgsmechanik die von der Nationalen Wissenschaftsakademie und der Nationalen Ingenieursakademie der Vereinigten Staaten ausgesprochene Einladung, einen Dritten Internationalen Kongress für Gebirgsmechanik in den Vereinigten Staaten zu halten. Der Kongress wird vom 1.-7. September 1974 in Denver, Colorado einberufen, und zwar wird das U.S. Nationalkomitee für Gebirgsmechanik als Gastkomitee fungieren. Die Pläne des U.S. Nationalkomitees wurden von den ISRM-Mitgliedern anlässlich der im Oktober 1971 in Nancy, Frankreich stattgefundenen Versammlung überprüft und genehmigt.

Das Ziel des Dritten Kongresses ist, nach einem internationalen Massstab die in den seit dem Zweiten ISRM Kongress vergangenen Jahren gemachten Fortschritte auf dem Gebiet der Gebirgsmechanik zu ermitteln und Richtlinien für weitere Bemühungen zu geben. Es wurden für den Kongress fünf wichtige Teilgebiete der Gebirgsmechanik gewählt: Thema I, Physikalische Eigenschaften der unberührten Gebirge und Gebirgsmassive; Thema II, Tektonophysiks; Thema III, Über Tage Arbeiten, Thema IV, Abbau unter Tage und Thema V, System der Zertrümmerung.

Der Erfolg des Kongresses hängt in grossem Masse davon ab, bis zu welchem Grad während der einwöchigen Zusammenkunft die internationalen Verbindungen und die mündlichen Diskussionen angeregt werden können. Bis zu diesem Zeitpunkt hat das Organisationskomitee nahezu 30 aussenstehende Autoritäten rund um die Welt um Hilfe ersucht, umfassende Berichte für "Moderne Fortschritte der Gebirgsmechanik" für die fünf auf dem Kongress zu behandelnden Themen vorzubereiten. Die in den einzelnen Themen zum Ausdruck gebrachten neuesten Kenntnisse auf dem Gebiet der Gebirgsmechanik wurden von dem Hauptberichterstatter im Hauptbericht ausführlich behandelt. Es folgen vier oder fünf Ergänzungsberichte der Diskussionsteilnehmer.

Diese Berichte, die in den letzten zwei Jahren sorgfältig vorbereitet und in die drei offiziellen auf dem Kongress herrschenden Sprachen: Englisch, Französisch und Deutsch übersetzt wurden, werden nach dem Verfahren als Band I, Teil A und B publiziert. Band I, Teil A enthält den Haupt- und die Ergänzungsberichte für die Themen I, II und III, während Teil B den Haupt- und die Ergänzungsberichte für die Themen IV und V beinhaltet. Band II, Teile A und B beinhalten ca. 250 Artikel, die anlässlich des Kongresses aus allen Teilen der Welt eingereicht wurden. Zusammengefasst werden diese Bände einen umfassenden Überblick der zur Zeit herrschenden weltweiten Auffassung bezüglich der Gebirgsmechanik geben. Diese Bände wurden aus dem Grunde vor Eröffnung des Kongresses publiziert, damit alle Teilnehmer bereits gut vorbereitet zu den Diskussionen erscheinen können. Man hofft, dass durch das Studium dieses Materials neue wertvolle Eindrücke gewonnen werden, obwohl wahrscheinlich ist, dass unbewusst neuerlich herausgebrachte Artikel der Aufmerksamkeit entgangen sein können.

Zusammenfassungen auserwählter Artikel des Bandes II werden von den Autoren während der Diskussionssitzung repräsentiert werden. Damit diese Diskussionen früchtetragend verlaufen, wird man sich den Bemühungen unterziehen, die offiziellen ISRM-Sprachen gleichzeitig zu übersetzen. Sitzungsdiskussionen sowie andere von Interesse anbelangten Begebenheiten werden aufgenommen und in einem Band III zusammengefasst. Die Veröffentlichung dieses Bandes wird nach Beendigung des Kongresses erfolgen.

Die für die Kongressverhandlungen bestimmten Artikel wurden in Übereinstimmung mit den ISRM Satzungen von den Nationalgruppen innerhalb der einzelnen Länder ausgewählt. Artikel von Autoren, deren Länder keine Nationalgruppe haben, wurden von dem Organisationskomitee überprüft. Um die Kosten und Ausweitung der Verhandlungen in angemessenem Rahmen zu halten, wurden vom Organisationskomitee Nationalquoten vorgeschlagen, die auf allen veröffentlichten Artikeln auf dem Gebiete der Gebirgsmechanik eines jeden Landes innerhalb der letzten sieben Jahre basieren. Diese Quoten wurden nur als Richtlinie offeriert, und die Vorsitzenden der Nationalgruppen wurden gebeten, alle Artikel mit bezeichnenden neuen Erkenntnissen einzureichen.

Das Organisationskomitee hofft, dass die oben erwähnten Arrangements an einen Kongress erinnern werden, der mit den Grundstein zur Weiterentwicklung des Verfahrens von unberührten Grundbestandteilen in der Gebirgsmechanik gelegt hat und dass von den in der Praxis auftretenden Schwierigkeiten ein Nutzen gezogen werden kann.

Das Komitee möchte allen Berichterstattern sowie vielen anderen Kollegen sowohl aus den Vereinigten Staaten als auch aus dem Ausland, die, obwohl bereits anderweitig vollauf beschäftigt sind, in grosser Selbstaufopferung mit dem Schreiben, Übersetzen und der Zusammenstellung des gesamten Materials für die Publikation dieser Bände mitgewirkt haben, seinen verbindlichsten Dank aussprechen. Ebenso wird allen anderen Mitarbeitern, die mit der Gebirgsmechanik verbunden sind, herzlichst gedankt.

Charles Fairhurst

Vorsitzender, Nationale Komitee für Felsmechanik
in den U.S.,
und Programmvorsitzender, Dritten Kongresses der IGFM

George B. Wallace

Vorsitzender, Organisationskomitee, Dritten Kongresses
der IGFM

A NOTE OF APPRECIATION

A special expression of appreciation is extended to the United States Bureau of Mines, the major sponsor of the Congress. The Bureau has given very generously of the time and effort of its staff at all levels of the organizational and preparatory activities of the Congress, and has provided a very substantial proportion of the Congress funding.

REMERCIMENTS

On remercie particulièrement le Bureau des Mines des États Unis, qui est le garant principal du Congrès. A chaque niveau de l'organisation et du préparation du Congrès, les membres du Bureau ont contribué très généreusement de leur temps et de leurs efforts, et le Bureau a contribué largement au fonds du Congrès.

ANERKENNUNG

Ganz besonderer Dank sei dem Hauptförderer des Kongresses, United States Bureau of Mines, gewidmet. Das U.S. Bureau of Mines war sehr grosszügig, Personal zur Verfügung zu stellen, welches an der Vorbereitung des Kongresses mitgewirkt hat. Zusätzlich hat das Bureau of Mines dem Kongress einen grossen Teil der Unterstützungsgelder anhand gegeben.

ORGANIZATION OF THE THIRD ISRM CONGRESS
DIE ORGANISATION DES DRITTEN KONGRESSES DER IGFM
ORGANISATION DU TROISIÈME CONGRÈS DE LA SIMR

U.S. ORGANIZING COMMITTEE
COMITÉ D'ORGANISATION AMÉRICAIN
U.S. ORGANISATIONSKOMITEE

Chairman, George B. Wallace
Vice Chairman, William R. Judd
Program, Charles Fairhurst
Publications, Thomas C. Atchison
Field Trips, Richard E. Goodman
Activities, Louis A. Panek
Translations, Kenneth S. Lane
Secretary, Albert N. Bove

TECHNICAL PROGRAM COMMITTEE
COMITÉ DU PROGRAMME TECHNIQUE
TECHNISCHES PROGRAMMKOMITEE

Theme 1 F.D. Patton, Chairman; K.S. Lane, W.R. Wawersik
Theme 2 C.B. Raleigh, Chairman; W.F. Brace, J.W. Handin
Theme 3 D.L. Misterek, Chairman; R.E. Goodman, L.B. Underwood
Theme 4 L.A. Panek, Chairman; J.F.T. Agapito, H.D. Dahl, T.A. Lang
Theme 5 D.E. Fogelson, Chairman; P.F. Gnirk, W.C. Maurer

GENERAL REPORTERS
RAPPORTEURS GÉNÉRAUX
GENERAL-BERICHTERSTATTER

Theme 1 J. Bernaix (France)
Theme 2 A. Nur (U.S.A.)
Theme 3 E. Hoek (U.K.) and P. Londe (France)
Theme 4 M.D.G. Salamon (R.S.A.)
Theme 5 C.H. Johansson (Sweden)

U.S. NATIONAL COMMITTEE FOR ROCK MECHANICS
COMITÉ NATIONAL DE LA MÉCANIQUE DES ROCHES DES ÉTATS-UNIS
NATIONALE KOMITEE FUR FELSMECHANIK IN DEN U.S.

Charles Fairhurst, *Chairman*
George B. Wallace, *Vice Chairman*
Jose F.T. Agapito
William F. Brace
Wayne S. Brown
George B. Clark
Robert A. Cunningham
Edward J. Deklotz
Hugh C. Heard
Earl R. Hoskins
William N. Lucke
Dewayne L. Misterek
C. Barry Raleigh
Robert E. Riecker
Gerald B. Rupert
David T. Snow
Harry Sutcliffe
Albert N. Bove, *Executive Secretary*

ISRM ADVISORY COMMITTEE
COMITÉ CONSEIL DE LA SIMR
IGFM BERATENDES KOMITEE

President, ISRM, Leonard A. Obert
Secretary-General, Ricardo Oliveira
Vice Pres., Asia — B. Aisenstein
Vice Pres., Europe — B. Kujundzic
Vice Pres., North America — D.F. Coates
Vice Pres., South America — Victor de Mello
Vice Pres., Africa — Eng. A. Chaoui
Vice Pres., Australasia — A.J. Hargraves

CONTENTS

TABLE DES MATIÈRES

INHALTSVERZEICHNIS

INTRODUCTION

The five themes chosen for the Third Congress cover a broad range of subjects, involving numerous scientific and engineering disciplines. Evident in all of the themes, however, is the principal concern for a better appreciation of the mechanics of rock deformation, the topic upon which the meeting will focus.

The Reports in Volume I have been painstakingly assembled over the past two years and represent as comprehensive a view of developments to date as could realistically be assembled. They are intended as a general basis upon which to add the contributions from the individual papers, to be published in Volume II. The papers will be reviewed by the Reporters and the major new developments will be outlined at the Congress.

A survey of the Reports in this volume indicates a number of general trends, evident also from other recent rock mechanics publications.

It is clear, for example, that the question of energy stability along discontinuities is of central importance in virtually all aspects of the subject. The discontinuity may be a microfissure in a small rock specimen, the interface between crustal plates or a fault along which earthquakes may originate, a slope failure surface, the excavation produced by underground mining, the fractures generated and extended by explosive pressure or a rock cutting tool, and still others. In all of these cases appreciation of the energy changes in the system due to redistribution of forces with displacement along the discontinuity is seen to have an essential role in the establishment of a sound framework for analysis and design in rock mechanics. The notion of stable fracture development, for example, particularly in compressional force fields, helps to explain the ability of fractured mine pillars to offer effective roof support, and also goes far towards resolving the long standing question of the variable tensile "strength" in laboratory tests. There is little doubt that the energy method, or stability analysis, will contribute much to rock mechanics in the future. The principles of fracture mechanics, extensively developed in the study of the fracture of metals, have application to rock, especially where tensile fields predominate. Application to fracturing and disintegration induced by compression is more complex but worthy of further research.

The pervasiveness of fissures in rock is responsible for the important and fascinating role of fluids and fluid pressures in rock mechanics. Fluid in fissures and interstices is an integral part of the rock structure, and the fluid pressure represents a component of the total force in the rock - a change in the fluid pressure produces corresponding changes in the forces on the solid rock matrix. It is now apparent that the changes in width and extent of the fissures associated with the force changes may produce dramatic variations in permeability, especially where the forces in the matrix change from compression to tension, and vice versa. This effect must be added to the generally anisotropic permeability of rock masses, jointing, and the effect of the ambient state of stress in the region, as important influences on the distribution of fluids and fluid pressure in rock. Change of matrix forces and control of rock mass stability by induced change of fluid pressure is a potentially powerful tool in practical rock mechanics, but these influences must not be neglected.

Electronic computers have greatly expanded the range of problems that can be examined theoretically. It is now feasible to use approximate numerical methods of analysis and, thereby, to represent complicated geometries, rock properties, and interaction of effects, much more realistically than was possible with closed-form continuum methods. The finite element method has been widely employed, but other procedures, more efficient for particular types of problems, are also emerging.

In actual design problems, one is inevitably faced with the uncertainties and variability of geological materials. It is simply not possible to specify exact inherent mechanical properties for the rock. Some of the uncertainty may be reduced as the project progresses, but major design decisions will have been made earlier. Thus, application of computer modelling in rock mechanics must be eventually directed towards understanding the implications of the uncertainty and variability on design, rather than to the analysis of specific situations on the assumption that rock properties and conditions are known or can be reliably determined. Computer studies of the effects of changes in variables help to identify critical situations, guide instrumentation programs, and can suggest, in advance, how to react should a particular set of circumstances actually arise.

'Back-calculation', in which the observed behavior of a rock mass is correlated with an assumed physical model of the structure in order to deduce appropriate numerical values or ranges of values for the variables in the model, is a procedure that can have wider application through computers. The most common application to date has been in determining the characteristics of the sliding surfaces of failed slopes, where it is possible to make the simplifying assumptions of a constant applied force (i.e. the weight of the sliding mass), and a known failure surface. Application to other situations in which the applied forces change with deformation (e.g. tunnels, mines) has been limited up to now by the difficulty of calculating the changing force distributions. With the development of mathematical models of such situations, however, it should be likewise simple, in principle, to determine appropriate values for the material properties involved in the model. Following this approach it should be possible to develop, relatively inexpensively, much more comprehensive information on the large scale characteristics of rock than currently available from the few costly large scale tests performed to date. Such information is needed to advance the art of practical design of structures in rock.

Information on the large scale behavior of rock is also needed to establish the role of laboratory testing in rock mechanics. Much time and effort has been expended in determining rock 'properties' from laboratory specimens, and a large accumulation of 'data' now exists, awaiting the development of links to the behavior of rock masses, before its significance can be assessed. It seems probable that large-scale discontinuities will dominate the deformational behavior in situations involving surface or near surface rock masses, the 'in-situ' properties of the rock material becoming progressively more significant with increase in depth, as the possibility for sliding along faults and joints becomes correspondingly less.

It is interesting to note that rock specimens generally do exhibit qualitatively the same deformational behavior as a jointed or discontinuous assembly of rock blocks (i.e. both exhibit Mohr-Coulomb behavior and both tend to dilate under high load) and laboratory tests on rock specimens can be, consequently, useful guides to the behavior of rock masses. Observation of the controlled deformation behavior of rock specimens in stiff and servo-controlled testing machines, for example, has provided valuable insight into the behavior of larger structures, and leads to a more intelligent interpretation of situations and phenomena encountered in practice. The observation that rock compression-test specimens increase in volume (dilate) prior to macroscopic faulting and shear slip, for example, promises to shed light on the mechanics of earthquakes and, coupled to the influence of fluids under these conditions, may suggest possibilities for their prediction and control.

Small scale testing of rock is perhaps most directly useful in the study of rock comminution. Rock mechanics literature indicates very little research on the principles of comminution, most of this work having been associated traditionally with mineral processing. Considerable attention is being paid, however, to possibilities for improving the overall effectiveness of rock fragmentation in drilling and tunneling - but progress is slow. The general conclusion, that 'novel' energy sources will, at best, be used to supplement mechanical impact systems for fragmenting rock in drilling and tunneling, seems as valid today as it was at the time of the Second Congress.

Although chemical explosives have been in fairly widespread use for over three hundred years, it is apparent that they can still be improved for use in rock. The widespread success of ammonium nitrate explosives, almost a chance development in rock blasting, suggests that there should be other combinations of peak pressure, total energy, and rate of release by which rock can be effectively fragmented. Pre-splitting, multiple detonation, blasting for optimum fragmentation, and similar developments further indicate that there is more to be learned concerning the effective use of explosive energy in rock fragmentation. The potential uses for generation of fracture systems in rock at great depth - for in-situ leaching and geothermal energy extraction - and the variety of applications that would result if the excess energy, manifested as explosive violence, could be reduced, all emphasize the need for a better appreciation of the mechanics of fracture generation and propagation by explosives. The application of fracture mechanics principles to crack propagation in blasting is a good beginning. Explosive chemical compounds are practically a most convenient source of energy, and their action on rock is a subject that deserves continued research effort to extend the range of their safe and reliable use in rock fragmentation.

Overall, it is evident that rock mechanics is developing into a mature field of scientific inquiry for engineering application. Previous inconsistencies are being resolved, and valuable insights have been gained into significant problems. Analytical studies are now being made with a better description of rock behavior, using more appropriate numerical techniques. Predictions are tempered by a recognition of the variability of geological materials; but they are being used to advantage in explaining observed behavior and serving as guides to engineering design on rock.

Several of the Reporters note that their comments inevitably reflect personal biases to some degree. This Introduction is no exception. The main purpose of the written Proceedings of a Congress is to communicate as much as possible of the latest developments in rock mechanics. The reader is encouraged to study the Proceedings in detail, draw his own interpretations and, from these, make his own contributions.

Charles Fairhurst
Program Chairman
February 1974

INTRODUCTION

Les cing themes choisis pour le troisieme congrès recouvrent une variété de sujets qui relèvent de disciplines des sciences éxactes et appliquées. L'idée sous-jacente à tous ces themes reste cependant d'obtenir une meilleure compréhension des loies mécaniques régissant la déformation des roches, idée sur laquelle ce congrès est centré.

Les rapports rassemblés dans le volume I sont le fruit de plus de deux ans de travail et présentent une revue aussi complète que possible des travaux effectués jusqu'à ce jour. Ils ont l'ambition de définir les bases sur lesquelles se grefferont les contributions des publications individuelles rassemblées dans le volume II. Celles -ci seront étudiées par les rapporteurs généraux et les principaux faits nouveaux seront exposés lors du congrès.

La lecture de ce volume confirme un certain nombre d'idées-force dejà mises en évidence par d'autres publications récentes de mecaniques des roches. Il apparait clairement, par example, que la question de stabilité le long des discontinuités, abordée d'un point de vue énergétique, est d'importance capitale quelque soit l'angle sous lequel on aborde le probleme. Cette discontinuité peut aussi bien être une microfissure dans un échantillon rocheux, que la surface de contact entre deux plaques de l'ecorce terrestre ou encore une faille, source éventuelle de tremblements de terre; une surface de glissement, l'ouverture créée par une exploitation sousterraine, ou les fractures générées et propagées par un explosif ou un instrument tranchant et bien d'autres éventualités encore. Il ressort de ces examples que l'estimation des échanges d'énergie du systeme, dus à une redistribution des forces et des déplacements le long des discontinuités, joue un role essentiel en tant que méthode d'analyse et d'étude en mécanique des roches. Par example, la notion de propagation stable des fissures, dan un champs de contraintes de compression, aide à expliquer le fait que des piliers bien que fissurés offrent encore un support effectif au toit d'une mine; elle permet également d'avancer de façon significative vers une solution à la question que pose depuis si longtemps la variabilité des résultats des mesures éffectuées au laboratoire pour déterminer la resistance en traction. Il n'y a guère de doute que les méthodes énergétiques, ou l'analyse de la stabilité, apporteront beaucoup à la mécanique des roches dans le future.

Les principes de la mécanique de la rupture, largement developpés pour l'étude de la fissuration des métaux, présente des applications dans les roches, et plus specialement lorsque celles-ci sont soumises à des champs de contraintes de traction. Leur application à l'étude de la fracturation en compression est plus complexe et nécessite encore d'actives recherches.

La presence inévitable de fissures dans une roche est responsable du role fascinant et si important des fluides ainsi que des pressions exercées par ces derniers en mécanique des roches. Le fluide éxistant dans les fissures et interstices constitue un des éléments de la structure rocheuse et la pression de ce fluide est une des composantes du systeme de forces à considerer - une variation de pression modifiant les forces agissant sur la matrice solide. Il est maintenant reconnu que l'évolution des fissures, tant en épaisseure qu'en étendue, cousée par une modification du systeme de forces appliquées peut entrainer d'importantes variations de perméabilité; cet effet est particulièrement important lorsque la roche passe d'un état de compression à un état de traction et réciproquement. Ce phénomène ainsi que le caractère généralement anisotropique de la perméabilité des masses rocheuses, ou encore l'influence des joints sont autant de parametres importants controlant la distribution des pressions de fluide dans les roches. Modifier les forces éxercées sur la matrice solide pour controler la stabilité des masses rocheuses au moyen d'un changement de pression dans le fluide n'est, pour le moment, qu'une méthode potentielle d'intervention en mécanique des roches appliquée; elle ne doit cependant pas être négligée.

Les ordinateurs ont également étendu la gamme des problèmes susceptibles d'être abordés d'un point de vue théorique. Il est maintenant fiable d'utiliser des méthodes d'analyse par approximations numériques, permettant de tenir compte aussi bien de géométries complexes que des propriétés réelles des roches ainsi que de l'interaction d'éffets variés, de façons beaucoup plus réalistes que cela n'était possible avec les méthodes éxactes de la mécanique des milieux continus. A ce propos la méthode des éléments finis reste largement utilisée mais d'autres méthodes, plus appropriées pour certains types de problèmes, commencent également à s'imposer.

Dans les problemes concrets de conception on se heurte inmanquablement aux incertitudes introduites par la variabilité des matériaux géologiques. Il est en effet tout simplement impossible de déterminer les propriétés mécaniques éxactes d'une roche. Une part de cette incertitude peut être levée au cours de l'avancement des travaux, mais les décisions les plus importantes vis à vis de la conception doivent être prises avant l'ouverture du chantier. Aussi l'utilisation en mécanique des roches de simulations sur ordinateur doit-elle s'orienter de préférence vers une meilleure appréciation de l'influence de ces incertitudes sur la conception du project plutôt que vers l'analyse de situations particulières qui supposent connues, ou tout au moins mesurables avec précision, les propriétés de la roche ainsi que les différentes conditions aux limites. L'étude effectuée sur ordinateur des effets produits par la variation de certains paramètres aide à identifier les situations critiques, guide le programme d'instrumentation et permet de proposer à l'avance une solution à certains problèmes précis susceptibles de se présenter durant le développement du projet.

La méthode de calcul, qui consiste à utiliser, en corrélation avec un model mathématique de la structure à réaliser, le comportement observé d'une masse rocheuse pour déduire de façon appropriée les valeurs, ou gammes de valeurs numériques des paramètres utilisés dans le modèle, est susceptible d'un plus large emploi grâce aux ordinateurs. Son application la plus courante actuellement consiste à déterminer les pentes optimales à partir des caractéristiques des surfaces de rupture de glissements de terrains connus, problème pour lequel il est possible de bénéficier de conditions simplificatrices à savoir la constance de la force appliquée (c'est a dire le poids de la masse en glissement) et la connaissance de la surface de rupture. L'application de cette technique à d'autres situations pour lesquelles les forces appliquées varient avec les deformations (les tunnels ou les mines par example) a été limitée par la difficulté rencontrée à évaluer les variations de distribution des forces. Cependant, avec la developpement de simulations mathématiques pour de telles situations, il devrait, en principe, être simple de déterminer similairement les valeurs appropriées des propriétés caractéristiques nécessaires au modèle. Suivant cette approche, on devrait pouvoir obtenir, à un coût relativement bas, des informations sur les caractéristiques des roches à échelle réelle beaucoup plus complètes que celles obtenues au moyen des quelques éssais à grande échelle effectués actuellement. De telles informations sont requises pour faire progresser l'art de la conception pratique des structures réalisées dans les roches.

Des informations sur le comportement des roches à grande échelle sont également requises si l'on veut déterminer la signification réelle des essais au laboratoire. Beaucoup de temps et de nombreux éfforts ont été dévolus à la determination des propriétés des roches à partir d'échantillons, et de nombreuses données ont été accumulées, qui attendent encore d'être correlés au comportement des masses rocheuses avant que leur réelle signification ne soit établie. Il semble en fait probable que les discontinuités à grande echelle jouent un role prépondérant dans la déformation des masses rocheuses de la surface et des régions proches de la surface terrestre, alors que les propriétés in situ du matériaux rocheux deviennent de plus en significatives au fur et à mesure que la profondeur augmente, étant donné le declin des déformations par glissement le long de failles et de joints.

Il est interessant de remarquer que, généralement, les échantillons de roche se déforment qualitativement de façon identique aux ensembles discontinus de blocs rocheux (les deux présentent un comportement de type Mohr-Coulomb et tendent identiquement à augmenter de volume lorsqu'ils sont soumis à certaines charges) et les éssais au laboratoire sur de petits échantillons peuvent en conséquence fournir des indications utiles sur le comportement des masses rocheuses. L'étude du comportement d'éprouvettes deformées de façon controllée à l'aide de presses rigides ou asserviés, par example, a fourni des renseignements interessant quant au comportement de structures rocheuse plus importantes et a permis une interpretation plus intelligente des situations et phénomènes rencontrés dans la pratique. Ainsi l'augmentation de volume, observée avant la fracture, sur des éprouvettes soumises à un état de compression projette une certaine lumière sur le mécanisme possible de certains tremblements de terre et l'étude de son influence sur les fluides en place permet d'élaborer certaines techniques pour prévoir, et peut-être même controler, ces mouvements telluriques.

L'étude de la comminution dans les roches reste probablement le domaine qui a le plus profité de l'expérimentation à petite échelle. La littérature de mécanique des roches n'indique, néanmoins, que fort peu d'études sur les principes mêmes de cette discipline, la plus part des travaux étant traditionellement associés au traitement des minerais. Toutefois les moyens d'améliorer l'éfficacité de la fragmentation des roches dans le domaine des forrages et des tunnels, ont fait l'objet d'une grande attention, mais les progrès sont lents. Il reste aussi vrais aujourd'hui que lors du deuxième congrès que les techniques utilisant de nouvelles sources d'énergie pour fragmenter les roches, pour les forrages et la construction des tunnels, ne seront, au mieux, que complémentaires aux méthodes par impacte mécanique

Bien que les explosifs chimiques aient été largement utilisés, et de facon variée, depuis plus de trois cent ans, il est certain que leur usage dans les roches peut encore être amélioré. Le très large succès rencontré par les explosifs à base de nitrate d'ammoniac, développement presque chanceux dans le traitement des roches à l'explosif, indique qu'il dervrait éxister d'autres combinaisons entre la pression maximum, l'énergie depensée et la vitesse de relaxation, pour fragmenter efficacement les roches. La pré-fissuration, la détonation multiple, ou encore la distribution optimale des charges sont autant de facteurs indiquant qu'il reste beaucoup à apprendre en ce qui concerne l'usage optimum pour la fragmentation des roches de l'energie liberée par une explosion. L'éventuelle possibilité d'utiliser le tir à l'explosif pour créer un réseau de fragmentation dans les roches à grande prodondeur en vue du lessivage in situ ou de l'exploitation de l'énergie géothermique, de même que les applications qui résulteraient d'un meilleur contrôle de l'excès d'énergie actuellement libereé de façon violente lors des tirs à l'explosif, soulignent la necessité d'une meilleure compréhension des mécanismes associés à l'innitiation et à la propagation des fractures créées par des explosifs. L'application des principes de la mécanique de la rupture à l'étude de la propagation des fissures est un bon début. Les explosifs chimiques restent l'une des sources d'énergie les plus pratiques et leur emplois pour fragmenter les roches avec precision et securité est un sujet méritant, lui aussi, des efforts de recherche continus.

Dans l'ensemble il est évident que la mécanique des roches se transforme en une discipline scientifique mure presentant des applications pratiques. Les contradictions premières sont progressivement supprimées et une solution satisfaisante a été apportée à un certain nombre de questions importantes. Les études analytiques actuellement réalisées, utilisent une représentation plus réaliste du comportement des roches grâce à des techniques numériques appropriées. Les prévisions ainsi formulées sont reconnues limitées étant donné la variabilité des matériaux géologiques, mais elles sont de mieux en mieux utilisées aussi bien pour expliquer les comportements tels qu'ils sont observés que pour servir de guides aux travaux d'ingénierie dans les roches.

De nombreux rapporteurs ont insisté sur le fait que leur commentaires reflettaient inévitablement des idées personelles. Cette préface ne fait pas exception à la règle. Le but principal de ce compte rendu est de présenter aussi complètement que possible les derniers développements de la mécanique des roches. Il est conseillé au lecteur d'étudier ce compte rendu en détail, de tirer ses propres conclusions et, à partir de celles-ci, d'apporter sa propre contribution.

Charles Fairhurst
Président du Comité du Programme
Février 1974

EINLEITUNG

Die fünf für den Dritten Kongress ausgewählten Themen umfassen umfangreiche Fachstudien, welche zahlreiche wissenschaftliche und technische Gebiete einschliessen. Offenbar wird man auf der Konferenz dem von grossem Interesse zu sein scheinenden Gebiet der Gebirgsverformung grosse Bedeutung beimessen und versuchen, zu einem allgemein besseren Verständnis zu gelangen.

Die in Band I während der letzten zwei Jahre unverdrossen zusammengestellten Berichte geben einen umfassenden und weiten Überblick der bis zum heutigen Tage gemachten Entwicklungen. Diese Berichte sollen als allgemeine Grundlage dienen, Es kommen weitere im Band II verofffentlichte individuelle Artikel hinzu.

Eine Überprüfung der in diesem Band herausgebrachten Artikel hat ergeben bzw. bestätigt.die Entwicklung verschiedener weitverbreiteter Tendenzen, welche auch in anderen kürzlich veröffentlichten Vorträgen auf dem Gebiete der Gebirgsmechanik offensichtlich sind.

Es ist zum Beispiel klar, dass die Frage der Energiestabilität entlang den Diskontinuitäten in nahezu jeder Hinsicht dieses Faches von grosser Bedeutung ist. Die Diskontinuität könnte ein mikroskopischer Spalt in einer kleinen Gesteinsprobe sein, oder die Berührungsfläche zwischen Platten in der festen Erdrinde, oder eine Verwerfung, neben welcher mögliche Erdbeben entstehen könnten, eine Bruchfläche in einer Böschung, ein Hohlraum durch Bergbau hervorgebracht, Bruchfläche durch Explosivdruck, oder durch ein Schneidewerkzeug erzeugt und ausgedehnt und noch andere. In all diesen Fällen hat die Schätzung der Energieveränderungen in dem System, die verursacht sind durch die Neuverteilung der Kräfte, welche die Verschiebungen den Trennflächen entlang begleiten, eine wesentliche Funktion in der Gründung eines soliden Rahmens für die Analyse und der Planung im Felsbau. Laborversuche haben folgendes ergeben: Der Begriff der stabilen Bruchausdehnung, z.B. besonders unter einer Druckbelastung, verdeutlicht die Fähigkeit zerbrochener Grubenpfeiler, das Hangende zu unterstützen, und er geht auch weit zur Erklärung des alten aber beständigen Problemes der Variabilität von "Zugfestigkeiten". Es besteht kein Zweifel darüber, dass die Energiemethode oder die Stabilitätsanalyse in Zukunft viel zur Gebirgsmechanik beitragen werden. Die Grundbegriffe der Bruchmechanik, die weitgehend in der Forschung der Metallbrüche entwickelt wurden, können für Gestein angewendet werden, insbesondere, wenn Zugspannungsfelder vorherrschen. Die unter Druck herbeigeführte Anwendung zur Zerbrechung und Zerkleinerung ist mehr kompliziert, jedoch ist es angebracht, weitere Untersuchungen auf diesem Gebiet durchzuführen.

Die Durchdringung der Spalten im Gebirge ist für die wichtige und faszinierende Rolle der Flüssigkeiten sowie der Flüssigkeitsdrucke in der Felsmechanik verantwortlich. Flüssigkeiten in den Poren und in den Spalten sind ein wesentlicher Bestandteil des Gebirges, und der Flüssigkeitsdruck macht eine Komponente der Gesamtkräfte im Gebirge aus; eine Änderung des Flüssigkeitsdruckes ruft Änderungen in den Kräften des Grundkörpermaterials hervor. Es ist nun deutlich, dass die Änderungen in der Breite sowie in der Ausdehnung der Klüfte den Kraftänderungen zugesellt, dramatische Änderungen in der Durchlässigkeit vorbringen können, insbesondere, wenn die Kräfte in der Gesteinssubstanz vom Druck in Zug verwandeln, oder umgekehrt. Dieses Ergebnis muss auf die übliche Anisotropie der Gebirgsdurchlässigkeit zur Klüftung und zur Wirkung des örtlichen Spannungszustandes zurückgeführt werden, als wichtige Einwirkungen auf die Verteilung der Flüssigkeiten und Flüssigkeitsdrucke im Gebirge. Änderungen in den Kräften im soliden Gestein und Überwachung der Gebirgsstandhaftigkeit mittels dahingebrachten Änderungen des Flüssigkeitsdruckes würden ein sehr wirksames Instrument in der Felsbaupraxis sein; diese Einflüsse sollten jedoch nicht ausser acht gelassen werden.

Elektronische Computer ermöglichen eine theoretische Überprüfung der verschiedenen Schwierigkeiten. Es ist nun möglich, annähernde numerische Berechnungsmethoden zu verwenden; komplizierte Formen sowie die Gebirgseigenschaften und die Wechselwirkungen zwischen Einwirkungen können viel genauer einkalkuliert werden als mit geschlossenen Kontinuumslösungen möglich war. Die Methode der Finite Elemente hat weitverbreitete Anwendung gefunden; aber auch andere Methoden, welche für ganz besondere Schwierigkeiten zweckmässig erscheinen,finden Anklang.

Unsicherheiten und Baustoffveränderungen sind jedoch in der tatsächlichen Bauplanung unvermeidlich. Es ist schlechthin unmöglich, genaue und wahre Gebirgseigenschaften zu spezifizieren. Die Unsicherheit kann während des Fortschreitens des Projektes etwas vermindert werden, aber grössere Planungsentscheidungen werden im voraus getroffen. Demgemäss soll eher die Anwendung von Computermodellen in der Gebirgsmechanik schliesslich auf eine Erklärung der Folgerungen, welche die Unsicherheiten und Schwankungen der Planung haben, gerichtet werden, als auf die Analyse von spezifischen ortsgebundenen Umständen unter der Voraussetzung, dass die Gebirgseigenschaften bekannt sind, oder dass eine verlässliche Bestimmung möglich ist. Computeruntersuchungen von Parameterabweichungen helfen, auf gefährliche Umstände hinzuweisen, übernehmen die Führung der Instrumentierungsprogramme und empfehlen im voraus, wie man auf evtl. auftretende Schwierigkeiten reagieren soll.

"Rück-Berechnung", in welcher das beobachtete Verhalten des Gebirges auf ein physisches Modell des Baues bezogen wird, um damit zweckmässige numerische Werte oder Wertgrenzen für die Variablen in dem Modell abzuleiten, ist eine Methode, deren Verwendung mittels Computergebrauches ausgebreitet werden könnte. Fast alle Anwendungen dieser Technik waren bis heute auf einer Aufklärung der charakteristischen Eigenschaften der Gleitflächen in Böschungsrutschungen gerichtet. In diesem Falle ist es möglich, die vereinfachende Annahme zu machen, dass die angreifende Kraft (nämlich das Eigengewicht der gleitenden Masse) stetig und die Bruchfläche bekannt ist. Die Anwendung für andere Umstände, in welchen sich die Angriffskräfte während der Formveränderungen ändern (zum Beispiel in Tunnels und in Gruben), war bisher anlässlich der bestehenden Schwierigkeiten der Berechnungen der sich ändernden Kraftverteilungen eingeschränkt. Die Entwicklung mathematischer Modelle für derartige Fälle sollte ebenso die Feststellung mathematischer Werte der im Modell enthaltenen Materialeigenschaften erleichtern. Weiter sollte es möglich sein, in dieser Richtung umfassendere und billigere Informationen über das Gebirgsverhalten zu bekommen als heute von einer geringen Anzahl sehr kostspieliger Grossversuche vorhanden sind. Solche Informationen sind notwendig, um die Bauplanung in der Gebirgsmechanik zu verbessern.

Informationen über das Verhalten des Gebirges sind in grossem Masse notwendig, um die Laborversuche entsprechend festlegen zu können. Viel Zeit und Bemühungen sind bereits aufgewendet worden, um Gesteinseigenschaften von sich im Labor befindlichen Gesteinsproben festzustellen. Es ist nun eine umfassende Ansammlung von"Daten" vorhanden; die Auswertung derselben hängt jedoch von der Entwicklung der Beziehungen zum Gebirgsverhalten ab. Es ist wahrscheinlich, dass die Diskontinuitäten in grossem Masse das Verformungsverhalten beherrschen werden in Fällen, in welchen oberflächige oder oberflächennahe Gebirgsmassive verwickelt sind, und dass die Gesteinseigenschaften allmählich mit zunehmender Tiefe bedeutender werden, weil die entsprechende Möglichkeit vom Gleiten der Spalten und Klüfte entlang geringer wird.

Es ist interessant festzustellen, dass die Gesteinsproben in den meisten Fällen ein qualitativ gleiches Verformungsverhalten sowie eine zerklüftete oder diskontinuierliche Zusammensetzung der Gesteinskörper aufweisen (d.h., beide weisen eine Mohr'sche Hüllkurve auf und beide neigen zur Dilatation unter hohen Drukken). Infolgedessen können Laborversuche an Gesteinsproben einen Anhalt zum Felsverhalten geben. Zum Beispiel haben Beobachtungen des gesteuerten Verformungsverhaltens von Gesteinsproben in steifen und in servogesteuerten Prüfmaschinen wertvolle Einsichten im Grossverhalten des Felses verschafft und führt zum besseren Verständnis der Umstände und Erscheinungen in der Praxis. Die Tatsache zum Beispiel, dass eine Volumenzunahme vor der makroskopischen Verwerfung und Scherklüftung eintritt, stellt eine Aufklärung der Erdbebenmechanik in Aussicht und weist auf Methoden bezüglich der Vorhersage und Kontrolle derselben hin.

Kleinversuche an Gesteinen sind vielleicht die am nützlichsten für die Gesteinszerkleinerungsforschung. Die auf dem Gebiete der Gebirgsmechanik herausgegebene Literatur weist wenig Untersuchungen über die Grundbegriffe der Zerkleinerung auf; die meisten dieser Schriften waren traditionell mit der Erzaufbereitung verbunden. Die Möglichkeit der Wirksamkeit der Gesteinszerkleinerung im Bohren und im Stollenvortrieb zu verbessern, hat jedoch beträchtliche Aufmerksam erregt; dennoch ist der Fortschritt langsam. Die allgemeine Schlussfolgerung, dass die neue Energiequelle am besten zur Ergänzung der mechanischen Schlagsysteme für Gesteinszerkleinerung im Bohren und im Tunnelbau gebraucht werden, scheint heute genauso stichhaltig zu sein wie zu der Zeit des Zweiten Kongresses.

Obwohl chemische Sprengstoffe seit etwa dreihundert Jahren weitverbreitete Anwendung gefunden haben, sind Verbesserungen für ihre Anwendung zur Gesteinszerlegung zweifellos möglich. Der weitverbreitete Erfolg der Ammonsalpetersprengstoffe - nahezu eine Zufallsentwicklung im Gebirgssprengen - schlägt vor, dass es andere Kombinationen von Druckspitzen, Gesamtenergie und Entlastungsgeschwindigkeit, die ein wirksames Gesteinszerbrechen gestatten, geben sollte. Weiter weisen Vorsplitterung, vielfache Detonationen, Schiessen für bestmögliche Zerkleinerung und gleichartige Entwicklungen daraufhin, dass es noch mehr über den zweckmässigen Gebrauch der Explosivenergie für die Gesteinszerkleinerung zu lernen gibt. Der denkbare Gebrauch zur Erzeugung von Bruchflächensystemen im Gebirge in grosser Tiefe (für das in situ Auslaugen und für die Gewinnung von Erdwärmeenergie) und die Mannigfaltigkeit der Anwendungen (welche sich ergeben werden, falls das Übermass an Energie deutlich zeigt, wie Explosivgewalt eingeschränkt werden könnte) heben das Bedürfnis hervor, ein besseres Verständnis für den Mechanismus der Brucheinleitung und der Bruchausbreitung mittels Sprengstoffen zu erlangen. Die Anwendung von Bruchmechanikgrundbegriffen zur Rissefortpflanzung beim Sprengen ist ein guter Anfang. Chemische Explosivverbindungen sind eine sehr sachdienliche und bequeme Energiequelle, deren Einwirkung am Gestein Gegenstand zur Fortsetzung weiterer Forschungsarbeiten ist, so dass ein sicheres und zuverlässiges Arbeitsfeld auf dem Gebiete der Gesteinszerkleinerung ausgebreitet werden kann.

Im allgemeinen ist es deutlich, dass sich die Gebirgsmechanik in ein reifes Feld der wissenschaftlichen Nachforschung für technische Anwendung entfaltet. Bisherige Widersprüche werden aufgeklärt, und es sind wertvolle Einsichten in wichtige Probleme gewonnen worden. Analytische Forschungen werden nun mit besseren Beschreibungen des Gebirgsverhaltens gegeben, und zwar unter Anwendung von mehr zuständig mathematischen Methoden. Vorhersagen werden durch die Anerkennung der Veränderlichkeit der geologischen Baustoffe gemässigt, aber sie werden mit Vorteil zur Erläuterung des wahrgenommenen Verhaltens zunutze gemacht und sind zur Planungsentwerfung im Felsbau geeignet.

Mehrere Berichterstatter bemerken, dass ihre Erläuterungen unvermeidlich persönliche Neigungen widerspiegeln. Dieses Vorwort ist keine Ausnahme. Das Hauptziel der schriftlichen Veröffentlichungen dient zur Mitteilung der neuesten Entwicklungen in der Gebirgsmechanik. Der Leser wird zur sorgfältigen Untersuchung dieser Berichte angeregt; er sollte seine persönlichen Schlussfolgerungen daraus ziehen und von diesen seine eigenen Beiträge erstellen.

Charles Fairhurst
Programmvorsitzender
Februar 1974

THEME 4

UNDERGROUND OPENINGS

THÈME 4

TRAVAUX SOUTERRAINS

THEMA 4

UNTERTAGEBAU

General Reporter
Rapporteur Général
Berichterstatter

M. D. G. SALAMON

THEME 4

ROCK MECHANICS OF UNDERGROUND EXCAVATIONS

M. D. G. SALAMON
Director, Collieries Research Laboratory
Chambers of Mines of South Africa
Johannesburg, South Africa

PREFACE

A large number of civil and mining engineering operations are carried out in rock beneath the surface of the ground. The construction of underground cavities has a long history and its beginnings can be traced back to pre-historic times. Only in recent decades, however, has the need been recognised for systematic research into the stability of these cavities.

During the last two decades this research has gained tremendous impetus because of the ever-increasing scale and depth of mining and the advent of large underground civil engineering structures. A large amount of data has been obtained but it has not been possible to consolidate these results into a reasonably comprehensive statement of the state of progress of the mechanics of underground excavations. If the further development of the subject is not to suffer from fragmentation of effort and lack of direction, a survey of the state of progress is required at this stage. An attempt is made in this General Report to present such a survey.

Unfortunately, the fulfilment of ambitious aims must always contend with the realities of life. The time which could be devoted to the compilation of the Report was limited. Also, practical limits had to be placed on the length of the Report. Therefore, if the discussion was to be sufficiently detailed for the reader to follow without continuous reference to specialised journals and reports, some selection had to be exercised with regard to the subject matter presented.

Of course, the choice of subject matter is influenced strongly by individual judgement, interest and, in no small measure, by the temptation of taking 'the line of least resistance', that is, to discuss subjects which are most familiar to the author. This General Report is no exception in this respect.

The intention was to devote as large a proportion of the Report as possible to matters which are <u>directly</u> relevant to the rock mechanics of underground excavations. Consequently, the fundamentals of the physics of solids is almost wholly excluded from the discussion. To ease the burden on those readers who perhaps are not fully familiar with these topics, reference is made frequently to the pages of the excellent book written by J.C. Jaeger and N.G.W. Cook, entitled "Fundamentals of Rock Mechanics" (1969). To conserve space, such reference is usually abbreviated to read, for example, as J. & C. (pp. 100 - 110).

Underground cavities, both in mining and civil engineering, are complex structures so that problems associated with them are usually not amenable to two-dimensional approximations. Until the recent upsurge in the development of numerical techniques using large digital computers, such problems could not be analysed except with the aid of the very cumbersome technique of three-dimensional photoelasticity. The development of the <u>finite element</u> method has changed the situation drastically and has facilitated the analysis of problems of ever-increasing complexity, in both linear and non-linear media. Since excellent text books, dealing with the method, have been published, no detailed account of the subject is presented here. Instead, considerable space is devoted to the discussion of a relatively new and little-known numerical technique, which expresses the problem wholly in terms of the boundary conditions and some appropriate elementary solutions in elasticity. The main advantage of the technique is that it requires only the mapping of the surfaces bounding the excavations and so avoids the modelling of the surrounding rock mass. The discussion of the method is restricted in this Report to its application to elastic solids but, of course, the principle can be used to solve problems in any linear continuum.

In the remainder of the report practical problems involving isolated cavities, tunnels and complex mining excavations are discussed. A considerable amount of space is devoted to the less familiar aspects of the subject, such as, for example, the interaction between the main and auxiliary mining excavations, the design of water barriers, etc. The opportunity has also been taken to emphasize the fundamental difference between stable and unstable equilibria. Appreciation of the difference between these concepts is essential to the proper understanding of the mechanisms involved, for example, in the design of pillar supports and in the initiation of rockbursts.

Many will criticize the author for the omission of any reference to the theory and practice of field experimentation. Undoubtedly this is a serious shortcoming, but its discussion would have made the already lengthy Report unacceptably long. In any event, the subject is covered in some detail in other texts, notably those by Obert and Duvall (1967) and by Jaeger and Cook (1969).

It should be noted that in defining compressive normal stresses as positive throughout the Report, the author has followed the example of Jaeger and Cook (1969). This practice has many advantages in rock mechanics. The only, perhaps, somewhat disconcerting consequence of this convention is that a positive displacement represents movement towards the negative direction of the co-ordinate axes.

In conclusion I would like to thank the Chamber of Mines of South Africa for much assistance and facilities. I am indebted to my friend and colleague Mr. K.I. Oravecz for his help in compiling the bibliography and in the preparation of the illustrations. Mr. F. H. Lancaster has helped me considerably by editing my draft, for which I am grateful. I am also grateful to Mrs. W.M. Bogadi and Mrs. M.E. Payne for typing the manuscript.

CONTENTS

1. ROCK AND ROCK MASS

1.1 Introduction

The programme of the Third International Congress is so designed that various aspects of rock mechanics will be discussed under five themes. Amongst these, Theme I is devoted to the discussion of the properties of rock and rock masses. Consequently, to avoid repetition, only those aspects of this vast subject are mentioned here which are regarded as being especially important to the understanding of the mechanics of underground cavities.

In general, solutions to physical problems can be obtained by either empirical (field) investigations, mathematical studies or model work.

Basically, the pure empirical approach is based on a series of controlled experiments in which the influence of each variable is examined in turn. Unfortunately, in the study of underground excavations it is usually impossible, both financially and technically, to perform a sufficient number of experiments to obtain quantative general solutions.

The theoretical approach is based on mathematical or idealized models which have well-defined properties. If the behaviour of the chosen model resembles that of the prototype sufficiently closely (in practice there is no perfect agreement between the model and the prototype), solutions to practical problems may be derived in terms of the physical properties of the model. Usually, the numerical values of the physical properties are determined by small-scale simple laboratory experiments. Today, due to the rapid development of digital computers, it is usually possible to examine the effects of variables without heavy cost and excessive labour. The major difficulties facing the theoretician are the selection or the construction of the most acceptable model and the determination of the numerical values of the physical constants occuring in this model. It is unlikely that idealized models can be constructed which will describe the behaviour of the prototype under all conditions. Also, the possibility of determining a model which will withstand the scaling down of mining problems to laboratory sizes, for the determination of the parameters, is very small indeed (although there are known exceptions to this statement).

The third approach is the use of an experimental model. The investigation by means of a model is basically an empirical method whereby the controlled experiments are carried out on scaled-down models. It is possible in many instances to execute the necessary number of experiments on artificial models, in a laboratory whereas it would not be practical to do so in an actual mine situation. In spite of this advantage of the model approach, it has not proved to be fully effective in the solution of rock mechanics problems. This is because experiments and models yield acceptable results only if the behaviour of the model approximates closely with that of the prototype. (In this respect the difficulties of the experimentalist are similar to those of the theoretician.) It is relatively easy to construct physical models to simulate situations in which the behaviour of the material comprising the prototype is simple (e.g. elastic), but nowadays such cases are treated with greater ease by digital methods. The real advantage of scaled models would be in the analysis of complex material behaviour (e.g. modelling of excavations around which a part of the rock mass has failed), but the use of models in such situations is hampered by difficulties in model construction, loading and by the lack of suitable model materials.

Clearly, no simple approach can be expected to be fully effective when dealing with the mechanics of underground cavities. The progress in this field during the last decade has been largely due to a judicious blending of the empirical and theoretical approaches. The simplest idealised models, such as the linear elastic model, have been applied in a great variety of situations and have yielded useful results. To make the results more realistic, the physical parameters of the mathematical models were determined by means of field experiments rather that from small-scale laboratory tests. There is little doubt that a similar combination of field and theoretical work, backed up by carefully executed laboratory experiments, is likely to lead to further progress in the future.

1.2 Mechanical behaviour of rock.

Underground cavities are excavated in a rock mass which usually comprises several distinct types of rock. The physical structure of rock presents different appearances, depending on the origin of the rock and the scale at which it is examined. Igneous rocks are crystalline assemblages of various minerals and sedimentary rocks consist of particles entrapped in a matrix of some mineral.

The understanding of the mechanical behaviour of rock is essential to the study of the design of underground excavations. The stress-strain relations and the failure of the rock are the most important aspects of this wide subject. Jaeger and Cook (pp. 102 - 183) have recently given an excellent summary of the behaviour of rock under stress. No attempt is made here to give a comprehensive exposition of the subject. The intention is merely to mention briefly the more recent and most significant developments in this rapidly progressing area of research. It may be noted in this respect that some of the developments in the laboratory study of rocks have outstripped practical applications, so that these developments have little relevance to the subject matter of this paper.

(i) Stress-strain relations. The study of stresses and displacements in a solid body involves the use of (a) the equations of equilibrium (or of motion), (b) the relationships between displacements and strains and (c) the stress-strain or constitutive relations. The first and second sets of these equations fall within the realms of statics and geometry, respectively, so they are not related to the actual behaviour of the solid. The only physical assumption made when these equations are derived is that the solid in question is continuous and remains continuous after having been subjected to strain. When rocks, as opposed to rock masses are being considered this assumption is usually reasonable at stress levels up to those approaching the strength of the rock.

In addition, it is postulated frequently that the magnitude of strains is small or, as it is usually termed, 'infinitesimal'. This assumption is usually related more to the nature of the problem under analysis and not to the behaviour of the substance involved. It does, however, lead to important simplifications of the equations. These simplifications arise mainly from the fact that it is unnecessary, when the strains are infinitesimal, to distinguish between the co-ordinates of material points before and after the rock has been subjected to strain.

The stress-strain relations specify the behaviour of the substance when stressed, and thus represent the link between abstract statical and geometrical concepts and the physical problem. Perhaps the most momentous recent advance in the study of stress-strain relations was made when it was realised that the complete stress-strain relation, Fig. 1.2.1, of most rocks consist of an ascending, OB, and a descending part, BC. According to Jaeger and Cook (p. 77) a material is in a ductile state as long as it can sustain permanent deformation without losing its ability to resist load. Conversely, a material is in a brittle state when its ability to resist load decreases with increasing deformation. Thus, in Fig. 1.2.1 the rock is in ductile and brittle states in regions AB and BC, respectively.

In the course of excavation of underground cavities, especially in deep mines, some portion of the surrounding rock is often brought into the brittle state. Hence, the effects on this region of the stress-strain relations must be taken into account if the mechanics of underground excavations are to be fully understood. Since the mechanism involved in the laboratory compression test is the simplest version of the much more complex mechanism governing the behaviour of rock around underground cavities, it will be well worthwhile to analyse such a test in some detail, J. & C. (pp. 167 - 171) and Salamon (1970).

During testing, both the specimen and the loading machine are subjected to forces and consequently, they both deform. In the simplest case the loading system, which consist of the loading machine and the rock specimen, can be substituted by an equivalent spring-specimen system loaded in series, Fig. 1.2.2(a).

In the process of loading, both ends of the spring move downwards. If the displacement of the upper end, point O_1, is γ, that of the lower end, point O_2, is s, then the force acting on the spring, P_s, is given by

$$P_s = k(\gamma - s), \qquad (1)$$

where k is the spring constant. This expression describes the loading line of the spring, that is, of the loading machine.

Let the force-displacement relation of the rock be

$$P_r = f(s). \qquad (2)$$

For the system to be in equilibrium these forces must be equal, that is:

$$k(\gamma - s) = f(s), \qquad (3)$$

as shown in Fig. 1.2.2(b).

No spontaneous change will occur in the system, that is to say, the equilibrium defined by (3) is stable, as long as the spring is not able to induce further deformation in the specimen without the supply of additional external energy. No additional external energy enters the system if γ remains unchanged. Thus, the equilibrium is stable if the work done by the spring, ΔW_s, during a small displacement of point O_2, Δs, is smaller than the work required to induce the same displacement in the rock, ΔW_r, that is, if

$$\Delta W_r - \Delta W_s > 0. \qquad (4)$$

The work done by the spring on the rock during the small displacement is

$$\Delta W_s = (P + \tfrac{1}{2}P_s)\Delta s \qquad (5)$$

and the work required to deform the rock further is given by

$$\Delta W_r = (P + \tfrac{1}{2}P_r)\Delta s. \qquad (6)$$

The changes in forces can be derived from (1) and (2), respectively, ($\Delta\gamma = 0$):

$$\Delta P_s = -k\Delta s, \quad \Delta P_r = f'(s)\Delta s = \lambda\Delta s. \qquad (7)$$

In the latter of these expressions λ represents the slope of the force-displacement curve of the specimen.

The substitution of the expressions in (7) into (5) and (6) and then into (4) yields

$$\tfrac{1}{2}(k + \lambda)\Delta s^2 > 0. \qquad (8)$$

This result shows that the equilibrium defined by (3) is stable if, and only if,

$$k + \lambda > 0. \qquad (9)$$

The slope of the force-displacement curve is positive in the OB region and negative in the brittle region, BC. Since, by definition, k is positive the inequality in (9) indicates that the equilibrium will be stable, regardless of the stiffness of the loading machine, as long as the resistance of the specimen to deformation increases with increasing deformation, OB region. For conditions represented by the descending part of the deformation curve, BC region, however, no similar general statement can be made with regard to stability. Here the equilibrium will be stable up to the point at which the loading line of the spring becomes tangential to the force-displacement curve, Fig. 1.2.3. At this point the test will be interrupted by

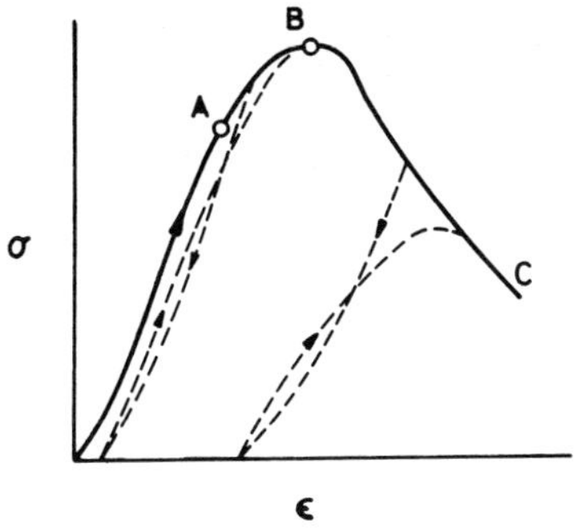

Fig. 1.2.1. Complete stress-strain relation of rock after Jaeger and Cook (p.76).

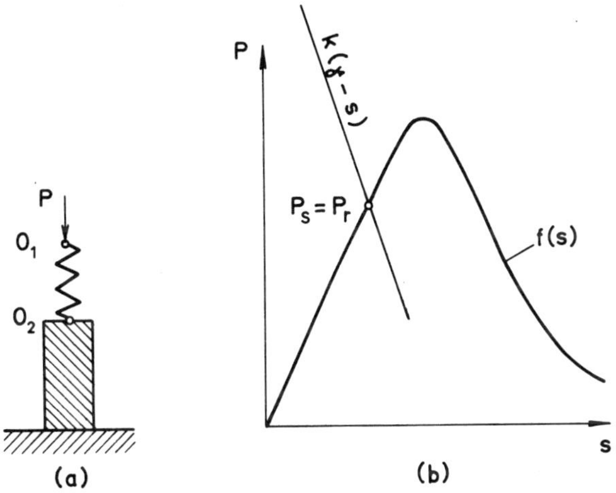

Fig. 1.2.2. Idealized loading system (a) with the condition for equilibrium between load and rock resistance (b).

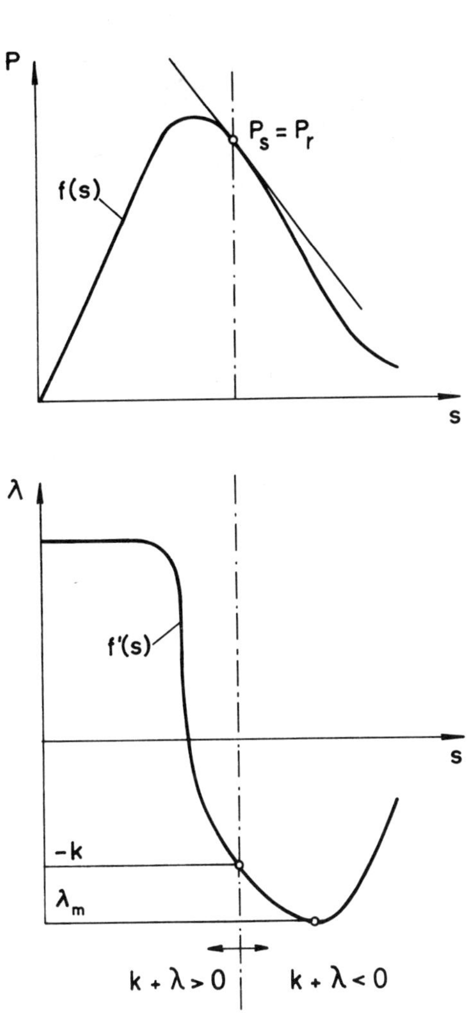

Fig. 1.2.3. Criterion for instability in terms of f(s) and f'(s).

the violent failure of the rock. Violent failure will not occur, however, throughout the test if the minimum slope of the force-displacement curve, λ_m, satisfies the inequality $k+\lambda_m>0$.

These simple results suggest that considerable complications may arise when a portion of the rock mass is brought into the brittle state. Whether the state of equilibrium is stable or unstable in such instances will depend on the interaction of the failing and unfailed regimes of the rock mass and no general deduction can be made with respect to stability.

Drucker (1964), in an extremely interesting paper, proposed the introduction of the term stable material, which is a specialization of the term stable system. A stable system is one whose configuration is determined by the history of loading in the sense that small perturbations produce a small change in response and that no spontaneous change in configuration will occur.

A sufficient condition for a material to be stable in the above sense, according to Drucker (1964), is that

$$\delta\sigma_{ij}\delta\varepsilon_{ij} > 0, \qquad (10)$$

where $\delta\sigma_{ij}$ and $\delta\varepsilon_{ij}$ are any infinitesimal stress changes and the corresponding infinitesimal strain changes, respectively. Also, in (10) the usual tensor symbolism is used, so that repeated subscripts in a term denote summation. If a material satisfies the inequality in (10) the equilibrium state of any problem involving such material will be stable. This is the case, for example, with the ascending part of the deformation curve of the rock specimen discussed earlier.

To date, virtually all theoretical developments in stress analysis have been based on stable materials. Apart from the early work of Deist (1965, 1966) no serious attempts appear to have been made to define idealised models which can account for the known behaviour of rock in the brittle state. Clearly this is an area in which important developments will have to be made in the not too distant future. The practical significance of these matters to pillar stability and rockbursts will be discussed later in Sections 6.8 and 9.1, respectively.

(ii) Strength of rock. Perhaps more research work has been devoted to the clarification of the strength properties than to any other aspect of the behaviour of rock. In spite of the tremendous amount of investigation made, it is still doubtful whether reliable predictions can be made in all instances with regard to the failure of rock surrounding underground cavities.

Difficulties arise mainly from two sources. Firstly, the rock is a complex material containing weaknesses on various scales, usually only the finest of which affects small-scale test results. Extrapolation from the results to the underground situation is hampered by the presence of joints, fissures, etc., which may have major influence over the behaviour of the mass.

The second source of difficulties is the definition of strength itself. It has long been recognised that the strength of rock is not defined by a single quantity. Perhaps the most commonly used definition of strength involves the inequality

$$\sigma_1 \leq a\sigma_3 + b, \qquad (11)$$

where a, b are parameters of the rock, σ_1 and σ_3 are the maximum and minimum principal stresses, respectively. The unspoken implication of the use of this inequality (or any other formula of similar purpose) was that any rock structure, which is designed without ensuring that (11) is satisfied, would fail and, presumably, would disintegrate. It has already been shown in discussing Fig. 1.2.1 that this is not so. In fact, rocks can sustain some load even at deformations larger than that corresponding to the equal sign in (11). Thus, this inequality should be interpreted as defining the maximum principal stress which can be sustained by the rock, but no conclusion can be drawn from it with regard to the resistance or state of the rock once the equality has been satisfied.

In addition to the excellent summary of theorems concerning the strength of rock given by Jaeger and Cook (pp. 83 - 101), reviews of the subject have been presented recently by Jaeger (1966) and by Hoek (1968).

(iii) Effective stress. The concept of effective stress was introduced by Terzaghi originally for saturated soils, but later it has been shown to have application in rock mechanics also, provided that the permeability is sufficient to permit the movement of fluids, J. &. C. (pp. 206-214). Another account of the subject is given by Serafim (1968).

It was postulated by Terzaghi that the deformation and failure of saturated soils is controlled by the effective stresses

$$\sigma'_{ij} = \sigma_{ij} - \delta_{ij} p, \tag{12}$$

where σ_{ij} are the total stress components, δ_{ij} is the Kronecker's delta ($\delta_{ii} = 0$, $\delta_{ij} = 0$ for $i \neq j$) and p is the pore pressure. In saturated rock the definition of strength can be expressed in terms of the effective major, σ'_1, and minor, σ'_3, principal stresses,

$$\sigma'_1 \leq a\sigma'_3 + b. \tag{13}$$

1.3 Structural properties of rock masses.

Apart from isolated instances, underground cavities are not excavated in intact rock but in a mass consisting of rocks of various lithologies which have been exposed to many geological influences and tectonic forces. From the rock mechanics point of view the lithology of rock and any geological structure, such as joints, bedding planes, foliation surfaces, shear zones, dykes and faults, which may influence the strength, deformation properties or permeability is highly significant, Deere (1968).

Perhaps the most serious shortcoming of the early development of rock mechanics was the lack of effort devoted to the quantification of the influence of geological factors. The recent development of engineering geology as an applied science is filling this gap rapidly. Nevertheless, it must be admitted that the stage when geological information, which can be gathered by various mapping and exploration techniques, is fully utilized has not been reached as yet.

(i) Structural features. Stresses in the crust of the earth are predominantly compressive. Often, therefore, especially when the depth below surface is considerable, the normal compressive stress acting on the usually near-planar geological discontinuities is of sufficient magnitude to generate frictional resistance which prevents sliding of the opposing surfaces. This favourable character of the virgin stress distribution decreases the importance of geological features such as joints and faults. Of course, in the vicinity of mining excavations the virgin stress distribution is often altered sufficiently to destroy the favourable situation mentioned earlier and to make these discontinuities very important.

When the safety of an underground excavation is to be analysed, the ratio of the spacing of the joints to the typical linear dimension of the excavation is an important parameter. If this ratio is small, the joints or bedding planes are spaced closely relative to the size of the excavation. In such instances the discontinuities are likely to play a dominant role in determining the stability of the excavation. Another important factor in this respect is the geometrical relationship between the planes of discontinuities and the surfaces bounding the excavation.

It is clear even from this very brief and incomplete summary of the influence of structural features that, broadly, increase in size and decrease in depth below surface of an excavation magnify the influence of geological discontinuities.

(ii) Deformation properties. Rock masses are composed of various types of rock, each having different deformation characteristics. In addition, the discontinuities in the mass may also affect the resultant deformation. In these circumstances there are considerable difficulties in simulating exactly the behaviour of such a complex mass. This is so in spite of recent developments of numerical techniques of stress analysis. An example of such techniques is the finite element method, Chapter 3, which permits the solution of problems in a medium which consists of several materials having different properties.

An alternative approach to treating elements of a mass individually is to define an equivalent homogeneous mass. Some progress has been made in this respect by Salamon (1968a) who introduced an equivalent medium to deal with stratified masses in the elastic range. Wardle and Gerrard (1972), using his results, analysed various multi-layered rocks of specific compositions. Because of the practical significance of the work to various practical problems, especially in sedimentary rock masses, a brief summary is given here Salamon's analysis.

It is postulated in the analysis that all layers are homogeneous, transversely isotropic, Lekhnitskii [(1963), pp. 24-25] and that their thicknesses and elastic properties vary randomly. Furthermore, it is assumed that the mass remains continuous after deformation and that no relative displacement takes place at the interfaces between layers. The analysis is based on the comparison of the behaviours of two cubes of identical size, one of which is cut from the rock mass and the other from the equivalent homogeneous medium. Assuming that the bedding planes are parallel, the rock cube is cut so that two of its sides are parallel with these planes. The cube must be sufficiently large to constitute a representative sample of the rock mass.

A cube so defined will possess certain elastic symmetry. Its behaviour will be invariant with respect to rotation around an axis perpendicular to the bedding planes and with respect to reflection in one of these planes. The first of these conditions of invariance is the result of the geometrical configuration of the layers. The second is a consequence of the assumptions concerning the random distribution of properties and thickness of the strata and the representativeness of the rock cube. It can be concluded, therefore, that the equivalent medium will be transversely isotropic, the stress-strain relations of which are given by

$$\begin{aligned} \epsilon_{11} &= \frac{1}{E_1}(\sigma_{11} - \nu_1\sigma_{22} - \nu_2\sigma_{33}), \\ \epsilon_{22} &= \frac{1}{E_1}(-\nu_1\sigma_{11} + \sigma_{22} - \nu_2\sigma_{33}), \\ \epsilon_{33} &= \frac{\nu_2}{E_1}(-\sigma_{11} - \sigma_{22}) + \frac{1}{E_2}\sigma_{33}, \\ \epsilon_{12} &= \sigma_{12}/G_1, \quad \epsilon_{13} = \sigma_{13}/G_2, \\ \epsilon_{23} &= \sigma_{23}/G_2, \end{aligned} \tag{1}$$

where the x_3 axis is perpendicular to the bedding planes and

$$G_1 = E_1/2(1+\nu_1). \tag{2}$$

To determine the five independent elastic moduli in (1), the simplest permissible stress and strain distributions in the rock cube are used. Finally, the results are obtained by ensuring that the strain energies stored in the two cubes are equal. For the sake of simplicity the formulae for the five moduli are quoted here only for the case when all layers are isotropic, that is, when the Young's modulus and Poisson's ratio of the i-th layer of thickness h_i are E_i and ν_i, respectively.

Let the edge dimension of the cubes be L and introduce the ratios

$$\varphi_i = h_i/L, \qquad i = 1,2,\ldots n, \tag{3}$$

where n is the number of layers in the rock cube. Clearly,

$$\Sigma\varphi_i = 1. \tag{4}$$

Here and later the summations are from 1 to n with respect to subscript i. In terms of these notations the moduli are as follows:

$$\nu_1 = \frac{\sum\frac{\varphi_i \nu_i E_i}{1-\nu_i^2}}{\sum\frac{\varphi_i E_i}{1-\nu_i^2}}, \qquad \nu_2 = (1-\nu_1)\sum\frac{\varphi_i \nu_i}{1-\nu_i},$$

$$E_1 = (1-\nu_1^2)\sum\frac{\varphi_i E_i}{1-\nu_i^2}, \qquad G_2 = 1/\sum\frac{\varphi_i}{G_i}, \tag{5}$$

$$E_2 = 1/\left\{\sum\frac{\varphi_i(1+\nu_i)(1-2\nu_i)}{(1-\nu_i)E_i} + \frac{2\nu_2^2}{(1-\nu_1)E_1}\right\}.$$

It will be observed that from (2) and (4)

$$G_1 = \Sigma\varphi_i G_i, \tag{6}$$

therefore, the ratio of the two shear moduli, G_1/G_2 is always larger than unity. This is so because

$$G_1/G_2 = \Phi = (\Sigma\varphi_i G_i)(\Sigma\varphi_i/G_i) > 1. \tag{7}$$

If the distributions of E_i, ν_i and φ_i are known the formulae in (4) can be used to estimate the moduli of the equivalent medium.

(iii) Field surveys. There is little doubt that in general the only practical way of obtaining a reasonable description of the rock mass is through field mapping of discontinuities and by performing tests in situ to determine the deformation characteristics experimentally. Considerable progress has been made in the development of techniques for gathering and presentation of field data, especially with regard to surface or near-surface works. This subject is, however, outside the scope of this paper, but it is discussed in some detail under Themes I and III.

(iv) Classification of rock masses. In addition to the maps and statistical plots of geological discontinuities, it is desirable to classify rocks in situ. Such classifications facilitate communication between various specialists on a project and give a rough indication of the difficulties which might be expected during excavation. Classifications might be based on joint spacing, Deere (1963), systematic analysis of core recovery, Hansagi (1966) and Deere (1968), and on a comparison of the compressional wave velocities measured in situ and in the laboratory specimens, Onodera (1963).

2. FUNDAMENTAL CHANGES DUE TO EXCAVATION UNDERGROUND

2.1 Changes in the state of stress

The stresses in the vicinity of underground excavations cannot be calculated unless the state of stress which existed in the previously undisturbed ground is known. It is rather unfortunate, therefore, that there is no sound theoretical basis for deriving the stress distribution in the earth's crust. Measurement of stress is the only quantitative way of determining the virgin stresses, that is, the stresses which would exist in the absence of any excavations.

If the region is not too disturbed tectonically it can be assumed that the vertical and horizontal components of the virgin stress are principal stresses given by

$$\sigma_z^{(v)} = \sigma_{33}^{(v)} = \rho g z = \rho g z_3, \qquad (1)$$

$$\sigma_x^{(v)} = \sigma_{11}^{(v)} = k\rho g z = k\rho g x_3 = \sigma_y^{(v)} = \sigma_{22}^{(v)}, \qquad (2)$$

where k is usually a positive constant and $z = x_3$ is measured vertically downwards from the surface of the ground.

Often it is assumed that the virgin horizontal displacements are zero everywhere. Application of this assumption to conditions in isotropic ground leads to

$$k = \nu/(1 - \nu), \qquad (3)$$

where ν is the Poisson's ratio. An extensive discussion of virgin stresses is found in J. & C. (pp. 355-362).

Although there is no detailed knowledge regarding magnitude and distribution of virgin stresses, it can be stated generally that any portion of the earth's crust is in equilibrium.

Consider an arbitrary part of the rock mass of volume V bounded by surface S (Fig. 2.1.1). Denote the components of the traction acting on S by $T_i^{(v)}$ and the components of body force per unit volume by X_i. In the earth's crust $X_1 = X_2 = 0$ and $X_3 = \rho g$. All traction vectors are defined with respect to the outward normal to the volume under consideration.

The condition of equilibrium is defined by

$$\int_S T_i^{(v)} dS + \int_V X_i \, dV = 0. \quad i = 1,2,3. \qquad (4)$$

Further equations arise from the equilibrium of moments but they are omitted here for the sake of brevity as they would not contribute to the essence of the discussion.

If surface S is such that it encloses some proposed cavity, it is advantageous to form the bounding surface so that it excludes the volume of rock to be excavated (Fig. 2.1.2). In this case S is composed of an internal, S_i, and an outer, S_o, surface.

After the rock within S_i has been extracted the traction on S becomes $T_i^{(p)}$ and the condition in (4) can be written as

$$\int_S T_i^{(p)} dS + \int_V X_i \, dV = 0. \qquad (5)$$

Here, for the sake of simplicity, it is assumed that the cavity is left unsupported, so that $T_i^{(p)} = 0$ on S_i.

Now subtract (4) from (5) and introduce

$$T_i^{(p)} = T_i^{(v)} + T_i^{(ti)}. \qquad (6)$$

The result of the subtraction can be written as

$$\int_S T_i^{(ti)} dS = \int_{S_o} T_i^{(ti)} dS - \int_{S_i} T_i^{(v)} dS = 0. \qquad (7)$$

Here the second step is obvious, since from (6) $T_i^{(ti)} = - T_i^{(v)}$ on S_i.

Next examine the situation when the size of the cavity shown in Fig. 2.1.3 is enlarged by the extraction of rock of volume V_m. Let the situation represented by Fig. 2.1.2 be state I and that in Fig. 2.1.3 be state II. Assume now that in (4) V corresponds to the volume of rock remaining intact in state II and denote the newly-exposed portion of S_i by S_m. If the traction in state II is T_i then equilibrium is defined by

$$\int_{S_o} T_i \, dS + \int_V X_i \, dV = 0, \qquad (8)$$

since $T_i = 0$ on S_i. Introduce now

$$T_i = T_i^{(p)} + T_i^{(i)} \qquad (9)$$

and subtract (4), after replacing there $T_i^{(v)}$ by $T_i^{(p)}$, from (8).

$$\int_S T_i^{(i)} dS = \int_{S_o} T_i^{(i)} dS - \int_{S_m} T_i^{(p)} dS = 0 \qquad (10)$$

These results follow as $T_i^{(i)} = - T_i^{(p)}$ on S_m

[see (9)] and $T_i^{(p)} = 0$ on the remainder of S_1.

Observe that five different traction vectors are introduced in (6) and (9). These, in addition to the already familiar virgin traction $T_i^{(v)}$, are $T_i^{(p)}$, $T_i^{(ti)}$, T_i and $T_i^{(i)}$. Let there correspond to each of these tractions a complete set of stress, $\sigma_{ij}^{(p)}$, $\sigma_{ij}^{(ti)}$, σ_{ij}, $\sigma_{ij}^{(i)}$, and displacement components, $u_i^{(p)}$, $u_i^{(ti)}$, u_i, $u_i^{(i)}$. These stress and displacement components satisfy relations analogous to those in (6) and (9).

Stress components with superscripts p, ti, and i will be referred to as primitive (or field), total induced and induced stresses, respectively. Components with no superscript represent total stresses. Clearly, $\sigma_{ij}^{(i)}$ represent the changes in stresses resulting from the enlargement of existing excavations or from the introduction of additional new cavities. As $\sigma_{ij}^{(v)}$ is a special case of $\sigma_{ij}^{(p)}$, so is $\sigma_{ij}^{(ti)}$ a special case of $\sigma_{ij}^{(i)}$. In fact, the results in (7) can be deduced from (10) through appropriate interpretation of superscripts and by observing that in this case $S_m = S_i$.

It is important to note that both $\sigma_{ij}^{(i)}$ and $\sigma_{ij}^{(ti)}$ systems are free of body forces, as revealed by (10) and (7), respectively. Also, it is important to remember that in the course of displacement observations in the field, usually the induced displacements, that is, $u_i^{(i)}$, or sometimes $u_i^{(ti)}$, are measured but never the total displacement, that is u_i. It will be shown in Section 4.2. that the loading of artificial supports is also controlled by $u_i^{(i)}$.

The results in this section are independent of the nature of the constitutive law (stress-strain relations) of the rock mass. Naturally they are of greatest importance in case of an elastic law since in such medium the induced components of stress and displacement can be determined independently.

2.2 Energy changes

In the course of excavating cavities underground, rock and installed support are deformed, fractures are often induced and seismic waves are sometimes generated. To deform artificial support, to fracture rock, or to generate seismic waves require the expenditure of energy. It is, therefore, essential to analyse the energy changes which are invariably associated with the enlargment of underground openings.

The analysis is based on the geometrical changes reflected by the difference between Fig. 2.1.2 and Fig. 2.1.3. Also, it is assumed that the rock mass is a linear elastic continuum [Salamon (1973)].

The law of conservation of energy can be expressed in this instance as

$$W_t + U_m = U_c + W_r. \qquad (1)$$

Here, on the left, energies are given which become available in the course of transition from state I to state II of extraction. Quantities on the right of (1) reflect the form into which the energies are converted as a result of the additional extraction.

The energy W_t is the work done by the external forces on S_0 and the body forces in volume V (Fig. 2.1.3).

$$W_t = \int_{S_0} u_i^{(i)}(T_i^{(p)} + \tfrac{1}{2} T_i^{(i)})dS + \int_V u_i^{(i)} X_i \, dV \qquad (2)$$

The rock within volume V_m relaxes in the course of its extraction, so that the strain energy stored in it in state I, U_m, becomes available to perform work. The energy U_m can be calculated either from the strain energy density in state I,

$$\Phi^{(pp)} = \tfrac{1}{2} \epsilon_{ij}^{(p)} \sigma_{ij}^{(p)}, \qquad (3)$$

or from the external and body forces, J. & C. (p. 118).

$$U_m = \int_{V_m} \Phi^{(pp)} dV$$

$$= \tfrac{1}{2}\left(\int_{V_m} u_i^{(p)} X_i \, dV - \int_{S_m} u_i^{(p)} T_i^{(p)} dS\right) \qquad (4)$$

As the result of additional extraction the distribution of stress in volume V alters, so that the strain energy in this volume changes also. This change in strain energy is U_c.

The energy stores in V in state I is

$$U_p = \int_V \Phi^{(pp)} dV \qquad (5)$$

and in state II is

$$U = \int_V \Phi dV = \frac{1}{2}\int_V \epsilon_{ij}\sigma_{ij} dV$$
$$= \frac{1}{2}\int_V (\epsilon_{ij}^{(p)} + \epsilon_{ij}^{(i)})(\sigma_{ij}^{(p)} + \sigma_{ij}^{(i)}) dV, \qquad (6)$$

which, if the notations

$$\Phi^{(pi)} = \frac{1}{2}\epsilon_{ij}^{(p)}\sigma_{ij}^{(i)}, \quad \Phi^{(ip)} = \frac{1}{2}\epsilon_{ij}^{(i)}\sigma_{ij}^{(p)},$$
$$\Phi^{(ii)} = \frac{1}{2}\epsilon_{ij}^{(i)}\sigma_{ij}^{(i)}, \qquad (7)$$

are introduced, can be written as

$$U = \int_V (\Phi^{(pp)} + \Phi^{(pi)} + \Phi^{(ip)} + \Phi^{(ii)}) dV. \qquad (8)$$

Now, from (8) and (5)

$$U_c = U - U_p$$
$$= \int_V (\Phi^{(pi)} + \Phi^{(ip)} + \Phi^{(ii)}) dV. \qquad (9)$$

Finally, to account for any energies which may be lost from the rock mass, the released energy, W_r, is introduced. Once the other three components are known, W_r can be determined from the energy balance in (1).

To express W_t in a more convenient form, the reciprocal theorem of linear elasticity [J. & C. (p. 119)] can be used with advantage with respect to volume V. Assume that the first of the two sets of forces acting on V corresponds to the field stresses, which are the body force X_i and traction $T_i^{(p)}$ on S_o and S_m. Assume also that the second set of forces is that corresponding to the induced stresses. These are $T_i^{(i)}$ on surface S_o and $-T_i^{(p)}$ on S_m. A more detailed discussion of these tractions and the corresponding displacements is given in Section 2.1.

The work done by the first set of forces on the displacements of the second set is

$$W_{12} = \int_{S_o+S_m} u_i^{(i)} T_i^{(p)} dS + \int_V u_i^{(i)} X_i dV$$
$$= 2\int_V \Phi^{(ip)} dV \qquad (10)$$

and the work done by the second set of forces on the displacements of the first set is given by

$$W_{21} = \int_{S_o} u_i^{(p)} T_i^{(i)} dS - \int_{S_m} u_i^{(p)} T_i^{(p)} dS$$
$$= 2\int_V \Phi^{(pi)} dV. \qquad (11)$$

Green's theorem [J. & C. (p. 119)] can be used to show that W_{12} and W_{21} can be expressed as volume integrals of $\Phi^{(ip)}$ and $\Phi^{(pi)}$, respectively.

According to the reciprocal theorem $W_{12} = W_{21}$, so from (10) and (11)

$$\int_{S_o} u_i^{(i)} T_i^{(p)} dS + \int_V u_i^{(i)} X_i dV$$
$$= 2\int_V \Phi^{(ip)} dV = 2\int_V \Phi^{(pi)} dV,$$

which allows the reformulation of the expression of W_t in (2).

$$W_t = 2\int_V \Phi^{(ip)} dV - \int_{S_m} u_i^{(i)} T_i^{(p)} dS$$
$$+ \frac{1}{2}\int_{S_o} u_i^{(i)} T_i^{(i)} dS \qquad (12)$$

Now let U_i be the strain energy which would be stored in V by the <u>induced</u> stresses, if these would act on an initially <u>unstressed</u> rock mass. In a manner analogous to that used to define U_m in (4),

$$U_i = \frac{1}{2}\left(\int_{S_o} u_i^{(i)} T_i^{(i)} dS - \int_{S_m} u_i^{(i)} T_i^{(p)} dS\right)$$
$$= \int_V \Phi^{(ii)} dV, \qquad (13)$$

where $\Phi^{(ii)}$ is given in (7). This result, when substituted into (12), leads to

$$W_t = \int_V (2\,\Phi^{(pi)} + \Phi^{(ii)}) dV$$
$$- \frac{1}{2}\int_{S_m} u_i^{(i)} T_i^{(p)} dS, \qquad (14)$$

which, on account of (9) and the reciprocal theorem, can be written as

$$W_t = U_c - \frac{1}{2}\int_{S_m} u_i^{(i)} T_i^{(p)} dS, \qquad (15)$$

where

$$U_c = \int_V (2\,\Phi^{(pi)} + \Phi^{(ii)}) dV$$
$$= \int_V (2\,\Phi^{(ip)} + \Phi^{(ii)}) dV \qquad (16)$$

and, finally, from (1)

$$W_r = U_m - \frac{1}{2}\int_{S_m} u_i^{(i)} T_i^{(p)} dS. \qquad (17)$$

The rock within V_m in state I exerts forces on the external region V across the interface S_m. Godier (1968) refers to these forces as 'holding forces'. The work given out by the system if the holding forces are relaxed <u>gradually</u> is

$$W_k = -\frac{1}{2}\int_{S_m} u_i^{(i)} T_i^{(p)} dS > 0. \qquad (18)$$

Thus, according to (15), external and body forces do enough work to induce the change, U_c, in the energy content of V and to supply

W_k. The total energy leaving the system is $W_r = U_m + W_k$. If the new free surface is created suddenly, there will be oscillations in the rock mass. The equilibrium state II is then attained through damping, which results from some slight inelasticity in the mass. The energy dissipated in this damping is W_k.

The results in (15) to (17) were derived for unsupported excavations. The derivation is essentially similar, but considerably more complex, for supported cavities, Salamon (1973).

Since Griffith's first attempt in 1921 to estimate the tensile strength of solids from energy considerations, many authors have discussed the energy balance of elastic bodies containing voids. Results derived in this section may be used for this purpose also. Neglecting the body forces, $X_i = 0$, and leaving the external forces unchanged, $T_i^{(i)} = 0$ on S_o, it is obvious from (4), (11) and from the reciprocal theorem that

$$U_m = \int_{V_m} \Phi^{(pp)} dV = \int_V \Phi^{(pi)} dV = \int_V \Phi^{(ip)} dV \quad (19)$$

and similarly from (13) that

$$U_i = \int_V \Phi^{(ii)} dV = -\tfrac{1}{2} \int_{S_m} u_i^{(i)} T_i^{(p)} dS = W_k. \quad (20)$$

It is simple to show with the aid of these relations and those in (15) to (17) that

$$W_t = 2(U_i + U_m) > 0, \quad U_c = U_i + 2U_m > 0, \quad W_r = U_i + U_m > 0. \quad (21)$$

These results are essentially identical to those derived by Cook (1966) and Goodier (1968). See also J. & C. (pp. 441-444).

There is a strong temptation to assume that the expressions in (19) to (21) describe the situation in the case of underground excavations as well. Unfortunately, this is not so, at least not in an exact sense. It has been shown, Salamon (1973), that because of the presence of body forces, an additional term appears in the expressions of W_t and U_c. In spite of this inaccuracy, the results in (19) to (21) can be used in most instances. The most significant feature of these expressions is that the energy balance can be defined completely in terms of quantities inside or at the boundaries of the volume of rock which is removed when moving from state I to state II.

In Table 2.2.1 expressions of energy components are summarized for circular tunnels and spherical cavities when their radii are enlarged from <u>a</u> to <u>c</u> in a hydrostatic virgin

TABLE 2.2.1

ENERGY CHANGES DUE TO ENLARGEMENT OF RADII OF CIRCULAR AND SPHERICAL EXCAVATIONS

Energy component	Circular tunnel	Spherical cavity
EW_t/p^2V_{ac}	$4(1-\nu^2)$	$9(1-\nu)/2$
EU_c/p^2V_{ac}	$(1+\nu)(3-4\nu+a^2/c^2)$	$3[5-7\nu+(1+\nu)a^3/c^3]/4$
EU_m/p^2V_{ac}	$(1+\nu)(1-2\nu+a^2/c^2)$	$3[2(1-2\nu)+(1+\nu)a^3/c^3]/4$
EW_r/p^2V_{ac}	$2(1-\nu^2)$	$9(1-\nu)/4$
EU_i/p^2V_{ac}	$(1+\nu)(1-a^2/c^2)$	$3(1+\nu)(1-a^3/c^3)/4$
V_{ac}	$\pi(c^2-a^2)$	$4\pi(c^3-a^3)/3$

stress field of magnitude p. It is assumed that the rock mass is homogeneous isotropic with Young's modulus E and Poisson's ratio ν. Clearly, the results in the table obey (21).

2.3 Energy changes due to small changes in the size of excavations

Excavations are enlarged either by some almost continuous mechanical process or by blasting. Even when blasting is used, the excavations usually increase in size in only small steps. The energy changes due to a small change in the size of existing mining cavities are, therefore, of particular interest, Fig. 2.3.1.

Assume that points on the newly-exposed boundary, S_m, are reached by proceeding from and normal to the corresponding portion of the old boundary, S_{om}, a small distance Δn. If Δn is a sufficiently smooth function of position and if there are no stress singularities in state I, the induced displacement and stress components are all first-order quantities in Δn_o. Here Δn_o is the maximum value of Δn. In the sequel quantities first-order in Δn_o will be prefaced by the symbol Δ, for example, $u_i^{(i)} = \Delta u_i$, $T_i^{(i)} = \Delta T_i$ and $V_m = \Delta V$. Since Δn_o is small and since the ultimate goal is to derive rates of change as $\Delta n_o \to 0$, it is permissible to neglect here all terms containing second or higher-order powers of Δn_o.

It is immediately obvious from 2.2.(13) that

$$\Delta U_i = -\tfrac{1}{2}\int_{S_m} \Delta u_i T_i^{(i)} dS.$$

But, as Deist (1967) has pointed out, the integral on the right is also second-order in Δn_o, and can, therefore, be neglected. This is so because on those portions of S_m which are approximately parallel to S_{om} traction $T_i^{(p)}$ is first-order in Δn_o, as S_{om} was stress-free in state I, and because at least one linear dimension of those regions of S_m which are approximately perpendicular to S_{om} is smaller than or equal to Δn_o. Hence, to first-order quantities

$$\Delta U_i = 0 \tag{1}$$

and

$$\lim_{\Delta n_o \to 0} \frac{\Delta U_i}{\Delta n_o} = \frac{\partial U_i}{\partial n} = 0. \tag{2}$$

The enlargement of cracks is the only exception to the rule stated in (1) and (2). Since tabular excavations are usually treated mathematically in a manner appropriate for cracks, this exception is important and will be discussed later.

The energy changes due to small enlargment of the excavations can now be deduced from 2.2. (15) to (17).

$$\Delta W_t = \Delta U_c = 2\int_V \Delta\, \Phi^{(pi)} dV \tag{3}$$

and

$$\Delta W_r = \Delta U_m = \int_{\Delta V} \Phi^{(pp)} dV \tag{4}$$

It may be noted that if artificial support is installed in the excavations, then

$$\Delta W_t = \Delta U_c + \Delta W_s, \quad \Delta W_r = \Delta U_m + \Delta W_s \tag{5}$$

and ΔU_c remains as given by (3), Salamon (1973). Here ΔW_s is the energy used to deform further the support during the transition from state I to state II.

Clearly, from (3) and (5), the work done by the external and body forces during a small enlargement of excavations is fully accounted for by the change in the stored energy in volume V and by the work done in deforming further the installed supports. Also, the energy released from the system is equal to the energy stored in the volume of rock, ΔV, which is removed in the process of enlargment. The same conclusions have been reached by Deist (1967) in considering a small advance of a narrow stope and by Rice (1968) in examining the infinitesimal enlargement of notches.

It is not immediately clear as to what happens to energy ΔU_m when volume ΔV is excavated, but it is likely that if the excavations are enlarged by blasting then the suddenly-displaced rock particles lose their stored energy on relaxation within the cavity. If mining of the rock is carried out by mechanical means, probably the stored energy is transformed into heat through friction between the cutting tools and the gradually relaxing rock. Thus, in neither case can ΔU_m be the source of significant kinetic energy in volume V. It can be concluded, therefore, that the enlargement of underground excavations in small steps is essentially a quasi-static process and it does not result in the release of seismic energy (except part of the energy imparted to the rock by the explosives) if the surrounding rock remains elastic, Deist (1967). Hence, the known underground seismic events can be due only to instabilities which can arise from the structure of the rock mass or from the behaviour of the rock comprising the mass.

The energy changes given in (3) to (5) assume a significant role in design of underground openings and, especially, of mining excavations, as will be seen later in Chapters 6 and 9. The most important quantities in this respect are the change in energy stored in volume V, that is, ΔU_c and the energy removed from the system, that is, $\Delta W_r - \Delta W_s = \Delta U_m$.

The energy removed from the system with the excavated rock is

$$\Delta U_m = \int_{\Delta V} \Phi^{(pp)} dV \tag{6}$$

This expression follows from 2.2.(4). As Δn in Fig. 2.3.1 is small, it is sufficient to take $dV = \Delta n dS = \alpha \Delta n_o dS$, where α is a reasonably smooth function of position along S_{om} $(0 \le \alpha \le 1)$. Thus,

$$\Delta U_m = \int_{S_{om}} (\Phi^{(pp)} \Delta n) dS = \Delta n_o \int_{S_{om}} \alpha \, \Phi^{(pp)} dS, \tag{7}$$

Therefore,

$$\frac{\partial U_m}{\partial n} = \lim_{\Delta n_o \to 0} \frac{\Delta U_m}{\Delta n_o} = \int_{S_{om}} \alpha \, \Phi^{(pp)} dS. \tag{8}$$

In these expressions $\Phi^{(pp)}$ is evaluated on surface S_{om}.

There is another important mode of transition from state I to the neighbouring state II. Assume, as shown in Fig. 2.3.2, that the new boundary of an excavation is reached by proceeding from a point on S_{om} a small fixed distance $\Delta \ell$ parallel to an arbitrary unit vector ν_i $(i = 1,2,3)$. To avoid stress singularities in state II, all edges created by such advance must be assumed to be rounded. In this case $dV = \Delta \ell dA_\nu$, where dA_ν is an infinitesimal area perpendicular to ν_i. Hence, from (6)

$$\Delta U_m = \Delta \ell \int \Phi^{(pp)} dA_\nu, \tag{9}$$

or after a limiting process,

$$\frac{\partial U_m}{\partial \ell} = \int \Phi^{(pp)} dA_\nu. \tag{10}$$

In both of these expressions the integral is taken over a projection normal to ν_i of S_{om}.

If the outward unit normal to the cavity surface S_{om} is n_{ci} $(i = 1,2,3)$ then $dA_\nu = \nu_i n_{ci} dS$, thus

$$\frac{\partial U_m}{\partial \ell} = \int_{S_{om}} \Phi^{(pp)} \nu_i n_{ci} dS. \tag{11}$$

It should be noted that in both (8) and (11) the rate (with respect to geometrical size) of loss of energy from the system is expressed in terms of the strain energy density at the surface of the excavation, that is, in terms of stresses or strains at the boundary. This fact will be of considerable value when practical applications are considered.

The uniform extension of cavities assumed in deriving (11) is of considerable interest in connection with tabular excavations. For this reason an alternative expression of $\partial U_m / \partial \ell$ is recorded here, Salamon (1973).

$$\frac{\partial U_m}{\partial \ell} = \int_{S_\lambda} (\Phi^{(pp)} \nu_k n_k - T_i u_{i,k} \nu_k) dS - \int_{V_b} X_i u_{i,k} \nu_k dV \tag{12}$$

Here V_b is an arbitrary volume of rock adjoining the excavation and bounded by $S_{om} + S_\lambda$ (Fig. 2.3.3). This relationship is a generalisation of an analogous result derived by Rice (1968) for body force-free two-dimensional problems.

To determine the change in stored energy, that is, ΔU_c, let the change in the strain energy content of volume $V+V_m$ due to the

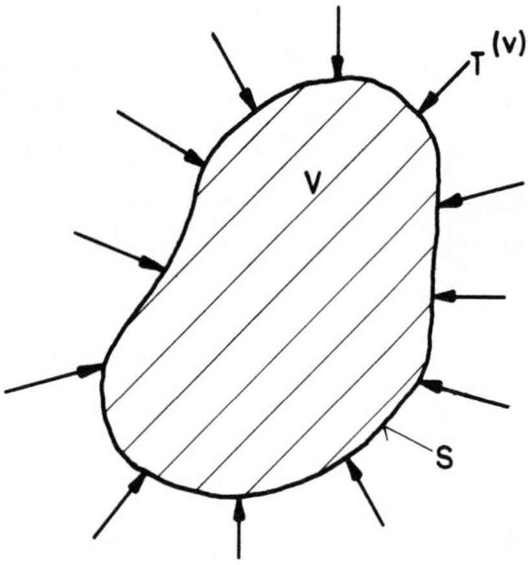

Fig. 2.1.1. An arbitrary part of the rock mass of volume V and bounded by surface S on which the virgin stress vector, $T^{(v)}$, acts.

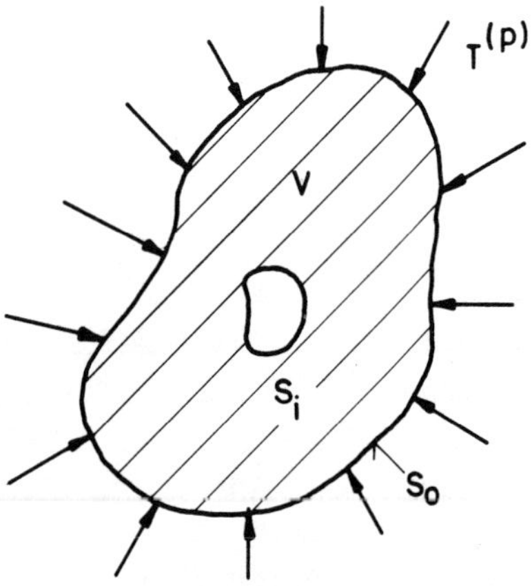

Fig. 2.1.2. An arbitrary volume, V, of the rock mass, bounded externally by surface S_a and internally by the surface of a proposed cavity, S_i: state I.

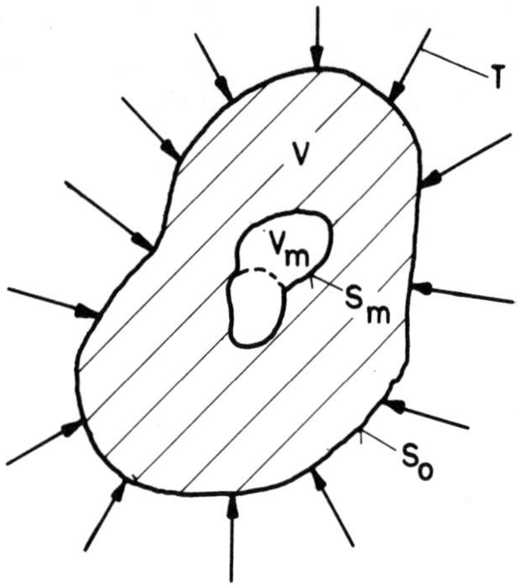

Fig. 2.1.3. The cavity in Fig. 2.1.2. is enlarged by the extraction of volume V_m: state II.

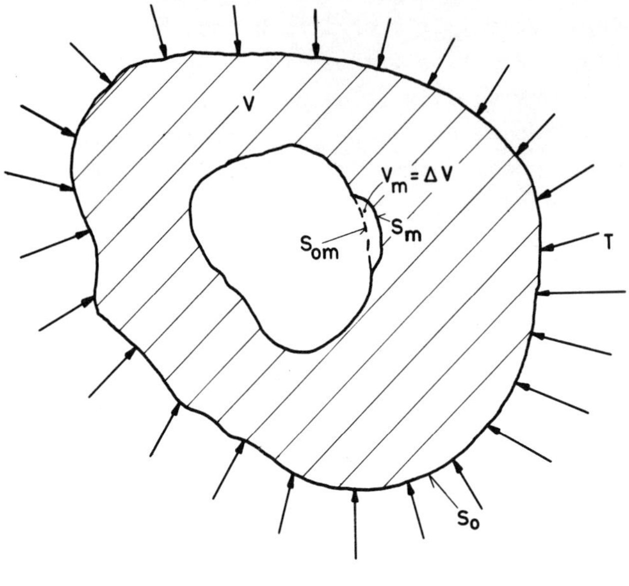

Fig. 2.3.1. Enlargement of an underground cavity in small steps.

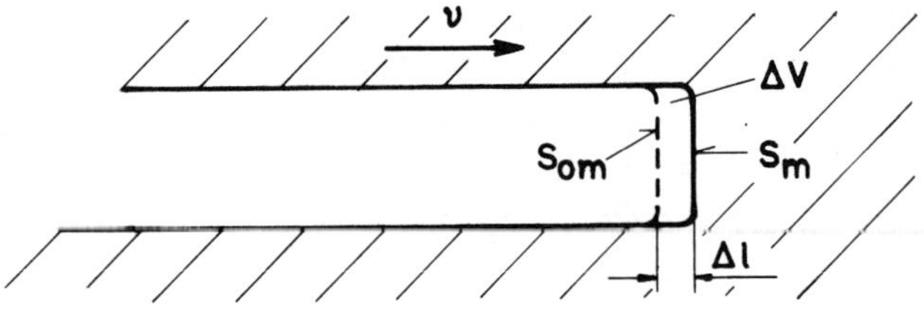

Fig. 2.3.2. A part of the surface of a cavity is advanced a small distance parallel to a unit vector ν.

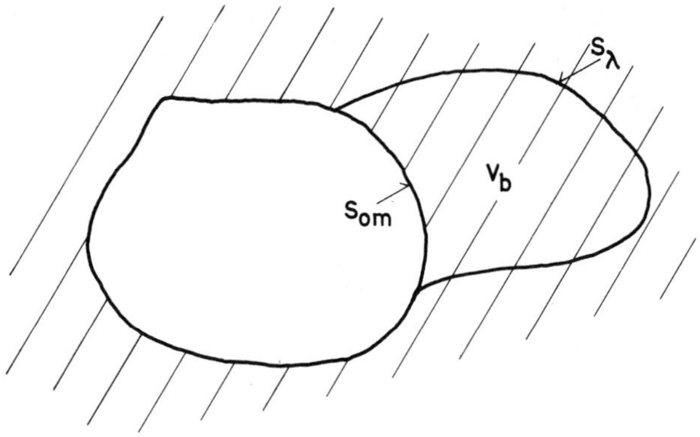

Fig. 2.3.3. An arbitrary volume, V_b, of rock adjoining the excavation and bounded by $S_{o\ m} + S_\lambda$.

transition from the virgin state to state I be U'_{cv} and that of volume V due to the transition from virgin state directly to state II, be U''_{cv}. The difference between U''_{cv} and U'_{cv} is given by the change of energy in volume V due to the transition from state I to state II, which is U_c, and minus the change in V_m corresponding to the transition from the virgin state to state I, which is $(U_m - U_{mv})$. Thus

$$U''_{cv} - U'_{cv} = U_c - (U_m - U_{mv}), \tag{13}$$

which, if the enlargement of the excavation is small, results in

$$\Delta U_c = \frac{\partial}{\partial \ell}(U_{cv} + U_m - U_{mv})\Delta \ell \tag{14}$$

Observe that $U''_{cv} - U'_{cv} \neq U_c$, except when no rock is removed during the transition from state I to state II, that is, when cracks are enlarged.

In general, if an expression for U_{cv} is available, ΔU_c can be calculated from (14) and either (8) or (11). Of course, if in deriving U_{cv} the body forces were neglected, then $\Delta U_c = 2\Delta U_m$ according to 2.2.(21), so there is no need to use (14). It is a simple exercise, for example, to show with regard to the energy quantities in Table 2.2.1 that they obey (1), (3) and (4) when (c-a) is small.

2.4 Changes in the distribution of interstitial fluid.

The effects of interstitial fluid pressure and movement are of great practical importance in all branches of rock mechanics. Fluid pressure reduces the effective stresses and thus influences the stability of rock structures. Perhaps the most striking example of this phenomenon is the outburst of gas in coal mines, Hargraves (1958, 1967). The movement of water can endanger the safety of neighbouring mines or can cause the displacement of the ground surface causing structural damage.

Jaeger and Cook (pp. 195-214) give an excellent exposition of the fundamentals of the subject, so here sufficient need be said to allow only the generalisation of their treatment to compressible fluids.

Assuming that the rock mass is isotropic and elastic, then the stress-strain relations are as follows:

$$\sigma_{ij} = \lambda \epsilon_{kk}\delta_{ij} + 2G\epsilon_{ij} + \alpha p \qquad i,j = 1,2,3 \tag{1}$$

Here δ_{ij} is the Kronecker delta (defined to have the value one if i equals j, zero if i differs from j), λ and G are the Lame's constants and p is the pore pressure. Moreover, α is a dimensionless parameter,

$$\alpha = K/H, \tag{2}$$

where K is the bulk modulus and H is a new constant.

Let n and n_0 be the porosities (interconnected) of the rock in the strained and unstrained states. Introduce

$$\theta = n - n_0 \tag{3}$$

and postulate that

$$\theta = \frac{p}{R} - \frac{1}{3H}\sigma_{kk} + \frac{p}{Q} \tag{4}$$

The new constants are R and Q. The following relationships exists between these and the previously introduced α:

$$\frac{1}{Q} = \frac{1}{R} - \frac{\alpha}{H} \tag{5}$$

The application of Green's theorem to the equation of equilibrium in 2.1 (8) yields

$$\frac{\partial \sigma_{ij}}{\partial x_j} + X_i = 0, \tag{6}$$

which on substitution from (1) and on using

$$\epsilon_{ij} = \frac{1}{2}\left(\frac{\partial u_i}{\partial x_j} + \frac{\partial u_j}{\partial x_i}\right) \tag{7}$$

becomes

$$G\nabla^2 u_i + (\lambda+G)\frac{\partial \epsilon_{kk}}{\partial x_i} + X_i + \alpha\frac{\partial p}{\partial x_i} = 0, \tag{8}$$

provided the rock mass is homogeneous. There are five unknowns $(u_1, u_2, u_3, p, \theta)$ in the four equations represented by (4) and (8).

The law of conservation of mass requires that the material derivative of the mass, m, of fluid contained in region V at time t,

$$m = \int_V \rho\, n\, dV, \tag{9}$$

should be zero. Here ρ is the density of the fluid. Now, the material derivative of m is [Fung (1965)(p. 121)]

$$\frac{Dm}{Dt} = -\int_V \left(\frac{\partial(\rho n)}{\partial t} + \frac{\partial(\rho n v_i)}{\partial x_i}\right) dV = 0.$$

where v_i $(i = 1,2,3)$ is the i-th component of fluid particle velocity at x_1, x_2, x_3 and t. Since volume V is arbitrary, it follows that

$$\frac{\partial(\rho n)}{\partial t} + \frac{\partial(\rho n v_i)}{\partial x_i} = 0. \tag{10}$$

According to Darcy's law, the rate of flow of fluid at a point, defined as the volume of fluid crossing unit area per unit time, is proportional to the gradient of pore pressure p at that point, J & C. (p. 197). But the volume of fluid flowing in the direction parallel to the i-th axis and across a unit area per unit time, is nv_i. Therefore, Darcy's law states that

$$nv_i = - k\frac{\partial p}{\partial x_i}, \tag{11}$$

where $k = k'/\eta$. Here k' is a constant depending on the medium alone and η is the viscosity of the fluid.

The substitution from (11) into (10) gives

$$\frac{\partial}{\partial x_i}\left(k\rho\frac{dp}{\partial x_i}\right) = \frac{\partial(\rho n)}{\partial t} \tag{12}$$

and, if the rock mass can be regarded as being homogeneous with respect to fluid flow as well,

$$k\frac{\partial}{\partial x_i}\left(\rho\frac{\partial p}{\partial x_i}\right) = \frac{\partial(\rho n)}{\partial t} \tag{13}$$

The density, ρ, in(13) represents a variable which must be added to the five unknowns mentioned earlier. There are therefore now six variables and five equations. To proceed further, the relationship between fluid density and pressure, which relates to the fluid in question, must be used. Unfortunately, these relationships differ from fluid to fluid, so that the general treatment must be abandoned at this stage. The situations concerning a few idealised fluids are examined next.

(i) Incompressible liquid [J. & C. p. (201-202)]. In this case the density is constant. Since from (3) $\partial n/\partial t = \partial\theta/\partial t$, therefore, (13) simplifies to

$$k\nabla^2 p = \frac{\partial\theta}{\partial t}, \tag{14}$$

which, as shown by Jaeger and Cook, leads to the diffusion equation for θ, that is,

$$\nabla^2\theta = \frac{1}{C}\frac{\partial\theta}{\partial t} \tag{15}$$

provided $\partial X_i/\partial x_i = 0$. The new constant C is defined by

$$\frac{1}{C} = \frac{1}{k}\left(\frac{1}{Q} + \frac{\alpha^2}{\lambda+2G}\right). \tag{16}$$

(ii) Compressible liquid. Let the coefficient of compressibility, β, of the liquid be defined as

$$\beta = -\frac{1}{V}\frac{dV}{dp}, \tag{17}$$

where $V = m/\rho$ is the volume of the liquid and m its mass. Thus

$$\beta = \frac{1}{\rho}\frac{d\rho}{dp}, \tag{18}$$

from which, if β is regarded as a constant,

$$\rho = \rho_0 \exp[\beta(p-p_0)], \tag{19}$$

where ρ_0 and p_0 represent some reference state. Hence,

$$p = \frac{1}{\beta}\log_e(\rho/\rho_0)+p_0. \tag{20}$$

The differentiation of this expression with respect to x_i gives

$$\frac{\partial p}{\partial x_i} = \frac{\rho_0}{\beta\rho}\frac{\partial\rho}{\partial x_i}. \tag{21}$$

The substitution of this derivative into (13) yields the final result:

$$\nabla^2\rho = \frac{\beta}{k\rho_0}\frac{\partial(n\rho)}{\partial t} \tag{22}$$

Note that on the right the product of porosity and density appears. This makes the problem non-linear. The property of linearity is retained in steady-state problems, that is, when

$$\nabla^2\rho = 0. \tag{23}$$

In most instances it is permissible to expand the exponential function in (19) and to accept that

$$\rho \simeq \rho_0[1 + \beta(p-p_0)], \tag{24}$$

which, when substituted into (23) leads to

$$\nabla^2 p = 0 \tag{25}$$

Thus, in steady state the pressure distribution also satisfies the Laplace equation.

(iii) Ideal gas in isothermic compression.

The law governing the behaviour of ideal gases is $pV = p_0V_0$, where p_0 and V_0 define some reference state. But, since $V = m/\rho$ and

$V_0 = m/\rho_0$, the following relationship follows directly:

$$\rho = \rho_0 p/p_0$$

The substitution of this law into (13) leads to

$$k\frac{\partial}{\partial x_i}\left(p\frac{\partial p}{\partial x_i}\right) = \frac{\partial (pn)}{\partial t},$$

which obviously can be written as

$$k\nabla^2 p^2 = 2\frac{\partial (pn)}{\partial t}. \qquad (27)$$

This is a formidable result to which there does not appear any great possibility of obtaining any solution analytically. Even digital solutions can be obtained only with difficulty. The equation is, however, of considerable significance because, for example, of its relevance to gas outbursts in collieries.

Again, in steady state the situation simplifies and becomes tractable since p^2 then satisfies the Laplace equation,

$$\nabla^2 p^2 = 0,$$

so that it can be determined independently of the other variables.

3. STRESSES AND DISPLACEMENTS DUE TO CAVITIES IN A 'LINEAR' ROCK MASS.

3.1 Introduction

No real progress can be made with the design of underground cavities and their support unless the total stresses and the induced displacements around them can be determined or at least estimated. To do this, first the constitutive law of the surrounding rock must be known and, second, a method of computation, appropriate for the given constitutive law, must be available. Unfortunately, the constitutive law of the rock is all too often not known accurately, so that even the most sophisticated analysis can be regarded as only a coarse approximation.

It seems appropriate, therefore, that in this section in which general methods are introduced, the discussion should be restricted to methods which are based explicitly on a linear constitutive law. No analytical method is dealt with as these are discussed in many texts, as, for example, J. & C. (pp. 102-136, 228-291). As underground cavities, especially of mining type, are often of complex and irregular shape, it seems logical to restrict the discussion to fairly general numerical methods. Accessibility of digital computers makes these methods readily applicable today.

The finite element method is the most commonly used method of numerical stress analysis. It is a very general and powerful technique. Since excellent and detailed texts are available today, Zienkiewicz (1967, 1971), Desai and Abel (1972), this method is not discussed here in detail.

The greatest strength of the finite element method is the relative ease with which it can be used to treat problems in non-homogeneous and non-linear media. When the rock mass can be regarded as homogeneous elastic, the method has some disadvantages in comparison with more direct methods. The common feature of these direct methods is that they make use of some known elementary solutions in elasticity and rely on the principle of superposition to obtain the required result. Consequently, the method of solution needs only to ensure that the pre-specified conditions on the surface of the excavations are satisfied. This is contrary to the finite element method which, of necessity, treats the whole rock mass explicitly.

In mining and civil engineering there are essentially three types of excavations. These are the quasi-two-dimensional tunnels, tabular excavations and three-dimensional cavities. Naturally, the first two types are merely special cases of the third. However, their special geometrical features offer considerable simplifications in the solution of practical problems, so that they warrant special discussion.

3.2 Tunnels and quasi-two-dimensional chambers.

Underground excavations must satisfy two conditions to qualify as quasi-two-dimensional chambers in the sense in which the term is used in this section. First, they must have an axis along which their cross-section does not alter over a distance which is several times (say, three or four times) greater than the greatest linear dimension of the excavation perpendicular to this axis. The second condition demands that the variation in the primitive stress field (Section 2.1) along the long axis should be small, that is, this variation should be negligible over a length equal to several times the greatest width of the excavation.

Assume that the origin of the rectangular co-ordinate system is at the centre of gravity of the cross-section and that the x_3 axis is parallel to the long axis of the chamber. Let the Cartesian vector of the inward unit normal of the cavity be ν_i. In terms of these notations the primitive traction vector on the proposed surface of the cavity is

$$T_j^{(p)} = \nu_i \sigma_{ij}^{(p)} \qquad (1)$$

In terms of the assumption made earlier, $T_j^{(p)}$

can be regarded, for practical purposes, as being independent of x_3 at cross-sections remote from the ends of the cavity. In these circumstances, the displacement components which are induced by making or enlarging the excavation will also be independent of x_3. Therefore, the induced displacements, $u_1^{(i)}$, $u_2^{(i)}$ and $u_3^{(i)}$, obey the following relationships:

$$Gu_{j,kk}^{(i)} + (\lambda+G)u_{k,kj}^{(i)} = 0 \quad j,k = 1,2 \qquad (2)$$

$$u_{3,kk}^{(i)} = 0 \qquad k = 1,2 \qquad (3)$$

These relations are obtained from 2.4 (8) by putting $\alpha = X_j = 0$. The body forces can be neglected since it was shown that in the induced-stress system $X_j = 0$.

The problem is, therefore, to determine the displacement components which obey (2) and (3), the magnitudes of which are zero at large distances from the excavation and which yield

$$T_j^{(i)} = - T_j^{(p)} \quad \text{on } S_i, \qquad (4)$$

if the excavation is unsupported. Here S_i is the periphery of the cavity. The conditions for j = 1,2 correspond to the equation in (2) and for j = 3 to the equation in (3).

One of the most powerful analytical methods of solution in elasticity is based on the expansion of the required results in terms of orthogonal sets of functions. In the light of the success of the approach, it is often forgotten that the only necessary condition for the application of the method is that the functions in the set to be used should be linearly independent. When digital computers are freely available the property of orthogonality becomes an unimportant advantage. So it appears logical to attempt to widen the field of application of some well-known fairly general solutions. The general solution of two-dimensional problems in polar co-ordinates, as given by Timoshenko and Goodier [(1951)(pp. 116-121)], appears to be an obvious possibility for such generalization. It can be used to obtain those solutions which correspond to (2). A fairly general solution of the Laplace equation in polar co-ordinates gives the relevant solutions of (3).

Thus, the six polar components of stress, corresponding to the case when the problem is symmetrical with respect to the x_1 axis, are given by

$$\tau_{rr} = a_o r^{-2} + (3-2\nu)b_{c1} r^{-1}\cos\beta - \sum_{n=1}^{N} [n(n+1)a_{cn} r^{-(n+2)} + (n-1)(n+2)b_{cn} r^{-n}]\cos n\beta$$

$$\tau_{\beta\beta} = - a_o r^{-2} - (1-2\nu)b_{c1} r^{-1}\cos\beta + \sum_{n=1}^{N} [n(n+1)a_{cn} r^{-(n+2)} + (n-1)(n-2)b_{cn} r^{-n}]\cos n\beta$$

$$\tau_{r\beta} = -(1-2\nu)b_{c1} r^{-1}\sin\beta - \sum_{n=1}^{N} n[(n+1)a_{cn} r^{-(n+2)} + (n-1)b_{cn} r^{-n}]\sin n\beta \qquad (5)$$

$$\tau_{rz} = c_o r^{-1} + \sum_{n=1}^{N} c_{cn} r^{-(n+1)}\cos n\beta$$

$$\tau_{\beta z} = \sum_{n=1}^{N} c_{cn} r^{-(n+1)}\sin n\beta$$

$$\tau_{zz} = \nu(\tau_{rr} + \tau_{\beta\beta})$$

If the problem has no symmetry then further terms can be added. These are obtained from those in (5) by replacing a_{cn}, b_{cn}, c_{cn}, cos nβ and sin nβ by a_{sn}, b_{sn}, c_{sn}, sin nβ and -cos nβ, respectively. It should be noted that if the resultant of $T_i^{(p)}$ on S_i is zero, then $b_{c1} = b_{s1} = c_o = 0$.

The unknown constants, a_o, $a_{c1}, \ldots b_{cN}$; c_o, $c_{c1}, \ldots c_{cN}$; $a_{s1}, \ldots a_{sN}$; $b_{s1}, \ldots b_{sN}$ and $c_{s1}, \ldots c_{sN}$ are determined by satisfying 'in the mean' the boundary condition in (4), that is in such a way that the mean square error will be least.

Assume, as shown in Fig. 3.2.1, that the periphery of the chamber is defined by the single-valued function

$$r = R(\beta) \qquad (6)$$

and denote the approximate traction vector by T_j^c. This vector can be expressed in terms of the polar stress components in (5), so that it is a linear function of the unknown constants. Putting $r = R(\beta)$ in (5) and on using the law of stress transformation

[Sokolnikoff (1956)(p.43)]

$$T^c_j = \ell_{ik}\ell_{jl}\nu_i\tau_{kl} \qquad i,j = 1,2,3; \qquad k,\ell = r,\beta,z \tag{7}$$

where

$\ell_{ik} = \cos(x_i, x_k)$ and $\ell_{jl} = \cos(x_j, x_l)$. (8)

Thus, if $T^c_j = T^{(i)}_j$ in (4) then the mean-square error can be written as

$$\Phi = \int_{S_1}(T^c_j+T^{(p)}_j)(T^c_j+T^{(p)}_j)dS$$
$$= \int_0^{2\pi}\frac{R}{\cos\alpha}(T^c_i+T^{(p)}_i)(T^c_i+T^{(p)}_i)d\beta, \tag{9}$$

since $dS = Rd\beta/\cos\alpha$, where

$$\cos\alpha = -(\nu_1\cos\beta+\nu_2\sin\beta) \tag{10}$$

To obtain the constants which minimize Φ, (9) is differentiated with respect to all constants in turn. For example,

$$\frac{\partial\Phi}{\partial a_{cn}} = 2\int_0^{2\pi}\frac{R}{\cos\alpha}(T^c_j+T^{(p)}_j)\frac{\partial T^c_j}{\partial a_{cn}}d\beta = 0,$$

which yields

$$\int_0^{2\pi}\frac{R}{\cos\alpha}T^c_j\frac{\partial T^c_j}{\partial a_{cn}}d\beta = -\int_0^{2\pi}\frac{R}{\cos\alpha}T^{(p)}_j\frac{\partial T^c_j}{\partial a_{cn}}d\beta \tag{11}$$

In this manner as many equations are obtained as there are unknown parameters, so that a system of linear equations results.

There is no difficulty in programming, in a fairly general form, the method described in this section. To facilitate the solution of problems requiring a large number of coefficients, it will be advantageous to incorporate into the program Filon's method of numerical integration [Tranter (1959), (pp. 67-72)], which eases considerably the labour involved in the integration of terms containing for example, cos mβcos nβ for large values of m and n.

3.3 Concept of tabular excavations

The sources of a large fraction of all minerals are seams or reefs. The most typical of the former is a coal seam and of the latter the gold reefs of the Witwatersrand in South Africa. The common features of these tabular deposits are that (i) they extend over large areas, (ii) they lie virtually in a plane, (iii) their thickness or width is fairly uniform and that (iv) their width or thickness is negligible in comparison to their other two dimensions. Naturally, the mining cavities, apart from the auxilliary excavations, created in the course of mining such deposits, are also tabular, Fig. 3.3.1.

Considerable progress has been made in the analysis of problems involving tabular excavations since the early work of Hackett (1959). It would appear that he was the first to suggest that considerable advantages could be gained by neglecting in the course of solution, the effects of those surfaces (bounding the excavation) which are normal to the plane of the deposit, in comparison with the effects of those surfaces which are parallel to this plane. Of course, in the case of tabular deposits the area of the former surfaces is negligible in comparison with that of the latter. Naturally, this simplification introduces an error in the vicinity of the edges of the excavations (region A in Fig. 3.3.1), but will not affect appreciably the displacement and stress components elsewhere.

Mathematically this simplification is equivalent to viewing tabular excavations as displacement discontinuities, that is, as slits, the outlines of which coincide with the plan of the excavations. This means that the co-ordinates of two points, one of which is on the roof and the other perpendicularly opposite on the floor, are the same but that their displacements are different.

In specifying problems associated with tabular excavations, the relative displacement vector of the roof (hanging wall) and floor (foot wall) plays an important role. Assume that the x_3 axis of the co-ordinate system is normal to the deposit and points towards the floor strata. Let the component of the relative displacement vector which is normal to the seam, s_3, be called convergence and the two components parallel to the seam, s_1 and s_2, be the ride components. These are defined as follows:

$$s_i = u_i^+ - u_i^-, \qquad i = 1,2,3 \qquad (1)$$

where u_i^+ and u_i^- refer to the displacements of the floor and roof, respectively. These definitions arise from the convention that s_3 should be positive when it denotes convergence and from the fact that u_3 is positive when it represents a motion towards the roof. The latter statement concerning the sign of u_3 is a consequence of the convention that compressive stresses are positive.

A further consequence of the geometry of tabular deposits is that the variation in virgin stresses, when moving from the roof to the floor, can usually be neglected. In other words, it can be assumed that the field stresses are continuous across the plane of the deposit. This is because the width of the excavation is usually small in comparison with its depth below surface, so that the change in stresses due to body forces is a small fraction of the field stresses.

Since the field stresses in the rock in which mining takes place are virtually always compressive, the roof and floor of the excavation converge more and more as the size of the mined-out area is increased. If the excavation is unsupported then eventually the roof and floor come into contact and the magnitude of convergence becomes limited by the width or height of the excavation. In most mining situations the contact stress conditions are such that friction prevents the sliding of the roof and floor on each other, Salamon (1964). Hence, it can be assumed that after contact the walls of the excavation are "frozen" together.

Let the total mined-out area be denoted by A, the region in which the roof and floor are in contact by B and the open part of the excavation by C. (Fig. 3.3.2). Obviously B + C = A. The boundary conditions, in the plane of the deposit, which define the problem involving tabular excavations may be expressed as follows:

$$s_1 = s_{1c}, \quad s_2 = s_{2c}, \quad s_3 = s_m \text{ in B}$$
$$T_i^{(i)} = - T_i^{(p)} \qquad \text{in C} \qquad (2)$$

Here s_m is a constant and represents the upper limit of convergence. Moreover, s_{1c} and s_{2c} are ride components which occur immediately prior to contact at a given point. In order to define the problem completely, conditions on remote boundaries must also be specified, that is, the ground surface must remain stress-free and at points far from the mined-out area the induced displacements must be zero.

The problem specified by (2) becomes difficult to handle when $B \neq 0$. There are two difficulties. Firstly, the outline of the contact zone is unknown and must be determined as part of the solution. Secondly, the contact ride components s_{1c} and s_{2c} can be determined only by increasing the area of the excavation, after the first contact, exactly according to the sequence in which the actual mining is to take place. That is to say, the solution for a given outline of mining excavations is not unique but depends on the mining sequence. This is so even if the rock mass is linearly elastic.

The first problem is unavoidable once the magnitude of convergence tends to become greater than the value of s_m. Fortunately, in a very important class of situations the second problem does not arise, and solutions can therefore be found independently of the sequence of mining [see Section 3.4].

The treatment of tabular excavations as displacement discontinuities has some shortcomings. Perhaps the most obvious but the least important of these is that the opposite surfaces of the mathematical slit supposedly move into each other in the course of convergence. This conceptual difficulty can be removed simply by visualizing the actual, and not the mathematical, geometry.

An apparently much more serious problem arises from the fact that all along the edges of the excavation when the slit approach is used, stress singularities exist.

However, as will be seen later, the actual stresses can be estimated indirectly and also, in most practical situations, the rock is fractured in this region so that the theoretical stress values have little significance.

The slit or displacement discontinuity approach can be generalised readily. There is no conceptual difficulty in treating workings in more than one deposits and these deposit need not be parallel. It can be used also to approximate the effects of geological discontinuities such as faults.

It may be noted here that the mathematical treatment of cracks is identical to the treatment of tabular excavations, so that results available in the former field can be used readily in the latter. Also there is a close affinity between the crack problem and the theory of dislocation [Bilby and Eshelby (1968)]. Hence, results in that field may also have mining application.

3.4 Analogue and numerical analysis of tabular excavations

Once an area has been mined extensively the outline of the resulting excavations becomes complex and frequently, quite irregular. Clearly, no hope can be entertained that analytical solutions to such complex problems will ever be found. The significance of this conclusion was recognised early and the so called "face-element principle" was proposed as a basis for treating irregular mining layouts [Salamon (1961, 1962, 1963)]. The concept of this principle is simple. It makes use of the linearity of the equations of elasticity and expresses all displacement and stress components induced by mining as a sum (integral) of elementary displacements and stresses which are due to convergence and ride components at an arbitrary point in the plane of the deposit.

Let the ride and convergence components at point $\xi_1, \xi_2, 0$ in the seam be $s_k(\xi_1, \xi_2), k = 1, 2, 3$. Here ξ_1 represents an auxilliary co-ordinate system with its origin in the seam. Assume that the elementary displacement components at an arbitrary point x_1, x_2, x_3 in the rock mass can be expressed by

$$\Delta u_i = \sum_{k}^{3} s_k(\xi_1, \xi_2) U_i^k[(x_1 - \xi_2), x_3] \nabla A, \qquad i = 1,2,3 \qquad (1)$$

where ΔA is the small area over which the $s_k(\xi_1, \xi_2)$ relative displacements are supposed to act. In early work the area ΔA was referred to as the 'face element'.

It is possible to calculate from (1) the total induced displacement at any point x_1, x_2, x_3. The induced displacement components can be written formally as

$$u_i = \int_A \sum_k^3 s_k(\xi_1, \xi_2) U_i^k[(x_1 - \xi_1), (\xi_2 - x_2), x_3] dA \qquad (2)$$

Now, using the usual relationship between displacements and strains, the strain components at x_1, x_2, x_3 are

$$\epsilon_{ij} = \frac{1}{2} \int_A \sum_k^3 s_k(\xi_1 \xi_2) \left(\frac{\partial U_i^k}{\partial x_j} + \frac{\partial U_j^k}{\partial x_i} \right) dA \qquad (3)$$
$$i, j = 1,2,3$$

where the argument of U_i^k is the same as in (2).

If the result in (3) is substituted into the Hooke's law appropriate for the rock mass, the stress components at x_1, x_2, x_3 follow.

$$\sigma_{ij} = -\int_A \sum_k^3 s_k(\xi_1, \xi_2) \chi_{ij}^k [(x_1 - \xi_1), (x_2 - \xi_2), x_3] dA \qquad (4)$$

Clearly, function χ_{ij}^k can be expressed in terms the differential expression in (3), but this relationship will depend on the nature of the Hooke's law in question.

The results in (1) to (4) are quite general for a continuous elastic rock mass. The only restriction is that the excavations should be tabular, but not necessarily co-planar.

This formulation reduces the problems involving tabular excavations to the solution of two fundamental sub-problems. First, functions U_i^k must be derived analytically. These functions are independent of the actual mining layout, so that they can be predetermined and used for all subsequent computations. This problem involves the derivation of the displacement distribution due to point displacement discontinuities.

Considerable work has been done in this area. A comprehensive list of all nine functions is given by Salamon (1964) for homogeneous isotropic ground when the face element is assumed to be at infinite depth. Salamon (1962, 1963) gives the three functions corresponding to the convergence component at finite depth when both the seam and the surface are horizontal and the ground is either homogeneous isotropic (1962, 1963) or homogeneous transverely isotropic (1963). Moris (1971) has derived all nine functions in the case of homogeneous isotropic medium, inclined seam and plane horizontal ground surface. These latter results, however, are rather complex so that they are of little practical significance.

The second fundamental problem involves the determination of the distribution of the relative displacement components. This is a formidable task and, unfortunately, must be performed on each occasion when a new mining layout is analysed. The formal part of the solution is straight-forward. Assuming that the virgin stresses are known and that the excavations are open and unsupported, that is, region B = 0, then, according to the boundary conditions in 3.3.(2), the stresses on the left-hand side of (4) are given for x_3 and j = 3. Thus, for i = 1,2,3,

$$T_i^{(i)} = \sigma_{i3}^{(i)} = -\sigma_{i3}^{(v)}$$

$$= -\int_A \sum_k^3 s_k(\xi_1,\xi_2)\chi_{i3}^k[(x_1-\xi_1),(x_2-\xi_2),0]dA \quad (5)$$

in A, where $\sigma_{i3}^{(v)}$ are the known virgin traction components in the plane of the excavation. Clearly, x_3 is normal to the seam.

The relationship in (5) represents a system of three simultaneous integral equations for $s_k(\xi_1,\xi_2)$ where k = 1,2,3. The exact solution of this system has been found in only a few, almost trivial, cases. In practice, (5) is solved by replacing the integration by the summation of discrete quantities.

If the mined-out area is subdivided into n face elements then (5) may be approximated by the matrix equation

$$T = -\chi S, \quad (6)$$

where T and S are 3nx1 vectors and χ is a 3nx3n square matrix. The same equation may also be written as

$$\begin{bmatrix} T_1 \\ T_2 \\ T_3 \end{bmatrix} = -\begin{bmatrix} \chi_{11} & \chi_{12} & \chi_{13} \\ \chi_{21} & \chi_{22} & \chi_{23} \\ \chi_{31} & \chi_{32} & \chi_{33} \end{bmatrix} \begin{bmatrix} S_1 \\ S_2 \\ S_3 \end{bmatrix}, \quad (7)$$

where S_1, S_2 and S_3 are the column vectors of the s_1, s_2 and s_3 discontinuity components. Similarly T_1, T_2 and T_3 are the column vectors of the traction components.

The reciprocal theorem can be used to show that matrix χ is symmetrical, that is,

$$\chi'_{ij} = \chi_{ji}, \quad (8)$$

where χ'_{ij} is the transpose of χ_{ij}. Also, because the strain energy is positive definite, matrix χ must also be positive definite [Salamon and Deist (1970)].

If the excavations are open and unsupported then T is known in (6) and S is to be found. If the roof comes into contact, then the solution is obtained in several steps as was discussed in Section 3.3.

As an illustration of these general principles, the simplest problem involving tabular excavations in one seam will be discussed in some detail.

In deep-level mining, that is, when the width of excavations is much less than the depth below surface, it is frequently permissible to assume, for practical purposes that the mining depth is infinite. Moreover, if the seam or reef is horizontal and if it can be assumed that the virgin shear stresses are zero in the horizontal plane then the plane of the deposit is a plane of symmetry. Thus, in such instances it will suffice to deal with one half of the rock mass. Choose as this half the mass beneath the deposit.

Let the origin of the co-ordinate system be in the plane of the deposit and assume that the x_3 axis points vertically downwards. For the sake of simplicity postulate also that the excavations are sufficiently small as to have no contact between the roof and floor. In such instances the boundary conditions of the problem can be expressed as follows:

$$x_3 = 0 \quad \sigma_{13}^{(i)} = \sigma_{23}^{(i)} = 0,$$

$$u_3^{+} = 0, \qquad \text{outside A} \qquad (9)$$

$$\sigma_{33}^{(i)} = -\rho g H, \qquad \text{in A}$$

$$|x_1| = |x_2| = x_3 = \infty$$

$$u_1 = u_2 = u_3 = 0,$$

where H denotes the mining depth and ρgH is the vertical virgin stress at depth H. To find the solution to the problem specified by the boundary conditions in (9) use is made of a fairly general solution [Salamon (1963)],

$$u_1 = -(1-2\nu)\frac{\partial\varphi}{\partial x_1} - x_3\frac{\partial^2\varphi}{\partial x_1\partial x_3},$$

$$u_2 = -(1-2\nu)\frac{\partial\varphi}{\partial x_2} - x_3\frac{\partial^2\varphi}{\partial x_2\partial x_3}, \qquad (10)$$

$$u_3 = 2(1-\nu)\frac{\partial\varphi}{\partial x_3} - x_3\frac{\partial^2\varphi}{\partial x_3^2},$$

of the equations of equilibrium in homogeneous isotropic medium. In (10) function φ is an arbitrary harmonic function, that is, a function which satisfies the Laplace equation. Also, ν denotes the Poisson's ratio.

Simple substitution of the displacement in (10) into (3) and the Hooke's law yields the expressions for the required stress components:

$$\sigma_{i3} = -\frac{E}{1+\nu}\, x_3\frac{\partial^3\varphi}{\partial x_i\,\partial^2 x_3} \qquad i = 1,2 \qquad (11)$$

$$\sigma_{33} = \frac{E}{1+\nu}\left(\frac{\partial^2\varphi}{\partial x_3^2} - x_3\frac{\partial^3\varphi}{\partial x_3^3}\right)$$

The first of these expressions indicates that $\sigma_{13} = \sigma_{23} = 0$ when $x_3 = 0$, so that the solution in (10) satisfies the first line of the boundary conditions in (9), regardless of the particular form of the harmonic function.

Clearly, the remaining conditions in (9) will all be satisfied provided $x_3 = 0$

$$\frac{\partial\varphi}{\partial x_3} = 0, \qquad \text{outside A}$$

$$\frac{\partial^2\varphi}{\partial x_3^2} = -\frac{(1+\nu)\rho gH}{E}, \qquad \text{in A} \qquad (12)$$

$$|x_1| = |x_2| = x_3 = \infty$$

$$\varphi = 0.$$

These results follow from (9) and the last expressions of both (10) and (11). According to the potential theorem, these new conditions are all satisfied by

$$\varphi = -\frac{(1+\nu)\rho gH}{2\pi E}\iint_A \frac{\theta(\xi_1,\xi_2)}{(r^2+x_3^2)^{\frac{1}{2}}}\,d\xi_1 d\xi_2, \qquad (13)$$

where $r^2=(x_1-\xi_1)^2+(x_2-\xi_2)^2$ and $\theta(\xi_1,\xi_2)$ is $\partial\varphi/\partial x_3$ on $x_3 = 0$.

It appears that the solution of the basic problem is reduced to the determination of $\theta(x_1,x_2)$. In practice, two approaches have been used to find this function.

Firstly, the problem defined by (12) can be simulated in an experiment and $\theta(x_1,x_2)$ can be measured directly. This is the analogue approach. Electrolytic [Salamon <u>et al</u> (1964)] and network [Cook <u>et al</u> (1966)] analogues have been constructed and described in detail. It has been shown [Salamon (1964), 1964b)] that the analogue approach can be extended to deal with inclined seams and horizontal seams in transversely isotropic medium, provided, and this is a general restriction, that the depth of mining can be regarded as infinite.

The second approach is numerical and merely a special case of the general method expounded earlier in this section. From (13)

$$\frac{\partial^2\varphi}{\partial x_3^2} = -\frac{(1+\nu)\rho gH}{2\pi E}\iint_A \theta(\xi_1,\xi_2)\times \left[\frac{3x_3^2}{(r^2+x_3^2)^{5/2}} - \frac{1}{(r^2+x_3^2)^{3/2}}\right] d\xi_1 d\xi_2,$$

which, when substituted into (12) yields the integral equation

$$\iint_A \theta(\xi_1,\xi_2)\frac{1}{r^3}\, d\xi_1 d\xi_2 = -2\pi \qquad \text{in } A \qquad (14)$$

Obviously, this equation is a very simplified version of the system of three equations given in (5).

Practical computer programs to solve the discrete version of (14) are now available [Plewman et al (1969) and Starfield and Fairhurst (1968)]. It may be noted that Plewman and his colleagues use an iterative scheme which differs formally from the direct approach suggested in (14). The authors claim considerable numerical advantages for their scheme.

It may be claimed in summary, therefore, that methods for the solution of problems involving tabular excavations have evolved to an advanced stage and can be used for the solution of complex practical problems.

3.5 Truly three-dimensional excavations

Methods suitable for the solution of problems involving two-dimensional and tabular excavations were discussed in the earlier section of this chapter. Although the latter type of excavations induce distributions which are ordinarily termed three-dimensional, the tabular excavations still represent a very special case of stress analysis.

The available methods of computing stresses and displacements around three-dimensional cavities suffer from serious shortcomings. Analytical solutions are feasible only for chambers of simple geometrical shape, for example, ellipsoids. The usefulness of numerical techniques such as 'finite difference' or 'finite element' methods, is restricted by practical limitations. These limitations arise because it is essential in both of these methods to consider a large part of the rock mass. Consequently, the 'size' of the numerical problem is related in some manner to the volume of the mass. This means that the solution of actual problems takes on astronomic proportions and becomes impractical.

Linear elasticity offers an alternative approach which is suggested by the success of the face-element method as applied to tabular excavations. The superposition of known elementary solutions allows the formulation of the problem in terms of quantities prevailing at small finite elements of the surfaces bounding the excavations [Deist et al (1972), (1973)].

In introducing the method, first postulate the existence of a linearly elastic, but not necessarily homogeneous or isotropic, continuous body which is of infinite extent in every direction. Assume that there are no body forces and that the body is fixed rigidly at infinity. Mark N arbitrary points inside the body and apply force component P_l^j at point j. Let the displacement component u_k^i, caused by P_l^j at point i be defined as

$$u_k^i = h_{kl}^{ij} P_l^j \qquad i,j = 1,2, \ldots N \quad k,\ell = 1,2,3. \qquad (1)$$

Here, and in the sequel, the superscripts refer to the location of the point and subscripts to the co-ordinate axes.

Now denote the 3Nx1 vectors of the displacement and force components by U and P and introduce the 3Nx3N matrix $H \equiv [h_{kl}^{ij}]$. In terms of these notations the relation in (1) can be generalized and written as a matrix equation

$$U = H\,P. \qquad (2)$$

The reciprocal and Clapeyron's theorems can be used to show that H in (2) is symmetrical and positive definite.

Clearly, matrix H is fully determined if in an infinite medium the displacements at x_1^i, x_2^i, x_3^i due to force components P_1^j, P_2^j and P_3^j applied at x_1^j, x_2^j, x_3^j are known. For example, in the case of homogeneous isotropic medium, this corresponds to a problem which was solved by Lord Kelvin in 1848 [Sokolnikoff (1956)]. An element of the corresponding matrix H is given by

$$h_{k\,l}^{i\,j} = \frac{1}{8\pi G(\lambda+2G)}[(\lambda+3G)\delta_{k\,l} + (\lambda+G)(\nu_k^{i\,j})(\nu_l^{i\,j})]\frac{1}{r^{i\,j}}, \quad (3)$$

where λ and G are Lame's constants and $r^{i\,j}$ is the distance between points i and j. Also, $\delta_{k\,l}$ denote Kronecker's delta and $\nu_k^{i\,j}$ is a component of the unit vector pointing from point i towards point j.

Assume that a small plane surface is associated with each N points and that these points and the associated planes are so arranged as to form a continuous surface. The medium within this surface will be referred to as the interior region and that outside the surface as the outside region.

Apply unit force P_l^j on the j-th surface element and let the stress components induced by it be $\sigma_{k\,r}(k,r = 1,2,3)$. Let the components of the unit normal on element i pointing towards the exterior region be μ_r^i. Accordingly, the traction components acting on this element are $\mu_r^i\sigma_{r\,k}$, where the repeated index represents summation. The integration of these tractions over the i-th element results in force components which will be denoted by $a_{k\,l}^{i\,j}$. It is important to note that the $a_{k\,l}^{i\,j}$ components refer to the interior region. This is so since the tractions which were integrated earlier act on the bounding surface of this body.

The force components, $b_{k\,l}^{i\,j}$, with respect to the exterior region will obviously be the same in magnitude but opposite in sign, that is, $b_{k\,l}^{i\,j} = -a_{k\,l}^{i\,j}$ for $i \neq j$, because nothing alters in the definition except the sign of the components of the unit normal.

Introduce now the 3Nx3N matrices

$$A \equiv [a_{k\,l}^{i\,j}] \quad \text{and} \quad B \equiv [b_{k\,l}^{i\,j}], \quad (4)$$

where, of course, A and B refer to the interior and exterior regions, respectively. To determine the diagonal elements of these matrices consider a small volume enclosing, and cut in halves by, element i. Assume that the basic solution to be used is such that, in the limit, the interior half of this small volume accounts for one half and the exterior half of the volume for the other half of the applied force. This means that

$$a_{k\,l}^{i\,i} = b_{k\,l}^{i\,i} = \tfrac{1}{2}I_3, \quad (5)$$

where I_3 denotes a 3x3 identity matrix.

In view of this and the relationship mentioned earlier with respect to the off-diagonal elements,

$$A + B = I_{3N}. \quad (6)$$

In Figs. 3.5.1(a) and 3.5.1(b) the situations concerning the interior and exterior regions are shown when P_3^j is applied. Clearly, the interior region can be so viewed that it excludes P_3^j. Consequently, the external forces acting on the surface of this body must be in equilibrium, that is, their resultant must be zero. This means that the sum of the elements of all columns of A must be zero, hence matrix A is singular. In view of the relationship between A and B in (6), it follows that the sum of the elements in all columns of B is unity.

As the exterior region is fixed rigidly at infinity, any force distribution acting on the internal bounding surface must induce positive definite strain energy in the body. This means that matrix B is necessarily non-singular.

It is obvious from the manner in which the interior and exterior regions are defined that they may be regarded as bodies involved in two types of fundamental problems. The problem involving the interior region is typical of finite bodies or structures which are strained by surface forces. The problem involving the exterior region corresponds to the cavity created by the removal of the interior region. Of course, only the second fundamental problem is of concern in the present paper, so that the discussion will be restricted to this problem.

Problems involving underground cavities

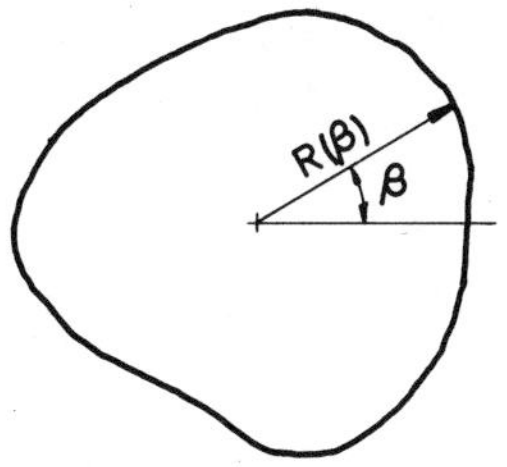

Fig. 3.2.1. Definition of tunnel cross-section by radius R defined as a function of β.

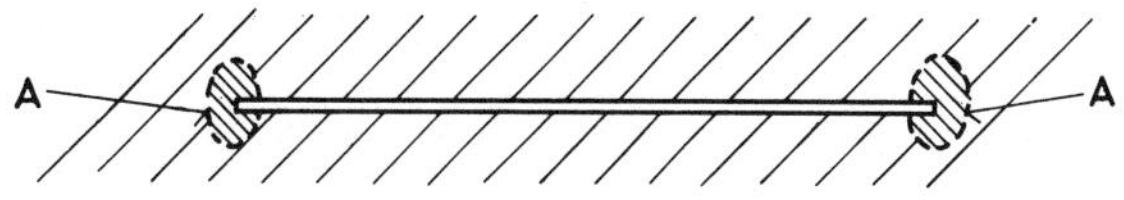

Fig. 3.3.1. Cross-section of a tabular excavation showing regions A where the 'slit-type' solutions are inaccurate.

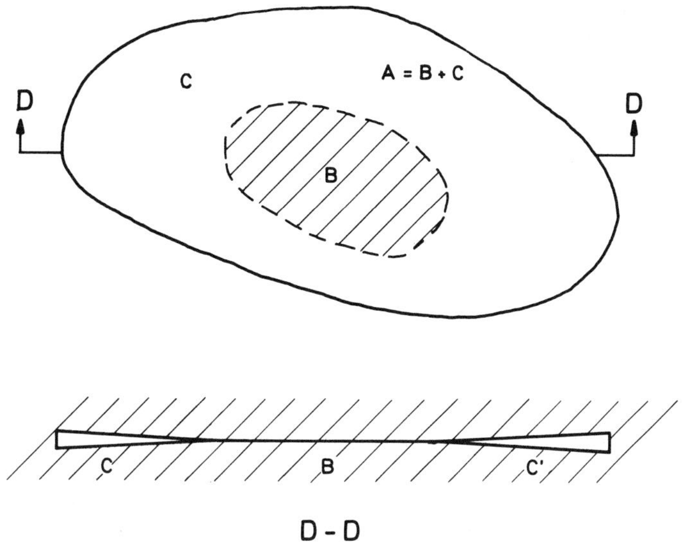

Fig. 3.3.2. Plan view of and a vertical section through a tabular deposit of total area A, showing the contact, B, and open, C, regions.

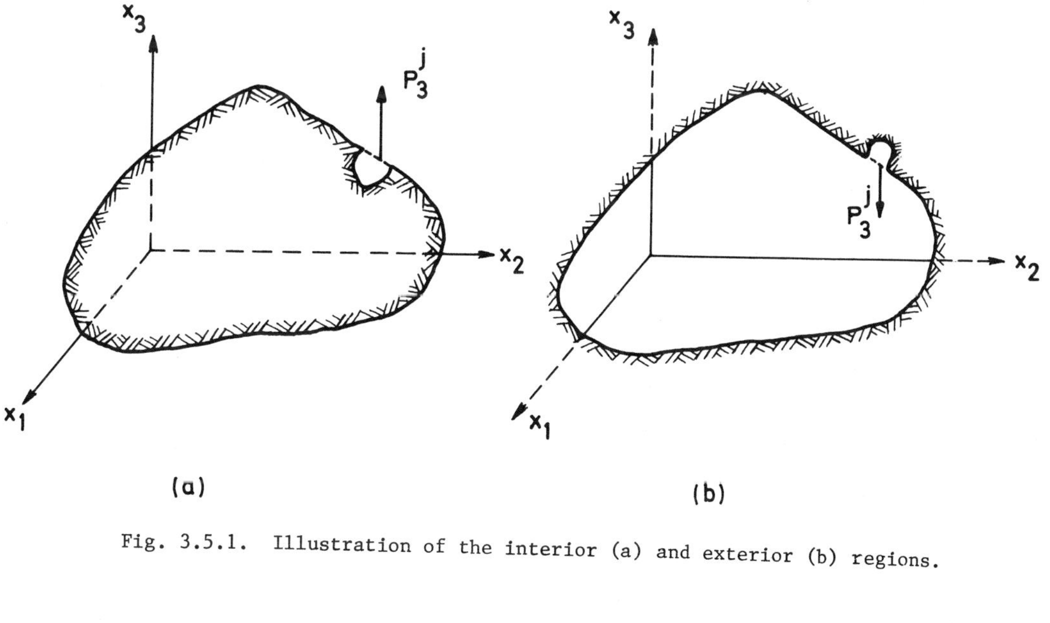

Fig. 3.5.1. Illustration of the interior (a) and exterior (b) regions.

can be defined with the aid of the following two matrix equations:

$$U = H P \quad \text{and} \quad F = B P \tag{7}$$

The first of these is a mere repetition of that in (2) and the latter introduces vector F which is the 3Nx1 vector of the external forces acting on the elements of the surface bounding the underground cavity.

When dealing with a practical problem the solution involves the computation of vector P from the boundary conditions. Once the elements of P are known, the stresses or displacements at any point in the rock surrounding the cavities can be found by superimposing 3N times the basic Kelvin-type solution.

The boundary conditions may consist of either the specification of U or the specification of F or the combination of these at the boundary. The components of F are perhaps most often specified. These are calculated from field stresses in which the cavities are to be created.

Naturally, in practice the number of surface elements in a problem is large, so that the direct inversion of B or H is not feasible. An iterative scheme of solution is needed. To this end it is important to realise that the eigenvalues, κ_r, of B (as defined in this section) are bounded so as to have

$$0 < \epsilon \leq \kappa_r \leq 1, \tag{8}$$

where ϵ is the smallest eigenvalue.

To keep the presentation simple, the whole discussion is given in terms of matrix equations. In order to do this, certain limits occurring as the main diagonal elements of B and H are assumed to exist. A more rigorous approach would have been to start with the underlying integral equations, as was done in Section 3.4 with respect to the tabular excavations, and then to form the matrix equations. The final results would, of course, have been identical.

The earlier discussion appears to hinge on the fundamental solution involving a concentrated force in the interior of an infinite elastic body. The basic principles, however, are much more general than this association would imply. Other basic solutions will frequently serve better when special types of problems require solution. In fact, the treatment of tabular excavations in Sections 3.3 and 3.4 could be regarded as a particular version of the more general approach of this section.

The results in this section are those obtained by Deist et al (1973). In the original report the discussion is more detailed, especially with respect to considerations concerning numerical solutions. On the basis of that discussion it is clear that solutions involving several thousands of surface elements are feasible.

3.6 Problems involving visco-elastic rock

In the previous sections of this chapter it has been assumed always that the rock mass is linearly elastic. Before leaving the subject of stress analysis as related to underground cavities, it seems essential to extend the discussion to media the behaviour of which is time-dependent, but which still retains its essentially linear character. Such material, according to the terminology of Volterra, obeys a linear hereditary law and is usually referred to as visco-elastic medium [Fung (1965) pp. 21,412]. The discussion is presented here concisely and for more detailed treatment the reader is referred to J. & C. (pp. 292-309) and Fung (1965)(pp. 20-29, 412-433).

The Hooke's law of the isotropic elastic medium may be written as follows

$$s_{ij} = 2Ge_{ij}, \qquad i,j = 1,2,3 \tag{1}$$

$$s = 3Ke \tag{2}$$

Here G and K are the shear and bulk moduli, respectively. Also s_{ij} and e_{ij} are the components of stress and strain deviations [J. & C. pp 32, 44]. Of these equations, the set in (1) refers to distortion and the relation in (2) to hydrostatic compression, each having its own elastic modulus.

For a wide range of visco-elastic materials the stress-strain relation may be put in the form of differential equations such as

$$f(D)s_{ij} = 2g(D)e_{ij}, \qquad (3)$$

$$f_1(D)s = 3g_1(D)e, \qquad (4)$$

where $f(D)$, $f_1(D)$, $g(D)$ and $g_1(D)$ are polynomials in D, and D denotes differentiation with respect to time.

To solve problems which start at time zero, that is, at t = 0, from undisturbed conditions, the Laplace transform of (3) and (4) can be taken. These may be written as

$$f(\varphi)\bar{s}_{ij} = 2g(\varphi)\bar{e}_{ij} \qquad (5)$$

$$f_1(\varphi)\bar{s} = 3g_1(\varphi)\bar{e} \qquad (6)$$

Here a symbol with a bar over it represents a Laplace transform and φ the transformation variable. It will be observed that these relations are the same as those in (1) and (2), provided G and K are replaced by $g(\varphi)/f(\varphi)$ and $g_1(\varphi)/f_1(\varphi)$, respectively. This analogy suggests that a class of stress analysis problems in visco-elastic bodies can be solved by taking the inverse Laplace transform of the elastic solution of the same problem, after G and K are replaced by $g(\varphi)/f(\varphi)$ and $g_1(\varphi)/f_1(\varphi)$, respectively, and the applied stress (or displacement) replaced by its Laplace transform. This concept of using elastic solutions to obtain solutions in visco-elasticity is usually referred to as the correspondence principle [J. & C. pp. 304-309; Fung (1965) pp. 421-429].

The applicability of the correspondence principle to problems in rock mechanics is severely restricted. This is so because this principle cannot, in general, be used to deal with situations where the shape or the size or the number of underground cavities change in time. Since such changes happen inevitably when underground excavations are created, it would appear that the principle has no application in the solution of this class of problems. Fortunately, there is a special sub-class of situations to which the correspondence principle can be extended, so that it can, in fact, be used to treat problems arising from the enlargement or extension of underground cavities.

It is well known [Timoshenko (1951) p.120; Muskhelishvili (1963) pp. 160-161] that the distribution of stresses, due stress boundary conditions in a body force free medium, are independent of the elastic constants in two-dimensional elasticity, provided that the applied forces are in equilibrium on the boundary of each cavity.

It was shown in Section 2.1 that the system of stresses induced by the creation of cavities is free of body forces and, if the excavations are at some considerable depth, little error can be made by assuming that the resultant of the induced forces over the boundary of each cavity is zero. Thus, if the excavations are such that a two-dimensional solution is acceptable, it follows that the distribution of stresses is independent of the properties of the rock. If this is so, the correspondence principle ensures that the stress distribution remains unchanged in time, provided the excavations are created suddenly in virgin ground and remain unaltered.

In practice, excavations are usually developed in steps. Suppose that the elastic solution corresponding to the first development step is available. The formal derivation of the corresponding visco-elastic solution due to the sudden creation at time τ_1 of the excavation presents no problem, at least in principle. Clearly, the stress distribution derived in such a manner will be independent of timo if the excavations are 'two-dimensional'.

Assume that the second step in the development of the excavations takes place at time τ_2 and the elastic solution corresponding to this new geometry is also known. The correspondence principle will again yield the visco-elastic solution from this elastic solution, provided the ground is restored to its state of virgin stress immediately before the second solution is applied. To achieve this restoration the visco-elastic solution corresponding to the first geometry is superimposed on the rock mass with opposite sign at $\tau = \tau_2$. Using a series of such negative and positive super-positions, the visco-elastic solution corresponding to any sequence of step-like changes in geometry can be obtained. Obviously, such method of solution can be applied only because the stress distribution remain unchanged between changes in geometry.

It is relatively simple matter to derive the displacements corresponding to such step-like development of cavities. Postulate that a displacement component at some point in the rock mass is given by

$$u = F_1[\ell_1,(t-\tau_1)] \qquad \tau_1<t<\tau_2$$

for the first geometry. Here F_1 is some function and ℓ_1 is some critical linear dimension in the first geometry.

Now, in terms of the method of super-position described earlier the same displacement component after the second development step is given by

$$u = F_1[\ell_1,(t-\tau_1)]-F_1[\ell_1,(t-\tau_2)] + F_2[\ell_2,(t-\tau_2)] \quad \text{for } \tau_2<t<\tau_3$$

and after n number of steps by

$$u = \sum_{i=1}^{n-1} \{F_i[\ell_i,(t-\tau_i)]-F_i[\ell_i,(t-\tau_{i+1})]\} + F_n[\ell_n,(t-\tau_n)]$$

This expression is valid in the time interval $\tau_n< t < \tau_{n+1}$.

A special case of (7) arises when the basic shape and number of excavations remain unchanged, but the excavations are increased in size continuously. In such a case $F_1 = F_2 = F_i = F$ and one of the terms in the sum in (7) may be written as

$$F[\ell,(t-\tau)]-F[\ell,(t-\tau-\Delta\tau)] \simeq \frac{\partial F[\ell_1(t-\tau)]}{\partial(t-\tau)} \Delta\tau$$

Using this result, the displacement in (7) can now be written as a continuous function. Suppose that the ground is undisturbed for $t < 0$, the excavations are increased during $0 < t < t_m$ and that they remain unchanged for $t > t_m$. The corresponding expressions for the displacement are

$$t < 0 \qquad u = 0,$$

$$0 < t < t_m \qquad u = F[\ell(t),0] + \int_0^t \frac{\partial F[\ell(\tau),(t-\tau)]}{\partial(t-\tau)} d\tau \tag{8}$$

$$t_m < t \qquad u = F[\ell_m,(t-t_m)] + \int_0^{t_m} \frac{\partial F[\ell(\tau),(t-\tau)]}{\partial(t-\tau)} d\tau$$

where ℓ_m is the maximum value of ℓ.

The applications of the correspondence principle and its generalisation are best illustrated by means of an example. To do this it is assumed that the ground behaves as a generalized Kelvin substance in distortion and remain elastic in hydrostatic compression, J. & C. (p. 301).

The stress-strain relation of such a substance may be written as

$$(t_0 D+1)s_{jk} = 2(G_i t_0 D+G_r)e_{jk} \qquad j,k = 1,2,3, \tag{9}$$

$$s = 3Ke,$$

where K is the bulk modulus, G_i and G_r are the instantaneous and long-term shear moduli ($G_r < G_i$) and t_0 is some relaxation time of the model. On comparing these relations with the definitions in (3) and (4), it is clear that

$$f(D) = t_0 D+1, \qquad g(D) = G_i t_0 D+G_r$$
$$f_1(D) = 1, \qquad g_1(D) = K \tag{10}$$

As the first example of the application of the application of the results in this section, the induced radial displacement due to the sudden creation of a circular shaft or tunnel of radius R is determined. The corresponding elastic solution is

$$u(r) = qR^2/2Gr, \tag{11}$$

where G is the shear modulus, q is the magnitude of the virgin stress and r is an arbitrary radius.

On the basis of the correspondence principle

the transform of the displacement is

$$\bar{u}(r,\varphi)= \frac{q}{2}\frac{R^2}{r}\;\frac{t_0\varphi+1}{p(G_1 t_0\varphi+G_r)},$$

which, after inversion, yields

$$u(r,t) = \frac{qR^2}{2G_r r}\,[1 - (1-G_r/G_1)\exp(-G_r t/G_1 t_0)]. \tag{12}$$

From (8) the corresponding results can be obtained for the case when the radius of the tunnel is increased at a constant rate from zero to R_m during the period $0 < t < t_m$. Omitting the details of the derivation, the results are as follows:

$0 < t < t_m$

$$u(r,t) = \frac{qR^2}{2G_r r}\left\{1 - \frac{2G_1 t_0}{G_r t}(1-G_r/G_1)\left[1 - \frac{G_1 t_0}{G_r t} + \frac{G_1 t_0}{G_r t}\exp(-G_r t/G_1 t_0)\right]\right\} \tag{13}$$

$t > t_m$

$$u(r,t) = \frac{qR_m^2}{2G_r r}\left\{1 - \frac{2}{\psi}(1-G_r/G_1)\left[(1-\frac{1}{\psi})e^{\psi} + \frac{1}{\psi}\right]\exp(-G_r t/G_1 t_0)\right\}, \tag{14}$$

where

$$\psi = \frac{G_r t_m}{G_1 t_0}. \tag{15}$$

4. PRINCIPLES GOVERNING THE SUPPORT OF CAVITIES.

4.1 Purpose and classification of support

Whenever a cavity is made or enlarged underground, questions concerning its support arise. Although probably more has been written about the design of support structures than any other subject in rock mechanics, real progress has been slow. Both mining and civil engineers still rely largely on experience to design their support systems.

The purposes of the support are, firstly, to assure the safety of the persons who are in the cavity for some reason, secondly, to ensure that the cavity can fulfil the function for which it was excavated and, thirdly, if the cavity was made to transport some fluid, to improve its performance as a means for fluid conveyance.

In mining, of course, a very high proportion of the volume of all extractions is made to extract some valuable mineral. These 'productive' excavations have only a very short useful life since their usefulness ends soon after the extraction of the mineral. Because of the size, complexity and relative positions with respect to each other of these excavations, strata control problems often arise. Since miners are occupied for a large part of their time in extracting minerals, the support of the productive excavations requires careful study in most mining ventures. The support employed in these circumstances must be simple, robust, effective and cheap. These exacting requirements are usually met by using either natural supports, that is, pillars, or materials which are relatively inexpensive in bulk and readily transportable, such as, the waste of the mineral recovery process used as a 'fill', or by introducing a fairly sophisticated but modile system which can assist in the extraction of a large volume of mineral. Naturally, other non-mobile support means are also used which, on occasions, are abandoned permanently in the mined-out region. Typical examples of the latter type are timber props, chocks or packs and rock bolts.

Obviously, the actual choice of the support system will depend on many factors, such as availability of materials, economics of the venture, etc., but the decisive considerations regarding such choice must be based on either experience in similar mining situations or on rock mechanics principles.

Apart from the productive excavations, there are shafts, service tunnels and various chambers in a underground mine. There appear to be no essential differences in principle between the problems regarding support in these excavations and those which arise in the support of the corresponding excavations in civil engineering. There are however, many practical considerations which differ. To mention only a few, most civil engineering excavations are virtually permanent (e.g. underground railways, water tunnels, etc.), while mining excavations are temporary, although, of course, some shafts, tunnels and chambers might have a service life of several decades. Civil engineering excavations often serve the general public, whereas mining excavations are used only by miners. It is not surprising, therefore, that more exacting standards are employed in civil engineering than in mining engineering.

Another important difference arises from the fact that most civil engineering excavations are made in virtually virgin ground so that once the work is completed, no further change is likely to occur in the field stresses. As opposed to this, the number, size and relative positions of excavations in a mine change continuously. The field stresses in the rock in which excavations are made can be, and often are, therefore very different from the virgin stresses. Also, the stress field is likely to change quite drastically as the result of subsequent mining. It is, therefore, essential to be able to predict the variation in the field stresses throughout the useful life of some service excavations.

Supports can be classified in various ways. Perhaps the most fundamental distinction arises between protective and reinforcing support structures.

Underground construction is most economic if best use is made of the self-supporting properties of the rock surrounding the cavities. In a great many instances it is found that the strength properties of the rock are such that no failure is likely to occur as a result of the prevailing total stresses. Nevertheless, often when an excavation is left unsupported in such situations, conditions gradually deteriorate and eventually even rock falls may occur. This deterioration is the result of either 'weathering' which is a physico-chemical process caused by changes in moisture content and/or oxidation, or the loosening of laminated or jointed rock. The loosening is usually induced by the vibrations caused by blasting, weathering or time-dependent deformation. In this type of situation a support which protects the skin of the exposed rock from changes in moisture, oxidation and superficial loosening can be very effective. Naturally, such support usually does have some structural strength, so that it does exert some direct reinforcing effect, but its main function is to protect. The increasingly used 'shotcrete' is a good example of this type of support.

When the total stresses are high in relation to the strength of the rock, or if the rock is 'blocky' because of the presence of well-developed joints, or if it is highly laminated or if for some reason the rock skin displacement is expected to be excessive, then some or all of the surfaces bounding the excavation must be supported so as to provide some reinforcement to the rock. The design of such reinforcing supports provides a challenge to the ingenuity of both mining and civil engineers.

The reinforcing effect of supports is strongly correlated with their resistance to deformation. In general, the support reaction increases with the deformation imposed by the surrounding rock. It is often advantageous to induce appreciable support reaction immediately at installation. This is achieved by pre-stressing the support element so as to induce, virtually instantaneously, some support reaction. Traditionally this is achieved by the 'wedging-in' of timber poles or frames. More modern examples of the same idea are the hydraulic prop and the rockbolt. Supports which are or which are not pre-stressed in this sense are usually referred to as active and passive supports, respectively.

Almost all supports employed in cavities are structures which are situated completely within the walls of the excavation. They exert their supporting action by imposing a self-equilibrating (if the weight of the support can be neglected) system of forces on the surface of the rock. An ingenious exception to this rule is the rockbolt. The supporting force exerted by this device, at least when applied conventionally, develops between the anchor point, which is inside the rock, and the tensioning end at the mouth of the borehole. Thus, in analysing the effect of conventional supports, only the displacement of the walls of the cavity needs to be considered. In contrast, the supporting action of rockbolts is related to the relative displacement of the rock at the points at which the two ends of the bolt are positioned.

Finally, a special type of support, the yielding support, warrants special attention. In particularly difficult conditions, when large displacements are expected, it is advantageous to employ a support which will yield when its resistance has reached a predetermined value. If the density and yield load of the support are chosen correctly then the walls of the excavation will move in a controlled manner, but without overloading the support or damaging the rock at points of contact. Hydraulic and friction props and various types of yielding steel arches are the modern manifestations of this principle. It is noteworthy, however, that the yielding support principle has been known to miners for a long time. The pointed timber "pit-prop" is a well known early application of the principle.

4.2 Rock and support as a statically indeterminate structure.

The design of the support of excavations is made difficult by the fact that the structure, composed of the support and the surrounding rock, is in general statically indeterminate, that is, the load acting on the support is determined by the deformation of both components of the structure. The support will not be stressed unless the rock mass undergoes some deformation after the installation of the support. The only significant exceptions to this rule are the hydraulic pressure which may act on the lining of some cavity and the weight of some completely fractured pile of loose rock in the roof of an excavation which may load the support. In all other instances which come to mind the support load can be determined only by considering the induced deformations.

This principle is demonstrated by means of the simple mechanical model in Fig. 4.2.1. Two continuous beams are shown, each of which is supported at its extremities and the upper one of them is loaded by some uniform external pressure. Connection between the beams is established by a number of blocks inserted between them.

It is easy to visualize that the lower beam will be loaded only if the external load induces some deflection in the upper beam and if the connecting blocks transmit some force to the supporting lower beam. The load on the upper beam will increase if any combination of the following steps is made:

(i) the external load is increased,

(ii) the upper beam is made more flexible,

(iii) the connecting blocks are made stiffer, and

(iv) the lower beam is made stiffer.

Obviously the reverse of these steps will lead to a reduction of the load on the lower beam.

The analogy of this model with the underground situation becomes obvious if the upper beam is identified with the surrounding rock, the lower beam with the support and the blocks with the contact between the rock and support.

To make the analogy a little more quantitative, assume that the constitutive law of the rock is linear and the relevant displacement component of the surface of the unsupported excavation is u and that the support resistance can be described by a single force, p. Such a situation would correspond to the supporting force of a single prop or to the pressure on the lining of a circular tunnel in hydraulic field stresses. Let the displacement of the wall of the excavation due to p be F(p), that of the support be f(p) and that of the connecting block be g(p). To determine the support resistance write

$$[u - F(p)] - f(p) = g(p), \qquad (1)$$

the solution of which for p gives the support load or the support resistance. In more realistic situations when there are many support elements and points of contract, the solution is defined by a system of simultaneous equations.

Unfortunately, there are only a few instances in which the system of equations typified by (1) have been solved. The greatest difficulty in this respect is associated with the component [u - F(p)] which describes the displacement of the surface of the excavation. Since this component is affected by the field stresses, the properties of the rock, changes in moisture, weathering, and so on, there are great practical difficulties in devising a model which describes this component satisfactorily. This is the reason why, particularly in civil engineering, many formulae have been proposed which purport to give the support load independently of the support. The most successful of these have been put forward by Terzaghi and Protodyakonov for the estimation of rock pressure on tunnel linings [Szechy (1966a),pp. 202-205; 213-217].

Without any intention of discrediting these formulae it must be noted that they can be regarded only as attempts to provide a practical upper limit for the pressure acting on the lining. Their success depends on whether they represent an acceptable compromise between safety and economics. It is to be hoped that advances in rock mechanics will make it possible to develop a theoretically sounder but, at the same time, practical method for the design of supports.

4.3 Some practical considerations.

While no rigorous method is available in most instances for determining the minimum, but sufficient dimension of underground support, the basic mechanism governing the loading of the support is reasonably well understood. When faced with the problem of designing supports it is essential to consider a number of factors. These factors include

(i) the quality and the properties (strength, deformation, time-dependency, weathering) of the surrounding rock,
(ii) geological weaknesses, joints, bedding planes,
(iii) hydrological conditions,
(iv) the virgin stress field, including latent tectonic forces,
(v) field stresses which develop as the result of the presence of other cavities in the vicinity,
(vi) the total stress around the unsupported cavity,
(vii) future changes in field stresses which develop as the result of new excavations in the vicinity,
(viii) time-dependent deformations, and
(ix) the purpose of the cavity.

In many instances it is advantageous to start the assessment with an analysis of the stress distribution around the excavation. If no more realistic model is available then this analysis can be made on the basis of the theory of elasticity. A comparison of the resulting stresses and the strength properties of the rock gives an indication as to whether stress failure can be expected around the excavation. The stress distribution, when examined in the light of the distribution of geological weaknesses, will reveal whether falls caused by loosening are likely to occur. Here the method of excavation is of great importance as blasting is likely to enlarge and activate the already existing joints and may induce further fractures. The preliminary analysis should give a rough indication of the magnitude of the displacements of the walls of excavation. The magnitude of displacements has a strong bearing on the type of support which can be used.

Before a final decision can be made with regard to the support, future changes caused by rock creep and further excavations in the vicinity as well as the effects of possible internal or external fluid pressure must be taken into account. Flow of liquid in the rock may have other influences (see Section 2.4), the most significant of these, in the case of clays or decomposed clayey rock being, perhaps, swelling, which can lead to substantial pressures in a manner not dissimilar from the thermal stresses resulting from changes in temperature.

In all of these examinations the purpose for which the cavity is made must be taken into account, both from the points of view of technical and economical factors. Naturally, the effort and cost of support must be in tune with the overall economics of the project.

Before leaving this brief summary of a very difficult subject, mention should be made of the fact that probably more support problems arise because of delayed installation of support than from any other single factor. It cannot be emphasized too strongly that timely and efficient installation of support can eliminate many problems of strata control and can lead to general improvement of conditions. A support is installed well only if any further displacement of the rock induces support resistance. If this is not so then the support will not perform usefully until the deformation is sufficiently large to be resisted by the support.

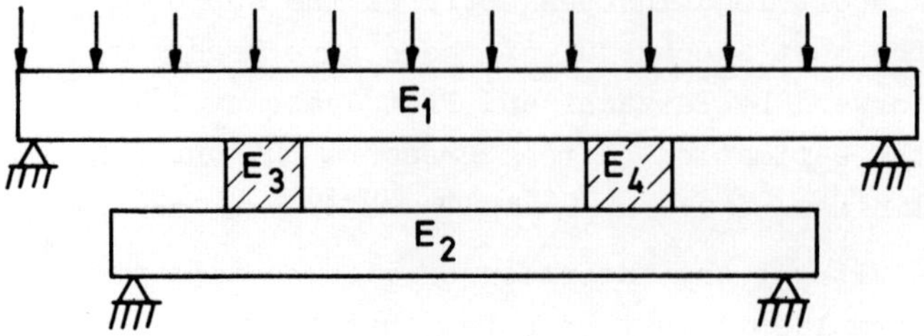

Fig. 4.2.1. Simple mechanical model of the statically inderterminate problem of underground support.

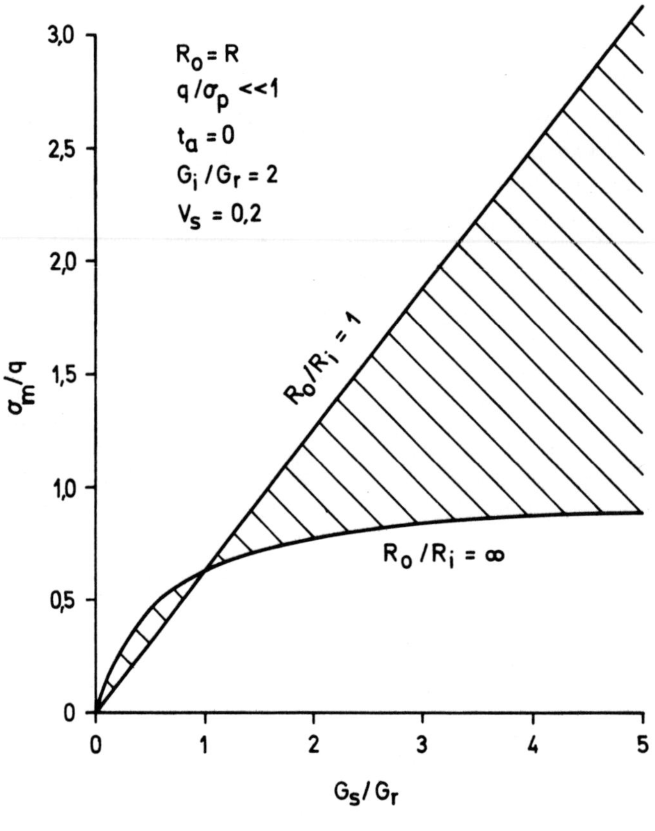

Fig. 5.2.1. Upper and lower limits of the maximum lining stress, σ_m, for a tunnel in competent rock.

5. DESIGN OF ISOLATED CAVITIES

5.1 Prediction of the behaviour of rock surrounding the excavation

An excavation is *isolated* if there are no other cavities sufficiently near to influence significantly the conditions around the excavation. If this is so the conditions in the rock around the cavity are affected only by changes brought about by creating the excavation itself.

In designing excavations four fundamental factors should be considered. These are the *location*, *size*, *shape* and *support* of the excavation. Normally an excavation is designed first on the basis that it should serve its purpose in an optimal manner, that is, its location, size and shape should be ideal, for example, to house turbines or to conduct irrigation water, and so on. This design is then examined from the rock mechanics point of view to determine whether serious problems can be expected in the execution of the project. If so, the excavation is re-designed to achieve the best compromise between the ideal and feasible design.

The rock mechanics examination may reveal that

(i) no strata control problems can be expected since the level of total stresses are low in relation to the rock strength and because the rock is massive and unjointed,

(ii) the total stresses do not exceed the strength of the rock but the rock is laminated, or jointed or fissured, so that loosening what may occur may result in falls and overbreak,

(iii) the physico-chemical properties of the rock are such that weathering or swelling can be expected, and that

(iv) the strength of the rock is less than the total stresses so that rock failure and large displacements can be expected.

Under (ii) it is essential to control blasting so that the extent of induced damage is kept to a minimum. These are the conditions under which appreciable improvements can be achieved by the introduction of machines to replace blasting and by the timely installation of supports. In such situations no great strength is required from the support, which is expected to bind the blocks or laminae together *before* they loosened sufficiently to become unstable. Frequently features of (ii) and (iii) occur together. In such instances protective support should also be used. If rock swelling is expected then it might become advantageous to reconsider the location of the excavation. Case (iv) is likely to occur either at considerable depth below surface or in unconsolidated or decomposed rock.

5.2 Design of supports in visco-elastic ground

When the rock obeys a linear hereditary stress-strain law, it is advantageous to use the superposition principle to determine the load acting on supports. Let the displacement caused by some external force

$$p(t) = \begin{cases} 0 & t < 0 \\ 1 & t > 0 \end{cases} \qquad (1)$$

at some point of a body composed of a visco-elastic substance be f(t). The displacement caused by instantaneous load increase p(0) at t=0 and dp(t)=p′(t)dt at t = ξ is

$$p(0)f(t), \qquad 0 < t < \xi$$

$$p(0)f(t)+f(t-\xi)dp \qquad (2)$$

$$= p(0)f(t) + f(t-\xi)p'(\xi)d\xi \quad t > \xi$$

Thus, the displacement, u(t), due to a continuously changing load, p(t), may be expressed as

$$u(t) = p(0)f(t) + \int_0^t f(t-\xi)p'(\xi)d\xi \qquad (3)$$

or, after integration by parts, as

$$u(t) = f(0)p(t) + \int_0^t p(\xi)f'(t-\xi)d\xi. \qquad (4)$$

This result is identical to that given by Jaeger and Cook (p. 303) apart from the first term which is omitted in their book.

To illustrate the principles involved in the determination of support loads, assume that the effect of support is described by a single quantity, $p(t)$. Let the induced displacement of the unsupported cavity, due to the virgin stress q, be $qg(t)$. Now assume that at $t=t_a$ some support is installed which exerts a pressure p on the surface of the excavation. The resultant displacement of the excavation wall is

$$u(t) = qg(t)-f(0)p(t-t_a) - \int_{t_a}^{t} p(\xi-t_a)f'(t-\xi)d\xi, \tag{5}$$

which is given on the basis of (4). It will be convenient to introduce at this stage

$$t = \tau + t_a, \qquad \xi = \psi + t_a, \tag{6}$$

which lead to

$$u(\tau+t_a) = qg(\tau+t_a) - f(0)p(\tau) - \int_0^{\tau} p(\psi)f'(\tau-\psi)d\psi. \tag{7}$$

According to the boundary condition in 4.2.(1), if the support and rock are in intimate contact, the displacements must satisfy the following relationship:

$$[u(\tau+t_a)-u(t_a)] - [u_s(\tau)-u_s(0)] = 0, \tag{8}$$

where the second square-bracketted term, that is, $[u_s(\tau)-u_s(0)]$, is the deformation of the support <u>after</u> its installation. In the case of passive supports, of course, $u_s(0) = 0$.

Now let

$$F(\tau,t_a) = g(\tau+t_a) - g(t_a) \tag{9}$$

and

$$u_s(\tau) = \beta p(\tau) \tag{10}$$

where β is a factor of proportionality which depends on the dimensions and elastic properties of the support. Using these notations and the result in (7), the boundary conditions in (8) can be written as

$$\beta[p(\tau)-p(0)] = qF(\tau,t_a) - f(0)[p(\tau)-p(0)] - \int_0^{\tau} p(\psi)f'(\tau-\psi)d\psi \tag{11}$$

Take the Laplace transform of both sides of this equation,

$$\beta[\bar{p}(\varphi)-\frac{1}{\varphi}p(0)] = q\bar{F}(\varphi,t_a) + \frac{1}{\varphi}f(0)p(0) - \varphi\bar{p}(\varphi)\bar{f}(\varphi). \tag{12}$$

To obtain this result use was made of the convolution theorem [Jaeger (1961)p.90]. It is now a simple matter to solve (12) for the transform of the support load.

$$\bar{p}(\varphi) = \frac{q\varphi\bar{F}(\varphi,t_a)+[\beta+f(0)]p(0)}{\varphi[\beta+\varphi\bar{f}(\varphi)]} \tag{13}$$

The inverse of the transform of this expression is the general expression of the support load for the case of single-parameter support systems. In more complex situations the reasoning is identical, but in place of (12) a system of equations is obtained containing the transforms of the support forces (or stresses) as unknowns.

To illustrate the application of (13), the support load on the lining of a circular tunnel in a hydrostatic virgin field is derived, assuming that the behaviour of the rock is described by the generalized Kelvin model, Section 3.6. From the results in 3.6.(12)

$$g(t) = f(t) = \frac{R}{2G_r}[1-G_r/G_1)\exp(-G_r t/G_1 t_0)], \tag{14}$$

which on the basis of (9) gives

$$F(\tau,t_a) = \frac{R}{2G_r}(1-G_r/G_1)\exp(-G_r t_a/G_1 t_0) \times[1-\exp(-G_r\tau/G_1 t_0)], \tag{15}$$

where R is the radius of the tunnel. Taking transforms

$$\bar{F}(\varphi,t_a) = \frac{R}{2G_r}(1-G_r/G_1) \times \exp(-G_r t_a/G_1 t_0)[\frac{1}{\varphi} - \frac{1}{\varphi+G_r/G_1 t_0}], \tag{16}$$

$$\bar{f}(\varphi) = \frac{R}{2}\frac{t_0\varphi+1}{\varphi(G_1 t_0\varphi+G_r)} \tag{17}$$

and substituting these into (13) give the transform of the load on the lining. For the sake of brevity the expression of this transform is omitted here.

The displacement of the outer surface of the lining is given by [J. & C. p. 128]

$$u_s(\tau) = \frac{(1-2\nu_s + k^2)R_o}{2(1-k^2)G_s} p(\tau), \qquad (18)$$

where ν_r and G_s are Poisson's ratio and the modulus of rigidity respectively, of the support and

$$k = R_i/R_o \qquad (19)$$

Here R_i and R_o are the internal and outer radii of the lining. From the comparison of (10) and (18)

$$\beta = \frac{(1-2\nu_s + k^2)R_o}{2(1-k^2)G_s} = \frac{\alpha R_o}{2G_s} \qquad (20)$$

where the definition of α is obvious.

After substitution from (16), (17) and (20) into (13) and taking the inverse, the final result is ($R_o = R$)

$$(1+\alpha G_r/G_s)p(\tau)=q(1-G_r/G_i)\exp(-G_r t_a/G_i t_o)$$
$$+(G_r/G_i+\alpha G_r/G_s)p(0)+(1-G_r/G_i)[p(0)-q\exp(-G_r t_a/G_i t_o)]$$
$$\times\exp[-(1+\alpha G_i/G_s)\tau]/(1+\alpha G_i/G_s)t_o]. \qquad (21)$$

This formula shows that if

$p(0)-q\exp(-G_r t_a/G_i t_o)>0$ then $p_{max}=p(0)$, (22)

or if

$p(0)-q\exp(-G_r t_a/G_i t_o)<0$ then $p_{max}=p(\infty)$, (23)

where from (21)

$$(1+\alpha G_r/G_s)p(\infty)=q(1-G_r/G_i)\exp(-G_r t_a/G_i t_o)$$
$$+(G_r/G_i+\alpha G_r/G_s)p(0) \qquad (24)$$

and if

$$p(0)-q\exp(-G_r t_a/G_i t_o) = 0 \qquad (25)$$

then the pressure on the lining remains constant at $p_{max}=p(\infty)=p(0)$.

These results reveal a number of important points concerning the interaction of rock and support. The load acting on passive supports [p(0) = 0] in isolated excavations increases asymptotically to its maximum value. The situation with respect to active supports can, however, be radically different. If the setting pressure is high the support may, in fact, be relaxing in time. In such situations the maximum pressure on the support occurs immediately at the time of installation and its magnitude equals the setting pressure.

The greatest compressive stress, σ, in the lining of the tunnel featured in the present example occurs at its internal surface and its magnitude is given by [J. & C. p. 129]

$$\sigma(\tau)=2p(\tau)/(1-k^2), \qquad (26)$$

where $p(\tau)$ is given in (21).

The situation regarding passive supports is of special interest. Put $p(0) = 0$ and $\tau = \infty$ into (21) and substitute the obtained $p(\infty)$ into (26). The result is the maximum stress, $\sigma(\infty) = \sigma_m$, induced in the lining, Salamon (1970).

$$\sigma_m = \frac{2q(1-G_r/G_i)}{(1-k^2)+(1-2\nu_s+k^2)G_r/G_s}\exp(-G_r t_a/G_i t_o) \qquad (27)$$

The most interesting feature of this expression is that σ_m remains bounded regardless of the value of k. Thus, if the wall thickness approaches zero, k = 1, then

$$\sigma_m' = \frac{q(1-G_r/G_i)}{(1-\nu_s)G_r/G_s}\exp(-G_r t_a/G_i t_o), \qquad (28)$$

and if the wall thickness approaches infinity, k = 0, then

$$\sigma_m'' = \frac{2q(1-G_r/G_i)}{1+(1-2\nu_s)G_r/G_s}\exp(-G_r t_a/G_i t_o) \qquad (29)$$

It can be shown that the magnitude of σ_m will always fall within the limits given by (28) and (29), in other words, within the shaded area in Fig. 5.2.1. It is important to note that if $G_s < G_r$, as is often so with competent rocks when supported by monolitic concrete lining, the stresses in the lining can be influenced little by a change in the wall thickness. In fact, an increase in wall thickness will result in an increase in σ_m. This is quite contrary to the conventional ideas concerning the strength of structural components.

The formulae in (27) to (29) indicate that the stresses in the lining can be reduced arbitrarily by delaying the installation of support. This reduction with increasing delay is due to the increasing fraction of the total displacement which occurs before the lining is installed. Mathematically, the reduction is affected by the exponential factor containing the length of the delay, t_a, in (27) to (29).

The fact that σ_m remains finite as the wall thickness approaches zero can be explained in terms of the stiffness of the lining. The stiffness controls the resistance of the lining, hence the support load. The stiffness of the support is determined by material and structural parameters. In the present example, the measure of the material parameters is G_s and that of the structural parameters is the wall thickness, k. Thus if $k \to 1$ ($R_i \to R$) the support load will approach zero, since the lining will have zero stiffness.

5.3 Design of support in visco-plastic ground

The visco-elastic model given in the previous section is usually applicable only to competent rocks in which no serious support problems arise anyway. When serious problems arise the behaviour of the rock cannot be approximated by a linear model. Non-linear behaviour accounts for most of the mathematical problems which have hampered the development of methods appropriate for such situations. Recent development of numerical methods, mainly the finite element method, Zienkiewicz [(1971)pp. 369-432], makes the treatment of realistic situations feasible. Thus, it is important to illustrate here the application of non-linear models to practical problems through a simple example.

The model used for this purpose is that introduced by Salamon (1970) and which resembles closely the Bingham-Voigt model of Price (1964) and Serata (1964). The stress-strain law is defined by

$$s_{jk}+t_0\frac{\partial s_{jk}}{\partial t} = \frac{2G_r\sigma_p e_{jk}}{2\sqrt{3}G_r(J_2)^{\frac{1}{2}}+\sigma_p} + 2G_i t_0\frac{\partial e_{jk}}{\partial t}, \qquad (1)$$

$$s = 3K_e, \qquad j,k = 1,2,3 \quad (2)$$

where t denotes time and t_0 is the relaxation time of the model, J_2 represents the second invariant of the strain deviations, s_{jk} and e_{jk} are stress and strain deviations and s and e represent the mean normal stress and strain, respectively [J. & C. pp. 32-33, 44-45]. If the strain deviations are small, the behaviour of the substance specified by (1) and (2) is identical to that of the generalized Kelvin substance, see 3.6(9), and hence the similarity in notation.

To demonstrate more clearly the behaviour of the model, the results of two hypothetical uniaxial creep tests, at loads σ' and σ'', are shown in Fig. 5.3.1. In the first test, when $\sigma' < \sigma_p$, the strain is bounded, while in the second test, when $\sigma'' > \sigma_p$, the creep curve approaches a linear time-strain relationship. Thus, the parameter σ_p will be referred to as <u>yield stress in creep</u>.

Returning to the problem of a circular tunnel in a hydrostatic field, it will be noted that because of plane strain and symmetry conditions $\epsilon_{zz} = 0$ and $e_{jk} = 0$ if $j \neq k$. Assuming that the medium is incompressible, that is, $K = \infty$, the sum of the radial, $\epsilon_{rr} = \partial u/\partial_r$, and tangential, $\epsilon_{tt} = u/r$, strain components is zero. Here u denotes the radial displacement component and r is the radial polar co-ordinate. Thus

$$\frac{\partial u}{\partial r} + \frac{u}{r} = 0,$$

which yield the solution

$$u(r,t) = u'(t)R/r,$$

where R, as before, is the radius of the tunnel and $u'(t)$ is the radial displacement at $r = R$. It is a simple matter to show that

$$\epsilon_{tt} = e_{tt} = u'(t)R/r^2 = -\epsilon_{rr} = -e_{rr} \qquad (3)$$

and

$$(J_2)^{\frac{1}{2}} = e_{tt} \qquad (4)$$

Substitution from (3) and (4) into stress-strain relations in (1) and some algebraic manipulations result in

$$(s_{tt}-s_{rr})+\frac{\partial(s_{tt}-s_{rr})}{\partial\zeta} = 2\sigma_p\left(\frac{R^2\phi}{\sqrt{3}R^2\phi+r^2} + \frac{G_i}{G_r}\frac{R^2}{r^2}\frac{d\phi}{d\zeta}\right), \qquad (5)$$

where the following dimensionless quantities were introduced for the sake of brevity:

$$\zeta = t/t_o, \qquad \phi(\zeta) = 2G_r u'(\zeta)/\sigma_p R. \tag{6}$$

If use is made of the equation of equilibrium, expressed in terms of the radial, σ_{rr}, and tangential, σ_{tt}, components of stress [J. & C. p. 127], that is,

$$\frac{\partial \sigma_{rr}}{\partial r} = \frac{\sigma_{tt} - \sigma_{rr}}{r} = \frac{s_{tt} - s_{rr}}{r},$$

the relationship in (5) can be rewritten, after integration with respect to r, in the following form:

$$\sigma_{rr} + \frac{\partial \sigma_{rr}}{\partial \zeta} = q$$

$$-\sigma_p\left[\frac{G_1}{G_r}\frac{R^2}{r^2}\frac{d\phi}{d\zeta} - \frac{1}{\sqrt{3}}\log_e\frac{r^2}{\sqrt{3}R^2\phi + r^2}\right] \tag{7}$$

The condition that the radial stress should be equal to the virgin stress, q, at $r = \infty$ has been taken into account in the derivation of (7).

The support resistance on the tunnel wall is $p(\zeta)$, so that the boundary condition at $r = R$ is $\sigma_{rr} = p(\zeta)$. The substitution of this condition into (7) yields a relationship between the resistance of the lining and the normalized displacement of the tunnel wall:

$$\frac{G_1}{G_r}\frac{d\phi}{d\zeta} + \frac{1}{\sqrt{3}}\log_e(1 + \sqrt{3}\,\phi)$$

$$\frac{1}{\sigma_p} + \left(p + \frac{dp}{d\zeta} - q\right) = 0. \tag{8}$$

To obtain a solution an additional condition is required which either defines ϕ or p independently or establishes a further relationship between ϕ and p.

The first solution of (8) which is of interest corresponds to the unsupported tunnel, that is, to $p = 0$. The solution of (8) in this instance is

$$\zeta = \frac{G_1}{G_r}\int_{\phi_0}^{\phi}\frac{\sqrt{3}d\phi}{\sqrt{3}q/\sigma_p - \log_e(1+\sqrt{3}\phi)},$$

which integral can be expressed in terms of tabulated functions:

$$\zeta = t/t_o$$

$$= \frac{G_1}{G_r}\exp(\sqrt{3}q/\sigma_p)[E_1(\mu) - E_1(\mu_o)], \tag{9}$$

where

$$\mu = \sqrt{3}q/\sigma_p - \log_e(1+2\sqrt{3}G_r u'/R\sigma_p), \tag{10}$$

$$\mu = \sqrt{3}q/\sigma_p - \log_e(1+\sqrt{3}G_r q/G_1\sigma_p), \tag{11}$$

and $E_1(\mu)$ is the exponential integral

$$E_1(\mu) = \int_{\mu}^{\infty}\eta^{-1}\exp(-\eta)d\eta. \tag{12}$$

To obtain these results it is assumed that the tunnel is created instanteneously at $t = 0$ and that the instantaneous displacement of the tunnel wall is $u_o' = qR/2G_1$. This is so because the model defined by (1) and (2) behaves as an elastic solid with moduli G_1 and K if it is subjected to 'instantaneous' stress changes. Thus, since $\phi_o = 2G_r u_o'/\sigma_p R$ from (6), $\phi_o = qG_r/\sigma_p G_1$.

A further important result which can be obtained directly from (8) concerns the maximum displacement of the tunnel wall, $u'(\infty) = u_m'$, as a function of the maximum resistance of the support, $p(\infty) = p_m$. Since at $t = \infty$ $d\phi/d\zeta = dp/d\zeta = 0$, the following result is obtained directly:

$$u_m' = \frac{\sigma_p R}{2\sqrt{3}G_r}\{\exp[\sqrt{3}(q-p_m)/\sigma_p] - 1\}. \tag{13}$$

It is important to note that u_m' remains finite as long as q/σ_p is finite. This is in contrast to the uniaxial situation where the strain increases without bounds if $q/\sigma_p > 1$. This difference, of course, is due to the fact that around the tunnel the stress concentration decreases in time due to a redistribution of stresses.

To obtain the general solution of the problem (8) must be solved in conjunction with the equation controlling the interaction of the lining and the rock wall. A generalisation of 5.2 (8) may be written for passive supports as

$$[u'(\zeta) - u_a'] - u_s = F(p), \tag{14}$$

where $u_a' = u'(\zeta_a)$ is the displacement of the tunnel wall at $t = t_a$, that is, at the time when the lining is installed. The function $F(p)$ on the right describes the compressibility of some material (back-filling) which might be introduced between the lining and the rock surface. In the case of intimate contact $F(p) = 0$. A general solution of (8) can now be obtained with the aid of (14).

$$t/t_o = \frac{1}{\sigma_p}\int_o^p \frac{\left\{1 + \frac{2G_i}{R}[\beta+F'(p^*)]\right\}dp^*}{\frac{q-p^*}{\sigma_p} - \frac{1}{\sqrt{3}}\log_e\left\{1+\frac{2\sqrt{3}G_r}{\sigma_p R}[u_a'+\beta p^*+F(p^*)]\right\}} \qquad (15)$$

Here $t > t_a$ and β is defined in 5.2 (20). The maximum pressure, p_m, will act on the lining when $t = \infty$, which will occur when the denominator of the integrand in (15) is zero. This reasoning leads to the following equation to determine p_m:

$$\beta p_m + F(p_m) = u_m' - u_a', \qquad (16)$$

where u_m' is given in (13). Of course, this relationship could have been obtained directly from (14).

If the virgin stress, q, is comparable with or larger than the yield stress in creep, σ_p, then the rock can be regarded as incompetent. In Fig. 5.3.2 the effect of wall thickness on the value of σ_m is illustrated for such a situation, using the ratio G_s/G_r as parameter. An interesting feature of this illustration is that when the material of the lining is of high modulus (in relation to the modulus of the rock, G_r) then σ_m is reduced rapidly if the wall thickness is increased. If, however, $G_r/G_r \approx 1$, only a relatively small reduction in the lining stress can be achieved by increasing the wall thickness. It will be noted also that at a given wall thickness the stress in the lining increases as the modulus of the material used is increased.

To demonstrate the effect of wall thickness further, the ratio of the stress reduction due to a given thickness of wall, $\sigma_m' - \sigma_m$, to that due to an infinitely thick wall, $\sigma_m' - \sigma_m''$, is plotted in Fig. 5.3.3. Here, of course, as in 5.2 (28) and 5.2 (29), σ_m' and σ_m'' correspond to the lining stresses at zero and infinite wall thicknesses, respectively. It will be observed that this ratio approaches unity rapidly, expecially when the value of G_s/G_r is high. Thus, in general, not much benefit is to be gained by increasing the wall thickness beyond five to ten per cent of the radius of the tunnel. Also, the economic upper limit of lining thickness is likely to decrease sharply with increasing modulus of the support material.

If no economic support material or wall thickness can be found to overcome the support problems then some special lining methods can be considered.

(i) Yielding support. To control the deformation of the tunnel and to restrict the support load within known limits, a lining that yields at a constant pressure, p_o, may be used. The efficiency of such linings may be measured by the reduction, due to support, in the deformation of the tunnel, that is, by ratio $(u_{max}' - u_m')/u_{max}'$, where u_m' and u_{max}' are the maximum displacement of the tunnel wall with and without support, respectively. This ratio can be expressed from (13) as follows:

$$\frac{u_{max}' - u_m'}{u_{max}'} = \frac{1 - \exp(-\sqrt{3}p_o/\sigma_p)}{1 - \exp(-\sqrt{3}q/\sigma_p)} \qquad (17)$$

In Table 5.3.1 a number of values of the ratio in (17) are given for various values of p_o/q and q/σ_p. The results indicate that a large reduction in the deformation of the tunnel can be achieved by a support designed to yield at a pressure equivalent to a fraction of the virgin rock stress. Yielding support is obviously more effective in incompetent than in competent rock.

(ii) Delayed installation of lining. The magnitude of the stresses induced in the lining can be controlled, in principle, by changing the time t_a, which elapses between driving and supporting the tunnel. The disadvantage of this method is, of course, that the rock surface is left unprotected which allows weathering, etc. to take place. In

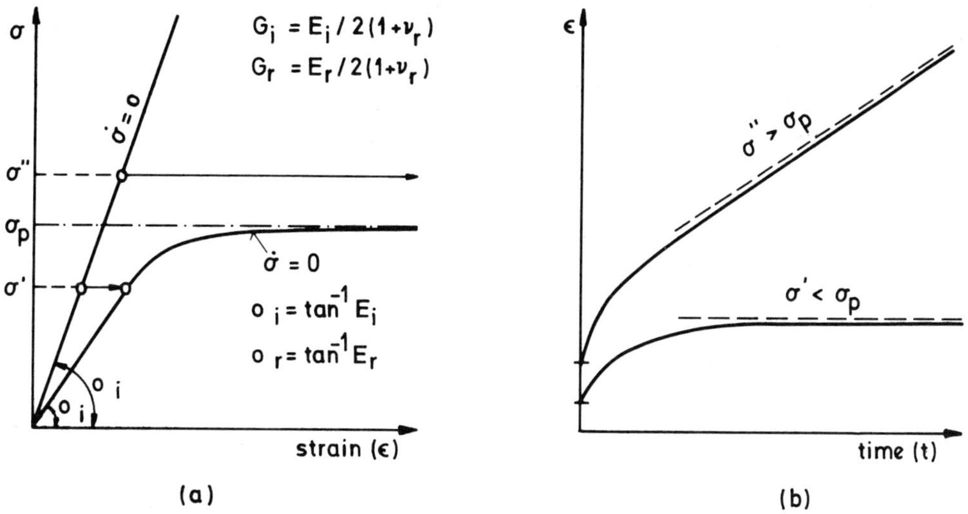

Fig. 5.3.1. Idealized stress-strain (a) and strain-time (b) relations in uniaxial compression.

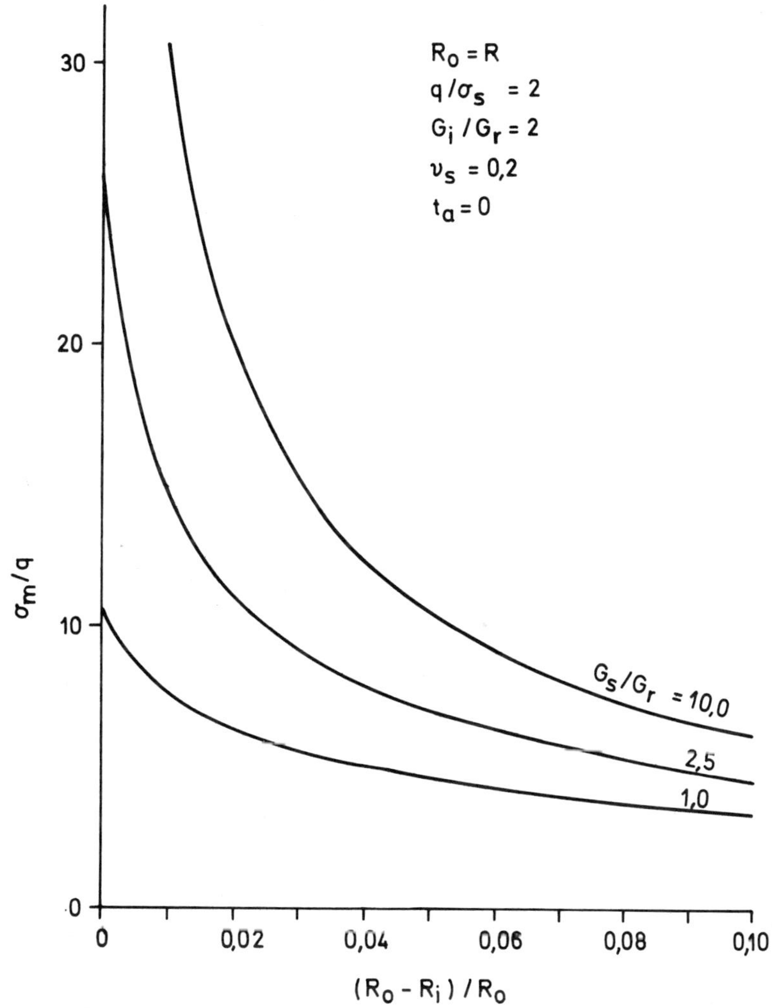

Fig. 5.3.2. The effect of lining thickness, $R_o - R_i$, on the maximum stress in the lining.

TABLE 5.3.1

EFFICIENCY OF YIELDING SUPPORT

IN TERMS OF THE RATIO $(u'_{max} - u'_{m})/u'_{max}$

p_o/q \ q/σ_p	0	1	2	3	4
0,1	0,10	0,19	0,30	0,41	0,50
0,2	0,20	0,36	0,52	0,65	0,75
0,4	0,40	0,61	0,77	0,88	0,94

practice, therefore, usually a flexible temporary support is used first and this is replaced or reinforced later by the permanent lining. If q/σ_p is large then perhaps the most effective combination is to use first a yielding support with relatively small p_o/q.

It is shown in Fig. 5.3.4, in which no temporary support was taken into account, that theoretically the magnitude of σ_m can be reduced at will, provided the installation of the permanent support is delayed sufficiently. However, this control often cannot be exercised fully as the required time delay increases rapidly with the ratio q/σ_p.

(iii) Back-filling. An alternative method of relieving the support and still controlling the deformation of the tunnel wall is to introduce some compressible material between the lining and the rock. In this manner only a fraction of the rock deformation is transmitted to the support, so that the stresses in the lining will always be smaller than those reached in intimate contact. The general solution in (15) caters for this method.

The stress relief in the lining can be controlled by adjusting the thickness of the lining and of the back-filling and by choosing appropriately the material to be used for back-filling. It would seem that the practical application of this method is worthwhile only if the magnitude of the expected displacements is large ($q/\sigma_p >> 1$) because under such conditions the stress relief in the lining will be appreciable and, at the same time, the deformation of the rock will be controlled fairly effectively.

5.4 Excavation in brittle rock

The discussion in Section 5.3 is concerned with rock which is likely to behave in a way similar to that of clays, shales, potash or other salts. No discussion of the problems associated with single excavations would be complete without reference to cavities around which the rock is in brittle state. Here 'brittle state' is referred to in the sense defined by Jaeger and Cook (p. 77), that is, a state in which the ability of the rock to resist load decreases with increasing deformation.

In Section 1.2 the mechanical behaviour of rock was discussed briefly. It will be recalled from that discussion that rock, when it is in brittle state, is a substance which is only conditionally stable. Whether its behaviour will be stable or otherwise depends on its own properties and on the stiffness of the loading system. This departure from unconditional stability presents surprising problems. It would appear that only Deist (1965, 1966) and, following in his footsteps, Ulgudur (1973) have made attempts to

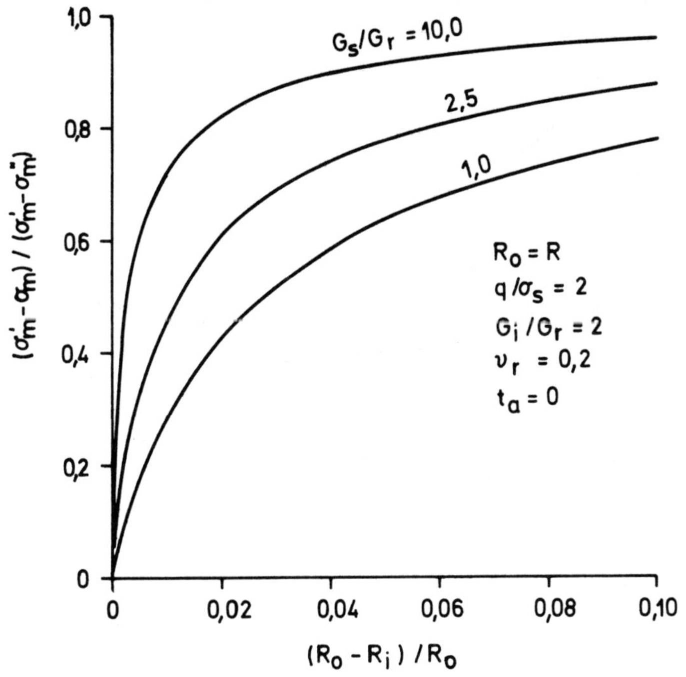

Fig. 5.3.3. The effect of wall thickness on the ratio of the stress reduction due to a given wall thickness, $\sigma'_m-\sigma_m$, to that due to an infinitely thick wall, $\sigma'_m-\sigma''_m$.

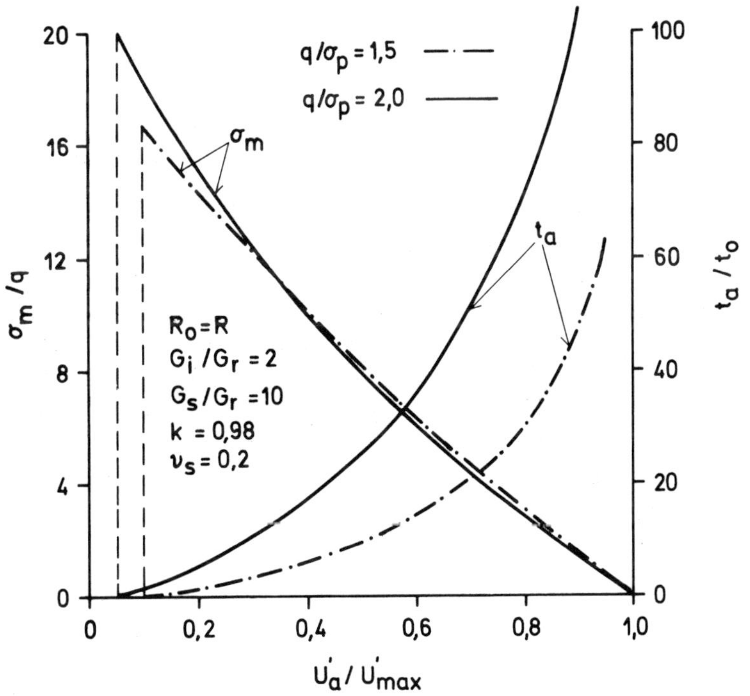

Fig. 5.3.4. The control of maximum lining stress by delayed installation of support.

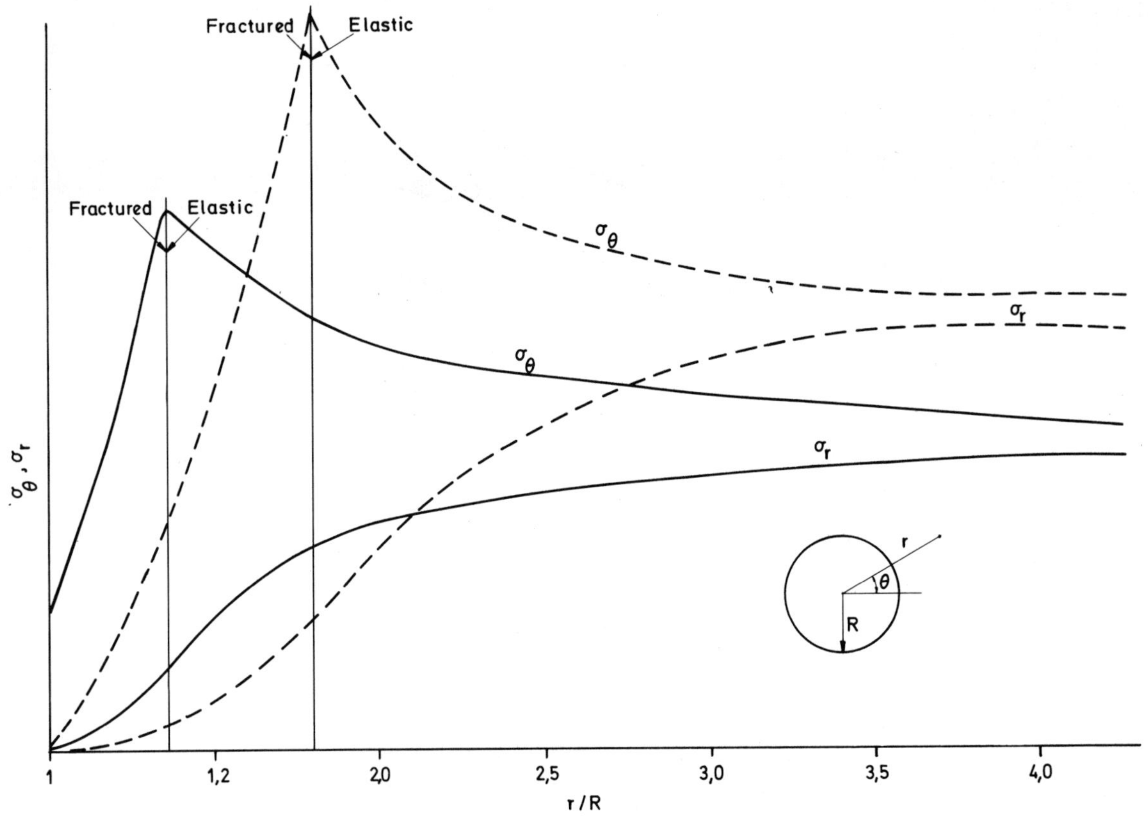

Fig. 5.4.1. Tangential, σ_θ, and radial, σ_r, stresses around a circular tunnel in brittle rock.

formulate a rigorous model to deal with problems which arise in regard to such a substance.

It is unfortunate that for the sake of brevity the detailed derivation and discussion by Deist (1965) and the subsequent generalisation, on Deist's advice, by Ulgudur (1973) of the problem involving a circular tunnel, has to be omitted here.

A very important corollary of Deist's formulation is that the 'instantaneous shear strength' of the failing rock reduces to zero as the difference between the principal strains is increased. This feature removes one of the difficulties inherent in the discussions of both Sections 5.2 and 5.3. There, a stable equilibrium of an unsupported tunnel is possible regardless of the magnitude of the loading stresses. Therefore those models of rock behaviour do not provide motivation for the use of support. Here, the rock around the tunnel cannot be self-supporting once its instantaneous shear strength has decreased to zero; therefore, if the tunnel is to be kept open, it must be supported. The set of dotted curves in Fig. 5.4.1 represents such a critical situation.

6. PRODUCTIVE MINING EXCAVATIONS

6.1 Introduction

The overwhelming percentage of the volume of underground cavities is created as a result of removing some valuable mineral from the crust of the earth. Since these are the cavities from which minerals, or rock containing minerals, are produced, they may be referred to as productive excavations.

The shape and size of a productive excavation is determined by the shape and size of the mineral deposit concerned. As these excavations are usually large and extensive, their presence controls almost entirely the magnitude and distribution of induced stresses and displacements in a mine. No rock control activity in mining will be successful, therefore, unless the effects of productive excavations can be determined and can be taken into account.

Since the early 1960's great strides have been made in the development of the rock mechanics of tabular excavations. The greater part of this chapter will, therefore, be devoted to problems associated with tabular deposits. This fact is partly an indication of the relative progress of rock mechanics due to the simplifications resulting from the special geometry of tabular deposits and of the relative significance of tabular deposits (coal seams, gold, platinum, etc., bearing reefs).

6.2 Some simple tabular excavations at large depths

Before discussing the design of the layouts of tabular excavations, first a few basic types of excavations are examined in some detail. Such an examination gives a much better insight into the stress and displacement distributions around tabular excavations than an analysis of the much more complex situation in the neighbourhood of a realistic mine layout.

(i) A general solution in two dimensions. In many instances, as was mentioned in Section 3.4, it is possible to obtain solutions by assuming that the excavations are at infinite depth. A series of basic two-dimensional solutions were presented on this basis by Berry (1964), involving two parallel open regions in transversely isotropic ground. Salamon (1968) generalized Berry's concepts to an arbitrary number of open or closed panels in either isotropic or transversely isotropic ground. A simplified version of the latter work is summarised here, but only for an isotropic medium.

Assume that all excavations are coplanar, parallel and long, so that plane strain solutions represent an acceptable approximation. If, in addition, the long axes of the excavations are horizontal and parallel with the x_2 axis, then $u_2 = 0$, and σ_{22} is a principal stress and the remaining induced displacement and stress components can be expressed in the following manner (note: x_1, x_2 plane is the plane of the deposit and x_3 points downwards):

$$u_1+iu_3=\frac{1}{4G}\{(Q_{33}-iQ_{13})[\bar{\Psi}(\bar{Z})-(3-4\nu)\Psi(Z)]+ +(Q_{33}+iQ_{13})(Z-\bar{Z})\bar{\Psi}'(\bar{Z})\}, \quad (1)$$

$$\sigma_{11}+\sigma_{33}=\sigma_{22}/\nu=-Q_{33}[\Psi'(Z)+\bar{\Psi}'(\bar{Z})] +iQ_{13}[\Psi'(Z)-\bar{\Psi}'(\bar{Z})], \quad (2)$$

$$\sigma_{11}-\sigma_{33}+2i\tau_{13}=-2iQ_{13}\bar{\Psi}'(\bar{Z}) +(Q_{33}+iQ_{13})(Z-\bar{Z})\bar{\Psi}''(\bar{Z}), \quad (3)$$

where $\Psi(Z)$ is a complex potential, the argument of which is

$$Z = x_1+ix_3 \quad (4)$$

Also, Q_{13} and Q_{23} are the components of the primitive stress vector on the plane of the deposit and at the origin of the co-ordinate system. In the simplified case considered here $Q_{23} = 0$ and

$$Q_{13}= q[(1-k)\sin2\alpha]/2, \quad Q_{33}= q[(1+k)+(1-k)\cos2\alpha]/2 \quad (5)$$

Here $q = \gamma H$, where H is the depth of the origin of the co-ordinate system below surface, γ is the specific weight of the rock, α is the dip of the deposit and k is the ratio of the horizontal to the vertical principal virgin stresses. In terms of these notations the normal and shear components of the primitive stress vector on the plane of the deposit at some arbitrary point is ($q_{23}=0$)

$$q_{13} = Q_{13}\vartheta, \qquad q_{33} = Q_{33}\vartheta, \qquad (6)$$

where

$$\vartheta = 1 + (x_1/H)\sin\alpha. \qquad (7)$$

The relative displacement components of the roof and floor (see Section 3.3) of the excavations and the induced stresses on the plane of the deposit can be expressed as

$$s_k(x_1) = \frac{2(1-\nu)Q_{k3}}{G}\,\mathrm{Im}\Psi^-(x_1),$$
$$\sigma_{k3}^{(i)} = -\,Q_{k3}\mathrm{Re}\Psi(x_1), \quad k = 1,3. \qquad (8)$$

If, as before, the total of regions in which the roof and floor are in contact is denoted by B and the union of the open regions of the excavations is denoted by C then, provided no slide of the roof and floor takes place after they come into contact, the boundary conditions to define $\Psi(Z)$ are as follows:

$x_3 = 0$

$$s_1 = s_m Q_{13}/Q_{33}, \quad s_3 = s_m, \quad \text{in B}$$
$$\sigma_{13} = -\,q_{13}, \quad \sigma_{33} = -\,q_{33} \quad \text{in C} \qquad (9)$$

$|x_1| = |x_3| = \infty$

$$\sigma_{13} = \sigma_{33} = 0.$$

Because of the special form of (1), (2) and (3), these boundary conditions reduce, when expressed in terms of $\Psi(Z)$, to the following:

$Z-\bar{Z} = ix_3 = 0$

$$\mathrm{Im}\Psi^-(x_1) = \ell_c \quad \text{in B}$$
$$\mathrm{Re}\Psi'(x_1) = \vartheta \quad \text{in C} \qquad (10)$$

$Z = \infty$

$$\Psi'(Z) = 0$$

where

$$\ell_c = s_m G/2(1-\nu)Q_{33}. \qquad (11)$$

In general, these conditions are satisfied if

$$\Psi'(Z) = 1 + (Z/H)\sin\alpha - P(Z)/X(Z), \qquad (12)$$

where

$$P(Z) = Z^n(c_0+c_1 Z)+D_1 Z^{n-1}+D_2 Z^{n-2}+\ldots+D_n \qquad (13)$$

$$X(Z) = \prod_{j=1}^{n}(Z-a_j)^{\frac{1}{2}}(Z-b_j)^{\frac{1}{2}} \qquad (14)$$

and the constants c_0, c_1 are chosen to satisfy the condition at $Z = \infty$.

In equation (14) a_j and b_j define the two ends of segment j of the x_1-axis. The ends of the segments are numbered in such a way that they are encountered in the order $a_1 b_1$, $a_1 b_1$, $a_2 b_2, \ldots a_n b_n$ when moving along the x_1-axis from left to right [Muskhelishvili (1963) p. 504]. The union of the finite number of segments $a_j b_j$ ($j = 1,2,\ldots n$) is the zone of no contact C, that is, $C = C_1+C_2+\ldots C_n$, where C_j is the segment $a_j b_j$. If there is no contact between the roof and floor of the excavations (B=0) then segments C_j each represent a panel. If, however, some of the panels are sufficiently wide to have closure, then one such panel occupies segment $a_h b_{h+1}$, within which segment $b_h a_{h+1}$ represents the zone of full convergence. The union of these segments is zone B.

If panels with finite spans are considered, then the displacement components are zero at large distances from the excavations. This is ensured if

$$\Psi(Z) = \int_{\infty}^{Z}\Psi'(t)dt \qquad (15)$$

and if

$$c_0 = 1 - (\sin\alpha/2H)\sum_{j=1}^{n}(a_j+b_j),$$
$$c_1 = \sin\alpha/H, \qquad (16)$$

provided $B = 0$, or if

$$c_0 = 1 + (\sin\alpha/H)\Big[a_{h+1}+b_h - \tfrac{1}{2}\sum_{j=1}^{n}(a_j+b_j)\Big], \quad c_1 = \sin\alpha/H, \qquad (17)$$

provided full closure takes place in segment $a_{h+1}b_h$.

The solution given by (12) to (14) is not single-valued unless 'cuts' are made in the Z plane and the values of constants $D_1,\ldots D_n$ are chosen accordingly.

If there is no contact anywhere in the

excavations between the roof and floor, the solution will be single-valued if cuts are made along segments C_j and if $\psi(Z)$ reverts to its original value while point Z describes anti-clockwise contours surrounding those segments. By contracting the contours into segments C_j, the following relations are obtained:

$$\int_{C_j} P(t)/X(t)dt = 0 \qquad j = 1,2,\ldots n, \tag{18}$$

which give a system of n linear equations for constants $D_1,\ldots D_n$.

If closure takes place in the panel occupying segment $a_h b_{h+1}$ then the zone of contact is segment $b_h a_{h+1}$. Naturally, the values of b_h and a_{h+1} are not known in advance.

It is clear from physical considerations that at the boundaries between segments $a_h b_h, b_h a_{h+1}$ and $b_h a_{h+1}$, a_{h+1}, $a_{h+1} b_{h+1}$ the stress components and the slopes of the curves of relative displacements must be continuous. Therefore, on the basis of the conditions in (10) and the relations in (8), $\Psi'(x_1) = \vartheta$ at the two ends of segment $b_h a_{h+1}$. This is ensured if

$$P(b_h) = P(a_{h+1}) = 0,$$

which suggests that the form of P(Z) should be modified to

$$P(Z) = [Z^{n-2}(c_0 + c_1 Z) + D_1' Z^{n-3} + \ldots + D_{n-2}'](Z-b_h)(Z-a_{h+1}). \tag{19}$$

The remaining $D_1',\ldots D_{n-2}'$ constants are determined from (18) in which j now assumes the values 1,2,...(h-1),(h+2),...n and P(Z) is substituted from (19). The relations defining b_h and a_{h+1} are obtained by considering the increment in the imaginary part of $\Psi(Z)$ around anti-clockwise and clockwise contours enclosing segments C_h and C_{h+1}, respectively. Since the closure in segment B_h is s_m, the following relations are obtained [relation in (10)]:

$$i\int_{C_j} P(t)/X(t)dt = 2\ell_c \qquad j=h,(h+1). \tag{20}$$

Although the solution is given here by considering only one panel with closure, the method can logically be extended to cover situations where closure occurs in several panels.

A special situation arises when the outermost panel on either the left or the right (or both) has an infinitely large span. In such a situation, depending on whether the infinite span is to the left or to the right, a_1 or b_n is taken as a further point where the roof and floor come into contact and beyond this point the convergence is equal to s_m. When one or two of the spans is infinitely large the displacement components do not approach zero as x_3 approaches infinity. In such instances

$$\Psi(Z) = \int \Psi'(t)dt + \text{constant}, \tag{21}$$

where the constant represents rigid body displacement. It can be determined by fixing a suitably selected point on the unmined portion of the x_1 axis.

(ii) Some examples.

The simplest and most frequently used [e.g. Hackett (1959), Berry (1960), Cook (1962), Salamon (1962)] example of the application of the results in this section is a parallel-sided panel of span 2ℓ when there is no contact between the roof and floor. The required complex potential and its derivative, Salamon (1968), is

$$\Psi(Z)=[Z - (Z^2 - \ell^2)^{\frac{1}{2}}]\{1 + c[Z - (Z^2 - \ell^2)^{\frac{1}{2}}]/4\}, \tag{22}$$

$$\Psi'(Z)=[1 - Z(Z^2 - \ell^2)^{-\frac{1}{2}}]\{1 + c[Z - (Z^2 - \ell^2)^{\frac{1}{2}}]/2\}, \tag{23}$$

where the notation

$$c = \sin\alpha/H \tag{24}$$

has been introduced.

The most readily appreciated results are obtained when the deposit is horizontal ($\alpha = 0$) so c = 0. In this case $s_1(x_1)=0$ and the convergence is given by

$$s_1(x_1) = \frac{2(1-\nu)Q_{33}}{G}(\ell^2 - x_1^2)^{\frac{1}{2}}. \tag{25}$$

Obviously, the maximum convergence occurs at

the centre of the panel ($x_1 = 0$) and when this maximum value reaches the working height, at span $2\ell_c$, that is, when $s_3(0) = s_m$, (25) yields the interesting relationship

$$\ell_c = s_m G/2(1-\nu)Q_{33}.$$

It will be noted that this critical half-span is the same as ℓ_c given in (11) and, according to (10), it plays an important role in all problems involving roof and floor contact.

Also the normal, σ_{33}, and tangential, σ_{11}, <u>total</u> stresses on $x_3 = 0$ and for $|x_1| > \ell$ are given by

$$\sigma_{11}(x_1) = \gamma H[k-1+|x_1|(x_1^2 - \ell^2)^{-\frac{1}{2}}, \qquad (26)$$

$$\sigma_{33}(x_3) = \gamma H|x_1|(x_1^2 - \ell^2)^{-\frac{1}{2}}$$

The same stresses within the panel ($|x_1| < \ell$) and also for $x_3 = 0$ are simply

$$\sigma_{11}(x_1) = -(1-k)\gamma H, \quad \sigma_{33}(x_1) = 0. \qquad (27)$$

The formulae in (26) reveal that at $x_1 = \pm\ell$ the stresses change discontinuously and that immediately outside the panel the magnitude of stresses is infinite. The physically impossible behaviour of stresses in the neighbourhood of the edges of tabular excavations is a consequence of the mathematical simplifications inherent in the displacement discontinuity approach. Of course, infinite stresses do not occur in reality. Their presence in the simplified model indicates however, that the actual stresses are extremely high in the vicinity of the edges of tabular excavations.

Another set of two formulae are given next. These are the horizontal and vertical <u>total</u> stresses on the centre line of the panel:

$$\sigma_{11}(ix_3) = -(1-k)\gamma H + \gamma k x_3$$
$$+\gamma H|x_3|(2\ell^2 + x_3^2)/(\ell^2 + x_3^2)^{3/2} \qquad (28)$$
$$\sigma_{33}(ix_3) = \gamma[x_3 + H|x_3^3|/(\ell^2 + x_3^2)^{3/2}].$$

The variation of these stresses as functions of x_3 are plotted in Fig. 6.2.1. The most striking feature of these graphs is that tensile stresses are restricted to a very limited region in the vicinity of the excavation. To illustrate this matter further, the zone around the panel where at least one of the principal total stresses is tensile is shown in Fig. 6.2.2. It is obvious from these illustrations that compressive stresses dominate around deep tabular excavations except in a small neighbourhood of the cavity. This feature of the stress distribution will tend to ensure that the rock mass behaves as a continuum, even if it is weakened by faults, joints or planes of stratification.

Before the discussion of the example is proceeded with, some general results concerning tabular excavations are introduced. Results obtained in Section 2.3 can be used to obtain an estimate of the actual stresses acting at the edges of tabular excavations.

In plane strain situations the strain energy density at some point on the 'face' (Fig. 6.2.3) is (J. & C. p. 117)

$$\Phi^{(pp)} = (1-\nu)\sigma^2/4G, \qquad (29)$$

where σ is the tangential stress at the same point.

Now, using 2.3(8)

$$\frac{\partial U_m}{\partial \ell} = \int_{S_{\Phi m}} \Phi^{(pp)} dS = \frac{(1-\nu)h}{4G}\sigma_{rms}^2 \qquad (30)$$

where h is the height of the workings and σ_{rms} on the right is the root-mean-square stress which provides a measure of the <u>average</u> stress at the face, Deist (1966) and Rice (1968). From (30)

$$\sigma_{rms} = [4G/(1-\nu)h]^{\frac{1}{2}}(\partial U_m/\partial \ell)^{\frac{1}{2}}, \qquad (31)$$

so a measure of the average stress can be obtained, provided $\partial U_m/\partial \ell$ can be computed. There are two ways of doing this.

First, using 2.3(12) it can be shown that

$$\Delta U_m = -\tfrac{1}{2}\int_{\Delta A} s_k^{(i)}\sigma_{k3}^{(p)} dA \qquad (32)$$

where $\sigma_{k3}^{(p)}$ ($k = 1,2,3$) are the components of the stress vector in ΔA <u>prior</u> to mining this area and $s_k^{(i)}$ are the components of the relative displacement vector <u>after</u> mining the same region. It is practical to employ this approach when the solutions are obtained either digitally or by means of an electric analogue.

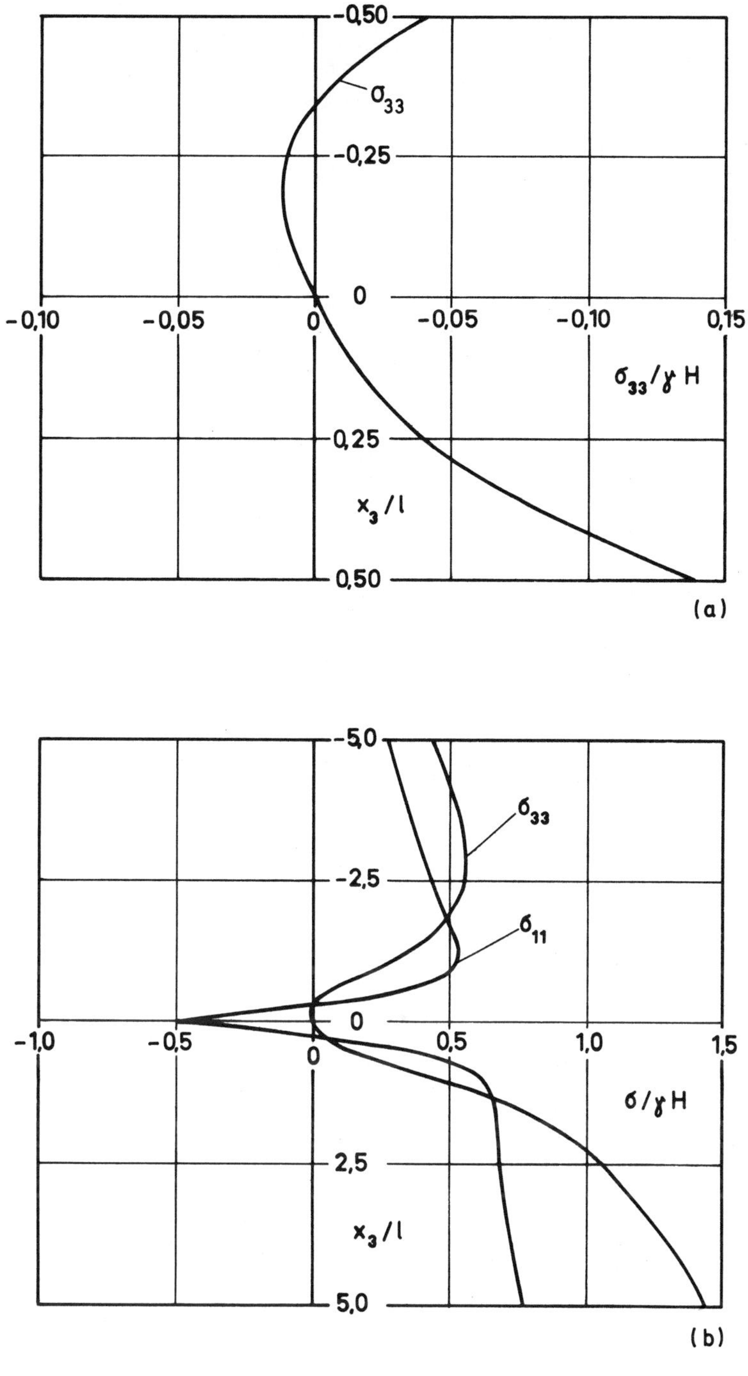

Fig. 6.2.1. The horizontal, σ_{11}, and vertical, σ_{33}, total stresses along the vertical symmetry plane of the panel (b), where (a) given the detailed distribution of the vertical component.

The alternative approach makes use of the result in 2.3(14), from which

$$\frac{\partial U_m}{\partial \ell} \simeq \frac{\partial U_c}{\partial \ell} - \frac{\partial U_{cv}}{\partial \ell}$$

since U_{mv} is negligible. But, according to 2.3(5), $\partial U_c/\partial \ell = \partial W_{tv}/\partial \ell$, provided there is no artifical support, and according to 2.2(11) and (16) $U_{cv} = U_{1v}$. Thus,

$$\frac{\partial U_m}{\partial \ell} \simeq \frac{\partial W_{tv}}{\partial \ell} - \frac{\partial U_{1v}}{\partial \ell}, \qquad (33)$$

which facilitates the computation of $\partial U_m/\partial \ell$ from relatively easily accessible quantities. These are given by Salamon (1973) in the following form:

$$W_{tv} = -\int_A s_k q_{k3}\, dA,$$

$$U_{cv} = U_{1v} = \tfrac{1}{2}\left(-\int_A s_k q_{k3}\, dA + \int_B s_k p_{k3}\, dA\right), \qquad (34)$$

where A and B are the total mined-out area and the region of contact, respectively. Also q_{k3} and p_{k3} denote the components of the contact-stress vector in B, respectively. This alternative approach is preferred if the energies are to be computed from analytical expressions.

Returning now to the example involving the parallel-sided panel, from the convergence distribution in (25), after carrying out the integration prescribed by (34), an expression for the released energy is obtained:

$$W_{rv} = U_{cv} = \pi(1-\nu)\ell^2 Q_{33}^2/2G,$$

which in turn, on the basis of (33) yields, Cook et al (1966);

$$\partial U_m/\partial \ell = \pi(1-\nu)\ell Q_{33}^2/G. \qquad (35)$$

Now, bearing in mind that $\partial U_m/\partial \ell$ in (35) corresponds to both faces of the panel, a substitution into (31) results in

$$\sigma_{rms}/Q_{33} = (2\pi\ell/h)^{\frac{1}{2}}. \qquad (36)$$

Considering realistic tabular excavations, the ratio ℓ/h is usually of the order of hundreds. Consequently, the stress on the face exceeds by a large factor the virgin vertical stress and, in most instances, the uniaxial strength of the rock. Thus, rock failure around tabular excavations is a normal occurrence. Nevertheless, it can be expected, Cook et al (1966), Cook (1967), and, in fact experience has shown, Hodgson and Joughin (1966), that the root-mean-square stress or $\partial U_m/\partial \ell$ is a good qualitative measure of the condition of the rock around the periphery of the excavations. This proposition will be discussed again in Section 6.5.

As the span of the panel in the example is increased, the roof and floor will eventually come into contact. If the width of the zone of contact is a then the corresponding complex potential is

$$\Psi'(Z) = 1 - [(Z^2 - a^2)/(Z^2 - \ell^2)]^{\frac{1}{2}}. \qquad (37)$$

The width of the contact zone is defined by the equation

$$\ell_c/\ell = E(\lambda) - (1-\lambda^2)K(\lambda), \qquad (38)$$

where $K(\lambda)$ and $E(\lambda)$ are the complete elliptic integrals of the first and second kinds and their argument is

$$\lambda = 1 - (a/\ell)^2 \qquad (39)$$

The numerical solution of (38) is aided by reference to the graph in Fig. 6.2.4. From results given by Cook et al (1966) and Salamon (1968),

$$\partial U_m/\partial \ell = \pi s_m Q_{33} \ell \lambda^2/2\ell_c, \qquad (40)$$

which at the limit as $\ell \to \infty$, reduces to $\partial U_m/\partial \ell = 2s_m Q_{33}$, since $(\ell - a) \to 2\ell_c/\pi$, Salamon (1968). In the limiting case

$$\sigma_{rms}/Q_{33} = (8\ell_c/h)^{\frac{1}{2}}, \qquad (41)$$

which suggests on comparison with (36) that σ_{rms} increases only slightly after the roof and floor first come into contact. This is an important result which suggests that soon after first contact, the two sides of the panel can be treated independently. In the vicinity of the face on the left, with the origin of the co-ordinate system at the face, the following results apply:

$$\Psi(Z) = Z - [Z(Z-b)]^{\frac{1}{2}} + b\{\log_e[\sqrt{Z/b} + \sqrt{(Z/b)-1}] - i\pi/2\}, \qquad (42)$$

$$\Psi'(Z) = 1 - [(Z-b)/Z]^{\frac{1}{2}}, \qquad (43)$$

where $b = 2\ell_c/\pi$ is the width of the open region.

Another important example of the application of the general results concerning

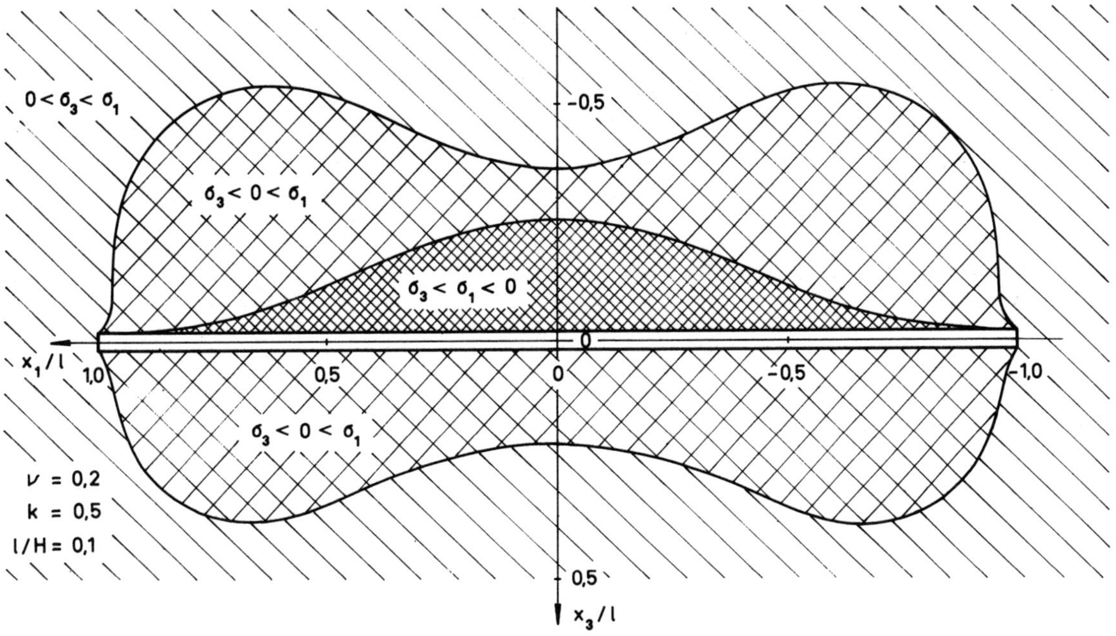

Fig. 6.2.2. Tensile zones above and beneath an isolated panel at great depth.

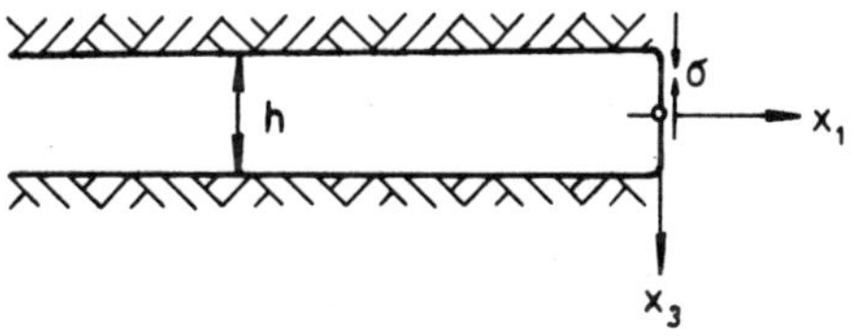

Fig. 6.2.3. Computation of the strain energy density.

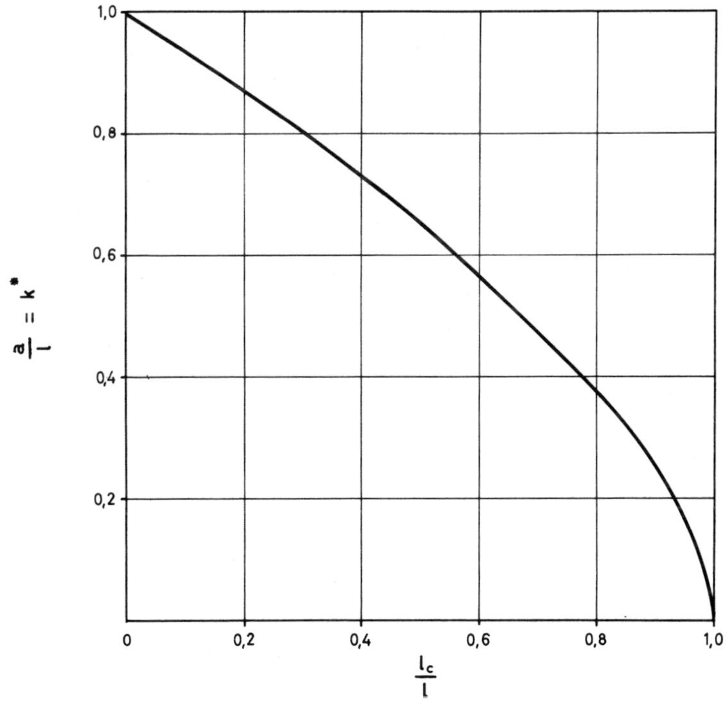

Fig. 6.2.4. Width of the contact zone in an isolated panel at great depth.

horizontal excavations at large depths involves two parallel panels of equal width with spans 2ℓ, separated by a pillar of width 2a. If the origin of the co-ordinate system is at the centre of the pillar and $L = a+2\ell$, Fig. 6.2.5, then

$$\Psi'(Z) = 1 - [Z^2 - L^2 E(\lambda)/K(\lambda)]/[(Z^2-L^2)(Z^2-a^2)]^{\frac{1}{2}}, \quad (44)$$

where the argument of the elliptic integrals is $\lambda^2 = 1-(a/L)^2$.

An interesting feature of this example is the relatively small interaction between the two panels. The interaction becomes significant only when the intervening pillar is rather small, Fig. 6.2.5 [Cook et al (1966)].

When there are large numbers of equally-spaced parallel panels, the average pillar load is determined by the extraction ratio, $e = \ell/(a+\ell)$, and the average pillar load is $Q_{33}/(1-e)$. When there is only one pillar, as in the present example, the value of the average stress can be expected to be smaller than the value calculated from e, since the unmined seam (or reef) outside the panels will support a share of the weight of the undermined rock. In Fig. 6.2.6 the ratio of the average pillar stress for one pillar, σ_{av}, to the average stress for an infinitely large number of pillars, $Q_{33}/(1-e)$, is plotted as the function of the extraction ratio. It may be observed that the stress relief on the pillar is significant only if the value of e is high. In fact the tributary area theory errs by less than 20 per cent if the extraction ratio is less than 80 per cent.

It is often required, especially when more than one seam is being mined, to estimate the effect of an unmined pillar on the surrounding rock. It is also well known that the mining of a remnant usually results in a high rate of rockburst incidence in deep hard rock mining, Cook et al (1966). Frequently, long remnant-like pillars are used as water barriers between neighbouring mines. The example involving an isolated pillar, is therefore, of great practical significance.

A long isolated remnant of width 2a is considered here. It is assumed that the seam has been extracted on both sides of the remnant and the effected working height is s_m. There is a region of width L-a, on both sides of the remnant, where there is no contact between the roof and floor. Outside these regions, that is, when $|x_1| > L$, the convergence is s_m. In this case:

$$\Psi'(Z) = 1 - [(Z^2-L^2)/(Z^2-a^2)]^{\frac{1}{2}}, \quad (45)$$

where L can be determined from

$$\ell_c/L = K(\lambda) - E(\lambda). \quad (46)$$

Here the argument of the elliptic integrals is $\lambda^2 = 1 - (a/L)^2$. A numerical solution of (46) can be obtained from the graph in Fig. 6.2.7.

In Fig. 6.2.8 the ratio of average stress over the pillar, σ_{av}, to that of the virgin vertical stress, Q_{33}, is plotted as the function of the normalised pillar width, a/ℓ_c. In the following illustration, Fig. 6.2.9, the average stress is plotted as a function of depth.

The final example involves an infinite number of similar panels with spans 2ℓ on centres 2L. Placing the origin of the co-ordinate system at the centre of one of the panels, the required complex potential is

$$\Psi(Z) = Z - L + \frac{2L}{\pi}\sin^{-1}\left(\frac{\cos\pi Z/2L}{\cos\pi\ell/2L}\right), \quad (47)$$

which yields

$$\Psi'(Z) = 1 - \frac{\sin\pi Z/2L}{[\sin^2(\pi Z/2L) - \sin^2(\pi\ell/2L)]^{\frac{1}{2}}}. \quad (48)$$

The complex potential is here so defined that the displacement at the centres of the pillars is zero, that is, $\Psi(L) = 0$.

An alternative method of solution which is often more advantageous, is,

$$\Psi(Z) = -i\sum_{n=0}^{\infty} A_n \exp(in\pi Z/L), \quad (49)$$

where the co-efficients are

$$A_0 = -(2L/\pi)\log_e(\cos\pi\ell/2L), \quad (50)$$

$$A_n = \frac{2L}{\pi n}\left[(-1)^{n+1} - n^2\sum_{j=1}^{n}(-1)^j\frac{(\cos\pi\ell/2L)^{2j}}{j\cdot j!}\times\sum_{m=j}^{n}(-1)^m\frac{(n+m-1)!}{m!(n-m)!(m-j)!}\right]. \quad (51)$$

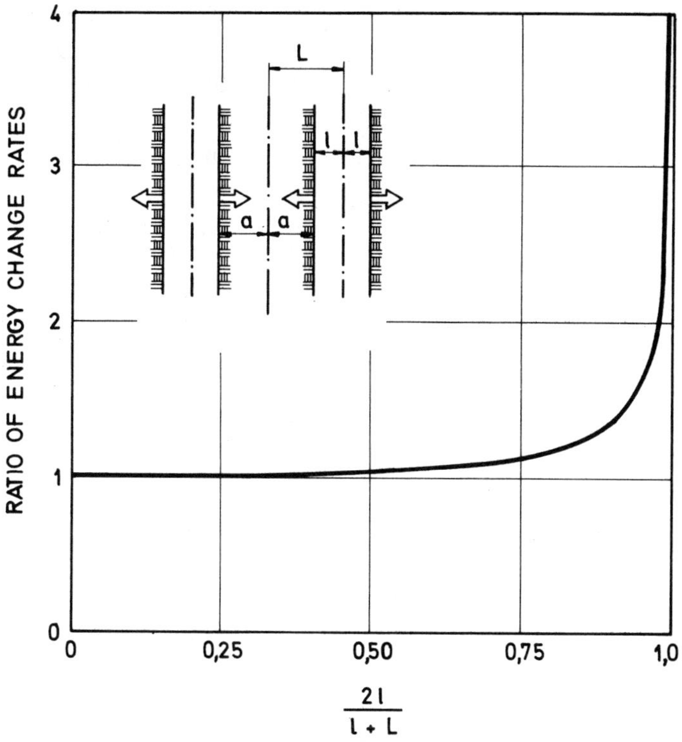

Fig. 6.2.5. Ratio of energy release rate in the case of two approaching panels to that corresponding to two isolated panels.

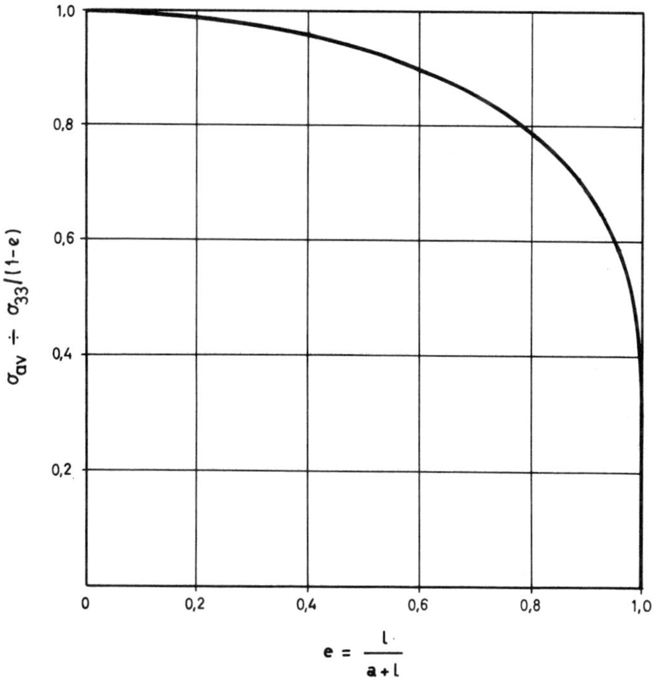

Fig. 6.2.6. Ratio of average pillar stress in the case of one pillar to that corresponding to an infinite number of pillars.

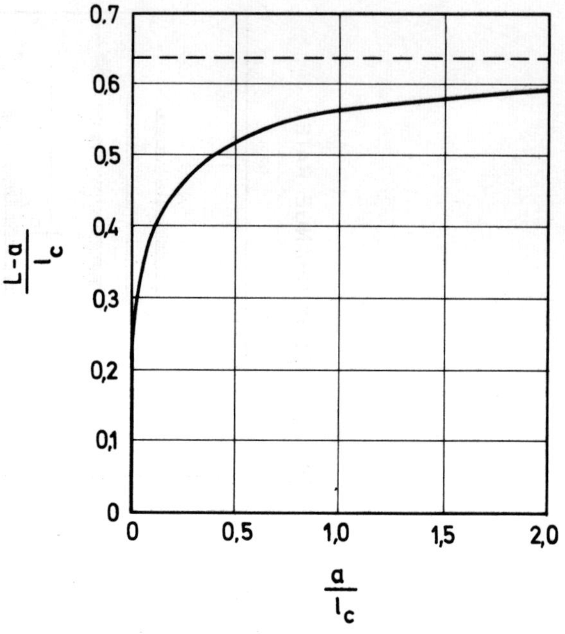

Fig. 6.2.7. Width of the open regions on either side of an isolated pillar.

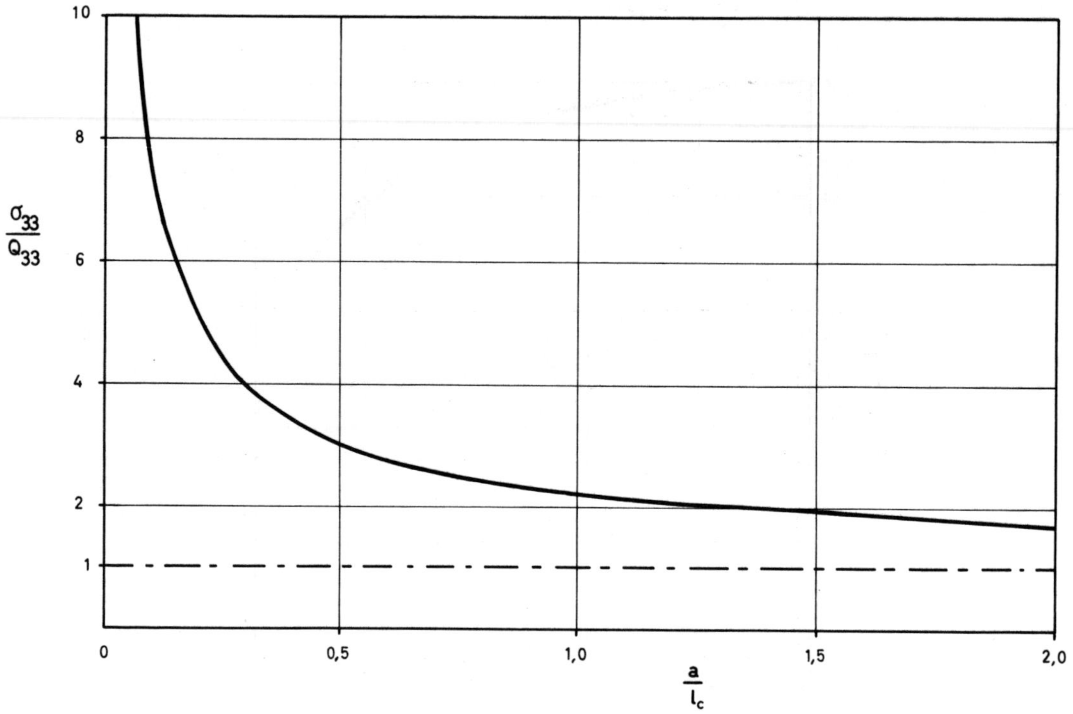

Fig. 6.2.8. Normalized average vertical total stress acting on an isolated remnant.

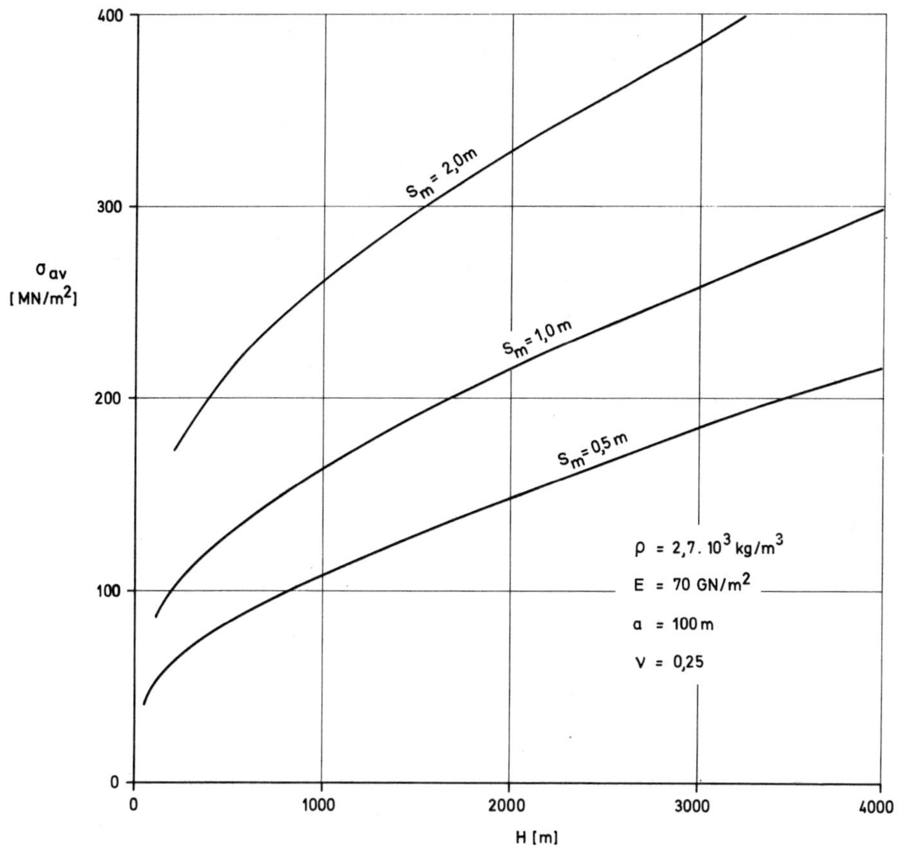

Fig. 6.2.9. Average vertical total stress acting on an isolated pillar as a function of depth.

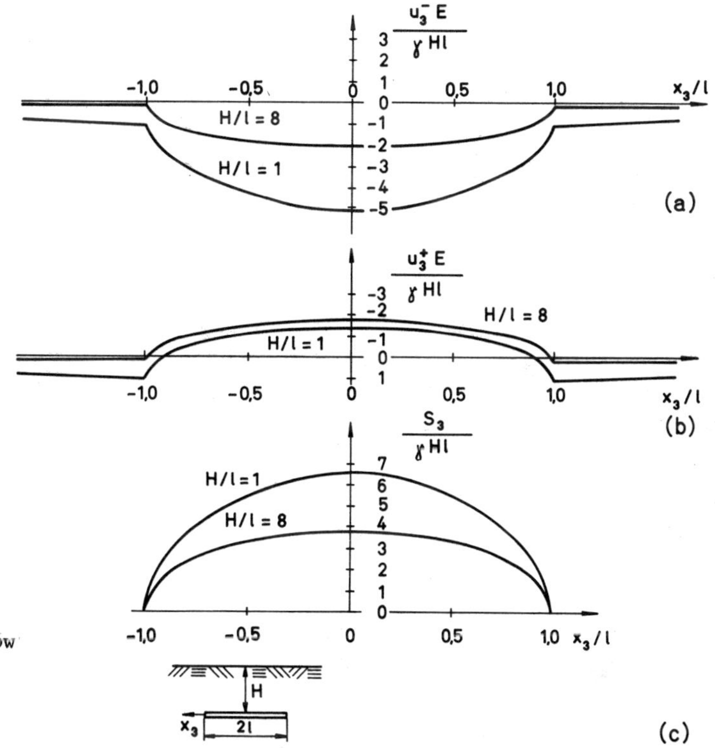

Fig. 6.3.1. Roof (a), floor (b) displacement and convergence (c) distributions due to an isolated panel at shallow depths.

The first few of these co-efficients will suffice in most instances:
$A_1=(2L/\pi)\sin^2(\pi\ell/2L)$, $A_2=(2L/\pi)\sin^2(\pi\ell/2L)[1-(3/2)\sin^2(\pi\ell/2L)]$, $A_3=(2L/\pi)\sin^2(\pi\ell/2L)[1-4\sin^2(\pi\ell/2L)+(10/3)\sin^4(\pi\ell/2L)]$. (52)

This is so because all terms in the expansions of displacement and stress components contain an exponential factor, $\exp(-n\pi x_3/L)$, which decays rapidly as n is increased. The effect of alternating panels and pillars is therefore virtually indiscernable as the distance from the plane of the excavations has reached $3L/2$.

6.3 Isolated panels at moderate and shallow depths.

In reality there are no excavations at infinite depth. Nevertheless, the results in the previous section are of considerable value in deep-level mining or when certain types of partial extraction are considered.

Solutions which are obtained by assuming that the excavations are at infinite depth neglect to ensure that the ground surface is stress-free. Therefore, to correct these solutions, an additional stress system must be imposed on the ground surface to free it of unwanted stresses. If this additional stress field causes the stresses to change so as to affect the boundary conditions appreciably on the horizon of the excavations, the infinite depth solution is invalid.

Salamon (1964) has shown that an upper-bound of the stresses affecting the boundary conditions can be computed in terms of the properties of the rock, the depth below surface, H, and the working height or stoping width, s_m. Let $|\sigma|$ denote the magnitude of the normal stress change at an arbitrary point in the mined-out region, caused by the additional stress field imposed on the ground surface. The following inequality applies

$$|\sigma|/Q_{33}\leq 0{,}364Gs_m/(1-\nu)\gamma H^2=0{,}728\ell_c/H, \qquad (1)$$

which indicates, after the substitution of realistic numerical values, that in deep-level South African gold mines, where the stoping width is usually about 1 m and the depth ranges $1\frac{1}{2}$ to $3\frac{1}{2}$ km, the upper limit of the discrepancy ranges from about 20 to 1 per cent of the virgin stress. Actual errors are considerably smaller than these values and they can, therefore, be neglected in most instances. It is clear, however, that in shallow workings the error can be large, so that the effect of depth must be taken into account.

The requirement that the ground surface should be free of stresses introduces considerable problems. Solutions can, however, be obtained in two dimensions by employing the basic principles of Berry (1960) and by generalizing the complex potential defined in 6.2(12). It will suffice to note without giving the details of the procedure that the complex potential suitable for the purpose is of the following form:

$$\Psi'(Z) = \sum_{j=0}^{m} b_j Z^j - P^*(Z)/X(Z), \qquad (2)$$

where

$$P^*(Z) = Z^n\Big(\sum_{j=0}^{m} c_j Z^j\Big)+D_1 Z^{n-1}+\ldots+D_n\,. \qquad (3)$$

Here the set of constants c_j is determined so as to have $\Psi'(\infty)\to 0$ and the other set b_j, is computed to satisfy the boundary conditions on the surface and in the excavations. Constants D_k are determined as before. As the number of terms in the polynominal $c_j Z^j$ is increased the solution will be increasingly satisfactory.

Using a basic solution similar to that given in (2), Moris (1972) has derived the displacement and stress distributions around an isolated single horizontal panel. In Fig. 6.3.1 the convergence distribution and roof and floor displacement are plotted for some values of ℓ/H, where ℓ is the half-span of the panel and H is the depth below surface. Clearly, as the span increases relative to the depth, the magnitude of convergence increases and roof subsidence represents an ever-increasing fraction of this convergence. In Fig. 6.3.2 the variation of the ratio of the maximum convergence to that derived by assuming infinite depth [see 6.2(25)] is shown. It

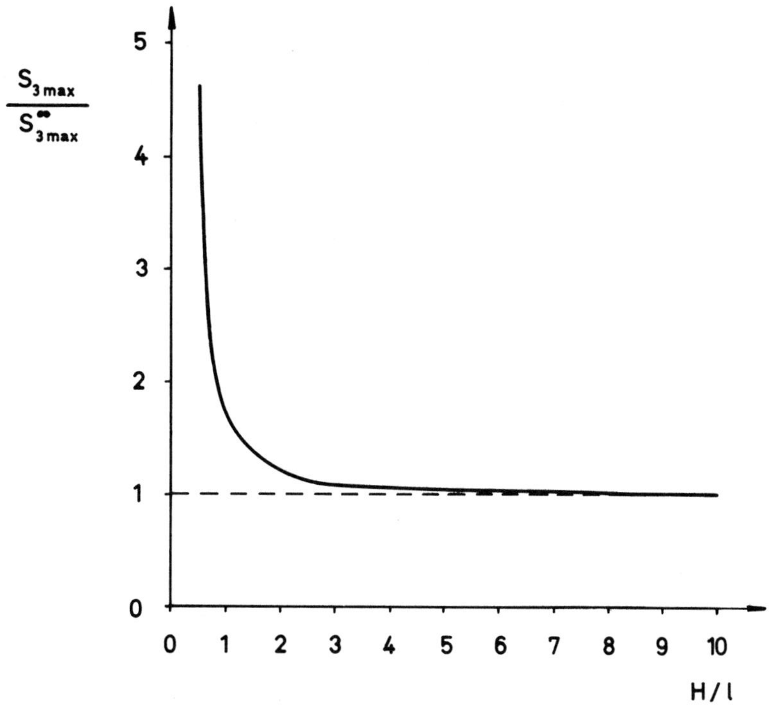

Fig. 6.3.2. Normalized maximum convergence in an isolated panel as a function of the depth to half-span ratio.

would appear that when the span, 2ℓ, of the panel reaches H or is increased beyond this value, the effect of depth rapidly becomes increasingly pronounced.

The most serious consequence of mining at moderate or shallow depths is that the predominantly compressive stress field around the excavation becomes increasingly tensile. In Fig. 6.3.3 the total vertical stress above the centre line of the panel is shown for various values of ℓ/H. It is disconcerting to see that as the depth is decreased an increasing proportion of the strata between the roof and the surface is subjected to tensile stresses. In fact, from about the stage at which the span is equal to the depth, the vertical stresses are tensile in the lower half of the overburden.

The situation is no more satisfactory when the horizontal stresses are examined. Although when $H = 2\ell$ the tensile region is still restricted to a small part of the roof strata, Fig. 6.3.4(a) , but when $H = \ell/2$, Fig. 6.3.4(b), the magnitude of the tensile stress at the roof is nearly six times of that of the vertical overburden stress, Q_{33}, and the horizontal stress remains tensile up to a height half-way towards the surface. If the span is increased further the rock above the panel behaves like a elastically clamped plate.

It would appear, therefore, that when $8 \le H/\ell \le \infty$ the tensile stresses are restricted to a small region around the panel. Also, when $0 \le H/\ell \le 1$, there is a large tensile region and there are large tensile stresses. Thus, if the rock mass is stratified or jointed, loosening of the layers or blocks can be expected and the rock in the whole overburden will cease to behave as a continuum. Only extremely competent rock beds are likely to remain unfractured when $\ell > H$. In this case the danger is associated with the rapidly increasing (with the span) tensile stresses which may cause the sudden failure of the strata above the panel.

As the roof and floor of the excavation come into contact, because of convergence, a compressive contact pressure develops. The region of contact and the contact pressure increase with increasing span and eventually the regions in the vicinity of the two faces of the panel can be treated independently.

Since the upper limit of the half-span which could remain open at an effective working height of s_m is ℓ_c, it can be argued that if $5\ell_c < H < \infty$, then 'deep-level' conditions can be expected, that is, the stress field is predominantly compressive. Furthermore, if $0 < H < \ell_c$ then the working depth is 'shallow'. In the intermediate range, that is, when $\ell_c < H < 5\ell_c$, the depth is moderate and only detailed examination can lead to a reasonable prediction concerning mining conditions. Naturally, the above limits represent mere guide lines rather than rigid classification.

Moris (1972) has derived a number of other significant solutions at finite depths. These, however, cannot be introduced here due to lack of space.

6.4 Mining of shallow and deep tabular deposits

To estimate the value of ℓ_c, the value of rock properties, mining depth and the effective working height corresponding to the proposed mining method are required. If total extraction without permanent support is to be employed, the effective and actual working heights are nearly equal. If artificial support in the form of fill or stowing is to be used, the effective stoping width, s_m, is some fraction of the working height, t,

$$s_m = \delta t, \qquad (1)$$

where δ is the convergence factor ($0 < \delta \le 1$). the value of which depends on the method of filling (hydraulic stowing, pneumatic stowing, manual packing, rib-packing), on the material used and on the weight of the overburden.

The load-compression characteristics of most fills are strongly concave from above so that, after some initial compaction, a

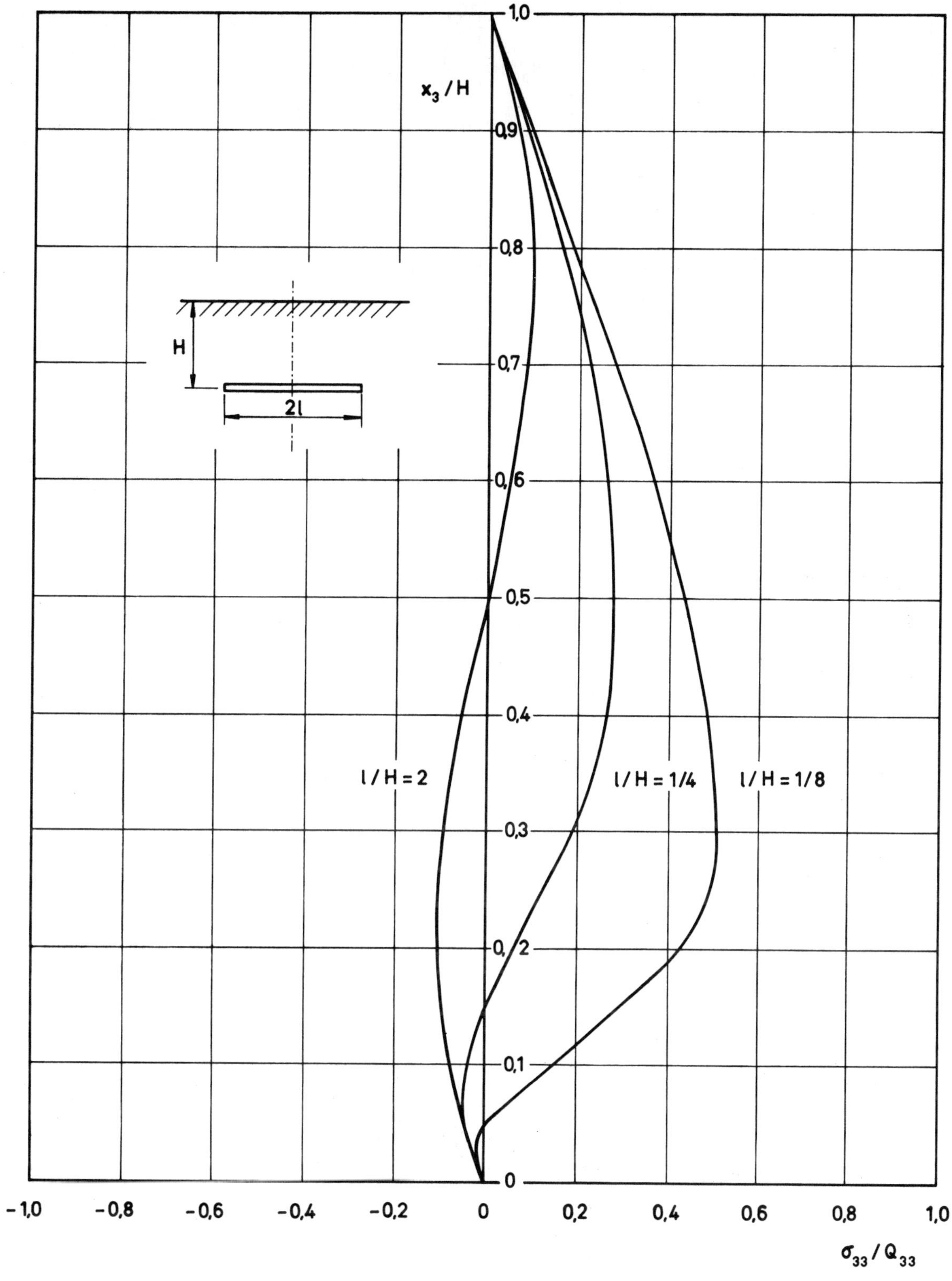

Fig. 6.3.3. Vertical total stress above the centre of an isolated panel for various ℓ/H ratios.

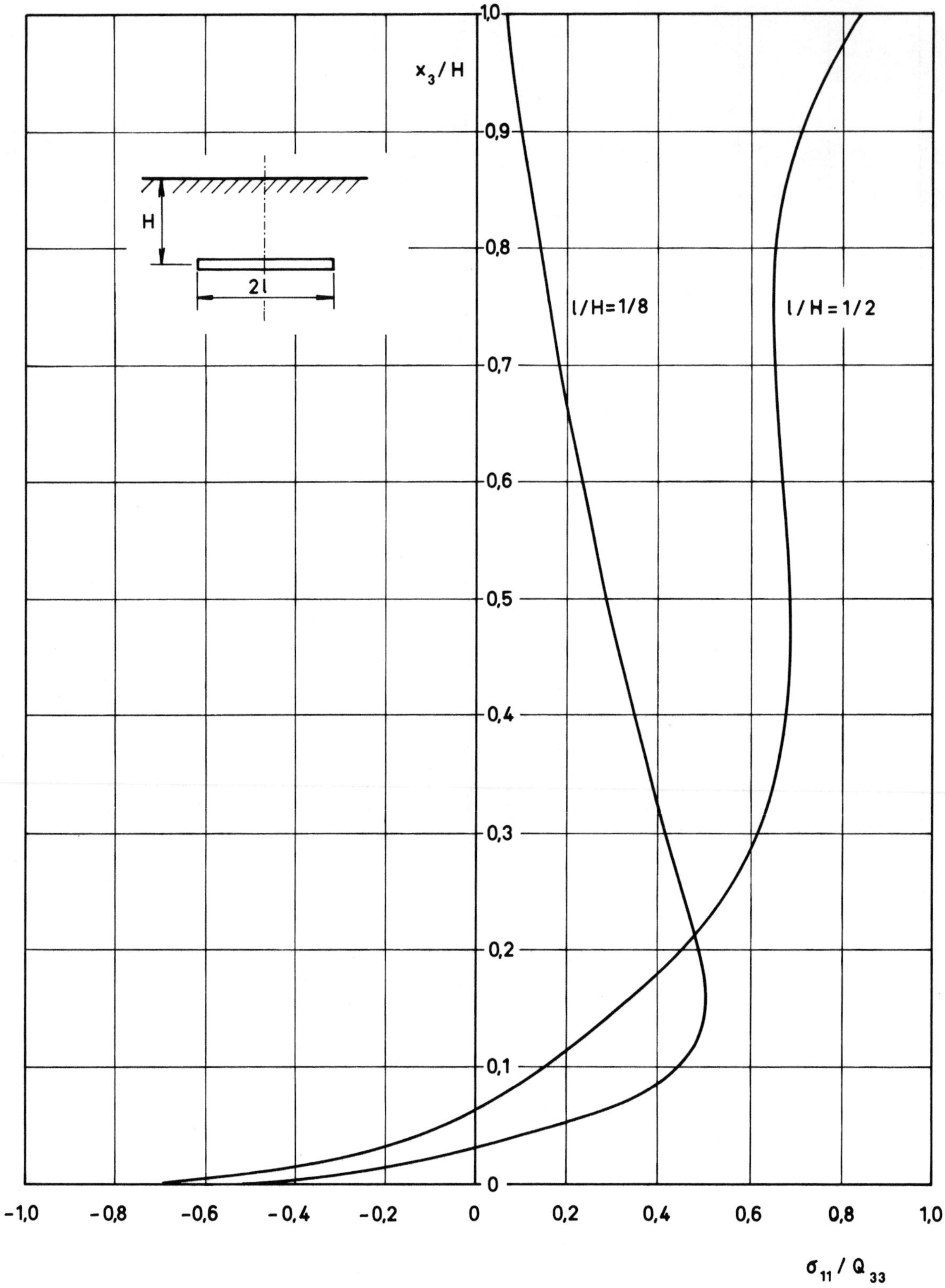

Fig. 6.3.4.a Horizontal total stress above the centre of an isolated panel for $\ell/H = 1/8,\ 1/2$.

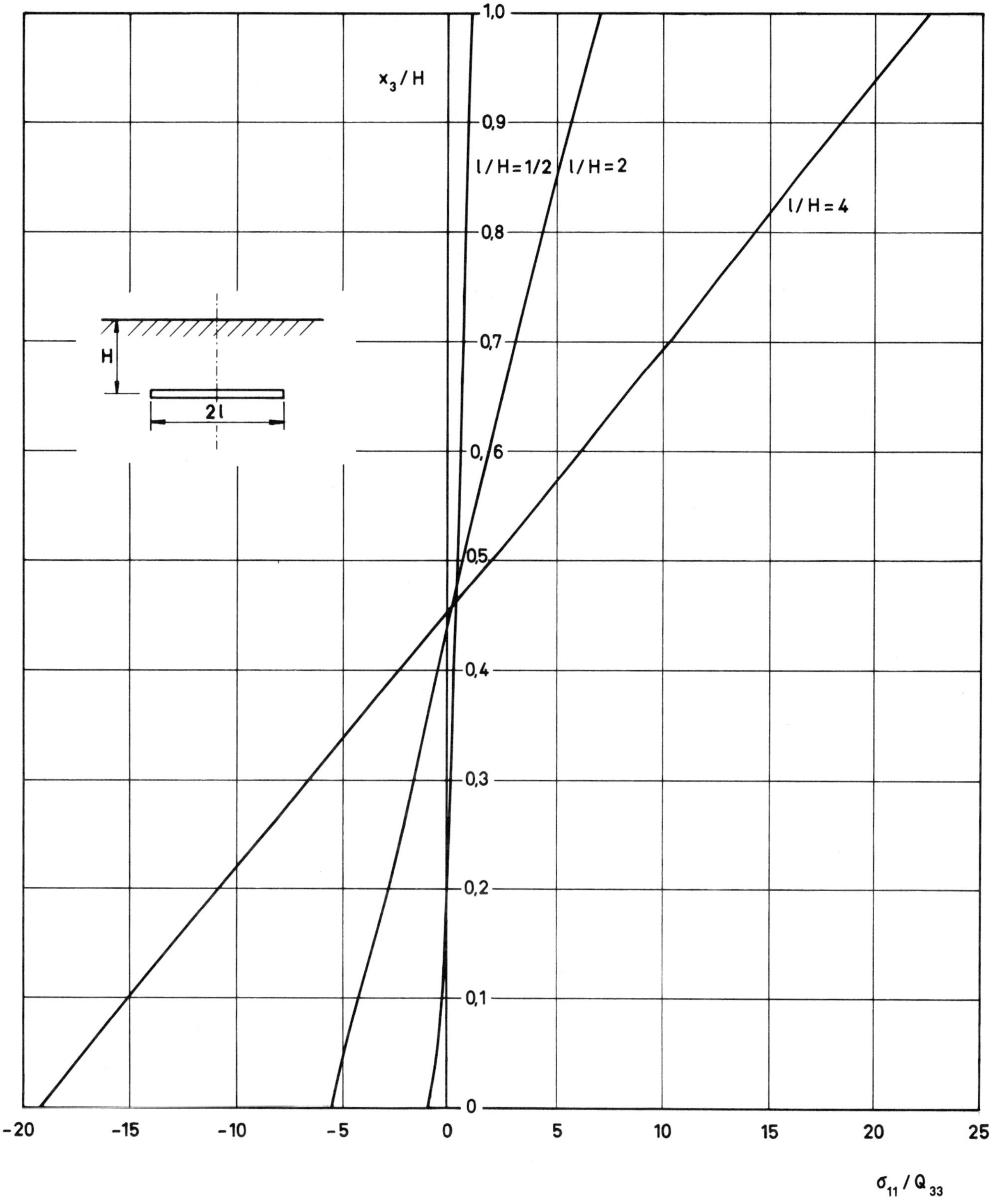

Fig. 6.3.4.b Horizontal total stress above the centre of an isolated panel for $\ell/H = 1/2, 2, 4$.

TABLE 6.4.1

SOME VALUES OF CONVERGENCE FACTOR δ.

Method of roof control	Values of δ		
	Germany Whetton (1957)	Poland Klemencsics (1962)	Hungary Klemencsics (1962)
Hydraulic stowing	-	0,12 - 0,20	0,25 - 0,50
Pneumatic stowing	0,45 - 0,55	0,25	-
Manual packing	0,50 - 0,60	0,40	-
Rib packing	0,58 - 0,85	0,55	-
Caving	0,85 - 0,95	0,70 - 0,80	0,80 - 0,98

small further deformation results in a large change in resistance. Thus, at practical mining depths, the relatively small variations due to changes in depth are masked completely by changes in other factors, hence δ is often quoted as a factor independent of depth, Salamon et al (1972). Fläschenträger (1957) states that for large areas of extraction there is no significant difference between maximum closure and maximum surface subsidence. The considerable body of data available about the latter from European coal mining experience can, therefore, be used to give typical values of δ, Salamon (1964). Some values are summarized in Table 6.4.1.

If partial extraction is to be practised then s_m is the average convergence of the pillared area, where averaging is to be taken over both the cavities and the pillars. The limiting case of s_m for square pillars at 2L centres with extraction ratio e at depth H has been computed by Salamon and Oravecz (1966) for both isotropic and transversely isotropic ground. They assume that the seam is horizontal and that mining extends over an area the dimensions of which are very large in comparison to H. In Fig. 6.4.1 one of the illustrations of their paper is reproduced showing the normalized value of s_m as a function of e for various values of $\phi = 2hG/E_sL$, where h, G and E_s are the working height, the modulus of rigidity of the rock and the Young's modulus of the pillar material, respectively. The value of s_m is normalized with respect to hQ_{33}/E_s which is the average shortening of the pillar which would occur due to the action of the vertical virgin stress, $Q_{33} = \gamma H$, as pillar load. If there would be no penetration of the pillars into roof and floor, the average value of the convergence would be $ehQ_{33}/(1-e)E_s$, which is merely the extent of deformation of the pillars due to the induced pillar load $eQ_{33}/(1-e)$. This deformation is shown by the dotted curve in Fig. 6.4.1. This curve corresponds to $\phi = \infty$.

After this preparatory discussion, the classification of tabular deposits might be considered. This might be done by calculating first of all, a critical half-span for total extraction by putting $s_m = t$ in [6.2(11)]

$$\ell_c = s_m G/2(1-\nu)Q_{33} \qquad (2)$$

and by noting whether $\ell_c < H/5$ or $\ell_c > H$. In the former case the deposit is "deep" in the sense used in Section 6.3. The design of layouts in such circumstances will be discussed later in this section. If, however, ℓ_c is greater than H, it is unlikely that the roof and floor can come into contact before the failure of the 'main' roof takes place. As the ℓ_c/H ratio becomes greater such failure becomes increasingly certain. The mode of the expected failure must have a strong bearing on the method of roof control employed.

In strongly laminated strata the roof failure can be expected to start early at a small span, especially if the immediate roof is weak. In such circumstances roof caving is an ideal and cheap method of roof control, Cook (1966). If, however, the roof comprises some massive competent beds, the main roof might bridge over considerable spans, resulting in potentially dangerous situations, Salamon et al (1972). This is so because the horizontal tensile stress increases rapidly with increase in the span-to-depth ratio, Fig. 6.3.4, so that eventually the roof will fail before it has received support from the floor. When the competent bed is in the immediate roof, its possible failure, especially if the failure can be expected to be sudden, cannot be controlled with props, timber packs or self-advancing hydraulic support.

The alternative method of control may involve the use of some filling or stowing. This method can be fully effective only if ℓ_c is not much greater than H. This is so because the reduction in effective stoping width which can be achieved through filling or stowing is limited.

If the critical half-span cannot be brought down to reasonable dimensions even through filling or stowing, the employment of pillars might be considered. The use and design of pillars is discussed in considerable detail in subsequent sections.

It might be suggested that to use only the ℓ_c/H ratio to classify deposits for the purposes of choosing the main roof control (waste control, goaf control) method is a serious oversimplification of an otherwise very complex problem. This is undoubtedly so. Nevertheless, it can be argued that the simple approach has considerable merits, but it must not be used dogmatically. It provides a fairly reasonable explanation for the fact that the relatively thin coal seams of European countries are mined largely with caving. Filling or stowing are usually resorted to only to protect the surface or to avoid dusty and inconvenient spoil heaps, Vidal (1960). It also provides a reason for pillar mining of the fairly thick and shallow coal seams in South Africa, Salamon (1969), or iron ore deposits in Lorraine, France, Tincelin and Sinou (1960). Many other examples of the practical application of these principles the world of mining could be cited.

Relatively little has been said here about the conditions which prevail when $\ell_c > H$ and the roof strata are weak and laminated. In most of such instances the practice is to cave the main roof. Bed-separations, fissuring and fracturing extend to a considerable height above the workings. The mechanism governing the behaviour of fissured and blocky rock is little understood. Perhaps the best results concerning their behaviour have been obtained through model work, Jacobi and Everling (1960).

6.5 Design of the layout of tabular excavations

Here, attention is focused on situations in which the critical half-span is much smaller than the depth below surface. In practice this occurs when the mining is performed at considerable depths.

It was shown in Section 2.3 that when mining is done in small steps and the rock is perfectly elastic, the work done by the external and body forces (in any one step), ΔW_t, equals the sum of the increase in stored energy in the remaining portion of the rock mass, ΔU_c, and the work done on the supports, ΔW_s. The only energy which leaves the system comprising the remaining rock mass and supports is the energy which is stored in the rock excavated during that step of mining, ΔU_m.

In practice, the rock around the edges of tabular excavations is usually fractured. In deep-level mining the fracturing can be so extensive that the rock mined in the course of a small face advance is virtually de-stressed, so that it does not contain significant amount of stored energy. This observation conflicts with the conclusion reached on the basis of assuming elastic behaviour. Obviously, the 'missing' energy has been dissipated in the course of fracturing some volume of rock.

It is logical to suppose that the volume of fractured rock and the extent of fracturing are related to that portion of ΔU_m which is not accounted for. Practical rock mechanics problems obviously depend on the state of fracturing around the face. Since that portion of ΔU_m which is dissipated in rock fracturing cannot be predicted, it is reasonable as the next best assumption to assume that a good measure of mining conditions, as affected by mining, is ΔU_m per unit area.

In 6.2(32) an integral expression of ΔU_m is given. The electrical resistance network analogue, Cook et al (1966) and the numerical method of Plewman et al (1969), are both well suited for the computation of an approximate value of ΔU_m (see Section 3.4):

$$\Delta U_m \simeq -\tfrac{1}{2}\, s_k^{(i)} \sigma_{k3}^{(p)}, \qquad (1)$$

where the summation convention is used with respect to index k. Also, $\sigma_k^{(p)}$ and $s_k^{(i)}$ are average stress and convergence components before and after the removal of the mineral from the small area ΔA.

There are numerous advantages of the numerical technique in the planning of actual mines. The best approach is to establish a computer file of the geometry of the existing mine, providing facilities for up-dating on each occasion when future operation of the mine is planned. This is carried out by examining a number of feasible plans of mining and choosing that particular one which leads to the least variation in the value of $\Delta U_m/\Delta A$ during mining, Cook et al (1966), Cook (1966), Wilson and More O'Ferral (1970), and Wilson (1971). In the latter two references detailed accounts are given of practical procedures for the execution of mine planning in large deep-level South African mines.

These procedures are based firmly on the results of a comprehensive programme of field observations, covering several mines and extending over several years, which validated the homogeneous isotropic model for these geological formations through the favourable comparison of measured and computed induced displacements. A collection of some of these comparisons is presented by Cook et al (1966). Furthermore, Hodgson and Joughin (1966) published experimental evidence to indicate that the $\Delta U_m/\Delta A$ rate is in fact a significant parameter for predicting the problems of maintaining satisfactory strata control in deep-level stoping.

During the last few years a considerable body of emprical knowledge has been accumulated in South Africa relating the energy release rate to the actual mining conditions. A severity grading has been evolved which classifies the expected conditions into various categories with respect to the magnitude of $\Delta U_m/\Delta A$.

If the energy relase rate exceeds a critical value, a value which is likely to change with changing geological environment, the normal methods of layout design and face support do not ensure acceptable mining conditions. In such circumstances special measures are required to achieve the necessary improvements.

Before examining the role of various measures used to alleviate severe rock mechanics problems, it will be advantageous to summarize here the expressions for the various energy quantities. From 6.2(34)

$$W_{tv} = -\int_A s_k q_{k3}\, dA, \quad U_{cv} = \tfrac{1}{2}\Big(-\int_A s_k q_{k3}\, dA + \int_B s_k p_{k3}\, dA\Big) \qquad (2)$$

and since $W_{tv} = U_{cv} + W_{rv}$ because $U_{mv} \simeq 0$,

$$W_{rv} = -\tfrac{1}{2}\Big(\int_A s_k q_{k3}\, dA + \int_B s_k p_{k3}\, dA\Big), \qquad (3)$$

where, as before, areas A and B refer to the total mined-out area and to the supported portion of the total area, respectively.

The formulae in (2) and (3) indicate clearly that the most obvious way of reducing all energy quantities is to reduce the magnitudes of the relative displacement components. This conclusion is best explained by examining the contributions to the integrals of a small dA area, Cook (1966). Let these contributions be dW_{tv}, dU_{cv} and $dW_{rv} = dU_m + dW_{sv}$.

All energies can be reduced by filling the excavation with sand or rubble. The effect of such a measure is illustrated by the diagrams in Fig. 6.5.1. First take a small area in the unsupported part of A. Half of the total contribution of such an area, dW_{tv}, which in this instance is dU_m, has been removed from the system with the rock mined or has been dissipated in the course of fracture of the rock. The remaining half is the contribution of this area to the energy which is stored at the time in the surrounding rock, Fig. 6.5.1(a). This illustration is also typical of the condition in an unsupported excavation. In Fig. 6.5.1(b) the relative displacement has been reduced from s_{kmax} to s_k by the resistance of the fill. Obviously, a large reduction in all energy quantities results, and, also, a part of dW_{rv} is now dissipated harmlessly in compressing the fill, dW_{sv}. Some of this gain can, however, be lost if the filling is started late, that is, after allowing some considerable relative displacement to take place without resistance, Fig. 6.5.1(c). In Fig. 6.5.1(d) the situation corresponding to such part of the supported area is shown where $q_{33} = p_{33}$ and $s_3 = s_m$, that is, the contact pressure has reached the value of the virgin stress and the convergence is equal to the effective stoping width. Here $dU_{cv} = 0$ and $dW_{tv} = dU_m + dW_{sv}$.

The load-convergence characteristics of the fill should be as rapid-bearing as possible. The significance of this observation is illustrated in Fig. 6.5.2, where vertically-and horizontally-shaded areas represent the increase in dU_m and dU_{cv} resulting from changing characteristics (1) to characteristics (2), which is more compressible.

A more radical measure, which is conducive to greater improvements, is the employment of partial extraction, Cook et al (1966), Cook and Salamon (1966), Cook (1966) [see also J. & C. pp. 449 and 454-458].

Working with the system of partial extraction discussed in Section 6.2, where long panels of width 2ℓ are placed on 2L centre, the difference between the quantity of energy released, considering a large area of mining, over a span 2L by total extraction (without filling) of thickness s_m, and that which would be released if partial extraction were used is, according to 6.2.(8) and (50),

$$\delta W_{rv} = 2Q_{33}L[s_m + \frac{2(1-\nu)LQ_{33}}{\pi G}\log_e(\cos\alpha)],$$

where $\alpha = \pi\ell/2L$. Now, to normalize the reduction, divide both sides by $W_{rto} = 2s_m LQ_{33}$, that is, by the energy which would be released in total extraction. This gives

$$\delta W_{rv}/W_{rto} = 1 + (L/\pi\ell_c)\log_e(\cos\alpha). \quad (4)$$

This is so since $\ell_c = s_m G/2(1-\nu)Q_{33}$. In Fig. 6.5.3 the $\delta W_{rv}/W_{rto}$ ratio is plotted as a function of the extraction ratio for various values of L/ℓ_c.

Obviously the energy reduction achieved with partial extraction, even at high extraction ratios, is very considerable. Naturally, this is achieved at the price of having to design pillars which can withstand the loads imposed on them. At shallow depths this is done on the basis of considerations discussed in subsequent sections of this chapter. In deep-level mining the pillars must have width-to-height ratios exceeding 15, or perhaps even 20, to ensure that they cannot fail. Another mode of failure of a partial extraction layout is a failure of the 'foundation' of the pillars, that is, failure in the rock either below or above the pillars.

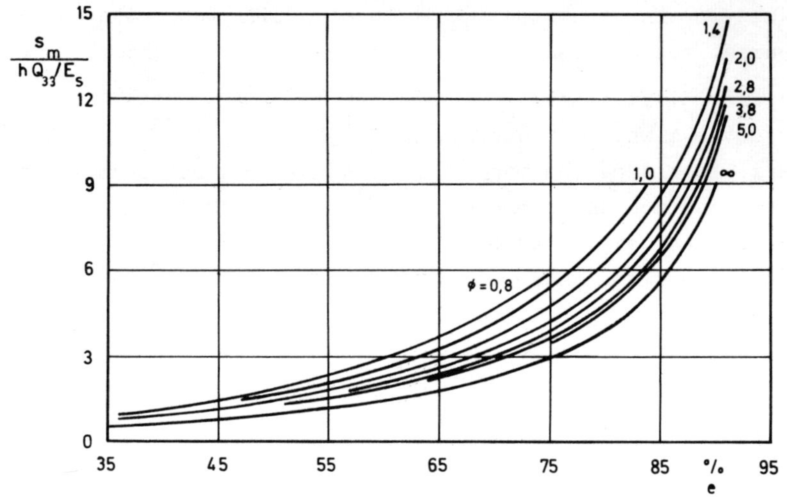

Fig. 6.4.1. Normalized average convergence in extensive horizontal pillar workings for various values of ϕ = 2hG/E L.

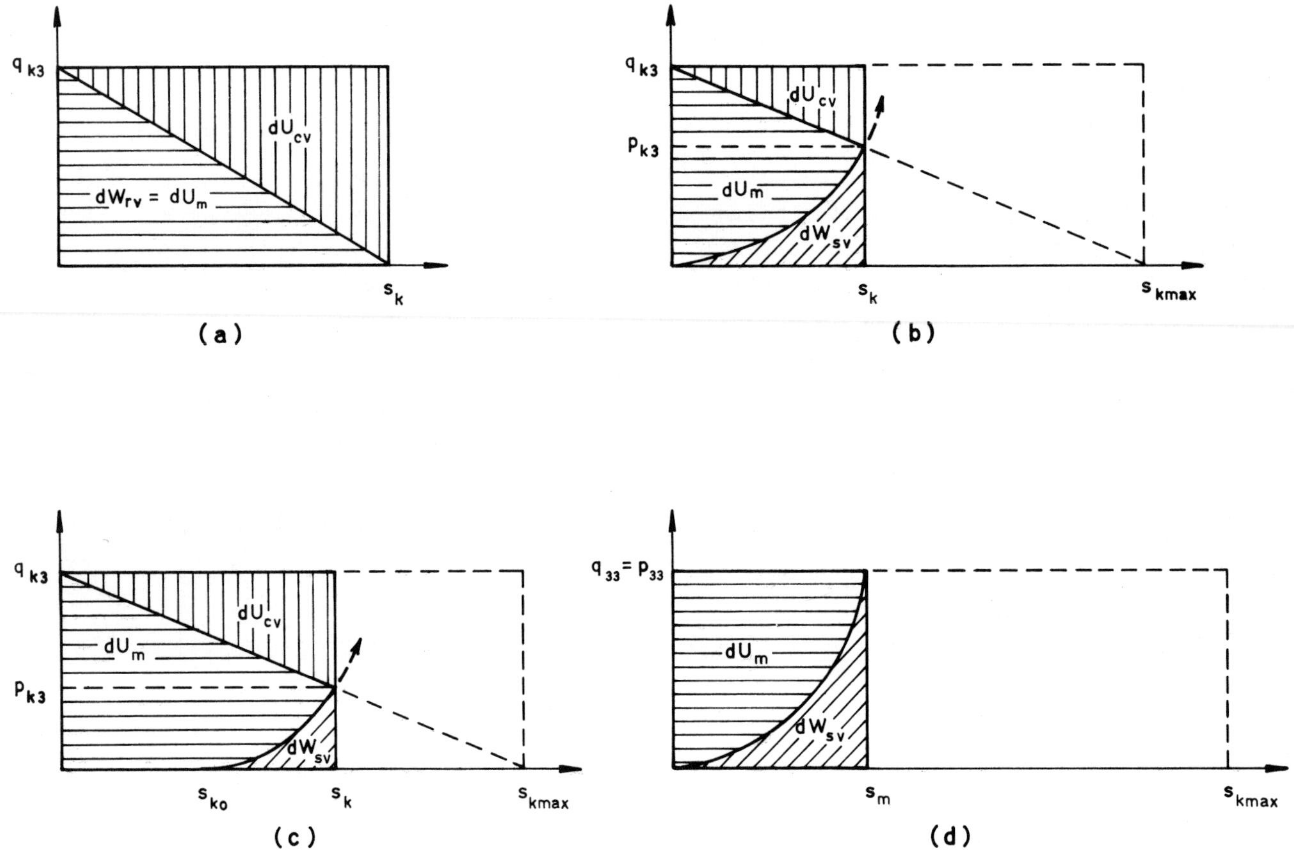

Fig. 6.5.1. The effects on energy changes of controlling the relative displacements of the roof and floor: (a) unsupported; (b) filled with compressible fill; (c) effect of delayed filling; (d) final equilibrium.

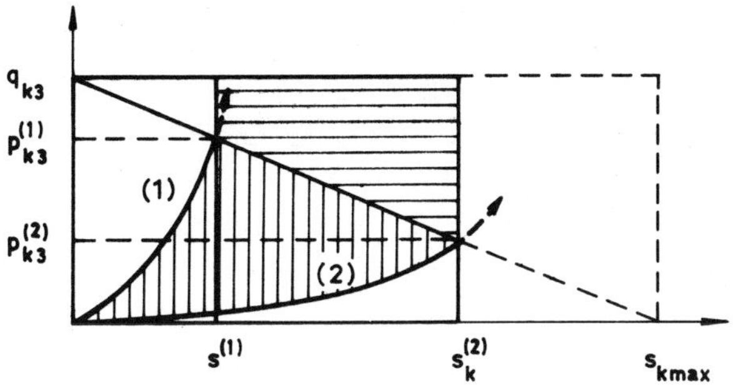

Fig. 6.5.2. The effect of the load-convergence characteristics on energy changes.

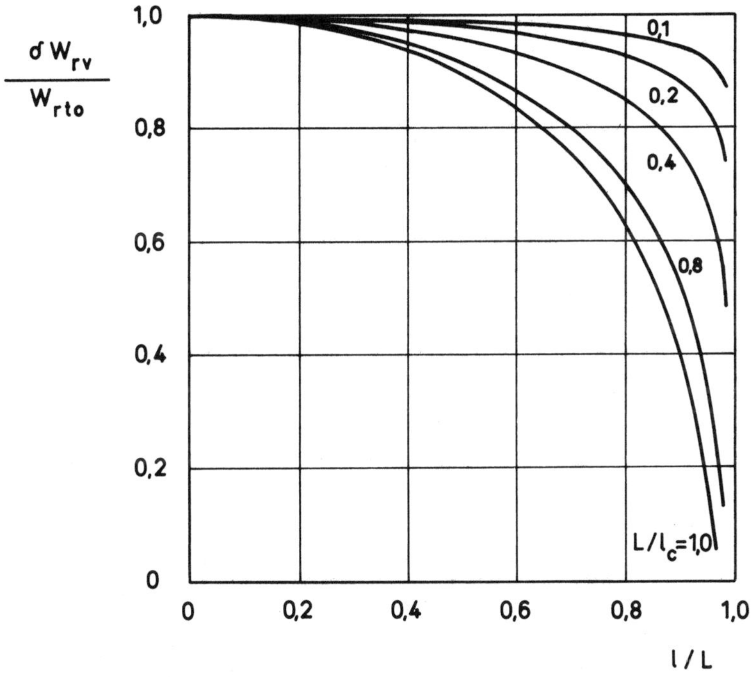

Fig. 6.5.3. Normalized reduction in energy changes due to partial extraction.

To avoid the possibility of such a type of failure, the complex potential in 6.2(48) can be employed to compute the stresses in the rock using 6.2(2) and (3). From these stresses the outline of the potential fracture zones can be obtained, Hoek (1966).

Partial filling is an alternative to total filling and can be used with little loss of efficiency. It must be ensured that the width-to-height ratio of ribs of aggregates should be not less than 15. If this is ensured, however, ribs occupying 15 to 25 per cent of the area of the excavation are likely to be about 80 per cent as effective as total filling [J. & C. pp. 454-458].

Before leaving the subject of controlling mining conditions through the use of the 'energy release rate', $\Delta U_m/\Delta A$, it should be pointed out that there may appear to be conceptual differences between the interpretation of the earlier workers in this field and that of the present account. When the concept of energy release rate was originally introduced by Cook (1963) [see also Cook et al (1966)] when Cook (1966) derived the concept of energy balance of mining, the energy changes were considered relative to the virgin state of the rock mass. Consequently, it was not realized that theoretically the total of the released energy, W_{rv}, comprises the integrals of ΔU_m and ΔW_s, provided the rock is elastic and mining is done in small steps. This means that a part of the released energy is removed from the system with the mined rock and the remainder is dissipated in deforming supports. If there is no support, the total released energy equals the total of the strain energies which were removed with the excavated rock. Of course, as it was mentioned before, in practice some of the rock is wholly or partially relieved of stresses by fracturing before it is excavated, so at least a fraction of the 'released energy' is dissipated in inducing fractures.

6.6 Pillar mining - Calculation of pillar load

Pillar mining is, perhaps, the single most important method of mineral extraction. It is being used in some form or another to extract a great variety of minerals such as coal, potash, iron ore, etc. In spite of its importance, little progress was made before the 1960's in the development of a rational method of designing underground pillars and their layout.

(i) Tributary area theory. The first principal problem of designing pillar layouts is associated with the prediction of pillar load. It would appear that prior to the publication of a remarkable paper, by Tincelin and Sinou (1960) the only theoretical method of determining pillar load was, to use a terminology apparently due to Coates (1965), the tributary area theory.

Strictly speaking this theory applies to horizontal workings, the lateral extent of which is very large in relation to the depth below surface. Under these conditions there must be some central part of the pillared area, provided the pillar loads are less than the corresponding pillar strengths, where no effect of the remote unmined edges of mining is noticeable. Equilibrium of forces requires with respect to this central region that the resultant force of the resistances of individual pillars should be equal to the weight of the rock over the same region. Thus, if the pillars are of uniform size, shape and distribution, the load acting on all pillars in the central area is equal and its magnitude corresponds to the weight of the prism of rock attributable to a pillar. Let the area of the pillars be A_p and the corresponding tributary area be A; the average vertical pillar stress is then

$$p_m = \gamma H(A/A_p), \qquad (1)$$

where γ is the weight of rock per unit volume and H is the depth. This pillar load can also be expressed in terms of the extraction ratio $e = (A-A_p)/A = 1-(A_p/A)$, that is

$$p_m = \gamma H/(1 - e). \qquad (2)$$

This is the only situation in which the pillar load can be determined from simple statical considerations. In all other instances the problem of pillar load computation is statically indeterminate so that it can be solved only by considering displacements. Attempts to generalize the tributary area theory to cover irregular pillars or areas containing only a few pillars are arbitrary and theoretically unjustified.

It is important to note that the pressure calculated from (1) or (2) represents the upper limit of the average pillar load in any horizontal workings supported by <u>uniform</u> pillars. An assumption to the contrary would lead to the unacceptable conclusion that, at some stage of mining, the average pillar load on some of the pillars would have to <u>decrease</u> [to reach the value of p_m in (1) or (2)] due to an <u>increase</u> in the mined-out area.

To estimate pillar loads, Tincelin and Sinou (1960) used a two-dimensional model in which the rock in the roof was represented by an elastic beam (plate) and the resistance of the pillars and that of the unmined seam were assumed to be proportional to the deflection of the beam. They thus reduced the problem to the well-known solution of Winkler, involving beams on elastic foundation, Timoshenko (1956). It is worth noting that similar assumptions were first used in the context of mining rock mechanics by Budryk in 1933 [see Borecki and Salustowicz (1960)].

In a series of reports Coates (1965; 1965a; 1966) and in a paper, Coates and Ignatieff (1966), describe a method of computing pillar load in 'deep' and 'shallow' situations considering deformations. However, as they were relying on available analytical results defining roof and floor deflection in unsupported excavations, their pillar load estimation is necessarily approximate. More recently, Starfield and Fairhurst (1968) have succeeded in developing a numerical method, using the principles in Section 3.4, to compute pillar loads in two dimensions assuming that the workings are at infinite depth.

(ii) <u>A general method</u>. It was shown in Section 3.4 that the relationship between the induced traction vector T and the relative displacement vector S in a tabular excavation can be written as

$$T = - \chi S, \tag{3}$$

where χ is a 3nx3n matrix, provided the area of the excavation is subdivided into n face elements. Since χ is symmetric positive definite, there is no difficulty, at least in principle, in obtaining its inverse so that

$$S = - \chi^{-1} T = - \Gamma\, T, \tag{4}$$

where, in a manner analogous to 3.4(7), matrix Γ can be written as

$$\Gamma = \begin{bmatrix} \Gamma_{11} & \Gamma_{12} & \Gamma_{13} \\ \Gamma'_{12} & \Gamma_{22} & \Gamma_{23} \\ \Gamma'_{13} & \Gamma'_{23} & \Gamma_{33} \end{bmatrix} \tag{5}$$

Restricting the scope of the discussion to horizontal workings, it can be assumed that the vertical virgin stress is a principal stress and (only for the purposes of estimating pillar loads) that only the vertical component of the stress vector acting at the pillar-rock contacts has significant influence, Salamon (1970). In other words, it is assumed that $T_1 = T_2 = 0$ over the whole mined-out region, including the areas occupied by pillars. If this is so, (4) yields the following relationship between the convergence and normal traction vectors:

$$S_3 = - \Gamma_{33} T_3 . \tag{6}$$

Sometimes in the remainder of this section and later in Section 6.8, when this can be done without causing confusion, the subscripts are omitted. Care is taken, however, to indicate when this is done. Also, it will be advantageous in future to regard T (i.e. T_3) as a vector of forces. As these forces are obtained from the corresponding stress values by multiplying them with the area of the face element, each element of Γ (i.e. Γ_{33}) should be divided by the area of the face elements to remain dimensionally consistent.

Suppose that a number p of the total of n face elements correspond to areas occupied by pillars and the remainder, that is, m = n - p, represent mined-out regions. Let the vectors of convergence and force values be S_p and T_p in the region of pillars and S_m and T_m in the mined-out zone, respectively. The first pair of vectors is px1 the second is mx1. There is no difficulty in arranging (6) so we have:

$$\begin{bmatrix} S_p \\ S_m \end{bmatrix} = -\begin{bmatrix} \Gamma_{pp} & \Gamma_{pm} \\ \Gamma'_{pm} & \Gamma_{mm} \end{bmatrix} \begin{bmatrix} T_p \\ T_m \end{bmatrix}. \qquad (7)$$

Now, since $T_m = -4\Delta^2 Q_{33} J_m$ is an mx1 vector, all elements of which are unity and $4\Delta^2$ denotes the area of a face element, (7) yields:

$$S_p = 4\Delta^2 Q_{33} \Gamma_{pm} J_m - \Gamma_{pp} T_p. \qquad (8)$$

The same induced convergence can be calculated also independently from the deformation of the pillars. Let the height of the pillars, the Young's modulus and Poisson's ratio of the pillar material be h, E_s and ν_s, respectively. The compression of the pillars is due partly to the increase in compressive vertical stress, $(h/4E_s\Delta^2)T_p$, and partly to the relaxation of the virgin lateral stress $Q_{11} = Q_{22} = kQ_{33}$. This latter component is given by $(2\nu_s kh/E_s)Q_{33}J_p$. Thus, the pillar convergence is

$$S_p = (h/4E_s\Delta^2)(T_p + 8k\nu_s\Delta^2 Q_{33} J_p). \qquad (9)$$

This approximate relationship can be regarded as a generalization of Winkler's hypothesis and it resembles the corresponding result of Coates (1965) [see also the correspondence between Coates (1971) and Salamon (1972)].

After equating (8) and (9) the vector of induced pillar loads is

$$T_p = 4\Delta^2 Q_{33}(\Gamma_{pp} + \alpha I_p)^{-1}(\Gamma_{pm} J_m - \eta J_p), \qquad (10)$$

where

$$\alpha = h/4E_s\Delta^2, \quad \eta = \nu_s kh/2E_s\Delta^2. \qquad (11)$$

(iii) <u>Assumption of infinite depth</u>. In many instances when pillar loads are to be determined, it is reasonable to suppose that the workings are effectively at infinite depth. This is so because the average convergence of pillar workings is usually very small, Fig. 6.4.1, and this small value ensures, according to 6.3(1), that the upper limit of the error, that is, the error resulting from the neglect of the finiteness of depth, is negligible. If this is in fact so, the convergence distribution is computed correctly by means of a method which neglects depth. However, in calculating the induced displacements in the strata, the finiteness of depth must be taken into account, Salamon and Oravecz (1970).

It was shown by Salamon (1964b) that the effects of normal and shear stresses can be separated when it is legitimate to neglect the effect of depth in computing convergence and ride components. Therefore, in such instances $\chi_{13} = \chi_{23} = 0$ in 3.4(7) so $T_3 = -\chi_{33} S_3$. The general expressions of the displacement components corresponding to this situation are given in 3.4(10) in terms of a single harmonic function φ. The required stress components are expressed in terms of the same function in 3.4(11) and the function itself is given in 3.4(13).

The elements of χ_{33}, or simply χ subsequently, can be computed on the basis of the integral equation in 3.4(14). The element $\varkappa_{ij}$, which represents the interaction between two face elements, the relative position of which are defined by

$$x_1^{(i)} - \xi_1^{(j)} = 2k\Delta, \quad x_2^{(i)} - \xi_2^{(j)} = 2\ell\Delta$$

where 2Δ is the length of the side of a face element, is given by

$$\varkappa_{ij} = \frac{E\Delta}{2\pi(1-\nu^2)}\left\{\frac{[(2k+1)^2+(2\ell+1)^2]^{\frac{1}{2}}}{(2k+1)(2\ell+1)} - \frac{[(2k-1)^2+(2\ell+1)^2]^{\frac{1}{2}}}{(2k-1)(2\ell+1)} - \frac{[(2k+1)^2+(2\ell-1)^2]^{\frac{1}{2}}}{(2k+1)(2\ell-1)} + \frac{[(2k-1)^2+(2\ell-1)^2]^{\frac{1}{2}}}{(2k-1)(2\ell-1)}\right\}. \qquad (12)$$

Here E and ν are the Young's modulus and Poisson's ratio, respectively, of the rock mass. It is important to note for future reference two special features of the elements of matrix χ(i.e. χ_{33}). From (12)

$$\varkappa_{ij} = 2\sqrt{2}E\Delta/\pi(1-\nu) > 0 \text{ and } \varkappa_{ij} < 0 \qquad (13)$$

in any other instance. The expression for the elements of χ (i.e. χ_{33}) in (12) was first derived by Plewman et al (1969). The facts that matrix χ (i.e. χ_{33}) is positive definite and all of its off-diagonal elements are negative are sufficient to identify it as a Stieltjes matrix. This means that all elements of its inverse, that is, of Γ (Γ_{33}), are positive, Varga (1962).

(iv) Solution by electric analogue. An alternative approach was used by Salamon and Oravecz (1970). They showed that the electrical analogue [see Section 3.4] can be used to determine the convergence distribution and, from it, the displacement and stress distributions caused by horizontal pillar workings. The electric analogue, as it is used for this purpose, is shown in Fig. 6.6.1. The analogue solution, apart from neglecting the effect of the relaxing horizontal virgin stresses around the pillars, is identical in principle to that given in (10), provided the matrix Γ used is the inverse of χ defined in (12). That is, the effect of finiteness of depth cannot be taken into account with the analogue.

An interesting aspect of the paper by Salamon and Oravecz (1970) is that they use the convergence distribution determined with the aid of the analogue to compute vertical displacements for workings at finite depth. This simplification is permissible because of the small mean convergence in the workings. As can be seen from Figs. 6.6.2 to 6.6.4, which are reproductions of illustrations in their paper, the computed displacements are in good agreement with those observed in the field.

(v) Solution in two dimensions. In order to give a closer insight into the effect of depth, a fairly general solution in two dimensions is now introduced. Since this solution is of considerable importance in its own right and will be used again in Section 6.8, the derivation is reasonably detailed.

The two-dimensional equivalent of 3.4(7) is

$$\begin{bmatrix} T_1 \\ T_3 \end{bmatrix} = - \begin{bmatrix} \chi_{11} & \chi_{13} \\ \chi_{13}' & \chi_{33} \end{bmatrix} \begin{bmatrix} S_1 \\ S_3 \end{bmatrix}, \qquad (14)$$

where S_1 and S_3 are the column vectors of the ride (in the x_1 direction which is parallel with the horizontal plane of the deposit) and convergence components, respectively. These components are the mean relative displacements in long strip face elements of 2Δ width, into which the mined-out area is subdivided.

The negative elements of the square matrices χ_{11} and χ_{33}, that is, $-\varkappa_{11}^{hj}$ and $-\varkappa_{13}^{hj}$, are the force components in the x_1 direction which act on the face element centered at x_1^h and are due to a unit mean ride and unit mean convergence in the face element centered at ξ_1^j, respectively. The negative element, $-\varkappa_{33}^{hj}$, of χ_{33} is the normal force acting on the face element centered at x_1^h and induced by unit mean convergence in the face element centered at ξ_1^j. Hence, to determine the elements of χ, first the normal, σ_{33}, and shear, σ_{13}, stresses on the seam horizon due to mean convergence, s_3, and mean ride, s_1, in a face element must be derived. To do this, use is made of the following fundamental results, Cook et al (1966):

$$\begin{aligned} u_1 &= 2(1-\nu)\frac{\partial \varphi_1}{\partial x_3} - (1-2\nu)\frac{\partial \varphi_3}{\partial x_1} - x_3\frac{\partial \phi}{\partial x_1}, \\ u_3 &= (1-2\nu)\frac{\partial \varphi_1}{\partial x_1} + 2(1-\nu)\frac{\partial \varphi_3}{\partial x_3} - x_3\frac{\partial \phi}{\partial x_3}, \\ \sigma_{33} &= 2G\left(\frac{\partial^2 \varphi_3}{\partial x_3^2} - x_3\frac{\partial^2 \phi}{\partial x_3^2}\right), \\ \sigma_{13} &= 2G\left(\frac{\partial^2 \varphi_1}{\partial x_3^2} - x_3\frac{\partial^2 \phi}{\partial x_1 \partial x_3}\right), \end{aligned} \qquad (15)$$

where φ_1 and φ_3 are harmonic functions and

$$\phi = \frac{\partial \varphi_1}{\partial x_1} + \frac{\partial \varphi_3}{\partial x_3}. \qquad (16)$$

If the origin of the co-ordinate system is on the surface and the seam is at $x_3 = H$, then the boundary conditions of the problem

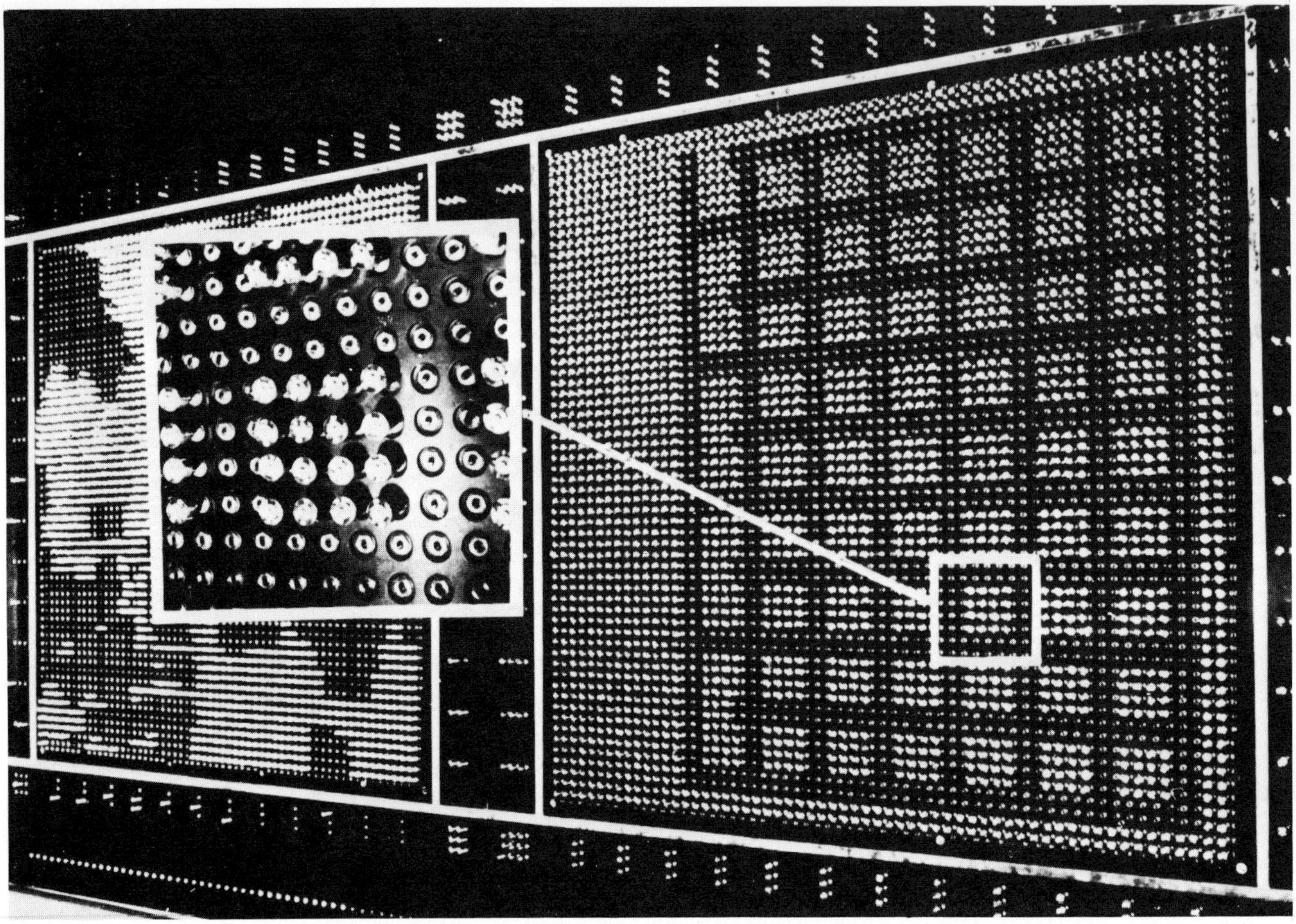

Fig. 6.6.1. Resistance analogue when used to analyse pillar problems.

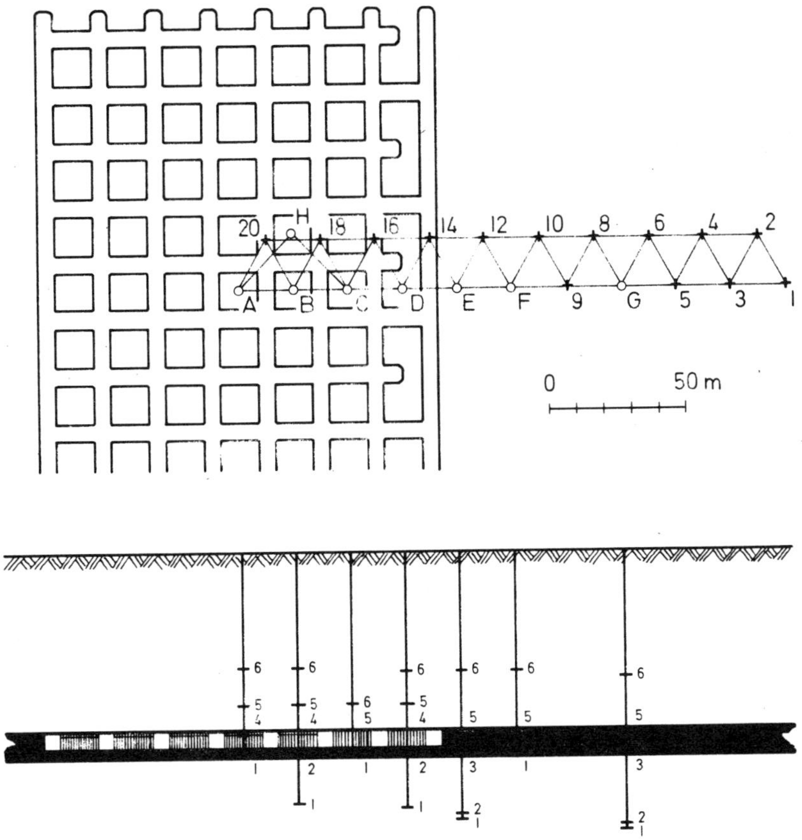

(a)

Fig. 6.6.2. Experimental site showing surface and inter-strata instrumentations (a) with the comparison of measured (o) and computed (+) surface subsidence (b).

(b)

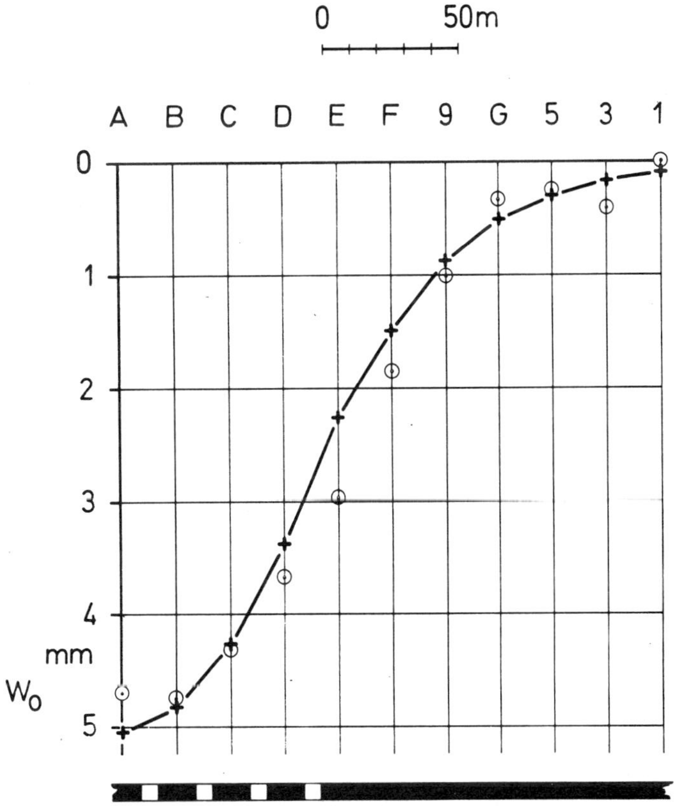

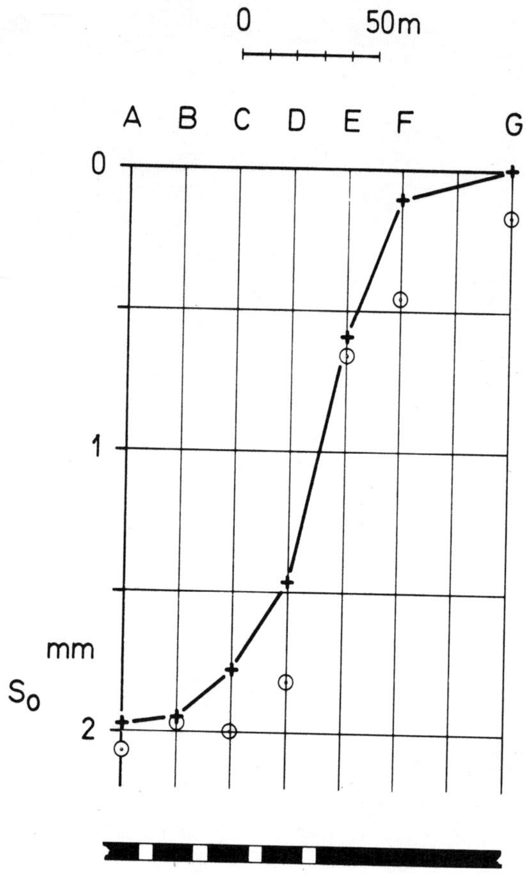

Fig. 6.6.3. Measured (o) and computed (+) convergence distribution at the site shown in Fig. 6.6.2.(a).

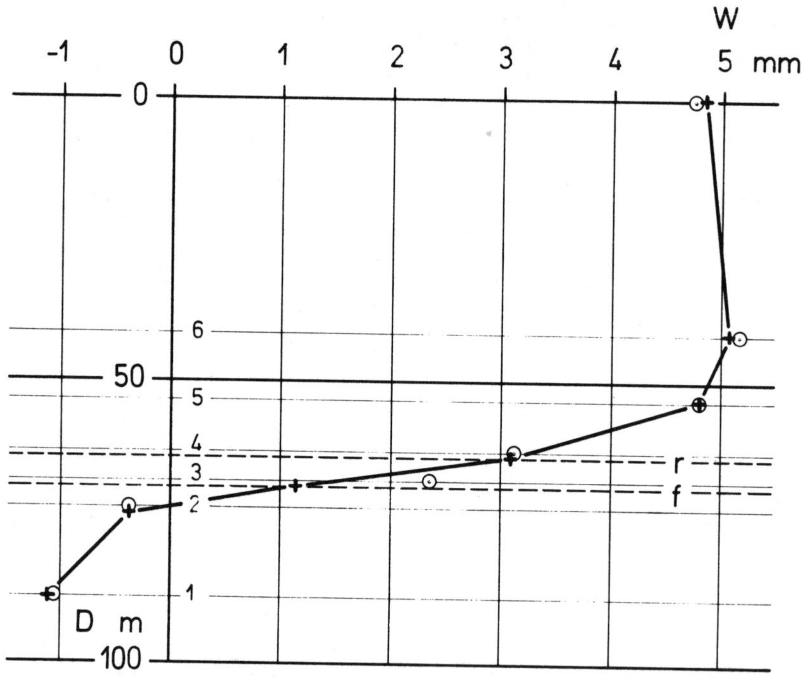

Fig. 6.6.4. Measured (o) and computed (+) inter-strata vertical displacement distributions at the site shown in Fig. 6.6.2.(a).

are:

$$x_3 = 0 \qquad \sigma_{33} = \sigma_{13} = 0,$$

$$x_3 = H \qquad \left.\begin{array}{l}(u_3^+ - u_3^-) = s_3 \\ (u_1^+ - u_1^-) = s_1\end{array}\right\} |x_1| < \Delta, \qquad (17)$$

$$\sigma_{33}^+ = \sigma_{33}^-, \ \sigma_{13}^+ = \sigma_{13}^-,$$

$$|x_1| = x_3 = \infty \qquad u_1 = u_3 = 0.$$

Here $u_1^+, \ldots, u_1^-, \ldots,$ refer to the floor and the roof of the seam, respectively.

As the derivation is laborious and as it follows closely the method used in another publication, Salamon (1963), details are omitted. It will suffice to mention that the solution is obtained in two steps. First, the stresses are derived from (15) by assuming that the deposit is in an infinite medium and the displacement discontinuities are introduced at $x_3 = H$. The $x_3 = 0$ plane is then made stress-free by again using the relations in (15). This second step does not alter the displacement discontinuities at $x_3 = H$. For reasons which will be obvious later, the stresses at the seam horizon are expressed here in terms of Fourier integrals.

The stresses at x_1^h due to ride s_1 at ξ_1^j are as follows:

$$\sigma_{33}^{hj} = -\frac{2Gs_1\Delta}{\pi(1-\nu)}\int_0^\infty H^2\psi^3 e^{-2H\psi}\sin(x_1^h-\xi_1^j)\psi d\psi \qquad (18)$$

$$\sigma_{13}^{hj} = -\frac{Gs_1\Delta}{\pi(1-\nu)}\left\{\lim_{x_3\to H}\int_0^\infty \psi\, e^{-(x_3-H)\psi}\cos(x_1^h-\xi_1^j)\psi d\psi\right.$$

$$\left.-\int_0^\infty(\psi-2H\psi^2+2H^2\psi^3)e^{-2H\psi}\cos(x_1^h-\xi_1^j)\psi d\psi\right\}. \qquad (19)$$

The stresses due to convergence s_3 are given by

$$\sigma_{33}^{hj} = \frac{Gs_3\Delta}{\pi(1-\nu)}\left\{\lim_{x_3\to H}\int_0^\infty \psi\, e^{-(x_3-H)\psi}\cos(x_1^h-\xi_1^j)\psi d\psi\right.$$

$$\left.-\int_0^\infty(\psi+2H\psi^2+2H^2\psi^3)e^{-2H\psi}\cos(x_1^h-\xi_1^j)\psi d\psi\right\} \qquad (20)$$

$$\sigma_{13}^{hj} = \frac{2Gs_3\Delta}{\pi(1-\nu)}\int_0^\infty H^2\psi^3 e^{-2H\psi}\sin(x_1^h-\xi_1^j)\psi d\psi. \qquad (21)$$

To obtain the forces acting on the face element centred at x_1^h the stresses in (18) to (21) must be integrated with respect to x_1 between the limits $x_1^h - \Delta$ and $x_1^h + \Delta$. As an example of the integration, the normal force component due to ride is given here:

$$T_{3r} = \frac{2Gs_1\Delta}{\pi(1-\nu)}\int_0^\infty H^2\psi^2 e^{-2H\psi}[\cos(x_1^h-\xi_1^j+\Delta)\psi$$

$$-\cos(x_1^h-\xi_1^j-\Delta)\psi]d\psi. \qquad (22)$$

Pillar mining is often carried out in panels which are separated by unmined pillars. It will be preferable, therefore, to obtain matrix χ for the situation in which there are an infinite number of panels in the layout. Of course, the same results can be used to study a single panel by simply assuming that the unmined pillars between the panels are very wide.

The proposed solution is periodic. For reasons which will become clear in Section 6.8, it will be advantageous to have a solution according to which the panels are arranged in groups of β neighbouring panels. Thus, if the distance between the centres of two neighbouring panels is $2n\Delta$ then, for example,
$u_1(x_1) = u_1(x_1 + 2\beta nk\Delta)$, for $k = 0, \pm 1, \pm 2, \ldots, \pm\infty$. All components of stress and displacement will obey similar relationships.

To derive matrix χ corresponding to this situation, it will be assumed that the ride and convergence are made to act simultaneously in an infinite number of face elements which are separated by a distance of $2\beta n\Delta$. The same approach was used by Starfield (1970) when obtaining a numerical solution in a infinite set of parallel panels at infinite depth.

On this basis the elements of χ are expressed in the form of an infinite series. For example, from (22)

$$\kappa_{13}^{hj} = \frac{2G\zeta}{\pi(1-\nu)}\sum_{k=-\infty}^{\infty}\int_0^\infty \omega^2 e^{-2\zeta\omega}[\cos(2\ell+1-2\beta nk)\omega$$

$$-\cos(2\ell-1-2\beta nk)\omega]d\omega, \qquad (23)$$

where the notations

$$x_1^h - \xi_1^j = 2(h-j-\beta nk)\Delta = 2(\ell-\beta nk)\Delta, \quad H = \zeta\Delta, \qquad (24)$$

$$\psi = \omega/\Delta,$$

were introduced. It will be noted that the elements of χ depend only on $h-j = \ell$.

Poisson's summation formula, Korn and Korn [(1961), p. 122], can be used to show that the sums of the kind typified by (23) can be expressed in closed form, thus,

$$\kappa_{11}^{hj} = \frac{G}{\beta n(1-\nu)}\sin\left(\frac{\pi}{\beta n}\right)\left[\vartheta_0 - \mathrm{Re}\vartheta_1 + 2\left(\frac{\pi\zeta}{\beta n}\right)\mathrm{Im}\vartheta_2 + 2\left(\frac{\pi\zeta}{\beta n}\right)^2\mathrm{Re}\vartheta_3\right], \tag{25}$$

$$\kappa_{33}^{hj} = \frac{G}{\beta n(1-\nu)}\sin\left(\frac{\pi}{\beta n}\right)\left[\vartheta_0 - \mathrm{Re}\vartheta_1 - 2\left(\frac{\pi\zeta}{\beta n}\right)\mathrm{Im}\vartheta_2 + 2\left(\frac{\pi\zeta}{\beta n}\right)^2\mathrm{Re}\vartheta_3\right], \tag{26}$$

$$\kappa_{13}^{hj} = \frac{2G}{\beta n(1-\nu)}\sin\left(\frac{\pi}{\beta n}\right)\left(\frac{\pi\zeta}{\beta n}\right)^2\mathrm{Im}\vartheta_3 . \tag{27}$$

In these formulae $\mathrm{Re}\vartheta_i$ and $\mathrm{Im}\vartheta_i$ refer to the real and imaginary parts of ϑ_i, respectively, and

$$\begin{aligned}
\vartheta_0 &= \frac{1}{\cos(2\pi\ell/\beta n)-\cos(\pi/\beta n)},\\
\vartheta_1 &= \frac{1}{\cos z - \cos(\pi/\beta n)},\\
\vartheta_2 &= \frac{\sin z}{[\cos z-\cos(\pi/\beta n)]^2},\\
\vartheta_3 &= \frac{1-\cos(\pi/\beta n)\cos z+\sin^2 z}{[\cos z-\cos(\pi/\beta n)]^3},
\end{aligned} \tag{28}$$

where the complex argument z is defined by

$$z = 2\pi(\ell+\zeta i)/\beta n. \tag{29}$$

Due to the periodic nature of the solution, matrices χ_{11}, χ_{33} and χ_{13} are of a special form. If each panel is subdivided into m face elements of width 2Δ, then all these matrices are of order $\beta m \times \beta m$, so that matrix χ is of order $2\beta m \times 2\beta m$. An example of these matrices in partitioned form is as follows:

$$\chi_{11}: \begin{bmatrix}
\chi_0^{(11)} & \chi_1^{(11)} & \chi_2^{(11)} & \cdots & \chi_{\beta-2}^{(11)} & \chi_{\beta-1}^{(11)}\\
\chi_{\beta-1}^{(11)} & \chi_0^{(11)} & \chi_1^{(11)} & \cdots & \chi_{\beta-3}^{(11)} & \chi_{\beta-2}^{(11)}\\
\chi_{\beta-2}^{(11)} & \chi_{\beta-1}^{(11)} & \chi_0^{(11)} & \cdots & \chi_{\beta-4}^{(11)} & \chi_{\beta-3}^{(11)}\\
\cdot & \cdot & \cdot & \cdots & \cdot & \cdot\\
\chi_2^{(11)} & \chi_3^{(11)} & \chi_4^{(11)} & \cdots & \chi_0^{(11)} & \chi_1^{(11)}\\
\chi_1^{(11)} & \chi_2^{(11)} & \chi_3^{(11)} & \cdots & \chi_{\beta-1}^{(11)} & \chi_0^{(11)}
\end{bmatrix} \tag{30}$$

In this example the sub-matrices $\chi_i^{(11)}$ ($i = 0,1,\ldots, \beta-1$) are $m \times m$ and represent the interaction between panels. For example, $\chi_i^{(11)}$ represents the sum of the effects on panel $j = 0$ of all panels indexed $j = i + \beta k$ where $k = 0, \pm 1, \ldots \pm \infty$, Matrix χ_{11} in (30) is a generalized circulant matrix, Aitken [(1967), pp. 131-132]. Many simplifications in treatment rest on this feature of matrix χ. These have been used to advantage by Salamon and Deist (1970). Unfortunately, limitations of space preclude the comprehensive discussion of their analysis, which succeeds in obtaining the $\beta m \times \beta m$ matrix

$$\Gamma_{33}=(\chi_{33}- \chi_{13}' \chi_{11}^{-1}\chi_{13})^{-1} \tag{31}$$

through inverting matrices of order not greater than $m \times m$, regardless of the value of β.

The results in (25) to (31) permit the computation of pillar load on the basis of (10), or by some other method which appears numerically more advantageous. It should be noted, however, that the matrix elements in (25) to (27) correspond to long strip **pillars**, so that in (10) appropriate modifications are required. Firstly, the multiplier $4\Delta^2$ should be replaced by 2Δ and the parameters α and η in (11) by

$$\alpha^*=(1-\nu_s^2)h/2E_s\Delta, \qquad \eta^*= \nu_s(1+\nu_s)kh/2E_s\Delta. \tag{32}$$

Naturally in the two-dimensional solution the obtained load is expressed as force per unit length measured along the strip pillars.

(vi) An approximate solution. Salamon **(1970)**, resorting to Saint-Venant's principle, suggested that the action of pillars on the surrounding rock can be approximated by the action of normal forces, provided that the plane of the deposit is a principal plane of the virgin stress distribution, Fig. 6.6.5. When computing the effect of pillar force P_i, which is the resultant of the total stress at the i-th pillar in a layout of N pillars, it is essential to assume that a pressure equivalent to P_i is distributed in some manner over of the cross-section of the pillar. The actual form of the distribution is unimportant. In addition, an 'average' pillar convergence, s_i, is used to describe

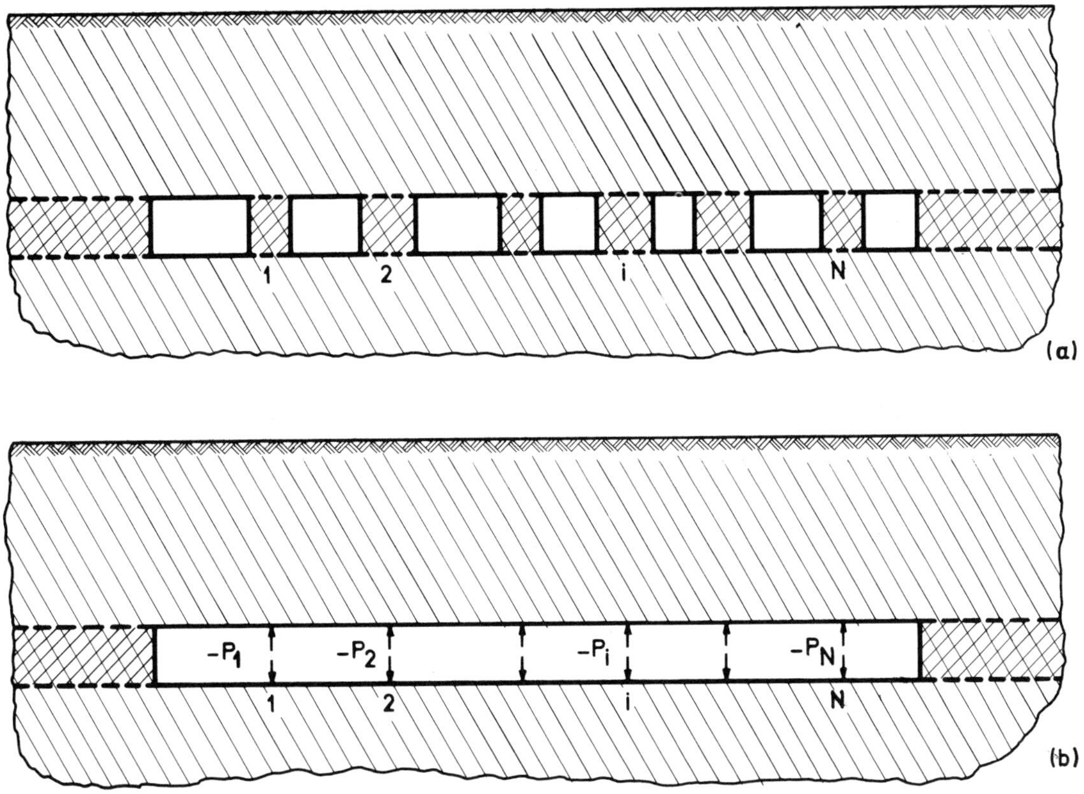

Fig. 6.6.5. Substitution of pillar stresses by equivalent forces.

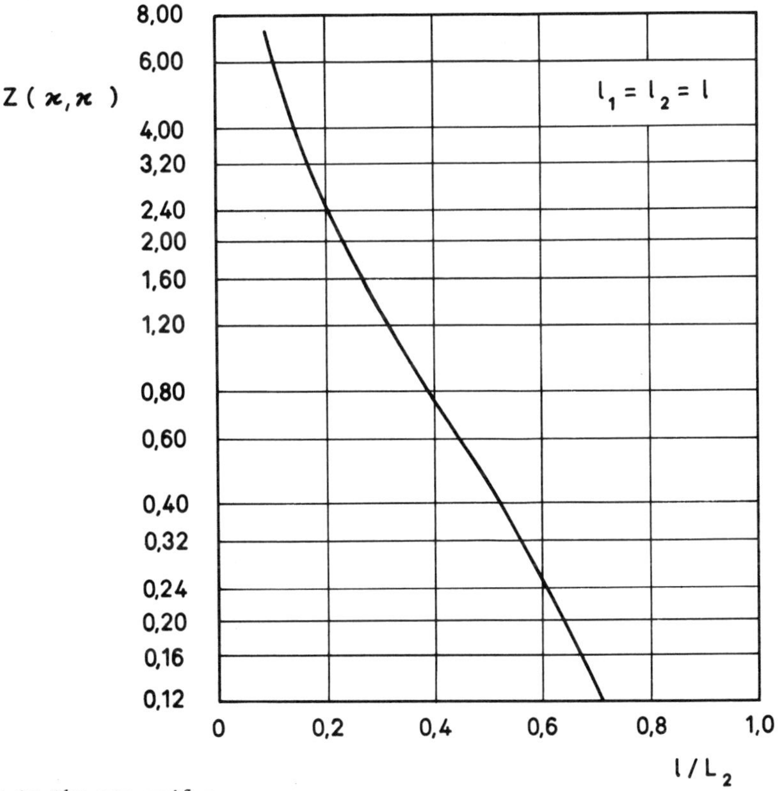

Fig. 6.6.6. Correction factor corresponding to the non-uniform convergence distribution along the long axis of the panel.

the relative vertical displacements of the roof and floor. The average convergence is so defined that the work done by force P_i when acting through s_i is equal to that calculated from the actual convergence, s_3, and the contact normal stress, σ_{33}, distributions:

$$s_i P_i = \int_{B_i} s_3 \sigma_{33} dA, \tag{33}$$

where B_i is the cross-sectional area of the i-th pillar.

Postulating that the surrounding strata are linearly elastic, the total convergence of the roof and floor of the excavation can be determined through the superposition of three convergence distributions. The first of these results from the deformation of the virgin rock and the second is simply the distribution of convergence which would be induced by mining in the excavations if there were no supporting pillars, Coates (1965). The magnitudes of these first two convergence components at the i-th pillar are denoted by y_{vi} and y_i, respectively. The third component of convergence, s_{ei}, would arise if the pillar forces P_i acted on a geometrically similar, but weightless and unstressed, rock mass. Thus, the total convergence at the i-th pillar, s_i, can be expressed as

$$s_i = y_{vi} + y_i + s_{ei}. \tag{34}$$

Suppose the convergence at the i-th pillar due to the action of a compressive force P_j at the j-th pillar is $-c_{ij}P_j$. The convergence induced by forces $P_1, P_2, \ldots, P_N$ can be obtained by superposition:

$$\begin{aligned} s_{ei} &= -(c_{i1}P_1 + c_{i2}P_2 + \ldots + c_{iN}P_N) \\ &= -\sum_{j=1}^{N} c_{ij}P_j, \end{aligned} \tag{35}$$

where the constants c_{ij} are called influence coefficients. The relationship in (35) for all pillars can be written in matrix notation as follows:

$$S_e = -CP. \tag{36}$$

Here S_e and P are Nx1 column matrices of s_{ei} and P_i, respectively. Matrix $C \equiv [c_{ij}]$ is NxN and is called the influence matrix. The reciprocal theorem [J. & C. p. 119] and the positiveness of the strain energy ensure that the influence matrix is symmetric positive definite. Because of its significance later, the inverse matrix,

$$K = C^{-1}, \tag{37}$$

is mentioned here also. Matrix K will be referred to as the stiffness matrix of the system.

If the working height is h and the rock is assumed to be isotropic, then $y_{vi}=(1-2\nu_s k)hQ_{33}/E_s$ and $y_i = Q_{33}y_i{}^*$, so that the total convergence of the roof and floor is given by

$$S = [(1-2\nu_s k)hQ_{33}/E_s]J_N + Q_{33}Y^* - CP, \tag{38}$$

where J_N is a column vector of ones. At the same time, the contraction of the pillar is simply P_i/B_iE_s, because in the final state the pillars are subjected to vertical load only. Thus, the vector of pillar convergences is

$$S = (1/E_s)B^{-1}P, \tag{39}$$

where B is the diagonal matrix of the cross-sectional areas of the pillars, B_i. After the right hand sides of (38) and (39) are equated, an equation is obtained for P, which yields:

$$P = Q_{33}[I_N + (E_s/h)BC]^{-1}B[(1-2\nu_s k)J_N + (E_s/h)Y^*]. \tag{40}$$

The determination of an element of C involves the solution of a boundary value problem specified by the following conditions:

$$\begin{array}{lll} x_3 = 0 & \sigma_{i3} = 0 & \\ x_3 = H & \sigma_{i3}^{+} = \sigma_{i3}^{-} & \text{in } A \\ & \sigma_{13} = \sigma_{23} = 0 & \text{in } A \\ & \sigma_{33} = P_j/B_j & \text{over } B_j \\ x_3 = |x_1| = |x_2| = \infty & u_i = 0 & \end{array} \tag{41}$$

where i = 1,2,3, A is the whole area of the excavation and H is the depth. The solution is required in a medium with no body forces.

Clearly, these boundary conditions indicate that the elements of C can be computed directly from those of Γ_{33} in (6), through an appropriate choise of vector T_3. This involves putting unity in T_3 at all places which correspond to B_i and zero everywhere else. Similarly, (6) yields vector Y* in (40), if $T_3 = J_N$ is substituted.

If the infinite depth approximation is acceptable, then Γ_{33} can be computed with the aid of $\varkappa_{ij}$ in (12). Very important practical results involving finite depth can be obtained from the two-dimensional solution given in (25) to (27). Although these results were derived using infinitely long strip-like face elements, they can be used also to estimate pillar loads in very long panels supported by rectangular pillars of area $2\ell_1 \times 2\ell_2$.

It has been shown, Salamon (1969a), that when the conditions along a long panel remain unaltered and there are N rows of pillars, the influence matrix can be expressed as follows:

$$C = C_t + cI_N, \qquad (42)$$

where C_t is the influence matrix in two dimensions, all elements of which has been divided by $2L_2$, that is, by the pillar centre distance along the long axis of the panel (or panels). Parameter c represents a correction corresponding to non-uniform distribution of convergence along the axis of the panel:

$$c = \frac{1-\nu^2}{L_2 E} Z(\varkappa_1, \varkappa_2). \qquad (43)$$

In this formula

$$Z(\varkappa_1,\varkappa_2) = \frac{2}{\pi\varkappa_1^2\varkappa_2^2} \sum_{m=1}^{\infty} \frac{\sin^2 m\varkappa_2}{m^4}[m\pi\varkappa_1 - Ki_2(2m\varkappa_2) - 1]$$

and

$$\varkappa_1 = \pi\ell_1/L_2, \qquad \varkappa_2 = \pi\ell_2/L_2,$$

$$Ki_r(\beta) = \int_\beta^\infty Ki_{r-1}(t)dt,$$

with

$$Ki_1(\beta) = \int_\beta^\infty K_0(t)dt,$$

where $K_0(t)$ is the modified Bessel function of zero order. In Fig. 6.6.6 the variation of function Z is plotted for pillars of square cross-section, that is for $\ell_1 = \ell_2 = \ell$ $(\varkappa_1 = \varkappa_2)$.

One of the advantages of the use of the influence matrice C begins to emerge now. By computing matrix Γ_{33}, for example, for a panel at depth H and of span R the solution to a whole suite of problems becomes within reach. Although the initial computation is laborious, once it has been performed the influence matrix C can be obtained at little effort for virtually any layout of pillars within the panel.

In Tables 6.6.1 and 6.6.2 the influence matrices corresponding to a panel (contain ing five rows of pillars) at shallow depth and an identical one at considerable depth are given. Clearly, the depth to span ratio, H/R, affects the magnitude of the influence co-efficients appreciably.

TABLE 6.6.1
NORMALIZED INFLUENCE MATRIX, $L_2GC/(1-\nu)$, FOR H/R = 0,25

i \ j	1	2	3	4	5
1	7,152	6,240	5,232	3,549	1,688
2	6,240	12,491	10,211	7,211	3,549
3	5,232	10,211	14,712	10,211	5,232
4	3,549	7,211	10,211	12,491	6,240
5	1,688	3,549	5,232	6,240	7,152

TABLE 6.6.2
NORMALIZED INFLUENCE MATRIX, $L_2GC/(1-\nu)$, FOR H/R = 2

i \ j	1	2	3	4	5
1	4,064	1,810	1,168	0,794	0,467
2	1,810	4,876	2,275	1,406	0,794
3	1,168	2,275	5,068	2,275	1,168
4	0,794	1,406	2,275	4,876	1,810
5	0,467	0,794	1,168	1,810	4,064

In Fig. 6.6.7 the effect of widening a panel by further mining is demonstrated. It is assumed that the panel is long and supported by rows of square pillars of width-to-height ratio unity and for which $E_s/E = \frac{1}{4}$ $(\nu = \nu_s = 0)$. In Figs. 6.6.7(a), (b) and

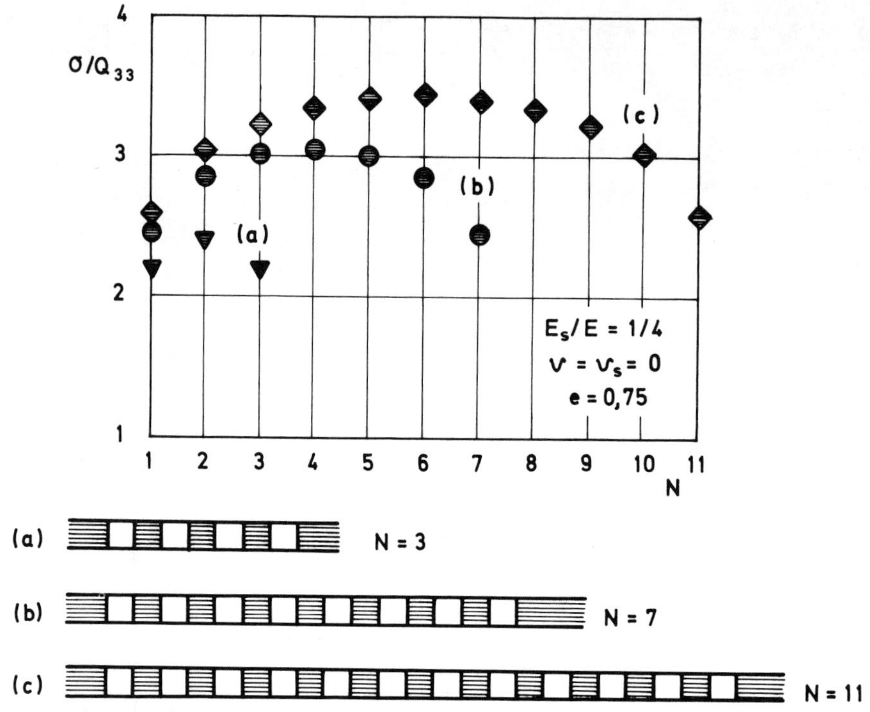

Fig. 6.6.7. The changes in pillar loads due to the widening of a panel.

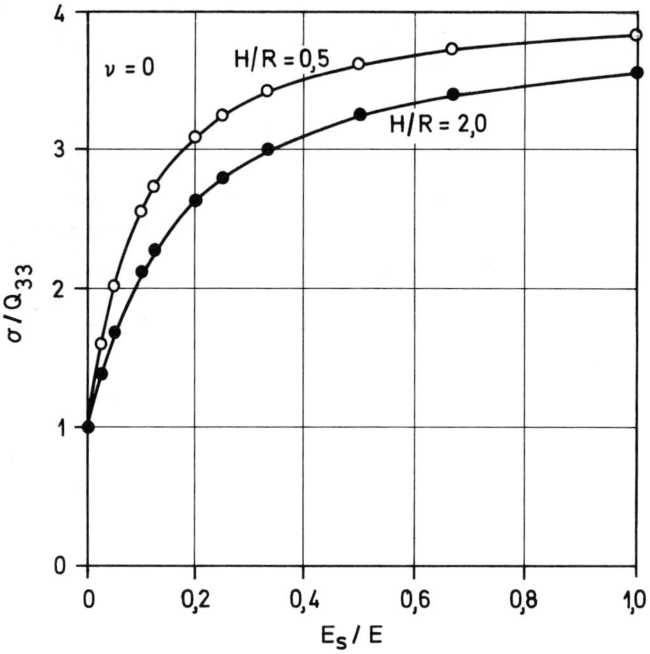

Fig. 6.6.8. The effect of the E_s/E ratio on the load acting on the pillars in the central row, where the panel contains five rows of pillars.

(c), the average pillar stresses, σ, are given for the situation in which the panel is supported by three, seven and eleven rows of pillars, respectively. The extraction ratio e is 3/4 in all instances, so that the tributary area theory would give a pillar load of $4Q_{33}$. Obviously, as the panel is widened, the pillar load approaches the value $4Q_{33}$ more and more closely. In fact, as the pillars become stiffer, that is, if the E_s/E ratio or width-to-height ratio is increased, the tributary area gives an improving estimate of pillar load. This is illustrated in Fig. 6.6.8 where the effect of E_s/E on the load acting on the central pillar of panel containing five rows of pillars is plotted.

(vi) Final comments. Methods for estimating pillar load have been discussed at some considerable length. The need for such detailed discussion might be questioned. However, recent progress in this field has been rather rapid and many of the results discussed here have not been published in detail. Also, the computation of pillar load is one of the more fundamental problems of the rock mechanics of underground cavities. Full understanding of this problem will lead to a better comprehension of other problems involving support.

In spite of the length of this section, the discussion has been restricted to the mining of a single horizontal deposit. The ideas presented can, however, be generalized to the mining inclined seams or of several deposits simultaneously. In principle, the concepts can be extended to cover time-dependent pillar behaviour or even mining in visco-elastic rock mass. Naturally, all these complications would make the solution of practical problems rather costly and time-consuming.

6.7 Pillar mining - Conventional design

Mechanical and other engineers traditionally determine the dimensions of structural elements with the aid of an equation, on one side of which there is the maximum stress in the structure and on the other the strength of the material reduced by a safety factor. This is the classical "strength of material" approach to design. It reduces the problem to the determination of the appropriate stress concentration factor and to the measurement of the strength of the material. Both of these factors are difficult to obtain accurately when pillar workings in rock are designed.

Because of the complexity of a pillar-supported mining excavation and the non-homogenities in the rock, a stress concentration factor, obtained in whatever manner, can be regarded as only an approximate value. Also it is notoriously difficult to determine the in situ strength of rock, especially of jointed rock, from laboratory experiments. For these reasons the tendency in pillar mining has been to simplify the classical procedure. Instead of working with the maximum stress in the pillar, average pillar stress has been used quite commonly. Also, instead of the strength of the material of which the pillars are comprised, empirical formulae to predict the strength of a pillar as a whole have been developed. Naturally, these simplifications can be accepted only if a number of assumptions are satisfied.

The strength of a pillar is a function of the material strength and the distribution of stresses in the pillar. The stress distribution depends on the manner in which the pillars are loaded. In this respect both the vertical and horizontal components of the contact (contact between the pillar and the surrounding rock) stress vector are significant. Unfortunately the distributions of both of these components and the magnitude of the latter are influences strongly by the conditions of contact (friction conditions and cohesion) and by the deformation characteristics of the rocks involved. It is essential to realize that any method of predicting pillar strength must take into account the properties of the rock and the nature of the contact surfaces. Hence, considerable care must be exercised before using an empirical pillar strength formula. Attempts should be made to ensure that the conditions under which the formula was derived and those prevailing in the mine where pillars are to be designed, are reasonably comparable.

One of the significant features of pillars is that their strength increases with their width, w, to height, h, ratio. This is due to the lateral confining effect imparted to the pillars by the lateral component of the contact stress.

When a pillar is subjected to vertical stresses only the induced horizontal displacements are away from the centre of the pillar. If normal stresses are applied to the surface of an unstressed half-space, over an area similar to that occupied by the pillar, the tangential displacement is towards the centre of the loaded area. When the pillar and the half-space are in contact, friction or cohesion usually ensures that the horizontal displacements are continuous across the contact surfaces, so that confining lateral stresses must, therefore, be present. Their effect increases with increasing w/h ratio. The identation of the pillar into the roof and floor is responsible for further confining effects.

Obert et al (1946) has suggested, on the basis of laboratory tests of rock cylinders, the following strength formula:

$$\text{Strength} = C[0,778 + 0,228(w/h)], \qquad (1)$$

where C is the uniaxial compressive strength of the pillar material. Greenwald et al (1939), Steart (1954), Holland and Gaddy (1957) Skinner (1959) and Holland (1962) have proposed a formula of the following form:

$$\text{Strength} = Ch^{\alpha}w^{\beta}, \qquad (2)$$

where α and β are appropriately chosen constants. Greenwald and his co-workers determined the parameters in in situ tests and the others from laboratory experiments. Salamon and Munro (1967) computed all three parameters from a statistical analysis of case histories collected from South African coal mining practice.

The same formula can be expressed also in terms of the volume, $V = hw^2$, and the width-to-height ratio, w/h, of the pillars:

TABLE 6.7.1
COMPARISON OF EXPONENTS AS PROPOSED BY DIFFERENT AUTHORS

Authors	α	β	a	b	Note
Greenwald et al (1939)	-0,83	0,50	-0,111	0,72	From moderately large model pillar
Steart (1954) Holland and Gaddy (1957)	-1,00	0,50	-0,167	0,83	From laboratory tests
Skinner (1959)	-	-	-0,079	-	From statistical prediction based on laboratory tests
Salamon and Munro (1967)	-0,66	0,46	-0,067	0,59	From statistical prediction based on case histories

$$\text{Strength} = CV^a (w/h)^b \qquad (3)$$

There are linear relationships between powers α, β and a, b:

$$a = (\alpha+\beta)/3, \qquad b = (\beta-2\alpha)/3. \qquad (4)$$

The various numerical values of these powers are summarized in Table 6.7.1.

The safety factor, η, in pillar design is defined as

$$\eta = \frac{\text{Strength}}{\text{Load}}, \qquad (5)$$

where the strength is taken to mean the strength of the pillar and the load as the average pressure acting on the pillar. If actual strength and load values are substituted into (5) and it is found that $\eta < 1$ or $\eta > 1$, then these values of η can be taken to indicate that the pillar will fail or will remain sound, respectively.

If, however, strengths and loads are predicted in some manner for a large number of cases where subsequently pillar failure is observed, it will be found that the safety factors calculated from the predicted values will be scattered, if the predictions are unbiased, around unity. The extent of the scatter is a measure of the accuracy of the predictions. Let the safety factor at which failure takes place be denoted by η_c. Of course, the exact value of η_c is not known in advance. The aim of pillar design is to secure, with an acceptably high degree of probability, that $\eta > \eta_c$.

If a large number of pillars are formed according to a particular method of design and then 'tested' to destruction, the observed variation in the critical safety factor can be described by a frequency distribution with a density function $f(\eta)$ where the subscript c is omitted for convenience. That is to say, $f(\eta)d\eta$ gives the relative frequency of occurence of pillars with critical safety factors in the interval $(\eta, \eta+d\eta)$. In Fig. 6.7.1(a) such density functions for three imaginary series of tests are illustrated. Clearly, curves a, b, and c reflect less and less reliable methods of design.

In Fig. 6.7.1(b) the cumulative distributions, $F(\eta)$, corresponding to the frequency distributions a, b and c, are given. The ordinate at η represents the probability that the critical safety factor of a randomly selected pillar is in the range $0 < \eta_c < \eta$. Consequently, this ordinate is also the probability that a pillar designed to have a safety factor η will in fact be sound.

These probabilistic concepts of design are due to Salamon and Munro (1967). The imperfections of natural rock make the employment such ideas in the design of rock structures advisable. Salamon (1967) has evolved on this basis, a practical procedure for the design of pillars in collieries.

6.8 Pillar mining - Stability and instability

The terms 'stable' and 'unstable', are often misused when applied to underground cavities. Frequently they imply merely that rock failure may or may not occur. In the course of mining a part of the rock surrounding the excavations often fractures. Mining engineers and, to a much lesser extent, civil engineers, have learned to accept and to control the fractured rock. Problems arise when some unexpected failure takes place. This unexpected event may take the form of a rockburst, a sudden fall of roof, or sudden failure of pillars, etc. In these instances a previously stable structure, for no apparent reason, suddenly becomes unstable.

The term 'unstable equilibrium' should be reserved for a state which can be upset to such an extent by the imposition of a set of small displacements that the equations of equilibrium can be satisfied subsequently, only by invoking inertia or d'Alambert forces. Perhaps the simplest example of stable and unstable equilibria are shown in Figs. 6.8.1 (a) and (b), respectively.

A large amount of stored energy might be liberated as a result of underground instability. Such an event is likely to be

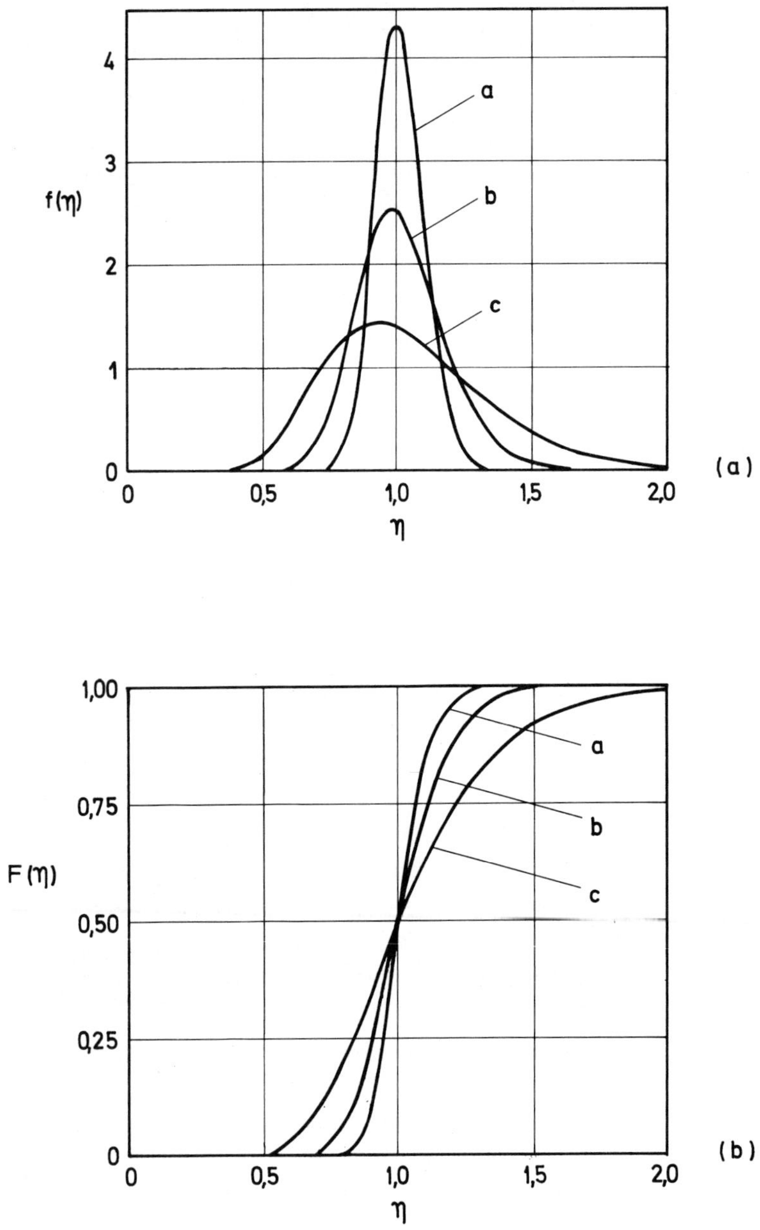

Fig. 6.7.1. Density (a) and cumulative (b) distributions of safety factors of pillars.

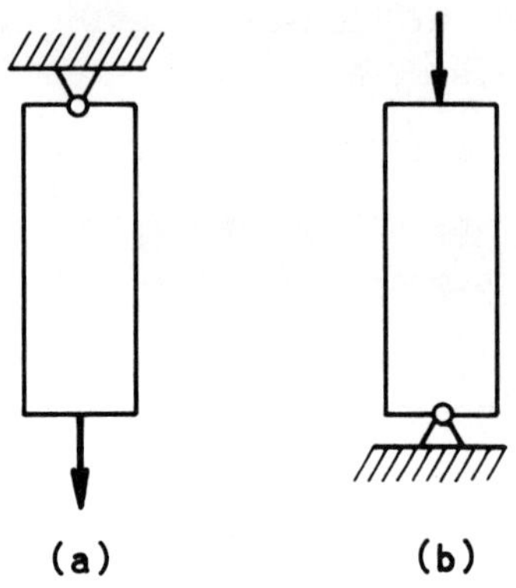

Fig. 6.8.1 Stable (a) and unstable (b) equilibria.

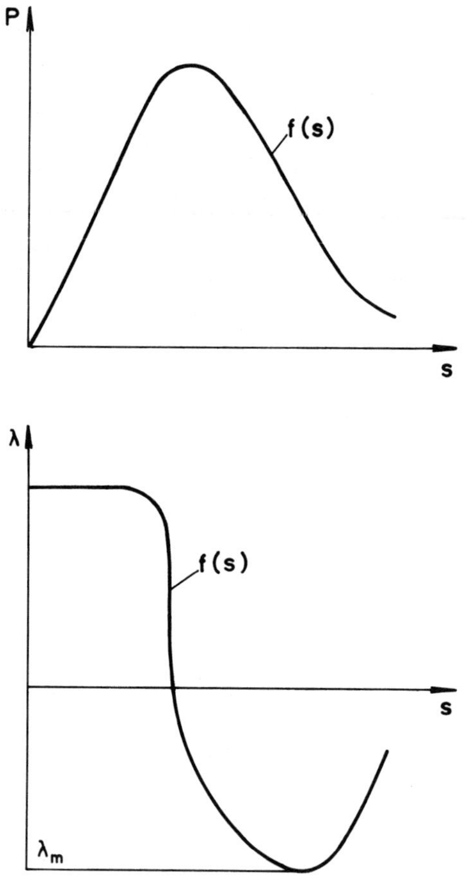

Fig. 6.8.2. Complete force-convergence characteristics of a pillar.

violent, such as, for example, a rockburst. Often instability results merely in a sudden loss of potential energy of a part of the rock mass. Falls of roof belong to this category. Unstable failure of pillar workings is usually an example of an intermediate case.

Instances of sudden failures of pillar workings are well known in mining literature. Spackeler et al (1960) give an account of a major failure which took place in one of the German potash mines in 1958. The area of perceptible ground movements was approximately 1 200 km^2 with an average radius of 19 km. Tincelin and Sinou (1960) describe two distinct types of pillar failure which have been observed in the iron ore mines of Lorraine:

(a) slow, progressive collapse which leads, after some delay, to surface damage, and

(b) sudden, violent collapse which causes immediate surface damage and often fatal accidents due mainly to air-blast.

They devote their paper to an attempt of providing an explanation of the second type of collapse, of which, according to them, seven have occurred since the beginning of the century.

Bryan et al (1964) describe a sudden and disasterous pillar collapse in a South African colliery in 1960. Some 2½ km^2 of pillared area collapsed with the loss of 437 lives. Several other pillar failures are known to have happened in South African coal mines but no record of other violent failure exist. It must, therefore, be accepted that the classification of pillar collapses by Tincelin and Sinou into the earlier mentioned types is justified.

(i) General theory. Pillar workings are in stable equilibrium as long as the rock mass is not able to induce further convergence (rock creep is neglected here) in the pillars if no additional mining takes place. Hence, the stability of the workings is secured if the amount of energy imparted to the pillars by the surrounding rock mass, ΔW_r, during some virtual convergence, Δs_i ($i = 1,2,\ldots N$, where N is the number of pillars), is smaller than that required to compress the pillars further by the same amounts, ΔW_p, that is

$$\delta W = \Delta W_p - \Delta W_r > 0. \qquad (1)$$

This is simply the mathematical statement of the requirement that in stable equilibrium the pillars can be deformed only if some external agency does some work on the system.

If the state of equilibrium is defined by the force vector P and convergence vector S, the energy required to deform the pillars further is

$$\Delta W_p = \Delta S'(P + \tfrac{1}{2}\,\Delta P_p). \qquad (2)$$

At the same time, the energy supplied to the pillars by the surrounding rock is given by

$$\Delta W_r = \Delta S'(P + \tfrac{1}{2}\,\Delta P_r). \qquad (3)$$

Here, as before, $\Delta S'$ denotes the transpose of ΔS.

In (2) and (3) ΔP_p and ΔP_r refer, in turn, to changes of force with respect to the pillars and the surrounding rock. Clearly, with respect to the i-th pillar, force P_i and convergence s_i must satisfy the force-convergence relation of that particular pillar, that is,

$$P_i = f_i(s_i). \qquad (4)$$

Thus, the vector of changes of forces with respect to the pillars can be expressed as

$$\Delta P_p = \Lambda \Delta S, \qquad (5)$$

where Λ is a diagonal matrix with elements $\lambda_{ii} = \lambda_i = f_i'(s_i)$, Fig. 6.8.2. The force changes with respect to the rock mass can be deduced from 6.6(38). As neither Q_{33} nor Y^* change,

$$\Delta P_r = -K\Delta S, \qquad (6)$$

where K is the stiffness matrix, 6.6(37).

Now the substitution of (5) and (6) into (2) and (3) respectively and then into (1) yield the following condition for stability:

$$\delta W = \tfrac{1}{2}\Delta S'(K+\Lambda)\Delta S > 0, \qquad (7)$$

which implies the positive definitness of the quadratic form. It can be concluded, therefore, that pillar workings are in stable equilibrium if, and only if, the real symmetric matrix $K+\Lambda$ is positive definite.

This conclusion confirms, as expected, that instability cannot occur while all pillars are in the unfailed state, because then both K and Λ are positive definite ($\lambda_i>0$), Fig. 6.8.2. These results and the condition for instability,

$$|K+\Lambda| = 0, \tag{8}$$

are due to Salamon (1970).

To explain the relative significance of the conditions for stability and instability, the simplest non-trivial case, that is, when the number of pillars is two, is examined in some detail. In Fig. 6.8.3 the two hyperbolae AB and CD represent the condition for instability. The three conditions for stability arising from (7), namely $k_{11}+\lambda_1>0$, $k_{22}+\lambda_2>0$ and $\det(K+\Lambda)>0$, define uniquely the shaded area in which λ_1 and λ_2 must lie if the pillar layout is to be stable. It is essential to note that the workings can be stable if one or other, or even both of the pillars are in the failing regime, that is, in a state when an increase in compression diminishes pillar resistance ($\lambda_i<0$).

The condition for stability can be viewed in a slightly different light if use is made of the theorem concerning the Rayleigh's quotient, Korn and Korn [(1961), pp. 403-405]. The application of this theorem to the quadratic form in (7) yields:

$$\min_{\Delta S}\left(\frac{\delta W}{\Delta S'\Delta S}\right) = \frac{1}{2}\min_{\Delta S}\left(\frac{\Delta S'(K+\Lambda)\Delta S}{\Delta S'\Delta S}\right) = \frac{1}{2}\delta_{min}, \tag{9}$$

which states that the minimum overall convergence vectors of the normalized energy difference, that is, $\delta W/\Delta S'\Delta S = \sum_{i=1}^{N} \Delta s_i^2$, is equal to the half of the algebraically smallest eigenvalue of $K+\Lambda$, that is, to $\frac{1}{2}\delta_{min}$. The layout will be stable, therefore, if $\delta_{min}>0$, which is merely another way of stating that $K+\Lambda$ must be positive definite.

A more useful condition for stability can be derived if the Rayleigh's quotient theorem is applied to the relation in (7) term by term, Salamon and Deist (1970). This procedure yields the results

$$\frac{1}{2}\min_{\Delta S}\left(\frac{\Delta S'K\Delta S}{\Delta S'\Delta S}\right) = \frac{1}{2}\alpha_{min}, \quad \frac{1}{2}\min_{\Delta S}\left(\frac{\Delta S'\Lambda\Delta S}{\Delta S'\Delta S}\right) = \frac{1}{2}\lambda_{min}, \tag{10}$$

which indicate that $\delta W>0$ if

$$\alpha_{min}+\lambda_{min}>0. \tag{11}$$

Here α_{min} and λ_{min} denote the smallest eigenvalue of K ($\alpha_{min}>0$) and the algebriacally smallest element of Λ, respectively. Naturally, both α_{min} and λ_{min} change as mining proceeds. Therefore it will often be advantageous to replace in (11) λ_{min} by λ_m, that is, by the absolute minimum of the slope curves of the pillars, Fig. 6.8.2. If this is done, the condition for perfect stability is obtained, Salamon (1970).

Since the inequality in (11) ensures that the sum of the minima of the two terms in (7) is positive and since these two minima, in general, do not occur at the same ΔS vector, it is clear that

$$\delta_{min} \geq \alpha_{min} + \lambda_{min}. \tag{12}$$

Thus, (11) represents a sufficient, but not a necessary, condition for stability. Figure 6.8.4 demonstrates in the simplest non-trivial case (N=2) the difference between the two conditions for stability, showing that the inequality in (11) is a more stringent condition than $\delta_{min}>0$.

In practical investigations, however, it will be advantageous to use the result in (11) as it permits the subdivision of the stability analysis into two separate problems. These are, firstly, the determination of the stiffness of the mine, the embodiment of which is the numerical value of α_{min}, and, secondly, the prediction of the deformation characteristics of the pillars in terms of the numerical value of λ_{min}. The former problem is analytical and the latter experimental.

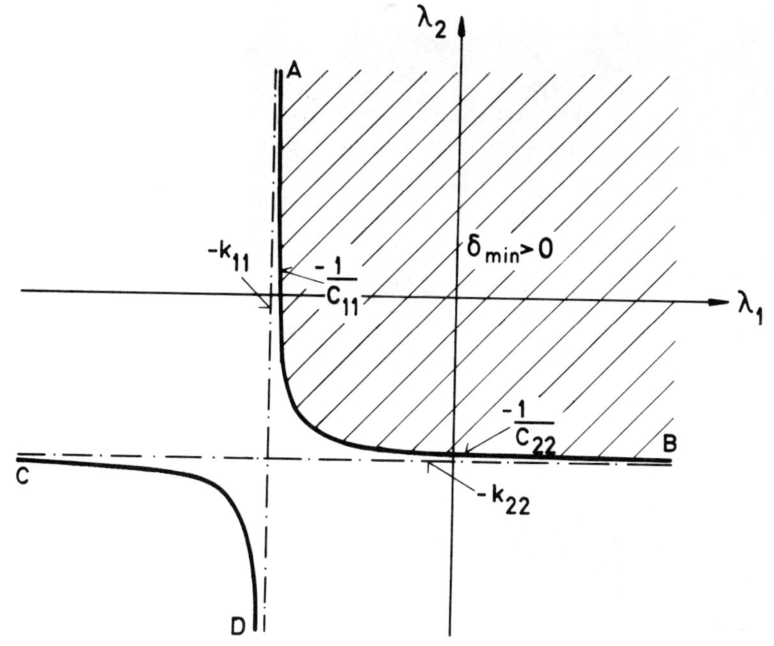

Fig. 6.8.3. Graphical representation of the condition for stability for two pillars.

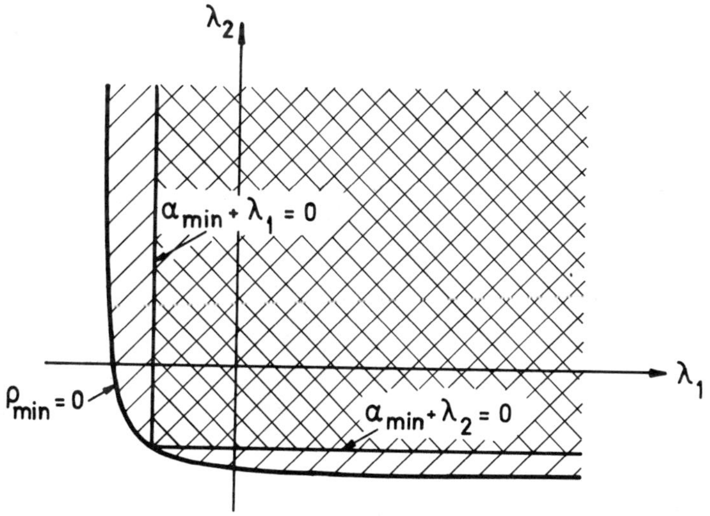

Fig. 6.8.4. Comparison of the criteria $\delta_{min} > 0$ and $\alpha_{min} + \lambda_{min} > 0$ for two pillars.

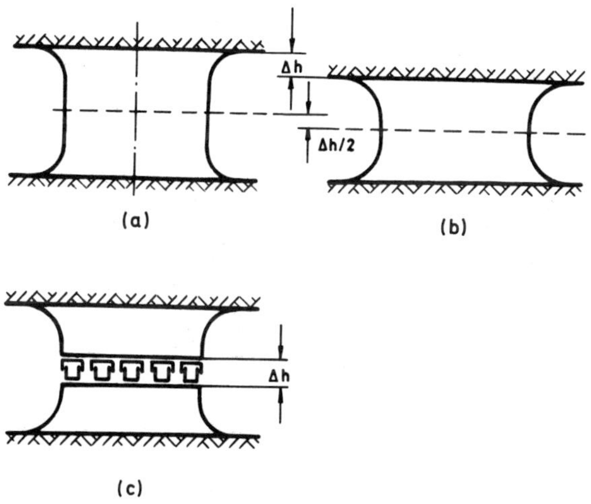

Fig. 6.8.5. Principle of loading model pillars *in situ*, after Cook (1967).

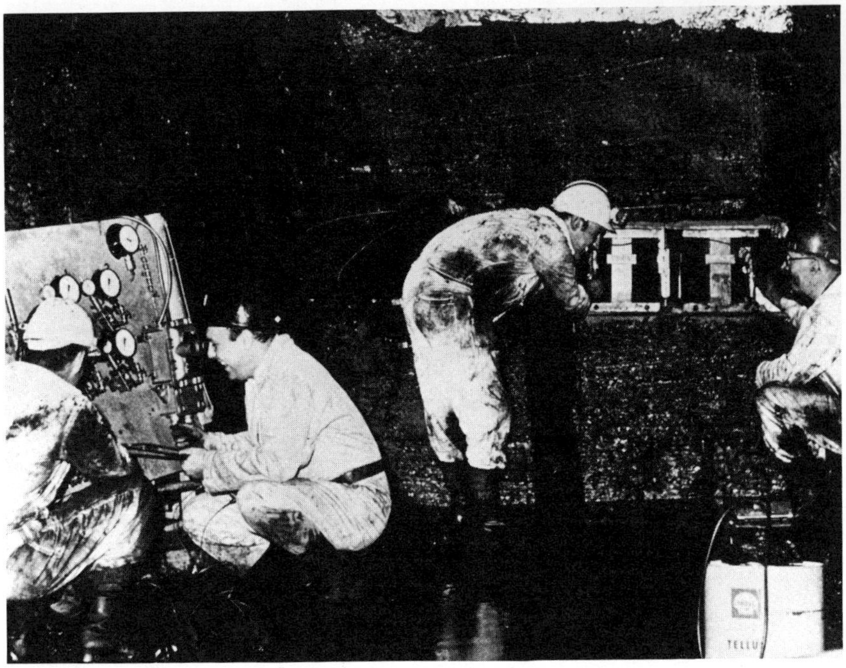

Fig. 6.8.6. In situ pillar compression test.

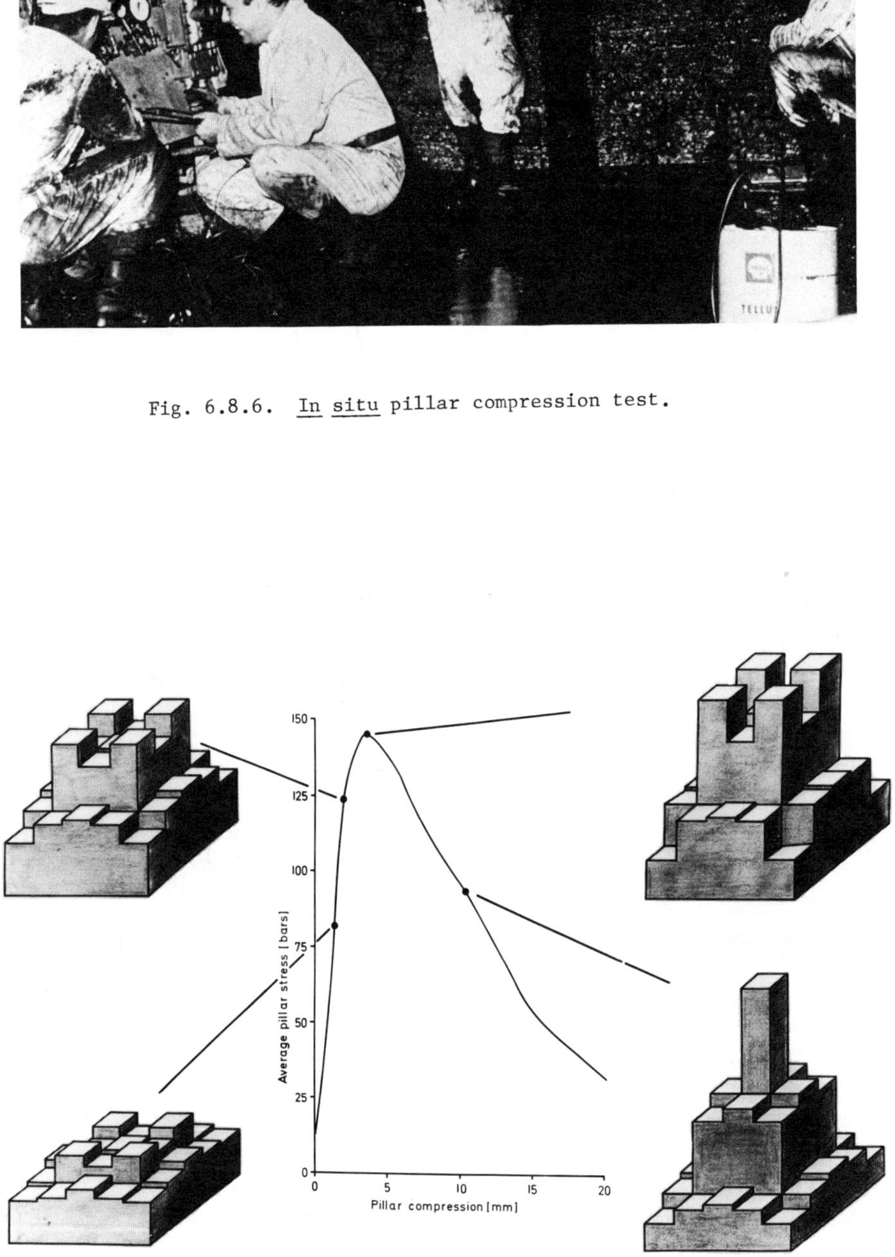

Fig. 6.8.7. Pillar load distributions obtained in underground tests using the technique shown in Figs. 6.8.5. and 6.

(ii) Force-convergence characteristics of pillars.

Cook (1967) suggested that the complete force convergence characteristics of pillars can be measured *in situ* by inserting loading jacks into a slot cut at the central symmetry plane of a model pillar, Fig. 6.8.5. If the loading is so arranged that the central plane remains horizontal and undistorted and friction is kept to a minimum, the boundary conditions of the test are perfect. If, in addition, the loading system is sufficiently rigid the complete force-convergence characteristics of the pillars can be observed.

Wagner (1973) has conducted a large number of tests using equipment constructed to Cook's specifications, Fig. 6.8.6, on model coal pillars, the linear dimensions of which were a little larger than 2 m. A typical force-convergence curve from his tests is shown in Fig. 6.8.7 and the minimum negative slopes are plotted in Fig. 6.8.8, as a function of the width-to-height ratio. It is extremely interesting to observe in Fig. 6.8.7 the distribution of load on the specimen at various stages of loading.

The results of Wagner's underground tests prove conclusively that a pillar has significant resistance even when its maximum resistance, which is traditionally regarded as the strength of the pillar, has been overcome. His results are probably conservative when applied to some other minerals. Halites and some other rocks such as shale, are likely to have more favourable deformation characteristics than coal in the failing regime. That is to say, the slope of their deformation curves is algebriacally larger than that for the coal.

(iii) 'Progressive' and 'sudden' collapses.

The discussion in this section provides the basis of an explanation of the phenomena described by Tincelin and Sinou (1960).

Suppose that there is a long isolated panel which is gradually being widened and more and more rows of equal pillars are being formed. During this process the load on the pillars in the centre row approaches the value of p_m computed from the tributary area theory [6.6(1) or (2)]. Two basic alternatives arise, either

(a) the pillar strength is greater than p_m or

(b) the pillar strength is smaller than p_m.

Obviously there are no problems with case (a) because no collapse of any kind will take place. Case (b), however, requires further investigation.

In the course of widening the panel, several critical stages might be reached. The first critical span, R_1, occurs when the load on the pillars in the central row becomes equal to the strength. From this stage onwards the panel is only conditionally stable, since the slopes of the deformation curves of some of the pillars are negative, that is, $\lambda_i < 0$ for some values of i. As the panel is widened further, the minimum eigenvalue of the stiffness matrix, α_{min}, decreases, Fig. 6.8.9, so that sooner or later, if the pillars do not fail first progressively, a second critical span, R_2, is arrived at. At this stage the workings become unstable and a sudden collapse will occur.

Clearly no mining can take place beyond the second critical span before improving the deformation characteristics of the pillars. This can be achieved by providing some lateral confinement to the pillars, for example, by winding a rope around them, or by inserting long lateral bolts into them or by employing hydraulic filling around them. The last method is very effective in thick horizontal seams, even if the fill is not in contact with the roof. This is so because the consolidated fill effectively resists the lateral loosening, which is considerable in the failing regime [Wagner (1973)], of the pillars.

Strangely enough, the sudden collapse of pillar workings is usually associated with some kind of failure in massive, competent beds in the roof strata, Tincelin and Sinou (1960), Spackeler et al (1960), Bryan et al (1964). It has been shown that the presence of such beds is not essential for the explanation of a sudden uncontrolled collapse. However, they can increase the severity of the unstable failure, especially if they are composed of rock of high modulus. A high modulus increases the numerical value of the minimum eigenvalue for a given span (see the normalization of the ordinate in Fig. 6.8.9) and therefore, the span at which instability occurs will be greater. Hence, a greater area will be affected by the collapse.

In practice, of course, failure of the pillars frequently occurs before the second critical span has been reached. In such situations the failure will be progressive and will take place without significant violence. To understand this progressive failure mechanism it is necessary to visualise the situation as it develops when the span exceeds the first critical span, R_1. The resultant of the tensile induced forces acting over the tributary area of a pillar is

$$T^{(i)} = pA_p - Q_{33}A, \qquad (13)$$

where A and A_p are the tributary and pillar areas, respectively, and p is the average pillar load. Of course, if $p = p_m$ as given in 6.6(1), then $T^{(i)} = 0$. However, if the pillar strength is smaller than p_m then $p < p_m$ and, therefore $T^{(i)} < 0$. The minimum value of $|T^{(i)}|$ occurs when $R = R_1$. Afterwards, because the curve of the pillar, descends, p will diminish, resulting in an increasing resultant tensile force. The increasing tensile force will, however, induce an even greater roof and floor convergence, which in turn will lead to a further reduction in pillar support, and so on. Hence, as R becomes progressively greater, the pillars are driven progressively towards failure.

This discussion reveals a further indirect danger arising from a competent, high-modulus roof. If the modulus of the roof strata is high then the progress of failure is slower, because the rate of increase in convergence is decreased. In such instances the obvious signs of approaching pillar failure, such as scaling and spalling, might be less obvious or even absent, so that no timely warning of the impending disaster will be visible.

It is of considerable interest that Tincelin and Sinou (1960), although postulating an erroneous mechanism to explain sudden collapses, did arrive at conclusions which can be accepted to be correct, at least qualitatively, even some 13 years after the presentation of their paper. They recommended, to use a somewhat paraphrased version of their conclusion, that to avoid sudden collapses (they refer to rockbursts) either the pillars must be able to withstand the maximum pressure corresponding to the pillar layout (conventional method of design) or the workings must be subdivided into panels the spans of which must be less than some critical value. The panels must be separated from each other by stabilizing pillars. If their conclusion is to be interpreted in terms of current knowledge, this critical span is R_2.

(iv) Design of yielding pillars. An idealized view of the system of panels and stabilizing pillars is shown in Fig. 6.8.10. To avoid confusion, the small pillars between a pair of stabilizing pillars will be referred to as 'panel pillars.'

The most efficient use is made of panel pillars if they are designed so that they exert their maximum resistance when the panels are fully developed. If the pillars are designed according to the classical approach, the actual pillar load is estimated to be in region B in Fig. 6.8.11, assuming a safety factor of about 1,6. To exploit the panel pillars fully, the pillar load would have to be at point A, that is, it would have to be equal to the pillar strength. This is the aim of a more advanced method of design.

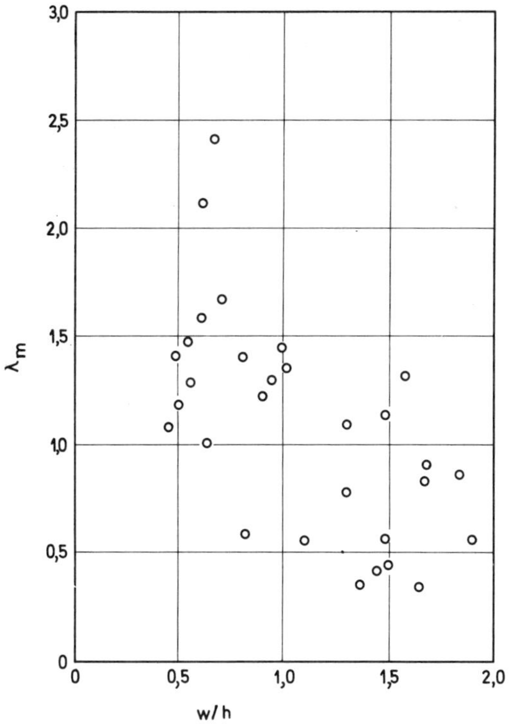

Fig. 6.8.8. Critical slopes of the descending part of the deformation curves of model pillars.

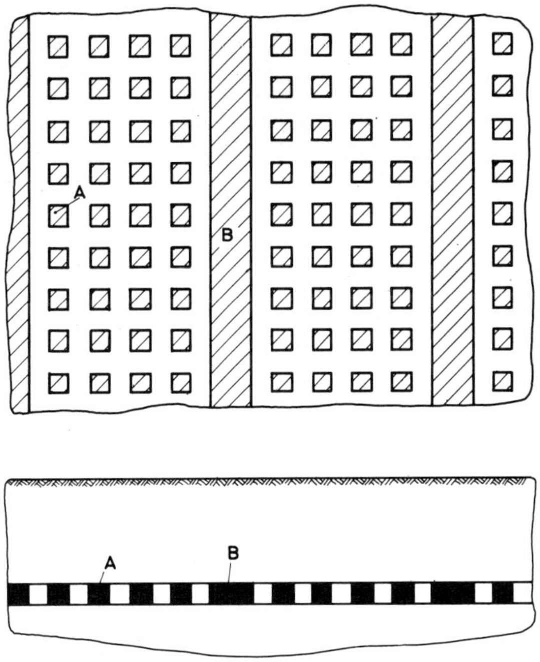

Fig. 6.8.10. Layout containing "panel pillars" (A) and "stabilizing pillars" (B).

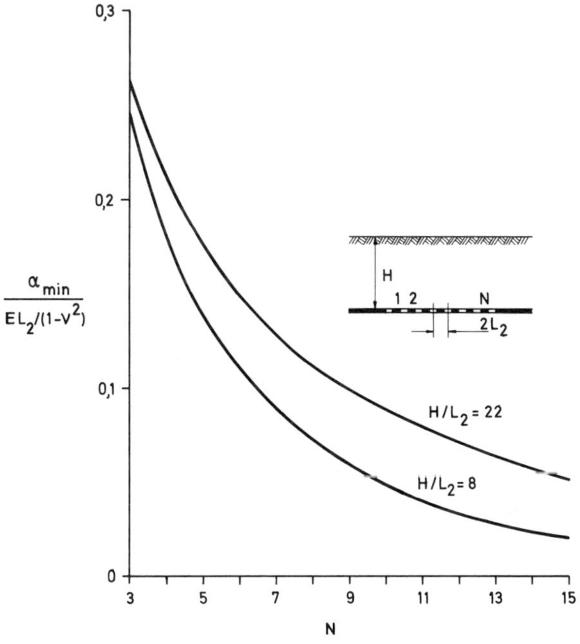

Fig. 6.8.9. Minimum eigenvalue of the stiffness matrix, α_{min}, as a function of the span of the panel.

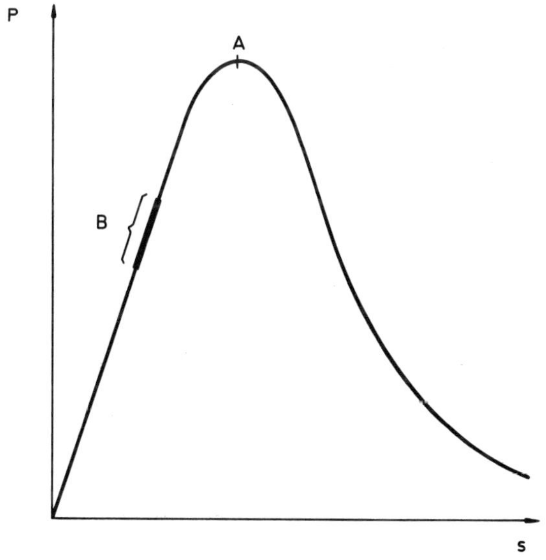

Fig. 6.8.11. Contrast between pillar strength, point A, and the estimated load acting on the pillar, zone B, if the safety factor is about 1,6.

Naturally, it is impossible to predict pillar load and pillar strength exactly. Consequently, the actual state of panel pillars will not be defined by point A, but by another point either to the left or to the right of point A. It is possible, therefore, that by aiming for point A the pillars will in fact be in the failing state. Such an eventuality can be permitted only if the workings remain stable, even in the case of an unfavourable accumulation of errors in load and strength predictions.

According to (11) the condition for perfect stability is

$$\alpha_{min} + \lambda_m > 0, \tag{14}$$

where α_{min} is the minimum eigenvalue of the stiffness matrix K and λ_m represents the absolute minimum of the deformation curves of the pillars, Fig. 6.8.2. Since matrix K is the inverse of the influence matrix C, there is the following relationship between α_{min} and ζ_{max}, the maximum eigenvalue of C:

$$\alpha_{min} = 1/\zeta_{max}, \tag{15}$$

Thus, for stability analysis it will suffice to determine the influence matrix.

The determination of the influence coefficients involves the solution of N independent problems, if N is the number of pillars. Each of these problems involves the computation of the convergence distribution due to a force applied at all the pillar positions in turn. In practical mining situations the number of pillars is so large that it would seem an almost impossible task to carry out a complete analysis, unless some means can be found which will lead to significant simplifications.

A useful guide relates to the quotient of the Euclidean norms of two vectors. If P is a column vector, its Euclidean norm is $\|P\| = (P'P)^{\frac{1}{2}}$ and the relevant theorem [Sheldon (1960)] can be expressed as follows:

$$\max_{P} \frac{\|CP\|}{\|P\|} = \zeta_{max}, \tag{16}$$

or, equivalently, because S = - CP, for all vectors P which obey $\|P\| = 1$, the maximum value of $\|CP\|=\|S\|$ is equal to the maximum eigenvalue of C. The equal sign applies when P is that eigenvector of C which is associated with ζ_{max}. This theorem is used to aid the determination of ζ_{max} for the layout in Fig. 6.8.10 when the workings are at extreme (deep and shallow) depths below surface.

The required guidance can be stated in a very general form when the workings are effectively at infinite depth. It was concluded in connection with 6.6(13) that all elements of matrix Γ_{33} are positive if the depth of mining is infinite. This means, since the elements of the influence matrix comprise some combinations of those of Γ_{33}, that all elements of C are also positive. An important corollary to (16) in this instance is that all components of the eigenvector corresponding to ζ_{max} must have the same sign. This is so since with any vector P which contains a mixture of signs the value of $\|CP\|$ in (16) could be increased by the simple expedient of changing the sign to all positive or to all negative. Hence a vector with a mixture of signs cannot be the eigenvector corresponding to the maximum eigenvalue. Moreover, since the eigenvectors are mutually orthogonal, there will be only one eigenvector in which the signs are all positive or all negative.

Next, the situation when the workings are at extremely shallow depths are examined. This situation, however, cannot be analyzed in general terms. The conclusions are specific to the panel layout in Fig. 6.8.10.

The basic premise of the analysis is that the components of the eigenvector corresponding to ζ_{max} do not alter along the long axis of the panels, so that the analysis can be performed in two dimensions. If both the thickness of the overburden and the width of the stabilizing pillars are small, the convergence of the roof and floor can be simulated by the deflection of a plate supported at an infinite number of equally-spaced lines, Fig. 6.8.12. Standard beam theory,

Timoshenko [(1960), Vol. I, pp. 137-140], can be used to determine the deflection of this beam due to a P line-force applied in panel i=0 at a distance b from the support on the left. The span of all panels is ℓ.

Apart from a line load in the panel indexed i=0, the beam is unloaded between supports. Thus, the deflection can be expressed as a third-order polynomial for each unloaded segment of the beam. The coefficients in these polynomials are determined from the conditions that at each support the deflection, w, would be zero and that its first three derivatives should be continuous. Moreover, at the point of loading, the deflection with its first two derivatives should be continuous and the third derivative should have a step of $P/\varkappa = 6(1-\nu)P/H^3G$. These represent sufficient conditions to solve the problem and to obtain the deflection of the beam

$$i \geq 1 \qquad (17)$$

$$w_i^+ = -(-1)^i x(\ell-x)[1-(\sqrt{3}-1)(x/\ell)]\Omega_1(2-\sqrt{3})^i/\sqrt{3},$$

$$i \leq -1 \qquad (18)$$

$$w_i^- = -(-1)^i x(\ell-x)[1+(\sqrt{3}+1)(x/\ell)]\Omega_2(2+\sqrt{3})^i/\sqrt{3},$$

$$i = 0 \qquad (19)$$

$$w_{o\,l} = x(a_l+c_l x+d_l x^2) > 0,$$

$$w_{o\,r} = (\ell-x)(a_r+c_r x+d_r x^2) > 0. \qquad (20)$$

In these expressions

$$\Omega_1 = \psi\ell P(\psi-1)[\psi+(\sqrt{3}-1)/2]/2(\sqrt{3}-1)\varkappa<0,$$
$$\Omega_2 = \psi\ell P(\psi-1)[\psi-(\sqrt{3}+1)/2]/2(\sqrt{3}+1)\varkappa>0, \qquad (21)$$

where $\psi = b/\ell$ and

$$a_l = -(1-\psi/3)b^2P/2\varkappa-\ell c_r,$$
$$c_l = c_r-\ell d_r+bP/2\varkappa, \qquad (22)$$
$$d_l = d_r-P/6\varkappa, \qquad a_r = -a^2\psi P/6\varkappa,$$
$$c_r = \psi\ell P[\sqrt{3}(\sqrt{3}+1)+3(\sqrt{3}+1)\psi-2\psi^2]/12(1+\sqrt{3})\varkappa, \qquad (23)$$
$$d_r = -\psi P(\sqrt{3}+3\psi-2\psi^2)/6(\sqrt{3}+1)\varkappa.$$

Careful scrutiny of the results in (17) to (23) reveals that the deflection is positive or negative throughout all panels for which i is even (including zero) or odd, respectively. This is so regardless of the location of the loading point in the central panel. Furthermore, the results convey that for example, tensile forces applied in the even and compressive forces applied in the odd-numbered panels will induce convergence in the central panel. Thus, the maximum value of $\|S\|$ occurs when tensile and compressive forces alternate as moving from one panel to the next. The eigenvector belonging to ζ_{max} will have M number of positive components followed by M number of negative components, and so on. Here M is the number of rows of pillars in each panel. Since the eigenvectors are mutually orthogonal there can be only one eigenvector with these properties.

It appears that in the two extreme cases considered the eigenvector associated with the maximum eigenvalue has some features which can be used to simplify the computation of ζ_{max}. To take advantage of these features and to obtain some general results, the influence of the layout in Fig. 6.8.10 is required.

When the stratification is horizontal, as is so here, there is no way by which any one panel can be distinguished from any other. The effect of the k-th panel on the ℓ-th panel can be expressed in terms of an MxM matrix if M is the number of rows of pillars in a panel. But clearly this matrix depends only on $\ell-k = j$. The influence matrix C, which is an infinite square matrix in this instance, can be expressed in terms of submatrices C_j.

$$C = \begin{bmatrix} \cdot & \cdot & \cdot & \cdot & \cdot & \cdot & \cdot & \cdot & \cdot & \cdot \\ \cdot & \cdot & \cdot & C_0 & C_1 & C_2 & C_3 & \cdot & \cdot & \cdot \\ \cdot & \cdot & \cdot & C_{-1} & C_0 & C_1 & C_2 & \cdot & \cdot & \cdot \\ \cdot & \cdot & \cdot & C_{-2} & C_{-1} & C_0 & C_1 & \cdot & \cdot & \cdot \\ \cdot & \cdot & \cdot & C_{-3} & C_{-2} & C_{-1} & C_0 & \cdot & \cdot & \cdot \\ \cdot & \cdot & \cdot & \cdot & \cdot & \cdot & \cdot & \cdot & \cdot & \cdot \end{bmatrix} \qquad (24)$$

An eigenvalue, ζ, and the corresponding eigenvector, $\vec{P}$, having infinite dimensionality, of C are defined by

$$C\vec{P} = \zeta\vec{P}. \qquad (25)$$

Now let $\vec{P}$ be periodic in a sense that after every β panels its components repeat themselves. The form of $\vec{P}$ is, therefore,

$$\vec{P} = \{. . . P P P . . .\}, \tag{26}$$

where P is a βMx1 vector which takes the form

$$P = \{\Pi_0 \; \Pi_1 \; . . . \; \Pi_{\beta-1}\}. \tag{27}$$

Here Π_k represents a set of M components of the force vector and this set corresponds to the k-th panel within each sets of β panels.

Naturally, the vector of convergence values, $\vec{S}$, also has the same periodicity as $\vec{P}$, that is,

$$\vec{S} = \{. . . S S S . . .\}, \tag{28}$$

where S is also a βMx1 vector.

If the force and convergence vectors from (26) and (28) are substituted into $\vec{S} = - C\vec{P}$ and the form of C in (24) is taken into account, the following relationship is obtained:

$$S = - DP, \tag{29}$$

where D is the contracted influence matrix, which is of order βMxβM and in partitioned form can be written as

$$D = \begin{bmatrix} D_0 & D_1 & . . . & D_{\beta-2} & D_{\beta-1} \\ D_{\beta-1} & D_0 & . . . & D_{\beta-3} & D_{\beta-2} \\ . & . & . . . & . & . \\ D_2 & D_3 & . . . & D_0 & D_1 \\ D_1 & D_2 & . . . & D_{\beta-1} & D_0 \end{bmatrix} \tag{30}$$

This matrix is a generalized circulant matrix, which has only β independent blocks of order MxM. The elements of matrix D can be calculated directly with the aid of the method introduced in Section 6.6(v).

Clearly, from what was said earlier, the maximum eigenvalue of C can be calculated from D when β=2, for both large and small depths. The corresponding eigenvectors have the following forms:

$$\begin{aligned} H \to \infty \qquad & P = \{\Pi \quad \Pi\}, \\ H \to 0 \qquad & P = \{\Pi \quad -\Pi\}. \end{aligned} \tag{31}$$

It is tempting to suggest that one of these eigenvectors is, in fact, the eigenvector which corresponds to the maximum eigenvalue, regardless of the depth and the relative widths of the panels and stabilizing pillars. It has not been possible to settle this issue conclusively, but in the course of comprehensive numerical investigation, extending up to β = 9, this was found to be the case in all instances. Using the vectors P in (31), values of $\alpha_{min} = 1/\zeta_{max}$ are plotted for a variety of cases in Fig. 6.8.13.

The criteria for the design of a layout in which the panel pillars are used most efficiently are as follows:

(a) The stabilizing pillars should, in theory, be able to support the whole weight of the overburden. Therefore, the panel pillars are required merely to maintain the integrity of the roof of the panels. This means that the width-to-height ratio of the stabilizing pillars should be at least ten.

(b) The panel pillars should be designed according to the method described in Section 6.7, using a safety factor of unity.

(c) The layout should be perfectly stable, that is,

$$\alpha_{min} + f\lambda_m \geq 0 \tag{32}$$

where $f > 1$ is a suitably selected safety factor of slope. At present the value of λ_m can be determined only experimentally, probably using the method proposed by Cook (1967).

Frequent reference is made in mining circles to the so called 'yield-pillar technique'. According to Woodruff [(1966), Vol. I, pp. 313-317] the principle of yield pillar technique involves the design of a pillar layout so as to create a "minute amount of yield (vertical shortening)" of the pillars. This yield is supposed to result in a downward deflection of the roof which is then assumed to transmit "more vertical stress to the abutments" and thus the pillars are expected to be relieved of some of their load. The argument in this section is intended to give a sound foundation to an otherwise much abused and misunderstood technique of pillar mining.

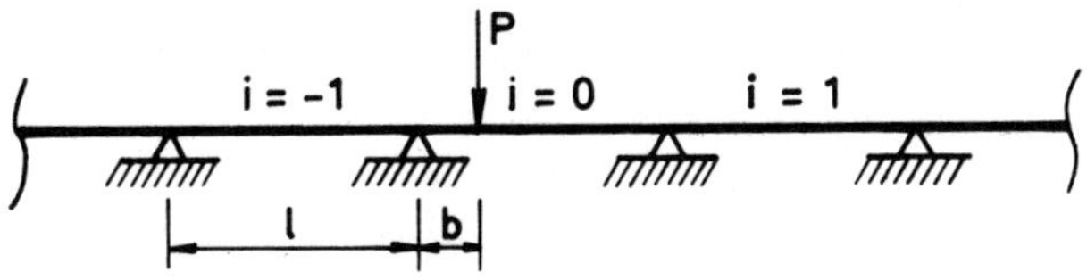

Fig. 6.8.12. Idealized model corresponding to shallow depth and narrow stabilizing pillars.

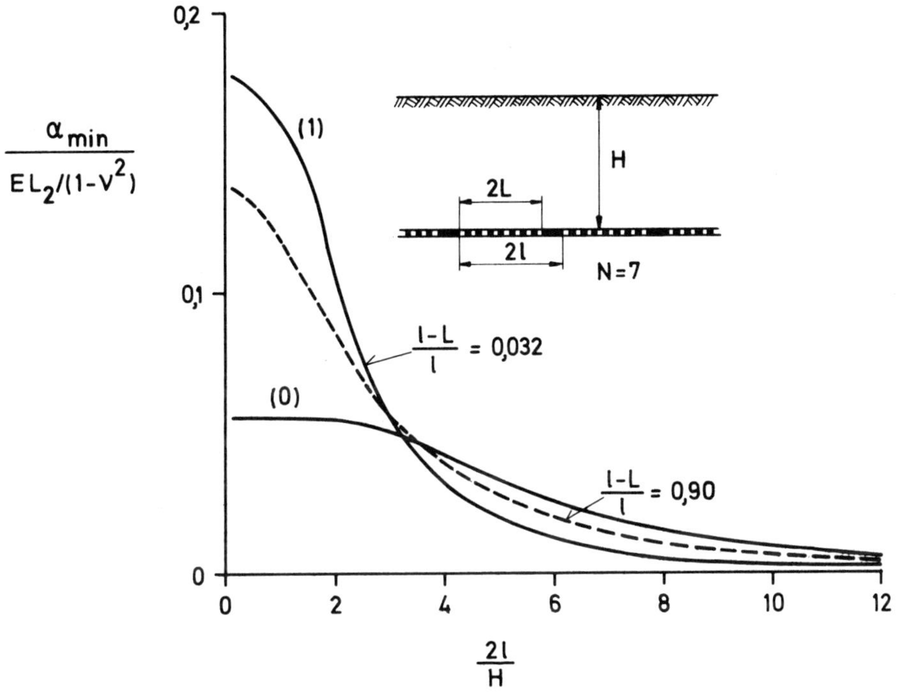

Fig. 6.8.13. The effect of the width of stabilizing pillars on the minimum eigenvalue of the stiffness matrix.

6.9 Excavations of general shape.

Techniques to deal with the rock mechanics problems associated with truly three-dimensional deposits are relatively little developed. The three-dimensional finite element and photoelastic methods are too cumbersome to apply to practical mining excavations. Perhaps the technique described in Section 3.5 will, to some extent, overcome the computational problems. However, this technique has not been used sufficiently widely to permit a firm opinion about its efficacy to be formed.

Therefore, it is not possible at this stage to give a detailed account of the treatment of problems arising from the mining of ore bodies which are not of some recognisable and specific shape. It is likely that the rock mechanics developments corresponding to such bodies will follow lines similar to those adopted during the last decade in dealing with tabular excavations. Some fundamental differences will, however, have to be borne in mind.

The shape of these excavations does not lend itself to the concept of the 'critical half-span'. That is to say, at no stage do the opposite sides of the excavations come into contact, so that there is therefore, no effective limit to the growth of the size of excavations. As a result, an ever-increasing volume of rock comes under the influence of mining.

This influence, in some part of the rock mass around the excavation, will mean the relaxation of stresses. Such stress relief can be important especially in a laminated or jointed rock mass. On the positive side, it may facilitate caving and, on the negative side, it may cause serious problems of rock control or ore dilution. In some respects the problems associated with large, more or less equidimensional cavities is similar to those which arise in surface workings. A large volume of rock is in a low stress environment in which the lack of confinement leads to loosening and generally unpredicable behaviour of the rock.

Mining influence may also manifest itself in some considerable increase of compressive stresses at some points in the rock mass. The effect of these increased stresses can be serious, especially at large depths or if the surrounding rock is incompetent. It is important to note, however, that tabular excavations are the worst stress-raisers of all underground excavations, so that stress concentrations around more chamber-like cavities are less severe.

When planning the sequence of mining, it is important to consider the intermediate stages which eventually lead to the final shape of the excavations. Such considerations can be carried out by computing some energy changes due to mining.

The total increase in strain energy around excavations, U_{cv}, is a measure of the effect of mining on the surrounding rock. If there is no artificial support, the magnitude of U_{cv} gives also the total stored energy which have either been removed from the system with the excavated rock or have been discipated in fracturing rock.

The following two idealized examples demonstrate well the importance of planning. Let there be a long cylindrical and a spherical ore body both of radius R, and assume that the virgin stresses are the same in all directions and that their magnitude is q. The ultimate value of the energy stored around the excavation when the ore body is fully extracted is

$$U_{cv} = \pi(1+\nu)(3-4\nu)q^2 R^2/E \qquad (1)$$

per unit length of the cylindrical ore body and

$$U_{cv} = \pi(5-7\nu)q^2 R^3/E, \qquad (2)$$

for the spherical ore body. These results are taken from Table 2.2.1. If the ore bodies were to be mined by increasing gradually the radius of an initially small cavity to R, the intermediate values of U_{cv} could be calculated from (1) or (2) by replacing R with the corresponding radius. Hence the value of U_{cv} would increase gradually with increasing radius. It should be mentioned that if mining is done in this manner, the stresses around the excavations will remain constant while the radius is increased. The increasing value of U_{cv} merely indicates that a larger and larger volume of rock is stressed.

The same ore bodies could be mined also by first cutting narrow slots across their respective diameters and then removing the remainder of the ore. The value of U_{cv} on completion of the slots is

$$U'_{cv} = \pi(1-\nu^2)q^2R^2/E \qquad (3)$$

per unit length along the axis of the cylindrical body and

$$U'_{cv} = 8(1-\nu^2)q^2R^3/3E \qquad (4)$$

for the slot in the spherical body. It is interesting to observe that, as the value of the Poisson's ratio ranges from zero to one-half, the increase in strain energy around the slot in the cylindrical ore body ranges from 33 to 50 per cent of the ultimate value in (1). The same percentages with respect to the spherical ore body are 17 and 42 per cent. The conclusion is inescapable. While the cutting of the slot yields only in an insignificant fraction of the total ore, it is responsible for a very significant part of the ultimate effects of mining. Clearly, such marked differences in the development of the effects of mining must be taken into account in the course of planning.

Filling the excavated space with sand and rubble helps considerably in the stabilization of the rock which is loosened due to stress relief. Here stabilization can be achieved by relatively small confinement. Fill usually has sufficient resistance to provide this. If, however, spalling and slabbing of the rock surfaces are due to high stresses, filling might be less effective, because it may not develop sufficiently high resistance to influence the situation appreciably.

In extreme situations attempts are made to enhance the resistance of the fill by mixing it with concrete. In this manner the load-compression characteristics of the fill are made more rapid-bearing. It is hoped that such a mixture will develop sufficiently high resistance, even at the relatively small strain to which it is subjected to in a wide cavity.

If the dimensions of a proposed cavity are large in all directions and the intention is not to permit large displacements, then pillars appear to be the only effective means for support. Pillars in these circumstances can be designed on the basis of the principles in Section 6.6, but of course in order to be able to do the detailed computations the method described in Section 3.5. is required.

7. INTERACTION BETWEEN PRODUCTIVE AND SERVICE EXCAVATIONS

7.1 Introduction

In the course of mining operations, miners must travel to and from their working places, which must be ventilated and facilities must be provided for moving materials to and from them. These facilities require the provision of a network of shafts and tunnels. In addition, various chambers must be provided to house haulage, ventilation, pumping, and other equipment. The cost of furnishing and maintaining these service and auxilliary excavations is considerable. It is essential, therefore, that they should be designed correctly.

Service excavations are subjected to the stresses and displacements which are induced by the main or productive mining excavations. These effects can be, and often are, severe enough to affect the safety of men and continuity of production.

In most instances there is a large disparity between the size of the main mining cavities and the dimensions of service tunnels or other auxiliary excavations. This disparity permits a fairly unrestricted use of the superposition principle when dealing with the service excavations. If the thickness of the rock separating the main and service excavations is greater than three to four times a representative dimension of the smaller excavation, it is permissible to subdivide the solution of the problem into two parts. First the stress distribution due to the main excavations is derived. Second, these stresses are then used to give the primitive (or field) stresses in the rock into which the service excavation is to be driven. If the negative of the primitive stresses is used as the boundary condition, the stresses induced by the service excavations can be computed. The resultant stresses are the algebraic sum of the stresses obtained from the two solutions, Section 2.1.

This two-step method of solution can be used with great advantage in practical situations. In Fig. 7.1.1. for example, the stress concentration factors around a circular tunnel are plotted, as the tunnel is overmined by a long straight face. Here, first, the solution given in 6.2(42) to (43) is used to compute the field stresses and then the well-known [J. & C. (pp. 236-241)] solution involving a circular hole in an infinite medium, loaded by two principal stresses at infinity, is employed to compute the stress concentration factors.

Frequently, it is considered to be important that two neighboring mines should be separated by a watertight barrier pillar. The design of such barriers can be regarded as a classical problem in mining. Most of the earlier recommendations concerning the design of such barriers have been based on observations of mining at shallow depths. A brief discussion of this problem in relation to deep-level mining is given in the closing section of this chapter.

7.2 Stresses in the support of service excavations

The failure of the rock depends upon the total resultant stresses. In contrast, only the induced stresses play any part in the loading of passive supports. Induced stresses were defined in Section 2.1 as the changes in stress resulting from the additional extraction which is required to transform the state of mining from state I to state II.

It will be advantageous in the present section to assume that state I corresponds to the layout of mining at the time at which the supports were installed. State II represents that particular stage in the progress of mining when the support system is loaded critically. This critical stage may occur at any time between the moment of installation of support and the completion of mining. In practice, of course, the analysis need not be pursued beyond the point in time when the service excavation can be abandoned for some reason.

The significance of these principles are best demonstrated by means of an example. Assume that an existing tunnel is approached and eventually overmined by a straight long face. In this example, state I is the virgin state and, according to Fig. 7.2.1, state II corresponds to the situation when the face is nearly above the tunnel. In Fig. 7.2.1 the maximum and minimum relative displacements of opposing ends of a diameter of the tunnel are plotted (shortening is positive). The maximum and minimum changes occur at two diameters which are perpendicular to each other. Naturally, the diameters which are most and least affected rotate with the progress of mining. This rotation is shown in the same illustration.

In the previous example the critical stage occurred when the tunnel was beneath the face. In the second example, it is postulated that the tunnel is driven and supported exactly when the face is vertically above it. The maximum and minimum displacements corresponding to this situation are shown in Fig. 7.2.2.

It is important to observe that the tunnels in the two examples undergo two drastically different cycles of loading. In the first example the induced stress field is initially increasingly compressive while in the second example the induced stress changes are largely tensile.

In Chapter 5 the principles involved in the support of isolated excavations were discussed. It was shown there that passive supports of isolated excavations are subjected to stress only if the behaviour of the rock is time dependent. Service and auxiliary mining excavations are subjected to stress changes virtually continuously, so that their support will be stressed even if the ground were to be perfectly elastic.

Another interesting feature of the support problems associated with mining excavations is, as shown in Fig. 7.2.2, that they might be subjected to tensile induced stresses, so that the contact stress between the support and the rock might be reduced to zero. In such instances the support loses its effectiveness unless effort is made to re-stress it by external means.

7.3 Protection of service excavations

Frequently, the stresses around large mining excavations are so great that supports normally employed are unable to maintain nearby service excavations in an acceptable condition. In this respect the solid edges, or ribsides, of tabular excavations are the worst offenders. It is not surprising, therefore, that over the years mining engineers, especially those who are concerned with the mining of tabular deposits, have evolved methods for the protection of important service excavations. These methods fall into three main categories:

(i) the use of protective pillars,
(ii) the use of footwall (or floor) drives or tunnels, and
(iii) the overmining of footwall drives.

The proponents of the first method argue that a tunnel driven in the centre of a sufficiently wide pillar is protected, to some extent, from the effects of mining. The degree of protection is controlled by the width of the pillar.

The argument is obviously sound in principle. Of course, any pillar left unmined represents some loss of revenue to the mine. Thus, the method may not be attractive economically especially if the pillar required to confer sufficient protection on the tunnel is large. Another disadvantage of the pillar approach is that it cannot reduce the field stresses around the tunnel below the level prevailed in the virgin state.

The solution concerning a long isolated remnant of width 2a is relevant to the examination of the efficacy of protective pillars. From 6.2(45) the vertical and horizontal total stresses at the centre of the pillar are:

$$\sigma_{11} = \gamma H[L/a - (1-k)], \quad \sigma_{33} = \gamma HL/a, \qquad (1)$$

where γH is the vertical virgin stress, k is

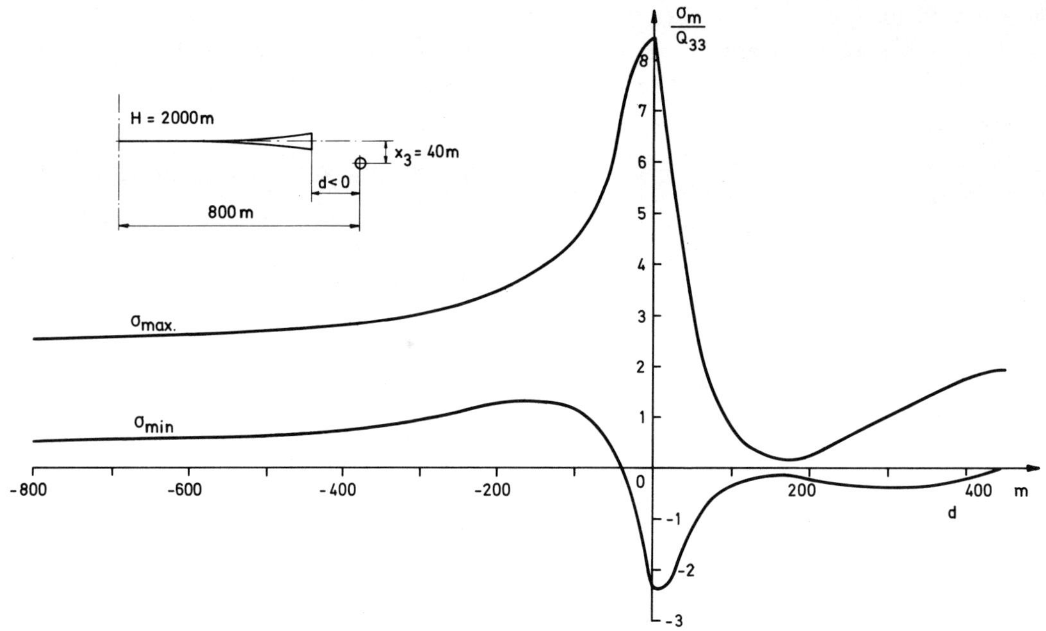

Fig. 7.1.1. Variation of maximum and minimum stress concentration factors around a circular tunnel when overmined by a longwall face.

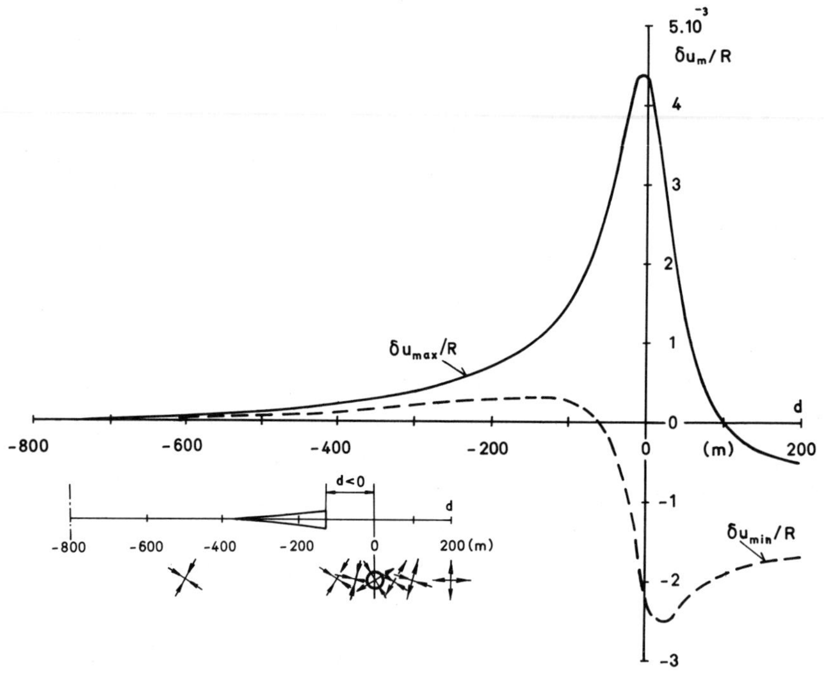

Fig. 7.2.1. Maximum and minimum relative displacements of opposing ends of a diameter of a circular tunnel when approached and overmined by a longwall face.

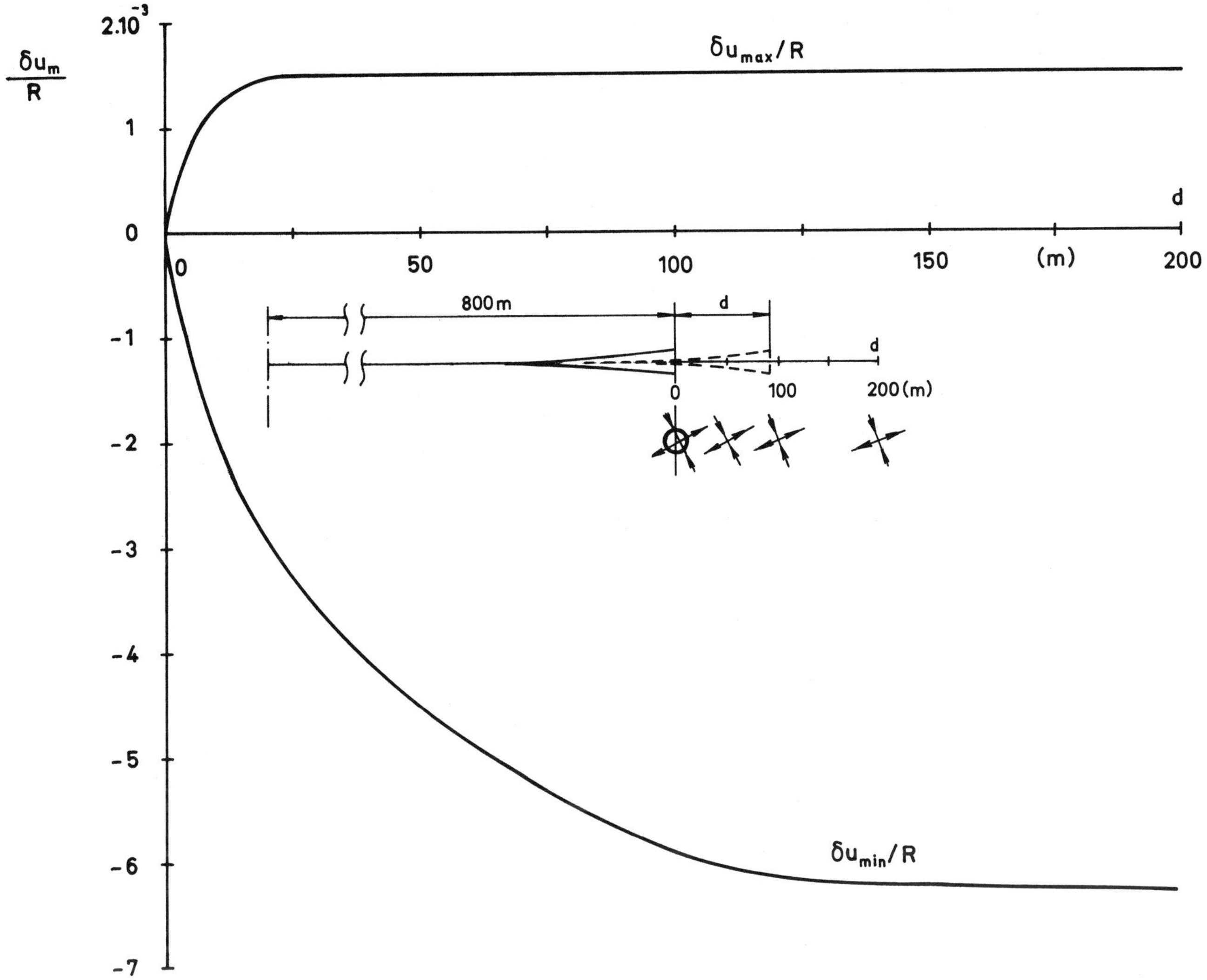

Fig. 7.2.2. Maximum and minimum relative displacements of opposing ends of a diameter of a circular tunnel, developed beneath a longwall face and then overmined by it.

the ratio of the horizontal to the vertical virgin stress, and L denotes the distance from the axis of the pillar to the line of roof and floor contact on both sides of the pillar.

In Fig. 7.3.1 the vertical stress at the centre of the pillar is plotted as a function of the a/ℓ_c ratio where, as will be recalled $\ell_c = s_m G/2(1-\nu)\gamma H$. It would appear that very wide pillars are required if the field stresses of the tunnel are to be reduced to a value much below three times the virgin stress.

As the solution illustrated in Fig. 7.3.1 is valid, strictly speaking, only in 'deep-level' mining (see Section 6.4), it can be concluded that the unfavourable conclusions are relevant only when say, $H > 5\ell_c$. In shallow mining the strata on both sides of the pillar will tend to cave, and the stress values given by (1) are unlikely to develop in the centre of the pillar. It is not surprising, therefore, that the protection of main communication tunnels by pillars is favoured usually only in relatively shallow mines.

When mining is conducted at considerable depths the main development is usually done off-reef, more often than not in the footwall. Frequently, however, this method of protection would provide adequate safeguard only if the service excavation is placed at unacceptably large distance below the seam or reef. The relatively slow decrease of stresses with the normal distance, d, from the seam is illustrated in Fig. 7.3.2. Here the variation of the major (resultant) principal stresses is plotted for a relatively small region immediately beneath a solid ribside using $d/b_c = 0{,}1;\ 0{,}2$, where $b_c = 2\ell_c\pi$.

In Fig. 7.3.2 the most unfavourable mining effect is considered. Judicious planning can usually avoid such extreme situations. Nevertheless, in many instances the only effective method of protection involves a scheduled overmining of some off-reef drive or tunnel.

Advocates of this approach argue that a slot above the proposed site of the service excavation should be mined first in order to reduce the stresses in the rock. The validity of this argument is supported by the data in Fig. 7.3.3. Here, contours of equal major principal stresses are drawn beneath a panel without closure. Clearly, the panel is quite effective as a 'shield'. There is a fairly large region in which all principal stresses are smaller than the vertical virgin stress at the horizon of the seam, that is, γH. The relationship between distance from the seam and span of the panel for a required degree of shielding can be read from this diagram.

In Fig. 6.2.2 the region in which the minimum principal stress is tensile is shaded. In general, it is preferable to avoid rock which might be loosened to some extent by tensile stresses. Efforts should be made in this instance also to achieve this as far as practicable.

7.4 Protection of vertical shafts

The shaft systems are the most important, and frequently the most expensive, set of excavations in an underground mine. A shaft system comprises the vertical shaft itself together with a large number of auxiliary excavations to facilitate, inter alia, transport, ventilation, pumping.

World-wide practice is, with some exceptions, to shield the shaft system with an unmined pillar, that is, with the 'shaft pillar'. The problems of designing shaft pillars have exercised the mind of mining engineers for a long time. Statham (1929) quotes ten empirical formulae, devised by various authorities, for the determination of the size of pillars. Peele's Mining Engineer's Handbook (1941) summarizes eight rules for determining shaft pillar dimensions. Most of these formulae recommend a linear increase of pillar diameter (or width in the case of square pillar) with depth. In some instances

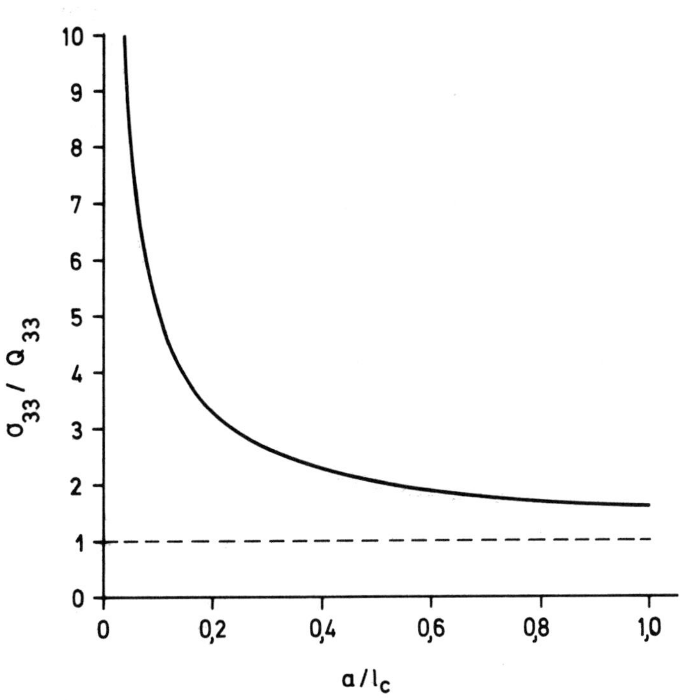

Fig. 7.3.1. Vertical stress at the centre of a strip pillar at great depth.

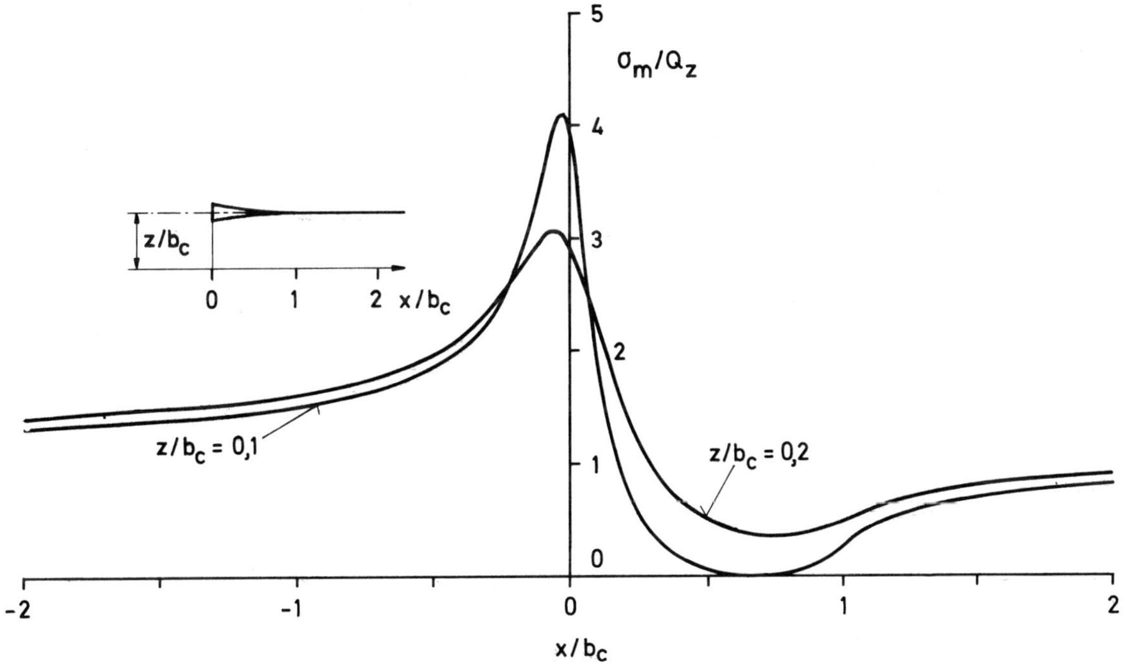

Fig. 7.3.2. Major principal total stress beneath a solid ribside.

the diameter is assumed to be proportional to the square root of the depth. Only a very few authors regard the seam thickness as being a factor of sufficient importance to be included in the calculations.

As far back as 1929, Statham concluded that the diversity between the formulae was far too great for practical purposes. Daemen (1972) arrived at the same conclusion after computing a set of pillar radii on the basis of the formulae in Peele's Handbook.

Statham (1929), after rejecting the then existing formulae, recommended a so-called 'rational' method for determining pillar sizes. This method was based on the 'angle of draw' (see Section 8.1) so that the size of the pillar increased proportionally with depth. No allowance was made for the effect of mining height. This is the method which has been accepted and used in Europe during the last few decades, Fritzsche and Potts (1954), Zambo (1957). In a more recent publication on this subject, Richter and Nemeth (1961), the angle of draw (measured from the vertical) is replaced by a smaller angle which bounds the 'adverse' movement area.

A common feature of all methods based on the concept of some limiting angle is that they define pillar dimensions regardless of whether the pillar is intended to protect a surface structure or a vertical shaft. Since the surface in the vicinity of most shafts is densely built-in, this shortcoming is not necessarily serious if mining is conducted at relatively shallow depths. In such circumstances a pillar, regardless of whether it was designed to safeguard a shaft or some surface object in the neighborhood of the shaft, will usually fulfil both functions.

In general, however, there is a fundamental difference between the two types of pillars. Surface objects extend only on a horizon which is usually remote from the plane (or planes) of the deposit. A shaft intersects all strata from the surface to the seam. Hence a 'critical' or 'safe' depth can be defined with respect to a surface object (see Chapter 8) but not for a shaft. There is always some section of the shaft which requires protection and, also, the auxiliary excavations in the vicinity of the shaft-bottom must be safeguarded. The discussion in this section is confined to deep-level mining, which does not endanger surface structures.

In protecting shaft systems two factors must be taken into account. These are, firstly, the resultant stresses which determine the degree of fracturing around the shaft and service excavations and, secondly, the various differential movement components which can impair the operation of the shaft. For example, large horizontal differential movement of the axis of the shaft may make high-speed winding dangerous or even impossible.

Mining is a continuous process and the geometrical layout of mines changes continuously. The means for the protection of a shaft installation must be designed so as to ensure that shaft is not endangered at any time during its life. Therefore, theoretically, to design a scheme of protection, some knowledge of the progress of future mining operations is required.

Often, of course, the progress of mining in the future cannot be predicted with any degree of accuracy. To overcome this problem Salamon (1962; 1964a) proposed that the scheme of protection should be so designed as to safeguard the structure in question even if the geometry of mining is 'most adverse'. The most adverse geometry is so defined as to give an upper bound of the critical stress and differential movement components and it can be determined with the aid of the face element principle. These ideas are explained here on the basis of the simplest non-trivial example.

Let the seam be horizontal and be at some considerable depth, that is, $\ell_c \leq 0{,}2H$

where ℓ_c is the critical half-span. Under these conditions only convergence need be considered and it will suffice to use the so-called 'infinite-depth' solution.

The displacement distribution due to a single-face element (Section 3.4) is radially symmetric, that is, it is defined by vertical, Δw, and horizontal radial, Δu, displacement components. Put the origin of the co-ordinate system at the face element, with the z axis pointing downwards. Let the area of the face element be ΔA and its convergence be s_z. On the basis of dimensional analysis, the displacement components at point (r,z) below the seam (z>0) can be expressed as follows:

$$\Delta w = (s_z/2\pi)F_1(\rho^2)(\Delta A/z^2),$$
$$\Delta u = (s_z/2\pi)\rho F_2(\rho^2)(\Delta A/z^2), \qquad (1)$$

where $\rho = r/z$. The vertical displacement becomes negative for z<0. The divisor 2π is introduced for convenience. The rectangular components, Δu_x and Δu_y, of the horizontal displacement are obtained from Δu by replacing ρ with $\rho\cos\varphi$ and $\rho\sin\varphi$, respectively. Both F_1 and F_2 approach zero at a rate not less than ρ^{-3} as $\rho \to \infty$.

The differential movement components which might endanger the smooth operation of the shaft are the vertical strain and the tilt (tilt out of the vertical). These component for both positive and negative values of z, can be derived from the displacements in (1):

$$\Delta\epsilon_z = \frac{\partial \Delta w}{\partial z}$$
$$= -\frac{s_z}{\pi|z|}[F_1(\rho^2)+\rho^2F_1'(\rho^2)]\frac{\Delta A}{z^2}, \qquad (2)$$

$$\Delta t_x = \frac{\partial \Delta u_x}{\partial z}$$
$$= -\frac{s_z}{2\pi z}\rho\cos\varphi[3F_2(\rho^2)+2\rho^2F_2'(\rho^2)]\frac{\Delta A}{z^2}. \qquad (3)$$

In these formulae $F_1'(\rho^2)/d\rho^2$.

The vertical strain in (2) is examined first. The root, ρ_o, of the expression in the square brackets, that is, of

$$F_1(\rho_o^2)+\rho_o^2F_1'(\rho_o^2) = 0, \qquad (4)$$

divides the plane of the seam into two regions for each value of z. Since for $\rho>\rho_o$ $\Delta\epsilon_z>0$, the point (0,z) will be subjected to the greatest compression if the region $r_o<r<\infty$ is extracted and converged uniformly ($s_z = s_m$) and no mining takes place in $r<r_o$. Maximum tension is achieved by the reversal of the convergence distributions in these regions.

Suppose that the shaft is to be protected by a solid pillar of radius R_p. Divide the shaft into two sections. The section nearer the seam, that is, where $0<|z|<|z_o|$, the greatest compression occurs when the area $r\geq R_p$ is mined and subjected to $s_z = s_m$. Here R_p/z_o is the root of the equation in (4). In the upper section of the shaft the greatest compression is induced if the convergence is uniform and equal to s_m in the region $r\geq r_o \geq R_p$.

The next step is to derive the distribution of the vertical strain, along the axis of the shaft, which is induced by uniform convergence outside a circular region of radius R, where $R\geq R_p$. From (2)

$$\epsilon_z = -\frac{s_m}{\pi|z|}\int_R^{\infty}\int_0^{2\pi}[F_1(\rho^2)+\rho^2F_1'(\rho^2)]\frac{r\,dr\,d\varphi}{z^2},$$

which, after integration, gives

$$\epsilon_z = (s_m/|z|)(R/z)^2F_1(R^2/z^2). \qquad (5)$$

To determine the stationary value of ϵ_z differentiate the expression in (5) with respect to z and equate the result to zero:

$$\frac{\partial\epsilon_z}{\partial z} = 0$$

$$= -s_mR^3/z_m^4[3F_1(R^2/z_m^2)+2(R^2/z_m^2)F_1'(R^2/z_m^2)] \qquad (6)$$

The displacement Δw in (1) is negative above the seam and its value increases continuously from a minimum at r = 0 to zero at $r = \infty$, therefore $F_1(\rho^2)< 0$ and $F_1'(\rho^2)> 0$ for z<0. This means that

$$F_1(R_p^2/z_o^2)+\frac{2}{3}(R_p^2/z_o^2)F_1'(R_p^2/z_o^2)<0,$$

since R_p^2/z_o^2 satisfies (4) and that $\partial\epsilon_z/\partial z>0$ at $z = z_o<0$. These conditions are sufficient to ensure that $z_o<z_m<0$, provided (6) defines a maximum of ϵ_z and provided ϵ_z has only one stationary value in the range $-\infty<z<0$. All practical functions F_1 satisfy these conditions. An identical argument would lead to $0<z_m<z_o$ below the seam. Hence

$$|z_m| < |z_o| \,. \quad (7)$$

This means that the maximum of ϵ_z occurs when $R = R_p$ and the locus of the maximum is at $z = z_m$ which is obtained from (6) by substituting R_p for R.

A specific form of function F_1 is

$$F_1(\rho^2)=[2(2-\nu)+(1-2\nu)\rho^2]/4(1-\nu)(1+\rho^2)^{5/2} \quad (8)$$

for the homogeneous isotropic moedel, Salamon (1962, 1963). The substitution of this function into (5) gives

$$\epsilon_z=(s_m/R_p)[2(1-\nu)(z/R_p)^2 +(1-2\nu)]/4(1-\nu)[1+(z/R_p)^2]^{5/2} \quad (9)$$

the maximum of which occurs at

$$z_m = \pm[(1+2\nu)/2(2-\nu)]^{\frac{1}{2}}R_p. \quad (10)$$

Finally, the magnitude of the maximum compression is

$$\epsilon_{max}=[(2/5)^{3/2}(2-\nu)^{5/2}/5(1-\nu)](s_m/R_p),$$

which, when some values of ν are substituted, is found to be almost independent of the Poisson's ratio and can be approximated by

$$\epsilon_{max} \simeq 0,28(s_m/R). \quad (11)$$

It is important to realize that the value given by (11) is the absolute upper limit of the vertical compressive strain in the axis of the shaft. This value will not be exceeded, regardless of the layout of the mining outside the pillar, provided the effective working height does not exceed s_m.

The most adverse geometry with regard to tilt is defined by the union of those face elements the contribution of which is of the same sign. From (3), the loci of those face elements which make no contribution are defined by

$$\text{(a)} \quad \varphi = \pm \pi/2$$
$$\text{(b)} \quad 3F_2(\rho_t^2)+2\rho_t^2 F_2'(\rho_t^2)= 0, \quad (12)$$

where (a) and (b) specify the y axis and a circle of radius r_t, respectively. As before $r_t/z = \rho_t$ = constant, so that the radius of the circle increases with z. The conditions (a) and (b) are shown in Fig. 7.4.1(a) and (b), respectively. The shaded areas in Fig. 7.4.1(c) define the possible position of those face elements which contribute positive tilt at point (0,z).

Let R_p/z_t be the root of (12b) where again z_t divides the shaft into two sections. Fig. 7.4.2(a) and (b) illustrate the mining layout which induce the greatest tilt in the lower ($0<|z|<|z_t|$) and upper ($|z|>|z_t|$) sections, respectively. Appropriate integrations of (3) yield

$0<|z|<|z_o|$

$$t_x=(s_m/z)[\alpha+(R_p/|z|)^3F_2(R_p^2/z^2)], \quad (13)$$

$|z_o|<|z|<\infty$

$$t_x=(s_m/z)[\alpha+2\beta-(R_p/z)^3F_2(R_p^2/z^2)], \quad (14)$$

where

$$\alpha = -\lim_{\rho\to\infty}[\rho^3F_2(\rho^2)] \text{ and}$$
$$\beta =(R_p/|z_o|)^3F_2(R_p^2/z_o^3). \quad (15)$$

Use is made again of the homogeneous isotropic model to demonstrate the application of the results in (13) to (15). Salamon (1962, 1963) has shown that

$$F_2(\rho^2)=[2(1+\nu) -(1-2\nu)\rho^2]/4(1-\nu)(1+\rho^2)^{5/2}. \quad (16)$$

This function enables the tilt along the shaft to be computed, Fig. 7.4.3. This illustration reveals that

$$t_{max} \simeq 0,13(s_m/R). \quad (17)$$

If the values of differential movement components which can be tolerated in a shaft are known, the simple relations in (11) and (17) provide the basis for calculating the radius of a protecting pillar. It would appear since the tolerable level of strain is likely to be in the order of $1\text{x}10^{-3}$, that in deep level mining, where these solutions are applicable, there is no difficulty in meeting the requirements of either (11) or (17). Thus, stresses are more likely to be critical in the design of shaft pillars than differen-

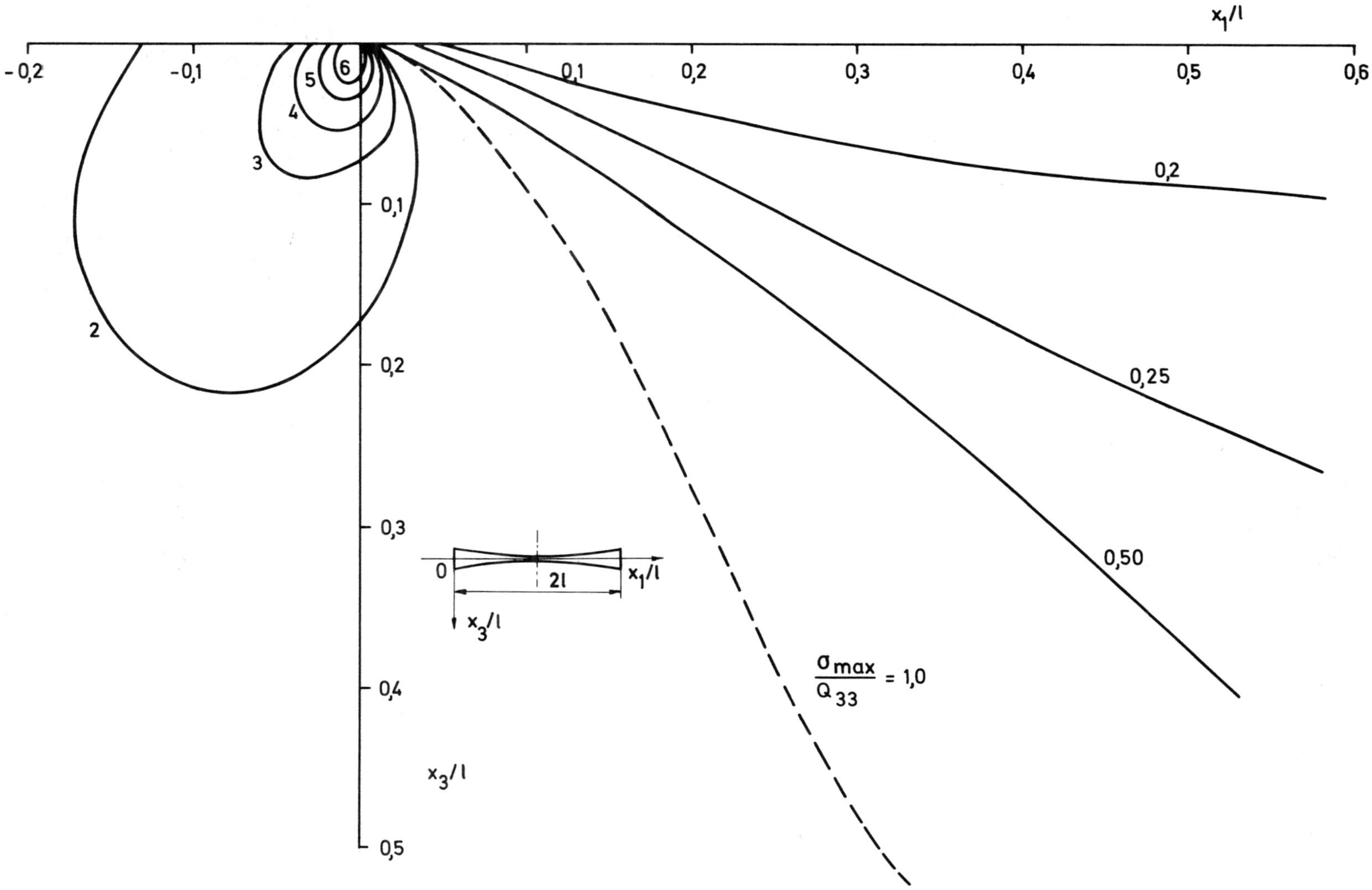

Fig. 7.3.3. Contours of major principal total stresses beneath an open panel.

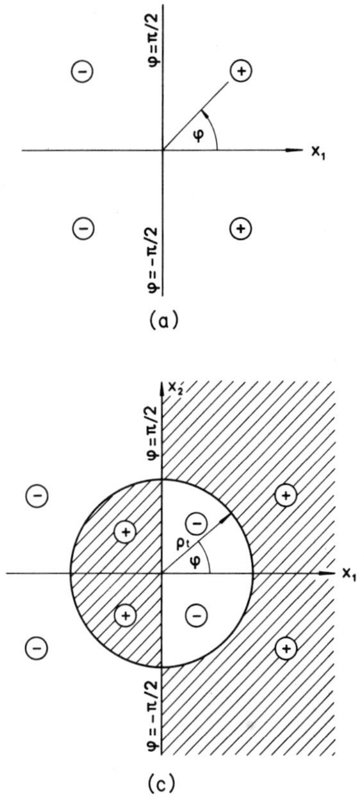

Fig. 7.4.1. Definition of those regions which can contribute positive tilt at point (o,z).

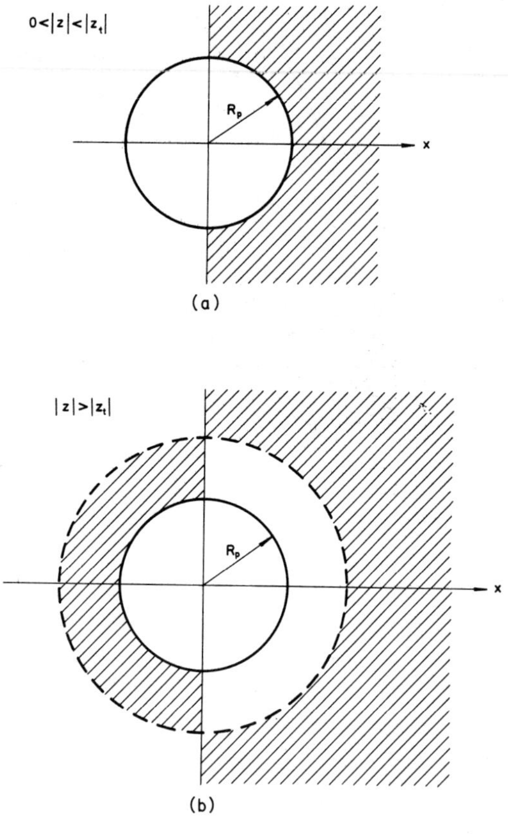

Fig. 7.4.2. Most adverse geometries for tilt in the presence of a shaft pillar of radius R_p for points in the vicinity of the seam (a) and for points remote from the seam (b).

tial displacements.

When considering the shaft pillar from the point of view of controlling the level of stresses, the analysis must cover the situation not only at the shaft itself, but also at the locations of auxiliary excavations. This requirement makes the problem complex and no attempt is made here to deal with the subject fully. In fact, the discussion is restricted to the reproduction of a very useful upper-bound-type solution.

The vertical induced stress due to uniform convergence of magnitude s_m outside radius R is given by

$$\sigma_z^{(1)}/q=(\ell_c/R)[I(\rho,\zeta)-\zeta\partial I(\rho,\zeta)/\partial\zeta], \tag{18}$$

where q is the virgin vertical normal stress, ℓ_c is the critical half-span, $\ell_c=s_m G/2(1-\nu)q$, and

$$\rho = r/R, \qquad \zeta = z/R. \tag{19}$$

Also, $I(\rho,\zeta)$ denotes the following function:

$$I(\rho,\zeta)=\{(1-\rho^2-\zeta^2)E(k)/[\zeta^2+(1-\rho)^2] + K(k)\}/\pi[\zeta^2+(1+\rho)^2]^{\frac{1}{2}} \tag{20}$$

in which K(k) and E(k) are the complete elliptic integrals, the argument of which is

$$k^2 = 4\rho/[\zeta^2+(1+\rho^2)]. \tag{21}$$

The distribution of $\sigma_z^{(1)}$ simplifies considerably in two special instances, first in the axis of the shaft, $\rho = 0$,

$$\sigma_z^{(1)}/q = \ell_c(1+4\zeta^2)/R(1+\zeta^2)^{5/2} \tag{22}$$

and second, on the seam horizon, $\zeta = 0$,

$$\sigma_z^{(1)}/q = \ell_c[E(k)/(1-\rho)+K(k)/(1+\rho)]/\pi R. \tag{23}$$

It is interesting to note that at the point where the shaft intersects the seam

$$\sigma_z^{(1)}/q = \ell_c/R. \tag{24}$$

In Figs. 7.4.4 and 7.4.5 the distributions defined in (22) and (23) are plotted giving a practical aid to the design of pillars.

Before leaving the subject of shaft pillars it is worthwhile to make two observations. Firstly, it is of interest that the stresses are scaled by the factor $\ell_c q/R$. This gives an important additional role to ℓ_c. Secondly, the results in (22) and (23) have been compared with the corresponding exact stress distributions, Moris (1972). These comparisons have shown that the results presented here do not represent too conservative limits of the vertical stresses, except in the vicinity of the edge of the pillar.

Undoubtedly, the classical means for shaft protection is the solid supporting pillar, although for some time it has been loosing some of its popularity. Statham (1929) made the following observation about the suggestion that shaft pillars are unnecessary: "So far as the writer (Statham) is aware this suggestion has never been adopted when laying out a mine, and it would be difficult to find a mining engineer who would take the responsibility of pursuing such a course".

Views relating to protection pillars have changed considerably since 1929. For example, Fritzsche and Potts (1954) wrote. "The great disadvantages of coal pillars left for support especially for shafts and surface buildings, together with the advance in knowledge of strata movements in mining areas and surface subsidence, have shown the necessity that such pillars should be avoided as far as possible." There are a number of known instances where pillars were not left to protect a shaft. At least one of these cases is well documented, Barcza and Willich (1958). No attempt is made here to discuss the planning of such a course of action. Briefly, the idea is to extract the seam or reef around the shaft bottom first and to control rock movement with solid stowing. The reasoning in Chapter 6 would suggest that this would be done quite effectively and without affecting more than a short length of the shaft, in deep-level mining.

7.5 Design of water barriers

Another interesting application of rock mechanics principles involves the design of barriers which are intended to protect a mine from water inrush in a neighbouring mine.

In designing such a barrier it must be

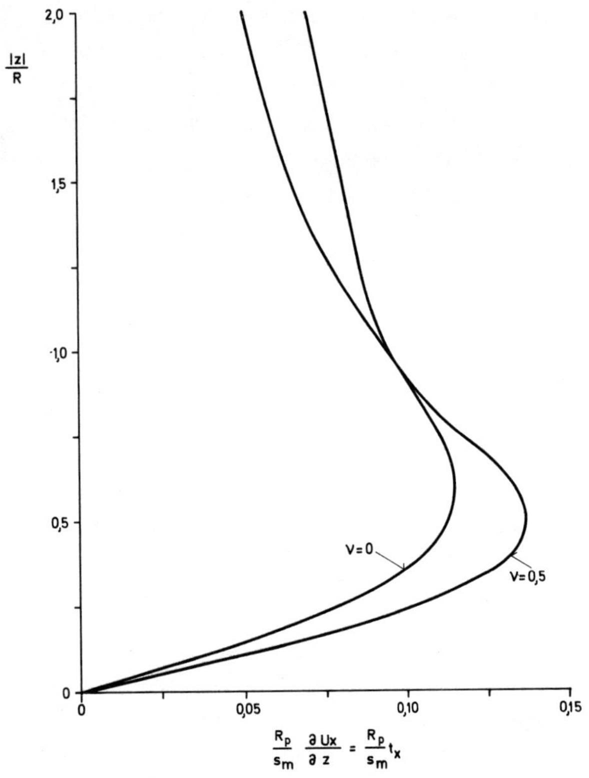

Fig. 7.4.3. Normalized tilt along the axis of a vertical shaft in the homogeneous isotropic model.

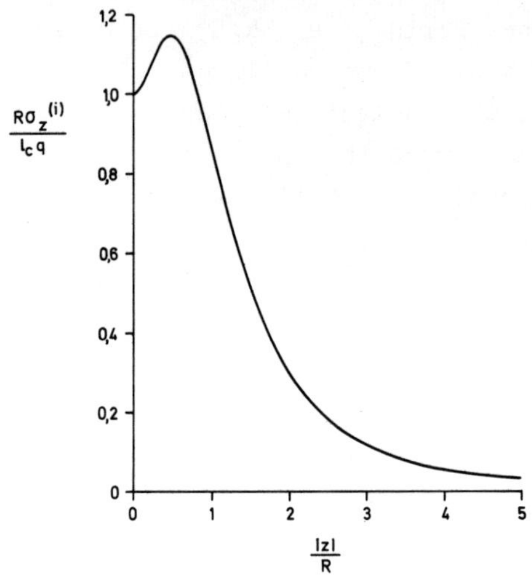

Fig. 7.4.4. Normalized vertical induced stress along the axis of a vertical shaft in the homogeneous isotropic model - upper limit solution.

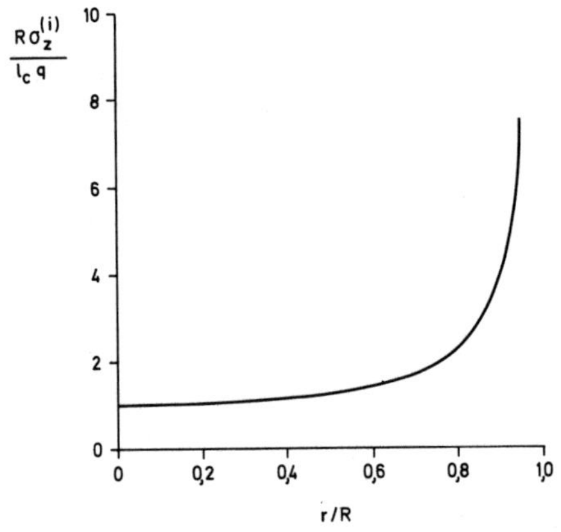

Fig. 7.4.5. Normalized vertical induced stress acting on the shaft pillar in the homogeneous isotropic model - upper limit solution.

ensured that there remain a continuous 'curtain' of rock between the two mines, everywhere along which

(a) the minimum effective principal stress is compressive, and

(b) the rock is unfailed.

These conditions were formulated by Cook in 1969.

The analytical solution concerning an isolated long strip pillar, Section 6.2(i), can be used in a deep mine to design barriers on the basis of these principles. From 6.2(45) the resultant horizontal, σ_h, and vertical, σ_v, principal stresses along the vertical symmetry plane of the pillar are:

$$\sigma_h = q\left[-(1-k)+\alpha k\zeta+\left(\frac{\zeta^2+\rho^2}{\zeta^2+1}\right)^{\frac{1}{2}} - \frac{(\rho^2-1)\zeta^2}{(\zeta^2+1)^{3/2}(\zeta^2+\rho^2)^{\frac{1}{2}}}\right] \qquad (1)$$

$$\sigma_v = q\left[\alpha\zeta+\left(\frac{\zeta^2+\rho^2}{\zeta^2+1}\right)^{\frac{1}{2}} + \frac{(\rho^2-1)\zeta^2}{(\zeta^2+1)^{3/2}(\zeta^2+\rho^2)^{\frac{1}{2}}}\right], \qquad (2)$$

where q and kq are the vertical and horizontal virgin stresses at the seam, that is, at depth H below surface. Also, let the width of the barrier be 2a and

$$\alpha = a/H, \qquad \zeta = x_3/a, \qquad \rho = L/a, \qquad (3)$$

where (L-a) is the width of the open region on both sides of the pillar, see Fig. 6.2.7.

An examination of the formulae in (1) and (2) reveals that the maximum, σ_1, and minimum, σ_2, principal stresses along the symmetry plane are σ_v and σ_h, respectively (provided $0 \le k \le 1$). If the expected maximum water pressure is p and the failure criterion can be expressed as $\sigma_1 = \beta\sigma_3+\sigma_c$, the two conditions for the design of a barrier can be specified as follows:

$$\text{(a)} \qquad \sigma_h - p > 0, \qquad (4)$$
$$\text{(b)} \qquad \sigma_v < \beta\sigma_h+\sigma_c.$$

The first of these inequalities follows from the definition of the effective stress, J. & C. (p. 206).

A simple graphical method can be used to determine the width of the barrier pillar for which the criteria in (4) are satisfied. In Fig. 7.5.1 the vertical stress in (2) is plotted as a function of σ_h in (1) for some values of the ratio a/ℓ_c. The arrows on these curves indicate the direction in which the point defined by the doublet σ_h, σ_v moves with increasing distance from the reef. The numerical values are computed for the hangingwall (roof), where the minimum of σ_h occurs, by assuming that $k = \frac{1}{2}$.

In the same illustration the dotted vertical line (a) represents the first, and the inclined full line (b) the second, of the conditions in (4). In the illustrated example, while the pillar for which a/ℓ_c is 0,05 does not, the wider pillar, for which $a/\ell_c = 0{,}10$ does, satisfies both of the conditions in (4).

Naturally, by using an elastic solution to check whether the criteria for design are satisfied, a very complex problem has been greatly simplified. It is advisable, therefore, to ensure that there is an appropriate margin of safety in satisfying the inequalities in (4).

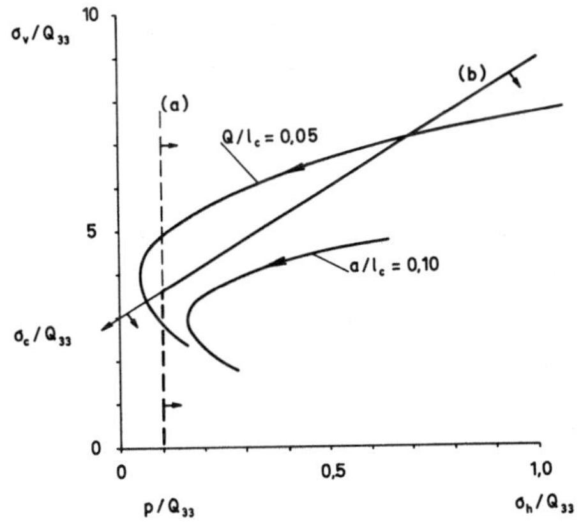

Fig. 7.5.1. Design of water barriers.

8. SURFACE SUBSIDENCE

8.1 Introduction

Apparently, the question of whether ground movement caused by underground mine workings could damage structures on the surface was posed for the first time in the Belgian City of Liege. In 1825 a commission was appointed to investigate surface cracks in the vicinity of coal mines. Gounot, in an attempt to answer this question, presented the hypothesis which stated that fracturing and movement of strata occur above the excavation, in a zone which is bounded by planes normal to the seam, these normal planes being drawn at the boundaries of the excavation.

The work of all early investigators was dominated by the principle of area of influence. The definition of the area of influence was based on the concept of the 'angle of draw' (or 'limit angle' or 'angle of influence'). The aim of the research workers was to establish the profile of displacement components between the limiting points defined by this angle (or more accurately between the curves defined by the intersection of the limiting planes and the surface). Although the concept of a limiting angle, a demarcation line between moving and stationary ground, is quite untenable theoretically, the approach has been applied successfully for a considerable time.

It led to the postulation of the principle of the 'sub-critical', 'critical' and 'super-critical' face widths. The face width is called super-critical if it is more and sub-critical if it is less than twice the critical radius or the radius of influence.

Probably the most important development in subsidence engineering is connected with the name of Keinhorst (1934). He put down the foundation of the so-called 'zone-calculation' method when he divided the circle of influence (horizontal stratification) in two parts, a central zone and a perimeter zone. He suggested that the contribution of mining in each zone to the subsidence of the central point on the surface is different and should be determined empirically. The face element principle might be regarded as an advanced version of Keinhorst's original method of zone-calculation. On the European continent many have contributed to the refinement of Keinhorst's work. A modernized version of it has been presented recently by Hiramatsu and Oka (1968).

Most British subsidence engineers have rejected the method based on annular zones "because the shape of the subsidence profiles varies with the width/depth ratio of the extraction", Subsidence Engineer's Handbook (1966). While the original zone-calculation method undoubtedly yields a profile which, if normalized, is independent of depth, the face element technique does not suffer from this shortcoming.

The concepts discussed so far refer, of course, exclusively to surface subsidence due to the mining of tabular deposits. Naturally, the mining of any other ore body will also lead to the displacement of the ground surface. The vast lateral extent of tabular deposits, however, causes more problems in this respect than the extraction of any other type of ore body. Also, relatively little systematic work has been done in connection with non-tabular deposits. For these reasons the discussion in this chapter is restricted to problems associated with tabular excavations.

8.2 Damage caused by subsidence

Generally, rigid body displacement of structures does not cause damage, although occasionally it could be the source of some inconvenience. Serious problems resulting from surface subsidence are always due to differential movements or to relative displacements of various points of a structure with respect to each other.

Of the differential movement components the tilt, T, the curvature, κ, the horizontal strain, ϵ and horizontal distortion, γ are of significance. The tilt at a point, say at point P, is the slope of the subsidence curve, which is obtained by intersecting the subsidence basin with a vertical plane. Tilt of the surface can make tall buildings potentially unstable and also affect some machine foundations which need to be kept horizontal, Lambe and Whitman (1969). Moreover, a change in gradient may impair land-drainage or sewage systems.

If the intersecting vertical plane at point P is rotated about a vertical axis, the tilt will change. Denote the magnitude of the vertical subsidence by w. If the surface is reasonably plane and the displacement components are continuous functions (see Section 8.3) of the co-ordinates, the tilt in any direction can be expressed in terms of two rectangular components, say T_x and T_y, provided the surface itself is the xy plane:

$$T = T_x \cos\beta + T_y \sin\beta, \qquad (1)$$

where the angle β is measured from the x axis and

$$T_x = \partial w/\partial x, \qquad T_y = \partial w/\partial z. \qquad (2)$$

At every point there is a direction in which the tilt is maximum and at right angles to this the tilt is zero. The value of the maximum tilt is

$$T_{max} = (T_x^2 + T_y^2)^{\frac{1}{2}} \qquad (3)$$

and it occurs in the direction where

$$\beta = \alpha = \tan^{-1}(T_y/T_x). \qquad (4)$$

It is obvious from this discussion that the tilt can be treated as a vector.

Due to uneven vertical settlement an area in the vicinity of point P will assume the form of either a concave or a convex surface. The most convenient measure of this type of differential movement is the curvature (i.e. the inverse of the radius of curvature). The curvature of the basin at P in an arbitrary direction is

$$\varkappa = \varkappa_{xx}\cos^2\beta + 2\varkappa_{xy}\sin\beta\cos\beta + \varkappa_{yy}\sin^2\beta, \qquad (5)$$

where $\varkappa_{xx} = \partial^2 w/\partial x^2$ and $\varkappa_{yy} = \partial^2 w/\partial y^2$ are the curvatures in the xz and yz planes respectively and $\varkappa_{xy} = \partial^2 w/\partial x \partial y$ is the twist of the xy plane.

The behaviour of the curvature, as the intersecting plane is rotated, is analogous to that of the normal strain in two dimensions. Thus, at every point there are two perpendicular directions in which the curvature is maximum, $\varkappa_1$, and minimum, $\varkappa_2$, respectively. These directions and the corresponding principal curvatures can be calculated from the well-known formulae derived for normal strain [J. & C. (pp. 37-41].

In civil engineering an often-used measure of non-uniform settlement is the ratio δ/ℓ, Lambe and Whitman (1969). Here δ is the differential settlement of two points in the foundation and ℓ is the distance between them, Fig. 8.2.1(a). Since the product $\varkappa\ell$ is small, the following approximate relationship can be established on the basis of Fig. 8.2.1(b):

$$\delta/\ell = \ell\varkappa/2. \qquad (6)$$

The horizontal displacement vector is defined by two rectangular components. Let these be u and v in the x and y directions, respectively. Because of non-uniform horizontal displacement, distances will either shorten or lengthen and angles will change slightly. The horizontal strain at point P is defined, as usual, by two normal strain components, ϵ_x, ϵ_y, and the shear strain γ_{xy}. Often $2\gamma_{xy}$ is referred to as the distortion angle. Jaeger and Cook (pp. 37-41) discuss the behaviour of strain at a point extensively so that no further comment is required here.

The amount of settlement a structure can tolerate, that is, the allowable or permissible settlement, depends on many factors such as, for example, the type, size and intended use of a structure. No general rules can be laid down, although various authorities have suggested some allowable limits. Good general guidance is given by Lambe and Whitman (1969) concerning allowable tilt and normalized differential settlement ($\delta/\ell = \ell\varkappa/2$). In Polish practice five categories of structures are defined for which allowable tilt, curvature and normal strain are laid down, Klemencsics (1962). Ogden and Orchard (1960) [see also the Subsidence Engineers' Handbook (1966)] have found from experience that the damage caused by normal strain can be classified on the basis of $\epsilon L = \Delta_i$, where L is the length of the structure and Δ_i ranges from 0,1 feet to 0,6 feet, while the damage varies from very slight to very severe.

8.3 Classification of the mode of subsidence by the s_m/H ratio

The first significant factor in the prediction of the nature or mode of subsidence is the ratio of the effective maximum convergence, s_m, to the depth, H. If the lateral extent of mining is sufficiently large to allow the full development of surface subsidence, mining will affect the ground surface differently, depending on the value of this ratio. In practice three classes of subsidence can be distinguished. The limits dividing the various classes depend on many factors, such as, for example, the properties of the rock, degree of stratification, rate of subsidence, etc. Thus, the limiting values given here are intended only as broad guides.

(i) Discontinuous subsidence ($s_m/H > 0,1$).

In this class there is a distinct step in vertical subsidence roughly above the edge of the mined-out area or, in the case of a collapse of pillared workings, over the edge of the collapsed region. This is the least predictable and, at the same time, potentially the most damaging, subsidence situation, which is to be avoided in the presence of structures requiring protection.

(ii) Subsidence with surface cracks ($0,1 < s_m/H < 0,01$).

As the critical ratio decreases, the subsidence of the surface outside the mined-out areas becomes more and more pronounced. In the tensile zones, cracks, but usually without vertical discontinuities, can be observed. Most structures exposed to subsidence in this category will be damaged. The presence of cracks might render invalid the use of differentiation in obtaining the differential movement components.

(iii) Smooth subsidence ($s_m/H < 0,01$). Here the displacement components are continuous functions of the co-ordinates. The validity of virtually all methods proposed for the prediction of surface movement is restricted to this category. The discussion in the remainder of this chapter also assumes smooth vertical and horizontal displacement distributions.

8.4 Prediction of surface subsidence

British subsidence engineers have evolved an entirely empirical method of predicting the magnitude and distribution of surface displacement due, strictly speaking, to the mining of an isolated rectangular panel, Subsidence Engineers' Handbook (1966). It is difficult to imagine how this approach could be generalized to deal with situations involving more complex mining layouts. It would appear that only those methods of prediction which are firmly based on the principle of superposition have any chance of success.

Suppose that both the seam and the surface are horizontal and the properties of the rock remain unaltered along any horizontal plane. In these circumstances, and also if the normal virgin stress on the horizontal plane is a principal stress, the dominating relative displacement component of the roof and floor of the seam is the convergence. Assume that at time $T = \tau$ convergence of magnitude unity is caused at point ξ,η in the seam over a face element of unit area. Let the vertical displacement due to this unit volume of convergence at time T and at point x,y on the surface be

$$-f(\rho^2, T-\tau)/\pi H^2, \qquad (1)$$

where the negative sign indicates that the displacement is downwards, H is the depth below surface and $\rho = [(x-\xi)^2+(y-\eta)^2]^{\frac{1}{2}}/H$.

If the rock mass obeys some linear hereditary stress-strain law the subsidence due to convergence $s(\xi,\eta,T)$ in the face element can be written as

$$T < \tau \quad w_u(\rho,T) = 0, \tag{2}$$

$$T > \tau \quad w_u(\rho,T) = -\{s(\xi,\eta,\tau)f(\rho^2,T-\tau) + \int_\tau^T s'(\xi,\eta,t)f(\rho^2,T-t)dt\}/\pi H^2. \tag{3}$$

This expression was derived on the basis of the basis of the superposition principle as applied in Section 5.2 [see 5.2(3)]. Integration by parts of the result in (3) leads to the following alternative formula:

$$T > \tau \quad w_u(\rho,T) = -\{s(\xi,\eta,T)f(\rho^2,0) + \int_\tau^T s(\xi,\eta,t)f'(\rho^2,T-t)dt\}/\pi H^2 \tag{4}$$

Here, and in (3), f' and s' refer to the time derivatives of functions f and s, respectively.

As the total subsidence, w, is the sum of the contributions of all face elements,

$$w(x/H,y/H,T) = \int_A w_u\, dA, \tag{5}$$

where A denotes the whole mined-out area. Similar reasoning would yield an analogous expression for the horizontal displacement at point x,y.

The results in (3) to (5) indicate that the subsidence of the surface can be computed, provided the convergence distribution as a function of time and the influence function, $f(\rho^2,T)$, corresponding to the particular model used are known.

Berry (1960) pointed out that if complete closure, that is, $s(\xi,\eta,T) = s_m$, were to occur in a panel, the subsidence of the surface would be independent of the elastic properties of the homogeneous isotropic model. This means, as Salamon (1962) noted, that the elementary surface displacements in the same model are also independent of the elastic moduli. The correspondence principle [see Section 3.6] leads to the conclusion on the basis of these observations that $\partial f(\rho^2,T)/\partial T \equiv 0$ in all homogeneous isotropic visco-elastic models. Thus, from (4)

$$w_u(\rho,T) = -s(\xi,\eta,T)f(\rho^2,0)/\pi H^2 \tag{6}$$

for $T > \tau$. It appears, therefore, that at least in some possible models of the rock mass, the effect of time manifests itself only through the time-dependence of the convergence distribution.

Of course, this conclusion does not apply to all visco-elastic models. Nevertheless in the remainder of this chapter it will be assumed that $f' \equiv 0$ and the surface displacements will be calculated on the basis of the relationship in (6). It should be mentioned here that in case of complete closure, $s' \equiv 0$,

$$T > \tau \quad w_u(\rho,T) = -s_m f(\rho^2,T-\tau)/\pi H^2, \tag{7}$$

regardless of the nature of the visco-elastic model.

The common feature of (6) and (7) is that the surface displacement can be computed without integration with respect to time. In fact, hereafter, direct reference to the effect of time will be omitted.

The vertical displacement can be written on the basis of (5), as

$$w(x/H,y/H) = -\frac{1}{\pi}\int_{A^*} s(\xi,\eta)F_1(\rho^2)dA^{*2}, \tag{8}$$

where $F_1(\rho^2)$ can be identified with either $f(\rho^2,0)$ or with $f(\rho^2,T-t)$ and $A^* = A/H^2$. In an analogous manner, the horizontal displacement in the x direction is defined as

$$u_x(x/H,y/H) = \frac{1}{\pi H}\int_{A^*} s(\xi,\eta)(x-\xi)F_2(\rho^2)dA^*. \tag{9}$$

As discussed in Section 8.2, in most practical applications the differential movement components are required. For example, according to 8.2(2) the tilt in the x-direction is

$$T_x(x/H,y/H) = -\frac{1}{\pi}\frac{\partial}{\partial x}\int_{A^*} s(\xi,\eta)F_1(\rho^2)dA^*. \tag{10}$$

Naturally, the same result is arrived at if the differentiation is performed first:

$$T_x(x/H,y/H) = -\frac{1}{\pi}\int_{A^*} s(\xi,\eta)[\partial F_1(\rho^2)/\partial x]dA^*. \tag{11}$$

In practice it will always be advantageous

to compute the differential movement components directly from the corresponding elementary displacement components. These, in polar co-ordinates,

$$(x-\xi)/H = \rho\cos\varphi, \qquad (y-\eta)H = \rho\sin\varphi, \tag{12}$$

are as follows:

$$\Delta T_x = 2s(\rho,\varphi)\rho\, F_1'(\rho^2)\cos\varphi\Delta A^*/\pi H, \tag{13}$$

$$\Delta\kappa_{xx} = 2s(\rho,\varphi)[F_1'(\rho^2) + 2\rho^2 F_1''(\rho^2)\cos^2\varphi]\Delta A^*/\pi H^2, \tag{14}$$

$$\Delta\kappa_{xz} = -\ 2s(\rho,\varphi)\rho^2 F_1''(\rho^2)\sin 2\varphi\Delta A^*/\pi H^2, \tag{15}$$

$$\Delta\epsilon_x = s(\rho,\varphi)[F_2(\rho^2) + 2\rho^2 F_2'(\rho^2)\cos^2\varphi]\Delta A^*/\pi H, \tag{16}$$

$$\Delta\gamma_{xy} = (\partial u/\partial y + \partial v/\partial x)/2 = s(\rho,\varphi)\rho^2 F_2'(\rho^2)\sin 2\varphi\Delta A^*/\pi H. \tag{17}$$

It is important to note that the differential movements, with the exception of the curvature components, are proportional to s/H. From 8.2(6) the normalized measure of the non-uniform settlement is proportional to $\ell s/H^2$, where ℓ is a linear dimension of the structure. Thus, the harmful effect of non-uniform settlement is likely to decrease rapidly with the depth of mining. For this reason, the curvature of the ground surface is not considered further in this paper.

It is essential to the application of the results in (12) to (17) that functions $F_1(\rho^2)$ and $F_2(\rho^2)$ should be available. Basically, there are two ways of obtaining these functions. First, they might be derived analytically from mathematical models of the rock mass, or second they might be obtained empirically from field observations. To follow the latter approach strictly, it is required to observe the distribution of the displacement components on the surface and the distribution of convergence underground in the mined-out area. If these distributions are available, that is, if w, u and s in (8) and (9) are known, values of F_1 and F_2 can be computed. Often convergence is known to be complete over most of the mined-out region. In such situations attempts might be made to use an assumed convergence distribution and thus simplify the procedure.

It should be noted here that function $F_1(\rho^2)$ must obey the following condition:

$$\int_0^\infty F_1(t)dt = 1, \tag{18}$$

which ensures that the volume of surface subsidence is equal to the volume of convergence. This equality is a consequence of the equilibrium equation in 2.1(7), Salamon (1962, 1963). Furthermore both $\rho^2 F_1(\rho^2)$ and $\rho^2 F_2(\rho^2)$ should approach zero as ρ approaches infinity. These requirements follow from the physical argument that if the whole seam is extracted and uniformly converged there should be no curvature or strain anywhere on the surface.

In a number of instances functions F_1 and F_2 are known, Salamon (1964a). For example, in the homogeneous isotropic model

$$F_1(\rho^2) = 3/2(1+\rho^2)^{5/2} \qquad F_2(\rho^2) = F_1(\rho^2), \tag{19}$$

and in the homogeneous transversely isotropic model

$$F_1(\rho^2) = \frac{1}{2(\alpha_1-\alpha_2)}\left[\frac{\alpha_1^3}{(1+\alpha_1^2\rho^2)^{3/2}} - \frac{\alpha_2^3}{(1+\alpha_2^2\rho^2)^{3/2}}\right],$$

$$F_2(\rho^2) = \alpha_1\alpha_2 F_1(\rho^2). \tag{20}$$

In the latter of these models constants α_1 and α_2 are those two roots of

$$\alpha^4 - 2k_2\alpha^2 + k_1^2 = 0 \tag{21}$$

which have positive real parts, Berry and Sales (1961, 1962). Here, the parameters k_1 and k_2 are two real and independent combinations of the five elastic moduli of the model.

$$k_1 = \left(\frac{1-\nu_1^2}{E_1/E_2-\nu_2^2}\right)^{\frac{1}{2}}, \qquad k_2 = \frac{(1+\nu_1)(G_1/G_2-\nu_2)}{E_1/E_2-\nu_2^2} \tag{22}$$

It was mentioned in Section 1.3 that the behaviour of a stratified rock mass could be approximated by the homogeneous transversely isotropic model, Salamon (1968a). When all layers in the stratified mass are isotropic, α_1 and α_2 are real if

$$\Phi = \Sigma\varphi_i/G_i\,\Sigma\varphi_i G_i - 2\Sigma\varphi_i\nu_i/(1-\nu_i) - [\Sigma\varphi_i(1-2\nu_i)/(1-\nu_i)G_i]/\Sigma\varphi_i/G_i > 0, \tag{23}$$

where the notation introduced in Section 1.3 is used.

Salamon (1962, 1963) defined also two simplified models of the rock mass. The first of these comprises a large number of elastic plates piled-up on top of each other. In accordance with assumptions introduced by G. Sonntag in 1957, the contact between the plates is assumed to be free of cohesion and friction. In this model

$$F_1(\rho^2) = (\omega/4)\exp[-\omega\rho^2/4]. \tag{24}$$

The second of the simplified models consists of stretched parallel membranes which are connected by parallel springs. Here

$$F_1(\rho^2) = a^2/2(1+a^2\rho^2)^{3/2} \tag{25}$$

In these models the dimensionless parameters ω and a are ill-defined and there is no exact way of deriving function $F_2(\rho^2)$. One of two assumptions relating the horizontal displacement to its vertical counterpart is frequently accepted in the literature. Many writers have postulated that the horizontal displacement at a point is proportional to the tilt at the same point. This assumption leads to the relationship

$$F_2(\rho^2) = -2KF_1'(\rho^2), \tag{26}$$

where K is a dimensionless factor of proportionality. Others have suggested on the basis of observations that the vector of displacement points towards the centre of gravity of the mined-out area. The adaptation of this hypothesis to a face element leads to the relationship that $|\Delta u/\Delta w| = \rho$, which in turn means that

$$F_2(\rho^2) = F_1(\rho^2). \tag{27}$$

Note that the results derived from the homogeneous isotropic model satisfy this relationship. There does not appear to be a strict justification for the use of the relationships in (25) or (26).

No attempt is made here to discuss in detail the applicability of the various models to the prediction of surface displacement under various geological and mining conditions. However, it has been suggested on both theoretical (Salamon (1968a) and practical grounds [e.g. Berry (1964)] that the homogeneous transversely isotropic model describes the situation reasonably well in a strongly stratified rock mass. Because of the practical significance of this model an attempt is made here to estimate some practical values of the parameters in (20).

Experience in Britain has shown [Subsidence Engineers' Handbook (1966)] that the maximum tilt, T, the tensile, ϵ_t, and the compressive, ϵ_c, strains over a super-critical and parallel-sided panel can be expressed as follows:

$$T = 2{,}75(s_m/H), \quad \epsilon_t = -0{,}65(s_m/H) \qquad \epsilon_c = 0{,}51(s_m/H), \tag{28}$$

A theoretical upper limit of the same values can be computed by assuming that the seam is undisturbed on the one side, and totally extracted and uniformly closed on the other side of a straight face line, Salamon (1964c). The expression of maximum tilt, T_m, is

$$T_m = [(\alpha_1+\alpha_2)/\pi](s_m/H). \tag{29}$$

The maximum tensile, ϵ_{tm}, and compressive, ϵ_{cm}, strains are attained at the same distance ℓ ahead of and behind the face, respectively. Here, ℓ is given by

$$\frac{\ell}{H} = \frac{(\alpha_1^2+\alpha_2^2)^{\frac{1}{2}}}{\sqrt{6}\alpha_1\alpha_2}\left[\left(1+\frac{12\alpha_1^2\alpha_2^2}{(\alpha_1^2+\alpha_2^2)^2}\right)^{\frac{1}{2}}-1\right]^{\frac{1}{2}} \tag{30}$$

and the magnitude of the strain components is given by

$$\epsilon_{cm} = -\epsilon_{tm} = \frac{3(\alpha_1+\alpha_2)}{4\pi}\frac{\alpha_1\alpha_2(\ell/H)}{1+\frac{1}{2}(\alpha_1^2+\alpha_2^2)(\ell/H)^2} \tag{31}$$

The magnitude of the maximum horizontal displacement is simply

$$u_m = \frac{\alpha_1\alpha_2 s_m}{\pi(\alpha_1-\alpha_2)}\log_e(\alpha_1/\alpha_2). \tag{32}$$

Substitutions into these formulae will indicate that at $\alpha_1 = 9{,}0$ and $\alpha_2 = 0{,}5$

$$T_m = 3{,}02(s_m/H), \quad u_m = 0{,}49s_m, \qquad \epsilon_{cm} = -\epsilon_{tm} = 0{,}75(s_m/H), \tag{33}$$

which appear to suggest that the pair of constants α_1 and α_2 in the neighbourhood of the values used, can be expected to describe the tilt and strain conditions. In Fig. 8.4.1. function $F_1(\rho^2)$ in (20) is plotted for a reasonable pair of α_1 and α_2.

Wardell (1959) has found empirically that the maximum horizontal displacement is about one-fifth of the maximum subsidence. There appears to be a significant discrepancy between his findings and the corresponding value given in (32). Since the number of reliable reports concerning observations of horizontal displacement is small, no decisive comment can be made on this discrepancy.

Once the particular functions F_1 and F_2 for a given area have been selected, the calculation of surface displacement involves the estimation, in some manner, of the distribution of convergence and the numerical evaluation of integrals typified by (8) and (9).

8.5 Critical depth, H_c.

Before discussing the problems involved in the protection of surface structures, a fundamental question must first be clarified. Can the extraction of tabular deposits damage surface installations regardless of depth? Practical experience of deep, hard-rock mining appears to indicate that no protection is required if the depth is greater than some critical value. Also, some European mining engineers have discussed the notion of a critical depth, H_c. For example, Zambo (1957) defines it as

$$H_c = ks_m, \qquad (1)$$

where k is a dimensionless parameter.

Clearly, a structure need not be protected at all if the maximum possible differential movements, which might result from working according to the method of mining normally in use at the mine, are smaller than the values which can be tolerated by the structure in question. The upper limit of the differential movements can be determined by making use again of the concept of most adverse or unfavourable mining geometry as it was introduced in Section 7.4. Some reflection on the results in 8.4 (13) to (17) will confirm that the most adverse geometries with respect to tilt, distortion and strain are as shown in Fig. 8.5.1.

In general, the upper limit of tilt, distortion and strain can be expressed as

$$d_m = \beta_d (s_m/H) \qquad d = T, \gamma, \epsilon \qquad (2)$$

where d can represent any one of the differential displacements. The numerical value of β_d is determined completely by the model employed. Table 8.5.1. contains a collection of expressions of β_d, Salamon (1962, 1964a).

TABLE 8.5.1

PARAMETERS β_d

Model β_d	Homogeneous isotropic	Homogeneous transversely isotropic
β_T	$2/\pi$	$(\alpha_1+\alpha_2)/\pi$
β_γ	$2/\pi$	$2\alpha_1\alpha_2/\pi$
$\pm\beta_\epsilon$	$24/25\sqrt{5}$	$5\alpha_1\alpha_2/6\sqrt{6}(1-\alpha_2/\alpha_1)$*

* An approximation which is valid when $\alpha_1 >> \alpha_2$.

If n seams are worked at a mine, the upper limit of the differential movements is given by the sum of the upper limits corresponding to each seam, that is,

$$d_m = \sum_j^n d_{mj} = \beta_d \sum_j^n (s_m/H)_j \qquad (3)$$

It can now be stated formally that a surface installation requires no protection if

$$d_a \geq \kappa d_m, \qquad d = T, \gamma, \epsilon, \qquad (4)$$

where d_a is the allowable differential movement corresponding to the structure in question and κ is a safety factor.

In those instances where only one seam needs to be considered it is possible to define a critical depth exactly in accordance with the definition of Zambo (1957). Using (2) and (4) with the equal sign, the parameter k in (1) is given by

$$k_d = \kappa\beta_d/d_a \qquad (5)$$

8.6 Protection of surface installations

The various methods of guarding against the harmful effects of surface subsidence caused by mining can be classified as follows:

(a) leaving supporting pillars,
(b) employing special methods of working,
(c) packing or stowing and
(d) designing the involved structure for high flexibility.

Only the first three of these classes are within the scope of this paper. The relative merits of the various methods are not discussed fully. The decision concerning the selection of the method of protection usually rests on economic considerations and, often, on the extent of public interest.

(i) Use of solid pillars. Undoubtedly the classical means for surface protection is the solid protective pillar. There is little justification today for leaving solid pillars to protect objects on the surface. Nevertheless, no account of the methods concerning the protection of surface installations would be complete without a brief summary of the basic principles of pillar design. A reasonably full discussion of the subject has been given by Salamon (1964a).

If the seam and the surface are horizontal, as they are assumed to be here, the simplest method of pillar construction is that illustrated in Fig. 8.6.1. The boundary of the pillar is obtained by constructing the bounding curve to circles which have their centre at principal points of the surface structure. The radius of the circles, R, is the significant linear dimension of the pillar. To determine R the principal points are regarded as individual 'point structures' and it is assumed that each of these requires protection.

Again, recourse is made to the concept of most adverse geometry. These, with respect to tilt, distortion and strain, can be deduced easily in the presence of a circular pillar of radius R from Fig. 8.5.1. [Fig. 8.6.2].

In the presence of a pillar the upper limit of the differential movement components can be expressed in the following general form:

$$d = d_m \psi_d (R/H), \qquad (1)$$

where d may refer to tilt, distortion or strain and d_m is defined in 8.5.(2). Also,

$$\psi_d (0) = 1 \quad \text{and} \quad \psi_d (\infty) = 0. \qquad (2)$$

Some examples of the variation ψ_d are shown in Figs. 8.6.3 and 4.

The pillar radius should be sufficiently large that no induced differential movement can become greater than the corresponding allowable value, that is,

$$d_a \geq \varkappa\, d \qquad d = T, \gamma, \epsilon, \qquad (3)$$

where the equal sign applies at least with respect to one of the differential movement components. The relations in (1) and (3) can be solved for ψ_d, provided the equal sign is used in (3):

$$\psi_d (R/H) = d_a / \varkappa d_m , \qquad (4)$$

A graphical method, based on curves similar to those given in Figs. 8.6.3 and 4, can be used to determine the pillar radius satisfying (4). In this manner four pillar radii are obtained (tilt, distortion, compressive and tensile strain), the greatest of which is, of course, the critical radius.

In Fig. 8.6.5 a numerical example of such computation is illustrated, assuming that the structure is most sensitive to tilt (T_a = 0,0025) and that the laminated model with $\sqrt{\omega}$ = 6,5 describes the behaviour of the rock mass. The over-generosity of any design method which postulates a linear increase in pillar radius with depth should be noted [Knothe (1957)].

In multi-seam mining the situation is more complex because the design criterion in (3) does not provide a unique solution. In order to obtain a unique set of pillar radii, additional conditions must also be considered. These are provided, for example, by the requirement that the total value of the

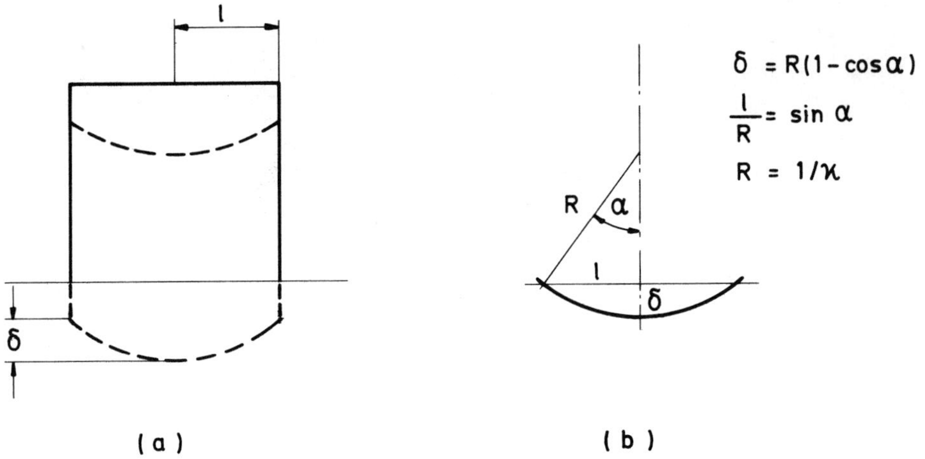

Fig. 8.2.1. Definition of differential settlement after Lambe and Whitman (1969) (a) and the relationship between differential settlement, δ, and curvature, $\varkappa=1/R$, (b).

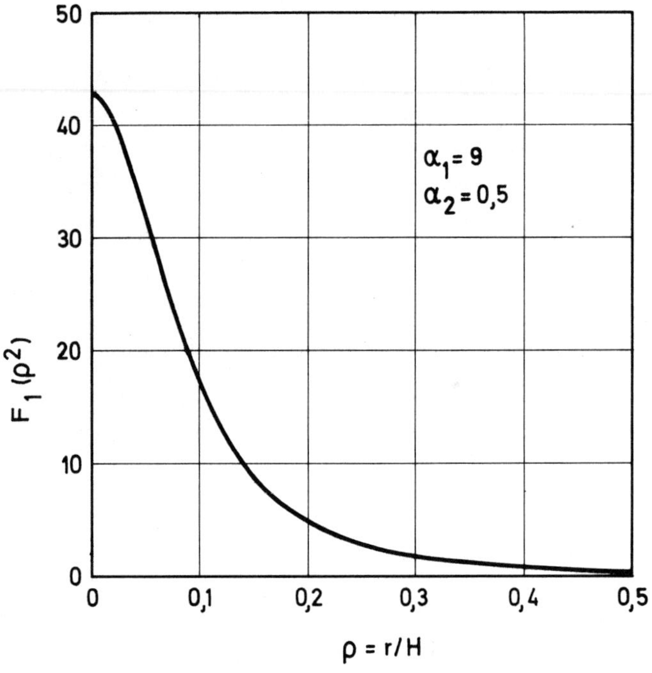

Fig. 8.4.1. Subsidence function in the transversely isotropic model.

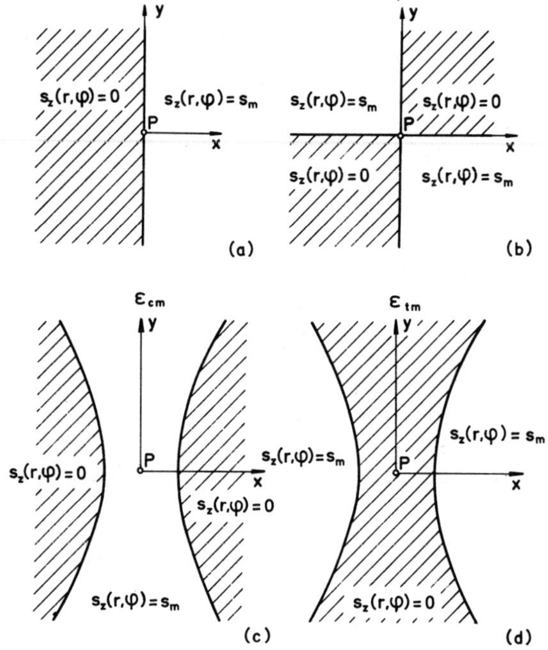

Fig. 8.5.1. Most adverse geometrics with respect to tilt (a), distortion (b), compressive (c) and tensile (d) strains.

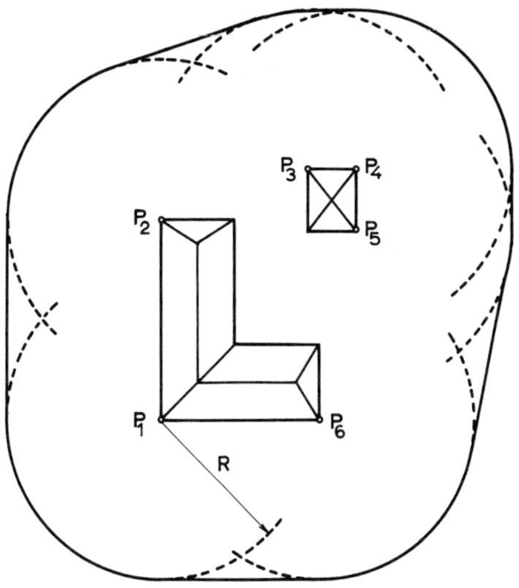

Fig. 8.6.1. Construction of a protective pillar.

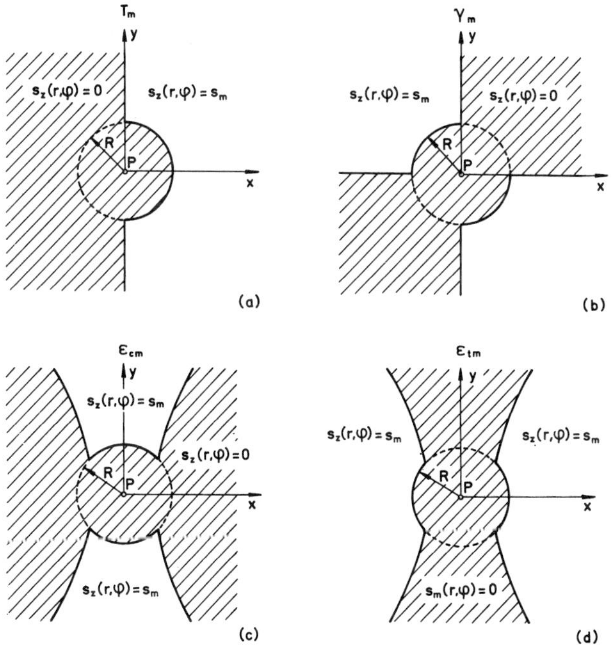

Fig. 8.6.2. Most adverse geometrics in the presence of a circular pillar with respect to tilt (a), distortion (b), compressive strain (c) and tensile strain (d).

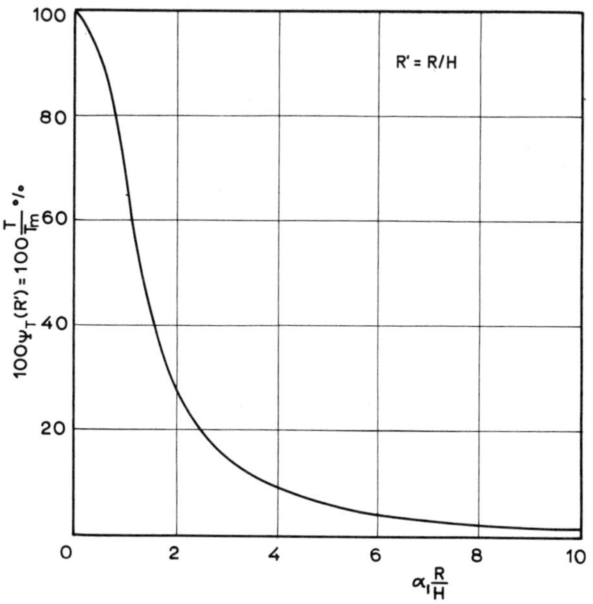

Fig. 8.6.3. Tilt function ψ_T in the transversely isotropic model for $\alpha_1 >> \alpha_2$.

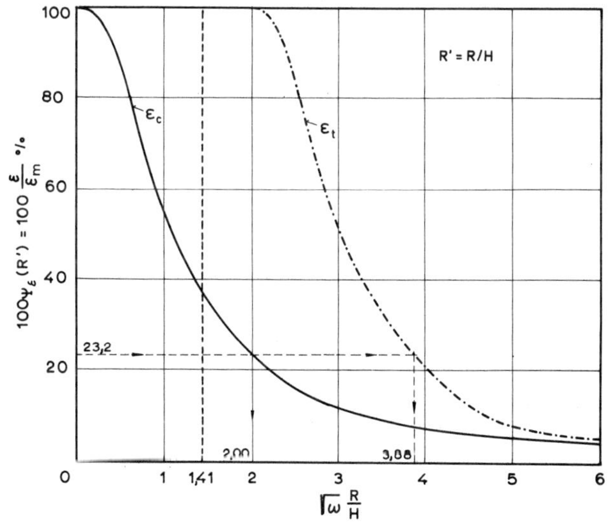

Fig. 8.6.4. Strain functions ψ_ε for compressive, ε_c, and tensile, ε_t, strains in the frictionless laminated model.

sterilized reserves should be a minimum, Salamon (1962, 1964a).

(ii) Protection by various forms of pillar mining.

A more economic approach to the protection of surface objects is to employ some form of pillar mining. In relatively shallow depths conventional room and pillar layouts, as discussed in Section 6.7, provide a virtually perfect protection. When the pillars are correctly designed the effective average convergence, that is, the value of s_m, in Fig. 6.4.1, is very small, so that the differential movements on the surface will be negligible. Also, it will not be possible to discern on the surface whether immediately below there is a pillar or a cavity, provided the distance between pillar centres is smaller than the depth, H, Salamon and Oravecz (1966).

At greater depths it may not be feasible to design adequate pillar protection in the sense of the conventional pillar mining. An alternative approach in such situations is the longwall partial extraction which has been employed in European coal mining practice with considerable success, Orchard (1964). This system consists of a number of parallel-sided panels which are separated by wide pillars, Fig. 8.6.6. The width of the panels, 2ℓ, is a fraction of the depth. The width of the pillars, $2(L-\ell)$, is chosen to make pillar failure impossible on account of large pillar width-to-height ratio. The major advantage of this special layout of panels is that it induces small and smoothly distributed surface subsidence.

Before the discussion of the phenomena concerning partial extraction is commenced, a brief look at the surface effects of a single, relatively narrow horizontal panel will be enlightening. In the transversely isotropic elastic model the convergence of a long, narrow ($2\ell < H/4$) panel is given by

$$s(x) = \beta q(\ell^2 - x^2)^{\frac{1}{2}}, \qquad (5)$$

where $q = \gamma H$ is the vertical virgin stress and

$$\beta = 2(\alpha_1+\alpha_2)(1-\nu_1^2)/\alpha_1^2\alpha_2^2 E_1 \qquad (6)$$

in the notation introduced in Sections 3 and 8.4. This expression is valid provided $s_m \geq \beta q \ell$. The surface subsidence over the centre of such a panel is

$$w(0) = -\frac{\beta q H}{\alpha_1 - \alpha_2}\{[1+(\alpha_1 \ell/H)^2]^{\frac{1}{2}} - [1+(\alpha_2 \ell/H)^2]^{\frac{1}{2}}\}. \qquad (7)$$

If the ratio ℓ/H is small, this expression can be expanded to give

$$w(0) \simeq -\tfrac{1}{2}(\alpha_1 + \alpha_2)\beta\gamma\ell^2, \qquad (8)$$

where during the expansion the fourth and higher powers of ℓ/H were neglected. The most important feature of (8) is that for very narrow panels, the maximum subsidence is proportional to the square of the half-span. Consequently, if w(0) is plotted as a function of ℓ, the ℓ-axis will be tangent to the curve at the origin.

This characteristic of the subsidence caused by narrow longwall panels has been the subject of much controversy. Often a critical span-to-depth ratio has been mentioned, below which the subsidence is not in 'normal' proportion, but it is a very small fraction of the seam thickness. Since this feature has been observed by many investigators, it has formed the basis of the use of partial extraction as a means for reducing subsidence damage. The explanation of this apparently anomalous behaviour is simply that for narrow faces the roof caving is restricted to a relatively small height, Section 6.3, and the volume of effective convergence increases with the square of the span.

To analyse the subsidence due to partial extraction, use is made of a solution presented in Section 6.2. The subsidence over a system of panels is

$$w(x) = -\beta q\left\{A_0 + \frac{1}{\alpha_1 + \alpha_2}\sum_{n=1}^{\infty} A_n\left[\alpha_1 e^{-\frac{n\pi H}{\alpha_1 L}} - \alpha_2 e^{-\frac{n\pi H}{\alpha_2 L}}\right]\cos\frac{n\pi x}{L}\right\}. \qquad (9)$$

In this infinite series the co-efficients A_n are defined in 6.2(50) and (51).

In (9), $-\beta q A_0$ is the mean subsidence over the whole partially-mined area. The remaining terms in the series represent the periodic effect of the parallel panels. The magnitudes of these terms diminish exponentially with the H/L ratio. Thus, if the H/L ratio is sufficiently large, the subsidence will be uniform for practical purposes. In Table 8.6.1 the percentage deviations from the mean value are given for some values of the extraction ratio, $e = \ell/L$, and the depth to span ratio, $H/2\ell$ ($\alpha_1 = 5$, $\alpha_2 = 0{,}5$).

TABLE 8.6.1.

PERCENTAGE DEVIATIONS FROM THE MEAN SUBSIDENCE OVER LONGWALL PARTIAL EXTRACTION

$H/2\ell$ \ e		0,25	0,50	0,75
4	x = 0	+ 73,8	+ 13,2	+ 2,3
	x = L	- 47,8	- 12,7	- 2,3
6	x = 0	+ 35,3	+ 3,7	+ 0,3
	x = L	- 27,9	- 3,7	- 0,3

The deviations in Table 8.6.1 indicate that the subsidence is virtually uniform provided the depth-to-span ratio is more than four and the extraction ratio exceeds 50 per cent. It is noteworthy that the subsidence becomes smoother as the ℓ/L ratio is increased. Of course, an increase in the relative width of the panels will enhance the magnitude the mean subsidence, which is equal to the effective average convergence, $s_a = \beta q A_0$. In Fig. 8.6.7 the ratio [see 6.2(50)]

$$s_a/\beta q\ell = -(2/e\pi)\log_e[\cos(\pi e/2)] \qquad (10)$$

is plotted as a function of e.

Assuming that the layout is designed so that the subsidence is virtually uniform, the magnitude of the tolerable mean settlement can be determined from the allowable differential movements of the structure in question. In the worst case, the method devised for the calculation of critical depth, Section 8.5, can be used in a reversed manner. Instead of treating the depth as an unknown, the allowable mean subsidence is calculated. When the magnitude of s_a is known, Fig. 8.6.7 can be used to determine ℓ. Naturally, the extraction ratio should be as high as possible, but the width-to-height ratio of the pillars should be not less than 20.

(iii) Protection by phasing of extraction-Harmonic mining. Frequently, the discrepancy between the magnitudes of the allowable and expected differential movements is not very large. In such instances the use of 'harmonic mining' has been advocated by K. Lehman and has been used with success since his time, Fritzsche and Potts (1954). The method can be recommended especially when the buildings on the surface were constructed specially to tolerate some differential movement.

The idea behind this method is to mine simultaneously, for example, in the tensile and compressive regions of influence of the structure, so as to have these effects cancelling each other as far as possible. Such phasing of extraction can be planned with the aid of the diagrams in Fig. 8.5.1. In practice, it is rare that the opposing effects of mining will cancel each other perfectly, so that the method should therefore be used with great care.

(iv) Protection by filling or stowing. Apart from the use of protective pillars, stowing of the mined-out region is the most obvious and the oldest method protecting surface installations.

As was discussed at some length in Section 6.4 the effective stoping width is some δ

fraction of the working height if some form of fill is used. For guidance some values of the convergence factor δ are summarised in Table 6.4.1. Since the upper limits of the differential movements are proportional to $s_m = \delta t$, the efficiency of filling as a form of protection is measured by the magnitude of δ.

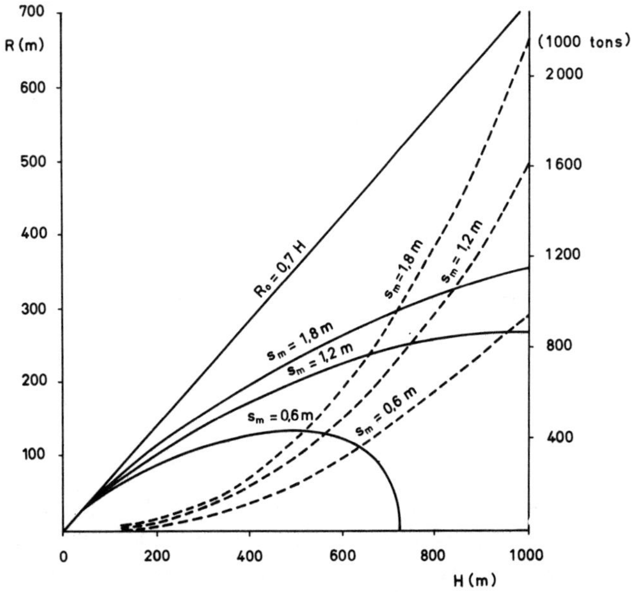

Fig. 8.6.5. Continuous curves give the radii of pillars protecting a point structure which is sensitive to tilt (T_a=0,0025); the dotted curves show the tonnage of coal liberated if the pillars are <u>not</u> designed on the basis of the 'angle of draw'.

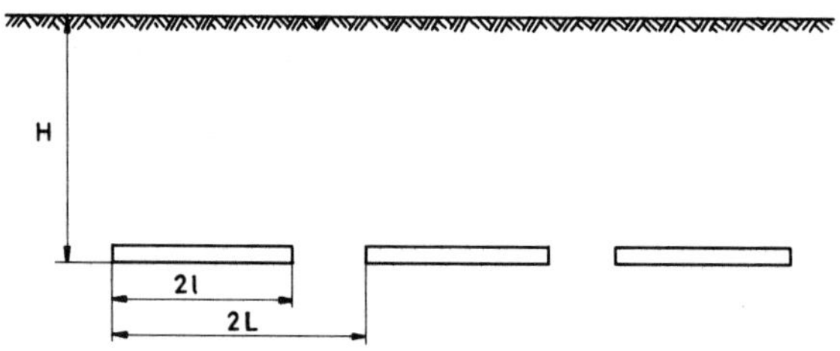

Fig. 8.6.6. Vertical section through longwall partial extraction.

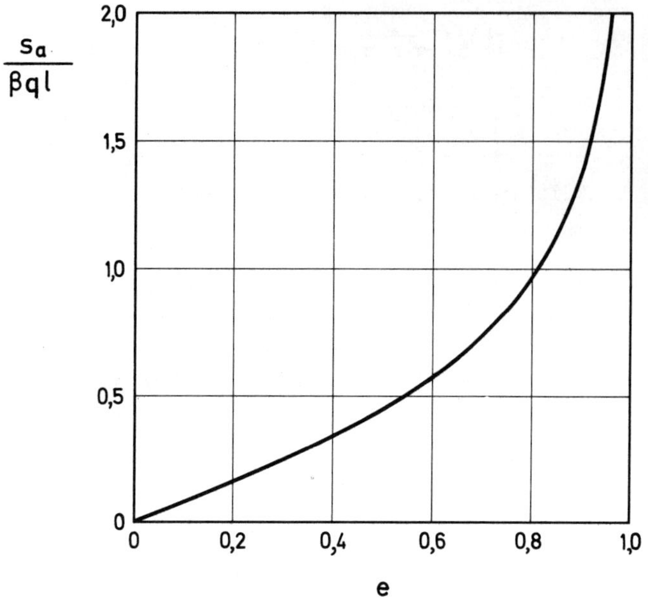

Fig. 8.6.7. Normalized average convergence over longwall partial extraction.

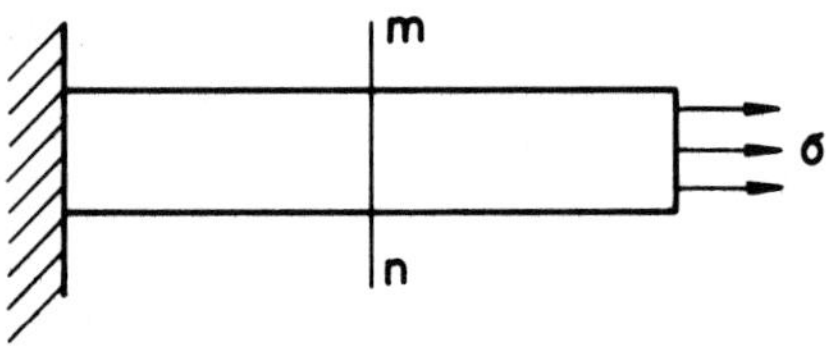

Fig. 9.1.1. A cylindrical bar of rock subjected to tension σ which snaps at section mn.

9. SEISMIC EVENTS AND ROCKBURSTS

9.1 Mechanism of seismic events

A major hazard arising out of deep-level mining of tabular deposits is the occurence of rockbursts, which may be defined as [Cook et al (1966)]:"... damage to underground workings caused by the uncontrolled disruption of rock associated with a violent release of energy ...". The term rockburst has been used to describe phenomena ranging from the expulsion of small fragments of rock from the sidewall of an excavation to the collapse of many square kilometres of pillared areas [Obert and Duvall (1967)]. Little is to be gained here from a lengthy discussion of the meaning of the various other terms used in the literature to describe such violent events in mines. It will suffice to refer to all occurences which are associated with the release of kinetic energy, with the exclusion of blasting, as seismic events and of these, those which affect the operation of the mine adversely as rockbursts. These definitions are broad enough to include events involving the fall of a piece of rock from the roof. Of course, falls of this kind are not discussed here. The attention is focused on occurences which might cause major interruptions in mining operations.

A common feature of seismic events is the release of kinetic energy. The identification of the source of this energy is an essential step in the understanding of the mechanism involved. It was shown in Section 2.3 that in a perfectly elastic medium the work done by the external and body forces during a small enlargement of excavations is fully accounted for by the change in the amount of energy stored in the surrounding rock and by the work done in deforming artifical supports. Furthermore, the energy released from the system is the energy which is stored in the volume of rock excavated in the process of enlargement. Since this energy is not transferred to the surrounding mass, the enlargement of cavities in small steps is essentially a quasi-static process. It is recognised that in some instances mining is done in large steps by blasting. In such situations kinetic energy, in addition to that released by the explosives, is imparted to the surrounding rock. To avoid the complication which arises from this possibility, it is assumed throughout this chapter that mining is carried out in small steps.

It has been concluded that seismic events cannot occur in a perfectly elastic medium. In fact, this conclusion is far more general. No seismic event will occur in a continuous substance which is stable in the sense defined by Drucker (1964). Drucker's definition of stable continua includes time-independent and time-dependent, linear or non-linear elastic or plastic media. Thus, to provide an explanation to the often observed phenomen of seismic events, one or other of Drucker's postulates must be relaxed. Either the rock mass must be (or must become) discontinuous or the rock comprising the mass must be an unstable material. The acceptance of the presence of discontinuities in the rock and the supposition that the rock is unstable represent two separate lines of attack on the problem of rockbursts in mines. Both of these approaches will be discussed briefly later.

As mining proceeds the stresses change and the rock deforms around the excavations. From what has been said so far, it is clear that a seismic event is a manifestation of instability in the rock mass. Thus, for a seismic event to occur, the stress changes due to mining must bring the rock mass to the brink of an unstable equilibrium.

For a system to be in equilibrium, its potential energy must have a stationary value. The state of equilibrium is stable or unstable depending on whether the stationary value is a minimum or a maximum. That is to say, while additional external work is required to move a system of a state of stable equilibrium, energy is extracted from the system by disturbing a state of unstable equilibrium, Fig. 6.8.1. The kinetic energy associated with seismic energy is the manifestation of the energy 'extracted' from the system in the course of upsetting a state of unstable equilibrium.

(i) Discontinuities in the rock. The rock mass might be jointed, faulted or stratified. Such geological features have no influence on the stability of the system so long as their opposing surfaces are bound securely by cohesion or friction.

As the result of mining, the state of stress at some points around the excavations may reach critical values such that, for example, failure will occur and this failure will be manifested by the formation of a crack. Thus, it is conceivable that along a joint or a crack the stresses will change suddenly as the friction, cohesion or the strength of the rock are overcome.

A simple mechanical model can be used to explain the mechanism associated with the sudden interruption of continuity in the rock mass. As shown in Fig. 9.1.1, a cylindrical bar of rock is tensioned slowly. Assume that when the tensile stress reaches a value of say, $-\sigma$, the bar snaps at some cross-section mn. Immediately prior to and after the failure the stress acting on cross-section mn is $-\sigma$ and zero, respectively. This change in stress can be achieved by applying suddenly a uniformly distributed compressive stress of magnitude σ to both sides of section mn, Timoshenko and Goodier [(1951), pp. 440-442]. As a result, waves of compression begin to travel along both parts of the bar with a velocity c. Since these waves of compression neutralize the existing tensile stress, after a time interval t portions of the bar of total length 2ct will be de-stressed, while the remaining parts will continue to be subjected to the tensile stress $-\sigma$.

Obviously, the stored energy recovered from the de-stressed length is $Act\sigma^2/E$, where A is the area of the cross-section of the bar. Simple calculation shows that the kinetic energy of the moving portions of the bar is also $Act\sigma^2/E$. Thus, the waves acquire their energy from the strain energy stored in the rock.

A similar, but naturally much more complex, process takes place inside the rock mass when a sudden change of stress occurs. There also a seismic event gains its kinetic energy from the stored energy, but eventually, this loss in strain energy is replenished from the work done by the body and external forces, Cook (1963). In fact, there is a net gain in stored energy as a result of forming a crack.

Inside the rock mass the opposite surfaces of a discontinuity can either diverge and ride relative to each other or can slide upon one other, depending on whether the normal field stress is tensile or compressive. The kinetic energy imparted to the surrounding mass can be calculated by comparing two states of equilibrium. The first of these corresponds to the situation obtaining before the formation of the crack and the second is the equilibrium state which exists when the mass comes to rest again after the seismic event.

For example, let the normal stress, σ, be compressive ($\sigma > 0$), the shear stress be τ and the co-efficient of dynamic friction of the surfaces on one other be μ. If the area of the crack is A and the induced relative tangential displacement of the crack surfaces at some point is s_t, the total work done by the external and body forces is given by ($\tau - \mu\sigma > 0$):

$$W_t = \int_A s_t \tau \, dA. \qquad (1)$$

Of this work, the amount

$$W_r = \tfrac{1}{2} \int_A s_t (\tau + \mu\sigma) dA \qquad (2)$$

is released and the remaining part,

$$U_c = \tfrac{1}{2} \int_A s_t (\tau - \mu\sigma) dA, \qquad (3)$$

is stored in the mass. Some part of the released energy is transformed into heat, W_h, as a result of friction,

$$W_h = \mu \int_A s_t \sigma dA, \qquad (4)$$

so that the kinetic energy imparted to the rock is

$$W_k = W_r - W_h = \tfrac{1}{2} \int_A s_t (\tau - \mu\sigma) dA = U_c \qquad (5)$$

These results follow from the formulae in 6.5(2), (3) and from the general discussion in Section 2.2.

A simple example of the application of these formulae is to the formation of a circular crack of radius R in homogeneous isotropic ground. Since the tangential displacement is given by Salamon (1964b) as

$$s_t(r) = \frac{4(1-\nu)(\tau-\mu\sigma)}{\pi(1-\nu/2)G}(R^2-r^2)^{\frac{1}{2}}, \qquad (6)$$

the integrals in (1) to (5) yield

$$W_t = \frac{8(1-\nu)R^3\tau(\tau-\mu\sigma)}{3(1-\nu/2)G}, \qquad (7)$$

$$W_h = \frac{8(1-\nu)R^3\mu\sigma(\tau-\mu\sigma)}{3(1-\nu/2)G}, \qquad (8)$$

and

$$W_k = U_c = \frac{4(1-\nu)R^3(\tau-\mu\sigma)^2}{3(1-\nu/2)G}. \qquad (9)$$

As an example, assume that $G \doteq 30$ GN/m^2, $\nu = 0{,}15$ and $\tau - \mu\sigma = 10$ MN/m^2, which values correspond to deep-level hard-rock mining. It is interesting to note that if the radii of the crack are assumed to be 10 and 40 m, the kinetic energy is about 4×10^6 and 261×10^6 joules, respectively. These values are typical of the energies radiated from seismic events in South African gold mines. The lower value could represent a medium, and the upper value a large, seismic event, Cook (1963), Cook et al (1966).

(ii) Rock as a potentially unstable material. According to Drucker (1964) the condition for stability "in the small" for time-independent materials is

$$(d\sigma)'(d\epsilon) > 0, \qquad (10)$$

where $(d\sigma)$ and $(d\epsilon)$ denote 9x1 vectors of infinitesimal stress and strain changes, respectively, and $(d\sigma)'$ is the transpose of vector $(d\sigma)$. For example, all elastic substances satisfy (10). This is so because in an elastic substance $(d\sigma) = K(d\epsilon)$, where K is a symmetric positive definite matrix. The condition in (10) remains valid for time-dependent materials also, provided $(d\epsilon)$ is replaced by $(d\dot{\epsilon})$, where the dot is used to convey that the time derivative of the strain vector is required.

During the 1960's it has been recognised by some workers that the brittle rock is only stable in the sense of (10) in the ascending part of the stress-strain relations, Cook (1965), Deist (1965). In fact, Deist (1966) succeeded in formulating a consistent set of assumptions to define a two-dimensional plane strain model which, beyond a critical stage, loses resistance as the deformation is increased [see also Chapter 1].

Rocks, when they are in the brittle state [J. & C. p. 77], are only conditionally stable, that is, the condition for their stability can be formulated only in terms of their own deformation behaviour and that of the surrounding rock. An example of such a condition was discussed in detail in Section 6.8, inconnection with the stability of pillars. Recently Blake (1972) has also analysed the conditions for stability around pillars using the finite element method. If instability arises in some part of the rock, kinetic energy will be released. Clearly, instability is less likely in rocks which approximate the behaviour of plastic or visco-plastic substances. (e.g. shales, evaporites) and more likely in very brittle rocks.

It is important to note here that a very large amount of kinetic energy can be generated by the failure of pillars when mining is done at great depths. For example, using the case involving two parallel panels separated by a pillar of width 2a (Section 6.2), the kinetic energy resulting from the failure of a long pillar can be estimated. Let the energy stored in the rock as the result of mining be U_c' and U_c'' before and after the failure of the pillar, respectively. These energies, per unit length of the panel, [Salamon (1968)] are

$$U_c' = 2U_c''[1 - \tfrac{1}{2}k^2 - E(k)/K(k)],$$

$$U_c'' = \pi(1-\nu)q^2L^2/2G,$$

where 2L is the overall span and $q = \gamma H$ is the virgin vertical stress. Also, K(k) and E(k) denote respectively the complete elliptic integrals of the first and second kinds with $k^2 = 1 - (a/L)^2$. The kinetic energy, if the pillar fails in an unstable manner, arises from the sudden imposition of tensile stresses over the area of the pillar. These tensile forces are required to neutralize, at failure, the compressive resistance of the pillar. An estimate of this kinetic energy is given by

$$W_k \simeq U_c'' - U_c' = U_c''[2E(k)/K(k) - (1-k^2)]. \quad (11)$$

For example, if a pillar of width 10 m fails at the centre of a panel which is 200 m wide and if the virgin vertical stress is 50 MN/m^2 (equivalent to a depth of about 1900 m), the kinetic energy will be approximately 4×10^8 joule for every metre length of the pillar ($G = 30\ GN/m^2$, $\nu = 0{,}15$).

Apart from the relatively simple but important case of pillar stability, little progress has been made in the development of stability analysis as applied to underground cavities. This is a difficult but very important area in rock mechanics which will require attention in the future.

Whether the problem should be approached on the basis of discontinuities, for example, by using results involving cracks or dislocations, McGarr (1971), or on the basis of a continuum which is unstable 'in the small' is difficult to say. Perhaps the continuum approach appears to be more promising in view of the rapid progress of numerical techniques. It should be emphasized, however, that there exists a fundamental link between the two approaches. The first attempt in establishing such relationship was made by Cook (1965) when he attempted to derive the complete stress-strain relation of brittle rock from results involving a single crack.

(iii) Gas outbursts represent a fundamentally different type of seismic event. Because of the hazards associated with the sudden and unexpected outbursts of gas, a brief mention is made here of this phenomenon.

Gas outbursts occur most frequently in coal mines. They are usually accompanied by the sudden disintegration of some considerable volume of coal which intrudes into the workings and can cause considerable damage, Esztó (1953). Some evaporite deposits are also known to be prone to outbursts.

To understand the gas-coal outburst phenomenon, recourse must be made to the relations governing the behaviour of interstitial gases (Section 2.4). As the result of mining, the distributions of stresses and gas pressure around the excavation change. It is conceivable that at certain combinations of these changes some of the effective normal stress components become tensile. If this occurs suddenly coal (or rock) may disintegrate and gas might be liberated.

9.2 Location of seismic foci

The first reported seismic investigation of tremors which were probably induced by mining was made by Gane et al (1946) who used a surface network of five seismometers. The first three-dimensional underground network of eight seismometers was used by Cook (1962, 1963). Since the pioneering work of Cook, underground networks of seismometers have been used on a number of occasions to gain a better insight into the problem of rockbursts, Budavari (1971), Blake (1972). To understand the mechanism of seismic events it is essential to know where rock failures occur.

Compressional, P, and shear, S, waves, which radiate from a failure, are travelling with velocities v_P and v_S, respectively. In homogeneous isotropic ground these velocities are [J. & C. pp. 336-337]:

$$v_P = [2(1-\nu)G/(1-2\nu)\rho]^{\frac{1}{2}}, \qquad v_S = (G/\rho)^{\frac{1}{2}} \tag{1}$$

The time of arrival of seismic waves is measured by means of seismometers with respect to some arbitrary time origin. Assume that the number of seismometers in the network is N+1. When the lengths of the seismic path are short, it is difficult to discern the arrival of the S waves. To account for this difficulty, suppose that the arrivals of the P waves are observed at all and those of the S waves only at $M \leq N+1$ number of the seismometers. Let the true times of arrival of the P waves be $t_{P\,0}$, $t_{P\,1}$, ... $t_{P\,N}$ and of the S waves be $t_{S\,0}$, $t_{S\,1}$, ... $t_{S\,M-1}$. Also, let the time of rock failure be $-t$. The magnitude of t cannot, of course, be measured.

The total times of travel of the P and S waves from the focus of the event to the i-th seismometer are $t+t_{P\,i}$ and $t+t_{S\,i}$, respectively. The length of the path travelled by the waves during these times, R_i, is given by

$$R_i = [(x-x_i)^2+(y-y_i)^2+(z-z_i)^2]^{\frac{1}{2}}, \tag{2}$$

where x,y,z are the co-ordinates of the focus, and x_i, y_i, z_i are the co-ordinates of the location of the i-th seismometer.

Denote by $\tau_{P\,i}$ and $\tau_{S\,i}$ the measured arrival times which satisfy the following relationships:

$$t + \tau_{P\,i} = R_i/v_P + e_{P\,i}, \quad i = 0, 1, \ldots, N, \tag{3}$$

$$t + \tau_{S\,i} = R_i/v_S + e_{S\,i}, \quad i = 0, 1, \ldots, (M-1), \tag{4}$$

where $e_{P\,i}$ and $e_{S\,i}$ are the errors in the arrival times of the P and S waves, respectively.

Now introduce the matrix notations

$$R = \{R_0 \ R_1 \ . \ . \ . \ R_N\}, \qquad e = \{e_P \ \ e_S\} \tag{5}$$

where R is (N+1)x1 and e is (N+M+1)x1, within which vectors e_P and e_S are (N+1)x1 and Mx1. Further, let

$$\tau = \{\tau_P \quad \tau_S\}, \tag{6}$$

which is partitioned similarly as is e. Also, let J be an (N+M+1)x1 vector of ones and matrix A be defined as

$$A = \begin{bmatrix} I_M/v_P & 0 \\ 0 & I_{N-M+1}/v_P \\ I_M/v_S & 0 \end{bmatrix}, \tag{7}$$

which is of order (N+M+1)x(N+1). These notations permit the writing of the N+M+1 relationships in (3) and (4) in a concise form:

$$Jt + \tau = AR + e \tag{8}$$

It is difficult to determine the true statistical nature of the error vector e. Here, the simplest assumptions are accepted. It is assumed that e is an unbiased random vector with independent elements, so that the expected value and the variance-covariance matrix of e are

$$E(e) = 0, \quad \operatorname{cov}(e) = E(ee') = \sigma^2 P^{-1}, \tag{9}$$

where E(.) denotes the expected value of the argument and P is the weight matrix,

$$P = \begin{bmatrix} p_P I_{N+1} & 0 \\ 0 & p_S I_M \end{bmatrix}. \tag{10}$$

Also,

$$\sigma_P^2 = \sigma^2/p_P \quad \text{and} \quad \sigma_S^2 = \sigma^2/p_S \tag{11}$$

are the variances of the observations of P wave and S wave arrivals.

The aim is to determine the location of the focus, that is, the co-ordinates x,y,z. The problem actually has an additional unknown in t. Naturally, the exact values of the unknowns cannot be determined because of the presence of the error vector in (8). At best, 'good' estimates of their values can be calculated. Denote the estimated values of the unknowns by z_e, y_e, z_e and t_e. Use these estimates in (8) to obtain

$$Jt_e + \tau = AR_e + \kappa, \tag{12}$$

where the (N+M+1)x1 vector κ of the residuals has replaced the error vector e and R_e is the vector of the paths calculated from x_e, y_e, z_e and x_i, y_i, z_i.

It is assumed that the best estimates of the unknowns are those which minimize the sum of the weighted squares of the residuals, ϕ. Thus, the problem is to find those values of x_e, y_e, z_e, and t_e which minimize the value of

$$\phi = \varkappa' P \varkappa / \sigma^2, \tag{13}$$

where $\varkappa'$ denotes the transpose of $\varkappa$ and P is given in (10).

The sum of the weighted squares of the residuals, ϕ, is a continuous function of the unknowns, so that it will have a stationary value where its first partial derivatives with respect to x_e, y_e, z_e and t_e are zero. Omitting the algebraic detail, the conditions for a stationary value are

$$t_e = - \frac{1}{(N+1)p_P + Mp_S} J'P(\tau - AR_e) \tag{14}$$

and

$$C'A'F'V^{-1}F(\tau - AR_e) = 0. \tag{15}$$

The relation in (15) combines three non-linear equations into one matrix equation. In (15) matrix C is (N+1)x3 and its elements are the direction cosines, ℓ_i, m_i, n_i, of the path directed from the i-th seismometer to the estimated location of the focus, that is,

$$\ell_i = (x_e - x_i)/R_{ie}, \quad n_i = (z_e - z_i)/R_{ie}, \quad m_i = (y_e - y_i)/R_{ie} \tag{16}$$

and

$$C = \begin{bmatrix} \ell_0 & m_0 & n_0 \\ \ell_1 & m_1 & n_1 \\ \cdot & \cdot & \cdot \\ \cdot & \cdot & \cdot \\ \cdot & \cdot & \cdot \\ \ell_N & m_N & n_N \end{bmatrix}. \tag{17}$$

Furthermore, the (N+M)x(N+M+1) matrix F is defined as

$$F = [-J_{N+M} \quad I_{N+M}] \tag{18}$$

and the (N+M)x(N+M) symmetric positive definite matrix V is given by

$$V = \mathrm{cov}(Fe) = E(Fee'F') = \sigma^2 FP^{-1}F', \tag{19}$$

which can be written as

$$V = \frac{\sigma^2}{p_P} \begin{bmatrix} V_{11} & V_{12} \\ V_{12}' & V_{22} \end{bmatrix}, \tag{20}$$

where

$$V_{11} = I_N + J_N J_N', \quad V_{22} = I_M/\psi + J_M J_M', \tag{21}$$

and V_{12} is a NxM matrix, all elements of which are unity. In (19), ψ denotes the relative weight of the arrival time observations of the shear waves, that is,

$$\psi = p_S/p_P \tag{22}$$

The inverse of V can be expressed as

$$V^{-1} = \frac{p_P}{(N+1+M\psi)\sigma^2} \begin{bmatrix} B_{11} & B_{12} \\ B_{12}' & B_{22} \end{bmatrix}, \tag{23}$$

the blocks of which are

$$B_{11} = (N+1+M\psi)I_N - J_N J_N', \quad B_{22} = (N+1+M\psi)\psi I_M - \psi^2 J_M J_M' \tag{24}$$

and B_{12} which is a NxM matrix all elements of which are $-\psi$.

The stationary value defined by the conditions in (14) and (15) represents a minimum of ϕ if the matrix Ω, where the ij-th element of Ω are $\partial\phi^2/\partial x_i \partial x_j$ ($x_i = x_e, y_e, z_e, t_e$), is positive definite, Graybill (1961). Further algebraic manipulation shows that

$$\Omega = 2W'W/\sigma^2, \tag{25}$$

where

$$W = P^{1/2}[AC \quad -J], \tag{26}$$

which is an (N+M+1)x4 matrix. The condition which secures that the stationary value of ϕ is a minimum is that the rank, r, of W should be four. This is so because only if r = 4 will matrix Ω be positive definite.

(i) Locations using both compressional and and shear waves. The method of location of seismic focus is at its best when it is possible to observe the arrivals of both compressional and shear waves and if the reliability of observing the latter is not unduly poor. Having such a situation in mind it is assumed here that both M and p_s are larger than zero.

Clearly, the minimum requirement to ensure that the rank of W in (26) is four is that N+M+1=4. The smallest number of seismometers with which this can be attained is two (i.e. N+1= 2), provided both the P and S waves are discerned at both instruments, so as to have M = 2. However, detailed examination shows that the determinant of W, which is, of course, 4x4 in this instance, is zero, so $r < 4$.

Using three seismometers (N+1=3), i, j and k, and observing the arrival of the compressional wave at all instruments, but that of the shear wave at only the i-th instrument, matrix W is again of order 4x4. Let the determinant of W be D. Some manipulation results in

$$D = \frac{(v_P - v_S)(p_P^3 p_S)^{\frac{1}{2}}}{v_P^3 v_S} D_{ijk}, \qquad (27)$$

where

$$D_{ijk} = \begin{vmatrix} \ell_i & m_i & k_i \\ \ell_j & m_j & k_j \\ \ell_k & m_k & k_k \end{vmatrix}. \qquad (28)$$

Since $v_P \neq v_S$, D can be zero only if $D_{ijk} = 0$. But, as D_{ijk} is proportional to the volume of the parallelepiped, the adjacent edges of which are the three seismic paths, this determinant can be zero if, and only if, point x_e, y_e, z_e is in the plane determined by the three seismometers.

It follows from this argument that if there are at least four non-coplanar active seismometers in the network, and if at least one of these provides information with regard to the arrivals of shear waves, the rank of W will be four with respect to <u>all</u> points in space. In other words, if $N \geq 3$, $1 \leq M \leq N+1$ and if $p_s > 0$, the rank of W will be four if the rank of C is three, which is always so when not all the seismometers are coplanar. Furthermore, if the rank of C is three, so is that of FAC. According to this latter conclusion, the matrix equation in (15) represents three independent equations.

The relationship in (15) contains matrix V in which, according to (19), is the variance-covariance matrix of vector Fe. The i-th element of this vector is $(e_{P_i} - e_{P_0})$ or $(e_{S_i} - e_{P_0})$, depending on whether i is smaller or greater than (N+1). Apparently, therefore, in the solution derived the seismometer numbered i = 0 plays a special role; it is used as a 'reference' seismometer. However, it can be shown that the use of <u>another</u> seismometer as reference, leaves the results in (14) and (15) <u>unaffected</u>.

An iterative process is used to solve the equations in (15). Suppose that the co-ordinates, x_a, y_a, z_a, of a point in the vicinity of x_e, y_e, z_e are known. Expand R_{ie} in a Taylor's series in the vicinity of this point and neglect the second and higher order terms. This leads to

$$R_e = R_a + C_a \Delta X_e \qquad (29)$$

where R_a is the vector of distances between the seismometers and point x_a, y_a, z_a and $\Delta X_e = \{\Delta x_e \quad \Delta y_e \quad \Delta z_e\}$. Also, C_a is analogous to C in (17) but the direction cosines are calculated from the approximate co-ordinates.

The substitution from (29) into (15) yields, after some manipulation,

$$\Delta X_e = (C_a' A' F' V^{-1} F A C_a)^{-1} C_a' A' F' V^{-1} (F_T - F A R_a). \qquad (30)$$

If points x_a, y_a, z_a and x_e, y_e, z_e are sufficiently close to permit the use of the truncated Taylor's series in (29) then

$$x_e = x_a + \Delta x_e, \qquad y_e = y_a + \Delta x_e,$$
$$z_e = z_a + \Delta z_e. \qquad (31)$$

If the distance between the points is too large, the sums on the right-hand sides of the relations in (31) must be used as co-ordinates of a new approximate point and the whole calculation must be repeated. This iteration must be continued until the solution in (30) yields negligible co-ordinate corrections. It can be shown that the co-ordinates of the last point in the sequence of points so obtained will, in fact, be x_e, y_e and z_e.

It is important to observe that the solution in (30) is statistically equivalent to a generalized least-squares estimate obtained from the linear model

$$(F\tau - FAR_a) = (FAC_a)\Delta X_e + Fe, \quad (32)$$

where the rank of FAC_a is three. The properties of the error vector Fe are E(Fe)= 0 and cov(Fe)= V, Johnston (1960).

(ii) Location from only P-wave arrivals. When the seismic paths are so short that the interval between the times of arrival of the P and S waves is less than their period, it is usually not possible to determine the time of S arrivals with reasonable accuracy, Cook (1964). The method discussed in this section can be used in such situations also. This is achieved by either putting M = 0 or $p_s = 0$. Either of these substitutions reduces (30) to

$$\Delta X_e = (K_a' V^{-1} K_a)^{-1} K' V^{-1} (\delta - \Delta_a) \quad (33)$$

where now

$$V = \sigma^2 V_{11}, \quad K_a = FC_a, \quad \delta = v_P F\tau_P, \quad \Delta_a = FR_a. \quad (34)$$

The method of location when only P arrivals are observed is less robust than the same method based on the arrivals of both P and S waves. The process of iteration using (33) will yield the required results only if at no point x_a, y_a, z_a the rank of K_a is less than three. This condition replaces the previous requirement that the rank of C_a should be three.

If all seismometers lie on one of the sheets of a right circular cone, the rank of K_a will be less than three with respect to the apex of the cone. This is a fundamental weakness of any attempt to locate seismic focus from only P arrivals. It can be avoided only by ensuring that no right circular cone can be constructed on one sheet of which all seismometers are situated, Salamon and Wiebols (1973).

(iii) First approximation. It is immaterial to the application of the iterative method of solution as to how the co-ordinates of the first point x_a, y_a, z_a are determined. In principle, there is no difficulty in employing for this purpose the string analogue devised by Cook (1963). To keep the method fully digital, direct numerical methods, Budavari (1971), Leighton and Duvall (1972), Salamon and Wiebols (1973), might be preferred to start the iterative process. Undoubtedly the simplest approach would be to use the co-ordinates of a point in the region where the focus is most likely to be located, as a starting solution.

(iv) Reliability of the estimated co-ordinates. It is simple to show from (30) and (32), on the basis of the theory of the generalized least-squares method, Johnston (1960), that

$$\text{cov}(X_e) = \sigma^2 Q, \quad (35)$$

where the 3x3 symmetric positive definite matrix Q, which will be referred to as normalized covariance matrix, is given by

$$Q = (C'A'F'V^{-1}FAC)^{-1}/\sigma^2, \quad (36)$$

from (30). Matrix Q simplifies to

$$Q = (K'V^{-1}K)^{-1}/\sigma^2, \quad (37)$$

when only the P arrivals are observed. An estimate of σ^2 is given by

$$\sigma_e^2 = \Phi/(N+M-3), \quad (38)$$

where

$$\Phi = \sigma^2 [F(\tau - AR_e)]' V^{-1} [F(\tau - AR_e)], \quad (39)$$

because in the last step of the iteration $\Delta X_e \simeq 0$. It can be shown that the sum of the weighted squares of the residuals, that is, ϕ in (13), is related to the quantity in (39) simply as $\Phi = \sigma^2 \phi$. It should be noted that both Φ and Q are independent of σ^2 on account of (23).

The variances of the estimated co-ordinates are given by the main diagonal elements, $\sigma^2 q_{ii}$, of $\sigma^2 Q$. For example, the variance of the x_e co-ordinate is

$$\text{var}(x_e) = \sigma^2 q_{11}. \quad (40)$$

Clearly, in general, the reliability of the estimated locus of the focus of an event is different in various directions. The variance of the locus in an arbitrary direction, defined by direction cosines ℓ, m, n, is

$$\mathrm{var}(\ell,m,n)=\sigma^2[q_{11}\ell^2+q_{22}m^2+q_{33}n^2 +2(q_{12}\ell m+q_{13}\ell n+q_{23}mn)] = \sigma^2\mu'Q\mu, \quad (41)$$

where $\mu = \{\ell \quad m \quad n\}$. Those who are familiar with the relations of stress at a point will recognize that this expression is analogous to the formula of normal stress on a plane the normal of which is defined by ℓ, m and n [J. & C. pp. 17-24].

On the basis of this analogy, it is stated here without proof that there are three perpendicular directions in which var(ℓ,m,n) has stationary values. These directions might be referred to as <u>principal directions</u> and the stationary values as <u>principal variances</u>. Also, in a manner analogous to the construction of Lame's stress ellipsoids, Durelli <u>et al</u> (1958), it is possible to construct an <u>'error' ellipsoid</u>, the half-axes of which are oriented parallel with the principal directions and their lengths equal to the magnitudes of the <u>principal standard deviations</u>.

The shape and size of the error ellipsoid is of great importance with regard to the practical application of seismic location data. Without actually calculating the principal directions and values, <u>invariants</u>, that is, invariants under co-ordinate transformation, can be calculated from the elements of Q which give a good indication of both the size and shape of the error ellipsoid.

A measure of the <u>size</u> is given by

$$h_1 = \sigma^2(q_{11}+ q_{22} + q_{33})/3 \quad (42)$$

and of the <u>shape</u> by

$$h_2=(\sigma^2/3)[(q_{11}- q_{22})^2+(q_{11}-q_{33})^2+(q_{22}-q_{33})^2 + 6(q_{12}^2+ q_{13}^2+ q_{23}^2)]^{1/2}. \quad (43)$$

These quantities are analogous in stress analysis to the octohedral normal and shear stresses, respectively, [J.& C. pp. 23-24].

If, in addition to the postulates in (9), it is assumed that the error vector e is distributed normally, confidence intervals can be put on the estimates x_e, y_e, z_e and σ_e^2, Johnston (1960). It is most important to put some confidence interval on the location in an arbitrary direction. Place the origin of the co-ordinate system to point $x_e, y_e z_e$ and introduce

$$\Delta X =\{(x-x_e) \quad (y-y_e) \quad (z-z_e)\}. \quad (44)$$

Let the radius of deviation, ρ, in the ℓ, m, n direction be

$$\rho = \mu'\Delta X. \quad (45)$$

The 100(1-α) per cent confidence interval about the deviation radius is [Graybill (1961)]

$$-t_\alpha\sigma_e\sqrt{\mu'Q\mu} \le \rho \le + t_\alpha\sigma_e\sqrt{\mu'Q\mu}, \quad (46)$$

where t_α is the value of the Student's 't' with the probability of $\alpha/2$ being exceeded in random sampling. The number of degrees of freedom is (N+M-3).

It is simple to show, using Lame's derivation, that the confidence interval about ρ can be represented by an ellipsoid. Consider a local co-ordinate system centered at x_e, y_e, z_e with its ξ, η and ζ axes parallel to the principal directions. In this co-ordinate system the equation of the 100(1-α) per cent <u>confidence ellipsoid</u> is

$$(\xi/a_1)^2+(\eta/a_2)^2+(\zeta/a_3)^2 = 1 \quad (47)$$

where the semiaxes a_i have lengths

$$a_i = t_\alpha\sigma_e\sqrt{q_i} \quad i = 1,2,3. \quad (48)$$

In this expression q_i are the principal or <u>eigenvalues</u> of matrix Q.

The half-length of the confidence interval in the ℓ, m, n direction is given by the distance between the origin and the intersection, at right angles, of the line drawn from the origin along vector $\mu = \{\ell \; m \; n\}$ and a plane tangent to the ellipsoid, Durelli <u>et</u> <u>al</u> (1958). Of course, since the tangent plane and vector μ intersect each other at right angles, vector μ

will, in fact, be normal to the plane. Thus, there exists always a diameter of the ellipsoid which will be equal to the confidence interval in a direction defined by an arbitrary unit vector μ, but this vector and the corresponding diameter will be parallel only in the principal directions. It should be observed that the confidence ellipsoid reduces to the error ellipsoid if $t_\alpha = 1$ is substituted into (48).

Before leaving this subject it should be mentioned that the whole discussion of the matters involving reliability of location is only approximate, because it is based on the linear model in (32). A rough method can be used to judge the degree of approximation involved. If matrix Q changes significantly when moving inside the error ellipsoid, the results in (35) to (48) are unacceptable.

(v) Design of seismometer networks. In designing an underground seismic network the structure of the variance-covariance matrix of the estimated co-ordinates in (35) must be kept in mind. $Cov(x_e)$ is the product of σ^2, which is a measure of the accuracy with which the arrival times are measured, and matrix Q, which is affected almost only by the geometrical disposition of the seismometers. These two factors can be examined independently.

In considering the instrumentation, the frequency response of the seismometers and the quality of the recording equipment must be considered. These are highly specialised subjects which need not be discussed here. It is important to note, however, that the estimating procedure in (30) makes use of the vector F_T, the elements of which are either $\tau_{P_i} - \tau_{P_0}$ or $\tau_{S_i} - \tau_{P_0}$, depending on whether i is smaller or larger than N+1. This means that only the arrival time differences influence the accuracy of location. It should be remembered here that even the use of 'perfect' equipment will not eliminate all errors in arrival times because the focus of seismic events is not a 'point' but finite.

The velocities of wave propagation, that is, the elements of matrix A have a strong influence on the accuracy of location. No rock mass is perfectly isotropic and homogeneous. Also, rock fracturing tends to diminish the velocity of propagation, Cook (1963). Hence, it is erroneous to postulate, as was done in defining A [see (7)], that the velocities are constant and independent of the paths of propagation. However, it is difficult to relax the assumptions involving constant velocities, except in the limited sense of assuming certain non-isotroph, Budavari (1971).

To overcome this problem velocities are determined, in practice, not from the relations in (1) but, in the first instance, by calibration, Cook (1963). Later the accuracy of the values so obtained might be improved upon by estimating v_P and v_S by minimizing the sum of weighted squares of residuals, using a fairly large number of events.

In all practical applications certain portions of the whole space are of greater interest than others. Also, in most instances a choice can be made between alternative network configurations. The correct choice can be aided by using the normalized covariance matrix Q in (36) or (37).

This matrix depends, apart from geometrical factors, only on the ratio $\psi = p_P / p_S$, since the magnitude of p_P can be chosen arbitrarily (provided $p_P > 0$). It is usually convenient to put $p_P = 1$. Hence, if a reasonable value of ψ is assumed, matrix Q can be calculated for any network configuration at any point in space. Therefore, the effectiveness of various seismometer layouts, in the regions of greatest interest, can be compared, using for example, h_1/σ^2 and h_2/σ^2, where h_1 and h_2 are the invariants in (42) and (43).

One of the most obvious ways of improving the reliability of locations from a network is to install additional seismometers. The variance of the estimated location of the focus, var(ℓ,m,n), in a general direction defined by ℓ,m,n, is given in (41). Denote the variance of the augmented network in the augmented network in the same direction by var$^+$(ℓ,m,n). Intuition suggests that

$$\text{var}(\ell,m,n) - \text{var}^+(\ell,m,n) \geq 0, \qquad (49)$$

that is to say, the variance of the augmented network cannot be greater in any direction than that of the original network. This has been proved to be so by Salamon and Wiebols (1972) for networks observing only P arrivals, that is, when Q is defined by (37).

From (41) the difference in variances can be written as

$$\text{var}(\ell,m,n) - \text{var}^+(\ell,m,n) = \sigma^2 \mu'(Q-Q^+)\mu, \qquad (50)$$

where Q^+ is the normalized covariance matrix of the augmented network. Denote the ordered eigenvalues of Q and Q^+ by $q_1 \geq q_2 \geq q_3$ and $q_1^+ \geq q_2^+ \geq q_3^+$. It has been shown by Salamon and Wiebols (1972), if the network is augmented by only one additional seismometer that

$$q_1 \geq q_1^+ \geq q_2 \geq q_2^+ \geq q_3 \geq q_3^+ \qquad (51)$$

and that the symmetric matrix $(Q-Q^+)$ is non-negative definite of rank unity.

It is permissible, without loss of generality, to rotate the co-ordinate system so that, for example, its x axis is parallel to that principal direction of $(Q-Q^+)$ which corresponds to the only non-zero eigenvalue $\eta > 0$. In this case (50) becomes

$$\text{var}(\ell,m,n) - \text{var}^+(\ell,m,n) = \sigma^2\mu' \begin{bmatrix} \eta & 0 & 0 \\ 0 & 0 & 0 \\ 0 & 0 & 0 \end{bmatrix} \mu = \sigma^2 \ell^2 \eta \geq 0. \qquad (52)$$

It might be concluded, therefore, that the improvement in the accuracy of location which can be achieved by the installation of an additional seismometer is severely limited. This is shown by the inequalities in (51). Also, the result in (52) reveals that at every point in space there is a plane ($\ell = 0$) in which the equality sign applies, that is, the variance of location does not improve.

The addition of more than one seismometer can be treated on the basis of the results in (51) and (52). It can be concluded, for example, that at least three seismometers must be added if a reduction in variance in all directions is to be achieved.

9.3 Applications of seismic networks.

It might be suggested that the previous section, which deals with the problems of seismic location and the design of the configuration of a network, is unduly lengthy. Unfortunately, a full account of the matters discussed in Section 9.2 is not available elsewhere. Thus, the considerable space devoted to these problems in this paper is a measure of the importance attached by the author to seismic techniques.

Seismic techniques are the most powerful means for establishing relationships between mining parameters, (such as layout, depth, support) geological features (such as dykes, faults) and seismic activity, Cook (1962, 1963, 1964), Joughin (1966), Cook *et al* (1966), Hodgson and Joughin (1966), Blake (1972). It would appear that in mining regions where the rockburst hazard is serious, the establishment of seismic facilities is an almost essential step. Virtually all factual data which have been obtained so far with respect to seismic activities related to mining have been obtained with the aid of seismic systems. These originally involved only the monitoring of noise, Obert and Duvall (1957) and were developed later to networks with considerably more sophisticated purpose.

9.4 Control of rockburst hazard.

It has been argued in Section 9.1 that seismic events, some of which manifest themselves as rockbursts, are the result of instability which, for some reason, develops in the rock mass. Many factors may play a part in the development of an unstable equilibrium; some of these are geological and others are related to the deformation behaviour of the rock. However, the most important of all factors, because these are the ones which can be affected by human action, are the effects of mining on the stress field.

While it has not been possible to eradicate the rockburst hazard from the mines of the world, considerable progress has been made to alleviate the situation. The practical measures used for this purpose have already been discussed earlier in this paper, see Section 6.5 and 6.8, so that no further elaboration is required here. It might be noted that the measures suggested in Section 6.5 to improve mining conditions do, at the same time, reduce the rockburst hazard.

REFERENCES

1. AITKEN, A.C. (1967) "Determinants and matrices". Oliver and Boyd Limited.

2. BARCZA, M. and VON WILLICH, G.P.R. (1958) "Strata movement measurements at Harmony Gold Mining Company, Limited". Assoc. Mine Managers S. Afr., 1958/1959.

3. BERRY, D.S. (1960) "An elastic treatment of ground movement due to mining - Part I. Isotropic ground". J. Mech. Phys. Solids, v.8, pp. 280-292.

4. BERRY, D.S. (1963) "Ground movement considered as an elastic phenomenon". The Min. Engr., v.123, No. 37, pp. 28-41.

5. BERRY, D.S. (1964) "A theoretical elastic model of the complete region affected by mining a thin seam". Proc. 6th Symp. Rock Mech., Univ. Missouri, Rolla. pp. 310-329.

6. BERRY, D.S. and SALES, T.W. (1961) "An elastic treatment of ground movement due to mining - Part II. Transversely isotropic ground". J. Mech. Phys. Solids, v.9, pp. 52-62.

7. BERRY, D.S. and SALES, T.W. (1962) "An elastic treatment of ground movement due to mining - Part III. Three dimensional problem, transversely isotropic ground". J. Mech. Phys. Solids, v.10, pp. 73-83.

8. BILBY, B.A. and ESHELBY, J.D. (1968) "Dislocations and the theory of fractures". In "Fracture - An advanced treatise" Ed. H. Liebowitz, v.1, pp. 100-182, Academic Press.

9. BLAKE, W. (1972) "Rock-burst mechanics". Quarterly of the Colorado School of Mines, v.67, No. 1, 64 p.

10. BORECKI, M. and SALUSTOWICZ, A. (1960) "Experimental work in the field of rock mechanics". Proc. 3rd Int. Conf. Strata Control, pp. 487-498, Paris, Ed. de la Revue de l'Industrie Minérale.

11. BRYAN, A., BRYAN, J.G. and FOUCHÉ, J. (1964) "Some problems of strata control and support in pillar workings". Mining Eng, v.123, pp. 238-254.

12. BUDAVÁRI, S. (1971) "A mathematical method of determining the anisotropic velocity of P - wave propagation and for the seismic location of rockbursts". Geomechanics Journal, pp. 15-17.

13. COATES, D.F. (1965) "Pillar loading. Part I: Literature survey and new hypothesis". Res. Rep. No. R 168, Mines Branch, Dept. of Mines and Technical Surveys, Ottawa.

14. COATES, D.F. (1965a) "Pillar loading. Part II: Model studies". Res. Rep. No. R 170, Mines Branch, Dept. of Mines and Technical Surveys, Ottawa.

15. COATES, D.F. (1966) "Pillar loading. Part III: Field measurements". Res.Rep. No. R 180, Mines Branch, Dept. of Mines and Technical Surveys, Ottawa.

16. COATES, D.F. (1971) "Discussion of M.D.G. Salamon's paper "Stability, instability and design of pillar workings". Int. J. Rock Mech. Min. Sci., v.8, pp. 641-642.

17. COATES, D.F. and IGNATIEFF, A. (1966) "Prediction and measurement of pillar stresses". Canadian Min.J.,v.87, No. 1, pp. 50-56.

18. COOK, N.G.W. (1962) "A study of failure in the rock surrounding underground excavations". Thesis, Univ. Witwatersrand.

19. COOK, N.G.W. (1963) "The seismic location of rockbursts". Proc. 5th Rock Mech. Symp., Oxford, Pergamon, pp. 493-516.

20. COOK, N.G.W. (1963a) "The basic mechanics of rockbursts". J. S. Afr. Inst. Min. Metall., v.64, pp. 71-81.

21. COOK, N.G.W. (1964) "The application of seismic techniques to problems in rock mechanics". Int.J.Rock Mech. Min. Sci.,v.1, pp. 169-179.

22. COOK, N.G.W. (1965) "The failure of rock". Int.J.Rock Mech.Min.Sci., v.2, pp. 389-403.

23. COOK, N.G.W. (1966) "The design of underground excavations". Proc. 8th Symp. on Rock Mech., Univ. Minnesota, Ed. C. Fairhurst, pp. 167-193, A.I.M.M., New York, 1967.

24. COOK, N.G.W. (1967) "Contribution to papers by Salamon and Munro (1967) and Salamon (1967)". J. S. Afr. Inst. Min. Metall., v.68, pp. 192-195.

25. COOK, N.G.W., HOEK, E., PRETORIUS,J.P.G., ORTLEPP, W.D. and SALAMON, M.D.G.(1966) "Rock Mechanics applied to the study of rockbursts". J. S. Afr. Inst. Min. Metall., v.66, pp.435-528.

26. DAEMEN, J.J.K. (1972) "The effect of protective pillars on the deformation of mine shafts". Rock Mechanics, v.4, No. 2, pp. 89-113.

27. DEERE, D.U. (1963) "Technical description of rock cores for engineering purposes". Rock Mech.Eng.Geol.,v.1, pp. 18-22.

28. DEERE, D.U. (1968) "Geological considerations". In "Rock mechanics in engineering practice", Ed. K.G. Stagg and O.C. Zienkiewicz, pp. 1-20, John Wiley and Sons.

29. DEIST, F.H. (1965) "A non-linear continuum approach to the problem of fracture zones and rockbursts". J.S.Afr. Inst. Min. Metall., v.65, pp. 502-522.

30. DEIST, F.H. (1966) "The development of a non-linear continuum approach to the problem of fracture zones and rockbursts and feasibility study by computer". Thesis, Univ. Witwatersrand.

31. DEIST, F.H. (1967) "A note on the relationship between the stresses at the face and the rate of energy release on face advance". Rep. No. 17., Min. Res. and Vent. Dept., Rand Mines, Ltd.

32. DEIST, F.H., GEORGIADIS, E. and MORIS, E.J.P. (1972) "Computer applications in rock mechanics". Proc. 10th Symp. App. Comp. Meth. Mineral Ind., pp. 259-265, S. Afr. Inst. Min. Metall., Johannesburg.

33. DEIST, F.H., SALAMON, M.D.G. and GEORGIADIS, E. (1973) "A new digital method for three-dimensional stress analysis in elastic media". To be published in Rock Mechanics.

34. DESAI, C.S. and ABEL, J.F. (1972) "Introduction to the finite element method". Van Nostrand Reinhold.

35. DRUCKER, D.C. (1964) "On the postulate of stability of material in the mechanics of continua". Journal de Mécanique, v.3, No. 2, pp. 235-249.

36. DURELLI, A.J., PHILLIPS, E.A. and TSAO, C.H. (1958) "Introduction to the theoretical and experimental analysis of stress and strain". pp. 65-68, McGraw-Hill.

37. ESZTŐ, P. (1953) "Bányaszellőztetés". Tankönyvkiadó, Budapest.

38. FLÄSCHENTRÄGER, H. (1957) "Considerations on ground movement phenomena based on observations made in left bank Lower Rhine region". European Congress on Ground Movement, Leeds, pp. 58-73.

39. FRITZSCHE, C.H. and POTTS, E.L.J. (1954) "Horizon mining, pp. 113-130". Allen & Unwin, London.

40. FUNG, Y.C. (1965) "Foundations of solid mechanics". Prentice-Hall, New Jersey.

41. GANE, P.G., HALES, A.L. and OLIVER, H.O. (1946) "A seismic investigation of the Witwatersrand earth tremors". Bull. Seism. Soc. Am., v.36, pp. 49-50.

42. GOODIER, J.N. (1968) "Mathematical theory of equilibrium cracks". In "Advanced treatise of fracture" Ed. H. Liebowitz, v.2, pp. 2-66, Academic Press.

43. GRAYBILL, F.A. (1961) "An introduction to linear statistical models". v.1. McGraw-Hill.

44. GREENWALD, H.P., HOWARTH, H.C. and HARTMAN, I. (1939) "Experiments on strength of small pillars of coal in the Pittsburgh bed". U.S.Bur.Min., Tech. Paper 605.

45. HACKETT, P. (1959) "An elastic analysis of rock movements caused by mining". Trans. I.M.E., v.118, Part 7, pp. 421-435.

46. HANSÁGI, I. (1966) "Bergmännisches Verfahren der Gebirgsfestigkeitsbestimmung und der Gebirgsklassifizierung". Proc. First Cong. of the Int. Soc. of Rock Mech. Vol. 1. pp. 179-183, Lisbon.

47. HARGRAVES, A.J. (1958) "Instantaneous outburst of coal and gas". Proc. Austral. Inst. Min. Metall., No. 186, pp. 21-72.

48. HARGRAVES, A.J. (1967) "Instantaneous outbursts of coal and gas in Australia". Proc. Eight Comm. Min. Congr. 1965, v.6, pp. 871-885.

49. HIRAMATSU, Y. and OKA, Y. (1968) "Precalculation of ground movements caused by mining". Int. J. Rock Mech. Min. Sci., v.5, pp. 399-414.

50. HODGSON, K. and JOUGHIN, N.C. (1966) "The relationship between energy release rate, damage and seismicity in deep mines". Proc. 8th Symp. Rock Mech., Univ. Minnesota, pp. 194-209, Ed. C. Fairhurst, A.I.M.E., New York, 1967.

51. HOEK, E. (1966) "A photoelastic technique for the determination of potential fracture zones in rock structures". Proc. 8th Symp. Rock Mech., Univ. Minnesota, Ed. C. Fairhurst, pp. 94-112, A.I.M.E., New York, 1967.

52. HOEK, E. (1968) "Brittle failure of rock". In "Rock mechanics in engineering practice", Ed. K.G. Stagg and O.C. Zienkiewicz, pp. 99-124.

53. HOLLAND, C.T. (1962) "Design of pillars for overburden support". Min. Congr. J., v.48, pp. 24-28 and 66-71.

54. HOLLAND, C.T. (1964) "The strength of coal in mine pillars". Proc. 6th Symp. Rock Mech., Rolla, Missouri. pp. 450-466.

55. HOLLAND, C.T. and GADDY, F.L. (1957) "Some aspects of permanent support of overburden on coal beds". Proc. W. Virginia Coal Min. Inst., pp. 43-65.

56. JACOBI, O. and EVERLING, G. (1960) "Model tests illustrating the effects of different roadway supports". Proc. 3rd In. Conf. Strata Control, pp.109-122, Paris, Ed. De la Revue de l'Industrie Minérale.

57. JAEGER, J.C. (1961) "An introduction to the Laplace transformation with engineering applications". 2nd ed. Methuen.

58. JAEGER, J.C. (1966) "The brittle fracture of rocks". Symp. Rock Mech., 8th, Minnesota, A.I.M.E, 1967, pp. 3-58.

59. JAEGER, J.C. and COOK, N.G.W. (1969) "Fundamentals of rock mechanics". Methuen, London.

60. JAEGER, J.C. and COOK, N.G.W. (1969) "Fundamentals of rock mechanics". Methuen, London.

61. JOHNSTON, J. (1960) "Econometric methods". pp. 179-192, McGraw-Hill.

62. JOUGHIN, N.C. (1966) "The measurement and analysis of earth motion resulting from underground rock failure". Res. Rep. 73/66, Chamber of Mines of South Africa.

63. KEINHORST, H. (1934) "Betrachtungen zur Bergschädenfrage. Glückauf, No. 7.

64. KLEMENCSICS, I. (1962) "Pontszerű építmények aláfejtési lehetőségének vizsgálata". Bányászati Lapok, Budapest, March, 1962.

65. KNOTHE, S. (1957) "Observations of surface movements under influence of mining and their theoretical interpretation". European Congress on Ground Movement, Leeds, pp. 210-218.

66. KORN, G.A. and KORN, T.M. (1961) "Mathematical handbook for scientists and engineers". McGraw-Hill.

67. LAMBE, T.W. and WHITMAN, R.V. (1969) "Soil mechanics". pp. 199-203. Wiley, New York.

68. LEIGHTON, F. and DUVALL, W.I. (1972) "A least square method for improving the source location of rock noise". Rep. Inv. 7626, U.S. Bur. Min.

69. LEKHNITSKII, S.G. (1963) "Theory of elasticity of an anisotropic elastic body". Holden-Day Inc., San Francisco.

70. McGARR, A. (1971) "Stable deformation of rock near deep-level tabular excavations". J. Geophys. Res., v.76, No. 29, pp. 7088-7106.

71. MORIS, J.P.E. (1971) "Private communication".

72. MORIS, J.P.E. (1972) "Private communication".

73. MUSKHELISHVILI, N.I. (1963) "Some basic problems of the mathematical theory of elasticity". Nordhoff, Groningen.

74. OBERT, L. and DUVALL, W.I. (1957) "Micro-seismic method of determining the stability of underground openings". U.S. Bur. Min. Bull., No. 573.

75. OBERT, L. and DUVALL, W.I. (1967) "Rock mechanics and the design of structures in rock". John Wiley & Sons, 1967.

76. OBERT, L., WINDES, S.L. and DUVALL, W.I. (1946) "Standardised tests for determining the physical properties of mine rock". U.S. Bur. Mines Dept. Invest., 3891.

77. OGDEN, H. and ORCHARD, R.J. (1960) "Ground movements in North Staffordshire". Trans. Inst. Min. Eng., v. 119, part 4, January, 1960.

78. ONODERA, T.F. (1963) "Dynamic investigation of foundation rocks in situ". Proc. Symp. Rock Mech., 5th, Minnesota, Pergamon, New York, pp. 517-533.

79. ORCHARD, R.J. (1964) "Partial extraction and subsidence". The Min. Eng.,v.123, No. 43, pp. 417-427.

80. PEELE, R. and CHURCH, J.A. ed. (1941) "Mining engineer's handbook", v.1, pp. 10-528, 3rd ed., John Wiley & Sons, New York.

81. PLEWMAN, R.P., DEIST, F.H. and ORTLEPP, W.D. (1969) "The development and application of a digital computer method for the solution of strata control problems". J. S. Afr. Inst. Min. Metall., v. 70, pp. 33-44.

82. PRICE, N.J. (1964) "A study of the time-strain behaviour of coal-measure rocks". Int. J. Rock Mech. Min. Sci., v.1, p. 277-303.

83. RICE, J.R. (1968) "Mathematical analysis in the mechanics of fracture". In "An advanced treatise of fracture" Ed. H. Liebowitz, v.2, pp. 192-311, Academic Press.

84. RICHTER, R. and NÉMETH, A. (1961) "A biztonsági pillérekről". Bányászati Lapok, Budapest, April and May, 1961.

85. SALAMON, M.D.G. (1961) "An introductory mathematical analysis of the movements and stresses induced by mining in stratified rocks". Univ. Durham, King's College Mining Bull., 9. Bull. No. 3. Series: Strata Control/Res. No. 16.

86. SALAMON, M.D.G. (1962) "The influence of strata movement and control on mining development and design". Thesis, University of Durham.

87. SALAMON, M.D.G. (1963) "Elastic analysis of displacements and stresses induced by the mining of seam or roof deposits - Part I: Fundamental principles and basic solutions as derived from idealised models". J.S.Afr. Inst. Min. Metall., v.63, pp. 128-149.

88. SALAMON, M.D.G. (1964) "Elastic analysis of displacements and stresses induced by the mining of seam or reef deposits - Part II: Practical methods of determining displacement, strain and stress components from a given mining geometry". J. S.Afr. Inst. Min. Metall., v.64, pp. 197-218.

89. SALAMON, M.D.G. (1964a) "Elastic analysis of displacements and stresses induced by the mining of seam or reef deposits - Part III: An application of the elastic theory: Protection of surface installations by underground pillars". J. S.Afr. Inst. Min. Metall., v.64, pp.468-500.

90. SALAMON, M.D.G. (1964b) "Elastic analysis of displacements and stresses induced by the mining of seam or reef deposits - Part IV: Inclined reef". J. S.Afr. Inst. Min. Metall., v.65, pp. 319-338.

91. SALAMON, M.D.G. (1964c) "Contribution to the paper: 'Ground movement considered as an elastic phenomenon' by D.S. Berry". The Mining Engineer, v.123, No. 42, pp. 303-304.

92. SALAMON, M.D.G. (1964d) "Contribution to the paper: 'Partial extraction and subsidence' by R.J. Orchard". The mining Engineer, v.123, No. 48, pp. 675-677.

93. SALAMON, M.D.G. (1967) "A method of designing bord and pillar workings". J. S.Afr. Inst. Min. Metall., v.68, pp. 68-78.

94. SALAMON, M.D.G. (1968) "Two-dimensional treatment of problems arising from mining tabular deposits in isotropic or transversely isotropic ground". Int. J. Rock Mech. Min. Sci., v.5, pp. 159-185.

95. SALAMON, M.D.G. (1968a) "Elastic moduli of stratified rock mass". Int. J. Rock Mech. Min. Sci., v.5, pp. 519-527.

96. SALAMON, M.D.G. (1969) "Recent developments in the design of bord and pillar layouts in South African coal mines". 9th Commonwealth Mining and Metallurgical Congress, London. Mining and Petroleum Technology Section, Paper No. 6.

97. SALAMON, M.D.G. (1969a) "Stiffness of strata surrounding pillar layouts". Res. rep. 60/69, Chamber of Mines of South Africa.

98. SALAMON, M.D.G. (1970) "Stability, instability and design of pillar workings". Int. J. Rock Mech. Min. Sci., v.7, pp. 613-631.

99. SALAMON, M.D.G. (1970a) "A note on the design of tunnel linings". In "The technology and potential of tunnelling" Proc. S.Afr. Tunnelling Conf., v.1, pp. 115-119.

100. SALAMON, M.D.G. (1972) "Author's reply to discussion by D.F. Coates of the paper "Stability, instability and design of pillar workings" by M.D.G. Salamon. Int. J. Rock Mech. Min. Sci., v.9, pp. 667-668.

101. SALAMON, M.D.G. (1973) "Energy changes in mining". To be published.

102. SALAMON, M.D.G. and DEIST, F.H. (1970) "New concepts in the design of pillar layouts". Res. rep. 25/70, Chamber of Mines of South Africa.

103. SALAMON, M.D.G. and MUNRO, A.H. (1967) "A study of the strength of coal pillars". J. S.Afr. Inst. Min. Metall., v.68, pp. 55-67.

104. SALAMON, M.D.G. and ORAVECZ, K.I. (1966) "Displacements and strains induced by bord and pillar mining in South African collieries". Proc. 1st Congr. Int. Soc. Rock Mech., Lisbon, v.2, pp. 227-231.

105. SALAMON, M.D.G. and ORAVECZ, K.I. (1970) "The electrical resistance analogue as an aid to the design of pillar workings". Proc. 2nd Congr. Int. Soc. Rock Mech., Belgrade, v.2, pp. 507-513.

106. SALAMON, M.D.G., ORAVECZ, K.I. and HARDMAN, D.R. (1972) "Rock mechanics problems associated with longwall trials in South Africa". Proc. Fifth International Strata Control Conference, paper No. 14, London.

107. SALAMON, M.D.G., RYDER, J.A. and ORTLEPP, W.D. (1964) "An analogue solution for determining the elastic response of strata surrounding tabular mining excavations". J. S.Afr. Inst. Min. Metall., v.65, pp. 115-137.

108. SALAMON, M.D.G. and WIEBOLS, G.A. (1972) "Location of seismic events". Res. Rep. 18/72, Chamber of Mines of South Africa.

109. SALAMON, M.D.G. and WIEBOLS, G.A. (1973) "Digital location of seismic events by an underground network of seismometers using the arrival times of compressional waves". To be published in Rock Mech.

110. SERAFIM, J.L. (1968) "Influence of interstitial water on the behaviour of rock masses". In "Rock mechanics in engineering practice", Ed. K.G. Stagg and O.C. Zienkiewicz, pp. 55-97, John Wiley & Sons.

111. SERATA, S. (1964) "Theory and model of underground opening and support system". Proc. 6th Symp. on Rock Mechanics Rolla, Missouri, pp. 260-292.

112. SHELDON, J.W. (1960) "Iterative method for the solution of elliptic partial differential equations". In "Mathematical methods for digital computers" Ed. A. Ralston and H.S. Wilf. John Wiley & Sons, New York, pp. 144-156.

113. SKINNER, W.J. (1959) "Experiments on the compressive strength of anhydrite". The Engineer, Feb. 1961.

114. SOKOLNIKOFF, I.S. (1956) "Mathematical theory of elasticity". McGraw-Hill, New York.

115. SPACKELER, G., GIMM, W., HÖFER, K.H. and DUCHROW, G. (1960) "New data on rockbursts in potash mines". Proc. 3rd Int. Conf. Strata Control, pp. 551-563, Paris, Ed. de la Revue de l'Industrie Minerale,

116. STARFIELD, A.M. (1970) "A Boussinesq approach to the numerical solution of plain strain elastic problems associated with the mining of underground deposits". Research Rep. No. 13/70. Chamber of Mines of South Africa.

117. STARFIELD, A.M. and FAIRHURST, C. (1968) "How high-speed computers can advance design of practical mine pillar systems". Engineering/Mining Journal, v.169, pp. 78-84.

118. STATHAM, I.C.F. (1929) "Mining and working". pp. 497-513. Pitman & Sons London.

119. STEART, F.A. (1954) "Strength and stability of pillars in coal mines". J. Chem. Metall. Min. Soc. S. Afr., v.54, pp. 309-325.

120. SZÉCHY, K. (1966a) "The art of tunnelling". Akadémiai Kiadó, Budapest.

121. -(1966b) "Subsidence engineer's handbook". National Coal Board - Production Department Reprint, with amendments.

122. TIMOSHENKO, S. (1960) "Strength of Materials", v.1. Elementary theory and problems. 3rd ed. Van Nostrand Co.

123. TIMOSHENKO, S. (1956) "Strength of materials - Part II Advanced theory and problems". 3rd ed. Van Nostrand.

124. TIMOSHENKO, S. and GOODIER, J.N. (1951) "Theory of elasticity". McGraw-Hill.

125. TINCELIN, E. and SINOU, P. (1960) "Collapse of areas worked by the small pillar method. Practical conclusions and an attempt to formulate laws for the phenomena observed". Proc. 3rd Int. Conf. Strata Control, pp. 571-588, Paris, Ed. de la Revue de l'Industrie Minérale.

126. TRANTER, C.J. (1959) "Integral transforms in mathematical physics". Methuen, London.

127. ULGUDUR, S. (1973) "A non-linear continuum theory of fracture for rocks". Thesis, University of Newcastle upon Tyne.

128. VARGA, R.S. (1962) "Matrix iterative analysis", p.85 Prentice-Hall, New Jersey.

129. VIDAL, V. (1960) "Presentation of the national reports". Proc. 3rd Int. Conf. Strata Control, pp. 749-766, Paris, Ed. de la Revue de l'Industrie Minérale.

130. WAGNER, H. (1973 "Private communication".

131. WARDELL, K. (1959) "The problem of analysing and interpreting observed ground movement". Colliery Engineering.

132. WARDLE, L.J. and GERRARD, C.M. (1972) "The "equivalent" anisotropic properties of layered rock and soil masses". Rock Mechanics, v.4, pp. 155-175.

133. WHETTON, J.T. (1957) "A general survey of the ground movement problem". European Congress on Ground Movement, Leeds, pp. 9-19.

134. WILSON, J.W. (1971) "The design and support of underground excavations in deep-level, hard-rock mines". Thesis, Univ. Witwatersrand.

135. WILSON, J.W. and MORE-O'FERALL, R.C. (1970) "The application of the electrical resistance analogue to mining operations". J. S.Afr. Inst. Min. Metall., v.70, pp. 115-148.

136. WOODRUFF, S.D. (1966) "Methods of working coal and metal mines v.1. Theory and application of rock mechanics to roof control and support problems". Pergamon Press.

137. ZAMBÓ, J. (1957) "Bányamüvelés". Müszaki Könyvkiadó, Budapest.

138. ZIENKIEWICZ, O.C. (1971) "The finite element method in engineering science". 2nd ed. McGraw-Hill, London.

139. ZIENKIEWICZ, O.C. and CHEUNG, Y.K. (1967) "The finite element method in structural and continuum mechanics". McGraw-Hill, London.

THÈME 4

MÉCANIQUE DES ROCHES APPLIQUÉE AUX EXCAVATIONS SOUTERRAINES

M.D.G. SALAMON
Directeur de la Laboratoire de Recherche Collieries
Chambres de Mines de l'Afrique du Sud
Johannesburg, Afrique du Sud

AVANT-PROPOS

Un grand nombre de constructions du génie civil et d'opérations minières se situent dans la roche, en-dessous de la surface du sol. La construction de cavités souterraines a une longue histoire et les débuts en remontent à la préhistoire. Cependant ce n'est que depuis peu de temps que l'on admet la nécessité de recherche systématique concernant la stabilité de telles cavités.

Durant les vingt dernières années, cette recherche a reçu un énorme élan dû aux dimensions et à la profondeur constamment en augmentation des mines et à l'avènement de grande structures souterraines du génie civil. Un grand nombre de données ont été obtenues mais, il ne fut pas possible de grouper ces résultats en un rapport compréhensif concernant le progrès dans la mécanique des excavations souterraines. Afin que le développement futur de ce sujet ne souffre pas de la diversité des efforts et du manque d'organisation, un aperçu général des progrès s'avérera à présent nécessaire. C'est le but de ce Rapport Général de présenter un tel aperçu.

Malheureusement l'accomplissement de desseins ambitieux doit toujours satisfaire les réalités de la vie. Le temps imparti à ce travail fut limité. De plus, des limites pratiques étaient nécessaires en ce qui concerne la longueur du Rapport. C'est pourquoi si la discussion devait être suffisamment détaillée afin que le lecteur puisse suivre le texte sans se référer continuellement à des revues spécialisées et à des rapports, une certaine sélection des matières présentées fut nécessaire.

Bien entendu le choix du sujet fut grandement influencé par le jugement personnel, l'intérêt et, sans aucun doute, par la tentation de "prendre le chemin le plus facile"; c'est-à-dire de discuter les sujets qui étaient les plus familiers pour l'auteur. Ce Rapport Général n'est pas une exception à cet égard.

L'intention était de consacrer la plus grande partie possible du Rapport à des sujets en relation directe avec la mécanique des roches appliquée aux excavations souterraines. Par conséquent, les bases de la physique des solides sont pratiquement complètement exclues de la discussion. Afin de faciliter les lecteurs qui ne sont pas complètement initiés avec ces sujets, on réfère fréquemment à l'excellent ouvrage de J.C. Jaeger & N.G.W. Cook intitulé "Fundamentals of Rock Mechanics" (1969). Afin de conserver de l'espace, une telle référence sera toujours abréviée et s'écrira J.&C. (pp 100-110).

Les cavités souterraines, aussi bien dans l'industrie minière que dans le génie civil, sont des structures complexes de sorte que les problèmes associés ne peuvent généralement se traiter comme des problèmes à deux dimensions. Jusque récemment de tels problèmes ne pouvaient s'analyser qu'avec l'aide de techniques incommodes ou au moyen de la technique de photoélasticité à trois dimensions. Actuellement, l'expansion fantastique dans le développement des techniques numériques utilisant de larges calculatrices a remédié à cette situation. Le développement de la méthode des Eléments Finis a changé la situation et a facilité l'analyse de problèmes de plus en plus complexes dans le cas de milieux linéaires et non-linéaires. Etant donné que de bonnes références concernant cette méthode ont été publiées, nous ne présenterons aucun détail à ce sujet. Au contraire,beaucoup de temps sera consacré à la discussion de méthodes numériques relativement récentes et pas trop connues. Ces méthodes expriment complètement le problème en fonction des conditions aux limites et de quelques solutions élémentaires d'élasticité. L'avantage principal de cette technique est qu'elle nécessite seulement la connaissance des contours limitant l'excavation et par conséquent, elle évite la représentation de la masse rocheuse avoisinante. La discussion de cette méthode est limitée, dans ce Rapport, à des applications pour le cas de solides élastiques; toutefois, le même principe peut être utilisé pour résoudre des problémes quelque soit le milieu continu linéaire.

Dans le reste du Rapport, nous discutons des problèmes pratiques se rapportant à des cavités isolées, des tunnels et des excavations minières compliquées. Un espace considérable est consacré à des aspects moins familiers du sujet comme par exemple, l'interaction entre les excavations minières principales et secondaires, l'avant-projet des barrières d'eau, etc.. Nous profitons aussi de la circonstance pour souligner les différences fondamentales entre les équilibres stables et instables. L'appréciation de la différence existant entre ces deux concepts est essentielle à la bonne compréhension des mécanismes impliqués comme par exemple dans l'avant-projet des supports et le début d'explosions rocheuses.

Beaucoup vont critiquer l'auteur pour avoir omis des références se rapportant à la théorie et à la pratique de l'expérimentation in-situ. Ceci est probablement une sérieuse critique mais cette discussion additionnelle aurait rendu ce Rapport d'une longueur intolérable. De plus, ce sujet est traité en détail par d'autres références, entre-autre Obert & Duvall (1967) et Jaeger & Cook (1969).

Notons qu'en définissant la contrainte normale en compression comme étant positive, l'auteur a suivi l'exemple de Jaeger & Cook (1969). Cette convention a beaucoup d'avantage en mécanique des roches. La seule conséquence déconcertante est peut-être que, sous cette condition, les délacements positifs représentent un mouvement dans la direction négative des axes des coordonnées.

En conlusion, j'aimerais remercier la Chamber of Mines d'Afrique du Sud pour l'assistance et les facilités mises à ma disposition. Je suis reconnaissant envers mon ami et collègue Mr. K.I. Oravecz pour son aide concernant le rassemblement de la bibliographie ainsi que le préparation des illustrations. Mr. F.H. Lancaster m'aida considérablement en éditant la première copie, ce dont je luis suis gré. J'aimerais aussi remercier Mme V.M. Bogadi et Mme M.E. Payne pour avoir taper le manuscript.

TABLE DES MATIÈRES

I. LA ROCHE ET LA MASSE ROCHEUSE

I.1 Introduction

Le programme du Troisième Congrès International est choisi de telle sorte que les différents aspects de la mécanique des roches seront discutés au cours des cinq thèmes. Parmi ceux-ci, le thème I est consacré à la discussion des propriétés de la roche et des masses rocheuses. Par conséquent, afin d'éviter les répétitions, nous ne mentionerons ici que les aspects du vaste sujet qui s'avèrent être importants pour la compréhension de la mécanique des cavités souterraines.

En général, des solutions aux problèmes physiques peuvent être obtenues, soit par des investigations empiriques (in-situ), soit par des études mathématiques ou encore par des études sur modèle.

Fondamentallement, l'approche purement empirique est basée sur une série d'expériences contrôllées dans lesquelles l'influence de chaque variable a été examinée séparément. Malheureusement dans l'étude d'excavations souterraines, il est normalement impossible, du point de vue financier et de façon technique, de faire suffisamment d'expériences pour obtenir des solutions quantitatives générales.

L'approche théorique est basée sur des modèles mathématiques ou idéaux qui ont des propriétés bien définies. Si le comportement du modèle choisi ressemble suffisamment à celui du prototype (en pratique il n'y a pas d'accord parfait entre le modèle et le prototype), des solutions aux problèmes pratiques peuvent être dérivées en fonction des propriétés physiques du modèle. Normalement, les valeurs numériques des propriétés physiques sont déterminées à partir d'expérience en laboratoire, à petite échelle. A l'heure actuelle, dû au rapide développement des calculatrices digitales, il est normalement possible d'examiner l'influence des variables sans coût excessif ou travail ardu. Les plus grandes difficultés qu'encoure le théoricien sont la sélection ou la construction du modèle le plus acceptable et la détermination des valeurs numériques à attribuer aux constantes physiques apparaissant dans ce modèle. Il est improbable que l'on puisse construire des modèles idéaux décrivant le comportement du prototype sous toutes les conditions. De plus, la possibilité de construire un modèle qui puisse représenter les problèmes miniers à l'échelle d'un laboratoire, afin de déterminer les paramètres, est très aléatoire (bien qu'il existe des exceptions).

La troisième approche consite en l'emploi d'un modèle expérimental. L'enquête au moyen d'un modèle est essentiellement une méthode empirique par laquelle des expériences contrôllées sont faites sur modèles réduits. Dans plusieurs cas, il est possible d'exécuter le nombre nécessaire d'expériences sur modèles artificiels dans un laboratoire alors que ce serait impraticable dans une situations minière réelle. En dépis de cet avantage dans l'utilisation de modèles, cela ne s'est pas prouvé être complètement effectif pour résoudre des problèmes de mécanique des roches. Ceci est dû au fait que les expériences et les modèles donnent des résultats acceptables seulement lorsque le comportement du modèle est très voisin de celui du prototype. (A ce sujet les difficultés de l'expérimentateur sont similaires à ceux du théoricien). Il est relativement simple de construire des modèles physiques pour simuler des situations dans lesquelles le comportement du matériau du prototype est simple (p. ex. elastique), mais à l'heure actuelle de tels cas peuvent être traités avec plus de facilités par des méthodes digitales. L'avantage réel de modèles réduits se révèlerait dans l'analyse du comportement de matériau complexes (p.ex. faire un modèle d'excavations autour desquelles une partie de la masse rocheuse est brisée), mais l'utilisation de modèles dans ces situations est gênée par les difficultés engendrées par la construction du modèle, par son chargement et par le manque de matériaux adéquats.

Evidemment on ne peut espérer qu'une simple approche soit complètement effective lorsqu'il s'agit de la mécanique des cavités souterraines. Le progrès dans ce domaine durant les dix dernières années a été largement dû à un mélange judicieux d'approches empiriques et théoriques. Les plus simples des modèles idéalisés, comme le modèle linéaire élastique, ont été appliqués à une grande variété de situations et ont donné des résultats intéressants. Afin de rendre les résultats plus réalistes, les paramètres physiques des modèles mathématiques ont été déterminés à partir d'expériences in-situ au lieu d'expériences en laboratoire à petite échelle. Il n'y a pas de doute qu'une telle combinaison entre les travaux in-situ et théoriques, encouragée par des expériences exécutées en laboratoire, amènera des progrès dans le futur.

I.2 Comportement mécanique de la roche

Les cavités souterraines sont excavées dans la masse rocheuse qui comporte normalement plusieurs types de roches. La structure physique de la roche comporte plusieurs aspects d'après son origine et l'échelle à laquelle on l'observe. Les roches pyrogènes sont des assemblages cristallins de différents minéraux alors que les roches sédimentaires sont constituées de particules qui sont fixées dans une certaine matrice minérale.

La compréhension du comportement mécanique de la roche est essentielle pour l'étude de l'avant-projet des excavations souterraines. Les relations contraintes-élongations et la rupture de la roche sont les aspects les plus importants de ce vaste sujet. Jaeger & Cook (pp 102-183) ont donné récemment un excellent résumé concernant le comportement de la roche sous contrainte. Nous n'essayerons donc pas de donner une étude d'ensemble du sujet. Notre intention est de mentionner brièvement les développements les plus récents et les plus significatifs concernant cette recherche qui progresse si rapidement. On peut noter à cet égard que certains développements dans les recherches en laboratoire ont surpassés les applications pratiques de sorte que ces développements n'influencent que très peu la matière couverte dans ce Rapport.

(i) Les relations contrainte-élongation.

L'étude des contraintes et des déplacements dans un solide nécessite l'utilisation des (a) équations d'équilibre (ou de mouvement), (b) relations entre les déplacements et les élongations (c) relations contrainte-élongation ou des équations constitutives. Les deux premiers ensembles d'équation découlent respectivement de statique et de géométrie de sorte qu'ils ne se rapportent pas à l'actuel comportement du solide. La seule hypothèse physique faite lors de la dérivation de ces équations concerne la continuité du solide même après l'application de l'élongation. Lorsque l'on considère des roches à l'encontre de masses rocheuses, cette hypothèse est raisonable dans le domaine de contraintes approchant la résistance de la roche.

De plus, on fait souvent l'hypothèse que la grandeur des élongations est petite ou, comme on l'exprime souvent, "infinitésimale". Cette hypothèse se rapporte le plus souvent à la nature du problème considéré et non pas au comportement de la substance considérée. Cela conduit toutefois à des simplifications importantes de ces équations. Ces simplifications proviennent principalement du fait qu'il n'est pas nécessaire, lorsque les élongations sont infinitésimales, de distinguer entre les coordonnées du matériau avant et après que la roche n'ait été soumise à la contrainte.

Les relations contrainte-élongation définissent le comportement de la substance lorsque sujette à des contraintes, et représentent par conséquent le chaînon entre les concepts abstraits de statique et de géométrie et le problème physique. Peut-être le plus grand récent progrès dans l'étude des relations contrainte-élongation a-t'il été obtenu lorsque l'on réalisa que la courbe complète pour la plupart des roches, fig. 1.2.1, se compose d'une partie ascendante OB et d'une partie descendante BC. D'après Jaeger & Cook (p.77),un matériau est ductile aussi longtemps qu'il peut supporter une déformation permanente sans pour autant perdre sa capacité de supporter des charges. Au contraire, un matériau est cassant lorsque sa capacité de supporter des charges décroît lorsque sa déformation augmente. Par conséquent, dans la fig. 1.2.1, la roche est successivement ductile et cassante dans les régions AB et BC.

Au cours de l'excavation de cavités souterraines, spécialement dans le cas de mines profondes, certaines parties de la roche environnante sont souvent dans l'état cassant. Désormais les effets de cette région de la relation contrainte-élongation doivent être considérés si l'on veut comprendre complètement la mécanique des excavations souterraines. Vu que le mécanisme compris dans un essai en laboratoire de compression simple est la plus simple version des mécanismes plus compliqués qui gouvernent le comportement de la roche entourant les cavités souterraines, il serait souhaitable d'analyser en détail un tel test,J.&C. (pp 167-171) et Salamon (1970).

Pendant le test, le specimen et la presse sont tous deux sujets à des forces et par conséquent se déforment. Le plus simple cas de chargement, consistant en la presse et le specimen de roche, peut être remplacé par un système de deux ressorts en série, fig. 1.2.2 (a).

Lors du chargement, les deux extrémités du ressort se déplacent vers le bas. Si le déplacement de l'extrémité supérieure O_1 est représenté par γ, et celui de l'extrémité inférieure O_2 par s, alors la force P_s agissant sur le ressort est donnée par:

$$P_s = k(\gamma - s) \qquad (1)$$

où k représente la constante du ressort. Cette expression décrit le chargement du ressort, c'est-à-dire celui de la presse.

Supposons que la relation force-déplacement de la roche peut être représenté par

$$P_r = f(s) \qquad (2)$$

Afin que le système soit en équilibre, ces forces doivent être égales, c'est-à-dire

$$k(\gamma - s) = f(s) \qquad (3)$$

comme le montre la fig. 1.2.2. (b).

Il n'apparaîtra pas de changement spontané dans le système, c'est-à-dire que l'équilibre définit en (3) est stable aussi longtemps que le ressort est incapable d'amener des déformations supplémentaires au specimen sans apport d'énergie additionnelle externe. Il n'y a pas d'énergie externe supplémentaire entrant dans le système lorsque γ reste constant. Donc, l'équilibre est stable lorsque le travail effectué par le ressort ΔW_s durant un petit déplacement du point O_2, Δs, est plus petit que le travail nécessaire pour induire le même déplacement dans la roche ΔW_r, en d'autres mots, lorsque

$$\Delta W_r - \Delta W_s > 0 \qquad (4)$$

Le travail effectué par le ressort sur la roche durant un petit déplacement est donné par

$$\Delta W_s = (P + \frac{1}{2} P_s)\Delta s \qquad (5)$$

et le travail nécessaire pour déformer la roche au-delà de ce stade est donné par

$$\Delta W_r = (P + \frac{1}{2} P_r)\Delta s \qquad (6)$$

La variation de la force peut alors être dérivée respectivement à partir des équations (1) et (2), ($\Delta\gamma = 0$):

$$\Delta P_s = -k\Delta s, \ \Delta P_r = f'(s)\Delta s = \gamma\Delta s \qquad (7)$$

Dans la dernière de ces expressions,γ représente la pente de la courbe force-déplacement du specimen considéré.

En utilisant les expressions (7) dans (5) et (6), et ensuite dans l'équation (9), on arrive à:

$$\frac{1}{2} (k+\gamma)\Delta s^2 > 0 \qquad (8)$$

Ce résultat montre que la condition d'équilibre définie en (3) est stable uniquement si

$$k + \gamma > 0 \qquad (9)$$

La pente de la courbe force-déplacement est positive dans la région OB et négative dans la partie cassante BC. Vu que, par définition, k est positif dans l'inégalité (9), cela indique que l'équilibre sera stable quelque soit la rigidité de la presse, pourvu que la résistance à la déformation du spécimen croisse lorsque la déformation croît. Toutefois, en ce qui concerne les conditions représentant la partie descendante de la courbe de déformation - la région BC - nous ne pouvons faire une telle affirmation pour la stabilité. Dans ce cas-là, l'équilibre sera stable jusqu'au moment où la ligne de chargement du ressort devient tangente à la courbe force-déplacement, fig. 1.2.3. En ce point le test sera interrompu par une rupture violente de la roche. Cependant, une explosion violente n'apparaîtra pas au cours du test lorsque la pente minimum de la courbe force-déplacement γ_m satisfait l'inégalité $k+\gamma_m>0$.

Ces simples résultats suggèrent que de nombreuses complications peuvent apparaître lorsqu'une partie de la masse rocheuse atteint le régime cassant. L'équilibre sera stable ou instable d'après l'interaction entre les zones fracturées et les zones non-fracturées et nous ne pouvons donner une généralisation quant à la stabilité de la masse rocheuse.

Drucker (1964), dans un article extrêmement intéressant, propose l'introduction du terme matériau stable, qui est une spécialisation du terme système stable. Un système stable est un système dont la configuration est déterminée par l'historique du chargement en ce sens qu'une petite perturbation produit une petite variation dans la réponse et aucun changement spontané dans la configuration n'apparaîtra.

Une condition suffisante pour que le matériau soit stable au sens défini ci-dessus, est donné par Drucker (1964) de la façon suivante

$$\delta\sigma_{ij}\,\delta\varepsilon_{ij} > 0 \qquad (10)$$

où $\delta\sigma_{ij}$ et $\delta\varepsilon_{ij}$ représentent respectivement des variations infinitésimales de la contrainte et de l'élongation. De plus, dans l'équation (10) nous avons représenté symboliquement le tenseur de sorte que les indices représentent en quelque sorte une sommation. Si le matériau satisfait l'inégalité (10), l'équilibre sera stable quelque soit le problème dans lequel ce matériau sera utilisé. C'est le cas, par exemple, pour la partie ascendante de la courbe de déformation du specimen rocheux, discuté précédemment.

A l'heure actuelle, pratiquement tous les développements théoriques de l'analyse des contraintes ont été basés sur des matériaux stables. Sauf en ce qui concerne les travaux de Deist (1965, 1966), il n'y a pas eu de tentatives sérieuses afin de définir des modèles idéaux qui pourraient représenter le comportement connu de la roche à l'état cassant. Il est certain que ce domaine nécessite pas mal de développement dans un futur proche. L'application pratique de cette théorie à la stabilité des pilliers et aux explosions rocheuses sera discutée plus tard, respectivement dans les sections 6.8 et 9.1.

(ii) Résistance de la roche

Le travail de recherche a été consacré davantage à la compréhension des propriétés de résistance plutôt qu'aux autres aspects relatifs au comportement de la roche. Malgré la quantité énorme d'investigations entreprises, il est toujours douteux que dans tous les cas, de sérieuses prédictions peuvent être faites concernant la rupture de la roche au voisinage de cavités souterraines.

Des difficultés apparaissent principalement de deux sources. Tout d'abord, la roche est un matériau complexe contenant des faiblesses à plusieurs échelles; les plus petites affecteront les résultats

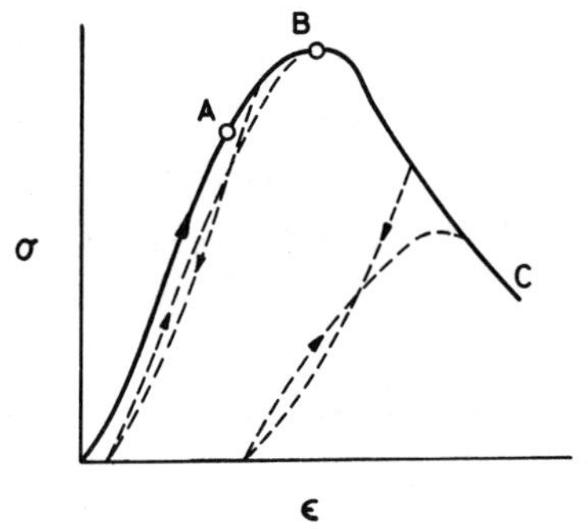

Fig. 1.2.1 Courbe complète contrainte-allongement d'après Jaeger + Cook (p. 76).

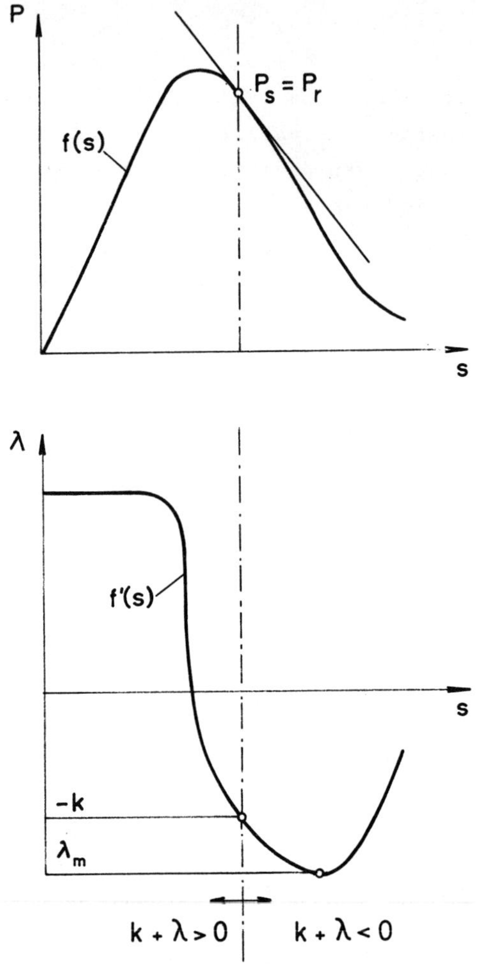

Fig. 1.2.3 Critère d'instabilité en fonction de f(s) et f'(s).

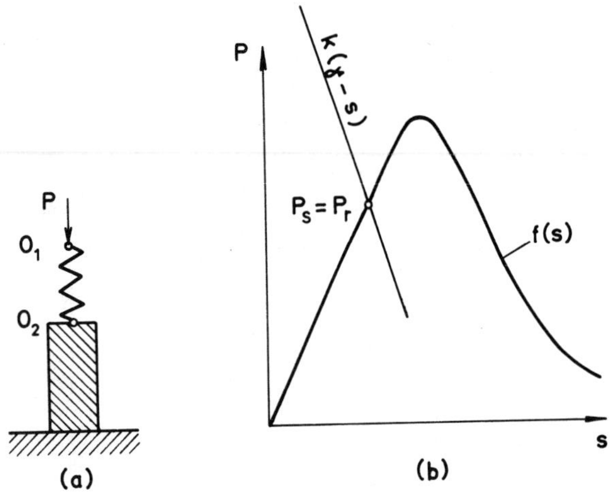

Fig. 1.2.2 Système de chargement idéalisé (a) avec la condition d'équilibre entre la charge et la résistance de la roche.

d'expériences. Une extrapolation à partir de ces résultats jusqu'à la situation souterraine est gênée par la présence de joints, de fissures, etc.., qui peuvent avoir une influence primordiale sur le comportement de la masse rocheuse.

Une seconde source de difficultés concerne la définition de la résistance. On a admis depuis longtemps que la résistance de la roche ne peut être définie par un seul paramètre. Peut-être la définition la plus souvent utilisée comporte l'inégalité

$$\sigma_1 \leq a\sigma_3 + b, \tag{11}$$

où a et b sont des paramètres de la roche et σ_1 et σ_3 sont respectivement les contraintes principales maximum et minimum. L'implication tacite dans l'usage de cette inégalité (ou d'une autre formule ayant le même but) est que toute structure rocheuse qui pourrait être construite en ne satisfaisant pas l'équation (11) serait instable et se briserait. Nous avons déjà montré lors de la discussion de la figure 1.2.1 qu'il n'en était pas ainsi. En fait, les roches peuvent supporter des charges même lorsque les déformations sont plus grandes que celles préconisées par le signe d'égalité dans la formule (11). De sorte que cette inégalité devrait être interprétée comme étant la contrainte principale maximum qu'une roche peut endurer, sans toutefois tirer des conclusions concernant la résistance ou l'état de la roche lorsque cette égalité est satisfaite.

En plus de l'excellent résumé des théories de la résistance de la roche, donné par Jaeger & Cook (pp 83-101), des compte-rendus ont été présentés récemment par Jaeger (1966) et par Hoek (1968).

(iii) Contrainte effective

Le concept de contrainte effective a été originellement introduit par Terzaghi pour le cas de sols saturés. Plus tard, il fut démontré que cela s'appliquait également en mécanique des roches, pourvu que la perméabilité soit suffisante que pour permettre la migration de fluides, J.&C.(pp.206-214). Un autre exposé en a été donné par Sérafin (1968).

Terzaghi avait postulé que la déformation et la rupture des sols saturés étaient gouvernés par les contraintes effectives

$$\sigma'_{ij} = \sigma_{ij} - \delta_{ij}p, \tag{12}$$

où σ_{ij} représente les composantes de la contrainte totale, δ_{ij} est le symbole de Kronecker ($\delta_{ij} = 0$ lorsque $i \neq j$) et p représente la pression poreuse.

Dans le cas d'une roche saturée, la définition de la résistance peut être exprimée en fonction de plus grande, σ'_1 , et plus petite, σ'_3 , contraintes principales:

$$\sigma'_1 \leq a\sigma'_3+b \tag{13}$$

I.3. Propriétés intrinsèques des masses rocheuses.

Sauf dans des cas particuliers, les cavités souterraines ne sont pas excavées dans une roche intacte, mais bien dans une masse constituée de roches de différentes lithologies qui ont été exposées à plusieurs influences géologiques et à des forces tectoniques. Du point de vue de la mécanique des roches la lithologie de la roche ainsi que toute structure géologique tels que les joints, les plans de stratification, les surfaces de foliation, les zones de rupture par cisaillement, les failles, qui peuvent influencer la résistance, les propriétés de déformation ou la perméabilité ont une grande importance, Deere (1968).

Peut-être l'insuffisance la plus grossière concernant le développement précoce de la mécanique des roches consitait en le manque d'efforts pour "mesurer" l'influence des facteurs géologiques. Le développement récent de la géologie de l'ingénieur comme étant une science appliquée répond à cette lacune. Néanmoins, on doit admettre qu' actuellement nous n'avons pas encore atteint le stade où toutes les informations géologiques, qui peuvent être obtenues par différentes techniques d'exploration, sont totalement utilisées.

(i) Caractéristiques intrinsèques

Les contraintes existant dans la croûte terrestre sont la plupart du temps en compression. C'est la raison pour laquelle la contrainte normale en compression agissant sur les plans géologiques de discontinuités est souvent suffisante pour générer une résistance à la friction qui résistera au glissement des plans opposés, et ceci d'autant plus que la profondeur sera grande. Cette caractéristique favorable de la distribution des contraintes préexistantes diminue l'importance des particularités géologiques tels que les joints et les failles. Evidemment, à proximité d'excavations minières, la distribution des contraintes préexistantes est souvent suffisamment altérée que pour détruire la situation favorable mentionnée plus haut et pour augmenter l'importance de telles discontinuités.

Lorsque le coefficient de sécurité doit être déterminé pour une excavation souterraine, le rapport de la distance entre les joints à la dimension linéaire de l'excavation est un paramètre important. Lorsque ce rapport est petit, les joints ou les plans de stratification sont rapprochés par rapport à la taille de l'excavation. Dans ces cas, les discontinuités sont susceptibles de jouer un rôle important dans la détermination de la stabilité de l'excavation. Un autre facteur important à cet égard est la relation géométrique existant entre les plans de discontinuités et les surface de l'excavation.

Il est clair que, même à partir de ce résumé bref et incomplet au sujet des caractéristiques intrinsèques, toute augmentation en dimension et toute diminution en profondeur de l'excavation augmentera, de façon générale, l'influence des discontinuités géologiques.

(ii) Propriétés de déformation

Les masses rocheuses sont composées de plusieurs types de roches, chacune d'elle ayant des caractéristiques de déformation différentes. De plus, les discontinuités qui existent dans la masse peuvent aussi influencer la déformation résultante. Dans ces circonstances, il n'y a pas mal de difficultés à simuler exactement le comportement d'une masse aussi complexe. Ceci est toujours le cas, malgré les récents développements de techniques numériques pour l'analyse des contraintes. Un exemple d'une telle technique est la méthode des éléments finis, chapitre 3, qui permet de trouver la solution de problème lorsque le milieu comporte plusieurs matériaux ayant tous des propriétés différentes.

Une autre approche pour résoudre les éléments de la masse de façon individuelle est de définir une masse homogène équivalente. Un certain progrès a été enregistré à cet égard par Salamon (1968 a) qui introduisit un milieu équivalent dans le cas de masses stratifiées et élastiques. Wardle & Gerrard (1972), en utilisant ces résultats, ont analysé plusieurs roches stratifiées ayant une composition bien définie. Vu l'application pratique de cette méthode à divers problèmes pratiques, principalement dans les masses rocheuses sédimentaires, un bref résumé de l'analyse faite par Salamon sera donné ici.

Dans cette analyse, on fait l'hypothèse que chaque couche est homogène et transversalement isotrope, Lekhnitskii [(1963), pp 24-25] et que leur épaisseur et leur propriétés élastiques varient de façon aléatoire. De plus, on suppose que la masse reste continue après déformation et qu'il n'existe pas de déplacement différentiel à la limite de deux couches. Cette analyse est basée sur la comparaison entre les comportements de deux cubes de dimensions identiques dont l'un est découpé dans la masse rocheuse et l'autre se compose du matériau homogène équivalent. En partant de l'hypothèse que les couches sont parallèles, le cube rocheux est découpé de telle façon que ses faces sont parallèles aux couches considérées. Le cube doit être suffisamment grand afin qu'il puisse être un exemple représentatif de la masse rocheuse.

Un cube défini de la sorte aura une certaine symétrie élastique. Son comportement sera invariable par rapport à la rotation autour d'un axe perpendiculaire aux plans de stratification et par rapport à la réflexion sur un de ces plans. La première de ces conditions d'invariance est le résultat de la configuration géométrique des couches. La seconde est une conséquence des hypothèses concernant la distribution aléatoire des propriétés et de l'épaisseur de la couche ainsi que la représentativité du cube rocheux. Par conséquent, on peut en conclure que le milieu équivalent sera transversalement isotropique et les relations contrainte-élongation seront donc données par

$$\varepsilon_{11} = \frac{1}{E_1}(\sigma_{11} - \nu_1\sigma_{22} - \nu_2\sigma_{33}),$$

$$\varepsilon_{22} = \frac{1}{E_1}(-\nu_1\sigma_{11} + \sigma_{22} - \nu_2\sigma_{33}),$$

$$\varepsilon_{33} = \frac{\nu_2}{E_1}(-\sigma_{11} - \sigma_{22}) + \frac{1}{E_2}\sigma_{33},$$

$$\varepsilon_{12} = \sigma_{12}/G_1, \quad \varepsilon_{13} = \sigma_{13}/G_2, \tag{1}$$

$$\varepsilon_{23} = \sigma_{23}/G_2,$$

où x_3 représente l'axe perpendiculaire aux plans de stratification et

$$G_1 = \frac{E_1}{2(1+\nu_1)} \tag{2}$$

Afin de déterminer les cinq modules d'élasticité indépendants dans la relation (1), on emploiera les distributions de contrainte et d'élongation les plus simples permises pour le cas des cubes rocheux. Finalement, les résultats sont obtenus en s'assurant que les énergies de déformation, accumulées dans les deux cubes, sont égales. Dans un but de simplification, les formules donnant les cinq modules sont données ici dans le cas où toutes les couches sont isotropiques, c'est-à-dire lorsque le module de Young et le coefficient de Poisson de la ième couche d'épaisseur h_i sont donnés respectivement par E_i et ν_i.

Supposons que la dimension du côté des cubes soit L et introduisons les relations suivantes:

$$_i = \frac{h_i}{L} \qquad i = 1, 2, \ldots, n \tag{3}$$

où n représente le nombre de couches dans le cube rocheux. Evidemment,

$$\Sigma \quad _i = 1 \tag{4}$$

Dans ce cas-ci et dans le futur, les sommations vont de 1 jusqu'à n par rapport à l'indice i. Les modules peuvent alors s'exprimer, en utilisant ces sommations, de la façon suivante:

$$\nu_1 = \frac{\dfrac{_i\nu_i E_i}{1-\nu_1^2}}{\dfrac{_i E_i}{1-\nu_i^2}}, \quad \nu_2 = (1-\nu_1)\frac{_i\nu_i}{1-\nu_i},$$

$$E_1 = (1-\nu_1^2)\frac{_i E_i}{1-\nu_1^2}, \quad G_2 = \frac{1}{\dfrac{_i}{G_i}}, \tag{5}$$

$$E_2 = \frac{1}{\dfrac{_i(1+\nu_i)(1-2\nu_i)}{(1-\nu_i)E_i} + \dfrac{2\nu_2^2}{(1-\nu_1)E_1}}$$

On remarquera qu'en combinant (2) et (4), l'on obtient que

$$G_1 = \Sigma \quad _i G_i, \tag{6}$$

et par conséquent le rapport des deux modules de cisaillement, G_1/G_2 est toujours supérieur à l'unité. Ceci est dû au fait que

$$\frac{G_1}{G_2} = \Phi = (\Sigma \, _i G_i)(\Sigma \frac{_i}{G_i}) > 1 \tag{7}$$

Lorsque l'on connaît la distribution de E_i, ν_i et $_i$, la formule (4) peut être utilisée pour estimer les modules du milieu équivalent.

(iii) Etudes sur le terrain

Il y a peu de doute qu'en général, le seul moyen pratique d'obtenir une description raisonable de la masse rocheuse, est par cartographier sur le terrain toutes les discontinuités observées et par faire des expériences sur le terrain afin de déterminer les caractéristiques de déformation. Un progrès considérable a été obtenu dans le développement de techniques afin de rassembler et de présenter des résultats obtenus sur le terrain, principalement en rapport avec des travaux de surface ou près de la surface terrestre. Ce sujet est toutefois en dehors des limites de ce Rapport et sera discuté en détail dans les thèmes I et III.

(iv) Classification des masses rocheuses

En plus des cartes et des graphiques statistiques des discontinuités géologiques, il est souhaitable de classifier les roches sur le terrain. De telles classifications facilitent la communication entre les différents spécialistes travaillant à un projet et donnent une première idée des difficultés qui pourraient surgir lors de l'excavation. Les classifications peuvent être basées soit sur la distance entre les joints, Deere (1963), soit sur l'analyse systématique des spécimens recouverts, Hansagi (1966) et Deere (1968), ou encore sur la comparaison entre les vitesses de propagation des ondes de compression mesurées sur le terrain et sur les spécimens de laboratoire, Onodera (1963).

2. CHANGEMENTS FONDAMENTAUX DUS AUX EXCAVATIONS SOUTERRAINES.

2.1. Changements dans l'état de contraintes

Les contraintes aux environs d'excavations souterraines ne peuvent être calculées à moins que l'état de contrainte préexistant dans le sol ne soit connu. Il est plutôt fâcheux, toutefois, qu'il n'y ait pas de base théorique saine en vue de déterminer la distribution de contraintes dans la croûte terrestre. Mesurer la contrainte est le seul moyen quantitatif de déterminer les contraintes préexistantes, c'est-à-dire les contraintes existant avant l'ouverture d'une quelconque excavation.

Si la région n'a pas subi trop de mouvements tectoniques, on peut supposer que les composantes verticales et horizontales de la contrainte préexistante sont des contraintes principales et sont données par:

$$\sigma_z^{(v)} = \sigma_{33}^{(v)} = \rho g z = \rho g x_3, \qquad (1)$$

$$\sigma_x^{(v)} = \sigma_{11}^{(v)} = k\rho g z = k\rho g x_3 = \sigma_y^{(v)} = \sigma_{22}^{(v)}, \qquad (2)$$

où k est généralement une constante positive et $z = x_3$ est mesuré verticalement, vers le bas, à partir de la surface du sol.

On suppose souvent que les déplacements horizontaux préexistants sont nuls partout. L'application de cette hypothèse au cas d'un sol isotropique mène à:

$$k = \frac{\nu}{1-\nu}, \qquad (3)$$

où ν représente le coéfficient de Poisson. Une discussion approfondie des contraintes préexistantes peut être trouvée dans J. & C. (pp. 355-362).

Bien que l'on n'ait point une connaissance détaillée de la grandeur et de la distribution des contraintes préexistantes, on peut affirmer qu'en général une quelconque portion de la croûte terrestre est en équilibre.

Considérons une partie arbitraire d'une masse rocheuse de volume V limitée par une surface S (Fig. 2.1.1). Désignons les composantes de la traction agissant sur S par $T_i^{(v)}$ et les composantes de la force massique unitaire par X_i. Dans la croûte terrestre $X_1 = X_2 = 0$ et $X_3 = \rho g$. Tous les vecteurs en traction sont définis par rapport à la normale extérieure au volume considéré.

La condition d'équilibre est définie par:

$$\int_S T_i^{(v)}\, dS + \int_V X_i\, dV = 0 \qquad i = 1,2,3 \qquad (4)$$

Des équations supplémentaires émanent de l'équilibre des moments mais elles sont omises ici, pour raison de concision, d'autant plus qu'elles ne contribueraient pas à l'essence de la discussion.

Si la surface S est telle qu'elle comprenne une quelconque cavité proposée, il est utile de fixer la surface limite de telle sorte que la future excavation soit exclue, (Fig. 2.1.2). Dans ce cas, S est composé d'une surface interne S_i, et d'une surface externe S_o.

Après que la roche contenue dans le volume S_i ait été enlevée , la traction existant le long de S devient $T_i^{(p)}$, et la condition exprimée en (4) peut être écrite comme suit:

$$\int_{S_o} T_i^{(p)}\, dS + \int_V X_i\, dV = 0 \qquad (5)$$

En vue de simplifier, on suppose que la cavité est laissée sans support, et que $T_i^{(p)} = 0$ le long de S_i.

Soustrayons (4) de (5) et introduisons la relation suivante:

$$T_i^{(p)} = T_i^{(v)} + T_i^{(t_i)} \qquad (6)$$

Le résultat de la soustraction peut être écrit comme suit:

$$\int_S T_i^{(t_i)} dS = \int_{S_o} T_i^{(t_i)} dS - \int_{S_i} T_i^{(v)} dS = 0 \qquad (7)$$

La seconde opération découle du naturel puisque à partir de (6), $T_i^{(t_i)} = - T_i^{(v)}$ le long de S_i.

Examinons maintenant la situation lorsque la dimension de la cavité montrée en Fig. 2.1.3, est augmentée par l'extraction d'un volume de roche V_m. Supposons que la situation représentée en Fig. 2.1.2 soit l'état I et celle représentée en Fig. 2.1.3 soit l'état II. Supposons maintenant que dans la formule (4) V corresponde au volume de la roche restant intacte dans l'état II, et désignons la nouvelle portion exposée de S_i par S_m. Si la traction dans l'état II est T_i, l'équilibre est alors défini par:

$$\int_{S_o} T_i dS + \int_V X_i dV = 0, \qquad (8)$$

puisque $T_i = 0$ sur le contour S_i. Introduisons maintenant

$$T_i = T_i^{(p)} + T_i^{(i)} \qquad (9)$$

et soustrayons (4), après y avoir remplacé $T_i^{(v)}$ par $T_i^{(p)}$, de (8).

$$\int_S T_i^{(i)} dS = \int_{S_o} T_i^{(i)} dS - \int_{S_m} T_i^{(p)} dS = 0 \qquad (10)$$

Ces résultats découlent du fait que sur le contour S_m, $T_i^{(i)} = - T_i^{(p)}$ [voir (9)] et $T_i^{(p)} = 0$ le long du complément de S_i.

Observons que cinq différents vecteurs en traction sont introduits en (6) et (9). Ceux-ci, en plus de la traction préexistante déjà familière $T_i^{(v)}$, sont $T_i^{(p)}$, $T_i^{(t_i)}$, T_i et $T_i^{(i)}$. Faisons correspondre à chacune de ces tractions une série complète de contraintes, $\sigma_{ij}^{(p)}$, $\sigma_{ij}^{(t_i)}$, σ_{ij}, $\sigma_{ij}^{(i)}$, ainsi que les composantes de déplacement, $u_i^{(p)}$, $u_i^{(t_i)}$, u_i, $u_i^{(i)}$. Ces composantes de contrainte et de déplacement satisfont des relations analogues à celles exprimées en (6) et (9).

Les composantes de la contrainte ayant comme indices p, ti, et i se refereront comme étant respectivement les contraintes primitives (ou in-situ) totales induites ou induites. Les composantes n'ayant aucune dénomination représentent les contraintes totales. $\sigma_{ij}^{(i)}$ représentent donc clairement les changements dans les contraintes produits par l'élargissement d'excavations existantes ou par l'introduction de nouvelles cavités. $\sigma_{ij}^{(v)}$ est un cas particulier de $\sigma_{ij}^{(p)}$ de même que $\sigma_{ij}^{(ti)}$ est un cas particulier de $\sigma_{ij}^{(i)}$. En fait, les résultats donnés en (7) peuvent être déduits de (10) par une interprétation appropriée des indices et en observant dans ce cas que $S_m = S_i$.

Il est important de noter que les deux systèmes $\sigma_{ij}^{(i)}$ et $\sigma_{ij}^{(ti)}$ sont libres de forces massiques, ainsi que (10) et (7) le révélèrent respectivement. Il faut aussi se rappeler qu'au cours d'observations de déplacements in-situ, ce sont généralement les déplacements induits $u_i^{(i)}$ ou parfois $u_i^{(ti)}$, qui sont mesurés et jamais le déplacement total u_i. On montrera dans la section 4.2. que le changement des supports artificiels est aussi controllé par $u_i^{(i)}$.

Dans cette section, les résultats sont indépendants de la nature de la loi constitutive (relations contrainte-allongement) de la masse rocheuse. Elles sont évidemment de grande importance dans le cas d'une loi élastique vu que dans un tel milieu les composantes induites de la contrainte et du déplacement peuvent être indépendemment déterminées.

2.2. Variations d'énergie

Au cours d'excavations de cavités souterraines, la roche ainsi que le support utilisé sont déformés; des fractures sont souvent induites et des ondes sismiques sont parfois générées. En vue de déformer un support artificiel, de fracturer la roche, ou de produire des ondes sismiques, il faut une dépense d'énergie. Il est donc nécessaire d'analyser les changements d'énergie associés invariablement avec l'élargissement d'ouvertures souterraines.

L'analyse est basée sur les changements géométriques reflètés par la différence entre Fig. 2.1.2 et Fig. 2.1.3. De plus, on suppose que la masse rocheuse est un milieu linéaire, élastique et continu (Salamon 1973).

La loi de la conservation d'énergie peut être exprimée dans cet exemple de la façon suivante:

$$W_t + U_m = U_c + W_r \tag{1}$$

L'expression à gauche représente des énergies qui deviennent disponibles au cours de l'extraction en passant de l'état I à l'état II. Les quantités dans le membre de droite de l'équation (8) reflètent la forme que prennent les énergies lorsqu'elles sont converties suite à des extractions supplémentaires.

L'énergie W_t représente le travail effectué par les forces extérieures agissant sur le contour S_o et par les forces massiques présentes dans le volume V (Fig. 2.1.3)

$$W_t = \int_{S_o} u_i^{(i)} (T_i^{(p)} + \frac{1}{2} T_i^{(i)}) dS + \int_V u_i^{(i)} X_i dV \tag{2}$$

Dans le volume V_m, la roche est détendue au cours de son extraction, de sorte que l'énergie de traction U_m, accumulée dans la roche à l'état I, devient disponible pour fournir du travail. L'énergie U_m peut être calculée soit à partir de la densité de l'énergie de contrainte à l'état I,

$$\phi^{(pp)} = \frac{1}{2} \varepsilon_{ij}^{(p)} \sigma_{ij}^{(p)}, \tag{3}$$

ou soit à partir des forces massiques et extérieures, J & C. (p. 118).

$$U_m = \int_{V_m} \phi^{(pp)} dV = \frac{1}{2} (\int_{V_m} u_i^{(p)} X_i dV - \int_{S_m} u_i^{(p)} T_i^{(p)} dS) \tag{4}$$

La distribution des contraintes dans le volume V se modifie par suite d'extractions supplémentaires, de sorte que l'énergie de contrainte dans ce volume varie également. Cette variation d'énergie de contrainte est représentée par U_c.

L'énergie accumulée dans le volume V à l'état I est la suivante:

$$U_p = \int_V \phi^{(pp)} dV \tag{5}$$

et à l'état II:

$$U = \int_V \phi dV = \frac{1}{2} \int_V \varepsilon_{ij} \sigma_{ij} dV = \frac{1}{2} \int_V (\varepsilon_{ij}^{(p)} + \varepsilon_{ij}^{(i)}) (\sigma_{ij}^{(p)} + \sigma_{ij}^{(i)}) dV. \tag{6}$$

ce qui, si les notations

$$\phi^{(pi)} = \frac{1}{2} \varepsilon_{ij}^{(p)} \sigma_{ij}^{(i)}, \quad \phi^{(ip)} = \frac{1}{2} \varepsilon_{ij}^{(i)} \sigma_{ij}^{(p)},$$

$$\phi^{(ii)} = \frac{1}{2} \varepsilon_{ij}^{(i)} \sigma_{ij}^{(i)}, \tag{7}$$

sont introduites, peut s'écrire comme suit:

$$U = \int_V (\phi^{(pp)} + \phi^{(pi)} + \phi^{(ip)} + \phi^{(ii)}) dV. \tag{8}$$

Ensuite, à partir de (8) et (5), on obtient:

$$U_c = U - U_p = \int_V (\phi^{(pi)} + \phi^{(ip)} + \phi^{(ii)}) dV \tag{9}$$

Finalement, dans le but de considérer des énergies qui pourraient être perdues dans la masse rocheuse, on introduit le concept d'énergie libérée W_r. Dès que les trois autres composantes sont connues, W_r peut être déterminé à partir de la balance d'énergie représentée en (1).

En vue d'écrire l'expression W_t dans une forme plus simple, on utilisera avantageusement le théorème de réciprocité donné en élasticité linéaire, par rapport au volume V. (J. & C. pp 119)

Supposons que le premier des deux groupes des forces agissant sur V corresponde aux contraintes in-situ, qui se composent de la force massique X_i et de la traction $T_i^{(p)}$ le long de S_o et S_m. Supposons aussi que le second groupe de forces est celui correspondant aux contraintes induites. Celles-ci sont $T_i^{(i)}$ sur la surface S_o et $-T_i^{(p)}$ le long de S_m. Une discussion plus détaillée des tractions et des déplacements correspondants est donnée dans la section 2.1.

Le travail effectué par le premier groupe de forces en tenant compte des déplacements du second groupe est donné par

$$W_{12} = \int_{S_o+S_m} u_i^{(i)} T_i^{(p)} dS + \int_V u_i^{(i)} X_i dV$$

$$= 2\int_V \Phi^{(ip)} dV \qquad (10)$$

et le travail effectué par le second groupe est donné dans l'expression suivante:

$$W_{21} = \int_{S_o} u_i^{(p)} T_i^{(i)} dS - \int_{S_m} u_i^{(p)} T_i^{(p)} dS$$

$$= 2\int_V \Phi^{(pi)} dV \qquad (11)$$

Le théorème de Green [J & C. (p. 119)] peut être utilisé pour démontrer que W_{12} et W_{21} peuvent être exprimées comme étant respectivement des intégrales de volume $\Phi^{(ip)}$ et $\Phi^{(pi)}$.

D'après le théorème de réciprocité $W_{12} = W_{21}$, de sorte que l'on obtient à partir de (10) et (11), l'expression suivante:

$$\int_{S_o} u_i^{(i)} T_i^{(p)} dS + \int_V u_i^{(i)} X_i dV = 2\int_V \Phi^{(ip)} dV$$

$$= 2\int_V \Phi^{(pi)} dV,$$

qui permet de reformuler l'expression W_t donnée en (2).

$$W_t = 2\int_V \Phi^{(ip)} dV - \int_{S_m} u_i^{(i)} T_i^{(p)} dS$$

$$+ \frac{1}{2}\int_{S_o} u_i^{(i)} T_i^{(i)} dS \qquad (12)$$

Supposons maintenant que U_i représente l'énergie de contrainte qui serait accumulée dans le volume V du fait des contraintes induites, à condition que ces dernières agissent sur une masse rocheuse initialement dépourvue de contrainte. D'une manière analogue à l'expression utilisée pour définir U_m dans (4), on a:

$$U_i = \frac{1}{2}\left(\int_{S_o} u_i^{(i)} T_i^{(i)} dS - \int_{S_m} u_i^{(i)} T_i^{(p)} dS\right)$$

$$= \int_V \Phi^{(ii)} dV, \qquad (13)$$

où $\Phi^{(ii)}$ est donné par (7). Lorsqu'on substitue ce résultat dans (12), on est conduit à l'expression suivante:

$$W_t = \int_V (2\,\Phi^{(pi)} + \Phi^{(ii)}) dV$$

$$- \frac{1}{2}\int_{S_m} u_i^{(i)} T_i^{(p)} dS, \qquad (14)$$

qui, si l'on tient compte de (9) et du théorème de réciprocité, peut être écrit sous la forme:

$$W_t = U_c - \frac{1}{2}\int_{S_m} u_i^{(i)} T_i^{(p)} dS, \qquad (15)$$

où

$$U_c = \int_V (2\,\Phi^{(pi)} + \Phi^{(ii)})\,dV$$

$$= \int_V (2\,\Phi^{(ip)} + \Phi^{(ii)})\,dV \qquad (16)$$

et finalement à partir de (1), on obtient:

$$W_r = U_m - \frac{1}{2}\int_{S_m} u_i^{(i)} T_i^{(p)} dS. \qquad (17)$$

A l'état I, la roche comprise dans le volume V_m exerce des forces $T_i^{(p)}$ sur la région extérieure V au travers de l'interface S_m. Goodier (1968) cite ces forces comme étant des forces d'attraction. Si des forces sont détendues graduellement, le travail effectué par le système est le suivant:

$$W_k = -\frac{1}{2}\int_{S_m} u_i^{(i)} T_i^{(p)} dS > 0 \qquad (18)$$

D'après l'équation (15), les forces extérieures et massiques effectuent assez de travail pour induire la variation d'énergie U_c contenue dans le volume V et pour fournir W_k. L'énergie totale quittant le système est $W_r = U_m + W_k$.

Si la nouvelle surface libre est soudainement créée, des oscillations apparaîtront dans la masse rocheuse. L'équilibre à l'état II est alors atteint par amortissement, ce qui provient du caractère faiblement inélastique de la masse. L'énergie dissipée dans cet amortissement est W_k.

Les résultats donnés par (15) et (17) ont été dérivés pour les excavations non-supportées. La dérivation est essentiellement la même, mais considérablement plus complexe dans le cas de cavités avec supports (Salamon, 1973).

Depuis la première tentative de Griffith en 1921 en vue d'estimer la résistance en traction des solides à partir de considérations énergétiques, un grand nombre d'auteurs ont discuté la balance d'énergie de corps élastiques contenant des vides. Les résultats dérivés dans cette section peuvent aussi être utilisés dans ce but. Si on néglige les forces massiques, $X_i = 0$, et si on laisse les forces extérieures inchangées, $T_i^{(i)} = 0$, il apparaît clairement qu'à partir de (4), de (11) et du théorème de réciprocité, on obtient:

$$U_m = \int_{V_m} \Phi^{(pp)} dV = \int_V \Phi^{(pi)} dV = \int_V \Phi^{(ip)} dV \qquad (19)$$

TABLEAU 2.2.1

VARIATIONS D'ENERGIE DUES A L'ELARGISSEMENT DES RAYONS D'EXCAVATIONS CIRCULAIRES ET SPHERIQUES

Composante de l'énergie	Tunnel circulaire	Cavité sphérique
EW_t/p^2V_{ac}	$4(1-\nu^2)$	$9(1-\nu)/2$
EU_c/p^2V_{ac}	$(1+\nu)(3-4\nu+a^2/c^2)$	$3[5-7\nu+(1+\nu)a^3/c^3]/4$
EU_m/p^2V_{ac}	$(1+\nu)(1-2\nu+a^2/c^2)$	$3[2(1-2\nu)+(1+\nu)a^3/c^3]/4$
EW_r/p^2V_{ac}	$2(1-\nu^2)$	$9(1-\nu)/4$
EU_i/p^2V_{ac}	$(1+\nu)(1-a^2/c^2)$	$3(1+\nu)(1-a^3/c^3)/4$
V_{ac}	$\pi(c^2 - a^2)$	$4\pi(c^3 - a^3)/3$

De même, à partir de l'équation (13), on a:

$$U_i = \int_V \Phi^{(ii)} dV = -\frac{1}{2}\int_{S_m} u_i^{(i)} T_i^{(p)} dS = W_k \quad (20)$$

Il est facile de démontrer à l'aide de ces relations et celles référrées en (15) et (17) que:

$$W_t = 2(U_i+U_m) > 0, \; U_c = U_i + 2U_m > 0,$$

$$W_r = U_i + U_m > 0 \quad (21)$$

Ces résultats sont essentiellement identiques à ceux dérivés par Cook (1967) et Goodier (1968). Voir aussi J. & C. (pp. 441-444).

Il est assez tentant de supposer que les expressions (19) à (21) décrivent aussi bien la situation dans le cas d'excavations souterraines. Malheureusement, il n'en est pas ainsi, du moins pas dans un sens exact. Il a été démontré par Salamon (1973), qu'à cause de la présence de forces massiques, un terme supplémentaire apparaît dans les expressions donnant W_t et U_c. En dépit de cette inexactitude, les résultats en (19) et (21) peuvent être employés dans la plupart des cas. La caractéristique la plus marquante de ces expressions est que la balance d'énergie peut être complètement définie en termes de quantités à l'intérieur ou aux limites du volume de la roche qui est enlevée, lorsque l'on passe de l'état I à l'état II.

Dans le tableau 2.2.1, les expressions des composantes d'énergie sont résumées pour des tunnels circulaires et des cavités sphériques lorsque leurs rayons sont élargis de a à c dans un champ hydrostatique de contraintes préexistantes de magnitude p. On suppose que la masse rocheuse est homogène et isotrope et a un module de Young E et un coefficient de Poisson ν. Dans le tableau 2.2.1, il apparaît clairement que les résultats obéissent à (21).

2.3. Variations d'énergie dues à de faibles changements dans les dimensions d'excavations

Les excavations sont agrandies soit par un procédé mécanique continu, soit au moyen d'explosifs. Lorsque le travail aux explosifs est utilisé, les dimensions des excavations augmentent habituellement par petites étapes. Les variations d'énergie dues aux faibles changements des dimensions de cavités existantes dans les exploitations minières sont toutefois d'intérêt très particulier; Fig. 2.3.1.

Supposons que des points sur la limite S_m, récemment exposée, sont atteints par des déplacements perpendiculaires Δn de l'ancienne surface correspondante S_{om}. Si Δn est une fonction suffisamment continue par rapport à la position et s'il n'existe pas de singularité dans les contraintes à l'état I, le déplacement induit et les composantes de contrainte sont tous des quantités du premier ordre en Δn_o. Dans ce cas, Δn_o représente la valeur maximum de Δn. Par la suite, les quantités du premier ordre en Δn_o, seront précédées par le symbole Δ, comme le momtre l'exemple suivant:

$$u_i^{(i)} = \Delta u_i, \; T_i^{(i)} = \Delta T_i \text{ et } V_m = \Delta V$$

Etant donné que Δn_o est petit et que le but ultime est de calculer le taux de variation lorsque $\Delta n_o \to 0$, il est permis de négliger ici tous les termes du second ordre et d'ordres supérieurs en Δn_o.

Il apparaît immédiatement à partir de Θ 2.2(13) que

$$\Delta U_i = -\frac{1}{2}\int_{S_m} \Delta u_i T_i^{(i)} dS,$$

Mais comme Deist (1967) l'a démontré, l'intégrale du membre de droite est aussi du second ordre en Δn_o, et peut par conséquent, être négligée. Il en est ainsi parce que sur les portions du contour S_m qui sont approximativement parallèles à S_{om}, la traction $T_i^{(p)}$ est du premier ordre en Δn_o, tout comme S_{om} était libre de contrainte dans l'état I, et parce que au moins une dimension linéaire de ces régions de S_m, qui sont à peu près perpendiculaires à S_{om}, est plus petite ou égale à Δn_o. Donc au premier ordre près, on obtient:

$$\Delta U_i = 0 \quad (1)$$

et

$$\lim_{\Delta n_o \to 0} \frac{\Delta U_i}{\Delta n_o} = \frac{\partial U_i}{\partial n} = 0 \quad (2)$$

L'élargissement des fissures est la seule exception à la règle énoncée en (1) et (2). Vu que les excavations tabulaires se traitent généralement mathématiquement d'une manière propr aux fissures, cette exception est importante et sera discutée par après.

Les variations d'énergie dues aux faibles élargissements d'excavations peuvent être maintenant déduites de Θ 2.2.(15) à (17).

$$\Delta W_t = \Delta U_c = 2 \int_V \Delta\ \Phi^{(pi)} dV \quad (3)$$

et

$$\Delta W_r = \Delta U_m = \int_{\Delta V} \Phi^{(pp)} dV \quad (4)$$

Dans le cas d'installation de supports artificiels dans les excavations, on notera que:

$$\Delta W_t = \Delta U_c + \Delta W_s, \quad \Delta W_r = \Delta U_m + \Delta W_s \quad (5)$$

ΔU_c ayant la même valeur que celle donnée par (3), Salamon (1973). Dans ce cas-ci ΔW_s représente l'énergie utilisée pour déformer davantage le support durant la transition de l'état I à l'état II.

Il apparaît clairement qu'à partir de (3) et (5), le travail résultant des forces massiques et extérieures durant un faible élargissement des excavations, est entièrement assimilé par la variation d'énergie accumulée dans le volume V et par le travail effectué lors de la déformation additionnelle des supports. De plus, l'énergie fournie par le système est égale à l'énergie accumulée dans le volume rocheux ΔV, qui est enlevé dans le processus d'élargissement. Des conclusions semblables ont été tirées par Deist (1967) en considérant une progression infiniment petite d'un étroit tunnel minier et par Rice (1968), en considérant l'élargissement infinitésimal d'entailles.

On ne comprend pas aisément ce qu'il advient de l'énergie ΔU_m lorsque ΔV est excavé, mais, il est vraisemblable que si les excavations sont élargies en utilisant des explosifs, les particules rocheuses, soudainement déplacées, perdront leur énergie accumulée par relaxation au sein des cavités. Si l'exploitation minière de la roche est entreprise par des moyens mécaniques, l'énergie accumulée sera probablement transformée en chaleur par la friction existant entre les outils tranchants et la roche qui se relaxe graduellement. En aucun cas, ΔU_m ne pourra donc être la source importante d'énergie cinétique dans le volume V. Toutefois, on peut conclure que l'élargissement d'excavations souterraines par petits pas, est essentiellement un processus quasi-statique et ce n'est pas le résultat de relaxation d'énergie sismique (excepté la partie de l'énergie transmise à la roche par les explosifs) à condition que la roche environnante reste élastique, Deist (1967). Désormais, les évènements sismiques souterrains connus ,peuvent être dus uniquement à des instabilités qui proviennent de la structure de la masse rocheuse ou de l'attitude de la roche constituant la masse.

Les variations d'énergie données de (3) à (5) font l'hypothèse que l'étude d'ouvertures souterraines joue un rôle significatif et plus spécialement, dans le cas d'excavations minières, comme il sera démontré dans les chapitres 6 et 9. Les quantités les plus importantes à cet égard sont la variation d'énergie accumulée dans le volume V, représentée par ΔU_c, et l'énergie retirée du système, qui est $\Delta W_r - \Delta W_s = \Delta U_m$.

L'énergie retirée du système, dû au fait que la roche a été excavée, est donnée par:

$$\Delta U_m = \int_{\Delta V} \Phi^{(pp)} dV \quad (6)$$

Cette expression provient de Θ2.2(4). Comme Δn, représenté à la fig. 2.3.1., est petit, il est suffisant de prendre $dV = \Delta n \, ds = \alpha \Delta n_o dS$, où α représente une fonction raisonablement continue de la position le long de S_{om} $(0 \leqslant \alpha \leqslant 1)$

Donc,

$$\Delta U_m = \int_{S_{om}} (\Phi^{(pp)} \Delta n) dS = \Delta n_o \int_{S_{om}} \alpha \, \Phi^{(pp)} dS \quad (7)$$

Par conséquent,

$$\frac{\partial U_m}{\partial n} = \lim_{\Delta n_o \to 0} \frac{\Delta U_m}{\Delta n_o} = \int_{S_{om}} \alpha \, \Phi^{(pp)} dS \quad (8)$$

Dans ces expressions $\Phi^{(pp)}$ est évalué à la surface S_{om}.

Il existe un autre moyen important de transition depuis l'état I à l'état II. Supposons que la nouvelle limite de l'excavation, voir fig. 2.3.2., est atteinte en portant à partir d'un point le long de S_{om} une petite distance fixée $\Delta \ell$, parallèle à un vecteur unitaire quelconque ν_i $(i = 1,2,3)$. Afin d'éviter les singularités en ce qui concerne les contraintes dans l'état II, tous les coins créés par cet avancement seront supposés arrondis. Dans ce cas $dV = \Delta \ell dA_\nu$, où dA_ν est une surface infinitésimale, perpendiculaire à ν_i. Dès lors, à partir de (6)

$$\Delta U_m = \Delta \ell \int_j \Phi^{(pp)} dA_\nu, \quad (9)$$

ou, en passant à la limite

$$\frac{\partial U_m}{\partial \ell} = \int \Phi^{(pp)} dA_\nu \quad (10)$$

Dans chacune de ces expressions, l'intégrale se rapporte à S_{om} projeté normalement sur la direction ν_i.

Si la normale unitaire, extérieure à la surface S_{om} de la cavité est notée n_{ci} $(i = 1,2,3)$ alors $dA = \nu_i n_{ci} dS$, donc

$$\frac{\partial U_m}{\partial \ell} = \int_{S_{om}} \Phi^{(pp)} \nu_i n_{ci} dS \quad (11)$$

Il est à noter que dans les deux expressions (5) et (11), le gradient de la perte d'énergie (par rapport à la dimension géométrique) dans le système est exprimé en fonction de la densité d'énergie de contrainte à la surface de l'excavation, en d'autres mots, en fonction des contraintes et des allongements à la surface. Ce point est important et sera utilisé lorsque des exemples pratiques seront considérés.

L'extension uniforme des cavités, qui est une hypothèse faite pour arriver à l'équation (11), est d'un intérêt considérable surtout en considérant les excavations tabulaires. C'est pour cette raison q'une autre expression est donnée ici pour $\partial U_m / \partial \ell$, Salamon (1973).

$$\frac{\partial U_m}{\partial \ell} = \int_{S_\lambda} (\Phi^{(pp)} \nu_k n_k - T_i u_{i,k} \nu_k) dS - \int_{V_b} X_i u_{i,k} \nu_k dV \quad (12)$$

Dans ce cas-ci, V_b est un volume arbitraire de roche entourant l'excavation et limité par $S_{om} + S_\lambda$ (Fig. 2.3.3). Cette relation est une généralisation d'un résultat analogue donné par Rice (1968) dans le cas de problèmes à deux dimensions en l'absence de forces massiques.

Afin de déterminer la viariation de l'énergie accumulée ΔU_c, supposons que la variation d'énergie de contrainte, contenue dans le volume $V + V_m$ et due au passage de l'état vierge à l'état I est donnée par U'_{cv} et celle correspondant au volume V et due au passage directe de l'état vierge à l'état II est donnée par U''_{cv}. La différence entre U'_{cv} et U''_{cv} est donnée par la variation d'pnergie dans le volume V due au passage de l'état I à l'état II, soit U_c, moins la variation de V_m correspondant à la transition de l'état vierge à l'état I, soit $(U_m - U_{mv})$. Donc

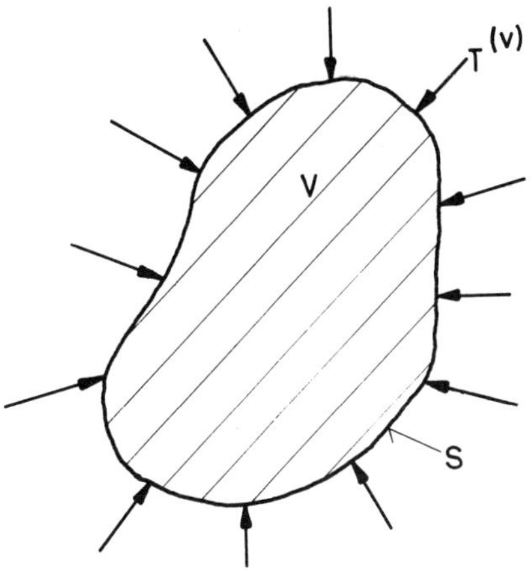

Fig. 2.1.1 Partie quelconque de la masse rocheuse d'un volume V et limité par la surface S sur laquelle agit le vecteur-contrainte vierge $T^{(v)}$.

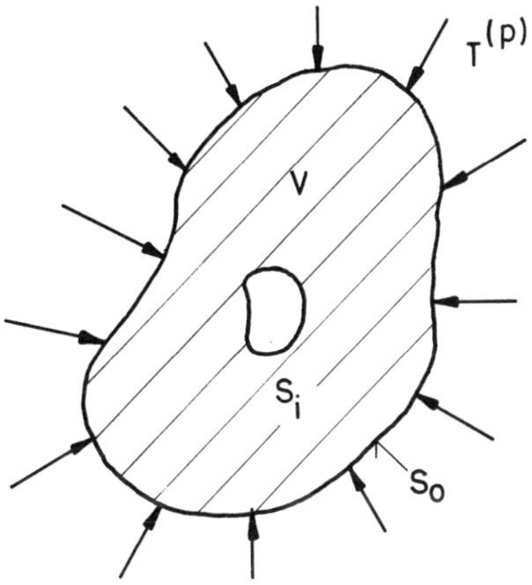

Fig. 2.1.2 Volume quelconque V d'une masse rocheuse limité extérieurement par la surface S_o et intérieurement par la surface S_i d'une cavité proposée: stade I.

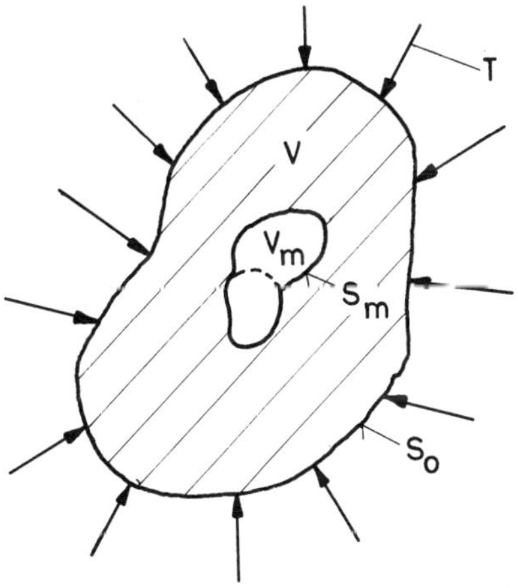

Fig. 2.1.3 La cavité de la fig. 2.1.2 est agrandie par l'extraction d'un volume V_m: stade II.

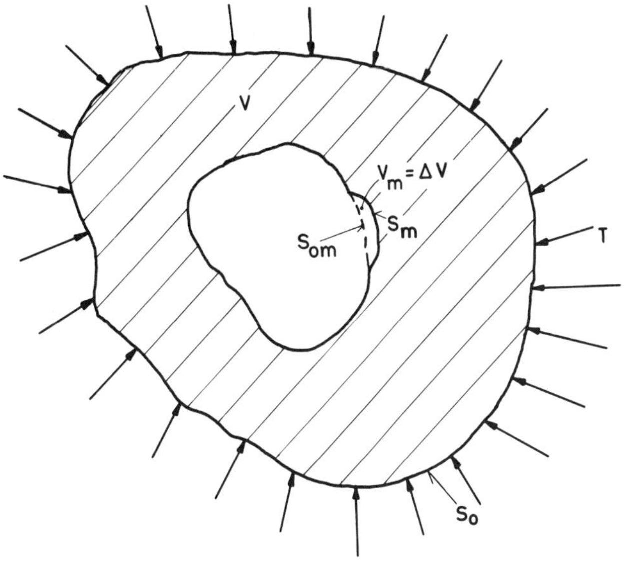

Fig. 2.3.1. Elargissement d'une cavité souterrain par petites étapes.

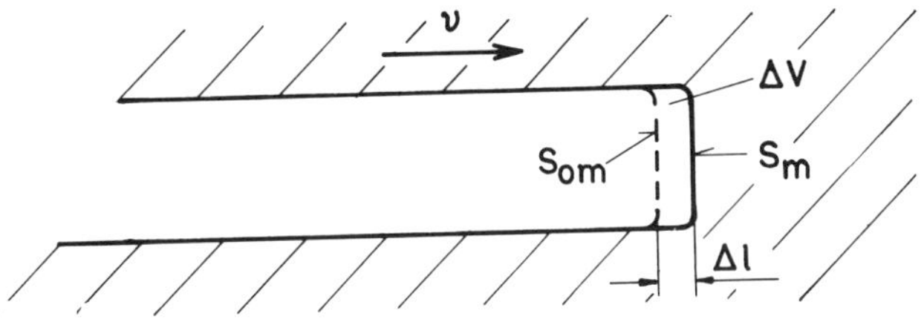

Fig. 2.3.2 Une partie de la surface de la cavité est avancée d'une petite distance, parallélement à un vecteur unitaire υ.

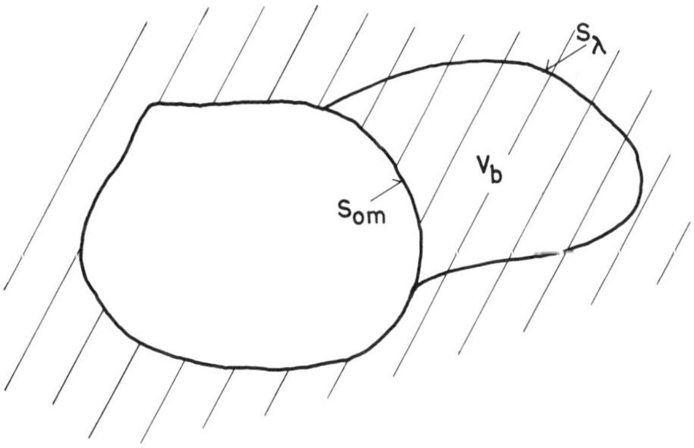

Fig. 2.3.3 Un volume quelconque, V_b, de roche au voisinage de l'excavation est limité par $S_{om} + S_{\gamma o}$.

$$U''_{cv} - U'_{cv} = U_c - (U_m - U_{mv}) \qquad (13)$$

ce qui se réduit à la formule suivante dans le cas où l'élargissement de l'excavation est petit.

$$\Delta U_c = \frac{\partial}{\partial \ell}(U_{cv} + U_m - U_{mv})\Delta\ell \qquad (14)$$

Notez que $U''_{cv} - U'_{cv} \neq U_c$, excepté dans le cas où la roche est enlevée pendant le passage de l'état I à l'état II, c'est-à-dire lorsque les fractures sont étendues.

En général lorsque l'on dispose d'une expression pour U_{cv}, ΔU_c peut être calculé à partir de (14) et soit à partir de (8) ou de (11). Bien entendu, si lors de la dérivation de U_{cv} les forces massiques avaient été négligées, alors $\Delta U_c = 2\Delta U_m$ d'après Θ2.2·(21); de sorte qu'il n'est point nécessaire d'utiliser (14). C'est un simple exercice, par exemple, de démontrer que les quantités d'énergie mentionnées au tableau 2.2.1 obéissent les relations (1), (3) & (4) lorsque $(c-a)$ est petit.

2.4. Variation dans la distribution du fluide interstitiel

L'influence de la pression et des mouvements du fluide interstitiel ont une grande importance dans toutes les branches de la mécanique des roches. La pression du fluide réduit la contrainte effective et influence par conséquent la stabilité des structures rocheuses. L'exemple le plus frappant est peut être celui des coups de grisou dans les mines de charbon, Hargraves (1958,1967). Le mouvement de l'eau peut mettre en danger les mines environnantes, ou peut être la cause de mouvements superficiels causant des dommages aux structures.

Jaeger & Cook (pp. 195-214) exposent de façon excellente les principes fondamentaux à ce sujet de sorte qu'ici nous ne ferons que généraliser leur approche afin de l'appliquer à des fluides compressibles.

Considérant que la masse rocheuse est isotropique et élastique, les relations contraintes-déformations seront les suivantes:

$$\sigma_{ij} = \lambda\varepsilon_{kk}\delta_{ij} + 2G\varepsilon_{ij} + \alpha p \qquad i,j = 1,2,3 \qquad (1)$$

Dans ce cas-ci, δ_{ij} représente le symbole de Kronecker (défini comme étant égal à 1 si i égale j et zéro dans les autres cas), λ et G représentent les constantes de Lamé, alors que p est la pression poreuse. De plus, α est un paramètre sans dimensions:

$$\alpha = K/H. \qquad (2)$$

où K est le module d'élasticité global et H est une nouvelle constante.

Supposons que n et n_o sont les porosités (interconnectées) de la roche, sous contrainte et libre de contraintes. Introduisons le paramètre suivant:

$$\theta = n - n_o \qquad (3)$$

et admettons que

$$\theta = \frac{p}{R} - \frac{1}{3H}\sigma_{kk} + \frac{p}{Q} \qquad (4)$$

Les nouvelles constantes sont R & Q. La relation suivante existe entre ces dernières et le paramètre α.

$$\frac{1}{Q} = \frac{1}{R} - \frac{\alpha}{H} \qquad (5)$$

L'application du théorème de Green à l'équation d'équilibre donnée en Θ2.1 (8) se ramène à :

$$\frac{\partial\sigma_{ij}}{\partial x_j} + X_i = 0, \qquad (6)$$

ce qui, après avoir fait le remplacement (1) et utilisant

$$\varepsilon_{ij} = \frac{1}{2}\left(\frac{\partial u_i}{\partial x_j} + \frac{\partial u_j}{\partial x_i}\right) \qquad (7)$$

devient

$$G\nabla^2 u_i + (\lambda+G)\frac{\partial\varepsilon_{kk}}{\partial x_i} + X_i + \alpha\frac{\partial p}{\partial x_i} = 0, \qquad (8)$$

pourvu que la masse rocheuse soit homogène. Il y a cinq inconnues (u_1, u_2, u_3, p, θ) et quatre équations représentées par (4) et (8).

La loi de la conservation de la masse exige que la matière provenant de la masse m, et le fluide contenu dans le volume V au temps t,

$$m = \int_V \rho \ n \ dV, \qquad (9)$$

soit égal à zéro. Dans ce cas-ci, ρ représente la densité du fluide. La dérivée massique peut s'écrire [Fung (1965) (p.121)]

$$\frac{Dm}{Dt} = -\int_V \left[\frac{\partial(\rho n)}{\partial t} + \frac{\partial(\rho n v_i)}{\partial x_i}\right] dV = 0,$$

où V_i $(i = 1,2,3)$ représente la i-ème composante de la vitesse de la particule de fluide à x_1, x_2, x_3, et t. Vu que le volume V a été arbitrairement choisi, il s'ensuit que

$$\frac{\partial(\rho n)}{\partial t} + \frac{\partial(\rho n v_i)}{\partial x_i} = 0 \qquad (10)$$

D'après la loi de Darcy, le débit de fluide en un certain point, défini comme étant le volume de fluide traversant une section unitaire par unité de temps, est proportionnel au gradient de la pression poreuse p en ce point, J, & C. (p. 197). Mais le volume de fluide coulant dans la direction parallèle à l'axe i, au travers d'une section unitaire par unité de temps, est égal à nv_i. C'est pour cela que la loi de Darcy s'écrit:

$$nv_i = -k\frac{\partial p}{\partial x_i}, \qquad (11)$$

où $k = k'/\eta$. Dans ce cas-ci k' est une constante dépendant uniquement du milieu et η représente la viscosité du fluide.

En substituant (11) dans (10), l'on obtient:

$$\frac{\partial}{\partial x_i}\left(k\rho\frac{dp}{\partial x_i}\right) = \frac{\partial(\rho n)}{\partial t} \qquad (12)$$

et dans le cas où la masse rocheuse peut aussi être considérée comme homogène par rapport à l'écoulement du fluide

$$k\frac{\partial}{\partial x_i}\left(\rho\frac{\partial p}{\partial x_i}\right) = \frac{\partial(\rho n)}{\partial t} \qquad (13)$$

La densité ρ, dans la formule (13) représente une variable qui doit être ajoutée aux cinq inconnues mentionnées auparavant. Afin de pouvoir procéder davantage, on doit introduire une relation qui relie la densité du fluide à la pression. Malheureusement, ces relations sont différentes pour divers fluides de sorte que la solution générale doit être abandonnée à ce point. L'on considèrera toutefois le cas de certains fluides idéaux ci-après.

<u>(i) fluide incompressible [J.&C. (p.201 - 202)].</u>

Dans ce cas, la densité est constante. Vu que (3) donne $\frac{\partial n}{\partial t} = \frac{\partial \theta}{\partial t}$, la formule (13) se simplifie pour donner:

$$k\nabla^2 p = \frac{\partial\theta}{\partial t}, \qquad (14)$$

ce qui conduit, comme le montre Jaeger & Cook, à l'équation de diffusion pour θ, c'est-à-dire:

$$\nabla^2\theta = \frac{1}{C}\frac{\partial\theta}{\partial t} \qquad (15)$$

pourvu que $\frac{\partial X_i}{\partial x_i} = 0$. La nouvelle constante C étant définie par

$$\frac{1}{C} = \frac{1}{k}\left(\frac{1}{Q} + \frac{\alpha^2}{\lambda+2G}\right) \qquad (16)$$

<u>(ii) Fluide compressible</u>

Supposons que le coefficient de compressibilité β soit défini de la sorte

$$\beta = -\frac{1}{V}\frac{dV}{dp}, \qquad (17)$$

où $V = \frac{m}{\rho}$ représente le volume de liquide et m représente sa masse.

Donc,

$$\beta = \frac{1}{\rho}\frac{d\rho}{dp}, \qquad (18)$$

d'où l'on déduit, au cas où β peut être considéré comme une constante, que

$$\rho = \rho_0 \exp[\beta(p-p_0)], \qquad (19)$$

ρ_0 & p_0 se rapportent à un état de référence. Dès lors,

$$p = \frac{1}{\beta}\log_e(\rho/\rho_0)+p_0 \qquad (20)$$

La différentiation de cette expression par rapport à x_i donne

$$\frac{\partial p}{\partial x_i} = \frac{\rho_0}{\beta\rho}\frac{\partial \rho}{\partial x_i} \qquad (21)$$

Si l'on remplace la valeur de cette dérivée dans la formule (13), on aboutit au résultat final suivant:

$$\nabla^2 p = \frac{\beta}{k\rho_0}\frac{\partial (no)}{\partial t} \qquad (22)$$

Notez que le membre de droite contient le produit de la porosité par la densité. Ceci rend le problème non-linéaire. La propriété de linéarité apparaît toutefois dans les problèmes uniformément permanents, c'est-à-dire dans le cas où

$$\nabla^2 p = 0 \qquad (23)$$

Dans la plupart des cas, il est permis de développer la fonction exponentielle utilisée en (19) et d'accepter l'expression suivante:

$$\rho = \rho_0[1 + \beta(p-p_0)], \qquad (24)$$

qui, lorsqu'elle est substituée dans (23) devient:

$$\nabla^2 p = 0 \qquad (25)$$

Par conséquent dans le cas du mouvement permanent uniforme, la distribution de pression satisfait aussi l'équation de Laplace.

(iii) Gaz idéal en compression isothermique

La loi gouvernant le comportement des gaz idéaux est donnée par $pV = p_0V_0$ où p_0 et V_0 se rapportent à un état de référence. Mais vu que $V = \frac{m}{\rho}$ et $V_0 = \frac{m}{\rho_0}$, nous obtenons immédiatement la relation suivante:

$$\rho = \rho_0 p/p_0 \qquad (26)$$

La substitution de cette loi dans l'équation (13) conduit à:

$$k\frac{\partial}{\partial x_i}\left(p\frac{\partial p}{\partial x_i}\right) = \frac{\partial (pn)}{\partial t}$$

ce qui peut encore s'écrire

$$k\nabla^2 p^2 = 2\frac{\partial (pn)}{\partial t} \qquad (27)$$

Ceci est un résultat étonnant en ce sens qu'il n'apparaît pas en exister de solution analytique. Même les solutions digitales ne peuvent être obtenues qu'avec difficultés. L'équation est toutefois très significative surtout dans le cas de son applicabilité, par exemple, aux coups de grisou dans les mines de charbon.

Dans ce cas-ci, la situation se simplifie à nouveau pour le cas du mouvement permanent uniforme et le problème peut se résoudre vu que p^2 satisfait l'équation de Laplace,

$$\nabla^2 p^2 = 0, \qquad (28)$$

et peut donc se calculer indépendamment des autres variables.

III. CONTRAINTES ET DEPLACEMENTS DUS A DES OUVERTURES DANS UNE MASSE ROCHEUSE "LINEAIRE"

3.1. Introduction

Aucun progrès ne peut être enregistré en ce qui concerne la conception d'ouvertures souterraines et de supports tant que l'on ne peut estimer les contraintes totales et les déplacements induits autour des ouvertures. Dans ce but, on doit tout d'abord connaître les lois gouvernant les roches environnantes ensuite on doit pouvoir les résoudre mathématiquement. Malheureusement, dans la plupart des cas les équations constitutives de la roche ne sont pas connues de façon précise de sorte que même l'analyse la plus sophistiquée ne peut être considérée que comme une approximation grossière.

Par conséquent, il semble approprié que pour ce chapitre où des méthodes générales sont introduites, la discussion soit réduite à des méthodes qui sont explicitement basées sur des lois constitutives linéaires. Nous ne traiterons d'aucune méthode analytique. Ces dernières sont discutées amplement ailleurs, par exemple dans J.& C. (pp. 102-136, 228-291). Vu que les cavités souterraines ont souvent une géométrie complexe et irrégulière - et ceci est très souvent le cas dans les mines - il me semble logique de limiter la discussion à des méthodes numériques qui sont assez générales. L'accès à des ordinateurs digitaux fait que ces méthodes sont à présent accessibles à nous.

La méthode des éléments finis est la méthode la plus communément utilisée pour l'analyse numérique des contraintes. Il s'agit d'une technique générale et très puissante. Vu que des références excellentes et détaillées sont disponibles, Zienkiewicz,(1967,1971), Dessai & Abel (1972), la méthode des éléments finis ne sera pas discutée ici en détail.

Le plus grand avantage de la méthode des éléments finis est la facilité avec laquelle on peut résoudre des problèmes dans les milieux non-homogènes et non-linéaires. Lorsqu'une masse rocheuse est, ou peut être considérée comme homogène et élastique, cette méthode a certains désavantages comparée aux méthodes plus directes. La caractéristique commune de ces méthodes directes est qu'elles utilisent certaines solutions élémentaires d'élasticité et qu'elles sont basées sur le principe de superposition afin d'obtenir le résultat souhaité. Par conséquent, la méthode pour obtenir la solution doit uniquement satisfaire les conditions imposées à la surface de l'excavation. Ceci est différent de la méthode des éléments finis qui, par nécessité, considère, de façon explicite, toute la masse rocheuse.

Dans les mines et dans le génie civil, il y a essentiellement trois types d'excavations: les tunnels qui sont pratiquement des problèmes plans, les excavations tabulaires et les cavités à trois dimensions. Les deux premiers cas découlent et sont des cas particuliers du troisième. Toutefois, leurs caractéristiques géométriques spéciales donnent lieu à de grandes simplifications dans la solution de problèmes pratiques de sorte qu'ils méritent notre attention.

3.2. Tunnels et chambres quasi-plans

Les excavations souterraines doivent satisfaire deux conditions afin de pouvoir être traitées comme des problèmes quasi-plans dans le sens défini dans ce chapitre. Tout d'abord, elles doivent avoir un axe le long duquel leur section ne varie pas pour une distance au moins plusieurs fois (trois à quatre fois) la plus grande distance linéaire de l'excavation, mesurée perpendiculairement à cet axe. La seconde condition stipule que la variation du champ de contraintes primitives (section 2.1) est petite le long de cet axe, c'est-à-dire que cette variation devrait être négligeable sur une longueur égale à plusieurs fois la plus grande largeur de l'excavation.

Nous ferons l'hypothèse que l'origine du système de coordonnées rectangulaires est situé au centre de gravité de la section et que l'axe x_3 est parallèle à l'axe de la chambre. Supposons que le vecteur unitaire cartésien, perpendiculaire à la cavité et dirigé vers l'intérieur, soit ν_i. En utilisant ces notations, le vecteur original en traction le long de la surface proposée pour la cavité sera donné par:

$$T_j^{(p)} = \nu_i \sigma_{ij}^{(p)} \qquad (1)$$

En tenant compte des hypothèses faites précédemment, $T_j^{(p)}$ peut être considéré, pour des raisons pratiques, comme étant indépendant de x_3 dans le cas de sections qui sont éloignées des limites de la cavité. Dans ces cas, les composantes du déplacement qui sont induites par le fait de l'ouverture de l'excavation, seront également indépendantes de x_3. C'est la raison pour laquelle les déplacements induits $u_1^{(i)}$, $u_2^{(i)}$ et $u_3^{(i)}$ obéissent aux relations suivantes:

$$G u_{j,kk}^{(i)} + (\lambda+G)\, u_{k,kj}^{(i)} = 0 \quad j,k = 1,\ 2 \qquad (2)$$

$$u_{3,kk}^{(i)} = 0 \qquad k = 1,\ 2 \qquad (3)$$

Ces relations sont obtenues à partir de 2.4(8) en faisant $\alpha = x_j = 0$. Les forces massiques peuvent être négligées vu qu'il a été démontré que pour le système de contraintes induites, $x_j = 0$.

Le problème se réduit, par conséquent, à la détermination des composantes du déplacement qui obéissent aux équations (2) et (3), et dont la valeur est égale à zéro pour les distances éloignées de l'excavation; ce qui conduit à:

$$T_j^{(i)} = -T_j^{(p)} \quad \text{le long de } S_i \qquad (4)$$

dans le cas où l'excavation n'est pas supportée. Dans ce cas-ci, S_i représente la périphérie de la cavité. Les conditions pour $j = 1,2$ correspondent à l'équation écrite en (2) et pour $j = 3$ à l'équation (3).

Une des méthodes analytiques les plus puissantes en élasticité est celle basée sur l'expansion des résultats cherchés en termes de fonctions orthogonales. A la lumière du succès de cette approche, on oublie souvent que la seule condition nécessaire à l'application de cette méthode est que les fonctions utilisées soient linéairement indépendantes. Au cas où les calculatrices digitales sont libres d'emploi, cette propriété d'orthogonalité devient un avantage bénin. De sorte qu'il apparaît logique d'essayer d'étendre le champ d'application des quelques solutions générales connues. La solution générale des problèmes plans ou coordonnées polaires, donnée par Timoshenko et Goodier [(1951) (pp 116-121)], apparaît être une possibilité évidente pour une telle généralisation. Elle peut être utilisée pour obtenir les solutions correspond à (2). Une solution presque générale de l'équation de Laplace en coordonnées polaires donne des solutions acceptables pour (3).

De sorte que les six composantes polaires de la contrainte, correspondant au cas où le problème est symétrique par rapport à l'axe x_1, sont données par:

$$\tau_{rr} = a_0 r^{-2} + (3-2\nu) b_{c1} r^{-1} \cos\beta$$

$$- \sum_{n=1}^{N} [n(n+1) a_{cn} r^{-(n+2)} + (n-1)(n+2) b_{cn} r^{-n}] \cos n\beta$$

$$\tau_{\beta\beta} = - a_o r^{-2} - (1-2\nu) b_{c1} r^{-1} \cos\beta$$

$$+ \sum_{n=1}^{N} [n(n+1) a_{cn} r^{-(n+2)} + (n-1)(n-2) b_{cn} r^{-n}] \cos n\beta$$

$$\tau_{r\beta} = - (1-2\nu) b_{c1} r^{-1} \sin\beta$$

$$- \sum_{n=1}^{N} n[(n+1) a_{cn} r^{-(n+2)} + (n-1) b_{cn} r^{-n}] \sin n\beta \qquad (5)$$

$$\tau_{rz} = c_o r^{-1} + \sum_{n=1}^{N} c_{cn} r^{-(n+1)} \cos n\beta$$

$$\tau_{\beta z} = \sum_{n=1}^{N} c_{cn}\, r^{-(n+1)} \sin n\beta$$

$$\tau_{zz} = \nu(\tau_{rr} + \tau_{\beta\beta})$$

Lorsque le problème n'est pas symétrique, les termes supplémentaires apparaissent. Ces derniers sont obtenus à partir de ceux donnés en (5) en remplaçant respectivement a_{cn}, b_{cn}, c_{cn}, cos nβ et sin nβ par a_{sn}, b_{sn}, c_{sn}, sin nβ et - cos $n\beta$. Il est intéressant de noter que lorsque la résultante de $t_i^{(p)}$ le long de S_i est nulle, $b_{c_1}=b_{s_1}=c_o=0$.

Les constantes inconnues a_c, $a_{c1}, \ldots b_{cN}$; c_o, $c_{c1}, \ldots c_{cN}$; $a_{s1}, \ldots a_{sN}$; $b_{s1}, \ldots b_{sN}$ et $c_{s1}, \ldots c_{sN}$ sont déterminées en satisfaisant "en moyenne" les conditions aux limites données en (4), en d'autres mots de façon que l'écart-type moyen soit minimum.

Faisons l'hypothèse, comme le montre la fig. 3.2.1, que la périphérie de la chambre soit définie par une seule fonction.

$$r = R(\beta) \qquad (6)$$

et représentons le vecteur approximatif de traction par T_j^c . Ce vecteur peut être exprimé en fonction des composantes polaires des contraintes par (5), de sorte que l'on obtienne une fonction linéaire de la constante inconnue. En faisant $r= R(\beta)$ dans les équations (5) et en utilisant la loi de transformation de la contrainte [Sokolnikoff (1956) (p.43)], on obtient:

$$T_j^c = \ell_{ik}\ell_{jl}\nu_i\tau_{kl} \qquad i,j = 1,2,3;\ k,\ell=r,\beta,z \qquad (7)$$

dans laquelle

$$\ell_{ik} = \cos(x_i, x_k) \quad \text{et} \quad \ell_{jl} = \cos(x_j, x_l). \qquad (8)$$

Donc, lorsque $T_j^c = T_j^{(i)}$ dans l'équation (4), alors l'écart-type moyen peut s'écrire:

$$\Phi = \int_{S_i} (T_j^c+T_j^{(p)})(T_j^c+T_j^{(p)})dS$$

$$= \int_0^{2\pi} \frac{R}{\cos\alpha} (T_i^c + T_i^{(p)})(T_i^c + T_i^{(p)})d\beta \qquad (9)$$

vu que $dS = \frac{R\,d\beta}{\cos\alpha}$ dans laquelle

$$\cos\alpha = - (\nu_1\cos\beta + \nu_2 \sin\beta) \qquad (10)$$

Afin d'obtenir la valeur des constantes qui minimise Φ , l'équation (9) est différentiée par rapport à chaque constante. Par exemple:

$$\frac{\partial\Phi}{\partial a_{cn}} = 2\int_0^{2\pi} \frac{R}{\cos\alpha} (T_j^c + T_j^{(p)}) \frac{\partial T_j^c}{\partial a_{cn}} d\beta = 0,$$

ce qui conduit à

$$\int_0^{2\pi} \frac{R}{\cos\alpha} T_j^c \frac{\partial T_j^c}{\partial a_{cn}} d\beta = - \int_0^{2\pi} \frac{R}{\cos\alpha} T_j^{(p)} \frac{\partial T_j^c}{\partial a_{cn}} d\beta \qquad (11)$$

De cette façon on peut obtenir autant d'équations qu'il y a d'inconnues de sorte que l'on obtient un sytème d'équations linéaires.

Il ny a pas de difficulté à programmer, dans sa forme la plus générale, la méthode décrite dans cette section. Afin de faciliter la solution de problèmes nécessitant un grand nombre de coefficients, il serait avantageux d'introduire dans le programme la méthode de Filon pour l'intégration numérique [Tranter (1959), (pp.67-72)] qui a l'avantage de faciliter les calculs d'intégration des termes contenant, par exemple, cos $m\beta$ cos $n\beta$ dans le cas de larges valeurs pour m et n.

3.3. <u>Concept des excavations tabulaires</u>

Les sources d'une grande partie de tous les minéraux sont des gisements et des filons. L'exemple le plus typique du premier type est certainement celui des couches de charbon et pour le second type est celui des mines d'or au Witwatersrand en Afrique du Sud. Les caractéristiques communes de ces dépôts <u>tabulaires</u> sont les suivantes: (i) ils s'étendent sur de grandes surfaces, (ii) ils sont pratiquement concentrés dans un plan, (iii) leur épaisseur est négligeable comparée aux deux autres dimensions. Bien entendu, les cavités minées, outre les cavités auxiliaires, crées lors de l'extraction de telles couches sont aussi <u>tabulaires</u>, fig. 3.3.1.

Un progrès considérable a été fait dans l'analyse de problèmes comportant les excavations tabulaires depuis les travaux de Hackett (1959). Il apparaît comme étant le premier à suggérer que de nombreux avantages pourraient être gagnés en négligeant les effets des surfaces (limitant l'excavation) perpendiculaires au plan du gisement lors de la recherche de la solution; ceci par comparaison avec l'effet des surfaces parallèles à ce plan. Bien entendu, dans le cas de gisements tabulaires, la première surface est négligeable comparée à la seconde. Cette simplification introduit une erreur au voisinage des bords des excavations (region A dans la Fig. 3.3.1) mais n'affectera pas considérablement les composantes de déplacement et de contrainte autre part.

Mathématiquement cette simplification est équivalente à considérer les excavations tabulaires comme étant des discontinuités dans les déplacements; en d'autres mots, comme des rainures dont les limites coïncident avec le plan des excavations. Ceci signifie que les coordonnées de deux points dont l'un est situé au toit et l'autre, perpendiculaire opposé, est situé au mur, sont identiques mais que leurs déplacements sont différents.

En spécifiant les problèmes associés avec les excavations tabulaires, le vecteur relatif des déplacements du toit (hanging wall) et du mur (foot wall) joue un rôle important. Supposons que l'axe x_3 du système de coordonnée est perpendiculaire au gisement et est dirigé vers le toit. Nous appelerons convergence la composante du vecteur de déplacement relatif, perpendiculaire au gisement s_3; les deux composantes parallèles au gisement s_1 et s_2 sont appelées les chevauchements. Ceux-ci sont définis de la manière suivante:

$$s_i = u_i^+ - u_i^-, \qquad i = 1,2,3 \qquad (1)$$

où u_i^+ et u_i^- se rapportent respectivement au déplacement du toit et du mur. Ces définitions proviennent de la convention que s_3 est positif lorsqu'il dénote de la convergence et du fait que u_3 est positif lorsqu'il représente un déplacement vers le toit. Cette dernière convention concernant le signe de u_3 est une conséquence de la convention que les contraintes de compression sont positives.

Une conséquence supplémentaire de la géométrie des gisements tabulaires concerne la variation des contraintes vierges qui peut être négligée lorsque l'on se déplace depuis le toit jusqu'au mur. En d'autres mots, on peut faire l'hypothèse que les contraintes préexistantes sont continues au travers du plan du gisement. Ceci est dû au fait que la largeur de l'excavation est petite comparée à sa profondeur, de sorte que la variation de contrainte, occasionnée par les forces massiques, est une petite fraction des contraintes préexistantes.

Vu que les contraintes préexistantes dans la roche dans laquelle on mine sont pratiquement toujours en compression, le toit et le mur de l'excavation vont se rapprocher de plus en plus lorsque les dimensions de la section ouverte augmentent. Lorsque l'excavation n'est pas supportée, le toit et le mur viendront éventuellement en contact et la valeur de la convergence sera limitée par la largeur et la hauteur de l'excavation. Dans la plupart des situations minières, les conditions de contraintes de contact sont telles que le frottement empêche le glissement du toit sur le mur, Salamon (1964). Dès lors, on peut faire l'hypothèse qu'après que le contact soit établi, les parois de l'excavation sont "gelées" ensemble.

Supposons que la surface minée totale soit représentée par A, que la région dans laquelle le toit et le mur se touchent soit B et que la partie ouverte de l'excavation soit C. (fig. 3.3.2). Manifestement B+C= A. Les conditions aux limites dans le plan du gisement, et qui définissent le problème comprenant les excavations tabulaires,peuvent s'écrire de la façon suivante:

$$\begin{aligned} s_1 = s_{1c},\ s_2 = s_{2c},\ s_3 = s_m &\quad \text{dans B} \\ T_i^{(i)} = -\,T_i^{(p)} &\quad \text{dans C} \end{aligned} \qquad (2)$$

Dans ce cas-ci, s_m est une constante et représente la limite supérieure de convergence. De plus, s_{1c} et s_{2c} sont les composantes du chevauchement qui apparaissent immédiatement avant que le contact ne s'établisse en un certain point. En vue de définir le problème de façon complète, on doit aussi définir les conditions d'infini c'est-à-dire que la surface du sol doit rester libre de contrainte et que les déplacements doivent être nuls pour des points éloignés de l'excavation.

Le problème défini par (2) devient difficile lorsque $B \neq 0$. Il y a deux difficultés. Tout d'abord, la définition de la zone de contact est inconnue et doit être déterminée comme si c'était une partie de la solution. En second lieu, les composantes du chevauchement au contact s_{1c} et s_{2c} peuvent uniquement être déterminées en augmentant la surface de l'excavation, après le premier contact, exactement en accord avec la séquence minière. Ceci implique que la solution, pour une excavation minière donnée, n'est pas unique mais dépend de la façon dont elle a été obtenue. Ceci est vrai, même pour une masse rocheuse élastique et linéaire.

Le premier problème ne peut être évité après que la grandeur de la convergence tende à devenir plus grande que la valeur de s_m. Heureusement, dans une grande partie des situations, le second problème n'existe pas et des solutions peuvent par conséquent être trouvées, indépendamment de la séquence minière (voir section 3.4).

L'approche des excavations tabulaires, comme étant des discontinuités de déplacement,a certaines lacunes. Peut-être la plus évidente mais aussi la moins importante est celle où les surfaces opposées d'une fente mathématique se touchent l'une l'autre au cours de la convergence. Cette difficulté de concept peut être facilement éliminée en représentant la géométrie actuelle et non pas la géométrie mathématique.

Un problème apparemment beaucoup plus sérieux se pose lorsque l'on réalise qu'il existe des singularités dans les contraintes tout le long des bords de l'excavation, lorsque l'on utilise l'approche de la fente. Cependant, comme nous le verrons plus tard, les contraintes peuvent être estimées de façon indirecte; de plus, la roche est fracturée en cet endroit de sorte que les valeurs théoriques de la contrainte n'ont pas beaucoup de signification.

L'approche en utilisant la méthode de la fente ou la méthode la la discontinuité de déplacement peut être immédiatement généralisée. Il n'y a aucune difficulté à concevoir de travailler dans plus d'un gisement et ces derniers ne doivent pas nécessairement être parallèles. On peut aussi utiliser cette approche pour calculer les effets des discontinuités géologiques, telles que les failles.

On peut noter ici que le traitement mathématique des fractures est identique à celui des excavations tabulaires de sorte que les résultats disponibles pour les premiers peuvent immédiatement s'appliquer aux seconds. De plus, il y a une parenté proche entre les problèmes de fracturation et la théorie des dislocations.[(Bilby et Eshelby (1968)]. Dès lors les résultats obtenus dans ces sciences peuvent aussi avoir des applications minières.

3.4. <u>L'analogue et l'analyse numérique des excavations tabulaires</u>

Après qu'une region ait été minée de façon extensive, la géomètrie résultante devient complexe et, fréquemment, très irrégulière. Manifestement, il n'y a pas d'espoir pour que des solutions analytiques soient trouvées en vue de résoudre de tels problèmes. L'ampleur d'une telle conclusion a été réalisée très tôt et la "face element principle" fut proposée comme base pour traiter des plans miniers irréguliers [Salamon (1961, 1962, 1963)]. Le principe de cette méthode est simple. On utilise la linéarité des équations d'élasticité et l'on exprime toutes les composantes des déplacements et des contraintes induites par l'excavation comme étant une somme (une intégrale) de déplacements et de contraintes élémentaires due aux composantes de convergence et de chevauchement en un point quelconque du plan du gisement.

Supposons que les composantes du chevauchement et de la convergence au point $(\xi_1, \xi_2, 0)$ du gisement soient $s_k(\xi_1, \xi_2)$ avec $k = 1,2,3$. Dans ce cas-ci, ξ_1 représente un système de coordonnées auxiliaires ayant son origine dans le gisement. Supposons que les composantes du déplacement élémentaire en un point quelconque (x_1, x_2, x_3) de la masse rocheuse, puisse s'exprimer par:

$$\Delta u_i = \sum_{k=1}^{3} s_k(\xi_1,\xi_2)\ U_i^k[(x_1-\xi_1),(x_2-\xi_2),x_3]\Delta A \qquad (1)$$

$$i = 1,\ 2,\ 3$$

où ΔA représente une petite surface sur laquelle les déplacements relatifs $s_k(\xi_1, \xi_2)$ sont supposés agir. Au cours des premiers travaux, ΔA était dénommé le " face element".

Il est possible de calculer, à partir de l'équation (1), le déplacement total induit pour n'importe quel point (x_1, x_2, x_3). Les composantes du déplacement induit peuvent s'écrire de la façon suivante:

$$u_i = \int_A \sum_{k=1}^{3} s_k(\xi_1,\xi_2)\ U_i^k\ [(x_1-\xi_1),(\xi_2-x_2),x_3]dA \qquad (2)$$

En utilisant maintenant les relations normales entre les déplacements et les élongations, les composantes de l'élongation en (x_1, x_2, x_3) peuvent s'écricre:

$$\varepsilon_{ij} = \frac{1}{2}\int_A \sum_{k=1}^{3} s_k(\xi_1,\xi_2)\left(\frac{\partial U_i^k}{\partial x_j} + \frac{\partial U_j^k}{\partial x_i}\right) dA \qquad (3)$$

$$i,\ j = 1,2,3$$

où l'argument de U_i^k est le même que dans l'équation (2).

Si le résultat obtenu en (3) est substitué dans l'équation de Hooke, appropriée pour la masse rocheuse, les composantes de la contrainte en (x_1, x_2, x_3) s'obtiennent immédiatement

$$\sigma_{ij} = -\int_A \sum_{k=1}^{3} s_k(\xi_1,\xi_2)\chi_{ij}^k[(x_1-\xi_1),(x_2-\xi_2), x_3]\ dA \qquad (4)$$

Il est clair que la fonction χ_{ij}^k peut être exprimée en fonction d'expressions différentielles (3), mais cette relation dépendra de la nature de la loi d'Hooke utilisée.

Les résultats obtenus depuis (1) jusque (4) sont assez généraux pour le cas d'une masse rocheuse continue et élastique. La seule restriction concerne le fait que les excavations doivent être tabulaires, mais pas nécessairement coplanaires.

Cette formulation réduit les problèmes comportant des excavations tabulaires à la solution de deux sous-problèmes fondamentaux Le premier consiste à dériver analytiquement les fonctions U_i^k. Ces fonctions sont indépendantes de l'actuel plan minier de sorte qu'elles peuvent être déterminées au préalable et utilisées pour tous les calculs ultérieurs. Ce problème comporte la dérivation de la distribution des déplacements due à des discontinuités ponctuelles dans les déplacements.

Beaucoup de travaux ont été faits dans ce domaine. Une liste compréhensive des neuf fonctions est donnée par Salamon (1964) dans le cas d'une formation homogène et isotrope, et lorsque le "face element" est supposé se trouver à une profondeur infinie. Salamon (1962, 1963) donne les trois fonctions correspondant à la composante de la convergence pour une profondeur limitée lorsque le gisement et la surface terrestre sont tous deux horizontaux et lorsque la roche est soit isotrope et homogène (1962, 1963) soit transversalement isotrope et homogène (1963). Morris (1971) a dérivé les neuf fonctions dans le cas d'un milieu homogène et isotrope contenant un gisement incliné et lorsque la surface du sol est plane et horizontale. Toutefois,ces derniers résultats sont plutôt compliqués de sorte qu'ils ne sont pas d'une grande application pratique.

Le second problème fondamental concerne la détermination de la distribution des composantes du déplacement relatif. Ceci est un problème laborieux et doit malheureusement être effectué chaque fois qu'un nouveau plan minier est analysé. La première partie de la solution découle de source. En supposant que les contraintes vierges sont connues et que les excavations sont ouvertes et ne sont point supportées, c'est-à-dire dans la région où B=0, alors, d'après les conditions aux limites exprimées en 3.3.(2), les contraintes dans le nombre de gauche de l'équation (4) sont données pour x_3 et j=3. Donc, pour i=1,2,3,

$$T_i^{(i)} = \sigma_i^{(i)} - \sigma_{i_3}^{(v)}$$

$$= - \int_A \sum_{k=1}^{3} s_k(\xi_1,\xi_2)\chi_{i_3}^{k} [(x_1-\xi_1),(x_2-\xi_2),0]dA \qquad (5)$$

dans laquelle $\sigma_{i3}^{(v)}$ représentent les composantes connues de la traction agissant dans le plan de l'excavation. Il est évident que x_3 est perpendiculaire au gisement.

La relation (5) représente un système de trois équations intégrales simultanées en $s_k(\xi_1,\xi_2)$ où k = 1,2,3. La solution exacte de ce système a été trouvée uniquement dans peu de cas qui étaient triviaux. En pratique, l'équation (5) est résolue en remplaçant l'intégration par une somme de quantités discrètes.

Lorsque la partie minée est divisée en n "face elements", alors l'équation (5) peut être approximativement représentée par l'équation matricielle.

$$T = - \chi S \qquad (6)$$

dans laquelle T et S sont des vecteurs de dimension 3(nx 1) et χ est une matrice carrée de dimension (3nx3n). La même équation peut s'écrire de la façon suivante:

$$\begin{bmatrix} T_1 \\ T_2 \\ T_3 \end{bmatrix} = - \begin{bmatrix} \chi_{11} & \chi_{12} & \chi_{13} \\ \chi_{21} & \chi_{22} & \chi_{23} \\ \chi_{31} & \chi_{32} & \chi_{33} \end{bmatrix} \begin{bmatrix} S_1 \\ S_2 \\ S_3 \end{bmatrix} \qquad (7)$$

où S_1, S_2 et S_3 sont des vecteurs-colonnes des composantes de discontinuité s_1, s_2 et s_3. De même T_1, T_2 et T_3 sont des vecteurs-colonnes des composantes de traction.

Le théorème de réciprocité peut être utilisé afin de démontrer que la matrice χ est symétrique, c'est-à-dire,

$$\chi'_{ij} = \chi_{ij} \qquad (8)$$

où χ'_{ij} est la transposée de χ_{ij}. De même vu que l'énergie de déformation est définitivement positive, la matrice χ sera aussi définitivement positive [Salamon et Deist (1970)].

Lorsque les excavations sont ouvertes et non-supportées, la valeur de T est alors connue dans les expressions (6) et la valeur de S peut être déterminée. Si le toit vient en contact, la solution sera alors obtenue en plusieurs étapes comme ce fut discuté dans la Section 3.3.

Comme exemple de ces principes généraux, le problème le plus simple contenant des excavations tabulaires dans un seul gisement sera discuté plus amplement.

Dans le cas de mines à grande profondeur, c'est-à-dire lorsque la largeur de l'excavation est beaucoup plus petite que sa profondeur, on accepte fréquemment, pour des raisons pratiques, que la profondeur de la mine est infinie. De plus, lorsque le gisement ou le filon est horizontal et lorsque l'on peut faire l'hypothèse que les contraintes de cisaillement sont nulles dans le plan horizontal, le plan du gisement peut être considéré comme un plan de symétrie. Dans de tels cas, il suffira donc de considérer une moitié de la masse rocheuse. Nous choisirons la moitié se trouvant en-dessous du gisement.

Supposons que l'origine du système de coordonnées soit contenu dans le plan du gisement et supposons que l'axe x_3 soit dirigé verticalement vers le bas. Par souci de simplification on fera aussi l'hypothèse que les excavations sont suffisamment petites que pour qu'il n'y ait aucun contact entre le toit et le mur. Dans de tels cas les conditions aux limites de problème pourront s'exprimer de la sorte:

$$\begin{aligned} x_3 = 0 \qquad & \sigma_{13}^{(i)} = \sigma_{23}^{(i)} = 0 \\ & u_3^{+} = 0 \qquad \text{à l'extérieur de A} \\ & \sigma_{33}^{(i)} = - \rho g H \qquad \text{à l'intérieur de A} \end{aligned} \qquad (9)$$

$$|x_1|=|x_2|=x_3=\infty$$

$$u_1=u_2=u_3=0,$$

où H représente la profondeur de la mine et ρgH est la contrainte verticale vierge agissant à la profondeur H. Afin de trouver la solution du problème spécifié par les conditions aux limites données en (9), on utilisera la solution plus ou moins générale [Salamon (1963)] des équations d'équilibre pour un milieu homogène et isotrope.

$$u_1 = -(1-2\nu)\frac{\partial\varphi}{\partial x_1} - x_3\frac{\partial^2\varphi}{\partial x_1\partial x_3}$$

$$u_2 = -(1-2\nu)\frac{\partial\varphi}{\partial x_2} - x_3\frac{\partial^2\varphi}{\partial x_2\partial x_3} \quad (10)$$

$$u_3 = 2(1-\nu)\frac{\partial\varphi}{\partial x_3} - x_3\frac{\partial^2\varphi}{\partial x_3^2}$$

Dans les équations (10), la fonction φ représente une fonction harmonique arbitraire, c'est-à-dire une fonction qui satisfait l'équation de Laplace. Notons aussi que ν représente le coefficient de Poisson.

Une simple substitution des déplacements donnés en (10) dans (3) et l'introduction de la loi de Hooke conduit aux expressions donnant les composantes recherchées de la contrainte:

$$\sigma_{i3} = -\frac{E}{1+\nu}x_3\frac{\partial^3\varphi}{\partial x_i\partial^2 x_3} \qquad i=1,2 \quad (11)$$

$$\sigma_{33} = \frac{E}{1+\nu}\left(\frac{\partial^2\varphi}{\partial x_3^2} - x_3\frac{\partial^3\varphi}{\partial x_3^3}\right)$$

La première de ces expressions indique que $\sigma_{13} = \sigma_{23} = 0$ lorsque $x_3=0$; de sorte que la solution donéée en (10) satisfait la première expression des conditions aux limites (9), quelle que soit la forme particulière de la fonction harmonique.

Il est évident que les autres conditions exprimées en (9) seront toutes satisfaites pourvu que $x_3 = 0$

$$\frac{\partial\varphi}{\partial x_3} = 0 \qquad \text{à l'extérieur de A}$$

$$\frac{\partial^2\varphi}{\partial x_3^2} = -\frac{(1+\nu)\rho gH}{E} \qquad \text{à l'intérieur de A}$$

$$|x_1|=|x_2|=x_3=\infty$$

$$=0$$

Ces résultats se déduisent de (9) et aussi à partir des équations (10) et 11). D'après le théorème du potentiel, toutes ces nouvelles conditions sont satisfaites par:

$$\varphi = -\frac{(1+\nu)\rho gH}{2\pi E}\iint_A \frac{\theta(\xi_1,\xi_2)}{\frac{1}{2}(r^2+x_3^2)}d\xi_1 d\xi_2 \quad (13)$$

où $r^2=(x_1-\xi_1)+(x_2-\xi_2)^2$ et $\theta(\xi_1,\xi_2)$ est égal à $\frac{\partial\varphi}{\partial x_3}$ le long de $x_3=0$.

Il semble que la solution du problème de base se réduise à la détermination de $\theta(x_1,x_2)$. En pratique, deux approches ont été utilisées afin de déterminer cette fonction.

Tout d'abord, le problème défini par (12) peut être simulé dans une expérience et $\theta(x_1, x_2)$ peut être mesuré de façon directe. C'est ce que l'on appelle l'approche analogique. Des analogues électrolytiques [Salamon & al. (1964)] et électriques [Cook & al. (1966)] ont été construits et décrits en détail. Il a été démontré [Salamon (1964,1964b)] que l'approche analogique peut être étendue afin de traiter les gisements inclinés et les gisements horizontaux se trouvant dans un milieu transversalement isotrope pourvu, et ceci est une restriction générale, que la profondeur de la mine puisse être considérée comme étant infinie.

La seconde approche est numérique et est pratiquement un cas particulier de la méthode générale qui a été exposée plus tôt dans cette section. A partir de (13)

$$\frac{\partial^2\varphi}{\partial x_3^2} = -\frac{(1+\nu)\rho gH}{2\pi E}\iint_A \theta(\xi_1,\xi_2)\times$$

$$\left[\frac{3x_3^2}{(r^2+x_3^2)^{5/2}} - \frac{1}{(r^2+x_3^2)^{3/2}}\right]d\xi_1 d\xi_2,$$

qui après l'avoir substitué dans (12) conduit à l'équation intégrale

$$\iint_A \theta(\xi_1,\xi_2)\frac{1}{r^3}d\xi_1 d\xi_2 = -2\pi \quad \text{à l'intérieur de A} \quad (14)$$

Il est évident que cette équation soit une version simplifiée du système de trois équations donné en (5).

Des programmes pratiques en vue de résoudre la version discrète (14) sont actuellement disponibles [Plewman & al (1969) et Starfield & Fairhurst (1968)]. On notera que Plewman et ses collègues utilisent une approche itérative qui est différente de l'approche directe suggérée en (14). Les auteurs proclament qu'il existe de nombreux avantages numériques à utiliser leur méthode.

On peut donc dire, en résumé, que des méthodes pour trouver la solution de problèmes comprenant des excavations tabulaires ont atteint un stade avancé et peuvent être employées afin de résoudre des problémes pratiques complexes.

3.5. Véritables excavations à trois dimensions

Les méthodes qui sont employées pour trouver la solution de problèmes plans et des excavations tabulaires ont été discutées dans une section précédente de ce chapitre. Bien que le dernier cas induise des distributions qui sont normalement spatiales, les excavations tabulaires représentent malgré tout un cas particulier de l'analyse des contraintes.

Les méthodes disponibles pour calculer les contraintes et les déplacements autour de cavités à trois dimensions souffrent de sérieuses lacunes. Des solutions analytiques sont seulement possibles pour des chambres ayant une géométrie simple, comme par exemple une ellipsoïde. L'usage de techniques numériques,telles que la méthode aux différences finies ou la méthode des éléments finis, est restreint par des limitations pratiques. Ces limitations proviennent du fait qu'il est essentiel pour ces deux méthodes de considérer une grande partie de la masse rocheuse. Par conséquent, la "taille" du problème numérique est, en quelque sorte, une fonction du volume de la masse rocheuse. Ceci signifie que la solution de problèmes réels prend des proportions astronomiques et devient donc impraticable.

L'élasticité linéaire offre une alternative qui est suggérée par le succès de la "face-element method" à l'application d'excavations tabulaires. La superposition de solutions élémentaires connues permet de formuler le problème en fonction de quantités exprimées pour de petits éléments finis se trouvant à la surface limitant l'excavation [Deist & al (1972), (1973)].

En introduisant la méthode, nous ferons tout d'abord l'hypothèse que le milieu considéré est élastique et linéaire, mais nous ne supposerons pas nécessairement que le milieu doit être homogène et isotrope; de plus, le milieu est considéré comme étant continu et s'étendant à l'infini dans toutes les directions. Considérons le cas où il n'y a pas de forces massiques et où le corps est fixé de façon rigide à l'infini. Soit N un nombre arbitraire de points à l'intérieur du corps et appliquons les composantes P_l^j de la fore aux points j. Supposons que la composante u_k^i du déplacement, causé par P_l^j, au point i, soit définie de la façon suivante:

$$u_k^i = h_{k\ell}^{ij} P_l^j \qquad i,j \;\; 1,2,\ldots N \qquad k,\ell \text{ à } 1,2,3 \qquad (1)$$

Dans ce cas-ci et ultérieurement, les exposants se rapportent à la situation du point et les indices aux axes coordonnés.

Représentons les (3Nxl) vecteurs de déplacement et les composantes de la force par U et P, et introduisons la matrice (3Nx3N) $H \equiv [h_{k\ell}^{ij}]$. En utilisant ces notations, la relation (1) peut être généralisée et peut s'écrire sous forme d'équation matricielle:

$$U = HP$$

Les théorèmes de réciprocité et de Clapeyron peuvent alors être utilisés afin de démontrer que H, utilisé en (2), est <u>symétrique</u> et <u>définitivement positif</u>.

Il est évident que la matrice H est complètement déterminée si, dans un milieu infini, les déplacements des points (x_1^i, x_2^i, x_3^i), dus aux composantes des forces P_1^j, P_2^j

et P_3^j appliquées en (x_1^j, x_2^j, x_3^j), sont connus. Par exemple, dans le cas d'un milieu homogène et isotrope, cela correspond au problème qui fut résolu par Lord Kelvin en 1848 [Sokolnifoff (1956)] . Un élément de la matrice correspondante est donné par

$$h_{kl}^{ij} = \frac{1}{8\pi G(\lambda+2G)}[(\lambda+3G)\delta_{kl}+(\lambda+G)\nu_k^{ik}\ \nu_l^{ij}]\frac{1}{r^{ij}} \quad (3)$$

où λ et G représentent les constantes de Lamé et r^{ij} est la distance entre les points i et j. De plus, δ_{kl} représente le symbole de Kronecker et ν_k^{ij} est la composante du vecteur unitaire qui est dirigé depuis i, dans la direction de j.

Nous supposerons qu'à chaque point N, on peut associer une petite surface plane et que cette association est telle qu'elle forme une surface continue. Le milieu compris dans cette surface sera désigné comme étant la région intérieure et son complément sera la région extérieure.

Appliquons une force unitaire P_i^j sur la j-ème surface élémentaire et supposons que les composantes des contraintes induites soient σ_{kr} (k,r= 1,2,3). Supposons que les composantes de la normale unitaire à l'élément i, dans la direction de la région extérieure, soient μ_r^i. De façon correspondante, les composantes de la traction agissant sur cet élément sont $\mu_r^i\ \sigma_{rk}$ où l'index répété représente une sommation. L'intégration de ces tractions sur l'élément i donne des composantes de force qui seront dénotées par a_{kl}^{ij} . Il est important de noter que les composantes a_{kl}^{ij} se rapportent à la <u>région intérieure</u>. Ceci est dû au fait que les tractions, qui ont été intégrées auparavant, agissent sur la surface limitant le corps considéré.

Les composantes de la force b_{kl}^{ij} par rapport à la <u>région extérieure</u> seront évidemment égales mais de signe opposé, en d'autres mots, $b_{kl}^{ij} = - a_{kl}^{ij}$ lorsque $i \neq j$ vu que rien n'est différent dans leur définition si ce n'est le signe des composantes de la normale unitaire.

Introduisons maintenant les matrices de dimensions [3Nx3N]

$$A \equiv \left[a_{kl}^{ij}\right] \quad \text{et} \quad B \equiv \left[b_{kl}^{ij}\right] \quad (4)$$

dans lequelles, bien entendu, A et B se rapportent respectivement aux régions intérieure et extérieure. Afin de déterminer les éléments diagonaux de ces matrices, on considèrera un petit volume qui contient l'élément i et qui le sépare en deux parties. Faisons l'hypothèse que la solution générale qui sera utilisée est telle, qu'à la limite, la moitié se trouvant à l'intérieur de ce petit volume tient compte de la moitié des forces appliquées et que la moitié se trouvant à l'extérieur tient compte de l'autre moitié. Cela signifie que:

$$a_{kl}^{ij} = b_{kl}^{ij} = \frac{1}{2} I_3 \quad (5)$$

où I_3 dénote la matrice d'identité (3x3).

Tenant compte de cela et de la relation mentionnée auparavant lors de la discussion des éléments qui ne sont pas sur la diagonale, on a que

$$A + B = I_{3N} \quad (6)$$

Les figures 3.5.1(a) et 3.5.1(b) illustrent la situation des régions intérieure et extérieure lorsque P_3^j est appliqué. Il est évident que l'on peut considérer la région intérieure de sorte qu'elle exclût P_3^j. Par conséquent, les forces extérieures agissant sur la surface de ce corps, doivent être en équilibre; en d'autres termes, leur résultante doit être égale à zéro. Ceci signifie que la somme des éléments de <u>toutes</u> les colonnes de A doit être nulle, c'est-à-dire que la matrice A est <u>singulière</u>. Tenant compte des relations existant entre A et B en (6), il s'ensuit que la somme des éléments de <u>toutes</u> les colonnes de B est égale à un.

Comme la région extérieure est fixée de façon rigide à l'infini, <u>toute</u> distribution de forces agissant sur la surface limite intérieure doit induire une énergie définitivement positive dans le corps considéré. Ceci signifie que la matrice B est nécessairement <u>non-singulière</u>.

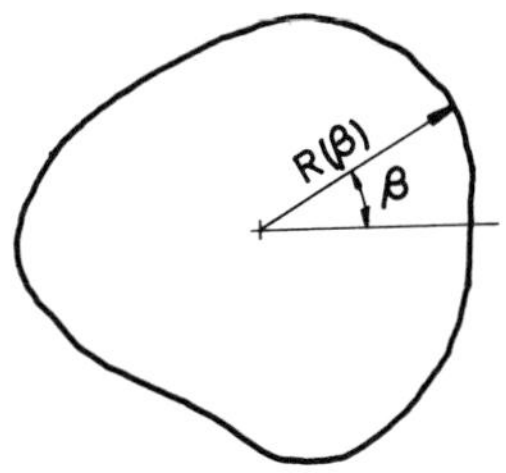

Fig. 3.2.1 Définition d'une section d'un tunnel au moyen du rayon R, fonction β.

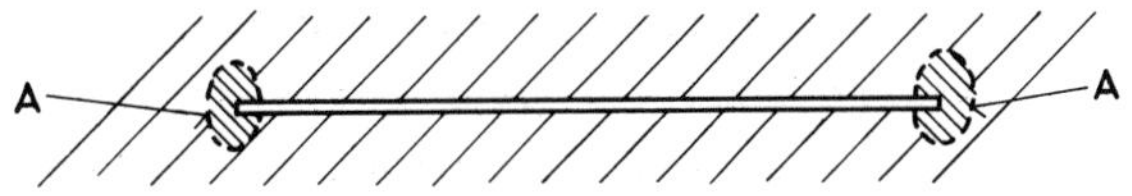

Fig. 3.3.1 Section d'une excavation tabulaire représentant des régions A où les solutions du "type-fente" ne sont pas satisfaisantes.

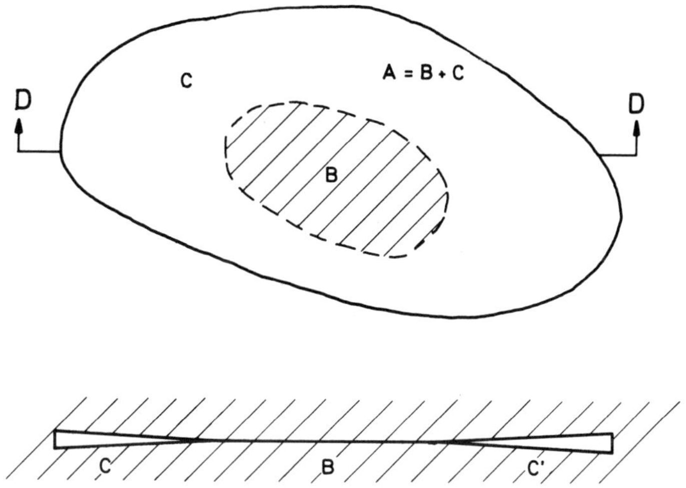

Fig. 3.3.2 Plan et élévation d'un gisement tabulaire ayant une surface totale A. B représente la région de contact tandis que C est la région ouverte.

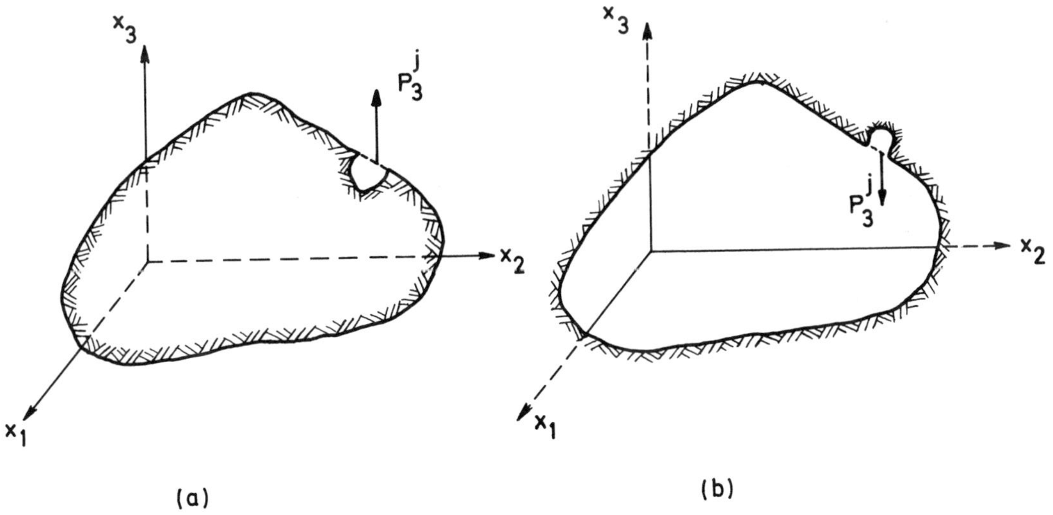

Fig. 3.5.1 Représentation des régions intérieure (a) et extérieure (b).

Il est évident qu'à partir de la définition des régions intérieure et extérieure, ces dernières peuvent être considérées comme étant des corps soumis à deux types de problèmes fondamentaux. Le problème se rapportant à la région intérieure est typique de corps finis ou de structures qui sont soumises à des forces de surface. Le problème se rapportant à la région extérieure correspond à la cavité créée par l'enlèvement de la région entérieure. Bien entendu ce n'est que le second problème fondamental qui sera traité dans ce Rapport, de sorte que la discussion sera limitée à ce problème.

Des problèmes comportant des cavités souterraines peuvent être définis à l'aide des deux équations matricielles suivantes:

$$U = HP \qquad \text{et} \qquad F = BP \tag{7}$$

La première de ces équations est simplement une répétition de (2), tandis que la seconde introduit un vecteur F ayant les dimensions (3Nx1); ce vecteur se rapporte aux forces extérieures agissant sur les éléments de la surface limitant la cavité souterraine.

Lorsque l'on s'occupe de problèmes pratiques, la solution comporte le calcul du vecteur P à partir des conditions aux limites Dès que les éléments de P sont connus, les contraintes ou les déplacements en chaque point de la roche au voisinage des cavités peuvent être calculés en superposant 3N fois la solution générale de Kelvin.

Les conditions aux limites peuvent soit spécifier U, soit spécifier F, soit encore combiner les deux. Les composantes de F sont peut-être spécifiées le plus souvent. Celles-ci sont calculées à partir des contraintes in-situ mesurées à l'endroit où des cavités devront être créées.

Evidemment dans un problème pratique, le nombre d'éléments de surface est important de sorte qu'une inversion immédiate de B ou H est impossible. Une méthode itérative sera donc nécessaire. A cet égard, il est important de noter que les valeurs propres $\varkappa_r$ de B (ainsi que défini dans cette section) sont limitées de sorte que l'on peut écrire que:

$$0 < \varepsilon \leqslant \varkappa_r \leqslant 1, \tag{8}$$

où ε représente la plus petite valeur propre.

Afin de conserver cette présentation simple, toute la discussion sera donnée en termes d'équations matricielles. Dans ce but certaines limites apparaissent en ce qui concerne l'existence des éléments de la diagonale principale de B et de H. Une approche plus rigoureuse aurait été de débuter avec les équations intégrales comme cela a été fait dans la section 3.4 par rapport aux excavations tabulaires, et de former ensuite les équations matricielles. Le résultat final aurait évidemment été identique.

La discussion préalable semble être le tournant de la solution fondamentale contenant une force concentrée à l'intérieur d'un corps élastique infini. Les principes fondamentaux sont cependant plus généraux que ce que cette association laisse entrevoir. D'autres solutions fondamentales seront certainement meilleures lorsque des problèmes typiques nécessiteront une solution. En fait, la façon de résoudre les excavations tabulaires dans les sections 3.3 et 3.4 devrait être regardée comme étant une solution particulière de l'approche générale décrite dans cette section.

Les résultats donnés dans cette section sont ceux obtenus par Deist & al (1973). Dans le rapport original, la discussion est plus détaillée, spécialement en ce qui concerne les considérations se rapportant aux solutions numériques. A partir de cette discussion, il est évident que les solutions comportant plusieurs milliers de surfaces élémentaires sont accessibles.

3.6. Problèmes comportant de la roche visco-élastique

Dans les sections précédentes de ce chapitre, on a toujours fait l'hypothèse que la roche était une masse élastique et linéaire. Avant de quitter le sujet de l'analyse des contraintes se rapportant aux problèmes des cavités souterraines, il me semble essentiel d'étendre cette discussion aux milieux dont le comportement est une fonction de temps mais qui, malgré tout, conservent un caractère essentiellement linéaire. Un tel matériau, d'après la terminologie de Volterra, obéit à la loi héréditaire linéaire et est couramment désigné comme étant un milieu visco-élastique [Fung (1965), pp 21, 412]. La discussion sera présentée ici de façon concise et pour plus de détails, le lecteur se réferrera à J.&C. (pp 292-309) et Fung (1965) (pp 20-29, 412-433).

La loi de Hooke, pour un milieu élastique et isotrope, peut s'écrire de la façon suivante:

$$s_{ij} = 2Ge_{ij} \qquad i,j = 1,2,3 \qquad (1)$$

$$s = 3Ke \qquad (2)$$

Dans ce cas-ci G et K sont respectivement le module de cisaillement et le module global. De plus s_{ij} et e_{ij} représentent les composantes de la contrainte et de la déviation d'élongation. (J.& C. pp 32,44). Dans ces équations, le groupe (1) se rapporte à la distortion alors que la relation (2) se rapporte à la compression hydrostatique; chacune de ces relations ayant son propre module d'élasticité.

Pour une grande partie du domaine visco-élastique des matériaux, les relations contrainte-élongation peuvent être représentées par des équations différentielles de la forme

$$f(D)s_{ij} = 2g(D)e_{ij}, \qquad (3)$$

$$f_1(D)s = 3g_1(D)e \qquad (4)$$

où $f(D)$, $f_1(D)$, $g(D)$ et $g_1(D)$ sont des polynones en D et D représente l'opérateur différentiel par rapport au temps.

Afin de résoudre les problèmes qui débutent au temps-zéro, c'est-à-dire pour $t = 0$ où les conditions sont initiales, la transformée de Laplace de (3) et (4) peut être calculée, et peut s'écrire:

$$f(\varphi)\bar{s}_{ij} = 2g(\varphi)\bar{e}_{ij} \qquad (5)$$

$$f_1(\varphi)\bar{s} = 3g_1(\varphi)\bar{e} \qquad (6)$$

Dans ce cas-ci les symboles "barrés" représentent la transformée de Laplace et φ est la variable de transformation. On observera que ces relations sont identiques à (1) et (2), pourvu que G & K soient remplacés respectivement par $g(\varphi)/f(\varphi)$ et $g_1(\varphi)/f_1(\varphi)$ Cette analogie suggère qu'une certaine classe de problèmes d'analyse de contraintes dans les corps visco-élastiques puisse être résolue en prenant la transformée de Laplace inverse de la solution élastique du même problème, après avoir remplacé G et K respectivement par $g(\varphi)/f(\varphi)$ et $g_1(\varphi)/f_1(\varphi)$ et après avoir remplacé les contraintes (ou les déplacements) appliquées par leur transformée de Laplace. Cette méthode utilisant les solutions élastiques afin d'obtenir des solutions de problèmes visco-élastiques est couramment dénommée comme étant le <u>principe de correspondance</u> [J. & C. pp 304-309; Fung (1965) pp 421-429] .

L'applicabilité du principe de correspondance aux problèmes de la mécanique des roches est très limitée. Ceci est dû au fait que ce principe ne peut, en général, être utilisé dans des situations où la forme, la dimension ou le nombre d'excavations souterraines changent temporellement. Vu que de telles variations sont inévitables lors de la création d'excavations souterraines, il semble que ce principe ne peut s'appliquer à cette classe de problèmes. Heureusement, il existe une sous-classe de situations pour lesquelles le principe de superposition s'applique de sorte qu'il peut en fait être utilisé pour résoudre des problèmes relatifs à l'élargissement de cavités souterraines.

Il est bien connu [Timoshenko (1951) p. 120; Muskhelishvili (1963) pp 160-161] que la distribution des contraintes est indépendante des constantes d'élasticité <u>dans un problème plan</u> pourvu que les forces massiques soient nulles et que les forces appliquées soient en équilibre à la surface de chaque cavité.

On a démontré dans la section 2.1 que

le système de contraintes induites par la création de cavités est libre de forces massiques et, au cas où les excavations sont à grande profondeur, une petite erreur peut être introduite en faisant l'hypothèse que la résultante des forces induites le long de la surface de chaque cavité est égale à zéro. Donc, lorsque les excavations sont telles qu'une solution plane est acceptable, il s'ensuit que la distribution des contraintes est indépendante des propriétés de la roche. S'il en est ainsi, le principe de correspondance assure que la distribution des contraintes reste inchangée dans le temps pourvu que les excavations soient créées soudainement dans la roche vierge et qu'elles restent inchangées.

En pratique les excavations sont normalement créées par petits pas. Supposons que la solution élastique correspondant au premier stade soit connue. La dérivation précédente de la solution visco-élastique correspondante, due à la création soudaine au temps τ_1 de l'excavation, ne présente aucun problème, du moins en principe. Il est évident que la distribution des contraintes est dérivée de façon à ce qu'elle soit indépendante du temps lorsque les excavations sont planes.

Faisons l'hypothèse que le second stade dans le développement de l'excavation se passe au temps τ_2 et que la solution élastique correspondant à cette nouvelle géométrie soit également connue. Le principe de correspondance donnera à nouveau la solution visco-élastique à partir de la solution élastique pourvu que le sol soit rétabli dans son état vierge immédiatement avant que la seconde solution ne soit appliquée. Afin de rétablir cette restauration, la solution visco-élastique correspondant à la première géométrie doit être superposée à la masse rocheuse en prenant des signes opposés pour $\tau = \tau_2$. En utilisant une série de superpositions négatives et positives, la solution visco-élastique, correspondant à n'importe quelle stade dans la variation de la géométrie, peut être obtenue. Il est certain qu'une telle méthode pour obtenir la solution peut être appliquée uniquement parce que la distribution des contraintes reste inchangée durant ces variations de géométrie.

Il est relativement aisé de dériver les déplacements correspondant aux développements de cavités "par étapes". Nous ferons l'hypothèse que la composante du déplacement en un certain point de la masse rocheuse est donnée par

$$u = F_1[\ell_1, (t-\tau_1)] \qquad \tau_1<t<\tau_2$$

dans le cas de la première géométrie. Dans ce cas-ci, F_1 représente une certaine fonction et ℓ_1 est une certaine dimension linéaire critique dans le cas de la première géométrie.

En utilisant la méthode de superposition décrite auparavant, cette même composante du déplacement, après la seconde étape, sera donnée par:

$$u = F_1[\ell_1,(t-\tau_1)]-F_1[\ell_1,(t-\tau_2)]+F_2[\ell_2,(t-\tau_2)]$$

dans le cas où $\tau_2<t<\tau_3$

lorsque l'on a effectué n étapes, on obtient

$$u = \sum_{i=1}^{n-1} \{F_i[\ell_i,(t-\tau_i)-F_i[\ell_i,(t-\tau_{i+1})]\}$$

$$+ F_n[\ell_n,(t-\tau_n)]$$

Cette expression est valable pour l'intervalle de temps $\tau_n<t<\tau_{n+1}$.

Un cas particulier de (7) s'obtient lorsque la forme fondamentale et le nombre d'excavations ne changent pas, mais lorsque les dimensions des excavations augmentent de façon continue. Dans ce cas-là, $F_1 = F_2 = F_i = F$ et un des termes dans la sommation (7) peut s'écrire de la façon suivante:

$$F[\ell,(t-\tau)]-F[\ell,(t-\tau-\Delta\tau)] \simeq \frac{\partial F[\ell_1(t-\tau)]}{\partial(t-\tau)} \Delta\tau$$

En utilisant ce résultat, le déplacement donné en (7) peut maintenant s'écrire comme étant une fonction continue. Supposons que le sol n'est pas dérangé pour t<0, que les excavations sont agrandies pendant la période $0<t<t_m$ et qu'elles ne changent plus

pour $t>t_m$. Les expressions correspondantes pour le déplacement sont données par

$$
\begin{aligned}
&t < 0 && u = 0 \\
&0 < t < t_m && u = F[\ell(t),0] + \int_0^t \frac{\partial F[\ell(\tau),(t-\tau)]}{\partial(t-\tau)}\, d\tau \\
&t_m < t && u = F[\ell_m,(t-t_m)] + \int_0^{t_m} \frac{\partial F[\ell(\tau),(t-\tau)]}{\partial(t-\tau)}\, d\tau
\end{aligned}
\tag{8}
$$

où ℓ_m représente la valeur maximum de ℓ.

Les applications du principe de correspondance et sa généralisation peuvent être illustrées au moyen d'un exemple. Afin d'accomplir cela, on fera l'hypothèse que le sol se comporte comme une substance généralisée de Kelvin en ce qui concerne les déformations et reste élastique lors d'une compression hydrostatique, J. & C. (p. 301).

La relation contrainte-élongation pour une telle substance peut s'écrire

$$(t_o D+1)\ s_{jk} = 2(G_i t_o D+G_r) e_{jk} \qquad j,k = 1,2,3 \tag{9}$$

$$s = 3Ke,$$

où K représente le module global, G_i et G_r sont les modules de cisaillement instantané et à long terme ($G_r < G_i$) et t_o est un certain terme de relaxation du modèle. En comparant ces relations avec les définitions en (3) et (4), il est évident que

$$
\begin{aligned}
f(D) &= t_o D+1, & g(D) &= G_i t_o D+G_r \\
f_1(D) &= 1, & g_1(D) &= K
\end{aligned}
\tag{10}
$$

Comme un premier exemple d'application de ces résultats donnés dans cette section, on déterminera les déplacements radiaux induits dus à la création soudaine d'un puit d'aération circulaire ou d'un tunnel de rayon R. La solution élastique correspondante est donnée par

$$u(r) = \frac{qR^2}{2Gr}, \tag{11}$$

où G représente le module de cisaillement, q est la grandeur de la contrainte vierge et r est un rayon quelconque.

Basé sur le principe de correspondance, la transformée du déplacement peut s'écrire

$$\bar{u}(r,\varphi) = \frac{q}{2}\frac{R^2}{r}\frac{t_o\varphi+1}{p(G_i t_o\varphi+G_r)},$$

ce qui, après inversion, devient:

$$u(r,t) = \frac{qR^2}{2G_r r}[1 - (1-G_r/G_i)\exp(-G_r t/G_i t_o)] \tag{12}$$

D'après (8), les résultats correspondants peuvent être obtenus dans le cas où le rayon du tunnel est augmenté de façon constante de zéro à R_m, pendant la période $0 < t < t_m$. En passant sous silence les détails de la dérivation, les résultats obtenus peuvent s'écrire:

$0 < t < t_m$

$$u(r,t) = \frac{qR^2}{2G_r r}\{1 - \frac{2G_i t_o}{G_r t}(1-G_r/G_i)[1 - \frac{G_i t_o}{G_r t} + \frac{G_i t_o}{G_r t}\exp(-G_r t/G_i t_o)]\} \tag{13}$$

$t > t_m$

$$u(r,t) = \frac{qR_m^2}{2G_r r}\{1- \frac{2}{\psi}(1-G_r/G_i)[(1-\frac{1}{\psi})e^{\Psi} + \frac{1}{\psi}]\exp(- G_r t/G_i t_o)\}, \tag{14}$$

ou

$$\psi = \frac{G_r t_m}{G_i t_o} \tag{15}$$

IV. PRINCIPES GOUVERNANT LES SUPPORTS DES CAVITES

4.1 But et Classement des Supports

Chaque fois que l'on construit ou que l'on élargit une cavité souterraine, des questions se posent concernant les supports. Bien que l'on ait publié plus au sujet des types de support que probablement dans n'importe quel autre domaine en mécanique des roches, il en résulte néanmoins de très lents progrès. Les ingénieurs des mines et les ingénieurs des constructions civiles se basent encore largement sur l'expérience afin de choisir un système de supports.

Les buts du support sont, premièrement, d'assurer la sécurité des personnes se trouvant dans la cavité pour des raisons quelconques, deuxièmement, de garantir que la cavité puisse remplir la fonction pour laquelle elle fut construite et, finalement, si la cavité a été construite pour transporter des fluides, d'améliorer son rendement en tant que conducteur de fluide.

Dans les exploitations minières, il est certain qu'une grande proportion du volume de toutes les extractions serve à extraire des minerais précieux. Ces excavations "productives" ont une existence pratique relativement courte puisque leur utilité se termine presqu'immédiatement après l'épuisement des minéraux. Des problèmes de contrôle surviennent fréquemment, dus à la dimension, à la complexité et à la position relative de chacune de ces excavations. De plus, comme les mineurs s'occupent la plupart du temps à extraire des minerais, l'avant-projet des supports des excavations productives réclame une étude soignée dans la plupart des entreprises minières. Le support employé dans ces circonstances doit être simple, robuste, effectif et bon marché. Ces exigences sont habituellement remplies en utilisant soit des supports naturels, c'est-à-dire des pilliers, ou bien encore des matériaux qui, en vrac, sont relativement bon marchés et aisément transportables, comme par exemple, les refus du processus métallurgique utilisé comme remplissage, ou en introduisant un système mobile assez élaboré pouvant assister l'extraction de grandes quantités de minerais. Evidemment, d'autres supports immobiles sont aussi employés et, à l'occasion sont abandonnés de façon permanente dans la région minée. Des exemples typiques de ce dernier type sont les poutres en bois, les cales ou les boulons.

Il est évident que le choix actuel du système de support dépendra de beaucoup de facteurs, telles que la disponibilité des matériaux, l'économie, etc.., mais les considérations concernant le choix final doivent être basées soit sur l'expérience de situations minières identiques, soit sur les principes de la mécanique des roches.

En plus des excavations productives, il existe des puits, des tunnels de service et diverses chambres dans une mine souterraine. En principe, il n'apparaît pas exister de différence essentielle dans les problèmes de support pour celles-ci et les excavations correspondantes dans le domaine du génie civil. Toutefois, en pratique, il y a de nombreuses différences. Pour n'en citer seulement que quelques-unes, la plupart des constructions du génie civil sont permanentes (p. ex. chemin de fer souterrain, tunnels hydrauliques, etc...) tandis que les excavations minières sont temporaires, bien qu'évidemment, certains puits, tunnels et chambres procurent des services depuis plusieurs décades. Les excavations du génie civil servent souvent au public, tandis que les excavations minières ne sont utilisées que par les mineurs. C'est pourquoi, il n'est pas surprenant qu'il existe plus de standards précis dans le cas du génie civil que pour les constructions minières.

Une autre importante différence provient du fait que la plupart des constructions réalisées par les ingénieurs civils sont construites dans un sol vierge, de sorte qu'une fois que le travail est accompli, des changements ultérieurs ne sont pas susceptibles d'apparaître dans les contraintes in-situ. Contrairement à ceci, le nombre, la dimension et la position relative des excavations changent continuellement dans le cas d'une mine. Dès lors, les contraintes existant aux endroits où les excavations sont construites,sont peut-être, et très souvent différentes de la contrainte originelle. De plus, la contrainte in-situ va vraisemblablement se modifier de façon radicale dû aux excavations ultérieures. Il est donc nécessaire d'essayer de prédire la variation dans les contraintes in-situ durant la période de service de l'excavation.

Les supports peuvent être classifiés de différentes façons. La distinction la plus fondamentale est celle existant peut-être entre les supports de protection et ceux de renforcement.

La construction souterraine est la plus économique si le meilleur usage est accordé aux qualités du support propre à la roche entourant les cavités. Dans un grand nombre de cas, on constate que les propriétés de résistance de la roche sont telles qu'aucune fissure n'est supposée apparaître, comme résultat des contraintes totales existantes. Néanmoins, souvent lorsqu'une excavation est laissée sans support dans de telles situations, les conditions se détériorent graduellement et éventuellement des ruptures dans la roche peuvent se produirent. Cette détérioration est due soit à la 'désagrégation', qui est un effet chimique et physique dû aux variations d'humidité et/ou d'oxydation, soit au relâchement de la roche laminée ou jointive. Le relâchement de la roche est généralement induit par les vibrations dues aux explosions, par la désagrégation ou par les déformations temporelles. Dans ce type de situation, un support qui protège la face de la roche exposée des changements d'humidité, d'oxydation et des relâchements superficiels, peut être très effectif. Il est évident, qu'un tel support ne possède pas de force structurelle, de sorte qu'il ne produit pas d'effet direct de renforcement; cependant, sa fonction principale est de protéger.L'utilisation de plus en plus extensive de mortier est un très bon exemple de ce gence de support.

Lorsque les contraintes totales sont élevées considérant la résistance de la roche, ou, lorsque la roche est formée de blocs dus à la présence des joints bien développés ou si elle est fortement laminée, ou si pour une raison quelconque le déplacement de la face rocheuse est supposé devenir excessif, il en résulte, que certaines ou l'entièreté des surfaces limitant l'excavation devront être supportées en vue de former le renforcement pour la roche. L'avant-projet de tels supports de renforcement recourt à l'ingénuité des ingénieurs du génie civil et des ingénieurs des mines.

L'effet de renforcement des supports est fortement corrélatif à leur résistance à la déformation. En général, la réaction du support augmente avec la déformation imposée par la roche environnante. Il est souvent avantageux d'induire une bonne partie de la réaction du support immédiatement après l'installation. Ceci est réalisé par la précontrainte du support, en vue d'induire presque instantanément la réaction du support.Ceci est fait traditionnellement en enclavant des poutres en bois ou des charpentes. L'appui hydraulique et le boulon sont des exemples plus récents de la même idée. Les supports qui sont ou ne sont pas précontraints dans ce sens sont généralement définis comme étant respectivement des supports actifs et passifs.

Presque tous les supports employés dans les cavités sont des structures qui sont situées complètement entre les parois de l'excavation. Elles exercent leur action de support en imposant un système de forces équilibrées par la surface de la roche, à condition que le poids du support puisse être négligé. Une ingénieuse exception à cette règle est le cas des boulons. La force de support exercée par cette méthode, du moins lorsqu'elle est appliquée conventionnellement, se développe entre le point d'ancrage, qui se trouve à l'intérieur de la roche, et l'extrémité précontrainte qui se trouve à l'orifice du trou. En analysant l'effet des supports conventionnels, uniquement le déplacement des parois de la cavité devra donc être considéré. Par contre, l'action du support ou des boulons est fonction du déplacement relatif de la roche entre les deux extrémités du boulon.

Finalement, un genre particulier de support, le support déformable demande une attention spéciale. Dans des conditions particulièrement difficiles, lorsque de grands déplacements sont craints, il est avantageux d'employer un support qui fléchira au moment où sa résistance atteindra une valeur prédéterminée. Lorsque la densité et la limite de plasticité du support sont choisies correctement, les parois de l'excavation vont se déformer de manière contrôlée , en évitant les charges trop importantes pour support ou en endommageant la roche aux points de contact. Les appuis hydrauliques ou de friction ou encore les différents types d'arcs déformables en acier sont des développements modernes de ce principe. Notons toutefois que le principe des supports déformables a été connu depuis longtemps par les mineurs. Le support pointu en bois en est un exemple bien connu.

4.2. La roche et le support comme structure statiquement indéterminée

L'avant projet des supports pour une excavation est rendu difficile du fait que la structure,composée du support et de la roche environnante, est en général statiquement indéterminée; c'est-à-dire que la charge agissant sur le support est déterminée par les déformations des deux composantes de la structure. Le support ne sera pas contraint à moins que la masse rocheuse ne subisse des déformations après l'installation du support. Les seules exceptions significatives à cette règle sont la pression hydraulique qui peut agir sur la paroi de certaines cavités et le poids de certains amas de roches complètement fracturées situées au toit de l'excavation et qui peuvent charger le support. Dans tous les autres cas que l'on peut se rappeler, la charge peut être déterminée uniquement en considérant les déformations induites.

Ce principe est démontré au moyen du simple modèle mécanique représenté dans la fig. 4.2.1. On y représente deux poutres continues, chacune étant supportée à ses extrémités, la supérieure étant chargée par une quelconque pression extérieure uniforme. Le contact entre les poutres est établi au moyen d'un nombre de blocs intercalés.

Il est facile de voir que la poutre inférieure sera chargée uniquement lorsque la charge extérieure cause certaines déformations dans la poutre supérieure et lorsque les blocs intercalés transmettent une force quelconque à la poutre de support inférieure. La charge sur la poutre supérieure augmentera s'il existe une quelconque combinaison des étapes suivantes:

(i) la charge extérieure est augmentée.

(ii) la poutre supérieure est rendue plus flexible.

(iii) les blocs de contact sont rendus plus rigides.

(iv) la poutre inférieure est rendue plus rigide.

Il est évident que l'inverse de ces résolutions amènera une réduction de la charge agissant sur la poutre inférieure.

L'analogie de ce modèle avec la situation souterraine devient évidente lorsque la poutre supérieure est identifiée avec la roche environnante, la poutre inférieure avec le support et les blocs qui établissent le contact entre la roche et le support.

Afin d'établir l'analogie de façon un peu plus quantitative, faisons l'hypothèse que l'équation constitutive de la roche soit linéaire, que les composantes des déplacements de la surface de l'excavation non-supportée soit représentée par u et que la résistance du support puisse être décrite par une seule force p. Une telle situation correspondrait à la force d'un seul support ou à la pression s'exerçant sur la paroi d'un tunnel circulaire se trouvant dans un champ de contraintes hydrauliques. Supposons que les déplacements de la paroi de l'excavation dus à la pression p soit F(p), du support f(p) et des blocs intercalés g(p). Afin de déterminer la résistance du support on écrira que

$$[u - F(p)] - f(p) = g(p) \qquad (1)$$

la solution de cette équation donne la charge au support ou la résistance du support. Dans le cas de situations plus réalistes où il existe beaucoup de supports et de nombreux points de contact, la solution est définie par un système d'équations simultanées.

Malheureusement il n'y a que peu de cas où le système d'équations décrit en (1) a été résolu. La plus grande difficulté à cet égard est introduite par la composante [u-F(p)] qui décrit le déplacement de la surface de l'excavation. Vu que cette composante est influencée par les contraintes in-situ, par les propriétés de la roche, par la variation de l'humidité, par l'effet de l'air, etc..., il y a beaucoup de difficultés pratiques à choisir un modèle décrivant cette composante de façon satisfaisante. C'est la raison pour laquelle, particulièrement dans le génie civil, on a proposé plusieurs formules qui donnent le chargement du support indépendemment du support. Celle qui fut le plus couronnée de succès a été proposée par Terzaghi et Protodyakonov dans le cas de l'estimation de la pression rocheuse s'exerçant sur les parois du tunnel [Szechy (1966), pp 202-205; 213-217].

Sans aucune intention de discréditer ces formules on doit toutefois noter qu'elles ne peuvent être considérées que comme des essais pour fournir une limite supérieure pratique pour la valeur de la pression agissant sur les parois. Leur succès dépend de ce qu'elles représentent ou non un compromis acceptable entre la sécurité et l'économie. Il est espéré que des progrès en mécanique des roches developpera une théorie plus saine mais en même temps une méthode pratique pour déterminer les supports

4.3. <u>Quelques considérations pratiques</u>

Bien qu'il n'existe pas de méthode rigoureuse dans la plupart des cas afin de déterminer le minimum mais aussi la dimension suffisante du support souterrain, le mécanisme de base gouvernant le chargement du support est raisonablement bien connu. Lorsque le problème se pose de calculer les supports, il est essentiel de considérer un certain nombre de facteurs. Ces facteurs comportent:

(i) la qualité et les propriétés de la roche avoisinante (résistance, déformation, dépendance du temps, effet de l'air);
(ii) plans de faiblesses géologiques, joints, plans de stratification;
(iii) conditions hydrologiques;
(iv) le champ des contraintes vierges, y compris les forces tectoniques;
(v) les contraintes in-situ qui se développent comme résultat de la présence d'autres cavités aux environs;
(vi) la contrainte totale existant autour de la cavité non-supportée;
(vii) les variations futures dans le champ des contraintes qui se développent comme résultat des nouvelles excavations dans les environs;
(viii) la variation des déformations dans le temps;
(ix) le but de la cavité.

Dans plusieurs cas, il est avantageux de débuter l'évaluation par l'analyse de la distribution des contraintes autour de l'excavation. Si l'on ne dispose pas d'un modèle plus réaliste, cette analyse peut se faire en se basant sur l'élasticité. Une comparaison entre les contraintes résultantes et les propriétés de résistance de la roche fournit une indication quant à la rupture que l'on peut opérer autour de l'excavation. La distribution des contraintes, lorsqu'elle est examinée du point de vue de la distribution des plans de faiblesses géologiques, révèlera si des ruptures dues à des détachements peuvent se produire. Dans ce cas-ci la méthode d'excavation est très importante en ce sens que l'usage d'explosifs aura tendance à élargir et à activer les joints existants et peut par conséquent induire des fractures additionnelles. L'analyse préliminaire devrait donner une idée globale quant à la grandeur des déplacements des parois de l'excavation. La grandeur des déplacements a une grande influence sur le type de support qui peut être utilisé.

Avant qu'une décision finale ne puisse être faite concernant le support, les variations futures causées par la plasticité de la roche et aussi par les excavations futures dans l'entourage ainsi que les effets internes ou externes possibles de la part de la pression de fluides, doivent être pris en considération. L'écoulement de fluides dans la roche peut avoir d'autres influences (voir section 2.4), la plus importante de celles-ci dans le cas d'argiles ou de roches argileuses décomposées est peut être le gonflement qui peut conduire à des pressions importantes d'une manière qui n'est pas différente des contraintes thermiques résultant de variations de température.

Dans toutes ces considérations, on doit tenir compte du but de la cavité du point de vue technique et économique. Naturellement l'effort et le coût du support doivent être en relation avec l'économie générale du projet.

Avant de quitter ce bref résumé d'un sujet très difficile, on doit mentionner le fait qu'il existe probablement plus de problèmes avec les supports du fait de l'installation tardive du support. On ne pourrait souligner assez que le temps et l'efficacité de l'installation peuvent éliminer beaucoup de problèmes et peuvent améliorer de façon générale les conditions. Un support est bien installé lorsque tout déplacement futur de la roche augmente la résistance du support. Si ce n'est pas le cas le support ne jouera son rôle de façon utile que lorsque la déformation aura atteint le point où elle pourra être supportée par le support.

V. ETUDE DES CAVITES ISOLEES

5.1 Prédiction du comportement de la roche entourant l'excavation

Une excavation est dite isolée au sens propre à ce chapitre,si il n'y a pas d'autres cavités suffisamment rapprochées pour influencer de façon considérable les conditions existant autour de l'excavation considérée. Si tel est le cas, les conditions aux environs de l'excavation seront uniquement influencées par les changements induits par la création de l'excavation elle-même.

L'avant-projet d'une excavation devrait inclure quatre paramètres fondamentaux: l'emplacement, la dimension, la forme et le support. D'habitude une excavation est tout d'abord conçue en se basant sur le fait qu'elle devrait remplir son rôle de façon optimale, en d'autres mots, son emplacement, ses dimensions et sa forme devraient être idéales, par exemple pour loger des turbines ou encore pour conduire l'eau d'irrigation, etc... L'avant-projet est ensuite examiné du point de vue mécanique des roches afin de voir si des problèmes importants sont à prévoir lors de l'exécution du projet, auquel cas le projet sera modifié afin d'arriver à un compromis entre la solution idéale et la solution possible.

L'étude du point de vue mécanique des roches peut révéler plusieurs points:

(i) pas de problèmes en ce qui concerne la stabilité du toit vu que la valeur des contraintes totales est faible comparée à la résistance de la roche; de plus, la roche est massive et ne contient pas de joints;

(ii) les contraintes totales ne dépassent pas la résistance de la roche mais cette dernière est laminée fissurée ou contient des joints; de sorte qu'un relâchement peut survenir et peut engendrer des éboulements et des ruptures plus importantes que celles qui sont désirées.

(iii) les propriétés physico-chimiques de la roche sont telles qu'elle est sensible aux intempéries et qu'un certain gonflement est à craindre;

(iv) la résistance de la roche est moindre que la contrainte totale de sorte que la roche se brise et que de grands déplacements peuvent être enregistrés.

D'après la condition (ii), il est primordial de contrôler l'abattage à l'explosif afin de réduire les dégâts à un minimum. Celles-ci sont les conditions qui prévalent lorsque de grands progrès sont atteints après l'introduction de machines remplaçant l'emploi d'explosifs et par l'installation judicieuse des supports. Dans de telles situations, on ne cherche pas à obtenir une grande résistance de la roche, on espère en effet relier les différents blocs ou stratifications avant qu'ils ne se détachent suffisamment et deviennent instables. Il arrive fréquemment que les conditions (ii) et (iii) apparaissent simultanément.Dans un tel cas, il faut également utiliser des supports protecteurs. Si un gonflement de la roche peut être espéré, il pourrait être avantageux de reconsidérer l'emplacement de l'excavation. La condition (iv) se réalisera soit à grande profondeur, soit dans une roche décomposée et non-consolidée.

5.2. Avant-projet de supports dans le cas d'un sol visco élastique

Lorsque la roche obéit une loi contrainte-déformation qui est linéaire, il est avantageux d'utiliser le principe de superposition afin de déterminer les charges agissant sur les supports. Supposons que le déplacement causé par une quelconque force extérieure

$$p(t) = \begin{cases} 0 & t < 0 \\ 1 & t > 0 \end{cases} \qquad (1)$$

en un point d'un corps visco-élastique soit $f(t)$. Le déplacement causé par un accroissement instantané de la charge $p(o)$ au temps $t = 0$ et $dp(t)=p'(t)dt$ au temps $t = \xi$ est donné par

$$p(0)f(t), \qquad 0 < t < \xi$$

$$p(0)f(t)+f(t-\xi)dp \qquad (2)$$
$$= p(0)f(t) + f(t-\xi)p'(\xi)d\xi \quad t > \xi$$

Par conséquent, le déplacement u(t) dû à une charge constamment variable p(t) peut s'exprimer de la façon suivante:

$$u(t) = p(0)f(t) + \int_0^t f(t-\xi)p'(\xi)d\xi \qquad (3)$$

ou après avoir intégré par parties,

$$u(t) = f(0)p(t) + \int_0^t p(\xi)f'(t-\xi)d\xi \ . \qquad (4)$$

Ce résultat est identique à celui donné par Jaeger & Cook (p. 303), excepté pour le fait que le premier terme n'a pas été mentionné dans leur livre.

Afin d'illustrer les principes de cette méthode pour la détermination des charges au support, faisons l'hypothèse que l'effet du support peut être décrit par une seule quantité p(t). Supposons que les déplacements induits, dans le cas de la cavité non supportée, par les contraintes in-situ q, soient qg(t). Supposons maintenant qu'au temps $t=t_a$ un certain support soit installé et qu'il exerce une pression p à la surface de l'excavation. Le déplacement résultant de la surface de l'excavation est alors:

$$u(t) = qg(t)-f(0)p(t-t_a) - \int_{t_a}^{t} p(\xi-t_a)f'(t-\xi)d\xi, \qquad (5)$$

expression qui est basée sur (4). Il est intéressant à ce stade-ci d'introduire les relations suivantes:

$$t = \tau + t_a, \qquad \xi = \psi + t_a, \qquad (6)$$

ce qui conduit à:

$$u(\tau+t_a) = qg(\tau+t_a) - f(0)p(\tau) - \int_0^\tau p(\psi)f'(\tau-\psi)d\psi \ . \qquad (7)$$

D'après les conditions aux limites exprimées en (4.2.1), si le support et la roche sont en contact intime, alors les déplacements doivent satisfaire la relation suivante:

$$[u(\tau+t_a)-u(t_a)]-[u_s(\tau)-u_s(0)]=0 \qquad (8)$$

où le second terme entre crochets, c'est-à-dire $[u_s(\tau)-u_s(0)]$ représente la déformation du support <u>après</u> son installation. Dans le cas de supports passifs, on a bien entendu $u_s(0) = 0$

Considérons maintenant

$$F(\tau,t_a) = g(\tau+t_a) - g(t_a) \qquad (9)$$

et

$$u_s(\tau) = \beta p(\tau) \qquad (10)$$

où β est un facteur de proportionnalité qui dépend des dimensions et des propriétés élastiques du support. En utilisant ces notations ainsi que le résultat donné en (7), les conditions aux limites (8) peuvent s'écrire:

$$\beta[p(\tau)-p(0)] = qF(\tau,t_a) - f(0)[p(\tau)-p(0)] - \int_0^\tau p(\psi)f'(\tau-\psi)d\psi \qquad (11)$$

En prenant alors la transformée de Laplace des deux membres de l'équation,

$$\beta[\bar{p}(\varphi)-\frac{1}{\varphi}\,p(0)] = q\bar{F}(\varphi,t_a) + \frac{1}{\varphi}\,f(0)p(0) - \varphi\bar{p}(\varphi)\bar{f}(\varphi). \qquad (12)$$

Pour obtenir ce résultat, on a utilisé le théorème de convolution [Jaeger (1961) p. 90]. Il suffit à présent de résoudre (12) dans le cas de la transformée de la charge au support

$$\bar{p}(\varphi) = \frac{q\varphi\bar{F}(\varphi,t_a)+[\beta+f(0)]p(0)}{\varphi[\beta+\varphi\bar{f}(\varphi)]} \qquad (13)$$

L'inverse de la transformée de cette expression donne la formule générale pour la charge au support dans le cas des systèmes de support caractérisés par un seul paramètre. Dans des situations plus complexes, le raisonnement est le même mais au lieu de (12) nous obtenons un système d'équations contenant les transformées des forces (ou contraintes) au support comme inconnues.

Afin d'illustrer l'application de (13) nous allons dériver la charge appliquée aux supports d'un tunnel circulaire dans un champ hydrostatique, en supposant que le comportement de la roche puisse être décrit par le modèle généralisé de Kelvin, Section

3.6. A partir des résultats donnés en 3.6 (12)

$$g(t) = f(t) = \qquad (14)$$

$$\frac{R}{2G_r} [1-G_r/G_i)\exp(-G_r t/G_i t_o)],$$

ce qui, en tenant compte de (9), peut s'écrire:

$$F(\tau, t_a) = \frac{R}{2G_r} (1-G_r/G_i)\exp(-G_r t_a/G_i t_o) \qquad (15)$$

$$x\ [1-\exp(-G_r \tau/G_i t_o)]$$

où R est le rayon du tunnel. En utilisant alors les transformées

$$\bar{F}(\varphi, t_a) = \frac{R}{2G_r} (1-G_r/G_i)$$

$$x\ \exp(-G_r t_a/G_i t_o)[\frac{1}{\varphi} - \frac{1}{\varphi+G_r/G_i t_o}] \qquad (16)$$

$$\bar{f}(\varphi) = \frac{R}{2} \frac{t_o\varphi+1}{\varphi(G_i t_o\varphi+G_r)} \qquad (17)$$

et en les remplaçant dans (13), on obtient la transformée de la charge au support. Dans le but d'abréger, ces expressions ne sont pas données ici.

Le déplacement de la surface extérieure du support est donné par [J. & C. P. 128]

$$u_s(\tau) = \frac{(1-2\nu_s+k^2)R_o}{2(1-k^2)\ G_s} p(\tau) \qquad (18)$$

où ν_s et G_s représentent respectivement le module de Poisson et le module de rigidité du support et où

$$k = R_i/R_o \qquad (19)$$

Dans ce cas-ci R_i et R_o représentent les rayons intérieurs et extérieurs du support. En comparant (10) et (18), on obtient l'expression

$$\beta = \frac{(1-2\nu_s+k^2)R_o}{2(1-k^2)G_s} = \frac{\alpha R_o}{2G_s} \qquad (20)$$

dans laquelle α est défini sans équivoques

Après avoir substitué (16) (17) & (20) dans (13) et puis l'inverse, le résultat final est (R_o=R)

$$(1+\alpha G_r/G_s)p(\tau)=q(1-G_r/G_i)\exp(-G_r t_a/G_i t_o)$$

$$+(G_r/G_i+\alpha G_r/G_s)p(0)+(1-G_r/G_i)[p(0)-q\exp(-G_r t_a/G_i t_o)]$$

$$x\exp[-(1+\alpha G_i/G_s)\tau]/(1+\alpha G_i/G_s)t_o] \qquad (21)$$

Un bref examen de cette formule montre que dans le cas où

$$p(0)-q\exp(-G_r t_a/G_i t_o)>0 \text{ alors } p_{max}=p(0), \qquad (22)$$

ou encore si

$$p(0)-q\exp(-G_r t_a/G_i t_o)<0 \text{ alors } p_{max}=p(\infty), \qquad (23)$$

ce qui en utilisant (21) devient

$$(1+\alpha G_r/G_s)p(\infty)=q(1-G_r/G_i)\exp(-G_r t_a/G_i t_o)$$

$$+(G_r/G_i+\alpha G_r/G_s)p(0) \qquad (24)$$

et si

$$p(0)-q\exp(-G_r t_a/G_i t_o) = 0 \qquad (25)$$

alors la pression au support reste constante et égale à $p_{max} = p(\infty) = p(0)$.

Ces résultats démontrent quelques points importants concernant l'interaction entre la roche et le support. La charge agissant sur des supports <u>passifs</u> [p(0)= 0] dans le cas d'excavations isolées augmente de façon asymptotique vers sa valeur maximum. La situation à l'égard de supports <u>actifs</u> peut toutefois être complètement différente. Si la pression lors du placement est élevée, le support peut se relaxer avec le temps. Dans ces cas-là, la pression maximum aux supports se produit lors de l'installation et sa valeur est égale à la pression de placement.

La plus grande contrainte de compression σ agissant dans le support du tunnel agit, dans notre exemple, à la surface intérieure et sa grandeur est donnée par [J. & C.p.129]

$$\sigma(\tau) = 2p(\tau)/(1-k^2), \qquad (26)$$

où $p(\tau)$ est donné par la relation (21).

La situation concernant les supports passifs est particulièrement intéressante. En remplaçant p(0) par 0 et τ par ∞ dans l'expression (21) et après avoir substitué la valeur obtenue pour $p(\infty)$ dans (26), on obtient l'expression donnant la valeur maximum de la contrainte $\sigma(\infty) = \sigma_m$ induite par le support, Salamon (1970)

$$\sigma_m = \frac{2q(1-G_r/G_i)}{(1-k^2)+(1-2\nu_s+k^2)G_r/G_s} \exp(-G_r t_a/G_i t_o) \quad (27)$$

La conclusion la plus importante qui se déduit de cette expression est que σ_m reste limité quelle que soit la valeur de k. Par conséquent, si l'épaisseur de la paroi tend vers zéro, k =1 et alors

$$\sigma'_m = \frac{q(1-G_r/G_i)}{(1-\nu_s)G_r/G_s} \exp(-G_r t_a/G_i t_o), \quad (28)$$

Par contre, si l'épaisseur de la paroi tend vers l'infini, k=0 et alors

$$\sigma''_m = \frac{2q(1-G_r/G_i)}{1+(1-2\nu_s)G_r/G_s} \exp(-G_r t_a/G_i t_o) \quad (29)$$

On peut démontrer que la valeur de σ_m restera toujours entre les limites données par (28) et (29), c'est-à-dire à l'intérieur de la zone ombragée représentée à la fig. 5.2.1. Il est important de constater que lorsque $G_s<G_r$, ce qui est souvent le cas pour des roches saines supportées par un pavement monolitique de béton, les contraintes du support ne seront que légèrement influencées par l'épaisseur de la paroi. Une <u>augmentation</u> de l'épaisseur de la paroi résulte même en une <u>augmentation</u> de σ_m. Ceci est tout-à-fait contraire aux idées conventionnelles avancées lors de l'étude de la résistance des matériaux.

Les formules depuis (17) jusqu'à (29) indiquent que les contraintes dans le support peuvent être arbitrairement réduites en remettant à plus tard l'installation du support. Cette réduction introduite par le délai est due au fait qu'une plus grande partie du déplacement total se produit <u>avant</u> l'installation du support. Mathématiquement, cette réduction suit une loi exponentielle contenant le facteur délai t_a, depuis (27) à (29).

Le fait que σ_m reste limité lorsque l'épaisseur de la paroi tend vers zéro peut être expliqué en termes de rigidité du support. La rigidité contrôle la résistance du support et donc la charge transmise. La rigidité du support est déterminée par le matériau et les paramètres structuraux. Dans notre exemple, la mesure des paramètres du matériau est donnée par G_s et ceux des paramètres structuraux par l'épaisseur de paroi k. Donc si $k \to 1$ ($R_i \to R$), les charges au support tenderont vers zéro vu que ce dernier aura une rigidité nulle.

5.3. <u>Avant-projet des supports dans le cas de sols visco-plastiques</u>

Le modèle visco-élastique utilisé dans la section précédente est habituellement applicable uniquement à des roches compétentes où de sérieux problèmes de support sont pratiquement inexistants. Lorsque des problèmes sérieux se font jour, le comportement de la roche ne peut être assimilé à celui d'un modèle linéaire. La non-linéarité apparaît dans la plupart des problèmes mathématiques et ont gêné le développement de méthodes appropriées à ces cas-là. Le développement récent des méthodes numériques, spécialement la méthode des éléments finis, Zienkiewicz [(1971) pp 369-432] fait que la solution de problèmes plus réalistes est possible. Il est donc important de donner ici un exemple simple concernant l'application de modèles non-linéaires à des problèmes pratiques.

Le modèle utilisé dans ce but a été introduit par Salamon (1970) et ressemble très fort au modèle de Bingham-Voigt utilisé par Price (1964) et Serata (1964). La relation contrainte-allongement est définie par

$$s_{jk}+t_o\frac{\partial s_{jk}}{\partial t} = \frac{2G_r\sigma_p e_{jk}}{2/3\,G_r(J_2)^{1/2}+\sigma_p} + 2G_i t_o \frac{\partial e_{jk}}{\partial t}, \quad (1)$$

$$s = 3K_e, \qquad j,k = 1,2,3 \quad (2)$$

où t représente le temps et t_o est le temps de relaxation du modèle; J_2 représente le second invariant des déviateurs d'allongement, s_{jk} et e_{jk} sont les déviateurs de contrainte et d'allongement et s et e représentent respectivement les contraintes et les

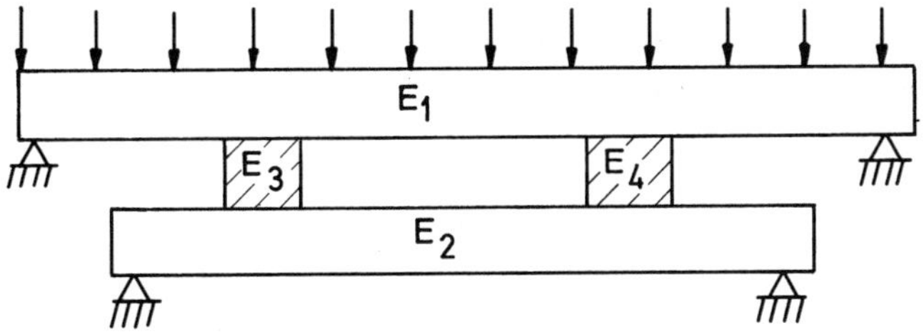

Fig. 4.2.1 Simple modèle mécanique d'un problème statiquement indéterminé de support souterrain.

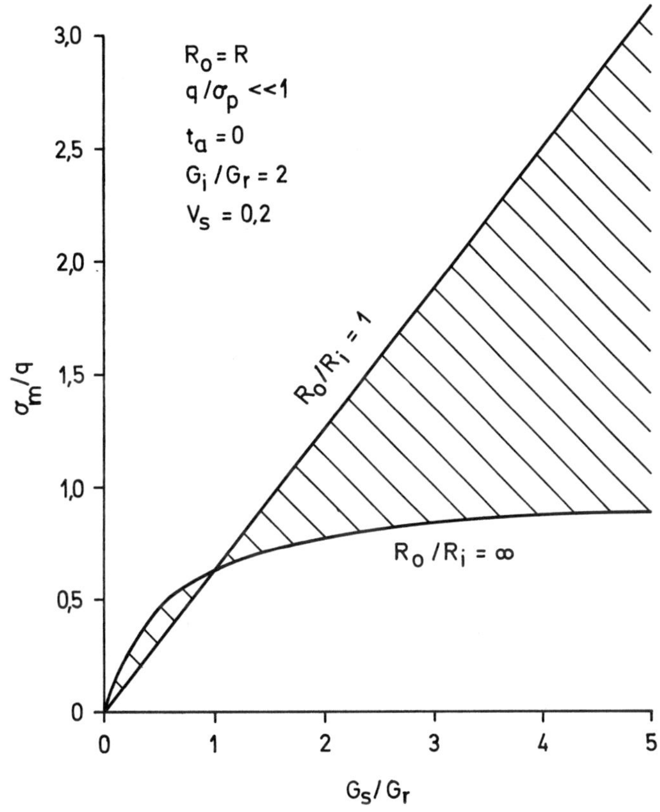

Fig. 5.2.1 Limites supérieure et inférieure de la contrainte maximum, σ_m, dans le support dans le cas d'un tunnel dreusé dans une roche compétente.

allongements moyens [J. & C. pp. 32-33, 44-45] . Si les déviations d'allongements sont petites, le comportement du matériau défini par (1) & (2) est identique à celui d'une substance généralisée de Kelvin, voir 3.6(9), et les notations sont par conséquent, similaires.

Afin de démontrer encore plus clairement le comportement du modèle, on a représenté dans la fig. 5.3.1. les résultats de deux tests hypothétiques de fluage sous contrainte uniforme σ' et σ''. Dans le premier test, dans le cas où $\sigma' < \sigma_p$, l'allongement est limité, alors que dans le second test, dans le cas où $\sigma'' > \sigma_p$, la courbe de fluage approche la relation linéaire temps-allongement. Le paramètre σ_p sera appelé la <u>contrainte de fluage</u>.

Si nous considérons à nouveau le problème du tunnel circulaire dans un champ hydrostatique nous noterons qu'à cause de la condition de déformation plane et des conditions de symétrie $\varepsilon_{zz}=0$ et $e_{jk}=0$ si $j \neq k$. Si l'on considère le milieu comme étant incompressible, c'est-à-dire $k = \infty$, la somme des composantes radiales $\varepsilon_{rr} = \frac{\partial u}{\partial r}$ et tangentielles $\varepsilon_{tt} = \frac{u}{r}$, de l'allongement est égale à zéro. Dans ce cas-ci u représente la composante radiale du déplacement et r est la coordonnée polaire radiale. Donc

$$\frac{\partial u}{\partial r} = \frac{u}{r} = 0$$

ce qui conduit à la solution suivante:

$$u(r,t) = u'(t)\frac{R}{r}$$

où R est, comme précédemment, le rayon du tunnel et u(t) est le déplacement radial en r=R. Il est assez enfantin de démontrer que

$$\varepsilon_{tt} = e_{tt} = u'(t)R/r^2 = -\varepsilon_{rr} = -e_{rr} \qquad (3)$$

et

$$(J_2)^{1/2} = e_{tt}$$

En substituant (3) et (4) dans les relations contraintes-allongements donnés en (1) et après avoir effectué quelques manipulations algébriques, on arrive à:

$$(s_{tt}-s_{rr}) + \frac{\partial(s_{tt}-s_{rr})}{\partial\zeta} = 2\sigma_p \frac{R^2\phi}{\sqrt{3R^2\phi+r^2}} + \frac{G_i}{G_r}\frac{R^2}{r^2}\frac{d\phi}{d\zeta} \qquad (5)$$

dans laquelle, pour des raisons de brièveté, les quantités suivantes, sans dimensions, ont été introduites:

$$\zeta = t/t_o, \quad \phi(\zeta) = 2G_r u'(\zeta)/\sigma_p R. \qquad (6)$$

Si l'on utilise l'équation d'équilibre, exprimée en termes des composantes radiale σ_{rr} et tangentielle σ_{tt} de la contrainte [J. & C. p. 12] , c'est-à-dire:

$$\frac{\partial\sigma_{rr}}{\partial r} = \frac{\sigma_{tt}-\sigma_{rr}}{r} = \frac{s_{tt}-s_{rr}}{r},$$

dans ce cas, la relation (5) doit être réécrite, après avoir intégré par rapport à r, de la façon suivante:

$$\sigma_{rr} + \frac{\partial\sigma_{rr}}{\partial\zeta} = q - \sigma_p\left[\frac{G_i}{G_r}\frac{R^2}{r^2}\frac{d\phi}{d\zeta} - \frac{1}{\sqrt{3}}\log_e\frac{r^2}{\sqrt{3R^2\phi + r^2}}\right] \qquad (7)$$

La condition que la contrainte radiale soit égale à la contrainte in-situ q pour $r = \infty$ a été utilisée dans la dérivation de (7).

La résistance du support le long de la paroi du tunnel est donnée par $p(\zeta)$, de sorte que la condition aux limites est donnée par $\sigma_{rr} = p(\zeta)$ pour $r = R$. La substitution de cette condition dans la formule (7) donne une relation entre la résistance du support et les déplacements normalisés de la paroi du tunnel:

$$\frac{G_i}{G_r}\frac{d\phi}{d\zeta} + \frac{1}{\sqrt{3}}\log_e(1+\sqrt{3}\,\phi) + \frac{1}{\sigma_p}\left(p + \frac{dp}{d\zeta} - q\right) = 0 \qquad (8)$$

Afin d'obtenir une solution, une condition supplèmentaire est requise par laquelle on définit indépendamment ϕ ou p, ou encore on établit une relation entre ϕ et p.

La première solution de (8) digne d'intérêt correspond au cas d'un tunnel sans support, c'est-à-dire pour $p = 0$.

De ce cas, la solution de (8) est donnée par

$$\zeta = \frac{G_i}{G_r} \int_{\phi_o}^{\phi} \frac{\sqrt{3}\, d\phi}{\sqrt{3}\, q/\sigma_p - \log_e(1+\sqrt{3}\,\phi)},$$

dont l'intégrale peut être exprimée en termes de fonctions tabulées:

$$\zeta = t/t_o \qquad (9)$$

$$= \frac{G_i}{G_r} \exp(\sqrt{3}q/\sigma_p)[E_1(\mu)-E_1(\mu_o)] ,$$

où

$$\mu = \sqrt{3}\, q/\sigma_p - \log_e(1+2\sqrt{3}\, G_r u'/R\sigma_p), \qquad (10)$$

$$\mu = \sqrt{3}\, q/\sigma_p - \log_e(1+\sqrt{3}\, G_r q/G_i \sigma_p), \qquad (11)$$

$E_1(\mu)$ étant l'intégrale exponentielle

$$E_1(\mu) = \int_{\mu}^{\infty} \eta^{-1} \exp(-\eta)\, d\eta. \qquad (12)$$

Afin d'obtenir ces résultats, on a supposé que le tunnel était creusé instantanément au temp $t = 0$ et que les déplacements instantanés des parois du tunnel étaient donnés par: $u'_o = \frac{qR}{2G_i}$. Ceci est dû au fait que le modèle défini par (1) et (2) se comporte comme un solide élastique ayant des modules G_i et K lorsqu'il est soumis à des variations de contrainte instantanées. Donc, vu que $\phi_o = 2G_r u'_o/\sigma_p R$, l'on a à partir de (6) $\phi_o = qG_r/\sigma_p G_i$.

Un autre résultat important qui peut être obtenu immédiatement à partir de (8) concerne les déplacements maximum de la paroi du tunnel, $u'(\infty) = u'_m$, en fonction de la résistance maximum du support, $p(\infty) = p_m$. Vu qu'au temps $t = \infty$, $d\phi/d\zeta = dp/d\zeta = 0$, les résultats suivants s'ensuivent immédiatement:

$$u'_m = \frac{\sigma_p R}{2\sqrt{3}\, G_r} \{\exp[\sqrt{3}\,(q-p_m)/\sigma_p]- 1 \}. \qquad (13)$$

Il est important de noter que u'_m reste limité pourvu que q/σ_p soit limité. Ceci contraste avec la situation uniaxiale où l'allongement s'accroît sans limite lorsque $q/\sigma_p > 1$. Cette différence est, bien entendu, due au fait qu'aux environs du tunnel, la concentration de contrainte diminue avec le temps dû à la redistribution des contraintes.

En vue d'obtenir une solution générale au problème, l'équation (8) doit être résolue en tenant compte de la relation contrôlant l'interaction existant entre le support et la paroi rocheuse. Une généralisation de 5.2(8) peut être écrite dans le cas de supports passifs:

$$[u'(\zeta) - u'_a] - u_s = F(p), \qquad (14)$$

où $u'_a = u'(\zeta_a)$ représente le déplacement de la paroi du tunnel pour $t = t_a$, c'est-à-dire, au moment où les supports furent installés. La fonction F(p) dans le membre de droite décrit la compressibilité de certains matériaux (back-filling) qui peuvent être introduits entre le support et la surface rocheuse. Dans le cas d'un contact intime $F(p) = 0$. Une solution générale de l'équation (8) peut maintenant être obtenue avec l'aide de (14).

$$t/t_o = \frac{1}{\sigma_p} \int_o^p \frac{\{1 + \frac{2G_i}{R}[\beta+F'(p^*)]\}\, dp^*}{\frac{q-p^*}{\sigma_p} - \frac{1}{\sqrt{3}} \log_e \{1+\frac{2\sqrt{3}\, G_r}{\sigma_p R}[u'_a+\beta p^*+F(p^*)]\}} \qquad (15)$$

Dans ce cas-ci, $t > t_a$ et β est défini de la même façon qu'en 5.2(20). La pression maximum, p_m, s'exercera sur le support lorsque $t = \infty$ ce qui arrive lorsque le dénominateur de l'intégrale (15) sera égal à zéro. Ce raisonnement conduit à l'équation suivante pour déterminer p_m:

$$\beta p_m + F(p_m) = u'_m - u'_a, \qquad (16)$$

où u'_m est donné en (13). Bien entendu, cette relation aurait pu être obtenue immédiatement à partir de (14).

Si la contrainte in-situ q est comparable ou supérieure à la contrainte de fluage σ_p, la roche peut alors être considérée comme incompétente. La figure 5.3.2 représente l'effet de l'épaisseur de la paroi sur la valeur de σ_m dans une telle situation, utilisant le rapport C_s/C_r comme paramètre. Un point intéressant à remarquer dans cette illustration est que lorsque le support est

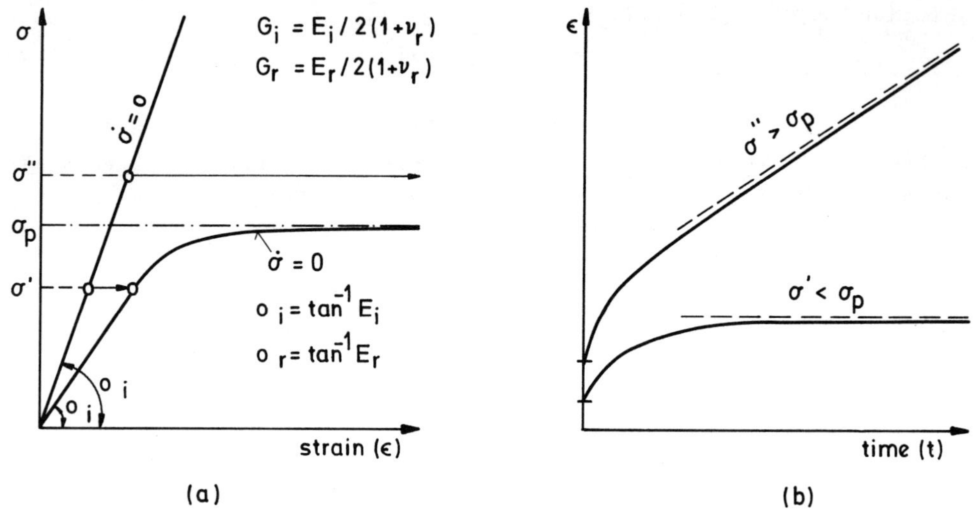

Fig. 5.3.1 Relations contrainte-allongement (a) et allongement-temps (b) dans le cas d'une compression uniaxiale.

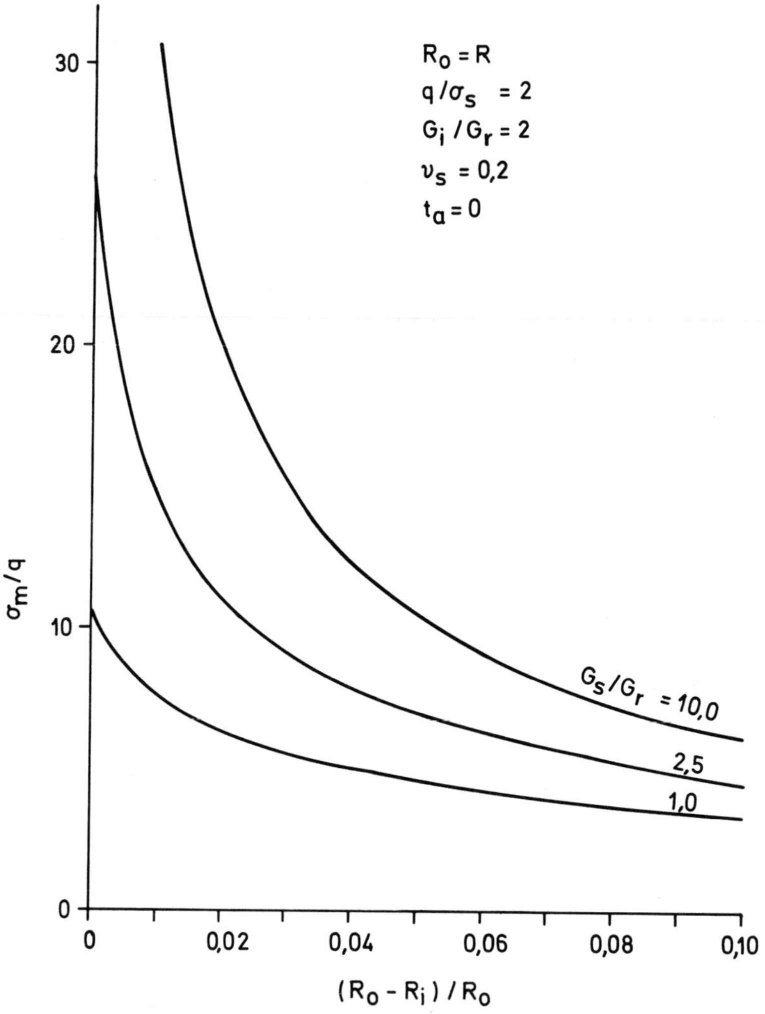

Fig. 5.3.2 Effet de l'épaisseur, R_o-R_i, du support sur la contrainte maximum existant dans le support.

constitué d'un matériau ayant un module élevé (par rapport au module de la roche G_r), alors σ_m se réduit rapidement lorsque l'épaisseur de la paroi augmente. Si d'autre part, $G_s/G_r \simeq 1$, seulement un faible changement de contrainte sans le support peut être obtenu en augmentant l'épaisseur de la paroi. On notera aussi que pour une épaisseur de paroi donnée, la contrainte y augmente lorsque le module du matériau augmente.

Afin de démontrer davantage l'effet de l'épaisseur de la paroi, le rapport de la réduction de la contrainte pour une certaine épaisseur de paroi, $\sigma'_m - \sigma'_m$, à celle due pour une paroi infiniment épaisse $\sigma'_m - \sigma''_m$ est représentée à la figure 5.3.3. Dans ce cas-ci, bien entendu, comme pour le cas 5.2(28) et 5.2(29), σ'_m et σ''_m correspondent respectivement aux contraintes dans la paroi pour les cas d'épaisseur nulle et infinie. On remarquera que ce rapport tend rapidement vers l'unité, principalement lorsque le rapport G_s/G_r est élevé. Donc, en général, il n'y a pas trop d'avantages à augmenter l'épaisseur de la paroi au-delà de (5 à 10) % du rayon du tunnel. De plus, la limite supérieure économique pour l'épaisseur du support aura tendance à diminuer lorsque le module du matériau pour le support augmentera.

Si l'on ne peut trouver ni un matériau, ni une épaisseur de paroi économique afin de survaincre les problèmes de support, on devra se résoudre à utiliser certaines méthodes de support spéciales.

(i) Support élastique. Dans le but de contrôler la déformation du tunnel et de limiter la charge au support endéans certaines limites connues, on peut utiliser un support qui s'affaise sous une pression constante p_o. L'efficacité d'un tel système peut être mesurée par la réduction de la déformation du tunnel, c'est-à-dire par le rapport $(u'_{max} - u'_m)/u'_{max}$, où u'_m et u'_{max} représentent les déplacements maximum de la paroi du tunnel respectivement avec et sans support. Ce rapport peut s'exprimer à partir de (13) de la manière suivante:

$$\frac{u'_{max} - u'_m}{u'_{max}} = \frac{1 - \exp(-\sqrt{3}p_o/\sigma_p)}{1 - \exp(-\sqrt{3}q/\sigma_p)} \qquad (17)$$

Dnns le tableau 5.3.1, plusieurs valeurs du rapport (17) sont données en fonction de p_o/q et q/σ_p. Les résultats indiquent qu'une grande réduction de la déformation du tunnel peut être atteinte par l'utilisation d'un support qui s'affaisse pour une pression équivalente à une fraction de la contrainte in-situ. Des supports élastiques sont évidemment plus recommandés dans le cas d'une roche friable que dans le cas d'une masse rocheuse saine.

(ii) Installation retardée des supports. L'amplitude des contraintes induites dans le support peut être contrôlée, en principe, en variant le temps t_a qui s'écoule entre l'excavation du tunnel et le placement des supports. Le désavantage de cette méthode est bien entendu le fait que la surface rocheuse est laissée sans protection ce qui permet aux conditions environnantes d'affecter la roche. En pratique, on utilisera donc d'abord un support flexible temporaire qui sera remplacé ou renforcé plus tard par le support permanent. Dans le cas où q/σ_p est grand, peut-être que dans ce cas la combinaison la plus effective consite à utiliser tout d'abord un support élastique ayant un rapport p_o/q assez petit.

On montre dans la figure 5.3.4 - dans lequel on n'a pas considéré de supports temporaires - que, théoriquement, la valeur de σ_m peut être réduite pourvu que l'installation des supports permanents soit suffisamment retardée. Cependant, ce contrôle ne peut pas être utilisé souvent et de façon complète vu que le retard imposé augmente largement lorsque le rapport q/σ_p augmente.

(iii) Back-filling. Une méthode alternative pour décharger le support et toutefois pour contrôler la déformation du tunnel consiste à introduire certains matériaux compressibles entre la paroi et la roche. De cette façon, seule une fraction de la

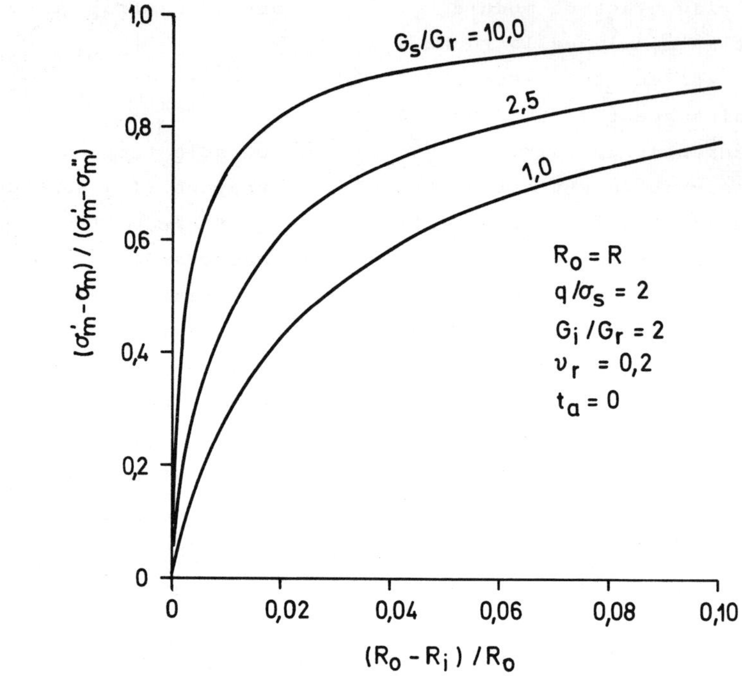

Fig. 5.3.3 Effet de l'épaisseur de la paroi sur le rapport de la diminution de la contrainte correspondant à une certaine épaisseur de paroi donnée, $\sigma'_m - \sigma_m$, et celle correspondant à une paroi infiniment épaisse, $\sigma'_m - \sigma''_m$.

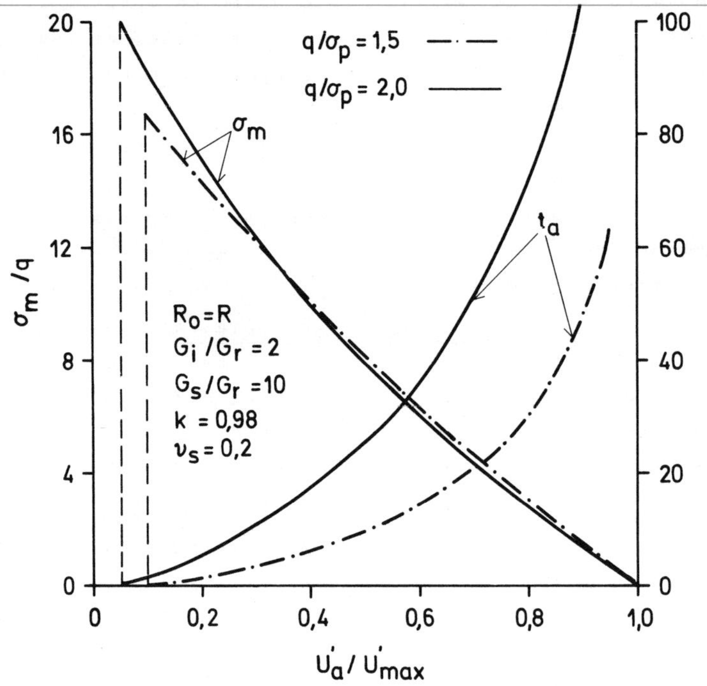

Fig. 5.3.4 Contrôle de le contrainte maximum dans le support en retardant l'installation des supports.

TABLEAU 5.3.1

EFFICACITE DU SUPPORT ELASTIQUE EN FONCTION DU RAPPORT $(u'_{max} - u'_s)/u'_{max}$

p_o/q \ q/σ_p	0	1	2	3	4
0,1	0,10	0,19	0,30	0,41	0,50
0,2	0,20	0,36	0,52	0,65	0,75
0,4	0,40	0,61	0,77	0,88	0,94

déformation rocheuse est transmise au support de sorte que les contraintes dans la paroi seront toujours inférieures à celles induites dans le cas d'un contact intime. La solution générale de (15) pourvoit ce cas.

La diminution de la contrainte dans le support peut être contrôlée en ajustant les épaisseurs du support et du remplissage et en choisissant convenablement le matériau de remplissage. Il semble que l'application pratique de cette méthode est possible uniquement que si la grandeur des déplacements espérés est large ($q/\sigma_p >> 1$) car dans ce cas-là, la relaxation des contraintes dans le support sera considérable et en même temps, la déformation de la roche est contrôlée de façon effective.

5.4. Excavation dans une roche cassante

La discussion donnée dans la sectoon 5.3 est principalement concernée avec le comportement de roches similaires à des argiles, des shistes, du potasse ou autres sels. Aucune discussion concernant les problèmes associés avec une simple excavation, ne pourrait être complète sans considérer des cavités creusées dans une roche ayant une caractéristique brisante. L'on définit "état brisant" comme le font Jaeger et Cook (p.77), c'est-à-dire un état dans lequel la résistance de la roche décroît lorsque les déformations augmentent.

Dans la section 1.2, le comportement mécanique de la roche était discuté brièvement. L'on se rappelera que lors de cette discussion la roche, qui était dans un état brisant, est un matériau qui n'est que conditionnellement stable. Son comportement sera stable ou non dépendant de ses propriétés intrinsèques et de la rigidité du système de chargement. Ce départ de la stabilité inconditionnée présente toutefois des problèmes. Il apparaît que, seulement Deist (1965, 1966) et poursuivant son oeuvre, Ulgudur (1973) ont tenté de formuler un modèle qui représente un tel matériau.

Il est regrettable que par souci de brièveté on a dû se résoudre à ne pas donner la dérivation et la discussion détaillées de Deist (1965) et ensuite sa généralisation, sous les conseils de Deist, par Ulgudur (1971) du problème d'un tunnel circulaire.

Un corollaire très important de la formulation de Deist est que la contrainte instantanée de cisaillement de la roche fracturée se réduit à zéro lorsque la différence entre les allongements principaux augmente. Cette caractéristique écarte une des difficultés présente dans la discussion des sections 5.2 et 5.3. Dans ce cas-là, l'équilibre stable d'un tunnel circulaire non supporté est théoriquement possible sans se soucier de la grandeur des contraintes de chargement; de sorte que, suivant les modèles représentant le comportement de la roche, il n'y a pas de justification ni de motivation pour l'emploi de supports. La roche aux environs du tunnel ne peut se supporter par elle-même dès que la contrainte instantanée de cisaillement s'annule et par conséquent, si le tunnel doit rester ouvert, il devra être supporté. Les courbes pointillées de la figure 5.4.1. représentent une telle situation critique.

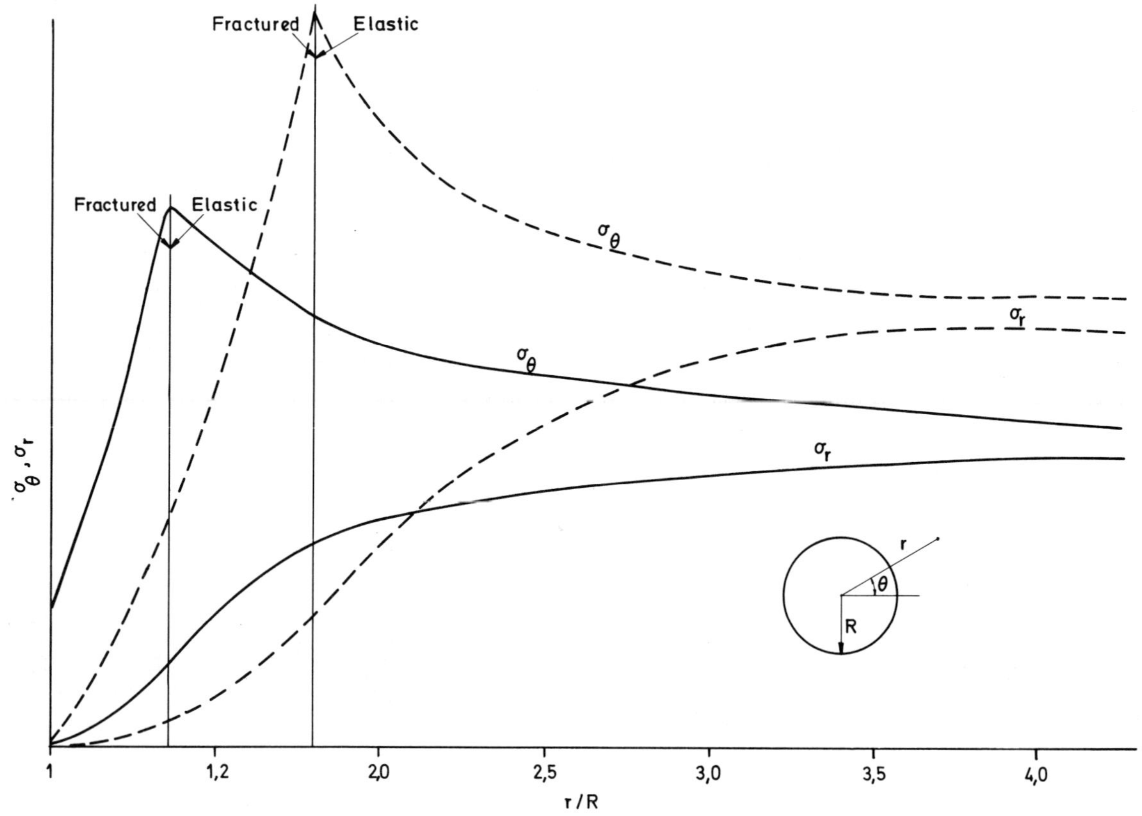

Fig. 5.4.1 Contraintes circonférentielle σ_θ et radiale σ_r existant autour d'un tunnel creusé dans une roche bristante.

VI. EXCAVATIONS MINIERES PRODUCTIVES

6.1 Introduction

Un pourcentage écrasant du volume des excavations souterraines est construit comme résultat d'avoir miné des minéraux de valeur de la croûte terrestre. Vu que celles-ci sont des cavités desquelles des minéraux ou des roches contenant des minéraux ont été extraits, on les appelera des excavations productives.

La forme et la dimension de l'excavation productive sont déterminées par la forme et la dimension du gisement minéral considéré. Comme ces excavations sont normalement grandes et étendues, leur présence contrôle presque complètement la grandeur et la distribution des contraintes et des déplacements induits dans la mine. Aucune activité dans le contrôle de la roche dans la mine ne sera pleine de succès aussi longtemps que les effets des excavations productives ne peuvent être déterminés et pris en considération.

Depuis le début de 1960, beaucoup de tentatives ont été faites concernant le développement de la mécanique des roches dans le cas d'excavations tabulaires. La plus grande partie de ce chapitre sera pour cette raison consacré aux problèmes associés avec les gisements tabulaires. Ce fait est partiellement une indication de progrès relatif de la mécanique des roches dû aux simplifications résultant de la géométrie particulière des gisements tabulaires et de la signification relative des gisements tabulaires (charbon, or, platine, etc.., filons).

6.2. Quelques excavations tabulaires simples à grande profondeur.

Avant de discuter l'avant-projet des excavations tabulaires, on examinera tout d'abord en détail quelques types d'excavations de base. Un tel examen donne une bien meilleure compréhension de la distribution des contraintes et des déplacements autour d'excavations tabulaires que l'analyse d'une situation beaucoup plus complexe aux environs d'un plan minier réaliste.

(i) Solution générale à deux dimensions.

Dans beaucoup de cas, comme cela a été mentionné dans la section 3.4., il est possible d'obtenir des solutions en faisant l'hypothèse que les excavations sont creusées à une profondeur infinie. Une série de solutions générales à deux dimensions ont été présentées ainsi par Berry (1964), comportant deux régions parallèles ouvertes dans un sol transversalement isotrope. Salamon (1968) a généralisé les concepts pour les appliquer à un nombre quelconque de paneaux ouverts ou fermés dans un sol, soit isotrope ou transversalement isotrope. Une version simplifiée de ce travail sera résumée ici, mais uniquement dans le cas d'un milieu isotrope.

Faisons l'hypothèse que toutes les excavations se trouvent dans un même plan, long et parallèle de sorte que les solutions en déformation plane représentent une approximation acceptable. Si en plus le grand axe des excavations est horizontal et parallèle à l'axe x_2, alors $u_2 = 0$ et σ_{22} est une contrainte principale; les autres composantes des déplacements et des contraintes induits peuvent s'exprimer de la façon suivante: (notez que le plan x_1, x_2 est le plan du gisement et que x_3 est dirigé vers le bas)

$$u_1 + iu_3 = \frac{1}{4G}\{(Q_{33} - iQ_{13})[\bar{\Psi}(\bar{Z}) - (3-4\nu)\Psi(Z)] + (Q_{33} + iQ_{13})(Z - \bar{Z})\,\bar{\Psi}'(\bar{Z})\}, \qquad (1)$$

$$\sigma_{11} + \sigma_{33} = \sigma_{22}/\nu = -\,Q_{33}[\Psi'(Z) + \bar{\Psi}'(\bar{Z})] + iQ_{13}[\Psi'(Z) - \Psi'(\bar{Z})], \qquad (2)$$

$$\sigma_{11} - \sigma_{33} + 2i\tau_{13} = -\,2iQ_{13}\bar{\Psi}'(\bar{Z}) + (Q_{33} + iQ_{13})(Z - \bar{Z})\bar{\Psi}''(\bar{Z}), \qquad (3)$$

où $\Psi(Z)$ est un potentiel complexe dont l'argument est

$$Z = x_1 + ix_3 \qquad (4)$$

De plus, Q_{13} et Q_{23} sont les composantes du vecteur contrainte (vierge) le long du plan du gisement et agissant à l'origine du système de coordonnées. Dans le cas simplifié considéré, $Q_{23} = 0$ et

$$Q_{13} = q[(1-k)\sin 2\alpha]/2, \quad Q_{33} = q[(1+k)+(1-k)\cos 2\alpha]/2 \tag{5}$$

Dans ce cas-ci, $q = \gamma H$, où H est la profondeur de l'origine du système de coordonnées, γ est le poids spécifique de la roche, α est l'inclinaison du gisement et k est le rapport entre les contraintes in-situ horizontale et verticale. En utilisant ces notations, les composantes normale et tangentielle du vecteur contrainte primitive le long du plan du gisement en un point quelconque est donné par ($q_{23} = 0$)

$$q_{13} = Q_{13}\vartheta, \qquad q_{33} = Q_{33}\vartheta, \tag{6}$$

$$\vartheta = 1 + (x_1/H)\sin\alpha. \tag{7}$$

Les composantes du déplacement relatif du toit et du mur (voir section 3.3) des excavations et les contraintes induites le long du plan du gisement peuvent s'exprimer de la sorte:

$$s_k(x_1) = \frac{2(1-\nu)Q_{k3}}{G}\,\mathrm{Im}\Psi^-(x_1), \quad \sigma_{k3}^{(1)} = -Q_{k3}\mathrm{Re}\Psi(x_1),\ k = 1,3 \tag{8}$$

Si, comme auparavant, la somme des régions dans lesquelles le toit et le mur sont en contact est représentée par B et la somme des régions ouvertes des excavations est représentée par C alors, pourvu qu'il n'y ait pas de glissement entre le toit et le mur après qu'ils viennent en contact, les conditions aux limites définissant $\Psi(Z)$ sont les suivantes:

$$\begin{aligned} &x_3 = 0 \\ &\quad s_1 = s_m Q_{13}/Q_{23}, \quad s_3 = s_m \quad \text{en B} \\ &\quad \sigma_{13} = -q_{13}, \quad \sigma_{33} = -q_{33} \quad \text{en C} \\ &|x_1| = |x_3| = \infty \\ &\quad \sigma_{13} = \sigma_{33} = 0 \end{aligned} \tag{9}$$

Vu la forme spéciale de (1), (2), et (3), ces conditions aux limites se réduisent aux suivantes après les avoir exprimées en fonction de $\Psi(Z)$

$$\begin{aligned} &Z-\bar{Z} = ix_3 = 0 \\ &\quad \mathrm{Im}\Psi^-(x_1) = \ell_c \quad \text{en B} \\ &\quad \mathrm{Re}\Psi'(x_1) = \vartheta \quad \text{en C} \\ &Z = \infty \\ &\quad \Psi'(Z) = 0 \end{aligned} \tag{10}$$

où

$$\ell_c = s_m G/2(1-\nu)Q_{33} \tag{11}$$

En général ces conditions sont satisfaites lorsque

$$\Psi'(Z) = 1+(Z/H)\sin\alpha - P(Z)/X(Z) \tag{12}$$

où

$$P(Z) = Z^n(c_0+c_1Z)+D_1Z^{n-1}+D_2Z^{n-2}+\ldots+D_n \tag{13}$$

$$X(Z) = \prod_{j=1}^{n} (Z-a_j)^{1/2}(Z-b_j)^{1/2} \tag{14}$$

les constantes c_0 et c_1 sont choisies de telle sorte que l'on satisfasse la condition pour $Z = \infty$.

Dans l'équation (14), a_j et b_j définissent les extrémités du segment j de l'axe x_i. Les extrémités du segment sont numérotées de telle façon que l'on rencontre dans l'ordre suivant: a_1b_1, $a_2b_2, \ldots$, a_nb_n lorsque l'on se déplace le long de l'axe x_1, de gauche à droite [Muskhelishvilii (1963) p. 504]. La somme du nombre fini de segments a_jb_j ($j = 1,2,\ldots,n$) est la zone de non-contact C; c'est-à-dire $C = C_1+C_2+\ldots C_n$, où C_j représente le segment a_jb_j. S'il n'y a pas de contact entre le toit et le mur des excavations ($B = 0$) les segments C_j représentent alors chacun un panneau. Si toutefois certains panneaux sont suffisamment larges qu'il y a fermeture, alors un tel panneau occupe le segment a_hb_{h+1} dans lequel le segment b_ha_{h+1} représente la zone de convergence totale. L'union de ces segments représente la zone B.

Si nous considérons des panneaux ayant des portées finies, alors les composantes du déplacement sont nulles à des distances importantes des excavations. Ceci sera le cas lorsque

$$\Psi(Z) = \int_\infty^Z \Psi'(t)\,dt \tag{15}$$

et lorsque

$$c_0 = 1-(\sin\alpha/2H)\sum_{j=1}^{n}(a_j+b_j),$$

$$c_1 = \sin\alpha/H \qquad (16)$$

pourvu que $B = 0$, ou lorsque

$$c_0 = 1 + (\sin\alpha/H)[a_{h+1} + b_h - \frac{1}{2}\sum_{j=1}^{n}(a_j + b_j)], \quad c_1 = \sin\alpha/H, \qquad (17)$$

pourvu qu'une convergence totale apparaisse dans le segment $a_{h+1}\ b_h$.

La solution donnée par (12), (13) et (14) n'est pas unique à moins que des "coupures" ne soient faites dans le plan Z et que des valeurs pour les constantes $D_1, \ldots, D_n$ ne soient choisies en accord.

S'il n'y a aucun contact entre le mur et le toit dans toute l'excavation, la solution sera unique si les coupures se produisent le long du segment C_j et si $\Psi(Z)$ retourne à sa valeur initiale lorsque le point Z décrit un chemin dans le sens inverse des aiguilles d'une montre autour de ces segments. En contractant les contours en segments c_j, les relations suivantes peuvent être obtenues:

$$\int_{cj} P(t)/X(t)dt = 0 \quad j = 1,2,\ldots n, \qquad (18)$$

ce qui conduit à un système de n équations linéaires pour les constantes $D_1, \ldots, D_n$.

Si la fermeture apparaît dans le panneau occupant le segment $a_h b_{h+1}$, alors la zone de contact sera le segment $b_h a_{h+1}$. Evidemment, les valeurs de b_h et a_{h+1} ne sont pas connues au préalable.

Il est évident qu'à partir de considérations physiques on peut dire u'aux limites entre les segments $a_h b_h$, $b_h a_{h+1}$ et $b_h a_{h+1}$, a_{h+1}, $a_{h+1} b_{h+1}$, les composantes de la contrainte et les pentes des déplacements relatifs doivent être continues. C'est pourquoi, en se basant sur les conditions (10) et les relations (8), $\Psi'(x_1) =$ aux extrémités du segment $b_h a_{h+1}$. Ceci sera le cas lorsque

$$P(b_h) = P(a_{h+1}) = 0$$

ce qui suggère que la forme de P(Z) devrait être modifiée de la façon suivante:

$$P(Z) = [Z^{n-2}(c_0 + c_1 Z) + D_1' Z^{n-3} + \ldots + D_{n-2}'](Z - b_h)(Z - a_{h+1}). \qquad (19)$$

Les autres constantes $D_1', \ldots, D_{n-2}'$ sont déterminées à partir de (18) dans lesquelles j aura les valeurs 1,2,..., h-1 , h+2,...,n et P(Z) proviendra de la relation (19). Les relations définissant b_h et a_{h+1} sont obtenues en considérant un incrément dans la partie imaginaire de $\Psi(Z)$ le long de contours contenant les segments C_h et C_{h+1}, respectivement dans le sens et dans le sens contraire des aiguilles d'une montre. Vu que la fermeture du segment B_h est représentée par s_m, les relations suivantes sont obtenues [relation en (10)] :

$$i\int_{cj} P(t)/X(t)\,dt = 2\ell_c \quad j=h,(h+1) \qquad (20)$$

Bien que la solution est donnée ici en considérant seulement un seul panneau fermé, la méthode peut être étendue de façon logique afin de couvrir les situations où la fermeture apparaît dans plusieurs panneaux.

Une situation particulière apparaît lorsque le dernier panneau soit de gauche, soit de droite, (ou tous les deux), ont une portée infiniment large. Dans une telle situation, selon que la portée infiniment large est à gauche ou à droite, a_1 ou b_n est considéré comme un point où le toit et le mur viennent en contact; au-delà de ce point, la convergence est égale à s_m. Lorsqu'une ou deux parties sont infiniment larges, les composantes du déplacement n'approchent pas zéro lorsque x_3 tend vers l'infini. Dans de tels cas:

$$\Psi(Z) = \int \Psi'(t)\,dt + \text{constant}, \qquad (21)$$

où la constante représente le déplacement du corps rigide. Elle peut être déterminée en fixant un point convenablement choisi dans la partie non minée de l'axe x_1 .

(ii) Quelques exemples.

L'exemple le plus simple et le plus fréquemment utilisé [cf. Hackett (1959), Berry (1960), Cook (1962), Salamon (1962)] comme application des résultats mentionnés dans cette section est celui d'un panneau ayant ses faces parallèles et distantes de 2ℓ et lorsqu'il n'y a pas de contact entre le toit et le mur. Le potentiel complexe requis et sa dérivée est donné par; Salamon (1968)

$$\Psi(Z) = [Z-(Z^2-\ell^2)^{1/2}]\{ 1 + c[Z-(Z^2 - \ell^2)^{1/2}]/4\}, \quad (22)$$

$$\Psi'(Z)=[1 - Z(Z^2-\ell^2)^{-1/2}]\{1 + c[Z-(Z^2 - \ell^2)^{1/2}]/2\}, \quad (23)$$

où l'on a introduit la notation suivante

$$c = \sin\alpha/H \quad (24)$$

Les résultats les plus appréciés sont obtenus pour le cas où le gisement est horizontal ($\alpha = 0$) et par conséquent $c = 0$. Dans ce cas-là, $s_1(x_1)= 0$ et la convergence est donnée par:

$$s_1(x_1) = \frac{2(1-\nu)Q_{33}}{G} (\ell^2 - x_1^2)^{1/2} \quad (25)$$

On voit immédiatement que la convergence maximale apparaît au centre du panneau ($x_1 = 0$) et lorsque ce maximum atteint la hauteur de l'ouverture pour une portée $2\ell_0$ c'est-à-dire lorsque $s_3(0)=s_m$, l'équation (25) conduit à une relation intéressante:

$$\ell_c = s_m G/2(1-\nu)Q_{33}$$

On notera que cette demi-portée critique est la même que ℓ_c donné par (11); et d'après (10) elle joue un rôle important dans tous les problèmes comportant un contact entre le mur et le toit.

De plus, les contraintes totales normale σ_{33} et tangentielle σ_{11} agissant dans le plan $x_3=0$ dans le cas où $|x_1|>\ell$ sont données par:

$$\sigma_{11}(x_1) = \gamma H[k-1+|x_1|(x_1^2 - \ell^2)^{-1/2}$$
$$\sigma_{33}(x_3) = \gamma H|x_1|(x_1^2 - \ell^2)^{-1/2} \quad (26)$$

Les mêmes contraintes à l'intérieur du panneau ($|x_1|<\ell$) et aussi pour $x_3= 0$, sont simplement:

$$\sigma_{11}(x_1) = - (1-k)\gamma H, \quad \sigma_{33}(x_1)=0 \quad (27)$$

Les formules données en (26) révèlent qu'en $x_1 = \pm\ \ell$, les contraintes varient de façon discontinue et qu'immédiatement à l'intérieur du panneau, la valeur des contraintes est infinie. Le comportement physiquement impossible de ces contraintes aux environs des bords des excavations tabulaires est une conséquence des simplifications mathématiques inhérentes à l'approche par les déplacements discontinus. Bien entendu les contraintes ne sont pas infinies en réalité. Leur présence dans le modèle simplifié indique toutefois que les contraintes actuelles sont extrêmement élevées aux environs des bords des excavations tabulaires.

Une autre série de deux formules est donnée ci-dessous. Ce sont les contraintes totales horizontale et verticale agissant le long de la ligne centrale du panneau.

$$\sigma_{11}(ix_3)= -(1-k)\gamma H + \gamma k x_3 + \gamma H|x_3|(2\ell^2+x_3^2)/(\ell^2+x_3^2)^{3/2}$$
$$\sigma_{33}(ix_3)=\gamma[x_3+H|x_3^3|/(\ell^2+x_3^2)^{3/2}]. \quad (28)$$

La variation de ces contraintes en fonction de x_3 est représentée à la fig. 6.2.1. L'élément le plus important de ces graphiques est que les contraintes en traction sont limitées à une petite région dans le voisinage de l'excavation. Afin d'illustrer ce point, la zone autour du panneau où au moins une des contraintes totales principales est en traction, est représentée à la fig. 6.2.2. Il est évident à partir de ces illustrations que les contraintes en compression dominent aux environs d'excavations tabulaires profondes excepté pour une petite région autour de la cavité. Cette caractéristique dans la distribution des contraintes tendera à prouver que la masse rocheuse se comporte comme un milieu continu, même lorsqu'elle est affaiblie par des fautes, des joints ou des plans de stratification.

Avant d'entamer la discussion de l'exemple, on introduira certains résultats généraux concernant les excavations tabulaires. Les résultats obtenus dans la section 2.3 peuvent être utilisés afin d'obtenir une estimation des contraintes agissant aux bords des excavations tabulaires.

Dans les situations de déformation plane, la densité d'énergie en un point de la surface (fig. 6.2.3) est donnée par (J. & C. p. 117)

$$\Phi^{(pp)} = (1-\nu)\sigma^2/4G, \quad (29)$$

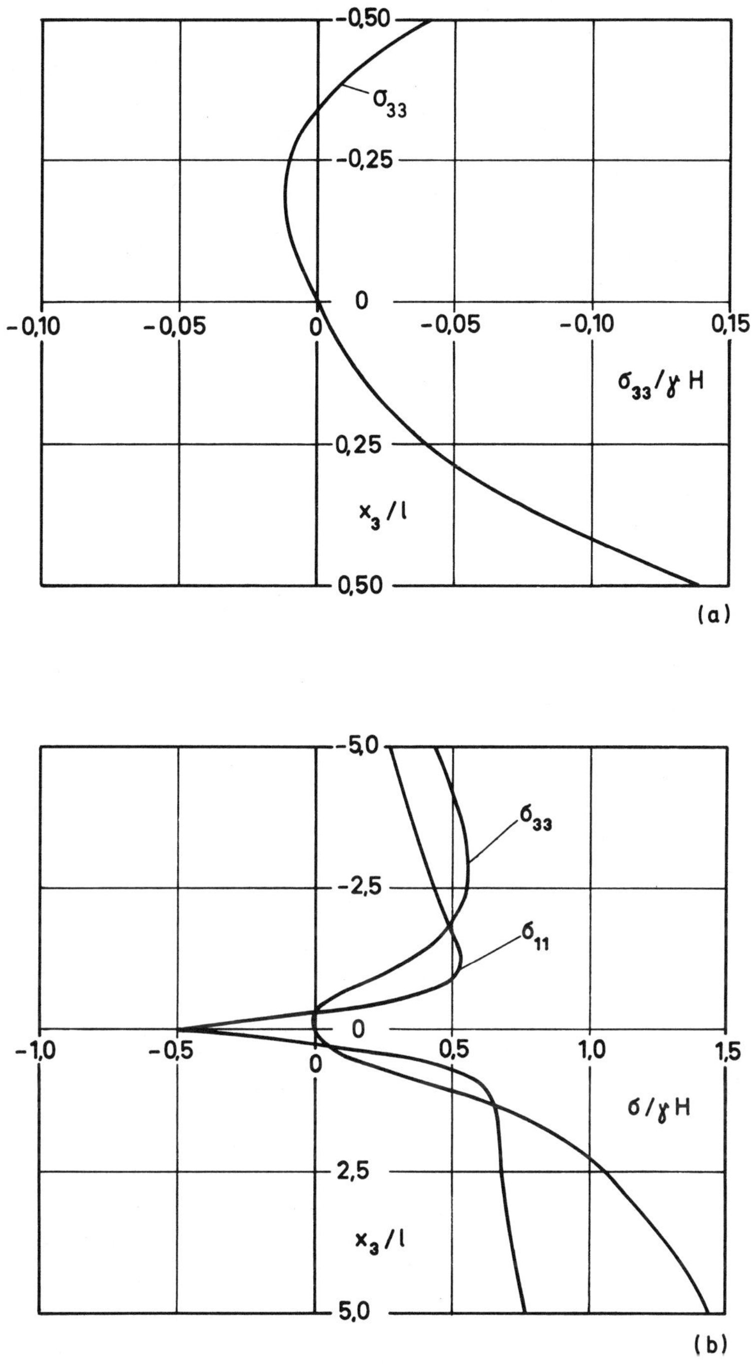

Fig. 6.2.1 Contraintes totales horizontale σ_{11} , et verticale σ_{33}, existant le long d'un plan vertical de symétrie du panneau (b), où (a) donne la distribution détaillée de la composante verticale.

où σ représente la contrainte tangentielle en ce point.

Uiilisant ensuite 2.3.(8)

$$\frac{\partial U_m}{\partial \ell} = \int_{som} \phi^{(pp)}\, dS = \frac{(1-\nu)h}{4G}\sigma^2_{rms} \tag{30}$$

où h représente la hauteur de la taille et σ_{rms} dans le membre de droite est la racine de la moyenne des carrés des contraintes qui donne une mesure de la contrainte moyenne agissant sur la face, Deist (1966) et Rice (1968). A partir de (30), on peut écrire que

$$\sigma_{rms} = [4G/(1-\nu)h]^{1/2}(\partial U_m/\partial\ell)^{1/2}, \tag{31}$$

de sorte que l'on peut obtenir une mesure de la contrainte moyenne pourvu que $\partial U_m/\partial\ell$ puisse être calculé. Il y a deux moyens de faire cela.

Tout d'abord, en utilisant 2.3 (12), on peut montrer que

$$\Delta U_m = -\frac{1}{2}\int_{\Delta A} s_k^{(i)}\sigma_{k_3}^{(p)}\,dA \tag{32}$$

où $\sigma_{k_3}^{(p)}$ (k = 1,2,3) représentent les composantes du vecteur-contrainte agissant en ΔA avant que cette surface ne soit minée et $s_k^{(i)}$ sont les composantes du vecteur-déplacements relatifs après avoir miné la même région. Il est commode d'utiliser cette approche lorsque les solutions sont obtenues soit de façon digitale, soit au moyen de l'analogie électrique.

L'autre approche utilise les résultats donnés en 2.3(14), desquels on peut écrire que

$$\frac{\partial U_m}{\partial \ell} \simeq \frac{\partial U_c}{\partial \ell} - \frac{\partial U_{cv}}{\partial \ell}$$

vu que U_{mv} est négligeable. Mais d'après l'équation 2.3(5), $\partial U_c/\partial\ell = \partial W_{tv}/\partial\ell$, aussi longtemps qu'il n'y a pas de support artificiel et vu que d'après 2.2 (11) et (16), $U_{cv} = U_{iv}$. Par conséquent:

$$\frac{\partial U_m}{\partial \ell} \simeq \frac{\partial W_{tv}}{\partial \ell} - \frac{\partial U_{iv}}{\partial \ell}, \tag{33}$$

ce qui facilite le calcul de $\partial U_m/\partial\ell$ à partir de quantités qui sont facilement déterminées. Celles-ci sont données par Salamon sous la forme suivante:

$$W_{tv} = -\int_A s_k q_{k_3}\,dA,$$

$$U_{cv} = U_{iv} = \frac{1}{2}\left(-\int_A s_k q_{k_3}\,dA + \int_S s_k p_{k_3}\,dA\right), \tag{34}$$

où A et B sont respectivement la surface totale minée et la région de contact. De plus, q_{k_3} et p_{k_3} représentent respectivement les composantes du contact et du vecteur-contrainte dans la région B. Cette autre approche est préférée lorsque les énergies doivent être calculées à partir d'expressions analytiques.

Revenant maintenant à l'exemple comportant le panneau aux parois parallèles; on peut obtenir une expression pour l'énergie dissipée à partir de la distribution de la convergence donnée en (25) et après avoir effectué l'intégration décrite en (34):

$$W_{rv} = U_{cv} = \pi(1-\nu)\ell^2 Q_{33}^2/2G,$$

ce qui basé sur (33) conduit à, Cook & al (1966);

$$\partial U_m/\partial\ell = \pi(1-\nu)\ell Q_{33}^2/G \tag{35}$$

En se rappelant maintenant que $\partial U_m/\partial\ell$ dans l'expression (35) correspond aux deux surfaces du panneau, une substitution dans l'équation (31) donne:

$$\sigma_{rms}/Q_{33} = (2\pi\ell/h)^{1/2} \tag{36}$$

Considérant maintenant des excavations tabulaires réalistes, on voit que ℓ/h est habituellement de l'ordre de centaines. Par conséquent, la contrainte agissant sur la face dépasse largement la contrainte verticale vierge et, dans la plupart des cas, la résistance de la roche à la compression simple. Donc, la fracturation de la roche autour d'excavations tabulaires est un phénomène normal. Néanmoins on peut espérer, Cook & al (1966), Cook (1967) et en fait l'expérience a montré, Hodgson & Joughin (1967), que la racine de l'écart moyen des contraintes, ou encore $\partial U_m/\partial\ell$ est une bonne mesure qualitative de la condition de la roche aux alentours de la périphérie des excavations. Cette proposition sera à nouveau discutée dans la section 6.5.

Lorsque la portée du panneau est augmentée, le toit et le mur viendront éventuellement en contact. Si la largeur de la zone de contact est a, le potentiel complexe correspondant sera

$$\Psi'(Z) = 1 - [(Z^2-a^2)\ /(Z^2-\ell^2)]^{1/2} \quad (37)$$

La largeur de la zone de contact est définie par l'équation

$$\ell_c/\ell = E\ (\lambda) - (1-\lambda^2)K(\lambda), \quad (38)$$

où $K(\lambda)$ et $E(\lambda)$ sont les intégrales elliptiques complètes du premier et du second ordre; leur argument est donné par:

$$\lambda = 1 - (a/\ell)^2 \quad (39)$$

La solution numérique de (38) peut être facilitée en utilisant le diagramme de la fig. 6.2.4. A partir de résultats donnés par Cook & al (1964) et Salamon (1968):

$$\partial U_m/\partial\ell = us_m Q_{33}\ell\lambda^2/2\ell_c, \quad (40)$$

ce qui à la limite, pour $\ell\to\infty$, se réduit à $\partial U_m/\partial\ell = 2s_m Q_{33}$ vu que $(\ell-a)\to 2\ell_c/\pi$, Salamon (1968). A la limite:

$$\sigma_{rms}/Q_{33} = (8\ell_c/h)^{1/2}, \quad (41)$$

ce qui suggère, par comparaison avec (36), que σ_{rms} n'augmente que faiblement après que le toit et le mur soient venus en contact. Ceci est un résultat important qui suggère que, peu de temps après le premier contact, les deux parois du panneau peuvent être traitées indépendamment. Aux environs de la face de gauche, avec la face comme origine du système de coordonnées, on peut écrire:

$$\Psi(Z) = Z - [Z(Z-b)]^{1/2} + b\{\log_e [\sqrt{Z/b} + \sqrt{(Z/b)-1}] - i\pi/2\}, \quad (42)$$

$$\Psi'(Z) = 1 - [(Z-b)/Z]^{1/2}, \quad (43)$$

où $b = 2\ell_c/\pi$ est la largeur de la région ouverte.

Un autre exemple important de l'application de résultats généraux concernant les excavations horizontales à grandes profondeurs comporte deux panneaux parallèles d'égale largeur 2ℓ, séparés par un pilier de largeur 2a. Si l'origine du système de coordonnées est situé au centre du pilier et que $L = a+2\ell$, Fig. 6.2.5, alors

$$\Psi'(Z) = 1 - [Z^2-L^2E(\lambda)/K(\lambda)]/[(Z^2-L^2)(Z^2-a^2)]^{1/2} \quad (44)$$

où l'argument des intégrales elliptiques est donné par: $\lambda^2 = 1-(a/L)^2$.

Une caractéristique importante dans cet exemple est l'interaction relativement petite entre les deux panneaux. Cette interaction devient importante uniquement lorsque le pilier intéressé est relativement petit, fig. 6.2.5 [Cook & al (1966)].

Lorsqu'il y a un grand nombre de panneaux à des distances égales, la charge moyenne au pilier est déterminée par le pourcentage d'extraction $e = \ell/(a+\ell)$, et la charge moyenne au pilier est donnée par $Q_{33}/(1-e)$. Lorsqu'il n'y a qu'un seul pilier, comme dans notre exemple, la valeur de la contrainte moyenne sera sûrement plus petite que la valeur calculée à partir de e, vu que le gisement (ou le filon) non miné se trouvant à l'extérieur des panneaux, supportera une partie du poids de la roche. Dans la fig. 6.2.6, le rapport de la contrainte moyenne pour un seul pilier, σ_{av}, à la contrainte moyenne dans le cas d'un nombre infini de piliers, $Q_{33}/(1-e)$, est représenté en fonction du pourcentage d'extraction. On peut remarquer que la diminution de la contrainte au pilier est significative uniquement lorsque la valeur de e est élevée. En fait, la théorie de la surface tributaire conduit à des erreurs inférieures à 20% lorsque le pourcentage d'extraction est inférieur à 80%.

On demande souvent, spécialement dans le cas où plus d'un gisement est miné, d'estimer l'effet d'un pilier non miné sur la roche environnante. Il est aussi bien connu que le fait de miner le reste aboutit normalement à un nombre élevé de coups de toit dans le cas de mines situées à grande profondeur et dans une roche dure, Cook & al (1966). Fréquemment, on utilisera les anciens piliers comme des barrières d'eau pour les mines environnantes. L'exemple

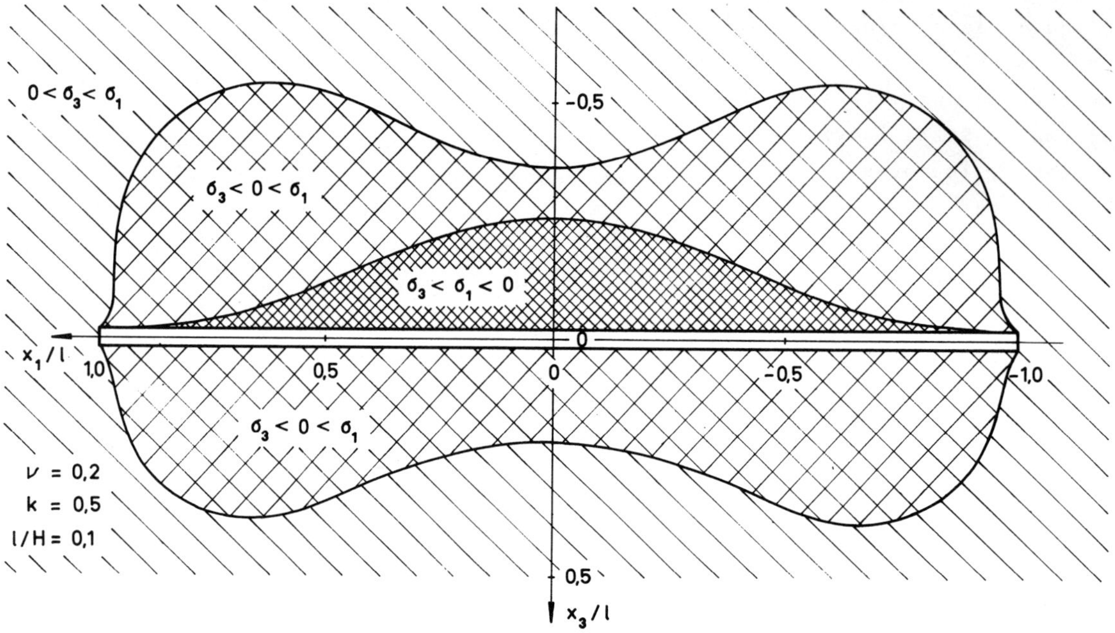

Fig. 6.2.2 Zones en traction au-dessus et en-dessous d'un panneau isolé se trouvant à grande profondeur.

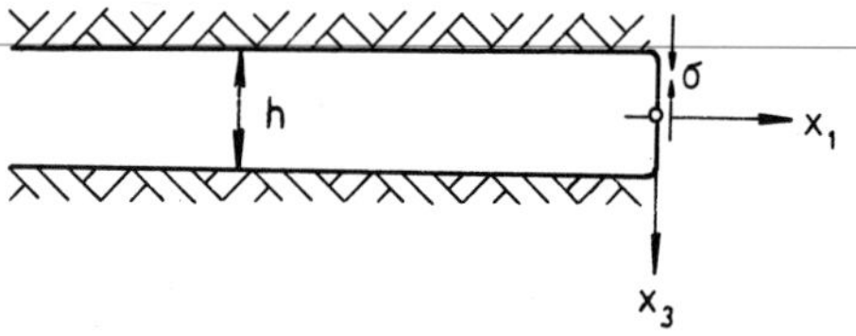

Fig. 6.2.3 Calcul de la densité d'energie de déformation.

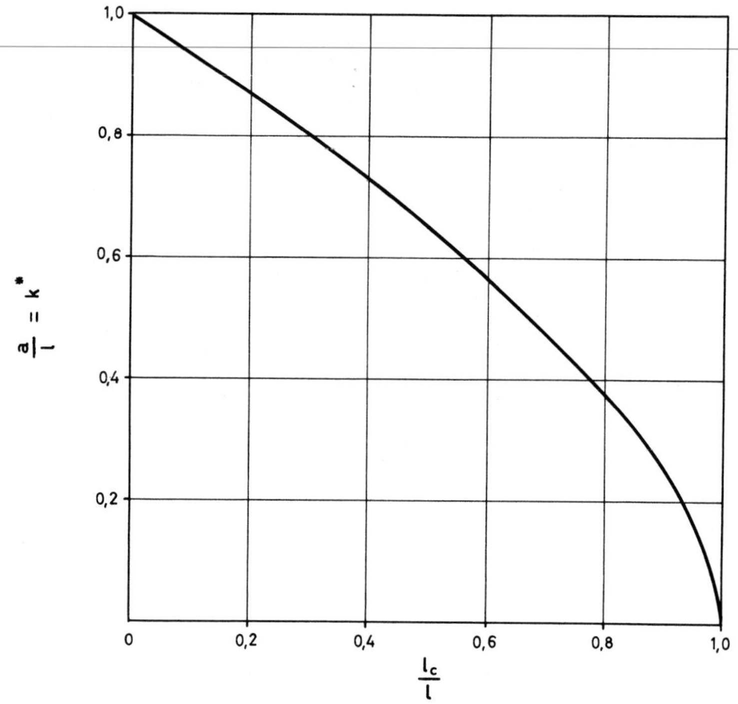

Fig. 6.2.4 Largeur de la zone de contact dans le cas d'un panneau isole à grande profondeur.

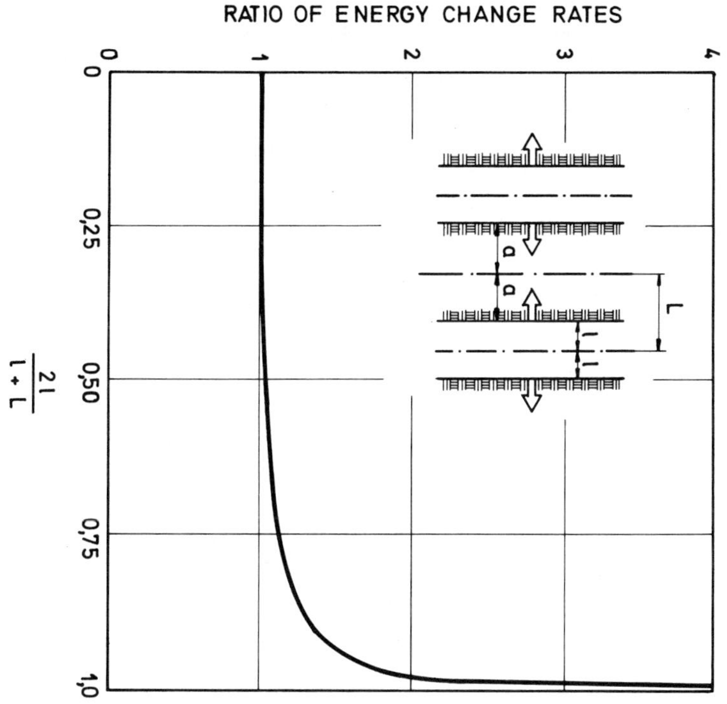

Fig. 6.2.5 Rapport du gradient d'energie fournie dans le cas de deux panneaux se rapporchant à celle correspondant à deux panneaux isolés.

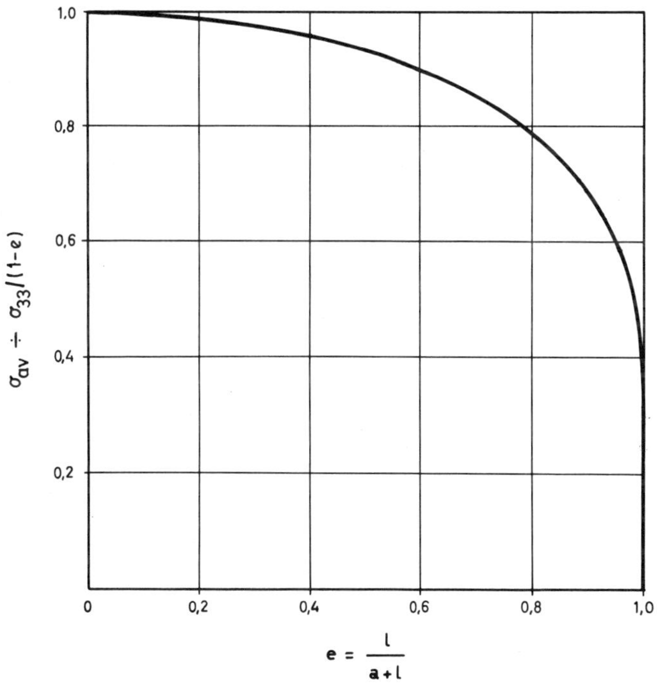

Fig. 6.2.6 Rapport de la contrainte moyenne au pilier dans le cas d'un seul pilier à celle correspondant à un nombre infini de piliers.

d'un pilier isolé a pour cela une grande signification pratique.

On considérera ici un long vestige isolé de largeur 2a. On fera l'hypothèse que le gisement a été extrait des deux côtés du vestige et que la hauteur effective de la taille est s_m. Il existe une région de largeur L-a, des deux côtés du vestige où il n'existe pas de contact entre le toit et le mur. A l'extérieur de ces régions, c'est-à-dire lorsque $|x_1|>L$, la convergence est s_m. Dans ce cas:

$$\Psi'(Z)=1-[(Z^2-L^2)/(Z^2-a^2)]^{1/2}, \qquad (45)$$

où L peut être déterminé à partir de

$$\ell_c/L = K(\lambda) - E(\lambda) \qquad (46)$$

Dans ce cas-ci, l'argument des intégrales elliptiques est $\lambda^2 = 1-(a/L)^2$. Une solution numérique de l'équation (46) peut être obtenue à partir du graphique donné à la fig. 6.2.7.

Dans la fig. 6.2.8, le rapport de la contrainte moyenne au pilier, σ_{av}, à la contrainte verticale in-situ, Q_{33}, est représenté en fonction de la largeur normalisée du pilier, a/ℓ_c. Dans l'illustration suivante, fig. 6.2.9, la contrainte moyenne est représentée en fonction de la profondeur.

L'exemple final concerne un nombre infini de panneaux identiques de portée 2ℓ et distants de 2L. En plaçant l'origine du système de coordonnées au centre d'un de ces panneaux, le potentiel complexe requis s'écrit:

$$\Psi(Z) = Z - L + \frac{2L}{\pi}\sin^{-1}\left(\frac{\cos\pi Z/2L}{\cos\pi\ell/2L}\right), \qquad (47)$$

ce qui conduit à

$$\Psi'(Z) = 1 - \frac{\sin\pi Z/2L}{[\sin^2(\pi Z/2L)-\sin^2(\pi\ell/2L)]^{1/2}} \qquad (48)$$

Dans ce cas-ci, le potentiel complexe est défini de sorte que le déplacement aux centres des piliers est nul, c'est-à-dire $\Psi(L) = 0$.

Une autre solution qui est souvent plus avantageuse est donnée par

$$\Psi(Z) = -i\sum_{n=0}^{\infty} A_n \exp(in\pi Z/L), \qquad (49)$$

où les coefficients sont donnés par

$$A_0 = -(2L/\pi)\log_e(\cos\pi\ell/2L), \qquad (50)$$

$$A_n = \frac{2L}{\pi n}\Big[(-1)^{n+1}-n^2\sum_{j=1}^{n}(-1)^j\frac{(\cos\pi\ell/2L)^{2j}}{j.j!} \times\sum_{m=j}^{n}(-1)^m\frac{(n+m-1)!}{m!(n-m)!(m-j)!}\Big]$$

Les quelques premiers coefficients seront suffisants dans la plupart des cas:

$$A_1=(2L/\pi)\sin^2(\pi\ell/2L), A_2=(2L/\pi)\sin^2(\pi\ell/2L)[1-(3/2)\sin^2(\pi\ell/2L)], A_3=(2L/\pi)\sin^2(\pi\ell/2L)[1-4\sin^2(\pi\ell/2L)+(10/3)\sin^4(\pi\ell/2L)]. \qquad (52)$$

Ceci est dû au fait que tous les termes de l'expansion des composantes de déplacement et de la contrainte contiennent un facteur exponentiel, $\exp(-n\pi x_3/L)$, qui diminue rapidement lorsque n augmente. Le fait d'alterner les panneaux et les piliers est par conséquent indiscernable lorsque la distance depuis le plan des excavations atteint 3L/2.

6.3. Panneaux isolés à faible et à moyenne profondeurs

En réalité, il n'existe pas d'excavations à profondeur infinie. Néanmoins, les résultats des sections précédentes sont d'un intérêt certain dans le cas de mines profondes et lorsque certains types d'excavations partielles sont considérés.

Les solutions qui sont obtenues en faisant l'hypothèse que les excavations sont à une profondeur infinie négligent le fait que la surface terrestre est libre de contrainte. C'est pourquoi, en vue de corriger ces solutions, on doit considérer un système de contraintes additionnelles agissant à la surface afin de libérer celles-ci des contraintes non désirées. Si ce champ de contrainte additionnelle produit des variations de contraintes telles que les conditions aux limites à la profondeur de l'excavation sont considérablement affectées, la solution pour une profondeur infinie

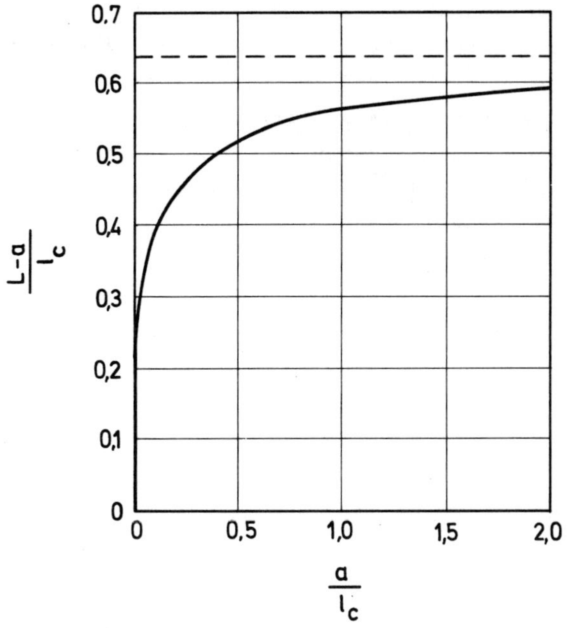

Fig. 6.2.7 Largeur des régions ouvertes de part et d'autre d'un pilier isolé.

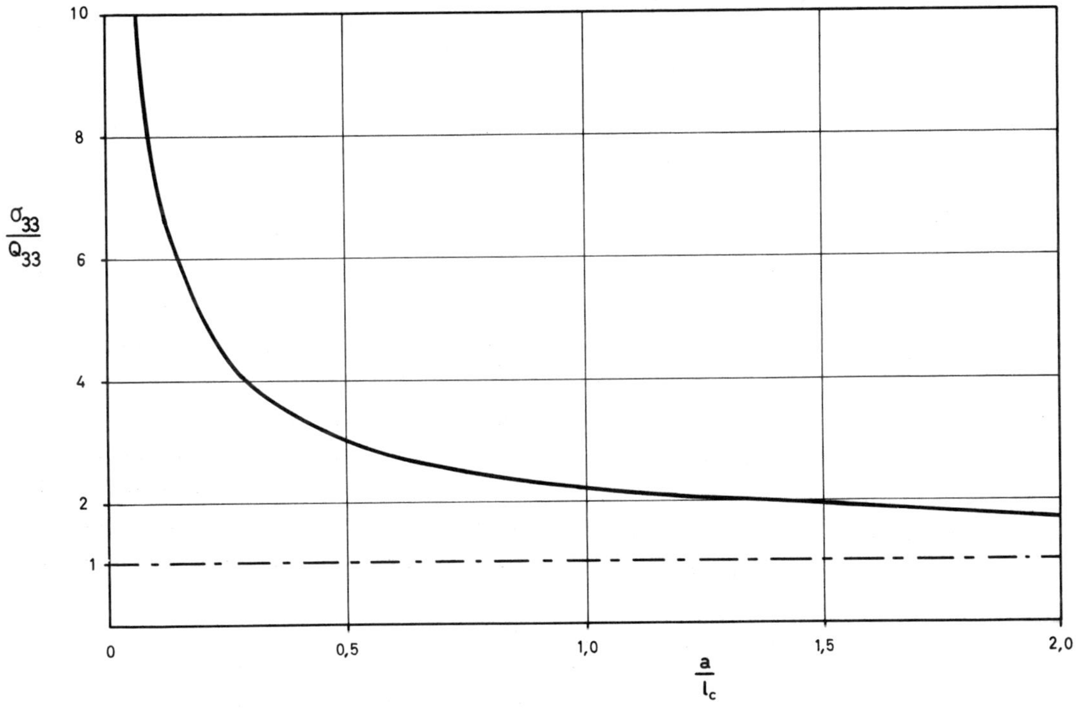

Fig. 6.2.8 Contrainte verticale totale moyenne agissant sur un pilier isolé en fonction de la profondeur.

n'est pas acceptable.

Salamon (1964) a montré qu'une limite supérieure pour la valeur des contraintes influençant les conditions aux limites, peut être calculée en fonction des propriétés de la roche, de la profondeur H et de la hauteur utile ou de la largeur de l'ouverture, s_m. Supposons que $|\sigma|$ représente l'amplitude de la variation de la contrainte normale, en un point quelconque de la région minée, causée par le champ de contrainte additionnel agissant à la surface terrestre. L'inégalité suivante s'applique:

$$\frac{|\sigma|}{Q_{33}} \leq \frac{0,364\ Gs_m}{(1-\nu)\gamma H^2} = \frac{0,728\,\ell_c}{H} \qquad (1)$$

ce qui indique, après avoir remplacé les paramètres par des valeurs réalistes, que dans les mines d'or profondes d'Afrique du Sud, où la largeur des ouvertures est d'environ 1 m et la profondeur varie entre 1 1/2 et 3 1/2 kms, la limite supérieure de la différence varie entre 20% et 1% de la valeur de la contrainte vierge. En général, les erreurs sont beaucoup plus petites et peuvent ainsi être négligées dans la plupart des cas. Il est toutefois certain que dans le cas de mines à faibles profondeurs, l'erreur peut être considérable de sorte que l'effet de le profondeur doit être pris en cause.

L'exigence que la surface du sol reste libre de contrainte introduit des problèmes considérables. Des solutions planes peuvent toutefois être obtenues en utilisant les principes fondamentaux de Berry (1960) et en généralisant le potentiel complexe défini en 6.2 (12). Il sera suffisant de noter, sans entrer dans aucun détail des calculs, que le potentiel complexe qui convient à la forme suivante:

$$\Psi'(Z) = \sum_{j=0}^{m} b_j Z^j - P^*(Z)/X(Z), \qquad (2)$$

où

$$P^*(Z) = Z^n\left(\sum_{j=0}^{m} c_j Z^j\right) + D\ Z^{n-1} + \ldots + D_n \qquad (3)$$

Dans ce cas-ci, le groupe des constantes c_j est déterminé de façon à avoir $\Psi'(\infty)\to 0$; l'autre groupe b_j est calculé de telle sorte que l'on satisfasse les conditions aux limites existant à la surface et dans les excavations. Les constantes D_k sont déterminées comme auparavant. Lorsque le nombre de termes dans le polynômes $c_j Z^j$ est augmenté, la solution s'approchera de plus en plus de la solution exacte.

En utilisant la solution générale similaire à celle donnée en (2), Moris (1972) dériva les distributions de contraintes et de déplacements autour d'un seul panneau horizontal isolé. Dans la fig. 6.3.1 la distribution de la convergence et les déplacements du toit et du mur sont représentés pour quelques valeurs de ℓ/H où ℓ représente la moitié de la portée et H est la profondeur. Il est clair que, lorsque la portée augmente relativement par rapport à la profondeur, l'amplitude de la convergence augmente et l'affaissement devient une fraction de plus en plus importante de cette convergence (fig. 6.3.2) maximum à celle calculée dans le cas de la profondeur infinie voir 6.2(25) . Il semblerait que lorsque la portée, 2ℓ, du panneau atteint H et dépasse cette valeur, l'effet de la profondeur devient rapidement un facteur primordial.

La conséquence la plus importante pour miner à des profondeurs moyennes ou faibles est que le champ des contraintes de compression devient de plus en plus en tension autour de l'excavation. Dans la fig. 6.3.3 on a représenté la contrainte totale verticale au-dessus de la ligne centrale du panneau pour différentes valeurs de ℓ/H. Il est déconcertant de voir que lorsque la profondeur est diminuée, de plus en plus de masse rocheuse, située entre le toit et la surface, sera sujette à des contraintes en tension. En fait, du moment que la portée soit égale à la profondeur, les contraintes verticales sont en tension dans la moitié inférieure du poids des terres.

La situation n'est pas plus satisfaisante lorsque l'on examine les contraintes hori-

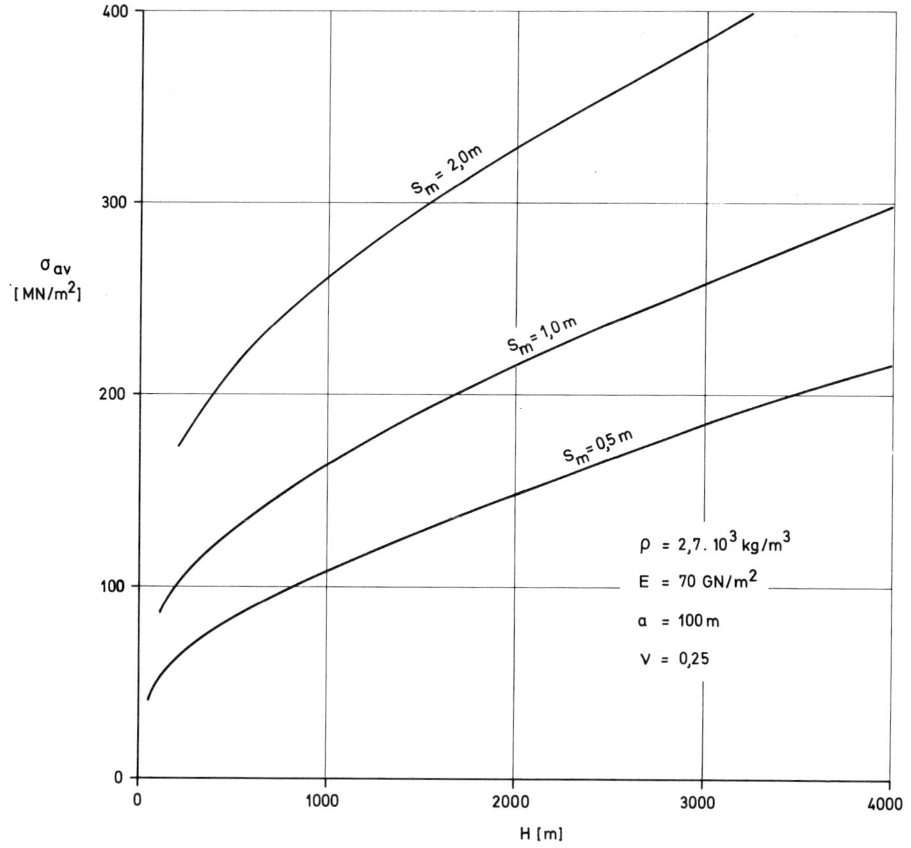

Fig. 6.2.9
Contrainte verticale totale moyenne agissant sur un pilier isolé en fonction de la profondeur.

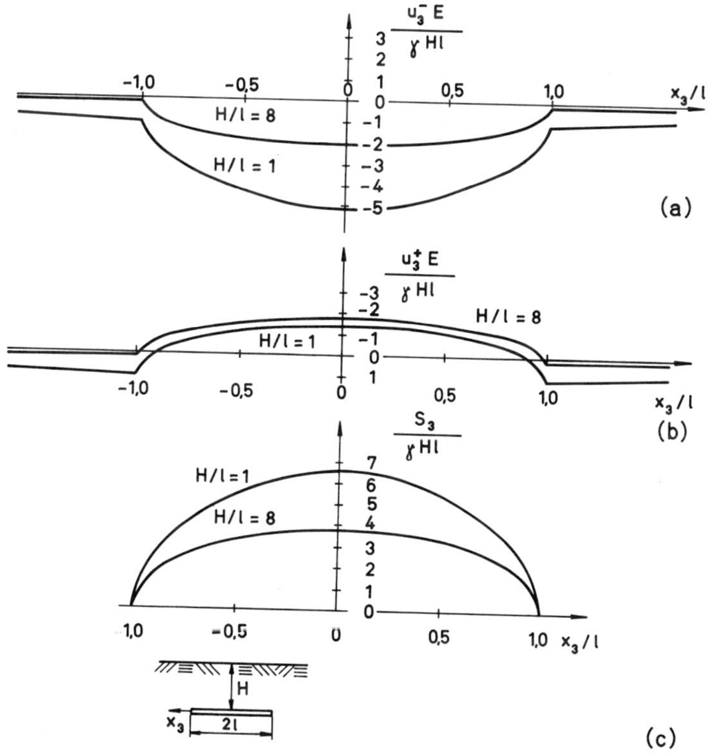

Fig. 6.3.1 Distribution des deplacements du toit (a) et du mur (b) et distribution de la convergence (c) dans le cas d'un panneau isolé à faible profondeur.

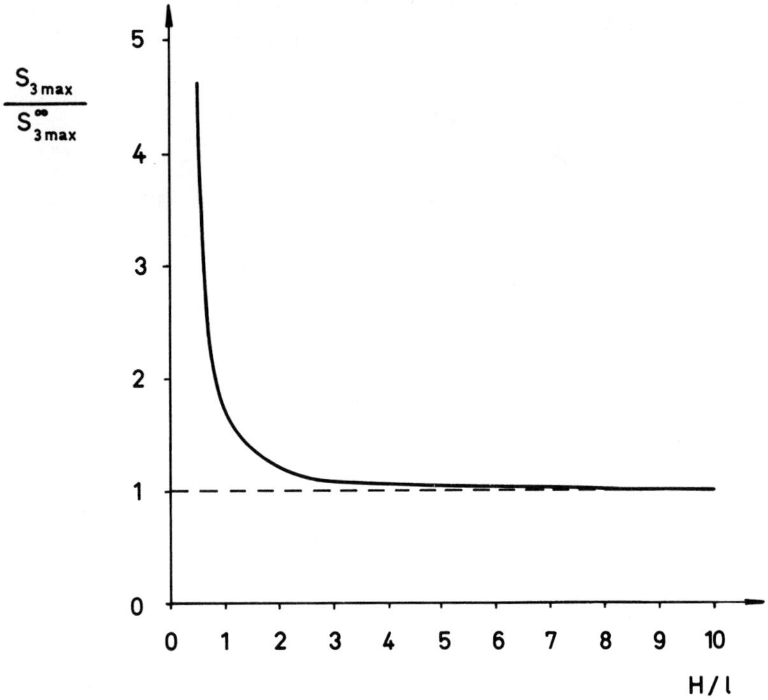

Fig. 6.3.2 Convergence maximum normalisée dans le cas d'un panneau isolé en fonction du rapport profondeur à demi-portée.

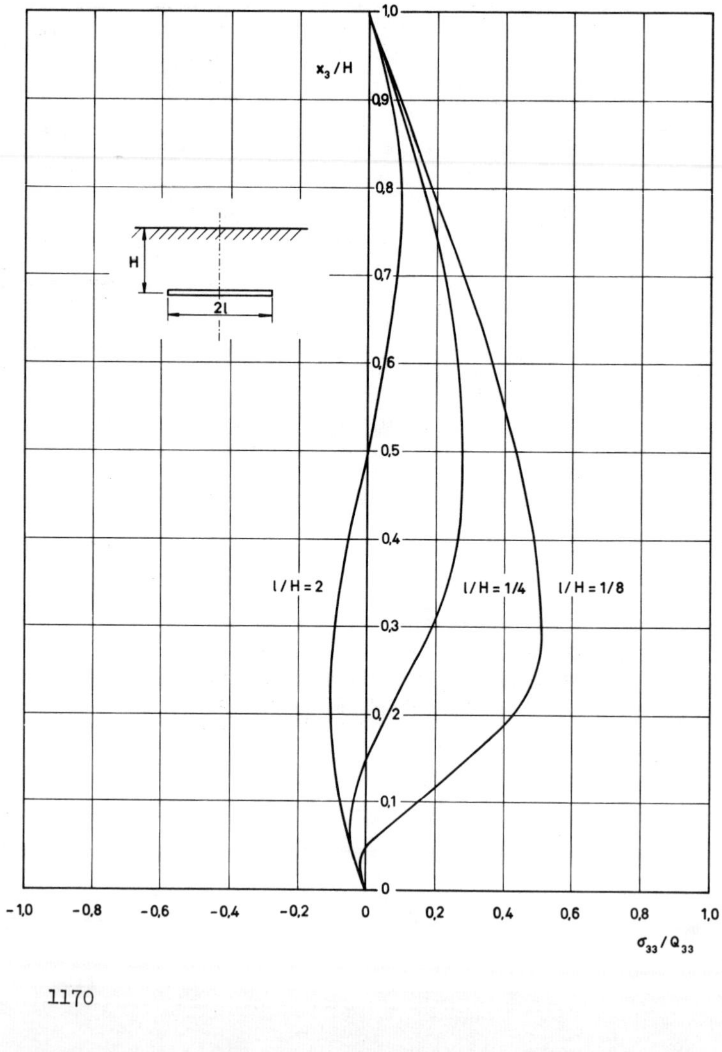

Fig. 6.3.3 Contrainte totale verticale existant au-dessus du centre d'un panneau isolé pour différents rapports ℓ/H.

zontales. Bien que dans le cas où $H = 2\ell$ la région en traction est toujours limitée à une petite partie du toit, fig. 6.3.4(a), lorsque $H = \ell/2$, fig. 6.3.4(b) la grandeur de la contrainte en traction au toit est presque six fois la valeur de la contrainte verticale due au poids des terres Q_{33}; la contrainte horizontale reste en traction jusqu'à une profondeur égale à la moitié de la distance à la face. Lorsque la portée est augmentée davantage, la roche au-dessus du panneau se comporte comme une plaque élastique dont les appuis sont rigides.

Il semblerait donc que lorsque $8<\frac{H}{\ell}<\infty$, les contraintes de traction soient limitées à une petite région autour du panneau. Lorsque $0<\frac{H}{\ell}<1$, il y a aussi une région étendue en traction et de grandes contraintes de traction. Lorsque la masse rocheuse est donc stratifiée ou lorsqu'elle contient des joints, on peut s'attendre à ce que les couches ou les blocs se séparent et que la roche cessera de se comporter comme un milieu continu. Uniquement dans le cas d'une roche extrêmement compétente les couches rocheuses pourraient demeurer intactes lorsque $\ell> H$. Dans ce cas, le danger est dû à la croissance rapide des contraintes de traction (lorsque la portée augmente); ce qui peut amener une rupture brusque de la couche se trouvant au-dessus du panneau.

Lorsque le toit et le mur de l'excavation viennent en contact, dû à la convergence, une pression de contact en compression se développe. La région de contact et la pression de contact augmentent lorsque la portée s'accroît et éventuellement, les régions aux abords des deux faces peuvent être traitées séparément.

Vu que la limite supérieure de la demi-portée qui peut rester ouverte lorsque la hauteur effective de la taille de s_m est ℓ_c - on peut discuter que quand $5\ell_c<H<\ell_c$, les conditions de "grandes profondeurs" prévalent - le champ de contrainte est la plupart du temps en compression. De plus, lorsque $0<H<\ell_c$, la taille est"à faible profondeur". Dans la région intermédiaire, c'est-à-dire, lorsque $\ell_c<H<5\ell_c$, la profondeur est moyenne et uniquement un examen détaillé peut conduire à une prédiction raisonnable des conditions de travail. Evidemment, les limites données représentent plus un guide qu'une classification rigide.

Moris(1972) a dérivé un certain nombre d'autres solutions importantes dans le cas de profondeurs finies. Celles-ci ne peuvent toutefois être inclues ici vu le peu d'espace.

6.4. Miner des gisements tabulaires à faible et à grande profondeurs.

Afin d'estimer la valeur de ℓ_c, la valeur des propriétés de la roche, la profondeur de la mine et la taille effective correspondant à la méthode proposée doivent être données. Dans le cas où l'on utilisera une extraction totale, sans supports permanents, la hauteur effective et la hauteur actuelle de la taille seront pratiquement égales. Si des supports artificiels, remplissage ou serrage doivent être utilisés, la largeur effective de l'ouverture, s_m, est une fraction de la taille, t,

$$s_m = \delta t \qquad (1)$$

où δ est le facteur de convergence ($0<\delta\leq 1$) dont la valeur dépend de la méthode de remplissage (hydraulique, pneumatique, manuel, bourrage) du matériel utilisé et du poids de la couverture.

Les caractéristiques charge-compression de la plupart des matériaux utilisés pour le remplissage sont très fortement concaves vers le haut de sorte qu'après une certaine compaction initiale, de faibles déformations ultérieures donneront lieu à de grandes variations dans la résistance. Donc, dans le cas de mines à profondeurs réalistes, les variations relativement peu importantes, dues aux changements de profondeur, sont complètement masquées par la variation des autres facteurs comme δ qui est souvent représenté comme un facteur indépendant de

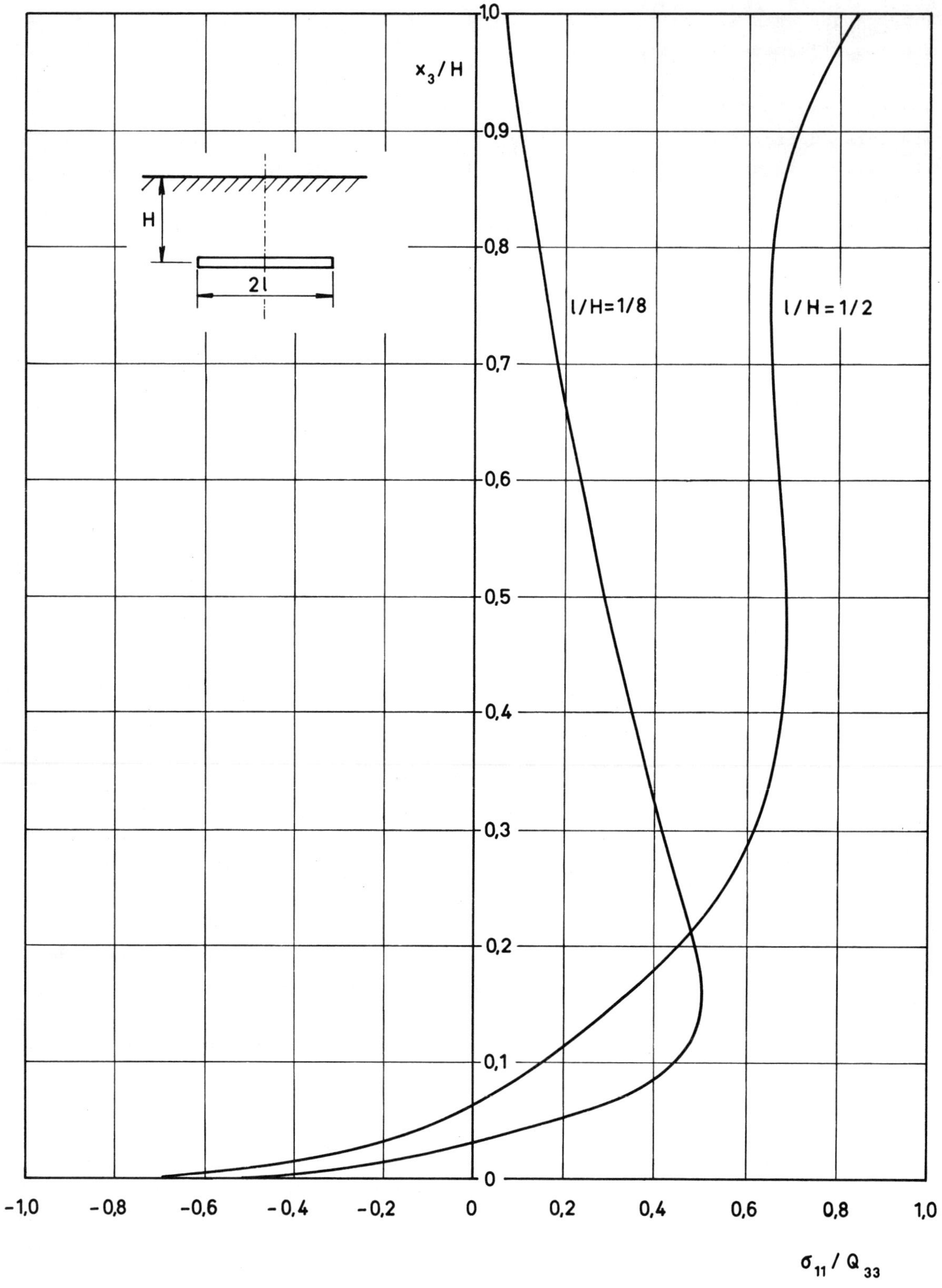

Fig. 6.3.4a Contrainte totale horizontale existant au-dessus de centre d'un panneau isolé dans le cas où $\ell/H = 1/8$, 1/2.

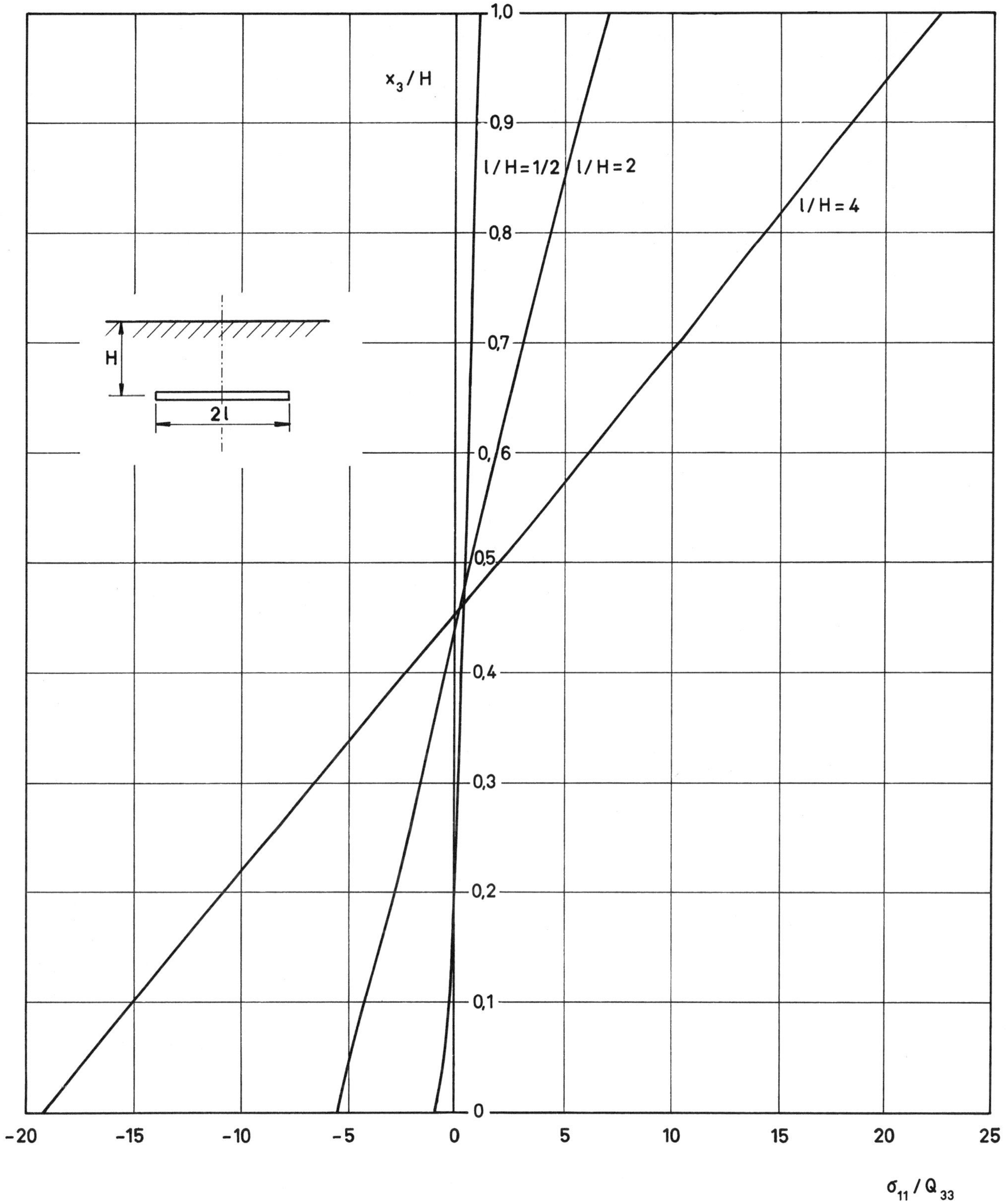

Fig. 6.3.4b Contrainte totale verticale existant au-dessus du centre d'un panneau isolé dans les cas où $\ell/H = 1/2, 2, 4$.

TABLEAU 6.4.1

QUELQUES VALEURS DU FACTEUR DE CONVERGENCE δ.

Méthode de contrôle du toit	Valeurs pour δ		
	Allemagne Whetton (1957)	Pologne Klemencsics (1962)	Hongrie Klemencsics(1962)
Remplissage hydraulique	-	0,12 - 0,20	0,25 - 0,50
Remplissage pneumatique	0,45 - 0,55	0,25	-
Remplissage manuel	0,50 - 0,60	0,40	-
Serrage des voûtes	0,58 - 0,85	0,55	-
Affaissement	0,85 - 0,95	0,70 - 0,80	0,80 - 0,98

la profondeur, Salamon et al (1972). Fläschenträger (1957) affirme que pour de grandes surfaces d'excavation,il n'y a pas de différence significative entre la fermeture maximum et l'affaissement maximum de la surface. Le nombre important de chiffres disponibles à propos de ce dernier facteur dans l'industrie charbonnière en Europe peut donc être utilisé afin de donner quelques valeurs typiques pour δ, Salamon (1964). Ces valeurs sont résumées dans le tableau 6.4.1.

Si l'on utilise une extraction partielle, s_m représente alors la convergence moyenne de l'aire contenant des piliers, où la moyenne est prise pour les cavités et les piliers. Le cas limite de s_m dans le cas de piliers carrés, distants centre à centre de 2L, d'un rapport d'extraction e et à une profondeur H,a été calculé par Salamon et Oravecz (1966) pour les cas des sols isotropes et transversalement isotropes. Ils font l'hypothèse que le gisement est horizontal et que la mine s'étend sur une aire dont les dimensions sont très grandes en comparaison avec H. Dans la fig. 6.4.1, on a reproduit une illustration de leur publication montrant la valeur normalisée de s_m comme une fonction de e, pour plusieurs valeurs de $\phi = 2hG/E_sL$ où h, G et E_s sont respectivement la hauteur de taille, le module de rigidité de la roche et le module de Young du matériau fermant le pilier. La valeur de s_m est normalisée par rapport à hQ_{33}/E_s qui représente la moyenne du rétrécissement du pilier qui apparaîtrait dû à l'action de la contrainte vierge verticale $Q_{33} = \gamma H$ agissant comme charge au pilier. S'il n'y avait pas de pénétration des piliers dans le toit et le mur, la valeur moyenne de la convergence serait $ehQ_{33}/(1-e)E_s$, ce qui est à peu près l'étendue de la déformation des piliers due à la charge induite au pilier $eQ_{33}/(1-e)$. Cette déformation est représentée en pointillé à la fig. 6.4.1. Cette courbe correspond à $\phi = \infty$.

Après cette discussion préliminaire, la classification des gisements tabulaires peut débuter. Cela peut se faire en calculant tout d'abord une demi-portée critique dans le cas d'extraction totale en posant $s_m = t$ dans l'équation 6.2(11) .

$$\ell_c = s_m G/2(1-\nu)Q_{33} \qquad (2)$$

et en notant si $\ell_c < H/5$ ou si $\ell_c > H$. Dans le premier cas, le gisement est dit "profond" au sens utilisé dans la section 6.3. L'avant-projet des plans dans de telles circonstances sera discuté plus tard dans cette section. Si au contraire ℓ_c est plus grand que H, il est peu probable que le toit et le mur puissent rentrer en contact avant que la rupture du toit "principal" ne prenne place. Lorsque le rapport ℓ_c/H s'accroît, une telle rupture devient de plus en plus probable. Le mode de rupture à laquelle on peut s'attendre aura une forte relation avec la méthode de contrôle du toit utilisée.

Dans une formation fortement laminée, la rupture du toit débutera probablement assez tôt lorsque la portée sera faible, d'autant plus que le toit au voisinage immédiat sera faible. Dans de tels cas, l'affaissement du toit est une méthode idéale et peu coûteuse de contrôle, Cook (1966). Si, au contraire, le toit est composé de couches massives et saines, le toit principal pourra avoir une portée considérable; ce qui donnera lieu à des situations potentiellement dangereuses, Salamon et al (1972). Ceci est dû au fait que les contraintes horizontales en traction augmentent rapidement lorsque le rapport portée/profondeur s'accroît, fig. 6.3.4; de sorte qu'éventuellement le toit se brisera avant qu'il n'ait reçu le support du mur. Lorsque la couche compétente se trouve immédiatement dans le toit, sa rupture ne peut être contrôlée au moyen de boulons, de poutres en bois ou de supports hydrauliques temporaires d'autant plus que la rupture sera brusque.

Une autre méthode de contrôle consiste en l'utilisation de remplissage ou de bourrage. Cette méthode sera complètement effective uniquement lorsque ℓ_c sera beaucoup plus grand que H. Ceci est dû au fait que la réduction de la largeur effective de la taille, au moyen de remplissage ou de bourrage, est limitée.

Au cas où la demi-portée critique ne peut être réduite à des dimensions raisonnables, même en utilisant le remplissage ou le bourrage, l'emploi de piliers pourrait être considéré. L'utilisation et le dimensionnement des piliers sont discutés en détail dans les sections ultérieures.

On peut suggérer que la seule utilisation du rapport ℓ_c/H, pour classifier les gisements dans le but de choisir le type principal de contrôle du toit, est une simplification à outrance d'un problème très complexe. Ceci est sans aucun doute le cas. Néanmoins, on peut discuter que cette approche simplifiée a des mérites considérables mais qu'elle ne doit pas être utilisée comme un dogme. Elle procure une explication très raisonnable pour le fait que des gisements de charbon relativement étroits sont minés, la plupart du temps en utilisant la méthode de l'affaissement, dans les pays Européens. On fait seulement appel au remplissage et au bourrage pour protéger la surface ou pour éviter les tas de refus poussièreux et incommode, Vidal (1960). Cela explique aussi la méthode de piliers utilisée en Afrique du Sud pour les gisements de charbon relativement épais et à faible profondeur, Salamon (1969); ou pour les gisements de fer en Lorraine, France, Tincelin et Sinou (1960). Beaucoup d'autres exemples d'application pratique de ces principes dans le monde minier pourraient être cités.

On a dit relativement peu au sujet des conditions existantes, lorsque $\ell_c > H$ et que le toit est faible et laminé. Dans la plupart de ces cas, on fera "tomber" le toit principal. La séparation des couches, les fissures et les fractures s'étendent profondément au-dessus de l'ouverture. Le mécanisme gouvernant le comportement d'une roche fissurée et en blocs est très peu compris. Les meilleurs résultats concernant leur comportement ont peut être été obtenus au moyen d'essais sur modèles, Jacobi & Everling (1960).

6.5. Avant-projet d'excavations tabulaires

Dans ce cas-ci, on portera son attention à des situations dans lesquelles la demi-portée critique est beaucoup plus petite que la profondeur. En pratique cela se passe lorsque la mine est située à grande profondeur.

On a montré dans la section 2.3 que lorsque l'action de miner est exécutée par petites étapes et que la roche est parfaitement élastique, le travail effectué par les forces extérieures et les forces massiques (dans chacune des étapes), ΔW_t, est égal à la somme de l'augmentation d'énergie accumulée dans la partie restante de la masse rocheuse ΔU_c, et du travail transmis aux supports, ΔW_s. La seule énergie quittant le système, et comprise dans la roche restante et les supports, est l'énergie accumulée dans la roche excavée pendant cette étape, ΔU_m.

En pratique la roche,aux alentours des limites des excavations tabulaires,est normalement fracturée. Dans le cas de mines profondes, la fracturation peut être si importante que la roche minée au cours de l'avance de la face est virtuellement libre de contrainte de sorte qu'elle ne contient pas une quantité importante d'énergie accumulée. Cette observation va à l'encontre de la conclusion à laquelle on aboutit en se basant sur un comportement élastique. Il est évident que l'énergie "manquante" a été dissipée au cours de la fracturation d'un certain volume de roche.

Il est logique de supposer que le volume de roche fracturée et que l'étendue de la fracturation dépendent de la partie ΔU_m qui n'a pas été considérée. Des problèmes pratiques de mécanique des roches dépendent, de façon évidente, de l'état de fracturation autour de la face. Vu que cette partie de ΔU_m, qui est dissipée dans la fracturation de la roche, ne peut être calculée, il est raisonnable de faire l'hypothèse qu'une bonne mesure des conditions minières est donnée par ΔU_m par surface unitaire.

Dans 6.2 (32), on a donné une expression intégrale de ΔU_m. L'analogue électrique, Cook et al (1966) et la méthode numérique de Plewman et al (1969) peuvent toutes les deux donner une bonne approximation pour la valeur de ΔU_m,(voir section 3.4):

$$\Delta U_m \simeq -\frac{1}{2} s_k^{(i)} \sigma_{k3}^{(p)} , \qquad (1)$$

où la convention de la sommation est utilisée par rapport à l'indice K. $\sigma_k^{(p)}$ et $s_k^{(i)}$ sont les composantes de la contrainte moyenne et de la convergence avant et après l'extraction du minéral d'une petite surface ΔA.

Il y a beaucoup d'avantages à utiliser la méthode numérique pour l'avant-projet de mines actuelles. La meilleure approche est de faire rentrer dans l'ordinateur la géométrie de la mine existante, en ayant la facilité de mettre à jour chaque fois que des opérations minières futures sont planifiées. Ceci se fait en examinant un certain nombre de plans miniers possibles et en choisissant celui qui conduit à la plus petite variation de $\Delta U_m/\Delta A$, Cook et al (1966), Cook (1966), Wilson & More O'Ferral (1970), & Wilson (1971). Dans les deux dernières références on a tenu compte des procédés pratiques pour l'exécution de la mine dans le cas des mines d'Afrique du Sud à grande profondeur.

Ces procédés sont fermement basés sur les résultats d'un programme compréhensif d'observations sur le terrain dans le cas de plusieurs mines et couvrant plusieurs années, ce qui rend valable le modèle homogène isotrope pour de telles formations géologiques vu la comparaison favorable entre les déplacements induits mesurés et calculés. Un certain nombre de ces comparaisons fut présenté par Cook et al (1966). De plus, Hodgson & Joughin (1966) ont publié l'évidence expérimentale qui indique que le gradient $\Delta U_m/\Delta A$ est en fait un paramètre significatif pour prédire les problèmes concernant le maintient satisfaisant du contrôle du toit dans les tailles à grande profondeur.

Pendant ces quelques dernières années, l'Afrique du Sud a accumulé une grande quantité de connaissances empiriques quant au gradient d'énergie libérée dans des conditions minières réelles. Une classification sévère en a suivi concernant les conditions à espérer dans les différentes catégories par rapport à l'amplitude de $\Delta U_m/\Delta A$.

Lorsque le gradient d'énergie libérée dépasse une certaine valeur critique, valeur qui est susceptible de varier lorsque l'environnement géologique varie, les méthodes normales de planification et de support n'apportent pas des conditions minières acceptables. Dans de telles circonstances, des mesures spéciales sont requises afin d'obtenir les améliorations nécessaires.

Avant d'examiner le rôle des diverses méthodes utilisées pour pallier des problèmes sérieux de mécanique des roches, il serait avantageux de résumer ici les expressions donnant les différentes quantités d'énergie. A partir de 6.2(34), on a

$$W_{tv} = -\int_A s_k q_{k3}\, dA,\quad U_{cv} = \frac{1}{2}\left(-\int_A s_k q_{k3}\, dA + \int_B s_k p_{k3}\, dA\right) \qquad (2)$$

et vu que $W_{tv} = U_{cv} + W_{rv}$ (en effet $U_{mv} \simeq 0$)

$$W_{rv} = -\frac{1}{2}\left(\int_A s_k q_{k3} dA + \int_B s_k p_{k3} dA\right), \qquad (3)$$

dans lesquels les surfaces A et B se rapportent respectivement, comme auparavant à l'aire minée totale et à la partie supportée de la surface totale.

Les formules en (2) et (3) indiquent clairement que le moyen le plus logique pour réduire toutes les quantités d'énergie est de réduire les amplitudes des composantes du déplacement relatif. Cette conclusion est expliquée le mieux en examinant les apports aux intégrales par la petite surface dA, Cook (1966). Supposons que ces apports soient dW_{tr}, dU_{cv} et $dW_{rv} = dU_m + dW_{sv}$.

Toutes les énergies peuvent être réduites en remplissant l'excavation de sable ou de rocaille. Les effets d'un tel procédé sont illustrés par les diagrammes dans la fig. 6.5.1. Prenons une petite surface dans la partie non supportée de A. La moitié de la contribution totale d'une telle surface dW_{tv}, qui dans notre cas est dU_m, a été enlevée du système par la roche minée ou a été dissipée au cours de la fracturation de la roche. L'autre moitié correspond à la contribution par cette surface de l'énergie qui est accumulée à cet instant dans la roche environnante, fig. 6.5.1(a).. Cet exemple est aussi typique de la condition existant dans une excavation non supportée. Dans la fig. 6.5.1(6) le déplacement relatif a été réduit depuis s_{kmax} à s_k par la résistance de remplissage. Il est évident qu'une grande diminution de toutes les quantités d'énergie s'en suivra de plus, une partie de dW_{rv} est maintenant dissipée, sans problèmes, par la compression du matériau de remplissage, dW_{sv}. Une partie de ce gain peut toutefois être perdu lorsque le remplissage se fait tardivement, c'est-à-dire après avoir permis une grande partie du déplacement relatif d'avoir eu lieu sans résistance , fig. 6.5.1 (c). Dans la fig. 6.5.1 (d) la situation correspondant à une telle partie de surface non supportée est représentée pour le cas où $q_{33}=p_{33}$ et $s_3=s_m$; c'est-à-dire lorsque la pression de contact a atteint la valeur de la contrainte vierge et que la convergence est égale à la largeur effective de la taille. Dans ce cas-là $dU_{cv} = 0$ et $dW_{tv} = dU_m + dW_{sv}$.

Les caractéristiques chargement-convergence du matériau de remplissage devraient être telles qu'il puisse supporter des charges le plus rapidement possible. La signification d'une telle observation est illustrée à la fig. 6.5.2 dans laquelle des aires hachurées verticalement et horizontalement représentent une augmentation de dU_m et dU_{cv}, résultant de la variation des caractéristiques depuis (1) jusque (2); cette dernière étant plus compressible.

Une mesure plus radicale et qui conduit à de plus grandes améliorations consiste en l'emploi d'une extraction partielle, Cook et

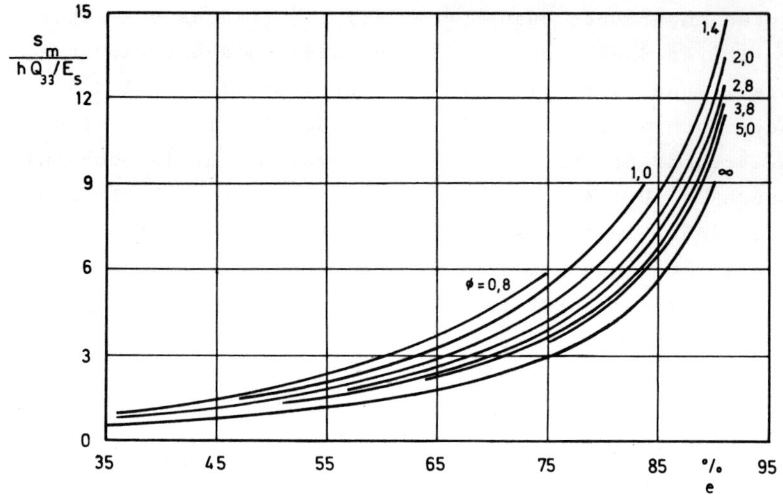

Fig. 6.4.1 Convergence moyenne normalisée dans le cas de grandes mines horizontales ayant des piliers et pour différentes valeur de $\phi = 2hG/E_sL$.

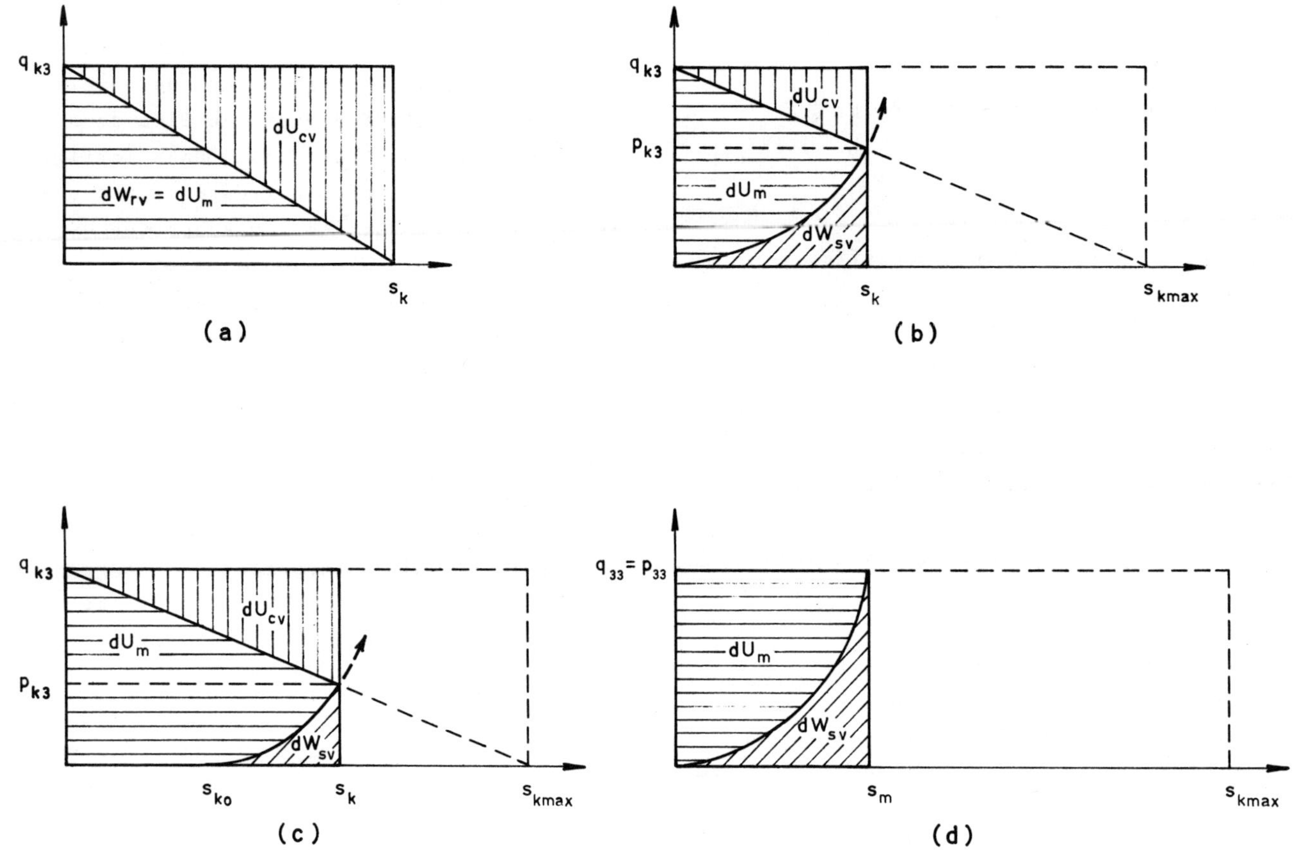

Fig. 6.5.1 Variations d'énergie pour les diverses méthodes de contrôle des déplacements relatifs du toit et du mur: (a) non-supporté; (b) rempli d!un matéreau compressible; (c) effet d'un remplissage retardé; (d) équilibre final.

al (1966), Cook & Salamon (1966, Cook (1966) [voir aussi J. & C. pp 449 et 454-458].

L'utilisation du système d'extraction partielle est discutée dans la section 6.2, où de longs panneaux de largeur 2ℓ sont placés à une distance centre-à-centre de 2L. Dans ce cas, la différence entre la quantité d'énergie libérée considérant une grande surface minée d'une portée 2L utilisant une extraction totale d'épaisseur s_m (sans remplissage)et celle qui serait libérée si la méthode d'extraction partielle était utilisée d'après 6.2.(8) et (50), est donnée par

$$\delta W_{rv} = 2Q_{33}L\left[s_m + \frac{2(1-\nu)LQ_{33}}{\pi G}\log_e(\cos\alpha)\right],$$

où $\alpha = \pi\ell/2L$. Afin de normaliser la réduction, divisons les deux membres par $W_{rto} = 2s_m LQ_{33}$ c'est-à-dire par l'énergie qui serait libérée dans le cas d'extraction totale. Ceci donne alors:

$$\delta W_{rv}/W_{rto} = 1 + (L/\pi\ell_c)\log_e(\cos\alpha). \quad (4)$$

Ceci est dû au fait que $\ell_c = s_m G/2(1-\nu)Q_{33}$. Dans la figure 6.5.3 on a représenté la variation du rapport $\delta W_{rv}/W_{rto}$ en fonction du rapport d'extraction pour différentes valeurs de L/ℓ_c.

Il est évident que la réduction d'énergie obtenue par l'extraction partielle est considérable, même pour des rapports d'extractions très élevés. Evidemment ceci se fait au prix qu'il faut dimensionner des piliers pouvant supporter les charges existantes. A de faibles profondeurs ceci se fait en tenant compte des considérations qui seront discutées plus tard dans ce chapitre. Dans le cas de mines profondes les piliers doivent avoir un rapport largeur-hauteur dépassant 15, ou peut-être même 20, afin de s'assurer qu'ils ne se briseront pas. Un autre mode de rupture rencontré dans le cas d'extraction partielle consiste en la rupture de la "fondation" des piliers, c'est-à-dire la rupture de la roche au-dessus ou en-dessous des piliers. Afin d'éviter la possibilité d'un tel mode de rupture, le potentiel complexe donné en 6.2 (48) peut être utilisé afin de calculer les contraintes dans la roche, utilisant 6.2(2) et (3). A partir de ces contraintes on pourra dessiner les zones de fracturation possibles, Hoek (1966).

Un remplissage partiel est une méthode alternative au remplissage total et peut être utilisé sans perdre trop d'efficacité. On doit toutefois s'assurer que le rapport largeur-hauteur des travées d'aggrégats n'est pas inférieur à 15. Dans ce cas, des travées occupant 15 à 25% de la surface d'une excavation seront susceptibles d'être à peu près 80% aussi effectives que le remplissage total [J. & C. pp 459-458].

Avant de quitter le sujet du contrôle des conditions minières utilisant la méthode du "gradient d'énergie libérée", $\Delta U_m/\Delta A$, on devrait noter qu'il pourrait sembler y avoir des différences de conception entre l'interprétation des premiers chercheurs et ceux décrits ici. Lorsque le concept du gradient d'énergie libérée fut introduit à l'origine par Cook (1963) [voir également Cook et al (1966)] , lorsque Cook (1966) dériva l'équation énergétique pour la situation minière, les variations d'énergie furent calculées par rapport à la contrainte vierge existant dans la masse rocheuse. Par conséquent on ne réalisa pas que, théoriquement, l'énergie libérée totale, W_{rv}, comprenait les intégrales de ΔU_m et ΔW_s, pourvu que la roche soit élastique et que l'action de miner se fasse par petites étapes. Ceci signifie qu'une partie de l'énergie libérée est enlevée du système avec la roche minée et que la partie restante est dissipée dans la déformation des supports. Lorsqu'il n'y a pas de support, l'énergie totale libérée est égale au total des énergies de déformation qui ont été enlevées avec la roche excavée. Bien entendu, comme on l'a mentionné auparavant, en pratique une partie de la roche est complètement ou partiellement libre de contraintes dû à la fracturation induite avant l'excavation, de sorte qu'au moins une partie de "l'énergie libérée" soit dissipée dans la

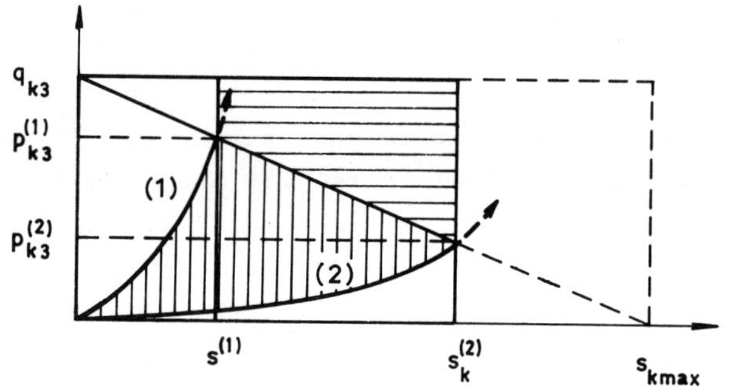

Fig. 6.5.2 Effet des caractéristiques chargement-convergence sur les variations d'énergie.

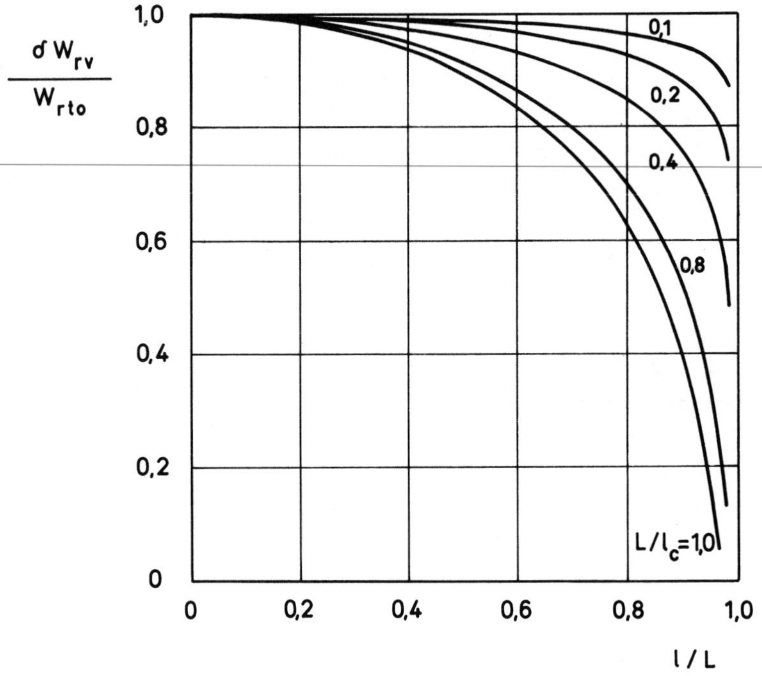

Fig. 6.5.3 Réduction normalisée des variations d'énergie dues à une extraction partielle.

fracturation.

6.6. Miner en utilisant la méthode des piliers - Calcul du chargement au pilier

Miner en utilisant la méthode des piliers est probablement la méthode la plus importante d'extraction minérale. Cela a été utilisé dans une forme ou une autre afin d'extraire une grande variété de minéraux tels que le charbon, le potasse, le fer,etc.. En dépis de son importance, très peu de progrès ont été faits avant 1960 en ce qui concerne le développement d'une méthode rationnelle de dimensionnement des piliers souterrains ainsi que leur emplacement dans le plan général de la mine.

(i) Théorie de la surface tributaire. Le premier problème principal dans l'avant-projet des piliers est relatif à la prédiction du chargement au pilier. Il semble qu'avant la publication d'un article fondamental par Tincelin et Sinou (1960), la seule méthode théorique pour prédire la charge au pilier était d'utiliser la théorie de la surface tributaire, terminologie attribuée à Coates (1965).

Cette théorie s'applique, de façon rigoureuse, à des gisements horizontaux dont l'étendue latérale est importante comparée à la profondeur. Sous ces conditions, il doit exister une certaine région centrale dans cette région à piliers où l'effet des régions non-minées se trouvant à grande distance n'est pas ressenti pourvu que les charges au pilier soient inférieures à la résistance du pilier. L'équilibre des forces par rapport à cette région centrale nécessite que la force résultante des résistances de ces piliers individuels soit égale au poids de la roche se trouvant au-dessus de la même région. Donc, si les piliers ont une dimension, une forme et une distribution uniforme, la force agissant sur tous les piliers de la région centrale est égale au poids du prisme rocheux agissant sur le pilier. Supposons que la surface des piliers soit A_p et que la surface tributaire correspondante soit A; la contrainte moyenne verticale au pilier est alors

$$p_m = \gamma H(A/A_p), \qquad (1)$$

où γ représente le poids de la roche par unité de volume et H est la profondeur. Cette charge au pilier peut aussi s'exprimer en fonction du rapport d'extraction $e = (A-A_p)/A = 1 - (A_p/A)$, de la façon suivante:

$$p_m = \gamma H/(1 - e) \qquad (2)$$

Ceci est la seule situation dans laquelle la charge au pilier peut être déterminée à partir de simples considérations statistiques. Dans tous les autres cas, le problème du calcul de la charge au pilier est statiquement indéterminé de sorte que la solution ne pourra êtretrouveé qu'en considérant les déplacements. Des essais généralisant la théorie de la surface tributaire pour l'appliquer à des piliers irréguliers ou à des surfaces ne contenant que très peu de piliers, sont arbitraires et théoriquement non justifiés.

Il est important de noter que la pression calculée à partir de (1) ou (2) représente la limite supérieure de la charge moyenne au pilier dans n'importe quel gisement horizontal supporté par des piliers uniformes. Une hypothèse opposée conduirait à la conclusion inacceptable qu'à un certain stade de la mine, la charge moyenne agissant sur certains piliers devrait diminuer [afin d'atteindre la valeur de p_m donnée en (1) ou en (2)]due à l'augmentation de la surface minée.

Afin d'estimer les charges au pilier, Tincelin et Sinou (1960) ont utilisé un modèle à deux dimensions dans lequel la roche du toit était représentée par une poutre élastique (plaque) et la résistance des piliers et du gisement en place étaient considérés comme étant proportionnels à la déflexion de la poutre. Ils ont donc réduit le problème à la solution bien connue de Winkler comportant des poutres sur fondation élastique, Timoshenko (1956). Il est important de noter que de telles hypothèses ont d'abord été utilisées dans le contexte de la mécanique des roches appliquée à l'industrie minière par Budryk en 1933 [voir Borecki & Salustowicz (1960)].

Dans une série de rapports, Coates (1965; 1965a; 1966), et dans une publication, Coates et Ignatieff (1966) ont décrit une méthode de calcul de la charge au pilier dans le cas de situations à faible et à grande profondeurs, considérant les déformations. Cependant vu qu'ils se basèrent sur des résultats analytiques disponibles définissant la déflexion du toit et du mur dans le cas d'excavation non supportée, leur estimation de la charge au pilier est nécessairement une approximation. Plus récemment, Starfield et Fairhurst (1968) ont réussi à développer une méthode numérique utilisant les principes donnés dans la section 3.4 afin de calculer les charges au pilier à deux dimensions, faisant l'hypothèse que les tailles se trouvent à une profondeur infinie.

(ii) Une méthode générale. On a montré dans la section 3.4 que la relation entre le vecteur-traction induit T et le vecteur-déplacement relatif S, dans le cas d'une excavation tabulaire, peut s'écrire:

$$T = - \chi S, \qquad (3)$$

où χ est une matrice (3nx3n), pourvu que la surface de l'excavation soit divisée en n "face elements". Vu que χ est définitivement symétrique et positif, il n'y a aucune difficulté, en principe, à en calculer l'inverse

$$S = - \chi^{-1} T = - \Gamma\, T, \qquad (4)$$

où d'une manière analogue à 3.4(7), la matrice Γ peut s'écrire

$$\Gamma = \begin{bmatrix} \Gamma_{11} & \Gamma_{12} & \Gamma_{13} \\ \Gamma'_{12} & \Gamma_{22} & \Gamma_{23} \\ \Gamma'_{13} & \Gamma'_{23} & \Gamma_{33} \end{bmatrix} \qquad (5)$$

En limitant la discussion à des tailles horizontales, on peut faire l'hypothèse que la contrainte verticale vierge est une contrainte principale et que seule la composante verticale du vecteur-contrainte agissant au contact roche-pilier a une influence significative, Salamon (1970), (uniquement dans le but de déterminer les charges au pilier). En d'autres mots on considérera que $T_1 = T_2 = 0$ pour toute la région minée, y compris les surfaces occupées par les piliers. Si cela est le cas, l'équation (4) conduit à la relation suivante entre la convergence et les vecteurs normaux en traction:

$$S_3 = - \Gamma_{33} T_3 . \qquad (6)$$

De temps à autre dans le reste de cette section et plus tard dans la section 6.8 et lorsque l'on peut le faire sans amener des confusions, les indices seront omis. On devra prendre soin toutefois d'indiquer quand ce procédé sera utilisé. Il sera aussi avantageux, dans le futur, de considérer T (p.ex. T_3) comme un vecteur-force. Vu que ces forces sont obtenues à partir des valeurs des contraintes correspondantes en les multipliant par la surface de l'élément considéré, chaque terme de Γ(p. ex. Γ_{33}) devrait être divisé par la surface de l'élément afin de rester dimensionnellement correct.

Supposons qu'un nombre p du nombre total n de"face elements" corresponde à des surfaces occupées par les piliers et que le restant, c'est-à-dire m = n-p représente des régions minées. Supposons que les valeurs des vecteurs-convergence et force soient respectivement S_p et T_p dans la région des piliers et S_m et T_m dans la zone minée. La première paire de vecteurs à la dimension (px1) et la seconde (mx1). Il n'y a aucune difficulté à arranger (6) afin d'obtenir

$$\begin{bmatrix} S_p \\ S_m \end{bmatrix} = - \begin{bmatrix} \Gamma_{pp} & \Gamma_{pm} \\ \Gamma'_{pm} & \Gamma_{mm} \end{bmatrix} \begin{bmatrix} T_p \\ T_m \end{bmatrix} \qquad (7)$$

Maintenant, vu que $T_m = -4\Delta^2 Q_{33} J_m$ est un vecteur (mx1) dont tous les éléments sont unitaires et $4\Delta^2$ dénote la surface d'un "face element", l'équation (7) conduit à:

$$S_p = 4\Delta^2 Q_{33}\Gamma_{pm}J_m - \Gamma_{pp}T_p. \qquad (8)$$

La même convergence induite peut aussi être calculée indépendamment à partir de la déformation des piliers. Supposons que la hauteur des piliers, le module de Young et le coefficient de Poisson du matériau soient respectivement h, E_s et ν_s. La compression, $(h/4E_s\Delta^2)T_p$, et partiellement à la relaxation de la contrainte vierge latérale $Q_{11} = Q_{22} = KQ_{33}$. Cette dernière composante est donnée par $(2\nu_s kh/E_s)Q_{33}J_p$. La convergence du pilier est donc donnée par:

$$S_p = (h/4E_s\Delta^2)(T_p + 8k\nu_s\Delta^2 Q_{33}J_p) \qquad (9)$$

Cette relation approchée peut être considérée comme une généralisation de l'hypothèse de Winkler et elle ressemble au résultat correspondant obtenu par Coates (1965) [voir également la correspondance entre Coates (1971) et Salamon (1972)].

Après avoir égalé (8) et (9), le vecteur des charges induites au pilier est donné par

$$T_p = 4\Delta^2 Q_{33}(\Gamma_{pp} + \alpha I_p)^{-1}(\Gamma_{pm}J_m - \eta J_p), \qquad (10)$$

où

$$\alpha = h/4E_s\Delta^2, \qquad \eta = \nu_s kh/2E_s\Delta^2. \qquad (11)$$

(iii) L'hypothèse de la profondeur infinie

Dans beaucoup de cas, lorsque les charges au pilier doivent être déterminées, il est raisonnable de supposer que les tailles soient effectivement à une profondeur infinie. Ceci est dû au fait que la convergence moyenne est normalement très petite, fig. 6.4.1, et cette petite valeur, d'après la fig. 6.3(1), assure que la limite supérieure de l'erreur résultant du fait que l'on a négligé que la profondeur était bornée, est négligeable. Si c'est ainsi, la distribution de la convergence est calculée de façon exacte par une méthode qui néglige la profondeur. Toutefois, lors du calcul des déplacements induits dans les couches, le fait que la profondeur est limitée doit être pris en compte, Salamon et Oravecz (1970).

Il a été démontré par Salamon (1964b) que les effets des contraintes normale et tangentielle peuvent être séparés quand on peut négliger l'effet de la profondeur lors du calcul des composantes de la convergence et du chevauchement. C'est pourquoi, dans un tel cas, nous avons $\chi_{13} = \chi_{23} = 0$ dans l'équation 3.4(7) de sorte que $T_3 = -\chi_{33}S_3$. Les expressions générales des composantes du déplacement correspondant à cette situation sont données par l'équation 3.4(10) en fonction d'une seule fonction harmonique φ. Les composantes de la contrainte sont exprimées en termes de la même fonction par l'équation 3.4(11); la fonction elle-même est donnée en 3.4(13).

Les termes de χ_{33}, ou plus tard simplement χ, peuvent être calculés en se basant sur l'équation intégrale donnée en 3.4(14). Le terme $\varkappa_{ij}$ représentant l'interaction entre les deux "face elements", et dont la position relative est déterminée par:

$$x_1^{(i)} - \xi_1^{(j)} = 2k\Delta, \qquad x_2^{(i)} - \xi_2^{(j)} = 2\ell\Delta$$

où 2Δ est la longueur du côté d'un "face-element", est donnée par

$$\varkappa_{ij} = \frac{E\Delta}{2\pi(1-\nu^2)}\left\{\frac{[(2k+1)^2+(2\ell+1)^2]^{1/2}}{(2k+1)(2\ell+1)} - \frac{[(2k-1)^2+(2\ell+1)^2]^{1/2}}{(2k-1)(2\ell+1)} - \frac{[(2k+1)^2+(2\ell-1)^2]^{1/2}}{(2k+1)(2\ell-1)} + \frac{[(2k-1)^2+(2\ell-1)^2]^{1/2}}{(2k-1)(2\ell-1)}\right\} \qquad (12)$$

Dans ce cas-ci, E et ν sont respectivement le module de Young et le coefficient de Poisson de la masse rocheuse. Il est important de noter, afin de pouvoir l'utiliser dans le futur, deux caractéristiques propres aux éléments de la matrice χ(p. ex. χ_{33}). A partir de (12),

$$\varkappa_{ij} = 2\sqrt{2}E\Delta/\pi(1-\nu) > 0 \text{ et } \varkappa_{ij} < 0 \qquad (13)$$

dans tous les autres cas.

L'expression pour les éléments de χ(p. ex. χ_{33}) donnée en (12) fut dérivée tout

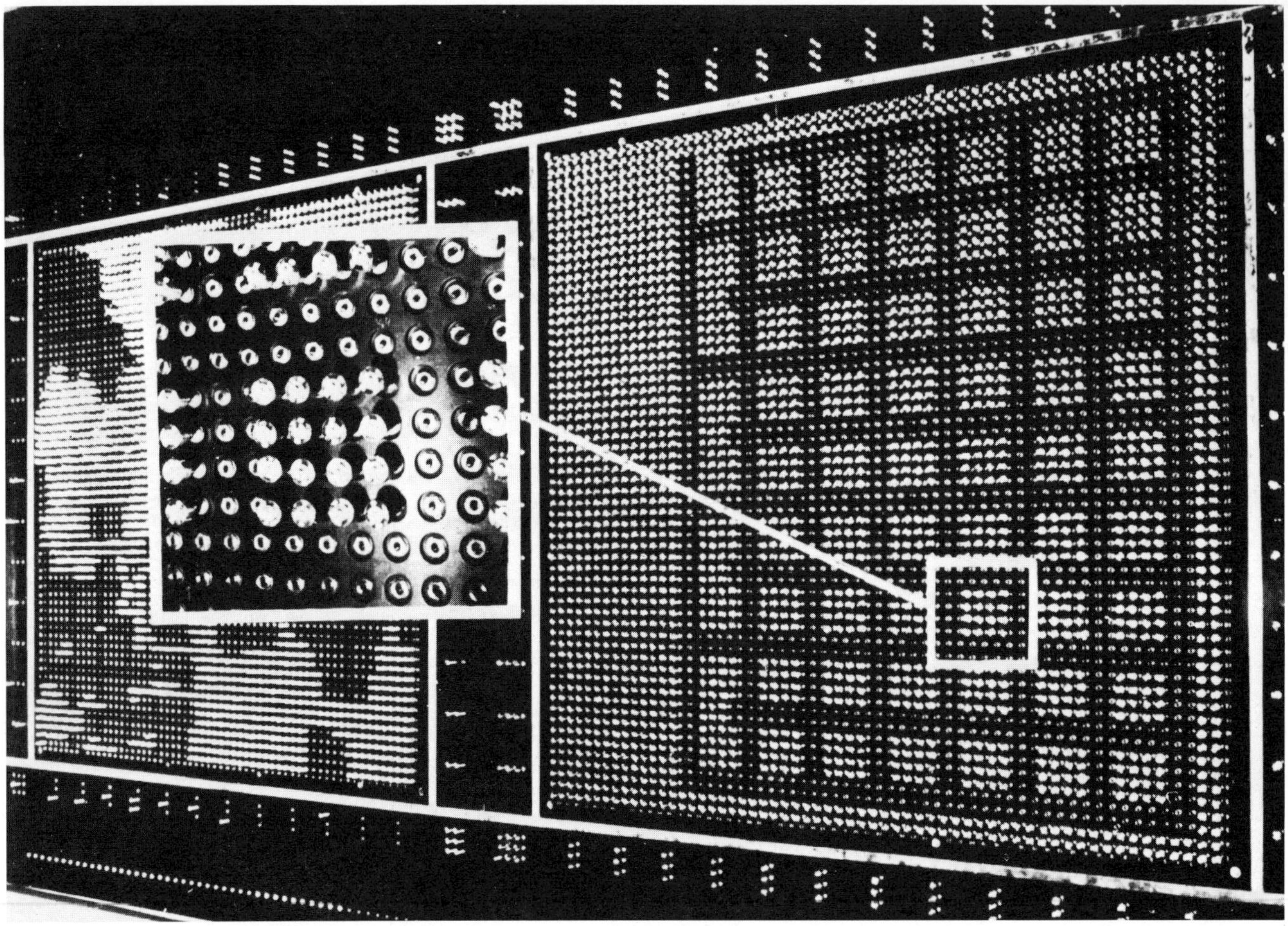

Fig. 6.6.1 Analogue résistif utilisé lors de l'analyse de problèmes comportant des piliers.

d'abord par Plewman et al (1969). Le fait que la matrice χ(p. ex χ_{33}) est définitivement positive et que tous ces termes non diagonaux sont négatifs, est suffisant pour l'identifier à une Stieltjes matrice. Ceci signifie que tous les éléments de la matrice inverse de $\Gamma(\Gamma_{33})$ sont positifs, Varga (1962).

(iv) Solution utilisant l'analogue électrique
Une approche alternative fut utilisée par Salamon et Oravecz (1970). Ils montrèrent que l'analogue électrique [voir section 3.4] peut être utilisé pour déterminer la distribution de la convergence et à partir de cela, la distribution des déplacements et des contraintes dues à des tailles horizontales. L'analogue électrique utilisé à ces fins, est représenté à la fig. 6.6.1. La solution analogique, excepté pour le fait qu'elle néglige l'effet de la relaxation des contraintes horizontales vierges autour des piliers, est identique en principe à la solution donnée en (10), pourvu que la matrice utilisée Γ soit l'inverse de χ définie en (12). En d'autres mots, cela signifie que l'effet d'une profondeur finie ne peut être considéré avec un analogue.

Un aspect intéressant de la publication par Salamon et Oravecz (1970) est qu'ils utilisent la distribution de la convergence, déterminée au moyen de l'analogue, pour calculer les déplacements verticaux de tailles situées à profondeur finie. Cette simplification est permise vu la faible convergence moyenne des tailles. Comme on peut le voir à partir des fig. 6.6.2 à 6.6.4, reproduites à partir de leur publication, les déplacements calculés sont en bon accord avec ceux observés sur le champ.

(v) Solution à deux dimensions. En vue de mieux comprendre l'effet de la profondeur, on introduira ici une solution assez générale à deux dimensions. Vu que cette solution a une importance considérable et qu'elle sera utilisée à nouveau dans la section 6.8, sa dérivation sera assez détaillée.

L'équivalent plan à 3.4(7) est donné par:

$$\begin{bmatrix} T_1 \\ T_3 \end{bmatrix} = - \begin{bmatrix} \chi_{11} & \chi_{13} \\ \chi'_{13} & \chi_{33} \end{bmatrix} \begin{bmatrix} S_1 \\ S_3 \end{bmatrix} \qquad (14)$$

où S_1 et S_3 sont respectivement les composantes du vecteur-colonne du chevauchement et de la convergence (dans la direction x_1, parallèle au plan horizontal du gisement). Ces composantes sont les déplacements moyens relatifs dans le cas de longs "face elements" de largeur 2Δ dans lesquels on a subdivisé la surface minée.

Les éléments négatifs des matrices carrées χ_{11} et χ_{33}, c'est-à-dire, $-\varkappa^{hj}_{11}$ et $-\varkappa^{hj}_{13}$ sont les composantes de la force dans la direction x_1, agissant sur l'élément centré en x^h_1 et sont dus respectivement au chevauchement moyen unitaire et à la convergence moyenne unitaire de l'élément centré en ξ^j_1. Le terme négatif $-\varkappa^{hj}_{33}$ de χ_{33}est la force normale agissant sur l'élément centré x^h_1 et induite par la convergence moyenne unitaire dans l'élément centré en ξ^j_1. Pour déterminer les termes de χ on devra dériver tout d'abord les contraintes normale σ_{33} et tangentielle σ_{13} agissant sur le gisement et dues à la convergence moyenne s_3 et au chevauchement moyen s_1 dans le "face element". Afin d'y parvenir on devra utiliser les résultats fondamentaux suivants, Cook et al (1966):

$$\begin{aligned} u_1 &= 2(1-\nu)\frac{\partial \varphi_1}{\partial x_3} - (1-2\nu)\frac{\partial \varphi_3}{\partial x_1} - x_3\frac{\partial \phi}{\partial x_1} \\ u_3 &= (1-2\nu)\frac{\partial \varphi_1}{\partial x_1} + 2(1-\nu)\frac{\partial \varphi_3}{\partial x_3} - x_3\frac{\partial \phi}{\partial x_3}, \\ \sigma_{33} &= 2G\left(\frac{\partial^2 \varphi_3}{\partial x_3^2} - x_3\frac{\partial^2 \phi}{\partial x_3^2}\right), \\ \sigma_{13} &= 2G\left(\frac{\partial^2 \varphi_1}{\partial x_3^2} - x_3\frac{\partial^2 \phi}{\partial x_1 \partial x_3}\right), \end{aligned} \qquad (15)$$

où φ_1 et φ_3 sont des fonctions harmoniques et

$$\phi = \frac{\partial \varphi_1}{\partial x_1} + \frac{\partial \varphi_3}{\partial x_3} \qquad (16)$$

Lorsque l'origine du système de coordonnées se trouve à la surface et que le gisement est représenté par $x_3 = H$, les conditions aux limites du problème sont

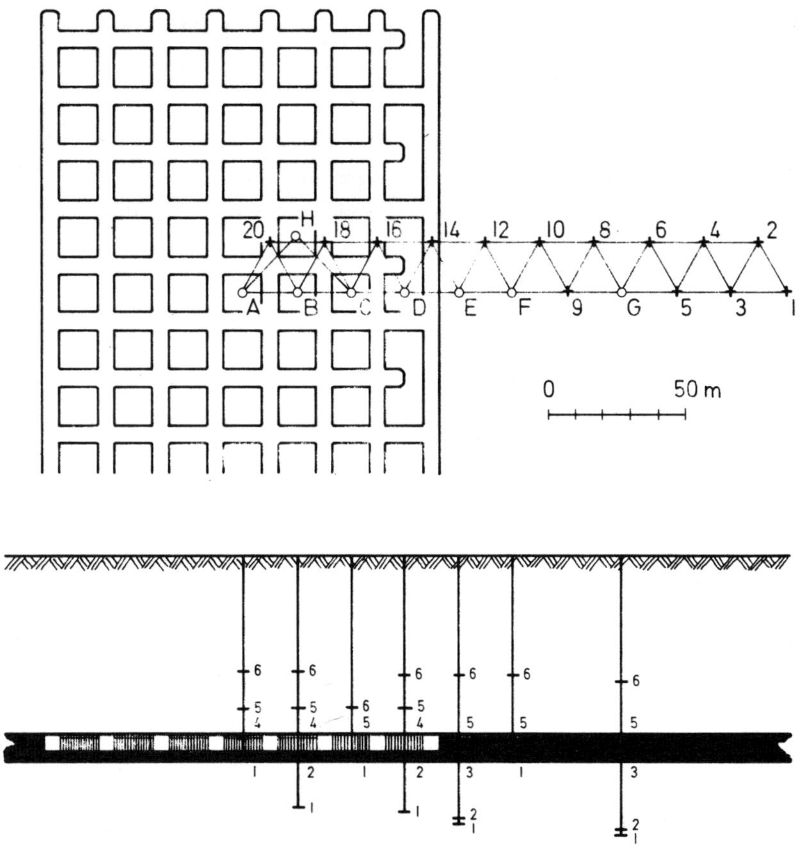

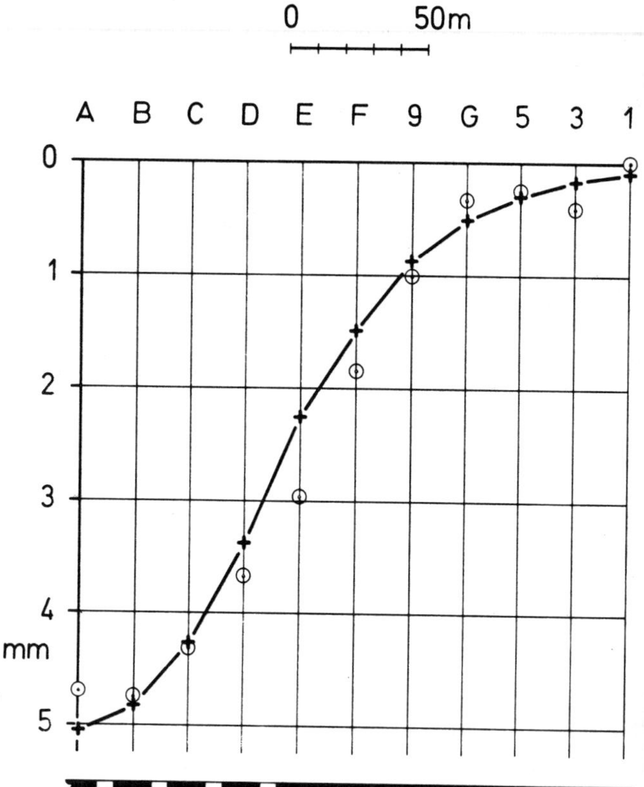

Fig. 6.6.2 Site experimental représentant des instruments de surface et des instruments inter-couches (a) et comparaison entre l'affaissement de la surface, mesuré (o) et calculé (+) (b).

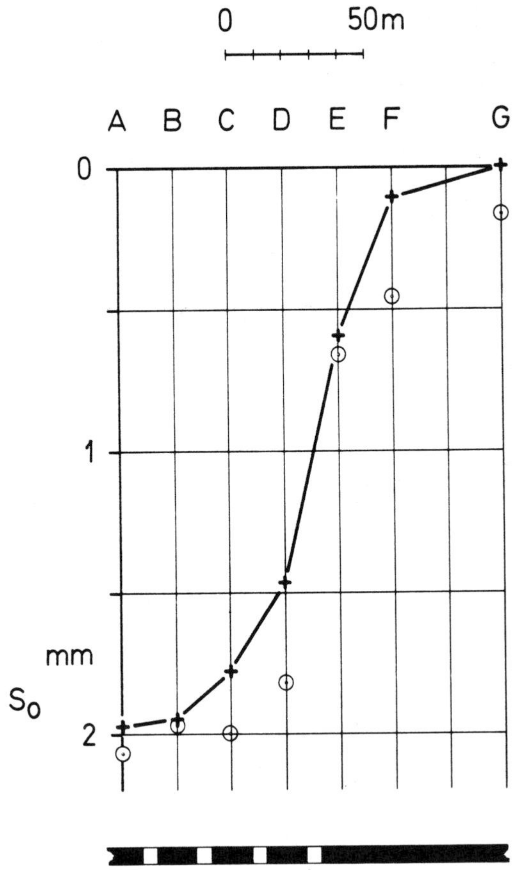

Fig. 6.6.3 Distribution de la convergence mesurée (o) et calculée (+) pour le site représenté à la fig. 6.6.2 (a).

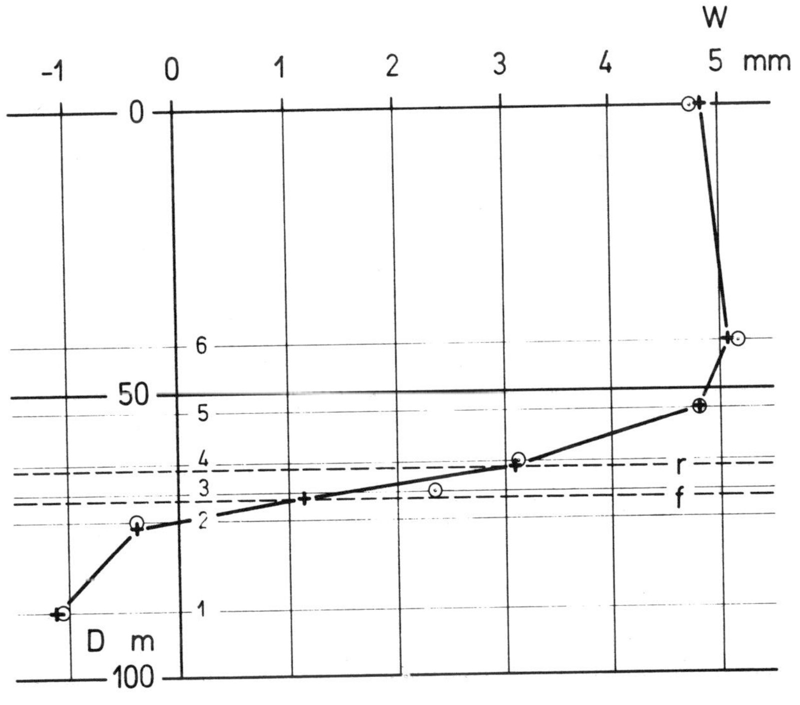

Fig. 6.6.4
Distribution des déplacements verticaux relatifs des couches, mesurés (o) et calculés (+) pour le site représenté à la fig. 6.6.2 (a).

données par:

$$
\begin{array}{lll}
x_3 = 0 & \sigma_{33} = \sigma_{13} = 0 & \\
x_3 = H & \left.\begin{array}{l}(u_3^+ - u_3^-) = s_3 \\ (u_1^+ - u_1^-) = s_1\end{array}\right\} |x_1| < \Delta \quad , & (17) \\
 & \sigma_{33}^+ = \sigma_{33}^- , \ \sigma_{13}^+ = \sigma_{13}^- & \\
|x_1| = x_3 = \infty & u_1 = u_3 = 0 &
\end{array}
$$

Dans ce cas-ci, $u_1^+, \ldots, u_1^-$ se rapportent respectivement au toit et au mur du gisement.

Vu que la dérivation est laborieuse et comme elle suit de très près la méthode utilisée dans une autre publication, Salamon (1963), les détails en seront omis. Il sera suffisant de mentionner que la solution est obtenue en deux étapes. Tout d'abord, les contraintes sont dérivées à partir de (15) en supposant que le gisement se trouve dans un milieu infini et que les discontinuités de déplacement sont introduites en $x_3 = H$. Pour des raisons qui s'expliqueront plus tard, les contraintes dans le gisement seront exprimées ici en termes d'intégrales de Fourier.

Les contraintes en x_1^h dues au chevauchement s_1 en ξ_1^j sont exprimées de la façon suivante:

$$\sigma_{33}^{hj} = -\frac{2Gs_1\Delta}{\pi(1-\nu)}\int_0^\infty H^2\psi^3 e^{-2H\psi}\sin(x_1^h-\xi_1^j)\psi\, d\psi \quad (18)$$

$$\sigma_{13}^{hj} = -\frac{Gs_1\Delta}{\pi(1-\nu)}\left\{\lim_{x_3\to H}\int_0^\infty \psi\, e^{-(x_3-H)\psi}\cos(x_1^h-\xi_1^j)\psi\, d\psi - \int_0^\infty (\psi-2H\psi^2+2H^2\psi^3)e^{-2H\psi}\cos(x_1^h-\xi_1^j)\psi\, d\psi\right\} \quad (19)$$

Les contraintes dues à la convergence s_3 sont données par

$$\sigma_{33}^{hj} = -\frac{Gs_3\Delta}{\pi(1-\nu)}\left\{\lim_{x_3\to H}\int_0^\infty \psi\, e^{-(x_3-H)\psi}\cos(x_1^h-\xi_1^j)\psi\, d\psi - \int_0^\infty (\psi+2H\psi^2+2H^2\psi^3)e^{-2H\psi}\cos(x_1^h-\xi_1^j)\psi\, d\psi\right\} \quad (20)$$

$$\sigma_{13}^{hj} = \frac{2Gs_3\Delta}{\pi(1-\nu)}\int_0^\infty H^2\psi^3\, e^{-2H\psi}\sin(x_1^h-\xi_1^j)\psi\, d\psi \quad (21)$$

Afin d'obtenir les forces agissant sur l'élément centré en x_1^h, les contraintes données en (18) et (21) doivent être intégrées par rapport à x_1 entre les limites $x_1^h - \Delta$ et $x_1^h + \Delta$. Comme exemple de cette intégration, la composante normale de la force due au chevauchement est donnée ici:

$$T_{3r} = \frac{2Gs_1\Delta}{\pi(1-\nu)}\int_0^\infty H^2\psi^2 e^{-2H\psi}[\cos(x_1^h-\xi_1^j+\Delta)\psi - \cos(x_1^h-\xi_1^j-\Delta)\psi]\, d\psi \quad (22)$$

Miner en utilisant des piliers est souvent employé dans des panneaux qui sont séparés par des piliers non minés. Il sera donc préférable d'obtenir la matrice χ pour la situation dans laquelle il y a un nombre infini de pilier dans le plan. Bien entendu, les mêmes résultats peuvent être utilisés pour étudier un seul panneau en faisant l'hypothèse que les piliers non minés, se trouvant entre les panneaux, sont très larges.

La solution proposée est périodique. Pour des raisons qui se clarifieront dans la section 6.8, il sera avantageux d'avoir une solution où les panneaux sont arrangés en groupes de β panneaux voisins. Donc, si la distance entre les centres de deux panneaux voisins est de $2n\Delta$, dans ce cas, par exemple $u_1(x_1) = u_1(x_1 + 2\beta nk\Delta)$, pour $k = 0, \pm 1, \pm 2, \ldots, \pm \infty$. Toutes lex composantes de la contrainte et du déplacement obéissent des lois similaires.

Afin de dériver la matrice χ correspondant à cette situation, nous ferons l'hypothèse que le chevauchement et la convergence agissent simultanément sur un nombre infini de "face elements" séparés par une distance $2\beta n\Delta$. La même approche fut utilisée par Starfield (1970) lorsqu'il obtint une solution numérique pour une série infinie de panneaux parallèles situés à une profondeur infinie.

Sur cette base les termes de χ sont exprimés en forme de séries infinies. Par exemple, à partir de (22)

$$\chi_{13}^{hj} = \frac{2G\zeta}{\pi(1-\nu)}\sum_{k=-\infty}^{\infty}\int_0^\infty \omega^2 e^{-2\zeta\omega}[\cos(2\ell+1-2\beta nk)\omega - \cos(2\ell-1-2\beta nk)\omega]\, d\omega, \quad (23)$$

où les notations suivantes furent introduites

$$x_1^h - \xi_1^j = 2(h-j-\beta nk)\Delta = 2(\ell-\beta nk)\Delta, \quad H = \zeta\Delta, \tag{24}$$

$$\psi = \omega/\Delta,$$

On notera que les termes de χ dépendent uniquement de $h-j = \ell$.

La formule de sommation de Poisson, Korn et Korn [(1961), p 122], peut être utilisée afin de démontrer que de telles sommes peuvent s'exprimer brièvement et que

$$\varkappa_{11}^{hj} = \frac{G}{\beta n(1-\nu)} \sin\left(\frac{\pi}{\beta n}\right)\left[\vartheta_0 - \mathrm{Re}\,\vartheta_1 + 2\left(\frac{\pi\zeta}{\beta n}\right)\mathrm{Im}\,\vartheta_2 + 2\left(\frac{\pi\zeta}{\beta n}\right)^2 \mathrm{Re}\,\vartheta_3\right], \tag{25}$$

$$\varkappa_{33}^{hj} = \frac{G}{\beta n(1-\nu)} \sin\left(\frac{\pi}{\beta n}\right)\left[\vartheta_0 - \mathrm{Re}\,\vartheta_1 - 2\left(\frac{\pi\zeta}{\beta n}\right)\mathrm{Im}\,\vartheta_2 + 2\left(\frac{\pi\zeta}{\beta n}\right)^2 \mathrm{Re}\,\vartheta_3\right], \tag{26}$$

$$\varkappa_{13}^{hj} = \frac{2G}{\beta n(1-\nu)} \sin\left(\frac{\pi}{\beta n}\right)\left(\frac{\pi\zeta}{\beta n}\right)^2 \mathrm{Im}\,\vartheta_3. \tag{27}$$

Dans ces formules Re $_i$ et Im $_i$ se rapportent respectivement aux parties réelle et imaginaire de $_i$ et

$$\vartheta_0 = \frac{1}{\cos(2\pi\ell/\beta n) - \cos(\pi/\beta n)},$$

$$\vartheta_1 = \frac{1}{\cos z - \cos(\pi/\beta n)},$$

$$\vartheta_2 = \frac{\sin z}{[\cos z - \cos(\pi/\beta n]^2}, \tag{28}$$

$$\vartheta_3 = \frac{1-\cos(\pi/\beta n)\cos z + \sin^2 z}{[\cos z - \cos(\pi/\beta n)]^3},$$

où l'argument complexe de z est défini par

$$z = 2\pi(\ell + \zeta i)/\beta n \tag{29}$$

Vu la nature périodique de la solution, les matrices χ_{11}, χ_{33} et χ_{13} ont une forme particulière. Si chaque panneau est subdivisé en m "face elements" de largeur 2Δ, alors toutes ces matrices sont d'ordre (βm x βm), de sorte que la matrice χ est d'ordre (2βm x 2βm). Un exemple de ces matrices de forme partitionnée est donné par:

$$\chi_{11} \begin{bmatrix} \chi_0^{(11)} & \chi_1^{(11)} & \chi_2^{(11)} & \cdots & \chi_{\beta-2}^{(11)} & \chi_{\beta-1}^{(11)} \\ \chi_{\beta-1}^{(11)} & \chi_0^{(11)} & \chi_1^{(11)} & \cdots & \chi_{\beta-3}^{(11)} & \chi_{\beta-2}^{(11)} \\ \chi_{\beta-2}^{(11)} & \chi_{\beta-1}^{(11)} & \chi_0^{(11)} & \cdots & \chi_{\beta-4}^{(11)} & \chi_{\beta-3}^{(11)} \\ \cdot & \cdot & \cdot & \cdots & \cdot & \cdot \\ \chi_2^{(11)} & \chi_3^{(11)} & \chi_4^{(11)} & & \chi_0^{(11)} & \chi_1^{(11)} \\ \chi_1^{(11)} & \chi_2^{(11)} & \chi_3^{(11)} & & \chi_{\beta-1}^{(11)} & \chi_0^{(11)} \end{bmatrix} \tag{30}$$

Dans cet exemple $\chi_i^{(11)}$ ($i=0,1,\ldots,\beta-1$) est d'ordre(m x m) et représente l'interaction entre les panneaux. Par exemple, $\chi_i^{(11)}$ représente la somme des effets sur le panneau $j = 0$ de tous les panneaux d'indice $j=i+\beta k$ où $k = 0, \pm 1, \ldots, \pm \infty$. La matrice χ_{11}, représenteé en(30), est une matrice <u>circulante</u> généralisée, Aitken[(1967) pp 131-132] . De nombreuses simplifications dans le traitement sont dues aux caractéristiques de la matrice χ. Celles-ci ont été avantageusement utilisées par Salamon et Deist (1970). Malheureusement, des limitations d'espace nous obligent à discuter clairement leur analyse qui arriva avec succès à l'obtention de la matrice d'ordre (βm x βm)

$$\Gamma_{33} = (\chi_{33} - \chi_{13}' \chi_{11}^{-1} \chi_{13})^{-1} \tag{31}$$

en invertissant les matrices d'ordre inférieur à (m x m), quelque soit la valeur de β.

Les résultats depuis (25) jusque (31) permettent de calculer la charge au pilier basée sur l'équation (10) ou en utilisant une autre méthode apparaissant numériquement plus avantageuse. On devrait noter toutefois que les termes de la matrice donnés depuis (25) à (27) correspondent à de long piliers de sorte que des modifications appropriées sont nécessaires dans (10). Tout d'abord, le multiplicateur $4\Delta^2$ devrait être remplacé par 2Δ et les paramètres α et η en (11) par

$$\alpha^* = (1-\nu_s^2)h/2E_s\Delta, \qquad \eta^* = \nu_s(1+\nu_s)kh/2E_s\Delta. \tag{32}$$

Evidemment dans la solution plane, les charges obtenues sont exprimées en force par longueur unitaire mesurée le long du pilier.

(vi) Une solution approchée Salamon (1970) en faisant appel au principe de Saint-Venant, suggéra que l'action des piliers sur la roche environnante peut être rapprochée par l'action de forces normales, pourvu que le plan du gisement soit un plan principal pour la distribution des contraintes vierges, voir fig. 6.6.5. Lorsque l'on calcule l'effet d'une force au pilier P_i, qui est la résultante de la contrainte totale sur le ième pilier pour un plan contenant N piliers, il est essentiel de faire l'hypothèse que la pression équivalente à P_i est distribuée d'une certaine façon sur la section du pilier. La forme réelle de la distribution n'est pas importante. De plus, la convergence "moyenne" au pilier, s_i, est utilisée pour décrire les déplacements verticaux relatifs du toit et du mur. La convergence moyenne est définie de sorte que le travail effectué par la force P_i agissant lors de la convergence s_i est égal à celui calculé à partir de la convergence réelle, s_3, et que les distributions de la contrainte normale de contact est donnée par:

$$s_i P_i = \int_{S_i} s_3 \sigma_{33} dA, \qquad (33)$$

où B_i représente la section du ième pilier.

En postulant que le milieu environnant est linéairement élastique, la convergence totale du toit et du mur de l'excavation peut être déterminée à partir de la superposition de trois distributions de convergence. La première de celle-ci résulte de la déformation de la roche vierge et la seconde est simplement la distribution de la convergence qui serait induite en minant les excavations sans utiliser des piliers de support, Coates (1965). Les amplitudes de ces deux premières composantes de la convergence au ième pilier sont représentées respectivement par y_{vi} et y_i. La troisième composante de la convergence s_{ei} existerait si les forces au pilier P_i agissaient sur une masse rocheuse de géométrie similaire, mais n'ayant pas de poids et étant libre de contrainte. La convergence totale s_i au ième pilier peut donc s'exprimer de la façon suivante:

$$s_i = y_{vi} + y_i + s_{ci}. \qquad (34)$$

Supposons que la convergence au ième pilier due à l'action de la force de compression P_j agissant sur le j-ème pilier est donnée par $-c_{ij}P_j$. La convergence induite par les forces P_1, P_2, ..., P_N peuvent alors être obtenues par superposition

$$s_{ci} = -(c_{i1}P_1 + c_{i2}P_2 + \ldots + c_{iN}P_N) = -\sum_{j=1}^{N} c_{ij}P_j, \qquad (35)$$

où les coefficients c_{ij} sont appelés coefficients d'influence. La relation (35) peut s'écrire, dans le cas de tous les piliers et en utilisant la notation matricielle, de la façon suivante:

$$S_c = -CP. \qquad (36)$$

Dans ce cas-ci, S_c et P sont respectivement des matrices colonnes de s_{ci} et P_i de dimension (Nx1). La matrice $C \equiv [c_{ij}]$ a la dimension (N x N) et est appelée matrice d'influence. Le théorème de réciprocité [J. & C. p 119] et le fait que l'énergie de déformation est positive assurent que la matrice d'influence est symétrique et définitivement positive. Vu son importance plus tard,on mentionnera également ici la matrice inverse:

$$K = C^{-1}, \qquad (37)$$

La matrice K sera appelée la matrice de raideur du système

Si la taille a une hauteur h et que la roche est supposée être isotrope, $y_{vi}=(1-2\nu_s k)\ hQ_{33}/E_s$ et $y_i = Q_{33}y_i^*$, de sorte que la convergence du toit et du mur est donnée par:

$$S = [(1-2\nu_s k)hQ_{33}/E_s]J_N + Q_{33}Y^* - CP, \qquad (38)$$

où J_N est un vecteur-colonne unitaire. De même, la contraction du pilier est simplement P_i/B_iE_s. Vu qu'au stade final, les piliers sont uniquement soumis à une charge verticale. Le vecteur des convergences au pilier est donc donné par:

$$S = (1/E_s)B^{-1}P, \qquad (39)$$

où B est la matrice diagonale des sections des piliers, B_i. Une fois que les membres de droite des équations (38) et (39) sont égalés, on obtiendra une équation pour P qui s'écrira:

$$P = Q_{33}[I_N+(E_s/h)BC]^{-1}B[(1-2\nu_s k)J_N+(E_s/h)Y^*]. \qquad (40)$$

La détermination d'un élément de C entraîne la solution d'un problème respectant les conditions aux limites uivantes:

$$\begin{array}{lll} x_3 = 0 & \sigma_{13} = 0 & \\ x_3 = H & \sigma_{13}^{+} = \sigma_{13}^{-} & \text{en A} \\ & \sigma_{13} = \sigma_{23} = 0 & \text{en A} \\ & \sigma_{33} = P_j/B_j & \text{au-delà de } B_j \\ x_3 = |x_1| = |x_2| = \infty; & u_i = 0 & \end{array} \qquad (41)$$

où i = 1, 2, 3, A représentant la surface totale de l'excavation et H en étant la profondeur. La solution doit être trouvée pour un milieu sans forces massiques.

Il est évident que ces conditions aux limites indiquent que les éléments de C peuvent être immédiatement calculés à partir de ceux de Γ_{33} donnés en (6), en utilisant un choix approprié du vecteur T_3. Ceci comporte le fait de mettre la valeur unité à toutes les places de T_3 où se trouve B_i et de mettre zéro autre part. De façon analogue, l'équation (6) conduit au vecteur Y* donné en (40) si l'on fait la substitution $T_3 = J_N$.

Si l'approximation de la profondeur infinie est acceptable, Γ_{33} peut alors être calculé en utilisant $_{ij}$ donné en (12). Des résultats pratiques très importants relatifs à des profondeurs finies peuvent être obtenus à partir de la solution plane donnée depuis (25) à (27). Bien que ces résultats furent dérivés à partir de "face elements" infiniment longs, ils peuvent aussi être utilisés pour estimer les charges au pilier dans le cas de très longs panneaux supportés par des piliers rectangulaires de surface $2\ell_1 x 2\ell_2$.

Il a été démontré, Salamon (1969)a), que lorsque les conditions le long d'un grand panneau reste inchangées et qu'il y a N rangées de piliers, la matrice d'influence peut s'écrire de la façon suivante:

$$C = C_t + cI_N, \qquad (42)$$

où C_t est la matrice d'influence à deux dimensions dont tous les termes ont été divisés par $2L_2$, c'est-à-dire par la distance des centres des piliers le long de l'axe du panneau (ou des panneaux). Le paramètre c représente une correction correspondante à la distribution non-uniforme de la convergence le long de l'axe du panneau:

$$c = \frac{1-\nu^2}{L_2 E} Z(\varkappa_1, \varkappa_2). \qquad (43)$$

Dans cette formule

$$Z(\varkappa_1, \varkappa_2) = \frac{2}{\pi \varkappa_1^2 \varkappa_2^2} \sum_{m=1}^{\infty} \frac{\sin^2 m\varkappa_2}{m^4}[m\pi\varkappa_1 - Ki_2(2m\varkappa_2) - 1]$$

et

$$\varkappa_1 = \pi \ell_1/L_2, \qquad \varkappa_2 = \pi\ell_2/L_2,$$

$$Ki_r(\beta) = \int_\beta^\infty Ki_{r-i}(t)\,dt,$$

avec

$$Ki_1(\beta) = \int_\beta^\infty K_o(t)\,dt,$$

où $K_o(t)$ est la fonction modifiée de Bessel d'ordre zéro. Dans la fig. 6.6.6, la variation de la fonction Z est représentée pour le cas de piliers de section carrée, c'est-à-dire pour le cas où $\ell_1 = \ell_2 = \ell$ ($\varkappa_1 = \varkappa_2$).

Un des avantages de l'utilisation de la matrice d'influence C se fait à présent jour. En calculant par exemple la matrice Γ_{33} pour le cas d'un panneau de portée R et situé à la profondeur H, la solution de toute une famille de problèmes devient accessible. Bien que le calcul initial soit laborieux, une fois que cela a été fait, la matrice

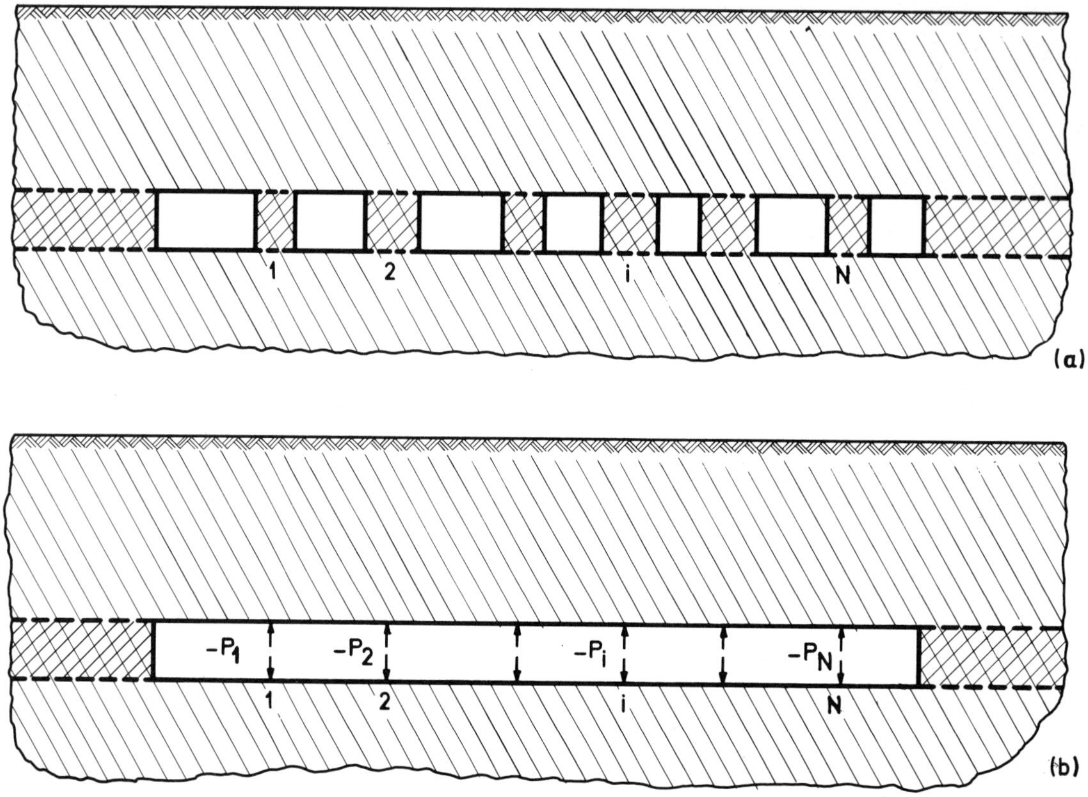

Fig. 6.6.5 Replacement des contraintes au pilier par des forces équivalentes.

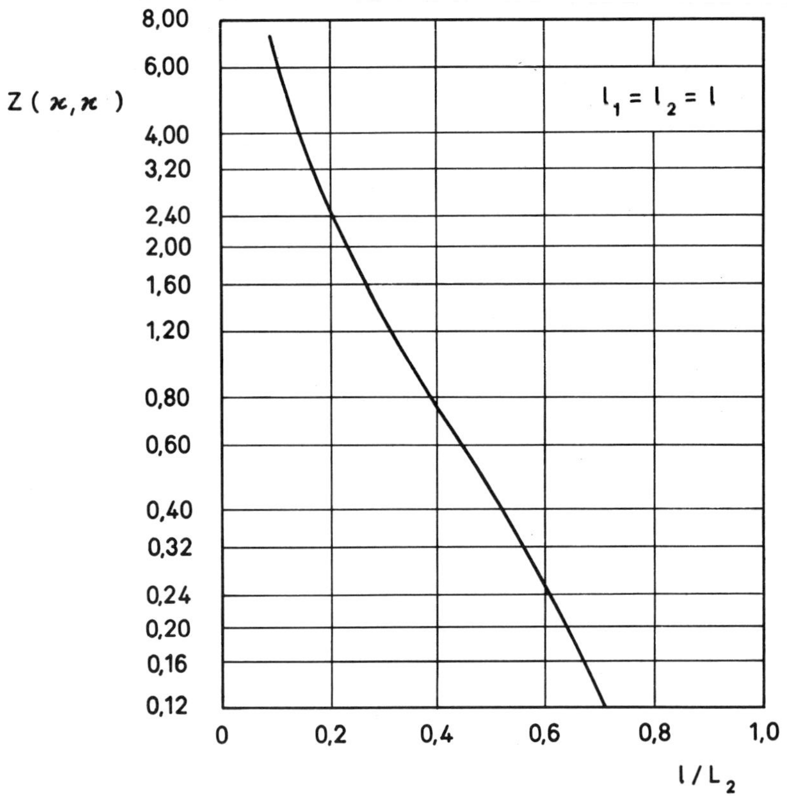

Fig. 6.6.6
Facteur de correction correspondant à la distribution de convergence non-uniforme le long du grande axe du panneau .

d'influence C peut être obtenue sans trop d'efforts pour pratiquement tous les plans de piliers contenus dans le panneau.

Les tableaux 6.6.1 et 6.6.2 donnent les matrices d'influence correspondantes à un panneau (contenant cinq rangées de piliers) à faible profondeur et un identique à grande profondeur. Il est évident que le rapport profondeur-portée (H/R) influence largement la grandeur des coefficients d'influence.

TABLEAU 6.6.1

MATRICE D'INFLUENCE NORMALISEE, $L_2GC/(1-\nu)$

DANS LE CAS OU H/R = 0,25

i \ j	1	2	3	4	5
1	7,152	6,240	5,232	3,549	1,688
2	6,240	12,491	10,211	7,211	3,549
3	5,232	10,211	14,712	10,211	5,232
4	3,549	7,211	10,211	12,491	6,240
5	1,688	3,549	5,232	6,240	7,152

TABLEAU 6.6.2

MATRICE D'INFLUENCE NORMALISEE, $L_2GC/(1-\nu)$

DANS LE CAS OU H/R = 2

i \ j	1	2	3	4	5
1	4,064	1,810	1,168	0,794	0,467
2	1,810	4,876	2,275	1,406	0,794
3	1,168	2,275	5,068	2,275	1,168
4	0,794	1,406	2,275	4,876	1,810
5	0,467	0,794	1,168	1,810	4,064

Dans la fig. 6.6.7, on a démontré l'effet de l'élargissement d'un panneau en minant davantage. On a fait l'hypothèse que le panneau était long et était supporté par des rangées de piliers carrés ayant un rapport largeur-hauteur unitaire et pour lesquels $E_s/E = 1/4$ ($\nu = \nu_s = 0$). Dans les figures 6.6.7(a), (b) et (c), on a donné les contraintes moyennes au pilier σ dans le cas de la situation où le panneau est supporté respectivement par trois, sept et onze rangées du piliers. Le rapport d'extraction e est égal à 3/4 dans tous les cas de sorte que la théorie de la surface tributaire donnerait une charge au pilier égale à $4Q_{33}$. Il est évident que lorsque le panneau est élargi , la charge au pilier approche de plus en plus la valeur $4Q_{33}$. En fait, lorsque les piliers deviennent plus rigides, c'est-à-dire lorsque le rapport E_s/E ou la rapport largeur-hauteur est augmenté, la surface tributaire donne une meilleure estimation de la charge au pilier. Ceci est illustré à la fig. 6.6.8 dans laquelle on a représenté l'effet de E_s/E sur la charge agissant sur le pilier central du panneau contenant cinq rangées de piliers.

(vi) Commentaires finaux. Les méthodes d'estimation de la charge au pilier ont été discutées assez longuement. Le besoin d'une telle discussion détaillée peut être questionnée. Toutefois, les progrès récents dans ce domaine ont été plutôt rapides et beaucoup de résultats discutés ici ont été publiés en détail ailleurs. De plus, le calcul de la charge au pilier est un des problèmes fondamentaux de la mécanique des roches appliquée aux cavités souterraines. Une compréhension complète de ce problème conduira à une meilleure compréhension des autres problèmes de support.

En dépis de la longueur de cette section, la discussion a été limitée au cas d'un seul gisement horizontal. Les idées présentées ici peuvent toutefois être généralisées à des gisements inclinés ou au cas de plusieurs gisements simultanés. En principe les concepts peuvent être étendus afin d'inclure le facteur temps dans le comportement des piliers et même de considérer une masse rocheuse visco-élastique. Naturellement, toutes ces complications rendront la solution de problèmes pratiques plutôt coûteuse et demandant beaucoup de temps.

6.7. Miner en utilisant des piliers- Méthode classique

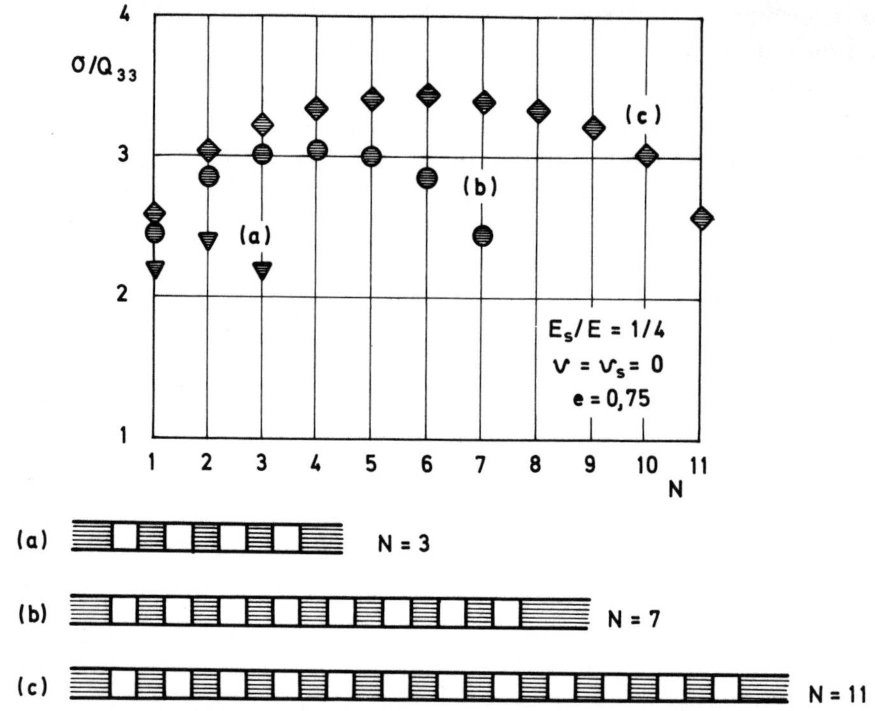

Fig. 6.6.7 Variations des schargements au panneau dues à l'élargissement du panneau.

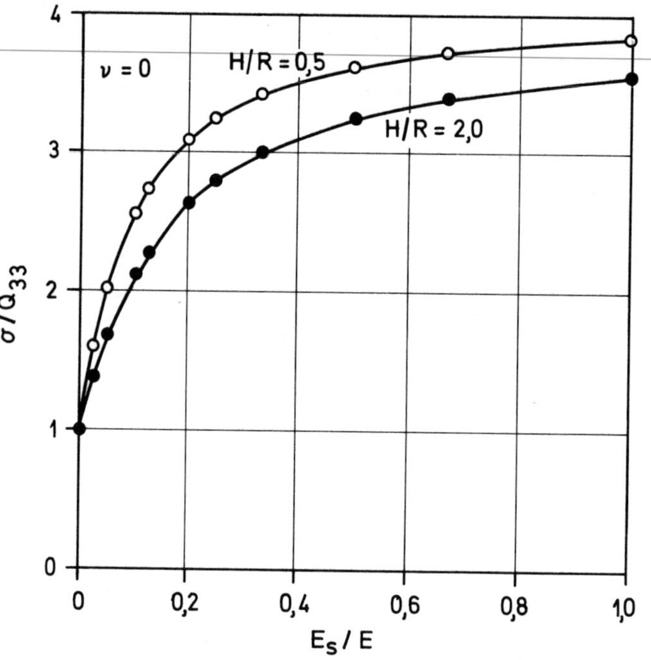

Fig. 6.6.8 Effet du rapport E_S/E sur la charge agissant sur les piliers de la rangée centrale dans le cas où le panneau contient cinq rangées de piliers.

Traditionnellement les ingénieurs déterminent les dimensions des éléments structuraux à l'aide d'une équation en tenant compte d'une part de la contrainte maximum dans la structure et d'autre part de la résistance des matériaux affectés tous deux d'un coefficient de sécurité. C'est la méthode classique de la Résistance des Matériaux. Cela réduit le problème à la détermination du facteur de concentration approprié et à la mesure de la résistance du matériau considéré. Ces deux facteurs sont difficiles à obtenir de façon précise lorsque l'on mine en utilisant la méthode des piliers.

Vu la complexité d'une telle méthode d'excavation minière et la non-homogénéité de la roche, la valeur obtenue par n'importe quelle méthode, pour le facteur de concentration ne pourra jamais être considéré qu'une valeur approchée. Il est aussi extrêmement difficile de déterminer la résistance de la roche sur le terrain, spécialement dans le cas d'une roche contenant des joints, à partir d'essais en laboratoire. C'est pour ces raisons que la tendance a été à la simplification. Au lieu d'utiliser la contrainte maximum au pilier, on utilisera bien plus souvent la contrainte moyenne au pilier. De plus, au lieu d'utiliser la résistance du matériau constituant le pilier, on utilisera les formules empiriques donnant la résistance d'un pilier. Naturellement ces simplifications ne pourront être acceptées que si un certain nombre d'hypothèses sont satisfaites.

La résistance d'un pilier est fonction de la résistance du matériau et de la distribution des contraintes dans le pilier. La distribution des contraintes dépend de la manière selon laquelle les piliers sont chargés. A cet égard les deux composantes verticale et horizontale du vecteur contrainte de contact (contact entre le pilier et la roche environnante) sont importantes. Malheureusement les distributions de ces deux composantes et l'amplitude de la dernière sont grandement influencées par les conditions de contact (conditions de friction et de cohésion) et par les caractéristiques de déformation de la roche considérée. Il est essentiel de réaliser que n'importe quelle méthode qui prédit la résistance du pilier, doit tenir compte des propriétés de la roche et de la nature des surfaces de contact. On doit donc prendre grande attention avant d'utiliser la formule empirique donnant la résistance du pilier. Des tentatives devraient être faites afin de s'assurer que les conditions d'après lesquelles la formule fut dérivée et celles qui existent dans la mine sont raisonnablement comparables.

Un des points importants concernant les piliers est que leur résistance augmente lorsque leur rapport largeur à hauteur (w/h) augmente. Ceci est dû à l'effet de la contrainte latérale communiqué aux piliers par la composante latérale de la contrainte de contact.

Lorsqu'un pilier est soumis à des contraintes verticales, uniquement les déplacements horizontaux induits sont loin du centre du pilier. Si des contraintes normales sont appliquées à la surface d'un milieu semi-infini libre de contraintes, couvrant une surface comparable à celle occupée par le pilier, le déplacement tangentiel est dirigé vers le centre de la surface chargée. Lorsque le pilier et le milieu semi-infini sont en contact, la friction ou la cohésion assure normalement que les déplacements horizontaux soient continus au travers des surfaces de contact de sorte que des contraintes latérales de confinement doivent exister. Leur effet augmente lorsque le rapport w/h augmente. L'empreinte du pilier dans le toit et le mur est responsable pour les effets latéraux futurs.

Obert et al (1946), en se basant sur des essais de laboratoire sur des cylindres rocheux, ont suggéré la formule suivante pour la résistance.

$$\text{Résistance} = C[0,778 + 0,228(w/h)], \quad (1)$$

où C est la résistance du matériau composant le pilier en compression simple. Greenwald et al (1939), Steart (1954), Holland & Gaddy (1957), Skinner (1959) et Holland (1962) ont proposé une formule ayant la forme suivante:

$$\text{Résistance} = Ch^{\alpha}w^{\beta}, \qquad (2)$$

où α et β sont des constantes arbitrairement choisies. Greenwald et ses collègues déterminèrent les paramètres à partir d'essais sur le champ et les autres à partir d'essais en laboratoire. Salamon et Munro (1967) ont calculé les trois paramètres à partir d'une analyse statistique de cas réels qui se sont déroulés dans l'industrie charbonnière en Afrique du Sud.

La même formule peut aussi s'exprimer en fonction du volume, $V = hw^2$, et du rapport largeur-hauteur, w/h, des piliers:

$$\text{Résistance} = CV^{a}(w/h)^{b} \qquad (3)$$

Il existe des relations linéaires entre les puissances α, β, et a, b:

$$a = (\alpha+\beta)/3 \qquad b = (\beta-2\alpha)/3 \qquad (4)$$

Les différentes valeurs numériques de ces puissances sont résumées dans le tableau 6.7.1

Le coefficient de sécurité, η, dans le dimensionnement des piliers est défini de la sorte:

$$\eta = \frac{\text{Résistance}}{\text{Charge}}, \qquad (5)$$

où la résistance est définie comme étant la résistance du pilier et la charge est la pression moyenne agissant sur le pilier. Si l'on remplace par des valeurs réelles dans l'équation (5) et si l'on trouve que $\eta < 1$ ou $\eta > 1$, alors on peut utiliser ces valeurs de η pour conclure si le pilier se fracturera on restera en place.

Si d'autre part, les résistances et les charges sont prédites d'une certaine façon pour un grand nombre de cas où la rupture est observée par après, on trouvera que les facteurs de sécurité, calculés à partir des valeurs prédites, seront éparpillés autour de la valeur unitaire si les prédictions sont impartiales. L'étendue de l'éparpillement est une mesure de la précision des prédictions. Supposons que la valeur du coefficient de sécurité lors de la rupture, soit représentée par η_c. Bien entendu, la valeur exacte de η_c n'est pas connue à l'avance. Le but du dimensionnement du pilier est de s'assurer que $\eta > \eta_c$ avec une probabilité assez élevée.

TABLEAU 6.7.1

COMPARAISON DES EXPOSANTS PROPOSES PAR DIFFERENTS AUTEURS

Auteurs	α	β	a	b	Remarques
Greenwald et al (1939)	- 0,83	0,50	-0,111	0,72	A partir de modèles de pilier modérément larges
Steart (1954) Holland et Gaddy (1957)	-1,00	0,50	-0,167	0,83	A partir d'essais en laboratoire
Skinner (1959)	-	-	-0,079	-	A partir de prédictions statistiques basées sur des essais en laboratoire
Salamon et Munro (1967)	-0,66	0,46	-0,067	0,59	A partir de prédictions statistiques basées sur des cas vécus

Au cas où un grand nombre de piliers sont formés en utilisant une méthode particulière de dimensionnement et testés par après jusqu'à la destruction totale, la variation observée du facteur de sécurité critique peut être décrite au moyen d'une distribution de fréquence ayant une fonction de densité $f(\eta)$ dans lequel l'indice c fut omis pour raison de simplicité. Ceci signifie que $f(\eta)d\eta$ représente la fréquence relative de piliers ayant un facteur de sécurité critique dans l'intervalle $(\eta, \eta + d\eta)$. Dans la fig. 6.7.1(a) on a représenté de telles fonctions de densité dans le cas de trois séries imaginaires de tests. Il est évident que les courbes a, b et c reflètent de moins en moins des méthodes de dimensionnement dignes de confiance.

Dans la fig. 6.7.1 (b), on a représenté les distributions cumulatives, $F(\eta)$, correspondant aux distributions de fréquence a, b et c. L'ordonnée en η représente la probabilité qu'un facteur de sécurité critique se trouve dans la région $0 < \eta_c < \eta$ pour le cas d'un pilier choisi arbitrairement. Par conséquent, cette ordonnée représente également la probabilité qu'un pilier, dimensionné, afin d'avoir un facteur de sécurité η, soit libre de toutes fractures.

Ces concepts probabilistiques pour le dimensionnement sont dus à Salamon et Munro (1967). Les imperfections de la roche naturelle fait que l'emploi de telles idées est à recommander. Salamon (1967) a élaboré ce principe et a abouti à un procédé pratique pour le dimensionnement des piliers dans les mines de charbon.

6.8. Miner en utilisant des piliers - Stabilité et instabilité

Les termes "stable" et"instable" sont souvent mal employés lorsqu'ils sont appliqués aux cavités souterraines. Souvent ils impliquent que la rupture de la roche peut ou non apparaître. Lorsque l'on mine,une partie de la roche aux alentours d'une excavation se fracture souvent. Les ingénieurs des mines et, dans une moindre mesure, les ingénieurs des constructions civiles, ont appris à accepter et à contrôler la fracturation de la roche. Des problèmes apparaissent lorsqu'une rupture inattendue se fait jour. Cet évènement inattendu peut se présenter sous la forme d'une explosion, d'un coup du toit soudain ou d'une rupture soudaine de piliers, etc... Dans ces cas,la structure qui était stable au préalable peut devenir tout à coup, sans aucune raison apparente, instable.

La terminologie "équilibre instable" devrait être réservée pour un état qui pourrait être dérangé à un tel point par l'apposition d'une série de petits déplacements, que les équations d'équilibre ne peuvent ensuite être satisfaites qu'en invoquant les forces d'inertie ou d'Alembert.Peut-être l' exemple le plus simple d'équilibres stable et instable est représenté respectivement dans les figures 6.8.1 (a) et (b).

Une grande quantité d'énergie accumulée peut être libérée à la suite d'une instabilité souterraine. Un tel évènement sera dans la plupart des cas violents, comme par exemple un coup rocheux. Bien souvent une instabilité en résulte sous la forme d'une perte soudaine d'énergie potentielle dans une partie de la masse rocheuse. Les ruptures du toit font partie de cette catégorie. Une rupture instable des piliers est normalement un exemple d'un cas intermédiaire.

Des exemples de rupture brusque de piliers sont bien connus dans la littérature minière. Spackeler et al (1960) rapportent le cas d'une rupture importante qui se passa dans une des mines de potasse allemandes en 1958. La surface où l'on nota des mouvements de sol perceptibles était d'environ 1200 km^2 avec un rayon moyen de 19 km. Tincelin et Sinou (1960) décrivent deux types distincts de rupture de piliers qui furent observés dans les mines de fer de Lorraine:

a) Rupture lente et progressive qui conduit à des dommages superficiels après un certain délai.

b) Rupture brusque et violente qui amène des dommages superficiels immédiats et est souvent la cause d'accidents mortels dus principalement à l'onde de choc (air).

Ils consacrent leur publication à essayer de donner une explication du second type de rupture dont sept ont été enregistrées, selon eux depuis le début du siècle.

Bryan et al (1964) décrivent une rupture soudaine et désastreuse dans les mines charbonnières d'Afrique du Sud en 1960. Quelques 2 1/2 km^2 de surface soutenue par des piliers s'est effondrée, entraînant la mort de 437 personnes. D'autres ruptures de piliers sont apparues dans les mines de charbon d'Afrique du Sud, mais il n'en existe aucune trace. On devra donc accepter que la classification des ruptures des piliers donnée par Tincelin et Sinou, est justifiée.

(i) Théorie générale. Miner en utilisant des piliers est un équilibre stable aussi longtemps que la masse rocheuse est dans l'impossibilité d'induire davantage de convergence (le fluage de la roche n'est pas considéré dans ce cas-ci) dans les piliers lorsque l'on ne creuse pas davantage. La sécurité des ouvertures est donc assurée si la quantité d'énergie impartie aux piliers par la masse rocheuse environnante, ΔW_r, pendant le processus d'une quelconque convergence virtuelle, Δs_i (i = 1,2,...N, où N représente le nombre de piliers), est plus petit que celle requise pour comprimer davantage les piliers d'une même quantité, ΔW_p, c'est-à-dire:

$$\delta W = \Delta W_p - \Delta W_r > 0. \qquad (1)$$

Cette relation est simplement la condition mathématique que, dans le cas d'un équilibre stable, les piliers peuvent être déformés uniquement si une quelconque force extérieure fournit du travail au système .

Si l'état d'équilibre est défini par le vecteur-force P et par le vecteur-convergence S, l'énergie requise pour déformer les piliers davantage est donnée par:

$$\Delta W_p = \Delta S'(P + \frac{1}{2}\Delta P_p). \qquad (2)$$

Au même moment, l'énergie fournie aux piliers par la roche environnante est donnée par:

$$\Delta W_r = \Delta S'(P + \frac{1}{2}\Delta P_r) \qquad (3)$$

Dans ce cas-ci, comme précédemment, $\Delta S'$ représente la transposée de ΔS.

Dans les équations (2) et (3), ΔP_p et ΔP_r se rapportent aux variatons de la force par rapport aux piliers et à la roche avoisinante. Il est évident que par rapport au ième pilier, la force P_i et la convergence s_i doivent satisfaire la relation force-convergence de ce pilier en particulier, c'est-à-dire:

$$P_i = f_i(s_i) \qquad (4)$$

Le vecteur des variations des forces par rapport aux piliers pourra donc s'exprimer de la façon suivante:

$$\Delta P_p = \Lambda \Delta S, \qquad (5)$$

où Λ représente la matrice-diagonale contenant les termes $\lambda_{ii} = \lambda_i = f_i'(s_i)$, fig. 6.8.2. Les variations de la force par rapport à la masse rocheuse peuvent être déduites de 6.6(38). Vu que ni Q_{33}, ni Y* ne changent,

$$\Delta P_r = - K\Delta S, \qquad (6)$$

où K représente la matrice de raideur, 6.6 (37).

En substituant maintenant (5) et (6), respectivement en (2) et (3) et ensuite dans (1), on obtient la condition de stabilité suivante:

$$\delta W = \frac{1}{2}\Delta S'(K+\Lambda)\Delta S > 0, \qquad (7)$$

ce qui implique que la forme quadratique est définitivement positive. On peut donc en conclure que l'utilisation de piliers est en équilibre stable si, et seulement si, la matrice réelle symétrique $K + \Lambda$ est définitivement positive.

Cette conclusion confirme, comme espéré, qu'une instabilité ne peut se manifester lorsque tous les piliers sont dans un état non brisés parce que dans ce cas, K et Λ sont définitivement positifs ($\lambda_i > 0$), fig. 6.8.2. Ces résultats ainsi que la condition d'instabilité,

$$|K + \Lambda| = 0, \qquad (8)$$

sont dus à Salamon (1970).

Afin d'expliquer la signification relative des conditions de stabilité et d'instabilité, le cas non trivial le plus simple, c'est-à-dire lorsque les piliers sont au nombre de deux, est examiné ici avec certains détails. Dans la fig. 6.8.3, les deux hyperboles AB et CD représentent la condition d'instabilité. Les trois conditions de stabilité provenant de l'équation (7), notamment $K_{11}+\lambda_1>0$, $K_{22}+\lambda_2>0$ et dét $(K+\Lambda)>0$, définissent de façon rigide la surface hachurée dans laquelle λ_1 et λ_2 doivent se trouver si le plan des piliers est stable. Il est essentiel de noter que les tailles peuvent être stables si l'un ou l'autre ou encore si les deux piliers se trouvent dans le régime de rupture, c'est-à-dire dans un état tel que toute augmentation de la compression diminue la résistance du pilier ($\lambda_i < 0$).

La condition de stabilité peut être regardée d'un angle quelque peu différent en utilisant le théorème relatif au quotient de Rayleigh, Korn et Korn [(1961), pp 403-405]. L'application de ce théorème à la forme quadratique donnée en (7), donne:

$$\min_{\Delta S}\left(\frac{\delta W}{\Delta S'\Delta S}\right) = \frac{1}{2}\min_{\Delta S}\left(\frac{\Delta S'(K+\Lambda)\Delta S}{\Delta S'\Delta S}\right) = \frac{1}{2}\delta_{min} \qquad (9)$$

relation qui dit que les vecteurs-convergence totaux minima de la différence d'énergie normalisée, c'est-à-dire, $\delta W/\Delta S'\Delta S = \sum_{i=1}^{N}\Delta s_i^2$ est égal à la moitié de la plus petite valeur algébrique de la valeur propre de $K+\Lambda$, c'est-à-dire à $\frac{1}{2}\delta_{min}$. Le plan sera donc stable si $\delta_{min} > 0$, ce qui est un autre moyen de dire que $K+\Lambda$ doit être définitivement positif.

Une condition, plus pratique, de stabilité peut être dérivée lorsqu'on applique le théorème du quotient de Rayleigh à la relation (7), termes à termes, Salamon et Deist (1970). Ce processus conduit au résultat suivant:

$$\frac{1}{2}\min_{\Delta S}\left(\frac{\Delta S'K\Delta S}{\Delta S'\Delta S}\right) = \frac{1}{2}\alpha_{min}, \quad \frac{1}{2}\min_{\Delta S}\left(\frac{\Delta S'\Lambda\Delta S}{\Delta S'\Delta S}\right) = \frac{1}{2}\lambda_{min} \qquad (10)$$

ce qui indique que $\delta W > 0$ si

$$\alpha_{min} + \lambda_{min} > 0 \qquad (11)$$

Dans ce cas-ci α_{min} et λ_{min} représentent respectivement la plus petite valeur propre de K ($\alpha_{min} > 0$) et le plus petit terme algébrique de Λ, Evidemment, α_{min} et λ_{min} varient lorsque l'excavation continue. C'est pourquoi il sera souvent avantageux de remplacer λ_{min} et λ_m dans l'équation (11) par le minimum absolu des pentes des courbes des piliers, fig. 6.8.2. Si l'on fait cela, la condition de stabilité parfaite peut être obtenue, Salamon (1970).

Vu que l'inégalité donnée en (11) satisfait la condition que la somme des minima des deux termes en (7) soit positive et vu que ces deux minima n'apparaissent en général pas pour le même vecteur ΔS, il est évident que

$$\delta_{min} \geqslant \alpha_{min} + \lambda_{min} \qquad (12)$$

L'équation (11) représente donc une condition suffisante, mais non nécessaire, de stabilité. La figure 6.8.4 démontre pour le cas non trivial le plus simple ($N=2$), la différence existante entre les deux conditions de stabilité, montrant que l'inégalité écrite en (11) est une condition plus rigide que $\delta_{min} > 0$.

Dans les investigations pratiques, il sera toutefois avantageux d'utiliser le résultat

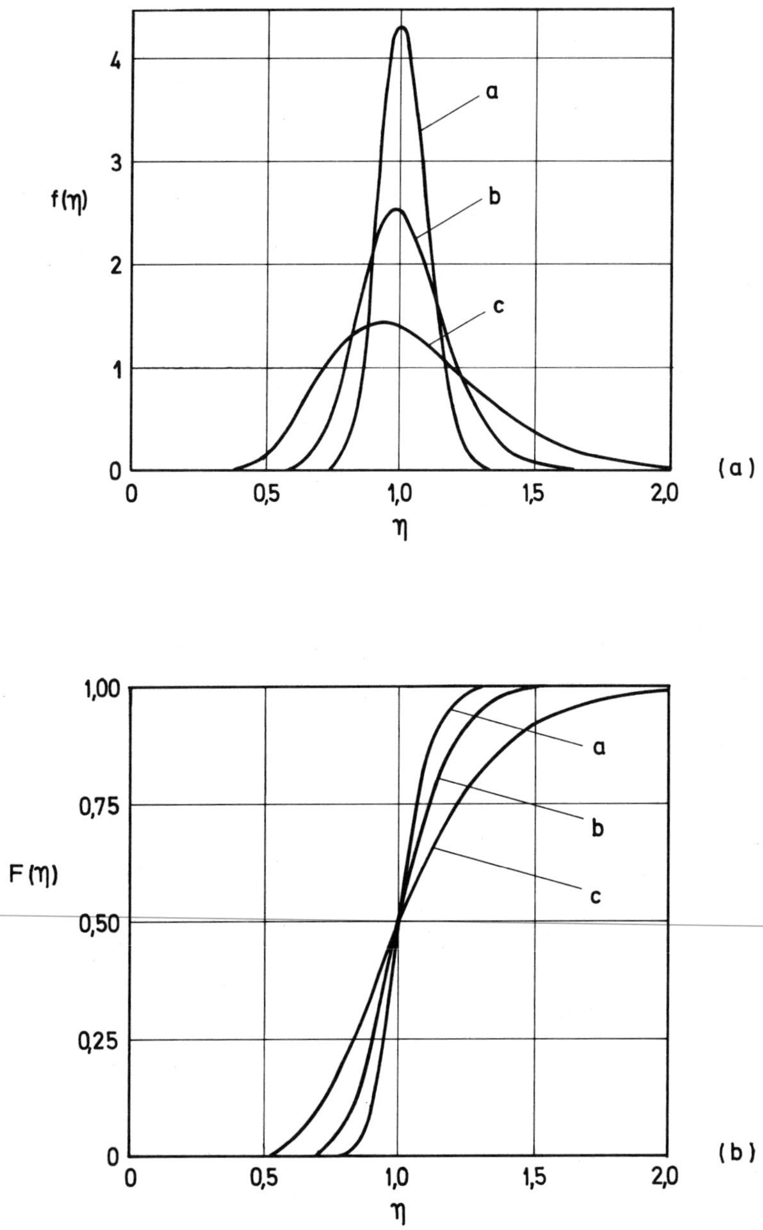

Fig. 6.7.1 Distributions de densité (a) et cumulative (b) des facteurs de sécurité des piliers.

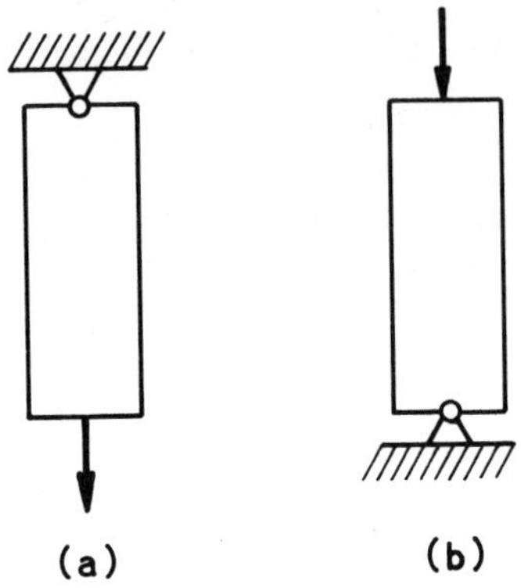

Fig. 6.8.1 Equilibres stable (a) et instable (b).

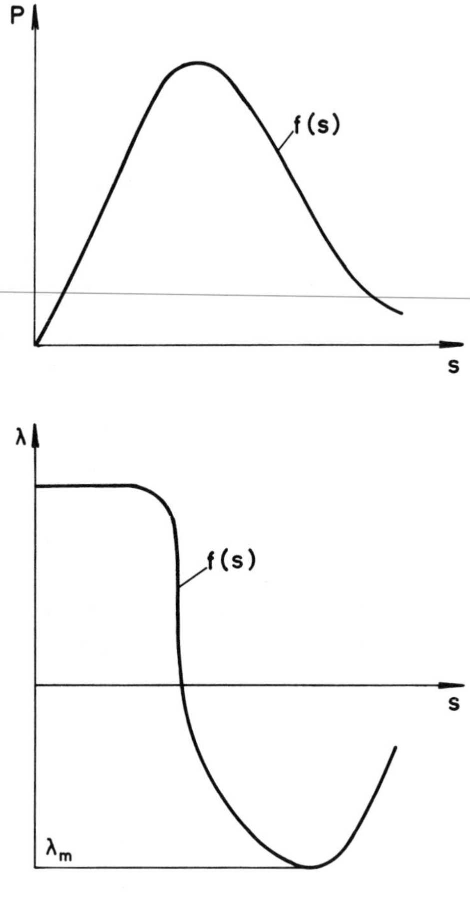

Fig. 6.8.2 Caractéristique complète force-convergence d'un pilier.

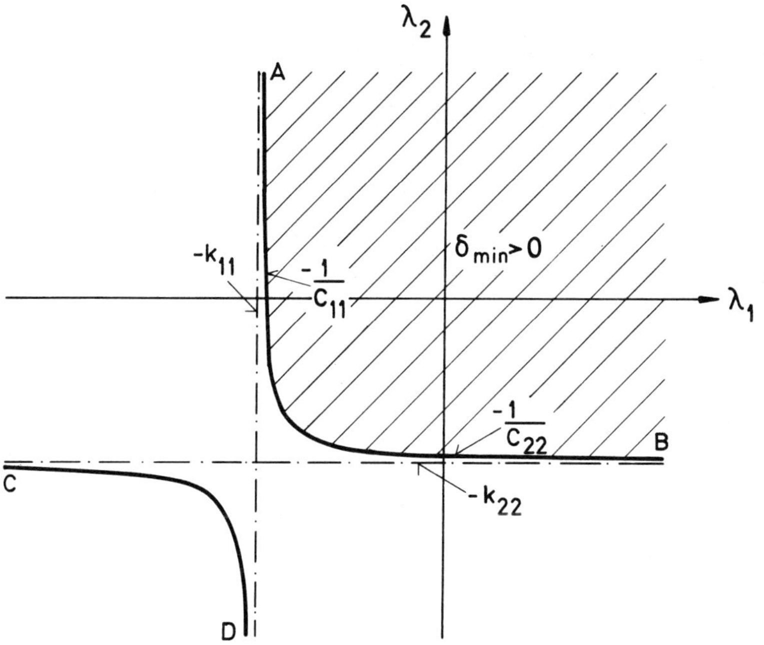

Fig. 6.8.3 Représentation graphique de la condition de stabilité de deux piliers.

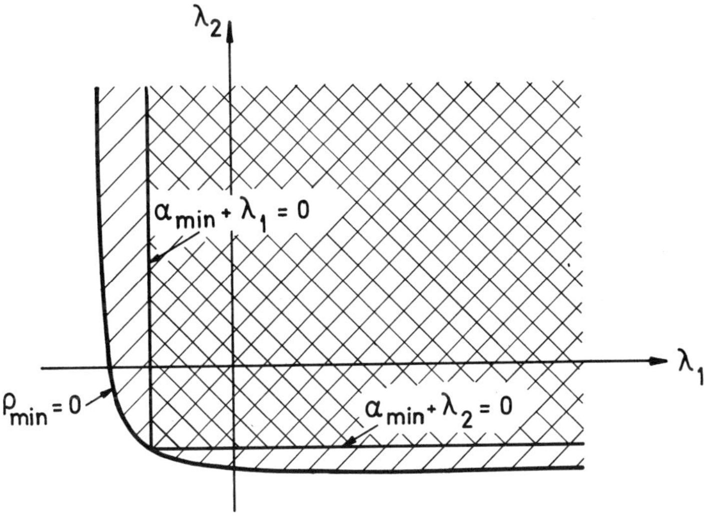

Fig. 6.8.4 Comparaison des critères $\delta_{min} >$ et $\alpha_{min} +$ $\gamma_{min} > 0$ dans le cas de deux piliers.

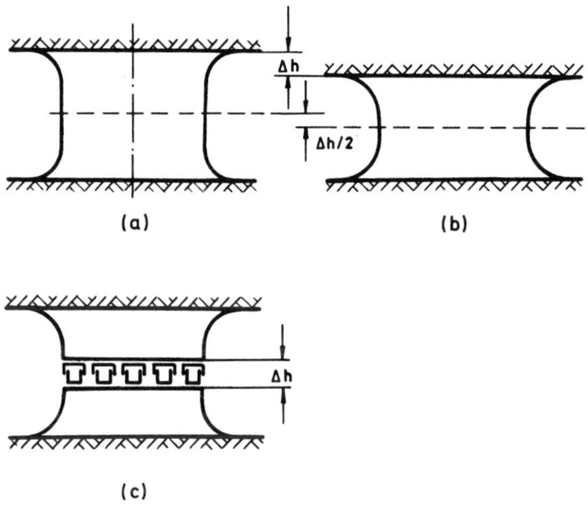

Fig. 6.8.5 Principe de chargement de piliers modèles <u>in-situ</u> , d'après Cook (1967).

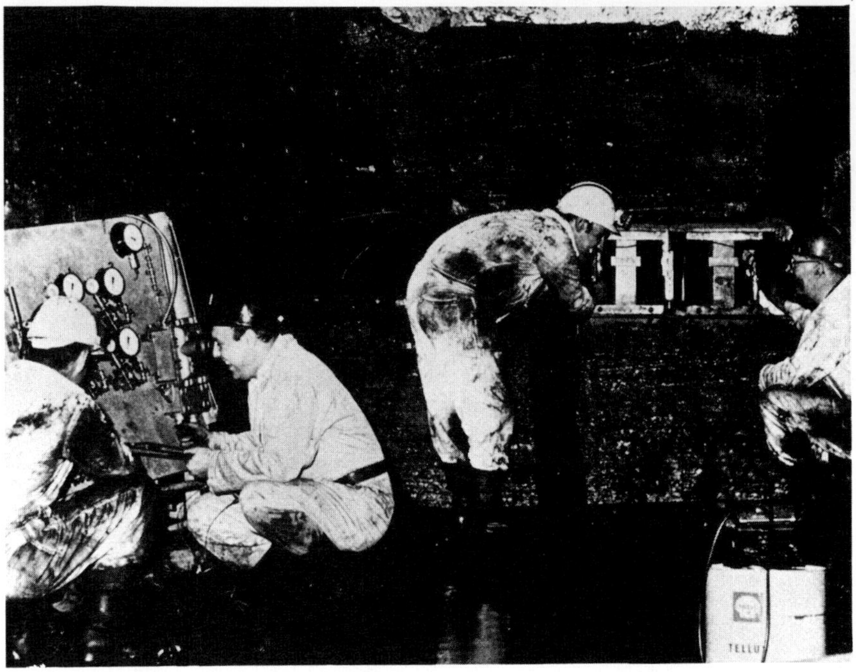

Fig. 6.8.6 Test de compression d'un pilier <u>in-situ</u>.

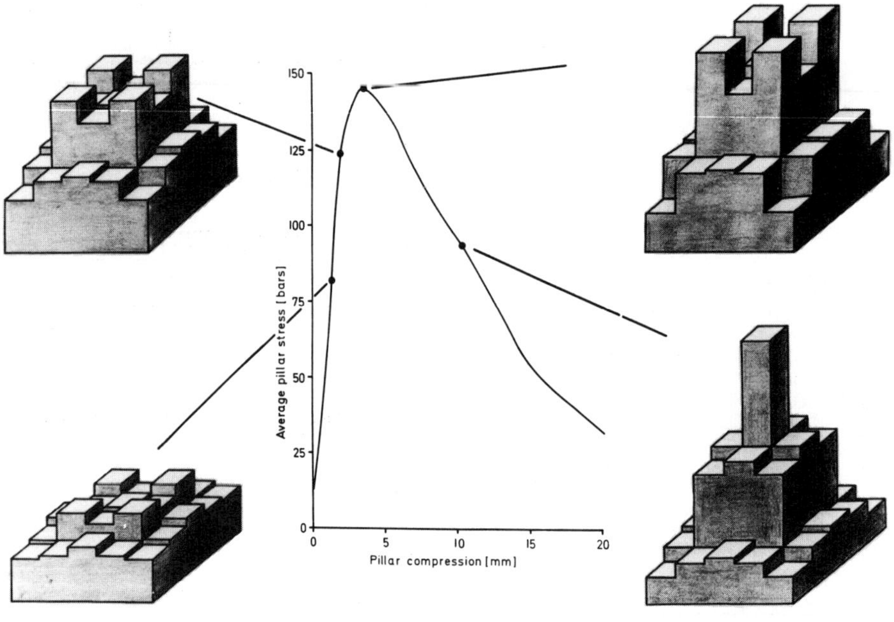

Fig. 6.8.7 Distributions des charges au pilier obtenues lors de tests souterrains utilisant la technique représentée dans les fig. 6.8.5 et 6.8.6.

donné en (ii) puisqu'il permet la subdivision de l'analyse de la stabilité en deux problèmes bien séparés. Ceux-ci sont, tout d'abord, la détermination de la rigidité de la mine, dont la personnification est la valeur numérique α_{min} et, en second lieu, la prédiction des caractéristiques de déformation des piliers en terme d'une valeur numérique à attribuer à λ_{min}. Le premier problème est analytique, le second expérimental.

(ii) Caractéristique force-convergence pour les piliers

Cook (1967) suggéra que les caractéristiques complètes force-convergence pour les piliers, peuvent être mesurées en place en introduisant des verrins plats dans une fente découpée dans le plan de symétrie central du pilier, fig. 6.8.5. Si le chargement est tel que le plan central reste horizontal, qu'il ne se déforme pas et que la friction est maintenue en-dessous d'un certain minimum, les conditions aux limites de l'essai sont parfaites. Si en plus le système de chargement est suffisamment rigide, on pourra obtenir la courbe complète force-convergence.

Wagner (1973) a conduit un grand nombre d'essais, utilisant un équipement construit d'après les spécifications de Cook, fig. 6.8.6, sur les piliers de charbon dont les dimensions linéaires étaient légèrement supérieures à 2 m. Une courbe typique force-convergence obtenue lors de ces tests est montrée dans la fig. 6.8.7 et les pentes négatives minimum sont représentées à la fig. 6.8.8. en fonction du rapport largeur-hauteur. Il est très intéressant d'observer que dans la fig. 6.8.7, la distribution de la charge appliquée au specimen à différents stades du chargement.

Les résultats des essais souterrains de Wagner prouvent de façon irréfutable qu'un pilier a une résistance non négligeable, même lorsque la résistance maximum - qui est normalement considérée comme étant la résistance du pilier - a été dépassée. Ses résultats sont probablement conservateurs lorsqu'il les applique à d'autres minéraux. Les halites et quelques autres roches telles que les shistes auront probablement des caractéristiques de déformation plus favorables que le charbon dans la partie brisée. Ceci signifie que la pente de leur courbe de déformation est algébriquement plus grande que dans le cas du charbon.

(iii) Ruptures "progressives" et "brusques"

La discussion rapportée dans cette section donne la base d'une explication des phénomènes décrits par Tincelin et Sinou (1960).

Supposons que l'on ait un long panneau isolé qui est élargit graduellement et qu'un nombre croissant de piliers est formé. Durant ce processus, la charge aux piliers dans la rangée médiane approche la valeur p_m calculée au moyen de la théorie de la surface tributaire [6.6(1) et (2)]. Deux cas peuvent se présenter:

(a) la résistance du pilier est plus grande que p_m;
(b) la résistance du pilier est plus petite que p_m.

Il est certain qu'il n'y a aucun problème dans le cas (a) puisque aucune rupture n'apparaîtra. Le cas (b), au contraire, nécessite plus d'investigations.

Lorsque l'on élargit un panneau, plusieurs stades critiques peuvent apparaître. La première portée critique R_1 apparaît lorsque la charge aux piliers dans la rangée centrale devient égale à la résistance. A partir de ce moment, le panneau n'est plus que conditionnellement stable vu que les pertes des courbes de déformation de certains piliers sont négatives; c'est-à-dire que $\lambda_i < 0$ pour certaines valeurs de i. Lorsque le panneau est élargi davantage, la valeur propre minimum de la matrice de raideur, α_{min}, diminue, fig. 6.8.9, de sorte que tôt ou tard, si les piliers ne se fracturent pas progressivement, une seconde portée critique R_2 sera atteinte. A ce stade, les tailles deviennent instables et une rupture brusque apparaîtra.

Il est évident que l'on ne peut miner

au-delà de cette seconde portée critique sans améliorer les caractéristiques de déformation des piliers. Ceci peut se faite en procurant un certain support latéral pour les piliers, par exemple en enroulant un câble autour de ceux-ci, ou en utilisant de longs boulons latéraux , ou encore en utilisant un remplissage hydraulique autour de ces derniers. Cette dernière méthode est très effective dans le cas d'épais gisements horizontaux, même lorsque le remplissage n'est pas en contact avec le toit. Ceci est dû au fait qu'un bourrage consolidé résiste efficacement au décollement latéral des piliers qui est considérable dans la partie descendante de la courbe [Wagner (1973)].

Il est assez étrange de constater qu'une rupture brusque des piliers est généralement associée avec une rupture dans les couches massives et compétentes du toit, Tincelin et Sinou (1960), Spackeler et al (1960), Bryan et al (1964). Il a été démontré que la présence de telles couches n'est pas essentielle pour expliquer une rupture brusque et non contrôlée. Elles peuvent toutefois augmenter la sévérité de la rupture instable, spécialement lorsqu'elles se composent d'une roche ayant un large module d'élasticité. Un tel module augmente la valeur numérique de la valeur propre minimum pour une portée donnée (voir la normalisation de l'ordonnée à la fig. 6.8.9) et, par conséquent, la portée pour laquelle il y aura instabilité, sera plus importante. Une plus grande superficie sera donc affectée par la rupture.

En pratique la rupture des piliers apparaîtra donc fréquemment avant que la seconde portée critique ne soit atteinte. Dans de telles situations, la rupture sera progressive et se propagera sans aucune violence significative. Afin de comprendre ce mécanisme de rupture progressive, il est nécessaire de se représenter la situation telle qu'elle se développe lorsque la portée dépasse la première portée critique R_1. La résultante des forces induites en <u>traction</u> et agissant sur la surface tributaire du pilier est donnée par:

$$T^{(i)} = pA_p - Q_{33}A, \qquad (13)$$

où A et A_p représentent respectivement la surface tributaire et la surface du pilier et où p est la charge moyenne au pilier. Bien entendu, lorsque $p = p_m$, comme indiqué en 6.6.(1), $T^{(i)} = 0$. Toutefois, dans le cas où la résistance du pilier est plus petite que p_m, $p < p_m$, on aura $T^{(i)} < 0$. La valeur minimum de $|T^{(i)}|$ a lieu pour $R = R_1$. Après cela, vu que la courbe descendante des piliers, p diminuera, ce qui aura pour résultat une augmentation de la force résultante de traction. Cette force induira toutefois une plus grande convergence du toit et du mur ce qui conduira à une réduction supplémentaire du support au pilier, etc... De sorte que si R augmente de façon progressive, les piliers s'approcheront lentement du stade de rupture.

Cette discussion démontre aussi un autre danger indirect dans le cas d'un toit compétent, ayant un grand module d'élasticité. Lorsque le module de la couche formant le toit est élevé, la propagation de la rupture est plus lente vu que l'augmentation de la convergence décroît. Dans de tels cas, les signes précurseurs de la rupture d'un pilier tel que l'écaillage, seront moindres ou même absents de sorte qu'il n'y aura pas d'effets pouvant prédire un désastre imminent.

Il est certain que Tincelin et Sinou (1960), bien que postulant un faux mécanisme pour expliquer les ruptures brusques, sont arrivés à des conclusions qui peuvent être acceptées comme étant correctes, du moins qualitativement, et ceci même treize ans après la présentation de leur papier. Paraphrasant quelque peu la version de leur conclusion, ils recommandaient, dans le but d'éviter des ruptures brusques,(ils se référaient à des coups du toit) soit que les piliers doivent pouvoir supporter la pression maximum correspondante au plan de la mine (méthode conventionnelle de dimensionnement), soit que les tailles doivent être subdivisées en panneaux dont la portée doit être inférieure à une certaine valeur critique. Les panneaux doivent être séparés l'un de l'autre au moyen de piliers stabilisateurs. Si l'on veut interpréter leur conclusion en termes de nos connaissances actuelles, cette portée critique est R_2.

(iv) <u>Dimensionnement de piliers s'affaissant</u>
Une vue idéalisée d'un système de panneaux et de piliers stabilisateurs est donnée à la fig. 6.8.10. Afin d'éviter la confusion, les petits piliers se trouvant entre une paire de piliers stabilisateurs seront désignés comme étant des "piliers-panneaux".

La méthode la plus efficace d'utiliser les piliers-panneaux est de les dimensionner de sorte qu'ils exercent leur résistance maximum lorsque les panneaux sont complètement creusés. Si les piliers sont dimensionnés en utilisant la méthode classique, la charge réelle au pilier est estimée se trouver dans la région B de la fig. 6.8.11; en adoptant un coefficient de sécurité égal à 1.6. Afin d'utiliser pleinement les piliers-panneaux, la charge au pilier aurait dû correspondre au point A, c'est-à-dire qu'elle aurait dû être égale à la résistance du pilier. C'est le but des méthodes de dimensionnement plus sophistiquées.

Il est évidemment impossible de prédire exactement la charge au pilier et sa résistance. Par conséquent, l'état réel des piliers-panneaux ne sera pas défini par le point A. Il est donc possible qu'en essayant de se trouver au point A, les piliers seront dans un état de fracturation. Une telle éventualité ne pourra être permise que si les tailles restent <u>stables</u>, même dans le cas d'une accumulation non favorable d'erreurs lors de la prédiction de la charge et de la résistance.

D'après la formule (11) la condition de stabilité parfaite peut s'écrire:

$$\alpha_{min} + \lambda_m > 0, \tag{14}$$

où α_{min} est la valeur propre minimum de la matrice de raideur K et où λ_m représente le minimum absolu des courbes de déformation des piliers, fig.6.8.2. Vu que la matrice K est inverse de la matrice d'influence C, il existe la relation suivante entre α_{min} et ζ_{max}, la valeur propre de C:

$$\alpha_{min} = 1/\zeta_{max}, \tag{15}$$

Dans le cas d'une analyse de la stabilité il sera donc suffisant de déterminer la matrice d'influence.

La détermination des coefficients d'influence entraîne la solution de N problèmes indépendants; N étant le nombre de piliers. Chacun de ces problèmes comporte le calcul de la distribution de convergence dû à une force appliquée tour à tour à la place de chaque pilier. Dans le cas de situations minières pratiques, le nombre de piliers est tellement important qu'il semble pratiquement impossible de faire une analyse complète à moins que l'on ne puisse trouver un moyen d'amener de grandes simplifications.

Un guide utile se rapporte au quotient des normales Euclidiennes de deux vecteurs. Si P est un vecteur-colonne, sa normale Euclidienne est donnée par $||P|| = (P'P)^{1/2}$ et le théorème considéré peut s'exprimer de la sorte: [Sheldon (1960)]

$$\max_{P} \frac{||CP||}{||P||} = \zeta_{max}, \tag{16}$$

ou encore, vu que $S = -CP$, pour tous les vecteurs P qui obéissent à $||P|| = 1$, la valeur maximum de $||CP|| = ||S||$ est égale à la valeur propre maximum de C. Le signe égal s'applique au cas où P représente le vecteur propre de C associé à ζ_{max}. Ce théorème est utilisé pour aider la détermination de ζ_{max} dans le cas du plan donné à la fig. 6.8.10 où les tailles sont à des profondeurs extrêmes (très profond et à faible profondeur).

Les règles à suivre peuvent s'exprimer de façon générale lorsque les tailles sont effectivement à profondeur infinie. On a conclu lors de l'équation 6.6(13) que tous les termes de la matrice Γ_{33} sont positifs lorsque la profondeur de la mine est infinie.

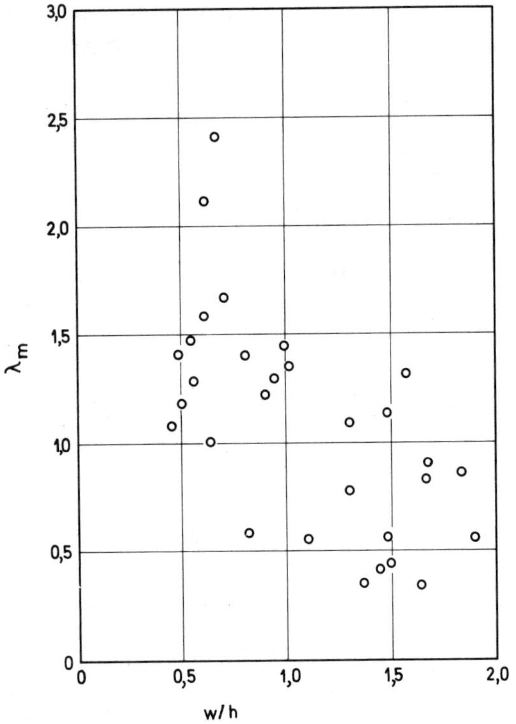

Fig. 6.8.8 Pentes critiques de la partie descendante des courbes de déformation des piliers modèles.

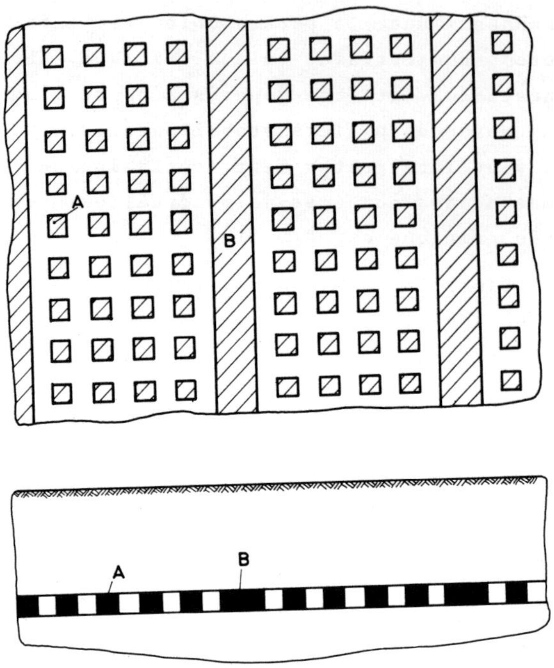

Fig. 6.8.10 Plan contenant des "piliers-panneau" (A) et des "piliers stabilisants" (B).

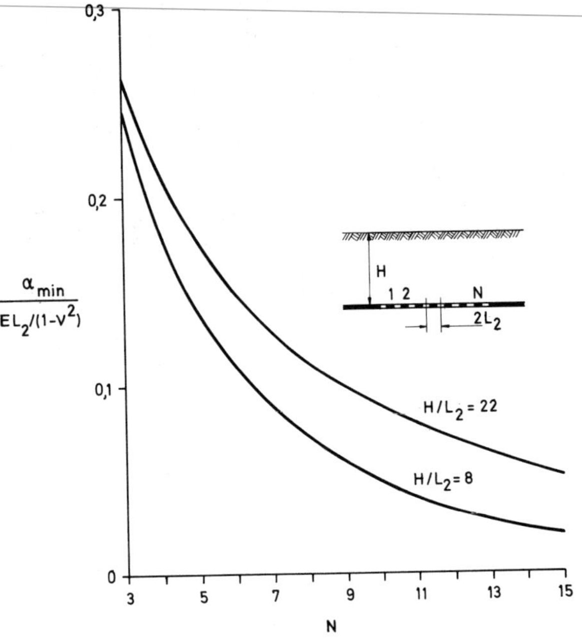

Fig. 6.8.9 Valeur propre minimum de la matrice de raideur, α_{min}, en fonction de la portée du panneau.

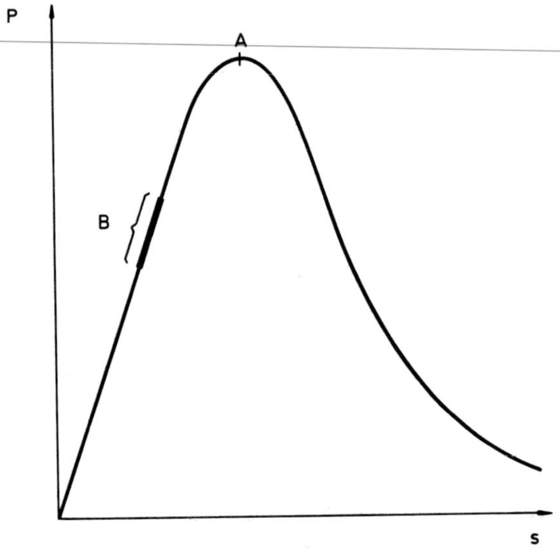

Fig. 6.8.11 Contraste entre la résistance du pilier représentée par le point A et la charge estimée agissant sur le pilier représentée par la zone B, dans le cas où le facteur de décurité vaut environ 1,6.

Ceci signifie que, vu que les termes de la matrice d'influence comprennent des combinaisons de ceux de Γ_{33}, les termes de C sont également positifs. Un corollaire important pour (16) est que toutes les composantes du vecteur propre, correspondant à ζ_{max}, doivent avoir le même signe. C'est le cas pour un quelconque vecteur P contenant un mélange de signes, la valeur de $||CP||$ donnée en (16) pourrait être augmentée en changeant simplement les signes et en les mettant tous positifs ou tous négatifs. Un vecteur ayant une variété de signes ne peut donc être le vecteur propre correspondant à la valeur propre maximum. De plus, vu que les vecteurs propres sont mutuellement orthogonaux, il n'existera qu'un seul vecteur propre pour lequel tous les signes seront positifs ou négatifs.

On examinera maintenant la situation pour laquelle les ouvertures se trouvent à très faibles profondeurs. Cette situation ne peut toutefois être analysée de façon générale. Les conclusions sont spécifiques pour le cas du panneau représenté dans la fig. 6.8.10.

L'argument de base de l'analyse est que les composantes du vecteur propre correspondant à ζ_{max} ne varie pas le long du grand axe des panneaux de sorte que l'analyse peut être faite à deux dimensions. Si l'épaisseur de la couverture et la largeur des piliers stabilisateurs sont petites, la convergence du toit et du mur peut être simulée pour la déflexion d'une plaque supportée par un nombre infini de lignes à distances égales, fig. 6.8.12. La théorie générale des poutres Timoshenko [(1960), vol. I, pp 137-140], peut être utilisée afin de déterminer la flèche de cette poutre due à une force ponctuelle P appliquée au panneau i = 0 et à une distance b du support de gauche. La portée de chaque panneau est .

Autre que la charge ponctuelle dans le panneau d'indice i, la poutre est non chargée entre les supports. La déformation peut donc s'exprimer au moyen d'un polynône du troisième degré pour chaque segment non chargé de la poutre. Les coefficients de ces polynômes sont déterminés à partir des conditions exprimant qu'en chaque support, le déplacement est nul et que les dérivées des trois premiers ordres sont continues. De plus, au point de chargement, le déplacement ainsi que les deux premières dérivées doivent être continus et la troisième dérivée doit avoir une discontinuité égale à $P/\varkappa = 6(1-\nu)P/H^3G$. Ceci rerésente assez de conditions que pour résoudre le problème et pour obtenir la déformée de la poutre

$$i \geqslant 1 \tag{17}$$

$$w_i^+ = -(-1)^i x(\ell-x)[-(\sqrt{3}-1)(x/\ell)]\Omega_1(2-\sqrt{3})^i/\sqrt{3},$$

$$i \leqslant -1 \tag{18}$$

$$w_i^- = -(-1)^i x(\ell-x)[1+(\sqrt{3}+1)(x/\ell)]\Omega_2(2+\sqrt{3})^i/\sqrt{3},$$

$$i = 0 \tag{19}$$

$$w_{o1} = x(a_1+c_1x+d_1x^2) > 0,$$

$$W_{or} = (\ell-x)(a_r+c_rx+d_rx^2) > 0. \tag{20}$$

Dans ces expressions

$$\Omega_1 = \psi\ell P(\psi-1)[\psi+(\sqrt{3}-1)/2]/2(\sqrt{3}-1)\varkappa<0,$$

$$\Omega_2 = \psi\ell P(\psi-1)[\psi-(\sqrt{3}+1)/2]/2(\sqrt{3}+1)\varkappa>0, \tag{21}$$

où $\psi = b/\ell$ et

$$a_1 = -(1-\psi/3)b^2P/2\varkappa-\ell c_r,$$

$$c_1 = c_r-\ell d_r+bP/2\varkappa, \tag{22}$$

$$d_1 = d_r-P/6\varkappa, \qquad a_r = -a^2\psi P/6\varkappa,$$

$$c_r = \psi\ell P[\sqrt{3}(\sqrt{3}+1)+3(\sqrt{3}+1)\psi-2\psi^2]/12(1+\sqrt{3})\varkappa,$$

$$d_r = -\psi P(\sqrt{3}+3\psi-2\psi^2)/6(\sqrt{3}+1)\varkappa. \tag{23}$$

Un examen détaillé des résultats donnés de (17) à (23) révèle que la déformation est respectivement positive ou négative pour tous les panneaux pour lesquels i est pair (zéro inclus) ou impair. Ceci est tel, quelle que soit la position du point de chargement dans le panneau central. De plus, les résultats impliquent par exemple que les forces de traction appliquées dans les panneaux pairs et les forces compressives appliquées dans les panneaux impairs induiront de la convergence dans le panneau central. La valeur maximum de $||S||$ apparaîtra donc lorsque les forces en traction et en compression alterneront lorsque l'on passe d'un panneau à un autre. La valeur propre correspondant à ζ_{max} aura un nombre M de composantes positives suivi d'un nombre M de composantes négatives et ainsi de suite. Dans ce cas-ci, M est le nombre de rangées de piliers dans chaque panneau. Vu que les vecteurs propres sont mutuellement orthogonaux il n'y a qu'un seul vecteur propre ayant ces propriétés.

Il semble que dans les deux cas extrêmes considérés, le vecteur propre associé avec la valeur propre maximum a certaines caractéristiques qui peuvent être utilisées afin de simplifier le calcul de ζ_{max}. Afin d'utiliser avantageusement ces propriétés et afin d'obtenir certains résultats généraux, il est nécessaire de connaître l'influence du plan représenté dans la fig. 6.8.10.

Lorsque la stratification est horizontale, comme c'est le cas ici, il n'y a pas moyen de distinguer les panneaux les uns des autres. L'effet du panneau K sur le panneau ℓ peut s'exprimer en terme d'une matrice d'ordre (MxM) où M représente le nombre de rangées de piliers dans un panneau. Il est évident que cette matrice dépend uniquement de $\ell - k = j$. La matrice d'influence C qui est une matrice carrée infinie dans cet exemple, peut s'exprimer en termes de sous-matrices C_j.

$$C = \begin{bmatrix} \cdot & \cdot & \cdot & \cdot & \cdot & \cdot & \cdot & \cdot & \cdot \\ \cdot & \cdot & \cdot & C_0 & C_1 & C_2 & C_3 & \cdot & \cdot & \cdot \\ \cdot & \cdot & \cdot & C_{-1} & C_0 & C_1 & C_2 & \cdot & \cdot & \cdot \\ \cdot & \cdot & \cdot & C_{-2} & C_{-1} & C_0 & C_1 & \cdot & \cdot & \cdot \\ \cdot & \cdot & \cdot & C_{-3} & C_{-2} & C_{-1} & C_0 & \cdot & \cdot & \cdot \\ \cdot & \cdot & \cdot & \cdot & \cdot & \cdot & \cdot & \cdot & \cdot \end{bmatrix} \qquad (24)$$

Une valeur propre, ζ, et le vecteur propre correspondant $\vec{P}$ de C ayant une dimension infinie, sont définis par

$$C\vec{P} = \zeta\vec{P}. \qquad (25)$$

Supposons maintenant que $\vec{P}$ soit périodique dans le sens qu'après chaque série de panneaux, ses composantes se répètent. La forme de $\vec{P}$ est par conséquent:

$$\vec{P} = \{. \; . \; . \; P \; P \; P \; . \; . \; .\} , \qquad (26)$$

où P est un vecteur de dimension (βMx1) qui prend la forme

$$P = \{\Pi_0 \; \Pi_1 \; . \; . \; . \; \Pi_{\beta-1}\} . \qquad (27)$$

Dans ce cas-ci Π_k représente une série de M composantes du vecteur-force et cette série correspond au k-ième panneau de chaque série de β panneaux.

Evidemment les valeurs du vecteur de convergence, $\vec{S}$, qui a la même périodicité que $\vec{P}$, c'est-à-dire

$$\vec{S} = \{. \; . \; . \; S \; S \; S \; . \; . \; .\}, \qquad (28)$$

où S est également un vecteur de dimension (βMx1).

Si les vecteurs force et convergence de (26) et (28) sont substitués dans l'équation $\vec{S} = - C\vec{P}$ et que la forme de C dans (24) est prise en considération, on obtient la relation suivante:

$$S = - DP, \qquad (29)$$

où D est la matrice d'influence contractée ayant la dimension (βMxβM) et dont la forme partitionnée peut s'écrire:

$$D = \begin{bmatrix} D_0 & D_1 & \cdot\cdot\cdot & D_{\beta-2} & D_{\beta-1} \\ D_{\beta-1} & D_0 & \cdot\cdot\cdot & D_{\beta-3} & D_{\beta-2} \\ \cdot & \cdot & \cdot\cdot\cdot & \cdot & \cdot \\ D_2 & D_3 & \cdot\cdot\cdot & D_0 & D_1 \\ D_1 & D_2 & \cdot\cdot\cdot & D_{\beta-1} & D_0 \end{bmatrix} \qquad (30)$$

Cette matrice est une matrice circulante généralisée qui n'a seulement que β blocs indépendants d'ordre (MxM). Les termes de la matrice D peuvent être calculés immédiatement en utilisant la méthode introduite dans la section 6.6 (v).

Il est évident qu'après ce que l'on a dit antérieurement, la valeur propre maximum de C peut être calculée à partir de D lorsque $\beta = 2$, pour le cas de grande et faible profondeurs. Les vecteurs propres correspondants ont la forme suivante:

$$H \to \infty \qquad P = \{\Pi \quad \Pi\},$$
$$H \to 0 \qquad P = \{\Pi \quad -\Pi\}. \qquad (31)$$

Il est tentant de suggérer qu'un de ces vecteurs propres est en fait le vecteur propre qui correspond à la valeur propre maximum, quelles que soient la profondeur et les largeurs relatives des panneaux et des piliers stabilisateurs. Il ne fut pas possible de donner une conclusion positive à ce problème, mais dans le cours d'investigations numériques compréhensives, s'étendant jusqu'à $\beta = 9$, nous avons trouvé que c'était le cas pour tous les exemples. En utilisant les vecteurs P dans l'équation (31), on a représenté les valeurs de $\alpha_{min} = \frac{1}{\zeta_{max}}$ pour une variété de cas dans la fig. 6.8.13.

Les critères pour le dimensionnement du plan dans lequel des piliers-panneaux sont utilisés de façon la plus efficace sont les suivants:

(a) Les piliers stabilisateurs devraient, en théorie, être capables de supporter le poids total de la couverture. C'est pourquoi les piliers-panneaux sont surtout requis afin de maintenir l'intégrité du toit dans les panneaux. Ceci signifie que le support largeur-hauteur des piliers-panneaux devrait être au moins égal à dix.

(b) Les piliers-panneaux devraient être dimensionnés d'après la méthode décrite dans la section 6.7 et en utilisant un coefficient de sécurité égal à un.

(c) Le plan devrait être parfaitement stable, c'est-à-dire que

$$\alpha_{min} + f\lambda_m > 0 \qquad (32)$$

Où $f > 1$ est un facteur de sécurité adéquat pour la pente. La valeur de λ_m peut être déterminée uniquement expérimentalement, probablement en utilisant la méthode proposée par Cook (1967)

Dans les milieux miniers, on fait fréquemment référence à ce que l'on appelle la "technique des piliers déformants". D'après Woodruff (1966), vol I, pp 313-317 , le principe de la technique du pilier déformant comprend le dimensionnement d'un plan tel que l'on crée une "toute petite déformation" (racourcissement vertical) des piliers. Cette déformation est supposée résulter en une déformation du toit vers le bas qui transmet ainsi une plus grande partie de la contrainte verticale dans les parois latérales; les piliers seront donc soulagés d'une partie de la charge. L'argument dans cette section a pour but de donner une bonne compréhension d'une technique utilisant des piliers et qui est trop souvent incomprise et mal utilisée.

6.9. Les excavations de forme quelconque.

Les techniques utilisées pour des problèmes de mécanique des roches comportant des gisements réellement à trois dimensions sont très peu développées. La méthode des éléments finis à trois dimensions et la méthode photoélastique sont trop encombrantes que pour les appliquer à des excavations minières réelles. La technique décrite dans la section 3.5 pourra peut être résoudre ces problèmes jusqu'à un certain point. Cette technique n'a toutefois pas été utilisée suffisamment souvent que pour se permettre un jugement concernant son efficacité.

Il n'est donc pas possible à ce moment de donner un jugement détaillé quant à l'approche de problèmes qui se font jour suite au creusement de gisements qui n'ont pas une forme spécifiquement définie. Il est probable que les développements en mécanique des roches dans le cas de tels gisements suivront des lignes similaires à celles adoptées durant la dernière décade pour le cas d'excavations tabulaires. Quelques différences fondamentales devront cependant être prises en considération.

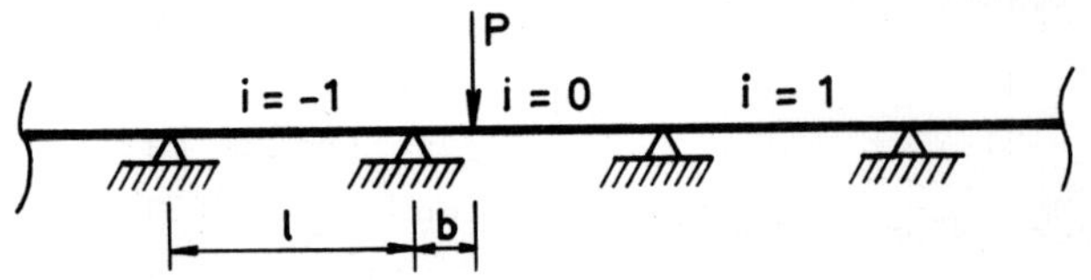

Fig. 6.8.12 Modèle idéalisé correspondant à une faible profondeur et à des piliers stabilisateurs étroit.

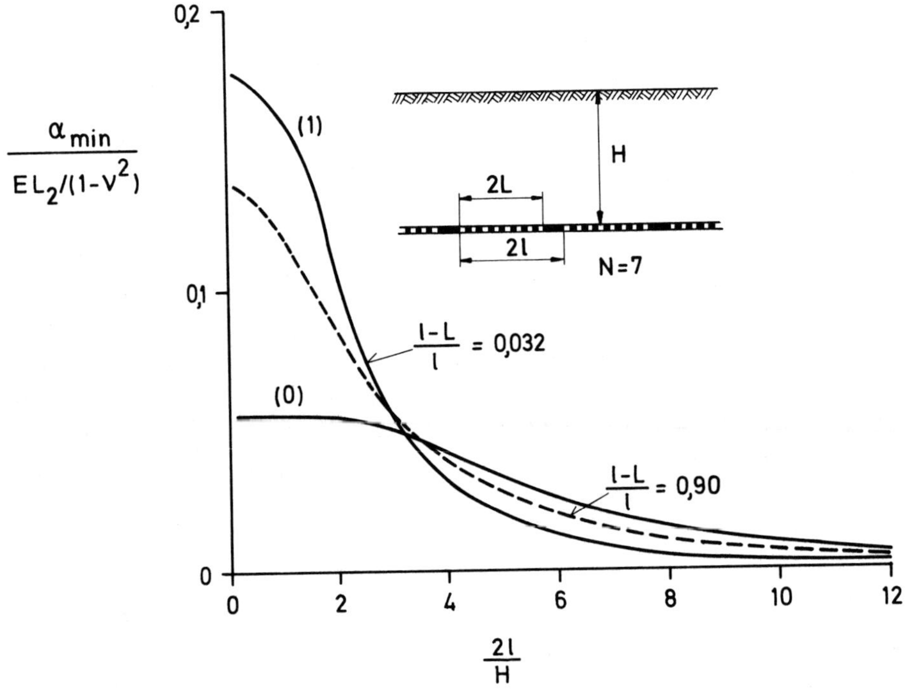

Fig. 6.8.13 Effet de la largeur des piliers stabilisants sur la valeur propre minimum de la matrice de raideur.

La forme de telles excavations ne se prête pas au concept de la "demi-portée critique". Ceci signifie qu'en aucun cas les parois opposées de l'excavation ne viendront en contact de sorte qu'il n'y a aucune limite effective à la croissance de la dimension des excavations. Ceci a pour résultat qu'un volume toujours croissant de roche sera influencé par la mine.

Cette influence dans une certaine partie de la masse rocheuse autour de l'excavation, signifiera la relaxation des contraintes. Une telle relaxation peut être importante spécialement dans le cas d'un massif rocheux laminé ou contenant des joints. Du point de vue positif cela peut faciliter les éboulements; du point de vue négatif, cela peut causer de problèmes sérieux de contrôle ou de dilution du minerai. Dans un certain sens, les problèmes associés avec de grandes cavités, plus ou moins équidimensionnelles sont similaires. à ceux relatifs à des travaux à la surface. Un grand volume de roche est dans un voisinage de faible contrainte dans lequel l'absence de pression latérale conduit au décollement et au comportement généralement imprévisible de la roche.

L'influence du creusement peut aussi se manifester par un accroissement considérable des contraintes de compression en certains points de la masse rocheuse. L'effet de ces accroissements de contrainte peut être important, spécialement à grandes profondeurs ou lorsque la roche environnante est incompétente. Il est important de noter toutefois que les excavations tabulaires sont les pires concentrateurs de contrainte parmi toutes les excavations souterraines de sorte que les concentrations de contrainte autour de cavités assimilables à des chambres, sont moins sévères.

Lorsque l'on planifie la séquence minière, il est important de considérer les stades intermédiaires qui conduiront éventuellement à la géométrie finale des excavations. De telles considérations peuvent être faites en calculant les variations d'énergie dues au creusement.

L'augmentation totale de l'énergie de déformation autour des excavations, U_{cv}, est une mesure de l'effet du creusement sur la roche environnante. Lorsqu'il n'y a pas de support artificiel, l'amplitude de U_{cv} donne également l'énergie totale accumulée qui a été soit enlevée du système par l'excavation de la roche, soit dissipée lors de la fracturation de la roche.

Les deux exemples idéalisés suivants démontrent bien l'importance du planning. Supposons que l'on ait un long cylindre et un gisement sphérique ayant tous deux un rayon R et supposons que les contraintes vierges sont identiques dans toutes les directions et que leur amplitude est q. La valeur ultime de l'énergie accumulée autour de l'excavation lorsque tout le minerai est extrait, est donnée par:

$$U_{cv} = \pi(1+\nu)\ (3-4\nu)q^2R^2/E \qquad (1)$$

l'énergie est exprimée par unité de longueur du gisement cylindrique. Dans le cas d'un gisement sphérique, on a:

$$U_{cv} = \pi(5-7\nu)q^2R^3/E, \qquad (2)$$

Ces résultats sont dérivés à partir du tableau 2.2.1. Si les gisements devaient être creusés en augmentant graduellement le rayon d'une cavité initiallement petite jusqu'à une valeur R, les valeurs intermédiaires de U_{cv} pourraient être calculées à partir de (1) ou de (2) en remplaçant R par le rayon correspondant. La valeur de U_{cv} augmentera donc graduellement lorsque le rayon augmentera. On devrait mentionner que si l'extraction se fait de cette manière, les contraintes autour des excavations resteront constantes lorsque le rayon augmentera. La valeur croissante de U_{cv} indique plutôt qu'un volume de plus en plus important de roche est sous contrainte.

Les mêmes gisements de minerais pourraient aussi être creusés en découpant tout d'abord des fentes étroites au travers de leurs diamètres respectifs et d'enlever ensuite le reste du gisement. La valeur de U_{cv} après la formation des fentes est donnée par

$$U'_{cv} = \pi(1-\nu^2)q^2R^2 /E \qquad (3)$$

par unité de longueur le long de l'axe du gisement cylindrique, et par

$$U'_{cv} = 8(1-\nu^2)q^2R^3/3E \qquad (4)$$

dans le cas d'une fente dans un gisement sphérique. Il est intéressant d'observer que lorsque la valeur du coefficient de Poisson varie de zéro à 0,5, l'augmentation de l'énergie de déformation autour de la fente dans le cas d'un gisement cylindrique varie de 33% à 50% de la valeur ultime donnée en (1). Les mêmes pourcentages dans le cas d'un gisement sphérique sont de 17% et 42%. La conclusion est formelle. Bien que le fait de creuser une fente conduise seulement à une fraction insignifiante du gisement total, cette opération est responsable d'une partie très significative de l'effet du creusement. Il est évident que de telles différences fondamentales dans le développement des effets du creusement doivent être considérées au cours du planning.

Le remplissage de l'espace creusé au moyen de sable et de rocaille aide considérablement à la stabilisation de la roche qui est relachée due à la relaxation des contraintes. La stabilisation peut être atteinte dans ce cas-ci au moyen de très peu de retenue latérale. Le matériau de remplissage a généralement assez de résistance que pour remplir ce rôle. Si toutefois l'écaillage des surfaces rocheuses est dû à de grandes contraintes, le remplissage peut être moins effectif vu qu'il ne développe pas assez de résistance que pour influencer la situation de façon appréciable.

Dans les situations extrêmes, des essais ont été faits afin d'augmenter la résistance du matériau de remplissage en le mélangeant avec du béton. De cette manière les caractéristiques charge-compression du matériau de remplissage peuvent supporter les charges plus rapidement. On espère qu'un tel mélange développera suffisamment de résistance même pour des élongations relativement faibles, ce qui est le cas d'une large cavité.

Lorsque les dimensions de la cavité proposée sont grandes dans toutes les directions et que l'intention est de ne pas permettre de grands déplacements, la méthode des piliers apparaît être la seule méthode effective pour le support. Les piliers dans de telles circonstances peuvent être dimensionnés en se basant sur les principes donnés dans la section 6.6, mais afin de faire les calculs détaillés, la méthode expliquée dans la section 3.5 est requise.

VII. INTERACTION ENTRE LES EXCAVATIONS PRODUCTIVES ET DE SERVICES

7.1. Introduction

Au cours d'opérations minières, les mineurs doivent parvenir et sortir des endroits de travail qui doivent être ventilés, de plus des facilités doivent exister afin de pouvoir leurs amener du matériel. Ces facilités nécessitent un système de puits et de tunnels. De plus, il faudra plusieurs chambres afin d'y mettre l'équipement de herchage, de ventilation et de pompage. Le coût d'installation et d'entretien de ces excavations de services et auxiliaires est considérable. C'est pour cela qu'il est essentiel qu'elles soient dessinées correctement.

Les excavations de service sont soumises à des contraintes et à des déplacements produits par les excavations principales ou productives. Ces effets peuvent être et seront souvent assez importants que pour influencer la sécurité des hommes et la continuité de la production.

Dans la plupart des cas, il y a une grande différence entre la taille des cavités minières principales et les dimensions des tunnels de service ou des autres excavations auxiliaires. Cette différence permet l'utilisation presque sans limites de principe de superposition lorsque l'on considère les excavations de service. Lorsque l'épaisseur de la roche séparant les excavations principale et de service est plus grande que trois ou quatre fois la dimension représentative que la plus petite excavation, il est permis de subdiviser la solution du problème en deux parties. On dérive tout d'abord la distribution des contraintes due à l'excavation principale. Ensuite ces contraintes sont utilisées afin de fournir les contraintes primitives (ou in-situ) de la roche dans laquelle l'excavation de service doit être creusée. Au cas où l'opposé des contraintes primitives doit être utilisé comme conditions aux limites, les contraintes induites par les excavations de service peuvent être calculées. Les contraintes résultantes sont la somme algébrique des contraintes obtenues à partir des deux solutions, section 2.1.

Cette méthode de solution à deux étapes peut être utilisée avec énormément d'avantages dans le cas de situations pratiques. Dans la fig. 7.1.1 on a par exemple représenté les facteurs de concentration de contrainte existants autour d'un tunnel circulaire lorsque le tunnel est creusé au moyen d'une longue face droite. La solution donnée en 6.2 (42) et (43) est utilisée tout d'abord ici afin de calculer les contraintes in-situ et ensuite la solution bien connue [J.& C. (pp 236-241)] comportant un trou circulaire dans un milieu infini, chargé par deux contraintes principales à l'infini, est utilisé afin de calculé les facteurs de concentration de contrainte.

On considère fréquemment qu'il est important que deux mines voisines soient séparées par un pilier-barrière imperméable. Le dimensionnement de telles barrières peut être considéré comme un problème minier classique. La plupart des recommandations antérieures concernant le dimensionnement de telles barrières ont été basées sur les observations dans les mines à faible profondeur. Une brève discussion de ce problème par rapport aux mines à grandes profondeurs est donnée dans la dernière section de ce chapitre.

7.2. Contraintes dans les supports des excavations de service

La rupture de la roche dépend des contraintes résultantes totales. D'autre part, seules les contraintes induites jouent un rôle dans le changement des supports passifs. Les contraintes induites ont été définies dans la section 2.1 comme étant les variations dans la contrainte dues à des extractions supplémentaires qui sont nécessaires afin d'amener l'état de la mine de l'état I à l'état II.

Il sera avantageux dans la présente section de faire l'hypothèse que l'état I corresponde au plan de la mine au moment où les supports furent installés. L'état II représente ce moment particulier dans le progrès de la mine où le système des surports est chargé de façon critique. Cet état critique peut apparaître à n'importe quel moment entre le temps de l'installation des supports et la complétion de la mine. En pratique, l'analyse ne doit bien entendu pas être au-delà au moment où l'excavation de service sera abandonnée pour une raison ou l'autre.

La signification de ces principes est la mieux démontrée au moyen d'un exemple. Supposons que l'on s'approche d'un tunnel existant et que l'on mine éventuellement au-dessus de ce dernier en utilisant une longue face droite. Dans cet exemple, l'état I est l'état vierge et d'après la fig. 7.2.1, l'état II correspond à la situation où la face est pratiquement au-dessus du tunnel. Dans la figure 7.2.1 on a représenté les déplacements relatifs maximum et minimum des limites opposées d'un diamètre du tunnel (le raccourcissement est positif). Les variations maximum et minimum apparaissent le long de deux diamètres qui sont perpendiculaires l'un à l'autre. Evidemment, les diamètres qui sont le plus et le moins affectés tournent lorsque la mine avance. Cette rotation est représentée dans la même illustration.

Dans l'exemple précédent un état critique était atteint lorsque le tunnel était en-dessous de la face. Dans le second exemple, on a postulé que le tunnel est creusé et supporté exactement lorsque la face est au-dessus de celui-ci. Les déplacements maximum et minimum correspondant à cette situation sont représentés à la fig. 7.2.2.

Il est important d'observer que les tunnels dans les deux exemples subissent deux cycles de chargement qui sont complètement différents. Dans le premier exemple le champ de contraintes induites est initialement de plus en plus en compression tandis que dans le second exemple les variations des contraintes induites sont principalement en traction.

Dans le chapitre 5, les principes relatifs aux supports d'excavations isolées ont été discutés. On y a montré que les supports passifs des excavations isolées sont uniquement soumis au contrainte si le comportement de la roche dépend du facteur-temps. Les excavations de service et auxiliaires sont sujettes à des variations de contrainte pratiquement continues de sorte que leurs supports seront soumis à des contraintes, même lorsque le sol est parfaitement élastique.

Une autre caractéristique intéressante des problèmes de supports associés avec les excavations minières est qu'ils peuvent être sujets à des contraintes induites en traction, voir fig. 7.2.2; de sorte que la contrainte de contact entre le support et la roche peut être réduite à zéro. Dans de tels cas, le support perd de son efficacité à moins qu'un effort soit entrepris afin de rétablir les contraintes par des moyens externes.

7.3. Protection des excavations de service

Il arrive fréquemment que les contraintes autour de grandes excavations minières sont si élevées que les supports normalement utilisés sont incapables de maintenir les excavations de service du voisinage dans des conditions acceptables. A cet égard les bords solides des excavations tabulaires sont les pires ennemis. Il n'est donc pas surprenant que durant des années, les ingénieurs des mines, spécialement ceux qui sont concernés avec le creusement de gisements tabulaires, aient utilisés des méthodes sophistiquées pour préserver les excavations de service importantes. Ces méthodes tombent dans les trois catégories principales suivantes:

(i) l'utilisation de piliers protecteurs
(ii) l'utilisation de taille au mur ou

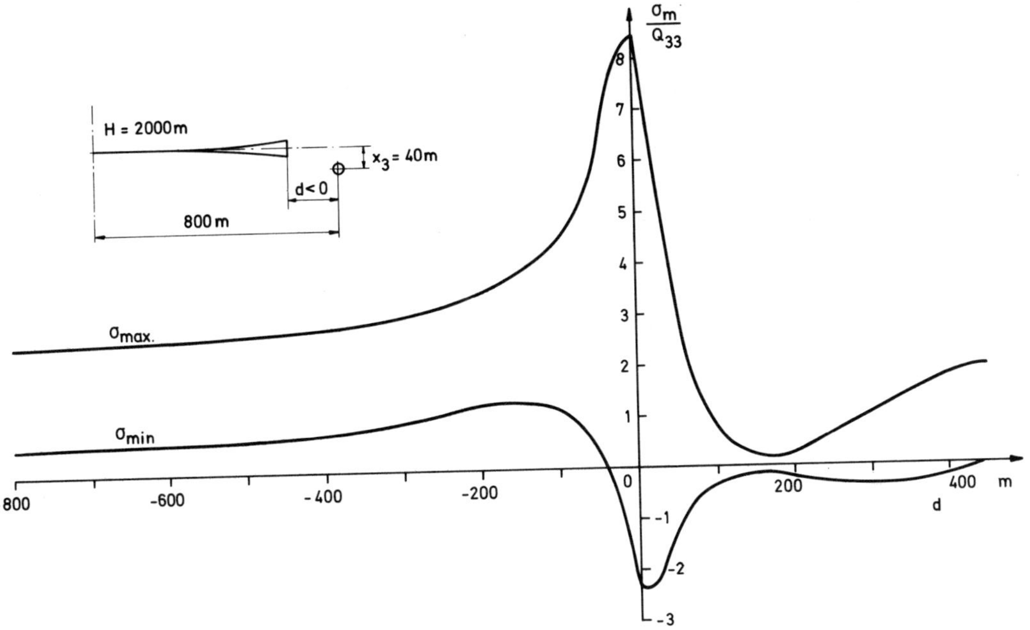

Fig. 7.1.1 Variations des facteurs de concentration de contraintes maximum et minimum autor d'un tunnel circulaire lorsque l'on mine au-dessus de ce dernier au moyen d'une taille longue.

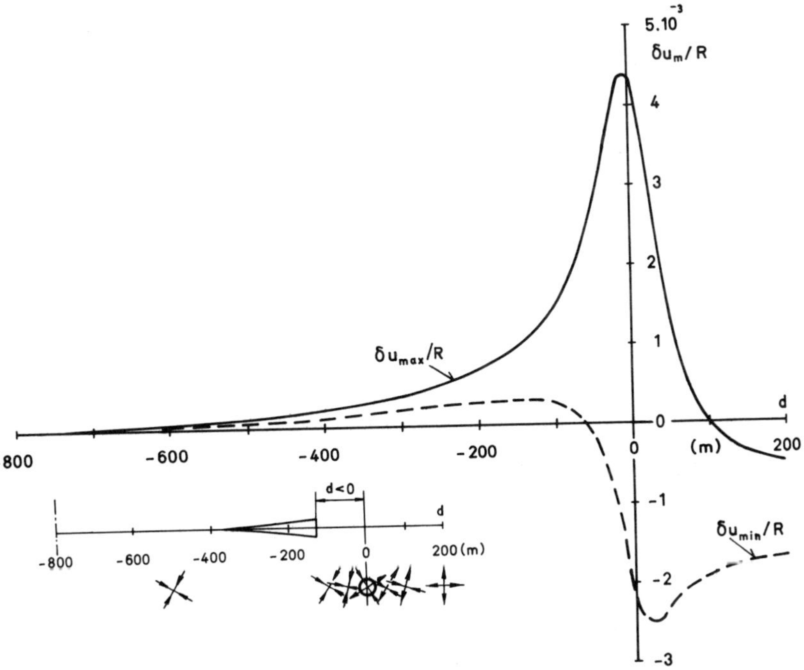

Fig. 7.2.1 Déplacements relatifs maximum et minimum des extrémités opposées d'un diamètre d'un tunnel circulaire lorsque l'on s'approche ou lorsque l'on mine par-dessus au moyen d'une taille longue.

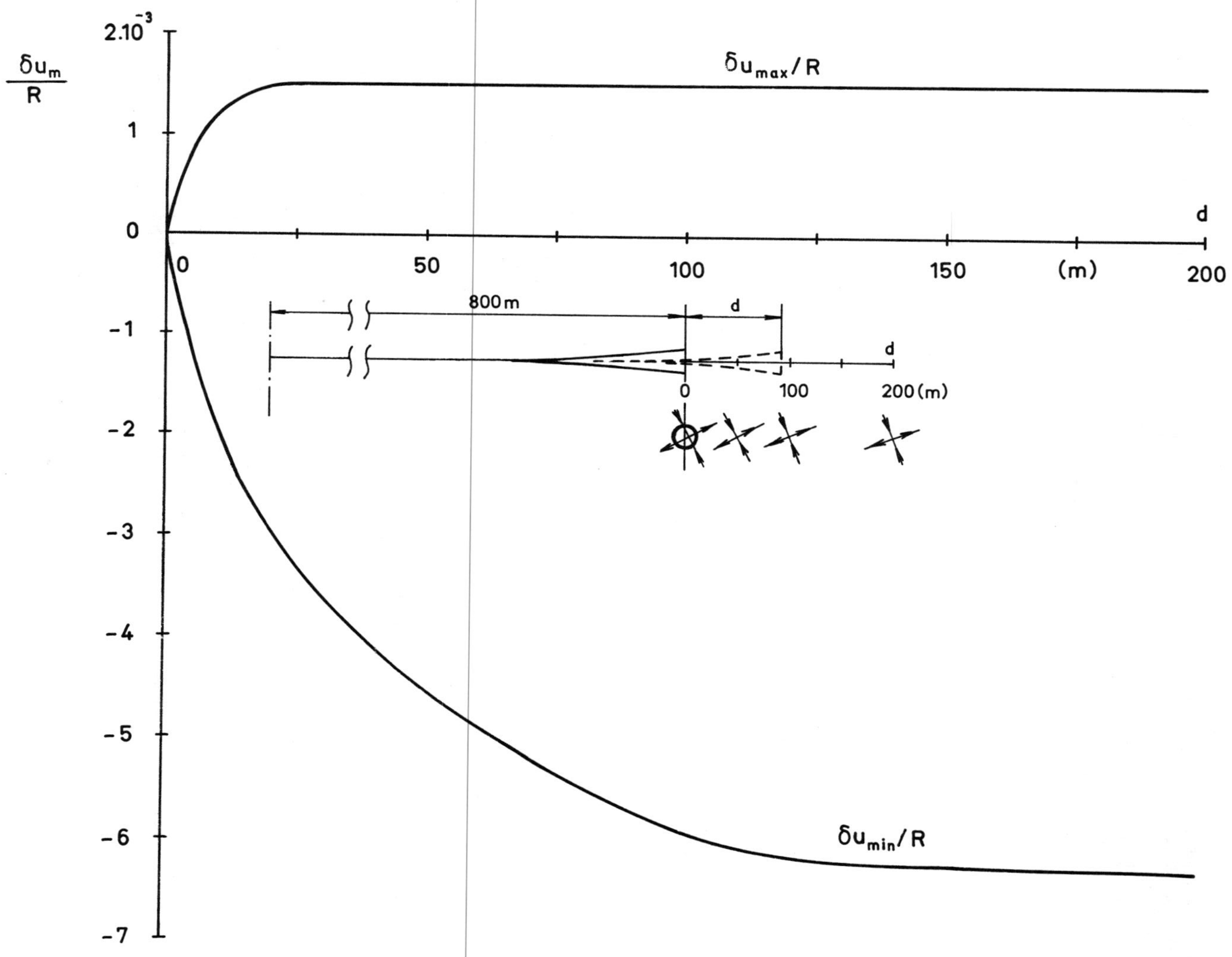

Fig. 7.2.2 Déplacements relatifs maximum et minimum des extrémités opposées d'un diamètre d'un tunnel circulaire creusé en-dessous d'une taille longue; cette dernière étant creusée ensuite davantage.

ou de tunnels,

(iii) le fait de miner par dessus la taille.

Les défenseurs de la première méthode prétendent qu'un tunnel creusé au centre d'un pilier suffisamment large est protégé jusqu'à un certain point des effets de la mine. Le degré de protection est contrôlé par la largeur du pilier.

Cet argument est évidemment en principe sain. Bien entendu, tout pilier qui est laissé non-miné représente une certaine perte de revenu pour la mine. La méthode n'est donc peut être pas fort attractive du point de vue économique spécialement lorsque le pilier, devant fournir une protection suffisante au tunnel, est large. Un autre désavantage de la méthode des piliers est qu'elle ne peut réduire les contraintes in-situ existant autour du tunnel, en-dessous du niveau correspondant à l'état vierge.

La solution consistant en un vestige long et isolé de largeur 2a est pertinente à l'examination de l'efficacité des piliers protectifs. A partir de l'équation 6.2 (45) les contraintes totales verticale et horizontale au centre du pilier sont données par:

$$\sigma_{11} = \gamma H[L/a - (1-k)], \quad \sigma_{33} = \gamma HL/a, \quad (1)$$

où γH est la contrainte vierge verticale, k est le rapport entre les contraintes vierges horizontale et verticale et L représente la distance depuis l'axe du pilier et la ligne de contact entre le toit et le mur des deux côtés du pilier.

Dans la fig. 7.3.1, la contrainte verticale au centre du pilier est représentée en fonction du rapport a/ℓ_c où l'on se rappellera que $\ell_c = s_m G/2(1-\nu)\gamma H$. Il semblerait que de très larges piliers soient nécessaires lorsque les contraintes in-situ du tunnel doivent être réduites à une valeur beaucoup plus basses que le tiers de la contrainte vierge.

Comme la solution illustrée à la figure 7.3.1 n'est valide, strictement parlé, que dans le cas de mines à grande profondeur (voir section 6.4), on peut en conclure que les conclusions non-favorables sont uniquement valides pour $H\ell 5_c$. Dans les mines à faible profondeur les couches des deux côtés du pilier auront tendance à s'effondrer et les valeurs de la contrainte données par (1) ne se développeront probablement pas au centre du pilier. Il n'est pas rare de voir que la protection de la communication principale soit protégée par des piliers et que cette méthode soit normalement préférée dans le cas de mines peu profondes.

Lorsque la mine est à grande profondeur, l'ouverture principale est normalement située loin du filon, ceci est beaucoup plus souvent le cas que d'éviter le mur. Cette méthode de protection donnerait toutefois souvent une sécurité adéquate pourvu que l'excavation de service soit placée à une grande distance inacceptable, en-dessous du gisement. La diminution relativement lente des contraintes, lorsque la distance d du gisement augmente, est illustrée à la fig. 7.3.2. Dans ce cas-ci, la variation des plus grandes contraintes principales (résultantes) est représentée dans le cas d'une région relativement petite se trouvant immédiatement en-dessous d'un filon rigide, utilisant $d/b_c = 0{,}1;\ 0{,}2$, où $b_c = 2\ell_c\pi$.

Dans la fig. 7.3.2, on a considéré l'effet minier le plus défavorable. Une planification judicieuse permet normalement d'éviter de telles situations extrêmes. Néanmoins, dans beaucoup de cas la seule méthode effective de protection comprend la planification de creuser une ouverture ou un tunnel par-dessus.

Les défenseurs de cette méthode prétendent qu'une fente creusée au-dessus du site proposé pour l'excavation de service devrait être creusée au préalable afin de diminuer les contraintes dans la roche. La validité de cet argument est supportée par les résultats donnés à la fig. 7.3.3. Dans ce cas-ci les contours d'égales contraintes maximum principales sont dessinés au-dessus du

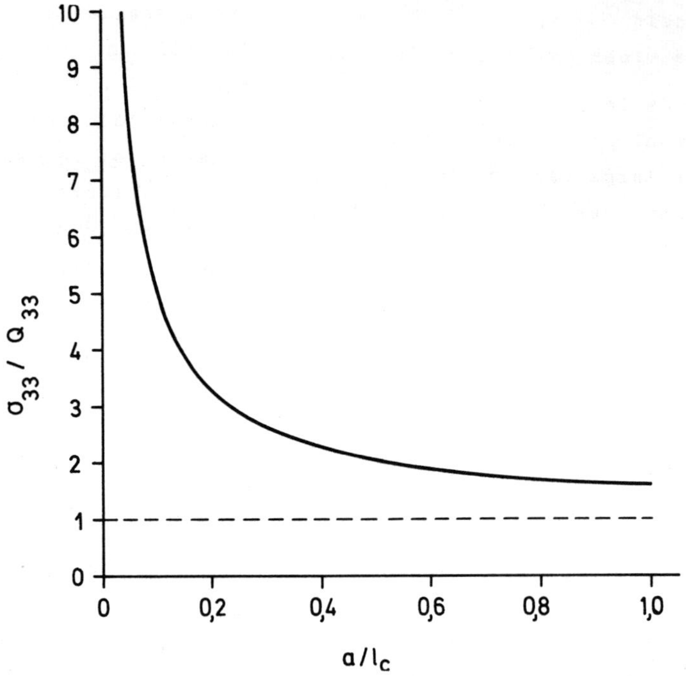

Fig. 7.3.1 Contrainte verticale au centre d'un large pilier à grande profondeur.

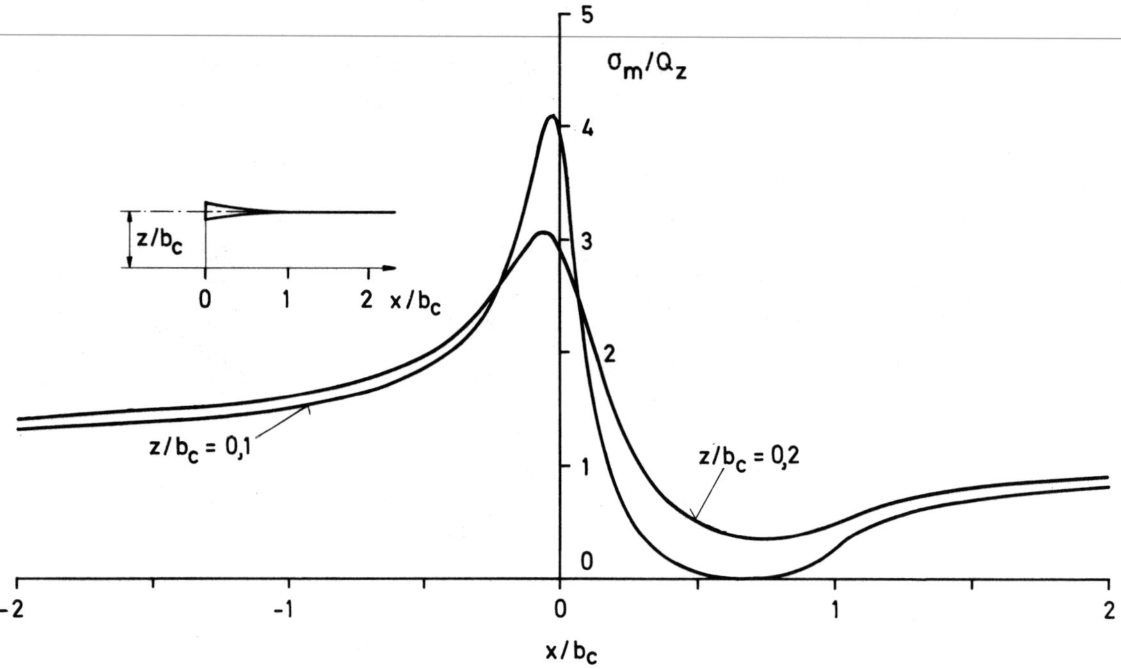

Fig. 7.3.2 Contrainte princepale totale maximum au-dessus d'un support solide.

panneau sans déformations. Il est évident que le panneau remplit bien son rôle de "bouclier". Il existe une assez large région dans laquelle toutes les contraintes principales sont plus petites que la contrainte verticale vierge au niveau du gisement, c'est-à-dire H. La relation entre la distance du toit et la portée du panneau pour un certain degré de protection désirée peut être déduite à partir de ce diagramme.

Dans la fig. 6.2.2, la région dans laquelle la contrainte principale minimum est en traction, est hachurée. En général, il est préférable d'éviter la roche qui peut être décollée à un certain degré par les contraintes de traction. Des efforts devraient être entrepris à cet égard afin d'éviter cela le plus possible.

7.4. <u>Protection des puits verticaux</u>

Les systèmes de puits sont les excavations les plus importantes et bien souvent les plus coûteuses dans une mine souterraine. Un système de puits est composé du point vertical lui-même et d'un grand nombre d'excavations auxiliaires nécessaires à faciliter,entre autres, le transport, la ventilation, le pompage.

La coutume de par le monde, à quelques exceptions près, est de protéger le système de puits au moyen d'un pilier intact, c'est-à-dire au moyen d'un "pilier du puit". Les problèmes de dimensionnement de ces piliers ont troublé l'exprit des ingénieurs des mines depuis bien longtemps. Statham (1929) rappelle dix formules empiriques qui furent proposées par différentes autorités en la matière et qui déterminent la taille des piliers. Le guide de Peele pour les ingénieurs des mines (1941) résume huit règles pour la détermination des dimensions du pilier du puit. La plupart de ces formules recommandent une augmentation linéaire du diamètre du pilier lorsque la profondeur augmente (ou de la largeur dans le cas d'un pilier carré). Dans certains cas, le diamètre est supposé être proportionnel à la racine carrée de la profondeur. Uniquement une faible quantité d'auteurs considèrent l'épaisseur du gisement comme étant un facteur d'importance suffisante que pour être considéré dans les calculs.

Dès 1929, Statham conclua que la diversité des formules était beaucoup trop importante pour des applications pratiques. Daemen (1972) arriva à la même conclusion après avoir calculé une série de rayons pour les piliers en se basant sur les formules données dans le guide de Peele.

Statham (1929) après avoir rejeté les formules existantes, recommanda une soit-disant méthode "rationnelle" pour le dimensionnement des piliers. Cette méthode était basée sur l'angle limite de sorte que la dimension du pilier augmentait de façon proportionnelle à la profondeur. On ne tenait pas compte de l'effet que pourrait avoir la hauteur de la taille. C'est cette méthode qui fut acceptée et utilisée en Europe durant les dernières décades, Fritzsche et Potto (1954), Zambo (1957), Richter et Nemeth (1961), l'angle limite (mesuré à partir de la verticale) fut remplacé par un petit angle qui limite la surface donnant des mouvements "adverses".

Une caractéristique commune de toutes les méthodes basées sur le concept d'un angle quelconque limité, est qu'ils définissent les dimensions du pilier sans tenir compte que le pilier servira à protéger des structures à la surface ou un puit vertical. Vu que la surface dans le voisinage de la plupart des piliers est très peuplée, cette distinction n'est pas nécessairement sérieuse dans le cas où la mine se trouve à une profondeur relativement faible. Dans de telles circonstances, sans regarder au fait qu'il fut construit pour sauvegarder un puit ou un objet à la surface au voisinage du puit, un pilier remplira normalement les deux fonctions.

En général il y a toutefois une différence fondamentale entre ces deux types de pilier. Les objets à la surface s'étendent seulement sur un niveau qui est en général éloigné du plan (ou des plans) du gisement. Un puit coupe toutes les couches depuis la surface jusqu'au gisement. Par conséquent une profondeur "critique" ou "sans risques" peut être définie par rapport à un objet à la surface (voir chapitre 8), mais non dans le cas d'un puit. Il y a toujours une section du puit qui nécessite de la protection et de plus les excavations auxiliaires aux environs du fond du puit doivent être sauvegardées. La discussion dans cette section est limitée à des mines à grandes profondeurs qui ne compromettent pas les structures à la surface.

Afin de protéger les systèmes de puit, on doit tenir compte de deux facteurs. Tout d'abord les contraintes résultantes qui déterminent le degré de fracturation autour du puit et des excavations de service; ensuite, les composantes des différents mouvements différentiels qui peuvent mettre en danger l'opération du puit. Par exemple de grands mouvements différentiels horizontaux de l'axe du puit peuvent rendre une remontée rapide dangereuse, voir même impossible.

Miner est un processus continu et la géométrie de la mine change de façon continuelle. Les moyens de protection de l'installation du puit doivent être dimensionnés de telle sorte qu'ils assurent que le puit n'est pas en danger à n'importe quel moment durant son existence. Afin de dimensionner théoriquement un schéma de protection, on doit connaître vaguement les progrès futurs de la mine.

Bien entendu le progrès de la mine ne peut pas souvent être prédit avec une grande précision. Afin de vaincre ce problème, Salamon (1962; 1964 a) propose que le shéma de protection soit dimensionner afin de sauvegarder la structure en question même lorsque la géométrie de la mine est des "plus adverses". La géométrie la plus adverse est définie comme étant celle qui donne une limite supérieure à la contrainte critique et aux composantes du mouvement différentiel et elle peut être déterminée à l'aide du "face element" principe. Ces idées sont expliquées ici en utilisant l'exemple non trivial le plus simple.

Supposons que le gisement soit horizontal et à une profondeur considérable, c'est-à-dire $\ell_c < 0,2H$, où ℓ_c représente la demi-portée critique. D'après ces conditions, on ne devra considérer que la convergence et il sera suffisant d'utiliser uniquement la solution de la "profondeur infinie".

La distribution du déplacement dû à un seul "face element" (section 3.4) est de symétrie radiale, c'est-à-dire qu'elle est définie par les composantes du déplacement vertical Δw et horizontal (radial), Δu. Plaçons l'origine du système de coordonnées au centre du "face element", avec l'axe z dans la direction du bas. Supposons que la surface du "face element" soit ΔA et que sa convergence soit s_z. En se basant sur l'analyse dimensionnelle, les composantes du déplacement du point (r,z), situé sous le gisement (z>0) peuvent être exprimées de la façon suivante:

$$\begin{aligned} \Delta w &= (s_z/2\pi)F_1(\rho^2)(\Delta A/z^2), \\ \Delta u &= (s_z/2\pi)\rho F_2(\rho^2)(\Delta A/z^2), \end{aligned} \qquad (1)$$

où $\rho = r/z$. Le déplacement vertical devient négatif au cas où $z < 0$. On a introduit le diviseur 2π par souci de commodité. Les composantes rectangulaires, Δu_x et Δu_y, du déplacement horizontal sont obtenues à partir de Δu en remplaçant respectivement ρ par $\rho\cos\varphi$ et $\rho\sin\varphi$. F_1 et F_2 tendent vers zéro à une vitesse plus grande que ρ^{-3} lorsque $\rho\to\infty$.

Les composantes du mouvement différentiel pouvant mettre en danger l'opération du puit sont l'élongation verticale et l'inclinaison (écart de la verticale). Ces composantes, pour les valeurs positives et négatives de z, peuvent être dérivées à partir des déplacements donnés en (1):

$$\Delta\varepsilon_z = \frac{\partial \Delta w}{\partial z} \tag{2}$$

$$= -\frac{s_z}{\pi|z|}\left[F_1(\rho^2)+\rho^2 F_1'(\rho^2)\right]\frac{\Delta A}{z^2}$$

$$\Delta t_x = \frac{\partial \Delta u_x}{\partial z}$$

$$= -\frac{s_z}{2\pi z}\,\rho\cos\varphi\left[3F_2(\rho^2)+2\rho^2 F_2'(\rho^2)\right]\frac{\Delta A}{z^2} \tag{3}$$

Dans ces formules $F_1'(\rho^2)/d\rho^2$.

On considérera tout d'abord l'élongation verticale en (2). La racine, ρ_0, de l'expression entre parenthèses, c'est-à-dire de

$$F_1(\rho_0^2)+\rho_0^2 F_1'(\rho_0^2) = 0, \tag{4}$$

divise le plan du gisement en deux régions pour chaque valeur de z. Vu que pour $\rho>\rho_0$, $\Delta\varepsilon_z>0$, le point (0,z) sera sujet à la plus grande compression si la région $r_0<r<\infty$ est minée et converge uniformément ($s_z=s_m$) et si rien n'est miné en $r<r_0$. La traction maximum est obtenue par le revirement des distributions de convergence dans ces régions.

Supposons que le puit doit être protégé par un pilier solide de rayon R_p. Divisons le puit en deux sections. Dans la section la plus proche du gisement, c'est-à-dire où $0<|z|<|z_0|$, la plus grande contrainte de compression apparaît lorsque la surface $r\geqslant R_p$ est minée et sujette à $s_z=s_m$. Dans ce cas-ci, R_p/z est la racine de l'équation (4). Dans la section supérieure du puit, la plus grande compression est induite lorsque la convergence est uniforme et égale à s_m dans la région $r\geqslant r_0\geqslant R_p$.

L'étape suivante consiste à dériver la distribution de l'élongation verticale le long de l'axe du puit et qui est induite par la convergence uniforme à l'extérieur de la région circulaire du rayon R, où $R>R_p$. A partir de (2), on obtient:

$$\varepsilon_z = -\frac{s_m}{\pi|z|}\int_R^\infty\int_0^{2\pi}\left[F_1(\rho^2)+\rho^2 F_1'(\rho^2)\right]\frac{r\,dr\,d\varphi}{z^2},$$

ce qui, après intégration, devient:

$$\varepsilon_z = (s_m/|z|)(R/z)^2 F_1(R^2/z^2). \tag{5}$$

Afin de déterminer la valeur stationnaire de ε_z, on différenciera l'expression (5) par rapport à z et on égalera le résultat à zéro:

$$\frac{\partial \varepsilon z}{\partial z} = 0$$

$$= -s_m R^3/z_m^4\left[3F_1(R^2/z_m^2)+2(R^2/z_m^2)F_1'(R^2/z_m^2)\right] \tag{6}$$

Le déplacement Δw donné en (1) est négatif au-dessus du gisement et sa valeur augmente de façon continue à partir d'un minimum pour r=0 jusque zéro pour r=∞; c'est pourquoi $F_1(\rho^2)<0$ et $F_1'(\rho^2)>0$ lorsque $z<0$. Ceci signifie que

$$F_1(R_p^2/z_0^2)+\frac{2}{3}(R_p^2/z_0^2)F_1'(R_p^2/z_0^2)<0,$$

vu que R_p^2/z_0^2 satisfait l'équation (4) et que $\partial\varepsilon_z/\partial z>0$ au point $z=z_0<0$. Ces conditions sont suffisantes pour s'assurer que $z_0<z_m<0$, pourvu que l'équation (6) définisse un maximum pour ε_z et pourvu que ε_z n'ait qu'une seule valeur stationnaire dans l'intervalle $-\infty<z<0$. Toutes les fonctions pratiques F satisfont ces conditions. Une argumentation identique conduirait à $0<z_m<z_0$ pour la région en-dessous du gisement. Donc:

$$|z_m|<|z_0|\,. \tag{7}$$

Ceci signifie que le maximum de ε_z se produit lorsque $R=R_p$ et que le lieu de ce maximum se trouve en $z=z_m$ ce qui est obtenu à partir de (6) en remplaçant R par R_p.

Une forme spécifique de la fonction F_1 est donnée par

$$F_1(\rho^2)=\left[2(2-\nu)+(1-2\nu)\rho^2\right]/4(1-\nu)(1+\rho^2)^{5/2} \tag{8}$$

dans le cas d'un modèle isotrope et homogène, Salamon (1962, 1963). La substitution de cette fonction dans l'équation (5) conduit à:

$$\varepsilon_z = (s_m/R_p)\left[2(1-\nu)(z/R_p)^2\right.$$

$$+(1-2\nu)]/4(1-\nu)[1+(z/R_p)^2]^{2/5} \qquad (9)$$

dont le maximim apparaît pour

$$z_m = \pm[(1+2\nu)/2(2-\nu)]^{1/2}R_p \qquad (10)$$

Finalement, l'amplitude de la compression maximum est donnée par

$$\varepsilon_{max} = [(2/5)^{3/2}(2-\nu)^{5/2}/5(1-\nu)](s_m/R_p),$$

ce qui, lorsque quelques valeurs de ν sont substituées, se trouve être pratiquement indépendant du coefficient de Poisson et peut être rapproché par:

$$\varepsilon_{max} \simeq 0,28(s_m/R). \qquad (11)$$

Il est important de réaliser que la valeur donnée en (11) est une limite supérieure absolue de l'élongation verticale de compression le long de l'axe du puit. Cette valeur ne sera pas dépassée quel que soit le plan de la mine à l'extérieur du pilier, pourvu que la taille effective ne dépasse pas s_m.

La géométrie la plus adverse en ce qui concerne l'inclinaison est définie par l'union de ces "face elements" et dont les effets sont de même signe. A partir de l'équation (3), les lieux des "face elements" qui ne contribuent pas à l'inclinaison sont définis par:

$$\text{(a)}\ \varphi = \pm\ \pi/2$$
$$\text{(b)}\ 3F_2(\rho_t^2)+2\rho_t^2F_2'(\rho_t^2) = 0 \qquad (12)$$

où (a) et (b) définissent respectivement l'axe y et un cercle de rayon r_t. Comme auparavant $r_t/z = \rho_t$ = constante, de sorte que le rayon du cercle augmente avec z. Les conditions (a) et (b) sont représentées respectivement à la fig. 7.4.1 (a) et (b). Les surfaces hachurées dans la fig. 7.4.1(c) définissent la position probable de ces "faces elements" contribuant à une inclinaison positive du point (0,z).

Supposons que R_p/z_t soit la racine de (12 b) où z_t divise une fois de plus le puit en deux sections. Les figures 7.4.2 (a) et (b) illustrent le plan de la mine induisant la plus grande inclinaison respectivement dans les sections inférieure $(0<|z|<|z_t|)$ et supérieure $(|z|>|z_t|)$. L'intégration de l'équation (3) conduit à

$$0<|z|<|z_0| \qquad (13)$$
$$t_x=(s_m/z)[\alpha+(R_p/|z|)^3F_2(R_p^2/z^2)],$$

$$|z_0|<|z|<\infty \qquad (14)$$
$$t_x=(s_m/z)[\alpha+2\beta-(R_p/z)^3F_2(R_p^2/z^2)],$$

où

$$\alpha = -\lim_{\rho\to\infty}[\rho^3F_2(\rho^2)] \text{ et}$$
$$\beta = (R_p/|z_0|)^3F_2(R_p^2/z_0^3). \qquad (15)$$

On utilisera à nouveau le modèle homogène isotrope pour démontrer l'application des rpsultats depuis (13) à (15). Salamon (1962, 1963) démontra que

$$F_2(\rho^2) = [2(1+\nu)$$
$$-(1-2\nu)\rho^2]/4(1-\nu)(1+\rho^2)^{5/2} \qquad (16)$$

Cette fonction nous permet de calculer l'inclinaison le long du puit, fig. 7.4.3. Cette illustration révèle que

$$t_{max} \simeq 0,13(s_m/R). \qquad (17)$$

Si les valeurs des composantes du mouvement différentiel pouvant être acceptées pour le puit sont connues, les simples relations données en (11) et (17) donnent une base pour le calcul du rayon des piliers protecteurs. Il apparaît que dans le cas de mines profondes où les niveaux tolérables de l'élongation sont de l'ordre de 1×10^{-3}, il n'y a aucune difficulté à se conformer aux conditions exprimées en (11) et (17) dans les cas où ces solutions sont applicables. Les contraintes auront donc plus de chances d'être critiques lors du dimensionnement des piliers du puit que les déplacements différentiels.

Lorsque l'on considère le pilier du puit comme un moyen de contrôler la valeur des contraintes, l'analyse doit englober non seulement la situation existant au puit lui-même, mais aussi la situation autour des excavations auxiliaires. Cette exigence rend le problème complexe et l'on n'essaiera

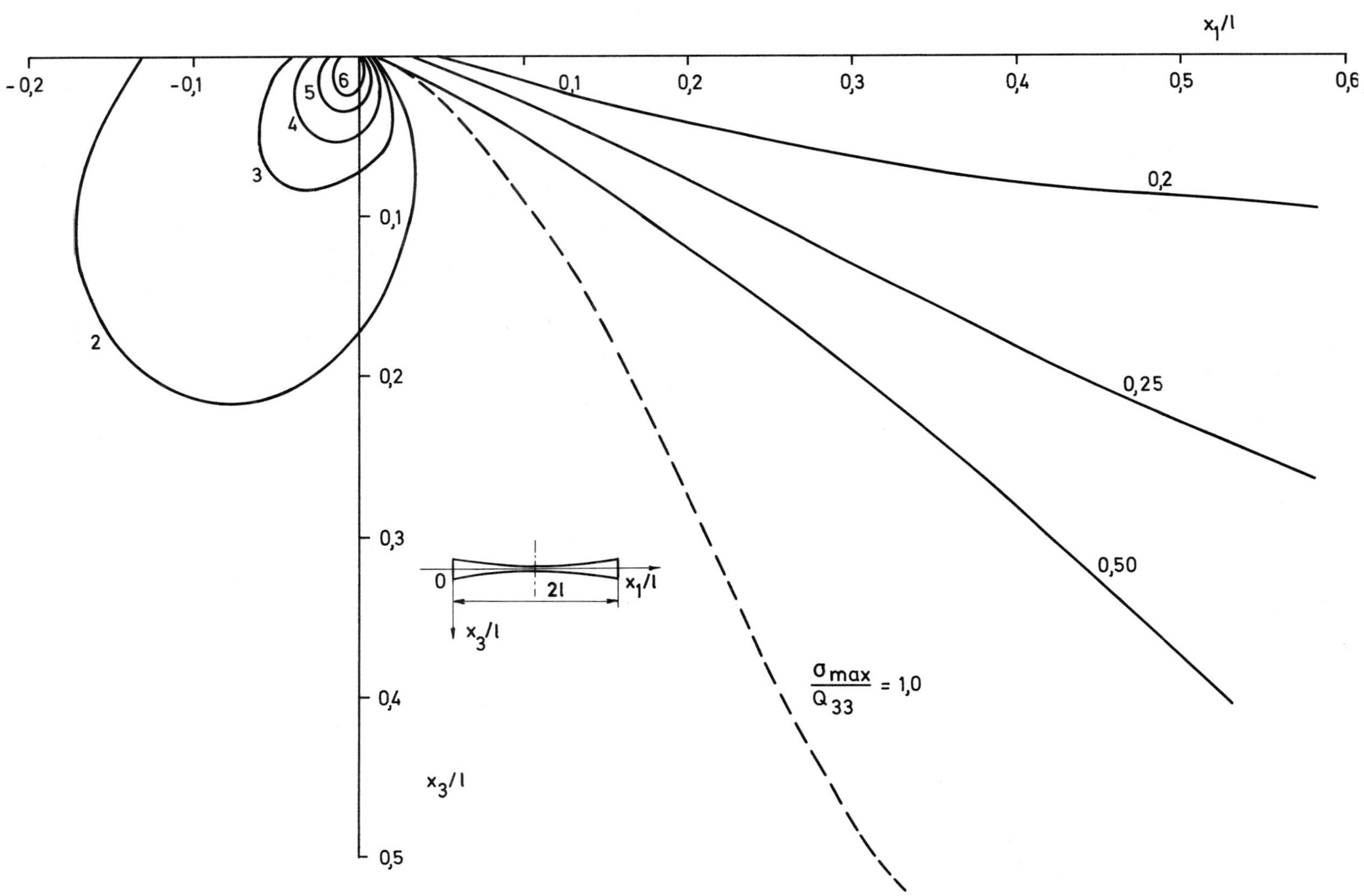

Fig. 7.3.3 Contours des contraintes principales totales maximum en-dessous d'un panneau ouvert.

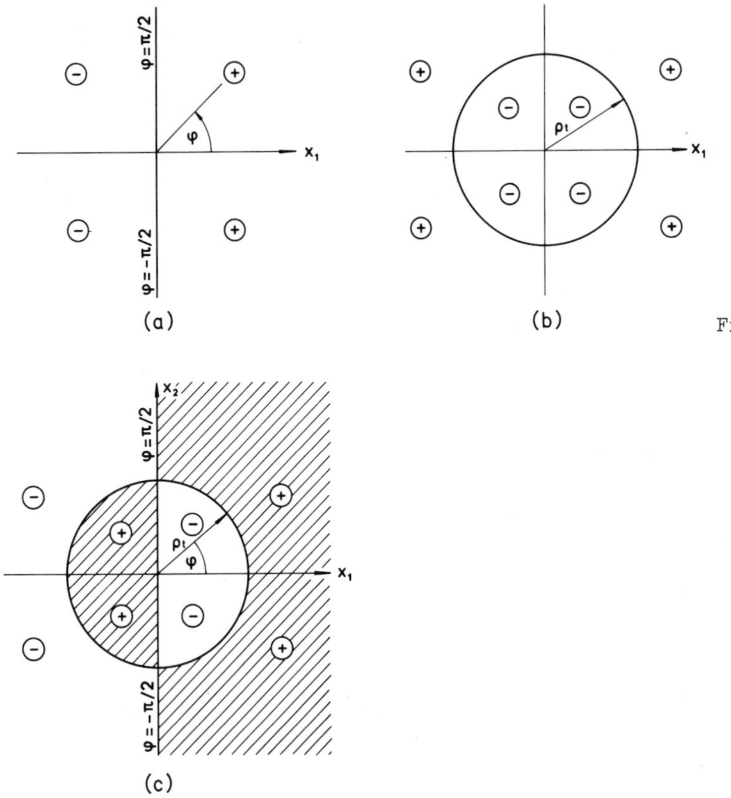

Fig.7 .4. 1 Définition des régions contributant à une inclinaison positive du point (o,z).

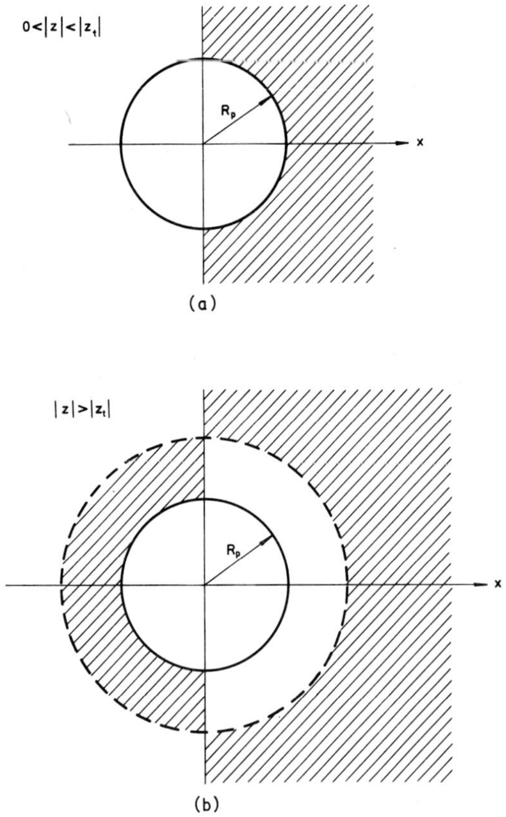

Fig. 7.4.2 Géométries les plus défavorables en ce qui concerne l'inclinaison et lors de la présence d'un pilier central de rayon R_p; et ceci pour le cas des points dans l'entourage du gisement (a) et pour les points éloignés du gisement (b).

pas de traiter le sujet de façon complète dans ce contexte. En fait, la discussion est limitée à la reproduction d'une solution du type "limite-supérieure" qui est très souvent utile.

La contrainte verticale induite et due à une convergence uniforme d'amplitude s_m à l'extérieur du rayon R est donnée par

$$\sigma_z^{(i)}/q=(\ell_c/R)[I(\rho,\zeta)-\zeta\partial I(\rho,\zeta)/\partial\zeta], \qquad (18)$$

où q représente la contrainte vierge normale, et verticale, ℓ_c étant la demi-portée critique, $\ell_c = s_m G/2(1-\nu)q$, et

$$\rho = r/R, \qquad \zeta = z/R. \qquad (19)$$

De plus, $I(\zeta,\rho)$ représente la fonction suivante:

$$I(\rho,\zeta)=\{(1-\rho^2-\zeta^2)E(k)/[\zeta^2+(1-\rho)^2] + K(k)\}/\pi[\zeta^2+(1+\rho)^2]^{1/2} \qquad (20)$$

dans laquelle K(k) et E(k) sont les intégrales elliptiques complètes dont l'argument est donné par:

$$k^2 = 4\rho/[\zeta^2+(1+\rho^2)]. \qquad (21)$$

La distribution de $\sigma_z^{(i)}$ se simplifie de façon considérable dans deux cas spéciaux; tout d'abord le long de l'axe du puit, $\rho = 0$

$$\sigma_z^{(i)}/q = \ell_c(1+4\zeta^2)/R(1+\zeta^2)^{5/2} \qquad (22)$$

et ensuite à la profondeur du gisement, $\zeta = 0$

$$\sigma_z^{(i)}/q = \ell_c[E(k)/(1-\rho)+K(k)/(1+\rho)]/\pi R \qquad (23)$$

Il est intéressant de noter qu'au point où le puit coupe le gisement, on a:

$$\sigma_z^{(i)}/q = \ell_c/R \qquad (24)$$

Dans les figures 7.4.4 et 7.4.5, les distributions données en (22) et (23) sont représentées, ce qui donne une aide pratique pour le dimensionnement des piliers.

Avant de quitter le sujet des piliers du puit, il est intéressant de faire deux observations. Tout d'abord, les contraintes sont réduites d'un facteur $\ell_c q/R$. Ceci donne un rôle important supplémentaire à ℓ_c. De plus, les résultats donnés en (22) et (23) ont été comparés aux distributions des contraintes exactes correspondantes, Moris (1972). Ces comparaisons ont montré que les résultats présentés ici ne donnent pas des limites trop conservatives des contraintes verticales, sauf dans les environs du bord du pilier.

Sans aucun doute, le moyen classique utilisé pour la protection du puit est un pilier solide supportant,bien que pour quelque temps, cette méthode perdit un peu de sa popularité. Statham (1929) fit les observations suivantes concernant la suggestion que les piliers du puit ne soient pas nécessaires: "En ce qui concerne les connaissances de l'auteur (Statham) cette suggestion n'a jamais été adoptée lors de la planification d'une mine et il serait difficile de trouver un ingénieur des mines qui prendrait la responsabilité de préconiser ue telle méthode".

Les idées concernant la protection des piliers ont profondément changés depuis 1929. Par exemple, Fritzsche et Potto (1954) ecrivirent: "Les grands désavantages des piliers de charbon qui sont laissés comme support, spécialement dans le cas de puits et de buildings à la surface,ensemble avec les progrès dans la connaissance des mouvements des couches dans les surfaces minées et l'affaissement de la surface, ont montré la nécessité d'éviter ces piliers le plus souvent possible". Il existe un nombre d'exemples connus où les piliers n'ont pas été conservés pour protéger le puit. AU moins un de ces cas est bien documenté, Barcza et Willich (1958). On n'essaiera pas de discuter ici le planning d'une telle décision. Brièvement, l'idée est d'extraire tout d'abord le gisement autour du fond du puit et de contrôler le mouvement de la masse rocheuse au moyen de rembourrages solides. Le raisonnement utilisé dans le chapitre 6 suggèrerait que ceci serait peut-être fait de façon effective et sans affecter plus d'une petite longueur du puit dans le cas de mines profondes.

7.5. Dimensionnement de barrières d'eau

Une autre application intéressante des principes de la mécanique des roches consiste à dimensionner des barrières qui ont pour but de protéger la mine d'une entrée soudaine d'eau de la mine avoisinante.

Lors du dimensionnement d'une telle barrière, on doit s'assurer qu'il existe un "rideau" continu de roche entre les deux mines, et que partout le long de celui-ci:

a) la contrainte principale minimum est en compression,

b) la roche est intacte.

Ces conditions ont été formulées par Cook en 1969.

La solution analytique d'un long pilier isolé, section 6.2 (i), peut être utilisée dans le cas de mines profondes afin de dimensionner des barrières en utilisant ces principes. A partir de 6.2 (45) les contraintes résultantes horizontale, σ_h, et verticale, σ_v, le long du plan vertical de symétrie du pilier sont données par:

$$\sigma_h = q\left[-(1-k)+\alpha k\zeta+\left(\frac{\zeta^2+\rho^2}{\zeta^2+1}\right)^{1/2} - \frac{(\rho^2-1)\zeta^2}{(\zeta^2+1)^{3/2}(\zeta^2+\rho^2)^{1/2}}\right] \qquad (1)$$

$$\sigma_v = q\left[\alpha\zeta+\left(\frac{\zeta^2+\rho^2}{\zeta^2+1}\right)^{1/2} + \frac{(\rho^2-1)\zeta^2}{(\zeta^2+1)^{3/2}(\zeta^2+\rho^2)^{1/2}}\right] \qquad (2)$$

où q et kq représentent les contraintes vierges horizontale et verticale du gisement, c'est-à-dire à une profondeur H en-dessous de la surface. De plus, supposons que la largeur de la barrière soit 2a et que

$$\alpha = a/H, \qquad \zeta = x_3/a, \qquad \rho = L/a, \qquad (3)$$

où (1-a) est la largeur de la région ouverte des deux côtés du pilier, voir fig. 6.2.7.

Un examen des formules (1) et (2) révèle que les contraintes principales maximum, σ_1, et minimum, σ_2, le long de ce plan de symétrie sont respectivement σ_v et σ_h, pourvu que $0\leq k\leq 1$. Si la pression maximum d'eau anticipée est p et que le critère de rupture peut s'exprimer par $\sigma_1 = \beta\sigma_3+\sigma_c$ les deux condtions pour le dimensionnement d'une barrière peuvent être spécifiées de la sorte:

$$\begin{array}{ll}(a) & \sigma_h - p > 0, \\ (b) & \sigma_v < \beta\sigma_h+\sigma_c.\end{array} \qquad (4)$$

La première de ces inégalités provient de la définition de la contrainte effective, J. & C. (p. 206).

Une simple méthode graphique peut être utilisée afin de déterminer la largeur du pilier-barrière pour lequel le critère (4) est satisfait. Dans la fig. 7.5.1, on a représenté la contrainte verticale donnée par (2) en fonction de σ_h donné en (1) pour quelques valeurs du rapport a/ℓ_c. Les flèches indiquées sur ces courbes montrent la direction dans laquelle le point défini par le doublet σ_h, σ_v se meut lorsque la distance à partir du gisement augmente. Les valeurs numériques sont calculées pour le cas d'un toit où σ_h devient minimum et en supposant que $k=\frac{1}{2}$.

Dans la même figure, la ligne interrompue verticale (a) représente la première condition de (4) tandis que la ligne pleine inclinée (b) représente la seconde condition. Dans l'exemple donné, bien que le pilier pour lequel a/ℓ_c vaut 0,05 ne satisfasse pas les conditions exprimées en (4), le pilier plus large pour lequel $a/\ell_c = 0{,}10$ satisfait les deux conditions.

Evidemment en utilisant la solution élastique comme contrôle pour voir si les critères de dimensionnement sont satisfaits, un problème très complexe a été largement simplifié. Il est donc à conseiller de s'assurer qu'il y ait une marge de sécurité suffisante lorsque l'on satisfait les inégalités exprimées en (4).

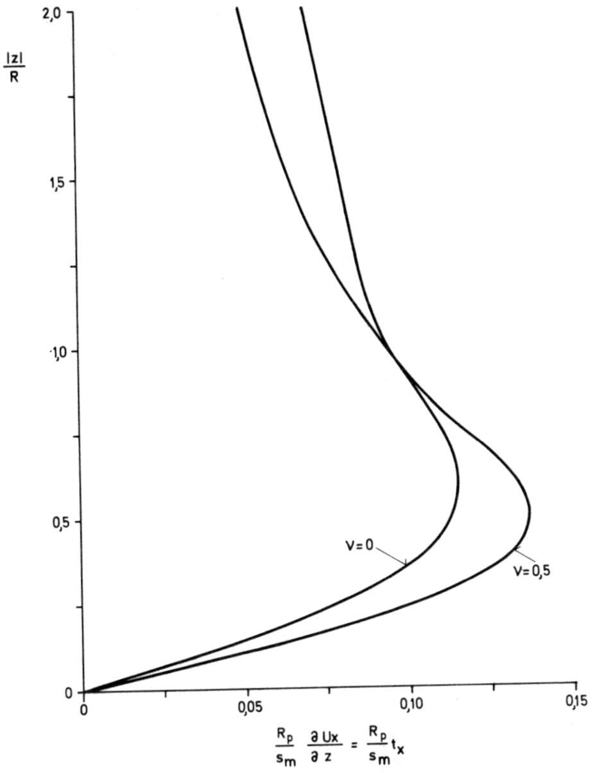

Fig. 7.4.3 Inclinaison normalisée le long de l'axe du puit vertical dans le cas d'un modèle homogène et isotrope.

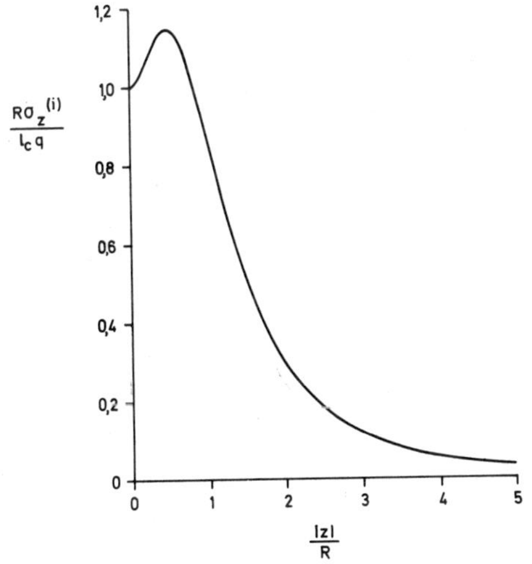

Fig. 7.4.4 Contrainte verticale induite normalisée le long de l'axe du puit vertical dans le cas d'un modèle homogène et isotrope - solution limité supérieure.

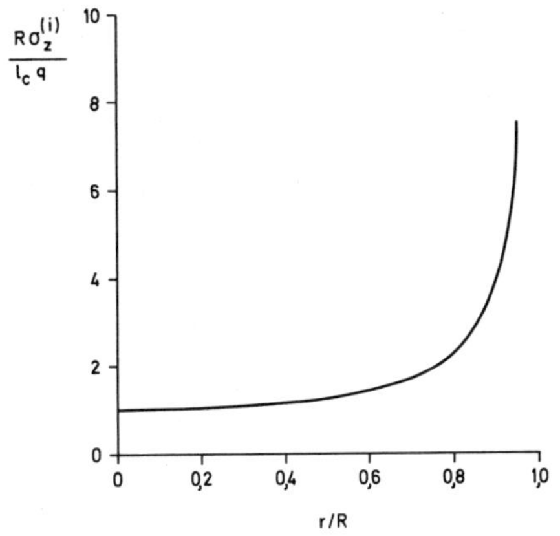

Fig. 7.4.5 Contrainte verticale induite normalisée agissant sur le pilier du puit dans le cas d'un modèle homogène et isotrope - solution limite supérieure.

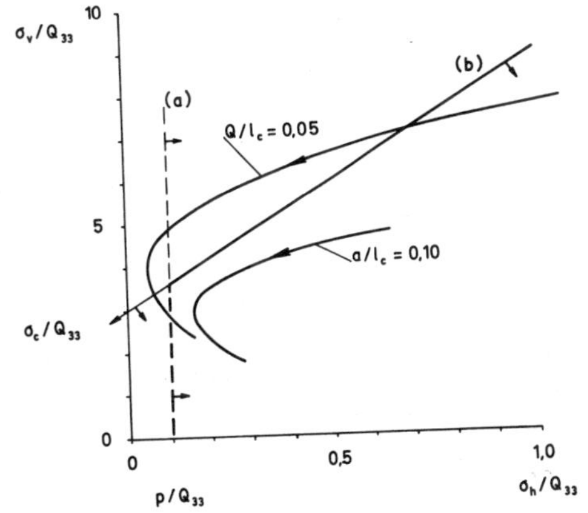

Fig. 7.5.1 Dimensionnement des barrières d'eau.

VIII. L'AFFAISSEMENT DE LA SURFACE

8.1 Introduction

Apparemment la question de savoir, si le mouvement du sol causé par des excavations souterraines pourrait endommager les structures à la surface, s'est posée pour la première fois à Liège, ville belge. En 1825 une commission fut formée afin de rechercher des fractures apparaissant à la surface et dans le voisinage de mines charbonnières. Gounot, essayant de résoudre cette question, présenta l'hypothèse selon laquelle la fracturation et le mouvement des couches étaient situés au-dessus de l'excavation, dans une zone limitée par des plans perpendiculaires au gisement, ces plans normaux sont tracés, passant par les limites de l'excavation.

Le travail de tous les premiers chercheurs était dominé par le principe de la surface d'influence. La définition de la surface d'influence était basée sur le concept de l'angle limite (ou "angle limite" ou encore "angle d'influence"). Le but des chercheurs était d'établir le profil des composantes du déplacement entre les points limites définis par cet angle, (ou plus précisément entre ces courbes définies, par l'intersection des plans limites et de la surface). Bien que le concept de l'angle limite, frontière entre la surface qui se déforme et la surface immobile, n'a aucune base théorique, cette méthode fut utilisée longtemps avec succès.

Elle conduit soit à postuler le principe des largeurs de tailles "sub-critique", "critique" et "super-critique". La largeur de l'ouverture est dite"super-critique" lorsqu'elle est plus grande que deux fois le rayon critique ou le rayon d'influence, le terme "sub-critique" se rapportant lorsque cette valeur est plus petite.

Le développement, probablement le plus important en ce qui concerne le problème de l'affaissement, est relié au nom de Keinhorst (1934). Il employa les bases de la méthode appelée "calcul de la zone" lorsqu'il divisa le cercle d'influence (stratification horizontale) en deux parties; une région centrale et une région périphérique. Il suggéra que la contribution apportée par le creusement dans chaque région à l'affaissement du point au centre de la surface était différente et devrait être déterminée empiriquement. Le principe du "face-element" peut être considéré comme étant une version avancée de la méthode originelle du calcul de la zone par Keinhorst. Une version moderne en fut présentée récemment par Hiramatsu et Oka (1968).

La plupart des ingénieurs anglais s'occupant de ce problème ont rejeté la méthode basée sur les zones annulaires "parce que la forme des profils d'affaissement varie avec le rapport largeur-profondeur d'extraction", Subsidence Engineer's Handbook (1966). Bien que la méthode originelle de calcul de la zone conduise sans aucun doute à un profil qui, s'il est normalisé, est indépendant de la profondeur, la technique "face-element" ne souffre pas de cette limitation.

Les concepts discutés jusqu'à présent se rapportent bien entendu exclusivement à l'affaissement de la surface dû à l'excavation de gisements tabulaires. Evidemment, le creusement de tout autre gisement minéral conduira aussi à des déplacements de la surface du sol. La grande étendue latérale des gisements tabulaires donne lieu toutefois à plus de problèmes de cette nature que n'importe quelle autre géométrie d'extraction. De plus, très peu de travail systématique a été accompli dans le cas de gisements non tabulaires. C'est pour ces raisons que la discussion dans ce chapitre est limitée aux problèmes associées avec les excavations tabulaires.

8.2. Dégâts causés par l'affaissement.

D'une façon générale, le déplacement rigide des structures ne cause pas de dégâts bien que parfois cela puisse causer des incommodités. Les problèmes sérieux résultant de l'affaissement de la surface sont toujours dûs aux mouvements différentiels ou aux déplacements relatifs des différents points de la structure.

Parmi les composantes du mouvement différentiel, l'inclinaison, T, la courbe, $\varkappa$, l'élongation horizontale, ϵ, et la distortion horizontale, γ, sont des facteurs importants. L'inclinaison en un point, par exemple au point P, est la pente de la courbe d'affaissement, qui est obtenue par l'intersection de la surface d'affaissement avec un plan vertical. L'inclinaison de la surface peut être la cause de l'instabilité de grands buildings et affecte également l'utilisation de machines de fondation qui doivent nécessairement être horizontales, Lambe et Whitman (1969). De plus, une variation du gradient peut altérer les systèmes de drainage et d'égouts.

Si le plan d'intersection vertical au point P tourne autour d'un axe vertical, l'inclinaison variera. Supposons que l'amplitude de l'affaissement vertical soit w. Si la surface est raisonnablement plane et que les composantes du déplacement sont des fonctions continues (voir section 8.3) des coordonnées, l'inclinaison dans n'importe quelle direction peut s'exprimer en fonction de deux composantes rectangulaires, T_x et T_y, pour autant que la surface elle-même soit le plan xy.

$$T = T_x \cos\beta + T_y \sin\beta, \qquad (1)$$

où l'angle β est mesuré à partir de l'axe x et

$$T_x = \partial w/\partial x, \qquad T_y = \partial w/\partial z. \qquad (2)$$

En chaque point il y a une direction dans laquelle l'inclinaison est maximum et dans la direction perpendiculaire, l'inclinaison est nulle. La valeur de l'inclinaison maximum est donnée par:

$$T_{max} = (T_x^2 + T_y^2)^{1/2} \qquad (3)$$

et elle apparaît pour l'inclinaison suivante:

$$\beta = \alpha = \tan^{-1} (T_y/T_x). \qquad (4)$$

Il est évident à partir de cette discussion que l'inclinaison peut être considérée comme un vecteur.

Dû au fait que l'affaissement vertical n'est pas uniforme, une surface dans le voisinage du point P sera soit concave, soit convexe. La mesure le plus facile de ce type de mouvement différentiel est la courbe. (c'est-à-dire l'inverse du rayon de courbure). La courbure du bassin au point P, dans une direction quelconque, est donnée par:

$$\varkappa = \varkappa_{xx} \cos^2\beta + 2\varkappa_{xy} \sin\beta\cos\beta + \varkappa_{yy} \sin^2\beta, \qquad (5)$$

où $\varkappa_{xx} = \partial^2 w/\partial x^2$ et $\varkappa_{yy} = \partial^2 w/\partial y^2$ sont respectivement les courbures dans les plans (xz) et (yz) et $\varkappa_{xy} = \partial^2 w/\partial x \partial y$ représente la rotation dans le plan (xy).

Le comportement de la courbure, lorsque le plan d'intersection tourne, est analogue à l'allongement normal dans le cas bi-dimensionnel. En chaque point, il existe donc deux directions perpendiculaires selon lesquelles les courbures sont respectivement maximum, $\varkappa_1$, et minimum, $\varkappa_2$. Ces directions ainsi que les courbures principales correspondantes peuvent être calculées à partir des formules bien connues donnant l'allongement normal [J. & C. (pp 37-41)].

En constructions civiles on utilise souvent le rapport δ/ℓ comme une mesure de l'affaissement non-uniforme, Lambe & Whitman (1969). Ici δ représente l'affaissement différentiel de deux points de la fondation et ℓ est la distance les séparant, fig 8.2.1 (a). Vu que le produit $\varkappa\ell$ est petit, on peut établir la relation approchée suivante, basée sur la fig. 8.2.1(b).

$$\delta/\ell = \ell\varkappa/2. \qquad (6)$$

Le vecteur-déplacement horizontal est défini par deux composantes rectangulaires. Supposons que celles-ci soient respectivement u et v dans les directions x et y. Vu le déplacement horizontal non-uniforme, les distances vont soit se raccourcir, soit s'allonger et les angles varieront légèrement. L'allongement horizontal au point P est défini, comme d'habitude, par deux composantes de l'allongement normal, ε_x, ε_y et par un cisaillement γ_{xy}. $2\gamma_{xy}$ est souvent appelé angle de distortion. Jaeger et Cook (pp 37-41) discutent le comportement de l'allongement en un point de façon extensive de sorte que cela n'en nécessite pas davantage ici.

La quantité d'affaissement qu'une structure peut encaisser, c'est-à-dire l'affaissement permis ou permissible, dépend de beaucoup de facteurs,comme par exemple, le type, la grandeur et son utilisation. De bonnes directives sont données par Lambe et Whitman (1969) concernant l'inclinaison et l'affaissement différentiel normalisé permis ($\delta/\ell = \ell x/2$). En Pologne, on a défini cinq types de structures pour lesquelles on a donné l'inclinaison permise, la courbure et l'allongement normal, Klemencsics (1962). Ogden et Orchard (1960) [voir aussi le Subsidence Engineer's Handbook (1966)] ont déduit à partir d'expériences que le dégât causé par l'allongement normal peut être classifié en se basant sur $\varepsilon L = \Delta_i$, où L est la longueur de la structure et Δ_i varie entre 0,1 pieds et 0,6 pieds, alors que le dégât varie entre très peu et beaucoup.

8.3 Classification du mode d'affaissement suivant le rapport s_m/H.

Le premier facteur significatif dans la prédiction de la nature ou du mode d'affaissement est le rapport de la convergence maximum effective s_m à la profondeur H. Si l'étendue latérale de la mine est suffisamment large pour autoriser le développement complet de l'affaissement, la mine affectera la surface de façon différente, fonction de la valeur de ce rapport. En pratique, on peut distinguer trois classes d'affaissement. Les limites divisant les différentes classes dépendent de plusieurs facteurs tels que les propriétés de la roche, le degré de stratification, la rapidité avec laquelle l'affaissement se produit, etc. Les valeurs limites données ici sont donc très aléatoires et données à titre de référence.

(i) Affaissement discontinu ($s_m/H > 0,1$).

Dans cette classe il y a un palier marqué dans l'affaissement vertical à peu près au-dessus de la limite de la zone minée ou, dans le cas de rupture de piliers, à la limite de la région fracturée. Ceci est ce que l'on peut prédire le moins et en même temps pouvant causer le plus de dégâts du point de vue affaissement, situation qui doit être évitée en présence de structures nécessitant de la protection.

(ii) Affaissement en présence de fractures à la surface ($0,1 < s_m/H < 0,01$)

Lorsque le rapport critique décroît, l'affaissement de la surface se trouvant à l'extérieur de la surface minée devient de plus en plus important. Dans les zones en traction, des fractures peuvent être observées mais normalement sans discontinuités verticales. La plupart des structures exposées à de l'affaissement tombant dans cette catégorie seront endommagées. La présence de fractures peut invalider l'utilisation de déffirenciation en vue d'obtenir les composantes du mouvement différentiel.

(iii) Affaissement doux ($s_m/H < 0,01$)

Dans ce cas-ci, les composantes du déplacement sont des fonctions continues des coordonnées. La validité de pratiquement toutes les méthodes proposées pour la prédiction du mouvement de la surface est limitée à cette catégorie. La discussion dans le reste de ce chapitre fait également l'hypothèse de distributions de déplacements vertical et horizontal doux.

8.4. Prédiction de l'affaissement de la surface.

Les ingénieurs britanniques ont complètement adopté une méthode empirique pour prédire la grandeur et la distribtion du déplacement de la surface dû, strictement parlé, au creusement d'un panneau rectangulaire isolé, Subsidence Engineer's Handbook (1966). Il est difficile d'imaginer comment cette approche pourrait être généralisée afin d'englober les situations comportant des plans miniers plus compliqués. Il semblerait que seules les méthodes de prédiction qui sont fermement basées sur le principe de superposition ont une chance de succès.

Supposons que le gisement et la surface soient tous deux horizontaux et que les propriétés de la roche reste inchangée le long de tout plan horizontal. Dans ces cas et aussi lorsque la contrainte vierge perpendiculaire au plan horizontal est une contrainte principale, la composante la plus importante du déplacement relatif du toit et du mur du gisement est appelée la convergence. Supposons qu'au temps $T=\tau$, une convergence unitaire apparaît au point (ξ,η) du gisement le long d'un "face-element" de surface unitaire. Supposons que le déplacement vertical dû à ce volume unitaire de convergence au temps T et au point (x,y) de la surface soit donné par:

$$-f(\rho^2, T-\tau)/\pi H^2, \qquad (1)$$

où le signe négatif indique que le déplacement est vers le bas, H est la profondeur et $\rho = [(x-\xi) + (y-\eta)^2]^{1/2}/H$.

Lorsque la masse rocheuse obéit une loi contrainte-élongation linéaire, l'affaissement dû à la convergence $s(\xi,\eta, T)$ dans le face-element peut s'écrire:

$$T < \tau \quad w_u(\rho,T) = 0, \qquad (2)$$

$$T > \tau \quad w_u(\rho,T) = -\{s(\xi,\eta,\tau)f(\rho^2,T-\tau) + \int_\tau^T s'(\xi,\eta, t)f(\rho^2,T-t)dt\}/\pi H^2. \qquad (3)$$

Cette expression fut dérivée en se basant sur le principe de superposition comme on l'appliqua à la section 5.2 voir 5.2(3) . L'intégration par parties du résultat donné en (3), conduit à la formule alternative suivante:

$$T > \tau \quad w_u(\rho,T) = -\{s(\xi,\eta,T)f(\rho^2,0) + \int_\tau^T s(\xi,\eta,t)f'(\rho^2,T-t)\,dt\}/\pi H^2 \qquad (4)$$

Dans ce cas-ci, ainsi qu'en (3), f' et s' se rapportent respectivement aux dérivées temporelles de f et s.

Comme l'affaissement total w est la somme des contributions de tous les "face-elements",

$$w(x/H,y/H,T) = \int_A w_u\,dA, \qquad (5)$$

où A représente la section minée totale. Un raisonnement identique conduirait à une expression analogue pour le déplacement horizontal au point (x,y).

Les résultats en (3) et (5) indiquent que l'affaissement de la surface peut être calculé pourvu que la fonction temporelle et la fonction d'influence, $f(\rho^2, T)$, correspondant au modèle particulier utilisé, soient connues.

Berry (1960) fit remarquer que si la fermeture complète apparaît dans un panneau, c'est-à-dire, $s(\xi,\eta,T) = s_m$, l'affaissement de la surface serait indépendant des propriétés <u>élastiques</u> du modèle homogène, isotrope. Ceci signifie, comme Salamon (1962) le fit remarquer, que les déplacements de la surface élémentaire dans le même modèle sont également indépendants des modules élastiques. Le principe de correspondance [voir section 3.6] conduit à la conclusion basée sur les observations que $\partial f(\rho^2,T)/\partial T=0$ dans tous les modèles visco-élastiques, homogènes et isotropes. Donc, à partir de (4)

$$w_u(\rho,T) = -s(\xi,\eta,T)f(\rho^2,0)/\pi H^2 \qquad (6)$$

dans le cas $T>\tau$. Il semble donc, qu'au moins dans le cas de certains modèles possibles pour la masse rocheuse, l'effet du temps se manifeste lui-même uniquement au travers de la distribution temporelle de la convergence.

Bien entendu, cette conclusion ne s'applique pas à tous les modèles visco-élastiques. Néanmoins, dans le reste de ce chapitre, on fera l'hypothèse que $f'=0$ et que les déplacements de la surface seront calculés sur la base de la relation (6). On devrait mentionner ici que dans le cas de la formation complète $s'=0$,

$$T > \tau \quad w_u(\rho,T) = -s_m f(\rho^2,T-\tau)/\pi H^2, \qquad (7)$$

quelle que soit la nature du modèle visco-élastique.

Le facteur commun de (6) et (7) est que le déplacement de la surface peut être calculé sans intégration par rapport au temps. En fait, ci-après, l'effet du temps sera omis.

Le déplacement vertical peut s'écrire, en se basant sur l'équation (5), comme était

$$w(x/H,y/H) = -\frac{1}{\pi}\int_{A^*} s(\xi,\eta)F_1(\rho^2)\,dA^{*2}, \tag{8}$$

où $F_1(\rho^2)$ peut être identifié comme étant soit $f(\rho^2,0)$ ou $f(\rho^2,T-t)$ et $A^* = A/H^2$. D'une manière analogue, le déplacement horizontal dans la direction x est défini par

$$u_x(x/H,y/H) = \frac{1}{\pi H}\int_{A^*} s(\xi,\eta)(x-\xi)F_2(\rho^2)\,dA^*. \tag{9}$$

Comme discuté dans la section 8.2, dans la plupart des applications pratiques, les composantes du mouvement différentiel sont requises. Par exemple, d'après 8.2(2), l'utilisation dans la direction x est donnée par:

$$T_x(x/H,y/H) = -\frac{1}{\pi}\frac{\partial}{\partial x}\int_{A^*} s(\xi,\eta)F_1(\rho^2)\,dA^*. \tag{10}$$

Evidemment, on arrive au même résultat si l'on différencie en premier lieu:

$$T_x(x/H,y/H) = -\frac{1}{\pi}\int_{A^*} s(\xi,\eta)[\partial F_1(\rho^2)/\partial x]\,dA^*. \tag{11}$$

En pratique, il sera toujours plus avantageux de calculer les composantes du mouvement différentiel, directement à partir des composantes élémentaires du déplacement correspondant. Celles-ci, en coordonnées polaires peuvent s'écrire:

$$(x-\xi)/H = \rho\cos\varphi, \qquad (y-\eta)H = \rho\sin\varphi, \tag{12}$$

$$\Delta T_x = 2s(\rho,\varphi)\rho\, f_1'(\rho^2)\cos\varphi\Delta A^*/\pi H, \tag{13}$$

$$\Delta \varkappa_{xx} = 2s(\rho,\varphi)[F_1'(\rho^2) + 2\rho^2F_1''(\rho^2)\cos^2\varphi]\Delta A^*/\pi H^2, \tag{14}$$

$$\Delta \varkappa_{xz} = -2s(\rho,\varphi)\rho^2F_1''(\rho^2)\sin 2\varphi\Delta A^*/\pi H^2, \tag{15}$$

$$\Delta\varepsilon_x = s(\rho,\varphi)\,[F_2(\rho^2) + 2\rho^2F_2'(\rho^2)\cos^2\varphi]\Delta A^*/\pi H, \tag{16}$$

$$\Delta\gamma_{xy} = (\partial u/\partial y+\partial v/\partial x)/2 = s(\rho,\varphi)\rho^2F_2'(\rho^2)\sin 2\varphi\Delta A^*/\pi H. \tag{17}$$

Il est important de noter que les mouvements différentiels, à l'exception des composantes de la courbure, sont proportionnels à s/H. A partir de 8.2(6), la mesure de l'affaissement non-uniforme est proportionnel à $\ell s/H^2$, où ℓ est une dimension linéaire de la structure. L'effet nuisible de l'affaissement non-uniforme aura donc la tendance de décroître rapidement avec la profondeur de la mine. C'est la raison pour laquelle la courbure de la surface ne sera plus considérée davantage dans cet article.

Il est essentiel pour l'application des résultats donnés de (12) à (17) que les fonctions $F_1(\rho^2)$ et $F_2(\rho^2)$ soient disponibles. Fondamentalement, il y a deux moyens d'obtenir ces fonctions. Tout d'abord, elles peuvent être dérivées analytiquement à partir de modèles mathématiques décrivant la masse rocheuse, ou encore, elles peuvent être obtenues empiriquement à partir d'observations sur le terrain. Afin de poursuivre rigoureusement cette dernière approche, il est nécessaire d'observer la distribution des composantes du déplacement à la surface et la distribution de la convergence dans la partie souterraine minée. Si ces distributions sont disponibles c'est-à-dire, si w, u et s dans (8) et (9) sont connues, les valeurs de F_1 et F_2 peuvent être calculées. La convergence est souvent complète au-dessus de la plupart de la région minée. Dans de telles situations, on peut faire des tentatives afin d'utiliser une distribution présumée de la convergence, ce qui simplifie la procédure.

On devrait noter ici que $F_1(\rho^2)$ doit obéir la condition suivante:

$$\int_0^\infty F_1(t)\,dt = 1, \tag{18}$$

qui assure que le volume d'affaissement de la surface est égal au volume de convergence. Cette égalité est une conséquence de l'équation d'équilibre donnée en 2.1(7), Salamon (1962, 1963). De plus, $\rho^2F_1(\rho^2)$ et $\rho^2F_2(\rho^2)$

devraient tendre vers zéro lorsque ρ tend vers l'infini. Ces exigences suivent de l'argument physique disant que si le gisement est miné et converge uniformément, il n'y aurait pas de courbure ou d'allongement partout à la surface.

Dans un certain nombre de cas, les fonctions F_1 et F_2 sont connues, Salamon (1964 a). Par exemple, dans le modèle homogène et isotrope

$$F_1(\rho^2) = 3/2(1+\rho^2)^{5/2} \quad F_2(\rho^2) = F_1(\rho^2), \qquad (19)$$

et dans le modèle homogène et transversalement isotrope

$$F_1(\rho^2) = \frac{1}{2(\alpha_1-\alpha_2)}\left[\frac{\alpha_1^3}{(1+\alpha_1^2 p^2)^{3/2}} - \frac{\alpha_2^3}{(1+\alpha_2^2\rho^2)^{3/2}}\right],$$

$$F_2(\rho^2) = \alpha_1\alpha_2 F_1(\rho^2). \qquad (20)$$

Dans le dernier de ces modèles, les constantes α_1 et α_2 sont les racines de

$$\alpha^4 - 2k_2\alpha^2 + k_1^2 = 0 \qquad (21)$$

qui ont des parties réelles positives, Berry et Sales (1961, 1962). Dans ce cas-ci, les paramètres k_1 et k_2 sont deux combinaisons réelles et indépendantes des cinq modules élastiques du modèle.

$$k_1 = \left(\frac{1-\nu_1^2}{E_1/E_2-\nu_2^2}\right)^{1/2},$$

$$k_2 = \frac{(1+\nu_1)(G_1/G_2-\nu_2)}{E_1/E_2-\nu_2^2} \qquad (22)$$

On mentionna dans la section 1.3 que le comportement de la masse rocheuse stratifiée pourrait être approchée par un module homogène, transversalement isotrope, Salamon (1968 a). Lorsque toutes les couches de la masse stratifiée sont isotropes, α_1, et α_2 sont réels lorsque

$$\Phi = \sum\varphi_i/G_i\sum\varphi_i G_i - 2\sum\varphi_i\nu_i/(1-\nu_i) - [\sum\varphi_i(1-2\nu_i)/(1-\nu_i)G_i]/\sum\varphi_i/G_i > 0, \qquad (23)$$

où on utilisa les notations introduites dans la section 1.3.

Salamon (1962, 1963) définissa aussi deux modèles simplifiés de la masse rocheuse. Le premier de ceux-ci comprend un grand nombre de plaques élastiques empilées les unes sur les autres. D'après les hypothèses introduites par G. Sonntag en 1957, le contact entre les plaques est supposé être libre de cohésion et de friction. Dans ce modèle:

$$F_1(\rho^2) = (\omega/4)\exp[-\omega\rho^2/4]. \qquad (24)$$

Le second modèle simplifié consiste en des membranes parallèles tendues, qui sont connectées par des ressorts parallèles. Dans ce cas

$$F_1(\rho^2) = a^2/2(1+a^2\rho^2)^{3/2} \qquad (25)$$

Dans ces modèles, les paramètres sans dimension ω et a ne sont pas bien définis et il n'y a aucun moyen exact pour dériver la fonction $F_2(\rho^2)$. Une des deux hypothèses reliant le déplacement horizontal à son correspondant vertical est souvent acceptée dans la littérature. Beaucoup d'auteurs ont postulé que le déplacement horizontal en un point est proportionnel à l'inclinaison du même point. Cette hypothèse conduit à la relation suivante:

$$F_2(\rho^2) = -2KF_1'(\rho^2), \qquad (26)$$

où K est un facteur de proportionnalité, sans dimension. D'autres ont suggéré, sur la base d'observations, que le vecteur déplacement est dirigé vers le centre de gravité de la surface minée. L'adaptation de cette hypothèse au "face-element" conduit à la relation $|\Delta u/\Delta w| = \rho$, ce qui conduit alors à :

$$F_2(\rho^2) = F_1(\rho^2). \qquad (27)$$

Notez que les résultats dérivés à partir du modèle homogène isotrope satisfont cette relation. Il n'apparaît pas qu'il y ait une justification stricte pour l'utilisation des relations données en (25) et (26).

On ne fera aucune tentative ici afin de discuter en détail l'applicabilité des différents modèles à la prédiction du déplacement de la surface dans différentes conditions géologique et minière. Il a toutefois suggéré, en se basant sur des faits théoriques [Salamon (1968 a)] et pratiques [p.ex. Berry (1964)] que le modèle homogène et transversalement isotrope décrit raisonnablement bien la situation existant dans le cas d'une masse rocheuse stratifiée. Vu la signification pratique de ce modèle, on essayera ici d'estimer quelques valeurs pratiques des paramètres donnés en (20).

L'expérience en Grande Bretagne [Susidence Engineer's Handbook (1966)] a montré que l'inclinaison maximum T, les allongements en traction ε_t et en compression ε_c le long d'un panneau super-critique ayant des panneaux parallèles, peuvent s'exprimer de la façon suivante:

$$T = 2{,}75(s_m/H), \quad \varepsilon_t = -0{,}65(s_m/H)$$
$$\varepsilon_c = 0{,}51\,(s_m/H), \qquad (28)$$

Une limite supérieure théorique des mêmes valeurs peut être calculée en faisant l'hypothèse que le gisement n'est pas dérangé d'un côté et qu'il est complètement miné et uniformément fermé de l'autre côté d'une ligne droite, Salamon (1964 c). L'expression donnant l'inclinaison maximum T_m, est donnée par

$$T_m = [(\alpha_1+\alpha_2)/\pi](s_m/H). \qquad (29)$$

Les allongements maximum en traction ε_{tm}, et en compression, ε_{cm}, sont atteints à la même distance ℓ respectivement avant ou après la face. Dans ce cas-ci, ℓ est donné par

$$\frac{\ell}{H} = \frac{(\alpha_1^2+\alpha_2^2)^{1/2}}{\sqrt{6\alpha_1\alpha_2}}\left[\left(1+\frac{12\alpha_1^2\ \alpha_2^2}{(\alpha_1^2+\alpha_2^2)^2}\right)^{1/2}-1\right]^{1/2} \qquad (30)$$

et la grandeur des composantes de l'allongement sont données par:

$$\varepsilon_{cm} = -\varepsilon_{tm} = \frac{3\,(\alpha_1+\alpha_2)}{4\,\pi}\ \frac{\alpha_1\alpha_2\ (\ell/H)}{1+\frac{1}{2}(\alpha_1^2+\alpha_2^2)(\ell/H)^2} \qquad (31)$$

La grandeur du déplacement horizontal maximum est alors simplement

$$u_m = \frac{\alpha_1\alpha_2 s_m}{\pi(\alpha_1-\alpha_2)}\log_e(\alpha_1/\alpha_2). \qquad (32)$$

Des substitutions dans ces formules indiqueront que lorsque $\alpha_1 = 9{,}0$ et $\alpha_2 = 0{,}5$

$$T_m = 3{,}02(s_m/H), \quad u_m = 0{,}49 s_m,$$
$$\varepsilon_{cm} = -\varepsilon_{tm} = 0{,}75(s_m/H), \qquad (33)$$

ce qui semble suggérer que l'on puisse espérer que la paire de constantes α_1 et α_2 représentent les conditions d'inclinaison et d'allongement, du moins dans le voisinage des valeurs utilisées. Dans la fig. 8.4.1, la fonction $F_1(\rho^2)$ donnée en (20) est représentée pour une paire raisonnable α_1 et α_2.

Wardell (1959) trouva de façon empirique que le déplacement maximum horizontal valait environ un cinquième de l'affaissement maximum. Il semble qu'il existe une différence significative entre ses trouvailles et celles mentionnées en (32). Vu que le nombre de rapports confiants concernant les observations du déplacement horizontal est petit, on ne peut donner des commentaires décisifs concernant cette différence.

Une fois que les fonctions particulières F_1 et F_2 ont été choisies pour une surface donnée, le calcul du déplacement à la surface comprend l'estimation, en quelque sorte, de la distribution de convergence et l'évolution numérique des intégrales définies en (8) et (9).

8.5. Profondeur critique H_c

Avant de discuter les problèmes concernant la protection des structures à la surface, on doit tout d'abord clarifier une question fondamentale. Est-ce que l'extraction de gisements tabulaires fait des dégâts à la surface, quelle que soit la profondeur ? L'expérience pratique de mines profondes et dans des roches dures apparaît indiquer qu' aucune protection est nécessaire lorsque la profondeur est plus grande qu'une certaine valeur critique. Certains ingénieurs européens des mines ont aussi discuté la notion de profondeur critique H_c. Zambo par exemple le définit comme suit:

$$H_c = k s_m, \qquad (1)$$

où k est un paramètre sans dimension.

Il est clair qu'une structure ne nécessite aucune protection si les mouvements différentiels maximums possibles qui peuvent résulter de mines sont plus petits que les valeurs qui peuvent être tolérées par la structure en question, et ceci pour une méthode de creusement normalement utilisée dans la mine. La valeur limite supérieure des mouvements différentiels peut être déterminée en utilisant à nouveau le concept de la géométrie la plus adverse et non-favorable, comme on l'a introduit dans la section 7.4. Quelques réflexions au sujet des résultats en 8.4(13) à (17) confirmeront que les géométries les plus adverses concernant l'inclinaison, la distorsion et l'allongement sont représentées à la fig. 8.5.1.

En général, la limite supérieure de l'inclinaison, de la distorsion et de l'allongement peut s'exprimer de la façon suivante

$$d_m = \beta_d(s_m/H) \qquad d = T,\ \gamma, \varepsilon \qquad (2)$$

où d représente un quelconque déplacement différentiel. La valeur numérique de β_d est déterminée complètement par le modèle utilisé. Le tableau 8.5.1 contient une collection d'expressions pour β_d, Salamon (1962, 1964 a).

TABLEAU 8.5.1

PARAMETRES βd

Modèle β_d	Homogène isotrope	Homogène trans- transversalement isotrope
β_t	$2/\pi$	$(\alpha_1+\alpha_2)/\pi$
β_y	$2/\pi$	$2\alpha_1\alpha_2/\pi$
$\pm\beta\varepsilon$	24/25 5	$5\alpha_1\alpha_2/6\ 6(1-\alpha_2/\alpha_1)$*

* Une approximation valide lorsque $\alpha_1 >> \alpha_2$.

Si l'on creuse n gisements dans une mine, la limite supérieure des mouvements différentiels est donnée par la somme des limites supérieures correspondant à chaque gisement, c'est-à-dire:

$$d_m = \sum_j^n d_{mj} = \beta_d \sum_j^n (s_m/H)_j \qquad (3)$$

On peut maintenant dire de façon formelle qu'une installation à la surface ne nécessite aucune protection lorsque

$$d_a \geqslant \varkappa d_m, \qquad d = T, \gamma, \varepsilon \qquad (4)$$

où d_a représente le mouvement différentiel permis correspondant à la structure en question et est le facteur de sécurité.

Dans ces cas où l'on ne doit considérer qu'un seul gisement, il est possible de définir une profondeur critique en accord avec la définition donnée par Zambo (1957). En utilisant les équations (2) et (4) avec leur signe d'égalité, le paramètre k en (1) est donné par:

$$k_d = \varkappa \beta_d / d_a \qquad (5)$$

8.6. Protection des installations de surface

Les différentes méthodes, afin de se protéger vis-à-vis des effets dangereux de l'affaissement du sol causés par la mine, peuvent être classifiées de la façon suivante:

(a) laisser les piliers de support
(b) utiliser des méthodes spéciales pour le creusement
(c) remplissage ou bourrage
(d) dimensionner les structures compromises afin de permettre une plus grande facilité.

Seules les trois premières classes sont endéans le but de cet article. Les mérites de ces différentes méthodes ne sont pas discutés entièrement. La discussion concernant la sélection de la méthode de protection est normalement basée sur des sélections économiques et souvent s'étend aux intérêts publics.

(i) L'utilisation de piliers solides

Sans aucun doute les moyens classiques de protection à la surface sont l'utilisation de piliers protecteurs solides. Il y a peu de justification aujourd'hui afin de laisser

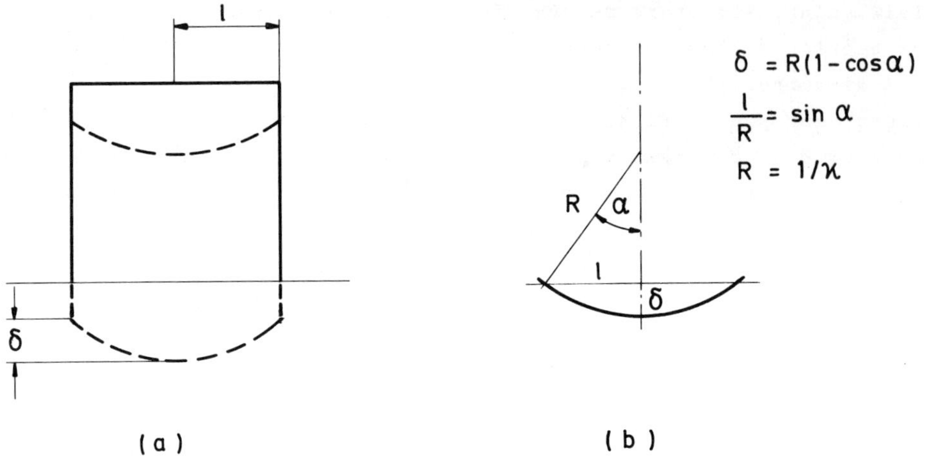

Fig. 8.2.1 Définition de l'affaissement différential d'après Lambe et Whitman (1969), (a), et la relation entre l'affaissement différential δ et la courbure $\mu = 1/R$, (b).

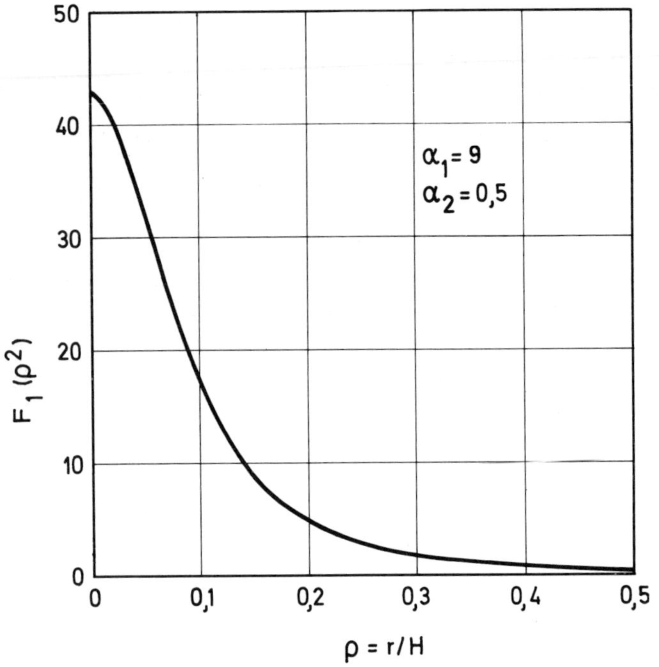

Fig. 8.4.1 Fonction de l'affaissement dans le cas d'un modèle transversalement isotrope.

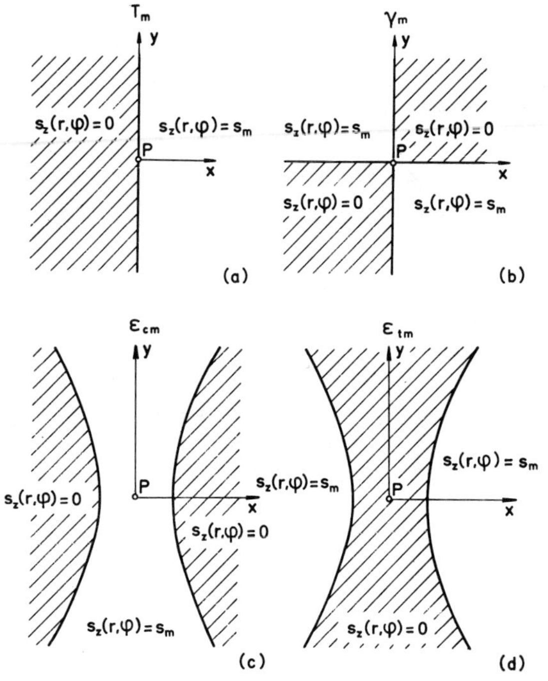

Fig. 8.5.1 Géométries les plus défavorables pour les cas suivants: inclinaison (a), distorsion (b), allongement en compression (c) et allongement en traction (d).

des piliers solides pour protéger les objets à la surface. Néanmoins, aucune méthode concernant la protection d'installations de surface serait complète sans un bref résumé des principes de dimensionnement des piliers. Une discussion raisonnablement complète de ce sujet a été donnée par Salamon (1964 a).

Si le gisement et la surface sont horizontaux, comme on en fera l'hypothèse ici, la méthode la plus simple de la construction de piliers est donnée à la fig. 8.6.1. La limite du pilier est obtenue en construisant la courbe limite des cercles ayant leur centre aux points principaux de la structure de surface. Le rayon R de ces cercles est une dimension linéaire significative de ce pilier. Afin de déterminer R, les points principaux sont considérés comme des "points-structures" individuels et on fait l'hypothèse que chacun d'eux nécessite une protection.

On rappelera à nouveau le concept de la géométrie la plus adverse. Celles-ci, par rapport à l'inclinaison, la distorsion et l'allongement, peuvent facilement se déduire en présence d'un pilier circulaire de rayon R à partir de la fig. 8.5.1 [fig 8.6.2].

En présence d'un pilier, la limite supérieure des composantes du mouvement différentiel peut s'exprimer de façon générale:

$$d = d_m \, \psi_d(R/H), \qquad (1)$$

où d peut se rapporter à l'inclinaison, la distorsion ou l'élongation et d_m est défini par 8.5.(2). De plus,

$$\psi_d(0) = 1 \quad \text{et} \quad \psi_d(\infty) = 0. \qquad (2)$$

Quelques exemples de la variation de ψ_d sont montrés par la fig. 8.6.3 et 4.

Le rayon du pilier devrait être suffisamment large afin qu'aucun mouvement différentiel induit ne puisse devenir plus large que la valeur permise, c'est-à-dire

$$\varkappa d_a > d \qquad d = T, \gamma, \varepsilon, \qquad (3)$$

où le signe d'égalité s'applique au moins par rapport aux composantes du mouvement différentiel. Les relations en (1) et (3) peuvent être résolues pour ψ_d, pourvu que le signe d'égalité soit utilisé en (3):

$$\psi_d(R/H) = d_a/\varkappa d_m, \qquad (4)$$

Une méthode graphique, basée sur des courbes similaires à celles choisies dans les fig. 8.6.3 et 4, peut être utilisée afin de déterminer le rayon du pilier satisfaisant l'équation (4). On a obtenu de cette manière quatre rayons de pilier (inclinaison, distorsion, allongements en compression et en traction), le plus grand de ceux-ci est bien entendu le rayon critique.

Dans la fig. 8.6.5, on a représenté un exemple numérique d'un tel calcul, en faisant l'hypothèse que la structure est la plus sensible à l'inclinaison ($T_a = 0.0025$) et que le modèle laminé ayant $\sqrt{\omega} = 6.5$ décrit le comportement de la masse rocheuse. La trop grande générosité de toute méthode de dimensionnement postulant une augmentation linéaire du rayon du pilier lorsque la profondeur augmente devrait être notée [Knothe (1957)].

Dans le cas de mines à plusieurs gisements, la situation est plus compliquée parce que le critère de dimensionnement donné en (3) ne donne pas une solution unique. Afin d'obtenir une seule série de rayons de piliers, des conditions additionnelles doivent être considérées. Celles-ci sont, par exemple, données par la condition que les réserves stérélisées doivent être minimum, Salamon (1962, 1964 a).

(ii) Protection au moyen de différentes méthodes utilisant des piliers

Une approche plus économique pour la protection d'objets de surface est d'employer une forme quelconque de creusement employant des piliers. Dans le cas de profondeurs relativement faibles, les plans conventionnels de chambres et piliers, comme discuté dans la section 6.7, donnent une protection presque parfaite. Lorsque les piliers sont dimensionnés correctement, la convergence moyenne effective, c'est-à-dire la valeur de

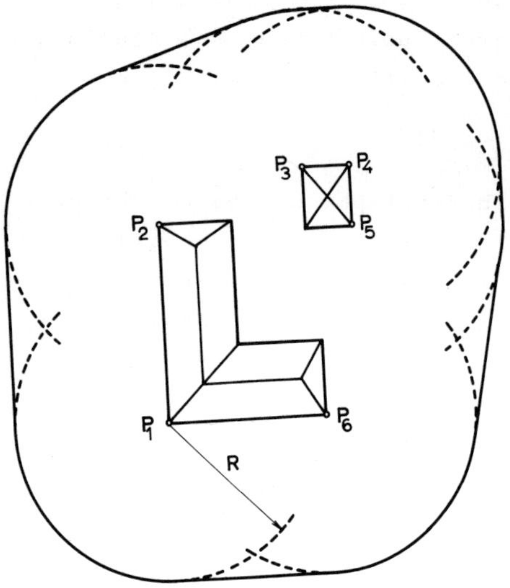

Fig. 8.6.1 Dimensionnement du pilier protecteur.

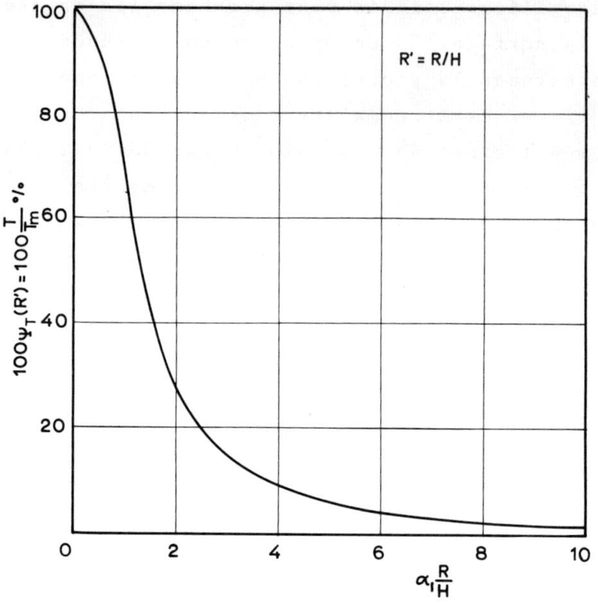

Fig. 8.6.3 Fonction d'inclinaison ψ_T dans le cas du modèle transversalement isotrope et pour $\alpha_1 >> \alpha_2$.

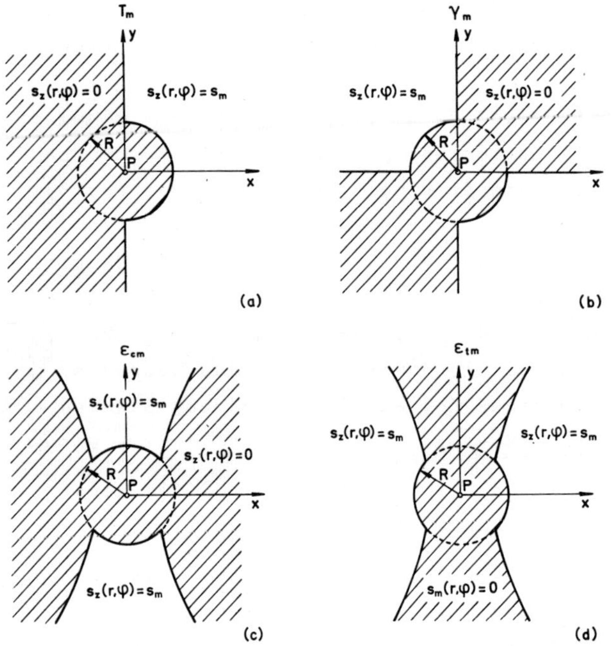

Fig. 8.6.2 Géométries les plus défavorables en présence d'un pilier circulaire et pour les cas suivants: inclinaison (a) distorsion (b), allongement en compression (c) et allongement en traction (d).

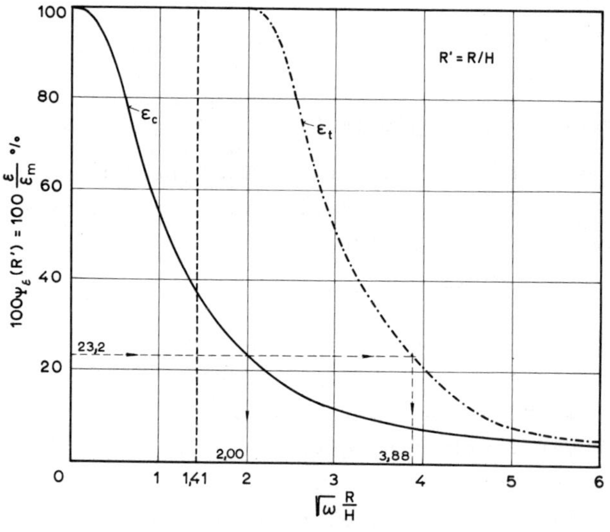

Fig. 8.6.4 Fonctions d'allongement ψ_ε pour le allongements en compression ε_c et en traction ε_t, dans le cas d'un modèle laminé sans friction.

s_m, à la fig. 6.4.1, est très petite de sorte que les mouvements différentiels à la surface soient négligeables. Il ne sera pas aussi possible de discerner à la surface s'il existe immédiatement un pilier ou une cavité en-dessous, pourvu que la distance entre les centres du pilier soit plus petite que la profondeur H, Salamon et Oravecz (1966).

A de plus grandes profondeurs, il n'est peut-être pas pratique de dimensionner une protection adéquate du pilier au sens conventionnel des mines à piliers. Une approche alternative de telles situations est l'extraction partielle utilisant la taille longue et qui a été employée dans l'industrie charbonnière européenne avec beaucoup de succès, Orchard (1964). Ce système consiste en un nombre de panneaux parallèles séparés par de larges panneaux, fig. 8.6.6. La largeur 2ℓ, de ces panneaux est une fraction de la profondeur. La largeur des piliers, $2(L-\ell)$, est choisie de telle sorte que la rupture basée sur le rapport largeur-hauteur des piliers est impossible. L'avantage majeur de ce plan spécial pour les panneaux est qu'il induit un affaissement de surface petit et gentiment distribué.

Avant de discuter les phénomènes concernant l'extraction partielle, on éclaircira brièvement les effets de surface d'un seul panneau horizontal, relativement étroit. Dans le cas de modèle élastique, transversalement isotrope, la convergence d'un panneau long et étroit ($2\ell < H/4$) est donnée par

$$s(x) = \beta q(\ell^2-x^2)^{1/2} \qquad (5)$$

où $q = \gamma H$ et représente la contrainte vierge verticale et

$$\beta = 2(\alpha_1+\alpha_2)(1-\nu_1^2)/\alpha_1^2\alpha_2^2E_1 \qquad (6)$$

d'après les notations introduites dans la section 3 et en 8.4. Cette expression est valide pourvu que $s_m > \beta q\ell$. L'affaissement de la surface au centre d'un tel panneau est donné par

$$w(0) = -\frac{\beta qH}{\alpha_1-\alpha_2}\{[1+(\alpha_1\ell/H)^2]^{1/2} - [1+(\alpha_2\ell/H)^2]^{1/2}\} \qquad (7)$$

Lorsque le rapport ℓ/H est petit, cette expression peut être développée afin de donner:

$$w(0) \simeq -\frac{1}{2}(\alpha_1+\alpha_2)\beta\gamma\ell^2 , \qquad (8)$$

dans laquelle les termes des quatrièmes et ordres supérieurs ont été négligés lors de l'expansion de l'expression. La caractéristique la plus importante de l'équation (8) est que dans le cas de panneaux très étroits, l'affaissement maximum est proportionnel au carré de la demi-portée. Par conséquent, lorsque $w(0)$ est représenté en fonction de ℓ, l'axe ℓ sera tangent à la courbe à l'origine.

Cette caractéristique de l'affaissement causé par de longs panneaux étroits a été sujette à beaucoup de controverses. On a souvent mentionné un rapport critique portée-profondeur, en dessous duquel l'affaissement n'a pas une proportion "normale", mais c'est une très petite fraction de l'épaisseur du gisement, Vu que cette caractéristique a été observée par beaucoup d'investigateurs, cela forma la base de l'utilisation de l'extraction partielle comme un moyen de réduire les dégâts dus à l'affaissement. L'explication de ce comportement apparemment anormal est simplement que dans le cas de faces étroites, l'affaissement du toit est limité à une hauteur relativement petite, section 6.3, et le volume de la convergence effective augmente avec le carré de la portée.

Afin d'analyser l'affaissement dû à l'extraction partielle, on utilisera la solution donnée dans la section 6.2. L'affaissement au-dessus d'un système de panneaux est donné par:

$$w(x) = -\beta q\left\{A_0 + \frac{1}{\alpha_1+\alpha_2}\sum_{n=1}^{\infty} A_n\left[\alpha_1 e^{-\frac{n\pi H}{\alpha_1 L}} - \alpha_2 e^{-\frac{n\pi H}{\alpha_2 L}}\right]\cos\frac{n\pi x}{L}\right\}. \qquad (9)$$

Dans cette série infinie, les coefficients A_n sont définis par 6.2(50) et (51).

Dans l'équation (9), $-\beta q A_0$ est l'affaissement moyen pour la surface totale partiellement minée. Les autres termes de la série repésentent l'effet périodique des panneaux parallèles. Les amplitudes de ces termes diminuent de façon périodique avec le rapport H/L. Donc, lorsque le rapport H/L est suffisamment large, l'affaissement sera uniforme pour toutes raisons pratiques. Dans le tableau 8.6.1, le pourcentage des déviations moyennes à partir de la valeur moyenne est donné pour certaines valeurs du rapport d'extraction, $e = \ell/L$ et du rapport profondeur-portée, $H/2\ell$ ($\alpha_1 = 5$, $\alpha_2 = 0,5$).

TABLEAU 8.6.1

POURCENTAGE DE DEVIATIONS A PARTIR DE L'AFFAISSEMENT MOYEN DANS LE CAS D'UNE EXTRACTION PARTIELLE

H/2ℓ \ e		0,25	0,50	0,75
4	x = 0	+ 73,8	+ 13,2	+ 2,3
	x = L	- 47,8	- 12,7	- 2,3
	x = 0	+ 35,3	+ 3,7	+ 0,3
6	x = L	- 27,9	- 3,7	- 0,3

Les déviations données au tableau 8.6.1 indiquent que l'affaissement est virtuellement uniforme pourvu que le rapport profondeur-portée soit plus de quatre et que le rapport d'extraction dépasse 50 pour cent. Il est remarquable que l'affaissement devient plus doux lorsque le rapport ℓ/L augmente. Bien entendu, une augmentation de la largeur relative des panneaux augmentera l'ampleur de l'affaissement moyen qui est égal à la convergence moyenne effective, $s_a = \beta q A_0$. Dans la fig. 8.6.7, le rapport [voir 6.2(50)]

$$s_a/\beta q\ell = -(2/e\pi)\log_e[\cos(\pi e/2)] \qquad (10)$$

est représenté en fonction de e.

En supposant que le plan soit tel que l'affaissement soit pratiquement uniforme, l'ampleur de l'affaissement moyen tolérable peut être déterminé à partir de mouvements différentiels acceptables pour la structure considérée. Dans le pire des cas, la méthode développée pour le calcul de la profondeur critique, section 8.5, peut être utilisée d'une manière régressive. Au lieu de traiter la profondeur comme une inconnue, l'affaissement moyen permis est calculé. Lorsque la grandeur de s_m est connue, on peut utiliser la fig. 8.6.7 afin de déterminer ℓ. Evidemment, le rapport d'extraction devrait être aussi grand que possible mais le rapport largeur-hauteur des piliers ne devrait pas être inférieur à 20.

(iii) Protection en minant de façon harmonique

Fréquemment la différence entre les grandeurs des mouvements différentiels permis et attendus n'est pas très importante. Dans de tels cas l'utilisation du "creusement harmonique" fut défendu par K.Lehman et a été utilisé avec succès depuis lors, Fritzsche et Potts (1954). Cette méthode peut être recommandée, spécialement lorsque les buildings à la surface ont été construits pour permettre un certain mouvement différentiel.

L'idée à la base de cette méthode est de miner simultanément, par exemple, dans les régions d'influence de la structure en traction et en compression de sorte que ces effets s'annulent mutuellement le plus loin possible. Une telle extraction en phase peut être planifiée avec l'aide des diagrammes de la fig. 8.5.1. En pratique, il est rare que les effets opposés du creusement se détruisent l'un l'autre parfaitement de sorte que la méthode doit être utilisée avec beaucoup de soin.

(iv) Protection en utilisant le remplissage et le bourrage.

A l'exception de l'usage des piliers protecteurs, le bourrage des régions minées est la méthode la plus logique et la plus ancienne pour protéger des installations de surface.

Comme on l'a discuté assez longuement dans la section 6.4, la largeur effective de remplissage est une certaine fraction δ

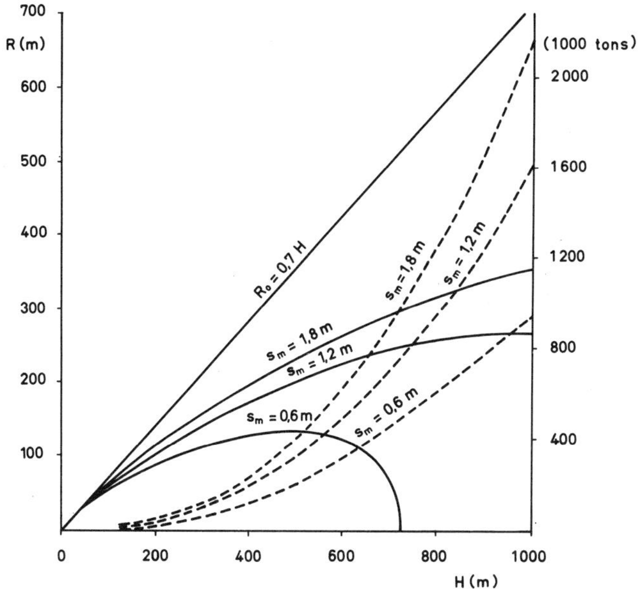

Fig. 8.6.5 Courbes continues donnant les rayons des piliers protégeant une structure ponctuelle qui est sensible à l'inclinaison (T_a= 0,0025); les courbes pointillées représentent le tonnage de charbon extrait si les piliers ne sont pas dimensionnés en se basant sur le principe de l'angle limite.

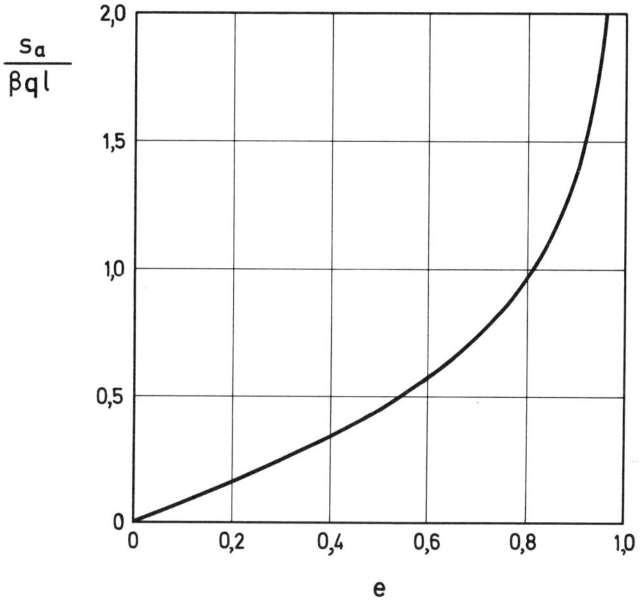

Fig. 8.6.7 Convergence moyenne normalisée dans le cas d'une extraction partielle au moyen d'une taille longue.

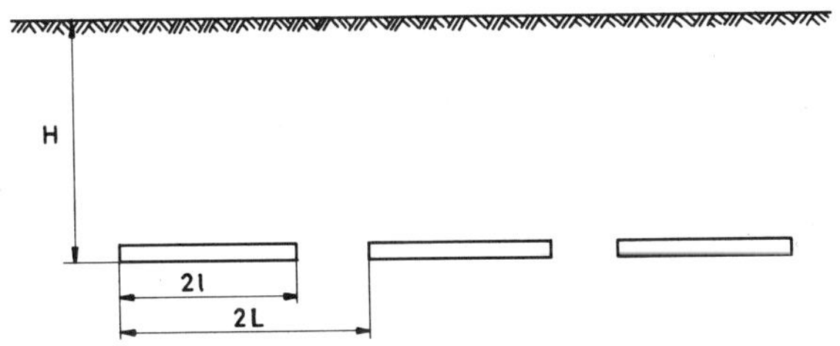

Fig. 8.6.6 Section verticale au-travers d'une extraction partielle utilisant une taille longue.

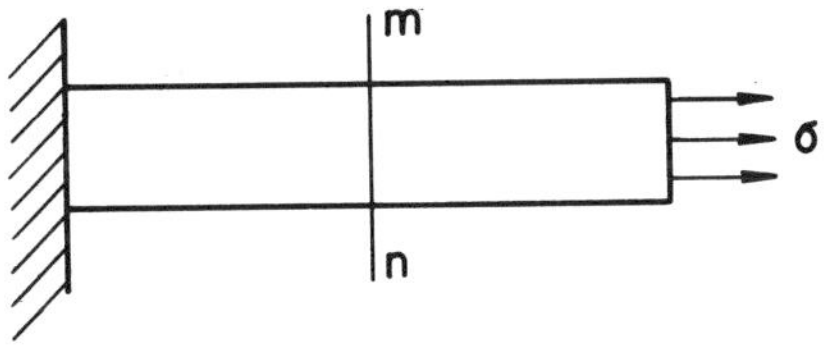

Fig. 9.1.1 Eprouvette cylindrique de roche soumise à une traction σ qui la casse le long de la section mn.

de la taille lorsque l'on utilise une certaine forme de remplissage. Comme guide, on a résumé certaines valeurs du facteur de convergence δ dans le tableau 6.4.1. Vu que les limites supérieures des mouvements différentiels sont proportionnelles à $s_m = \delta t$, l'efficacité du remplissage comme moyen de protection est mesurée par la grandeur de δ.

IX. EVENEMENTS SISMIQUES ET COUPS DE TOIT

9. Mécanisme des évènements simiques

Un grand hasard provenant du fait de miner des gisements tabulaires à grande profondeur est l'apparition de coups de toit qui peuvent se définir comme suit [Cook & al (1966)]"... des dégâts causés aux tailles souterraines par une rupture incontrôlée de la roche et associée avec une libération violente d'énergie...". Le terme coup de toit a été utilisé pour décrire des phénomènes variant depuis l'expulsion de petits fragments de roche des murs d'une excavation jusqu'à la rupture de plusieurs kilomètres carrés de surface de piliers Obert & Duvall (1967) . On y gagnera peu d'une longue discussion concernant la signification des différents autres termes utilisés dans la littérature afin de décrire de tels évènements violents dans les mines. Il sera suffisant de faire référence à tous les faits qui sont associés avec une libération d'énergie cinétique, à l'exception de l'utilisation d'explosifs, comme les évènements sismiques parmi lesquelles ceux qui affectent adversement l'opération de la mine, comme les coups de toit. Ces définitions sont assez larges que pour inclure les évènements comportant la tombée d'un morceau de roche du toit. Bien entendu, de telles tombées ne sont pas discutées ici. L'attention est dirigée sur des évènements qui peuvent causer une longue interruption dans les opérations minières.

Une caractéristique commune des évènements sismiques est la libération d'énergie critique. L'identification de cette source d'énergie est une étape essentielle dans la compréhension du mécanisme induit. Il a été montré dans la section 2.3 que dans un milieu partaitement élastique, le travail exercé par les forces extérieures et massiques durant un petit élargissement de l'excavation est totalement justifié par la variation de la quantité d'énergie accumulée dans la roche avoisinante et par le travail effectué en déformant les supports artificiels. De plus, l'énergie libérée du système est l'énergie qui est accumulée dans le volume de roche excavé lors du processus d'élargissement. Vu que cette énergie n'est pas transférée à la masse avoisinante, l'élargissement des cavités par petites étapes est essentiellement un procédé quasi-statique. On sait que dans certains cas, l'opération minière est conduite par grandes étapes en utilisant des explosifs. Dans ces situations, l'énergie cinétique, en plus de celle libérée par les explosifs,est transmise à la roche avoisinante. Afin d'éviter la complication introduite par cette possibilité, tout au long de ce chapitre, on supposera que l'opération minière est effectuée par petites étapes.

Il a été conclu que les évènements sismiques ne peuvent survenir dans un milieu parfaitement élastique. En fait, cette conclusion est beaucoup plus générale. Aucun évènement sismique ne se produira dans une substance continue qui est stable au sens défini par Drucker (1964). La définition de Drucker concernant un milieu stable et continu comporte le facteur temps ainsi que les milieux linéaires ou non-linéaires, élastiques ou plastiques. Afin de donner une explication du phénomène sismique trop souvent observé, on devra relâcher l'un ou l'autre des postulats de Drucker. La masse rocheuse doit être soit discontinue ou la roche composant la masse doit être un matériau instable. L'acceptation de la présence de discontinuités dans la roche et l'hypothèse que la roche est instable représentent deux lignes d'attaque bien distinctes pour approcher le problème des coups de toit dans les mines. Ces deux approches seront discutées brièvement plus tard.

Lorsque l'action de miner se poursuit, les contraintes varient et la roche autour des excavations se déforme. A partir de ce qui a été dit jusqu'à présent, il est évident, qu'un évènement sismique soit une manifestation de l'instabilité de la masse rocheuse. Pour qu'un évènement sismique apparaisse, il faut donc que les variations de la contrainte dues au creusement créent un équilibre instable dans la masse rocheuse.

Pour qu'un système soit en équilibre, son énergie potentielle doit avoir une valeur stationaire. L'état d'équilibre est stable ou instable d'après que cette valeur stationaire soit minimum ou maximum. Ce qui signifie que, bien qu'un travail extérieur additionnel soit nécessaire afin de mouvoir le système à partir d'un état d'équilibre stable, de l'énergie est extraite d'un système lorsque l'on détruit un équilibre instable, fig. 6.8.1. L'énergie cinétique associée à l'énergie séismique est une manifestation de l'énergie "extraite" du système lorsque l'on renverse un état d'équilibre instable.

(i) Discontinuités de la roche

La masse rocheuse peut être jointive, stratifiée ou contenant des failles. De telles caractéristiques géologiques n'ont aucune influence sur la stabilité du système pourvu que les surfaces opposées soient bien en contact par cohésion ou friction.

Comme résultat du creusement, l'état de contrainte en certains points de l'excavation peut atteindre des valeurs critiques telle que la rupture apparaîtra par exemple et que cette rupture se manifestera par la formation de fissures. Il est donc concevable que le long d'un joint ou d'une fracture, les contraintes varieront rapidement dès que la friction, la cohésion ou la résistance de la roche seront dépassées.

Un simple modèle mécanique peut être utilisé afin d'expliquer le mécanisme associé avec la soudaine interruption dans la continuité de la masse rocheuse. Comme le montre la fig. 9.1.1, une barre cylindrique de roche est mise lentement en traction. Supposons que lorsque les contraintes de traction atteignent une valeur ($-\sigma$), l'échantillon se brise le long d'une surface mn. Immédiatement avant et après la rupture, la contrainte agissant le long de la surface mn est respectivement ($-\sigma$) et zéro. Cette variation de contrainte peut se faire en appliquant soudainement une contrainte de compression uniformément distributée, de grandeur σ aux deux parois de la section mn, Timoshenko et Goodier [(1951),pp 440-442]. Le résultat en est que des ondes de compression cheminent le long des deux parties de l'échantillon avec une vitesse c. Vu que ces ondes de compression neutralisent la contrainte de traction existante, après un certain intervalle de temps t, des parties de l'échantillon de longueur totale 2ct seront libres de contrainte alors que les parties restantes continueront à être soumises à une contrainte de traction ($-\sigma$).

Il est évident que l'énergie accumulée et faisant partie lors de la libération des contraintes est donnée par $Act\sigma^2/E$, où A représente la surface de la section de l'échantillon. Un simple calcul montre que l'énergie cinétique des parties mouvantes de l'échantillon vaut aussi $Act\sigma^2/E$. Les ondes acquièrent donc leur énergie à partir de l'énergie de déformation accumulée dans la roche.

Un processus similaire, mais bien entendu plus complexe, se passe à l'intérieur de la masse rocheuse lorsqu'apparaît une variation soudaine de la contrainte. Dans ce cas-là un évènement sismique reçoit également son énergie cinétique à partir de l'énergie accumulée; mais éventuellement, cette perte d'énergie de déformation est remplacée par le travail effectué par les forces massique et extérieure, Cook (1963). En fait, il y a un gain net d'énergie accumulée comme résultat de la formation de fractures.

A l'intérieur de la masse rocheuse, les surfaces opposées d'une discontinuité peuvent soit diverger et se chevaucher relativement l'une par rapport à l'autre, ou peuvent glisser l'une sur l'autre, dépendant de ce que le champ de contrainte normale soit en traction ou en compression. L'énergie cinétique faisant partie de la masse avoisinante peut être calculée en comparant les deux états d'équilibre. Le premier de ceux-ci correspond à la situation existant avant la formation de la fracture et le second est l'état d'équilibre existant après que la masse soit calmée, après un évènement sismique.

Supposons par exemple que la contrainte normale σ soit en compression ($\sigma > 0$), que la contrainte de cisaillement soit τ et que le coefficient de friction dynamique des surfaces l'une sur l'autre soit μ. Si la surface de la fracture est A et que le déplacement relatif tangentiel induit des surfaces de la fracture en un point quelconque est s_t, le travail total effectué par les forces extérieure et massique est donné par ($\tau - \mu\sigma > 0$):

$$W_t = \int_A s_t \tau dA. \quad (1)$$

De ce travail, la partie

$$W_r = \frac{1}{2} \int_A s_t (\tau + \mu\sigma) dA \quad (2)$$

est libérée et la partie restante

$$U_c = \frac{1}{2} \int_A s_t (\tau - \mu\sigma) dA, \quad (3)$$

est accumulée dans la masse. Une partie de l'énergie libérée est transformée en chaleur W_h, résultant de la friction.

$$W_h = \mu \int_A s_t \sigma dA, \quad (4)$$

de sorte que l'énergie cinétique de la roche est donnée par

$$W_k = W_r - W_h = \frac{1}{2} \int_A s_t (\tau - \mu\sigma) dA = U_c \quad (5)$$

Ces résultats proviennent des formules 6.5 (2), (3) et de la discussion générale donnée à la section 2.2.

Un simple exemple de l'application de ces formules est la formation d'une fracture circulaire de rayon R dans une formation homogène et isotrope. Vu que le déplacement tangentiel est donné par Salamon (1964 b) comme étant:

$$s_t(r) = \frac{4(1-\nu)(\tau-\mu\sigma)}{\pi(1-\nu/2)G} (R^2 - r^2)^{1/2}, \quad (6)$$

les intégrales données en (1) et (5) conduisent à

$$W_t = \frac{8(1-\nu)R^3\tau(\tau-\mu\sigma)}{3(1-\nu/2)G} \quad (7)$$

$$W_h = \frac{8(1-\nu)R^3\mu\sigma(\tau-\mu\sigma)}{3(1-\nu/2)G}, \quad (8)$$

et

$$W_k = U_c = \frac{4(1-\nu)R^3(\tau-\mu\sigma)^2}{3(1-\nu/2)G} \quad (9)$$

Comme exemple, supponsons que $G = 30 GN/m^2$, $\nu = 0,15$ et $\tau - \mu\sigma = 10\ MN/m^2$, valeurs correspondantes au cas de mines profondes et dans la roche dure. Il est intéressant de noter que si les rayons de la fracture sont supposés être de 10 et 40 m, l'énergie cinétique vaut respectivement environ 4×10^6 et 261×10^6 joules. Ces valeurs sont typiques de l'énergie raiiée à partir des évènements sismiques dans les mines d'or d'Afrique du Sud. La plus petite valeur pourrait représenter un évènement sismique moyen et la plus grande valeur un grand évènement sismique, Cook (1963), Cook & al (1966).

(ii) <u>La roche considérée comme un matériau potentiellement instable</u>

D'après Drucker (1964) la condition de stabilité "à petite échelle" pour des matériaux ayant une constante temporelle, est donnée par

$$(d\sigma)'(d\varepsilon) > 0, \quad (10)$$

où $(d\sigma)$ et $(d\varepsilon)$ dénotent des vecteurs de dimension (9x1) et représentent respectivement des <u>variations</u> infinitésimales de contrainte et d'élongation; $(d\sigma)'$ est la transposée du vecteur $(d\sigma)$. Toutes les substances élastiques satisfont par exemple l'équation (10). Ceci est dû au fait que pour une substance élastique $(d\sigma) = K(d\varepsilon)$, où K est une matrice symétrique, définitivement positive. La condition donnée en (10) reste aussi valide pour des matériaux ayant une constante temporelle, pourvu que ($d\varepsilon$) soit remplacé par ($d\dot{\varepsilon}$), où le point est utilisé pour représenter la dérivée temporelle du vecteur-élongation.

Durant les années 1960, certains chercheurs reconnurent que la roche brisante est uniquement stable, dans le sens donné en (10), dans la partie ascendante de la courbe contrainte-allongement, Cook (1965), Deist (1965). Au fait, Deist (1966) parvint à formuler une série consistante d'hypothèses permettant de définir un modèle bi-dimensionnel en ce qui concerne l'élongation et qui, au-delà d'un état critique, perdait de la résistance lorsque la déformation augmentait voir aussi chapitre 1 .

Lorsque les roches sont dans un état brisant, [J. & C. p. 77],elles sont seulement stables de façon conditionnelle; c'est-à-dire que la condition pour leur stabilité peut uniquement être exprimée en fonction de leur comportement propre en déformation <u>et</u> de celui de la roche avoisinante. Un exemple d'une telle condition fut discuté en détail dans la section 6.8, lors de la discussion de la stabilité des piliers. Récemment Blake (1972) analysa aussi les conditions de stabilité autour des piliers, en utilisant la méthode des éléments finis. Si l'instabilité apparaît dans certaines parties de la roche, de l'énergie cinétique sera libérée. Il est évident que l'instabilité a moins de chance dans le cas d'une roche ayant un comportement analogue à des substances plastiques ou visco-élastiques (p. ex. évaporites) et apparaîtront plus souvent dans les roches brisantes.

Il est important de noter ici qu'une grande quantité d'énergie cinétique peut être générée par la rupture des piliers lorsque la mine est située à grande profondeur. En utilisant par exemple le cas comportant deux panneaux parallèles séparés par un pilier de largeur 2a (section 6.2), l'énergie cinétique résultant de la rupture d'un long pilier peut être estimée. Supposons que l'énergie accumulée dans la roche comme résultat du creusement soient U_c' et U_c'' respectivement avant et après la rupture du pilier. Ces quantités d'énergie par unité de longueur du panneau sont données par: [Salamon](1968) .

$$U_c' = 2U_c'' \, [1 - \tfrac{1}{2}k^2 - E(k)/K(k)],$$

$$U_c'' = \pi(1 - \nu)q^2L^2/2G,$$

où 2L est la portée totale et $q = \gamma H$ est la contrainte vierge verticale. De plus, K(k) et E(k) représentent respectivement les intégrales elliptiques complètes du premier et du second ordre avec $k^2 = 1 - (a/L)^2$. Lorsque le pilier se fracture de façon instable, l'énergie cinétique provient de l'imposition soudaine de contraintes de traction sur la surface du pilier. Ces contraintes en traction sont nécessaires afin de neutraliser lors de la rupture, la résistance à la compression du pilier. Une estimation de cette énergie cinétique est donnée par:

$$W_k \simeq U_c'' - U_c' = U_c''[2E(k)/K(k)-(1-k^2)]. \qquad (11)$$

Si par exemple un pilier d'une largeur de 10 m se rompt au centre d'un panneau ayant 200 m de largeur et si la contrainte vierge verticale est de 50 MN/m^2 (équivalent à une profondeur d'environ 1900 m), l'énergie cinétique sera d'environ 4×10^8 joule pour chaque mètre de pilier ($G = 30\ GN/m^2, \nu = 0.15$).

A l'exception du cas relativement simple mais important relatif à la stabilité du pilier, peu de progrès a été fait dans le développement de l'analyse de la stabilité appliquée à des cavités souterraines. Ceci est un domaine difficile mais très important en mécanique des roches et nécessitera pas mal d'attention dans le futur.

La question de savoir si le problème doit être approché en utilisant les discontinuités et les résultats comprenant des fractures et des dislocations, Mc. Garr (1971) ou en se basant sur un milieu continu, instable "à petite échelle ", est difficile à trancher. L'approche continue apparaît comme étant peut-être plus prometteuse à la vue du progrès rapide des techniques numériques.

On devrait toutefois faire remarquer qu'il existe un lien fondamental entre ces deux approches. La première tentative pour établir une telle relation fut faite par Cook (1965) lorsqu'il essaya de dériver la courbe complète contrainte-allongement pour une roche brisante et à partir de résultats comportant une seule fracture.

(iii) Apparitions de gas

Ceci représente un type fondamentalement différent d'évènement sismique. Vu le hasard associé avec l'apparition soudaine et inespérée de gas, on mentionnera ici brièvement ce phénomène.

Les appartions de gas apparaissent le plus fréquemment dans les mines de charbon. Elles sont normalement accompagnées par une désintégration soudaine d'un volume important de charbon qui envahit l'ouverture et peut provoquer des dégâts importants, Eszto (1953). Quelques gisements d'évaporite sont aussi sujets à ces apparitions.

Afin de comprendre le phénomène d'apparition gas-charbon, on doit se rappeler les relations gouvernant le comportement des gas interstitiels (section 2.4). Comme résultat du creusement, les distributions des contraintes et de la pression du gas autour de l'excavation varient. Il est concevable qu'une certaine combinaison de celles-ci parvienne à changer certaines des composantes de la contrainte normale effective et à les rendre en traction. Si ceci apparaît, le charbon (ou la roche) peut se désintégrer de façon soudaine et du gas peut s'échapper.

9.2. Détermination des sources de seismicité

Les premières investigations séismiques concernant des secousses qui furent probablement induites par une mine, ont été publiées par Gane & al (1946) qui utilisèrent un grillage de surface possédant cinq séismomètres. Le premier grillage souterrain à trois dimensions et contenant huit séismomètres fut utilisé par Cook (1962 , 1963). Depuis le travail de pionier de Cook, des grillages souterrains de séismomètres ont été utilisés en un nombre d'occasions afin de gagner une meilleure compréhension quant aux problèmes de coups de toit, Budavari (1971), Blake (1972). Afin de comprendre le mécanisme des évènements sismiques, il est essentiel de connaître l'endroit où la rupture apparaîtra.

Les ondes de compression P et de cisaillement S qui émanent d'une fracture, progressent respectivement avec des vitesses v_p et v_s. Dans le cas d'une formation homogène et isotrope, ces vitesses sont données par [J. & C., pp. 336-337)]:

$$v_p = [2(1-\nu)G/(1-2\nu)p]^{1/2}$$
$$v_s = (G/p)^{1/2} \quad (1)$$

Le temps d'arrivée de ces ondes sismiques est mesuré au moyen de séismomètres par rapport à un temps-origine arbitraire. Supposons que le nombre de séismomètres dans le grillage soit égal à N+1. Lorsque les longueurs des chemins parcourus sont petits, il est difficile de discerner l'arrivée des ondes S. Afin de tenir compte de cette difficulté, supposons que nous observions tous les temps d'arrivée des ondes P et celles des ondes S uniquement dans le cas de M<N+1 séismomètres. Supposons que les véritables temps d'arrivée des ondes P soient t_{po}, t_p $t_{p1}, \ldots t_{pN}$ et ceux des ondes S soient t_{so}, $t_{s1}, \ldots r_{sM-1}$. De plus, supposons que la rupture de la roche apparaissent au temps (-t). La valeur de t ne peut évidemment être mesurée.

Les temps totaux de parcours des ondes P et S à partir du lieu de l'évènement jusqu'au i-ème séismomètre sont respectivement donnés par t t_{pi} et t t_{si}. La longueur R_i, du chemin parcouru par ces ondes durant ces périodes est donnée par:

$$R_i = [(x-x_i)^2+(y-y_i)^2+(z-z_i)^2]^{1/2}, \quad (2)$$

où x,y,z sont les coordonnées du lieu et x_i, y_i,z_i sont les coordonnées de la location du i-ème séismomètre.

Représentons par τ_{pi} et τ_{si} les temps

mesurés d'arrivée qui satisfont les relations suivantes:

$$t + \tau_{pi} = R_i/v_p + e_{pi},\quad i = 0, 1, \ldots, N, \tag{3}$$

$$t + \tau_{si} = R_i/v_s + e_{si},\quad i = 0, 1, \ldots, (M-1), \tag{4}$$

où e_{pi} et e_{si} sont respectivement les erreurs introduites dans les temps d'arrivée des ondes P et S.

Introuduisons à présent les notations matricielles

$$R = \{R_0\ R_1\ \ldots R_N\}\quad e = \{e_p\ e_s\} \tag{5}$$

où R a la dimension [(N+1)x1] et e a la dimension [(N+M+1)x1], dans lesquels les vecteurs e_p et e_s ont respectivement les dimensions [(N+1)x1] et (Mx1).
De plus supposons que

$$\tau = \{\tau p \quad \tau s\}' \tag{6}$$

qui est similaire à e. Supposons aussi que J soit un vecteur-unitaire de dimension (N+M+1)x1 et que la matrice A soit définie comme étatn

$$A = \begin{bmatrix} I_M/v_p & 0 \\ 0 & I_{N-M+1}/v_p \\ I_M/v_s & 0 \end{bmatrix}, \tag{7}$$

dont l'ordre est [(N+M+1)x(N+1)]. Ces notations permettent l'écriture des (N+M+1) relations données en (3) et (4) de façon concise:

$$J_t + \tau = AR = e \tag{8}$$

Il est difficile de déterminer la nature statistique exacte du vecteur-erreur e Dans ce cas-ci, les hypothèses les plus simples sont acceptées. On considèrera e comme étant un vecteur quelconque contenant des éléments indépendants, de sorte que la valeur espérée et que la matrice de variance et covariance de e sont données par

$$E(e) = 0,\ cov(e) = E(ee') = \sigma^2 P^{-1}, \tag{9}$$

où E(.) représente la valeur espérée de l'argument et P est la matrice de poids:

$$P = \begin{bmatrix} p_p I_{N+1} & 0 \\ 0 & p_s I_M \end{bmatrix} \tag{10}$$

De plus,

$$\sigma_p^2 = \sigma^2/p_p \quad \text{et} \quad \sigma_s^2 = \sigma^2/p_s \tag{11}$$

sont les variances des observations des temps d'arrivée des ondes P et S.

Le but est de déterminer la source, c'est-à-dire les coordonnées x, y, z. Le problème présente actuellement une inconnue supplémentaire t. Evidemment, les valeurs exactes des inconnues ne peuvent être déterminées à cause de la présence du vecteur-erreur donné en (8). On peut calculer au mieux une "bonne" estimation des valeurs. Supposons que ces valeurs estimées des inconnues soient x_e, y_e, z_e et t_e. Utilisons ces estimations dans l'équation (8) afin d'obtenir

$$Jt_e + \tau = AR_e + \varkappa, \tag{12}$$

où le vecteur $\varkappa$ des résidus de dimension [(N+M+1)x1] a remplacé le vecteur-erreur e et R_e est le vecteur des chemins parcourus calculés à partir de x_e, y_e, z_e et x_i, y_i, z_i.

On supposera que les meilleures estimations des inconnues sont celles qui minimisent la somme des carrés des poids des résidus ϕ . Le problème est donc de trouver ces valeurs de x_e, y_e, z_e, et t_e qui minimisent la valeur de

$$\phi = \varkappa' P / \sigma^2, \tag{13}$$

où $\varkappa'$ représente la transposée de et P est donné par l'équation (10).

La somme des carrés des poids des résidus est une fonction continue des inconnues de sorte qu'elle aura une valeur stationnaire pour laquelle ses dérivées partielles premières par rapport à x_e, y_e, z_e et t_e seront nulles. En omettant les détails algébriques, les conditions pour avoir une valeur stationnaire sont naire sont

$$t_e = - \frac{1}{(N+1)p_p + MP_s} J'P(\tau - AR_e) \quad (14)$$

et

$$C'A'F'V^{-1}F(\tau - AR_e) = 0 \quad (15)$$

La relation écrite en (15) combine trois équations non-linéaires en une équation matricielle. Dans l'équation (15) la matrice C est d'ordre (N+1)x 3 et ses éléments sont les cosinus directeurs ℓ_i, m_i, n_i du chemin dirigé depuis le i-ème séismomètre dans la direction de la source estimée, c'est-à-dire que

$$\ell_i = (x_e - x_i)/R_{ie}, \quad n_i = (z_e - z_i)/R_{ie}$$
$$m_i = (y_e - y_i)R_{ie} \quad (16)$$

et

$$C = \begin{bmatrix} \ell_0 & m_0 & n_0 \\ \ell_1 & m_1 & n_1 \\ \cdot & \cdot & \cdot \\ \cdot & \cdot & \cdot \\ \cdot & \cdot & \cdot \\ \ell_N & m_N & n_N \end{bmatrix} \quad (17)$$

De plus, la matrice F de dimension (N+M)x (N+M+1) est définie par:

$$F = [-J_{N+M} \quad I_{N+M}] \quad (18)$$

et la matrice V de dimension [N+M)x(N+M) symétrique et définitivement positive est donnée par

$$V = cov(Fe) = E(Fee'F') = \sigma^2 FP^{-1}F', \quad (19)$$

ce qui peut s'écrire:

$$V = \frac{\sigma^2}{p_p} \begin{bmatrix} V_{11} & V_{12} \\ V_{12}' & V_{22} \end{bmatrix} \quad (20)$$

où

$$V_{11} = I_N + J_N J_N', \quad (21)$$

$$V_{22} = I_M/\psi + J_M J_M',$$

V_{12} est une matrice d'ordre (NxM) dont tous les éléments sont unitaires. Dans la formule (19), ψ représente le poids <u>relatif</u> du temps d'arrivée des ondes de cisaillement, c'est-à-dire

$$\psi = p_s/p_p \quad (22)$$

L'inverse de V peut s'exprimer de la façon suivante

$$V^{-1} = \frac{p_p}{(N+1+M\psi)\sigma^3} \begin{bmatrix} B_{11} & B_{12} \\ B_{12}' & B_{22} \end{bmatrix} \quad (23)$$

dont les blocs sont donnés par

$$B_{11} = (N+1+M\psi)I_N - J_N J_N',$$

$$B_{22} = (N+1+M\psi)\psi I_M - \psi^2 J_M J_M' \quad (24)$$

B_{12} étant une matrice d'ordre (NxM) dont tous les éléments valent $(-\psi)$.

La valeur stationnaire définie par les conditions (14) et (15) représente un minimum pour ϕ si la matrice Ω, dont le ij-ème élément est donné par $\partial\phi^2/\partial x_i \partial x_j$ $(x_i = x_e, y_e, z_e, t_e)$ est <u>définitivement positive</u> Graybill (1961). Des manipulations algébriques supplémentaires montrent que:

$$\Omega = 2W'W/\sigma^2, \quad (25)$$

où

$$W = P^{1/2}[AC \quad -J], \quad (26)$$

qui est une matrice d'ordre [(N+M+1)x4]. La condition qui assure que la valeur de ϕ est minimum est que le rang r de W devrait être égal à quatre. Ceci est dû au fait que uniquement pour r=4 la matrice Ω sera définitivement positive.

(i) <u>Détermination de la source en utilisant les ondes de compression et de cisaillement.</u>

La méthode de location de la source sismique est idéale lorsqu'il est possible d'observer les temps d'arrivée des ondes de compression et de cisaillement et lorsque la confiance dans l'observation de cette dernière n'est pas trop pauvre. Après s'être mis cela en tête, on fera l'hypothèse que M et p_s sont tous deux plus grands que zéro.

Il est évident que la condition minimum pour s'assurer que le rang de W dans l'équation (26) est égal à quatre, est que

N+M+1=4. Le nombre minimum de séismomètres avec lesquels on peut obtenir cette condition est égal à deux (N+1=2), pourvu que l'on discerne les deux ondes P et S sur les deux instruments afin d'avoir M=2. Un examen détaillé montre toutefois que le déterminant de W qui est (4x4) dans cet exemple, est nul; de sorte que r<4.

En utilisant trois séismomètres (N+1 =3), i, j, et k et en observant les temps d'arrivée de l'onde de compression à tous les instruments, et celle de l'onde de cisaillement au i-ième instrument uniquement, la matrice W est à nouveau d'ordre (4x4). Supposons que le déterminant de W soit D. Quelques manipulations conduisent à:

$$D = \frac{(v_p - v_s)(p_p^3 p_s)^{1/2}}{v_p^3 v_s} D_{ijk}, \tag{27}$$

$$D_{ijk} = \begin{vmatrix} \ell_i & m_i & k_i \\ \ell_j & m_j & k_j \\ \ell_k & m_k & k_k \end{vmatrix} \tag{28}$$

Vu que $v_p \neq v_s$, D pourra s'annuler uniquement si $D_{ij}k = 0$. Mais, vu que D_{ijk} est proportionnel au volume du parallélipipède dont les côtés adjacents sont les trois chemins sismiques, ce déterminant sera nul, si, et seulement si le point x_e, y_e, z_e se trouve dans le plan déterminé par les trois séismomètres.

De cet argument il s'ensuit que si il y a au moins quatre séismomètres actifs qui ne se trouvent pas dans un même plan à l'intérieur du quadrillage, et si au moins un de ceux-ci fournit des informations quant à l'arrivée des ondes de cisaillement, le rang de W sera quatre par rapport à tous les points dans l'espace. En d'autres mots, si N>3, 1<M<N+1 et si $p_s > 0$, le rang de W sera quatre si le rang de C est trois ce qui est toujours vérifié si tous les séismomètres ne se trouvent pas dans un même plan. De plus, si le rang de C est trois, ainsi est celui de FAC. D'après cette dernière conclusion, l'équation matricielle donnée en (15) représente trois équations indépendantes.

La relation donnée en (15) contient une matrice V dans laquelle, d'après (19), se trouve la matrice variance-convariance du vecteur Fe. Le i-ème élément de ce vecteur est $(e_{pi} - e_{po})$, ou $(e_{si} - e_{so})$ d'après que i est plus petit ou plus grand que (N+1). Apparemment dans la solution dérivée, le séismomètre correspondant à i=0 joue donc un rôle spécial; il est utilisé comme séismomètre de référence. On peut toutefois montrer que l'utilisation d'un autre séismomètre de référence n'affecte pas les résultats donnés en (14) et en (15).

Un procédé itératif est utilisé afin de résoudre les équations données en (15). Supposons que les coordonnées (x_a, y_a, z_a) d'un point dans l'entourage de (x_e, y_e, z_e) soient connues. Développons R_{ie} en une série de Taylor dans les environs de ce point et négligeons les termes du second et d'ordres supérieurs. Ceci conduit à:

$$R_e = R_a + C_a \Delta X_e \tag{29}$$

où R_a est le vecteur des distances entre les séismomètres et le point (x_a, y_a, z_a), et $\Delta X_e = \{\Delta x_e \ \Delta y_e \ \Delta z_e\}$. De plus C_a est analogue à C donné en (17) mais les cosinus directeurs sont calculés à partir des coordonnées approchées.

La substitution de (29) dans l'équation (15) conduit, après quelques manipulations, à:

$$\Delta X_e = (C_a' A' F' V^{-1} F A C_a)^{-1} C_a' A' F' V^{-1} (F^T - F A R_a). \tag{30}$$

Si les points (x_a, y_a, z_a) et (x_e, y_e, z_e) sont suffisamment rapprochés que pour permettre l'utilisation des séries abrégées de Taylor dans l'équation (29), on obtient alors

$$x_e = x_a + \Delta x_e, \qquad y_e = y_a + \Delta x_e, \qquad z_e = z_a + \Delta z_e. \tag{31}$$

Si la distance entre les points est trop grande, les sommes des membres de droite des équations (31) doivent être utilisées comme coordonnées d'un nouveau point approximatif et les calculs doivent être répétés. Cette itération doit être continuée jusqu'à ce que la solution donnée en (30) conduise des corrections négligeables de coordonnées. On peut démontrer que les coordonnées du dernier point de la séquence seront en fait (x_e, y_e, z_e).

Il est important d'observer que la solution donnée en (30) est statistiquement équivalente à une estimation généralisée des moindres carrés obtenue à partir d'un modèle linéaire:

$$(F\tau - FAR_a) = (FAC_a)\Delta X_e + F_e, \qquad (32)$$

où le rang de $(FAC)_a$ est trois. Les propriétés du vecteur erreur F_e sont:

$E(Fe) = 0$ et $cov(Fe) = V$, Johnston (1960).

(ii) Détermination de la source en utilisant uniquement les ondes P.

Lorsque les chemins sismiques sont tellement courts que l'intervalle entre les temps d'arrivée des ondes P et S est moins que leur période, il n'est normalement pas possible de déterminer les temps d'arrivée de S avec une précision raisonnable, Cook (1964). La méthode discutée dans cette section peut aussi être utilisée dans de telles situations. On y arrive en faisant soit M=0 ou $p_s=0$. Une de ces substitutions réduit l'équation (30) à:

$$\Delta X_e = (K_a'V^{-1}K_a)^{-1}K'V^{-1}(\delta - \Delta_a) \qquad (33)$$

où maintenant

$$V = \sigma^2 V_{11}, \qquad K_a = FC_a,$$
$$\delta = v_p F\tau_p, \quad \Delta_a = FR_a. \qquad (34)$$

La méthode de détermination de la source dans le cas où l'on enregistre uniquement des temps d'arrivée des ondes P est moins bonne que la même méthode basée sur les temps d'arrivée des ondes P et S. Le processus d'itération utilisant l'équation (33) conduira aux résultats nécessaires uniquement si en aucun point (x_a, y_a, z_a) le rang de K_a n'est inférieur à trois. Cette condition remplace la précédente spécifiant que le rang C_a soit égal à trois.

Si tous les séismomètres sont situés le long d'un plan du cône circulaire de droite, le rang de K_a sera inférieur à trois par rapport à la génératrice du cône. Ceci est une faiblesse fondamentale de toute tentative pour déterminer la source sismique à partir de temps d'arrivée d'ondes P uniquement. Ceci peut être évité seulement en s'assurant qu'aucun cône circulaire droit ne puisse être construit le long d'un plan sur lequel sont situés tous les séismomètres, Salamon et Wiebols (1973).

(iii) Première approximation

Dans le cas de l'application de la méthode itérative de solution, il n'est pas important de savoir comment les coordonnées du premier point (x_a, y_a, z_a) sont déterminées. En principe, il n'y a aucune difficulté à utiliser dans ce but l'analogie de la corde qui fut inventée par Cook (1963). Afin de maintenir cette méthode complètement digitale, des méthodes numériques directes peuvent être préférées afin de débuter le processus itératif, Budavari (1971), Leighton et Duvall (1972), Salamon et Wiebols (1973) L'approche la plus simple serait sans aucun doute d'utiliser comme point initial les coordonnées d'un point de la région où le lieu a le plus de chances d'être situé.

(iv) Confiance des coordonnées estimées

Il est facile de démontrer à partir de (30) et (32) et en se basant sur la théorie de la méthode généralisée des moindres carrés, Johnston (1960), que

$$cov(X_e) = \sigma^2 Q, \qquad (35)$$

où la matrice Q est symétrique, définitivement positive et d'ordre (3x3); elle sera appelée la matrice normalisée de covariance et est donnée par

$$Q = (C'A'F'V^{-1}FAC)^{-1}/\sigma^2, \qquad (36)$$

La matrice Q se simplifie en

$$Q = (K'V^{-1}K)^{-1}/\sigma^2, \qquad (37)$$

lorsqu'on observe uniquement les temps d'arrivée des ondes P. Une estimation de est donnée par

$$\sigma_e^2 = \Phi/(N+M-3), \quad (38)$$

où

$$\Phi = \sigma^2 [F(\tau - AR_e)]' V^{-1} [F(\tau - AR_e)], \quad (39)$$

vu la dernière étape d'itération, $\Delta X_e \simeq 0$. On peut démontrer que la somme des carrés des résidus des poids, c'est-à-dire Φ dans l'équation (13), est reliée à la quantité (39) simplement par la relation $\Phi = \sigma^2 \phi$. On devrait noter que Φ et Q sont indépendants de σ^2 suivant l'équation (23).

Les variances des coordonnées extimées sont données par les éléments de la diagonale principale, $\sigma^2 q_{ii}$, de $\sigma^2 Q$. Par exemple, la variance de la coordonnée x_e est donnée pour

$$\text{var}(x_e) = \sigma^2 q_{11} \quad (40)$$

Il est évident qu'en général, la confiance dans la source estimée d'un évènement sismique est différente pour des directions variées. La variance du lieu dans une direction quelconque, définie par les cosinus directeurs ℓ, m, n, est donnée par

$$\text{var}(\ell,m,n) = \sigma^2[q_{11}\ell^2 + q_{22}m^2 + q_{33}n^2 + 2(q_{12}\ell m + q_{13}\ell n + q_{23}mn)] = \sigma^2 \mu' Q \mu, \quad (41)$$

où $\mu = \{\ell \quad m \quad n\}$. Ceux qui sont habitués avec les relations donnant les contraintes en un point, reconnaîtront que cette compression est analogue à la formule donnant la contrainte normale agissant sur un plan dont la normale est définie par ℓ, m et n [J. & C. pp 17-24].

En se basant sur cette analogie, on admettra ici sans démonstration qu'il existe trois directions perpendiculaires pour lesquelles var(ℓ, m, n) ont des valeurs stationnaires. Ces directions peuvent être appelées les <u>directions principales</u> et les valeurs stationnaires sont les <u>variances principales</u>. De plus, d'une manière analogue à la construction des ellipsoïdes de contraintes de Lamé, Durelli & al. (1958), il est possible de construire une <u>ellipsoïde d'erreur</u> dont les demi-axes sont parallèles aux directions principales et leur longueur vaut l'amplitude de l'<u>écart standard principal</u>.

La forme et la grandeur de l'ellipsoïde d'erreur est de grande importance en ce qui concerne l'application pratique aux valeurs obtenues pour la détermination de la source. Sans calculer les directions principales ainsi que leurs valeurs, les <u>invariants</u> , c'est-à-dire les quantités qui restent constantes lorsque l'on varie les coordonnées, peuvent être calculés à partir des éléments formant Q, ce qui donne une bonne indication quant à la grandeur et la forme de l'ellipsoïde d'erreur.

Une mesure de cette <u>grandeur</u> est donnée par

$$h_1 = \sigma^2(q_{11} + q_{22} + q_{23})/3 \quad (42)$$

sa forme étant donnée par

$$h_2 = (\sigma^2/3)[(q_{11}-q_{22})^2 + (q_{11}-q_{33})^2 + (q_{22}-q_{33})^2 + 6(q_{12}^2 + q_{13}^2 + q_{23}^2)]^{1/2}. \quad (43)$$

Ces quantités sont respectivement analogues, dans le contexte de l'analyse des contraintes aux contraintes octohédrales normales et de cisaillement, [J. & C. pp. 23-24].

Si, en plus des postulats donnés en (9), on fait l'hypothèse que le vecteur-erreur e est distribué normalement, des intervalles de confiance peuvent être attribués aux estimations x_e, y_e, z_e et σ^2_e, Johnston (1960). Il est très important d'attribuer un quelconque intervalle de confiance pour la source et pour une direction quelconque. Supposons que l'origine du système de coordonnées se trouve au point (x_e, y_e, z_e) et introduisons:

$$\Delta X = \{(x-x_e) \quad (y-y_e) \quad (z-z_e)\}. \quad (44)$$

Supposons que le rayon de déviation, ρ ,dans la direction (ℓ, m, n) soit

$$\rho = \mu' \Delta X. \quad (45)$$

L'intervalle de confiance à $100(1-\alpha)$ pour cent autour du rayon de déviation est donné par [Graybill (1961)].

$$-t_\alpha \, {}_e\sqrt{\mu' Q \mu} \leqslant \rho \leqslant + t_\alpha \sigma_e \sqrt{\mu' Q \mu}, \quad (46)$$

où t_α est la valeur du Student's "t" ayant

une probabilité $\alpha/2$ d'être dépassée lors d'un échantillonnage arbitraire. Le nombre de degrés de liberté est de (N+M-3).

En utilisant la dérivation de Lamé, il est facile de montrer que l'intervalle de confiance par rapport à 0 peut être représenté par une ellipsoïde. Considérons un système local de coordonnées, centré en (x_e, y_e, z_e) et ayant ses axes ξ, η et ζ parallèles aux directions principales. Dans ce système de coordonnées, l'équation de l'ellipsoïde de confiance de 100 $(1-\alpha)$ pour cent est donné par

$$(\xi/a_1)^2 + (\eta/a_2)^2 + (\zeta/a_3)^2 = 1 \qquad (47)$$

où les demi-axes a_i ont une longueur

$$a_i = t_\alpha \sigma_e \sqrt{q_i} \qquad i = 1,2,3 \qquad (48)$$

Dans cette expression, q_i sont les valeurs principales ou les valeurs propres de la matrice Q.

La demi-longueur de l'intervalle de confiance dans la direction (ℓ, m, n) est donnée par la distance entre l'origine et l'intersection à angles droits de la ligne tracée à partir de l'origine et le long du vecteur $\mu = \{\ell \quad m \quad n\}$ et un plan tangent à l'ellipsoïde, Durelli & al (1958). Evidemment, vu que ce plan tangent et que le vecteur μ se coupent à angle droit, le vecteur μ sera en fait perpendiculaire au plan. Il existe donc toujours un diamètre de l'ellipsoïde, qui sera égal à l'intervalle de confiance dans la direction définie par un vecteur unitaire arbitraire μ, mais ce vecteur et le diamètre correspondant seront seulement parallèles dans le cas de directions principales. On devrait noter que l'ellipsoïde de confiance se réduit à l'ellipsoïde d'erreur lorsque $t_\alpha = 1$ est remplacé dans l'équation (48).

Avant de quitter ce sujet on devrait mentionner que toute la discussion concernant la confiance lors de la détermination de la source, est uniquement une approximation vu qu'elle est basée sur le modèle linéaire donné en (32). Une méthode approchée peut être utilisée afin de juger du degré d'approximation utilisé. Si la matrice Q varie considérablement lorsqu'on se promène à l'intérieur de l'ellipse d'erreur, les résultats donnés en (35) et (48) sont inacceptables.

(v) Dimensionnement d'un réseau de séismomètres

Lors du dimensionnement d'un réseau sismique souterrain, on doit se souvenir de la structure de la matrice de variance-covariance des coordonnées estimées en (35). $Cov(x_e)$ est le produit de σ^2 - qui est une mesure de la précision avec laquelle les temps d'arrivée sont mesurés - et la matrice Q - qui est surtout uniquement affectée par la position géométrique des séismomètres. Ces deux facteurs seront examinés indépendamment.

Lorsque l'on considère l'instrumentation, la fréquence de réponse des séismomètres et la qualité de l'équipement d'enregistrement doivent être considérées. Celles-ci sont des sujets très spécialisés qui ne doivent pas être discutés ici. Il est important toutefois de noter que le processus d'estimation donné en (30) utilise le vecteur $F\tau$, dont les éléments sont soit $(\tau_{pi} - \tau_{po})$ ou $(\tau_{si} - \tau_{so})$, d'après que i est plus petit ou plus grand que (N+1). Ceci signifie que seules les différences des temps d'arrivée influencent la précision de la déterminantion de la source. On devrait se rappeler que même l'utilisation d'équipement "parfait" n'éliminera pas toutes les erreurs dans les temps d'arrivée parce que le lieu des évènements sismiques n'est pas un "point", mais est fini.

Les vitesses de propagation de l'onde, c'est-à-dire les éléments de la matrice A ont une grande influence sur la précision de la détermination de la source. Aucune masse rocheuse n'est parfaitement isotrope et homogène. De plus, la fracturation de la roche a tendance à diminuer la vitesse de propagation, Cook (1963). C'est donc une

C'est donc une erreur de postuler, comme on l'a fait lors de la définition de A [voir (7)] , que les vitesses sont constantes et indépendantes des chemins de propagation. Il est toutefois difficile d'assouplir les hypothèses concernant les vitesses constantes, excepté dans le sens limite où l'on suppose une certaine anisotropie, Butavari (1971).

Afin de vaincre ce problème, les vitesses sont déterminées en pratique, non pas à partir des relations données en (1), mais, dans le premier exemple, à partir de calibration, Cook (1963). Plus tard, la précision de ces valeurs obtenues de la sorte, peut être augmentée en estimant v_p et v_s devant minimiser la somme des carrés des poids des résidus, utilisant un assez grand nombre d'évènements.

Dans toutes les applications pratiques, certaines parties de l'espace total sont plus intéressantes que d'autres. De plus, dans la plupart des cas, on peut faire un choix entre des configurations de réseaux alternatifs. Le choix correct peut être aidé en utilisant la matrice normalisée de covariance Q donnée en (36) ou en (37).

Cette matrice dépend, en dehors des facteurs géométriques, seulement du rapport $\psi = p_p/p_s$, vu que la grandeur de p_p peut être choisie de façon arbitraire (pourvu que $p_p > 0$). Il est normalement commode de poser $p_p = 1$. Si l'on a donc choisi une valeur raisonnable pour ψ, la matrice Q peut être calculée pour n'importe quel réseau et pour n'importe quel point de l'espace. L'efficacité de différentes géométries, en ce qui concerne les séismomètres, dans les régions de plus grands intérêts, peut donc être comparée en utilisant, par exemple, h_1/σ^2 et h_2/σ^2, où h_1 et h_2 sont les invariants donnés en (42) et (43).

Un des moyens les plus logiques afin d'améliorer la confiance, dans la détermination de la source, est d'installer des séismomètres additionnels. La variance du lieu estimé pour la source, var(ℓ, m, n), dans une direction générale définie par (ℓ, m, n) est donnée par l'équation (41). Supposons que l'on représente par var^+ (ℓ, m, n)la variance du réseau "augmenté" dans la même direction. L'intuition conduit à

$$var(\ell, m, n) - var^+(\ell, m, n) \geqslant 0, \quad (49)$$

c'est-à-dire que la variance du nouveau réseau ne peut être supérieure dans aucune direction à celle du réseau orginal. Ceci a été prouvé par Salamon et Wiebols (1972) pour le cas de réseaux où l'on observa uniquement les temps d'arrivée des ondes P, c'est-à-dire lorsque Q est défini par l'équation (37).

A partir de l'équation (41), la différence entre les variances peut s'écrire comme suit:

$$var(\ell, m, n) - var^+(\ell, m, n) = \sigma^2\mu'(Q-Q^+)\mu, \quad (50)$$

où Q^+ est la matrice normalisée de covariance du réseau augmenté. Supposons que les valeurs propres ordonnées de Q et Q^+ soient représentées par $q_1 \geqslant q_2 \geqslant q_3$ et $q_1^+ \geqslant q_2^+ \geqslant q_3^+$. Il a été démontré par Salamon et Wiebols (1972) que si le réseau est augmenté seulement d'un seul séismomètre additionnel,

$$q_1 \geqslant q_1^+ \geqslant q_2 \geqslant q_2^+ \geqslant q_3 \geqslant q_3^+ \quad (51)$$

et que la matrice symétrique $(Q-Q^+)$ est définitivement non-négative et d'ordre un.

Il est permis, sans pour autant perdre de la généralisation, de faire tourner le système de coordonnées de sorte que l'axe x, par exemple, devienne parallèle à cette direction principale pour laquelle $(Q-Q^+)$ correspond à la seule valeur propre non-nulle $\eta > 0$. Dans ce cas, l'équation (50) devient

$$var(\ell, m, n)- var^+(\ell, m, n) = \sigma^2\mu' \begin{bmatrix} \eta & 0 & 0 \\ 0 & 0 & 0 \\ 0 & 0 & 0 \end{bmatrix} \mu = \sigma^2\ell^2\eta \geqslant 0 \quad (52)$$

On peut donc conclure que l'amélioration de la précision dans la détermination de la source qui peut être obtenue par l'installation de séismomètres additionnels, est très limitée. Ceci est démontré par les inégalités écrites en (51). De plus, le résultat (52) révèle qu'en chaque point de l'espace il existe un plan (ℓ=0) pour lequel le signe d'égalité est vérifié, c'est-à-dire que la variance du lieu ne s'améliore pas.

L'addition de plus d'un séismomètre peut se traiter en se basant sur les résultats donnés en (51) et en (52). On peut en conclure par exemple qu'au moins trois séismomètres doivent être ajoutés afin d'obtenir une réduction de la variance dans toutes les directions.

9.3. Applications de réseaux sismiques.

On peut suggérer que la section précédente traitant de problèmes de détermination de source et de dimensionnement de la configuration d'un réseau est exagérément longue. Malheureusement, un résumé total de tous les points discutés dans la section 9.2 n'est pas disponible ailleurs. L'espace considérable consacré à ces problèmes est une mesure de l'importance accordée par l'auteur aux techniques sismiques.

Les techniques sismiques sont les moyens les plus puissants pour établir des relations entre les paramètres miniers, (tels que plan, profondeur, support), les caractéristiques géologiques (tels que dikes, failles) et l'activité sismique, Cook (1962, 1963, 1964), Joughin (1966), Cook & al (1966), Hodgson et Joughin (1966), Blake (1972). Il semblerait que dans les régions minières où le danger des coups de toit est sérieux, l'établissement de facilités sismiques est une étape essentielle. Virtuellement toutes les données qui ont été obtenues jusqu'à présent concernant les activités sismiques en rapport avec la mine, ont été obtenues à l'aide de systèmes sismiques. Ceux-ci comportaient à l'origine uniquement un enregistreur de bruit , Obert et Duvall (1957) et furent développés ensuite dans un but considérablement plus sophistiqué.

9.4. Contrôle des hasards de coups de toit

On a discuté dans la section 9.1 de ce que les évènements sismiques, dont certains se manifestent sous forme de coups de toit, sont le résultat d'instabilité qui pour une raison quelconque se développe dans la masse rocheuse. De nombreux facteurs jouent un rôle dans le développement d'un équilibre instable, parmi ceux-ci les facteurs géologiques et d'autres qui sont associés au comportement de la roche à la déformation. Toutefois, le plus important de ces facteurs, vu qu'ils sont ceux qui sont affectés par l'action humaine, sont les effets du creusement sur les contraintes in-situ.

Bien qu'il n'ait pas été possible d'éliminer le hasard de coups de toit dans les mines de par le monde, un progrès considérable fut réalisé afin d'allèger la situation. Les mesures pratiques utilisées à cet effet ont déjà été discutées auparavant dans cet article, voir section 6.5 et 6.8, de sorte qu'il n'est pas nécessaire d'élaborer davantage. On pourrait noter que les mesures suggérées à la section 6.5 pour améliorer les conditions minières diminuent aussi les hasards de coups de toit.

REFERENCES

1. AITKEN, A.C. (1967) "Determinants and matrices". Oliver and Boyd Limited.

2. BARCZA, M. and VON WILLICH, G.P.R. (1958) "Strata movement measurements at Harmony Gold Mining Company, Limited". Assoc. Mine Managers S. Afr., 1958/1959.

3. BERRY, D.S. (1960) "An elastic treatment of ground movement due to mining - Part I. Isotropic ground". J. Mech. Phys. Solids, v.8, pp. 280-292.

4. BERRY, D.S. (1963) "Ground movement considered as an elastic phenomenon". The Min. Engr., v.123, No. 37, pp. 28-41.

5. BERRY, D.S. (1964) "A theoretical elastic model of the complete region affected by mining a thin seam". Proc. 6th Symp. Rock Mech., Univ. Missouri, Rolla. pp. 310-329.

6. BERRY, D.S. and SALES, T.W. (1961) "An elastic treatment of ground movement due to mining - Part II. Transversely isotropic ground". J. Mech. Phys. Solids, v.9, pp. 52-62.

7. BERRY, D.S. and SALES, T.W. (1962) "An elastic treatment of ground movement due to mining - Part III. Three dimensional problem, transversely isotropic ground". J. Mech. Phys. Solids, v.10, pp. 73-83.

8. BILBY, B.A. and ESHELBY, J.D. (1968) "Dislocations and the theory of fractures". In "Fracture - An advanced treatise" Ed. H. Liebowitz, v.1, pp. 100-182, Academic Press.

9. BLAKE, W. (1972) "Rock-burst mechanics". Quarterly of the Colorado School of Mines, v.67, No. 1, 64 p.

10. BORECKI, M. and SALUSTOWICZ, A. (1960) "Experimental work in the field of rock mechanics". Proc. 3rd Int. Conf. Strata Control, pp. 487-498, Paris, Ed. de la Revue de l'Industrie Minérale.

11. BRYAN, A., BRYAN, J.G. and FOUCHÉ, J. (1964) "Some problems of strata control and support in pillar workings". Mining Eng, v.123, pp. 238-254.

12. BUDAVÁRI, S. (1971) "A mathematical method of determining the anisotropic velocity of P - wave propagation and for the seismic location of rockbursts". Geomechanics Journal, pp. 15-17.

13. COATES, D.F. (1965) "Pillar loading. Part I: Literature survey and new hypothesis". Res. Rep. No. R 168, Mines Branch, Dept. of Mines and Technical Surveys, Ottawa.

14. COATES, D.F. (1965a) "Pillar loading. Part II: Model studies". Res. Rep. No. R 170, Mines Branch, Dept. of Mines and Technical Surveys, Ottawa.

15. COATES, D.F. (1966) "Pillar loading. Part III: Field measurements". Res.Rep. No. R 180, Mines Branch, Dept. of Mines and Technical Surveys, Ottawa.

16. COATES, D.F. (1971) "Discussion of M.D.G. Salamon's paper "Stability, instability and design of pillar workings". Int. J. Rock Mech. Min. Sci., v.8, pp. 641-642.

17. COATES, D.F. and IGNATIEFF, A. (1966) "Prediction and measurement of pillar stresses". Canadian Min.J., v.87, No. 1, pp. 50-56.

18. COOK, N.G.W. (1962) "A study of failure in the rock surrounding underground excavations". Thesis, Univ. Witwatersrand.

19. COOK, N.G.W. (1963) "The seismic location of rockbursts". Proc. 5th Rock Mech. Symp., Oxford, Pergamon, pp. 493-516.

20. COOK, N.G.W. (1963a) "The basic mechanics of rockbursts". J. S. Afr. Inst. Min. Metall., v.64, pp. 71-81.

21. COOK, N.G.W. (1964) "The application of seismic techniques to problems in rock mechanics". Int.J.Rock Mech. Min. Sci.,v.1, pp. 169-179.

22. COOK, N.G.W. (1965) "The failure of rock". Int.J.Rock Mech.Min.Sci., v.2, pp. 389-403.

23. COOK, N.G.W. (1966) "The design of underground excavations". Proc. 8th Symp. on Rock Mech., Univ. Minnesota, Ed. C. Fairhurst, pp. 167-193, A.I.M.M., New York, 1967.

24. COOK, N.G.W. (1967) "Contribution to papers by Salamon and Munro (1967) and Salamon (1967)". J. S. Afr. Inst. Min. Metall., v.68, pp. 192-195.

25. COOK, N.G.W., HOEK, E., PRETORIUS,J.P.G., ORTLEPP, W.D. and SALAMON, M.D.G.(1966) "Rock Mechanics applied to the study of rockbursts". J. S. Afr. Inst. Min. Metall., v.66, pp.435-528.

26. DAEMEN, J.J.K. (1972) "The effect of protective pillars on the deformation of mine shafts". Rock Mechanics, v.4, No. 2, pp. 89-113.

27. DEERE, D.U. (1963) "Technical description of rock cores for engineering purposes". Rock Mech.Eng.Geol.,v.1, pp. 18-22.

28. DEERE, D.U. (1968) "Geological considerations". In "Rock mechanics in engineering practice", Ed. K.G. Stagg and O.C. Zienkiewicz, pp. 1-20, John Wiley and Sons.

29. DEIST, F.H. (1965) "A non-linear continuum approach to the problem of fracture zones and rockbursts". J.S.Afr. Inst. Min. Metall., v.65, pp. 502-522.

30. DEIST, F.H. (1966) "The development of a non-linear continuum approach to the problem of fracture zones and rockbursts and feasibility study by computer". Thesis, Univ. Witwatersrand.

31. DEIST, F.H. (1967) "A note on the relationship between the stresses at the face and the rate of energy release on face advance". Rep. No. 17., Min. Res. and Vent. Dept., Rand Mines, Ltd.

32. DEIST, F.H., GEORGIADIS, E. and MORIS, E.J.P. (1972) "Computer applications in rock mechanics". Proc. 10th Symp. App. Comp. Meth. Mineral Ind., pp. 259-265, S. Afr. Inst. Min. Metall., Johannesburg.

33. DEIST, F.H., SALAMON, M.D.G. and GEORGIADIS, E. (1973) "A new digital method for three-dimensional stress analysis in elastic media". To be published in Rock Mechanics.

34. DESAI, C.S. and ABEL, J.F. (1972) "Introduction to the finite element method". Van Nostrand Reinhold.

35. DRUCKER, D.C. (1964) "On the postulate of stability of material in the mechanics of continua". Journal de Mécanique, v.3, No. 2, pp. 235-249.

36. DURELLI, A.J., PHILLIPS, E.A. and TSAO, C.H. (1958) "Introduction to the theoretical and experimental analysis of stress and strain". pp. 65-68, McGraw-Hill.

37. ESZTÓ, P. (1953) "Bányaszellőztetés". Tankönyvkiadó, Budapest.

38. FLÄSCHENTRÄGER, H. (1957) "Considerations on ground movement phenomena based on observations made in left bank Lower Rhine region". European Congress on Ground Movement, Leeds, pp. 58-73.

39. FRITZSCHE, C.H. and POTTS, E.L.J. (1954) "Horizon mining, pp. 113-130". Allen & Unwin, London.

40. FUNG, Y.C. (1965) "Foundations of solid mechanics". Prentice-Hall, New Jersey.

41. GANE, P.G., HALES, A.L. and OLIVER, H.O. (1946) "A seismic investigation of the Witwatersrand earth tremors". Bull. Seism. Soc. Am., v.36, pp. 49-50.

42. GOODIER, J.N. (1968) "Mathematical theory of equilibrium cracks". In "Advanced treatise of fracture" Ed. H. Liebowitz, v.2, pp. 2-66, Academic Press.

43. GRAYBILL, F.A. (1961) "An introduction to linear statistical models". v.1. McGraw-Hill.

44. GREENWALD, H.P., HOWARTH, H.C. and HARTMAN, I. (1939) "Experiments on strength of small pillars of coal in the Pittsburgh bed". U.S.Bur.Min., Tech. Paper 605.

45. HACKETT, P. (1959) "An elastic analysis of rock movements caused by mining". Trans. I.M.E., v.118, Part 7, pp. 421-435.

46. HANSÁGI, I. (1966) "Bergmännisches Verfahren der Gebirgsfestigkeitsbestimmung und der Gebirgsklassifizierung". Proc. First Cong. of the Int. Soc. of Rock Mech. Vol. 1. pp. 179-183, Lisbon.

47. HARGRAVES, A.J. (1958) "Instantaneous outburst of coal and gas". Proc. Austral. Inst. Min. Metall., No. 186, pp. 21-72.

48. HARGRAVES, A.J. (1967) "Instantaneous outbursts of coal and gas in Australia". Proc. Eight Comm. Min. Congr. 1965, v.6, pp. 871-885.

49. HIRAMATSU, Y. and OKA, Y. (1968) "Precalculation of ground movements caused by mining". Int. J. Rock Mech. Min. Sci., v.5, pp. 399-414.

50. HODGSON, K. and JOUGHIN, N.C. (1966) "The relationship between energy release rate, damage and seismicity in deep mines". Proc. 8th Symp. Rock Mech., Univ. Minnesota, pp. 194-209, Ed. C. Fairhurst, A.I.M.E., New York, 1967.

51. HOEK, E. (1966) "A photoelastic technique for the determination of potential fracture zones in rock structures". Proc. 8th Symp. Rock Mech., Univ. Minnesota, Ed. C. Fairhurst, pp. 94-112, A.I.M.E., New York, 1967.

52. HOEK, E. (1968) "Brittle failure of rock". In "Rock mechanics in engineering practice", Ed. K.G. Stagg and O.C. Zienkiewicz, pp. 99-124.

53. HOLLAND, C.T. (1962) "Design of pillars for overburden support". Min. Congr. J., v.48, pp. 24-28 and 66-71.

54. HOLLAND, C.T. (1964) "The strength of coal in mine pillars". Proc. 6th Symp. Rock Mech., Rolla, Missouri. pp. 450-466.

55. HOLLAND, C.T. and GADDY, F.L. (1957) "Some aspects of permanent support of overburden on coal beds". Proc. W. Virginia Coal Min. Inst., pp. 43-65.

56. JACOBI, O. and EVERLING, G. (1960) "Model tests illustrating the effects of different roadway supports". Proc. 3rd In. Conf. Strata Control, pp.109-122, Paris, Ed. De la Revue de l'Industrie Minérale.

57. JAEGER, J.C. (1961) "An introduction to the Laplace transformation with engineering applications". 2nd ed. Methuen.

58. JAEGER, J.C. (1966) "The brittle fracture of rocks". Symp. Rock Mech., 8th, Minnesota, A.I.M.E, 1967, pp. 3-58.

59. JAEGER, J.C. and COOK, N.G.W. (1969) "Fundamentals of rock mechanics". Methuen, London.

60. JAEGER, J.C. and COOK, N.G.W. (1969) "Fundamentals of rock mechanics". Methuen, London.

61. JOHNSTON, J. (1960) "Econometric methods". pp. 179-192, McGraw-Hill.

62. JOUGHIN, N.C. (1966) "The measurement and analysis of earth motion resulting from underground rock failure". Res. Rep. 73/66, Chamber of Mines of South Africa.

63. KEINHORST, H. (1934) "Betrachtungen zur Bergschädenfrage. Glückauf, No. 7.

64. KLEMENCSICS, I. (1962) "Pontszerű építmények aláfejtési lehetőségének vizsgálata". Bányászati Lapok, Budapest, March, 1962.

65. KNOTHE, S. (1957) "Observations of surface movements under influence of mining and their theoretical interpretation". European Congress on Ground Movement, Leeds, pp. 210-218.

66. KORN, G.A. and KORN, T.M. (1961) "Mathematical handbook for scientists and engineers". McGraw-Hill.

67. LAMBE, T.W. and WHITMAN, R.V. (1969) "Soil mechanics". pp. 199-203. Wiley, New York.

68. LEIGHTON, F. and DUVALL, W.I. (1972) "A least square method for improving the source location of rock noise". Rep. Inv. 7626, U.S. Bur. Min.

69. LEKHNITSKII, S.G. (1963) "Theory of elasticity of an anisotropic elastic body". Holden-Day Inc., San Francisco.

70. McGARR, A. (1971) "Stable deformation of rock near deep-level tabular excavations". J. Geophys. Res., v.76, No. 29, pp. 7088-7106.

71. MORIS, J.P.E. (1971) "Private communication".

72. MORIS, J.P.E. (1972) "Private communication".

73. MUSKHELISHVILI, N.I. (1963) "Some basic problems of the mathematical theory of elasticity". Nordhoff, Groningen.

74. OBERT, L. and DUVALL, W.I. (1957) "Micro-seismic method of determining the stability of underground openings". U.S. Bur. Min. Bull., No. 573.

75. OBERT, L. and DUVALL, W.I. (1967) "Rock mechanics and the design of structures in rock". John Wiley & Sons, 1967.

76. OBERT, L., WINDES, S.L. and DUVALL, W.I. (1946) "Standardised tests for determining the physical properties of mine rock". U.S. Bur. Mines Dept. Invest., 3891.

77. OGDEN, H. and ORCHARD, R.J. (1960) "Ground movements in North Staffordshire". Trans. Inst. Min. Eng., v. 119, part 4, January, 1960.

78. ONODERA, T.F. (1963) "Dynamic investigation of foundation rocks _in situ_". Proc. Symp. Rock Mech., 5th, Minnesota, Pergamon, New York, pp. 517-533.

79. ORCHARD, R.J. (1964) "Partial extraction and subsidence". The Min. Eng.,v.123, No. 43, pp. 417-427.

80. PEELE, R. and CHURCH, J.A. ed. (1941) "Mining engineer's handbook", v.1, pp. 10-528, 3rd ed., John Wiley & Sons, New York.

81. PLEWMAN, R.P., DEIST, F.H. and ORTLEPP, W.D. (1969) "The development and application of a digital computer method for the solution of strata control problems". J. S. Afr. Inst. Min. Metall., v. 70, pp. 33-44.

82. PRICE, N.J. (1964) "A study of the time-strain behaviour of coal-measure rocks". Int. J. Rock Mech. Min. Sci., v.1, p. 277-303.

83. RICE, J.R. (1968) "Mathematical analysis in the mechanics of fracture". In "An advanced treatise of fracture" Ed. H. Liebowitz, v.2, pp. 192-311, Academic Press.

84. RICHTER, R. and NÉMETH, A. (1961) "A biztonsági pillérekről". Bányászati Lapok, Budapest, April and May, 1961.

85. SALAMON, M.D.G. (1961) "An introductory mathematical analysis of the movements and stresses induced by mining in stratified rocks". Univ. Durham, King's College Mining Bull., 9. Bull. No. 3. Series: Strata Control/Res. No. 16.

86. SALAMON, M.D.G. (1962) "The influence of strata movement and control on mining development and design". Thesis, University of Durham.

87. SALAMON, M.D.G. (1963) "Elastic analysis of displacements and stresses induced by the mining of seam or roof deposits - Part I: Fundamental principles and basic solutions as derived from idealised models". J.S.Afr. Inst. Min. Metall., v.63, pp. 128-149.

88. SALAMON, M.D.G. (1964) "Elastic analysis of displacements and stresses induced by the mining of seam or reef deposits - Part II: Practical methods of determining displacement, strain and stress components from a given mining geometry". J. S.Afr. Inst. Min. Metall., v.64, pp. 197-218.

89. SALAMON, M.D.G. (1964a) "Elastic analysis of displacements and stresses induced by the mining of seam or reef deposits - Part III: An application of the elastic theory: Protection of surface installations by underground pillars". J. S.Afr. Inst. Min. Metall., v.64, pp.468-500.

90. SALAMON, M.D.G. (1964b) "Elastic analysis of displacements and stresses induced by the mining of seam or reef deposits - Part IV: Inclined reef". J. S.Afr. Inst. Min. Metall., v.65, pp. 319-338.

91. SALAMON, M.D.G. (1964c) "Contribution to the paper: 'Ground movement considered as an elastic phenomenon' by D.S. Berry". The Mining Engineer, v.123, No. 42, pp. 303-304.

92. SALAMON, M.D.G. (1964d) "Contribution to the paper: 'Partial extraction and subsidence' by R.J. Orchard". The mining Engineer, v.123, No. 48, pp. 675-677.

93. SALAMON, M.D.G. (1967) "A method of designing bord and pillar workings". J. S.Afr. Inst. Min. Metall., v.68, pp. 68-78.

94. SALAMON, M.D.G. (1968) "Two-dimensional treatment of problems arising from mining tabular deposits in isotropic or transversely isotropic ground". Int. J. Rock Mech. Min. Sci., v.5, pp. 159-185.

95. SALAMON, M.D.G. (1968a) "Elastic moduli of stratified rock mass". Int. J. Rock Mech. Min. Sci., v.5, pp. 519-527.

96. SALAMON, M.D.G. (1969) "Recent developments in the design of bord and pillar layouts in South African coal mines". 9th Commonwealth Mining and Metallurgical Congress, London. Mining and Petroleum Technology Section, Paper No. 6.

97. SALAMON, M.D.G. (1969a) "Stiffness of strata surrounding pillar layouts". Res. rep. 60/69, Chamber of Mines of South Africa.

98. SALAMON, M.D.G. (1970) "Stability, instability and design of pillar workings". Int. J. Rock Mech. Min. Sci., v.7, pp. 613-631.

99. SALAMON, M.D.G. (1970a) "A note on the design of tunnel linings". In "The technology and potential of tunnelling" Proc. S.Afr. Tunnelling Conf., v.1, pp. 115-119.

100. SALAMON, M.D.G. (1972) "Author's reply to discussion by D.F. Coates of the paper "Stability, instability and design of pillar workings" by M.D.G. Salamon. Int. J. Rock Mech. Min. Sci., v.9, pp. 667-668.

101. SALAMON, M.D.G. (1973) "Energy changes in mining". To be published.

102. SALAMON, M.D.G. and DEIST, F.H. (1970) "New concepts in the design of pillar layouts". Res. rep. 25/70, Chamber of Mines of South Africa.

103. SALAMON, M.D.G. and MUNRO, A.H. (1967) "A study of the strength of coal pillars". J. S.Afr. Inst. Min. Metall., v.68, pp. 55-67.

104. SALAMON, M.D.G. and ORAVECZ, K.I. (1966) "Displacements and strains induced by bord and pillar mining in South African collieries". Proc. 1st Congr. Int. Soc. Rock Mech., Lisbon, v.2, pp. 227-231.

105. SALAMON, M.D.G. and ORAVECZ, K.I. (1970) "The electrical resistance analogue as an aid to the design of pillar workings". Proc. 2nd Congr. Int. Soc. Rock Mech., Belgrade, v.2, pp. 507-513.

106. SALAMON, M.D.G., ORAVECZ, K.I. and HARDMAN, D.R. (1972) "Rock mechanics problems associated with longwall trials in South Africa". Proc. Fifth International Strata Control Conference, paper No. 14, London.

107. SALAMON, M.D.G., RYDER, J.A. and ORTLEPP, W.D. (1964) "An analogue solution for determining the elastic response of strata surrounding tabular mining excavations". J. S.Afr. Inst. Min. Metall., v.65, pp. 115-137.

108. SALAMON, M.D.G. and WIEBOLS, G.A. (1972) "Location of seismic events". Res. Rep. 18/72, Chamber of Mines of South Africa.

109. SALAMON, M.D.G. and WIEBOLS, G.A. (1973) "Digital location of seismic events by an underground network of seismometers using the arrival times of compressional waves". To be published in Rock Mech.

110. SERAFIM, J.L. (1968) "Influence of interstitial water on the behaviour of rock masses". In "Rock mechanics in engineering practice", Ed. K.G. Stagg and O.C. Zienkiewicz, pp. 55-97, John Wiley & Sons.

111. SERATA, S. (1964) "Theory and model of underground opening and support system". Proc. 6th Symp. on Rock Mechanics Rolla, Missouri, pp. 260-292.

112. SHELDON, J.W. (1960) "Iterative method for the solution of elliptic partial differential equations". In "Mathematical methods for digital computers" Ed. A. Ralston and H.S. Wilf. John Wiley & Sons, New York, pp. 144-156.

113. SKINNER, W.J. (1959) "Experiments on the compressive strength of anhydrite". The Engineer, Feb. 1961.

114. SOKOLNIKOFF, I.S. (1956) "Mathematical theory of elasticity". McGraw-Hill, New York.

115. SPACKELER, G., GIMM, W., HÖFER, K.H. and DUCHROW, G. (1960) "New data on rockbursts in potash mines". Proc. 3rd Int. Conf. Strata Control, pp. 551-563, Paris, Ed. de la Revue de l'Industrie Minerale,

116. STARFIELD, A.M. (1970) "A Boussinesq approach to the numerical solution of plain strain elastic problems associated with the mining of underground deposits". Research Rep. No. 13/70. Chamber of Mines of South Africa.

117. STARFIELD, A.M. and FAIRHURST, C. (1968) "How high-speed computers can advance design of practical mine pillar systems". Engineering/Mining Journal, v.169, pp. 78-84.

118. STATHAM, I.C.F. (1929) "Mining and working". pp. 497-513. Pitman & Sons London.

119. STEART, F.A. (1954) "Strength and stability of pillars in coal mines". J. Chem. Metall. Min. Soc. S. Afr., v.54, pp. 309-325.

120. SZÉCHY, K. (1966a) "The art of tunnelling". Akadémiai Kiadó, Budapest.

121. -(1966b) "Subsidence engineer's handbook". National Coal Board - Production Department Reprint, with amendments.

122. TIMOSHENKO, S. (1960) "Strength of Materials", v.1. Elementary theory and problems. 3rd ed. Van Nostrand Co.

123. TIMOSHENKO, S. (1956) "Strength of materials - Part II Advanced theory and problems". 3rd ed. Van Nostrand.

124. TIMOSHENKO, S. and GOODIER, J.N. (1951) "Theory of elasticity". McGraw-Hill.

125. TINCELIN, E. and SINOU, P. (1960) "Collapse of areas worked by the small pillar method. Practical conclusions and an attempt to formulate laws for the phenomena observed". Proc. 3rd Int. Conf. Strata Control, pp. 571-588, Paris, Ed. de la Revue de l'Industrie Minérale.

126. TRANTER, C.J. (1959) "Integral transforms in mathematical physics". Methuen, London.

127. ULGUDUR, S. (1973) "A non-linear continuum theory of fracture for rocks". Thesis, University of Newcastle upon Tyne.

128. VARGA, R.S. (1962) "Matrix iterative analysis", p.85 Prentice-Hall, New Jersey.

129. VIDAL, V. (1960) "Presentation of the national reports". Proc. 3rd Int. Conf. Strata Control, pp. 749-766, Paris, Ed. de la Revue de l'Industrie Minérale.

130. WAGNER, H. (1973 "Private communication".

131. WARDELL, K. (1959) "The problem of analysing and interpreting observed ground movement". Colliery Engineering.

132. WARDLE, L.J. and GERRARD, C.M. (1972) "The "equivalent" anisotropic properties of layered rock and soil masses". Rock Mechanics, v.4, pp. 155-175.

133. WHETTON, J.T. (1957) "A general survey of the ground movement problem". European Congress on Ground Movement, Leeds, pp. 9-19.

134. WILSON, J.W. (1971) "The design and support of underground excavations in deep-level, hard-rock mines". Thesis, Univ. Witwatersrand.

135. WILSON, J.W. and MORE-O'FERALL, R.C. (1970) "The application of the electrical resistance analogue to mining operations". J. S.Afr. Inst. Min. Metall., v.70, pp. 115-148.

136. WOODRUFF, S.D. (1966) "Methods of working coal and metal mines v.1. Theory and application of rock mechanics to roof control and support problems". Pergamon Press.

137. ZAMBÓ, J. (1957) "Bányamüvelés". Müszaki Könyvkiadó, Budapest.

138. ZIENKIEWICZ, O.C. (1971) "The finite element method in engineering science". 2nd ed. McGraw-Hill, London.

139. ZIENKIEWICZ, O.C. and CHEUNG, Y.K. (1967) "The finite element method in structural and continuum mechanics". McGraw-Hill, London.

THEMA 4

DIE GEBIRGSMECHANIK VON ABBAURÄUMEN UNTER TAGE

M.D.G. SALAMON

Direktor, Collieries Forschungslabor

Bergwerksgesellschaften Südafrika

Johannesburg, Südafrika

VORWORT

Eine grosse Zahl bautechnischer und bergtechnischer Arbeiten werden im Gestein unterhalb der Tagesoberfläche durchgeführt. Der Bau von Hohlräumen unter Tage hat eine lange Geschichte, seine Anfänge lassen sich bis in prähistorische Zeiten zurückverfolgen. Jedoch ist erst in den letzten Jahrzehnten die Notwendigkeit einer systematischen Erforschung der Stabilität dieser Hohlräume erkannt worden.

Während der letzten zwei Jahrzehnte hat diese Forschung infolge des ständig zunehmenden Umfangs und der zunehmenden Teufe des Abbaus sowie der Entstehung grosser unterirdischer Ingenieurbauten gewaltigen Auftrieb erhalten. Es sind eine grosse Menge Daten verarbeitet worden, aber es ist nicht möglich gewesen, diese Ergebnisse zu einer einigermassen umfassenden Aussage über den derzeitigen Fortschritt in der Mechanik der Abbauräume unter Tage zusammenzufassen. Damit die weitere Entwicklung dieses Gebietes nicht unter einer Zersplitterung der Bemühungen und einem Mangel an Richtung leidet, ist zu diesem Zeitpunkt eine Erhebung über den Stand der Entwicklung erforderlich. Mit diesem Generalbericht wird der Versuch eines solchen Überblicks unternommen.

Leider hat die Erfüllung ehrgeiziger Ziele immer mit den Realitäten des Lebens zu kämpfen. Die für die Zusammenstellung dieses Berichtes verfügbare Zeit war begrenzt. Ferner mussten hinsichtlich seiner Länge praktische Grenzen gezogen werden. Um folglich dem Leser eine hinreichend ausführliche Diskussion ohne ständigen Hinweis auf Fachzeitschriften und -berichte zu vermitteln, musste einige Auswahl in bezug auf das dargebotene Thema getroffen werden.

Natürlich wird die Wahl des Themas stark durch persönliches Ermessen, Interesse und nicht zuletzt die Versuchung bestimmt,"den Weg des geringsten Widerstandes" zu wählen, das heisst, die Themen zu erörtern, mit denen der Verfasser am besten vertraut ist. In dieser Hinsicht bildet dieser Generalbericht keine Ausnahme.

Ein möglichst grosser Teil des Berichtes sollte Fragen gewidmet sein, die eine direkte Bedeutung für die Gebirgsmechanik der Abbauräume unter Tage haben. Folglich sind die Grundlagen der Physik der Feststoffe fast völlig von der Diskussion ausgeschlossen worden. Um die Lage derjenigen Leser, die mit diesen Themen vielleicht nicht ganz vertraut sind, zu erleichtern, wird häufig auf Seiten des ausgezeichneten von J.C. Jäger und N.G.W. Cook verfassten Buches mit dem Titel "Fundamentals of Rock Mechanics" (Grundlagen der Gebirgsmechanik) (1969) verwiesen worden. Aus Platzmangel erscheint eine solche Bezugnahme gewöhnlich abgekürzt, beispielsweise als J.+ C. (SS. 100-110).

Sowohl im Bergbau wie im Bauingenieurwesen stellen Hohlräume unter Tage komplexe Gefüge dar, so dass sich die mit ihnen verbundenen Probleme gewöhnlich nicht für zweidimensionale Näherungen eignen. Bis zur kürzlichen schwunghaften Entwicklung numerischer Methoden mit Einsatz von grossen Digitalrechnern liessen sich derartige Probleme, abgesehen von der sehr umständlichen Methode der dreidimensionalen Photoelastizität nicht analysieren. Mit der Entwicklung der Finite-Element-Methode hat sich diese Lage drastisch verändert und hat die Analyse von zunehmend schwierigen Problemen sowohl für lineare wie nicht lineare Medien erleichtert. Da ausgezeichnete Lehrbücher, in denen diese Methode behandelt wird, erschienen sind, wird hierin kein ausführlicher Bericht zu diesem Thema gegeben. Stattdessen ist der Diskussion einer neuen, wenig bekannten, numerischen Methode beträchtlicher Raum geschenkt, die das Problem ausschliesslich im Hinblick auf Abbauräume und einige geeignete elementare Lösungen der Elastizität beschreibt. Der Hauptvorteil der Methode besteht darin, dass sie lediglich die Aufzeichnung der an die Abbauräume grenzenden Flächen erfordert und so den Modellbau für das Nebengestein erübrigt. Im vorliegenden Bericht beschränkt sich die Erörterung dieser Methode auf die Anwendung auf elastische Feststoffe, aber das Prinzip lässt sich natürlich auch zur Lösung von Problemen in jedem linearen Kontinuum verwenden.

Im restlichen Teil des Berichtes werden praktische Probleme in Verbindung mit isolierten Hohlräumen, Tunneln und komplexen Grubenbauen erörtert. Beträchtlicher Raum wird den weniger bekannten Aspekten des Themas gewidmet, beispielsweise der gegenseitigen Beeinflussung von Haupt- und Hilfsbauen, der Planung von Wasserschranken usw. Auch ist von der Möglichkeit Gebrauch gemacht worden, den grundlegenden Unterschied zwischen stabilem und nicht stabilem Gleichgewicht zu betonen. Eine Würdigung des Unterschiedes zwischen diesen Begriffen ist für das richtige Verständnis der damit verbundenen Mechanismen erforderlich, zum Beispiel für die Dimensionierung von Pfeilern und die Auslösung von Gebirgsschlägen.

Viele werden dem Verfasser die Unterlassung jeglichen Hinweises auf Theorie und Praxis der örtlichen Erprobungen vorwerfen. Zweifellos ist dies ein ernster Mangel, aber ihre Diskussion hätte den bereits sehr langen Bericht unerträglich lang gestaltet. Auf jeden Fall wird das Thema von anderen Verfassern mit ziemlicher Ausfürhlichkeit behandelt, vornehmlich von Obert und Duvall (1967) und Jäger und Cook (1969).

Es ist zu bemerken, dass der Verfasser im gesamten Bericht Druckspannungen als positiv bezeichnet und damit dem Beispiel von Jäger und Cook (1969) folgt. Dieses Vorsehen bietet für die Gebirgsmechanik viele Vorteile. Die einzige, vielleicht etwas verwirrende Folge dieser Definition ist die, dass eine positive Verschiebung eine Bewegung in die negative Richtung der Koordinatenachsen bedeutet.

Abschliessend möchte ich der Chamber of Mines of South Africa für ihre grosse Hilfe und ihr Entgegenkommen danken. Ferner bin ich meinem Freund und Kollegen K.I. Oravecz für seine Hilfe bei der Zusammenstellung des Literaturverzeichnisses und der Ausarbeitung des Bildmaterials zu Dank verpflichtet. Herr F.H. Lancaster hat mir weitgehend mit der Redaktion des Entwurfes geholfen, wofür ich ihm dankbar bin. Ebenfalls möchte ich Frau W.M. Bogadi und Frau M.E. Payne für die Abschrift des Manuskriptes danken.

INHALTSVERZEICHNIS

1. GEBIRGE UND GEBIRGSKÖRPER

1.1 Einleitung

Das Programm des Dritten Internationalen Kongresses ist so geplant, dass im Rahmen von fünf Themen verschiedene Aspekte der Gebirgsmechanik diskutiert werden. Davon ist Thema I der Erörterung der Eigenschaften des Gebirges und der Gebirgskörper gewidmet. Um Wiederholung zu vermeiden, werden hier folglich nur diejenigen Aspekte dieses umfangreichen Themas erwaehnt, die für das Verständnis der Mechanik der Hohlräume unter Tage als besonders bedeutungsvoll angesehen werden.

Lösungen für physikalische Probleme lassen sich ganz allgemein entweder durch empirische (örtliche) Untersuchungen, mathematische Studien oder Modellarbeit erzielen.

Das rein empirische Vorgehen basiert grundsätzlich auf einer Reihe von Kontrollversuchen, bei denen nacheinander der Einfluss jeder Variablen untersucht wird. Leider ist es bei der Untersuchung der Abbauräume unter Tage gewöhnlich weder finanziell noch technisch möglich, für allgemeine quantitative Lösungen eine genügende Anzahl von Versuchen durchzuführen.

Das theoretische Vorgehen basiert auf mathematischen oder idealisierten Modellen, die gut gut definierte Eigenschaften besitzen. Bei genügend starker Ähnlichkeit zwischen dem Verhalten des gewählten Modells und dem des Prototyps (in der Praxis gibt es keine vollkommene Übereinstimmung zwischen Modell und Prototyp), lassen sich Lösungen für praktische Probleme mit Hilfe der physikalischen Eigenschaften des Modells ableiten. Gewöhnlich werden die numerischen Werte der physikalischen Eigenschaften durch einfach Laborversuche im kleinen Maßstab bestimmt. Infolge der schnellen Entwicklung der Digitalrechner ist es heute gewöhnlich möglich, die Wirkungen der Variablen ohne Aufwand von hohen Kosten und übermässiger Arbeit zu untersuchen. Für den Theoretiker liegen die Hauptschwierigkeiten in der Wahl oder dem Bau des annehmbarsten Modells und der Bestimmung der numerischen Werte der physikalischen Konstanten, die in diesem Modell vorkommen. Es ist nicht wahrscheinlich, dass man idealisierte Modelle bauen kann, die das Verhalten des Prototyps unter sämtlichen Bedingungen beschreiben. Ferner ist die Möglichkeit der Festlegung auf ein Modell, das der Reduzierung von Abbauproblemen auf Laborgrösse zur Bestimmung der Parameter standhält in der Tat sehr gering (obschon es für diese Behauptung bekanntlich Ausnahmen gibt).

Die dritte Methode ist die Verwendung eines Versuchsmodells. Die Untersuchung mit Hilfe eines Modells stellt grundsätzlich eine empirische Methode dar, bei der die Kontrollversuche an verkleinerten Modellen durchgeführt werden. In vielen Fällen ist es möglich, die notwendige Anzahl von Versuchen mit künstlichen Modellen in einem Labor durchzuführen, wohingegen dies beim tatsächlichen Abbau praktisch nicht durchführbar gewesen wäre. Trotz dieses Vorteiles hat sich die Modellmethode nicht als voll wirksam für die Lösung von gebirgsmechanischen Problemen erwiesen. Dies beruht darauf, dass Versuche und Modelle nur dann annehmbare Ergebnisse erzielen, wenn das Verhalten des Modells dem des Prototyps ziemlich nahe kommt.(In dieser Hinsicht sind die Schwierigkeiten des Experimentators denen des Theoretikers ähnlich). Es ist relativ einfach, physikalische Modelle zur Simulierung von Fällen zu konstruieren, bei denen das Materialverhalten des Prototyps einfach ist (z.B. elastisch), jedoch lassen sich derartige Fälle heutzutage einfacher mit digitalen Methoden behandeln. Der wirkliche Vorteil verkleinerter Modelle wäre in der Analyse komplexen Materialverhaltens (d.h. Modellgestaltung von Abbauräumen, um die herum ein Teil des Gebirgskörpers gebrochen ist) zu suchen, jedoch wird di Verwendung von Modellen für derartige Fälle durch Schwierigkeiten bei Modellbau und Belastung sowie durch den Mangel an geeignetem Modellmaterial behindert.

Also darf man nicht erwarten, dass bei der Mechanik von Hohlräumen unter Tage eine einfache Methode voll wirksam sein wird. Der Fortschritt auf diesem Gebiet während des letzten Jahrzehnts hat weitgehend auf einer wohlüberlegten Verbindung von empirischen und theoretis Methoden beruht. In einer Vielzahl von Fällen sind einfachste idealisierte Modelle, wie das lineare elastisch Modell, angewandt und nützliche Ergebnisse erzielt word Um diese realistischer zu gestalten, wurden die physikalischen Parameter der mathematischen Modelle mit Hilfe örtlichen Versuchen und nicht durch Laborversuche im kl nen Maßstab bestimmt. Es besteht wenig Zweifel darüber, dass eine ähnliche Kombinierung von praktischer und theoretischer Arbeit, unterstützt durch sorgfältig durc geführte Laborversuche, in Zukunft voraussichtlich zu weiterem Fortschritt führen wird.

1.2 Das mechanische Verhalten des Gesteins

Hohlräume unter Tage werden in Gebirgskörpern abgebaut, die gewöhnlich mehrere unterschiedliche Arten von Geste umfassen. Der physikalische Aufbau des Gesteins zeigt unterschiedliches Aussehen je nach Ursprung und Masstab bei dem die Untersuchung durchgeführt wird. Magmagestei hat kristallartigen Aufbau verschiedener Mineralien und Sedimentgestein besteht aus Teilchen, die in einer Matr irgendeines Stoffes eingeschlossen sind.

Das Verständnis des mechanischen Verhaltens des Gestein ist für die Untersuchung der Planung von Abbauräumen unter Tage von wesebtlicher Bedeutung. Spannungs-Dehnungsbeziehungen und Gesteinsbruch sind die wichtigs Aspekte dieses breiten Themas. Jäger und Cook (SS.102-1 haben kürzlich eine ausgezeichnete Zusammenfassung des Verhaltens des unter Spannung stehenden Gesteins gegebe Hier wird nicht der Versuch einer umfassenden Darlegung des Themas unternommen. Es wird lediglich beabsichtigt, kurz auf die neueren und bedeutenderen Entwicklungen au diesem so schnell fortschreitenden Forschungsgebiet ein gehen. In diesem Zusammenhang sei erwähnt, dass einige wicklungen bei der Laboruntersuchungvon Gestein die pra tischen Anwendungsmöglichkeiten hinter sich gelassen ha so dass sie wenig Bedeutung für den Gegenstand dieses Referates besitzen.

(i) Spannungs-Dehnungs-Beziehungen

Das Studium von Spannungen und Verschiebungen in einem

festen Körper schliesst die Verwendung von (a) Gleichgewichts- (oder Bewegungs-) gleichungen, (b) Beziehungen zwischen Verschiebungen und Verformungen und (c) die Spannungs-Dehnungs-Beziehungen oder Stoffgesetze ein. Die ersten und zweiten Gleichungssysteme fallen in den Bereich der Statik und Geometrie und haben nichts mit dem tatsächlichen Verhalten des Festkörpers zu tun. Die einzige bei der Ableitung dieser Gleichungen vorgenommene Voraussetzung ist die, dass der fragliche Festkörper kontinuierlich ist und nach Abschluss der Formänderung kontinuierlich bleibt. Für die Betrachtung von Gestein im Gegensatz zu Gebirgskörpern (Gesteinsmassen) ist diese Annahme gewöhnlich annehmbar, wenn die Spannungen kleiner sind als die Gesteinsfestigkeit.

Darüber hinaus wird häufig als gegeben vorausgesetzt, dass die Grösse der Formänderungen kleiner oder, wie man gewöhnlich sagt, infinitesimal, sind. Diese Annahme hat meist mehr mit der Art des analytischen Problems und nicht mit dem Verhalten der betreffenden Substanz zu tun. Sie führt jedoch zu bedeutenden Vereinfachungen der Gleichungen. Diese Vereinfachungen beruhen vorwiegend auf der Tatsache, dass es bei infinitesimalen Formänderungen nicht nötig ist, zwischen den Koordinaten der Materialpunkte vor und nach der Verformung zu unterscheiden.

Die Spannungs-Dehnungs-Beziehungen kennzeichnen das Verhalten des Stoffes unter Spannung und stellen somit die Verbindung zwischen abstrakten statischen und geometrischen Begriffen und dem physikalischen Problem her. Vielleicht ist der bedeutendste Fortschritt neuerdings bei der Untersuchung der Spannungs-Dehnungs-Beziehungen erzielt worden, als bekannt wurde, dass die vollständige Spannungs-Dehnungsrelation, Bild 1.2.1, der meisten Gesteine aus einem ansteigenden Teil, OB, und einem absteigenden Teil, BC, besteht. Laut Jäger und Cook (S. 77) befindet sich ein Stoff im duktilen Zustand, solange er ohne Einbusse der Lastaufnahmefähigkeit bleibend verformt werden kann. Umgekehrt befindet sich ein Stoff im spröden Zustand, wenn seine Lastaufnahmefähigkeit mit zunehmender Verformung abnimmt. So ist in Bild 1.2.1 das Gestein in den Bereichen AB und BC jeweils im duktilen und spröden Zustand.

Im Laufe des Abbaus von unterirdischen Hohlräumen und besonders in grossen Teufen wird oft ein Teil des Nebengesteins in den spröden Zustand versetzt. Folglich muss der Einfluss der Spannungs-Dehnungsrelationen in diesen Bereichen berücksichtigt werden, wenn die Mechanik der Abbauräume unter Tage voll verstanden werden soll. Da der im Labordruckversuch einbegriffene Mechanismus die einfachste Form des viel komplexeren Mechanismus darstellt, der das Verhalten des Gesteins um Hohlräume unter Tage bestimmt, ist es wirklich der Mühe wert, einen solchen Versuch mit einiger Ausführlichkeit zu analysieren, J.+ C. (SS. 167-171) und Salamon (1970).

Während der Versuche werden Probe und Belastungsmaschine Kräften ausgesetzt, und daher verformen sich beide. Im einfachsten Falle kann das aus Belastungsmaschine und Gesteinsprobe bestehende Belastungssystem durch ein gleichwertiges System von Feder und Probe ersetzt werden, die in Reihe belastet werden, Bild 1.2.2 (a).

Während des Belastungsvorganges bewegen sich beide Federenden nach unten. Ist die Verschiebung am oberen Ende, Punkt O_1, γ und s die Verschiebung am unteren Ende, Punkt O_2, dann beträgt die auf die Feder einwirkende Kraft

$$P_s = k(\gamma - s), \qquad (1)$$

wobei k die Federkonstante darstellt. Dieser Ausdruck beschreibt die Belastungslinie der Feder, das heisst, der Belastungsmaschine.

Die Kraft-Verschiebungsrelation des Gesteins sei nun

$$P_r = f(s). \qquad (2)$$

Damit sich das System im Gleichgewicht befindet, müssen diese Kräfte gleich sein, das heisst, (Bild 1.2.2 (b):

$$k(\gamma - s) = f(s), \qquad (3)$$

In diesem System ist keine spontane Änderung zu erwarten, was besagt, dass das durch (3) definierte Gleichgewicht stabil ist, solange wie die Feder keine weitere Verfornung in der Probe ohne die Zufuhr zusätzlicher Energie von aussen auslösen kann. Die Energiezufuhr ist Null, wenn γ unverändert bleibt. Somit ist das Gleichgewicht stabil, wenn die von der Feder einer kleinen Verschiebung von Punkt O_2, Δs geleistete Arbeit geringer ist als die zur Induzierung derselben Verschiebung im Gestein ΔW_r erforderliche Arbeit , das heisst, wenn

$$\Delta W_r - \Delta W_s > 0. \qquad (4)$$

ist.

Die von der Feder am Gestein während der kleinen Verschiebung geleistete Arbeit ist

$$\Delta W_s = (P + \tfrac{1}{2}P_s)\Delta s \qquad (5)$$

Die zur weiteren Verformung des Gesteins erforderliche Arbeit ist

$$\Delta W_r = (P + \tfrac{1}{2}P_r)\Delta s. \qquad (6)$$

Die Kraftänderungen lassen sich aus (1) und (2), beziehungsweise ($\Delta\gamma = 0$) ableiten:

$$\Delta P_s = -k\Delta s, \quad \Delta P_r = f'(s)\Delta s = \lambda\Delta s. \qquad (7)$$

In Gleichung (7) bezeichnet γ die Steigung der Kraft-Verschiebungskurve der Probe.

Durch Einsetzen der Ausdrücke von (7) in (5) und (6) und schliesslich in (4) ergibt sich:

$$\tfrac{1}{2}(k+\lambda)\Delta s^2 > 0. \qquad (8)$$

Dieses Ergebnis zeigt, dass das durch (3) definierte Gleichgewicht stabil ist wenn, und nur wenn

$$k+\lambda > 0. \qquad (9)$$

Die Steigung der Kraftverschiebungskurve ist im Bereich OB positiv und im spröden Bereich BC negativ. Da definitionsgemäss k positiv ist, folgt aus der Ungleichheit (9), dass das Gleichgewicht ungeachtet der Steifigkeit der Belastungsmaschine stabil sein wird solange der Verformungswiderstand der Probe mit zunehmender Verformung zunimmt (Bereich OB). Für Zustände, die durch den absteigenden Teil der Verformungskurve, dem BC Bereich, dargestellt sind, lässt sich keine ähnlich allgemeine Aussage hinsichtlich der Stabilität treffen. Hier wird das Gleichgewicht bis zu dem Punkt stabil sein, an dem die Belastungslinie der Feder mit der Kraft-Verschiebungskurve tangiert, Bild 1.2.3. An diesem Punkt wird der Versuch durch plötzlichen, heftigen Bruch des Gesteins unterbrochen werden. Ein heftiger Bruch wird sich aber während des gesamten Versuches nicht ereignen, wenn die kleinste Steigung der Kraft-Verschiebungskurve γ_m der Ungleichheit $k+\gamma_m>0$ genügt.
Diese einfachen Resultate deuten darauf hin, dass beträchtliche Schwierigkeiten entstehen können, wenn ein Teil des Gebirgskörpers in den spröden Zustand versetzt wird. Ob der Gleichgewichtszustand in derartigen Fällen stabil oder instabil ist, wird von der Wechselwirkung zwischen den brechenden und ungebrochenen Bereichen des Gebirgskörpers abhängen. Es lässt keine allgemeingültige Voraussage hinsichtlich der Stabilität treffen.

Drucker (1964) hat in einem äusserst interessanten Referat die Einführung des Ausdrucks stabiles Material vorgeschlagen, der eine Präzisierung des Begriffes stabiles System darstellt. Ein stabiles System ist ein System, dessen Konfiguration durch die Belastungsgeschichte in dem Sinne bestimmt wird, dass kleine Störungen kleine Änderungen hervorrufen und dass keine spontane Konfigurationsänderung eintreten wird.

Damit ein Stoff im obigen Sinne stabil ist, genügt es laut Drucker (1964), dass

$$\delta\sigma_{ij}\delta\varepsilon_{ij} > 0, \qquad (10)$$

wobei $\delta\sigma_{ij}$ und $\delta\varepsilon_{ij}$ jegliche unendlich kleinen Spannungsänderungen und die entsprechenden infinitesimalen Verformungsänderungen darstellen. Auch wird in (10) die übliche Tensorsymbolik verwendet, so dass die in einem Glied wiederholten unteren Indices die Summierung bezeichnen. Genügt ein Stoff der Ungleichheit (10), dann wird der Gleichgewichtszustand für jedes Problem mit einem solchen Stoff stabil sein. Dies ist beispielsweise entlang dem ansteigenden Teil der Verformungskurve der oben erörterten Gesteinsprobe der Fall.

Bis heute basieren praktisch alle theoretischen Entwicklungen auf dem Gebiet der Spannungsanalyse auf stabilen Materialien. Abgesehen von der frühen Arbeit von Deist (1965, 1966) scheinen keine ersten Versuche zur Definierung idealisierter Modelle unternommen worden zu sein, die das bekannte Verhalten des Gesteins im spröden Zustand erklären können. Also handelt es sich hier um ein Gebiet, auf dem in nicht zu ferner Zukunft wichtige Entwicklungen stattfinden müssen. Die praktische Bedeutung dieser Fragen für Pfeilerstabilität und Gebirgsschlag wird noch in den Abschnitten 6.8 und 9.1 erörtert werden.

(ii) Gesteinsfestigkeit

Der Klarstellung der Festigkeitseigenschaften ist vielleicht mehr Forschungsarbeit als irgendeinem anderen Aspekt des Gesteinsverhaltens gewidmet worden. Trotz des Ausmasses an Untersuchungen steht noch immer nicht fest, ob sich in allen Fällen zuverlässige Voraussagen hinsichtlich des Gesteinsbruches um unterirdische Hohlräume treffen lassen.

Die Schwierigkeiten haben hauptsächlich zwei Ursachen. Erstens ist das Gestein ein komplexes Material, das bei den verschiedenen Grössenmasstäben Schwächen aufweist, von denen gewöhnlich nur die feinsten die Versuchsergebnisse in kleinem Maßstab beeinflussen. Eine Extrapolierung der Ergebnisse auf die Gegebenheiten unter Tage wird durch das Vorhandensein von Klüften, Spalten usw. behindert, die einen grossen Einfluss auf das Verhalten des Gebirgskörpers haben können.

Die zweite Ursache der Schwierigkeiten ist die Definition der Festigkeit selbst. Man hat lange erkannt, dass Gesteinsfestigkeit nicht durch eine einzige Grösse definiert werden kann. Die vielleicht am häufigsten verwendete Definition der Festigkeit Ungleichung

$$\sigma_1 \leq a\sigma_3 + b, \qquad (11)$$

wobei a, b Parameter des Gesteins und σ_1 und σ_3 die maximalen und minimalen Hauptspannungen sind. Die Anwendung dieser Ungleichung (oder irgendeiner anderen ähnlichen Zwecken dienenden Formel) führt zu der Annahme, dass Gesteinsbauten zu Bruch gehen werden, sofern ihre Planung nicht die Erfüllung von (11) berücksichtigt. Im Rahmen Erörterung von Bild 1.2.1 wurden jedoch bereits gezeigt, dass dies nicht der Fall ist. In der Tat kann Gestein selbst dann einige Last aufnehmen, wenn die Verformung grösser ist als die Verformung, die der Bedingung $T_1 = a\,T_3 + b$ (11) entspricht. Deshalb sollte die Ungleichung (11) so gedeutet werden, dass sie die Hauptspannung, die vom Gestein aufgenommen werden kann bestimmt. Sie enthält keine Aussage über die Lastaufnahmefähigkeit oder den allgemeinen Gesteinszustand, sobald die Gleichung (11) erfüllt ist.

Ausser der ausgezeichneten Zusammenfassung von Lehrsätzen über Gesteinsfestigkeit von Jäger und Cook (SS 83-101) sind Berichte zu diesem Thema kürzlich von Jäger (1966) und Hök (1968) vorgelegt worden.

(iii) Die effektive Spannung

Der Begriff der effektiven Spannung wurde ursprünglich von Terzaghi für wassergesättigte Böden eingeführt. Später zeigte sich, dass er auch auf die Gebirgsmechanik Anwendung findet, vorausgesetzt die Permeabilität reicht aus, um die Bewegung von Flüssigkeiten zu gestatten, J. + C. (SS. 206-214). Ein weiterer Bericht zu diesem Thema wurde von Serafim (1968) vorgelegt.

Terzaghi setzte als gegeben voraus, dass Verformung und Bruch von wassergesättigten Böden durch die effektiven Spannungen beeinflusst werden

$$\sigma'_{ij} = \sigma_{ij} - \delta_{ij}p, \qquad (12)$$

wobei σ_{ij} die Gesamtspannungskomponenten δ_{ij} das Kroneckersche Delta ($\delta_{ii} = 0, \delta_{ij} = 0$ für $i \neq j$) und p den Porendruck darstellen. Im wassergesättigten Gestein kann die Definition der effektiven grösseren σ_1' und kleineren σ_3' Hauptspannungen wie folgt ausgedrückt werden:

$$\sigma_1' \leq a\sigma_3' + b. \qquad (13)$$

1.3 Strukturelle Eigenschaften von Gesteinsmassen

Von einigen Ausnahmen abgesehen werden Hohlräume unter Tage nicht im ungestörten Gestein, sondern in einem Körper hergestellt, der aus Gestein verschiedenartiger Lithologie besteht, die vielen geologischen Einflüssen und tektonischen Kräften ausgesetzt worden ist. Vom gebirgsmechanischen Standpunkt sind die Lithologie des Gesteins und jegliche geologische Struktur wie Klüfte, Schichtfugen, Schieferungsflächen, Scherzonen, Gesteinsgänge und Verwerfungen, die Festigkeit, Verformungseigenschaften oder Permeabilität beeinflussen können, in hohem Masse bedeutungsvoll, Deere (1968).

Der grösste Mangel bei der frühen Entwicklung der Gebirgsmechanik war vielleicht die fehlende Bemühung um eine Quantifizierung der Einflüsse geologischer Faktoren. Die jüngste Entwicklung der Geotechnik als einer angewandten Wissenschaft beginnt diese Lücke rasch zu schliessen. Trotzdem muss zugegeben werden, dass das Stadium bisher noch nicht erreicht worden ist, in dem die geologische Information, die mit Hilfe der verschiedenen Kartierungs- und Forschungsmethoden zusammengetragen werden kann, voll genutzt wird.

(i) Strukturaspekte

Die Spannungen in der Erdkruste sind vorwiegend Druckspannungen. Oft, besonders in beträchtlicher Teufe, ist daher die Druckspannung, die auf die gewöhnlich fast ebenen geologischen Diskontinuitäten einwirkt, genügend gross, um Reibungswiderstand zu erzeugen, der ein Abgleiten der Flächen verhindert. Diese günstige Eigenschaft der Spannungsverteilung im unverritzten Gebirge setzt die Bedeutung geologischer Aspekte wie Klüfte und Verwerfungen herab. Natürlich wird in der Umgebung von bergmännischen Abbauräumen die Spannungsverteilung im unverritzten Gebirge oft genügend verändert, um die oben erwähnte günstige Wirkung aufzuheben und diese Diskontinuitäten sehr bedeutungsvoll zu machen.

Soll die Sicherheit eines Abbauraumes unter Tage bestimmt werden, so ist das Verhältnis des Abstandes der Klüfte zu der typischen linearen Dimension des Abbauraumes ein wichtiger Parameter. Ist dieses Verhältnis klein, so sind die Klüfte oder Schichtfugen hinsichtlich der Grösse des Abbauraumes eng zueinander angeordnet. In solchen Fällen werden für die Bestimmung der Stabilität des Abbauraumes wahrscheinlich die Diskontinuitäten eine entscheidende Rolle spielen. Ein weiterer wichtiger Faktor in dieser Hinsicht ist die geometrische Beziehung zwischen den Diskontinuitätsebenen und den an den Abbauraum grenzenden Flächen.

Selbst nach dieser recht kurzen und unvollständigen Zusammenfassung des Einflusses der Strukturaspekte wird klar, dass im grossen und ganzen Grössenzunahme und Teufenabnahme unter Tage in einem Abbauraum den Einfluss geologischer Diskontinuitäten verstärken.

(ii) Deformationseigenschaften

Gebirgskörper bestehen aus verschiedenen Arten von Gestein, jeweils mit unterschiedlichen Verformungseigenschaften. Darüber hinaus können Diskontinuitäten im Körper auch die daraus resultierende Verformung beeinflussen. Unter diesen Umständen ergeben sich beträchtliche Schwierigkeiten bei der genauen Simulierung des Verhaltens einer derart komplexen Masse. Dies trifft trotz der jüngsten Entwicklungen auf dem Gebiet der numerischen Methoden der Spannungsanalyse zu. Ein Beispiel dafür ist die Finite-Element-Methode, Kapitel 3, die die Lösung von Problemen in einem Medium gestattet, das aus mehreren Stoffen mit verschiedenen Eigenschaften besteht.

Eine Alternativmethode für die individuelle Behandlung von Elementen einer Masse ist die, eine äquivalente Masse zu definieren. In dieser Beziehung ist einiger Fortschritt durch Salamon (1968a) erzielt worden, der ein äquivalentes Medium zur Behandlung von geschichteten Massen im elastischen Bereich einführte. Wardle und Gerrard (1972) haben unter Verwendung seiner Ergebnisse einiges vielschichtiges Gestein von spezifischer Zusammensetzung untersucht. Wegen der praktischen Bedeutung ihrer Arbeit für eine Reihe von Problemen in der Praxis, besonders bei Sedimentgesteinsmassen, wird hier eine kurze Zusammenfassung von Salamons Verfahren wiedergegeben.

In der Analyse wird als gegeben vorausgesetzt, dass alle Schichten homogen, transversal isotrop sind, Lekhnitskii (1963, SS. 24-25) und dass ihre Mächtigkeiten und elastischen Eigenschaften beliebig variieren. Weiterhin wird angenommen, dass der Körper nach der Verformung kontinuierlich bleibt und dass an den Berührungsflächen zwischen den Schichten keine relative Verschiebung stattfindet. Die Analyse basiert auf einem Vergleich des Verhaltens von zwei Würfeln identischer Grösse, von denen der eine aus dem Gebirgskörper und der andere aus einem äquivalenten homogenen Medium geschnitten wurde. Angenommen, die Schichtfugen sind parallel und der Gesteinswürfel ist so geschnitten, dass zwei seiner Seiten zu diesen Ebenen parallel sind. Der Würfel muss genügend gross sein, um eine für den Gebirgskörper typische Probe abzugeben.

Ein so definierter Würfel wird eine gewisse elastische Symmetrie besitzen. Sein Verhalten wird hinsichtlich der Rotierung um eine zu den Schichtfugen senkrecht verlaufende Achse und auch hinsichtlich der Reflexion in einer dieser Ebenen unverändert sein. Diese erste Bedingung der Invarianz ist das Ergebnis der geometrischen Anordnung der Schichten. Die zweite ergibt sich aus den Voraussetzungen in bezug auf die zufällige Verteilung der Eigenschaften und der Mächtigkeit des Gesteinswürfels. Daraus kann der Schluss gezogen werden, dass das äquivalente Medium transversal isotrop sein wird. Seine Spannungs-Dehnungsrelationen werden durch

$$\begin{aligned} \epsilon_{11} &= \frac{1}{E_1}(\sigma_{11} - \nu_1\sigma_{22} - \nu_2\sigma_{33}), \\ \epsilon_{22} &= \frac{1}{E_1}(-\nu_1\sigma_{11} + \sigma_{22} - \nu_2\sigma_{33}), \qquad (1) \\ \epsilon_{33} &= \frac{\nu_2}{E_1}(-\sigma_{11} - \sigma_{22}) + \frac{1}{E_2}\sigma_{33}, \end{aligned}$$

$$\epsilon_{12} = \sigma_{12}/G_1, \quad \epsilon_{13} = \sigma_{13}/G_2,$$

$$\epsilon_{23} = \sigma_{23}/G_2,$$

gegeben, wo die x_3 -Achse senkrecht zu den Schichtfugen verläuft und

$$G_1 = E_1/2(1+\nu_1). \tag{2}$$

Zur Bestimmung der fünf unabhängigen elastischen Konstanten in (1) werden die einfachen zulässigen Spannungs- und Verformungsverteilungen im Gesteinswürfel benutzt. Schliesslich werden Resultate erzielt, indem sichergestellt wird, dass die in den zwei Würfeln gespeicherten Verformungsenergien gleich sind. Der Einfachheit halber sind die Formeln für die fünf Konstanten hier nur für den Fall gegeben, dass alle Schichten isotrop sind, das heisst, dass der Elastizitätsmodul und die Poissonsche Zahl der Schicht von der Mächtigkeit h_i E_i und ν_i sind.

Angenommen die Randabmessung der Würfel sind L und es gelten die folgenden Verhältnisse

$$\varphi_i = h_i/L, \qquad i = 1,2,\ldots n, \tag{3}$$

wobei n die Anzahl der Schichten im Gesteinswürfel ist. Offensichtlich ist

$$\Sigma\varphi_i = 1. \tag{4}$$

Hier und im folgenden werden die Summierungen von i=1 bis i=n vorgenommen. Unter Verwendung dieser Schreibweise gilt

$$\nu_1 = \frac{\sum \frac{\varphi_i \nu_i E_i}{1-\nu_i^2}}{\sum \frac{\varphi_i E_i}{1-\nu_i^2}}, \qquad \nu_2 = (1-\nu_1)\sum \frac{\varphi_i \nu_i}{1-\nu_i},$$

$$E_1 = (1-\nu_1^2)\sum \frac{\varphi_i E_i}{1-\nu_i^2}, \qquad G_2 = 1/\sum \frac{\varphi_i}{G_i}, \tag{5}$$

$$E_2 = 1/\left\{\sum \frac{\varphi_i(1+\nu_i)(1-2\nu_i)}{(1-\nu_i)E_i} + \frac{2\nu_2^2}{(1-\nu_1)E_1}\right\}.$$

Man wird feststellen, dass nach (2) und (4)

$$G_1 = \Sigma\varphi_i G_i, \tag{6}$$

Deshalb ist das Verhältnis der zwei Schermodule G/G immer grösser als Eins. Dies beruht darauf, dass

$$G_1/G_2 = \Phi = (\Sigma\varphi_i G_i)(\Sigma\varphi_i/G_i) > 1. \tag{7}$$

ist.

Sind die Verteilungen von E_i ν_i und φ_i bekannt, so können die Gleichungen (4) zur Schätzung der Module des äquivalenten Mediums verwandt werden.

(iii) Feldaufnahmen

Es besteht im allgemeinen wenig Zweifel darüber, dass sich eine annehmbare Beschreibung des Gebirgskörpers praktisch nur durch Feldaufnahmen von Diskontinuitäten liefern lässt und dass in situ Versuche erforderlich sind, um die Verformungseigenschaften des Gesteins experimentell zu bestimmen. Beträchtlicher Fortschritt ist mit der Entwicklung von Methoden für die Sammlung und die Darstellung der im Gelände gewonnenen Daten gemacht worden, besonders hinsichtlich Arbeiten an oder in Nähe der Tagesoberfläche. Dieses Thema fällt jedoch nicht in den Rahmen dieses Referates und wird unter den Themen I und III mit einiger Ausführlichkeit behandelt.

(iv) Klassifizierung der Gebirgskörper

Zusätzlich zu Karten und statistischen Darstellungen geologischer Diskontinuitäten ist es wünschenswert, Gestein in situ zu klassifizieren. Derartige Klassifizierungen erleichtern die Verständigung unter Fachleuten, die gemeinsam ein Projekt behandeln und geben einen Anhalt für die Schwierigkeiten, mit denen während der Gesteinsarbeiten zu rechnen ist. Solche Klassifizierungen könnten auf dem Kluftabstand, Deere (1968) und auf einem Vergleich der Fortpflanzungsgeschwindigkeit von Erschütterungswellen in situ und an Laborproben gemessenen Druckwellengeschwindigkeiten basieren, Onodera (1963).

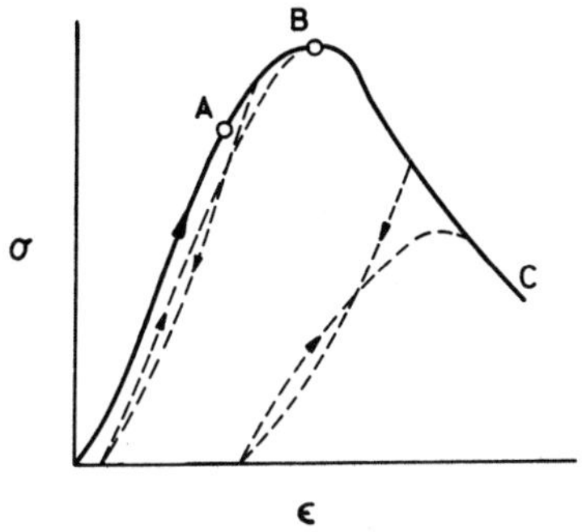

Bild 1.2.1 Vollständige Spannungs-Dehnungsrelation des Gesteins nach Jäger und Cook (S.76)

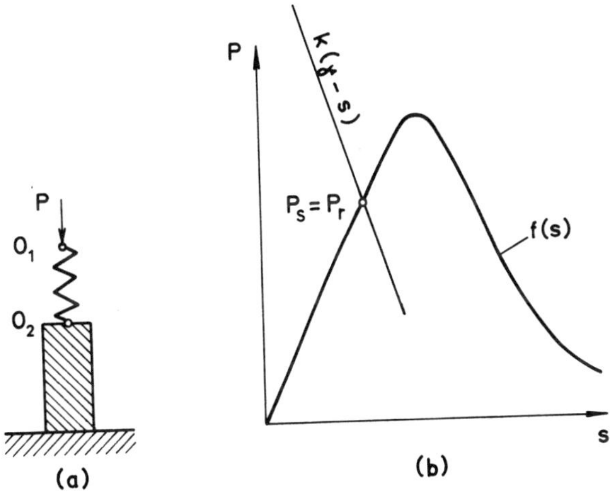

Bild 1.2.2 Idealisiertes Delastungssystem (a) mit der Bedingung für Gleichgewicht zwischen Last und Gesteinswiderstand (b)

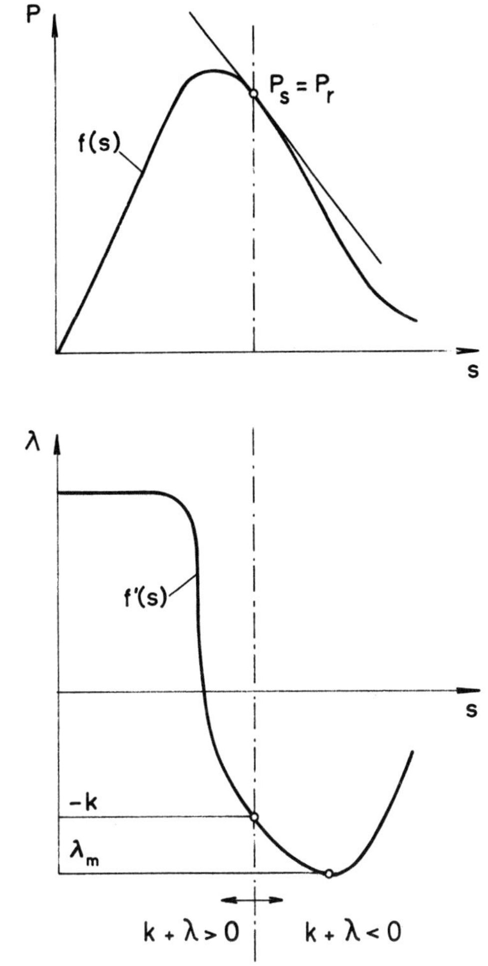

Bild 1.2.3 Kriterion für Instabilität in Form von f(s) und f'(s)

2. GRUNDLEGENDE ÄNDERUNGEN ALS FOLGE VON ABBAU UNTER TAGE

2.1 Änderungen des Spannungszustandes

Spannungen in der näheren Umgebung von Abbauräumen unter Tage lassen sich nicht errechnen, es sei denn, der im vorher nicht gestörten Gebirge bestehende Spannungszustand sei bekannt. Es ist deshalb recht bedauerlich, dass keine fundierte theoretische Basis für die Ableitung der Spannungsverteilung in der Erdkruste besteht. Die Spannungsmessung ist die einzige quantitative Art der Bestimmung der Spannung im unverritzten Gebirge, d.h. Spannungen, wie sie beim Fehlen jeglichen Abbaus bestehen würden.

Wenn das Gebiet tektonisch nicht zu sehr gestört ist, kann vorausgesetzt werden, dass die vertikalen und horizontalen Spannungskomponenten im unverritzten Gebirge Hauptspannungen sind, die durch

$$\sigma_z^{(v)} = \sigma_{33}^{(v)} = \rho g z = \rho g z_3 , \qquad (1)$$

$$\sigma_x^{(v)} = \sigma_{11}^{(v)} = k\rho g z = k\rho g x_3 = \sigma_y^{(v)} = \sigma_{22}^{(v)} , \qquad (2)$$

gegeben sind, wobei K gewöhnlich eine positive Konstante und $z = x_3$ vertikal von der Erdoberfläche abwärts gemessen wird.

Oft wird angenommen, dass die horizontalen Verschiebungen im unverritzten Gebirge überall Null seien. Die Anwendung dieser Annahme auf Zustände im isotropen Gebirge führt zu

$$k = \nu/(1 - \nu), \qquad (3)$$

wobei ν die Poissonsche Zahl darstellt. Eine ausführliche Besprechung der Spannungen im unverritzten Gebirge findet sich in J.+C. (SS. 355-362).

Obgleich nichts Ausführlicheres hinsichtlich der genauen Grösse und Verteilung der Spannungen im unverritzten Gebirge bekannt ist, darf allgemein behauptet werden, dass jeder Teil der Erdkruste im Gleichgewicht ist.

Man betrachte einen beliebigen Teil des Gebirgskörpers mit dem Volumen V und begrenzt durch die Oberfläche S (Bild 2.1.1). Die Komponenten der auf S einwirkenden Kraft seien mit $T_i^{(v)}$ bezeichnet und die Komponenten der Volumkraft pro Einheitsvolumen mit X_i . In der Erdkruste ist $X_1 = X_2 = 0$ und $X_3 = \rho g$. Alle Kraftvektoren sind definiert in bezug auf die Aussennormale auf dem betrachteten Volumen.

Der Gleichgewichtszustand wird durch

$$\int_S T_i^{(v)} dS + \int_V X_i \, dV = 0. \quad i = 1,2,3. \qquad (4)$$

definiert.

Weitere Gleichungen ergeben sich aus dem Gleichgewicht der Momente, aber hier der Kürze halber nicht erwähnt werden. Sie würden nichts zum Wesentlichen der Erörterung beitragen.

Angenommen, die Grenzfläche S umschliesst einen vorgesehenen Hohlraum unter Tage. Es ist vorteilhaft, diese Grenzfläche so zu legen, dass sie das zu lösende Gestein nicht mit einschliesst. (Bild 2.1.2). In diesem Falle besteht S aus einer inneren Fläche S_i und aus einer äusseren Fläche S_o

Nach Lösen des Gesteins innerhalb S_i wird die Kraft auf S gleich $T_i^{(p)}$. Die Bedingung in (4) lautet demnach

$$\int_S T_i^{(p)} dS + \int_V X_i \, dV = 0. \qquad (5)$$

Der Einfachheit halber sei hier vorausgesetzt, dass der Hohlraum nicht ausgebaut ist und dass $T_i^{(p)} = 0$ auf S_i ist.

Subtrahiert man (4) von (5) und führt

$$T_i^{(p)} = T_i^{(v)} + T_i^{(ti)} \qquad (6)$$

ein, so ergibt sich

$$\int_S T_i^{(ti)} dS = \int_{S_o} T_i^{(ti)} dS - \int_{S_i} T_i^{(v)} dS = 0. \qquad (7)$$

Hier ist der zweite Schritt offensichtlich, da laut (6) $T_i^{(ti)} = - T_i^{(v)}$ bei S_i ist.

Als nächstes sei der Fall untersucht, wenn der in Bild 2.1.3 gezeigte Hohlraum um ein Volumen V_m erweitert wird.

Der in Bild 2.1.2 dargestellte Fall sei Zustand I und der in Bild 2.1.3 Zustand II. Nun sei angenommen, dass V in (4) der Gesteinsmasse entspricht, die im Zustand II intakt bleibt und der neu freigelegte Teil von S_i sei mit S_m bezeichnet. Ist die Kraft im Zustand II T_i so wird der Gleichgewichtszustand durch

$$\int_{S_o} T_i \, dS + \int_V X_i \, dV = 0 \qquad (8)$$

definiert, da $T_i = 0$ auf S_i^V ist. Nun führt man

$$T_i = T_i^{(p)} + T_i^{(i)} \qquad (9)$$

ein und subrahiert (4), nach Ersetzung von $T_i^{(v)}$ durch $T_i^{(p)}$, (8).

$$\int_S T_i^{(i)} dS = \int_{S_o} T_i^{(i)} dS - \int_{S_m} T_i^{(p)} dS = 0 \qquad (10)$$

Diese Ergebnisse folgen da $T_i^{(i)} = - T_i^{(p)}$ auf S_m (siehe (9)) und $T_i^{(p)} = 0$ auf dem Rest von S_i

Man beachte, dass fünf verschiedene Kraftvektoren in (6) und (9) eingeführt werden. Zusätzlich zu der bereits bekannten Kraft $T_i^{(v)}$ im unverritzten Zustand sind $T_i^{(p)}$, $T_i^{(ti)}$, T_i , und $T_i^{(i)}$ definiert. Es wird angenommen, dass jeder dieser Kräfte ein komplettes Spannungssystem $\sigma_{ij}^{(p)}$, $\sigma_{ij}^{(ti)}$, $\sigma_{i,j}$, $\sigma_{i,j}^{(i)}$.. und Verschiebungskomponenten $u_i^{(p)}$, $u_i^{(ti)}$, u_i $u_i^{(i)}$, entsprechen. Diese Spannungs- und Verschiebungskomponenten genügen Bedingungen analog (6) und (9).

Spannungskomponenten mit hochgestellten Indices p, ti und i werden jeweils als primitive, gesamt induzierte und induzierte Spannungen bezeichnet.Komponenten ohne hochgestellte Indices stellen Gesamtspannungen dar. Also bezeichnet $\sigma_{ij}^{(i)}$ die Veränderungen in den Spannungen, die aus der Erweiterung bestehender Abbauräume oder aus der Einführung zusätzlicher neuer Hohlräume resultieren. Da $\sigma_{ij}^{(y)}$ ein Sonderfall von $\sigma_{ij}^{(p)}$ ist, so ist $\sigma_{ij}^{(ti)}$ ein besonderer Fall von $\sigma_{ij}^{(i)}$ .Tatsächlich können die Ergebnisse in (7) aus (10) abgeleitet werden, und zwar, durch geeignete Deutung der oberen Indices unter Beachtung, dass in diesem Falle $S_m = S_1$ ist.

Es ist wichtig, dass beide Systeme $\sigma_{ij}^{(i)}$ und $\sigma_{ij}^{(ti)}$ frei von Volumenkräften sind. Dies geht aus (10) und (7) hervor. Ebenfalls ist es wichtig zu bedenken, dass Feldmessungen gewöhnlich die induzierten Verschiebungen, das heisst $u_i^{(i)}$ oder manchmal $u_i^{(ti)}$ liefern, aber nie die Gesamtverschiebung u_i . In Abschnitt 4.2 soll gezeigt werden, dass die Belastung von (künstlichen) Ausbausystemen ebenfalls durch $u_i^{(i)}$ geregelt wird.

Die Ergebnisse in diesem Abschnitt sind unabhängig von dem dem Gebirgskörper zugrundeliegenden Stoffgesetz (Spannungs-Dehnungsrelationen). Natürlich sind sie von grösster Bedeutung, wenn das Medium elastisch ist, da dann die induzierten Spannungs- und Verschiebungskomponenten voneinander unabhängig bestimmt werden können.

2.2 Energieveränderungen

Im Laufe der Herstellung von Hohlräumen unter Tage werden Gestein und Ausbau verformt; oft werden Brüche und manchmal auch seismische Wellen hervorgerufen.Die Verformung von Ausbau, Gesteinsbruch oder die Auslösung seismischer Wellen erfordern Energie. Es ist daher wichtig, die Energieänderungen, die unweigerlich die Erweiterung von Öffnungen unter Tage begleiten, zu analysieren.

Die Analyse basiert auf den Geometrieänderungen, die in Bild 2.1.2 und Bild 2.1.3 dargestellt sind. Ferner wird angenommen, dass der Gebirgskörper ein lineares elastisches Kontinuum darstellt (Salamon (1973)).

Das Gesetz der Energieerhaltung lässt sich in diesem Fall wie folgt ausdrücken:

$$W_t + U_m = U_c + W_r . \qquad (1)$$

Hier werden auf der linken Seite Energiegrössen angegeben, die im Verlaufe des Überganges des Abbaus von Zustand I auf Zustand II verfügbar werden. Die Grössen auf der rechten Seite von (1) kennzeichnen die Form, in die die Energiebeträge als Folge der Hohlraumvergrösserung umgewandelt werden.

Die Energie W_t ist die Arbeit, die von den äusseren Kräften an S und von den Volumenkräften im Volumen V geleistet wird (Bild 2.1.3).

$$W_t = \int_{S_0} u_i^{(i)} (T_i^{(p)} + \tfrac{1}{2} T_i^{(i)}) dS + \int_V u_i^{(i)} X_i \, dV \qquad (2)$$

Wenn das Gestein im Volumen V_m gelöst wird, entspannt es sich, so dass die in V im Zustand I gespeicherte Verformungsenergie U_m zur Arbeitsleistung frei wird. Die Energie U_m lässt sich entweder aus der spezifischen Formänderungsarbeit im Zustand I errechnen

$$\Phi^{(pp)} = \tfrac{1}{2} \epsilon_{ij}^{(p)} \sigma_{ij}^{(p)} \qquad (3)$$

oder aus den äusseren Kräften und den Volumenkräften, J.+C. (S. 118).

$$U_m = \int_{V_m} \Phi^{(pp)} dV = \tfrac{1}{2}\left(\int_{V_m} u_i^{(p)} X_i \, dV - \int_{S_m} u_i^{(p)} T_i^{(p)} dS\right) \qquad (4)$$

Als Folge weiteren Abbaus ändert sich die Verteilung der Spannung im Volumen V, so dass sich die Verformungsenergie in diesem Volumen ebenfalls ändert. Diese Änderung in der Verformungsenergie ist U_c

Die in V im Zustand I gespeicherte Energie beträgt

$$U_p = \int_V \Phi^{(pp)} dV \qquad (5)$$

und die im Zustand II

$$U = \int_V \Phi \, dV = \tfrac{1}{2} \int_V \epsilon_{ij} \sigma_{ij} dV = \tfrac{1}{2} \int_V (\epsilon_{ij}^{(p)} + \epsilon_{ij}^{(i)})(\sigma_{ij}^{(p)} + \sigma_{ij}^{(i)}) dV, \qquad (6)$$

die nach Einführung von

$$\Phi^{(pi)} = \tfrac{1}{2} \epsilon_{ij}^{(p)} \sigma_{ij}^{(i)}, \qquad \Phi^{(ip)} = \tfrac{1}{2} \epsilon_{ij}^{(i)} \sigma_{ij}^{(p)}, \qquad \Phi^{(ii)} = \tfrac{1}{2} \epsilon_{ij}^{(i)} \sigma_{ij}^{(i)}, \qquad (7)$$

wie folgt geschrieben werden kann.

$$U = \int_V (\Phi^{(pp)} + \Phi^{(pi)} + \Phi^{(ip)} + \Phi^{(ii)}) dV. \qquad (8)$$

Es ergibt sich aus (8) und (5)

$$U_c = U - U_p = \int_V (\Phi^{(pi)} + \Phi^{(ip)} + \Phi^{(ii)}) dV. \qquad (9)$$

Zuletzt wird zur Errechnung aller Energiebeträge, die dem Gebirgskörper verloren gegangen sein mögen, die freigewordene Energie W_r eingeführt. Sobald die drei übrigen Komponenten bekannt sind, lässt sich W_r aus der Energiebilanz in (1) bestimmen.

Um W_t in einfacher Form auszudrücken, kann der Reziprozitätssatz der linearen Elastizitätstheorie angewandt werden (J.+C. S. 119).

Nehmen wir an, das erste der zwei auf V einwirkenden Kräftesysteme entspricht den Feldspannungen, die sich aus der Volumenkraft X_i und der Kraft $T_i^{(p)}$ auf S_0 und S_m zusammensetzen. Wir wollen ferner annehmen, dass das zweite Kräftesystem den induzierten Spannungen entspricht, d.h. $T_i^{(i)}$ auf der Oberfläche S_0 und $-T_i^{(p)}$ auf S_m . Eine weitere ins einzelne gehende Erörterung dieser Kräfte und der entsprechenden Verschiebungen wird im Abschnitt 2.1 gegeben.

Die vom ersten Kräftesystem auf Verschiebungen des zweiten Systems geleistete Arbeit ist

$$W_{12} = \int_{S_0+S_m} u_i^{(1)} T_i^{(p)} dS + \int_V u_i^{(1)} X_i dV = 2\int_V \Phi^{(1p)} dV \qquad (10)$$

und die vom zweiten Kräftesystem an Verschiebungen des ersten Systems geleistete Arbeit ist durch

$$W_{21} = \int_{S_0} u_i^{(p)} T_i^{(1)} dS - \int_{S_m} u_i^{(p)} T_i^{(p)} dS = 2\int_V \Phi^{(p1)} dV \qquad (11)$$

gegeben.

Greens Lehrsatz (J. + C., S. 119) kann herangezogen werden, um zu zeigen, dass W_{12} und W_{21} als Volumenintegrale von $\Phi^{(1p)}$ und $\Phi^{(p1)}$ ausgedrückt werden können.

Entsprechend dem Reziprozitätssatz ist $W_{12} = W_{21}$. Somit ergibt sich aus (10) und (11)

$$\int_{S_0} u_i^{(1)} T_i^{(p)} dS + \int_V u_i^{(1)} X_i dV = 2\int_V \Phi^{(1p)} dV = 2\int_V \Phi^{(p1)} dV,$$

was die Neuformulierung des Ausdrucks von W_t in (2)gestattet.

$$W_t = 2\int_V \Phi^{(1p)} dV - \int_{S_m} u_i^{(1)} T_i^{(p)} dS + \tfrac{1}{2}\int_{S_0} u_i^{(1)} T_i^{(1)} dS \qquad (12)$$

Nun soll U_1 die Verformungsenergie sein, die auf Grund der induzierten Spannungen in V gespeichert würde, wenn die Spannungen auf einen ursprünglich nicht belasteten Gebirgskörper einwirkten. Analog der Definition von U_m in (4) ist

$$U_1 = \tfrac{1}{2}\left(\int_{S_0} u_i^{(1)} T_i^{(1)} dS - \int_{S_m} u_i^{(1)} T_i^{(p)} dS\right) = \int_V \Phi^{(11)} dV, \qquad (13)$$

Der Ausdruck $\Phi^{(11)}$ ist in (7) gegeben. Setzt man dieses Resultat in (12) ein, so folgt

$$W_t = \int_V (2\,\Phi^{(p1)} + \Phi^{(11)} dV - \tfrac{1}{2}\int_{S_m} u_i^{(1)} T_i^{(p)} dS, \qquad (14)$$

Weiterhin ergibt sich von (9) und des Reziprozitätssatzes

$$W_t = U_c - \tfrac{1}{2}\int_{S_m} u_i^{(1)} T_i^{(p)} dS, \qquad (15)$$

Dann bedeutet

$$U_c = \int_V (2\,\Phi^{(p1)} + \Phi^{(11)})dV = \int_V (2\,\Phi^{(1p)} + \Phi^{(11)})dV \qquad (16)$$

Schliesslich, gemäss (1)

$$W_r = U_m - \tfrac{1}{2}\int_{S_m} u_i^{(1)} T_i^{(p)} dS. \qquad (17)$$

Das Gestein innerhalb von V_m im Zustand I übt über die Grenzfläche S_m Kräfte auf den Bereich ausserhalb V aus. Goodier (1968) bezeichnet diese Kräfte als "Haftkräfte". Wenn die Haftkräfte allmählich entspannt werden, ist die vom System abgeführte Arbeit:

$$W_k = -\tfrac{1}{2}\int_{S_m} u_i^{(1)} T_i^{(p)} dS > 0. \qquad (18)$$

So leisten laut (15) die äusseren Kräfte und Volumenkräfte genug Arbeit, um die Änderung, U_c im Energiegehalt von V zu bewirken und W_k zu liefern. Die gesamte dem System entzogene Energie beträgt $W_r = U_m + W_k$ Wenn die neue freie Oberfläche plötzlich geschaffen wird, dann gerät der Gebirgskörper in Schwingungen.Der Gleichgewichtszustand von Zustand II wird dann durch Dämpfung hergestellt, die von einer geringfügigen Inelastizität im Körper herrührt.

Die Ergebnisse in (15) und (17) wurden für freie (nicht ausgebaute) Hohlräume abgeleitet. Die Ableitung für ausgebaute Hohlräume ist im wesentlichen ähnlich aber bedeutend komplizierter, Salamon (1973).

Seit dem ersten Versuch von Griffith 1921, die Zugfestigkeit von festen Körpern mit Hilfe von Energiebetrachtungen abzuleiten, haben viele Autoren die Energiebilanz elastischer, hohler Körper diskutiert. Die in diesem Abschnitt erzielten Ergebnisse können zum gleichen Zweck herangezogen werden. Vernachlässigen wir die Volumenkräfte $X_i = 0$ und lassen wir die Aussenkräfte $T_i^{(1)} = 0$ auf S_0 unverändert, so führen (4) und (11) und der Reziprozitätssatz offensichtlich zu dem Resultat

$$U_m = \int_{V_m} \Phi^{(pp)} dV = \int_V \Phi^{(p1)} dV = \int_V \Phi^{(1p)} dV \qquad (19)$$

In ähnlicher Weise folgt aus (13)

$$U_1 = \int_V \Phi^{(11)} dV = -\tfrac{1}{2}\int_{S_m} u_i^{(1)} T_i^{(p)} dS = W_k. \qquad (20)$$

Mit Hilfe der Relationen (19), (20), (15) und (17) lässt sich leicht zeigen, dass

$$W_t = 2(U_1 + U_m) > 0, \qquad U_c = U_1 + 2U_m > 0, \qquad W_r = U_1 + U_m > 0. \qquad (21)$$

Diese Ergebnisse stimmen mehr oder weniger mit den Voraussagen von Cook (1966) und von Goodier (1968) überein. Siehe auch J. + C. (SS. 441-444).

Man ist stark versucht, anzunehmen, dass die Ausdrücke (19) bis (21) den Zustand auch im Falle von Abbauräumen unter Tage beschreiben. Leider ist das streng genommen nicht der Fall. Salamon (1973) hat bewiesen, dass das Vorhandensein von Volumenkräften einen zusätzlichen Faktor in den Ausdrücken von W_t und U_c einführt. Trotz dieser Ungenauigkeit lassen sich in den meisten Fällen die Ergebnisse von (19) bis (21) verwenden. Der wichtige Aspekt dieser Ausdrücke ist der, dass sich die Energiebilanz völlig durch Grössen beschreiben lässt, die innerhalb oder an den Randzonen des betroffenen Gesteinsvolumens im Übergang von Zustand I auf II definiert sind.

In Tabelle 2.2.1 sind die Energiekomponenten für kreisförmige Tunnel und kuglige Hohlräume zusammengefasst, wenn deren Radien von a auf c in einem ursprünglich hydrostatischen Spannungsfeld von der Grösse p erweitert werden. Dabei wird vorausgesetzt, dass der Gebirgskörper mit einem Elastizitätsmodul E und einer Poissonschen Zahl ν. homogen und isotrop ist.

TABELLE 2.2.1
ENERGIEVERÄNDERUNGEN ALS FOLGE DER VERGRÖSSERUNG VON RADIEN KREISFÖRMIGER ODER KUGELFÖRMIGER ABBAURÄUME

Energeikomponente	Kreisförmiger Tunnel	Kugelförmiger Hohlraum
EW_t/p^2V_{ac}	$4(1-\nu^2)$	$9(1-\nu)/2$
EU_c/p^2V_{ac}	$(1+\nu)(3-4\nu+a^2/c^2)$	$3[5-7\nu+(1+\nu)a^3/c^3]/4$
EU_m/p^2V_{ac}	$(1+\nu)(1-2\nu+a^2/c^2)$	$3[2(1-2\nu)+(1+\nu)a^3/c^3]/4$
EW_r/p^2V_{ac}	$2(1-\nu^2)$	$9(1-\nu)/4$
EU_i/p^2V_{ac}	$(1+\nu)(1-a^2/c^2)$	$3(1+\nu)(1-a^3/c^3)/4$
V_{ac}	$\pi(c^2-a^2)$	$4\pi(c^3-a^3)/3$

2.3. Energieänderungen als Folge kleiner Änderungen in der Hohlraumgrösse

Untertagebauten werden entweder durch einen fast kontinuierlichen, mechanischen Vorgang oder durch Sprengung erweitert. Selbst wenn zur Sprengung gegriffen wird, vergrößern sich die Abbauräume gewöhnlich nur stufenweise. Die Energieveränderungen, die mit kleinen Änderungen in der Grösse bestehender Hohlräume unter Tage vorhanden sind, sind daher von besonderem Interesse, Bild 2.3.1.

Nehmen wir an, dass Punkte auf der neu freigelegten Randzone S_m über eine kleine Entfernung Δn vom und senkrecht zum entsprechenden Teil der alten Randzone S_{om} erreicht werden. Ist Δn_o eine hinreichend stetige Positions-Funktion und treten keine Spannungssingularitäten im Zustand I auf, dann sind alle induzierten Verschiebungs- und Spannungskomponenten Grössen erster Ordnung in Δn_o . Δn_o bezeichnet den Maximalwert von Δn . In folgenden wird Grössen erster Ordnung in das Zeichen Δ vorausgehen, z.B., $u_i^{(1)} = \Delta u_i$, $T_i^{(1)} = \Delta T_i$ und $V_m = \Delta V$. Da Δn_o klein ist und da wir letztlich die Änderungen für $\Delta n_o \to 0$ bestimmen wollen, ist es zulässig, in diesem Zusammenhang alle Glieder, die Potenzen zweiter oder höherer Ordnung von Δn_o enthalten, ausser acht zu lassen.

Es folgt direkt aus 2.2. (13), dass

$$\Delta U_i = -\tfrac{1}{2}\int_{S_m} \Delta u_i T_i^{(1)} dS.$$

Aber, und darauf hat Deist (1967) hingewiesen, das Integral auf der rechten Seite ist eine Grösse zweiter Ordnung in Δn_o und kann folglich vernachlässigt werden. Dies beruht darauf, dass auf denjenigen Teilen von S_m , die annähernd parallel zu S_{om} sind, die Kraft $T_i^{(p)}$ eine Grösse erster Ordnung in Δn_o ist, da S_{om} im Zustand I spannungsfrei war und dass wenigstens eine lineare Dimension derjenigen Bereiche von S_m ,die ungefähr lotrecht zu S_{om} verlaufen, kleiner oder gleich Δn_o ist. Daher ist für Grössen erster Ordnung

$$\Delta U_i = 0 \tag{1}$$

und

$$\lim_{\Delta n_o \to 0} \frac{\Delta U_i}{\Delta n_o} = \frac{\partial U_i}{\partial n} = 0. \tag{2}$$

Die Vergrösserung von Spalten ist die einzige Ausnahme zu der in (1) und (2) gegebenen Regel. Da tafelige Abbauräume gewöhnlich mathematisch in derselben Form wie Spalten behandelt werden, ist diese Ausnahme wichtig und wird später besprochen.

Energieveränderungen, verursacht durch kleine Erweiterungen beim Abbau von Hohlräumen können jetzt aus 2.2 (15) bis (17) abgeleitet werden.

$$\Delta W_t = \Delta U_c = 2\int_V \Delta\, \Phi^{(p1)} dV \tag{3}$$

und

$$\Delta W_r = \Delta U_m = \int_{\Delta V} \Phi^{(pp)} dV \tag{4}$$

Es muss angemerkt werden, dass in Gegenwart künstlichen Ausbaus

$$\Delta W_t = \Delta U_c + \Delta W_s, \quad \Delta W_r = \Delta U_m + \Delta W_s \tag{5}$$

ΔU_c bleibt wie in (3), Salamon (1973). ΔW_s ist die Energie, die bei der weiteren Verformung des Ausbaus während des Übergangs von Zustand I zu Zustand II verbraucht wird.

Gleichungen (3) und (5) führen zu folgendem Ergebnis: die von den äusseren Kräften und Volumenkräften während einer kleinen Hohlraumerweiterung geleistete Arbeit ist vollständig durch die im Volumen V gespeicherte Energie berücksichtigt und durch die Arbeit, die bei der weiteren Verformung des Ausbaus geleistet wird. Weiterhin ist die im System freigewordene Energie genau gleich der Energie, die in dem bei der Erweiterung gelösten Gesteinsvolumen gespeichert ist. Zu denselben Schlussfolgerungen kam Deist (1967) bei der Betrachtung eines geringen Fortschreitens einer schmalen Erzkammer und Rice (1968) bei der Untersuchung der unendlich kleinen Verbreiterung von Kerben.

Was mit der Energie nach Lösung des Volumens ΔV geschieht, ist nicht sofort deutlich. Es ist wahrscheinlich, dass bei Vergrösserung der Hohlräume durch Sprengungen plötzlich verschobene Gesteinspartikel ihre gespeicherte Energie durch Relaxation innerhalb des Hohlraumes verlieren. Wird der Gesteinsabbau maschinell durchgeführt, dann wird wahrscheinlich die gespeicherte Energie durch Reibung zwischen den Schneidwerkzeugen und dem sich schrittweise entspannenden Gestein in Wärme umgewandelt. Folglich kann in keinem der beiden Fälle ΔU_m die Ursache bedeutender kinetischer Energie im Volumen V sein. Daraus darf der Schluss gezogen werden, dass die stufenweise Vergrösserung von unterirdischen Hohlräumen im wesentlichen ein quasistatischer Vorgang ist und nicht zur Freigabe von seismischer Energie führt (mit Ausnahme des Energieanteiles, der dem Gestein durch Sprengstoff zugeführt wird), wenn das Nebengestein elastisch bleibt (Deist, 1967). Demnach können die bekannten seismischen Vorgänge unter Tage nur auf Instabilitäten beruhen, die sich aus der Struktur des Gebirgskörpers oder dem Verhalten des die Masse bildenden Gesteins ergeben.

Die von (3) bis (5) gegebenen Energieveränderungen spielen eine wichtige Rolle beim Planen von Öffnungen unter Tage und insbesondere bei bergmännischen Hohlräumen wie im folgenden aus den Kapiteln 6 und 9 hervorgehen wird. In dieser Hinsicht sind die wichtigsten Grössen die Umwandlung der im Volumen V gespeicherten Energie, also ΔU_c und die vom System abgeführte Energie, d.h. $\Delta W_r - \Delta W_s = \Delta U_m$.

Die Energie, die mit dem gelösten Gestein vom System entfernt wird, beträgt

$$\Delta U_m = \int_{\Delta V} \Phi^{(pp)} dV \tag{6}$$

Gleichung (6) folgt aus 2.2 (4). Da Δn in Bild 2.3.1 klein ist, genügt es, $dV = \Delta n dS = \alpha \Delta n_o dS$ zu sehen, wobei α eine ziemlich stetige Positionsfunktion entlang S_{om} $(0 \le \alpha \le 1)$ ist.

$$\Delta U_m = \int (\Phi^{(pp)} \Delta n) dS = \Delta n_o \int \alpha \, \Phi^{(pp)} dS, \tag{7}$$

Folglich

$$\frac{\partial U_m}{\partial n} = \lim_{\Delta n_o \to 0} \frac{\Delta U_m}{\Delta n_o} = \int_{S_{om}} \alpha \, \Phi^{(pp)} dS. \tag{8}$$

In diesen Ausdrücken ist $\Phi^{(pp)}$ auf die Fläche S_{om} bezogen.

Es gibt noch einen anderen wichtigen Übergangsmodus von Zustand I in den benachbarten Zustand II. Angenommen, wie in Bild 2.3.2 dargestellt, die neue Randzone eines Abbauraumes wird durch Fortschreiten von einem Punkt auf S_{om} entlang einer kleinen festgesetzten Entfernung $\Delta \ell$ erreicht, die parallel zu einem beliebigen Einheitsvektor ν_i, $(i = 1,2,3)$ liegt. Um die Entstehung von Spannungssingularitäten im Zustand II zu vermeiden, müssen alle bei der Erweiterung geschaffenen Ränder abgerundet sein. In diesem Falle ist $dV = \Delta \ell dA_\nu$, wobei dA_ν eine infinitesimale Fläche rechtwinklig zu ν_i ist. Daraus ergibt sich laut (6)

$$\Delta U_m = \Delta \ell \int \Phi^{(pp)} dA_\nu, \tag{9}$$

oder nach der Bildung des Grenzwertes

$$\frac{\partial U_m}{\partial \ell} = \int \Phi^{(pp)} dA_\nu. \tag{10}$$

In beiden dieser Ausdrücke wird das Integral über einer senkrecht zu ν_i von S_{om} liegende Projektion gebildet.

Wenn die äussere Einheitsnormale zur Hohlraumoberfläche S_{om} n_{ci} $(i = 1,2,3)$ ist, dann ist $dA_\nu = \nu_i n_{ci} dS$. Es folgt

$$\frac{\partial U_m}{\partial \ell} = \int_{S_{om}} \Phi^{(pp)} \nu_i n_{ci} dS. \tag{11}$$

Es ist zu beachten, dass sowohl in (8) wie in (11) die Änderung (mit der geometrischen Grösse) des Energieverlustes des Systems ausgedrückt wird durch die spezifische Formänderungsarbeit an der Oberfläche des Hohlraumes, das heisst, durch die Spannungen oder Verformungen an den Rändern. Diese Tatsache ist bei der Behandlung praktischer Anwendungen von beträchtlichem Nutzen.

Die einheitliche Erweiterung von Hohlräumen, die bei der Ableitung (11) vorausgesetzt wurde, ist im Zusammenhang mit tafeligen Abbauräumen von erheblichem Interesse. Aus diesem Grund wird hier eine Alternative für $\partial U_m / \partial \ell$ angeführt, Salamon (1973).

$$\frac{\partial U_m}{\partial \ell} = \int_{S\lambda} (\Phi^{(pp)} \nu_k n_k - T_i u_{i,k} \nu_k) dS - \int_{Vb} X_i u_{i,k} \nu_k dV \tag{12}$$

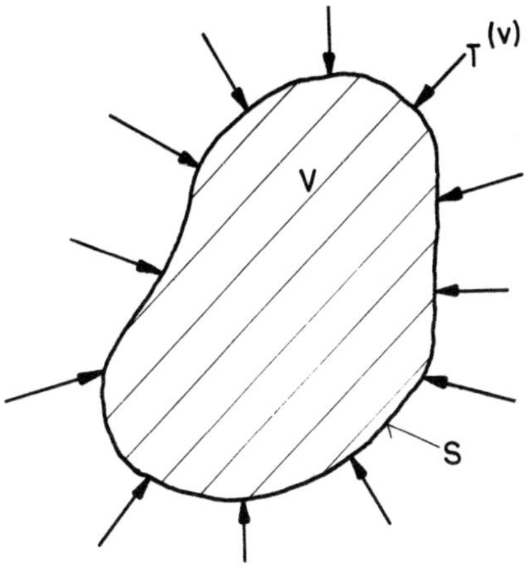

Bild 2.1.1 Ein beliebiger Teil des Gebirgskörpers mit dem Volumen V, begrenzt von der Fläche S auf die der primitive Spannungsvektor $T(v)$ einwirkt.

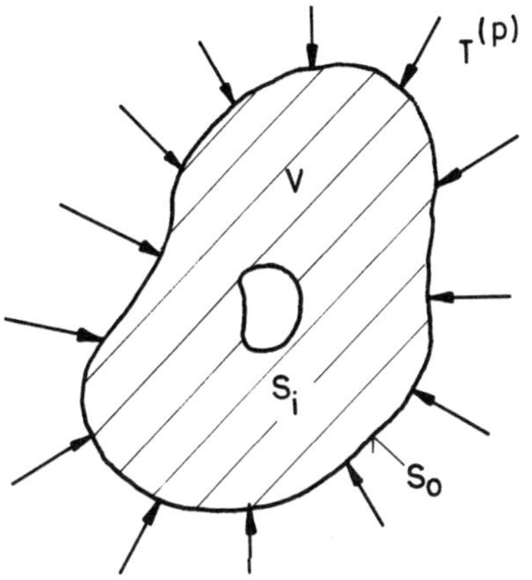

Bild 2.1.2 Ein beliebiges Volumen V des Gebirgskörpers, an der Aussenseite von der Fläche S_o und an der Innenseite von der Fläche eines geplanten Hohlraumes S_i begrenzt: Zustand I.

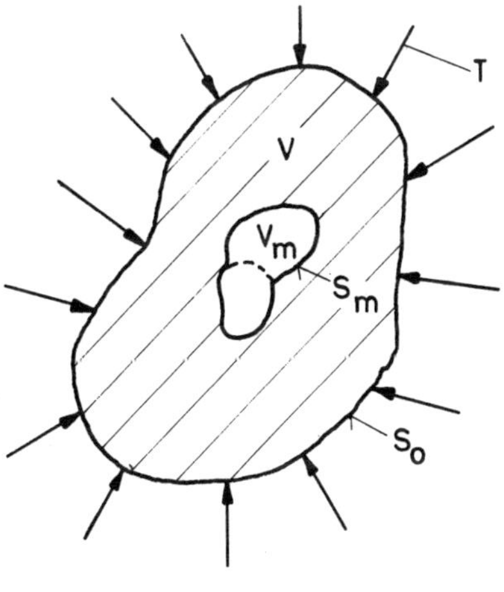

Bild 2.1.3 Der Hohlraum von Bild 2.1.2 ist durch Abbau des Volumens V_m erweitert worden: Zustand II.

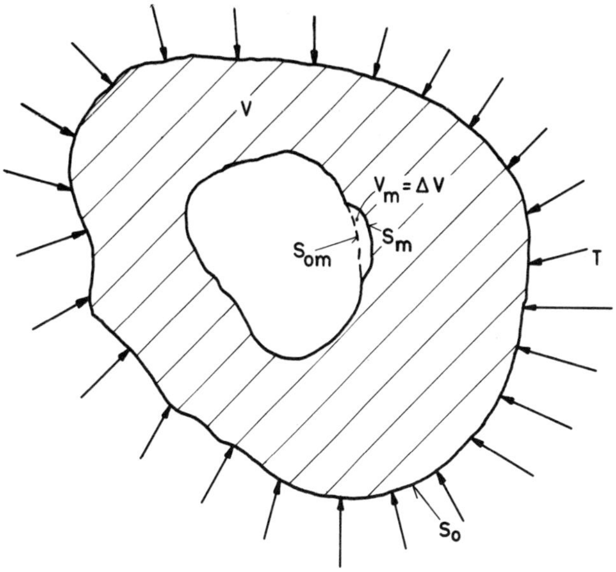

Bild 2.3.1 Stufenweise Erweiterung eines Hohlraumes unter Tage.

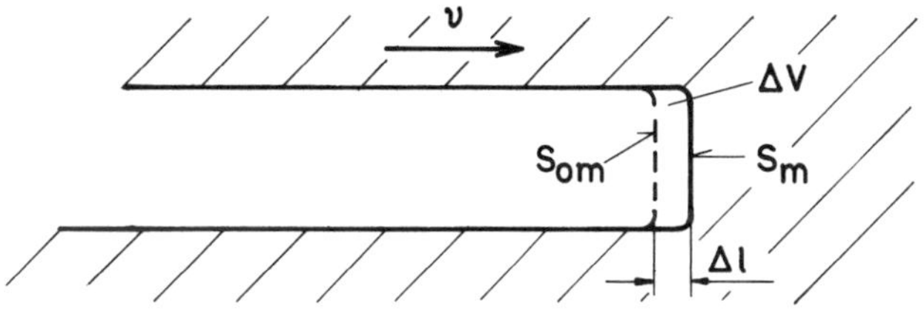

Bild 2.3.2 Ein Teil der Fläche eines Hohlraumes ist um einen kleinen Abstand parallel zu einem Einheitsvektor υ vorgetrieben worden.

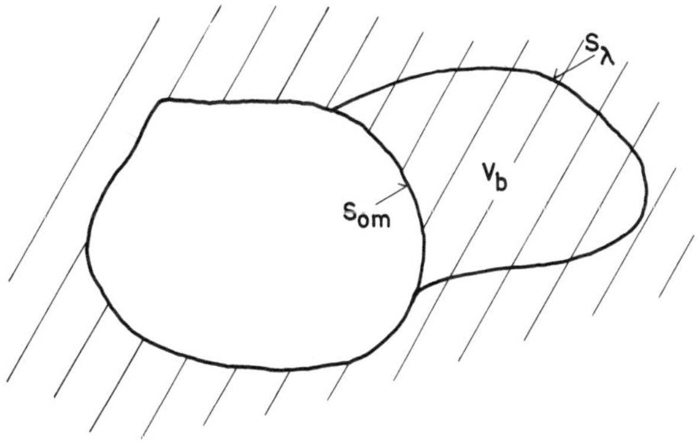

Bild 2.3.3 Ein beliebiges Gesteinsvolumen V_b, das an den Abbauraum angrenzt und von $S_{om}+S\lambda o$. begrenzt wird.

V_b ist ein beliebiges Gesteinsvolumen, das an den Hohlraum angrenzt und von $S_{0m} + S_\lambda$ begrenzt wird, (Bild 2.3.3). Diese Relation ist eine Verallgemeinerung eines analogen Resultats, das von Rice (1968) für zweidimensionale Probleme, die frei von Volumenkräften sind, abgeleitet wurde.

Zur Bestimmung der Änderung in der gespeicherten Energie, also ΔU_c, lassen wir die Änderung im Energiegehalt des Volumens $V+V_m$ aufgrund des Überganges vom Zustand im unverritzten Gebirge in den Zustand I U'_{cv} sein und die des Volumens V aufgrund des Überganges vom Zustand im unverritzten Gebirge direkt in den Zustand II U''_{cv}. Der Unterschied zwischen U''_{cv} und U'_{cv} ergibt sich aus der Energieänderung U_c im Volumen V mit dem Übergang von Zustand I in Zustand II, abzüglich der Veränderung in V_m, die dem Übergang vom Zustand im unverritzten Gebirge in Zustand I entspricht, d.h. abzüglich $(U_m - U_{mv})$ ist. Somit folgt

$$U''_{cv} - U'_{cv} = U_c - (U_m - U_{mv}), \tag{13}$$

Für kleine Hohlräume führt (13) zu

$$\Delta U_c = \frac{\partial}{\partial \ell}(U_{cv} + U_m - U_{mv})\Delta\ell \tag{14}$$

Es ist zu beachten, dass $U''_{cv} - U'_{cv} \neq U_c$ ist, ausser wenn kein Gestein während des Überganges von Zustand I in Zustand II entfernt wird, das heisst, wenn Spalten verbreitert werden.

Wenn allgemein ein Ausdruck für U_{cv} vorhanden ist, dann kann ΔU_c aus (14) und entweder (8) oder (11), errechnet werden. Natürlich, wenn bei der Ableitung von U_{cv} die Volumenkräfte übersehen würden, dann wäre $\Delta U_c = 2\Delta U_m$ entsprechend 2.2 (21), so dass man (14) nicht braucht. Es ist z.B. einfach zu beweisen, dass die Energiegrössen in Tabelle 2.2.1 für kleine (c-a) den Gleichungen (1), (3) und (4) genügen.

2.4 Veränderungen in der Verteilung der Porenflüssigkeit.

Die Wirkungen von Porenwasserdruck und Porenwasserbewegung sind von grosser praktischer Bedeutung für alle Zweige der Gebirgsmechanik. Flüssigkeitsdruck reduziert die effektiven Spannungen und beeinflusst so die Stabilität der Strukturelemente im Gestein. Das vielleicht auffallendste Beispiel für dieses Phänomen ist der Ausbruch von Gas in Kohlengruben, Hargraves (1958, 1967). Die Wasserbewegung kann die Sicherheit benachbarter Gruben gefährden oder die Verschiebung der Tagesoberfläche und damit Bergschäden verursachen.

Jäger und Cook (SS. 195-214) geben eine ausgezeichnete Darstellung der Grundbegriffe zu diesem Thema, so dass wir uns hier auf die Verallgemeinerung ihrer Behandlung von kompressiblen Flüssigkeiten beschränken können.

Wenn die Gesteinsmasse als isotrop und elastisch angenommen wird, dann ergeben sich die folgenden Spannungs-Dehnungsrelationen:

$$\sigma_{ij} = \lambda\epsilon_{kk}\delta_{ij} + 2G\epsilon_{ij} + \alpha p \qquad i,j = 1,2,3 \tag{1}$$

Hier ist δ_{ij} das Kronecker Delta (definiert als Eins, wenn i gleich j ist und Null, wenn i sich von j unterscheidet) λ und G sind die Lameschen Konstanten; p ist der Porendruck. Ferner ist α ein dimensionsloser Parameter,

$$\alpha = K/H, \tag{2}$$

wobei K den Modul der kubischen Verformung und H eine neue Konstante darstellt.

Nun sollen n und n_0 die (miteinander verbundenen) Porositäten des Gesteins im verformten und unverformten Zustand sein. Man führt

$$\theta = n - n_0 \tag{3}$$

ein und setzt voraus, dass

$$\theta = \frac{p}{R} - \frac{1}{3H}\sigma_{kk} + \frac{p}{Q} \tag{4}$$

Die neuen Konstanten sind R und Q. Zwischen R, Q und α bestehen die folgenden Relationen:

$$\frac{1}{Q} = \frac{1}{R} - \frac{\alpha}{H} \tag{5}$$

Die Anwendung von Greens Lehrsatz auf die Gleichung für das Gleichgewicht in 2.2.1 (8) ergibt

$$\frac{\partial\sigma_{ij}}{\partial x_j} + X_i = 0, \tag{6}$$

was durch Einsetzung von (1) und Verwendung von

$$\epsilon_{ij} = \frac{1}{2}\left(\frac{\partial u_i}{\partial x_j} + \frac{\partial u_j}{\partial x_i}\right) \tag{7}$$

zu

$$G\nabla^2 u_i + (\lambda+G)\frac{\partial\epsilon_{kk}}{\partial x_i} + X_i + \alpha\frac{\partial p}{\partial x_i} = 0, \tag{8}$$

wird, vorausgesetzt, der Gebirgskörper ist homogen. Die in (4) und (8) gegebenen vier Gleichungen enthalten fünf Unbekannte $(u_1, u_2, u_3, p, \theta)$.

Das Gesetz der Erhaltung der Masse verlangt, dass die substantielle Ableitung der Flüssigkeitsmasse, m, die zum Zeitpunkt in V enthalten ist

$$m = \int_V \rho\, n\, dV, \tag{9}$$

Null sein soll. Hier ist ρ die Flüssigkeitsdichte. Nun ist die substantielle Ableitung von m (Fung, 1965, S. 121)

$$\frac{Dm}{Dt} = -\int_V\left(\frac{\partial(\rho n)}{\partial t} + \frac{\partial(\rho n v_i)}{\partial x_i}\right)dV = 0.$$

wobei v_i (i = 1,2,3) die i-te Komponente der Flüssigkeitsteilchengeschwindigkeit am Punkt x_1, x_2, x_3

und t ist. Da das Volumen V beliebig ist, folgt

$$\frac{\partial(\rho n)}{\partial t} + \frac{\partial(\rho n v_i)}{\partial x_i} = 0. \qquad (10)$$

Nach dem Darcyschen Gesetz ist die Durchflussmenge an einem Punkt, die als Flüssigkeitsvolumen je Zeit- und Flächeneinheit definiert ist, direkt proportional dem Gradienten des Porendruckes p, J. + C. (S.197). Aber das Flüssigkeitsvolumen, das in paralleler Richtung zur Achse i und durch eine Einheitsfläche je Einheitszeit fliesst, ist nv_i. Demzufolge fordert das Darcys Gesetz, dass

$$nv_i = - k\frac{\partial p}{\partial x_i}, \qquad (11)$$

wobei $k = k'/\eta$ ist. Hierin ist k' eine allein vom Medium abhängige Konstante und n die Viskosität der Flüssigkeit.

Die Einsetzung von (10) in (11) ergibt

$$\frac{\partial}{\partial x_i}\left(k\rho\frac{dp}{\partial x_i}\right) = \frac{\partial(\rho n)}{\partial t} \qquad (12)$$

und, wenn der Gebirgskörper auch hinsichtlich der Flüssigkeitsströmung als homogen angesehen werden kann

$$k\frac{\partial}{\partial x_i}\left(\rho\frac{\partial p}{\partial x_i}\right) = \frac{\partial(\rho n)}{\partial t} \qquad (13)$$

Die Dichte ρ in (13) stellt eine Variable dar, die zu den im vorher erwähnten fünf Unbekannten hinzutritt. Folglich gibt es jetzt sechs Variable und fünf Gleichungen. Im weiteren Verlauf muss die Relation zwischen Flüssigkeitsdichte und Druck, die sich auf die in Frage stehende Flüssigkeit bezieht, hinzugezogen werden. Leider sind diese Beziehungen von einer Flüssigkeit zur anderen verschieden, so dass eine allgemeine Behandlung zu diesem Zeitpunkt aufgegeben werden muss. Als nächstes werden Fälle für einige wenige ideale Flüssigkeiten untersucht.

(i) Inkompressible Flüssigkeit, J. + C. (S. 201-202)

In diesem Falle ist die Dichte konstant. Da nach (3) $\partial n/\partial t = \partial\theta/\partial t$ lässt sich (13) vereinfachen:

$$k\nabla^2 p = \frac{\partial\theta}{\partial t}, \qquad (14)$$

Es ergibt sich, wie von Jäger und Cook nachgewiesen wurde, die Diffusionsgleichung in θ, das heisst

$$\nabla^2\theta = \frac{1}{C}\frac{\partial\theta}{\partial t} \qquad (15)$$

vorausgesetzt $\partial X_i/\partial x_i = 0$. Die neue Konstante C wird wie folgt definiert

$$\frac{1}{C} = \frac{1}{k}\left(\frac{1}{Q} + \frac{\alpha^2}{\lambda+2G}\right). \qquad (16)$$

(ii) Kompressible Flüssigkeit

Der Kompressibilitätskoeffizient β der Flüssigkeit sei definiert als

$$\beta = -\frac{1}{V}\frac{dV}{dp}, \qquad (17)$$

wo V = m/p das Flüssigkeitsvolumen und m seine Masse darstellt. Demnach ist

$$\beta = \frac{1}{\rho}\frac{d\rho}{dp}, \qquad (18)$$

woraus sich, wenn als Konstante betrachtet wird,

$$\rho = \rho_0 \exp[\beta(p-p_0)], \qquad (19)$$

ergibt, wobei ρ_0 und p_0 einen beliebigen Bezugszustand darstellen. Folglich ist

$$\rho = \frac{1}{\beta}\log_e(\rho/\rho_0)+p_0. \qquad (20)$$

Die Differenzierung dieser Formel in bezug auf x_i ergibt

$$\frac{\partial p}{\partial x_i} = \frac{\rho_0}{\beta\rho}\frac{\partial\rho}{\partial x_i}. \qquad (21)$$

Das Einsetzen dieser Ableitung in (13) bringt das Endergebnis:

$$\nabla^2\rho = \frac{\beta}{k\rho_0}\frac{\partial(n\rho)}{\partial t} \qquad (22)$$

Man beachte, dass auf der rechten Seite das Produkt von Porosität und Dichte erscheint. Es ergibt sich deshalb ein nicht-lineares Problem. Die Eigenschaft der Linearität bleibt in stetigen Zuständen erhalten, wenn

$$\nabla^2\rho = 0. \qquad (23)$$

ist. In den meisten Beispielen ist es zulässig, die Exponentialfunktion in (19) zu erweitern und anzunehmen, dass

$$\rho \simeq \rho_0[1 + \beta(p-p_0)] \qquad (24)$$

was in (23) eingesetzt zu

$$\nabla^2 p = 0 \qquad (25)$$

führt. Daraus folgt: im stetigen Zustand befriedigt die Druckverteilung auch die Laplacesche Gleichung.

(iii) Ideales Gas unter isothermischem Druck

Das für das Verhalten idealer Gase geltende Gesetz ist

$pV = p_0 V_0$, wo p_0 und V_0 den Bezugszustand definieren. Da aber $V_0 = m/\rho_0$ ist, so ergibt sich unmittelbar folgende Beziehung:

$$\rho = \rho_0 \, p/p_0 \tag{26}$$

Die Einsetzung dieses Gesetzes in (13) führt zu

$$k\frac{\partial}{\partial x_i}\left(p\frac{\partial p}{\partial x_i}\right) = \frac{\partial(pn)}{\partial t},$$

was offensichtlich wie folgt geschrieben werden kann

$$k\nabla^2 p^2 = 2\frac{\partial(pn)}{\partial t}. \tag{27}$$

Es besteht nur eine sehr geringe Möglichkeit, dass Gleichung (27) analytisch wird gelöst werden können. Selbst digitale Lösungen lassen sich nur mit Schwierigkeit erzielen. Die Gleichung ist jedoch von beträchtlicher Bedeutung, beispielsweise wegen ihrer Relevanz im Falle von Gasausbrüchen in Kohlenbergwerken.

Wiederum vereinfacht sich das Problem im stetigen Zustand und wird lösbar, da p^2 dann der Laplaceschen Gleichung genügt,

$$\nabla^2 p^2 = 0,$$

p^2 lässt sich also unabhängig von den anderen Variablen bestimmen.

3. SPANNUNGEN UND VERSCHIEBUNGEN ALS FOLGE VON HOHLRÄUMEN IN EINEM "LINEAREN" GEBIRGSKÖRPER

3.1 Einleitung

Mit der Planung von Hohlräumen unter Tage und ihrem Ausbau lässt sich kein echter Fortschritt erzielen, es sei denn, die Gesamtspannungen und die in ihrer Umgebung ausgelösten Verschiebungen lassen sich einschätzen. Um das zu erreichen, muss erstens das Stoffgesetz des Nebengesteins und zweitens eine auf das gegebene Stoffgesetz abgestimmte Rechenmethode bekannt sein.

Leider ist allzu oft dies Stoffgesetz unbestimmt, so dass selbst die anspruchvollste Analyse nur als eine grobe Annäherung betrachtet werden kann.

Aus diesem Grunde scheint es angebracht, dass in diesem Abschnitt, in dem allgemeine Methoden eingeführt werden, die Diskussion sich auf Methoden beschränkt, die ausdrücklich auf einem linearen Spannungs-Dehnungsgesetz basieren. Analytische Methoden werden nicht behandelt. Sie werden in vielen Texten erörtert, wie z.B. bei J. + C. (SS. 102-136, 228/291). Da Hohlräume unter Tage besonders im Bergbau sehr oft kompliziert und unregelmässig gestaltet sind, scheint es logisch, die Diskussion auf ziemlich allgemeine numerische Methoden zu beschränken. Zugang zu Digitalrechnern macht diese Methoden heutzutage leicht anwendbar.

Die Finite-Element-Methode ist die am häufigsten verwendete Methode der numerischen Spannungsanalyse. Es handelt sich um eine sehr allgemeine und überzeugende Methode. Da ausgezeichnete und ins einzelne gehende Texte heutzutage erhältlich sind, Zienkiewicz (1967, 1971), Desai und Abel (1972), soll diese Methode hier nicht erörtert werden.

Die grösste Stärke der Methode der finiten Elemente liegt in der Leichtigkeit, mit sich Probleme in nicht-homogenen und nicht-linearen Medien behandeln lassen. Wenn der Gebirgskörper homogen und elastisch ist, oder als solcher angesehen werden kann, dann hat die Methode einige Nachteile im Vergleich zu direkteren Methoden. Der allgemeine Aspekt dieser direkten Methoden ist der, dass sie einige bekannte elementare Lösungen in der Elastizität verwenden und sich auf das Superpositionsprinzip verlassen, um das erforderliche Ergebnis zu erlangen. Folglich braucht das Lösungsverfahren nur sicherzustellen, dass die im voraus angegebenen Bedingungen an der Oberfläche der Hohlräume erfüllt werden. Dies steht im Gegensatz zur Finite-Element-Methode, die notwendigerweise den gesamten Gebirgskörper explizit behandelt.

Im Bergbau und im Bauingenieurwesen gibt es im wesentlichen drei Arten von Hohlräumen unter Tage. Diese sind die quasizweidimensionalen Tunnel, die tafeligen Abbauräume und die dreidimensionalen Hohlräume. Selbstverständlich bilden die ersten zwei Formen nur Sonderfälle der letzten Art. Jedoch bieten ihre besonderen geometrischen Merkmale beträchtliche Vereinfachungen bei der Lösung praktischer Probleme, so dass sie besondere Erörterung verdienen.

3.2 Tunnel und quasizweidimensionale Kammern

Abbauräume unter Tage müssen zwei Bedingungen erfüllen, um im Sinne dieses Abschnitts den Voraussetzungen für quasizweidimensionale Kammern zu genügen. Zunächst müssen sie eine Achse besitzen, entlang der sich ihr Querschnitt nicht ändert, und zwar über eine Entfernung, die um ein Mehrfaches (sagen wir: Drei- oder Vierfaches) grösser ist als die grösste lineare Abmessung des Abbauraumes senkrecht zu dieser Achse. Die zweite Bedingung ist die, dass die Änderung im Ausgangsspannungsfeld (Abschnitt 2.1) entlang der langen Achse verschwindend sein soll über eine Entfernung, die einem Mehrfachen der grössten Breite des Abbauraumes gleichkommt.

Nehmen wir an, der Ursprung des rechtwinkligen Koordinatensystems befindet sich im Schwerpunkt des Querschnitts und die Achse verläuft parallel zu der langen Achse der Kammer. Der Kartesische Vektor der nach innen gerichteten Einheitsnormalen des Hohlraumes soll ν_i sein. Mit dieser Notierung ist der ursprüngliche Kraftvektor auf der geplanten Oberfläche des Hohlraumes

$$T_j^{(p)} = \nu_i \sigma_{ij}^{(p)} \tag{1}$$

Im Sinne der obengenannten Voraussetzungen kann $T_j^{(p)}$ für Querschnitte, die von den Hohlraumenden entfernt liegen, praktisch als unabhängig von x_3 angesehen werden. Unter diesen Bedingungen sind die Verschiebungskomponenten, die sich mit der Schaffung oder Erweiterung des Hohlraumes ergeben, ebenfalls von x_3 unabhängig. Daher genügen die induzierten Verschiebungen $u_1^{(i)}$, $u_2^{(i)}$ und $u_3^{(i)}$ folgenden Beziehungen:

$$Gu_{j,kk}^{(i)} + (\lambda+G)u_{k,kj}^{(i)} = 0 \quad j,k = 1,2 \tag{2}$$

$$u_{3,kk}^{(i)} = 0 \qquad k = 1,2 \tag{3}$$

Die Gleichungen (2) und (3) ergeben sich aus 2.4 (8) für $\alpha = X_j = 0$. Die Volumenkräfte können vernachlässigt werden, da im induzierten Spannungssystem nachweislich $X_j = 0$.

Das Problem besteht deshalb daraus, die Verschiebungskomponenten zu bestimmen, die (2) und (3) genügen, in grosser Entfernung vom Abbauraum Null sind und ohne Ausbau zu dem Resultat führen

$$T_j^{(i)} = - T_j^{(p)} \qquad \text{auf} \quad S_1, \tag{4}$$

S_1 ist die Peripherie des Hohlraumes. Die Bedingungen $j = 1,2$ entsprechen der Gleichung (2); $j = 3$ entspricht der Gleichung (3).

Eines der besten analytischen Lösungsverfahren in der Elastizitätstheorie beruht auf der Reihenentwicklung der gesuchten Ergebnisse mit Hilfe orthogonaler Funktionen. Angesichts des Erfolges dieser Methode wird oft vergessen, dass die einzige notwendige Bedingung für ihre Anwendung darin besteht, dass die Funktionen linear unabhängig sein sollten. Wenn Digitalrechner unbegrenzt zur Verfügung stehen, dann bildet die Orthogonalitätseigenschaft keinen besonderen Vorteil. Es erscheint deshalb logisch, die Erweiterung des Anwendungsgebietes einiger gutbekannter, recht allgemeiner Lösungen zu suchen. Die allgemeine Lösung des zweidimensionalen Problems in Polarkoordinaten, die von

Timoshenko und Goodier (1951) (SS. 116-121) beschrieben worden ist, bietet offensichtlich eine Möglichkeit für eine derartige Verallgemeinerung. Sie lässt sich auf alle, Gleichung (2) entsprechenden Lösungen anwenden. Eine recht allgemeine Lösung der Laplace Gleichung in Polarkoordinanten liefert die zu (3) gehörigen Lösungen.

Es folgt, dass die sechs polaren Spannungskomponenten bei vorgegebener Symmetrie um die x_1 Achse die Formen in (5) annehmen:

$$
\begin{aligned}
\tau_{rr} &= a_0 r^{-2} + (3-2\nu) b_{c1} r^{-1} \cos\beta \\
&\quad - \sum_{n=1}^{N} [n(n+1) a_{cn} r^{-(n+2)} + (n-1)(n+2) b_{cn} r^{-n}] \cos n\beta \\
\tau_{\beta\beta} &= -a_0 r^{-2} - (1-2\nu) b_{c1} r^{-1} \cos\beta \\
&\quad + \sum_{n=1}^{N} [n(n+1) a_{cn} r^{-(n+2)} + (n-1)(n-2) b_{cn} r^{-n}] \cos n\beta \\
\tau_{r\beta} &= -(1-2\nu) b_{c1} r^{-1} \sin\beta \\
&\quad - \sum_{n=1}^{N} n[(n+1) a_{cn} r^{-(n+2)} + (n-1) b_{cn} r^{-n}] \sin n\beta \qquad (5) \\
\tau_{rz} &= c_0 r^{-1} + \sum_{n=1}^{N} c_{cn} r^{-(n+1)} \cos n\beta \\
\tau_{\beta z} &= \sum_{n=1}^{N} c_{cn} r^{-(n+1)} \sin n\beta \\
\tau_{zz} &= \nu(\tau_{rr} + \tau_{\beta\beta})
\end{aligned}
$$

Weitere Ausdrücke können hinzugefügt werden, wenn das Problem unsymmetrisch ist. Die Ausdrücke ergeben sich aus (5), indem a_{cn}, b_{cn}, c_{cn}, $\cos n\beta$ und $\sin n\beta$ jeweils durch a_{sn}, b_{sn}, c_{sn}, $\sin n\beta$ und $-\cos n\beta$ ersetzt werden. Dabei ist zu beachten, dass $b_{c1} = b_{s1} = c_0 = 0$ ist, wenn die Resultierende von $T_i^{(P)}$ auf S_1 Null ist.

Die unbekannten Konstanten a_0, $a_{c1}, \ldots b_{cN}$; $c_0, c_{c1}, \ldots c_{cN}$; $a_{s1}, \ldots a_{sN}$; $b_{s1}, \ldots b_{sN}$ und $c_{s1}, \ldots c_{sN}$ werden so bestimmt, dass die Randbedingungen (4) im Mittel erfüllt sind, d.h., dass mittlere quadratische Fehler ein Minimum erreicht.

Angenommen (Bild 3.2.1) die Peripherie der Kammer wird definiert durch die einwertige Funktion

$$r = R(\beta) \qquad (6)$$

Der angenäherte Kraftvektor wird T_j^c benannt. Dieser Vektor lässt sich mit Hilfe der polaren Spannungskomponenten in der Weise in (5) beschreiben, dass er eine lineare Funktion der unbekannter Konsonanten darstellt. Setzen wir in (5) $r = R(\beta)$ und verwenden das Gesetz der Spannungstransformation, Sokolnikoff 1956, (S. 43), so gilt

$$T_j^c = \ell_{ik} \ell_{jl} \nu_i \tau_{kl} \qquad i,j = 1,2,3; \qquad (7)$$

$$k,\ell = r,\beta,z$$

wobei $\ell_{ik} = \cos(x_i, x_k)$ und $\ell_{jl} = \cos(x_j, x_l)$ (8)

Wenn deshalb $T_j^c = T_j^{(i)}$ in (4) ist, dann lässt sich der mittlere quadratische Fehler wie folgt schreiben

$$
\begin{aligned}
\Phi &= \int_{S_1} (T_j^c + T_j^{(P)})(T_j^c + T_j^{(P)}) dS \\
&= \int_0^{2\pi} \frac{R}{\cos\alpha} (T_i^c + T_i^{(P)})(T_i^c + T_i^{(P)}) d\beta, \qquad (9)
\end{aligned}
$$

da $dS = R d\beta / \cos\alpha$ und

$$\cos\alpha = -(\nu_1 \cos\beta + \nu_2 \sin\beta) \qquad (10)$$

Um die Konstanten zu errechnen, die minimieren Φ, wird (9) nacheinander nach allen Konstanten differenziert, z.B.

$$\frac{\partial\Phi}{\partial a_{cn}} = 2\int_0^{2\pi} \frac{R}{\cos\alpha} (T_j^c + T_j^{(P)}) \frac{\partial T_j^c}{\partial a_{cn}} d\beta = 0,$$

Daraus ergibt sich

$$\int_0^{2\pi} \frac{R}{\cos\alpha} T_j^c \frac{\partial T_j^c}{\partial a_{cn}} d\beta = -\int_0^{2\pi} \frac{R}{\cos\alpha} T_j^{(P)} \frac{\partial T_j^c}{\partial a_{cn}} d\beta \qquad (11)$$

Auf diese Weise erhält man ebensoviele Gleichungen wie unbekannte Parameter, d.h., es entsteht ein System von linearen Gleichungen.

Die Programmierung der in diesem Abschnitt beschriebenen Methode in ziemlich allgemeiner Form bereitet keine Schwierigkeiten. Wenn die Anzahl der Koeffizienten gross ist, ist es vorteilhaft, Filon's Methode der numerischen Integration,(Tranter, 1959, SS. 67-72) in das Programm zu übernehmen. Dieses Verfahren erleichtert sehr wesentlich die Integration von Gliedern, die zum Beispiel den Faktor $\cos m\beta \cos n\beta$ für grosse Werte von m und n enthalten.

3.3 Der Begriff der tafeligen Abbauräume

Ein grosser Teil aller Mineralien wird in Flözen oder Gänge (reefs) abgebaut, beispielsweise in Kohlenflözen und in den Gold-reefs von Witwatersrand in Südafrika. Tafelige Lagerstätten zeichnen sich allgemein durch die folgenden Eigenschaften aus: (i) sie erstrekken sich über grosse Gebiete, (ii) sie liegen praktisch söhlig, (iii) ihre Mächtigkeit oder Breite ist relativ konstant und (iv) ihre Breite oder Mächtigkeit ist geringfügig im Vergleich zu allen anderen Abmessungen. Natürlich sind die Abbauräume, abgesehen von den Hilfsbauten, die im Verlaufe des Abbaus derartiger Lagerstätten geschaffen werden, ebenfalls tafelförmig, Bild 3.3.1.

Seit der frühen Arbeit von Hackett (1959) ist die analytische Behandlung tafeliger Abbauräume erheblich weitergetrieben worden. Hackett scheint als erster vorgeschlagen zu haben, dass die Lösung des Problems beträchtlich leichter wird, wenn der Einfluss der Hohlraumflächen vernachlässigt wird, die rechtwinkelig zur Lagerebene stehen, im Vergleich mit dem Einfluss aller Lagerstätten parallelen Flächen. Natürlich verursacht diese Vereinfachung Fehler in Nähe der Randzonen der Abbauräume (Region A in Bild 3.3.1). Die Verschiebungs- und Spannungskomponenten an allen anderen Punkten werden jedoch nicht merklich beeinflusst.

Mathematisch ist obige Vereinfachung mit der Vorstellung gleichwertig, dass tafelige Abbauräume Verschiebungsdiskontinuitäten darstellen, d.h., Risse, deren Grenzen sich mit den Grenzen der Abbauräume decken. Dies bedeutet, dass die Koordinaten zweier Punkte, von denen einer im Hangenden und der andere lotrecht darunter in der Sohle liegt, identisch, aber ihre Verschiebungen unterschiedlich sind.

In der Beschreibung von Problemen in tafeligen Lagerstätten spielt der relative Verschiebungsvektor des Hangenden und der Sohle eine wichtige Rolle. Es sei angenommen, dass die x_3 Achse des örtlichen Koordinatensystems senkrecht zur Lagerstätte verläuft und auf die Sohlenschichten zeigt. Die Komponente des relativen Verschiebungsvektors, die senkrecht zum Flöz s_3 liegt, sei Konvergenz genannt und die zwei Komponenten parallel zum Flöz s_1 und s_2 seien die Gleitkomponenten. Sie werden wie folgt definiert:

$$s_i = u_i^+ - u_i^-, \quad i = 1,2,3 \tag{1}$$

wobei u_i^+ und u_i^- sich auf die jeweiligen Verschiebungen von Sohle und Hangendem beziehen. Diese Definitionen ergeben sich aus der Festsetzung, dass s_3 im Falle der Konvergenz positiv ist und dass die Verschiebung u_3 positiv ist, wenn sie nach dem Hangenden gerichtet ist. Die Wahl des Vorzeichens von u_3 folgt aus der Übereinkunft, dass Druckspannungen positiv sind.

Eine weitere Folge der Geometrie tafeliger Lagerstätten ist die, dass die Änderung der primitiven Spannungen zwischen Hangendem zum Liegenden gewöhnlich vernachlässigbar klein sind. In anderen Worten, man darf annehmen, dass die primitiven Spannungen über die Ebene der Lagerstätte hinweg kontinuierlich sind, da die Höhe des Abbauraumes gewöhnlich klein ist im Vergleich zur Teufe. Daher machen die Spannungsänderungen, die von Volumenkräften herrühren, nur einen kleinen Teil der primitiven Spannungen aus.

Da die primitiven Spannungen im Abbauniveau fast immer Druckspannungen sind, nimmt die Konvergenz zwischen Hangendem und Sohle des Abbauraumes mit der Grösse des Abbaugebietes zu. Wenn kein Ausbau verwendet wird, dann kommen Hangende und Sohle schliesslich in Berührung, und die Grösse der Konvergenz wird durch die Höhe des Abbauraumes begrenzt. Im Bergbau sind die Kontaktspannungen meistens so hoch, dass die Reibung ein relatives Gleiten des Hangenden und Liegenden verhindert (Salamon 1964). Folglich kann angenommen werden, dass die Wände des Abbauraumes nach Kontakt zusammen "gefroren" sind.

Wir wollen die gesamte abgebaute Fläche mit A, den Bereich, über den das Hangende und Liegende einander berühren mit B und den offenen Teil des Abbauraumes mit C bezeichnen (Bild 3.3.2). Offensichtlich ist B + C = A. Die Randbedingungen in der Ebene des Lagers, die ein Problem tafeliger Abbauräume definieren, können wie folgt ausgedrückt werden:

$$\begin{aligned} s_1 = s_{1c}, \quad s_2 = s_{2c}, \quad s_3 = s_m \quad &\text{in B} \\ T_i^{(1)} = - T_i^{(p)} \quad &\text{in C} \end{aligned} \tag{2}$$

Hierbei ist s_m eine Konstante, die die obere Grenze der Konvergenz bezeichnet. s_{1c} und s_{2c} sind die Gleitkomponenten, die unmittelbar vor dem Kontakt an einem gegebenen Punkt erscheinen. Um das Problem vollständig zu definieren, müssen die Bedingungen für entfernt gelegene Grenzflächen ebenfalls genau festgelegt werden, d.h., die Erdoberfläche muss spannungsfrei bleiben und an Punkten weit vom abgebauten Bereich müssen die induzierten Spannungen gleich Null sein.

Das in (2) festgelegte Problem wird schwierig, wenn $B \neq 0$ ist. Es ergeben sich zweierlei Schwierigkeiten. Einmal ist der Umfang der Kontaktzonen unbekannt und muss als Teil der Lösung bestimmt werden. Zweitens können die Gleitkomponenten s_{1c} und s_{2c} nur durch Vergrösserung des Abbaubereiches nach dem ersten Kontakt bestimmt werden, wobei die für den tatsächlichen Abbau vorgesehene Reihenfolge streng beibehalten werden muss. Das heisst, die Lösung für einen gegebenen Abbauplan ist nicht eindeutig, sondern hängt von der Abbaufolge ab. Diese trifft selbst auf einen linear elastischen Gebirgskörper zu.

Das erste Problem ist unvermeidlich, sobald die Grösse der Konvergenz den Wert s_m übersteigt. Glücklicherweise entfällt das zweite Problem für eine bedeutende Reihe von Fällen, so dass sich Lösungen unabhängig von der Reihenfolge des Abbaus (siehe Abschnitt 3.4) finden lassen.

Die Behandlung tafeliger Abbauräume als Verschiebungsdiskontinuitäten hat gewisse Nachteile. Davon vielleicht offensichtlichste, aber am wenigsten bedeutende ist der, dass sich die gegenüberliegenden Flächen des mathematischen Risses augenscheinlich im Verlaufe der Konvergenz aufeinander zubewegen. Diese begriffliche Schwierigkeit lässt sich einfach dadurch beheben, dass man sich die tatsächliche und nicht die mathematische Geometrie vor Augen hält.

Ein anscheinend ernsteres Problem ergibt sich aus der Tatsache, dass an sämtlichen Randzonen des Abbauraumes die Spaltmethode zu Spannungsingularitäten führt. Wie jedoch später zu zeigen bleibt, können die tatsächlichen Spannungen indirekt geschätzt werden; auch ist in den meisten praktischen Fällen das Gestein in diesem Bereich brüchig, so dass die theoretischen Spannungswerte wenig Bedeutung haben.

Die Methode der Riss- oder Verschiebungsdiskontinuitäten kann leicht verallgemeinert werden. Es entstehen keine grundlegenden Schwierigkeiten bei der Behandlung des Abbaus in mehreren Lagen, die nicht einmal parallel zu sein brauchen. Die Methode kann ausserdem verwendet werden, um den Einfluss geologischer Diskontinuitäten wie Störungen annähernd zu bewerten.

Es sei festgestellt, dass die mathematische Behandlung von Rissen der Behandlung von tafeligen Abbauräumen identisch ist, so dass sich die auf dem ersteren Gebiet erzielten Ergebnisse leicht auf das letztere anwenden lassen. Ferner besteht eine enge Affinität zwischen dem Rissproblem und der Dislokationstheorie (Bilby und Eshley, 1968). Daher können Ergebnisse in diesem Gebiet ebenfalls dem Bergbau zu Nutze gemacht werden.

3.4 Analoge und numerische Analyse tafeliger Abbauräume

Wenn einmal ein Bereich weiträumig abgebaut ist, wird die Grenzlinie der Abbaue komplex und häufig sehr unregelmässig. Man sollte sich keiner Hoffnung hingeben, dass für derartig komplexe Probleme jemals analytische Lösungen gefunden werden können. Die Bedeutung dieser Schlussfolgerung wurde schon früh erkannt und die sogenannte "Face-Element-Methode" vorgeschlagen als Basis für die Behandlung unregelmässiger Abbaupläne (Salamon, 1961, 1962, 1963). Die Grundsätze dieser Methode sind einfach. Sie bedient sich der Linearität der Elastizitätsgleichungen und drückt alle durch den Abbau induzierten Verschiebungs- und Spannungskomponenten als Summe (Integral) elementarer Verschiebungen und Spannungen aus, die auf den Konvergenz- und Gleitkomponenten an einem beliebigen Punkt in der Ebene des Lagers beruhen.

Die Gleit- und Konvergenzkomponenten an den Punkten $\xi_1, \xi_2, 0$ im Flöz sollen $s_k(\xi_1, \xi_2)$ k=1,2,3 sein. Hier stellt ein Hilfskoordinatensystem dar, dessen Ursprung im Lager liegt. Es sei angenommen, dass sich die elementaren Verschiebungskomponenten an einem willkürlichen Punkt x_1, x_2, x_3 im Gebirgskörper wie folgt ausdrücken lassen

$$\Delta u_i = \sum_k^3 s_k(\xi_1, \xi_2) U_i^k[(x_1-\xi_2), x_3]\nabla A,$$

$$i = 1,2,3 \qquad (1)$$

ist eine kleine Fläche, über die die relativen Verschiebungen $s_k(\xi_1, \xi_2)$ zur Wirkung kommen sollen. In frühen Arbeiten wurde die Fläche ΔA als "Face-Element" bezeichnet.

Es ist möglich, aus (1) die gesamte induzierte Verschiebung an jedem Punkt x_1, x_2, x_3 zu errechnen. Formal lassen sich die induzierten Verschiebungskomponenten schreiben als

$$u_i = \int_A \sum_k^3 s_k(\xi_1, \xi_2) U_i^k[(x_1-\xi_1), (\xi_2-x_2), x_3] dA \quad (2)$$

Wenn wir jetzt die üblichen Beziehungen zwischen Verschiebungen und Verformungen verwenden, dann sind die Verformungskomponenten an Punkte x_1, x_2, x_3

$$\epsilon_{ij} = \frac{1}{2} \int_A \sum_k^3 s_k(\xi_1 \xi_2)\left(\frac{\partial U_i^k}{\partial x_j} + \frac{\partial U_j^k}{\partial x_i}\right) dA$$

$$i, j = 1,2,3 \qquad (3)$$

Das Argument von U_i^k ist gleich dem in (2).

Wird das Ergebnis (3) in das für den Gebirgskörper geeignete Hookesche Gesetz eingesetzt, dann ergeben sich Spannungskomponente an Punkte x_1, x_2, x_3

$$\sigma_{ij} = -\int_A \sum_k^3 s_k(\xi_1, \xi_2) \chi_{ij}^k[(x_1-\xi_1), (x_2-\xi_2), x_3] dA \quad (4)$$

Es ist klar, dass sich die Funktion χ_{ij}^k in Form einer Differentialgleichung ausdrücken lässt (3), aber diese Beziehung wird von den Eigenschaften des betreffenden Hookeschen Gesetz abhängen.

Die Ergebnisse (1) bis (4) sind ziemlich allgemein für einen kontinuierlichen elastischen Gebirgskörper formuliert. Die einzige Einschränkung ist die, dass die Abbauräume tafelig, aber nicht notwendigerweise koplanar sein sollten. Diese Formulierung reduziert das Problem der tafeligen Abbauräume auf die Lösung von zwei grundlegenden Teilproblemen. Zunächst müssen die Funktionen U_i^k analytisch abgeleitet werden. Sie sind unabhängig vom tatsächlichen Abbauplan, so dass sie vorausbestimmt und für alle nachfolgenden Berechnungen verwendet werden können. Hierzu gehört die Ableitung der Verschiebungsverteilung mit Hilfe punktweiser Verschiebungsdiskontinuitäten.

Auf diesem Gebiet ist beträchtliche Arbeit geleistet worden. Ein umfassendes Verzeichnis aller neun Funktinen wird von Salamon (1964) gegeben für homogen isotropes Gebirge unter der Annahme, dass das Face Element in unendlicher Teufe liegt. Salamon (1962,1963) gibt drei Funktionen, die der Konvergenzkomponente in unendlicher Teufe entsprechen, wenn sowohl Flöz wie Oberfläche horizontal sind und das Gebirge entweder homogen isotrop (1962, 1963) oder homogen transversal isotrop ist. Moris (1971) hat alle neun Funktionen abgeleitet für den Fall homogen isotroper, mässig geneigter Flöze und horizontaler, ebener Gebirgsoberfläche. Die letzteren Ergebnisse sind jedoch recht kompliziert und deshalb von geringer praktischer Bedeutung.

Das zweite grundsätzliche Problem hängt zusammen mit der Bestimmung der Verteilung der relativen Verschiebungskomponenten. Es erfordert einen gewaltigen Aufwand, der leider für jeden neuen Abbauplan aufgebracht werden muss. Der formale Teil der Lösung ist einfach. Angenommen, die Spannungen im unverritzten Gebirge seien bekannt und die Abbauräume offen (nicht ausgebaut), d.h. Bereich B = 0. Für diesen Fall ergeben sich gemäss den Randbedingungen in 3.3 (2) die Spannungen auf der linken Seite von (4) für x_3 und j = 3. Folglich ist für i = 1,2,3

$$T_i^{(i)} = \sigma_{i3}^{(i)} = -\sigma_{i3}^{(v)}$$

$$= -\int_A \sum_k^3 s_k(\xi_1, \xi_2) \chi_{i3}^k[(x_1-\xi_1), (x_2-\xi_2), 0] dA \quad (5)$$

in A. Dabei stellt $\sigma_{i3}^{(v)}$ die bekannten Kraftkomponenten im unverritzten Gebirge in der Ebene des Abbauraumes dar. x_3 verläuft offensichtlich senkrecht zum Lager.

Die Beziehung in (5) stellt ein System von drei simultanen Integralgleichungen für $s_k(\xi_1, \xi_2)$ dar, wobei k = 1,2,3. Die genaue Lösung dieses Systems ist nur in einigen wenigen fast trivialen Fällen gefunden worden. In der Praxis wird (5) gelöst, indem man die Integration durch die Summierung diskreter Grössen ersetzt.

Wird der abgebaute Teil in n Face Element unterteilt, dann kann (5) durch die Matrixgleichung angenähert werden

$$T = -\chi S, \qquad (6)$$

T und S sind 3nx1 Vektoren und χ ist eine 3nx3n quadratische Matrix. Dieselbe Gleichung kann auch wie folgt geschrieben werden

$$\begin{bmatrix} T_1 \\ T_2 \\ T_3 \end{bmatrix} = -\begin{bmatrix} \chi_{11} & \chi_{12} & \chi_{13} \\ \chi_{21} & \chi_{22} & \chi_{23} \\ \chi_{31} & \chi_{32} & \chi_{33} \end{bmatrix} \begin{bmatrix} S_1 \\ S_2 \\ S_3 \end{bmatrix}, \qquad (7)$$

wobei S_1, S_2 und S_3 die Kolonnenvektoren der Diskontinuitätskomponenten s_1, s_2 und s_3 bedeuten. Ähnlich sind T_1, T_2 und T_3 die Kolonnenvektoren der Kraftkomponenten.

Der Reziprozitätssatz lässt sich verwenden, um zu zeigen, dass die Matrix χ symmetrisch ist, d.h.,

$$\chi'_{ij} = \chi_{ji}, \qquad (8)$$

wobei χ'_{ij} die Transponierte von χ_{ij} ist. Da die Verformungsenergie positiv definitiv ist, muss die Matrix χ ebenfalls positiv definitiv sein (Salamon und Deist 1970).

Sind die Abbauräume offen und nicht ausgebaut, dann ist T nach (6) bekannt. S muss gefunden werden. Kommt das Hangende in Kontakt, dann erhält man die Auflösung in mehreren Schritten gemäss Abschnitt 3.3.

Zur Veranschaulichung dieser allgemeinen Grundsätze soll jetzt das einfachste Problem für tafelige Abbauräume in einem Lager ausführlicher behandelt werden.

Im tiefen Abbau, d.h., wenn die Höhe der Abbauräume weniger als ein Tausendstel der Teufe beträgt, ist es häufig statthaft, die Abbautiefe unendlich zu setzen. Verlaufen ferner Flöz oder Reef horizontal und darf angenommen werden, dass die Scherspannungen im unverritzten Gebirge in der Lagerebene Null sind, dann bildet die Ebene der Lagerstätte eine Symmetrieebene. So genügt es, mit nur einer Hälfte des Gebirgskörpers zu arbeiten. Es wird vorgeschlagen, die Masse unterhalb der Lagerstätte zu betrachten.

Angenommen, der Ursprung des Koordinatensystems befindet sich in der Lagerebene und die x_3 Achse zeigt vertikal nach unten. Der Einfachheit halber wird ausserdem vorausgesetzt, dass die Abbauräume genügend klein sind, um keinen Kontakt zwischen Hangendem und Liegendem zu erreichen. In derartigen Fällen lassen sich die Randbedingungen des Problems wie folgt ausdrücken:

$$\begin{aligned} x_3 = 0 \quad & \sigma_{13}^{(i)} = \sigma_{23}^{(i)} = 0, \\ & u_3^+ = 0, \qquad \text{ausserhalb A} \qquad (9) \\ & \sigma_{33}^{(i)} = -\rho g H, \qquad \text{in A} \\ |x_1| = |x_2| = x_3 = \infty \\ & u_1 = u_2 = u_3 = 0, \end{aligned}$$

wobei H die Abbauteufe bezeichnet und ρgH die vertikale Spannung im unverritzten Gebirge in der Teufe H. Zur Lösung des durch die Randbedingungen (9) definierten Problems soll eine weitgehend allgemeine Lösung der Gleichgewichtsbedingungen für ein homogenes isotropes Medium herangezogen werden (Salamon 1963).

$$\begin{aligned} u_1 &= -(1-2\nu)\frac{\partial\varphi}{\partial x_1} - x_3\frac{\partial^2\varphi}{\partial x_1 \partial x_3}, \\ u_2 &= -(1-2\nu)\frac{\partial\varphi}{\partial x_2} - x_3\frac{\partial^2\varphi}{\partial x_2 \partial x_3}, \qquad (10) \\ u_3 &= 2(1-\nu)\frac{\partial\varphi}{\partial x_3} - x_3\frac{\partial^2\varphi}{\partial x_3^2}, \end{aligned}$$

φ in (10) ist eine willkürlich gewählte harmonische Funktion, d.h., eine Funktion, die der Laplaceschen Gleichung genügt. Ferner bezeichnet v die Poissonsche Zahl.

Einfaches Einsetzen der Verschiebung (10) in Gleichung (3) und das Hookesche Gesetz ergeben Ausdrücke für die gesuchten Spannungskomponenten

$$\begin{aligned} \sigma_{i3} &= -\frac{E}{1+\nu}\, x_3 \frac{\partial^3\varphi}{\partial x_i \partial^2 x_3} \qquad i = 1,2 \qquad (11) \\ \sigma_{33} &= \frac{E}{1+\nu}\left(\frac{\partial^2\varphi}{\partial x_3^2} - x_3\frac{\partial^3\varphi}{\partial x_3^3}\right) \end{aligned}$$

Die erste Gleichung zeigt, dass $\sigma_{13} = \sigma_{23} = 0$ ist, wenn $x_3 = 0$. Damit erfüllt die Lösung in (10) die erste Reihe der Randbedingungen in (9), ungeachtet der Form der harmonischen Funktion.

Offensichtlich werden alle Bedingungen in (9) erfüllt, sofern $x_3 = 0$ ist.

$$\begin{aligned} & \frac{\partial\varphi}{\partial x_3} = 0, \qquad \text{ausserhalb A} \\ & \frac{\partial^2\varphi}{\partial x_3^2} = -\frac{(1+\nu)\rho g H}{E}, \qquad \text{in A} \qquad (12) \\ |x_1| = |x_2| = x_3 = \infty \\ & \varphi = 0. \end{aligned}$$

Diese Ergebnisse folgen aus (9) und aus den letzten Gleichungen in (10) und (11). Gemäss dem Potentialtheorem werden diese neuen Bedingungen alle erfüllt, wenn

$$\varphi = -\frac{(1+\nu)\rho g H}{2\pi E} \iint_A \frac{\theta(\xi_1, \xi_2)}{(r^2 + x_3^2)^{\frac{1}{2}}} d\xi_1 d\xi_2, \qquad (13)$$

$r^2 = (x_1-\xi_1)^2 + (x_2-\xi_2)^2$ und $\theta(\xi_1 \xi_2)$ ist $\partial\varphi/\partial x_3$ auf $x_3 = 0$.

Es scheint, als sei die Lösung des grundlegenden Problems auf die Bestimmung von $\theta(x_1, x_2)$ reduziert worden. In der Praxis sind zwei Methoden verwendet worden, um diese Funktion zu bestimmen.

Einmal kann das Problem (12) in einem physikalischen Experiment simuliert und $\theta(x_1, x_2)$ direkt gemessen werden. Dies ist die analoge Methode. Sowohl elektrolytische (Salamon und Mitarbeiter, 1964) und Analogrechner (Cook und Mitarbeiter, 1966) sind zu diesem Zweck konstruiert und im einzelnen beschrieben worden. Es ist nachgewiesen worden (Salamon, 1964, 1964 b), dass die analoge Methode sich auf schrägliegende Flöze und horizontale Flöze in einem transversal isotropen Medium ausweiten lässt, vorausgesetzt, und diese Einschränkung ist allgemein, dass die Teufe des Abbaus als unendlich betrachtet werden darf.

Die zweite Methode ist numerisch und lediglich ein Sonderfall der allgemeinen, weiter oben in diesem Abschnitt erläuterten Methode. Aus (13) folgt

$$\frac{\partial^2 \varphi}{\partial x_3^2} = - \frac{(1+\nu)\rho g H}{2\pi E} \iint_A \theta(\xi_1, \xi_2) \times \left[\frac{3x_3^2}{(r^2+x_3^2)^{5/2}} - \frac{1}{(r^2+x_3^2)^{3/2}} \right] d\xi_1 d\xi_2,$$

wenn dieser Ausdruck in (12) für $x_3=0$ eingesetzt wird, so erhält man die Integralgleichung

$$\iint_A \theta(\xi_1, \xi_2) \frac{1}{r^3} \, d\xi_1 d\xi_2 = - 2\pi \text{ in } A \qquad (14)$$

Offensichtlich ist diese Integralgleichung eine sehr vereinfachte Version des in (5) erwähnten Systems von drei Gleichungen.

Praktische Komputerprogramme für die Lösung der diskreten Version von (14) stehen jetzt zur Verfügung (Plewman und Mitarbeiter, 1969) und Starfield und Fairhurst, 1968). Es ist anzumerken, dass Plewman und Mitarbeiter ein iteratives Schema verwenden, das sich formal von der in (14) vorgeschlagenen Methode unterscheidet. Die Verfasser beanspruchen beträchtliche numerische Vorteile für ihr Schema.

Es mag zusammenfassend behauptet werden, dass sich die Methoden zur Lösung von Problemen für Abbauräume in einem fortgeschrittenen Stadium befinden und für die Lösung komplizierter praktischer Aufgaben verwendet werden können.

3.5 Echte dreidimensionale Abbauräume

Die für die Lösung zweidimensionaler und tafeliger Abbauräume geeigneten Methoden wurden im früheren Teil dieses Kapitels erörtert. Obgleich die letzten Formen dieser Abbauräume Verteilungen bewirken, die gewöhnlich als dreidimensional bezeichnet werden, stellen die tafeligen Abbauräume immer noch einen ganz besonderen Fall von Spannungsanalysen dar.

Vorhandene Methoden der Berechnung von Spannungen und Verschiebungen um allgemeine dreidimensionale Hohlräume herum leiden an ernsten Mängeln. Analytische Lösungen sind nur für Kammern einfacher geometrischer Form geeignet wie beispielsweise Ellipsoide.

Der Anwendbarkeit numerischer Techniken wie die Differenzenmethode oder der "Face-Element-Methode" sind praktische Grenzen gesetzt. Diese Grenzen ergeben sich, da es für beide dieser Methoden wesentlich ist, den gesamten Gebirgskörper in Betracht zu ziehen. Folglich hat die "Grösse" des numerischen Problems einen gewissen Zusammenhang mit dem Volumen der Masse. Dies bedeutet, dass die Lösung aktueller Probleme astronomische Ausmasse annimmt und praktisch nicht durchführbar ist.

Die lineare Elastizität bietet eine Alternative, die durch den Erfolg der Face-Element-Methode bei tafeligen Abbauräumen naheliegt. Die Überlagerung von bekannten elementaren Lösungen gestattet die Formulierung des Problems in Begriffen derjenigen Grössen, die bei kleinen begrenzten Elementen der an die Abbauräume grenzenden Flächen vorherrschen. (Deist und Mitarbeiter, 1972, 1973).

Bei der Einführung dieser Methode setzt man zunächst das Vorhandensein eines linear elastischen, aber nicht notwendigerweise homogenen oder isotropen kontinuierlichen Körpers voraus, der in jeder Richtung von unendlichen Ausmassen ist. Nehmen wir an, es gäbe keine Volumenkräfte und der Körper sei im Unendlichen fest verspannt. Nun bezeichnet man N willkürliche Punkte innerhalb des Körpers und lässt die Kraftkomponente P_l^j an Punkt j angreifen. Die durch P_l^j verursachten Verschiebungskomponente u_k^i am Punkt i sei definiert als

$$u_k^i = h_{kl}^{ij} P_l^j \qquad i,j = 1,2, \ldots N \qquad k,\ell = 1,2,3. \qquad (1)$$

Hier und in der Folge beziehen sich die hochgestellten Indices auf die Lage des Punktes und die tiefgestellten Indices auf die Koordinatenachsen.

Nun bezeichne man die 3Nx1 Vektoren der Verschiebungs- und Kraftkomponenten mit U und P und führe die 3Nx3N Matrix $H = [h_{kl}^{ij}]$ ein. Im Sinne dieser Bezeichnungen kann die Beziehung in (1) verallgemeinert und als eine Matrixgleichung

$$U = H P \qquad (2)$$

geschrieben werden. Das Reziprozitätsgesetz und Clapeyron's Lehrsatz können herangezogen werden für den Nachweis, dass H in (2) symmetrisch und positiv definite bestimmt ist.

Es ist einleuchtend, dass die Matrix H völlig bestimmt ist, wenn in einem unendlichen Medium die Verschiebungen am Punkt x_1^i, x_2^i, x_3^i bekannt sind, die durch die Kraftkomponenten P_1^j, P_2^j und P_3^j am Punkt x_1^j, x_2^j, x_3^j wirken. Im Falle eines homogenen isotropen Mediums entspricht dies einem Problem, das durch Lord Kelvin im Jahre 1848 gelöst wurde (Sokolnikoff, 1956). Ein Element der entsprechenden Matrix H wird durch

$$h_{kl}^{ij} = \frac{1}{8\pi G(\lambda+2G)} [(\lambda+3G)\delta_{kl} + (\lambda+G)(\nu_k^{ij})(\nu_l^{ij})] \frac{1}{r^{ij}}, \qquad (3)$$

gegeben, wobei λ und G die Lameschen Konstanten und r^{ij} den Abstand zwischen den Punkten i und j darstellen. Ferner bezeichnet δ_{kl} das Kroneckersche Delta und ν_k^{ij} die Komponente des Einheitsvektors in Richtung von Punkt i zu Punkt j.

Angenommen, jeder Punkt N charakterisiert eine kleine ebene Oberfläche und die Summe aller Punkte und die dazugehörigen Ebenen sind so angeordnet, dass sie eine kontinuierliche Oberfläche bilden. Auf das Medium das von dieser Oberfläche eingeschlossen ist, wird als innerer Bereich Bezug genommen werden. Material ausserhalb der Oberfläche wird als äusserer Bereich bezeichnet.

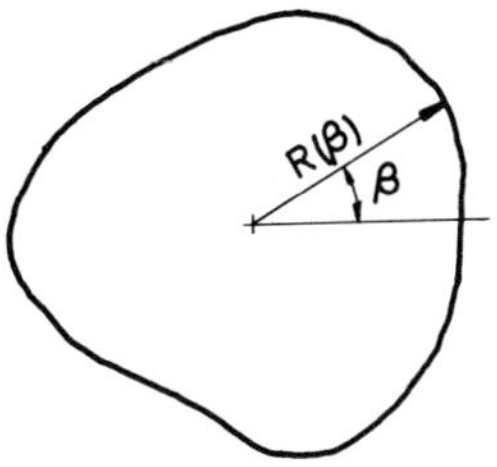

Bild 3.2.1 Definition eines Streckenquerschnitts durch Radius R als Funktion von β.

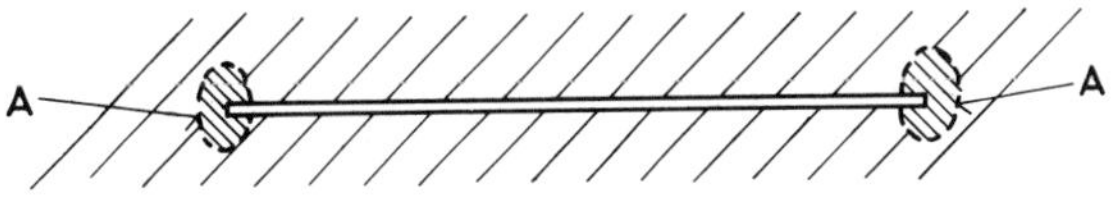

Bild 3.3.1 Querschnitt eines tafeligen Abbauraumes, der die Bereiche A zeigt, wo Lösungen vom Spalttyp nicht exakt sind.

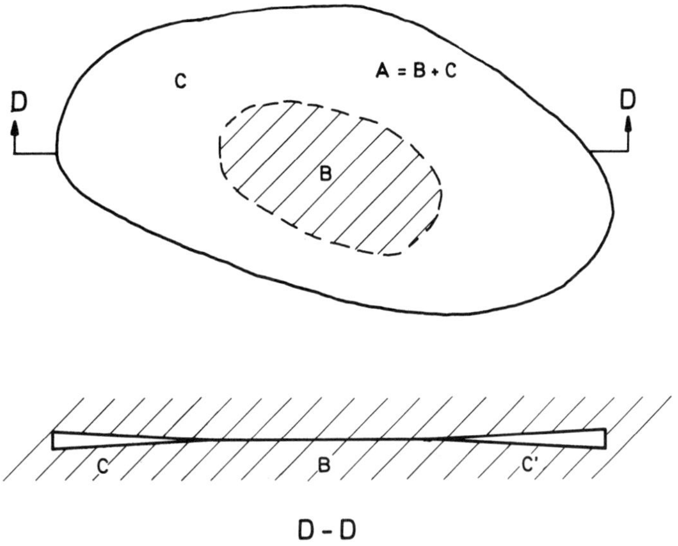

Bild 3.3.2 Grundrissansicht von und vertikaler Schnitt durch eine tafelige Ablagerung von einer Gesamtfläche A, wobei die Kontaktbereiche B und die offenen Bereiche C gezeigt werden.

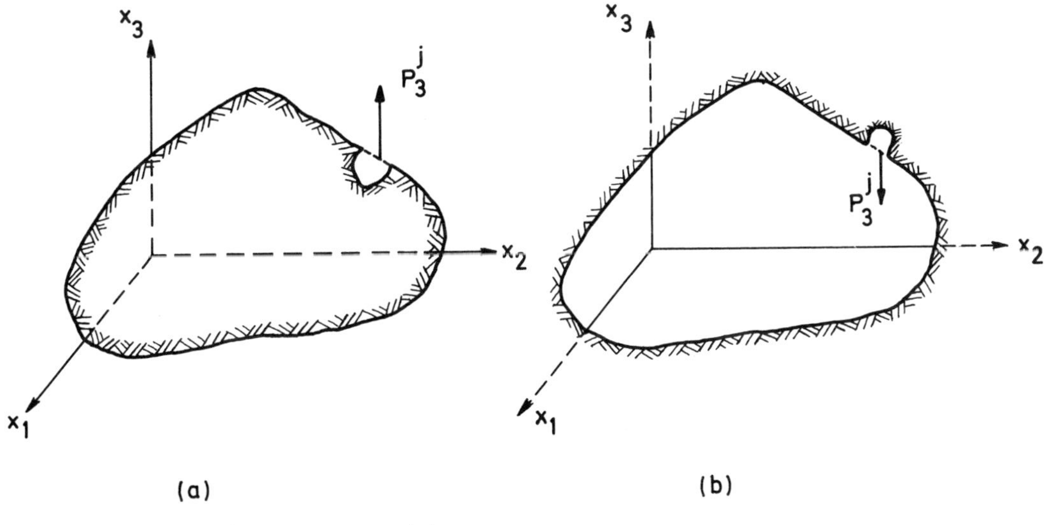

Bild 3.5.1 Darstellung (a) und äusserer (b) Bereiche.

Nun wende man die Einheitskraft P_i^j auf das Oberflächenelement j-th an und lasse die dadurch induzierten Spannungskomponenten σ_{kr} (k,r = 1,2,3) sein. Die Komponenten der Einheitsnormale auf Element i, die in den äusseren Bereich weisen, sollen μ_r^i sein. Dementsprechend sind die Kraftkomponenten, die auf dieses Element einwirken, $\mu_r^i \sigma_{rk}$, wobei der wiederholte Index eine Summierung darstellt. Die Integrierung dieser Kräfte über Element i-th liefert Kraftkomponenten,die mit $a_{k\,l}^{i\,j}$ bezeichnet werden. Es ist wichtig anzumerken, dass die $a_{k\,l}^{i\,j}$ Komponenten sich auf den inneren Bereich beziehen. Der Grund hierfür ist der, dass die Kräfte, die vorher integriert wurden, auf die begrenzende Oberfläche dieses Körpers einwirken.

Bezogen auf den äusseren Bereich haben die Kraftkomponenten $b_{k\,l}^{i\,j}$ offensichtlich die gleichen Grössen, aber entgegengesetzte Vorzeichen, das heisst, $b_{k\,l}^{i\,j} = - a_{k\,l}^{i\,j}$ für $i \neq j$, weil sich an der Definition, abgesehen von den Vorzeichen der Komponenten der Einheitsnormale, nichts ändert.

Nun seien die Matrizen 3Nx3N eingeführt

$$A \equiv [a_{k\,l}^{i\,j}] \quad \text{und} \quad B \equiv [b_{k\,l}^{i\,j}], \tag{4}$$

wobei sich natürlich A und B jeweils auf den inneren und äusseren Bereich beziehen. Zur Bestimmung der diagonalen Elemente dieser Matrizen ziehe man ein kleines Volumen in Betracht, dass von Element i eingeschlossen und in Hälften geschnitten wird. Nehmen wir an, dass die anzuwendende Lösung derart ist, dass innerhalb des Grenzfalles die innere Hälfte dieses kleinen Volumens als die eine Hälfte der angewandten Kraft steht. Dies bedeutet, dass die innere und äussere Hälfte dieses kleinen Volumens im Grenzfall jeweils die Hälfte der angelegten Kraft berücksichtigt. Dies bedeutet, dass

$$a_{k\,l}^{i\,i} = b_{k\,l}^{i\,i} = \tfrac{1}{2} I_3, \tag{5}$$

wobei I_3 die 3x3 Einheitsmatrize darstellt.

Aufgrund dieser Tatsache und der früher erwähnten Beziehung hinsichtlich der nicht diagonalen Elemente,ist

$$A + B = I_{3N}. \tag{6}$$

Die Bilder 3.5.1a und 3.5.1b beschreiben die Fälle für den inneren und äusseren Bereich, wenn P_3^j wirkt. Es zeigt sich, dass der innere Bereich so gesehen werden kann, dass er P_3^j ausschliesst. Folglich müssen sich die äusseren Kräfte, die auf die Oberfläche dieses Körpers einwirken, im Gleichgewicht befinden, das heisst, die Resultierende Null muss sein. Das bedeutet, dass die Summe der Elemente aller Kolonnen von A Null sein muss, folglich ist die Matrix A singulär. Angesichts der Beziehung zwischen A und B in (6) ergibt sich, dass die Summe der Elemente in allen Kolonnen von B Eins ist.

Da der äussere Bereich fest im Unendlichen verspannt ist, muss jede Kraftverteilung, die auf die innere Grenzfläche einwirkt, positiv definitiv bestimmte Verformungsenergie im Körper herbeiführen. Dies besagt, dass die Matrix B notwendigerweise nicht singulär ist.

Die Unterscheidung von inneren und äusseren Bereichen führt offensichtlich zur Definition von Körpern, die bei der Betrachtung von zwei grundlegend verschiedenen Problemen auftreten. Das den inneren Bereich berührende Problem ist typisch für endliche Körper oder Bauelemente, die durch Oberflächenkräfte verformt werden. Das die äusseren Bereiche berührende Problem entspricht einem durch die Entfernung des inneren Bereiches geschaffenen Hohlraum. Natürlich ist nur das zweite grundlegende Problem im vorliegenden Referat von Belang, auf das sich die weitere Erörterung beschränken wird.

Probleme mit Hohlräumen unter Tage lassen sich mit Hilfe der folgenden zwei Matrizengleichungen definieren:

$$U = H\,P \quad \text{und} \quad F = B\,P \tag{7}$$

Davon ist die erste eine blosse Wiederholung von (2). Die zweite Gleichung führt den 3Nx1 Vektor der äusseren Kräfte F ein, der auf die Elemente an der Oberfläche des untertägigen Hohlraumes einwirkt.

In der Praxis schliesst die Lösung die Berechnung des Vektors P aus der Randbedingungen ein. Wenn die Elemente von P bekannt sind, können die Spannungen oder Verschiebungen an jedem beliebigen Punkt im Gestein um Hohlräume bestimmt werden, indem man 3N mal die grundlegende Kelvinsche Lösung addiert.

Die Randbedingungen können entweder durch die genaue Angabe von U, von F oder durch eine Kombination beider Grössen an der Randzone gegeben werden. Am häufigsten werden vielleicht die Komponenten von P bestimmt. Sie lassen sich aus den Spannungen vor dem Abbau errechnen.

Natürlich ist in der Praxis die Anzahl der Oberflächenelemente gross, so dass die direkte Inversion von B oder H nicht durchführbar ist.

Man verwendet ein iteratives Verfahren für die Lösung. Dabei ist wichtig zu erkennen, dass die Eigenwerte von B (wie in diesem Abschnitt definiert) folgende Grenzen hat

$$0 < \varepsilon \leq \varkappa_r \leq 1, \tag{8}$$

wobei ε den kleinsten Eigenwert darstellt.

Der einfachen Darstellung wegen werden alle Betrachtungen mit Hilfe von Matrizengleichungen erläutert.Dies ist nur möglich, wenn die Existenz bestimmter Schranken der Hauptdiagonalelemente von B und H angenommen wird. Ein strenges Vorgehen hätte erfordert, wie in Abschnitt 3.4 für tafelige Abbauräume, von den grundlegenden Integralgleichungen auszugehen, und dann die Matrixgleichungen zu formulieren. Die Ergebnisse wären selbstverständlich identisch gewesen.

Die vorstehende Erörterung baut auf der fundamentalen Lösung auf, die die Wirkung einer konzentrierten Kraft im Innern eines unendlichen elastischen Körpers bestimmt. Die angewandten Grundprinzipien sind jedoch allgemeiner als dieser Zusammenhang annehmen lässt. In Spezialfällen werden sich andere Grundlösungen häufig besser eignen. In der Tat könnte die Behandlung von tafeligen Abbauräumen im Abschnitt 3.3 und 3.4 als eine besondere Form der allgemeineren Methode in diesem Abschnitt angesehen werden.

Die Ergebnisse in diesem Abschnitt sind Deist und Mitarbeiter (1973) zuzuschreiben. Sie gehen in ihrem Bericht auf Einzelheiten ein und besonders auf Erwägungen hinsichtlich numerischer Lösungen. Die Diskussion von Deist und Mitarbeiter zeigt, dass Lösungen, die mehrere Tausend Oberflächenelemente (Face Elemente) einschliessen, praktisch durchführbar sind.

3.6 Probleme in viskoelastischem Gestein

In den vorgehenden Abschnitten dieses Kapitels wurde immer vorausgesetzt, dass der Gebirgskörper linear elastisch ist. Bevor das Thema Spannungsanalyse verlassen wird, scheint es für die Betrachtung von Hohlräumen unter Tage wesentlich, die Diskussion auf Medien zu erweitern, deren Verhalten zeitlich abhängig ist, die aber weiterhin ihren im wesentlichen linearen Charakter beibehalten. Solche Materialien gehorchen nach der Terminologie von Volterra dem Gesetz der linearen Nachwirkung und werden gewöhnlich als viskoelastische Medien bezeichnet (Fung 1965, SS 21, 412). Die folgende Diskussion ist kurz gefasst. Für eine ausführlichere Behandlung wird der Leser auf J.+C. (SS. 292-309) und Fung (1965, SS 20-29, 412-433) verwiesen.

Das Hookesche Gesetz des isotropen elastischen Mediums lässt sich wie folgt schreiben

$$s_{ij} = 2Ge_{ij}, \quad i,j = 1,2,3 \qquad (1)$$

$$s = 3Ke \qquad (2)$$

Hier sind G und K der Scher- und Kompressionsmodul. Ferner sind s_{ij} und e_{ij} die Komponenten der Spannungs- und Verformungsdeviatoren (J.+C., SS. 32, 44). Von diesen Gleichungen beziehen sich das System (1) auf Verzerrung und die Relationen (2) auf Verhalten unter hydrostatischem Druck. Beide Gleichungssysteme enthalten ihre eigenen elastischen Konstanten.

Für einen grossen Bereich viskoelastischer Stoffe lässt sich das Spannungs-Dehnungsverhältnis in Form von Differentialgleichungen wie beispielsweise

$$f(D)s_{ij} = 2g(D)e_{ij}, \qquad (3)$$

$$f_1(D)s = 3g_1(D)e, \qquad (4)$$

ausdrücken, wobei $f(D)$, $f_1(D)$, $g(D)$ und $g_1(D)$ Polynome in D sind und D die Differenzierung nach der Zeit.

Um Probleme zu lösen, die mit Nullzeit beginnen, d.h., bei t = 0, bei gestörten Zuständen, kann man die Laplace Transformation von (3) und (4) verwenden. Sie kann niedergeschreiben werden als

$$f(\varphi)\bar{s}_{ij} = 2g(\varphi)\bar{e}_{ij} \qquad (5)$$

$$f_1(\varphi)\bar{s} = 3g_1(\varphi)\bar{e} \qquad (6)$$

Der Balken über einem Symbol bezeichnet die Laplace Transformation und φ ist die Umformungsvariable. Man wird beobachten, dass diese Relationen mit denen in (1) und (2) übereinstimmen, vorausgesetzt, G und K werden jeweils durch $g(\varphi)/f(\varphi)$ und $g_1(\varphi)/f_1(\varphi)$ ersetzt. Diese Analogie deutet daraufhin, dass eine Kategorie von Spannungsproblemen in viskoelastischen Körpern mit Hilfe der Umkehrung der Laplace Transformation der elastischen Lösung des gleichen Problems gelöst werden können, nachdem G und K jeweils durch $g(\varphi)/f(\varphi)$ und $g(\varphi)/f_1(\varphi)$ und die angewandte Spannung (oder Verschiebung) durch die Laplace Transformation ersetzt worden sind. Dieses Konzept elastischer Lösungen zur Bestimmung viskoelastischer Lösungen wird gewöhnlich als das Korrespondenzprinzip bezeichnet. (J.+C., SS. 304-309); (Fung, 1965, SS 421-429).

Die Anwendbarkeit des Zuordnungsprinzips auf Probleme in der Gebirgsmechanik unterliegt starken Beschränkungen. Dies hat seine Ursache darin, dass man mit ihm im allgemeinen keine Fälle behandeln kann, in denen sich Form, Grösse oder Zahl der Hohlräume unter Tage mit der Zeit ändern. Da solche Veränderungen mit der Schaffung untertägiger Räume unvermeidlich sind, scheint es, als ob das Prinzip auf die Lösung dieser Kategorie von Problemen keine Anwendung besässe. Glücklicherweise gibt es eine besondere Untergruppe von Situationen auf die sich das Zuordnungsprinzip ausdehnen lässt, so dass man in der Tat Probleme behandeln kann, die bei der Erweiterung oder Ausdehnung von Hohlräumen unter Tage auftreten.

Es ist bekannt (Timoshenko, 1951, S. 120); Muskhelishvili, 1963, SS 160-161), dass in zweidimensionalen Elastizitätsproblemen die Spannungsverteilung im Falle vorgegebener Spannungs-Randbedingungen in einem von Volumenkräften freien Medium von den elastischen Konstanten unabhängig ist, vorausgesetzt, dass die angewandten Kräfte an der Randzone jeden Hohlraumes im Gleichgewicht sind.

Die Diskussion im Abschnitt 2.1 hat gezeigt, dass das durch die Schaffung von Hohlräumen bewirkte Spannungssystem frei von Volumenkräften ist und bei Abbauräumen in beträchtlicher Teufe wenig Fehler begangen werden unter der Annahme, dass die Resultierende der induzierten Kräfte über die Randzone jeden Hohlraumes Null sei. Wenn also die Abbauräume so gestaltet sind, dass eine zweidimensionale Lösung akzeptierbar ist, dann folgt, dass die Verteilung der Spannungen unabhängig von den Eigenschaften des Gesteins ist. In diesem Falle stellt das Zuordnungsprinzip sicher, dass die Spannungsverteilung unabhängig von der Zeit ist, vorausgesetzt, die Abbauräume werden plötzlich im unverritzten Gebirge geschaffen und bleiben für immer unverändert.

In der Praxis wird der Abbau gewöhnlich stufenweise vorgenommen. Nehmen wir an, die der ersten Abbauphase entsprechende elastische Lösung sei bekannt. Die formale Ableitung der entsprechenden viskoelastischen Lösung, die der plötzlichen Schaffung der Abbauräume zum Zeitpunkt entspricht, bietet grundsätzlich keine Schwierigkeiten. Es zeigt sich, dass die Spannungsverteilung, die auf diese Weise abgeleitet wird, zeitunabhängig ist, sofern die Abbauräume "zweidimensional" sind.

Wir werden nun annehmen, dass der zweite Schritt in

der Entwicklung der Abbauräume zum Zeitpunkt r_2 stattfindet und dass die elastische Lösung für diese neue Geometrie ebenfalls bekannt ist. Wiederum wird das Zuordnungsprinzip aus dieser elastischen Lösung die viskoelastische Lösung ergeben, vorausgesetzt, das Gebirge wird unmittelbar vor Anwendung der zweiten Lösung in seinen ursprünglichen Spannungszustand zurückversetzt. Zur Erreichung dieser Wiederherstellung wird die der ersten Geometrie entsprechende viskoelastische Lösung mit umgekehrten Vorzeichen $r = r_2$ auf den Gebirgskörper superponiert. Verwendet man eine Reihe derartiger negativer und positiver Überlagerungen, so kann man die viskoelastische Lösung für jede Reihenfolge von schrittweisen Geometrieänderungen erhalten. Offensichtlich kann eine derartige Lösungsmethode nur angewandt werden, weil die Spannungsverteilung zwischen Geometrieänderungen unverändert bleibt.

Es ist relativ einfach, die derartigen schrittweisen Hohlraumbildungen entsprechender Verschiebungen abzuleiten. Setzen wir als gegeben voraus, dass eine Verschiebungskomponente an einem gegebenen Punkt im Gebirgskörper für die erste Geometrie wie folgt gegeben ist

$$u = F_1[\ell_1, (t-\tau_1)] \qquad \tau_1 < t < \tau_2$$

F_1 ist eine Funktion und l_1 eine kritische lineare Abmessung in der ersten Geometrie.

Nun ist nach der vorhergehend beschriebenen Methode der Überlagerung dieselbe Verschiebungskomponente nach der zweiten Ausbauphase beschrieben als

$$u = F_1[\ell_1, (t-\tau_1)] - F_1[\ell_1, (t-\tau_2)] + F_2[\ell_2, (t-\tau_2)] \quad \text{for } \tau_2 < t < \tau_3$$

und nach n Schritten als

$$u = \sum_{i=1}^{n-1} \{F_i[\ell_i, (t-\tau_i)] - F_i[\ell_i, (t-\tau_{i+1})]\} + F_n[\ell_n, (t-\tau_n)] \tag{7}$$

Diese Formel gilt während des Zeitintervalls $\tau_n < t < \tau_{n+1}$.

Ein Sonderfall ergibt sich für (7), wenn die grundlegende Form und Anzahl der Abbauräume unverändert bleiben, ausser, dass sie kontinuierlich an Grösse zunehmen. In einem derartigen Fall ist $F_1 = F_2 = F_i = F$ und einer der Ausdrücke in der Summe in (7) lässt sich schreiben als

$$F[\ell, (t-\tau)] - F[\ell, (t-\tau-\Delta\tau)] \simeq \frac{\partial F[\ell_1(t-\tau)]}{\partial (t-\tau)} \Delta\tau$$

Unter Verwendung dieses Ergebnisses kann die Verschiebung in (7) jetzt als eine kontinuierliche Funktion ausgedrückt werden. Es sei angenommen, das Gebirge ist ungestört für $t < 0$, und die Abbauräume werden vergrössert, während $0 < t < t_m$ und für alle $t > t_m$ unverändert bleiben. Die entsprechenden Formeln für die Verschiebung sind

$$t < 0 \qquad u = 0,$$

$$0 < t < t_m \qquad u = F[\ell(t), 0] + \int_0^t \frac{\partial F[\ell(\tau), (t-\tau)]}{\partial (t-\tau)} d\tau$$

$$t_m < t \qquad u = F[\ell_m, (t-t_m)] + \int_0^{t_m} \frac{\partial F[\ell(\tau), (t-\tau)]}{\partial (t-\tau)} d\tau \tag{8}$$

wobei ℓ_m den Maximalwert von ℓ darstellt.

Die Anwendungen des Zuordnungsprinzips und seine Verallgemeinerung lassen sich am besten durch Beispiele veranschaulichen. Deswegen ist angenommen, dass das Gebirge sich bei Verzerrung wie eine allgemeine Kelvinsche Substanz verhält und unter hydrostatischem Druck elastisch bleibt (J.+C., S. 301).

Die Spannungs-Dehnungsbeziehung einer derartigen Substanz lässt sich folglich ausdrücken als

$$(t_0 D+1)s_{jk} = 2(G_1 t_0 D + G_r) e_{jk} \quad j,k = 1,2,3$$
$$s = 3Ke, \tag{9}$$

wobei K der Kompressionsmodul ist. G_1 und G_r sind die sofortigen und langfristigen Schermodule $(G_r < G_1)$ und t_0 ist die Relaxionszeit des Modells. Ein Vergleich dieser Relationen mit den Definitionen in (3) und (4) macht deutlich, dass

$$f(D) = t_0 D+1, \qquad g(D) = G_1 t_0 D + G_r$$
$$f_1(D) = 1, \qquad g_1(D) = K \tag{10}$$

Als erstes Beispiel für die Anwendung der Ergebnisse in diesem Abschnitt wird die durch die plötzliche Schaffung eines kreisförmigen Schachtes oder Tunnels mit dem Radius R hervorgerufene radiale Verschiebung bestimmt.

Die entsprechende elastische Lösung ist

$$u(r) = qR^2/2Gr, \tag{11}$$

G ist der Schermodul, q die Grösse der Spannung im unverritzten Gebirge und r ein willkürlicher Radius.

Auf der Basis des Zuordnungsprinzips ist die Transformation der Verschiebung

$$\bar{u}(r,\varphi) = \frac{q}{2} \frac{R^2}{r} \frac{t_0 \varphi + 1}{p(G_1 t_0 \varphi + G_r)},$$

was nach Inversion

$$u(r,t) = \frac{qR^2}{2G_r r} [1 - (1 - G_r/G_1) \exp(-G_r t/G_1 t_0)] \tag{12}$$

ergibt.

Aus (8) lassen sich die korrespondierenden Ergebnisse für den Fall errechnen, in dem der Tunnelradius mit konstanter Geschwindigkeit von Null bis R_m während des Zeitraumes $0 < t < t_m$ wächst. Unter Auslassung der Einzelheiten dieser Ableitung, sind die Ergebnisse wie folgt:

$0 < t < t_m$

$$u(r,t) = \frac{qR^2}{2G_r r}\left\{1 - \frac{2G_1 t_0}{G_r t}(1-G_r/G_1)\left[1 - \frac{G_1 t_0}{G_r t} + \frac{G_1 t_0}{G_r t}\exp(-G_r t/G_1 t_0)\right]\right\} \tag{13}$$

$t > t_m$

$$u(r,t) = \frac{qR_m^2}{2G_r r}\left\{1 - \frac{2}{\psi}(1-G_r/G_1)\left[(1-\frac{1}{\psi})e^{\psi} + \frac{1}{\psi}\right]\exp(-G_r t/G_1 t_0)\right\}, \tag{14}$$

wobei

$$\psi = \frac{G_r t_m}{G_1 t_0}. \tag{15}$$

4. GRUNDSÄTZE FÜR DEN AUSBAU VON UNTERTÄGIGEN RÄUMEN

4.1 Zweck und Klassifizierung des Ausbaus

Wann immer ein Hohlraum unter Tage geschaffen oder erweitert wird, ergeben sich Fragen hinsichtlich seines Ausbaus. Obwohl in der Gebirgsmechanik wahrscheinlich mehr über den Entwurf von Stützbauten geschrieben worden ist als über irgend ein anderes Thema, ist echter Fortschritt langsam gewesen. Sowohl der Bergbau wie das Bauingenieurwesen verlassen sich immer noch weitgehend auf Erfahrung bei der Planung ihrer Ausbausysteme.

Ziel des Ausbaus ist zunächst die Sicherheit der sich aus einem bestimmten Grunde im Hohlraum befindlichen Personen zu gewährleisten oder, in zweiter Linie, sicherzustellen, dass der Hohlraum die Aufgabe, für die er ausgeräumt worden ist, erfüllen kann und schliesslich, wenn der Hohlraum für den Transport eines flüssigen oder gasförmigen Mediums geschaffen wurde, seine Leistung als Flüssigkeitsleiter zu verbessern.

Im Bergbau wird natürlich ein sehr hoher Prozentsatz allen Volumens im Abbau irgendeines wertvollen Minerals gefördert. Diese "produktiven" Abbauräume haben nur eine sehr kurze Betriebsdauer, da ihre Brauchbarkeit fast unmittelbar nach der Ausbeutung des Minerals endet. Wegen der Grösse, Vielfältigkeit und relativen Lage im Hinblick zueinander, treten bei diesen Abbauräumen oft Probleme bei der Beherrschung des Hangenden auf. Da Bergleute einen grossen Teil ihrer Zeit mit dem Abbau von Mineralien beschäftigt sind, erfordert die Abstützung der produktiven Abbauräume bei den meisten Förderprojekten ein sorgfältiges Studium. Der unter diesen Umständen verwendete Ausbau muss einfach, widerstandsfähig, wirksam und billig sein. Diesen hohen Anforderungen wird gewöhnlich genügt entweder durch Verwendung natürlicher Stützen, d.h., Streckenpfeiler oder Materialien, die in Massen relativ billig und leicht zu befördern sind, wie zum Beispiel in der Aufbereitung anfallende Berge, die als Versatz verwendet werden oder durch Einbau relativ hochentwickelter aber beweglicher Systeme, die für den Abbau eines grossen Mineralvolumens geeignet sind. Natürlich werden auch andere unbewegliche Stützmittel verwendet, und die gelegentlich in abgelegten Bauen verbleiben. Typisch für das letztere Beispiel sind Holzstempel, Holzpfeiler oder Bergrippen und Gesteinsanker.

Offensichtlich wird die tatsächliche Wahl des Ausbausystems von vielen Faktoren abhängen, beispielsweise dem Vorhandensein von Materialien, der Wirtschaftlichkeit des Unternehmens usw., jedoch müssen die entscheidenden Überlegungen entweder auf ähnlicher Erfahrung oder auf Grundsätzen der Gebirgsmechanik basieren.

Abgesehen von den produktiven Abbauräumen gibt es Schächte, Strecken und eine Anzahl von Kammern in einer Grube unter Tage. Zwischen den Ausbauproblemen dieser und entsprechenden Ausschachtungen im Bauingenieurwesen scheint es grundsätzlich keine wesentlichen Unterschiede zu geben. In der Praxis bestehen jedoch zahlreiche wichtige Unterschiede. Um nur einige herauszugreifen, die meisten Projekte im Bauingenieurwesen führen zu bleibenden Ausschachtungen (z.B. Untergrundbahnen, Wassertunnel usw.), während die Standdauer von Grubenräumen zeitlich begrenzt ist, obschon einige Schächte, Strecken und Kammern eine Betriebsdauer von mehreren Jahrzehnten haben. Die Ausschachtungen im Bauingenieurwesen dienen oft der Öffentlichkeit während Grubenbau nur berufsmässigen Bergleuten zugänglich sind. Deshalb überrascht es nicht, dass strengere Normen für das Bauingenieurwesen festgesetzt werden als für die Bergtechnik.

Ein weiterer wichtiger Unterschied ergibt sich aus der Tatsache, dass die meisten Bauingenieurvorhaben in praktisch unverritztem Gebirge ausgeführt werden, und wenn die Arbeit beendet ist, eine weitere Änderung in den Spannungen im Feld nicht wahrscheinlich ist. Im Gegensatz dazu verändern sich Zahl, Grösse und relative Lage der Abbauräume im Bergbau ständig. In der Tat können die Spannungen, unter denen Abbau vorgeht, sehr unterschiedlich sein und sind es auch oft im Vergleich zu den Spannungen im unverritzten Gebirge. Ferner besteht die Wahrscheinlichkeit einer sehr drastischen Änderung des Spannungsfeldes als Folge späteren Abbaus. Aus diesem Grunde ist es wichtig, die Voraussage der Veränderung in den Spannungen für die gesamte Lebensdauer einiger Hilfsbaue zu versuchen.

Ausbausysteme unterscheiden sich auf verschiedene Weise. Der vielleicht wesentlichste Unterschied liegt darin, ob der Ausbau der Sicherung oder Verstärkung dient.

Untertagebau ist dann am wirtschaftlichsten, wenn die selbststützenden Eigenschaften des die Hohlräume umgebenden Felsens voll ausgenützt werden. In sehr vielen Fällen stellt man fest, dass die Bruchfestigkeit des Gesteins so gross ist, dass kein Bruch durch die vorherrschenden Gesamtspannungen zu erwarten ist. Oft ergibt es sich jedoch in ungestützten Abbauräumen, dass sich die Standfestigkeit allmählich verschlechtert und schliesslich sogar Ausbrüche entstehen. Diese Verschlechterung ist entweder durch "Verwitterung" bedingt, eine chemisch-physikalische Wirkung aufgrund von Änderungen im Wassergehalt und/oder Oxydierung, oder durch Auflockerung des geschichteten oder geklüfteten Gesteins. Das Lockerwerden wird gewöhnlich durch Schwingung bei Spannungen oder durch Verwitterung oder zeitbedingte Verformung verübt. In einem derartigen Fall kann Ausbau, der die Aussenschicht des freiliegenden Gesteins vor Veränderungen im Wassergehalt, Oxydierung und Oberflächenlockerung schützt, sehr wirkungsvoll sein. Selbstverständlich besitzt ein solcher Ausbau gewöhnlich eine bauliche Stabilität, so dass er eine gewisse direkte verstärkende Wirkung ausübt. Seine Hauptaufgabe ist aber die Schützwirkung. Der Spritzbeton ("shotcrete"), der zunehmend Verbreitung findet, ist ein gutes Beispiel für diese Ausbauform.

Wenn die Gesamtspannungen im Verhältnis zu den Festigkeitseigenschaften des Gesteins hoch sind oder wenn das Gestein "blockartig" ist aufgrund von gut ausgebildeten Klüften, wenn es hochgradig geschichtet ist oder wenn mit grossen Verschiebungen in Oberflächennähe von untertägigen Räumen gerechnet wird, dann müssen einige oder alle an den Abbauraum grenzenden Flächen gestützt werden, um eine Verstärkung für das Gestein zu schaffen. Der Entwurf derartiger verstärkender Ausbausysteme stellt an den Ideenreichtum sowohl der Bergleute als auch der Bauingenieure hohe Anforderungen.

Die verstärkende Wirkung eines Ausbaus steht in engem Zusammenhang zu seinem Formänderungswiderstand, d.h., der Stützwiderstand wächst allgemein im Verhältnis zu der vom Nebengestein diktierten Verformung. Oft ist es von Vorteil, einen hohen Stützwiderstand unmittelbar beim Einbau zu erreichen. Dies wird bewerkstelligt durch Vorspannen der Stützelemente, um praktisch unmittelbar eine Stützreaktion zu schaffen. Im herkömmlichen Sinne wird das durch das Verkeilen von Rundhölzern oder Rahmen erreicht. Moderne Beispiele für die gleiche Idee sind der hydraulische Stempel und der Gesteinsanker. Stützen, die in diesem Sinne vorgespannt oder nicht vorgespannt sind, werden gewöhnlich als aktive oder passive Stützen bezeichnet.

Fast alle in Hohlräumen verwendeten Ausbausysteme werden innerhalb des Ausbruchs erstellt. Sie üben ihre Tragkraft aus, indem sie (sofern ihr Gewicht vernachlässigt werden kann) auf die Gesteinsoberfläche ein System von Kräften ausüben, das sich von selbst ins Gleichgewicht stellt. Eine erfinderische Ausnahme zu dieser Regel bildet der Gesteinsanker. Die tragende Kraft dieser Vorrichtung, zumindest wenn sie in herkömmlicher Weise verwendet wird, entsteht zwischen dem innerhalb des Gesteins liegenden Verankerungspunkt und dem Belastungsende an der Mündung des Bohrloches. Deshalb braucht bei der Analyse der Wirkung herkömmlicher Stützen lediglich die Verschiebung der Hohlraumwände berücksichtigt zu werden. Im Gegensatz dazu hängt die "Stützwirkung" der Gesteinsanker von den relativen Verschiebungen des Gesteins zwischen Ankerenden oder Ankerpunkten ab.

Schliesslich verdient noch eine besondere Ausbauart der nachgiebige Ausbau besondere Beachtung. Unter besonders schwierigen Verhältnissen, d.h., wenn mit grossen Verschiebungen gerechnet wird, ist es vorteilhaft, einen Ausbau zu verwenden, der nachgibt, sobald sein Widerstand einen vorbestimmten Wert erreicht hat. Wenn Dichte und Knickpunkt des Ausbaus richtig gewählt werden, dann bewegen sich die Wände des Abbauraumes in geregelter Form ohne den Ausbau zu überlasten oder das Gestein an Kontaktpunkten zu beschädigen. Hydraulische Stempel und Reibungsstempel sowie zahlreiche Arten von nachgiebigen stählernen Streckenbögen sind moderne Ausführungen dieses Prinzips. Es sei erwähnt, dass das Prinzip des nachgiebigen Ausbaus den Bergleuten seit langer Zeit bekannt ist. Der zugespitzte hölzerne "Grubenstempel" bietet ein wohlbekanntes frühes Beispiel dar.

4.2 Gestein und Ausbau als ein statisch unbestimmtes Bauelement

Die Wahl von Ausbausystemen wird durch die Tatsache erschwert, dass das aus Ausbau und Nebengestein bestehende System im allgemeinen statisch unbestimmt ist, das heisst, dass die auf den Ausbau einwirkende Last durch die Verformung beider Komponenten des Systems bestimmt wird. Der Ausbau bleibt unbelastet, sofern sich der Gebirgskörper nicht nach Einbringen des Ausbaus verformt. Die einzigen bedeutenden Ausnahmen zu dieser Regel sind der hydraulische Druck, der auf den kontinuierlichen Ausbau, z.B. Beton, einwirken mag und das Gewicht von stark zerbrochenem, losen Gestein im Hangenden eines Abbauraumes. In allen anderen Fällen, an die sich der Verfasser erinnert, kann die Beanspruchung des Ausbaus nur durch Inbetrachtziehung der ausgelösten Verformungen bestimmt werden.

Dieser Grundsatz wird durch das einfach mechanische Modell in Bild 4.2.1 veranschaulicht. Hier werden zwei durchgehende Träger gezeigt, die an den Enden gestützt sind. Der obere Träger ist auf der Oberseite mit gleichförmigem Druck belastet. Die Verbindung zwischen den Trägern wird durch eine Anzahl von zwischen ihnen eingefügten Blöcken hergestellt.

Es bedarf geringer Einbildungskraft, um sich vorstellen zu können, dass der untere Träger nur dann belastet wird, wenn die äussere Last eine gewisse Durchbiegung im oberen Träger herbeiführt und wenn die Verbindungsblöcke einen Teil der Beanspruchung auf den stützenden unteren Träger übertragen. Die Last auf den oberen Träger vergrössert sich mit jeder Kombination der folgenden Massnahmen:

(i) die äussere Last wird erhöht,

(ii) der obere Träger wird durchgiebiger gestaltet,

(iii) die Verbindungsblöcke werden versteift, und

(iv) der untere Träger wird versteift.

Offensichtlich wird eine Umkehr dieser Schritte zu einer Reduzierung der Last auf den unteren Träger führen.

Die Analogie dieses Modells zur Situation unter Tage wird deutlich, wenn der obere Träger dem Nebengestein gleichgesetzt wird und der untere Träger mit dem Ausbau und die Blöcke mit dem Kontakt zwischen Gestein und Ausbau.

Um diese Analogie etwas quantitativer zu gestalten, wollen wir annehmen, das Stoffgesetz des Gesteins sei linear, die in Frage kommende Verschiebungskomponente der Oberfläche des nicht abgestützten Abbauraumes wäre u, und der Stützwiderstand liesse sich durch eine einzige Kraft, p, beschreiben. Diese Annahmen treffen auf die Betrachtung der Stützkraft eines Einzelstempels zu oder des Druckes auf den Ausbau eines kreisförmigen Tunnels im hydrostatischen Spannungsfeld. Die Verschiebung am Rande des Hohlraumes infolge p soll nun $F(p)$ sein, die des Ausbaus $f(p)$ und die des Verbindungsblocks $g(p)$. Zur Bestimmung des Stützwiderstandes sei

$$[\,u - F(p)\,] - f(p) = g(p) \qquad (1)$$

Die Auflösung von (1) nach p ergibt die Stützlast oder den Stützwiderstand. In realeren Fällen, in denen eine Reihe von Stützelementen und Berührungspunkten berücksichtigt werden, ist die Auflösung durch ein System von Simultangleichungen definiert.

Leider gibt es nur wenige Beispiele, für die das typische System von Gleichungen (1) gelöst worden ist. Die grösste Schwierigkeit entsteht bei der Behandlung der Komponente $[\,u - F(p)\,]$, die die Verschiebung der Oberfläche des Abbauraumes beschreibt. Da diese Komponente von den Feldspannungen, den Gesteinseigenschaften, den Änderungen im Wassergehalt, der Verwitterung usw. beeinflusst wird, bestehen grosse praktische Schwierigkeiten für den Entwurf eines Modells, das diese Komponente hinreichend beschreibt. Diese Tatsache erklärt, warum besonders im Bauingenieurwesen viele Formeln vorgeschlagen worden sind, die angeblich die Stützlast unabhängig von der Stütze angeben. Die erfolgreichste von ihnen ist von Terzaghi und Protodyakonov für die Bewertung des Gebirgsdruckes auf Tunnelausbausysteme vorgeschlagen worden (Szechy, 1966, SS. 202-205, 213-217).

Ohne die Absicht, diese Formeln diskreditieren zu wollen, muss festgestellt werden, dass sie nur als Versuche, eine praktische obere Grenze für den auf den Ausbau einwirkenden Druck betrachtet werden können. Ihr Erfolg hängt davon ab, ob sie einen akzeptablen Kompromiss zwischen Sicherheit und Wirtschaftlichkeit darstellen. Es ist zu hoffen, dass Fortschritte in der Gebirgsmechanik eine theoretisch einwandfreiere, aber gleichzeitig anwendbare Methode für die Planung von Tragkonstruktionen ermöglichen werden.

4 3. Einige praktische Erwägungen

Obschon es in den meisten Fällen keine exakte Methode für die Bestimmung der minimalen, aber ausreichenden Abmessung für den Ausbau unter Tage gibt, wird der die Belastung des Ausbaus beherrschende Grundmechanismus relativ gut verstanden. Sieht man sich der Aufgabe der Planung einer Tragkonstruktion gegenüber, so ist es wichtig, eine Reihe von Faktoren zu erwägen. Dazu gehören

(i) die Qualität und die Eigenschaften (Festigkeit, Deformation, zeitliche Abhängigkeit, Verwitterung) des Nebengesteins,

(ii) geologische Schwächen, Klüfte, Schichtfugen,

(iii) hydrologische Bedingungen,

(iv) die Spannung im unverritzten Gebirge einschliesslich latenter tektonischer Kräfte,

(v) Spannungen vor dem Abbau, die von anderen benachbarten Hohlräumen stammen,

(vi) die Gesamtspannung um den nicht abgestützten Hohlraum,

(vii) zukünftige Änderungen in den Spannungen im unverritzten Gebirge, die zu neuen Hohlräumen in der Umgebung führen,

(viii) zeitbedingte Verformungen und

(xi) der Zweck des Hohlraumes.

In vielen Fällen ist es von Vorteil, die Bewertung mit einer Analyse der Spannungsverteilung um den Abbau herum zu beginnen. In Ermangelung eines realistischeren Modells kann diese Analyse auf der Grundlage der Elastizitätstheorie unternommen werden. Ein Vergleich der sich ergebenden Spannungen und der Festigkeitseigenschaften des Gesteins liefert den Hinweis dafür, ob mit Spannungsbruch um den Abbauraum herum gerechnet werden muss oder nicht. Wenn die Spannungsverteilung im Lichte der Verteilung der geologischen Schwächen gesehen wird, kann daraus entnommen werden, ob wegen der Lockerung Brüche wahrscheinlich sind. Hier ist die Abbaumethode von grosser Wichtigkeit, da Sprengungen mit Wahrscheinlichkeit die bereits bestehenden Klüfte vergrössern und aktivieren und ihrerseits Bruchbildungen erzeugen werden. Die vorläufige Analyse sollte eine ungefähre Angabe der Grösse der Verschiebungen der Wände der Abbauräume vornehmen. Die Grösse der Verschiebungen bestimmt weitgehend den Typ des Ausbaus, der verwendet werden kann.

Bevor im Hinblick auf den Ausbau eine endgültige Entscheidung getroffen wird, müssen zukünftige Änderungen aufgrund von Gesteinskriechen, weitere Abbauräume in der Umgebung und die Wirkungen möglicher inneren oder äusseren Flüssigkeitsdruckes berücksichtigt werden. Die Flüssigkeitsströmung in Gestein kann anderer Beeinflussung unterliegen (siehe Abschnitt 2.4), worunter vielleicht die wichtigste, im Falle von Tonen oder zersetztem tonigem Gestein, die Quellung ist, die zu beträchtlichem Druck führen kann in einer Weise, die durch Temperaturänderungen bedingten thermischen Spannungen nicht unähnlich ist.

Bei allen diesen Untersuchungen muss der Grund für die Schaffung des Hohlraumes in Rechnung gestellt werden, sowohl vom technischen als auch wirtschaftlichen Standpunkt. Natürlich müssen Mühen und Kosten des Ausbaus mit der Gesamtwirtschaftlichkeit des Projektes im Einklang sein.

Bevor wir diese kurze Zusammenfassung eines sehr schwierigen Themas verlassen, sollte die Tatsache erwähnt werden, dass sich wahrscheinlich mehr Ausbauprobleme durch verspäteten Einbau ergeben als durch irgendeine andere Tatsache. Es kann nicht genug betont werden, dass rechtzeitiger und wirksamer Einbau von Ausbau viele Probleme der Beherrschung des Hangenden beseitigen und zu einer allgemeinen Besserung der Bedingungen führen kann. Ausbau ist nur dann gut eingebracht, wenn jegliche weitere Verschiebung des Gesteins im Ausbau Widerstand findet. Andernfalls wird der Ausbau solange nicht brauchbar arbeiten, bis die Verformung genügend gross ist, um solchen Widerstand hervorzurufen.

5. DIE PLANUNG VON ISOLIERTEN HOHLRÄUMEN

5.1 Voraussage des Gesteinsverhaltens um untertägige Hohlräume

Im Sinne dieses Kapitels ist ein Abbauraum dann isoliert, wenn es keine anderen, genügend nahegelegenen Hohlräume gibt, um die Zustände um den fraglichen Abbauraum herum wesentlich zu beeinflussen. Ist dies der Fall, dann werden die Bedingungen um den Hohlraum herum nur von den Änderungen berührt, die durch die Vornahme des Abbaus selbst hervorgerufen wurden.

Bei der Planung von Abbauräumen sollten grundsätzlich vier Faktoren berücksichtigt werden. Diese sind Standort, Grösse, Form und Ausbau des Hohlraumes. Normalerweise wird ein Abbauraum in erster Linie auf der Basis optimaler Zweckerfüllung geplant, das bedeutet, dass Standort, Grösse und Form ideal sein sollten, beispielsweise zur Unterbringung von Turbinen, oder um Rieselwasser zu führen usw. Ein solcher Entwurf wird daraufhin vom gebirgsmechanischen Standpunkt aus überprüft, um festzustellen, ob der Ausführung des Projektes mit ernsten Schwierigkeiten zu rechnen ist. Sollte das der Fall sein, wird das Projekt geändert, um den besten Kompromiss zwischen idealem und praktisch durchführbarem Entwurf zu finden.

Die gebirgsmechanische Überprüfung kann ergeben, dass

(i) man hinsichtlich der Beherrschung des Hangenden nicht mit Schwierigkeiten zu rechnen braucht, da die Höhe der Gesamtspannungen im Verhältnis zur Gesteinsfestigkeit gering ist und das Gestein massiv und ungeklüftet ist,

(ii) die Gesamtspannungen nicht höher als die Gesteinsfestigkeit sind, aber das Gestein ist tafelig, geklüftet oder gespalten, so dass Auflockerungen eintreten können, was zu Brüchen und Schwierigkeiten bei der Querschnittskontrolle führen kann,

(iii) die physikalisch-chemischen Eigenschaften derart sind, dass mit Verwitterung oder Quellung gerechnet werden muss und dass

(iv) die Gesteinsfestigkeit kleiner ist als die Gesamtspannungen, so dass Gesteinsbrüche und grosse Verschiebungen wahrscheinlich sind.

Unter (ii) ist es wichtig, die Sprengung zu überwachen und somit den verursachten Schaden minimal zu halten. Dieses sind die Bedingungen, unter denen die merklichsten Verbesserungen durch Einführung von Maschinen anstelle von Sprengungen und durch rechtzeitiges Einbringen des Ausbaus erreicht werden können. Das ist dann der Fall, wenn vom Ausbau keine grosse Festigkeit gefordert wird. Er soll die Blöcke oder Schichten verbinden, bevor sie so weit gelockert sind, dass sie labil werden. Häufig treten Merkmale von (ii) und (iii) zusammen auf. In solchen Fällen sollte man ebenfalls einen schützenden Ausbau verwenden. Ist mit Gesteinsquellungen zu rechnen, so könnte es von Vorteil sein, den Standort des Abbauraumes zu verlagern. Fall (iv) könnte entweder in beträchtlicher Teufe oder in losem, zerrüttetem Gebirge auftreten.

5.2 Planung von Ausbausystemen in viskoelastischem Gebirge

Folgt das Gestein einem mit linearer Nachwirkung Spannungs-Dehnungsgesetz, so ist es vorteilhaft, das Superpositionsprinzip zur Bestimmung der auf den Ausbau einwirkenden Last zu verwenden. Die durch eine äussere Kraft verursachte Verschiebung

$$p(t) = \begin{cases} 0 & t < 0 \\ 1 & t > 0 \end{cases} \qquad (1)$$

an einem beliebigen Punkt eines aus einer viskoelastischen Substanz bestehenden Körpers soll f(t) sein. Die durch das Anwachsen der augenblicklichen Beanspruchung verursachte Verschiebung p(0) zur Zeit t = 0 und $dp(t)=p'(t)dt$ bei $t = \xi$ ist

$$p(0)f(t), \qquad 0 < t < \xi$$

$$p(0)\,(t) + f(t-\xi)dp \qquad (2)$$

$$= p(0)f(t) + f(t-\xi)p'(\xi)\,d\xi \quad t > \xi$$

Es folgt, dass die Verschiebung u(t) auf Grund der kontinuierlich veränderlichen Beanspruchung p(t) durch Gleichung (3) beschrieben ist

$$u(t) = p(0)f(t) + \int_0^t f(t-\xi)p'(\xi)d\xi \qquad (3)$$

Nach partieller Integration ergibt sich

$$u(t) = f(0)p(t) + \int_0^t p(\xi)f'(t-\xi)d\xi. \qquad (4)$$

Dieses Ergebnis ist identisch mit dem von Jäger und Cook (S. 303), abgesehen von der ersten Beziehung, die nicht in dem Buch dieser Autoren enthalten ist.

Um die Grundsätze bei der Bestimmung von Stützlasten zu demonstrieren, wollen wir annehmen, dass die Stützwirkung durch eine einzige Grösse p(t) gekennzeichnet ist. Die induzierte durch das Spannungsfeld q vor Abbau hervorgerufene Verschiebung des ungestützten Hohlraumes sei qg(t). Nun sei angenommen, dass zur Zeit $t=t_a$ ein Ausbau eingebracht wird, der einen Druck p auf die Oberfläche des Abbauraumes ausübt. Die sich daraus ergebende Verschiebung der Wandungen ist demnach

$$u(t) = qg(t) - f(0)p(t-t_a) - \int_{t_a}^{t} p(\xi-t_a)f'(t-\xi)d\xi, \qquad (5)$$

was auf der Basis von (4) gegeben ist. An dieser Stelle ist es vorteilhaft

$$t = \tau + t_a, \qquad \xi = \psi + t_a, \qquad (6)$$

einzuführen. Daher folgt

$$u(\tau+t_a) = qg(\tau+t_a) - f(0)p(\tau) - \int_0^{\tau} p(\psi)f'(\tau-\psi)d\psi . \qquad (7)$$

Entsprechend der Randbedingungen in 4.2. (1) müssen bei innigem Kontakt zwischen Ausbau und Gestein die Verschiebungen dem folgenden Verhältnis genügen:

$$[u(\tau+t_a)-u(t_a)] - [u_s(\tau)-u_s(0)] = 0, \qquad (8)$$

Das zweite Glied in doppelten Klammern, d.h., $[u_s(\tau)-u_s(0)]$ ist die Verformung des Ausbaus nach erfolgtem Einbau. Im Falle passivem Ausbaus ist natürlich $u_s(0) = 0$. Nun soll

$$F(\tau, t_a) = g(\tau+t_a) - g(t_a) \qquad (9)$$

sein und

$$u_s(\tau) = \beta p(\tau) \qquad (10)$$

wobei β ein Proportionalitätsfaktor ist, der von den Abmessungen und elastischen Eigenschaften des Ausbaus abhängt. Unter Verwendung dieser Formeln und des Ergebnisses (7), lassen sich die Randbedingungen in (8) wie folgt niederschreiben

$$\beta[p(\tau)-p(0)] = qF(\tau,t_a) - f(0)[p(\tau)-p(0)] - \int_0^{\tau} p(\psi)f'(\tau-\psi)d\psi \qquad (11)$$

Die Laplace Transformation beider Seiten dieser Gleichung führt zu

$$\beta[\bar{p}(\varphi)-\frac{1}{\varphi}\, p(0)] = q\bar{F}(\varphi,t_a) + \frac{1}{\varphi}\, f(0)p(0) - \varphi\bar{p}(\varphi)\bar{f}(\varphi) . \qquad (12)$$

Um zu diesem Ergebnis zu kommen, wurde das Faltungstheorem (Jäger, 1961, S. 90) herangezogen. Es ist einfach Gleichung (12) nach der Transformation der Stützlast aufzulösen.

$$\bar{p}(\varphi) = \frac{q\varphi\bar{F}(\varphi,t_a)+[\beta+f(0)]p(0)}{\varphi[\beta+\varphi\bar{f}(\varphi)]} \qquad (13)$$

Die Umkehrung der Transformation in diesem Ausdruck ist der allgemeine Ausdruck für die Stützlast im Falle von ein-parametrischen Ausbausystemen. In komplizierteren Fällen ist die Beweisführung die gleiche, jedoch erhält man anstelle von (12) ein System von Gleichungen, das die Transformationen der Stützkräfte (oder Spannungen) als Unbekannte enthält.

Um die Anwendung von (13) zu illustrieren, wird die Beanspruchung des Ausbaus eines kreisförmigen Tunnels in einem unverritzten Gebirge hydrostatischen Spannungsfeld abgeleitet unter der Voraussetzung, dass das Verhalten des Gebirges durch das verallgemeinerte Kelvinsche Modell im Abschnitt 3.6 beschrieben ist. Aus den Ergebnissen in 3.6 (12) folgt

$$g(t) = f(t) = \frac{R}{2G_r}[1-G_r/G_1)\exp(-G_r t/G_1 t_0)], \qquad (14)$$

was auf der Basis von (9) zu

$$F(\tau,t_a) = \frac{R}{2G_r}(1-G_r/G_1)\exp(-G_r t_a/G_1 t_0) \times [1-\exp(-G_r\tau/G_1 t_0)], \qquad (15)$$

führt, wobei R der Tunnelradius ist. Wenn die Transformationen

$$\bar{F}(\varphi,t_a) = \frac{R}{2G_r}(1-G_r/G_1) \times \exp(-G_r t_a/G_1 t_0)[\frac{1}{\varphi} - \frac{1}{\varphi+G_r/G_1 t_0}], \qquad (16)$$

$$\bar{f}(\varphi) = \frac{R}{2}\,\frac{t_0\varphi+1}{\varphi(G_1 t_0\varphi+G_r)} \qquad (17)$$

bestimmt und in (13) eingesetzt werden, erhält man die Transformation der Ausbaubelastung. Der Kürze halber ist dieser Ausdruck ausgelassen. Die Verschiebung der äusseren Oberfläche des Ausbaus ist nach (J.+C. S. 128)

$$u_s(\tau) = \frac{(1-2\nu_s+k^2)R_0}{2(1-k^2)G_s}\, p(\tau), \qquad (18)$$

wobei ν_r und G_s jeweils die Poissonsche Zahl und den Schermodul des Ausbaus bedeutet und

$$k = R_1/R_0 \qquad (19)$$

R_1 und R_0 sind die inneren und äusseren Radien des Ausbaus. Ein Vergleich von (10) und (18) ergibt

$$\beta = \frac{(1-2\nu_s+k^2)R_0}{2(1-k^2)G_s} = \frac{\alpha R_0}{2G_s} \qquad (20)$$

worin die Definition von α eindeutig ist.

Nach Einsetzung von (16), (17) und (20) in (13) und nach Bildung der Umkehrung folgt $(R_0 = R)$

$$(1+\alpha G_r/G_s)p(\tau) = q(1-G_r/G_1)\exp(-G_r t_a/G_1 t_0) + (G_r/G_1+\alpha G_r/G_s)p(0) + (1-G_r/G_1)[p(0)-q\exp(-G_r t_a/G_1 t_0)]$$

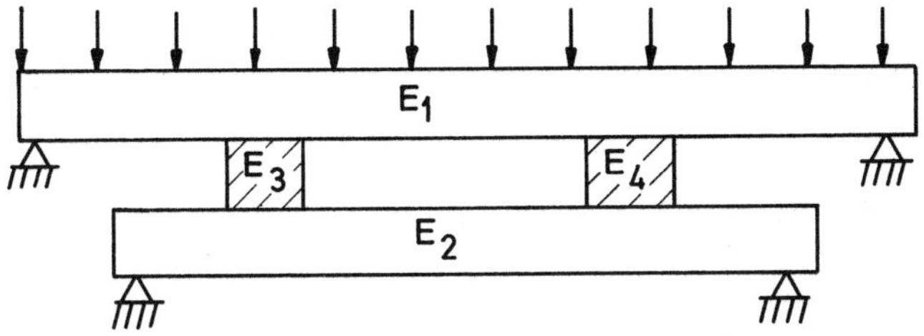

Bild 4.2.1 Einfaches mechanisches Modell für das statisch unbestimmte Problem des Ausbaus unter Tage.

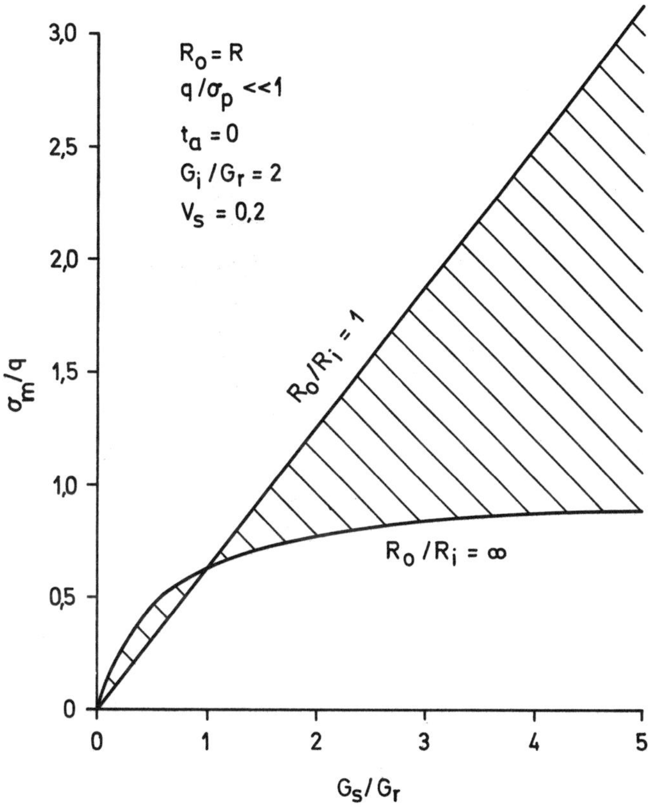

Bild 5.2.1 Obere und untere Grenze der maximalen Ausbaubeanspruchung, σ_m , einer Strecke in kompetentem Gestein.

$$x\exp[-(1+\alpha G_1/G_s)\tau]/(1+\alpha G_1/G_s)t_0]. \quad (21)$$

Diese Formel zeigt, dass der Ausbaudruck mit $p_{max}=p(\infty)=p(0)$ konstant bleibt, vorausgesetzt

$$p(0)-q\exp(-G_r t_a/G_1 t_0)>0 \text{ dann } p_{max}=p(0), \quad (22)$$

oder

$$p(0)-q\exp(-G_r t_a/G_1 t_0)<0 \text{ dann } p_{max}=p(\infty), \quad (23)$$

wobei nach

$$(1+\alpha G_r/G_s)p(\infty)=q(1-G_r/G_1)\exp(-G_r t_a/G_1 t_0) + (G_r/G_1+\alpha G_r/G_s)p(0) \quad (24)$$

vorausgesetzt

$$p(0)-q\exp(-G_r t_a/G_1 t_0) = 0 \quad (25)$$

Diese Ergebnisse führen zu einer Reihe von wichtigen Schlüssen hinsichtlich der Wechselwirkung zwischen Gestein und Ausbau. Die auf ein passives Ausbausystem einwirkende Beanspruchung [p(0) = 0] in isolierten Abbauräumen nimmt asymptotisch bis auf ihren Maximalwert zu. Die Erscheinungen um aktive Ausbausysteme können jedoch völlig verschieden sein. Wenn der Setzdruck hoch ist, dann kann sich der Ausbau in der Tat mit der Zeit entspannen. Dabei tritt der maximale Ausbaudruck unmittelbar nach dem Einbringen auf und hat die Grösse des Setzdruckes.

Die grösste Druckspannung, σ, in dem vorliegenden Beispiel geschilderten Tunnelbau tritt an der inneren Oberfläche auf und beträgt (J.+C., S. 129)

$$\sigma(\tau)=2p(\tau)/(1-k^2), \quad (26)$$

wobei p(r) durch (21) gegeben ist.

Die Gegebenheiten in passivem Ausbau sind von besonderem Interesse. Angenommen, wir bestimmen $p(\infty)$ für die Werte p(0) = 0 und $\tau = \infty$ in Gleichung (21) und setzen den entsprechenden Ausdruck für $p(\infty)$ in (26) ein. Das Ergebnis ist die im Ausbau induzierte Maximalspannung $\sigma(\infty) = \sigma_m$, Salamon (1970).

$$\sigma_m = \frac{2q(1-G_r/G_1)}{1-k^2)+(1-2\nu_s+k^2)G_r/G_s} \exp(-G_r t_a/G_1 t_0) \quad (27)$$

Der interessanteste Aspekt dieses Ausdruckes ist der, dass er ungeachtet des Wertes von k begrenzt bleibt. Wenn die Wandstärke nahe Null ist, k = 1, dann ist

$$\sigma_m' = \frac{q(1-G_r/G_1)}{(1-\nu_s)G_r/G_s}\exp(-G_r t_a/G_1 t_0), \quad (28)$$

Wenn die Wandstärke unendlich erreicht, k = 0, so gilt

$$\sigma_m'' = \frac{2q(1-G_r/G_1)}{1+(1-2\nu_s)G_r/G_s}\exp(-G_r t_a/G_1 t_0) \quad (29)$$

Es lässt sich zeigen, dass die Grösse von σ_m immer in die durch (28) und (29) gesetzten Grenzen fällt, in anderen Worten, in den schraffierten Bereich in Bild 5.2.1. Ein Fall verdient besondere Beachtung. Wenn $G_s < G_r$, was für monolithischen Betonausbau in kompetentem Gestein zutrifft, so lassen sich die Spannungen in der Aussenwand wenig durch eine Veränderung in der Ausbaustärke beeinflussen. Tatsächlich wird eine Zunahme der Wandstärke zu einer Zunahme in σ_m führen. Dies steht in völligem Gegensatz zu den herkömmlichen Vorstellungen über die Widerstandsfähigkeit von Bauteilen.

Die Formeln in (27) bis (29) deuten darauf hin, dass die Ausbauspannungen durch Verzögerung des Einbaus der Ausbauteile beliebig reduziert werden können. Diese mit zunehmender Verzögerung auftretende Reduzierung beruht auf dem wachsenden Anteil der Gesamtverschiebung, die stattfindet, bevor der Ausbau installiert wird. Mathematisch wird die Reduzierung durch die Exponentialpotenz in (27) bis (29) bestimmt, in der die Länge der Verzögerungszeit t_a erscheint.

Die Tatsache, dass σ_m begrenzt bleibt, während sich die Ausbaustärke Null nähert, lässt sich mit Hilfe der Steifigkeit des Ausbaus erklären. Die Steifigkeit bestimmt den Ausbauwiderstand und folglich die Ausbaubelastung. Die Festigkeit des Ausbaus wird durch Material und bauliche Parameter bestimmt. Im vorliegenden Beispiel ist G_s ein Mass für die stofflichen Parameter und die Ausbaustätte k ein Mass für die baulichen Parameter. Die Ausbaubelastung strebt gegen Null, sobald $k \to 1$ ($R_1 \to R$), da der Ausbau alle Steifigkeit verliert.

5.3 Die Planung von Ausbausystemen im viskoelastischen Gebirge

Das viskoelastische Modell im vorigen Abschnitt ist gewöhnlich nur auf kompetentes Gebirge anwendbar, in dem ohnehin keine ernsten Ausbauprobleme auftreten. Im Falle von Schwierigkeiten lässt sich das Gesteinsverhalten nicht mit Hilfe linearer Modelle befriedigend beschreiben. Nichtlineares Verhalten ist für die meisten mathematischen Probleme verantwortlich, die die Entwicklung hier anwendbarer Methoden behindert haben.

Jüngst entwickelte numerische Methode, hauptsächlich die Finite-Elemente-Methode, Zienkiewicz (1971, SS. 369-432) machten die Behandlung realistischer Fälle möglich. Aus diesem Grunde ist es wichtig, an dieser Stelle die Anwendung nichtlinearer Modelle auf praktische Probleme an Hand eines einfachen Beispiels zu veranschaulichen.

Das zu diesem Zweck verwendete Modell wurde von Salamon (1970) eingeführt und ähnelt stark dem Bingham-Voigt Modell von Price (1964) und Serata (1964). Das

Spannungs-Dehnungsgesetz wird durch

$$s_{jk}+t_0\frac{\partial s_{jk}}{\partial t}=\frac{2G_r\sigma_p e_{jk}}{2/3G_r(J_2)^{\frac{1}{2}}+\sigma_p}+2G_i t_0\frac{\partial e_{jk}}{\partial t}, \qquad (1)$$

$$s = 3K_e, \qquad j,k = 1,2,3 \qquad (2)$$

definiert, wobei t die Zeit und t_0 die Relaxionszeit des Modells sind. J_2 ist die zweite Invariante der Verformungsdeviatoren und s_{jk} und e_{jk} bezeichnen die Spannungs- und Verformungsdeviatoren und s und e jeweils die mittlere Normalspannung und Verformung (J.+C., SS 32-33, 44-45). Sind die Dehnungsdeviatoren klein, dann ist das Verhalten des durch (1) und (2) genau beschriebenen Materials mit dem der verallgemeinerten Kelvinschen Substanz identisch, siehe 3.6 (9), daher die Ähnlichkeit der Schreibweise.

Um das Modellverhalten einleuchtender zu demonstrieren, sind die Ergebnisse von zwei hypothetischen einachsigen Kriechtesten, bei Belastungen σ' und σ'' in Bild 5.3.1. gezeigt. Im ersten Test ist $\sigma'<\sigma_p$ die Dehnung begrenzt, während sich im zweiten Test für $\sigma''>\sigma_p$ die Kriechkurve einer linearen Zeit-Dehnungsrelation nähert. Der Parameter σ_p wird nachstehend als Fliessspannung beim Kriechen bezeichnet.

Wenden wir uns wiederum dem Problem eines kreisförmigen Tunnels im hydrostatischen Feld zu. Zweiachsige Verformung und Symmetriebedingungen führen dazu, dass $\epsilon_{zz}=0$ und $e_{jk}=0$ sind, wenn $j \neq k$ ist. Nehmen wir an, das Medium sei inkompressible, also $K=\infty$, dann ist die Summe der radialen $\epsilon_{rr}=\partial u/\partial_r$ und tangentialen $\epsilon_{tt}=u/r$ Dehnungskomponenten Null. Hier bedeuten u die radiale Verschiebungskomponente und r die radiale Polarkoordinate. Es folgt

$$\frac{\partial u}{\partial r}+\frac{u}{r}=0,$$

Damit ergibt sich

$$u(r,t) = u'(t)R/r,$$

wobei R wie vorher der Tunnelradius ist und $u'(t)$ die radiale Verschiebung an allen Punkten $r = R$. Es ist einfach, zu zeigen, dass

$$\epsilon_{tt}=e_{tt}=u'(t)R/r^2=-\epsilon_{rr}=-e_{rr} \qquad (3)$$

und ferner

$$(J_2)^{\frac{1}{2}}=e_{tt} \qquad (4)$$

Einsetzen von (3) und (4) in Spannungs-Dehnungsrelationen in (1) und einige algebraische Manipulationen ergeben

$$(s_{tt}-s_{rr})+\frac{\partial(s_{tt}-s_{rr})}{\partial\zeta}$$
$$=2\sigma_p\left(\frac{R^2\phi}{\sqrt{3}R^2\phi+r^2}+\frac{G_i}{G_r}\frac{R^2}{r^2}\frac{d\phi}{d\zeta}\right), \qquad (5)$$

wobei die folgenden dimensionslosen Grössen der Kürze halber eingeführt worden sind:

$$\zeta = t/t_0, \qquad \phi(\zeta) = 2G_r u'(\zeta)/\sigma_p R. \qquad (6)$$

Zieht man die Gleichgewichtsgleichungen hinzu, ausgedrückt mit Hilfe von radialen σ_{rr} und tangentialen σ_{tt} der Spannungskomponenten, (J.+C., S. 127), das heisst

$$\frac{\partial\sigma_{rr}}{\partial_r}=\frac{\sigma_{tt}-\sigma_{rr}}{r}=\frac{s_{tt}-s_{rr}}{r},$$

dann lässt sich Gleichung (5) nach Integration über r in folgender Form neu formulieren:

$$\sigma_{rr}+\frac{\partial\sigma_{rr}}{\partial\zeta}=q$$
$$-\sigma_p\left[\frac{G_i}{G_r}\frac{R^2}{r^2}\frac{d\phi}{d\zeta}-\frac{1}{\sqrt{3}}\log_e\frac{r^2}{\sqrt{3}R^2\phi+r^2}\right] \qquad (7)$$

Die Bedingung, dass die Radialspannung an allen Punkten $r=\infty$ der Spannung im unverritzten Gebirge q gleich sein soll, ist in der Ableitung von (7) berücksichtigt worden.

Der Ausbauwiderstand an der Tunnelwand ist $p(\zeta)$, folglich ist die Randbedingung an allen Punkten $r = R\sigma_{rr}=p(\zeta)$. Einsetzung dieser Bedingung in (7) ergibt eine Relation zwischen dem Widerstand des Ausbaus und der normalisierten Verschiebung der Tunnelwand:

$$\frac{G_i}{G_r}\frac{d\phi}{d\zeta}+\frac{1}{\sqrt{3}}\log_e(1+\sqrt{3}\,\phi)$$
$$\frac{1}{\sigma_p}+\left(p+\frac{dp}{d\zeta}-q\right)=0. \qquad (8)$$

Um eine Lösung zu erhalten, ist eine weitere Bedingung erforderlich, die entweder ϕ oder p voneinander unabhängig definiert oder aber eine weitere Beziehung zwischen ϕ und p schafft.

Die erste interessante Lösung von (8) gilt für den nicht abgestützten Tunnel, das heisst, $p = 0$. In diesem Fall ist die Lösung von (8)

$$\zeta=\frac{G_i}{G_r}\int_{\phi_0}^{\phi}\frac{\sqrt{3}d\phi}{\sqrt{3}q/\sigma_p-\log_e(1+\sqrt{3}\phi)},$$

Dieses Integral kann mit Hilfe tabellierter Funktionen ausgedrückt werden:

$$\zeta = t/t_0$$
$$=\frac{G_i}{G_r}\exp(\sqrt{3}q/\sigma_p)[E_1(\mu)-E_1(\mu_0)], \qquad (9)$$

wobei

$$\mu=\sqrt{3}q/\sigma_p-\log_e(1+2\sqrt{3}G_r u'/R\sigma_p), \qquad (10)$$

$$\mu=\sqrt{3}q/\sigma_p-\log_e(1+\sqrt{3}G_r q/G_i\sigma_p), \qquad (11)$$

und $E_1(\mu)$ das Exponentialintegral

$$E_1(\mu) = \int_{\mu}^{\infty} \eta^{-1} \exp(-\eta) d\eta. \qquad (12)$$

ist. Um diese Resultate zu erhalten, wird vorausgesetzt, dass der Tunnel plötzlich zur Zeit $t = 0$ geschaffen wird und dass die Verschiebung der Tunnelwand zur Zeit Null $u_0' = qR/2G_1$ ist. Diese Tatsache folgt aus der Definition des Modells in (1) und (2) das sich unter plötzlich einsetzender Spannung elastisch verhält und die Moduli G_1 und K besitzt. Da nach Gleichung (6) $\phi_0 = 2G_r u_0'/\sigma_p R$ ist, ist $\phi_0 = qG_r/\sigma_p G_1$.

Ein weiteres wichtiges Ergebnis, das man direkt von (8) erhalten kann, betrifft die maximale Verschiebung der Tunnelwand $u'(\infty)=u_m'$ als Funktion des maximalen Ausbauwiderstandes. Da $d\phi/d\zeta = dp/d\zeta = 0$, zur Zeit $t = \infty$ ergibt sich unmittelbar

$$u_m' = \frac{\sigma_p R}{2\sqrt{3}G_r}\{\exp[\sqrt{3}(q-p_m)/\sigma_p] - 1\}. \qquad (13)$$

Es ist wichtig festzustellen, dass u_m' endlich bleibt, solange q/σ_p begrenzt ist. Dies steht im Gegensatz zum einachsigen Belastungsfall, in dem die Verformung über alle Grenzen wächst, sobald $q/\sigma_p > 1$ ist. Dieser Unterschied ergibt sich aus der Tatsache, dass die Spannungskonzentration um den Tunnel mit der Zeit wegen der Neuverteilung der Spannungen abnimmt.

Die allgemeine Lösung des Problems erfordert Gleichung (8) in Verbindung mit der Gleichung zu lösen, die die Wechselwirkung zwischen Ausbau und Gestein bestimmt. Eine Verallgemeinerung von 5.2 (8) lässt sich für passiven Ausbau wie folgt schreiben

$$[u'(\zeta) - u_a'] - u_s = F(p), \qquad (14)$$

$u_a' = u'(\zeta_a)$ ist die Verschiebung der Tunnelwand zur Zeit $t = t_a$, das heisst, zum Zeitpunkt der Installierung des Ausbaus. Die Funktion F(p) auf der rechten Seite beschreibt die Kompressibilität irgendeines Materials (Hinterfüllung), das den Raum zwischen Ausbau und Ausbruchsfläche ausfüllt. Im Falle eines innigen Kontaktes ist F(p)=0. Eine allgemeine Lösung von (8) lässt sich jetzt mit Hilfe von (14) erzielen.

$$t/t_0 = \frac{1}{\sigma_p}\int_0^p \frac{\{1 + \frac{2G_1}{R}[\beta+F'(p^*)]\}dp^*}{\frac{q-p^*}{\sigma_p} - \frac{1}{\sqrt{3}}\log_e\{1+\frac{2\sqrt{3}G_r}{\sigma_p R}[u_a'+\beta p^*+F(p^*)]\}} \qquad (15)$$

Hier wird $t > t_a$. β ist in 5.2 (20) definiert. Der Maximaldruck p_m wird auf den Ausbau einwirken, wenn $t = \infty$ ist. Dies trifft zu, wenn der Nenner des Integranden in (15) Null ist. Diese Überlegung führt zur folgenden Gleichung zur Bestimmung von p_m:

$$\beta p_m + F(p_m) = u_m' - u_a', \qquad (16)$$

wobei u_m' in (13) gegeben ist. Selbstverständlich hätte man diese Relation direkt aus (14) ableiten können.

Wenn die Spannung q im unverritzten Gebirge mit der Fliessspannung im Kriechen σ_p vergleichbar ist oder diese Kriechspannung übersteigt, dann kann das Gestein als inkompetent betrachtet werden. Für diesen Fall zeigt Bild 5.3.2 den Einfluss der Ausbaustärke auf der Grösse von σ_m, wobei das Verhältnis G_s/G_r als Parameter benutzt wird. Die Abbildung 5.3.2 führt zu der folgenden interessanten Beobachtung. Wenn das Ausbaumaterial einen hohen Schubmodul besitzt (im Verhältnis zur Gesteinskonstante G_r), dann nimmt σ_m mit wachsender Ausbaustärke schnell ab. Ist jedoch $G_r/G_r \approx 1$, dann lässt sich nur eine relativ kleine Reduzierung in der Ausbauspannung durch Erhöhung der Ausbaustärke erreichen. Auch ist festzustellen, dass bei einer gegebenen Ausbaustärke die Spannung im Ausbau mit Erhöhung der Konstanten des verwendeten Materials zunimmt.

Der Einfluss der Ausbaustärke wird weiterhin in Abbildung 5.3.3 deutlich, in der das Verhältnis der Spannungsverringerung $\sigma_m'-\sigma_m$ bei vorgegebener Ausbaustärke und der Spannungsdifferenz $\sigma_m'-\sigma_m''$ aufgetragen ist, die sich ergibt, wenn die Ausbaustärke nach unendlich strebt. Wie in 5.2 (28) und 5.2 (29) entsprechen σ_m' und σ_m'' hier wieder den Ausbauspannungen, die für die Ausbaustärken Null und Unendlich errechnet werden. Man beobachtet, dass sich dieses Verhältnis schnell dem Werte Eins nähert, besonders, wenn der Wert von G_s/G_r hoch ist. Offensichtlich lässt sich kein besonderer Vorteil erreichen, wenn die Ausbaustärke über fünf bis zehn Prozent des Tunnelradius hinaus gewählt wird. Auch wird wahrscheinlich die obere wirtschaftliche Grenze der Ausbaustärke mit steigendem Modul des Ausbaumaterials stark abnehmen.

Wenn keine wirtschaftlich vertretbaren Ausbaumateriale oder Ausbaustärken zur Beherrschung von Anbauproblemen gefunden werden können, so ist es zweckmässig, Spezialausbausysteme zu berücksichtigen.

(i) Nachgiebige Ausbausysteme

Zur Beherrschung der Tunnelverformung und zur Begrenzung der Ausbaubelastung innerhalb bekannter Werte, kann Ausbau verwendet werden, der bei konstantem Druck p_0 nachgibt. Die Wirksamkeit derartiger Ausbausysteme lässt sich durch die Ausbau bedingte Reduzierung der Tunnelverformung messen, das heisst, durch das Verhältnis $(u_{max}'-u_m')/u_{max}'$, wobei u_m' und u_{max}' die maximale Verschiebung der Tunnelwand mit und ohne Stütze bedeuten. Dieses Verhältnis lässt sich laut (13) wie folgt ausdrücken:

$$\frac{u_{max}' - u_m'}{u_{max}'} = \frac{1 - \exp(-\sqrt{3}p_0/\sigma_p)}{1 - \exp(-\sqrt{3}q/\sigma_p)} \qquad (17)$$

In Tabelle 5.3.1 wird eine Anzahl von Werten für das Verhältnis in (17) für verschiedene Werte von p_0/q und q/σ_p gegeben. Die Resultate deuten darauf hin, dass

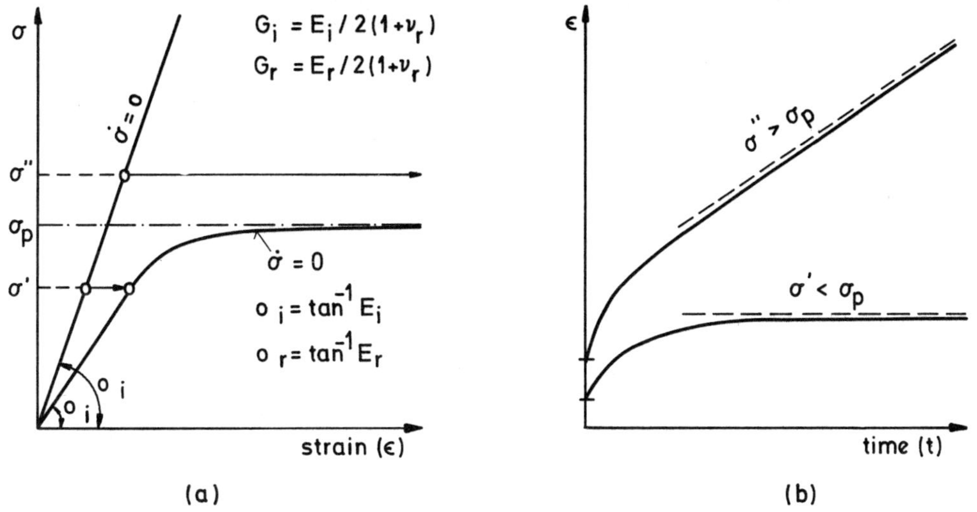

Bild 5.3.1 Idealisierte Spannungs-Verformungsrelation (a) und Verformungs-Zeitrelation (b) bei einachsigem Druck.

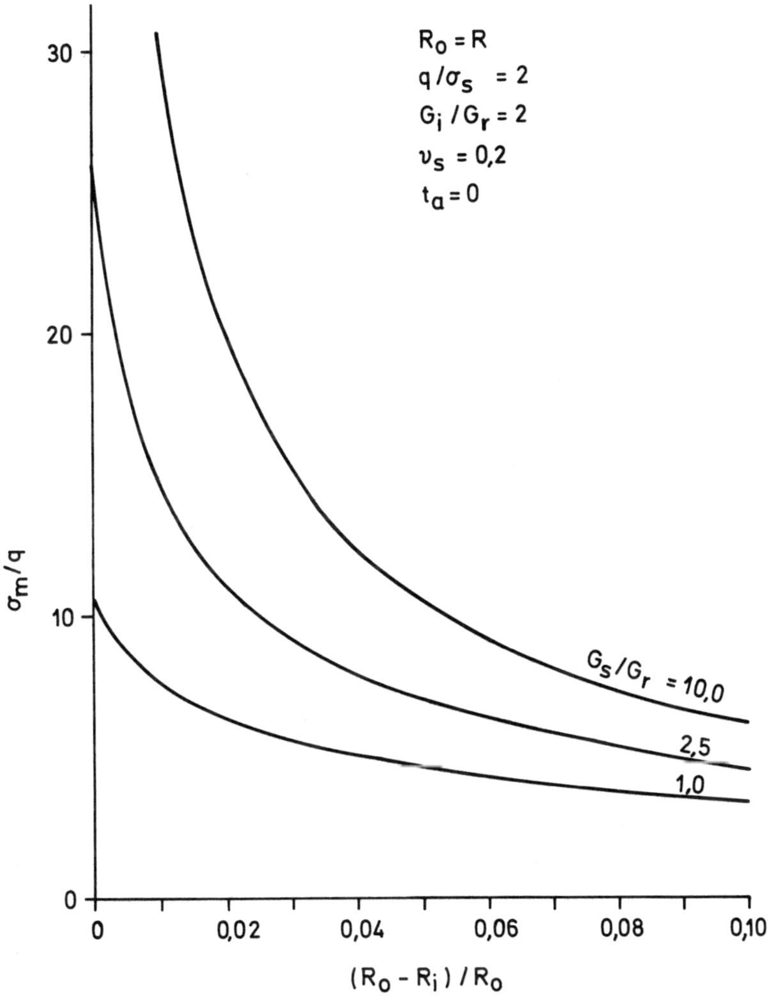

Bild 5.3.2 Die Wirkung der Ausbaudicke R_o-R_i auf die maximale Spannung im Ausbau.

eine grosse Verringerung der Tunnelverformung durch einen Ausbau erreicht werden kann, der nachgibt, wenn der Auflagedruck einem Bruchteil der Spannung im unverritzten Gebirge gleich ist. Nachgiebiger Ausbau ist offensichtlich wirksamer in lockerem als in kompetentem Gebirge.

TABELLE 5.3.1

DIE WIRKSAMKEIT NACHGIEBIGER AUSBAUSYSTEME

AUSGEDRÜCKT DURCH DAS VERHÄLTNIS $(u'_{max} - u'_m)/u'_{max}$

p_o/q \ q/σ_p	0	1	2	3	4
0,1	0,10	0,19	0,30	0,41	0,50
0,2	0,20	0,36	0,52	0,65	0,75
0,4	0,40	0,61	0,77	0,88	0,94

(ii) Verzögerter Einbau von Ausbausystemen

Die Grösse der in einem Ausbau induzierten Spannungen lässt sich im Prinzip dadurch regeln, dass die Zeit t_a zwischen Herstellung des Ausbruchs und Einbringen des Ausbaus verändert wird. Der Nachteil dieser Methode ist natürlich, dass die Gesteinsoberfläche ungeschützt bleibt und der Verwitterung usw. ausgesetzt ist. In der Praxis wird deshalb gewöhnlich zunächst ein flexibler vorläufiger Ausbau verwendet, der später durch den endgültigen Ausbau ersetzt oder verstärkt wird. Für grosse q/σ_p besteht die vielleicht wirksamste Kombination zuerst aus nachgiebigem Ausbau mit relativ kleinem p_o/q. Unter Vernachlässigung des Einflusses von vorläufigem Anbau zeigt Abbildung 5.3.4, dass theoretisch die Grösse von σ_m beliebig reduziert werden kann, vorausgesetzt, der Einbau des endgültigen Ausbaus wird genügend verzögert. Diese Beobachtung kann jedoch oft nicht voll ausgenutzt werden, da die erforderliche Verzögerungszeit schnell mit dem Verhältnis q/σ_p zunimmt.

(iii) Hinterfüllung

Eine Alternative für die gleichzeitige Entlastung des Ausbaus und Kontrollierung der Tunnelverformung besteht dann irgendein kompressibles Material zwischen Ausbau und Gestein einzuführen. Auf diese Weise wird nur ein Bruchteil der Gesteinsverformung auf den Ausbau übertragen, so dass die Spannungen im Ausbau kleiner sein werden als die Spannungen, die bei engem Kontakt entstehen. (Siehe Gleichung (15)).

Die Spannungsentlastung im Ausbau lässt sich durch entsprechende Bemessung der Stärken von Ausbau und Hinterfüllung regulieren, sowie durch die richtige Wahl des Hinterfüllungsmaterials. Es mag scheinen, als sei die praktische Anwendung dieser Methode nur dann durchführbar, wenn das Ausmass der erwarteten Verschiebungen gross ist ($q/\sigma_p >> 1$). In diesem Fall wird die Spannungsentlastung im Ausbau merklich und die Gesteinsverformung gleichzeitig ziemlich wirksam geregelt.

5.4 Ausbau im spröden Gestein

Die Erörterung im Abschnitt 5.3 befasst sich mit Stoffen, deren Verhalten wahrscheinlich dem von Tonen, Schiefern, Kalisalzen und anderen Salzen ähnlich ist. Eine Erörterung der Probleme isolierter Abbauräume wäre aber unvollständig ohne Hinweis auf Hohlräume in sprödem Gestein. "Spröde" oder "spröder Zustand" wird hier gemäss der Definition von Jäger und Cook (S.77) als der Zustand verstanden, in dem die Lastaufnahmefähigkeit des Gesteins mit zunehmender Verformung abnimmt.

In Abschnitt 1.2 wurde das mechanische Verhalten von Gebirge kurz diskutiert. Der Leser wird sich daran erinnern, dass Gebirge im spröden Zustand eine Substanz darstellt, die nur bedingt stabil ist. Ob sein Verhalten stabil bleibt oder nicht, hängt von seinen spezifischen Eigenschaften und von der Steifigkeit des Belastungssystemes ab. Diese Abweichung von unbedingter Stabilität bringt überrachsende Probleme mit sich. Es scheint, als hätten nur Deist (1965, 1966) und in seinen Fussstapfen Ulgudur (1973) den Versuch unternommen, ein exaktes Vorgehen für die Behandlung von Problemen in einem solchen Material zu formulieren.

Es ist bedauerlich, dass uns die hier erforderliche Kürze nicht gestattet, auf die Ableitungen und Erörterungen von Deist (1965) und auf die von Ulgudur (1973) vorgeschlagene Verallgemeinerung des Problems des kreisförmigen Tunnels einzugehen.

Eine sehr bedeutende Folgerung aus Deists Formulierung ist die, dass die "augenblickliche Scherfestigkeit" des brechenden Gesteins nach Null strebt, wenn der Unterschied zwischen den Hauptverformungen zunimmt. Die-

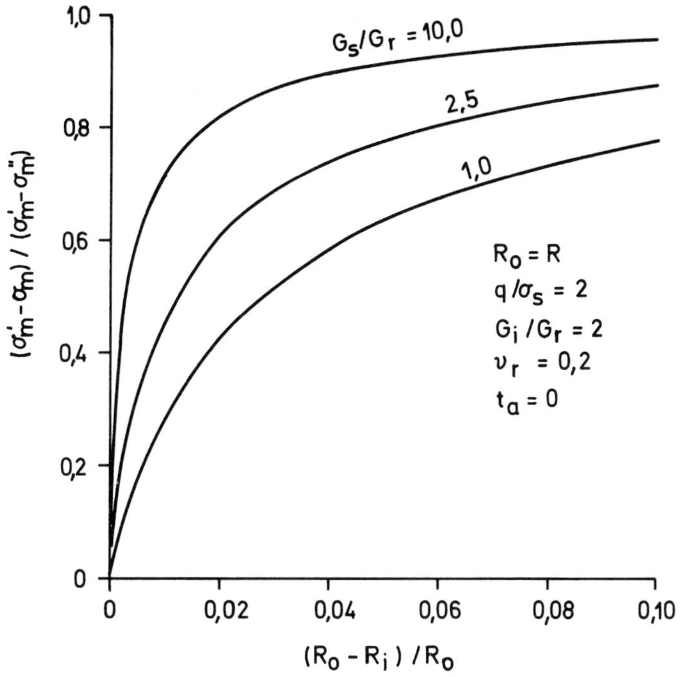

Bild 5.3.3 Die Wirkung der Wandmächtigkeit auf das Verhältnis der Spannungsreduzierung bei einer gegebenen Wandmächtigkeit σ'_m-σ_m und bei einer unendlichen dicken Wand σ'_m-σ''_m.

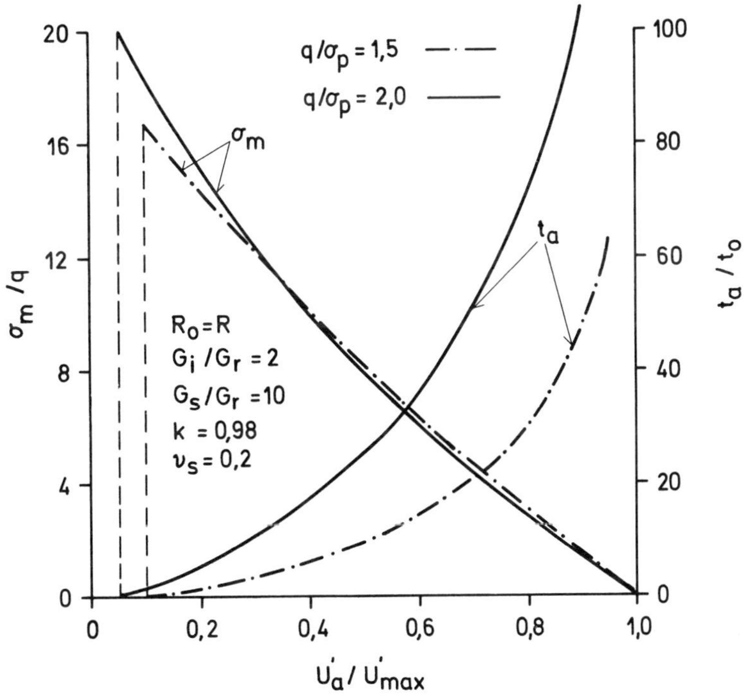

Bild 5.3.4 Die Beherrschung der maximalen Spannung im Ausbau durch verzögerten Einbau von Stützen.

ses Merkmal behebt eine der grundlegenden Schwierigkeiten, die bei der Erörterung der beiden Abschnitte 5.2 und 5.3 aufgetreten sind. Dort war theoretisch ein stabiles Gleichgewicht eines nicht abgestützten kreisförmigen Tunnels, ungeachtet der Grösse der angelegten Spannungen möglich. Die vormals verwendeten Gesteinsmodelle schaffen daher keine Motivierung für den Gebrauch von Ausbau. Im vorliegenden Fall kann sich das Gestein um den Tunnel herum nicht selbst tragen, sobald seine Scherkraft auf Null gesunken ist; wenn deshalb der Tunnel offen bleiben soll, muss Ausbau eingebracht werden. Ein derartiger kritischer Zustand ist mit Hilfe der punktierten Kurven in Bild 5.4.1 beschrieben.

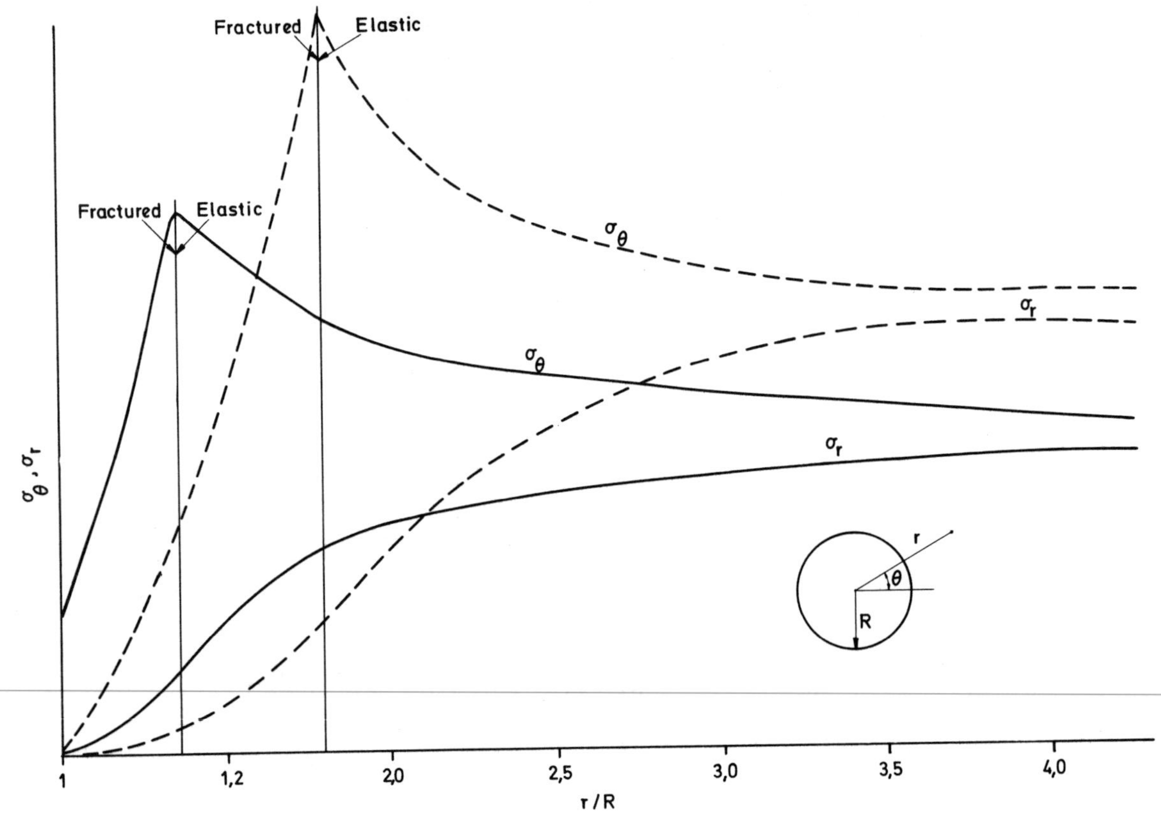

Bild 5.4.1 Tangentiale σ_θ und radiale σ_r Spannungen um einen kreisförmigen Tunnel in sprödem Gestein.

6. PRODUKTIVER ABBAU

6.1 Einleitung

Der überwiegende Prozentsatz des Hohlraumvolumens unter Tage entsteht infolge des Abbaus von Mineralien in der Erdkruste. Da es sich hierbei um Hohlräume handelt, aus denen Erze oder mineralhaltiges Gestein gefördert werden, können sie als produktive Abbauräume bezeichnet werden.

Grösse und Form von produktiven Abbauräumen werden durch die Grösse und Form der Mineralvorräte bestimmt. Da diese Abbauräume für gewöhnlich gross und umfangreich sind, ist ihr Vorhandensein fast allein massgebend für Grösse und Verteilung der induzierten Spannungen und Verschiebungen im Bergbau. Aus diesem Grunde wird keiner Gebirgskontrolle im Bergbau Erfolg beschieden sein, wenn nicht die Einwirkung produktiver Abbauräume bestimmt und berücksichtigt werden kann.

Seit Beginn der 60ziger Jahre sind grosse Fortschritte bei der Entwicklung der Gebirgsmechanik tafeliger Abbauräume gemacht worden. Daher sollte es nicht überraschen, dass der bei weitem grössere Teil dieses Kapitels den Problemen der tafeligen Ablagerungen gewidmet ist. Diese Tatsache bietet zum Teil einen Beweis für den relativen Fortschritt der Gebirgsmechanik, begründet in den Vereinfachungen, die aus der besonderen Geometrie tafeliger Lagerstätten und deren relativer Bedeutung (Kohlenflöze, Gold, Platin usw. erzhaltige Gänge) herrührt.

6.2 Einige einfache tafelige Abbauräume

Vor Erörterung der Grubenpläne für tafelige Abbauräume sollen zunächst einige grundlegende Abbauarten im einzelnen untersucht werden. Eine solche Untersuchung vermittelt einen viel besseren Einblick in die Spannungs- und Verschiebungsverteilungen im Umkreis von tafeligen Abbauräumen als die Analyse der viel komplexeren Situation bei wirklichkeitsnahmen Abbauschemen.

(i) Eine allgemeine Lösung in zwei Dimensionen

Wie bereits in Abschnitt 3.4 erwähnt, ist es in vielen Fällen möglich, Lösungen unter der Annahme zu erhalten, dass die Abbauräume in unendlicher Teufe gelegen sind. Eine Reihe von grundlegenden zweidimensionalen Lösungen wurden auf dieser Basis von Berry (1964) vorgeschlagen; dabei handelt es sich um zwei parallele offene Zonen in transversal-isotropem Gebirge. Salamon (1968) verallgemeinerte Berrys Methoden auf eine beliebige Anzahl von offenen oder geschlossenen Abbau-Abteilungen entweder in isotropem oder transversal-isotropem Gebirge. Eine vereinfachte Version der letzteren Arbeiten werden hier für ein isotropes Medium zusammengefasst.

Angenommen, alle Abbauräume sind koplanar, parallel und lang gestreckt, so dass Lösungen zweiachsiger Verformungen eine annehmbare Annäherung darstellen. Wenn darüber hinaus die langen Achsen der Abbauräume horizontal und parallel zur x_2-Achse verlaufen, dann ist $u_2 = 0$, ist eine Hauptspannung und die bleibenden induzierten Verschiebungs- und Spannungskomponenten lassen sich auf folgende Weise ausdrücken (man beachte: die x_1,x_2 - Ebene ist die Ebene der Lagerstätte, und x_3 ist auf die Sohle gerichtet

$$u_1+iu_3=\frac{1}{4G}\{(Q_{33}-iQ_{13})[\bar{\Psi}(\bar{Z})-(3-4\nu)\Psi(Z)]+ +(Q_{33}+iQ_{13})(Z-\bar{Z})\bar{\Psi}'(\bar{Z})\}, \qquad (1)$$

$$\sigma_{11}+\sigma_{33}=\sigma_{22}/\nu=-Q_{33}[\Psi'(Z)+\bar{\Psi}'(\bar{Z})] +iQ_{13}[\Psi'(Z)-\Psi'(\bar{Z})], \qquad (2)$$

$$\sigma_{11}-\sigma_{33}+2i\tau_{13}=-2iQ_{13}\bar{\Psi}'(\bar{Z}) +(Q_{33}+iQ_{13})(Z-\bar{Z})\bar{\Psi}''(\bar{Z}), \qquad (3)$$

wobei $\Psi(Z)$ ein komplexes Potential darstellt, dessen Argument

$$Z = x_1+ix_3 \qquad (4)$$

ist. Ferner sind Q_{13} und Q_{23} die Komponenten des primitiven auf die Lagerstättenebene wirkenden Spannungsvektors am Ursprung des Koordinatensystems. Für den vereinfachten hier zur Diskussion stehenden Fall ist $Q_{23} = 0$ und

$$Q_{13}= q[(1-k)\sin2\alpha]/2, \quad Q_{33}= q[(1+k)+(1-k)\cos2\alpha]/2 \qquad (5)$$

Hier ist $q = \gamma H$, wobei H die Teufe des Koordinatenursprungs unter Tage δ,ϑ und k bedeuten das spezifische Gewicht des Gesteins, α das Einfallen der Lagerstätte und das Verhältnis der horizontalen zu den vertikalen Hauptspannungen im unverritzten Gebirge. Angesichts dieser Formeln sind die Komponenten des primitiven Spannungsvektors in normal und parallel zur Lagerstättenebene an irgendeinem beliebigen Punkt(q_{23}=0)

$$q_{13} = Q_{13}\vartheta, \qquad q_{33} = Q_{33}\vartheta, \qquad (6)$$

wobei

$$\vartheta = 1 + (x_1/H)\sin\alpha. \qquad (7)$$

Die relativen Verschiebungskomponenten des Hangenden und Liegenden (siehe Abschnitt 3.3) der Abbauräume und die induzierten Spannungen in der Ebene der Lagerstätte können wie folgt ausgedrückt werden:

$$s_k(x_1) = \frac{2(1-\nu)Q_{k3}}{G}\,\mathrm{Im}\Psi^-(x_1), \quad \sigma_{k3}^{(i)} = -\,Q_{k3}\mathrm{Re}\Psi(x_1), \quad k = 1,3. \qquad (8)$$

Wenn, wie vorher, die Summe der Berührungsbereiche von Hangendem und Liegendem mit B und wenn die Summe der offenen Abbauzonen mit C bezeichnet werden, lässt sich $\Psi(Z)$ mit Hilfe der Randbedingungen in Abwesenheit relativer (paralleler) Verschiebungen zwischen Hangendem und Liegendem wie folgt definieren:

$x_3 = 0$

$$s_1 = s_m Q_{13}/Q_{33}, \quad s_3 = s_m, \qquad \text{in B} \qquad (9)$$

$$\sigma_{13} = -q_{13}, \quad \sigma_{33} = -q_{33} \quad \text{in C}$$

$|x_1| = |x_3| = \infty$

$$\sigma_{13} = \sigma_{33} = 0.$$

Infolge der besonderen Form von (1), (2) und (3) können diese Randbedingungen, wenn sie im Sinne von $\Psi(Z)$ ausgedrückt werden

$Z - \bar{Z} = ix_3 = 0$

$$\begin{aligned} \mathrm{Im}\Psi^-(x_1) &= \ell_c \quad \text{in B} \\ \mathrm{Re}\Psi'(x_1) &= \vartheta \quad \text{in C} \end{aligned} \qquad (10)$$

$Z = \infty$

$$\Psi'(Z) = 0$$

wobei

$$\ell_c = s_m G/2(1-\nu)Q_{33}. \qquad (11)$$

Ganz allgemein werden diese Bedingungen erfüllt, wenn

$$\Psi'(Z) = 1 + (Z/H)\sin\alpha - P(Z)/X(Z), \qquad (12)$$

wobei

$$P(Z) = Z^n(c_0 + c_1 Z) + D_1 Z^{n-1} + D_2 Z^{n-2} + \ldots + D_n \qquad (13)$$

$$X(Z) = \prod_{j=1}^{n} (Z-a_j)^{\frac{1}{2}}(Z-b_j)^{\frac{1}{2}} \qquad (14)$$

Die Konstanten c_0, c_1 werden so gewählt, dass sie die Bedingung für $Z = \infty$ erfüllen.

In der Gleichung (14) definieren a_j und b_j die beiden Enden des Segmentes j der x_1-Achse. Die Enden der Segmente sind so numeriert, dass sie in der Reihenfolge a_1b_1, a_1b_1, a_2b_2, ...$a_n b_n$ erscheinen, wenn man auf der x_1-Achse von links nach rechts vorgeht. (Muskhelishvili, 1963, S. 504). Die Union der endlichen Anzahl von Segmenten $a_j b_j (j = 1,2 \ldots n)$ ist die kontaktlose Zone C, das heisst, $C = C_1 + C_2 + \ldots . C_n$, wobei C_j das Segment $a_j b_j$ darstellt. Besteht zwischen Hangendem und Liegendem des Abbauraumes kein Kontakt (B=0), dann vertreten die Segmente C_j jeweils ein Abbaufeld. Sind jedoch einige dieser Felder weit genug, um Querschnittsverminderung hervorzurufen, dann überspannt eines dieser Felder den Bereich $a_h b_{h+1}$. $b_h a_{h+1}$ in diesem Segment repräsentiert die Zone vollständiger Konvergenz. Die Union dieser Segmente ist die Zone B.

Werden Felder mit begrenzten Spannweiten betrachtet, dann sind in grossen Entfernungen von den Abbauräumen die Verschiebungskomponenten Null. Dies ist sicher, wenn

$$\Psi(Z) = \int_{\infty}^{Z} \Psi'(t)\,dt \qquad (15)$$

und ferner

$$\begin{aligned} c_0 &= 1 - (\sin\alpha/2H) \sum_{j=1}^{n} (a_j + b_j), \\ c_1 &= \sin\alpha/H, \end{aligned} \qquad (16)$$

vorausgesetzt, B = 0 oder wenn

$$\begin{aligned} c_0 = 1 &+ (\sin\alpha/H)[a_{h+1} + b_h \\ &- \tfrac{1}{2} \sum_{j=1}^{n} (a_j + b_j)], \qquad c_1 = \sin\alpha/H, \end{aligned} \qquad (17)$$

vorausgesetzt, die Querschnittsverminderung im Segment $a_{h+1}b_h$ ist vollständig.

Die durch (12) bis (14) beschriebene Lösung ist nicht einwertig, es sei denn, es werden "Schnitte" in der Z-Ebene vorgenommen und die Werte der Konstanten D_1, ...D_n werden entsprechend gewählt.

Findet an keiner Stelle der Abbauräume ein Kontakt zwischen Hangendem und Liegendem statt, dann wird die Lösung einwertig, wenn entlang der Segmente C_j Schnitte vorgenommen werden und wenn $\Psi(Z)$ auf seinen ursprünglichen Wert zurückkehrt, während Punkt Z Konturen im entgegengesetzten Uhrzeigersinne um diese Segmente herum beschreibt. Nach Kontraktion der Konturen in die Segmente C_j erhält man die folgenden Relationen:

$$\int_{C_j} P(t)/X(t)\,dt = 0 \quad j = 1,2,\ldots n \qquad (18)$$

(18) ergibt ein System von n linearen Gleichungen für die Konstanten D_1, ... D_n.

Findet die Querschnittsverminderung im Feldsegment $a_h b_{h+1}$ statt, dann entspricht die Kontaktzone dem Segment $b_h a_{h+1}$. Selbstverständlich sind die Werte von b_h und a_{h+1} nicht im voraus bekannt.

Aus physiaklischen Erwägungen ist klar, dass an den Randzonen zwischen den Segmenten $a_h b_h$, $b_h a_{h+1}$ und $b_h a_{h+1}$, a_{h+1}, $a_{h+1} b_{h+1}$ die Spannungskomponenten und die Neigungen der Kurven der relativen Verschiebungen kontinuierlich sein müssen. Demnach ist aufgrund der Bedingungen (10) und der Relationen (8), $\Psi'(x_1) = \vartheta$ an den beiden Enden des Segments $b_h a_{h+1}$. Das wird sichergestellt, wenn

$$P(b_h) = P(a_{h+1}) = 0,$$

Diese Tatsache legt nahe, dass die Form von P(Z) wie folgt geändert werden sollte

$$\begin{aligned} P(Z) = [&Z^{n-2}(c_0 + c_1 Z) + D_1' Z^{n-3} + \ldots \\ &+ D_{n-2}'](Z-b_h)(Z-a_{h+1}). \end{aligned} \qquad (19)$$

Die verbleibenden Konstanten $D_1', \ldots D_{n-2}'$ werden aus (18) bestimmt, wobei j jetzt die Werte 1,2....(h-1), (h+2),...n einnimmt und P(Z) (Gleichung (19)) eingesetzt wird. Die Gleichungen, die die Werte für b_h und a_{h+1} bestimmen, ergeben sich aus dem Inkrement des imaginären Teiles von $\Psi(Z)$ entlang dem links- und rechtsläufigen Konturen um die Segmente C_h und C_{h+1}. Da die Querschnittsverminderung in Segment B_h s_m ist, erhält man die folgenden Beziehungen (Relation in (10)):

$$i\int_{c_j} P(t)/X(t)dt = 2\ell_c \quad j=h,(h+1). \tag{20}$$

Obgleich die vorliegende Lösung die Querschnittsverminderung in nur einer Abteilung berücksichtigt, lässt sich die Methode logischerweise auf Fälle ausdehnen, in denen Querschnittsverminderungen in mehreren Abteilungen auftreten.

Ein Sonderfall tritt ein, wenn die äusserste Abteilung entweder auf der linken oder rechten Seite (oder auf beiden Seiten) eine unendlich grosse Spannweite besitzt. In einem solchen Fall wird, je nachdem, ob die unendliche Spannweite sich links oder rechts befindet, a_1 oder b_n als ein weiterer Punkt festgelegt, an dem Hangendes und Liegendes in Kontakt kommen und über den hinaus die Konvergenz gleich s_m ist. Sind eine oder zwei der Spannweiten unendlich gross, dann nähern sich die Verschiebungskomponenten nicht Null, wenn x_3 ins Unendliche geht. In derartigen Fällen ist

$$\Psi(Z) = \int \Psi'(t)dt + \text{Konstante} \tag{21}$$

wobei die Konstante die Gesamtverschiebung darstellt. Sie lässt sich bestimmen durch Fixierung eines passend ausgewählten Punktes auf dem nicht abgebauten Teil der x_1-Achse.

(ii) Einige Beispiele

Das einfachste und am häufigsten zitierte Beispiel (siehe Hackett,(1959), Berry (1960), Cook (1962),Salamon (1962)) für die Anwendung der Ergebnisse dieses Abschnittes ist eine parallelseitige Abteilung mit der Spannweite 2ℓ, wenn kein Kontakt zwischen Hangendem und Liegendem besteht. Das erforderliche komplexe Potential und seine Ableitung sind nach Salamon (1968)

$$\Psi(Z)=[Z - (Z^2 - \ell^2)^{\frac{1}{2}}]\{1 + c[Z - (Z^2 - \ell^2)^{\frac{1}{2}}]/4\}, \tag{22}$$

$$\Psi'(Z)=[1 - Z(Z^2 - \ell^2)^{-\frac{1}{2}}]\{1 + c[Z - (Z^2 - \ell^2)^{\frac{1}{2}}]/2\}, \tag{23}$$

wobei

$$c = \sin\alpha/H \tag{24}$$

Die einleuchtendsten Ergebnisse werden erzielt, wenn das Lager söhlig ist (α = 0), so dass c = 0. In diesem Falle ist $s_1(x_1)$=0 und die Konvergenz wird gegeben durch

$$s_1(x_1) = \frac{2(1-\nu)Q_{33}}{G}(\ell^2 - x_1^2)^{\frac{1}{2}}. \tag{25}$$

Offensichtlich tritt maximale Konvergenz im Zentrum des Feldes (x_1=0) auf. Wenn dieser Maximalwert bei Spannweite $2\ell_c$ die Arbeitshöhe erreicht, das heisst, wenn $s_3(0) = s_m$ ist, dann ergibt (25) die interessante Verbindung:

$$\ell_c = s_m G/2(1-\nu)Q_{33}.$$

Man wird feststellen, dass diese kritische halbe Spannweite gleich ℓ_c in Gleichung (11) ist. Nach (10) spielt sie überall dort eine wichtige Rolle, wo ein Kontakt zwischen Hangendem und Liegendem entsteht.

Auch werden die normalen σ_{33} und tangentialen σ_{11} Gesamtspannungen entlang x_3=0 und für $|x_1| > \ell$

$$\sigma_{11}(x_1) = \gamma H[k-1+|x_1|(x_1^2 - \ell^2)^{-\frac{1}{2}}, \tag{26}$$
$$\sigma_{33}(x_3) = \gamma H|x_1|(x_1^2 - \ell^2)^{-\frac{1}{2}}$$

Die gleichen Spannungen innerhalb des Abbaufeldes ($|x_1| < \ell$)und auch für x_3=0 sind einfach

$$\sigma_{11}(x_1) = -(1-k)\gamma H, \quad \sigma_{33}(x_1)=0. \tag{27}$$

Die Formeln in (26) zeigen, dass sich die Spannungen unstetig verändern, wenn $x_1 = \pm\ell$ und dass die Spannungen unmittelbar ausserhalb des Feldes unendlich werden. Dieses physikalisch unmögliche Verhalten der Spannungen in Nähe der Randzonen tafeliger Abbauräume ist eine Folge der mathematischen Vereinfachungen, die der Methode der Verschiebungsdiskontinuität eigen sind. Natürlich kommen unendliche Spannungen in Wirklichkeit nicht vor. Ihre Gegenwart im vereinfachten Modell ist jedoch ein Hinweis darauf, dass die tatsächlichen Spannungen in der Umgebung der Randzonen der Abbauräume sehr hoch sind.

Eine andere Reihe von Gleichungspaaren sei als nächstes gegeben. Sie beschreibt die horizontalen und vertikalen Gesamtspannungen entlang der Mittellinie des Feldes:

$$\sigma_{11}(ix_3) = -(1-k)\gamma H + \gamma k x_3 + \gamma H|x_3|(2\ell^2 + x_3^2)/(\ell^2 + x_3^2)^{3/2} \tag{28}$$
$$\sigma_{33}(ix_3) = \gamma[x_3 + H|x_3^3|/(\ell^2 + x_3^2)^{3/2}].$$

Die Änderung dieser Spannungen als Funktionen von x_3 sind in Bild 6.2.1 dargestellt. Das auffallendste Merkmal dieser Darstellungen ist, dass Zugspannungen auf einen sehr begrenzten Bereich in der Nähe der Abbau-

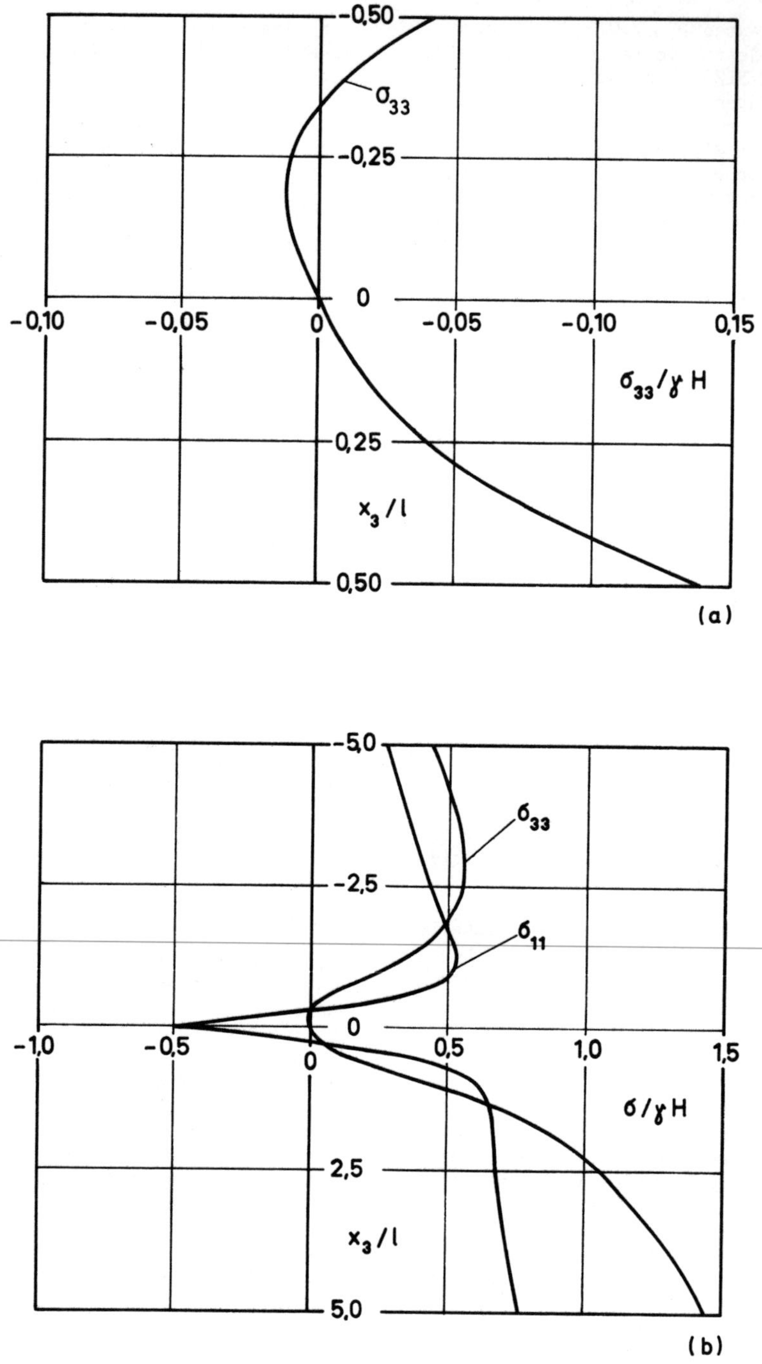

Bild 6.2.1 Die horizontalen (σ_{11}) und vertikalen (σ_{33}) Gesamtspannungen entlang der vertikalen Symmetrieebene einer Abteilung (b), wobei (a) die genaue Verteilung der vertikalen Komponente angibt.

räume beschränkt sind. Um diese Beobachtung weiter zu veranschaulichen, wird die Zone um das Abbaufeld, in der wenigstens eine der gesamten Hauptspannungen eine Zugspannung darstellt, in Bild 6.2.2 gezeigt. Alle Abbildungen machen deutlich, dass um tiefe tafelige Abbauräume herum Druckspannungen vorherrschen. Zugspannungen sind auf kleine Bereiche in unmittelbarer Nähe des Hohlraumes begrenzt. Diese Eigenschaft der Spannungsverteilung wird wahrscheinlich sicherstellen, dass sich der Gebirgskörper wie ein Kontinuum verhält selbst wenn er durch Verwerfungen, Klüfte oder ebene Schichtfugen geschwächt ist.

Vor einer weiteren Erörterung des Beispiels seien einige allgemeine Ergebnisse, die tafeligen Abbaukörper betreffen, eingefügt. Die im Abschnitt 2.3 beschriebenen Ergebnisse lassen sich für eine Schätzung der tatsächlichen, auf die Randzonen der tafeligen Abbaukörper einwirkenden Spannungen verwenden.

In Fällen zweiachsiger Verformung ist die spezifische Formänderungsarbeit Verformungsenergie an einem willkürlichen Punkt im Abbauraum (Bild 6.2.3), (J.+C. S. 117).

$$\Phi^{(pp)}=(1-\nu)\sigma^2/4G, \qquad (29)$$

wobei σ die Tangentialspannung an diesem Punkt darstellt. Die Verwendung von 2.3 (8) führt nun zu

$$\frac{\partial U_m}{\partial \ell} = \int_{S_{om}} \Phi^{(pp)}dS = \frac{(1-\nu)h}{4G}\sigma^2_{rms} \qquad (30)$$

h ist die Höhe der Abbauräume und σ_{rms} rechts ist die mittlere quadratische Spannung, die ein Mass für die durchschnittliche Spannung von Ort liefert, Deist (1966) und Rice (1968). Nach

$$\sigma_{rms}= [4G/(1-\nu)h]^{\frac{1}{2}}(\partial U_m/\partial\ell)^{\frac{1}{2}}, \qquad (31)$$

Damit ergibt sich ein Mass für die durchschnittliche Spannung, vorausgesetzt, $\partial U_m/\partial\ell$ lässt sich berechnen. Letzteres kann auf zwei Weisen geschehen.

Einmal kann mit Hilfe von 2.3 (12) nachgewiesen werden, dass

$$\Delta U_m = -\frac{1}{2}\int_{\Delta A} s_k^{(i)}\sigma_{k3}^{(p)}dA \qquad (32)$$

wobei $\sigma_{k3}^{(p)}$ (k = 1,2,3) die Komponenten des Spannungsvektors in vor dem Abbau sind und $s_k^{(i)}$ die Komponenten des relativen Verschiebungsvektors nach dem Abbau. Es ist zweckmässig, diese Methode zu verwenden, wenn die Lösungen entweder digital oder durch Anwendung eines elektrischen Analogenrechners bestimmt werden.

Die andere Methode verwendet das Ergebnis in 2.3 (14) aus dem sich

$$\frac{\partial U_m}{\partial\ell} \simeq \frac{\partial U_c}{\partial\ell} - \frac{\partial U_{cv}}{\partial\ell}$$

ergibt, da U_{mv} vernachlässigbar ist. Wenn kein künstlicher Ausbau verwandt wird, ist jedoch 2.3 (5), $\partial U_c/\partial\ell = \partial W_{tv}/\partial\ell$ vorausgesetzt und nach 2.2 (11) und (16) $U_{cv}= U_{iv}$. Daher ist

$$\frac{\partial U_m}{\partial\ell} \simeq \frac{\partial W_{tv}}{\partial\ell} - \frac{\partial U_{iv}}{\partial\ell}, \qquad (33)$$

was die Berechnung von $\partial U_m/\partial\ell$ aus relativ leicht zugänglichen Grössen erleichtert. Diese werden von Salamon (1973) in folgender Form gegeben:

$$W_{tv}= -\int_A s_k q_{k3}dA,$$
$$U_{cv}= U_{iv}= \tfrac{1}{2}(-\int_A s_k q_{k3}dA+\int_B s_k p_{k3}dA), \qquad (34)$$

wobei A und B jeweils den gesamten abgebauten Bereich und die Kontaktzone darstellen. Ferner bezeichnen q_{k3} und p_{k3} djeweils die Komponenten des primitiven Spannungsvektors und des Kontaktspannungsvektors in B. Diese Alternativbehandlung wird bevorzugt, wenn die Energien analytisch berechnet werden sollen.

Kehren wir nun zum Beispiel für die parallelseitige Abteilung zurück. Aus der Konvergenzverteilung in (25) und nach Durchführung der in (34) beschriebenen Integrierung erhält man einen Ausdruck für die freigewordene Energie:

$$W_{rv}= U_{cv}= \pi(1-\nu)\ell^2 Q_{33}^2/2G,$$

die wiederum, auf der Basis von (33) folgendes ergibt, Cook und Mitarbeiter (1966)

$$\partial U_m/\partial\ell = \pi(1-\nu)\ell Q_{33}^2/G. \qquad (35)$$

Denken wir jetzt daran, dass $\partial U_m/\partial\ell$ in (35) beiden Flächen der Abteilung entspricht, dann folgt nach Einsetzen in (31)

$$\sigma_{rms}/Q_{33}=(2\pi\ell/h)^{\frac{1}{2}}. \qquad (36)$$

Bei der Beachtung wirklicher tafeliger Abbauräume ist das Verhältnis ℓ/h gewöhnlich in der Grössenordnung von Hundert. Folglich übersteigt die Spannung vor Ort um ein Vielfaches die vertikale Spannung im unverritzten Gebirge und in den meisten Fällen die einachsige Festigkeit des Gesteins. So sind Gesteinsbrüche um die tafeligen Abbauräume herum etwas Normales. Trotzdem muss damit gerechnet werden (Cook und Mitarbeiter,(1966), Cook (1967) und in der Tat hat die Erfahrung gezeigt, Hogson und Joughin (1967), dass der quadratische Mittelwert der Spannung oder $\partial U_m/\partial\ell$ ein gutes qualitatives Mass für den Zustand im Gestein um die Peripherie der Abbauräume ist. Diese Behauptung wird erneut in Abschnitt 6.5 diskutiert werden.

In unserem Beispiel werden Hangendes und Liegendes mit

zunehmender Spannweite früher oder später in Kontakt geraten. Wenn die Breite der Kontaktzone a ist, dann ist das entsprechende komplexe Potential

$$\Psi'(Z) = 1 - [(Z^2 - a^2)/(Z^2 - \ell^2)]^{\frac{1}{2}}. \quad (37)$$

Die Breite der Kontaktzone wird durch die Gleichung

$$\ell_c/\ell = E(\lambda) - (1-\lambda^2)K(\lambda), \quad (38)$$

definiert, wobei K (λ) und E (λ) die vollständigen elliptischen Integrale erster und zweiter Ordnung sind mit dem Argument

$$\lambda = 1 -(a/\ell)^2 \quad (39)$$

Die numerische Lösung von (38) wird durch das Diagramm in Bild 6.2.4 unterstützt. Aus den von Cook und Mitarbeitern (1966) und von Salamon (1968) vorgelegten Ergebnissen folgt

$$\partial U_m/\partial\ell = \pi s_m Q_{33}\ell\lambda^2/2\ell_c, \quad (40)$$

Dieser Ausdruck erreicht im Grenzfall $\ell \to \infty$, $\partial U_m/\partial\ell = 2s_m Q_{33}$, da $(\ell - a) \to 2\ell_c/\pi$ ist, Salamon (1968). Weiterhin im Grenzfall ist

$$\sigma_{rms}/Q_{33} = (8\ell_c/h)^{\frac{1}{2}}, \quad (41)$$

was bei einem Vergleich mit (36) darauf hindeutet, dass σ_{rms} nach erstem Kontakt zwischen Hangendem und Liegendem nur geringfügig zunimmt. Dieses Ergebnis ist wichtig, da die zwei Seiten der Abteilung anscheinend bald nach dem ersten Kontakt voneinander unabhängig behandelt werden können. Wenn der Koordinatenursprung in der Abbaufront liegt, dann findet in der Umgebung der Abbaufront auf der linken Seite folgendes Ergebnis Anwendung:

$$\Psi(Z) = Z - [Z(Z-b)]^{\frac{1}{2}} + b\{\log_e[\sqrt{Z/b} + \sqrt{(Z/b)-1}] - i\pi/2\}, \quad (42)$$

$$\Psi'(Z) = 1 - [(Z-b)/Z]^{\frac{1}{2}}, \quad (43)$$

$b = 2\ell_c/\pi$ ist die Breite der offenen Zone.

Ein weiteres wichtiges Beispiel für die Anwendung allgemeiner Ergebnisse auf horizontaler Abbauräume in grossen Teufen schliesst zwei parallele Abteilungen gleicher Breite mit Spannweiten 2ℓ ein, die durch einen Streckenpfeiler der Breite 2a voneinander getrennt sind. Befindet sich der Ursprung des Koordinatensystems im Mittelpunkt des Streckenpfeilers und $L = a+2\ell$, Bild 6.2.5, dann ist

$$\Psi'(Z) = 1 - [Z^2 - L^2 E(\lambda)/K(\lambda)]/[(Z^2-L^2)(Z^2-a^2)]^{\frac{1}{2}}, \quad (44)$$

dabei ist das Argument des elliptischen Integrals $\lambda^2 = 1-(a/L)^2$

Interessant an diesem Beispiel ist die relative geringe Wechselwirkung zwischen den zwei Abteilungen. Die Wechselwirkung wird nur dann bedeutungsvoll, wenn der dazwischenliegende Streckenpfeiler ziemlich klein ist, Bild 6.2.5, Cook und Mitarbeiter (1966).

Bei grossen Zahlen von parallelen Abteilungen in gleichem Abstand wird die durchschnittliche Streckenpfeilerbeanspruchung durch das Ausbeutungsverhältnis $e = \ell/(a+\ell)$ bestimmt und ist $Q_{33}/(1-e)$. Gibt es nur einen Streckenpfeiler, so kann wie im vorliegenden Beispiel damit gerechnet werden, dass der Wert der Durchschnittspannung kleiner als der aus e errechnete Wert ist, da das nicht abgebaute Flöz (oder die Ader) ausserhalb der Felder einen Teil des Gewichtes des unterbauten Gesteins tragen wird. In Bild 6.2.6 ist das Verhältnis der durchschnittlichen Pfeilerspannung für einen Pfeiler σ_{av} zur Durchschnittsspannung in einer unendlichen Zahl von Streckenpfeilern dargestellt als Funktion des Ausbeutungsverhältnisses. Es zeigt sich, dass die Spannungsentlastung für den Streckenpfeiler für hohe Werte von e nur beträchtlich ist. In der Tat irrt sich die Theorie der Zuordnungsfläche (tributary area theory) um weniger als 20 Prozent, solange das Ausbeutungsverhältnis geringer ist als 80 Prozent.

Oft ist es erforderlich, besonders wenn mehr als ein Flöz gleichzeitig abgebaut wird, die Wirkung eines Pfeilers auf das Nebengestein zu beurteilen. Ebenfalls ist bekannt, dass der Abbau von Restpfeilern zu häufigen Gebirgsschlägen beim Abbau von tiefem, hartem Gestein führt, Cook und Mitarbeiter (1966). Häufig werden lange Restpfeiler als Wasserschranken zwischen benachbarten Gruben belassen. Das Beispiel eines isolierten Pfeilers ist deshalb von grosser praktischer Bedeutung.

Im Folgenden wird ein langer isolierter Restpfeiler der Breite 2a betrachtet. Es wird angenommen, dass das Flöz an beiden Seiten des Pfeilers abgebaut und die effektive Arbeitshöhe s_m ist. Es entsteht ein Bereich L-a auf beiden Pfeilerseiten, in dem Hangendes und Liegendes einander nicht berühren. Die Konvergenz ausserhalb dieser Zonen, d.h., $|x_1| > L$ ist s_m . Für diesen Fall

$$\Psi'(Z) = 1 - [(Z^2 - L^2)/(Z^2 - a^2)]^{\frac{1}{2}}, \quad (45)$$

L lässt sich bestimmen aus

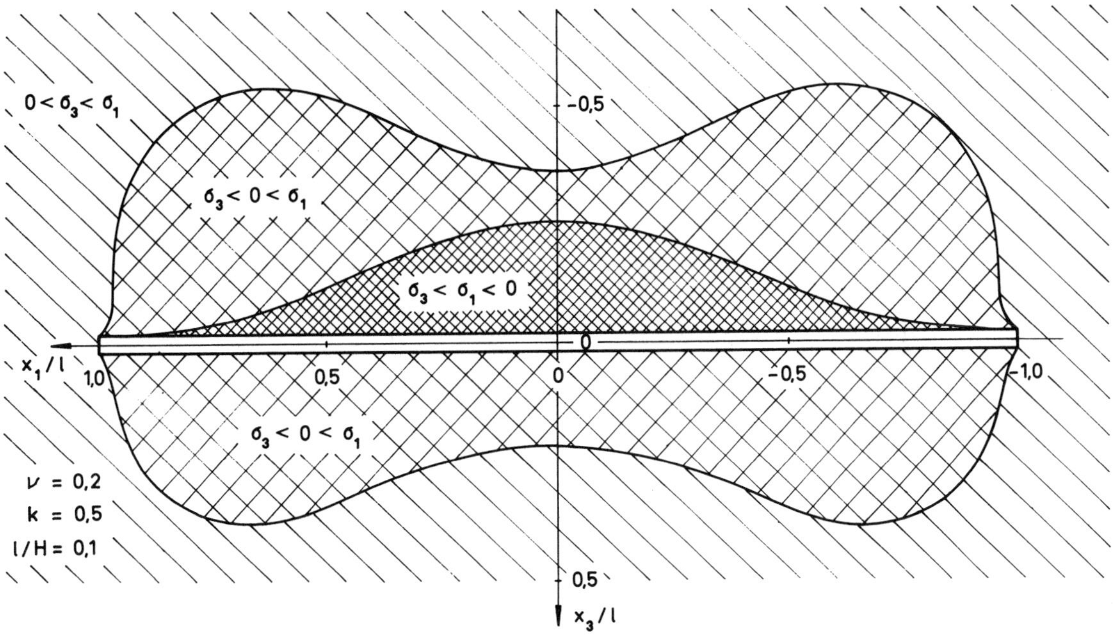

Bild 6.2.2 Dehnungszonen oberhalb und unterhalb einer isolierten Abteilung in grosser Teufe.

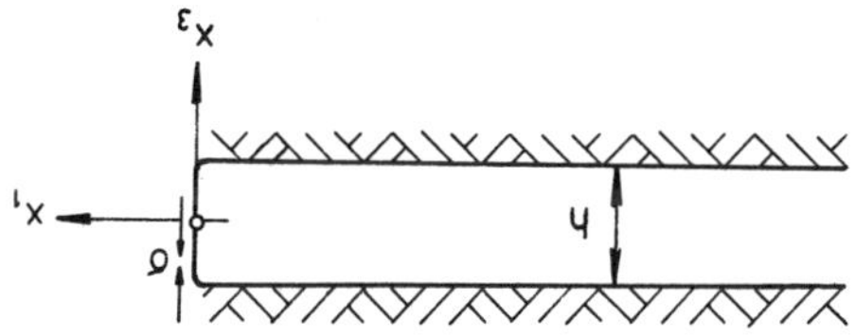

Bild 6.2.3 Berechnung der spezifischen Formänderungsarbeit.

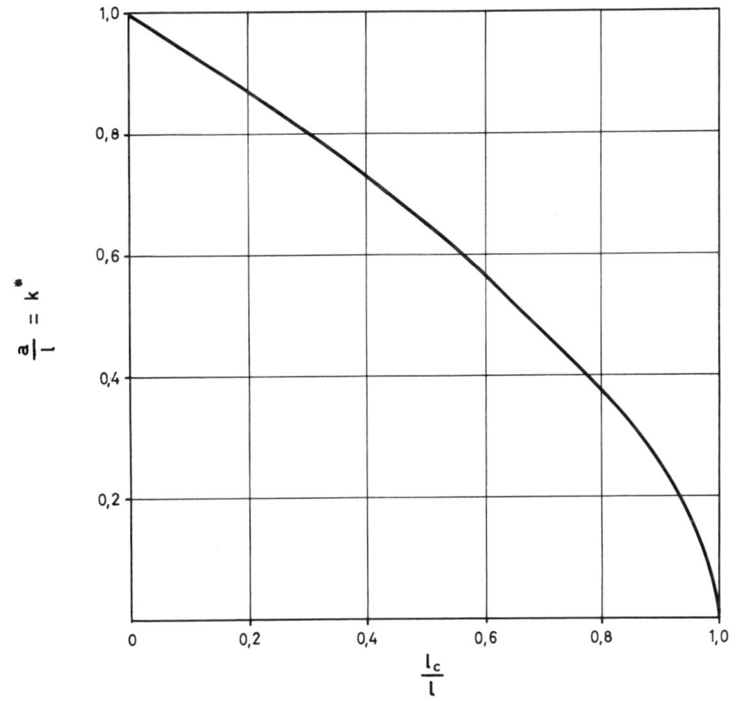

Bild 6.2.4 Breite des Kontaktbereiches in einer isolierten Abteilung in grosser Teufe.

$$\ell_c/L = K(\lambda) - E(\lambda). \qquad (46)$$

Das Argument des elliptischen Integrals ist $\lambda^2 = 1 - (a/L)^2$.

Eine numerische Lösung von (46) lässt sich mit Hilfe von Bild 6.2.7 erzielen.

In Bild 6.2.8 ist das Verhältnis der Durchschnittsspannung über dem Pfeiler σ_{av} zu dem der vertikalen Spannung im unverritzten Gebirge Q_{33} als Funktion der normalisierten Pfeilerbreite a/ℓ_c dargestellt. In der nächsten Illustrierung, Bild 6.2.9 ist die Durchschnittsspannung als Funktion der Teufe aufgezeichnet.

Das letzte Beispiel behandelt eine unendliche Anzahl von ähnlichen Abteilungen mit Spannweiten 2ℓ und Mittellinienabständen 2L. Fällt Koordinatenursprung mit dem Mittelpunkt eines dieser Felder zusammen, so beträgt das erforderliche komplexe Potential

$$\Psi(Z) = Z - L + \frac{2L}{\pi}\sin^{-1}\left(\frac{\cos\pi Z/2L}{\cos\pi\ell/2L}\right), \qquad (47)$$

(47) führt zu

$$\Psi'(Z) = 1 - \frac{\sin\pi Z/2L}{[\sin^2(\pi Z/2L) - \sin^2(\pi\ell/2L)]^{\frac{1}{2}}}. \qquad (48)$$

Das Potential ist hier so definiert, dass die Verschiebung an den Mittelpunkten der Streckenpfeiler Null ist, das heisst, $\Psi(L) = 0$.

Eine andere Lösungsmethode ist oft vorteilhafter, nämlich

$$\Psi(Z) = -i\sum_{n=0}^{\infty} A_n \exp(in\pi Z/L), \qquad (49)$$

wobei die Koeffizienten wie folgt bezeichnet sind:

$$A_0 = -(2L/\pi)\log_e(\cos\pi\ell/2L),$$
$$A_n = \frac{2L}{\pi n}[(-1)^{n+1} - n^2\sum_{j=1}^{n}(-1)^j\frac{(\cos\pi\ell/2L)^{2j}}{j\cdot j!} \qquad (50)$$

$$\times\sum_{m=j}^{n}(-1)^m\frac{(n+m-1)!}{m!(n-m)!(m-j)!}]. \qquad (51)$$

In den meisten Fällen werden nur wenige der ersten Koeffizienten genügen:

$$A_1 = (2L/\pi)\sin^2(\pi\ell/2L),\ A_2 = (2L/\pi)\sin^2(\pi\ell/2L)[1 - (3/2)\sin^2(\pi\ell/2L)],\ A_3 = (2L/\pi)\sin^2(\pi\ell/2L)[1 - 4\sin^2(\pi\ell/2L) + (10/3)\sin^4(\pi\ell/2L)]. \qquad (52)$$

Der Grund hierfür liegt darin, dass alle Glieder der Entwicklung der Verschiebungs- und Spannungskomponenten einen Exponentialfaktor $\exp(-n\pi x_3/L)$ enthalten, der mit steigendem n schnell absinkt. Deshalb ist die Wirkung alternierender Felder und Pfeiler praktisch nicht zu unterscheiden, wenn der Abstand von Abbaufläche 3L/2 erreicht.

6.3 Isolierte Felder in mässigen und niedrigen Teufen

In Wirklichkeit gibt es natürlich keine Abbauräume in unendlicher Teufe. Trotzdem sind die Ergebnisse im vorigen Abschnitt für den Abbau in grossen Teufen von beträchtlichem Wert oder wenn bestimmte Arten des Teil abbaus erwogen werden.

Die Lösungen, die auf der Annahme unendlicher Teufe begründet sind, versäumen sicherzustellen, dass die Tagesoberfläche spannungsfrei ist. Um diese Lösungen zu korrigieren, muss deshalb zusätzliches Spannungssystem und der Gebirgsoberfläche angelegt werden, um sie so von unerwünschten Spannungen zu befreien. Wenn dieses zusätzliche Spannungsfeld eine Änderung der Spannungen bewirkt und die Randbedingungen auf der Sohle der Abbauräume merklich beeinflusst, dann ist die Lösung für unendliche Teufen gegenstandslos.

Salamon (1964) hat gezeigt, dass sich eine Obergrenze der die Randbedingungen beeinflussenden Spannungen berechnen lässt. Diese Grenze kann durch die Gesteinseigenschaften die Teufe H und die Arbeitshöhe oder Abbaubreite s_m ausgedrückt werden. Wir wollen $|\sigma|$ die Änderung der Normalspannung nennen, die infolge der Zusatzspannung an der Tagesoberfläche an einem beliebigen Punkt im abgebauten Bereich auftritt. Hier trifft die folgende Ungleichung zu

$$|\sigma|/Q_{33} \leq 0{,}364 G s_m/(1-\nu)\gamma H^2 = 0{,}728\ell_c/H, \qquad (1)$$

(1) zeigt nach Ersetzen realistischer numerischer Werte, dass in den tiefgelegenen südafrikanischen Goldminen, in denen die Abbaubreite gewöhnlich etwa 1 m und die Teufe 1 1/2 bis 3 1/2 km betragen, die obere Grenze der Diskrepanz bei etwa 20 bis 1 Prozent der Spannung im unverritzten Gebirge liegt. Da tatsächliche Fehler beträchtlich kleiner als diese Werte sind können sie in den meisten Fällen übersehen werden. Es ist jedoch klar, dass bei flachem Abbau der Fehler gross sein kann, und die Teufenwirkung berücksichtigt werden muss.

Die Forderung der spannungsfreien Gebirgsoberfläche bereitet beträchtliche Schwierigkeiten. Zwei-dimensionale Lösungen lassen sich jedoch durch Anwendung der Überlegungen von Berry (1960) und durch Verallgemeinerung des 6.2 (12) definierten Potentials erreichen. Ohne Einzelheiten für dieses Verfahren anzuführen, genügt die Feststellung, dass das für unsere Zwecke geeignete Potential folgende Form hat

$$\Psi'(Z) = \sum_{j=0}^{m} b_j Z^j - P^*(Z)/X(Z), \qquad (2)$$

wobei

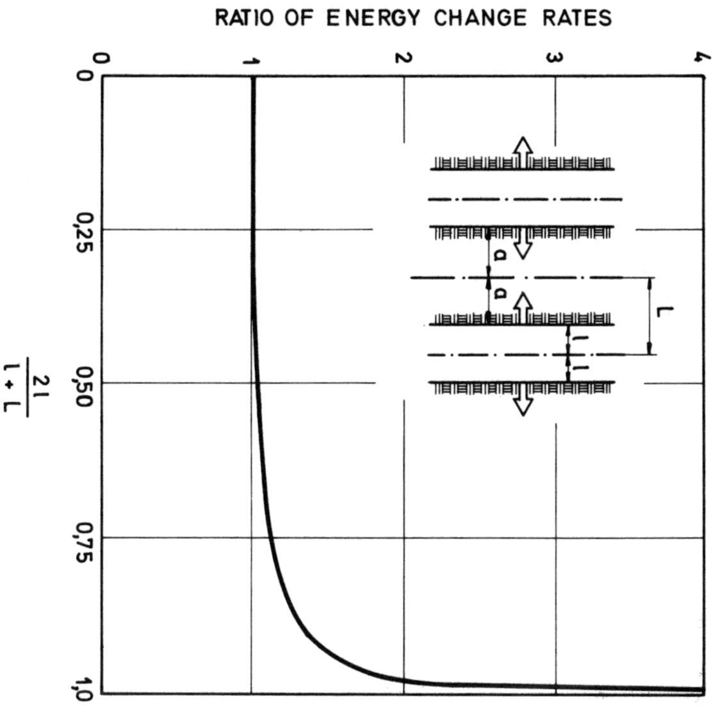

Bild 6.2.5 Verhältnis der Energiefreigaberate im Falle von zwei sich nähernden Abteilungen im Vergleich zu zwei isolierten Abteilungen.

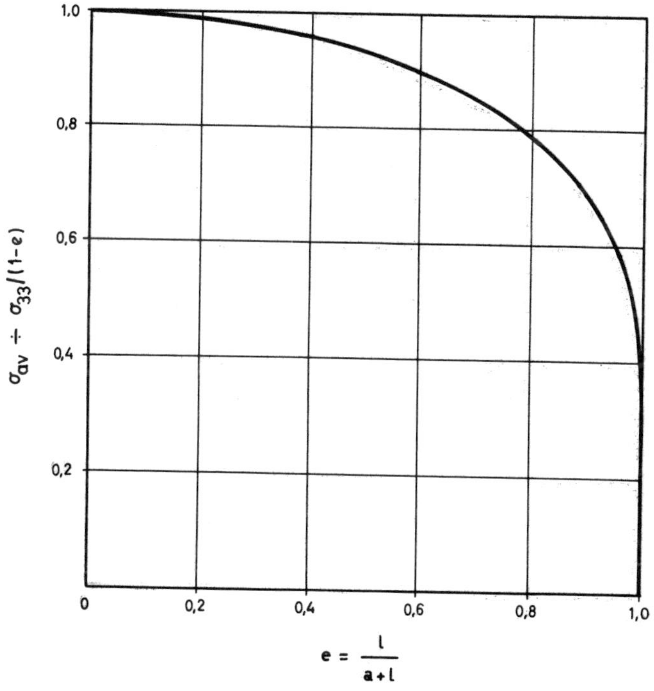

Bild 6.2.6 Verhältnis der durchschnittlichen Pfeilerspannung im Falle eines Pfeilers zu und dem einer unendlichen Anzahl von Pfeilern entsprechenden Fall.

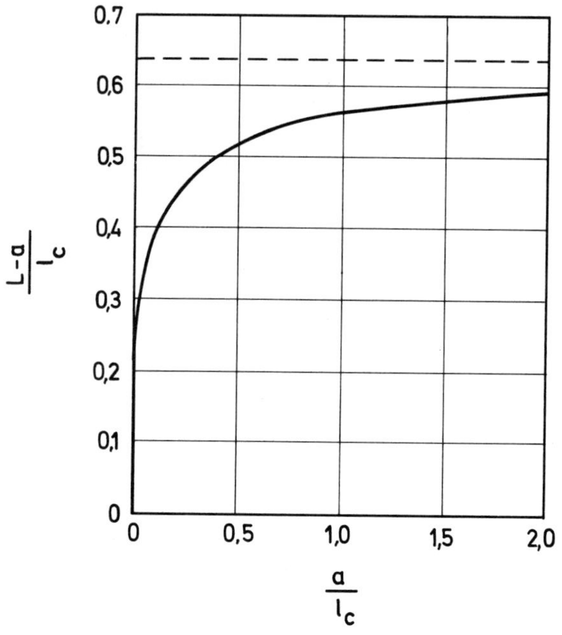

Bild 6.2.7 Breite des offenen Raumes an jeder Seite eines isolierten Pfeilers.

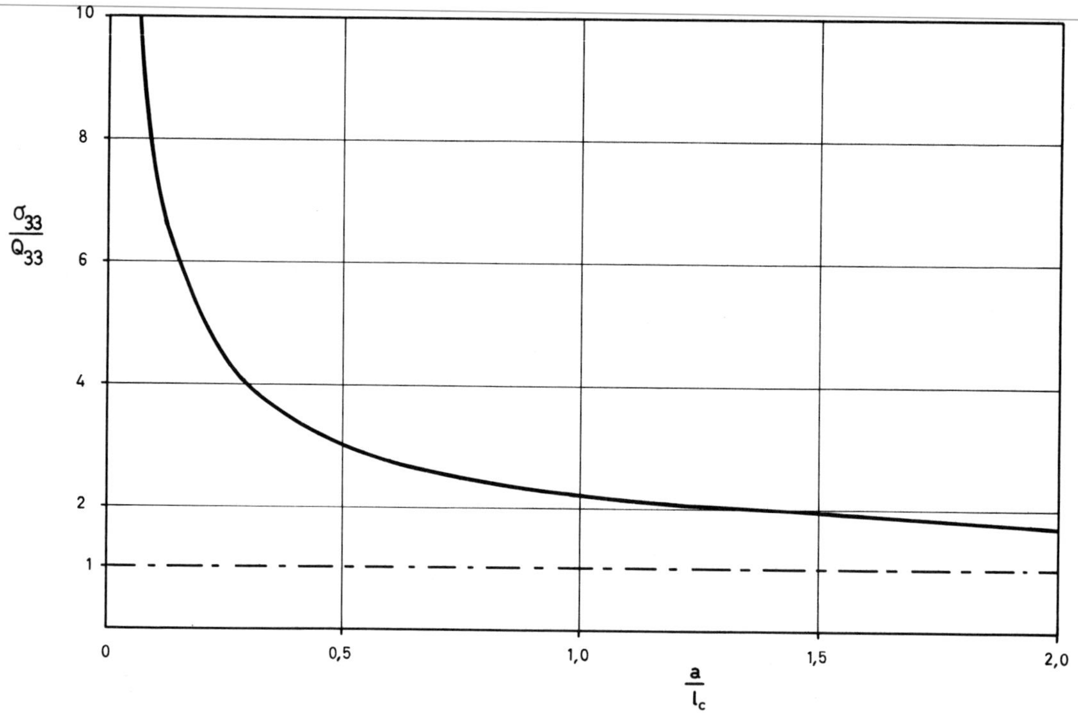

Bild 6.2.8 Normalisierte durchschnittliche vertikale Gesamtspannung, die auf einen isolierten Restpfeiler einwirkt.

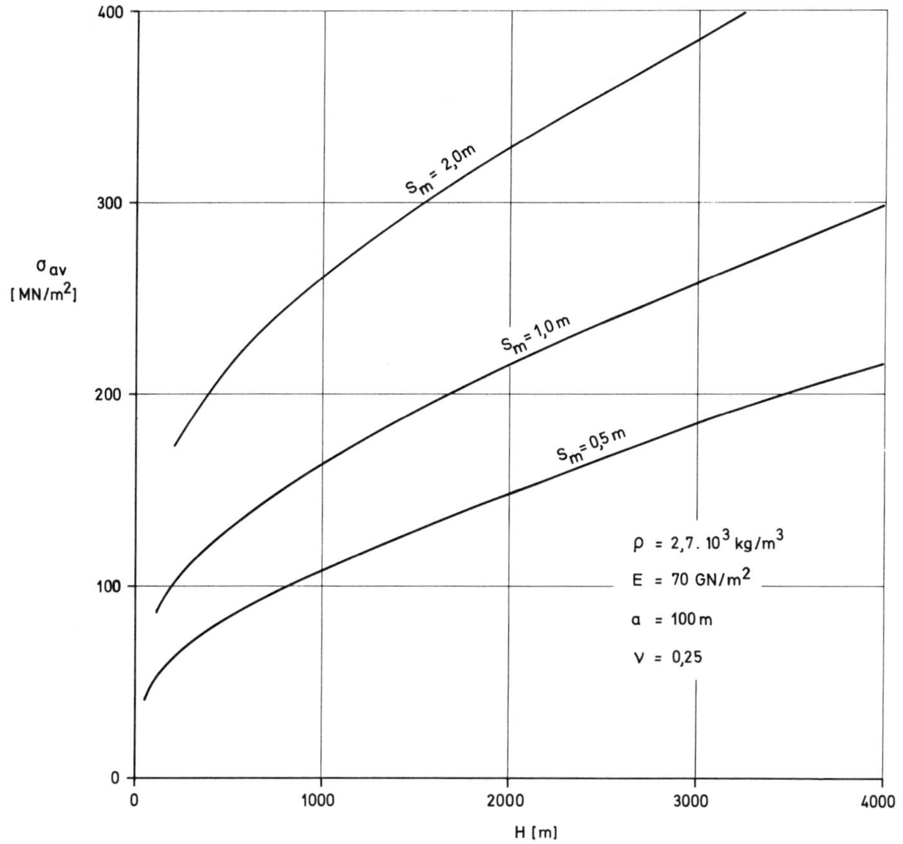

Bild 6.2.9 Durchschnittliche vertikale Gesamtspannung, die auf einen isolierten Pfeiler als Funktion der Teufe einwirkt.

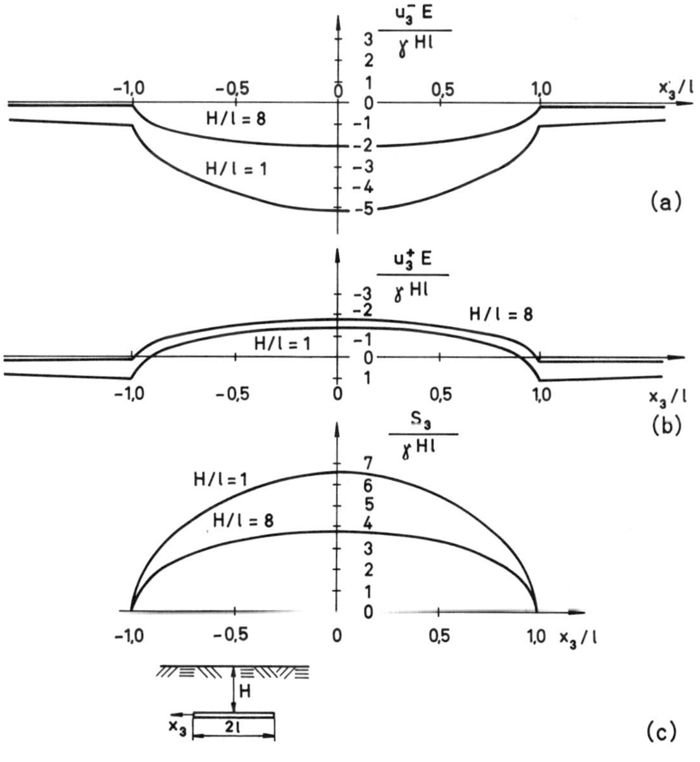

Bild 6.3.1 Verschiebung des Hangenden (a) und Liegenden (b) und Konvergenzverteilungen (c) in einer isolierten Abteilung in geringer Teufe

$$P^*(Z) = Z^n\left(\sum_{j=0}^{m} c_j Z^j\right) + D_1 Z^{n-1} + \ldots + D_n . \qquad (3)$$

Hier wird die Reihe von Konstanten c_j so bestimmt, dass sie $\psi'(\infty) \to 0$ haben. Die andere Reihe b_j wird in der Weise berechnet, dass sie den Randbedingungen auf der Oberfläche und in den Abbauräumen genügt. Die Konstanten D_k werden wie zuvor bestimmt. Mit wachsender Anzahl der Glieder des Polynoms $c_j Z^j$ wird die Lösung zunehmend genauer.

Bei Verwendung einer zunehmenden Lösung, die der in (2) ähnlich ist, hat Moris (1972) die Verschiebungs- und Spannungsverteilungen um ein isoliertes horizontales Abbaufeld abgeleitet. In Bild 6.3.1 wird die Verteilung der Konvergenzen und die Verschiebung im Hangenden und Liegenden für einige Werte von ℓ/H dargestellt, wobei ℓ die halbe Spannweite des Feldes und H die Teufe unter der Tagesoberfläche ist. Ganz offensichtlich steigt die Konvergenz mit relativ zur Teufe zunehmender Spannweite. Die Absetzung des Hangenden macht dabei einen ständig wachsenden Anteil dieser Konvergenz aus. Bild 6.3.2 zeigt die Änderung des Verhältnisses der maximalen Konvergenz zu der Konvergenz in unendlicher Teufe (siehe 6.2.(25)). Es scheint, dass Teufeneinwirkungen schnell deutlicher hervortreten, sobald die Spannweite 2ℓ des Feldes H erreicht oder diesen Wert überschreitet.

Die ernsteste Folge des Abbaus in mässiger oder geringer Teufe ist die, dass das Gebirge um den Abbauraum weniger auf Druck und zunehmend auf Zug beansprucht wird. In Bild 6.3.3 wird die gesamte vertikale Spannung oberhalb der Mittellinie des Abbaufeldes für verschiedene Werte von ℓ/H gezeigt. Es erregt Bedenken, dass mit abnehmender Teufe ein immer grösserer Teil der Schichten zwischen dem Hangenden und der Tagesoberfläche Zugspannungen ausgesetzt wird. In der Tat sind die vertikalen Spannungen in der unteren Hälfte der Dachschichten Zugspannungen, sobald die Spannweite der Teufe gleich ist. Die Ergebnisse sind nicht weniger besorgniserregend, wenn die horizontalen Spannungen untersucht werden. Wenn $H = 2\ell$ der Zugspannungsbereich immer noch auf einen kleinen Teil der Dachschichten beschränkt, Bild 6.3.4 (a). Wenn aber $H = \ell/2$, Bild 6.3.4 (b) ist, dann sind die der Zugspannungen im unmittelbaren Hangenden fast sechsmal so gross wie die Überlagerungsspannung Q_{33}. Zudem sind horizontale Zugspannungen bis zur halben Höhe von der Oberfläche vorherrschend. Wird die Spannweite weiter erhöht, so verhält sich das Gestein über dem Abbaufeld wie eine elastisch verspannte Platte.

Aus den angeführten Gründen erscheint es, als seien die Zugspannungen auf einen kleinen Bereich um das Abbaufeld beschränkt, sofern $8 \leq H/\ell \leq \infty$. Wenn ferner $0 \leq H/\ell \leq 1$ ist, dann entsteht ein grosser Zugspannungsbereich und grosse Zugspannungen. Wenn also der Gebirgskörper geschichtet oder geklüftet ist, muss mit einer verstärkten Auflockerung der Schichten oder Blöcke gerechnet werden, so dass sich das Gestein in allen überlagernden Schichten nicht mehr wie ein Kontinuum verhält. Es kann angenommen werden, dass nur äusserst kompetente Gesteinsschichten nicht brüchig werden, wenn $\ell > H$ ist. In derartigen Fällen besteht die Gefahr, dass die Zugspannungen, die mit einer Vergrösserung der Spannweite schnell zunehmen, zu plötzlichen Brüchen in den Schichten über dem Abbaufeld führen.

Wenn Hangendes und Liegendes der Abbauräume durch Konvergenz in Kontakt kommen, entwickelt sich ein Kontaktdruck. Kontaktzone und Kontaktdruck nehmen mit wachsender Spannweite zu bis schliesslich die Bereiche in Nähe der zwei Seitenflächen des Abbaufeldes voneinander unabhängig behandelt werden können.

Da die obere Grenze der halben Spannweite, die bei einer effektiven Arbeitshöhe von s_m offen gehalten werden konnte, gleich ℓ_c ist, liesse sich behaupten, dass "Tiefbau"-Bedingungen zu erwarten sind, wenn $5\ell_c < H < \infty$. Dies bedeutet, dass das Spannungsfeld vorwiegend aus Druckspannungen besteht, wenn ferner $0 < H < \ell_c$ ist, dann ist die Teufe niedrig. Im mittleren Bereich, d.h., wenn $\ell_c < H < 5\ell_c$ ist, ist die Teufe mässig und nur eine ins einzelne gehende Untersuchung kann zu einer sinnvollen Voraussage der Abbaubedingungen führen. Natürlich stellen die vorhergehenden Grenzen eher Richtlinien als eine strenge Klassifizierung dar.

Moris (1972) hat eine Anzahl anderer bedeutender Lösungen für unendliche Teufen abgeleitet. Diese Lösungen können hier jedoch aus Platzmangel nicht eingefügt werden.

6.4 Der Abbau von flachliegenden und tiefen tafeligen Lagern

Der Wert der Grösse ℓ_c kann geschätzt werden, wenn die Gesteinseigenschaften, die Abbauteufe und die effektive der geplanten Abbaumethode entsprechende Arbeitshöhe bekannt sind. Soll der gesamte Abbau ohne endgültigen Ausbau betrieben werden, dann sind die effektiven und tatsächlichen Arbeitshöhen nahezu gleich. Bei Verwendung von Ausbau in Form von Hinterfüllung oder Blasversatz ist die wirksame Breite des Abbauraumes irgendein Bruchteil der Arbeitshöhe t

$$s_m = \delta t, \qquad (1)$$

δ ist der Konvergenzfaktor $(0 < \delta \leq 1)$, dessen Wert von der Art des Versatzes (Spülversatz, Blasversatz, Handversatz, Bergekästen), vom verwendeten Material und vom Gewicht der überlagernden Schichten abhängt.

Die Last-Verformungseigenschaft der meisten Versatzarten sind von oben gesehen stark konkav, so dass nach anfänglicher Verdichtung jede geringere weitere Verformung zu einer grossen Widerstandsänderung führt. So werden in praktischen Abbauteufen die relativ kleinen Änderungen, die durch Änderungen in der Teufe bedingt sind, völlig durch Veränderungen anderer Faktoren verdeckt. Deshalb wird δ oft als eine teufenunabhängige Grösse bezeichnet, Salamon und Mitarbeiter (1972). Wie Flaschenträger (1957) erklärt, besteht für weiträumige Abbauflächen kein wesentlicher Unterschied zwischen maximaler Querschnittsverminderung und maximaler Oberflächensenkung. Die beträchtliche Zahl vorhandener Daten für den europäischen Steinkohlenbergbau kann deshalb für die Angabe typischer Werte von δ herangezogen werden. Salamon (1964).

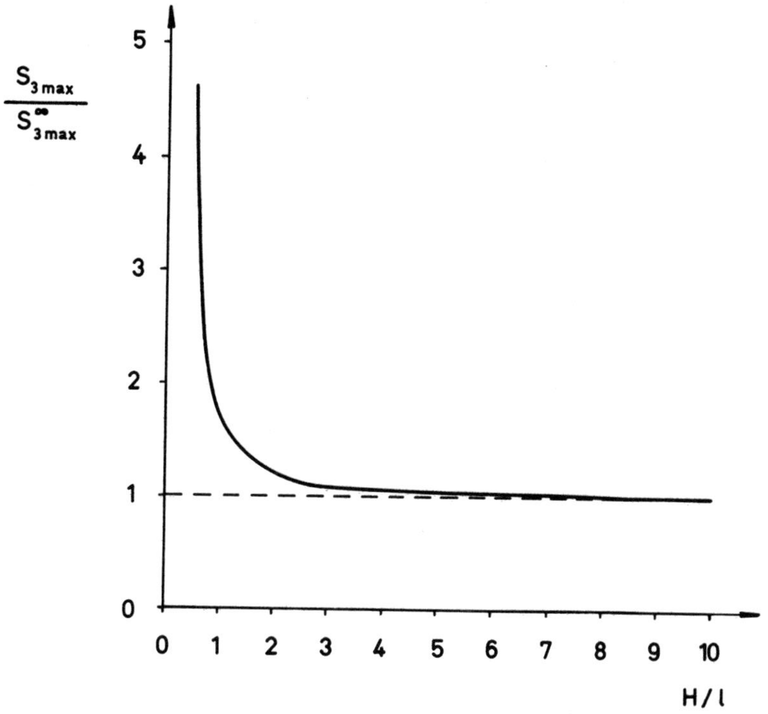

Bild 6.3.2 Normalisierte maximale Konvergenz in einer isolierten Abteilung als Funktion des Teufen - zu Halbspannweiten - Verhältnisses.

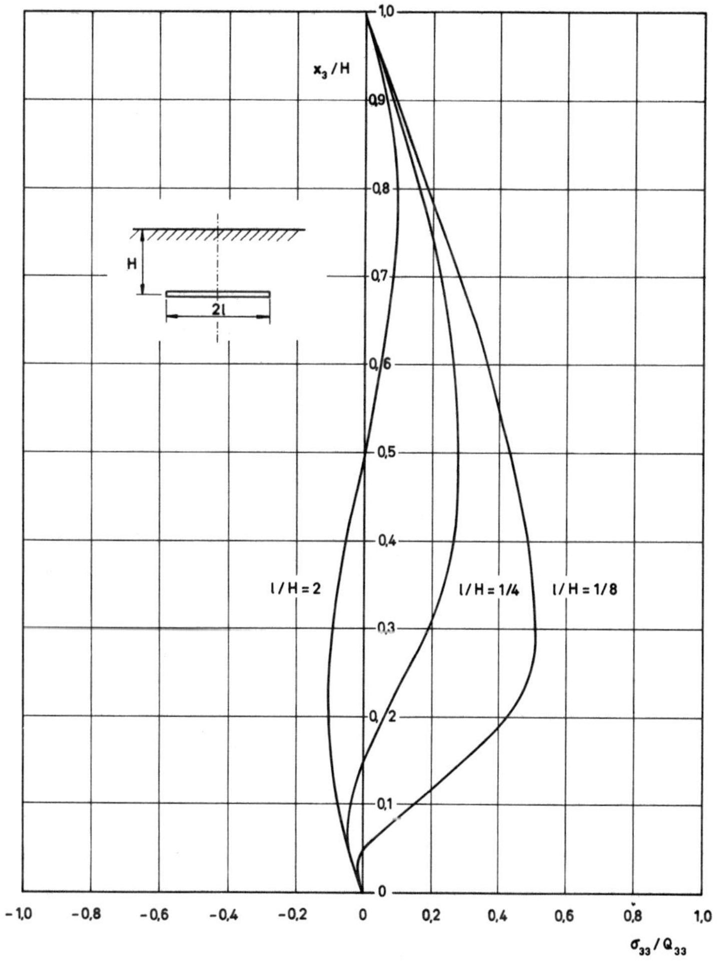

Bild 6.3.3 Vertikale Gesamtspannung über der Mitte einer isolierten Abteilung für verschiedene ℓ/H Verhältnisse.

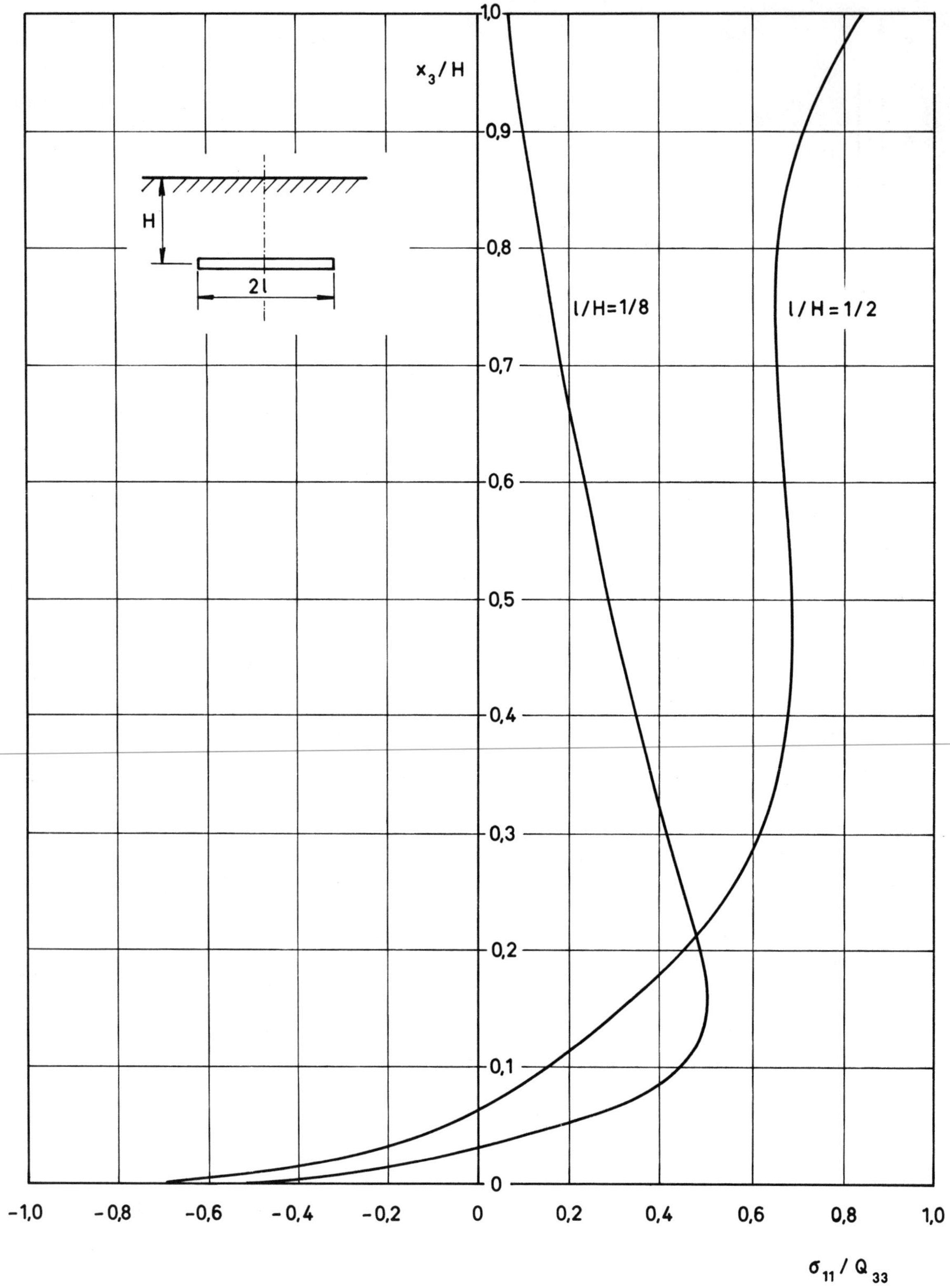

Bild 6.3.4a Horizontale Gesamtspannung über der Mitte einer isolierten Abteilung für ℓ/H = 1/8,1/2

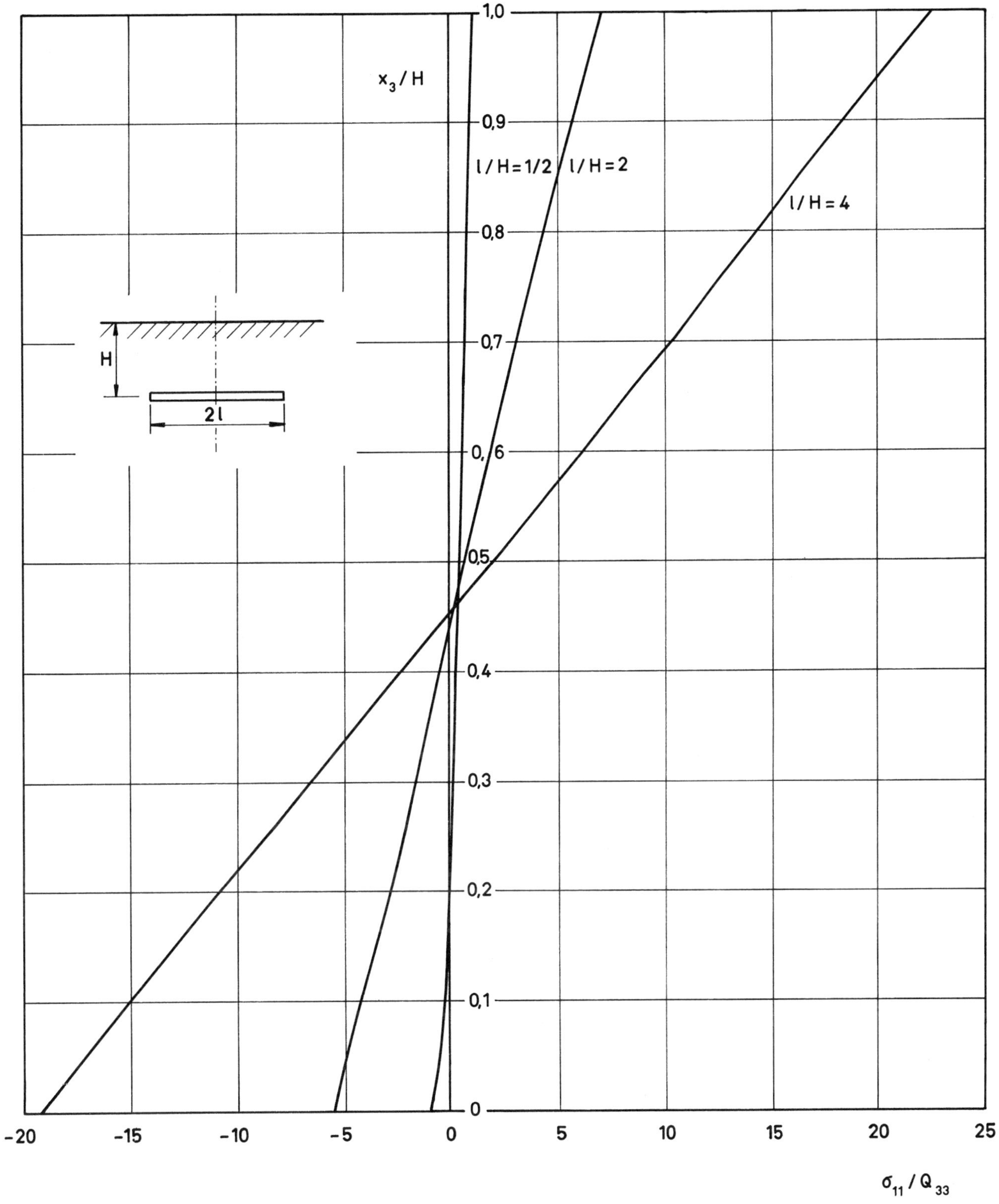

Bild 6.3.4b Horizontale Gesamtspannung über der Mitte einer isolierten Abteilung für ℓ/H = 1/2, 2, 4

Einige Werte sind in Tabelle 6.4.1 zusammengestellt.

TABELLE 6.4.1

EINIGE WERTE FÜR DEN KONVERGENZFAKTOR δ

Methode der Kontrolle des Hangenden	Werte von δ		
	Deutschland Whetton (1957)	Polen Klemencsics	Ungarn Klemencsics (1962)
Spülversatz	-	0,12 - 0,20	0,25 - 0,50
Blasversatz	0,45 - 0,55	0,25	-
Handversatz	0,50 - 0,60	0,40	-
Bergekästen,Bergerippen	0,58 - 0,85	0,55	-
Bruchbau	0,85 - 0,95	0,70 - 0,80	0,80 - 0,98

Soll nur patieller Abbau betrieben werden, dann ist s_m die durchschnittliche Konvergenz der pfeilerartig abgebauten Flächen, wobei bei der Bidlung eines Durchschnittswertes sowohl die Abbauräume als auch die Pfeiler berücksichtigt werden müssen. Der Grenzwert von s_m für quadratische Pfeiler im Mittelliniabstand 2L, für Ausbeutungsverhältnis e bei Teufe H ist von Salamon und Oravecz (1966) sowohl für isotropes als auch transversal isotropes Gebirge berechnet worden. Dabei wurde vorausgesetzt, dass das Flöz horizontal verläuft und dass der Abbau sich über einen Bereich erstreckt, dessen Abmessungen im Vergleich zu H sehr gross sind. In Bild 6.4.1 zeigt eine Darstellung von Salamon und Oravecz (1966), die den normalisierten Wert von s_m als Funktion von e für verschiedene Werte von $\phi = 2hG/E_s L$ darstellt, wobei h, G und E_s die Arbeitshöhe, den Schubmodul des Gesteins und den Elastizitätsmodul des Pfeilermaterials bedeuten. Der Wert von s_m ist nach hQ_{33}/E_s normalisiert. hQ_{33}/E_s ist die durchschnittliche Pfeilerstauchung infolge der vertikalen Spannung im unverritzten Gebirge und der Pfeilerbelastung $Q_{33}=\gamma H$. Wenn die Pfeiler nicht in das Hangende und Liegende eindrängen, dann betrüge die Konvergenz durchschnittlich $ehQ_{33}/(1-e)E_s$, d.h., die Grösse der Pfeilerverformung entspräche der induszierten Pfeilerbeanspruchung $eQ_{33}/(1-e)$. Diese Verformung wird anhand der punktierten Linie in Bild 6.4.1 gezeigt und entspricht $\phi = \infty$.

Nach dieser einleitenden Erörterung kann zur Klassifizierung der tafeligen Lagerstätten vorgeschritten werden. Zu diesem Zweck kann zunächst eine kritische halbe Spannweite für die Gesamtförderung durch Einsetzen von $s_m = t$ in (6.2. (11)) errechnet werden.

$$\ell_c = s_m G/2(1-\nu)Q_{33} \qquad (2)$$

Weiterhin sollte festgestellt werden, ob $\ell_c < H/5$ oder $\ell_c > H$ ist. Im ersten Falle ist die Lagerstätte "tief" im Sinne von Abschnitt 6.3. Der Entwurf von Grubenplänen unter solchen Umständen soll in einem späteren Teil dieses Abschnittes besprochen werden. Ist ℓ_c jedoch grösser als H, dann ist es unwahrscheinlich, dass ein In-Kontakt-Kommen des Hangenden und Liegenden vor Bruch des "Haupt"-hangenden einander berühren. Je grösser das Verhältnis ℓ_c/H, desto sicherer erscheint ein derartiger Bruch. Die Art des erwartenden Bruches sollte weitgehend die für die Art der Behandlung des Hangenden bestimmen.

Wenn die Schichtung des Gebirges gut ausgebildet ist, so kann erwartet werden, dass das Hangende über kleine Spannweiten früh bricht, besonders wenn das unmittelbare Hangende schwach ist. In derartigen Fällen bietet der Bruchbau eine ideale und billige Methode für die Hangendkontrolle, Cook (1966). Wenn jedoch das Hangende aus massive, kompetente Schichten besteht, mit denen sich beträchtliche Spannweiten überbrücken lassen, dann besteht eine möglicherweise grosse Gefahr, Salamon und Mitarbeiter (1972). Diese Gefahr liegt darin begründet, dass die horizontalen Zugspannungen schnell mit dem Verhältnis von Spannweite zu Teufe zunehmen (Bild 6.3.4). Deshalb ist zu erwarten, dass das Hangende zu Bruch gehen wird, bevor es durch Kontakt mit dem Liegenden abgeschützt wird. Wenn sich die kompetente Schicht im unmittelbaren Hangenden befindet, dann lässt sich Bruch nicht durch Einbringen von Stempeln, Holzkästen oder schreitenden hydraulischen Ausbau verhindern, ganz besonders wenn mit plötzlichen Brucherscheinungen zu rechnen ist.

Alternativen der Hangendkontrolle schliessen Kipp- oder Blasversatz ein. Diese Methode kann nur wirksam sein, wenn ℓ_c wenig grösser als H ist, weil die Reduzierung einer wirksamen durch Versatz herbeigeführte Abbaubreite begrenzt ist.

Wenn die kritische halbe Spannweite selbst durch Versatz nicht auf sinnvolle Dimensionen verringert werden kann, dann ist die Verwendung von Pfeilern zu erwägen. Wahl und Entwurf von Pfeilern werden in den folgenden Abschnitten ausführlich behandelt.

Es könnte eingewandt werden, dass die Anwendung des Verhältnisses ℓ_c/H als einziges Kriterium für die Klassifizierung von Lagerstätten oder Wahl der Hangendkontrolle eine unstatthafte Vereinfachung eines sehr schwierigen Problems darstellt. Das ist zweifellos der Fall. Trotzdem lässt sich sagen, dass diese einfache Methode beträchtliche Vorteile besitzt, obwohl sie keinesfalls dogmatisch angewandt werden darf. Sie bietet eine annehmbare Erklärung für die Tatsache, dass die relativ geringmächtigen Kohlenflöze der europäischen Länder hauptsächlich durch Bruchbau abgebaut werden und dass Versatz gewöhnlich nur dem Schutz der Oberfläche und der Vermeidung staubiger und unbequemer Halden dient, Vidal (1960). Sie erklärt ferner die Wahl vom pfeilerartigen Abbauverfahren in den ziemlich mächtigen und nicht sehr tief gelegenen Kohlenflöze in Südafrika, Salamon (1969) oder in den Eisenerzlagerstätten in Lothringen, Tincelin und Sinou (1960). Es liessen sich noch viele Beispiele der praktischen, aber wahrscheinlich nicht bewussten Anwendung der obigen Grundsätze anführen.

Bislang ist wenig über den Fall gesagt worden, dass $\ell_c > H$ und die Schichten des Hangenden weich und geschichtet sind. Unter diesen Bedingungen ist es meist üblich, das Haupthangende zu Bruch gehen zu lassen. Ablösung der Schichten, Zerklüftung und Brechen reichen bis in erhebliche Höhe über dem Abbau. Der Mechanismus, der das Verhalten von klüftigen oder blockartigen Gesteinsmassen bestimmt, ist weitgehend unbekannt. Die besten Ergebnisse hinsichtlich ihres Verhaltens wurden durch Modellarbeiten von Jacobi und Everling (1960) erzielt.

6.5. Grubenplanung in tafeligen Lagern

Im folgenden werden besonders die Fälle diskutiert, in denen die kritische halbe Spannweite wesentlich kleiner ist als die Teufe. In der Praxis geschieht dies, wenn der Abbau in beträchtlicher Teufe vorgeht.

In Abschnitt 2.3 wurde gezeigt, dass bei schrittweisem Abbau in vollkommen elastischem Gestein die von den äusseren Kräften und von den Volumenkräften geleistete Arbeit (bei jedem bliebigen Abbauschritt) ΔW_t gleich ist der Summe der Zunahme an gespeicherter Energie im verbleibenden Teil des Gebirgskörpers ΔU_c und der gegen den Ausbau geleisteten Arbeit ΔW_s . Der einzige Energiebetrag, der dem System, d.h., dem verbleibendem Gebirge und Erz sowie dem Ausbau, verlorengeht, ist der Betrag ΔU_m, der in dem während eines Schrittes abgebauten Erzes gespeichert ist.

In Wirklichkeit ist das Gestein entlang den Grenzen der tafeligen Abbauräume gewöhnlich gebrächig. In grossen Teufen kann die Brüchigkeit ausgeprägt sein, dass das freigelegte Gestein selbst im Verlauf kleiner Abbauschritte fast völlig wird und somit keine wesentliche Menge gespeicherter Energie enthält. Diese Beobachtung steht im Widerspruch Schlussfolgerung, die der Annahme eigen ist. Offensichtlich ist die "fehlende" Energie während des Bruchs eines gewissen Gesteinsvolumens verbraucht worden.

Es ist logisch anzunehmen, dass das Volumen des gebrochenen Gesteins und die Bruchintensität von dem Teil von ΔU_m abhängig sind, dessen Grösse unbekannt ist. Praktische gebirgsmechanische Probleme werden offensichtlich von der Bruchausbildung um die Abbaufront bestimmt. Da sich der Teil von ΔU_m, der im Bruchvorgang verbraucht wird, nicht voraussagen lässt, verbleibt es, die Grösse ΔU_m je Flächenheit als Mass für die Abbaubedingungen zu verwenden, die durch den Abbau selbst geschaffen werden.

In 6.2 (32) wird ein Integralausdruck für ΔU_m gegeben. Der elektrische Widerstands-Analogrechner, Cook und Mitarbeiter (1966) und die numerische Methode von Plewman und Mitarbeitern (1969) sind beide besonders zur Berechnung eines Näherungswertes von ΔU_m geeignet (siehe Abschnitt 3.4):

$$\Delta U_m \simeq -\tfrac{1}{2}\, S_k^{(i)} \sigma_{k3}^{(p)}, \qquad (1)$$

wobei die Summierungskonvention in bezug auf Index k verwendet wurde. $\sigma_k^{(p)}$ und $S_k^{(i)}$ sind durchschnittliche Spannungs- und Konvergenzkomponenten vor und nach dem Abbau des Minerals über die kleine Fläche ΔA.

Numerische Methoden bieten zahlreiche Vorteile in der Bergwerksplanung. Die beste Methode ist, eine Komputerkartei der Geometrie der bestehenden Grube anzulegen, die auf den neuesten Stand gebracht wird, sobald eine Betriebsänderung ins Auge gefasst wird. Dies wird durch Vergleichsrechnungen an einer Reihe von brauchbaren Abbauplänen und die Wahl des Planes erreicht, der zur geringsten Änderung von $\Delta U_m/\Delta A$ während des Abbaus führt, Cook und Mitarbeiter (1966), Cook (1967), Wilson und More O Ferral (1970); Wilson (1971). In den zwei letzteren Veröffentlichungen wird über praktische Verfahren für die Grubenplanung in grossen tiefgelegenen südafrikanischen Minen berichtet. Diese Verfahren sind wohl fundiert auf den Ergebnissen, die in einem umfassenden Programm von Aufnahmen unter Tage in mehreren Minen und über eine Reihe von Jahren ermittelt worden sind. Sie haben das homogene, isotrope Modell in den geologischen Verhätnissen durch gute Übereinstimmung zwischen den eigentlichen durch den Abbau induzierten und den berechneten Verschiebungen bestätigt. Eine ausgewählte Sammlung solcher Vergleiche ist von Cook und Mitarbeitern (1966) vorgelegt worden. Weiter haben Hogson und Joughin (1966) den praktischen Nachweis dafür geliefert, dass die Grösse $\Delta U_m/\Delta A$ tatsächlich ein wichtiger Parameter für die Voraussage von Schwierigkeiten in der Hangendbeherrschung in tiefgelegenem Abbauraum ist.

Während der letzten Jahre ist in Südafrika ein beträchtliches Mass von empirischen Kenntnissen zusammengetragen worden, das die Energieabgaberate und die tatsächlichen Grubenbedingungen in Beziehung bringt. Es sind Schwierigkeitsziffern entwickelt worden, nach denen die erwarteten Bedingungen nach der Grösse von $\Delta U_m/\Delta A$ in verschiedene Kategorien eingeteilt werden.

Übersteigt die Energieabgaberate einen bestimmten Wert,

der vermutlich stark von den geologischen Verhältnissen beeinflusst wird, dann reichen die normalen Methoden der Grubenplanung und der Wahl von Ausbausystemen nicht aus, um vertretbare Bergbaubedingungen zu gewährleisten. In solchen Fällen können Verbesserungen nur durch besondere Massnahmen erzielt werden.

Vor Untersuchung der verschiedenen Massnahmen, die zur Verringerung gebirgsmechanischer Probleme getroffen werden können, ist es vorteilhaft, hier die Ausdrücke für die verschiedenen Energiegrössen zusammenzufassen. Laut 6.2 (34) ist

$$W_{tv} = -\int_A s_k q_{k3}\, dA, \quad U_{cv} = \tfrac{1}{2}\left(-\int_A s_k q_{k3}\, dA + \int_B s_k p_{k3}\, dA\right) \qquad (2)$$

und, da $W_{tv} = U_{cv} + W_{rv}$ weil $U_{mv} \simeq 0$,

$$W_{rv} = -\tfrac{1}{2}\left(\int_A s_k q_{k3}\, dA + \int_B s_k p_{k3}\, dA\right), \qquad (3)$$

wobei sich wie oben die Bereiche A und B jeweils auf die gesamte abgebaute Fläche und den gestützten Teil der Gesamtfläche beziehen.

Die Gleichungen (2) und (3) zeigen deutlich, dass alle Energiegrössen offensichtlich durch eine Verringerung der relativen Verschiebungskomponenten reduziert werden können. Diese Schlussfolgerung lässt sich am besten anhand der Beiträge zu den Integralen einer kleinen Fläche dA, Cook (1966) erklären. Angenommen, diese Beiträge sind dW_{tv}, dU_{cv} und $dW_{rv} = dU_m + dW_{sv}$.

Alle Energien lassen sich durch Hinterfüllung des Abbauraumes mit Sand oder Bruchstein reduzieren. Die Wirkung einer derartigen Massnahme ist in Bild 6.5.1 veranschaulicht. Man betrachte zuerst eine kleine Fläche im nicht versetzten Teil von A. Die Hälfte des gesamten Beitrages dW_{tv} einer solchen Fläche ist in diesem Fall dU_m. Es ist dem System mit dem Abbau entzogen oder im Verlaufe des Gesteinsbruches dissipiert worden. Die verbleibende Hälfte stellt den Beitrag dieser Fläche zu der Energie dar, die zum selben Zeitpunkt im Nebengestein gespeichert wird, Bild 6.5.1(a). Der dargestellte Fall ist auch typisch für die Zustände um nicht ausgebaute Abbauräume. In Bild 6.5.1(b) ist die relative Verschiebung von s_{kmax} auf s_k durch den Widerstand des Versatzes dW_{rv} verbraucht. Der Versatz ist weniger wirksam, wenn er spät eingebracht wird, das heisst, nachdem beträchtliche relative Verschiebungen ohne Widerstand stattfinden konnte, Bild 6.5.1 (c). In Bild 6.5.1 (d) zeigt der Fall für den Teil der unterstützten Fläche für den $q_{33} = p_{33}$ und $S_3 = s_m$. Dies bedeutet, dass der Kontaktdruck den Wert der Spannung im unverritzten Gebirge erreicht hat und die Konvergenz der effektiven Breite des Abbauraumes gleich ist. Hier sind $dU_{cv} = 0$ und $dW_{tv} = dU_m + dW_{sv}$.

Die Last-Konvergenzkurven des Versatzes sollten so steil wie möglich verlaufen. Die Bedeutung dieser Feststellung ist in Bild 6.5.2 veranschaulicht, in der die vertikal und horizontal schraffierten Flächen den Zuwachs in dU_m und dU_{cv} kennzeichnen, der sich mit dem Übergang vom Zustand (1) zum kompressibleren Zustand (2) ergibt.

Eine radikalere Massnahme, die zu entscheidenderen Verbesserungen führen kann, ist der partielle Abbau, Cook und Mitarbeiter (1966), Cook und Salamon (1966), Cook (1967), (siehe auch: J.+C. SS. 449 und 454-458).

Man betrachte das Beispiel des partiellen Abbaus (Abschnitt 6.2) langer Abbaueinheiten der Länge 2ℓ im Mittellinienabstand 2L. Wenn die Gesamtabbaufläche gross ist, so ist der Unterschied in der Energieabgabe über die Breite 2L und Mächtigkeit s_m für den vollständigen Abbau ohne Versatz und für den partiellen Abbau nach 6.2 (8) und (50)

$$\delta W_{rv} = 2Q_{33}L\left[s_m + \frac{2(1-\nu)LQ_{33}}{\pi G}\log_e(\cos\alpha)\right],$$

wobei $\alpha = \pi\ell/2L$. Um nun diese Verringerung zu normalisieren, werden beide Seiten durch $W_{rto} = 2s_m LQ_{33}$ dividiert, das heisst, durch die Energie, die im Verlaufe eines vollständigen Abbaus frei würde.

$$\delta W_{rv}/W_{rto} = 1 + (L/\pi\ell_c)\log_e(\cos\alpha). \qquad (4)$$

Gleichung (4) ergibt sich nach Einsetzen von $\ell_c = s_m G/2(1-\nu)Q_{33}$. In Bild 6.5.3 ist das Verhältnis $\delta W_{rv}/W_{rto}$ als Funktion des Ausbeutungsverhältnisses für verschiedene Werte von L/ℓ_c dargestellt.

Offensichtlich ist die mit dem partiellen Abbau erreichte Energieverminderung sehr beträchtlich, selbst wenn das Ausbeutungsverhältnis gross ist. Natürlich ist diese Massnahme nur dann wirksam, wenn Pfeiler entworfen werden können, die den auftretenden Lasten standhalten können. In geringen Teufen geschieht dies mit Hilfe von Erwägungen, die in folgenden Abschnitten dieses Kapitels besprochen werden.

In grossen Teufen muss das Breiten-Höhenverhältnis von Pfeilern grösser sein als 15 oder sogar 20 um Bruch auszuschalten. Eine andere Form des Bruchs, der beim partiellen Ausbau auftreten kann, ist der Bruch im "Fundament" des Pfeilers, das heisst, Bruch im Gestein entweder unterhalb oder oberhalb des Pfeilers. Um derartige Erscheinungen zu vermeiden, lässt sich die gesamte Möglichkeit in 6.2 (48) der Spannungen im Gestein unter Heranziehung von 6.2 (2) und (3) verwenden. Aus diesen Spannungen kann die Begrenzung möglicher Bruchzonen ermittelt werden, Hoek (1966).

Teilversatz bietet eine Alternative für den Vollversatz und kann mit wenig Verlust in der Wirksamkeit angewandt werden. Es muss nur sichergestellt werden, dass das Breiten-Höhenverhältnis von Pfeilern nicht unter 15 liegt. Wenn das gewährleistet ist, dann besitzen Sicherheitspfeiler, die 15 bis 25 Prozent des Abbaufeldes einnehmen, voraussichtlich 80 Prozent der Wirksamkeit des Vollversatzes (J.+ C., SS. 454-458).

Bevor wir das Thema Kontrolle der Abbaubedingungen durch Verwendung der "Energieabgaberate" $\Delta U_m/\Delta A$ verlassen, soll auf mögliche begriffliche Unterschiede in der Interpretierung früherer Forscher auf diesem Gebiet und der vorliegenden Arbeit hingewiesen werden.

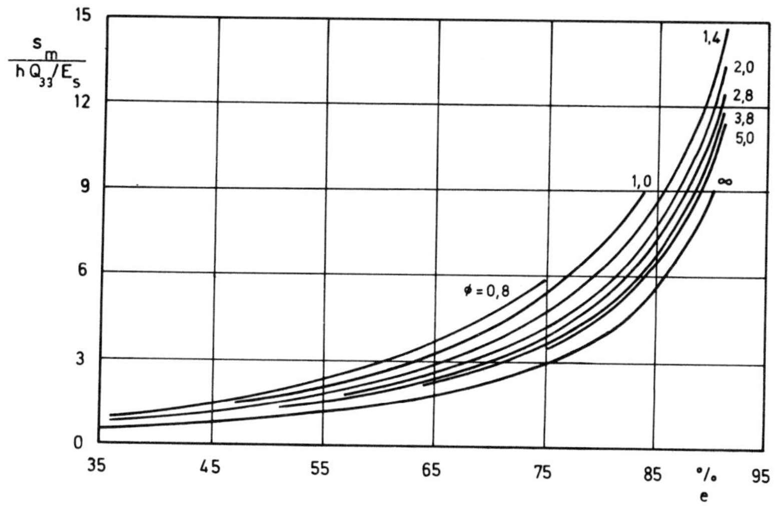

Bild 6.4.1 Normalisierte Durchschnittskonvergenz in ausgedehnten horizontalen Pfeilerbauten für verschiedene Werte von $\phi= 2hG/E_sL$.

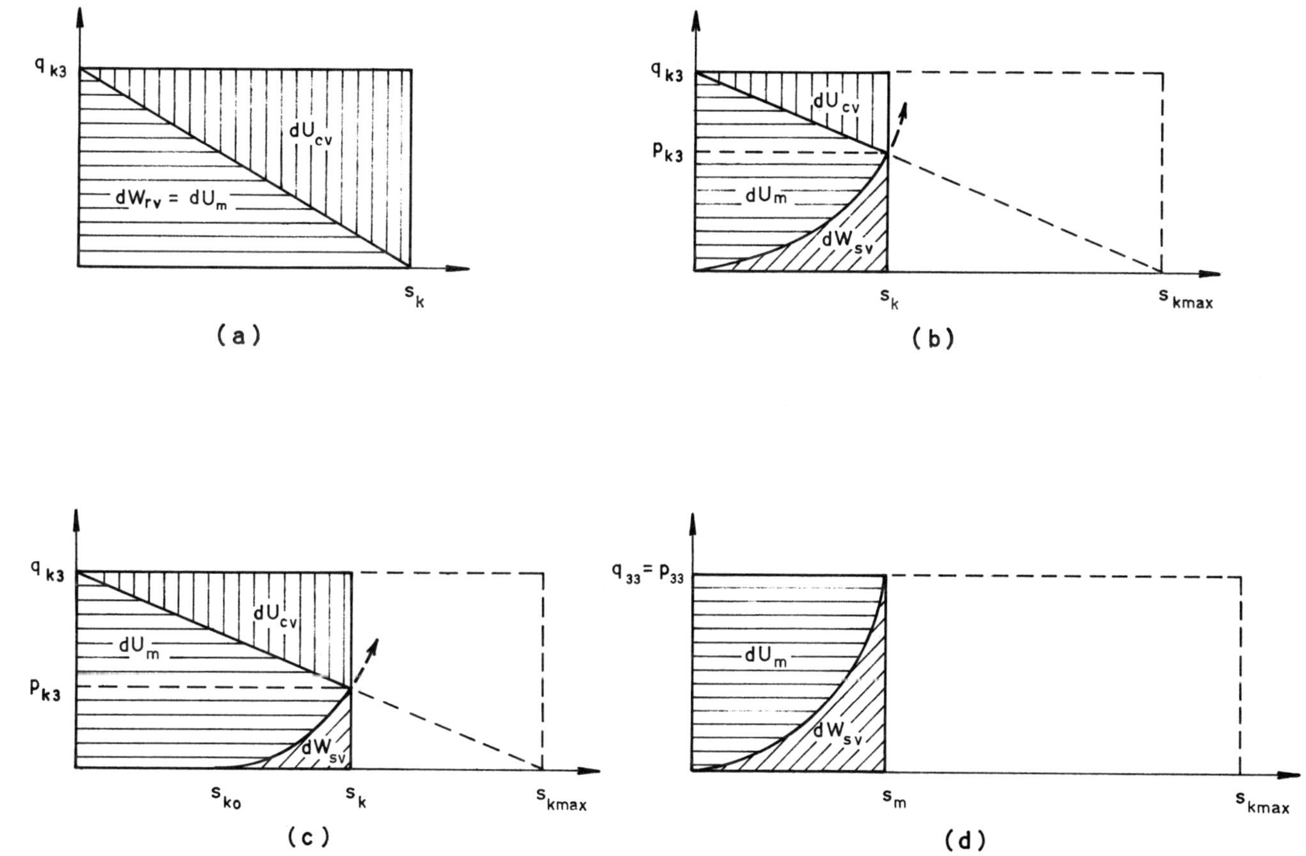

Bild 6.5.1 Wirkungen der Beherrschung der relativen Verschiebungen von Hangendem und Liegendem auf Energieveränderungen: (a) nicht abgestützt; (b) versetzt mit kompressiblem Füllmaterial; (c) Auswirkung verzögerten Versetzens; (d) endültiges Gleichgewicht.

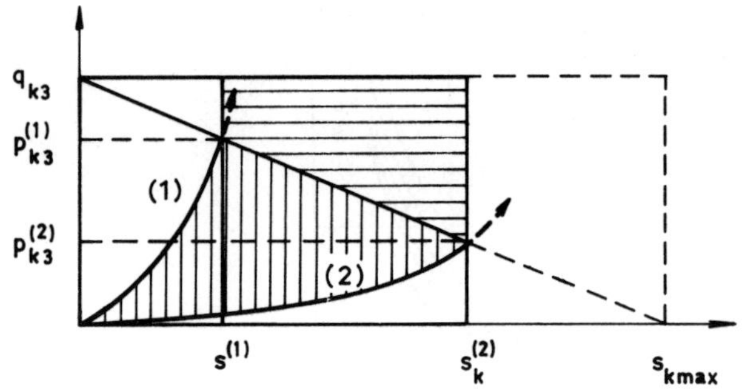

Bild 6.5.2 Wirkung der Last-Konvergenz Eigenschaften auf Energieveränderungen

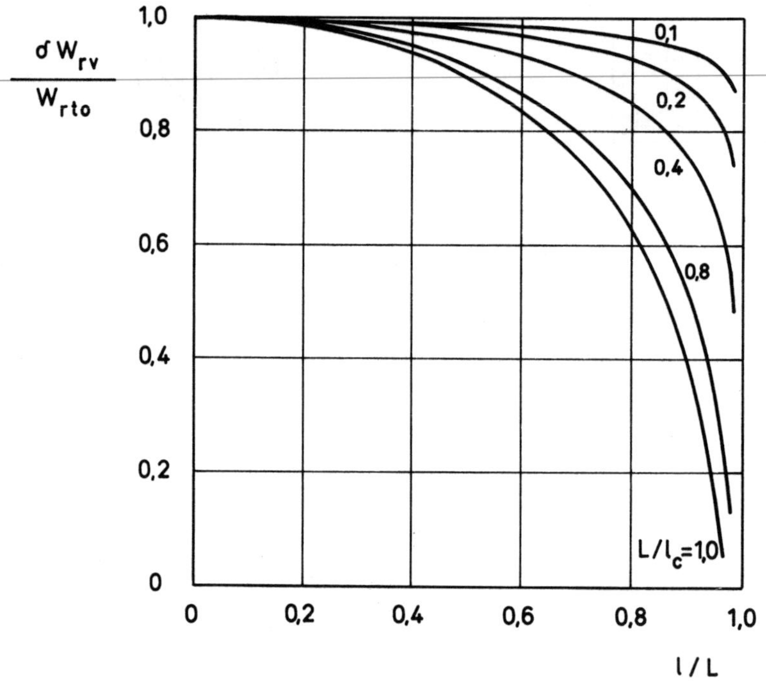

Bild 6.5.3 Normalisierte Reduzierung der Energieveränderungen infolge teilweisen Abbaus.

Als der Begriff der Energieabgaberate ursprünglich von Cook (1963), (siehe ferner Cook und Mitarbeiter, 1966) im Zusammenhang mit der Aufstellung der Energiebilanz während des Abbaus, Cook (1966), eingeführt wurde, wurden die Energieänderungen auf den ursprünglichen Zustand des Gebirgskörpers bezogen. Folglich war man sich nicht darüber klar, dass theoretisch die Gesamtmenge der abgegebenen Energie W_{rv} die Integrale von ΔU_m und ΔW_s umfasst vorausgesetzt, das Gestein ist elastisch und der Abbau geschieht in kleinen Schritten. Dies bedeutet, dass ein Teil der dem System entzogenen Energie mit dem gebrochenen Erz verlorengeht und der Rest während der Verformung des Ausbaus verbraucht wird. Bei Fehlen von Ausbau ist die gesamte Energieabgabe der gesamten Dehnungsenergie gleich, die mit dem geförderten Gestein entfernt wurde. Wie bereits erwähnt, wird natürlich in der Praxis einiges Gestein völlig oder teilweise durch Bruch vor dem Abbau entspannt und damit zumindest ein kleiner Teil der "abgegebenen Energie" durch die Induzierung von Brüchen umgewandelt.

6.6 Pfeilerabbau-Berechnung der Pfeilerbeanspruchung

Der Pfeilerabbau ist vielleicht die wichtigste Abbaumethode. In der einen oder anderen Form wird er zur Gewinnung einer Vielzahl von Mineralien wie Kohle, Kali, Eisenerz usw. angewandt. Trotz seiner Bedeutung wurde vor den 60ziger Jahren wenig Fortschritt hinsichtlich der Entwicklung einer rationalen Methode für die Planung und Anordnung von Pfeilern unter Tage erzielt.

(i) Die Nebenbereichstheorie

Das erste Hauptproblem bei der Planung von Pfeilern liegt in der Bestimmung der Pfeilerbeanspruchung. Es scheint, dass vor der Veröffentlichung des bemerkenswerten Aufsatzes von Tincelin und Sinou (1960) die sogenannte Nebenbereichstheorie die einzige theoretische Methode zur Bestimmung der Pfeilerbelastung war. Der Begriff "Nebenbereichstheorie" ist anscheinend von Coates (1965) eingeführt worden.

Streng genommen gilt diese Theorie für den horizontalen Abbau, dessen Ausmass in der Abbauebene sehr viel grösser als die Teufe ist. Unter diesen Umständen muss es einen Teil im Zentrum des Abbaubereiches geben, über den keine Wirkung der entfernt gelegenen, nicht abgebauten Randzonen des Lagers spürbar wird, vorausgesetzt, die Pfeilerbeanspruchungen sind geringer als die entsprechenden Pfeilerfestigkeiten. Das Gleichgewicht der Kräfte erfordert, dass die Summe der Pfeilerwiderstände über diesem Bereich gleich dem Überlagerungsdruck ist. Wenn also die Pfeiler von einheitlicher Grösse, Form und Verteilung sind, so sind die auf alle Pfeiler einwirkenden Beanspruchungen identisch und gleich dem Gewicht der Gesteinssäule, die jedem Pfeiler zugeordnet ist. Ist die Pfeilerfläche A_p und die entsprechende Zuordnungsfläche A, dann ist die durchschnittliche verikale Pfeilerspannung

$$p_m = \gamma H(A/A_p), \qquad (1)$$

γ bezeichnet das Gesteinsgewicht je Einheitsvolumen und H die Teufe. Die Pfeilerbelastung (1) lässt sich auch durch das Ausbeutungsverhältnis $e = (A-A_p)/A = 1 -(A_p/A)$ ausdrücken, das heisst

$$p_m = \gamma H/(1 - e). \qquad (2)$$

Dies ist der einzige Fall, für den die Pfeilerspannung aus einfachen statischen Erwägungen bestimmt werden kann. In allen anderen Fällen ist das Problem der Bestimmung von Pfeilerbeanspruchungen statisch unbestimmt, so dass es sich nur durch Berücksichtigung der Verschiebung lösen lässt. Alle Versuche einer Verallgemeinerung der Nebenbereichstheorie zur Erfassung unregelmässiger Pfeiler oder von Flächen mit geringen Pfeilerdichten sind willkürlich und theoretisch nicht gerechtfertigt.

Es ist wichtig festzuhalten, dass der nach (1) oder (2) errechnete Druck die obere Grenze der durchschnittlichen Pfeilerlast in horizontalen Lagern mit gleichmässiger Pfeilerverteilung liefert. Eine gegenteilige Auffassung würde zu der widersinnigen Schlussfolgerung führen, dass die Belastung einiger Pfeiler an einem beliebigen Stand des Abbaus mit einer weiteren Ausdehnung des Abbaus geringer werden müsste, um den Wert p_m in (1) oder (2) zu erreichen.

Zur Schätzung von Pfeilerbelastungen haben Tincelin und Sinou (1960) ein zweidimensionales Modell verwandt, in dem das Hangende durch einen elastischen Balken (Platte) dargestellt und der Widerstand von Pfeilern und nicht abgebauten Lagerteilen proportional der Durchbiegung des Balkens gesetzt wurden. Auf diese Weise haben sie das Problem auf die bekannte Lösung von Winkler für Balken auf einem elastischen Fundament rduziert, Timoshenko (1956). Es ist festzustellen, dass ähnliche Voraussetzungen im Rahmen der Gebirgsmechanik zuerst von Budryk 1933 gemacht wurden (siehe Borecki und Salustewicz, 1960)

In einer Reihe von Veröffentlichungen, Coates (1965, 1965a, 1966) und (1966) beschreiben Coates und Ignatieff (1966) ein Verfahren, das die Berechnung von Pfeilerbelastungen für grosse und geringe Teufen mit Hilfe von Verformungen gestaltet. Da sie sich jedoch auf verfügbare analytische Beschreibungen der elastischen Durchbiegung von Hangendem und Liegendem in nicht ausgebauten Abbauräumen verliessen, ist ihre Schätzung von Pfeilerspannungen notwenderigerweise angenähert. In jüngster Zeit haben Starfield und Fairhurst (1968) mit Erfolg eine numerische Methode entwickelt, die sich auf die Grundsätze in Abschnitt 3.4 zur Berechnung von Pfeilerlasten in zwei Dimensionen stützt, unter der Voraussetzung, dass der Abbau in unendlicher Teufe vorgeht.

(ii) Eine allgemeine Methode

Im Abschnitt 3.4 wurde gezeigt, dass die Beziehung zwischen dem induzierten Kraftvektor T und dem relativen Verschiebungsvektor S wie folgt geschrieben werden kann:

$$T = - \chi S, \qquad (3)$$

wobei χ eine 3nx3n Matrix ist und angenommen wird, dass der Abbauraum in n Face-Elemente unterteilt ist. Da χ symmetrisch positiv unbestimmt ist, besteht wenigstens im Prinzip keine Schwierigkeit, die Umkehrung zu bestimmen, d.h.,

$$S = -\chi^{-1}T = -\Gamma T, \tag{4}$$

Analog zu 3.4 (7) lässt sich die Matrix Γ wie folgt angeben

$$\Gamma = \begin{bmatrix} \Gamma_{11} & \Gamma_{12} & \Gamma_{13} \\ \Gamma'_{12} & \Gamma_{22} & \Gamma_{23} \\ \Gamma'_{13} & \Gamma'_{23} & \Gamma_{33} \end{bmatrix} \tag{5}$$

Wenn ausschliesslich horizontale Abbauräume betrachtet werden, so kann angenommen werden, dass die vertikale Spannung im unverritzten Gebirge eine Hauptspannung ist und für die Abschätzung der Pfeilerspannungen nur die vertikalen Komponente des auf die Kontaktfläche zwischen Pfeiler und Nebengestein einwirkenden Spannungsvektors wesentlichen Einfluss besitzt, Salamon (1970). In anderen Worten, es wird angenommen, dass $T_1 = T_2 = 0$ ist über den gesamten abgebauten Bereich einschliesslich der Pfeilerflächen. Für diesen Fall ergibt (4) folgende Beziehung zwischen der Konvergenz und den normalen Kraftvektoren:

$$S_3 = -\Gamma_{33}T_3. \tag{6}$$

Gelegentlich werden im restlichen Abschnitt dieses Teiles und später im Abschnitt 6.8 die unteren Indices ausgelassen, soweit dies keine Unklarheit verursacht. Der Klarheit halber wird jedoch betont, wann immer diese Vereinfachung getroffen wird. Auch wird es weiterhin von Vorteil sein, T (d.h. T_3) als einen reinen Kraftvektor anzusehen. Wenn diese Kräfte durch Multiplizierung der entsprechenden Spannungswerte mit den Flächen der Face-Elemente bestimmt werden, sollte jedes Glied von Γ (d.h. Γ_{33}) durch die gleiche Fläche dividiert werden, um dimensionstreu zu bleiben.

Angenommen, eine Anzahl p der gesamten n Face-Elemente entspricht der Pfeilerfläche und der Rest m = n - p bezeichnet die abgebaute Fläche. Ferner seien S_p und T_p die Konvergenzvektoren und Kräfte im Pfeilerbereich und S_m und T_m die Konvergenz- und Kraftvektoren über die abgebaute Fläche. Das erste Vektorenpaar ist $p \times 1$, das zweite $m \times 1$. Es ist einfach, (6) so anzuordnen, dass

$$\begin{bmatrix} S_p \\ S_m \end{bmatrix} = -\begin{bmatrix} \Gamma_{pp} & \Gamma_{pm} \\ \Gamma'_{pm} & \Gamma_{mm} \end{bmatrix} \begin{bmatrix} T_p \\ T_m \end{bmatrix}. \tag{7}$$

Da $T_m = -4\Delta^2 Q_{33} J_m$ ein $m \times 1$ Vektor ist, dessen sämtliche Glieder Eins sind, und da $4\Delta^2$ die Fläche eines Face-Elementes bezeichnet, ergibt (7):

$$S_p = 4\Delta^2 Q_{33}\Gamma_{pm}J_m - \Gamma_{pp}T_p. \tag{8}$$

Die gleiche induzierte Konvergenz lässt sich auch unabhängig aus der Verformung der Pfeiler errechnen. Nun sollen die Pfeilerhöhen, der Elastizitätsmodul und die Poissonsche Zahl des Pfeilermaterials jeweils h, E_s und ν_s sein. Die Pfeilerstauchung beruht teilweise auf dem Anstieg der vertikalen Druckspannung $(h/4E_s\Delta^2)T_p$ und zum Teil auf der seitlichen Entspannung um den Betrag $Q_{11} = Q_{22} = kQ_{33}$. Diese letztere Komponente wird durch $(2\nu_s kh/E_s)Q_{33}J_p$ gegeben. Somit ist die Pfeilerkonvergenz

$$S_p = (h/4E_s\Delta^2)(T_p + 8k\nu_s\Delta^2 Q_{33}J_p). \tag{9}$$

Diese annähernde Relation kann als Verallgemeinerung von Winklers Hypothese angesehen werden. Sie ähnelt sehr dem entsprechenden Ergebnis von Coates (1965), (siehe auch die Übereinstimmung zwischen Coates, 1971 und Salamon, 1972).

Werden (8) und (9) gleichgesetzt, so ergibt sich der Vektor der induzierten Pfeilerkraft

$$T_p = 4\Delta^2 Q_{33}(\Gamma_{pp} + \alpha I_p)^{-1}(\Gamma_{pm}J_m - \eta J_p), \tag{10}$$

dabei ist

$$\alpha = h/4E_s\Delta^2, \qquad \eta = \nu_s kh/2E_s\Delta^2. \tag{11}$$

(iii) Die Annahme von unendlicher Teufe

Bei der Bestimmung von Pfeilerbelastungen ist es oft zulässig anzunehmen, dass der Abbau in unendlicher Teufe abläuft. Das hat seinen Grund darin, dass die durchschnittliche Konvergenz beim Pfeilerbau gewöhnlich gering ist, Bild 6.4.1. Dieser geringe Wert garantiert nach 6.3. (1), dass die obere Fehlergrenze, das heisst, der durch die Annahme einer unendlichen statt endlichen Teufe verursachte Fehler ist vernachlässigbar. Wenn das in der Tat der Fall ist, dann lässt sich die Konvergenzverteilung mit Hilfe eines Verfahrens, das die Teufe ausser acht lässt, richtig ermitteln. Die Berechnung der induzierten Gebirgsverschiebungen macht jedoch den Einschluss der endlichen Teufe unerlässlich, Salamon und Oravecz (1970).

Salamon (1964 b) hat nachgewiesen, dass die Wirkungen von Normal- und Scherspannungen getrennt behandelt werden können, sofern es zulässig ist, den Teufeneinfluss bei der Berechnung der Konvergenz und der Gleitkomponenten zu vernachlässigen. Unter diesen Umständen ist $\chi_{13} = \chi_{23} = 0$ in 3.4 (7) und $T_3 = -\chi_{33}S_3$. Die entsprechenden allgemeinen Ausdrücke für die Verschiebungskomponenten werden in 3.4 (10) in Form einer einzigen harmonischen Funktion φ gegeben. Die gesuchten Spannungskomponenten werden durch dieselbe Funktion in 3.4 (11) ausgedrückt; die Funktion selbst wird in 3.4 (13) enthalten.

Die Elemente von χ_{33} oder kurz χ können mit Hilfe der Integralgleichung 3.4 (14) berechnet werden. Das Element κ_{ij}, das die Wechselwirkung zwischen zwei Face-Elementen darstellt, in der relativen Lage

$$x_1^{(i)} - \xi_1^{(j)} = 2k\Delta, \qquad x_2^{(i)} - \xi_2^{(j)} = 2\ell\Delta$$

kennzeichnet (2Δ ist die Seitenlänge eines Face-Elementes), wird durch

$$\varkappa_{ij} = \frac{E\Delta}{2\pi(1-\nu^2)}\left\{\frac{[(2k+1)^2+(2\ell+1)^2]^{\frac{1}{2}}}{(2k+1)(2\ell+1)}\right.$$

$$-\frac{[(2k-1)^2+(2\ell+1)^2]^{\frac{1}{2}}}{(2k-1)(2\ell+1)}-\frac{[(2k+1)^2+(2\ell-1)^2]^{\frac{1}{2}}}{(2k+1)(2\ell-1)} \quad (12)$$

$$\left.+\frac{[(2k-1)^2+(2\ell-1)^2]^{\frac{1}{2}}}{(2k-1)(2\ell-1)}\right\}.$$

gegeben. Hier sind E und ν der Elastizitätsmodul und die Poissonsche Zahl des Gebirgskörpers. Es ist für spätere Betrachtungen wichtig, zwei besondere Merkmale der Elemente der Matrix (d.h. χ_{33}) zu beachten. Nach (12)

$$\varkappa_{ij} = 2\sqrt{2}E\Delta/\pi(1-\nu) > 0 \text{ und } \varkappa_{ij} < 0 \quad (13)$$

für jeden anderen Fall. Der Ausdruck für die Elemente von χ (d.h. χ_{33}) in (12) wurde zuerst von Plewman und Mitarbeitern (1969) abgeleitet. Die Tatsache, dass die Matrix χ (d.h. χ_{33}) positiv definitiv bestimmt ist und alle nicht diagonalen Elemente negativ sind, genügt, um sie als Stieltjes Matrix zu identifizieren. Dies bedeuted, dass alle Elemente ihrer Umkehrung, d.h., Γ (Γ_{33}) positiv sind, Varga (1962).

(iv) Lösung mit Hilfe elektrischer Analogrechner

Ein anderer Weg wurde von Salamon und Oravecz (1970) eingeschlagen. Sie vermochten zu zeigen, dass der elektrische Analogrechner (siehe Abschnitt 3.4) zur Bestimmung der Konvergenzverteilung verwendet werden kann und damit zur Berechnung von Verschiebungs- und Spannungsverteilungen beim Pfeilerbau in söhligen Lagern. Bild 6.6.1 zeigt den elektrischen Analogrechner, der für diese Arbeiten verwandt wird. Die Analoglösung ist, abgesehen von der Vernachlässigung der Wirkung der horizontalen Pfeilerspannungen im Prinzip mit der Lösung (10) identisch, vorausgesetzt, die Matrix Γ ist die Umkehrung von χ in (12). Der Einfluss von endlichen Teufen kann also in der Analoglösung nicht berücksichtigt werden.

Ein interessanter Aspekt der Arbeit von Salamon und Oravecz (1970) ist der, dass die mit Hilfe des Analogrechners bestimmte Konvergenzverteilung zur Berechnung der vertikalen Verschiebungen im Abbau in endlicher Teufe herangezogen wird. Diese Vereinfachung ist zulässig, da die mittlere Konvergenz in den Abbauräumen klein ist. Die Abbildungen 6.6.2 bis 6.6.4 zeigen, dass berechnete Verschiebungen und untertägig gemessene Werte gut miteinander übereinstimmen.

(v) Zweidimensionale Lösung

Um einen besseren Einblick in die Teufenwirkung zu vermitteln, wird nun eine recht allgemeine zweidimensionale Lösung eingeführt. Diese Lösung ist für sich bedeutsam und soll weiter in Abschnitt 6.8 verwendet werden.

Das zwei-dimensionale Äquivalent von 3.4 (7) ist

$$\begin{bmatrix} T_1 \\ T_3 \end{bmatrix} = - \begin{bmatrix} \chi_{11} & \chi_{13} \\ \chi'_{13} & \chi_{33} \end{bmatrix} \begin{bmatrix} S_1 \\ S_3 \end{bmatrix}, \quad (14)$$

wobei S_1 und S_3 jeweils die Kolonnenvektoren der Gleitverschiebung (in der x_1 Richtung, parallel zur horizontalen Lagerstättenebene) und der Konvergenzkomponenten sind. Diese Komponenten sind die mittleren realtiven Verschiebungen in streifenartigen Face-Elementen der Breite 2Δ , in die das Abbaufeld unterteilt ist.

Die negativen Elemente der quadratischen Matrizen χ_{11} und χ_{33} , das heisst, $-\varkappa_{11}^{hj}$ und $-\varkappa_{13}^{hj}$, bedeuten die Kraftkomponenten in der x_1 Richtung, die auf das Face Element mit dem Mittelpunkt x_1^h einwirken. Sie werden durch die mittlere Einheitsgleitverschiebung und durch die mittlere Einheitskonvergenz im Face Element mit Mittelpunkt ξ_1^j hervorgerufen. Das negative Element $-\varkappa_{33}^{hj}$ von χ_{33} ist die auf das Face Element um x_1^h einwirkende Normalkraft, bewirkt durch die mittlere Einheitskonvergenz im Face Element mit Mittelpunkt ξ_1^j
Um die Elemente von χ zu bestimmen, müssen zunächst die Spannungen σ_{33} und σ_{13}, die durch die mittlere Konvergenz S_3 und auf die mittlere Gleitverschiebung S_1 im Face Element zurückzuführen sind, im Abbauniveau berechnet werden. Diese Lösung basiert auf den folgenden grundsätzlichen Ergebnissen, Cook und Mitarbeiter (1966):

$$\begin{aligned} u_1 &= 2(1-\nu)\frac{\partial\varphi_1}{\partial x_3} - (1-2\nu)\frac{\partial\varphi_3}{\partial x_1} - x_3\frac{\partial\phi}{\partial x_1}, \\ u_3 &= (1-2\nu)\frac{\partial\varphi_1}{\partial x_1} + 2(1-\nu)\frac{\partial\varphi_3}{\partial x_3} - x_3\frac{\partial\phi}{\partial x_3}, \\ \sigma_{33} &= 2G\Big(\frac{\partial^2\varphi_3}{\partial x_3^2} - x_3\frac{\partial^2\phi}{\partial x_3^2}\Big), \\ \sigma_{13} &= 2G\Big(\frac{\partial^2\varphi_1}{\partial x_3^2} - x_3\frac{\partial^2\phi}{\partial x_1\partial x_3}\Big), \end{aligned} \quad (15)$$

φ_1 und φ_3 sind harmonische Funktionen und

$$\phi = \frac{\partial\varphi_1}{\partial x_1} + \frac{\partial\varphi_3}{\partial x_3}. \quad (16)$$

Wenn der Koordinatenursprung in der Tagesoberfläche und dem Lager $x_3 = H$ liegen, dann sind die Randbedingungen des Problems:

$$\begin{aligned} x_3 &= 0 & & \sigma_{33} = \sigma_{13} = 0, \\ x_3 &= H & & \left.\begin{aligned}(u_3^+ - u_3^-) &= s_3 \\ (u_1^+ - u_1^-) &= s_1\end{aligned}\right\} |x_1| < \Delta, \quad (17) \\ & & & \sigma_{33}^+ = \sigma_{33}^-, \ \sigma_{13}^+ = \sigma_{13}^-, \\ |x_1| &= x_3 = \infty & & u_1 = u_3 = 0. \end{aligned}$$

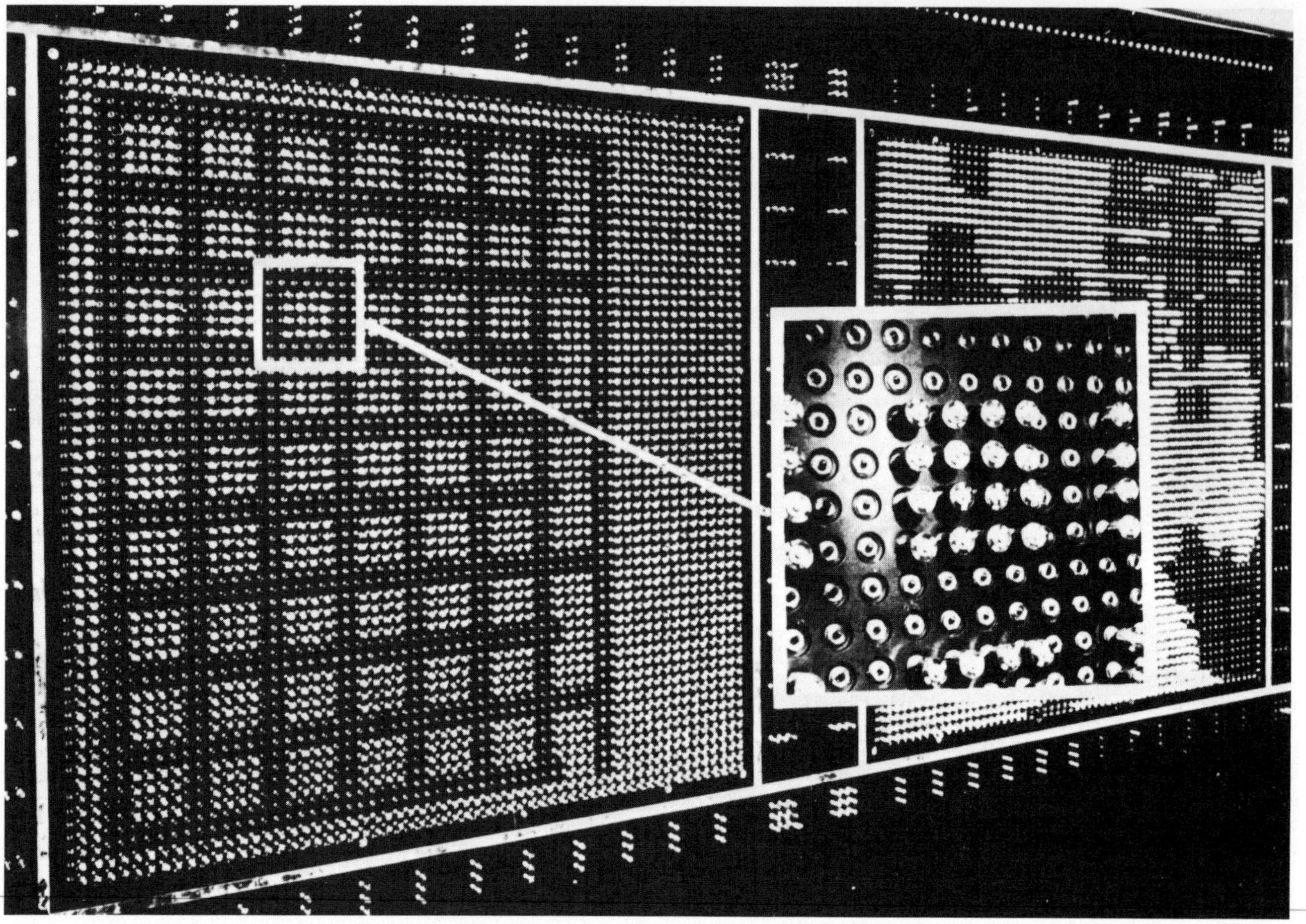

Bild 6.6.1 Widerstands-Analogrechner während des Einsatzes zur Analyse von Pfeilerproblemen.

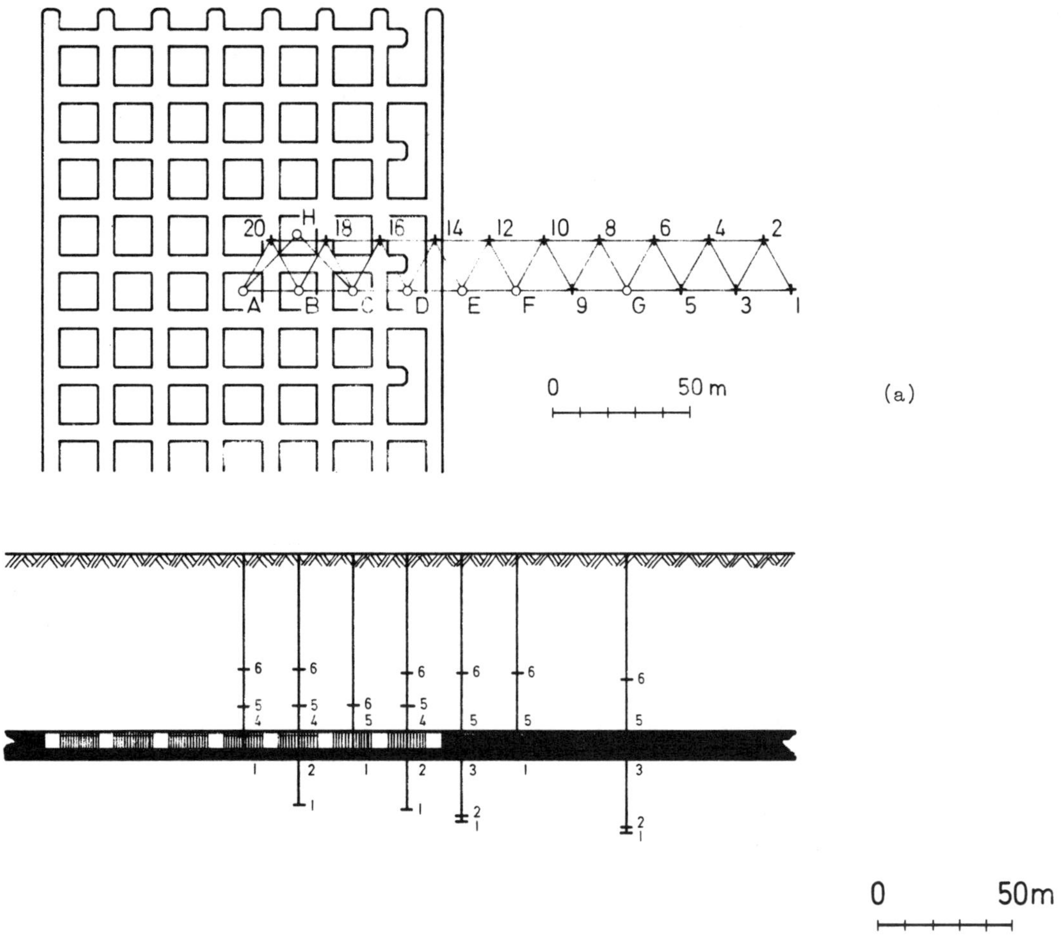

(a)

Bild 6.6.2 Versuchsort, der Messgeräte für Oberfläche und Zwischenschichten zeigt (a) mit einem Vergleich zu gemessener (o) und berechneter (+) Oberflächensenkung (b).

(b)

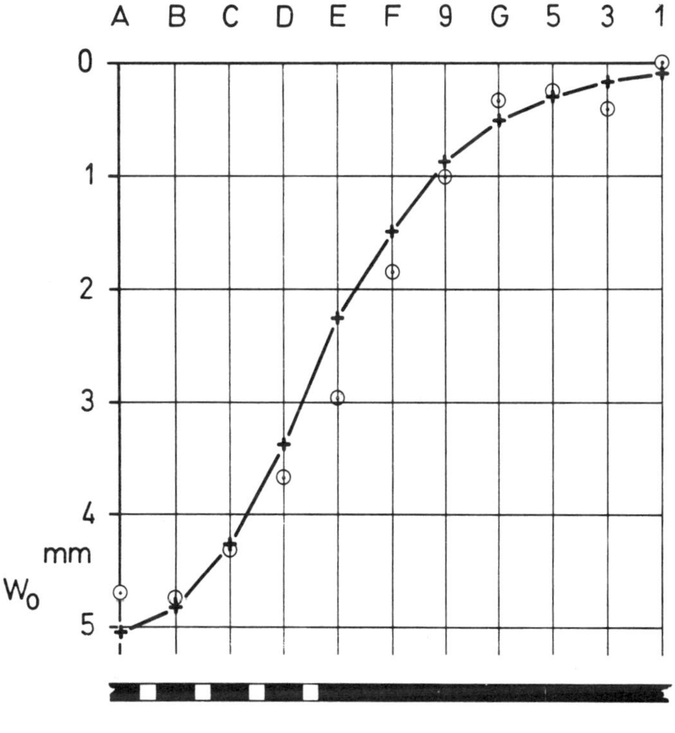

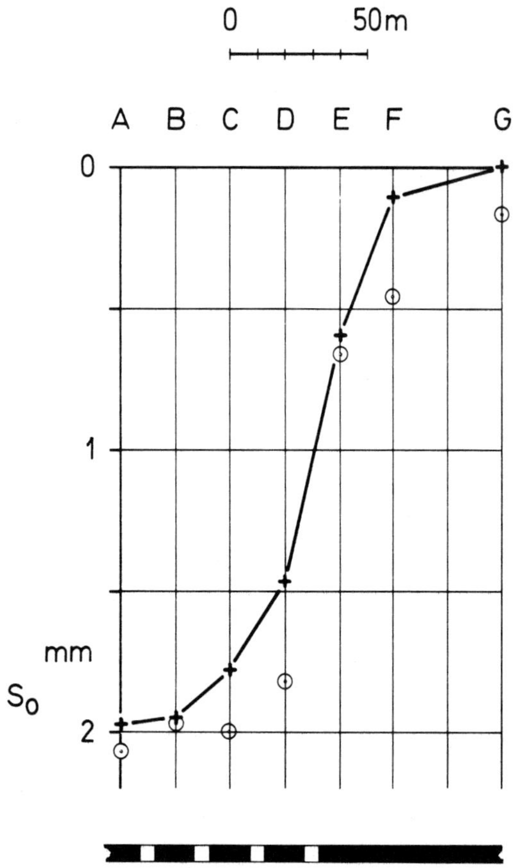

Bild 6.6.3 Gemessene (o) und berechnete (+) Konvergenzverteilung an der in Bild 6.6.2 (a) gezeigten Stelle.

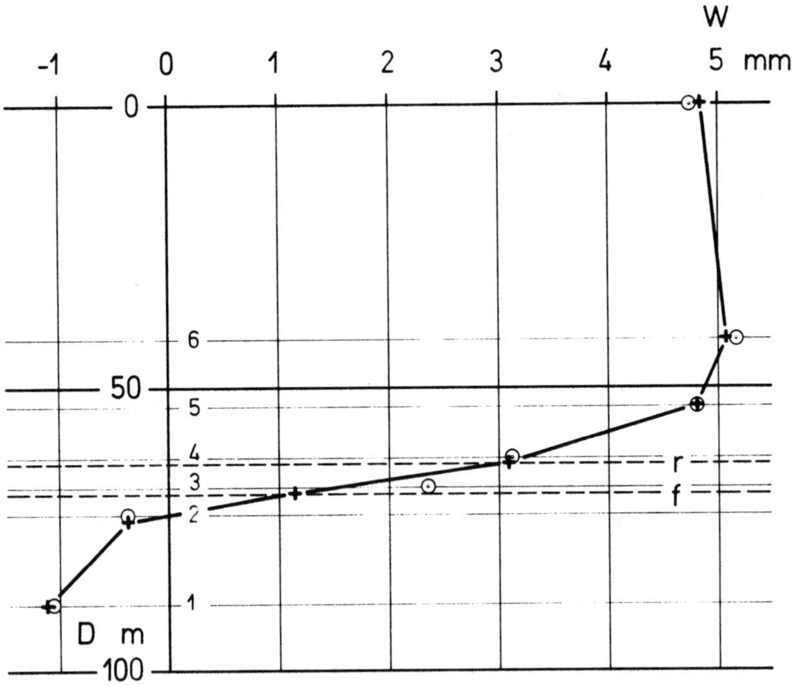

Bild 6.6.4 Gemessene (o) und berechnete (+) vertikale Verschiebungsverteilungen der Zwischenschichten an der in Bild 6.6.2 (a) gezeigten Stelle.

Hier beziehen sich $u_1^+, \ldots, u_1^-, \ldots,$ jeweils auf das Liegende und Hangende des Lagers.

Da die Ableitung langwierig ist und sich eng an eine bereits veröffentlichte Methode hält, Salamon (1963), werden ihre Einzelheiten übergangen. Es sei lediglich erwähnt, dass sich die Lösung in zwei Schritten ergibt. Zuerst werden die Spannungen nach (15) abgeleitet, indem vorausgesetzt wird, dass die Lagerstätte in einem unendlichen Medium liegt und die Verschiebungsdiskontinuitäten entlang $x_3 = H$ eingeführt werden. Die $x_3 = 0$ Ebene wird dann erneut mit Hilfe der Beziehungen in (15) entspannt. Dieser zweite Schritt führt zu keiner Änderung der Verschiebungsdiskontinuitäten entlang $x_3 = H$. Aus Gründen, die später klar werden, werden die Spannungen im Lagerniveau in Form von Fourier-Integralen ausgedrückt.

Die Spannungen am Punkt x_1^h infolge der Gleitverschiebung s_1 am Punkte ξ_1^j sind

$$\sigma_{33}^{hj} = -\frac{2Gs_1\Delta}{\pi(1-\nu)}\int_0^\infty H^2\psi^3 e^{-2H\psi}\sin(x_1^h-\xi_1^j)\psi\,d\psi \qquad (18)$$

$$\sigma_{13}^{hj} = -\frac{Gs_1\Delta}{\pi(1-\nu)}\Big\{\lim_{x_3\to H}\int_0^\infty \psi\, e^{-(x_3-H)\psi}\cos(x_1^h-\xi_1^j)\psi\,d\psi$$

$$-\int_0^\infty(\psi-2H\psi^2+2H^2\psi^3)e^{-2H\psi}\cos(x_1^h-\xi_1^j)\psi\,d\psi\Big\}. \qquad (19)$$

Die durch die Konvergenz s_3 ausgelösten Spannungen sind

$$\sigma_{33}^{hj} = \frac{Gs_3\Delta}{\pi(1-\nu)}\Big\{\lim_{x_3\to H}\int_0^\infty \psi\, e^{-(x_3-H)\psi}\cos(x_1^h-\xi_1^j)\psi\,d\psi$$

$$-\int_0^\infty(\psi+2H\psi^2+2H^2\psi^3)e^{-2H\psi}\cos(x_1^h-\xi_1^j)\psi\,d\psi\Big\} \qquad (20)$$

$$\sigma_{13}^{hj} = \frac{2Gs_3\Delta}{\pi(1-\nu)}\int_0^\infty H^2\psi^3 e^{-2H\psi}\sin(x_1^h-\xi_1^j)\psi\,d\psi. \qquad (21)$$

Um die auf das Face Element mit Mittelpunkt x_1^h Kräfte zu errechnen, müssen die Spannungen in (18) bis (21) über x_1 in den Grenzen $x_1^h - \Delta$ und $x_1^h + \Delta$ integriert werden. Als Beispiel ergibt die Integration folgende Normalkraftkomponente infolge der Gleitverschiebung:

$$T_{3r} = \frac{2Gs_1\Delta}{\pi(1-\nu)}\int_0^\infty H^2\psi^2 e^{-2H\psi}[\cos(x_1^h-\xi_1^j+\Delta)\psi \qquad (22)$$

$$-\cos(x_1^h-\xi_1^j-\Delta)\psi]\,d\psi.$$

Pfeilerbau wird oft in Abteilungen durchgeführt, die durch Sicherheitspfeiler getrennt sind. Deshalb ist es vorzuziehen, die Matrix χ für den Fall einer unendlichen Zahl von Abteilungen im Grubenplan zu ermitteln. Natürlich lassen sich die gleichen Ergebnisse für die Untersuchung nur einer Abteilung verwenden indem einfach angenommen wird, dass die Sicherheitspfeiler sehr breit sind.

Die vorgeschlagene Lösung ist periodisch. Aus Gründen, die in Abschnitt 6.8 deutlich werden, sind solche Lösungen von Vorteil für die Abbaueinheiten in Gruppen von β benachbarten Abteilungen gruppiert sind. Wenn der Mittellinienabstand zweier benachbarter Abteilungen $2n\Delta$ ist, dann ist beispielsweise $u_1(x_1) = u_1(x_1 + 2\beta nk\Delta)$, denn $k = 0, \pm 1, \pm 2, \ldots, \pm\infty$. Alle Spannungs- und Verschiebungskomponenten genügen ähnliche Beziehungen. Um die in diesem Fall entsprechende Matrix χ abzuleiten, wird angenommen, dass Gleitverschiebung und Konvergenz gleichzeitig in einer unendlichen Anzahl von Face Elementen wirken, die durch einen Abstand $2\beta n\Delta$ voneinander getrennt sind. Diese Methode wurde auch von Starfield (1970) bei der numerischen Berechnung für den Fall einer unendlichen Reihe von parallelen Abteilungen in unendlicher Teufe verwendet.

Mit dieser Grundlage werden die Elemente von χ durch eine unendliche Reihe ausgedrückt. Zum Beispiel nach (22)

$$\kappa_{13}^{hj} = \frac{2G\zeta}{\pi(1-\nu)}\sum_{k=-\infty}^{\infty}\int_0^\infty \omega^2 e^{-2\zeta\omega}[\cos(2\ell+1-2\beta nk)\omega \qquad (23)$$

$$-\cos(2\ell-1-2\beta nk)\omega]\,d\omega,$$

wobei

$$x_1^h - \xi_1^j = 2(h-j-\beta nk)\Delta = 2(\ell-\beta nk)\Delta, \qquad H = \zeta\Delta, \qquad (24)$$

$$\psi = \omega/\Delta,$$

Es zeigt sich, dass die Elemente von χ nur von $h-j=\ell$. abhängen.

Die Poissonsche Summationsformel, Korn und Korn, (1961, S. 122) kann herangezogen werden, um Summen des Typs (23) in geschlossener Form auszudrücken. Danach ist

$$\kappa_{11}^{hj} = \frac{G}{\beta n(1-\nu)}\sin\left(\frac{\pi}{\beta n}\right)\Big[\vartheta_0 - \mathrm{Re}\vartheta_1 + 2\left(\frac{\pi\zeta}{\beta n}\right)\mathrm{Im}\vartheta_2 + 2\left(\frac{\pi\zeta}{\beta n}\right)^2\mathrm{Re}\vartheta_3\Big], \qquad (25)$$

$$\kappa_{33}^{hj} = \frac{G}{\beta n(1-\nu)}\sin\left(\frac{\pi}{\beta n}\right)\Big[\vartheta_0 - \mathrm{Re}\vartheta_1 - 2\left(\frac{\pi\zeta}{\beta n}\right)\mathrm{Im}\vartheta_2 + 2\left(\frac{\pi\zeta}{\beta n}\right)^2\mathrm{Re}\vartheta_3\Big], \qquad (26)$$

$$\kappa_{13}^{hj} = \frac{2G}{\beta n(1-\nu)}\sin\left(\frac{\pi}{\beta n}\right)\left(\frac{\pi\zeta}{\beta n}\right)^2\mathrm{Im}\vartheta_3. \qquad (27)$$

In diesen Gleichungen bezeichnen $\mathrm{Re}\vartheta_i$ und $\mathrm{Im}\vartheta_i$ jeweils den realen und imaginären Teil von ϑ_i und

$$\vartheta_0 = \frac{1}{\cos(2\pi\ell/\beta n) - \cos(\pi/\beta n)}, \qquad (28)$$

$$\vartheta_1 = \frac{1}{\cos z - \cos(\pi/\beta n)},$$

$$\vartheta_2 = \frac{\sin z}{[\cos z - \cos(\pi/\beta n)]^2}, \qquad (28)$$

$$\vartheta_3 = \frac{1-\cos(\pi/\beta n)\cos z+\sin^2 z}{[\cos z-\cos(\pi/\beta n)]^3},$$

das komplexe Argument z ist

$$z = 2\pi(\ell+\zeta i)/\beta n. \qquad (29)$$

Infolge der Periodizität der Lösung besitzen die Matrizen χ_{11}, χ_{33} und χ_{13} eine besondere Form. Wenn jede Abteilung in m Face Elemente der Breite 2Δ unterteilt wird, dann sind alle diese Matrizen von des Grades $\beta m\times\beta m$ d.h., die Matrix χ hat den Grad $2\beta m\times 2\beta m$. Als Beispiel lässt sich die Matrize wie folgt unterteilen:

$$\chi_{11}: \begin{bmatrix} \chi_0^{(11)} & \chi_1^{(11)} & \chi_2^{(11)} & \dots & \chi_{\beta-2}^{(11)} & \chi_{\beta-1}^{(11)} \\ \chi_{\beta-1}^{(11)} & \chi_0^{(11)} & \chi_1^{(11)} & \dots & \chi_{\beta-3}^{(11)} & \chi_{\beta-2}^{(11)} \\ \chi_{\beta-2}^{(11)} & \chi_{\beta-1}^{(11)} & \chi_0^{(11)} & \dots & \chi_{\beta-4}^{(11)} & \chi_{\beta-3}^{(11)} \\ \cdot & \cdot & \cdot & \dots & \cdot & \cdot \\ \chi_2^{(11)} & \chi_3^{(11)} & \chi_4^{(11)} & \dots & \chi_0^{(11)} & \chi_1^{(11)} \\ \chi_1^{(11)} & \chi_2^{(11)} & \chi_3^{(11)} & \dots & \chi_{\beta-1}^{(11)} & \chi_0^{(11)} \end{bmatrix} \qquad (30)$$

In diesem Beispiel haben die Teil-Matrizen $\chi_i^{(11)}$ ($i = 0,1,\dots,\beta-1$) den Grad mxm und stellen die gegenseitige Beeinflussung der Abteilungen dar. Zum Beispiel ist $\chi_i^{(11)}$ die Summe der Wirkungen aller Abteilungen $j = i + \beta k$ auf die Abteilung $j = 0$, wobei $k = 0, \pm 1, \dots \pm \infty$ Die Matrix χ_{11} in (30) ist eine verallgemeinerte Zyklantenmatrix, Aitken, (1967, S. 131-132). Viele Vereinfachungen in der Behandlung des vorliegenden Problems beruhen auf dieser Eigenschaft von χ und sind von Salamon und Deist (1970) wirksam angewendet worden. Leider ist es hier unmöglich, Einzelheiten der Analyse zu diskutieren, die zur Bestimmung der $\beta m\times\beta m$ Matrix führen

$$\Gamma_{33}=(\chi_{33}-\chi_{13}'\,\chi_{11}^{-1}\chi_{13})^{-1} \qquad (31)$$

(31) ergibt sich durch Umkehrung von Matrizen aller Grade kleiner oder gleich mxm ungeachtet des Wertes von β.

Die Ergebnisse (25) bis (31) gestatten die Berechnung der Pfeilerbelastung nach Gleichung (10) oder irgendeinem anderen Verfahren, das numerisch vorteilhaft erscheint. Es bleibt jedoch zu beachten, dass die Matrix-Elemente in (25) bis (27) für langrippige Pfeiler formuliert sind, so dass in (10) entsprechende Abänderungen erforderlich sind. Zuerst sollte der Multiplikator $4\Delta^2$ durch 2Δ ersetzt werden und die Parameter α und η in (11) durch

$$\alpha^*=(1-\nu_s^2)h/2E_s\Delta, \qquad \eta^*= \nu_s(1+\nu_s)kh/2E_s\Delta. \qquad (32)$$

In der zweidimensionalen Lösung ist die Last natürlich als Kraft je Einheitslänge entlang der Pfeilerlänge ausgedrückt.

(vi) Eine angenäherte Lösung

Salamon (1970) hat unter Berufung auf den Satz von Saint-Venant's vorzuschlagen, dass die Wirkung von Pfeilern auf das Nebengestein durch die Wirkung von Normalkräften angenähert werden kann, vorausgesetzt, dass die Lagerebene eine Hauptspannungsebene ist, Bild 6.6.5. Wenn die Wirkung der Pfeilerkraft P_i, der Resultierenden der Spannungsverteilung über den i-ten Pfeiler in einem Grubengebäude mit N Pfeilern bestimmt wird, ist es wichtig anzunehmen, dass ein P_i äquivalenter Druck in irgendeiner Weise über den Querschnitt des Strebpfeilers verteilt ist. Die eigentliche Bruchverteilung ist unbedeutend. Ferner wird eine "durchschnittliche" Pfeilerkonvergenz s_i zur Beschreibung der relativen vertikalen Verschiebungen zwischen Hangendem und Liegendem verwendet. Die durchschnittliche Konvergenz ist so definiert, dass die von der Kraft P_i über die Weglänge s_i gleich der Arbeit ist, die sich bei vorgegebener Konvergenz s_3 und Normalspannung am Kontakt σ_{33} errechnen lässt:

$$s_i P_i = \int_{B_i} s_3\sigma_{33}\,dA, \qquad (33)$$

B_i ist der Querschnitt des i-ten Pfeilers.

Unter der Annahme, dass das Nebengestein linear elastisch ist, kann die Gesamtkonvergenz von Hangendem und Liegendem des Abbauraumes durch die Superposition von drei Konvergenzverteilungen bestimmt werden. Die erste beschreibt die Verformung des unverritzten Gebirges. Die zweite entspricht der Konvergenzverteilung, die durch Abbau in den Abbauräumen ohne Pfeiler induziert würde, Coates (1965). Die Grössen dieser ersten beiden Konvergenzkomponenten über dem i-ten Pfeiler werden mit y_{vi} und y_i bezeichnet. Die dritte Konvergenzkomponente s_{ei} ergäbe sich, wenn die Strebpfeilerkräfte P_i auf einen geometrisch ähnlichen, aber gewichtslosen und nicht gespannten Gebirgskörper einwirkte. Daher ist die Gesamtkonvergenz über dem i-ten Pfeiler s_i

$$s_i = y_{vi} + y_i + s_{ei}. \qquad (34)$$

Angenommen, die Konvergenz über dem i-ten Pfeiler infolge der Wirkung einer Druckkraft P_j über dem i-ten Pfeiler sei $-c_{ij}P_j$. Die durch die Kräfte $P_1, P_2, \dots P_N$ induzierte Konvergenz kann durch Superposition ermittelt werden:

$$s_{ei} = -(c_{i1}P_1+c_{i2}P_2+\dots+c_{iN}P_N) = -\sum_{j=1}^{N} c_{ij}P_j, \qquad (35)$$

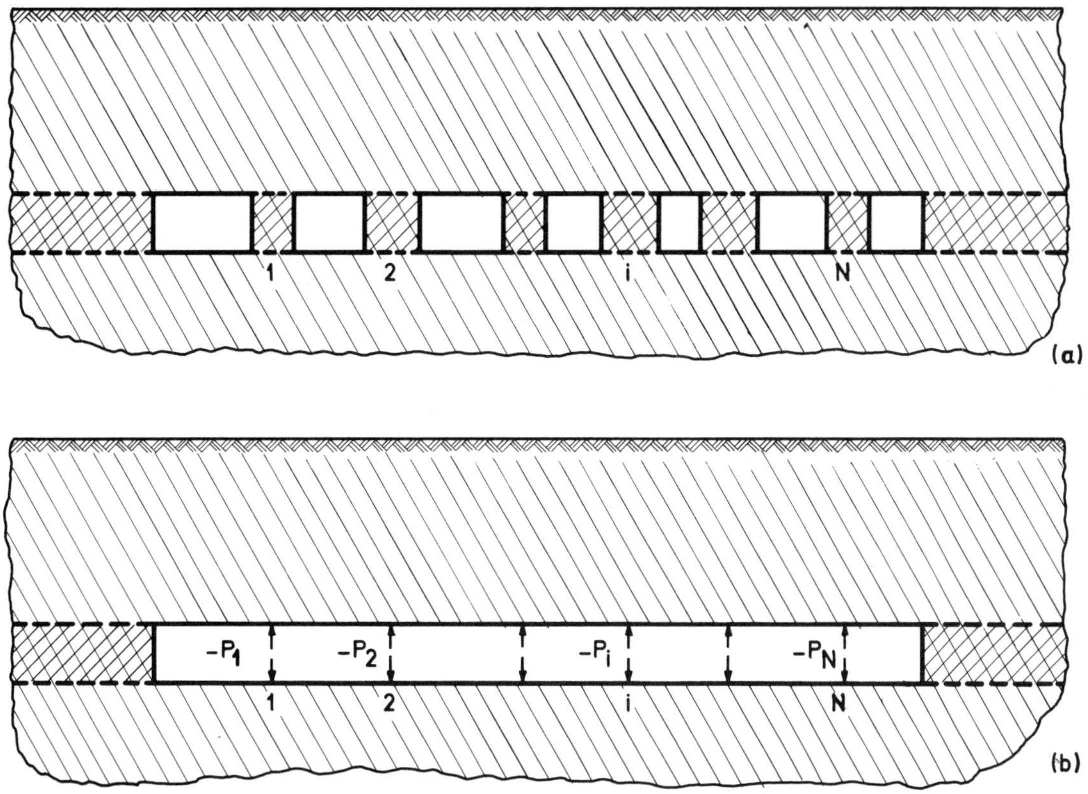

Bild 6.6.5 Substitution von Pfeilerspannungen durch gleichwertige Kräfte.

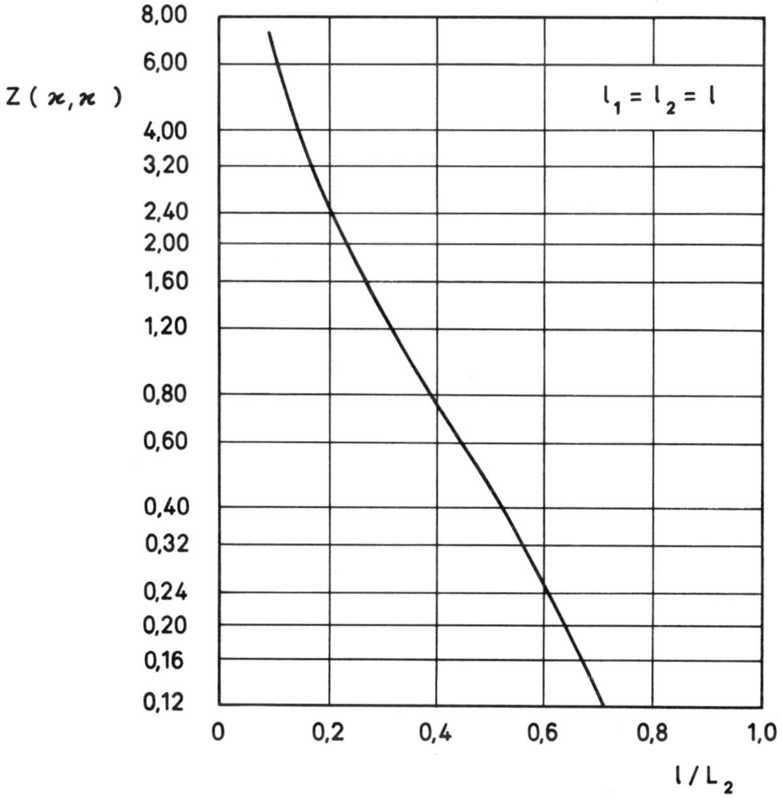

Bild 6.6.6 Berichtigungsfaktor, der der nicht gleichförmigen Konvergenzverteilung entlang der langen Achse der Abteilung entspricht.

Die Konstanten c_{ij} sollen Einflusskoeffizienten genannt werden. Die Beziehung (35) lässt sich für alle Pfeiler in Matrizenschreibweise wie folgt ausdrücken

$$S_e = - CP. \tag{36}$$

Hier bezeichnen S_e und P die Nxl Spaltenmatrizen von S_{ei} und P_i. Matrix $C \equiv [c_{ij}]$ hat den Grad NxN und wird Einflussmatrix benannt. Der Reziprozitätssatz, (J.+C., S. 119) und die Tatsache, dass die Verformungsenergie positiv ist, gewährleistet, dass die Einflussmatrix symmetrisch positiv bestimmt ist. Wegen ihrer späteren Bedeutung sei an dieser Stelle auch die Umkehrung

$$K = C^{-1}, \tag{37}$$

erwähnt. Matrix K soll als die Steifigkeitsmatrix des Systems bezeichnet werden.

Wenn die Arbeitshöhe h ist und das Gestein als isotrop angenommen wird, dann ist $y_{vi}=(1-2\nu_s k)hQ_{33}/E_s$ und $y_i = Q_{33}y_i{}^*$. Damit ist die Gesamtkonvergenz zwischen Hangendem und Liegendem

$$S = [(1-2\nu_s k)hQ_{33}/E_s]J_N+Q_{33}Y^*- CP, \tag{38}$$

wobei J_N ein Spaltenvektor von Einsern ist. Gleichzeitig ist die Pfeilerstauchung einfach $P_i/B_i E_s$, da die Pfeiler im Endstadium nur vertikalen Lasten ausgesetzt sind. Der Vektor der Pfeilerkonvergenzen ist deshalb

$$S = (1/E_s)B^{-1}P, \tag{39}$$

B ist die diagonale Matrix der Pfeilerflächen B_i. Werden die rechten Seiten der Gleichungen (38) und (39) gleichgesetzt, so errechnet sich P als

$$P = Q_{33}[I_N+(E_s/h)BC]^{-1}B[(1-2\nu_s k)J_N+(E_s/h)Y^*]. \tag{40}$$

Die Bestimmung eines Elementes von C verlangt die Lösung eines Randwertproblems, das durch die folgenden Bedingungen festgelegt wird:

$$\begin{array}{lll} x_3 = 0 & \sigma_{13} = 0 & \\ x_3 = H & \sigma_{13}^+ = \sigma_{13}^- & \text{in A} \quad (41) \\ & \sigma_{13} = \sigma_{23} = 0 & \text{in A} \\ & \sigma_{33} = P_j/B_j & \text{über } B_j \\ x_3 = |x_1| = |x_2| = \infty & u_i = 0 & \end{array}$$

wobei i = 1, 2, 3.A ist die Fläche des Abbauraumes und H die Teufe. Die Lösung muss für ein Medium ohne Volumenkräfte bestimmt werden. Die gegebenen Randbedingungen zeigen eindeutig, dass sich die Elemente von C nach zweckmässiger Wahl des Vektors T_3 direkt aus den Elementen von Γ_{33} in (6) errechnen lassen. Dazu gehört, dass man den Wert Eins in alle B_i entsprechenden Stellen von T_3 einsetzt. Alle übrigen Stellen werden mit Null besetzt. Gleicherweise ergibt (6) den Vektor Y* in (40), wenn $T_3 = J_N$ gesetzt wird.

Wenn die Annahme einer unendlichen Teufe in der Annäherung zulässig ist, dann kann Γ_{33} mit Hilfe von $\varkappa_{ij}$ in (12) berechnet werden. Wichtige praktische Ergebnisse lassen sich in unendlicher Teufe aus der in den Gleichungen (25) bis (27) gegebenen zweidimensionalen Lösung erzielen. Obgleich diese Ergebnisse für unendliche lange, streifenartige Face Elemente abgeleitet wurden, können sie auch für die Annäherung der Pfeilerbelastungen in sehr langen Abteilungen mit rechteckigen Pfeilern der Fläche $2\ell_1 \times 2\ell_2$ herangezogen werden.

Wenn der Abbau parallel zur Längsachse einer langen Abteilung unverändert bleibt und N Pfeilerreihen vorgegeben sind, so hat Salamon (1969 a) nachgewiesen, dass die Einflussmatrix wie folgt geschrieben werden kann:

$$C = C_t + cI_N, \tag{42}$$

wobei C_t die Einflussmatrix für den zweidimensionalen Fall darstellt, deren Elemente alle durch $2L_2$ dividiert worden sind, d.h., durch den Pfeilermittelabstand entlang der langen Achse der Abteilung (oder Abteilungen). Der Parameter c ist ein Korrekturfaktor, der die ungleichmässige Konvergenzverteilung parallel zur Abteilungsachse berücksichtigt:

$$c = \frac{1-\nu^2}{L_2 E} Z(\varkappa_1, \varkappa_2). \tag{43}$$

In dieser Gleichung ist

$$Z(\varkappa_1,\varkappa_2) = \frac{2}{\pi \varkappa_1^2 \varkappa_2^2} \sum_{m=1}^{\infty} \frac{\sin^2 m\varkappa_2}{m^4}[m\pi\varkappa_1 - Ki_2(2m\varkappa_2)-1]$$

und

$$\varkappa_1 = \pi\ell_1/L_2, \qquad \varkappa_2 = \pi\ell_2/L_2,$$

$$Ki_r(\beta) = \int_\beta^\infty Ki_{r-1}(t)dt,$$

mit

$$Ki_1(\beta) = \int_\beta^\infty K_0(t)dt,$$

$K_0(t)$ ist die abgeänderte Besselsche Funktion Nullter Ordnung. Bild 6.6.6 zeigt die Änderung der Funktion Z für quadratische Pfeiler mit Kantenlängen $\ell_1 = \ell_2 = \ell$ $(\varkappa_1 = \varkappa_2)$.

An dieser Stelle wird Vorzug der Verwendung der Einflussmatrix C deutlich. Mit der Berechnung der Matrix Γ_{33} für eine Abteilung in der Teufe H und mit der Spannweite R lässt sich beispielsweise der Lösung für eine ganze Reihe von Problemen näherkommen. Obschon die anfängliche Berechnung zeitraubend ist, kann die Einflussmatix C schliesslich mit geringer Anstrengung für praktisch jede Pfeilerauslegung innerhalb der Abteilung bestimmt werden.

In Tabellen 6.6.1 und 6.6.2 sind die Einflussmatrizen für eine Abteilung mit 5 Pfeilerreihen in geringer Teufe sowie für eine identische in beträchtlicher Teufe liegende Abteilung zusammengestellt.

TABELLE 6.6.1

NORMALISIERTE EINFLUSSMATRIX $L_2 GC/(1-\nu)$
FÜR H/R = 0,25

i \ j	1	2	3	4	5
1	7,152	6,240	5,232	3,549	1,688
2	6,240	12,491	10,211	7,211	3,549
3	5,232	10,211	14,712	10,211	5,232
4	3,549	7,211	10,211	12,491	6,240
5	1,688	3,549	5,232	6,240	7,152

TABELLE 6.6.2

NORMALISIERTE EINFLUSSMATRIX $L_2 GC/(1-\nu)$
FÜR H/R = 2

i \ j	1	2	3	4	5
1	4,064	1,810	1,168	0,794	0,467
2	1,810	4,876	2,275	1,406	0,794
3	1,168	2,275	5,068	2,275	1,168
4	0,794	1,406	2,275	4,876	1,810
5	0,467	0,794	1,168	1,810	4,064

Bild 6.6.7 veranschaulicht den Einfluss der Erweiterung einer Abteilung im Verlaufe des Abbaus. Es wird vorausgesetzt, dass die Abteilung lang und von Reihen quadratischer Pfeiler mit einem Breiten-Höhen-Verhältnis von Eins getragen wird und dass $E_s/E = \frac{1}{4} (\nu = \nu_s = 0)$ ist. In den Bildern 6.6.7 (a), (b) und (c) sind die durchschnittlichen Pfeilerspannungen σ für den Fall gegeben, für den die Abteilung drei, sieben und elf Reihen Pfeilerreihen einschliesst. Das Ausbeutungsverhältnis e ist in allen Fällen 3/4, so dass die Nebenbereichstheorie eine Pfeilerbeanspruchung von $4Q_{33}$ ergeben würde. Offensichtlich nähert sich die Pfeilerbeanspruchung mit Erweiterung der Abteilung dem Wert $4Q_{33}$. In der Tat liefert die Nebenbereichstheorie mit zunehmender Pfeilerfestigkeit, die sich mit wachsenden Verhältnissen E_s/E oder Höhe zu Breite erhöht, eine verbesserte Schätzung der Pfeilerbeanspruchung. Dieses Ergebnis ist Bild 6.6.8 zu entnehmen, in dem der Einfluss von E_s/E auf die Last über dem zentralen Pfeiler in einer Abteilung mit fünf Pfeilerreihen dargestellt ist.

(vi) Schlussbemerkungen

Die Methoden für die Schätzung von Pfeilerbeanspruchungen sind ausführlich erörtert worden. Man mag die Notwendigkeit solcher Ausführlichkeit in Frage stellen. Es ist jedoch zu bemerken, dass die Entwicklungen auf diesem Gebiet schnell verlaufen und viele der hier angeführten Ergebnisse nie vollständig veröffentlicht worden sind. Auch gehört die Berechnung der Strebpfeilerbeanspruchung zu einem der grundlegenden Probleme in der Gebirgsmechanik untertägiger Baue. Ihre vollständige Erfassung kann zu einem besseren Verständnis anderer Ausbauprobleme führen.

Trotz der Länge dieses Abschnittes blieb die Erörterung auf den Abbau einer einzigen horizontalen Lagerstätte beschränkt. Die vorgetragenen Ideen lassen sich jedoch auf geneigte Abbauräume oder auf den gleichzeitigen Abbau mehrere Lager ausdenen. Im Prinzip lassen sich die Grundgedanken auf zeitabhängiges Pfeilerverhalten oder sogar auf den Abbau in viskoelastischem Gebirge anwenden. Natürlich würden alle diese Komplikationen die Lösung praktischer Probleme weitaus kostspieliger und zeitraubender gestalten.

6.7. Pfeilerbau - Herkömmliche Planung

Maschinenbauingenieure und Ingenieure allgemein bestimmen normalerweise die Abmessungen von Bauelementen mit Hilfe einer Gleichung, die auf der einen Seite die maximale erwartete Spannung und auf der anderen die Materialfestigkeit und einen Sicherheitsfaktor enthält. Dies ist das klassische Prinzip der Festigkeitslehre: das Problem wird reduziert auf die Bestimmung des geeigneten Spannungskonzentrationsfaktors und auf die Messung der Materialfestigkeit. Es ist schwierig, beide Faktoren bei der Planung von pfeilerartigen Abbauverfahren genau zu ermitteln.

Aufgrund der komplizierten Anlage pfeilerartiger Abbausystemen und der Inhomogenität des Gebirges, kann ein Spannungskonznetrationsfaktor, ganz gleich wie erworben, nur als Annäherungswert betrachtet werden. Ferner ist es bekanntlich in höchstem Masse schwierig, die Gesteinsfestigkeit in situ , besonders in zerklüftetem Gestein, mit Hilfe von Laborversuchen zu bestimmen. Es findet sich deshalb bei der Planung von pfeilerartigen Abbauen die Tendenz, das klassische Verfahren zu vereinfachen. Anstatt mit der maximalen Spannung im Strebpfeiler zu arbeiten, wird häufig die durchschnittliche Spannung verwendet. Ausserdem werden die Festigkeitswerte des Pfeilermaterials durch Formeln ersetzt, die die Kraftaufnahmefähigkeit des eines Strebpfeilers als Ganzes gesamten Pfeilers voraussagen. Natürlich lassen sich diese Vereinfachungen nur dann akzeptieren, wenn einer Reihe von Annahmen genügt wird.

Die Festigkeit eines Pfeilers ist eine Funktion der Materialfestigkeit und der Spannungsverteilung. Die Spannungsverteilung hängt von der Art oder Kraftüber-

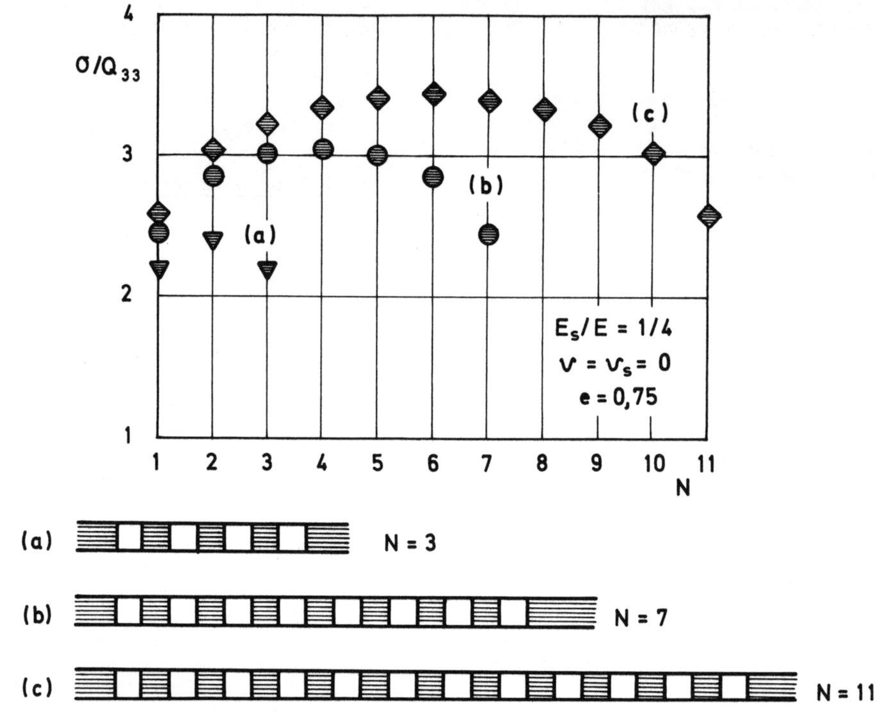

Bild 6.6.7 Veränderungen in der Pfeilerbeanspruchung infolge der Erweiterung einer Abteilung.

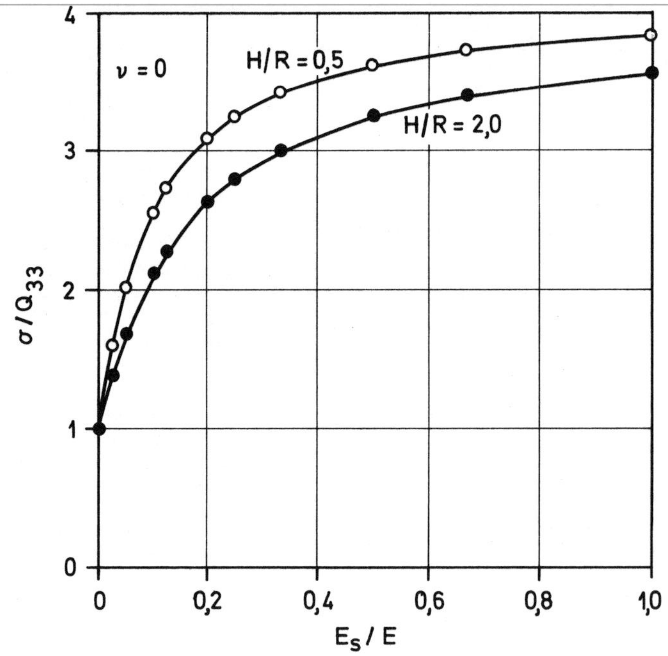

Bild 6.6.8 Die Wirkung des Verhältnisses E_S/E auf die Last, die auf die Pfeiler in der mittleren Reihe einwirkt, wenn die Abteilung fünf Pfeilerreihen enthält.

tragung ab. In diesem Zusammenhang sind sowohl die vertikalen als auch die horizontalen Komponenten des Kontaktspannungsvektors (Kontakt zwischen Strebpfeiler und Nebengestein) von Bedeutung. Leider wird die Verteilung beider Komponenten und die Grösse der horizontalen Komponente stark durch die Kontaktbedingungen (Reibung und Kohäsion) und durch die Verformungseigenschaften des betreffenden Gesteins beeinflusst. Man muss sich völlig darüber klar werden, dass jede Voraussage der Pfeilerfestigkeit die Gesteinseigenschaften und die Beschaffenheit der Kontaktflächen berücksichtigen müssen. Es ist deshalb wesentlich, bei der Wahl einer empirischen Festigkeitsformel Vorsicht zu üben. Es sollten Versuche unternommen werden, um sicherzustellen, dass sich die für die Formel gültigen Bedingungen mit den Grubenbedingungen decken, für die die Pfeiler entworfen werden sollen.

Es ist ein wichtiges Merkmal, dass die Pfeilerfestigkeit mit wachsenden Breiten (w)- zu - Höhen (h) Verhältnis zunimmt. Diese Zunahme beruht auf dem Manteldruckeffekt der horizontalen Komponente der Kontaktspannung.

Wird ein Pfeiler lediglich vertikalen Spannungen ausgesetzt, dann sind die induzierten horizontalen Verschiebungen vom Zentrum des Pfeilers weg gerichtet. Sobald Normalspannungen auf die Oberfläche eines spannungsfreien Halbraumes wirken, die etwa der Pfeilerfläche entspricht, dann ist die tangentiale Verschiebung zum Mittelpunkt der belasteten Fläche gerichtet. Besteht zwischen Pfeiler und Halbraum ein Kontakt, so gewährleisten gewöhnlich Reibung oder Kohäsion, dass die horizontalen Verschiebungen über die Kontaktflächen hinweg kontinuierlich sind. Es entsteht also eine seitliche Einengung, deren Einfluss mit zunehmendem Verhältnis w/h grösser wird. Das Eindringen des Pfeilers in das Hangende und Liegende verstärkt den Manteldruckeffekt.

Obert und Mitarbeiter (1946) haben aufgrund von Laborversuchen an zylindrischen Probekörpern folgende Festigkeitsformel vorgeschlagen:

$$\text{Festigkeit} = C[0{,}778 + 0{,}228(w/h)], \qquad (1)$$

wobei C die einachsige Druckfestigkeit des Pfeilermaterials ist. Greenwald und Mitarbeiter (1939), Seart (1954), Holland und Gaddy (1957), Skinner (1959) und Holland (1962) sind zu dem folgenden Ergebnis gelangt:

$$\text{Festigkeit} = Ch^{\alpha}w^{\beta}, \qquad (2)$$

α und β sind Versuchskonstanten. Greenwald und Mitarbeiter haben die Parameter in in situ - Versuchen bestimmt. Im übrigen basieren alle Werte auf Laborversuchen. Salamon und Munro (1967) haben alle drei Parameter mit Hilfe einer statistischen Auswertung praktischer Fälle aus dem südafrikanischen Steinkohlenbergbau (siehe auch Abschnitt 10.2) berechnet.

Die gleiche Formel kann auch durch das Volumen $V = hw^2$ und durch das Breiten-Höhen-Verhältnis w/h der Pfeiler ausgedrückt werden:

$$\text{Festigkeit} = CV^{a}(w/h)^{b} \qquad (3)$$

Es bestehen lineare Beziehungen zwischen den Potenzwerten α, β und a,b:

$$a = (\alpha+\beta)/3, \qquad b = (\beta-2\alpha)/3. \qquad (4)$$

In Tabelle 6.7.1 sind die verschiedenen numerischen Werte für α und β zusammengefasst.

TABELLE 6.7.1

VERGLEICH DER EXPONENTEN NACH VERSCHIEDENEN AUTOREN

Autoren	α	β	a	b	Bemerkung
Greenwald und Mitarbeiter (1939)	-0,83	0,50	-0,111	0,72	nach Versuchen an mittelgrossen Modellpfeilern
Seart (1954) Holland and Gaddy (1957)	-1,00	0,50	-0,167	0,83	nach Laborversuchen
Skinner (1959)	-	-	-0,079	-	statistische Voraussage aufgrund von Laborversuchen
Salamon und Munro (1967)	-0,66	0,46	-0,067	0,59	statistische Voraussage aufgrund praktischer Fälle

Der Sicherheitsfaktor für den Entwurf von Pfeilern wird definiert als

$$\eta = \frac{\text{Festigkeit}}{\text{Last}} \qquad (5)$$

wobei unter Festigkeit die Pfeilerfestigkeit verstanden wird und unter Last der durchschnittliche auf den Pfeiler wirkende Druck. Wenn die tatsächlichen Festigkeits- und Belastungswerte in (5) eingesetzt werden und $\eta < 1$ oder $\eta > 1$ ist, dann weisen die Werte von η daraufhin, dass der Pfeiler entweder zu Bruch gehen oder intakt bleiben wird.

Werden jedoch Festigkeiten und Lasten irgendwie für eine grosse Zahl von Fällen vorausbestimmt, in denen anschliessend Pfeilerbrüche beobachtet werden, dann ergibt es sich, dass die aus den voraus berechneten Sicherheitszahlen ermittelten Werte stark um den Wert η streuen. Das Ausmass der Streuung ist ein Mass für die Genauigkeit der Voraussagen. Angenommen, der Sicherheitsfaktor bei einsetzendem Bruch sei η_c. Natürlich ist der genaue Wert von η_c im voraus unbekannt. Es ist das Ziel der Pfeilerplanung, mit annehmbar hoher Wahrscheinlichkeit sicherzustellen, dass $\eta > \eta_c$ ist.

Wenn eine grosse Anzahl von Pfeilern, die nach irgendeinem Verfahren entworfen worden sind, bis zur Zerstörung "getötet" werden, lässt sich die beobachtete Variation des kritischen Sicherheitsfaktors durch eine Häufigkeitsverteilung mit der Dichtefunktion $f(\eta)$ beschreiben. Der untere Index c ist der Einfachheit halber ausgelassen worden. Der Ausdruck $f(\eta)d\eta$ beschreibt also die relative Häufigkeit aller Pfeiler, für die der kritische Sicherheitsfaktor im Intervall $(\eta, \eta+d\eta)$ liegt. Bild 6.7.1 (a) zeigt derartige Dichtefunktionen für drei mögliche Versuchsreihen. Die Kurven a,b und c veranschaulichen deutlich, dass die benutzten Planungsverfahren in zunehmendem Masse unzureichend sind.

In Bild 6.7. (b) sind die kumulativen Verteilungen $F(\eta)$ wiedergegeben, die den Häufigkeitsverteilungen a, b und c entsprechen. Der Ordinatenwert für η ist die Wahrscheinlichkeit, dass der kritische Sicherheitsfaktor eines beliebig gewählten Pfeilers im Bereich $0 < \eta_c < \eta$ liegt. Folglich bezeichnet dieser Wert auch die Wahrscheinlichkeit, dass ein Pfeiler, der für einen Sicherheitsfaktor η entworfen worden ist, in der Tat intakt bleiben wird.

Die angeführten probabilistischen Planungskonzeptionen stützen sich auf Salamon und Munro (1967). "Fehler" im natürlichen Gestein lassen die Verwendung derartiger Ideen für den Entwurf von Hohlräumen im Gebirge ratsam erscheinen. Salamon (1967) hat auf dieser Basis ein praktisches Verfahren für die Planung von Grubenpfeilern entwickelt.

6.8 Pfeilerbau - Stabilität und Instabilität

Die Begriffe "stabil" und "instabil" werden im Zusammenhang mit Hohlräumen unter Tage oft missbraucht. Häufig besagen sie lediglich, ob mit Gesteinsbruch gerechnet werden muss oder nicht. Im Verlauf des Abbaus bricht gewöhnlich ein Teil des Gesteins in der unmittelbaren Umgebung der Abbauräume. Bergleute und in grösserem Masse Bauingeneure haben gelernt, die Gegenwart gebrochenen Gesteins zu akzeptieren und zu bewältigen. Probleme ergeben sich nur dann, wenn ein unerwarteter Bruch eintritt. Ein solches unerwartetes Ereignis kann in Form eines Gebirgsschlages, eines plötzlichen Hereinbrechens des Hangenden, plötzlichen Pfeilerbruches etc. auftreten. In jedem dieser Fälle wird eine vormals stabile Konfiguration scheinbar ohne Grund plötzlich labil.

Der Ausdruck "instabiles Gleichgewicht" sollte einem Zustand vorbehalten bleiben, der durch die Wirkungen kleiner Verschiebungen derart gestört werden kann, dass Trägheit oder d'Alambertkräfte zur Genügung der Gleichgewichtsbedingungen berücksichtigt werden müssen. Die vielleicht einfachsten Beispiele für stabiles und instabiles Gleichgewicht sind in Bild 6.81 (a) und (b) dargestellt.

Eine Instabilität unter Tage kann mit der Abgabe eines grossen Betrages von gespeicherter Energie verbunden sein. Es ist wahrscheinlich, dass der Vorgang heftig verläuft, wie beispielsweise ein Gebirgsschlag. Oft führt eine Instabilität lediglich zu einem plötzlichen Verlust an potentieller Energie in einem Teil des Gebirgskörpers. Lokales Hereinbrechen des Hangenden gehört in diese Kategorie. Instabiler Bruch beim pfeilerartigen Abbau ist gewöhnlich ein Beispiel für einen Zwischenfall.

Plötzliche Brüche beim Pfeilerbau sind aus der Bergbauliteratur gut bekannt. Spackeler und Mitarbeiter (1960) berichten über einen grösseren Bruch, der 1958 in einer deutschen Kaligrube aufgetreten ist. Das Gebiet, über dem Bodenbewegung wahrscheinlich war, betrug etwa 1200 km mit einem durchschnittlichen Radius von 19 km. Tincelin und Sinou (1960) beschreiben zwei charakteristische Arten von Pfeilerbrüchen, die für die Eisenerzgruben von Lothringen typisch sind:

(a) langsamer progressiver Bruch, der nach einiger Verzögerung zu Oberflächenschäden führt und

(b) plötzliches heftiges Hereinbrechen, das zu unmittelbaren Oberflächenschäden führt und oft mit tödlichen Unfällen verbunden ist, die hauptsächlich durch Luftdruckwellen verursacht werden.

Sie widmen ihr Referat dem Versuch, eine Erklärung für die zweite Form des Bruches zu liefern, der ihrer Meinung nach sieben mal seit Anfang des Jahrhunderts in Erscheinung getreten ist.

Bryn und Mitarbeiter beschreiben einen plötzlichen verhängnisvollen Pfeilerbruch im Jahre 1960 in einer südafrikanischen Steinkohlengrube, in der eine etwa 2 1/2 km grosse Abteilung zu Bruch ging und 437 Personen kamen ums Leben. Mehrere andere Fälle von Pfeilerbrüchen sind aus den südafrikanischen Kohlengruben bekannt geworden, jedoch ist keiner dieser Brüche plötzlich verlaufen. Deshalb kann angenommen werden, dass die Klassifizierung von Pfeilerbrüchen von Tincelin und Sinou in die vorher erwähnten Arten generell berechtigt ist.

(i) Allgemeine Theorie

Pfeilerbaue befinden sich in stabilem Gleichgewicht,

solange der Gebirgskörper ohne weiteren Abbau nicht in der Lage ist, weitere Konvergenz (Gesteinskriechen wird hier vernachlässigt) in den Pfeilern zu induzieren. Folglich ist die Stabilität des Abbaus gesichert, wenn die den vom Nebengestein zugeführte Energiemenge ΔW_r während einer virtuellen Konvergenz Δs_i (i = 1, 2,....N, N ist die Pfeilerzahl) kleiner ist als die Energie, die erforderlich ist, um die Pfeiler um den gleichen Betrag zu stauchen, d.h.,

$$\delta W = \Delta W_p - \Delta W_r > 0. \qquad (1)$$

Gleichung (1) ist die mathematische Aussage der Forderung, dass sich die Pfeiler in einem stabilen Gleichgewicht nur verformen können, wenn von aussen am System Arbeit geleistet wird.

Ist der Gleichgewichtszustand durch die Kraftmatrix P und die Konvergenzmatrix S definiert, dann ist die zur weiteren Verformung der Pfeiler erforderliche Energie

$$\Delta W_p = \Delta S'(P + \tfrac{1}{2}\,\Delta P_p). \qquad (2)$$

Die vom Nebengestein auf die Pfeiler übertragene Energie ist

$$\Delta W_r = \Delta S'(P + \tfrac{1}{2}\,\Delta P_r). \qquad (3)$$

$\Delta S'$ bezeichnet wiederum die Transponierte von ΔS.

In (2) und (3) beziehen sich die Ausdrücke ΔP_p und ΔP_r jeweils auf Kraftänderungen in den Pfeilern und im Nebengestein. Betrachtet man dann i-ten Pfeiler, so müssen die Kraft P_i und die Konvergenz s_i offensichtlich der Kraft-Konvergenzbeziehung des betreffenden Pfeilers genügen:

$$P_i = f_i(s_i). \qquad (4)$$

Somit lässt sich der Vektor der Pfeilerkraftänderungen wie folgt ausdrücken

$$\Delta P_p = \Lambda \Delta S, \qquad (5)$$

wobei eine Diagonalmatrix mit den Elementen $\lambda_{ii} = \lambda_i = f_i'(s_i)$ ist, Bild 6.8.2. Die Kraftveränderungen im Nebengestein können aus 6.6. (38) abgeleitet werden. Da sich weder Q_{33} noch Y* verändern, ist

$$\Delta P_r = -K\Delta S, \qquad (6)$$

K ist die Steifigkeitsmatrix 6.6 (37).

Einsetzen von (5) und (6) in Gleichungen (2) und (3) und schliesslich in (1) ergibt die folgende Stabilitätsbedingung:

$$\delta W = \tfrac{1}{2}\Delta S'(K+\Lambda)\Delta S > 0, \qquad (7)$$

Gleichung (7) beweist, dass die quadratische Form beinhaltet positiv definitiv ist. Demnach folgt, dass sich Pfeilerbaue in stabilem Gleichgewicht befinden, wenn, und nur wenn, die reale symmetrische Matrix $K+\Lambda$ positiv definitiv ist. Dieser Schluss bestätigt wie erwartet, dass keine Instabilität einsetzen kann, solange sich alle Pfeiler im ungebrochenen Zustand befinden, d.h., solange K und Λ positiv definitiv ($\lambda_i > 0$) sind, Bild 6.8.2. Diese Ergebnisse sowie die Instabilitätsbedingung

$$|K + \Lambda| = 0, \qquad (8)$$

sind von Salamon (1970) vorgeschlagen worden.

Um die relative Bedeutung der Bedingungen für Stabilität und Instabilität zu erläutern, wird der einfachste nicht triviale Fall, wenn die Pfeilerzahl zwei beträgt, ausführlicher untersucht. In Bild 6.8.3 stellen die zwei Hyperbeln AB und CD die Instabilitätsbedingung dar. Die drei Stabilitätsbedingungen nach (7), d.h, $k_{11}+\lambda_1>0$, $k_{22}+\lambda_2>0$ und $\det(K+\Lambda)>0$ definieren eindeutig die schraffierte Fläche, in der λ_1 und λ_2 liegen müssen, wenn die Pfeilerabteilung stabil bleiben soll. Es ist wichtig festzuhalten, dass der Abbau stabil sein kann, selbst wenn einer der beiden oder sogar beide Pfeiler das Bruchstadium, d.h., einen Zustand erreicht haben, indem jede zusätzliche Stauchung den Pfeilerwiderstand ($\lambda_i<0$) herabsetzt.

Die Stabilitätzbedingung kann mit Hilfe des Rayleigh Quotienten (Korn und Korn, 1961, S. 403-405) anders formuliert werden. Die Anwendung des entsprechenden Lehrsatzes auf die quadratische Form in (7) ergibt:

$$\min_{\Delta S}\left(\frac{\delta W}{\Delta S'\Delta S}\right) = \frac{1}{2}\min_{\Delta S}\left(\frac{\Delta S'(K+\Lambda)\Delta S}{\Delta S'\Delta S}\right) = \frac{1}{2}\,\delta_{min}, \qquad (9)$$

Gleichung (9) besagt, dass das Minimum aller Konvergenzvektoren des normalisierten Energieunterschiedes, d.h., $\delta W/\Delta S'\Delta S = \sum_{i=1}^{N}\Delta s_i^2$ gleich ist der Hälfte des algebraisch kleinsten Eigenschaften von $K+\Lambda$, also $\frac{1}{2}\delta_{min}$ gleich ist. Der Abbau wird deshalb stabil sein, wenn $\delta_{min}>0$ ist. Dieses Resultat ist der Aussage identisch, dass $K+\Lambda$ positiv definitiv sein muss.

Eine brauchbarere Stabilitätsbedingung lässt sich ableiten, wenn der Lehrsatz von Rayleigh's Quotient in (7) gliedweise angewendet wird, Salamon und Deist (1970). Dieses Verfahren ergibt folgende Ergebnisse:

$$\frac{1}{2}\min_{\Delta S}\left(\frac{\Delta S'K\Delta S}{\Delta S'\Delta S}\right) = \tfrac{1}{2}\alpha_{min}, \quad \frac{1}{2}\min_{\Delta S}\left(\frac{\Delta S'\Lambda\Delta S}{\Delta S'\Delta S}\right) = \tfrac{1}{2}\lambda_{min}, \qquad (10)$$

(10) weist daraufhin, dass $\delta W>0$ ist, wenn

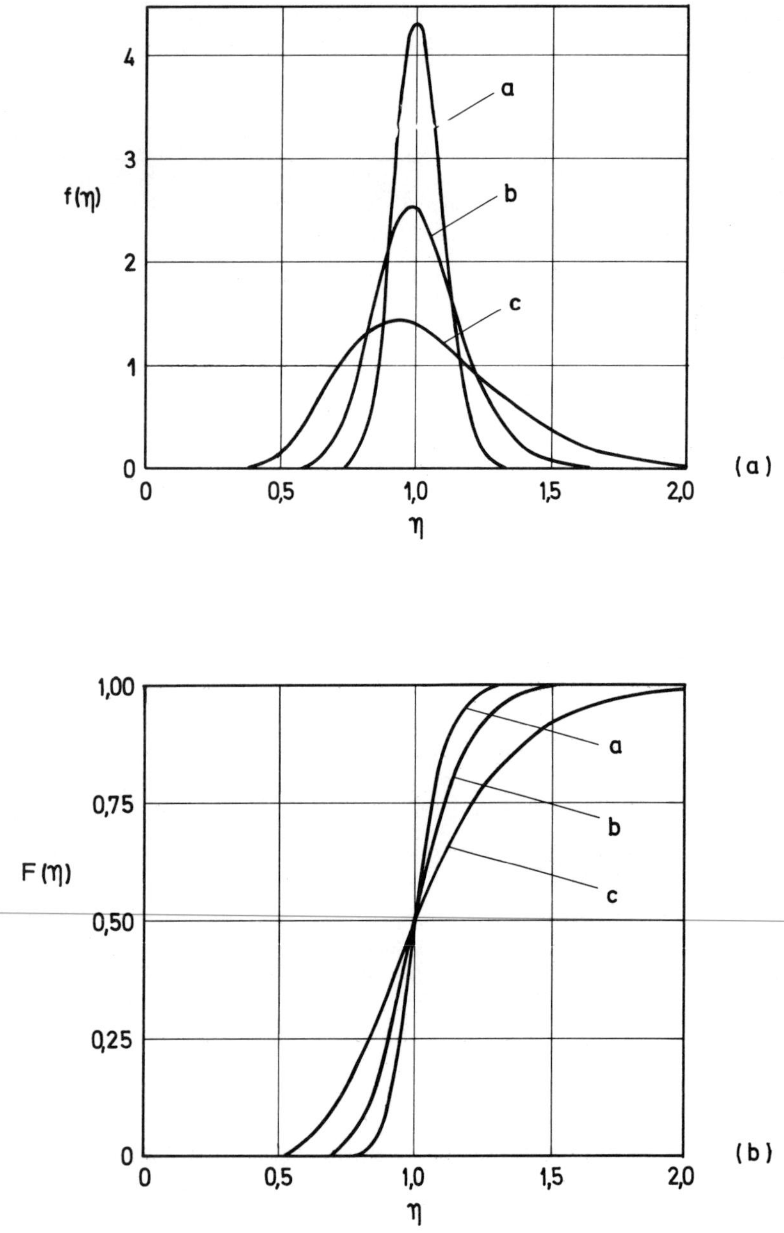

Bild 6.7.1 Dichte (a) und kumulative (b) Verteilungen der Pfeilersicherheitsfaktoren.

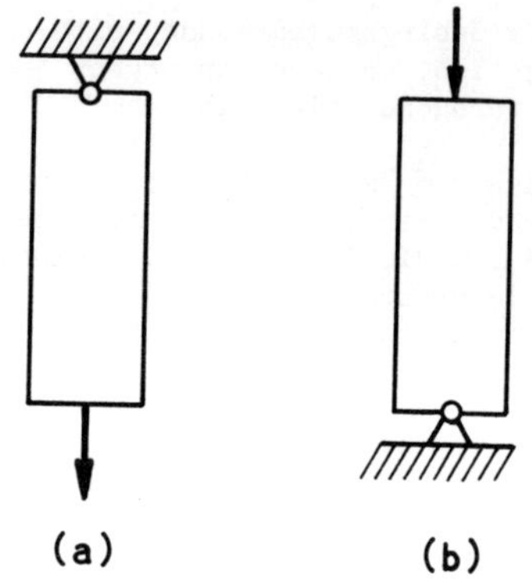

Bild 6.8.1 Stabile (a) und instabile (b) Gleichgewichte.

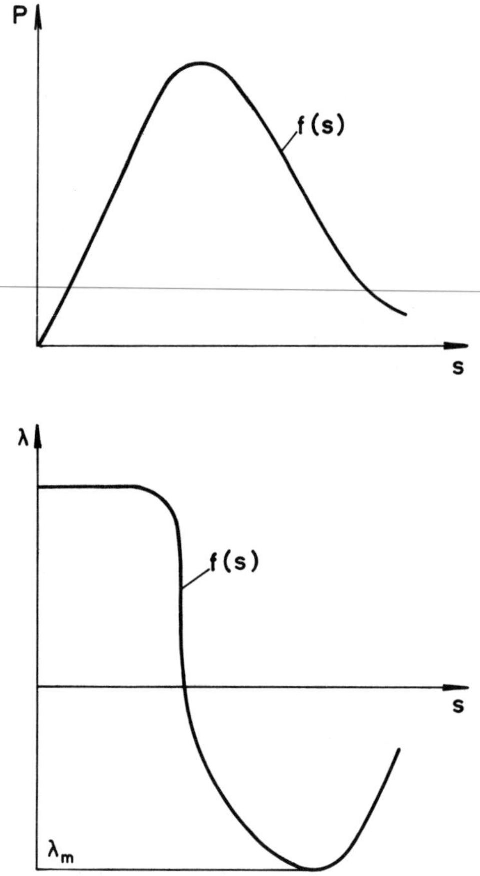

Bild 6.8.2 Gesamte Kraft-Konvergenz Eigenschaften eines Pfeilers.

$$\alpha_{min}+\lambda_{min}>0. \qquad (11)$$

Hier bezeichnen α_{min} und λ_{min} den kleinsten Eigenwert von K ($\alpha_{min}>0$) und das algebraische kleinste Element von Λ. Selbstverständlich ändern sich sowohl α_{min} als auch λ_{min} mit fortschreitendem Abbau. Deshalb wird es oft von Vorteil sein, in (11) λ_{min} durch λ_m zu ersetzen, das heisst, durch das absolute Minimum der Steigung der Pfeilerkurven, Bild 6.8.2. Danach kann die Bedingung für vollkommene Stabilität festgelegt werden, Salamon (1970).

Da die Ungleichheit in (11) gewährleistet, dass die Summe der Minima der zwei Glieder in (7) positiv ist, und da diese zwei Minima im allgemeinen nicht an demselben Vektor ΔS vorkommen, ist es einleuchtend, dass

$$\delta_{min}\geq \alpha_{min}+\lambda_{min}. \qquad (12)$$

Demnach stellt (11) eine ausreichende, aber nicht notwendige Stabilitätsbedingung dar. Bild 6.8.4 veranschaulicht den Unterschied zwischen den beiden Stabilitätsbedingungen für den einfachsten nicht-trivialen Fall (N = 2) und zeigt, dass die Ungleichheit in (11) eine strengere Bedingung darstellt als $\delta_{min}>0$.

In praktischen Untersuchungen ist es vorteilhaft, das Ergebnis (11) zu gebrauchen, da es gestattet, die Stabilitätsanalyse in zwei getrennte Probleme zu unterteilen: erstens, die Bestimmung der Grubensteifigkeit, die im numerischen Wert von α_{min} verkörpert ist und zweitens die Voraussage der Pfeilerverformung durch numerische Werte von λ_{min}. Ersteres Problem ist analytisch und letzteres experimentell.

(ii) Kraft-Konvergenzmerkmale der Pfeiler

Cook (1967) schlug vor, dass die gesamten Kraft-Konvergenzmerkmale von Pfeilern in situ gemessen werden können, indem man hydraulische Zylinder in einen an der mittleren Symmetrieebene gehauenen Schlitz eines Modellpfeilers schiebt, Bild 6.8.5. Wird die Belastung so angeordnet, dass die mittlere Ebene eben und ungestört die Reibung auf ein Minimum beschränkt bleibt, dann sind die Randbedingungen für den Versuch erfüllt. Wenn fernerhin das Belastungssystem genügend starr ist, dann kann man die vollständigen Kraft-Konvergenzmerkmale der Pfeiler beobachten.

Wagner (1973) hat mit einem nach Cook's Spezifikationen gebauten Gerät eine grosse Anzahl von Versuchen an Kohlenpfeilermodellen durchgeführt, deren lineare Abmessungen etwas über 2 m lagen, Bild 6.8.6. Typische Kraft-Verformungskurve seiner Versuche wird in Bild 6.8.7 gezeigt und die minimalen negativen Steigungen werden in Bild 6.8.8 als Funktion des Breiten-Höhen-Verhältnisses dargestellt. Es ist äusserst interessant, in Bild 6.8.7 die Lastverteilung auf den Probekörper für verschiedene Stufen der Belastung zu beobachten.

Wagner's Versuche unter Tage bringen den schlagenden Beweis, dass ein Pfeiler bedeutenden Widerstand besitzt, selbst wenn sein maximaler Widerstand, der üblicherweise als die Pfeilerfestigkeit betrachtet wird, überschritten wurde. Seine Ergebnisse sind wahrscheinlich konservativ, wenn sie auf einige andere Mineralien angewandt werden. Salzgesteine sowie einige andere Gesteine wie Schiefer, werden wahrscheinlich günstigere Verformungsmerkmale aufweisen als Kohle, was besagen will, dass die Steigung ihrer Verformungskurven algebraisch grösser als die für Kohle ist.

(iii) "Progressives" und "plötzliches" Hereinbrechen

Die Diskussion in diesem Abschnitt bildet die Grundlage für eine Erklärung der von Tincelin und Sinou (1960) beschriebenen Phänomen.

Nehmen wir an, es gäbe eine lange isoliert gelegene Abteilung, die allmählich erweitert wird, und immer mehr Reihen gleicher Pfeiler werden gebildet. Während dieses Verfahrens nähert sich die Last auf die Pfeiler in der mittleren Reihe immer mehr dem nach der Nebenbereichstheorie, 6.6(1) oder (2), berechneten Wert von p_m. Zwei grundlegende Alternativen ergeben sich, entweder

(a) die Pfeilerstärke ist grösser als p_m
oder

(b) die Pfeilerfestigkeit ist kleiner als p_m.

Offensichtlich gibt es bei Fall (a) keine Probleme, weil überhaupt kein Hereinbrechen stattfinden wird. Fall (b) erfordert jedoch weitere Untersuchungen.

Im Verlaufe der Erweiterung der Abteilung könnten mehrere kritische Stufen erreicht werden. Die erste kritische Spannweite R_1 tritt auf, wenn die Beanspruchung auf den Pfeilern in der mittleren Reihe der Festigkeit gleich wird. Von diesem Stadium an ist das Feld nur bedingt stabil, da die Neigungen der Verformungskurven einiger Pfeiler negativ sind, das heisst, $\lambda_i<0$ für einige Werte von i. Mit zunehmender Erweiterung des Feldes nimmt der minimale Eigenwert der Steifigkeitsmatrix α_{min} an, Bild 6.8.9 und früher oder später, wenn die Pfeiler nicht zuerst progressiv brechen, wird eine zweite kritische Spannweite R_2 erreicht. Bei dieser Stufe werden die Baue instabil, und ein plötzliches Hereinbrechen wird sich ereignen.

Es kann also kein Abbau über die zweite kritische Spannweite hinaus stattfinden, ohne eine Verbesserung der Verformungsmerkmale der Pfeiler. Dies kann erreicht werden durch Schaffung eines Manteldruckes auf die Pfeiler, beispielsweise, indem man ein Seil um sie wikkelt oder lange seitliche Anker einbringt oder durch Einbringen von Spülversatz. Letztere Methode ist bei mächtigen horizontalen Flözen sehr wirksam, selbst wenn der Versatz nicht mit dem Hangenden in Kontakt ist. Die Erklärung ist die, dass der verdichtete Versatz wirksam der seitlichen Lockerung, die im brechenden System der Pfeiler beträchtlich ist, widersteht, (Wagner, 1973).

Seltsamerweise ist das plötzliche Hereinbrechen von Pfeilerbauen gewöhnlich begleitet von irgendeiner Art von Bruch massiver, kompetenter Schichten im Hangenden, Tincelin und Sinou (1960), Spackeler und Mitarbeiter, (1960), Bryan und Mitarbeiter, (1962). Es ist nachgewiesen worden, dass das Vorhandensein derartiger Schichten nicht wesentlich für die Erklärung eines plötzlichen, unkontrollierten Hereinbrechens ist. Jedoch können sie die Schwere des instabilen Bruches

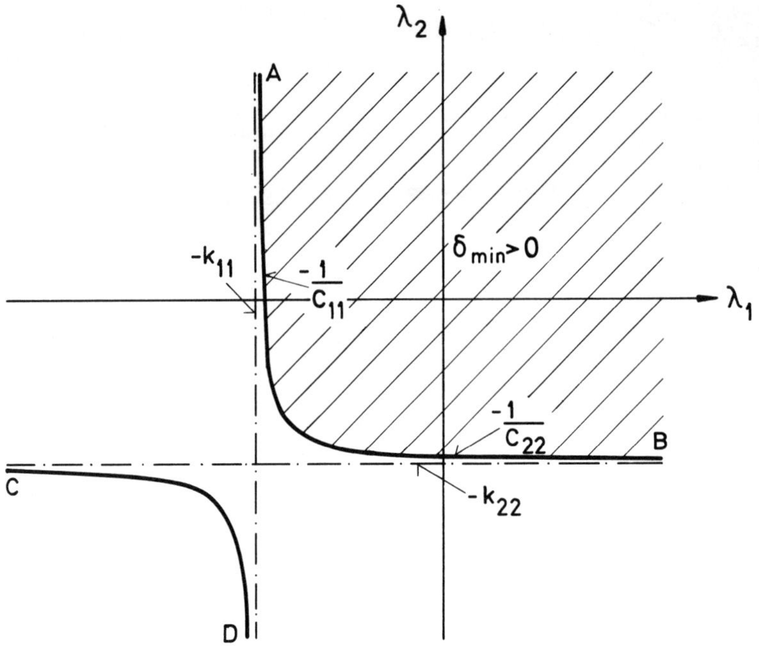

Bild 6.8.3 Graphische Darstellung der Stabilitätsbedingungen für zwei Pfeiler.

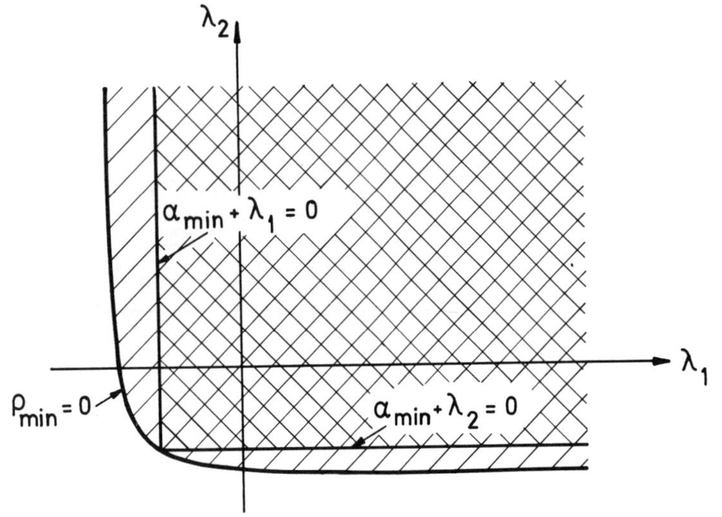

Bild 6.8.4 Vergleich der Kriterien $\delta_{min} > 0$ und $\alpha_{min} + \gamma_{min} > 0$ für zwei Pfeiler.

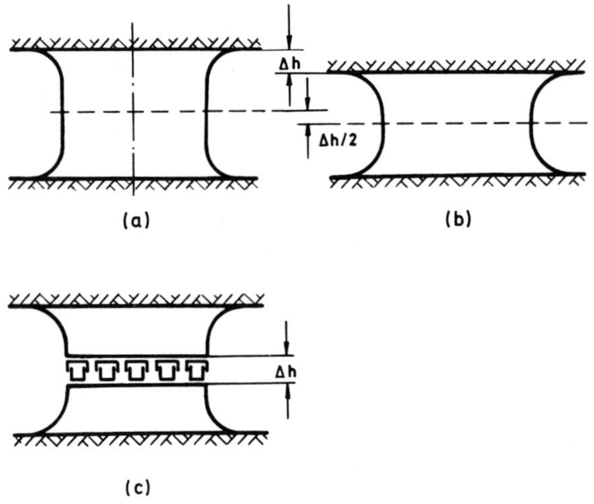

Bild 6.8.5 Prinzip der Belastung von Modellpfeilern in situ , nach Cook (1967).

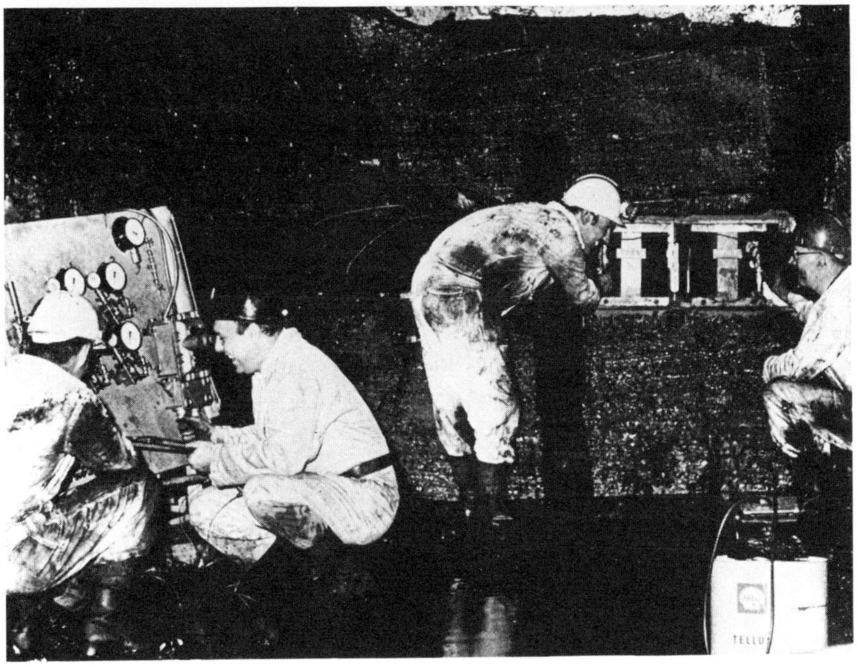

Bild 6.8.6 Druckversuch mit einem Pfeiler <u>in situ</u>.

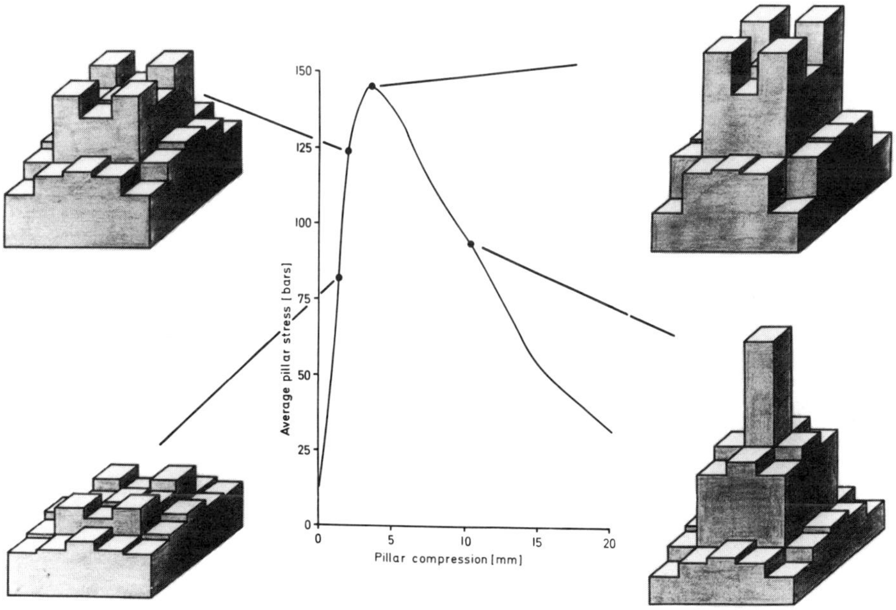

Bild 6.8.7 Pfeilerlastverteilungen aus Versuchen unter Tage unter Verwendung der in Bild 6.8.5 und 6 gezeigten Methode.

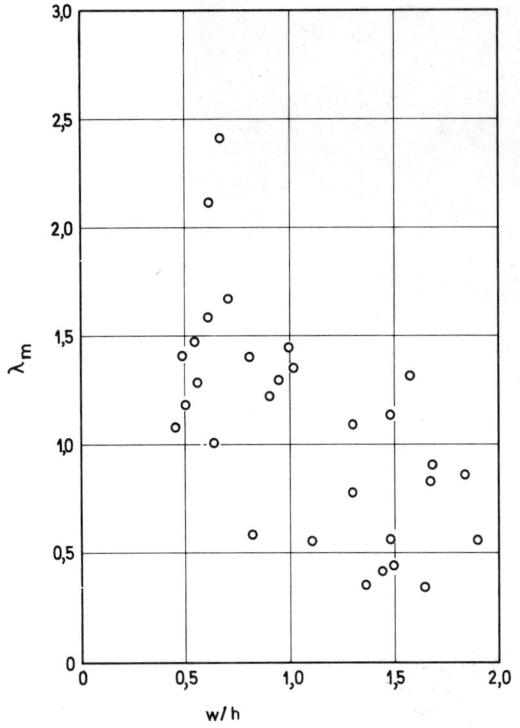

Bild 6.8.8 Kritische Neigungen des abfallenden Teiles der Deformationskurven von Modellpfeilern.

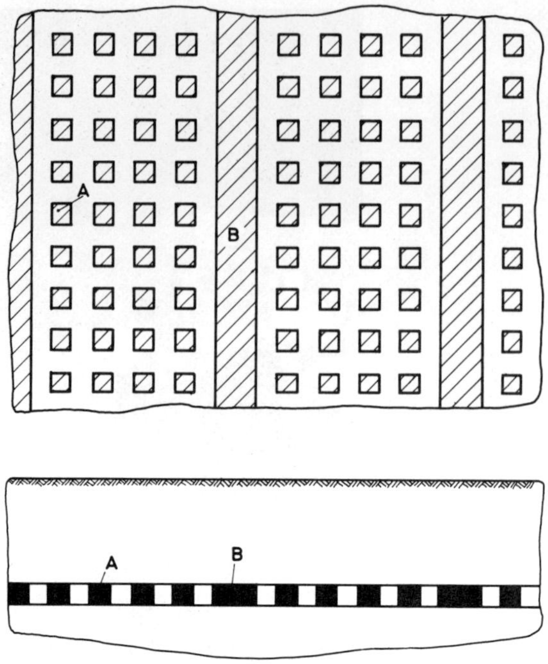

Bild 6.8.10 Plan mit "Feldpfeilern" (A) und "Stabilisierungspfeilern" (B).

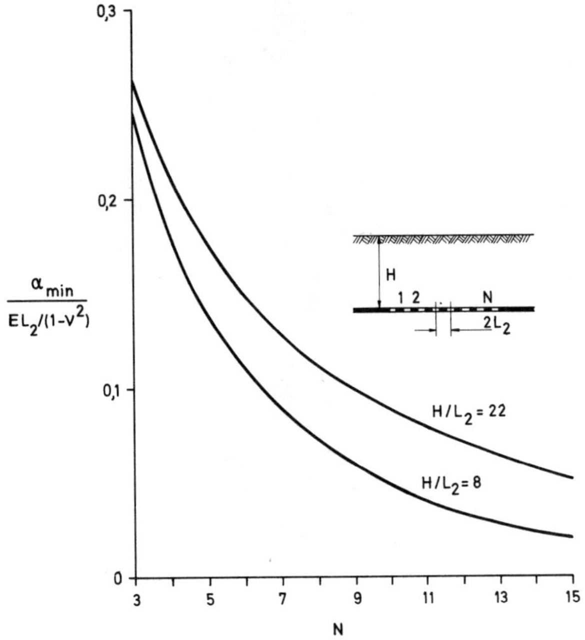

Bild 6.8.9 Kleinster Eigenwert der Steifigkeitsmatrix, α_{min} als Funktion der Spannweite der Abteilung.

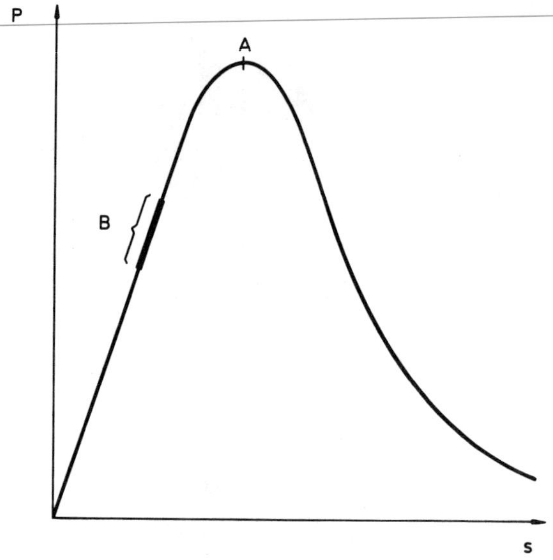

Bild 6.8.11 Unterschied zwischen Pfeilerfestigkeit, Punkt A und geschätzter, auf den Pfeiler einwirkender Belastung, Bereich B, wenn der Sicherheitsfaktor etwa bei 1,6 liegt.

fördern, besonders wenn sie aus Gestein mit hohem Modul bestehen. Ein hoher Modul erhöht den numerischen Wert des minimalen Eigenwertes für eine gegebene Spannweite, (siehe die Normalisierung der Ordinate in Bild 6.8.9); deshalb wird die Spannweite, bei der Instabilität eintritt, grösser sein. Folglich wird auch eine grössere Zone vom Hereinbrechen erfasst.

In der Praxis tritt natürlich Bruch der Pfeiler häufig vor Erreichen der zweiten kritischen Spannweite ein. In derartigen Situationen wird der Bruch progressiv und ohne bedeutende Heftigkeit vor sich gehen. Um diesen progressiven Bruchmechanismus zu verstehen, muss man sich die Lage, die sich ergibt, vorstellen, wenn die Spannweite die erste kritische Spannweite R_1 übersteigt. Die Resultante der induzierten Zugkraft, die auf den Nebenbereich des Pfeilers wirkt, ist

$$T^{(i)} = pA_p - Q_{33}A, \qquad (13)$$

wo A und A_p die Neben- und Pfeilerbereiche und p die durchschnittliche Pfeilerbelastung darstellen. Natürlich, wenn $p = p_m$ ist, wie in 6.6 (1), dann ist $T^{(i)} = 0$. Ist aber die Pfeilerfestigkeit geringer als p_m, dann ist $p < p_m$ und demnach $T^{(i)} < 0$. Der Mindestwert von $|T^{(i)}|$ tritt ein, wenn $R = R_1$ ist. Darauf wird p wegen der fallenden Kurve des Pfeilers abnehmen, was zu zunehmender Resultante der Zugkraft führt. Aber die zunehmende resultierende Zugkraft wird eine noch grössere Konvergenz von Hangendem und Liegendem bewirken, was wiederum zu weiterer Reduzierung der Pfeilerfestigkeit führt usw. Folglich werden mit progressiv grösser werdendem R die Pfeiler progressiv zum Bruch getrieben.

Diese Erörterung enthüllt eine weitere indirekte Gefahr, die sich aus einem kompetenten Hangenden mit hohem Modul ergibt. Ist der Modul der Schicht des Hangenden hoch, verlangsamt sich das Fortschreiten des Bruches, weil die Zuwachsrate der Konvergenz verringert ist. In derartigen Fällen können die offensichtlichen Anzeichen nahenden Pfeilerbruchs, wie Abblätterung und Abbrechen, weniger offensichtlich sein oder sogar fehlen, so dass keine rechtzeitige Warnung vor einer nahenden Katastrophe zu bemerken ist.

Es ist von beträchtlichem Interesse, dass Tincelin und Sinou (1960), obschon sie einen fehlerhaften Mechanismus für die Erklärung plötzlichen Hereinbrechens postulierten, zu Schlussfolgerungen gelangten, die man als richtig annehmen kann , wenigstens qualitativ gesehen, selbst 13 Jahre nach Abhaltung ihres Referates. Sie kamen zu dem Schluss, um eine etwas frei bearbeitete Form ihrer Schlussfolgerung zu gebrauchen, dass zur Vermeidung plötzlichen Hereinbrechens (sie beziehen sich auf Gebirgsschläge) die Pfeiler entweder dem der Pfeileranordnung (konventionelle Entwurfspläne) entsprechenden maximalen Druck standhalten müssen oder dass der Ausbau in Abteilungen unterteilt werden muss, dessen Spannweiten geringer als ein gewisser kritischer Wert sein müssen. Die Abteilungen müssen voneinander durch stabilisierende Pfeiler (Sicherheitspfeiler) getrennt sein. Will man ihre Schlussfolgerung im Sinne heutiger Erfahrung interpretieren, so ist diese kritische Spanne R_2 .

(iv) Planung nachgiebiger Pfeiler

Eine idealisierte Ansicht des Systems von Abteilungen und der stabilisierenden Pfeiler wird auf Bild 6.8.10 gezeigt. Um Konfusion zu vermeiden, werden die kleinen Pfeiler zwischen einem Paar von stabilisierenden Pfeilern als Feldpfeiler bezeichnet.

Feldpfeiler sind dann am wirksamsten, wenn sie so entworfen sind, dass sie ihren maximalen Widerstand ausüben, wenn das Feld voll entwickelt ist. Werden die Pfeiler nach dem klassischen Modell entworfen, dann schätzt man, dass sich die tatsächliche Pfeilerlast in Zone B in Bild 6.8.11 befindet, bei Annahme eines Sicherheitsfaktors von ungefähr 1,6. Um die Feldpfeiler voll auszunutzen, müsste die Pfeilerlast an Punkt A sein, das heisst, sie hätte der Pfeilerfestigkeit gleich sein müssen. Dies ist das Ziel einer fortschrittlicheren Planungsmethode.

Natürlich ist exakte Voraussage von Pfeilerlast und Pfeilerfestigkeit unmöglich. Folglich wird der tatsächliche Zustand der Feldpfeiler nicht durch Punkt A definiert, sondern durch einen anderen Punkt entweder links oder rechts von Punkt A. Deshalb ist es möglich, dass beim Hinzielen auf Punkt A die Pfeiler in der Tat im brechenden Stadium sein können. Eine derartige Möglichkeit darf nur zugelassen werden, wenn die Baue stabil bleiben, selbst im Falle ungünstiger Anhäufung von Irrtümern in den Last- und Festigkeitsvoraussagen.

Nach (11) ist der Zustand vollkommener Stabilität

$$\alpha_{min} + \lambda_m > 0, \qquad (14)$$

wobei α_{min} der minimale Eigenwert der Steifigkeitsmatrix K ist und λ_m das absolute Minimum der Verformungskurven der Pfeiler darstellt, Bild 6.8.2. Da Matrix K die Umkehrung der Einflussmatrix C ist, besteht folgende Relation zwischen α_{min} und ζ_{max} dem maximalen Eigenwert von C:

$$\alpha_{min} = 1/\zeta_{max}, \qquad (15)$$

Somit wird es für die Stabilitätsanalyse genügen, die Einflussmatrix zu bestimmen.

Zur Bestimmung der Einflusskoeffizienten gehört die Lösung von N unabhängigen Problemen, wenn N die Anzahl der Pfeiler darstellt. Jedes dieser Probleme seinerseits umfasst die Berechnung von Konvergenzverteilungen infolge einer bei allen Pfeilerpositionen angewandten Kraft. In realen Bergbausituationen ist die Zahl der Pfeiler so gross, dass es eine fast unmögliche Aufgabe ist, eine vollständige Analyse durchzuführen, es sei denn, man findet eine Anleitung, die zu wesentlichen Vereinfachungen führt.

Eine nützliche Anleitung hängt mit dem Quotienten der euklidischen Normen der zwei Vektoren zusammen. Ist P ein Kolonnenvektor, so ist seine euklidische Norm $\|P\| = (P'P)^{\frac{1}{2}}$ und der entsprechende Lehrsatz (Sheldon 1960) lässt sich wie folgt ausdrücken:

$$\max_{P} \frac{\|CP\|}{\|P\|} = \zeta_{max}, \qquad (16)$$

oder äquivalent dazu, weil $S = -CP$ ist, für alle Vektoren P, die $\|P\| = 1$ haben, ist der Maximalwert von $\|CP\|=\|S\|$ dem maximalen Eigenwert von C gleich. Das Gleichheitszeichen gilt, wenn P der Eigenvektor von C ist, der zu ζ_{max} gehört. Dieser Lehrsatz wird zur Bestimmung von ζ_{max} für die Planung in Bild 6.8.10 zu Hilfe gezogen, wenn der Abbau in extremen (tiefen und geringen) Teufen unter Tage geschieht.

Die erforderliche Hilfestellung lässt sich in ganz allgemeiner Form angeben, wenn der Abbau in unendlicher Teufe geführt wird. Im Zusammenhang mit 6.6 (13) kamen wir zu dem Schluss, dass alle Elemente der Matrix Γ_{33} bei unendlicher Teufe positiv sind. Da die Elemente der Einflussmatrix aus Kombinationen derjenigen von Γ_{33} bestehen, bedeutet das, dass alle Elemente von C auch positiv sind. Ein wichtiger Hilfssatz zu (16) ist hier, dass alle Komponenten des ζ_{max} entsprechenden Eigenvektors das gleiche Vorzeichen haben müssen. Dies ist deshalb der Fall, weil mit jedem Vektor P, der eine Mischung von Vorzeichen enthält, der Wert von $\|CP\|$ in (16) durch das einfache Mittel der Vorzeichenänderung zu gesamtpositiv oder gesamtnegativ verändert werden könnte.

Folglich kann ein Vektor mit einer Mischung von Vorzeichen nicht der dem maximalen Eigenwert entsprechende Eigenvektor sein. Da weiterhin die Eigenvektoren gegenseitig orthogonal sind, wird es nur einen einzigen Eigenvektor geben, für den die Vorzeichen alle positiv oder alle negativ sind.

Als nächstes wird die Abbausituation bei extrem geringen Teufen untersucht. Dieser Fall kann jedoch nicht mit allgemeinen Begriffen analysiert werden. Die Schlussfolgerungen sind spezifisch für die Abteilungsplanung in Bild 6.8.10.

Die grundlegende Prämisse der Analyse ist die, dass die ζ_{max} entsprechenden Komponenten des Eigenvektors sich an der langen Achse der Felder entlang nicht verändern, so dass die Analyse in zwei Dimensionen durchgeführt werden kann. Sind sowohl Mächtigkeit der überlagernden Schichten und Breite der stabilisierenden Pfeiler klein, dann können Konvergenz von Hangendem und Liegendem durch die Biegung einer Platte, die an einer unendlichen Zahl von Linien in gleichem Abstand gestützt wird, simuliert werden, Bild 6.8.12. Die Balkentheorie, Timoshenko (Bd.I, Ss. 137-140) kann zur Bestimmung der von einer Linienkraft P herrührende Balkenbiegung benutzt werden, angewandt in Feld i=0 in einem Abstand b von der Stütze zur Linken. Die Spannweite aller Felder ist ℓ.

Abgesehen von einer Linienbelastung in dem i=0 induzierten Feld, wird der Balken zwischen den Stützen entlastet. Somit lässt sich die Abbiegung als ein Polynom dritter Ordnung für jedes entlastete Balkensegment ausdrücken. Die Koeffizienten in diesen Polynomen werden von den Bedingungen hergeleitet, nach denen bei jeder Stütze die Durchbiegung w Null und ihre ersten drei Ableitungen kontinuierlich sein sollten. Darüber hinaus sollten am Angriffspunkt der Last ihre ersten beiden Ableitungen kontinuierlich und die dritte Ableitung einen Sprung von $P/\varkappa = 6(1-\nu)P/H^3G$ haben. Diese bieten ausreichende Bedingungen zur Lösung des Problemes und zur Erlangung der Balkenbiegung.

$$i \geq 1 \qquad (17)$$
$$w_i^+ = -(-1)^i x(\ell-x)[1-(\sqrt{3}-1)(x/\ell)]\Omega_1(2-\sqrt{3})^i/\sqrt{3},$$

$$i \leq -1 \qquad (18)$$
$$w_i^- = -(-1)^i x(\ell-x)[1+(\sqrt{3}+1)(x/\ell)]\Omega_2(2+\sqrt{3})^i/\sqrt{3},$$

$$i = 0 \qquad (19)$$
$$w_{o\,l} = x(a_l + c_l x + d_l x^2) > 0,$$

$$w_{o\,r} = (\ell-x)(a_r + c_r x + d_r x^2) > 0. \qquad (20)$$

In diesen Ausdrücken ist

$$\Omega_1 = \psi\ell P(\psi-1)[\psi+(\sqrt{3}-1)/2]/2(\sqrt{3}-1)\varkappa < 0,$$
$$\Omega_2 = \psi\ell P(\psi-1)[\psi-(\sqrt{3}+1)/2]/2(\sqrt{3}+1)\varkappa > 0, \qquad (21)$$

wobei $\psi = b/\ell$ und

$$a_l = -(1-\psi/3)b^2P/2\varkappa - \ell c_r,$$
$$c_l = c_r - \ell d_r + bP/2\varkappa, \qquad (22)$$
$$d_l = d_r - P/6\varkappa, \qquad a_r = -a^2\psi P/6\varkappa,$$
$$c_r = \psi\ell P[\sqrt{3}(\sqrt{3}+1)+3(\sqrt{3}+1)\psi-2\psi^2]/12(1+\sqrt{3})\varkappa,$$
$$d_r = -\psi P(\sqrt{3}+3\psi - 2\psi^2)/6(\sqrt{3}+1)\varkappa. \qquad (23)$$

Sorgfältige Überprüfung der Ergebnisse von (17) bis (23) zeigt, dass die Durchbiegung positiv respektive negativ ist bei allen Feldern, für die i gerade (einschliesslich Null) respektive ungerade ist. Dies trifft zu ungeachtet der Lage des Belastungspunktes im mittleren Feld. Fernerhin zeigen die Ergebnisse beispielsweise auch, dass auf geradzahlige Felder angewandte Zugkräfte sowie auf ungerade numerierte Felder angewandte Druckkräfte Konvergenz im mittleren Feld verursachen werden. So tritt der Maximalwert von $\|S\|$ auf, wenn Zug- und Kompressionskräfte bei der Fortbewegung von einem Feld zum nächsten alternieren. Der zu ζ_{max} gehörende Eigenvektor wird eine Anzahl von M positiven Komponenten besitzen, auf die eine Anzahl von M negativen Komponenten folgt usw. M ist hier die

Anzahl von Pfeilerreihen in jedem einzelnen Feld. Da die Eigenvektoren gegenseitig orthogonal sind, kann es nur einen einzigen Eigenvektor mit diesen Eigenschaften geben.

Es scheint, dass in den zwei hier erörterten Extremfällen der mit dem maximalen Eigenwert im Zusammenhang stehende Eigenvektor einige Aspekte besitzt, die sich zur Vereinfachung der Berechnung von ζ_{max} eignen. Um diese Aspekte zu nutzen und zu einigen allgemeinen Ergebnissen zu kommen, braucht man die zur Planung in Bild 6.8.10 gehörenden Einflussmatrix.

Ist die Schichtung wie hier horizontal, dann kann man ein Feld von einem anderen Feld in keiner Weise unterscheiden. Die Wirkung des Feldes k auf das Feld ℓ-th lässt sich mit Hilfe einer MxM Matrix ausdrücken, wenn M die Anzahl von Pfeilerreihen in einem Feld ist. Aber es ist klar, dass diese Matrix nur von $\ell - k = j$ abhängt. Die Einflussmatrix C, die hier eine unendliche quadratische Matrix ist, lässt sich in Form von Teilmatrizen C_j ausdrücken.

$$C = \begin{bmatrix} \cdot & \cdot & \cdot & \cdot & \cdot & \cdot & \cdot & \cdot & \cdot \\ \cdot & \cdot & \cdot & C_0 & C_1 & C_2 & C_3 & \cdot & \cdot \\ \cdot & \cdot & \cdot & C_{-1} & C_0 & C_1 & C_2 & \cdot & \cdot \\ \cdot & \cdot & \cdot & C_{-2} & C_{-1} & C_0 & C_1 & \cdot & \cdot \\ \cdot & \cdot & \cdot & C_{-3} & C_{-2} & C_{-1} & C_0 & \cdot & \cdot \\ \cdot & \cdot & \cdot & \cdot & \cdot & \cdot & \cdot & \cdot & \cdot \end{bmatrix} \qquad (24)$$

Ein Eigenwert ζ und der entsprechende Eigenvektor $\vec{P}$ von C, der unendliche Dimensionalität besitzt, werden durch

$$C\vec{P} = \zeta\vec{P}. \qquad (25)$$

definiert. Wir lassen nun $\vec{P}$ periodisch in dem Sinne sein, dass sich nach β Feldern seine Komponenten wiederholen. Die Form von $\vec{P}$ ist demnach

$$\vec{P} = \{. . . P\ P\ P . . .\}, \qquad (26)$$

wobei P ein βMx1 Vektor ist, der die Form

$$P = \{\Pi_0\ \Pi_1\ . . .\ \Pi_{\beta-1}\}. \qquad (27)$$

annimmt. Hier vertritt Π_k eine Gruppe von M Komponenten des Kraftvektors, und diese Gruppe entspricht dem Feld k innerhalb jeder Gruppe von β Feldern.

Selbstverständlich hat der Vektor der Konvergenzwerte $\vec{S}$ auch die gleiche Periodizität wie $\vec{P}$, das heisst:

$$\vec{S} = \{. . . S\ S\ S . . .\}, \qquad (28)$$

wobei S auch ein βMx1 Vektor ist.

Werden die Kraft- und Konvergenzvektoren aus (26) und (28) in $\vec{S} = -C\vec{P}$ eingefügt und die Form von C in (24) berücksichtigt, erhält man folgende Relation:

$$S = - DP \qquad (29)$$

wobei D die kontrahierte Einflussmatrix von der Grösse βMXβM ist und in aufgeteilter Form wie folgt geschrieben werden kann:

$$D = \begin{bmatrix} D_0 & D_1 & . . . & D_{\beta-2} & D_{\beta-1} \\ D_{\beta-1} & D_0 & . . . & D_{\beta-3} & D_{\beta-2} \\ . & . & . . . & . & . \\ D_2 & D_3 & . . . & D_0 & D_1 \\ D_1 & D_2 & . . . & D_{\beta-1} & D_0 \end{bmatrix} \qquad (30)$$

Diese Matrix ist eine verallgmeinerte Zyklantenmatrix, die nur β unabhängige Blöcke der Grössenordnung MxM besitzt. Die Elemente der Matrix D lassen sich direkt mit Hilfe der im Abschnitt 6.6 (v) eingeführten Methoden errechnen.

Also kann infolge des Vorhergehenden der maximale Eigenwert von C aus D mit $\beta = 2$ sowohl für grosse als auch für geringe Teufen errechnet werden. Die entsprechenden Eigenvektoren haben folgende Form:

$$\begin{aligned} H &\to \infty & P &= \{\Pi \quad \Pi\}, \\ H &\to 0 & P &= \{\Pi \quad -\Pi\}. \end{aligned} \qquad (31)$$

Die Versuchung liegt nahe, vorzuschlagen, dass einer dieser Eigenvektoren in der Tat der Eigenvektor ist, der dem maximalen Eigenwert entspricht, ungeachtet der Teufe und relativen Breiten der Felder und stabilisierenden Pfeiler. Diese Frage konnte nicht eindeutig entschieden werden, aber eine umfassende numerische, sich bis zu $\beta = 9$ erstreckende Untersuchung hat die Annahme in jedem Fall bestätigt. Benutzt man die Vektoren P in (31), lassen sich Werte von $\alpha_{min} = 1/\zeta_{max}$ für eine Vielzahl von Fällen in Bild 6.8.13 darstellen.

Die Kriterien für eine Planung, bei der die Pfeiler der Abteilungen am wirksamsten verwendet werden, sehen wie folgt aus:

(a) die stabilisierenden Pfeiler sollten theoretisch in der Lage sein, das gesamte Gewicht des Deckgebirges zu stützen. Demnach brauchen die Feldpfeiler nur die Integrität des Hangenden der Felder zu bewahren. Das bedeutet, dass das Breiten-Höhen-Verhältnis der stabilisierenden Pfeiler wenigstens Zehn sein sollte;

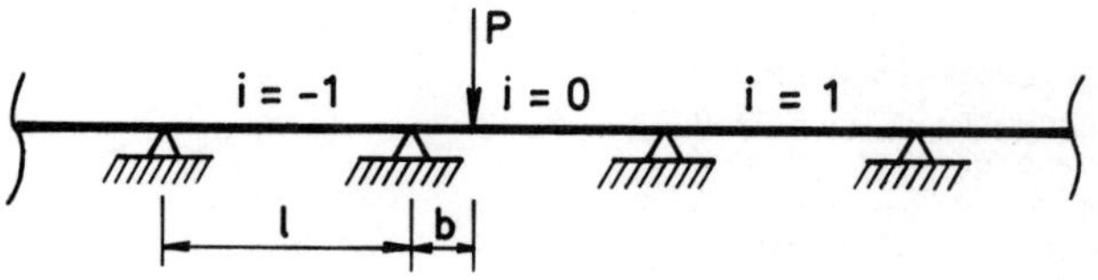

Bild 6.8.12 Idealisiertes Modell, geringer Teufe und schmalen, stabilisierenden Pfeilern entsprechend.

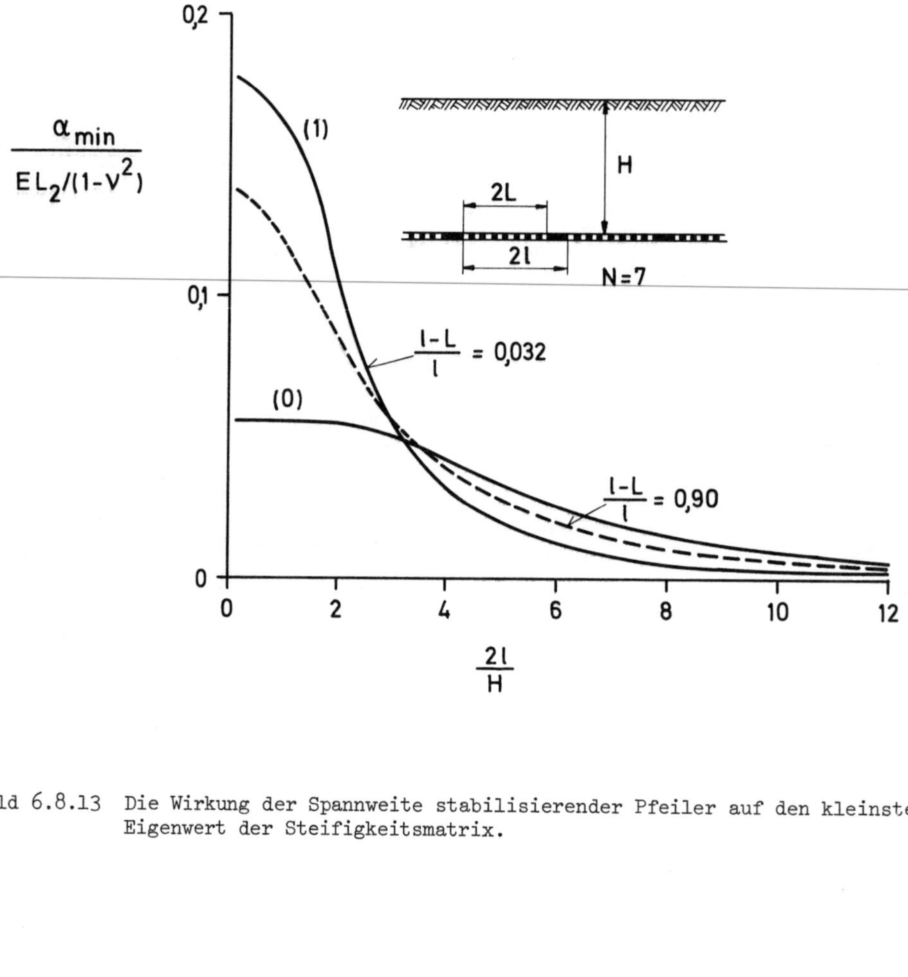

Bild 6.8.13 Die Wirkung der Spannweite stabilisierender Pfeiler auf den kleinsten Eigenwert der Steifigkeitsmatrix.

(b) die Feldpfeiler sollten entsprechend der im Abschnitt 6.7 beschriebenen Methode entworfen werden, wobei ein Sicherheitsfaktor von Eins verwendet wird;

(c) die Planung sollte vollkommen stabil sein, das heisst, dass

$$\alpha_{min} + f\lambda_m \geq 0 \qquad (32)$$

ist, wobei $f > 1$ ein passend ausgewählter Sicherheitsfaktor der Neigung ist. Zur Zeit lässt sich der Wert von λ_m nur ezperimentell bestimmen, wahrscheinlich unter Verwendung der von Cook (1967) vorgeschlagenen Methode.

In Bergbaukreisen wird häufig auf die sog. "Technik des nachgiebigen Pfeilers" bezug genommen. Nach Woodruff, (1966, Bd.I, SS. 313-317) handelt es sich beim Prinzip der nachgiebigen Pfeilertechnik um einen Pfeilerordnungsplan, der "ein geringfügiges Nachgeben (vertikale Verkürzung)" der Pfeiler bewirkt. Dieses Nachgeben soll zu einer abwärts gerichteten Durchbiegung des Hangenden führen, die dann angeblich weiteren vertikalen Druck an die Kämpferdruckzone abgibt, wodurch erwartet wird, dass die Pfeiler teilweise entlastet werden. Die Diskussion in diesem Abschnitt will eine solide Grundlage für die sonst häufig missbrauchte und missverstandene Technik des Pfeilerabbaus liefern.

6.9 Abbauräume allgemeiner Form

Die Methoden der Behandlung gebirgsmechanischer Probleme im Zusammenhang mit echt dreidimensionalen Lagerstätten sind relativ wenig entwickelt. Die dreidimensionalen Finite Elemente und die photoelastischen Methoden sind zu umständlich für die Anwendung auf praktischen Bergbaubetrieb. Vielleicht wird die im Abschnitt 3.5 beschriebene Methode in einem gewissen Sinne die Berechnungsprobleme bewältigen. Jedoch diese Methode hat nicht genügend breite Anwendung gefunden, um eine feste Meinung über ihre Wirksamkeit zu erlauben.

Es ist deshalb zu diesem Zeitpunkt nicht möglich, einen ausführlichen Bericht über die Behandlung von Problemen zu bringen, die sich nicht aus dem Abbau von Erzkörpern mit irgendeiner erkennbaren, typischen Gestalt ergeben. Es ist wahrscheinlich, dass gebirgsmechanische Entwicklungen bezüglich solcher Körper ähnliche Richtung nehmen werden wie jene, die während des letzten Jahrzehntes sich mit tafeligen Abbauräumen befassten. Einige grundsätzliche Unterschiede müssen jedoch im Auge behalten werden.

Die Form dieser Abbauräume bietet sich nicht für den Begriff der "kritischen halben Spannweite" an. Das besagt, dass zu keinem Zeitpunkt die gegenüberliegenden Seiten der Abbauräume miteinander in Berührung kommen, und dass es deshalb keine effektive Grenze für das Grössenwachstum der Abbauräume gibt. Die Folge davon ist, dass ein ständig wachsendes Volumen des Gesteins vom Bergbau beeinflusst wird.

Diese Einwirkung auf einige Teile des Gebirgskörpers um einen Abbauraum herum bedeutet Spannungsnachlass. Derartiges Entspannen kann bei geschichteten oder zerklüfteten Gebirgskörpern besonders wichtig sein. Positiv gesehen mag es das Hereinbrechen fördern, negativ gesehen ernste Probleme der Gebirgskontrolle oder Vermischung des Erzes mit Gestein verursachen. In gewisser Hinsicht sind die Probleme der grossen mehr oder weniger gleichdimensionalen Hohlräume den im Tagebau angetroffenen ähnlich. Ein grosses Gesteinsvolumen befindet sich in einer Umgebung von niedriger Spannung, wo Mangel an Manteldruck zu Lockerwerden und allgemein nicht voraussagbarem Gesteinsverhalten führt.

Die Einwirkung des Bergbaus kann sich auch in einer beträchtlichen Zunahme an Druckspannungen an einigen Punkten im Gebirgskörper äussern. Die Wirkung dieser erhöhten Spannungen kann ernst sein, besonders bei grossen Teufen oder wenn das Nebengestein inkompetent ist. Es ist jedoch wichtig festzuhalten, dass tafelige Abbauräume die ärgsten Spannungserhöher aller unterirdischen Abbauräume sind, somit ist Spannungskonzentration um die mehr kammerartigen Hohlräume weniger schwerwiegend.

Bei der Planung der Abbaufolge ist es wichtig, die Zwischenstufen, die schliesslich zur endgültigen Form der Abbauräume führen, zu berücksichtigen. Solche Überlegungen lassen sich mit Hilfe der Berechnung einiger auf dem Abbau beruhenden Energieveränderungen ausführen.

Die gesamte Erhöhung der Formänderungsenergie um den Abbauraum U_{cv} ist ein Mass für die Wirkung des Abbaus auf das Nebengestein. Wenn eingebrachter Ausbau fehlt, gibt die Grösse von U_{cv} auch die gesamte gespeicherte Energie an, die entweder aus dem System mit dem ausgeschachteten Gestein entfernt oder durch Brechen des Gesteins verbraucht wurde.

Die folgenden zwei idealisierten Beispiele demonstrieren sehr gut die Bedeutung der Planung. Nehmen wir einen langen zylindrischen sowie einen kugelförmigen Erzkörper beide mit dem Radius R an, und setzen wir ferner voraus, dass die Spannungen im unverritzten Gebirge in allen Richtungen die gleichen seien und dass ihre Grösse q sei. Der Endwert der um die Abbauräume gespeicherten Energie, wenn der Erzkörper vollständig gefördert ist, beträgt

$$U_{cv} = \pi(1+\nu)(3-4\nu)q^2R^2/E \qquad (1)$$

pro Einheitslänge des zylindrischen Erzkörpers und

$$U_{cv} = \pi(5-7\nu)q^2R^3/E, \qquad (2)$$

für den kugelförmigen Erzkörper. Diese Ergebnisse sind Tabelle 2.2.1 entnommen. Wenn die Erzkörper durch schrittweise Erhöhung des Radius eines anfänglich kleinen Hohlraumes zu R gewonnen werden sollen, können die Zwischenwerte von U_{cv} aus (1) und (2) errechnet werden, und zwar durch Einsetzen des entsprechenden Radius für R. Folglich würde der Wert von U_{cv} allmählich mit wachsendem Radius steigen. Es sollte erwähnt werden, dass, wenn der Abbau auf diese Weise durchgeführt wird, die Spannungen um die Abbauräume mit wachsendem Radius konstant bleiben. Der steigende Wert von U_{cv} deutet lediglich darauf hin, dass ein immer grösseres Gesteinsvolumen beeinflusst wird.

Die gleichen Erzkörper können zuerst auch durch Anschnitt von engen Kerben quer zu deren jeweiligen Diametern und dann durch Entfernung des restlichen Erzes abgebaut werden. Nach Auffahren der Kerben ist der Wert von U_{cv}

$$U'_{cv} = \pi(1-\nu^2)q^2R^2/E \qquad (3)$$

pro Einheitslänge entlang der Achse des zylindrischen Körpers und

$$U'_{cv} = 8(1-\nu^2)q^2R^3/3E \qquad (4)$$

für Kerben im kugelförmigen Körper. Es ist interessant zu beobachten, dass in dem Augenblick, wo der Wert der Poissonschen Zahl von Null bis 1/2 verläuft, der Dehnungsenergiezuwachs um die Kerbe im zylindrischen Erzkörper sich von 33 bis 50 Prozent des endgültigen Wertes in (1) erstreckt. Dieselben Prozentzahlen in Hinsicht auf den kugelförmigen Erzkörper sind 17 und 42 Prozent. Die Schlussfolgerung ist unvermeidlich. Während die Kerbeinschnitte nur einen unbedeutenden Bruchteil des gesamten Erzes ergeben, werden sie für einen sehr bedeutenden Teil der endgültigen Wirkungen des Abbaus verantwortlich. Derartige bedeutende Unterschiede in der Entwicklung der Abbauwirkungen müssen selbstverständlich während der Planung berücksichtigt werden.

Die Auffüllung des ausgeschachteten Raumes mit Sand oder Geröll hilft beträchtlich bei der Stabilisierung des Gesteins, das durch Entspannung gelockert wird. Hier lässt sich Stabilisierung durch relativ geringen Manteldruck erzielen. Der Versatz bietet gewöhnlich genügend Widerstand, um das zu besorgen. Sollten jedoch Abbrechen und Absplittern der Aussenflächen des Gesteins auf hohen Spannungen beruhen, könnte der Versatz weniger wirkungsvoll sein, weil er nicht genügend hohen Widerstand zur merklichen Beeinflussung der Lage besitzt.

In extremen Fällen werden Versuche, den Widerstand des Auffüllmaterials durch Beimischung von Beton zu erhöhen, unternommen. Auf diese Weise werden die Last-Druckeigenschaften des Versatzes schneller tragend gemacht. Es ist zu hoffen, dass eine derartige Mischung genügend hohen Widerstand entwickelt, selbst bei der relativ geringen Dehnung, der sie in einem breiten Hohlraum ausgesetzt ist.

Sind die Abmessungen eines geplanten Hohlraumes nach allen Richtungen gross, und es besteht die Absicht, keine grossen Deformationen zuzulassen, dann scheinen Pfeiler das einzige wirkungsvolle Stützmittel darzustellen. Pfeiler können in solchen Fällen auf der Basis der Grundsätze in Abschnitt 6.6 entworfen werden, aber natürlich muss man die im Abschnitt 3.5 beschriebene Methode zu ausführlichen Berechnen heranziehen.

7. DIE WECHSELWIRKUNG ZWISCHEN PRODUKTIVEN BAUEN UND HILFSBAUEN

7.1 Einleitung

Zur Durchführung ihrer Operationen müssen Bergleute zu und von Arbeitsplätzen, die belüftet sein müssen, fahren und Material, einschliesslich Erz, muss gefördert werden. Diese Forderungen machen den Bau eines Netzes von Schächten und Strecken notwendig. Darüber hinaus müssen Kammern für die Unterbringung der Fördermittel, Belüftungsanlagen, Pumpenanlagen und andere Ausrüstung aufgefahren werden. Die Kosten für die Ausstattung und Instandhaltung dieser Dienst-und Hilfsbaue sind beträchtlich. Es ist deshalb wesentlich, sie richtig zu entwerfen.

Hilfsbaue werden allen Spannungen und Verschiebungen unterworfen, die durch den Abbau hervorgerufen werden. Diese Wirkungen sind so ernst, dass sie die Sicherheit von Menschen gefährden und auch die laufende Produktion beeinträchtigen können.

In den meisten Fällen besteht eine Disparität zwischen der Grösse der Hauptabbauräume und den Dimensionen der Betriebsräume oder anderer Hilfsbaue. Dieser Unterschied gestattet ziemlich unbeschränkte Verwendung des Superpositionsprinzips, wenn es sich um Betriebsräume handelt. Ist die die Haupt- und Hilfsbaue trennende Gesteinsmächtigkeit drei- oder viermal grösser als eine typische Abmessung des kleineren Hohlraumes, dann ist es zulässig, die Lösung des Problems in zwei Teile zu teilen. Zuerst wird die durch den Hauptabbauraum hervorgerufene Spannungsverteilung abgeleitet. Diese Spannungen ergeben dann die primären Spannungen im Gestein, in dem die Hilfsbaue aufgefahren werden sollen. Nimmt man den negativen Wert der primären Spannungen als Randbedingung an, dann können die von den Hilfsbauen erzeugten Spannungen berechnet werden. Die resultierenden Spannungen findet man aus der algebaischen Summe der Spannungen der zwei Lösungen, Abschnitt 2.1.

Diese Zweistufenmethode der Lösung kann sehr vorteilhaft für praktische Fälle herangezogen werden. Beispielsweise sind in Bild 7.1.1 die Spannungskonzentrationsfaktoren um eine kreisförmige Strecke dargestellt, wenn über der Strecke eine lange gerade Abbaustrecke aufgefahren wird. Hier wird zunächst die in 6.2 (42) bis (43) gegebene Lösung zur Berechnung der Feldspannungen verwendet; daraufhin wird die wohl bekannte Lösung (J.+C., SS. 236-241) für ein kreisförmiges Loch in einem unendlichen Medium, unter dem Einfluss zweier Hauptspannungen im Unendlichen, für die Berechnung der Spannungskonzentrationsfaktoren angewandt.

Häufig wird es als wichtig erachtet, dass zwei benachbarte Gruben durch einen wasserdichten Sicherheitspfeiler getrennt sind. Die Planung derartiger Schranken kann als klassisches Problem des Bergbaus angesehen werden. Die meisten früheren Empfehlungen für die Planung derartiger Schranken basierten auf Erfahrungen aus dem Bergbau in geringen Teufen. Eine kurze Erörterung dieser Frage wird im abschliessenden Abschnitt dieses Kapitels unter Bezugnahme auf Bergbau in grossen Teufen gegeben.

7.2 Spannungen im Ausbau von Hilfsbauen

Der Bruchvorgang im Gestein wird von den gesamten resultierenden Spannungen beherrscht. Im Gegensatz dazu spielen nur die induzierten Spannungen bei der Belastung passiver Stützen eine Rolle. Im Abschnitt 2.1 wurden die induzierten Spannungen als die aus dem zusätzlichen Abbau herrührenden Spannungsveränderungen definiert, die für den Übergang des Abbauzustandes von Zustand I auf Zustand II erforderlich sind.

Es wird von Vorteil sein, im vorliegenden Abschnitt vorauszusetzen, dass Zustand I der Abbauplanung zum Zeitpunkt des Einbaus der Stützen entspricht. Zustand II entspricht einer bestimmten Stufe im Fortschreiten des Abbaus, wenn der Ausbau kritisch belastet ist. Dieses kritische Stadium kann jederzeit zwischen dem Zeitpunkt des Stützeneinbaus und der Beendung des Abbaus stattfinden. In der Praxis braucht die Analyse natürlich nicht über den Zeitpunkt hinaus betrieben zu werden, an dem der Hilfsbau aus irgendeinem Grunde aufgegeben werden kann.

Die Bedeutung dieser Grundsätze lässt sich am besten anhand eines Beispiels demonstrieren. Nehmen wir an, eine bestehende Strecke wird allmählich durch eine gerade lange Abbaustrecke überbaut.

In diesem Beispiel ist Zustand I der Zustand im unverritzten Gebirge und Zustand II gemäss Bild 7.2.1 entspricht der Lage, wenn sich der Stoss fast über der Strecke befindet. In Bild 7.2.1 sind die maximalen und minimalen relativen Verschiebungen diametraler Punkte eines Streckendurchmessers dargestellt (Verkürzung ist positiv). Die maximalen und minimalen Veränderungen kommen bei 2 Durchmessern vor, die senkrecht aufeinander liegen. Natürlich rotieren die am meisten und wenigsten betroffenen Durchmesser mit fortschreitendem Abbau. Diese Rotation ist in einigen Beispielen auf derselben Darstellung gezeigt.

Im vorgehenden Beispiel trat das kritische Stadium ein, wenn die Strecke sich unterhalb des Stosses der Abbaustrecke befand. Im zweiten Beispiel wird angenommen, dass die Strecke genau dann vorgetrieben und ausgebaut wird, wenn die Abbaustrecke vertikal über der Strecke liegt. In Bild 7.2.2 werden die maximalen und minimalen diesem Fall entsprechenden Verschiebungen gezeigt.

Es ist wichtig festzustellen, dass die Strecken in den zwei Beispielen zwei auffallend verschiedene Belastungszyklen durchmachen. Während im ersten Beispiel das induzierte Spannungsfeld anfänglich zunehmend kompressiv ist, sind im zweiten Beispiel die induzierten Spannungsänderungen weitgehend Zugspannungen.

In Kapitel 5 wurden die mit dem Ausbau von isolierten Abbauräumen zusammenhängenden Probleme erörtert. Es wurde gezeigt, dass der passive Ausbau isolierter Abbauräume nur Spannungen unterworfen wird, wenn das Gesteinsverhalten zeitabhängig ist. Betriebs- und Hilfsbaue werden praktisch ununterbrochen Spannungsänderungen unterworfen, so dass ihr Ausbau unter Spannung steht, selbst wenn das Gebirge vollkommen elastisch sein sollte.

Ein weiterer interessanter Faktor des Ausbauproblems

von bergmännischen Hohlräumen ist in Bild 7.2.2 gezeigt; der Ausbau könnte induzierten Zugspannungen unterworfen werden, so dass die Kontaktspannung zwischen dem Ausbau und dem Gestein auf Null herabgesetzt werden könnte. In solchen Fällen verliert die Ausbaustütze seine Wirkungskraft, wenn er nicht durch äussere Hilfsmittel erneut belastet wird.

7.3 Schutz von betrieblichen Räumen unter Tage

Häufig sind die Spannungen um grosse bergmännische Hohlräume herum so hoch, dass der normalerweise verwendete Ausbau die nahegelegenen Betriebsräume nicht in brauchbarem Zustand zu halten vermag. In dieser Hinsicht sind die massiven Pfeiler oder Rippen in tafeligen Abbauräumen die ärgsten Übeltäter. Darum überrascht es nicht, dass im Laufe der Jahre die Bergbauingenieure, besonders diejenigen, die sich mit dem Abbau von tafeligen Ablagerungen befassen, Methoden zum Schutz wichtiger Betriebsbaue entwickelt haben. Diese Methoden fallen hauptsächlich in drei Kategorien:

(i) Einsatz von Sicherheitspfeilern

(ii) Verwendung von Aufbauen oder Strecken im Liegenden

(iii) Überbauen von Strecken im Liegenden

Die Vertreter der ersten Methode behaupten, dass ein im Zentrum eines genügend breiten Sicherheitspfeilers vorgetriebene Strecke in gewissem Masse vor den Abbauauswirkungen geschützt sei; in welchem Masse, wird durch die Pfeilerbreite bestimmt.

Die Behauptung ist offensichtlich grundsätzlich vernünftig. Natürlich stellt jeder stehengelassene Pfeiler einen Gewinnausfall für die Grube dar. Somit mag die Methode wirtschaftlich nicht reizvoll sein, besonders, wenn der zum Schutz der Strecke erforderliche Pfeiler gross ist. Ein weiterer Nachteil der Sicherheitspfeilerkonzeption ist der, dass die Spannungen um die Strecke nicht unter den ursprünglichen Zustand gesenkt werden kann.

Die Lösung für einen langen isolierten Restpfeiler der Breite 2a ist zur Untersuchung der Wirksamkeit von Sicherheitspfeilern von Bedeutung. Nach 6.2 (45) ist die vertikale und horizontale Gesamtspannung im Mittelpunkt des Pfeilers wie folgt:

$$\sigma_{11} = \gamma H[L/a - (1-k)], \qquad \sigma_{33} = \gamma HL/a, \qquad (1)$$

wobei γH die vertikale Spannung im unverritzten Gebirge ist, k das Verhältnis der horizontalen zur vertikalen Spannung im unverritzten Gebirge bedeutet und L den Abstand von der Pfeilerachse zur Kontaktlinie von Hangendem und Liegendem auf beiden Seiten des Pfeilers bezeichnet.

In Bild 7.3.1 ist die vertikale Spannung am Pfeilermittelpunkt als Funktion des a/ℓ_c Verhältnisses dargestellt; es wird an die folgende Beziehung erinnert, $\ell_c = s_m G/2(1-\nu)\gamma H$. Es könnte sein, dass sehr breite Pfeiler erforderlich sind, wenn die Spannungen um die Strecke um sehr viel weniger als das Dreifache der Spannung im unverritzten Gebirge reduziert werden sollen.

Da die in Bild 7.3.1 veranschaulichte Lösung streng genommen nur für tiefe Gruben Geltung hat, (siehe Abschnitt 6.4), kann man folgern, dass die ungünstigen Schlüsse nur von Bedeutung sind, wenn, sagen wir $H > 5\ell_c$ ist. Bei Abbau in geringen Teufen werden die Schichten auf beiden Seiten des Pfeilers die Tendenz haben, hereinzubrechen, und die durch (1) angegebenen Spannungswerte werden sich wahrscheinlich nicht in der Mitte des Pfeilers entwickeln. Es ist deshalb nicht überraschend, dass der Schutz der Hauptstrecken durch Pfeiler gewöhnlich nur für Gruben von relativ geringer Teufe bevorzugt wird.

Wenn Bergbau in beträchtlicher Teufe betrieben wird, dann wird die Hauptvorrichtung gewöhnlich im Nebengestein und meist im Liegenden durchgeführt. Häufig jedoch würde diese Schutzmethode nur dann genügend Sicherheit gewähren, wenn der Hilfsbau in untragbar weitem Abstand unterhalb des Flözes oder Ganges aufgefahren wird. Das relativ langsame Abklingen von Spannungen mit normalem Abstand d vom Flöz ist in Bild 7.3.2 veranschaulicht. Hier ist die Veränderung der grösseren (resultierenden) Hauptspannungen für einen relativ kleinen Bereich unmittelbar unterhalb eines massiven Lagerstättenteils dargestellt; dabei wurde $d/b_c = 0{,}1;\ 0{,}2$ verwendet, wobei $b_c = 2\ell_c\pi$ ist.

In Bild 7.3.2 wird die ungünstigste Abbauwirkung betrachtet. Kluge Planung kann gewöhnlich solche Extremfälle vermeiden helfen. Trotzdem ist in vielen Fällen die einzige wirksame Schutzmethode ein planmässiges Überbauen einiger vom Lager entfernter Vortriebe oder Strecken.

Befürworter dieser Methode vertreten die Auffassung, dass als erstes eine Kerbe über der geplanten Stelle des Hilfsbaues aufgefahren werden sollte, um die Gesteinsspannungen zu reduzieren. Die Gültigkeit dieses Arguments wird durch die Daten in Bild 7.3.3 bestätigt. Hier sind Linien gleich grosser Hauptspannungen unterhalb eines Abbaufeldes ohne Querschnittsverminderung gezeichnet. Das Abbaufeld ist als "Schild" ganz wirkungsvoll. Es existiert eine ziemlich grosse Zone, in der alle Hauptspannungen kleiner als die vertikale Spannung im unverritzten Gebirge in der Höhe des Flözes sind, das heisst, H. Die Beziehung zwischen Abstand vom Flöz und Spannweite des Abbaufeldes für einen erforderlichen Grad von Abschirmung kann von diesem Schaubild abgelesen werden.

In Bild 6.2.2 ist die Zone,in der die kleinste der Hauptspannungen eine Zugspannung ist, schraffiert. Allgemein ist es besser, Gestein zu meiden, das durch Zugspannungen zu einem gewissen Grade gelockert werden könnte.

7.4 Schutz vertikaler Schächte

Die Schachtsysteme stellen gewöhnlich die wichtigsten und häufig die teuersten Hohlräume in einer Grube dar. Ein Schachtsystem umfasst den vertikalen Schacht selbst, sowie eine grosse Anzahl von Hilfsbauen, um u.a. Transport, Belüftung und das Pumpen zu erleichtern.

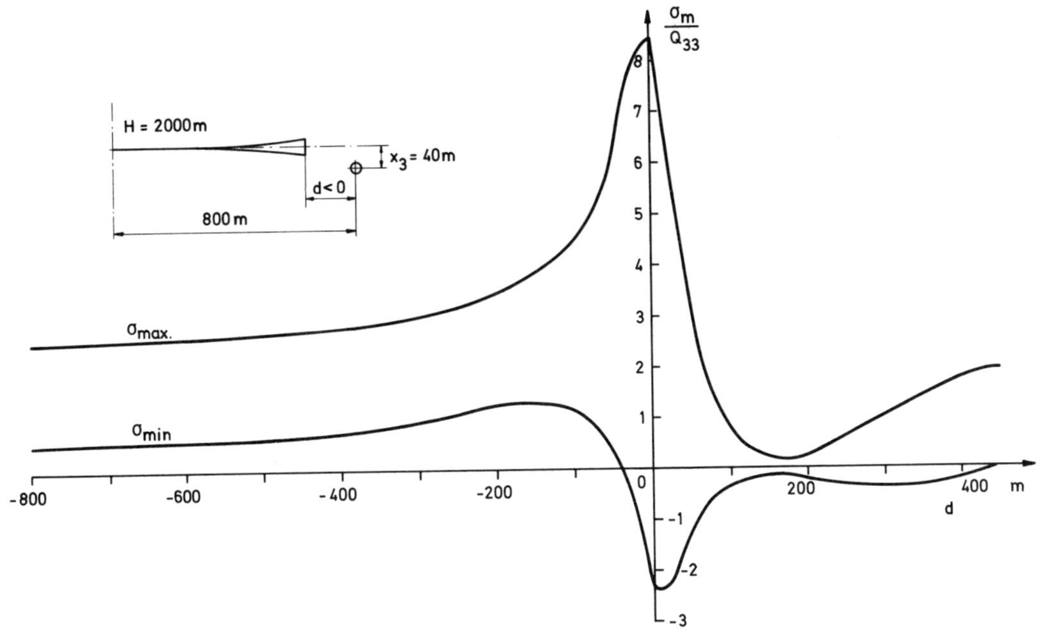

Bild 7.1.1 Variation der grössten und kleinsten Spannungskonzentrationsfaktoren um eine kreisförmige von einem Streb überbaute Strecke.

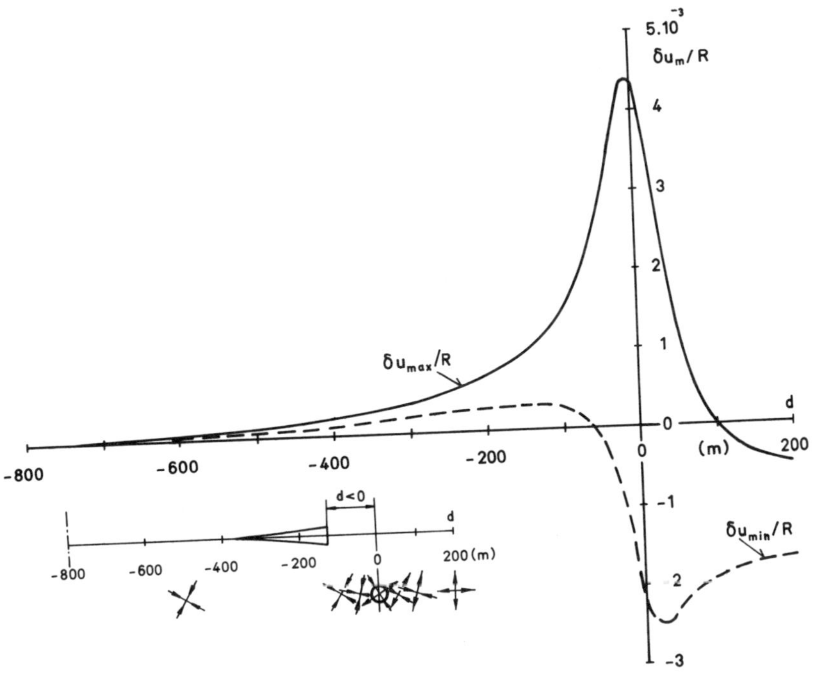

Bild 7.2.1 Grösste und kleinste relative Verschiebungen deametral entgegengesetzter Enden eines kreisförmigen Streckendurchmessers zur Zeit der Annäherung und Überbauung durch ein Streb.

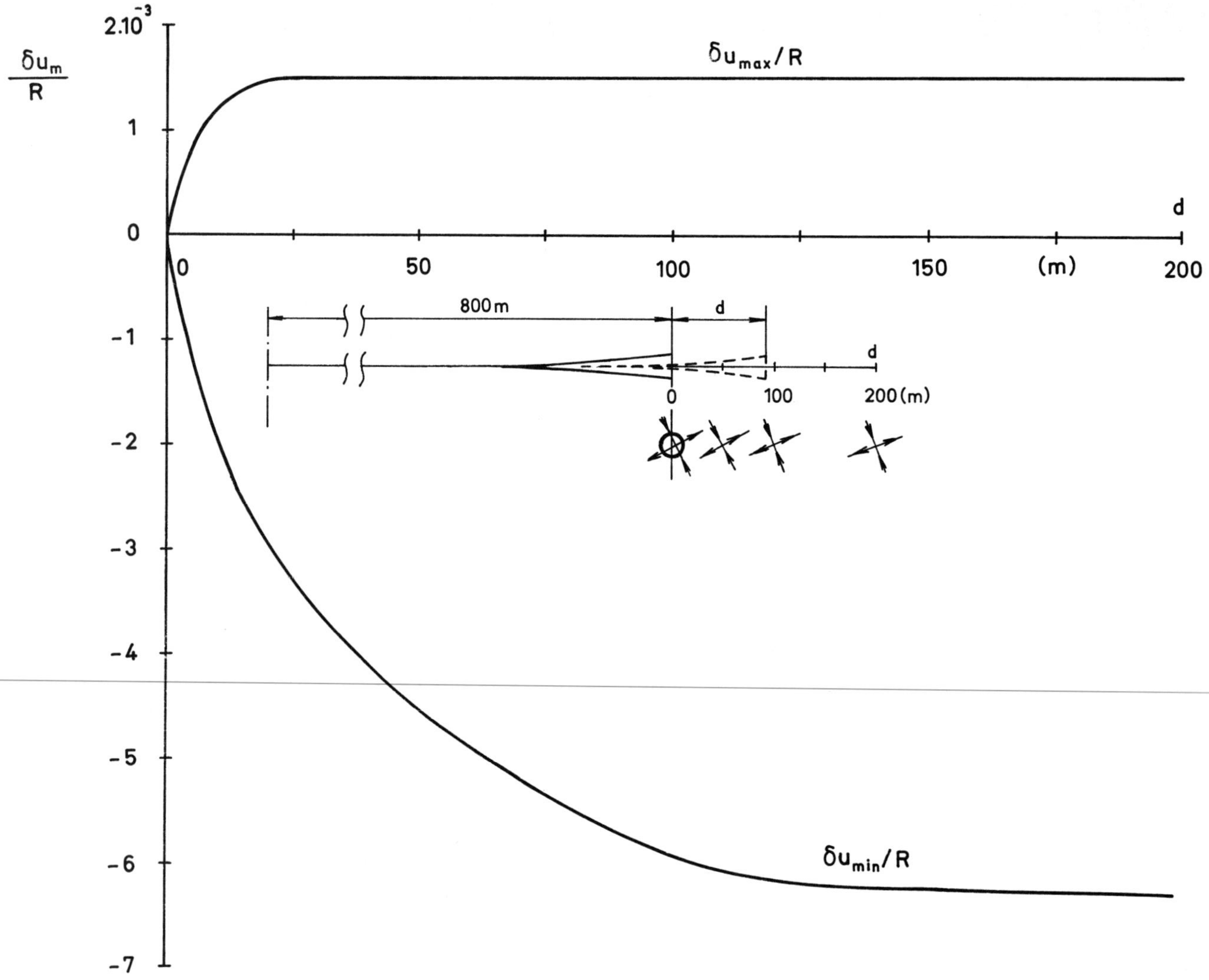

Bild 7.2.2 Grösste und kleinste relative Verschiebungen deametral entgegengesetzter Enden eines kreisförmigen Streckendurchmessers, die sich unterhalb eines Strebs gebildet haben mit anschliessendem Überbauens durch diesen Streb.

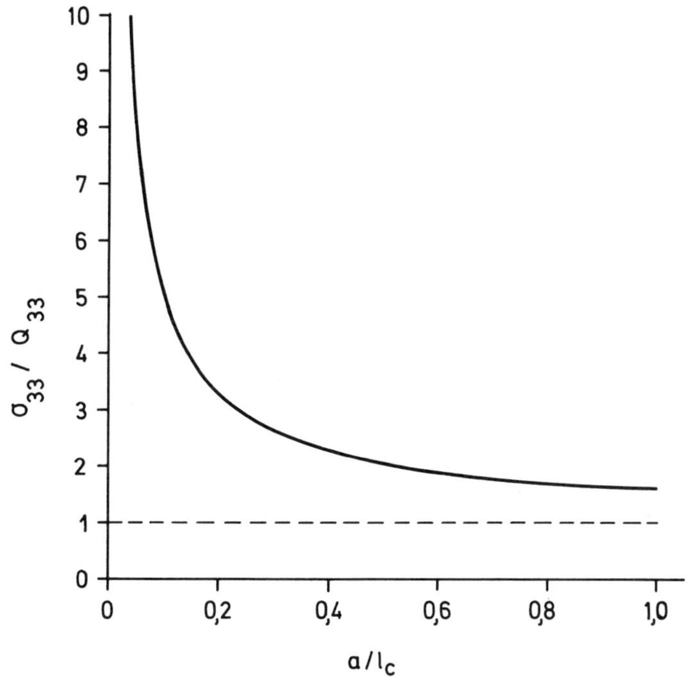

Bild 7.3.1 Vertikale Spannung in der Mitte eines langrippigen Pfeilers in grosser Teufe.

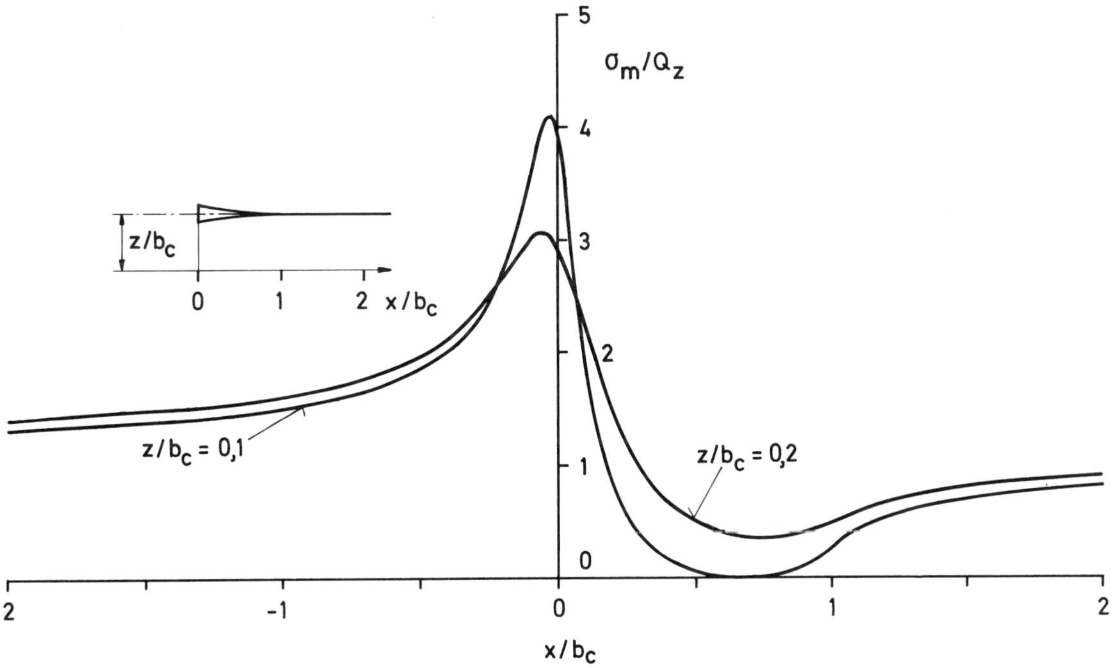

Bild 7.3.2 Die grössere der Gesamthauptspannungen unterhalb des Anstehenden.

In der ganzen Welt ist es, von einigen Ausnahmen abgesehen, üblich, das Schachtsystem mit einem nicht abgebauten Sicherheitspfeiler zu schützen, das heisst, mit dem "Sicherheitspfeiler". Das Problem der Planung von Schachtpfeilern hat Bergbauingenieure seit langem beschäftigt. Statham (1929) zitiert zehn empirische, von verschiedenen Fachleuten aufgestellte Formeln für die Bestimmung der Pfeilergrösse. Das "Mining Engineers Handbook" (Handbuch des Bergbauingenieurs von Peele, 1941) zitiert acht Regeln zur Bestimmung der Schachtpfeilerabmessung. Die meisten dieser Formeln empfehlen eine lineare Zunahme des Pfeilerdurchmessers (oder der Breite im Falle von quadratischen Pfeilern) mit der Teufe. In einigen Fällen wird der Durchmesser proportional zur Quadratwurzel der Teufe angenommen. Nur sehr wenige Autoren betrachten die Flözmächtigkeit als einen genügend wichtigen Faktor, um ihn in die Kalkulationen einzuschliessen.

Bereits 1929 kam Statham zu dem Schluss, dass die Verschiedenheit der Formeln für praktische Zwecke viel zu gross ist. Dämen (1972) kam zu demselben Schluss nach Berechnung einer Reihe von Pfeilerradien auf der Basis der Formeln in Peeles Handbuch.

Statham (1929) empfahl nach Verwertung der damals bestehenden Formel eine sogenannte "rationale" Methode für die Bestimmung von Pfeilergrössen. Diese Methode basiert auf dem "Grenzwinkel" (siehe Abschnitt 8.1); demnach wächst die Pfeilergrösse proportional zur Teufe. Die Bedeutung der Abbauteufe wird nicht in Betracht gezogen. Dies ist die anerkannte und in Europa während der letzten Jahrzehnte angewandte Methode, Fritzsche und Potts (1954), Zambó (1957). In einer Veröffentlichung neueren Datums über dieses Thema, Richter und Németh (1961), wird der Grenzwinkel (von der Vertikalen aus gemessen) durch einen kleineren Winkel ersetzt, der an die Zone der "widrigen" Bewegungen angrenzt.

Ein gemeinsamer Aspekt aller Methoden, die auf dem Begriff irgendeines begrenzenden Winkels basieren, ist der, dass sie Pfeilerausmasse definieren, gleichgültig, ob eine Oberflächenstruktur oder ein vertikaler Schacht geschützt werden soll. Da die Oberfläche in der Nähe der meisten Schächte dicht bebaut ist, ist dieser Fehler nicht notwendigerweise tragisch, wenn der Abbau in relativ geringen Teufen stattfindet. Unter solchen Umständen wird ein Pfeiler, ob er zur Sicherung eines Schachtes oder irgendeines Oberflächenobjektes in der Nähe des Schachtes entworfen wurde, gewöhnlich beide Funktionen erfüllen.

Allgemein gibt es jedoch einen grundsätzlichen Unterschied zwischen den zwei Arten von Pfeilern. Oberflächenobjekte befinden sich in einer Ebene, die gewöhnlich von der Ebene (oder den Ebeben) der Lagerstätte weit entfernt ist. Ein Schacht durchfährt dagegen sämtliche Schichten von der Oberfläche bis zum Flöz. Folglich lässt sich eine "kritische" oder "sichere" Teufe mit bezug auf ein Oberflächenobjekt (siehe Kapitel 8) definieren, aber nicht für einen Schacht. Es existiert immer eine Schachtsektion, die gesichert sein muss; fernerhin müssen die Hilfsbaue in der Nähe der Schachtsohle abgesichert werden. Die Erörterung in diesem Abschnitt bezieht sich auf den Bergbau in tiefen Gruben, bei dem Oberflächenstrukturen nicht gefährdet werden.

Bei der Sicherung von Schachtsystemen müssen zwei Faktoren berücksichtigt werden. Erstens bestimmen die resultierenden Spannungen den Auflockerungsgrad um den Schacht und die Hilfsbaue. Zweitens können die Komponenten der verschiedenen relativen Bewegungen den Betrieb des Schachtes beeinträchtigen. Zum Beispiel kann eine grosse horizontale relative Bewegung der Schachtachse schnelle Förderzüge gefährlich oder sogar unmöglich machen.

Der Bergbau ist ein kontinuierlicher Prozess und seine geometrische Anordnung ändert sich ständig. Die Sicherheitsmassnahmen eines zum Schutz der Schachtinstallationen müssen so geplant werden, dass der Schacht zu keinem Zeitpunkt während seines Bestehens gefährdet ist. Demnach ist für die Planung dieser Massnahmen einige Kenntnis der Entwicklung des zukünftigeen Abbaubetriebes notwendig.

Oft lässt sich natürlich der zukünftige Abbaufortschritt nicht mit irgendeinem Grad von Verlässlichkeit voraussagen. Um diese Aufgabe zu bewältigen, schlug Salamon (1962, 1964a) vor, dass ein Schutzschema zur Sicherung der fraglichen Struktur so geplant werden sollte, dass es den ungünstigsten Fall für die Geometrie der Abbauräume annimmt. Diese ungünstigste Geometrie wird definiert, um die obere Grenze der kritischen Spannung und relativen Bewegungen angeben zu können; sie lässt sich mit Hilfe des Face Element Prinzips bestimmen. Diese Gedanken werden hier auf der Grundlage des einfachsten, nicht trivialen Beispiels erklärt.

Es sei angenommen, ein horizontal geplantes Flöz befinde sich in beträchtlicher Teufe, das heisst, $\ell_c \leq 0{,}2H$ wobei ℓ_c die kritische halbe Spannweite darstellt. Unter diesen Bedingungen braucht nur die Konvergenz berücksichtigt zu werden, und es wird genügen, die sogenannte Lösung für "unendliche Teufe" zu verwenden.

Die Verschiebungsverteilung in bezug auf ein einzelnes Face Element (Abschnitt 3.4) ist radial symmetrisch, das heisst, sie wird durch eine vertikale Δw und eine horizontal radiale Δu Verschiebungskomponente definiert Den Ursprung des Koordinatensystems am Face Element setzen wir mit der z-Achse nach unten gerichtet. Die Fläche des Face Elementes lassen wir ΔA sein und seine Konvergenz s_z. Auf der Basis der Dimensionsanalyse können die Verschiebungskomponenten des Punktes (r,z) unterhalb des Flözes $(z>0)$ wie folgt ausgedrückt werden:

$$\begin{aligned} \Delta w &= (s_z/2\pi)F_1(\rho^2)(\Delta A/z^2), \\ \Delta u &= (s_z/2\pi)\rho F_2(\rho^2)(\Delta A/z^2), \end{aligned} \tag{1}$$

wobei $\rho = r/z$ ist. Die vertikale Verschiebung wird für $z<0$ negativ. Der Divisor 2π wird aus Gründen der Bequemlichkeit eingefügt. Die cartesischen Komponenten Δu_x und Δu_y der horizontalen Verschiebung erhält man aus Δu durch Ersetzen von ρ mit $\rho\cos\varphi$ und $\rho\sin\varphi$. Sowohl F_1 wie auch F_2 nähern sich Null nicht langsamer als ρ^{-3} wenn $\rho \to \infty$ geht.

Die Differentialbewegungskomponenten, die den reibungslosen Schachtbetrieb gefährden könnten, sind die vertikale Verformung und die Neigung (Neigung aus der Vertikalen). Diese Komponenten können sowohl für positive als auch negative Werte von z aus den Verschiebungen in (1) abgeleitet werden:

$$\Delta\epsilon_z = \frac{\partial \Delta w}{\partial z} \tag{2}$$
$$= -\frac{s_z}{\pi|z|}[F_1(\rho^2)+\rho^2 F_1'(\rho^2)]\frac{\Delta A}{z^2},$$

$$\Delta t_x = \frac{\partial \Delta u_x}{\partial z}$$
$$= -\frac{s_z}{2\pi z}\rho\cos\varphi[3F_2(\rho^2)+2\rho^2 F_2'(\rho^2)]\frac{\Delta A}{z^2}. \tag{3}$$

In diesen Formeln ist $F_1'(\rho^2)/d\rho^2$.

Die vertikale Beanspruchung in (2) wird als erstes untersucht. Die Wurzel ρ_0 des Ausdruckes in rechteckigen Klammern, das heisst,

$$F_1(\rho_0^2)+\rho_0^2 F_1'(\rho_0^2) = 0, \tag{4}$$

teilt die Flözebene in zwei Zonen für jeden Wert von z. Da für $\rho>\rho_0$ $\Delta\epsilon_z>0$ ist, wird der Punkt (0,z) die grösste Kompression erfahren, wenn die Zone $r_0<r<\infty$ abgebaut wird und einheitlich konvergiert ($S_z=S_m$) kein Abbau aber in $r<r_0$ stattfindet. Durch Umkehr der Konvergenzverteilung wird maximale Spannung in diesen Zonen erzielt.

Nehmen wir an, der Schacht soll durch einen massiven Pfeiler vom Radius R_p abgesichert werden. Zu diesem Schachtzweck wird der Schacht in zwei Zonen geteilt. An dem dem Flöz näheren Teil, d.h., dort, wo $0<|z|<|z_0|$ ist, findet die grösste Kompression statt, wenn die Fläche für $r\geq R_p$ abgebaut und der Konvergenz $s_z= s_m$ unterworfen wird. Hier ist R_p/z_0 die Wurzel der Gleichung in (4). Im oberen Abschnitt des Schachtes wird der grösste Druck bewirkt, wenn die Konvergenz einheitlich und im Bereich $r\geq r_0\geq R_p$ gleich S_m ist.

Als nächster Schritt wird die Verteilung der vertikalen Verformung entlang der Schachtachse abgeleitet, die durch einheitliche Konvergenz ausserhalb eines kreisförmigen Bereiches mit dem Radius R induziert wird, wobei $R\geq R_p$ ist. Aus (2) ergibt sich

$$\epsilon_z = -\frac{s_m}{\pi|z|}\int_R^\infty\int_0^{2\pi}[F_1(\rho^2)+\rho^2 F_1'(\rho^2)]\frac{r\,dr\,d\varphi}{z^2},$$

das nach Integrierung

$$\epsilon_z=(s_m/|z|)(R/z)^2 F_1(R^2/z^2). \tag{5}$$

ergibt. Zur Bestimmung des stationären Wertes von ϵ_z differenziere man den Ausdruck in (5) hinsichtlich z und setze das Ergebnis gleich Null:

$$\frac{\partial\epsilon_z}{\partial z} = 0 \tag{6}$$
$$=-s_m R^3/z_m^4[3F_1(R^2/z_m^2)+2(R^2/z_m^2)F_1'(R^2/z_m^2)]$$

Die Verschiebung Δw in (1) über dem Flöz ist negativ und sein Wert erhöht sich kontinuierlich von einem Medium bei r = 0 bis Null bei r = ∞ ; daher ist $F_1(\rho^2)< 0$ und $F_1'(\rho^2)>0$ für $z<0$. Dies bedeutet, dass

$$F_1(R_p^2/z_0^2)+\tfrac{2}{3}(R_p^2/z_0^2)F_1'(R_p^2/z_0^2)<0,$$

da R_p^2/z_0^2 (4) genügt und da $\partial\epsilon_z/\partial z>0$ ist für $z = z_0<0$. Diese Bedingungen sind ausreichend, um sicher zu gehen, dass $z_0<z_m<0$ ist, vorausgesetzt, dass (6) ein Maximum von ϵ_z definiert und dass ϵ_z nur einen stationären Wert im Bereich $-\infty<z<0$ besitzt. Alle praktischen Funktionen F_1 genügen diesen Bedingungen. Eine identische Überlegung würde zu $0<z_m<z_0$ für den Bereich unterhalb des Flözes führen. Folglich ist

$$|z_m|<|z_0|. \tag{7}$$

Das bedeutet, dass ϵ_z ein Maximum hat, wenn $R = R_p$ ist; dieses Maximum tritt für $z = z_m$ auf, was man aus (6) durch Einsetzen von R_p für R erhält.

Eine spezifische Form der Funktion F_1 ist

$$F_1(\rho^2)=[2(2-\nu)+(1-2\nu)\rho^2]/4(1-\nu)(1+\rho^2)^{5/2} \tag{8}$$

für das homogene isotrope Modell, Salamon (1962, 1963). Die Einfügung dieser Funktion in (5) ergibt

$$\epsilon_z=(s_m/R_p)[2(1-\nu)(z/R_p)^2$$
$$+(1-2\nu)]/4(1-\nu)[1+(z/R_p)^2]^{5/2} \tag{9}$$

dessen Maximum bei

$$z_m = \pm[(1+2\nu)/2(2-\nu)]^{\frac{1}{2}}R_p. \tag{10}$$

eintritt. Die maximale Druckverformung ist schliesslich

$$\epsilon_{max}=[(2/5)^{3/2}(2-\nu)^{5/2}/5(1-\nu)](s_m/R_p),$$

Dieser Ausdruck ist fast unabhängig von der Poissonschen Zahl, was man durch Einsetzen beliebiger Werte für ν feststellen kann; er kann daher angenähert werden durch:

$$\varepsilon_{max} \simeq 0{,}28(s_m/R). \qquad (11)$$

Es ist wichtig, sich darüber klar zu werden, dass der durch (11) gegebene Wert die absolut obere Grenze der vertikalen Druckbeanspruchung in der Schachtachse ist. Dieser Wert wird nicht überschritten, ungeachtet der Planung des Abbaus ausserhalb des Sicherheitspfeilers, vorausgesetzt, die effektive Höhe der Baue übersteigt nicht s_m .

Die ungünstigste Geometrie im Hinblick auf die Neigung wird durch die Vereinigung derjenigen Face Elemente definiert, deren Beitrag dasselbe Vorzeichen hat. Aus (3) werden die Positionen derjenigen Face Elemente, die keinen Beitrag leisten, durch

$$\begin{aligned} &(a) \quad \varphi = \pm \pi/2 \\ &(b) \quad 3F_2(\rho_t^2)+2\rho_t^2 F_2'(\rho_t^2)= 0, \end{aligned} \qquad (12)$$

definiert, wobei (a) und (b) respektive die y-Achse und einen Kreis mit dem Radius r_t angeben. Wie zuvor ist $r_t/z=\rho_t=$ konstant, so dass der Radius des Kreises mit z zunimmt. Die Bedingungen (a) und (b) sind in Bild 7.4.1 (a) und (b) dargestellt. Die schraffierten Bereiche in Bild 7.4.1 (c) geben die mögliche Lage derjenigen Face Elemente an, die zur positiven Neigung am Punkt (0,z) beitragen. Es sei nun R_p/z_t die Wurzel von (12b), wo z wiederum den Schacht in zwei Abschnitte teilt. In Bild 7.4.2 (a) und (b) ist die Abbauplanung dargestellt, die die grösste Neigung in den unteren($0<|z|<|z_t|$)und oberen($|z|>|z_t|$)Abschnitten bewirkt. Entsprechende Integrationen von (3) ergeben

$$0<|z|<|z_0| \qquad (13)$$

$$t_x=(s_m/z)[\alpha+(R_p/|z|)^3F_2(R_p^2/z^2)],$$

$$|z_0|<|z|<\infty$$

$$t_x=(s_m/z)[\alpha+2\beta-(R_p/z)^3F_2(R_p^2/z^2)], \qquad (14)$$

wobei

$$\alpha = -\lim_{\rho\to\infty}[\rho^3F_2(\rho^2)] \text{ und}$$

$$\beta =(R_p/|z_0|)^3F_2(R_p^2/z_0^3). \qquad (15)$$

ist.

Wiederum wird das homogene isotrope Modell als Beispiel für die Anwendung der Resultate in (13) bis(15) herangezogen. Salamon (1962, 1963) hat gezeigt, dass

$$F_2(\rho^2)=[2(1+\nu) -(1-2\nu)\rho^2]/4(1-\nu)(1+\rho^2)^{5/2}. \qquad (16)$$

Diese Funktion ermöglicht die Berechnung der Neigung entlang dem Schacht, Bild 7.4.3. Die Darstellung lässt erkennen, dass

$$t_{max}\simeq 0{,}13(s_m/R). \qquad (17)$$

ist.

Ist der Wert der Differentialbewegungskomponenten, die in einem Schacht geduldet werden können, bekannt, dann bieten die einfachen Beziehungen (11) und (17) die Grundlage für die Berechnung des Radius eines Sicherheitspfeilers. Da die zulässige Verformung sich in der Grössenordnung von 1×10^{-3} bewegt, scheint es, dass es beim Bergbau in grossen Teufen, wo diese Lösungen Anwendung finden, nicht schwierig ist, den Anforderungen von entweder (11) oder (17) gerecht zu werden. Somit sind die Spannungen wahrscheinlich kritischer für den Entwurf von Schachtpfeilern als die differentialen Verschiebungen.

Wenn der Schachtpfeiler vom Standpunkt der Kontrolle der Spannungsintensität erwogen wird, muss die Analyse die Lage nicht nur am Schacht selbst, sondern auch am Standort der Hilfsbaue umfassen. Dieser Anspruch macht die Aufgabe komplex, und hier wird auch nicht der Versuch unternommen, das Thema erschöpfend zu behandeln. In der Tat ist die Erörterung auf die Wiedergabe einer sehr nützlichen Art von oberen Grenzlösungen beschränkt.

Die vertikale induzierte Spannung wird infolge totaler Konvergenz von der Grössenordnung s_m ausserhalb des Radius R durch

$$\sigma_z^{(i)}/q=(\ell_c/R)[I(\rho,\zeta)-\zeta\partial I(\rho,\zeta)/\partial\zeta], \qquad (18)$$

gegeben, wobei q die vertikale Normalspannung im unverritzten Gebirge ℓ_c die kritische halbe Spannweite, $\ell_c=s_m G/2(1-\nu)q$ und

$$\rho = r/R, \qquad \zeta = z/R \qquad (19)$$

sind. Ferner bezeichnet $I(\rho,\zeta)$ folgende Funktion:

$$I(\rho,\zeta)=\{(1-\rho^2-\zeta^2)E(k)/[\zeta^2+(1-\rho)^2] +K(k)\}/\pi[\zeta^2+(1+\rho)^2]^{\frac{1}{2}} \qquad (20)$$

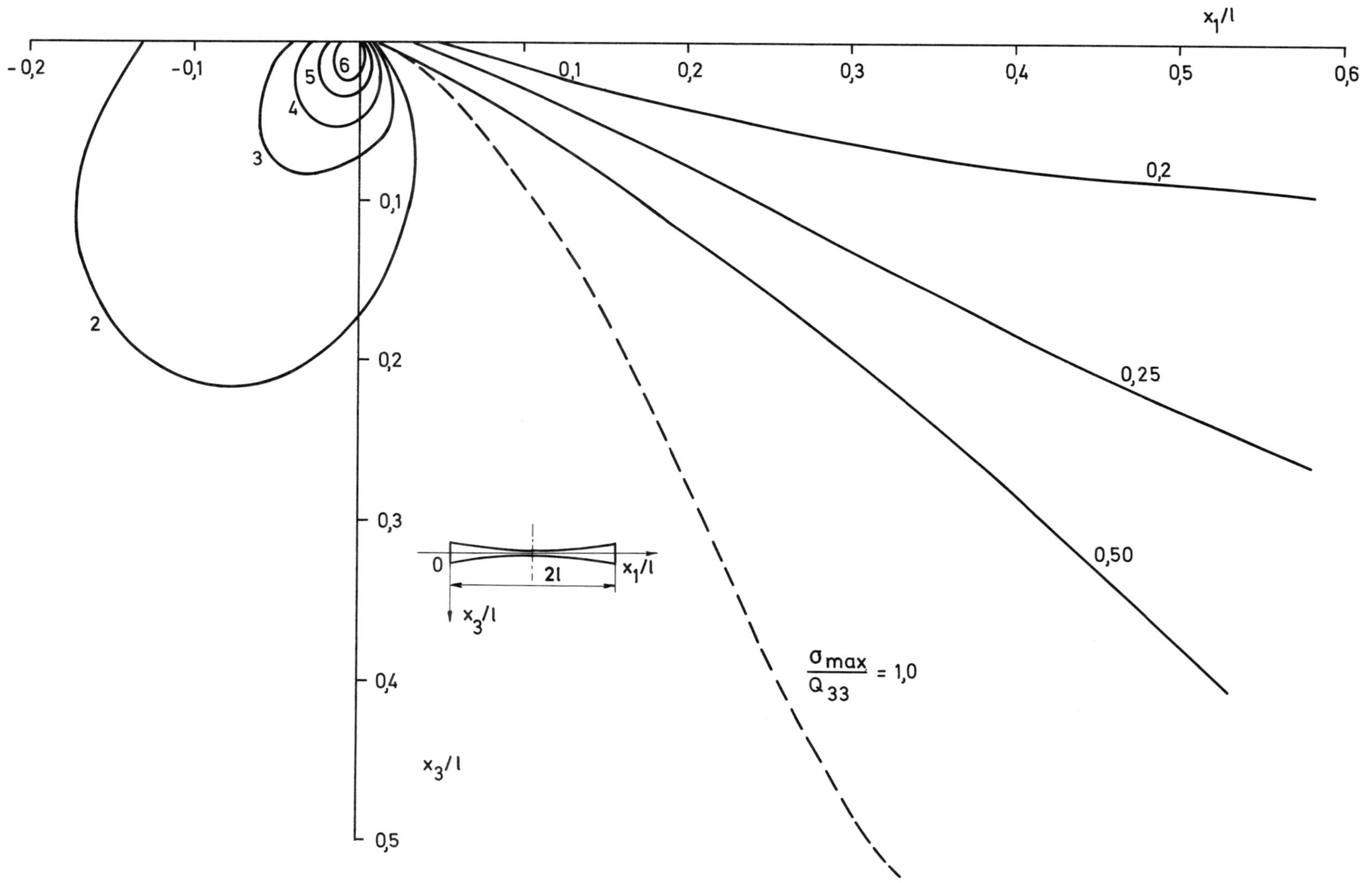

Bild 7.3.3 Umrisslinien der grösseren der Gesamthauptspannungen unterhalb einer offenen Abteilung.

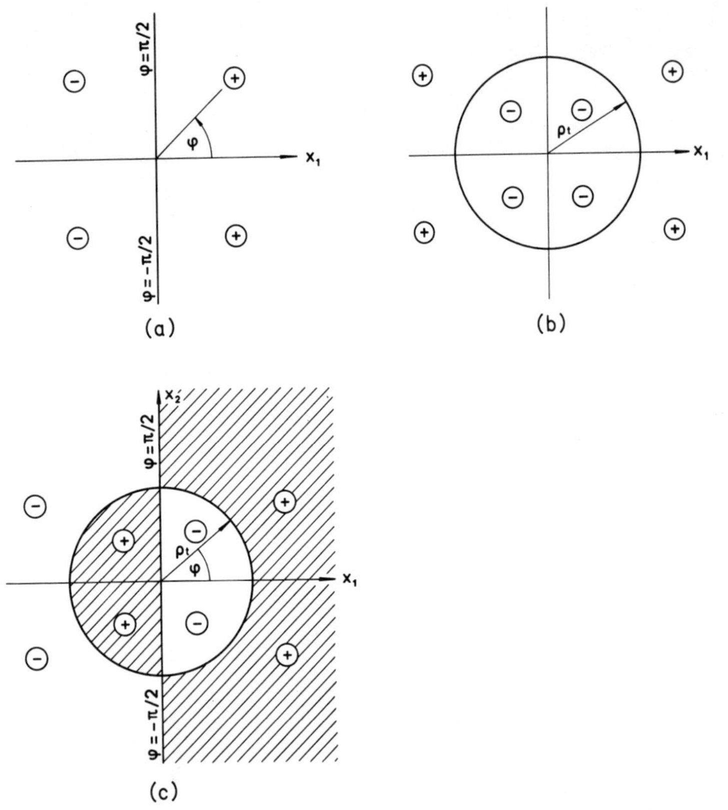

Bild 7.4.1 Definition der Bereiche, die zur positiven Neigung am Punkt (o,z) beitragen können.

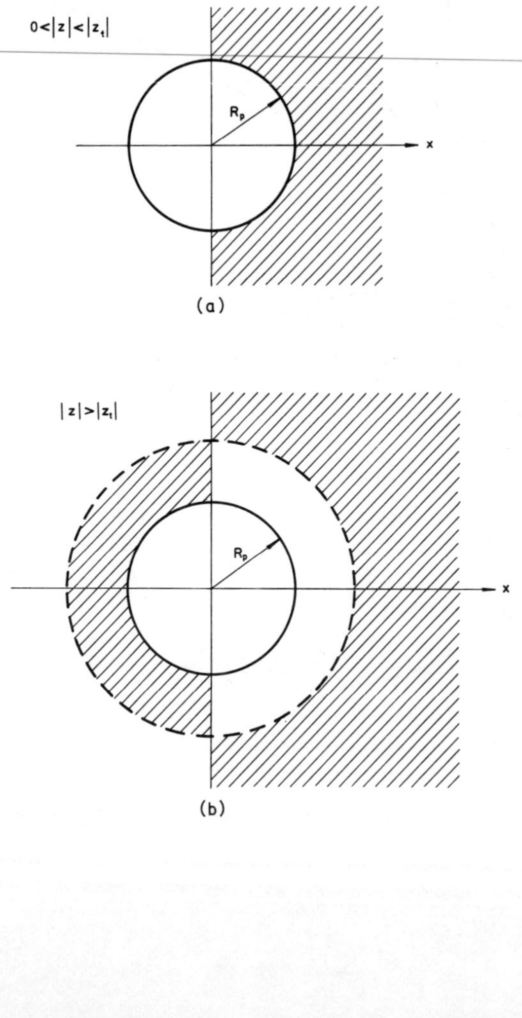

Bild 7.4.2 Ungünstigste Geometrien für die Neigung bei Vorhandensein eines Schachtpfeilers vom Radius R_p für Punkte in der Nähe des Flözes (a) und für vom Flöz (b) entfernt gelegene Punkte.

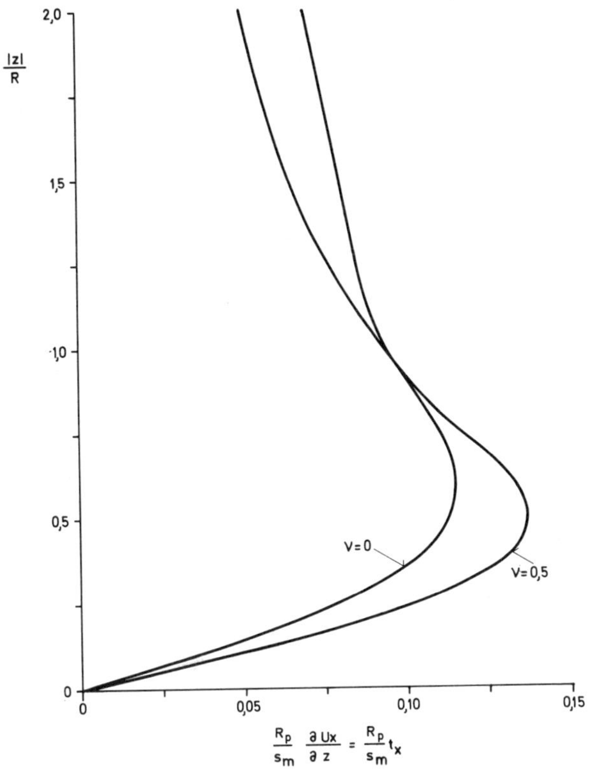

Bild 7.4.3 Normalisierte Neigung entlang der Achse eines vertikalen Schachtes im homogenen isotropen Modell.

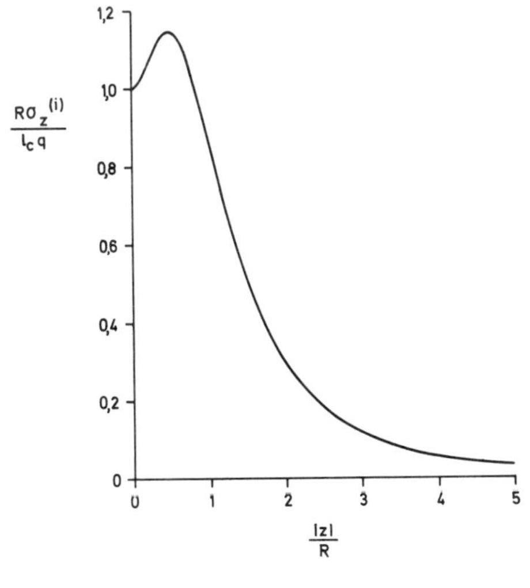

Bild 7.4.4 Normalisierte, vertikale induzierte Spannung entlang der Achse eines vertikalen Schachtes im homogenen, isotropen Modell - obere Grenzelösung.

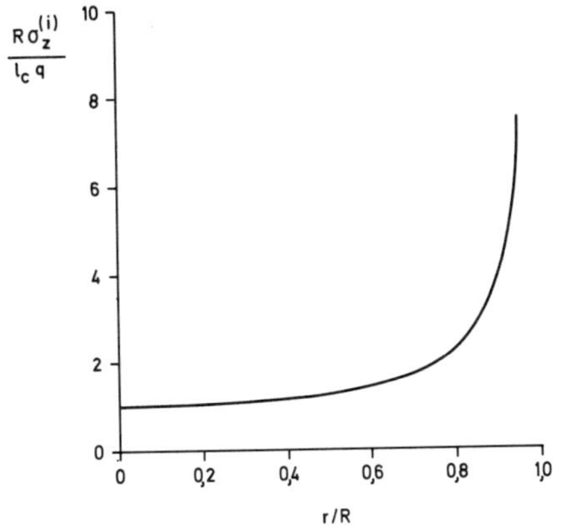

Bild 7.4.5 Normalisierte, vertikale induzierte Spannung, die auf den Schachtpfeiler im homogenen, isotropen Modell einwirkt - obere . Grenzelösung.

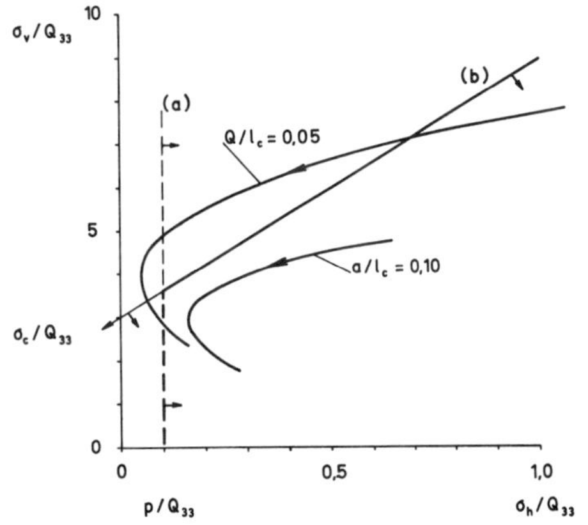

Bild 7.5.1 Planung von Wasserschranken.

bei der K(k) und E(k) die vollständigen elliptischen Integrale sind, deren Argument folgendes ist:

$$k^2 = 4\rho/[\zeta^2+(1+\rho^2)]. \tag{21}$$

Die Verteilung von $\sigma_z^{(i)}$ vereinfacht sich in zwei Sonderfällen beträchtlich, zuerst in der Schachtachse, $\rho = 0$

$$\sigma_z^{(i)}/q = \ell_c(1+4\zeta^2)/R(1+\zeta^2)^{5/2} \tag{22}$$

und zweitens an der Flözsohle $\zeta = 0$

$$\sigma_z^{(i)}/q = \ell_c[E(k)/(1-\rho)+K(k)/(1+\rho)]/\pi R. \tag{23}$$

Es ist interessant festzustellen, dass an dem Punkt, wo der Schacht das Flöz durchfährt

$$\sigma_z^{(i)}/q = \ell_c/R \tag{24}$$

ist. In den Bildern 7.4.4 und 7.4.5 sind die in (22) und (23) definierten Verteilungen dargestellt, die für die Planung von Pfeilern praktische Hilfe bieten.

Ehe wir die Frage der Schachtpfeiler verlassen, erscheint es der Mühe wert, zwei Beobachtungen anzustellen. Zunächst ist es von Interesse, dass die Spannungen im Massstab $\ell_c q/R$ dargestellt werden. Dies verleiht ℓ_c eine wichtige zusätzliche Rolle, Zweitens sind die Resultate in (22) und (23) mit den entsprechenden exakten Spannungsverteilungen verglichen worden, Moris (1972). Diese Vergleiche haben gezeigt, dass die hier vorgetragenen Ergebnisse keine zu vorsichtigen oberen Grenzwerte der vertikalen Spannungen darstellen, ausser in Nähe vom Pfeilerstoss.

Zweifellos ist das klassische Mittel des Schachtschutzes der massive Schachtsicherheitspfeiler, obgleich er einige Zeit lang etwas an Bedeutung verloren hatte. Statham (1929) stellte folgende Beobachtung über die Idee, dass Schachtpfeiler unnötig seien an: "Soweit dem Verfasser (Statham) bekannt ist, ist diese Idee nie bei der Planung einer Grube übernommen worden, und es wäre schwierig, einen Bergbauingenieur zu finden, der die Verantwortung für die Verfolgung eines solchen Kurses übernehmen würde."

Die Ansichten über Schutzpfeiler haben sich seit 1929 weitgehend geändert. Zum Beispiel schrieben Fritzsche und Potts (1954): "Die grossen Nachteile der zur Abstützung belassenen Kohlenpfeiler, besonders der für Schächte und Gebäude über Tage sowie die fortschreitenden Kenntnisse über Schichtbewegungen in Abbaugebieten und Oberflächensenkung haben die Notwendigkeit erwiesen, dass derartige Pfeiler so weit wie möglich vermieden werden sollten." Es gibt eine Anzahl von bekannten Beispielen, bei denen keine Pfeiler zum Schutz eines Schachtes belassen wurden. Wenigstens einer dieser Fälle ist ausführlich beschrieben worden, Barcza und Willich (1958). Es wird hier auch nicht versucht, die Planung solchen Vorgehens zu erörtern. Kurz gesagt, baut man das Flöz oder den Gang um die Schachtsohle herum zuerst ab und kontrolliert die Gesteinsbewegungen mit Vollversatz. Die Gedankenführung in Kapitel 6 würde andeuten, dass dies sehr wirkungsvoll im Tiefbau angewandt werden kann, ohne mehr als eine kurze Länge des Schachtes zu beeinträchtigen.

7.5. Entwurf von Wasserschranken

Eine weitere interessante Anwendung der gebirgsmechanischen Grundsätze betrifft den Entwurf von Sperren, die eine Grube vor Wassereinbruch von einer Nachbargrube schützen sollen.

Bei der Planung einer derartigen Schranke muss sichergestellt werden, dass ein kontinuierlicher "Vorhang" von Gestein zwischen den zwei Gruben überall dort stehen bleibt, wo

(a) die kleinste effektive Hauptspannung kompressiv und

(b) das Gestein in ungebrochenem Zustand ist.

Diese Bedingungen wurden von Cook im Jahre 1969 formuliert.

Für den Abbau in grossen Teufen lässt sich die analytische Lösung hinsichtlich eines isolierten langen Rippenpfeilers, Abschnitt 6.2(i), für den Entwurf von Schranken auf der Grundlage dieser Prinzipien σ_h verwenden. Aus 6.2 (45) sind die resultierenden horizontalen und vertikalen Hauptspannungen σ_v bzw. entlang der vertikalen Symmetrieebene des Pfeilers wie folgt:

$$\sigma_h = q\left[-(1-k)+\alpha k\zeta+\left(\frac{\zeta^2+\rho^2}{\zeta^2+1}\right)^{\frac{1}{2}} - \frac{(\rho^2-1)\zeta^2}{(\zeta^2+1)^{3/2}(\zeta^2+\rho^2)^{\frac{1}{2}}}\right] \tag{1}$$

$$\sigma_v = q\left[\alpha\zeta+\left(\frac{\zeta^2+\rho^2}{\zeta^2+1}\right)^{\frac{1}{2}} + \frac{(\rho^2-1)\zeta^2}{(\zeta^2+1)^{3/2}(\zeta^2+\rho^2)^{\frac{1}{2}}}\right], \tag{2}$$

wobei q und kg die vertikalen und horizontalen Spannungen im unverritzten Gebirge in der Flözebene sind, das heisst, in der Teufe H. Es sei auch vorausgesetzt, dass die Breite der Schranke 2a ist und

$$\alpha = a/H, \qquad \zeta = x_3/a, \qquad \rho = L/a, \tag{3}$$

wobei (L-a) die Breite des offenen Bereiches auf beiden Seiten des Pfeilers darstellt, siehe Bild 6.2.7.

Eine Überprüfung der Formeln in (1) und (2) ergibt, dass die grössten und kleinsten Hauptspannungen σ_1 bzw. σ_2, entlang der Symmetrieebene σ_v und σ_h auftreten, (vorausgesetzt $0 \leq k \leq 1$). Wenn der erwartete maximale Wasserdruck p ist und das Bruchkriterion sich als $\sigma_1 = \beta\sigma_3 + \sigma_c$ ausdrücken lässt, dann lassen sich die zwei Bedingungen für die Planung einer Schranke wie folgt angeben

$$\text{(a)} \qquad \sigma_h - p > 0, \qquad (4)$$

$$\text{(b)} \qquad \sigma_v < \beta\sigma_h + \sigma_c.$$

Die erste dieser Ungleichheiten ergibt sich aus der Definition der Effektivspannung,(J.+C.,S 206) .

Man kann für die Bestimmung der Mächtigkeit des Standpfeilers, für den die Kriterien in (4) erfüllt sind, eine einfache graphische Methode anwenden. In Bild 7.5.1 ist die vertikale Spannung in (2) als eine Funktion von σ_h in (1) für Werte des Verhältnisses a/ℓ_c dargestellt. Die Pfeile an diesen Kurven geben die Richtung an, in der sich der durch das Paar σ_h, σ_v definierte Punkt mit zunehmendem Abstand von der Lagerstätte bewegt. Die Zahlenwerte werden für das Hangende berechnet, wo das Minimum von σ_h eintritt und unter der Voraussetzung, dass k = 1/2 ist.

In der gleichen Abbildung stellt die punktierte senkrechte Linie (a) die erste und die geneigte vollausgezogene Linie (b) die zweite Bedingung in (4) dar. In dem aufgeführten Beispiel ist der Pfeiler für den $a/\ell_c = 0{,}05$ unzureichend, wohingegen der breitere Pfeiler für den $a/\ell_c = 0{,}10$ ist, beiden Bedingungen in (4) genügt.

Natürlich ist durch die Anwendung einer Lösung aus der Elastizitätslehre zur Überprüfung der Entwurfskriterien ein sehr kompliziertes Problem weitgehend vereinfacht worden. Es ist deshalb ratsam, sich zu versichern, dass es zur Befriedigung der Ungleichheiten in (4) eine entsprechende Sicherheitsspanne verwendet wird.

8. BERGSCHÄDEN

8.1 Einleitung

Anscheinend wurde die Frage, ob eine durch Abbauarbeiten unter Tage ausgelöste Gebirgsbewegung Strukturen auf der Oberfläche beschädigen könnte, zum ersten Male in der belgischen Stadt Lüttich gestellt. Im Jahre 1825 wurde eine Kommission zur Untersuchung von zu Tage tretenden Spalten in der Umgebung von Kohlengruben eingesetzt. Gounot versuchte, diese Frage mit einer Hypothese zu beantworten, nach der Zerklüftung und Bewegung der Schichten über dem Abbauraum in einer Zone auftreten, die von senkrecht zum Flöz gelegenen Ebenen begrenzt wird, und nach der ferner diese senkrechten Ebenen an den Randzonen der Abbauräume entstehen.

Die Arbeit aller früheren Forscher wurde durch den Grundsatz des Einflussbereiches bestimmt. Die Definition des Einflussbereiches basierte auf dem Begriff des "Bruchwinkels" (oder "Grenzwinkels" oder "Einflusswinkels"). Das Ziel dieser Forschungsarbeiten war es, das Profil der Verschiebungskomponenten zwischen den durch diesen Winkel definierten Grenzpunkten zu beschreiben(oder genauer, zwischen den durch den Schnittpunkt der Grenzflächen mit der Oberfläche definierten Kurven). Obgleich der Begriff eines begrenzenden Winkels, einer Demarkationslinie zwischen beweglichem und festem Boden theoretisch recht unhaltbar ist, ist die Methode eine beträchtliche Zeit lang erfolgreich angewandt worden.

Sie führte zu der Forderung des Prinzips der "subkritischen", "kritischen" und "superkritischen" Abbaufrontweiten. Die Weite der Abbaufront wird superkritisch genannt, wenn sie mehr und subkritisch, wenn sie weniger als das Zweifache des kritischen Radius oder des Einflussradius beträgt.

Wahrscheinlich ist die wichtigste Entwicklung in der Bergschadenskunde mit dem Namen Keinhorst (1934) verbunden. Mit seiner Teilung des Einflusskreises (horizontale Schichtung) in zwei Teile, einer zentralen Zone und einer Perimeterzone, hat er die Grundlage für die sogenannte "Zonenberechnungsmethode" geschaffen. Er nahm an, dass der Beitrag des Abbaus zur Bodensenkung des zentralen Punktes an der Tagesoberfläche für jede Zone verschieden ist und empirisch bestimmt werden sollte. Das Prinzip der Face Elemente kann als eine fortschrittliche Version von Keinhorsts ursprünglicher Methode der Zonenberechnung betrachtet werden. Auf dem europäischen Festland haben viele zur Verfeinerung von Keinhorsts Arbeit beigetragen. Eine neuere Form davon ist kürzlich von Hiramatsu und Oka (1968) präsentiert worden.

Die meisten britischen Bergschadensingenieure haben die auf ringförmigen Zonen beruhende Methode von sich gewiesen, "weil die Form der Senkungsprofile mit dem Breiten-Teufen-Verhältnis der Gewinnung variiert" (Subsidence Engineer's Handbook, 1966), (Handbuch der Bergschadensingenieure, 1966). Während die ursprüngliche Zonenberechnungsmethode zweifellos ein Profil ergibt, das, wenn es normalisiert wird, tiefenunabhängig ist, leidet die Face-Element-Technik nicht an dieser Unzulänglichkeit.

Die bis jetzt erörterten Begriffe beziehen sich natürlich ausschliesslich auf Tagesoberflächensenkung infolge des Abbaus von tafelförmigen Lagerstätten. Natürlich wird die Gewinnung jeder andersförmigen Lagerstätte auch zur Verschiebung der Tagesoberfläche führen. Die grosse laterale Ausdehnung flözartiger Lager verursacht jedoch mehr Probleme in dieser Hinsicht als die Gewinnung jeder anderen Art von Mineralvorkommen. Ferner ist relativ wenig systematische Arbeit im Zusammenhang mit nicht tafeligen Lagerstätten geleistet worden. Aus diesen Gründen ist die Erörterung in diesem Kapitel auf Probleme tafelförmiger Abbauräume beschränkt.

8.2 Durch Senkung verursachter Schaden

Allgemein verursacht starre Verschiebung von Strukturen keinen Schaden, obgleich sie gelegentlich der Ursprung einiger Schwierigkeiten sein könnte. Ernste, sich aus Tagesoberflächensenkung ergebende Probleme beruhen immer auf Differentialbewegungen oder auf relativen Verschiebungen zwischen verschiedenen Punkten eines Gefüges.

Von den Differentialbewegungskomponenten sind die Neigung T, die Krümmung $\varkappa$, die horizontale Dehnung ϵ und die horizontale Verzerrung γ von Bedeutung. Die Neigung an einem Punkt, sagen wir Punkt P, ist die Steigung der Senkungskurve an diesem Punkt, die man durch Schnitt der Senkungsmulde mit einer vertikalen Ebene erhält. Neigung der Tagesoberfläche kann hohe Bauten möglicherweise instabil machen und ebenfalls einige Maschinenfundamente beeinflussen, die horizontal gehalten werden müssen, Lambe und Whitman (1969). Darüber hinaus kann eine Veränderung im Gradienten Bodenentwässerungs- oder Kanalisationssysteme ändern.

Wenn die vertikale Schnittfläche am Punkt P um eine vertikale Achse rotiert, ändert sich die Neigung. Man bezeichne die Grösse der vertikalen Senkung durch w. Ist die Tagesoberfläche einigermassen eben und sind die Verschiebungskomponenten kontinuierliche Funktion (siehe Abschnitt 8.3) der Koordinaten, dann kann die Neigung in jeder Richtung in Ausdrücken für zwei rechtwinklige Komponenten, sagen wir T_x und T_y ausgedrückt werden, vorausgesetzt, die Tagesoberfläche selbst bildet die xy-Ebene:

$$T = T_x \cos\beta + T_y \sin\beta, \tag{1}$$

wobei der Winkel β von der x-Achse aus gemessen wird und

$$T_x = \partial w/\partial x, \qquad T_y = \partial w/\partial y \tag{2}$$

ist. In jedem Punkt gibt es eine Richtung, in der die Neigung maximal ist; die Neigung im rechten Winkel dazu ist Null. Der Wert der maximalen Neigung ist

$$T_{max} = (T_x^2 + T_y^2)^{\frac{1}{2}} \tag{3}$$

und sie ist der Richtung zugeordnet, wo

$$\beta = \alpha = \tan^{-1}(T_y/T_x) \qquad (4)$$

ist. Aus dieser Erörterung wird offenbar, dass die Neigung wie ein Vektor behandelt werden kann.

Infolge ungleichmässiger vertikaler Absenkung nimmt eine Zone in der Nähe von Punkt P entweder die Form einer konkaven oder einer konvexen Fläche an. Der geeigneteste Massstab für diese Form von Differentialbewegung ist die Krümmung (d.h. die Umkehrung des Krümmungsradius). Die Krümmung der Mulde bei P ist in einer beliebigen Richtung wie folgt:

$$\kappa = \kappa_{xx}\cos^2\beta + 2\kappa_{xy}\sin\beta\cos\beta + \kappa_{yy}\sin^2\beta, \qquad (5)$$

wobei $\kappa_{xx} = \partial^2 w/\partial x^2$ und $\kappa_{yy} = \partial^2 w/\partial y^2$ die Krümmungen in den respektiven xz und yz-Ebenen und $\kappa_{xy} = \partial^2 w/\partial x\partial y$ die Dehnung der xy-Ebene sind.

Das Krümmungsverhalten bei Rotierung der Schnittebene ist analog dem der Normalverformung in zwei Dimensionen. Somit gibt es an jedem Punkt zwei senkrechte Richtungen, in denen die Krümmung maximal κ_1 und minimal κ_2 ist. Diese Richtungen und die entsprechenden Hauptkrümmungen lassen sich aus den gut bekannten für die Normalverformung abgeleiteten Formeln errechnen, (J.+C., SS. 37-41).

Im Bauingenieurwesen ist ein oft angewandter Massstab für nicht gleichmässige Absenkung das Verhältnis δ/ℓ Lambe und Whitman (1969). Hier ist δ die Differentialabsenkung zweier Punkte im Fundament und ℓ der Abstand zwischen ihnen, Bild 8.2.1 (a). Da das Produkt $\kappa\ell$ klein ist, lässt sich folgende annähernde Relation auf der Basis von Bild 8.2.1 (b) aufstellen :

$$\delta/\ell = \ell\kappa/2. \qquad (6)$$

Der horizontale Verschiebungsvektor wird durch zwei rechtwinklige Komponenten definiert. Nennen wir sie u bzw. v in den x- bzw. y-Richtungen. Wegen der nicht gleichmässigen horizontalen Verschiebung werden die Abstände entweder kürzer oder länger, und die Winkel werden sich geringfügig verändern. Die horizontale Verformung am Punkt P wird wie gewöhnlich durch zwei normale Verformungskomponenten ϵ_x, ϵ_y und die Verzerrung γ_{xy} definiert. Oft wird $2\gamma_{xy}$ als Verzerrungswinkel bezeichnet. Jäger und Cook (S. 37-41) erörtern eingehend das Verformungsverhalten an einem Punkt, so dass keine weitere Bemerkung hier erforderlich ist.

Der Betrag der für ein Gebäude zulässigen Absenkung hängt von vielen Faktoren ab, wie zum Beispiel Art, Grösse und Verwendungszweck des Gebäudes. Es lassen sich keine allgemeingültigen Regeln aufstellen, obgleich die verschiedensten Fachleute gewisse zulässige Grenzweite vorgeschlagen haben. Eine gute allgemeine Anleitung wird von Lambe und Whitman (1969) in bezug auf zulässige Neigung und normalisierte Differentialabsenkung gegeben ($\delta/\ell = \ell\kappa/2$). Im polnischen Bergbau unterscheidet man zwischen fünf Kategorien von Bauten, für welche zulässige Neigung, Krümmung und normale Formänderung festgelegt werden, Klemencsics (1962). Ogden und Orchard (1960), (siehe auch: Subsidence Engineer's Handbook, 1966) haben die Erfahrung gemacht, dass der durch Normalverformung verursachte Schaden sich auf der Basis von $\epsilon L = \Delta_i$ klassifizieren lässt, wobei L die Länge des Gebäudes ist und Δ_i von 0,1 Fuss bis 0,6 Fuss schwankt, während der Schaden von sehr gering bis sehr schwer variiert.

8.3 Klassifizierung des Senkungsvorgang durch das s_m/H-Verhältnis

Der erste wichtige Faktor in der Voraussage der Art oder Weise der Absenkung ist das Verhältnis der effektiven maximalen Konvergenz s_m zur Teufe H. Wenn die seitliche Ausdehnung des Abbaus genügend gross ist, um maximale Entfaltung von Tagesoberflächensenkungen zu ermöglichen, wird der Abbau die Erdoberfläche diesem Verhältniswert entsprechend beeinflussen. In der Praxis unterscheidet man drei Gruppen von Senkungen. Die Grenzen zwischen den einzelnen Kategorien hängen von vielen Faktoren ab, wie beispielsweise den Gesteinseigenschaften, dem Grad der Schichtung der Senkungsrate usw.. Somit sind die hier gegebenen Grenzwerte nur als grobe Richtlinien gedacht.

(i) Diskontinuierlicher Bergschaden ($s_m/H > 0{,}1$)

In dieser Kategorie gibt es eine deutliche Stufe in der vertikalen Senkung, ungefähr über der Randzone des abgebauten Gebietes oder im Falle von Gesteinsbrüchen beim Pfeilerabbau über der Randzone des hereingebrochenen Gebietes. Dies ist der am wenigsten voraussagbare und gleichzeitig der möglicherweise gefährlichste Senkungsfall, der bei Vorhandensein von zu schützenden Bauten vermieden werden sollte.

(ii) Bergschaden mit Spalten an der Tagesoberfläche ($0{,}1 < s_m/H < 0{,}01$)

Mit abnehmendem kritischen Verhältnis wird die Senkung der Tagesoberfläche ausserhalb des abgebauten Bereiches immer auffallender. In den Dehnungszonen beobachtet man Spalten, aber gewöhnlich ohne vertikale Diskontinuitäten. Die meisten der Senkung unterworfenen Strukturen in dieser Kategorie werden Schaden leiden. Das Vorhandensein von Spalten wird die Verwendung der Differenzierung zur Erhaltung der Differentialbewegungskomponenten gegenstandslos machen.

(iii) Senkung ohne Diskontinuitäten ($s_m/H < 0{,}01$)

Hier sind die Verschiebungskomponenten kontinuierliche Funktionen der Koordinaten. Die Gültigkeit von praktisch allen für die Voraussage der Tagesoberflächenbewegungen vorgeschlagenen Methoden ist auf diese Kategorie beschränkt. Die Erörterung im Rest dieses Kapitels setzt ebenfalls stetige vertikale und horizontale Verschiebungsverteilungen voraus.

8.4 Die Voraussage von Tagesoberflächensenkung

Britische Bergschadeningenieure haben eine völlig empirische Methode der Voraussage von Grösse und Ver--eilung der Tagesoberflächenverschiebung, die, streng genommen, vom Abbau eines isolierten rechteckigen

Feldes herrührt, entwickelt (Subsidence Engineer's Handbook, 1966). Man kann sich nur schwer vorstellen, wie diese Methode so verallgemeinert werden kann, dass sie auf Fälle komplexerer Abbaupläne anwendbar ist. Es scheint, als ob nur denjenigen Methoden der Voraussage, die fest auf dem Überlagerungsprinzip basieren, Aussicht auf Erfolg beschieden sein könnte.

Nehmen wir an, dass sowohl Flöz wie Tagesoberfläche horizontal sind und die Gesteinseigenschaften entlang jeder horizontalen Ebene unverändert bleiben. Unter diesen Umständen, vorausgesetzt, dass die normale Spannung im unverritzten Gebirge auf der horizontalen Ebene eine Hauptspannung ist, ist die ausschlaggebende relative Verschiebungskomponente für Hangendes und Liegendes des Flözes die Konvergenz. Nehmen wir an, dass zum Zeitpunkt $T = \tau$ eine Konvergenz von der Grösse Eins am Punkt ξ, η im Flöz über einem Face Element von Einheitsfläche verursacht wird. Lassen wir die auf diesem Einheitskonvergenzvolumen beruhende vertikale Verschiebung zum Zeitpunkt T und am Punkt x,y auf der Oberfläche

$$-f(\rho^2, T-\tau)/\pi H^2, \qquad (1)$$

sein, wobei das negative Vorzeichen andeutet, dass die Verschiebung abwärts gerichtet ist. H ist die Teufe von der Tagesoberfläche gemessen und $\rho = [(x-\xi)^2 + (y-\eta)^2]^{\frac{1}{2}}/H$.

Gehorcht der Gebirgskörper einem linearen Spannungs-Dehnungsgesetz, dann kann die auf der Konvergenz s (ξ, η, T) im Face Element beruhende Senkung wie folgt geschrieben werden:

$$\begin{aligned} T < \tau \quad & w_u(\rho, T) = 0, \\ T > \tau \quad & w_u(\rho, T) = -\{s(\xi,\eta,\tau) f(\rho^2, T-\tau) \end{aligned} \qquad (2)$$

$$+\int_\tau^T s'(\xi,\eta,t) f(\rho^2, T-t)dt\}/\pi H^2. \qquad (3)$$

Dieser Ausdruck wurde auf der Basis des Überlagerungsprinzips abgeleitet, wie es im Abschnitt 5.2 (siehe 5.2 (3)) angewandt ist. Partielle Integration des Ergebnisses in (3) führt zu folgender Alternativformel:

$$\begin{aligned} T > \tau \quad w_u(\rho, T) = & -\{s(\xi,\eta,T) f(\rho^2, 0) \\ & +\int_\tau^T s(\xi,\eta,t) f'(\rho^2, T-t)dt\}/\pi H^2 \end{aligned} \qquad (4)$$

Hier und in (3) benennen f' und s' die Ableitungen der Funktionen f und s nach der Zeit.

Da die Gesamtsenkung w die Summe der Beiträge sämtlicher Face Elemente ist, ist

$$w(x/H, y/H, T) = \int_A w_u \, dA, \qquad (5)$$

wobei A das gesamte abgebaute Gebiet bezeichnet. Eine ähnliche Gedankenführung würde für die horizontale Verschiebung am Punkt x,y eine analoge Gleichung ergeben.

Die Ergebnisse von (3) bis (5) deuten auf die Möglichkeit der Berechnung der Tagesoberflächensenkung hin; es ist allerdings vorausgesetzt, dass die Konvergenzverteilung als Funktion der Zeit und die einem bestimmten Modell entsprechende Einflussfunktion $f(\rho^2, T)$ bekannt sind.

Berry (1960) wies darauf hin, dass bei vollständiger Querschnittsverminderung, das heisst, bei $s(\xi,\eta,T) = s_m$ in einem Feld die Oberflächensenkung von den elastischen Eigenschaften des homogenen, isotropen Modells unabhängig wären. Das bedeutet, wie Salamon 1962 hervorhob, dass die elementaren Oberflächenverschiebungen im gleichen Modell auch von den Elastizitätsmodulen unabhängig sind. Das Korrespondenzprinzip (siehe Abschnitt 3.6) führt nach diesen Beobachtungen zu dem Schluss, dass in allen homogenen, isotropen viskoelastischen Modellen $\partial f(\rho^2, T)/\partial T \equiv 0$ ist. Damit ergibt sich aus (4)

$$w_u(\rho, T) = - s(\xi,\eta,T) f(\rho^2, 0)/\pi H^2 \qquad (6)$$

für $T > \tau$. Es scheint demnach, dass wenigstens in einigen möglichen Gebirgskörpermodellen die Zeitabhängigkeit sich nur durch die zeitliche Abhängigkeit der Konvergenzverteilung manifestiert.

Natürlich findet dieser Schluss nicht auf alle viskoelastischen Modelle Anwendung. Trotzdem wird für den Rest dieses Kapitels vorausgesetzt, dass $f' \equiv 0$ ist und die Oberflächenverschiebungen auf der Basis der Relation in (6) berechnet werden. Es sollte hier auch erwähnt werden, dass im Falle vollständiger Querschnittverminderung $s' \equiv 0$

$$T > \tau \quad w_u(\rho, T) = - s_m f(\rho^2, T-\tau)/\pi H^2, \qquad (7)$$

ist, ungeachtet der Art des viskoelastischen Modells.

Der gemeinsame Aspekt von (6) und (7) ist der, dass die Oberflächenverschiebung ohne Integration im Hinblick auf die Zeit berechnet werden kann. So wird im folgenden ein direkter Hinweis auf die zeitliche Einwirkung ausgelassen.

Die vertikale Verschiebung lässt sich auf der Basis von (5) wie folgt aufführen

$$w(x/H, y/H) = - \frac{1}{\pi}\int_{A^*} s(\xi,\eta) F_1(\rho^2) dA^{*2}, \qquad (8)$$

wobei $F_1(\rho^2)$ entweder mit $f(\rho^2, 0)$ oder mit $f(\rho^2, T-t)$ und $A^* = A/H^2$ gleichgesetzt werden kann. In ähnlicher Weise wird die horizontale Verschiebung in der x-Richtung definiert als

$$u_x(x/H, y/H) = \frac{1}{\pi H}\int_{A^*} s(\xi,\eta)(x-\xi) F_2(\rho^2) dA^*. \qquad (9)$$

Wie im Abschnitt 8.2 besprochen, sind für die meisten Fälle der Praxis die relativen Bewegungskomponenten erforderlich. Beispielsweise entsprechend 8.2 (2) ist die Neigung der x-Richtung

$$T_x(x/H, y/H) = -\frac{1}{\pi}\frac{\partial}{\partial x}\int_{A^*} s(\xi,\eta)F_1(\rho^2)dA^*. \qquad (10)$$

Selbstverständlich kommt man zu dem gleichen Ergebnis, wenn die Differenzierung zuerst vorgenommen wird:

$$T_x(x/H, y/H) = -\frac{1}{\pi}\int_{A^*} s(\xi,\eta)[\partial F_1(\rho^2)/\partial x]dA^*. \qquad (11)$$

In der Praxis wird es immer von Vorteil sein, die relativen Bewegungskomponenten direkt aus den entsprechenden elementaren Verschiebungskomponenten zu berechnen. Diese sind in polaren Koordinaten

$$(x-\xi)/H = \rho\cos\varphi, \qquad (y-\eta)H = \rho\sin\varphi, \qquad (12)$$

wie folgt:

$$\Delta T_x = 2s(\rho,\varphi)\rho\ F_1'(\rho^2)\cos\varphi\Delta A^*/\pi H. \qquad (13)$$

$$\Delta\varkappa_{xx} = 2s(\rho,\varphi)[F_1'(\rho^2) + 2\rho^2 F_1''(\rho^2)\cos^2\varphi]\Delta A^*/\pi H^2, \qquad (14)$$

$$\Delta\varkappa_{xz} = -2s(\rho,\varphi)\rho^2 F_1''(\rho^2)\sin 2\varphi\Delta A^*/\pi H^2, \qquad (15)$$

$$\Delta\epsilon_x = s(\rho,\varphi)[F_2(\rho^2) + 2\rho^2 F_2'(\rho^2)\cos^2\varphi]\Delta A^*/\pi H, \qquad (16)$$

$$\Delta\gamma_{xy} = (\partial u/\partial y + \partial v/\partial x)/2 = s(\rho,\varphi)\rho^2 F_2'(\rho^2)\sin 2\varphi\Delta A^*/\pi H. \qquad (17)$$

Es ist wichtig zu bemerken, dass die relativen Bewegungen mit Ausnahme der Krümmungskomponenten proportional zu S/H sind. Wie aus 8.2 (6) folgt, ist das normalisierte Mass des nicht gleichmässigen Absenkens proportional zu $\ell s/H^2$, in dem ℓ eine lineare Dimension des Gebäudes ist. Daher wird die nachteilige Wirkung des nicht gleichmässigen Absenkens wahrscheinlich schnell mit zunehmender Teufe des Abbaus abnehmen. Aus diesem Grunde wird die Krümmung der Tagesoberfläche in diesem Referat nicht mehr behandelt.

Für die Anwendung der Ergebnisse in (12) bis (17) ist es wesentlich, dass die Funktionen $F_1(\rho^2)$ und $F_2(\rho^2)$ vorhanden sind. Grundsätzlich gibt es zwei Arten, diese Funktionen zu erhalten. Zuerst könnten sie analytisch aus mathematischen Modellen des Gebirgskörpers abgeleitet werden oder sie könnten empirisch durch Messungen im Gebäude gewonnen werden. Zur Anwendung der letzteren Methode ist es notwendig, die Verteilung der Verschiebungskomponenten auf der Oberfläche und die Konvergenzverteilung unter Tage im abgebauten Gebiet zu beobachten. Sind derartige Verteilungen zur Hand, das heisst, w, u und s in (8) und (9) bekannt, dass sie über dem grössten Teil der abgebauten Zone vollständig ist. In solchen Fällen könnte man den Versuch machen, eine angenommene Konvergenzverteilung zu verwenden und so das Verfahren vereinfachen.

Man beachte hier, dass die Funktion $F_1(\rho^2)$ folgende Bedingung erfüllen muss:

$$\int_0^\infty F_1(t)dt = 1, \qquad (18)$$

Sie gewährleistet, dass das Volumen der Oberflächensenkung dem Konvergenzvolumen gleich ist. Diese Gleichung ist eine Folge der Gleichgewichtsgleichung in 2.1 (7), Salamon (1962, 1963) Weiterhin sollten sowohl $\rho^2 F_1(\rho^2)$ und $\rho^2 F_2(\rho^2)$ sich Null nähern, wenn sich Unendlich nähert. Diese Voraussetzungen folgen aus dem physikalischen Argument, dass, wenn das gesamte Flöz abgebaut ist und einheitlich konvergiert, es keine Krümmung oder Dehnung irgendwo auf der Oberfläche geben sollte.

In einer Reihe von Fällen sind die Funktionen F_1 und F_2 bekannt, Salamon (1964 a). Zum Beispiel, im homogenen isotropen Modell

$$F_1(\rho^2) = 3/2(1+\rho^2)^{5/2} \qquad F_2(\rho^2) = F_1(\rho^2) \qquad (19)$$

und im homogenen transversal-isotropen Modell

$$F_1(\rho^2) = \frac{1}{2(\alpha_1-\alpha_2)}\left[\frac{\alpha_1^3}{(1+\alpha_1^2\rho^2)^{3/2}} - \frac{\alpha_2^3}{(1+\alpha_2^2\rho^2)^{3/2}}\right],$$

$$F_2(\rho^2) = \alpha_1\alpha_2 F_1(\rho^2). \qquad (20)$$

Im letzten dieser Modelle sind die Konstanten α_1 und α_2 jene zwei Wurzeln von

$$\alpha^4 - 2k_2\alpha^2 + k_1^2 = 0 \qquad (21)$$

die positive reelle Bestandteile besitzen, Berry und Sales (1961, 1962). Hier sind die Parameter k_1 und k_2 zwei reelle und unabhängige Kombinationen der fünf elastischen Module des Modells.

$$k_1 = \left(\frac{1-\nu_1^2}{E_1/E_2-\nu_2^2}\right)^{\frac{1}{2}}, \qquad (22)$$

$$k_2 = \frac{(1+\nu_1)(G_1/G_2-\nu_2)}{E_1/E_2-\nu_2^2}$$

In Abschnitt 1.3 wurde erwähnt, dass das Verhalten eines geschichteten Gebirgskörpers durch das homogene transversal-isotrope Modell angenähert werden könnte, Salamon (1968 a). Sind alle Schichten in der geschichteten Masse isotrop, dann sind α_1 und α_2 reell, wenn

$$\Phi = \Sigma\varphi_i/G_i\,\Sigma\varphi_i G_i - 2\Sigma\varphi_i\nu_i/(1-\nu_i) - [\Sigma\varphi_i(1-2\nu_i)/(1-\nu_i)G_i]/\Sigma\varphi_i/G_i > 0, \qquad (23)$$

ist, wobei die in Abschnitt 3.1 eingeführten Symbole verwendet werden.

Salamon (1962, 1963) hat auch zwei vereinfachte Modelle für den Gebirgskörper definiert. Das erste umfasst eine grosse Anzahl von elastischen aufeinander gestapelten Platten. Entsprechend den von G. Sonntag im Jahre 1957 eingeführten Voraussetzungen wird angenommen, dass der Kontakt zwischen den Platten frei von Kohäsion und Reibung ist. Bei diesem Modell ist

$$F_1(\rho^2) = (\omega/4)\exp[-\omega\rho^2/4]. \qquad (24)$$

Das zweite vereinfachte Modell besteht aus gestreckten parallelen Membranen, die durch parallele Federn verbunden sind. Hier ist

$$F_1(\rho^2) = a^2/2(1+a^2\rho^2)^{3/2} \qquad (25)$$

In diesen Modellen sind die dimensionslosen Parameter ω und a schlecht definiert, und es gibt keinen exakten Weg zur Ableitung der Funktion $F_2(\rho^2)$. Eine von zwei Voraussetzungen, die die horizontale Verschiebung und die vertikale Verschiebung in Beziehung setzt, wird in der Literatur häufig akzeptiert. Viele haben die Auffassung vertreten, dass die horizontale Verschiebung an einem Punkt der Neigung an diesem Punkt proportional sei. Diese Voraussetzung führt zu der Beziehung

$$F_2(\rho^2) = -2KF_1'(\rho^2), \qquad (26)$$

in der K ein dimensionsloser Proportionalitätsfaktor ist. Aufgrund von Beobachtungen schlugen andere vor, dass der Verschiebungsvekt-r auf den Schwerpunkt des abgebauten Bereiches zeige. Die Anpassung dieser Hypothese auf ein Face Element führt zu der Beziehung, dass $|\Delta u/\Delta w| = \rho$ ist, was wiederum bedeutet, dass

$$F_2(\rho^2) = F_1(\rho^2). \qquad (27)$$

Man beachte, dass die aus dem homogenen isotropen Modell abgeleiteten Ergebnisse dieser Relation genügen. Genau genommen scheint es keine Begründung für die Verwendung der Relationen in (25) und (26) zu geben.

Es wird hier nicht der Versuch unternommen, im einzelnen auf die Anwendbarkeit der verschiedenen Modelle für die Voraussage der Oberflächenverschiebung unter verschiedenen geologischen und bergmännischen Bedingungen einzugehen. Jedoch ist auf theoretischer (Salamon, 1968 a) und praktischer Basis (nämlich Berry, 1964) vorgeschlagen worden, dass das homogene transversal-isotrope Modell die Lage recht gut für einen stark geschichteten Gebirgskörper beschreibe. Wegen der praktischen Bedeutung dieses Modells wird hier der Versuch gemacht, einige praktische Werte für die Parameter in (20) zu schätzen.

Die in England gewonnene Erfahrung hat gezeigt (Subsidence Engineer's Handbook, 1966), dass die maximale Neigung T die Zug- (ϵ_t) und die Druckverformungen (ϵ_c) über einem superkritischen und parallelseitigen Feld wie folgt ausgedrückt werden können:

$$T = 2{,}75(s_m/H), \quad \epsilon_t = -0{,}65(s_m/H) \qquad (28)$$
$$\epsilon_c = 0{,}51(s_m/H),$$

Eine theoretische obere Grenze derselben Werte lässt sich berechnen, wenn angenommen wird, dass das Flöz ungestört ist auf der einen Seite und völlig abgebaut und einheitlich konvergiert ist auf der anderen Seite einer geraden Abbaufront, Salamon (1964 c). Der Ausdruck für die maximale Neigung T_m ist

$$T_m = [(\alpha_1 + \alpha_2)/\pi](s_m/H). \qquad (29)$$

Die maximalen Zug- und Druckverformungen (ϵ_{tm} bzw. ϵ_{cm}) werden im selben Abstand ℓ vor und hinter der Abbaufront erreicht. Hier ist ℓ wiedergegeben durch

$$\frac{\ell}{H} = \frac{(\alpha_1^2+\alpha_2^2)^{\frac{1}{2}}}{\sqrt{6}\,\alpha_1\alpha_2}\left[\left(1+\frac{12\alpha_1^2\alpha_2^2}{(\alpha_1^2+\alpha_2^2)^2}\right)^{\frac{1}{2}}-1\right]^{\frac{1}{2}} \qquad (30)$$

und die Grösse der Formänderungskomponenten wird gegeben mit

$$\epsilon_{cm} = -\epsilon_{tm} = \frac{3(\alpha_1+\alpha_2)}{4\pi}\,\frac{\alpha_1\alpha_2(\ell/H)}{1+\frac{1}{2}(\alpha_1^2+\alpha_2^2)(\ell/H)^2} \qquad (31)$$

Der Betrag der maximalen horizontalen Verschiebung ist einfach

$$u_m = \frac{\alpha_1\alpha_2 s_m}{\pi(\alpha_1-\alpha_2)}\log_e(\alpha_1/\alpha_2). \qquad (32)$$

Substitutionen in diesen Formeln zeigen an, dass bei $\alpha_1 = 9{,}0$ und $\alpha_2 = 0{,}5$

$$T_m = 3{,}02(s_m/H), \quad u_m = 0{,}49 s_m, \qquad (33)$$
$$\epsilon_{cm} = -\epsilon_{tm} = 0{,}75(s_m/H),$$

ist, was anzudeuten scheint, dass das Konstantenpaar α_1 und α_2 in der Nachbarschaft der verwendeten Werte vermutlich die Neigungs- und Formänderungsbedingungen beschreibt. In Bild 8.4.1 ist die Funktion $F_1(\rho^2)$ in (20) für annehmbare Werte von α_1 und α_2 dargestellt.

Wardell (1959) hat empirisch herausgefunden, dass die maximale horizontale Verschiebung etwa ein Fünftel der maximalen Senkung beträgt. Es scheint eine bedeutsame Diskrepanz zwischen seinen Befunden und dem entsprechenden in (32) angegebenen Wert zu bestehen. Da die Anzahl der zuverlässigen Berichte, die die Beobachtungen horizontaler Verschiebung betreffen, gering ist, kann über die Diskrepanz keine entscheidende Aussage gemacht werden.

Wenn einmal bestimmte Funktionen F_1 und F_2 für eine gegebene Zone ausgewählt worden sind, schliesst die Errechnung der Oberflächenverschiebung in irgendeiner Weise die Schätzung der Konvergenzverteilung und die numerische Bewertung des durch (8) und (9) genau beschriebenen Integrals ein.

8.5 Kritische Teufe H_c

Vor der Diskussion der Probleme des Schutzes von Oberflächenbauten muss zuerst eine grundlegende Frage geklärt werden. Kann der Abbau tafeliger Lagerstätten Oberflächeneinrichtungen ungeachtet der Teufe beschädigen? Die praktische Erfahrung mit dem Abbau in tiefgelegenem, harten Gestein scheint darauf hinzuweisen, dass kein Schutz erforderlich ist, wenn die Teufe grösser als ein bestimmter kritischer Wert ist. Ferner haben einige europäische Bergbauingenieure den Begriff der kritischen Teufe H_c erörtert. Zambo (1957) zum Beispiel, definiert sie als

$$H_c = ks_m, \tag{1}$$

wobei k ein dimensionaler Parameter ist.

Also braucht ein Gebäude überhaupt nicht geschützt zu werden, wenn die maximal möglichen relativen Bewegungen, die sich aus der normalerweise praktizierten Abbaumethode einer Grube ergeben, kleiner als die Werte sind, die von dem fraglichen Bauwerk ertragen werden können. Die obere Grenze der Differentialbewegungen lässt sich durch erneute Verwendung des Begriffes der ungünstigsten Abbaugeometrie bestimmen, so, wie er in Abschnitt 7.4 eingeführt wurde. Einiges Nachdenken über die Ergebnisse in 8.4 (13) bis (17) wird bestätigen, dass die ungünstigsten Bedingungen hinsichtlich der Neigung, Verzerrung und Formänderung in Bild 8.5.1 wiedergegeben sind.

Im allgemeinen kann die obere Grenze für Neigung, Verzerrung und Formänderung wie folgt ausgedrückt werden:

$$d_m = \beta_d (s_m/H) \qquad d = T,\ \gamma,\ \varepsilon \tag{2}$$

wobei d jeden beliebigen Fall von relativen Verschiebungen darstellen kann. Der numerische Wert von β_d wird vollständig durch das verwendete Modell bestimmt. Tabelle 8.5.1 enthält eine Sammlung von Begriffen von β_d, Salamon (1962, 1964a).

TABELLE 8.5.1

PARAMETER β_d

Modell β_d	Homogen isotrop	Homogen transversal-isotrop
β_T	$2/\pi$	$(\alpha_1+\alpha_2)/\pi$
β_γ	$2/\pi$	$2\alpha_1\alpha_2/\pi$
$\pm\beta_\varepsilon$	$24/25\sqrt{5}$	$5\alpha_1\alpha_2/6\sqrt{6}(1-\alpha_2/\alpha_1)$*

* Eine Annäherung, die gültig ist, wenn $\alpha_1 >> \alpha_2$ ist.

Werden in einer Grube n Flöze abgebaut, wird die obere Grenze der Differentialbewegungen durch die Summe der oberen jeweils einem Flöz entsprechenden Grenzen angegeben, also

$$d_m = \sum_j^n d_{mj} = \beta_d \sum_j^n (s_m/H)_j \tag{3}$$

Hier kann als gültig konstatiert werden, dass Bauten an der Tagesoberfläche dann keinen Schutz brauchen, wenn

$$d_a \geq \varkappa d_m, \qquad d = T,\ \gamma,\ \varepsilon, \tag{4}$$

wobei d_a die zulässige Differentialbewegung für das fragliche Bauwerk und $\varkappa$ ein Sicherheitsfaktor ist.

In den Fällen, wo nur ein Flöz berücksichtigt zu werden braucht, ist es möglich, eine kritische Teufe genau im Einklang mit der Definition von Zambo (1957) zu definieren. Unter Verwendung von (2) und (4) mit den gleichen Vorzeichen, wird Parameter k in (1) gegeben durch

$$k_d = \varkappa\beta_d/d_a \tag{5}$$

8.6 Schutz von Oberflächeneinrichtungen

Die verschiedenen Methoden des Schutzes gegen durch Abbau verursachte Bergschäden lassen sich wie folgt einteilen:

(a) Stehenlassen von Sicherheitspfeilern,

(b) Anwendung besonderer Arbeitsmethoden,

(c) Hand- oder maschineller Versatz und

(d) Planung des betreffenden Bauwerkes für grosse Flexibilität.

Nur die ersten drei dieser Kategorien fallen in den Rahmen dieses Artikels. Die relativen Vorzüge der verschiedenen Methoden werden nicht erschöpfend behandelt. Die Entscheidung über die Wahl der Schutzmethode beruht meist auf wirtschaftlichen Erwägungen und oft darauf, wie weit die Öffentlichkeit interessiert ist.

(i) Verwendung massiver Pfeiler

Zweifellos ist das klassische Mittel des Oberflächenschutzes der massive Sicherheitspfeiler. Heutzutage besteht wenig Rechtfertigung dafür, massive Pfeiler zum Schutz von Objekten auf der Oberfläche zu belassen. Trotzdem kann keine Beschreibung der Methoden des Oberflächenschutzes vollständig sein ohne eine kurze Erörterung der Grundsätze der Pfeilerplanung. Eine recht ausführliche Erörterung des Themas wird von Salamon (1964 a) geboten.

Wenn Flöz und Oberfläche horizontal sind, wie das hier angenommen wird, ist die einfachste Methode der Pfeilerkonstruktion die in Bild 8.6.1 veranschaulichte. Den Rand des Pfeilers erhält man durch Konstruieren einer Grenzkurve zu Kreisen, die ihren Mittelpunkt an Hauptpunkten der Oberflächenanlage haben. Der Radius der Kreise R ist die bedeutende lineare Dimension des Pfeilers. Zur Bestimmung von R werden die Hauptpunkte als einzelne "Punktstrukturen" betrachtet, wobei vorausgesetzt wird, dass jede von ihnen Schutz erfordert.

Wiederum wird der Begriff der ungünstigsten Abbaugeometrie herangezogen. Diese lässt sich in bezug auf Neigung, Verzerrung und Dehnung bei Vorhandensein eines kreisförmigen Pfeilers vom Radius R aus Bild 8.5.1 leicht ableiten (Bild 8.6.2).

Bei Vorhandensein eines Pfeilers kann die obere Grenze der relativen Bewegungskomponenten in der folgenden allgemeinen Form ausgedrückt werden:

$$d = d_m \psi_d (R/H), \tag{1}$$

wobei d sich auf die Neigung, Verzerrung oder Dehnung beziehen mag und d_m in 8.5. (2) definiert ist. Ferner

$$\psi_d(0) = 1 \qquad \text{und} \qquad \psi_d(\infty) = 0. \tag{2}$$

In den Bildern 8.6.3 und 4 werden einige Beispiele für den Verlauf von ψ_d gezeigt.

Der Pfeilerradius sollte genügend gross sein, so dass keine induzierte relative Bewegung grösser als der entsprechende zulässige Wert sein kann, nämlich

$$d_a \geq \varkappa\, d \qquad d = T,\ \gamma,\ \epsilon, \tag{3}$$

wobei das Gleichheitszeichen sich zumindest auf eines der Differentialbewegungskomponenten bezieht. Die Relationen in (1) und (3) können für ψ_d gelöst werden, vorausgesetzt, in (3) wird das Gleichheitszeichen verwandt:

$$\psi_d(R/H) = d_a/\varkappa d_m, \tag{4}$$

Eine graphische Methode, die Kurven ähnlich denen in den Bildern 8.6.3 und 4 anwendet, lässt sich für die Bestimmung des Pfeilerradius verwenden und genügt (4). Auf diese Weise erhält man vier Pfeilerradien (Neigung Verzerrung, Druck und Zugspannung), von denen der grösste natürlich der kritische Radius ist.

In Bild 8.6.5 wird ein Zahlenbeispiel für eine derartige Berechnung veranschaulicht unter der Voraussetzung, dass das Bauwerk am empfindlichsten gegenüber der Neigung (T_a = 0,0025) ist, und dass das geschichtete Modell mit $\sqrt{\omega}$ = 6,5 das Verhalten des Gebirgskörpers beschreibt. Man beachte die übermässige Grosszügigkeit jeder Planungsmethode, die eine lineare Zunahme des Pfeilerradius mit der Teufe fordert, (Knothe, 1957).

Bei mehrfachem Flözabbau ist die Lage komplizierter, weil das Planungskriterion in (3) keine einwertige Lösung bietet. Um einen Satz von Pfeilerradien zu erhalten, müssen weitere Bedingungen erwogen werden. Diese werden beispielsweise durch die Forderung geliefert, dass der Gesamtwert der nicht gewinnbaren Reserven minimal sein sollte, Salamon (1962, 1964a).

(ii) Schutz durch verschiedene Formen des Pfeilerbaus

Eine wirtschaftlichere Methode zum Schutz von Oberflächenobjekten ist die Verwendung von irgendeiner Form von Pfeilerbau. Für relativ geringe Teufen werden die in Abschnitt 6.7 erörterten "room and pillar"-Methoden praktisch vollkommen Sicherheit liefern. Wenn die Pfeiler richtig entworfen werden, ist die wirkungsvolle durchschnittliche Konvergenz, das heisst, der Wert von S_m , Bild 6.4.1, sehr klein, so dass die Differentialbewegungen an der Oberfläche geringfügig sein werden. Ferner wird es auch nicht möglich sein, auf der Oberfläche festzustellen, ob es unmittelbar darunter einen Pfeiler oder einen Hohlraum gibt, vorausgesetzt, der Abstand zwischen den Pfeilermitten ist kleiner als die Teufe H, Salamon und Oravecz,1966).

Bei grösseren Teufen mag es praktisch nicht sein, ausreichenden Pfeilerschutz im Sinne des konventionellen Pfeilerbaus zu planen. Ein Ausweg in solchen Fällen ist die partielle Gewinnung durch Strebbau, die in europäischen Kohlengruben mit beträchtlichem Erfolg verwandt worden ist, Orchard (1964). Dieses System besteht aus einer Anzahl von parallelseitigen Abteilungen, die durch breite Pfeiler getrennt sind, Bild 8.6.6. Die Abteilungsbreite 2ℓ ist ein Bruchteil der Teufe. Die Pfeilerbreite $2(L-\ell)$ wird so gewählt, dass Pfeilerbruch wegen des grossen Pfeiler-Breiten zu Höhen-Verhältnisses unmöglich wird. Der Hauptvorteil dieser besonderen Planung der Felder ist der, dass sie kleine und gleichmässig verteilte Oberflächensenkung bewirkt.

Bevor wir uns auf die Erörterung des Phänomens der teilweisen Gewinnung einlassen, wird ein kurzer Blick auf die Oberflächenwirkungen eines einzigen, relativ engen horizontalen Feldes aufschlussreich sein. Im transversal isotrop. elastischen Modell ist die Konvergenz eines langen engen Feldes ($2\ell < H/4$) gegeben durch

$$s(x) = \beta q(\ell^2 - x^2)^{\frac{1}{2}}, \tag{5}$$

wobei $q = \gamma H$ die vertikale Spannung im unverritzten Gebirge und

$$\beta = 2(\alpha_1+\alpha_2)(1-\nu_1^2)/\alpha_1^2\alpha_2^2 E_1 \tag{6}$$

die in den Abschnitten 3 und 8.4 eingeführte Formel darstellt. Dieser Ausdruck hat Gültigkeit, solange wie $s_m \geq \beta q \ell$ ist. Die Oberflächensenkung über der Mitte eines solchen Feldes ist

$$w(0) = -\frac{\beta q H}{\alpha_1 - \alpha_2}\{[1+(\alpha_1 \ell/H)^2]^{\frac{1}{2}} - [1+(\alpha_2 \ell/H)^2]^{\frac{1}{2}}\}. \tag{7}$$

Ist das Verhältnis ℓ/H klein, kann diese Gleichung erweitert werden und ergibt

$$w(0) \simeq -\tfrac{1}{2}(\alpha_1+\alpha_2)\beta\gamma\ell^2, \tag{8}$$

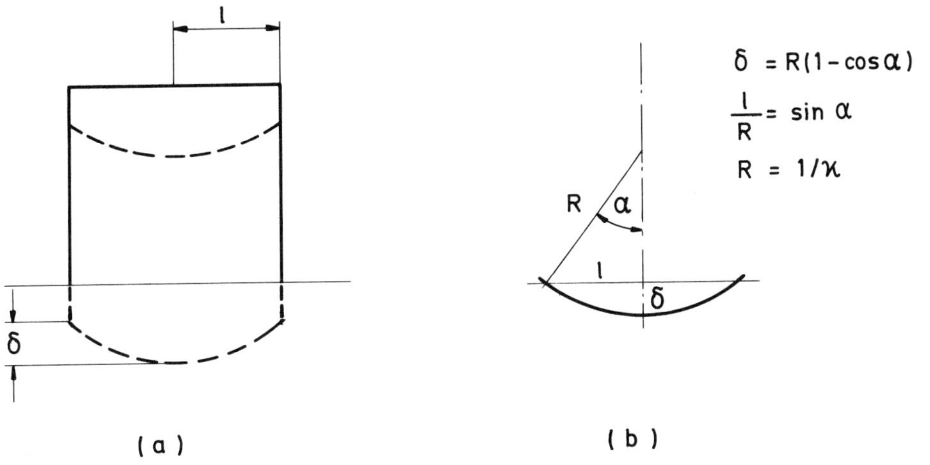

Bild 8.2.1 Definition des relativen Absenkens nach Lambe und Whitman (1969) (a) und die Beziehung zwischen relativen Absenken δ und Krümmung $\mu = 1/R$ (b).

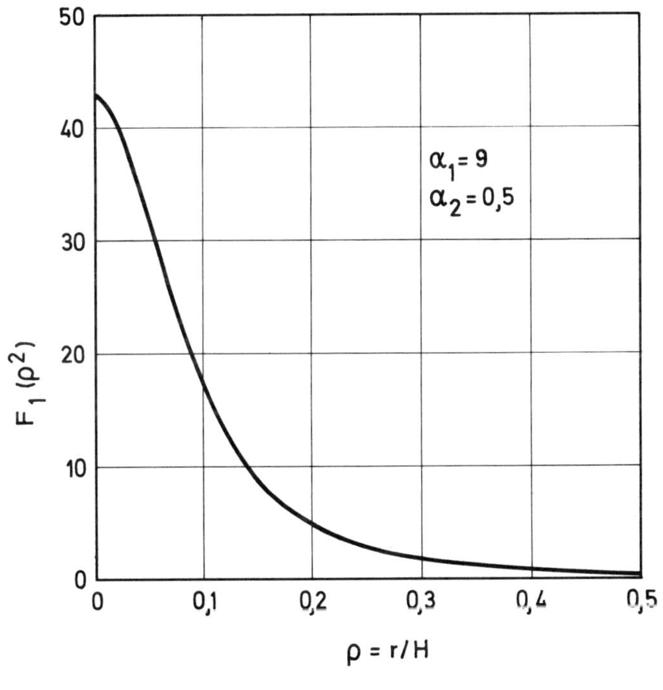

Bild 8.4.1 Senkungsfunktion im transversal isotropen Modell.

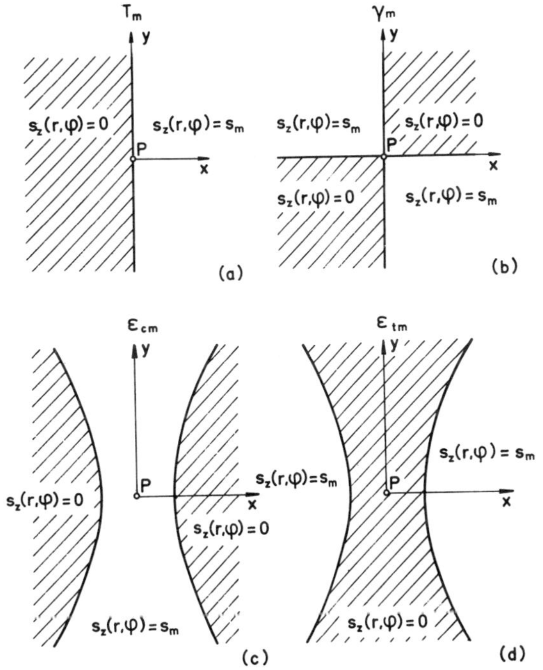

Bild 8.5.1 Ungünstigste Geometrien für Neigung (a), Verzerrung (b), kompressive (c) und dehnbare (d) Formänderung.

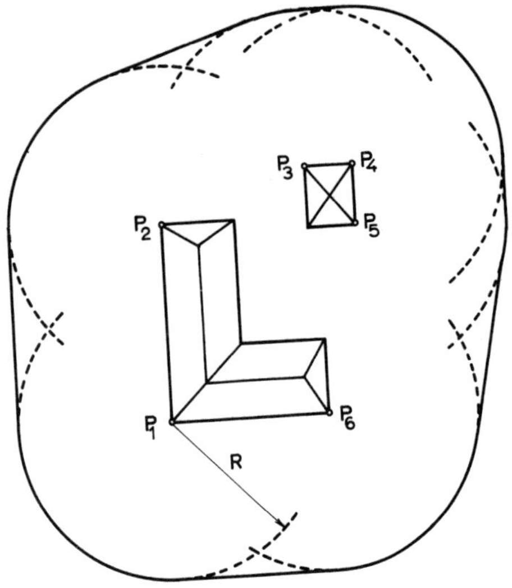

Bild 8.6.1 Bau eines Sicherheitspfeilers.

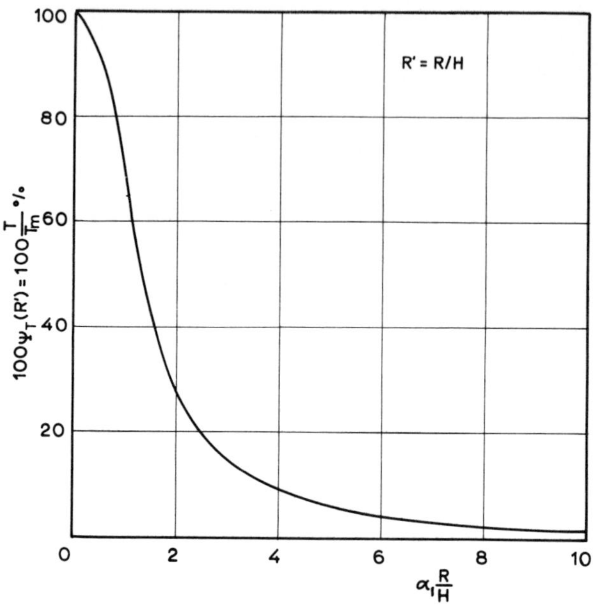

Bild 8.6.3 Neigungsfunktion ψ_T im transversal isotropen Modell für $\alpha_1 >> \alpha_2$

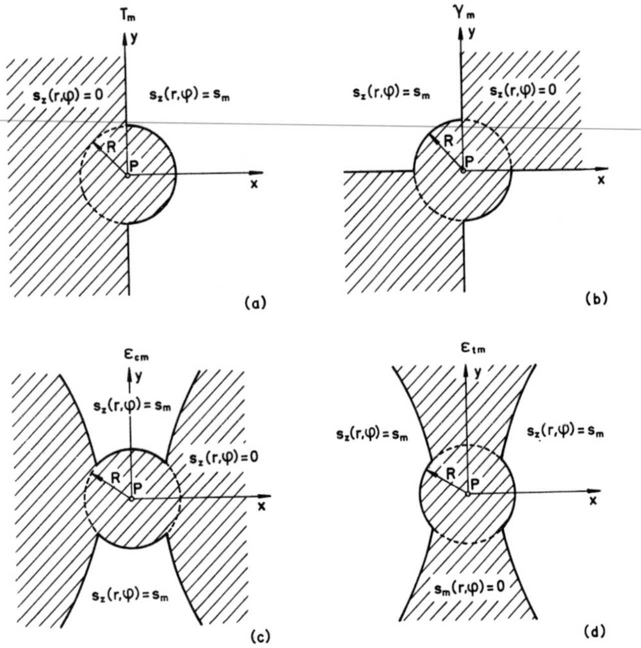

Bild 8.6.2 Ungünstigste Geometrien bei Vorhandensein eines kreisförmigen Pfeilers im Hinblick auf Neigung (a), Verzerrung (b), kompressive (c) und dehnbare (d) Formänderung.

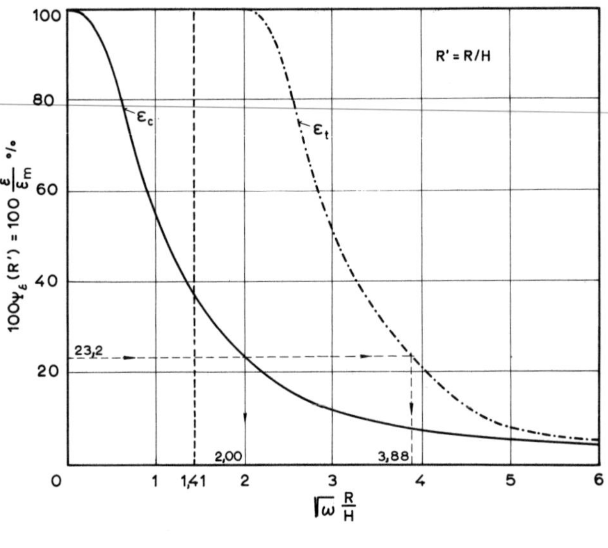

Bild 8.6.4 Formänderungsfunktionen ψ_ε für kompressive ε_c und dehnbare ε_t Formänderungen im reibungslosen, geschichteten Modell.

wo während der Entwicklung die vierten und höheren Potenzen von ℓ/H vernachlässigt wurden. Der wichtigste Gesichtspunkt von (8) ist der, dass für sehr enge Felder die maximale Senkung proportional zum Quadrat der halben Spannweite ist. Folglich, wenn $w(0)$ als eine Funktion von ℓ dargestellt wird, wird die ℓ-Achse die Kurve tangential am Anfangspunkt berühren.

Dieses durch die engen Strebabteilungen verursachte Senkungsmerkmal ist sehr umstritten gewesen. Ein kritisches Spannweiten-Teufenverhältnis wird oft erwähnt, unter dem die Senkung in keinem "normalen" Verhältnis steht, sondern ein sehr kleiner Bruchteil des Flözmächtigkeit ist. Da diese Erscheinung in vielen Untersuchungen beobachtet worden ist, ist sie akzeptiert worden und bildet die Grundlage für die Anwendung der partiellen Gewinnung als Mittel der Bergschadenminderung. Die Erklärung für dieses anscheinend anomale Verhalten ist einfach die, dass für kurze Strebfronten das Hereinbrechen des Hangenden auf eine relativ kleine Höhe beschränkt ist, Abschnitt 6.3, und das Volumen der effektiven Konvergenz mit dem Quadrat der Spannweite zunimmt.

Für die Analyse der auf teilweiser Gewinnung beruhenden Senkung wird eine in Abschnitt 6.2 gegebene Lösung verwendet. Die Senkung über einem System von Abteilungen ist:

$$w(x) = -\beta q \left\{ A_0 + \frac{1}{\alpha_1 + \alpha_2} \sum_{n=1}^{\infty} A_n \left[\alpha_1 e^{-\frac{n\pi H}{\alpha_1 L}} - \alpha_2 e^{-\frac{n\pi H}{\alpha_2 L}} \right] \cos \frac{n\pi x}{L} \right\}. \qquad (9)$$

In dieser unendlichen Reihe sind die Koeffizienten A in 6.2 (50) und (51) definiert.

In (9) ist $-\beta q A_0$ die mittlere Senkung über dem gesamten teilweise abgebauten Gebiet. Die übrigen Glieder in der Reihe stellen die periodische Wirkung der parallelen Abteilungen dar. Ihr Ausmass vermindert sich exponential mit dem Verhältnis H/L. Wenn demnach das Verhältnis H/L genügend gross ist, wird die Senkung praktisch gleichförmig sein. In Tabelle 8.6.1 sind die prozentualen Abweichungen vom Mittelwert für einige Werte des Gewinnungsverhältnisses $e = \ell/L$ und des Teufen-Spannweiten-Verhältnisses $H/2\ell$ ($\alpha_1 = 5$, $\alpha_2 = 0{,}5$) angegeben.

TABELLE 8.6.1

PROZENTUALE ABWEICHUNG VON DER MITTLEREN SENKUNG ÜBER DEM TEILWEISEN STREB-ABBAU

$H/2\ell$ \ e		0,25	0,50	0,75
4	x = 0	+ 73,8	+ 13,2	+ 2,3
	x = L	- 47,8	- 12,7	- 2,3
6	x = 0	+ 35,3	+ 3,7	+ 0,3
	x = L	- 27,9	- 3,7	- 0,3

Die Abweichungen in Tabelle 8.6.1 deuten darauf hin, dass die Senkung praktisch gleichmässig ist, vorausgesetzt, das Teufen-Spannweiten-Verhältnis beträgt mehr als vier und das Gewinnungsverhältnis liegt über 50 Prozent. Es ist beachtenswert, dass die Senkung mit zunehmendem ℓ/L Verhältnis gleichmässiger wird. Natürlich wird eine Erhöhung der relativen Feldbreite das Ausmass der mittleren Senkung vergrössern, die der effektiven durchschnittlichen Konvergenz $s_a = \beta q A_0$ gleich ist. In Bild 8.6.7 ist das Verhältnis (siehe 6.2 (50))

$$s_a/\beta q \ell = -(2/e\pi)\log_e[\cos(\pi e/2)] \qquad (10)$$

als Funktion von e dargestellt.

Angenommen, die Planung ist so, dass die Senkung praktisch gleichförmig ist, dann lässt sich das Ausmass des zulässigen mittleren Absenkens aus den zulässigen relativen Bewegungen für das fragliche Bauwerk bestimmen. Im schlimmsten Fall kann man die für die Berechnung der kritischen Teufe in Abschnitt 8.5 angegebene Methode in umgekehrter Form benutzen. Anstatt die Teufe als eine Unbekannte zu behandeln, wird die zulässige mittlere Senkung errechnet. Wenn die Grösse von s_a bekannt ist, kann Bild 8.6.7 zur Bestimmung von ℓ verwendet werden. Natürlich sollte das Gewinnungsverhältnis möglichst hoch sein, das Breiten-Höhen-Verhältnis der Pfeiler sollte jedoch nicht weniger als 20 betragen.

(iii) Schutz durch Einteilung in Abbauphasen - Harmonischer Abbau

Häufig ist die Diskrepanz zwischen der Grösse der zulässigen und erwarteten Differentialbewegungen nicht sehr gross. In einem solchen Fall hat K. Lehman den Gebrauch von "harmonischem Abbau" befürwortet; dieser ist seitseiner Zeit erfolgreich betrieben worden, Fritzsche und Potts (1954). Die Methode ist besonders zu empfehlen, wenn die Gebäude auf der Oberfläche eigens so gebaut wurden, dass sie einige Differentialbewegung vertragen.

Der dieser Methode zugrundeliegende Gedanke ist Simultanabbau, beispielsweise gleichzeitiger Abbau in den Zug- und Druckeinflusszonen des Bauwerkes, so dass sich diese Wirkungen einander weitmöglichst aufheben. Eine derartige Einteilung in Abbauphasen lässt sich mit Hilfe der Diagramme in Bild 8.5.1 planen. In der Praxis ist es selten, dass die entgegenwirkenden Einflüsse des Bergbaus sich gegenseitig völlig aufheben, so dass die Methode daher mit äusserster Sorgfalt angewandt werden sollte.

(iv) Schutz durch Versetzen

Abgesehen von der Verwendung von schützenden Sicherheitspfeilern, ist Versatz des abgebauten Gebietes die offensichtlichste und älteste Methode zum Schutze von Oberflächeneinrichtungen.

Im Abschnitt 6.4 wurde mit einiger Ausführlichkeit erörtert, dass die effektive Abbaufront einen bestimmten Bruchteil δ der Abbauhöhe ausmacht, wenn irgendeine Form von Versatz verwendet wird. Zur Anleitung werden einige Werte des Konvergenzfaktors δ in Tabelle 6.4.1 zusammengefasst. Da die oberen Grenzen der Differentialbewegungen proportional zu $S_m = \delta t$ sind, wird die Wirksamkeit des Versatzes als Form des Schutzes durch die Grösse von δ gemessen.

9. SEISMISCHE VORGÄNGE UND GEBIRGSSCHLÄGE

9.1 Der Mechanismus der seismischen Vorgänge

Eine der grossen Gefahren des Abbaus tafeliger Lagerstätten in grossen Teufen ist das Auftreten von Gebirgsschlägen, die von (Cook und Mitarbeitern, 1966) als: ....." Schaden, der den Untertageräumen durch das ungeregelte Zubruchgehen des Gesteins in Verbindung mit einer heftigen Energiefreigabe zugefügt wird ....." definiert wird. Der Ausdruck Gebirgsschlag ist zur Beschreibung von Phänomenen verwendet worden, die von dem Ausstoss kleiner Gesteinsfragmente vom Stoss eines Abbauraumes bis zum Hereinbrechen vieler Quadratkilometer von Pfeilerbaugebieten reicht, (Obert und Duvall, 1967). Eine weitschweifige Diskussion über die Bedeutung der verschiedenen in der Literatur gebrauchten anderen Begriffe zur Beschreibung heftiger Vorgänge in Gruben würde hier nicht weit führen. Es genügt, sämtliche Ereignisse, die von der Freigabe kinetischer Energie begleitet sind, mit Ausnahme der Sprengung, als seismische Vorgänge zu bezeichnen und darunter diejenigen, die den Grubenbetrieb ungünstig beeinflussen als Gebirgsschläge. Diese Definitionen sind weit genug um Vorgänge, bei denen Gesteinsstücke vom Hangenden fallen, einzubeziehen. Natürlich fallen Brüche dieser Art nicht unter dieses Thema. Hier wird die Aufmerksamkeit auf Ereignisse gelenkt, die grössere Unterbrechungen der Bergarbeiten verursachen könnten.

Ein gemeinsamer Aspekt seismischer Vorgänge ist die Freigabe kinetischer Energie. Die Feststellung des Ursprungs dieser Energie ist ein wesentlicher Schritt für das Verständnis des dazugehörigen Mechanismus. In Abschnitt 2.3 wurde gezeigt, dass in einem vollkommen elastischen Medium die von den Aussen- und Volumenkräften während einer kleinen Erweiterung der Abbauräume verrichtete Arbeit durch die Veränderung der im Nebengestein gespeicherten Energiemenge und der Verformungsarbeit des künstlichen Ausbaus voll erklärt wird. Weiterhin ist die Energie, die vom System abgegeben wird, die Energie, die im abgebauten Gesteinsvolumen während der Erweiterung gespeichert wird. Da diese Energie nicht auf die umgebende Masse übertragen wird, ist die Erweiterung von Hohlräumen in kleinen Stufen im wesentlichen ein quasistatischer Prozess. Wir sind uns darüber im klaren, dass in einigen Fällen der Abbau durch Sprengung in grossen Stufen betrieben wird. In solchen Fällen wird kinetische Energie zusätzlich zu der von Sprengstoffen herrührenden an das Nebengestein abgegeben. Um mögliche Komplikationen zu vermeiden, wird in diesem ganzen Kapitel vorausgesetzt, dass der Abbau in kleinen Schritten durchgeführt wird.

Man hat den Schluss gezogen, dass seismische Vorgänge in einem vollkommen elastischen Medium nicht vorkommen können. In Wirklichkeit ist aber diese Schlussfolgerung viel allgemeiner. Kein seismischer Vorgang wird sich in einer kontinuierlichen Substanz, die in dem von Drucker (1964) definierten Sinne stabil ist, ereignen. Druckers Definition der stabilen Kontinua schliesst zeitunabhängige und zeitabhängige, lineare und nichtlineare elastische und plastische Medien ein. Demnach muss für eine Erklärung des oft beachteten Phänomens der seismischen Vorgänge das eine oder andere von Druckers Postulaten abgeschwächt werden. Entweder muss der Gebirgskörper diskontinuierlich sein (oder werden) oder das die Masse enthaltende Gestein muss ein instabiles Material sein. Die Annahme von Diskontinuitäten im Gestein und die Vermutung eines nichtstabilen Gesteins repräsentieren zwei getrennte Angriffslinien für das Problem der Gebirgsschläge im Bergbau. Auf beide dieser Methoden soll später kurz eingegangen werden.

Mit fortschreitendem Abbau ändern sich die Spannungen, und das Gestein um die Abbauräume herum verformt sich. Aus dem bisher gesagten wird klar, dass ein seismischer Vorgang ein deutlicher Beweis für Instabilität im Gebirgskörper ist. Damit ein seismischer Vorgang sich ereignen kann, müssen daher die auf dem Abbau beruhenden Spannungsveränderungen den Gebirgskörper an den Rand eines labilen Gleichgewichts bringen.

Damit ein System sich im Gleichgewicht befindet, muss seine potentielle Energie einen stationären Wert besitzen. Der Gleichgewichtszustand ist stabil oder instabil, je nachdem, ob der stationäre Wert ein Minimum oder Maximum beträgt. Das will heissen, dass,während zusätzliche äussere Arbeit notwendig ist, um ein System aus einem stabilen Gleichgewicht zu bringen, wird durch Störung eines instabilen Gleichgewichts Energie aus dem System gewonnen, Bild 6.8.1. Die mit der seismischen Energie verbundene kinetische Energie ist die Manifestation der vom System im Verlaufe der Störung eines labilen Gleichgewichts "gewonnenen" Energie.

(i) Diskontinuitäten im Gestein

Der Gebirgskörper kann zerklüftet, verworfen oder geschichtet sein. Derartige geologische Aspekte haben keinen Einfluss auf die Stabilität des Systems, solange wie seine gegenüberliegenden Oberflächen durch Kohäsion oder Reibung sicher aneinandergebunden sind.

Durch den Abbau kann der Spannungszustand an einigen Punkten um die Abbauräume herum derartig kritische Werte erreichen, dass beispielsweise ein Bruch stattfindet, und dieser Bruch sich in einer Spaltenbildung äussert. Demnach ist es denkbar, dass entlang einer Kluft oder einer Spalte die Spannungen sich plötzlich ändern, und zwar dann, wenn Reibung, Kohäsion oder Gesteinsfestigkeit überwunden sind.

Zur Erklärung des mit der plötzlichen Unterbrechung der Kontinuität im Gebirgskörper verbundenen Mechanismus lässt sich ein einfaches mechanisches Modell verwenden.In Bild 9.1.1 wird ein zylindrischer Gesteinskörper langsam unter Zugspannung gesetzt. Nehmen wir an, dass, wenn die Zugspannung einen Wert von, sagen wir: $-\sigma$ erreicht, der Stab an irgendeinem Querschnitt mn gespalten wird. Unmittelbar vor und nach dem Bruch ist die auf den Querschnitt mn einwirkende Spannung $-\sigma$ bzw. Null. Diese Spannungsänderung lässt sich durch plötzliche Anwendung einer einheitlich verteilten Druckspannung von der Grösse σ auf beide Seiten des Abschnittes mn bewirken, Timoshenko und Goodier (1951, SS. 440-442). Als Ergebnis beginnen Druckwellen, sich in Teilen des Stabes mit einer bestimmten Geschwindigkeit c fortzupflanzen. Da diese Druckwellen die bestehende Zugspannung neutralisieren, werden nach einem Zeitinterval t Teile des Stabes von einer Gesamtlänge 2ct entspannt, während die übrigen Teile weiterhin der Zugspannung $-\sigma$ unterworfen bleiben.

Offensichtlich ist die gespeicherte Energie, die aus der entspannten Länge wiedergewonnen wurde, $Act\sigma^2/E$

wobei A die Querschnittsfläche des Stabes ist. Eine einfache Rechnung zeigt, dass die kinetische Energie der sich bewegenden Teile des Stabes auch $Act\sigma^2/E$ ist. Somit bekommen die Wellen ihre Energie von der im Gestein gespeicherten Formänderungsarbeit.

Ein ähnlicher, aber natürlich sehr viel komplizierterer Prozess spielt sich innerhalb des Gebirgskörpers ab, wenn eine plötzliche Spannungsänderung eintritt. Auch hier gewinnt ein seismischer Vorgang seine kinetische Energie aus der gespeicherten Energie, aber am Ende wird dieser Energieverlust aus der durch die Volumen und Aussenkräfte geleisteten Arbeit ergänzt, Cook (1963). Tatsächlich gibt es einen Zuwachs an gespeicherter Energie als Folge einer Spaltbildung.

Innerhalb eines Gebirgskörpers können die gegenüberliegenden Oberflächen einer Diskontinuität entweder auseinandergehen, relativ zueinander sich seitlich verschieben, oder sie können aufeinander gleiten, je nachdem, ob die primitive Normalspannung eine Zug- oder Druckspannung ist. Die an die umgebende Masse abgegebene kinetische Energie lässt sich durch den Vergleich von zwei Gleichgewichtszuständen errechnen. Der erste davon entspricht der Situation vor der Spaltbildung und der zweite ist der Gleichgewichtszustand, der existiert, nachdem die Masse wieder zur Ruhe kommt, dem seismischen Vorgang folgend.

Lassen wir zum Beispiel die Normalspannung σ eine Druckspannung sein ($\sigma > 0$) die Scherspannung τ und den Koeffizienten der dynamischen Reibung zwischen den Oberflächen μ sein. Wenn die Spaltenfläche A ist und die induzierte relative tangentiale Verschiebung der Spaltoberflächen an einem beliebigen Punkt s_t ist, dann ist die gesamte von den Aussen- und Volumenkräften verrichtete Arbeit durch ($\tau - \mu\sigma > 0$) gegeben:

$$W_t = \int_A s_t \tau dA. \tag{1}$$

Von dieser Arbeit ist der Betrag

$$W_r = \tfrac{1}{2} \int_A s_t (\tau + \mu\sigma) dA \tag{2}$$

freigeworden und der verbleibende Teil

$$U_c = \tfrac{1}{2} \int_A s_t (\tau - \mu\sigma) dA, \tag{3}$$

wird in der Masse gespeichert. Ein Teil der abgegebenen Energie wird als Folge der Reibung in Wärme W_h umgewandelt

$$W_h = \mu \int_A s_t \sigma dA, \tag{4}$$

Deshalb ist die an das Gestein abgegebene kinetische Energie

$$W_k = W_r - W_h = \tfrac{1}{2} \int_A s_t (\tau - \mu\sigma) dA = U_c \tag{5}$$

Diese Ergebnisse folgen aus der Formel in 6.5(2),(3) und der allgemeinen Diskussion in Abschnitt 2.2.

Ein einfaches Beispiel für die Anwendung dieser Formeln ist die Bildung eines kreisförmigen Spalts vom Radius R im homogenen isotropen Gebirge. Da die tangentiale Verschiebung von Salamon (1964 a) gegeben wird

$$s_t(r) = \frac{4(1-\nu)(\tau-\mu\sigma)}{\pi(1-\nu/2)G} (R^2 - r^2)^{\frac{1}{2}}, \tag{6}$$

ergeben die Integrale in (1) bis (5)

$$W_t = \frac{8(1-\nu)R^3 \tau(\tau-\mu\sigma)}{3(1-\nu/2)G}, \tag{7}$$

$$W_h = \frac{8(1-\nu)R^3 \mu\sigma(\tau-\mu\sigma)}{3(1-\nu/2)G}, \tag{8}$$

und

$$W_k = U_c = \frac{4(1-\nu)R^3 (\tau-\mu\sigma)^2}{3(1-\nu/2)G}. \tag{9}$$

Nehmen wir zum Beispiel an, dass $G = 30\ GN/m^2$ $\nu = 0{,}15$ und $\tau - \mu\sigma = 10\ MN/m^2$ ist; diese Werte entsprechen dem Bergbau in hartem Gestein in grossen Teufen. Es ist interessant festzustellen, dass, wenn der Radius des Spalts mit 10 und 40 m angenommen wird, die kinetische Enrgie jeweils etwa 4×10^6 und 261×10^6 Joule beträgt. Diese Werte sind für die von Vorgängen in südafrikanischen Goldminen ausgelösten seismischen Energien typisch. Der untere Wert entspräche einem mittelstarken und der obere einem grossen seismischen Ereignis, Cook (1963), Cook und Mitarbeiter (1966).

(ii) Gestein als potentiell instabiles Material

Nach Drucker (1964) ist die Bedingung für Stabilität "im kleinen" für zeitabhängige Stoffe

$$(d\sigma)'(d\varepsilon) > 0 \tag{10}$$

wobei ($d\sigma$) und ($d\varepsilon$) 9x1 Vektoren unendlich kleiner Spannungs- und Verformungsänderungen bezeichnen und $(d\sigma)'$ die Transponierte des Vektors ($d\sigma$) ist. Zum Beispiel genügen alle elastischen Substanzen (10). Dies gilt, da in einer elastischen Substanz $(d\sigma) = K (d\varepsilon)$ ist, wo K eine symmetrische definitiv positive Matrix ist. Der Zustand in (10) bleibt auch für zeitabhängige Materialien gültig, vorausgesetzt, ($d\varepsilon$) wird durch ($d\dot{\varepsilon}$) ersetzt, wobei der Punkt die Ableitung des Formänderungsvektors nach der Zeit andeutet.

Während der 60ziger Jahre haben einige Forscher erkannt, dass sprödes Gestein nur im Sinne von (10) im aufsteigenden Teil der Spannungs-Dehnungsrelationen stabil ist, Cook (1965), Deist (1965). In der Tat gelang Deist (1965) die Formulierung eines widerspruchfreien Systems von Voraussetzungen zur Definition eines zweiachsigen ebenen Verformungsmodells,das über ein kritisches Stadium hinaus mit zunehmender Verformung an Widerstand verliert, siehe auch Kapitel 1.

Gestein, wenn es im spröden Zustand ist (J.+C.,S.77), ist nur bedingt stabil, das heisst, die Bedingung für seine Stabilität lässt sich nur im Sinne seines eigenen Verformungsverhaltens und dem des Nebengesteins formulieren. Ein Beispiel für einen solchen Zustand wurde im einzelnen in Abschnitt 6.8 im Zusammenhang mit der Pfeilerstabilität erwähnt. In neuerer Zeit hat Blake (1972) auch die Voraussetzungen für Stabilität mit Hilfe der Finite-Element-Methode analysiert. Wenn in irgendeinem Teil des Gesteins Instabilität entsteht, wird kinetische Energie frei. Zweifellos ist Instabilität weniger wahrscheinlich in einem Gestein, das dem Verhalten plastischer und viskos-plastischer Substanzen nahekommt (z.B. Schiefer, Salze) und viel wahrscheinlicher in sehr sprödem Gestein.

Hierbei ist es wichtig anzumerken, dass ein sehr grosser Betrag kinetischer Energie durch den Bruch von Pfeilern freigesetzt werden kann, wenn in grossen Teufen abgebaut wird. Zum Beispiel, wenn wir den Fall mit zwei parallelen Abteilungen nehmen, die durch einen Pfeiler von der Breite 2a (Abschnitt 6.2) getrennt sind, lässt sich die aus dem Bruch eines langen Pfeilers herrührende kinetische Energie abschätzen. Lassen wir die im Gestein durch den Abbau gespeicherte Energie vor und nach Bruch des Pfeilers U'_c bzw. U''_c sein. Diese Energien, pro Einheitslänge der Abteilung (Salamon, 1968) sind:

$$U'_c = 2U''_c[1 - \tfrac{1}{2}k^2 - E(k)/K(k)],$$
$$U''_c = \pi(1-\nu)q^2 L^2/2G,$$

wobei 2L die gesamte Spannweite und $q = \gamma H$ die vertikale Spannung vor dem Abbau ist. Ferner bezeichnen K (k) und E (k) die vollständigen elliptischen Integrale der ersten und zweiten Ordnung mit $k^2 = 1 - (a/L)^2$. Bricht der Pfeiler in instabiler Weise, dann ergibt sich die kinetische Energie aus der plötzlichen Auferlegung von Zugspannungen auf den Pfeilerbereich. Diese Zugkräfte sind bei Bruch für die Neutralisierung des kompressiblen Widerstandes des Pfeilers notwendig. Eine Berechnung dieser kinetischen Energie wird folgendermassen gegeben:

$$W_k \simeq U''_c - U'_c = U''_c[2E(k)/K(k) - (1-k^2)]. \quad (11)$$

Wenn zum Beispiel ein Pfeiler von 10 m Breite in der Mitte einer Abteilung, die 2oo m breit ist, bricht und die vertikale Spannung im unverritzten Gebirge 50 MN/m^2 ist (entsprechend einer Teufe von etwa 1900 m), ist die kinetische Energie ungefähr 4×10^8 Joule für jeden Meter Länge des Pfeilers ($G = 30$ GN/m^2, $\nu = 0{,}15$).

Abgesehen von dem relativ einfachen, aber wichtigen Fall der Pfeilerstabilität, ist wenig Fortschritt in der Entwicklung der Stabilitätsanalyse bei Anwendung auf Hohlräume unter Tage gemacht worden. Dies ist ein schwieriges, aber sehr wichtiges Feld der Gebirgsmechanik, das in Zukunft Beachtung fordern wird.

Ob das Problem auf der Basis der Diskontinuitäten aufgegriffen werden sollte, beispielsweise unter Verwendung von Ergebnissen auf Spalten oder Dislokationen basierend, McGarr (1971) oder auf der Basis eines Kontinuums, das "im kleinen" instabil ist, ist schwierig zu beurteilen. Die Kontinuummethode erscheint vielleicht die vielversprechendere zu sein im Hinblick auf den schnellen Fortschritt im Bereich der numerischen Methoden. Es muss jedoch betont werden, dass es eine grundsätzliche Verbindung zwischen den beiden Methoden gibt. Der erste Versuch, eine derartige Beziehung herzustellen, wurde von Cook (1965) unternommen, als er versuchte, die vollständigen Spannungs-Dehnungseigenschaften spröden Gesteins aus den Ergebnissen für einen einzigen Spalt abzuleiten.

(iii) Gasausbrüche stellen einen grundsätzlichen anderen Typ seismischer Vorgänge dar. Wegen der mit den plötzlichen und unerwarteten Ausbrüchen von Gas begleiteten Gefahren sei dieses Phänomen hier kurz erwähnt.

Gasausbrüche ereignen sich am häufigsten in Kohlengruben. Sie sind gewöhnlich von der plötzlichen Disintegration irgendeines beträchtlichen Kohlenvolumens begleitet, das in den Abbau eindringt und beträchtlichen Schaden verursachen kann, Esztő (1953). Einige Salzlagerstätten sind ebenfalls für Ausbrüche bekannt.

Um das Gas-Kohlen Ausbruchsphänomen zu verstehen, muss man die das Verhalten des Gases in den Porenräumen bestimmenden Relationen zu Hilfe nehmen (Abschnitt 2.4). Aufgrund des Abbaus ändert sich die Spannungsverteilung und der Gasdruck um einen Abbauraum herum. Es ist denkbar, dass bei bestimmten Kombinationen dieser Änderungen einige der effektiven normalen Spannungskomponenten Zugspannungen werden. Wenn dies plötzlich geschieht, dann kann die Kohle (oder das Gestein) zerfallen und Gas könnte frei werden.

9.2 Orten seismischer Herde

Die erste seismische Untersuchung in der Literatur über wahrscheinlich durch Abbau verursachte Erschütterungen wurde von Gane und Mitarbeitern (1946) unternommen. Sie verwendeten ein Oberflächennetz von fünf Seismometern. Das erste dreidimensionale unterirdische Netz von acht Seismometern wurde von Cook (1962, 1963) verwendet. Seit der Pionierarbeit von Cook, sind unterirdische Seismemeter-Netzwerke wiederholt eingesetzt worden, um einen besseren Einblick in das Problem der Gebirgsschläge zu gewinnen, Budavari (1971), Blake (1972). Für das Verständnis des Mechanismus seismischer Vorgänge ist es wesentlich zu wissen, wo Gesteinsbrüche vorkommen.

Druck-, P, und Scherungswellen, S, die von einem Bruch ausgehen, verbreiten sich mit den Geschwindigkeiten v_P bzw. v_S. Im homogenen, isotropen Gebirge sind die Geschwindigkeiten (J.+C., SS. 336-337)

$$v_P = [2(1-\nu)G/(1-2\nu)\rho]^{\frac{1}{2}}, \qquad (1)$$
$$v_S = (G/\rho)^{\frac{1}{2}}$$

Die Ankunftszeit der seismischen Wellen wird mit Hilfe

von Seismometern im Hinblick auf einen beliebigen zeitlichen Ursprung gemessen. Nehmen wir an, dass die Anzahl der Seismometer im Netzwerk N+1 ist. Wenn die seismischen Weglängen kurz sind, ist es schwierig, den Einsatz der S-Wellen wahrzunehmen. Um dieser Schwierigkeit Rechnung zu tragen, sei angenommen,dass die Einsätze der P-Wellen auf allen und die der S-Wellen nur auf einer Anzahl von $M \leq N+1$ Seismometern registriert werden. Nennen wir die wirklichen Einsatzzeiten der P-Wellen $t_{P0}, t_{P1}, \ldots t_{PN}$ und die S-Wellen $t_{S0}, t_{S1}, \ldots t_{S\,M-1}$. Ferner soll die Zeit des Gesteinsbruches -t sein. Die Grösse von t kann natürlich nicht gemessen werden.

Die Gesamtlaufzeiten der P- und S-Wellen vom Brennpunkt des Vorganges bis zum Seismemeter i sind $t+t_{Pi}$ bzw. $t+t_{Si}$. Die Länge des von den Wellen während dieser Zeit durchlaufenen Weges R_i wird gegeben durch

$$R_i = [(x-x_i)^2+(y-y_i)^2+(z-z_i)^2]^{\frac{1}{2}}, \qquad (2)$$

wobei x,y,z die Koordinaten des Brennpunktes und x_i, y_i, z_i die Koordinaten des Standortes des Seismometers i darstellen.

Man bezeichne mit τ_{Pi} und τ_{Si} die gemessenen Einsatzzeiten, die den folgenden Verhältnissen genügen:

$$t + \tau_{Pi} = R_i/v_P + e_{Pi}, \qquad (3)$$
$$i = 0, 1, \ldots, N,$$

$$t + \tau_{Si} = R_i/v_S + e_{Si}, \qquad (4)$$
$$i = 0, 1, \ldots, (M-1),$$

wobei e_{Pi} und e_{Si} die Fehler in den Einsatzzeiten der P-bzw. S-Wellen sind.

Nun werden folgende Matrixformen eingeführt

$$R = \{R_0 \ R_1 \ \ldots \ R_N\}$$
$$e = \{e_P \ e_S\} \qquad (5)$$

wobei R (N+1)xl ist und e (N+M+1)xl ist. Innerhalb davon sind die Vektoren e_P und e_S (N+1)xl bzw. Mxl. Ferner soll

$$\tau = \{\tau_P \quad \tau_S\}, \qquad (6)$$

sein, welches ähnlich unterteilt werden kann wie e. Auch lassen wir J einen (NxMxl)xl Vektor von Einern und die Matrix A definiert sein als

$$A = \begin{bmatrix} I_M/v_P & 0 \\ 0 & I_{N-M+1}/v_P \\ I_M/v_S & 0 \end{bmatrix}, \qquad (7)$$

was von der Grössenordnung (N+M+1)x(N+1) ist. Diese Formeln gestatten die Aufzeichnung der N+M+1 Beziehungen in (3) und (4) in knapper Form:

$$Jt + \tau = AR + e \qquad (8)$$

Es ist schwierig, die wirkliche statistische Beschaffenheit des Fehlervektors e zu bestimmen. Hier werden die einfachsten Voraussetzungen angenommen. So wird angenommen, dass e ein unbeeinflusster Zufallsvektor mit unabhängigen Elementen ist, so dass der erwartete Wert und die Varianz-Kovarianz-Matrix von e

$$E(e) = 0, \quad cov(e) = E(ee') = \sigma^2 P^{-1}, \qquad (9)$$

sind, wobei E(.) den erwarteten Wert des Arguments darstellt und P die Gewichtsmatrix ist

$$P = \begin{bmatrix} p_P I_{N+1} & 0 \\ 0 & p_S I_M \end{bmatrix}. \qquad (10)$$

Ferner sind

$$\sigma_P^2 = \sigma^2/p_P \quad \text{and} \quad \sigma_S^2 = \sigma^2/p_S \qquad (11)$$

die Abweichungen von den beobachteten Einsätzen der P- und S-Wellen.

Das Ziel ist die Bestimmung der Lage des Herdes, das heisst, der Koordinaten x,y,z. Das Problem hat allerdings eine zusätzliche Unbekannte in t. Natürlich lassen sich die genauen Werte der Unbekannten wegen des Vorhandenseins des Fehlervektors in (8) nicht bestimmen. Bestensfalls kann man "gute" Schätzwerte errechnen. Halten wir die geschätzten Werte der Unbekannten durch z_e, y_e, z_e und t_e fest. Diese Schätzungswerte in (8) werden benutzt, um

$$Jt_e + \tau = AR_e + \varkappa, \qquad (12)$$

zu erhalten, bei dem der (N+M+1)xl Vektor $\varkappa$ der Restgrössen an die Stelle des Fehlervektors e getreten ist und R_e der Vektor der Wege ist, der aus x_e, y_e, z_e und x_i, y_i, z_i errechnet ist.

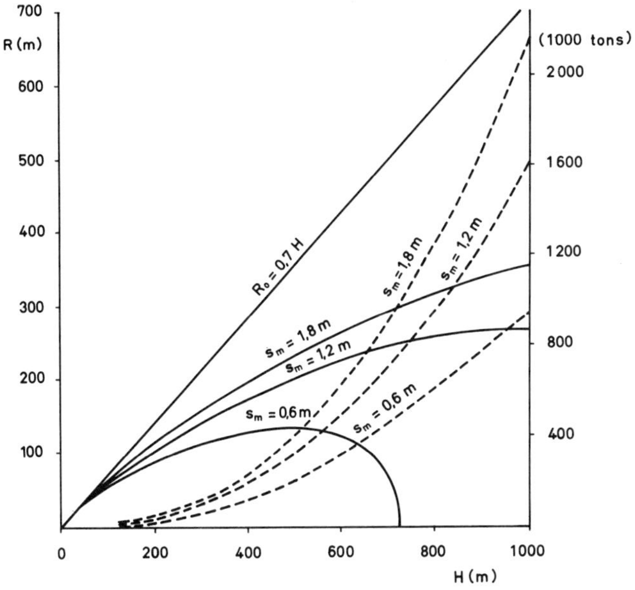

Bild 8.6.5 Die kontinuierlichen Kurven veranschaulichen die Radien der Pfeiler, die eine Punktstruktur schützen, die gegen Neigung (T_a= 0,0025) empfindlich sind; die punktierten Kurven zeigen die freigewordene Kohlentonnage, wenn die Pfeiler <u>nicht</u> auf der Basis des Grenzwinkels geplant werden.

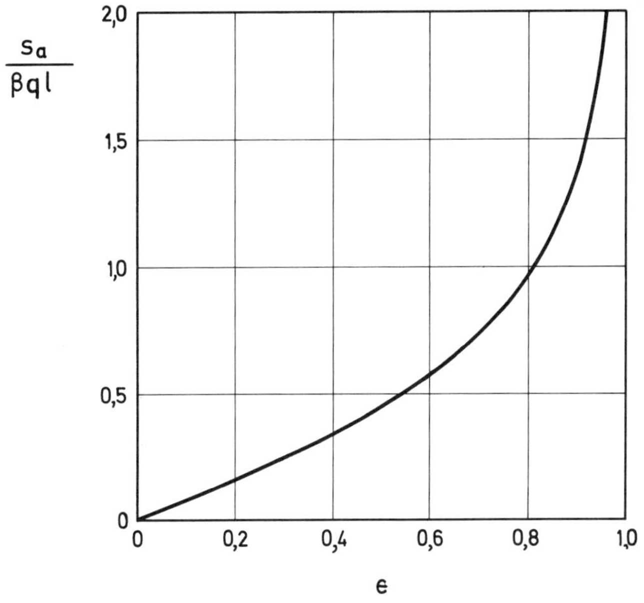

Bild 8.6.7 Normalisierte Durchschnittskonvergenz über einem Streb mit partiellen Abbau.

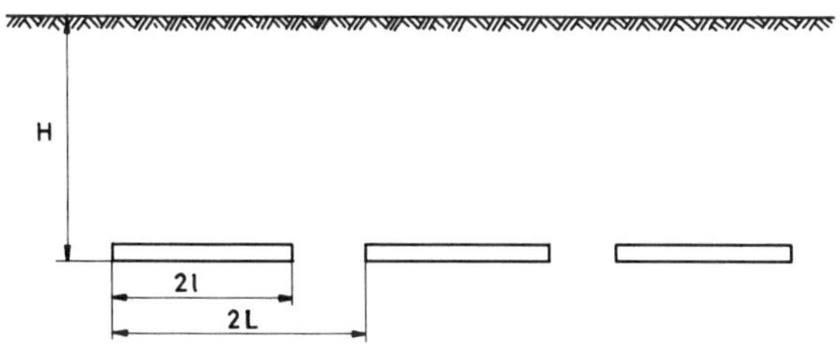

Bild 8.6.6 Vertikaler Schnitt durch einen Streb mit partiellem Abbau.

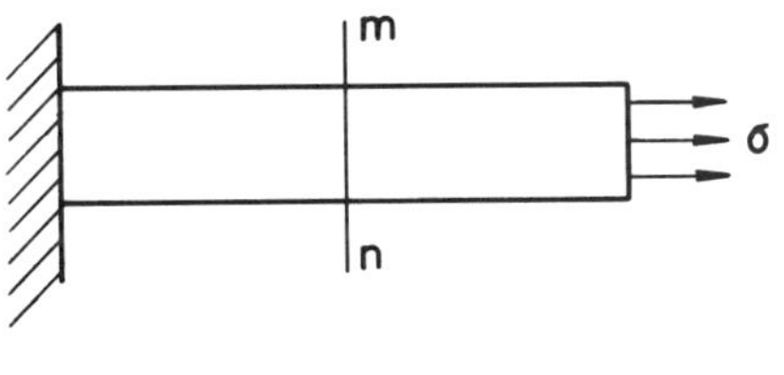

Bild 9.1.1 Ein zylindrischer Gesteinsstab, der einer Zugspannung ausgesetzt wird und im Bereich mn abbricht.

Es wird angenommen, dass die besten Schätzungen der Unbekannten die sind, die die gewichteten Quadratsummen der Restgrössen ϕ am kleinsten machen. Daher ist die Aufgabe, diejenigen Werte von x_e, y_e, z_e und t_e, die den Wert von

$$\phi = \mu' P \mu / \sigma^2 \tag{13}$$

ein Minimum werden lassen, zu finden, wobei μ' die Transponierte von μ und P in 10 gegeben ist.

Die Summe der gewichteten Quadrate der Restgrössen ϕ ist eine Funktion der Unbekannten; sie wird daher einen stationären Wert an der Stelle besitzen, wo ihre ersten partiellen Ableitungen nach x_e, y_e, z_e und t_e Null sind. Ohne weiter auf Einzelheiten einzugehen, lassen sich die Bedingungen für einen stationären Wert wie folgt ausdrücken:

$$t_e = -\frac{1}{(N+1)p_P + Mp_S} J'P(\tau - AR_e) \tag{14}$$

und

$$C'A'F'V^{-1}F(\tau - AR_e) = 0. \tag{15}$$

Die Beziehung in (15) vereinigt in einer Matrixgleichung drei nichtlineare Gleichungen. In (15) ist die Matrix C (N+1)x3 und ihre Elemente die Richtungskosinusse ℓ_i, m_i, n_i des Weges von Seismometer i zur geschätzten Lage des Brennpunktes, das heisst,

$$\ell_i = (x_e - x_i)/R_{ie}, \quad n_i = (z_e - z_i)/R_{ie}$$
$$m_i = (y_e - y_i)/R_{ie} \tag{16}$$

und

$$C = \begin{bmatrix} \ell_0 & m_0 & n_0 \\ \ell_1 & m_1 & n_1 \\ \cdot & \cdot & \cdot \\ \cdot & \cdot & \cdot \\ \cdot & \cdot & \cdot \\ \ell_N & m_N & n_N \end{bmatrix}. \tag{17}$$

Weiterhin wird die (N+M)x(N+M+1) Matrix F wie folgt definiert

$$F = [-J_{N+M} \quad I_{N+M}] \tag{18}$$

und die (N+M)x(N+M) symmetrisch definitiv positive Matrix V wird gegeben durch

$$V = \text{cov}(Fe) = E(Fee'F') = \sigma^2 FP^{-1}F', \tag{19}$$

was sich folgendermassen schreiben lässt

$$V = \frac{\sigma^2}{p_P}\begin{bmatrix} V_{11} & V_{12} \\ V_{12}' & V_{22} \end{bmatrix}, \tag{20}$$

wobei

$$V_{11} = I_N + J_N J_N',$$
$$V_{22} = I_M/\psi + J_M J_M', \tag{21}$$

und V_{12} eine NxM Matrix ist, deren sämtliche Elemente Eins sind. In (19) bezeichnet ψ das relative Gewicht der beobachteten Einsatzzeit der Scherungswellen, was besagt

$$\psi = p_S/p_P \tag{22}$$

Die Umkehrmatrix von V lässt sich wie folgt ausdrücken

$$V^{-1} = \frac{p_P}{(N+1+M\psi)\sigma^2}\begin{bmatrix} B_{11} & B_{12} \\ B_{12}' & B_{22} \end{bmatrix}, \tag{23}$$

deren Blöcke sind:

$$B_{11} = (N+1+M\psi)I_N - J_N J_N',$$
$$B_{22} = (N+1+M\psi)\psi I_M - \psi^2 J_M J_M' \tag{24}$$

und B_{12}, die eine N+M Matrix ist, deren sämtliche Elemente $-\psi$ sind.

Der durch die Bedingungen in (14) und (15) definierte stationäre Wert stellt ein Minimum von ϕ dar, wenn die Matrix Ω, in der das Element ij $\partial\phi^2/\partial x_i \partial x_j$ ($x_i = x_e, y_e, z_e, t_e$) definitiv positiv ist, Graybill(1961). Weitere algebraische Manipulation zeigt, dass

$$\Omega = 2W'W/\sigma^2, \tag{25}$$

wobei

$$W = P^{1/2}[AC \quad -J], \tag{26}$$

ist, welches eine (N+M+1)x4 Matrix ist. Die Bedingung, die sicherstellt, dass der stationäre Wert von ϕ ein Minimum ist, ist, dass der Rang r von W vier sein sollte. Dies ist so, weil nur im Falle r = 4 die Matrix Ω definitiv positiv ist.

(i) Positionen, bei denen sowohl Kompressions- als auch Scherwellen benutzt werden

Die Methode zur Ortung eines seismischen Brennpunktes bewährt sich dann am besten, wenn es möglich ist, den Einsatz sowohl der Druck- als auch der Scherungswellen zu beobachten und wenn die Zuverlässigkeit der Beobachtung der letzten nicht unverhältnismässig schlecht ist. In einem solchen Fall setzen wir voraus, dass sowohl M als auch p_S grösser als Null sind.

Also ist die Mindestforderung, um sicherzugehen, dass der Rang von W in (26) Vier ist, die, dass N+M+1=4 ist. Die kleinste Anzahl von Seismometern, mit denen sich das erreichen lässt, ist zwei (d.h., N+1=2), vorausgesetzt, sowohl die P- als auch die S-Wellen werden von beiden Instrumenten registriert, damit man M = 2 erhält. Jedoch zeigen ins einzelne gehende Untersuchungen, dass die Determinante von W, die natürlich in diesem Falle 4x4 beträgt, Null ist, so dass r < 4 gilt.

Bei Verwendung von 3 Seismometern (N+1=3), i, j und k und unter Beobachtung des Einsatzes der Druckwelle an allen Instrumenten, jedoch des der Scherungswelle nur an einem Instrument i, hat die Matrix W wiederum die Grösse 4x4. Die Determinante von W sei D genannt. Einige Manipulation führt nun zu

$$D = \frac{(v_P - v_S)(p_P^3 p_S)^{\frac{1}{2}}}{v_P^3 v_S} D_{ijk}, \qquad (27)$$

wobei

$$D_{ijk} = \begin{vmatrix} \ell_i & m_i & k_i \\ \ell_j & m_j & k_j \\ \ell_k & m_k & k_k \end{vmatrix}. \qquad (28)$$

Da $v_P \neq v_S$ ist, kann D nur dann Null sein, wenn $D_{ijk} = 0$ ist. Da aber D_{ijk} proportional zum Volumen des Parallelepipeds ist, dessen Kanten die drei seismischen Wege sind, kann diese Determinante Null dann sein, wenn Punkt x_e, y_e, z_e sich in der durch die drei Seismometer bestimmten Ebene befindet.

Aus dieser Beweisführung ergibt sich, dass, wenn es wenigstens vier nicht-koplanare aktive Seismometer im Netzwerk gibt und wenn wenigstens einer von ihnen Information hinsichtlich des Einsatzes von Scherungswellen liefert, der Rang von W mit Bezug auf alle Punkte im Raum Vier sein wird. In anderen Worten, wenn $N \geq 3$, $1 \leq M \leq N+1$ und $p_S > 0$ ist, wird der Rang von W Vier sein, wenn der Rang von C drei ist; letzteres ist immer der Fall, wenn nicht alle Seismometer koplanar sind. Fernerhin, wenn der Rang von C drei ist, dann trifft das auch für FAC zu. Diese letzte Schlussfolgerung garantiert, dass die Matrixgleichung in (15) drei unabhängige Gleichungen enthält.

Die Beziehung in (15) enthält die Matrix V, die, entsprechend (19) die Varianz-Kovarianzmatrix des Vektors Fe enthält. Das Element i dieses Vektors ist $(e_{P_i} - e_{P_0})$ oder $(e_{S_i} - e_{P_0})$ je nachdem, ob i kleiner oder grösser als (N+1) ist. Anscheinend spielt demnach in der abgeleiteten Lösung der i = 0 numrierte Seismometer eine besondere Rolle; er wird als "Bezugs"-Seismometer verwendet. Jedoch lässt sich nachweisen, dass die Verwendung eines weiteren Bezugs-Seismometers die Ergebnisse in (14) und (15) unbeeinflusst lässt.

Zur Lösung der Gleichungen in (15) wird ein iteratives Verfahren angewandt. Nehmen wir an, dass die Koordinaten x_a, y_a, z_a eines Punktes in der Nähe von x_e, y_e, z_e bekannt sind. Erweitern wir R_{ie} in einer Taylorschen Reihe in Nähe dieses Punktes und vernachlässigen wir die Glieder zweiter und höherer Ordnung. Dies führt zu

$$R_e = R_a + C_a \Delta X_e \qquad (29)$$

wo R_a der Vektor der Abstände zwischen den Seismometern und dem Punkt x_a, y_a, z_a und $\Delta X_e = \{\Delta x_e \quad \Delta y_e \quad \Delta z_e\}$ ist. Auch ist C_a analog zu C in (17), aber die Richtungskosinusse werden aus den angenäherten Koordinaten errechnet.

Substitution von (29) in (15) ergibt nach einiger Manipulation

$$\Delta X_e = (C_a' A' F' V^{-1} FAC_a)^{-1} C_a' A' F' V^{-1} (F_T - FAR_a) \qquad (30)$$

Sind die Punkte x_a, y_a, z_a und x_e, y_e, z_e genügend nahe, um die Verwendung der verkürzten Taylorschen Reihe in (29) zu gestatten, dann ist

$$x_e = x_a + \Delta x_e, \qquad y_e = y_a + \Delta x_e, \qquad z_e = z_a + \Delta z_e. \qquad (31)$$

Ist der Abstand zwischen den Punkten zu gross, müssen die Summen auf den rechten Seiten der Verhältnisse in (31) als Koordinaten eines neuen angenäherten Punktes verwendet und die ganze Rechnung wiederholt werden. Dieser Interationsprozess muss fortgesetzt werden, bis die Lösung in (30) geringfügige Koordinatenkorrekturen ergibt. Es lässt sich nachweisen, dass die Koordinaten des letzten Punktes in der Reihenfolge der so erhaltenen Punkte in der Tat x_e, y_e und z_e sein werden.

Es ist wichtig festzuhalten, dass die Lösung in (30) statistisch einer verallgemeinerten Methode der kleinsten Quadrate äquivalent ist, die man aus dem linearen Modell

$$(F_T - FAR_a) = (FAC_a)\Delta X_e + Fe, \qquad (32)$$

erhalten hat, wo der Rang von FAC_a drei ist. Die Eigenschaften des Fehlervektors Fe sind E(Fe) = 0 und cov Fe = V, Johnston (1960).

(ii) Positionsermittlung ausschliesslich auf Einsatz der P-Wellen basierend

Sind die seismischen Wege so kurz, dass das Intervall

zwischen dem Einsatz der P- und S-Wellen geringer als ihre Periode ist, ist es gewöhnlich nicht möglich, den S-Welleneinsatz mit einiger Genauigkeit zu bestimmen, Cook (1964). Die in diesem Abschnitt erörterte Methode lässt sich auch in solchen Fällen verwenden, nämlich dadurch, dass man M = 0 setzt oder $p_S = 0$. Jede dieser Einfügungen reduziert (30) auf

$$\Delta X_e = (K_a' V^{-1} K_a)^{-1} K' V^{-1} (\delta - \Delta_a) \quad (33)$$

wobei jetzt

$$V = \sigma^2 V_{11}, \quad K_a = FC_a,$$
$$\delta = v_P F \tau_P, \quad \Delta_a = FR_a. \quad (34)$$

Werden nur P-Einsätze beobachtet, ist die Ortungsmethode weniger grob als die gleiche auf den Einsätzen von P- und S-Wellen beruhende Methode. Der (33) verwendende Iterationsprozess wird die erforderlichen Ergebnisse nur bringen, wenn an keinem Punkt x_a, y_a, z_a der Rang von K_a weniger als drei ist. Diese Bedingung tritt an die Stelle der früheren Forderung, dass der Rang von C_a drei sein sollte.

Liegen alle Seismometer auf einem der Mäntel eines rechten kreisförmigen Kegels, wird der Rang von K_a mit Bezug auf die Spitze des Kegels geringer als drei sein. Dies ist eine grundsätzliche Schwäche jeden Versuches, den seismischen Herd nur aus den P-Einsätzen zu lokalisieren. Sie lässt sich nur dadurch vermeiden, dass kein rechter, kreisförmiger Kegel auf einem Mantel konstruiert werden kann, auf dem sich alle Seismometer befinden, Salamon und Wiebols (1973).

(iii) Erste Annäherung

Für die Anwendung der iterativen Lösungsmethode ist es unwesentlich, wie die Koordinaten des ersten Punktes x_a, y_a, z_a bestimmt werden. Grundsätzlich besteht keine Schwierigkeit, den von Cook (1963) zu diesem Zweck entwickelten Fadenanalogrechner anzuwenden. Um die Methode ganz digital zu halten, mag man direkte numerische Methoden zur Ingangsetzung des Iterationsprozesses vorziehen, Budavari (1971), Leighton und Duvall (1972), Salamon und Wiebols (1973). Zweifellos ist als Ausgangslösung die einfachste Methode die Verwendung von Koordinaten eines Punktes in einem Bereich, wo der Brennpunkt am wahrscheinlichsten lokalisiert ist.

(iv) Die Zuverlässigkeit der geschätzten Koordinaten

Es ist einfach, aus (30) und (32) auf der Grundlage der Theorie der verallgemeinerten Methode der geringsten Quadrate, Johnston (1960) nachzuweisen, dass

$$\mathrm{cov}(X_e) = \sigma^2 Q, \quad (35)$$

wobei die 3x3 symmetrische definitiv positive Matrix Q, die als die normalisierte Kovarianzmatrix bezeichnet werden wird, durch

$$Q = (C'A'F'V^{-1}FAC)^{-1}/\sigma^2, \quad (36)$$

aus (30) gegeben ist. Matrix Q vereinfacht sich zu

$$Q = (K'V^{-1}K)^{-1}/\sigma^2, \quad (37)$$

wenn nur die P-Einsätze beobachtet werden. Eine Schätzung von σ^2 wird durch

$$\sigma_e^2 = \Phi/(N+M-3), \quad (38)$$

gegeben, wobei

$$\Phi = \sigma^2 [F(\tau - AR_e)]' V^{-1} [F(\tau - AR_e)], \quad (39)$$

ist, weil in der letzten Iterationsstufe $\Delta X_e \simeq 0$ ist. Es lässt sich zeigen, dass die Summe der gewichteten Quadrate der Restgrössen, das heisst, ϕ in (13) zu der Grösse in (39) in Beziehung steht, und zwar einfach als $\Phi = \sigma^2 \phi$. Man wird feststellen, dass sowohl Φ und ϕ infolge von (23) unabhängig von σ^2 sind.

Die Varianzen der geschätzten Koordinaten sind durch die Hauptdiagonalelemente $\sigma^2 q_{ii}$ von $\sigma^2 Q$ gegeben. Zum Beispiel ist die Varianz der x-Koordinate

$$\mathrm{var}(x_e) = \sigma^2 q_{11}. \quad (40)$$

Selbstverständlich variiert allgemein die Zuverlässigkeit der geschätzten Lage des Herdes eines Ereignisses in verschiedenen Richtungen. Die Varianz der Lage in einer beliebigen Richtung, die durch die Kosinusse ℓ, m, n definiert ist, ist demnach

$$\mathrm{var}(\ell, m, n) = \sigma^2 [q_{11}\ell^2 + q_{22}m^2 + q_{33}n^2 + 2(q_{12}\ell m + q_{13}\ell n + q_{23}mn)] = \sigma^2 \mu' Q \mu, \quad (41)$$

wobei $\mu' = \{\ell \; m \; n\}$ ist. Diejenigen, die mit den Spannungsrelationen an einem Punkt vertraut sind, werden erkennen, dass dieser Ausdruck analog zur Formel der Normalspannung auf einer Ebene ist, deren Senkrechte durch ℓ, m und n definiert ist (J.+C., SS. 17-24).

Auf dieser Analogie aufbauend, wird ohne den Nachweis

zu liefern erklärt, dass es drei senkrechte Richtungen gibt, in denen var(ℓ,m,n) stationäre Werte besitzt. Diese Richtungen könnte man als die Hauptrichtungen und die stationären Werte als Hauptvarianzen bezeichnen. In gleicher Weise ist es analog zur Konstruktion der Laméschen Spannungsellipsoids, Durelli und Mitarbeiter (1958), möglich, ein "Fehler"Ellipsoid zu konstruieren, dessen halbe Achsen parallel zu den Hauptrichtungen verlaufen und deren Längen den Grössen der Hauptstandardabweichungen gleich sind.

Die Form und Grösse des Fehlerellipsoids ist von grosser Bedeutung für die praktische Anwendung seismischer Ortungsdaten. Ohne tatsächlich die Hauptrichtungen und Werte zu errechnen, können die Invarianten, das heisst, die Invarianten im Rahmen der Koordinatentransformierung, aus den Elementen von Q errechnet werden, die ein gutes Mass sowohl für Grösse als auch Form des Fehlerellipsoids liefern.

Ein Grössenmassstab wird durch

$$h_1 = \sigma^2(q_{11} + q_{22} + q_{33})/3 \qquad (42)$$

gegeben und einer für die Form durch

$$h_2 = (\sigma^2/3)[(q_{11} - q_{22})^2 + (q_{11} - q_{33})^2 + (q_{22} - q_{33})^2 + 6(q_{12}^2 + q_{13}^2 + q_{23}^2)]^{1/2}. \qquad (43)$$

Diese Grössen sind in der Spannungsanalyse analog zu den oktädrischen Normal- bzw. Tangentialspannungen (J.+C., SS. 23-24).

Wird zusätzlich zu den Voraussetzungen in (9) angenommen, dass der Fehlervektor e normal verteilt ist, dann können Vertrauensintervalle auf die Schätzung x_e, y_e, z_e und σ_e^2 gesetzt werden, Johnston (1960). Es ist von grosser Bedeutung, ein Vertrauensintervall auf den Ort in einer beliebigen Richtung zu placieren. Man verlege den Ursprung des Koordinatensystems zu Punkt $x_e, y_e z_e$ und führe

$$\Delta X = \{(x-x_e) \quad (y-y_e) \quad (z-z_e)\}. \qquad (44)$$

ein. Ferner lasse man den Abweichungsradius p in der Richtung ℓ, m, n durch

$$\rho = \mu'\Delta X. \qquad (45)$$

gegeben sein. Das 100(1-α) Prozent Vertrauensintervall um den Abweichungsradius ist dann (Graybill,1961):

$$-t_\alpha \sigma_e \sqrt{\mu' Q \mu} \le \rho \le + t_\alpha \sigma_e \sqrt{\mu' Q \mu}, \qquad (46)$$

wobei t_α der Wert des Studentschen "t" ist, der mit der Wahrscheinlichkeit von α/2 bei Stichproben überschritten wird. Die Anzahl der Freiheitsgrade ist (N+M-3).

Verwendet man Lamés Ableitung, ist es einfach nachzuweisen, dass das Vertrauensintervall um ρ durch ein Ellipsoid dargestellt werden kann. Man betrachte ein lokales bei x_e, y_e, z_e zentriertes Koordinatensystem mit seinen ξ,π und ζ -Achsen parallel zu den Hauptrichtungen. In diesem Koordinatensystem ist die Gleichung des 100 (1-α) prozentigen Vertrauensellipsoids

$$(\xi/a_1)^2 + (\eta/a_2)^2 + (\zeta/a_3)^2 = 1 \qquad (47)$$

in dem die Halbachsen a_i Längen von

$$a_i = t_\alpha \sigma_e \sqrt{q_i} \quad i = 1,2,3. \qquad (48)$$

haben. In diesem Ausdruck sind q_i die Haupt- oder Eigenwerte der Matrix Q.

Die Halblänge des Vertrauensintervalls in der ℓ, m, n Richtung wird durch den Abstand zwischen dem Ursprung und dem rechtwinkligen Schittpunkt einer vom Ursprung entlang dem Vektor μ= {ℓ m n} gezogenen Linie und einer Tangentialebene zum Ellipsoid gegeben, Durelli und Mitarbeiter (1958). Da Tangentialebene und Vektor μ sich natürlich einander im rechten Winkel schneiden, wird der Vektor μ in der Tat senkrecht zur Ebene liegen. Somit gibt es immer einen Durchmesser des Ellipsoids, der dem Vertrauensintervall in einer durch einen beliebigen Einheitsvektor μ definierten Richtung gleich sein wird; aber dieser Vektor und der entsprechende Durchmesser werden nur in den Hauptrichtungen parallel sein. Man sollte hierzu beachten, dass das Vertrauensellipsoid auf das Fehlerellipsoid reduziert wird, wenn $t_\alpha = 1$ in (48) eingeführt wird.

Vor Verlassen dieses Themas soll noch erwähnt werden, dass die ganze Diskussion über Zuverlässigkeit der Ortung nur approximativ sein kann, weil sie auf dem linearen Modell in (32) basiert. Man kann eine grobe Methode zur Beurteilung des betreffenden Annäherungsgrades verwenden. Verändert sich die Matrix Q bedeutsam, wenn sie sich innerhalb des Fehlerellipsoids bewegt, dann sind die Ergebnisse in (35) bis (48) nicht annehmbar.

(v) Entwurf von Seismometernetzwerken

Bei dem Entwurf von seismischen Netzen unter Tage muss die Struktur der Varianz-Kovarianz-Matrix der geschätzten Koordinaten in (35) im Gedächtnis behalten werden. Cov (x_e) ist das Produkt von σ^2, das ein Maßstab für die Genauigkeit ist, mit der die Einsatzzeiten gemessen werden und Matrix Q, die fast ausschliesslich durch die geometrische Anordnung der Seismometer beeinflusst wird. Diese beiden Faktoren können unabhängig voneinander untersucht werden.

Bei der Betrachtung der Instrumentation ist der Frequenzbereich der Seismometer und die Qualität der Aufnahmeapparatur zu berücksichtigen. Dies sind aber so spezialisierte Themen, dass sie hier nicht erörtert zu werden brauchen. Es ist aber wichtig festzustellen, dass das Schätzverfahren in (30) den Vektor $F\tau$ verwendet, dessen Elemente entweder $\tau_{P_i} - \tau_{P_0}$ oder $\tau_{S_i} - \tau_{P_0}$ sind, je nachdem, ob i kleiner oder grösser als N+1 ist. Dies bedeutet, dass nur die Einsatzdifferenzen die Genauigkeit der Ortung beeinflussen. Man sollte sich hier daran erinnern, dass selbst die Verwendung von "perfekten" Geräten nicht alle Fehler bei den Einsatzzeiten beseitigen wird, weil der Brennpunkt für seismische Vergänge nicht ein "Punkt", sondern von endlicher Ausdehnung ist.

Die Geschwindigkeiten der Wellenfronten, das heisst, die Elemente der Matrix A, haben natürlich einen starken Einfluss auf die Genauigkeit der Ortung. Kein Gebirgskörper ist vollkommen isotrop und homogen. Ferner hat brüchiges Gestein die Tendenz, die Fortpflanzungsgeschwindigkeit zu verringern, Cook (1963). Daher ist es falsch vorauszusetzen, wie das bei der Definition von A (siehe:(7)) geschehen ist, dass die Geschwindigkeiten konstant und unabhängig von den Fortpflanzungswegen sind. Jedoch ist es schwierig, die mit konstanten Geschwindigkeiten verbundenen Annahmen zu erweitern, ausser in dem begrenzten Sinne der Annahme einer gewissen Anisotropie, Budavari (1971).

Um dieses Problem zu bewältigen, werden in der Praxis Geschwindigkeiten nicht von den Relationen in (1), sondern in erster Linie durch Kalibrierung, Cook (1963) bestimmt. Später liesse sich die Genauigkeit der so erhaltenen Werte verbessern, indem v_P und v_S mit Hilfe der Minimalisierung der Summe der gewichteten Quadrate von Restgrössen unter Verwendung einer ziemlich grossen Anzahl von Ereignissen geschätzt werden.

Bei allen praktischen Anwendungen sind aus den verschiedensten Gründen bestimmte Teile des Raumes von grösserem Interesse als andere. Auch kann in den meisten Fällen eine Auswahl unter Alternativ-Netzwerk-Anordnung vorgenommen werden. Die richtige Wahl kann durch die Verwendung der normalisierten Kovarianzmatrix Q in (36) oder (37) unterstützt werden.

Diese Matrix hängt, abgesehen von geometrischen Faktoren, nur vom Verhältnis $\psi = p_P/p_S$ ab, da die Grösse von p_P beliebig gewählt werden kann (vorausgesetzt $p_P > 0$). Gewöhnlich ist es einfach, p = 1 zu setzen. Wenn demnach für ψ ein angemessener Wert vorausgesetzt wird, kann die Matrix Q für jede Netzanordnung an jedem beliebigen Punkt im Raum errechnet werden. Deshalb lässt sich die Wirksamkeit verschiedener Seismometeranordnungen in den Zonen grössten Interesses vergleichen, indem man beispielsweise h_1/σ^2 und h_2/σ^2 verwendet, wobei h_1 und h_2 die Invarianten in (42)und (43) sind.

Einer der offensichtlichsten Wege, die Zuverlässigkeit der von einem Netzwerk erhaltenen Ortungen zu verbessern, ist der Einbau von zusätzlichen Seismometern. Die Varianz der geschätzten Lage des Brennpunktes, var (ℓ,m,n), die in einer allgemeinen Richtung durch ℓ,m, n definiert ist, wird in (41) gegeben. Die Varianz des vergrösserten Netzes in der gleichen Richtung bezeichne man mit $var^+(\ell, m, n)$. Rein intuitiv lässt sich nun sagen, dass

$$var(\ell,m,n) - var^+(\ell,m,n) \geq 0, \qquad (49)$$

was bedeuten will, die Varianz des vergrösserten Netzes kann in keiner Richtung grösser als die des ursprünglichen Netzes sein. Das ist auch durch Salamon und Wiebils (1972) für Netzwerke, die lediglich P-Einsätze beobachten, nachgewiesen worden, nämlich, wenn Q durch (37) definiert wird.

Aus (41) lässt sich der Unterschied in den Varianzen wie folgt aufzeichnen:

$$var(\ell,m,n) - var^+(\ell,m,n) = \sigma^2\mu'(Q-Q^+)\mu, \qquad (50)$$

wobei Q^+ die normalisierte Kovarianzmatrix des vergrösserten Netzes ist. Man bezeichne die geordneten Eigenwerte von Q und Q^+ durch $q_1 \geq q_2 \geq q_3$ und $q_1^+ \geq q_2^+ \geq q_3^+$. Wird das Netz um einen einzigen zusätzlichen Seismometer erweitert, so ist dafür von Salamon und Wiebols (1972) gezeigt worden, dass

$$q_1 \geq q_1^+ \geq q_2 \geq q_2^+ \geq q_3 \geq q_3^+ \qquad (51)$$

und dass die symmetrische Matrix ($Q-Q^+$) definitiv nicht-negativ von Rang eins ist.

Ohne an Allgemeingültigkeit zu verlieren, ist es zulässig, das Koordinatensystem so zu rotieren, dass beispielsweise seine x-Achse parallel zu der Hauptrichtung von ($Q-Q^+$) ist, die dem einzigen von Null verschiedenem Eigenwert $\pi > 0$ entspricht. In diesem Fall wird (50)

$$var(\ell,m,n) - var^+(\ell,m,n) = \sigma^2\mu'\begin{bmatrix}\eta & 0 & 0\\ 0 & 0 & 0\\ 0 & 0 & 0\end{bmatrix}\mu = \sigma^2\ell^2\eta \geq 0. \qquad (52)$$

Man könnte demnach zu dem Schluss kommen, dass die Verbesserung in der Genauigkeit der Ortung, die durch den Einbau eines weiteren Seismometers erreicht werden kann, äusserst begrenzt ist. Dies wird durch die Ungleichheiten in (51) ausgewiesen. Auch zeigt das Ergebnis in (52), dass es an jedem Punkt im Raum eine Ebene gibt, (ℓ=0) in der das Gleichheitszeichen Gültigkeit besitzt, was bedeutet, dass sich die Varianz der Ortung nicht bessert.

Die Hinzufügung von mehr als einem Seismometer lässt sich auf der Basis der Ergebnisse in (51) und (52) behandeln. Man darf daraus folgern, dass wenigstens drei Seismometer hinzugefügt werden müssen, wenn eine Reduzierung der Varianz in allen Richtungen erreicht werden soll.

9.3 Die praktische Anwendung seismischer Netzwerke

Man könnte einwenden, dass der vorhergehende Abschnitt, der sich mit Problemen seismischer Ortung und dem Entwurf der Netzanordnung befasst, ungebührlich lang ist. Leider gibt es an anderer Stelle keinen vollständigen Bericht zu den in Abschnitt 9.2 erörterten Fragen. Der beträchtliche Raum, der diesen Fragen in diesem Referat gewidmet ist, ist ein Maßstab für die Bedeutung, die der Verfasser seismischen Methoden beimisst.

Seismische Methoden sind das wirksamste Mittel, Beziehungen zwischen Bergbauparametern (wie zum Beispiel Planung, Teufe, Ausbau), geologischen Merkmalen (wie Gesteinsgänge, Verwerfungen) und seismischer Aktivität herzustellen, Cook (1962, 1963, 1964), Joughin (1966), Cook und Mitarbeiter (1966), Hodgson und Joughin (1966), Blake (1972). Es scheint, dass in Bergbaugebieten, wo die Gebirgsschlaggefahr ernst ist, die Schaffung seismischer Einrichtungen fast unumgänglich ist. Praktisch alles Tatsachenmaterial, das bisher hinsichtlich seismischer, mit dem Bergbau verbundener Aktivität verfügbar wurde, ist mit Hilfe seismischer Systeme erarbeitet worden. Diese bezogen sich ursprünglich nur auf die Überwachung von Geräuschen im Gestein, Obert und Duvall (1957) und wurden später zu Netzwerken mit beträchtlich verfeinerten Zielsetzungen ausgebaut.

9.4 Die Kontrolle der Gebirgsschlaggefahr

In Abschnitt 9.1 ist die Auffassung vertreten worden, dass seismische Vorgänge, von denen sich einige als Gebirgsschläge manifestieren, das Ergebnis von Instabilität sind, die sich aus irgendeinem Grunde in dem Gebirgskörper entwickelt. Viele Faktoren können bei der Bildung eines labilen Gleichgewichts eine Rolle spielen; einige davon sind geologischer Natur, andere haben mit dem Verformungsverhalten des Gesteins zu tun. Jedoch ist der wichtigste aller Faktoren die Wirkung des Abbaus auf das Spannungsfeld, weil hier nämlich die menschliche Tätigkeit mit einwirken kann.

Und obwohl es nicht möglich gewesen ist, die Gebirgsschlaggefahr aus Gruben in aller Welt zu verbannen, ist beträchtlicher Fortschritt zur Behebung der Situation erzielt worden. Diesbezügliche praktische Massnahmen sind bereits in früheren Abschnitten dieses Referates behandelt worden, siehe Abschnitt 6.5 und 6.8, so dass weitere Ausführungen sich erübrigen. Es sei besonders erwähnt, dass die in Abschnitt 6.5 vorgeschlagenen Massnahmen zur Verbesserung der Abbaubedingungen gleichzeitig die Gebirgsschlaggefahr herabsetzen.

REFERENCES

1. AITKEN, A.C. (1967) "Determinants and matrices". Oliver and Boyd Limited.

2. BARCZA, M. and VON WILLICH, G.P.R. (1958) "Strata movement measurements at Harmony Gold Mining Company, Limited". Assoc. Mine Managers S. Afr., 1958/1959.

3. BERRY, D.S. (1960) "An elastic treatment of ground movement due to mining - Part I. Isotropic ground". J. Mech. Phys. Solids, v.8, pp. 280-292.

4. BERRY, D.S. (1963) "Ground movement considered as an elastic phenomenon". The Min. Engr., v.123, No. 37, pp. 28-41.

5. BERRY, D.S. (1964) "A theoretical elastic model of the complete region affected by mining a thin seam". Proc. 6th Symp. Rock Mech., Univ. Missouri, Rolla. pp. 310-329.

6. BERRY, D.S. and SALES, T.W. (1961) "An elastic treatment of ground movement due to mining - Part II. Transversely isotropic ground". J. Mech. Phys. Solids, v.9, pp. 52-62.

7. BERRY, D.S. and SALES, T.W. (1962) "An elastic treatment of ground movement due to mining - Part III. Three dimensional problem, transversely isotropic ground". J. Mech. Phys. Solids, v.10, pp. 73-83.

8. BILBY, B.A. and ESHELBY, J.D. (1968) "Dislocations and the theory of fractures". In "Fracture - An advanced treatise" Ed. H. Liebowitz, v.1, pp. 100 -182, Academic Press.

9. BLAKE, W. (1972) "Rock-burst mechanics". Quarterly of the Colorado School of Mines, v.67, No. 1, 64 p.

10. BORECKI, M. and SALUSTOWICZ, A. (1960) "Experimental work in the field of rock mechanics". Proc. 3rd Int. Conf. Strata Control, pp. 487-498, Paris, Ed. de la Revue de l'Industrie Minérale.

11. BRYAN, A., BRYAN, J.G. and FOUCHÉ, J. (1964) "Some problems of strata control and support in pillar workings". Mining Eng, v.123, pp. 238-254.

12. BUDAVÁRI, S. (1971) "A mathematical method of determining the anisotropic velocity of P - wave propagation and for the seismic location of rockbursts". Geomechanics Journal, pp. 15-17.

13. COATES, D.F. (1965) "Pillar loading. Part I: Literature survey and new hypothesis". Res. Rep. No. R 168, Mines Branch, Dept. of Mines and Technical Surveys, Ottawa.

14. COATES, D.F. (1965a) "Pillar loading. Part II: Model studies". Res. Rep. No. R 170, Mines Branch, Dept. of Mines and Technical Surveys, Ottawa.

15. COATES, D.F. (1966) "Pillar loading. Part III: Field measurements". Res.Rep. No. R 180, Mines Branch, Dept. of Mines and Technical Surveys, Ottawa.

16. COATES, D.F. (1971) "Discussion of M.D.G. Salamon's paper "Stability, instability and design of pillar workings". Int. J. Rock Mech. Min. Sci., v.8, pp. 641-642.

17. COATES, D.F. and IGNATIEFF, A. (1966) "Prediction and measurement of pillar stresses". Canadian Min.J., v.87, No. 1, pp. 50-56.

18. COOK, N.G.W. (1962) "A study of failure in the rock surrounding underground excavations". Thesis, Univ. Witwatersrand.

19. COOK, N.G.W. (1963) "The seismic location of rockbursts". Proc. 5th Rock Mech. Symp., Oxford, Pergamon, pp. 493-516.

20. COOK, N.G.W. (1963a) "The basic mechanics of rockbursts". J. S. Afr. Inst. Min. Metall., v.64, pp. 71-81.

21. COOK, N.G.W. (1964) "The application of seismic techniques to problems in rock mechanics". Int.J.Rock Mech. Min. Sci.,v.1, pp. 169-179.

22. COOK, N.G.W. (1965) "The failure of rock". Int.J.Rock Mech.Min.Sci., v.2, pp. 389-403.

23. COOK, N.G.W. (1966) "The design of underground excavations". Proc. 8th Symp. on Rock Mech., Univ. Minnesota, Ed. C. Fairhurst, pp. 167-193, A.I.M.M., New York, 1967.

24. COOK, N.G.W. (1967) "Contribution to papers by Salamon and Munro (1967) and Salamon (1967)". J. S. Afr. Inst. Min. Metall., v.68, pp. 192-195.

25. COOK, N.G.W., HOEK, E., PRETORIUS,J.P.G., ORTLEPP, W.D. and SALAMON, M.D.G.(1966) "Rock Mechanics applied to the study of rockbursts". J. S. Afr. Inst. Min. Metall., v.66, pp.435-528.

26. DAEMEN, J.J.K. (1972) "The effect of protective pillars on the deformation of mine shafts". Rock Mechanics, v.4, No. 2, pp. 89-113.

27. DEERE, D.U. (1963) "Technical description of rock cores for engineering purposes". Rock Mech.Eng.Geol.,v.1, pp. 18-22.

28. DEERE, D.U. (1968) "Geological considerations". In "Rock mechanics in engineering practice", Ed. K.G. Stagg and O.C. Zienkiewicz, pp. 1-20, John Wiley and Sons.

29. DEIST, F.H. (1965) "A non-linear continuum approach to the problem of fracture zones and rockbursts". J.S.Afr. Inst. Min. Metall., v.65, pp. 502-522.

30. DEIST, F.H. (1966) "The development of a non-linear continuum approach to the problem of fracture zones and rockbursts and feasibility study by computer". Thesis, Univ. Witwatersrand.

31. DEIST, F.H. (1967) "A note on the relationship between the stresses at the face and the rate of energy release on face advance". Rep. No. 17., Min. Res. and Vent. Dept., Rand Mines, Ltd.

32. DEIST, F.H., GEORGIADIS, E. and MORIS, E.J.P. (1972) "Computer applications in rock mechanics". Proc. 10th Symp. App. Comp. Meth. Mineral Ind., pp. 259-265, S. Afr. Inst. Min. Metall., Johannesburg.

33. DEIST, F.H., SALAMON, M.D.G. and GEORGIADIS, E. (1973) "A new digital method for three-dimensional stress analysis in elastic media". To be published in Rock Mechanics.

34. DESAI, C.S. and ABEL, J.F. (1972) "Introduction to the finite element method". Van Nostrand Reinhold.

35. DRUCKER, D.C. (1964) "On the postulate of stability of material in the mechanics of continua". Journal de Mécanique, v.3, No. 2, pp. 235-249.

36. DURELLI, A.J., PHILLIPS, E.A. and TSAO, C.H. (1958) "Introduction to the theoretical and experimental analysis of stress and strain". pp. 65-68, McGraw-Hill.

37. ESZTŐ, P. (1953) "Bányaszellőztetés". Tankönyvkiadó, Budapest.

38. FLÄSCHENTRÄGER, H. (1957) "Considerations on ground movement phenomena based on observations made in left bank Lower Rhine region". European Congress on Ground Movement, Leeds, pp. 58-73.

39. FRITZSCHE, C.H. and POTTS, E.L.J. (1954) "Horizon mining, pp. 113-130". Allen & Unwin, London.

40. FUNG, Y.C. (1965) "Foundations of solid mechanics". Prentice-Hall, New Jersey.

41. GANE, P.G., HALES, A.L. and OLIVER, H.O. (1946) "A seismic investigation of the Witwatersrand earth tremors". Bull. Seism. Soc. Am., v.36, pp. 49-50.

42. GOODIER, J.N. (1968) "Mathematical theory of equilibrium cracks". In "Advanced treatise of fracture" Ed. H. Liebowitz, v.2, pp. 2-66, Academic Press.

43. GRAYBILL, F.A. (1961) "An introduction to linear statistical models". v.1. McGraw-Hill.

44. GREENWALD, H.P., HOWARTH, H.C. and HARTMAN, I. (1939) "Experiments on strength of small pillars of coal in the Pittsburgh bed". U.S.Bur.Min., Tech. Paper 605.

45. HACKETT, P. (1959) "An elastic analysis of rock movements caused by mining". Trans. I.M.E., v.118, Part 7, pp. 421-435.

46. HANSÁGI, I. (1966) "Bergmännisches Verfahren der Gebirgsfestigkeitsbestimmung und der Gebirgsklassifizierung". Proc. First Cong. of the Int. Soc. of Rock Mech. Vol. 1. pp. 179-183, Lisbon.

47. HARGRAVES, A.J. (1958) "Instantaneous outburst of coal and gas". Proc. Austral. Inst. Min. Metall., No. 186, pp. 21-72.

48. HARGRAVES, A.J. (1967) "Instantaneous outbursts of coal and gas in Australia". Proc. Eight Comm. Min. Congr. 1965, v.6, pp. 871-885.

49. HIRAMATSU, Y. and OKA, Y. (1968) "Precalculation of ground movements caused by mining". Int. J. Rock Mech. Min. Sci., v.5, pp. 399-414.

50. HODGSON, K. and JOUGHIN, N.C. (1966) "The relationship between energy release rate, damage and seismicity in deep mines". Proc. 8th Symp. Rock Mech., Univ. Minnesota, pp. 194-209, Ed. C. Fairhurst, A.I.M.E., New York, 1967.

51. HOEK, E. (1966) "A photoelastic technique for the determination of potential fracture zones in rock structures". Proc. 8th Symp. Rock Mech., Univ. Minnesota, Ed. C. Fairhurst, pp. 94-112, A.I.M.E., New York, 1967.

52. HOEK, E. (1968) "Brittle failure of rock". In "Rock mechanics in engineering practice", Ed. K.G. Stagg and O.C. Zienkiewicz, pp. 99-124.

53. HOLLAND, C.T. (1962) "Design of pillars for overburden support". Min. Congr. J., v.48, pp. 24-28 and 66-71.

54. HOLLAND, C.T. (1964) "The strength of coal in mine pillars". Proc. 6th Symp. Rock Mech., Rolla, Missouri. pp. 450-466.

55. HOLLAND, C.T. and GADDY, F.L. (1957) "Some aspects of permanent support of overburden on coal beds". Proc. W. Virginia Coal Min. Inst., pp. 43-65.

56. JACOBI, O. and EVERLING, G. (1960) "Model tests illustrating the effects of different roadway supports". Proc. 3rd In. Conf. Strata Control, pp.109-122, Paris, Ed. De la Revue de l'Industrie Minérale.

57. JAEGER, J.C. (1961) "An introduction to the Laplace transformation with engineering applications". 2nd ed. Methuen.

58. JAEGER, J.C. (1966) "The brittle fracture of rocks". Symp. Rock Mech., 8th, Minnesota, A.I.M.E, 1967, pp. 3-58.

59. JAEGER, J.C. and COOK, N.G.W. (1969) "Fundamentals of rock mechanics". Methuen, London.

60. JAEGER, J.C. and COOK, N.G.W. (1969) "Fundamentals of rock mechanics". Methuen, London.

61. JOHNSTON, J. (1960) "Econometric methods". pp. 179-192, McGraw-Hill.

62. JOUGHIN, N.C. (1966) "The measurement and analysis of earth motion resulting from underground rock failure". Res. Rep. 73/66, Chamber of Mines of South Africa.

63. KEINHORST, H. (1934) "Betrachtungen zur Bergschädenfrage. Glückauf, No. 7.

64. KLEMENCSICS, I. (1962) "Pontszerű épitmények aláfejtési lehetőségének vizsgálata". Bányászati Lapok, Budapest, March, 1962.

65. KNOTHE, S. (1957) "Observations of surface movements under influence of mining and their theoretical interpretation". European Congress on Ground Movement, Leeds, pp. 210-218.

66. KORN, G.A. and KORN, T.M. (1961) "Mathematical handbook for scientists and engineers". McGraw-Hill.

67. LAMBE, T.W. and WHITMAN, R.V. (1969) "Soil mechanics". pp. 199-203. Wiley, New York.

68. LEIGHTON, F. and DUVALL, W.I. (1972) "A least square method for improving the source location of rock noise". Rep. Inv. 7626, U.S. Bur. Min.

69. LEKHNITSKII, S.G. (1963) "Theory of elasticity of an anisotropic elastic body". Holden-Day Inc., San Francisco.

70. McGARR, A. (1971) "Stable deformation of rock near deep-level tabular excavations". J. Geophys. Res., v.76, No. 29, pp. 7088-7106.

71. MORIS, J.P.E. (1971) "Private communication".

72. MORIS, J.P.E. (1972) "Private communication".

73. MUSKHELISHVILI, N.I. (1963) "Some basic problems of the mathematical theory of elasticity". Nordhoff, Groningen.

74. OBERT, L. and DUVALL, W.I. (1957) "Micro-seismic method of determining the stability of underground openings". U.S. Bur. Min. Bull., No. 573.

75. OBERT, L. and DUVALL, W.I. (1967) "Rock mechanics and the design of structures in rock". John Wiley & Sons, 1967.

76. OBERT, L., WINDES, S.L. and DUVALL, W.I. (1946) "Standardised tests for determining the physical properties of mine rock". U.S. Bur. Mines Dept. Invest., 3891.

77. OGDEN, H. and ORCHARD, R.J. (1960) "Ground movements in North Staffordshire". Trans. Inst. Min. Eng., v. 119, part 4, January, 1960.

78. ONODERA, T.F. (1963) "Dynamic investigation of foundation rocks in situ". Proc. Symp. Rock Mech., 5th, Minnesota, Pergamon, New York, pp. 517-533.

79. ORCHARD, R.J. (1964) "Partial extraction and subsidence". The Min. Eng.,v.123, No. 43, pp. 417-427.

80. PEELE, R. and CHURCH, J.A. ed. (1941) "Mining engineer's handbook", v.1, pp. 10-528, 3rd ed., John Wiley & Sons, New York.

81. PLEWMAN, R.P., DEIST, F.H. and ORTLEPP, W.D. (1969) "The development and application of a digital computer method for the solution of strata control problems". J. S. Afr. Inst. Min. Metall., v. 70, pp. 33-44.

82. PRICE, N.J. (1964) "A study of the time-strain behaviour of coal-measure rocks". Int. J. Rock Mech. Min. Sci., v.1, p. 277-303.

83. RICE, J.R. (1968) "Mathematical analysis in the mechanics of fracture". In "An advanced treatise of fracture" Ed. H. Liebowitz, v.2, pp. 192-311, Academic Press.

84. RICHTER, R. and NÉMETH, A. (1961) "A biztonsági pillérekről". Bányászati Lapok, Budapest, April and May, 1961.

85. SALAMON, M.D.G. (1961) "An introductory mathematical analysis of the movements and stresses induced by mining in stratified rocks". Univ. Durham, King's College Mining Bull., 9. Bull. No. 3. Series: Strata Control/Res. No. 16.

86. SALAMON, M.D.G. (1962) "The influence of strata movement and control on mining development and design". Thesis, University of Durham.

87. SALAMON, M.D.G. (1963) "Elastic analysis of displacements and stresses induced by the mining of seam or roof deposits - Part I: Fundamental principles and basic solutions as derived from idealised models". J.S.Afr. Inst. Min. Metall., v.63, pp. 128-149.

88. SALAMON, M.D.G. (1964) "Elastic analysis of displacements and stresses induced by the mining of seam or reef deposits - Part II: Practical methods of determining displacement, strain and stress components from a given mining geometry". J. S.Afr. Inst. Min. Metall., v.64, pp. 197-218.

89. SALAMON, M.D.G. (1964a) "Elastic analysis of displacements and stresses induced by the mining of seam or reef deposits - Part III: An application of the elastic theory: Protection of surface installations by underground pillars". J. S.Afr. Inst. Min. Metall., v.64, pp.468-500.

90. SALAMON, M.D.G. (1964b) "Elastic analysis of displacements and stresses induced by the mining of seam or reef deposits - Part IV: Inclined reef". J. S.Afr. Inst. Min. Metall., v.65, pp. 319-338.

91. SALAMON, M.D.G. (1964c) "Contribution to the paper: 'Ground movement considered as an elastic phenomenon' by D.S. Berry". The Mining Engineer, v.123, No. 42, pp. 303-304.

92. SALAMON, M.D.G. (1964d) "Contribution to the paper: 'Partial extraction and subsidence' by R.J. Orchard". The mining Engineer, v.123, No. 48, pp. 675-677.

93. SALAMON, M.D.G. (1967) "A method of designing bord and pillar workings". J. S.Afr. Inst. Min. Metall., v.68, pp. 68-78.

94. SALAMON, M.D.G. (1968) "Two-dimensional treatment of problems arising from mining tabular deposits in isotropic or transversely isotropic ground". Int. J. Rock Mech. Min. Sci., v.5, pp. 159-185.

95. SALAMON, M.D.G. (1968a) "Elastic moduli of stratified rock mass". Int. J. Rock Mech. Min. Sci., v.5, pp. 519-527.

96. SALAMON, M.D.G. (1969) "Recent developments in the design of bord and pillar layouts in South African coal mines". 9th Commonwealth Mining and Metallurgical Congress, London. Mining and Petroleum Technology Section, Paper No. 6.

97. SALAMON, M.D.G. (1969a) "Stiffness of strata surrounding pillar layouts". Res. rep. 60/69, Chamber of Mines of South Africa.

98. SALAMON, M.D.G. (1970) "Stability, instability and design of pillar workings". Int. J. Rock Mech. Min. Sci., v.7, pp. 613-631.

99. SALAMON, M.D.G. (1970a) "A note on the design of tunnel linings". In "The technology and potential of tunnelling" Proc. S.Afr. Tunnelling Conf., v.1, pp. 115-119.

100. SALAMON, M.D.G. (1972) "Author's reply to discussion by D.F. Coates of the paper "Stability, instability and design of pillar workings" by M.D.G. Salamon. Int. J. Rock Mech. Min. Sci., v.9, pp. 667-668.

101. SALAMON, M.D.G. (1973) "Energy changes in mining". To be published.

102. SALAMON, M.D.G. and DEIST, F.H. (1970) "New concepts in the design of pillar layouts". Res. rep. 25/70, Chamber of Mines of South Africa.

103. SALAMON, M.D.G. and MUNRO, A.H. (1967) "A study of the strength of coal pillars". J. S.Afr. Inst. Min. Metall., v.68, pp. 55-67.

104. SALAMON, M.D.G. and ORAVECZ, K.I. (1966) "Displacements and strains induced by bord and pillar mining in South African collieries". Proc. 1st Congr. Int. Soc. Rock Mech., Lisbon, v.2, pp. 227-231.

105. SALAMON, M.D.G. and ORAVECZ, K.I. (1970) "The electrical resistance analogue as an aid to the design of pillar workings". Proc. 2nd Congr. Int. Soc. Rock Mech., Belgrade, v.2, pp. 507-513.

106. SALAMON, M.D.G., ORAVECZ, K.I. and HARDMAN, D.R. (1972) "Rock mechanics problems associated with longwall trials in South Africa". Proc. Fifth International Strata Control Conference, paper No. 14, London.

107. SALAMON, M.D.G., RYDER, J.A. and ORTLEPP, W.D. (1964) "An analogue solution for determining the elastic response of strata surrounding tabular mining excavations". J. S.Afr. Inst. Min. Metall., v.65, pp. 115-137.

108. SALAMON, M.D.G. and WIEBOLS, G.A. (1972) "Location of seismic events". Res. Rep. 18/72, Chamber of Mines of South Africa.

109. SALAMON, M.D.G. and WIEBOLS, G.A. (1973) "Digital location of seismic events by an underground network of seismometers using the arrival times of compressional waves". To be published in Rock Mech.

110. SERAFIM, J.L. (1968) "Influence of interstitial water on the behaviour of rock masses". In "Rock mechanics in engineering practice", Ed. K.G. Stagg and O.C. Zienkiewicz, pp. 55-97, John Wiley & Sons.

111. SERATA, S. (1964) "Theory and model of underground opening and support system". Proc. 6th Symp. on Rock Mechanics Rolla, Missouri, pp. 260-292.

112. SHELDON, J.W. (1960) "Iterative method for the solution of elliptic partial differential equations". In "Mathematical methods for digital computers" Ed. A. Ralston and H.S. Wilf. John Wiley & Sons, New York, pp. 144-156.

113. SKINNER, W.J. (1959) "Experiments on the compressive strength of anhydrite". The Engineer, Feb. 1961.

114. SOKOLNIKOFF, I.S. (1956) "Mathematical theory of elasticity". McGraw-Hill, New York.

115. SPACKELER, G., GIMM, W., HÖFER, K.H. and DUCHROW, G. (1960) "New data on rockbursts in potash mines". Proc. 3rd Int. Conf. Strata Control, pp. 551-563, Paris, Ed. de la Revue de l'Industrie Minerale,

116. STARFIELD, A.M. (1970) "A Boussinesq approach to the numerical solution of plain strain elastic problems associated with the mining of underground deposits". Research Rep. No. 13/70. Chamber of Mines of South Africa.

117. STARFIELD, A.M. and FAIRHURST, C. (1968) "How high-speed computers can advance design of practical mine pillar systems". Engineering/Mining Journal, v.169, pp. 78-84.

118. STATHAM, I.C.F. (1929) "Mining and working". pp. 497-513. Pitman & Sons London.

119. STEART, F.A. (1954) "Strength and stability of pillars in coal mines". J. Chem. Metall. Min. Soc. S. Afr., v.54, pp. 309-325.

120. SZÉCHY, K. (1966a) "The art of tunnelling". Akadémiai Kiadó, Budapest.

121. -(1966b) "Subsidence engineer's handbook". National Coal Board - Production Department Reprint, with amendments.

122. TIMOSHENKO, S. (1960) "Strength of Materials", v.1. Elementary theory and problems. 3rd ed. Van Nostrand Co.

123. TIMOSHENKO, S. (1956) "Strength of materials - Part II Advanced theory and problems". 3rd ed. Van Nostrand.

124. TIMOSHENKO, S. and GOODIER, J.N. (1951) "Theory of elasticity". McGraw-Hill.

125. TINCELIN, E. and SINOU, P. (1960) "Collapse of areas worked by the small pillar method. Practical conclusions and an attempt to formulate laws for the phenomena observed". Proc. 3rd Int. Conf. Strata Control, pp. 571-588, Paris, Ed. de la Revue de l'Industrie Minérale.

126. TRANTER, C.J. (1959) "Integral transforms in mathematical physics". Methuen, London.

127. ULGUDUR, S. (1973) "A non-linear continuum theory of fracture for rocks". Thesis, University of Newcastle upon Tyne.

128. VARGA, R.S. (1962) "Matrix iterative analysis", p.85 Prentice-Hall, New Jersey.

129. VIDAL, V. (1960) "Presentation of the national reports". Proc. 3rd Int. Conf. Strata Control, pp. 749-766, Paris, Ed. de la Revue de l'Industrie Minérale.

130. WAGNER, H. (1973 "Private communication".

131. WARDELL, K. (1959) "The problem of analysing and interpreting observed ground movement". Colliery Engineering.

132. WARDLE, L.J. and GERRARD, C.M. (1972) "The "equivalent" anisotropic properties of layered rock and soil masses". Rock Mechanics, v.4, pp. 155-175.

133. WHETTON, J.T. (1957) "A general survey of the ground movement problem". European Congress on Ground Movement, Leeds, pp. 9-19.

134. WILSON, J.W. (1971) "The design and support of underground excavations in deep-level, hard-rock mines". Thesis, Univ. Witwatersrand.

135. WILSON, J.W. and MORE-O'FERALL, R.C. (1970) "The application of the electrical resistance analogue to mining operations". J. S.Afr. Inst. Min. Metall., v.70, pp. 115-148.

136. WOODRUFF, S.D. (1966) "Methods of working coal and metal mines v.1. Theory and application of rock mechanics to roof control and support problems". Pergamon Press.

137. ZAMBÓ, J. (1957) "Bányamüvelés". Müszaki Könyvkiadó, Budapest.

138. ZIENKIEWICZ, O.C. (1971) "The finite element method in engineering science". 2nd ed. McGraw-Hill, London.

139. ZIENKIEWICZ, O.C. and CHEUNG, Y.K. (1967) "The finite element method in structural and continuum mechanics". McGraw-Hill, London.

THEME 4

UNDERGROUND OPENINGS

THÈME 4

TRAVAUX SOUTERRAINS

THEMA 4

UNTERTAGEBAU

Panel Reports

Papiers du Groupe d'Experts

Diskussionsbeiträge von Mitgliedern des Forums

Panelists
Groupe d'Experts
Mitgliedern des Forums

Y. D. DIADKIN	U.S.S.R. Union Soviétique Sowjetrussland
G. EVERLING	West Germany Allemagne de l'Ouest Bundesrepublik Deutschland
J. GEERTSMA	The Netherlands La Hollande Die Niederlande
T. A. LANG	U.S.A. États Unis d'Amérique Vereinigte Staaten
G. LOMBARDI	Switzerland La Suisse Schweiz

ROCK MECHANICS PROBLEMS OF UNDERGROUND EXCAVATIONS

Dr.-Ing. Yu. D. Diadkin
Metal Mining and Mining Thermophysics Department
Mining Institute, Leningrad

Dr.-Ing. A. A. Borisov
Coal Mining Department
Mining Institute, Leningrad

SUMMARY

Solving three-dimensional problem of deformation and stress distribution while mining coal beds by longwall system with roof caving was performed using volumentric modelling, strata being considered as the system of fractured plates of different strength lying on elastic base. Rock caving step of fractured rocks in thick deposits with mass breaking is determined applying the theory of ultimate equilibrium and ore mass stability in the zone of abutment pressure is determined by taking into consideration "the core of creep" propagation. Rock mechanics peculiarities in permafrost zone mining are due to the dependance of mechanical properties of ice cemented rocks on its temperature. The effects of complex physical treatment of hazardous outburst seams at great depths are good examples of mechanical and other physical processes interaction in underground mining. Effectiveness and scale of underground nuclear explosions for mineral extraction and other engineering problems will depend in many cases, onmechanics of geotechnological systems.

INTRODUCTION

Present rock mechanics comprises wide range of scientific and engineering problems connected with mining progress, different surface and underground constructions, hydrotechnical systems and some special aspects of bowels usage. Rock mechanics in its application to underground work, i.e. theme III of the Congress, is a very vast one. To generalize the scientific knowledge accumulated by specialists of different countries is very complicated. It should be noted that the main report by M.D.G.Salamon "Rock mechanics of underground excavations" solves this problem successfully. The main report treats almost all theoretical problems on sound ground. It generalizes the results of many specialists research and presents a great contribution to the problem by the author himself. The progress of numerical methods for solving complicated problems of rock mechanics with modern computer application is paid much attention to.

Some underestimation of physical modelling of geomechanical phenomena and processes may be considered the drawbacks of the main report. In particular, modelling method on equivalent materials (Kuznetsov et al., 1959; Borisov, 1964) widely used in the USSR, GDR, Yugoslavia, Bulgaria, and other countries is not treated here.

Three-dimensional character of such important problems as stress distribution in pillars, interaction of abutment pressure zones near stopings and headings etc., is treated insufficiently.

In M.G.D.Salamon's report a number of complicated problems arising in underground coal and ore mining with overlying strata caving are omitted as well as the problems of broken ore discharge mechanics under crushed rocks and some others.

Unfortunately, the success of rock mechanics achieved in the USSR is not shown, possibly due to language barrier. In our country at almost 100 scientific research institites and higher schools, the work in this field is being carried out; analytical, laboratory and field investigations, scientific results systematization and treating rock mechanics as science being also paid much attention to lately.

G.A.Krupennikov (1971) defines rock mechanics as "science on mechanical properties of rocks and on mechanical processes occurring in upper layers of earth crust under the influence of different phenomena either natural or artificial origin". He also formulates the main technical and theoretical problems of the science and offers its structure (table I) that deserves in our opinion wide discussion.

TABLE I

Approximate structure of rock mechanics

The aspects of discipline	Brief characteristics of the aspects
Problematics	Complex of discipline problems
Terminology	Complex of specific terms and their definition.
Methodology	Complex of methods for solving the problems set; for instructions on putting data supply, and analyzing the results.
Results	Complex of available problems solutions, established facts, final notions, and proposed hypothesis.
Supplements	Trends, fields and conditions of practical application of scientific results obtained.
Prospects	Trends, problems and stages of further scientific development of the discipline and application of its results

To give in full principal achievements made by Soviet scientists in rock mechanics in underground mining is impossible in the framework of supplement report. The authors do not set such a task. Some special results obtained in the Leningrad Mining Institute, one of the oldest and leading scientific centres of rock mechanics in the USSR, are presented below.

UNDERGROUND PRESSURE IN COAL MINING BY LONGWALL SYSTEM WITH CAVING

In some countries, the USSR included, the longwall system in coal mining is used, mine pressure control being achieved mainly by roof caving method. Coal seams occur in stratified rocks complicated by different systems of fractures. In mining seams the overburden undergoes lamination and is additionally broken by fractures. The formation of jointing in coal mass marginal zones often takes place too. Such rock masses are typical discontinuous media.

Diversity and complexity of geological conditions, different mining systems and types of stoping technique cause the appearing of different mechanical systems formed by roof, seam, floor and support. Advancing the stopings leads to different conditions of equilibrium in changing mechanical systems with variable loading regimes.

The fundamentals of mine pressure control in coal seam stopes are being developed in the Leningrad Mining Institute on the base of field, laboratory and theoretical investigations of this complex volumetric problems (Borisov, 1964; Borisov, 1967). In studying the relationships of dynamics of strain and stress, propagation of shifting and breaking rocks, the method of volumetric models worked out by A.A.Borisov has played the main role.

Generally, in mining coal seams by longwall faces with caving the cover strata are divided into packs in the bottom of which there lie thick and strong seams called arch rocks. It is the interaction of these packs that determines the character of mine pressure and its magnitudes, with all other conditions being equal.

In steady state the main roof in the limits of its exposure can be represented as a rectangular thin plate fixed at three sides, the whole area of which is charged by equal uniformly distributed load and the forces from blocks formerly crushed being applied along its free margin. In the front of face and in the middle part of it the main roof behaves as the plate on elastic base.

Thus, step of main roof caving will be

$$L_1 = \sqrt{\frac{q_s}{q_1}\left[\frac{h_1^2[\sigma_t]}{6q_s} - \left(\psi + \frac{1}{2}\sqrt{\frac{4h_B E_1 J_1}{E}}\right)\right]} \quad (I)$$

where

q_s - load fastening the main roof on support

q_1 -load on main roof;

h_1 - main roof thickness

$[\sigma_t]$ -main roof tensile strength;

ψ -emperical coefficients reducing the main roof carrying power under the influence of fixing load;

h_B -commercial seam thickness;

E_1 -main roof elasticity modulus;

J_1 -main roof inertia moment;

E -commercial seam elasticity modulus.

Roof caving step is considered to be the most important parameter and shows its interaction with immediate roof and stope timbers. Timber reaction is the function of main roof caving step, nature and type of fractures in immediate roof, and timber mechanical characteristics, all other conditions being equal. A.A.Borisov (1964) derived formulas for calculation of timber reaction in all immediate roof jointing types both for timbers of growing and constant resistance.

Many scientists of different countries dedicated their works to the investigation of abutment pressure. Most of them treat this phenomena for plane static problem. In fact abutment pressure, as it was shown by the studies of volumetric models (Borisov, 1964,1967) has three-dimensional distribution and complex dynamics (fig.2). It is the function of cover strata sagging, their size and interaction, the function of strain and crushing of commerdial seam marginal zone, and rocks deformation of the floor. The pressure intensity and the location of its maximum to the face are changing within the front zone of abutment pressure. While the marginal zone of the seam is not crushed, the total bending moment increase of overburden leads to the abutment pressure growth and brings it closer to the face. When the marginal zone is crushed the pressure maximum increases and moves into mass depth. Dynamics of abutment pressure also involves lateral zones both in front and back of the face.

In calculating abutment pressure in hard stratified rocks it seems reasonable to divide the overburden into packs with arch rocks in the base. Then caving steps of every pack and total beinding moment of all overburden sagging over the face are found by formula(I). Treating the seam as elastic base and applying the theory of beams and plates makes it possible to find the distribution of abutment pressure intensity and the distance from its maximum to the face.

The undermining and overmining are problem of great importance in strata excavation. (fig.3). The undermining seam, the rocks of interbeds and the overburden undergo complex processes of loading, unloading and fracturing; in zone II the undermining seam is at increased load as it is in the zone of abutment pressure appearing in the boundary of lamination; in zone III the undermining seam and country rocks undergo faulting at block breaking and unloading; then the undermining seam can occur in the abutment pressure zone of lower bed; if the distance of lower seam is large enough from the face, the undermining seam appears to be in the zone of practically full displacement and only after that in the zone of its own abutment pressure.

This complicated regime of undermining seam loading leads to its degazation, dewatering, chaning its strength characteristics to smoothing both the effects of main roof faults and pick loads on stope timbers.

The process of seam overmining differs greatly from that of undermining one (Borisov, 1967).The overmining seam, however, also undergoes successively increased load-

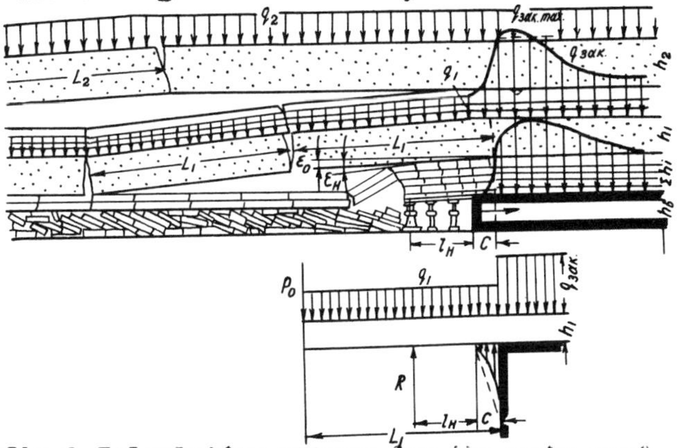

fig.1 Calculation scheme for the main roof caving step determination.

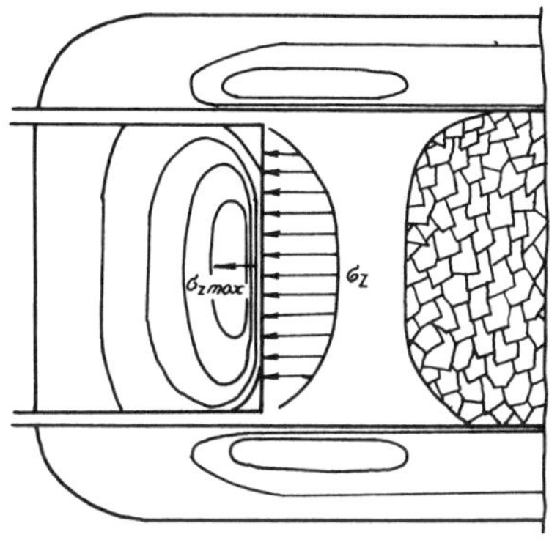

fig.2. Isolines of normal stress in front and lateral zones of abutment pressure, in the plane of the seam.

ing and unloading, partial degazation and changing of strength.

Thus, overmining and undermining of seams hazardous for their sudden outbursts or mine shocks are widely used as effective means of preventing these dangerous phenomena.

ROCK BREAKING IN EXCAVATING THICK ORE DEPOSITS

In mining thick flat deposits in fractured unstable rocks highly effective systems with complete ore breaking and caving of overlying strata are known to be widely used. While increasing the depth of mining, the problems of mine pressure control are of much more importance. In this case the problem is to find such parameters of blocks and of their breaking that should provide the stability of ore mass before its breaking and self caving of cover in proper time. To achieve this it is necessary to find quantitative relationship between rock caving step, abutment pressure distribution in ore mass and the depth of mining.

Investigations carried out in Norilsk copper-nickel deposit and Hibinogorsk apatite deposit showed (Galaev and Krapivin, 1969; Galaev, 1972) that while the caving of cover rocks does not reach the earth surface it is of unstable character, with abutment pressure concentration gradually increasing up to (3 ÷ 5) H, where is specific weight of cover rocks, T/cu.m. Rock caving reaches the surface at span of werked out space L = (0.9 ÷ 1.2)H and then it acquires regular character, with caving step incresing gradually as depth grows. At this moment the sagging of rock cantilever leads to the increasing of abutment pressure near the face up to (1.5 ÷ 2) H, and rock caving to decreases of stress maximum up to (1 ÷1.3)H. Some decrease of abutment pressure occurs, absolute values of stress in ore mass increasing.

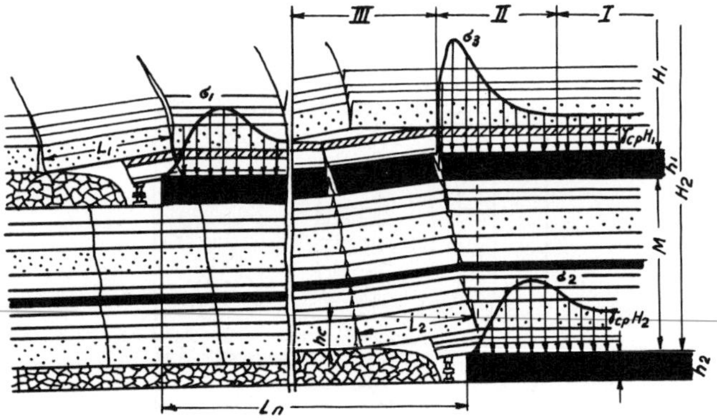

fig.3. The scheme of seam undermining in the middle section of the face.

Formula for determination of stable caving step is derived on the base of ultimate equilibrium theory:

$$L_f = \frac{[0.5 h_f \gamma_f tg^2(\frac{\pi}{4} - \frac{\varphi_f}{2})] \sin^2\beta \, tg\varphi + C(H-h_t)}{\gamma H \sin\beta (\sin\beta - \cos\beta \, tg\varphi)} \quad (2)$$

where and are specific weight, angle of internal friction and rock cohesion in mass: and are specific weight and internal friction angle of caved rocks; h_t is propagation depth of vertical fracture; h_f is height of caved rocks support; is angle of shifting.

The support of the rocks formerly caved, the presence of tensile stress in the rock bed adjacent to the surface, and the shear stress in the lower part of it are presented in the calculating scheme shown in fig.4. In Hibinogorsk deposit hard rocks experimental values of slackening coefficient (0.35) ultimate tensile strength (4-6 kg/sq.cm) and shear (10-12 kg/sq.cm) strength. Formula (2) gives the results close to the field observations and enables to prognoze the change of L_f with depth H (fig.4).

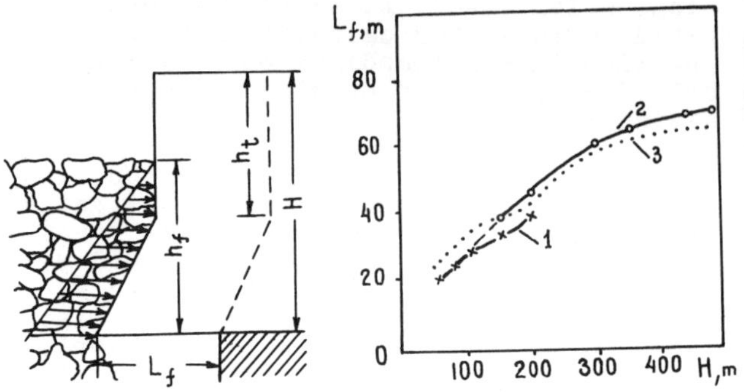

fig.4. Calculation scheme and the results of determination L_f from field observations (I), data of modelling (2) and calculations (3).

Taking into consideration the results of volumetric modelling stress distribution in the zone of abutment pressure on ore mass is defined by:

$$\sigma_c = \gamma H [\exp(b_1 l) + \exp(b_2 \frac{L}{H}) - 1] \quad (3)$$

where L and l are dimensions of undermining along the strike and across the strike; b_1 and b_2 are empirical coefficients depending on rock properties.

The time of ore mass stability for accepted safety factor $k_s = \frac{[\sigma_c]}{\sigma_c}$

$$\tau = \left[\frac{k_s - 1}{\delta}(1-\alpha)\right]^{\frac{1}{1-\alpha}} \quad (4)$$

where α and δ are creep core parameters.

Block parameters and their excavating order influence greatly both the mine pressure effects and the main technical and economical characteristics. Thus, formulas derived for L_f, σ_c and τ_{st} are used as limitations at the system of deposit excavation parameters optimization on the basis of economical and mathematical modelling (Galaev, Kavtaskin, 1971).

ROCK MECHANICS PECULIARITIES IN PERMAFROST

The problems of strata control in frozen rock underground mining are acute both for the Soviet Union and Canada, where half of the territory is occupied by permafrost. These problems are also of interest for USA (Alaska) and some other countries.

It is possible to mark the following main peculiarities of frozen rock mechanics in underground mining. (Diadkin, 1969):

1) strength, deformation and rhological properties of rocks surrounding the workings varying greatly dependimg upon their temperature;

2) great influence of dimensions, density, and orientation of ice inclusions and also humidity (ice content) of monolith rock blocks on its stability, bearing capacity and character of deformation near excavations;

3) close connection of rock pressure effects with thermal condition in mines; periodical character of deformation and load on support elements due to season variations of temperature field in surrounding rocks;

4) great influence of change and duration rate of stress action on the frozen rock deformation due to rheological properties of ice cementing the rocks.

5) presence of stress and deformation in surrounding rocks not connected with rock pressure energy (temperature stress in freezing, froze swell stability loss and caving of dispersed and fractured country rocks when ice sublimation and thawing take place filling the pores and fractures.

Now we discuss in brief some peculiarities mentioned above. The theory of strength and rheology of frozen dispersed rocks (Tsitovich,1952) explains their mechanical properties dependence upon temperature by unfrozen water presence, the quantity of which decreases with negative temperature lowering and increases with stress growing. Experimental investigations done at the Leningrad Mining Institute (Diadkin, 1968) showed that such dependence is also true for sedimentary country rocks (fig.5).

Temperature effect on stability and deformation of frozen surrounding rocks, however, is mainly defined by veins and inclusions of ice filling abundant fractures and rock layer contacts. Such rock should be looked upon as complex mechanical system of separate layers and blocks cemented by ice.

Thus, the stability of exposures and resistance to outer loads of any frozen rocks depend greatly on their temperature and decrease sharply at thawing. Around mine excavations peculiar "strength field" of rocks that determines the intensity and character of mine pressure effects is formed under the influence of temperature field (Diadkin, 1968). Very often such effects are of paradox nature in terms of classical rock mechanics; maximum deformation can take place at minimum stress and vice versa. So in haulage drives of Kadychan (mine No.10 Magadan region) during summer thawing of frozen sandstone roof caving with timber crushing in 4 m width workings takes place maintaining negative temperature in untimbered stopes, the span of stable sandstone attaining 15-16 m.

With maintaining the rock mass freezing conditions (T<0) ultimate span of stable exposure of unsupported roof depends mainly on composition, ice content and temperature of rocks surrounding the working.

For frozen dispersed rocks such as clay or sands the effects of creeping due to ice plasticity are more typical. The condition of long-term stability of such rocks were found by Vojitkovsky (1963) for unsupported mine working with R_o:

$$\frac{2R_{pl}^2 \tau_\infty}{3R_o^2 E_\infty} \leq \varepsilon_\infty \qquad (5)$$

where R_{pl} is the radius of plastic zone around the working.

$$R_{pl} = R_o \exp\left(\frac{\gamma H}{2\tau_\infty} - \frac{1}{2}\right) \qquad (6)$$

τ_∞ is the ultimate long-term intensity of shear stress.

$$\tau_\infty = [\tau_\infty] + \sigma_c' \, tg\varphi \qquad (7)$$

τ_∞ is the limit of long-term shear strength of rock;

σ_c' is the mean stress of triaxial compression; φ is the angle of internal friction; E_∞ and ε_∞ is Young modulus and ultimate rock deformation at uniaxial compression with stress $[\sigma_{c.\infty}]$

In frozen laminated rocks such as sandstones or shales the stability of unsupported roof is determined by long-term strength of rock beds at tension $[\sigma_{t.\infty}]$ and by forces of congelation along their contacts $[\sigma_{fr.\infty}]$ for given temperature T. The propagation of flexural strain in roof rocks should be preceded by overcoming the congelation forces and breaking from the whole mass the strata not less in thickness than $[\sigma_{fr.\infty}]/\gamma$, that behaves later as pinched plate (Diadkin, 1968):

$$l_o \leq \frac{1}{\gamma}\sqrt{\frac{3[\sigma_{c.\infty}][\sigma_{t.\infty}][\sigma_{fr.\infty}]}{2([\sigma_{c.\infty}]+[\sigma_{t.\infty}])}} \qquad (8)$$

In table 2 mean limits of long-term strength of frozen sand and sandstones are shown. In table 3 the results of calculation from formulas (7) and (8) at safety factor K=2 and =2500 KG/cu.m are presented. All the results are well correlated with practical data obtained in underground mining in Jakutia and Magadan region of the USSR.

TABLE II

Frozen rocks ultimate long-term strength kG/cm^2

Temperature °C	Sand			Sandstone		
	$[\sigma_{c.\infty}]$	$[\sigma_{t.\infty}]$	$[\sigma_{fr.\infty}]$	$[\sigma_{c.\infty}]$	$[\sigma_{t.\infty}]$	$[\sigma_{fr.\infty}]$
-1	2.5	0.6	0.4	80	6	0.4
-3	6.5	1.5	1.0	95	10	1.0
-8	10.5	2.8	2.0	100	12	2.0

TABLE III

Ultimate span of unsupported roof $2l_o$ at different temperature of frozen rocks,m

Type of rocks	Temperature, °C		
	-1	-3	-8
Sand	3.9	9.8	18.5
Sandstone	7.4	15.2	22.7

Approximate formulas for determination of load on timber in horizontal workings were derived both at maintaining negative temperatures in surrounding rocks at their thawing (Diadkin, 1968).

If the width of working 2l exceeds the ultimate span of frozen roof, the timber should be set the load on which (per unit of working length) will be for dispersed rocks

$$P_{fr} = \frac{l^3\gamma^2}{3[\sigma_{t.\infty}]} \qquad (9)$$

for bed rocks:

$$P_f = (l^2 - l_o^2)\gamma \operatorname{tg}\delta \qquad (10)$$

where δ is angle of laminated rock caving (Borisov, 1964).

In thawing surrounding working frozen rocks the following three stages of timber interaction with lost cohesion rocks are defined (fig.6).

1) Stage of proportional load growth is characterized by the depth of rock thawing, condition $l + R_{fr} < l_o$ being observed, i.e. the frozen rocks over thawing layer preserve the stability. Then for any kind of rocks

$$P_m \approx 2l\Delta R_m \gamma \qquad (11)$$

2) Stage of uneven growth of load will appear at $l + R_m > l_o$.

In this case occasional caving of frozen rock over thawing zone causes uneven raise of loads on timber. Dynamic character of these loads explains the incidents of sudden timber crushing without its preliminary deformation observed in Far North mines. The height and form of caving zone in frozen rocks depend upon their structural features, maximum static loads on timber being in dispersed rocks.

$$P_m \approx 2l\gamma\left[\Delta R_m + \frac{(l+\Delta R_m)^2\gamma}{4[\sigma_{t.\infty}]}\right] \qquad (12)$$

and in bed rocks

$$P_m \approx 2l\gamma\left[\Delta R_m + (l+\Delta R_m - l_o)\operatorname{tg}\delta\right] \qquad (13)$$

3) Stage of load stabilization begins at large magnitudes of R_m, that are comparable to and more than working width l_o and when the load on timber increases slowly approaching some limit:

$$P_m \approx \frac{4l^2\gamma}{3f} \qquad (14)$$

where from observations in the mines the form of vault caving for fractured country rocks f = 0.35-0.5, and for dispersed rocks f=0.25-0.3.

The values of load on timber at 2l=3.5 m

calculated from formulas (9) to (13) at different sizes of thawing zone are presented in table 4.

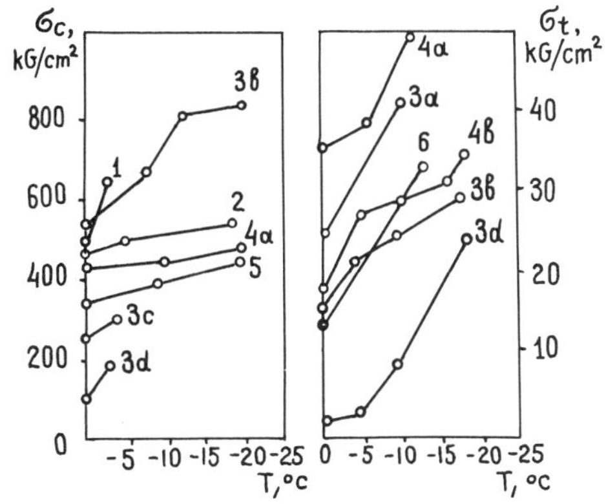

fig.5. Dependence of ultimate strength at compression σ_c and tension σ_t upon temperature T, °C, and humidity W, %, of frozen rocks. 1-Sangary deposit, aleuropelitolite. 3a- the same, sandstone W=1-1.2; 3b- the same, W=1.6-2; 3c-the same, W=2.5; 3d-the same, W=4.9-6.5; 4a-Arkagola deposit, sandstone, W=1.6; 4b-the same, W=4-5.2 5-the same, argillite, W=2.3-2.7; 6-the same only chlorite W=3.3

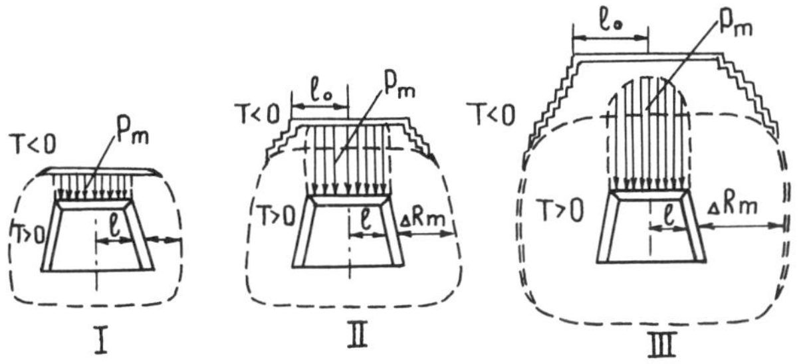

fig.6. The increasing of the support load Pt at thawing of frozen rocks surrounding the excavations.

chanical and thermal processes in underground mining in permafrost. Further studying of these processes is the important task of rock mechanics.

PRELIMINARY TREATMENT OF HAZARDOUS OUTBURSTS SEAMS IN DEEP LEVELS

Working out the effective methods to prevent sudden outbursts in deep coal and potassium mines is one of the most important problems of rock mechanics.

Advancing extraction of so called "protective" beds reducing rock and gas pressure in hazardous outburst seams in the process of their overmining and undermining is known to be the main method for preventing sudden outburst in mining contiguous bed series (Hodot, 1961).

It is very difficult to solve the problem for single beds as their overmining and undermining are impossible. In such a case drilling the holes of large diameters from face into the zone of abutment pressure in combination with preliminary degazation and water injection into the seam is effective enough for preventing outbursts but very expensive.

Lately in the Soviet Union the idea of directed changing of mine-physical conditions in coal mining at deep levels is paid much attention to. The idea comprises preliminary accomplishing of means that will give optimal conditions for successive commercial seam mining in view of pressure control, coal breaking, gas, thermal and dust regimes taken into account.

The first scheme for complex physical deep coal mining was devised at the Leningrad Mining Institute (Diadkin, 1967). The technical base for the complex is the system of holes drilled between drives (at every 4-8 m) parallel to stopes. At first the holes are used for coal degazation. Then they are connected as in serpentine scheme, the

TABLE IV

Maximum load on timber, T/m at thawing of surrounding rocks

Rock type	Values of R_m, m					
	0	0.5	1	2	4	6
Sand	0	4.4	8.8	17.6	40.7	40.7
Sandstone	8.1	12.2	25.5	25.5	25.5	25.5

Calculation methods mentioned above have practical application in designing mines in Siberia and North East of the USSR. But these methods represent a rather approximate reflection of the complex interaction of mechanical and thermal processes in underground mining in permafrost.

sections of which are connected with mine water-supply and during 1-3 months are used as a kind of heat exchangers, that are inside the seam.

In every section at continuous circulation of 5-10 cu.m/hr of water with 18-20°C initial temperature linked up cooled zones are formed around the holes. In driving development workings the similar heat drainage system of surrounding mass is accomplished, if necessary. As a result the temperature of the seam and enclosing it rocks decreases to the level eliminating the necessity of mine air conditions system.

In water circulating gradual moistening of coal mass between holes occurs that decreases the energy content of breaking and reduces the formation of dust in stoping.

At mining the "treatment" area the abutment pressure in front of the face is "superimposed" on sawlike stress distribution in the seam slackened by the holes. Stress concentration in near face zone decreases, and its maximum shifts into the mass depth (fig.7). In connection with degazation this process eliminates sudden outburst.

After proper investigations the complex suggested was tested in the seam L_6 of Menginsky mine in Donetsk coal basin in 1972-1973 (Diadkin et al., 1973).

The conditions of carrying out the experiment: seam thickness - 0.9-1.0 m, dip angle - 14°, immediate roof-limestone, floor-argillite, mining depth 777 m, natural temperature of rocks - 27.8-28.1°C, gas content of coal - 24 cu.m/T, distance between drifts (holes length) -135-150 m, the length of test area - 70 m.

11 holes with diameter from 75 to 175 mm were drilled in test area. Distance between holes 5-7 m. The rate of water circulation in the hole of 1-2.8 cu.m/hr was maintained about 3 months. Initial water temperature changed from 18 to 21°C. Its heating in the holes was 1-0.5°C. This gave the cooling effect of surrounding mass on 1-4°C.

Special measurements done at mining the test area and also proceeding and following untreated areas have proved the effectiveness of the method offered (Table 5).

Gas emanation in the stope was in average 3 folds reduced that leads to sharp decrease of methane content in the air flow. Coal humidity was increased more than 3 folds. Dust content of mine air was decreased twice.

To estimate the danger of outbursts and stress concentration in the seam the indirect method was used (Petukhov, 1970); holings of coal being measured at test drilling. Judging from these data the stress level in the most dangerous zone near the face of the seam was about 3 folds decreased and happened to be even less than in the zones of abutment pressure near drifts.

The test area was mined without any difficulty, though in 1971 in this level of the seam L_6 there occurred a heavy outburst of coal and numerous microbursts took place in hole drilling.

Cooling of coal seam and enclosing it rocks leads to sharp decrease of air heating in stope that results in the improvement of temperature conditions of miners.

In the Menginsky mine the capital investments to complex physical treatment of seams are estimated in 300000 rubles, and exploitation expenditures on drilling and hole sealing, mounting works, electricity and water supply are 0.35 rubles per 1 ton of coal mined. These expenditures are already repaid even only by mine air condition factor, project cost of air cooling installation of the mine totals 2.909.000 rubles, exploitation expanses are 0.6 r/T.

Note that real cooling of mass surrounding hole appeared to be more than theoretical one, as endothermal effect of gas desorbtion was neglected in calculation, and heat transfer during water filtration in coal seam was also not taken into account. The effect of deconcentration of stress in abutment pressure zones proves to be more than expected one, as at preliminary modelling of "discharge" influence of holes there were not taken into account the effect of surrounding humidated coal stress decrease, reduction of internal pore pressure at its degazation and volumetric compression at cooling (fig.7)

Shown example illustrates well the connection between mechanical, gas dynamical, thermal and hydrophysical processes in underground mining and the necessity of taking into account their complex interaction when solving many problems of rock mechanics and motivating sound solving of technical problems.

ROCK MECHANICS AND NUCLEAR GEOTECHNOLOGY

The experience of underground nuclear explosions accumulated in the USA, USSR and France enables us to regard it as prospective both for enlarging the effectiveness of mineral extraction and fof solving many other engineering problems connected with the use of bowels. Numerous suppositions as to underground nuclear explosions for different industrial purposes are known (Atomic Explosions for Peaceful Purposes, 1970). Many of the projects have been tested and may be put into practice in the nearest future. Among them are projects of total ore breaking in thick deposits, leaching poor copper ores, underground gazification of thick coal deposits, oil and gas production intensification, rock heat extraction, geothermal deposits stimulation, underground stores of liquid fuel, systems of noxious industrial waste materials burial and others.

Without dealing with safety problem of powerful undeground explosions that are likely to be solved positively, it should be noted that the development of nuclear geotechnology requires studying the whole complex of physico-engineering problems, many of which rank among the rock mechanics.

sands in the north-east placers of the USSR. Expense calculations per 1 mil.kcal of heat got (table 6) (accounting the effectiveness of capital investment) appears to be 2-3 folds less than in existing systems of heat supply, as to deliver heat and electricity in north regions is very expensive.

Similar project was worked out in the USA (Burnham and Stewart, 1970) for electricity production in the anomaly higher geothermal gradient regions ("Plowshare Geothermal").

TABLE V

Complex physical treatment results of the seam

Characteristics	"Untreated" areas	Test area
Maximum stress concentration (emersion holings of coal "dust" at drilling, L/m)	5-7	2-2.5
Coal humidity,%	0.7-1.0	1.5-3.5
Gas emanation, m^3/T	5.0-6.8	1.5-2.4
Methane concentration,%	1.0-1.2	0.1-0.2
Average temperature of rocks at stope contour, °C	28.0	25.5
Air temperature in front of longwall	22.0-23.0	22.0-23.0
Air temperature at the end of longwall	25.6-27.3	22.8-23.4
Relative air humidity	84-92	85-92
Physiological state of workers pulse, in min.	103	97
lung ventilation, L/min	24.2	19.1
energy expenditure kcal/min	4.2	3.2

For example, let us examine the project of circulation system of Earth heat extraction (fig.8) worked out by the Leningrad Mining Institute together with Institute of Technical Thermophysics, Ukraine Academy of Science (Diadkin, et al., 1969; Diadkin, 1973). The system consists of deep holes and underground heat exchange zone formed by the interaction of group nuclear explosions. Cold water is warmed at filtration along fractures broken by explosions masses taking off the natural heat of rock blocks and goes into interjacent heat exchanger on the surface where it heats the heat carrier.

The function of the system is to get heat carrier of lower potential (40-50°C) for all year round thawing of frozen aurigenous

Given in table 6 characteristics are certainly approximate ones, as thermal and hydrodynamic calculations of the system were done with average values of such important parameters as rock blocks sizes, and fracture opening, the real distribution of which along the volume of permeable zone is now impossible to determine.

To estimate the size of underground nuclear explosion destructive zone is the most important problem connected with creation of this and other geotechnological systems. Fig.9 shows the diagrams for determinating radii of cavity R_c of crushing zone R_{cr}, fractured zone R_f, reduced to the conventional (according to TNT equivalent) charge radius R_o; in magnitude the radii correspond to dimensionless criteria X_c; X_{cr}; X_f.

The diagrams were obtained in Problematic Laboratory of Mine Thermophysics, Leningrad Mining Institute, on the basis of data obtained in the USSR and USA on underground nuclear explosions and their modelling on special installations of higher pressure (Trofimov and Urevich, 1972). Here criteria characterising the explosion condition have the following meanings:

$$X_c = \frac{C_w (\rho H)^{0.5}}{(A W_e)^{0.25}} \qquad (15)$$

$$X_{fr} = \frac{C_w (\rho H)^{0.5}}{(\sigma_c W_e)^{0.25}} \qquad (16)$$

$$X_f = \frac{C_w (\rho H)^{0.5}}{(\sigma_t W_e)^{0.25}} \qquad (17)$$

where C_w is velocity of longitudinal wave propagation, m/sec. A is impact rock contraction modulus, T/sq.m; σ_c and σ_t are compressive and tensile strength of rocks, T/sq.m; ρ is average density of cover rock, H is charge enclosure depth, m; W_e - TNT equivalent of the charge, T.

The method presented is very simple but it requires the parameters A, σ_c and σ_t to be constant. They are changing under the influence of high stress and temperature. The method does not allow to consider natural jointing and heterogeneity of rock mass and it is used, therefore, only for approximate evaluation of values R_c R_{fr} and R_f at single explosion. To determine parameters of fracture forming zones at group explosions of several charges is much more complicated task not jet solved.

The most complex and less studied problems are likely to be mechanics problems of closed zone of fracturing resulted from explosions in time, i.e. during geotechnological systems of exploitation. Due to type and aim of the systems different mechanical effects are such as stability of cavity walls or formation of a break column over it and additional fractures of lamination; shifting of cover strata and crust subsidence; changing opening of vertical and horizontal fractures under the influence of geostatic and hydrostatic pressure; temperature contraction of cooling rock blocks and their dissolving from the surface;relaxation of thermeresistant stress or appearing extra thermofractures etc.

The problem of functioning holes and mine workings defense from seismic effects; determination of mass breaking degree, where the possibility of common methods of drilling and driving are preserved; the support choice in excavations driven in destruction zones; estimation of discharge conditions of uneven crushed rocks (ore), and also the degree of their consolidation of shrinkage stoping are very important too.

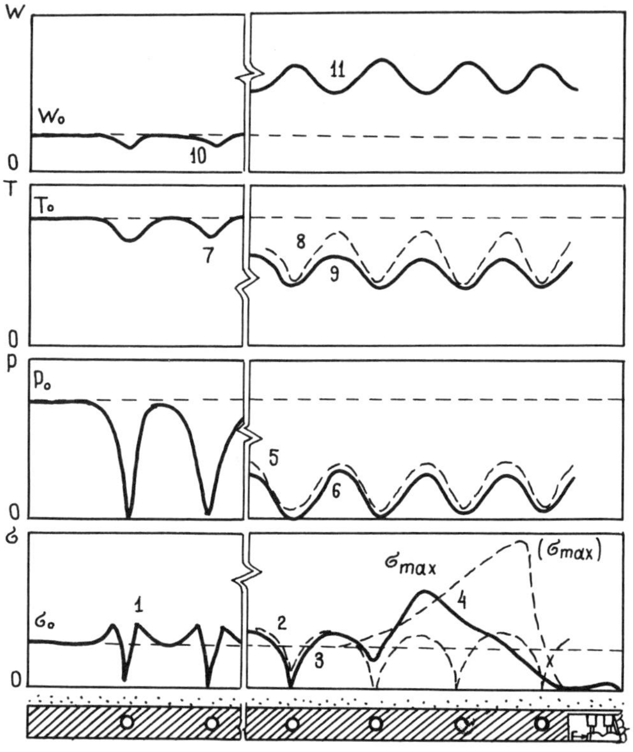

fig.7. The effects of complex physical treatment of coal seam: 1-compression stress changing at hole drilling; 2-the same, at crushing of moisture coal; 3-the same,considering the volumetric compression at cooling; 4-the same, in the zone of abutment pressure; 5-the changing of pore pressure at coal degazation; 6-the same,considering gas adsorption at cooling; 7-the changing of temperature T due to gas desorption; 8-the same, due to heat exchange with water in the hole; 9-the same, considering the heat transfer at coal humidity;10-the changing of coal humidity due to evaporation at degazation; 11-the same, as a result of water filtration.

All these problems and some others connected with studying stress, deformation and rock mass destruction at powerful underground blasts and at industrial usage of their mechanical effects, present independent scientific trend that may be called as geotechnological system mechanics.

It will be no exaggeration to say that nuclear explosives usage in peaceful purposes, i.e. prospectives of constructive usage of one of the main present physics achievements will mainly depend on success of this new branch of rock mechanics.

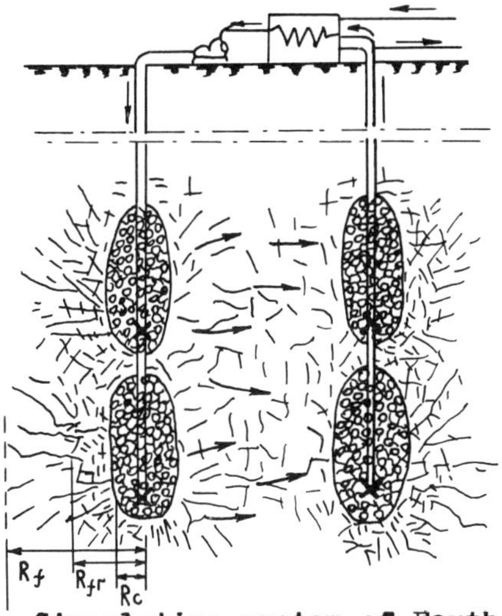

fig.8. Circulation system of Earth heat extraction.

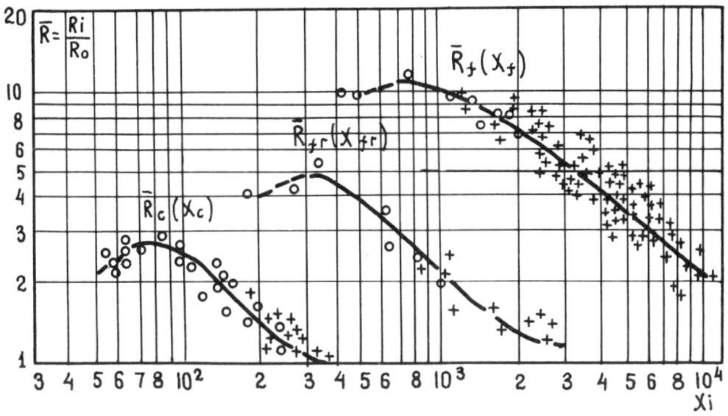

fig.9. Dependence of radii R_i upon criteria X_i according to real nuclear explosion data (rings) and the results of their modelling (crosses)

CONCLUSIONS

The above problems of rock mechanics were not discussed in the main report. The authors hope that the above materials can be of useful addition and be of interest.

The problems have no close interconnection and that is why there is no possibility to draw any joint conclusions. But we wish to attract attention to two, may be debatable, suppositions that have in our opinion importance of principle.

1. Rock mechanics is often treated as applied science to mine industry or even to solid minerals development. Such opinion does not only restrict the study of the problems but also contradicts to the idea of technical progress in bowels usage and protection. Constructive results and highly developed methodology of rock mechanics can and should be used in wide range of problems in oil and gas deposits exploitation, geotechnology and hydrotechnics, in constructing different kinds of installations and technical systems in the earth bowels and in future in the Moon and other cosmic bodies.

2. Rock mechanics deals with mechanical interaction of rock mass mine workings and different technical systems. The effects of interaction (stress, deformation, destruction) in many cases, however, depend on gas dynamic, thermal, hydromechanical and other effects; with mechanical properties of rocks being the function of many physical parameters. Further success of rock mechanics , however, will be possible if its theory, methodology, laboratory and field investigation technique will be able to account mechanical and other physical processes interac-

TABLE VI

Calculated characteristics of Earth heat extraction circulating system (H=3000m, T = 72°)

Characteristics	Varieties		
	1	2	3
Number and power (kt) of nuclear charges	4x50	6x50	6x50
Volume of heat exchange zone, $10^6 m^3$	30	46	46
Maximum rate of water circulation, m^3/hr	370	232	486
Life time of the system, years	6	14	5
Water temperature by the end of life time, °C	45.6	48.0	56.4
System productivity, 10^6kcal/hr	15	10	25
Given expenses, rubles/10^6kcal	13.8	14.5	10.8

tion occurring in real condition.

REFERENCES

Borisov A.A. Mine pressure calculations in longwalls of gently sloping beds, pub. "Bowels", 1964.

Borisov A.A. "Mine rock mechanics" Pub. Leningrad Mining Institute, 1967.

Burnham, J.B. and Stewart, D.H. The Economics of Plowshare Geothermal Power. Symposium on Engineering with Nuclear Explosives. January, 14-16, 1970, Las Vegas, Nevada.

Vojitkovsky K.F. On creep of frozen rocks in unfastened mine workings stability estimation", pub. Ac.Sc. the USSR, 1963.

Galaev N.Z. and V.N.Krapivin On self caving of strong fractured rocks over worked out area in developing thick, gentle and moderate dip deposits, pub. "Higher education" Mining magazine, 1969, No.9.

Galaev N.Z. and N.N.Kaz-páskin Mathematical modelling method application for quarry technological parameters optimization pub. Leningrad Mining Institute.

Diadkin Yu.D. Complex physical seam treatment in deep mines. pub. "Coll. Mine Rock Physics". Moscow Mining Institute, 1967.

Yu.D.Diadkin Mine thermophysics foundations for coal and ore mines of the North. pub. "Bowels", 1968.

Diadkin Yu.D. et al. Earth heat application perspectives in mine industry technological processes. pub."Kolyma", 1969, No.5.

Diadkin Yu.D. Mine thermophysics problems coll. "Some present mine science problems". pub. Leningrad Mining Institute, 1973.

Krupennikov G.A. On mine geomechanics theoretical foundations. Coll. "Some mine rock mechanics problems", pub. "Science", 1971.

Diadkin Yu.D. et al. Thermal Drainage System Calculation Methodics. pub. "Higher education news", Mining Magazine, 1973a, No.9

Kuznezov, G.N. et al. Mine pressure effect studying on models. pub. "Coal and Techniques", 1959.

Atom explosions for peaceful purposes. pub. "Atom", 1970.

Petukhov, I.M. et al. Mine strokes and the way of preventing them. pub. Perm. Publishing House, 1969.

Symposium on Engineering with Nuclear Explosives, January, 14-16, 1970, Las Vegas, Nevada.

Trofimov V.D. and G.G.Yurevich Camouflet explosion destructive zone estimation. Col. Some new investigations in mining, issue 5, pub. Leningrad Mining Institute, 1972.

Hodot V.V. Sudden coal and gas outbursts State Mine Technical pub., 1961.

Tzitovich, N.A. Principles of frozen grounds mechanics. pub. Ac.Sc. the USSR, 1952.

CERTAINS PROBLÈMES DE MÉCANIQUE DES ROCHES LORS DES TRAVAUX SOUTERRAINS

Yu. D. Diadkin
docteur es science
Chaire d'exploitation des gites metalliferes et de thermophysique miniere

A.A. Borissov
docteur es science
Chaire d'exploitation des gisements stratifie

Ecole des Mines, Leningrad

RÉSUMÉ

La solution du problème tridimensionnel de répartition des déformations et des tensions dans un massif rocheux lors de l'exploitation des couches houillères par longues tailles avec foudroyage du toît est obtenu à l'aide de simulation volumétrique où la masse rocheuse stratifiée est considérée comme système des dalles fissurées d'une solidité inégale à base élastique. Le pas d'effondrement d'un massif rocheux recouvrant qui se compose de roches dures et fissurées pendant l'exploi-tation des gisements puissants avec abatage en masse est déterminé sur la base de la théorie d'équilibre limite, tandis que la rigidité d'un massif rocheux dans la zone de pression d'appui est déterminée en tenant compte du "noyau de glissement". Les particularités de la mécanique des roches pendant les travaux miniers dans la zone de congélation perpétuelle sont déterminées par la dépendance des propriétés mécaniques des roches cimentées par la glace de leur température. Les effets de la préparation physique complexe des couches présentant des risques de projections de charbon et de dégagements instantanés de gaz aux profondeurs considérables sont une belle illustration de l'interdépendance des processus physiques (mécaniques et autres) lors des travaux miniers souterrains. L'efficacité et l'échelle de l'application des explosions nucléaires souterraines pour l'extractions des minéraux utiles et d'autres problèmes du génie concernant l'utilisation du sous-sol dépendront sous beaucoup de points du développement de la méchanique des systèmes géotechnologiques.

INTRODUCTION

La mécanique des roches contemporaine comprend un grand nombre de problèmes scientifiques et techniques qui concernent le développement de l'industrie minière, la construction des ouvrages différents au jour ou souterrains, la création des systèmes hydrotechniques et certains aspect spéciaux de l'usage du sous-sol. Les problèmes de la mécanique des roches se rapportant aux travaux souterrains qui faisaient l'objet du III-e Congrès sont assez nombreux. Une généralisation assez compréhensive des matériaux scientifiques amples accumulés par les spécialistes de tous les pays est tres difficile. Il faut reconnaître que le Rapport principal "Rock Mecanics of Underground Excavation" présenté par M.D.G.Salamon résout le problème avec grand succès.

Le Rapport principal est caractérisé par un niveau théorique très élevé en ce qui concerne le traitement de presque tous les problèmes principaux. Il généralise les résultats les plus récents des recherches de plusieurs spécialistes et reflète une grande contribution créatrice qui y est apportée par l'auteur lui-même. C'est à bonne raison que l'auteur met en relief le développement des méthodes numériques dans la solution des problèmes compliqués de mécanique des roches à l'aide des calculateurs modernes.

Parmi les défauts du Rapport principal est une certaine sous-estimation des possibilités de la simulation physique des phénomènes et des processus géomagnétiques. En particulier, l'auteur n'a pas examiné la méthode de simulation avec des matériaux équivalents comme base (Kuznetsov et d'autres, 1959; Borissov, 1964) qui est très populaire en URSS, et aussi en République Démocratique Allemande, en Yugoslavie, en Bulgarie etc.

Le caractère tridimensionnel de tels problèmes importants que la répartition des tensions dans les piliers, l'interdépendance des zones de pression d'appui au voisinage des chantiers d'abatage ou des chantiers préparatoires etc. n'est pas montrée avec assez de précision.

Le rapport de M.D.G.Salamon "omet" tout un complexe de problèmes compliqués qui surgissent lors de l'exploitation souterraine des couches houillères et des gîtes métallifères avec éffondrement des roches de couverture de même que des problèmes de la mécanique de l'évacuation du minerai abattu au-dessous des roches éboulées et encore quelques problèmes assez importants.

Par malheur, probablement à cause de la barrière de langues, les progrès de la mécanique des roches en Union Soviètique presque n'ont pas été mentionnés bien qu'environ 100 instituts de recherches scientifiques et écoles supérieures mènent des travaux dans ce domaine. A côté de la réalisation d'un grand nombre de recherches analytiques ou celles menées au laboratoire et sur le terrain qui visent des problèmes concrets, ces derniers temps on a fait une grande attention à la systématisation des résultats théoriques obtenus et à la précision des notions de la mécanique des roches en tant que science.

G.A.Krupennikov définit la mécanique des roches comme "la science des propriétés mécaniques des roches et des processus mécaniques qui ont lieu dans les couches supérieures de l'écorce terrestre sous l'influence des raisons différentes d'une origine naturelle ou artificielle"; il donne la définition des problèmes techniques et théoriques essentiels de cette discipline et en offre une structure (fig.1) qui nous semble digne d'une discussion sur une grande échelle.

TABLE I

Structure proposée de la mécanique des roches

Division de la discipline	Caractéristique brève de la division
Problèmes	Ensemble des tâches de la discipline
Terminologie	Ensemble des termes spécifiques et leurs définitions
Méthodologie	Ensemble des méthodes à résoudre un problème posé, des instructions concernant le mode de le poser et de le fournir des données initiales ainsi que la solution et l'étude des résultats obtenus
Résultats	Ensemble des solutions disponibles des problèmes, des faits établis, des notions élaborées, des régularités découvertes, des régularités découvertes, des hypothèses avancées.
Applications	Tendances, domaines et conditions de l'application rationnelle et pratique des résultats théoriques obtenus.
Perspectives	Tendances, problèmes et étapes du développement scientifique ultérieur de la discipline et de l'application des résultats obtenus

Il est impossible, dans le cadre d'un rapport supplémentaire, de donner une notion assez complète des réalisations essentielles des savants soviétiques dans le domaine de la mécanique des roches lors des travaux souterrains. Les auteurs n'y aspirent pas. C'est pourquoi seuls certains résultats originaux obtenus à l'Ecole des Mines de Léningrad - la plus ancienne en URSS et qui est l'un des centres principaux de l'étude de la mécanique des roches en URSS - vont être exposés ci-dessous.

PRESSION DES TERRAINS LORS DE L'EXPLOITATION DES COUCHES HOUILLÈRES PAR LONGUES TAILLES AVEC EFFONDREMENT

Dans un grand nombre de pays, l'URSS y compris, lors de l'exploitation des couches on emploie des systèmes aux longues tailles, et le contrôle de pression des roches est effectué presque exclusivement par le procédé de l'effondrement complet. Les couches houillères se trouvent dans les massifs des roches stratifiées compliqués par des systèmes diverses de fissures. Lors de l'exploitation des couches une foliation se produit dans les roches de couverture et des fissures supplémentaires y apparaissent. La fissuration se produit assez souvent aussi dans les zones bordières d'un massif de houille. De tels massifs rocheux sont des milieux non-continus (désagrégés) typiques.

La complexité des conditions géologiques, la diversité des systèmes d'exploitation et des types de la technologie des travaux de déblocage mènent à la création de plusieurs systèmes mécaniques constitués par le toit , la couche, le sol et le soutènement. L'avancement des chantiers d'abatage résulte en apparition des conditions d'équilibre diverses dans les systèmes mécaniques aux régimes de charge variés qui se suivent.

Les bases théoriques du contrôle de pression des terrains dans les chantiers d'abatage creusés au sein des couches houillères se développent à l'Ecole des Mines de Léningrad au cours de l'étude théorique, ainsi que celle menée dans les mines et aux laboratoires, de ce problème volumétrique (tridimensionnel) - (Borissov, 1964; Borissov, 1967). La méthode des modèles volumétriques élaborée par A.A.Borissov a joué un grand rôle dans l'étude de la dynamique des déformations et des tensions, des déplacements et des désagrégations des roches.

Dans le cas général, lors de l'exploitation des couches houillères par longues tailles avec foudroyage du toit complet les roches de la couverture se divisent en faisceaux à la base desquels se trouvent les couches puissantes et solides qui s'appellent couches-ponts. C'est justement l'interaction de ces faisceaux, tant que les autres conditions soient égales, qui détermine le caractère des manifestations de la pression des terrains et ses valeurs numériques.

Sous le régime de la tension stable le toit prinipal dans les limites de sa dénudation peut être présenté comme une dalle rectangulaire mince fixée sur un contour d'appui à trois côtés. La dalle se trouve sous l'action d'une charge répartie d'une manière égale sur toute sa surface tandis que le côté libre est sous l'action de la charge des forces des blocs tombés avant. En avant de la lave et dans sa partie moyenne le toit principal est analogue à une dalle à la base élastique (fig.1). Dans ces conditions le pas du foudroyage du toit principal est

$$L = \sqrt{\frac{q_s}{q_1}\left[\frac{h_1^2[\sigma_t]}{6q_s} - \left(\psi + \frac{1}{2}\sqrt{\frac{4h_B E_1 J_1}{E}}\right)\right]} \quad \text{(I)}$$

où
- q_s - la charge qui fixe le toit principal à l'appui
- q_1 - la charge sur le toit principal
- h_1 - la puissance du toit principal
- $[\sigma_t]$ - la limite de résistance du toit principal à la rupture
- ψ - le coefficient empirique de la baisse de capacité portante du toit sous l'action de la charge fixante.
- h_B - puissance de la couche exploitée
- E_1 - module d'élasticité du toit principal
- J_1 - moment d'inertion du toit principal
- E - module d'élasticité de la couche exploitée.

Le pas de foudroyage du toit principal est le paramètre le plus important qui détermine les conditions de son interaction avec le toit immédiat et le soutènement des chantiers d'abatage. Tant que les autres conditions soient égales, la réaction du soutènement est la fonction du pas de foudroyage du toit principal, du caractère de la fissuration du toit immédiat et des caractéristiques mécaniques du boisagedu toit. A.A.Borissov (1964) a obtenu des expressions pour le calcul des réactions du boisage pour toutes les cinq classes de fissuration du toit immédiat qu'il a obtenues, pour le boisage à la résistance croissante ainsi que permanente.

De nombreuses recherches menées par les savants des pays divers sont consacrées à l'étude de la pression d'appui. La plupart d'entre eux étudient la question à partir des conditions d'un problème statique plat. L'étude des modèles volumétriques (Borissov, 1964, 1967) a montré que la pression d'appui a , en réalité, une répartition dans l'espace (fig.2) et une dynamique compliquée

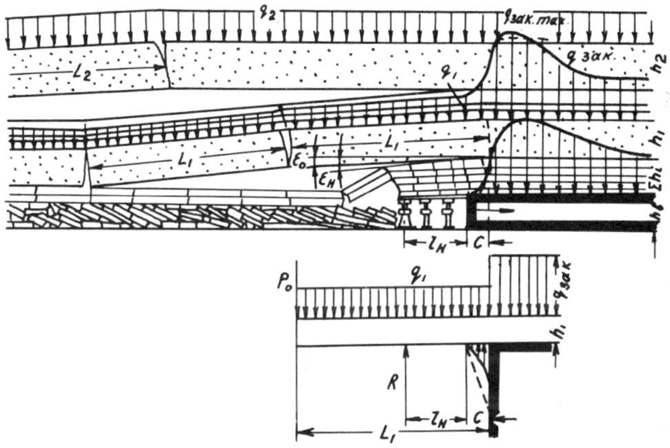

Fig.1. Schéma de calcul pour la détermination du pas de foudroyage du toit principal

Elle est une fonction du surplomb des roches de couverture, de leurs dimensions et de leur interaction, des déformations et de la désagrégation de la zone bordière de la couche exploitée, de la capacité de déformation des roches du sol. L'intensité ainsi que la place du maximum de la pression d'appui par rapport à la taille varient dans les limites de son avant-zone. Tant que la zone bordière de la couche ne soit pas écrasée, l'accroissement du moment de flexion sommaire des roches de couverture résulte en celui du maximum de la pression d'appui et en son rapprochement de la taille. Quand cette zone est écrasée le maximum de pression augmente et se déplace au fond du massif. La dynamique de la pression d'appui se propage aussi à ses zones bordièressituées devant ainsi qu'un peu derrière la taille.

En faisant le calcul de la pression d'appui dans les roches dures et stratifiées le procédé le plus correct, au point de vue de la méthode, est de diviser la couverture en faisceaux à la base desquels se trouvent les roches-ponts, puis d'après l'expression (I) de trouver le pas d'effondrement de chaque faisceau et le moment de flexion sommaire créé par tous les surplombs de la couverture au-dessus de la taille.

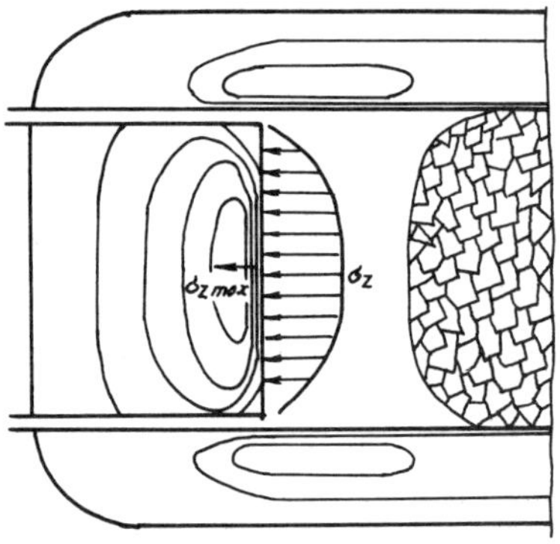

Fig.2. Isolignes des tensions normales en avant de la zone de pression d'appui et dans ses zones bordières, dans le plan de la couche.

En considérant la couche comme base élastique et faisant recours à la théorie des poutres et des dalles, on peut trouver la répartition de l'intensité de la pression d'appui et la distance entre son maximum et la taille.

Le problème du sous-cavage et de l'exploitation susjacente pendant l'exploitation d'une série de couches est très important (fig.3). La couche sous-cavée, les intercalations stériles et les roches de couverture sont exposées à des processus compliqués de charge, de décharges et de ruptures; dans la II-e zone la couche sous-cavée subit des charges élevées parce qu'elle est soumise à la pression d'appui aux limites de l'exfoliation; dans la III-e zone la couche sous-cavée et les roches encaissantes subissent des ruptures avec les virages des blocs et la décharge; plus loin la zone sous-cavée peut se trouver dans le domaine de la pression d'appui de derrière de la couche inférieure; à une distance considérable de la taille inférieure la couche sous-cavée entre dans la zone des déplacements pratiquement complets et c'est seulement après cela qu'elle entre dans la zone de sa propre pression d'appui.

Ce régime compliqué des charges de la couche sous-cavée mène à dégazage, dessèchement, changement des caractéristiques de solidité, effaçage de l'influence des ruptures du toit principal et des charges de crête sur le soutènement des chantiers d'abatage.

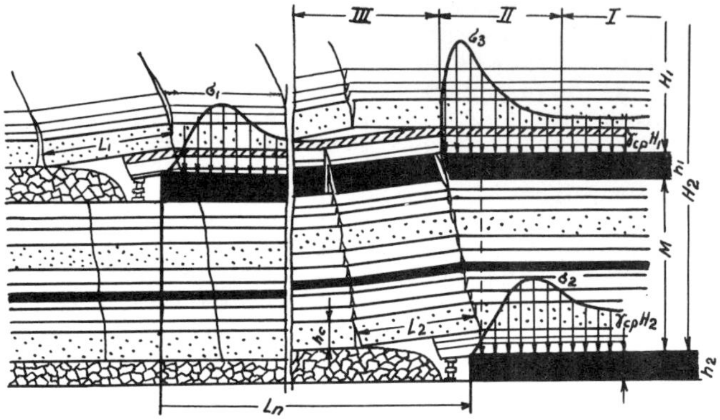

Fig.3. Schéma du sous -cavage de la couche dans la section moyenne de la taille

Le mécanisme de l'exploitation susjacente des couches diffère d'une manière essentielle du celui de leur sous-cavage qui a été considéré ci-dessus (Borissov, 1967). Cependant, la couche susjacente elle aussi est soumise successivement aux charges et aux décharges élevées, au dégazage partiel et à la variation des caractéristiques de solidité.

C'est pourquoi l'exploitation susjacente et le sous -cavage des couches présentant des risques de projections de charbon et de dégagements instantanés de gaz sont employés sur une grande échelle comme des moyens effectifs d'échapper à ces phénomènes redoutables.

MÉCANISME DE L'ÉBOULEMENT DES ROCHES LORS DE L'EXPLOITATION DES GÎTES MÉTALLIFÈRES PUISSANTS

Il est connu que pendant l'exploitation des gîtes inclinés faiblement qui se trouvent au sein des roches fissurées et instables on emploie sur une grande échelle des systèmes à rendement élevé avec abatage en masse du minerai et effondrement des roches de couverture. A mesure que la profondeur des travaux miniers augmente le contrôle de pression des roches devient de plus en plus important. Dans notre cas le problème est de trouver de tels paramètres de blocs et du régime de leur abatage qui assureraient l'équilibre du massif de minerai avant l'abatage et l'effondrement spontané des roches de couverture au moment prévu. Pour y réussir il faut établir le dépendance quantitative du pas d'effondrement des roches ainsi que de la distribution de pression d'appui dans le massif de minerai de la profondeur des travaux miniers.

Les recherches effectuées dans le gîte de cuivre-nickel à Norilsk et celui d'apatites à Hibine (Galaev et Krapivine,1969; Galaev, 1972)ont montré que tant que l'éboulement des roches de couverture n'atteigne par le jour il est instable. Avec cela la concentration de la pression d'appui augmente graduellement jusqu'à (3+5) γH où γ- le poids volumétrique moyen des roches de couverture (t/cu.m). L'éboulement des roches atteint la surface quand la travée de l'espace vidé est L=(0.9+1.2)H et ensuite il devient stable avec l'agrandissement du pas d'effondrement Lf graduel à mesure que la profondeur H augmente.

Pendant cette période le surplomb de la console rocheuse provoque la hausse de la pression d'appui sur le massif voisin de la taille jusqu'à (1.5+2) γH , tandis que l'éboulement des roches mène à la baisse du maximum des tensions jusqu'à (1+1.3)γH.On observe une certaine diminution de la concentration de la pression d'appui en fonction de la profondeur avec l'accroissement simultané des valeurs absolues des tensions dans le massif de minerai.

L'expression d'après laquelle on détermine le pas d'effondrement stable est obtenue sur la base de la théorie d'équilibre limite:

$$L_f = \frac{[0.5 h_f \gamma_f tg^2(\frac{\pi}{4} - \frac{\varphi_f}{2})] Sin^2\beta tg\varphi + C(H-h_t)}{\gamma H \, Sin\beta \, (Sin\beta - Cos\beta \, tg\varphi)} \quad (2)$$

où γ, φ et C - le poids volumétrique, l'angle de friction interne et la cohésion des roches dans le massif;

γ_f φ_f- le poids volumétrique et l'angle de friction interne des roches éboulées; h_t - la profondeur de propagation de la fissure verticale de la rupture; hf - la hauteur de soutènement (appui) des roches éboulées; β -l'angle de déplacement

Le schéma de calcul (fig.4) prend en considération le soutènement des roches éboulées plustôt et prévoit les tensions allongeantes dans la couche voisine de la surface ainsi que les tensions de déplacement dans sa partie inférieure.

Pour les roches dures fissurées du gîte de Hibinogorsk où l'on a établi d'une manière expérimentale les valeurs du coefficient d'affaiblissement (0.35), la limite de solidité à l'extension (4-6 kg/sq.cm) et le déplacement (10-12 kg/sq.cm), la formule (2) donne des résultats proches aux ceux qui ont été observés et permet de prévoir le changement d'après la profondeur H (fig.4).

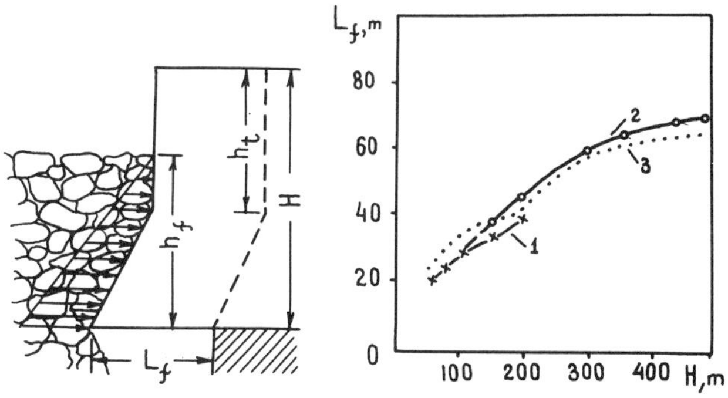

Fig.4. Schéma de calcul et résultats de la determination de L_f d'après les observations (1), les données de la simulation (2) et les calculs (3).

En tenant compte des résultats de la simulation volumétrique la distribution des tensions dans la zone de tension d'appui sur le massif de minerai est déterminée d'après l'expression

$$\sigma_c = \gamma H[exp(b_1 \ell) + exp(b_2 \frac{L}{H}) - 1] \ldots\ldots \quad (3)$$

où h et l sont les dimensions de l'exploitation sousjacente dans la direction et perpendiculaire à celle-ci, b_1 et b_2 sont les coefficients empiriques dépendant des propriétés des roches.

Le temps d'état d'équilibre du massif de minerai pour la réserve de stabilité acceptée $k_s = \frac{[\sigma_c]}{\sigma_c}$ est

$$T_{st} = [\frac{k_s - 1}{\delta}(1-\alpha)]^{\frac{1}{1-\alpha}} \ldots\ldots \quad (4)$$

où α et δ sont les paramètres du noyau de glissement.

Les paramètres de blocs et l'ordre de leur abatage influent d'une manière importante sur la manifestation de la pression des terrains aussi bien que sur les principaux indices techniques et économiques. C'est pourquoi on emploie les expressions obtenues pour L_f, σ_c et T_{st} comme limitations lors de l'optimisation du système des paramètres d'exploitation des gîtes sur la base de la simulation économique et mathématique (Galaev, Kavtaskine, 1971).

PARTICULARITÉS DE LA MÉCANIQUE DES ROCHES DANS LES CONDITIONS DE CONGÉLATION PERPETUELLE

Les problèmes concernant le contrôle de la pression des terrains pendant les ouvrages miniers souterrains dans les roches congelées présentent un grand intérêt pour l'Union Soviétique et le Canada dont la moitié du territoire est occupée par la région de congélation perpetuelle, aussi bien que pour les Etats-Unis (Alaska) et encore quelques pays.

On peut mentionner les particularités suivantes de la mécanique des roches congelées en ce qui concerne l'exploitation souterraine des gisements (Diadkin, 1968):

1) de larges limites de la variation en fonction de la température des propriétés des roches telles que dureté, capacité de déformation ou qualités rhéologiques au voisinage des chantiers de mine.

2) une grande influence des dimensions, de la densité et de l'orientation des intrusions de glace aussi bien que de l'humidité (contenu de glace) des divisions de roche en monolythes sur leur rigidité, capacité de portance et le caractère des déformations au voisinage des chantiers de mine.

3) un rapport étroit entre les manifestations de la pression des terrains et le régime thermique des chantiers de mine; le caractère périodique du développement des déformations et des charges sur les éléments d'appui qui est détefminé par les variation de saison du champ de température des roches autour des chantiers de mine.

4) une influence considérable et parfois décisive de la vitesse du changement et du temps de l'action des tensions sur le genre des déformations de roches congelées en fonction des qualités rhéologiques de la glace qui les cimente.

5) la présence des tensions et des déformations des roches non-liées à l'énergie de la pression des terrains (tensions thermiques lors de congélation, gonflement de gel, perte de rigidité et éboulement des roches de fond dispersées et fissurées pendant la sublimation ou la dégelation de la glace remplissant les pores, les fissures etc.) au voisinage des chantiers de mine.

Examinons brièvement quelques-unes de ces particularités. La théorie de la dureté et de la rhéologie des roches congelées dispersées (Tsitovich, 1952) explique la dépendance de leurs propriétés mécaniques de la température par la présence de l'eau non-gelée dont la quantité diminue avec la baisse de la température négative et augmente avec l'augmentation des tensions. Les études expérimentales ont montré (Diadkin, 1968) que cette dépendance est la même pour les roches de fond sédimentaires (fig.5).

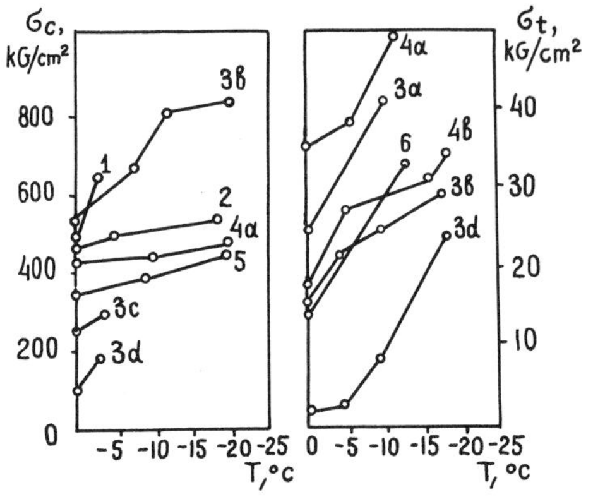

Fig.5. Dépendance des limites de solidité pendant la compression et l'extension de la température T, °C et de l'humidité W,%, des roches congelées: I - gîte de Sangarsk, aleuropelites W=3.6; 2-le même, schiste argileux, W=3.3-3.4; 3a - le même, grès W=1-1.2; 3b - le même, W = 1.6-2; 3c - le même , W=2.5; 3d - le même , W=4.9-6.5; 4a - gîte d'Arkagalinsk, grès, W-1.6; le même, W=4-5.2; 5 - le même, argillite, W=2.3-2.7; 6 - le même, mais chlorites, W=3.3.

Cependant, l'influence de la température sur la rigidité et la déformation d'un massif des roches gelées au voisinage des chantiers de mines est déterminée, par excellence, par la présence des filets et des enclaves de la glace qui remplit les fissures nombreuses et les plans de jonctions de bancs de roches. Un tel massif doit être considéré comme système mécanique complexe qui comprend des bancs séparés et des blocs aux dimensions diverses cimentée par la glace.

De cette façon, la stabilité des affleurements et la résistance aux charges extérieures de n'importe quelle roche congelée dépendent essentiellement de leur température et baissent d'une manière nettement pronocée lors de la décongélation. Un champs original de solidité de roches se forme autour des chantiers de mine sous l'influence du champ de température (Diadkin, 1968), ce qui détermine sous beaucoup de rapports l'intensité et le caractère des manifestation de la pression des terrains. Bien souvent, ces manifestations portent un caractère paradoxal du point de vûe de la mécanique "classique" des roches, c'est-à-dire, les déformations maximales peuvent avoir lieu lors des tensions minimantes et vice versa. Ainsi, dans les voies de roulage de la mine No.10 (ville de Kadiktchan, région de Magadan) lors de la décongélation de grès en été on peut voir les éboulements du toit avec l'écrasement du soutènement si la largeur du chantier de mine est environ de 4 mètres; si la température négative est constante dans des chambres d'exploitation sans soutènement, les travées des affleurements stables de ce grès peuvent atteindre 15-16 mètres.

Si l'état de congélation du massif rocheux est constant (T 0), la travée limite d'un affleurement stable du toit non-fixé dépend principalement de la composition du contenu de glace, de la température des roches entourant le chantier de mine.

Les manifestations de glissement, conditionnées par les propriétés plastiques de glace, sont très caractéristiques pour des roches congelées, dispersées, telles que l'argile ou bien le sable. Une condition assurant la stabilité de longue durée de telles roches est proposée par Voitkovski (1963) pour un chantier de mine non-fixé dont le rayon est de R_o

$$\frac{2R_{pl}^2 \tau_\infty}{3R_o^2 E_\infty} \leqslant \varepsilon_\infty, \quad \dots\dots\dots \quad (5)$$

où R_{pl} est le rayon d'une zone plastique autour du chantier.

$$R_{pl} = R_o \exp\left(\frac{\gamma H}{2\tau_\infty} - \frac{1}{2}\right) \dots\dots \quad (6)$$

τ_∞ est l'intensité limite de longue durée des tangentes de tensions.

$$\tau_\infty = [\tau_\infty] + \sigma_c' \operatorname{tg} \varphi \qquad (7)$$

$[\tau_\infty]$ est la limite de résistance de roches de longue durée lors du glissement des couches, pris comme tel

σ_c' est la tension moyenne de compression volumétrique;

φ est l'angle de frottement intérieur.

E_∞ et ε_∞ sont le module de Youngu et la déformation relative limite des roches lors de la compression à un axe avec la tension.

Dans des roches stratifiées congelées, telles que les grès ou bien les chistes, la stabilité du toit non-fixé est déterminée par la solidité de longue durée des couches rocheuses lors de la traction (Vt-) ainsi que par les forces de congélation selon leurs contacts ($\sigma_{fr.\infty}$) pour la température donnée (T). Avec cela, le développement des déformations de courbure de roches doit être précédé de l'élimination des forces de congélation, ainsi que du détachement de la masse rocheuse qui fonctionne par la suite comme dalle serrée; la puissance des couches ne doit pas être inférieure à $[\sigma_{fr.\infty}]/\gamma$ (Diadkin, 1968).

$$\ell_o \leqslant \frac{1}{\gamma}\sqrt{\frac{3[\sigma_{c.\infty}][\sigma_{t.\infty}][\sigma_{fr.\infty}]}{2([\sigma_{c.\infty}]+[\sigma_{t.\infty}])}} \quad \dots\dots (8)$$

Dans la table No.2 sont indiquées les limites moyennes de la solidité de longue durée de sable et de grès congelés; dans la table No.3 sont indiqués les résultats de calculs d'après les formules 7 et 8, si le coéfficient de réserve est égal à $K_s = 2$ est égal à 2500 kg/cu.m; ces résultats de calculs s'accordent très bien avec les données de l'expériment de travaux miniers souterrains en Yakoutie et dans la région de Magadan de l'URSS.

On a obtenu aussi des formules approximatives pour déterminer des charges sur le soutènement des galeries avec la conservation de la température négative des roches congelées entourantes lors de leur décongélation (Diadkin, 1968).

Si la largeur du chantier de mine (2 1) est plus grande que la travée limite du toit congelé (2 1), il est nécessaire d'établir un soutènement dont la charge (sur une unité de longueur du chantier) sera pour les roches dispersées

$$P_{fr} \approx \frac{\ell^3 \gamma^2}{3[\sigma_{t.\infty}]} \qquad (9)$$

pour les roches de fond

$$P_{fr} \approx (\ell^2 - \ell_o^2)\gamma \operatorname{tg}\delta \qquad (10)$$

où δ est l'angle d'effondrement de roches stratifiées (Borissov, 1964).

Lors de la décongélation des roches congelées entourant le chantier de mine, on met en relief trois stades de l'interaction du soutènement avec des roches qui ont perdu leur cohérence (fig.6).

I. Stade de la croissance proportionnée de charges est caractérisé par la profondeur de la décongélation de roches sRm; il y est nécessaire d'observer la condition suivante:

C'est-à-dire, les roches congelées conservent leur stabilité au-dessus de l'auréole de décongélation. Dans ce cas-là, pour les roches de n'importe quel type on a:

TABLE No.2

Limite de stabilité de longue durée des roches congelées (kg/cm^2)

Température °C	Sable			Grès		
	$[\sigma_{c.\infty}]$	$[\sigma_{t.\infty}]$	$[\sigma_{fr.\infty}]$	$[\sigma_{c.\infty}]$	$[\sigma_{t.\infty}]$	$[\sigma_{fr.\infty}]$
- 1	2.5	0.6	0.4	80	6	0.4
- 3	6.5	1.5	1.0	95	10	1.0
- 8	10.5	2.8	2.0	100	12	2.0

TABLE No.3

Travée limite du toit non-fixé (2 lm) (température des roches congèlées est différente)

Types de roches	Température °C		
	- 1	- 3	- 8
Sable	3.9	9.8	18.5
Grès	7.4	15.2	28.7

$$P_m \approx 2\ell \Delta R_m \gamma \qquad (11)$$

II. Stade de la croissance irrégulière de charges entre en action quand: **l + Rm lo** Dans ce cas-là, les foudroyages périodiques des roches congelées au-dessus de la zone de décongélation provoquent une croissance saccadée de charges sur le soutènement. Le caractère dynamique de ces charges peut expliquer très bien les raisons de l'écrasement spontané du soutènement (sans le déformer préalablement)qui ont eu lieu dans les mines du Nord de notre pays. La hauteur et la forme de la zone foudroyée de roches congelées dépendent de leurs particularités structurales et les charges statiques maximales sur le soutènement font dans les roches dispersées:

$$P_m \approx 2\ell\gamma\left[\Delta R_m + \frac{(\ell+\Delta R_m)^2\gamma}{4[\sigma_{t.\infty}]}\right] \qquad (12)$$

dans les roches de fond:

$$P_m \approx 2\ell\gamma\left[\Delta R_m + (\ell+\Delta R_m-\ell_o)\,tg\,\delta\right] \qquad (13)$$

III. Stade de la stabilisation de charges commence quand les valeurs de ΔRm sont grandes. Celles-ci doivent être comparables et dépasser la largeur du chantier de mine (2 lo) quand la charge sur le soutènement croît tout d'un coup en s'approchant d'une certaine limite, alors

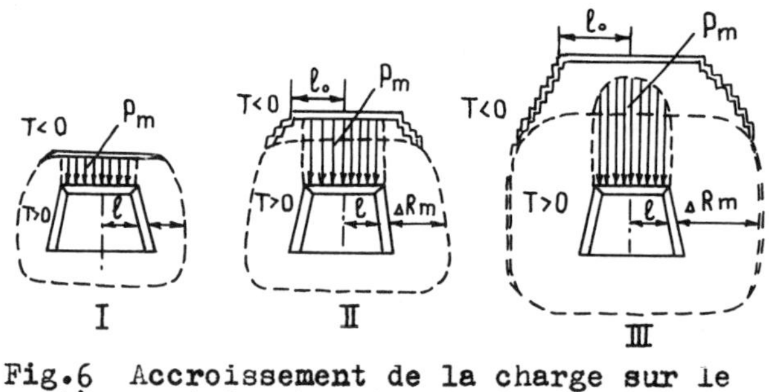

Fig.6 Accroissement de la charge sur le soutènement du chantier d'abatage Rm lors de la décongélation des roches congelées (entourantes).

$$P_m \approx \frac{4\ell^2\gamma}{3f} \qquad (14)$$

où (selon les observations dans les mines) les formes des voûtes d'éboulement pour les roches de fond fissurées seront:

$$f = 0.35 - 0.5;$$

pour les roches dispersées:

$$f = 0.25 - 0.3$$

Les valeurs de la charge sur le soutènement du chantier de mine de 3.5 m de longueur, (2 l = 3.5 m) calculées d'après les formules (9) - (I3) (dimensions de l'auréole de décongélation étant différentes), sont indiquées dans la table No.4.

TABLE No.4

Charge maximale sur le soutènement du chantier de mine, t/m lors de la décongélation des roches congelées entourantes

Types de roches	Valeurs					m
	0	0.5	I	2	4	6
Sable	0	4.4	8.8	17.6	40.7	40.7
Grès	6.1	12.3	25.5	25.5	25.5	25.5

Les méthodes de calcul citées ont été employées lors de la création des projets de nouvelles mines en Sibérie et dans la partie nord-ouest de l'URSS. Pourtant, ces méthodes simplifient bien l'interaction complexe des processus mécaniques et thermiques lors des travaux miniers souterrains dans la zone de congélation perpétuelle. L'étude ultérieure de ces processus est une tâche importante de la mécanique des roches.

TRAITEMENT PRÉALABLE DES COUCHES DANGEREUSES AUX PROJECTIONS SPONTANÉES DE GAZ ET DE CHARBON

L'un des problèmes actuels de la mécanique des roches est celui de la lutte contre les projections spontanées de gaz et de charbon dans les mines de charbon et de potasse de grande profondeur.

Pour prévenir ces projections spontanées lors de l'exploitation des séries dont les couches sont assez rapprochées on a recours, comme on sait, au creusement d'avancement des couches de protection. De ce fait, les couches présentant un danger, se déchargent de la pression des terrains et de gaz à la suite de leur sous-cavage et leur exploitation susjacente dont on a parlé plus haut.

Ce problème tend à être plus complexe pour les couches isolées dont l'exploitation susjacente et le sous-cavage sont impossibles Dans ce cas-là, le forage bien qu'il soit coûteux est un moyen assez effectif pour prévenir les projections spontanées. Il est nécessaire de procéder au forage à partir de la taille jusqu'à la zone de pression d'appui des trous de grand diamètre en combinaison avec le dégazage préalable et le refoulement de l'eau dans la couche.

Ces derniers temps le changement dirigé des conditions physiques minières de l'exploitation des couches de charbon dans les horizons profonds, attire de plus en plus l'attention des savants de l'URSS. Cette idée suppose un complexe préalable d'actions qui puissent assurer les conditions optimales du traitement ultérieur et le haut rendement de la couche du point de vue du contrôle de pression des terrains, de la destruction de houille, des régimes grisouteux, thermique, poudreux.

Le premier schéma du traitement physique complexe des couches de charbon dans les mines de grande profondeur a été élaboré à l'Ecole des Mines de Léningrad par le professeur Diadkin (1967), le professeur Diadkin et d'autres (1972). La base technique de ce complexe est un système de trous forés parallélement à la taille entre les voies de l'ouvrage, tous les 4-8 mètres (fig.7). D'abord ces trous sont utilisés pour le dégazage de charbon. Puis ils sont liés d'après le schéma spécial d'un certain échangeur de chaleur. Les sections en sont liées à la conduite d'eau de la mine et pendant 1-3 mois elles sont utilisées comme échangeurs de chaleur situés à l'intérieur de la couche.

Comme l'eau, dont la température initiale est de 18-20°C, circule d'une manieère permanente dans chaque section, le débit peut atteindre 5-10 cu.m/h. De ce fait, on peut voir se former des zones de refroidissement entourant les trous de sondage. En cas de nécessité, un système pareil du drainage thermique du massif entourant s'effectue lors du creusement des ouvrages préparatoires. Il en résulte que la température de la couche et des roches encaissantes baisse jusqu'au niveau qui exclut la nécessité de climatisation.

Pendant la circulation de l'eau, l'humidification du massif de charbon a lieu entre les trous de sondage ce qui assure la réduction de la dépense de l'énergie de destruction et en même temps diminue la formation de la poussière lors de l'abatage de la couche.

Pendant l'abatage d'un chantier "travaillé" la pression d'appui qui apparaît à l'avant de la taille est supperposée sur la répartition des tensions en forme de scie dans une couche affaiblie par des trous de sondage. La concentration des tensions dans la zone frontière de la couche baisse, mais la tension maximum se déplace au fond du massif. En combinaison avec l'effet du dégazage, cela exclut la possibilité des projections spontanées.

Après toutes sortes de recherches, le complexe proposé a été eprouvé en 1972-73

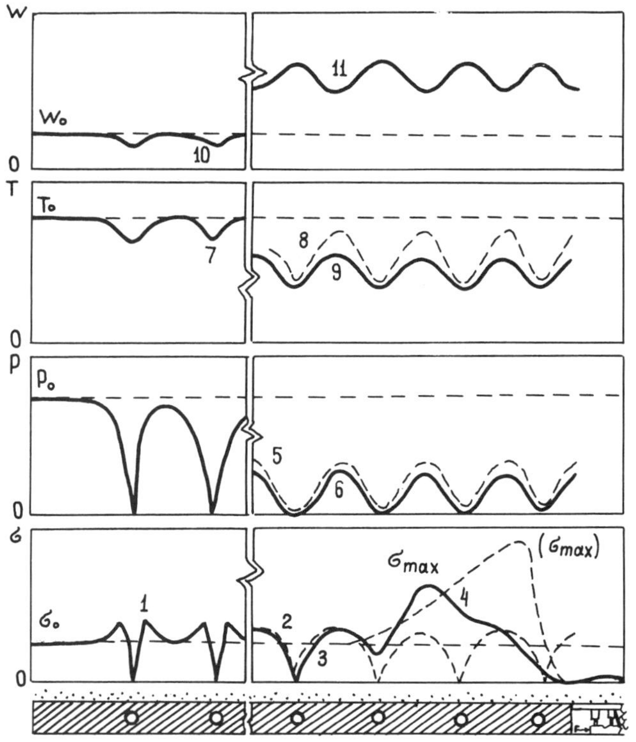

Fig.7. Effets de la préparation physique complexe d'une couche houillère: 1 - changement des tensions comprimantes lors du forage des trous; 2 - le même, lors de l'écrasement de la houille humectée, 3 - le même, en tenant compte de la compression volumétrique pendant le refroidissement; 4 - le même, dans la zone de pression d'appui; 5 - changement de la pression de vapeur P lors du dégazage du charbon; 6- le même, en tenant compte de la sorption du gaze pendant le refroidissement; 7 - changement de la température T pour le compte de la désorption du gaz; 8 - le même pour le compte de l'échange de chaleur avec l'eau dans les trous de forage; 9 - le même en tenant compte de la transmission de la chaleur pendant l'humidification de la houille; 10 - changement de l'humidité de la houille pour le compte de la vaporisation lors du dégazage; 11 - le même, comme résultat de la filtration de l'eau.

dans une couche de la mine Menjinski, dans le bassin houiller du Donetz (Diadkin, Chouvalov, 1973) Bliznets, Chouvalov,1973). Les conditions de l'expériment industriel sont les suivantes:
Puissance de la couche est de 0.9 à 1.0 mètre.
Angle de pendage est de 14°
Toit immédiat est composé de calcaire
Sol est composé d'argillite.
Profondeur des travaux miniers est de 777 mètres
Température naturelle des roches atteint 27.8-28.1°C
Teneur en gaz de charbon atteint 24 m^3/t.
Distance entre les galeries (voies) (longueur de la taille) est de 135 à 150 mètres.

Longueur d'un chantier expérimental est de 70 mètres.
Dans le chantier expérimental on a foré 11 trous de sondage dont le diamètre est de 75 à 175 mm (millimètres). La distance entre les trous est de 5 à 7 mètres. La circulation d'eau dont le débit atteint 1-2.8cu.m/h s'est effectuée dans un trou de sondage pendant 3 mois. La température initiale de l'eau a changé de 18°C jusqu'à 21°C. Sa chauffe d'eau dans les trous de sondage atteint 1-0.5°C. Cela a assuré le refroidissement du massif entourant de 1-4°C.

Des mesures spéciales réalisées dans le chantier expérimental ainsi que dans celui qui n'a pas été "travaillé" confirment la haute efficacité de la méthode proposée (Voir la table 5).

L'émission de gaz dans la taille s'est réduite en moyenne de 3 fois ce qui a conditionné l'abaissement nettement prononcé de la teneur en méthane (grizou) dans le courant d'air. L'humidité de charbon a augmenté plus de 3 fois. La teneur en poussière dans l'air du fond s'est réduite de deux fois.

Pour estimer le danger de la projection spontanée et de la concentration des tensions dans la couche, on a mis en pratique une méthode indirecte, élaborée par Pétoukhov en 1970 (Institut de recherches scientifiques, WNIMI). D'après cette méthode on mesure la quantité de havrits pendant le forage des trous de contrôle. D'après cet indice, le niveau des tensions a baissé approximativement de 3 fois dans la zone frontière de la couche. Il en résulte que le niveau des tensions est devenu même inférieur à celui des zones de pression d'appui situées tous près des voies.

On a travaillé le chanter expérimental sans avoir des complications, bien qu'en 1971 une grande projection spontanée de charbon et de gaz ait eu lieu justement dans cet horizon de la couche; et puis, de nombreux microdégagements ont eu lieu lors du forage des trous de sondage.

Le refroidissement de la couche de charbon et des roches encaissantes ont conduit à la réduction nettement prononcée de la chauffe d'air dans la taille et à l'amélioration de réaction à la chaleur des mineurs.

Dans les conditions de la mine Menjinski, les investissements de capitaux liés au traitement physique complexe des couches (le prix des sondeuses supplémentaires et des installations d'écoulement des eaux) sont estimés à 300 mille roubles; coûts d'exploitation pour forage, herméticité des trous de sondage, travaux de montage, énergie électrique et l'eau sont évalués à

0.35 rouble par tonne de charbon extrait.

Ces frais sont déjà compensés d'après le seul facteur de la climatisation; les frais en projet pour une installation de réfrigération de l'air de cette mine sont estimés à 2909 mille roubles; les coûts d'exploitation sont évalués à 0.6 rouble/tonne.

Il est à noter que le refroidissement réel du massif entourant des trous de sondage est supérieur au refroidissement théorique vu que dans les calculs on n'a pas tenu compte de l'effet endothermique de la désorbtion de gaz ainsi que de la transmission de chaleur pendant la filtration de l'eau dans la couche. L'effet de la déconcentration des tensions dans la zone de pression d'appui a apparu supérieur à l'effet attendu; c'est que pendant la simulation préalable de l'influence "déchargeante" des trous de sondage, on n'a pas pris en considération l'abaissement de la solidité de charbon humecté entourant ces trous de sondage. On n'a pas tenu compte non plus de la réduction de pression de vapeur interne pendant son dégazage et de la compression volumétrique lors du refroidissement (fig.2).

L'exemple donné illustre très bien que les processus mécaniques gazodynamiques, hydrophysiques, thermiques sont étroitement liés entre eux lors des travaux miniers. Il faut tenir compte de leurs actions réciproques complexes quand on a recours à la solution de plusieurs problèmes concernant la mécanique des roches et l'argumentation des projets techniques rationnels.

MÉCANIQUE DES ROCHES ET GÉOTECHNOLOGIE NUCLÉAIRE

L'expérience des explosions nucléaires souterraines accumulée aux Etats-Unis, en URSS et en France permet de les considérer comme très efficaces pour élever l'effectivité de l'extraction des minéraux utiles aussi bien que pour résoudre beaucoup d'autres problèmes du génie liés à l'exploitation du sous-sol.

On connaît beaucoup de projets d'utilisation des explosions nucléaires souterraines dans des buts industriels divers (Explosions atomiques à des fins pacifiques, 1970. Symposium on Engineering with Nuclear Explosives, 1970). Plusieurs de ces projets ont déjà été éprouvés on bien peuvent être réalisés dans un avenir proche.

Ce sont les projets d'abatage de minerai en masse dans les gîtes de grande puissance; de lessivage du minerai de cuivre pauvre; de gazéification souterraine des gisements de houille puissants; d'intensification de l'extraction du pétrole et du gaz; d'extraction de chaleur des roches; de stimulation des gisements géothermaux d'entrepôt souterrains du combustible liquide; systèmes d'enterrement des déchets industriels nocifs etc.

En laissant de côté les problèmes de sécurité lors des explosions souterraines puissantes qu'on peut, en toute évidence, résoudre, il faut souligner que le développement de la géotechnologie nucléaire demande l'étude de tout un nombre de problèmes physiques et du génie compliqués dont plusieurs se rapportent à la mécanique des roches.

Citons à titre d'exemple le projet du système circulaire de l'extraction de chaleur de la Terre (fig.8) élaboré par l'Ecole des Mines de Léningrad de concert avec l'Institut de thermophysique technique de l'Académie des Sciences de l'Ukraine (Diadkin et d'autres, 1969; Diadkin, 1973). Le système se compose de trous de forage profonds et de la chaudière souterraine créée par l'interaction des groupes d'explosions nucléaires. L'eau froide se réchauffe pendant la filtration à travers les fissures du massif disloqué par les explosions, en absorbant la chaleur naturelle des blocs de roches et se rassemble dans l'échangeur de chaleur intermédiaire au jour dans lequel elle réchauffe le porteur technologique de chaleur.

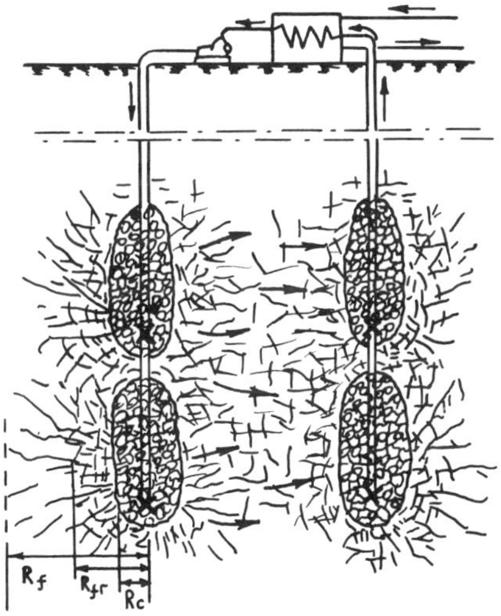

Fig.8. Système de circulation de l'extraction de chaleur de la Terre.

La destination du système est d'obtenir un porteur de chaleur au potentiel bas (40-60°C) pour le dégel pendant l'année entière des sables aurifères gelés aux placers du Nord-Est de l'URSS.

A cause du prix élevé du combustible importé et de l'énergie électrique dans les régions septentrionales, les frais cités, compte tenu de l'efficacité des investisse-

TABLE No.5

Résultats du traitement physique complexe de la couche

Indices	Chantiers non-traités	Chantier expérimental
Concentration maximum des tensions (sortie du havrit lors du forage)l/m	5-7	2-2.5
Humidité du charbon,%	0.7-1.0	1.5-3.5
Emission de gaz, m^3/t	5.0-6.8	1.5-2.4
Teneur en méthane, %	1.0-1.2	0.1-0.2
Température moyenne des roches sur le contour d'une taille,°C	28.0	25.5
Température de l'air à l'avant de la taille au bout de la taille	22.0-23.0 25.6-27.3	22.0-23.0 22.8-23.4
Humidité relative de l'air,%	84-92	85-92
Indices physiologiques des mineurs: fréquence du pouls par minute	 103	 97
ventilation pulmonaire l/mn	24.2	19.1
dépenses d'énergie kcal/mn	4.2	3.2

TABLE No.6

Indices de calcul du système circulaire de l'extraction de chaleur de la terre

(profondeur ≐ 3000 mètres
température = 72°C)

Indices	Projets possibles		
	1	2	3
Nombre et puissance de charges nucléaires, kgt	4x50	6x50	6x50
Volume de la chaudière thermique, $10^6 m^3$	30	46	46
Depense maximum de l'eau m^3/h	370	232	486
Délai du service d'un système (ans)	6	14	5
Température de l'eau à la fin du service,°C	45.6	48.0	56.4
Productivité du système 10^6 kkal/h	15	10	25
Frais cités,roubles/10^6 kkal	13.8	14.5	10.8

ments de capitaux, pour 1 mln/kkal de chaleur obtenue sont 2-3 fois plus bas que dans les systèmes d'approvisionnement en chaleur existants. Un projet analogique "Plowshare Geothermal" est élaboré aux Etats Unis (Burnham and Stewart, 1970), pour la production de l'énergie électrique dans les régions au gradient géothermique anomalement élevé.

Certes, les indices, cités dans la table 6 sont approximatifs vu que les calculs thermiques et hydrodynamiques du système sont exécutés avec des valeurs moyennes des paramètres importants,tels que: les grandeurs des blocs de roches et la bâillement des fissures dont il n'est pas possible de déterminer à l'heure actuelle la répartition réele d'après le volume d'une zone perméable.

Or, la tâche essentielle qui est liée à la création des systèmes pareils ou bien de n'importe quel système géotechnologique est d'estimer les dimensions des zones d'action destructive crééés lors des explosions nucléaires souterraines. A la figure 9 sont montrés des graphiques pour la définition des rayons de la cavité - Rc, les zones de broyage - R_{tr} et les zones de fissuration - R_t , réduites au rayon conventionnel de la charge nucléaire Ro (d'après l'équivalent de trotyl) d'après les critères correspondants, extensibles Xc, Xtr, et Xt.

On a trouvé des dépendances graphiques à l'Ecole des Mines de Léningrad dans le Laboratoire expérimental de thermophysique, sur la base de la généralisation des données publiées en URSS et aux Etats-Unis. Celles-ci concernent les explosions nucléaires souterraines et leur simulation dans une installation spéciale de haute pression (Trofimov et Yurévitch, 1972; Diadkin,1972). Et avec cela, les critères extensibles mentionnés caractérisant les conditions de l'explosion ont les valeurs suivantes.

$$X_c = \frac{C_w(\rho H)^{0.5}}{(AW_e)^{0.25}} \quad \ldots\ldots\ldots \quad (15)$$

$$X_{tr} = \frac{C_w(\rho H)^{0.5}}{(\sigma_c W_e)^{0.25}} \quad \ldots\ldots\ldots \quad (16)$$

$$X_t = \frac{C_w(\rho H)^{0.5}}{(\sigma_t W_e)^{0.25}} \quad \ldots\ldots\ldots \quad (17)$$

où Cw est la vitesse de la propagation des ondes de condensation, m/sec.
A est le module de compression percutante des roches, t/sq.m.
σ_c est la limite de la solidité de roches lors de la compression t/sq.m.
σ_t est la limite de rupture des roches t/m^2

ρ est la densité moyenne des roches recouvrantes, $t.sec^2/m^2$
H est la profondeur de la charge (m)
We est l'équivalent de trotyl, t.

La méthode exposée est assez simple,mais elle suppose la constance des paramètres A, σ_c et σ_t qui changent sous l'influence de hautes tensions et des températures. De plus, cette méthode ne permet pas de tenir compte de la fissuration naturelle et de l'hétérogénéité du massif. C'est pourquoi elle (méthode) ne convient qu'à l'estimation des valeurs Rc, Rtr et Rt pour une explosion isolée. La détermination des paramètres de la zone de fissuration qui se forme lors de l'explosion de groupe de plusieurs charges est une tâche encore plus complexe qui n'est pas encore résolue.

Il est probable que les questions les plus complexes et les moins étudiées sont celles qui concernent la mécanique des zones fermées foudroyées crééés à la suite des explosions, ainsi que la fissuration dans le temps, c'est à dire, pendant la période de l'exploitation des systèmes géotechnologiques. Selon les types et la destination de ces systèmes, de différents effets mécaniques peuvent avoir une importance primordiale: Ce sont: la stabilité des murs de la cavité ou bien la formation d'un tuyau foudroyé au-dessus de la cavité et l'apparition des fissures supplémentaires de l'exfoliation; le déplacement des roches de couverture et l'affaissement de la surface terrestre; le changement du bâillement des fissures verticales et horizontales sous l'influence de la pression géostatique et hydrostatique lors de la compression de température des blocs de roches refroidis ou bien pendant leur dissolution à partir du jour; la rélaxation des tensions thermoélastiques ou bien, l'apparition des thermofissures supplémentaires etc.

Les questions concernant la protection des trous de sondage exploités et des chantiers de mine contre les actions seismiques. sont assez importantes; ainsi que la détermination du degré de la destruction du massif, de sorte qu'il y a la possibilité de conserver des procédés habituels de forage et de fonçage; le choix du soutènement pour des chantiers de mine creusés dans des zones de destruction; l'estimation des conditions de l'évacuation des roches (minerai) détruites d'une manière inégale ainsi que les degrés de leur compression lors d'un magazinage de longue durée.

Les problèmes mentionnés ainsi que d'autres problèmes actuels liés à l'étude des tensions, des déformations et de la destruction du massif lors des explosions puissantes souterraines et de l'utilisation industrielle de leurs effets mécaniques forment en réalité un domaine scientifique indépendant qu'on peut appeler mécanique des systèmes géotechnologiques.

Ce ne sera pas une exagération si l'ondit que l'échelle et l'éfficacité de l'utilisation des explosions nucléaires à des fins pacifiques (c'est à dire, les perspectives de l'utilisation de l'une des plus grandes réalisations de la physique contemporaine) dépendront sous beaucoup de rapports des progrès de la mécanique des roches.

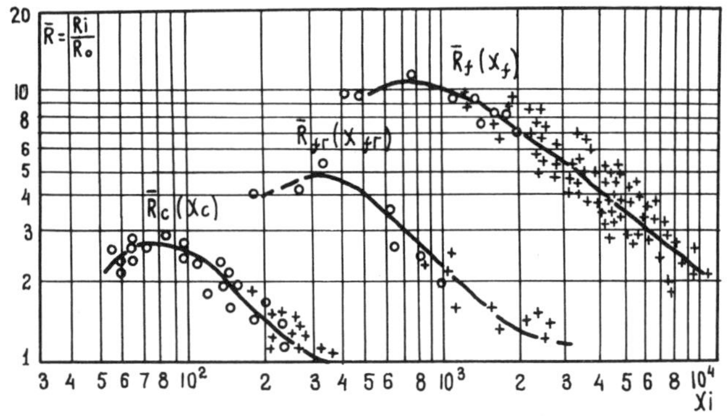

Fig.9. Dépendance des rayons R_i des critères X_i - selon les données des explosions nucléaires réelles (cercles) et les résultats de leur simulation (croix).

CONCLUSION

Les questions examinées concernant la mécanique des roches n'ont pas été reflétées dans le rapport principal. Les auteurs espèrent que ces matériaux peuvent servir de complément utile et présenter un intérêt certain pour les débats aux séances du Congrès.

Les problèmes abordés sont peu liés entre eux et ne permettent pas d'en venir aux conclusions communes. Par contre, je voudrais attirer votre attention sur deux problèmes, sans doute, polémiques ayant, selon notre opinion une grande importance.

I. La mécanique des roches est considérée bien souvent comme science qui dessert l'industrie minière et, dans le sens plus étroit, l'exploitation de minéraux utiles solides. Une telle notion, non seulement, limite les domaines de l'étude et l'ensemble de problèmes de cette science, mais aussi est contraire aux tendances du progrès technique concernant l'utilisation et la protection du sous-sol. L'abondance des résultats obtenus et de la méthodologie développée de la mécanique des roches peuvent et doivent embrasser quantité de problèmes d'exploitation des gisements de gaz et de pétrole, de la géotechnologie et de l'hydrotechnique, de la construction de toutes sortes d'ouvrages et de systèmes techniques dans le sous-sol de la terre ainsi que dans celui de la Lune et d'autres corps cosmiques dans un avenir proche.

II. La mécanique des roches étudie une interaction mécanique du massif rocheux avec les chantiers de mine et d'autres systèmes techniques. Pourtant, les manifestations de cette interaction (tensions, déformations, destructions) dépendent essentiellement, dans beaucoup de cas, des effets gazodynamiques, thermiques, hydromécaniques et d'autres effets concomitants;et les propriétés mécaniques des roches sont la fonction de plusieurs paramètres physiques de leur état. C'est pourquoi, les progrès ultérieurs de la mécanique des roches dépendent dans une grande mesure de la capacité de son apparat théorique, de la méthode et de la technique des recherches au laboratoire et sur la terrain. Il faut tenir compte de la corrélation des processus mécaniques et d'autres processus physiques ayant lieu dans des conditions réelles.

BIBLIOGRAPHIE

Borissov, A.A. Calculs de la pression des terrains en tailles aux couches de faible pendage. Editions de "Nedra", 1964.

Borissov, A.A. Mécanique des roches. Editions de l'Ecole des Mines de Léningrad,1967.

Burnham,J.B. and Stewart, D.H. The Economics of Ploushare Geothermal Power. Symposium on Engineering with Nuclear Explosives. January, 14-15, Las Vegas, Nevada.

Voitkovski, K.F. Du contrôle du glissement de roches congelées avec l'estimation de la stabilité des chantiers de mine non-fixés. Recueil "Stabilité et glissement de terrains congelés" Editions de l'Académie des Sciences de l'URSS, 1963.

Galaev, N.Z. et Krapivin,V.N. De l'autofoudroyage des roches dures fissurées au-dessus de l'espace épuisé lors de l'exploitation de puissants gisements métallifères de faible pendage et de pendage incliné. Editions des Ecoles Superieures. Revue minière, 1969, No.9.

Galaev, N.Z. et Kavtaskin,A.A. Application des méthodes de simulation mathématique pour l'optimisation des paramètres technologiques de la mine. Editions de l'Ecole des Mines des Léningrad, 1971.

Diadkin, Yu.D.Traîtement physique complexe des couches dans les mines de grande profondeur. Recueil "Physique des roches" Editions de l'Ecole des Mines de Moscou, 1967.

Diadkin, Yu.D. Principes de la thermophysique minière pour les mines du Nord. Editions de "Nedra", 1968.

Diadkin, Yu.D. Perspectives de l'utilisation de chaleur de la terre lors des processus technologiques dans l'industrie minière. Kolima, 1965, No.5.

Diadkin, Yu.D. et d'autres. Méthode du calcul des systèmes du drainage thermique. Editions des Ecoles Superieures. Revue minière, 1973a, No.9.

Diadkin, Yu.D. Problèmes de la thermophysique minière. Recueil "Problèmes contemporains de la science minière. Editions de l'Ecole des Mines de Léningrad, 1973v.

Kroupennikov,G.A.De la création des principes théoriques de la géomécanique minière. Recueil "Problèmes de mécanique des roches" Editions de la Science,1971.

Kouznétzov,G.N. et d'autres. Etude des manifestations de la pression des terrains d'après les modèles. Editions "d'Ouglétechisdat", 1959.

Explosions atomiques à des fins pacifiques. Editions de l'Atome, 1970.

Pétoukhov, I.M. et d'autres. Problèmes des coups de charge et la lutte avec eux. Editions de Perm, 1969.

Symposium on Engineering with Nuclear Explosives. January, 14-16, 1970, Las Vegas, Nevada.

Trofimov, V.D. et Yurévitch, G.G. Estimation des zones de destruction lors du camouflet. Recueil "Nouvelles recherches dans l'exploitation des mines" Editions de l'Ecole des Mines de Léningrad, 1972, publication 5.

Khodot,V.V. Projections spontanées de charbon et de gaz. Editions de "Gosgortechisdat",1961.

Tsitovitch, N.A. Principes de la mécanique des terrains congelés. Editions de l'Académie des Sciences de l'URSS, 1952.

SCHWIERIGKEITEN DER GEBIRGSMECHANIK BEI UNTERTAGEARBEITEN

Dr.-Ing. J.D. Djadkin
Lehrstuhl für Erzbergbau und Wärmephysik im Bergbau
Bergbauinstitut, Leningrad

Dr.-Ing. A.A. Borissow
Lehrstuhl für Abbau der Flözlagerstätten
Bergbauinstitut, Leningrad

Die räumliche Aufgabe über die Verteilung der Verformungen und Beanspruchungen im Gebirgsmassiv, hervorgerufen durch den Abbau von Kohlenflözen im Langfrontbauverfahren mit Zubruchwerfen des Hangenden, wurde gelöst an Hand von räumlichen Modellen und Betrachtung des zerklüfteten Massivs als eines Systems durch Spalten zersetzter Platten unterschiedlicher Festigkeit, die auf elastischem Untergrund liegen. Die Schrittweite des Zubruchgehens eines überlagernden Massivs aus festem zerklüftetem Gestein beim intensiven Abbau mächtiger Lagerstatten wird mit Hilfe der Grenzgleichgewichtstheorie emittelt, und die Standfestigkeit des Erzmassivs im Bereiche der Kämpferdruckzone bestimmt man, indem man die Entwicklung des Kriechkerns in Betracht zieht. Die Eigenart der Gebirgsmechanik bei Abbauarbeiten im Bereich des ewigen Bodenfrostes hängt vom Verhältnis der mechanischen Eigenschaften der durchs Eis zementierten Gesteine zu ihrer Temperatur ab. Die Ergebnisse der komplexen physikalischen Vorbehandlung der ausbruchsgefährdeten Flöze in grossen Teufen illustrieren recht gut die Wechselwirkung der mechanischen und anderen physikalischen Prozesse bei der Untertagearbeiten. Die Wirksamkeit und das Anwendungsausmass von untertagigen Kernexplosionen zum Zweck der Gewinnung von Bodenschätzen und Ausnutzung des Erdinneren für andere Ingenieurprobleme hängt in bedeutendem Masse von der Entwicklung der Mechanik geotechnologischer Systeme ab.

EINLEITUNG

Die moderne Gebirgsmechanik umfasst einen weiten Kreis von wissenschaftlich-technischen Problemen, die mit der Entwicklung des Bergbaus, mit dem Bau verschiedener Anlagen über und unter Tage, und der Ausnutzung des Erdinneren zu einigen speziellen Zwecken verbunden sind. Recht umfangreich ist auch das Teilgebiet der Gebirgsmechanik bei Untertagearbeitn. d.h. das Thema des 3. Kongresses. Im Hauptreferat des Kongresses "Rock Mechanics of Underground Excavation" verallgemeinert M.D.G.Salamon das reiche wissenschaftliche Material zu diesem Thema, das von Gelehrten verschiedener Länder gesammelt worden ist.

Das Hauptreferat zeichnet sich durch sein hohes theoretisches Niveau bei der Erörterung fast aller Grundprobleme des Themas aus. Darin sind die neuesten Untersuchungsergebnisse einer grossen Zahl von Fachleuten zusammengefasst und ist auch der vom Verfasser selbst geleistete grosse wissenschaftliche Beitrag gezeigt.

Als Nachteil des Referates ist eine gewisse Unterschätzung der Möglichkeiten des physikalischen Modellierens von geomechanischen Vorgängen zu nennen. Unerwähnt bleibt z.B. die Modellierungsmethode an äquivalenten Werkstoffen (G.M.Kusnezow u.a. 1959; A.A. Borissow, 1964). Diese Methode hat in der UdSSR, sowie in DDR, in Jugoslavien, Bulgarien und anderen Ländern grosse Verbreitung gefunden.

Im Referat von M.D.G.Salamon ist ein ganzer komplizierter Problemenkomplex übergangen, und zwar der des untertägigen Abbaus von Kohlenflözen und Erzlagern mit Zubruchgehen des Hangenden: unbeachtet sind auch die Fragen der Mechanik des Abziehens des hereingewonnenen Erzes unter dem zubruchgeworfenen Gestein und noch einige andere wichtige Aufgaben. Im Hauptreferat ist leider, vielleicht wegen der sprachlichen Hindernisse, fast nichts über die Errungenschaften der UdSSR auf dem Gebiet der Gebirgsmechanik gesagt, obwohl solche Arbeiten in unserem Lande an etwa 100 Hochschulen und Forschungsinstituten durchgeführt werden. Neben der Durchführung von umfangreichen analytischen, Labor- und Felduntersuchungen konkreter Probleme wurde in den letzten Jahren auch eine grosse Aufmerksamkeit der Systematisierung der wissenschaftlichen Ergebnisse und Verdeutlichung der Vorstellungen über die Gebirgsmechanik als Wissenschaft geschenkt.

G.A.Krupennikow (1971) bezeichnet die Gebirgsmechanik als "Wissenschaft von den mechanischen Eigenschaften der Gesteine und den mechanischen Vorgängen, die in den oberen Teilen der Erdrinde vor sich gehen, hervorgerufen durch vereschiedene Ursachen wie natürlichen so auch künstlichen Ursprungs" Er formuliert die wichtigsten technisch-theoretischen Probleme dieses Wissenschaftsfaches und macht einen Vorschlag zu dessen strukturellem Aufbau (Tabelle 1). Unseres Erachtens verdient dieser Vorschlag einer breiteren Erörterung.

Tabelle 1

Ungefähre Struktur der Gebirgsmechanik

Abschnitte des Wissenschaftsfaches	Kurze Charakteristik der Abschnittsfonds
Aufgabenstellung	Gesamtheit der Aufgaben dieses Faches
Terminologie	Gesamtheit der speziellen Fachwörter und deren Definitionen
Methodologie	Gesamtheit der Lösungsmethoden zu den gestellten Aufgaben, Hinweise für ihre Aufstellung, Versorgung mit Ausgangsdaten, Lösung und Ergebnisanalyse.
Ergebnisse	Gesamtheit der bestehenden Aufgabenlösungen, der festgestellten Tatsachen, der ausgearbeiteten Anschauungen, entdeckten Gesetzmässigkeiten, aufgestellten wissenschaftlichen Annahmen.
Anhang	Richtungen, Gebiete und Bedingungen einer rationellen praktischen Ausnutzung der erhaltenen wissenschaftlichen Ergebnisse.
Perspektiven	Richtungen, Aufgaben und Etappen der weiteren wissenschaftlichen Entwicklung dieses Faches und die Verwendung der Ergebnisse

Es wäre unmöglich, im Rahmen dieses Nebenbeitrags ein volles Bild der Errungenschaften der Sowjetwissenschaftler auf dem Gebiet der Gebirgsmechanik bei Untertagearbeiten geben zu wollen. Die Verfasser stellen sich auch nicht diese Aufgabe Im folgenden werden nur einige originelle Lösungen behandelt, die man im Leningrader Bergbauinstitut, einem der ältesten und führenden wissenschaftlichen Zentren der Gebirgsmechanik in der UdSSR erhalten hat.

DER GEBIRGSDRUCK BEIM ABBAU VON KOHLENFLÖZEN IM LANGFRONTBAUVERFAHREN MIT ZUBRUCHGEHEN DES HANGENDEN

In einer Reihe von Ländern, darunter auch in der UdSSR, werden beim Abbau von Kohlenflözen fast ausschliesslich Langfrontbauverfahren verwendet, und zur Beherrschung des Gebirgsdruckes vollständiges Zubruchwerfen des Hangenden durchgeführt.

Die Kohlenflöze lagern in verschiedenen Schichtgesteinen, diese Gesteinsmassen sind von unterschiedlichen Rissen und Klüften zersetzt. Das Deckgebirge wird im Laufe der Abbauarbeiten noch zusetzlich zerrissen und zerklüftet. Die Randzonen der im Abbau stehenden Flöze unterliegen auch vielmals der Kluftbildung. Solche Gebirgsmassen stellen typische geklüftete (geteilte) Medien dar.

Die Vielfalt und Kompliziertheit der geologischen Verhältnisse, die unterschiedlichen Abbauverfahren und die verschieden - artige Arbeitstechnologie der Gewinnungsarbeiten im Streb bewirken die Entstehung mannigfaltiger mechanischer Systeme, die vom Hangenden, Kohlenflöz, Liegenden und Ausbau gebildet werden. Das Fortschreiten des Abbaustosses erzeugt unterschiedliche Gleichgewichtsverhältnisse in den sich gegenseitig abwechselnden mechanischen Systemen mit sich ändernden Druckverhältnissen.

Wissenschaftliche Grundlagen der Beherrschung des Gebirgsdruckes in den Abbauorten beim Gewinnen der Kohlenflöze entwickelt man im Leningrader Bergbauinstitut auf Grund von Laborversuchen, Versuchen in Grubenbetrieben und auf Grund von theoretischen Untersuchungen dieser schwierigen räumlichen (dreidimensionalen) Aufgabe (A.A.Borissow, 1964; A.A.Borissow, 1967).

Beim Studium der Gesetzmässigkeiten der Verformungs- und Beanspruchungsdynamik, der Bewegung und Zerstörung des Gebirges hat die von A.A.Borissow ausgearbeitete Methode der Raummodelle eine besonders wichtige Rolle gespielt.

Im allgemeinen Fall des Abbaus von Kohlenflözen im Langfrontbauverfahren mit vollständigem Zubruchwerfen des Hangenden zerteilt sich das überlagernde Gebirgsmassiv in Packen, deren Unterlagen mächtige und feste Schichten bilden, die man als Gesteine Brücken bezeichnet. Gerade die Wechselwirkung dieser Packen bestimmt, unter anderen gleichen Bedingungen, die Art des Gebirgsdruckes und dessen Zahlenwerte.

Bei den sich einstellenden Beanspruchungsverhältnissen stellt das Haupthangende im Bereich der Freilegung eine rechteckige dünne Platte dar, die auf einem dreiseitigen Stützrand befestigt ist, auf der ganzen

Fläche eine gleichmässige Belastung trägt und am freien Rand die Belastung durch früher zubruchgegangene Blöcke erfährt.

Das Haupthangende vor dem Streb arbeitet in seinem mittleren Teil ähnlich wie eine Platte auf elastischem Untergrund. Die Schrittweite des Zubruchgehens des Haupthangenden beträgt dabei:

$$L_1 = \sqrt{\frac{q_s}{q_1}\left[\frac{h_1^2\,[\sigma_t]}{6\,q_s} - \left(\psi + \frac{1}{2}\sqrt{\frac{4 h_\beta E_1 J_1}{E}}\right)\right]}, \qquad \text{(I)}$$

Darin bedeuten

- q_s - die Belastung, die das Haupthangende abstützt und auf der Stütze festhält
- q_1 - Belastung des Haupthangenden;
- h_1 - Mächtigkeit des Haupthangenden;
- $[\sigma_1]$ - Zugfestigkeit des Haupthangenden;
- ψ - durch Versuche festzustellende Bezugsgrösse, die das Sinken der Tragfähigkeit des Handenden durch die abstützende Belastung zeigt;
- h_β - Mächtigkeit des abzubauenden Flözes;
- E_1 - Elastizitätsmodul des Haupthangenden;
- J_1 - Trägheitsmoment des Haupthangenden;
- E - Elastizitätsmodul des abzubauenden Flözes.

Die Schrittweite des Zubruchgehens des Haupthangenden ist der wichtigste Bezugswert (Parameter), der die Zusammenwirkung des Haupthangenden mit den Dachschichten und dem Ausbau im Abbauort bestimmt.

Unter anderen gleichen Bedingungen ist der Reaktionswert des Ausbaus als Funktion der Schrittweite des Zubruchgehens des Haupthangenden, der Zerklüftungsklasse der Dachschichten und der mechanischen Ausbaucharakteristik zu betrachten.

A.A.Borissow hat (1964) Formeln zur Berechnung der Ausbaureaktion bei allen von ihm herausgegliederten 5 Zerklüftungsklassen der Dachschichten bekommen, und zwar für Ausbaue wie mit ansteigendem so auch gleichbleibendem Widerstand.

Dem Studium des Kämpferdruckes wurden zahlreiche Arbeiten der Gelehrten aus verschiedenen Ländern gewidmet, die meisten von ihnen betrachten jedoch das Problem nur für die Bedingungen einer stätischen zweidimensionalen Aufgabe. Wie es Untersuchungen an Raummodellen gezeigt haben (A.A.Borissow, 1964, 1967), besitzt der Kämpferdruck in Wirklichkeit eine räumliche Verbreitung (Bild 2), eine komplizierte Dynamik und ist eine Funktion des Überhängens der Gesteine des überlagernden Gebirgsmassivs, ihrer Abmessungen und Zusammenwirkung, der Verformungsvorgänge und Zerstörungen der Randzone des im Abbau stehenden Kohlenflözes, der Verformung des Gesteins des Liegenden. Im Bereich der vorderen Zone des Kämpferdruckes ändert sich die Intensität desselben, sein Maximum, die Lage des Maximums in bezug auf den Abbauort. In der vorderen Zone führt, solange die Randzone des Flözes nicht zerdrückt wird, die Vergrösserung des summarischen Biegemoments des Deckgebirges zum Anwachsen des Maximums des Kämpferdruckes und nähert denselben dem Abbauort. Beim Zerdrücken der Randzone verlagert sich das Maximum des Kämpferdruckes, ins Massiv hinein, und steigt an. Die Dynamik des Kämpferdruckes umfasst auch die Seitenzonen in der Nähe des Abbauortes, wie vor so auch hinter demselben.

Bei der Berechnung des Kämpferdruckes in festen schieferigen Gesteinen ist es richtiger, das überdeckende Massiv in einzelne Schichtenpakete einzuteilen, die sich um entsprechende Gesteine-Brücken bilden. Dann lässt sich nach der Formel (1) die Schrittweite des Zubruchgehens jedes Schichtenpakets bestimmen und das summarische Biegemoment finden, das durch das Überhängen des Deckgebirges über dem Abbau entsteht. Betrachtet man das Flöz als elastischen Untergrund, so kann man an Hand der Theorie von Balken und Platten auf elastischem Untergrund die Intensitätsordnung des Kämpferdruckes und die Entfernung seines Maximums vom Abbaustoss bestimmen.

Ein sehr wichtiges Problem besteht im Unter- und Überbauen der Flöze beim Abbau ganzer Flözgruppen (Bild 3).

Das zu unterbauende Flöz, das Zwischenmittelgestein sowie das Gestein des Deckgebirges sind komplizierten Belastungen, Entlastungen und Brüchen unterworfen: in der Zone II erfährt das zu unterbauende Flöz eine erhöhte Belastung, da es in die Zone der Kämpferdrücke gelangt, die an den Schieferungsgrenzen entstehen. In der Zone III wird das zu unterbauende Flöz und das anstehende Gestein Brüchen und Blockdrehungen unterworfen und wird entlastet; dann kann das zu unterbauende Flöz in die Zone des hinteren Kämpferdruckes des unteren Flözes geraten. In genügender Entfernung vom unteren Abbauort gelangt das zu unterbauende Flöz in eine Zone praktisch völliger Verschiebungen und erst dann - in die Wirkungszone des eigenen Kämpferdruckes.

Diese komplizierte Reihenfolge der Beanspruchungen im zu unterbauenden Flöz hat zur Folge, dass dieses Flöz entgast und entwässert wird, dass sich seine Festigkeitseigenschaften ändern, dass die Auswirkungen der Brüche im Haupthangenden und der maximalen Belastungen auf den Ausbau im Abbauort abgeschwächt werden.

Das Überbauen der Flöze unterscheidet sich gründlich von dem oben erörterten Unterbauen derselben (A.A.Borissow, 1967). Doch ist auch das zu überbauende Flöz den aufeinanderfolgenden erhöhten Belastungen und Entlastungen unterworfen, es wird entgast und entwässert und ändert seine Festigkeitseigenschaften.

Deshalb wird das Unter- und Überbauen der zu plözlichen Ausbrüchen und Gebirgsschlägen neigenden Flöze als eine der wirkungsvollen Methoden zur Vorbeugung dieser gefährlichen Erscheinungen weit verwendet.

ZUBRUCHGEHEN DES GEBIRGES BEIM ABBAU MÄCHTIGER ERZLAGERSTÄTTEN

Beim Abbau mächtiger flacheinfallender Lagerstätten mit zerklüftetem gebrächem Nebengestein werden häufig die äusserst leistungsfähigen Abbauverfahren zum intensiven Hereingewinnen des Erzes mit Zubruchgehen des Deckgebirges verwendet. Da die Abbauarbeiten immer grössere Teufen erreichen, bekommen die Fragen der Beherrschung des Gebirgsdruckes immer grössere Bedeutung. Im gegebenen Fall bezieht sich die Aufgabe auf die Begründung solcher Ausmasse der Abbaublöcke und deren Abbauordnung, welche die Standfestigkeit des Erzmassivs vor dem Verhieb und ein rechtzeitiges Zubruchgehen des Deckgebirges gewährleisten. Dazu ist es notwendig, die Abhängigkeit der Schrittweite des Zubruchgehens der Gesteine und die Verteilung des Kämpferdruckes im Erzmassiv von der Abbauteufe zu ermitteln.

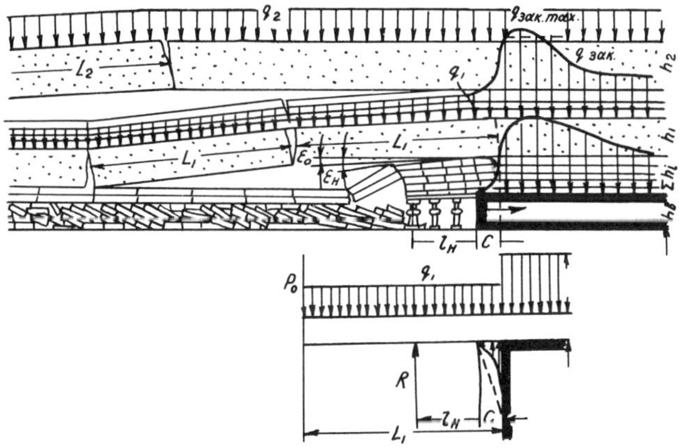

Bild 1. Berechnungsscheme zur Ermittlung der Schrittweite des Zubruchgehens des Haupthangenden

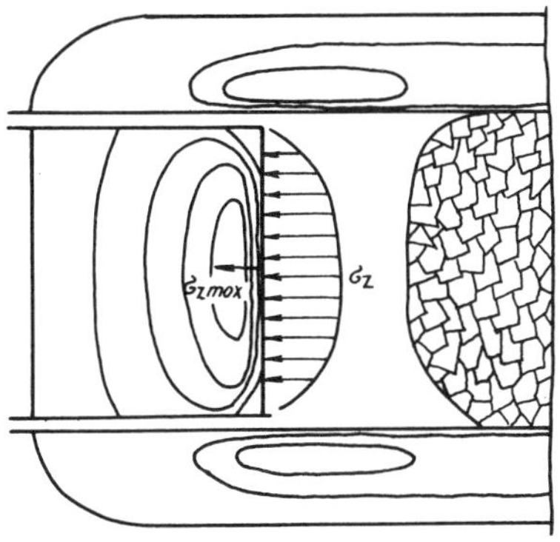

Bild 2. Äquipotentiallinien der normalen Beanspruchungen in vorderer und seitiger Zone des Kämpferdruckes in Flözfläche.

Die Untersuchungungen an Kupfer- und Nickelerzlagerstätten in Norilsk und an Apatitenlagerstätten in Chibinogorsk (Galaew und Krapiwin, 1969, Galaew, 1972) haben erwiesen, dass solange das Zubruchgehen des Deckgebirges die Tagesoberfläche nicht erreicht hat, es noch keinen entgültigen Charakter trägt. Dabei steigt die Konzentration des Kämpferdruckes allmählich bis auf $(3 \div 5)\gamma H$, an, wo γ das mittlere Volumengewicht des Deckgebirges in t/cu.m bedeutet. Das Zubruchgehen des Deckgebirges erreicht die Oberfläche bei einer Höhe des abgebauten Raumes $L = (0.9 - 1.2)H$, darauf bekommt es einen geregelten Charakter mit gleichmässiger Vergrösserung der Schrittweite des Zubruchgehens L_f entsprechend der Teufenzunahme H. Zu dieser Zeit ruft das Überhängen der Gebirgskonsole eine Erhöhung des Kämpferdruckes auf das Gebirgsmassiv am Abbaustoss bis zu $(1.5 \div 2)\ \gamma H$ hervor, und das Zubruchgehen der Gesteine führt zur Senkung des Beanspruchungsmaximums bis zu $(1 \div 1.3)\ \gamma H$. Es ist auch ein gewisses Sinken der Konzentration des Kämpferdruckes mit der Teufe zu bemerken und dabei ein Ansteigen der Absolutwerte der Beanspruchungen im Erzmassiv.

An Hand der Theorie des Grenzgleichgewichts wurde die Formel der Schrittweite des entgültigen Zubruchgehens ausgearbeitet.

$$L_f = \frac{\left[0.5 h_f \gamma_f \mathrm{tg}^2\left(\frac{\pi}{4} - \frac{\varphi_f}{2}\right)\right]\sin^2\beta\, \mathrm{tg}\,\varphi + C(H - h_t)}{\gamma H \sin\beta\, (\sin\beta - \cos\beta\, \mathrm{tg}\,\varphi)} \quad \ldots \quad (2)$$

Darin bedeuten γ, φ und C - das Volumengewicht, den inneren Reibungswinkel und die Kohäsion der Gesteine im Massiv; γ_f und φ_f bedeuten das Volumengewicht und den inneren Reibungswinkel der zurbruchgegangenen Gebirges, h_t - die Verbreitungstiefe der senkrechten Rissspälte; h_f - die Stützhöhe des zubruchgegangenen Gebirges; β - Verschiebungswinkel.

Im auf Bild 4 gezeigten Rechenschema wird angenommen, dass eine Stütze seitens der früher zubruchgegangenen Gesteine besteht und dass es eine Zugspannung an der zur Tagesoberfläche reichenden Gesteinsschicht und eine Scherspannung in ihrem unteren Teil gibt.

Im festen zerklüfteten Gestein der Lagerstätte in Chibinogorsk ergibt die Formel (2) bei experimentell festgestellten Werten des Abschwächungskoeffizienten (0.35), der

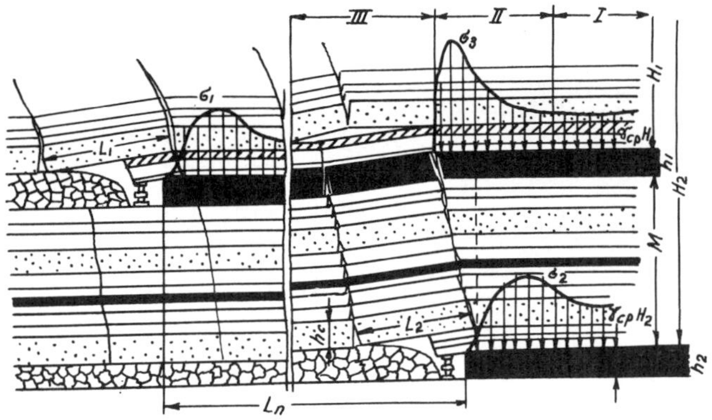

Bild 3. Schema des Unterbauens des Flözes im mittleren Profil des Strebs.

Zugfestigkeit (4-6 kg/cm^2) und der Scherfestigkeit (10-12 kg/cm^2) die Ergebnisse, die den natürlichen recht nahe sind, und erlaubt auch, die Änderung von L_f in Bezug auf die Teufe H vorauszusagen (Bild 4).

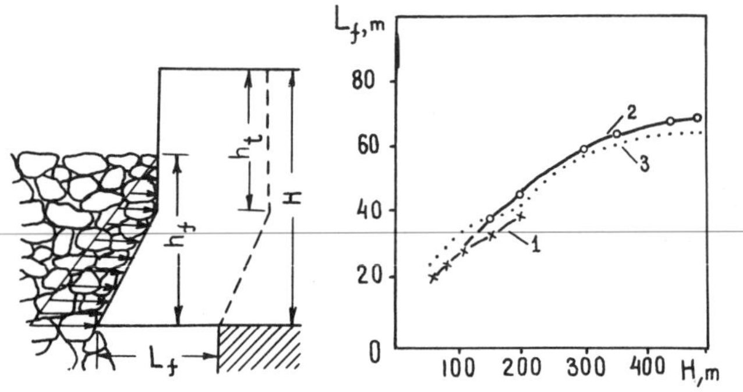

Bild 4. Berechnungsschema und die Ergebnisse der Ermittlung von l_f an Hand der Beobachtungen (1), Angaben der Modellierung (2) und Berechnungen (3).

An Hand der Ergebnisse an Raummodellen ist die Spannungsverteilung der Kämpferdruckzone aufs Erzmassiv aus folgender Gleichung zu bestimmen:

$$\sigma_c = \gamma H \left[\exp(b_1 l) + \exp\left(b_2 \frac{L}{H}\right) - 1 \right] \ldots\ldots \quad (3)$$

darin bedeuten L und l - Abmessungen des Unterbauens im Streichen oder querschlägig; b_1 und b_2 - von den Gesteinseigenschaften abhängige Erfahrungszahlen.

Die Zeit des stabilen Zustandes im Erzmassiv für die angenommene Bruchsicherheit $k_s = \frac{[\sigma_c]}{\sigma_c}$ beträgt

$$\tau_{st} = \left[\frac{k_s - 1}{\delta} (1 - \alpha) \right]^{\frac{1}{1-\alpha}}, \ldots\ldots \quad (4)$$

wo α und δ - Parameter des Kriechkerns sind.

Die Pfeilerabmessungen und die Reihenfolge deren Abbaus wirken in bedeutendem Masse auf die Erscheinung des Gebirgsdruckes und auch auf die wichtigsten technisch-ökonomischen Kennwerte ein. Deshalb werden die erhaltenen Formeln für L_f, σ_c und τ_{st} als Begrenzer bei systematischer Optimierung der Kennwerte für die Lagerstättengewinnung mit Hilfe des wirtschaftlich-mathematischen Modelierens ausgenutzt (Galaew, Kawtasjkin, 1971).

BESONDERHEITEN DER GEBIRGSMECHANIK UNTER DEN VERHÄLTNISSEN DES EWIGEN BODENFROSTES

Das Problem der Beherrschung des Gebirgsdruckes im Falle des Abbaus von Lagerstätten im gefrorenen Bergmassiv ist recht aktuell für die UdSSR und Kanada, deren Flächen zur Hälfte aus Gebieten des ewigen Bodenfrostes bestehen, wie auch für die USA (Alaska) und einige andere Länder.

Es lassen sich folgende grundlegende Eigentümlichkeiten der Mechanik von gefrorenem Gebirge in bezug auf den untertägigen Abbau von Lagerstatten feststellen (Djadkin, 1968):

1) weite Änderungsgrenzen der Festigkeit, Verformung und rheologischer Eigenschaften der die Grubenbaue umgebenden Gesteine in Abhängigkeit von ihrer Temperatur.

2) ausserordenlicher Einfluss von Grösse, Häufigkeit und Orientierung der Eiseinlagen, sowie der Feuchtigkeit (Eisgehalt) in monolitischen Gesteinsabsonderungen auf deren Standfestigkeit, Tragfähigkeit und Verformungsart in der Nähe von Grubenbauen.

3) Abhängigkeit der Gebirgsdruckserscheinungen von den Wärmeverhältnissen in Gruben und Zechen, periodische Änderung der Verformungen und Belastungen von Stützbauteilen, hervorgerufen durch jahreszeitliche Temperaturschwankungen des die Grubenbaue umgebenden Gesteinefeldes.

4) bedeutende, manchmal auch ausschlaggebende Wirkung der Änderungsgeschwindigkeit und Zeitdauer der Beanspruchungen (Spannungen) auf die Verformungsart der gefrorenen Gesteine im Zusammenhang mit den rheologischen Eigenschaften des sie verbindenden Eises;

5) Vorhandensein von Beanspruchungen und Verformungen im Gebirge in der Nähe von Grubenbauen, die mit der Gebirgsdrucksenergie in keiner Verbindung stehen (Temperaturbeanspruchungen beim Gefrieren, Frostquellung in Tongesteinen, Verlust der Standfestigkeit und Zubruchgehen von dispersen und zerklüfteten Muttergesteinen durch das Sublimieren und Auftauen des Eises, das die Gesteine und Risse ausfüllt u.a.).

Hier werden kurz nur einige dieser Eigentümlichkeiten behandelt. Die Festigkeitstheorie und Rheologie der dispersen gefrorenen Gesteine (Zytowitsch, 1952) erklärt die Abhängigkeit ihrer mechanischen Eigenschaften von der Temperatur (Bild I) durch die Einwirkung des ungefrorenen Wassers. Die Menge desselben im Eisbindemittel, das die Mineralkörner verkittet, nimmt mit dem weiteren Sinken der Temperatur unter 0° ab, wird aber bei der Erhöhung der Beanspruchung (Spannung) grösser. Experimentelle Untersuchungen (Djadkin, 1968) haben gezeigt, dass diese Gesetzmässigkeit auch für die Absatzgesteine gültig ist (Bild 5).

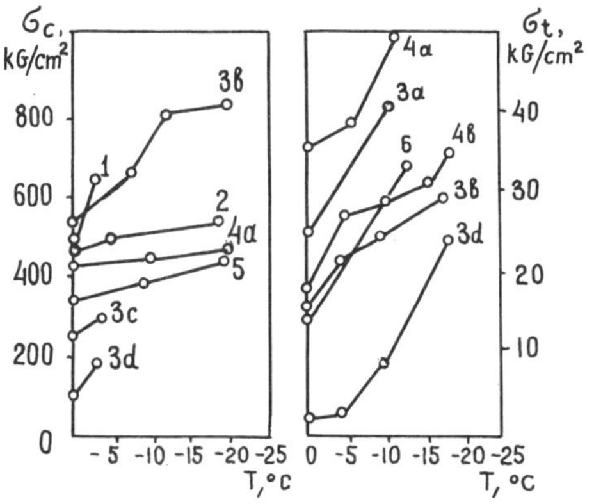

Bild 5. Abhängigkeit der Festigkeitsgrenze bei Druck- und Zugbeanspruchung von der Temperatur T°C und der Feuchtigkeit W% der gefrorenen Gesteine: 1 - Lagerstätte von Sangar, Alevropelitolit, W = 3,6; 2 - dasselbe, Tonschiefer, W = 3,3 - 3,4; 3a - dasselbe, Sandstein, W = 1-1,2; 3b - dasselbe, W = 1,6 - 2; 3c - dasselbe, W=2,5; 3d - dasselbe, W = 4,9 -6,5; 4a - Lagerstätte von Arkogalin, Sandstein, W = 1,6; 4b - dasselbe, W = 4-5,2; 5 - dasselbe, Argillit, W = 2,3 - 2,7; 6 - dasselbe, nur Chlorit, W = 3,3.

Die Wirkung der Temperatur auf die Standfestigkeit und Verformung eines gefrorenen Gebirgsmassivs erklärt sich aberhauptsächlich durch das Vorhandensein von Adern und Einschlüssen des Eises, das zahlreiche Klüfte und Risse der Gesteinsschichten ausfüllt. Ein solches Massiv ist als ein kompliziertes mechanisches System von einzelnen Schichten und Blöcken zu betrachten, die das Eis verkittet.

Die Standfestigkeit des freigelegten Gebirgsteils und der Widerstand aller gefrorenen Gesteine gegenüber äusseren Beanspruchungen hängen also in hohem Masse von ihrer Temperatur ab und verringern sich schroff beim Auftauen. Unter dem Einfluss des Temperaturfeldes bildet sich ein eigenartiges "Festigkeitsfeld" der Gesteine in der Umgebung von Grubenbauen (Djadkin,1968), das die Intensität und den Charakter der Gebirgsdruckerscheinungen bestimmt. Nicht selten sind diese Erscheinungen vom Standpunkt der klassischen Gebirgsmechanik aus paradox: maximale Verformungen können bei minimalen Belastungen stattfinden und umgekehrt. So werden in den Förderstrecken der Grube Nr.10 in Kodyktschan während des sommerlichen Auftauens eines gefrorenen zerklüfteten Sandsteins Firstenbrüche beobachtet, die ein Zerdrücken des Vollausbaue bei einer Breite der Grubenbaue von 4 m mit sich bringen. Bei dauerndem Verbleiben der Temperatur unter 0° erreicht jedoch in den ausbaulosen Abbaukammern die Standfestigkeit dieses freigelegten Sandsteins 15-16 m.

Bleibt die Verfrostung des Gesteinsmassivs erhalten (T<0), so hängt die grösste standsichere Breite des nicht ausgebauten Hangenden hauptsächlich von Zusammensetzung, Eisgehalt und Temperatur der die Grubenbaue umgebenden Gesteine ab.

Für die gefrorenen dispersen Gesteine wie Ton und Sand sind die Kriecherscheinungen charakteristisch, die durch die Verformungsfähigkeit des Eises hervorgerufen werden. Die Formel zur Ermittlung der Dauerstandfestigkeit solcher Gesteine für die nicht ausgebauten Grubenbaue mit dem Halbmesser Ro wurde von Wojtkowsky (1963) ausgearbeitet:

$$\frac{2R_{pl}^2 \tau_\infty}{3R_0^2 E_\infty} \leqslant \varepsilon_\infty, \ldots\ldots\ldots \quad (5)$$

Darin bedeuten:
Rpl Halbmesser der plastischen Zone um den Grubenbau

$$R_{pl} = R_0 \exp\left(\frac{\gamma H}{2\tau_\infty} - \frac{1}{2}\right); \ldots\ldots\ldots \quad (6)$$

τ_∞ - höchste Dauerintensität der Schubspannung

$$\tau_\infty = [\tau_\infty] + \sigma_c' \, tg\,\varphi \quad (7)$$

$[\tau_\infty]$-höchster Dauerwiderstand der Gesteine bei reiner Verschiebung;
Durchschnittsbeanspruchung des volumetrischen Druckes; Winkel der inneren Reibung; E_∞ und ε_∞-Modul von Young und die höchste relative Verformung der Gesteine beim einachsigen Druck mit Beanspruchung $[\sigma_{c.\infty}]$.

Die Standfestigkeit des nicht ausgebauten Hangenden für die gefrorenen Gesteine wie Sandstein und Schiefer wird durch die Dauerzugfestigkeit der Gesteinsschichten $[\sigma_{t.\infty}]$ und die Kräfte des Zusammenfrierens an der Grenze der Schichten $[\sigma_{fr.\infty}]$ bei angegebener Temperatur T bestimmt. Dabei müssen die Überwindung der Kräfte des Zusammenfrierens und das Losreissen einer Schichtmasse vom Gesteinsmassiv der Entwicklung der Biegeverformung der Firstengesteine vorangehen. Die Stärke der losgerissenen Schichtmasse darf nicht kleiner als $[\sigma_{fr.\infty}]/\gamma$ sein, weil sie später als eingespannte Platte arbeiten wird (Djadkin, 1968).

$$l_0 \leq \frac{1}{\gamma}\sqrt{\frac{3[\sigma_{c.\infty}][\sigma_{t.\infty}][\sigma_{fr.\infty}]}{2([\sigma_{c.\infty}]+[\sigma_{t.\infty}])}} \qquad (8)$$

In Tabelle 2 sind die Durchschnittsgrenzen der Dauerfestigkeit des gefrorenen Sandes und Sandsteins und in Tabelle 3 die Ergebnisse der Berechnungen nach den Formeln (7) und (8) mit dem Sicherheitsgrad Ks =2 und γ = 2500 kg/cu.m angeführt, die mit den Angaben der Untersuchung der Untertagearbeiten in Jakutien und im Magadaner Gebiet der UdSSR übereinstimmen.

(9)

für Muttergesteine:

$$P_f \approx (l^2 - l_0^2)\gamma \operatorname{tg}\delta \qquad (10)$$

δ - ist der Winkel des Zubruchgehens der geschichteten Gesteine (Borissow, 1964)

Beim Auftauen der den Grubenbau umgebenden Gesteine unterscheidet man folgende drei Stufen (Stadien) der Wechselwirkung

Tabelle 2

Dauerfestigkeit der gefrorenen Gesteine (kg/cm^2)

Temperatur (°C)	Sand			Sandstein		
	$[\sigma_{c.\infty}]$	$[\sigma_{t.\infty}]$	$[\sigma_{fr.\infty}]$	$[\sigma_{c.\infty}]$	$[\sigma_{t.\infty}]$	$[\sigma_{fr.\infty}]$
- 1	2,5	0,6	0,4	80	6	0,4
- 3	6,5	1,5	1,0	95	10	1,0
- 8	10,5	2,8	2,0	100	12	2,0

Tabelle 3

Höchstspannweite des nicht ausgebauten Hangenden 2 l_0m bei unterschiedlicher Temperatur der gefrorenen Gesteine

Gesteinsart	Temperatur (°C)		
	- 1	- 3	- 8
Sand	3,9	9,8	18,5
Sandstein	7,4	15,2	22,7

Es wurden auch approximative Formeln zur Ermittlung der Ausbaubelastung in den söhligen Grubenbauen mit den Temperaturen der gefrorenen Gesteine unter 0°C und beim Auftauen des Frostkörpers ausgearbeitet (Djadkin, 1968).

Ist die Grubenbaubreite 2 l grösser als die Höchstspannweite des nicht ausgebauten Hangenden 2l_0, so ist das Hangende auszubauen. Die Ausbaubelastung (für eine Längeneinheit des Grubenbaus) beträgt für disperse Gesteine:

$$P_{fr} \approx \frac{l^3\gamma^2}{3[\sigma_{t.\infty}]} \qquad (9)$$

des Ausbaus und der aufgetauten Gesteine (Bild 6):

1) Die Stufe des gleichmässigen (proportionalen) Steigens der Belastungen. Diese Stufe wird durch die Tiefe des Auftauens der Gesteine ΔR_m gekennzeichnet, dabei $l + \Delta R_m < l_0$ vorausgesetzt wird; d.h.: die gefrorenen Gesteine über dem aufgetauten Gestein bleiben standfest. In diesem Fall gilt für jede Gesteinsart die Formel:

$$P_m \approx 2 l \Delta R_m \gamma \qquad (11)$$

2) Die Stufe des ungleichmässigen Stei-
gens der Belastungen. Diese Stufe tritt bei $l + \Delta R_m \gg l_0$ ein. Das sich wiederholende Zubruchgehen der gefrorenen Gesteine über der Tauzone ruft in diesem Fall das sprunghafte Steigen der Ausbaubelastungen hervor. Das plötzliche Zerdrücken des Ausbaus in den Bergwerken der Zone des ewigen Bodenfrostes lässt sich durch den dynamischen Charakter dieser Belastungen erklären. Das Zerdrücken des Ausbaus geschieht dabei ohne dessen vorhergehende Verformung. Die Höhe und die Form der Zone des Zubruchgehens der gefrorenen Gesteine hängen von ihrer Zusammensetzung ab und die statischen Ausbaubelastungen betragen in dispersen Gesteinen:

$$P_m \approx 2l\gamma\left[\Delta R_m + \frac{(l+\Delta R_m)^2\gamma}{4[\sigma_{t.\infty}]}\right] \quad \ldots (12)$$

und in Muttergesteinen:

$$P_m \approx 2l\gamma\left[\Delta R_m + (l + \Delta R_m - l_0)tg\delta\right] \quad (13)$$

3) Die Stufe der Stabilisierung der Belastungen. Diese Stufe beginnt bei grossen Werten ΔR_m, die die Grubenbaubreite $2\,l_0$ überschreiten oder ihr gleich sind; die Ausbaubelastung steigt sofort und nähert sich einer bestimmten Grenze:

$$P_m \approx \frac{4l^2\gamma}{3f} \quad (14)$$

Die Beobachtungen der Gewölbeformen nach dem Zubruchgehen des Hangenden liessen schlussfolgern, dass für die zerklüfteten Muttergesteine f = 0,35 - 0,5 und für die dispersen Gesteine f = 0,25 - 0,3 ist.

Die Werte der Ausbaubelastung für die Grubenbaubreite 2l = 3,5 m, berechnet nach den Formeln (9) bis (13) bei unterschiedlicher Tiefe des Auftauens, sind in Tabelle 4 angeführt.

Tabelle 4

Höchstbelastung des Ausbaus beim Auftauen der den Grubenbau umgebenden gefrorenen Gesteine t/m

Gesteinsart	Ausbaubelastungswerte m					
	0	0,5	1	2	4	6
Sand	0.	4,4	8,8	17,6	40,7	40,7
Sandstein	8,1	12,2	25,5	25,5	25,5	25,5

Die beschriebenen Berechnungsmethoden wurden beim Entwerfen (Projektieren) der Untertagebetriebe in Sibirien und im Nord-Osten der UdSSR praktisch angewandt. Diese Methoden widerspiegeln doch sehr vereinfacht komplizierte Wechselwirkung der mechanischen und Wärmevorgänge bei den Untertagearbeiten in der Zone des ewigen Bodenfrostes. Weitere Untersuchungen dieser Vorgänge ist eine wichtige Aufgabe der Gebirgsmechanik.

"VORBEHANDLUNG" DER AUSBRUCHSGEFÄHRDETEN FLÖZE AUF DEN TIEFBAUSOHLEN

Eines der aktuellsten Probleme der Gebirgsmechanik ist die Entwicklung der effektiven Verfahren zur Vorbeugung plötzlicher Steinkohlen- und Kalisalzausbrüche in den tiefen Bergbaubetrieben.

Das Hauptmittel der Vorbeugung der plötzlichen Ausbrüche beim Abbau der Steinkohlen - und Salzfolgen der nahliegenden Flöze ist, wie bekannt, der voreilende Abbau der sogenannten "Schutzflöze" zur Entlastung der ausbruchsgefährdeten Flöze vom Gebirgs- und Grubengasdruck durch das Unter- oder Überbauen (Chodot, 1961), wovon schon oben die Rede war.

Zur Vorbeugung der Kohlenausbrüche auf den Einzelflözen, deren Unter- bzw Überbauen unmöglich sind, erwies sich als recht effektiv aber auch teuer das Niederbringen der Grossbohrlöcher aus dem Abbauort in die Zone des Kämpferdrucks in Verbindung mit Vorentgasung und Kohlenflöztränkung.

In den letzten Jahren wird in der Sowjetunion immer grossere Aufmerksamkeit der gerichteten Änderung der physikalischen Abbauverhältnisse der Kohlenflöze auf den Tiefbausohlen geschenkt. Der Sinn der gerichteten Änderung der physikalischen Eigenschaften der Flöze liegt in der Durchführung vor dem Abbau der Kohlenflöze einer ganzen Reihe von Vorbereitungsmassnahmen, um optimale Bedingungen für leistungsfähigen Abbau vom Standpunkt der Beherrschung des Gebirgsdrucks, Steinkohlenzerstörung, Gas-, Wärme- und Staubverhältnisse zu schaffen.

Die Grundsätze der komplexen physikalischen Vorbehandlung der Kohlenflöze in den tiefen Steinkohlenbetrieben wurden im Leningrader Bergbauinstitut (Djadkin, 1967) ausgearbeitet. Als technische Grundlage dient ein System der Grossbohrlöcher, die

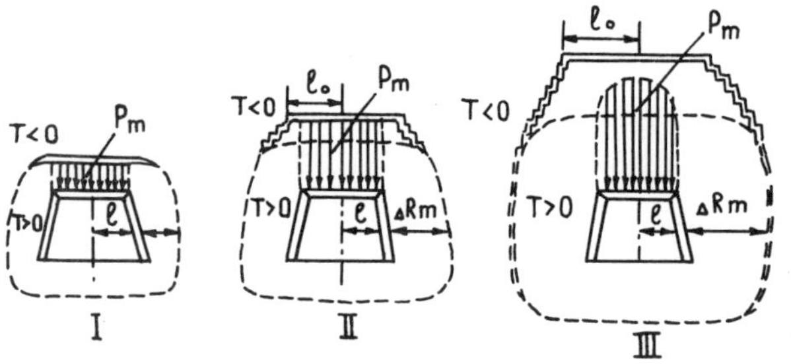

Bild 6. Steigerung der Ausbaubeanspruchung des Grubenbaus Rm beim Auftauen der den Grubenbau umgebenden gefrorenen Gesteine

im Abstand von 4-8 m zwischen den Strecken parallel dem Abbaustoss niedergebracht werden. Anfangs werden die Bohrlöcher zur Entgasung der Kohle ausgenutzt. Dann werden sie zu einer Schlange verbunden, an die Wasserleitung angeschlossen und im Laufe von 1-3 Monaten als eigenartige Wärmeaustauscher im Inneren des Flözes gebraucht.

Durch jedes Glied der Schlange fliesst jede Stunde 5 bis 10 m3 Wasser mit der Anfangstemperatur von 18-20°C und es bilden sich um die Bohrlöcher geschlossene gekühlte Zonen. Bei Bedarf kann ein solches System der Wärmeentziehung beim Auffahren der Vorrichtungsbaue eingesetzt werden. Dieses Wärmeentzugssystem ermöglicht es, die Temperatur des Flözes und des Nebengesteins soweit herabzusetzen, dass die Klimaregelung überflüssig ist.

Während des Wasserumlaufs kommt es auch zur allmählichen Tränkung des Kohlenmassivs zwischen den Bohrlöchern. Das hat eine Herabsetzung des Energieaufwandes und der Staubentwicklung beim Abkohlen zur Folge.

Beim Abbau des "vorbehandelten" Flözes legt sich der Kämpferdruck, der vor dem Stoss entsteht, auf sägezahnartige Verteilung der Spannungen in dem durch die Bohrlöcher geschwächten Flöz über. In der am Abbaustoss liegenden Zone nehmen die Spannungen ab und ihr Maximum verlagert sich in die Tiefe des Massivs (Bild 7).

In Verbindung mit der Entgasung schliesst das alles die Möglichkeit des Kohlenausbruches aus.

Nach entsprechenden Untersuchungen wurde der beschriebene Komplex im Menshinski - Steinkohlenbetrieb (Donbas) auf dem Flöz l_6 unter folgenden Betriebsverhältnissen eingesetzt: Flözmächtigkeit - 0,9 bis 1 m, Fallwinkel - 14°, Dachschichten - Kalkstein, Sohle - Argillit, Teufe -

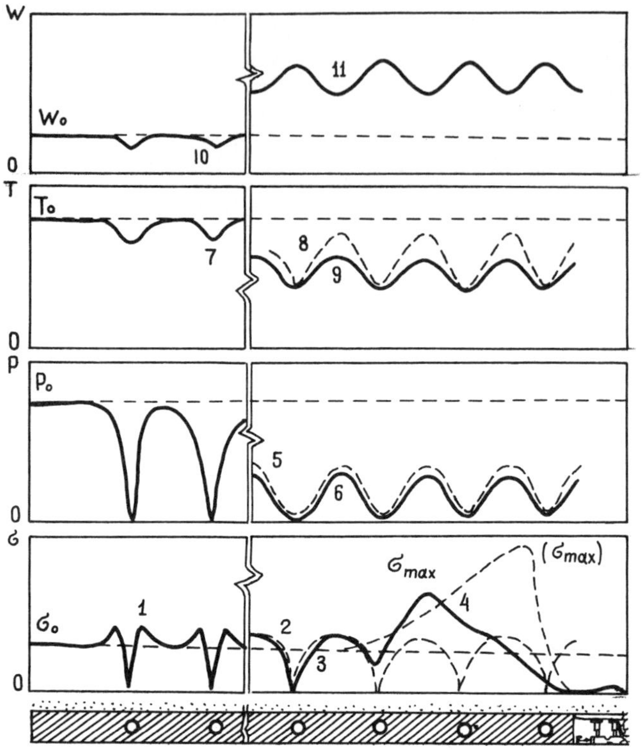

Bild 7. Wirkungen (Effekte) der komplexen physikalischen "Vorbehandlung" des Kohlenflözes: Änderung der Druckbeanspruchung beim Niederbringen der Bohrlöcher; 2 - dasselbe beim Zerdrücken der angefeuchteten Kohle; 3 - dasselbe mit Rücksicht auf den Volumdruck bei der Abkühlung; 4 - dasselbe in der Zone des Kämpferdruckes bei Entgasung der Kohle; 6 - dasselbe mit Rücksicht auf die Gassorption bei der Abkühlung; 7 - Temperaturänderung T auf Kosten der Gassorption; 8 - dasselbe auf Kosten des Wärmeaustausches mit Wasser in Bohrlöchern; 9 - dasselbe mit Rücksicht auf Wärmetransport beim Anfeuchten der Kohle; 10 - Änderung der Kohlenfeuchtigkeit auf Kosten der Verdunstung bei Entgasung; 11 - dasselbe infolge der Wasserversickerung.

777 m, natürliche Temperatur der Gesteine - 27,8 bis 28,1°C, Gassättigung der Kohle- 24 cu.m/t, Abstand zwischen den Strecken (Länge der Bohrlöcher) - 135 bis 150 m, Länge des Versuchsstosses - 70 m.

Im Versuchsstoss wurden 11 Bohrlöcher mit dem Durchmesser von 75 bis 175 cm niedergebracht. Der Abstand zwischen den Bohrlöchern betrug 5 bis 7 m. Der Wasserverbrauch machte 1 bis 2,8 cu.m/h aus. Der Wasserumlauf dauerte 3 Monate. Anfangstemperatur des Wassers schwankte zwischen 18 und 21°C. In den Bohrlöchern stieg die Temperatur des Wassers auf 1 - 0,5°C. Die Temperatur des Kohlenmassivs nahm um 1 bis 4°C ab.

Sondermessungen, durchgeführt im Versuchsstoss wie auch in den "nicht vorbehandelten" Stossstrecken, die vor und hinter dem Versuchsstoss lagen, bestätigten eine hohe Wirksamkeit des vorzuschlagenden Verfahrens (Tabelle 5).

Kohlen- und Gasausbruch und beim Niederbringen der Bohrlöcher zu vielen kleinen Ausbrüchen gekommen war.

Die Kühlung des Kohlenflözes und des Nebengesteins führte zur Verringerung der Bewetterung im Abbauort und zur Verbesserung der Arbeitsbedingungen unter Tage.

Tabelle 5

Ergebnisse der komplexen physikalischen "Vorbehandlung" des Kohlenflözes

	"nicht vorbehandelte" Stossstrecken	Versuchsstoss
Höchste Spannungskonzentration (Bohrkleinausbringen)	5-7	2-2,5
Feuchtigkeit der Kohle %	0,7-1,0	1,5-3,5
Ausgasung m^3/t	5,0-6,8	1,5-2,4
Methankonzentration %	1,0-1,2	0,1-0,2
Durchschnittstemperatur der Gesteine an der Grenze des Abbauortes °C	28,0	25,5
Wettertemperatur °C		
vor dem Abbauort	22,0-23,0	22,0-23,0
am Ende des Abbauortes	25,6-27,3	22,8-23,4
Relative Feuchtigkeit der Wetter %	84-92	85-92
Physiologischer Zustand der Arbeiter		
Pulsfrequenz pro min.	10,3	97
Luftverbrauch l/min	24,2	19,1
Energieverbrauch kcal/min.	4,2	3,2

Die Ausgasung im Abbauort wurde durchschnittlich 3-mal weniger und als Folge war eine sehr starke Herabsetzung der Methankonzentration im Wetterstrom. Mehr als um 3-mal stieg die Kohlenfeuchtigkeit und der Staubgehalt wurde 2-mal weniger. Zur Bewertung der Ausbruchsgefahr und der Spannungskonzentration im Flöz wurde die indirekte Methode (Petuchow, 1970) - Bohrkleinmessung beim Niederbringen der Kontrollbohrlöcher angewandt. Die Bohrkleinmessung zeigte; dass das Spannungsniveau 3-mal kleiner wurde (sogar niedriger als der Kämpferdruck in der Nähe der Strecken).

Das Versuchsfeld wurde ohne Schwierigkeiten abgebaut, obwohl es 1971 auf diesem Flöz l_6 zu einem grossen plötzlichen

Die Investitionen für die Komplexe physikalische "Vorbehandlung" der Kohlenflöze im Menshinski-Bergbaubetrieb beliefen sich auf 300 Tausend Rubel und die Betriebskosten für das Niederbringen und das Abdichten der Bohrlöcher, für Montagearbeiten, Elektroenergie und Wasser machten 0,35 Rubel pro gewonnene Tonne Kohle aus. Diese Aufwendungen werden allein durch die Klimaregelung ausgeglichen: die Plankosten der Klimaregelungsanlage in diesem Betrieb betrugen 2909 Tausend Rubel und die Unterhaltungskosten dieser Anlage 0,6 Rubel pro Tonne.

Es sei bemerkt, dass die wirkliche Abkühlung des die Bohrlöcher umgebenden Massivs höher als die theoretische war, weil bei den Berechnungen die endotherme Wirkung der Gasdesorption wie auch der Wärmetransport bei Wasserversickerung im Steinkohlenflöz nicht berücksichtigt worden waren. Der Spannungsdekonzentrationseffekt in der Zone des Kämpferdrucks erwies sich auch höher, weil bei der Berechnung der "entspannenden" Wirkung der Grossbohrlöcher die Herabsetzung der Festigkeit der angefeuchteten Kohle, die Abnahme des Porendrucks infolge der Entgasung der Kohle und der Volumendruck bei der Abkühlung nicht in Betracht gezogen worden waren (Bild 7).

Das angeführte Beispiel illustriert die Wechselwirkung der mechanischen, gasdynamischen, hydrophysikalischen und Wärmeprozesse bei den Abbauarbeiten unter Tage und die Notwendigkeit der Berücksichtigung ihrer komplizierten Zusammenwirkung bei der Lösung zahlreicher Probleme der Gebirgsmechanik und bei der Begründung der rationellen technischen Lösungen.

GEBIRGSMECHANIK UND NUKLEARE GEOTECHNOLOGIE

Die in den USA, der UdSSR und Frankreich gesammelte Erfahrung der unterirdischen Kernexplosionen lässt schlussfolgern, dass sie sowohl für die Erhöhung der Effektivität der Gewinnung der nutzbaren Mineralien als auch für die Lösung vieler anderer ingenieurtechnischer Probleme, die sich mit der Ausnutzung des Erdinneren beschäftigen, sehr aussichtsreich sind. Zur Anwendung der unterirdischen Kernexplosionen für verschiedene Industriezwecke wurden zahlreiche Vorschläge gemacht (Sympósium on Engineering With Nuclear Explosives, 1970). Viele dieser Vorschläge sind schon in der Praxis erprobt oder werden in der nächsten Zukunft erprobt werden. Dazu gehören die Vorschläge über das Erzabbauen in grossen Mengen in den Lagerstätten grosser Mächtigkeit, Auslaugung der armen Kupfererze, Untertagevergasung mächtiger Kohlenlagerstätten, Intensivierung der Erdöl- und Gasgewinnung, Extrahierung der Gesteinswärme, die Stimulation der geothermalen Lagerstätten, Entwürfe der unterirdischen Lager des flüssigen Brennstoffs, "Beerdigung" der lebensgefährlichen Produktionsabfälle usw.

Es sei betont (abgesehen von Fragen der Sicherheitstechnik bei mächtigen unterirdischen Explosionen), dass bei der Entwicklung der nuklearen Geotechnologie eine ganze Reihe komplizierter ingenieurphysikalischer Probleme zu lösen ist, viele von denen Forschungsgegenstand der Gebirgsmechanik sind.

Als Beispiel können wir den Entwurf eines Zirkulationssystems zum Extrahieren der Erdwärme anführen (Bild 8), das vom Leningrader Bergbauinstitut und dem Forschungsinstitut für technische Wärmephysik der Akademie der Wissenschaften der Ukraine ausgearbeitet worden war (Djadkin u.a. 1969; Djadkin, 1973). Die Anlage (das System) besteht aus tiefen Bohrlöchern und einem unterirdischen Wärmekessel, der durch das Zusammenwirken von mehreren nuklearen Explosionen gebildet wird. Das kalte Wasser wird beim Sickern durch die Risse des infolge der Explosionen zerstörten Massivs warm, indem es den Gesteinsblöcken die natürliche Warme nimmt, und kommt in einen Wärmeaustauscher über Tage, wo es den technologischen Wärmeträger warm macht.

Die Anlage erzeugt den Wärmeträger vom niedrigen Potential (40-50°C) für das ganzjährige Auftauen der gefrorenen goldführenden Sande an den Fundorten im Nord-Osten der UdSSR. In den nord-östlichen Gebieten, wo der Brennstoff und die Elektroenergie sehr kostspielig sind, sind die Aufwendungen für eine Million kcal der erzeugten Wärme, berechnet mit Rücksicht auf die Effektivität der Investitionen, 2- bis 3-mal niedriger im Vergleich zu den Anlagen, die gegenwärtig eingesetzt werden (Tabelle 6).

Eine ähnliche Anlage "Plowshare Geothermie" wurde auch in den USA (Burnham and Stewart, 1970) zur Erzeugnung der Elektroenergie in den Gebieten mit anomaler geothermischer Tiefenstufe entworfen.

Die in der Tabelle 6 angeführten Kennwerte sind approximativ, weil die Wärme- und hydrodynamischen Berechnungen mit mittleren Werten von Ausmassen der Gesteinsblöcke und "Öffnungsbreiten der Klüfte durchgeführt worden waren. Zur Zeit ist es unmöglich, die wirkliche Verteilung der Gesteinsblöcke und Klüfte auf dem ganzen Volumen der Zone der Durchlässigkeit zu bestimmen.

Beim Entwerfen solcher oder ähnlicher geotechnologischer Anlagen besteht die wichtigste Aufgabe in der Einschätzung der Abmessungen der Zerstörungszonen, die infolge der unterirdischen Explosionen entstehen. Bild 9 zeigt ein Diagramm zur Bestimmung der Halbmesser der Fläche Rc, der Zone des Brechens Rfr und der Zone der Kluftbildung R_f, die auf den bedingten (nach TNT - Äquivalent) Halbmesser der Kernexplosion Ro nach der Grösse der entsprechenden dimensionslosen Kriterien X_c, X_{fr}, X_f gebracht werden.

Die graphische Abhängigkeit wurde im Problemlabour für Wärmephysik der Gesteine im Leningrader Bergauinstitut an Hand des in der UdSSR und den USA veröffentlichten Materials über die unterdischen Kernexplosionen und ihre Modellierung in spezieller Hochdruckanlage erhalten (Trofimov u. Jurewitsch, 1972). Die die Explosion charakterisierenden Kriterien haben folgende Bedeutungen:

Tabelle 6

Kennwerte der Zirkulationsanlage zum Extrahieren der Erdwärme (H = 3000 m T=72°C)

	Varianten		
	1	2	3
Anzahl der Explosionen und die Kerndetonationsleistung (kt)	4x50	6x50	6x50
Volumen des Wärmekessels $10^6 m^3$	30	46	46
Wasserverbrauch m^3/h	370	232	486
Lebensdauer der Anlage (in Jahren)	6	14	5
Wassertemperatur gegen Ende des Lebensdauers	45,6	48,0	56,4
Leistung der Anlage 10^6 kcal/h	15	10	25
Aufwendungen Rub/10^6 kcal	13,8	14,5	10,8

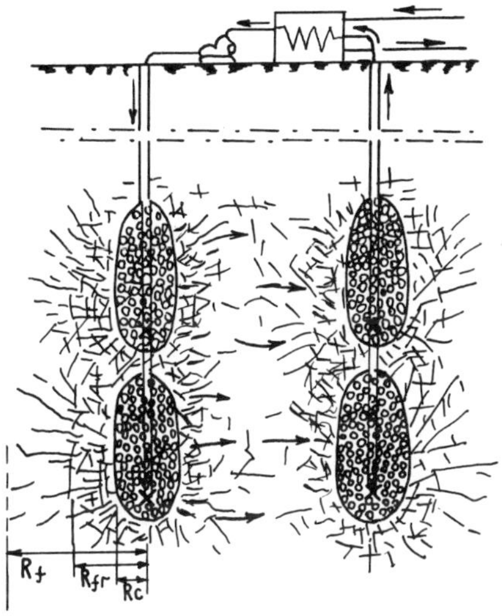

Bild 8. Zirkulationssystem der Wärmeextraktion der Erde

$$X_c = \frac{C_w (\rho H)^{0.5}}{(A W_e)^{0.25}} \quad \ldots\ldots (15)$$

$$X_{fr} = \frac{C_w (\rho H)^{0.5}}{(\sigma_c W_e)^{0.25}} \quad \ldots\ldots (16)$$

$$X_f = \frac{C_w (\rho H)^{0.5}}{(\sigma_t W_e)^{0.25}} \quad \ldots\ldots (17)$$

Darin bedeuten:

Cw - Geschwindigkeit der Ausbreitung der Longitudinalwellen m/sek
A - Modul des Stossdrucks der Gesteine t/m^2
σ_c u. σ_t - höchste Druck - bzw. Zugfestigkeit t/m^2
ρ - Durchschnittsdichte der Deckgebirge $T/sek^2/m^4$
H - Explosionsteufe m
We - TNT - Äquivalent der Ladung t

Die beschriebene Methode ist sehr einfach, dabei müssen aber die Kenngrössen A, σ_c und σ_t, die sich bei hohen Beanspruchungen und Temperaturen verändern, konstant sein. Diese Mehode gestattet es nicht, die natürliche Klüftung und Inhomogenität des Gesteinsmassivs zu berücksichtigen. Deshalb eignet sie sich nur für approximative Einschätzung der Kenngrössen Rc, Rfr und Rf bei Einzelexplosionen. Die Ermittlung der Parameter der Zone der Kluftbildung bei gleichzeitiger Explosion mehrerer Kernladungen ist eine sehr schwere Aufgabe, die bis jetzt noch nicht gelöst ist.

Am kompliziertesten und am wenigsten erforschten sind wahrscheinlich die Probleme der Mechanik der durch die Explosionen geschaffenen geschlossenen Zonen der Zerstörung und Kluftbildung während des Betriebs der geotechnologischen Anlagen. Je nach der Art und Bestimmung dieser Anlagen können unterschiedliche mechanische Effekte wie Standfestigkeit der Hohlraumwände oder Bildung eines Einsturzkanals und Entstehung neuer Schichtungsrisse, Verschiebung des Deckgebirges und Bodensenkung, Veränderung des Öffnens der waage- und senkrechten Klüfte unter der Wirkung des geo- und hydrostatischen Druckes, des Temperaturdruckes der

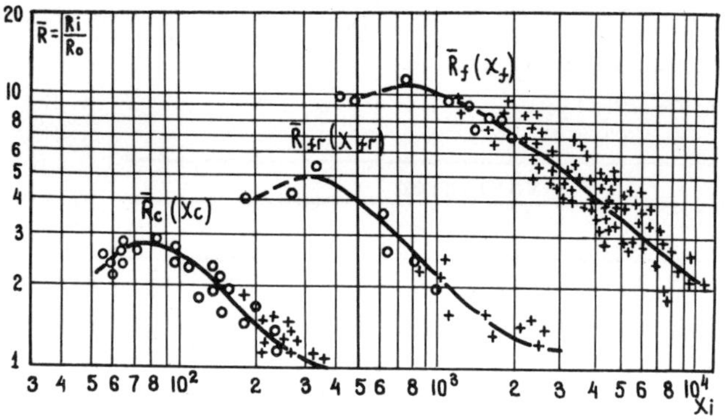

Bild 9. Abhängigkeit dés Halbmessers Ri von den Kriterien Xi: an Hand der realen Kernexplosionen (Kreise) und der Ergebnisse deren Modellierung (Kreuzchen)

kaltwerdenden Gesteinsblöcke und deren oberflächliche Auflösung, Relaxation der thermisch nachgiebigen Spannungen oder Entstehung neuer Klüfte unter der Wärmewirkung usw die vorrangige Bedeutung bekommen.

Sehr wichtig sind auch die Fragen des Schutzes der funktionierenden Bohrungen und Bergbaubetriebe vor seismischer Einwirkung; Bestimmung des Zerstörungsgrades des Gesteinsmassivs, bei dem die gewöhnlichen Bohr- und Vortriebsverfahren erhalten bleiben; Ausbauwahl der in der Bruchzone aufgefahrenen Grubenbaue; Einschätzung der Abzugsbedingungen der ungleichmässig zerstörten Gesteine (Erze) wie auch deren Verdichtung bei längerer Magasinierung. Diese und auch andere aktuelle Probleme, die sich auf die Forschung der Beanspruchungen, Verformungen und Zerstörungen des Gesteinsmassivs infolge der starken unterirdischen Explosionen und auf die industrielle Ausnutzung der mechanischen Einwirkungen dieser Explosionen beziehen, bilden in Wirklichkeit eine selbständige wissenschaftliche Richtung, die man Mechanik der geotechnologischen Systeme (Anlagen) nennen kann.

Man kann ohne Übertreibung behaupten, dass die Massstäbe und die Effektivität der Anwendung der Kernexplosionen zu friedlichen Zwecken, d.h. die Perspektiven der schöpferischen Ausnutzung einer der grössten Errungenschaften der modernen Physik in vielem von den Erfolgen dieses neuen Gebietes der Gebirgsmechanik abhängen werden.

SCHLUSSFOLGERUNGEN

Die dargelegten Fragen der Gebirgsmechanik wurden im Hauptreferat nicht behandelt. Die Verfasser hoffen darauf, dass diese Materialien als nützliche Ergänzung zum Hauptreferat dienen können und von den Teilnehmern des Kongresses mit Interesse aufgenommen werden.

Die beschriebenen Probleme sind wenig miteinander verbunden und deshalb ist es unmöglich, daraus gemeinsame Schlussfolgerungen zu ziehen. Statt dessen möchten wir die Aufmerksamkeit der Kongressteilnehmer auf zwei Momente lenken, die nach unserer Meinung von grundsätzlicher Bedeutung sind und zum Gegenstand des Meinungsaustausches werden können.

1. Man betrachtet oft die Gebirgsmechanik als Wissenschaft, die sich mit Fragen des Bergbaus beschäftigt oder sogar mit noch engerem Kreis von Fragen - mit der Gewinnung der harten nutzbaren Mineralien. Eine solche Vorstellung führt nicht nur zur Begrenzung der Problematik dieser Wessenschaft, sondern gerät auch mit den Entwicklungstendenzen des technischen Fortschritts auf dem Gebiet der Bodenschätzeausnutzung und des Lagerstättenschutzes in Widerspruch. Eine reiche Erfahrung und eine entwickelte Methodologie der Gebirgsmechanik können und müssen auf einen breiteren Kreis der Probleme der Ausbeutung der Erdöl- und Erdgaslagerstätten, der Geotechnologie und Hydrotechnik, der Errichtung verschiedener technischer Anlagen im Erdinneren und in der Zukunft auch im Inneren des Mondes und der anderen Planeten übertragen werden.

2. Die Gebirgsmechanik beschäftigt sich mit Problemen der mechanischen Wechselwirkung des Gesteinsmassivs mit den Bergbaubetrieben und verschiedenen technischen Anlagen. Die Erscheinungen dieser Wechselwirkung (Beanspruchungen, Verformungen, Zerstörungen) hängen doch in vielen Fällen wesentlich von den begleitenden gasdynamischen, hydromechanischen, Wärme- und anderen Effekte ab, und die mechanischen Eigenschaften der Gesteine sind eine Funktion vieler physikalischer Parameter ihres Zustandes. Die weiteren Erfolge der Gebirgsmechanik sind im grossen Masse dadurch bedingt, inwieweit ihr technischer Apparat, ihre Methodik und Technik der Labour- und Feldforschungen imstande sein werden, den Zusammenhang der mechanischen und anderen physikalischen Prozesse zu berücksichtigen, der real existiert.

LITERATUR

Borissow, A.A. Berechnungen des Gebirgsdrucks im Streb der flacheinfallenden Flöze. Verlag "Nedra", 1964.

Borissow, A.A. Gebirgsmechanik. Verlag des Leningrader Bergbauinstituts, 1967.

Burnham, J.B. and Stewart, D.H. The Economics of Ploushare Geothermal Power. Symposium on Engineering With Nuclear Explosives. January, 14-16, 1970, Las Vegas Nevada.

Woitkowskij, K.F. Über die Berücksichtigung des Kriechens der gefrorenen Gesteine bei der Einschätzung der Standfestigkeit der nicht ausgebauten Grubenbaue. Im Buch: Festigkeit und Kriechen der gefrorenen Gesteine. Verlag der Akademie der Wissenschaften der UdSSR, 1963.

Galajew, N.S. u. Krapiwin, W.N. Über das Zubruchgehen der harten klüftigen Gesteine über dem Abbauhohlraum beim Abbau der flacheinfallenden und tonlägigen Erzlagerstätten von grosser Mächtigkeit. Nachrichten der Hochschulen. Gornyi Journal, 1969, H.9.

Galajew, N.S. u Kawtaskin, A.A. Anwendung der Methoden der mathematischen Modellierung für die Optimierung der technologischen Parameter des Bergbaubetriebs. Verlag des Leningrader Bergbauinstituts, 1971.

Djadkin, Yu.D. u a. Perspektiven der Ausnutzung der Wärme der Erde in den technologischen Prozessen des Bergbaubetriebes. "Kolyma", 1969, H.5

Djadkin, Yu.D. u. a. Methodik der Berechnung der Systeme der Wärmeentziehung. Nachrichten der Hochschulen, Gornyi Journal, 1973a, H.9.

Djadkin, Yu.D. Komplexe physikalische "Vorbehandlung" der Flöze auf den Tiefbausohlen. Im Buch: Physik der Gesteine. Verlag des Moskauer Bergbauinstituts, 1967.

Djadkin, Yu.D. Grundlagen der Bergbauwärmephysik für die Bergbaubetriebe des Nordens. Verlag "Nedra", 1968.

Djadkin, Yu.D. Probleme der Bergbauwärmephysik. Im Buch: Gegenwartsprobleme der Bergbaukunde. Verlag des Leningrader Bergbauinstituts, 1973b.

Krupennikow, G.A. Über den Aufbau (Struktur) der theoretischen Grundlagen der Bergbaugeomechanik. Im Buch: Probleme der Gebirgsmechanik, Verlag, "Nauka", 1971.

Kusnezow, G.N. u. a. Das Studium der Gebirgsdruckerscheinungen auf den Modellen. Verlag "Ugletechisdat", 1959. Atomexplosionen in friedlichen Zwechen. Verlag Atomisdat, 1970.

Petuchow, I.M. u. a. Gebirgsschläge und ihre Bekämpfung. Verlag Permskoje Knyshnoje Isdatelstwo, 1969.

Symposium on Engineering With Nuclear Explosives. January, 14-16, 1970, Las Vegas, Nevada.

Trofimov, W.D. u. Yurewitsch, G.G. Einschätzung der Zonen der zerstörenden Wirkung der Quetschsprengung. Im Buch: Neue Forschungen im Bergbau. Verlag des Leningrader Bergbauinstituts, 1972.

Chodot, W.W. Kohlen- und Gasausbruch. Verlag Gosgortechisdat, 1961.

Zytowitsch, N.A. Grundsätze der Mechanik der gefrorenen Böden. Verlag der Akademie der Wissenschaften der UdSSR, 1952.

APPLICATIONS OF ROCK MECHANICS IN DEEP COAL MINES OF WEST GERMANY

Dr.-Ing. G. Everling
Department of Research in Underground Construction and Rock Mechanics
Bergbau-Forschung GmbH, Essen

Summary

In the West German Coal Mining Industry the laws of Rock Mechanics are studied and applied in an simple, elementary and practical manner. This report gives some examples which may be regarded as supplements and as a corroboration and realisation of many details of the results derived in the General Report. The redistribution of stresses in the rock mass around longwall workings can be predicted by means of a computer programm which permits the consideration of irregular workings in up to four seams. The effects of rock pressure on gateroads and longwall faces are observed underground by simple readings and measurements, and analysed statistically. Comparisons between the calculated stresses and the effects of pressure observed underground proved significant correlations that enable us to predict the behaviour of roof, floor and walls in gateroads and at the face as well. These results confirm that in underground mining not only scientific theories but also empirical investigations may lead to useful conclusions and both methods will complement each other efficiently.

Introduction

Dr. Salamon's General Report "Rock Mechanics of Underground Excavations" is an excellent and original scientific treatise of high value. It contains references to nearly every theoretical work in the field of rock mechanics that deals with the problems of underground mining and it proves the outstanding efficiency of the Author's own work as well.

My paper should supplement this scientific Report with some semi-scientific thoughts of a coal mining engineer who is mainly interested in the applicability of his results by mining practitioners, i.e. in simple methods which also may be derived empirically. This is in accordance with the scope of the Research Station for Rock Mechanics and Roof Support in Essen.

The paper will deal with some paragraphs of Dr. Salamon's Report as follows:

A. Redistribution of stresses in the rock mass; mine layouts (2.1, 2.2, 2.3, 3.3, 3.4, 3.6, 6.2, 6.5, 6.6, 7.1).

B. Design and support of gateroads (4.1, 4.2, 4.3, 7.2).

C. Productive excavations and their support (4.3, 6.7, 6.8, 7.3, 9.4).

A. Redistribution of Stresses in the Rock-Mass - Mine Layouts

The relation $\sigma_H = \frac{\sigma_V \cdot \nu}{1 - \nu}$ does not apply to strata in which tectonic horizontal stresses have been acting or where relaxation of main stresses has been possible through deformation. There, a hydro-static state of stresses $\sigma_H = \sigma_V$ is more probable (2.1). Besides this, Dr. Salamon's derivations are generally valid and comprehensive. However, the application for practical purposes is difficult. In fact, the author limits the examples of application to the case of linear elasticity (2.2), and in the following sections about energy changes (2.2 and 2.3), he assumes a linear-elastic behaviour, which makes the practical applicability doubtful for greater depths (6.5). It is the tragic destiny of rock pressure research that its use becomes more questionable, the deeper it penetrates into details in order to obtain general validity.

This applies, also, to the analytical solutions of the redistribution of stresses in tabular excavations. Since the first studies of Hackett (1959) and Berry (1960), the methods of calculation have been continuously developing (3.3, 6.2). In addition to the convergence in the worked-out parts of the seams, the ride parallel to the seam is determined and the friction arising thereby is taken into consideration. Plewman et al. and Starfield developed computer programs for determining easily and precisely the redistribution of stresses around tabular workings (3.4). However, only workings in one seam and with simple shapes can be investigated.

In this connection, attention is invited to the computer program of Bergbau-Forschung in Essen*) which was developed with the aim of utmost simplicity but which permits calculations for coal extraction in several seams and of any shape. In the meantime, this computer program proved as a useful tool for the practical design of mine layouts and has been applied to dozens of workings in practice.

*) Everling, G.: Rock Pressure, its Prediction and Evaluation. 5th International Strata Control Conference, London 1972 Paper 18

Design, Scope and Limitations of the Digital Model

The range, or section, of strata to be studied has been conceived as an orthogonal spatial point lattice (50 x 50 x 22 points, Fig. 1 a). The intervals between points, relative to the horizontal and to the vertical axes of the lattice, are fixed arbitrarily, e.g. 10 m on the horizontal and 15 m on the vertical; this then determines the size of the model block (e.g. 500 x 500 x 330 m^3). The smaller the block, the finer is its resolution potential.

In all, four "model seams", one each below lines 5, 9, 13 and 17 of the lattice system (counting from the top), are fed with extraction data. Viewed in plan, any position and shape of actual workings are possible, provided they can be approximately reproduced by the lattice squares. The input of each of the 50 x 50 squares per model stratum is required to record, according to the progress of production, the presence or absence of coal or stowing in the relevant section underground.

The four model seam strata also contain information as to thickness in terms of potential ultimate convergence between roof and floor, broadly consistent with the actual thickness worked.

Coal extractions induce strata subsidence and floor heave. A simplifying assumption made at the start of calculation is the postulate that the roof strata throughout will settle to the extent of half the working thickness; this gives rise to a

b

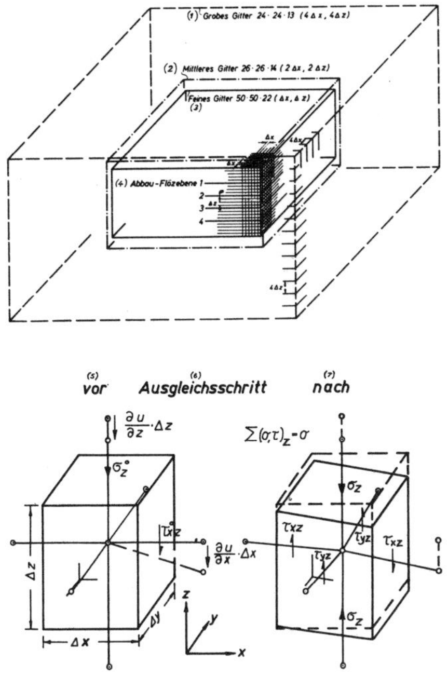

Figure 1: Structure of rock pressure digital model (a), and method of calculation (b).

1. Coarse-mesh lattice
2. Medium-mesh lattice
3. Fine-mesh lattice
4. Seam stratum
5. Before-
6. Displacement correction
7. After-

inconsistencies - in particular in the neighbourhood of the side abutments - which tend to affect the equilibrium conditions at individual points of the system. To iron out these inconsistencies, the model is made to perform a step by step correction of the displacement of six points, mutually adjacent in space and interacting one with the other (Fig. 1 b). The repeated application of the equations of equilibrium generally requires 20 iterations, i.e. 20 computations for each of the 55.000 points in the lattice system. The deformations obtained are converted to stresses towards the end of the process. Allowance is made for full convergence, until the roof touches the floor in the area worked. Prevailing stresses are printed out for each lattice square of the four seam planes, and in as many intermediate layers as desired.

To prevent inconsistencies occurringin the neighbourhood of the side planes of the strata block investigated, two first runs are made of the whole of the calculation using coarse-mesh lattices of dimensions that are larger all round than the actual range (see Fig. 1 a). The results of these two preliminary run-throughs at the outline of the fine-mesh lattice subsequently, indicate the boundary conditions for the latter. The whole of the operation takes about 20 minutes on the CDC 6400.

Because of the large number of lattice points featured in a three-dimensional model of this type, extreme simplification of the relevant physical relationships must be suggested, if the program should be surveyable, namely:

1. Overburden pressure in relation to the upper and lower surface of the coarse mesh model is unaffected by extraction. Pressure redistribution occurs only in the interior of the model block, although in practice this holds exclusively with regard to small areas being worked (subcritical areas).
2. The rise of overburden pressure with increasing depth is largely disregarded, i.e. initial pressure is assumed constant throughout the depth of the model block. The resultant error is small if the depth of the block is modest in relation to actual depth. With greater vertical distance between seams, calculated pressures will be somewhat on the low side in the bottom seam but still quite useful for a stratum for stratum comparison using the digital model. Though this would be adequate for many problems, a complementary programme taking care of greater depths has been devised.

3. In addition to the side planes, all vertical planes within the model are assumed to stay undeformed - that is to say, all movement in the horizontal, including transverse extension, is excluded. Only movement and pressure normal to the stratification is considered. This requirement while extensively simplifying calculation, gives rise to some errors in the proximity of the side abutments.

4. The programme assumes linear elasticity, i.e. vertical compression and extension proportional to pressure, and shear deformation proportional to shear stresses within the vertical planes. No allowance has been made for fracturing, plastic deformation and fissuring; adaption to actual rock properties, therefore, is by suitable choice of the modulus of elasticity and Poisson's ratio only.

In the face of these difficulties it is necessary to prove the usefulness of the digital model and to adapt it to varying conditions by appropriate calibration. This is achieved by modifications in the light of continuous checks against underground observations. Data from underground observation against which to check and assess the results obtained with the digital model were few and far between - among them the data furnished by two investigations undertaken in 1954. These observations, referring to rock pressure distribution, were checked for different positions of the face, as well as a range of Moduli of Elasticity and Poisson's Ratios of the strata concerned. It is noted that respective values of 8000 MN/m^2 and 0.30 of Young's modulus and of Poisson's ratio produced a satisfactory approximation of the pressure trend actually observed underground in seam and goaf.

Results for single-seam extraction

On the basis of results obtained with the digital model, Fig. 2, illustrates the pressure distribution within an area influenced by the extraction of two faces. As well as confirming generally known basic concepts of qualitative pressure distribution in the locality of such a working, the figure facilitates a quantitative comparison of the ranges of pressure at different points.

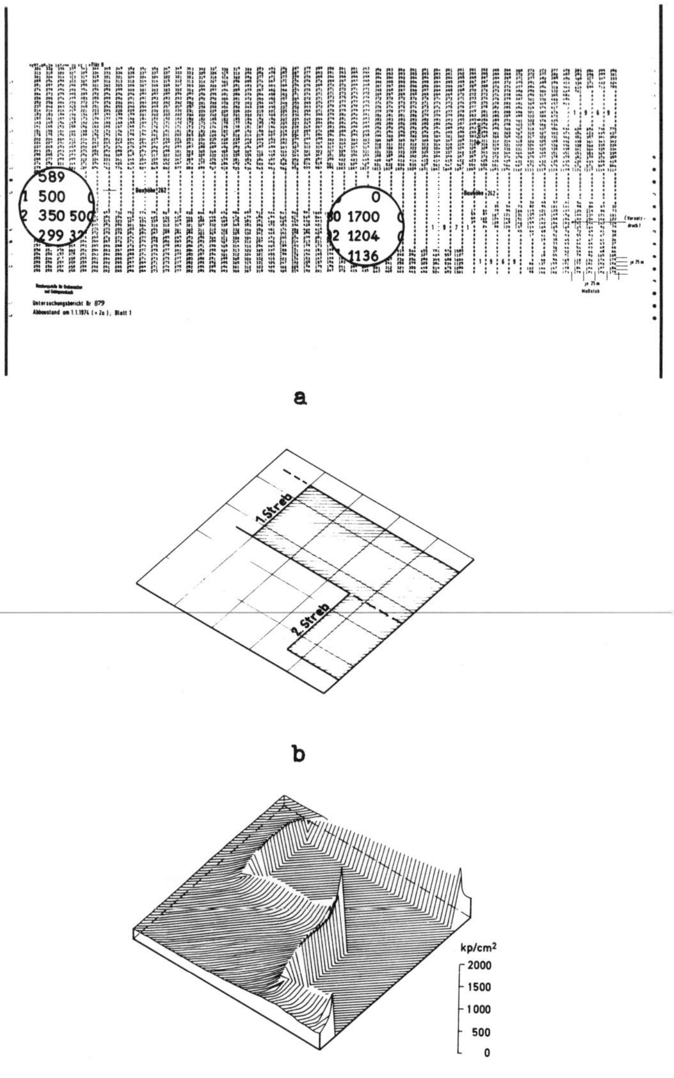

Figure 2: Computer output (a), site of coal extractions in one seam (b), and plotted graph of stress distribution (c). Streb = Face; 1000 $kp/cm^2 \approx 100\ MN/m^2$

A similar study examines the influence of so called protective pillars.

By calculation, the pressure at the sides of a development roadway is found to be equal to 1.9 times the overburden pressure prior to heading. The factor, 1.9, is in satisfactory agreement with known mechanics formulae referring to conditions of hydrostatic pressure. Pressure on side abutments of a large extraction area at 800 m depth will be markedly greater than about the sides of the heading (e.g. three times as much). The range of influence of this side abutment pressure is liable to reach the roadway in the centre of the pillar, and this will cause raodside pressure to increase depending on pillar width.

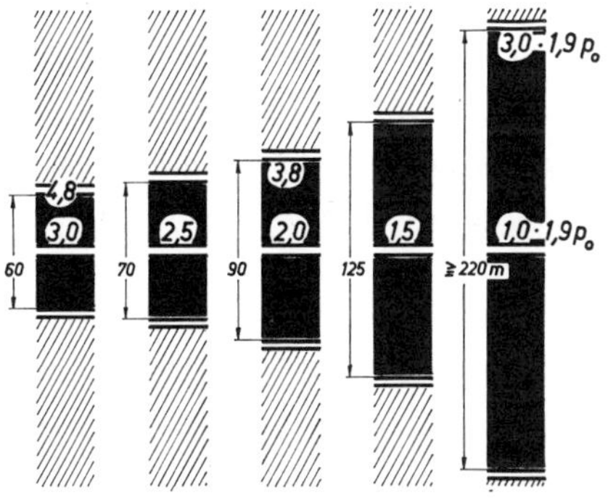

Figure 3: Pressure distribution on roadway protection pillars of different width at 800 m depth.
p_o = overburden pressure

Figure 3 contains the factors by which such pressures exceed the side pressure in a development road for a range of pillar widths. Accordingly, once the pillar has a total width of over 200 m, coal extraction ceases to affect the roadway. Given a pillar of 60 m width overall, the side of the heading will be subject to a pressure equal to that found in the side abutment of a coal panel, i.e. three times the side pressure in a development heading. This result applies well to Dr. Salamon's remark that pillars have to be very wide in order to really protect the roadways (7.3).

Multi-Seam Extraction

Fig. 4 shows, on the left hand, the planned state of workings in the four seams of colliery Westfalen as of 1st Januar 1976. The seams are located at a distance of 60 m from each other. For reasons of simplicity, the calculated stress distribution drawn by a plotter was reproduced only for the top and bottom seams. The zones of a greatly reduced pressure in the worked areas, the side abutment pressures, and most remarkably the high pressures peaks at the protruding seam edges, are very distinct. Beyond that, the figure shows very nicely the mutual influence of the workings in the four seams: The working in seam B on the outside right, induces a stress reduction down to the lowest seam 6 and the remaining pillar on the left-hand side in seam 1 has effects in seam B as well as in seam 6.

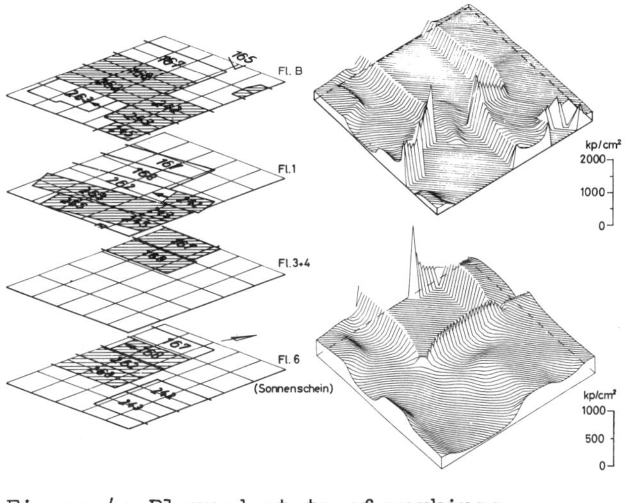

Figure 4: Planned state of workings, Colliery Westfalen, 1st January 1976 (left), and stress distribution in seams B and 6 (right) 1000 $kp/cm^2 \approx$ 100 MN/m^2.

Conclusions

The example presented shows that the redistribution of stresses in a working can be simulated well by a digital model (6.5).

Even with extensive panels in up to four seams, effort and expenditure are still acceptable, in contrast to the apprehension of Dr. Salamon (6.6). This is possible only by the compromise of accepting a very extensive simplification of the propositions.

In fact, the calculation gives only the large-scale redistribution of stresses. This scale is conclusive for mine layouts. The favourable location of the roadways (5.1), outside of the zones of increased pressure (more important than favourable roadway supports!), can be determined by means of the calculation as can the optimum sequence of the working of different panels. Details about the affects of rock pressure, however, cannot be determined by such a simplified model. This would require special investigations (7.1). In the Bergbau-Forschung in Essen, such investigations are made with physical models (6.4), as well as by an additional computer program of Malina*). The Bergbau-Forschung makes use, above all, of systematic underground observations in gateroads and longwall faces to which we revert in the following sections.

B. Design and Support of Gateroads

At the beginning of his expositions about supports (4.1), Dr. Salamon says: "Although more has been written about the design of support structures than probably any other subject in rock mechanics, real progress has been slow. Both mining and civil engineering still rely largely on experience..". As he continues to say, this observation applies particularly to the mining industry. For civil engineering there already are more exacting standards.

* Malina, H.: Berechnung von Spannungsumlagerungen in Fels und Boden mit Hilfe der Elementenmethode. Veröff. Inst. Bod. Felsm. Karlsruhe, H. 40

In this connection, it ought to be clearly mentioned that no difference in value should be seen between theoretical and empirical research. The special difficulties involved in an analytical treatment and an engineering dimensioning of support in mines have been explained by Dr. Salamon himself. Therefore, it is correct, in our opinion, to make observations and experience the basis of further development in mining. In doing so, however, all available modern resources should be used, particularly the statistical analyses with electronic data processing and the storage of information in data banks.

For the practical mining engineer, it can be of value to learn from such calculations the basic trends he must be especially aware. Thus, it is very useful to follow Dr. Salamon's clear difference between the duties of a protective support and those of a reinforcing support (4.1). It would be logical to subdivide the latter into a carrying support and an anchoring support. Besides, the difference is most important between an active support (= set by force) and a passive support (= which takes load as a result of rock deformation). Moreover, we are interested in the considerations of the interactions between support and rock (4.2). Stresses in supports, particularly with non-elastic strata, increase with thicker walls and more rigid supports. Therefore thin linings are more and more applied in tunnelling, a consequence which we try to introduce into mining engineering.

It seems to us hopeless, however, to apply the mathematical methods to individual cases in practice, as too many parameters are unknown and as the strata with all its irregularities evade a correct analysis.

The method of Statistical Gateroad Control

Thus, Forschungsstelle für Grubenausbau und Gebirgsmechanik (Research Station for Rock Mechanics and Roof Support) in Essen developed a simple method to study the interaction between supports and rock in gateroads. This method gives

1. figures about the cross-section of gateroads:
   development of convergence, percentage of floor heave and subsidence of the roof in the total convergence,
   height of road and width of floor,
   necessary depth of dinting;
2. records about the state of supports:
   degree, to which supports have been deformed,
   location of the maximum deformation of supporting elements,
   behaviour of joints and struts,
   alterations on the supporting elements.

These values can serve as data for day-to-day operations, for long-term planning of coal getting and supporting as well as for general research. Every 20 m, measurements are taken which require, in each case, about 6 minutes. After every 20 m of face advance, new measurements are taken. The results are analysed by computer. In recent years, the method has proved more and more a valuable aid in planning. This is important because of the growing demands on the gateroads in the West German coal Mines*):

In the ten years from 1960 to 1970 production per colliery rose from 4.000 to 6.500 metric tons a day. Production per face in the level measures rose from 560 t/day to 1.110 t/day. High-productivity faces have produced three to four times this amount. In accordance with high production rates, the cross-section of the gateroads for ventilation, coal haulage, manriding and transport of material have to be rather high. There are rock pressure effects and losses of cross-section in the gateroads particularly shortly before and after the passing of coal faces. As the excavation of larger cross-sections is limited for rock mechanics considerations, attempts must be made to maintain sufficient cross-sections by improving the location of gateroads and the method of supports.

Statistical gateroad control showed clearly the effects of working edges on neighbouring seams. Gateroads should, as much as possible, be laid out with the object of avoiding high rock pressure zones. Areas of this type result from residual pillars and ribs above or below. Working operations in the same seam also have significant effects on the gateroads. The statistical analysis of the observation brought about the following results:

1. In the area ahead of the face, roads driven in advance remain free from additional pressure caused by winning operations until shortly before the face goes through, just as in the virgin rock.
2. Roads ripped behind in the caved area, and at a 10 - 15 m distance from the adjacent panel, are in a favourable position. This is an area of low pressure and the roof lowers regularly. A large part of the convergence has already occurred.

Regarding the limits of applying the main types of support, the statistical analysis shows the following:

1. Where rock conditions are good to average (i.e. firm to average firm thick bed surrounding strata) and convergence after first face passing is small, porch

---

*) Breer, W.: Gateroad Support Problems in the West German Coalmining Industry. 5th International Strata Control Conference, London 1972, Paper 11.

(rectangular) sets with 3.2 - 6.2 m roof bars and central rows of props, or rigid arches, are used.

2. Where rock conditions are average to poor, (i.e. average firm to friable rock), arches of limited yield and infinitely yielding arches can be used. Spacing and channel weight (25 to 42 kg/m = 250 to 420 N/m) are modified to meet the varying loads occurring.

3. Where the rock is extremely friable and prone to deformation, articulated arches on wooden chocks are employed.

The limits of application for the porch sets mentioned in 1, i.e. rectangular cross-section of the gateroads, could be given still more precisely by means of the statistical control. A rectangular cross-section is <u>not</u> to be provided, in case.

1. beds in the roadway floor are so soft that props and floor bars penetrate,
2. roof beds are so friable as to break out even if support is applied quickly,
3. the seam thickness is less than 1,2 $\pm$ 0,2 m as this is to small to accommodate conventional drives without cutting into the roof of the seam in the roadway.

Arch supports are set in more than 75 % of the gateroads. In order to reach their maximum load-bearing capacity, there must be a good backfilling behind the arch supports. During one series of underground observations, a support of yielding roadway arches was backfilled with the result that convergence at the face road junction was reduced by 16 per cent of the original clear height of 4,05 m and the road section was enlarged by 2,5 m^2. In a comparable road, without backfilling, convergence amounted to 67 per cent of the original clear height when the face was going through. This height gain by backfilling was of immense advantage when it came to moving drives and ventilating ducting. The increased height clearance remained behind the face.

Worth mentioning are our results of investigations in which we compared the pressures calculated in the above mentioned digital model with the convergences observed underground. There were significant relations between pressure and convergence (Figure 5) for nearly all gateroads investigated. However, convergence does not depend

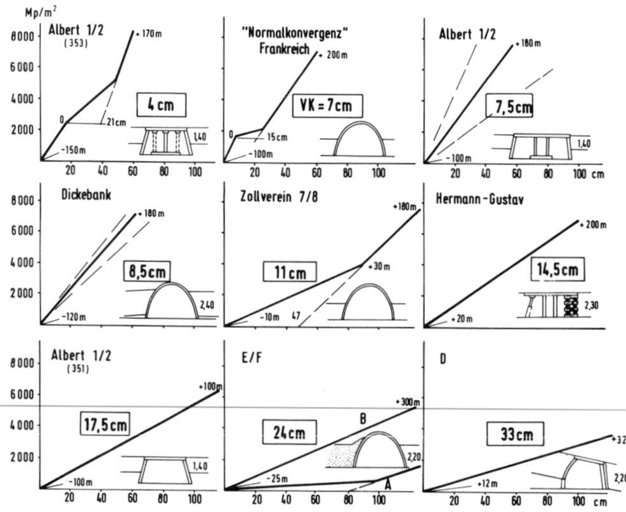

Figure 5: Convergence (cm) versus calculated rock pressure (Mp/m^2) for 8 gateroads and for the "Normal Convergence" after Schwartz (France).
VK = Vergleichskonvergenz = Comparible Convergence
(cm per 1000 $Mp/m^2 \approx 10$ MN/m^2 pressure increase).

on the absolute pressure, but develops nearly linearly with the pressure <u>increase.</u> (This is a notable parallel to the statement of Dr. Salamon (7.2) that the <u>changes</u> of pressures are decisive for the support). The proportionality factor can be determined easily for each gateroad. It can be used to predict the deformation of planned gateroads of equal type in the same seam. This is a most appropriate example for the practical research work of our Institution.

C. Productive Excavations and their Supports

In the West German coal mining industry, 98 % of coal output is obtained from longwall faces. Thus, the Research Station of Steinkohlenbergbauverein is not competent enough to express an opinion on those parts of Dr. Salamon's report which concern other methods of coal extraction. This applies particularly to the dimensioning of pillars in room and pillar working (6.7, 6.8), a problem followed up for years in other countries and which led to interesting contributions (besides those quoted by Dr. Salamon), e.g. by Wilson and Ashwin and by Whittaker and Hodgkinson *). Our experience in coal faces confirms clearly the statement of Dr. Salamon (4.3) that, above all, early supports are necessary for a good roof control: For technical or organizational reasons, however, setting supports in coal faces is often delayed.

The Research Station for Rock Mechanics and Roof Supports in Essen developed a simple method to control the adjacent rock and the supports in coal faces. The statistical analysis of observations in more than 150 coal faces showed that roof falls increase rapidly in cases of supporting delay, i.e. of increasing distances between the tip of the bar and the coal face (Fig. 6)

These results lead to consequences for the further technical development of face support systems which, inter alia, Hess reported to the Strata Control Conference in London **).

*) Wilson, A.H., and D.P. Ashwin: Research into the Determination of Pillar Size. The Mining Engineer 131 (1972), p. 409/30
Whittaker, B.N., and D.R. Hodgkinson: Design and Layout of Longwall Workings. The Mining Engineer 131 (1971), p. 79/96

**) Hess, H.: Roof Control by Powered Supports in the West German Coal Mining Industry. 5th International Strata Control Conference, London 1971, Paper 1

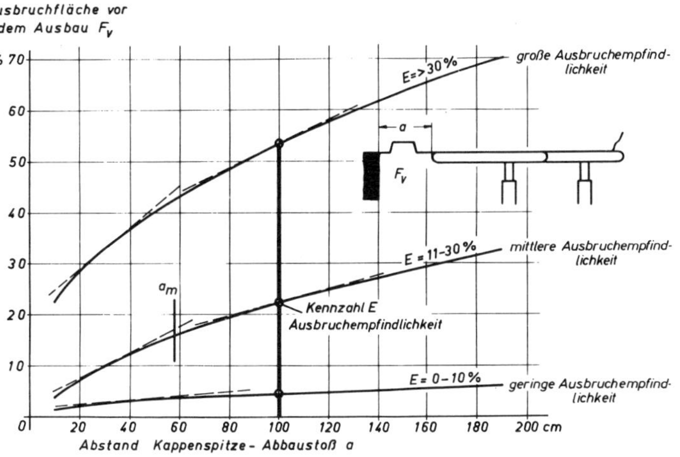

Figure 6: Falls from roof of face (% of total roof area; vertical) versus distance "a" between tip of bar and coal front.
E = Ausbruchempfindlichkeit = Sensitivity of roof, percentage of roof falls if a = 1.0 m.

The digital model of Bergbau-Forschung, Essen, to calculate the redistribution of stresses has also been applied to roof control in coal faces. In connection with statistically analysed observations, the stress calculations showed that working edges in overlying seams lead to an increased number of falls of the roof, in cases where they produce a pressure increase of 30 %. This applies, depending on the direction of the working edges, of distances of 60 to 140 m from the overlying seam. Thus, the effect of working edges can also be estimated by means of stress calculations.

In the final section of his report (9.4), Dr. Salamon mentions the danger of rock bursts. Rock bursts may occur in some seams of the Ruhr District. Their importance will rise in future with the increasing depth of working. In order to recognize in time and to remove such hazards, very simple and only empirical methods have been introduced: Test drilling and destressing drilling. With test drilling into the seam, it can be found from the quantity of drillings obtained per metre of drilling depth and from other indications, whether the stress distribution on the seam is so bad that an actual danger of rock burst is given. Destressing drilling serves to reduce such pressures and to shift them into the zone far in front of the face such as to remove this danger. This method has also been tried in Poland and in the USA*)

---

*) Jahns, H.: Beseitigen der Gebirgsschlaggefahr durch Ausbohren auf einer Grube in West-Virginia. (Removal of the Rock Burst Hazards by Drilling in a West Virginian Mine.) Glückauf 102 (1966), p. 1215/20

APPLICATION DE LA MÉCANIQUE DES ROCHES DANS LES HOUILLÈRES ALLEMANDES

Dr.-Ing. G. Everling

Départment des Recherches de la Construction Souterraine
et des Mécaniques des Roches

Bergbau-Forschung GmbH, Essen

Sommaire

Dans l'industrie houillère de la République Fédérale d'Allemagne les lois régissant la mécanique des terrains sont définies et appliquées d'une manière à la fois très simplifiée et très proches de la réalité. Le présent rapport fournit à ce sujet quelques exemples qui complètent le Rapport Général et qui confirment et concrétisent, par un grand nombre de détails, les résultats dégagés. La répartition des pressions dans la zone d'influence de l'exploitation est prévue par un calcul sur ordinateur qui permet, par le biais de simplifications poussées, d'envisager des cas d'exploitation de contour irrégulier dans plusieurs veines - quatre au maximum. Les effets de la pression de terrain sur des voies et des exploitations sont déterminés au fond par des observations et mesures assez simples et exploités statistiquement. Des comparaisons effectuées entre la pression calculée et les effets de pression observés au fond ont donné des correlations significatives, fait qui permet de faire maintenant des prévisions du comportement des terrains aussi bien dans les voies qu'en taille. Ceci démontre que dans les mines l'empirisme systématique garde un rôle équivalent à celui de la mécanique des terrains scientifique.

Introduction

Le rapport "Mécanique des roches appliquée aux excavations souterraines" établi par M. Salamon constitue un excellent ouvrage scientifique et en même temps original. Il comprend des renseignements qui englobent pratiquement tout ce dont on dispose aujourd'hui comme bases théoriques et solutions dans le domaine de la mécanique des terrains au fond et il fait par ailleurs preuve d'une créativité extraordinaire propre à l'auteur.

Le rapport présenté par mes soins est destiné à compléter ce texte scientifique par les idées pseudoscientifiques d'un mineur de charbon qui met au premier rang la mise en application pratique de méthodes à la fois simples et empiriques. Ceci répond aux problèmes posés au "Laboratoire de Soutènement de Mines et de Mécanique des Terrains" d'Essen. On fait allusion à quelques paragraphes du rapport de M. Salamon et cela dans l'ordre suivant:

A. Répartition des pressions de terrain; stratégie d'exploitation (2.1, 2.2, 2.3, 3.3, 3.4, 3.6, 6.2, 6.5, 6.6, 7.1)

B. Planning et soutènement de voies (4.1, 4.2, 4.3, 7.2)

C. Exploitation et soutènement de tailles (4.3, 6.7, 6.8, 7.3, 9.4)

A. Répartition des pressions de terrain; stratégie d'exploitation

La relation $\sigma_H = \frac{\sigma_V \cdot \nu}{1 - \nu}$ n'est pas valable dans le cas de terrains où des forces horizontales tectoniques ont porté leurs effets ou dans lesquels une compensation des contraintes était possible du fait de déformations. Ici une pression hydrostatique $\sigma_H = \sigma_V$ est plus probable (2.1). Par ailleurs les déductions sont universellement valables et très complètes. C'est la seule application à des fins pratiques qui est difficile. En fait l'auteur limite les exemples d'application au cas de l'élasticité linéaire (2.2). De même les paragraphes suivants concernant la transformation de l'énergie (2.2 et 2.3) supposent un comportement à la fois linéaire et élastique ce qui remet en question la possibilité d'une utilisation pratique au fond (6.5). Le tragique de la recherche en matière de pressions de terrain est que son utilité est d'autant plus douteuse qu'elle entre dans les détails afin d'acquérir une valeur universelle.

Ceci est valable également pour les solutions analytiques des répartitions de pression autour des cavités d'exploitation couvrant une certaine surface. Depuis les premières dispositions conçues par Hackett (1959) et Berry (1960) les méthodes de calcul se sont trouvées constamment perfectionnées (3.3 et 6.2). A côté de la convergence dans les panneaux exploités on définit le mouvement relatif parallèle des bancs et on tient compte du frottement qui y est associé. Plewman et al. ainsi que Starfield ont établi des programmes de traitement de l'information qui permettent de déterminer facilement et d'une manière assez précise la répartition des pressions autour d'une veine en cours d'exploitation (3.4). Cependant seules les exploitations dans une veine unique présentant une configuration simple peuvent faire l'objet d'une telle étude.

Ici il y a lieu d'attirer l'attention sur le modèle de calcul mis au point par le Centre de Recherches Minières d'Essen et qui est caractérisé volontairement par sa simplicité mais qui permet de calculer les effets d'exploitation dans plusieurs veines présentant des configurations quelconques. Ce modèle a maintenant fait ses preuves comme moyen auxiliaire pour la réalisation du planning des travaux d'abattage et a fait l'objet d'utilisation pour des douzaines de cas concrets.

Construction, possibilités et limites du modèle de calcul du Centre de Recherches Minières d'Essen

La portion de massif à étudier est matérialisée sous forme d'une grille de points en parallélipipède rectangle (50 x 50 x 22 points, Fig. 1a). Les écartements horizontaux et verticaux des points de la grille peuvent être arbitrairement choisis, par exemple 10 m en lignes horizontales, 15 m en lignes verticales; ainsi peut être déterminée la dimension de la portion de massif (par exemple 500 x 500 x 330 m^3). Plus petit est le secteur, plus grande est la précision avec laquelle on peut saisir les détails.

Dans 4 plans au total (correspondant au 5e, 9e, 13e et 17e plans des points de la grille à partir du haut) on peut mettre en place un programme d'exploitation. En projection horizontale, ces exploitations peuvent avoir une position et une forme arbitraires, pour autant qu'elles peuvent s'exprimer approximativement par les carrés de la grille. Comme sujétion il faut indiquer pour chacun des champs de 50 x 50 dans les 4 plans de veine s'il s'y trouve du charbon ou s'il a été exploité avec ou sans mise en place de remblai. Par ailleurs, les puissances sont indiquées pour les 4 plans de veine, en donnant la valeur du rapprochement final à prévoir entre toit et mur.

a

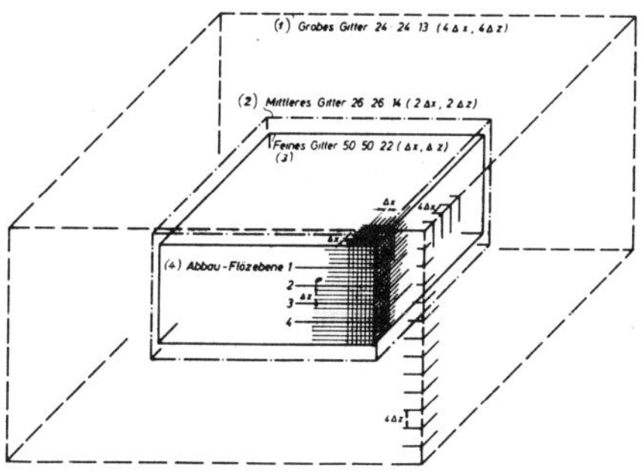

b

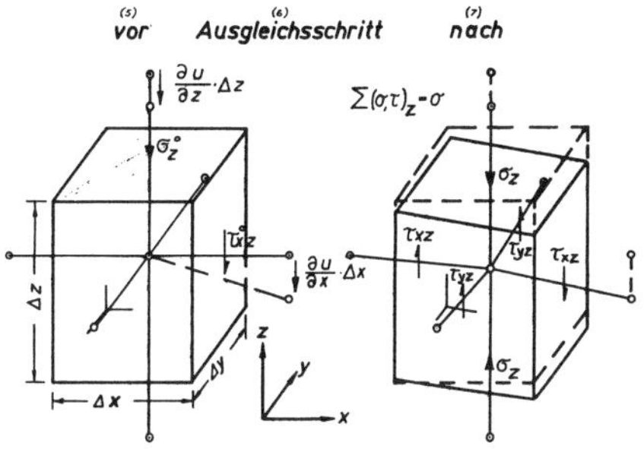

Figure 1: Construction du modèle de calcul "Pression de terrain" (a) et processus de calcul (b).*)

1. Grille à grosses mailles
2. Grille à mailles moyennes
3. Grilles à fine mailles
4. Plan d'exploitation en veine
5. Avant
6. Réajustage
7. Après

Du fait de l'exploitation se produisent des affaissements et des soulèvements. Dès le début du calcul on formule alors une hypothèse simple, par exemple qu'un affaissement correspond partout à la moitié de l'ouverture prise. Cette hypothèse conduit, en particulier sur les bordures de massif, à des contradictions dans les conditions d'équilibre aux différents points de la grille. Ces contradictions sont compensées progressivement dans la suite du calcul. Chaque progression dans le calcul repose sur une compensation des déplacements d'un point de la grille avec les déplacements des 6 points qui l'entourent dans les trois dimensions de l'espace (Fig. 1b). Cela correspond, du point de vue de la physique, au rétablissement de l'équilibre. Généralement, il suffit d'effectuer 20 progressions itératives, autrement dit un calcul 20 fois répété de la totalité des 55 000 points de la grille, pour réaliser une compensation complète. En fin de calcul, les déformations enregistrées sont converties en pressions. On tient compte à cet égard du fait que, dans la zone d'exploitation, le toit est, ou non, déjà au contact du mur. Les pressions sont enregistrées pour tous les carrés du canevas de la grille dans les 4 plans de déhouillement ainsi que dans autant d'autres plans intermédiaires que l'on veut.

Afin qu'aucune contradiction n'apparaisse dans la zone de bordure de la portion de massif étudiée, le calcul complet est au préalable effectué deux fois sur le canevas à plus grosses mailles débordant le précédent de toutes parts (cf. Fig. 1a). Les résultats de ces calculs préalables, se substituant au calcul plus serré fait ultérieurement sur le canevas à mailles fines, sont utilisés pour ce dernier calcul comme conditions aux limites. L'ensemble des calculs dure environ 20 minutes sur le CDC 6400.

Le grand nombre des points de grille dans un pareil modèle à trois dimensions impose de se limiter aux relations physiques les plus simples. C'est pourquoi il a fallu pratiquer les simplifications ci-après:

1. A la surface supérieure de la grille à grosses mailles s'exerce la pression des terrains sus-jacents. Elle y reste inchangée même après l'exploitation. Ce n'est qu'à l'intérieur de la tranche de modèle considérée qu'entrent en jeu les redistributions de pression. Ceci n'est valable en réalité que dans le cas de petites surfaces exploitées (aire sous-critique).

*) Everling, G.: Prévision et estimation des pressions de terrain dans les charbonnages. Conf. Intern. Pression de Terrain, London 1972, Contrib. 18

2. On ne tient généralement pas compte de l'augmentation de la pression des terrains sus-jacents proportionnellement à la profondeur, autrement dit la pression en terrain vierge est admise comme ayant la même valeur au bord supérieur et au bord inférieur de la tranche de modèle. L'erreur est faible, si l'épaisseur de la tranche est choisie suffisamment petite par rapport à la profondeur. Dans le cas d'un grand écartement des veines, les pressions calculées sont par comparaison trop basses pour la veine inférieure, mais une comparaison dans le cadre de chaque plan de veine reste toujours admissible. A l'égard de la plupart des problèmes, cette comparaison est suffisante; cependant, on a établi pour de tels cas un programme complémentaire qui tient compte de l'augmentation de la profondeur.

3. Les surfaces latérales en bordure de la tranche de modèle et tous les plans verticaux à l'intérieur du modèle restent sans déformation, autrement dit tout déplacement horizontal et toute extension transversale sont exclus. On ne tient compte que des déplacements et des pressions dans la direction perpendiculaire à la stratification. Cette hypothèse approximative simplifie extraordinairement les calculs. Mais, au voisinage des limites d'exploitation, elle comporte certaines erreurs.

4. On part du principe d'une élasticité linéaire, autrement dit les compressions et extensions dans le sens vertical sont proportionnelles aux pressions, les distorsions du gradient d'affaissement sont proportionnelles aux contraintes de cisaillement dans les plans verticaux. Les processus de rupture, les déformations plastiques, les fissures ne peuvent pas être pris en considération; c'est uniquement par le choix du module d'élasticité et du nombre de Poisson que l'on peut obtenir une adaptation au comportement réel du massif.

Pour déterminer si, malgré ces difficultés, le modèle de calcul fournit dans l'ensemble des valeurs utilisables, et pour l'étalonner en se conformant le plus possible à la réalité, on doit constamment en contrôler et en perfectionner la mise en oeuvre par confrontation avec les résultats obtenus au fond. Au début on ne disposait, pour apprécier les résultats du calcul, que d'un petit nombre de mesures effectuées au fond, les seuls résultats de deux séries de mesures réalisées en 1954. La répartition des pressions de terrain dans la veine a été vérifiée en plusieurs emplacements dans la taille. A cet effet, nous avons utilisé différentes valeurs pour le module d'élasticité et pour le nombre de Poisson concernant le massif. On a obtenu un rapprochement satisfaisant avec les résultats trouvés au fond pour la courbe des pressions en veine et en remblayage en adoptant E = 80 000 kp/cm^2 (= 8000 MN/m^2) et ν = 0,30.

<u>Quelques résultats pour une exploitation dans une veine unique</u>

Sur la Fig. 2 est représentée la répartition des pressions dans la zone d'influence de l'exploitation de deux tailles telle qu'elle résulte du calcul effectué à l'aide du modèle de calcul dont il a été question.

Cela confirme les conceptions généralement admises sur la répartition qualitative des pressions dans la zone d'une exploitation de ce type. Cela permet en outre une comparaison quantitative des fortes et faibles pressions aux différents emplacements.

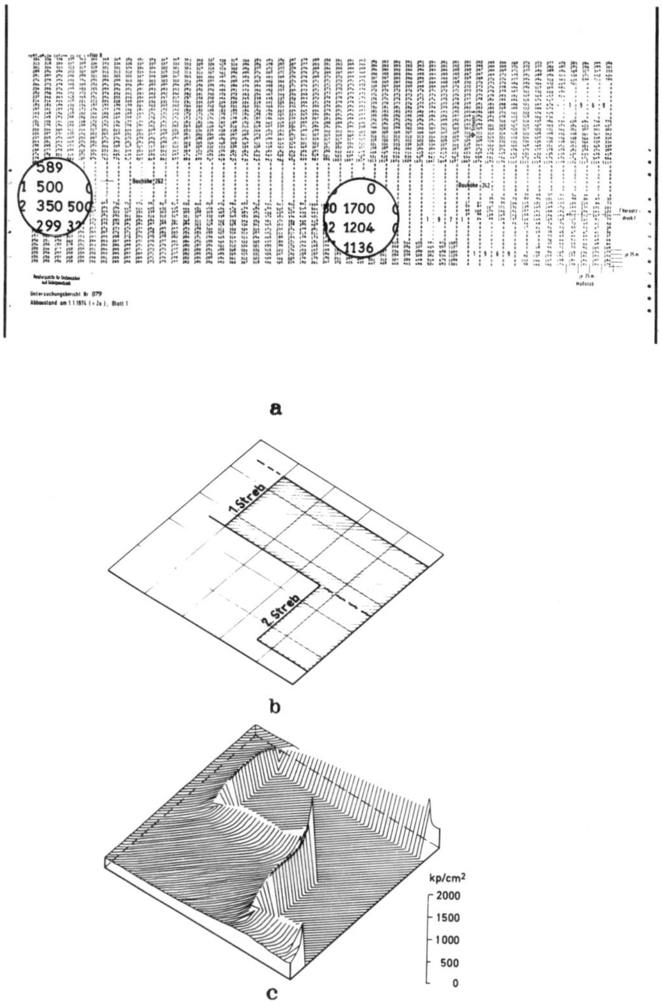

Figure 2: Sortie de calculateur (a) et image réalisée par un enregistreur graphique (c) de la répartition des pressions autour d'une exploitation dans une veine unique (b).
1000 kp/cm^2 $\approx$ 100 MN/m^2

Une étude du même genre faite dans les charbonnages allemands concerne l'influence de la largeur des stots sur les conditions d'exploitation des veines. La pression exercée sur les parois latérales d' une galerie qui a été tracée dans un champ vierge est déjà supérieure à la pression des terrains sus-jacents existant avant le creusement. Le calcul donnait ici le coefficient 1,9, ce qui concorde bien avec des formules connues de la mécanique pour le cas de pressions s'exerçant en tous sens.

En bordure d'une exploitation de grande étendue à une profondeur de 800 m, la pression est beaucoup plus élevée, 3 fois plus élevée par exemple qu'au droit de la paroi d'une galerie. Selon la largeur des stots la zone d'influence de cette pression de bordure s'étend jusqu'à la galerie et réciproquement, de sorte que les coefficients augmentent encore.

Sur la Fig. 3 on a indiqué, pour différentes largeurs des stots, dans quelle proportion les pressions sont plus élevées que celle qui s'exercent sur la paroi d'une galerie en terrain vierge. Ce n'est qu'à partir de 200 m au moins de largeur globale des stots qu'il n'y a plus à constater aucune influence de l'exploitation sur les galeries. Pour 60 m de largeur globale, la galerie est déjà soumise à une pression égale à la pression en bordure d'une exploitation, soit 3 fois supérieure à la pression exercée sur la paroi latérale d'une galerie creusée en terrain vierge. La nécessité de prévoir des largeurs de stots très importantes a été d'ailleurs soulignée par M. Salamon (7.3).

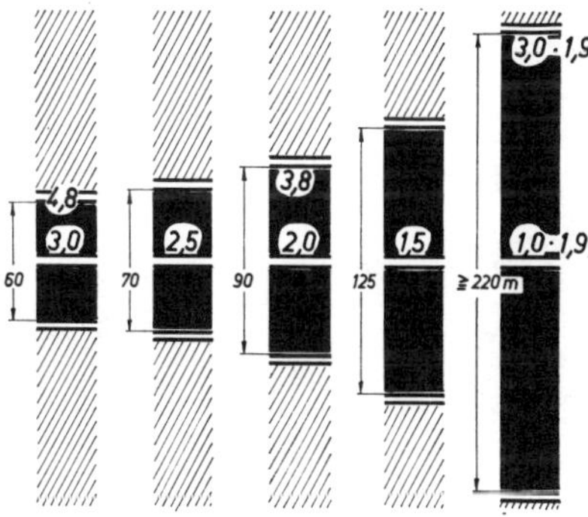

Figure 3: Répartition des pressions dans le cas d'une exploitation avec stots pour assurer la protection des galeries; Influence de la largeur d'un stot (Profondeur 800 m).

P_o = Überlagerungsdruck
= pression des terrains susjacents

Exploitation dans plusieurs veines

La figure 4 montre à gauche l'état prévu des travaux d'abattage dans les quatre veines de la mine de charbon Westfalen au 1/1/1976. L'écartement des veines est chaque fois de 60 m. A droite figure la répartition des pressions calculée et dessinée par un appareil spécial et cela, pour plus de clarté, uniquement pour la première et la dernière veine vu du haut en bas. On reconnaît les zones de pression fortement diminuées dans les panneaux, les pressions en bordure des exploitations et notamment les pointes de pression au niveau de tronçons de veines saillants. D'autre part cette figure montre d'une manière spectaculaire l'influencement mutuel des exploitations dans les quatre veines: L'exploitation en veine B tout à fait à droite entraîne une diminution de la pression encore dans la veine 6 située le plus bas et le stot figurant à gauche en veine 1 porte ses effets aussi bien en veine B qu'en veine 6.

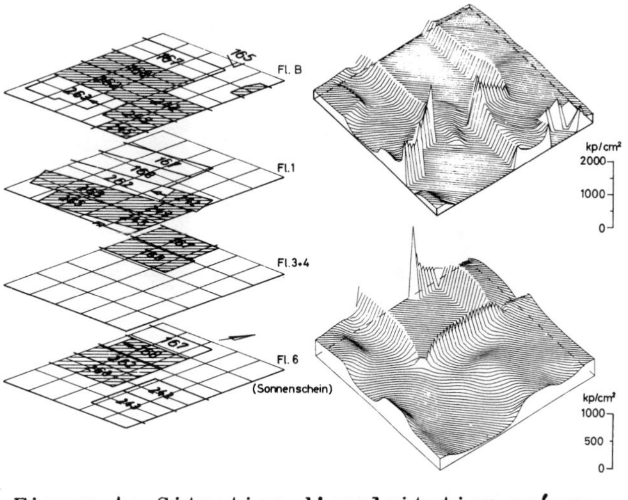

Figure 4: Situation d'exploitation prévue pour le 1/1/1976 à la mine Westfalen (à gauche) et répartition des pressions calculée dans les veines B et 6 (à droite) 1000 kp/cm^2 = 100 MN/m^2

Conclusions

L'exemple présenté montre qu'il est possible de calculer convenablement, au moyen d'un modèle digital, la répartition des pressions au niveau de l'exploitation (6.5). Même pour des panneaux étendus dans plusieurs veines - quatre au maximum - les efforts à déployer reste tout de même raisonnable, contrairement aux craintes éprouvées par M. Salamon (6.6). Ceci est possible par le seul compromis d'une simplification poussée des dispositions de calcul.

En fait le calcul donne seulement la répartition des pressions à grande échelle. Celle-ci est déterminante pour le planning d'exploitation; la position favorable des voies (5.1) en dehors de zones de pressions élevées - ce qui est plus important qu'un soutènement favorable! - peut être définie à partir des résultats de calcul de même l'ordre optimal de l'exploitation de diverses relevées. Par contre un modèle aussi simplifié ne permet pas de saisir des détails sur l'effet des pressions. Pour ce faire des études spéciales seront nécessaires (7.1). Dans les laboratoires du Centre de Recherches Minières d'Essen celles-ci s'opèrent tant sur des maquettes (6.4) qu'à l'aide d'un programme de calcul supplémentaire mis au point par Malina. On a recours, pour ce faire, surtout à l'observation systèmatique au fond dont nous reparlerons plus loin.

B. Planning et soutènement de voies

M. Salamon dit au début de son exposé sur le soutènement (4.1): "Malgré de nombreuses publications relatives au soutènement les progrès réalisés dans ce domaine sont plutôt modestes. Les ingénieurs des mines et du bâtiment s'en remettent encore largement sur les expériences ...". Cette observation concerne surtout les mines, ainsi qu'il dit dans la suite. Pour ce qui est des ingénieurs s'occupant des problèmes relatifs à la mécanique des roches ceux-ci font déjà appel à certaines règles et normes fixes.

A ce sujet il y a lieu d'insister sur le fait qu'il ne faut voir aucune différence de valeur entre la théorie et l'empirisme. Les difficultés particulières qui s'opposent à un traitement analytique et à une prévision du soutènement de mines à faire par l'ingénieur ou qui la rendent non rentables ont été mises en relief par M. Salamon lui-même. De ce fait il convient à notre avis de se baser dans les mines, lorsqu'on compte étudier un tel matériel, sur l'observation et l'expérience tout en utilisant, bien entendu, l'ensemble des auxiliaires modernes disponibles notamment l'interprétation statistique utilisant l'ordinateur ainsi que le rassemblement de documents dans des banques de données.

Pour l'ingénieur d'exploitation il peut être très favorable de connaître, à partir de calculs, les tendances de base qu'il doit respecter en premier lieu. Ainsi il est très utile de se rendre bien compte des tâches différentes proposées par M. Salamon incombant à un revêtement (soutènement protecteur) et à un soutènement porteur (4.1) celui-ci devant être divisé judicieusement en soutènement d'appui et boulonnage. De même les différences existant entre le soutènement actif (posé mécaniquement) et le soutènement passif (encaissant des charges seulement au moment de déformations de terrains) sont d'un intérêt particulier. Nous avons fini par nous intéresser aux considérations relatives aux effets combinés de soutènement et de terrains (4.2); étant donné que les contraintes survenant au niveau du soutènement, notamment dans le cas de terrains raides, vont plus en augmentant plus on augmente l'épaisseur et la rigidité du soutènement on est passé dans la réalisation de tunnels à des épaisseurs de paroi moins importants, conclusion que nous nous efforçons de faire accepter également dans les charbonnages.

Cependant l'application des méthodes de calcul à certains cas concrets ne nous paraît pas avoir de chance, en effet on ignore trop de paramètres et les terrains avec toutes leurs irrégularités se soustraient à leur analyse exacte.

<u>La méthode de contrôle de voie statistique</u>

Dans ces conditions le "Laboratoire de Soutènement de Mine et de Mécanique des Roches" d'Essen a mis au point une méthode assez simple destinée à apprécier le concours du soutènement et des terrains au niveau des voies de taille. Elle fournit des:

1. Renseignements sur la section de voie:
   - allure de convergence,
   - part du soufflage du mur et de l'affaissement du toit dans la convergence,
   - hauteur de voie et largeur du sol au niveau de la convergence,
   - profondeur de rabassenage nécessaire.

2. Renseignements sur l'état du soutènement:
   - taux de déformation du soutènement,
   - description de l'emplacement des déformations les plus importantes sur les éléments de soutènement,
   - comportement des assemblages et des serrages,
   - modifications apportées ou à apporter sur le soutènement.

Les données de mesure peuvent servir de base à l'exploitation courante, au planning d'abattage et de soutènement à plus long terme ainsi qu'à la recherche générale. On installe des stations de mesure tous les vingt mètres. La mesure proprement dite dure env. 6 minutes. L'interprétation des données obtenues est effectuée sur l'ordinateur. Cette méthode a fait de plus en plus ses preuves au cours des années écoulées comme un auxiliaire valable des travaux de planning. Ceci est d'un intérêt particulier notamment du fait des critères de plus en plus strictes imposés aux voies de taille dans l'industrie houillère de la République Fédérale d'Allemagne *).

C'est ainsi que, de 1960 à 1970, la production par siège est passée de 4000 à 6500 t/j; celle du chantier, dans les gisements en plateure, de 560 à 1110 t/j. Les productions des chantiers-pilotes sont aujourd'hui de 3 à 4 fois plus élevées que ces quantités. Les critères en découlant qu'on impose à la section à conserver pour assurer les aérage, déblocage du charbon, transport de personnel et de matériel sont de ce fait assez exigents. C'est surtout peu de temps avant et après le passage de la taille qu'on assiste à des rétrécissements de la voie comme suite à des effets de pressions de terrain. Cependant les lois de la mécanique des roches limitant la section des voies il faut essayer de conserver une section restante des voies plus importante par l'amélioration de la tenue des voies et du soutènement.

Le contrôle statistique des voies a demontré sans ambiguité l'effet néfaste de limites d'exploitation de veines voisines. C'est dans la mesure du possible en évitant les zones de fortes pressions de terrains qu'il faut déterminer l'emplacement des voies en veines; ces zones apparaissent au-dessus ou en dessous de piliers résiduels ou de bordures de massifs.

Mais l'exploitation dans la même veine porte également ses effets sur les voies de taille ainsi qu'il a été mis en évidence.

*) Breer, W.: Problèmes du Soutènement des Voies au Charbon dans les Houillères de l'Allemagne de l'Ouest. Conf. Intern. Pressions de Terrain, London 1972, Contrib. 11

L'interprétation statistique des relevés a abouti aux règles suivantes:

1. Les pressions supplémentaires dues aux influences de dépilage n'affectent presque pas les voies creusées en même temps que la taille, tant comme celles en vierge situées en avant du point de déversement de la taille.

2. Les voies creusées en arrière d'une zone foudroyée et à 10 - 15 m de la relevée d'une exploitation voisine sont bien situées. Cette région est soumise à faible pression et l'affaissement du toit y est régulier. Du reste, une grande partie de la convergence s'est déjà donnée.

En ce qui concerne les limites d'application des principales formes de soutènement le dépouillement statistique des données de mesure a donné les résultats suivants:

1. Dans des conditions de terrains bonnes à moyennes, c'est-à-dire avec des épontes de solidité bonne à moyenne, à gros bancs, et, d'après l'expérience, de faible convergence après le passage de la première taille, on utilise le soutènement trapézoïdal avec des chapeaux de 3,2 m à 6,2 m de longueur et des files d'étançons intermédiaires de même qu'un soutènement rigide par cintres.

2. Dans des conditions de terrains moyennes à mauvaises, c'est-à-dire avec des épontes moyennement solides à friables, on utilise uniquement le soutènement par cintres coulissants. La variation de l'intervalle entre cadres et le poids du profilé (25 à 42 kg/m) permet de résister aux différentes charges.

3. Dans un terrain très friable et soumis à de fortes pressions, on a recours au soutènement par cintres articulés posés sur piles de bois.

Les limites d'application qui s'imposent au soutènement trapézoïdal indiqué sous 1. donc aux sections rectangulaires ont pu être définies avec plus de précision encore du fait du contrôle des voies. En principe il ne faut pas prévoir des sections rectangulaires si

1. les bancs du mur de la voie sont tellement tendres que les étançons et les semelles placées en dessous s'enfoncent,

2. les bancs du toit sont si friables que d'assez grosses cavités ne peuvent être évitées, même par une pose rapide du soutènement,

3. une puissance de veine de moins de 1,20 à 2 m, eu égard à l'encombrement des motrices habituelles en Ruhr, est trop faible si on n'entaille pas le toit dans la voie trapézoïdale.

Dans plus de 75 % des voies de taille on utilise des cadres dans les voies. Ici un bon remplissage des cavités derrière le garnissage s'impose lorsqu'on veut obtenir sa portance maximale (4.3). D'après le résultat d'un relevé au fond ce remplissage des cavités derrière le garnissage des cadres coulissants a permis de réduire la convergence à l'intersection taille-voie à 16 % de la hauteur libre initiale (4,05 m) et d'augmenter la section de la galerie de 2,5 m^2. Dans un tronçon de voie comparable, mais sans garnissage, la convergence au passage de la taille atteignait 67 % de la hauteur initiale.

Le gain de hauteur était très important pour le ripage des motrices placées dans la voie et pour le passage des conduits d'aérage secondaire. De plus le gain de hauteur restait acquis en arrière de la taille.

Ce qui frappe au sujet de la comparaison de données ce sont les résultats obtenus par des études où les pressions calculées sur l'ordinateur ont été confrontés à l'allure de la convergence observée au fond. Pour la presque totalité des voies étudiées on a constaté une correlation significative entre la pression et la convergence (Fig. 5).

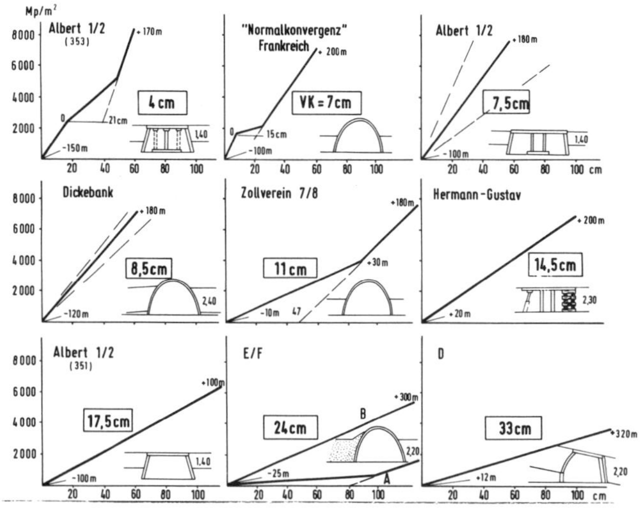

Figure 5: Pressions calculées (ordonnée) et accroissement mesuré de la convergence de 8 voies de taille et d'après la courbe de convergence de M. Schwartz, France

VK = Vergleichskonvergenz = Convergence comparable (cm par 1000 $Mp/m^2 \approx$ 10 MN/m^2 accroissement de la pression).

D'après les résultat de cette opération la pression n'est pas fonction de la pression absolue mais elle présente une allure quasi linéaire avec l'accroissement de la pression. (Ceci est un parallèle remarquable par rapport à l'observation de M. Salamon (7.2) selon laquelle ce sont les modifications des contraintes qui sont déterminantes pour le soutènement.) Pour chaque voie il est possible de définir aisément le coefficient de proportionalité qui permet de prévoir la déformation de voies similaires planifiées dans une même veine. Ceci est un exemple particulièrement valable pour les résultats très proches de la réalité de notre recherche minière.

C. Exploitation et soutènement de tailles

Dans l'industrie houillère de la République Fédérale d'Allemagne 98 % de la production provient de l'exploitation par longues tailles. De ce fait le laboratoire de recherche du Steinkohlenbergbauverein n'est pas en mesure d'émettre un avis compétent sur d'autres méthodes d'abattage. Ceci est vrai notamment pour la prévision des stots à retenir dans l'exploitation par chambres et piliers (6.7, 6.8), problème qui se posent dans d'autres pays depuis des années et au sujet duquel des contributions intéressantes (en dehors de celles mentionnées par M. Salamon) emanant de Wilson et Ashwin et de Whittaker et Hodgkinson *) ont été faites.

Nos expériences acquises en taille confirment sans ambiguité la constation de M. Salamon (4.3) selon laquelle il faut poser le soutènement en temps utile si l'on veut bien contrôler le toit. Toutefois en taille il intervient souvent un retard dans le boisage par rapport au front de taille du fait de problèmes techniques ou d'organisation.

Le "Laboratoire de Soutènement de Mines et de Mécanique de Terrains" d'Essen a mis au point également pour la taille une simple méthode d'appréciation de terrains et de soutènement. L'interprétation statistique de relevés faits dans plus de 150 tailles a montré que des chutes de toit vont rapidement en augmentant lorsque le retard dans le boisage et donc le découvert s'accroît (Fig. 6).

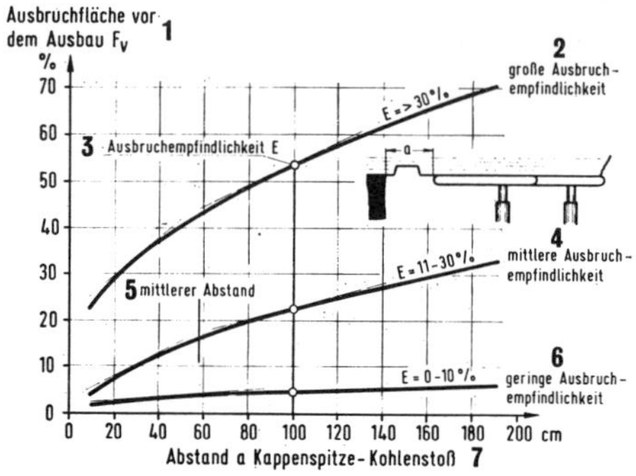

Figure 6: **Eboulements et écartements rallonge front de taille.**

(1) **Surfaces éboulées avant soutènement**
(2) **Forte aptitude aux éboulements**
(3) **Aptitude aux éboulements**
(4) **Moyenne aptitude aux éboulements**
(5) **Ecartement moyen**
(6) **Faible aptitude aux éboulements**
(7) **Ecartement "a" entre les extrémités des rallonges et le front de taille**

De cette constation on a déduit des conclusions pour le développement ultérieur technique; elles ont fait l'objet entre autres de l'exposé de Hess **).

Le programme de calcul à l'ordinateur du Centre de Recherches Minières d'Essen servant à prévoir la répartition des pressions a pu être appliqué aussi à l'appréciation de l'état du toit de tailles. Les calculs de pression ont montré, en liaison avec les observations au fond interprétées statistiquement, que l'existence de limites d'exploitation dans des veines sus-jacentes se traduit par une augmentation des chutes de toit lorsque ces limites d'exploitation

---

*) Wilson, A.H. and D.P. Ashwin: Research into the determination of pillar size. The Mining Engineer 131 (1972) p. 409/30

Whittaker, B.N. and D.R. Hodgkinson: Design and Layout of Longwall Workings. The Mining Engineer 131 (1971) p. 79/96

**) Hess, H.: Possibilités de Contrôler le Toit à l'Aide du Soutènement Marchant dans les Houillères Allemandes. Conf. Intern. Pression de Terrain, London 1972, Contrib. 1

provoquent un accroissement de la pression de 30 %. Cet accroissement se produit, selon la direction de celles-ci, pour des distances allant de 60 à 140 m de la taille en exploitation. L'effet de telles limites d'exploitation en taille peut donc également être estimé au moyen de prévisions de pression.

Dans le dernier paragraphe de son rapport (9.4) M. Salamon fait allusion au risque de coups de toit. Ceux-ci jouent un certain rôle dans plusieurs veines de la Ruhr, rôle qui s'accentue avec la profondeur de l'exploitation. Pour détecter et supprimer ce risque des méthodes se sont faites jour dont la conception est à la fois simple et purement empirique: des forations de test et de détente. Pour les forations de test dans la veine concernée il est possible de reconnaître sur la quantité de déblais par mètre foré et sur d'autres indices si la répartition des pressions est de nature à provoquer éventuellement un coup de toit. Pour ce qui est des forations de détente elles permettent de diminuer la pression et de la déplacer vers l'avant de la taille de manière à éviter le risque. La méthode a été utilisée par ailleurs en Pologne et aux Etats-Unis *).

---

*) Jahns, H.: Beseitigen der Gebirgsschlaggefahr durch Ausbohren auf einer Grube in West-Virginia (Suppression du risque de coup de toit par des forations dans une mine de charbon en Virginie Occidentale). Glückauf 102 (1966) p. 1215/20

ANGEWANDTE GEBIRGSMECHANIK IM WESTDEUTSCHEN STEINKOHLENBERGBAU

Dr.-Ing. G. Everling
Forschungsstelle für Grubenausbau und Gebirgsmechanik
Bergbau-Forschung GmbH, Essen

Zusammenfassung

Im westdeutschen Steinkohlenbergbau werden die Gesetze der Gebirgsmechanik in äußerst vereinfachter, betriebsnaher Weise ermittelt und angewandt. Der vorliegende Bericht gibt hierzu einige Beispiele, die den General Report ergänzen und die dort abgeleiteten Ergebnisse in vielen Einzelheiten bestätigen und konkretisieren. Die Druckverteilung im Einflußbereich des Abbaus wird mit einem Rechenprogramm vorausbestimmt, das unter starken Vereinfachungen einen unregelmäßigen Abbau in bis zu vier Flözen zu berücksichtigen erlaubt. Die Auswirkungen des Gebirgsdruckes auf Strecken und Strebbetriebe werden untertage durch einfache Beobachtungen und Messungen ermittelt und statistisch ausgewertet. Vergleiche zwischen dem errechneten Druck und den untertage aufgenommenen Druckwirkungen ergaben enge Zusammenhänge, so daß nunmehr Voraussagen des Gebirgsverhaltens sowohl in Strecken als auch im Streb möglich sind. Damit ist erwiesen, daß im Bergbau die systematische Empirie neben der wissenschaftlichen Gebirgsmechanik eine berechtigte Stellung hat.

Einleitung

Der Bericht "Die Gebirgsmechanik von Abbauraumen Unter Tage" von Dr. Salamon ist eine vorzügliche, originelle wissenschaftliche Ausarbeitung. Er enthält Hinweise auf nahezu alles, was heute an theoretischen Ansätzen und Lösungen für das Gebiet der Gebirgsmechanik unter Tage zur Verfügung steht, und erweist dabei auch des Autors eigene, ungewöhnliche Fruchtbarkeit.

Mein Bericht soll eine Ergänzung dieses wissenschaftlichen Textes durch die pseudowissenschaftlichen Gedanken eines Kohlenbergmanns sein, der die praktische Anwendbarkeit einfacher, empirischer Verfahren in den Vordergrund stellt. Dies entspricht der Aufgabenstellung der Forschungsstelle für Grubenausbau und Gebirgsmechanik in Essen. Auf einige Abschnitte des Berichtes von Dr. Salamon wird kurz eingegangen, und zwar in folgender Reihenfolge:

A. Verteilung des Gebirgsdruckes, Abbauführung (2.1, 2.2, 2.3, 3.3, 3.4, 3.6, 6.2, 6.5, 6.6, 7.1)

B. Planung und Ausbau von Strecken (4.1, 4.2, 4.3, 7.2)

C. Abbau und Ausbau von Streben (4.3, 6.7, 6.8, 7.3, 9.4)

A. Verteilung des Gebirgsdruckes; Abbauführung

Die Beziehung $\sigma_H = \frac{\sigma_V \cdot \nu}{1 - \nu}$ gilt nicht für ein Gebirge, in dem tektonische Horizontalkräfte wirksam waren oder wo durch Verformungen ein Ausgleich der Hauptspannungen möglich war. Dort ist ein allseits gleicher Druck $\sigma_H = \sigma_V$ wahrscheinlicher (2.1). Im übrigen sind die Ableitungen allgemeingültig und umfassend.

Schwierig ist nur die Anwendung für praktische Zwecke. Tatsächlich beschränkt der Autor die Anwendungsbeispiele auf den Fall linearer Elastizität (2.2). Auch die folgenden Abschnitte über die Energieumlagerung (2.2 und 2.3) setzen linear-elastisches Verhalten voraus, was die praktische Anwendbarkeit für größere Teufen in Frage stellt (6.5). Es ist die Tragik der Gebirgsdruckforschung, daß ihr Nutzen oft um so fragwürdiger wird, je tiefer sie in die Einzelheiten eindringt, um allgemeingültig zu werden.

Das gilt auch für die analytischen Lösungen der Druckverteilung um flächige Abbauhohlräume. Seit den ersten Ansätzen von Hackett (1959) und Berry (1960) sind die Rechenverfahren immer mehr vervollkommnet worden (3.3, 6.2). Außer der Konvergenz in den abgebauten Flözteilen wird die bankparallele Relativbewegung ermittelt und die auftretende Reibung berücksichtigt. Plewman et al. sowie Starfield haben EDV-Programme aufgestellt, mit denen die Druckverteilung um einen flözartigen Abbau leicht und recht genau ermittelt werden kann (3.4). Es lassen sich aber nur Abbaue in 1 Flöz und mit einfachen Umrissen untersuchen.

An dieser Stelle soll auf das Rechenprogramm der Bergbau-Forschung in Essen hingewiesen werden, das ganz bewußt mit dem Ziel äußerster Einfachheit entwickelt wurde, aber Abbaue in mehreren Flözen und beliebiger Form zu berechnen erlaubt. Es hat sich inzwischen als Hilfe für die praktische Abbauplanung bewährt und ist auf Dutzende von betrieblichen Abbaufällen angewendet worden.

Aufbau, Möglichkeiten und Grenzen des Rechenmodells der Bergbau-Forschung, Essen

Der zu untersuchende Gebirgsausschnitt wird als räumliches rechtwinkliges Punktgitter aufgefaßt (50 x 50 x 22 Punkte, Bild 1 a). Die horizontalen und vertikalen Gitterpunktabstände sind frei wählbar, z.B. horizontal 10 m, vertikal 15 m; so kann die Größe des Gebirgsausschnittes festgelegt werden (z.B. 500 x 500 x 330 m^3). Je kleiner der Ausschnitt, desto genauer können Einzelheiten erfaßt werden.

a

b

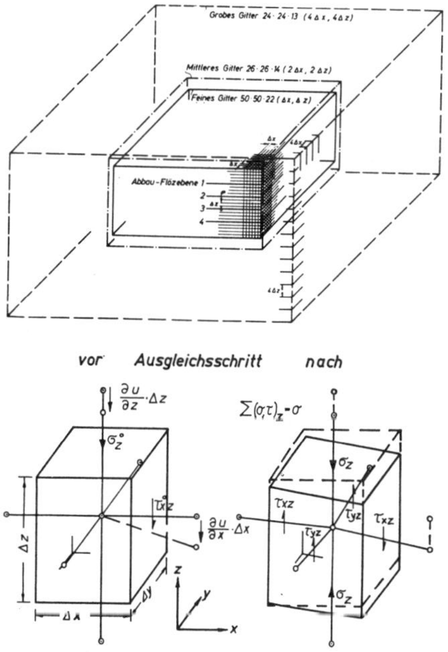

Bild 1: Aufbau des Digitalmodells "Gebirgsdruck" (a) und Rechengang (b)

In insgesamt 4 Ebenen (unterhalb der 5., 9. 13. und 17. Gitterpunktebene von oben) kann ein Abbau einprogrammiert werden. Im Grundriß können diese Abbaue beliebige Lage und Form haben, soweit sie sich durch die Gitterquadrate annähern läßt. Als Eingabe muß für jedes der 50 x 50 Felder der 4 Flözebenen angegeben werden, ob dort Kohle ansteht oder mit oder ohne Versatz abgebaut ist. Daneben werden in den 4 Flözebenen die Mächtigkeiten angegeben, und zwar mit dem Wert der zu erwartenden endgültigen Annäherung zwischen Hangendem und Liegendem.

Durch den Abbau entstehen Senkungen und Hebungen. Zu Beginn der Rechnung wird hierfür eine einfache Annahme gemacht, z.B. Absenkung überall um die halbe gebaute Mächtigkeit. Diese Annahme führt besonders an den Abbaurändern zu Widersprüchen in den Gleichgewichtsbedingungen an den einzelnen Gitterpunkten. Diese Widersprüche werden in der folgenden Rechnung schrittweise ausgeglichen. Jeder einzelne Rechenschritt beruht auf einem Ausgleich der Verschiebungen eines Gitterpunktes mit den Verschiebungen der 6 räumlich benachbarten Punkte (Abbildung 1b). Das entspricht physikalisch der Wiederherstellung des Gleichgewichts. Meist genügen 20 Iterationsschritte, d.h. ein 20-maliges Durchrechnen aller 55000 Gitterpunkte, um vollständigen Ausgleich herbeizuführen. Zum Schluß werden die erhaltenen Deformationen in Drücke umgerechnet. Dabei wird berücksichtigt, ob im Abbaubereich das Hangende bereits das Liegende berührt oder nicht. Die Drücke werden für alle Gitternetzquadrate in allen 4 Abbauebenen sowie in beliebigen weiteren, dazwischenliegenden Ebenen ausgeschrieben.

Damit im Randbereich des untersuchten Gebirgsausschnittes keine Widersprüche auftreten, wird die ganze Rechnung vorab zweimal in allseits darüber hinausreichenden, gröberen Netzen durchgeführt (vergleiche Abb. 1 a). Die Ergebnisse dieser Vorberechnungen, an der Stelle der späteren Begrenzung des feinen Netzes, dienen für dieses als Randwerte. Die ganze Rechnung dauert auf der CD 6400 etwa 20 min.

Die große Anzahl von Gitterpunkten in einem derartigen, räumlichen Modell macht eine Beschränkung auf einfachste physikalische Zusammenhänge erforderlich. Deshalb mußten folgende Vereinfachungen hingenommen werden:

1. Auf die Oberfläche des groben Gitters wirkt der Überlagerungsdruck. Er bleibt dort auch nach Abbau unverändert bestehen. Nur im Inneren des betrachteten Modellausschnitts spielen sich die Druckverlagerungen ab. Dies gilt in Wirklichkeit nur bei kleinen Abbauflächen (Teilflächen).

2. Die Zunahme des Überlagerungsdruckes proportional zur Teufe bleibt meist unberücksichtigt, d.h. der Druck im Unverritzten wird von Ober- bis Unterkante des Modellausschnittes als gleich groß angenommen. Der Fehler ist klein, wenn die Mächtigkeit des Ausschnittes klein gegenüber der Teufe gewählt wird. Bei großem Flözabstand sind die errechneten Drücke im unteren Flöz vergleichsweise zu niedrig, aber ein Vergleich innerhalb jeder Flözebene ist dennoch zulässig. Dies ist für die meisten Fragen ausreichend, doch wurde für solche Fälle ein Zusatzprogramm aufgestellt, das die Teufenzunahme berücksichtigt.

3. Die seitlichen Randflächen des Modellausschnittes und alle vertikalen Ebenen innerhalb des Modells bleiben unverformt, d.h. jede Horizontalbewegung und jede Querausdehnung werden ausgeschlossen. Es werden nur die bankrechten Bewegungen und Drücke berücksichtigt. Diese Näherungsannahme vereinfacht die Rech-

nung außerordentlich. In der Nähe der Abbauränder bringt sie gewisse Fehler.

4. Es wird lineare Elastizität zugrunde gelegt, d.h. vertikale Stauchungen und Dehnungen sind proportional den Drücken, Schieflage-Verzerrungen sind proportional den Schubspannungen in den vertikalen Ebenen. Bruchvorgänge, plastische Verformungen, Klüfte können nicht berücksichtigt werden; es kann nur durch Wahl der Elastizitäts-Moduln zwischen den Flözen und der Poissonschen Zahl eine Anpassung an das wirkliche Gebirgsverhalten erfolgen.

Um festzustellen, ob das Rechenmodell trotz dieser Schwierigkeiten überhaupt brauchbare Werte ergibt, und um es möglichst wirklichkeitsgetreu zu eichen, muß man es ständig durch Vergleich mit Untertage-Ergebnissen überprüfen und verbessern. Zunächst standen zur Beurteilung der Rechenergebnisse nur wenige Untertage-Meßwerte zur Verfügung, so die Ergebnisse zweier Meßserien aus dem Jahr 1954. Die Gebirgsdruckverteilung wurde für mehrere Strebstände nachgerechnet. Dabei setzten wir verschiedene Werte für den Elastizitätsmodul und die Poissonsche Zahl des Gebirges ein. Eine gute Annäherung an den unter Tage gefundenen Druckverlauf in Flöz und Versatz ergab sich mit
$E = 80000\ kp/cm^2$ und $\nu = 0,30$.

Ergebnisse für Abbau in nur einem Flöz

In Abbildung 2 ist die Druckverteilung im Einflußbereich des Abbaues zweier Streben als Ergebnis der Berechnung mit dem besprochenen Digitalmodell dargestellt.

Es bestätigt die allgemein bekannten Grundvorstellungen über die qualitative Druckverteilung um einen derartigen Abbau. Darüber hinaus erlaubt es einen quantitativen Vergleich der höheren und geringeren Drücke an den einzelnen Stellen.

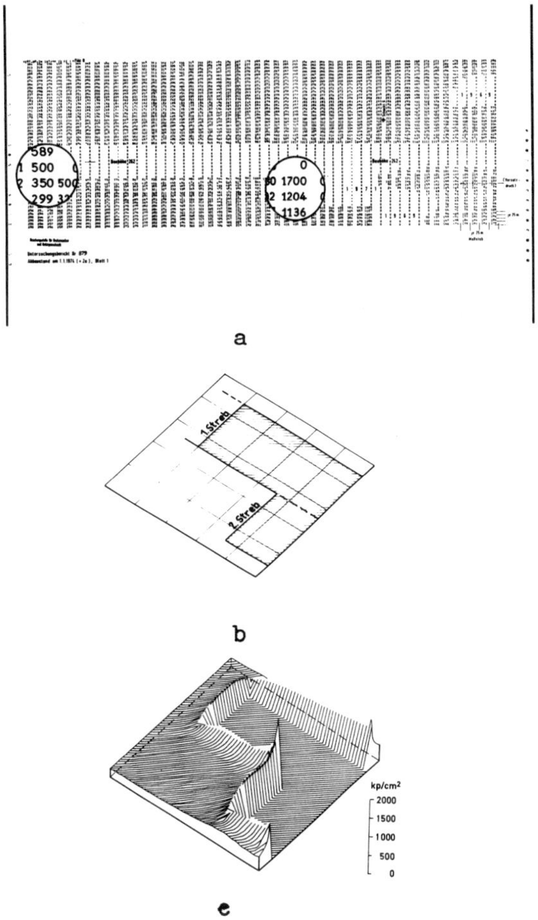

Bild 2: Computerausdruck (a) und Plotterbild (c) der Druckverteilung bei Abbau mehrerer Streben (b) im gleichen Flöz.

Eine Untersuchung ähnlicher Art betrifft den Einfluß der Breite von Schutzpfeilern für die Verhältnissen im deutschen Flözbergbau. Der Druck in den Stößen einer Strecke, die ins unverritzte Feld vorgefahren wurde, ist bereits höher als der Überlagerungsdruck vor der Auffahrung. Die Rechnung ergab hierfür den Faktor 1,9, was mit bekannten Formeln aus der Mechanik bei allseitigem Druck gut übereinstimmt. Am Rande eines großflächigen Abbaus in 800 m Teufe ist der Druck wesentlich höher, z.B. 3mal so hoch wie am Streckenstoß. Je nach Breite der Feste reicht der Einfluß dieses Randdruckes bis zur Strecke und umgekehrt, so daß sich die Faktoren weiter erhöhen.

In Abbildung 3 ist für verschiedene Breiten der Festen eingetragen, um welchen Faktor die Drücke höher sind als der am Stoß einer Strecke im Unverritzten herrschende Druck. Erst bei über 200 m Gesamtbreite der Feste ist kein Einfluß des Abbaus auf die Strecke mehr festzustellen. Bei 60 m Gesamtbreite gerät die Strecke bereits in einen Druck, der so hoch ist wie der Randdruck längs eines Abbaus, nämlich 3mal so hoch wie der Druck am Rande einer Strecke, die im Unverritzten aufgefahren ist. Die Notwendigkeit sehr großer Pfeilerbreiten zeigt übrigens auch Dr. Salamon (7.3).

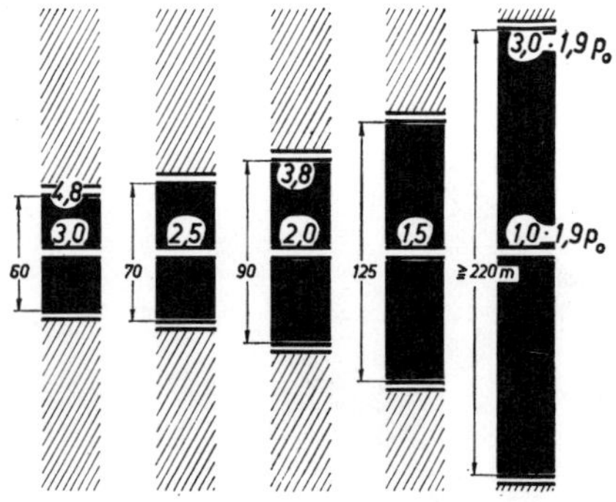

Bild 3: Druckverteilung beim Abbau mit Kohlenfesten als Streckensicherung; Einfluß der Breite einer Kohlenfeste (Teufe 800 m).

Abbau in mehreren Flözen

Bild 4 zeigt links den geplanten Abbauzustand in den 4 Flözen der Grube Westfalen am 1.1.1976. Die Flöze haben je 60 m Abstand voneinander. Rechts ist die errechnete Druckverteilung, von einem Plotter gezeichnet, wiedergegeben, und zwar aus Gründen der Übersichtlichkeit nur für das oberste und das unterste Flöz. Man erkennt die Bereiche stark verminderten Druckes in den Abbaufeldern, die Randdrücke und besonders die hohen Druckspitzen an vorspringenden Flözecken. Darüberhinaus zeigt dieses Bild sehr schön die gegenseitige Beeinflussung der Abbaue in den 4 Flözen: Der Abbau in Flöz B, ganz rechts, führt zu einer Druckminderung noch im untersten Flöz 6, und der Restpfeiler links in Flöz 1 wirkt sich sowohl in Flöz B als in Flöz 6 aus.

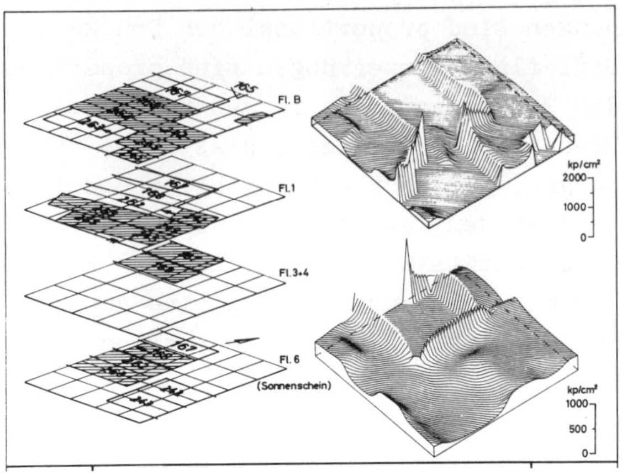

Bild 4: Für den 1.1.1976 geplanter Abbaustand der Grube Westfalen und errechnete Druckverteilung.

Folgerungen

Das vorgetragene Beispiel bestätigt, daß sich die Druckverteilung im Abbaubereich mit einem Digitalmodell gut berechnen läßt (6.5) Selbst bei umfangreichen Abbaufeldern in bis zu 4 Flözen bleibt der Aufwand im Gegensatz zur Befürchtung von Dr. Salamon (6.6) noch durchaus vertretbar. Dies ist nur möglich durch den Kompromiß einer sehr starken Vereinfachung der Rechenansätze.

Tatsächlich ergibt die Berechnung nur die großräumige Druckverteilung. Diese ist maßgebend für die Abbauplanung; die günstige Lage der Strecken (5.1) außerhalb von Zonen erhöhten Druckes - wichtiger als günstiger Ausbau! - läßt sich anhand der Rechenergebnisse ebenso festlegen wie die optimale Reihenfolge des Abbaus verschiedener Bauhöhen. Einzelheiten über die Auswirkung des Druckes lassen sich dagegen mit einem so stark vereinfachten Modell nicht erfassen. Hierfür sind besondere Untersuchungen erforderlich (7.1). Bei der Bergbauforschung in Essen erfolgen sie sowohl an körperlichen Modellen (6.4) als auch mit einem zusätzlichen Rechenprogramm von Malina. Vor allem aber wird hierzu die systematische Untertagebeobachtung herangezogen.

B. Planung und Ausbau von Strecken

Dr. Salamon schreibt am Anfang seiner Ausführungen über den Ausbau (4.1): "Trotz vieler Veröffentlichungen über den Ausbau hat es dort nur geringe Fortschritte gegeben. Berg- und Bauingenieure verlassen sich noch weitgehend auf Erfahrungen ...". Diese Beobachtung trifft, wie er weiter ausführt, vor allem den Bergbau; bei den Felsbauingenieuren gibt es bereits einige feste Richtlinien und Normen.

Hier ist erneut und deutlich zu bemerken, daß zwischen Theorie und Empirie kein Wertunterschied gesehen werden darf. Die besonderen Schwierigkeiten, die einer analytischen Behandlung und einer ingenieurmäßigen Bemessung des Ausbaus im Bergbau entgegenstehen oder diese unwirtschaftlich machen, hat Dr. Salamon selbst erläutert. Deshalb ist es unserer Meinung nach im Bergbau richtig, Beobachtung und Erfahrung zur Grundlage der Entwicklung zu machen. Hierbei allerdings sollten alle verfügbaren modernen Hilfsmittel genutzt werden, besonders die statistische Auswertung mit EDV sowie die Sammlung der Unterlagen auf Datenbanken.

Für den praktischen Bergingenieur kann es wertvoll sein, aus Berechnungen die Grundtendenzen zu erfahren, auf die er besonders zu achten hat. So ist es sehr nützlich, sich die unterschiedlichen Aufgaben einer Auskleidung (protective support) und eines tragenden Ausbaus (reinforcing support) klarzumachen (4.1), wobei dieser sinnvollerweise noch in Unterstützungs- und Ankerausbau eingeteilt werden sollte. Auch die Unterschiede zwischen aktivem (mit Kraft gesetztem) und passivem Ausbau (der erst bei einsetzender Gebirgsverformung Last bekommt), sind äußerst wichtig. Schließlich haben uns die Überlegungen über die Verbundwirkung zwischen Ausbau und Gebirge (4.2) interessiert; da die Spannungen im Ausbau, besonders bei nichtelastischem Gebirge, um so höher steigen, je dickwandiger und starrer der Ausbau ist, ist man im Tunnelbau zu immer geringeren Wandstärken übergegangen - eine Folgerung, die wir auch im Bergbau durchzusetzen uns bemühen.

Die Rechenverfahren auf einzelne Betriebsfälle anzuwenden, scheint uns aber aussichtslos zu sein, weil zu viele Parameter unbekannt sind und sich das Gebirge mit all seinen Unregelmäßigkeiten einer zutreffenden analytischen Erfassung entzieht.

Das Verfahren der statistischen Streckenüberwachung

Die Forschungsstelle für Grubenausbau und Gebirgsmechanik in Essen hat deshalb ein einfaches Verfahren zur Beurteilung des Zusammenwirkens von Ausbau und Gebirge in Abbaustrecken entwickelt. Es liefert

1. Angaben zum Streckenquerschnitt:
   Konvergenzverlauf,
   Anteile der Sohlenhebung und der Firstabsenkung an der Konvergenz,
   Streckenhöhe und Sohlenbreite an der Konvergenzstelle,
   erforderliche Senktiefe.
2. Angaben über den Zustand des Ausbaus:
   Grad der Verformung des Ausbaus,
   Lage der größten Verformung an den Ausbauteilen,
   Verhalten der Verbindungen und der Verbolzungen,
   Änderungen am Ausbau.

Die Meßwerte können der täglichen Betriebsführung, der längerfristigen Abbau- und Ausbauplanung sowie der allgemeinen Forschung als Unterlage dienen. Alle 20 m wird eine Meßstelle aufgenommen, was rd. 6 min dauert. Nach 20 m Abbaufortschritt wird neu vermessen. Die Auswertung erfolgt mit EDV. Das Verfahren hat sich in den letzten Jahren mehr und mehr als wertvolles Hilfsmittel zur Planung bewährt. Das ist insbesonders wichtig wegen der zunehmenden Ansprüche an die Abbaustrecken im westdeutschen Steinkohlenbergbau*).

Innerhalb eines Jahrzehnts von 1960 bis 1970 wurde die Förderung je Schachtanlage von 4000 t/Tag auf 6500 t/Tag heraufgesetzt. Die Betriebspunktförderung in der flachen Lagerung stieg von 560 t/Tag auf 1110 t/Tag. Spitzenbetriebe liegen bei der 3 bis 4-fachen Menge. Entsprechend hoch sind hier die Anforderungen an den Querschnitt der Abbaustrecken für Wetterführung, Kohlenabförderung, Personen- und Materialtransport. Insbesondere kommt es durch Gebirgsdruckauswirkungen in den Streckenabschnitten kurz vor und nach Strebdurchgang zu Querschnittsverlusten. Da der Auffahrung größerer Streckenquerschnitte von der Gebirgsmechanik her Grenzen gesetzt sind, muß versucht werden, durch Verbesserung der Streckenführung und Ausbautechnik die Restquerschnitte größer zu erhalten.

Die statistische Streckenüberwachung hat eindeutig die Auswirkung von Abbaukanten in benachbarten Flözen erwiesen. Die Abbaustrecken sollten möglichst so gelegt werden, daß Zonen erhöhten Gebirgsdrucks vermieden werden. Derartige Zonen treten unter- oder oberhalb von Restpfeilern und Abbaukanten auf.

Aber auch der Abbau im gleichen Flöz wirkt sich nachweislich auf die Abbaustrecken aus. Die statistische Auswertung der Aufnahmen führte zu folgenden Regeln:

1. Im Vorfeld von einspringenden Flözecken sind vorgesetzte Strecken wie im Unverritzten bis kurz vor Strebdurchgang nahezu frei von Zusatzdruck durch Abbaueinwirkungen.

2. Im Bruchfeld nachgeführte und 10 bis 15 m von der Nachbarbauhöhe abgesetzte Strecken liegen günstig. Dieser Bereich ist druckarm und hat eine gleichmäßige Hangendabsenkung. Außerdem ist ein großer Betrag der Konvergenz schon eingetreten.

Bezüglich der Anwendungsgrenzen der wichtigsten Ausbauformen hat die statistische Auswertung folgendes ergeben:

1. Bei guten bis mittleren Gebirgsverhältnissen, dh. festem bis mittelfestem, dickbankigem Nebengestein und erfahrungsgemäß geringer Konvergenz nach Durchgang des 1. Strebes werden Türstockausbau mit 3,2 bis 6,2 m langen Kappen und Mittelstempelreihen sowie starrer Bogenausbau eingesetzt.

2. Bei mittleren bis schlechten Gebirgsverhältnissen, d.h. mittelfestem bis gebrächem Nebengestein, wird beschränkt nachgiebiger Bogenausbau und Gleitbogenausbau eingesetzt. Den unterschiedlichen Belastungen begegnet man durch Änderung des Bauabstandes und des Profilgewichtes (25 bis 42 kg/m).

3. Bei sehr gebrächem und druckhaftem Gebirge wird auf Gelenkbogenausbau auf Holzpfeilern zurückgegriffen.

Die Anwendungsgrenzen für den unter 1. erwähnten Türstockausbau, also rechteckigen Streckenquerschnitt, konnten aufgrund der Streckenüberwachung noch genauer angegeben werden. Rechteckquerschnitt soll <u>nicht</u> vorgesehen werden, wenn:

---

*) Breer, W.: Probleme des Abbaustreckenausbaus im westdeutschen Steinkohlenbergbau. 5. Internat. Kongr. Gebirgsdruckforschung London 1972, Vortrag 11

1. die Liegendschichten der Streckensohle so weich sind, daß die Stempel und unterlegte Sohlenkappen einsinken,

2. die Hangendschichten so gebräch sind, daß größere Ausbrüche auch durch schnelles Einbringen des Ausbaus nicht zu vermeiden sind,

3. die Flözmächtigkeit unter 1,20 m liegt, so daß die Austragshöhe für das Fördermittel nicht ausreicht; es müßte somit das Hangende angeschnitten werden.

Bogenausbau wird in über 75 % der Abbaustrecken angewendet. Damit er seine größte Tragfähigkeit erreicht, muß er gut hinterfüllt werden (4.3). Nach dem Ergebnis einer Untertage-Aufnahme konnte durch Hinterfüllen des Gleitbogenausbaus die Konvergenz im Streb-Streckenübergang um 16 % der lichten Ausgangshöhe von 4,05 m verkleinert und der Streckenquerschnitt um 2,5 m^2 vergrößert werden. In einem vergleichbaren, nicht hinterfüllten Streckenabschnitt betrug die Konvergenz schon bei Strebdurchgang 67 % der Ausgangshöhe.

Der Höhengewinn war für das Rücken der in der Strecke liegenden Antriebe und das Durchführen der Luttentour für die Sonderbewetterung von großer Bedeutung. Der Höhengewinn blieb auch hinter dem Streb erhalten.

Besonders bemerkenswert sind unsere Ergebnisse von Untersuchungen, bei denen die mit dem vorher besprochenen Digitalmodell errechneten Drücke mit dem untertage beobachteten Konvergenzverlauf verglichen wurden.*) Für fast alle bisher untersuchten Strecken ergab sich ein signifikanter Zusammenhang zwischen Druck und Konvergenz (Abb. 5).

*) Voraussage und Beurteilung des Gebirgsdruckes im Steinkohlenbergbau.
5. Internat. Kongr. Gebirgsdruckforschung London 1972, Vortrag 18

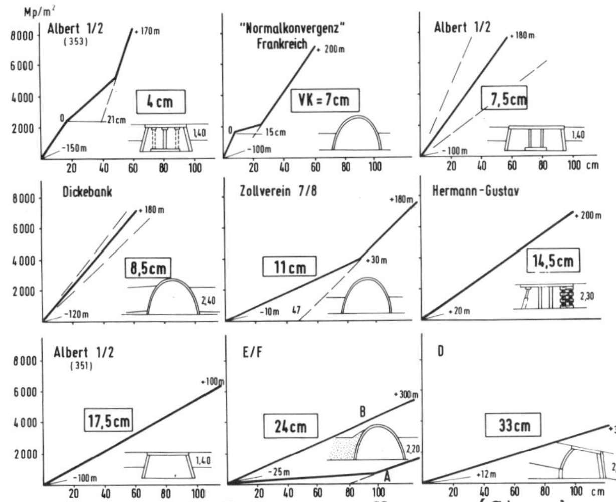

Bild 5: Druck-Konvergenz-Kurven (Streckenkennlinien) für 8 Abbaustrecken im Ruhrgebiet und für die "Normalkonvergenz" nach Schwartz (Frankreich) VK=Vergleichskonvergenz $\frac{cm}{1000\ Mp/m^2}$

Die Konvergenz ist hiernach nicht vom absoluten Druck abhängig, sondern verläuft nahezu linear mit dem Druckzuwachs . (Dies ist eine bemerkenswerte Parallele zur Feststellung von Dr. Salamon (7.2), daß auch für den Ausbau die Änderungen der Spannungen maßgebend sind.) Für jede Strecke läßt sich der Proportionalitätsfaktor leicht ermitteln. Mit seiner Hilfe kann die Verformung geplanter, gleichartiger Strecken in demselben Flöz vorausgesagt werden. Dies ist ein besonders treffendes Beispiel für die praxisnahen Ergebnisse unserer Bergbauforschung.

C. Abbau und Ausbau von Streben

Im westdeutschen Steinkohlenbergbau werden 98 % der Förderung im Strebbau gewonnen. Zu den Teilen des Berichtes von Dr. Salamon, die sich auf andere Abbauverfahren beziehen, kann daher die Forschungsstelle des Steinkohlenbergbauvereins nicht kompetent Stellung nehmen. Das gilt insbesondere für die Bemessung der Festen im Kammer-Pfeiler-Bau (6.7, 6.8), ein Problem, das in anderen Ländern seit Jahren verfolgt wird und zu dem interessante Beiträge (außer den von Dr. Salamon erwähnten) auch von Wilson und Ashwin und von Whittaker und Hodgkinson*) bekannt wurden.

Unsere Erfahrungen im Streb bestätigen eindeutig die Feststellung von Dr. Salamon (4.3), daß zur guten Beherrschung des Hangenden vor allem frühzeitig ausgebaut werden muß. Im Streb entsteht jedoch aus technischen oder organisatorischen Schwierigkeiten oft eine Ausbauverspätung.

Die Forschungsstelle für Grubenausbau und Gebirgsmechanik in Essen hat auch für den Streb ein einfaches Verfahren zur Beurteilung von Gebirge und Ausbau entwickelt. Die statistische Auswertung von Aufnahmen in über 150 Streben hat gezeigt, daß Ausbrüche aus dem Hangenden rapide zunehmen, wenn die Ausbauverspätung und damit der Abstand Kappe - Kohlefront wachsen (Bild 6).

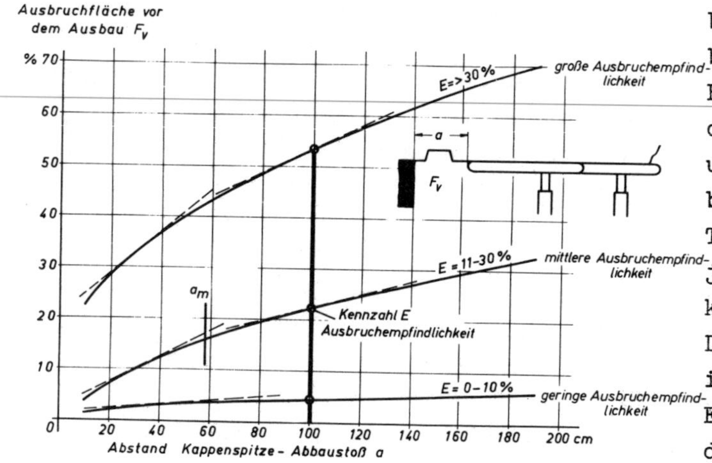

Bild 6: Ausbrüche im Streb abhängig vom Abstand Kappenspitze - Kohlenstoß.

*) Wilson, A.H., and D.P. Ashwin: Research into the determination of pillar size. The Mining Engineer 131 (1972) S.409/30. Whittaker, B.N., and D.R.Hodgkinson: Design and layout of longwall workings. The Mining Engineer 131 (1971) S. 79/96

Hieraus haben sich Folgerungen für die technische Weiterentwicklung ergeben, über die u.a. Hess berichtet hat *).

Das Digitalmodell der Bergbau-Forschung, Essen, zur Berechnung der Gebirgsdruckverteilung hat auch für die Beurteilung des Hangenden in Streben Anwendung gefunden. Die Druckberechnungen haben in Verbindung mit statistisch ausgewerteten Beobachtungen ergeben, daß Abbaukanten in hangenden Flözen sich in vermehrten Ausbrüchen auswirken, wenn sie einen Druckanstieg um 30 % erzeugen. Das ist je nach Richtung der Abbaukanten bei Abständen von 60 bis 140 m der Fall. Die Wirkung von Abbaukanten im Streb läßt sich demnach ebenfalls mittels Druckberechnungen abschätzen. -

Im Schlußabsatz seines Berichtes (9.4) erwähnt Dr. Salamon die Gebirgsschlaggefahr. Diese spielt in einigen Flözen des Ruhrgebietes eine Rolle, die mit zunehmender Abbauteufe noch wächst. Zum Erkennen und zum Beseitigen der Gefahr haben sich Verfahren durchgesetzt, die außerordentlich einfach und rein empirisch aufgebaut sind: Testbohrungen und Entspannungsbohrungen. Bei Testbohrungen in das Flöz kann man an der je Meter Bohrtiefe anfallenden Menge Bohrklein und anderen Anzeichen erkennen, ob die Druckverteilung auf das Flöz so ungünstig ist, daß Gebirgsschlaggefahr besteht. Mit Entspannungsbohrungen kann der Druck vermindert und ins Abbauvorfeld verlagert werden, so daß die Gefahr beseitigt ist. Das Verfahren ist übrigens auch in Polen und in den USA**) erprobt worden.

*) Hess, H.: Möglichkeiten der Hangendbeherrschung durch Schreitausbau im westdeutschen Steinkohlenbergbau. 5. Internat. Kongr. Gebirgsdruckforschung, London 1972, Vortrag 1

**) Jahns, H.: Beseitigen der Gebirgsschlaggefahr durch Ausbohren auf einer Grube in West-Virginia. Glückauf 102 (1966) S. 1215/20

SURVEY OF ROCK MECHANICS PROBLEMS ASSOCIATED WITH THE EXTRACTION OF MINERAL FLUIDS FROM UNDERGROUND FORMATIONS

Dr. J. Geertsma

Koninklijke/Shell Exploratie en Productie
Laboratorium Rijswijk

Rijswijk, The Netherlands

SUMMARY

This report discusses the role of rock mechanics in the production of mineral fluids, either crude oil, natural gas or both, from underground reservoirs. It is a first survey of this kind prepared for the Proceedings of the International Society and evaluates the state of the art, based on work published recently in a variety of technical journals or presented at technical meetings up to the time of writing (May 1973).

1. INTRODUCTION

Crude oil and natural gas are our main energy sources and all the raw material is extracted from porous rocks. A sound production policy firstly requires a detailed knowledge of multi-phase fluid flow through porous media, but it also requires an understanding of the mechanical behaviour of reservoir rocks. We shall review major progress in this latter field of research, which includes the determination of the stress field at the time of discovery of a reservoir, an analysis of departures from this natural stress state as a result of drilling and production activities, a survey of the deformation properties of reservoir rocks in the loading range of interest, and a listing of the effects that rock mechanics has on the various technologies applied in oil-production operations. Such a survey reveals major problem areas warranting additional research effort; some of these will be proposed as discussion items at the Congress.

2. THE INITIAL OR NATURAL STATE OF STRESS

2.1 The total stress field

Only certain components of the in-situ stress tensor can be determined. The vertical load due to the overburden can be calculated by means of integration using continuous density-log data, but the question of how this load is distributed over the internal normal and shear stress components cannot be answered straight away. Hydraulically induced fractures around a borehole on the other hand, which are frequently created for well-stimulation, tend to follow surfaces parallel to the greatest and intermediate principal compressive stresses and perpendicular to the least stress. The orientation of these induced fractures thus depends on the prevailing stress state in the ambient rock. The fracture propagation pressure, i.e. the fluid pressure required to extend the fracture minus friction losses is equal to the least stress (Haimson[1], von Schonfeldt[2]).

Determination of the magnitude of this so-called 'instantaneous shut-in pressure' (SIP) is rather easy. The fracture orientation, and thus the direction of the least stress component, is not so readily detectable. If the fracturing is produced by injecting fluid through perforations in a cased hole, which is common practice, even impression packers cannot be used. Radioactive tracer tests are used occasionally to determine the fracture plane, but this requires a special operation.

Some authors claim that, in areas of flat or gently dipping rocks, the orientation of vertical fractures, which presumably include the majority of all hydraulically-induced fractures in reservoir rocks, may be ascertained from regional surface features (Komar et al.[3]). In 1967, the US Bureau of Mines initiated a study to investigate the orientation of hydraulically-induced fractures in petroleum reservoirs to help producers to improve the location and spacing of wells for more efficient fluid injection and petroleum production. A correlation between surface lineations and azimuths of hydraulically-induced fractures was found. Joint systems determined from remote sensing imagery and/or surface surveys could be correlated with subsurface orientation in the Appalachian basin to depths of 3000 ft (Pasini & Overby[4]). There is insufficient expertise available for this technique to be more generally applicable. Moreover, the appropriate regional surface features cannot always be distinguished, particularly not in offshore operations.

Roegiers et al.[5] have developed a deep stress probe (DSP) consisting of a combination of a straddle packer and an impression packer, which determines the orientation and azimuth of hydraulically-induced fractures at the well bore in an open hole. However, the fracture orientation at the well bore does not always coincide with the overall fracture-propagation direction. For instance, fractures are not necessarily initiated perpendicular to the direction of the maximum tensile stress induced on the borehole wall. Daneshy[6] reports that, unlike axial or normal hydraulic fractures, a degree of shear failure seems to be associated with the initiation and extension of almost all hydraulic fractures that are inclined to the vertical. These fractures often intersect the borehole along two diametrically opposed axial lines, thus giving it the appearance of an axial fracture. Such fractures change their orientation away from the borehole until they become perpendicular to the least stress.

2.2. The pore pressure

As may be concluded from review papers by Fertl[7] and by Rehm[8], abnormally high formation or pore pressures are encountered worldwide when drilling for hydrocarbon resources. Fluid pressures in shale-sand sequences have sometimes been observed to approach overburden pressure. These abnormally high pressures in the pore space are known as geopressures. The deviations from the hydrostatic pressure level are attributed to a variety of mechanisms. Their occurrence constitutes a permanent threat to drilling operations, because they may initiate a blowout. Thus, research in the oil industry is concentrated primarily on the early detection of the presence of geopressures before drilling into them. Shale compaction, which is a common source of geopressure generation, is constantly the subject of physical-mathematical analysis, also because geopressured shales may have acted as source rocks for hydrocarbons. In this context, we can mention contributions by Smith[9] and Raghavan[10], both of whom apply an improved formulation of Darcy's law for fluid flow in a porous compacting medium.

The detection of geopressured zones is based partly upon abnormal mechanical and other physical properties of porous media resulting from the abnormally low effective stress, e.g. low density, low seismic wave velocity (Pennebakker[11]) and low heat conductivity (Lewis & Rose[12], Wilson & Bush[13]). Research of this nature is pursued vigorously because there is as yet no fail-safe and universal method that provides a reliable early warning of a blowout danger.

3. ANALYSIS OF CHANGES IN STRESS AND STRESS GRADIENT BROUGHT ABOUT BY DRILLING AND PRODUCTION ACTIVITIES

3.1. The state of stress around boreholes before and after well completion

Remarkably little progress has been made in predicting or measuring the stress field around fluid-filled boreholes, despite its effect on borehole stability, hydraulic-fracture initiation and/or mud-loss-initiation pressures, etc. The linear elastic stress distribution around a circular cylindrical hole, including pore-pressure effects in pre-stressed rock, is well documented (Hubbert & Willis[14]); appropriate corrections for the pore-pressure effect have been made by Geertsma[15] and are also reported by Haimson & Fairhurst[16]. However, important deviations from this situation can readily be observed in simple laboratory tests, e.g. those reported by Haimson & Edl[17]. These deviations can be attributed to:

(i) The non-linear elastic and cataclastic deformational behaviour of reservoir rocks in compression (see Section 4).

(ii) Young's modulus in compression differs considerably from that in tension (Haimson & Tharp[18]).

(iii) A plastic or failure prone zone may exist around the borehole. This will have a considerable influence on the stress-concentration factor, even when this zone is small (de Josselin de Jong & Geertsma[19]).

These phenomena, either individually or in combination depending on the rock type and stress level, frequently make the borehole fluid pressure that leads to failure quite different from the one predicted by linear elastic theory. The mathematical difficulties and the uncertainties with respect to the three-dimensional plastic flow law are probably the reasons why few really important papers dealing with this subject have appeared during the last decade. A paper by Gnirk[20] predicts elastic-plastic borehole stresses, but it is based on the assumption of an in-situ hydrostatic stress field in the reservoir rock. This seldom occurs in practice and distracts the attention from the true mechanical and mathematical issues. Reports on detailed experimental work in the laboratory are also lacking.

The stress distribution in the reservoir rock around a cased borehole cemented to the formation is also largely unknown. Apart from the lack of information on the stress-strain relations of the relatively weak formations that require such borehole-wall protection, its prediction requires quantitative data on the shrinkage/expansion of cement under in-situ pressure and temperature conditions. A rather simple technique has been published which allows determination of these properties (Beirute & Tragesser[21]). Knowledge of the stress field behind a casing is of particular interest in those cases where formation sand production is envisaged or experienced as a result of fluid production (see Section 5).

3.2. Stress fields associated with hydraulically-induced fractures

Hydraulically induced fractures are deliberately produced around boreholes with the object of either stimulating production or improving well injectivity for drive operations. At the other extreme, unwanted fracture initiation in open-hole sections in the overburden during drilling constitutes a potential problem and thus to loss of well control. This problem has become most serious in offshore drilling operations.

Prediction of fracture-initiation pressures requires: knowledge of the initial or natural state of stress (Section 2), a theory to predict the local stress field around a fluid-filled borehole leading to failure, and the failure conditions themselves.

For well-consolidated formations, both field data and laboratory experiments substantiate the most important results of the linear elastic fracture-initiation theory, summarized in reference 16. It is based on the concept of tensile rupture once the tangential or axial effective stress surpasses the tensile strength of the formation. In laboratory experiments, a known initial stress field can be applied to the rock material. The mechanical properties of the test material can be readily evaluated if necessary. However, particularly in the older experimental procedures of the type reported some time ago by the Institut Francais du Pétrole, the smallness of the samples made it difficult to determine the true fracture-initiation pressure. Examples of this kind of pioneering work have been reported at previous Congresses of the International Society (Baron & Le Tirant[22,23]). Improved measuring techniques have now been developed using closed-loop systems and these are being used by Haimson and by Daneshy, for example. In contrast, an analysis of open-hole-fracturing field data lacks a priori knowledge of the initial state of stress, but fracture-initiation pressures can be determined most accurately.

In friable and loose sedimentary sequences, the brittle failure theory turns out to be no longer applicable. It is in exactly these formations that fracture initiation is often synonymous with mud losses, etc. This subject has been discussed in many technical papers, mainly on an empirical basis. Some recent examples of work of this nature can be found in papers by Eaton[24], by Taylor & Smith[25] and by Anderson et al.[26]. These papers are all relatively weak in the treatment of the mechanical background of the problem, but they offer highly practical recipes, based on semi-scientific presumptions to predict the so-called fracture pressure gradient in sand-shale intervals. Such recipes work best in well-explored areas, such as the Gulf Coast of Mexico. More basic work should provide a better theoretical basis for predicting the stress distribution in the borehole surroundings until failure due to high internal fluid pressure.

Offshore fracture gradients for similar sand-shale intervals are even lower and substantially so for deep water and shallow formations, since the uppermost interval is water. Water is considerably less dense than rock, and the overburden stress is thus less than for a comparable onshore location. An analysis of this phenomenon is given by Christman[27].

A complementary but entirely different type of problem is prediction of the length and width of hydraulically induced fractures as a function of formation and fracturing-fluid properties, pumping rate and time. Prediction of the fracture dimensions during propagation is essential for the design of a stimulation treatment. Much research effort has therefore been expended to arrive at a suitable theory. This is an exercise in mathematics, because neither the length nor the width of a propagating fracture can be measured in-situ. The only measurable quantity is the total volume of fluid injected. If too large a fracture width is predicted, the propping agent (usually sand) in the fracturing fluid may prevent further fracture propagation and the well treatment fails.

The existing fracture-width theories are all based on the reasonable assumption that the fracture walls deform elastically. They therefore make use in one way or another of the theory of elasticity. Either England & Green's[28] fracture-width formula for plane-strain conditions or Sneddon's[29] general formula for the elastic deformations in the walls of a circular or penny-shaped crack is used as a starting point for the calculations. The different procedures in use can be divided into two main groups, one that assumes a constant fluid pressure right to the end of the fracture (Perkins & Kern[30] and Nordgren[31]) and one that makes use of the theory of equilibrium fracture propagation as introduced by Khristianovitch & Zheltov[32] and applied by Baron et al.[33], by Geertsma & de Klerk[34] and by Daneshy[35,36]. The last mentioned approach is not only the most acceptable from a physical point of view, but in general it also provides the most conservative figures for fracture width and is therefore preferred in practice. Field applications do indeed show that this procedure leads to satisfactory design formulations.

After fracturing and the simultaneous injection of a slurry containing the proppant material, additional rock mechanical problems arise. What load does the reservoir rock impart to the proppant once the fracturing pressure has been released? The proppant, frequently sand, may be crushed. On the other hand, the proppant particles may penetrate into the formation giving rise to an embedment problem. The load at which the propping agent crushes should exceed the load at which total embedment in the fracture faces is possible (McGlothlin & Huitt[37]). The proppant loading is simulated in the laboratory by submitting proppant particles to the fracture-propagation pressure between two end plates made from the reservoir-rock material. It will be clear that the hardness of the formation with respect to that of the proppant plays an important role here (van der Vlis[38]).

Finally, closure of the unpropped part of the fracture volume should be considered. Analysis of slurry transport in vertical fractures shows that there is always a good chance that a small zone close to the borehole is left unpropped. Calculations of the remaining width of this zone indicate that the mouth of the fracture may close, resulting in loss of most of the stimulation treatment (Wood & Junkin[39]).

3.3. The mechanics of explosive fracturing

Chemical explosive fracturing is another technique aimed at well stimulation. Renewed interest in this, in principle old, technique of well shooting was promoted by the development of new high-energy explosives (see Cook[40]), and the experience that hydraulic fracturing is not a cure-all for all well-stimulation problems. A valuable addition to hydraulic fracturing is acidising, but several companies in the USA now also promote the use of explosive fracturing for the same purpose. Two different approaches to the development of this process can be distinguished:

(i) The explosion of blasting slurries in wells. These slurries are rather insensitive and consist of a TNT and ammonium-nitrate base.

(ii) The explosion of liquid explosives in either natural or hydraulically induced fractures originating from the well bore. Even explosions in the pore space of the formation are considered. Such explosives are characterized by a small critical diameter, such as desensitized nitroglycerine, nitromethane and the astrolites.

The critical diameter of the explosive is a material constant which expresses the distance from the explosion centre beyond which the lateral energy losses become too large for the decomposition reaction to be sustained.

We know of only one thorough review paper written on this subject to date, by Le Tirant & Cholet[41] of the Institut Francais du Pétrole. Evaluation or promotion of this new technique is hampered by a poor understanding of the mechanics of rock fragmentation in both boreholes and fissures at high confining pressures. Published theories are mainly of an empirical nature (Laspe & Roberts[42], Laspe[43]).

3.4. Reservoir pressure variations during operations

Hydrocarbon production from a porous medium implies the generation of local temporary pore pressure sinks and sources, the latter only when applying pressure-maintenance or other nonprimary-recovery methods that require injection wells. The pore-pressure history of a reservoir during its production period depends on the reservoir-fluid composition, on the boundary conditions and on the production mechanisms(s). Mathematical simulations of production behaviour provide a means of predicting this pressure history. A rapid decline in reservoir pressure is generally not attractive, because the reservoir pressure forms the driving force for fluid flow. However, a considerable reduction in reservoir pressure cannot always be avoided, for example in oil and gas reservoirs that experience only a small water influx along their boundaries.

Most reservoir engineers assume tacitly that a reduction in pore pressure produces an equivalent increase in effective stress in all directions, which implies a constant total stress tensor. In contrast, Geertsma[15] and van der Knaap[44] maintain, on theoretical grounds, that the formation will usually be strained primarily in the vertical direction, while horizontal movement will be prevented. This hypothesis implies a reduction in the total horizontal stress if the reservoir pressure falls off. ISIP measurements by Felsenthal & Ferrell[45] provided an unequivocal answer to this old problem. During the depletion period in a low-permeability limestone reservoir, the ISIP decreased and then increased again during a subsequent water-injection period, in agreement with the Geertsma/van der Knaap hypothesis.

4. DATA ON THE DEFORMATION PROPERTIES OF RESERVOIR ROCKS IN THE LOADING RANGE OF INTEREST

4.1. General

During the last decade, an increasing amount of data related to the deformation characteristics of reservoir rocks has been published. Most attention has been focussed on pore-volume compressibility under increasing hydrostatic loading conditions, and the corresponding reductions in porosity, permeability and formation factor (electrical resistivity). One-dimensional compaction figures in the absence of lateral strain have also been published. Much less attention has been paid so far to the entirely different stress-strain characteristics arising during partial unloading, although this aspect of the deformation behaviour plays a role for instance during reservoir repressuring activities, such as water-flooding after depletion and storage of natural gas in former gas and oil reservoirs (Hardy et al.[46]). Core deformability during the recovery from the core barrel to the surface is also an example of stress relief, and hydraulic and explosive fracturing are further examples of fields for which such data are required.

Several laboratories are adding improved high-pressure cells to their equipment. Sawabini et al.[47] for example describe in detail a new hydrostatic loading cell (at the University of Southern California) which allows for loading pressures up to 40,000 psi, while temperature can be varied between room temperature and 100° C. Abgrall[48] of ELF-RE in France has introduced a new triaxial cell that allows recording of changes in porosity, permeability and formation factor for lateral pressures up to 1500 bar and an axial pressure of 2500 bar on rock samples 10 cm in diameter and 20 cm long. Most of the larger oil companies and some of the service companies have high-pressure equipment available for determining compressibility data on a routine basis.

4.2. Laboratory-determined compressibilities and in-situ behaviour

The stress-strain characteristics of most reservoir rocks are dependent on a number of factors, such as rock type, degree of cementation, porosity, depth of burial and, for loose materials also grain size, grain size distribution, particle shape, etc. Interpretation of laboratory-determined stress-strain characteristics in terms of reservoir behaviour is hampered by the fact that the total strain is only partially recoverable or elastic. The remaining part is irrecoverable strain, due to rigid-particle slip and slip due to crushing. Piezo-electric crystals can be used to make crushing noise visible or audible.

During coring the original stress tensor acting on the rock is released to atmospheric conditions. This results in a rebound which is primarily elastic in nature. The core sample is later restressed in the laboratory in a compression cell to a degree that is believed to represent the original stress tensor and it is then loaded above this level. However, the nonelastic strain components that prevail during reloading mean that the laboratory sample behaves differently mechanically compared with the stressed sample in the formation. The larger the percentage of irrecoverable strain, the more doubtful it becomes whether this testing procedure is able to reveal actual field behaviour. The numerical value of published data for the deformation properties of reservoir rock in-situ must be considered with this in mind.

Following the now classical measurements by Carpenter & Spencer[49] reported in 1940, Hall[50] published a series of pore-compressibility figures that clearly demonstrate their importance to reservoir engineers. Much more extensive data can be found in a recent paper by Newman[51], who presents a review of pore-compressibility figures for both limestones and sandstones, including consolidated, friable and unconsolidated material. Geertsma[52] has published uniaxial compaction coefficients for a large number of sandstones, loose sands and carbonate rocks, derived from measurements by Teeuw[53]. Teeuw has also reported on the compressibility behaviour of the Rotliegend sandstone formation, in connection with the Groningen gas field in the Netherlands. This study included the routine measurement of the hydrostatic compaction of more than 500 core samples from a number of wells in different parts of the same field. On a smaller scale, van Gonten & Ghoudhary[54] have presented pore-compressibility figures for some sandstones and a single limestone sample as a function of both pressure and temperature. The temperature effect, though measurable, turns out to be small for most practical purposes. Kohlhaas & Miller[55] report pore-compressibility figures for core material from the Wilmington oil field in California. These data are of particular interest because this field was subject to a considerable amount of subsidence. The compressibility behaviour of loose sands under uniaxial confining pressure, as experienced in oil and gas reservoirs, has been reported by Roberts & de Souza[56] and recently supplemented by compressibility figures obtained by Sawabini et al.[57] for oil sands of Pliocene and Upper Miocene age. Chilingar et al.[58] report the compressibilities of adjacent clays. Most of the papers mentioned above contain additional references to earlier work.

Although rock bulk compressibility figures are generally larger for high porosities (see fig. 1), simple compressibility-porosity correlations do not exist. Furthermore data for consolidated sandstones differ greatly from those for most limestones and friable and unconsolidated sands. Newman therefore concluded that an evaluation of rock compressibility for a given reservoir requires individual compressibility measurements in the laboratory. Theoretical studies of the compressibility behaviour of reservoir rocks seem to be of little help to reservoir engineers.

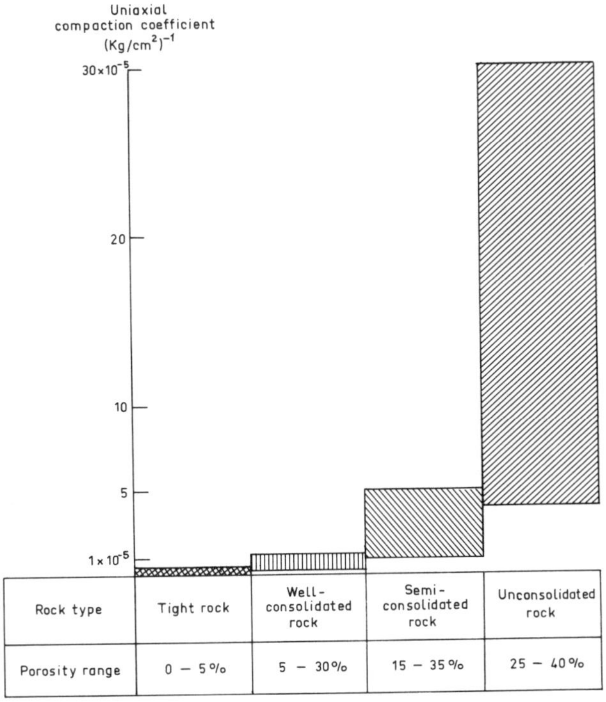

FIG.1 RANGE IN UNIAXIAL COMPACTION COEFFICIENT FOR VARIOUS ROCK TYPES (after Teeuw[53])

Rock bulk compressibility, pore compressibility and uniaxial compaction coefficient are interrelated. By defining rock bulk compressibility as

$$c_b = \frac{1}{V_b}\left(\frac{\partial V_p}{\partial \bar{\sigma}}\right)_p$$

i.e. the relative change in total or bulk volume V_b of a jacketed but drained sample at constant pore pressure per unit hydrostatic change in external or confining pressure $\bar{\sigma} = \frac{1}{3}(\sigma_1 + \sigma_2 + \sigma_3)$, one may calculate the pore compressibility, defined either by

$$\frac{1}{V_p}\left(\frac{\partial V_p}{\partial \bar{\sigma}}\right)_p = \frac{1}{\phi}(c_b - c_r)$$

or

$$c_p = \frac{1}{V_p}\left(\frac{\partial V_p}{\partial p}\right)_{\bar{\sigma}} = \frac{1}{\phi}(c_b - c_r) + c_r$$

where c_r = rock matrix compressibility, V_p = pore volume and ϕ = porosity = V_p/V_b. The latter value seems most representative for field conditions, but the difference between the two pore-compressibility values is small. For elastic or quasi-elastic behaviour, the uniaxial compaction coefficient is determined by the relation

$$c_m = \frac{1}{3}\left(\frac{1+\nu}{1-\nu}\right)(c_b - c_r)$$

where ν = Poisson's ratio.

Theoretical analysis substantiated by experimental data (e.g. by Teeuw) shows that this Poisson's ratio is insensitive to micro-structural parameters and even to the material properties of the constituent particles. Only the nature of the response of loaded contacts, which virtually means shape, contact friction, or cementation, influence the Poisson's ratio of granular materials. A good average figure for reservoir rocks is 0.25. In the laboratory, c_b or c_m is measured on core samples, the latter usually in an oedometer, and the other values are then calculated by estimating c_r and ν.

Such procedures are very suitable for more or less consolidated reservoir rocks. For the deformation analysis of loose sands and possibly also adjacent clays, however, a better understanding of the effect of particle crushing and particle slip on the laboratory determined compressibility figures seems required. This problem is gaining in interest in soil mechanics because of the modern trend to construct earth dams of increasing height. This produces high soil pressures, approaching the order of magnitude of those applicable in reservoir engineering. The theoretical work by Rowe[59] and the experimental work by Lee & Farhoumand[60] can be mentioned in this context. Rowes analysis deals with the determination of the appropriate deformation parameters for sands, but similar principles should apply to other particle sizes. However, the elastic phenomena in clays differ in that the thickness of the water film varies with effective pressure. Yield at clay particle boundaries may replace the brittle particle contact crushing experienced with sands. The objective of studies of this nature should be the unequivocal translation of deformation characteristics measured in the laboratory to reservoir behaviour.

4.3. Rock-failure properties

Although the rock-mechanics literature contains a wealth of information on the strength of rocks, little progress can be reported on work directly applicable to oil-production technology. Most failure theories and experimental work are related to nonporous and low-porosity rock types, while major problems during drilling and production relate to relatively weak shale formations such as loose and friable sands and shale intervals. These problem areas are described in Sections 5.5 and 5.6.

5. THE INFLUENCE OF ROCK MECHANICS ON DRILLING AND PRODUCTION BEHAVIOUR

5.1. Effect of rock deformability on reservoir characteristics

The influence of the stress field on such essential reservoir-rock parameters as porosity, permeability, electrical resistivity and acoustic wave velocity is by now generally recognized. This has resulted in the routine measurement of these rock properties under simulated in-situ stresses. The uncertainty in estimating and reproducing the components of the in-situ stress tensor remains a problem. In practice, such routine measurements are frequently carried out under hydrostatic loading conditions that simulate the effective overburden pressure. A better approach, however, is the use of a triaxial cell with the radial fluid pressure adjusted such that lateral straining of the sample is prevented.

Gray et al[61] demonstrated that the permeability reduction in cylindrical samples of two sandstones was a function of the ratio of radial to axial stress. They found that the permeability reduction under non-uniform stress used in these experiments was less than that under uniform stress (axial stress = radial stress = overburden - pore pressure). They concluded that laboratory studies of permeability reductions in which a hydrostatic loading equal to the sample's effective overburden is applied gives a maximum reduction in permeability.

Large percentage premeability reductions (in the mD range) are reported by Bairogs et al.[62] who applied hydrostatic loading conditions. They incorporated this stress effect in a mathematical model for gas flow in tight reservoirs.

Not all problems in this field have been solved. Not only has the proper core loading not always been applied, but one must also distinguish between the overall reservoir stress and the stress field around the borehole. The latter should be considered when estimating the effect of rock compressibility on well-inflow behaviour and when correlating laboratory-derived rock parameters with logging data. This correlating procedure obviously depends on the logging tool's 'penetration' in the formations surrounding the borehole.

5.2. Effect of rock deformability on well-flow tests

Considerable research effort has been spent in studying the effect of pressure-dependent rock properties (e.g. pore-volume compressibility, porosity and permeability) and fluid properties on production behaviour with the help of either analytical or numerical techniques. Raghavan et al.[63], for example, have analyzed the second-order, nonlinear, partial differential equation that results if these effects are all included. By defining a 'pseudo-pressure' or potential

$$m(p) = \int_{p_m}^{p} \frac{\rho(p)\, k(p)}{[1 - \phi(p)]\ \mu(p)}\, dp$$

in which ρ = density, k - permeability, ϕ = porosity and μ = fluid viscosity, with p_m as the base pressure, they obtained the differential equation

$$\nabla^2 m(p) = \frac{\phi(p)\ \mu(p)\ c_t(p)}{k(p)}\ \frac{\partial m(p)}{\partial t}$$

in which c_t = total compressibility of pore volume plus pore content, subject to the prevailing initial and boundary conditions. The latter should also be formulated in terms of the pseudo-pressure m(p).

5.3. Effect of rock deformability on material-balance calculations

The effect of pore compressibility on determination of the original volume of oil in place is, in principle, straightforward. The material-balance equation states that the cumulative fluid production at reservoir conditions of pressure and temperature should be equal to the cumulative water influx into the reservoir plus the expansion of reservoir fluids in place plus the reduction in pore volume. The solution of this material-balance equation may be quite complex, but the relationship contains in principle only two unknowns: the water influx and the amount of oil in place, both as a function of time. By evaluating this balance a number of times during the production period, insight into the production behaviour is obtained. The smaller the contribution from water drive, the more important the influence of pore compressibility becomes. This behaviour has been discussed by van der Knaap[64]. Refined material-balance studies for finite aquifers also include the effect of aquifer pore compressibility, because the pore space of the aquifer is also subject to a fluid-pressure reduction.

An interesting observation is reported by Harville & Hawkins[65]. Because gas compressibilities decrease with increasing pressure, pore compressibility is not only of interest for oil reservoirs, but it may also become important for deep, high-pressure gas reservoirs. The authors mentioned analyzed a geopressured gas reservoir in Louisiana. As the reservoir pressure was gradually reduced, they found a strongly nonlinear effect: the pore compressibility decreased from an initial value of 28×10^{-6} psi^{-1}, which was close to the initial gas compressibility, to 6×10^{-6} psi^{-1}. This implied a nearly five-fold reduction. Neglecting this pore-compressibility effect would result in a considerably over-optimistic estimate of gas in place.

5.4. Reservoir compaction and land subsidence

A number of publications have been devoted to the mechanism of land subsidence resulting from pronounced reservoir compaction. Van der Knaap & van der Vlis[66] compare various examples of subsidence in the world and show that compaction and the accompanying subsidence are only noticeable when the formation consists of clay and uncemented sand. Their analysis concentrates on one particular subsidence area, namely the Bolivar Coast in Venezuela. They show that, at least for Venezuelan conditions, reservoir compaction could be analyzed on a field-wide basis by comparing surface subsidence volume with the volume of liquids extracted from the reservoir. They assume that a given volume of formation compaction causes an equal volume of subsidence. Figure 2 shows subsidence bowl volume as a function of gross liquid production for three Bolivar-Coast fields until 1965. For each field, the incremental subsidence volume is roughly equal to the incremental liquid withdrawal, except during an initial production period.

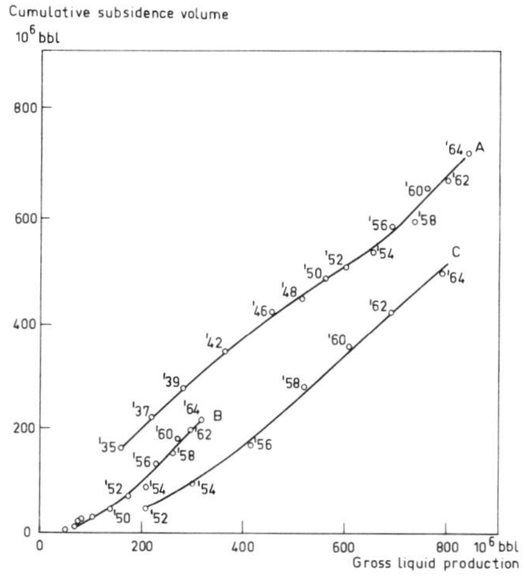

FIG.2 SUBSIDENSE VERSUS GROSS LIQUID PRODUCTION FOR THREE BOLIVAR COAST FIELDS
(after van der Knaap & van der Vlis[66])

Geertsma[15,52] found that subsidence above producing reservoirs could be formulated in terms of the theory of poroelasticity. In a half space, an isolated volume - the reservoir - shrinks owing to the reduction in pore pressure; subsidence is simply the result of the interaction between the compacting reservoir and its (also deformable) surroundings. The resulting mathematical equations could be solved either by numerical methods or, for particular conditions, analytically. Such solutions show how the degree and extent of subsidence due to compaction are a function of the ratio between depth of burial and lateral reservoir extent and of the deformation properties of the reservoir surroundings.

Evangelisti & Poggi[67] have extended this work by including the effect of pore-pressure reduction in the adjacent aquifer. Important details of the subsidence/compaction relationship, particularly the ratio between the volume of the subsidence bowl and the reduction in reservoir pore volume, as well as the subsidence profile are influenced by the deformation characteristics of the basement compared with those of the overlying reservoir (van Opstal[68]). Under Bolivar-Coast conditions, the basement rock is very stiff in comparison with the highly deformable loose sands and clay layers that constitute the reservoirs. This makes subsidence volume and the reduction in pore volume theoretically equal, while for homogeneous conditions subsidence volume may exceed reservoir compaction.

Reference 52 is a state-of-the-art report on this subject. Details of an investigation in depth which resulted in the prediction of subsidence above the high Groningen gas reservoir in the Netherlands can be found in reference 69. Laboratory experiments and theory suggest that when this field is almost depleted, between the years 2000 and 2010, the centre of Groningen province, a low-land area, may have subsided about 85 cm, assuming homogeneous conditions (fig. 3).

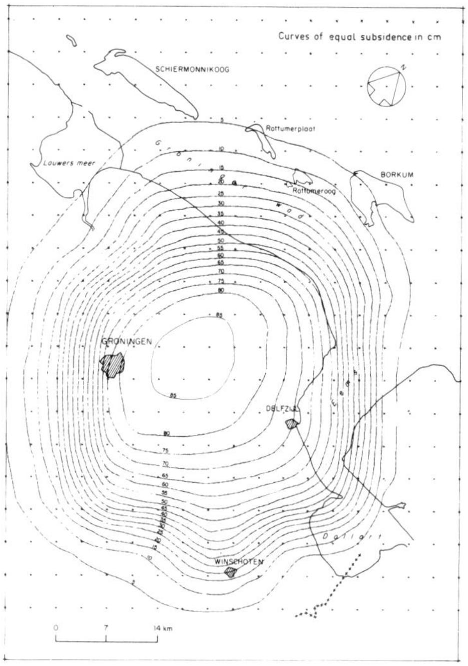

FIG.3 PREDICTED LAND SUBSIDENCE PATTERN ABOVE THE GRONINGEN GAS FIELD FOR THE YEAR 2005
assuming a homogeneous half space
(after Geertsma & van Opstal[69])

Subsidence can generally be attributed to several causes. Green[70] has published a modified case history in which the relative magnitudes of three independent but simultaneously acting causes of subsidence, namely regional basin subsidence, freshwater withdrawal for urban usage from a shallow aquifer, and tectonics, could be isolated from subsidence due to oil-field fluid extraction. Another operating company decided to measure reservoir and shallow compaction separately (Groningen area), where groundwater-level fluctuations and tide influence ground-level movement (de Loos[69]).

5.5. Preventing formation rupture to the surface

This important aspect of potential borehole failure has been discussed by Goins[71]. There have been a number of instances in which formations have ruptured from below a casing seat to the surface during or following a blowout, creating conditions that are most difficult to control. The Santa Barbara incident is a painful reminder of the cost and trouble associated with such blowouts. There are no known methods of predicting when a ruptured formation will extend to the surface, but since this is known to happen when fracturing occurs below surface strings, work on prevention of this fracturing seems warranted.

A standard procedure involves closing a well after a kick and maintaining the bottom-hole pressure at a value that prevents formation fluid flow until the well is killed. This procedure assumes that the well can be closed in immediately when a kick occurs and that the higher annulus pressure necessary during well killing can be tolerated by the unprotected borehole wall below the casing seat. However, this will often cause formation rupture, particularly if high geopressures are encountered. If this happens the borehole fluid can leak away, killing pressure can no longer be maintained, and a blowout can still result.

This potentially dangerous situation is even more critical when drilling in deep water, where the overburden results in an abnormally low prestress at shallow depths below the sea bottom. This problem is becoming increasingly important with the tendency for new hydrocarbon resources to be sought in increasing water depths.

5.6. Sand production through perforations

Sand-production control in the oil industry is a serious problem that is only partially understood, while remedial measures are costly and not always reliable. Many oil wells in friable sands cannot be put on full production because this means excessive sand production. Stein & Hilchie[72] have presented a method of estimating maximum production rates from friable sandstones without using sand-control measures. Their method is based on two premises: (i) stable arches of sand can form around perforations in hydrocarbon-producing formations, and (ii) the ability of a sand arch to resist the forces exerted by produced fluids depends on the formation's strength. Measures of formation strength are obtained from density and acoustic velocity data.

Insufficient attention has so far been paid to the mechanics of failure of the sand structure around the well bore behind perforations and to the factors that affect the formation's stability. We know of only two papers on this subject, one by Ayers[73] and one by Hall & Harrisberger[74]. Ayers discusses at length the stress field around the well bore and its relation to formation stability in terms of the sand's shear-strength properties. The work by Hall & Harrisberger is a laboratory extension of this study. They have analyzed the failure mechanism of unconsolidated sands and the mechanisms of stabilization of sands by consolidating plastics, using triaxial tests. They have also made a direct study of the arching behaviour of sand, i.e. the manner in which sand forms a stable structure spanning an opening. They show the usefulness of having a sand of high grain strength outside the perforations and they propose injecting a sand whose critical stress for constant-volume shearing is well above that of the formation sand. Such a sand, injected so as to achieve a dense enough packing to be dilatant, can form a very stable arch even with a moderately cohesive plastic.

5.7. Triggering of earthquakes

The injection of waste water into a 12,000 ft deep well near Denver, Colorado from 1962 to 1965 is the first well-documented case in which earthquakes have been associated with fluid injection (see van Poollen & Hoover[75]). More recently, earthquakes were observed during water flooding of the Rangely oil field, also in Colorado, and the phenomenon is now the subject of considerable research activity in the USA. Additional field observations have been reported lately, namely micro-earthquakes related to water flooding in oil fields along the Newport-Inglewood faults near Los Angeles and micro-seismicity related to oil-field production and injection along the Whittier fault, also in California.

All these reported occurrences of artificially generated seismicity have two conditions in common: they are in areas where tectonic in-situ stresses may be expected and the pore pressure is increased locally by water or waste injection.

6. SUGGESTIONS FOR DISCUSSION ITEMS

As the above survey shows, many aspects of rock-mechanics problems associated with the extraction of mineral fluids are far from being solved and are thus candidates for additional research. The author must apologize for not having access to probably related East European literature on these subjects. Any additional references from and discussions with the East European delegates to the Congress would be very welcome.

Discussion items at the Congress meeting are selected on the basis of their probable impact on the industry and include:

1. Seismicity associated with fluid injection in oil reservoirs. Much research is now under way in the USA and interesting results can be expected for presentation at the meeting place where it all started.

2. Practical methods for the detection of the proximity of geopressured zones from a borehole are of increasing interest to the oil industry and this seems an appropriate discussion item.

3. Determination of real stresses around boreholes and the mechanics of borehole failure may lead to safer drilling operations, particularly with regard to blowout prevention.

4. In relation to discussion item 1, suggestions for improvement in the determination of the in-situ stress tensor should be encouraged.

5. Finally, a better understanding of the mechanics of formation failure behind perforations, and well-completion methods that circumvent it, may result in improved production from the world's friable formations.

7. REFERENCES

1. Haimson, B., Hydraulic fracturing in porous and nonporous rock and its potential for determining in-situ stresses. PhD Thesis, University of Minnesota, July 1968.

2. Von Schonfeldt, H., An experimental study of open-hole hydraulic fracturing as a stress measurement method with particular emphasis on field tests. PhD Thesis, University of Minnesota, November 1970.

3. Komar, C. A. et al., Factors that predict fracture orientation in a gas storage reservoir. J. Petrol. Tech., May 1971, p. 546.

4. Pasini, J. & Overby, W.K., Natural and induced fracture systems and their application to petroleum production. SPE Preprint 2565, 1968.

5. Roegiers, J.C. et al., The DSP - A new instrument for estimation of the in-situ stress state at depth. Sixth Conference on January 1973, SPE Preprint 4246.

6. Daneshy, A.A., Study of inclined hydraulic fractures. 47th AIME Annual Fall Meeting, San Antonio, Texas, October 1972, SPE Preprint 4062.

7. Fertl, W.H., Worldwide occurrence of abnormal formation pressures, Part I. Abnormal Subsurface Pressure Symposium, Baton Rouge, May 1972, SPE Preprint 3844.

8. Rehm, B., Worldwide occurrence of abnormal formation pressures. Part II. Abnormal Subsurface Pressure Symposium, Baton Rouge, May 1972, SPE Preprint 3845.

9. Smith, J.E., Shale compaction. SPE Journal 1973, vol. 13, No. 1, p. 12.

10. Raghavan, R., A review of the consolidation and rebound processes in one-dimensional porous columns. 47th AIME Annual Fall Meeting, San Antonio, Texas, October 1972, SPE Preprint 4078.

11. Pennebakker, E.S., An engineering interpretation of seismic data. 43rd AIME Annual Fall Meeting, Houston, Texas, October 1968, SPE Preprint 2165.

12. Lewis, C.R. & Rose, S.C., A theory relating high temperatures and overpressures. J. Petrol. Tech., January 1970, p. 11.

13. Wilson, G.J. & Bush, R.E., Pressure prediction with flowline temperature gradients. J. Petrol. Tech., February 1973, p. 135.

14. Hubbert, M.K. & Willis, D.G., Mechanics of hydraulic fracturing. Trans. AIME, 1957, vol. 210, p. 153.

15. Geertsma, J., Problems of rock mechanics in petroleum production engineering. Proc. First Congr. Int. Soc. Rock Mech., Lisbon 1966, vol. I, p. 585.

16. Haimson, B. & Fairhurst, C., In-situ stress determination at great depths by means of hydraulic fracturing. Rock Mechanics, Theory and Practice, SME AIME, New York, 1970.

17. Haimson, B. & Edl, J.N., Hydraulic fracturing of deep wells. 47th AIME Annual Fall Meeting, San Antonio, Texas, October 1972, SPE Preprint 4061.

18. Haimson, B. & Tharp, T.M., Real stresses around boreholes. Sixth Conf. Drilling and Rock Mech., Austin, Texas, January 1973, SPE Preprint 4241.

19. De Josselin de Jong, G. & Geertsma, J., The stress distribution around vertical mud filled boreholes drilled in a sandy overburden (in Dutch). De Ingenieur, 1953, vol. 65, No. 9, p. M1.

20. Gnirk, P.F., The mechanical behaviour of uncased wellbores situated in elastic/plastic media under hydrostatic stress. SPE Journal, 1972, vol. 12, No. 1, p. 49.

21. Beirute, R. & Tragesser, A., Expansive-shrinkage characteristics of cements under actual well conditions. 47th AIME Annual Fall Meeting, San Antonio, Texas, October 1972, SPE Preprint 4091.

22. Le Tirant, P. & Baron, G., Rupture hydraulique des roches sédimentaires. Proc. First Congr. Soc. Rock Mech., Lisbon 1966, vol. 1, p. 577.

23. Le Tirant, P. & Baron, G., Fracturation hydraulique des roches stratifiées et fissurées; application aux réservoirs d'hydrocarbures. Proc. Second Congr. Soc. Rock Mech., Beograd 1970, Paper 3-40.

24. Eaton, B.A., Fracture gradient prediction and its application in oil-field operations. J. Petrol. Tech., October 1969, p. 1353.

25. Taylor, D.B. & Smith, T.K., Improved fracture gradient estimates in offshore drilling operations. Preprint 926-15-L, Div. Prod. API, March 1970.

26. Anderson, R.A. et al., Fracture pressure gradient determination from well logs. 47th AIME Annual Fall Meeting, October 1972, San Antonio, Texas, SPE Preprint 4135.

27. Christman, S.A., Offshore fracture gradients and casing setting depths. 47th AIME Annual Fall Meeting, San Antonio, Texas, October 1972, SPE Preprint 4133.

28. England, A.H. & Green, A.E., Some two-dimensional punch and crack problems in classical elasticity. Proc. Cambridge Phil. Soc., 1963, vol. 59, p. 489.

29. Sneddon, I.N., The distribution of stress in the neighbourhood of a crack in an elastic solid. Proc. Roy. Soc. London, 1946, vol. A 187, p. 229.

30. Perkins, T.K. & Kern, L.R., Widths of hydraulic fractures. J. Petrol. Tech., September 1961, p. 937.

31. Nordgren, R.P., Propagation of a vertical hydraulic fracture. SPE Journal, 1972, vol. 12, p. 306.

32. Zheltov, Yu.P. & Khristianovitch, S.A., On the mechanism of hydraulic fracturing of an oil-producing formation. Izvest. Akad. Nauk SSSR, Otdel. Tekh. Nauk, 1955, No. 3, p. 41.

33. Baron, G. et al., Fracturation hydrauliques; bases théoriques, études de laboratoire, essais sur champ. Proc. 7th World Pet. Congr., 1967, vol. 3, p. 371.

34. Geertsma, J. & de Klerk, F., A rapid method of predicting width and extent of hydraulically induced fractures. J. Petrol. Tech., December 1969, p. 1571.

35. Daneshy, A.A., Opening of a pressurized fracture in an elastic medium. 22nd Ann. Tech. Meeting Petrol. Soc. CIM, Banff, Alberta, June 1971, Paper 7616.

36. Daneshy, A.A., On the design of vertical hydraulic fractures. J. Petrol. Tech., January 1973, p. 83.

37. McGlothlin, B.B. & Huitt, J.L., Relation of formation rock strength to propping agent strength in hydraulic fracturing. J. Petrol. Tech., March 1966, p. 377.

38. Van der Vlis, A.C., Rock classification by a simple hardness test. Proc. Second Congr. Int. Soc. Rock Mech., Beograd 1970, Paper 3-4.

39. Wood, D.B. & Junkin, G., Stresses and displacements around hydraulically fractured wells. 45th AIME Annual Fall Meeting, Houston, Texas, October 1970, SPE Preprint 3030.

40. Cook, M.A., Explosives, a survey of technical advances. Ind. Eng. Chem., 1968, vol. 60, No. 7, p. 44.

41. Le Tirant, P. & Cholet, H., Situation actuelle et avenir de la stimulation des puits par explosifs. Rev. IFP, July-August 1972, p. 559.

42. Laspe, C.G. & Roberts, L.N., A mathematical analysis of oil and gas well stimulation by explosive fracturing. Rocky Mountain Regional Meeting SPE of AIME, Billings, Montana, June 1971, SPE Preprint 3355.

43. Laspe, C.G., How to predict explosive stimulation results. Petroleum Engineer, May 1971, p. 68.

44. Van der Knaap, W., Nonlinear behaviour of elastic porous media. Trans. AIME 1959, vol. 216, p. 179.

45. Felsenthal, M. & Ferrell, H.H., Fracturing gradients in waterfloods of low-permeability partially depleted zones. J. Petrol. Tech., June 1971, p. 727.

46. Hardy, H.R. et al., Application of model studies to the optimization of pressures in underground gas storage reservoirs. Northern Plain Regional Meeting SPE of AIME, Omaha, Nebraska, May 1972, SPE Preprint 3868.

47. Sawabini, C.T. et al., Design and operation of a triaxial high temperature, high pressure compaction apparatus. J. Sed. Petrol. 1971, vol. 41, No. 3, p. 871.

48. Abgrall, E., Etude du comportement du milieu poreux en temperature et sous contrainte. Rev. IFP, July-August 1971, p. 571.

49. Carpenter, C.B. & Spencer, G.B., Measurements of compressibility of consolidated oil-bearing sandstones. RI 3540, US Bureau of Mines, October 1940.

50. Hall, H.N., Compressibility of reservoir rocks. Trans. AIME, 1953, vol. 198, p. 309.

51. Newman, G.H., Pore-volume compressibility of consolidated, friable and unconsolidated reservoir rocks under hydrostatic loading. J. Petrol. Tech., February 1973, p. 129.

52. Geertsma, J., Land subsidence above compacting oil and gas reservoirs. SPE European Spring Meeting, Amsterdam, The Netherlands, May 1972, SPE Preprint 3730 (to appear in J. Petrol. Tech., June 1973).

53. Teeuw, D., Laboratory measurement of compaction properties of Groningen reservoir rock. Verhandelingen Kon. Ned. Geol. Mijnbouwk. Gen., 1973, vol. 28, p. 19.

54. Van Gonten, W.D. & Ghoudhary, B.K., The effect of pressure and temperature on pore volume compressibility. 44th AIME Annual Fall Meeting, Denver, Colorado, September 1969, SPE Preprint 2526.

55. Kohlhaas, C.A. & Miller, F.G., Rock-compaction and pressure-transient analysis with pressure-dependent rock properties. 44th AIME Annual Fall Meeting, Denver, Colorado, September 1969, SPE Preprint 2563.

56. Roberts, J.E. & de Souza, J.M., The compressibility of sands. Proc. ASTM, 1958, vol. 58, p. 1269.

57. Sawabini, C.T. et al., Triaxial compaction of unconsolidated oil sands. 47th AIME Annual Fall Meeting, San Antonio, Texas, October 1972, SPE Preprint 4058.

58. Chilingar, C.V. et al., Compressibilities of clays and some means of predicting and preventing subsidence. In "Land Subsidence," IASH-Unesco, 1969, Publ. 89, vol. 2, pp. 377.

59. Rowe, P.W., Theoretical meaning and observed values of deformation parameters of soil. In "Stress and strain behaviour of soils." R.H.G. Parry (ed) 1972, G.T. Foulis & Co. Ltd., Oxfordshire.

60. Lee, K.L. & Farhoomand, I., Compressibility and crushing of granular soil in anisotropic triaxial compression. Can Geotech. Journal, 1967, vol. 4, No. 1, p. 68.

61. Gray, D.H. et al., The effect of stress on permeability of sandstone cores. SPE Journal 1963, vol. 3, No. 2, p. 95.

62. Vairogs, J. et al., Effect of rock stress on gas production from low-permeability reservoirs. J. Petrol. Tech., September 1971, p. 1161.

63. Raghavan, R. et al., An investigation by numerical methods of the effect of pressure-dependent rock and fluid properties on well flow tests. SPE Journal, 1972, vol. 12, No. 3, p. 267.

64. Van der Knaap, W., Der Einflusz einer Änderung des Porenvolumes in erdölhaltigem Gestein auf die Abschätzung des Ölvorrates. Erdöl und Kohle, 1960, vol. 13, p. 305.

65. Harville, D.W. & Hawkins, M.F., Rock compressibility and failure as reservoir mechanisms in geopressured gas reservoirs. J. Petrol. Tech., December 1969, p. 1528.

66. Van der Knaap, W. & Van der Vlis, A.C., On the cause of subsidence in oil-producing areas. Proc. 7th World Petr. Congr., Mexico City, 1967, vol. 3, p. 85.

67. Evangelisti, G. & Poggi, B., Sopra i fenomeni di deformazione dei terreni da variazione della pressione di strato. Memorie Serie II, No. 6, Atti della accademia della scienze della instituto di Bologna, 1970.

68. Van Opstal, G., The effect of base-rock rigidity on subsidence due to reservoir compaction. Paper to be presented at the 48th AIME Annual Fall Meeting, October 1973, Las Vegas, Nevada.

69. de Loos, The analysis of surface subsidence resulting from gas production in the Groningen area, the Netherlands. Verhandelingen Kon. Ned. Geol. Mijnbouwk. Gen., 1973, vol. 28.

70. Green, J.P., An approach to analyzing multiple causes of subsidence. 47th AIME Annual Fall Meeting, San Antonio, Texas, October 1972, SPE Preprint 4079.

71. Goins, W.C., Selected items of interest in drilling technology - An SPE distinguished lecture. J. Petrol. Tech., July 1971, p. 857.

72. Stein, N. & Hilchie, D.W., Estimating the maximum production rate possible from friable sandstones without using sand control. J. Petrol. Tech., September 1972, p. 1157.

73. Ayers, W.M., Mechanics of sand consolidating plastic treatments. Paper presented at the Conf. on Prod. Research and Eng., Tulsa, Oklahoma, May 1965, SPE Preprint 1135.

74. Hall, C.D. & Harrisberger, W.H., Stability of sand arches: a key to sand control. J. Petrol. Tech., July 1970, p. 821.

75. Van Poollen, H.K. & Hoover, D.B., Waste disposal and earthquakes at the Rocky Mountain Arsenal, Derby, Colorado. J. Petrol. Tech., August 1970, p. 983.

ÉTUDE DES PROBLÈMES DE MÉCANIQUE DES ROCHES INHÉRENT A L'EXTRACTION DE FLUIDES MINÉRAUX DE FORMATIONS SOUTERRAINES

Dr. J. Geertsma

Koninklijke/Shell Exploratie en Productie
Laboratorium Rijswijk

Rijswijk, The Netherlands

RESUME

Le présent rapport traite du rôle de la mécanique des roches dans la production de fluides minéraux (soit le pétrole brut, soit le gaz naturel, soit l'un et l'autre) à partir de réservoirs souterrains. Il s'agit d'une première étude de ce genre, préparée pour les Comptes-rendus de la Société Internationale; elle évalue l'état de la technologie sur la base de travaux publiés récemment dans une diversité de journaux techniques, ou présentés à des réunions techniques tenues jusqu'au moment de la rédaction du rapport (mai 1973).

1. INTRODUCTION

Le pétrole brut et le gaz naturel sont nos principales sources d'énergie. Toutes les matières premières en question sont extraites de roches poreuses. Une bonne politique de production requiert tout d'abord des connaissances détaillées des flux de fluide à phases multiples par des milieux poreux, mais encore une idée du comportement mécanique des roches-réservoirs. Nous passerons en revue les progrès majeurs dans ce dernier domaine de recherce, y compris la détermination du champ des contraintes au moment de la découverte d'un réservoir, l'analyse des déviations de cet état naturel des contraintes par suite d'activités de forage et de production, l'étude des propriétés de déformation de roches-réservoirs dans les limites de charge qui nous intéressent, et une énumération des effets que la mécanique des roches produit sur les diverses techniques appliquées dans les opérations de production de pétrole. Une telle étude révèle d'importants domaines de problèmes justifiant un effort de recherche complémentaire. Quelques-uns de ces problèmes seront proposés pour discussion lors du Congrès.

2. L'ÉTAT INITIAL OU NATUREL DES CONTRAINTES

2.1. Le champ total des contraintes

On ne peut déterminer que certaines composantes du tenseur des contraintes in situ. La charge verticale due aux couches de couverture peut être calculée par intégration à partir de données de diagraphie continue de la densité, mais il n'est pas possible d'établir directement la manière dont cette charge est distribuée sur les composantes des contraintes normales internes et tangentielles. En revanche, les fracturations hydrauliques autour d'un trou de forage, qui sont fréquemment occasionnées pour stimuler un puits, tendent à suivre des surfaces parallèles aux principales contraintes de compression fortes et moyennes, et perpendiculaires à la contrainte la plus faible. L'orientation de ces fractures provoquées dépend donc de l'état des contraintes régnant dans la roche ambiante. La pression de propagation des fractures, c'est-à-dire la pression requise du fluide pour étendre les fractures, moins les pertes par frottement, est égale à la contrainte la plus faible. (Haimson[1], Von Schonfeldt[2]).

La détermination de cette "pression instantanée à la fermeture du puits" (ISIP) est relativement facile. L'orientation des fractures, et par conséquent la direction de la composante de la contrainte la plus faible, sont moins faciles à déceler. Lorsque la fracturation est occasionnée par l'injection d'un fluide par des performations dans un trou tubé, ce que est la pratique courante, on ne peut même pas utiliser de packers d'empreinte. On effectue parfois des essais à traceurs radioactifs pour déterminer le plan de fracture, mais cela réclame une opération spéciale.

Certains auteurs soutiennent que dans des zones de roches planes ou légèrement inclinées, l'orientation des fractures verticales, y compris probablement la plupart des fracturations hydrauliques dans des roches-réservoirs, peut être vérifiée sur la base de certaines caractéristiques de la surface de la région (Komar et al.[3]). En 1967, le Bureau des Mines des Etats-Unis a pris l'initiative d'une étude de l'orientation de fracturations hydrauliques dans des réservoirs de pétrole afin d'aider les producteurs à améliorer le positionnement et l'espacement des puits pour augmenter l'efficacité de l'injection de fluide et celle de la production de pétrole. Une corrélation a été établie entre les linéations de la surface et les azimuts des fracturations hydrauliques. Certains systèmes communs, déterminés à partir d'enregistrements diagraphiques effectués à distance et/ou d'études à la surface, ont été mis en corrélation avec l'orientation en profondeur dans le bassin appalachien jusqu'à des profondeurs de 3000 pieds (Pasini & Overby[4]). Les connaissances techniques disponibles sont insuffisantes pour que cette technique soit plus généralement applicable. De plus, on ne peut toujours distinguer les caractéristiques de surface de la région, notamment dans les opérations en mer.

Roegiers et al.[5] ont mis au point une sonde de contrainte profonde (deep stress probe-DSP), consistant dans une combinaison d'un packer composé de deux éléments et d'un packer d'empreinte, permettant de déterminer l'orientation et l'azimuth de fracturations hydrauliques à l'endroit du puits de forage dans un trou ouvert. Cependant, l'orientation des fractures à l'endroit du puits de forage ne coincide pas toujours avec la direction de propagation générale des fractures. Par exemple, les fractures ne sont pas nécessairement provoquées perpendiculairement à la direction de la contrainte de traction maximum produite sur la paroi du trou de forage. Daneshy[6] signale qu'à la différence de ce qui est le cas des fractures hydrauliques axiales ou normales, un certain degré de rupture par cisaillement semble accompagner l'engendrement et l'extension de presque toutes les fractures hydrauliques inclinées dans le sens vertical. Ces fractures croisent souvent le trou de forage en deux directions axiales diamétralement opposées, de sorte à se présenter sous la forme de fractures axiales. De telles fractures changent d'orientation à mesure qu'elles s'éloignent du trou de forage, et elles finissent par devenir perpendiculaires à la contrainte la plus faible.

2.2. La pression interstitielle

Comme on peut le conclure des comptes-rendus rédigés par Fertl[7] et Rehm[8], des pressions de formation ou pressions interstitielles anormalement élevées se rencontrent partout dans le monde lors du forage de puits d'hydrocarbures. Dans des sables argileux, on a observé parfois des pressions de fluide approchant de la pression des couches de couverture. Ces pressions anormalement élevées dans le volume des pores sont connues sous le nom de géopressions. Les déviations du niveau de pression hydrostatique sont attribuées à une diversité de mécanismes. Leur éventualité représente une menace constante pour les opérations de forage, car elles peuvent etre à l'origine d'une éruption. Aussi, l'industrie pétrolière centre-t-elle sa recherche en premier lieu sur la détection rapide des géopressions avant de commencer les forages dans les structures où elles règnent. Le tassement de schistes argilleux, cause commune de géopressions, fait constamment l'objet de travaux d'analyse physique et mathématique, d'autant plus que les schistes argileux dans lesquelles des géopressions se produisent, peuvent avoir été des roches sources d'hydrocarbures. Dans ce contexte, mentionnons les contributions faites par Smith[9] et Raghavan[10], qui appliquent chacun une formulation améliorée de la Loi de Darcy sur le flux de fluide dans un milieu poreux sujet à des pressions de tassement.

La détection de zones sujettes à des géopressions se fait partiellement sur la base de propriétés mécaniques et d'autres propriétés physiques anormales des milieux poreux, résultant de la contrainte effective anormalement basse - p.ex. basse densité, basse vitesse des ondes sismiques (Pennebakker[11]) et basse conductibilité calorifique (Lewis & Rose[12], Wilson & Bush[13]). Les recherches de ce type sont poursuivies de mainère vigoureuse, car il n'y a pas encore de méthode infaillible et universell fournissant, dès un premier stade, un avertissement sûr d'un risque d'éruption.

3. ANALYSE DES CHANGEMENTS DES CONTRAINTES ET DES GRADIENTS DES CONTRAINTES, PROVOQUÉS PAR DES ACTIVITÉS DE FORAGE ET DE PRODUCTION

3.1. L'état des contraintes autour de trous de forage avant et après la complétion de puits

Il est frappant de constater le peu de progrès réalisé dans la prédiction et la mesure du champ des contraintes autour de trous de forage remplis de fluide, malgré l'effet de ce champ su la stabilité du trou de forage, sur l'initiation de fractures hydrauliques et/ou de pressions susceptibles d'amener des pertes de boue, etc. Il existe de bonnes descriptions (Hubbert & Willis[14]) de la distribution des contraintes élastiques linéaires autour d'un trou cylindrique circulaire, y compris les effets de la pression interstitielle dans des roches précontraintes. Des corrections appropriées pour l'effet de la pression interstitielle ont été faites par Geertsma[15], et elles sont également signalées par Haimson & Fairhurst[16]. Cependant, d'importantes déviations de cet état peuvent être observées facilement dans certains essais de laboratoire simples, p.ex. ceux indiqués par Haimson & Edl[17]. Ces déviations sont attribuables aux causes suivantes:

(i) le comportement de déformation élastique et cataclastique non linéaire de roches-réservoirs, dû à la compression (voir le chapitre 4);

(ii) le module d'élasticité de Young à la compression diffère sensiblement de celui à la contrainte (Haimson & Tharp[18]);

(iii) une zone plastique ou susceptible de ruptures peut exister aux alentours du trou de forage. Cela peut avoir une influence notable sur le facteur de concentration de la contrainte, même lorsque la zone en question est petite (De Josselin de Jong & Geertsma[19]).

Ces phénomènes isolés ou combinés - selon le type de roche et le degré des contraintes - ont fréquemment pour résultat que la pression du fluide dans le trou de forage, qui est à l'origine de la rupture, diffère considérablement de celle estimée sur la base de la théorie de l'élasticité linéaire. Les difficultés mathématiques et les incertitudes quant à la loi du flux plastique tridimensionnel expliquent probablement pourquoi un nombre aussi limité de documents vraiment importants traitant de ce sujet ont paru au cours de la dernière décennie. Une communication de Gnirk[20] envisage des contraintes élastiques et plastiques dans le trou de forage, mais cela dans l'hypothèse d'un champ de contraintes hydrostatiques in situ dans la roche-réservoir. Cette situation se produit rarement dans la pratique et elle détourne l'attention des questions mécaniques et mathematiques proprement dites. On manque également de rapports sur des travaux expérimentaux détaillés de laboratoire.

La distribution des contraintes dans la roche-réservoir aux alentours d'un trou de forage tubé, cimenté à la formation, est, elle aussi, en grande partie inconnue. Abstraction faite du manque de renseignements concernant les rapports contrainte-déformation des formations relativement faibles réclamant une telle protection de la paroi du trou de forage, la prédiction de cette distribution requiert des données quantitatives concernant la contraction ou l'expansion de ciment dans des conditions de pression et de température in situ. Une technique plutôt simple permettant la détermination de ces propriétés a été décrite dans une publication (Beirute & Tragresser[21]). La connaissance du champ des contraintes derrière un tubage revêt un intérêt particulier dans les cas où l'on préviot ou constate la production de sable de formation par suite de la production de fluide (voir le chapitre 5).

3.2. Champs de contraintes associés à des fracturations hydrauliques

On provoque délibérément des fracturations hydrauliques autour de trous de forage afin de stimuler la production ou bien d'améliorer l'injectivité du puits pour les opérations de drainage. Inversement, la formation de fractures indésirables dans des sections non tubées dans les couches de couverture pendant le forage pose un problème potentiel et risque d'amener de graves pertes de boue, voire la perte complète de la circulation et par conséquent la perte du contrôle du puits. Ce problème est devenu particulièrement épineux dans les opérations de forage en mer.

Pour prédire les pressions d'initiation de fractures, il faut des connaissances de l'état initial ou naturel des contraintes (chapitre 2), et une théorie permettant de prédire le champ local des contraintes autour d'un trou de forage rempli de fluide, donnant lieu à des ruptures, ainsi que les conditions de rupture elles-mêmes.

Pour les formations bien consolidées, les données recueillies sur le terrain aussi bien que les expériences de laboratoire confirment les principaux résultats de la théorie de l'initiation de fractures élastiques linéaires, dont on trouve un résumé dans l'ouvrage no. 16 de la liste bibliographique. Cette théorie se fonde sur la notion de rupture à traction une fois que la contrainte effective tangentielle ou axiale dépasse la résistance à la traction de la formation. Dans les expériences de laboratoire, un champ initial de contraintes donné peut être appliqué pour la roche faisant l'objet de l'essai. Les propriétés mécaniques du matériau d'essai peuvent être facilement évaluées en cas de besoin. Cependant, en particulier dans les méthodes d'essai moins récentes dont l'Institut Francais du Pétrole a fait état il y a quelque temps, la petite taille des échantillons a rendu difficile la détermination de la pression effective d'initiation de fractures. Des exemples de ce genre de travaux expérimentaux ont été relatés aux Congrès précédents de la Société Internationale (Le Tirant & Baron[22,23]). En attendant, on a développé des techniques de mesure améliorées utilisant des systèmes à boucles fermées. Ces techniques sont appliquées p.ex. par Haimson et par Daneshy. Par contre, pour l'analyse de données concernant le champ de fracturation autour de trous non tubés, on manque de connaissances préalables de l'état initial des contraintes, encore que les pressions d'initiation de fractures puissent être déterminées avec une très grande précision.

Dans des séquences sédimentaires friables et peu compactes, il se trouve que la théorie de la rupture fragile n'est plus applicable. C'est précisément dans ces formations que l'initiation de fractures est souvent synonyme de pertes de boue, etc. Ce point a été examiné dans plusieurs exposés techniques, le plus souvent sur une base empirique. Quelques exemples récents de travaux de ce type figurent dans des communications d'Eaton[24], de Tailor & Smith[25] et d'Anderson et al.[26]. Si les fondements mécaniques du problème sont traités d'une manière relativement peu profonde, les auteurs présentent des solutions très pratiques basées sur des hypothèses semi-scientifiques pour prédire le gradient de la pression de fracture dans des intervalles d'argile sableuse. Ces solutions sont les plus efficaces dans des régions bien explorées telles que la côte du golfe du Mexique. Il faudrait davantage de travaux fondamentaux pour obtenir une base theorique plus solide permettant de prédire la distribution des contraintes aux environs du trou de forage jusqu'à rupture par suite d'une pression interne élevée du fluide. Dans les zones marines, les gradients des fractures pour des intervalles semblables d'argile sableuse sont même plus bas. C'est particulièrement le cas de formations situées dans des eaux profondes et dans des bas-fonds, l'intervalle supérieur étant de l'eau. La densité de l'eau est sensiblement inférieure à celle de la roche, de sorte que la contrainte des couches de couverture est plus petite que celle existant à un emplacement comparable situé sur terre. Une analyse de ce phénomène est présentée par Christman[27].

Un problème complémentaire, mais tout à fait différent, est la prédiction de la longueur et de la largeur de fracturations hydrauliques en fonction des propriétés de la formation et du fluide de fracturation, de la vitesse et de la durée du pompage. La prédiction des dimensions des fractures pendant leur propagation est indispensable à la mise au point d'un traitement de stimulation. D'intenses recherches ont été consacrées à l'élaboration d'une théorie convenable. Il s'agit là d'un exercice de mathématique, puisque ni la longueur, ni la largeur d'une fracture que se propage, ne peuvent être mesurées sur place. La seule quantité mesurable est le volume total de fluide injecté. Lorsque la largeur prédite des fractures est trop grande, l'agent de soutènement (généralement du sable) dans le fluide de fracturation risque d'empêcher la propagation ultérieure des fractures, ce qui signifierait l'échec du traitement du puits.

Les théories existantes sur la largeur des fractures se fondent toutes sur l'hypothèse raisonnable que les parois des fractures subissent des déformations élastiques. D'une manière ou d'une autre, ces théories se servent donc de la théorie de l'élasticité. Comme point de départ des calculs, on utilise soit la formule de la largeur des fractures pour des conditions de déformation plane, élaborée par England & Green[28], ou bien la formule générale de Sneddon[29] pour les déformations élastiques dans les parous d'une rupture circulaire ou en forme d'une pièce de monnaie. Les diverses méthodes utilisées se divisent en deux catégories principales, dont l'une présuppose une pression constante du fluide jusqu'au bout même de la fracture (Perkins & Kern[30] et Nordgren[31]), et l'autre se sert de la théorie de la propagation de fractures d'équilibre introduite pare Zeltov & Kristianovitch[32] et appliquée par Baron et al.[33], par Geertsma & De Klerk[34] et par Daneshy[35, 36]. Cette dernière manière d'aborder le problème est non seulement le plus acceptable au point de vue physique, mais elle fournit généralement les estimations les plus prudentes de la largeur de la fracture. Aussi la préfère-t-on dans la pratique. Les applications sur le terrain montrent effectivement que cette méthode conduit à des formulations satisfaisantes pour les calculs.

Après la fracturation et l'injection simultanée d'une barbotine contenant l'agent de soutènement, des problèmes ultérieurs de mécanique des roches se posent. Quelle charge la roche-réservoir exerce-t-elle sur l'agent de soutènement, une fois que la pression de fracturation a été relâchée? L'agent de soutènement, fréquemment du sable, risque d'être écrasé. D'autre part, les particules de l'agent peuvent pénétrer dans la formation et donner lieu à des difficultés d'incorporation. La charge à laquelle l'agent de soutènement est écrasé, doit dépasser la charge à laquelle l'incorporation totale dans les faces des fractures est possible (McGlothlin & Huitt[37]). On simule le chargement de l'agent de soutènement au laboratoire en soumettant des particules de l'agent à la pression de propagation des fractures entre deux plaques de fond faites du matériau de la roche-réservoir. Il est évident que la dureté de la formation par rapport à celle de l'agent de soutènement joue un rôle majeur à cet égard (Van der Vlis[38]).

Enfin il faut tenir compte de l'éventualité d'une fermeture de la partie non étayée du volume des fractures. Une analyse du transport de barbotine dans des fractures verticales montre qu'il y a toujours de bonnes chances pour qu'une petite zone aux abords du trou de forage demeure sans soutènement. Des calculs de la largeur restante de cette zone indiquent que la bouche de la fracture est susceptible de se fermer tout en donnant lieu à l'echec de la plus grande partie du traitement de stimulation (Wood & Junkin[39]).

3.3. La mécanique de la fracturation par explosion

La fracturation par explosion chimique est une autre technique destinée à la stimulation de puits. On a recommencé à s'intéresser à cette technique de tir des puits, dont le principe est classique, à la suite de la mise au point d'explosifs nouveaux à haute énergie (voir Cook[40]) et de la constatation que la fracturation hydraulique n'est pas un remède universel pour tous les problèmes de stimulation de puits. Le traitement à l'acide est un complément utile de la fracturation hydraulique, mais plusieurs sociétés aux Etats-Unis préconisent maintenant la fracturation par explosion aux mêmes fins. On distingue deux manières d'appliquer ce procédé:

(i) l'explosion de barbotines explosives dans un puits. Ces barbotines, relativement peu sensibles, ont le TNT et le nitrate d'ammonium pour base.

(ii) l'explosion d'explosifs liquides dans des fractures naturelles ou hydrauliques dont l'origine se situe dans le trou de forage. On envisage même des explosions dans le volume des pores de la formation. De tels explosifs, p.ex. ceus à base de nitroglycérine désensibilisée, de nitrométhane et d'astrolites, se caractérisent par leur diamètre critique réduit.

Le diamètre critique de l'explosif est une constante propre aux máteriaux qui exprime la distance, à partir du centre de l'explosion, au-delà de laquelle les pertes latérales d'énergie deviennent trop graves pour que la réaction de décomposition soit soutenue.

Nous ne connaissons qu'un rapport qui traite à fond ce sujet, écrit par Le Tirant & Cholet[41] de l'Institut Francais du Pétrole. L'évaluation et la promotion de cette nouvelle technique sont empêchées par le manque de connaissances de la mécanique de fragmentation dans les trous de forage et les fissures à des pressions de soutien élevées. Les théories publiées sont généralement empiriques (Laspe & Roberts[42], Laspe[43]).

3.4. Variations de pression de réservoir pendant les opérations

La production d'hydrocarbures à partir d'un milieu poreux implique la génération d'effondrements et de sources de pressions interstitielles temporaires et locales, ces dernières étant produites seulement lors de l'application de techniques de maintien de pression ou d'autres méthodes de récupération non primaire nécessitant l'usage de puits d'injection. L'évolution de la pression interstitielle d'un réservoir pendant la période de production dépend de la composition du fluide du réservoir, des conditions régnant dans les couches-limites ainsi que du ou des mécanisme(s) de production. Les simulations mathématiques du comportement à la production fournissent un moyen de prédire cette évolution de la pression. Une baisse rapide de la pression de réservoir est généralement peu attrayante, puisque cette pression constitue la force motrice du flux de fluide. Cependant, on ne peut toujours éviter une réduction sensible de la pression, p.ex. là où il n'entre que de petites quantités d'eau dans les couches-limites des réservoirs de petrole et de gaz.

La plupart des ingénieurs de réservoir admettent tacitement qu'une réduction de la pression interstitielle produit un accroissement équivalent des contraintes effectives dans toutes les directions, ce qui implique un tenseur total constant des contraintes. Par contre, Geertsma[15] et Van der Knaap[44] soutiennent, pour des raisons théoriques, que la formation sera d'habitude contrainte principalement dans le sens vertical, alors que les mouvements horizontaux seront entravés. Cette hypothèse implique une réduction de la contrainte horizontale totale lorsque la pression de réservoir diminue. Les mesures de l'ISIP faites par Felsenthal & Ferrell[45] ont fourni une réponse univoque à cette vieille question. Conformément à l'hypothèse de Geertsma et Van der Knaap, l'ISIP a diminué pendant la période d'épuisement d'une réservoir a basse perméabilité pour augmenter de nouveau pendant une période subséquente d'injection d'eau.

4. DONNÉES RELATIVES AUX PROPRIÉTÉS DE DÉFORMATION DE ROCHES-RESÉRVOIRS DANS LES LIMITES DE CHARGE A L'ÉTUDE

4.1. Généralités

Pendant la dernière décennie, une quantité croissant de données relatives aux caractéristiques de déformation de roches-réservoirs a été publiée. On s'est intéressé notamment à la compressibilité du volume des pores à des charges hydrostatiques augmentantes, ainsi qu'aux réductions correspondantes de la porosité, de la perméabilité et du facteur de formation (résistivité électrique). On a également publié des chiffres concernant le tassement unidimensionnel en l'absence de déformations latérales. Beaucoup moins d'attention a été prêtée jusqu'ici aux caractéristiques de contrainte-déformation que se présentent pendant le retrait partiel de la charge, encore que cet aspect du comportement de déformation joue un rôle, p.ex. pendant les travaux de remise en pression tels que l'injection d'eau après épuisement ainsi que le stockage de gaz naturel dans d'anciens réservoirs de gaz et de pétrole (Hardy et al.[46]). La déformabilité de la carotte pendant sa récupération à partir du tube carottier à la surface est un autre exemple de relaxation des contraintes, alors que la fracturation hydraulique et celle par explosion constituent, elles ausi, un domaine où de telles données sont requises.

Plusieurs laboratoires ajoutent actuellement des cellules à haute pression à leur équipement. Ainsi, Sawabini et al.[47] décrivent les détails d'une nouvelle cellule à charge hydrostatique (à l'Université de la Californie du Sud) calculée pour des pressions de charge allant jusqu'à 40 000 livres par pouce carré, alors que la température peut être variée entre la température ambiante et 100° C. Abgrall[48] de ELF-RE en France a introduit une nouvelle cellule triaxiale permettant l'enregistrement de changements de la porosité, de la perméabilité et du facteur de formation pour des pressions latérales allant jusqu'à 1500 bar et une pression axiale de 2500 bar sur des échantillons de roche d'un diamètre de 10 cm et d'une longueur de 20 cm. La plupart des grandes sociétés pétrolières et quelques sociétés de services disposent d'équipements à haute pression pour la détermination des données de compressibilité dans le cadre des travaux courants.

4.2. Compressibilité et comportement in situ déterminés au laboratoire

Les caractéristiques de contrainte-déformation de la plupart des roches-réservoirs dépendent de plusieurs facteurs tels que le type de roche, le degré de cémentation, la porosité, la profondeur de la structure et, pour les matériaux peu compacts, la dimension des grains, la granulométrie, la forme des particules, etc. L'interprétation des caractéristiques de contrainte-déformation, déterminées au laboratoire, en termes de comportement de réservoir, est entravée par le fait que la déformation totale n'est que partiellement récupérable ou élastique. Pour le reste, la déformation est non récupérable; elle est la conséquence de glissements de particules rigides et de glissements dus à des écrasements. On peut se servir de quartz piézo-électrique pour rendre perceptible le bruit d'écrasement à l'oeil ou à l'oreille.

Pendant le carottage, le tenseur initial des contraintes agissant sur la roche est relâché jusqu'à ce qu'il corresponde aux conditions atmosphériques. Il en résulte un retour qui est essentiellement d'une nature élastique. L'échantillon de carotte est ensuite remis sous contrainte au laboratoire, dans une cellule de compression, à un niveau dont on estime qu'il représente le tenseur initial des contraintes, puis on augmente la charge au-dessus de ce niveau. Cependant, l'existence, pendant la remise sous charge, de composantes de déformation non élastique, signifie que l'échantillon de laboratoire a un comportement mécanique different de celui de l'échantillon contraint dans la formation. Plus le pourcentage de la déformation non récupérable est élevé, plus il est à douter si cette méthode d'essai révèle la vrai comportement dans le terrain. C'est sous cet angle qu'il faut considérer la valeur numérique des données publiées sur les propriétés de déformation in situ de roches-réservoirs.

A la suite des mesures déjà classiques de Carpenter & Spencer[49], publiées en 1940, Hall[50] a publié une série de chiffres relatifs à la compressibilité des pores, qui montrent clairement leur intérêt pour les ingénieurs de réservoir. Des données beaucoup plus détaillées peuvent être trouvées dans un document récent rédigé par Newman[51], que présente une étude de chiffres de compressibilité des pores de calcaires ainsi que de grès, y compris des matériaux consolidés, friables et non consolidés. Geertsma[52] a publié les coefficients du tassement uniaxial d'un grande nombre de grès, de sables boulants et de roches carbonatées, dérivés de mesures effectuées par Teeuw[53]. Teeuw a également consacré un rapport au comportement de compressibilité de la formation de grès du Rotliegendes dans le champ de gaz de Groningen aux Pays-Bas. Cette étude comprenait la mesure courante du tassement hydrostatique de plus de 500 échantillons de carotte provenant d'un certain nombre de puits dans plusieurs parties du même champ. Dans le cadre d'une étude plus succincte, Van Gonten & Ghoudary[54] ont présenté des chiffres de compressibilité des pores pour quelques types de grès et un seul échantillon de calcaire, en fonction de la pression aussi bien que de la température. Bien que mesurable, l'effet de la température se trouve être trop petit pour la plupart des utilisations pratiques. Kohlhaas & Miller[55] signalent des chiffres de compressibilité pour les carottes provenant du champ de pétrole de Wilmington en Californie. Ces données revêtent un intérêt particulier du fait que ce champ a été suject à des affaissements considérables. Le comportement de compressibilité de sables boulants faisant l'objet d'une pression captive uniaxiale, tel qu'observé dans des réservoirs de pétrole et de gaz, a été relaté par Roberts & De Souza[56] et complété récemment par des chiffres de compressibilité recueillis par Sawabini et al[57] pour des sables pétrolifères du Pliocène et du Miocène Supérieur. Chilingar et al[58] rendent compte des compressibilités d'argiles adjacentes. La plupart des communications susmentionnées contiennent des renvois supplémentaires à des travaux antérieurs.

Bien que les chiffres de la compressibilité de volume des roches soient généralement supérieurs pour les porosités élevées (voir la fig. 1), il n'existe pas de corrélations compressibilité-porosité simples. De plus les données pour les grès consolidés diffèrent sensiblement de celles pour la plupart des calcaires et des sables friables et non consolidés. Aussi, Newman a-t-il conclu qu'une évaluation de la compressibilité de la roche pour un réservoir donné requiert des mesures individuelles de la compressibilité au laboratoire. Les études théoriques de la compressibilité de roches-réservoirs semblent être peu utiles aux ingénieurs de réservoir.

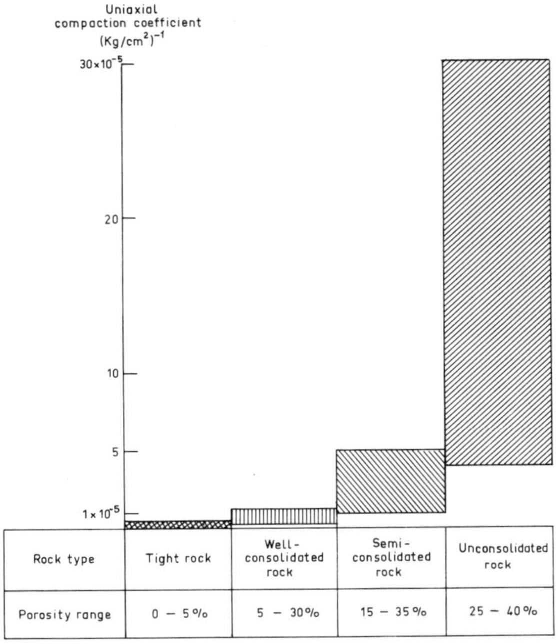

FIG.1 RANGE IN UNIAXIAL COMPACTION COEFFICIENT FOR VARIOUS ROCK TYPES (after Teeuw[53])

La compressibilité de volume des roches, la compressibilité des pores et le coefficient de tassement uniaxial se rapportent les uns aux autres. En définissant la compressibilité de volume des roches comme:

$$c_b = \frac{1}{V_b}\left(\frac{\partial V_p}{\partial \bar{\sigma}}\right)_p$$

c'est-à-dire comme le changement relatif du volume total V_b d'un échantillon chemisé mais drainé à une pression interstitielle constante par unité de changement hydrostatique de la pression externe ou captive $\bar{\sigma} = \frac{1}{3}(\sigma_1 + \sigma_2 + \sigma_3)$, on peut calculer la compressibilité des pores, qui s'exprime comme

$$\frac{1}{V_p}\left(\frac{\partial V_p}{\partial \bar{\sigma}}\right)_p = \frac{1}{\phi}(c_b - c_r)$$

ou comme

$$c_p = \frac{1}{V_p}\left(\frac{\partial V_p}{\partial p}\right)_{\bar{\sigma}} = \frac{1}{\phi}(c_b - c_r) + c_r$$

où c_r = compressibilité de la matrice rocheuse, V_p = volume des pores, et ϕ = porosité - V_p/V_b. La dernière valeur semble être la plus représentative des conditions du terrain, mais la différence entre les deux valeurs de la compressibilité des pores est petite. Pour le comportement élastique ou quasi élastique, le coefficient de tassement uniaxial est déterminé par la relation suivante:

$$c_m = \frac{1}{3}\left(\frac{1 + \nu}{1 - \nu}\right)(c_b - c_r)$$

où ν = module de Poisson.

Des analyses théoriques confirmées par des données expérimentales (p.ex. par Teeuw) montrent que ce module de Poisson est insensible aux paramètres de la microstructure et même aux propriétés du matériau des particules constituantes. Le module de Poisson de matériaux granulaires n'est influencé que par la nature de la réaction de contacts de charge, c'est-à-dire, la forme des granules, le frottement au contact, ou la cémentation. Une bonne moyenne pour les roches-réservoirs est 0,25. Au laboratoire, c_b ou c_m est mesuré sur des échantillons de carotte. La dernière valeur est établie d'habitude dans un oedomètre et on calcule ensiute les autres valeurs en estimant c_r et ν.

De telles méthodes sont très appropriées pour des roches-réservoirs plus ou moins consolidées. En revanche, pour l'analyse de la déformation de sables boulants et peut-être aussi d'argiles adjacentes, il semble nécessaire de mieux connaitre l'effet de l'écrasement et du glissement de particules sur les chiffres de compressibilité déterminés au laboratoire. Ce problème jouit d'un intérêt croissant dans la mécanique des sols, étant donné la tendance actuelle à construire des barrages en terre de plus en plus élevés, qui donnent lieu à de hautes pressions des sols: en effet, leur ordre de grandeur approache de celui applicable dans l'étude des réservoirs. Dans ce contexte on peut citer les travaux théoriques de Rowe[59] et les travaux expérimentaux de Lee & Farhoomand[60]. L'analyse de Rowe traite de la détermination des paramètres de déformation appropriés pour les sables, mais des principes semblables s'appliquent sans doute aux particules d'autres tailles. Les phénomènes élastiques dans les argiles sont toutefois différents en ce que l'épaisseur du film d'eau varie en fonction de la pression effective. Alors que dans les sables on observe des écrasements au contact de particules fragiles, les surfaces des particules d'argile sont susceptibles de se déformer au contact. L'objectif des études de ce type doit être la traduction univoque des caractéristiques de déformation mesurées au laboratoire en caractéristiques de comportement de réservoir.

4.3. Propriétés de rupture de roches

Bien que la littérature concernant la mécanique des roches contienne une mine de renseignements sur la résistance des roches, il y a peu de progrès à signaler sur des travaux directement applicables à la technologie de la production de pétrole. La plupart des théories sur la rupture et des travaux expérimentaux portent sur des types de roches non poreux et à basse porosité, alors que les grands problèmes recontrés pendant le forage et la production se rapportent à des formations relativement faibles, telles que sables boulants et friables et intervalles argileux. Ces domaines de problèmes sont décrits aux chapitres 5.5 et 5.6.

5. L'INFLUENCE DE LA MÉCANIQUE DES ROCHES SUR LE COMPORTEMENT AU FORAGE ET À LA PRODUCTION

5.1. Effet de la déformabilité des roches sur les caractéristiques des réservoirs

L'influence du champ des contraintes sur les paramètres essentiels des roches-réservoirs tels que la porosité, la perméabilité, la résistivité électrique et la vitesse des ondes sonores est aujourd'hui généralement reconnue. Par conséquent, on mesure couramment ces propriétés des roches sous des contraintes in situ simulées. Le manque de certitude dans l'estimation et la reproduction des composantes du tenseur des contraintes in situ demeure un problème. En pratique, de telles mesures courantes s'effectuent fréquemment dans des conditions de charge hydrostatique qui simulent la pression effective des couches de couverture. Cependant, une meilleure pratique consiste à utiliser une cellule triaxiale, la pression radiale du fluide étant ajustée de manière à éviter les contraintes latérales de l'échantillon.

Gray et al.[61] ont prouvé que la réduction de la perméabilité dans des échantillons cylindriques de deux types de grès était fonction du rapport entre la contrainte radiale et la contrainte axiale. Ils ont constaté que la réduction de la perméabilité sous la contrainte non uniforme utilisée dans ces expériences était inférieure à celle qui se produisait sous une contrainte uniforme (contrainte axiale = contrainte radiale = pression des couches de couverture - pression interstitielle). Ils ont abouti à la conclusion que l'étude de laboratoire des réductions de perméabilité, dans laquelle on applique une charge hydrostatique égale à la pression effective des couches de couverture de l'échantillon, procure une réduction optimale de la perméabilité. De fortes réductions des pourcentages de perméabilité (exprimés en mD) sont signalées par Vairogs et al.[62], qui ont appliqué des conditions de charge hydrostatique. Ils ont incorporé cet effet des contraintes dans un modèle mathematiqué du flux de gaz dans des réservoirs imperméables.

Les problèmes dans ce domaine n'ont pas tous été résolus. Non seulement n'a-t-on pas toujours appliqué la charge appropriée de la carotte, mais encore faut-il distinguer entre les contraintes de l'ensemble du réservoir et le champ des contraintes situé aux abords du trou de forage. Il faut tenir compte de ce dernier champ lorsqu'on estime l'effet de la compressibilité sur la productivité du puits et quand on met les paramètres de la roche, dérivés de mesures de laboratoire, en corrélation avec des données diagraphiques. Cette méthode de corrélation dépend évidemment du degré de "pénétration" de l'enregistreur dans les fomations entourant le trou de forage.

5.2. Effet de la déformabilité sur les essais de productivité de puits

D'importantes recherches ont été consacrées a l'étude de l'effet des propriétés des roches qui sont fonction de la pression (p.ex. la compressibilité du volume des pores, la porosité et la perméabilité) et des propriétés des fluides sur le comportement à la production. Dans ces recherches on s'est servi de techniques analytique ou numérique. Ainsi, Raghavan et al.[63] ont analysé l'équation differentielle partielle, non linéaire, de second degré, qui résulte de cette analyse lorsque tous les effets sont compris. En définissant une "pseudo-pression"

$$m(p) = \int_{p_m}^{p} \frac{\rho(p)\ k(p)}{[1 - \phi(p)]\ \mu(p)}\ dp$$

ou ρ = densité, k - perméabilité, ϕ = porosité et μ = viscosité du fluide, p_m étant la pression de base, ils ont obtenu l'équation différentielle suivante:

$$\nabla^2 m(p) = \frac{\phi(p)\ \mu(p)\ c_t(p)}{k(p)}\ \frac{\partial m(p)}{\partial t}$$

dans laquelle c_t = la compressibilité totale du volume des pores plus le contenu des pores, fonction des conditions initiales et des conditions des couches-limites. Cette dernière quantité doit également être exprimée en pseudo-pression m(p).

5.3. Effet de la déformabilité des roches sur les calculs de la balance de matériel

En principe, l'effet de la compressibilité des pores sur la détermination du volume initial de pétrole en place est peu compliqué. D'après l'équation de la balance de matériel, la production cumulative de fluide aux conditions de pression et de température régnant dans le réservoir, doit être égale à l'entrée cumulative d'eau dans le réservoir, plus l'expansion des fluides de réservoir en place, plus la réduction du volume des pores. La solution de cette équation de la balance de matériel peut être plutôt complexe, mais la relation contient en principe deux quantités inconnues: l'entrée d'eau et la quantité de pétrole en place, chacune étant fonction du temps. En évaluant plusieurs fois cette balance pendant la période de production, on obtient une idée du comportement à la production. Plus la contribution de la poussée des eaux est petite, plus l'influence de la compressibilité des pores devient importante. Ce comporement a été traité par Van der Knaap[64]. Certaines études détaillées de la balance de matériel pour des nappes aquifères finies embrassent également l'effet de la compressibilité de la nappe aquifère, puisque le volume des pores de celle-ci est, lui aussi, sujet à des réductions de la pression du fluide.

Harville & Hawkins[65] rendent compte d'une observation intéressante. Etant donné que les compressibilités de gaz diminuent à mesure que la pression augmente, la compressibilité des pores est intéressante non seulement dans le cas de réservoirs de pétrole, mais elle est également susceptible de le devenir pour les réservoirs profonds de gaz à haute pression. Les auteurs cités ont analysé un réservoir de gaz sujet à des géopressions en Louisiane. Au fur et à mesure de la réduction graduelle de la pression de réservoir, ils ont établi un effet fortement non linéaire: la compressibilité des pores diminuait d'une valeur initiale de 28 x 10^{-6} psi^{-1}, qui approche de la compressibilité initiale du gaz, a 6 x 10^{-6} psi^{-1}, soit à peu près au cinquième. Si l'on négligeait cet effet de la compressibilité des pores, on obtiendrait une estimation beaucoup trop optimiste du volume de gaz en place.

5.4. Tassement de réservoirs et affaissements

Plusieurs publications ont été consacrées au mécanisme des affaissements résultant d'un haut degré de tassement de réservoirs. Van der Knaap & Van der Vlis[66] comparent plusieurs exemples d'affaissements dans le monde et montrent que le tassement, de même que les affaissements qui l'accompagnent, ne sont perceptibles que lorsque la formation est composée d'argile et de sables non cimentés. Leur analyse se centre sur une seule région sujette à des affaissements, savoir la côte Bolivar au Venezuela. Ils montrent que le tassement d'un réservoir - au moins dans les conditions existant au Venezuela - peut être analysé dans l'ensemble d'un champ par la compariason du volume des affaissements à la surface avec le volume de liquide extrait du réservoir. Ils admettent qu'un volume donné de tassement de formation provoque un volume égal d'affaissements. La figure 2 représente le volume de la cuve des affaissements en fonction de la production brute de liquide pour trois champs situés sur la côte Bolivar, jusqu'à 1965. Pour chaque champ, l'accroissement du volume des affaissements est à peu près égal à l'accroissement du volume de liquide extrait, sauf dans une période de production initiale. Geertsma[15,52] a constaté que l'affaissement au-dessus de réservoirs producteurs peut être exprimé dans les termes de la théorie de l'élasticité des pores. Un volume isolé, en l'occurrence le réservoir, se contracte dans un demi-espace par suite de la réduction de la pression interstitielle; les affaissements sont la simple conséquence de l'interaction entre le réservoir qui se tasse et son entourage (également déformable). Les équations mathématiques résultantes peuvent être résolues soit par des méthodes numériques soit, dans des conditions particulières, par des procédés analytiques. De telles solutions montrent comment le degré et l'étendue des affaissements sont fonction du rapport entre la profondeur de la structure, de l'étendue latérale du réservoir et des propriétés de déformation de l'entourage du réservoir.

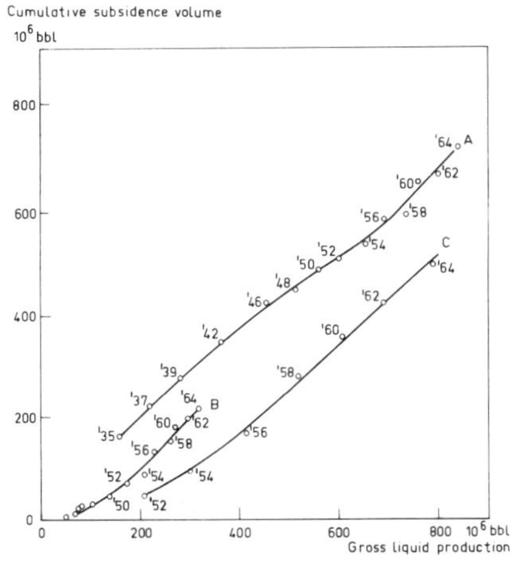

FIG 2 SUBSIDENSE VERSUS GROSS LIQUID PRODUCTION FOR THREE BOLIVAR COAST FIELDS

(after van der Knaap & van der Vlis[66])

Evangelisti & Poggi[67] ont poussé cette analyse en y incorporant l'effet de la réduction de la pression interstitielle dans la zone aquifère adjacente. D'importants détails du rapport affaissements/tassement, en particulier de celui entre le volume de la cuve des affaissements et la réduction du volume des pores du réservoir, ainsi que le profil des affaissements, sont influencés par les caractéristiques de déformation de la roche de base comparées avec celles du réservoir reposant sur cette roche (Van Opstal[68]). Dans les conditions régnant sur la côte Bolivar, la rigidité de la roche de base est très forte par rapport à celle des sables boulants et des couches d'argile hautement déformables qui constituent les réservoirs. Il s'ensuit qu'en théorie, le volume des affaissements est égal à la réduction du volume des pores, alors que dans des conditions homogènes, le volume des affaissements peut dépasser le tassement du réservoir.

Le no. 52 de la liste bibliographique est un rapport de l'état actuel de la technologie dans ce domaine. Le no. 69 de cette liste contient des détails d'une étude en profondeur qui a abouti à la prédiction des affaissements au-dessus du vaste réservoir de gaz de Groninque aux Pays-Bas. Les expériences de laboratoire ainsi que la théorie font supposer que lorsque ce champ sera presque épuisé, c'est-à-dire entre les années 2000 et 2010, le centre de la province de Groningue, qui est une plaine basse, aura subi un affaissement de quelque 85 cm, cela dans l'hypothèse de conditions homogènes (fig. 3).

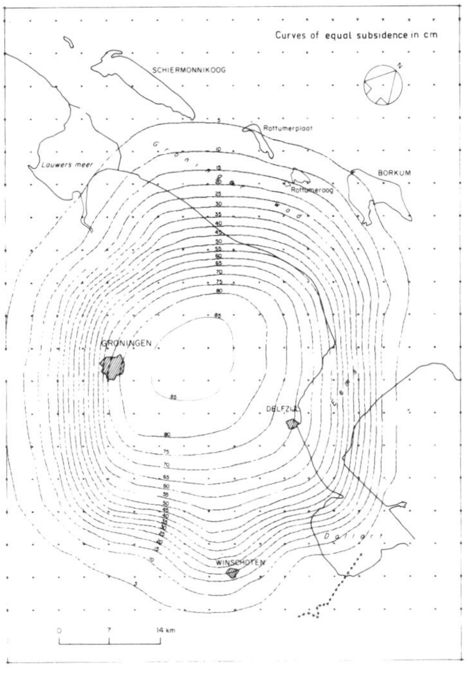

FIG 3 PREDICTED LAND SUBSIDENCE PATTERN ABOVE THE GRONINGEN GAS FIELD FOR THE YEAR 2005
assuming a homogeneous half space
(after Geertsma & van Opstal[69])

D'une manière générale, les affaissements sont attribuables à plusieurs causes. Green[70] a publié une étude adaptée d'un cas particulier, dans laquelle les grandeurs relatives de trois causes indépendantes mais simultanées d'affaissements, savoir l'affaissement régionale d'un bassin, l'extraction d'eau fraiche à usage urbain à partir d'une couche aquifère peu profonde, et la tectonique, peuvent être dégagées de celles des affaissements dus à l'extraction de fluide à partir de champs de pétrole. Une autre société d'exploitation a décidé de mesurer séparément le tassement du réservoir et celui des couches peu profondes dans la zone de Groningue ou les fluctuations de l'eau souterraine et les marees influencent les mouvements du niveau du sol (De Loos[69]).

5.5. Prévention de ruptures de formations à la surface

Cet important aspect de l'étude des rputures potentielles de trous de forage a été examiné par Goins[71]. Dans un certain nombre de cas, des ruptures se sont formées à partir d'un point situé au-dessous d'un siège de tubage jusqu'à la surface pendant ou suivant une éruption, créant des conditions extrêmement difficiles à contrôler. L'accident de Santa Barbara est un pénible exemple des frais et des difficultés que comportent de telles éruptions. Il n'y a pas de méthodes connues pour prédire le moment où les ruptures s'étendent à la surface, mais puisqu'on sait que cela arrive lorsque des fracturations se produisent au-dessous des colonnes de surface, il semble justifié de consacrer des efforts à la prévention de ces fracturations.

Une méthode standard consiste à fermer un puits après une secousse et à maintenir la pression de fond de puits à une valeur qui empêche l'écoulement de fluide de la formation jusqu'à ce que le puits soit tué. Ce procédé présuppose qu'on puisse fermer immédiatement le puits quand une secousse se produit, et que la pression annulaire augmentée, requise pendant que le puits est tué, soit supportée par la paroi non protégée du trou de forage au-dessous du siège du tubage.

Cependant, cela causera souvent des ruptures de formation, surtout en cas de géopressions élevées. Le fluide du trou de forage risque alors de s'écouler, et on ne peut plus maintenir la pression appliquée pour tuer le puits, alors que le risque d'éruption existe toujours.

Cette situation peut être d'autant plus dangereuse lors de forages en eaux profondes, où les couches de couverture donnent lieu à des précontraintes anormalement basses à de faibles profondeurs au-dessous du fond de la mer. L'importance de ce problème augmente maintenant que la recherche de ressources d'hydrocarbures s'oriente vers des eaux toujours plus profondes.

5.6. Production de sable à travers des perforations

Le contrôle de la production de sable constitue un grave problème pour l'industrie pétrolière. Les causes ne sont que partiellement comprises, alors que les remèdes sont coûteux et pas toujours fiables. De nombreux puits de pétrole situés dans des sables friables ne peuvent être mis en pleine production, car cela signifierait une production excessive de sable. Stein & Hilchie[72] ont présenté une méthode servant à estimer les taux de production maximum à partir de grès friables sans recours à des mesures de contrôle du sable. Leur méthode se base sur deux prémisses: (i) des voûtes stables de sable peuvent se former autour des perforations dans les formations productrices d'hydrocarbures et (ii) la résistance d'une voûte de sable aux forces excercées par les fluides produits dépend de la résistance de la formation. La détermination de la résistance de la formation s'effectue sur la base de données relatives à la densité et à la vitesse acoustique.

On n'a pas encore prêté assez d'attention à la mécanique de rupture de la structure de sable aux abords du puits de forage derrière les perforations, ni aux facteurs affectant la stabilité de la formation. Nous ne connaissons que deux exposés sur ce suject, l'un préparé par Ayers[73] et l'autre par Hall & Harrisberger[74]. Ayers traite à fond le champ des contraintes autour du puits de forage et les rapports de ce champ avec la stabilité de la formation, exprimée dans les propriétés de résistance au cisaillement du sable. Le travail de Hall & Harrisberger est une extension en laboratoire de cette étude. Ces deux auteurs ont analysé le mécanisme de rupture de sables non consolidés et les mécanismes de stabilisation de sable par des matières plastiques consolidantes, à l'aide d'essais triaxiaux. Ils ont fait encore une étude directe du comportement de ploiement du sable, c'est-à-dire de la manière dont le sable forme une structure stable enjambant une ouverture. Ils montrent combien il est utile d'avoir un type de sable à haute résistance des grains en dehors des perforations, et proposent l'injection d'un sable dont la contrainte critique au cisaillement à volume constant est bien supérieure à celle du sable de la formation. Un tel sable, injecté de facon à réaliser un remblai qui soit suffisamment dense pour être dilatable, est capable de former une voûte très stable, même avec une matière plastique modérément cohésive.

5.7. Déclenchement de séismes

L'injection d'eaux usées dans un puits d'une profondeur de 12.000 pieds près de Denver, Colorado, entre 1962 et 1965, est le preminer cas bien décrit où des séismes ont accompagné l'injection de fluide (voir Van Poollen & Hoover[75]). A une époque plus récente, des séismes ont été observés pendant l'injection d'eau dans le champ de pétrole de Rangely, également dans le Colorado, et ce phénomène fait actuellement l'objet d'activités de recherche étendues aux Etats-Unis. Des observations complémentaires ont été rapportées récemment: il s'agit de microséismes accompagnant l'injection d'eau dans des champs de pétrole situés le long des failles de Newport-Inglewood près Los Angeles, et de microséismicité à la suite de la production et de l'injection de champs de pétrole le long de la faille de Whittier, également en Californie.

Tous ces cas rapportés de séismicité provoquée artificiellement ont deux conditions communes: ils se sont manifestés dans des régions où l'on peut s'attendre à des contraintes tectoniques in situ et où la pression interstitielle est augmentée à certains endroits par suite de l'injection d'eau ou d'eaux usées.

6. SUGGESTIONS POUR DES THÈMES DE DISCUSSION

Comme la présente étude le montre, plusieurs aspects des problèmes de mécanique de roches inhérents à l'extraction de fluides minéraux sont loin d'être résolus et méritent un effort de recherche complémentaire. L'auteur tient à s'excuser de ne pas avoir accès à la littérature de l'Europe de l'Est, dont la teneur est probablement semblable. Tous renvois ultérieurs de représentants de l'Europe de l'Est au Congrès et toutes discussions avec eux seront accueillis avec plaisir.

Les thèmes de discussion du Congrès ont été sélectionnés sur la base de leur intérêt probable pour l'industrie. Ils comprennent:

1. La séismicité accompagnant l'injection de fluide dans des réservoirs de pétrole. D'amples recherches sont en cours aux Etats-Unis, et l'on s'attend à la présentation de résultats intéressants au sein de la même assemblée où tout a commencé.

2. Des méthodes pratiques pour la détection, à partir d'un trou de forage, de la proximité de zones faisant l'objet de géopressions. Ces méthodes revêtent une importance croissante pour l'industrie pétrolière et elles semblent constituer un thème de discussion approprié.

3. La détermination des contraintes réelles autour de trous de forage et de la mécanique de rupture de trous de forage. Elle pourrait augmenter la sécurité des opérations de forage, en particulier au point de vue de la prévention d'éruptions.

4. En rapport avec le thème de discussion 1, il convient d'encourager toute suggestion tendant à améliorer la détermination du tenseur des contraintes in situ.

5. Enfin, de meilleures connaissances de la mécanique de rupture de formations derrière des perforations, ainsi que des méthodes de complétion de puits destinées à l'éviter. Elles pourraient conduire à une production améliorée à partir des formations friables du monde.

7. REFERENCES

1. Haimson, B., Hydraulic fracturing in porous and nonporous rock and its potential for determining in-situ stresses. PhD Thesis, University of Minnesota, July 1968.

2. Von Schonfeldt, H., An experimental study of open-hole hydraulic fracturing as a stress measurement method with particular emphasis on field tests. PhD Thesis, University of Minnesota, November 1970.

3. Komar, C. A. et al., Factors that predict fracture orientation in a gas storage reservoir. J. Petrol. Tech., May 1971, p. 546.

4. Pasini, J. & Overby, W.K., Natural and induced fracture systems and their application to petroleum production. SPE Preprint 2565, 1968.

5. Roegiers, J.C. et al., The DSP - A new instrument for estimation of the in-situ stress state at depth. Sixth Conference on January 1973, SPE Preprint 4246.

6. Daneshy, A.A., Study of inclined hydraulic fractures. 47th AIME Annual Fall Meeting, San Antonio, Texas, October 1972, SPE Preprint 4062.

7. Fertl, W.H., Worldwide occurrence of abnormal formation pressures, Part I. Abnormal Subsurface Pressure Symposium, Baton Rouge, May 1972, SPE Preprint 3844.

8. Rehm, B., Worldwide occurrence of abnormal formation pressures. Part II. Abnormal Subsurface Pressure Symposium, Baton Rouge, May 1972, SPE Preprint 3845.

9. Smith, J.E., Shale compaction. SPE Journal 1973, vol. 13, No. 1, p. 12.

10. Raghavan, R., A review of the consolidation and rebound processes in one-dimensional porous columns. 47th AIME Annual Fall Meeting, San Antonio, Texas, October 1972, SPE Preprint 4078.

11. Pennebakker, E.S., An engineering interpretation of seismic data. 43rd AIME Annual Fall Meeting, Houston, Texas, October 1968, SPE Preprint 2165.

12. Lewis, C.R. & Rose, S.C., A theory relating high temperatures and overpressures. J. Petrol. Tech., January 1970, p. 11.

13. Wilson, G.J. & Bush, R.E., Pressure prediction with flowline temperature gradients. J. Petrol. Tech., February 1973, p. 135.

14. Hubbert, M.K. & Willis, D.G., Mechanics of hydraulic fracturing. Trans. AIME, 1957, vol. 210, p. 153.

15. Geertsma, J., Problems of rock mechanics in petroleum production engineering. Proc. First Congr. Int. Soc. Rock Mech., Lisbon 1966, vol. I, p. 585.

16. Haimson, B. & Fairhurst, C., In-situ stress determination at great depths by means of hydraulic fracturing. Rock Mechanics, Theory and Practice, SME AIME, New York, 1970.

17. Haimson, B. & Edl, J.N., Hydraulic fracturing of deep wells. 47th AIME Annual Fall Meeting, San Antonio, Texas, October 1972, SPE Preprint 4061.

18. Haimson, B. & Tharp, T.M., Real stresses around boreholes. Sixth Conf. Drilling and Rock Mech., Austin, Texas, January 1973, SPE Preprint 4241.

19. De Josselin de Jong, G. & Geertsma, J., The stress distribution around vertical mud filled boreholes drilled in a sandy overburden (in Dutch). De Ingenieur, 1953, vol. 65, No. 9, p. M1.

20. Gnirk, P.F., The mechanical behaviour of uncased wellbores situated in elastic/plastic media under hydrostatic stress. SPE Journal, 1972, vol. 12, No. 1, p. 49.

21. Beirute, R. & Tragesser, A., Expansive-shrinkage characteristics of cements under actual well conditions. 47th AIME Annual Fall Meeting, San Antonio, Texas, October 1972, SPE Preprint 4091.

22. Le Tirant, P. & Baron, G., Rupture hydraulique des roches sédimentaires. Proc. First Congr. Soc. Rock Mech., Lisbon 1966, vol. 1, p. 577.

23. Le Tirant, P. & Baron, G., Fracturation hydraulique des roches stratifiées et fissurées; application aux réservoirs d'hydrocarbures. Proc. Second Congr. Soc. Rock Mech., Beograd 1970, Paper 3-40.

24. Eaton, B.A., Fracture gradient prediction and its application in oil-field operations. J. Petrol. Tech., October 1969, p. 1353.

25. Taylor, D.B. & Smith, T.K., Improved fracture gradient estimates in offshore drilling operations. Preprint 926-15-L, Div. Prod. API, March 1970.

26. Anderson, R.A. et al., Fracture pressure gradient determination from well logs. 47th AIME Annual Fall Meeting, October 1972, San Antonio, Texas, SPE Preprint 4135.

27. Christman, S.A., Offshore fracture gradients and casing setting depths. 47th AIME Annual Fall Meeting, San Antonio, Texas, October 1972, SPE Preprint 4133.

28. England, A.H. & Green, A.E., Some two-dimensional punch and crack problems in classical elasticity. Proc. Cambridge Phil. Soc., 1963, vol. 59, p. 489.

29. Sneddon, I.N., The distribution of stress in the neighbourhood of a crack in an elastic solid. Proc. Roy. Soc. London, 1946, vol. A 187, p. 229.

30. Perkins, T.K. & Kern, L.R., Widths of hydraulic fractures. J. Petrol. Tech., September 1961, p. 937.

31. Nordgren, R.P., Propagation of a vertical hydraulic fracture. SPE Journal, 1972, vol. 12, p. 306.

32. Zheltov, Yu.P. & Khristianovitch, S.A., On the mechanism of hydraulic fracturing of an oil-producing formation. Izvest. Akad. Nauk SSSR, Otdel. Tekh. Nauk, 1955, No. 3, p. 41.

33. Baron, G. et al., Fracturation hydrauliques; bases théoriques, études de laboratoire, essais sur champ. Proc. 7th World Pet. Congr., 1967, vol. 3, p. 371.

34. Geertsma, J. & de Klerk, F., A rapid method of predicting width and extent of hydraulically induced fractures. J. Petrol. Tech., December 1969, p. 1571.

35. Daneshy, A.A., Opening of a pressurized fracture in an elastic medium. 22nd Ann. Tech. Meeting Petrol. Soc. CIM, Banff, Alberta, June 1971, Paper 7616.

36. Daneshy, A.A., On the design of vertical hydraulic fractures. J. Petrol. Tech., January 1973, p. 83.

37. McGlothlin, B.B. & Huitt, J.L., Relation of formation rock strength to propping agent strength in hydraulic fracturing. J. Petrol. Tech., March 1966, p. 377.

38. Van der Vlis, A.C., Rock classification by a simple hardness test. Proc. Second Congr. Int. Soc. Rock Mech., Beograd 1970, Paper 3-4.

39. Wood, D.B. & Junkin, G., Stresses and displacements around hydraulically fractured wells. 45th AIME Annual Fall Meeting, Houston, Texas, October 1970, SPE Preprint 3030.

40. Cook, M.A., Explosives, a survey of technical advances. Ind. Eng. Chem., 1968, vol. 60, No. 7, p. 44.

41. Le Tirant, P. & Cholet, H., Situation actuelle et avenir de la stimulation des puits par explosifs. Rev. IFP, July-August 1972, p. 559.

42. Laspe, C.G. & Roberts, L.N., A mathematical analysis of oil and gas well stimulation by explosive fracturing. Rocky Mountain Regional Meeting SPE of AIME, Billings, Montana, June 1971, SPE Preprint 3355.

43. Laspe, C.G., How to predict explosive stimulation results. Petroleum Engineer, May 1971, p. 68.

44. Van der Knaap, W., Nonlinear behaviour of elastic porous media. Trans. AIME 1959, vol. 216, p. 179.

45. Felsenthal, M. & Ferrell, H.H., Fracturing gradients in waterfloods of low-permeability partially depleted zones. J. Petrol. Tech., June 1971, p. 727.

46. Hardy, H.R. et al., Application of model studies to the optimization of pressures in underground gas storage reservoirs. Northern Plain Regional Meeting SPE of AIME, Omaha, Nebraska, May 1972, SPE Preprint 3868.

47. Sawabini, C.T. et al., Design and operation of a triaxial high temperature, high pressure compaction apparatus. J. Sed. Petrol. 1971, vol. 41, No. 3, p. 871.

48. Abgrall, E., Etude du comportement du milieu poreux en temperature et sous contrainte. Rev. IFP, July-August 1971, p. 571.

49. Carpenter, C.B. & Spencer, G.B., Measurements of compressibility of consolidated oil-bearing sandstones. RI 3540, US Bureau of Mines, October 1940.

50. Hall, H.N., Compressibility of reservoir rocks. Trans. AIME, 1953, vol. 198, p. 309.

51. Newman, G.H., Pore-volume compressibility of consolidated, friable and unconsolidated reservoir rocks under hydrostatic loading. J. Petrol. Tech., February 1973, p. 129.

52. Geertsma, J., Land subsidence above compacting oil and gas reservoirs. SPE European Spring Meeting, Amsterdam, The Netherlands, May 1972, SPE Preprint 3730 (to appear in J. Petrol. Tech., June 1973).

53. Teeuw, D., Laboratory measurement of compaction properties of Groningen reservoir rock. Verhandelingen Kon. Ned. Geol. Mijnbouwk. Gen., 1973, vol. 28, p. 19.

54. Van Gonten, W.D. & Ghoudhary, B.K., The effect of pressure and temperature on pore volume compressibility. 44th AIME Annual Fall Meeting, Denver, Colorado, September 1969, SPE Preprint 2526.

55. Kohlhaas, C.A. & Miller, F.G., Rock-compaction and pressure-transient analysis with pressure-dependent rock properties. 44th AIME Annual Fall Meeting, Denver, Colorado, September 1969, SPE Preprint 2563.

56. Roberts, J.E. & de Souza, J.M., The compressibility of sands. Proc. ASTM, 1958, vol. 58, p. 1269.

57. Sawabini, C.T. et al., Triaxial compaction of unconsolidated oil sands. 47th AIME Annual Fall Meeting, San Antonio, Texas, October 1972, SPE Preprint 4058.

58. Chilingar, C.V. et al., Compressibilities of clays and some means of predicting and preventing subsidence. In "Land Subsidence," IASH-Unesco, 1969, Publ. 89, vol. 2, pp. 377.

59. Rowe, P.W., Theoretical meaning and observed values of deformation parameters of soil. In "Stress and strain behaviour of soils." R.H.G. Parry (ed) 1972, G.T. Foulis & Co. Ltd., Oxfordshire.

60. Lee, K.L. & Farhoomand, I., Compressibility and crushing of granular soil in anisotropic triaxial compression. Can Geotech. Journal, 1967, vol. 4, No. 1, p. 68.

61. Gray, D.H. et al., The effect of stress on permeability of sandstone cores. SPE Journal 1963, vol. 3, No. 2, p. 95.

62. Vairogs, J. et al., Effect of rock stress on gas production from low-permeability reservoirs. J. Petrol. Tech., September 1971, p. 1161.

63. Raghavan, R. et al., An investigation by numerical methods of the effect of pressure-dependent rock and fluid properties on well flow tests. SPE Journal, 1972, vol. 12, No. 3, p. 267.

64. Van der Knaap, W., Der Einflusz einer Änderung des Porenvolumes in erdölhaltigem Gestein auf die Abschätzung des Ölvorrates. Erdöl und Kohle, 1960, vol. 13, p. 305.

65. Harville, D.W. & Hawkins, M.F., Rock compressibility and failure as reservoir mechanisms in geopressured gas reservoirs. J. Petrol. Tech., December 1969, p. 1528.

66. Van der Knaap, W. & Van der Vlis, A.C., On the cause of subsidence in oil-producing areas. Proc. 7th World Petr. Congr., Mexico City, 1967, vol. 3, p. 85.

67. Evangelisti, G. & Poggi, B., Sopra i fenomeni di deformazione dei terreni da variazione della pressione di strato. Memorie Serie II, No. 6, Atti della accademia della scienze della instituto di Bologna, 1970.

68. Van Opstal, G., The effect of base-rock rigidity on subsidence due to reservoir compaction. Paper to be presented at the 48th AIME Annual Fall Meeting, October 1973, Las Vegas, Nevada.

69. de Loos, The analysis of surface subsidence resulting from gas production in the Groningen area, the Netherlands. Verhandelingen Kon. Ned. Geol. Mijnbouwk. Gen., 1973, vol. 28.

70. Green, J.P., An approach to analyzing multiple causes of subsidence. 47th AIME Annual Fall Meeting, San Antonio, Texas, October 1972, SPE Preprint 4079.

71. Goins, W.C., Selected items of interest in drilling technology - An SPE distinguished lecture. J. Petrol. Tech., July 1971, p. 857.

72. Stein, N. & Hilchie, D.W., Estimating the maximum production rate possible from friable sandstones without using sand control. J. Petrol. Tech., September 1972, p. 1157.

73. Ayers, W.M., Mechanics of sand consolidating plastic treatments. Paper presented at the Conf. on Prod. Research and Eng., Tulsa, Oklahoma, May 1965, SPE Preprint 1135.

74. Hall, C.D. & Harrisberger, W.H., Stability of sand arches: a key to sand control. J. Petrol. Tech., July 1970, p. 821.

75. Van Poollen, H.K. & Hoover, D.B., Waste disposal and earthquakes at the Rocky Mountain Arsenal, Derby, Colorado. J. Petrol. Tech., August 1970, p. 983.

BEOBACHTUNG VON SCHWIERIGKEITEN IN DER FELSMECHANIK IN VERBINDUNG MIT DER FÖRDERUNG MINERALISCHER MEDIEN AUS UNTERIRDISCHEN LAGERSTÄTTEN

Dr. J. Geertsma

Koninklijke/Shell Exploratie en Productie
Laboratorium Rijswijk

Rijswijk, The Netherlands

ZUSAMMENFASSUNG

In diesem Bericht wird die Rolle der Felsmechanik bei der Förderung mineralischer Medien, entweder Rohöl, Erdgas oder beider, aus unterirdischen Lagerstätten diskutiert. Es handelt sich hier um einen ersten derartigen Überblick für die Tagung der Internationalen Gesellschaft für Felsmechanik, in dem der Stand der Technik aufgrund von neueren, in den verschiedensten Fachzeitschriften veröffentlichten Artikeln oder von Vorträgen, die bei fachlichen Veranstaltungen bis zum Zeitpunkt der Abfassung (Mai 1973) gehalten worden sind, bewertet wird.

1. EINLEITUNG

Rohöl und Erdgas sind unsere wichtigsten Energieträger und werden aus porösem Gestein gewonnen. Für eine sinnvolle Förderpolitik sind vor allem eine detaillierte Kenntnis der Fliessvorgänge mehrphasiger Stoffe in porösen Medien, aber auch eine Vorstellung des mechanischen Verhaltens des Speichergesteins erforderlich. Hier werden die wichtigsten Fortschritte in diesem Forschungsbereich referiert, wie die Bestimmung des Spannungsfeldes bei der Entdeckung einer Lagerstätte; dazu kommen eine Analyse der Abweichungen von diesem natürlichen Spannungszustand als Folge von Bohr- und Fördertätigkeiten ein Überblick über die Verformungseigenschaften des Speichergesteins im interessierenden Belastungsbereich sowie eine Zusammenfassung der Einflüsse, welche von der Felsmechanik auf die bei der Ölgewinnung verwendeten Verfahren ausgehen. Ein derartiger Überblck gibt Hinweise auf Problembereiche, die zusätzlichen Forschungsaufwand rechtfertigen; einige dieser Problemstellungen werden als Diskussionspunkte für den Kongress vorgeschlagen.

2. URSPRÜNGLICHER ODER NATÜRLICHER SPANNUNGSZUSTAND

2.1 Das Gesamtspannungsfeld

Es lässt sich nur ein Teil der Komponenten des In-situ-Spannungstensors bestimmen. Die Belastung in der Vertikalen durch das Deckgebirge lässt sich durch Integration aus kontinuierlichen Density-Logmessungen berechnen, die Frage nach der Lastverteilung über die inneren Normal- und Scherspannungs-komponenten lässt sich jedoch nicht ohne weiteres beantworten. Andererseits haben die hydraulischen Risse um ein Bohrloch, die häufig zur Erhöhung der Produktivität geschaffen werden, die Neigung, einer Ebene parallel zu den grössten und mittleren Hauptspannungen und normal zur geringsten Hauptspannung zu folgen. Die Orientierung dieser künstlich erzeugten Risse hängt also vom vorherrschenden Spannungszustand des umgebenden Gesteins ab. Der zur Erweiterung des Risses erforderliche Flüssigkeitsdruck, abzüglich der Reibungsverluste, ist gleich der geringsten Hauptspannung (Haimson[1], Von Schonfeldt[2]).

Die Bestimmung der Grösse dieses "momentanen Einschliessungsdrucks" (ISIP) ist ziemlich einfach. Die Orientierung der Risse und damit die Richtung der kleinsten Hauptspannung ist nicht so einfach festzustellen. Erfolgt die Rissbildung mit Hilfe von Flüssigkeitseinpressung durch Löcher in der Verrohrung, was allgemein der Fall ist, so können selbst Impressionspacker nicht verwendet werden. Gelegentlich werden zur Bestimmung der Rissebene radioaktive Indikatoren verwendet; das erfordert jedoch einen besonderen Arbeitsgang.

Einige Autoren behaupten, dass bei flachem oder geringem Einfallen der Gesteinsschichten die Orientierung der vertikalen Spalten, zu denen vermutlich die Mehrheit aller hydraulischen Risse im Speichergestein gehört, aus der regionalen Oberflächengestaltung ermittelt werden kann (Komar et al.[3]). Das US-Bergbauamt begann 1967 mit einer Untersuchung über die Orientierung hydraulischer Risse in Erdöllagerstätten als Entscheidungshilfe für die Fördergesellschaften zur besseren Wahl der Ansatzpunkte und der Verteilung von Bohrlöchern im Hinblick auf effizientere Flüssigkeitsinjektion und Ölförderung. Es wurde eine Korrelation zwischen dem Verlauf von Relieflinien und den Azimuten hydraulischer Risse gefunden. Kluftsysteme, die aus den Bildern von Fernmessung und bsw. oder topographischen Aufnahmen bestimmet worden waren, liessen sich mit der Orientierung im Untergrund des Appalachentrogs bis auf Tiefen von 1000 m in Übereinstimmung bringen (Pasini & Overby[4]). Es liegen nur unzureichende Erfahrungen mit dieser Technik vor, als dass sie sich allgemeiner anwenden liesse. Darüber hinaus lässt sich die entsprechende regionale Oberflächengestaltung nicht immer erkennen, besonders nicht bei Offshore-Tätigkeit.

Roegiers et al.[5] haben neuerdings eine Art Tiefenspannungssonde (DSP) enwickelt, mit der die Orientierung und der Azimut hydraulischer Risse an einer offenen Bohrung bestimmt werden können. Die Rissorientierung am Bohrloch fällt jedoch nicht immer mit der allgemeinen Fortpflanzungsrichtung der Risse zusammen. So werden zum Beispiel die Risse nicht unbedingt normal zur Richtung der an der Bohrlochwand induzierten höchsten Zugspannung eingeleitet. Daneshy[6] berichtet, dass - anders als bei axialen oder normalen hydraulischen Rissen - mit der Einleitung und Erweiterung fast aller hydraulischen Risse, die zur Vertikalen geneigt sind, ein gewisses Ausmass an Scherbrüchen einherzugehen scheint. Diese Risse durchschneiden das Bohrloch oft entlang zwei diametral entgegengesetzten Axiallinien, so dass es die Form eines Axialbruches annimmt. Derartige Risse ändern ihre Orientierung mit der Entfernung vom Bohrloch, bis sie normal zur geringsten Spannung stehen.

2.2 Der Porenwasserdruck

Aus den Übersichten von Fertl[7] und Rehm[8] lässt sich schliessen, dass bei Bohrungen auf Kohlenwasserstoffe weltweit abnorm hohe Lagerstätten- oder Porenwasserdrücke angetroffen werden. Manchmal wurde beobachtet, dass der Flüssigkeitsdruck in Schiefer-Sandfolgen dem Gebirgsdruck nahekam. Diese abnorm hohen Drücke im Porenraum sind als überhydrostatische Drücke bekannt. Die Abweichungen vom hydrostatischen Druck werden einer Vielzahl von Mechanismen zugeschrieben. Ihr Vorhandensein stellt eine ständige Bedrohung des Bohrbetriebs dar, da sie einen Ausbruch bewirken können. Daher konzentriert sich die Forschung der Mineralölindustrie in der Hauptsache auf die frühe Erkennung des Vorhandenseins überhydrostatischer Drücke, bevor sie angebohrt werden. Die Kompaktion von Schiefer, eine der üblichen Quellen für die Erzeugung von überhydrostatischen Drücken, wird beständig auf physikalisch-mathematischem Wege analysiert, auch deswegen, weil dem überhydrostatischen Druck unterliegende Schiefer als Muttergestein für Kohlenwasserstoffe gedient haben können. In diesem Zusammenhang können wir Beiträge von Smith[9] und Raghavan[10] erwähnen, die beide eine genauere Formulierung des Darcyschen Gesetzes für die Flüssigkeitsströmung in einem porösen, sich verdichtenden Medium anwenden.

Der Nachweis von unter überhydrostatischem Porendruck stehenden Zonen beruht teilweise auf abnormen mechanischen und sonstigen physikalischen Eigenschafter poröser Medien, die sich aus der abnorm niedrigen effektiven Gesteinsspannung - z.B. niedriger Dichte, niedriger Ausbreitungsgeschwindigkeit elastischer Wellen (Pennebakker[11]) und niedriger Wärmeleitfähigkeit (Lewis & Rose[12], Wilson and Bush[13]) - ergeben. Diese Untersuchungen werden intensiv weiter verfolgt, da es bisher noch keine fehlerfreie Universalmethode gibt, die eine zuverlässige Frühwarnung bei Ausbruchsgefahr ermöglicht.

3. ANALYSE VON VERÄNDERUNGEN DER GESTEINSSPANNUNG UND DES SPANNUNGSGRADIENTEN DURCH BOHR- UND FÖRDERTÄTIGKEIT

3.1 Der Spannungszustand an Bohrlöchern vor und nach Komplettierung der Sonde

Bei Vorhersagen oder Messungen des Spannungsfeldes um mit einem gasförmigen oder flüssigen Medium gefüllte Bohrlöcher sind trotz dessen Bedeutung für die Bohrlochstabilität, die hydraulische Rissbildung und bsw. oder die zu Spülungsverlusten führenden Anfangsdrücke bemerkenswert geringe Fortschritte gemacht worden. Die Verteilung der linearen elastischen Spannung um ein kreisförmiges zylindrisches Loch, einschiesslich der Auswirkung des Porenwasserdrucks in vorgespanntem Gestein sind gut belegt (Hubbert & Willis[14]); geeignete Korrekturen der Wirkung des Porenwasserdrucks sind von Geertsma[15] vorgenommen worden. Sie werden auch von Haimson & Fairhurst[16] erwähnt. Bedeutende Abweichungen von dieser Situation lassen sich jedoch leicht bei Laborversuchen, die zum Beispiel von Haimson & Edl[17] referiert werden, feststellen. Diese Abweichungen sind zurückzuführen auf

(i) das nichtlineare elastische und kataklastische Verformungsverhalten von Speichergestein im Kompressionszustand (siehe Abschnitt 4);

(ii) die erhebliche Abweichung des Youngschen Moduls für den Kompressionszustand von dem für den Zugzustand (Haimson & Tharp[18]);

(iii) das mögliche Vorhandensein einer plastischen oder bruchgeneigten Zone um das Bohrloch, was von erheblichem Einfluss auf den Faktor der Spannungskonzentration ist, auch wenn diese Zone nur klein ist (De Josselin de Jong & Geertsma[19]).

Diese Phänomene lassen, entweder einzeln oder gemeinsam, je nach der Gesteinsart und dem Spannungsniveau, häufig den zum Bruch führenden Druck des Mediums im Bohrloch ganz andere Grössen erreichen als nach der linearen Elastizitätstheorie prognostiziert werden. Die mathematischen Schwierigkeiten und die Ungewissheiten im Hinblick auf die Gesetzmässigkeit dreidimensionaler plastischer Verformungen sind wahrscheinlich der Grund dafür, dass im letzten Jahrzehnt wenige wirklich bedeutende Arbeiten zu diesem Thema erschienen sind. In einer Abhandlung von Gnirk[20] werden elastisch-plastische Bohrlochspannungen vorhergesagt; sie beruht jedoch auf der Annahme eines hydrostatischen In-situ-Spannungsfeldes im Speichergestein. In der Praxis kommt das selten vor und lenkt von den wirklichen mechanischen und mathematischen Problemen ab. Referate über eingehende experimentalle Untersuchungen im Labor fehlen ebenfalls.

Die Spannungsverteilung im Speichergestein um eine mit der Formation zementierte Bohrlochverrohrung ist ebenfalls weitgehend unbekannt. Abgesehen von den fehlenden Daten zu den Spannungs-Formänderungsbeziehungen in den relativ lockeren Formationen, die einen derartigen Schutz der Bohrlochwand erforderlich machen, wären für die Vorhersage quantitative Unterlagen zu Schwinden bsw. Quellen von Zement unter den Druck- und Temperaturbedingungen in situ erforderlich. Eine Veröffentlichung über ein recht einfaches Verfahren, mit dem sich diese Eigenschaften bestimmen lassen, liegt vor (Beirute & Tragesser[21]). Kenntnisse über das Spannungsfeld hinter der Verrohrung sind für jene Fälle von besonderem Interesse, in denen die Förderung von Sand aus der Formation als Folge der Fördertätigkeit befürchtet wird oder schon eingetreten ist (ziehe Abschnitt 5).

3.2 Spannungsfelder im Zusammenhang mit hydraulischen Rissen

Um Bohrlöcher werden absichtlich hydraulische Risse zur Erhöhung der Produktivität oder zur Verbesserung der Injektivität des Bohrlochs für Sekundärverfahren hervorgerufen. Am anderen Extremfall stellt die unerwünschte Schaffung von Rissen im

Deckgebirge in unverrohrten Bohrlochbereichen während der Bohrarbeiten eine mögliche Gefahr dar und kann zu ernsthaftem Spülungsverlust und sogar zum vollständigen Trockenfallen des Bohrlochs und damit zu seiner Nichtbeherrschung führen. Dieses Problem hat sich bei Offshore-Bohrungen als besonders schwerwiegend herausgestellt.

Eine Vorhersage der Brechdrücke erfordert die Kenntnis des ursprünglichen oder natürlichen Spannungszustandes (Abschnitt 2), eine Theorie zur Vorhersage des um ein mit einem flüssigen oder gasförmigen Medium gefülltes Bohrloch bestehenden örtlichen Spannungsfeldes, das den Nachfall bewirkt sowie die Kenntnis der felsmechanischen Bedingungen, welche die Bruchbildung einleiten.

Bei gut verfestigten Formationen bestätigen sowohl Felddaten als auch Laborexperimente die wichtigsten Ergebnisse der linearen Theorie elastischer Rissbildung, wie sie in der Literaturstelle 16 zusammengefasst wird. Sie beruht auf dem Konzept des Zugspannungsbruches, der eintritt, sobald die effektive Tangential- oder Axialspannung die Zugfestigkeit der Formation überschreitet. Bei Laborversuchen kann ein bekanntes ursprüngliches Spannungsfeld auf das Gesteinsmaterial einwirken. Die mechanischen Eigenschaften der Gesteinsprobe lassen sich, falls erforderlich, leicht feststellen. Besonders bei Versuchsverfahren der vor einiger Zeit vom Institut Francais du Pétrole referierten Art erschwerte die Kleinheit der Probe jedoch die Bestimmung des wahren Brechdrucks. Über Beispiele derartiger Pionierarbeit wurde bei früheren Kongressen der Internationalen Gesellschaft berichtet (Baron & Le Tirant[22,23]). Inzwischen sind jedoch verbesserte Messverfahren entsickelt worden, die zum Beispiel von Haimson und Daneshy verwendet werden. Dagegen ermangelt eine Analyse von Felddaten bei Zubruchgehen unverrohrter Bohrlochbereiche der Kenntnis des ursprünglichen Spannungszustandes; die Brechdrücke lassen sich jedoch mit grosser Genauigkeit bestimmen.

In mürben und lockeren Sedimentfolgen erweist sich die Theorie des Sprödbruchs als nicht länger anwendbar. Gerade in diesen Formationen ist die Rissbildung oft gleichbedeutend mit Spülungsverlusten usw. Dieses Thema wurde in vielen fachlichen Veröffentlichungen hauptsächlich auf empirischer Grundlage diskutiert. Einige neuere Beispiele für derartige Arbeiten sind Abhandlungen von Eaton[24], Taylor & Smith[25] und von Anderson et al.[26]. Diese Abhandlungen zeigen alle relative Schwächen bei der Behandlung der mechanischen Grundlagen des Problems, bieten jedoch äusserst praktische Anweisungen zur Prognose des sog. Rissdruckgradienten in Sand-Schieferfolgen. Mit derartigen Anweisungen lässt sich am besten in gut erforschten Gebieten wie vor der Küste des Golfs von Mexiko arbeiten. Grundlegendere Arbeiten dürften eine bessere theoretische Grundlage für die Prognose der Spannungsverteilung in der Bohrlochumgebung bis zum Bruch infolge hohen inneren Flüssigkeitsdrucks liefern.

Rissdruckgradienten für ähnliche Sand-Schieferfolgen im Küstenvorfeld liegen noch niedriger; das ist noch stärker bei Formationen in grosser Wassertiefe und flacher Lagerung der Fall, da Wasser die oberste Strecke bildet; es ist bedeutend weniger dicht als Gestein, und der Überlagerungsdruck ist also niedriger als bei einem vergleichbaren Ansatzpunkt auf dem Festland. Eine Analyse dieses Phänomens nimmt Christman[27] vor.

Ergänzend dazu, jedoch als völlig anderes Problem steht die Vorhersage der Länge und Weite hydraulischer Risse in Abhängigkeit von der Formation und den Eigenschaften der Behandlungsflüssigkeit, der Injektionsrate und -zeit. Die Vorhersage der Abmessungen der Risse während ihrer Bildung ist für die Auslegung von Stimulationsmassnahmen wesentlich. Daher wurde viel Forschungsaufwand auf die Erarbeitung einer geeigneten Theorie verwandt. Diese Arbeit ist rein rechnerischer Art, da weder die Länge noch die Weite eines Risses bei der Entstehung in situ gemessen werden können. Der einzige Messwert ist das Gesamtvolumen der injizierten Behandlungsflüssigskeit. Wird eine zu grosse Rissweite vorhergesagt, dann kann das Stützmittel (gewöhnlich Sand) nicht in die Spalten eindringen, und die Bohrlochbehandlung versagt.

Die bekannten Theorien zur Rissweite beruhen alle auf der einleuchtenden Annahme, dass sich die Risswände elastisch verformen, und arbeiten daher auf die eine oder andere Weise mit der Elastizitätstheorie. Als Ausgagspunkt für die Berechnungen dient entweder die Formel der Rissweite von England & Green[28] für zweidimensionale Formänderung oder die Formel nach Sneddon[29] für die elastische Verformung der Wände einer kreisförmig ausgebildeten Spalte. Die verschiedenen Verfahren lassen sich in zwei Hauptgruppen einteilen; einerseits wird ein konstanter Flüssigkeitsdruck bis zum Ende des Risses angenommen (Perkins & Kern[30] und Nordgren[31]) und andererseits wird die von Christianovitch & Zheltov[32] eingeführte und von Baron et al.[33], Geertsma & De Klerk[34] und von Daneshy[35,36] angewandte Theorie des Rissbildungsgleichgewichts verwendet. Letztere Betrachtungsweise ist nicht nur aus physikalischen Gründen am akzeptabelsten, sondern ergibt auch im allgemeinen die konservativesten Angaben zur Rissweite und wird daher in der Praxis vorgezogen. Die Anwendung in der Praxis zeigt tatsächlich, dass diese Method zu einer befriedigenden Auslegung der Behandlungsverfahren führt.

Nach der Rissbildung und der Injektion einer Trübe mit dem Stützmittel entstehen zusätzliche felsmechanische Probleme. Welche Belastung übt das Speichergestein nach der Druckentlastung auf das Stützmittel aus? Das Stützmittel, häufig Sand, kann zerbrechen. Andererseits kann das Stützmittel in die Bruchfläche eindringen und so zu einem Einbettungsproblem führen. Die Belastung, bei der das Stützmittel zerbricht, sollte die Belastung, bei der eine völlige Einbettung in die Rissfläche möglich ist, überschreiten (McGlothlin & Huitt[37]). Die Belastung des Stützmittels wird im Labor dadurch simuliert, dass Stützmittelkörner dem Rissbildungsdruck zwischen zwei Platten ausgesetzt werden, die aus dem Speichergestein hergestellt wurden. Es ist deutlich, dass die Härte der Formation im Vergleich zu der Festigkeit des Stützmittels eine bedeutende Rolle spielt (Van der Vlis[38]).

Als letztes wäre das Abdichten des nicht gestützten Teils des Rissvolumens zu untersuchen. Eine Analyse des Trübetransports in senkrechten Spalten zeigt, dass die Möglichkeit immer gross ist, dass ein kleiner Bereich in der Nähe der Bohrlochwand ungestützt bleibt. Berechnungen der Restweite dieser Zone zeigen, dass sich die Rissmündung schliessen kann, womit der grösste Teil der Stimulationsmassnahme seinen Nutzen verliert (Wood & Junkin[39]).

3.3 Der Mechanismus der Rissbildung mit Sprengstoffen

Die Rissbildung mit chemischen Sprengstoffen ist ein weiteres Verfahren zur Erhöhung der Produktivität. Das erneute Interesse an diesem prinzipiell lange bekannten Verfahren wurde durch die Entwicklung neuer hochbrisanter Sprengstoffe (siehe Cook[40]) sowie die Erfahrung gefördert, dass hydraulische Rissbildung kein Allheilmittel für alle Probleme bei Stimulationsmassnahmen ist. Eine wertvolle Ergänzung der hydraulischen Rissbildung ist die Säurebehandlung; mehrer Gesellschaften in den USA befürworten jetzt auch den Einsatz von Sprengstoffen für den gleichen Zweck. Bei der Entwicklung dieser Methode lassen sich zwei verschiedene Verfahrensweisen unterscheiden:

(i) Die Explosion von Sprengtrüben in Bohrlöchern. Diese Trüben sind recht unempfindlich und haben eine TNT-und Ammoniumnitratbasis.

(ii) Die Explosion flüssiger Sprengstoffe in natürlichen oder aber auch hydraulischen Rissen, die von der Bohrlochwand ausgehen. Es werden sogar Explosionen im Porenraum der Formation in Betracht gezogen. Derartige Sprengstoffe sind durch einen geringen kritischen Durchmesser- gekennzeichnet, wie desensibilisiertes Nitroglyzerin, Nitromethan und die Astrolithen.

Der kritische Durchmesser des Sprengstoffs ist eine Materialkonstante, mit der der Abstand vom Explosionszentrum ausgedrückt wird, über den hinaus die Verluste an seitlich gerichteter Energie so gross werden, dass die Zerfallsreaktion nicht länger aufrechterhalten wird.

Uns ist nur eine gründliche Übersicht zu diesem Thema bis zum jetzigen Zeitpunkt bekannt, sie stammt von Le Tirant & Cholet[41] vom Institut Francais du Pétrole. Eine Bewertung oder Befürwortung diese neuen Verfahrens wird durch ein unzureichendes Verständnis des Mechanismus der Gesteinszertrümmerung in Bohrlöchern oder auch Spalten bei hohen Einschliessungsdrücken beeinträchtigt. Die veröffentlichten Theorien sind überwiegend empirisch fundiert (Laspe & Robers[42], Laspe[43]).

3.4 Schwankungen des Lagerstättendrucks während der Betriebstätigkeit

Die Förderung von Kohlenwasserstoffen aus einem porösen Medium führt örtlich und vorübergehend zue Schaffung von Porendruckabsenkungen und Porendruckerhöhungen. Letzteres nur, wenn mit Verfahren zur Erhaltung des Lagerstättendrucks oder anderen sekundären Förderverfahren, für die Injektionsbohrungen erforderlich sind, gearbeitet wird. Der Verlauf des Porendrucks in einer Lagerstätte während des Förderstadiums hängt von der Zusammenstellung des gespeicherten Mediums, den Randbegingungen und dem (den) Fördermechanismus (-mechanismen) ab. Mathematische Modelle des Förderverhaltens bieten ein Mittel zur Vorhersage dieses Druckverlaufs. Ein schnelles Nachlassen des Lagerstättendrucks ist im allgemeinen nicht anziehend, da er die Triebkraft für das Fliessen des Mediums zu den Bohrlöchern liefert. Jedoch lässt sich eine erhebliche Verringerung des Lagerstättendrucks nicht immer vermeiden, etwa bei Öl- und Gasspeichern, bei denen nur ein geringer Randwasserzufluss vorkommt.

Die meisten Lagerstätteningenieure nehmen stillschweigend an, dass eine Verringerung des Porendrucks zu einem gleich grossen Anstieg der effektiven Gesteinsspannung in allen Richtungen führt, was einen konstanten Gesamtspannungstensor voraussetzt. Dagegen behaupten Geertsma[15] and Van der Knaap[44] aufgrund theoretischer Überlegungen, dass die Formation gewöhnlich vor allem in der Vertikalen beansprucht bleibt, während horizontale Bewegungen verhindert werden. Mit dieser Hypothese wird eine Verringerung der horizontalen Gesamtspannung vorausgesetzt, falls der Lagerstättendruck abfällt. Messungen des momentanen Einschliessungsdrucks "ISIP") durch Felsenthal & Ferrel[45] ergaben eine eindeutige Antwort auf dieses alte Problem. Während des Förderstadiums eines Kalksteinspeichers niedriger Permeabilität, nahm der momentane Einschliessungsdruck ("ISIP") ab und stieg wieder während der darauffolgenden Wasserinjektion, was in Ubereinstimmung mit der Geertsma-Van der Knaap-Hypothese ist.

4. DATEN ZU DEN VERFORMUNGSEIGENSCHAFTEN VON SPEICHERGESTEIN IM INTERESSIERENDEN BELASTUNGSBEREICH

4.1 Allgemeines

Im vergangenen Jahrzehnt ist eine wachsende Anzahl von Verformungskennwerten von Speichergesteinen veröffentlich worden. Überwiegend lag die Aufmerksamkeit auf der Kompressibilität des Porenvolumens bei zunehmender hydrostatischer Belastung sowie auf der entsprechenden Abnahme der Porosität, Permeabilität und des Formationsfaktors (spezifischer elektrischer Widerstand). Zahlenwerte für einachsige Kompaktion bei Fehlen seitlicher Verformung sind ebenfalls veröffentlich worden. Die völlig anderen Spannungs-Deformationskennwerte während teilweiser Entlastung fanden weit weniger Aufmerksamkeit, obwohl dieser Aspekt des Verformungsverhaltens (z.B. bei Tätigkeiten zur erneuten Erhöhung des Lagerstättendrucks, etwa beim Wasserfluten nach der Erschöpfund und bei der Lagerung von Erdgas in früheren Erdgas- und Ölspeichern) eine Rolle spielt (Hardy et al.[46]). Die Verformung des Kerns im Kernrohr auf dem Wege zur Oberfläche ist ebenfalls ein Beispiel für Spannungsentlastung und die hydraulische Rissbildung sowie die mit Sprengstoffen sind weitere Gebiete, für die derartige Daten erforderlich sind.

Verschiedene Laboratorien ergänzen ihre Ausrüstung durch Hochdruckdehnungsmessgeräte. So beschreiben beispielsweise Sawabini et al.[47] eingehend eine neue hydrostatische Druckdose (in der University of Southern California) mit der Druckbelastungen bis 40 000 psi ($\sim$2.722 kg/cm^2) möglich sind, während die Temperatur zwischen Raumtemperatur and 100° C schwanken kann. Abgrall[48] (ELF-RE, Frankreich) hat ein neues Dreiaxialgerät eingeführt, mit dem die Aufzeichnung von Veränderungen der Porosität, der Permeabilität und des Formationsfaktors bei seitlichen Drücken bis zu 1500 bar und einem Axialdruck von 2500 bar, die auf Gesteinsproben von 10 cm ø und 20 cm Länge einwirken, möglich ist. Die meisten grösseren Mineralölunternehmen und einige der Dienstleistungsgesellschaften verfügen über Hochdruckgeräte, mit denen die Bestimmung der Kompressibilität routinemässig möglich ist.

4.2 Kompressibilitätswerte aus Laborversuchen und das Verhalten in situ

Die Spannungs-Dehnungskennwerte der meisten Speichergestein hängen von einer Reihe von Faktoren, wie der Gesteinsart, dem Zementationsgrad, der Porosität, der Teufenstufe und bei lockerem Material auch von der Korngrösse, der Korngrössenverteilung, der Teilchenform usw. ab. Die Deutung von Spannungs-Deformationskennwerten aus Laborversuchen für das Lagerstättenverhalten wird durch die Tatsache behindert, dass die Gesamtverformung nur teilweise reversibel oder elastisch ist. Der Rest besteht aus irreversibler Verformung infolge der Rutschung steifer Teilchen bzw. der Rutschung durch Zerbrechen. Mit piezoelektrischen Kristallen lässt sich das Bruchgeräusch sichtbar oder hörbar darstellen.

Während des Kernziehens wird der ursprünglich auf das Gestein wirkende Spannungstensor auf den atmosphärischen Druck entlastet. Daraus ergibt sich eine Expansion, die überwiegend elastischer Art ist. Die Kernprobe wird später im Labor in einer Druckdose wieder bis auf ein Niveau, das dem angenommenen ursprünglichen Spannungstensor entspricht, und dann über diese Niveau hinaus, belastet. Jedoch bedeuten die nichtelastischen Verformungskomponenten, die während der Wiederbelastung vorherrschen, dass sich das Gesteinsstück als Laborprobe mechanisch anders verhält als unter Spannung in der Formation. Je grösser der Anteil irreversibler Verformung, umso zweifelhafter wird, ob dieses Testverfahren das tatsächliche Verhalten in der Natur enthüllen kann. Bei den numerischen Werten der über die Verformungseigenschaften von Speichergesteinen in situ veröffentlichten Informationen ist das zu berücksichtigen.

Nach den jetzt klassischen Messungen von Carpenter & Spencer[49], über die 1940 berichtet wurde, veröffentlichte Hall[50] eine Reihe von Werten der Porenkompressibilität, deren Bedeutung für Lagerstätteningenieure deutlich ist. Weit umfassenderes Datenmaterial findet sich in einem kürzlich veröffentlichten Aufsatz von Newman[51], der eine Übersicht über die Zahlen der Porenkompressibilität bei Kalk- und Sandsteinen in verfestigtem, mürbem und unverfestigtem Zustand vorlegt. Geertsma[52] hat einachsige Kompaktionskoeffizienten für eine grosse Anzahl von Sandsteinen, lockeren Sanden und Karbonatgesteinen auggrund von Messungen durch Teeuw[53] veröffentlicht. Teeuw hat im Zusammenhang mit dem Groninger Gasfeld (Niederlande) auch über das Kompressibilitätsverhalten des Rotliegenden berichtet. Zu dieser Untersuchung gehörte die routinemässige Messung der hydrostatischen Kompaktion bei über 500 Kernproben aus einer Reihe von Sonden in verschiedenen Teilen dieses Feldes. In kleinerem Massstab haben Van Gonten & Ghoudhary[54] Porenkompressibilitätswerte für einige Sandstein- und eine einzige Kalksteinprobe in Abhängigkeit von Druck und Temperatur vorgelegt. Die Temperaturwirkung erweist sich, obwohl sie messbar ist, für die meisten praktischen Zwecke als gering. Kohlhaas & Miller[55] geben Porenkompressibilitätswerte für Kerne aus dem Ölfeld Wilmington (Kalifornien). Diese Werte sind von besonderem Interesse, da in diesem Feld erhebliche Bodensenkungen auftraten. Über das Kompressibilitätsverhalten lockerer Sande unter Einwirkung einachsigen Einschliessungsdrucks, wie in Öl- und Gasspeichern, haben Roberts & De Souza[56] berichtet. Ergänzend dazu gaben Sawabini et al.[57] Kompressibilitätswerte für Ölsande des Pliozän und Oberen Miozän. Chilingar et al.[58] referierten die Kompressibilität benachbarter Tone. Die meisten obigen Aufsätze enthalten zusätzliche Hinweise auf frühere Arbeiten.

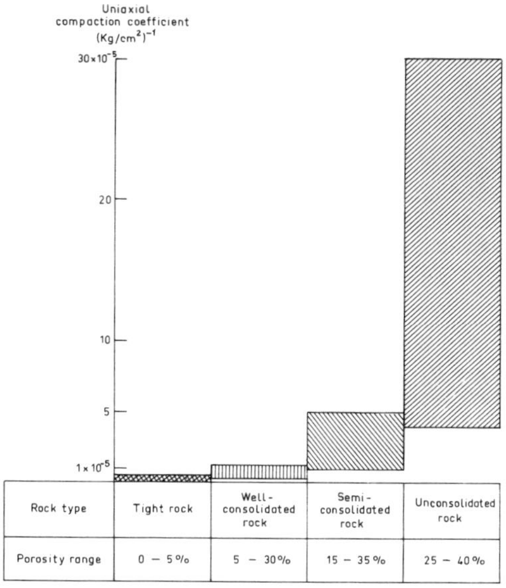

FIG. 1 RANGE IN UNIAXIAL COMPACTION COEFFICIENT FOR VARIOUS ROCK TYPES (after Teeuw[53])

Obwohl die Werte der Gesamtkompressibilität für Gesteine mit hohen Porositäten im allgemeinen höher liegen (siehe Abb. 1), bestehen keine einfachen Korrelationen zwischen Kompressibilität und Porosität. Darüber hinaus weichen die Werte für verfestigte Sandsteine stark von denen für die meisten Kalksteine sowie mürbe und nichtverfestigt Sande ab. Newman kam daher zu der Schlussfolgerung, dass eine Bewertung der Kompressibilität eines gegebenen Speichers fallweise Kompressibilitätsmessungen im Labor voraussetzt. Theoretische Untersuchungen des Kompressibilitätsverhaltens von Speichergestein scheinen Lagerstätteningenieuren wenig zu nutzen.

Die Gesamtkompressibilität, die Porenkompressibilität und der einachsige Kompaktionskoeffizient hängen miteinander zusammen. Wird die Gesamtkompressibilität als

$$c_b = \frac{1}{V_b}\left[\frac{\partial V_p}{\partial \bar{\sigma}}\right]_p$$

definiert, d.h. als die relative Änderung des Gesamtvolumens V_b einer ummantelten, jedoch entwässerten Probe bei konstantem Porendruck je Einheit des hydrostatischen Wechsels des äusseren oder Einschliessungsdrucks $\bar{\sigma} = \frac{1}{3}(\sigma_1+\sigma_2+\sigma_3)$, so lässt sich die entweder durch

$$\frac{1}{V_p}\left[\frac{\partial V_p}{\partial \bar{\sigma}}\right]_p = \frac{1}{\phi}(c_b-c_r)$$

oder

$$c_p = \frac{1}{V_p}\left[\frac{\partial V_p}{\partial p}\right]_{\bar{\sigma}} = \frac{1}{\phi}(c_b-c_r) + c_r$$

definierte Porenkompressibilität berechnen. Darin sind c_r = die Kompressibilität der Gesteinsmatrix, V_p - Porenvolumen und ϕ = Porosität = V_r/V_b.

Der letzte Wert scheint am repräsentativsten für die natürlichen Bedingungen zu sein, der Unterschied zwischen den beiden Werten der Porenkompressibilität ist jedoch klein. Bei elastischem oder quasi-elastischem Verhalten wird der einachsige Kompaktionskoeffizient aus der Beziehung

$$c_m = \frac{1}{3}\left[\frac{1+\nu}{1-\nu}\right](c_b - c_r)$$

bestimmt, in der ν = die Poissonsche Zahl ist.

Eine mit experimentellen Daten (z.B. von Teeuw) untermauerte theoretische Analyse zeigt, dass diese Poissonsche Zahl gegenüber den mikrostrukturellen Parametern und selbst den Materialeigenschaften der Einzelbestandteile unempfindlich ist. Nur die Gestalt der belasteten Kontakte, die Kontaktreibung oder die Zementation beeinflussen die Poissonsche Zahl körniger Stoffe. Ein guter Durchschnittswert für Speichergestein ist 0,25. Im Labor werden c_b oder c_m an Kernproben gemessen, c_m normalerweise in einem Ödometer, und die anderen Werte werden dann durch Abschätzen von c_r und ν berechnet.

Derartige Verfahren sind für mehr oder weniger verfestigte Speichergesteine sehr geeignet. Für die Verformungsanalyse lockere Sande und wahrscheinlich auch benachbarter Tone scheint jedoch ein besseres Verständnis der Wirkung des Zerbrechens und Rutschens von Teilchen auf die labormässig bestimmten Kompressibilitätswerte erforderlich. Dieses Problem ist in der Bodenmechanik wegen des modernen Trends zur Konstruktion von Erddämmen steigender Höhe von zunehmendem Interessse. Sie verursachen hohe Erddrücke, die sich grössenordnungsmässig den Drücken der Lagerstättentechnik nähern. Die theoretische Arbeit von Rowe[59] und die experimentellen Untersuchungen von Lee & Farhoumand[60] können in diesem Zusammenhang angeführt werden. Die Analyse von Rowe beschäftigt sich mit der Bestimmung der in Frage kommenden Verformungsparameter für Sande. Ähnliche Prinzipien dürften jedoch auf andere Korngrössen anwendbar sein. Die elastischen Vorgänge in Tonen weichen jedoch insofern ab, als die Stärke des Wasserfilms mit dem wirksamen Druck schwankt. Fliessen im Grenzbereich von Tonteilchen tritt an die Stelle des Zerbrechens spröder Teilchen bei Kontakt in Sanden. Ziel derartiger Untersuchungen müsste die eindeutige Übertragung von im Labor gemessenen Verformungskennwerten auf das Verhalten des Speichers sein.

4.3 Brucheigenschaften von Gestein

Obwohl sich in der felsmechanischen Literatur reichliche Angaben zur Gesteinsfestigkeit finden, lässt sich bei Arbeiten, die direkt auf die Ölfördertechnik anwendbar sind, nur geringer Fortschritt feststellen. Die meisten Bruchtheorien und experimentellen Arbeiten beziehen sich auf nichtporöse und wenig poröse Gesteinstypen; dagene hängen die Hauptprobleme während des Bohrens und der Förderung mit relativ lockeren Formationen wie losen und mürben Sanden und Schieferfolgen zusammen. Diese Problemgebiete werden in den Abschnitten 5.5 und 5.6 beschrieben.

5. DER EINFLUSS DER FELSMECHANIK AUF DAS BOHREN UND FÖRDERN

5.1 Die Auswirkung der Felsverformbarkeit auf die Lagerstättenkennwerte

Der Einfluss des Spannungsfeldes auf derart wesentliche Parameter des Speichers wie Porosität, Permeabilität, spezifischen Widerstand und die Schallgeschwindigkeit ist jetzt allgemein anerkannt. Das hat zur routinemässigen Messung dieser Gesteinseigenschaften unter simulierten In-situ-Spannungen geführt. Die Ungewissheit bei der Abschätzung und Reproduktion der Komponenten des Spannungstensors in situ bleibt ein Problem. In der Praxis werden diese routinemässigen Messungen häufig unter hydrostatischen Belastungsbedingungen ausgeführt, die den wirksamen Gebirgsdruck simulieren. Besser ist jedoch die Verwendung eines Dreiaxialdruckgeräts, bei dem der radiale Flüssigkeitsdruck so geregelt wird, dass eine seitliche Beanspruchung der Probe vermieden wird.

Gray et al.[61] zeigten, dass die Permeabilitätsabnahme in zwei zylindrischen Sandsteinproben in Abhängigkeit vom Verhältnis der radialen zur axialen Spannung erfolgte. Sie stellten fest, dass die Permeabilitätsabnahme bei der für diese Versuche verwendeten ungleichmässigen Spannung geringer war als bei gleichmässiger Spannung (axiale Spannung = radiale Spannung = Deckgebirge - Porendruck). Sie schlossen daraus, dass Laboruntersuchungen der Permeabilitätsabnahme, bei denen eine hydrostatische Belastung gleich der wirksamen Belastung der Probe durch das Deckgebirge einwirkt, zu einer maximalen Verringerung der Permeabilität führt.

Von Vairogs et al.[62], die mit hydrostatischer Belastung arbeiteten, werden hohe Prozentsätze der Permeabilitätsabnahme (im mD-Bereich) genannt. Sie übernahmen diesen Spannungseffekt in ein mathematisches Modell für den Gasstrom in dicken Speichern.

Nicht alle Probleme auf diesem Gebiet sind gelöst. So wurde nicht immer die geeignete Kernbelastung gewählt, daneben ist auch zwischen der Speichergesteinspannung und dem Spannungsfeld um das Bohrloch zu unterscheiden. Der zweite Punkt is bei der Abschätzung der Wirkung der Felskompressibilität auf das Zuflussverhalten zur Sonde und bei der Korrelation labormässig gewonnener Felsparameter mit Messdaten zu beachten. Dieses Korrelationsverfahren hängt offensichtlich von der "Eindringtiefe" des Messinstruments in die Formationen um das Bohrloch ab.

5.2 Wirkung der Felsverformbarkeit auf Zuflusstests

Erhebliche Forschungsbemühungen galten der Untersuchung des Einflusses der druckabhängigen Gesteinseigenschaften (z.b. Porenraumkompressibilität, Porosität und Permeabilität) und der Eigenschaften des gasförmigen oder flüssigen Mediums auf das Förderverhalten, wobei entweder analytische oder numerische Verfahren angewandt wurden. Raghavan et al.[63] haben beispielsweise die nichtlineare partielle Differentialgleichung zweiter Ordnung analysiert, die sich bei Aufnahme aller dieser Effekte ergibt. Durch die Definition eines "Pseudodrucks" oder Potentials

$$m(p) = \int_{p_m}^{p} \frac{\rho(p)k(p)}{[1-\phi(p)]\mu p}\,dp$$

in dem ρ = Dichte, k = Permeabilität, ϕ = Porosität und μ = Flüssigkeitsviskosität mit p_m als dem Basisdruck, erhielten sie die Differentialgleichung

$$\nabla^2 m(p) = \frac{\phi(p)\mu(p)c_t(p)}{k(p)}\frac{\partial m(p)}{\partial t}$$

in der c_t = Gesamtkompressibilität von Porenvolumen + Poreninhalt, in Abhängigkeit von den vorherrschenden Ausgangs- und Randbedingungen. Letztere sollten ebenfalls in die Gleichung des Pseudodrucks m(p) aufgenommen werden.

5.3 Auswirkung der Felsverformbarkeit auf Berechnungen der Stoffbilanz

Die Wirkung der Porenkompressibilität auf die Bestimmung des ursprünglichen Ölvolumens in der Lagerstätte ist grundsätzlich unkompliziert. Die Stoffbilanzgleichung besagt, dass die kumulative Fördermenge bei den Druck- und Temperaturbedingungen des Speichers gleich dem kumulativen Wasserzufluss in den Speicher plus der Ausdehnung der Speichermedien plus der Reduzierung des Porenvolumens sein sollte. Die Lösung dieser Gleichung der Stoffbilanz kann sehr kompliziert sein, die Beziehung enthält im Prinzip jedoch nur zwei Unbekannte: den Wasserzufluss und die Ölmenge in der Lagerstätte, beide in Abhängigkeit von der Zeit. Durch wiederholte Berechnung dieser Bilanz während der Förderperiode ergeben sich Einblicke in das Förderverhalten. Je geringer der Einfluss des Wassertriebs, umso bedeutender ist der Einfluss der Porenkompressibilität. Dieser Zusammenhang wurde von Van der Knaap[64] besprochen. Verfeinerte Untersuchungen der Stoffbilanz für finite Aquiferspeicher schliessen auch die Wirkung der Porenkompressibilität des Aquifers ein, da in dessen Porenraum auch ein Druckabfall des Mediums eintritt.

Eine interessante Beobachtung referieren Harville & Hawkins[65]. Da die Gaskompressibilität mit zunehmendem Druck abnimmt, ist die Porenkompressibilität nicht nur für Ölspeicher von Interesse, sondern kann auch für unter hohem Druck stehende Gasspeicher in grosser Tiefe interessant werden. Die Verfasser analysierten einen unter abnorm hohem Anfangsdruck stehenden Gasspeicher in Louisiana. Bei allmählicher Senkung des Speicherdrucks fanden sie einen sehr stark nichtlinearen Effekt: die Porenkompressibilität nahm von einem Anfanswert von 28×10^{-6} psi^{-1}, der der ursprünglichen Gaskompressibilität nahekam, auf 6×10^{-6} psi^{-1} ab, das bedeutete also eine beinahe fünffache Verringerung. Die Vernachlässigung dieser Erscheinung der Porenkompressibilität würde zu einer sehr überoptimistischen Schätzung der Gasvorräte führen.

5.4 Kompaktion des Speichers und Bodensenkung

Dem Mechanismus der Bodensenkung durch eine betonte Kompaktion des Speichers wurde eine Anzahl von Veröffentlichungen gewidmet. Van der Knaap & Van der Vlis[66] verglichen verschieden Fälle von Bodensenkung auf der Welt und zeigten, dass Kompaktion und damit einhergehende Bodensenkung nur bei Formationen aus Ton und losem Sand auffallen. Ihre Analyse konzentrierte sich insbesondere auf ein Senkungsgebiet, nämlich die Bolivar-Küste in Venezuela. Sie weisen nach, dass die Kompaktion des Speichers, wenigstens unter den dortigen Bedingungen, über die Feldeserstreckung durch einen Vergleich des Volumens der Bodensenkung mit dem Fördervolumen analysiert werden konnte. Sie nahmen an dass ein bestimmtes Volumen Formationskompaktion ein gleiches Volumen Bodensenkung verursacht. Abb. 2 zeigt das Volumen des Senkungsbeckens in Abhängigkeit von der Bruttoförderung bis 1965 aus drei Feldern an der Bolivar-Küste. Bei jedem Feld ist das steigende Bodensenkungsvolumen, abgesehen von einem Zeitraum zu Beginn der Förderung, ungefähr gleich dem partiellen

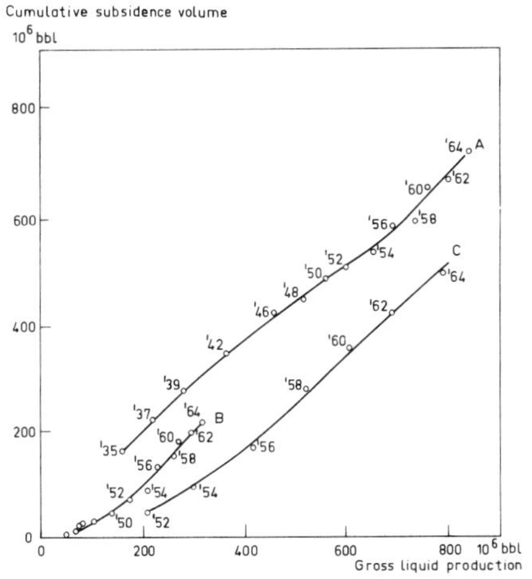

FIG 2 SUBSIDENSE VERSUS GROSS LIQUID PRODUCTION FOR THREE BOLIVAR COAST FIELDS

(after van der Knaap & van der Vlis[66])

Anstieg der Fördermenge.

Geertsma[15,52] fand, dass die Bodensenkung über produktiven Speichern mit Begriffen der Theorie der Poroelastizität formuliert werden konnte. In einem Halbraum schrumpft ein isoliertes Volumen - der Speicher - infolge der Abnahme des Porendrucks; Bodensenkung ist einfach das Ergebnis der Wechselwirkung zwischen der Kompaktion des Speichers und seiner (ebenfalls verformungsfähigen) Umgebung. Die so gewonnenen Gleichungen liessen sich entweder mit Hilfe numerischer Verfahren oder in Sonderfällen rein analystisch lösen. Derartige Lösungen zeigen, wie der Grad und das Ausmass der Bodensenkung infolge von Kompaktion vom Verhältnis zwischen Tiefenlage und seitlicher Erstreckung des Speichers sowie den Verformungseigenschaften der Umgebung des Speichers abhängig sind.

Evangelisti & Poggi[67] haben diese Untersuchung durch die Aufnahme der Wirkung der Abnahme des Porendrucks im benachbarten Aquifer erweitert. Wichtige Einzelheiten der Beziehung zwischen Bodensenkung und Kompaktion, insbesondere das Verhältnis zwischen dem Volumen des Senkungsbeckens und der Verringerung des Porenvolumens im Speicher sowie das Profil der Bodensenkung werden von den Verformungskennwerten der Basis gegenüber denen des darüber liegenden Speichers beeinflusst (Van Opstal[68]). An der Bolivar-Küste ist die Basis im Vergleich zu den äusserst verformungsfähigen lockeren Sanden und Tonschichten der Speicher sehr steif. Dadurch werden das Bodensenkungsvolumen und die Abnahme des Porenvolumens theoretisch gleich, während das Bodensenkungsvolumen bei homogenen Bedingungen die Kompaktion des Speichers übersteigen kann.

Die Literaturstelle 52 ist ein Bericht über den Stand der Forschung zu diesem Thema. Einzelheiten einer tiefgehenden Untersuchung, die zu einer Vorhersage von Bodensenkungen über dem riesigen Groninger Gasspeicher führte, finden sich in Literaturstelle 69. Laborexperimente und theoretische Überlegungen weisen darauf hin, dass sich im Zeitpunkt fast völliger Erschöpfung dieses Feldes, in den Jahren 2000 bis 2010, das Zentrum der Provinz Groningen, ein Teil der Tiefebene, unter Annahme homogener Bedingungen (Abb. 3) um etwa 85 cm gesenkt haben kann.

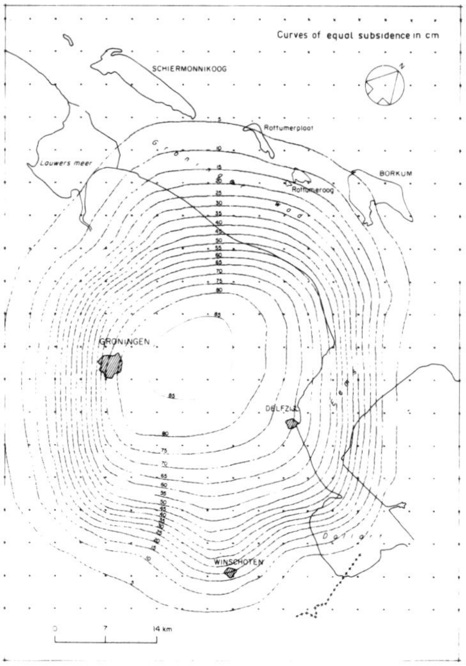

FIG 3 PREDICTED LAND SUBSIDENCE PATTERN ABOVE THE GRONINGEN GAS FIELD FOR THE YEAR 2005
assuming a homogeneous half space (after Geertsma & van Opstal[69])

Bodensenkung lässt sich im allgemeinen mehreren Ursachen zuschreiben. Green[70] hat eine modifizierte Fallsbeschreibung veröffentlicht, in der die relative Grössenordnung von drei unabhängigen, jedoch gleichzeitig einwirkenden Einflüssen - nämlich Bodensenkung des Regionalbeckens, Süsswasserentnahme für städtischen Verbrauch aus einem flachgelagerten Aquifer und die Tektonik - von der Bodensenkung infolge der Förderung aus einem Ölfeld isoliert werden konnten. Eine andere Betriebsgesellschaft beschloss, die Kompaktion des Speichers und die in geringer Tiefe im Raum Groningen gesondert zu messen, wo Schwankungen des Grundwasserspiegels und Tiden die Bewegung der Geländeoberfläche beeinflussen (De Loos[69]).

5.5 Vermeidung eines Formationsbrucks bis an die Oberfläche

Dieser wichtiger Aspekt eines möglichen Bruchs im Bohrloch wurde von Goins[71] diskutiert. In einer Reihe von Fällen setzten sich Brüche unterhalb eines Verrohrungssitzes bis an die Oberfläche fort, was immer zu einer äusserst schwer beherrschbaren Lage führt. Der Unfall bei Santa Barbara ist uns eine unangenehme Mahnung an die Kosten und Mühen, die mit derartigen Ausbrüchen verknüpft sind. Methoden der Voraussage darüber, wann ein Formationsbruch bis zur Oberfläche reichen wird, sind nicht bekannt. Da man jedoch weiss dass dieser Fall eintritt, wenn der Bruch unter der Verrohrung erfolgt, dürften Arbeiten zur Vermeidung derartiger Brüche gerechtfertigt sein.

Bei einem der Standardverfahren wird eine Sonde nach einem Druckstoss abgeschlossen und der Bodendruck auf einem Wert gehalten, der den Zufluss aus der Formation solange verhindert, bis die Sonde totgepumpt ist. Dabei wird vorausgesetzt, dass die Sonde sofort nach einem Druckstoss abgeschlossen werden kann und dass die ungeschützte Bohrlochwand unterhalb des Verrohrungssitzes den während des Totpumpens erforderlichen höheren Druck im Ringraum aushält. Das wird jedoch oft zum Formationsbruch führen, besonders falls abnorm hohe Porendrücke angetroffen werden. In diesem Fall kann die Totpumpflüssigkeit entweichen, der Totpumpdruck lässt sich nicht länger aufrechterhalten, und es kann doch noch zu einem Ausbruch kommen.

Diese potentiell gefährliche Situation ist noch kritischer, wenn in grosser Gassertiefe gebohrt wird, wobei das Deckgebirge in geringer Tiefe unter dem Seeboden nur eine abnorm niedrige Vorspannung bewirkt. Dieses Problem gewinnt angesichts der Tendenz der Erschliessung neuer Kohlenwasserstoffvorkommen in immer grösseren Wassertiefen zunehmend an Bedeutung.

5.6 Sandförderung aus Perforationsöffnungen

Die Beherrschung der Sandförderung in der Erdölindustrie ist ein ernsthaftes Problem, das nur teilweise erfasst ist, während Abhilfemassnahmen kostpielig und nicht immer zuverlässig sind. Mit vielen Ölsonden in mürben Sanden kann nicht voll gefördert werden, da das eine übermässige Förderung von Sand bedeutet. Stein & Hilchie[72] haben eine Methode zur Abschätzung der grössten Sandförderrate aus mürben Sandsteinen ohne die Verwendung von Gegenmassnahmen vorgelegt. Ihre Methode beruht auf zwei Prämissen:

(i) Um Bohrungen in Kohlenwasserstoffe fördernden Formationen können sich stabile Sandbrücken bilden, und

(ii) die Fähigkeit einer Sandbrücke, den vom Fördermedium ausgeübten Kräften zu widerstehen, hängt von der Festigkeit der Formation ab. Ein Mass der Festigkeit der Formation wird aus Dichte- und Schallgeschwindigkeitsdaten gewonnen.

Bisher wurde den Mechanismen des Bruchs von Sandstrukturen um das Bohrloch hinter Perforationsöffnungen und den Faktoren, die die Stabilität der Formation beeinflussen, zu wenig Aufmerksamkeit geschenkt. Uns sind nur zwei Aufsätze zu diesem Thema bekannt, einer von Ayers[73] und einer von Hall & Harrisberger[74]. Ayers gibt eine ausführlicher Erörterung des Spannungsfeldes um die Bohrung und seiner Beziehung zur Stabilität der Formation anhand der Scherfestigkeitseigenschaften des Sandes. Die Arbeit von Hall & Harrisberger ist eine Erweiterung dieser Laboruntersuchung. Sie haben den Bruchmechanismus unverfestigter Sande und die Mechanismen der Stabilisierung von Sanden durch verfestigende Kunststoffe mit Dreiaxialdruckversuchen analysiert. Sie nahmen auch eine direkte Untersuchung der Brückenbildung von Sand, d.h. der Art, in der Sand eine stabile Struktur um eine Öffnung bildet, vor. Sie zeigen den Nutzen eines Sands mit hoher Kornfestigkeit ausserhalb der Perforationsöffnungen und schlagen die Injektion eines Sandes vor, dessen Grenzspannung für konstant volumige Schervorgänge weit über der des Sands in der Formation liegt. Ein derartiger Sand, der injiziert wird, so dass eine hinreichend dichte Packung volumenvergrössernd wirkt, kann selbst mit einem mässig kohäsiven Kunststoff eine sehr stabile Brücke bilden.

5.7 Auslösung von Erdbeben

Die Injektion von Abwässern in eine Tiefbohrung mit einer Tiefe von 4000 m bei Denver (Colorado) zwischen 1962 und 1965 ist der erste gut belegte Fall, in dem Erdbeben mit der Injektion eines flüssigen Mediums verknüpft waren (siehe Van Poollen & Hoover[75]). In jüngster Zeit wurden Erdbeben beim Wasserfluten des Ölfeldes Rangely, ebenfalls in Colorado, beobachtet; mit diesem Phänomen beschäftigen sich jetzt umfangreiche Untersuchungen in den USA. Über zusätzliche Beobachtungen wurde vor kurzem berichtet, nämlich über Kleinerdbeben, die mit dem Wasserfluten von Ölfeldern an den Newport-Inglewood-Verwerfungen in der Nähe von Los Angeles zusammenhängen, sowie über Mikroseismizität bei der Förderung und Injektion in Ölfeldern an der Whittier-Verwerfung, ebenfalls in Kalifornien.

Das hier referierte Auftreten künstlich hervorgerufener. Seismizität hat zwei gemeinsame Bedingungen: sie tritt in Gebieten auf, in denen tektonische In-situ-Spannungen zu erwarten sind, und der Porendruck wird örtlich durch Wasser- oder Abwasserinjektion erhöht.

6. DISKUSSIONSVORSCHLÄGE

Wie aus der vorstehenden Übersicht hervorgeht, sind viele Aspekte bei felsmechanischen Problemen im Zusammenhang mit der Förderung mineralischer, gasförmiger oder flüssiger Medien noch weit von einer Lösung entfernt und daher Ansatzpunkte für zusätzliche Untersuchungen. Der Verfasser bittet um Nachsicht, dass ihm vermutlich vorhandene entsprechende osteuropäische Literatur zu diesen Themen nicht zugänglich war. Weitere Hinweise von den osteuropäischen Kongressteilnehmern und Kiskussionen mit ihnen wären sehr zu begrüssen.

Die Diskussionspunkte für die Tagung sind aufgrund ihrer wahrscheinlichen Bedeutung für die Mineralölindustrie gewählt und lauten:

1. Seismizität im Zusammenhang mit der Injektion flüssiger oder gasförmiger Medien in Erdölspeichern. In den USA werden viele Forschungsarbeiten unternommen, und aus ihrer Darstellung am hiesigen Tagungsort, wo alles seinen Anfang nahm, sind interessante Ergebnisse zu erwarten.

2. Praktische Verfahren für das Aufspüren von Porenüberduckzonen in der Nähe von Bohrlöchern sind von zunehmendem Interesse für die Mineralölindustrie und dürften daher ein geeigneter Diskussionspunkt sein.

3. Die Bestimmung der wirklichen Spannungsverhältnisse um Bohrlöcher und der Mechanismen des Bohrlochzusammenbruchs können zu grösserer Standsicherheit bei der Bohrtätigkeit führen, besonders im Hinblick auf die Verhütung von Ausbrüchen.

4. Im Zusammenhang mit Diskussionspunkt 1 sind Vorschläge für Verbesserungen bei der Bestimmung des In-situ-Spannungstensors zu fördern.

5. Schliesslich können ein besseres Verständnis der Mechanismen, welche zur Hohlraumbildung hinter Perforationsöffnungen führen, und Verfahrensvorschläge zur Sondenkomplettierung, mit denen Hohlraumbildung vermieden wird, zu einer verbesserten Förderung aus lockeren Formationen überall in der Welt führen.

7. REFERENCES

1. Haimson, B., Hydraulic fracturing in porous and nonporous rock and its potential for determining in-situ stresses. PhD Thesis, University of Minnesota, July 1968.

2. Von Schonfeldt, H., An experimental study of open-hole hydraulic fracturing as a stress measurement method with particular emphasis on field tests. PhD Thesis, University of Minnesota, November 1970.

3. Komar, C. A. et al., Factors that predict fracture orientation in a gas storage reservoir. J. Petrol. Tech., May 1971, p. 546.

4. Pasini, J. & Overby, W.K., Natural and induced fracture systems and their application to petroleum production. SPE Preprint 2565, 1968.

5. Roegiers, J.C. et al., The DSP - A new instrument for estimation of the in-situ stress state at depth. Sixth Conference on January 1973, SPE Preprint 4246.

6. Daneshy, A.A., Study of inclined hydraulic fractures. 47th AIME Annual Fall Meeting, San Antonio, Texas, October 1972, SPE Preprint 4062.

7. Fertl, W.H., Worldwide occurrence of abnormal formation pressures, Part I. Abnormal Subsurface Pressure Symposium, Baton Rouge, May 1972, SPE Preprint 3844.

8. Rehm, B., Worldwide occurrence of abnormal formation pressures. Part II. Abnormal Subsurface Pressure Symposium, Baton Rouge, May 1972, SPE Preprint 3845.

9. Smith, J.E., Shale compaction. SPE Journal 1973, vol. 13, No. 1, p. 12.

10. Raghavan, R., A review of the consolidation and rebound processes in one-dimensional porous columns. 47th AIME Annual Fall Meeting, San Antonio, Texas, October 1972, SPE Preprint 4078.

11. Pennebakker, E.S., An engineering interpretation of seismic data. 43rd AIME Annual Fall Meeting, Houston, Texas, October 1968, SPE Preprint 2165.

12. Lewis, C.R. & Rose, S.C., A theory relating high temperatures and overpressures. J. Petrol. Tech., January 1970, p. 11.

13. Wilson, G.J. & Bush, R.E., Pressure prediction with flowline temperature gradients. J. Petrol. Tech., February 1973, p. 135.

14. Hubbert, M.K. & Willis, D.G., Mechanics of hydraulic fracturing. Trans. AIME, 1957, vol. 210, p. 153.

15. Geertsma, J., Problems of rock mechanics in petroleum production engineering. Proc. First Congr. Int. Soc. Rock Mech., Lisbon 1966, vol. I, p. 585.

16. Haimson, B. & Fairhurst, C., In-situ stress determination at great depths by means of hydraulic fracturing. Rock Mechanics, Theory and Practice, SME AIME, New York, 1970.

17. Haimson, B. & Edl, J.N., Hydraulic fracturing of deep wells. 47th AIME Annual Fall Meeting, San Antonio, Texas, October 1972, SPE Preprint 4061.

18. Haimson, B. & Tharp, T.M., Real stresses around boreholes. Sixth Conf. Drilling and Rock Mech., Austin, Texas, January 1973, SPE Preprint 4241.

19. De Josselin de Jong, G. & Geertsma, J., The stress distribution around vertical mud filled boreholes drilled in a sandy overburden (in Dutch). De Ingenieur, 1953, vol. 65, No. 9, p. M1.

20. Gnirk, P.F., The mechanical behaviour of uncased wellbores situated in elastic/plastic media under hydrostatic stress. SPE Journal, 1972, vol. 12, No. 1, p. 49.

21. Beirute, R. & Tragesser, A., Expansive-shrinkage characteristics of cements under actual well conditions. 47th AIME Annual Fall Meeting, San Antonio, Texas, October 1972, SPE Preprint 4091.

22. Le Tirant, P. & Baron, G., Rupture hydraulique des roches sédimentaires. Proc. First Congr. Soc. Rock Mech., Lisbon 1966, vol. 1, p. 577.

23. Le Tirant, P. & Baron, G., Fracturation hydraulique des roches stratifiées et fissurées; application aux réservoirs d'hydrocarbures. Proc. Second Congr. Soc. Rock Mech., Beograd 1970, Paper 3-40.

24. Eaton, B.A., Fracture gradient prediction and its application in oil-field operations. J. Petrol. Tech., October 1969, p. 1353.

25. Taylor, D.B. & Smith, T.K., Improved fracture gradient estimates in offshore drilling operations. Preprint 926-15-L, Div. Prod. API, March 1970.

26. Anderson, R.A. et al., Fracture pressure gradient determination from well logs. 47th AIME Annual Fall Meeting, October 1972, San Antonio, Texas, SPE Preprint 4135.

27. Christman, S.A., Offshore fracture gradients and casing setting depths. 47th AIME Annual Fall Meeting, San Antonio, Texas, October 1972, SPE Preprint 4133.

28. England, A.H. & Green, A.E., Some two-dimensional punch and crack problems in classical elasticity. Proc. Cambridge Phil. Soc., 1963, vol. 59, p. 489.

29. Sneddon, I.N., The distribution of stress in the neighbourhood of a crack in an elastic solid. Proc. Roy. Soc. London, 1946, vol. A 187, p. 229.

30. Perkins, T.K. & Kern, L.R., Widths of hydraulic fractures. J. Petrol. Tech., September 1961, p. 937.

31. Nordgren, R.P., Propagation of a vertical hydraulic fracture. SPE Journal, 1972, vol. 12, p. 306.

32. Zheltov, Yu.P. & Khristianovitch, S.A., On the mechanism of hydraulic fracturing of an oil-producing formation. Izvest. Akad. Nauk SSSR, Otdel. Tekh. Nauk, 1955, No. 3, p. 41.

33. Baron, G. et al., Fracturation hydrauliques; bases théoriques, études de laboratoire, essais sur champ. Proc. 7th World Pet. Congr., 1967, vol. 3, p. 371.

34. Geertsma, J. & de Klerk, F., A rapid method of predicting width and extent of hydraulically induced fractures. J. Petrol. Tech., December 1969, p. 1571.

35. Daneshy, A.A., Opening of a pressurized fracture in an elastic medium. 22nd Ann. Tech. Meeting Petrol. Soc. CIM, Banff, Alberta, June 1971, Paper 7616.

36. Daneshy, A.A., On the design of vertical hydraulic fractures. J. Petrol. Tech., January 1973, p. 83.

37. McGlothlin, B.B. & Huitt, J.L., Relation of formation rock strength to propping agent strength in hydraulic fracturing. J. Petrol. Tech., March 1966, p. 377.

38. Van der Vlis, A.C., Rock classification by a simple hardness test. Proc. Second Congr. Int. Soc. Rock Mech., Beograd 1970, Paper 3-4.

39. Wood, D.B. & Junkin, G., Stresses and displacements around hydraulically fractured wells. 45th AIME Annual Fall Meeting, Houston, Texas, October 1970, SPE Preprint 3030.

40. Cook, M.A., Explosives, a survey of technical advances. Ind. Eng. Chem., 1968, vol. 60, No. 7, p. 44.

41. Le Tirant, P. & Cholet, H., Situation actuelle et avenir de la stimulation des puits par explosifs. Rev. IFP, July-August 1972, p. 559.

42. Laspe, C.G. & Roberts, L.N., A mathematical analysis of oil and gas well stimulation by explosive fracturing. Rocky Mountain Regional Meeting SPE of AIME, Billings, Montana, June 1971, SPE Preprint 3355.

43. Laspe, C.G., How to predict explosive stimulation results. Petroleum Engineer, May 1971, p. 68.

44. Van der Knaap, W., Nonlinear behaviour of elastic porous media. Trans. AIME 1959, vol. 216, p. 179.

45. Felsenthal, M. & Ferrell, H.H., Fracturing gradients in waterfloods of low-permeability partially depleted zones. J. Petrol. Tech., June 1971, p. 727.

46. Hardy, H.R. et al., Application of model studies to the optimization of pressures in underground gas storage reservoirs. Northern Plain Regional Meeting SPE of AIME, Omaha, Nebraska, May 1972, SPE Preprint 3868.

47. Sawabini, C.T. et al., Design and operation of a triaxial high temperature, high pressure compaction apparatus. J. Sed. Petrol. 1971, vol. 41, No. 3, p. 871.

48. Abgrall, E., Etude du comportement du milieu poreux en temperature et sous contrainte. Rev. IFP, July-August 1971, p. 571.

49. Carpenter, C.B. & Spencer, G.B., Measurements of compressibility of consolidated oil-bearing sandstones. RI 3540, US Bureau of Mines, October 1940.

50. Hall, H.N., Compressibility of reservoir rocks. Trans. AIME, 1953, vol. 198, p. 309.

51. Newman, G.H., Pore-volume compressibility of consolidated, friable and unconsolidated reservoir rocks under hydrostatic loading. J. Petrol. Tech., February 1973, p. 129.

52. Geertsma, J., Land subsidence above compacting oil and gas reservoirs. SPE European Spring Meeting, Amsterdam, The Netherlands, May 1972, SPE Preprint 3730 (to appear in J. Petrol. Tech., June 1973).

53. Teeuw, D., Laboratory measurement of compaction properties of Groningen reservoir rock. Verhandelingen Kon. Ned. Geol. Mijnbouwk. Gen., 1973, vol. 28, p. 19.

54. Van Gonten, W.D. & Ghoudhary, B.K., The effect of pressure and temperature on pore volume compressibility. 44th AIME Annual Fall Meeting, Denver, Colorado, September 1969, SPE Preprint 2526.

55. Kohlhaas, C.A. & Miller, F.G., Rock-compaction and pressure-transient analysis with pressure-dependent rock properties. 44th AIME Annual Fall Meeting, Denver, Colorado, September 1969, SPE Preprint 2563.

56. Roberts, J.E. & de Souza, J.M., The compressibility of sands. Proc. ASTM, 1958, vol. 58, p. 1269.

57. Sawabini, C.T. et al., Triaxial compaction of unconsolidated oil sands. 47th AIME Annual Fall Meeting, San Antonio, Texas, October 1972, SPE Preprint 4058.

58. Chilingar, C.V. et al., Compressibilities of clays and some means of predicting and preventing subsidence. In "Land Subsidence," IASH-Unesco, 1969, Publ. 89, vol. 2, pp. 377.

59. Rowe, P.W., Theoretical meaning and observed values of deformation parameters of soil. In "Stress and strain behaviour of soils." R.H.G. Parry (ed) 1972, G.T. Foulis & Co. Ltd., Oxfordshire.

60. Lee, K.L. & Farhoomand, I., Compressibility and crushing of granular soil in anisotropic triaxial compression. Can Geotech. Journal, 1967, vol. 4, No. 1, p. 68.

61. Gray, D.H. et al., The effect of stress on permeability of sandstone cores. SPE Journal 1963, vol. 3, No. 2, p. 95.

62. Vairogs, J. et al., Effect of rock stress on gas production from low-permeability reservoirs. J. Petrol. Tech., September 1971, p. 1161.

63. Raghavan, R. et al., An investigation by numerical methods of the effect of pressure-dependent rock and fluid properties on well flow tests. SPE Journal, 1972, vol. 12, No. 3, p. 267.

64. Van der Knaap, W., Der Einflüsz einer Änderung des Porenvolümes in erdölhaltigem Gesteiṉ auf die Abschätzung des Ölvorrates. Erdöl und Kohle, 1960, vol. 13, p. 305.

65. Harville, D.W. & Hawkins, M.F., Rock compressibility and failure as reservoir mechanisms in geopressured gas reservoirs. J. Petrol. Tech., December 1969, p. 1528.

66. Van der Knaap, W. & Van der Vlis, A.C., On the cause of subsidence in oil-producing areas. Proc. 7th World Petr. Congr., Mexico City, 1967, vol. 3, p. 85.

67. Evangelisti, G. & Poggi, B., Sopra i fenomeni di deformazione dei terreni da variazione della pressione di strato. Memorie Serie II, No. 6, Atti della accademia della scienze della instituto di Bologna, 1970.

68. Van Opstal, G., The effect of base-rock rigidity on subsidence due to reservoir compaction. Paper to be presented at the 48th AIME Annual Fall Meeting, October 1973, Las Vegas, Nevada.

69. de Loos, The analysis of surface subsidence resulting from gas production in the Groningen area, the Netherlands. Verhandelingen Kon. Ned. Geol. Mijnbouwk. Gen., 1973, vol. 28.

70. Green, J.P., An approach to analyzing multiple causes of subsidence. 47th AIME Annual Fall Meeting, San Antonio, Texas, October 1972, SPE Preprint 4079.

71. Goins, W.C., Selected items of interest in drilling technology - An SPE distinguished lecture. J. Petrol. Tech., July 1971, p. 857.

72. Stein, N. & Hilchie, D.W., Estimating the maximum production rate possible from friable sandstones without using sand control. J. Petrol. Tech., September 1972, p. 1157.

73. Ayers, W.M., Mechanics of sand consolidating plastic treatments. Paper presented at the Conf. on Prod. Research and Eng., Tulsa, Oklahoma, May 1965, SPE Preprint 1135.

74. Hall, C.D. & Harrisberger, W.H., Stability of sand arches: a key to sand control. J. Petrol. Tech., July 1970, p. 821.

75. Van Poollen, H.K. & Hoover, D.B., Waste disposal and earthquakes at the Rocky Mountain Arsenal, Derby, Colorado. J. Petrol. Tech., August 1970, p. 983.

SOME DESIGN AND CONSTRUCTION CONSIDERATIONS FOR LARGE PERMANENT UNDERGROUND OPENINGS AT SHALLOW DEPTHS

Tor L. Brekke

Associate Professor of Geological Engineering
University of California, Berkeley, California

Thomas A. Lang
President, Leeds, Hill and Jewett, Inc.,
San Francisco, California

Francis S. Kendorski
Senior Staff Engineer, Leeds, Hill and Jewett,Inc.
San Francisco, California

SUMMARY: This supplementary report briefly presents a survey of some factors that will influence ground behavior in large permanent underground openings at shallow depth. The report further contains a discussion on stabilization of blocky and seamy rock at shallow depth. It is observed that the main objective is to minimize rock deformations and thereby maximize the contribution from the rock mass to the overall stabilization system. It is suggested that the installation of rock reinforcement such as grouted rebars or bolts ahead of excavation is the most effective method for achieving this objective.

If such reinforcement is used, it is possible to assign a reasonable strength to the reinforced rock arch around the opening. This can be done by estimating the fraction of a failure plane that would be forced through intact rock rather than along discontinuities.

The capacity of the reinforced rock arch can be evaluated by fixed, thick arch analysis as used for concrete arches with an assigned unconfined compressive strength. The contribution from the reinforced rock arch to the overall stabilization system can then be assessed.

INTRODUCTION

The purpose of this supplementary report is to identify and briefly discuss some of the particular design and construction problems and approaches that are associated with large openings at shallow depths where the rock cover is one-half to several times the width of the opening. Furthermore, to give a reasonable practical scope to the report, the comments generally relate to blocky and seamy rock, although it is fully recognized that better as well as much worse rock mass conditions can be encountered. By blocky and seamy rock is understood a jointed rock mass with some shears and seams. The rock blocks are assumed to be intact and strong.

Several considerations that can have an important influence on the construction of an underground opening are not discussed in detail. In urban areas the contractor may have very restricted surface space available for construction, including muck storage space and disposal areas. He may also be limited in the hours per day when he can use heavy vehicles or carry out blasting operations. Also, limitations may be enforced in terms of the explosive charge allowed per round or delay owing to possible damage to adjacent structures from blasting vibrations. Delays may also be caused by local or regional shortage in certain materials called for in the design.

These seemingly trivial problems can have a profound influence on the economy, scheduling, and also the technical adequacy of the opening, and should therefore be assessed as far as possible at an early design stage.

FACTORS INFLUENCING GROUND BEHAVIOR

A number of factors must be considered when assessing possible ground behavior at a given site. Some of these are listed in Table 1. It is important to recognize that many of these factors are not independent but influence each other. Consequently, it is essential to carefully assess each of the factors in determining design criteria. Furthermore, the complex interaction of factors, together with a somewhat limited knowledge of the fundamental laws governing rock mass behavior, also tends to restrict the extent to which the results of mathematical analyses and numerical methods can be directly used in design. Actually, analysis with its simplifying assumptions is relatively easy. Design for construction is far more difficult.

The first three factors in Table 1 pertain to the layout and function of the opening. The site, depth, size, shape, and orientation of the opening are, in the first place, generally dictated by functional rather than geotechnical considerations. However, such functional considerations must be reconciled with the basic requirements that it must be feasible to construct the required openings and that they must be stable for the operating lifetime of the project. Even limited modifications that are functionally acceptable can very often greatly improve the situation from a geotechnical point of view. For example, it is quite important to keep the width of an opening to a minimum, to have a smooth span without corners, to avoid complex benches and trenches, to have adequate pillars between the opening and adjacent openings, and to design the junction between shafts and tunnels and the opening so that the arch intersections and collars are as simple as possible to construct.

TABLE 1

FACTORS INFLUENCING GROUND BEHAVIOR

1. Size and shape of the opening.
2. Distance to adjacent existing or future openings (if any).
3. Size and geometry of the intersections with appurtenant structures such as shafts and access tunnels.
4. Thickness and competence of rock cover.
5. Thickness of soil overburden (if any), and the loads from existing or future heavy structures above the opening (if any).
6. In-situ state-of-stress.
7. Attitude of the discontinuities in the rock in relation to the orientation of the axis of the opening.
8. Persistency, frequency, and character of the discontinuities.
9. Water regime.
10. Methods and procedures for excavation and rock stabilization.

While the orientation of certain openings, subway stations for example, may be fixed, it is often possible to orient ancillary openings to best suit the local geological conditions, such as the detailed pattern of joints, shears, and seams. It is imperative that decisions of this nature be made as early as possible in the design stage. Unfortunately, it is quite common for these geotechnical aspects to be ignored until the design has proceeded so far that the layout is "frozen".

Items 4 through 9 of Table 1 deal with the ground conditions. All of these factors are closely interrelated in terms of ground behavior, although it may be noted that the thickness of soil overburden and the loads from existing future heavy structures above the opening may not have a significant influence if the rock cover is substantial.

One of the more important items is the in-situ state-of-stress or field stresses at the site. There are a number of documented case histories which show that very high stresses can exist at shallow depth in competent rock, notably in high valley sides (Selmer-Olsen, 1965). This has lead to rock burst phenomena, even immediately adjacent to the surface. However, the more usual condition at shallow depths is that the in-situ stresses are very low. This is an adverse condition because it means that the confining pressure, which mobilizes shear strength along discontinuities, is very low and sometimes absent. For this reason alone, the inherent "strength" of a rock mass is lower at shallow depths than it will be at greater depth.

Consequently, a higher degree of overbreak must be expected at shallow depths than may be experienced in an equivalent rock mass at greater depth. This situation may well be compounded because discontinuities at shallow depth are often weathered and the coating or filling materials are sometimes leached away.

The attitude of the discontinuities in relation to the orientation of the axis of the opening can have a considerable influence on the stability of the opening. In general, problems increase as the strike of the most adverse discontinuities becomes more parallel to the opening. However, even if the strike is across the opening, low-dipping shears or persistent joints can present a hazard. If the opening is driven from the hanging-wall side, the adverse discontinuities will first appear at the invert and thus give warning that special support or reinforcement may be required. If, on the other hand, the opening is driven from the foot-wall side, an adverse, low-dipping discontinuity which strikes across the opening will first appear in the crown, with the possibility that the wedge defined by the discontinuity and the tunnel may fall in without warning.

The persistency and frequency of the discontinuities obviously influences the rock behavior, and detailed attention should be given to these features during exploration. However, the character of the discontinuities also has a major influence on ground behavior and therefore must receive equal consideration. The character of a discontinuity includes the shape and relative roughness of the adjoining surfaces, and the nature of any coatings or filling materials. An example of discontinuities with a typically unfavorable character are those that have planar and smooth surfaces with coatings or fillings of chlorite, talc, graphite or serpentine. All these minerals are very slippery, indicating a low shear strength, particularly when wet.

Inactive clay material in shears or seams naturally represents a very weak material that may be squeezed or washed out. Active swelling clay can cause serious problems from free swell and consequent loss of strength when unconfined, or by generating considerable swelling pressure when confined. It is important to recognize that the pressure resulting from a swelling clay is not a function of depth.

Special attention should also be given to discontinuities that have been healed by calcite. If the calcite is porous or flaky, it may dissolve during the lifetime of the underground structure, and the contribution to the strength of the rock mass from such fillings will then disappear. This is a long-term stability problem that can easily be overlooked during design and construction because such fillings at that time may appear to be very advantageous.

In many cases the material filling the discontinuities is of a composite character, such as calcite veins in a clay matrix.

The ground water regime can, as mentioned, influence the ultimate ground behavior by gradually dissolving minerals such as calcite or gypsum. It can also lead to the "lubrication" of discontinuities coated with materials such as chlorite, and provide the water needed for swelling action or mobilization of swelling pressure from swelling gouge. Water can also affect the stability of the opening by chemical attack on both steel members and concrete. Although it is not likely that high water pressures would be encountered at shallow depths, high rates of water inflow have sometimes occurred. Morfeldt (1970) gives an example of this from the subway system in Stockholm, Sweden, where inflows of 6,000 to 10,000 liters per minute occurred. Morfeldt (1970) also documents how even a small water inflow can cause extensive damage to structures situated on soils above the opening owing to lowering of the ground water table in the soils.

Methods and procedures used for excavation of an opening and for the rock stabilization will also have considerable influence on rock behavior. In competent rock, it may be feasible to excavate the opening full face, although the contractor, from a construction point of view, may choose to use the top heading or the heading-and-bench method. Typically, large openings in blocky and seamy rock will require top heading or heading-and-bench excavation for ground conditions which are favorable, and probably more complex multiple drift excavation when the conditions are adverse. By excavating a large opening with several small headings, it is possible to increase the stand-up time and keep the ground more effectively under control at all times.

ROCK STABILIZATION

The factors that will influence ground behavior were summarized in the preceeding section for the purpose of demonstrating that it is inadequate to use only one or a few dactors as a basis for design of an underground opening, including the stabilization measures. A rock mass is not an ideal material and it is still not possible to precisely define all the properties and analyze rock structures so as to predict their exact behavior in service. Consequently, it is necessary to bracket the problem by using selected analytical and design techniques and be prepared to review and, as necessary, make changes in the adopted design as conditions become known and more information regarding the rock behavior is gathered during the construction phases. To do otherwise could easily jeopardize the safety of the structure.

The most important step in the design of any stabilization system for a rock excavation is to determine to what extent the inherent strength of the rock mass can be mobilized to make a contribution to the stabilization of the excavation. This basically depends on the deformation rate with respect to time of the rock mass around the excavation and also on the extent to which deformation is allowed to take place. It has long been recognized (Terzaghi, 1946; Labasse, 1949; Rabcewicz, 1965) that consequent to excavation some deformation of the rock is unavoidable. In intact or moderately jointed rock the load-deformation characteristics of the rock mass are often such that the rock mass is substantially self-stabilizing. In blocky and seamy rock, particularly at shallow depths, rock reinforcement or direct support such as steel ribs or concrete lining or a combination of these are required to prevent continuing deformation and failure.

Some deformation is needed to mobilize the available rock mass strength. However, excessive deformations will reduce or even eliminate the contribution that the rock mass strength can make to a composite stabilization system. Furthermore, excessive deformation will allow more of the rock mass to dilate and loosen, and will, therefore, result in higher "loads" and problems in terms of stand-up time. Control of the extent of deformations are especially relevant for shallow openings since excessive deformations may cause movements all the way to the surface.

Traditionally, direct rock support, such as steel ribs with blocking and lagging has been designed on the basis of a "rock load" consisting of some height of loose rock which is "supported" by the ribs. This implies that complete failure of the rock has occurred to the height adopted and that stoping and fallout are actively taking place in the rock.

Terzaghi (1946), in his classical work on tunnel supports, gave rules for estimating such ultimate rock loads as a function of ground conditions and the size of the opening. However, he also pointed out that the extent to which the loads develop depends on the time that has elapsed between excavation and installation of the support, the adequacy of blocking, and the development of a "ground arch" in the rock which results from increased deformation of the rock after excavation.

The actual load on the steel sets depends directly on the deformation of both the rock mass and the sets. In other words, the sets will only be stressed if the rock mass deforms after the installation of the sets, and the pressure they exert on the internal surface of the tunnel, that is, their contribution to stabilization, is directly the result of that deformation.

Continuous blocking of steel sets at the face can greatly improve their effectiveness as a stabilizing measure (Tracy and Brekke, 1973). Such blocking, using shotcrete or fast-setting placed concrete will result in rock deformations that are significantly smaller than can be achieved using traditional wood blocking. The thrust capacity of the shotcrete or concrete will increase rapidly after it is placed and can substantially reduce the steel needed. Although a reduction in the steel will lower the moment capacity of the system, the moments that can develop with continuous blocking are much smaller than those that would occur with traditionally spaced blocking spaced at definite points around the ribs.

Rock reinforcement is inherently a better method of mobilizing a contribution from the rock mass to the overall stabilization system. It can be used either alone or in combination with other measures depending on the rock conditions.

Rock reinforcement includes tensioned rock bolts either grouted or ungrouted, and untensioned grouted rebars. It can be installed either after excavation behind the face, or before excavation ahead of the face.

In the former case, that is, behind the face, it is normally installed radially, and if tensioned, will introduce an active compressive force on the rock. This compression will, with a normal bolt pattern, be quite low, but its effectiveness in preserving rock mass integrity can be significant and has been demonstrated in many projects.

The rock mass has already undergone some deformation when rock bolts are installed radially behind the face. If they are installed ahead of excavation, either as spiling from the face, or from small drifts, or from the surface in the case of shallow excavations, then continuing deformations can be controlled, and the integrity of the rock mass can be substantially maintained. Sketches of such systems are shown in Figure 1. As may be needed, they can be used in combination with other stabilizing measures such as unreinforced or reinforced shotcrete, steel sets, and concrete lining.

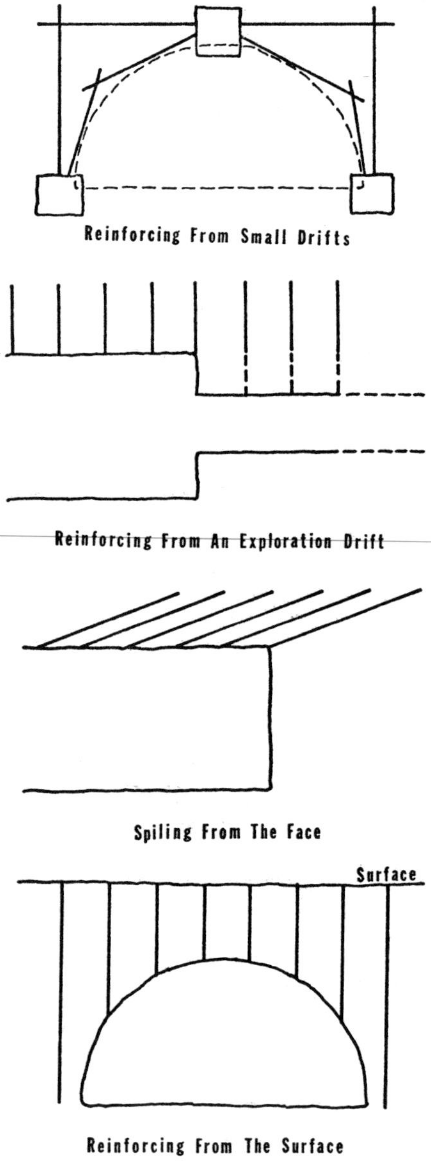

Figure 1. Some techniques of placing rock reinforcement ahead of excavation.

At present there are no generally accepted criteria for the numerical analysis and design of reinforced rock structures in blocky and seamy rock. However, a first approximation for rock reinforcement design can be based on comparison with results obtained in similar openings in similar geological environments. This gives a preliminary design that can then be checked by using techniques that have been developed for reinforced concrete beams and slabs, or thick arches and cylinders.

The major difficulty in pursuing such analyses is to identify reasonable elastic constants and strength values for the reinforced rock system. With the increasing accumulation of case histories correlated to the results of basic research it will be possible to define more clearly the essential elements of a design code for rock structures.

It has long been recognized that rock reinforcement will maintain the integrity of the rock mass immediately adjacent to an underground opening by holding together the surfaces of discontinuities and maintaining the keying of rock blocks (Lang, 1959, 1962). The basic concept underlying this approach is that if the rock mass is not allowed to undergo substantial deformation, then a failure surface in a jointed rock mass will be forced to go partially through intact rock blocks. It is realized that this concept does not hold when persistent discontinuities such as major shears, seams or faults cut across the excavation and require individual consideration and analysis.

If shear failure is considered, the strength of the discontinuities as well as the intact rock blocks can be represented by two Mohr envelopes such as shown in Figure 2. Jaeger (1962, pp. 159-164) has discussed the differing envelopes for rock blocks and discontinuities, outlining the extreme cases of failure solely in rock or only along discontinuities.

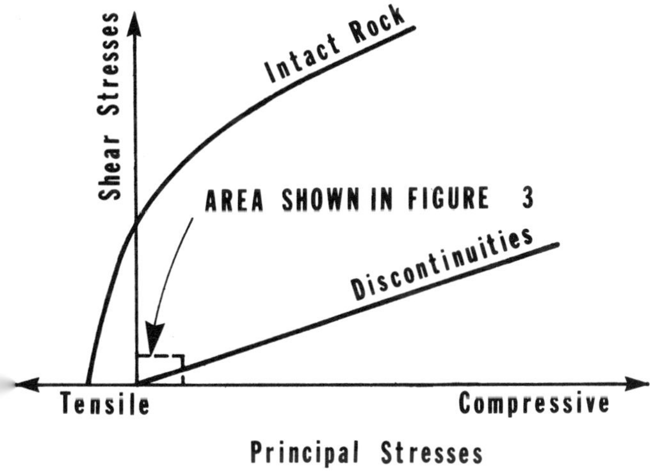

Figure 2. Mohr envelopes for intact rock blocks and discontinuities.

As a failure surface will be required to go partially through intact rock, it is reasonable to assign an envelope to the rock mass that lies between the two envelopes shown in Figure 2, such as is shown in Figure 3.

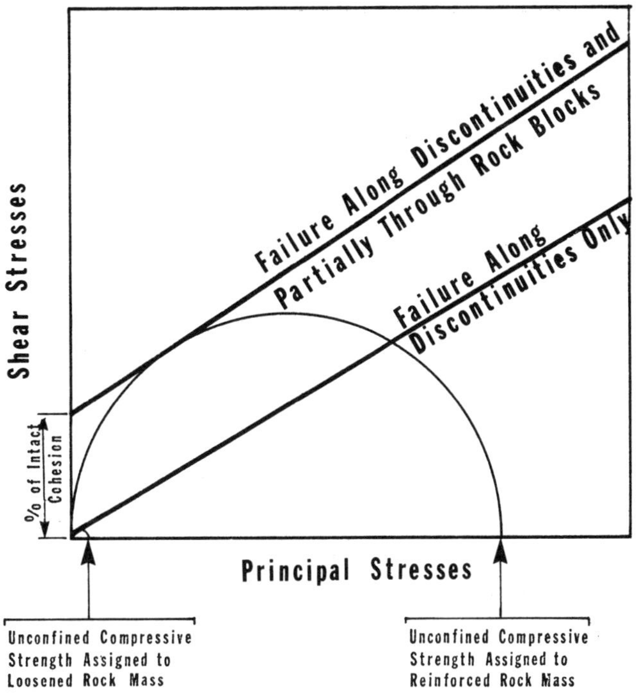

Figure 3. Rock mass strength mobilization achieved with reinforcement.

The rock mass therefore has a cohesion intercept and an angle of internal friction intermediate to the extremes and a corresponding equivalent unconfined compressive strength.

Terzaghi (1962), Duncan and Sheerman-Chase (1965), Robertson and Piteau (1970), Call (1972), and Mahtab, Bolstad, and Kendorski (1973) have shown how to quantify the percentage of rock present on any potential failure surface and what strengthening effect the rock present can have on the rock mass properties. These methods require detailed and extensive field investigations and in preliminary designs it may be sufficient to make a conservative estimate in terms of percent of intact cohesion, for example 5%. Even for this low value, and ignoring any increase in the friction angle of the rock mass above that for the discontinuities, it is possible to have an unconfined compressive strength for the reinforced rock mass that is 20% to 50% that of concrete.

The effectiveness of a rock reinforcement system depends directly on having an adequate pattern installed before substantial deformations take place. In addition to the general improvement in rock mass characteristics, major discontinuities must be held together by rock reinforcement elements of sufficient lengths and spacing to prevent fall-outs that could result directly from these particular discontinuities. Such discontinuities require individual analysis and may require additional reinforcement to that used generally for the rock mass.

Having established a failure strength envelope for the reinforced rock mass, the capacity of the system can be assessed by using either a thin or thick arch analysis with either fixed or practically fixed abutments.

The simplest approach is to consider the reinforced zone as acting independently of the rock mass outside the zone and subject to the Terzaghi (1946) rock loads. Such an analysis would give a lower bound to the effectiveness of the reinforced rock arch because it actually deforms integrally with the surrounding rock mass and behaves as a much stronger layer near the surface than would be the case if no reinforcement were used.

The results of the simple, independent arch analysis can be illustrated on a diagram such as Figure 4 which shows a typical example of a reinforced rock arch with a concrete liner compared to the development of rock loads on the arch with time.

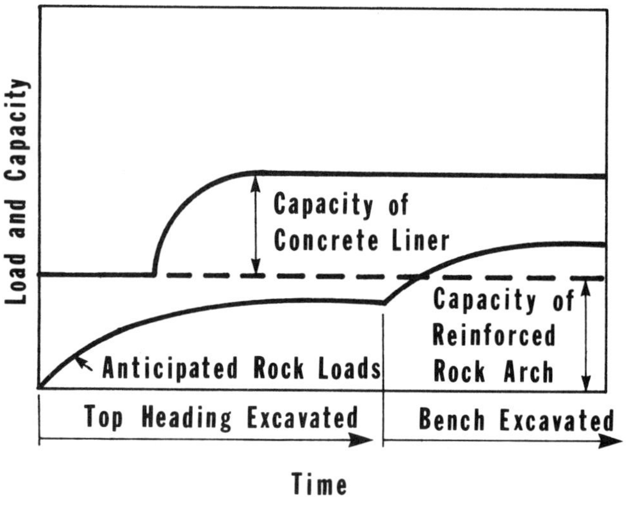

Figure 4. Load capacity of reinforced rock arch and concrete liner compared to anticipated rock loads.

If test data are available on the load-deformation characteristics of the intrinsic rock and typical discontinuities, then an assessment can be made of the moduli of deformation for the rock mass including discontinuities. In-situ tests bracketing the best and worst rock can aid greatly in making such an assessment. Using these moduli of deformation an analysis can be made of the relative deformations of the reinforced rock arch and the surrounding rock mass (Labasse, 1949; Rabcewicz, 1964). Such an analysis can serve as a guide to the interpretation of the measurements of deformation during construction which are made to monitor behavior and give forewarning of the onset of potentially unstable conditions.

CONCLUSIONS

The rock behavior that may be encountered in large underground openings at shallow depths is a function of geologic conditions, the layout, size and shape of the opening and adjacent structures, and the construction methods and procedures.

The main objective in selecting stabilizing measures is to maintain control of rock deformations and keep them within their acceptable limit. This is particularly important in shallow openings where excessive deformations may lead not only to instability of the opening itself, but also lead to subsidence and damage to surface structures, notably if the opening is in an urban area. Progressive monitoring of the deformations which occur during construction give the most valuable type of information regarding the behavior and stability of the excavation. Extensometers to measure selected changes in the distance between easily accessible points on the circumference of the underground opening are probably the easiest instrument to read. The value of such readings is greatly enhanced if deformeters anchored at various distances behind the surface of the excavation are also used so that dilation of the rock mass can be ascertained.

It is considered that rock reinforcement installed ahead of an advancing face in blocky and seamy rock can make a major contribution to the stability of the excavation by mobilizing a significant portion of the inherent strength of the rock and thus minimize deformations. If such reinforcement is used in conjunction with other support it will greatly enhance the effectiveness of that support.

Relatively simple methods of analysis such as outlined in this report can be used to give a reasonable appraisal of the contribution that rock reinforcement can make to the overall stability of an excavation.

REFERENCES

Call, R.D., Analysis of Geologic Structure for Open Pit Slope Design. Unpub. Ph.D. Dissertation, University of Arizona, 1972, pp. 201.

Duncan, N. and Sheerman-Chase, A., Planning, Design and Construction - Rock Mechanics in Civil Engineering Works. Civil Engineering and Public Works Review, Part I, Dec. 1965, pp. 1751-1754; Part II, Jan. 1966, pp. 57-59; Part III, Feb. 1966, pp. 213-217; Part IV, Mar. 1966, pp. 327-330; Part V, Apr. 1966, pp. 431-432; Part VII, June 1966, pp. 751-753.

Jaeger, J.C., Elasticity, Fracture and Flow. 2nd Ed., London, Methuen and Co., Ltd., 1962, pp. 212.

Labasse, Henri, Les Pressions de Terrains dans les Mines de Houilles. Revue Universelle des Mines, de la Metallurgie, des Travaux Publics, des Annuaire de l'Association de Ingenieurs sortis de l'Ecole de Liege (Belgium), I. Le Terrain Houiller, v. 5, no. 1, Jan. 1949, pp. 3-15; II. Les Pressions des Terrains autour des Paits, v. 5, no. 3, March 1949, pp. 78-88.

Lang, T.A., Underground Experience in the Snowy Mountains - Australia. Second Protective Construction Symposium (Deep Underground Construction, Sponsored by The RAND Corporation, March 24, 25, 26, 1959), 1959, pp. 767-853.

Lang, T.A., Theory and Practice of Rock Bolting. AIME Transactions (Mining), v. 223, 1962, pp. 333-348.

Mahtab, M.A., Bolstad, D.D. and Kendorski, F.S., Analysis of the Geometry of Fractures in San Manuel Copper Mine, Arizona. U.S. Bureau of Mines Report of Investigations 7715, 1973, pp. 24.

Morfeldt, C.O., Significance of Groundwater at Rock Constructions of Different Types, in Brekke, T.L. and Jorstad, F.A., eds., Large Permanent Underground Openings, Proc. Intern. Symp., Oslo, Universitetsforlaget, 1970, pp. 305-317.

Rabecwicz, L.V., The New Austrian Tunneling Method. Water Power, v. 16, no. 11, 1964, pp. 453-458; v. 16, no. 12, 1964, pp. 511-516; v. 17, no. 1, 1965, pp. 19-25.

Robertson, A.M. and Piteau, D.R., The Determination of Joint Populations and Their Significance for Tunnel Stability, in Proceedings of the South African Tunnelling Conf., The Technology and Potential of Tunnelling, Johannesburg, 1970, pp. 71-76.

Selmer-Olsen, R., Stabiliten i tunneler i dalsider. IVA - meddelande 142, Stockholm, 1965, pp. 77-83.

Terzaghi, Karl, Rock Defects and Loads on Tunnel Supports. in Proctor, R.V. and White, T.L., Rock Tunneling with Steel Supports, Youngstown, Ohio, Commercial Shearing and Stamping Company, 1946, pp. 17-99.

Terzaghi, Karl, Stability of Steep Slopes on Hard Unweathered Rock. Geotechnique, v. 12, no. 4, 1962, pp. 251-271.

Tracy, N.A. and Brekke, T.L., Some Comments on the Use of Shotcrete in Combination with Steel Sets in Underground Openings. Tunneling Technology Newsletter, U.S. Nat. Committee on Tunneling Technology, No. 4, Dec. 1973, pp. 5-8.

QUELQUES CONSIDÉRATIONS SUR LE PLAN ET CONSTRUCTION DE GRANDS OUVRAGES PERMANENTS SOUTERRAINS À FAIBLE PROFONDEUR

RESUME

Ce rapport supplémentaire présente un examen des facteurs qui influencent le comportement du milieu rocheux dans de grandes ouvertures permanentes souterraines, a faible profondeur. Ces facteurs sont:

1. Dimension et forme de l'ouverture.
2. Distance aux ouvertures adjacentes, existantes ou futures.
3. Dimension et géométrie des intersections avec structures adjacentes telles-que puits et galeries d'accès.
4. Epaisseur et compétence de la couverture.
5. Epaisseur de la surcharge en sol (s'il en exista), et poids des structures existantes ou futures au dessus de l'ouverture (s'il en exista).
6. In-situ état des contraintes.
7. Attitude des discontinuités du milieu rocheux en relation avec l'orientation de l'axe de l'ouverture.
8. Persistance, fréquence et caractère des discontinuites.
9. Régime aquifère.
10. Méthodes et procédés du creusement et stabilisation de la roche.

De plus, le rapport contient une discussion sur la stabilisation d'un milieu rocheux à "blocs et couches minces", a faible profondeur.

Il est observé, que l'objectif principal est de minimiser les déformations des roches et par conséquent de maximiser la contribution de la masse totale à la stabilisation globale.

Il est suggeré, que la méthode la plus efficace d'atteindre cet objectif est l'installation de renforcements dans la roche tels que armatures et boulons scellés par injection, à l'aval du front d'attaque, (voir fig. 1)

Si de tels renforcements sont utilisés, il est possible d'attribuer une valeur raisonable à la resistance de l'arc rocheux renforcé, autour de l'ouverture. Ceci peut se faire en faisant une estimation sur la fraction du plan de rupture qui se formerait plutôt dans le domaine de "roche intacte" que dans les "discontinuités"; (voir fig. 2 et 3).

La capacité de l'arc renforcé peut être évaluée par une analyse d'un arc aux extremités encastrées basée sur une approche analogue des arcs en béton armé, avec une valeur attribuée à la résistance à la compression simple (voir fig. 3).

La contribution de l'arc rocheux renforcé à la stabilisation globale du système peut être évaluée par l'illustration de la fig. 4.

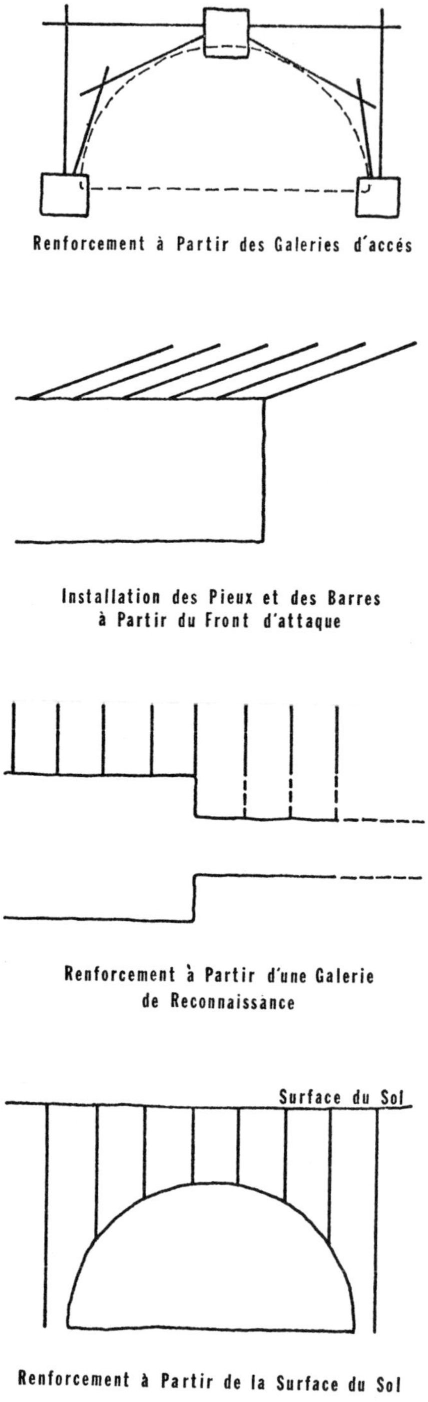

Fig. 1. Quelques techniques pour l'emplacement du renforcement rocheux à l'aval de l'excavation.

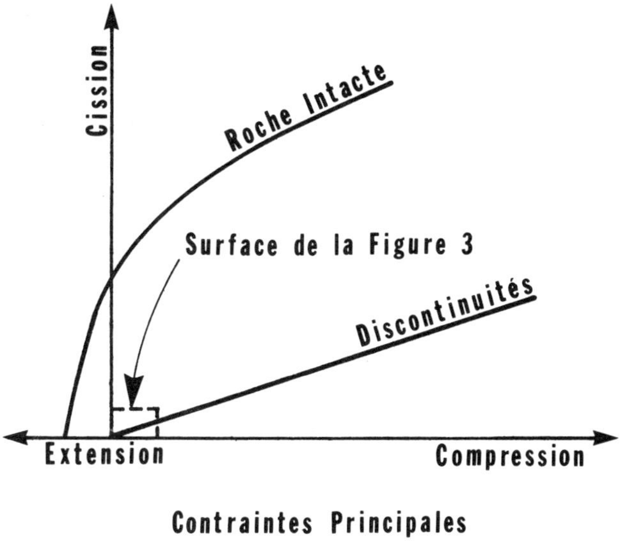

Fig. 2. Enveloppes de Mohr pour blocs rocheux intacts et discontinuités.

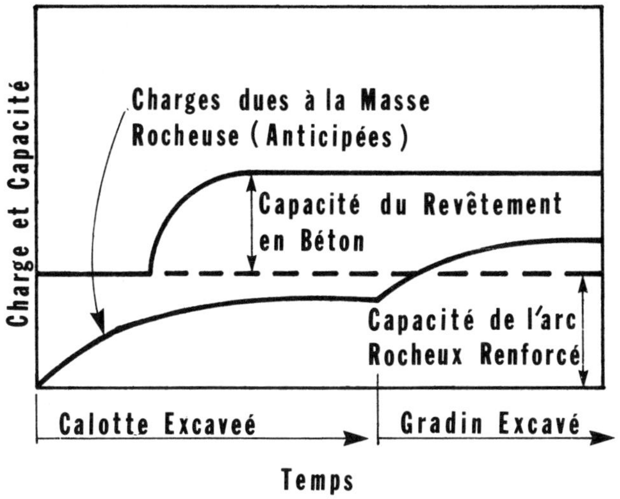

Fig. 4. Capacité à la charge de l'arc rocheux renforcé et comparaison du revêtement en béton avec les charges de la roche anticipées.

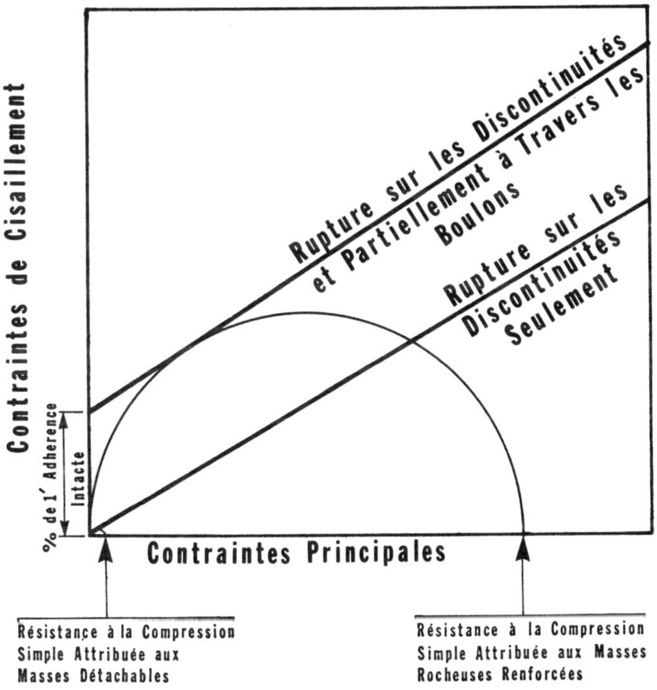

Fig. 3. Mobilisation de résistance de masses rocheuses atteinte par renforcement.

BETRACHTUNGEN ZU ENTWÜRF UND AUSFÜHRUNG GROSSER PERMANENTEN UNTERIRDISCHEN HOHLRÄUME IN GERINGER TIEFE

ZUSAMMENFASSUNG

Dieser Ergänzungs-Bericht gibt eine Übersicht der Fa toren, die das Grundverhalten grosser permanenten unterirdischen Öffnungen bei geringer Überdeckung beeinflussen.

Diese Faktoren sind:

1. Grösse und Form der Öffnung.
2. Entfernung zu ausgrenzenden, bestehenden oder zukünftigen Öffnungen (falls vorhanden).
3. Grösse und Geometrie der Kreuzungspunkte mit zugehörigen Bauwerken wie Schachten und Zugangstunnels.
4. Stärke und Qualität der Felsüberdeckung.
5. Dicke der überlagernden Lockergesteine (falls vorhanden) und die Lasten von bestehenden oder zukünftigen schweren Bauwerken über der Öffnung (falls vorhanden).
6. Der insitu vorhandene Spannungszustand.
7. Stellung der Diskontinuitäten im Fels bezüglich den Axenrichtungen der Öffnung.
8. Häufigkeit und charachteristischen Eigenschaften der Diskontinuitäten.
9. Wasserregiem.
10. Methoden und Verfahren für Ausbruch und Felsstabilisierung.

Der Bericht beinhaltet eine Abhandlung der Verankerung von blockigem und klüssigen Fels zu geringer Tiefe. Es ist zu beachten, dass das Hauptziel eine Minimalizierung der Felsdeformationen ist und damit eine Maximalisierung des von der Felswese selbst herrührenden Beitrages zur Stabilisierung des Gesamtsystem ist.

Es wird gezeigt, dass das vorgängig dem Ausbruch erfolgte Anbringen von Felsverstärkungen wie Versetzen von nach dem Einsetzen verfüllten Ankern und Bolzen die wirksamste Methode dieses Ziel zu erreichen darstellt. Dies kann wie Figur 1 zeigt auf verschiedene Arten getan werden.

Es ist wenn solche Verstärkungen verwendet werden möglich dem verankerten Felsbogen eine angemessene Fertigkeit zu verweisen. Dies kann durch ein Abschätzen des Anteils der nun gezwungenermassen teilweise durch intakten Fels und nicht nur längs den Diskontinuitäten verlaufenden Bruchebene getan werden (Figur 2 und 3). Die Tragfähigkeit des verankerten Felsgewölbe kann dann durch die Analyse eines eingespannten, dicken Bogens ähnlich derjenigen fur Betongewölbe verwendeten mit der Zuweisung einer Druckfestigkeit bei unbehinderten Seitendehnung wie in Figur 3 dargestellt ermittelt werden.

Der Beitrag des verankerten Felsbogens zur Stabilisierung des Gesamtsystems kann wie in Figur 4 dargestellt veranschlagt werden.

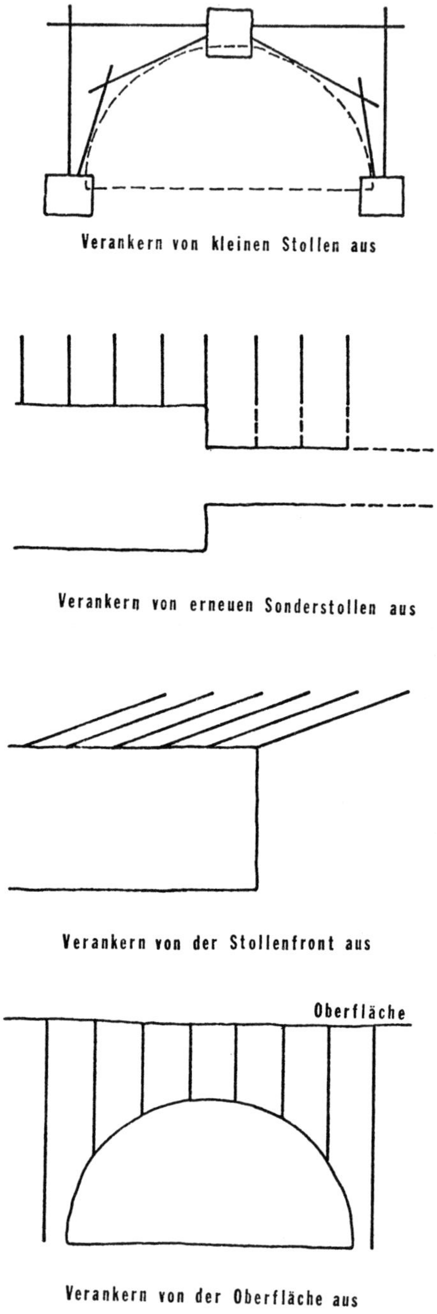

Figur 1. Einige Methoden Verankerungen vor dem Ausbruch anzubringen.

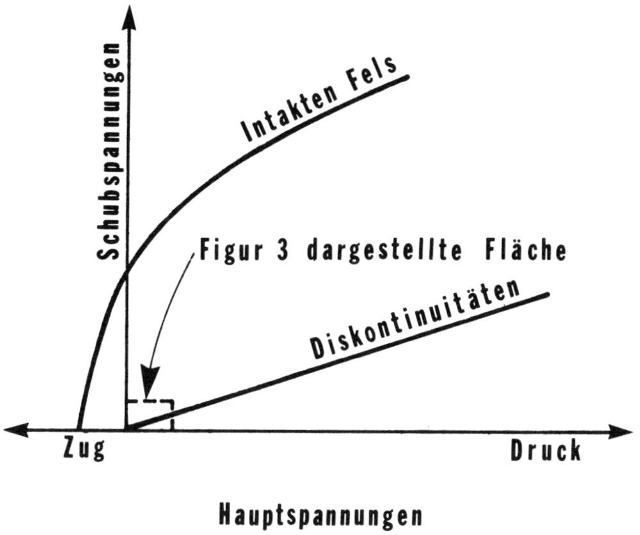

Figur 2. Mohrische Umhullende für den unversehrten Fels und für Diskontinuitäten.

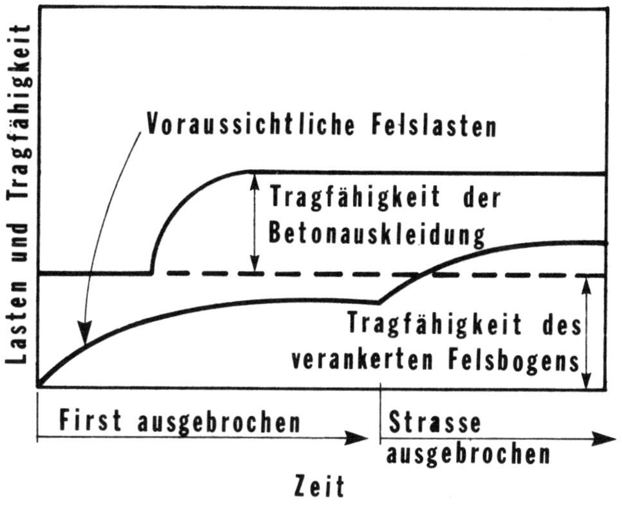

Figur 4. Vergleich der Traglast des verankerten Felsbogens und der Betonauskleidung mit den voraussichtlichen Felslasten.

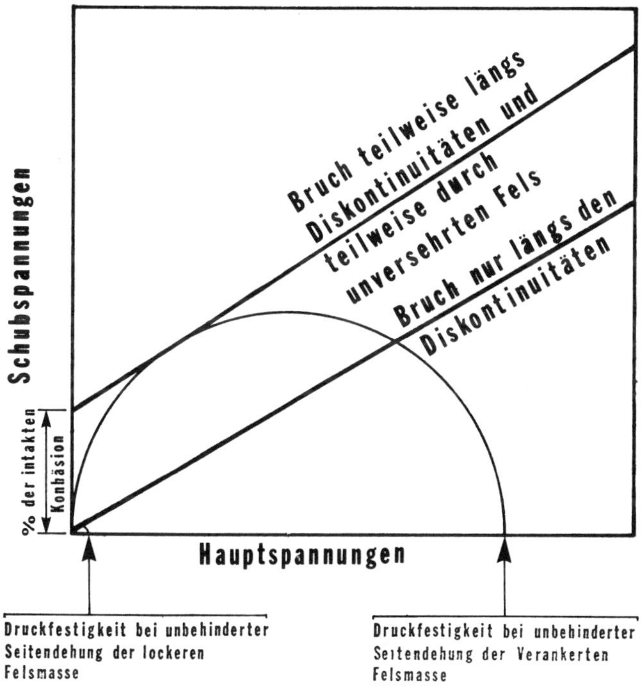

Figur 3. Durch Verankerungen erzielten Festigkeit der Felsmasse.

TUNNEL SUPPORT

G. Lombardi
Ing. civile SPF, Dott. sc. techn.

Locarno, Switzerland

SUMMARY An attempt is made to set out as generally as possible the problem raised by the excavation and support of a tunnel in a rock mass. It is found necessary to resort to a simplified model. The necessary basic hypotheses are shown. The problem of lining an underground cavity is essentially a hyperstatic one, which means that it can only be solved by simultaneously taking into account the deformations of the rock and those of the lining and presupposing their compatibility. It follows that a support has no static action unless the rock continues to deform after the lining or support has been installed. Consequently, the viscosity phenomena of the rock are of the utmost importance. Their elucidation is attempted in this paper.

The various methods of calculation in current use are briefly explained with their characteristics. The parameters of the rock's mechanical behaviour according to their importance are similarly recalled.

Finally, the procedure for estimating the lining in the St. Gotthard rail tunnel in Switzerland is presented.

1. INTRODUCTION

Dr. Salamon, in his report, has given a masterly description of the scientific basis of rock mechanics as applied to underground excavations. His viewpoint was a very general theoretical one, with the emphasis on temporary cavities.

The present study supplements Dr. Salamon's report and examines the problem of supporting tunnels. This means that it is deliberately limited to cases of permanent excavations in the field of civil engineering. Here the objective is to make subterranean cavities which will, after a transitional period, attain stable equilibrium while respecting certain dimensions laid down in the original plans.

In order to simplify the explanations, a study is made only of tunnels properly so called: cavities of considerable length and of constant cross-section. Naturally, there are many other problems of great practical interest, such as the crossing of several tunnels, the formation of chambers and caves, the proximity of various excavations, etc. However, there is not enough time to discuss these particular problems in this paper.

All the arguments given are based on the assumption that the excavation proceeds at full cross-section. For excavations where only parts of the full section are excavated at a time, the problem is more complex but unchanged in character.

2. GENERAL FORMULATION OF THE PROBLEM

For a theoretical study, the problem of support may be stated as follows:

Theoretical formulation:

"Given, a rock mass the initial state of which (position, stresses, temperatures) is known perfectly and the mechanical properties of which (structure, anisotropy, non-homogeneity, strength, deformability, viscosity, etc.) are known exactly at all points. The excavation and lining of a cavity of constant section and of considerable length is planned using an exactly defined method of work, the progress of which over a period of time is perfectly programmed down to the smallest detail. Also known exactly are the mechanical properties of the materials and structures used to support the tunnel.

The problem, under these conditions, is to determine precisely what will be the displacements of various points of the rock, especially those at the edge of the excavation, both during and after the excavation and what are, in consequence, the strains in the supporting structures. The results obtained must then be examined to ensure that they meet the required standards of safety and that the method of construction used is the most satisfactory one."

For the engineer who has to build a tunnel, however, the problem presents itself in somewhat different terms.

Practical formulation:

"Given, a rock mass of which the geological composition is known only very roughly and for which the initial state of the stresses has been measured, at best, at a few points where tests have been made; its mechanical properties are known only approximately from a limited number of samples, usually taken from outside the area where the excavation is to be made. The problem is to make a cavity approximately cylindrical in form and of great length, using methods of excavation selected on a contingency basis and liable to change from one moment to the next because of the permanent uncertainty concerning the properties of the rock encountered, human shortcomings, and the periods of inertia which occur in all civil engineering projects. It has also to be borne in mind that the supporting structures are placed in position with only limited precision at points of time only loosely corresponding to those laid down in the schedule, if only because of equipment breakdowns or for non-technical reasons. The aim is to achieve at minimum cost a piece of work which the engineer in charge is able to accept without too many complaints."

It can be seen that the formulation of the problem differs according to the point of view. This explains, at least partially, the sometimes widely divergent opinions expressed on the usefulness of scientific theories, especially those relating to rock mechanics, in tunnel studies.

Obviously, the problem of underground construction is one of the most difficult in civil engineering, owing to the large number of unknown or uncertain factors. And if the assumptions are approximate, then no method of calculation, however perfect, will give absolutely accurate results. Nevertheless, the usefulness of theoretical studies is indisputable and it would be otiose to justify them here.

In the present state of knowledge, all that can be done is to use simplifying assumptions to formulate the problem as a mathematical model and to solve it by the best mathematical techniques available.

3. MATHEMATICAL MODEL AND BASIC ASSUMPTIONS

In view of current developments in rock mechanics and calculation techniques, we can only choose the following mathematical model:

- First, we assume that a tunnel of great length can be divided into shorter lengths, virtually independent of each other, each of which can be examined separately.

  Hence, each portion of the tunnel is considered to be similar to a portion of a tunnel of infinite length constructed in homogeneous conditions along its entire length.

  (In special cases, for instance, near the portals, this restrictive assumption has to be dropped.)

- Variations in the rock are either ignored, or idealized by assuming that the mechanical properties obey simple definitions, the most obvious of which is constancy, i.e., the homogeneity of the rock mass.

- Anisotropic behaviour of the rock is simplified to correspond to an elementary mathematical formula or, in most cases, neglected.

- Although the rock mass is in reality a discontinuous body owing to the existence of numerous breaks of continuity, it is nevertheless assumed that in many cases its behaviour can be simulated effectively by that of a continuous body with defined characteristics.

- The state of internal natural stresses of a given rock mass is extremely complex, because of the tectonic strains to which it is subjected, the discontinuities in the rock mass and the variations and anisotropies already referred to.

  However, some simplification has to be accepted. It is assumed that the field of initial stresses is simple, usually a linear function of the coordinates.

- The extremely complex behaviour of the rock as a function of local properties is definable with a limited number of numerical parameters, representing a drastic simplification of the laws of behaviour.

- The properties of the supporting structures used are among the best known of all the factors to be taken into account, yet even here some linearization is occasionally necessary.

- The construction method, even if established completely in advance, must also be simplified so that it can be divided into a limited number of elementary operations, the progress of which obeys rigid time laws, while in reality the various operations are carried out at a tempo which fluctuates considerably.

The essential factors of any calculation may be regrouped in the following way:

- field of natural stresses in the rock before excavation,
- mechanical and other properties of the rock,
- construction method used,
- properties of the supporting structures.

It is outside the scope of this study to consider how to define and describe the physical and mechanical properties of rocks or even the method for determining the state of the natural stresses, to say nothing of determining the mechanical properties of the supporting structures. The choice of excavation method is also beyond the range of this paper, although there is a very close relationship between the physical properties of the rock and the working methods to be used.

We assume, in the subsequent pages, that all parameters required for the calculation are known with the desired degree of accuracy.

From now on, therefore, we will be working in the "ivory tower" of our mathematical model. But we must not forget that caution is necessary in interpreting the results of the calculations. At the end, we will return to more practical considerations.

4. DEFINITION OF THE PROBLEM

In view of all the papers and publications on the subject, it seems particularly important to indicate clearly what are the two essential characteristics of the problem engaging our attention.

a) The excavation of a tunnel in a rock mass is a problem of three-dimensional stresses and deformations. In fact, while it can be assumed, at least in certain cases, that before construction the state of the natural stresses is defined by principal directions such that one of them coincides with the axis of the tunnel, and that therefore it is possible to speak of a state of pseudo-two-dimensional stresses, and that the same applies once the tunnel has been completed, these assumptions are certainly not valid at the tunnel face. In the region of the face there is a very marked change in the stress field. Even if it is permissible to assume that one two-dimensional stress field gives way to another two-dimensional field, it is obvious that this cannot occur except by passing through a three-dimensional state of stresses and displacements (Figure 1). More precisely, while it may be possible to suppose that the shearing stresses in planes perpendicular to the tunnel axis are nil at a certain distance behind and ahead of the face, this does not hold in the area of the face itself.

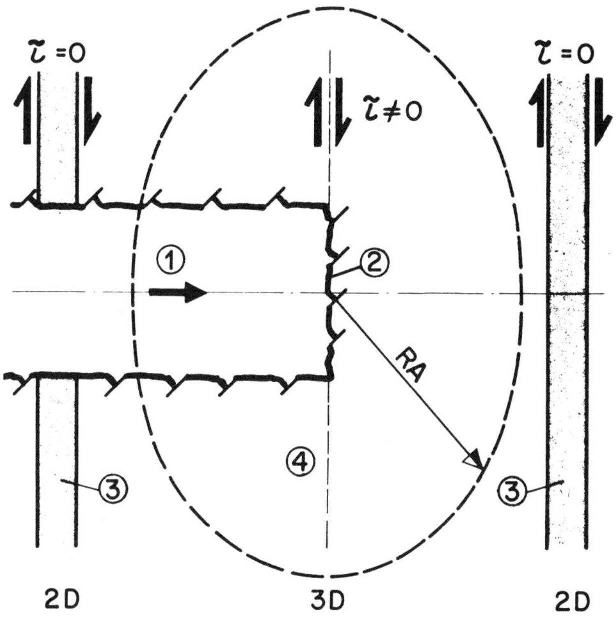

Fig. 1 - Stress and displacement field within the influence zone of the face.
(1) Axis of the tunnel
(2) Face
(3) Slice with pseudo-two-dimensional behavior (2D)
(4) Zone of influence of the face with three-dimensional behavior (3D)
RA: Radius of influence of the face.

Consequently, any method of calculation based on a two-dimensional state of stresses or deformations can represent only one of the elements necessary for studying the problem, and not the complete solution.

b) The problem of support is a hyperstatic one. The construction of a tunnel consists in eliminating a core of relatively rigid rock and replacing it by a supporting structure of some kind, possibly in several stages, while the hole left by the excavation is closing up. It can be seen at once that the final solution will depend on the way in which the foreign body, that is, the structure in question, is introduced and the time at which this operation takes place.

It immediately becomes crystal clear that the pressure to which the tunnel lining or supporting structure will be subjected will be the result of the interaction of the various factors mentioned and that, contrary to an opinion unfortunately widespread, it is not a natural value determined in advance. The resultant pressure depends, in particular, on the time at which the lining is placed in position, on its rigidity and, above all, on the deformation which the rock has already undergone, as well as on the gap left between the excavation line and the outer surface of the lining.

It should be noted that the second point does not apply if the tunnel is not lined and is of only secondary importance if the support system is adjustable, as, for example, in the case of prestressed cables, the force of which can be adjusted to values indicated in the design.

These two essential characteristics of the problem, i.e., the three-dimensional stress state and the hyperstatic conditions, must be borne in mind in seeking a solution.

5. DISTANCE TO THE CUTTING FACE AND VISCOSITY OF THE ROCK

In his general report, Dr. M. Salamon states (chap. 4,2): The design of the support of excavations is hampered by the fact that the structure, composed of the support and the surrounding rock, is in general statically indeterminate, that is, the load acting on the support is determined by the deformation of both components of the structure. The support will not be stressed unless the rock mass undergoes some deformation after the installation of the support. The only significant exceptions from this rule are the predetermined hydraulic pressure which may act on the lining of some cavity and the weight of some completely fractured loose pile of rock in the roof of an excavation which may load the support.

Application of this principle to tunnel construction, neglecting hydraulic forces, is shown in Figures 2 and 3.

The core of rock M ahead of the excavation face takes on a supporting function (fig. 2). The radial deformation of the surface from the initial position of the rock is indicated by the solid line I-I. The deformation increases with increased distance of the section in question from the face, up to a limit which may be called the "radius of action," RA, of this phenomenon. For the moment, any deformations of a viscous character in the rock are neglected.

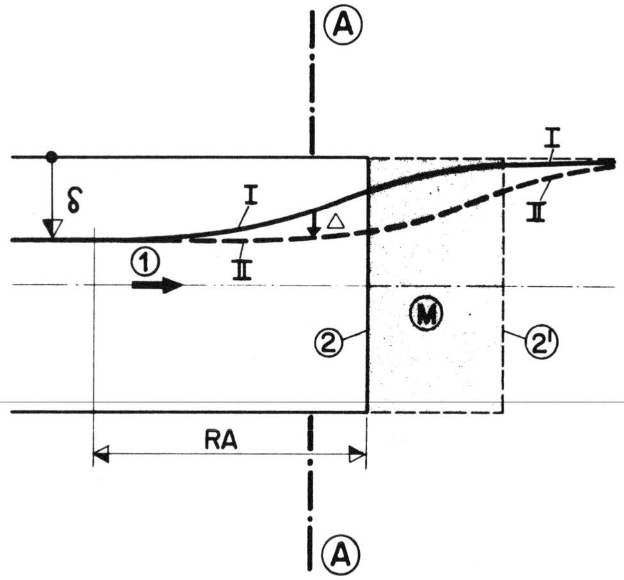

Fig. 2 - Influence of a blasting step on the displacements

(1) Axis of the Tunnel
(2) Face
(2') Face after blasting
(M) Blast off rock mass
A-A: Control section
δ: Radial displacement at the excavation edge
I-I: Line of displacement with face (2)
II-II: Line of displacement with face (2')
Δ: Additional displacement due to the blasting
RA: See Fig. 1

If the mass M is eliminated, the curve I-I shifts towards the dotted curve II-II. Consequently, all points of the tunnel surface, as long as they are within the radius of action of the face undergo additional deformation.

It should be noted that the term "radius of action" denotes the area in which the influence of the face is still of practical significance. If, for example, we should assume ideally elastic behaviour of the rock mass, the effect of any excavation would extend to infinity. In practice, the radius of action may be assumed to be a few times the diameter of the excavation.

If the rock has a viscous phase, there will be, in addition to the deformations already mentioned, other time dependent déformations which may increase and finally stabilize or, on the other hand, continue until the tunnel collapses.

These two phenomena are shown graphically in Figure 3, the radial deformation of the excavation line in a given control section of the tunnel being plotted against time. The time origin chosen is the instant at which the face reaches the control section in question.

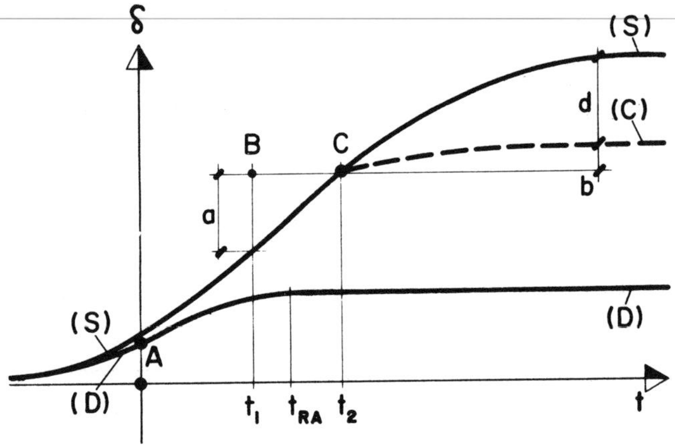

Fig. 3 - Radial displacement at tunnel edge in a given control section as a function of time

t: Time since the face passed the control section
δ: Radial displacement
D-D: Displacement versus time without viscosity (considering a continuous advance of the face)
S-S: Displacement versus time considering the rock viscosity

t_{RA}: Time elapsed until the distance from the face to the control section is RA (see Fig. 2)

t_1: Installing a support structure with a radial gap "a"

t_2: The support begins to work

C-C: Reduced displacements of the supported cavity

d: Avoided rock displacement due to the supports

b: Displacement of the supports, causing their loading

The line D-D shows the deformation due to the increase in distance between the section in question and the face in conformity with Figure 2.

This line is the transformation of line I-I from Figure 2 shown as a function of time. Hence, if the speed of advance is regular, the curve D-D will also be regular. If, on the contrary the advance is in successive bursts, the curve D-D will be discontinuous. It will be noted that at the starting time, i.e., at the face, some deformation has already taken place (point A). t_{RA} may be assumed as the time when the distance to the face reaches the value of the radius of action mentioned above.

In addition to the deformations considered, there will be viscous deformations which are a function of time and which, added to the others, give the line S-S representing the sum of the radial deformations at the rock edge in the control section in question.

Suppose that at the time t_1 a support is placed in position having a gap a with respect to the rock. It is obvious that the support will not be statically active until the moment t_2 when the additional deformation of the rock has compensated the gap a of the initial position of the support. From this moment the deformation of the structure formed by the rock and the support follows the dotted line C-C. At a given time, the deformation d represents the effect of the support reaction on the rock deformations, while the deformation b is the measure of strain of the support.

The foregoing statement may be made more precise and even raised to the rank of a theorem by saying that:

"A tunnel lining or support structure will not be subject to any effective strain unless the rock has a viscous phase and is therefore capable of time dependent deformations, or unless the support has been placed very near to the face, within its radius of action. For the support to be active, it is also necessary for the radial gap of the support position to be less than the rock deformations to be expected subsequently."

Hence the factors determining the rock pressure are: the positions, time of installation, and gaps when in position, of the supporting structures and/or linings of the tunnel.

6. TYPES OF ROCKS

In view of what has been said, it is advisable for our purposes to distinguish between two types of rocks which behave in a completely different manner.

a) There are rocks that behave instantaneously, i.e., without viscosity effect. The ideally elastic model is the representative type, but in this group one also finds rocks that have an elasto-plastic behaviour whose viscous phase is practically negligible, in particular fragile rocks that break almost instantly.

b) The other group concerns rocks having a viscous behaviour, i.e., capable of time dependent deformations. These are rocks that require some time to adapt to a new state of stress. The distortions in the rock only occur slowly even if the stress variations are sudden.

It emerges from what has been said that the support structures for non-viscous rock would only be stressed if they are placed at a slight distance from the face, i.e., within the latter's radius of action.

For the other types of rock, the supports will always be loaded even if they are placed at a considerable distance from the head. It would doubtless be necessary to define more precisely by means of numerical parameters the limit between both types of rocks; this is a problem that remains to be solved.

7. METHODS OF CALCULATION

Ever since engineers have been concerned with tunnels, they have tried to establish (calculating) formulas and design methods which have been successively developed according, inter alia, to available mathematical methods. If we adhere to a more or less historical order, we can put these methods into the following categories which range from the simplest to the most complex. The purpose of this classification is not just to show that only the most complex methods deserve our attention. On the contrary, there may be particular cases where simpler processes are still justified, especially if one has insufficient knowledge of the mechanical properties of rocks.

a) Empirical formula

As a result of practical findings on the nature of the rock and in particular on its degree of fissuration, empirical formula have been established which enable one to roughly estimate the load acting on the support structures (e.g. Terzaghi). According to the dimensions of the excavation and certain parameters such as the type of rock, one estimates the mass of materials that bear on the support structure. These methods are justified for tunneling at low depth where no real pressure from the rock exists.

b) Isostatic methods

In the attempt to seek an analytical method, one tried to construct limit equilibria by more or less arbitrarily defining certain slip lines in the rock mass. With simple static equilibrium considerations one could thus determine the necessary reaction forces of the rock to ensure the overall stability. These methods solely take account of the following parameters relating to the rock: dead weight, friction angle, and possibly cohesion. In particular, they completely ignore the deformations and no guarantee can therefore be given as regards the compatibility of the deformations of the support and those of the rock. In fact these methods involve the construction of rupture figures and defining a possible critical equilibrium from the point of view of the equilibrium of forces (e.g. Kommerel, Terzaghi).

c) Two-dimensional elasticity

When it was found that there was no guarantee concerning the compatibility of the deformations, some authors endeavoured to simulate the problem of the tunnel by a state of deformations and stresses in an infinite plane drilled through the tunnel section. Evidently the first tests took place in simulating a plane elasticity with the aid of analytical integrations (Fenner). With such integrations the elastic compatibility was satisfactorily assured inside the rock mass, but the conditions at the limits between rock and lining were only determined by more or less arbitrary hypotheses. Rarely are the results obtained usable in practice.

Analytical integration has lost its importance with the introduction of numerical calculating methods and electronic calculators, but nothing has changed as long as one limits oneself to the elastic hypothesis for the behaviour of the rock and especially as long as one fails to respect the compatibility conditions at the inner edge.

d) Two-dimensional elasto-plasticity

Subsequently, many authors tried studying the stress and displacement field deformation on the assumption of the rock having an elasto-plastic behaviour. The post-failure behaviour of the rock is taken into account. Uncertainties still exist, however, as to the interaction of the rock and the lining. These uncertainties are eliminated sometimes when the cavity is not supported or when the supporting forces are fixed a priori and hence well known, e.g. when prestressed anchors are used. In these conditions, two-dimensional elasto-plastic calculations seem to give very interesting results, at least for certain types of rock, and provided the principal geomechanical characteristics have been determined with sufficient accuracy.

The studies carried out are very often based on the finite element method. It should be added that it is by no means the only method capable of being used. For instance, the method which consists in a direct integration of the plastic zone and in the superposition of particular integrals in the elastic zone seems to be particularly efficient.

e) The time effect

The importance of viscosity phenomena in rock mechanics was indeed recognized some ten years ago. The first studies of the two-dimensional problem in visco-elasticity were made in the last few years, but with relatively restrictive hypotheses such as linear viscosity or study of the case of radial symmetry exclusively. Although still limited as to their general significance, these studies enable one to realize the prime importance of viscosity phenomena even if we must unfortunately acknowledge the fact that the numerical parameters necessary for the calculation are still lacking. Moreover, it has not yet been possible to establish with sufficient certainty the nature of the general laws that govern the viscosity of the actual rocks particularly if one wishes to take account of the various systems of solution of continuity.

f) Three-dimensional effect

We have seen that the complete study of a tunnel advance has to deal with the three-dimensional fields that exist in the area of the tunneling face.

A general method of calculation that takes account of the three-dimensional effect of the elastic, plastic and viscosity behaviour of the rock with a continual modification of the boundary conditions due to the actual tunneling work and placing of the supports, does not yet seem to exist. The use of finite elements to meet the problem seems to run into considerable difficulties in view of the enormous number of elements required and the particular characteristics of the rock. Here, too, special cases have been examined, for instance, radial symmetry with the aim in fact of eliminating one dimension (e.g. Fairhurst).

Another approach enables one, with the aid of characteristic lines of the cavity, the rock core and the lining, to represent the phenomena that occurred at the face. Simultaneous examination of the various two-dimensional stress conditions in front, behind and at the actual face led to a pseudo-three-dimensional method which seems to produce interesting results (Lombardi).

To sum up, we may say that we now have various valid methods of calculation, either for particular problems, or for highly simplified laws of rock behaviour. A general method of calculation that allows for all the factors whose importance we can now visualize, does not exist. On the other hand, approximate methods which partly call for precise calculations and partly estimates and in particular the engineer's common sense, enable one in many cases to find reasonable solutions if not optimum solutions absolutely suited to the problems of tunnel construction. It should be noted that progress in this science requires the development of more advanced methods of calculation, but above all, it seems, a more precise definition of the laws governing the behaviour of the rock under triaxial stress as a function of time and taking account of the various discontinuity systems.

Study of the various mathematical approaches seems to indicate that the theory of non-compatible elasticity could make a decisive contribution in the future to solving the general problem that concerns us.

Numerical integration could doubtless be advantageously replaced by superposing particular integrals as is already being done for plane problems.

8. THE MEAN MECHANICAL PARAMETERS OF THE ROCK

The aforementioned notions help to point to the essential parameters that characterize the behaviour of the rock and rock mass respectively.

1) With regard to the elastic behaviour, the modules of deformability according to the anisotropic property play the most prominent part.

2) As regards the plastic behaviour, however, the resistance characteristics, particularly the cohesion and friction in the discontinuity surfaces are significant, as this resistance limits the elastic behaviour areas.

3) In the case of the viscous behaviour there are obviously first of all the viscosity laws to which the rock is subject and which ought to be known, and then the numerical values to be attributed to the various parameters. If the rock must be regarded as having a viscous behaviour, it is clear that these are the parameters that are by far the most important of all the rock's mechanical characteristics.

   It is to be hoped therefore that important developments will take this direction in the future and that extensive research is undertaken to gain a better understanding of the behaviour of the rocks in their viscous phase.

9. PRACTICAL APPLICATIONS

The purpose of stability calculations of the supports and linings of a tunnel is primarily to make an estimate of the measures to be taken when constructing the tunnel, then to evaluate the suitability of the intended construction methods, and finally to interpret the behaviour of the cavities and relative measures. One of the most advanced studies recently undertaken to this effect seems to be the study relating to the basic rail tunnel of the St. Gotthard. This 49 km long tunnel at the base practically runs through the chain of Alps so that the rock overburden attains a depth of 2400 m. In view of the size of the excavation (diameter 11 m), the presence of a 4 m diameter lateral gallery can be likened to that of many caverns such as railway stations, power stations, construction and ventilation shafts, and the geological conditions, the problems of rock mechanics have assumed special importance both as regards the methods of excavation (use or not of tunneling machines) and the stability of the works themselves.

The procedure adopted to determine the extent of the support measures to be taken and the dimensioning of the lining is the following:

1) On the basis of conventional geological studies supplemented by borings at great depth, one evaluates the geological structure of the rock mass, sometimes making favourable or unfavourable assumptions for certain areas and certain rock properties.

2) From the ground surface or from underground openings already completed or under construction in the vicinity, rock samples are taken whose characteristics must correspond as closely as possible with those of the rocks it is proposed to tunnel through in depth.

   Mechanical tests are carried out on these rock samples mainly to determine the resistance parameters such as friction and cohesion angles and the deformability modules.

3) On the basis of these tests a geotechnical plan was drawn up indicating the mechanical properties of the rocks. These were classified into various types according to their geotechnical values.

4) Stability studies based on the method of characteristic lines (Lombardi 1969) have made it possible to ascertain the determinant stability case in each area and for each overburden (Lombardi 1972).

5) According to the stability case, the mechanical values of the rock and depth, it has been possible to make a detailed estimate of thicknesses of the necessary linings to ensure the stability of the work. Indications have similarly been given as to the construction methods that can or must be used in each of the areas to be traversed.

Figure 4 reproduces the results obtained for a part of the tunnel.

They serve to draw up the project and the cost estimate. Figure 5 shows the result of a study on the effect of the viscosity of the rocks. The method selected in this case is that of a double Bingham body combined with a Hooke body. ((St V_1/N_1) - (St V_2/N_2) - H). It is found that there are two resistance thresholds of the rock which seems to come fairly close to the behaviour of certain crystalline rocks. The lower threshold sets off the viscous deformations, while the upper threshold corresponds to sudden failure.

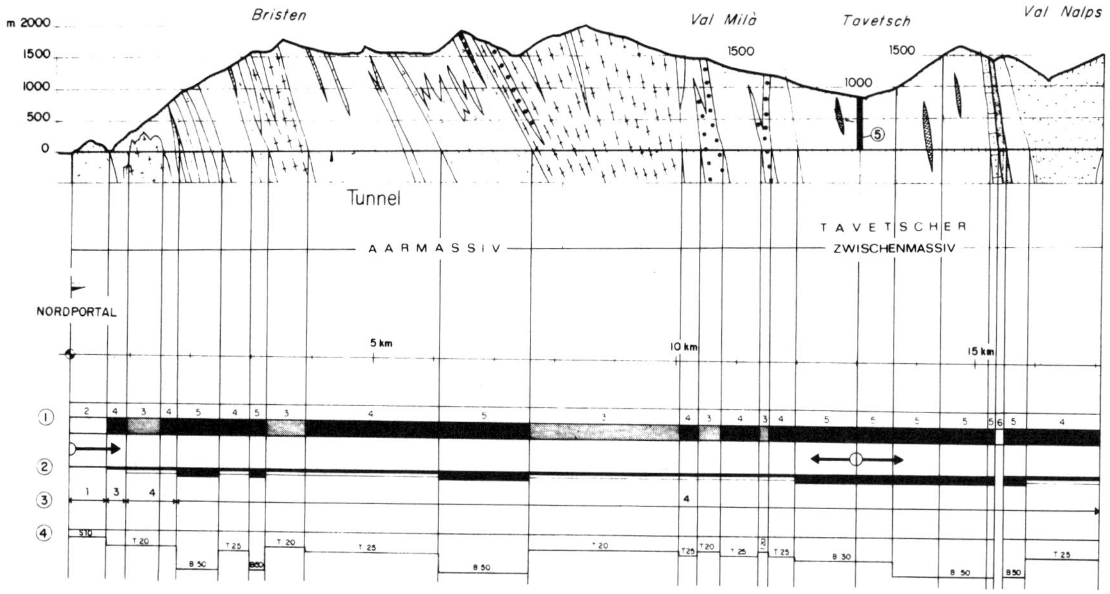

Fig. 4 - St. Gotthard railway basis tunnel
Excavation method and type and thickness of the lining as a function of rock quality and overburden

(1) Rock quality (lighter signature for better rock)

(2) Excavation method

excavation with a current type of tunneling machine

excavation with a shield tunneling machine

traditional excavation by blasting

excavation with subdivided face

(3) Cases of stability

1 Face and cavity stable

3 Face stable, cavity not stable

4 Face and cavity not stable

(4) Type and thickness of the lining

S10 Shotcrete 10 cm

T20 Precast concrete segments 20 cm

B50 Concrete Lining 50 cm

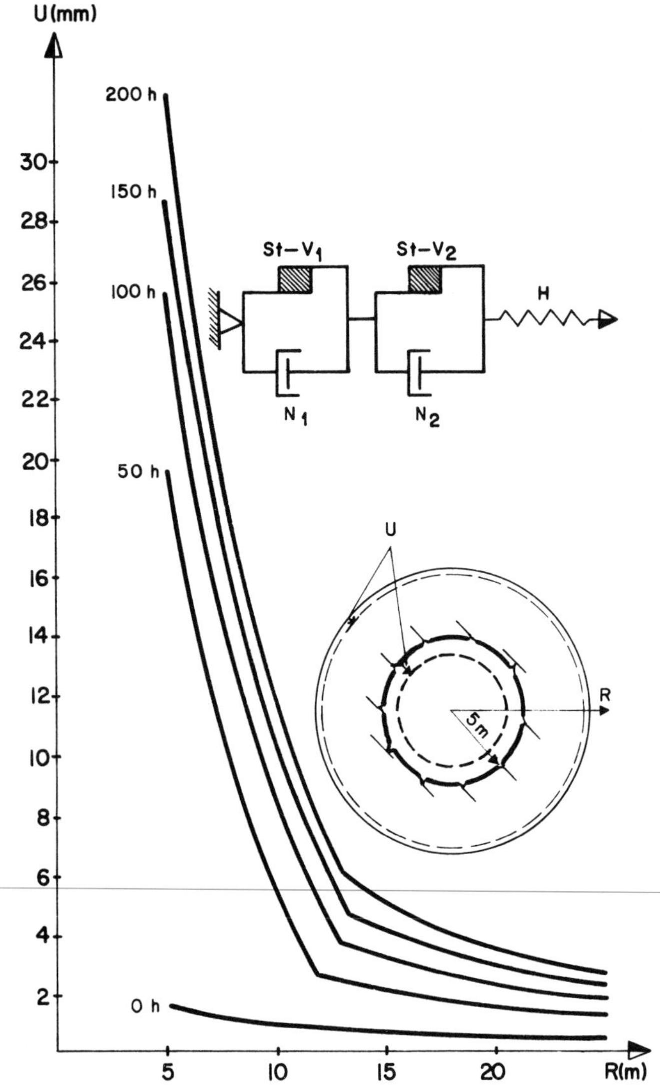

Fig. 5 - Influence of rock viscosity on the displacement behaviour of a circular tunnel.

The figure clearly illustrates the variation of radial deformations in time and the preponderant influence of the rock's dilatation in the rupture area around the tunnel. On the edge of the excavation the total deformation, 200 hours after mining, exceeds the instantaneous elastic deformations 20 times. The ratio is far less in depth. This simple calculation clearly shows, if this were necessary, the importance of these phenomena on the behaviour of the rock-lining complex.

10. CONCLUSIONS

This paper has attempted to give an overall view of the phenomena that occur in tunnel construction and the problems that arise in this respect.

Although it may be said that certain methods of calculation have reached a respectable level, nevertheless a complete method that takes all the phenomena into account has not yet been devised.

It also seems that greater importance should be given to studying the inherent problems in determining viscosity parameters and that the definition of laws governing this phenomenon for various types of rocks be recommended as the most appropriate area of research for the next few years.

The hope is expressed that technological research on rocks will be stepped up and the laws of rheological behaviour be studied more thoroughly, and secondly that the methods of analyzing three-dimensional stress conditions and deformation fields in the vicinity of the tunneling face be perfected.

BIBLIOGRAPHY

Daemen, J. J. K. and Fairhurst, C., 1972, Communication at the Rock Mechanics Symposium at Lucerne, Sept. 1972.

Fenner, R., 1938, Untersuchungen zur Erkenntnis des Gebirgsdrucks, Glückauf, No. 32 et 33, p. 681-715.

Kommerel, O., 1940, Statische Berechnung von Tunnelmauerwerk, 2. Aufl. Berlin, Ernst and Sohn.

Lombardi, G., 1971, Dimensioning of tunnel linings with regard to constructional procedures. Tunnels and Tunneling, July 1973.

Lombardi, G., 1972, Communication at the Rock Mechanics Symposium at Lucerne, Sept. 1972.

Proctor, R. V., White, Th. L., Terzaghi, K., 1968, Rock Tunneling with Steel Supports, The Youngstown Printing Co., Youngstown, Ohio.

Szechy, K., 1966, The Art of Tunneling, Académie Kiado, Budapest.

LE SOUTENEMENT DES TUNNELS

G. Lombardi
Ing. civiles SPF, Dott. sc. techn.
Locarno, Switzerland

RESUME On essaye d'exposer d'une façon la plus générale possible le problème posé par l'excavation et le soutènement d'un tunnel dans un massif rocheux. On constate qu'il faut avoir recours à un modèle simplifié. On met en évidence les hypothèses de base nécessaires. Le problème du revêtement d'une cavité souterraine est essentiellement un problème hyperstatique, ce qui signifie qu'il ne peut être résolu qu'en tenant compte simultanément des déformations de la roche et de celles du revêtement en postulant leur compatibilité. Il s'ensuit qu'un soutènement n'a d'action statique que si la roche continue à se déformer après la pose du revêtement ou du soutènement. De ce fait les phénomènes de viscosité de la roche revêtent une importance primordiale que l'on essaye de mettre en évidence. Par ailleurs on expose brièvement les diverses méthodes de calcul en usage avec leurs caractéristiques. De même on rappelle les paramètres du comportement mécanique de la roche selon leur importance. On décrit enfin le procédé suivi pour la prévision des revêtements dans le tunnel ferroviaire de base du St. Gothard en Suisse.

1. INTRODUCTION

Dans son rapport M. le Professeur Salamon a exposé d'une façon magistrale les bases scientifiques de la mécanique des roches appliquée aux excavations souterraines. Il l'a fait d'un point de vue théorique très général en plaçant peut-être le centre de gravité de son étude sur les ouvertures temporaires.

Dans le but d'apporter un complément à son rapport on examinera dans ce qui suit le problème du soutènement des tunnels en se limitant de ce fait volontairement au cas des ouvertures permanentes du génie civil. Le but est donc de créer des cavités souterraines qui, après une période transitoire, finissent par atteindre un équilibre stable tout en respectant certaines dimensions prévues par le projet.

En vue de simplifier l'exposé on se bornera en outre à l'étude des tunnels proprement dits, c'est-à-dire de cavités à section constante et de grande longueur; bien entendu de nombreux autres problèmes présentent un intérêt pratique considérable, comme par exemple le croisement de divers tunnels, la création de chambres et de cavernes, le voisinage de diverses excavations etc.. Le cadre de cet exposé ne permet toutefois pas de s'attarder sur ces problèmes particuliers.
Toutes les considérations que nous allons exposer le seront dans l'hypothèse d'un avancement de l'excavation à pleine section. Pour des avancements à taille partielle le problème devient plus complexe, mais ne change pas de nature.

2. FORMULATION GENERALE DU PROBLEME

En vue d'une étude théorique on peut formuler le problème du soutènement de la façon suivante:

Formulation théorique:

"Soit un massif rocheux dont on connaît parfaitement en tout point l'état initial (position, contraintes, températures) ainsi que les propriétés mécaniques (structures, anisotropies, hétérogénéités, résistances, déformabilités, viscosités, etc.). On prévoit l'excavation et le revêtement d'une cavité à section constante de longueur considérable à l'aide d'une méthode de travail exactement définie et dont le développement dans le temps est parfaitement programmé jusque dans les moindres détails. On connaît en outre parfaitement les caractéristiques mécaniques des matériaux et structures de soutènement employés.
Dans ces conditions, déterminer avec précision quels seront les déplacements des divers points de la roche et en particulier ceux du bord de l'excavation pendant et après les travaux, partant quelles seront les sollicitations des structures de soutènement mises en place; juger ensuite si les résultats obtenus donnent les garanties de sécurité requises et si la méthode de construction employée est la plus adéquate".

Toutefois pour l'ingénieur qui doit construire un tunnel le problème se pose en des termes quelque peu différents.

Formulation pratique:

"Soit un massif rocheux dont on connaît grossièrement la constitution géologique et dont l'état de contraintes initial est au mieux mesuré en quelques points, où l'on a réalisé des essais, et dont les propriétés mécaniques ne sont connues approximativement que pour un nombre limité d'échantillons prélevés généralement en dehors de la zone de l'ouvrage.
Réaliser une cavité d'une forme approximativement cylindrique de grande longueur en ayant recours à des méthodes d'excavation choisies sur la base de considérations contingentes susceptibles de varier continuellement en fonction de l'incertitude permanente existant quant aux propriétés des matériaux rocheux rencontrés, des défaillances humaines et des inerties propres à chaque chantier de génie civil.
On tiendra compte en outre du fait que la pose des structures de soutènement aura lieu avec une précision toute relative en des temps ne correspondant qu'approximativement au programme prévu, ne fût-ce qu'en raison de pannes possibles des machines et de circonstances qui n'ont rien de technique.
Le but est de réaliser aux moindres frais un ouvrage que le maître de l'oeuvre puisse encore accepter sans trop de réclamations".

On voit que la formulation du problème est nettement différente selon le point de vue et cela peut en grande partie expliquer les opinions parfois fort divergentes qui sont émises au sujet de l'utilité des théories scientifiques et en particulier de la mécanique des roches pour l'étude des tunnels.

Pour notre part il nous semble évident que le problème de la construction souterraine est un des plus difficiles dans le génie civil en raison du nombre considérable d'inconnues ou d'incertitudes auxquelles il faut faire face. Aussi ne faut-il pas s'attendre à ce que, partant d'hypothèses approximatives, une quelconque méthode de calcul, fût-elle parfaite, conduise à des résultats absolument exacts. Néanmoins l'utilité des études théoriques et des calculs est hors de discussion et il n'est certainement pas nécessaire d'en donner justification ici.

Dans l'état actuel de la technique, l'on ne peut que formuler à l'aide d'hypothèses simplificatrices un modèle du problème accessible au calcul et le résoudre au mieux des possibilités mathématiques à disposition.

3. MODELE MATHEMATIQUE ET HYPOTHESES DE BASE

Au vu du développement actuel de la mécanique des roches et des techniques de calcul, il semble qu'il faille au mieux recourir au modèle mathématique suivant:

- En premier lieu on admet qu'un tunnel de grande longueur peut être subdivisé en tronçons pratiquement indépendants dont chacun sera examiné pour son compte.
  On assimile de ce fait chaque tronçon du tunnel réel à une section d'un tunnel de longueur infinie réalisé dans des conditions homogènes le long de son axe.
  (Dans des cas particuliers, par exemple au voisinage des portails, il faut laisser tomber cette hypothèse restrictive).
- Les hétérogénéités de la roche sont soit ignorées, soit idéalisées en admettant des variations des proprietés mécaniques qui obéissent à des définitions simples; la plus immédiate étant évidemment celle de la constance c'est-à-dire de l'homogénéité de la masse rocheuse.
- L'anisotropie de comportement de la roche est simplifiée afin qu'elle corresponde à une formulation mathématique élémentaire; elle est même ignorée dans la plupart des cas.
- Le massif rocheux étant en réalité un corps discontinu en raison de la présence de nombreuses solutions de continuité, l'on admet néanmoins que dans nombre de cas son comportement puisse être simulé avec une précision suffisante par celui d'un corps continu de caractéristiques définies de manière appropriée.
- L'état de contraintes internes naturelles d'un massif rocheux donné est certainement très complexe en raison des sollicitations tectoniques subies, des discontinuités existantes dans la matière et évidemment des hétérogénéités et anisotropies dont il a été question.
  On ne saurait toutefois se dispenser de la simplification qui consiste à admettre pour le champ des contraintes initiales une répartition simple, généralement linéaire en fonction des coordonnées.
- Le comportement extrêmement complexe de la roche en fonction des caractéristiques locales doit pouvoir être défini par un nombre limité de paramètres numériques, ce qui correspond à une simplification sensible des lois de comportement.
- Les caractéristiques des structures de soutènements employées sont certainement les mieux connus de tous les facteurs qui entrent en jeu. Néanmoins, ici aussi, certaines linéarisations sont parfois nécessaires.
- La méthode de construction, alors même qu'elle serait parfaitement fixée à priori, doit également être simplifiée afin de pouvoir être subdivisée en un nombre limité d'opérations élémentaires dont le déroulement suive une loi rigide dans le temps, alors qu'en réalité le déroulement des diverses opérations a lieu suivant des rythmes qui supportent quelques battements.

En fait les facteurs essentiels de tout calcul peuvent être regroupés de la façon suivante:

- Champ des contraintes naturelles dans la roche avant l'excavation,
- Caractéristiques mécaniques et autres de la roche,
- Méthodes de construction employées,
- Caractéristiques des structures de soutènement.

Ce serait sortir de notre thème que de nous occuper de la caractérisation et de la description des propriétés physiques et mécaniques des roches, ou même de la détermination de l'état de contraintes naturelles et encore plus de la détermination des caractéristiques mécaniques des structures des soutènements. Le choix de la méthode d'excavation sort également du cadre de cet exposé, encore qu'il existe une très étroite relation entre les caractéristiques physiques de la roche et les méthodes de travail à employer.

Nous admettrons, dans ce qui suit, que tous les paramètres nécessaires au calcul soient connus avec la précision voulue.
C'est donc dans la tour d'ivoire que représente notre modèle mathématique que nous allons opérer dès maintenant sans perdre de vue toutefois la prudence qui s'impose dans l'interprétation des résultats des calculs. Nous reviendrons à la fin seulement à des considérations plus pratiques.

4. CARACTERISATION DU PROBLEME

Au vu de toutes les études et publications qui traitent de ce sujet, il semble particulièrement important de mettre en évidence d'une façon claire les deux caractéristiques essentielles du problème qui nous occupe.

a) Le problème de l'excavation d'un tunnel dans un massif rocheux est un problème de contraintes et de déformations tri-dimensionnel. En effet si l'on peut à la rigueur admettre, au moins dans certains cas, qu'avant la construction l'état des contraintes naturelles soit défini par des directions principales telles que l'une d'elles coïncide avec l'axe du tunnel, et que de ce fait l'on puisse parler d'un état de contraintes pseudo-bidimensionnel, et s'il peut en être de même une fois le tunnel réalisé, il est certain que cela n'est pas valable au droit du front de attaque. Dans la région du front une transformation radicale de l'état de contraintes a lieu. Même s'il est loisible d'admettre que l'on passe d'un état de contraintes bidimensionnel à un autre état bidimensionnel, il est évident que ce passage ne peut se faire autrement que par un état de contraintes et de déplacements tri-dimensionnel (figure 1).

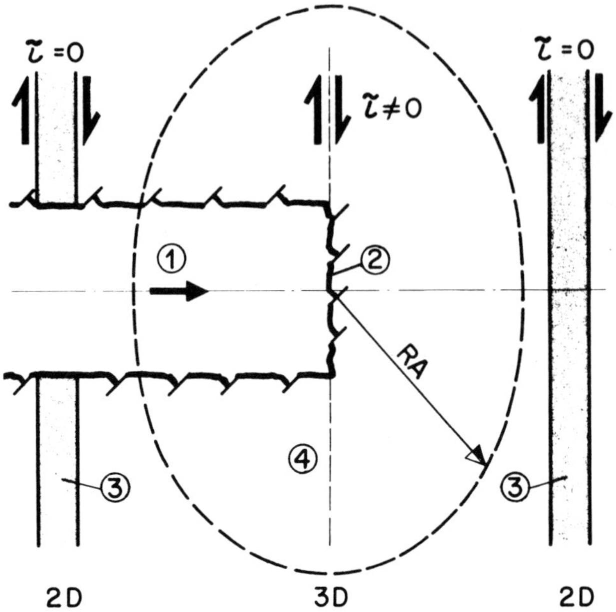

Fig. 1 Etats de contraintes et de déformations près du front de taille.

(1) axe du tunnel et direction d'avancement

(2) front de taille

(3) tranches à comportement pseudo-bidimensionnel (2D)

(4) domaine à comportement tridimensionnel (3D)

RA rayon d'action pratique du front de taille

Plus précisément si les contraintes de cisaillement dans des plans perpendiculaires à l'axe du tunnel peuvent être supposées nulles à une certaine distance avant et derrière le front d'attaque, il n'en est pas de même dans la région de celui-ci. Il en découle que toute méthode de calcul qui se base sur un état de contraintes ou de déformations bidimensionnel ne peut représenter qu'un des éléments nécessaires à l'étude du problème et non sa solution complète.

b) Le problème du soutènement est un problème hyperstatique. En fait la construction d'un tunnel consiste à éliminer un noyau de roche relativement rigide et à le remplacer par une quelconque structure de soutènement plus déformable, éven-

tuellement en plusieurs étapes, et cela pendant que le vide crée par l'excavation continue à se refermer. On voit immédiatement que la solution finale dépendra de la façon dont on introduit le corps étranger qu'est ladite structure et du moment auquel cette opération aura lieu.
Il ressort immédiatement d'une façon plus que évidente que la pression qui s'exercera finalement sur le revêtement ou le soutènement sera le résultat de l'interaction des divers facteurs mentionnés et que, contrairement à une opinion malheureusement largement répandue, elle n'est pas une valeur naturelle donnée à priori. En particulier cette réaction dépendra du moment de la pose du revêtement, de sa rigidité et surtout de la déformation que la roche aura déjà subie, ainsi que du jeu qui subsistera entre la surface de l'excavation et l'extrados du revêtement.
Signalons que ce deuxième aspect du problème est sans objet pour les cavités non revêtues et d'importance secondaire si le système de soutènement est réglable, comme le sont par exemple les câbles précontraints dont la force peut être ajustée aux valeurs prévues par le projet.

C'est en gardant toujours présentes à l'esprit ces deux caractéristiques essentielles du problème, c'est-à-dire état tridimensionnel et hyperstaticité, qu'il faudra essayer de le résoudre.

5. DISTANCE AU FRONT DE TAILLE ET VISCOSITE DE LA ROCHE

Dans son rapport général M. Salamon (Chapitre 4.2) précise que:

"... Le projet du soutènement doit tenir compte du fait que la structure composée par le soutènement et la roche qui l'entoure est en général statiquement indéterminée, c'est dire que la charge agissant sur le soutènement est fonction de la déformation des deux composantes de la structure. Le soutènement ne subira aucune charge si la roche ne subit pas de déformations après l'installation du soutènement.

La seule exception importante à cette règle est la pression hydraulique qui peut agir sur certains revêtements et le poids de certaines masses de roche détachées de la cavité et qui s'appuient sur le soutènement."

L'application de ce principe à la construction des tunnels, en faisant abstraction des forces hydrauliques, ressort aux figures 2 et 3.

Le noyau de roche M qui se trouve devant le front assume une fonction de soutènement (Fig. 2).

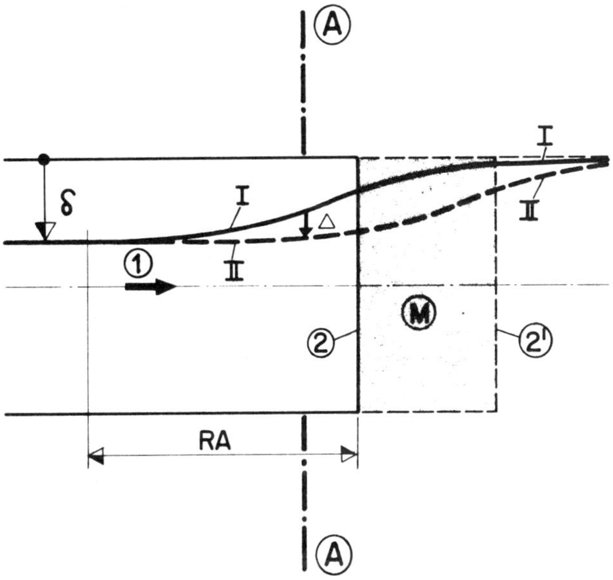

Fig. 2 Influence de l'avancement du front de taille sur les déformations radiales.

- (1) axe du tunnel et direction d'avancement
- (2) front de taille
- (2') front de taille après excavation de la masse M.
- **M** masse excavée
- **A-A** Section considérée
- δ déformation radiale
- I-I déformation radiale pour le front (2)
- II-II déformation radiale pour le front (2')
- Δ variation de la déformation radiale due à l'avancement de (2) à (2')
- **RA** rayon d'action pratique du front de taille

La déformation radiale du pourtour depuis la position initiale de la roche est indiquée par la ligne en trait plein I-I. La déformation est d'autant plus grande que la section considérée et plus éloignée du front de taille jusqu'à une certaine limite, toutefois qui peut être considérée comme le "rayon d'action" RA de ce phénomène. Notons que pour l'instant on fait abstraction d'éventuelles déformations lentes dans la roche.

Si la masse M est éliminée la courbe I-I se déplace vers la courbe pointillée II-II; il en résulte que tous les points de l'intrados de l'excavation qui se trouvent dans le rayon d'action du front de taille subissent une déformation supplémentaire.

Notons que nous entendons par rayon d'action la zone où l'influence du front de taille a encore une importance pratique. En effet si l'on devait admettre p. ex. un comportement idéellement élastique du massif rocheux, l'influence d'une quelconque excavation se ferait sentir jusqu'à l'infini. On peut penser que pratiquement le rayon d'action sera de l'ordre de quelques fois le diamètre de l'excavation.

Si la roche comporte une phase visqueuse, des déformations lentes s'ajoutant à celles dont nous venons de parler. Les déformations visqueuses peuvent augmenter pour se stabiliser finalement ou au contraire continuer jusqu'à l'écroulement du tunnel.

Quoi qu'il en soit on peut rapprésenter graphiquement ces deux phénomènes par la figure 3, qui donne pour la section choisie la relation entre la déformation radiale de l'intrados de l'excavation et le temps. Comme origine du temps on a choisi l'instant où le front de taille atteint la section considérée.

La ligne D-D indique la déformation due à l'augmentation de la distance entre la section considérée et le front d'attaque conformément à ce qui est montré à la figure 2.

Cette ligne est la transformée de la ligne I-I de la figure 2 en fonction du temps. Si donc la vitesse d'avancement est régulière la courbe D-D le sera elle aussi. Si par contre l'avancement a lieu par volées successives, la ligne D-D présentera des gradins.

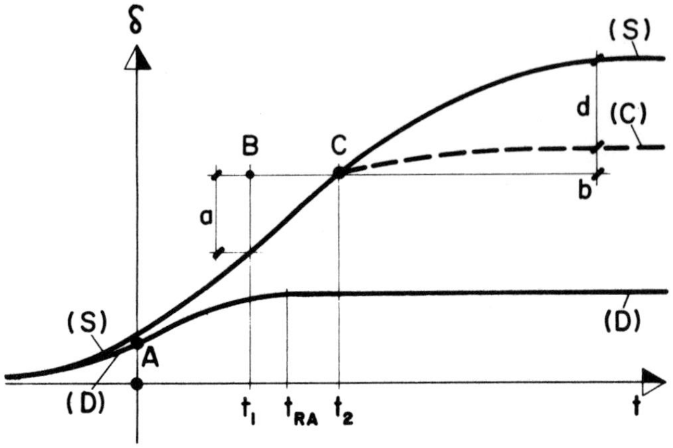

Fig. 3 Déformations radiales dans une section du tunnel en fonction du temps

- **t** temps depuis le passage du front
- **δ** déformation radiale
- **D-D** déformation radiale instantanée due à la distance du front
- **S-S** déformation radiale totale (instantanée et visqueuse)
- **t_{RA}** temps du franchissement du rayon d'action selon figure 2
- **B** pose du soutènement au temps t_1
- **a** jeu de pose du soutènement
- **C** le soutènement agit dès le temps t_2
- **C-C** déformation radiale partiellement empêchée par le soutènement
- **d** effet du soutènement
- **b** déformation du soutènement qui en détermine la sollicitation

On notera qu'à l'origine du temps c'est-à-dire au front de taille une certaine déformation a déjà eu lieu (Point A). On peut admettre que t_{RA} est le temps où la distance au front de taille atteint la valeur du rayon d'action défini ci-dessus.

Outre les déformations en question il faudra compter avec des déformations de nature visqueuse, donc fonction du temps qui, ajoutées aux premières, donnent la ligne S-S représentant la somme des déformations radiales dans la section considérée.

Supposons qu'au temps t_1 on pose un soutènement qui présente par rapport à la roche un jeu a.

Il est clair que le soutènement ne sera statiquement actif qu'au moment t_2 où la déformation supplémentaire du rocher aura compensé le jeu de pose initial a. A partir de ce moment la déformation de la structure composée par le rocher et le soutènement suivra la ligne pointillée C-C. A un instant donné la déformation d représente l'influence du soutènement sur les déformations du rocher alors que la déformation b est la mesure de la sollicitation du soutènement.

On peut donc préciser l'affirmation précédente et l'élever même au rang de théorème en disant que: "tout revêtement ou soutènement de tunnel ne sera effectivement sollicité que si la roche comporte une phase visqueuse et est donc susceptible de déformations lentes, à moins que le soutènement n'ait été placé tout près du front de taille à l'intérieur du rayon d'action de celui-ci; encore faut-il, pour que le soutènement soit actif, que le jeu radial de pose soit inférieur aux déformations du rocher auxquelles on peut s'attendre par la suite.

Nous retenons donc comme facteurs déterminants de la pression de la montagne les lieux, les temps et les jeux de pose des soutènements et revêtements.

6. TYPES DE ROCHES

Au vu de ce qui a été exposé, il y a lieu de distinguer pour ce qui nous concerne deux types de roches qui se comportent d'une façon tout à fait différente.

a) Il s'agit des roches à comportement instantané, c'est-à-dire sans effet de viscosité. Le modèle idéal élastique en est le représentant type, mais on trouve aussi dans ce groupe des roches à comportement élasto-plastique dont la phase visqueuse est négligeable, en particulier des roches à rupture fragile pratiquement instantanée.

b) L'autre groupe est représenté par les roches avec comportement visqueux, c'est-à-dire susceptibles de déformations lentes. Ce sont les roches qui demandent un certain temps pour s'adapter à un nouvel état de contraintes. Les distorsions dans la roche n'ont lieu que lentement même si les variations de tension sont brusques.

Il ressort de ce qui a été dit que pour une roche non visqueuse, les structures de soutènement ne seront sollicitées que si elles ont été placées à faible distance du front de taille, donc à l'intérieur du rayon d'action de celui-ci.

Pour les autres roches les soutènements seront sollicités même s'ils ont été posés à une distance considérable du front.

Sans doute serait-il nécessaire de pouvoir mieux préciser par des paramètres numériques la limite entre les deux types de roches; c'est un problème qui reste à résoudre.

7. METHODES DE CALCUL

Depuis que les ingénieurs se sont occupés de tunnels ils ont essayé d'établir des formules et des méthodes de calcul qui se sont successivement développées entre autre en fonction des moyens mathématiques à disposition. En suivant un ordre plus ou moins historique, nous pouvons regrouper ces méthodes dans les catégories suivantes, qui vont des plus simples aux plus complexes. Cette classification n'a pas pour but de démontrer que seules les méthodes plus complexes méritent notre attention. Au contraire il peut y avoir des cas particuliers où des procédés plus simples sont encore justifiés, en particulier si l'on ne possède pas une connaissance suffisante des propriétés mécaniques des roches.

a) Formules empiriques

A la suite de constatations pratiques sur la nature de la roche et en particulier sur son degré de fissuration, des formules empiriques ont été établies, qui permettent d'évaluer grossièrement la charge agissant sur les structures de soutènement (par exemple Terzaghi). En fonction des dimensions de l'excavation et de certains paramètres tels que le type de roche, on estime la masse des matériaux qui chargent la structure de soutènement. Ces méthodes se justifient pour les ouvrages à faible profondeur où l'on n'a pas affaire à une véritable pression des roches.

b) Méthodes isostatiques

Dans la recherche d'une méthode analytique, on a essayé par la suite de construire des équilibres limites en définissant d'une façon plus ou moins arbitraire certaines lignes de glissement de la roche. On pouvait alors avec de simples considérations d'équilibre statique déterminer les forces de réaction du soutènement nécessaires pour assurer la stabilité de l'ensemble. Ces méthodes tiennent compte uniquement des paramètres suivants relatifs à la roche: poids propre, angle de frottement, éventuellement cohésion. En particulier elles ignorent complètement les déformations, et aucune garantie ne peut donc être donnée quant à la compatibilité des déformations du soutènement et de celles de la roche. En fait il s'agit par ces méthodes de construire des figures de rupture et de définir un équilibre limite possible du point de vue des forces (p. ex. Kommerel, Terzaghi).

c) Elasticité plane

La constatation que la compatibilité des déformations n'était pas assurée a amené certains auteurs à simuler le problème du tunnel par un état de déformatins et de contraintes dans un plan infini percé par la section du tunnel. De toute évidence les premiers essais ont eu lieu en élasticité plane à l'aide d'intégrations analytiques (Fenner). Avec de telles intégrations, la compatibilité élastique était bien assurée à l'intérieur de la masse rocheuse, mais les conditions aux limites au contact roche-revêtement n'étaient déterminées que par des hypothèses plus ou moins arbitraires. Rarement les résultats obtenus sont applicables dans la pratique.

Avec l'introduction des méthodes numériques de calcul et des calculatrices électroniques l'intégration analytique a perdu de son importance, mais rien n'a changé aussi longtemps que l'on se limite à l'hypothèse élastique pour le comportement de la roche et surtout que l'on ne respecte pas les conditions de compatibilité au bord intérieur.

d) Elasto-plasticité plane

Par la suite, de nombreux auteurs ont essayé l'étude de l'état plan de déformations dans l'hypothèse d'un comportement élasto-plastique de la roche. Il s'agit en fait de tenir compte du comportement de la roche après rupture. Les incertitudes mentionnées subsistent néanmoins encore, quant à l'interaction de la roche et du revêtement. Elles tombent parfois quand la cavité n'est pas soutenue ou quand les forces de soutènement sont fixées à priori et donc bien connues, comme par exemple lors de l'emploi de câbles précontraints. Dans ces circonstances les calculs élasto-plastiques à deux dimensions semblent donner des résultats très intéressants au moins pour certaines roches et à condition évidemment d'en avoir déterminé avec une précision suffisante les propriétés géomécaniques principales.
Très souvent les études réalisées se basent sur la méthode d'intégration des éléments finis. Il y a lieu de préciser qu'il ne s'agit pas, et de loin, de la seule méthode utilisable.
La méthode qui consiste à combiner l'intégration directe dans la zone plastique et la superposition linéaire d'intégrales particulières dans la zone élastique semble être particulièrement efficace.

e) L'effet du temps

L'importance des phénomènes de viscosité dans la mécanique des roches a certes été reconnue il y a une dizaine d'années environ. Les premières études du problème à deux dimensions en viscoélasticité ont été effectuées ces dernières années, toutefois avec des hypothèses relativement restrictives comme par exemple la viscosité linéaire ou l'étude du cas de symétrie centrale exclusivement. Bien qu'encore limitées quant à leur signification générale, ces études permettent de se rendre compte de l'importance primordiale des phénomènes de viscosité, même s'il faut malheureusement reconnaître que les paramètres numériques nécessaires au calcul manquent encore. Bien plus, il n'a pas encore été possible d'établir avec une certitude suffisante la nature des lois générales qui régissent la viscosité des roches réelles, en particulier si l'on veut tenir compte des divers systèmes de solution de continuité.

f) L'effet tridimensionnel

Nous avons vu que l'étude complète d'un avancement en tunnel doit traiter des champs tridimensionnels qui existent dans la zone du front d'attaque.
Une méthode de calcul générale qui tienne compte des comportements élastique, plastique et visqueux de la roche à trois dimensions, avec une modification continuelle des conditions aux limites due aux travaux d'avancement et de pose des soutènements, ne semble pas encore exister.
L'application des éléments finis à un tel problème semble se heurter à de très grosses difficultés en raison du nombre énorme d'éléments nécessaires et des caractéristiques particulières de la roche. Ici aussi des cas spéciaux ont été examinés, par exemple celui de la symétrie centrale dans le but d'éliminer en fait une dimension (p. ex. Fairhurst).
Une autre approche permet, à l'aide de lignes caractéristiques de la cavité, du noyau rocheux et du revêtement, de représenter les phénomènes qui ont lieu au front. L'examen simultané de divers états de contraintes bidimensionnels devant, derrière et au front même donne naissance à une méthode pseudo-tridimensionnelle qui semble fournir des résultats intéressants (Lombardi).

En résumé nous pouvons constater que nous disposons actuellement de diverses méthodes de calcul valables soit pour des problèmes particuliers, soit pour des lois de comportement de la roche fortement simplifiées. Une méthode de calcul générale qui tienne compte de tous les facteurs dont nous pouvons actuellement entrevoir l'importance n'existe pas. Par contre des méthodes approchées faisant en partie appel à des calculs précis, en partie à des estimations et en particulier au bon sens de l'ingénieur permettent, dans bien des cas, de trouver des solutions raisonnables sinon des solutions optimales et absolument exactes aux problèmes de la construction de tunnels. Il faut noter que les progrès dans cette science demandent d'une part le développement de méthodes de calcul plus poussées, mais surtout semble-t-il la définition plus exacte des lois qui régissent le comportement de la roche sous sollicitation triaxiale en fonction du temps et en tenant compte des divers systèmes de discontinuités.

L'étude des diverses approches mathématiques employées semble indiquer que la théorie de l'élasticité non compatible pourra apporter à l'avenir une contribution déterminante à la solution du problème général qui nous occupe.
L'intégration numérique pourra sans doute être avantageusement remplacée par la superposition d'intégrales particulières ainsi que cela se fait déjà pour les problèmes plans.

8. LES PRINCIPAUX PARAMETRES MECANIQUES DE LA ROCHE

Les notions exposées ci-dessus permettent de mettre en évidence les paramètres essentiels qui caractérisent le comportement de la roche respectivement du massif rocheux.

1) Pour ce qui est du comportement élastique les modules de déformabilité en fonction de l'anisotropie jouent le plus grand rôle.

2) Pour le comportement plastique par contre ce sont les caractéristiques de résistance, en particulier la cohésion et le frottement dans les surfaces de discontinuité qui comptent avant tout, car cette résistance limite les zones à comportement élastique.

3) Dans le cas du comportement visqueux ce sont évidemment tout d'abord les lois de viscosité auxquelles la roche obéit qu'il importe de connaître, et ensuite les valeurs numériques à attribuer aux divers paramètres. Si la roche doit être considérée comme ayant un comportement visqueux, il est évident que ce sont ces paramètres qui assument de loin la plus grande importance parmi toutes les caractéristiques mécaniques de la roche. Il faut donc espérer que des développements importants aient lieu à l'avenir dans cette direction, et que des recherches approfondies soient entreprises pour mieux comprendre le comportement des roches dans leur phase visqueuse.

9. APPLICATIONS PRATIQUES

Le but des calculs de stabilité des soutènements et revêtements de tunnels est tout d'abord de pouvoir faire une prévision sur les mesures à prendre lors de la construction, de juger ensuite de l'opportunité des méthodes de construction prévues, d'interpréter enfin le comportement des ouvrages et les mesures y relatives. A cet effet une des études les plus poussées entreprises récemment semble être celle relative au tunnel ferroviaire de base du St.Gothard. Ce tunnel d'une longueur de 49 km traverse pratiquement à la base la chaîne des Alpes en sorte que les recouvrements de roche atteignent 2400 m.
Etant donnée la dimension de l'excavation (diamètre 11 m), la présence d'une galerie latérale de 4 m de diamètre et celle de nombreuses cavernes telles que gares, centrales, puits de construction et de ventilation, et les conditions géologiques, les problèmes de mécanique des roches ont revêtu une importance particulière tant pour ce qui concerne les méthodes d'excavation (emploi ou non de tunneliers) que pour la stabilité des ouvrages eux-mêmes.

Le procédé suivi pour déterminer l'importance des mesures de soutènement à prendre et le dimensionnement du revêtement est le suivant:

1) Sur la base d'études géologiques de nature classique complètées par des sondages à grande profondeur, on a apprécié la structure géologique du massif en faisant parfois des hypothèses limites favorables, respectivement défavorables pour certaines zones et certaines propriétés des roches.

2) On a prélevé, à la surface du terrain ou dans des ouvrages souterrains construits ou en cours de construction dans le voisinage, des échantillons de roches dont les caractéristiques doivent correspondre le mieux possible aux roches que l'on prévoit de traverser en profondeur.
Sur ces échantillons, des essais de mécanique des roches ont été exécutés dans le but surtout de déterminer les paramètres de résistance tels qu'angles de frottement et cohésion, ainsi que les modules de déformabilité.

3) Sur la base de ces essais un plan géotechnique indiquant les propriétés mécaniques des roches a pu être établi. Celles-ci ont été classées en divers types en fonction de leurs valeurs géotechniques.

4) Des études de stabilité basées sur la méthode des lignes caractéristiques (Lombardi 1971) ont permis de trouver pour chaque zone et pour chaque recouvrement le cas de stabilité déterminant (Lombardi 1972).

5) En fonction du cas de stabilité, des valeurs mécaniques de la roche et des recouvrements, il a été possible d'établir une prévision détaillée des épaisseurs des revêtements nécessaires pour garantir la stabilité de l'ouvrage.
De même des indications ont pu être données quant aux méthodes de construction qui peuvent ou doivent être employées dans chaque zone traversée.

La figure 4 reproduit, pour une partie du tunnel, les résultats obtenus. Ceux-ci servent à l'établissement du projet et du devis estimatif.

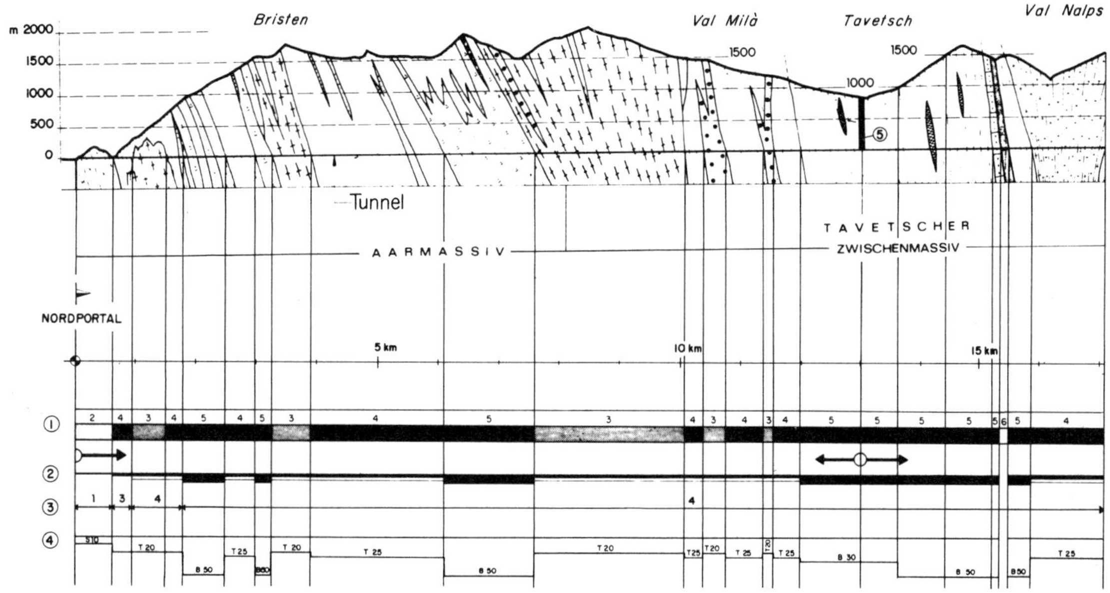

Fig. 4 Tunnel de base du St-Gothard. Méthodes d'avancement et genres de revêtements en fonction des qualités de la roche et de la couverture.

① Qualités de roches (La roche 2 à trame claire est meilleure que la roche 5 à trame noire)

② Méthodes d'avancement

- Foreuse à pleine section
- Foreuse à pleine section avec bouclier de protection
- Méthode traditionnelle
- Avancement à section partielle

③ Cas de stabilité

1 Stabilité du front de taille et de la galerie
3 Stabilité du front de taille mais instabilité de la galerie
4 Instabilité du front de taille et de la galerie

④ Genres et épaisseurs des revêtements

S 10 béton projeté de 10 cm d'épaisseur
T 20 tubbing de 20 cm d'épaisseur
B 50 béton en place de 50 cm d'épaisseur

La figure 5 montre le résultat d'une étude sur l'effet de la viscosité des roches. Le modèle choisi dans ce cas est celui d'un double corps de Bingham

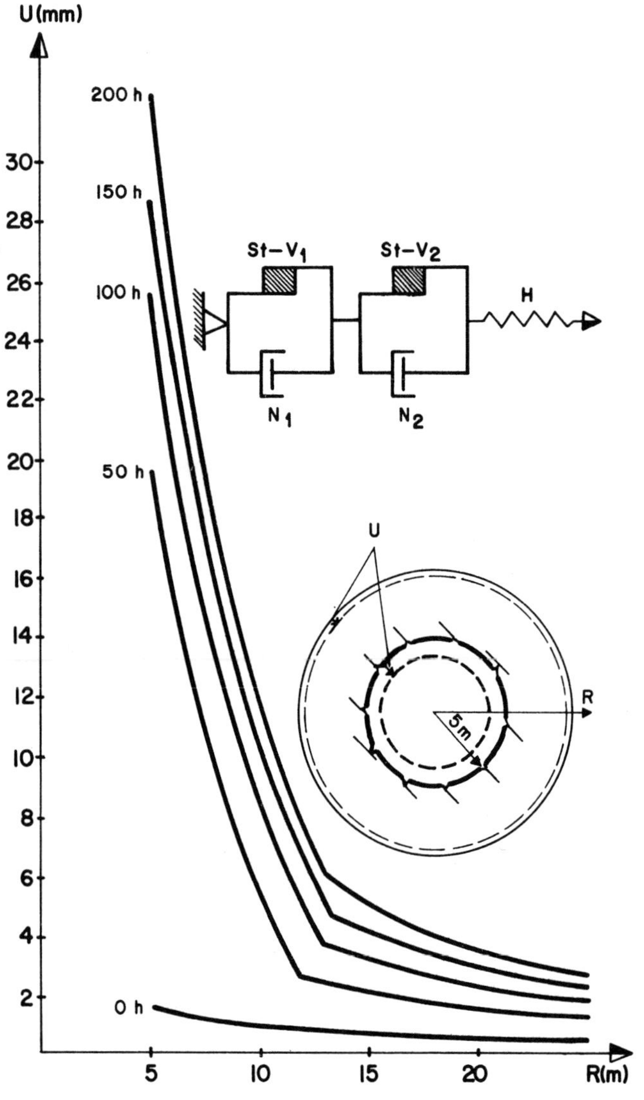

Fig. 5 Influence de la viscosité sur la déformation d'un tunnel circulaire.

combiné avec un corps de Hooke.($(St-V_1/N_1)$ - $(St-V_2/N_2)$ - H). On met en évidence de la sorte la présence de deux seuils de résistance de la roche ce qui semble approcher assez bien le comportement de certaines roches cristallines. Le seuil inférieur déclenche les mouvements visqueux, le seuil supérieur correspond à la rupture brusque. La figure montre bien la variation des déformations radiales dans le temps et l'influence prépondérante de la dilatance de la roche dans la zone de rupture autour du tunnel. Sur le bord de l'excavation la déformation totale 200 heures après le minage dépasse de 20 fois les déformations élastiques instantanées. En profondeur le rapport est bien moindre.

Ce simple calcul démontre clairement, s'il en est besoin, l'importance de ces phénomènes sur le comportement du complexe roche-revêtement.

10. CONCLUSIONS

Dans ce qui précède on a essayé d'exposer une vue d'ensemble des phénomènes qui ont lieu lors de la construction de tunnels ainsi que les problèmes qui surgissent à cet égard.

Si l'on peut dire que certaines méthodes de calcul ont atteint un niveau respectable il n'en reste pas moins qu'une méthode complète qui tienne compte de tous les phénomènes n'a pas encore été établie.

Il semble par ailleurs qu'une importance accrue doive être donnée à l'étude des problèmes inhérents à la détermination des paramètres de viscosité, et que la définition de lois qui régissent ce phénomène pour des roches de divers types soient le champ de recherche le plus indiqué pour ces prochaines années.

On exprime l'espoir que d'une part les recherches technologiques sur la roche soient plus poussées et que les lois du comportement rhéologique soient mieux étudiées, et que d'autre part l'on perfectionne les méthodes d'analyse des états de contraintes et des champs de déformation tridimensionnels au voisinage du front d'attaque.

******

REFERENCES

Fairhurst, Ch., 1972, Communication symposium international de mécanique des roches, Lucerne, Sept. 1972

Fenner, R., 1938, Untersuchungen zur Erkenntnis des Gebirgsdrucks, Glückauf, No. 32 et 33, p.681-715

Kommerel, O., 1940, Statische Berechnung von Tunnelmauerwerk, 2. Aufl. Berlin, Ernst und Sohn

Lombardi, G., 1971, Zur Bemessung der Tunnelauskleidung mit Berücksichtigung des Bauvorganges, Schweizerische Bauzeitung, Heft 32, 12.8.1971

Lombardi, G., 1972, Communication symposium international de mécanique des roches, Lucerne, Sept. 1972

Proctor, R.V., Thomas, L., V., Terzaghi, K., 1968, Rock Tunneling with Steel Supports, The Yonngstown, Printing and Co. Yonngstown, Ohio

Szechy, K., 1966, The Art of Tunneling, Académie Kiado, Budapest

DER AUSBAU IM TUNNELBAU

G. Lombardi

Ing. civile SPF, Dott. Sc. techn.

Locarno, Switzerland

ZUSAMMENFASSUNG Wir haben versucht in einer möglichst allgemeinen Fassung die Probleme darzustellen, die sich beim Aushub und beim Ausbau eines Tunnels in einem Gebirge stellen. Dabei zeigtes sich, dass man zu einem vereinfachten Modell Zugriff nehmen muss; die nötigen Grundannahmen dazu werden dargestellt. Das Problem des Ausbaues eines unterirdischen Hohlraumes ist im wesentlichen statisch unbestimmt, was bedeutet, dass es nicht gelöst werden kann, wenn man nicht gleichzeitig die Verformungen des Felsens und diejenigen des Ausbaues unter Berücksichtigung ihrer Verträglichkeit betrachtet. Daraus folgt, dass ein Ausbau keine statische Wirkung haben kann, wenn sich das Gebirge nach dem Versetzen der Auskleidung oder des Ausbaues nicht weiterverformt. Die zeitabhängigen Verformungen des Felsens nehmen daher eine überaus wichtige Stellung ein, welche man klar zur Darstellung bringen möchte. Adererseits werden die verschiedenen üblichen Berechnungsmethoden mit ihren wesentlichen Merkmalen erläutert. Die Parameter des mechanischen Verhaltens des Felsens, werden je nach ihrer Wichtigkeit in Erinnerung gerufen. Zum Schluss wird das für den Gotthard-Eisenbahnbasistunnel zur Anwendung gebrachte Vorgehen beschrieben.

1. EINLEITUNG

In seinem Bericht hat Herr Professor Salamon die wissenschaftlichen Grundlagen der Felsmechanik und ihre Anwendung auf die unterirdischen Hohlräume in einer meisterhaften Art dargelegt. Er hat dies von einem theoretisch sehr allgemeinen Standpunkt aus gemacht, wobei er den Schwerpunkt auf die Untersuchung von provisorischen Hohlräumen gelegt hat.

In der Absicht seinem Bericht eine Ergänzung anzubringen, wird im Folgenden das Problem des Ausbaues eines Tunnels behandelt unter willkürlicher Beschränkung auf den Fall von permanenten Hohlräumen im Bauingenieurwesen. Der Zweck besteht darin unterirdische Hohlräume zu schaffen, die nach einer bestimmten Zeit ein stabiles Gleichgewicht erreichen, wobei sie bestimmte projektmässige Abmessungen einhalten müssen.

Um die Darstellung zu vereinfachen, wird man sich auf das Studium der eigentlichen Tunnel beschränken, d.h. auf Hohlräume mit konstantem Querschnitt und grosser Länge; dabei wird nicht übersehen, dass andere Probleme eine grosse praktische Bedeutung einnehmen, wie z.B. die Kreuzung von verschiedenen Tunneln, die Schaffung von grossen Hohlräumen und Kammern, die Nähe von verschiedenen Hohlräumen usw.

Der Rahmen dieser Arbeit gestattet jedoch nicht auf solche Spezialprobleme einzutreten.

Alle Betrachtungen, die wir anschliessend machen werden, setzen einen Aushub als Vollvortrieb voraus. Für einen Teilvortrieb wird das Problem nur komplexer; seine Natur jedoch ändert nicht.

2. ALLGEMEINE FASSUNG DES PROBLEMS

Will man eine theoretische Untersuchung starten, so kann man das Problem des Ausbaues folgendermassen formulieren.

Theoretische Fassung

"Gegeben sei ein Gebirge von dem der natürliche Zustand in jedem Punkt genaustens bekannt ist (Lage, Spannungen, Temperaturen) und von welchem man in jedem Punkt mit grösster Genauigkeit die felsmechanischen Eigenschaften kennt (Strukturen, Anisotropien, Inhomogenitäten, Festigkeiten, Verformbarkeiten, Zeitverhalten usw.). Der Aushub und der Ausbau eines Hohlraumes mit konstantem Querschnitt und grosser Länge seien vorgesehen mittels einer Arbeitsmethode, welche äusserst genau definiert sei, und deren Ablauf bis in die äussersten Einzelheiten zeitlich durchgehend programmiert sei. Die mechanischen Eigenschaften der verwendeten Materialien und Einbaustrukturen seien sehr gut bekannt.

Unter diesen Bedingungen sollen die Verschiebungen der verschiedenen Punkte im Gebirge und insbesondere diejenigen des Aushubrandes während und nach den Bauarbeiten bestimmt werden, anschliessend sollen die Beanspruchungen der eingezogenen Ausbauten ermittelt werden und zuletzt beurteilt werden, ob die erhaltenen Resultate die Gewähr einer genügenden Sicherheit geben, und ob die vorgesehenen Baumethoden die geeignetsten sind".

Für den Ingenieur der einen Tunnel bauen soll stellt sich das Problem in einer etwas anderen Form.

Praktische Formulierung

"Gegeben sei ein Gebirge von welchem man eine grobe Kenntnis der geologischen Verhältnisse hat und dessen natürlicher Spannungszustand bestenfalls in einzelnen Punkten, in welchen man Versuche durchgeführt hat, bekannt ist; seine mechanischen Eigenschaften seien nur ungenau für eine beschränkte Anzahl von Proben, welche man meistens ausserhalb der interessierten Zone entnommen hat, bekannt. Unter diesen Bedingungen soll ein Hohlraum geschaffen werden mit einer ungefähren zylindrischen Form grösserer Länge mittels einer Aushubmethode, die auf Grund von speziellen Betrachtungen gewählt wurde und welche jederzeit als Folge der dauernden Ungewissheit über die durchörterten Felszonen als Folge von menschlichen Unzuverlässigkeiten und als Folge der jeder Baustelle eigenen Trägheit abgeändert werden wird.
Dabei muss berücksichtigt werden, dass das Verlegen der Einbauelemente nur mit einer sehr relativen Genauigkeit in Zeiten erfolgen wird, welche nur ungefähr dem vorgesehenen Programm entsprechen, sei es nur als Folge von Maschinendefekten oder von Gegebenheiten die mit der Technik gar nichts zu tun haben.
Der Zweck ist letztlich unten minimalen Auslagen ein Bauwerk herzustellen, das vom Bauherr geradenoch ohne allzu vielen Einwände abgenommen werden kann".

Man sieht, dass die Formulierung des Problems eindeutig je nach Standpunkt abweicht und dies vermag zum Teil die grosse Streuung der Meinungen zu erklären bezüglich der Nützlichkeit von wissenschaftlichen Theorien und insbesondere bezüglich des Einsatzes von felsmechanischen Methoden für die Ausführung von Tunnelbauten.

Es scheint uns, dass das Problem des Untertagebaus wegen der bedeutenden Zahl von Unbekannten und Unsicherheiten, die man begegnen muss eines der schwierigsten im Bauingenieurwesen ist. So muss man nicht erwarten, dass ausgehend von ungefähren Annahmen eine Berechnungsmethode sei sie noch so vollkommen zu absolut richtigen Resultaten führen kann. Nichtdestoweniger stehen die Notwendigkeit und die Nützlichkeit von theoretischen Untersuchungen und Berechnungen ausser Diskussion und es ist sicher nicht nötig hier dies zu begründen. Mit Berücksichtigung des jetzigen Entwicklungsstadiums kommt man nicht umhin ein mathematisches Modell des Problems mittels vereinfachter Annahmen aufzustellen, in der Weise, dass es den Berechnungen zugänglich ist und eine Lösung unter möglichst bester Ausnützung der Zurverfügung stehenden mathematischen Möglichkeiten erlaubt.

3. DAS MATHEMATISCHE MODELL UND DIE GRUNDANNAHMEN

Im jetzigen Zeitpunkt der Entwicklung der Felsmechanik und der Rechenmethoden scheint es, dass man bestenfalls dem folgenden mathematischen Modell folgen muss:

- In erster Linie nimmt man an, dass ein Tunnel grosser Länge in eine Anzahl von praktisch voneinander unabhängige Abschnitte unterteilt werden kann, die jeder für sich untersucht werden. Man setzt damit jeden Abschnitt des wirklichen Tunnels einem Abschnitt eines unendlich langen Tunnels gleich, der unter gleichmässigen Bedingungen entlang seiner Achse ausgeführt wird. (In einzelnen Fällen z.B. in der Nähe der Portale muss diese einschränkende Bedingung fallen gelassen werden).
- Die Inhomogenitäten des Felsens werden entweder vernachlässigt oder idealisiert, indem man Schwankungen der mechanischen Eigenschaften annimmt, die einer einfachen Definition folgen; die unmittelbarste ist wohl diejenige der Konstanz d.h. der Homogenität des Gebirges.
- Die Verhaltensanisotropie des Felsens wird vereinfacht damit sie einer elementaren mathematischen Formulierung entspricht, oder sie wird vielmals einfach ignoriert.
- Das Gebirge ist in Wirklichkeit ein Diskontinuum wegen der Anwesenheit von zahlreichen Trennflächen; nicht destoweniger nimmt man in den meisten Fällen an, dass sein Verhalten durch dasjenige eines Kontinuums mit angemessen gewählten Eigenschaften mit genügender Genauigkeit simuliert werden kann.
- Der natürliche Spannungszustand des gegebenen Gebirges ist sicherlich äusserst komplex wegen der erlittenen tektonischen Beanspruchungen, der vorhandenen Trennflächen in der Masse und natürlich wegen der Heterogenitäten und Anisotropien von denen wir gesprochen haben.
  Man kommt indessen nicht umhin, das Spannungsfeld zu vereinfachen, so dass es einem einfachen Gesetz entspricht, meistens einem solchen erster Ordnung bezüglich der Lagekoordinaten.
- Das äussert komplexe Verhalten des Felsens in Funktion der örtlichen Eigenschaften, muss durch eine beschränkte Anzahl von numerischen Parametern definiert werden, was einer eindeutigen Vereinfachung der Stoffgesetze entspricht.
- Unter allen Faktoren die eine Rolle spielen, sind sicherlich die Eigenschaften der Einbauten diejenigen die am besten bekannt sind; nicht destoweniger müssen hier auch unter Umständen einzelne linearisiert werden.
- Die Baumethode, sollte sie auch a priori eindeutig und genau bekannt sein, muss ebenfalls vereinfacht werden, um in eine beschränkte Anzahl von Elementaroperationen unterteilt werden zu können, deren Ablauf einem starren zeitlichen Gesetz entspricht, wenn auch in Wirklichkeit die Abwicklung der einzelnen Etappen unter einem Rythmus erfolgt, der beträchtliche Schwankungen erleidet.

In Wirklichkeit können die massgebenden Momente jeder Berechnung wie folgt zusammengefasst werden:

- Natürlicher Spannungszustand im Gebirge vor dem Bau,
- Felsmechanische und andere Eigenschaften des Gebirges,
- Eingesetzte Baumethoden,
- Eigenschaften der Einbauelemente

Die Frage der Charakterisierung und der Beschreibung der physikalischen und mechanischen Eigenschaften des Felsens oder die Bestimmung des natürlichen Spannungszustandes und noch weniger die Bestimmung der mechanischen Eigenschaften der Einbauten gehören sicher nicht zu diesem Thema. Die Wahl der Aushubmethode sprengt ebenfalls den Rahmen dieser Ausführungen, wenn auch sehr enge Zusammenhänge zwischen den physikalischen Eigenschaften des Felsens und die anzuwendenden Baumethoden bestehen.

Wir nehmen im weitern an, dass alle für die Berechnung notwendigen Zahlenwerte mit genügender Genauigkeit bekannt seien.

Im Folgenden werden wir uns im Elfenbeinturm unseres mathematischen Modells zurückziehen und arbeiten, ohne jedoch die Vorsicht aufzugeben, mit der die Ergebnisse der Berechnungen interpretiert werden müssen. Nur am Ende werden wir auf einige mehr praktische Betrachtungen zurückkommen.

4. DIE HAUPTMERKMALE DES PROBLEMS

In Anbetracht aller Untersuchungen und Veröffentlichungen die den Tunnelbau zum Gegenstand haben, scheint es besonders wichtig klar die zwei Hauptmerkmale des Problems, das uns beschäftigt zu erläutern:

a) Das Problem des Aushubes eines Tunnels in einem Gebirge ist ein **dreidimensionales** Spannungs- und Verformungsproblem.
Wenn es in einzelnen Fällen zulässig ist anzunehmen, dass vor dem Bau der natürliche Spannungszustand durch Hauptrichtungen definiert sei, in der Weise, dass eine derselben mit der Tunnelaxe übereinstimmt und dass man deswegen von einem scheinbaren zweidimensionalen Spannungszustand sprechen kann, und wenn unter Umständen das gleiche für den ausgeführten Tunnel angenommen werden darf, so ist es sicher, dass dies in der Gegend der Brust nicht gelten kann. In dieser Gegend findet eine sehr einschneidende Umformung des Spannungszustandes statt. Ist es unter Umständen zulässig anzunehmen, dass man von einem ebenen Spannungszustand zu einem anderen ebenen Spannungszustand übergeht, so kann sich dieser Uebergang selbstverständlich nicht vollziehen, wenn nicht über ein räumliches Spannungs- und Verformungsfeld (Fig. 1). Genauer gesagt, wenn die Schubspannungen in zur Tunnelaxe senkrechten Ebenen in einem bestimmten Abstand vor und nach der Brust verschwinden, so gilt dies sicher nicht in der Nähe der Brust.

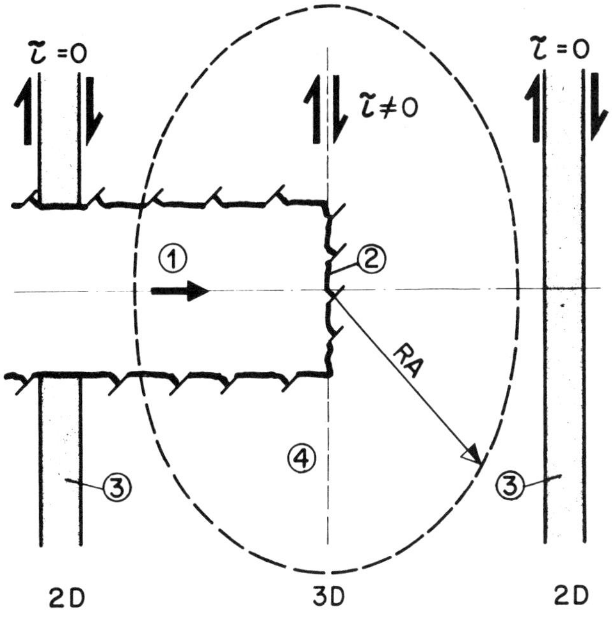

Fig. 1 Spannungs- und Verformungszustand im Einflussbereich der Tunnelbrust

(1) Tunnelachse

(2) Tunnelbrust

(3) Scheibe mit pseudo-bidimensionalem Verhalten (2D)

(4) Einflussbereich der Tunnelbrust mit dreidimensionalem Verhalten (3D)

RA : praktischer Wirkungsradius des Einflusses der Brust

Es ergibt sich daraus, dass jede Bemessungsmethode, die sich nur auf ein zweidimensionales Spannungs- und Verformungsfeld stützt nur eines der nötigen Elemente zur Lösung des Problems darstellen kann, und nicht die vollständige Lösung desselben.

b) Das Ausbauproblem ist ein statisch unbestimmtes. In Wirklichkeit besteht der Bau eines Tunnels darin einen Felskern, der relatif steif ist, zu entfernen und ihn durch einen beliebigen Einbau oder eine Auskleidung zu ersetzen, unter Umständen in verschiedenen Schritten, und dies währenddem sich der durch den Aushub geschaffene Hohlraum schliesst.

Man ersieht daraus sofort,dass die endgültige Lösung von der Art abhängen wird, mit welcher der Fremdkörper Ausbau eingezogen wird und vom Zeitpunkt dieser Operation.
Der Gebirgsdruck der letzten Endes auf den Ausbau oder die Auskleidung wirken wird, wird das Ergebnis des Zusammenwirkens der verschiedenen erwähnten Faktoren sein und, entgegen einer leider weitverbreiteten Meinung, ist er nicht eine natürliche von vornherein gegebene Grösse. Insbesondere hängt dieser Gebirgsdruck ab: vom Moment des Einzuges der Auskleidung, ihrer Steifigkeit und vor allem von der Verformung, welche der Fels schon erlitten haben wird, wie auch vom Spalt zwischen der Aushubsbegrenzung und der Aussenleibung des Ausbaus.
Dabei soll sofort ergänzt werden, dass dieses zweite Merkmal für unverkleidete Hohlräume ohne Bedeutung ist und von sekundären Bedeutungen, wenn der Ausbau irgendwie geregelt nachgiebig ist, wie dies z.B. mit den Vorspannkabeln der Fall ist deren Kraft dem projektmässig vorgesehenen Wert angepasst werden kann.

Die Anwendung dieses Grundsatzes beim Bau eines Tunnels geht bei Vernachlässigung der Wasserdrücke aus den Figuren 2 und 3 hervor.
Die Felsmasse M, welche sich vor der Brust befindet unterstützt zum Teil das Gewölbe (Fig. 2).

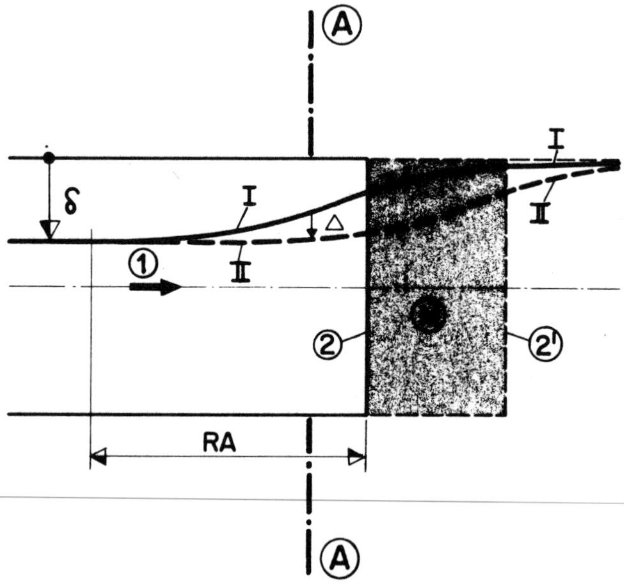

Fig. 2. Einfluss eines Abschlages auf die Verformungen

- (1) Tunnelachse
- (2) Ortsbrust
- (2') Ortsbrust nach Abschlag
- (M) Durch Abschlag gelöste Felsmasse
- **A-A** : Beobachtungsquerschnitt
- δ : radiale Verformung am Tunnelrand
- **I-I** : Verformungsverlauf mit Ortsbrust (2)
- **II-II** : Verformungsverlauf mit Ortsbrust (2')
- Δ : Verformungsänderung infolge Abschlag
- **RA** : Siehe Fig. 1

Diese zwei Hauptmerkmale des Problems: räumlicher Spannungszustand und statische Unbestimmtheit müssen immer gegenwärtig sein bei jedem Lösungsversuch, den man unternehmen will.

5. ABSTAND ZUR BRUST UND DAS ZEITVERHALTEN DES FELSENS

In seinem Generalbericht führt Prof. Salamon folgendes aus (Kapitel 4.2)
".... Das Projekt des Ausbaues muss berücksichtigen, dass das Komplex aus Ausbau und umgebendem Fels im allgemeinen statisch unbestimmt ist. Dies bedeutet, dass die Auflast, welche auf den Ausbau wirkt eine Funktion der Deformation der beiden Komponenten ist. Der Ausbau wird keine Belastung erhalten, wenn der Fels nach dem Einbau keine Verformung erleiden sollte. Die einzige wichtige Ausnahme ist gebildet durch den hydraulischen Druck der auf einzelne Auskleidungen wirken kann, und das Gewicht von bestimmten Felsmassen, die sich vom Hohlraum gelöst haben und welche sich auf die Auskleidung stützen".

Die radiale Verformung des Umfanges ab der Anfangslage des Felsens ist gegeben durch die voll ausgezogene Linie I-I. Die Verformung ist um so grösser je weiter der betrachtete Tunnelquerschnitt sich von der Brust befindet. Dies gilt jedoch bis zu einer bestimmten Grenze, die wir als Wirkungsradius RA dieser Erscheinung bezeichnen können. Dabei wird vorderhand von zeitabhängigen Verformungen des Felsens abgesehen. Wird die Masse M entfernt, so verschiebt sich die Kurve I-I gegen die strichlierte Kurve II-II.

Es ergibt sich daraus, dass alle Punkte der Innenleibung des Aushubes, die sich innerhalb des Wirkungsradius der Brust befinden eine zusätzliche Verformung erleiden. Wir ergänzen,dass als Wirkungsradius diejenige Zone verstanden wird, in welcher dem Einfluss der Brust noch eine praktische Bedeutung zukommt. Sollte man z.B. ein ideal elastisches Verhalten des Felsens voraussetzen, so würde der Einfluss jedes beliebigen Aushubes bis ins Unendliche sich ausdehnen. Man darf annehmen, dass praktisch der Wirkungsradius nur einige Male den Durchmesser des Hohlraumes erreichen wird.

Wenn der Fels eine Viskosität aufweist, so vergrössern sich die genannten Verformungen um die langzeitigen, welche zunehmen können, um sich endlich zu stabilisieren, oder im Gegensatz bis zum Zusammensturz des Tunnels anwachsen können.

Wie dem auch sei, können diese zwei Erscheinungen durch das Bild 3 graphisch dargestellt werden, welches die Beziehung für einen gegebenen Tunnelquerschnitt zwischen der radialen Verformung der Innenleibung des Aushubes und die Zeit widergibt. Als Ursprung der Zeit hat man den Punkt gewählt, in welchem die Brust den betrachteten Querschnitt erreicht.

Die Kurve D-D gibt entsprechend Bild 2 die Verformung wider, welche von der Zunahme des Abstandes von der Brust zum betrachteten Querschnitt abhängig ist. Diese Kurve entspricht der Linie I-I des Bildes 2, diesmal jedoch in Funktion der Zeit. Wenn der Vortrieb zeitlich gleichmässig erfolgt, so wird die Kurve D-D auch stetig sein. Wenn hingegen der Vortrieb durch sukzessive Abschläge stattfindet, so wird die Kurve D-D Sprünge aufweisen.

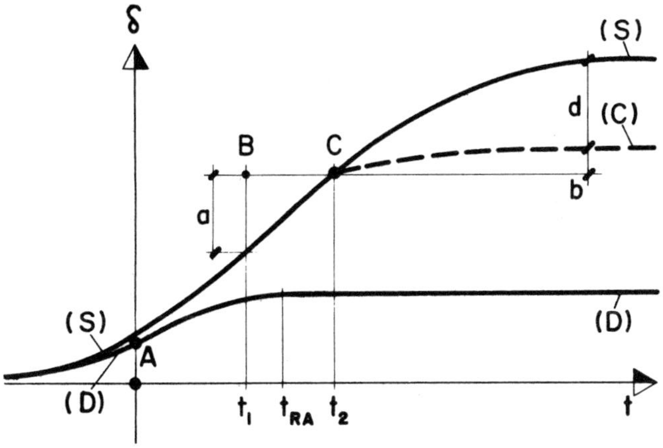

Fig. 3 Mittlere radiale Verformung am Tunnelrand in einem gegebenen Beobachtungsquerschnitt in Funktion der Zeit

- **t** : Zeit ab Durchgang der Vortriebsbrust im Beobachtunsquerschnitt
- **δ** : mittl. radiale Verformung
- **D-D**: Verformungsverhalten ohne Viskosität (unter Voraussetzung eines kontinuierlichen Vortriebes)
- **S-S**: Verformungsverhalten mit Viskosität
- **t_{RA}**: Zeitpunkt in dem sich der Beobachtungsquerschnitt in einem Abstand RA (gemäss Fig. 2) von der Brust befindet.
- **t_1** : Versetzen eines Einbaus mit Spiel a
- **t_2**: Einbau beginnt wirksam zu werden
- **C-C**: Verformungsverhalten gedämpft durch Einbau
- **d** : durch Einbau verhinderte Verformung
- **b**: Verformung des Einbaus, massgebend für dessen Beanspruchung

Man kann feststellen, dass beim Zeitursprung, d. h. bei der Brust eine bestimmte Verformung bereits stattgefunden hat (Punkt A). Wir bezeichnen mit t_{RA} die Zeit, in welcher der Abstand ab Brust den Wert des erwähnten Wirkungsradius erreicht hat.

Ueber diese Verformungen hinaus muss man auch mit den langzeitigen viskoser Natur rechnen, welche zu den ersten hinzuaddiert die Kurve S-S ergeben, die die gesammte radiale Verformung im betrachteten Schnitt widergibt.

Nehmen wir ferner an, dass im Zeitpunkt t_1 ein Ausbau gesetzt werde, welcher einen Spalt gegenüber dem Fels in der Grösse a aufweist.

Es ist offenbar, dass der Ausbau nur im Zeitpunkt t_2 statisch aktiv zu sein beginnen wird, in welchem die zusätzliche Verformung des Gebirges den ursprünglichen Montagespalt a wettgemacht haben wird. Ab diesem Zeitpunkt wird die Verformung des Komplexes Fels-Ausbau der gestrichelten Linie C-C folgen.
In einem bestimmten Zeitpunkt wird die Verformung d den Einfluss des Ausbaues auf die Verformungen des Gebirges kennzeichnen, während die Verformung b das Mass der Beanspruchung des Ausbaus widergibt.

Man kann daher die frühere Behauptung präzisieren und sie sogar als Theorem bezeichnen, dadurch dass man sagt:

"Jede Auskleidung oder jeder Ausbau eines Tunnels wird nur dann beansprucht, wenn der Fels viskose Verformungen durchmachen kann, und somit langzeitige Verschiebungen erleidet, es sei denn, dass der Ausbau, so nahe bei der Brust versetzt worden wäre um noch im Wirkungsbereich derselben zu liegen; Bedingung dafür ist indessen, dass der radiale Spalt im Moment des Einziehens kleiner ist als die noch zu erwartenden Verformungen des Gebirges.

Wir müssen daher als massgebende Faktoren des Gebirgsdruckes den Ort, den Zeitpunkt und den Spalt beim Einzug des Ausbaues betrachten".

6. FELSTYPEN

Im Zusammenhang mit dem Gesagten muss man für das uns beschäftigende Problem zwei Felsarten unterscheiden, die ein ganz verschiedenartiges Verhalten aufweisen.

a) Es handelt sich um Felsen ohne Viskosität, d.h. um solche die eine praktisch unmittelbare Verformung erleiden. Das ideale elastische Modell ist ein typisches Beispiel derselben, man findet aber in dieser Gruppe auch Felsen mit elasto-plastischem Verhalten, für welche die Zeitabhängigkeit vernachlässigbar ist, insbesondere Felsen die eine sofortige spröde Bruchart aufweisen.

b) Die andere Felsart ist durch die viskosen Felsen dargestellt, d.h. jene Felsen mit zeitabhängigen Verformungen.
Es handelt sich um jene Gebirge, die Zeit brauchen, um sich einem neuen Spannungszustand anzupassen. Die Verzerrungen im Gebirge finden nur langsam statt auch wenn die Spannungsänderungen plötzlich auftreten.

Es ergibt sich aus dem Gesagten, dass für ein nicht viskoses Gebirge die Einbauten nur dann beansprucht sein werden, wenn sie in kleiner Distanz ab der Brust d.h. innerhalb des erwähnten Wirkungsradius eingezogen worden sind.

Für den anderen Felstyp hingegen werden die Einbauten belastet auch wenn sie in grosser Distanz von der Brust eingezogen wurden.

Zweifelsohne wäre es wünschbar die Grenze zwischen den zwei Felstypen durch numerische Werte belegen zu können; das Problem ist indessen noch zu lösen.

7. BERECHNUNGSMETHODEN

Seit dem sich die Ingenieure mit Tunneln abgegeben haben, haben sie versucht Formeln und Berechnungsmethoden aufzustellen, welche sich im Laufe der Zeit entwickelt haben, nicht zuletzt in Funktion der zur Verfügung stehenden mathematischen Mitteln. Wenn wir eine mehr oder weniger historische Reihenfolge betrachten, so können wir diese Berechnungsmethoden in den folgenden Kategorien einreihen von den einfachsten zu dem komplexeren. Diese Klassifizierung hat nicht den Zweck zu zeigen, dass nur die komplexeren Methoden unsere Aufmerksamkeit verdienen. Im Gegensatz können spezielle Fälle vorkommen für welche vereinfachte Verfahren durchaus berechtig sind, insbesondere wenn man nicht eine genügende Kenntnis über die mechanischen Eigenschaften des Gebirges besitzt.

a) Empirische Formeln

Basierend auf praktischer Feststellung, auf der Art des Felsens und insbesondere auf dem Durchtrennungsgrad wurden empirische Formeln aufgestellt, welche gestatten sollten die auf die Einbauten wirkende Kräfte abzuschätzen. (Z.B. Terzaghi). Ausgehend von den Abmessungen des Hohlraumes und von bestimmten Parametern wie z.B. der Typ des Gebirges schätzt man die Felsmasse, welche die Einbauten belastet ab. Diese Methoden können sich für Bauwerke in kleiner Tiefe rechtfertigen, wo man mit dem eigentlichen Gebirgsdruck noch nicht zu tun hat.

b) Statisch bestimmte Methoden

Nach der Suche nach einer analytischen Methode, hat man anschliessend versucht bestimmte Grenzgleichgewichte zu definieren durch die mehr oder weniger willkürliche Wahl von bestimmten Gleitlinien im Gebirge. Man konnte also mittels einfachen statischen Gleichgewichtsbetrachtungen die Reaktionskräfte der Einbauten bestimmen, welche nötig sind, um die Stabilität des Ganzen zu sichern. Diese Methoden berücksichtigen nur folgende Gebirgseigenschaften: spezifisches Gewicht, Reibungswinkel, allenfalls Kohäsion. Insbesondere lassen sie die Verformungen ganz beiseite, ferner kann keine Gewähr gegeben werden bezüglich der Verträglichkeit der Verformungen der Einbauten und des Gebirges. In der Tat handelt es sich bei diesen Methoden darum eine Bruchfigur zu zeichnen und ein mögliches Grenzgleichgewicht bezüglich der Kräfte zu definieren (z.B. Kommerel, Terzaghi).

c) Ebene Elastizitätstheorie

Die Feststellung, dass die Verträglichkeit der Verformungen nicht gesichert ist, hat bestimmte Autoren dazu geführt das Tunnelproblem durch die Berechnung einer ebenen unendlich ausgedehnten durch den Tunnelquerschnitt gelochten Scheibe zu simulieren. Selbstverständlich haben die ersten Versuche auf Grund der ebenen Elastizitätstheorie mittels analytischen Integrationen stattgefunden (Fenner). Wohl war mit solchen Integrationen die elastische Verträglichkeit innerhalb der Gebirgsmasse gesichert, die Randbedingungen zwischen Gebirge und Ausbau konnten jedoch nur auf Grund von mehr oder weniger willkürlichen Annahmen bestimmt werden.
Selten sind die erhaltenen Resultate praktisch anwendbar.

Mit der Einführung der numerischen Rechnungsmethoden und vor allem der elektronischen Rechner hat die analytische Integration ihre Bedeutung verloren; nichts hat jedoch geändert so lange man sich an die elastische Hypothese für das Verhalten des Gebirges hält und so lange man die Verträglichkeitsbedingungen am inneren Rand nicht erfüllt.

d) Ebene Elasto-Plastizität

Später haben verschiedene Autoren den ebenen Verformungszustand zu lösen versucht in der Annahme eines elasto-plastischen Verhaltens des Gebirges. Es handelt sich eigentlich um die Berücksichtigung des Verhaltens des Gebirges nach dem Bruch. Die erwähnten Unsicherheiten verbleiben dennoch bezüglich der gegenseitigen Beeinflussung von Gebirge und Ausbau.
In einzelnen Fällen lösen sich diese Unsicherheiten wenn der Hohlraum nicht ausgebaut wird oder wenn die Ausbaukräfte von vornherein festgelegt werden und somit wohl bekannt sind, wie wenn man z.B. mit vorgespannten Felsankern den Hohlraum sichert. Unter diesen Bedingungen geben ebene elasto-plastische Berechnungen scheinbar recht interessante Ergebnisse, mindestens für bestimmte Felsen und in der Voraussetzung selbstverständlich, dass man die wichtigsten felsmechanischen Eigenschaften mit genügender Genauigkeit bestimmt hat. Sehr häufig stützen sich die ausgeführten Untersuchungen auf die Integrationsmethode der finiten Elemente. Es ist angezeigt an dieser Stelle festzuhalten, dass es sich nicht, und dies bei weitem,um die einzige

brauchbare Methode handelt; diejenige, welche darin besteht für die plastische Zone eine direkte Integration und für die elastische Zone die Ueberlagerung von singulären Integralen zu verwenden, scheint besonders wirksam zu sein.

e) Der Zeiteinfluss

Die Wichtigkeit der zeitabhängigen Verformungen des Gebirges ist in der Felsmechanik vor etwa zehn Jahren erkannt worden.
Die ersten Untersuchungen über das zweidimensionale Verhalten auf der Grundlage der Visko-Elastizität sind nur in den letzten Jahren ausgeführt worden, indessen mit relativ einschränkenden Annahmen, wie etwa die lineare Viskosität oder den zentralsymmetrischen Fall. Wenn auch diese Untersuchungen eine beschränkte Bedeutung haben, so zeigen sie doch eindeutig die überaus grosse Bedeutung der zeitabhängigen Verformungen, wenn man auch leider anerkennen muss, dass die numerischen Parameter noch fehlen. Vielmehr ist es scheinbar noch nicht möglich gewesen mit genügender Genauigkeit die Natur der allgemeinen Gesetze zu erkennen, welche die Viskosität des Gebirges behersschen, vor allem wenn man die verschiedenen vorhandenen Durchtrennungssysteme mitberücksichtigen will.

f) Der räumliche Einfluss

Wie wir gesehen haben verlangt die vollständige Untersuchung eines Tunnelvortriebs, dass man räumliche Spannungs- und Verformungszustände untersucht, welche in der Nähe der Abbaubrust sich abspielen.
Eine allgemeine Berechnungsmethode, welche das elastische, plastische und viskose Verhalten des Gebirges unter räumlichen Spannungs- und Verformungsfeldern bei ständiger Aenderung der Randbedingungen infolge der Vortriebs- und Ausbauarbeiten berücksichtigt, scheint heut zu Tage noch nicht vorzuliegen. Die Verwendung von finiten Elementen für ein solches Problem scheint auf grosse Schwierigkeiten zu stossen, wegen der sehr grossen Anzahl der benötigten Elemente und der besonderen Stoffgesetze des Gebirges. Hierfür sind spezielle Fälle untersucht worden, wie dasjenige der Zentralsymetrie mit der Absicht eine Dimension auszuschalten (z.B. Fairhurst). Eine andere Methode mit Hilfe der sogenannten Kennlinien des Gebirges, des Felskernes und des Ausbaues gestattet die Erscheinungen, welche bei der Brust stattfinden, darzustellen. Die gleichzeitige und kombinierte Betrachtung von zweidimensionalen Spannungszuständen vor und hinter aber auch bei der Brust, gestattet eine pseudo dreidimensionale Methode zu entwickeln, welche scheinbar recht interessante Ergebnisse zeitigt (Lombardi).

Zusammenfassend können wir festhalten, dass wir gegenwärtig über verschiedene Berechnungsmethoden verfügen, welche entweder für spezielle Probleme oder für vereinfachte Stoffgesetze des Gebirges Gültigkeit haben können. Eine allgemeine Berechnungsmethode welche alle Umstände berücksichtigen würde von welchen wir heute die Bedeutung verstehen können, existiert noch nicht. Hingegen sind Näherungsmethoden vorhanden, welche sich zum Teil auf genaue Berechnungen und zum Teil auf Schätzungen und insbesondere auf den gesunden Verstand des Ingenieurs stützen und in vielen Fällen gestatten vernünftige Lösungen zu finden, wenn auch nicht die optimalen und absolut richtigen zu den Problemen des Tunnelbaues. Wir können festhalten, dass der Fortschritt in dieser Kunst, die Entwicklung von allgemeineren Rechnungsmethoden insbesondere aber die exaktere Ermittlung der Stoffgesetze für das Verhalten des Gebirges unter drei-achsigen Spannungszuständen in Funktion der Zeit und unter Berücksichtigung der diversen Trennungssysteme verlangt.

Die Betrachtung der verschiedenen angewendeten mathematischen Modelle scheint zu zeigen, dass die nicht verträgliche räumliche Elastizitätstheorie einen wesentlichen Beitrag zur Lösung des allgemeinen Problems, das uns beschäftigt, liefern kann. Die numerische Integration könnte dann unter Umständen vorteilhaft durch die Ueberlagerung von singulären Integralen ersetzt werden, was sich ja ohnehin für ebene Problemen bereits machen lässt.

8. DIE WICHTIGSTEN FELSMECHANISCHEN KENNWERTE

Die hieroben dargestellten Begriffe gestatten die wichtigsten felsmechanischen Kennwerte hervorzuheben, welche das Verhalten des Felsens, bzw. des Gebirges bestimmen.

1) Was das elastische Verhalten anbetrifft, spielen die Verformungsmoduli unter Berücksichtigung der Anisotropie die grösste Rolle.

2) Für das plastische Verhalten hingegen sind die Festigkeitseigenschaften, insbesondere die Reibung und die Scherfestigkeit in den Diskontinuitätsflächen wichtig, weil diese Festigkeiten die Grenze zu den Zonen mit elastischem Verhalten bestimmen.

3) Im Falle eines viskosen Verhaltens sind selbstverständlich in erster Linie die Viskositätgesetze denen das Gebirge gehorcht, dann aber die numerischen Werte der verschiedenen Kennzahlen wichtig. Wenn das Gebirge für zeitabhängige Verformungen fähig betrachtet werden muss, so sind es selbstverständlich diese Kennzahlen, die bei weitem die grösste Wichtigkeit unter allen felsmechanischen Kennwerten erlangen. Man muss demzufolge hoffen, dass wichtige Entwicklungen künftig in dieser Richtung stattfinden werden und dass gründliche Untersuchungen unternommen werden, um die Stoffgesetze für die Viskosität des Felsens kennen zu können.

9. PRAKTISCHE ANWENDUNGEN

Der Zweck von Stabilitätsuntersuchungen über Einbauten und Auskleidungen eines Tunnels ist in erster Linie eine Vorhersage über die beim Bau zu treffenden Massnahmen zu ermöglichen, dann die Eignung der vorgesehenen Baumethoden zu beurteilen und zuletzt die Deutung des Verhaltens des Gebirges und die Interpretation der diesbezüglichen Messungen möglich zu machen.

In dieser Richtung sind scheinbar die bis jetzt am weitesten getriebenen Untersuchungen diejenigen die für den Gotthard-Eisenbahnbasistunnel durchgeführt wurden. Dieser Tunnel hat eine Länge von 49 km und kreuzt praktisch die Basis der Alpenkette, so dass die grössten Felsüberlagerungen 2400 m erreichen. Wegen der Abmessung des Aushubes (Durchmesser 11.00 m), der Nähe eines Seitenstollens von 4 m Durchmesser und dem Vorhandensein von zahlreichen Kavernen, wie Stationen, Zentralen, Bau- und Belüftungsschächte unter den gegebenen geologischen Bedingungen, sind die felsmechanischen Probleme von grösster Wichtigkeit, insbesondere für die zu wählenden Aushubsmethoden (Streckenvortriebsmaschinen oder nicht) wie auch für die Standfestigkeit der Bauwerke selbst.

Das gewählte Vorgehen zur Bestimmung der Ausbauten und der Auskleidungen ist das folgende:

1) Auf Grund von klassischen geologischen Studien, welche durch Tiefbohrungen ergänzt wurden, hat man die geologische Struktur des Gebirges abgeschätzt unter Heranziehung von obersten und untersten Grenzwerten für bestimmte Zonen und für bestimmte Eigenschaften des Felsens.

2) Man hat alsdann an der Bodenoberfläche und in unterirdischen Bauten in der Nähe Proben von Felsen entnommen, die am besten den in der Tiefe anzutreffenden entsprechen sollen. Auf diese Proben sind felsmechanische Versuche ausgeführt worden, mit dem Zweck vor allem die Festigkeitsparameter zu bestimmen, wie Reibungswinkel und Scherfestigkeit, sowie Verformungsmoduli.

3) Auf der Grundlage dieser Versuche wurde ein felsmechanischer Plan gezeichnet, der die mechanischen Eigenschaften des Gebirges widergibt. Die verschiedenen Zonen sind auf Grund ihrer felsmechani-

schen Eigenschaften eingeteilt worden.

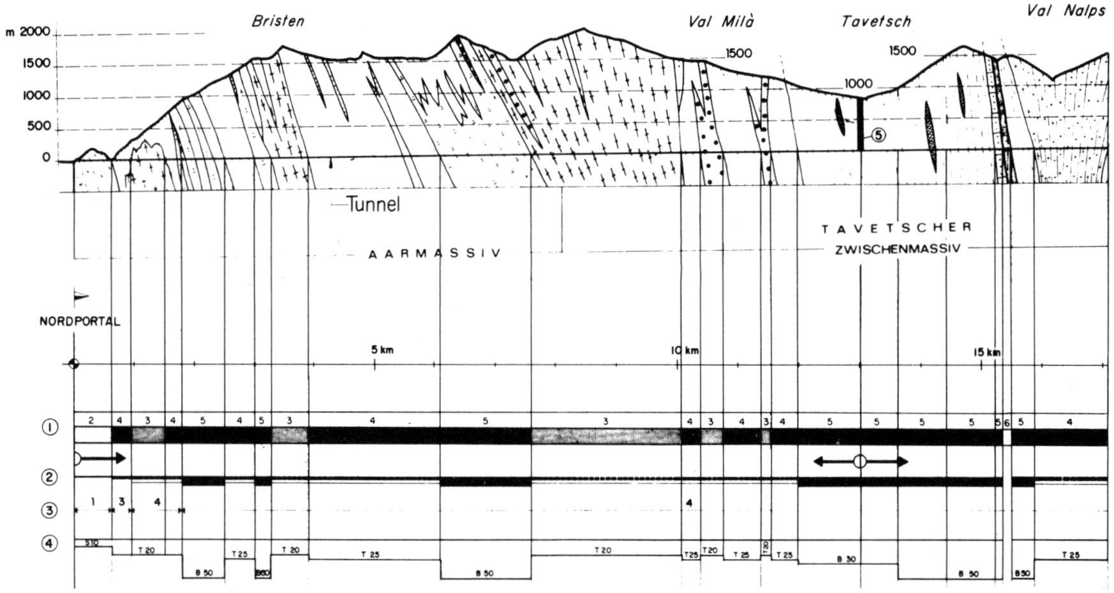

Fig.4. Gotthard-Basistunnel
Vortriebsart und Art und Stärke der Einbauten in Funktion der Felseigenschaften und Felsüberlagerung

(1) Felsqualität (je heller die Tönung desto besser das Gebirge)

(2) Vortriebsart

- normale Vortriebsmaschine
- Bohrmaschine mit Druckschild
- konventioneller Vortrieb
- Teilvortrieb

(3) Stabilitätsfall

1 Brust und Profil stabil
3 Brust stabil Profil nicht stabil
4 Brust und Profil nicht stabil.

(4) Art und Stärke des Einbaus

S10 Spritzbeton 10 cm
T20 Tübbing 20 cm
B50 Ortsbeton 50 cm

4) Eingehende Untersuchungen auf Grund der Methode der Kennlinien (Lombardi 1969) gestatten für jede Zone und für jeden Wert der Ueberlagerung den massgebenden Stabilitätsfall zu ermitteln (Lombardi 1972).

5) Auf Grund der erwähnten Standfestigkeitsfälle, der felsmechanischen Eigenschaften und der Ueberlagerungshöhe war es möglich eine detaillierte Vorhersage der nötigen Auskleidungsstärke aufzustellen. In der gleichen Art, sind Angaben möglich geworden bezüglich der Baumethoden die in jeder durchörterten Strecke angewendet werden können oder müssen.

Bild 4 zeigt für einen Teil des Tunnels die erhaltenen Ergebnisse. Diese dienen der Aufstellung des Projektes und des Kostenvoranschlages.

Das Bild 5 zeigt als Beispiel das Ergebnis einer Untersuchung über zeitabhängige Verformungen des Gebirges. Das gewählte Stoffgesetz ist in diesem Fall dasjenige eines doppelten Bingham'schen Körpers kombiniert mit einem Hooke'schen Körper ((St V1/N1) - (St V2/N2)-H)). In dieser Art treten zwei Festigkeitschwellen in Erscheinung für den Fels, was das Verhalten bestimmter kristalliner Felsen scheinbar gut annähert. Die unterste Schwelle gibt den Anfang der zeitabhängigen Verformungen wider, die oberste entspricht dem spröden Bruch.

Das Bild zeigt eindrücklich die Veränderung der radialen Verformungen im Laufe der Zeit und der bedeutende Einfluss der Volumenzunahme des Felsens in der Bruchzone um den Hohlraum. Auf dem Rand des Hohlraumes erreicht nach 200 Stunden nach dem Abschlag die Gesamtverformung 20 Mal die elastische. In der Tiefe ist das Verhältnis viel kleiner.

Diese einfachere Berechnung würde, wenn dies nötig wäre, deutlich zeigen, wie gross der Einfluss dieses Stoffgesetzes auf das Verhalten des Zusammenwirkens von Gebirge und Ausbau ist.

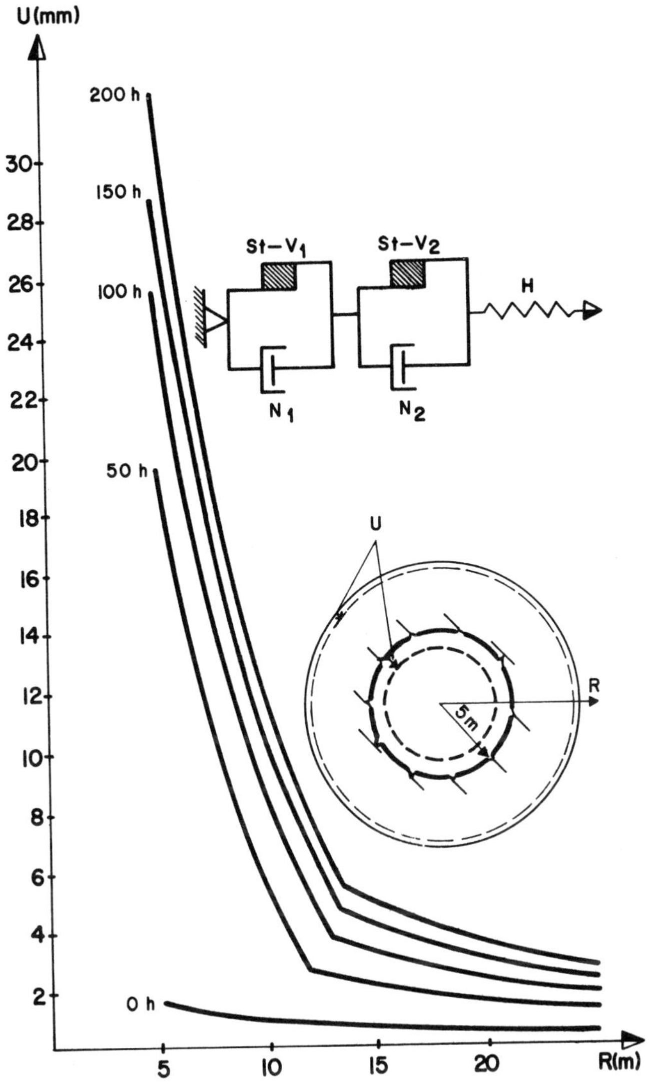

Fig. 5 Einfluss der Viskosität auf das Verformungsverhalten eines kreisförmigen Tunnels

10. ZUSAMMENFASSUNG

Im vorhergehenden hat man versucht eine allgemeine Uebersicht zu geben über die Probleme, die sich beim Bau eines Hohlraumes stellen. Wenn man auch sagen kann, dass bestimmte Berechnungsmethoden eine bedeutende Entwicklung erreicht haben, so existiert eine Methode noch nicht, welche alle Aspekte des Problems mitberücksichtigt.

Es scheint im übrigen, dass eine grössere Aufmerksamkeit der Untersuchung der massgebenden Kennwerte der Viskosität gegeben werden sollte, und dass die Definition der Gesetze, welche diese Erscheinungen regeln, für verschiedene Felstypen das Gebiet für die Forschung der künftigen Jahre sein sollte.

Man gibt der Hoffnung Ausdruck,dass einerseits die technologischen Untersuchungen über das Gebirge weitergefördert werden, und dass die rheologischen Stoffgesetze besser untersucht seien und, dass man andererseits die Berechnungsmethoden für die Analyse des räumlichen Spannungs- und Verformungszustandes bei der Brust entwickle.

BIBLIOGRAPHISCHE ANGABEN

Fairhurst, Ch., 1972, Mitteilung felsmechanisches Symposium,Luzern, Sept. 1972

Fenner, R., 1938, Untersuchungen zur Erkenntnis des Gebirgsdrucks, Glückauf, Nr. 32 u. 33, S.681-715

Kommerel, O., Statische Berechnung von Tunnelmauerwerk, 2. Aufl. Berlin, Ernst und Sohn

Lombardi, G., 1971, Zur Bemessung der Tunnelauskleidung mit Berücksichtigung des Bauvorganges, Schweizerische Bauzeitung, Heft 32

Lombardi, G., 1972 Mitteilung felsmechanisches Symposium, Luzern, Sept. 1972

Proctor, R.V., Thomas, L., V. Terzaghi, K., 1968, Rock Tunneling with Steel Supports, The Yonngstown, Printing and Co. Yonngstown, Ohio

Szechy, K., 1966, The Art of Tunneling, Académie Kiado, Budapest.

THEME 5

FRAGMENTATION SYSTEMS

THÈME 5

SYSTÈMES DE FRAGMENTATION

THEMA 5

SYSTEME DER ZERKLEINERUNG

General Reporters
Rapporteurs Généraux
Berichterstatter

C. H. JOHANSSON
P. A. PERSSON

THEME 5
FRAGMENTATION SYSTEMS

C. H. JOHANSSON and P. A. PERSSON
Swedish Detonic Research Foundation
Vinterviken
Stockholm, Sweden

Contents

Introduction

This paper will be concerned primarily with fragmentation as a technical and economical problem in present day rock excavation. It is an attempt to give, as a background to future developments, an overall picture of the well-established, smoothly operating, conventional drilling and blasting or mechnical boring techniques.

Fragmentation is always a means to an end - the fragmented rock material will always be handled or used in one way or the other. The economy of the overall operation, be it a mine, a dam, or a construction site will nearly always be influenced considerably by the condition of the muck pile, its block size distribution, the amount of secondary blasting necessary (if at all), and the ease of mucking that depends on the way in which the material is packed together in the pile.

When we talk in general terms about improving fragmentation we really ought to say controlling fragmentation, because not always do we mean only decreasing block size generally and decreasing the number of large boulders specifically. Sometimes, as in dam building, there may be a need for controlling fragmentation with other goals in mind, such as to produce large numbers of regularly sized large blocks. In such cases it can be necessary to choose the machine equipment after the required size of the blocks. Most common is, however, that the fragmentation has to be adjusted to the existing shovel-loaders, trucks and rock-crushers.

Below we will first discuss the most common means to "improve fragmentation" in blasting, and then go on to treat the fields of drilling and boring. It is hoped that the stress laid on the conventional present-day methods will be helpful both in work aimed at improving these methods and in work aimed at replacing them with new and better techniques.

It is necessary, and sometimes to be preferred, that the authors' own experience somewhat dominates a report such as this. Undoubtedly, hard rock fragmentation therefore has come to dominate this report. It may not be necessary to apologize for this, but it should be mentioned at the outset.

Fragmentation by blasting

Specific charge and critical burden

The two most important ways to improve fragmentation in blasting consist in increasing the specific charge and reducing the burden. According to Langefors and Kihlström (1963), and Langefors (1965), the average boulder size L will decrease with the specific charge q at different burden V in the case of bench blasting, in the manner shown in Fig 1. Using this diagram, in which the hole distance is E = 1.25 V, one experimental point, e.g. on the curve for V = 2 m, is sufficient as a basis for plotting a series of curves for other V-values as well, with good reliability. The points in Fig. 1 have been observed for V = 1.1 m.

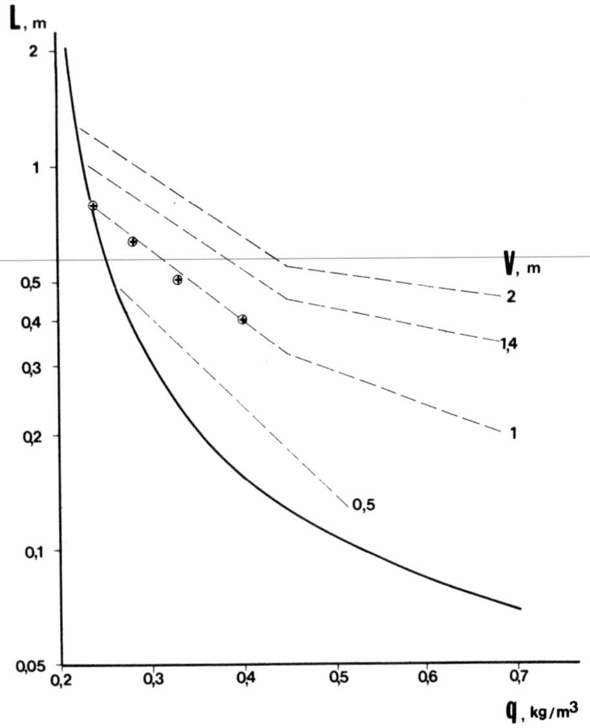

Fig. 1. Average boulder size as a function of the specific charge with the burden as parameter. L indicates the average side length of the weight average of the largest boulders including 90% of the blast rock mass.

Short delay multiple-row rounds

Short delay blasting was primarily introduced as a means of reducing ground vibrations at blasting. Before long, however, fragmentation was found to be much improved by the introduction of multiple-row rounds, owing to, among other things, the fact that the specific charge could be increased without hazardous throw. On one hand, the short delay time between the rows is long enough to allow the rock of one row to move away, and the free face of the following row to be uncovered prior to the detonation of its charges. On the other hand, the short delay time is so short that the rock from the previous rows will still be hanging in the air, and thus will curtain blocks from the subsequent rows moving with a speed above the average. Besides that, collisions between blocks moving with different velocities will very much contribute to the fragmentation.

The optimal delay time τ , that is the delay time at which the best fragmentation is achieved, is a function of the burden V. According to Langefors and Kihlström (1963), for burden between 0.5 and 8 m,

$$\tau = k \cdot V \quad \ldots\ldots\ldots\ldots\ldots \quad (1)$$

where k is 3 to 5 ms/m.

The wide-space blasting method in short delay multiple-row rounds

If the hole spacings E in the rows are increased keeping the product E·V constant, the fragmentation in short delay multiple-row rounds will become improved. This method, proposed by Langefors and investigated in model scale (1965), has now been worked out and tested in full scale by Persson and Ladegaard-Pedersen (1970). The ratio of spacing E to burden V has previously been kept in the range of 1 - 1.3. Through systematic investigations using model tests with the product E·V constant, the fragmentation was found to increase with E/V up to E/V = 8. The causal connection is principally simple. Fig 2 a-c shows schematically one-row rounds with E/V from 0.25 to 4. At E/V = 0.25 the burden is a layer, the thickness of which is four times the spacing or distance between the holes. It is easily seen that it will be thrown out as a whole, divided in a few blocks. At E/V = 1 the course of events is similar, but the cracks from each charge assert themselves more and the fragmentation will improve. At E/V = 4 there will be little co-operation between the charges in the one row round. Using multiple-row rounds, however, the sections between the holes in each row will be loosened and fragmented by the charges in the following rows. At high values of the ratio E/V, for instance E/V = 8, a satisfactory

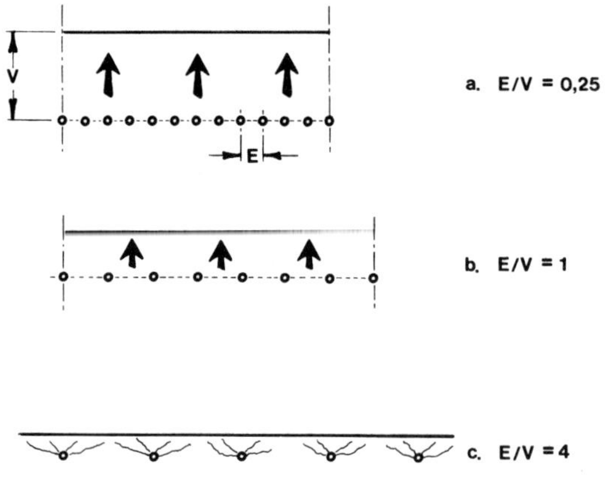

Fig. 2. One-row rounds.

fragmentation is achieved when every second row is displaced sideways half the distance between the holes. Table I gives some comparative results for granite (Umeå) and limestone (Stora Vika). At both places the bench height was 20 m and the hole diameter 78 mm (3 in). Fig 3a shows the drilling and ignition delay pattern for a round of 66 holes in 7 rows with E/V = 6, and Fig 3b gives a picture of the pile of rock after the round. To the left, where the mucking has started the remaining boulders can be seen. According to table I the total number of boulders in limestone was 47 per 1000 m^3 of rock as compared with 121 for E/V = 1.25 and in granite 90-112 in 5 rounds with E/V = 4 as compared with 171-219 for E/V = 1.25. The mucking capacity increased from 1500 to 2000 ton/day, and the total costs for drilling, blasting and mucking dropped from 1.50 to 1.30 $ per cubic m. It should be emphasized that the results of the tests carried out in plexiglass models have been the necessary basis for the work in full scale. Without the thorough knowledge of the influence of the different factors thus achieved, it would have been impossible to propose testing in full scale. The wide-space blasting method is now used in production blasting at Umeå and many other sites in Sweden and abroad. This is also the case in the mining of sulphide ore by cut-and-fill stoping at several Boliden mines. In this case the holes are 35 mm in diameter, 4 m deep and the ratio E/V = 3.5.

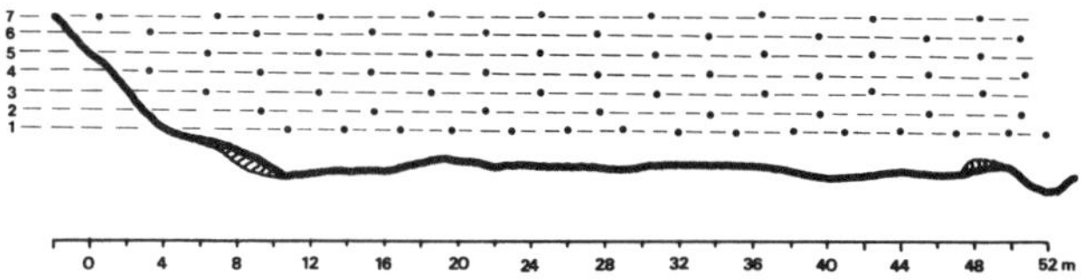

Fig. 3a. Drilling and ignition pattern of a seven-row round with E/V = 6

Fig. 3b. Photo of the round in fig. 3a after blasting. The mucking has started to the left.

The superior fragmentation associated with the wide-space blasting method may also be obtained with a "square" drilling pattern by suitably choosing the ignition delay pattern. Fig 4 shows the drilling and ignition pattern in which the rock is thrown at an angle of 25-30 degrees to the rows of boreholes. This method is particularly attractive where the blasting and drilling operations are carried out separately at widely different times.

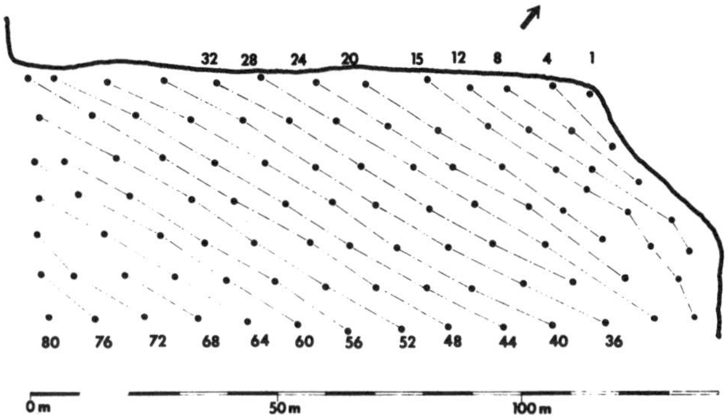

Fig. 4. How to use the short interval delay pattern to produce a blast with wide hole spacing from a nearly square drill pattern. Numbers indicate the cap number used in each row of holes connected by a dot dash line. Time interval between rows c:a 100 msec.

Bench blasting with auxiliary holes between the main holes

In bench blasting with large bore hole diameters a large part of the upper part of the holes must often be left unloaded in order to prevent fly rock from the hole openings. This, however, often results in the production of large boulders from the upper unloaded part of the bench. By the addition of short auxiliary holes of smaller diameter between the main holes it is possible to achieve a more satisfactory result. Fig 5 gives an example of a bench round where the maximum throw forward had to be kept within 15 m (50 ft). (Langefors and Kihlström, 1963, p 61). The holes were inclined. The main holes, 50 mm in diameter (2 in), were drilled to full depth and charged only to induce breakage and swelling, including the necessary technical margin. The auxiliary holes, 32 mm in diameter (1 1/4 in) were drilled to about half the depth and charged near the limit for full breakage of the rock in front of them, but with no throw. With this

Table 1. Comparison between conventional rounds using E/V = 1.25 and 1.5 with wide-spacing rounds using E/V values between 4 and 8.

	Granite (Umeå, Sweden)		Limestone (Stora Vika, Sweden)			
E/V	1.25	4.0	1.5	4.3	6	8
Rounds	4	5	8	1	1	1
Holes/round	10-44	41-68	39-69	67	66	45
Rock volume 1000 m^3/round	1.3-5.9	4.0-7.4	4.7-8.3	11.1	7.9	5.8
V m	2.0-2.3	1.3	2	1.4	1	0.9
EV m^2	5-7	6.7	6	8.4	6	6.5
Hole diam. mm	76	76	76	76	76	76
Spec. charge kg/m^3	0.43	0.67	0.53	0.44	0.51	0.49
Spec. drilling m/m^3	0.15	0.19	0.17	0.12	0.17	0.16
Boulders/1000 m^3	171-219	90-112	121	57	47	86
Mucking ton/day	1500	2000				
Costs US$/$m^3$:						
Drilling	0.20	0.26				
Blasting	0.27	0.35				
Boulders	0.35	0.17				
Mucking	0.65	0.50				
Total	1.45	1.26				

drilling pattern, a fragmentation corresponding to the small burden of the small holes was obtained without drilling all the holes to the bottom. Perhaps because of the practical complications of operating two types of drilling equipment, this method has not been used extensively.

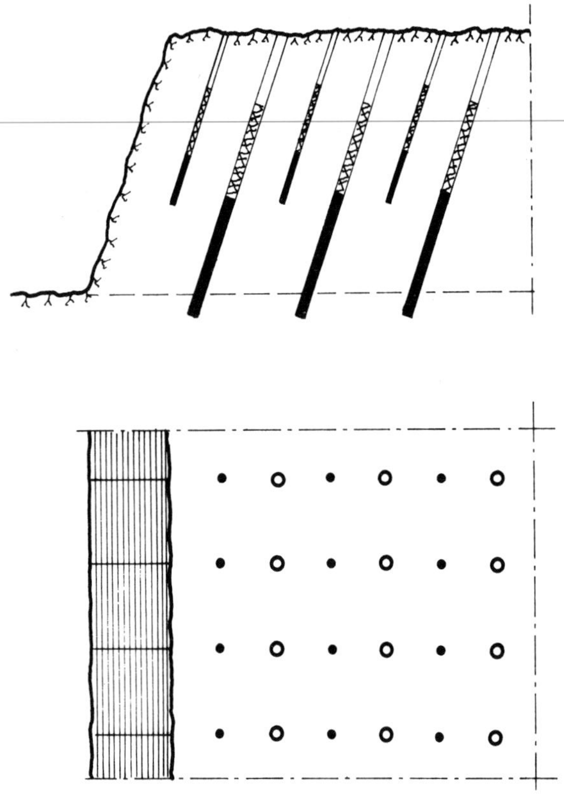

Fig. 5. A method of improving fragmentation in a blast using large borehole diameters.

Tunnel blasting

In tunnel blasting, the specific charge is much greater than in bench blasting. One reason for this is that many of the holes do not have a free angle of breakage, i.e. the angle of the free surface as seen from the charge is small, say less than 90 degrees. This is particularly the case for the cut holes.

Another reason is the dependence of the strength of rock on the lateral pressure. Fig 6 shows after Lundborg (1968) the shear strength of granite, steel, and plexiglass as a function of the lateral pressure, as determined with an experimental arrangement according to Fig. 7. The strength of granite increases considerably with the compressive stress and exceeds even the strength of steel. Shear tests carried out on fourteen kinds of Swedish rocks and four ores have given results that follow the expression

$$\tau_n = \tau_o + \frac{\mu p_n}{1+\mu p_n/(\tau_i - \tau_o)} \quad \ldots\ldots (2)$$

τ_o and τ_i are the shear strength at $p_n = 0$ and $p_n \to \infty$ respectively. p_n is the normal pressure at the surface of rupture and μ is a constant of friction. Mean values for five granites are τ_o = 0.5 kbar, τ_i = 10.0 kbar and μ = 2.2.

The drilling scatter, i.e. the deviation from the drilling pattern at the bottom of the boreholes, excerts a stronger effect in tunnel blasting than in bench blasting operations. This is a third and very important reason for an increased specific charge. (Langefors and Kihlström, 1963, p. 188).

A statistical theory which describes in more detail than equation (2) the strength of rock at arbitrary values of each of the three principal stresses has recently been developed by Lundborg (1972).

An approximate empirical relation between specific charge and tunnel area in blasting for tunnel areas from 4 to 100 m^2 is

$$q = 0.8 + 14/A \quad \ldots\ldots\ldots\ldots (3)$$

where q ist the specific charge in kg explosive per cubic meter of rock and A the tunnel area in m^2. This relation however represents a heavy overcharge to get the extra margin for full breakage in and around the cut. Due to the high specific charge in tunnel blasting the fragmentation, as a rule, is good and no special measures have to be taken in order to ensure it. At small tunnel areas the specific charge decreases rapidly with increasing area as more and more of the additional drill holes have a free angle of breakage. This is also reflected in the cost per unit volume, which is rapidly decreasing with increasing tunnel area.

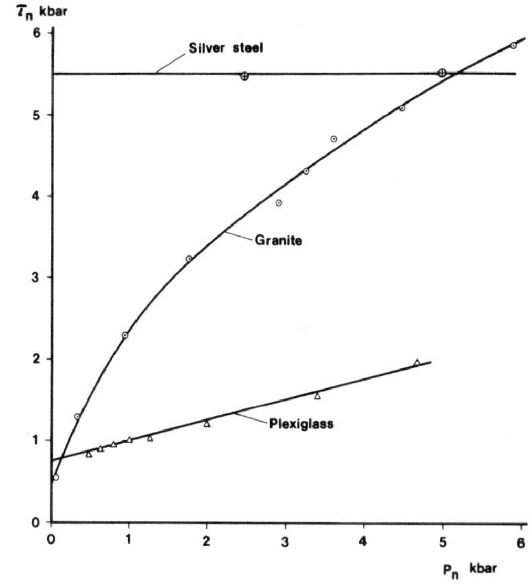

Fig. 6. Shear strength of granite, silversteel, and plexiglass as a function of normal compressive stress.

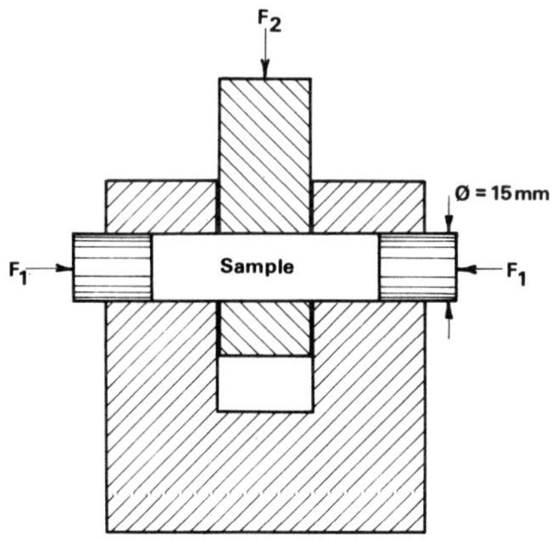

Fig. 7. The confined shear test.

Fig. 8 shows a log-log diagram according to Persson (197), where the costs for excavating granite are plotted in dollars per litre or dollars per m^3 excavated rock, including hammer drilling of 25 to 75 mm (1 to 3 in) holes, rotary drilling of 250 mm (10 in) holes, full-face boring of a tunnel of 2.5 m (8 ft) diameter, and blasting of tunnels of 2.5 to 25 m (8 to 80 ft) diameter. Common for the different methods is the approximative relation valid for diameters from 0.025 up to 25 m (1-1000 in):

$$K = 2/d \quad \text{................} \quad (4)$$

where K is the cost expressed in dollars per litre of hole or tunnel volume, and d is the diameter expressed in inches.

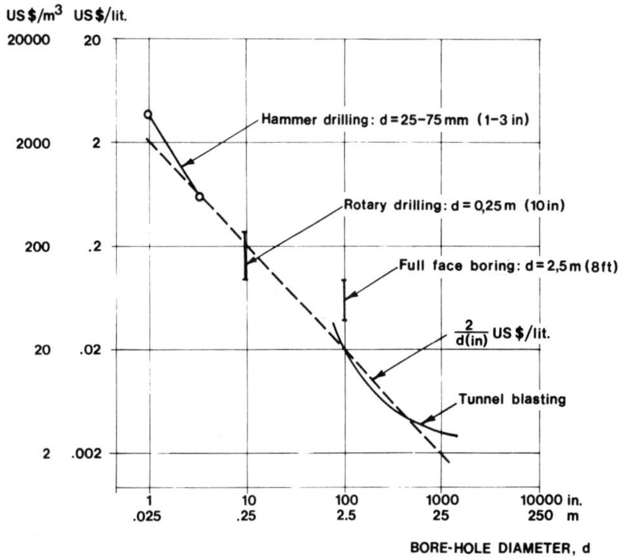

Fig. 8. Excavation cost as a function of cavity diameter in excavation of Swedish granite by hammer drilling, rotary drilling, full face boring, and tunnel blasting.

The Russian method of charges with air gaps

Melnikov and Marchenko (1969, 1970), report that the Russian method of using charges separated by air gaps is now currently applied in the USSR at both open pit mines and underground mines for hard, medium hard, and soft rocks, and used by more than 100 enterprises mining ore, coal, and nonmetallic deposits. They report further that the average fragment size is reduced by a factor 1.5 to 2, the amount of boulders is reduced 2 to 10 times, the specific consumption of explosives has decreased 10 to 30%, and the productivity of mine transportation has increased 10 to 30% or even more. The optimum ratio of borehole volume to charge volume is 2 to 3. This means that the total borehole volume is increased by a factor 1.5 to 2.7.

Boreholes with empty space

In order to break loose rock at the bottom of the borehole, the bottom charge must have a greater breaking power per unit borehole length than that necessary in the column charge. If the entire borehole is filled with the same explosive, the hole will be overcharged. To avoid this, only 40% of the upper part of the hole volume should be filled. To achieve a satisfactory distribution of the explosive, one can resort to the old method of spacing or separating the cartridges with wooden sticks. As a rule the area of the cartridges as well as the sticks is much smaller than the hole area, therefore the empty space is usually quite considerable.

The process of the initial gas expansion when a part of the hole is filled with air, is complicated, but, as a limit, it may be assumed to be isothermal and involve no borehole expansion. The subsequent isentropic expansion will then start with undiminished energy content of the gas but a lower pressure (Johansson and Persson, 1970, p. 64). The energy losses through the shock wave will become smaller than for a hole filled with explosive, and the useful external work per unit weight of the expanding gas will be larger.

Investigations have been carried out by Persson, Kihlström, and Ladegaard-Pedersen (1969) at bench blasting in a slab of granite, thickness 1-2 m, and free from the layer underneath through a horizontal fissure. These studies show that the above-mentioned effect can also be obtained with long narrow charges which do not fill out the entire hole volume. The burden was found to have a maximum for a given charge when the diameter of the borehole was twice that of the charge, giving a ratio of borehole volume to charge volume about 4.

Fragmentation by shock and stress waves

When the charge detonates in the borehole, the detonation wave will propagate along the hole with a velocity of 2000 to 7000 m/sec, or normally between 4000 and 6000 m/sec. At the front of the detonation wave, the pressure is between 5 and 500 kbar, or normally about 100 kbar, for a hole filled with a high velocity detonating explosive. If the borehole is packed full with the explosive, a pressure only about half the front pressure will initially act on the borehole wall due to the acceleration of the wall. If the charge does not fill the hole, the gas will expand radially and upon reaching the wall will exert a much smaller pressure. In either case the pressure will propagate out from the borehole into the rock as a shock wave with a conical front co-axial with the hole. A numerical calculation (Persson, Lundborg and Johansson, 1970) of the shock wave and stress field around a borehole indicates that radial cracks will first appear due to the tangential or hoop stress becoming tensional at a distance of 3-4 hole radii from the centre.

In a region extending to one or two borehole radii from the borehole wall, plastic flow due to the high radial and axial stresses appears to be likely. In an intermediate region, the preferred fracture mode might well be shear with open cracks having a direction at an angle to the radial direction.

This result of the numerical calculation agrees with results from model scale blasting in glass and plexiglass, where radial cracks always appear not at the borehole wall but some distance out into the medium. In cases where a high specific charge is used, the fragmentation is caused by the tension stress waves which are formed when the outgoing shock waves are reflected at the free surfaces. Through the cooperation of tension stress waves from different free surfaces, many spectacular effects appear. This has been beautifully demonstrated in plexiglass by Kolsky (1953) and in metals by Rinehart and Pearson (1954). In rock blasting, the loosening and fragmentation of rock due to the action of shock-and stress waves, has been demonstrated in crater blasting by Obert and Duvall (1950), **Duvall and Atchinson (1957) and Hino (1959).**

The discussion whether the loosening and fragmentation of rock by blasting are due to the shock waves or depends on the external work of the detonation gases at their semi-static expansion at thermochemical equilibrium can now be considered to be completed (Langefors and Kihlström 1963, Persson, Lundborg and Johansson 1970, and Laroque and Favreau 1970). A necessary condition for the shock wave alternative, is the use of a high explosive, and - in hard rock - a specific charge not less than 1 kg/m^3. In other cases no spalling due to reflected tension waves will occur. Instead the cracks will grow from the region of the borehole because of the thermo-chemical pressure of the detonation gases. Nevertheless, the influence of the reflected tension stress waves may determine which fractures will develop, and in which directions they will propagate (Field and Ladegaard-Pedersen, 1971, 1972). For concentrated charges at the bottom of a borehole with the depth equal to the burden, the theoretically calculated angle of the loosened part stands in good agreement with observed values: 90-100° in granite, and 135-140° in plexiglass. The difference is due to the difference in Poisson's ratio: 0.22 for granite, and 0.4 for plexiglass. For extended charges, the theoretical estimation gives 150-180° in granite, which is also in good agreement with observed values (Persson, Kihlström, Ladegaard-Pedersen, 1969).

The growth of cracks

The radial cracks around the boreholes, created by the transient stress from the outgoing shock wave, will grow under the influence of the semi-static stress field caused by the gas pressure in the boreholes. During this process, the hole volume will increase, and the gas pressure will drop accordingly.

A natural criterion for crack growth is that the energy released by the stress field at the crack tip as the crack grows an infinitesimal distance must equal (or exceed) the energy lost at the crack tip in the same process. The critical factor is thus the derivative of the elastic energy of the stress field with respect to crack length. The "surface energy" so defined is a material property that can be described in slightly different terms as the fracture toughness of the material. The criterion is closely similar to the Griffith criterion. Ouchterlony (1971) **has used** it to determine the equilibrium length of the radial cracks at a given pressure or a given explosive loading density.

Estimates of the rate of flow of gas into the crack and the rate of crack growth indicate that the gas pressure in the major part of an extended crack is far less than it is at the borehole.

We may thus safely assume that the detonation gas pressure action will be limited to the borehole and its near surroundings. Using this assumption good agreement was found between calculated values for the maximum crack length and values observed at the abovementioned bench blasting in a granite slab of 1-2 m thickness.

Da Gama and Nelson (1970) have investigated the initiation of crack growth around a borehole under the transient stress wave. They suggest that the radial pressure of the shock wave might weaken the material outside the near region of the borehole, by radial alignment of existing micro-cracks. It might then be easier for the subsequent tangential tension wave to initiate crack growth. Representative lengths of the resulting radial cracks were found to lie around 1 m. These two investigations show that models, where the cracks are taken into account in the treatment of the fragmentation process can be useful in explaining the course of events.

Some recent experimental determinations of the surface energy or fracture toughness of rocks have been carried out by, among others, Summers, Corwine and Chen (1970), and Lundborg and Almgren (1972).

An alternative formulation of the Griffith criterion for initiating growth of cracks, is found in linear fracture mechanics, where the elastic energy released at the crack tip at growth is investigated. Thus the initiation criterion in fracture mechanics is local and identical with Griffith's energy criterion which is global, but both criteria concern the relation between energy gradients with respect to crack growth.

A work by Porter and Fairhurst (1970) deals with investigations of the growth of cracks brought about by the pressure in a borehole, and the crack trajectories are shown to be in near coincidence with the main stress trajectories of the static stress field without cracks. Assuming the crack growth to be determined by the elastic energy density level present in the material at the tip of an imagined crack trajectory, the burden has a maximum at a given borehole diameter and gas pressure. Besides that, for lesser burdens the width of breakage will have a maximum.

Porter and Fairhurst are using a model where the crack growth is determined, not by the local energy gradient as in the Griffith or linear fracture mechanics criteria, but by the local energy density level. The question arises whether there exists a dualism between the two aspects since both appear to permit conclusions in agreement with reality. Kutter (1967, 1970) stands somewhere inbetween the two aspects, since he prefers to substitute equivalent circular holes, larger than the original boreholes, for his crack geometries, but still relates the critical load and the tensile strength respectively to Griffith's surface energy.

Stress analyses of crack geometries from the linear fracture mechanical point of view have been carried out by Ouchterlony (1972). These are an extension of previous works by several workers. The quantities calculated are stress intensity factors, probable direction of crack growth and crack volume in the star crack as well as the circular hole with radial cracks of alternating lengths and also in the dihedral (V-shaped) crack. It is shown how the crack growth is affected by the number of cracks, crack lengths, and the penetration of gas into the crack system. The calculations show that irrespectively of the penetration of the expansion forces into a crack system, only a few cracks grow even when many are initiated as, for example, at the edge of a borehole, while the tips of shorter cracks close up. Closing of cracks also takes place in the dihedral crack, which can explain the existence of a minimum angle of breakage in bench blasting.

Fragmentation by drilling and boring[1/]

Rock mechanics applied to hammer drilling

In the field of small hole drilling, the method mainly used is percussion drilling with hard metal bits. The rock mechanics at this type of drilling has been the subject of extensive research work. With experimental observations as a basis, it has been possible to work out theoretical models giving good understanding of the mechanical course of events starting from the formation of the impact wave, when the hammer hits the rod, the propagation of the wave through the drill rod and its joints, the destructive penetration of the bit into the rock and the reflected wave returning through the drill rod. These results have provided an indispensable basis for the constructive design of percussion machines with a suitable impact wave form, impact frequency, thrust force, wedge angle, etc. They have also made it possible to make use of improvements in the field of material technology immediately by increasing the loads on drill bits and drill rods. Percussive drilling is a well-established technique and practical experience during the years has been essential for the development of percussion drilling machines very close to optimal design.

Fairhurst has given a comprehensive survey of the results achieved and problems remaining in his General Report of Theme 5 on Comminution to the 2nd Congress of the International Society for Rock Mechanics in Beograd 1970. For the authors of this report there is not much to add. Hustrulid and Fairhurst (1971, 1972) have published a summing up of their investigations at the University of Minnesota. Their work is important because it emphasizes experiment and applications. During the last few years there has been a close cooperation with the Atlas Copco Research Center in Stockholm, Sweden. From this laboratory emanates a recently published work by Lundberg (1971).

His work stresses theory and basic mechanics and as he uses simplified models the work is helpful in giving an overall physical understanding of the entire drilling process including the stress wave transmission through drill rods, joints, and bit. Another valuable and important contribution of Hustrulid and Fairhurst (1971) is the study of the influence of the feed thrust.

Lundberg (1971) treats churndrilling and down-the-hole drilling and compares the effectiveness of these with that of hammerdrilling. He also studies the stress wave transmission through drill rods and joints.

Dutta (1972) has published an investigation on percussive drill bit penetration basing his work on a more detailed picture of the rock disintegration than those used by Hustrulid-Fairhurst (1971, 1972) and Lundberg (1971).

Modern development of the drilling technique

Hardly any of the exotic drilling methods attracting great attention ten years ago constitute an economical reality today, except in the case of some limited, specialized fields of application. In the

1/ The authors are indebted to Mr Olav Meyer, Stockholm for valuable information regarding drilling and boring.

foreseeable future the major part of all rock drilling most likely will still be performed by means of the mechanical action on the rock by steel or carbide tipped tools, even though several of the new concepts of tunnelling which are today on the feasibility study stage may well have more of an impact on the development than a person active in the applied work can now imagine.

The research work in the field of hammer drilling none the less would appear to have come to a certain completion. It is true that rapid progress is taking place within the field of drilling techniques, but many of the most important contributions to the development of drilling are in the region of machine design, material technology, mechanization, automation, and remote control. On these lines great progress has been made and essential improvements are on their way. The rapid development of hydraulic systems has greatly simplified the mechanization and made possible the close control over feed thrust force and impact energy necessary for today's increased drilling rates. Furthermore, the precision in collaring and directing the drill will become improved, which increases the efficiency of the entire blasting operation. One important step forward in drilling machinery consists in the development of hydraulic percussion units instead of pneumatic ones. Prototype machines of this kind are now being tested by different manufacturers. The increase in efficiency is particularly striking. It is estimated that, when applying electrically driven hydraulic percussion machines, 40-60% of the energy totally consumed will be converted into useful percussion work, as compared to around 10% in corresponding pneumatic system.

Even if this development were to be completely successful, however, there are many advantages with the pneumatic systems, and these will be used extensively for the foreseeable future.

Fragmentation by means of hammer drilling

In all the methods of fragmenting hard rock using conical or wedge shaped tools being pressed into the rock surface by impact forces, the common contention is that a part of the material becomes finely crushed, and the rest is sheared out as chips of dimensions of the order of millimeters (0.04 in). Fig. 9 shows an example of the grain size distribution in drill dust from two 76 mm (3 in) drill bits using a particular machine. As can be seen from the diagram, the average grain size was increased considerably through modifications of the flushing holes of the drill bit.

Problems of silicosis

In a series of investigations considering the risk for silicosis, K. Kihlstedt et al [1/] have found that all the particles with a diameter between 1 and 2 microns have a uniform negative charge which keeps the particles suspended in the air owing to mutual

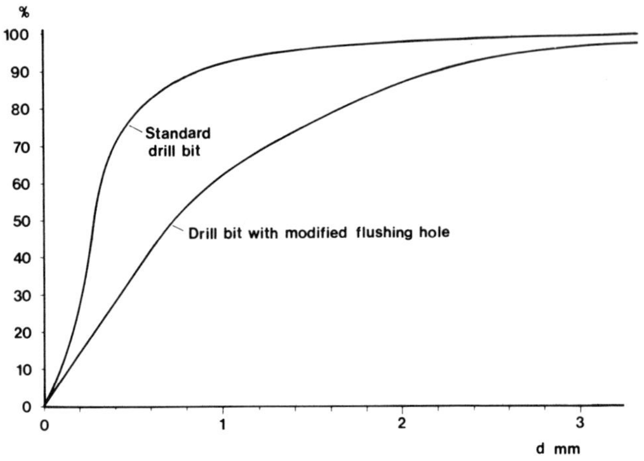

Fig. 9. Grain size distribution of drill cuttings from a 75 mm (3 in) diameter percussion drill bit.

repulsion. Fig. 10 shows an example of the distribution in a dust suspension formed during disc crushing of quartz. Different types of crushing of quarzitic minerals produce lattice distortion of variable intensity in the quartz. After rapid crushing this becomes for a time partly amorphous to x-rays (Lidström, 1968). Differential thermoanalysis indicates that large amounts of energy are stored in the distorted quartz lattice. It can further be shown that distortion of the lattice is accompanied by intense binding of water in the form of stabilized rigid water.

Experiments with rats [2/] show that such fresn and rapidly crushed quartz from which iron impurities had been removed, gave rise to rapid development of silicosis which took up the whole thoracic cavity of the rat.

Reference quartz, which had been stored for some 10 years produced silicosis with a relatively slow rate of growth.

The conclusion would appear to be that inhalation of freshly produced quartzitic dust should be avoided especially if the quartz has been crushed by some rapid method. One possible consequence of these results may be that the idea of a permissible amount of silica dust, or hygienic limit value, expressed in grams of silica dust per cubic meter of breathing air will have to be revalued or reformulated.

It is known that the permitted dust index has been exceeded at some work sites without any incidence of silicosis while at other sites silicosis occurs in spite of the fact that all the regulations relating to the dust index have been scrupulously observed.

During the last few years, modern, convenient and efficient dust-collectors designed to be used in connection with modern bench drilling equipment have come into widespread use.

1/ Professor P.G. Kihlstedt, Royal Institute of Technology, Stockholm, Private communication.

2/ Under the supervision of Dr. Å. Svensson, assistant professor at the Occupational Medicine Clinic at Karolinska Institutet, Stockholm.

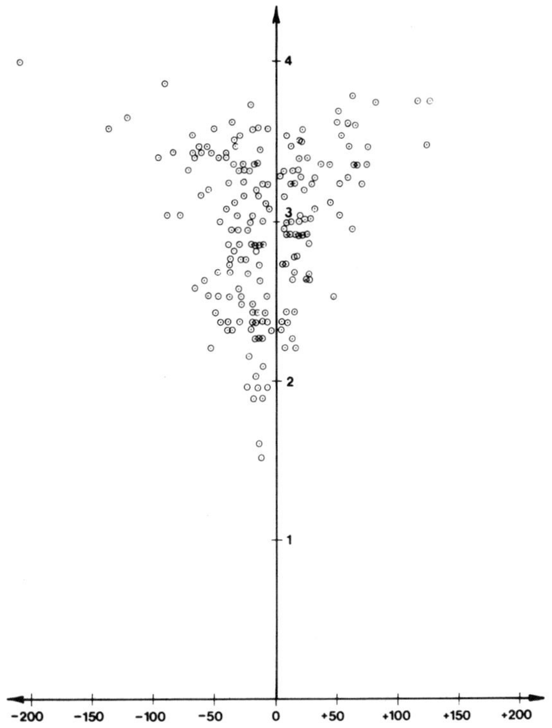

Particle charge, e (1 e = $1.602 \cdot 10^{-19}$ coulomb)

Fig. 10. Particle diameter and electric charge of Quartz dust from disc-mill.

Diamond drilling
As for diamond drilling, which is very much used in prospecting where long holes of relatively fine calibre provide the best economy, important economical improvements have been achieved through the mechanization of the process of handling and joining the drill rods and by an increased use of aluminum rods. Earlier heavy and time-consuming, this operation is now easily and rapidly performed. Progress in the techniques of bit manufacture is gradually increasing the bit life.

Full-face boring
Full-face boring machines have a rotating head that usually covers the entire tunnel area. In loose rocks, fragmentation is obtained by means of fixed drill bits or teeth cutting the rock material to pieces. In hard rocks, as a rule, the full-face boring machines are provided with rolling tools, each of them rotating around its own axis. From the point of view of rock mechanics, the fragmentation takes place in a way similar to that when chisel bits of hammer drilling machines are used. When the pegs or rolling edges of the rolling tool are pressed against the surface and penetrate into the rock, a fine crushing of the material is obtained, followed by the ejection of chips due to shearing forces.

An entirely different process of fragmentation is taking place in full-face rotary boring machines working according to the "Wohlmeyer principle" (Barendsen, 1969). The hydraulically rotated main drum is provided with several cutting heads, driven by one electric motor each. The axes of rotation of the cutting heads form an angle with the central line of the tunnel. When the main drum rotates and is advanced forward, the cutting heads produce spiral grooves in the rock, the width of which is substantially less than the advance per revolution,and the material inbetween is broken off. In this way about 70% of the rock volume can be removed without getting into touch with the hard metal cutters.

The cubic meter cost for excavation of tunnels by blasting does not normally increase with increasing rock strength. In fact, because of the increasing cost of supports, bolts, or linings, tunnelling in soft rock is normally a great deal more expensive than in hard, competent rock.

In the case of rotary drilling and full-face boring however, there is a very strong increase of cost with increasing rock strength and/or abrasiveness, so strong in fact that there appears to exist a given range of rock materials with properties too difficult for full-face boring to be competitive. Thus we must fall back to blasting as the only practically applicable method in most hard rocks today. However, far fewer tunnels pass today and will be cut in the future through hard rocks than through soft ones. In soft and/or not too abrasive rocks full-face boring constitutes an important means for rapid and safe tunnelling operations.

Strength only is not the decisive factor for rock "borability". A highly abrasive rock (e.g. sandstone) with a compressive strength of say, only 100 bar may be as difficult to penetrate economically with a full face boring machine as will a non-abrasive but hard rock (e.g. limestone) of as much as 3000 bar compressive strength.

Even in hard rocks, in spite of high costs per unit volume for boring in the diameter range of 15-60 inches, good economy may be achieved. Such is the case for raises, the diameter of which can hardly be made less than 2 m (80") when produced by blasting, but which can be given exactly the smaller diameter desired in case large hole boring is applied.

Bibliography

- Barendsen, P. Mechanised Drifting by the Full Face Method. Annual Meeting of the Swedish Rock Blasting Committee, 1969.
- Bruce, W.E. and Morrell, R.J. Principles of rock cutting applied to mechanical boring machines. Proc. 2nd Symp. Rapid Excavation, Sacramento Oct. 1969.
- Burford, L., Cooper, H.F. Jr.,Thompson, J.C. Spherical wave propagation in brittle materials. Proc. 12th Symp. Rock Mech. Univ. Missouri, Rolla 1970, p 379.
- D'Andrea, D.V. and Condon, J.L. Dye penetrant studies of fractures produced in laboratory cratering. Proc. 12th Symp. Rock Mech. Univ. Missouri, Rolla Nov. 1970 p 479.
- Dutta, P.K. A theory of percussive drill bit penetration. Int. J. Rock. Mech. Min Sci. 9 (1972) 543.
- Duvall, W.I., and Atchison, T.C. Rock Breakage by Explosives. U.S. Bureau of Mines. RI 5336, 1957.

- Fairhurst, C. Comminution: Physical and mechanical bases of comminution,drilling, blasting, crushing, grinding and abrasion. General report of Theme 5, 2nd Congr. Int. Soc. Rock Mech. Beograd Jugo-Slavia, 1970.
- Field, J.E. and Ladegaard-Pedersen, A. The Importance of the Reflected Stress Wave in Rock Blasting. Int. J. Rock Mech. Min. Sci 8(1971) 213.
- Field, J.E. and Ladegaard-Pedersen, A. Fragmentation processes in rock blasting. Dechema-Monographien, 69, 1972.
- da Gama, C.D. and Nelson, C.R. The formation of cracks in rock blasting analyzed in terms of the modified Griffith theory. Proc. 12th Symp. Rock Mech. Univ. Missouri, Rolla, Nov. 1970 p. 517.
- Haimson, B.C. and Fairhurst, C. Some bit-penetration characteristics in pink Tennessee marble. Proc. 12th Symp. Rock Mech. Univ. Missouri, Rolla, Nov. 1970 p. 547.
- Havir, J., Borda, S.K. and Petros, V. A simple method of determining the coefficient of loosening of rocks. Int. J. Rock. Mech. Min. Sci. 8(1971) 97.
- Hendricks, R.S. Raise boring, tunnelboring, presplitting, survey control and shotcreting at Hecla mining. Proc. 2nd Symp. Rapid Excavation, Sacramento Oct. 1969.
- Hino, K. "Theory and Practice of Blasting", Nippon Kayaku Co., Ltd. Japan 1959.
- Hustrulid, W.A. and Fairhurst, C. A theoretical and experimental study of the percussive drilling of rock. Int. J. Rock Mech. Min. Sci. I. Theory of percussive drilling 8(1971)p.311. II. Force-penetration and spec. energy determinations 8(1971) p. 335. III. Experimental verification of the mathematical theory 9(1972)p. 417. IV. Application of the model to actual percussion drilling 9(1972) p.431.
- Johansson, C.H. and Persson, P.A. "Detonics of High Explosives". Academic Press, London and New York 1970.
- Kolsky, H. "Stress waves in solids". Clarendon Press, Oxford 1953.
- Kutter, H.K. The Interaction Between Stress Wave and Gas Pressure in the Fracture Process of an Underground Explosion in Rock, with Particular Application to Presplitting. Ph. D. thesis, Univ. Minn. (1967).
- Kutter, H.K. Stress Analysis of a Pressurized Circular Hole with Radial Cracks in an Infinite Elastic Plate. Int. J. Fracture Mech., 6 (1970) 233.
- Langefors, U., and Kihlström, B. "Modern Technique of Rock Blasting". Almqvist & Wiksell, Stockholm. John Wiley & Son, New York 1963.
- Langefors, U. Fragmentation in Rock Blasting. Proc. 6th Symposium on Rock Mechanics. Penn. State Univ. 1965. Also in Mining and Minerals Engineering 2 (1966) 339.
- Laroque, G.E. and Favreau, R.F. Blasting research at the mine branch. Proc. 12th Symp. Rock Mech. Univ. Missouri, Rolla, Nov. (1970)p. 339.
- Lundberg, B. Some basic problems in percussive rock destruction. Ph. D. Thesis at Chalmers Univ. of Technology, Gothembourg, Sweden 1971.
- Lundberg, B. Energy transfer in percussive rock destruction. I. Comparison of percussive methods. II. Supplement on hammer drilling. III. Stress wave transmission through joints. Int. J. Rock Mech. Min. Sci. (In print).
- Lundborg, N. Strength of rock-like materials. Int. J. Rock Mech. Min. Sci. 5(1968) 427.
- Lundborg, N. A statistical theory of the polyaxial compressive strength of materials. Int. J. Rock Mech. Min. Sci. 9(1972) 617.
- Lundborg, N., and Almgren, L.A. Determination of Fracture Toughness of Rock Materials, Swedish Detonic Research Foundation Report DS 1972:6 (In Swedish).
- Melnikov, N.V., and Marchenko, L.N. Anwendung von Sprengladungen mit Luftzwischenraumen. Bergbautechnik 19 (1969) 521.
- Melnikov, N.V., and Marchenko, L.N. Effective Methods of Application of Explosion Energy in Mining and Construction. 12th Symp. on Rock Mech. Univ. Missouri, Rolla 1970, p. 359.
- Meyer, O. Classification of rock with respect to expected drilling rate and bit wear. Proceedings, Atlas Copco Symposium on Mining techniques, Moscow, 1-3 March 1972, Atlas Copco, Stockholm 1972.
- Obert, L., and Duval, W.J. Generation and Propagation of strain waves in rock. U.S. Bureau Mines. R.I. 4663, 1950.
- Ouchterlony, F. Calculation of the variation of the crack length with the hole diameter at constant explosive weight per meter.Swedish Detonic Research Foundation Report DS 1971:4. (In Swedish).
- Ouchterlony, F. Analysis of the stresses in some different geometries with radially directed cracks in an infinite plane medium under the influence of expansion forces. Swedish Detonic Research Foundation Report DS 1972:11. (In Swedish).
- Pariseau, W.G. Wedge Indentation of anisotropic geologic media. Proc. 12th Symp. Rock Mech. Univ. Missouri, Rolla, Nov. 1970, p. 529.
- Persson, P.A., Ladegaard-Pedersen, A., and Kihlstrom, B. The Influence of Borehole Diameter on the Rock Blasting Capacity of an Extended Explosive Charge. Int. J. Rock Mech. Min. Sci. 6 (1969) p. 277.
- Persson, P.A., Lundborg, N., and Johansson, C.H. The basic mechanism in rock blasting. Proc. 2nd Congr. Int. Soc. Rock Mech. Beograd 1970.
- Persson, P.A. and Ladegaard-Pedersen, A. Short Delay Multiple-Row Blasting with the Ratio Hole Distance to Burden 4 to 8.Tests in Full Scale. Swedish Detonic Research Foundation Report DS 1970:14. (In Swedish).
- Persson, P.A. Boring costs in modern rock blasting. Nitro Nobel AB Report DL 1971:29. (In Swedish).
- Porter, D.D. and Fairhurst, C. A study of crack propagation produced by the sustained borehole pressure in blasting. Proc. 12th. Symp. Rock Mech. Univ. Missouri, Rolla, Nov 1970 p. 497.
- Rinehart, J.S. and Pearson J. "Behavior of metals under explosive loads". Amer. Society for Metals, Cleveland 1954.
- Sperry, P.E., Samson, G.A., Eaglione, A.T., Finh, T. and Norman, N.E. River mountains tunnel project. Proc. 2nd Symp. Rapid Excavation, Sacramento Oct 1969.
- Summers, D.A., Corwine, J., and Chen, L. A Comparison of Methods available for the Determination of Surfac Energy. Dynamic Rock Mechanics, Proc. 12th Symp. Rock Mech Univ. Missouri, Rolla, 1970 p. 24.
- Thompson, R.J. Develop mining at White Pine. Proc. 2nd Symp. Rapid Excavation, Sacramento Oct 1969.
- Lidström, L. Surface and bond-forming properties of quartz and silicate minerals and their application in mineral processing techniques. Acta Polytechnica Scand. Chemistry serie No 75, Stockholm 1968.

THÈME 5
SYSTÈMES DE FRAGMENTATION

C.H. Johansson and P. A. Persson
Swedish Detonic Research Foundation
Vinterviken
Stockholm, Sweden

TABLE DES MATIERES

I. INTRODUCTION

Cet exposé traite principalement de la fragmentation comme étant un problème technique et économique lors du creusement en rocher. Nous nous efforcerons de donner, comme base pour les développements ultérieurs, une vue d'ensemble des méthodes bien établies, efficaces et conventionnelles pour forer, faire sauter ou creuser en pleine section en utilisant des moyens mécaniques.

La fragmentation reste malgré tout le moyen d'arriver à une fin; la roche fragmentée sera toujours transportée ou employée dans un but quelconque. L'économie de l'opération totale -- que ce soit une mine, un barrage ou un chantier de construction -- sera presque toujours influencée dans une grande mesure par la condition des déblais, la distribution de la taille des blocs, l'étendue du sautage secondaire (s'il s'avère nécessaire) et par l'aise du marinage, qui dépend de la façon dont les déblais sont entassés.

D'une façon générale, on parle d'améliorer la fragmentation, mais il serait préférable de préciser en disant "contrôler" la fragmentation, parce qu'il ne s'agit pas toujours de diminuer la taille des blocs ou de diminuer spécifiquement la quantité des gros blocs. Parfois, comme dans la construction des barrages, il peut être souhaitable de contrôler la fragmentation dans d'autres buts: par exemple, pour produire de grandes quantités de blocs d'une taille uniforme. Dans de tels cas, on sera obligé de choisir l'outillage d'après la taille requise des blocs. Cependant, dans la plupart des cas, la fragmentation doit s'adapter aux chargeuses, camions et concasseurs déjà existants.

Dans la suite nous traiterons d'abord les moyens les plus usuels "d'améliorer la fragmentation" dans le sautage et nous discuterons ensuite les domaines de la perforation et le sondage. Il est à souhaiter que l' importance que nous donnons aux méthodes conventionnelles actuelles puisse aider à perfectionner ces méthodes et à les remplacer par de nouvelles techniques supérieures.

Il est nécessaire, et parfois préférable, que l'expérience des auteurs domine un tel rapport jusqu'à un certain degré. C'est pour cette raison, sans doute, que le sujet de la fragmentation en roches dures domine cet exposé. On ne doit peut-être pas s'en excuser, mais nous tenons à le mentionner au début.

II. FRAGMENTATION PAR TIRAGE

Charge spécifique et ligne de moindre résistance critique

Les deux moyens les plus importants en vue d'améliorer la fragmentation par sautage sont: augmenter la charge spécifique et réduire la charge. Selon Langefors et Kihlström (1963), et Langefors (1965), la taille moyenne L des blocs décroîtra avec la charge spécifique q pour différentes charges V dans le cas de l'abattage en gradins, de la manière exposée dans la figure 1. En employant ce diagramme, où la distance entre les trous est E = 1,25 V, un seul point expérimental, par exemple sur la courbe pour V = 2 mèrres, suffit pour tracer, sans trop de difficultés, une série de courbes pour d'autres valeurs de V. Les points dans la figure 1 correspondent à V = 1.1 mètres.

Volées à courts intervalles et à rangées multiples

Le tirage à intervalles a été introduit principalement comme étant un moyen de réduire l'ébranlement du sol occasionné par le sautage. Bientôt, la fragmentation allait s'améliorer de beaucoup par l'introduction de volées à rangées multiples grâce au fait que la charge spécifique avait pu être augmentée en évitant des projections hasardeuses. D'une part, le court intervalle entre les rangées est

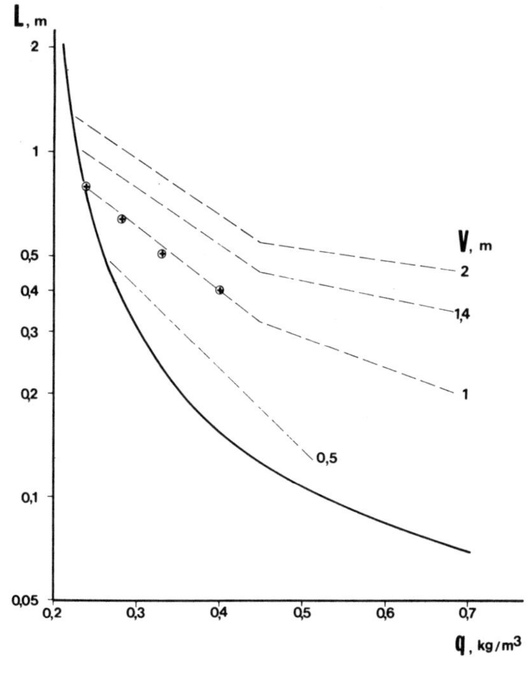

Fig. 1. Taille moyenne des blocs en fonction de la charge spécifique avec la charge comme paramètres. L indique la longueur moyenne du côté des plus grands blocs de poids moyen; 90% des déblais étant compris.

assez long pour permettre les déblais d'une rangée d'être éjectés et de découvrir, par conséquent, le front libre de la rangée suivante avant la mise à feu des charges ultérieures. D'autre part, l'intervalle est si court que les déblais de la rangée précédente sont encore suspendus dans l'air et forment donc un rideau pour les blocs des rangées suivantes au cas où ceux-ci seraient projetés à une vitesse supérieure à la moyenne. De plus, la collision entre blocs, projetés à des vitesses différentes, contribue beaucoup à la fragmentation.

L'intervalle optimum τ, c'est-à-dire l'intervalle de temps qui donne la meilleure fragmentation, est une fonction de la ligne de moindre résistance V. Selon Langefors et Kihlström (1963) pour une couverture comprise entre 0,5 et 8 mètres,

$$\tau = k.V \ldots\ldots\ldots\ldots \quad (1)$$

où k = 3 à 5 ms/m.

La méthode de tirage avec grande distance entre les trous dans les volées à courts intervalles et à rangées multiples

Si on augmente la distance entre les trous de la rangée de façon à garder constant le produit E.V., la fragmentation semble améliorée dans le cas des volées à courts intervalles et à rangées multiples. Cette méthode, proposée par Langefors et étudiée à échelle réduite (1965), a maintenant été développée et utilisée par Persson et Ladegaard-Pedersen (1970). Dans le passé on a maintenu le rapport de la distance E entre les trous à la couverture V aux environs de 1 - 1,3. Les études systématiques d'expériences à échelle réduite, où le produit EV était maintenu constant, montrent que la fragmentation s'accroît avec le rapport E/V jusqu'à ce que E/V = 8. La cause en est, en principe, très simple. Les figures 2a-c montrent schématiquement des volées d'une seule rangée avec des rapports E/V de 0,25 à 4. Dans le cas où E/V = 0,25, la couverture représente une couche dont l'épaisseur est quatre fois la distance entre les trous. On voit facilement qu'elle sera projetée comme un tout, divisée en quelques blocs. Lorsque E/V = 1, la suite des évènements est tojours la même, mais les fissures provoquées par chaque charge sont plus prononcées et la fragmentation est meilleure. Lorsque E/V = 4, il y aura peu de coopération entre les charges de la volée à une seule rangée. Cependant,

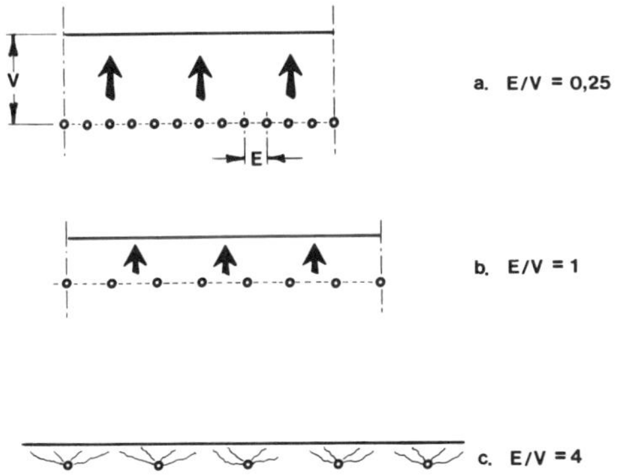

Fig. 2. Volées d'une seule rangée de trous.

en utilisant des volées à rangées multiples, les sections entre les trous de chaque rangée seront détachées et désagrégées par les charges des rangées suivantes. Quand les valeurs du rapport E/V sont élevées, E/V = 8 par exemple, une fragmentation satisfaisante se réalise quand chaque seconde rangée se déplace latéralement d'une distance égale à la moitié de celle existant entre les trous. Le tableau I présente des résultats comparatifs pour le granite (Umea) et le calcaire (Sotra Vika). Dans les deux cas, la hauteur du gradin était de 20 mètres et le diamètre des trous de 78 mm (3 pouces). La figure 3a montre le plan de forage et de tir à intervalles pour une volée de 66 trous, 7 rangées et avec E/V = 6; la figure 3b montre les déblais après le tir. A gauche, où le marinage a commencé, on peut remarquer les blocs qui subsistent.

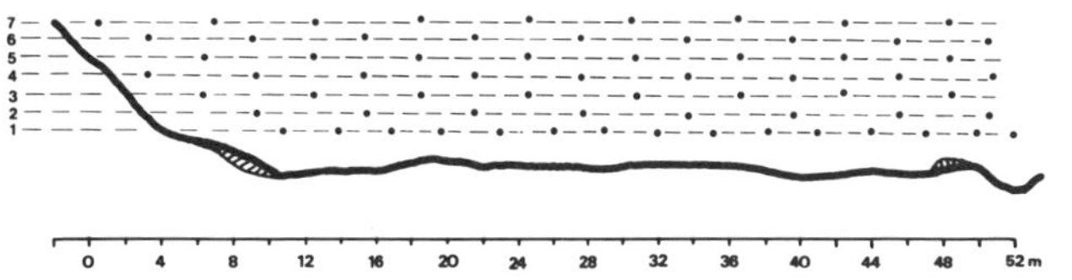

Fig. 3a. Plan de forage et de tir pour une volée de sept rangées où E/V = 6.

Fig. 3b. Vue de la volée de la figure 3a après le tir. Le marinage a commencé à gauche.

Tableau 1. Comparaison entre les volées conventionnelles où E/V = 1,25 et 1,5 et les volées avec les trous à grande distance où les valeurs E/V étaient comprises entre 4 et 8.

	Granite (Umeå, Suède)		Calcaire Stora Vika, Suède			
E/V	1.25	4.0	1.5	4.3	6	8
Volées	4	5	8	1	1	1
Trous/volée	10-44	41-68	39-69	67	66	45
Volume de roche, 1000 m^3/volée	1.3-5.9	4.0-7.4	4.7-8.3	11.1	7.9	5.8
Vm	2.0-2.3	1.3	2	1.4	1	0.9
EV m^2	5-7	6.7	6	8.4	6	6.5
Diamètre du trou, mm	76	76	76	76	76	76
Charge spécifique, Kg/m^3	0.43	0.67	0.53	0.44	0.51	0.49
Forage spécifique, m/m^3	0.15	0.19	0.17	0.12	0.17	0.16
Blocs/1000 m^3	171-219	90-112	121	57	47	86
Marinage tonnes/jour	1500	2000				
Coûts \$US/m^3						
Forage	0.20	0.26				
Tirage	0.27	0.35				
Blocs	0.35	0.17				
Marinage	0.65	0.50				
Total	1.45	1.26				

D'après le tableau 1, la quantité totale de blocs dans le cas du calcaire était de 47 par 1000 m^3 de roche, comparée à 121 lorsque E/V = 1,25,et dans le granite, 90-112 dans 5 volées avec E/V = 4, comparée à 171-219 pour E/V = 1,25. La capacité du marinage s'est élevée de 1500 à 2000 tonnes/jour, et les frais totaux pour le forage, le tirage et le marinage ont baissé de \$1.50 à \$1.30 par m^3. Il faut souligner que les résultats des essais entrepris sur les modèles en plexiglas ont été la base nécessaire pour le travail sur prototype. Sans les connaissances approfondies de l'influence des divers facteurs qui intervenaient, il aurait été impossible de proposer des améliorations. La méthode de tirage avec les trous à grande distance s'emploie actuellement dans l'exploitation à Umea et dans plusieurs autres endroits en Suède et à l'étranger. C'est aussi le cas pour l'exploitation du minerai sulfuré par la méthode d'abattage en calotte avec remblayage dans plusieurs mines de Boliden. Dans ce cas les trous ont un diamètre de 35 mm, une profondeur de 4 m et le rapport E/V est de 3,5.

La fragmentation supérieure qui résulte de la méthode de tirage avec trous à grande distance peut aussi se réaliser au moyen d'un plan de forage "carré", si le plan de tir à intervalles est choisi avec soin. La figure 4 montre des plans de forage et de tir où la roche est projetée avec un angle de 25-30° par rapport aux rangées de trous. Cette méthode est surtout avantageuse quand les opérations de forage et de tirage s'effectuent séparément et à des moments bien éloignés dans le temps.

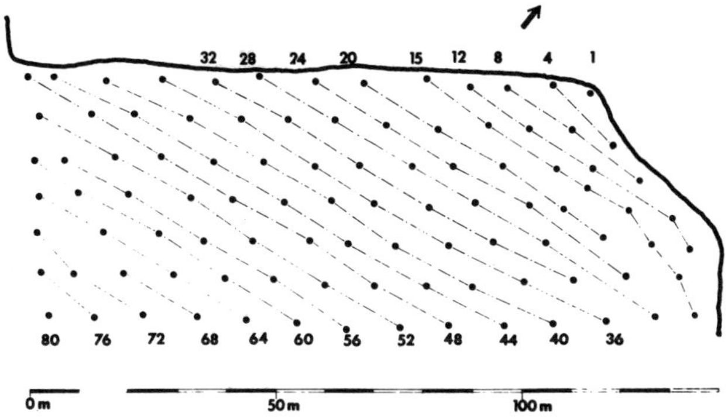

Fig. 4. Comment employer le plan de tir à court intervalle pour réaliser une volée avec trous à grande distance, à partir d'un plan de forage presque carré. Les chiffres indiquent le numéro de la fusée employée dans chaque rangée de trous joints par les lignes. Intervalle de temps entre les rangées: environ 100 msec.

L'abattage de gradins avec trous auxiliaires entre les trous principaux

Dans l'abattage de gradins avec des trous de mine de gros diamètre, il faut souvent laisser une grande partie de la section supérieure des trous non-chargée pour empêcher que les déblais ne soient projetés hors des bouches des trous. Il en résulte, cependant, de gros blocs dans la partie supérieure non-chargée du gradin. En ajoutant de courts trous auxiliaires, il est possible d'obtenir des résultats plus satisfaisants. La figure 5 donne l'exemple d'une volée de gradin où il fallait garder la projection maximum endéans une distance de 15 mètres (50') (Langefors et Kihlström, 1963, p. 61). Les trous étaient inclinés. Les trous principaux, d'un diamètre de 50 mm (2 pouces), ont été forés jusqu'au fond et chargés uniquement pour induire la désagrégation et le gonflement, y compris la marge nécessaire pour des raisons techniques. Les trous auxiliaires, d'un diamètre de 32 mm (1 1/4 pouces), ont été forés jusqu'à environ la moitié de la profondeur et ont été chargés presque à la valeur limite pour obtenir la désagrégation complète de la roche, évitant toutefois les projections. Avec un tel plan de forage on a obtenu une fragmentation qui correspondait à la courte ligne de moindre résistance des petits trous sans forer tous les trous jusqu'au fond. C'est peut-être à cause des complications pratiques consistant à utiliser deux types d'appareils de forage que cette méthode n'a pas été utilisée d'une manière étendue.

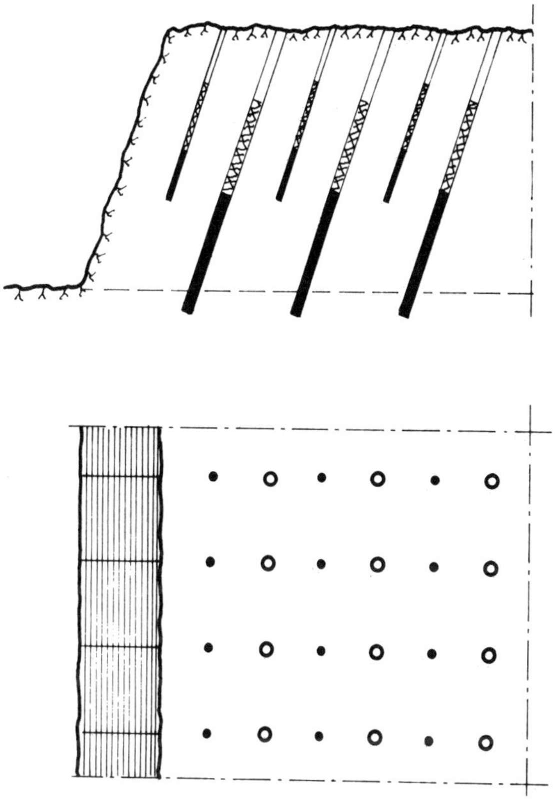

Fig. 5. Une méthode d'amélioration de la fragmentation dans une volée par l'emploi de trous de mine de gros diamètre.

Le tirage en tunnels

Dans le creusement de tunnels, la charge spécifique du tirage est beaucoup plus grande que dans l'abattage de gradins. Une des raisons est que de nombreux trous n'ont pas d'angle libre de rupture, c'est-à-dire que l'angle de la surface libre, vu à partir de la charge, est petit; disons moins de 90°. C'est surtout le cas pour les trous du bouchon.

Une autre raison est que la résistance de la roche dépend de la pression latérale. La figure 6, selon Lundborg (1968), représente la résistance au cisaillement du granite, de l'acier et du plexiglas, en fonction de la pression latérale; ces valeurs ont été déterminées au moyen d'un dispositif expérimental d'après la figure 7.

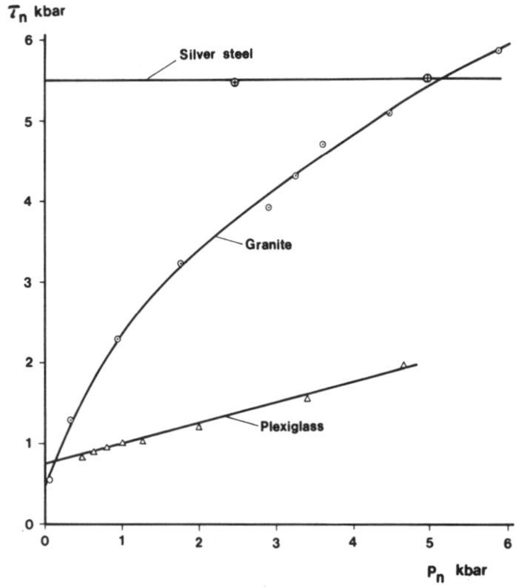

Fig. 6. Résistance au cisaillement du granite, acier d'argent et plexiglas, en fonction de la résistance normale à la compression.

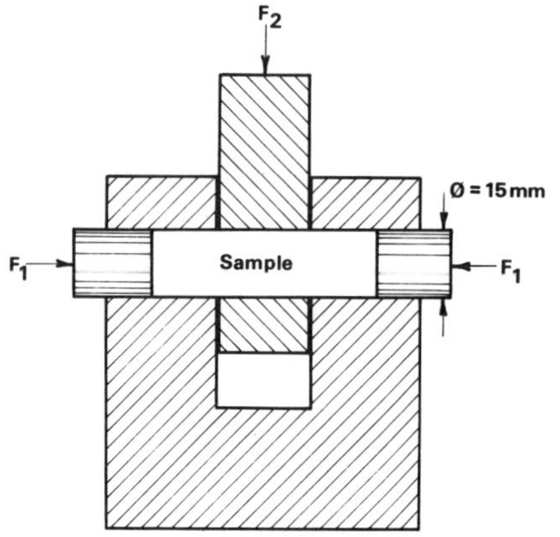

Fig. 7. Epreuve de cisaillement resserrée.

La résistance du granite augmente sensiblement avec les forces de compression et dépasse même la résistance de l'acier. Des épreuves de cisaillement faites sur quatorze espèces de roches suédoises et sur quatre minerais ont donné des résultats qui s'accordent avec la formule suivante:

$$\tau_n = \tau_o + \frac{\mu p_n}{1+\mu\ p_n/(\tau_i - \tau_o)} \ \ldots\ldots\ldots \quad (2)$$

τ_o et τ_i sont la résistance au cisaillement respectivement quand $p_n = 0$ et quand $p_n \to \infty$, p_n est la pression normale sur la surface de rupture et est un facteur constant de la friction. Les valeurs moyennes pour cinq granites sont $\tau_o = 0{,}5$ kbar, $\tau_i = 10{,}0$ kbar et $\mu = 2{,}2$. La déviation au fond des trous de mine par rapport au plan de forage exerce une influence plus grande dans le creusement de tunnels que dans l'abattage de gradins. Et c'est ici une troisième et très importante raison pour une augmentation de la charge spécifique (Langefors et Kihlström, 1963, p. 188).

Lundborg (1972) a récemment développé une théorie statistique qui décrit, de façon plus détaillée que la formule (2), la résistance de la roche pour des valeurs arbitraires de chacune des trois contraintes principales.

Une relation empirique approximative entre la charge spécifique et la section du tunnel pour le tirage en tunnels de 4 jusqu'à 100 m^2 est donnée par:

$$q = 0{,}8 + 14/A \ \ldots\ldots\ldots \quad (3)$$

où q est la charge spécifique en Kg d'explosifs par m^3 de roche et A est la section du tunnel en m^2. Ce rapport représente toutefois une lourde surcharge juste pour gagner la marge additionnelle et obtenir une désagrégation complète du bouchon et des environs. Grâce à la charge spécifique élevée, la fragmentation dans le creusement de tunnels est généralement bonne et il n'apparaît pas nécessaire de prendre des mesures spéciales pour l'assurer. Dans le cas de sections de tunnels plus petites, la charge spécifique diminue rapidement au fur et à mesure que la section augmente, puisque de plus en plus de trous de mine ont un angle de rupture libre. Ceci se reflète aussi dans le coût par unité de volume, qui baisse rapidement avec la section de tunnel croissante.

La figure 8 montre un diagramme logarithmique d'après Persson (1971) où les frais de l'excavation dans le granite sont représentés en fonction du coût exprimé en dollars par litre ou dollars par m^3 de roche excavée, pour les cas du forage au marteau de trous de 25 à 75 mm (1-3 pouces), du forage rotatif de trous de 250 mm (10 pouces), du forage en pleine section d'un tunnel d'un diamètre de 2,5 mètres (8'), et du tirage en tunnels ayant des diamètres de 2,5 jusqu'à 25 mètres (8-80'). Le facteur commun des différentes méthodes est le rapport approximatif, valable pour des diamètres de 0,025 jusqu'à 25 mètres (1-1000 pouces):

$$K = 2/d \quad \ldots\ldots\ldots\ldots (4)$$

où K est le coût en dollars par litre de trou ou volume de tunnel, et d est le diamètre exprimé en pouces.

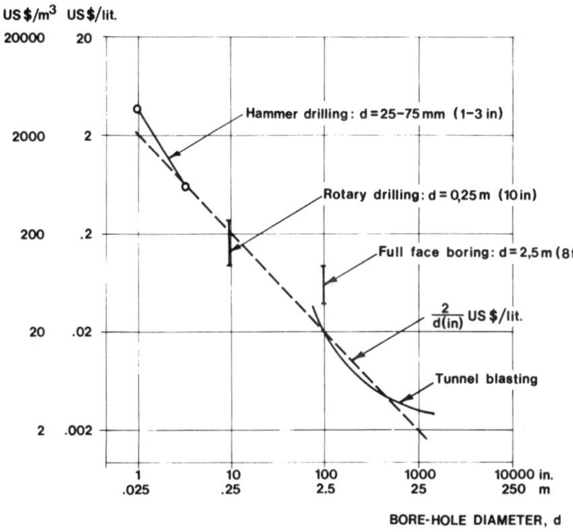

Fig. 8. Coûts de l'excavation en fonction du diamètre de l'ouverture de l'excavation en granite suédois au moyen du forage au marteau, forage rotatif, forage en pleine section et creusement du tunnel par explosifs.

La méthode soviétique de chargement avec espaces remplis d'air dans les trous

Melnikov et Marchenko (1969, 1970) rapportent que la méthode soviétique employant des charges séparées par des intervalles d'air, s'emploie couramment en URSS, tant pour les exploitations à ciel ouvert que pour les mines souterraines, pour les roches dures, de dureté moyenne, et tendres, et est utilisée par plus de 100 entreprises qui exploitent des gisements non-métalliques, des minerais et du charbon. Ils rapportent en plus que la taille moyenne des fragments a été réduite par un facteur de 1,5 à 2, que la quantité de blocs a été réduite par 2 à 10 fois, que la consomption spécifique d'explosifs a diminué par 10 à 30%, et que la productivité du système de transport de la mine a été augmentée par 10 à 30% et même d'avantage. Le rapport optimum entre le volume du trou de mine et le volume de la charge est 2 à 3. Ceci veut dire que le volume total des trous a été augmenté par un facteur de 1,5 à 2,7.

Trous de mine avec espaces vides

Pour désagréger la roche au fond du trou, la charge de fond doit avoir une plus grande force de rupture par unité linéaire de trou que celle qui est nécessaire dans la charge allongée. Si tout le trou de mine est rempli par le même explosif, le trou sera surchargé. Pour éviter ceci, seulement 40% de la partie supérieure du volume du trou doit être remplie. Pour réaliser une distribution satisfaisante de l'explosif, on peut avoir recours à la vieille méthode de séparer les cartouches par des bâtons en bois. En règle générale, la section des cartouches, ainsi que celle des bâtons, est beaucoup plus petite que la section du trou; l'espace vide est donc d'habitude assez considérable.

Le procédé de l'expansion initiale du gaz, lorsqu'une partie du trou est remplie d'air, est complexe; mais afin d'établir des limites il est justifié de supposer qu'il est isothermique et qu'il ne comporte pas d'expansion de la part du trou de mine. L'expansion isothermique subséquente va donc commencer par l'énergie contenue dans le gaz, non diminué mais à une pression plus basse (Johansson et Persson, 1970, p. 64). Les pertes d'énergie dans l'onde de choc seront plus petites que dans le cas d'un trou rempli d'explosifs, et le travail externe utile, par unité de poids de gaz en expansion, sera plus grand.

Des enquêtes ont été menées par Persson, Kihlström et Ladegaard-Pedersen (1969) au sujet du tirage en gradins d'un pan de granite d'une épaisseur de 1-2 mètres, séparé de la couche inférieure par une fissure horizontale. Ces études montrent que l'effet mentionné ci-dessus peut aussi être réalisé par des charges longues et étroites, qui ne remplissent pas complètement le volume du trou. La ligne de moindre résistance s'est révélée être maximum pour une charge donnée lorsque le diamètre du trou de mine était le double de celui de la charge, ce qui donne un rapport entre le volume du trou de mine et le volume de la charge d'à peu près 4.

Fragmentation de la roche au moyen d'ondes de choc et de contrainte

Quand on fait détoner la charge dans un trou de mine, l'onde de détonation se propage le long du trou à une vitesse de 2000 à 7000 m/sec, ou normalement entre 4000 et 6000 m/sec. En tête de l'onde de détonation, la pression est comprise entre 5 et 500 kbar, ou normalement environ 100 kbar dans le cas d'un trou rempli d'un explosif qui détone à grande vitesse. Si le trou de mine est bourré d'explosif, une pression qui n'est que la moitié de la pression de tête va agir initialement sur la paroi du trou à cause de l'accélération de la paroi. Si la charge ne remplit pas le trou, le gaz s'étendra radialement et, en atteignant la paroi, exercera une pression plus faible. Dans les deux cas, la pression se propagera hors du trou dans la roche comme une onde de choc avec une tête conique ayant son axe confondu avec celui du trou. Un calcul numérique (Persson, Lundborg et Johansson, 1970) des ondes de choc et du champ de contrainte autour du trou de mine indique que des fissures radiales, ou en forme de cercle, apparaîtront d'abord à cause de la contrainte tangentielle qui devient traction à une distance du centre de 3-4 fois le rayon du trou.

Dans une zone qui s'étend de la paroi du trou à 1-2 fois le rayon du trou, un écoulement plastique, dû aux contraintes radiales et axiales élevées, semble probable. Dans une zone intermédiaire, il est bien possible que le mode préféré de rupture soit le cisaillement avec des fissures ouvertes dirigées à un angle par rapport à la direction radiale.

Le résultat du calcul numérique s'accorde aux résultats du tirage à échelle réduite dans le cas du verre et du plexiglas, où les fissures radiales n'apparaissent pas toujours à la paroi du trou mais à une certaine distance à l'intérieur du matériau. Dans les cas où l'on emploie une charge spécifique élevée, la fragmentation est causée par les ondes de contrainte en traction qui se forment quand les ondes de choc sortantes se réfléchissent sur les surfaces libres. Grâce à la coopération d'ondes de contrainte en traction de diverses surfaces libres, il se produit des effets spectaculaires. Ceci a été démontré d'une très belle façon en utilisant du plexiglas par Kolsky (1953) et dans les métaux par Rinehart et Pearson (1954). En ce qui concerne le tirage en roche, la désagrégation et la fragmentation de la roche dues à l'action des ondes de choc et de contrainte ont été démontrées par le tirage d'entonnoirs par Obert et Duvall (1950), Duvall et Atchinson (1957) et Hino (1959).

La discussion pour savoir si la désagrégation et la fragmentation de la roche par le tirage sont dues aux ondes de choc, ou si elles dépendent des effets externes des gaz de détonation lors de leur expansion semi-statique en atteignant un équilibre thermo-chimique, peut maintenant être considérée comme terminée (Langefors et Kihlström, 1963, Persson, Lundborg et Johansson, 1970, et Laroque et Favreau, 1970). Une condition nécessaire comme alternative à l'onde de choc est l'emploi d'un explosif brisant et -- en roche dure -- l'emploi d'une charge spécifique qui n'est pas inférieure à 1 kg/m^3. Dans d'autres cas, il n'y aura pas d'écaillage grâce aux ondes réfléchies en traction. Au lieu de cela, les fissures croîtront, à partir de la zone autour du trou, à cause de la pression thermo-chimique des gaz de détonation. Néanmoins, l'influence des ondes de contrainte réfléchies en traction peut déterminer quelles fissures se développeront et dans quelles directions elles vont se propager (Field et Ladegaard-Pedersen, 1971, 1972). Pour des charges concentrées au fond d'un trou de mine ayant une profondeur égale à la ligne de moindre résistance, l'angle calculé théoriquement de la partie désagrégée s'accorde bien aux valeurs observées: 90°-100° dans le granite et 135°-140° dans le plexiglas. La différence est due à la variation du coefficient de Poisson: 0,22 pour le granite et 0,4 pour le plexiglas. Pour les charges rallongées, le calcul théorique donne 150°-180° dans le granite et même dans ce cas-ci, il y a bon accord avec les valeurs observées (Persson, Kihlström, Ladegaard-Pedersen, 1969).

La propagation des fissures

Les fissures radiales autour des trous de mine, créées par la contrainte passagère de l'onde de choc sortante, croîtront sous l'influence du champ de contrainte semi-statique causé par la pression du gaz dans les trous de mine. Pendant ce procédé, le volume du trou augmentera et la pression des gaz baissera pour cause.

Un critère naturel pour la formation de fissures est que, lorsque la fissure s'accroît d'une distance infinitésimale, l'énergie libérée par le champ de contrainte à la pointe de la fissure doit être au moins égale à l'énergie perdue à la pointe de la fissure durant le même procédé. Le facteur critique est donc la dérivée de l'énergie élastique du champ de contrainte par rapport à la longueur de la fissure.

"L'énergie de surface" ainsi définie est une propriété de la matière qui se laisse décrire, en termes légèrement différents, comme étant la résistance à la rupture du matériau considéré. Ce critère est très proche de celui de Griffith. Ouchterlony (1971) l'a employé pour déterminer la longueur d'équilibre des fissures radiales pour une pression ou une densité de charge donnée.

Des évaluations de la vitesse de l'écoulement du gaz dans la fissure et la vitesse de croissance de la fissure indiquent que la pression des gaz, dans la majeure partie d'une fissure allongée, est beaucoup moins que dans le trou de mine.

On peut donc supposer, avec assurance, que l'effet de pression des gaz de détonation sera restreint au trou de mine et à ses environs. Basé sur cette hypothèse, un bon accord s'est révélé entre les valeurs calculées pour la longueur maximum de fissure et les valeurs trouvées dans le tirage en gradin mentionné ci-dessus pour un pan de granite d'une épaisseur de 1-2 mètres.

Da Gama et Nelson (1970) ont fait des recherches quant à l'initiation de la formation de fissures autour d'un trou de mine pendant le passage rapide de l'onde de contrainte. Ils suggèrent que la pression radiale de l'onde de choc peut affaiblir la matière en dehors de la zone voisine du trou, par l'alignement radial de micro-fissures préexistantes. Il sera donc peut-être plus facile pour l'onde subséquente, en traction, d'initier la formation de fissures. On a découvert des longueurs représentatives de fissures radiales résultant de l'ordre du mètre. Ces deux enquêtes montrent que des modèles, où on prend en considération les fissures dans le traitement du procédé de fragmentation, peuvent être très utiles pour expliquer la suite des évènements.

L'énergie de surface ou la résistance à la rupture a été déterminée récemment dans des expériences faites entre autres par Summers, Corwine et Chen (1970), et Lundborg et Almgren (1972).

Une formulation alternative du critère de Griffith pour l'initiation de fissures se trouve dans la mécanique de fracture linéaire où l'on fait l'étude de l'énergie élastique dégagée à la pointe d'une fissure lors de sa formation. Le critère d'initiation formulé dans la mécanique de fracture est donc local, et identique au critère d'énergie de Griffith, lequel est global. Toutefois, les deux critères se rapportent aux gradients d'énergie en fonction de la croissance des fissures.

Un ouvrage de Porter et Fairhurst (1970) se rapporte à la formation de fissures causées par la pression dans un trou de mine; les trajectoires des fissures coïncident presque exactement avec les trajectoires des contraintes principales statiques, dans le cas où il n'y a pas de fissure. Si nous supposons que la formation de fissures est déterminée par le niveau de densité de l'énergie élastique présente dans la matière à la pointe d'une trajectoire de fissure imaginée, la ligne de moindre résistance aura son maximum à un diamètre de trou et pour une certaine pression de gaz fixe. En plus, dans le cas de lignes de moindre résistance plus courtes, la largeur de la rupture aura aussi un maximum.

Porter et Fairhurst emploient un modèle où la formation des fissures est déterminée, non par la rampe d'énergie locale, comme dans les critères de Griffith ou de la mécanique de fracture linéaire, mais par le niveau de densité d'énergie locale. On peut se demander s'il existe un dualisme entre ces deux points de vue puisqu'elles semblent, toutes les deux, permettre des conclusions qui s'accordent avec la réalité. Kutter (1967, 1970), pour sa part, est situé quelque part entre les deux points de vue, puisqu'il préfère utiliser la notion de trous circulaires équivalents, plus grands que les trous de mine originaux, pour tenir compte de la géométrie des fissures; il rapporte toutefois la charge critique et la résistance à la rupture à l'énergie de surface de Griffith.

Des analyses des contraintes dues à la géométrie des fissures, du point de vue de la mécanique de rupture linéaire, ont été entreprises par Ouchterlony (1972). Ce sont des continuations de travaux antérieurs faits par plusieurs chercheurs. Les quantités calculées sont des facteurs de l'intensité de contrainte, de la direction probable de la formation des fissures et du volume de la fissure étoile tout aussi bien que du trou circulaire avec des fissures radiales de différentes longueurs et aussi dans les fissures dihédrales (en forme de V). Il montre comment la formation de fissures est influencée par la quantité de fissures, par leur longueur et par l'entrée de gaz dans le système de fissures. Les calculs montrent que malgré l'entrée des forces d'expansion dans un système de fissures, seules quelques fissures croissent, même lorsqu'un grand nombre est initié au bord d'un trou, tandis que les pointes des fissures plus courtes se ferment. Une fermeture des fissures se produit aussi dans la fissure dihédrale, ce qui explique la présence d'un angle minimum de rupture dans l'abattage des gradins.

III. FRAGMENTATION PAR PERFORATION ET SONDAGE[1]

La mécanique des roches appliquée au forage au marteau

Dans le domaine de la perforation de trous de petit diamètre, la méthode principalement employée est le forage à percussion ou au marteau avec des taillants en carbure de tungstène. La mécanique des roches qui se rapporte à ce type de forage a été l'objet de recherches considérables. A partir d'expériences, il a été possible d'élaborer des modèles théoriques qui permettent une bonne compréhension de la suite des évènements mécaniques: la formation de l'onde de percussion quand le marteau frappe le fleuret, la propagation de l'onde le long du fleuret et ses joints, la pénétration destructive du taillant dans la roche et l'onde réfléchie qui revient le long du fleuret. Ces résultats ont fourni la base indispensable pour la construction de machines percutantes qui satisfont aux exigences de la forme de l'onde de percussion, de la fréquence de percussion, de la force de poussée, de l'angle de coin, etc. Ils ont aussi rendu possible des perfectionnements dans le domaine de la résistance des matériaux d'une façon immédiate, en augmentant la charge sur les taillants et les fleurets. La perforation au marteau est une technique bien établie et l'expérience pratique gagnée pendant des années a été fondamentale dans le développement de marteaux perforateurs qui ont maintenant une construction très près de l'optimum.

Fairhurst a donné un compte-rendu compréhensif des résultats réalisés et des problèmes qui subsistent dans son rapport général sur le thème 5 de la fragmentation lors du second congrès de la Société Internationale pour la Mécanique des Roches à Belgrade en 1970. En ce qui concerne les auteurs de cet exposé, il n'y a pas beaucoup à y ajouter. Hustrulid et Fairhurst (1971, 1972) ont publié un résumé de leurs travaux effectués à l'Université de Minnesota. Leur travail est important parce qu'il souligne la valeur des expériences et des applications. Pendant les dernières années une étroite collaboration a eu lieu avec le Centre de Recherche d'Atlas Copco à Stockholm, Suède. De ce laboratoire nous vient un ouvrage récemment publié par Lundborg (1971).

Son travail se base sur la théorie et la mécanique fondamentale et, comme il emploie des modèles simplifiés, le travail se montre très utile pour une large compréhension en termes physiques de tout le procédé de la perforation, comportant la transmission de l'onde de percussion à travers les fleurets, les joints et le taillant. Une autre contribution importante et valable de la part d'Hustrulid et Fairhurst (1971) est l'étude de l'influence de la poussée d'avancement.

Lundberg (1971) traite le forage au câble et la perforation "fond-de-trou" et compare l'efficacité de ces deux méthodes à celle du forage au marteau. Il étudie aussi la transmission de l'onde de percussion à travers les fleurets et les joints.

Dutta (1972) a publié une enquête sur la pénétration du taillant dans le forage au marteau; il base son travail sur une conception plus détaillée de la désagrégation de la roche que celles employées par Hustrulid - Fairhurst (1971, 1972) et Lundberg (1971).

Récents perfectionnements techniques dans le domaine de la perforation

Des méthodes de forage exotiques qui attiraient tant d'intérêt il y a dix ans, il n'en reste plus guère aujourd'hui qui constituent une réalité économique, sauf dans le cas de quelques applications limitées et spécialisées. Dans un avenir proche, la plus grande partie de tout forage rocheux sera sans doute toujours réalisé en utilisant

[1] Les auteurs expriment leur reconnaissance envers M. Olaf Meyer, Stokholm, pour les renseignements valables qu'il a bien voulu donner au sujet de la perforation et du sondage.

le concept de l'effet mécanique d'outils emboutis d'acier ou de carbure de tungstène sur la roche. Il est toutefois fort possible que de nouvelles conceptions pour le creusement de tunnels, qui sont aujourd'hui l'objet d'études de praticabilité, pourront influencer le développement à un plus grand degré que ne peut se figurer celui engagé actuellement dans les travaux appliqués.

Néanmoins, il paraît que les recherches dans le domaine du forage au marteau ont atteint un certain stage d'achèvement. Toutefois, on ne peut dénier qu'un progrès rapide dans le domaine de la technique de perforation existe, mais la plupart des contributions importantes au développement de la perforation, se situent dans les sphères de la construction des machines, la technologie des matériaux, la mécanisation, l'automation et la commande à distance. Beaucoup de progrès ont été enregistrés et des perfectionnements fondamentaux sont en train de se réaliser. Le développement rapide de systèmes d'hydraulique a beaucoup simplifié la mécanisation et a rendu possible le contrôle étroit de la poussée d'avancement et de l'énergie de percussion qui est nécessaire pour les hautes vitesses des perforations actuelles atteintes.

En plus, la précision dans l'amorçage des trous et dans l'alignement du marteau perforateur a été améliorée, ce qui favorise l'efficacité de toute opération de tirage. Un pas important en ce qui concerne les machines de perforation est le développement d'appareils hydrauliques de percussion au lieu des appareils pneumatiques. Des prototypes de machines de ce type sont actuellement testées par divers fabricants. L'augmentation de l'efficacité est surtout frappante. On estime qu'en employant des marteaux perforateurs hydrauliques actionnés par l'électricité, 40-60% de l'énergie totalement consommée sera transformée en travail de percussion utile, comparée à environ 10% dans les systèmes pneumatiques semblables.

Même si ce développement était une réussite complète, les systèmes pneumatiques auraient toujours de nombreux avantages et ceux-ci continueraient à s'employer à grande échelle dans le proche avenir.

Fragmentation par forage au marteau

Dans toutes les méthodes en fragmentation de la roche dure au moyen d'outils coniques ou en forme de coin, que l'on fait pénétrer dans la roche par la force de percussion, il est généralement admis qu'une partie de la matière est écrasée finement et que le reste est enlevé par cisaillement en éclats dont les dimensions sont de l'ordre du millimètre (0,004 pouce). La figure 9 montre un exemple de distribution de la taille des grains de poussière de forage, résultant de deux taillants de 76 mm (3 pouces) de diamètre utilisés avec un type donné de marteau perforateur. Comme on peut le voir sur le diagramme, la taille moyenne des grains s'est sensiblement accrue due aux modifications du trou d'injection dans le taillant.

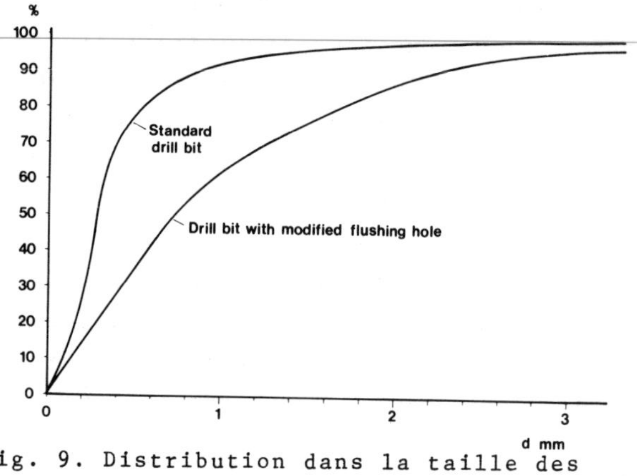

Fig. 9. Distribution dans la taille des grains de la poussière de forage produite par un taillant de 75 mm (3 pouces)dans le cas du forage au marteau.

Le problème de la silicose

Dans une série d'enquêtes sur les dangers de la silicose, K. Kihlstedt et d'autres[1] ont trouvé que tous les grains, d'un diamètre compris entre 1-2 microns, ont une charge négative uniforme qui les retient suspendus en l'air par répulsion mutuelle. La figure 10 montre un exemple de la distribution dans la poussière suspendue, formée par l'écrasement du quartz au moyen de disques.

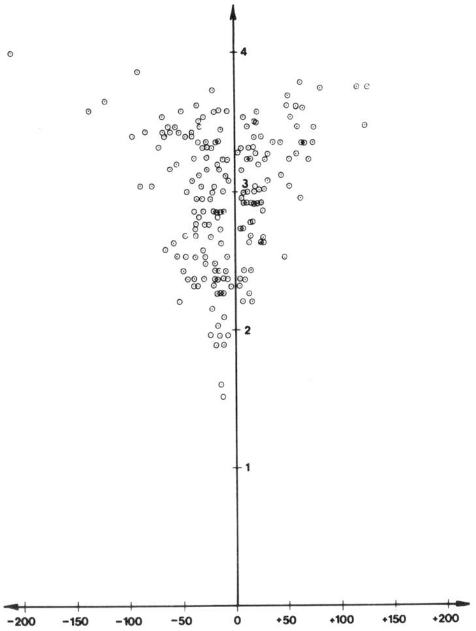

Charge des grains, e (1 e $1{,}602.10^{-19}$ coulomb)

Fig. 10. Diamètres des grains et charge électrique de la poussière de quartz produite par un moulin à disques.

Différents types d'écrasement de minéraux quartzeux produisent, dans le cas du quartz, une distorsion à charnière multiple d'intensité variable. Après un écrasement rapide, ce matériau est amorphe aux rayons X pendant un certain temps (Lidström, 1968). La thermo-analyse différentielle indique que de grandes quantités d'énergie sont emmagasinées dans les charnières multiples du quartz déformé. On peut aussi démontrer que la distorsion des charnières multiples s'accompagne d'une ligature intense de l'eau sous forme d'eau rigide stabilisée.

(1) Professeur P.G. Kihlstedt de l'Institut Royal de Technologie, Stockholm. Communication privée.

Des expériences avec des rats[2] montrent que le quartz "frais", qui a été rapidement écrasé et d'où les impuretés de fer ont été enlevées, cause un développement rapide de la silicose, qui a rempli toute la cage thoracique du rat.

Du quartz "de référence", emmagasiné depuis une dizaine d'années, produit une silicose d'une croissance relativement lente.

La conclusion sera donc que l'on doit éviter d'aspirer la poussière quartzeuse nouvellement formée, surtout si le quartz a été broyé par une méthode rapide. Une conséquence possible de ces résultats est que l'idée d'une quantité permissible de poussière de silice, ou la valeur hygiénique limite, exprimée en grammes de poussière de silice par mètre cube d'air aspiré, doit être réévaluée ou reformulée.

On a constaté que l'indice de poussière permis était excédé dans certains chantiers sans incidence de silicose tandis que dans d'autres chantiers, la silicose s'est révélée malgré le fait que l'on ait soigneusement observé toutes les ordonances concernant l'indice de poussière.

Les dernières années ont vu l'introduction générale de collecteurs modernes de poussière, commodes et efficaces, destinés à être employés avec les appareils modernes utilisés pour le forage en gradins.

Le sondage au diamant

Dans le cas du sondage au diamant, procédé qui donne le meilleur rendement économique dans le cas de l'exploration,(longs trous d'un diamètre plutôt petit), d'importants perfectionnements ont été réalisés par la

(2) Sous la supervision du docteur A. Svensson, Professeur-Assistant à la clinique de médecine professionnelle de l'Institut Carolingien, Stockholm.

mécanisation introduite dans le maniement et le couplement des allonges et par l'emploi de plus en plus répandu d'allonges en aluminium. Lourde et lente dans le passé, cette opération s'effectue maintenant facilement et rapidement. Par la suite, le progrès dans la technique de fabrication des couronnes a prolongé leur vie utile.

Le forage en pleine section

Les machines pour le forage en pleine section portent une tête rotative qui, d'habitude, couvre toute la section du tunnel. Dans la roche friable, la fragmentation se produit au moyen de pics ou dents qui désagrègent la roche. Dans la roche dure les machines pour le forage en pleine section sont, en règle générale, munies d'outils roulants qui tournent chacun autour de leur axe. Du point de vue de la mécanique des roches, la fragmentation se produit d'une façon pareille à celle des taillants-burins présents sur les marteaux perforateurs. Lorsque les pics ou les bords roulants de l'outil sont poussés contre la surface et pénètrent dans la roche, il se produit un écrasement du matériau suivi de l'expulsion des éclats due à l'action des forces de cisaillement.

Un tout autre procédé de fragmentation a lieu avec les machines rotatives, pour le forage en pleine section, qui travaillent selon le "principe de Wohlmeyer" (Barendsen, 1969). Un tambour central, actionné hydrauliquement, est serti de plusieurs têtes de forage, chaune actionnée par un moteur électrique. Les axes de rotation des têtes de forage forment un angle avec la ligne centrale du tunnel. Quand le tambour central tourne et s'avance, les têtes de forage produisent dans la roche des rainures hélicoîdales dont la largeur est sensiblement inférieure à l'avance par révolution, et la matière interjacente se rompt et se désagrège. De cette façon, à peu près 70% du volume de la roche peut être enlevé sans entrer en contact avec les outils en carbure de tungstène présents sur les têtes de forage

Normalement le coût par mètre cube pour le creusement de tunnels par le tirage ne s'accroît pas quand la résistance à la rupture de la roche augmente. En effet, à cause des frais plus élevés du soutènement, des boulons, du revêtement, creuser un tunnel en roche tendre est normalement beaucoup plus cher qu'une roche dure et compétente.

Cependant, dans le cas du forage rotatif ou du forage en pleine section, il y a une grande augmentation dans les frais au fur et à mesure que la résistance et (ou) l'abrasivité de la roche s'accroissent. Cette augmentation est, en effet, si importante,qu'il paraît exister une famille de roches ayant des propriétés trop exigeantes pour que le forage en pleine section puisse être une méthode qui offre une vraie concurrence économique. On est donc obligé de revenir au tirage comme étant la seule méthode pratique, à l'heure actuelle, pour la plupart des roches dures. Cependant, beaucoup moins de tunnels passent actuellement et seront creusés à l'avenir en roche dure. Dans les roches tendres et (ou) pas trop abrasives, le forage en pleine section constitue un moyen important de creuser des tunnels avec rapidité et avec sécurité.

La résistance de la roche n'est pas le seul facteur qui détermine si la roche peut être forée en pleine section. Une roche très abrasive (par exemple le grès) avec une résistance à la compression de seulement 100 bars, peut être aussi difficile à pénétrer économiquement avec une machine en pleine section qu'une roche dure mais non-abrasive (par exemple le calcaire) qui a une résistance à la compression aussi élevée que 3000 bars.

Même dans des roches dures, malgré les frais élevés par unité de volume pour le forage dans la gamme de diamètres de 15-60 pouces, une bonne économie peut être maintenue. Tel est le cas pour les puits ascendants, dont le diamètre peut difficilement être inférieur à 2 mètres (80 pouces),quand ils se font par tirage, mais qui pourraient très bien être réalisés avec un diamètre plus petit si on forait un seul trou de gros diamètre.

IV. BIBLIOGRAPHIE

- BARENDSEN, P. Mechanised Drifting by the Full Face Method. Annual Meeting of the Swedish Rock Blasting Committee, 1969.
- BRUCE, W.E. and MORRELL, R.J. Principles of rock cutting applied to mechanical boring machines. Proc. 2nd Symp. Rapid Excavation, Sacramento, Oct. 1969.
- BURFORD, L., COOPER, H.F. Jr., THOMPSON, J. C. Spherical wave propagation in brittle materials. Proc. 12th Symp. Rock Mech. Univ. Missouri, Rolla 1970, p. 379.
- D'ANDREA, D.V. and CONDON, J.L. Dye penetrant studies of fractures produced in laboratory cratering. Proc. 12th Symp. Rock Mech, Univ. Missouri, Rolla Nov. 1970 p. 479.
- DUTTA, P.K. A theory of percussive drill bit penetration. Int. J. Rock. Mech. Min Sci. 9 (1972) 543.
- DUVALL, W.I., and ATCHISON, T.C. Rock Breakage by Explosives. U.S. Bureau of Mines. RI 5336, 1957.
- FAIRHURST, C. Comminution: Physical and mechanical bases of comminution, drilling, blasting, crushing, grinding and abrasion. General report of Theme 5, 2nd Congr. Int. Soc. Rock Mech. Beograd Jugoslavia, 1970.
- FIELD, J.E. and LADEGAARD-PEDERSEN, A. The importance of the Reflected Stress Wave in Rock Blasting. Int. J. Rock. Mech. Min. Sci 8 (1971) 213.
- FIELD, J.E. and LADEGAARD-PEDERSEN, A. Fragmentation processes in rock blasting. Dechema-Monographien, 69, 1972.
- DA GAMA, C.D. and NELSON, C.R. The formation of cracks in rock blasting analyzed in terms of the modified Griffith theory. Proc. 12th Symp. Rock Mech. Univ. Missouri, Rolla, Nov. 1970 p. 517.
- HAIMSON, B.C. and FAIRHURST, C. Some bit-penetration characteristics in pink Tennessee marble. Proc. 12th Symp. Rock Mech. Univ. Missouri, Rolla, Nov. 1970, p. 547.
- HAVIR, J., BORDA, S.K. and PETROS, V. A simple method of determining the coefficient of loosening of rocks. Int. J. Rock Mech. Min. Sci. 8 (1971) 97.
- HENDRICKS, R.S. Raise boring, tunnelboring, presplitting, survey control and shotcreting at Hecla mining. Proc. 2nd Symp. Rapid Excavation, Sacramento Oct. 1969.
- HINO, K. "Theory and Practice of Blasting", Nippon Kayaku Co., Ltd. Japan 1959.
- HUSTRULID, W.A. and FAIRHURST, C. A theoretical and experimental study of the percussive drilling of rock. Int. J. Rock Mech. Min. Sci. I. Theory of percussive drilling 8 (1971) p. 311. II. Force-penetration and spec. energy determinations 8(1971) p. 335. III. Experimental verification of the mathematical theory 9 (1972) p. 417. IV. Application of the model to actual percussion drilling 9 (1972) p. 431.
- JOHANSSON, C.H. and PERSSON, P.A. "Detonics of High Explosives", Academic Press, London and New York 1970.
- KOLSKY, H. "Stress waves in solids". Clarendon Press, Oxford 1953.
- KUTTER, H.K. The Interaction between Stress wave and gas pressure in the fracture process of an underground explosion in rock., with particular application to Presplitting. Ph. D. thesis, Univ. Minn. (1967).
- LANGEFORS, U., and KIHLSTROM, B. "Modern Technique of Rock Blasting". Almqvist & Wiksell, Stockholm. John Wiley & Son, New York 1963.
- LANGEFORS, U. Fragmentation in Rock

Blasting. Proc. 6th Symposium on Rock Mechanics. Penn. State Univ. 1965. Also in Mining and Minerals Engineering 2 (1966) 339.

- LAROQUE, G.E. and FAVREAU, R.F. Blasting research at the mine branch. Proc. 12th Symp. Rock Mech. Univ. Missouri, Rolla, Nov. (1970) p. 339.

- LUNDBERG, B. Some basic problems in perfussive rock destruction. Ph. D. Thesis at Chalmers Univ. of Technology, Gothembourg, Sweden 1971.

- LUNDBERG, B. Energy transfer in percussive rock destruction. I. Comparison of percussive methods. II. Supplement on hammer drilling. III. Stress wave transmission through joints. Int. J. Rock Mech. Min. Sci. (en presse).

- LUNDBORG, N. Strength of rock-like materials, Int. J. Rock Mech. Min. Sci. 5 (1968) 427.

- LUNDBORG, N. A statistical theory of the polyaxial compressive strength of materials. Int. J. Rock Mech. Min. Sci. 9 (1972) 617.

- LUNDBORG, N., et ALMGREN, L.A. Détermination de la résistance à la fracturation des matériaux rocheux. Rapport de la Fondation Suédoise de la Recherche Détonique DS 1972: 6 (en suédois).

- MELNIKOV, N.V. and MARCHENKO, L.N. Anwendung von Sprengladungen mit Luftzwischenraumen. Bergbautechnik 19 (1969) 521.

- MELNIKOV, N.V. and MARCHENKO, L.N. Effective Methods of Application of Explosion Energy in Mining and Construction. 12th Symp. on Rock Mech. Univ. Missouri, Rolla 1970, p. 359.

- MEYER, Q. Classification of rock with respect to expected drilling rate and bit wear. Proceedings, Atlas Copco Symposium on Mining techniques, Moscow, 1-3 March 1972, Atlas Copco, Stockholm 1972.

- OBERT, L., and DUVAL, W.J. Generation and Propagation of strain waves in rock. U.S. Bureau Mines. R.I. 4663, 1950.

- OUCHTERLONY, F. Calcul de la variation de la longueur de la fracture en fonction du diamètre du trou pour un poids constant d'explosif par mètre. Rapport de la Fondation Suédoise de la Recherche Détonique DS 1971:4 (en suédois).

- OUCHTERLONY,F. Analyse des contraintes dans le cas de géométrie différentes avec des fractures radiales dans un milieu plan infini et sous l'influence des forces en expansion. Rapport de la Fondation Suédoise de la Recherche Détonique DS 1972:11. (en suédois).

- PARISEAU, W.G. Wedge Indentation of anisotropic geologic media. Proc. 12th Symp. Rock Mech. Univ. Missouri, Rolla, Nov. 1970, p. 529.

- PERSSON, P.A., LADEGAARD-PEDERSEN, A., and KIHLSTROM, B. The Influence of Borehole Diameter on the Rock Blasting Capacity of an Extended Explosive Charge. Int. J. Rock Mech. Min. Sci. 6 (1969) p. 277.

- PERSSON, P.A., LUNDBORG, N., and JOHANSSON, C.H. The basic mechanism in rock blasting. Proc. 2nd Congr. Int. Soc. Rock Mech. Beograd 1970.

- PERSSON, P.A. and LADEGAARD-PEDERSEN, A. Explosions à rangée multiple et à court délai avec un rapport distance des trous à couverture de 4 à 8. Essais à grande échelle. Rapport de la Fondation Suédoise de Recherche Détonique, DS 1970: 14 (en suédois).

- PERSSON, P.A. Coups de forage dans les explosions modernes rocheuses. Rapport Nitro Nobel AB Rapport DL 1971:29 (en suédois).

- PORTER, D.D. and FAIRHURST, C. A study of crack propagation produced by the sustained borehole pressure in blasting. Proc. 12th Symp. Rock Mech. Univ. Missouri, Rolla, Nov 1970 p. 497.

- RINEHART, J.S. and PEARSON J. "Behavior of metals under explosive loads". Amer. Society for Metals, Cleveland 1954.
- SPERRY, P.E., SAMSON, G.A. EAGLIONE, A.T., FINH, T. and NORMAN, N.E. River mountains tunnel project. Proc. 2nd Symp. Rapid Excavation, Sacramento Oct 1969.
- SUMMERS, D.A., CORWINE, J., and CHEN, L. A Comparison of Methods available for the Determination of Surface Energy. Dynamic Rock Mechanics, Proc. 12th Symp. Rock Mech Univ. Missouri, Rolla, 1970 p. 24.
- THOMPSON, R.J. Develop mining at White Pine.Proc. 2nd Symp. Rapid Excavation, Sacramento Oct 1969.
- LIDSTROM, L. Surface and bond-forming properties of quartz and silicate minerals and their application in mineral processing techniques. Acta Polytechnica Scand. Chemistry serie No 75, Stockholm 1968.

THEMA 5
SYSTEME DER ZERKLEINERUNG

C.H. Johansson and P. A. Persson

Swedish Detonic Research Foundation

Vinterviken

Stockholm, Sweden

Inhalt

Einleitung

Dieser Bericht handelt hauptsächlich von der Zerkleinerung als technischem und wirtschaftlichem Problem beim modernen Gesteinsabbau. Es soll versucht werden, eine allgemeine Übersicht über die gut eingeführten, reibungslos funktionierenden, konventionellen Bohr- und Sprengverfahren und mechanischen Abbauverfahren zu geben, sozusagen als Hintergrund für die zukünftige Entwicklung.

Zerkleinerung ist immer ein Mittel zum Zweck, denn das zerkleinerte Gestein soll ja immer in der einen oder anderen Weise fortgeschafft oder verwendet werden. Die Wirtschaftlichkeit des Gesamtbetriebs, sei es ein Bergwerk, ein Damm oder sonst eine Baustelle, hängt fast immer in nicht geringem Grad vom Zustand des abgebauten Gesteins ab, der Grössenverteilung der Blöcke, dem Ausmass, in dem sekundär gesprengt werden muss (wenn überhaupt), und von der Leichtigkeit des Abtransports, die von der Dichte des Haufwerks abhängt.

Wenn wir allgemein von besserer Zerkleinerung sprechen, meinen wir in Wirklichkeit besser kontrollierte Zerkleinerung, denn nicht immer ist das Ziel eine geringere Blockgrösse im allgemeinen und eine geringere Zahl grosser Blöcke im besonderen. Manchmal, wie beim Dammbau, mag die Zerkleinerungskontrolle anderen Zwecken dienen, wie z.B. der Erzeugung vieler grosser Blöcke von regelmässiger Form. In solchen Fällen kann es notwendig sein die Maschienausrüstung nach der erforderliche Grosse der Blöcke zu wählen. Meistens jedoch muss der Zerkleinerungsgrad auf die vorhandenen Schaufellader, Lastwagen und Brechanlagen abgestimmt sein.

Im Folgenden werden wir zunächst die gewöhnlichsten Verfahren besprechen, die eine verbesserte Zerkleinerung beim Sprengen ergeben, und im weiteren dann die verschiedenen Bohrmethoden behandeln. Wir legen deshalb besonderes Gewicht auf die Erläuterung der jetzigen konventionellen Technik, weil wir glauben, dass eine sichere Beherrschung derselben am ehesten zu ihrer weiteren Verbesserung dient und auch zur Entwicklung besserer neuer Verfahren führen kann, die die alten ersetzen sollen.

Es ist unvermeidlich und in mancher Hinsicht vorteilhaft, dass die persönlichen Erfahrungen der Verfasser eine Berichterstattung, wie sie hier gegeben wird, in gewisser Weise beeinflussen. Ohne Zweifel nimmt deswegen die Zerkleinerung harter Gesteinsarten in diesem Bericht eine vorherrschende Stellung ein. Es ist vielleicht nicht notwendig, dass wir uns deshalb entschuldigen, aber es soll doch gleich zu Anfang gesagt werden.

Zerkleinerung durch Sprengen

Spezifische Ladung und kritische Vorgabe

Die zwei wirksamsten Massnahmen zur Verbesserung des Zerkleinerungsgrades beim Sprengen sind die Erhöhung der spezifischen Ladung und die Verminderung der Vorgabe. Nach Langefors und Kihlström (1963) und Langefors (1965) verringert sich beim Strossensprengen die durchschnittliche Blockgrösse L mit zunehmender spezifischer Ladung q bei verschiedenen Vorgaben V, wie Fig. 1 zeigt. Dieses Diagramm, für das der Lochabstand $E = 1{,}25\ V$ gilt, ermöglicht mit hinreichender Zuverlässigkeit, wenn z.B. ein durch Versuche ermittelter Punkt auf der Kurve für V = 2m gegeben ist, die Einzeichnung einer Serie von Kurven auch für andere V-Werte. Die Punkte in Fig. 1 stellen experimentell ermittelte Werte für V = 1,1m dar.

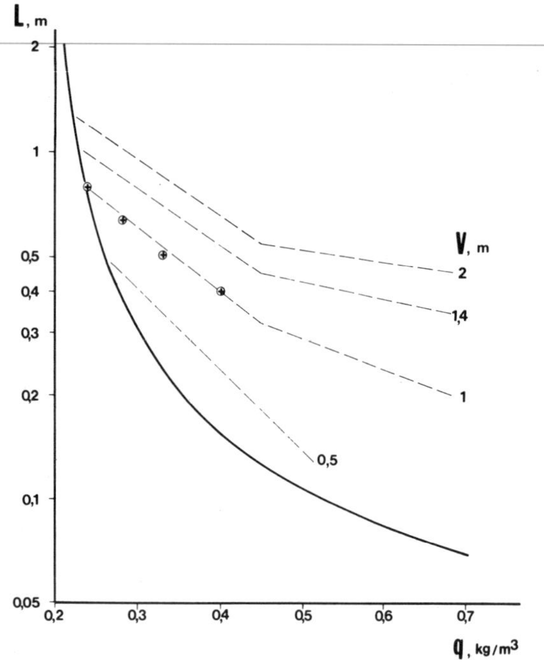

Fig. 1. Durchschnittliche Blockgrösse als Funktion der spezifischen Ladung mit der Vorgabe als Parameter. L ist die durchschnittliche Seitenlänge eines Blockes von Durchschnittsgewicht, berechnet für die grössten Blöcke, die zusammen 90% des Haufwerks ausmachen.

Kurzintervallsprengung mehrerer Reihen

Das Kurzintervallsprengverfahren wurde hauptsächlich deswegen eingeführt, weil man die durch die Sprengung hervorgerufenen Bodenvibrationen verringern wollte. Schon bald jedoch erwies sich, dass Kurzintervallabschläge eine verbesserte Zerkleinerung ergaben, u.a. deswegen weil die spezifische Ladung ohne Erhöhung der Wurfgefahr vergrössert werden konnte. Einerseits ist das Verzögerungsintervall zwischen den Zündungen aufeinander folgender Reihen lang genug, dass das Gestein der einen Reihe sich in Bewegung gesetzt und die freie Wand der nächsten blossgelegt hat, bevor diese detoniert. Andererseits ist die Verzögerung so kurz, dass das Gestein der einen Reihe beim Detonieren der nächsten noch in der Luft hängt und wie ein Vorhang überdurchschnittlich schnell fliegende Brocken auffängt. Darüberhinaus erhöhen Zusammenstösse verschieden schnell sich bewegender Blöcke den Zerkleinerungsgrad beträchtlich. Das optimale Verzögerungsintervall τ, d.h. das Intervall, das die beste Zerkleinerung ergibt, ist eine Funktion der Vorgabe V. Nach Langefors und Kihlström (1963) gilt für Vorgaben zwischen 0,5 und 8 m

$$\tau = k \cdot V \qquad (1)$$

wobei k 3 bis 5 ms/m beträt.

Das Sprengverfahren mit weitem Bohrlochabstand beim Kurzintervallabschlag mehrerer Reihen

Wenn die Abstände E zwischen den Bohrlöchern einer Reihe vergrössert werden während das Produkt E·V konstant bleibt, verbessert sich der Zerkleinerungsgrad bei der Kurzintervallsprengung mehrerer Reihen. Dieses Verfahren, von Langefors (1965) vorgeschlagen und auf Modellebene erprobt, ist jetzt von Persson und Ladegaard-Pedersen (1970) weiter ausgearbeitet und unter den Bedingungen der Wirklichkeit getestet worden. Das Verhältnis des Bohrlochabstandes E zur Vorgabe V betrug früher zwischen 1 und 1,3. Aus systematischen Versuchen an Modellen ergab sich, dass eine Erhöhung von E/V bis E/V = 8 bei gleichzeitiger Konstanz des Produktes E·V die Zerkleinerung verbessert. Der kausale Zusammenhang ist im Grunde einfach. Fig. 2 a-c zeigt schematisch die Abschläge einzelner

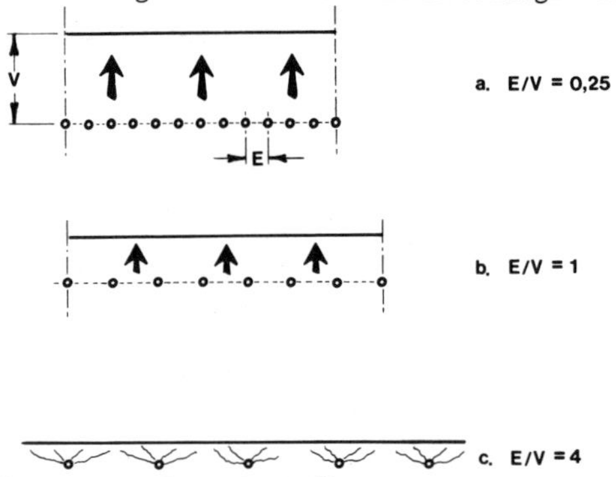

Fig. 2. Ein-Reihen-Abschläge.

Reihen mit E/V-Werten von 0,25 bis 4. Bei E/V = 0,25 beträgt die Dicke der vorgegebenen Gesteinsschicht das Vierfache das Abstandes zwischen den einzelnen Löchern. Es ist leicht zu sehen, dass diese Schicht als Ganzes herausgeworfen wird, in wenige Blöcke zerteilt. Bei E/V = 1 verläuft die Sache ähnlich, doch die durch die einzelnen Ladungen hervorgerufenen Risse wirken sich stärker aus und die Zerkleinerung wird besser. Bei E/V = 4 ergibt sich wenig Zussammenwirken zwischen den Ladungen einer einzigen Reihe. Bei der Sprengung mehrerer Reihen jedoch, lockern sich die Gesteinsabschnitte zwischen den Löchern und zerbrechen, wenn die folgenden Reihen detonieren.

Bei hohen Werten für das Verhältnis E/V, z.B. E/V = 8, ergibt sich eine befriedigende Zerkleinerung, wenn jede zweite Reihe um einen halben Lochabstand seitlich verschoben ist. Tafel 1 vergleicht eine Reihe von Sprengergebnissen in Granit (Umeå) und Kalkstein (Stora Vika). An beiden Orten betrug die Strossenhöhe 20 m und der Lochdurchmesser 78 mm (3 in). Fig. 3a zeigt den Bohr- und Zündungsplan für einen Abschlag von 66 Löchern in 7 Reihen, wobei E/V = 6, und Fig. 3b gewährt einen Blick auf das Haufwerk

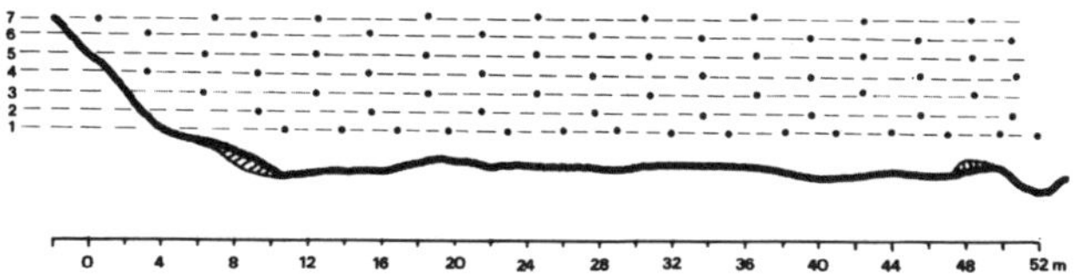

Fig. 3a. Bohr- und Zündplan eines Sieben-Reihen-Abschlags bei E/V = 6.

Fig. 3b. Blick auf den in Fig. 3a schematisch dargestellten Abschlag nach der Sprengung. Links hat der Abtransport schon begonnen.

nach dem Abschlag. Links, wo der Abtransport bereits begonnen hat, sind die noch verbliebenen Blöcke zu sehen. Nach Tafel 1 betrug die Anzahl der Kalksteinblöcke bei E/V - 6 47 pro 1000 m³ verglichen mit 121 bei E/V = 1,25, und die Anzahl der Granitblöcke bewegte sich während 5 Abschlägen zwischen 90 und 112 bei E/V = 4 verglichen mit 171 bis 219 bei E/V = 1,25. Die Abtransportleistung erhöhte sich von 1500 auf 2000 Tagestonnen, während die Gesamtkosten für Bohren, Sprengen und Abtransport sich von 1,50 auf 1,30 Dollar pro Kubikmeter verringerten. Es ist hervorzuheben, dass die Ergebnisse der an Plexiglasmodellen durchgeführten Versuche die notwendige Grundlage für die Anwendung des Verfahrens in der Wirklichkeit bildeten. Ohne die am Modell erworbene gründliche Kenntnis des Einflusses der verschiedenen Faktoren wäre es unmöglich gewesen, eine Erprobung unter den Bedingungen der Wirklichkeit vorzunehmen. Das Sprengverfahren mit weitem Bohrlochabstand kommt jetzt bei der Gewinnung von Bodenschätzen bei Umeå und an vielen anderen Orten in Schweden und anderswo zur Anwendung, so auch bei der Sulphiderzgewinnung durch Versatzbau in mehreren Bergwerken der Boliden AG. Im letztgenannten Fall beträgt der Durchmesser der Löcher 35 mm, ihre Tiefe 4 m und das Verhältnis E/V 3,5. Der durch das Sprengverfahren mit weitem Bohrlochabstand erzielte höhere Zerkleinerungsgrad lässt sich auch mit einem "quadratischen" Bohrplan erreichen, wenn ein geeigneter Zündungsplan gewählt wird. Fig. 4 zeigt

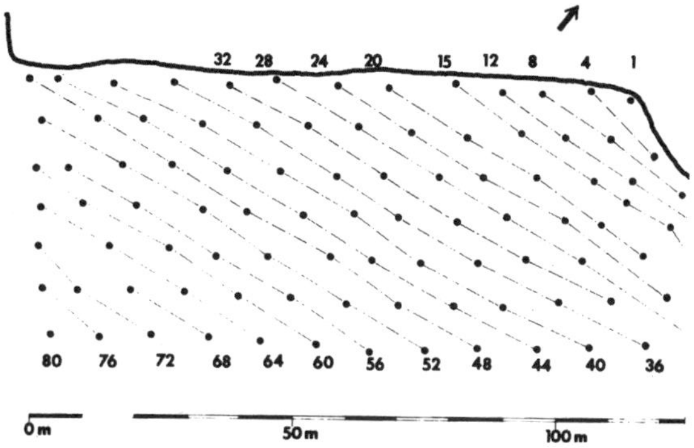

Fig. 4. Von einem nahezu quadratischen Bohrplan ausgehend, wird mit Hilfe eines diagonal ausgerichteten Kurzintervallzündplans eine Sprengung mit weitem Bohrlochabstand ausgeführt. Die Zahlen bezeichnen die in den verschiedenen, durch gestrichelte Linien angedeuteten, Reihen verwendeten Kapselnummern. Verzögerungsintervall zwischen je zwei Reihen ca. 100 msec.

einen Bohr- und Zündungsplan, durch den das Gestein in einem Winkel von 25-30° zu den Bohrlochreihen herausgeworfen wird. Dieses Verfahren ist dort besonders vorteilhaft, wo die Spreng- und Bohrarbeiten getrennt zu ganz verschiedenen Zeiten ausgeführt werden.

Strossensprengung mit Hilfslöchern zwischen den Hauptlöchern

Beim Strossensprengen mit grossem Bohrlochdurchmesser muss ein langes Stück des oberen Lochteils ungeladen verbleiben, damit das Risiko fliegender Gesteinsbrocken aus der Umgebung der Lochöffnung vermieden wird. Das führt jedoch andererseits oft zur Bildung grosser Blöcke aus der oberen ungeladenen Strossenschicht. Durch die Einfügung kurzer Hilfslöcher von geringerem Durchmesser zwischen die Hauptlöcher lässt sich das Ergebnis verbessern. Fig. 5 zeigt als Beispiel einen Strossenabschlag, bei dem die maximale Wurfweite nach vorn 15 m (50 ft) nicht überschreiten durfte (Langefors und Kihlström, 1963, S.61). Alle Löcher waren schräg. Man bohrte die Hauptlöcher mit einem Durchmesser von 50 m (2 in) auf volle Tiefe und lud sie nur so weit, dass Bruch und Schüttung auftraten, den nötigen technischen Spielraum eingeschlossen. Die Hilfslöcher mit einem Durchmesser von 32 mm (1,25 in) wurden auf etwa halbe Tiefe gebohrt und bis nahe an die Grenze geladen für vollen Bruch des davorliegenden Gesteins aber ohne Wurf. Mit diesem Bohrplan erzielte man einen Zer-

Tafel 1. Vergleich zwischen konventionellen Abschlagen bei E/V = 1,25 und Abschlägen mit weiten Lochabständen bei E/V-Werten zwischen 4 und 8.

	Granite (Umeå, Sweden)		Limestone (Stora Vika, Sweden)			
E/V	1.25	4.0	1.5	4.3	6	8
Abschläge	4	5	8	1	1	1
Löcher/Abschlag	10-44	41-68	39-69	67	66	45
Gesteinsvolumen in 1000 m³/Abschlag	1.3-5.9	4.0-7.4	4.7-8.3	11.1	7.9	5.8
V in m	2.0-2.3	1.3	2	1.4	1	0.9
EV in m²	5-7	6.7	6	8.4	6	6.5
Lochdurchmesser in mm	76	76	76	76	76	76
Spez. Ladung in kg/m³	0.43	0.67	0.53	0.44	0.51	0.49
Spez. Bohren in m/m³	0.15	0.19	0.17	0.12	0.17	0.16
Blöcke/1000 m³	171-219	90-112	121	57	47	86
Abtransport in Tonnen/Tag	1500	2000				
Kosten in US-Dollar/m³						
Bohren	0.20	0.26				
Sprengen	0.27	0.35				
Blöcke	0.35	0.17				
Abtransport	0.65	0.50				
Insgesamt	1.45	1.26				

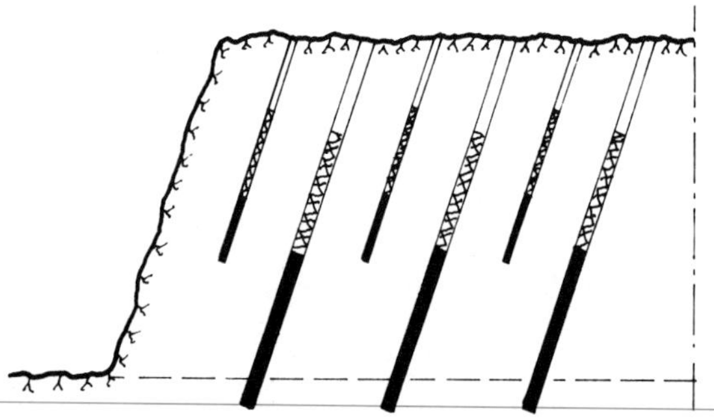

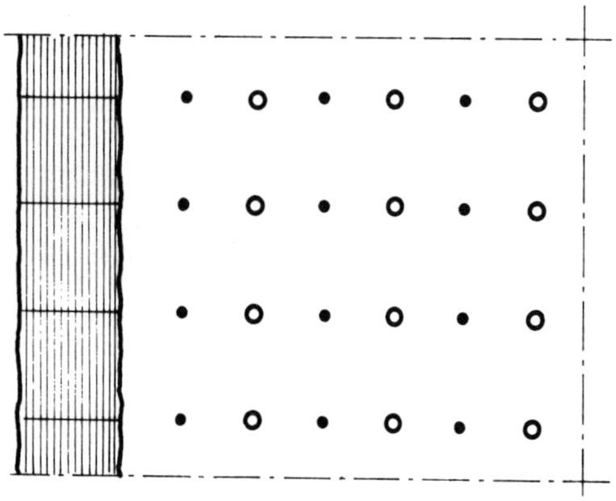

Fig. 5. Ein Verfahren zur Verbesserung des Zerkleinerungsgrades beim Sprengen mit grossen Bohrlochdurchmessern.

kleinerungsgrad wie er der geringen Vorgabe der kurzen Löcher entsprach, ohne deswegen alle Löcher auf volle Tiefe bohren zu müssen. Vielleicht infolge der praktischen Schwierigkeiten, die aus der Handhabung zweier Typen von Bohrausrüstung entstehen hat sich dieses Verfahren nicht in grösserem Ausmass durchgesetzt.

Tunnelsprengung

Beim Tunnelsprengen ist die spezifische Ladung viel grösser als beim Strossensprengen. Ein Grund hierfür ist, dass viele von den Löchern keinen freien Ausschlagswinkel besitzen, d.h. der Winkel der freien Oberfläche, von der Ladung aus gesehen, ist ein spitzer Winkel. Das gilt besonders für die Einbruchslöcher.

Ein weiterer Grund ist die Abhängigkeit der Festigkeit des Gesteins vom Seitendruck. Fig. 6 zeigt nach Lundborg (1968) die Scherfestigkeit von Granit. Stahl und Plexiglas als eine Funktion des Seitendrucks, gemessen mit der in Fig. 7 dargestellten Versuchsanordnung. Die Festigkeit von Granit nimmt bei sich erhöhender Kompression beträchtlich zu und übertrifft schliesslich sogar die Festigkeit von Stahl. An vierzehn schwedischen Gesteins- und vier Erzarten unternommene Scherversuche haben Ergebnisse erbracht, die sich folgendermassen ausdrücken lassen:

$$\tau_n = \tau_o + \frac{\mu P_n}{1+\mu\, P_n/(\tau_i-\tau_o)} \qquad \ldots\ldots\ldots\ldots\ldots\ldots (2).$$

τ_o und τ_i sind die Scherfestigkeit bei $P_n = 0$ bzw. $P_n \to \infty$. P_n ist der normale Druck an der Bruchfläche und μ ist eine Reibungskonstante. Mittlere Werte für fünf Granitarten sind τ_o = 0,5 kbar, τ_i = 10,0 kbar und μ = 2,2.

Eine statistische Theorie, welche die Gesteinsfestigkeit mit Hinsicht zu jeder der drei Haupt belastungen beschreibt ist kürzlich von Lundborg (1972) entwickelt worden.

Die Bohrstreuung, d.h. Abweichungen vom Bohrplan am Grund der Bohrlöcher, fällt beim Tunnelsprengen stärker ins Gewicht als beim Strossensprengen. Dies ist ein dritter und sehr wichtiger Grund für eine grössere spezifische Ladung (Langefors und Kihlström, 1963, S.188).

Eine approximative empirische Relation zwischen spezifischer Ladung und Tunnelquerschnitt beim Sprengen für Querschnitte von 4 bis 100 m² wird ausgedrückt durch

$$q = 0{,}8+14/A \ldots\ldots (3)$$

wobei q die spezifische Ladung in kg Sprengstoff pro Kubikmeter Gestein und A den Tunnelquerschnitt in m² darstellt. Diese Relation gibt aber eine sehr reichlich bemessene Ladung, damit ein volles Aussprengen im Einbruch und darum herum mit genügender Sicherheit gewährleistet ist. Infolge der beim Tunnelsprengen gebräuchlichen hohen spezifischen Ladung ist der Zerkleinerungsgrad in der Regel gut, sodass zu seiner Verbesserung keine besonderen Massnahmen nötig sind. Solange der Tunnelquerschnitt noch gering ist, nimmt die spezifische Ladung mit zunehmendem Querschnitt rasch ab, da immer mehr der dazukommenden Bohrlöcher einen freien Ausschlag aufweisen. Das schlägt sich auch in den Kosten pro Volumeneinheit nieder, die bei zunehmendem Querschnitt rasch sinken.

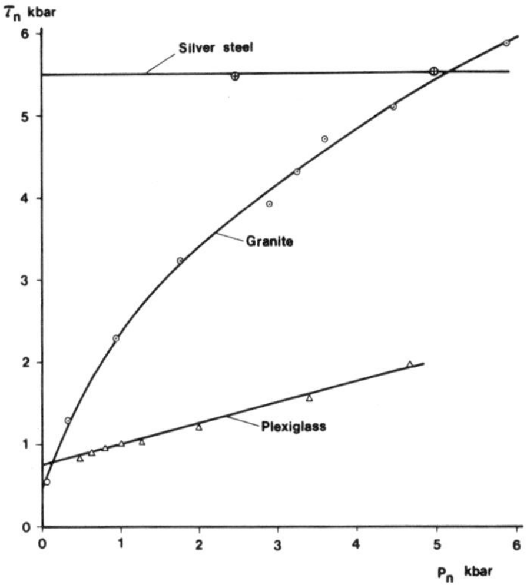

Fig. 6. Scherfestigkeit von Granit, Silberstahl und Plexiglas als Funktion der normalen Druckbelastung.

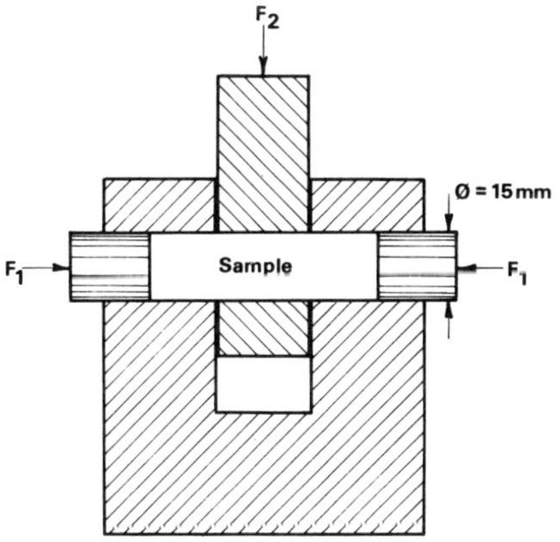

Fig. 7. Vorrichtung gemäss Lundborg zur Untersuchung der Scherfestigkeit bei Druckelastung.

Fig. 8 zeigt ein Diagramm mit logarithmischen Koordinaten nach Persson (1971), aus dem die Kosten des Granitabbaus in Dollar pro Liter oder Kubikmeter abgebauten Gesteins hervorgehen. Eingezeichnet sind die Werte für Hammerbohren von Löchern mit 25 bis 75 mm (1 bis 3 in) Durchmesser, für Drehbohren von 250 mm Löchern (10 in), für Vollausbohren (full-face boring) eines Tunnels mit 2,5 m (8 ft) Durchmesser und für Sprengen von Tunnels mit 2,5 bis 25 m (8 bis 20 ft) Durchmesser. Gemeinsam für die verschiedenen Verfahren ist die auf Durchmesser von 0,025 bis 25 m (1 bis 1000 in) zutreffende Relation:

$$K = 2/d \ldots\ldots (4)$$

wobei K die in Dollar ausgedrückten Kosten pro Liter abgebauten Loch- oder Tunnelvolumens darstellt und d den Durchmesser in Zoll (in).

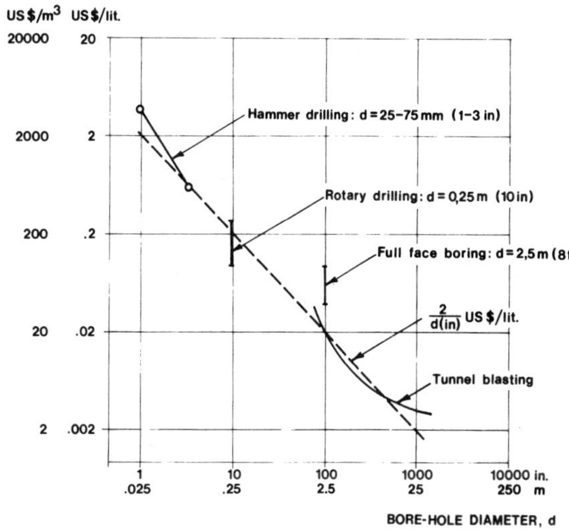

Fig. 8. Die Abbaukosten als Funktion des Hohlraumdurchmessers beim Abbau schwedischen Granits durch Hammerbohren, Drehbohren, Vollausbohren und Tunnelsprengen.

Sprengladungen mit Luftspalten nach russischem Verfahren

Melnikov und Marchenko (1969, 1970) berichten, dass das russische Verfahren der Sprengung mit durch Luftspalten getrennten Ladungen in der USSR gegenwärtig sowohl im Tage- als auch im Untertagebau für hartes, mittelhartes und weiches Gestein verwendet wird, und zwar von mehr als 100 Unternehmen, die Erz, Kohle und andere nicht-metallische Minerale fördern. Es wird weiter berichtet, dass die durchschnittliche Blockgrösse sich auf zwei Drittel oder die Hälfte verringert, während die Zahl der grossen Blöcke nur noch die Hälfte bis ein Zehntel beträgt. Der spezifische Sprengstoffverbrauch hat um 10 bis 30% abgenommen und die Produktivität des Abraumtransportes um 10 bis 30% oder noch stärker zugenommen. Das optimale Verhältnis von Ladungsvolumen zu Bohrlochvolumen ist 2 zu 3. Das bedeutet, dass das gesamte Bohrlochvolumen sich um den Faktor 1,5 bis 2,7 erhöht.

Bohrlöcher mit unausgefülltem Raum

Damit das Gestein am Grunde des Bohrlochs sich löst, muss die Ladung im Bohrlochtiefsten eine grössere Sprengwirkung pro Bohrlochlängeneinheit aufweisen als die übrige Ladung im Schaft des Bohrlochs. Füllt man das ganze Bohrloch gleichmässig mit dem gleichen Sprengstoff, wird die Ladung zu gross. Deswegen sollte man den oberen Bohrlochraum nur zu 40% anfüllen. Um dabei eine günstige Verteilung des Sprengstoffs zu gewährleisten, kann man sich des alten Mittels der Trennung und Auseinanderhaltung der Sprengstoffpatronen durch hölzerne Stäbchen bedienen. In der Regel ist der Querschnitt der Patronen und Stäbchen viel geringer als der Lochquerschnitt, weswegen ziemlich viel Raum leer bleibt. Der Beginn der Gasausdehnung in dem teilweise luftgefüllten Bohrloch ist ein komplizierter Vorgang, aber man kann als Grenze einen isothermen Verlauf der Ausdehnung annehmen. Die folgende isentropische Ausdehnung setzt dann zwar mit geringerem Anfangsdruck ein aber dafür ohne Verminderung der im Gas enthaltenen Energie (Johansson und Persson, 1970, S.64). Der Energieverlust durch die Stosswelle wird auf diese Weise geringer sein als es bei einem ganz mit Sprengstoff gefüllten Bohrloch der Fall ist, die äussere Nutzleistung pro Gewichtseinheit des expandierenden Gases erhöht sich.

Persson, Kihlström und Ladegaard-Pedersen (1969) haben in einer 1-2 m dicken, von der Unterlage durch einen horizontalen Riss getrennten Granitplatte Strossensprengversuche unternommen, welche gezeigt haben, dass der oben erwähnte Effekt auch durch lange schmale, nicht den gesamten Lochinnenraum ausfüllende Ladungen erzielt werden kann. Eine maximale Vorgabe für eine gegebene Ladung war möglich, wenn der Durchmesser des Bohrlochs das Doppelte dessen der Ladung betrug, was einem Volumenverhältnis von 4 zu 1 entspricht.

Gesteinszerkleinerung durch Stoss- und Spannungswellen

Wenn die Ladung im Bohrloch detoniert, breitet sich die Explosionswelle im Loch mit einer Geschwindigkeit von 2000 bis 7000 m/sec aus, normalerweise mit 4000 bis 6--- m/sec. An der Front der Explosionswelle beträgt der Druck zwischen 5 und 500 kbar, oder normal 100 kbar, wenn das Bohrloch einen mit hoher Geschwindigkeit detonierenden Sprengstoff enthält. Wenn das Bohrloch mit Sprengstoff ausgefüllt ist, wird auf die Bohrlochwand, aufgrund ihrer Beschleunigung, anfänglich nur ein Druck ausgeübt, der etwa die Hälfte des Frontdruckes beträgt. Wenn die Ladung das Loch nicht ausfüllt, dehnt sich das Gas radial aus und übt, wenn es die Wand erreicht, einen viel geringeren Druck aus. In beiden Fällen wird sich der Druck vom Bohrloch aus in des Gestein hinein als Stosswelle mit konischer, zum Bohrloch ko-axialer Front fortpflanzen. Eine numerische Berechnung (Persson, Lundborg und Johansson, 1970) der Stosswelle und des Spannungsfeldes im Umkreis des Bohrlochs deutet darauf hin, dass radiale Risse erst dann auftreten, wenn, 3 bis 4 Bohrlochradien vom Zentrum entfernt, die tangentialen oder Ring-Spannungen eine Zugkraft auszuüben beginnen.

In dem Bereich von einem oder zwei Bohrlochradien ausserhalb der Bohrlochwand tritt wahrscheinlich infolge der hohen radialen und axialen Spannungen plastischer Stoff-Fluss auf. In dem sich daran anschliessenden Bereich dürfte die am häufigsten auftretenden Bruchursache in Scherungsdeformationen zu suchen sein, wobei offene Risse entstehen, die in einem Winkel von der radialen Richtung abweichen.

Dieses Ergebnis numerischer Berechnung stimmt mit den Ergebnissen von Sprengexperimenten in Glas- und Plexiglasmodellen überein, in denen immer radiale Risse nicht an der Bohrlochwand sondern in einiger Entfernung davon einsetzen. In Fällen, wo eine hohe spezifische Ladung gezündet wird, entstehen die Brüche durch die Zugspannungswellen, die sich bilden, wenn die hinauslaufenden Stosswellen an den freien Oberflächen zurückgeworfen werden. Aus dem Zusammenwirken der Zugspannungswellen von verschiedenen freien Oberflächen, entstehen zahlreiche spektakuläre Effekte. Dies ist sehr schön demonstriert worden, in Plexiglas von Kolsky (1953), und in Metallen von Rinehart und Pearson (1954). In der Felssprengung ist die Loslösung und Zerkleinerung von Gestein infolge von Stoss- und Spannungswellen demonstriert worden durch Kratersprengen von Obert und Duvall (1950), (Duvall und Atchison (1957), und Hino (1959).

Die Diskussion über die Frage, ob die Loslösung und Zerkleinerung von Gestein bei der Sprengung durch die Stosswellen oder durch den äusseren Druck der Explosionsgase während ihrer semi-statischen Ausdehnung bei thermo-chemischem Gleichgewicht verursacht wird, kann man jetzt als abgeschlossen betrachten (Langefors und Kihlström 1963, Persson, Lundborg und Johansson 1970, und Laroque und Favreau 1970). Eine notwendige Bedingung für die Stosswellen-Alternative ist die Verwendung eines hochexplosiven Sprengstoffs und -- in hartem Gestein -- einer spezifischen Ladung von mindestens 1 kg/m³. Andernfalls treten keine Oberflächenrisse infolge zurückecheuder Zugspannungswellen auf. Statt dessen werden die Risse aus der Umgebung des Bohrlochs her wachsen infolge des thermochemischen Drucks der Explosionsgase. Nichtsdestoweniger kann der Einfluss der zurückgelenden Zugspannungswellen entscheiden, welche Risse sich entwickeln werden und in welchen Richtungen sie sich fortpflanzen (Field und Ladegaard-Pedersen, 1971, 1972). Betreffs konzentrierter Ladungen im Lochtiefsten von Löchern, deren Tiefe gleich der Vorgabe ist, stimmt der theoretisch errechnete Winkel des losgelösten Materials gut mit den Beobachtungswerten überein: 90-100° bei Granit und 135-140° bei Plexiglas. Der Unterschied hängt vom Unterschied der Poissonschen Zahl ab, die bei Granit 0,22 und bei Plexiglas 0,4 beträgt. Für den oberen Teil der Bohrlochs ergibt die theoretische Schätzung 150-180° bei Granit, was ebenfalls mit den beobachteten Werten gut übereinstimmt (Persson, Kihlström, Ladegaard-Pedersen, 1969).

Risswachstum

Die radialen Risse im Umkreis des Bohrlochs, die durch die von vorübergehende Spannung (der ausbreitenden Stosswelle erzeugt worden sind, wachsen dann unter dem Einfluss des semi-statischen Spannungsfeldes, das der Gasdruck im Bohrloch bewirkt. Während dieses Vorgangs nimmt das Bohrlochvolumen zu und der Gasdruck entsprechend ab. Als natürliches Kriterium für ein infinitesimales Risswachstum gilt dass die vom Spannungsfeld am Rissende freigesetzte Energie gleich gross wie (oder grösser als) die am Rissende verbrauchte Energie sein muss. Der kritische Faktor ist also der Differentialkoeffizient der elastischen Energie des Spannungsfeldes bezogen auf die Risslänge. Die so definierte "Oberflächonenergie" ist ein Materialeigenschaft, die, etwas anders ausgedrückt, als die Bruchstarke des Materials bezeichnet werden kann. Dieses Kriterium ist dem Griffith-Kriterium sehr ähnlich. Davan ausgehend bestimmt Ouchterlong (1971) die Gleichgewichtlänge der Radialen Risse, bei einem gegebenen Druck oder einer gegebenen Sprengstoffdichte. Schätzungen der Geschwindigkeit, mit der das Gas in den Riss einströmt, und der Wachstumsgeschwindigkeit des Risses deuten darauf hin, dass der Gasdruck im grösseren Teil eines langen Risses bei weitem geringer ist als am Bohrloch.

Wir können so mit Sicherheit annehmen, das die Wirkung des Explosionsgasdruckes sich auf das Bohrloch und seine nahe Umgebung beschränkt. Von dieser Annahme ausgehend, hat man eine gute Übereinstimmung zwischen den für die maximale Risslänge berechneten Werten und den bei den vorher erwähnten Strossensprengungen in einer 1-2 m dicken Granitplatte beobachteten Werten gefunden.

Da Gama und Nelson (1970) haben den durch die vorübergehende Spannungswelle verurschten Beginn des Risswachstums im Umkreis eines Bohrlochs untersucht. Sie deuten an, dass der radiale Druck der Stosswelle das Material ausserhalb der nächsten Umgebung des Bohrlochs durch radiale Ausrichtung vorhandener Mikro-Risse schwächt. Dann, so nimmt man an, fällt es der nachfolgenden tangentialen Zugwelle leichter, das Wachsen der Risse zu bewirken. So entstandene Risse können dann etwa 1 m lang sein. Diese beiden Untersuchungen zeigen den Nutzen von Erklärungsmodellen, die bei der Erforschung des Zerkleinerungsvorgangs die Rissbildung berücksichtigen.

Einige Versuche, die Oberflächenenergie oder Bruchfestigkeit von Gesteinsarten experimentell zu bestimmen, sind kürzlich unter anderen von Summers, Corwine und Chen (1970), und Lundborg und Almgren (1972) unternommen worden.

Das Griffith-Kriterium für das Risswachstum lässt sich auch auf andere Weise formulieren, und zwar mit Hilfe der linearen Mechanik der Brüche, wo die beim Wachstum am Rissende freigesetzte elastische Energie untersucht wird. So besitzt das Risswachstums-Kriterium in der Bruchmechanik lokale Geltung und ist identisch mit dem global gültigen Griffithschen Energiekriterium. Aber beide Kriterien betreffen das Verhältnis zwischen Energiegradienten bezogen auf das Risswachstum.

Eine Arbeit von Porter und Fairhurst (1970) befasst sich mit dem durch den Druck im Bohrloch verursachten Risswachstum und zeigt, dass die Risslinien nahezu mit den Haupt-Spannungslinien des statischen Spannungsfeldes ohne Risse zusammenfallen. Wenn man annimmt, dass das Risswachstum durch das Dichteniveau der elastischen Energie bestimmt wird, die im Material am Ende einer vorgestellten Risslinie auftritt, dann ist der Vorgabe bei einem gegebenen Bohrlochdurchmesser und Gasdruck ein Maximum gesetzt. Ausserdem gibt es bei geringeren Vorgaben ein Maximum der Bruchweite.

Porter und Fairhurst verwenden ein Modell, in dem das Risswachstum nicht durch den lokalen Energiegradienten bestimmt wird, wie beim Griffith-Kriterium oder beim Kriterium der linearen Bruchmechanik, sondern durch das lokale Energiedichteniveau. Es ist fraglich, ob zwischen diesen beiden Standpunkten ein Zwiespalt besteht, denn beide scheinen zu Schlussfolgerungen zu führen, die mit der Wirklichkeit übereinstimmen. Kutter (1967, 1970) steht irgendwo zwischen beiden stung und die Zugfestigkeit jeweils in Beziehung zur Griffithschen Oberflächenfestigkeit.

Vom Standpunkt der linearen Bruchmechanik aus hat Ouchterlony (1972) riss-geometrische Spannungsanalysen vorgenommen. Diese sind eine Weiterführung früherer Arbeiten mehrerer Forscher. Die berechneten Werte sind Spannungsintensitätsfaktoren, wahrscheinliche Risswachstumsrichtung und Rissvolumen sowohl beim Sternriss als auch beim kreisförmigen Loch mit radialen Rissen verschiedener Längen und schliesslich beim diedrischen (V-förmigen) Riss. Es wird gezeigt, wie das Risswachstum von der Zahl der Risse, der Risslänge und dem Eindringen des Gases in das Riss-System abhängt. Die Berechnungen ergeben, dass, ungeachtet des Eindringens der Expansionskräfte in das Riss-System, nur wenige Risse wachsen, auch wenn sich, z.B. am Bohrlochrand, viele Ansätze gebildet haben. Dabei schliessen sich dann die Enden der kürzeren Risse. Schliessung tritt auch beim diedrischen Riss auf, was die Existenz eines minimalen Ausschlagwinkels bei der Strossensprengung erklären könnte.

Zerkleinerung durch verschiedene Bohrverfahren[1/]

Bergmechanische Aspekte der Hammerbohrung

Das gewöhnlichste Verfahren beim Bohren von kleinen Löchern ist das Schlagbohren mit Hartmetallbohrköpfen. Die bei diesem Bohrverfahren auftretenden bergmechanischen Erscheinungen sind ausführlich untersucht worden. Auf der Grundlage experimenteller Beobachtungen konnten theoretische Modelle erstellt werden, welche die mechanischen Vorgänge gut verständlich machen, angefangen von der Bildung der Schlagwelle, wenn der Hammer auf die Stange trifft, über die Fortpflanzung der Welle durch die Bohrstange und ihre Verbindungsstellen, dann das zerstörende Eindringen des Bohrkopfes ins Gestein, bis hin zum Rückstoss der zurückgeworfenen Welle Durch die Bohrstange. Auf der unentbehrlichen Grundlage dieser Forschungsergebnisse sind Schlagausrüstungen konstruiert worden, die eine geeignete Schlagwellenform, Schlagfrequenz, Stosskraft, Keilwinkel u.s.f. aufweisen. Diese Forschungen haben auch eine sofortige praktische Nutzanwendung der materialtechnischen Fortschritte ermöglicht, indem die Belastung von Bohrköpfen und Bohrstangen erhöht wurde. Die Schlagbohrtechnik ist heute überall im Gebrauch und allgemein anerkannt, und langjährige Erfahrungen haben zur Entwicklung von Schlagbohrmaschinen geführt, die optimalen Konstruktionen sehr nahe kommen.

Fairhurst hat in seinem Generalbericht des Themas 5 "Pulverisierung" zum 2. Kongress der Internationalen Gesellschaft für Bergmechanik in Belgrad 1970 eine umfassende Übersicht über die erreichten Ergebnisse und noch ausstehenden Probleme gegeben. Die Verfasser des vorliegenden Berichtes haben nicht viel hinzuzufügen. Hustrulid und Fairhurst (1971, 1972) haben eine Zusammenfassung ihrer an der Universität von Minnesota betriebenen Forschungen veröffentlicht. Ihre Arbeit ist wichtig, weil sie das Experiment und die Praxis betont. Während der letzten paar Jahre fand eine enge

1/ Die Verfasser verdanken Herrn Olav Meyer, Stockholm, wertvolle Hinweise auf dem Gebiet des Bohrens.

Zusammenarbeit statt mit dem Atlas-Copco-Forschungszentrum in Stockholm, Schweden. Aus diesem Labor ging eine kürzlich von Lundberg (1971) veröffentlichte Arbeit hervor.

Er betont die Theorie und grundlegende Mechanik, und da er vereinfachte Modelle verwendet, erleichtert seine Arbeit das allgemeine physikalische Verständnis des gesamten Bohrvorgangs, einschliesslich der Übertragung der Spannungswelle über Bohrstangen, Verbindungsstellen und Bohrkopf. Ein weiterer wertvoller und wichtiger Beitrag von Hustrulid und Fairhurst (1971) ist die Erforschung der Wirkung des Vorschubs.

Lundberg (1971) behandelt Stossbohren und Senkbohren und vergleicht die Leistungsfähigkeit dieser Verfahren mit der des Hammerbohrens. Auch er untersucht die Übertragung der Spannungswelle durch Bohrstangen und Verbindungsstellen.

Dutta (1972) hat über das Penetrationsvermögen des Schlagbohrkopfes eine Untersuchung veröffentlicht, die auf einem detaillierteren Bild des Gesteinsszerfalls basiert als die Bilder, von denen Hustrulid/Fairhurst (1971, 1972) und Lundberg (1971) ausgehen.

Die moderne Entwicklung in der Bohrtechnik

Kaum eines der exotischen Bohrverfahren, die vor zehn Jahren grosse Aufmerksamkeit erregten, stellt heute eine wirtschaftliche Realität dar, ausgenommen einige begrenzte, spezialisierte Verwendungsgebiete. In der voraussehbaren Zukunft wird höchst wahrscheinlich der grösste Teil aller Gesteinsbohrungen immer noch durch mechanische Einwirkung auf das Gestein mit stahl- oder hartmetallbewehrten Werkzeugen ausgeführt werden, wenn es auch möglich ist, dass mehrere der neuen Tunnelbauideen, die heute auf ihre praktische Durchführbarkeit untersucht werden einen grösseren Einfluss auf die Entwicklung haben werden, also ein in der Praxis tätiger Mann sich jetzt vorstellen kann.

Die Forschung auf dem Gebiet des Hammerbohrens scheint nichtsdestoweniger eine gewisse Vollendung erreicht zu haben. Es stimmt zwar, dass im Bereich der Bohrtechnik auch heute noch rasche Fortschritte gemacht werden, aber viele der wichtigsten Entwicklungsbeiträge liegen auf dem Gebiet der Maschinenkonstruktion, der Materialforschung, der Mechanisierung, Automation und Fernsteuerung. Auf Diesen Gebieten sind grosse Fortschritte gemacht worden und wesentliche Verbesserungen sind im Kommen. Die rasche Entwicklung hydraulischer Systeme hat die Mechanisierung bedeutend erleichtert und die für die heutigen erhöhten Bohrgeschwindigkeiten notwendige genaue Kontrolle des Vorschubs und der Schlagkraft ermöglicht. Darüber hinaus wird sich die Präzision im Ansatz und der Ausrichtung des Bohrers verbessern, was die Leistungsfähigkeit der gesamten Sprengarbeit erhöhen wird. Ein wichtiger Schritt nach vorn in der Bohrausrüstung besteht in der Entwicklung hydraulischer Schlageinheiten anstelle pneumatischer. Prototypen dieser Art werden jetzt von verschiedenen Herstellern getestet. Die Erhöhung der nutzbaren Leistung ist hier besonders augenfällig. Man schätzt, dass bei der Verwendung elektrisch betriebener hydraulischer Schlagbohrmaschinen 40-60% der insgesamt verbrauchten Energie in nützliche Schlagwirkung umgewandelt werden können, verglichen mit etwa 10% bei entsprechenden pneumatischen Systemen. Doch auch wenn diese Entwicklung von einem vollen Erfolg gekrönt wird, werden pneumatische Systeme aufgrund vieler Vorteile in der voraussehbaren Zukunft weitgehende Verwendung finden.

Zerkleinerung bei Hammerbohrung

Bei allen Verfahren der Zerkleinerung harten Gesteins mit Hilfe konischer oder keilförmiger Werkzeuge, die durch Schlagkräfte in die Oberfläche des Gesteins hineingestossen werden, wird ein Teil des Materials fein zermahlen und der Rest in der Form von Splittern in Millimetergrösse (0,04 in) herausgepresst. Doch auch hier sind Verbesserungen möglich. Fig. 9 zeigt Kurven der Splittergrössenverteilung im Bohrmehl von zwei 76 mm (3 in) Bohrköpfen auf einer bestimmten Bohrmaschine. Wie aus dem Diagramm hervorgeht, erhöhte sich die durchschnittliche Splittergrösse beträchtlich durch die Veränderung der Spüllöcher am Bohrkopf.

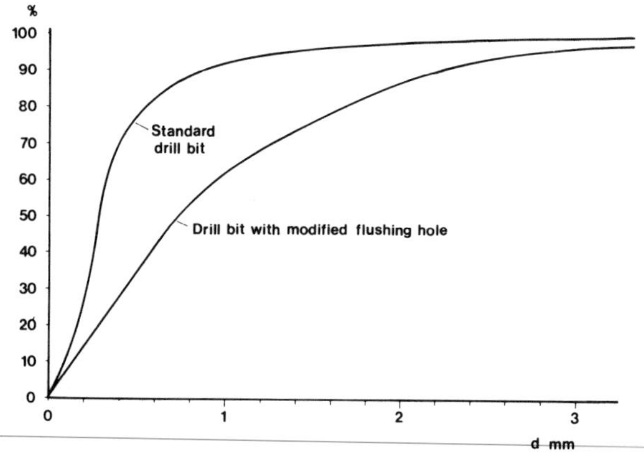

Fig. 9. Die Grössenverteilung von Splittern im Bohrklein zweier Schlagbohrköpfe von 76 mm (3 in) Durchmesser.

Aspekte des Silikoseproblems

In einer Reihe von Untersuchungen über die Silikosegefahr haben K. Kihlstedt et al.[1/] gefunden, dass alle Teilchen mit einem Durchmesser von 1-2 Mikron gleichmässig negativ geladen sind, weswegen die Teilchen, da sie sich gegenseitig abstossen, im Schwebezustand in der Luft gehalten werden. Fig. 10 zeigt ein Beispiel der Teilchenverteilung in einer Staubsuspension, wie sie bei der Zerkleinerung von Quarz im Scheibenmahlverfahren entsteht. Verschiedene Verfahren der Zerkleinerung quarzithaltiger Minerale produzieren Gitterverzerrungen variabler Intensität beim Quarz. Nach schneller Zermahlung ergibt sich für eine gewisse Zeit partielle Amorphie unter Röntgenstrahlen (Lidström 1968). Die Differential-Thermoanalyse deutet darauf hin, dass das verzerrte Quarzgitter mit grossen Mengen von Energie geladen ist. Weiterhin kann gezeigt werden, dass die Gitterverzerrung von einer intensiven Bindung von Wasser in stabilisierter starrer Form begleitet ist.

1/ Persönlich mitgeteilt von Professor P.G. Kihlstedt, Königl. Technologisches Institut, Stockholm.

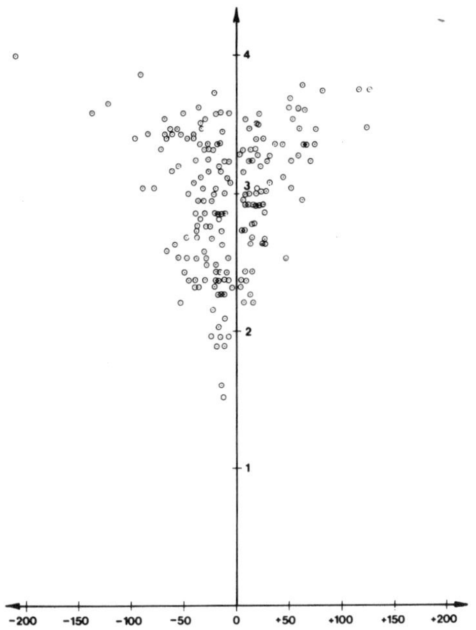

Teilchen-Ladung, e (1 e = 1,602·10^{-19} coulomb)

Fig. 10. Durchmesser und elektrische Ladung von Quarzstaubteilchen aus einer Scheibenmühle.

Versuche an Ratten[1/] zeigten, dass derartiger frischer und schnell zermahlener Quarz, aus dem Eisenverunreinigungen entfernt worden waren, die rasche Entwicklung von Silikose hervorrief, die sich über die ganze Brusthöhle der Ratte ausbreitete.
Im Vergleich dazu führte 10 Jahre lang gelagerter Quarz zu einer verhältnismässig langsam fortschreitenden Silikose.

Als Schlussfolgerung liesse sich sagen, dass die Einatmung von frisch erzeugtem quarzithaltigem Staub vermieden werden sollte, und zwar besonders dann, wenn der Quarz in einem schnellen Verfahren zermahlen worden ist. Als mögliche Konnsequenz dieser Ergebnisse muss man vielleicht den Begriff einer erlaubten Menge von Quarzstaub oder hygienischen Grenzwerts, bisher ausgedrückt in Gramm Quarzstaub pro Kubikmeter Atemluft, jetzt neu fassen und formulieren. Es ist bekannt, dass die Grenze zulässigen Staubs an einigen Arbeitsplätzen überschritten worden ist, ohne dass irgendwelche Anzeichen von Silikose auftraten, während sie an anderen Orten entsteht, obwohl alle auf den Staub-Index sich beziehenden Vorschriften peinlich genau beachtet worden sind. In den letzten paar Jahren sind moderne, praktische und wirksame Staubsammler, die man zusammen mit modernen Strossenbohrausrüstungen verwendet, vielerorts in Betrieb genommen worden.

1/ Unter der Aufsicht von Dr. Å. Svensson, Berufsmedizinische Klinik, Karolinisches Institut, Stockholm.

Diamantbohrung

Im Bereich des Diamantbohrens, das für Schürfbohrungen, wo sich lange Löcher von verhältnismässig engem Querschnitt am besten bezahlt machen, sehr viel verwendet wird, sind wichtige wirtschaftliche Verbesserungen erzielt worden, durch die Mechanisierung der Handhabung und Zusammensetzung der Bohrstangen und durch die zunehmende Verwendung von Aluminiumstangen. Diese Arbeit, die früher schwer und zeitraubend war, ist jetzt leicht und rasch ausführbar. Fortschritte in der Technik der Erzeugung von Bohrköpfen verlängern allmählich deren Lebensdauer.

Vollausbohrung (full-face boring)

Vollausbohrmaschinen besitzen einen rotierenden Kopf, der gewöhnlich den gesamten Tunnelquerschnitt dect. In lockeren Felsarten geschieht die Zerkleinerung durch feste Bohrköpfe oder Zähne, die das Gestein zerschneiden. Für harte Gesteinsarten sind Vollausbohrmaschinen in der Regel mit rollenden Werkzeugen versehen, die jeweils um ihre eigene Achse rotieren. Vom bergmechanischen Gesichtspunkt aus betrachtet, findet die Zerkleinerung etwa in der gleichen Weise statt, wie wenn Hammerbohrmaschinen mit Meisselschneiden verwendet werden. Wenn die Zacken oder rollenden Schneiden der rotierenden Werkzeuge auf die Oberfläche des Steins drücken und in ihn eindringen, wird er fein zermahlen und Splitter werden durch Scherkräfte herausgeworfen.

Ein völlig anders gearteter Zerkleinerungsprozess findet bei Vollausbohrmaschinen statt, die nach dem "Wohlmeyer-Prinzip" arbeiten (Barendsen, 1969). Die hydraulisch rotierende Haupttrommel ist mit mehreren Schneideköpfen versehen, die jeweils von einem eigenen elektrischen Motor angetrieben werden. Die Rotationsachsen der Schniedeköpfe bilden einen Winkel mit der Längsgeraden durch die Mitte des Tunnels. Während die Haupttrommel sich dreht und vorückt, graben die Schneideköpfe Spiralfurchen in das Gestein, deren Breite beträchtlich geringer ist als der Vortrieb pro Umdrehung, und das dazwischen liegende Material bricht ab. Auf diese Weise können etwa 70% des Gesteinsvolumens entfernt werden, ohne in direkte Berührung mit den Hartmetallschneiden zu kommen.

Die Kubikmeterkosten im Tunnelbau steigen beim Sprengen normalerweise nicht mit zunehmender Gesteinsfestigkeit. Tatsächlich kommt der Tunnelbau wegen der höheren Kosten für Abstützungen, Anker, Verkleidungen in weichem Gestein gewöhnlich weit teuerer als in hartem, zuverlässigem Fels.

Bei Drehbohrung und Vollausbohrung jedoch steigen die Kosten schnell mit zunehmender Festigkeit und/oder Schleifwirkung des Gesteins, in der Tat so schnell, dass sich eine Vollausbohrung, wie es scheint, bei gewissen Gesteinsarten wegen ihrer schwierigen Eigenschaften nicht mehr lohnt. Daher müssen wir uns heute bei den meisten harten Felsarten mit dem Sprengen als dem einzigen praktisch durchführbaren Verfahren abfinden. Doch führen heute weit weniger Tunnels durch hartes als durch weiches Gestein. Und das wird auch in der Zukunft so bleiben. In weichem und/oder nicht allzu schleif-aktivem Gestein aber stellt das Vollausbohrverfahren eine schnelle und sichere Tunnelbaumethode dar. Dabei ist Festigkeit allein nicht der entscheidende Faktor für die "Bohrbarkeit" von Fels. Ein Gestein von hoher Schleifwirkung (z.B.

Sandstein) mit einer Durckfestigkeit von, sagen wir, nur 100 bar kann sich, wirtschaftlich gesehen, einer Vollausbohrmaschine gegenüber als ebenso schwierig erweisen wie ein nicht schleifendes aber hartes Gestein (z.B. Kalkstein) von bis zu 3000 bar Druckfestigkeit.

Doch auch in harten Felssorten kann sich, trotz hoher Kosten pro Bohrvolumeneinheit, bei Durchmessern zwischen 15 und 60 Zoll die Bohrung lohnen. Das ist z.B. bei hochgebrochenen Schächten der Fall, deren Durchmesser, wenn sie gesprengt werden sollen, kaum weniger als 2 m (80 in) betragen kann. Im Vollausbohrverfahren dagegen kann man ihnen genau den gewünschten Durchmesser geben.

Literatur

Barendsen, P. Mechanised drifting by the full face method. Annual Meeting of the Swedish Rock Blasting Committee, 1969.

Bruce, W.E. and Morrell, R.J. Principles of rock cutting applied to mechanical boring machines. Proc. 2nd Symp. Rapid Excavation, Sacramento, Oct. 1969.

Burford, L., Cooper, H.F. Jr., Thompson, J.C. Spherical wave propagation in brittle materials. Proc. 12th Symp. Rock Mech. Univ. Missouri, Rolla, 1970, p. 379.

D'Andrea, D.V. and Condon, J.L. Dye penetrant studies of fractures produced in laboratory cratering. Proc. 12th Symp. Rock Mech. Univ. Missouri, Rolla, Nov. 1970, p. 479.

Dutta, P.K. A theory of percussive drill bit penetration. Int. J. Rock. Mech. Min. Sci., 9, (1972), p. 543.

Duvall, W.I., and Atchison, T.C. Rock breakage by explosives. U.S. Bureau of Mines. RI 5336, 1957.

Fairhurst, C. Comminution: Physical and mechanical bases of comminution, drilling, blasting, crushing, grinding and abrasion. General report of Theme 5, 2nd Congr. Int. Soc. Rock Mech., Beograd Jugo-Slavia, 1970.

Field, J.E. and Ladegaard-Pedersen, A. The importance of the reflected stress wave in rock blasting. Int. J. Rock Mech Min. Sci., 8, (1971) p. 213.

Field, J.E. and Ladegaard-Pedersen, A. Fragmentation processes in rock blasting. Dechema-Monographien, 69, 1972.

da Gama, C.D. and Nelson, C.R. The formation of cracks in rock blasting analyzed in terms of the modified Griffith theory. Proc. 12th Symp. Rock Mech. Univ. Missouri, Rolla, Nov. 1970, p. 517.

Haimson, B.C. and Fairhurst, C. Some bit-penetration characteristics in pink Tennessee marble. Proc. 12th Symp. Rock Mech. Univ. Missouri, Rolla, Nov. 1970, p. 547.

Havir, J., Borda, S.K. and Petros, V. A simple method of determining the coefficient of loosening of rocks. Int. J. Rock Mech. Min. Sci., 8, (1971 p. 97.

Hendricks, R.S. Raise boring, tunnelboring, presplitting, survey control and shotcreting at Hecla mining. Proc. 2nd Symp. Rapid Excavation, Sacramento, Oct. 1969.

Hino, K. Theory and practice of blasting. Nippon Kayaku Co., Ltd., Japan, 1959.

Hustrulid, W.A. and Fairhurst, C. A theoretical and experimental study of the percussive drilling of rock. Int. J. Rock Mech. Min. Sci. I. Theory of percussive drilling, 8, (1971) p. 311. II. Force-penetration and spec. energy determinations, 8, (1971) p. 335. III. Experimental verification of the mathematical theory, 9, (1972) p. 417. IV. Applications of the model to actual percussion drilling, 9, (1972) p. 431.

Johansson, C.H. and Persson, P.A. Detonics of high explosives. Academic Press, London and New York, 1970.

Kolsky, H. Stress waves in solids. Clarendon Press, Oxford, 1953.

Kutter, H.K. The interaction between stress wave and gas pressure in the fracture process of an underground explosion in rock, with particular application to presplitting. Ph.D. thesis, Univ. Minn. (1967).

Kutter, H.K. Stress Analysis of a pressurized circular hole with radial cracks in an infinite elastic plate. Int. J. Fracture Mech., 6, (1970) p. 233.

Langefors, U. and Kihlström, B. Modern Techniques of rock blasting. Almqvist & Wiksell, Stockholm. John Wiley & Son, New York, 1963.

Langefors, U. Fragmentation in Rock Blasting. Proc. 6th Symp. on Rock Mech. Penn. State Univ., 1965. Also in Mining and Minerals Engineering, 2, (1966) p. 339.

Laroque, G.E. and Favreau, R.F. Blasting research at the mine branch. Proc. 12th Symp. Rock Mech. Univ. Missouri, Rolla, Nov. 1970, p. 339.

Lundberg, B. Some basic problems in percussive rock destruction. Ph.D. Thesis at Chalmers Univ. of Technology, Gothembourg, Sweden, 1971.

Lundberg, B. Energy transfer in percussive rock destruction. I. Comparison of percussive methods. II. Supplement on hammer drilling. III. Stress wave transmission through joints. Int. J. Rock Mech. Min. Sci. (In print).

Lundborg, N. Strength of rock-like materials. Int. J. Rock Mech. Min. Sci., 5, (1968) p. 427.

Lundborg, N. A statistical theory of the polyaxial compressive strength of materials. Int. J. Rock Mech. Min. Sci., 9, (1972) p. 619.

Lundborg, N., and Almgren, L.A. Determination of Fracture Toughness of Rock Materials, Swedish Detonic Research Foundation Report DS, 1972:6 (In Swedish).

Melnikov, N.V., and Marchenko, L.N. Anwendung von Sprengladungen mit Luftzwischenraumen. Bergbautechnik, 19, (1969) p. 521.

Melnikov, N.V., and Marchenko, L.N. Effective methods of application of explosion energy in mining and construction. 12th Symp. on Rock Mech. Univ. Missouri, Rolla, 1970, p. 359.

Meyer, O. Classification of rock with respect to expected drilling rate and bit wear. Proc. Atlas Copco Symp. on Mining Techniques, Moscow, 1-3 March 1972, Atlas Copco, Stockholm, 1972.

Obert, L., and Duval, W.J. Generation and Propagation of strain waves in rock. U.S. Bureau Mines. R.I. 4663, 1950.

Ouchterlony, F. Calculation of the variation of the crack length with the hole diameter at constant explosive weight per meter. Swedish Detonic ResearchFFoundation Report DS, 1971:4. (In Swedish).

Ouchterlony, F. Analysis of the stresses in some different geometries with radially directed cracks in an infinite plane medium under the influence of expansion forces. Swedish Detonic Research Foundation, Report DS, 1972:11. (In Swedish)

Pariseau, W.G. Wedge indentation of anisotropic geologic media. Proc. 12th Symp. Rock Mech. Univ. Missouri, Rolla, Nov. 1970, p. 529.

Persson, P.A., Ladegaard-Pedersen, A., and Kihlstrom, B. The influence of borehole diameter on the rock blasting capacity of an extended explosive charge. Int. J. Rock Mech. Min. Sci., 6, (1969) p. 277.

Persson, P.A., Lundborg, N., and Johansson, C.H. The basic mechanism in rock blasting. Proc. 2nd Congr. Int. Soc. Rock Mech. Beograd, 1970.

Persson, P.A., and Ladegaard-Pedersen, A. Short delay multiple-row blasting with the ratio hole distance to burden 4 to 8. Tests in full scale. Swedish Detonic Research Foundation Report DS, 1970:14. (In Swedish).

Persson, P.A. Boring costs in modern rock blasting. Nitro Nobel AB Report DL, 1971:29. (In Swedish).

Porter, D.D., and Fairhurst, C. A study of crack propagation produced by the sustained borehole pressure in blasting. Proc. 12th Symp. Rock Mech. Univ. Missouri, Rolla, Nov. 1970, p. 497.

Rinehart, J.S., and Pearson J. Behavior of metals under explosive loads. Amer. Society for Metals, Cleveland, 1954.

Sperry, P.E., Samson, G.A., Eaglione, A.T., Finh, T. and Norman, N.E. River mountains tunnel project. Proc. 2nd Symp. Rapid Excavation, Sacramento, Oct. 1969.

Summers, D.A., Corwine, J., and Chen, L. A comparison of methods available for the determination of surface energy. Dynamic Rock Mech., Proc. 12th Symp. Rock Mech. Univ. Missour, Rolla, 1970, p. 24.

Thompson, R.J. Develop mining at White Pine. Proc. 2nd Symp. Rapid Excavation, Sacramento, Oct. 1969.

Lidström, L. Surface and bond-forming properties of quartz and silicate minerals and their application in mineral processing techniques. Acta Polytechnical Scand. Chemistry serie No. 75, Stockholm, 1968.

THEME 5

FRAGMENTATION SYSTEMS

THÈME 5

SYSTÈMES DE FRAGMENTATION

THEMA 5

SYSTEME DER ZERKLEINERUNG

Panel Reports

Papiers du Groupe d'Experts

Diskussionsbeiträge von Mitgliedern des Forums

Panelists
Groupe d'Experts
Mitgliedern des Forums

N. G. W. COOK	South Africa l'Afrique du Sud Süd-Afrika
D. E. FOGELSON	U.S.A. États-Unis d'Amérique Vereinigte Staaten
A. N. KHANUKAYEV	U.S.S.R. Union Soviétique Sowjetrussland
S. TAKAOKA	Japan Japon Japan
B. V. VOITSEKHOVSKII	U.S.S.R. Union Soviétique Sowjetrussland

AN APPRAISAL OF ROCK EXCAVATION BY MECHANICAL, HYDRAULIC, THERMAL AND ELECTROMAGNETIC MEANS

Dr. Neville G.W. Cook
Director, Mining Research Laboratory
Chamber of Mines of South Africa
Johannesburg, South Africa

V.R. Harvey
Research Officer, Mining Research Laboratory
Chamber of Mines of South Africa
Johannesburg, South Africa

SUMMARY

It is generally agreed that excavation by machine is faster and better than by drill-and-blast methods. Machine excavation is now used in many soft and medium-to-hard rocks, though it is still not competitive in all hard rocks. The performance of any technique for excavation can be evaluated in terms of its specific energy of rockbreaking and the specific power delivered to the working face. The rate of penetration is given by the ratio of specific power to specific energy. Various methods of excavation including drilling, drilling and blasting, raise-and tunnel- boring and novel techniques such as flame jet-piercing, water jet erosion, and laser and electron beams are evaluated in terms of the above parameters. This evaluation shows that small-hole drilling is the most highly developed offering the greatest rates of penetration with moderate values of specific energy, followed by large-hole drilling. Drill-and-blast excavation has the lowest value of specific energy, but offers only modest rates of penetration. Raise-and-tunnel boring machines generally give greater rates of penetration but also higher values of specific energy than do drill-and-blast methods, but fall short of drilling performances on account of their lower specific power. All novel techniques seem to be characterised by very high values of specific energy. This implies that very high specific powers would be required to achieve high rates of penetration. Though the power density in the beams or jets of these devices is very high, the average specific power at the working face falls far short of that required to compete with mechanical methods of excavation. The most likely use of novel techniques appears to lie in hybrid machines where these techniques are combined with other, probably, mechanical methods of excavation; a relatively low-power novel technique being used to render the hard rock workable by them.

1. INTRODUCTION

It is generally agreed that excavation by machine in many soft and medium-to-hard rocks is more efficient than by drill-and-blast methods. The principal advantages of machine excavation are the good quality and speed of excavation. Machine technology is still not capable of competing with drill-and-blast methods in all hard rocks. The purpose of this paper is to provide an appraisal of existing and potential techniques of machine excavation.

The efficiency of any method of excavation can be evaluated in terms of the specific energy of rockbreaking and the specific power, that is, the amount of power that can be delivered to a unit area of the working face. The rate of penetration is given by the ratio of specific power to specific energy. Some idea of the size and complexity of the equipment can be gained from the actual values of these quantities and especially from the total power involved.

The rate at which a tunnel is bored or, for that matter, a hole drilled, is given by:

$$R = 3\,600\ P/S \qquad (1)$$

where R = the rate of penetration along the axis of the tunnel, m/h

P = the power delivered to the working face per unit area, MW/m^2

S = the specific energy of the technique in use, MJ/m^3

Energy is consumed whenever rock is broken, whether by boring or by crushing. The <u>specific energy</u> of any rockbreaking technique is the energy consumption per unit volume of, originally solid, rock broken. Values of the specific energy vary with the strength, type and condition of the rock, and the size of the particles produced, the technique used for rockbreaking and the overall method employed. Figure 1 shows the results of a study by Cook and Joughin (1970) of the specific energies of different techniques for breaking hard rock of similar uniaxial compressive strengths. Note that the results tend to fall into two groups: those where the specific energy is related inversely to particle size in accordance with Rittinger's hypothesis (1867), and those where it is inversely proportional to the square root of the particle size in accordance with Bond's relationship (1952). The first group arises from primary processes of excavation where small pieces of rock are removed from a large mass in order to create a void. The second group arises from processes of crushing in which discrete fragments are broken into smaller fragments. This Figure emphasises the wide range of values which specific energies may have and serves to show with what care they need to be interpreted. In particular, a clear distinction must be made between data from the two groups; it is quite incorrect to apply values of specific energy derived from studies of the breaking of discrete fragments to problems concerned with the excavation of a void.

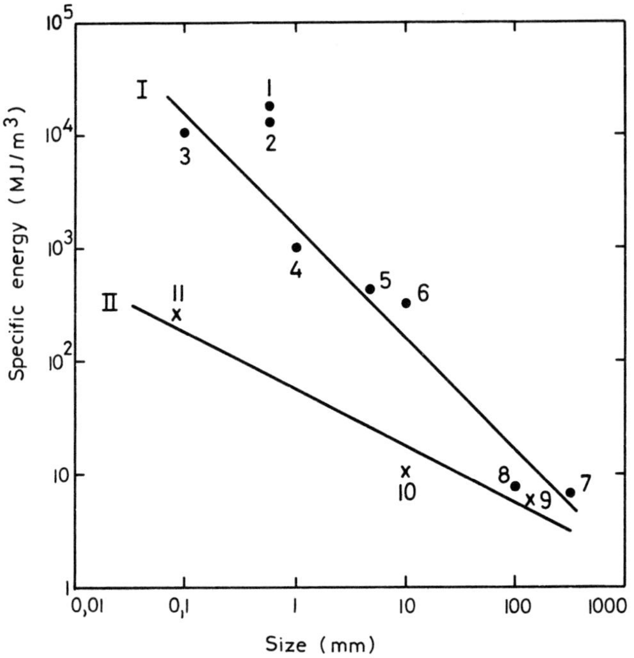

1) Jet-piercing; 2) Erosion drill; 3) Diamond cutting; 4) Percussive drilling; 5) Drag-bit cutting; 6) Roller bit boring; 7) Impact-driven wedge; 8) Explosives; 9) Jaw-crusher; 10) Gyratory crusher; 11) Milling

<u>Figure 1</u>: Graphs showing the specific energies of rockbreaking as a function of the nominal particle size for processes of excavation (1) and comminution (11) in hard rocks.

Two types of rockbreaking for excavation have been developed to a high degree, namely, the drilling of boreholes and tunnelling by drilling and blasting. To provide some background against which recent and new developments may be judged, it is illuminating to consider the performances of these methods in terms of specific energies and powers. Table 1 provides a summary of the average performance of different drilling methods in various types of rock. Notice that the values of the specific power applied to the bottom of the hole are of the order of MW/m^2 and that the rates of penetration are of the order of tens of meters an hour.

TABLE 1

Typical performance data for percussive, rotary and jet-piercing drills (after Maurer, 1968)

Drill Type and application	Average hole diameter (mm)	Power transmitted to rock (kW)	Specific power (MW/m^2)	Typical drilling rate (m/h) — Rock type compressive strength (MN/m^2): Soft (0-50)	Medium (50-100)	Hard (100-200)	Very Hard (>200)	Specific energy (MJ/m^3) — Rock type compressive strength (MN/m^2): Soft (0-50)	Medium (50-100)	Hard (100-200)	Very Hard (>200)
Percussive:											
Jack-hammer	38	3,7	3,3	Not Used		45	30	-	-	260	390
Drifter	48	6,7	3,7			72	48	-	-	180	270
Blast-hole	76	8,2	1,8			36	24	-	-	180	270
Rotary (mining):											
Roller	200	23	0,7	120	60	12	3	20	40	210	840
Drag	100	11	1,4	240	120	60	Not used	20	40	80	-
Diamond	50	7,5	3,8	Not used		12	3	-	-	1120	4500
Rotary (oil field):											
Roller drag	200	22	0,7	30	6	3	1,2	80	420	840	2100
Drag	200	37	1,2	60	12		Not used	70	350	-	-
Diamond	200	15	0,5	12	3	1,2	0,6	140	560	1400	2800
Jet-Piercing	200	120	3,8	Not used			9	-	-	-	1500

To obtain comparable data for tunnelling by drilling and blasting, assume that the tunnel has a cross-section of $50m^2$ and that it is advanced 5m per blast with 100 holes using 1 kg of explosive per m^3 of rock broken. The following data can then be derived:

Drilling time (machine hours) = 7

Drilling energy per blast = 50 kWh = 180 MJ

Explosive energy per blast = 1250 MJ

Total energy per blast = 1430 MJ

Average power per 6h shift = 66 kW

Specific energy = $5,7 MJ/m^3$

Specific power = $1,3\ kW/m^2$

Rate of penetration = 0,83 m/h

Thus, the principal differences between drilling and conventional tunnelling lie in the specific power which is three orders of magnitude less in the latter case, but results in a rate of penetration only an order of magnitude less because the specific energy of blasting is orders of magnitude less than that of drilling.

2. MECHANICAL RAISE- AND TUNNEL-BORING

TABLE 11

Performances of various raise- and tunnel-boring machines
(after Muirhead and Glossop, 1968; Boyd and Howe, 1970; and Wilson and Graham, 1972)

Date & Machine	Diameter (m)	Rock strength (MN/m^2)	Specific power kW/m^2	Specific Energy (MJ/m^3)	Rate of Penetration (m/h)
1965 Robbins R74	2,1	148	32	77	1,5
1965 Jarva Mk 8	2,4	83 - 104	54	93 - 162	1,2 - 2,1
1965 Robbins 121	3,7 - 4,1	21 - 62	25	26	3,5
1965 Jarva Mk 14	4,2	41 - 76	29	44 - 350	0,3 - 2,4
1965 Hughes Betti 1	6,1 - 6,5	34 - 41	26	18 - 31	3,0 - 5,2
1966 Demag	2,0	28 - 69	48	64 - 96	1,8 - 2,7
1966 Jarva Mk 14	3,2	83 - 130	51	154	1,2
1966 Habegger 836	3,5	34 - 234	50	75	2,4
1967 Demag TVM 19/23	2,1	200	65	156	1,5
1967 Habegger 836	3,5	97 - 145	51	102 - 204	0,9 - 1,8
1970 Robbins 61R	1,8	200	43	44	3,5
1972 Robbins 61R	1,8 - 2,1	62 - 412	35	97 - 420	0,3 - 1,3

Recently, the use of raise- and tunnel-boring machines has increased significantly. With the notable exception of those machines in which drag bits operate on the undercutting principle, in most modern machines roller bits specially designed for the purpose are used. The greatest advance has been in the development of large bits in which space is provided for adequate rolling bearings and for face-to-face metal seals which exclude dirt. It is not uncommon for machines to be used to bore rocks with compressive strengths of up to 250 MN/m^2 and more. However, the uniaxial compressive strength is not an accurate guide to boreability; the boreability of rocks of similar compressive strength may vary by a factor of three or more. Several investigators have achieved some success in estimating boreability from measurements of the indentation of rock by a metal sphere (Morris, 1969; Chamber of Mines, 1971 and 1972).

The characteristics and performance of some raise- and tunnel-boring machines used during the past decade are shown in Table 11. The values of the specific energies of these machines are related closely to those of the uniaxial compressive strengths of the rocks. The rate of penetration is typically 2m/h, substantially less than that of rotary drills because of the low specific power of most machines of about 50 kW/m^2 compared with values ten to a hundred times greater for drills. If the rate of penetration of boring machines is to be increased, their specific power will have to increase proportionately. To achieve this, it will be necessary to increase their thrust, especially in hard rocks, so as to achieve more effective use of the roller bits (Chamber of Mines, 1971). With the improved roller bits now becoming available such increases should be possible. Nevertheless, it seems unlikely that mechanical boring machines can be developed to deal with the hardest and most abrasive rocks economically.

3. IMPACT ROCK PICKS

Manual picking and chiselling must be one of the oldest methods of excavating rock. The data plotted in Figure 1 show that the technique of excavation having the lowest specific energy was an impact driven wedge or pick. Bailey and Dean (1966) made a comparative study of the efficiencies with which a tunnel was excavated in ice by different techniques. They showed that manual picking had the lowest specific energy by one to two orders of magnitude, though the specific power was necessarily limited.

The next logical step is to consider a power-assisted pick. Impact tools have long been used for demolition work on surface. Recently, several manufacturers have been involved in the design and development of high-powered picks with blow energies of the order of 1 000 J and blow frequencies of the order of 10 blows/s for underground excavation. The largest that appears to have been manufactured to date is that designed by Professor Voitsekhovsky (Cooley, 1972) which has a blow energy of 155 kJ.

Considerable success has attended initial underground trials of impact picks for excavation, both in tunnelling and seam mining (du Toit, 1973). In the interests of space and efficiency, most of the picks are powered hydraulically, and there is a tendency to go for ever increasing blow energy (Paul and Gangal, 1969).

The principal technical problem in the use of impact picks is to achieve the correct angle of attack between the tool and the rock face. If the tool hits the rock at an angle of less than about 40°, it tends to bounce off the surface rather than break into the rock. This not only renders the blow virtually ineffective but may damage the impact machine or its supporting mechanism. Thus, in the confines of underground excavation, compactness and small size so as to enable the tool to be set at an appropriate angle are prerequisites for a successful machine.

In order to achieve a compact impact excavation device for use in narrow seams, about 1 m wide, the Chamber of Mines (1972) has pursued an alternative approach in the form of a 'swing hammer miner'. As its name implies, this device consists of a rotor to which are attached two or three rows of swinging hammers which strike the rock with blows of about 500 J. The rotor can be tilted so as to cause the top or bottom rows of hammers to cut the roof and floor, respectively. Results on an experimental rig have been sufficiently encouraging to warrant further development and tend to confirm the potential of impact devices for excavation even in hard, strong quartzite rock.

4. WATER-JET EROSION

Hydraulic monitors, or low-pressure water nozzles, have long been used for the excavation of unconsolidated surface deposits such as sands, silts and soils and, to a lesser extent, very soft clays and sandstones. With such devices, which have nozzles tens of millimeters in diameter, relatively large volumes of water at pressures seldom more than 1 MN/m^2 are used. Usually, the amount of water is sufficient also to remove all the excavated material as a slurry.

It has become clear that if water jets are to be used underground the concept of their use will have to be changed from one of massive removal of material by monitors to the use of fine, very high-pressure jets to cut away the rock.

Investigations of this concept have now progressed to the point where there is substantial agreement on the type and size of nozzles, the range of water pressures required, and the potential performance of such equipment in different types of rock. Commercial equipment is in use for cutting paper, wood, plastic and certain friable ceramics, but none is yet available for rock excavation, though production-scale experiments have been made in coal mines.

TABLE 111

Summary of results of experiments with water-jet excavation

Rock	Uniaxial Compressive Strength (MN/m^2)	Water Pressure (MN/m^2) Threshold	Operating	Specific Energy (MJ/m^3)	Reference
Granite	150		200	10x10^3	Ostrovskii (1960)
Marble	80		200	25x10^3	See Clark *et al* (1970)
Limestone	60		200	33x10^3	
Red Sandstone	33		500	5x10^3	(Leach and Walker
Pennant Sandstone	150	200	500	10x10^3	((1966)
Granodiorite	200	100	150	2x10^3	Davies (1969)
Berea Sandstone	50	14	40	0,6x10^3	Bresee *et al* (1970)
Indiana Limestone	80	24	70	2,25x10^3	
Georgia Granite		41	70	5x10^3	
Concrete	25		30	0,3x10^3*	Frank and Chester (1971)

* Best Average 1,6x10^3

Careful studies of nozzle shapes and the nature of jets, by Leach and Walker (1966), led them to conclude that nozzles should terminate with a parallel section two to four diameters long, preceded by a converging section with an included conical angle of between 6° and 20°, better results being obtained when internal corners are sharp rather than rounded and the surface finish smooth. With such nozzles the jet remains effective in air at distances of up to a hundred times the diameter of the nozzle.

Other investigators have confirmed these conclusions and a substantial number of investigations into various aspects of water jet cutting and drilling, using nozzles of the order of 1 mm diameter and water pressures ranging from 50 MN/m^2 to 500 MN/m^2, and even more, have been made recently. Some of these results are summarised in Table 111, which gives an idea of the potential of high-pressure water jets for rock drilling and cutting. It has been found that the width of slot produced with a nozzle 1 mm in diameter is from 3 mm to 5 mm.

Several simple formulae are useful for evaluating the characteristics of water jets. It can be shown by Bernoulli's equation that the velocity of water emerging from a nozzle is:

$$u = 10(20p)^{\frac{1}{2}} \quad (m/s) , \qquad (2)$$

where p is the static pressure of the water in MN/m^2.

For a parallel nozzle, the limiting velocity and pressure are, of course, about 1 500 m/s and 1 150 MN/m^2, respectively, corresponding to the speed of sound in water at room temperatures. The volume rate of flow is simply

$$v = 11,2 \, \pi \, d^2 \, p^{\frac{1}{2}} \, (m^3/s), \qquad (3)$$

where d = the nozzle diameter in m. Similarly, the power is given by:

$$pv = 11,2 \, \pi \, d^2 \, p^{3/2} \times 10^3 \, (kW), \qquad (4)$$

and the reaction, T (kN), is:

$$T = 500 \, \pi \, d^2 \, p. \qquad (5)$$

Finally, for any system in which water jets are used the ratio of the volume of rock excavated to the volume of water used is given by:

$$\text{Vol. (rock)/Vol. (water)} = p/\text{specific energy}, \qquad (6)$$

where both p and the specific energy are measured in the same units. Note that the volume of rock in (6) may be that from the cut if the specific energy of cutting is used or that of the hole, or complete excavation if an 'effective specific energy' for the whole operation is used.

Various factors have emerged as important to the effectiveness of water-jet cutting. Amongst these are pressure, since for many rocks there exists a threshold pressure below which cutting does not take place; traversing or interrupting the jet to ensure that it impinges directly on the rock and is not attenuated by a pool of stagnant water; rock strength and porosity, and others.

5. FLAME JET-PIERCING

Flame jets have been used for drilling and channelling in several different types of rock. They have been used successfully in the open for breaking rocks which spall readily when subjected to intense heat. The technique has proved to be economically advantageous where the rock is so hard and abrasive as to make normal drilling excessively costly, though recent improvements in rotary drilling have made substantial inroads into situations formerly dominated by jet-piercing drills. Jet-piercing has not yet found extensive application in underground excavation on account of the problems created by the heat and products of combustion. However, there is no fundamental reason why these should not be contained if, otherwise, jet-piercing were to be sufficiently advantageous.

An extensive study of thermal rockbreaking has been made by the Department of Mines and Technical Surveys, Canada (1962). Rockbreaking by means of a thermal jet can be effected in two ways: the rock can be subjected to thermal stress to cause spalling or it can be fused and the molten material removed. The fusion temperature is usually higher than that necessary to cause spalling. Because of this and the latent heat absorbed in fusion, spalling is the more efficient of the two mechanisms.

There are many factors which govern the ease with which rock can be pierced thermally. The interdependence of the principal ones can best be illustrated by modelling the processes involved using the principles of heat conduction and thermo-elasticity. Three separate models are needed to describe the process of thermal spalling. These are:

(i) The temperature distribution in the rock during the initial heating period.

(ii) The stress distribution in the rock as a result of the temperature gradient.

(iii) The temperature and stress distributions in the rock during continuous spalling.

It is convenient to use very simplified models and the complexities which must exist in practice do not really detract from their validity. The temperature distribution during the initial period of heating can be obtained by considering that portion of the rock beneath the flame to be part of a semi-infinite solid, initially at some constant temperature, being heated from a source by a constant flux across its surface. The solution of the conduction equation for this case is given by Carslaw and Jaeger (1959) as:

$$T = \frac{2F\,(Kt)^{\frac{1}{2}}}{k}\ \text{ierfc}\,\frac{z}{2(Kt)^{\frac{1}{2}}}\ , \qquad (7)$$

where T = the temperature above the initial temperature of the solid (°C).

F = the constant heat flux from the flame (watts/m^2)

t = the time from the start of heating (s)

K = the thermal diffusivity of the rock

= $k/\rho c$ (m^2/s)

k = the thermal conductivity of the rock (W/m°C)

ρ = the density of the rock (kg/m^3)

c = the specific heat of the rock (J/kg°C)

z = the normal distance into the rock from its surface (m)

ierfc = the integral of the complement of the error function. (Tabulated in Carslaw and Jaeger, Appendix 11)

The stresses in the rock can be obtained from a similar assumption, namely, that the rock is a semi-infinite, homogeneous, isotropic elastic solid which is heated by a constant flux of heat over its entire surface. By symmetry there can be no normal expansion in directions parallel to the surface of the rock. This is tantamount to assuming that the rock immediately beneath the flame is so constrained by the rock around and beneath it that it is prevented completely from expanding, except in the z-direction normal to the surface. Under these conditions, the stress on the surface is zero and the strains parallel to it are zero. Solution of the stress-strain equations for these conditions gives:

$$\sigma_x = \sigma_y = E\,\alpha T\,/(1-\nu), \qquad (8)$$

where E = Young's modulus (MN/m^2)

α = the coefficient of linear thermal expansion (°C^{-1})

T = the temperature as given by equation (7)

ν = Poisson's ratio

This shows that the stress at any point is proportional to the temperature at that point and that the value of the stress for any given temperature increases with increasing values of Young's modulus, the coefficient of expansion and Poisson's ratio.

Provided these values are sufficient for spalling to precede fusion, the first spall forms whenthe stress just beneath the surface reaches a critical value characteristic of the strength of the rock under these conditions. When this piece of rock spalls off a new surface is exposed but the next period of heating differs from the first because the rock exposed is no longer at a uniform temperature. As spalling continues, the temperature distribution below each new surface approaches a limiting curve of values. The curve for these values can be obtained by assuming that the spalls become inifinitesimally thin. The temperature distribution for this steady-state situation is also given by Carslaw and Jaeger (1959) as:

$$T = T_s \exp(-Uz/K), \qquad (9)$$

where T_s = the surface temperature at which successive spalling occurs (°C)

U = the speed with which spalling proceeds into the solid (m/s)

z = the normal distance into the solid (m)

K = the thermal diffusivity of the rock (m^2/s)

The stress and temperature distributions given by equations (7) and (9) are plotted in Figure 2.

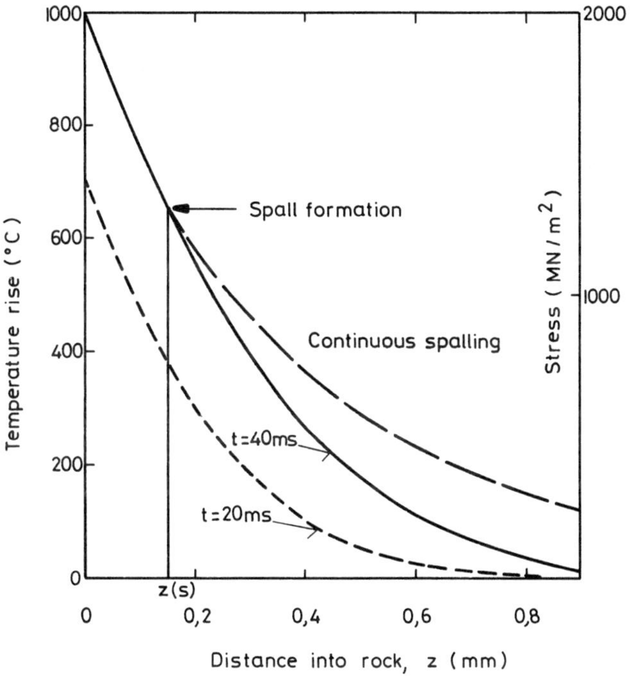

$k = 6$ W/m°C

$\rho = 2650$ kg/m^3

$c = 820$ J/kg °C

$K = 2{,}77 \times 10^{-6}$ m^2/s

$F = 10^7$ W/m^2

$z(s) = 0{,}15$ mm

Figure 2: Temperature and thermoelastic stress distributions in quartzite heated by a source of constant flux.

In general, the densities and specific heats of most rocks have similar values but the values of the conductivities of the rocks may vary by a factor of 3 or more. The predominant variable in equations (7) and (9) is also the conductivity, k, which determines the temperature gradient in the rock. A high temperature gradient has two effects. In terms of the simple model, it reduces the amount of heat that is required to flow into the rock before spalling occurs. In practice it reduces also the loss of heat into the area adjacent to that being heated.

In addition to the above simple properties, other factors have an important bearing on the spallability of rock. For example, where quartz is a major constituent the α- to β- phase change, which occurs at about 600°C, is accompanied by a sudden expansion of the order of 0,8 percent by volume. Anistropy and heterogeneity of the rock together with grain size also play an important part and, in general, mafic materials tend to decrease the spallability.

Data concerning the performances of flame-jets for drilling and channelling various rocks are available in the literature. Some of these data are given in Table lV. The specific energies quoted have been calculated from the total heat of combustion. As only a portion of this heat is transferred to the rock these values tend to be unduly high. The efficiency of heat transfer may vary from 10 percent to 50 percent. Energy balance studies made with dolomite (Dept. of Mines and Technical Surveys, 1962) yielded the following results:

TABLE V

Efficiencies of heat transfer to the rock

Combustibles	Gross specific energy MJ/m^3	Percentage of heat transferred to rock
Propane - Air	6300	27,6
Acetylene - Air	5000	34,6
Propane - Oxygen	4900	35,5

TABLE IV
SUMMARY OF FLAME JET-PIERCING TEST DATA

ROCK TYPE	FLAME TYPE AND NOZZLE SIZE (mm)	HOLE SIZE (mm)	PIERCING RATE (m/hr)	SPECIFIC ENERGY (MJ/m^3)	OPERATION MODE	REFERENCE SOURCE
Barre Granite	Air/Fuel 22 32 32 32 38 41	198 224 238 251 291 316	5,5 4,2 5,8 5,8 5,5 4,2	10 600 14 700 16 600 14 000 13 000 13 400	Drilling Drilling Drilling Drilling Drilling Drilling	United Aircraft Research Laboratories, 1968
Dolomite (Woodville Ohio)	Air/Fuel 32	203	9,1	13 000	Drilling	" "
Berea Sandstone	Air/Fuel 22 32 32 41	127 140 190 203	7,6 10,0 8,5 4,4	16 300 32 300 15 900 25 800	Drilling Drilling Drilling Drilling	" "
Alma Diabase (Canada)	32	228	4,9	13 800	Drilling	" "
Taconite	Oxy/Fuel 165	236	4,8	7 850	Drilling	U.S. War Office, 1964
Granite-Gneiss (Georgia)	Oxy/Fuel 140	216	9,1	4 980	Drilling	Thoenen & Germain, 1953
Nepheline Syenite	Oxy/Fuel 140	254	4,9	6 000	Drilling	Howell, 1957
Taconite	Oxy/Fuel	234 - 368	18,2	3 960	Chambering	Calaman & Rolseth, 1958
Granite	Oxy/Fuel	76 - 100	1,25m^2/h	2 200	Channelling	Flame Cutting of Rock; Engineering, May 1962, p 584
Barre Granite	Air/Fuel	50	0,2m^2/h	22 400	Channelling	United Aircraft Research Laboratories, 1968
Dolomite (Niagara)	Propane/Air Acetylene/Air Propane/Oxygen	50 47 50	4,5 6,4 7,6	19 200 9 900 11 400	Drilling Drilling Drilling	Dept. of Mines & Technical Surveys, 1962
Limestone Shale Dolomite Slaty Taconite Syenite Conglomerate Granite Sandstone Quartzite Jasper		250 250 250 250 250 250 250 250 250 250	0 0,3 1,8 3,7 5,5 5,8 6,1 6,1 9,2 12,2	- 134 000 22 000 10 900 7 300 7 000 6 600 6 600 4 400 3 300	Drilling Drilling Drilling Drilling Drilling Drilling Drilling Drilling Drilling Drilling	Calaman & Rolseth, 1962

6. ELECTRON BEAMS

The use of high-energy electron beams to melt and weld materials is a well-established technology, (Bakish, 1962; Dietrich, et al, 1963; Bunshah, 1962). Until recently all these operations were conducted under vacuum and thus the technique could not be applied to any material which vaporised during heating. In recent years, however, the gun by which these electron beams are produced has been developed so that it is now possible to bring the beam out into the atmosphere through a series of differentially pumped chambers, (Schumacher, 1967a). This makes it possible to use this high-energy beam to cut and melt materials which give off gases when heated, such as rocks.

The electron beam is a source of high energies of up to 10^{10}kW/m^2, (Dietrich, et al, 1963). If such a beam is focused onto a solid material, the electrons of high kinetic energy in the beam penetrate the material and their energy is released as heat when they collide with the particles in the material. The laws of penetration of an electron into a target are well documented, (Schumacher, 1967b), but these do not describe the conditions under which electrons from a high-energy beam enter a target. What is known is that the electrons penetrate the rock to a depth determined by their "range" which is a function of the excitation voltage in the electron gun. The range of penetration in rocks for 150 kV electrons is of the order of 0,1 mm. All the kinetic energy of the electrons is dissipated almost instantaneously at this level and this leads to propagation of energy several times faster than the conduction of heat.

Electron guns which produce beams of 25 kW and 60 kW have been built and some 1 MW guns, albeit with poor focussing, are used in certain metallurgical furnaces. The conversion of electrical energy to electron beam energy is very efficient, being about 90 per cent, compared with 10 per cent for laser beams and about 50 per cent to 70 per cent for the combustion efficiency of flame jets. A beam power density of 10^4MW/m^2 will cause a surface layer of rock 0,1mm thick to melt in approximately 15 µs. If this molten material can be removed efficiently, it should be possible to pierce the rock at a speed of 6,6 m/s, with very little loss in energy by conduction, because of the short time involved. If the molten material is not removed quickly enough, the beam continues to heat the material until it vaporises. If high-energy beams are used and vaporisation achieved, good rock removal rates can be obtained although at some cost in power. The most efficient method of rock removal is spalling, which requires only 1500 MJ/m^3, whereas fusion and vaporisation require about 5000 MJ/m^3 and between 10 000 MJ/m^3 and 20 000 MJ/m^3, respectively. The use of electron beams with sharp focus usually leads to removal of the rock by fusion and vaporisation because of the high energy densities and transfer rates. It should be possible to break rocks by spalling at a considerably higher rate than by either fusion or vaporisation if the beam energy could be spread over a larger area. This could be achieved by using lower power concentrations at potentials of less than 30 kV, which would also reduce the X-ray hazards.

A Westinghouse electron beam welding device (Schumacher, 1967a), has been used on a number of rocks to produce fusion cuts. This apparatus consists of a cutting head weighing approximately 136 kg which is connected to two large mechanical vacuum pumps, with a capacity of 71 ℓ/s. Development work is still in progress in an attempt to replace the large pumps by jet pumps working with helium, hydrogen, air, water, steam or combustion products.

With the available 9 kW device the following

specific energies have been obtained for melt cuts in the materials listed, (Schumacher, 1967a).

TABLE V1

Specific energies of fusion

Material	Specific energy	Kerf cutting rate*
Concrete	27 000 MJ/m^3	6m/h
Limestone	21 200 MJ/m^2	6m/h

*Depth of Kerf = 50mm

(It should be noted that these specific energy values have been calculated by dividing the power supplied by the amount of rock actually removed, rather than by the total volume of rock broken under unconfined cutting, as has been done in the values given by Bakish (1962)).

The electron beam is dispersed rapidly by atmospheric particles and it is usual to keep the cutting head within 20 mm to 50 mm of the rock surface. This could be a disadvantage where the surface of the rock to be cut is irregular. Another disadvantage is that in using high-energy beams X-rays are produced from which it is necessary to shield the operator. Where rapid cutting is required at any cost, it appears that these devices show some promise because the energy transfer is the most efficient of all the various thermal methods.

7. LASER BEAMS

In this method of rockbreaking radiant heat is transferred from a high energy source to the rock. Because of the usually low energy of conventional radiant heat sources the method of radiation heating was never considered as a means for thermal rockbreaking until the development of the laser which made available a source of intense radiant energy.

The original device (Maiman, 1960) comprised essentially a pink ruby crystal ($A\ell_2O_3$ & Cr) polished and silvered at the ends to provide one reflective face and a transmission face and a Xenon-filled flash lamp which provided the initiating power. When the flash was absorbed by the ruby crystal it excited the chromium ions in the crystal and caused them to emit a pulse of coherent (single wave length) red radiation. This radiation left the end of the crystal and could be focussed to produce a high-energy beam. This device was capable of producing (Friedlander, 1964) 100J in 1 millisecond. The time between pulses was about 2 seconds. In focussing the beam to an area of 100 square microns an intensity of 10^9 MW/m^2 was obtained. This is two orders of magnitude greater than that of electron beams, and the laser beam has been found to be capable of melting material or of forming very small holes in the material upon which it is focussed. As the result of developments in laser technology it is now possible to use a number of other materials and gases to produce laser beams.

The application of this device to rock removal has been studied by United Aircraft Research Laboratories (Carstens et al, 1970), using a CO_2 electric discharge convection laser (EDCL) of 600 W and 4 kW capacity. Initial tests were aimed at determining the feasibility of weakening rocks by heat using a low-power unfocussed beam. A more feasible use of lasers for rock cutting was to use a more intense energy beam to cut kerfs in a rock by fusion after which the bulk of the rock could be removed by mechanical means. Some rock cutting tests have been done with a 5 kW CO_2 electric discharge convection laser by United Aircraft (Carstens et al, 1972), and the following results were obtained:

TABLE VI

Laser kerfing performance data

Rock Type	Specific energy (MJ/m^3)	Kerfing speed (m/h)	Depth (mm)
Barre Granite	40 600	15	25
Berea Sandstone	16 200	75	12
New-Haven Traprock	20 400	15	50

Some of the advantages of laser cutting devices are:

(i) Very high power density of 10^9 MW/m^2 which can produce narrow deep melt-cuts in almost any material.

(ii) Operations can be performed in any transparent atmosphere, either air or water, and beams can be transmitted through a glass shield from one atmosphere to the other.

(iii) Focussing and transmission of laser beams are done easily, so that beams can be transmitted to an otherwise inaccessible position.

Some of the disadvantages of these devices are:

(i) The overall efficiency of laser units is low. In the older ruby lasers only about 15 per cent of the input energy was transmitted in the beam while in the EDCL only about 20 per cent is transmitted.

(ii) Most systems available at present have low total power outputs and if larger output powers are required the equipment may become dimensionally so large as to be of little use in underground or confined working areas.

(iii) Laser beams and reflections from them can harm personnel.

At present, high-power EDCL technology appears to be economically viable only for excavating large-diameter tunnels (>6,0m) in rocks of high compressive strength (>210 MN/m^2). Advances in laser technology which will permit systems to operate at pressure levels of 100 torr or greater should extend the economic possibility to smaller size tunnels and weaker rock types. This pressure is the major factor in determining both the size and cost of the laser system. Power levels of up to 15 kW are envisaged in the near future.

8. HYBRID ROCKBREAKING

The specific energies of all the novel methods of rockbreaking, including flame jet-piercing and water-jet erosion, are from ten to a hundred times greater than those of mechanical drilling or boring. It follows that to obtain rates of penetration with these devices comparable with those obtained with mechanical devices, the specific power would have to be correspondingly greater. High specific powers such as these have been obtained with flame and water jets for drilling, but the bulk and complexity of the equipment associated with the generation of electron and laser beams makes it unlikely that such high powers could be achieved with them in practice. The problems are sufficiently complex as to virtually exclude all these techniques from being used in machines for excavation underground.

However, thermal rockbreaking devices work best in hard, unfractured rocks which are often most difficult to excavate either mechanically or by means of water jets. The principal weakness of these thermal devices is that, though they are efficient in breaking rock, they are not nearly as effective in removing it. On the other hand, mechanical devices and water jets are not efficient in breaking hard, unfractured rock but remove the rock, when fractured, relatively easily. This dichotomy leads to the concept of hybrid rockcutting machines, in which two techniques are combined to fulfil more or less separate functions each to best advantage. For example, a hard-rock excavating machine would be made by combining a relatively low-power flame jet to weaken the rock by thermal cracking followed by a mechanical tool for removing it. Laboratory experiments on such a concept have shown that it is possible to improve markedly the cuttability of quartzite with a drag bit in this way. (Chamber of Mines, 1970).

Such a system has the further advantage that the mechanical part removes easily any weak or fractured rock which would not spall and which would therefore be difficult to remove thermally. In addition to the flame jet, other thermal devices, such as electron and laser beams, may be used with mechanical ones.

Yet another concept of a hybrid machine is to combine thermal devices with a water jet, (Thirumalai and McNary, 1973). It is known that porous or cracked rock is much more readily eroded by a water jet than is an impermeable rock. Thermoelastic stresses could well be used to create cracks in a hard and impermeable rock and make it much more easily eroded by a water jet.

Finally, there is another concept of hybridization in which use is made of the ability of water jets, electron or laser beams to cut fine slots in the rock. A number of such fine kerfs could be cut in the face of a tunnel to facilitate mechanical fracture of the face under the action of roller bits. This may be particularly helpful if the beams or jets were used to cut an outer guage kerf. (Carstens et al, 1972).

9. CONCLUSIONS

Typical rates of penetration are shown in Figure 3 as a function of typical values of specific power for the different techniques of excavation, together with values of their specific energies. This provides a synoptic evaluation of the current state of the art. It shows that small-hole drilling is the most highly-developed method of excavation, offering the greatest rates of penetration with moderate values of specific energy. This is followed by rotary drilling with somewhat lower rates of penetration but comparable values of specific energy, from which it follows that the specific power of rotary drilling is less than that of small-hole drilling. The rate of penetration, specific power and specific energy of raise- and tunnel-boring are all substantially less than those of the two types of drilling.

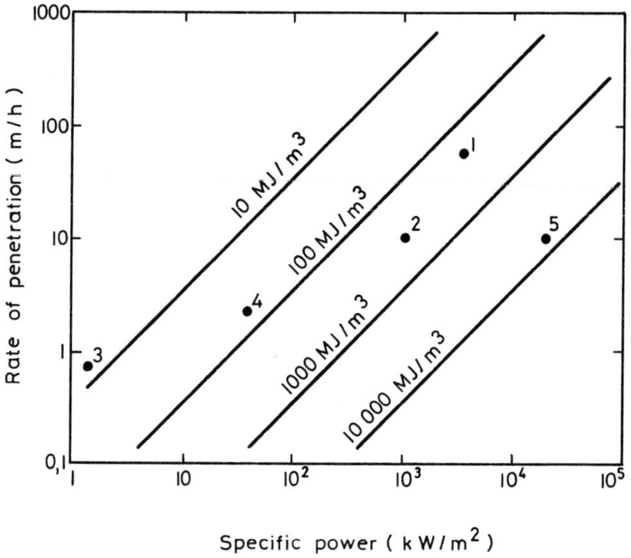

1) Percussive drills (small); 2) Rotary drills; 3) Drill-and-blast tunnelling; 4) Raise- and tunnel-boring machines; 5) Novel methods.

Figure 3: A comparison of various techniques for drilling and boring in terms of rate of penetration, specific power and specific energy.

Judging by the performance of mechanical drills, especially the recent improvements in the capabilities of rotary drills, there seems every reason to believe that a substantial improvement in the rate of penetration by raise- and tunnel-boring machines is possible. To achieve this, it will be necessary to change their design to accommodate an increase of about an order of magnitude in their specific power and a corresponding, though proportionately smaller, increase in thrust. These improvements should expand the application of machine excavation greatly but it is still probable that it may not be capable of dealing with the hardest and most abrasive rocks.

Drill-and-blast tunnelling still provides the most versatile means of excavation. It is characterised by very low values of specific power, low values of specific energy and modest rates of penetration. The method is highly-developed and the low average values of specific power are a result of the cyclic nature of the operation. Continued small improvements in cycle times may be effected but dramatic changes seem unlikely to occur.

The novel techniques of rockbreaking, including flame jet-piercing, are all characterised by very high values of specific energy. This implies that they require correspondingly high specific power. Though these high values of specific power are capable of being achieved with flame jets and water jets they do give rise to associated problems such as that of heat. At present, the bulk and complexity of the equipment needed to provide large amounts of power by electron and laser beams mitigates strongly against their use for excavation.

Thermal techniques work best in hard rocks of the kind most often difficult to break mechanically. Thermoelastic stresses are also more effective in cracking and weakening the rock than in removing it. This circumstance leads to the concept of hybrid machines where thermal devices such as flame jets, electron or laser beams are used in conjunction with mechanical or erosion devices. The thermal devices would weaken the rock by a process of decrepitation and render it more easily removable by mechanical or other means. In this way, it would be possible to extend the capability of machine excavation to the hardest and most abrasive rocks, without incurring excessive specific powers or intolerable wear.

ACKNOWLEDGEMENTS:

The authors are grateful to Mr. F.H. Lancaster for editing this paper and to Miss P.M. Antink for typing it.

REFERENCES:

Bailey, J.J. and Dean, R.C.
Rock mechanics and the evolution of improved rock cutting methods.
In Fairhurst, C. (Ed.) Failure and Breakage of Rock. Proc. Eighth Symp. on Rock Mechanics, 1966.

Bakish, R.
Introduction to electron beam technology
Wiley, 1962

Bond, F.C.
The third theory of comminution
A.I.M.E. Trans. Vol 193, 1952, p. 484

Boyd, R.J. and Howe, A.W.
The application of raise boring to vertical development at Mount Isa Mines Ltd.
Procs. Australian Geomechanics Society, Symposium on Raise and Tunnel Boring, Aug. 1970, pp 1-21

Bresee, G.A., Cristy, G.A., McClain, W.C.
Research results show interesting potential of hydraulic tunnelling
Eng. Min. J. Vol 171, 1970, p 75

Bunshah, R.F.
High power electron beams
Int. Sci. Tech.
No. 4, April 1962, pp 30 -38

Calaman, J.J. and Rolseth, H.C.
New look at jet-piercing developments
Eng. Min. J. Vol. 159, 1958, pp 103-107

Calaman, J.J. and Rolseth, H.C.
Technical advances expand use of jet piercing progress in taconite industry
In Clark, G.B. (Ed.) Mining Research, pp 473-498, Pergamon, 1962

Carslaw, H.S. and Jaeger, J.C.
Conduction of heat in solids
2nd. Edn., Clarendon Press, Oxford, 1959

Carstens, J.P., Banas, C.M., Biancardi, F.R., Melikian, G., Peters, G.T., Jurewicz, B.R. and Sessions, E.C.
Heat assisted tunnel boring machines
United Aircraft Research Laboratories Report, UARL Report No. J-970802-12, Sept. 1970

Carstens, J.P., Banas, C.M., Biancardi, F.R., Melikian, G., Peters, G.T., Jurewicz, B.R. and Sessions, E.C.
Research investigation of laser rock kerfing
United Aircraft Research Laboratories, Connecticut, UARL Report No. L-911329-8, 1972

Chamber of Mines of South Africa
Research Review 1970, p. 5

Chamber of Mines of South Africa
Research Review 1971, p. 18, Fig. 4

Chamber of Mines of South Africa
Research Review 1972, p. 7, Fig. 4

Cook, N.G.W. and Joughin, N.C.
Rock fragmentation by mechanical, chemical and thermal methods
Paper 1-C. 6, Vi International Mining Congress, Madrid, 1970

Cooley, W.C.
Water jets and rock hammers for tunnelling in the U.S. and U.S.S.R.
Proc. First National American Rapid Excavation and Tunnelling Conference, 1972, pp 1325-1360

Davies, D.A.
Some experiments on water jet cutting and consideration of its use as a drilling tool in rocks
Proc. Australian Inst. Min. Metall. No. 232, 1969, pp 73-80

Department of Mines and Technical Surveys, Canada
Jet piercing research project
Report I.R. 62-27, Ottawa, 1962

Dietrich, W., Stephan, H., Gerstner, H.
Electron beam technology- application of the electron beam as heat source
Metals and Materials Congress, Cleveland, 1963.

Du Toit, P.J.G.
Mechanical rock pick
Min. Congress. J. Vol. 59, No. 4. 1973, pp 60-64

Frank, J.N. and Chester, J.W.
Fragmentation of concrete with hydraulic jets
U.S. Bureau of Mines Report of Investigations, R.L. 7572

Friedlander, D.
Grumman conducting study of ruby laser capabilities
Metalworking News, Feb. 3rd, 1964, p. 4

Howell, T.M.
Jet-piercing with converted churn drills
Min. Eng., Vol. 9, 1957, pp 654-656

Leach, S.J. and Walker, G.L.
The application of high speed liquid jets to cutting
Phil. Trans. Roy. Soc. London, 260-A, pp 295-308

Maiman, T.H.
Stimulated optical radiation in ruby
Nature, Vol. 187, No. 4736, 1960, pp 493-494

Maurer, W.C.
Novel drilling techniques
Pergamon Press, 1968

Morris, A.
Rock Drillability related to a roller cone bit
Raise Boring Technology, Dresser Industries Inc. 1972

Muirhead, I.R. and Glossop, L.G.
Hard rock tunnelling machines
Inst. Min. Metall., Vol 77, 1968, pp A1-A21

Ostrovskii, A.P.
Deep hole drilling with explosives
Gostoptikhizat, Moscow, 1960

Rittinger, P. von
Lehrbuch der Aufbereitungskunde,
Berlin, 1867

Schumacher, B.W.
Electron beam cutting of rocks and concrete
Westinghouse Research Lab., Scientific Paper 67-1C2, Eweld Pl. 1967a

Schumacher, B.W.
Power density limits for particle penetration laws and onset of energy phenomena in electron beam targets
Westinghouse Research Lab. Scientific paper 67-1C2, Eweld P5, 1967b

Thirumalai, K. and McNary, O.
Development and testing of a thermohydraulic process for hard rock cutting
Proc. A.I.M.E. Annual Meeting, Chicago, 1973.

Thoenen, J.R. and Germain, G.D.
Jet piercing blast holes in granite
Rock Products, April, 1953, pp 132-135

United Aircraft Research Laboratories
Report - G 910560-10
Feasibility of flame jet tunnelling
1968

United States of America War Office
Scientific and technical applications
forecase on excavation - 1964
Mining World, 1952, pp 29-33

Wilson, J.W. and Graham, P.C.
Raise-boring experiences in the gold mines
of the Anglo-American Corporation Group
J. S. Afr. Inst. Min. Metall., 1972
pp 103-115.

COMPARAISON DE DIVERS PROCÉDES D'EXCAVATION DES ROCHES: PROCÉDES MÉCANIQUES, HYDRAULIQUES, THERMIQUES, ET ÉLECTROMAGNÉTIQUES

Dr. Neville G.W. Cook
Directeur, Laboratoire de Recherche Miniere
Chambre de Mines de l'Afrique du Sud
Johannesburg, l'Afrique du Sud

V.R. Harvey
Chercheur, Laboratoire de Recherche Miniere
Chambres de Mines de l'Afrique du Sud
Johannesburg, l'Afrique du Sud

RESUME

On admet généralement qu'une excavation au moyen d'une machine est plus rapide et préférable à une excavation faite au moyen d'explosifs. L'excavation mécanique est maintenant utilisée dans plusieurs roches tendres et moyennement dures; cette méthode n'est toutefois pas encore en concurrence pour toutes les roches dures. La performance de m'importe quelle technique d'excavation peut être évaluée en fonction de son énergie spécifique de comminution et de la puissance spécifique fournie à la taille. La vitesse de pénétration est donnée par le rapport de la puissance spécifique à l'énergie spécifique. Plusieurs méthodes d'excavations, y compris le forage, le forage et l'abattage, le forage de puits et de tunnels ainsi que les nouvelles techniques telles que le percement à la flamme,l'érosion au moyen de jets d'eau, le laser et les faisceaux d'électrons ont été comparés en ce qui concerne les paramètres cités plus haut. Cette évaluation montre que le forage de petits trous est la technique la plus développée, offrant les plus grandes vitesses de pénétration pour les valeurs modérées d'énergie spécifique, suivi ensuite par le forage de trous de grands diamètres. L'excavation au moyen d'explosifs possède la plus petite valeur d'énergie spécifique mais offre, par contre, des valeurs modestes en ce qui concerne la vitesse de pénétration. Les machines de forage de puits et de tunnels donnent en général de plus grandes valeurs pour les vitesses de pénétration mais aussi de plus grandes valeurs pour l'énergie spécifique que les méthodes utilisant des explosifs, par contre elles ne sont pas efficaces en ce qui concerne leurs performances de creusement en ce sens qu'elles possèdent une valeur très basse de puissance spécifique. Toutes les nouvelles techniques semblent être caractérisées par de très grandes valeurs d'énergie spécifique. Ceci implique que de très grandes puissances spécifiques seraient nécessaires afin d'obtenir de grandes vitesses de pénétration. Bien que la densité de puissance de ces faisceaux ou jets soit très élevée, la puissance spécifique moyenne à la taille est de loin inférieure à celle nécessaire pour rentrer en compétition avec les méthodes mécaniques d'excavation. La nouvelle technique ayant le plus de chance d'être utilisée consiste en des machines hybrides dans lesquelles ces techniques sont combinées à d'autres, probablement aux méthodes mécaniques d'excavation. De cette façon on utiliserait une technique nouvelle de faible puissance, afin de rendre la roche dure exploitable au moyen d'outils usuels.

I. INTRODUCTION

On admet généralement que le fait d'excaver la plupart des roches tendres et moyennement dures au moyen de machines est plus efficace que les méthodes utilisant des explosifs. Les principaux avantages de l'excavation mécanique sont la bonne qualité ainsi que la vitesse d'exécution. La technologie des machines n'est pas encore capable de rentrer en compétition avec les explosifs dans le cas de toutes les roches dures. Le but de cette communication est de fournir une comparaison des techniques existantes et futures en ce qui concerne l'excavation mécanique.

L'efficacité de n'importe quelle méthode d'excavation peut être évaluée en termes d'énergie spécifique de comminution et de puissance spécifique, c'est-à-dire la quantité de puissance qui peut être fournie à une unité de surface de la taille. La vitesse de pénétration est donnée par le rapport de la puissance spécifique à l'énergie spécifique. Un certain nombre d'idées, en ce qui concerne la grandeur et la complexité de l'équipement, peuvent germer connaissant la valeur actuelle de ces quantités et en particulier à partir de la puissance totale considérée.

La vitesse à laquelle on creuse un tunnel ou à laquelle on fore un puits est donnée par:

$$R = 3\,600\ P/S \qquad (1)$$

dans laquelle R est la vitesse de pénétration le long de l'axe du tunnel, exprimé en m/h;

P est la puissance fournie à la taille par unité de surface, exprimée en MW/m^2;
S est l'énergie spécifique relative à la technique utilisée, exprimée en MJ/m^3.

De l'énergie est utilisée chaque fois que de la roche est brisée, soit en forant, soit en concassant. L'énergie spécifique associée à n'importe quelle technique de comminution est l'énergie consommée par unité de volume de roche fragmentée. Les valeurs de l'énergie spécifique varient avec la résistance, le type et la condition de la roche, avec la dimension des particules produites, la technique utilisée pour la comminution et la méthode généralement employée. La figure 1 représente les résultats d'une étude faite par Cook et Joughin (1970) au sujet des énergies spécifiques pour différentes techniques de comminution de roches dures ayant des résistances comparables à la compression. Notez que les résultats ont tendance à tomber dans deux catégories: ceux dont l'énergie spécifique est inversément proportionnelle à la taille des particules suivant l'hypothèse de Rittinger (1867), et ceux pour lesquels cette quantité est inversément proportionnelle à la racine carrée de la taille de la particule d'après la relation de Bond (1952). Le premier groupe provient de processus primaires d'excavation où de petits morceaux de roche sont éliminés d'une grande masse afin de créer un vide. Le second groupe provient de processus de broyages dans lesquels des fragments discrets sont cassés en plus petits morceaux. Cette figure met l'accent sur la grande variation dans les valeurs obtenues pour l'énergie spécifique; ce qui démontre qu'elles doivent être interprétées avec prudence. En particulier, une distinction nette doit être faite entre les données des deux groupes; il est incorrect d'utiliser les valeurs de l'énergie spécifique obtenues à partir d'études de fracturation de fragments discrets et de les appliquer à des problèmes se rapportant à l'excavation d'un vide.

Dans le cas des excavations, deux types de comminution de la roche ont été développés de façon plus poussée: le forage de puits et le creusement de tunnels au moyen de forage et d'abattage à la poudre. Afin de fournir une base de comparaison pour les développements récents et nouveaux, il est bon de considérer les performances de ces méthodes en termes d'énergie spécifique et de puissance. Le tableau 1 fournit un résumé de la performance moyenne des différentes méthodes de forage pour plusieurs types de roche. Notez que les valeurs de la puissance spécifique appliquées au fond du trou sont de l'ordre de MW/m^2 et que les vitesses de pénétration sont de l'ordre de dizaines de mètres par heure.

Afin d'obtenir des données comparables pour l'excavation des tunnels au moyen de forages et d'abattages à explosifs, on fera l'hypothèse que le tunnel a une section de 50 m^2 et qu'il s'avance de 5 m par coups de 100 trous

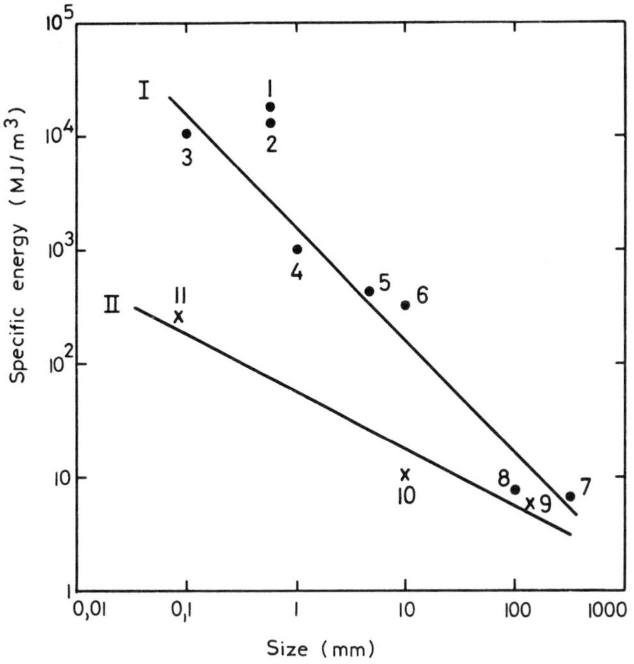

1) Percement au jet; 2) Foreuse à érosion; 3) Forage aux diamants; 4) Forage à percussion; 5) Trépan à lames; 6) Trépan à molette; 7) Coin introduit au moyen d'une force d'impact; 8) Explosifs; 9) Concasseur à machoires; 10) Concasseur rotatif; 11) Broyage.

Figure 1: Graphiques représentant les énergies spécifiques de comminution de la roche en fonction de la taille nominale de la particule dans le cas des processus d'excavation (1) et de comminution (11) des roches dures.

utilisant 1 kg d'explosif par m^3 de roche fracturée. A partir de cela, on peut dériver les données suivantes:

Temps de forage (temps machine	= 7
Energie de forage par coup	= 50 kWh = 180 MJ
Energie explosive par coup	= 1250 MJ
Energie totale par coup	= 1430 MJ
Puissance moyenne par équipe de 6 h	= 66 kW
Energie spécifique	= 5,7MJ/m^3
Puissance spécifique	= 1,3 kW/m^2
Vitesse de pénétration	= 0,83 m/h

Les principales différences entre le forage et le creusement conventionnel des tunnels concernent donc la puissance spécifique qui est de trois ordres de grandeur moins élevée dans ce dernier cas mais qui se caractérise par une vitesse de pénétration qui n'est que d'un ordre de grandeur inférieur vu que l'énergie spécifique de l'explosion est beaucoup plus petite que celle du forage (plusieurs ordres de grandeur).

T A B L E A U 1

Performances typiques pour le forage à percussion, rotatif et au moyen de jets (d'après Maurer, 1968)

Type de foreuse et application	diamètre moyen des trous (mm)	Puissance transmise à la roche (kW)	Puissance spécifique (MW/m^2)	Vitesse typique de forage (m/h)				Energie spécifique (MJ/m^3)			
				Résistance typique à la compression d'une roche (MN/m^2)				Résistance typique à la compression d'une roche (MN/m^2)			
				Tendre (0-50)	Moyen (50-100)	Dur (100-200)	Très dur (>200)	Tendre (0-50)	Moyen (50-100)	Dur (100-200)	Très dur (>200)
A percussion:											
Marteau-piqueur	38	3,7	3,3			45	30	-	-	260	390
Perforatrice d'avancement	48	6,7	3,7	Non Utilisé		72	48	-	-	180	270
Trou à explosifs	76	8,2	1,8			36	24	-	-	180	270
Rotatif: (mine)											
A molette	200	23	0,7	120	60	12	3	20	40	210	840
A lame	100	11	1,4	240	120	60	Non utilisé	20	40	80	-
Aux diamands	50	7,5	3,8	Non utilisé		12	3	-	-	1120	2500
Rotatif (champs pétroliers):											
A molette	200	22	0,7	30	6	3	1,2	80	420	840	2100
A lame	200	37	1,2	60	12		Non utilisé	70	350	-	-
Aux diamands	200	15	0,5	12	3	1,2	0,6	140	560	1400	2800
Percement au jet	200	120	3,8	Non utilisé			9	-	-	-	1500

2. FORAGE MECANIQUE DE PUITS ET DE TUNNELS

T A B L E A U 11

Performances de diverses machines de forage de puits et de tunnels (d'après Muirhead et Glossop, 1968; Boyd et Howe, 1970; et Wilson et Graham, 1972

Date et type de machine	Diamètre (m)	Résistance de la roche (MN/m^2)	Puissance spécifique (kW/m^2)	Energie spécifique (MJ/m^3)	Vitesse de pénétration (m/h)
1965 Robbins R74	2,1	148	32	77	1,5
1965 Jarva Mk 8	2,4	83 - 140	54	93 - 162	1,2 - 2,1
1965 Robbins 121	3,7 - 4,1	21 - 62	25	26	3,5
1965 Jarva MK 14	4,2	41 - 76	29	44 - 350	0,3 - 2,4
1965 Hughes Betti 1	6,1 - 6,5	34 - 41	26	18 - 31	3,0 - 5,2
1966 Demag	2,0	28 - 69	48	64 - 96	1,8 - 2,7
1966 Jarva Kk 14	3,2	83 - 130	51	154	1,2
1966 Habegger 836	3,5	34 - 234	50	75	2,4
1967 Demag TVM 19/23	2,1	200	65	156	1,5
1967 Habegger 836	3,5	97 - 145	51	102 - 204	0,9 - 1,8
1970 Robbins 61R	1,8	200	43	44	3,5
1972 Robbins 61R	1,8 - 2,1	62 - 412	35	97 - 420	0,3 - 1,3

Récemment l'utilisation de machines à forer des puits et des tunnels s'est considérablement accrue. A l'exception des machines utilisant des trépans à lame d'après le principe de **havage**. Toutes les machines modernes utilisent des trépans à molettes qui ont été dessinés spécialement. Le plus grand progrès consistait au développement de grands outils dans lesquels un certain espace est réservé pour le roulement et pour le scellement métal à métal excluant toute poussière. Il n'est pas rare pour les machines d'être utilisées pour forer des roches ayant une résistance à la compression atteignant 250 MN/m^2 et même davantage. Cependant la résistance à la compression uniaxiale n'est pas un bon critère en ce qui concerne la forabilité qui peut varier d'un facteur trois pour des roches ayant des résistances comparables. Plusieurs investigateurs ont obtenu un certain succès dans l'estimation de la forabilité à partir des mesures d'indentation de la roche au moyen de sphères métalliques. (Morris, 1969; Chambre des Mines, 1971 & 1972).

Les caractéristiques et la performance de certaines machines à forer des puits et des tunnels utilisés durant cette dernière décade sont mentionnées dans le tableau II. Les valeurs des énergies spécifiques de ces machines est bien entendu fonction de la résistance à la compression uniaxiale des roches. La vitesse de pénétration est typiquement de 2 m/h, valeur de loin inférieure à celle obtenue dans le cas des foreuses rotatives vu la basse puissance spécifique de la plupart des machines dont la valeur est d'environ 50 kW/m^2, ce qui est de dix à une centaine de fois inférieure à celle des foreuses. Si l'on veut augmenter la vitesse de pénétration des machines de forage, il faudra augmenter leur puissance spécifique de façon proportionnelle. Afin de parvenir à une telle fin, il sera nécessaire d'augmenter leur puissance, particulièrement dans le cas des roches dures, afin d'augmenter l'efficacité d'utilisation des trépans à molettes (Chambre des Mines, 1971). Vu que de tels trépans deviennent disponibles, une telle augmentation deviendra réalisable. Néanmoins, il semble douteux que des foreuses mécaniques puissent être développées de façon économique dans le cas des roches plus dures et plus abrasises.

3. RIVELAINES

Le piochage manuel et le burinage sont probablement les méthodes les plus anciennes utilisées pour excaver la roche. Les données représentées à la figure 1 montrent que la technique d'excavation ayant l'énergie spécifique la plus basse est le coin enfoncé au moyen d'impacts ou de pic. Bailey et Dean (1966) ont fait une étude comparative des efficacités avec lesquelles un tunnel était creusé dans la glace en utilisant des techniques variées. Ils démontrèrent que le piochage manuel avait une énergie spécifique d'un ou deux ordre de grandeur inférieure bien que sa puissance spécifique soit nécessairement limitée.

L'étape logique suivante était de considérer un pic mécanique. Des outils à impacts avaient été utilisés depuis longtemps pour les travaux de démolition de surface. Plus récemment plusieurs fabricants ont été engagés dans le design et le développement de pics de plus grande puissance, ayant des énergies d'impact de l'ordre de 1000 J et des fréquences d'impact de l'ordre de 10 coups/sec. applicables à des excavations souterraines. Le plus grand de ces pics qui ait été construit à ce jour est celui développé par le professeur Voitsekhovsky (Cooley, 1972) dont l'énergie d'impact était de 155 KJ.

Un succès considérable accompagna les essais initiaux souterrains des pics à impacts utilisés pour l'excavation des tunnels et des gisements (du Toit, 1973). Dans l'intérêt de l'espace et de l'efficacité, la plupart des pics sont hydrauliques et la tendance est à l'augmentation continuelle de l'énergie d'impact (Paul et Gaugal, 1969).

Le principal problème technique associé à l'utilisation de pics à impacts est l'obtention de l'angle d'attaque correct entre l'outil et la face rocheuse. Si l'outil frappe la roche selon un angle inférieur à 40°, il a tendance à rebondir à la surface au lieu de pénétrer dans la roche. Ceci, non seulement rend le coup pratiquement inefficace, mais peut également endommager l'instrument d'impact ou son mécanisme de support. Donc, dans les confins d'une excavation souterraine, la compacité et la petitesse des dimensions sont nécessaires afin que l'outil puisse frapper à un certain angle fixé afin de travailler avec succès.

Dans le but d'obtenir un instrument d'impact compact qui puisse être utilisé dans les gisements étroits d'environ 1 m, la Chambre des Mines (1972) a poursuivi une approche alternative ayant la forme d'un "pic de mineur balançant". Comme son nom l'indique, cet instrument consiste en un rotor auquel est attaché deux ou trois rangées de marteaux balançant qui frappent la roche avec des coups d'environ 500 J. Le rotor peut être incliné de sorte que la rangée supérieure ou inférieure de marteaux brisent respectivement le toit et le mur de l'excavation. Les résultats obtenus à partir d'un instrument expérimental sont suffisamment encourageants pour garantir un développement futur; ils tendent également à confirmer le potentiel de l'utilisation d'instruments à impact même dans le cas d'une roche dure et quartzitique.

4. EROSION AU MOYEN DE JETS D'EAUX

Des régulateurs hydrauliques ou des jets d'eau à basse pression ont été utilisés depuis longtemps dans le but d'excaver des surfaces non consolidées telles que des sables, des vases, des sols et de façon moins fréquente, des argiles et des grès très friables. Avec de tels instruments ayant des jets de quelques dixièmes de millimètre de diamètre, on utilise des volumes relativement important d'eau à des pressions rarement supérieures à 1 MN/m^2. Normalement la quantité d'eau est suffisante pour éliminer le matériau excavé sous forme de boue.

Il est devenu évident que si les jets d'eau viennent à être utilisés sous terre, leur conception devra être changée et au lieu d'un déblaiement massif des matériaux au moyen de régulateurs, il faudra utiliser un jet de très petit diamètre, ayant une très forte pression afin de briser la roche.

Des études détaillées de la forme des jets et de leur nature faites par Leach et Walker (1966), ont conduit à la conclusion que les jets devraient être terminés au moyen d'une section parallèle de deux à quatre diamètres de longueur, précédée par une section convergente contenant un angle conique dont la valeur est comprise entre 6° et 20°; de meilleurs résultats ayant été obtenus lorsque les coins intérieurs sont tranchants au lieu d'être arrondis et lorsque la surface est polie. En utilisant de telles données, le jet reste efficace dans l'air pour des distances atteignant cent fois le diamètre du gicleur.

Des recherches sur ce concept ont actuellement progressé au point qu'il existe un bon accord au sujet du type et de la dimension de jets, de la gamme de pression nécessaire et de la performance d'un tel équipement pour le cas de plusieurs types de roche. Des instruments commerciaux sont utilisés pour couper le papier, le bois, le plastique ainsi que certaines céramiques

T A B L E A U III

Résumé des résultats expérimentaux obtenus lors d'excavations au moyen de jets d'eau.

Type de roche	Résistance à la compression uniaxiale (MN/m^2)	Pression d'eau (MN/m^2) Seuil	Pratique	Energie spécifique (MJ/m^3)	Référence
Granite	150		200	$10x10^3$	Ostrovskii (1960)
Marbre	80		200	$25x10^3$	Voir Clark et al (1970)
Calcaire	60		200	$33x10^3$	
Grès rouge	33		500	$5x10^3$	(Leach & Walker
Grès Pennant	150	200	500	$10x10^3$	((1966)
Granodiorite	200	100	150	$2x10^3$	Davies (1969)
Grès Berea	50	14	40	$0,6x10^3$	Bresee et al (1970)
Calcaire Indiana	80	24	70	$2,25x10^3$	
Granite de Georgie		41	70	$5x10^3$	
Béton	25		30	$0,3x10^3$*	Frank & Chester (1971)

* Meilleure moyenne $1,6x10^3$

friables, mais aucune n'est disponible pour l'excavation de la roche bien que des expériences à échelle grandeur nature ont été effectuées dans les mines de charbon.

D'autres chercheurs ont confirmé ces conclusions et un grand nombre d'investigations ont été faites concernant les divers aspects du découpage et du forage au moyen de jets d'eau, utilisant des gicleurs de l'ordre du mm. de diamètre et des pressions variant de 50 MN/m^2 à 500 MN/m^2 et même au-delà. Certains de ces résultats sont résumés dans le tableau III qui donne une idée de potentiel des jets d'eau à haute pression pour découper et forer la roche. On a trouvé que la largeur de la rainure produite au moyen d'un gicleur de 1 mm de diamètre est de 3 mm à 5 mm.

Plusieurs formules élémentaires sont utilisables pour évaluer les caractéristiques des jets d'eau. On peut démontrer, en utilisant l'équation de Bernoulli, que la vitesse de l'eau sortant du gicleur est donnée par

$$u = 10(20p)^{1/2} \quad (m/s), \qquad (2)$$

où p est la pression statique de l'eau exprimée en MN/m^2.

Dans le cas d'un gicleur parallèle, la vitesse et la pression limites sont respectivement de 1500 m/sec et 1150 MN/m^2, valeurs correspondant à la vitesse du son dans l'eau à température ambiante. Le débit du fluide est simplement donné par:

$$v = 11,2 \, \overline{\Pi} \, d^2 \, p^{1/2} \, (m^3/s), \qquad (3)$$

Où d représente le diamètre du gicleur exprimé en m. De même, la puissance est donnée par:

$$pv = 11,2 \, \overline{\Pi} \, d^2 \, p^{3/2} \times 10^3 (kW) \qquad (4)$$

et la réaction T (kN), est donnée par:

$$T = 500 \, \overline{\Pi} \, d^2 \, p. \qquad (5)$$

Finalement pour tous les systèmes dans lesquels des jets d'eau sont utilisés, le rapport entre le volume de roche excavée et le volume d'eau utilisé est donné par:

$$\frac{\text{vol. (roche)}}{\text{vol. (eau)}} = \frac{p}{\text{énergie spécifique}}$$

où p ainsi que l'énergie spécifique sont exprimés par les mêmes unités. Notez que le volume de roche donné en (6) peut se rapporter à la rainure pourvu que l'on utilise l'énergie spécifique de découpage; si la formule se rapporte au trou ou à l'excavation complète, il faudra utilisé la valeur totale de l'énergie spécifique effective.

Plusieurs facteurs se sont avérés importants en ce qui concerne l'efficacité du découpage au moyen de jets d'eau. Parmi ceux-ci sont la pression, vu que plusieurs roches possèdent un seuil de pression au-dessous de laquelle il n'y a pas de découpage; la translation latérale et l'interruption du jet afin de s'assurer que ce dernier est en contact direct avec la roche et n'est pas atténué vu l'existence d'une quantité d'eau stagnante; la résistance de la roche et sa porosité; etc...

5. FORAGE THERMIQUE

Des jets thermiques ont été utilisés pour forer et trancher divers types de roches. Ils ont été utilisés avec succès à l'air libre afin de briser des roches s'écaillant facilement lorsqu'elles sont sujettes à une chaleur intense. On prouva que cette technique était avantageuse du point de vue économique lorsque la roche est tellement dure et abrasive que les techniques usuelles de forage se révèlent trop coûteuses, bien que des perfectionnements récents aient contribués au fait que le forage rotatif soit considéré dans les cas où le percement au jet était la technique dominante. Le percement au jet n'a pas encore trouvé d'application de façon extensive dans le cas des excavations souterraines et ce dû aux problèmes créés par la chaleur ainsi que les produits de combustion. Il n'y a toutefois aucune raison fondamentale pour que ceux-ci ne soient pas restraints au cas où le percement au jet serait suffisamment avantageux.

Une étude poussée de la comminution thermique de la roche fut effectuée par le Département des Mines et des Relevés Techniques, Canada (1962). La comminution de la roche au moyen de jets thermiques peut être effectuée de deux façons: la roche peut être sujette à une contrainte thermique causant l'écaillage ou encore, elle peut être en fusion ce qui implique que l'on enlève des matériaux fondus. La température de fusion est généralement plus élevée que celle nécessaire à l'écaillage . De ce fait et vu la chaleur latente absorbée lors du processus de fusion, l'écaillage est de loin le mécanisme le plus efficace.

Plusieurs facteurs gouvernent la facilité avec laquelle la roche peut être percée de façon thermique. L'interdépendance des facteurs principaux peut très bien être représentée en faisant un modèle des processus qui en font partie, en utilisant les principes de la conduction de la chaleur et ceux de la thermo-élasticité.

Trois modèles différents sont nécessaires afin de décrire le processus de l'écaillage thermique. Ce sont:

(i) La distribution de la température dans la roche pendant la période initiale de chauffage.

(ii) La distribution des contraintes dans la roche résultant du gradient de température.

(iii) Les distributions de contraintes et de température dans la roche durant l'écaillage continu.

Il est facile d'utiliser des modèles fortement simplifiés et les complexités qui existent en pratique ne détruisent pas leur validité. La distribution des températures pendant la période initiale de chauffage peut être obtenue en considérant la portion de roche en-dessous de la flamme comme faisant partie d'un solide semi-indéfini qui se trouve à une certaine température initiale constante et qui est chauffée au moyen d'une source par un flux constant de chaleur. La solution de l'équation de conduction appliquée à ce cas est donnée par Carslaw et Jaeger (1959):

$$T = \frac{2F(Kt)^{1/2}}{k} \text{ i erfc } \frac{z}{2(Kt)^{1/2}} \qquad (7)$$

dans laquelle

T = température au-dessus de la température initiale du solide (^oC)

F = flux de chaleur constant produit par la flamme (watts/m^2)

t = temps compté à partir du moment où l'on commence à chauffer (sec)

K = diffusivité thermique de la roche = $k/\rho c$ (m^2/s)

k = conductivité thermique de la roche (W/m^oC)

ρ = densité de la roche (kg/m^3)

c = chaleur spécifique de la roche (J/kg^oC)

z = distance perpendiculaire mesurée à partir de la surface rocheuse (m)

ierfc = intégrale du complément de la fonction d'erreur (sous forme de tableaux dans Carslaw et Jaeger, Appendix II).

Les contraintes dans la roche peuvent être obtenues à partir d'hypothèses semblables; notamment, que la roche est un solide semi-infini, homogène, isotrope, élastique, et qui est chauffé par un flux constant le long de son entière surface. Pour des raisons de symétrie, il ne peut y avoir d'expansion dans les directions parallèles à la surface rocheuse. Ceci équivaut à faire l'hypothèse que la roche qui se trouve directement sous la flamme est tellement gênée par la roche environnante et se trouvant plus bas qu'elle ne peut se dilater si ce n'est dans la direction z, perpendiculairement à la surface. Sous de telles conditions, la contrainte à la surface est nulle et les allongements parallèles à celle-ci sont également nuls. La solution des équations contrainte-allongement répondant à ces conditions donne:

$$\sigma_x = \sigma_y = E \frac{\alpha T}{1-\nu} \quad (8)$$

dans laquelle E = module de Young (MN/m^2)

α = coefficient d'expansion thermique linéaire ($^oC^{-1}$)

T = température donnée par l'équation (7)

ν = coefficient de Poisson.

Ceci démontre que la contrainte en n'importe quel point est proportionnelle à la température existant en ce point et que la valeur de la contrainte, pour une température donnée, augmente avec la valeur du module de Young, du coefficient d'expansion et du coefficient de Poisson.

A condition que ces valeurs soient suffisantes pour produire l'écaillage avant la fusion, la première écaille se produit lorsque la contrainte,existant juste au-dessus de la surface, atteint une valeur critique, caractéristique de la résistance de la roche sous de telles conditions. Lorsque ce morceau de roche s'écaille, une nouvelle surface apparaît et est exposée; mais dans ce cas-ci, la période de chauffage est différente vu que la température de la surface exposée n'est plus uniforme. Lorsque l'écaillage se poursuit, la distribution de la température existant sous chaque nouvelle surface se rapproche d'une courbe limite. La courbe de ces valeurs peut être obtenue après avoir fait l'hypothèse que les écailles deviennent infinement fines. La distribution des températures pour cette situation uniforme est également donnée par Carslaw et Jaeger (1959) et s'écrit:

$$T = T_s \exp(-Uz/K), \quad (9)$$

où T = température de surface à laquelle l'écaillage se produit (°C)

U = vitesse à laquelle l'écaillage se produit dans le solide (m/s)

z = distance normale dans le solide (m)

K = diffusivité thermique de la roche (m^2/sec).

Les distributions de température et de contrainte données par les équations (7) et (9) sont représentées à la fig. 2.

En général les densités et les chaleurs spécifiques de la plupart des roches ont des valeurs semblables mais les valeurs des conductivités peuvent varier d'une roche à l'autre d'un facteur de 3 ou même davantage. La variable prédominante dans les équations (7) et (9) est également la conductivité k qui détermine le gradient de température existant dans la roche. Un gradient de température élevé a deux conséquences. En termes du modèle simplifié, il réduit la quantité de chaleur nécessaire avant que l'écaillage ne se produise. En pratique,

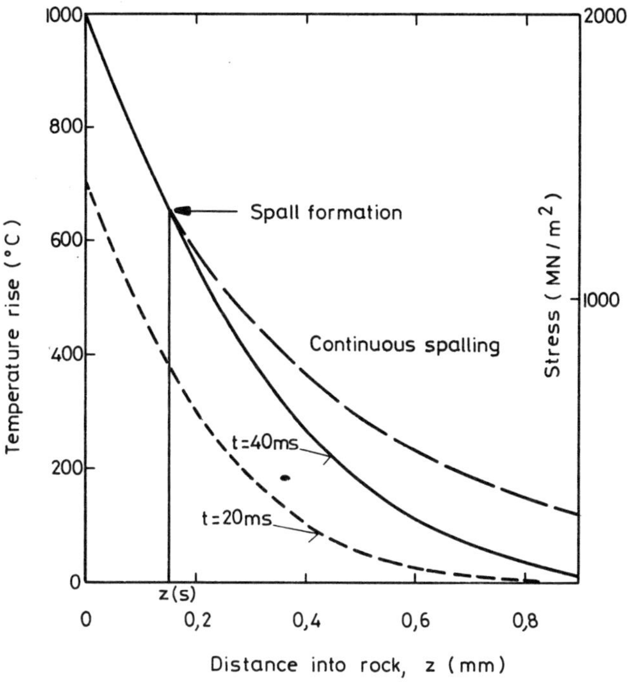

k = 6 W/m°C K = 2,77 x 10^{-6} m^2/s

ρ = 2650 kg/m^3 F = 10^7 W/m^2

c = 820 J/kg°C z(s) = 0,15 mm

Figure 2: Distribution des températures et des contraintes thermo-élastiques dans du quartzite chauffé au moyen d'une source de flux constants.

il réduit également la perte de chaleur dans la surface entourant celle qui est chauffée.

En plus des propriétés exprimées plus haut, d'autres facteurs sont importants en ce qui concerne l'écaillage des roches. Par exemple, lorsque le quartz constitue le composant le plus important, le changement de phase de α à β qui se produit aux environs de 600°E est accompagné d'une dilatation soudaine de l'ordre de 0.8 pourcent en volume. L'anisotropie et l'hétérogénéité de la roche ainsi que la dimension des grains jouent également un rôle important et en règle générale on peut dire que les matériaux maffiques ont moins tendance à l'écaillage.

Des données concernant les performances de jets thermiques appliquées au forage et au havage de divers types de roche peuvent être trouvées dans la littérature. Une partie de ces données est mentionnée dans le tableau IV. Les énergies spécifiques qui y sont mentionnées ont été calculées à partir de la chaleur de combustion totale. Vu qu'une partie seulement de cette chaleur est transférée à la roche, les valeurs tendent à être exagérément hautes. L'efficacité d'un transfert de chaleur peut varier entre 10% et 50%. Des études sur la balance énergétique dans le cas de la dolomite ont donné les résultats suivants: (dept. des Mines et Relevés Techniques, 1962).

TABLEAU IV

Résumé des données obtenues au moyen du jet thermique

Type de roche	Type de jet et dimension du gicleur (mm)	Dimension du Trou (mm)	Vitesse de percement (m/h)	Energie spécifique (MJ/m^3)	Mode d'opération	Référence
Granite Barre	Air/comb 22	198	5,5	10 600	forage	United Aircraft Research Laboratories, 1968
	32	224	4,2	14 700	forage	
	32	238	5,8	16 600	forage	
	32	251	5,8	14 000	forage	
	38	291	5,5	13 000	forage	
	41	316	4,2	13 400	forage	
Dolomite (Woodville Ohio)	Air/comb.32	203	9,1	13 000	forage	" "
Grès Véréa	Air/comb 22	127	7,6	16 300	forage	" "
	32	140	10,0	32 300	forage	
	32	190	8,5	15 900	forage	
	41	203	4,4	25 800	forage	
Diabase d'Alma (Canada)	32	228	4,9	13 800	forage	" "
Taconite	Oxy/comb 165	236	4,8	7 850	forage	U.S. War Office, 1964
Granite Gneiss (Georgie)	Oxy/comb 140	216	9,1	4 980	forage	Thoenen & Germain 1953
Nepheline Syenite	Oxy/comb 140	254	4,9	6 000	forage	Howell, 1957
Taconite	Oxy/comb	234-368	18,2	3 960	chambrage	Calaman & Rolseth, 1958
Granite	Oxy/comb	76-100	$1{,}25 m^2/h$	2 200	havage	Flame Cutting of Rock; Engineering, May 1962, p 584
Granite Barre	Air/comb	50	$0{,}2 m^2/h$	22 400	havage	United Aircraft Research Laboratories, 1968
Dolomite (Niagara)	Propane/Air	50	4,5	19 200	forage	Dept. of Mines & Technical Surveys 1962
	Acétylène/ Air	47	6,4	9 900	forage	
	Propane/ Oxygène	50	7,6	11 400	forage	
Calcaire		250	0	-	forage	Calaman & Rolseth, 1962
Shiste		250	0,3	134 000	forage	
Dolomite		250	1,8	22 000	forage	
Taconite ardoiseux		250	3,7	10 900	forage	
Syénite		250	5,5	7 300	forage	
Aggloméral		250	5,8	7 000	forage	
Granite		250	6,1	6 600	forage	
Grès		250	6.1	6 600	forage	
Quartzite		250	9,2	4 400	forage	
Jaspe		250	12,2	3 300	forage	

T A B L E A U V

Efficaci és du transfert de chaleur dans la roche

Type de combustible	Energie spécifique globale (MJ/m^3	Pourcentage de chaleur transmise à la roche
Propane - Air	6300	27,6
Acétylène - Air	5000	34,6
Propane - Oxygène	4900	35,5

6 FAISCEAUX D'ELECTRONS

L'utilisation de faisceaux d'électrons à grande énergie afin de fondre et de souder des matériaux est une technologie bien connue (Bakish, 1962; Dietrich et al, 1963; Bunshah, 1962). Jusque très récemment ces opérations étaient conduites sous vide et la technique ne pouvait pas, par conséquent, s'appliquer à aucun matériau se vaporisant durant le processus de chauffage. Cependant, récemment, le canon produisant ces faisceaux d'électrons fut développé de sorte que le faisceau émerge dans l'atmosphère après avoir traversé une série de chambres à pressions différentielles, (Schumacher, 1967 a). Il est ainsi possible d'utiliser ce faisceau à grande énergie afin de découper et de fondre des matériaux qui produisent des gaz lorsqu'on les chauffe, comme le font les roches.

Le faisceau d'électrons est une source de grande énergie pouvant atteindre 10^{10} kW/m^2 (Dietrich, et al, 1963). Si un tel faisceau est centré sur un matériau solide, les électrons de grande énergie cinétique pénètreront le matériau et leur énergie est transformée sous forme de chaleur lorsqu'ils entrent en collision avec les particules formant le matériau. Les lois de pénétration d'un électron dans une cible sont bien connues (Schumacher, 1967 b), mais elles ne décrivent point les conditions pour lesquelles les électrons de haute énergie pénètrent une cible. Ce qui est connu est que les électrons pénètrent la roche jusqu'à une profondeur qui dépend de leur "champ" qui est fonction du voltage d'excitation utilisé dans le canon à électrons. L'ordre de grandeur de pénétration dans les roches pour des électrons de 150 kV est de 0,1 mm. Toute l'énergie cinétique des électrons est dissipée presque instantanément à ce niveau et ceci conduit à une propagation d'énergie plusieurs fois plus rapide que la conduction de la chaleur.

Des canons à électrons produisant des faisceaux de 25 kW et 60 kW ont été construits ainsi que quelques specimens de 1MW qui sont utilisés dans certains hauts-fourneaux, bien que leur convergence soit médiocre. La conversion de l'énergie cinétique en faisceau d'électrons est très efficace, à peu près 90 pourcent comparé aux valeurs de 10 pourcent pour les lasers et aux environs de 50 % à 70 % pour l'efficacité de combustion des jets thermiques. Une densité de puissance du faisceau de 10^4 MW/m^2 causera la fonte d'une couche superficielle rocheuse de 0.1 mm d'épaisseur en plus ou moins 15 µsec. Si ce matériau fondu peut être enlevé de façon aisée, il devrait être possible de percer la roche à une vitesse de 6,6 m/sec, avec très peu de perte d'énergie par conduction vu le court laps de temps considéré. Si le matériau fondu n'est pas enlevé suffisamment vite, le faisceau continue à chauffer le matériau jusqu'à ce qu'il se vaporise. Si l'on utilise des faisceaux de haute énergie et qu'une vaporisation a lieu, on pourra néanmoins atteindre de bonnes vitesses de pénétration mais cela nous en coûtera en puissance. La méthode la plus efficace pour enlever la roche est l'écaillage qui ne requiert que 1500 MJ/m^3 alors que la fusion et la vaporisation nécessitent respectivement aux environs de 5000 MJ/m^3 et entre 10000 MJ/m^3 et 20000 MJ/m^3. L'utilisation de faisceaux d'électrons à forte convergence conduit généralement à l'enlèvement de la roche par fusion et vaporisation vu les hautes densités d'énergie et les vitesses de transfert. Il devrait être possible de fragmenter la roche par écaillage à des vitesses bien plus considérables que par fusion ou vaporisation à condition que l'on puisse étendre davantage la surface d'attaque du faisceau. Ceci pourrait être fait en utilisant des concentrations de puissance inférieures pour des potentiels n'excédant pas 30 kV ce qui réduirait également les hasards associés à la production de rayons X.

Un faisceau d'électrons utilisé pour le sondage et développé par Westinghouse (Schumacher, 1967 a) fut utilisé avec un certain nombre de roche afin de produire des découpes par fusion. Cet instrument consiste en une tête de forage pesant à peu prés 136 kg et qui est connectée à deux grandes pompes vides ayant une capacité de 71 ℓ/s. Le travail de développement est toujours en progrès afin de remplacer ces pompes par des pompes à jets utilisant de l'hélium, de l'hydrogène, de l'air, de l'eau, de la vapeur ou des produits de combustion.

Avec l'instrument disponible de 9kW, on a obtenu les énergies spécifiques suivantes lors du découpage par fusion des matériaux cités (Schumacher, 1967 a).

TABLEAU VI

Energies spécifiques de fusion

Matériau	Energie spécifique	Vitesse de pénétration de la scie*
Béton	27 000 MJ/m^3	6m/h
Calcaire	21 200 MJ/m^2	6m/h
	*Profondeur de la scie: 50 mm	

(Il est intéressant de noter que les valeurs de ces énergies spécifiques ont été calculées en divisant la puissance fournie par la quantité de roche réellement enlevée plutôt qu'en considérant le volume total de roche brisé au moyen de découpage sous confinement comme cela a été fait pour les valeurs données par Bakish (1962)).

Le faisceau d'électrons est rapidement disposé par les particules atmosphériques et il est normal de maintenir la tête de découpage à une distance comprise entre 20 mm et 50 mm de la surface rocheuse. Ceci pourrait être un désavantage au cas où la surface de la roche est irrégulière. Un autre désavantage à utiliser des faisceaux de haute énergie consiste en la production de rayons X de sorte que l'on est obligé de protéger l'opérateur. Lorsqu'un découpage rapide est requis, ces instruments semblent être prometteurs vu que le transfert d'énergie est le plus efficace comparé à toutes les autres méthodes thermiques.

7. LES LASERS

Dans cette méthode de comminution, de la chaleur radiée est fournie à la roche par l'entremise d'une source à haute énergie. Vu les valeurs généralement basses des sources de chaleur radiantes conventionnelles, cette méthode ne fut jamais considérée comme étant un moyen de comminution thermique de la roche jusqu'au moment où le laser fut développé; ce qui mit une source intense d'énergie de radiation à notre disposition.

L'instrument original (Maiman, 1960) comprenait essentiellement un cristal de rubis rose (Al_2O_3 & Cr) qui était poli et argenté aux extrémités afin de fournir une face de réflexion et une face de transmission; la puissance initiale étant fournie par une lampe flash remplie de Zénon. Lorsque la lueur du flash était absorbée par le cristal de rubis, les ions-chrome contenus dans le cristal étaient excités et produisaient une vibration de lumière rouge cohérente (une seule longueur d'onde). Cette radiation quittait l'extrémité du cristal et pouvait être concentrée afin de produire un faisceau de grande énergie. Cet ensemble était capable de produire (Friedlander, 1964) 100 J en 1 milliseconde. Le temps écoulé entre deux impulsions était d'environ 2 secondes. En concentrant le faisceau sur une surface de 100 microns carré, on parvenait à obtenir une intensité de 10^9 MW/m^2. Cette valeur est de deux ordre de grandeur plus élevée que celle obtenue avec des faisceaux d'électrons et le laser fut capable dans certains cas de fondre le matériau ou de former de petits trous dans le matériau sur lequel il était concentré. Une conséquence des développements dans la technique du laser est qu'il est actuellement possible d'utiliser un certain nombre d'autres matériaux et d'autres gaz afin de produire un rayon laser.

L'application de cet instrument à l'enlèvement de la roche fut étudié par les laboratoires de recherches de United Aircraft (Carstens et al, 1970) en utilisant un laser à décharge électrique de convection au CO_2 (EDCL) d'une capacité de 600 W et 4kW. Les tests initiaux étaient dirigés afin de déterminer la plausibilité de diminuer la résistance de la roche au moyen de chaleur en utilisant un rayon non-concentré de faible puissance. Une idée plus vraisemblable pour l'utilisation des lasers concerne l'utilisation de rayons ayant une énergie plus intense dans le but de découper des traits de scie dans la roche par fusion et d'enlever ensuite la roche en utilisant des moyens mécaniques. Un certain nombre de tests de découpage de la roche ont été effectués au moyen du laser à décharge électrique de convection au CO_2 de 5kW de United Aircraft (Carstens et al, 1972) et les résultats suivants furent enregistrés:

TABLEAU VII

Données se rapportant aux performances de lasers

Type de Roche	Energie Spécifique (MJ/m^3)	Vitesse de découpe (m/h)	Profondeur (mm)
Granite Barre	40 600	15	25
Grès Béréa	16 200	75	12
Trapp de New-Haven	20 400	15	50

Certains avantages du découpage au laser sont:

(i) Très grande puissance d'énergie de l'ordre de 10^9 MW/m^2 pouvant produire des entailles étroites et profondes au moyen de la fusion dans presque tous les matériaux.

(ii) La technique peut être utilisée dans n'importe quelle atmosphère transparente, soit dans l'air ou dans l'eau, et les faisceaux peuvent être transmis au travers d'un bouclier de verre d'une atmosphère dans une autre.

(iii) La convergence et la transmission des rayons lasers se font facilement de sorte que les rayons peuvent être transmis en des endroits inaccessibles par d'autres moyens.

Certains désavantages associés à ces instruments sont:

(i) L'efficacité totale des lasers est faible. Dans les lasers originaux à rubis seulement environ 15% de l'énergie était transmise par le faisceau alors que dans le EDCL cette valeur n'atteint que 20%.

(ii) La plupart des systèmes disponibles à présent sont caractérisés par une puissance totale de sortie faible et au cas où l'on nécessite de plus grandes puissances de sortie, l'instrument peut devenir trop important de sorte qu'il ne serait employé qu'en de rares occasions lors de travaux souterrains ou de travaux exécutés dans des endroits difficiles.

(iii) Les rayons lasers et leur réflection peuvent être un hasard pour le personnel.

A l'heure actuelle, la technologie du EDCL à haute puissance semble être viable du point de vue économique et ce uniquement dans le cas d'excavations de tunnels de grands diamètres (>6,0 m) dans des roches ayant une haute résistance à la compression (> 210 MN/m^2). Les progrès dans la technologie du laser qui permettront l'utilisation de systèmes opérant à des pressions de 100 torr ou davantage devraient étendre la possibilité d'utiliser cette méthode de façon économique dans le cas de tunnels de moindre diamètre, creusés dans des roches plus friables. Cette pression est le facteur fondamental dans la détermination de la taille et du coût du système utilisant des rayons lasers. Des niveaux de puissance atteignant 15 kW sont considérés pour un futur proche.

8. LES MACHINES HYBRIDES

Les énergies spécifiques de toutes les nouvelles méthodes de comminution, y compris le percement thermique et l'érosion au moyen d'un jet d'eau sont de dix à cent fois plus élevées que celles relatives au forage mécanique et au creusement. Il s'ensuit que pour obtenir au moyen de ces instruments des vitesses de pénétration comparables à celles obtenues avec les techniques mécaniques, la puissance spécifique devrait être bien plus élevée. De telles grandes puissances spécifiques ont été obtenues lors du forage thermique ou au moyen de jets hydrauliques, mais l'énormité et la complexité de l'équipement qui était associé à la production des faisceaux d'électrons et des rayons lasers font qu'il est invraisemblable que de telles puissances puissent un jour être utilisées en pratique. Les problèmes sont suffisamment complexes que pour exclure virtuellement toutes ces techniques d'être montées sur des machines utilisées pour les excavations souterraines.

Toutefois les instruments de comminution thermiques ont un meilleur rendement lorsqu'ils travaillent dans une roche dure, non fracturée qui sont souvent les plus difficiles à excaver soit mécaniquement, soit au moyen de jets d'eau. La principale lacune de ces instruments thermiques est qu'ils ne sont pas de loin aussi efficaces pour enlever les débris bien qu'ils le soient en ce qui concerne la comminution. D'autre part, les instruments mécaniques et les jets d'eau ne sont pas efficaces en ce qui concerne la comminution de roche dure, non fracturée mais enlèvent les débris de façon relativement aisée. Cette dichotomie conduit au concept des machines à comminution hybrides, dans lesquelles les deux techniques sont combinées afin de satisfaire chacune d'une fonction plus ou moins séparée d'après leur avantage. Une machine à forer la roche dure sera par exemple construite en combinant un jet thermique ayant une puissance relativement faible afin de diminuer la résistance de la roche au moyen de fracturation thermique, suivi d'un outil mécanique afin d'enlever les débris. Des tests expérimentaux en laboratoire au sujet de ce concept ont montré qu'il était possible d'améliorer de façon appréciable le découpage du quartzite en utilisant un rouleau à lame suivant ce principe (Chambre des Mines, 1970).

Un tel système a un autre avantage en ce sens que la partie mécanique enlève facilement toute roche affaiblie ou fracturée qui ne s'écaillerait pas et serait par conséquent difficile à enlever de façon thermique. En plus du jet à flamme, d'autres instruments thermiques, tels que les faisceaux d'électrons ou les rayons lasers, peuvent être combinés aux techniques mécaniques.

Un autre concept des machines hybrides est de combiner des techniques thermiques avec celle du jet d'eau (Thirumalai et McNary, 1973). On sait que la roche poreuse et fissurée est beaucoup plus facilement érodée par un jet d'eau que la roche imperméable. Des contraintes thermoélastiques pourraient très bien être utilisées pour induire des fractures dans une roche dure et imperméable et, par conséquent, la rendre plus facilement érodable par un jet d'eau.

Finalement, il y a un autre concept d'hybridation qui consiste en l'utilisation de l'abilité des jets d'eau, des faisceaux d'électrons et du laser, à découper des sillons étroits dans la roche. Un certain nombre de ces fines découpes pourraient être faites dans la face d'un tunnel afin de faciliter la fracturation mécanique de la face sous l'action des rouleaux. Ceci peut être d'une aide certaine si ces jets ou ces faisceaux étaient utilisés pour découper la forme extérieure (Carstens et al, 1972)

9. CONCLUSIONS

Des vitesses typiques de pénétration sont données à la figure 3 en fonction de valeurs typiques pour la puissance spécifique et ceci pour différentes techniques d'escavations; leur énergie spécifique étant également mentionnée. Ceci nous donne un tableau d'ensemble de l'état actuel des choses. Cette figure nous montre que le forage de petits trous est la méthode d'excavation la plus développée, offrant la plus grande vitesse de pénétration et ayant des valeurs modérées pour l'énergie spécifique. Le forage rotatif suit avec des vitesses de pénétration légèrement inférieures mais avec des valeurs comparables pour l'énergie spécifique; on peut en conclure que la puissance spécifique du forage rotatif est moindre que celle du forage de petits trous. La vitesse de pénétration, la puissance spécifique et l'énergie spécifique du forage de puits et de tunnels sont de loin inférieures aux deux méthodes mentionnées auparavant.

Si l'on juge les foreuses mécaniques par leur performance, il semble qu'on a toutes les raisons de croire qu'une importante amélioration est possible en ce qui concerne la vitesse de pénétration des machines à forer les puits et les tunnels; et ce, d'autant plus si l'on considère les récentes améliorations en ce qui concerne les capacités des foreuses rotatives. Afin de parvenir à un tel but, il sera nécessaire de changer leur plan afin de satisfaire une augmentation d'à peu près un ordre de grandeur de leur puissance spécifique ainsi qu'une augmentation correspondante, bien que plus petite, de leur puissance. Ces améliorations devraient épanouir le champ d'application des excavations mais il est toujours probable qu'elles ne puissent être utilisées dans le cas des roches dures et les plus abrasives.

Le creusement de tunnels au moyen de forages et d'explosifs fournit la méthode d'excava-

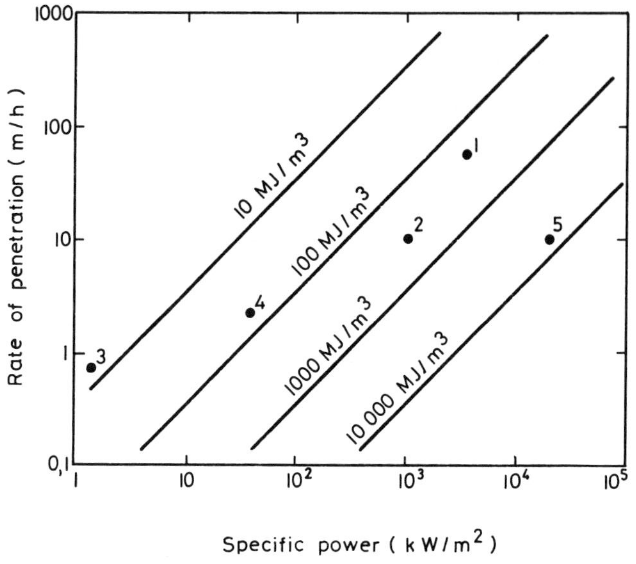

1) Foreuses à percussion (petites); 2) Foreuses rotatives; 3) Forage de tunnels au moyen d'explosifs; 4) Machines à forage de puits et de tunnels; 5) Nouvelles techniques.

Figure 3. Comparaison de différentes techniques de forage et de percement en fonction de la vitesse de pénétration, de la puissance spécifique et de l'énergie spécifique.

tion la plus versatile. Elle est caractérisée par de très basses valeurs de puissance spécifique, de basses valeurs d'énergie spécifique et des valeurs modestes en ce qui concerne les vitesses de pénétration. La méthode est très developpée et des valeurs moyennement basses pour la puissance spécifique sont le résultat de la nature cyclique de l'opération. Des petites améliorations continues dans les périodes du cycle peuvent avoir un léger effet mais des changements dramatiques ne sont pas prêts à se réaliser.

Les nouvelles techniques de comminution, y compris le percement à la flamme, sont tous toutes caractérisées par de très grandes valeurs d'énergie spécifque. Ceci implique qu'elles nécessitent une très haute puissance spécifique. Bien que ces hautes valeurs de puissance spécifique peuvent être obtenues au moyen de jets de flamme et de jets hydrauliques, d'autres problèmes sont généralement associés tels que celui de la chaleur. A l'heure actuelle, les dimensions et la complexité de l'équipement nécessaire pour obtenir un faisceau d'électrons ou un rayon laser de grande puissance sont de grands arguments à l'encontre de leur utilisation comme moyen d'excavation.

Les techniques thermiques s'appliquent le mieux dans les roches dures qui sont difficiles à briser mécaniquement. Les contraintes thermoélastiques sont aussi plus efficaces à casser la roche et à l'affaiblir qu'à l'enlever. Cette circonstance nous conduit au concept des machines hybrides dans lesquelles des instruments thermiques, tels que les jets de flamme, les faisceaux d'électrons ou les rayons lasers, sont utilisés en parallèle avec des techniques mécaniques ou d'érosion. Les instruments thermiques ont comme but d'affaiblir la roche en utilisant un processus de décrépitation et de la rendre plus facilement manoeuvrable par des moyens mécaniques ou autres. De cette façon, il serait possible d'étendre la capabilité des machines d'excavation aux roches les plus dures et les plus abrasives sans pour autant engendrer des puissances spécifiques excessives ou subir une usure intolérable.

REMERCIEMENTS

Les auteurs remercient vivement Mr. F.H. Lancaster pour la publication de cette communication et Melle P.M. Antink pour la dactylographie.

REFERENCES

Bailey, J.J. and Dean, R.C.
Rock mechanics and the evolution of improved rock cutting methodes.
In Fairhurst, C. (Ed.) Failure and Breakage of Rock. Proc. Eighth Symp. on Rock Mechanics, 1966.

Bakish, R.
Introduction to electron beam technology
Wiley, 1962.

Bond, F.C.
The third theory of comminution
A.I.M.E. Trans. Vol 193, 1952. P. 484

Boyd, R.J. Jowe, A.W.
The application of raise boring to vertical development at Mount Isa Mines Ltd.
Procs. Australian Geomechanics Society, Symposium on Raise and Tunnel Boring, Aug. 1970, pp 1-21

Bresee, G.A., Cristy, G.A., McClain, W.C.
Research results show interesting potential of hydraulic tunnelling
Eng. Min. J. Vol 171, 1970, p 75.

Bunshah, R.F.
High power electron beams
Int. Sci. Tech.
No. 4, April 1962, pp 30-38

Çalaman, J.J. and Rolseth, H.C.
New Look at jet-piercing developments
Eng. Min. J. Vol. 159, 1958, pp 103-107

Calaman, J.J. and Rolseth, H.C.
Technical advances expand use of jet piercing progress in taconite industry
In Clark, G.B. (Ed.) Mining Research, pp 473-498, Pergamon, 1962.

Carslaw, H.S. and Jaeger, J.C.
Conduction of heat in solids
2nd. Edn., Clarendon Press, Oxford, 1959

Carstens, J.P., Banas, C.M., Biancardi, F.R., Melikian, G., Peters, G.T., Jurewicz, B.R. and Sessions, E.C.
Heat assisted tunnel boring machines
United Aircraft Research Laboratoire Report, UARL Report No. J-970802-12, Sept. 1970

Carstens, J.P., Banas, C.M., Biancardi, F.R., Melikian, G. Peters, G.T. Jurewicz, B.R. and Sessions, E.C.
Research investigation of laser rock kerfing

United Aircraft Research Laboratoires, Connecticut, UARL Report No. L-911329-8, 1972.

Chamber of Mines of South Africa
Research Review 1970, p. 5.

Chamber of Mines of South Africa
Research Review 1971, p. 18, Fig. 4

Chamber of Mines of South Africa
Research Review 1972, p. 7, Fig. 4

Cook, N.G.W. and Joughin, N.C.
Rock fragmentation by mechanical, chemical and thermal methods
Paper 1-C, 6, Vi International Mining Congress, Madrid, 1970

Cooley, W.C.
Water Jets and rock hammers for tunnelling in the U.S. and U.S.S.R.
Proc. First National American Rapid Excavation and Tunnelling Conference, 1972, pp 1325-1360

Davies, D.A.
Some experiments on water jet cutting and consideration of its use as a drilling tool in rocks
Proc. Australian Inst. Min. Metall. No. 232, 1969, pp 73-80

Department of Mines and Technical Surveys, Canada
Jet piercing research project
Report I.R. 62-27, Ottawa, 1962.

Dietrich, W., Stefhan, H., Gerstner, H.
Electron beam technology-application of the electron beam as heat source
Metals and Materials Congress, Cleveland, 1963.

Du Toit, P.J.G.
Mechanical rock pick
Min. Congress. J. Vol. 59, No. 4. 1973, pp 60-64

Frank, J.N. and Chester, J.W.
Fragmentation of concrete with hydraulic Jets

U.S. Bureau of Mines Report of Investigations, R.L. 7572

Frieilander, D.
Grumman conducting study of ruby laser capabilities
Metalworking News, Feb. 3rd, 1964, p.4

Howell, T.M.
Jet-piercing with converted churn drills
Min. Eng., Vol. 9, 1957, pp 654-656

Leach, S.J. and Walker, G.L.
The application of high speed liquid jets to cutting
Phil. Trans. Roy. Soc. London, 260-A, pp 295-308

Maiman, T.H.
Stimulated optical radiation in ruby
Nature, Vol. 187, No. 4736, 1960, pp 493-494

Maurer, W.C.
Novel drilling techniques
Pergamon Press, 1968

Morris, A.
Rock Drillability related to a roller cone bit
Raise Boring Technology, Dresser Industries Inc. 1972

Muirhead, I.R. and Glossop, L.G.
Hard rock tunnelling machines
Inst. Min. Metall., Vol 77, 1968, pp A1-A21

Ostrovskii, A.P.
Deep hole drilling with explosives
Gostoptikhizat, Moscow, 1960

Rittinger, P. von
Lehrbuch der Aufbereitungskunde,
Berlin, 1867

Schumacher, B.W.
Electron beam cutting of rocks and concrete
Westinghouse Research Lab., Scientific paper 67-102, Eweld P5, 1967a

Schumacher, B.W.
Power density limits for particle penetration laws and onset of energy phenomena in electron beam targets
Westinghouse Research Lab. Scientific paper 67-102, Eweld P5, 1967b

Thirumalai, K and McNary, O.
Developmentsand testing of a thermohydraulic process for hard rock cutting
Proc. A.I.M.E. Annual Meeting, Chicago 1973.

Thoenen, J.R. and Germain, G.D.
Jet piercing blast holes in granite
Rock Products, April, 1953, pp 132-135

United Aircraft Research Laboratories Report - G 910560-10
Feasibility of flame jet tunnelling
1968

United States of America War Office
Scientific and technical applications forecase on excavation - 1964
Mining World, 1952, pp 29-33

Wilson, J.W. and Graham, P.C.
Raise-boring experiences in the gold mines of the Anglo-American Corporation Group
J.S. Afr. Inst. Min. Metall., 1972
pp 103-115

EINE BEWERTUNG VON ABBAUVERFAHREN MIT MECHANISCHEN, HYDRAULISCHEN, THERMISCHEN, UND ELEKTROMAGNETISCHEN VERFAHREN

Dr. Neville G.W. Cook
Director, Mining Research Laboratory
Chamber of Mines of South Africa
Johannesburg, South Africa

V.R. Harvey
Research Officer, Mining Research Laboratory
Chamber of Mines of South Africa
Johannesburg, South Africa

Zusammenfassung

Es ist allgemein akzeptiert, dass der Abbau mit Maschinen rascher und besser als mit Bohr-Sprengmethoden durchgeführt werden kann. Maschineller Abbau ist heute in vielen weichen, mittelharten und harten Gesteinen angewendet, obwohl diese Methode noch immer nicht für alle Hartgesteine konkurrenzfähig ist. Jede Abbaumethode kann folgendermassen bewertet werden, (a) durch die spezifische Energie der Gesteinszerkleinerung und (b) die spezifische Leistung, welche auf die Arbeitsfläche übertragen wird. Die Durchteufungsrate ist durch das Verhältnis der spezifischen Leistung zur spezifischen Energie gegeben. Die zahlreichen Abbauverfahren einschliesslich Bohren, Bohren und Sprengen, Raise- und Tunnelbohrungen bzw. neuartige Methoden, wie z.B. Flammenjet, Wasserjet, Laser- und Elektronenstrahlen, sind mittels der genannten Kriterien bewertet. Diese Untersuchung zeigt, dass kleinkalibriges Bohren am meisten entwickelt ist und für nicht allzu hohe spezifische Energie die grössten Durchteufungsraten gibt, während grosskalibrige Bohrungen mit Abstand folgen. Der Abbau mittels Bohren und Sprengen weist den kleinsten spezifischen Energiewert auf, resultiert allerdings nur in mässigem Bohrfortschritt. Raise- und Tunnelbohrmaschinen geben normalerweise besseren Bohrfortschritt, allerdings im Vergleich mit der Bohr-Sprengmethode auch höhere spezifische Energiewerte, erreichen aber nicht den Wirkungsgrad von Bohrmethoden, bedingt durch die geringe spezifische Leistung. Alle neuartigen Methoden scheinen durch hohe spezifische Energiewerte gekennzeichnet zu sein. Dies weist darauf hin, dass sehr hohe spezifische Leistungen erforderlich wären, um hohe Durchteufungsraten erzielen zu können. Obwohl in diesen Geräten die Kraft in den Strahlen oder Düsen sehr konzentriert ist, ist die durchschnittliche spezifische Leistung an der Arbeitsfläche geringer als mit mechanischen Abbauverfahren. Die bestmögliche Anwendung dieser Methoden scheint in Hybrid-Maschinen zu liegen, worin diese Konzepte mit anderen, vermutlich mechanischen Abbaumethoden kombiniert werden; ein neues Konzept relativ geringer Kraft, welches aber hartes Gestein abbauen kann.

1. Einleitung

Es ist allgemein akzeptiert, dass maschinelle Abbauverfahren in zahlreichen weichen, mittelharten bzw. harten Gesteinen leistungsfähiger sind als Bohr- und Sprengungsmethoden. Die hauptsächlichen Vorteile eines maschinellen Abbaues sind die gute Qualität und hohe Abbaugeschwindigkeit. Maschinelle Technologie ist aber noch immer nicht in allen harten Gesteinen mit der Bohr-Sprengmethode konkurrenzfähig. Hauptzweck dieses Beitrages ist die Untersuchung aller derzeit vorhandenen bzw. zukünftig potentiellen maschinellen Abbauverfahren.

Der Wirkungsgrad jeder Abbaumethode kann durch die spezifische Energie der Gesteinszerkleinerung und die spezifische Leistung, d.h., die Kraft, welche auf die Arbeitsfläche pro Flächeneinheit übertragen wird, bewertet werden. Die Durchteufungsrate ist durch das Verhältnis der spezifischen Leistung zur spezifischen Energie gegeben. Eine gewisse Idee der Grössenordnung und komplizierten Aufbau dieser Geräte kann durch realistische Daten für diese Parameter, speziell die totale Leistung, gewonnen werden.

Die Durchteufungsrate für einen gebohrten Tunnel bzw., im allgemeinen, ein Bohrloch ist durch folgende Beziehung gegeben:

$$R = 3\,600 \quad P/S \qquad (1)$$

worin R = Durchteufungsrate entlang der Tunnelachse m/h;

P = Leistungsübertragung auf die Arbeitsfläche pro Flächeneinheit MW/h;

S = spezifische Energie der angewendeten Methode MJ/m^3.

In Gesteinszerkleinerung, wie Bohren und Zerbrechen, wird stets Energie verbraucht. Die <u>spezifische Energie</u> jeder Gesteinszerkleinerungsmethode ist der Energieverbrauch pro Volumseinheit des ursprünglich festen Gesteins. Die spezifischen Energiewerte variieren mit der Festigkeit, Art und dem Zustand des Gesteines, der Grösse der zerbrochenen Gesteinsteile, der Zerkleinerungstechnik und der generell eingesetzten Operationsmethode. Abbildung 1 zeigt die Resultate einer Untersuchung bei Cook und Joughin (1970) für die spezifischen Energien in harten Gesteinen mit ähnlicher uniaxialer Druckfestigkeit aber verschiedenen Zerkleinerungsmethoden. Beachte, dass die Resultate in zwei Gruppen fallen: eine Gruppe, in welcher die spezifische Energie von der Partikelgrösse in Übereinstimmung mit der Hypothese von Rittinger (1867) invers abhängt bzw. eine andere Gruppe, in welcher die Übereinstimmung mit der Beziehung von Bond (1952) die spezifische Energie zur Quadratwurzel der Partikelgrösse invers proportional ist. Die erste Gruppe schliesst primäre Abbauverfahren ein, worin Gesteinsteile aus einer grossen Masse entfernt werden, um einen Hohlraum zu schaffen. Die zweite Gruppe beinhaltet Gesteinsbrechmethoden, worin Fragmente in kleinere Partikel zerkleinert werden. Abbildung 1 zeigt den möglichen zweiten Bereich spezifischer Energiewerte und weist also darauf hin, dass solche Daten mit grosser Sorgfalt interpretiert werden sollen. Vor allem müssen diese beiden Gruppen unterschieden werden, da es falsch ist, spezifische Energiewerte der Partikelzerkleinerung für Probleme im Hohlraumabbau anzuwenden.

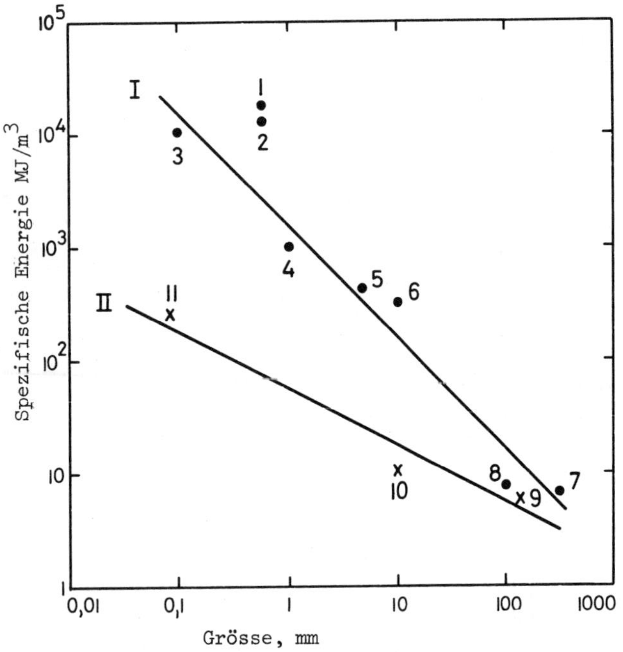

1. Düsen; 2. Erosives Bohren; 3. Diamantschneiden; 4. Schlagbohren; 5. Blattmeissel; 6. Rollenmeissel; 7. Impaktkeil; 8. Sprengmittel; 9. Backenbrecher; 10. Trommelbrecher; 11. Fräser.

Abbildung 1: Diagramm zeigt die spezifischen Energien der Gesteinszerkleinerung als Funktion der normalen Teilchengrösse für Abbauverfahren (I) und Zerpulverung (II) von hartem Gestein.

Zwei Zerkleinerungsmethoden für den Gesteinsabbau sind zu einem hohen Grad entwickelt, nämlich das Abbohren von Bohrlöchern und Tunnelvortrieb durch Bohren und Sprengen. Um eine Basis für die Beurteilung derzeitiger bzw. neuer Entwicklungen zu haben, ist es von grosser Hilfe, diese Methoden im Rahmen der spezifischen Energien und Kräfte zu untersuchen. Tabelle I gibt eine Zusammenfassung des durchschnittlichen Verhaltens von verschiedenen Bohrmethoden in verschiedenen Gesteinstypen. Beachte, dass die Werte der spezifischen Kraftanwendung auf der Bohrlochsohle in der Grössenordnung von MW/m^2 und der Bohrfortschritt einige 10 m/h ist. Um vergleichende Daten für den Tunnelvortrieb mittels Bohren und Sprengen zu erhalten, ist angenommen, dass der Tunnelquerschnitt 50 m^2 und der Fortschritt 5 m ist, mit einer Sprengung von 100 Sprenglöchern und 1kg Sprengstoff pro m^3 gesprengtem Gestein. Die folgenden Werte können dann berechnet werden:

Bohrzeit (Maschinenstunden)	= 7
Bohrenergie pro Sprengung	= 50 kWh = 180 MJ
Explosionsenergie pro Sprengung	= 1250 MJ
Gesamtenergie pro Sprengung	= 1430 MJ
Durchschnittsleistung pro 6 h Schicht	= 66 kW
Spezifische Energie	= 5.7 MJ/m^3
Spezifische Kraft	= 1.3 kW/m^2
Bohrfortschritt	= 0.83 m/h

Daraus ist ersichtlich, dass der grundsätzliche Unterschied zwischen Bohren und konventionellem Tunnelvortrieb in der spezifischen Kraft liegt, welche im letzteren Falle um eine dreifache Grössenordnung geringer ist. Allerdings sind Bohrfortschrittsresultate nur um eine Grössenordnung geringer, da die spezifische Energie einer Sprengung um Grössenordnungen unter der von Bohrarbeiten liegt.

2. Mechanische Raise-Bohrer und Tunnelabbohrung

In letzter Zeit hat der Einsatz von Raise- und Tunnelbohrmaschinen stark zugenommen. Mit der bedeutenden Ausnahme von Maschinen, in welchen Blattmeissel auf dem Unterscheidungsprinzip arbeiten, sind in den meisten Maschinen für diesen Zweck speziell konstruierte Rollenmeissel verwendet. Der grösste Entwicklungsfortschritt liegt in grossen Bohrmeisseln mit entsprechend grossen Rollenlagern bzw. in den Metall-zu-Metall-Dichtungen, welche die Verschmutzung verhindern.

Es ist nicht aussergewöhnlich, mit Maschinen Gesteine zu bohren, die eine Festigkeit bis zu 250 MN/m^2 und höher haben. Allerdings ist die uniaxiale Druckfestigkeit keine genaue Richtlinie für die Bohrfähigkeit, da letztere in Gesteinen mit ähnlichen Druckfestigkeiten bei einem Faktor von 3 und grösser variieren kann. Ein gewisser Erfolg, die Bohrfähigkeit abzuschätzen, wurde durch die Messung der Gesteinseinkerbung, hervorgerufen durch eine Stahlkugel, gefunden (Morris, 1969; Chamber of Mines, 1971 und 1972).

Eigenschaften und Daten einiger in der letzten Dekade verwendeten Raise-Bohrer und Tunnelbohrmaschinen sind in Tabelle II gegeben. Die spezifischen Energiewerte dieser Maschinen sind von der uniaxialen Druckfestigkeit der Gesteine stark abhängig. Die typische Bohrfortschritt ist 2 m/h. Dies ist wesentlich geringer als mit Rotarybohren und ist durch die geringe spezi-

TABELLE I

Typische Verhaltenswerte für Schlag-, Rotary- und Düsenbohren
(nach Maurer, 1968)

Bohrart und Anwendung	Durchschnittlicher Bohrlochdurchmesser (mm)	Kraftübertragung auf Gestein (kW)	Spezifische Kraft (MW/m^2)	Typischer Bohrfortschritt (m/h)				Spezifische Energie MJ/m^3			
				Gesteinsart - Druckfestigkeit MW/m^2							
				weich (0-50)	mittel (50-100)	hart (100-200)	sehr hart (>200)	weich (0-50)	mittel (50-100)	hart (100-200)	sehr hart (>200)
Schlagbohren:											
Jackhammer	38	3,7	3,3	Not used		45	30	-	-	260	390
Drifter	48	6,7	3,7			72	48	--	-	180	270
Sprengloch	76	8,2	1,8			36	24	-	-	180	270
Rotary Bohren: (Bergbau)											
Rollenmeissel	200	23	0,7	120	60	12	3	20	40	210	840
Blattmeissel	100	11	1,4	240	120	60	not used	20	40	80	-
Diamantenmeissel	50	7,5	3,8	Not used		12	3	-	-	1120	4500
Rotary Bohren: (Ölfeld)											
Rollenmeissel	200	22	0,7	30	6	3	1,2	80	420	840	2100
Blattmeissel	200	37	1,2	60	12		not used	70	350	-	-
Diamantenmeissel	200	15	0,5	12	3	1,2	0,6	140	560	1400	2800
Düsen (Jet) Bohren	200	120	3,8	Not used			9	-	-	-	1500

fische Kraft der meisten Maschinen von etwa 50 kW/m^2 im Vergleich mit zehn- und hundertfach höheren Werten für Bohrmeissel bedingt. Wenn der Bohrfortschritt mit Bohrmaschinen erhöht werden soll, dann muss deren spezifische Kraft proportionell vergrössert werden. Um dies zu erreichen, wird es notwendig sein, deren Bohrdruck speziell in hartem Gestein zu erhöhen, um die Rollenmeissel besser auszunützen (Chamber of Mines, 1971). Mit den verbesserten Rollenmeisseln, die jetzt auf den Markt kommen, sollten solche Bohrdruckerhöhungen möglich sein. Dennoch erscheint es unwahrscheinlich, dass mechanische Bohrmaschinen entwickelt werden, welche in den härtesten Gesteinen bzw. in Gesteinen mit grossem Verschleiss wirtschaftlich einsetzbar sind.

3. Impakt-Keile

Die manuelle Anwendung von Spitzhacken und Keilen ist eine der ältesten Gesteinsabbauverfahren. Die Werte in

Abbildung 1 zeigen, dass die geringste spezifische Energie für stossbetriebene Keile gegeben ist. Bailey und Dean (1966) machten eine vergleichende Studie des Wirkungsgrades für einen Tunnel im Eis, welcher mit verschiedenen Methoden vorgetrieben wurde. Es zeigte sich, dass manuelle Spitzhackenanwendung die geringste spezifische Energie hat (bei einer oder zwei Grössenordnungen), obwohl natürlich die spezifische Kraft beschränkt war.

Der nächste logische Schritt ist ein angetriebener Keil. Aufschlagsgeräte haben übertage seit langer Zeit für Demolierungsarbeiten Einsatz gefunden. In letzter Zeit haben sich zahlreiche Hersteller mit der Konstruktion bzw. Entwicklung von kräftigen Keilen beschäftigt, wobei für Untertage-Abbauverfahren die Stossenergien in der Grösse von 1000 J und die Stossanzahl in der Grösse von 10 Schlägen/s liegen. Das derzeit grösste Gerät scheint die Maschine von Professor Voitsekhovsky zu sein (Cooley, 1972), welches eine Stossenergie von 155 KJ hat.

Beträchtlicher Erfolg wurde in ursprünglichen Untertage-Versuchen mit Stosskeilen als Abbaumethode sowohl im Tunnelvortrieb als auch Flözabbau erzielt (du Toit, 1973). Mit Rücksicht auf Wirkungsgrad und Platzmangel werden die meisten Keile hydraulisch angetrieben, und die Tendenz weist auf grössere und höhere Stossenergien hin (Paul und Gangal, 1969).

Das hauptsächliche Problem in der Anwendung von Stosskeilen ist die Frage des korrekten Schlagwinkels zwischen dem Gerät und der Gesteinsoberfläche. Schlägt der Keil auf das Gestein in einem Winkel unter 40° ein,dann prallt der nur zurück, anstelle in das Gestein einzudringen. Der Schlag ist dann nicht nur praktisch ohne Wirkung, sondern kann auch die Maschine beschädigen. Daher ist im beschränkten Raum von Untertage-Abbauverfahren sowohl die kompakte Gerätekonstruktion als auch deren Dimension von höchster Bedeutung, um die Maschine im besten Arbeitswinkel erfolgreich einsetzen zu können.

Um ein kompaktes Stossgerät für schmale Flöze, etwa 1 m weit, zu erhalten, hat die Chamber of Mines (1972) eine andere Methode, die des "swing hammer miner",studiert. Wie der Name sagt, besteht dieses Gerät aus einem Rotor, mit welchem 2 oder 3 Reihen von schwingenden Hämmern in Verbindung sind, die das Gestein mit Stössen von etwa 500 J bearbeiten. Die Rotorachse kann geschwenkt werden, so dass die oberen oder unteren Hämmer sowohl das Liegende als auch das Hängende bearbeiten können. Resultate mit der Versuchsanlage sind genügend erfolgversprechend, um die Weiterentwicklung zu rechtfertigen und auf die Anwendungsmöglichkeit von solchen Geräten

TABELLE II

Resultate mit verschiedenen Raise- und Tunnelbohrmaschinen
(nach Muirhead und Glossop, 1968; Boyd und Howe, 1970; bzw. Wilson und Graham,1972)

Jahr und Maschine	Durchmesser m	Gesteinsfestigkeit MN/m^2	Spezifische Kraft kW/m^3	Spezifische Energie MJ/m^3	Bohrfortschritt m/h
1965 Robbins R74	2,1	148	32	77	1,5
1965 Jarva Mk 8	2,4	83 - 104	54	93 - 162	1,2 - 2,1
1965 Robbins 121	3,7 - 4,1	21 - 62	25	26	3,5
1965 Jarva Mk 14	4,2	41 - 76	29	44 - 350	0,3 - 2,4
1965 Hughes Betti 1	6,1 - 6,5	34 - 41	26	18 - 31	3,0 - 5,2
1966 Demag	2,0	28 - 69	48	64 - 96	1,8 - 2,7
1966 Jarva Mk 14	3,2	83 - 130	51	154	1,2
1966 Habegger 836	3,5	34 - 234	50	75	2,4
1967 Demag TVM 19/23	2,1	200	65	156	1,5
1967 Habegger 836	3,5	97 - 145	51	102 - 204	0,9 - 1,8
1970 Robbins 61R	1,8	200	43	44	3,5
1972 Robbins 61R	1,8 - 2,1	62 - 412	35	97 - 420	0,3 - 1,3

TABELLE III

Zusammenfassung der Testergebnisse mit Wasserjet-Abbauverfahren

Gestein	Uniaxiale Druckfestigkeit MN/m^2	Wasserdruck MN/m^2 Grenzoperation		Spezifische Energie MJ/m^3	Referenzen
Granit	150		200	$10x10^3$	Ostrovskii (1960)
Marmor	80		200	$25x10^3$	siehe Clark u.Mitarbeiter (1970)
Kalkstein	60		200	$33x10^3$	
Roter Sandstein	33		500	$5x10^3$	) Leach und Walker (1966)
Pennau Sandstein	150	200	500	$10x10^3$	)
Granodiorit	200	100	150	$2x10^3$	Davies (1969)
Berea Sandstein	50	14	40	$0,6x10^3$	Bresee u.Mitarb. (1970)
Indiana Kalkstein	80	24	70	$2,25x10^3$	
Georgia Granit		41	70	$5x10^3$	
Zement	25		30	$0,3x10^3$*	Frank und Chester (1971)

* Bester Durchschnitt $1,6x10^3$

für Abbauarbeiten sogar in harten, widerstandsfähigen Quarzitgesteinen hinzuweisen.

4. Wasserjet-Erosion

Hydraulische Monitoren oder Niederdruck-Wasserspritzen werden schon seit langer Zeit für den Abbau von losen Oberflächenlagern eingesetzt, wie z.B. Sande, Silte und Erden bzw. in geringerem Ausmasse für sehr weiche Tone und Sandsteine. Mit solchen Geräten, welche einen Spritzdüsendurchmesser von einigen Zehntel eines Millimeters haben, werden relativ grosse Wassermengen mit einem Druck von selten mehr als 1 MN/m^2 verwendet. Normalerweise sind die Wassermengen ausreichend, um das abgebaute Material als Schlämme abzufördern.

Man ist zu der Einsicht gelangt, dass mit einer etwaigen Untertage-Anwendung von Wasserjets das Konzept einer massiven Materialentfernung dem Einsatz kleiner Hochdruckjets zur Gesteinsdurchschneidung weichen muss.

Sorgfältige Untersuchungen der Spritzdüsenform und Art der Jets (Leach und Walker, 1966) führte zu der Schlußfolgerung, dass Spritzdüsen mit einem parallelen Abschnitt, 2 bis 4 Durchmesser lang, enden sollen, welcher einem kegelförmigen Teil (Winkel zwischen 6 und 20°) aufgesetzt ist. Verbesserte Resultate werden dann erhalten, wenn die inneren Ecken scharf anstelle gerundet sind und die Oberfläche glatt ist. Mit solchen Düsen bleibt der Wasserstrahl in der Luft über eine Entfernung bis zu hundertfach dem Düsendurchmesser wirksam.

Die Untersuchungen dieses Konzeptes sind soweit fortgeschritten, dass ziemlich weitgehende Übereinstimmung für die Düsenform als auch Grösse den Grössenbereich des erforderlichen Wasserdruckes und das Verhalten dieser Methode mit verschiedenen Gesteinsarten getroffen wurde. Kommerzielle Geräte sind für das Schneiden von Papier, Holz, Plastik und gewisse zerbrechliche keramische Waren in Verwendung, aber keine solchen Geräte sind derzeit für den Gesteinsabbau vorhanden, obwohl Feldversuche in Operationsgrösse in Kohlenbergwerken durchgeführt werden.

Zusätzliche Teste haben diese Schlussfolgerungen bestätigt und eine grosse Anzahl von Untersuchungen wurden kürzlich gemacht, worin verschiedene Aspekte von Schneide- und Bohroperationen mit Wasserjets studiert wurden; unter Verwendung von Düsen in der 1 mm Durchmesser-Grössenordnung und einem Wasserdruck von 50 MN/m^2 bis 500 MN/m^2 und sogar höher. Einige dieser Resultate sind in Tabelle III zusammengefasst, welche das Potential von Hochdruck-Wasserjets für Bohren und Schneiden von Gestein illustrieren. Diese Testergebnisse zeigen, dass eine Schnittweite von 3 bis 5 mm mit einer Düse von 1 mm Durchmesser erreicht wird.

Mehrere einfache Gleichungen sind für die Bewertung von Wasserjets von Bedeutung. Auf der Bernoulli-Gleichung basierend ist die Austrittsgeschwindigkeit des Wassers aus der Düse:

$$u = 10(20p)^{\frac{1}{2}} \quad (m/s) \qquad (2)$$

worin p der statische Wasserdruck in MN/m^2 ist.

Für eine parallele Düse sind die Grenzwerte natürlich für die Geschwindigkeit 1500 m/s und für den Druck 1150 MN/m^2, was der Schallgeschwindigkeit in Wasser bei Raumtemperatur entspricht. Die Fliessrate ist einfach

$$v = 11{,}2\ \pi\ d^2\ p^{\frac{1}{2}} \quad (m^3/s) \qquad (3)$$

worin d = Düsendurchmesser in m. Ähnlich ist die Leistung gegeben bei

$$pv = 11{,}2\ \pi\ d^2\ p^{3/2} \times 10^3\ (kW), \qquad (4)$$

und die Reaktion T (kN) ist

$$T = 500\ \pi\ d^2\ p. \qquad (5)$$

Schliesslich ist für jedes Wasserjet-System das Verhältnis von abgebauten Gesteinsvolumen zum Wasservolumen gegeben bei

$$\text{Vol.(Gestein)/Vol.(Wasser)} = p/\text{spezifische Energie} \ldots \qquad (6)$$

worin sowohl p als auch die spezifische Energie in der gleichen Einheit sind. Beachte, dass in Gleichung 6 das Gesteinsvolumen entweder dem Schnittvolumen entspricht, falls die spezifische Energie des Schneidens angewendet ist bzw. der Öffnung oder dem gesamten Abbau entspricht, falls die "spezifische Energie" der gesamten Operation verwendet wird.

Verschiedene Faktoren sind für den Wirkungsgrad von Wasserjet-Schnittoperationen von Bedeutung. Dies schliesst den Druck ein, da für zahlreiche Gesteine ein Grenzdruck existiert,unter welchem das Schneiden nicht möglich ist; überkreuzen bzw. unterbrechen des Wasserstrahles um sicher zu sein, dass der Aufprall am Gestein ist und nicht durch angesammeltes Wasser abgebremst wird; Gesteinsfestigkeit und Porösität und andere Faktoren.

5. Perforieren mit Flammenjets

Flammenjets haben für Bohren und Einschnitte in verschiedene Gesteine Verwendung gefunden. Die Methode ist im Freien für Zerkleinerung von Gestein erfolgreich, welches leicht zersplittert, wenn es grosser Hitze ausgesetzt wird. Die Methode ist in äusserst harten und abnützenden Gesteinen wirtschaftlich, wo konventionelle Bohrmethoden zu kostspielig sind. Allerdings haben durch neue Verbesserungen im Rotarybohren letztere gegenüber Flammenjets wieder Boden gewonnen. Flammenjets sind bis heute untertage nicht häufig verwendet worden, bedingt durch die Probleme mit Hitze und Abgasen. Allerdings könnten diese Probleme grundlegend gelöst werden,falls unter gewissen Umständen der Einsatz von Flammenjets von Vorteil wäre.

Eine ausführliche Studie der thermischen Gesteinszerkleinerung wurde durch das Department of Mines and Technical Surveys, Canada in 1962 durchgeführt. Gesteinszerkleinerung mittels thermischen Jets kann auf 2 Arten geschehen: das Gestein kann der Hitzespannung ausgesetzt werden, um Zersplitterung zu verursachen, oder es kann geschmolzen und auf diese Weise entfernt werden. Die Schmelztemperatur übertrifft normalerweise die Temperatur notwendig für Zersplitterung. Deshalb und durch die latente Hitzeaufnahme während des Schmelzens bedingt ist die Gesteinszersplitterung die wirkungsvollere der beiden Methoden.

Zahlreiche Faktoren bestimmen die Leichtigkeit, mit welcher Gesteine thermisch perforiert werden können. Die gegenseitige Abhängigkeit der Hauptfaktoren wird am besten illustriert, wenn diese auf den Prinzipien von Wärmeleitfähigkeit und Thermo-Elastizität beruhend modelliert werden. Drei verschiedene Konzepte sind für die Beschreibung von thermischer Zersplitterung erforderlich. Dies sind:

(i) Temperaturverteilung im Gestein während der ersten Aufwärmungsperiode;

(ii) Spannungsverteilung im Gestein als Resultat des Temperaturgradienten;

(iii) Temperatur- und Spannungsverteilung im Gestein während kontinuierlichem Absplittern.

Es ist von grosser Hilfe, nur sehr einfache Modelle zu verwenden, da die mehr komplexen in der Natur auftretenden Probleme ja deren Richtigkeit nicht verleugnen. Die Temperaturverteilung während der ersten Erwärmungsperiode kann dadurch bestimmt werden, dass das Gestein unter der Flamme als semi-unendlich grosse Masse mit ursprünglich konstanter Temperatur betrachtet wird, welche von einer Hitzequelle mit konstantem Wärmefluss über seine Oberfläche erhitzt wird. Die Gleichung für die Leitfähigkeit ist für diesen Fall bei Carslaw und Jäger (1958) gegeben.

$$T = \frac{2F\ (Kt)^{\frac{1}{2}}}{k} \ \text{ierfc} \ \frac{z}{2(Kt)^{\frac{1}{2}}} \qquad (7)$$

worin T = Temperatur über der ursprünglichen Temperatur der festen Masse (°C)

F = konstanter Wärmefluss von der Flamme (Watts/m^2)

t = Zeit vom Beginn der Erhitzung an (s)

K = Wärmeverteilung im Gestein = k/gc (m^2/s)

k = thermische Leitfähigkeit im Gestein (W/m °C)

= Gesteinsdichte kg/m^3

c = spezifischer Hitzewert des Gesteines (J/kg°C)

Z = normale Distanz in das Gestein von seiner Oberfläche (m)

ierfc = Integral des Komplimentwertes der Fehlerfunktion (tabilliert in Carslaw und Jäger, Anhang II).

Die Gesteinsspannungen können unter ähnlichen Voraussetzungen bestimmt werden, d.h., das Gestein ist eine semi-undendliche, homogene, isotrop-elastische Masse, welche mittels einem konstanten Wärmefluss über seiner totalen Oberfläche erhitzt wird. Bei Symmetrie kann daher keine normale Ausdehnung parallel zur Gesteinsoberfläche stattfinden. Dies ist mit dem Konzept gleichbedeutend, dass das Gestein unter der Flamme von der umgebenden Gesteinsmasse so fest eingeschlossen ist,dass seine Ausdehnung komplett verhindert ist, mit der einzigen Ausnahme in der Z-Richtung normal zur Oberfläche. Unter diesen Umständen ist die Spannung an der Oberfläche als auch parallel dazu null. Lösung der Druck-Spannungsgleichungen für diese Verhältnisse gibt:

$$\sigma_x = \sigma_y = E\ \alpha T \ / \ (1 - \nu) \qquad (8)$$

worin E = Young's Modulus (MN/m^2)

α = linearer thermischer Ausdehnungskoeffizient (°C^{-1})

T = Temperatur wie in Gleichung (7) gegeben

ν = Poisson's Verhältnis.

Dies zeigt, dass die Spannung in jedem beliebigen Punkt zur Temperatur proportional ist und dass Spannungswerte für eine bestimmte Temperatur mit höheren Werten für den Young-Modul, den Ausdehnungskoeffizienten und das Poisson's Verhältnis zunehmen. Vorausgesetzt, diese

Werte sind ausreichend, um Absplitterung vor dem Schmelzen zu erreichen, entsteht die erste Abspaltung, wenn die Spannung unmittelbar unter der Oberfläche den kritischen Wert erreicht, welcher unter den gegebenen Umständen für die Gesteinsfestigkeit charakteristisch ist. Wenn ein Gesteinsstück absplittert, dann wird eine neue Oberfläche entblösst, aber die nächste Erhitzungsperiode ist von der ersteren dadurch unterschieden, dass das Gestein nicht mehr überall die gleiche Temperatur hat. Als die Gesteinsabsplitterung fortschreitet, erreicht die Temperaturverteilung eine Kurve von Grenzwerten. Diese Werte können unter der Annahme von unendlich dünnen Gesteinsspänen bestimmt werden. Die Temperaturverteilung für diese stationäre Situation ist ebenfalls bei Carslaw und Jäger (1959) gegeben:

$$T = T_s \exp(-Uz/K) \qquad (9)$$

worin T_s = Oberflächentemperatur (^oC) unter welcher eine erfolgreiche Gesteinsabsplitterung stattfindet

U = Geschwindigkeit mit welcher diese Absplitterung in der Masse eindring (m/s)

Z = normale Distanz in die Masse (m)

K = Wärmeausstrahlung im Gestein (m^2/s).

Spannungs- und Temperaturverteilungen sind in Gleichungen (7) und (9) gegeben und werden in Abbildung 2 aufgezeigt.

Im allgemeinen sind Dichte und spezifische Wärmewerte für die meisten Gesteine ähnlich, während die Wärmeleitfähigkeit bei einem Faktor von 3 und höher variiert. Eine bedeutende Variable in Gleichungen (7) und (9) ist ebenfalls die Leitfähigkeit k, welche den Temperaturgradienten im Gestein bestimmt. Ein hoher Temperaturgradient hat zwei Effekte; im Rahmen des einfachen Modelles reduziert es den erforderlichen Wärmebetrag, der in das Gestein übertragen werden muss, bevor die Absplitterung beginnt; in der Praxis reduziert es auch den Wärmeverlust in das benachbarte Gestein.

Zusätzlich zu den erwähnten, einfachen Eigenschaften haben auch andere Faktoren auf die Gesteinsabsplitterung bedeutenden Einfluss. Zum Beispiel ist für Quarz als Hauptkomponent der Phasenübergang von α- zu β-Quarz bei etwa 600°C mit einer plötzlichen Ausdehnung in der Grössenordnung von 0.8 Prozent des Gesteinsvolumens verbunden. Anisotropie und Variationen im Gestein zusammen mit der Korngrösse sind von grosser Bedeutung und im allgemeinen gesprochen mafisches Material verringert die Gesteinsabsplitterung.

In der Literatur sind Daten für den Einsatz von Flammenjets für Bohren und Gesteinsauskerbungen zu finden. Einige dieser Testversuche sind in Tabelle IV gegeben, wobei die spezifischen Energien vom totalen Hitzewert der Verbrennung berechnet wurden. Da aber nur ein Teil dieser Wärme auf das Gestein übertragen wird, sind diese Werte ungewöhnlich hoch. Der Wirkungsgrad der Wärmeübertragung variiert von 10-15 %. Energiestudien mit Dolomit, durchgeführt vom Department of Mines and Technical Surveys (1962) zeigten folgende Resultate:

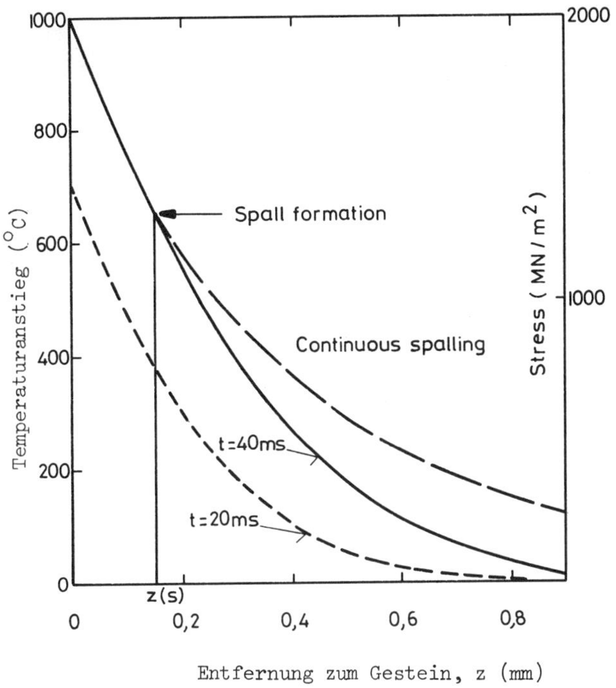

$k = 6\ W/m^oC$

$\rho = 2650\ kg/m^3$

$c = 820\ J/kg\ ^oC$

$K = 2{,}77 \times 10^{-6}\ m^2/S$

$F = 10^7\ W/m^2$

$z(s) = 0{,}15$ mm

Abbildung 2: Temperatur und thermo-elastische Spannungsverteilung in Quarzit, welcher durch konstanten Wärmefluss erhitzt wird.

TABELLE V

Wirkungsgrade der Wärmeübertragung auf das Gestein

Brennstoff	Gross-Spezifische Energie MJ/m³	% der Wärmeübertragung auf das Gestein
Propan-Luft	6300	27,6
Azetylen-Luft	5000	34,6
Propan-Sauerstoff	4900	35,5

TABELLE V

Zusammenfassung der Testresultate mit Flammenjets

Gesteinsart	Flammenart und Düsengrösse, mm	Lochdurchmesser, mm	Durchstossrate, m/h	Spezifische Energie MJ/m³	Operationsmethode	Referenzen
Barre Granit	Luft/Brennstoff 22 32 32 32 38 41	198 224 238 251 291 316	5,5 4,2 5,8 5,8 5,5 4,2	10 600 14 700 16 600 14 000 13 000 13 400	Bohren Bohren Bohren Bohren Bohren Bohren	United Aircraft Research Laboratories, 1968
Dolomit, (Woodville, Ohio)	Luft/Brennstoff 32	203	9,1	13 000	Bohren	" "
Berea Sandstein	Luft/Brennstoff 22 32 32 41	127 140 190 203	7,6 10,0 8,5 4,4	16 300 32 300 15 900 25 800	Bohren Bohren Bohren Bohren	" "
Alma Diabas (Kanada)	Luft/Brennstoff 32	228	4,9	13 800	Bohren	" "
Takonit	Sauerstoff/ Brennstoff 165	236	4,8	7 850	Bohren	U.S. War Office, 1964
Granit-Gneis (Georgia)	Sauerstoff/ Brennstoff 140	216	9,1	4 980	Bohren	Thoenen + Germain, 1953
Nephelin - Syenit	Sauerstoff/ Brennstoff 140	254	4,9	6 000	Bohren	Howell, 1957
Takonit	Sauerstoff/ Brennstoff	234-368	18,2	3 960	Kammerbildung	Calaman + Rolseth, 1958
Granit	Sauerstoff/ Brennstoff	76-100	1,25m²/h	2 200	Kanalbildung	Flame Cutting of Rock; Engineering, May 1962, p. 584
Barre Granit	Luft/Brennstoff	50	0,2 m²/h	22 400	Kanalbildung	United Aircraft Research Laboratories,1968
Dolomit (Niagara)	Propan/Luft Azetylen/Luft Propan/ Sauerstoff	50 47 50	4,5 6,4 7,6	19 200 9 900 11 400	Bohren Bohren Bohren	Dept. of Mines + Technical Surveys, 1962
Kalkstein Ton Dolomit Schiefriger Takonit Syenit Konglomerat Granit Sandstein Quarzit Jasper		250 250 250 250 250 250 250 250 250 250	0 0,3 1,8 3,7 5,5 5,8 6,1 6,1 9,2 12,2	- 134 000 22 000 10 900 7 300 7 000 6 600 6 600 4 400 3 300	Bohren Bohren Bohren Bohren Bohren Bohren Bohren Bohren Bohren Bohren	Calaman + Rolseth, 1962

6. Elektronenstrahlen

Die Verwendung von energiereichen Elektronenstrahlen, um Material zu schmelzen oder zu schweissen, ist eine bekannte Technologie (Bahish, 1962; Dietrich und Mitarbeiter, 1963; Bunshah, 1962). Bis vor kurzem wurden alle diese Operationen unter Vakuum durchgeführt, und deshalb konnten sie nicht für Material verwendet werden, welches unter Hitze verdampft. In den letzten Jahren wurde aber eine Elektronenstrahlkanone entwickelt, aus welcher der Elektronenstrahl durch eine Serie von differentialgepumpten Kammern in die Atmosphäre geleitet werden kann (Schumacher, 1967 a). Dies gestattet daher die Anwendung des energiereichen Strahles, um Materialien zu schneiden und zu schmelzen, welche bei der Erhitzung Gase abgeben, wie z.B. Gesteine.

Der Elektronenstrahl hat eine Energiequelle bis zu 10^{10}kW/m^2 (Dietrich und Mitarbeiter, 1963). Wird solch ein Strahl auf eine feste Masse fokusiert, dann durchdringen die energiereichen Elektronen das Material und ihre Energie wird beim Zusammenstoss mit den Teilchen der durchdrungenen Masse freigegeben. Die Gesetze für das Eindringen von Elektronen in Materie sind bekannt (Schumacher, 1967 b), aber sie beschreiben nicht die Eindringung von sehr energiereicher Elektronenstrahlung. Bekannt ist die Tatsache, dass Elektronen in das Gestein bis zu einer gewissen Tiefe eindringen, was von deren "Bereich" abhängt, welcher wieder eine Funktion der elektrischen Spannung in der Elektronenkanone ist. Der Eindringungsbereich in Gestein ist für 150 kV Elektronen in der Grössenordnung von 0,1 mm. Die gesamte kinetische Energie der Elektronen wird auf diesem Niveau augenblicklich verteilt, und dies ist der Grund, dass Energieverteilung einige Male schneller als die Wärmeverteilung stattfindet.

Elektronenkanonen mit Strahlen von 25 kW und 60 kW sind gebaut worden und einige 1 MW-Kanonen werden trotz schlechter Fokusierung in gewissen metallurgischen Schmelzöfen verwendet. Umwandlung der elektrischen Energie in die Energie des Elektronenstrahles ist sehr wirkungsvoll, etwa 90 %, verglichen mit 10 % für Laserstrahlen und etwa 50 % bis 70 % für den Verbrennungswirkungsgrad der Flammenjets. Eine Strahlungsstärke von 10^4MW/m^2 schmilzt die Gesteinsoberfläche etwa 0,1 mm tief in zirka 15 µs. Falls die geschmolzene Masse wirkungsvoll entfernt werden kann, sollte die Durchbohrungsgeschwindigkeit im Gestein bei 6.6 m/s liegen, mit äusserst geringem Energieverlust durch Leitfähigkeit, da sehr kurze Zeitspannen vorhanden sind. Wird das geschmolzene Material nicht rasch genug entfernt, dann erhitzt der Strahl das Material bis es verdampft. Sind sehr energiereiche Strahlen verwendet und Verdampfung tritt ein, dann kann das Gestein rasch entfernt werden, wenn auch mit einigem Leistungsverlust. Die wirkungsvollste Methode einer Gesteinsentfernung ist das Absplittern, was nur 1500 MJ/m^3 erfordert, während hingegen die Schmelzung und Verdampfung etwa 5000 MJ/m^3 und zwischen 10 000 MJ/m^3 bis 20 000 MJ/m^3 erfordern. Anwendung von Elektronenstrahlen mit scharfer Fokusierung ergibt meist eine Gesteinsentfernung durch Schmelzung und Verdampfung, was durch die hohe Energiedichte und Übertragungsrate bedingt ist. Es sollte möglich sein, das Gestein durch Absplitterung mit weit grösserer Geschwindigkeit abbauen zu können als mit Schmelzung oder Verdampfung, falls der Strahl über eine grössere Fläche angewendet werden könnte. Dies könnte mit geringeren Kraftkonzentrationen mit Spannungen 30 kV erreicht werden, was auch die Gefahren mit Röntgenstrahlen reduzieren würde.

Ein Elektronenstrahl-Schweissgerät von Westinghouse wurde an einigen Gesteinen für Schmelzeinschnitte getestet (Schumacher, 1967 a). Der Apparat besteht aus einem etwa 136 kg schweren Schneidekopf, welcher mit 2 grossen mechanischen Vakuumpumpen von einer Kapazität von 71 ℓ/s verbunden ist. Entwicklungsarbeit wird derzeit durchgeführt, um die grossen Pumpen durch Jetpumpen zu ersetzen, welche mit Helium, Wasserstoff, Luft, Wasser, Dampf oder Brennstoff arbeiten.

Mit dem vorhandenen 9 kW Gerät wurden für Schmelzeinschnitte in den angeführten Materialien folgende spezifischen Energien erreicht (Schumacher, 1967 a).

TABELLE V

Spezifische Energien für Schmelzung

Material	Spezifische Energie	Kerben-Schnittrate*
Zement	27 000 MJ/m^3	6 m/h
Kalksein	21 200 MJ/m^2	6 m/h

* Kerbentiefe = 50 mm

Es sollte erwähnt werden, dass diese spezifischen Energiewerte durch das Verhältnis des Krafteinsatzes zum Gesamtvolumen des entfernten Gesteines berechnet werden, anstelle mittels dem unter unbeschränktem Schneiden zerbrochenen Gesamtvolumen des Gesteines, wie dies in Werten bei Bakish (1962) gegeben wurde.

Da der Elektronenstrahl durch Partikel in der Atmosphäre rasch zerstreut wird, ist der Schneidekopf gewöhnlich nur 20 bis 50 mm von der Gesteinsoberfläche entfernt. Dies könnte dort von Nachteil sein, wo die Gesteinsoberfläche irregulär ist. Ein anderer Nachteil mit energiereichen Elektronenstrahlen sind die dabei entstehenden Röntgenstrahlen, von welchen der Operateur abgeschirmt werden muss. Wo rasches Schneiden unter allen Umständen erforderlich ist, sind diese Geräte wahrscheinlich einsetzbar, da die Energieübertragung die wirkungsvollste aller thermischen Methoden ist.

7. Laserstrahlen

In dieser Gesteinsbrechmethode ist Hitzestrahlung von einer sehr energiereichen Strahlungsquelle auf das Gestein übertragen. Da gewöhnliche Strahlungsquellen meist geringe Energie haben, würden diese niemals für thermische Gesteinszerbrechung in Betracht gezogen, bis schliesslich der Laser mit seiner intensiven Strahlungsquelle entwickelt wurde.

Das ursprüngliche Gerät (Maiman, 1960) bestand grundsätzlich aus einem rosa Rubinkristall (Al_2O_3 und Cr), poliert und an beiden Enden versilbert, um eine Reflektionsfläche und eine Übertragungsfläche zu bieten, plus einer Xenon-gefüllten Blitzlichtlampe für die Anfangskraft. Wenn der Blitz im Rubinkristall absorbiert wird, dann werden die Chrom-Ionen im Kristall erregt, wodurch ein Puls von koherenter (d.h., gleicher Wellenlänge) roter Strahlung ausgeschickt wurde. Die Strahlung trat durch das Kristallende aus und konnte in einem energiereichen Strahl fokusiert werden. Dieses Gerät konnte 100 J in 1 Millisekunde produzieren (Friedländer, 1964). Der Zeitabstand zwischen Pulsen war 2 Sekunden. Mit dem fokusierten Strahl wurde auf einer Fläche von 100 Quadrat-Mikrons eine Intensität von 10^9 MW/m^2 erzielt. Dies ist bei zwei Grössenordnungen höher als mit Elektronenstrahlen, und der Laserstrahl kann Material schmelzen oder im Material, auf welches er fokusiert ist, kleine Löcher machen. Als Resultat der heutigen Laserstrahlentechnologie ist es möglich, eine Anzahl anderer Materialien und Gase zur Laserherstellung zu verwenden.

Anwendungsmöglichkeiten dieser Methode zur Gesteinsentfernung wurde durch United Aircraft Research Laboratories studiert (Carstens und Mitarbeiter, 1970), wobei ein CO_2-elektrischer Konvektionsstrom-Entladungs-Laser (EDCL) von 600 W und 4 kW Kapazität verwendet wurde. Ursprüngliche Testversuche untersuchten die Möglichkeit, die Gesteinsfestigkeit durch Hitze zu reduzieren, wobei ein nicht fokusierter Strahl von geringer Energie verwendet wurde. Eine aussichtsreiche Anwendungsmethode für Laser zum Gesteinsschneiden war der Einsatz eines energiereichen Strahles, um Kerben in das Gestein durch Schmelzen zu schneiden, wonach die Hauptmenge des Gesteines mittels mechanischer Methoden entfernt wurde. Einige Versuche wurden mit einem 5 kW CO_2 EDCL-Gerät bei United Aircraft durchgeführt (Carstens und Mitarbeiter, 1972), wobei die folgenden Resultate erzielt wurden:

TABELLE VI

Laserstrahl-Kerbversuchdsdaten

Gesteinsart	Spezifische Energie MJ/m^3	Kerbgeschwindigkeit m/h	Tiefe mm
Barre Granit	40 600	15	25
Berea Sandstein	16 200	75	12
New-Haven Trapgestein	20 400	15	50

Einige Vorteile der Laserschneidgeräte sind:

(i) sehr hohe Kraftkonzentration von $10^9 MW/m^2$, wodurch enge, tiefe Kerben in fast jedes Material geschnitten werden können;

(ii) Operationen können in jedem transparenten Medium, wie Luft und Wasser, durchgeführt werden und Strahlen können durch einen Glasschild von einer Atmosphäre in die andere geschickt werden;

(iii) Übersendung und Fokusierung der Laserstrahlen ist einfach, so dass sie in unzugänglichen Orten verwendet werden können.

Einige Nachteile dieser Geräte schliessen ein:

(i) Gesamtwirkungsgrad ist gering. In den älteren Rubin-Lasern wurde nur etwa 15 % der Ausgangsenergie übermittelt, während in EDCL-Geräten dies 20 % ist;

(ii) Die meisten gegenwärtig vorhandenen Maschinen haben eine geringe Gesamtenergieleistung und für höhere Energieansprüche würden die Geräte so gross sein, dass sie untertage oder in kleinräumigen Arbeitsräumen kaum von Nutzen sein würden.

(iii) Sowohl Laserstrahlen als auch deren Reflektionen können für das Personal gefährlich sein.

Gegenwärtig scheint der wirtschaftliche Einsatz von energiereicher EDCL-Technologie nur im grosskalibrigen Tunnelbau (> 6,0 m) in Gesteinen mit hoher Druckfestigkeit (> 210 MN/m^2) zu liegen. Fortschritte in der Lasertechnologie, welche solche Systeme mit Drukken von 100 Torr oder höher erlauben werden, sollten den wirtschaftlichen Einsatz in kleineren Tunneln und für weichere Gesteinsarten attraktiv machen. Dieser Druck ist der entscheidende Faktor sowohl für die Grösse als auch Kosten von Lasersystemen. Leistungsniveaus bis zu 15 kW sind in naher Zukunft zu erwarten.

8. Gesteinszerbrechung mit Kombinationsgeräten

Die spezifischen Energien aller neuartigen Gesteinsbrechgeräte, einschliesslich Flammen- und Wasserjets, sind 10 bis 100-fach grösser im Vergleich zu mechanischem Bohren. Um mit diesen Geräten ähnliche Durchbohrungsraten wie mit den mechanischen Geräten zu erzielen, müssen daher die spezifischen Kräfte entsprechend grösser sein. Solch hohe spezifischen Leistungen wurden schon mit Flammen- und Wasserjets im Bohren erzielt, aber die Grösse und Kompliziertheit von Systemen mit Elektronen- und Laserstrahlen macht es unwahrscheinlich, dass mit ihnen in der Praxis solch hohe Leistungen erzielt werden können. Die Probleme sind derart schwierig, dass praktisch alle diese Methoden für untertage-Abbaumaschinen nicht verwendbar sind.

Allerdings sind thermische Gesteinsbrechmethoden für hartes, nicht zerklüftetes Gestein am besten, wo mechanische Abbauverfahren als auch Wasserjets mit grossen Schwierigkeiten verbunden sind. Der schwache Punkt dieser thermischen Geräte liegt darin, dass sie das Gestein wirkungsvoll zerbrechen, aber bei weitem nicht so wirkungsvoll entfernen. Auf der anderen Seite sind mechanische Methoden und Wasserjets weit weniger wirkungsvoll in hartem nicht zerklüfteten Gestein, während sie zerklüftetes Gestein relativ leicht entfernen. Diese Überlegungen weisen auf das Konzept einer Kombinationsmaschine hin, in welcher zwei Methoden mit deren individuellen Vorteilen für mehr oder weniger voneinander unabhängigen Funktionen verbunden werden. Zum Beispiel könnten in einer Abbaumaschine für Hartgestein ein Flammenjet mit relativ geringer Energie für die Festigkeitsreduzierung des Gesteines mittels thermischen Aufbrechen und ein mechanischer

Teil zur Gesteinsentfernung verbunden werden. Laborversuche haben gezeigt, dass auf diese Weise die Bohrfähigkeit von Quarzit mit einem Blattmeissel gewaltig verbessert werden kann (Chamber of Mines, 1970).

Solch ein System hat den weiteren Vorteil, dass der mechanische Arbeitsschritt weiches und zerklüftete Gestein leicht entfernen kann, welches nicht abgesplittert und daher nur schwer mittels thermischer Methode entfernt werden kann. Neben dem Flammenjet können auch andere thermische Systeme, wie der Elektronen- und Laserstrahl, mit dem mechanischen Arbeitsschritt kombiniert werden.

Ein weiteres Konzept für solch eine Kombinationsmaschine ist die Verbindung von thermischen Systemen mit Wasserjets (Thirumalai und McNary, 1973). Es ist bekannt, dass poröses und gesprungenes Gestein viel leichter als dichtes Gestein mit einem Wasserjet abgebaut werden kann. Thermo-elastische Spannungen könnten zur Kluftbildung in harten und undurchlässigen Gesteinen eingesetzt werden, so dass der Abbau mit dem Wasserjet leichter gemacht wird.

Schliesslich und ähnlich ist noch ein weiteres Konzept für solche Kombinationen möglich, worin mittels Wasserjets, Elektronen- oder Laserstrahlen dünne Gesteinseinschnitte gemacht werden. Eine Anzahl solcher Kerben an der Gesteinsoberfläche vor Orte im Tunnelbau könnte das Ausbrechen des Gesteines unter den Rollenmeisseln erleichtern. Dies würde dann von besonderer Hilfe sein, wenn die Jets oder Strahlen derart verwendet werden, dass sie eine Kerbe entlang des äusseren Durchmessers schneiden (Carstens und Mitarbeiter, 1972).

9. Schlussfolgerungen

Typische Durchteufungsraten sind in Abbildung 3 als Funktion der spezifischen Kraftwerte für verschiedene Abbaumethoden gegeben, zusammen mit deren spezifischer Energiewerte. Dies gestattet eine zusammenfassende Bewertung des gegenwärtigen Standes aller Methoden. Es zeigt, dass kleinkalibriges Bohren die fortgeschrittenste Abbaumethode ist, mit dem höchsten Bohrfortschritt bei mässigen, spezifischen Energiewerten. Rotary-Bohren folgt mit etwas geringerem Bohrfortschritt, aber ähnlichen spezifischen Energiewerten; daraus folgt, dass die spezifische Leistung des Rotarybohrens von den kleinkalibrigen Bohrungen übertroffen wird. Der Bohrfortschritt, spezifische Leistung und spezifische Energie von Raise- und Tunnelbohrungen sind alle wesentlich geringer als die beiden oben erwähnten Bohrmethoden.

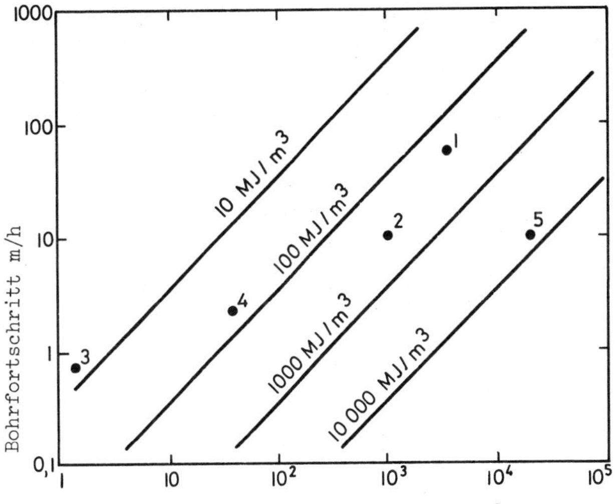

1. Schlagbohrung (klein); 2. Rotarybohrung; 3. Bohr- und Sprengungs-Tunnelvortrieb; 4. Raise- und Tunnelbohrmaschinen; 5. Neuartige Methoden.

Abbildung 3: Vergleich verschiedene Bohr- und Vortriebmethoden abhängig von Durchteufungsrate, spezifischer Leistung und spezifischer Energie.

Bezugnehmend auf die Leistung mechanischer Bohrmethoden, speziell die neuen Verbesserungen in Rotarybohrungen, scheint jeder Grund gegeben zu sein, dass der Bohrfortschritt für Raise- und Tunnelbohrmaschinen wesentlich erhöht werden kann. Um dies zu erreichen, wird eine Konstruktionsänderung notwendig sein, um deren Leistung um eine Grössenordnung zu erhöhen, einschliesslich einer gleichzeitigen, wenn auch proportional geringeren Bohrdruckerhöhung. Diese Verbesserungen sollten den Einsatzbereich dieser Maschinen wesentlich erhöhen, aber es ist dennoch anzunehmen, dass sie trotzdem nicht die härtesten und äusserst abnützenden Gesteine bearbeiten können.

Bohr-plus Sprengungs-Tunnelvortrieb ist noch immer die gebräuchlichste Abbaumethode; charakterisiert bei sehr geringer spezifischer Leistung, geringer spezifischer Energie und mittelmässigem Abbaufortschritt. Die Methode ist hoch entwickelt und die geringen durchschnittlichen Leistungswerte sind das Resultat der zyklischen Operation. Weitere geringere Verbesserungen in der Zyklenzeit sind möglich, allerdings sind dramatische Änderungen unwahrscheinlich.

Die neuen Methoden, einschliesslich Flammenjets, sind alle durch sehr hohe spezifische Energiewerte charakterisiert. Sie setzt entsprechende hohe spezifische Leistungen voraus.

Obwohl solch hohe spezifische Leistungswerte mit Flammen- und Wasserjets erreicht werden können, schaffen sie gleichzeitig Hitzeprobleme. Gegenwärtig sprechen die Dimensionen und Kompliziertheit dieser Geräte, welche für leistungsfähige Elektronen- und Laserstrahlen erforderlich sind, stark gegen deren Verwendung in Abbauarbeiten.

Thermische Methoden arbeiten am besten in harten Gesteinen, welche mechanisch nur mit grossen Schwierigkeiten abgeteuft werden können. Thermo-elastische Spannungen sind ebenfalls wirksam in der Spaltenbildung und Reduzierung der Gesteinsfestigkeit als in der Gesteinsentfernung. Dieser Umstand führt zum Konzept von Kombinationsmaschinen, in welchen thermische Systeme, wie Flammenjets, Elektronen- und Laserstrahlen, in Verbindung mit mechanischen oder Erosionssystemen eingesetzt werden. Die thermischen Systeme machen das Gestein mürbe, wodurch es durch mechanische oder andere Arbeitsschritte leichter entfernt wird. Auf diese Weise würde es möglich gemacht, dass Abbaumaschinen auch für die härtesten und verschleissfähigsten Gesteine verwendet werden könnten, ohne übermässig hohe Leistungsansprüche oder untragbaren Materialverschleiß.

Anerkennung

Die Autoren bedanken sich bei Herrn F.H. Lancaster für die Durchsicht dieses Beitrages und bei Fräulein P.M. Antik für das Tippen.

Referenzen:

Bailey, J.J. and Dean, R.C.
Rock mechanics and the evolution of improved rock cutting methods.
In Fairhurst, C. (Ed.) Failure and Breakage of Rock. Proc. Eighth Symp. on Rock Mechanics, 1966.

Bakish, R.
Introduction to electron beam technology
Wiley, 1962

Bond, F.C.
The third theory of comminution
A.I.M.E. Trans. Vol 193, 1952, p. 484

Boyd, R.J. and Howe, A.W.
The application of raise boring to vertical development at Mount Isa Mines Ltd.
Procs. Australian Geomechanics Society, Symposium on Raise and Tunnel Boring, Aug. 1970, pp 1-21

Bresee, G.A., Cristy, G.A., McClain, W.C.
Research results show interesting potential of hydraulic tunnelling
Eng. Min. J. Vol 171, 1970, p. 75

Bunshah, R.F.
High power electron beams
Int. Sci. Tech.
No. 4, April 1962, pp. 30-38

Calaman, J.J. and Rolseth, H.C.
New look at jet-piercing developments
Eng. Min. J. Vol. 159, 1958, pp 103-107

Calaman, J.J. and Rolseth, H.C.
Technical advances expand use of jet piercing progress in taconite industry
In Clark, G.B. (Ed.) Mining Research, pp 473-498, Pergamon, 1962

Carslaw, H.S. and Jaeger, J.C.
Conduction of heat in solids
2nd. Edn., Clarendon Press, Oxford, 1959

Carstens, J.P, Banas, C.M., Biancardi, F.R., Melikian, G., Peters, G.T., Jurewicz, B.R. and Sessions, E.C.
Heat assisted tunnel boring machines
United Aircraft Research Laboratories Report, UARL Report No. J-970802-12, Sept. 1970

Carstens, J.P., Banas, C.M., Biancardi, F.R., Melikian, G., Peters, G.T., Jurewicz, B.R. and Sessions, E.C.
Research investigation of laser rock kerfing
United Aircraft Research Laboratories, Connecticut, UARL Report No. L-911329-8, 1972

Chamber of Mines of South Africa
Research Review 1970, p. 5

Chamber of Mines of South Africa
Research Review 1971, p. 18, Fig. 4

Chamber of Mines of South Africa
Research Review 1972, p. 7, Fig. 4

Cook, N.G.W. and Joughin, N.C.
Rock fragmentation by mechanical, chemical and thermal methods
Paper 1-C. 6, Vi International Mining Congress, Madrid, 1970

Cooley, W.C.
Water jets and rock hammers for tunnelling in the U.S. and U.S.S.R.
Proc. First National American Rapid Excavation and Tunnelling Conference, 1972, pp 1325-1360

Davies, D.A.
Some experiments on water jet cutting and consideration of its use as a drilling toll in rocks
Proc. Australian Inst. Min. Metall. No. 232, 1969, pp 73-80

Department of Mines and Technical Surveys, Canada
Jet piercing research project
Report I.R. 62-27, Ottawa, 1962

Dietrich, W. Stephan, H., Gerstner, H.
Electron beam technology- application of the electron beam as heat source
Metals and Materials Congress, Cleveland, 1963

Du Toit, P.J.G.
Mechanical rock pick
Min. Congress, J. Vol 59, No. 4, 1973, pp 60-64

Frank, J.N. and Chester, J.W.
Fragmentation of concrete with hydraulic jets
U.S. Bureau of Mines Report of Investigations, R.L. 7572

Friedlander, D.
Grumman conducting study of ruby laser capabilities
Metalworking News, Feb. 3rd, 1964, p. 4

Howell, T.M.
Jet-piercing with converted churn drills
Min. Eng., Vol. 9, 1957, pp 654-656

Leach, S.J. and Walker, G.L.
The application of high speed liquid jets to cutting
Phil. Trans. Roy Soc. London, 260-A, pp 295-308

Maiman, T.H.
Stimulated optical radiation in ruby
Nature, Vol. 187, No. 4736, 1960, pp 493-494

Maurer, W.C.
Novel drilling techniques
Pergamon Press, 1968

Morris, A.
Rock Drillability related to a roller cone bit
Raise Boring Technology, Dresser Industries Inc. 1972

Muirhead, I.R. and Glossop, L.G.
Hard rock tunnelling machines
Inst. Min. Metall., Vol 77, 1968, pp A1-A21

Ostrovskii, A.P.
Deep hole drilling with explosives
Gostoptikhizat, Moscow, 1960

Rittinger, P. von
Lehrbuch der Aufbereitungskunde
Berlin, 1867

Schumacher, B.W.
Electron beam cutting of rocks and concrete
Westinghouse Research Lab., Scientific Paper 67-1C2, Eweld Pl. 1967 a

Schumacher, B.W.
Power density limits for particle penetration laws and onset of energy phenomena in electron beam targets
Westinghouse Research Lab., Scientific Paper 67-1C2, Eweld P 5, 1967 b

Thirumalai, K. and McNary, O.
Development and testing of a thermohydraulic process for hard rock cutting
Proc. A.I.M.E. Annual Meeting, Chicago, 1973

Thoenen, J.R. and Germain, G.D.
Jet piercing blast holes in granite
Rock Products, April, 1953, pp 132-135

United Aircraft Research Laboratories
Report - G 910560-10
Feasibility of flame jet tunnelling
1968

United States of America War Office
Scientific and technical applications forecast on excavation - 1964
Mining World, 1952, pp 29-33

Wilson, J.W. and Graham, P.C.
Raise-boring experiences in the gold mines of the Anglo-American Corporation Group
J.S. Afr. Inst. Min. Metall., 1972, pp 103-115.

ADVANCED FRAGMENTATION TECHNIQUES

David E. Fogelson

Supervisory Geophysicist
Twin Cities Mining Research Center

Twin Cities, Minnesota

SUMMARY

Research on advanced fragmentation techniques is expanding in order to provide alternative fragmentation systems to overcome the disadvantages of conventional methods and to improve excavation rates. This paper reviews the state-of-the-art of the thermal, hydraulic, and chemical techniques and includes a description of an experimental tunnel excavated by projectile impact.

INTRODUCTION

Most mining and excavation today in rock and coal is accomplished using either the drill and blast method or various mechanical devices including boring machines. While these methods are effective certain disadvantages are apparent which indicate a need for new methods of excavating and breaking material. The drill and blast system, for example, has three major disadvantages: cyclic operation; environmental effects of dust, noise, and ground vibrations; and damage to adjacent rock in tunneling and mining operations. Boring machines, while successful in soft and moderately hard rocks, suffer from cutter and bearing wear and maintenance problems in the harder rocks.

These disadvantages plus the technological development of new energy sources and the need for increased rates of excavation have encouraged studies of new ways to fragment rock (Singh, 1969a)(Olson and Atchison, 1973). This paper reviews the state-of-the-art of several of the advanced techniques being investigated as possibilities for new fragmentation systems.

THERMAL TECHNIQUES

Thermal techniques for penetrating and excavating rock offer a relatively wide range of devices which may be used as heat sources (Carstens, 1972). These include the various electrical methods, electron beam guns, lasers, flame jets, plasma torches, infrared heaters, and rock melting penetrators. The effect of these heat sources on the rock results in spallation, heat weakening, melting, or melting and vaporization depending on the nature of the heat source and the properties of the rock.

There are several important reasons why thermal techniques are being studied. Electrical energy when used for internal heating fragments the rock without noise, dust, or shock waves. Such devices as the electron beam gun, laser, and plasma torch do not require contact with the rock and can penetrate or spall the rock without bit or cutter wear and without requiring a large reactant force. Furthermore, they can deliver considerably higher power densities than can be achieved mechanically, and when used to melt or vaporize rock their effectiveness is less affected by rock type. Devices such as flame jets and infrared heaters which depend on spallation for fragmenting the rock work best in rocks which are hard to drill or cut mechanically such as granites and taconites. Finally, many thermal techniques are effective in heat weakening the rock and therefore may be used in combination with mechanical or hydraulic techniques to provide a more versatile system.

The only thermal technique widely employed commercially at present is the flame jet which is used for blasthole drilling and quarrying. Most of the remaining heat sources are being studied to determine their potential as a rock fragmentation system or as part of a combined system employing hydraulic or mechanical assists (see table 1).

Electrical Energy Heating

Electrical methods offer a means of rapid, localized, internal heating of rock sufficient to cause fragmentation from thermal stress. In general, internal heating of rocks may be achieved using resistive, inductive, or dielectric heating, depending on the electrical properties of the rock. These three methods are considered collectively to evaluate their usefulness for fragmenting rock.

Direct Current and Low-Frequency Alternating Current Resistive Heating

Rocks with low electrical resistance and containing minerals which are conductive, such as taconite, can be fragmented using resistive heating. Either direct current or low-frequency alternating current may be used, and power levels up to 2,000 kW are possible with present technology.

Because the electrical properties of rock are highly

TABLE 1. - Summary of data on thermal research projects

Organization	Technique	Purpose	Material	Remarks
AVCO Corp. Everett, Mass.	CO_2 laser	Penetration and spallation tests	Quartzite, granite, basalt	Laser tests on penetration and cracking of rocks using 1-17 kW CO_2 laser. Specific energies, 1,000-10,000 joules per cm of penetration (Zar, 1972).
Browning Engineering Corp. Hanover, N.H.	Air-fuel jet	Drilling blast holes	Sandstone, dolomite, quartzite, taconite, granite	Laboratory and field test drilling of heat spallable rocks (Browning, 1965).
Canadian Department of Mines and Technical Surveys Ottawa, Canada	Oxy-fuel, air fuel jets	Spalling studies	30 rocks	Extensive study to relate spallability of rocks to physical and mechanical properties--thermal expansion and composition found to be good indicators of spallability (Canadian Mines Branch, 1962).
Electrofrac Corp. Kansas City, Mo.	Electrical heating (low frequency)	Secondary breaking	Iron ore, taconite	Blocks of magnetic iron ore fragmented using multipoint contact electrodes. Energy consumption of 1-2 kW-hr/ton (1.1-2.2 W-hr/kg) (Sarapuu, 1969, 1973)
Linde Division of Union Carbide New York, N.Y.	Oxygen-fuel jets	Drilling blast holes	Taconite	Review of advances in jet piercing process, equipment and operating techniques. (Calaman, et al., 1966).
Los Alamos Scientific Laboratory Los Alamos, N.M.	Heated refractory metal shoe	Laboratory drilling by rock melting penetrator	Basalt and other igneous rocks	Obtained penetration rates of up to 18 ft (5.5 m) per day. Considers problems of developing large rock melting-hole drilling machines (Nuclear Subterrene) (Armstrong, et al., 1965; Smith, 1971).
Massachusetts Institute of Technology	Gas laser	Heat weakening	Granite, marble	Studies of effects of laser heating on rock strength, rock fracture, and rock cutting using disk cutters (Moavenzadeh, et al., 1967; Williamson, et al., 1968; Rad, 1970, 1971; McGarry and Moavenzadeh, 1970)
Montana School of Mines Butte, Mont.	Electrical heating (High frequency)	Secondary breaking	Copper ore, granite	Fragmentation studies at frequencies from 100 kHz - 27 MHz. Concluded that secondary breaking process is feasible and at costs probably less than present methods (Young, 1963).
Institute of Mining of the Academy of Sciences USSR	Electrical heating (Low and high frequency)	Secondary breaking	Ferruginous quartzites, iron ore	Iron ore chunks up to 15 tons (13,600 kg) broken. Cost estimates indicate method 5-6 times cheaper than explosives for underground mines and 20-25 times cheaper for open pit mines (Kravchenko, et al., 1961.
Institute of Mining Siberian Branch of the Academy of Sciences Novosibirsk, USSR	Plasma torch	Rock fragmentation and drilling	Granite, granodiorite, sandstone, quartzite	Achieved drilling rates of 8.2-14.8 ft/hr (2.5-4.5 m/hr) for hole diameters of 2-5 in (5-13 cm). Concluded that technique has potential (Bergman and Pokrovskii, 1968).
TAFA Division of Humphreys Corp. Bow, N.H.	Plasma torch and dielectric heating with plasma contacts	Cutting and fragmentation tests for hard rock tunneling	Granite, basalt, quartzite	Rock types tested to date have been cut at speeds of 2-4 in/min (5.1-10.2 cm/min) at thicknesses up to 13 in (33 cm). Future tests will include rock fracturing by dielectric heating with plasma contacts and simulated tunneling tests using the two techniques in combination (Poole and Thorpe, 1972).

U.S. Bureau of Mines Minneapolis, Minn.	Infrared, resistive, inductive, dielectric, and microwave heating, oxygen-fuel oil, multiburner, plasma torch, thermohydraulic	In situ and secondary breaking	Granite, basalt, quartzite, sandstone, taconite, limestone	Studies of thermal rock properties, thermal inclusions, thermal hard rock crushing, thermal stress and strain, fracture and fragmentation (Thirumalai, 1969, 1970, 1971, 1972; Wingquist, 1969; Thirumalai and Fischer, 1971; Lindroth and Krawza, 1971; Thirumalai and Cheung, 1972; Thirumalai and McNary, 1973).
United Aircraft Research Laboratories East Hartford, Conn.	Flame-jet tunneling, heat-assisted tunnel boring machine, laser kerfing	Hard rock tunneling	Granite, sandstone	Experimental and analytical studies of new hard rock tunneling concepts using flame jets, lasers, electron beams, and other heat sources (United Aircraft Res. Lab, 1968; Carstens, et al., 1970, 1972)
U of Missouri Rolla, Mo.	Oxy-fuel oil, Oxy-kerosene, acetylene jets, resistance heaters, electric arc	Heat weakening and mechanical breaking of hard rock	Basalt, granite, quartzite	Tests included flame jet heating with surface chipping, shallow and deep kerfing. A thermal round, analogous to blasting round, was tested using electrical heating elements in drill holes (Clark, et al., 1972, 1973).
Westinghouse Electric Corp. Pittsburgh, Pa.	Electron beam gun	Laboratory cutting tests	Gabbro, copper ore, sandstone, quartzite, granite, breccia, concrete	Tests using a mobile 150 kV, 9 kW electron beam gun on several rock types including a 6-ft (1.8 m) granite cube. Results of tests too limited to provide basis of analysis of an excavation system design (Holdbrook and Schumacher, 1972).
White Pine Copper Co. White Pine, Mich.	Infrared heating	Underground mining by heat weakening and spallation plus mechanical plow	Shale	Development of prototype mining system by White Pine Copper Co.--20 heater modules, each using 144 kW of output power combined with impactor plow produced face advance of 2.25 in. (5.7 cm) in 16 minutes (Hanninen, 1972)

variable and depend not only on the mineral constituents but also on the rock structure, moisture, temperature, and pressure, practical heating equipment must have a wide range of operating capability. Electrode design is critical as current conducting paths are developed between contact electrodes of opposite polarity, thus creating the rapid internal heating and subsequent thermal stresses necessary for fragmentation. A system for secondary breaking has been developed in the United States by the Electrofrac Corporation (Sarapuu, 1969) which uses a 700-hp (522-kW) diesel engine to generate power for a 500-kVA generator. Multipoint electrodes, mounted on a hydraulic grapple, were used to fragment blocks of magnetic iron ore. Energy consumption was about 1 to 2 kW-hr/ton (1.1 to 2.2 W-hr/kg).

While the feasibility of this concept has been demonstrated, more data on field operation are needed to show that this system can compete with present secondary breaking techniques. This technique may also have potential for in situ breaking in stopes where more than one free face is available, provided an effective electrode array design for breakage can be determined.

High-Frequency Heating

Rocks with high dielectric constants and resistivity values may be heated internally using high-frequency fields.

Kravchenko, et al., (1958) used high-frequency electrical energy applied through point contact electrodes to produce large high-temperature current-conducting channels in rocks. The thermal stresses created by these channels caused the rock to fail. Formation of the channels was mainly dependent on the frequency and strength of the electric field and the temperature of the rock. In general, as these factors increased, resistivity of the rock decreased significantly.

The various types of rocks broken using these methods included ferruginous quartzites and chunks of iron ore weighing up to 15 tons (13,600 kg). Cost estimates for this type of secondary breakage indicated it was 5 to 6 times cheaper than explosives in underground mines and 20 to 25 times cheaper in open pit mines.

Young (1963) also studied high-frequency electrical fragmentation using frequencies ranging from 100 KHz to 27 MHz to fracture rock blocks. Rocks were broken at all frequencies except 100 KHz. In general, energy consumption, working voltage, and time required for fracturing decreased with increasing frequency. He concluded that secondary breaking of copper ores and associated waste rock was feasible and that costs may be substantially less than present methods.

Thirumalai (1970) demonstrated that high-frequency dielectric heating, at frequencies up to 100 MHz, could create thermal inclusions and fragment blocks of granite and basalt. The electrical energy consumption for fragmentation was about 1.2 to 2.2 kW-hr/ton (1.3 to 2.4 W-hr/kg). Figure 1 shows an example of a fragmented granite block 1 ft^3 (0.028 m^3) in dimensions. Present technology would allow design of equipment with power levels of 1,000 kW.

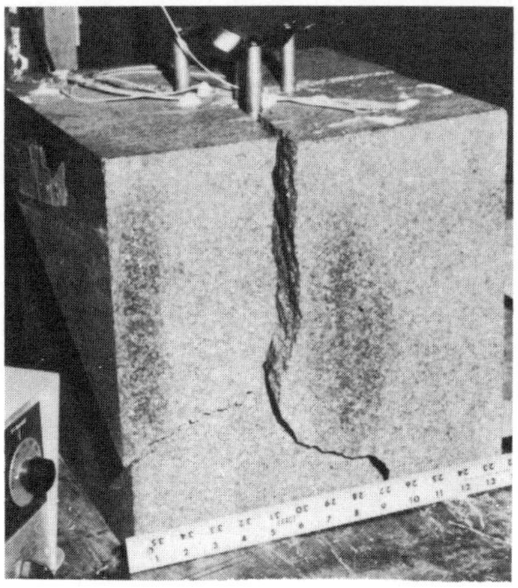

FIGURE 1. - Fragmentation of Granite by High-Frequency Dielectric Heating (Thirumalai, 1970).

High-frequency induction heating may also be used for internal heating of rocks. Induction heating is caused by resistive losses due to eddy currents in highly conductive rocks and also by hysteresis losses in ferromagnetic rocks.

LaTour (1958) proposed the use of induction heating methods to fragment magnetic taconite and other iron ore. U.S. Bureau of Mines studies by Thirumalai (in preparation) indicate that high-frequency induction heating is effective for heating only low-resistance rocks like taconite containing metallic minerals. Experiments at 35 MHz indicate an energy consumption of about 1.2 kW-hr/ton (1.3 W-hr/kg) for magnetic taconites with an electrical coupling efficiency of about 40 percent.

High-frequency methods are more broadly applicable for rock breaking systems than low-frequency methods because more rocks have high resistivities. Combined high- and low-frequency systems have been proposed for improved efficiency in which the current conducting channel is formed using high-frequency current and the subsequent heating and breaking of the rock are brought about by the action of both high- and low-frequency current (Kravchenko, 1958).

Microwave Heating

Microwave heating of rocks is essentially a dielectric phenomenon and even rocks with low dielectric loss properties can be heated. High-power microwave equipment is available, with power levels up to 1 MW in a single tube structure and generating frequencies of 915 MHz, 2,450 MHz, and 5,800 MHz. Conversion efficiencies approach 80 percent. The feasibility of fragmenting hard rocks and concrete with microwaves has been examined by Seldenroth and coworkers (1965), and the application of the method to fragment large sandstone blocks was demonstrated by Steudel (1965). Liessmann (1966) fragmented granite with microwaves at energy consumption rates of about 2.2 kW-hr/ton

(2.4 W-hr/kg). In 1972 the Tanwa Denko Co., Tokyo, Japan, constructed the first continuous experimental microwave rock disintegrator.

A microwave system is capable of efficient, high-energy, noncontact, localized heating. The technical developments made in radar can be used to help design microwave systems for rock heating. The production of X-rays and some ultraviolet radiation may constitute a health hazard and require investigation. As in the case of other electrical energy heating devices, the microwave system must be flexible in operating characteristics if it is to be effective in heating a wide range of rock types.

Resistance Wire and Electric Arc Heaters

The University of Missouri has been experimenting with thermal rounds, analogous to blasting rounds, using wire heating elements and electric arcs placed in drill holes (Clark, et al., 1973). Fracturing occurs as a result of the thermal inclusions created by the heating devices (Thirumalai and McNary, 1973). While the resistance wire heaters created fractures in granite at a 5-kW power level and at burdens of 10 in (25.4 cm), they became clogged with debris and failed. Also considerable mechanical effort was required to remove the fragmented material. The 12-kW electric arcs, utilizing carbon electrodes placed in 14-in (35.6-cm) deep holes to create a thermal inclusion, were more effective. With burdens of 14 in (35.6 cm) the rock was fractured and easily removed. Work is continuing to optimize round geometry and energy levels.

Electron Beam Guns

Electron beam guns have certain important characteristics which make them attractive as a source of heat for rock excavation. The conversion efficiency of electrical energy to electron beam energy is about 90 percent. Power levels up to 30 kW are currently available and power levels up to 150 kW are considered feasible. No mechanical force is required for cutting and the heating process is independent of the rock type with better than 70 percent of the energy transmitted to the rock.

Despite these advantages certain practical limitations are evident. The most serious is the short range of the electron beam, of the order of inches, which makes a short standoff distance necessary and requires the electron beam to be incorporated in the equipment at the face. Because of the need for high voltage and vacuum lines the use of electron beams with tunnel boring machines will be a major design problem.

Other limitations include filament life time, debris ingestion, beam scattering, which limits the depth of cutting, X-ray production, which makes shielding necessary, equipment size, and the need for a rugged design.

Laboratory tests on rock blocks have been performed by United Aircraft Research Laboratories (Carstens, et al., 1970). Using electron beam powers of up to 25 kW at 175 kV accelerating voltage, the Hamilton Standard Division of United Aircraft Research Laboratories studied kerf cutting in granite as part of a larger study on heat-assisted tunnel-boring machines. For varying power levels and traverse speeds, the specific energies were in the range of 12,000 to 18,000 J/cm³. Depths of the kerfs for single-pass cuts ranged from 0.05 in to 0.5 in (0.13 cm to 1.3 cm) and kerf widths from 0.1 in to 1 in (0.25 cm to 2.5 cm). Maximum depth to width ratios were 2 to 3. Multiple-pass cuts produced generally deeper kerfs ranging up to 0.24 in (0.61 cm) with kerf widths of about 0.1 in (0.25 cm). While multiple passes did deepen the kerfs, the beam was incapable of making very deep kerfs, and the efficiency of the cutting process was considerably reduced as the number of passes increased.

The study concluded, in part, that electron beam guns are not suitable for either kerfing or heat weakening in conjunction with tunnel boring machines, primarily because of the close standoff distance required [less than 2 in (5 cm)] and also because of the equipment size and the need for the vacuum and high-voltage lines to rotate with the boring machine head and X-ray radiation.

In similar tests the Westinghouse Electric Corporation used a 9-kW (150-kV) electron beam gun for hole drilling and kerfing experiments on several rock types including concrete (Holdbrook and Schumacher, 1972). An example of the penetration efficiency of the electron beam in hole drilling tests in gabbro and sandstone is shown in figure 2. If the energy

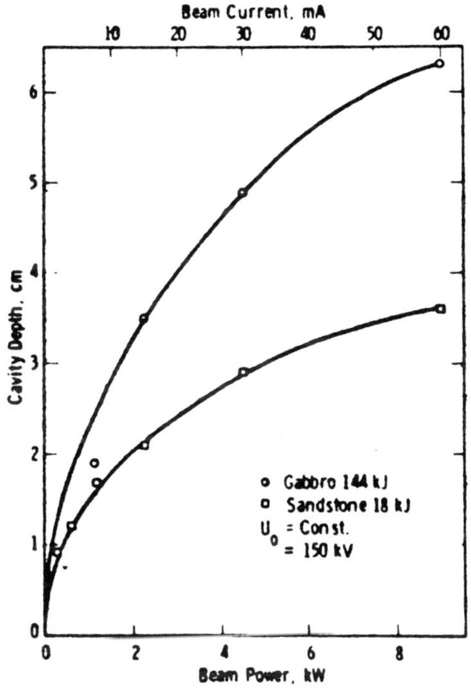

FIGURE 2. - Influence of the Electron Beam Power on the Achieved Piercing Depth for Constant Energy Input (Variable Piercing Time) (Holdbrook and Schumacher, 1972).

input is held constant by varying the application time, the efficiency of the penetration increases with increasing beam power and shorter application times.

Figure 3 is a plot of the depth to width ratios

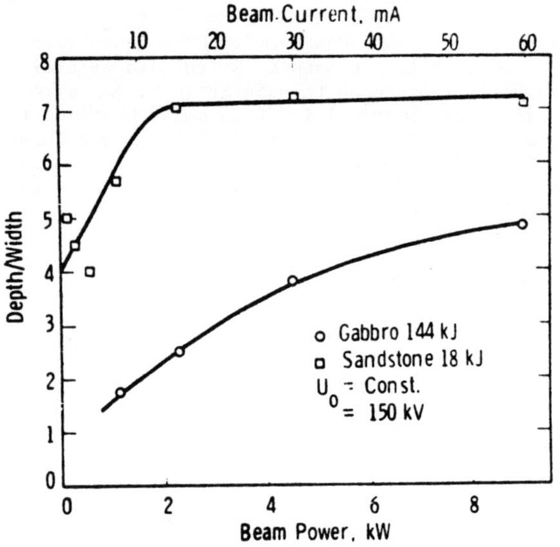

FIGURE 3. - Depth-to-Width Ratio vs. Electron Beam Power for Constant Energy Input (Holdbrook and Schumacher, 1972).

versus beam power for constant energy input for the same rock types. While there is a significant difference in the depth to width ratios of these two rock types, there is no clear indication of the effects of beam power. Maximum depth to width ratio for the gabbro occurs at 2 kW, while the depth to width ratio for the sandstone continues to increase with increasing beam power.

The original objectives of the Westinghouse research included field tests to determine the effectiveness and economic feasibility of the electron beam gun compared with conventional methods of hard rock excavation. A mobile electron gun was constructed for field use; however, no field tests were completed. As a result the limited test results do not contain enough information for an adequate analysis of a rock excavation system.

Lasers

The rapid increase in laser development during the 1960's, particularly in gas lasers, encouraged consideration of their use for hole drilling, kerfing, and heat weakening of rock. Lasers with energies up to 17 kW have been used in rock penetration experiments, and lasers with energies of 60 kW have already been developed for military use. Within the next decade lasers will probably have energies an order of magnitude greater than those in existence today. These high power levels mean that considerably greater energy densities can be achieved at the rock face than can be reached using present mechanical devices and therefore very rapid penetration may be possible.

Research in the United States on the use of lasers for rock excavation has been carried on primarily by three organizations, Massachusetts Institute of Technology (MIT), AVCO Corp., and United Aircraft Research Laboratories.

MIT has done considerable research on the heat-weakening effects of lasers on rock since 1965 (Moavenzadeh, et al., 1967)(Moavenzadeh, et al., 1968) (Williamson, et al., 1968)(Rad, 1970, 1971). It has been demonstrated that the strength properties of rock are significantly reduced when heated. This reduction in strength is attributed to an increase in the microcrack structure as a result of heating. Figure 4 summarizes the results of three-point bending tests on small rock beams which have been subjected to laser heating. Over 90 percent of the original strength of the rock has been lost due to heating.

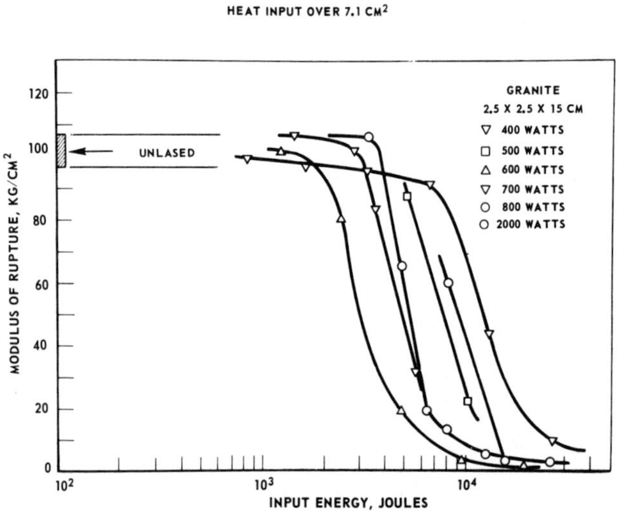

FIGURE 4. - Reduction in Strength of Heated Rock by Laser Heating (Williamson, et al., 1968).

More recent work by MIT has concentrated on the use of heat weakening for tunneling in cooperation with United Aircraft Research Laboratories (UARL) (Carstens, et al., 1970). Experiments were run on granite using a 1-kW laser for rock heating and disc-type cutters of different diameters. Muck removal ratios ranged from about 0.7 to 3.5 (ratio of muck removed with heating to that of muck removed without heating) with the highest values associated with single cuts and a focused laser. For multiple cuts and higher thrusts (5,000 lb) (2,268 kg), which better simulate full-scale conditions, the muck removal ratios fell to less than 1.5.

Analytical studies were also made by UARL of different heat-assisted tunneler designs and their expected operating characteristics. The study concludes that the operation of tunneling machines with present lasers is technically feasible but economically unattractive. The major economic factors are the cost of the laser and the additional equipment needed to deliver the laser energy to the tunnel face.

In a subsequent study on the use of a laser beam to cut a kerf at the gage of a hard rock tunnel, a series of cutting tests in various hard rocks was performed with a 5-kW laser (Carstens, et al., 1972). These tests demonstrated that deep melt cuts could be made in hard rock using finely focused laser beams. Based on these results an analysis was made of the economic feasibility of substituting a laser for mechanical gage cutters. It was concluded that the concept was feasible and that cost benefits will be possible in tunnels 20 ft (6.1 m) or larger in diameter and in rocks having compressive strengths of 30,000 psi (207 MN/m^2) or greater. Furthermore, as laser technology is advanced the technique will become economically feasible for smaller tunnels and softer rocks.

AVCO Corp. used lasers ranging up to 17 kW in power to study the penetration and cracking of quartzite, granite, and basalt (Zar, 1972). They concluded that high-power lasers are not efficient for drilling rock since 1,000 to 10,000 J/cm of penetration are required for holes only a few centimeters deep. It is believed that the absorption of laser energy by the gas plume produced in the hole limited the depth of penetration. If the beam intensity is reduced such that spalling occurs, the efficiency is improved although 10,000 to 100,000 J/cm^3 are still required for spalling. Computer predictions indicated that greater efficiency could be achieved by directing the radiation in a large annulus by beam movement so that thermal-elastic stresses could be built up. Predicted specific energies for cracking of the rock were about 45 J/cm^3 for quartzite and 110 J/cm^3 for basalt.

Plasma Torches

Plasma torches are a source of high-temperature (20,000° C), high-velocity ionized gas and are frequently used for cutting of metals up to 5 in (12.7 cm) thick. Research on their use for the spalling, drilling, and cutting of rock has been rather limited. Maurer (1968) described experiments by Bouche (1964) on the spalling and fusing of marble, limestone, oil shale, and granite. The plasma caused only surface effects on the marble, limestone, and oil shale because of the low plasma temperature (1,800° C). It was effective, however, in breaking a limestone block (30 cm by 15 cm by 9 cm) by thermally induced stresses and in drilling a cone-shaped hole (5.1 cm diameter, 1.3 cm deep) in 60 seconds, by spalling and fusion. Specific energy for the granite test was 7,700 J/cm^3, for a power output of 1.5 kW.

Bergman and Pokrovskii (1968) reported laboratory and field studies of cutting and drilling using the plasma technique. Power output for the laboratory cutting tests ranged from 30 to 67 kW, and plasma temperatures ranged from 3,400° to 5,100° C. Rocks tested included granite, granodiorite, and hornfels. Specific energies ranged from 9,500 to 37,000 J/cm^3.

The results of these tests were used to design a plasma drill which was used for both laboratory and field studies. Field tests in granodiorite resulted in penetration rates of 2.5 to 4.5 m/hr for borehole diameters ranging from 50 to 130 mm.

Recent studies in the United States by Poole and Thorpe (1972) are concerned with the use of plasma techniques for hard rock tunneling. This concept envisions a cutting and fragmentation process to improve tunneling speed and efficiency (fig. 5). Cutting of the rock would be achieved using a technique to produce deep, narrow cuts. Fragmentation of the blocks would be produced by inserting plasma contacts into the kerf to heat the block internally. Cutting and fragmentation would be used alternately to produce the desired tunneling.

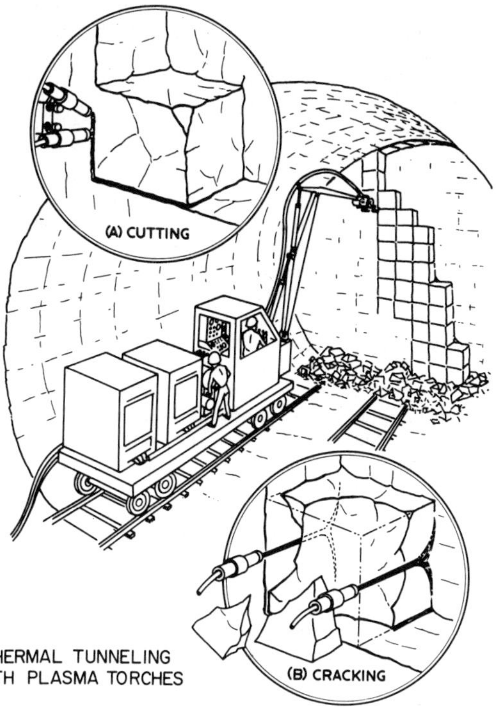

FIGURE 5. - Conceptual Design for Plasma Tunneler (Poole and Thorpe, 1972).

Initial tests, using a plasma torch with an arc current of 550 amperes and a power level of 250 kW, consisted of 13-in (33-cm) deep cuts in granite and 6-in (15.2-cm) cuts in basalt, granite, and quartzite. Cutting speeds were 3 in per minute (7.6 cm/min) for the 6-in cuts, and specific energy was 4,300 J/cm^3 for the granite. A comparison of the input energy gave an effective efficiency of 22 percent. This research is continuing and future work will include fragmentation studies by internal heating and simulated tunneling using a combination of the two techniques.

Flame Jets

Flame jets are rocket-type burners which use oxygen or air with a fuel, such as diesel oil, to produce a high-velocity flame which can be directed against a rock. Oxy-fuel flame jets have been used successfully since the early 1950's for the drilling and cutting of heat spallable rocks such as taconite and granite in the mining and quarrying industries. Air-fuel flame jets, developed more recently, are also coming into use.

Despite the success of this technique, many problems existed which needed solutions if improvements were to be made. The major problem was concerned with the reasons why particular rocks could be penetrated more easily than others. During the 1960's several organizations and individuals studied the jet-piercing process in an attempt to define the important rock properties and system parameters.

In 1962, the Canadian Mines Branch published an extensive study in which the chief aim was, briefly, to better understand the spalling mechanism so that the jet-piercing process could be improved. Rock composition along with thermal expansion characteristics were found to be important indicators of rock spallability. Certain minerals such as quartz promote spalling, while others such as the feldspars, calcite, and mica reduce spallability. Thus taconites, granites, gneisses, quartzites, and sandstones are very spallable; basalts and dolomites are less spallable; and limestones, gabbros, and mica schists are the most difficult to spall.

The study suggested a number of general improvements including the possibility of using lower flame temperatures than those produced by the oxy-fuel jet. This result has been substantiated by the success of the air-fuel jet. It also recommended combining the flame jet with mechanical drilling equipment. Calaman, et al., (1966) reported a method using rolling cutters arranged around the jet burner. Other efforts to overcome the cutting limitations of flame jets in poorly spalling rock include the introduction of abrasive particles into the jet stream (Browning, 1965). A combination technique using flame jets with jack hammers was used at the University of Missouri to study the effect of heat on surface chipping and shallow and deep kerfing (Clark, et al., 1972). It was found that the most effective use of heat in the latter study occurred in the deep kerfing tests, which consumed very small amounts of specific energy, usually less than 100 J/cm^3.

The successful applications of flame jets to drilling and cutting operations has led to consideration of their use in tunneling. United Aircraft Research Laboratories in 1968 completed an experimental and analytical study of flame-jet tunneling which covered system operation, tunnel environment, and system economics and concluded that flame-jet tunneling was feasible in all three aspects (United Aircraft, 1968). The type of tunneling proposed would cut a series of concentric kerfs in the rock face using flame jets mounted on the head of the machine (fig. 6). Mechanical breaker arm bars would extend half way into the kerfs and break away the rock, indexing into the unbroken rock protrusions about a foot between each series of blows at a given radial location. The muck would be swept into the mucking conveyor through one or two openings in the head with large propeller-like blades. Other features include air pipes for control of burner exhaust gases, a control cab with life support systems, and a hydraulic tread propulsion drive. Advance rates of 5, 10, and 15 ft/hr (1.5, 3, 4.5 m/hr) are considered reasonable for tunnel diameters of 30, 20, and 10 ft (9, 6, 3 m), respectively, at less cost than for conventional drill and blast tunneling. Before such a machine can be built, however, major technical problems remain to be solved.

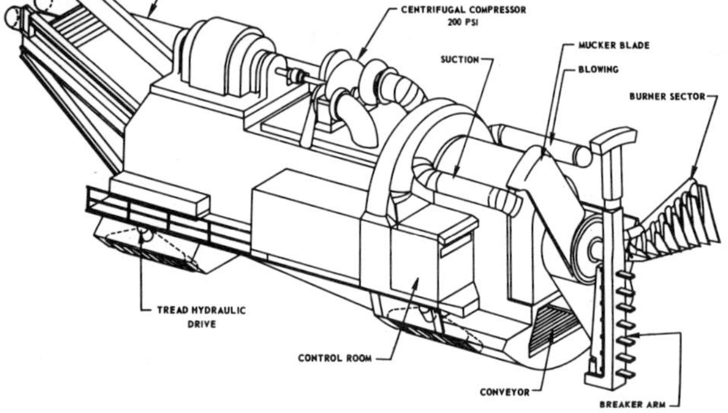

FIGURE 6. - Conceptual Design of Flame Jet Tunneler (United Aircraft Research Laboratories, 1968).

Infrared Heating

The White Pine Copper Company in northern Michigan has developed a prototype continuous mining system which uses infrared heaters and an impactor plow to mine copper occurring in shale, siltstone, and sandstone (Hanninen and Sipola, 1972). Each heating module consists of two heaters attached to heat an area 14 in high by 54 in wide (36 cm by 137 cm). Maximum power consumption for each module is 144 kW. Using about 20 modules at a standoff distance of 12 in (30.5 cm) and a heating duration of about 16 minutes, the rock is spalled to depths of 2 to 3 in (5 to 7 cm). The plow is then used to remove the remaining heat-weakened material.

Average face advance for the tests was 2.25 in (5.7 cm). While the production goal of 4 in (10.2 cm) for 16 minutes' heating was not reached, it is believed that higher heat flux will solve the problem. The heating modules were planned to be used at a standoff distance of 4 in, but actual mining conditions increased the distance to 12 in. The greater distance reduced the heat flux by 63 percent.

The tests also showed that the plow pull forces decreased as the heating power level and heating time increased. Doubling the heat flux resulted in a 31-percent reduction, and increasing the heating duration from 8 to 16 minutes caused a 17-percent reduction in the plow pull forces.

Although a number of problems still remain to be solved--namely the need for greater heat flux and/or smaller standoff distance, overheating of the heater modules, and spall scale hanging up on the face--the feasibility of the total system has been demonstrated under mining conditions. A major point made by the authors is the need for more fundamental research to understand the basic mechanisms of spalling and cracking.

Rock-Melting Penetrators

The feasibility of drilling holes and rock-melting penetrators was demonstrated by the Los Alamos Scientific Laboratory in the early 1960's. Using an electrically heated laboratory device, holes were drilled in basalt and concrete up to 6 in (15 cm) deep and 2 in (5 cm) wide at rates of about 3.3 ft/hr (1 m/hr) (Armstrong, et al., 1965). Energy requirements for these initial tests were about 2 to 3 times that required to melt basalt, or roughly 10,000 to 20,000 J/cm^3

These early experiments led to the development of other laboratory-size devices and eventually to serious consideration of large rock-melting penetrators for drilling, boring, and tunneling. In 1971 a report was published which reviewed, analyzed, and discussed a proposed program of development for large penetrators called Electric Subterrenes or Nuclear Subterrenes (Smith, 1971).

Based on the early tests it is believed feasible to use heat pipes to transfer the energy from the heater to the penetrator shell such that penetrators several feet in diameter can be constructed. Furthermore, compact nuclear reactors will permit construction of even larger size penetrators.

Several advantages of rock-melting penetrators over conventional drilling and tunneling methods are cited:

1. Hole diameters from a few cm to several meters are possible.
2. Holes may be drilled to great depths in a wide variety of rocks under extreme conditions of temperature and pressure.
3. Hole shape can be varied because the penetrator does not rotate.
4. Waste rock can be used for hole lining and/or forced into fissures or removed through the bit to the surface.

While this concept has considerable promise, many technological problems remain to be solved. These include further research in rock mechanics, studies of the behavior of molten rock, heat transfer, creep, nuclear reactor design, control and guidance systems, and penetrator design. Also, large-scale tests are needed to further demonstrate the feasibility of the concept and to provide data for further analysis.

Thermohydraulic

A thermohydraulic method for cutting hard rock, developed by the U.S. Bureau of Mines (Thirumalai and McNary, 1973), has been tested in the laboratory and is currently undergoing field testing. This process overcomes the limitations of the thermal methods with regard to nonspalling rocks and the cutting limitations of hydraulic jets in hard rock. Traversing point heating (plasma torch) and line heating techniques (infrared lamps, gaseous combustion burners) are used for heating the rocks before continuous jet impingement. The heat reduces the rock strength and assists the water jet in the fragmentation process.

Figure 7 shows the increase in cutting depth of granite and the reduction of the specific hydraulic energy as the specific thermal energy was increased. Hydraulic specific energy values were reduced by about one order of magnitude using the combined technique. This method shows considerable promise as a new fragmentation system.

HYDRAULIC TECHNIQUES

Research and development of hydraulic techniques for mining coal and rock is expanding in many countries because of the need for new fragmentation systems as alternatives to the drill and blast system, the development of improved water jet equipment, and the possibility of using water jets in combination with

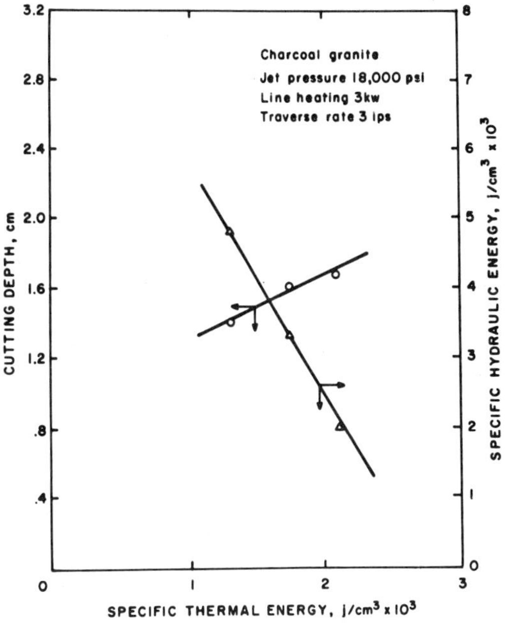

FIGURE 7. - Specific Energy - Cuting Depth Relations (Thirumalai and McNary, 1973).

other fragmentation systems for increased efficiency. Evidence for this increased interest was demonstrated by the number of papers dealing with mining, tunneling, and rock cutting submitted for the First International Symposium on Jet Cutting Technology held in England in 1972. Table 2 summarizes data on many recent and current projects in the United States, Russia, the United Kingdom, Canada, and Japan in 1972.

While research and development have reached an advanced state, field application of hydraulic methods is still largely restricted to coal mining. Russia, for example, mines approximately 8.8 million tons (8 Gkg) of coal per year hydraulically according to the 1970 report of the United States coal delegation. In Japan, the Mitsui Mining Company's Sunagawa mine in Hokkaido was expected to produce 1.7 million tons (1.5 Gkg) of coal in 1971 using hydraulic methods. With the assistance of the Mitsui Mining Company, Kaiser Resources Ltd. in Canada has constructed an underground test mine in British Columbia and reports an initial production rate of 2,500 tons (2.3 Mkg) of coal in a 6-hr shift by two men (Grimley, 1972).

Other countries reportedly using hydraulic methods for mining coal include China, Poland, New Zealand, Czechoslovakia, Hungary, Korea, and France (Vorobjev and Deshmukh, 1966).

A number of advantages are cited for mining coal hydraulically. These include increased safety and productivity; simplicity of operation; lower equipment, labor and construction costs; and possibly lower respirable dust levels. Disadvantages include higher power consumption, coal losses from premature caving, temperature increases, high humidity, inability to mine horizontal or thin seams, and the need for a coal drying cycle.

TABLE 2. - Summary of data on hydraulic research projects

Organization	Technique	Purpose	Target material	Pressure psi	Pressure MN/m²	Remarks
Bendix Research Laboratories, Southfield, Mich.	Continuous jets	Applications in mining and tunneling; wood, metal, and paper cutting	Sandstone, limestone, marble, granite, quartzite, and basalt	50,000 - 100,000	350 - 690	Cutting and processing a wide variety of materials and incorporating jet technology into machine systems. (Kurko and Chadwick, 1972)
Bowles Engineering Co. Silver Spring, Md.	Water slugs	Augmentation of hypervelocity jet	Paraffin	600	4.1	Augmentation of jet by impact of two water slugs, nozzle design, effect of chemical additives, and survey of various modes of rock fracture. (Bowles Engineering Corp., 1969)
Consolidation Coal Co. Ponca City, Okla.	Continuous jet	Hydraulic coal mining research	Bituminous coal	5,000 - 30,000	35 - 210	Experimental underground hydraulic coal mining project to minimize flow rates of about 5.3 gpm (.4 l/s) with high pressure cutting. (Personal communication with Continental Oil Co. personnel)
Dept. of Mining and Mineral Sciences Leeds University, U.K.	Pulsed jet	Rock excavation tests	Sandstone, limestone, granite, marble, slate, and chalk	43,500	300	Experimental studies of energy required to remove rock or cut slots. Energy requirements for soft rocks are 0.4 GJ/m³ and 1.0 MJ/m², and for hard rocks 70 GJ/m³ and 50 MJ/m². Most significant rock properties were Young's modulus and rock impact hardness. (Brook, 1972)
Esso Production Research Co. Houston, Tex.	Pulsed and continuous jets	Application of high pressure jets to drilling oil wells	Marble, limestone, and sandstone	13,500 - 25,000	90 - 170	Pulsed jets were used to determine threshold nozzle pressure, to produce craters, and to show that jets can effectively drill sedimentary rocks. Continuous jets in laboratory and field experiments penetrated a variety of rocks to obtain drilling rates and determine parameters for full-scale hydraulic drills. (Maurer and Heilhecker, 1969; Maurer et al., 1972)
Exotech, Incorporated Rockville, Md.	Pulsed jets	Research on water cannon development and hybrid systems	Concrete, metal, and a variety of rock types including granite, limestone, sandstone, and schist	60,000 - 5,000,000	410 - 35,000	Developed water cannon for U.S. Army of 5 pulses/s, specific energies of various rocks determined. Small cartridge water cannon developed for U.S. Navy with velocities up to 25,000 ft/s (7,620 m/s) to cut metals. (Clipp and Cooley, 1969; Cooley and Clipp, 1970)
Fenix and Scisson, Inc. Reno, Nev.	Continuous jets	Mining out underground chambers	Welded tuffs, granite, rhyolite, gabbro, and tonolite-diorite	10,000 - 15,000	70 - 100	Use of continuous jets to mine underground chambers in welded tuffs in central Nevada for the Atomic Energy Commission. (Ash, 1972)
Flow Research, Inc. Kent, Wash.	Continuous jets	Application to demolition work and tunneling	Concrete and sandstone	20,000	140	Use of continuous jets for clearing away concrete roads and structures and for tunneling. (Crow, 1972)
Gulf Research and Development Co. Pittsburgh, Pa.	Continuous abrasive jets	Application of jet abrasive particles for erosion drilling of holes	Granite, limestone, shale, chert, conglomerates, and anhydrite	10,000	70	Using mesh steel shot as the abrasive, laboratory and field studies have been conducted. Concentric grooves are cut by the jet with the ridges between the grooves broken by contact with the drill bit. Full-scale field tests to determine drilling rates and abrasive bit life have been conducted at several depths in wells that were being drilled in oil and gas fields. (Oil and Gas Journal, 1971)
Honshu-Shikoku Bridge Auth. and Kobe Steel Co. - Japan	Continuous jet	Application of high pressure jets to underwater bridge foundation excavation	Granite, sandstone, and quartz porphyry	43,000 - 58,000	300 - 400	Experiments concluded jets were effective underwater and addition of bits would probably increase efficiency. (Matsumoto, et al., 1972)
Hydraulic Coal Mining Institute Novokuznetsk, USSR	Pulsed jet	Breaking coal, driving drifts	Coal, sandstones, argylites	35,000 - 50,000	240 - 350	Water cannon capable of firing one liter of water every two seconds through a 10 to 15 mm nozzle. Mounted on a tracked vehicle capable of operating in coal seams one meter thick with pitch angles up to 18°. Power input is 160 hp (119 kW). (Cooley, 1972b)
Hydro-Jet Services, Inc. Amarillo, Tex.	Continuous jet	Borehole mining	Sandstones, limestones, and shales	800	5.5	Use of sidewall jet streams to excavate underground chambers and lateral trenches. (Fly, 1970)
Hydronautics, Inc. Laurel, Md.	Cavitation	Feasibility of cavitation erosion	Shale, serpentine, limestone, marble, and sandstones	2,000	14	Investigated phenomena of cavitation erosion and determined erosion rates, minimum erosion intensities, distance effects, erosional strengths, nozzle geometry, velocity, and other parameters. (Conn, 1972; Johnson, et al., 1972)

Illinois Institute of Technology Research Institute (IITRI) Chicago, Ill.	Continuous and pulsed jets	Application of continuous and pulsed jets to mining and tunneling	Sandstone, limestone, dolomite, brownstone, granite, gabbro, and coals	50,000 - 172,000	350 - 1,200	Conducted experiments on cuttability of a variety of rocks by forming craters with a single jet pulse. Regression equations developed correlating crater depth with jet pressure and the reciprocals of compressive strength and a Schmidt hammer measurement. (Singh and Huck, 1970; Singh, et. al., 1972)
Kaiser Resources Ltd. Canada	Continuous jet	Coal mining	Coal	1,500 - 2,000	10 - 14	Underground tests of hydraulic coal mining using high volume high-pressure pump. Initial tests show 2,500 tons (2.3 Mkg) of coal produced by two men in a 6-hr shift. (Grimley, 1972)
Inst. for Hydrodynamics Novsibirsk, USSR	Continuous and pulsed jets	Use of high pressure jets in mining	Limestone, sandstone, granite, and metal	29,000 - 100,000	200 - 690	Studies of destruction of large rock blocks with specific energies of about 60 - 100 J/cm³. Under water destruction of rock and metal plates. (Voitsekhovsky, et al., 1962; Voitsekhovsky, et al., 1972)
Oak Ridge National Laboratories Oak Ridge, Tenn.	Continuous jets	Use of high-pressure jets in tunneling	Sandstone, limestone, and granite	2,000 - 12,000	14 - 83	Determined the specific energy of hydraulic fragmentation of a variety of rocks for single cuts and kerfing experiments where ridges between cuts were broken out. Threshold and rock orientation experiments were also carried out. (Bresee, et al., 1972; Hahs, 1972)
St. Anthony Falls Hydraulic Laboratories University of Minn. Minneapolis, Minn.	Pulsed jets	Application of pulsed jets in tunneling	Sandstone and limestone	2,000 - 3,000	14 - 21	Attempt to utilize water hammer effect but due to poor frontal definition of 2-in (5 cm) slugs resulted in relatively low impact pressures of very small duration. (Ripkin and Wezel, 1972)
Terraspace, Inc. Bethesda, Md.	Pulsed jets	Rock breaking experiments in a tunnel or quarry	Sandstone, limestone, and granite	256,000	1,770	Design of a high-pressure pulsed water cannon using a cumulation nozzle. (Cooley, 1970 - 1972a)
Railway Technical Res. Inst., Japanese National Railways Japan	Pulsed jet	Use of high-pressure jets in tunneling	Sandstone, diorite, granite, basalt, andesite, and gabbro	30,000 - 242,000	210 - 1,670	Experiments performed using 2-stage intensifiers is discussed from the hydrodynamic point of view and the rock breakage effects are noted. (Kinoshita, et al., 1972)
Railway Technical Res. Inst., Japanese National Railways Japan	Continuous jet with and without tunnel boring machine cutters	Use of high-pressure jets in tunneling	Andesite, granite, basalt, and gabbro	29,000 - 72,000	200 - 500	Cutting and breaking tests of rock using combination process show efficiencies 2-5 times higher than using tunnel boring machine cutters alone. (Hoshino, et al., 1972)
Rock Mechanics and Explosives Research Center University of Missouri-Rolla Rolla, Mo.	Continuous and pulsed jets	Mining systems for tunneling and coal mining	Limestone and coal	8,000 - 50,000	55 - 350	Effects of water pressure, nozzle diameter, traverse speed and the number of passes on penetration and specific energy. Effectiveness of hydraulic breakage of coal on dust reduction. (Summers, 1972; Summers and Henry, 1972)
Safety in Mines Res. Establishment U.K.	Continuous and pulsed jets	Experiments on cutting and breaking of rock	Sandstone	22,000 - 90,000	150 - 620	Efficiency of jet cutting process at varying pressures and linear traversing speeds is evaluated. Jet cutting efficiency is lower than conventional rock cutting machines, yet jet fracturing efficiency when using pulsed jets is comparable. (Moodie and Artingstall, 1972)
Skochinsky Mining Inst. USSR	Continuous jet	Tests on coal and rock penetration	Coal, marble, granite, and labradorite	735 - 7,350	5.1 - 51	Theoretical studies and penetration tests using fine, continuous high-pressure jets are reviewed. Methods for calculating the effectiveness of coal penetration and the average velocity are developed and data on fine jets are presented for the design of coal mining equipment. (Kuzmich, 1972; Nikonov and Goldin, 1972)
U.S. Army Cold Regions Research and Engineering Laboratory (CRREL) Hanover, N.H.	Continuous and pulsed jets	Use of high-pressure water jets in the arctic zone	Permafrost and ice	1,500 - 24,000	10 - 170	The feasibility of using high-pressure jets for breakage, excavating, and mining in frozen soils. (Mellor, 1972)
U.S. Bureau of Mines	Continuous jets	Coal mining	Coal, concrete, and gravel	4,000 - 5,000	28 - 35	Seven hydraulic coal mining research programs completed. Additional research in concrete cutting and gravel mining. (Research summarized by Frank, et al., 1972)

In the United States there is no large-scale application of hydraulic methods for coal mining although the U.S. Bureau of Mines has published several reports describing field studies (Wallace, et al., 1961) (Nasiatka and Badda, 1963)(Buch, 1964)(Palowitch and Malenka, 1964)(Price and Badda, 1965)(Fowkes and Wallace, 1968)(Malenka, 1969)(Frank, et al., 1972). The mineral gilsonite, a solid hydrocarbon, however, has been mined commercially by the American Gilsonite Co. using water jets since 1949 (Baker, 1959)(Borden, 1964).

Water Jets

Water jets may be broadly classified as either continuous jets or pulse jets. Continuous jets depend on pumps or pressure intensifiers to develop relatively stable continuous pressures. Pulse jets require equipment which allows an accumulation of energy and means of releasing it in a short period of time. A good example of a pulse jet is the water cannon which utilizes the kinetic energy of a free piston to eject a water pulse through a nozzle. Water pulses may, however, be produced by simply using a shutter arrangement on a continuous jet or by constructing intensifiers which produce water pulses. Duration of these pulses may range from milliseconds to several seconds; for practical purposes the pulses are quasi-continuous at the longer durations.

Much of the research underway is concerned with developing data for eventual design of practical mining machines. The parameters of interest include jet pressure, jet diameter, standoff distance, traverse speed, duration, angle of attack, properties of the material, and specific energy. Table 3 shows typical values of four jet parameters. For purposes of this table, continuous jets are limited to systems that are commercially available and are used primarily as continuous jets.

TABLE 3. - Typical Values of Four Jet Parameters

	Continuous jets	Pulse jets	Water cannons
Jet pressure	500 - 100,000 psi (3.5-690 $\frac{MN}{m^2}$)	10,000 - 240,000 psi (70-1,650 $\frac{MN}{m^2}$)	to 1,000,000 psi (7,000 $\frac{MN}{m^2}$)
Jet diameter	1-6 mm	.1-1 mm	10-30 mm
Standoff distance	.1-6 cm	.5-20 cm	5-100 cm
Traverse speed	0-1 m/s	0-4 m/s	

Jet pressures currently in use for continuous jet systems are, as a rule, less than 100,000 psi (690 MN/m²). Systems are available in the 30,000 to 40,000 psi (207 to 276 MN/m²) range, and special systems can be built for pressures up to 100,000 psi (690 MN/m²). While coal can be cut by jet pressures of about 2,000 psi (13.8 MN/m²), effective cutting of harder rocks with compressive strengths ranging from 5,000 to 50,000 psi (34 to 345 MN/m²) requires considerably greater pressures. A lower limit on these required pressures where penetration first begins has been established by several investigators and is called the "threshold pressure." Matsumoto, et al., (1972) report threshold pressure of granite ranging from (0.3 to 0.5)σ_c, where σ_c is the compressive strength. Bressee, et al., (1972) list threshold pressures for sandstone, limestone, and granite of 2,000 psi (13.8 MN/m²), σ_c = 6,550 psi (45.2 MN/m²); 3,500 psi (24.1 MN/m²), σ_c = 8,150 psi (56.2 MN/m²); and 6,000 psi (41.4 MN/m²), σ_c = 25,700 psi (177 MN/m²), respectively. In general, higher pressures allow greater penetration of the rock and because many rocks have compressive strengths greater than 20,000 psi (138 MN/m²) considerable testing is underway using jet pressures exceeding this value. Although higher pressures are more effective in cutting harder rocks, there are two major equipment problems with continuous jets which must be resolved if practical hydraulic mining systems are to be constructed. The first problem concerns the high power requirements necessary for high-pressure continuous jets and the subsequent size of the equipment. For example, to attain a jet pressure of 20,000 psi (138 MN/m²) using a 4-mm nozzle requires about 1,250 hp (932 kW), and if the pressure is doubled the required horsepower increases to 4,000 hp (2,983 kW) (Cooley, 1972b). These large power requirements are partly responsible for the development of water cannons and other pulsed jet systems.

Secondly, continuous jets suffer from lack of reliability of the pumping system itself and if they are to be used alone or in combination with mechanical borers, flexible joints and suitable rotary seals will have to be developed or the intensifiers will have to become an integral part of the rotating head.

Jet pressures as high as 240,000 psi (1,655 MN/m²) have been achieved in Japan (Kinoshita, et al., 1972) for a pulsed jet, and a pressure of 1,000,000 psi (7,000 MN/m²) has been reported for Soviet water cannons (Cooley, 1972). A small cartridge-actuated jet gun developed by Exotech in the United States has reached pressures of 5,000,000 psi (35,000 MN/m²) (Cooley and Clipp, 1970). Exotech also reports development of a pulsed jet capable of pressures of 300,000 psi (2,070 MN/m²) with a repetition rate of 5 pulses per second (Exotech, 1972).

Data showing that the efficiency of water cannons increases with increasing jet pressures have been presented by Cooley (1972). Figure 8 shows a plot of specific energy versus specific pressure (ratio of jet pressure to compressive strength) for several rock types. Although the rate of decrease of the specific energy is less for specific pressures greater than about 2, no minimum in the curve is indicated for specific pressures up to 10. Furthermore, Singh and Huck (1970) found no minimum up to a specific pressure of 35.

Jet diameters usually vary from about 1 to 6 mm for continuous jets with water cannons such as the one developed by Voitsekhovsky in Russia, ranging up to about 30 mm. The present limitation on larger jet diameters is mostly because of the greatly increased power requirements as stated previously.

Standoff distances or distance between the jet nozzle and the target ranges from about 0.1 to 20 cm for all jets except water cannons which may reach 1 meter or more.

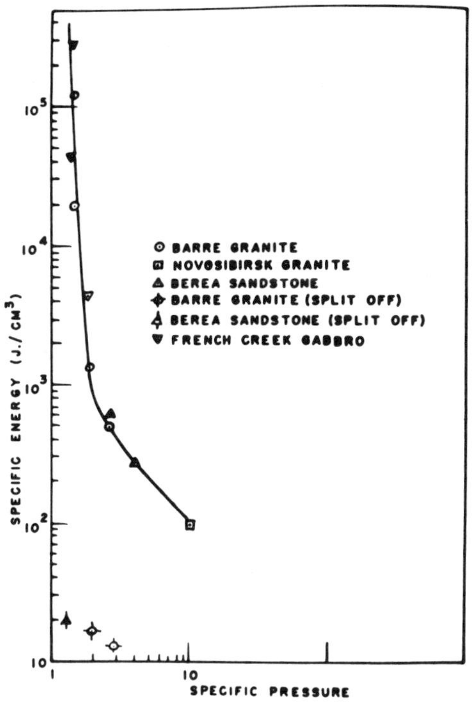

FIGURE 8. - Specific Energy vs. Specific Pressure, Single Pulse Craters in Granite and Sandstone (Cooley, 1972).

In general, the greater the standoff distance, the less efficient the jet; and at distances greater than 100 diameters or so, the jet pressure drops rapidly. Considerable improvement in the jet efficiency and greater standoff distances are believed possible if long-chain molecules are added to the working fluid (Franz, 1972).

The traverse speed of the water jet with respect to the rock is an important factor in the efficiency of the cutting process. Brook (1972) has shown that most of the penetration of static targets occurs within the first fraction of a second and that the initial rate of rock removal is high. Greater efficiency is achieved if the jet is traversed over the rock at rates up to about 6-1/2 ft/s (2 m/s) without too serious a limitation on the penetration depth. This mode of operation not only increases the efficiency by decreasing the specific energies but provides ribs within the rock which can possibly be broken off with mechanical cutters.

The angle of attack of the jet on the rock is generally perpendicular except for the case where dual jets have been considered. Experiments in the U.S.S.R. using a set of revolving dual jets which move into the rock have shown optimum cutting efficiencies for granite at an angle of 12-1/2° from the perpendicular for each jet; for coal, the angle was about 8° (Kuzmich, 1972). Experiments by the U.S. Bureau of Mines (Frank and Chester, 1971) have shown that a 12-1/2° angle of attack for a single jet produced optimum cutting efficiencies in concrete.

The effect of rock properties on water jet penetration is not well understood, and this aspect requires considerably more study. Brook found that jet performance could not be correlated closely with rock properties because of the large scatter in the data. The best correlations were for Young's Modulus and Rock Impact Hardness Number (Brook and Page, 1972). Singh and Huck (1970) report that the compressive strength and Schmidt hammer hardness were the two rock properties that provide the best correlation with crater depth when using a single-pulse jet. Matsumoto, et al., (1972) found that compressive strength correlated with cutting depth in tests on granite. Zelenin (1968) has shown that depth of the slot produced in rock by a continuous jet correlates inversely with the Protodyakonov hardness number. A similar relationship was also obtained by Nikonov and Goldin (1972) in tests on coal using continuous jets. Frank and Chester (1971) found that the cutting depth in concrete produced by a continuous jet correlated with porosity, density, cement hardness, compressive strength, and tensile strength.

Other important characteristics which affect the water jet process and must be considered are structural features within the rock mass including grain size, foliation, bedding, and cracks.

Specific energies vary greatly for different jet systems and rock types. In tests of slot cutting using pressures up to 44,000 psi (303 MN/m²) in both hard and soft rocks, Brook (1972) reports typical specific energies for soft rock and hard rock respectively of 400 J/cm³ and 70,000 J/cm³. Because of the rapid increase in energy requirements for hard rocks, several investigators have considered combining water jets with mechanical cutters for improved efficiency of the total system. Tests in Japan by Hoshino, et al. (1972) on gabbro, granite, andesite, and basalt using tunnel boring machine cutters showed that the combined jet-cutter system improved the operation of the cutters alone by 2 to 5 times. Figure 9 shows a plot of

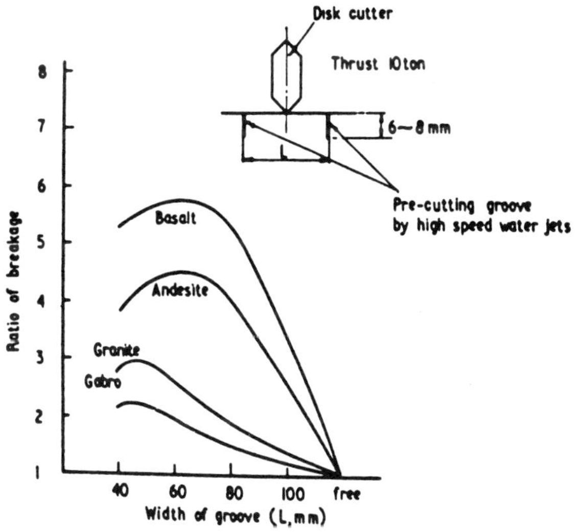

FIGURE 9. - Effect of Pre-cutting by High Speed Water Jets (Hoshino, et al., 1972).

breakage ratio versus groove width (groove spacing) for these four rock types.

TABLE 4. - Comparison of Performance of Various Excavation Systems (Kurko and Chadwick, 1972)

	Power required (hp)	Power required (kW)	Excavation rate (yd^3/hr)	Excavation rate (m^3/hr)	Specific energy (ft lb/in^3)	Specific energy (J/cm^3)
Argillites (σ_c = 35,000 psi)(241 MN/m^2)						
Lawrence HRT-12	600	447	22.7	17.4	1,122	93
Fluid Jet	51,100	38,100	22.7	17.4	47,901	3,963
Jet/Mechanical	16,450	12,300	22.7	17.4	15,409	1,275
Quartzites (σ_c = 50,000 psi)(345 MN/m^2)						
Lawrence HRT-12	600	447	4.5	3.4	5,608	464
Fluid Jet	17,100	12,750	4.5	3.4	79,708	6,611
Jet/Mechanical	4,096	3,054	4.5	3.4	19,145	1,584

Table 4 shows data from studies by Kurko and Chadwick (1972) comparing the effectiveness of the fluid jet and a hypothetical hydraulic jet-mechanical breakage tunneling machine with data from a Lawrence HRT-12 machine in argillites and quartzites. The calculated energies for the hypothetical jet-mechanical system showed a considerable reduction compared to excavation with only the jet, but were still greater than the values obtained from the Lawrence boring machine. While the energy consumption for the combined system is greater than for the mechanical borer, there are the potential benefits of reduced cutter wear and possibly increased penetration rates.

The use of hydraulic methods for the mining of coal and soft rock offers considerable promise for future expansion with the continued development of better equipment. Hard rock mining presents greater difficulties, particularly in the effectiveness of the water jet when used alone and the greater power requirements. Studies of combined systems, employing water jets, mechanical cutters, and heating devices, should be emphasized to improve the overall effectiveness.

CHEMICAL TECHNIQUES

Most research using chemicals has been concerned with the addition of low concentration solutions as an aid to mechanical fragmentation, although some research has been conducted on techniques for dissolving the rock or its cementing material.

Twenty-nine years ago Rehbinder, et al., (1944) reported that rotary-percussive drilling rates were increased from 10 to 60 percent when using an aluminum chloride solution rather than water alone. These increased rates of penetration were attributed to a decrease in the surface hardness of the rock caused by the presence of the additive. Since that time, several other investigators have examined the effect of additives on mechanical fragmentation processes.

In 1967, Robinson described results of microbit drilling in limestone using solutions of sodium salts. Using water as a reference, a solution of sodium azelate almost doubled the drilling rate when using a microdrag bit, but resulted in a slight decrease in drilling rate when using a two-cone rock microbit.

Strebig, et al., (1971) showed increases in the drilling rates of quartzite when using organic additives with impregnated diamond bits. In particular, they concluded from a cost analysis of the results that drilling costs can be reduced compared to those resulting from the use of water alone.

McGarry and Moavenzadeh (1972) used a notched-beam test to measure the effectiveness of 30 surface active agents on the amount of surface energy required to cause stable fracture in rock specimens. A reduction of 50 percent in rock strength was observed in the laboratory, and limited field experiments showed a 10 to 20 percent increase in penetration rates with a boring machine when using surfactants. They concluded that stress-activated corrosion was the principal mechanism for causing rock weakening.

Unger, et al., (1973) performed field drilling experiments in the amygdaloidal basalts of the Upper Michigan Copper Mining District. Nonionic, anionic, and cationic surfactant solutions, all biodegradable, were used with surface-set diamond bits.

The nonionic surfactant produced a 35 percent overall average increase in penetration rates over water, the anionic a 29 percent increase, and the cationic a 28 percent increase. These increases in penetration rates resulted in a 22 to 28 percent reduction in cost compared with using water alone. Flushing with surfactant solutions also saved on bit wear and made recovery of the drill core from the barrel much easier.

Westwood (1973) reported that the drilling behavior of granite is largely determined by the chemomechanical behavior of the harder quartz phase rather than by flaws or other microstructural features. He showed that by a chemically induced 20 percent increase in the hardness of quartz and microcline, a 13-fold increase in the rate of drilling of quartz and three-fold increases for microcline and granite could be achieved. These results are of interest particularly when compared with previous reports on the beneficial use of surface "hardness reducers."

These studies strongly suggest that further research on the effects of chemical solutions on the efficiency of rock cutting and drilling devices are needed. Also considerably more work is required to achieve a basic understanding of the surface chemistry and physics of these phenomena. In view of the extensive tunneling and excavation operations envisioned for the future, very modest improvements in efficiency could offer significant savings.

Projectile Impact

The Physics International Company demonstrated recently that high-velocity projectiles could be used to drive a tunnel (Watson, 1973). Using 10-lb (4.53-kg) concrete projectiles accelerated to a velocity of 5,000 ft/s (1,525 m/s) with a 105-mm gun, a 13-ft (4-m) diameter tunnel was excavated to a depth of 26 ft (7.9 m) in a granitic rock formation at Hope Valley, Calif. Figure 10 shows the field setup and figure 11 shows the nearly completed tunnel. The average mass of rock removed by each projectile was 3,000 lb (1,360 kg), and the specific energy of the impact process during tunneling was 120 ft-lb/in^3 (10 J/cm^3). The specific energy is very low considering that it is based on an actual tunneling operation. Typical specific energies for mechanical drills using roller or drag bits in hard rock are 100 to 200 J/cm^3 (Maurer, 1968). Also, Singh (1969b) reports specific energies for high-velocity pellets in a variety of rock types ranging from 100 to 300 J/cm^3.

FIGURE 10. - The 105-mm Gun on Mobile Mount in Firing Position for Tunneling (Watson, 1973).

FIGURE 11. - The Hope Valley Tunnel Near Completion, Tunnel Depth is About 24 ft (Watson, 1973).

Wall control was achieved by two methods. The first used line-drilling to produce competent smooth walls. The second method showed that competent tunnel walls with nominal overbreak could be produced with no prekerfing provided smaller guns are used for trimming.

Ejector hazard appeared to be a minor problem with dust control possible using a simple spray down system. Size and distribution of the muck were suitable for conventional mucking methods, and secondary breakage of large boulders was shown to be feasible.

Cost analysis of a conceptual high-speed tunneling system based on the results of these tests showed that a 10-ft (3-m) diameter tunnel could be driven at a rate of 226 ft/day (69 m/day) using 4-in (102-mm) guns; a 20-ft (6.1-m) diameter tunnel could be driven at a rate of 550 ft/day (168 m/day) using 8-in (203-mm) guns. Comparative costs were predicted as 60 percent of those for conventional drill and blast.

The analysis also showed that the advance rates are limited by the materials handling system in recovering the excavated rock from the tunnel.

The efficiency achieved by these initial tests is encouraging. A practical mining system based on this concept may well be possible, provided that such problems as muzzle blast effects and materials handling can be solved. A distinct advantage concerning engineering development lies in the extensive technology already available in rapid-fire gun technology.

ACKNOWLEDGMENTS

The author expresses his gratitude to his colleagues K. Thirumalai, J. N. Frank, and W. H. Engelmann, Twin Cities Mining Research Center, U.S. Bureau of Mines, for their contributions to this paper.

REFERENCES

Armstrong, D. E., J. S. Coleman, B. B. McInteer, R. M. Potter and E. S. Robinson, March 1965, Rock melting as a drilling technique, Los Alamos Scientific Laboratory, Rept. 3243.

Ash, J. L., April 1972, Hydraulic jetting with clear water for rock excavation, 1st Internat. Symp. on Jet Cutting Tech., BHRA, Fluid Eng., Cranfield, p. B3-29 - B3-51.

Baker, J. H., May 1959, Mining by hydraulic jet, Min. Cong. J., Vol. 45, No. 5, p. 45-46, 52.

Bergman, E. D. and G. N. Pokrovskii, November-December 1968, Some results of plasma rock breaking, Fiziko-Tekhnicheskie Problemy Razrabotki Poleznykh Iskopaemykh, No. 6, p. 48-52.

Borden, P. E., 1964, Latest technological developments in mining methods, Ninth Annual Minerals Symp., Moab, Utah, p. 1-7.

Bouche, R. E., 1964, Drilling rocks with plasma jets, MS thesis T-992, Colorado School of Mines.

Bowles Engineering Corp., December 1969, Externally augmented hypervelocity jet program, R-10-31-69, Contract DOT-FR-9-0015, 103 p.

Bresee, J. C., G. A. Cristy, and W. C. McClain, April 1972, Some comparisons of continuous and pulsed jets for excavation, 1st Internat. Symp. on Jet Cutting Tech., BHRA, Fluid Eng., Cranfield, p. B9-125 - B9-132.

Brock, T. E. and C. A. Richardson (editors), April 1972, 1st Internat. Symp. on Jet Cutting Tech., BHRA, Fluid Eng., Cranfield.

Brook, N., June 1972, Water jet cutting likely to play a major role in ore mining, Min. Mag., p. 450-452.

Brook, N. and C. H. Page, April 1972, Energy requirements for rock cutting by high speed water jets. 1st Internat. Symp. on Jet Cutting Tech., BHRA, Fluid Eng., Cranfield, p. B1-1 - B1-12.

Browning, J. A., W. B. Horton, and H. L. Hartman, June 1965, Recent advances in flame jet working of minerals VII Symp. on Rock Mech., Pennsylvania State University.

Buch, J. W., 1964, Hydraulic mining of anthracite: Engineering development studies, U.S. BuMines Rept. of Inv. 6610, 24 pp.

Calaman, J. J., A. L. Bonsall, and J. Hoelzlhammer, Jan. 11-12, 1966, Developments in jet piercing, 27th Ann. Min. Symp., Univ. of Minn.

Canadian Mines Branch Staff, 1962, Jet-piercing research project, Mines Branch Inv. Rept. IR 62-27, Dept. of Mines and Technical Surveys, Ottawa.

Carstens, J. P., W. R. Davison, C. A. Brown, A. R. Smith, and F. J. McGarry, September 1970, Heat-assisted tunnel boring machines, United Aircraft Research Laboratories, Rept. No. J-970802-12, U.S. Dept. of Transportation, Contract No. FR-9-0035.

Carstens, J. P., 1972, Thermal fracture of rock - a review of experimental results, RETC Proceedings, Vol. 2, p. 1363-1392.

Carstens, J. P., et al., November 1972, Research investigation of laser rock kerfing, United Aircraft Research Laboratories Final Rept. DOT Contract FR 20021.

Clark, G. B., T. F. Lehnhoff, V. D. Allen, M. R. Patel, and J. K. Weng, June 1972, An investigation of thermal mechanical fragmentation of rock, Contract No. USDI H0210028, U.S. BuMines, Ann. Tech. Rept.

Clark, G. B., T. F. Lehnhoff, V. Allen, and M. Patel, January 1973, An investigation of combined thermal weakening and mechanical disintegration of hard rock, Contract No. H0220068, U.S. BuMines Semiannual Rept.

Clipp, L. L. and W. C. Cooley, March 1969, Development, test and evaluation of an advanced design experimental pneumatic powered water cannon, Exotech Inc., Final Rept. TR-RD-040, DOA, U.S. Army Mobility Equipment R&D Center, Contract No. DAAK 02-68-C-0444, 62 p.

Conn, A. F., March 1972, Recent developments of the cavitating water jet ("Cavijet") method, Hydronautic, Inc. Tech. Memorandum PMB-16-1, 7 p.

Cooley, W. C., 1970, Correlation of data on erosion and breakage of rock by high pressure water jets, Proc. 12th Symp. Rock Mech., University of Missouri-Rolla, p. 653-665.

Cooley, W. C. and L. L. Clipp, May 1970, High pressure water jets for undersea rock excavation, Trans. ASME J. Eng. for Industry, p. 281-287.

Cooley, W. C., April 1972a, Rock breakage by pulsed high pressure water jets, 1st Internat. Symp. on Jet Cutting Tech., BHRA, Fluid Eng., Cranfield, p. B7-101 - B7-112.

Cooley, W. C., 1972b, Water jets and rock hammers for tunneling in the U.S. and U.S.S.R., RETC Proceedings, Vol. 2, p. 1325-1360.

Crow, S. C., June 1972, A theory of hydraulic rock cutting, Flow Research Rept. No. 5, 31 p.

Exotech Inc., 1972, Gaithersburg, Md., Annual Rept.

Fly, A. B., Sept. 1-4, 1970, Subsurface hydraulic mining through small diameter boreholes, 1st Internat. Conf. on the Hydraulic Transport of Solids in Pipes, University of Warwick, England, Paper BT, 6 p.

Fowkes, R. S. and J. J. Wallace, 1968, Hydraulic coal mining research: assessment of parameters affecting the cutting rate of bituminous coal, U.S. BuMines Rept. of Inv. 7090, 23 p.

Frank, J. N. and J. W. Chester, 1971, Fragmentation of concrete with hydraulic jets, U.S. BuMines Rept. of Inv. 7572, 32 p.

Frank, J. N., D. E. Fogelson, and J. W. Chester, April 1972, Hydraulic mining in the U.S.A., 1st Internat. Symp. on Jet Cutting Tech., BHRA, Fluid Eng., Cranfield, p. E4-45 - E4-66.

Franz, N. C., April 1972, Fluid additives for improving high velocity jet cutting, 1st Internat. Symp. on Jet Cutting Tech., BHRA, Fluid Eng., Cranfield, p. A7-93 - A7-104.

Grimley, A. W. T., November 1972, Underground hydraulic mining at Michel Colliery, Western Miner, p. 52-53.

Hahs, C. A., June 12-14, 1972, Design parameters for water jet tunneling machines, Proc. 14th Symp. on Rock Mech., Penn. State University, University Park, Pa.

Hanninen, C. C. and J. W. Sipola, June 12-14, 1972, Thermechanized mining system at White Pine, Proc. 14th Symp. on Rock Mech., Penn. State University.

Holdbrook, R. G. and B. W. Schumacher, December 1972, Use of electron beam gun for hard rock excavation, Westinghouse Electric Corp., Final Tech. Rept. on U.S. BuMines Contract No. H0110377.

Hoshino, K., T. Nagano, and H. Tsuchishima, April 1972, Rock cutting and breaking using high speed water jets together with 'TBM' cutters, 1st Internat. Symp. on Jet Cutting Tech., BHRA, Fluid Eng., Cranfield, p. B6-89 - B6-100.

Huck, P. J. and M. M. Singh, December 1970, Rock fracture by high speed water jets, Final Rept. No. D6009-11, Contract DOT-No. Fr 9-0031, p. 92.

Johnson, V. E., Jr., R. A. Kohl, A. Thiruvengadam, and A. F. Conn, April 1972, Tunneling, fracturing, drilling, and mining with high speed water jets utilizing cavitation damage, 1st Internat. Symp. on Jet Cutting Tech., BHRA, Fluid Eng., Cranfield, p. A3-37 - A3-56.

Kinoshita, T., K. Hoshino, and K. Takagi, April 1972, Rock breaking with continuous high speed water jet stream, 1st Internat. Symp. on Jet Cutting Tech., BHRA, Fluid Eng., Cranfield, p. B2-13 - B2-28.

Kravchenko, V. S., A. P. Obrastsov, and V. V. Ustinov, May 1961, Min. Cong. J., Vol. 47, No. 5, p. 53-55.

Kurko, M. C. and R. F. Chadwick, May 1972, Continuous high velocity jet excavation - Phase I, Final Rept. No. 6241, ARPA Contract No. H0210034, 85 p.

Kuzmich, I. A., April 1972, Some relationships in the coal penetration by high pressure thin water jets, 1st Internat. Symp. on Jet Cutting Tech., BHRA, Fluid Eng., Cranfield, p. E1-1 - E1-8.

LaTour, H. and H. D. Wren, Nov. 11, 1958, Mining of taconite ores using high frequency magnetic energy, U.S. Patent 2,859,952.

Liessmann, Y., 1966, Das mikrowellenverfahren zur zerkleinerung von gesteinvershucsanlage und erzielten ergebrisse (The microwaves for rock breaking-experimental technique and results), Bergbantechnik, Vol. 16, No. 10, p. 537-540.

Lindroth, D. P. and W. G. Krawza, April 1971, Heat content and specific heat of six rock types at temperatures to 1,000^{o} C, U.S. BuMines Rept. of Inv. 7503, 24 p.

Malenka, W. T., 1969, Hydraulic mining of anthracite: analysis of operating variables, U.S. BuMines Rept. of Inv. 7120, 19 p.

Matsumoto, K., H. Hamada, T. Fukada, and A. Shizyo. April 1972, High-pressure jet cutting, 1st Internat. Symp. on Jet Cutting Tech., BHRA, Fluid Eng., Cranfield, B4-53 - B4-75.

Maurer, W. C., 1968, Novel drilling techniques, Pergamon Press, New York, 114 p.

Maurer, W. C. and J. K. Heilhecker, January 1969, Hydraulic jet drilling, AIME, Proc. of 4th Symp. on Drilling and Rock Mech. SPE 2324, University of Texas, Austin, Tex., p. 213-304.

Maurer, W. C., J. K. Heilhecker, and W. W. Love, Oct. 9-11, 1972, High pressure jet drilling, AIME, 47th Ann. Fall Meeting of the Soc. of Petrol., Engineering SPE 3988, San Antonio, Tex.

McGarry, F. J. and F. Moavenzadeh, Nov. 16-18, 1970, Laser heating effects on rock samples, 12th Symp. on Rock Mech., University of Missouri, Rolla, Missouri.

McGarry, F. J. and F. Moavenzadeh, June 5-7, 1972, Rock weakening potentials of surface active agents, RETC Proceedings, Vol. 2, p. 1361.

Mellor, M., April 1972, Jet cutting in frozen ground, 1st Internat. Symp. on Jet Cutting Tech., BHRA, Fluid Eng., Cranfield, p. G2-13 - G2-24.

Moavenzadeh, F., R. B. Williamson, and F. J. McGarry, January 1967, Laser assisted rock fracture, Dept. of Civil Eng., MIT, Rept. No. R67-3.

Moavenzadeh, F., R. B. Williamson, and F. J. McGarry, May 1968, Thin disk technique for analyzing rock fractures induced by laser irradiation, Dept. of Civil Eng., MIT Rept. No. R68-21.

Moodie, K. and G. Artingstall, April 1972, Some experiments on the application of high pressure water jets for mineral excavation, 1st Internat. Symp. on Jet Cutting Tech., BHRA, Fluid Eng., Cranfield, p. E3-25 - E3-44.

Nasiatka, T. M. and F. Badda, 1963, Hydraulic coal mining research: tests in a steeply pitching coalbed, Roslyn, Wash., U.S. BuMines Rept. of Inv. 6276, 16 p.

Nikonov, G. P. and Y. A. Goldin, April 1972, Coal and rock penetration by fine, continuous high pressure water jets, 1st Internat. Symp. on Jet Cutting Tech., BHRA, Fluid Eng., Cranfield, p. E2-9 - E2-24.

Oil and Gas Journal, June 21, 1972, New Gulf method of jetted particle drilling promises speed and economy, Vol. 62, No. 25, p. 109-114.

Olson, J. J. and T. C. Atchison, 1972, Research and development - key to advances for rapid excavation in hard rock, RETC Proc., Vol. 2, p. 1393-1441.

Palowitch, E. R. and W. T. Malenka, September 1964, Hydraulic mining research, a progress report, Min. Cong. J., Vol. 50, No. 9, p. 63-73.

Poole, J. and M. L. Thorpe, October 1972, Study of high powered plasmas for in situ hard rock disintegration, TAFA Division, Humphreys Corp., Semiannual Tech. Rept. ARPA Contract No. H0220051.

Price, G. C. and F. Badda, 1965, Hydraulic coal mining research: development mining in a steeply pitching coalbed, Roslyn, Wash., U.S. BuMines Rept. of Inv. 6685, p. 16.

Rad, P. F. and E. J. McGarry, Nov. 16-18, 1970, Thermally assisted cutting of granite, 12th Symp. on Rock Mech., University of Missouri-Rolla, Mo.

Rad, P. F., November 1971, Thermally assisted fracture of marble and granite, Tunnels and Tunneling, p. 442-450.

Rehbinder, P. A., L. A. Shreiner, and K. F. Zhigach, 1944, Hardness reducers in drilling, Akademiya Nank USSR, Moscow, trans. by C.S.I.R.O., Melbourne, 1948, 163 p.

Ripken, J. F. and J. M. Wetzel, February 1972, A study of the fragmentation of rock by impingement with water and solid impactors, Final Rept. No. 131, ARPA Contract No. H0210021, 39 p.

Robinson, L. H., September 1967, Effect of hardness reducers on failure characteristics of rock, J. Soc. Petrol. Eng., Vol. 7, No. 3, p. 295-300.

Sarapuu, E., 1969, Electrical fragmentation of magnetic iron ores, AIME Ann. Meeting, Feb. 16-20, 1969, Washington, D.C., preprint 69-AD-52, 13 p.

Sarapuu, E., June 1973, Electro-energetic rock breaking systems, Mining Congress J., p. 44-54.

Seldenroth, T. R., J. Verstraten, and F. J. H. Timmermans, Nov. 23, 1965, Method of splitting nonmetallic brittle materials and devices for carrying out such methods, U.S. Patent 3,219,280.

Singh, M. M., October 16-17, 1969a, Novel methods of rock breakage, Proc. 2nd Symp. of Rapid Excavation, Sacramento State College, Sacramento, Calif. p. 4-1 - 4-27.

Singh, M. M., December 1969b, Rock breakage by pellet impact, IITRI, Final Rept., U.S. Dept. of Transportation, Contract No. DOT 3-0171.

Singh, M. M. and P. J. Huck, Nov. 16-18, 1970, Correlation of rock properties to damage effected by water jet, Proc. 12th Symp. Rock Mech., University of Missouri-Rolla, Rolla, Mo., p. 681-695.

Singh, M. M., L. A. Finlayson, and P. J. Huck, April 1972, Rock breakage by high pressure water jets, 1st Internat. Symp. on Jet Cutting Tech., BHRA, Fluid Eng., Cranfield, p. B8-113 - B8-124.

Smith, M. C., ed., April 1971, A preliminary study of the nuclear subterrene, Los Alamos Scientific Laboratory, Rept. 4547.

Steudel, J., April 1965, Versuche mit mikrowellen zur zerstoring von sandsteinen, (Investigations on disintegration of sandstones using microwaves), Glückauf Forschungshefte, Vol. 26, No. 2, p. 117-125.

Strebig, K. C., A. A. Selim, and C. W. Schultz, March 1971, Effect of organic additives on impregnated diamond drilling, U.S. BuMines Rept. of Inv. 7494, 31 p.

Summers, D. A. and R. L. Henry, April 1972, The effect of change in energy and momentum levels on rock removal rate in Indiana limestone, 1st Internat. Symp. on Jet Cutting Tech., BHRA, Fluid Eng., Cranfield, p. B5-77 - B5-88.

Summers, D. A. and R. L. Henry, July 1972, Water jet cutting of sedimentary rock, J. of Petrol. Tech., Vol. 24, p. 797-802.

Thirumalai, K., June 16-19, 1969, Process of thermal spalling behavior in rocks - an exploratory study, 11th Symp. on Rock Mech., University of Calif., Berkeley, Calif.

Thirumalai, K., September 1970, Rock fragmentation by creating a thermal inclusion with dielectric heating, U.S. BuMines Rept. of Inv. 7424, 33 p.

Thirumalai, K., 1971, Potentials of internal heating methods for rock fragmentation - dynamic rock mechanics, ed. by G. B. Clark, Proc. of 12th Symp. on Rock Mech., AIME, New York, p. 697-719.

Thirumalai, K. and R. L. Fischer, August 1971, Development and potentials of moiré method of strain analysis for rock testing, 13th Symp. on Rock Mech., Urbana, Ill.

Thirumalai, K., May 9-13, 1972, Single fracture and fragmentation of brittle solids subjected to thermal shock, Internat. Symp. on Defect Interaction in Solids, Bangalore, India.

Thirumalai, K. and J. B. Cheung, June 12-14, 1972, A study on a new concept of thermal hard rock crushing, 14th Symp. on Rock Mech., Penn. State University.

Thirumalai, K. and O. McNary, Feb. 25, 1973, Development and testing of a thermohydraulic process for hard rock cutting, AIME Ann. Meeting, Chicago.

Unger, H. F., B. S. Snowden, and W. H. Engelmann, 1973, Diamond drilling with surfactants in upper Michigan conglomerates using surface-set bits, 6th Conf. on Drilling and Rock Mech., Austin, Texas, SPE 4236 Soc. of Petrol. Eng. - AIME.

United Aircraft Research Laboratories, May 1968, Feasibility of flame-jet tunneling, Rept. No. G-910560-10 on U.S. DOT Contract No. 7-35126, Vol. I, Summary Rept.

Voitsekhovsky, B. V., et al., 1962, Some results of the destruction of rock by means of a pulsed water jet, Siberian Branch of the Academy of Sciences, USSR, Series of Tech. Sciences, No. 1 (2), Novosobirsk, p. 7-11.

Voitsekhovsky, B. V., et al., April 1972, On destruction of rocks and metals by high pressure jets of water, 1st Internat. Symp. on Jet Cutting Tech., BHRA, Fluid Eng., Cranfield, p. G8-93 - G8-112.

Vorobjev, B. M. and R. T. Deshmukh, 1966, Advanced coal mining, Asia Publishing House, London, 909 p.

Wallace, J. J., G. C. Price, and M. S. Ackerman, 1961, Hydraulic coal mining research: equipment and preliminary tests, U.S. BuMines Rept. of Inv. 5915, 25 p.

Watson, J. D., January 1973, Full scale field test results of the REAM concept for hard rock excavation, PIFR - 391, sponsored by the Advanced Research Projects Agency through Bureau of Mines contract No. H0220015, Physics International Co., San Leandro, Calif.

Westwood, A. R. C., N. H. Macmillan, and R. S. Kalyoncu, 1973, Chemomechanical phenomena in hard rock drilling, Trans. AIME (in press).

Williamson, R. B., F. Moavenzadeh, and F. J. McGarry, August 1968, Some relationships between power level exposure time, sample size, and weakening in laser assisted rock fracture, Dept. of Civil Eng., MIT Rept. No. R68-30.

Wingquist, C. F., June 1969, Elastic moduli of rock at elevated temperatures, U.S. BuMines Rept. of Inv. 7269, 18 p.

Young, F. M., 1963, The secondary breaking effect of high frequency electrical energy applied to rock fragmentation, Rock Mech., ed., C. Fairhurst, Pergamon Press, Oxford, England, p. 185-203.

Zar, J. L., October 1972, The use of a laser for ARPA military geophysics program, (Rock Mechanics and Rapid Excavation) AVCO Everett Research Laboratory, Final Tech. Rept., U.S. Bureau of Mines, Contract No. H0210039.

Zelenin, A. N., G. M. Vesselov, and Y. G. Koniashin, 1968, Rock breaking with jetstream under pressure up to 2,000 ATM, (Zakonomernosti razrusheniya gornyh porod struey vody pri davlenii do 2,000 ATM), Article published in "Problems in Mining," Terpigoriv Volume edited by Protodyaknov, M. M., issued by Mining Institute, Academy of Science, USSR, published by Ugltekhizdat, Moscow, in Russian, p. 112-122, translated by C. Procopov, Bureau of Mines, Washington.

LES NOUVELLES TECHNIQUES DE FRAGMENTATION

David E. Fogelson

Géophysicien
Centre de Recherche de d'Exploitation
Minière

Twin Cities, Minnesota

RESUME

Ce rapport mentionne les recherches concernant les tous derniers procédés techniques de fragmentation dans le but de fournir un plus grand choix de méthodes de fragmentation. On espère ainsi remédier aux inconcénients inhérents aux méthodes courantes et améliorer le rendement des excavations. Ce rapport passe en revue l'état présent des dernières techniques thermiques, hydrauliques et chimiques, et comprend la description d'un tunnel expérimental creusé au moyen de chocs produits par le lancement de projectiles.

INTRODUCTION

A l'heure actuelle, la plupart des excavations et l'ensemble de l'exploitation minière sont pratiquées, soit en utilisant la méthode de percement et abattage à l'explosif, soit en utilisant des moyens mécaniques divers comprenant les foreuses. Bien que ces méthodes soient efficaces, certains inconvénients sont apparents et indiquent le besoin de nouvelles méthodes d'excavation et d'abattage des matériaux. La méthode de percement et abattage à l'explosif, par exemple, présente trois inconvénients majeurs: fonctionnement cyclique, production de poussière, de bruit, de vibrations du sol, et enfin, dégâts causés aux roches adjacentes par les opérations de percement et d'exploitation de tunnels. Quoique donnant de bons résultats dans les roches tendres et modérément dures, les foreuses posent des problèmes d'usure et d'entretien des lames et des pics dans le cas de roches plus dures.

Ces inconvénients, ajoutés au développement technologique de nouvelles sources d'énergie et à la nécessité d'une augmentation du rendement des excavations, ont encouragé les études de nouvelles techniques pour fragmenter la roche (Singh, 1969 a) (Olson et Atchison, 1973). Ce rapport passe en revue l'état actuel de plusieurs de ces nouvelles techniques, celles-ci étant examinées en tant que perspectives offertes à de nouvelles méthodes de fragmentation.

TECHNIQUES THERMIQUES

Les techniques thermiques utilisées pour la pénétration et l'excavation de la roche comprennent une série relativement étendue de méthodes pouvant être utilisées comme sources de chaleur (Carstens, 1972). Celles-ci comportent les diverses méthodes électriques, le bombardement au moyen de faisceaux d'électrons, le laser, les lance-flammes, les chalumeaux au plasma, les lampes infrarouges, et les perforatrices à fusion. L'effet de ces sources de chaleur produit l'écaillement, l'affaiblissement dû à la chaleur, la fusion, ou la fusion et l'évaporation, d'après la nature de la source de chaleur et les propriétés de la roche.

On a étudié les techniques thermiques pour plusieurs raisons importantes. Lorsqu'on utilise l'énergie électrique pour le chauffage interne, celle-ci fragmente la roche sans bruit, sans poussière et sans production d'ondes de choc. Des méthodes telles que le bombardement par électrons, le laser et le chalumeau au plasma ne nécessitant pas de contact avec la roche, peuvent la pénétrer ou l'écailler sans usure de fleurets ou de pics et n'exigent pas une grande force de réaction. De plus, elles peuvent libérer des densités d'une puissance considérablement plus grande que celles obtenues mécaniquement, et par conséquent elles ne sont pas influencées d'une manière significative par le type de la roche. Les méthodes telles que celles utilisant les lance-flammes et les lampes infrarouges dépendant de l'écaillage de la roche et ont, par conséquent, le meilleur rendement dans le cas de roches telles que les granites ou taconites qui sont dificiles à forer ou à tailler mécaniquement. Enfin, de nombreuses techniques thermiques sont efficaces vu qu'elles affaiblissent la roche au moyen de chaleur, et de ce fait peuvent être utilisées en combinaison avec les techniques mécaniques ou hydrauliques afin d'obtenir un système plus souple.

La seule technique thermique actuellement mondialement employée est le lance-flammes, utilisé pour le creusement de trous à explosifs et pour l'exploitation de carrières. La plupart des autres sources de chaleur sont à l'étude afin de déterminer leurs possibilités en tant que méthodes de fragmentation de la roche ou en tant que partie d'un système combiné utilisant l'aide des techniques hydrauliques et mécaniques (voir tableau 1).

Chauffage par l'Energie Electrique

Les méthodes électriques offrent un moyen de chauffage de la roche, rapide, localisé, interne, et suffisant pour en provoquer la fragmentation par pression thermique. En général, le chauffage interne des roches peut être obtenu en utilisant le chauffage par résistance, induction, ou diélectrique, dépendant des propriétés électriques de la roche. Ces trois méthodes furent examinées collectivement afin d'évaluer leur utilité dans le processus de la fragmentation de la roche.

Chauffage par résistance, Courant Continu et Courant Alternatif de Faible Fréquence.

Les roches telles que la taconite, qui offrent une faible résistance à l'électricité et qui contiennent des minéraux conducteurs, peuvent être fragmentées à l'aide du chauffage par résistance. On peut utiliser soit le courant continu, soit le courant alternatif de faible fréquence. La technologie actuelle permet d'obtenir des niveaux de puissance atteignant 20.000 kW.

Vu que les propriétés électriques de la roche sont très variables et qu'elles dépendent non seulement des minéraux constitutifs mais aussi de la structure de la roche, de l'humidité, de la température de la pression, l'équipement pratique de chauffage doit posséder une grande flexibilité. Le modèle à électrodes est important du fait que le passage du courant se produit entre des électrodes de contact de polarité opposée, créant de la sorte un chauffage interne rapide; les charges thermiques qui s'en suivent étant la cause de la fragmentation. Un système d'abattage secondaire a été développé aux Etats-Unis par Electrofac Corporation (Sarapuu, 1969) utilisant un moteur diesel de 700 h. p. (522 kW) pour fournir la puissance à un générateur de 500 kVA. Des électrodes à points de contact multiples, montées sur un bras hydraulique, ont été utilisées pour fragmenter des blocs de minerai de fer magnétique. La consommation en énergie fut d'environ 1 à 2 kW-hr/tonne (de 1,1 à 2,2 W-hr/kg).

Quoique l'ont ait démontré que ce procédé était viable, des données supplémentaires prises sur le chantier sont nécessaires pour démontrer que ce système peut entrer en compétition avec les techniques secondaires actuelles d'abattage. Cette technique peut aussi être rentable pour l'abattage in situ, sur les chantiers où plus d'une paroi de la roche est aisément accessible, à condition qu'on puisse trouver une manière efficace de placer les électrodes utilisées pour l'abattage.

Chauffage à Haute Fréquence

Les roches possédant des constantes diélectriques élevées et qui sont par conséquent mauvaises conductrices peuvent être chauffées intérieurement en utilisant des champs de haute fréquence.

Kravchenko, et al., (1958) utilisèrent l'énergie électrique de haute fréquence, appliquée au moyen d'électrodes de contact, pour produire, dans les roches, de grands chenaux conducteurs de courant à haute température. Les charges thermiques créées par ces chenaux brisent la roche. La formation de ceux-ci dépend surtout de la fréquence et de la puissance du champ électrique, ainsi que de la température de la roche. En général, lorsque ces facteurs augmentent, la résistance de la roche diminue d'une manière significative.

Les différents types de roches abattues en utilisant ces méthodes comprennent des quartzites ferrugineux et des gros morceaux de minerai de fer pesant jusqu'à 15 tonnes (13.600 kg). Les estimations du coût de ce genre d'abattage secondaire ont indiqué qu'il était 5 à 6 fois moins élevé que celui correspondant à l'utilisation d'explosifs dans les sous-sols miniers, et de 20 à 25 fois moins élevé que dans le cas des mines à ciel ouvert.

Young (1963) étudia aussi la fragmentation électrique à haute fréquence, utilisant des fréquences de 100 KHz à 27 MHz pour fragmenter des blocs de roche. Les roches furent brisées à toutes les fréquences sauf à 100 KHz. En général, la consommation d'énergie, le voltage d'abattage, et le temps nécessaire à la rupture diminuent avec l'augmentation de la fréquence. Il en conclut que l'abattage secondaire des minerais de cuivre et des débris de roches attenants était réalisable et que le coût pouvait être beaucoup moins élevé qu'en utilisant les méthodes courantes.

Thirumalai (1970) démontra que le chauffage diélectrique de haute fréquence, fréquences allant jusqu'à 100 MHz, pouvait créer des inclusions thermiques et briser du granite

TABLE 1. - Résumé des données relatives aux recherches thermiques

Organisation	Technique	But	Matériau Testé	Observations
AVCO Corp. Everett, Mass.	Laser CO_2	Tests de pénétration et d'écaillement	Quartzite, granite, basalte	Tests concernant la pénétration et le cracking des roches, utilisant un laser CO_2 de 1 à 17 kW. Energies spécifiques de 1.000 à 10.000 joules par cm de pénétration (Zar, 1972).
Browning Engineering Corp. Hanover, N.H.	Jet à air et comburant	Creuser des trous pour explosifs	Grès, dolomie, quartzite, taconite, granite	Percement de trous dans les roches qui s'écaillent à la chaleur, tests en laboratoire et sur chantier (Browning, 1965).
Canadian Department of Mines and Technical Surveys Ottawa, Canada	Jets à air-comburant et à oxygène-comburant	Etudes de l'écaillement	30 roches	Etude extensive faite dans le but d'apparenter l'écaillement des roches à leurs propriétés physiques et mécaniques. Leur dilatation à la chaleur et leur composition se sont révélées être de bons indicateurs de leur aptitude à s'écailler (Canadian Mines Branch, 1962).
Electrofract Corp. Kansas City, Mo.	Chauffage électrique (basse fréquence)	Abattage secondaire	Minerai de fer et taconite	Des blocs de minerai de fer magnétique ont été brisés en utilisant des électrodes à multiples points de contact. Consommation d'énergie de 1 à 2 kW-hr/ton (de 1,1 à 2.2 W-hr/kg) (Sarapuu, 1969, 1973).
Linde Division of Union Carbide New York, N.Y.	Jets à oxygène-comburant	Creuser des trous pour explosifs	Taconite	Revue des progrès du processus, de l'équipement et des techniques d'exploitation du percement par jet (Calaman, et al., 1966).
Los Alamos Scientifice Laboratory Los Alamos, N.M.	Plaque de métal réfractaire chauffee	Pénétration en laboratoire au moyen d'une perforatrice à fusion	Basalte et autres roches ignées	Des taux de pénétration allant jusqu'à 18 ft (5,5m) par jour ont été obtenus. Les problèmes d'utilisation de grandes machines mixtes à percer les trous et fondre la roche furent pris en considération (Armstrong, et al., 1965; Smith, 1971).
Massachusetts Institute of Technology	Laser au gaz	Affaiblissement par la chaleur	Granite, marbre	Etudes des conséquences du chauffage au laser sur la résistance, la rupture et l'abattage de la roche, utilisant des lames en forme de disque (Moavenzadeh, et al., 1967; Williamson, et al., 1968; Rad, 1970, 1971; McGarry et Moavenzadeh, 1970).
Montana School of Mines Butte, Mont.	Chauffage électrique	Abattage secondaire	Minerai de cuivre, granite	Etudes de la fragmentation pour des fréquences s'étalant de 100 kHz à 27 MHz. On a conclu que le processus d'abattage secondaire est possible et à des coûts probablement inférieurs a'ceux relatifs aux méthodes courantes (Young, 1963).
Institute of Mining of the Academy of Sciences USSR	Chauffage électrique (basse et haute fréquence)	Abattage secondaire	Quartzites ferrugineux, minerai de fer	Des blocs énormes de minerai de fer allant jusqu'à 15 tonnes (13.600 kg) furent brisés. Les évaluations du coût indiquent que la méthode est 5 à 6 fois moins chère que celle utilisant des explosifs dans le cas de mines souterraines, et 20 à 25 fois moins chère lorsque l'on compare avec les mines à ciel ouvert (Kravchenko, et al., 1961).
Institute of Mining Siberian Branch of the Academy of Sciences Novosibirsk, USSR	Chalumeau au plasma	Fragmentation et forage de la roche	Granite, granodiorite, grès, quartzite	Des taux de percement de 8,2-14,8 ft/hr (de 2,5 à 4,5 m/hr) pour des diamètres de trous de 2 à 5 in (de 5 à 13 cm) furent obtenus. On en a conclu que cette technique a de l'avenir (Bergman et Pokrovskii, 1968).
TAFA Division of Humphreys Corp. Bow, N.H.	Chalumeau au plasma et chauffage diélectrique avec contacts au plasma	Tests de découpage et fragmentation pour le percement de tunnels dans la roche dure	Granite, basalte, quartzite	Les types de roches testés jusqu'à présent ont été taillés à des vitesses de 2 à 4 in/min (5,10 à 10,2 cm/min) pour des épaisseurs allant jusqu'à 13 in (33 cm). Les tests futurs ajouteront la rupture de la roche par chauffage diélectrique avec contacts au plasma, et des tests simulés de percement de tunnels utilisant les deux techniques combinées (Poole et Thorpe, 1972).

U.S. Bureau of Mines Minneapolis, Minn.	Chauffage à infrarouges, à résistance, à induction, diélectrique et à micro-ondes, par brûleurs multiples à oxygène et mazout, par chalumeau au plasma, et thermo-hydraulique.	Abattage in-situ et secondaire	Granite, basalte, quartzite, grès, taconite, calcaire	Etudes des propriétés thermiques des roches, inclusions thermiques, concassage thermique des roches dures, charge et surtension thermiques, rupture et fragmentation (Thirumalai, 1969, 1970, 1971, 1972; Wingquist, 1969; Thirumalai et Fischer, 1971; Lindroth et Krawza, 1971; Thirumalai et Cheung, 1972; Thirumalai et McNary, 1973).
United Aircraft Eesearch Laboratories East Hartford, Conn.	Percement ce tunnel au lance-flammes, foreuses mécaniques assistées par la chaleur, saignées au laser	Percement de tunnel dans les roches dures	Granite, grès	Etudes expérimentales et analytiques de nouveaux concepts de percement de tunnel dans les roches dures, en utilisant les lance-flammes, les lasers, le bombardement par électrons et autres sources de chaleur (United Aircraft Res. Lab., 1968; Carstens, et al., 1970, 1972).
University of Missouri Rolla, Mo.	Jets à oxy-comburant, oxy-kérosène, acétylène; chauffage par résistance, arc électrique	Affaiblissement et abattage mécanique des roches dures	Basalte, granite, quartzite	Tests du chauffage au lance-flammes avec des tailles de surface, des saignées superficielles et profondes. Une ronde thermique, analogue, à la rond utilisée avec des explosifs fut essayée en creusant les trous de forage avec des éléments de chauffage électrique (Clark, et al., 1972, 1973).
Westinghouse Electric Corp. Pittsburgh, Pa.	Bombardement par faisceau d'électrons	Tests de découpage en laboratoire	Gabbro, minerai de cuivre, grès, quartzite, granite, breccia, bitume	Tests pratiqués en utilisant un fusil à électrons de 9 kW mobile 150 kV sur plusieurs types de roches, y compris un cube de granite de 6 ft (1,8 m). Les résultats des tests sont trop limités pour servir de base à l'analyse d'un modèle pour un système d'excavation (Holdbrook et Schumacher, 1972).
White Pine Copper Co. White Pine, Mich.	Lampe à infrarouges	Exploitation minière souterraine utilisant l'affaiblissement par la chaleur et l'ecaillement en plus de la pelle mécanique	Ardoise	Développement d'un système-prototype d'exploitation minière par White Pine Copper Co, - 20 modules de chauffage, utilisant chacun 144 kW de puissance de rendement, combinés avec une pelle mécanique ont produit une avance de 2,25 in (5,7 cm) en 16 minutes (Hanninen, 1972).

et du basalte. La consommation d'énergie électrique nécessaire à la fragmentation s'étendait à peu près de 1,2 à 2,2 kW-hr/tonne (de 1,3 à 2,4 W-hr/kg). La figure 1 montre l'exemple d'un bloc de granite fragmenté, dont les dimensions sont 1ft^3 (0,028 m^3). La technologie actuelle permettrait un type d'équipement atteignant des niveaux de puissance de 1.000 kW.

FIGURE 1. Fragmentation du granite par le chauffage diélectrique de haute fréquence (Thirumalai, 1970)

Le chauffage à induction de haute fréquence peut aussi être utilisé pour le chauffage interne des roches. Le chauffage à induction est obtenu par des pertes de résistivité dues aux courants de Foucault (courants tourbillonnants) dans les roches hautement conductrices, et aussi aux pertes d'hystérésis dans les roches ferromagnétiques.

LaTour (1958) proposa d'utiliser les méthodes de chauffage à induction pour briser la taconite magnétique ainsi que d'autres minerais ferreux. Les études entreprises par le Bureau des Mines des Etats-Unis sous la direction de Thirumalai (en préparation), indiquent que le chauffage à induction de haute fréquence est seulement efficace pour réchauffer les roches de faible résistance telles la taconite qui contient des minéraux métalliques. Les études faites à 35 MHz indiquent une consommation d'énergie de l'ordre de 1,2 kW-hr/tonne (1,3 W-hr par kg) pour les taconites magnétiques avec un rendement du couplage électrique de l'ordre de 40%.

Les méthodes à haute fréquence sont généralement plus applicables aux systèmes d'abattage de roche que les méthodes à basse fréquence vu qu'un grand nombre de roches ont des résistances élevées. Des systèmes combinant haute et basse fréquences ont été proposés afin d'améliorer le rendement, méthodes dans lesquelles le chenal conducteur de courant est formé en utilisant le courant de haute fréquence, le chauffage et l'abattage de la roche qui s'en suivent étant le résultat de l'action double de courant à haute et basse fréquences (Kravchenko, 1958).

Chauffage par Micro-Ondes

Le chauffage à micro-ondes des roches est essentiellement un phénomène diélectrique et même les roches ayant des propriétés diélectriques basses peuvent être chauffées par ce moyen. On peut trouver un équipement à micro-ondes de haute puissance avec des niveaux de puissance allant jusqu'à 1MW dans une structure contenant un seul tube et engendrant des fréquences de 915 MHz, 2.450 MHz et 5.800 MHz. Le rendement de conversion approche 80%. La praticabilité de la fragmentation des roches dures et du béton au moyen de micro-ondes fut examinée par Seldeuroth et ses associés (1965) et l'application de cette méthode à la fragmentation de larges blocs de grès a été démontrée par Steudel (1965). Liessmann (1966) brisa du granite à l'aide de micro-ondes avec des taux de consommation d'énergie de l'ordre de 2,2 kW-hr/tonne (2,4 W-hr/kg). En 1972, la Tanwa Denko Co., de Tokyo, Japon, construisit la première machine expérimentale à désintégrer la roche au moyen de micro-ondes continues.

Un système à micro-ondes est susceptible d'un chauffage localisé efficace, de grande énergie et sans contact. Les progrès techniques faits dans le domaine du radar peuvent être utilisés pour aider à developper des systèmes à micro-ondes destinés à chauffer la roches La production de rayons X et de quelques radiations ultra-violettes peut représenter un danger pour la santé et exige une enquête. Comme dans le cas des autres méthodes de chauffage à l'aide de l'énergie électrique, le système à micro-ondes doit être souple quant à ses caractéristiques d'utilisation, condition nécessaire afin d'être efficace comme moyen de chauffage dans le cas d'un éventail important de différents types de roches.

Chauffages par Fils de Résistance et Arc Electrique

L'Université du Missouri a fait des expériences sur des forages thermiques ronds analogues aux trous de forage à explosifs, utilisant des éléments de chauffage à fil et des arcs électriques placés dans les trous forés (Clark et Al. 1973). La rupture se produit comme résultat d'inclusions thermiques créées par les méthodes de chauffage (Thirumalai et McNary, 1973). Quoique le chauffage par fils résistifs ait créé des ruptures dans le granite avec une puissance de 5 kW et avec des charges de 10 in. (25,4 cm), les fissures se sont colmatées avec les débris obtenus et les essais ont échoué. D'autre part, le déplacement des matériaux fragmentés nécessita un effort mécanique considérable. Les arcs électriques de 12 kW, utilisant des électrodes au charbon placées dans des trous profonds de 14 in. (35,6 cm) afin de créer une inclusion thermique, furent plus efficaces. Avec des tirages de 14 in. (35,6 cm), la roche s'est rompue et a pu être déplacée facilement. Les travaux continuent dans le sens d'une intensification de la géométrie "ronde" et des taux d'énergie.

Bombardement par Faisceaux d'Electrons

Les fusils à électrons possèdent des caractéristiques importantes qui les rendent intéressants comme source de chaleur appliquée à l'excavation de la roche. Le rendement lors de la transformation de l'énergie électrique en énergie par faisceaux d'électrons est de l'ordre de 90%. On obtient couramment des degrés de puissance allant jusqu'à 30 kW et l'on considère la possibilité d'atteindre des degrés de puissance de 150 kW. Aucune force mécanique n'est nécessaire pour l'abattage, le processus de chauffage est indépendant du type de roche et plus de 70% de l'énergie lui est transmise.

Malgré ces avantages, certaines restrictions d'ordre pratique sont évidentes. La plus sérieuse est la courte portée du faisceau d'électrons, de l'ordre de quelques inches, ce qui fait que l'éloignement du bec à la cible ne peut être que de courte distance et rend nécessaire l'incorporation du fusil à électrons dans l'équipement de tête. Du fait du besoin de lignes à haute tension et de vide, l'utilisation du fusil à électrons avec les foreuses de tunnel posera un problème qu'il faudra étudier en premier lieu.

D'autres restrictions comportent la durée de vie du filament, l'ingestion des détritus, la diffusion des rayons limitant la profondeur de l'abattage, la production de rayons X rendant un système de protection indispensable, la taille de l'équipement et la nécessité d'un projet rigoureux.

Des tests ont été effectués en laboratoire sur des blocs de roche par les laboratoires de Recherche de l'United Aircraft (Carstens, et al; 1970). Utilisant des puissances allant jusqu'à 25 kW, avec un voltage accélérateur de 175 kW, l'Hamilton Standard Division des Laboratoires de Recherche de l'United Aircraft étudia l'abattage par saignées dans le granite comme faisant partie d'une étude plus vaste sur les foreuses de tunnel avec assistance thermique. Pour varier les degrés de puissance et les vitesses de pénétration, les énergies spécifiques ont été de l'ordre de 12.000 à 18.000 J/cm^3. Les profondeurs des saignées pour les coupes d'une seule passe allaient de 0,05 in. à 0,5 in. (de 0,13 cm à 1,3 cm), et les largeurs de saignée s'étendant de 0,1 à 1 in. (de 0,25 cm à 2,5 cm). Les rapports entre la profondeur maximale et la largeur étaient de 2 à 3. Les coupes de plusieurs passes produisirent généralement des saignées de l'ordre de 0,1 in. (0,25 cm). Quoique les passes multiples aient approfondi les saignées, le faisceau fut incapable d'en produire de très profondes et le rendement du processus d'abattage fut considérablement réduit quand le nombre de passes augmenta.

Cette étude conclut, en partie, que le bombardement par électrons ne convenait pas à la méthode par saignées ou à l'affaiblissement thermique lorsque combiné avec les foreuses de tunnel, premièrement à cause de la courte distance d'accès requise (moins de 2 in. "5cm"), et aussi à cause de la taille de l'équipement, de la nécessité du vide et des lignes à haute tension qui tournent avec la tête de la foreuse, et enfin à cause des radiations émises par les rayons X.

Pour des tests similaires la Westinghouse Electric Corporation utilisa le bombardement par électrons à 9 kW (150 kV) afin de creuser des trous pour des expériences de saignées dans plusieurs types de roches, y compris le béton (Holdbrook et Schumacher, 1972). Un exemple de rendement de pénétration lors d'un bombardement par électrons dans les expériences de forage de trous, dans le gabbro et le grès, est donné à la figure 2.

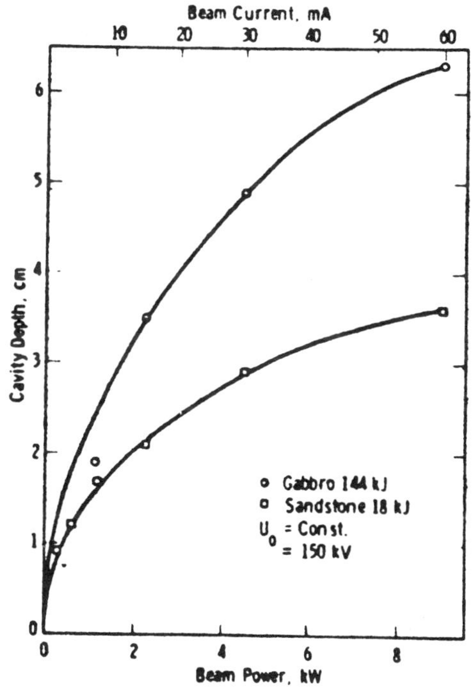

FIGURE 2. Influence de la puissance du faisceau d'électrons sur la profondeur du percement pour une énergie absorbée constante (durée variable du percement). (Holdbrook et Schumacher, 1972)

Si l'énergie absorbée est maintenue constante en variant la durée d'application, le rendement de pénétration augmente avec l'augmentation de la puissance du faisceau et la diminution des durées d'application.

La figure 3 est un diagramme des rapports profondeur-largeur en fonction de la puissance du faisceau pour une énergie absorbée constante et pour un certain type de roche. Quoiqu'il y ait une différence significative dans les rapports profondeur-largeur pour ces deux types de roche, on n'a aucune indication claire concernant les effets de la puissance du faisceau. Le rapport minimum profondeur-largeur pour le gabbro est obtenu à 2 kW alors que ce même rapport pour le grès continue à augmenter avec l'augmentation de la puissance du faisceau.

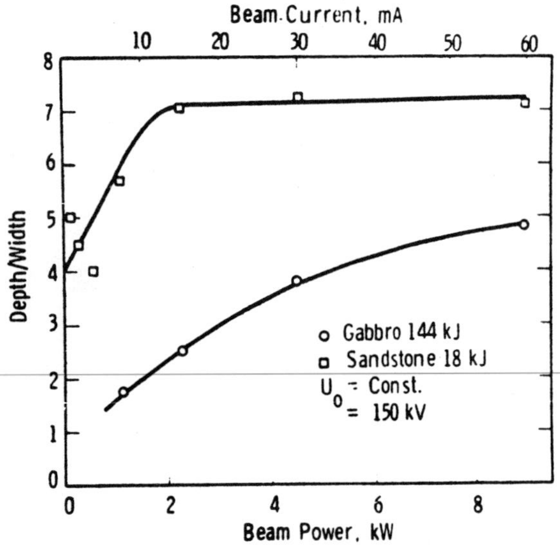

FIGURE 3. Rapport profondeur-largeur contre puissance du faisceau d'électrons pour une dépense d'énergie constante, (Holdbrook et Schumacher, 1972).

Les premiers objectifs de la recherche de la Westinghouse comprenaient des expériences sur chantier afin de déterminer le rendement et la praticabilité sur le plan économique, du bombardement par faisceaux d'électrons en comparaison avec les méthodes usuelles d'excavation de la roche dure. Un fusil mobile à électrons utilisable à ciel ouvert fut construit; toutefois aucun test ne fut entrepris sur le terrain. De ce fait, les résultats d'expériences limitées ne contiennent pas assez d'indications pour permettre l'analyse adéquate d'un système d'excavation de la roche.

Laser

Les progrès rapides en ce qui concerne le développement des lasers pendant les années 60, particulièrement les lasers au gaz, ont favorisé la prise en considération de leur utilisation pour le creusement de trous, de saignées et pour affaiblir en général la roche au moyen de la chaleur. On employa des lasers avec des énergies allant jusqu'à 17 kW dans des expériences de pénétration de la roche; de plus, on exploitait déjà des lasers destinés à l'usage militaire et ayant des énergies de 60 kW. Dans la prochaine décade, les lasers auront probablement des énergies d'un ordre de grandeur plus élevé que ceux qui existent aujourd'hui. Ces puissances d'un degré si élevé prouvent que l'on peut aboutir, en attaquant la roche de front, à des densités d'énergie bien plus grandes que celles qu'on avait pu atteindre à l'aide de méthodes mécaniques courantes, malgré l'obtention d'une pénétration très rapide.

Aux Etats-Unis, trois organismes ont fait des recherches concernant l'utilisation des lasers pour l'excavation de la roche: l'Institut de Technologie du Massachussetts (MIT), l'AVCO Corporation, et les laboratoires de recherche de l'United Aircraft.

Depuis 1965, le MIT fait des recherches considérables sur les effets de l'affaiblissement de la roche au moyen de la chaleur générée pour des lasers, (Moavenzadeh, et al. 1967) (Moavenzadeh, et al., 1968) (Rad, 1970, 1971) (Williamson, et al., 1968). Il a été démontré que les propriétés de résistance de la roche sont réduites d'une manière significative quand elle est chauffée. Cette réduction de la résistance est attribuée à une augmentation de micro-fissures dans la structure, augmentation produite par l'élévation de la température. La figure 4 résume les résultats de trois tests effectués à des points déterminés de petits morceaux de roche pris selon leur largeur, après avoir été exposés au laser. Plus de 90% de la résistance primitive de la roche était détruit.

Une étude plus récente faite par le MIT, en coopération avec les laboratoires de Recherches de l'United Aircraft (Carstens, et al., 1970), fut dirigée vers l'utilisation du procédé d'affaiblissement par la chaleur dans le contexte du creusement de tunnels. On a fait des expériences sur le granite en utilisant un laser de 1 kW pour chauffer la roche, et des lames en forme de disques de différents diamètres. Les gains, quant au déplacement de roches brisées, vont de 0,7 à 3,5 environ (rapport entre la quantité de roches brisées et déplacées avec la chaleur par rapport à celui obtenu sans intervention de la chaleur), les plus hautes valeurs étant associées aux coupes simples, le laser étant concentré. Pour les coupes multiples et plus grandes poussées (5.000 lb) (2.268

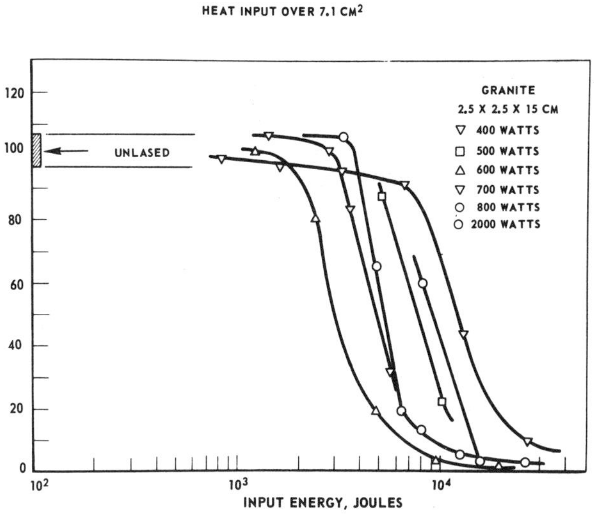

FIGURE 4: Diminution de la résistance de la roche chauffée au moyen du laser. (Williamson, et al., 1968)

kg), qui reflètent mieux les conditions de l'opération à grande échelle, les gains définis précédemment tombent en-dessous de 1.5.

Des études analytiques ont également été faites sur les différents types de foreuses utilisées pour les tunnels et qui utilisent la chaleur; on a étudié de même les caractéristiques opératives qu'on pouvait en espérer. L'analyse conclut que le développement de machines à creuser des tunnels munies des lasers actuels est réalisable sur le plan technique, mais qu'elle est une chimère sur le plan économique. Les facteurs économiques importants sont le prix de revient du laser et l'équipement supplémentaire nécessaire à la transmission de l'énergie du laser à la paroi du tunnel.

Dans une étude subséquente concernant l'emploi d'un rayon laser pour tailler une saignée sur le périmètre d'un tunnel de roche dure, on fit une série de tests d'abattage dans plusieurs roches dures avec un laser de 5 kW (Carstens, et al., 1972). Ces tests ont démontré que des coupes profondément fondues pourraient être pratiquées dans la roche dure en utilisant les rayons finement concentrés d'un laser. Basé sur ces résultats, on fit une analyse pour savoir s'il était économique de substituer le laser aux couteaux mécaniques. On en conclut que c'était faisable et que des bénéfices seraient réalisés en ce qui concerne le coût de tunnels de 20 pieds de diamètre ou plus, et lorsque les roches ont des résistances à la compression de l'ordre de 30.000 psi (207 MN/m^2) ou davantage. En outre, au fur et à mesure que des progrès technologiques du laser seront obtenus, cette méthode deviendra plus économique pour l'application aux plus petits tunnels et dans le cas de roches plus tendres.

L'AVCO Corp. utilisa des lasers dont la puissance atteignait 17 kW afin d'étudier la pénétration et la fissuration du quartzite, du granite et du basalte (Zar, 1972). Ils conclurent que les lasers à grande puissance n'étaient pas efficaces pour creuser la roche puisque 1.000 à 10.000 J/cm de pénétration sont indispensables pour des trous de quelques centimètres de profondeur. On pense que l'absorption de l'énergie produite dans le trou par les gaz du laser limita la profondeur de pénétration. Si on réduit l'intensité du faisceau de telle sorte que l'écaillement se produise, l'efficacité augmente, bien que 10.000 à 100.000 J/cm^3 soient quand même indispensables à l'écaillement. Les prévisions de l'ordinateur ont indiqué qu'une plus grande efficacité pourrait être obtenue en dirigeant la radiation suivant un grand anneau au moyen de mouvements du faisceau de manière à ce que des charges thermo-élastiques puissent se produire. Les énergies spécifiques prévues pour la rupture de la roche étaient de l'ordre de 45 J/cm^3 pour le quartzite et de 110 J/cm^3 pour le basalte.

Chalumeaux au plasma

Les chalumeaux au plasma sont une source de gaz ionisés à haute température (20.000°C) et à grande vitesse, et ils sont souvent utilisés pour le percement de métaux épais jusqu'à 5 in. (12,7 cm). Les recherches concernant leur application à l'écaillement, le percement et le forage de la roche ont été plutôt limitées. Maurer (1968) décrivit des expériences faites par Bouche (1964) relatives à l'écaillement et la fusion du marbre, du calcaire, du schiste bitumeux, et du granite. Le plasma ne produisit que des effets de surface dans le cas du marbre, du calcaire et du schiste bitumeux à cause de la basse température du plasma (1.800°C). Il fut cependant efficace pour abattre un bloc de calcaire (de 30 cm sur 15 cm par 9 cm) à l'aide de charges produites thermiquement, et pour creuser un trou en forme de cône (de 5,1 cm de diamètre et 1,3 cm de profondeur), en 60 secondes, par écaillement et par fusion. L'énergie spécifique nécessaire à l'expérience faite sur le granite fut de 7.700 J/cm^3, pour une puissance de rendement de 1,5 kW.

Bergman et Pokrovskii (1968) rapportèrent des études sur l'abattage et le forage qu'ils effectuèrent en laboratoire et sur chantier en utilisant la technique du plasma. La puissance, pour les tests en laboratoire fut de l'ordre de 30 à 67 kW, et les températures du plasma varièrent de 3.400 à 5.100°C. Les roches testées comprenaient le granite, la granodiorite, et le "hornfels". Les énergies étaient de 9.500 à 37.000 J/cm^3.

Les résultats de ces tests furent employés dans le développement d'une foreuse au plasma utilisée pour les études en laboratoire et sur chantier. Les expériences faites avec la granodiorite et sur chantier donnèrent des distances de pénétration de (2,5 à 4,5 m/hr) pour les diamètres de trous de sondage variant de 50 à 130 mm.

Des études récentes faites aux Etats-Unis par Poole et Thorpe (1972) concernèrent l'emploi de techniques au plasma pour creuser des tunnels dans les roches dures. Ce projet envisage un procédé d'abattage et de fragmentation qui améliorerait la vitesse et le rendement du percement des tunnels (fig. 5). L'abattage de la roche serait réalisé à l'aide d'une technique produisant des saignées profondes et étroites; la fragmentation des blocs étant obtenue en insérant des contacts au plasma dans la saignée afin de chauffer le bloc intérieurement. Abattage et fragmentation seraient pratiqués alternativement pour produire le percement désiré.

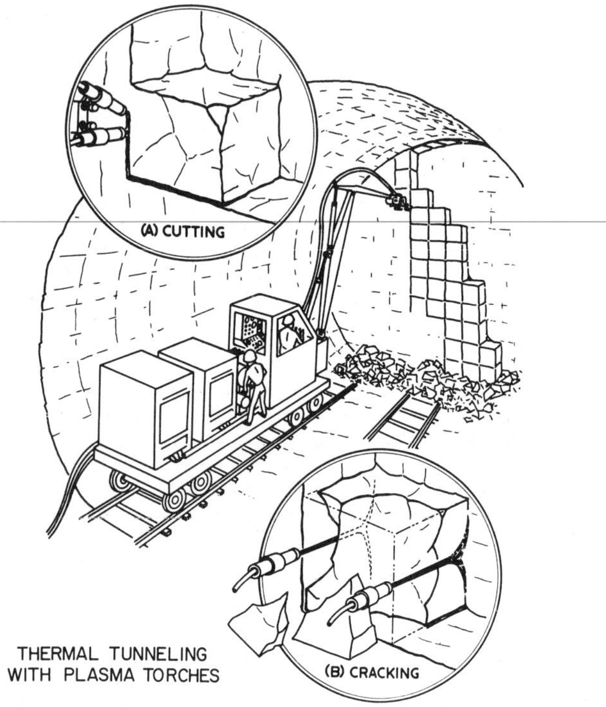

FIGURE 5. Projet d'un modèle de machine à creuser des tunnels à l'aide du plasma. (poole et Thorpe, 1972).

Les premiers tests, utilisant un chalumeau au plasma ayant un courant d'arc de 550 ampères et un degré de puissance de 250 kW, consistèrent en saignées de 13 in. de profondeur (33 cm) dans le granite et de 6 in. (15,2 cm) dans le basalte, le granite et le quartzite. Les vitesses d'abattage furent de 3 in à la minute (7 cm/min.) pour les saignées de 6 in., et l'énergie spécifique fut de 4.200 J/cm^3 pour le granite. Une comparaison de l'énergie absorbée donna un rendement réel de 22%. Ces recherches sont en cours et le travail futur comprendra des études sur la fragmentation par chauffage interne et sur le percement de tunnel simulé, employant une combinaison des deux techniques.

Les Lance-Flammes

Les lance-flammes sont des brûleurs du type fusée utilisant soit de l'oxygène, soit de l'air avec un comburant, tel que le gaz-oil, pour produire une flamme de grande vitesse pouvant être dirigée contre la roche. Les lance-flammes à oxygène et comburant furent utilisés avec succès depuis le début des années 50, pour le forage et l'abattage de roches s'écaillant à la chaleur, telles la taconite et le granite, dans l'exploitation minière et l'industrie des carrières. Le lance-flammes à air et comburant inventé plus récemment, commence également à entrer dans la pratique courante.

Malgré le succès de cette technique, plusieurs problèmes se sont posés et devraient être résolus au cas où certaines améliorations seraient réalisées. Le problème majeur consistait à comprendre pourquoi certaines roches particulières pouvaient être pénétrées plus facilement que d'autres. Pendant les années 60, plusieurs organismes et plusieurs individus ont étudié le procédé de percement au lance-flammes dans le but de définir les propriétés importantes de la roche et les paramètres du système.

En 1962, la Branche Canadienne des Mines publia une étude très poussée ayant comme but principal de mieux comprendre le mécanisme d'écaillement afin que le procédé de percement au lance-flammes puisse être amélioré. On trouva que la composition de la roche, ajoutée aux caractéristiques thermiques de dilatation, donnait des indications importantes sur la capacité de la roche à l'effritement. Certains minéraux tels que le quartz s'écaillent facilement alors que d'autres tels que le feldspath, le calcite et le mica ont une capacité réduite d'effritement. Ainsi, les taconites, granites, gneiss, quartzites et grès s'écaillent très facilement; les basaltes et les dolomites un peu moins; quant aux calcaires, gabbros, et schistes micacés, il sont les plus difficiles à écailler.

L'étude suggéra un certain nombre d'améliorations générales, y compris la possibilité d'employer des flammes de moindres températures que celles produites par le jet à oxygène. Ce résultat fut justifié par le succès remporté par le jet à air. Il fut également recommandé de combiner le lance-flammes à l'équipement de percement mécanique.

Calaman, et al., (1966) exposèrent une méthode utilisant des couteaux qui tournent, arrangés autour du brûleur du jet. D'autres efforts, mis en oeuvre pour remédier à l'abattage limité produit par les lance-flammes dans les roches à faible effritement, comprennent l'addition de particules abrasives dans le jet proprement-dit (Browning, 1965). Une technique combinant des lance-flammes et des marteaux piqueurs a été utilisée à l'Université du Missouri pour étudier l'effet de la chaleur sur l'écaillement de surface et sur les saignées superficielles et profondes (Clark, et al., 1972). Cette dernière étude conclut que l'emploi le plus efficace de la chaleur se produisait lors des expériences dans les saignées profondes qui consommaient de très faibles quantités d'énergie spécifique, habituellement moins de 100 J/cm^3.

Les lance-flammes utilisés avec succès dans les opérations de forage et d'abattage aboutirent à la prise en considération de leur emploi dans le percement de tunnels. Les laboratoires de Recherche de l'United Aircraft accomplirent, en 1968, une étude expérimentale et analytique du percement de tunnels au lance-flammes. Cette étude engloba le fonctionnement du système, l'environnement du tunnel ainsi que les problèmes économiques, et permit de conclure que le percement de tunnels au lance-flammes, sous ces trois aspects, était réalisable (United Aircraft, 1968). Le genre de percement proposé taillerait une série de saignées concentriques dans la paroi de la roche en utilisant les lance-flammes montés à l'avant de la machine (Fig. 6).

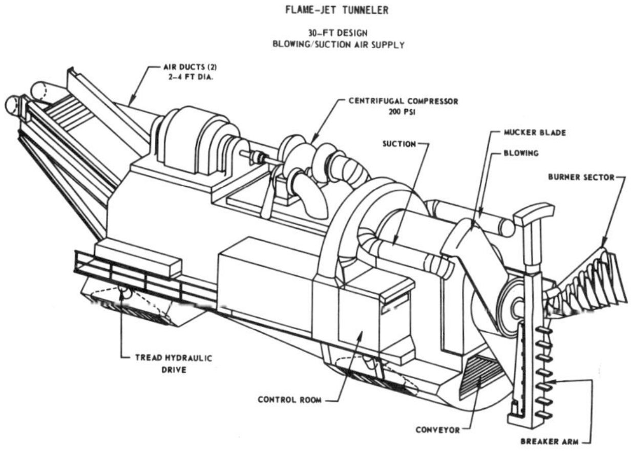

FIGURE 6. Projet pour une machine à creuser les tunnels au lance-flammes (Laboratoires de Recherche United Aircraft, 1968).

Des barres mécaniques à bras d'abattage se déploieraient à mi-chemin à l'intérieur des saignées, se frayant ainsi une voie dans la roche et gagnant, dans les protubérances de roche non brisée, à peu près un pied entre chaque série de jets pour un certain rayon donné. La roche brisée serait déblayée à l'intérieur du convoyeur à travers une ou deux ouvertures faites à l'avant, au moyen de grandes lames du type propulseur. D'autres caractéristiques comprennent des tuyaux d'air pour le contrôle de l'émission des gaz du brûleur, une cabine de contrôle avec des systèmes de protection et un mouvement de propulsion hydraulique de la machine. Des vitesses d'avancement de 5, 10, et 15 ft/hr (1,5, 3, 4,5 m/hr) sont considérées comme raisonnables pour des diamètres respectifs de 30, 20, et 10 ft (9, 6, 3m) et le coût est moindre que pour le percement de tunnels utilisant la méthode courante de forage par explosifs. Cependant, avant qu'une telle machine puisse être construite, il reste à résoudre des problèmes techniques importants.

Les Infrarouges

La White Pine Copper Company, située au nord du Michigan, inventa un prototype d'exploitation minière continue employant des éléments de chauffage infrarouges (lampes) combinés à une pelle mécanique pour l'exploitation du cuivre contenu dans le schiste, le silstone et le grès (Hanninen et Sipola, 1972). Chaque module de chauffage comprend deux éléments calorifères chauffant une zône de 14 in de hauteur et 54 in de largeur (36 cm par 137 cm). La consommation maximale de chaque module est de 144 kW. En utilisant environ 20 modules placés à une distance d'accès de la roche de 12 in, et une durée d'exposition d'environ 16 minutes, la roche s'écaille jusqu'à des profondeurs de 2 à 3 in (5 à 7 cm). La pelle est ensuite utilisée pour déplacer le reste des matériaux affaiblis par la chaleur.

L'avance moyenne fut de 2,25 in (5,7 cm). Quoique le but de la production - 4 in (10,2 cm) correspondant à 16 minutes de chauffage - n'ait pas été atteint, on pense qu'un plus grand afflux de chaleur résoudra le problème. Les éléments de chauffage furent destinés à être employés à une distance de 4 in, mais les conditions actuelles de l'exploitation minière ont porté cette distance à 12 in (30,5 cm). Cette plus grande distance réduisit l'apport de chaleur de 63%.

Les tests démontrèrent également que les forces de traction de la pelle diminuaient alors que le niveau de puissance du chauffage et le temps d'exposition à la chaleur augmentaient. Le fait de doubler l'apport de chaleur eut pour résultat de réduire de 31% les forces de traction de la pelle, tandis qu'une augmentation du temps d'exposition de 8 à 16 minutes causa seulement une réduction de 17%.

Bien qu'un certain nombre de problèmes restent encore à résoudre, notamment le besoin d'un plus grand apport de chaleur et/ou d'une plus petite distance d'accès, une surchauffe des éléments de chauffage ainsi qu'une série de plaques pendues à la surface, on démontra la praticabilité du système complet pour des conditions pratiques d'exploitation. Un point important signalé par l'auteur est la nécessité de faire davantage de recherches fondamentales afin de comprendre les mécanismes de base de l'écaillement et du cracking.

Les Perforatrices à Fusion

Au début des années 60, le Laboratoire Scientifique de Los Alamos démontra la possibilité de creuser des trous au moyen de perforatrices à fusion. Utilisant un instrument de chauffage électrique de laboratoire, des trous atteignant 6 in (15 cm) de profondeur et 2 in (5 cm) de largeur furent percés dans le bitume et le basalte, à des vitesses de l'ordre de 3,3 ft/hr (1 m/hr) (Armstrong, et al., 1965). La consommation d'énergie pour ces premiers tests fut d'environ 2 ou 3 fois celle requise pour fondre le basalte, soit à peu près de 10.000 à 20.000 J/cm^3.

Ces expériences préliminaires ont conduit au développement d'autres tests faits à l'échelle du laboratoire et ont abouti à considérer sérieusement l'application à de grandes perforatrices à fusion pour le sondage, le forage et le percement de tunnels. En 1971, un rapport fut publié qui passait en revue, analysait et discutait un programme proposé pour développer de grandes perforatrices appelées "Subterrenes" Electriques ou "Subterrenes" Nucléaires (Smith, 1971).

En se basant sur ces résultats préliminaires, on peut conclure que l'utilisation de conduites de chaleur pour transférer l'énergie de la source de chauffage à la carcasse de la perforatrice est réalisable de sorte que l'on pourrait construire des perforatrices de plusieurs pieds de diamètre. De plus, des réacteurs nucléaires compacts permettraient la construction de perforatrices même encore plus grandes.

On peut citer plusieurs avantages des perforatrices à fusion comparées aux méthodes courantes de forage et de percement:

1. Possibilité de faire des trous d'un diamètre allant de quelques centimètres à plusieurs Mètres.
2. Les trous peuvent être creusés plus profondément dans une grande variété de roches, sous des conditions extrêmes de température et de pression.
3. On peut varier la forme des trous vu que la perforatrice ne tourne pas.
4. Les résidus de roche peuvent être utilisés pour égaliser les trous et/ou colmater les fissures, ou encore être déplacés vers la surface par l'intérieur de la mèche.

Quoique cette méthode promette considérablement, de nombreux problèmes technologiques restent à résoudre: des recherches plus poussées en mécanique de la roche, des études sur le comportement de la roche fondue, la transmission de chaleur, le fluage, le modèle d'un réacteur nucléaire, les systèmes de contrôle et de direction et finalement l'avant-projet d'une perforatrice. On a également besoin de réaliser des tests à grande échelle afin de démontrer plus amplement la praticabilité de cette méthode et de fournir des données destinées aux analyses ultérieures.

Procédé Thermo-Hydraulique

Une méthode thermo-hydraulique pour l'abattage de roches dures, développée par le Bureau des Mines des Etats-Unis (Thirumalai et McNary, 1973), fut testée en laboratoire et est actuellement à l'essai sur chantier. Ce procédé résoud les limitations imposées par les méthodes thermiques en ce qui concerne les roches ne s'écaillant pas, ainsi que les restrictions d'abattage par jets hydrauliques dans le cas des roches dures. Le chauffage transversal ponctuel (chalumeau au plasma) et les techniques de chauffage linéaire (lampes infrarouges, brûleurs à combustion gazeuse) sont utilisés pour le chauffage des roches avant de soumettre ces dernières à des jets continus. La chaleur réduit la résistance de la roche et aide le jet d'eau dans le processus de fragmentation.

La figure 7 montre l'augmentation de la profondeur d'abattage dans le cas du granite et la réduction de l'énergie hydraulique spécifique lorsqu'on augmente l'énergie thermique spécifique. Les valeurs du premier paramètre ont été réduites d'environ un ordre de grandeur en utilisant les deux techniques combinées. Cette méthode est donc très prometteuse en tant que nouveau système de fragmentation.

LES TECHNIQUES HYDRAULIQUES

Les recherches et l'utilisation des techniques hydrauliques pour l'exploitation du charbon et de la roche prennent de l'ampleur dans beaucoup de pays. Ceci est dû au fait que l'on recherche de nouvelles méthodes de fragmentation à utiliser alternativement avec la méthode de forage et les explosifs. Des recherches sont également effectuées afin d'améliorer les jets d'eau et de développer la possibilité d'utilisation des jets d'eau en combinaison avec d'autres systèmes de fragmentation dans le but d'augmenter le rendement. L'évidence de cet intérêt croissant fut démontrée par le nombre de publications se rapportant à l'exploitation minière, au percement de tunnels et à l'abattage des roches et présentées à l'occasion du Premier Symposium International sur la Technologie de l'Abattage par Projection, qui s'est tenu en Angleterre en 1972. Le tableau 2 résume les données concernant les nombreux projets récents et en cours, aux Etats-Unis, en

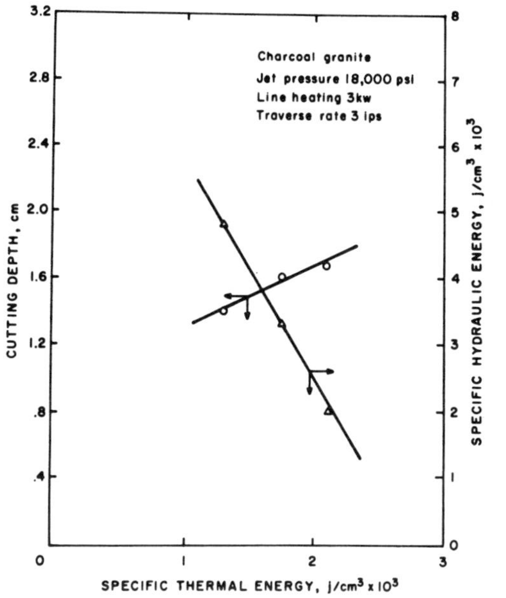

FIGURE 7. Relations entre l'énergie spécifique et la profondeur de forage (Thirumalai et McNary, 1973).

Russie, dans le Royaume Unis, au Canada et au Japon, en 1972.

Quoique les recherches et l'exploitation aient atteint un état avancé, le champ d'application des méthodes hydrauliques est encore restreint et réservé aux mines de charbon. La Russie, par exemple, exploite approximativement 8,8 millions de tonnes (8 Gkg) de charbon hydrauliquement, d'après le rapport de la délégation du charbon envoyée aux Etats-Unis en 1970. Au Japon, la Mitsui Mining Company's Sunagawa, des mines de l'Hokkaïdo, devait produire 1,7 millions de tonnes (1,5 Gkg) de charbon en 1971 en employant les méthodes hydrauliques. Avec l'aide de la Mitsui Mining Company, Kaiser Resources Ltd., le Canada construisit une mine souterraine expérimentale dans la British Columbia, et rendit compte d'un taux de production primitif de 2.500 tonnes (2,3 Mkg) de charbon obtenu par une équipe de deux hommes en six heures (Grimley, 1972).

Selon le rapport, les autres pays qui utilisent les méthodes hydrauliques pour l'extraction du charbon comprennent la Chine, la Pologne, la Nouvelle Zélande, la Tchécoslovaquie, la Hongrie, la Corée et la France (Vorobjev et Deshmukh, 1966).

On peut citer certains avantages de l'exploitation hydraulique du charbon. Parmi ceux-ci: augmentation de la sécurité et de la productivité, simplicité de l'opération, moins d'équipement, coûts d'exploitation et de construction moins élevés, possibilité de quantités moins élevées de poussière à respirer. Les inconvénients comportent une plus grande consommation de puissance, des pertes de charbon dues à des fouilles prématurées, des augmentations de température, une grande humidité, une incapacité d'exploiter des couches étroites ou horizontales, et la nécessité d'un circuit de séchage du charbon.

Aux Etats-Unis, on n'utilise pas les méthodes hydrauliques à grande échelle pour l'exploitation du charbon, et ceci malgré les nombreux rapports publiés par le Bureau des Mines des Etats-Unis décrivant des études pratiques (Wallace, et al., 1961), (Buch, 1964), (Nasiatka et Badda, 1963), (Palowitch et Malenka 1964), (price et Badda, 1965), (Fowkes et Wallace, 1968), (Malenka, 1969), (Frank, et al., 1972). La gilsonite minérale, hydrocarbure solide, fut pourtant exploitée commercialement par la Compagnie Américaine Gilsonite, en utilisant des jets d'eau depuis 1949 (Baker, 1959) (Borden, 1964).

Les Jets Hydrauliques

Les jets d'eau peuvent être, en gros, classés soit comme jets continus, soit comme jets à impulsions. Les jets continus dépendent des pompes et des mécanismes d'intensification de la pression (surpresseurs) pour produire des pressions continues et relativement stables. Les jets pulsés nécessitent un équipement qui permette une accumulation d'énergie et un moyen de la redistribuer dans un court laps de temps. Un bon exemple de jet pulsé est le canon à eau utilisant l'énergie cinétique d'un piston libre pour expulser l'eau du jet au travers de l'injecteur. Cependant, les jets pulsés peuvent être produits en employant simplement une sorte de volet obturateur et un jet continu ou en construisant des "intensificateurs" (surpresseurs) qui éjectent l'eau par impulsions. La durée de ces impulsions peut aller de quelques millièmes de seconde à plusieurs secondes, et, pour des raisons pratiques, les impulsions sont quasi-continues pendant les plus longues durées.

De nombreuses recherches sont en cours et s'intéressent à la production de données pour un projet éventuel de machines pratiques pour l'exploitation. Les paramètres intéressants comprennent la pression du jet, son diamètre, la distance d'accès, la vitesse de déplacement, la durée, l'angle d'attaque, les propriétés des matériaux, et l'énergie spécifique. Le tableau 3 donne les valeurs typiques des premiers paramètres de quatre jets. Pour des questions de limitation, ce tableau mentionne uniquement les modèles de jets continus que l'on trouve dans le commerce et que l'on a surtout utilisés comme jets continus.

TABLE 2. - Résumé des données relatives aux projets de recherches hydrauliques

Organisation	Technique	But	Matériau visé	Pression psi	Pression MN/m²	Observations
Bendix Research Laboratories, Southfield, Mich.	Jets continus	Applications à l'exploitation minière et au percement de tunnels; découpage du bois, du métal et du papier	Grès, calcaire, marbre, granite, quartzite et basalte	50.000 - 100.000	350 - 690	Abattage et traitement d'une grante variété de matériaux et addition de la technologie du jet dans les systèmes à engins mécaniques (Kurko and Chadwick, 1972).
Bowles Engineering Co.	Jets pulsés	Augmentation de l'hyper-vélocité de l'hydrotir	Paraffine	600	4.1	Augmentation du jet par impact de deux jets d'eau pulsés, modèle d'injecteur, résultats des additions de produits chimiques et étude de méthodes devernes de fracturation de la roche (Bowles Engineering Corp., 1969).
Consolidation Coal Co. Ponca City, Okla.	Jets continus	Recherche sur l'exploitation minière hydraulique du charbon	Houille grasse	5.000 - 30.000	35 - 210	Projet expérimental d'exploitation minière souterraine hydraulique du charbon en vue de diminuer le débit d'écoulement d'eau d'environ 5,3 gpm (0,1 l/s) avec l'abattage à forte pression (Conversation personnelle avec les employés de la Continental Oil Co.).
Dept. of Mining and Mineral Sciences Leeds University, U.K.	Jets pulsés	Expériences d'excavation de la roche	Grès, calcaire, granite, marbre, ardoise et craie	43.500	300	Etudes expérimentales de l'énergie requise pour déplacer la roche ou mortaiser des rainures. Les besoins en énergie pour les roches tendres sont de 0,4 GJ/m³ et de 1,0 MJ/m²; et pour les roches dures de 70 GJ/m³ et de 50 MJ/m². Les propriétés les plus significatives de la roche furent le Module de Young et la résistance aux chocs. (Brooks, 1972).
Esso Production Research Co. Houston, Tex.	Jets pulsés et jets continus	Application des jets à forte pression au percement de puits à pétrole	Marbre, calcaire et grès	13.500 - 25.000	90 - 170	Les jets pulsés ont été utilisés pour déterminer le seuil de pression de l'injecteur, pour produire des cratères, et pour démontrer que les jets peuvent forer d'une mainère effective les roches sédimentaires. Dans les expériences de laboratoire et sur chantier, les jets continus ont pénétré dans une variété de roches pour obtenir des taux de percement et établir des paramètres en vue de percements hydrauliques à grande échelle (Maurer et Heilhecker, 1969, Maurer, et al., 1972).
Exotech, Inc. Rockville, Md.	Jets pulsés	Recherches sur l'emploi des canons à eau et des systèmes hybrides	Bitume, métal, et une variété de types de roches comprenant du granite, du calcaire, du gres et du schiste	60.000 - 5.000.000	410 - 35.000	Canons à eau utilisés par l'Armée U.S. et ayant 5 impulsions par seconde. Les énergies spécifiques de plusieurs types de roches ont été déterminées. Canons à eau de petit calibre utilisés par l'U.S. Navy avec des vitesses allant jusqu'à 25.000 ft/s (7.620 m/s) pour découper les métaux (Clipp et Cooley, 1969; Cooley et Clipp, 1970).
Fenix and Scission Inc. Reno, Nev.	Jets continus	Exploitation extérieure des cavités souterraines	Tufs volcaniques soudés, granite, rhyolite, gabbro et tonolite-diorite	10.000 - 15.000	70 - 100	Utilisation des jets continus pour exploiter des cavités souterraines dans les tufs volcaniques soudés que l'on trouve au centre du Nevada [pour la Commission de l'Energie Atomique] (Ash, 1972).
Flow Research, Inc. Kent, Wash.	Jets continus	Application aux travaux de démolition et aux percements de tunnels	Bitume et grès	20.000	140	Utilisation des jets continus pour démolir des routes et autres constructions en bitume, et pour le percement de tunnels (Crow, 1972).
Gulf Research and Development Co. Pittsburgh, Pa.	Jets abrasifs continus	Application de jets à particules abrasives en vue decreuser des trous par érosion	Granite, calcaire, ardoise, "chert", conglomérat et anhydrite	10.000	70	Des recherches en laboratoire et sur chantier ont été faites, utilisant comme abrasif un projectile à mailles d'acier. Des saignées concentriques sont découpées par le jet, avec, entre ces saignées, des crêtes qui se brisent au contact de la mèche de forage. Afin de déterminer les taux de forage et la longévité de la mèche abrasive, des tests à grande échelle sur chantier ont été conduits à différentes profondeurs dans des puits creusés pour des chantiers de pétrole et de gaz (Oil et Gas Journal, 1971).
Honshu-Shikoku Bridge Auth. and Kobe Steel Co. Japan	Jets continus	Applications des jets à forte pression pour l'excavation sousmarine des fondations d'un pont	Granite, grés et porphyre quartzifère	43.000 - 58.000	300 - 400	Des expériences ont permis de conclure que les jets étaient efficaces sous l'eau et que le rendement serait probablement accru en ajoutant des mèches (Matsumoto, et al., 1972).
Hydraulic Coal Mining Institute Novokuznetsk, USSR	Jet pulsé	Abattage du charbon, creusement de galeries de direction	Charbon, grès, argylites	35.000 - 50.000	240 - 350	Canon à eau capable de tirer un litre d'eau toutes les deux secondes du travers d'un injecteur de 10 à 15 mm. Monté sur un tracteur capable de manoeuvrer dans des veines de charbon d'un mètre d'épaisseur avec des angles de pente allant jusqu'à 18°. La puissance absorbée est de 160 hp (119 kW) (Cooley, 1972b).
Hydro-Jet Services, Inc. Amarillo, Tex.	Jets continus	Exploitation minière par trous de forage	Gres, calcaires et argiles (ardoise)	800 800	5.5 5.5	Utilisation de l'arrivée du jet sur les parois de côté pour creuser des cavités souterraines et des tranchées latérales (Fly, 1970).
Hydronautics, Inc. Laurel, Md.	Formation de cavités	Praticabilité de l'érosion par formation de cavités	Ardoise, serpentine, calcaire, marbre et gres	2.000	14	Recherches concernant le phénomène d'érosion par formation de cavités et détermination des taux d'érosion, des intensités minimales d'érosion, des effets de distance, de la résistance à l'érosion, de la géométrie de l'injecteur, de la vitesse et des autres paramètres (Conn, 1972; Johnson, et al., 1972).

Illinois Institute of Technology Research Institute (IITRI) Chicago Ill.	Jets continus et pulsés	Application de la technique des jets continus et des jets pulsés à l'exploitation minière et au percement de tunnels	Gres, calcaire, dolomite, brownstone, granite, gabbro et charbon	50.000 - 172.000	350 - 1.200	Experiénces concernant l'aptitude à l'abattage d'une variété de roches en formant des cratères avec un jet à une seule impulsion. Des équations de régression ont été obtenues, mettant en relation la profondeur du cratère avec la pression du jet, et les réciproques de la résistance à la compression et de la mesure du marteau de Schmidt (Singh et Huck, 1970; Singh, et al., 1972).
Kaiser Resources Ltd. Canada	Jets continus	Exploitation des mines de charbon	Charbon	1.500 - 2.000	10 - 14	Tests souterrains de l'exploitation hydraulique minière du charbon utilisant une pompe à forte pression et à volume élevé. Les premiers tests révélent que 2.500 tonnes (2,3 Mkg) de charbon ont été extraites par une équipe de deux hommes en six heures (Grimley, 1972).
Inst. for Hydrodynamics Novsibirsk, USSR	Jets continus et pulsés	Utilisation des jets à forte pression dans l'exploitation minière	Calcaire, gres, granite et métal	29.000 - 100.000	200 - 690	Etudes de la destruction de gros blocs de roche avec des énergies spécifiques d'environ 60 à 100 J/cm^3. Destruction sousmarine de roches et de plaques de métal (Voitsekhovsky, et al., 1962; Voitsekhovsky, et al., 1972).
Oak Ridge National Laboratories Oak Ridge, Tenn.	Jets contirus	Utilisation de jets à forte pression pour le percement de tunnels	Gres, calcaire et granite	2.000 - 12.000	14 - 83	Determination de l'énergie spécifique de fragmentation hydraulique dans le cas de pluneuro types de roches pour les coupes simples et pour les expériences de saignées où les crêtes intermédiaires étaient brisées. Des expériences ont également été faites concernant le seuil et l'orientation de la roche (Bresee, et al., 1972; Hahs, 1972).
St. Anthony Falls Hydraulic Laboratories Univ. of Minn. Minneapolis, Minn.	Jets pulsés	Application des jets pulsés au percement de tunnels	Gres et calcaire	2.000 - 3.000	14 - 21	Essais d'utilisation d'impulsions d'eau comme marteau. Dû au manque de fini du tracé trontal de 2 in (5 cm), les impulsions ont preduit des pressions de choc relativement basses et de très courtes durées (Ripkin et Wezel, 1972).
Terraspace, Inc. Bethesda, Md.	Jets pulsés	Expérience d'abattage de roche dans un tunnel ou une carrière	Gres, calcaire et granite	256.000	1.700	Projet d'un canon à impulsion d'eau à forte pression, utilisant un injecteur à cumulation (Cooley, 1970 - 1972a).
Railway Technical Res. Inst., Japanese National Railways Japan	Jets pulsés	Utilisation de jets à forte pression pour le percement de tunnels	Gres, diorite, granite, basalte, andésite et gabbro	30.000 - 242.000	210 - 1.670	Des expériences effectuées en utilisant des surpresseurs à deux phases sont discutées du point de vue hydrodynamique et des résultats de l'abattage de la roche sont mentionnés (Kinoshita, et al., 1972).
Railway Technical Res. Inst., Japanese National Railways Japan	Jets continus, avec ou sans les couteaux circulaires de la foreuse mécanique de tunnels	Utilisation de jets à forte pression pour le percement de tunnels	Andésite, granite, basalte et gabbro	29.000 - 72.000	200 - 500	Des tests de découpage et abattage de la roche, utilisant la méthode combinée, donnent des rendements de 2 à 5 fois plus élevés qu'en utilisant seulement les couteaux de la foreuse mécanique (Hoshino, et al., 1972).
Rock Mechanics and Explosives Research Center University of Missouri-Rolla Rolla, Mo.	Jets continus et jets pulsés	Méthodes d'exploitation minière pour le percement de tunnels et l'exploitation du charbon	Calcaire et charbon	8.000 - 50.000	55 - 350	Conséquences de la pression d'eau, du diamètre de l'injecteur de la vitesse de déplacement et du nombre de passes sur la pénétration et l'énergie spécifique. Efficacité de l'abattage hydraulique du charbon sur la réduction de la poussière (Summers, 1972; Summers et Henry, 1972).
Safety in Mines Res. Establishment, U.K.	Jets continus et jets pulsés	Expériences sur le découpage et l'abattage de la roche	Gres	22.000 - 90.000	150 - 620	Rendement du procédé de découpage au jets à des pressions et vitesses linéaires de déplacement variées. Le rendement du découpage au jet est inférieur à celui obtenu avec les engins habituels, cependant le rendement de l'abattage au jet est comparable quand on utilise les jets pulsés (Moodie et Artingstall, 1972).
Skochinsky Mining Inst. USSR	Jets continus	Tests de pénétration du charbon et de la roche	Charbon, marbre, granite et labradorite	735 - 7.350	5.1 51	Revue des études théoriques et des tests de pénétration utilisant des jets fins continus à forte pression. Des méthodes de calcul concernant le rendement de la pénétration du charbon et la vitesse moyenne sont développées. Des données concernant les jets fins sont présentées pour un modèle d'équipement d'exploitation minière du charbon (Kuzmich, 1972; Nikonov et Goldin, 1972).
U.S. Army Cold Regions Res. and Engineering Lab. (CRREL) Hanover, N.H.	Jets continus et jets pulsés	Utilisation des jets d'eau à forte pression dans la zône arctique	Sols gelés en permanence, et glace	1.500 - 24.000	10 - 170	Praticabilité de l'emploi de jets à forte pression pour l'abattage, l'excavation et l'exploitation minière dans les sols gelés (Mellor, 1972).
U.S. Bureau of Mines	Jets continus	Exploitation minière du charbon	Charbon, bitume et gravier	4.000 - 5.000	28 - 35	Sept programmes de recherches hydrauliques sur l'exploitation du charbon sont complétés. Recherches supplémentaires sur l'abattage du bitume et l'exploitation du gravier (Recherches résumées par Frank, et al., 1972).

TABLEAU 3. Valeurs Typiques des Paramètres de Quatre Jets

	Jets continus	Jets Pulsés	Canons à eau
Pression du jet	500-100.000 psi ($3{,}5$-690 MN/m^2)	10.000-240.000 psi (70-1.650 MN/m^2)	to 1.000.000 psi (7.000 MN/m^2)
Diamètre du jet	1-6 mm	0,1-1	10-30 mm
Distance d'accès	0,1-6 cm	0,5-20 cm	5-100 cm
Vitesse de déplacement	0-1 m/s	0-4 m/s	

Les pressions des jets couramment employées dans les systèmes continus sont, en principe, inférieures à 100.000 psi (690 MN/m^2). Les modèles que l'on trouve dans le commerçe vont de 30.000 à 40.000 psi (207 à 276 MN/m^2) et l'on peut construire des modèles dont les pressions vont jusqu'à 10.000 psi (690 MN/m^2). Quoique le charbon puisse être brisé par des jets dont la pression est de l'ordre de 2000 psi (13,8 MN/m^2), l'abattage effectif de roches plus dures, ayant des résistances à la compression de 5.000 à 50.000 psi (34 à 345 MN/m^2), nécessite des pressions considérablement supérieures. La limite inférieure que ces pressions requises puissent atteindre au moment où la pénétration commence pour la première fois, fut établie par plusieurs chercheurs, et on l'appelle "seuil de pression". Matsumoto, et al., (1972) donnent des seuils de pression pour le granite à partir de (0,3 à 0,5) σ_c, où σ_c représente la résistance à la compression. Bresee, et al., (1972) rapportent des seuils de pression pour le grès, le calçaire, et le granite, de 2.000 psi (13,8 MN/m^2) $\sigma_c = 6.550$ psi (45,2 MN/m^2), 3.500 psi (24,1 MN/m^2) $\sigma_c = 8.150$ psi (56,2 MN/m^2), et 6.000 psi (41,4 MN/m^2) ($\sigma_c = 25.700$ psi) (177 MN/m^2), respectivement. En général, des pressions plus élevées permettent une plus grande pénétration de la roche, et vu qu'un grand nombre de roches ont des résistances à la compression plus grandes que 20.000 psi (138 MN/m^2), de nombreuses expériences sont en cours employant des pressions de jet dépassant cette valeur. Bien que les plus fortes pressions soient plus efficaces dans l'abattage des roches dures, il y a deux problèmes majeurs d'équipement avec l'emploi des jets continus et ils doivent être résolus si l'on se décide à construire des systèmes hydrauliques pratiques d'exploitation minière. Le premier problème est relatif aux besoins importants de puissance pour les jets continus à forte pression et subséquemment la taille de l'équipement est importante. Par exemple, pour atteindre une pression de 20.000 psi (138 MN/m^2) en utilisant un injecteur de 4 mm, on a besoin d'environ 1.250 hp (932 kW); si la pression est doublée, la puissance requise passe à 4000 hp (2.983 kw) (Cooley, 1972 b). Ces besoins élevés de puissance sont en partie responsables du développement des canons à eau et autres systèmes à jets pulsés.

En outre, les jets continus souffrent d'un manque de sécurité du système de pompe lui-même, et s'ils doivent être employés seuls ou en combinaison avec les foreuses mécaniques, des joints flexibles et des dispositifs d'étanchéité rotatoires appropriés devront être ajoutés, ou encore, les surpresseurs devront faire partie intégrante de la tête rotative.

Des pressions de jet aussi élevées que 240.000 psi (1.655 MN/m^2) furent obtenues au Japon (Knoshita, et al., 1972) dans le cas d'un jet pulsé, et une pression de 1.000.000 psi (7.000 MN/m^2) fut enregistrée avec des canons à eau soviétiques (Cooley, 1972). Un petit fusil à eau actionné par une cartouche, inventé par Exotech aux Etats-Unis, atteignit des pressions de 5.000.000 psi (35.000 MN/m^2) (Cooley et Clipp, 1970). Exotech rendit compte également de l'exploitation d'un jet pulsé susceptible de pressions de 300.000 psi (2.070 MN/m^2) avec une vitesse de répétition de cinq impulsions à la seconde (Exotech, 1972).

Des données, montrant que le rendement des canons à eau augmente avec l'accroissement des pressions dans le jet, furent présentées par Cooley (1972). La figure 8 montre un tracé de l'énergie spécifique en fonction de la pression spécifique (rapport de la pression du jet à la résistance à la compression) pour plusieurs types de roches. Bien que le taux de diminution de l'énergie spécifique soit moindre pour des pressions spécifiques plus fortes que 2 environ, la courbe n'indique aucun minimum pour des pressions spécifiques allant jusqu'à 10. De plus, Singh et Huck (1970) ne trouvèrent aucun minimum et ceci pour des pressions spécifiques atteignant 35.

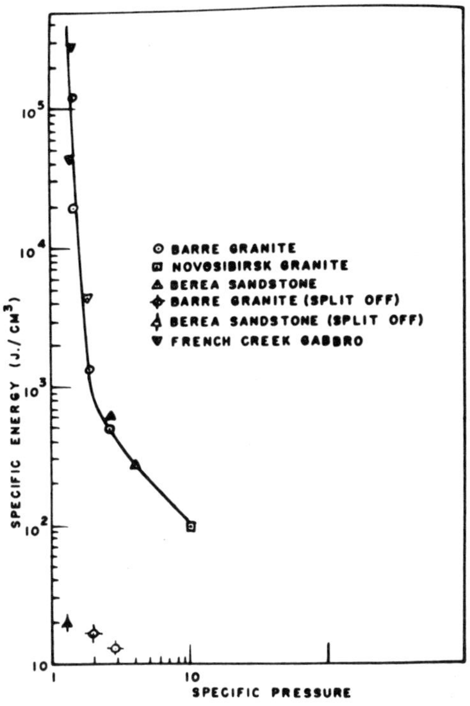

FIGURE 8. Rapport Energie Spécifique - Pression Spécifique, Cratères à impulsion simple dans le granite et le grès. (Cooley, 1972).

Les diamètres des jets varient habituellement d'environ 1 à 6 mm dans le cas des jets continus et peuvent atteindre environ 30 mm dans le cas de canons à eau tels que ceux inventés par Voitsekhosky en Russie. La restriction actuelle imposée aux plus grands diamètres de jet est surtout due aux besoins de puissance grandement accrus comme on l'a dit précédemment.

Les distances d'accès ou distances entre le bec du jet et la cible vont de 0,1 environ à 20 cm pour tous les jets sauf pour les canons à eau où ces distances peuvent atteindre un mètre ou même davantage.

En général, plus la distance d'accès est grande, moindre est le rendement du jet; et à des distances plus grandes qu'environ 100 diamètres, la pression du jet tombe rapidement. Une amélioration considérable du rendement du jet et de plus grandes distances d'accès furent considérées comme possibles si de grandes chaînes molécules étaient ajoutées dans le liquide employé (Franz, 1972).

La vitesse de déplacement du jet d'eau par rapport à la roche est un facteur important en ce qui concerne le rendement du procédé d'abattage. Brook (1972) montra que la plus grande partie de pénétration dans les cibles statiques se produisait pendant la première fraction d'une seconde, et que la quantité initiale de déplacement de la roche était élevée. On obtient un plus grand rendement si le jet est braqué sur la roche à des vitesses atteignant environ 6 1/2 ft/s (2m/s), sans obtenir pour autant une limitation trop importante de la profondeur de pénétration. Cette manière de procéder, augmente non seulement le rendement en diminuant la dépense d'énergie, mais elle produit également des enclaves à l'intérieur de la roche, irrégularités qu'il est possible de briser avec des lames mécaniques.

L'angle d'attaque du jet sur la roche est généralement perpendiculaire sauf dans le cas où on a envisagé des jets doubles (jumelés). En Russie, des expériences, utilisant un ensemble de jets pivotants doubles se déplaçant à l'intérieur de la roche, donnérent des rendements d'abattage optimaux pour le granite, avec un angle de 12 1/2° avec la perpendiculaire, et pour le charbon avec un angle d'environ 8° (Kuzmich, 1972). Des expériences faites par le Bureau des Mines des Etats-Unis (Frank et Chester, 1971) montrèrent qu'un angle d'attaque de 12 1/2° pour un seul jet produisait des rendements optimaux d'abattage dans le bitume.

L'influence des propriétés de la roche sur la pénétration par jet d'eau n'est pas très bien connue et cet aspect de la question requiert considérablement plus d'attention. Brook trouva que le fonctionnement du jet ne pouvait être intimement relié aux propriétés de la roche à cause de la grande dispersion des résultats. Les meilleures corrélations concernaient le Module de Young et la Résistance aux chocs (Brook et Page, 1972). Singh et Huck (1970) rendirent compte du fait que la résistance à la compression et la résistance au marteau de Schmidt étaient les deux propriétés de la roche qui établissaient la meilleure corrélation avec la profondeur du cratère dans le cas d'un seul jet pulsé. Matsumoto, et al., (1972) trouvèrent qu'il existait une relation entre la résistance à la compression et la profondeur d'abattage pour les tests dans le granite. Zelenin (1968) montra que la profondeur de la fente produite dans la roche par un jet continu était une fonction inverse de la résistance aux chocs de Protodyakonov. Une relation semblable fut également obtenue par Nikonov et Goldin (1972) lors de tests sur le charbon en employant des jets continus. Frank et Chester (1971) trouvèrent que la profondeur d'abattage dans le bitume, produite par un jet continu, était fonction de la porosité, de la densité, de la résistance du ciment, de la résistance à la compression et du module d'élasticité.

D'autres caractéristiques importantes qui influencent le processus du jet d'eau et dont on doit tenir compte, sont les particularités structurales présentes à l'intérieur de la masse rocheuse, y compris la taille du grain, la foliation, l'assiette, et les fissures.

Les énergies spécifiques sont très variables pour les différents systèmes de jet et types de roche. Dans les tests d'abattage par fentes, utilisant des pressions allant jusqu'à 44.000 psi (303 MN/m^2) dans les roches dures et tendres, Brook (1972) rapporta que des énergies spécifiques typiques pour la roche tendre et pour la roche dure étaient respectivement de 400 J/cm^3 et 70.000 J/cm^3. A cause de l'augmentation rapide des besoins en énergie pour les roches dures, certains chercheurs envisagèrent de combiner les jets d'eau avec les foreuses mécaniques afin d'améliorer le rendement de l'ensemble du système. Des tests faits au Japon par Hoshino, et al., (1972) sur le gabbro, le granite, l'andésite et la basalte, utilisant les couteaux d'une foreuse de tunnel, montrèrent que le système combiné jet-couteaux améliorait de 2 à 5 fois l'opération faite au moyen de foreuses seules. La figure 9 représente un diagramme du rapport d'abattage en fonction de la largeur des sillons (espacement des sillons) pour ces quatre types de roches.

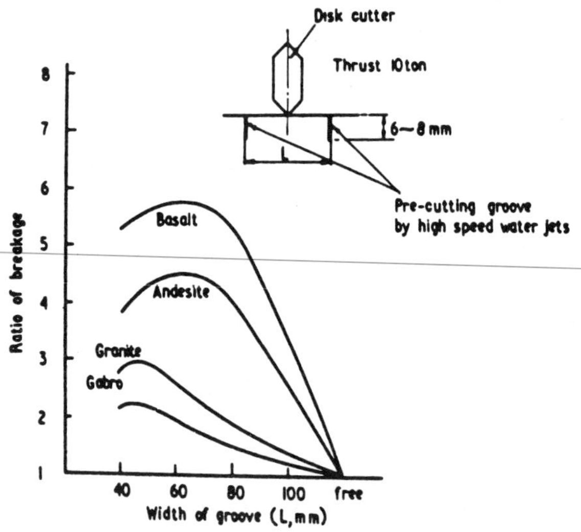

FIGURE 9. Effet du pré-coupage par jets d'eau à vitesse élevée (Hoshino, et al., 1972).

Le tableau 4 représente les données provenant des études faites par Kurko et Chadwick (1972) comparant, dans les argilites et les quartzites, le rendement du jet de fluide et une machine hypothétique à percer les tunnels utilisant l'abattage hydraulique, au moyen de la méthode du jet combinée à la méthode mécanique suivant les données d'une machine Lawrence HRT-12. Les énergies calculées pour le système hypothétique jet-mécanique, montrèrent une réduction considérable en comparaison avec l'excavation produite par un seul jet, mais elles furent encore plus grandes que les valeurs obtenues en utilisant la foreuse Lawrence. Quoique l'énergie consommée par le système combiné soit encore un peu plus grande que celle consommée par les engins mécaniques seuls, on obtient le bénéfice de l'augmentation du taux de pénétration, ce qui peut être d'une importance capitale.

L'emploi des méthodes hydrauliques pour les exploitations du charbon et de la roche tendre offre des promesses considérables en ce qui concerne leur expansion future vu les progrès continus de la technologie. La roche dure présente de plus grandes difficultés, à la fois dans le rendement du jet d'eau utilisé seul, et aussi à cause des besoins plus grands en énergie. Les études des systèmes combinés, employant soit les jets d'eau et les foreuses mécaniques, soit les jets d'eau et les procédés thermiques, devraient être plus poussées, afin d'améliorer leur rendement global.

TECHNIQUES CHIMIQUES

La plupart des recherches utilisant des produits chimiques se sont intéressées à l'addition de solutions de faible concentration comme auxiliaire à la fragmentation mécanique, bien que l'on ait fait quelques recherches sur les techniques pour dissoudre la roche ou ses matériaux de cimentation.

Il y a 29 ans Rehbinder, et al., (1944) rapportèrent que les taux de forage à percussion rotative avaient augmenté de 10 à 60% en employant une solution de chlorure d'aluminium plutôt que de l'eau seule. Ces taux accrus de pénétration furent attribués à une diminution dans la résistance de surface de la roche causée par la présence de l'additif. Depuis ce moment-là, plusieurs autres chercheurs examinèrent les résultats obtenus en ajoutant des additifs au procédé de fragmentation mécanique.

En 1967, Robinson décrivit les résultats du percement à micromèche dans le calcaire en employant des solutions de sels de soude. Avec l'eau comme base, une solution d'azélate de soude a presque doublé le taux de forage en utilisant une micromèche-drague; par contre, le taux de forage enregistra une légère baisse en utilisant une micromèche à deux cônes.

Strebig, et al, (1971) démontrèrent les augmentations des taux de percement du quartz obtenus au moyen d'additifs organiques et à l'aide de mèches imprégnées de diamants. En particulier, ils conclurent d'après une analyse du coût des résultats, que les prix de percement pouvaient être réduits en comparaison avec ceux qu'on obtenait en employant uniquement de l'eau.

McGarry et Moavenzadeh (1972) firent un test en dirigeant le rayon d'action sur les encoches pour mesurer l'influence de 30 agents

TABLEAU 4. Comparaison des Performances des Systèmes Variés d'Excavation

	Puissance requise (h.p.)	(kW)	Taux d'excavation rapport espace-temps (yd^3/hr)	(m^3/hr)	Energie spécifique (ft lb/in^3)	Energie spécifique (J/cm^3)
Argilites (σ_c = 35.000 psi)(241 MN/m^2)						
Lawrence HRT-12	600	447	22,7	17,4	1.122	93
Jet hydraulique	51.000	38.100	22,7	17,4	47.901	3 .963
Jet/Mécanique	16.450	12.300	22,7	17,4	15.409	1.275
Quartzites (σ_c = 50.000 psi)(345 MN/m^2)						
Lawrence HRT-12	600	447	4,5	3,4	5.608	464
Jet Hydraulique	17.100	12.750	4,5	3,4	79.708	6.611
Jet/Mécanique	4.096	3.054	4,5	3,4	19.145	1.584

actifs de surface sur le taux d'énergie de surface nécessaire pour causer une rupture stable dans les échantillons de roche. Une réduction de 50% de la résistance de la roche, observée en laboratoire et dans les expériences limitées sur chantier, montra une augmentation de 10 à 20% du taux de pénétration en utilisant une foreuse et des agents actifs de surface. Ils conclurent que la corrosion activée par contrainte était le mécanisme principal causant l'affaiblissement de la roche.

Unger, et al., (1973) entreprirent des expériences de percement sur chantier dans les basaltes amygdaloïdaux du District de l'Upper Michigan Copper Mining. Ils utilisèrent des solutions d'agents actifs en surface non-ioniques, anioniques et cationiques, toutes susceptibles de dégradations biologiques, avec des mèches de diamant placées en surface.

Par rapport à l'eau, la solution non-ionique produisit une augmentation moyenne globale des taux de pénétration de 35%, la solution anionique une augmentation de 29%, et 28% pour la solution cationique. Ces accroissements des taux de pénétration eurent pour résultat une réduction de coût allant de 22 à 28% en comparaison avec les résultats obtenus en utilisant uniquement de l'eau. Le noyage avec les solutions d'agents actifs en surface permit également de préserver les mèches de l'usure et il rendit bien plus facile la récupération de la carotte de sondage dans le cylindre de percement.

Westwood (1973) rendit compte du fait que la bonne marche du sondage du granite était largement déterminée par le comportement chimico-mécanique de la phase la plus résistante: celle du quartz, plutôt que par la présence de fentes ou d'autres particularités de la microstructure. Il montra qu'en augmentant la résistance du quartz et de la microcline de 20% par un procédé chimique, on pouvait obtenir des augmentations du taux de percement de 13 unités pour le quartz et de 3 unités pour la microcline et le granite.

Ces résultats suggèrent de façon incontestable que l'on devrait faire des études supplémentaires concernant les effets des solutions chimiques sur le rendement de l'abattage de la roche et des méthodes de percement On a également besoin de beaucoup plus de données pour obtenir une compréhension de base de la chimie et de la physique de surface de ces phénomènes. En prévision des opérations importantes de percement de tunnels et d'excavation envisagées dans le futur, de très modestes améliorations de rendement pourraient permettre des économies significatives.

Choc de Projectiles

La Compagnie Internationale de Physique a démontré récemment que des projectiles à grande vitesse pouvaient être utilisés pour creuser un tunnel (Watson, 1973). En utilisant des projectiles en bitume de 10 livres (4,53 kg), lancés à une vitesse de 5.000 ft/s (1.525 m/s) avec un canon de 105 mm, un tunnel de 13 ft (4 m) de diamètre et d'une profondeur de 26 ft (7,9 m) a été creusé, dans une formation de roche granitique de Hope Valley, Californie. La figure 10 montre l'installation sur chantier et la figure 11 montre le tunnel presque fini. La quantité moyenne de roche déplacée par chaque projectile était de 3.000 lb (1.360 kg) et l'énergie spécifique du processus de choc pendant

FIGURE 10. Le Canon de 105 mm, sur le Mont Mobile, en position de tir pour le creusement du tunnel. (Watson, 1973).

FIGURE 11. Le tunnel presque terminé dans la Hope Valley, sa profondeur est de l'ordre de 24 pieds. (Watson, 1973).

le percement était de 120 ft-lb/in^3 (10 J/cm^3). L'énergie spécifique est très faible si on considère qu'elle est basée sur une opération actuelle de percement. Les énergies spécifiques typiques vont de 100 à 200 J/cm^3 pour le percement mécanique utilisant des couteaux circulaires ou des mèches de drague dans les roches dures (Maurer, 1968). Singh (1969 b) rendit compte également du fait que les énergies spécifiques, pour les agglomérés lancés à grande vitesse dans une variété de types de roche, allaient de 100 à 300 J/cm^3.

On a procédé au contrôle des parois de deux manières. La première a utilisé un percement en ligne pour obtenir des parois lisses et compétentes. La deuxième méthode a montré qu'on pouvait obtenir, sans aucune préfissuration, un tunnel à parois lisses et compétentes avec un nombre insignifiant de ruptures exagérées, à condition que de plus petits canons soient utilisés pour parfaire le travail.

Les risques au niveau de l'éjecteur ont semblé être un problème minime du fait qu'on a la possibilité de contrôler la poussière selon un simple système de vaporisation descendante. La dimension et la répartition de la roche brisée ont été convenables pour les méthodes courantes de cassage, et la rupture secondaire des gros blocs de pierre s'est révélée faisable.

L'analyse du coût d'un tel système conceptuel de percement de tunnel à grande vitesse, basée sur les résultats de ces tests, a montré qu'on pouvait creuser un tunnel de 10 ft (3 m) de diamètre à raison de 226 ft/day (69 m/jour) en utilisant des canons de 4 in (102 mm); un tunnel de 20 ft (6,1 m) de diamètre pourrait être percé à raison de 550 ft/day (168 m/jour) avec des canons de 8 in (203 mm). On a prévu, par comparaison, que le coût de ces systèmes atteindrait 60% du coût des méthodes conventionnelles de forage utilisant des explosifs.

Les analyses ont également montré que les vitesses de progression sont limitées par le système de maniement des matériaux abattus pour les sortir du tunnel.

Le rendement obtenu par ces premiers tests est encourageant. Un système pratique d'exploitation basé sur ce concept peut très bien être possible à condition que puissent être résolus des problèmes tels que les effets de souffle produits à la gueule du canon d'une part, et le maniement des matériaux d'autre part. Un avantage indéniable concernant les progrès de la Technique, réside dans l'étendue des moyens mis à notre disposition à l'heure actuelle par la technologie des armes à feu rapides.

REMERCIEMENTS

L'auteur exprime sa gratitude envers ses collègues, K. Thirumalai, J. N. Frank, W. H. Engelmann, Twin Cities Mining Research Center, U.S. Bureau of Mines, pour leurs contributions à ce rapport.

RÉFÉRENCES

Armstrong, D. E., J. S. Coleman, B. B. McInteer, R. M. Potter and E. S. Robinson, March 1965, Rock melting as a drilling technique, Los Alamos Scientific Laboratory, Rept. 3243.

Ash, J. L., April 1972, Hydraulic jetting with clear water for rock excavation, 1st Internat. Symp. on Jet Cutting Tech., BHRA, Fluid Eng., Cranfield, p. B3-29 - B3-51.

Baker, J. H., May 1959, Mining by hydraulic jet, Min. Cong. J., Vol. 45, No. 5, p. 45-46, 52.

Bergman, E. D. and G. N. Pokrovskii, November-December 1968, Some results of plasma rock breaking, Fiziko-Tekhnicheskie Problemy Razrabotki Poleznykh Iskopaemykh, No. 6, p. 48-52.

Borden, P. E., 1964, Latest technological developments in mining methods, Ninth Annual Minerals Symp., Moab, Utah, p. 1-7.

Bouche, R. E., 1964, Drilling rocks with plasma jets, MS thesis T-992, Colorado School of Mines.

Bowles Engineering Corp., December 1969, Externally augmented hypervelocity jet program, R-10-31-69, Contract DOT-FR-9-0015, 103 p.

Bresee, J. C., G. A. Cristy, and W. C. McClain, April 1972, Some comparisons of continuous and pulsed jets for excavation, 1st Internat. Symp. on Jet Cutting Tech., BHRA, Fluid Eng., Cranfield, p. B9-125 - B9-132.

Brock, T. E. and C. A. Richardson (editors), April 1972, 1st Internat. Symp. on Jet Cutting Tech., BHRA, Fluid Eng., Cranfield.

Brook, N., June 1972, Water jet cutting likely to play a major role in ore mining, Min. Mag., p. 450-452.

Brook, N. and C. H. Page, April 1972, Energy requirements for rock cutting by high speed water jets. 1st Internat. Symp. on Jet Cutting Tech., BHRA, Fluid Eng., Cranfield, p. B1-1 - B1-12.

Browning, J. A., W. B. Horton, and H. L. Hartman, June 1965, Recent advances in flame jet working of minerals VII Symp. on Rock Mech., Pennsylvania State University.

Buch, J. W., 1964, Hydraulic mining of anthracite: Engineering development studies, U.S. BuMines Rept. of Inv. 6610, 24 pp.

Calaman, J. J., A. L. Bonsall, and J. Hoelzlhammer, Jan. 11-12, 1966, Developments in jet piercing, 27th Ann. Min. Symp., Univ. of Minn.

Canadian Mines Branch Staff, 1962, Jet-piercing research project, Mines Branch Inv. Rept. IR 62-27, Dept. of Mines and Technical Surveys, Ottawa.

Carstens, J. P., W. R. Davison, C. A. Brown, A. R. Smith, and F. J. McGarry, September 1970, Heat-assisted tunnel boring machines, United Aircraft Research Laboratories, Rept. No. J-970802-12, U.S. Dept. of Transportation, Contract No. FR-9-0035.

Carstens, J. P., 1972, Thermal fracture of rock - a review of experimental results, RETC Proceedings, Vol. 2, p. 1363-1392.

Carstens, J. P., et al., November 1972, Research investigation of laser rock kerfing, United Aircraft Research Laboratories Final Rept. DOT Contract FR 20021.

Clark, G. B., T. F. Lehnhoff, V. D. Allen, M. R. Patel, and J. K. Weng, June 1972, An investigation of thermal mechanical fragmentation of rock, Contract No. USDI H0210028, U.S. BuMines, Ann. Tech. Rept.

Clark, G. B., T. F. Lehnhoff, V. Allen, and M. Patel, January 1973, An investigation of combined thermal weakening and mechanical disintegration of hard rock, Contract No. H0220068, U.S. BuMines Semiannual Rept.

Clipp, L. L. and W. C. Cooley, March 1969, Development, test and evaluation of an advanced design experimental pneumatic powered water cannon, Exotech Inc., Final Rept. TR-RD-040, DOA, U.S. Army Mobility Equipment R&D Center, Contract No. DAAK 02-68-C-0444, 62 p.

Conn, A. F., March 1972, Recent developments of the cavitating water jet ("Cavijet") method, Hydronautic, Inc. Tech. Memorandum PMB-16-1, 7 p.

Cooley, W. C., 1970, Correlation of data on erosion and breakage of rock by high pressure water jets, Proc. 12th Symp. Rock Mech., University of Missouri-Rolla, p. 653-665.

Cooley, W. C. and L. L. Clipp, May 1970, High pressure water jets for undersea rock excavation, Trans. ASME J. Eng. for Industry, p. 281-287.

Cooley, W. C., April 1972a, Rock breakage by pulsed high pressure water jets, 1st Internat. Symp. on Jet Cutting Tech., BHRA, Fluid Eng., Cranfield, p. B7-101 - B7-112.

Cooley, W. C., 1972b, Water jets and rock hammers for tunneling in the U.S. and U.S.S.R., RETC Proceedings, Vol. 2, p. 1325-1360.

Crow, S. C., June 1972, A theory of hydraulic rock cutting, Flow Research Rept. No. 5, 31 p.

Exotech Inc., 1972, Gaithersburg, Md., Annual Rept.

Fly, A. B., Sept. 1-4, 1970, Subsurface hydraulic mining through small diameter boreholes, 1st Internat. Conf. on the Hydraulic Transport of Solids in Pipes, University of Warwick, England, Paper BT, 6 p.

Fowkes, R. S. and J. J. Wallace, 1968, Hydraulic coal mining research: assessment of parameters affecting the cutting rate of bituminous coal, U.S. BuMines Rept. of Inv. 7090, 23 p.

Frank, J. N. and J. W. Chester, 1971, Fragmentation of concrete with hydraulic jets, U.S. BuMines Rept. of Inv. 7572, 32 p.

Frank, J. N., D. E. Fogelson, and J. W. Chester, April 1972, Hydraulic mining in the U.S.A., 1st Internat. Symp. on Jet Cutting Tech., BHRA, Fluid Eng., Cranfield, p. E4-45 - E4-66.

Franz, N. C., April 1972, Fluid additives for improving high velocity jet cutting, 1st Internat. Symp. on Jet Cutting Tech., BHRA, Fluid Eng., Cranfield, p. A7-93 - A7-104.

Grimley, A. W. T., November 1972, Underground hydraulic mining at Michel Colliery, Western Miner, p. 52-53.

Hahs, C. A., June 12-14, 1972, Design parameters for water jet tunneling machines, Proc. 14th Symp. on Rock Mech., Penn. State University, University Park, Pa.

Hanninen, C. C. and J. W. Sipola, June 12-14, 1972, Thermechanized mining system at White Pine, Proc. 14th Symp. on Rock Mech., Penn. State University.

Holdbrook, R. G. and B. W. Schumacher, December 1972, Use of electron beam gun for hard rock excavation, Westinghouse Electric Corp., Final Tech. Rept. on U.S. BuMines Contract No. H0110377.

Hoshino, K., T. Nagano, and H. Tsuchishima, April 1972, Rock cutting and breaking using high speed water jets together with 'TBM' cutters, 1st Internat. Symp. on Jet Cutting Tech., BHRA, Fluid Eng., Cranfield, p. B6-89 - B6-100.

Huck, P. J. and M. M. Singh, December 1970, Rock fracture by high speed water jets, Final Rept. No. D6009-11, Contract DOT-No. Fr 9-0031, p. 92.

Johnson, V. E., Jr., R. A. Kohl, A. Thiruvengadam, and A. F. Conn, April 1972, Tunneling, fracturing, drilling, and mining with high speed water jets utilizing cavitation damage, 1st Internat. Symp. on Jet Cutting Tech., BHRA, Fluid Eng., Cranfield, p. A3-37 - A3-56.

Kinoshita, T., K. Hoshino, and K. Takagi, April 1972, Rock breaking with continuous high speed water jet stream, 1st Internat. Symp. on Jet Cutting Tech., BHRA, Fluid Eng., Cranfield, p. B2-13 - B2-28.

Kravchenko, V. S., A. P. Obrastsov, and V. V. Ustinov, May 1961, Min. Cong. J., Vol. 47, No. 5, p. 53-55.

Kurko, M. C. and R. F. Chadwick, May 1972, Continuous high velocity jet excavation - Phase I, Final Rept. No. 6241, ARPA Contract No. H0210034, 85 p.

Kuzmich, I. A., April 1972, Some relationships in the coal penetration by high pressure thin water jets, 1st Internat. Symp. on Jet Cutting Tech., BHRA, Fluid Eng., Cranfield, p. E1-1 - E1-8.

LaTour, H. and H. D. Wren, Nov. 11, 1958, Mining of taconite ores using high frequency magnetic energy, U.S. Patent 2,859,952.

Liessmann, Y., 1966, Das mikrowellenverfahren zur zerkleinerung von gesteinvershucsanlage und erzielten ergebrisse (The microwaves for rock breaking-experimental technique and results), Bergbantechnik, Vol. 16, No. 10, p. 537-540.

Lindroth, D. P. and W. G. Krawza, April 1971, Heat content and specific heat of six rock types at temperatures to 1,000° C, U.S. BuMines Rept. of Inv. 7503, 24 p.

Malenka, W. T., 1969, Hydraulic mining of anthracite: analysis of operating variables, U.S. BuMines Rept. of Inv. 7120, 19 p.

Matsumoto, K., H. Hamada, T. Fukada, and A. Shizyo. April 1972, High-pressure jet cutting, 1st Internat. Symp. on Jet Cutting Tech., BHRA, Fluid Eng., Cranfield, B4-53 - B4-75.

Maurer, W. C., 1968, Novel drilling techniques, Pergamon Press, New York, 114 p.

Maurer, W. C. and J. K. Heilhecker, January 1969, Hydraulic jet drilling, AIME, Proc. of 4th Symp. on Drilling and Rock Mech. SPE 2324, University of Texas, Austin, Tex., p. 213-304.

Maurer, W. C., J. K. Heilhecker, and W. W. Love, Oct. 9-11, 1972, High pressure jet drilling, AIME, 47th Ann. Fall Meeting of the Soc. of Petrol., Engineering SPE 3988, San Antonio, Tex.

McGarry, F. J. and F. Moavenzadeh, Nov. 16-18, 1970, Laser heating effects on rock samples, 12th Symp. on Rock Mech., University of Missouri, Rolla, Missouri.

McGarry, F. J. and F. Moavenzadeh, June 5-7, 1972, Rock weakening potentials of surface active agents, RETC Proceedings, Vol. 2, p. 1361.

Mellor, M., April 1972, Jet cutting in frozen ground, 1st Internat. Symp. on Jet Cutting Tech., BHRA, Fluid Eng., Cranfield, p. G2-13 - G2-24.

Moavenzadeh, F., R. B. Williamson, and F. J. McGarry, January 1967, Laser assisted rock fracture, Dept. of Civil Eng., MIT, Rept. No. R67-3.

Moavenzadeh, F., R. B. Williamson, and F. J. McGarry, May 1968, Thin disk technique for analyzing rock fractures induced by laser irradiation, Dept. of Civil Eng., MIT Rept. No. R68-21.

Moodie, K. and G. Artingstall, April 1972, Some experiments on the application of high pressure water jets for mineral excavation, 1st Internat. Symp. on Jet Cutting Tech., BHRA, Fluid Eng., Cranfield, p. E3-25 - E3-44.

Nasiatka, T. M. and F. Badda, 1963, Hydraulic coal mining research: tests in a steeply pitching coalbed, Roslyn, Wash., U.S. BuMines Rept. of Inv. 6276, 16 p.

Nikonov, G. P. and Y. A. Goldin, April 1972, Coal and rock penetration by fine, continuous high pressure water jets, 1st Internat. Symp. on Jet Cutting Tech., BHRA, Fluid Eng., Cranfield, p. E2-9 - E2-24.

Oil and Gas Journal, June 21, 1972, New Gulf method of jetted particle drilling promises speed and economy, Vol. 62, No. 25, p. 109-114.

Olson, J. J. and T. C. Atchison, 1972, Research and development - key to advances for rapid excavation in hard rock, RETC Proc., Vol. 2, p. 1393-1441.

Palowitch, E. R. and W. T. Malenka, September 1964, Hydraulic mining research, a progress report, Min. Cong. J., Vol. 50, No. 9, p. 63-73.

Poole, J. and M. L. Thorpe, October 1972, Study of high powered plasmas for in situ hard rock disintegration, TAFA Division, Humphreys Corp., Semiannual Tech. Rept. ARPA Contract No. H0220051.

Price, G. C. and F. Badda, 1965, Hydraulic coal mining research: development mining in a steeply pitching coalbed, Roslyn, Wash., U.S. BuMines Rept. of Inv. 6685, p. 16.

Rad, P. F. and E. J. McGarry, Nov. 16-18, 1970, Thermally assisted cutting of granite, 12th Symp. on Rock Mech., University of Missouri-Rolla, Mo.

Rad, P. F., November 1971, Thermally assisted fracture of marble and granite, Tunnels and Tunneling, p. 442-450.

Rehbinder, P. A., L. A. Shreiner, and K. F. Zhigach, 1944, Hardness reducers in drilling, Akademiya Nank USSR, Moscow, trans. by C.S.I.R.O., Melbourne, 1948, 163 p.

Ripken, J. F. and J. M. Wetzel, February 1972, A study of the fragmentation of rock by impingement with water and solid impactors, Final Rept. No. 131, ARPA Contract No. H0210021, 39 p.

Robinson, L. H., September 1967, Effect of hardness reducers on failure characteristics of rock, J. Soc. Petrol. Eng., Vol. 7, No. 3, p. 295-300.

Sarapuu, E., 1969, Electrical fragmentation of magnetic iron ores, AIME Ann. Meeting, Feb. 16-20, 1969, Washington, D.C., preprint 69-AD-52, 13 p.

Sarapuu, E., June 1973, Electro-energetic rock breaking systems, Mining Congress J., p. 44-54.

Seldenroth, T. R., J. Verstraten, and F. J. H. Timmermans, Nov. 23, 1965, Method of splitting nonmetallic brittle materials and devices for carrying out such methods, U.S. Patent 3,219,280.

Singh, M. M., October 16-17, 1969a, Novel methods of rock breakage, Proc. 2nd Symp. of Rapid Excavation, Sacramento State College, Sacramento, Calif. p. 4-1 - 4-27.

Singh, M. M., December 1969b, Rock breakage by pellet impact, IITRI, Final Rept., U.S. Dept. of Transportation, Contract No. DOT 3-0171.

Singh, M. M. and P. J. Huck, Nov. 16-18, 1970, Correlation of rock properties to damage effected by water jet, Proc. 12th Symp. Rock Mech., University of Missouri-Rolla, Rolla, Mo., p. 681-695.

Singh, M. M., L. A. Finlayson, and P. J. Huck, April 1972, Rock breakage by high pressure water jets, 1st Internat. Symp. on Jet Cutting Tech., BHRA, Fluid Eng., Cranfield, p. B8-113 - B8-124.

Smith, M. C., ed., April 1971, A preliminary study of the nuclear subterrene, Los Alamos Scientific Laboratory, Rept. 4547.

Steudel, J., April 1965, Versuche mit mikrowellen zur zerstöring von sandsteinen, (Investigations on disintegration of sandstones using microwaves), Glückauf Forschungshefte, Vol. 26, No. 2, p. 117-125.

Strebig, K. C., A. A. Selim, and C. W. Schultz, March 1971, Effect of organic additives on impregnated diamond drilling, U.S. BuMines Rept. of Inv. 7494, 31 p.

Summers, D. A. and R. L. Henry, April 1972, The effect of change in energy and momentum levels on rock removal rate in Indiana limestone, 1st Internat. Symp. on Jet Cutting Tech., BHRA, Fluid Eng., Cranfield, p. B5-77 - B5-88.

Summers, D. A. and R. L. Henry, July 1972, Water jet cutting of sedimentary rock, J. of Petrol. Tech., Vol. 24, p. 797-802.

Thirumalai, K., June 16-19, 1969, Process of thermal spalling behavior in rocks - an exploratory study, 11th Symp. on Rock Mech., University of Calif., Berkeley, Calif.

Thirumalai, K., September 1970, Rock fragmentation by creating a thermal inclusion with dielectric heating, U.S. BuMines Rept. of Inv. 7424, 33 p.

Thirumalai, K., 1971, Potentials of internal heating methods for rock fragmentation - dynamic rock mechanics, ed. by G. B. Clark, Proc. of 12th Symp. on Rock Mech., AIME, New York, p. 697-719.

Thirumalai, K. and R. L. Fischer, August 1971, Development and potentials of moiré method of strain analysis for rock testing, 13th Symp. on Rock Mech., Urbana, Ill.

Thirumalai, K., May 9-13, 1972, Single fracture and fragmentation of brittle solids subjected to thermal shock, Internat. Symp. on Defect Interaction in Solids, Bangalore, India.

Thirumalai, K. and J. B. Cheung, June 12-14, 1972, A study on a new concept of thermal hard rock crushing, 14th Symp. on Rock Mech., Penn. State University.

Thirumalai, K. and O. McNary, Feb. 25, 1973, Development and testing of a thermohydraulic process for hard rock cutting, AIME Ann. Meeting, Chicago.

Unger, H. F., B. S. Snowden, and W. H. Engelmann, 1973, Diamond drilling with surfactants in upper Michigan conglomerates using surface-set bits, 6th Conf. on Drilling and Rock Mech., Austin, Texas, SPE 4236 Soc. of Petrol. Eng. - AIME.

United Aircraft Research Laboratories, May 1968, Feasibility of flame-jet tunneling, Rept. No. G-910560-10 on U.S. DOT Contract No. 7-35126, Vol. I, Summary Rept.

Voitsekhovsky, B. V., et al., 1962, Some results of the destruction of rock by means of a pulsed water jet, Siberian Branch of the Academy of Sciences, USSR, Series of Tech. Sciences, No. 1 (2), Novosobirsk, p. 7-11.

Voitsekhovsky, B. V., et al., April 1972, On destruction of rocks and metals by high pressure jets of water, 1st Internat. Symp. on Jet Cutting Tech., BHRA, Fluid Eng., Cranfield, p. G8-93 - G8-112.

Vorobjev, B. M. and R. T. Deshmukh, 1966, Advanced coal mining, Asia Publishing House, London, 909 p.

Wallace, J. J., G. C. Price, and M. S. Ackerman, 1961, Hydraulic coal mining research: equipment and preliminary tests, U.S. BuMines Rept. of Inv. 5915, 25 p.

Watson, J. D., January 1973, Full scale field test results of the REAM concept for hard rock excavation, PIFR - 391, sponsored by the Advanced Research Projects Agency through Bureau of Mines contract No. H0220015, Physics International Co., San Leandro, Calif.

Westwood, A. R. C., N. H. Macmillan, and R. S. Kalyoncu, 1973, Chemomechanical phenomena in hard rock drilling, Trans. AIME (in press).

Williamson, R. B., F. Moavenzadeh, and F. J. McGarry, August 1968, Some relationships between power level exposure time, sample size, and weakening in laser assisted rock fracture, Dept. of Civil Eng., MIT Rept. No. R68-30.

Wingquist, C. F., June 1969, Elastic moduli of rock at elevated temperatures, U.S. BuMines Rept. of Inv. 7269, 18 p.

Young, F. M., 1963, The secondary breaking effect of high frequency electrical energy applied to rock fragmentation, Rock Mech., ed., C. Fairhurst, Pergamon Press, Oxford, England, p. 185-203.

Zar, J. L., October 1972, The use of a laser for ARPA military geophysics program, (Rock Mechanics and Rapid Excavation) AVCO Everett Research Laboratory, Final Tech. Rept., U.S. Bureau of Mines, Contract No. H0210039.

Zelenin, A. N., G. M. Vesselov, and Y. G. Koniashin, 1968, Rock breaking with jetstream under pressure up to 2,000 ATM, (Zakonomernosti razrusheniya gornyh porod struey vody pri davlenii do 2,000 ATM), Article published in "Problems in Mining," Terpigoriv Volume edited by Protodyaknov, M. M., issued by Mining Institute, Academy of Science, USSR, published by Ugltekhizdat, Moscow, in Russian, p. 112-122, translated by C. Procopov, Bureau of Mines, Washington.

VORGESCHRITTENE ZERSTÜCKELUNGSMETHODEN

David E. Fogelson

Aufsichtsgeophysiker
Twin Cities Mining Research Center

Twin Cities, Minnesota

ZUSAMMENFASSUNG

Die Forschungsarbeit auf dem Gebiet vorgeschrittener Zerstückelungsmethoden erweitert sich um alternative Zerstückelungssysteme zu verschaffen, die die Nachteile konventioneller Methoden überwinden und die Ausgrabungsgeschwindigkeiten erhöhen werden. Diese Abhandlung bespricht den Kunstzustand der thermischen, hydraulischen und chemischen Methoden, und enthält die Beschreibung eines durch den Projektilschlag ausgegrabenen experimentellen Tunnels.

EINLEITUNG

Die Aushöhlung und der Abbau bei dem Gestein und der Kohle wird heute grösstenteils entweder durch die Bohr- und Sprengmethode oder mittels verschiedener mechanischer Vorrichtungen durchgeführt. Unter ihnen sind die Bohrmaschinen. Während diese Methoden wirksam sind, erscheinen bestimmte Nachteile, die das Bedürfnis nach neuen Abbau- und Bruchsmethoden anzeigen. Die Bohr- und Sprengmethode, zum Beispiel, hat drei bedeutende Nachteile: zyklischer Betrieb; die Wirkungen des Staubs, des Geräusches und der Bodenschwingung auf die Umwelt; und die Schaden am Nebengestein infolge der Tunnelbau- und Abbaubetriebe. Während die Bohrmaschinen beim weichen und mässig harten Gestein erfolgreich sind, leiden sie beim härteren Gestein an der Schneider- und Lagerabnutzung sowie den Wartungsproblemen.

Diese Nachteile und die technologische Entwicklung neuer Kraftquellen, sowie das Bedürfnis nach erhöhter Aushöhlungsgeschwindigkeiten, haben die Studien neuer Gesteinzerstückelungsmethoden angespornt (Singh, 1969a)(Olson und Atchison, 1973). Diese Abhandlung bespricht den Kunstzustand verschiedener vorgeschrittener Methoden, die als Möglichkeiten für neue Zerstückelungssysteme untersucht werden.

DIE THERMISCHEN METHODEN

Die thermischen Methoden für das Durchdringen und die Aushöhlung des Gesteins bieten eine verhältnismässig breite Auswahl der Vorrichtungen an, die als Hitzquellen verwendet werden dürfen (Carstens, 1972). Unter ihnen sind die verschiedenen elektrischen Methoden, Elektronstrahlen, Läsern, Flammdüsen, Plasmabrenner, infraroten Erhitzer und gesteinschmelzenden Durchbohrer. Die Wirkung dieser Hitzquellen aufs Gestein erzeugt, je nach dem Verhalten der Hitzquelle und den Eigenschaften des Gesteins, die Spallation, die Hitzschwächung, das Schmelzen oder das Schmelzen und die Verdampfung.

Es gibt mehrere wichtige Gründe für das Studium der thermischen Methoden. Wenn sie für die innere Heizung gebraucht wird, zerstückelt die elektrische Energie das Gestein ohne das Geräusch, den Staub oder die Stosswellen. Solche Vorrichtungen wie der Elektronstrahl, Laser und Plasmabrenner brauchen keinen Kontakt mit dem Gestein, und können es ohne die Bohrerspitze- oder Schneiderabnutzung und ohne eine grosse Gegenkraft durchdringen oder spalten. Überdies können sie beträchtlich höhere Kraftdichten liefern als mechanisch zu erreichen sind, und wenn sie für das Schmelzen oder die Verdampfung des Gesteins verwendet werden, wird ihre Wirksamkeit vom Gesteinstyp weniger beeinflusst. Solche Vorrichtungen wie die Flammdüsen und infraroten Erhitzer, die für die Zerstückelung des Gesteins auf die Spallation abhängen, sind bei den schwer durchzubohrenden oder mechanisch zu schneidenden Gesteinen, wie die Granite und Takonite, am wirksammsten. Endlich sind viele thermische Methoden bei der Heizschwächung des Gesteins wirksam, und daher, um ein vielsitigeres System zu verschaffen, dürfen sie in Verbindung mit mechanischen oder hydraulischen Methoden verwendet werden.

Die einzigste thermische Methode, die zu dieser Zeit geschäftlich verwendet wird, ist die Flammdüse, die beim Sprenglochbohren und Tagebau gebraucht wird. Die meisten der übrigen Hitzquellen werden studiert, um ihr Potential als ein Gesteinzerstückelungssystem oder als ein Teil eines verbundenen Systems, worin die hydraulischen oder mechanischen Hilfsmittel verwendet werden, zu entscheiden (Tafel 1).

Die elektrische Heizung

Die elektrischen Methoden beliefern schnelle örtliche innere Heizung des Gesteins, die genügend ist, die Zerstückelung aus der thermischen Spannung zu verursachen. Im allgemeinen, darf die innere Heizung des Gesteins durch widerstandsfähige, induktive oder dielektrische Heizung, je nach den elektrischen Eigenschaften des Gesteins, ausgeführt werden. Diese drei Methoden werden gemseinschaftlich betrachtet, um ihre Nützlichkeit bei der Zerstückelung des Gesteins abzuschätzen.

TAFEL 1. - Die Datenzusammenfassung der thermischen Forschungsarbeit

Organisation	Methode	Absicht	Material	Bemerkungen
AVCO Corp. Everett, Mass.	CO_2 Laser	Durchdringens- und Spallationsproben	Quarzit, Granit, Basalt	Laserproben über das Durchdringen und Splittern des Gesteins, bei der Verwendung eines 1-17 kW CO_2 Lasers. Spezifische Energien: ein Durchdringen von 1 000-10 000 joules per cm (Zar, 1972).
Browning Engineering Corp. Hanover, N.H.	Flammdüse, die eine Mischung der Luft und des Brennstoffs verwendet	Das Bohren des Spreng-bohrlocks	Sandstein, Dolomit, Quarzit, Takonit, Granit	Laboritoriums- und Feldtestbohren der durch die Hitze spaltfähigen Gesteine (Browning, 1965).
Canadian Department of Mines and Technical Surveys Ottawa, Canada	Flammdüsen, die eine Mischung des Sauerstoffs und Brennstoffs und Flammdüsen die eine Mischung der Luft und des Brennstoffs verwenden	Spallationsstudien	30 Gesteine	Weitläufiges Studium, um die Spaltfähigkeit der Gesteine und die physischen und mechanischen Eigenschaften miteinander in Beziehung zu bringen. Thermische Expansion und Zusammensetzung werden als gute Anzeiger der Spaltfähigkeit erkannt (Canadian Mines Branch, 1962).
Electrofrac Corp. Kansas City, Mo.	Niederfrequente elektrische Heizung	Sekundärbruch	Eisenerz, Takonit	Mittels mehrpünktiger Kontaktelektroden, wurden die Blöcke magnetisches Eisenerzes zerstückelt. Energieverbrauch: 1-2 kW-hr/ton (1,1-2,2 W-hr/kg) (Sarapuu, 1969, 1973).
Linde Division of Union Carbide New York, N.Y.	Flammdüse, die eine Mischung des Sauerstoffs und Brennstoffs verwendet	Das Bohren des Spreng-bohrlochs	Takonit	Ein Bericht der Fortschritte in dem Flammdüsebohrungs-verfahren, der Vorrichtung und den Betriebsverfahren (Calaman, et al., 1966).
Los Alamos Scientific Laboratory Los Alamos, N.M.	Erhitzter feuerfester Metall-schuh	Laboritoriumsbohren mittels eines gestein-schmelzenden Durchbohrers	Basalt und andere Eruptivgesteine	Durchbohrgeschwindigkeiten bis auf 18 ft (5,5 m) in dem Tag wurden geleistet. Entwicklungsprobleme grosser gesteinschmelzenden-lochbohrenden Maschinen (Kernsubterrene) werden betrachtet (Armstrong, et al., 1965; Smith, 1971).
Massachusetts Institute of Technology	Gaslaser	Das Wärmeschwächen	Granit, Marmor	Studien über die Wirkungen der Laserheizung auf die Gesteinsstärke, Gesteinsbruch und Gesteinsschneiden, bei der Verwendung der scheibenartigen Schneider (Moavenzadeh, et al., 1967; Williamson, et al., 1968; Rad, 1970, 1971; McGarry und Moavenzadeh, 1970).
Montana School of Mines Butte, Mont.	Hochfrequente elektrische Heizung	Sekundärbruch	Kupfererz, Granit	Zerstückelungsstudien bei den Frequenzen zwischen 100 KHz und 27 MHz. Es wurde beschlossen, dass das Sekundärbruch möglich ist, und dass die Kosten wahrscheinlich niedriger als die der gegenwärtigen Methoden sein würden (Young, 1963).
Institute of Mining of the Academy of Sciences USSR	Nieder- und hochfrequente elektrische Heizung	Sekundärbruch	Eisenhaltige Quarzite, Eisenerz	Eisenerzklumpen bis auf 15 Tonnen (13 600 kg) wurden gebrochen. Kostenanschläge bezeichnen, dass diese Methode 5-6-mal billiger als die Sprengmethode beim Tiefbau, und 20-25-mal billiger beim Tagebau ist (Kravchenko, et al., 1961).
Institute of Mining Siberian Branch of the Academy of Sciences Novosibirak, USSR	Plasmabrenner	Die Zerstückelung und das Bohren des Gesteins	Granit, Granodiorit, Sandstein, Quarzit	Bei den Lochdurchmessern zwischen 2-5 in (5-13 cm), wurden die Bohrgeschwindigkeiten von 8.2-14,8 ft/hr (2,5-4,5 m/hr) geleistet. Es wurde beschlossen, dass die Methode das Potential hat. (Bergman und Pokrovskii, 1968).
TAFA Division of Humphreys Corp. Bow, N.H.	Plasmabrenner und dielektrische Heizung mit Plasmakontakten	Schneide- und Zerstückelungsproben für den Tunnelbau bei hartem Gestein	Granit, Basalt, Quarzit	Bis auf diese Zeit sind die Gesteinstypen bei Geschwindigkeiten zwischen 2-4 in/min (5,1-10,2 cm/min) und Dicken bis auf 13 in 933 cm) geschnitten worden. Zukünftige Proben werden die Gesteinszerstückelung mittels dielektrischer Heizung mit Plasmakontakten und simulierte Tunnelbauproben, in denen die zwei Methoden in Verbindung miteinander verwendet werden, einschliessen. (Poole und Thorpe, 1972).

U.S. Bureau of Mines Minneapolis, Minn.	Infrarote, induktive und dielektrische Heizung; Widerstands- und Mikrowellenheizung; Sauerstoff-Heizöl; Mehrbrenner; Plasmabrenner; Thermohydraulik	Tiefbau- und Sekundärbruch	Granit, Basalt, Quarzit, Sandstein, Takonit, Kalkstein	Studien der thermischen Eigenschaften der Gesteine, der thermischen Einschlüssen, des thermischen Brechens des harten Gesteins, der thermischen Spannung, des Bruchs und der Zerstückelung (Thirumalai, 1969, 1970, 1971, 1972; Wingquist, 1969; Thirumalai und Fischer, 1971; Lindroth und Krawza, 1971; Thirumalai und Cheung, 1972; Thirumalai und McNary, 1973).
United Aircraft Research Laboratories East Hartford, Conn.	Flammdüsentunnelbau, wärmegeholfene Tunnelbohrmaschine, Lasereinschneiden	Tunnelbau bei hartem Gestein	Granit, Sandstein	Experimentelle und analytische Studien der neuen Begriffe des Tunnelbaus bei hartem Gestein, in denen die Flammdüsen, Läsern, Elektronstrahlen und andere Wärmequellen verwendet werden (United Aircraft Res. Lab., 1968; Carstens, et al., 1970, 1972).
University of Missouri Rolla, Mo	Sauerstoff-Heizöl, Sauerstoff-Kerosin, Azetylendüsen, Widerstandserhitzer, elektrisches Bogenlicht	Das Wärmeschwächen und mechanischer Bruch des harten Gesteins	Basalt, Granit, Quarzit	Unter den Proben waren die Flammdüsenheizung mit dem Oberflächensplittern und das seichte und tiefe Einschneiden. Eine thermische Geladung (der Sprenggeladung ähnlich) wurde bei der Verwendung der in die Bohrlöcher eigesetzten Heizkörper erprobt (Clark, et al., 1972, 1973).
Westinghouse Electric Corp. Pittsburgh, Pa.	Elektronstrahlen	Laboritoriumsschneideproben	Gabbro, Kupfererz, Sandstein, Quarzit, Granit, Breckzie, Beton	Proben bei der Verwendung eines beweglichen Elektronstrahls auf verschiedene Gesteinstypen, unter denen ein 6-ft (1,8 m) Granitwürfel war. Die Resultaten dieser Proben sind zu beschränkt, um eine Basis für einen Aushöhlungssystemsentwurf zu verschaffen. (Holdbrook und Schumacher, 1972).
White Pine Copper Co. White Pine, Mich.	Infrarote Heizung	Tiefbau bei der Verwendung des Wärmeschwächens und die Spallation plus der mechanische Pflug	Schieferton	Entwicklung des Prototyps eines Abbausystems von White Pine Copper Co.--20 Erhitzermodule (Jeder Modul gebraucht 144 kW Erzeugungsenergie) in Verbindung mit einem Schlagpflug erzeugten Abbaustossfortschritte von 2,25 in (5,7 cm) in 16 Minuten (Hanninen, 1972).

Die Widerstandsheizung beim Gleichstrom und Niederfrequenzwechselstrom

Die Gesteine, wie der Takonit, in denen ein niedriger elektrischer Widerstand und leitende Minerale vorhanden sind, können durch die Widerstandsheizung zerstückelt werden. Entweder der Gleichstrom oder der Niederfrequenzwechselstrom darf gebraucht werden, und mit der Hilfe gegenwärtiger Technologie, sind die Krafthöhen bis auf 2 000 kW möglich.

Da die elektrischen Eigenschaften des Gesteins höchstveränderlich sind, und nicht nur auf die mineralischen Bestandteile, sondern auch auf die Gesteinsausbildung, die Feuchtigkeit, die Temperatur und den Druck angewiesen sind, müssen die praktschen Heizvorrichtungen eine breite Auswahl der Betriebsfähigkeiten besitzen. Der Elektrodenentwurf ist kritisch, da die Stromleitungspfäde zwischen den Anschlusselektroden entgegengesetzter Polarität entwickelt werden, woraus die schnelle innere Heizung und die folgenden für die Zerstückelung nötigen thermischen Drücke erschaffen werden. Ein System für den Sekundärbruch ist in den Vereinigten Staaten von der Electrofrac Corporation (Sarapuu, 1969) entwickelt worden. Dieses System gebraucht einen 700 h.p. (522 kW) Dieselmotor, um die Kraft für einen 500 kVA Generator zu erzeugen. Mehrspitzige auf einem hydraulischen Grappel gesetzte Elektroden wurden gebraucht, um die magnetischen Eisenerzblöcke zu zerstückeln. Der Kraftverbrauch war ungefähr zwischen 1 und 2 kW-hr/ton (1.1 und 2.2 W-hr/kg).

Während die Durchführbarkeit dieses Begriffs schon demonstriert worden ist, braucht man weitere Feldbetriebsdaten, um zu zeigen, dass dieses System mit den gegenwärtigen Sekundärbruchsmethoden konkurrieren kann. Diese Methode darf auch das Potential für den Untertagebruch bei den mehr als einen vorhandenen Abbaustoss besitzenden Stollen besitzen, wenn eine wirksame Elektrodenordnungsschema für den Bruch entschieden werden kann.

Die Hochfrequenzheizung

Die Gesteine mit den hohen dielektrischen Konstanten und spezifischen Widerstandswerten dürfen durch die Hochfrequenzfelder innerlich geheizt werden.

Kravchenko, et al., (1958) gebrauchten hochfrequente elektrische Energie, die durch die Spitzkontaktelektroden verwendt wurde, um grosse Leitungskanale für die Hochtemperaturströme in den Gesteinen zu erzeugen. Die durch diese Kanale erzeugten thermischen Spannungen verursachten den Bruch des Gesteins. Die Formung der Kanale war hauptsächlich von der Frequenz und Stärke des elektrischen Feldes und der Temperatur des Gesteins abhängig. Im allgemeinen, als diese Faktore zunahmen, nahm der spezifische Widerstand des Gesteins bedeutsam ab.

Unter den verschiedenen Gesteinstypen, die durch den Gebrauch dieser Methoden zerbrochen wurden, waren die eisenhaltigen Quarzite und Klumpen des Eisenerzes, die bis auf 15 Tonnen (13 600 kg) wiegten. Die Kostenanschläge für den Sekundärbruch dieser Art zeigten, das er 5- bis 6-mal billiger als die Sprengstoffe beim Tiefbau und 20- bis 25-mal billiger beim Tabebau war.

Auch Young (1963) studierte hochfrequente elektrische Zerstückelung, und gebrauchte die Frequenze zwischen 100 KHz und 27 MHz, um die Gesteinsblöcke zu brechen. Die Gesteine wurden bei allen Frequenzen ausser 100 KHz gebrochen. Im allgemeinen, nahmen der Energieverbrauch, die Betriebsspannung und die Bruchzeit mit zunehmender Frequenz ab. Seine Entscheidung war, dass der Sekundärbruch der Kupfererze und des vergesellschafteten Abraumgesteins möglich war, und dass die Kosten beträchtlich weniger als bei den gegenwärtigen Methoden sein dürften.

Thirumalai (1970) demonstrierte, dass die hochfrequente dielektrische Heizung, bei den Frequenzen bis auf 100 MHz, die thermischen Einschlüsse erschaffen und die Granit- und Basaltblöcke zerstückeln konnte. Der Verbrauch der elektrischen Energie bei der Zerstückelung war ungefähr 1,2 bis 2,2 kW-hr/ton (1,3 bis 2,4 W-hr/kg). Abbildung 1 schildert ein Beispiel

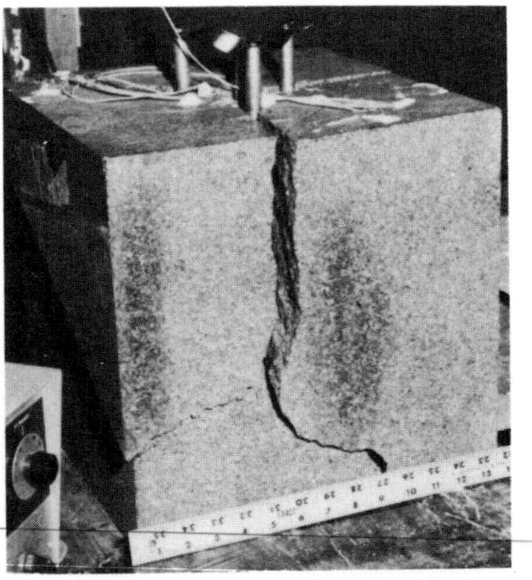

ABBILDUNG 1. - Die Zerstückelung des Granits durch die hochfrequente dielektrische Heizung (Thirumalai, 1970).

eines zerstückelten Granitblocks mit einer Grösse von 1 ft^3 (0,028 m^3). Die gegenwärtige Technologie würde die Vorrichtungsentwürfe mit den Krafthöhen von 1 000 kW erlauben.

Die hochfrequente Induktionsheizung darf auch für die innere Heizung des Gesteins gebraucht werden. Die Induktionsheizung wird durch die Widerstandsverlüste, die aus den Wirbelströmen in den höchstleitenden Gesteinen resultieren, und auch durch die Hysteresenverlüste bei den ferromagnetischen Gesteinen verursacht.

Um den magnetischen Takonit und andere Eisenerze zu zerstückeln, schlägt LaTour (1958) den Gebrauch der Induktionheizungsmethoden vor. U.S. Bureau of Mines Studien von Thirumalai (in Vorbereitung) zeigen, dass die hochfrequente Induktionsheizung nur für die Heizung solcher metallische Minerale besitzenden Niederfrequenzgesteine, wie der Takonit, erfolgreich ist. Die Proben bei 35 MHz zeigen für die magnetischen Takonite, die eine Leistungsfähigkeit der elektrischen Kopplung von ungefähr 40 Prozent haben, einen Energieverbrauch von ungefähr 1,2 kW-hr/ton (1,3 W-hr/kg).

Die Hochfrequenzmethoden haben auf die Gesteinbruchssysteme eine breitere Anwendbarkeit als die Niederfrequenzmethoden, weil mehr Gesteine die hohen zpezifischen Widerstände besitzen. Die verbundenen Hoch- und Niederfrequenzsysteme sind für eine erhöhte Leistungsfähigkeit vorgeschlagen worden. In diesen Systemen wird der stromleitende Kanal durch die Hochfrequenzströme erschaffen, und die folgende Heizung und der Gesteinsbruch werden durch die Einwirkung beide der Hoch- und Niederfrequenzströme verursacht (Kravchenko, 1958).

Die Mikrowellenheizung

Die Mikrowellenheizung des Gesteins ist wesentlich ein dielektrisches Phänomen, und auch die Gesteine mit niedrigen dielektrischen Verlusteigenschaften können geheizt werden. Hochkräftige Mikrowellenvorrichtungen mit den Krafthöhen bis auf 1 MW in einer einzigen Rohrstruktur und mit den erzeugenden Frequenzen von 915 MHz, 2 450 MHz und 5 800 MHz sind schon vorhanden. Die Umformungsleistungsfähigkeiten nähern 80 Prozent. Die Durchführbarkeit der Mikrowellenzerstückelung der harten Gesteine und des Betons ist von Seldenroth und seinen Mitarbeitern (1965) schon untersucht worden, und die Verwendung dieser Methode auf die Zerstückelung grosser Sandsteinsblöcke wurde von Steudel (1965) demonstriert. Liessmann (1966) zerstückelte mit den Mikrowellen den Granit, und hatte dabei die Energieverbrauchsgeschwindigkeiten von ungefähr 2,2 kW-hr/ton (2,4 W-hr/kgO. Im Jahre 1972, errichtete die Tanwa Denko Co., Tokyo, Japan, den ersten experimentellen Mikrowellendesintegrator für die ununterbrochene Gewinnung.

Ein Mikrowellensystem ist der wirksamen, hochenergischen, kontaktfreien örtlichen Heizung fähig. Die in der Radarforschung geleisteten technischen Fortschritte können gebraucht werden, um der Mikrowellensysteme für die Gesteinsheizung entwerfen zu helfen. Die Erzeugung der Röntgenstrahlen und einiger ultravioletten Strahlungen darf eine Gesundeitsgefahr bilden, und daher darf eine Untersuchung brauchen. Wie bei den anderen durch die elektrische Energie operierenden Heizapparaten, muss das Mikrowellensystem biegsame Betriebseigentümlichkeiten besitzen, wenn es bei der Heizung einer breiten Auswahl der Gesteinstypen erfolgreich sein soll.

Die Widerstandsdraht- und elektrischen Lichtbogenerhitzer

Die University of Missouri experimentiert seit einiger Zeit mit den thermischen Geladungen (den Sprenggeladungen ähnlich), und gebraucht dabei die Drahtheizelemente und die elektrischen Lichtbogen, die in die Bohrlöcher gesetzt werden (Clark, et al., 1973). Der Bruch geschieht infolge der durch die Erhitzer erschaffenen thermischen Einschlüssen (Thirumalai und McNary, 1973). Während die Widerstandsdrahterhitzer bei einer Krafthöhe von 5 kW und bei den Bruchmengen von 10 in (25,4 cm) die Brüche im Granit verursachten, versagten sie als sie mit dem Gesteinsschutt gehemmt wurden. Eine beträchtliche mechanische Bemühung war erforderlich, um den zerstückelten Stoff wegzuräumen. Die 12 kW elektrischen Lichtbogen waren erfolgreicher. Diese gebrauchten die Kohlstoffselektroden, die in 14 in (35,6-cm) tiefe Löcher gesetzt wurden, um einen thermischen Einschluss zu erzeugen. Bei den Bruchmengen von 14 in (35,6-cm) wurde das Gestein gebrochen und leicht abgeräumt. Die Arbeit fährt fort, um die Geladungsgeometrie und Energiehöhen zu den günstigsten Leistungsfähigkeiten zu bringen.

DIE ELEKTRONSTRAHLEN

Die Elektronstrahlen besitzen bestimmte wichtige Eigentümlichkeiten, die sie als Heizquellen für die Gesteinsaushöhlung reizend machen. Die Umformungsleistungsfähigkeit der elektrischen Energie in die Elektronstrahlenenergie ist ungefähr 90%. Die Krafthöhen bis auf 30 kW sind gegenwärtig vorhanden, und die Krafthöhen bis auf 150 kW werden als möglich betrachtet. Keine mechanische Gewalt ist für das Schneiden nötig, und das Heizungsverfahren ist des Gesteinstypens unabhängig. Dabei wird mehr als 70 Prozent der Energie ans Gestein übertragen.

Trotz dieser Vorteile sind gewisse praktische Beschränkungen augenscheinlich. Der bedeutendste Nachteil ist die kurze Reichweite des Elektronstrahls, die einen kurzen Abstand benötigt, und die Aufnahme des Elektronstrahls in die Stossvorrichtung erfordert. Wegen des Bedürfnisses nach den Hochsprannungs- und Vakuumsleitungen, wird der Gebrauch der Electronstrahlen in Verbindung mit den kanalbohrenden Maschinen eine bedeutende Entwurfsproblem sein.

Unter den anderen Beschränkungen sind: Die Lebenszeit des Fadens, die Schutteinnahme, die Zerstreuung des Elektronstrahls (die die Tiefe des Schneidens beschränkt), die Erzeugung der Röntgenstrahlen (die das Abschirmen benötigt), die Grösse der Vorrichtung und das Bedürfnis nach einem starken Entwurf.

Die Laboritoriumsproben auf die Granitsblöcke sind von United Aircraft Research Laboratories (Carstens, et al., 1970) durchgeführt worden. Als ein Teil eines grösseren Studiums der heizgeholfenen kanalbohrenden Maschinen, studierte die Hamilton Standard Division der United Aircraft Research Laboratories das Einschnittsschneiden im Granit. Dabei gebraucht man bei 175 kV zunehmender Spannung die Elektronstrahlkräfte von Höhen bis auf 25 kw. Bei den wechselnden Krafthöhen und Durchlaufsgeschwindigkeiten, schwankten die spezifischen Energien zwischen 12 000 und 18 000 J/cm³. Die Tiefen der Einschnitte für einzige Schneidelaufen schwanken zwischen 0,05 in und 0.5 in (0,13 cm und 1,3 cm), und die Breiten der Einschnitte schwanken zwischen 0,1 in und 1 in (2,25 cm und 2,5 cm). Das maximale Verhältnis zwischen der Tiefe und der Breite war 2 bis 3. Mannigfaltige Schneidelaufen erschufen, im allgemeinen, tiefere Einschnitte, deren Tiefen bis auf 0,24 in (0,61 cm) reichten, und deren Breiten ungefähr 0,1 in (0,25 cm) waren. Während diese mannigfaltigen Laufen die Einschnitte zwar vertieften, war der Strahl unfähig, sehr tiefe Einschnitte zu erschaffen. Die Leistungsfähigkeit des Schneidens nahm beträchtlich ab als die Anzahl der Laufen zunahm.

Das Studium beschloss teilhaft, dass die Elektronstrahlen für das Schneiden der Einschnitte und für die Heizschwächung in Verbindung mit den kanalbohrenden Maschinen ungeeignet sind. Die Gründe dafür sind: der kleine Abstand (weniger als 2 in (5 cm)), die Vorrichtungsgrösse, die Notwendigkeit, dass die Vakuums- und Hochspannungsleitungen mit dem Kopf der Bohrmaschine umdrehen und endlich die Austrahlung der Röntgenstrahlen.

In ähnlichen Proben, gebrauchte die Westinghouse

Electric Corporation, für die Lochbohr- und Einschnittsschneideproben auf mehrere Gesteinstypen (unter denen der Beton war), einen 9 kW (150 kV) Elektronstrahl (Holdbrook und Schumacher, 1972). Ein Beispiel der Leistungsfähigkeit des Elektronstrahldurchdringens bei den Lochbohrproben im Gabbro und Sandstein wird in Abbildung 2 gezeigt. Wenn die Eingangsenergiehöhe durch das Schwanken der Anwendungszeit konstant gehalten wird, nimmt die Leistungsfähigkeit des Durchdringens bei zunehmender Strahlkraft und kürzeren Anwendungszeiten zu.

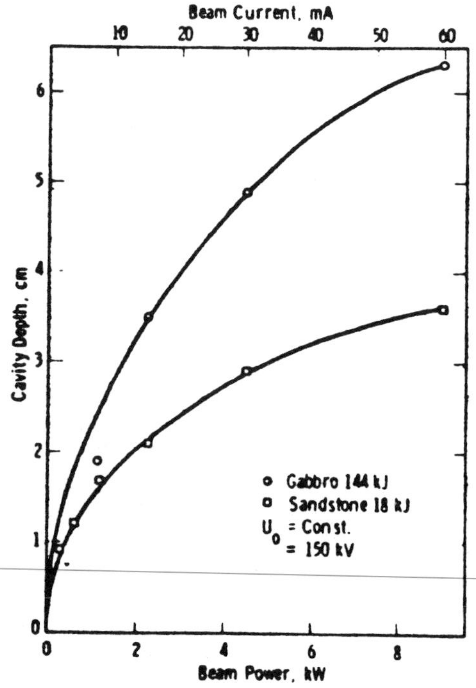

ABBILDUNG 2. - Der Einfluss der Elektronstrahlkraft auf die geleistete Durchschlagstiefe für die konstante Eingangsenergie (veränderliche Durchsclagszeit) (Holdbrook und Schumacher, 1972).

Abbildung 3 ist ein Diagramm der Verhältnisse zwischen der Tiefe und der Breite gegen die Strahlkraft für die stetige Eingangsenergie bei denselben Gesteinstypen. Während ein beträchtlicher Unterschied zwischen den Verhältnissen der Tiefen und Breiten dieser zwei Gesteinstypen existiert, gibt es keine klare Andeutung von den Wirkungen der Strahlkraft. Das höchste Verhältnis zwischen der Tiefe und Breite des Gabbros geschieht bei 2 kW, während das Verhältnis zwischen der Tiefe und Breite des Sandsteins nimmt bei zunehmender Strahlkraft immer zu.

Die Urziele der Westinghouse Forschungsarbeit schlossen die Feldproben ein, um die Wirksamkeit und ökonomische Durchführbarkeit des Elektronstrahls im Vergleich zu den konventionellen Methoden der Ausgrabung des Gesteins zu entscheiden. Ein transportabeler feldfähiger Elektronstrahl wurde gebaut, aber keine Feldproben wurden durchgeführt. Infolgedessen, behalten die beschränkten Probenergebnisse für eine hinreichende Analyse eines Gesteinausgrabungssystems ungenügende Auskunft.

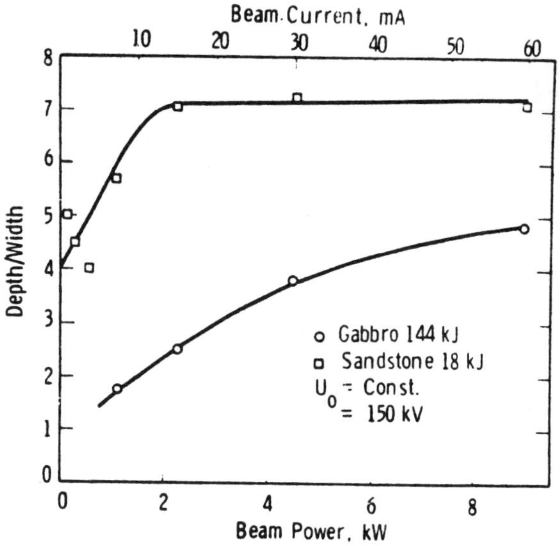

ABBILDUNG 3. - Tiefe-gegen-Breite Verhältnis gegen die Elektronstrahlkraft für die konstante Eingangsenergie (Holdbrook und Schumacher, 1972).

Die Läsern

Die schnelle Zunahme der Laserentwicklung, besonders der Gaslaserentwicklung, in den 1960-en Jahren, förderte die Erwägung ihres Gebrauchs beim Lochbohren, Einschnittsschneiden und der Heizschwächung des Gesteins. Die Läsern mit den Energien bis auf 17 kW sind bei den Gesteindurchdringensversuchen gebraucht worden, und die Läsern mit den Energien von 60 kW sind schon für den militärischen Gebrauch entwickelt worden. Die Läsern werden, innerhalb des nächsten Jahrzehnts, Energiehöhen besitzen, die eine Grössenordnung grösser als die gegenwärtigen sind. Diese grossen Krafthöhen bedeuten, dass beträchtlich grössere Energiedichten am Gesteinsstoss erreicht werden können, als erreichbar sind, wenn man die gegenwärtigen mechanischen Vorrichtungen verwendet. Ein sehr schnelles Durchdringen darf daher möglich sein.

Die Forschungsarbeit über den Gebrauch der Läsern bei der Gesteinsausgrabung ist in den Vereinigten Staaten hauptsächlich von drei Organisationen durchgeführt worden: Massachusetts Institute of Technology (MIT). AVCO Corp. und United Aircraft Research Laboratories.

Seit dem Jahre 1965 hat MIT beträchtliche Forschungsarbeit über die heizschwächenden Wirkungen der Läsern aufs Gestein durchgeführt (Moavenzadeh, et al., 1967) (Moavenzadeh, et al., 1968) (Williamson, et al., 1968) (Rad, 1970, 1971). Es ist schon demonstriert worden, dass die Stärkeneigenschaften des Gesteins bei der Heizung beträchtlich abgenommen werden. Diese Stärkenabnahme ist der Zunahme der durch die Heizung verursachten Mikrospaltstruktur zuzuschreiben. Abbildung 4 fasst die mit den Spitzen durchgeführten Biegeproben zusammen. Diese Proben wurden auf kleine Gesteinsbalken durchgeführt, die der Laserheizung untergangen worden sind. Mehr als 90 Prozent der Urstärke des Gesteins ist der Heizung wegen verloren worden.

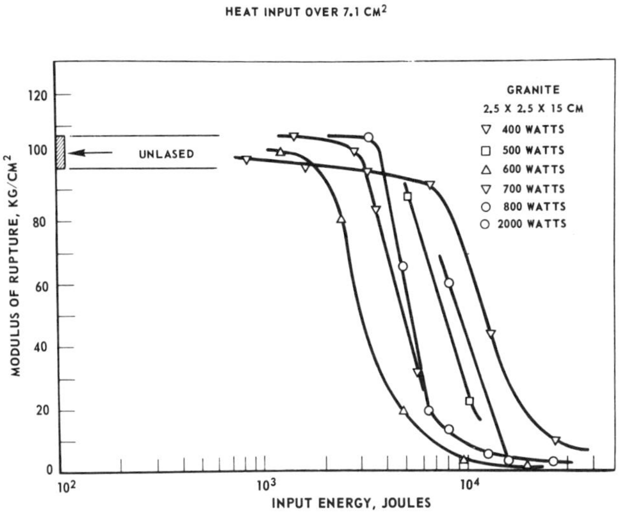

ABBILDUNG 4. - Die Stärkenabnahme des durch den Laser erhitzten Gesteins (Williamson, et al., 1968).

Andere neue Arbeit der MIT in Verbindung mit den United Aircraft Research Laboratories (UARL) hat auf den Gebrauch der Heizschwächung für den Tunnelbau konzentriert (Carstens, et al., 1970). Versuche, die einen 1 kW Laser für die Gesteinsheizung und scheibenartige Schneider verschiedener Durchmesser verwendeten, wurden auf den Granit durchgeführt. Die Verhältnisse des Haufwerkwegräumens schwankten zwischen ungefähr 0,7 und 3,5 (das Verhältnis zwischen dem mit der Heizung weggeschaffenen Haufwerk und dem ohne die Heizung weggeschaffenen Haufwerk). Die Höchstwerte waren mit den einzigen Schneidelaufen und einem scharf eingestellten Laser zu finden. Bei den mannigfaltigen Schneidelaufen und höheren Schuben (5 000 lb)(2 268 kg), die die betriebsartigen Umstände besser simulieren, fielen die Verhältnisse des Haufwerkwegräumens bis weniger als 1,5.

Analytische Studien der Entwürfe verschiedener wärmegeförderten Querschlagdurchhauern und die von ihnen zu erwartenden Eigentümlichkeiten wurden auch von den UARL durchgeführt. Das Studium beschliesst, das der Betrieb der Querschlagdurchhauern mit den vorhandenen Läsern technischerweise möglich aber ökonomischerweise reizlos ist. Die wichtigsten ökonomischen Umstände, die zu dieser Entscheidung leiten, sind die Kosten des Lasers und die zusätzliche Vorrichtung, die für die Lieferung der Laserenergie an den Tunnelstoss nötig sind.

In einem folgenden Studium über die Verwendung eines Laserstrahls um einen Einschnitt auf der Umfang eines hartgesteinernen Tunnels zu schneiden, wurde in verschiedenen harten Gesteinstypen eine Reihe Schneideproben mit einem 5 kW Laser durchgeführt (Carstens, et al., 1972). Diese Proben zeigten, dass tiefe Schmelzschlitze in hartem Gestein gemacht werden konnten, wenn man scharf eingestellte Laserstrahlen verwendet. Auf diese Ergebnisse gegründet, wurde eine Analyse gefertigt, in der die ökonomische Durchführbarkeit der Einsetzung eines Lasers an der Stelle der mechanischen Umfangsschneider bestimmt wurde. Es wurde entschlossen, dass der Begriff durchführbar war, und dass bei den Tunneln mit den Durchmessern von wenigstens 20 ft und bei den Gesteinen in denen die Druckstärken wenigstens 30 000 psi (207 MN/m²) sind, die Kostenersparnisse möglich sein werden. Als die Lasertechnologie überdies vorgeschoben wird, wird diese Methode für die kleineren Tunneln und die weicheren Gesteine ökonomisch durchführbar werden. Um das Durchdringen und das Spalten des Quarzits, Granits und Basalts zu studieren (Zar, 1972), gebrauchte die AVCO Corporation die Läsern deren Stärken bis auf 17 kW schwankten. Es wurde beschlossen, dass die hochkräftigen Läsern beim Gesteinsbohren nicht sehr leistungsfähig sind, da für die Löcher die nur einige Zentimeter tief sind, ein Durchdringen von 1 000 bis 10 000 J/cm nötig ist. Man glaubt, dass die Laserenergie durch die in der Loch erzeugende Gasplume aufgenommen wurde, und dass die Durchdringungstiefe auf dieser Weise beschränkt wurde. Wenn die Strahlstärke so vermindert wird, dass das Spalten stattfindet, wird die Leistungsfähigkeit verbessert, obgleich 10 000 bis 100 000 J/cm³ fürs Spalten noch erforderlich sind. Die Rechnervoraussagen zeigten, dass eine höhere Leistungsfähigkeit errungen werden könnte, wenn man, durch die Strahlbewegung, die Ausstrahlung in einem grossen Kreise führt. Auf dieser Weise könnten die thermisch-elastischen Spannungen aufgebaut werden. Die vorausgesagten spezifischen Energien, die man fürs Gesteinsspalten braucht, waren für den Quarzit 45 J/cm³, und für den Basalt 110 J/cm³.

Die Plasmabrenner

Die Plasmabrenner sind eine Quelle des hohe Temperatur und Geschwindigkeit besitzenden ionisierten Gasses, und werden für das Schneiden der Metalle, deren Dicken bis auf 5 in (12,7 cm) reichen, oft genützt. Die Forschungsarbeit über ihre Verwendbarkeit beim Spalten, Bohren und Schneiden des Gesteins ist ziemlich beschränkt worden. Maurer (1968) beschrieb die Proben Bouches über das Spalten und Schmelzen des Marmors, Sandsteins, Granits und Ölschiefers. Das Plasma, wegen ihrer niedrigen Temperatur (1 000° C), verursachte auf den Marmor, Ölschiefer und Sandstein nur oberflächliche Ergebnisse. Beim Zerbrechen eines Kalkstein blocks (30 cm mal 15 cm mal 9 cm) durch die thermisch verursachten Spannungen, und beim Bohren (in 60 Sekunden) einer kegelförmigen Loch (5,1 cm Durchmesser, 1,3 cm Tiefe) mittels des Spaltens und der Verschmelzung, war das Plasma erfolgreich. Für die Granitsprobe, war die spezifische Energie 7 700 J/cm³, was eine Kraftleistung von 1,5 kW bedeutet.

Bergman und Pokrovskii (1968) berichteten über die Feld- und Laboritoriumsstudien des Schneidens, in denen die Plasmamethode verwendet wurde. Bei den Laboritoriumsschneideproben, schwankte die Kraftleistung zwischen 3 400° C und 5 100° C. Die erprobten Gesteinstypen schlossen den Granit, Granodiorit und Hornfels ein. Die spezifischen Energien schwankten zwischen 9 500 und 37 000 J/cm³.

Die Ergebnisse dieser Proben wurden für den Entwurf eines Plasmabohrers gebraucht, der bei Laboritoriums- und Feldstudien verwendet wurde. Die Feldproben beim Granodiorit ergaben sich in die Eindringensgeschwindigkeiten zwischen 2,5 und 4,5 m/hr, die für die Bohrlochdurchmesser zwischen 50 und 130 mm taugen.

Neue Studien, die in den Vereinigten Staaten von Poole und Thorpe (1972) durchgeführt wurden, beschäftigen sich mit der Verwendung der Plasmamethoden für den Tunnelbau bei hartem Gestein. Dieser Begriff schlägt eine Schneide- und Zerstückelungsmethode vor, in der die Geschwindigkeit und Leistungsfähigkeit des Tunnelbaus verbessert werden (Abb. 5). Das Gesteins-

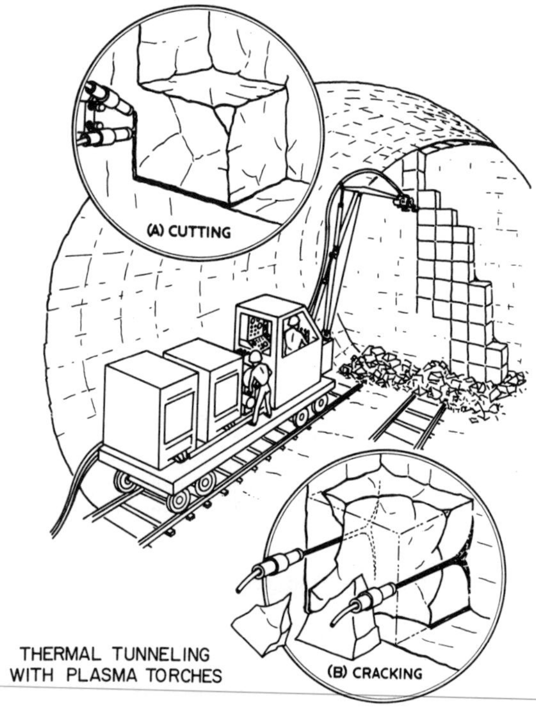

ABBILDUNG 5. - Hypothetischer Entwurf für eine Tunnelbaumaschine (Poole und Thorpe, 1972).

schneiden würde auf einer Methode zustandegebracht, worin tiefe schmale Schlitze erzeugt würden. Die Zerstückelung des Blocks würde durch die Einsetzung der Plasmakontakte in die Einschnitte (um den Block innerlich zu heizen) herbeigeführt werden. Um den erwünschten Tunnelbau zu erschaffen, würden das Schneiden und die Zerstückelung abwechselnd gebraucht werden.

Anfängliche Proben, in denen ein Plasmabrenner mit einem Bogenstrom von 550 Amperen und einer Krafthöhe von 220 kW gebraucht wurde, bestanden aus 13 in (33 cm) tiefe Schnitte im Granit und 6 in (15,2 cm) tiefe Schnitte im Basalt, Granit und Quarzit. Die Schneidegeschwindigkeiten bei den 6 in tiefen Schnitten waren 3 in in der Minute (7,6 cm/min), und die spezifische Energie beim Granit war 4 300 J/cm³. Ein Vergleichnis der Eingangsenergie gab eine wirksame Leistungsfähigkeit von 22 Prozent. Diese Forschungsarbeit fährt fort, und die zukünftliche Arbeit wird Studien der durch die innere Heizung herbeigeführten Zerstückelung und einen simulierten Tunnelbau (worin eine Verbindung der zwei Methoden gebraucht wird) einschliessen.

Die Flammdüsen

Die Flammdüsen sind raketenartige Brenner, die den Sauerstoff oder die Luft, in Verbindung mit so einem Brennstoff wie das Dieselöl, verwenden, um eine Hochgeschwindigkeitsflamme herbeizuführen, die gegen das Gestein gerichtet werden kann. Die Flammdüsen, die eine Mischung des Sauerstoffs und Brennstoffs verwenden, sind seit den 1950-en Jahren in den Bergbau- und Steinbruchsindustrien für Bohren und Schneiden solcher durch die Hitze spaltfähigen Gesteinen wie der Takonit und der Granit erfolgreich gebraucht worden. Die neu entwickelten Flammdüsen, die eine Mischung der Luft und des Brennstoffs verwenden, kommen auch jetzt in Gebrauch.

Trotz des Erfolgs dieser Methode, existierten viele ungelöste Probleme, die gelöst werden mussten, wenn irgendwelche Fortschritte gemacht werden sollten. Das wichtigste Problem betraf die Gründe der höheren Durchdringlichkeit gewisser Gesteinstypen im Vergleich zu den anderen. In einem Versuch, um die wichtigen Eigenschaften des Gesteins und die Systemsperameter zu bestimmen, Studierten während der 1960-en Jahre mehrere Organisationen und Einzelnen das Strahlbohrverfahren.

Im Jahre 1962 veröffentlicht die Canadian Mines Branch den Bericht eines weitläufigen Studiums, dessen Absicht war, kurzum, den Zerstückelungsmechanismus besser zu verstehen, damit das Strahlbohrverfahren verbessert werden konnte. Die Zusammensetzung des Gesteins in Verbindung mit den Eigenschaften der thermischen Expansion wurden als wichtige Anzeiger der Spaltfähigkeit des Gesteins erkannt worden. Gewisse Minerale, wie der Quarz, fördern das Spalten, während andere, wie der Feldspat, Kalzit und Glimmer, die Spaltfähigkeit vermindern. Die Takonite, Granite, Gneisse, Quarzite und Sandsteine sind daher sehr spaltfähig: die Basalte und Dolomite sind weniger spaltfähig; und die Sandsteine, Gabbros und Glimmerschiefer sind die schwersten zu spalten.

Der Bericht empfahl mehrere allgemeine Verbesserungen, unter denen die Möglichkeit war, niedrigere Flammentemperature zu gebrauchen als die, die mittels der gemischtes sauer- und Brennstoff verwendenen Flammdüse erzeugt werden. Dieses Resultat ist durch den Erfolg der Luft-Brennstoffsmischung verwendenden Flammdüse bewiesen worden. Auch empfahl der Bericht die Verbindung der Flammdüse mit der mechanischen Bohrvorrichtung. Calaman, et. al., (1966) berichteten eine Methode, worin die um die Flammdüse angeordneten Rollschneider verwendet wurden. Unter den anderen Bemühungen, um die Schneidebeschränkungen der Flammdüsen bei niederspaltfähigen Gesteinen zu überwinden, war die Einführung der Abschleifpartikeln in den Flammdüsenstrom (Browning, 1965). Eine Kombinationsmethode, worin die Flammdüsen mit den Bohrhämmern verbunden wurden, wurde auf der University of Missouri verwendet, um die Wirkung der Hitze aufs Oberflächenabsplittern und aufs seichte und tiefe Einschnittsschneiden zu studieren. Es wurde herausgefunden, dass die wirksamste Wärmeverwendung in diesem Studium bei den Proben des tieferen Einschnittsschneidens geschah. Diese Proben verbrauchten sehr kleine Beträge spezifischer Energie (gewöhnlich weniger als 100 J/cm³).

Wegen der erfolgreichen Anwendung der Flammdüsen auf die Bohr- und Schneidebeteiebe, wird ihre Anwendbarkeit auf den Tunnelbau überlegt. Im Jahre 1968 stellten die United Aircraft Research Laboratories ein experimentelles und analytisches Studium fertig. Dieses Studium fasste den Systemsbetrieb, die Tunnelumgebung und die Systemswirtschaft um, und beschloss, dass der durch die Flammdüse erledigte Tunnelbau bei allen drei Gesichtspünkten möglich war (United Aircraft, 1968). Diese vorgeschlagene Tunnelbauart würde eine Reihe konzentrischer Einschnitte in den Gesteinsstoss erzeugen. Zu diesem Zweck, würde man die auf dem Maschinenkopf angebrachten Flammdüsen gebrauchen (Abb. 6). Mechanische Brecherarme würden

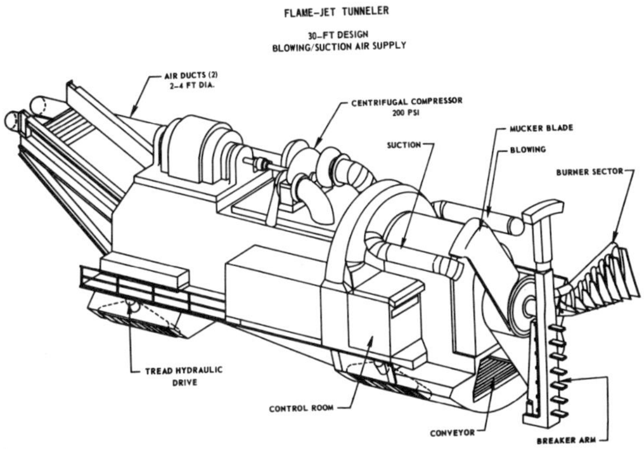

ABBILDUNG 6. - Hypothetischer Entwurf einer Flammdüsen-Tunnelbaumaschine (United Aircraft Research Laboratories, 1968).

halbwegs in die Einschnitte reichen, um das Gestein wegzubrechen. Bei diesem Arbeitsprozess, würden die Brecherarme, zwischen jede Schlagreihe auf einer gegebenen Radialstelle, ungefähr ein Fuss in die unzerbrochenen Gesteinsvorwölbungen einteilen. Die Berge würde, mittels grosser propellerartiger Flügeln, durch ein oder zwei Durchlässe im Kopf, in den Bergeförderer gekehrt werden. Andere Eigenheiten sind die Luftröhre für die Regulierung der Brennerabgässe, eine Kontrollkabine mit den Lebensunterstützungssystemen und ein hydraulischer Antrieb. Die Fortgangsgeschwindigkeiten von 5, 10 und 15 ft/hr (1,5; 3; 4,5 m/hr) werden bei den Tunnelbaudurchmessern von 30, 20 und 10 ft (9, 6, 3 m) für tragbar gehalten. Die Kosten sind auch weniger als bei der konventionellen Bohr- und Sprengmethode. Aber bevor so eine Maschine gebaut werden kann, müssen wichtige technische Probleme gelöst werden.

Die infrarote Heizung

Die White Pine Copper Company im nordlichen Teil Michigans hat einen Prototyp eines ununterbrochenen Abbausystems entwickelt, das die infraroten Erhitzer und einen Schlagpflug gebraucht, um das im Schiefer, Schlammstein und Sandstein auftretenden Kupfer zu gewinnen (Hanninen und Sipola, 1972). Jeder Heizmodul besteht aus zwei zusammengesetzten Erhitzern, die ein 14 in hohes mal 54 in breites (36 cm mal 137 cm) Gebiet heizen. Der höchste Kraftverbrauch für jeden Modul ist 144 kW. Wenn man ungefähr 20 Module bei einem Abstand von 12 in und einer Heizdauer von 16 Minuten gebraucht, wird das Gestein bis auf Tiefen zwischen 2 und 3 in (5 und 7 cm) gespalten. Der Pflug wird dann gebraucht, um den bleibenden heizgeschwächten Stoff wegzuräumen.

Das durchschnittliche Stossvoreilen für die Proben war 2,25 in (5,7 cm). Während das Leistungsziel von 4 in (10,2 cm) bei einer 16 Minuten langen Heizdauer nicht erreicht wurde, glaubt man dass ein höherer Heizfluss das Problem lösen wird. Die Heizmodule wurden geplant, bei einem Abstand von 4 in gebraucht zu werden, aber die eigentlichen Gewinnungszustände vergrösserten den Abstand bis auf 12 in (30,5 cm). Dieser grössere Abstand verminderte den Heizfluss um 65 Prozent.

Die Proben zeigten auch, das die Pflugzugkräfte abnahmen als die Heizkrafthöhe und Heizdauer zunahmen. Die Verdoppelung des Heizflusses hat eine 31 prozentige Abnahme zur Folge, und eine Verlängerung der Heizdauer von 8 bis 16 Minuten verursachte eine 17 prozentige Abnahme der Pflugzugkräfte.

Obgleich eine Menge der Probleme noch zu lösen sind, nämlich, das Bedürfnis nach einem grösseren Heizfluss und/oder einem kleineren Abstand, das Überhitzen der Heizmodule und die am Stoss hängenden Spaltsinterschlacken, ist die Durchführbarkeit des Gesamtsystems unter den Abbausumständen schon demonstriert worden. Ein wichtiger Punkt, den die Verfasser machten, ist der Bedarf an weiterer fundamentaler Forschungsarbeit, um die grundlegenden Mechanismen des Spaltens und Zerreissens besser zu verstehen.

Die gesteinschmelzenden Durchbohrer

Die Durchführbarkeit des Lochbohrens mittels eines gesteinschmelzenden Durchbohrers wurde in den frühen 1960-en Jahren von dem Los Alamos Scientific Laboratory demonstriert. Mittels einer elektrisch geheizten Laboritoriumseinrichtung, wurden die Löcher im Basalt und Beton gebohrt. Diese Löcher waren bis auf 6 in (15 cm) tief und 2 in (5 cm) breit, und die Bohrgeschwindigkeiten waren ungefähr 3,3 ft/hr (1 m/hr (Armstrong, et al., 1965). Die Energieforderungen dieser Anfangsproben waren ungefähr 2- bis 3-mal grösser als die, die für das Schmelzen des Basalts nötig sind; das heisst ungefähr 10 000 bis 20 000 J/cm^3.

Diese frühen Experimente führten zur Entwicklung anderer laboritoriumsgrössen Einrichtungen, und endlich zur ernsten Erwägung grosser gesteinschmelzenden Durchbohrer für das Bohren und den Tunnelbau. Im Jahre 1971 wurde ein Bericht veröffentlicht, der überprüfte, analysierte und besprach einen vorgeschlagenen Plan für die Entwicklung grosser Durchbohrer, die elektrische Subterrenes oder Kernsubterrenes genannt werden (Smith, 1971).

Auf die frühen Proben gegründet, glaubt man dass es durchführbar sei, Heizröhre zu gebrauchen, um die Energie vom Erhitzer zur Durchbohrerschale zu übertragen. Auf dieser Weise können die Durchbohrer mit einem Durchmesser von mehreren Füssen gebaut werden. Ausserdem werden die kompakten Kernreaktore die Konstruktion noch grösserer Durchbohrer erlauben.

Mehrere Vorteile der gesteinschmelzenden Durchbohrer über den konventionellen Bohr- und Tunnelbaumethoden werden angeführt:

1. Die Lochdurchmesser zwischen einigen cm und mehreren Metern sind möglich.
2. Die Löcher dürfen auf grosse Tiefen in einer breiten Anzahl Gesteinstypen und unter extremen Temperatur- und Druckzuständen gebohrt werden.
3. Die Lochgestalt kann verändert werden, da der Durchbohrer sich nicht dreht.
4. Der Gesteinsschutt kann für die Lochaus-

mauerung gebraucht und/oder in die Spalten oder durch die Bohrerspitze an den Tag abgeräumt werden.

Während dieser Begriff beträchtliche Hoffnung hat, sind viele technische Probleme noch zu lösen. Unter ihnen sind: die weitere Forschungsarbeit über die Gesteinstechnik. Studien über das Verhalten des schmelzflüssigen Gesteins, die Hitzenübertragung, der Sohlenauftrieb, der Kernreaktorentwurf, die Kontroll- und Leitungssysteme und der Durchbohrerentwurf. Grossangelegte Proben sind auch nötig, um die Durchführbarkeit des Begriffs weiter zu demonstrieren, und die Daten für weitere Analyse zu verschaffen.

Die thermohydraulische Methode

Eine von dem U.S. Bureau of Mines entwickelte Methode für das Schneiden des harten Gesteins (Thirumalai und McNary, 1973) ist im Laboritorium erprobt worden, und jetzt untergeht sie die Feldproben. Diese Methode, hinsichtlich der nichtspaltenden Gesteine und der Schneidebeschränkungen der Wasserstrahlen bei hartem Gestein, überwindet die Beschränkungen der thermischen Methoden. Die Laufpunktheiz- (Plasmabrenner) und Linieheizmethoden (infrarote Lampen, Gasbrenner) werden, vor dem ununterbrochenen Wasserstrahlsauftreffen, für die Heizung des Gesteins gebraucht. Die Hitze vermindert die Gesteinsstärke und hilft dem Wasserstrahl beim Zerstückelungsverfahren.

Abbildung 7 zeigt die Zunahme der Schneidetiefe des Granits und die Abnahme der spezifischen hydraulischen Energie bei der Zunahme der spezifischen thermischen Energie. Die Werte der hydraulischen spezifischen Energie wurden, mittels dieser kombinierten Methode, um eine Grössenordnung verkleinert. Diese Methode bietet als ein Zerstückelungssystem grosse Hoffnung.

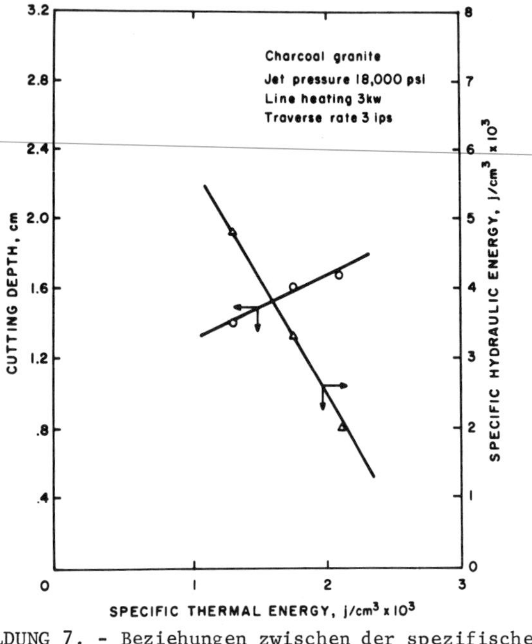

ABBILDUNG 7. - Beziehungen zwischen der spezifischen Energie und der Schneidetiefe (Thirumalai und McNary, 1973).

DIE HYDRAULISCHEN METHODEN

Wegen des Bedürfnisses nach neuen Zerstückelungssystemen (als Alternativen zur Bohr- und Sprengmethode), der Entwicklung verbesserter Wasserstrahlsvorrichtungen und der Möglichkeit, die Wasserstrahlen, für eine erhöhte Leistungsfähigkeit, in Verbindung mit anderen Zerstückelungssystemen zu gebrauchen, erweiternsich in vielen Ländern die Forschungsarbeit und Entwicklung der hydraulischen Methoden für den angewachsene Interesse ist die Menge der Aufsätze über den Abbau, den Tunnelbau und das Gesteinsschneiden, die für die First International Symposium on Jet Cutting Technology (die Erste Internationale Tagung über die Wasserstrahlsschneidetechnologie) vorgetragen wurden. Diese Tagung fand im Jahre 1972 in England statt. Tafel 2 fasst die Daten vieler unlängst entstandenen und (im Jahre 1972) laufenden Projekte in den Vereinigten Staaten, der Union der Sozialistischen Sowjetrepubliken, das Vereinigte Königreich, Kanada und Japan Zusammen.

Während die Forschungsarbeit und Entwicklung einen vorgerückten Stand erreicht hat, wird die Feldanwendung der hydraulischen Methoden grösstenteils noch auf die Kohlengewinnung beschränkt.

Nach dem im Jahre 1970 veröffentlichten Bericht der Kohlendelegation der Vereinigten Staaten, werden 8,8 Millionen Tonnen Kohle jährlich in der UdSSR hydraulisch gewonnen. In Japan erwartet man, dass die in Hokkaido gelegene Zeche Sunagawa der Mitsui Mining Company im Jahre 1971 1,7 Millionen Tonnen (1,5 Gkg) Kohle mittels hydraulischer Methoden herstellen würde. Mit der Hilfe der Mitsui Mining Company, hat die Kaiser Resources Ltd. in Kanada ein untertages Testbergwerk in British Columbia eingerichtet, und sie berichtet eine Anfangsleistungsfähigkeit von 2 500 Tonnen (2,3 Mkg) Kohle bei einer sechstündigen Zweimannsschicht (Grimley, 1972).

Andere Länder, die, wie verlautet, die hydraulischen Methoden des Kohlenabbaus gebrauchen, sind China, Polen, Neuseeland, die Tschekoslowakei, Ungarn, Korea und Frankreich (Vorobjev und Deshmukh, 1966).

Eine Menge der Vorteile des hydraulischen Kohlenabbaus werden angeführt. Unter ihnen sind: angewachsene Sicherheit und Leistungsfähigkeit; einfacher Betrieb; niedrigere Vorrichtungs-, Arbeiterschafts- und Baukosten; und möglicherweise, eine niedrigere Konzentration der Staubpartikeln in der Luft. Unter den Nachteilen sind: ein höherer Kraftverbrauch; die Kohlenverlüste wegen des vorzeitigen Bruchs; hohe Feuchtigkeit; die Unfähigkeit horizontale oder dünne Flöze zu gewinnen; und das Bedürfnis nach einem kohlentrocknenden Zyklus.

In den Vereinigten Staaten gibt es keine grossangelegte Anwendung des hydraulischen Kohlenabbaus, obgleich das U.S. Bureau of Mines mehrere Berichte veröffentlicht hat, in denen verschiedene Feldproben beschrieben werden (Wallace, et al., 1961) Nasiatka und Badda, 1963)(Buch, 1964)(Palowitch und Malenka, 1964)(Price und Badda, 1965)(Fowkes und Wallace, 1968)(Malenka, 1969)(Frank, et al., 1972). Das Mineral Gilsonit, ein festes Kohlenwasserstoff, ist aber, seit dem Jahre 1949, von der American Gilsonite Co. mittels der Wasserstrahlen kommerziell gewonnen worden (Baker, 1959)(Borden, 1964).

Die Wasserstrahlen

Allgemein gesagt, dürfen die Wasserstrahlen entweder als Dauer oder Pulsstrahlen klassiert werden. Die Dauerstrahlen sind auf die Pumpen oder die Druckverstärker angewiesen, um ihre verhältnismässig ununterbrochenen Drücke zu entwickeln. Die Pulsstrahlen brauchen eine Vorichtung, die eine Energiesansammlung versorgt und ein Mittel für ihre kurzfristige

TAFEL 2. - Die Datenzusammenfassung der hydraulischen Forschungsprojekte

Organisation	Methode	Absicht	Zielmaterial	Druck psi	Druck MN/m²	Bemerkungen
Bendix Research Laboratories Southfield, Mich.	Dauerstrahlen	Anwendungen beim Abbau und Tunnelbau; Holz-, Metall- und Papierschneiden	Sandstein, Kalkstein, Marmor, Granit, Quarzit und Basalt	50 000 - 100 000	350 - 690	Das Schneiden und die Bearbeitung einer breiten Materialenauswahl, und die Einverleibung der Wasserstrahltechnologie in die Maschinensysteme (Kurko und Chadwick, 1972).
Bowles Engineering Co. Silver Spring, Md.	Wasserpressblöcke	Vergrösserung der Hypergeschwindigkeitswasserstrahlen	Paraffin	600	4.1	Wasserstrahlsvergrösserung durch den Schlag der zwei Wasserpressblöcke, Mundstücksentwurf, Wirkung der chemischen Zusätze und eine Übersicht verschiedener Gesteinsbrucharten (Bowles Engineering Corp., 1969).
Consolidation Coal Co. Ponca City, Okla.	Dauerstrahl	Forschungsarbeit über den hydraulischen Kohlenabbau	Steinkohle	5 000 - 30 000	35 - 210	Experimentelles untertages hydraulisches Kohlenabbauprojekt, um das Fliessverfahren von ungefähr 5,3 gpm (0,4 l/s) durch das Hochdrucksschneiden auf ein Minimum zu bringen (Persönliche Mitteilungen mit der Continental Oil Co. Belegschaft).
Dept. of Mining and Mineral Sciences Leeds University, U.K.	Pulsstrahl	Gesteinsaushöhlungsproben	Sandstein, Kalkstein, Granit, Marmor, Schiefer, Kreide	43 500	300	Experimentelle Studien der Energie, die fürs Gesteinsabräumen oder Schlitzschneiden gefordert wird. Energievorderungen für die weichen Gesteine sind 0,4 GJ/m³ und 1,0 MJ/m³, und für die harten Gesteine sind sie 70 GJ/m³ und 50 MJ/m³. Die wichtigsten Gesteinseigenschaften waren der Modul Youngs und die Gesteinsschlaghärte (Brook, 1972).
Esso Production Research Co. Houston, Tex.	Puls- und Dauerstrahlen	Die Anwendung der Hochdruckwasserstrahlen aufs Bohren der Ölbohrungen	Marmor, Kalkstein, Sandstein	13 500 - 25 000	90 - 170	Pulsstrahlen wurden gebraucht, um die Druckschwelle des Mundstücks festzustellen, die Kräter zu erzeugen, und zu zeigen, dass die Wasserstrahlen beim Bohren der Sedimentgesteine wirksam sein können. Um die Bohrgeschwindigkeiten und die Parameter der betriebsartigen hydraulischen Bohrer festzustellen, drangen die Dauerstrahlen, bei den Laboritoriums- und Feldproben, eine Auswahl der Gesteinstypen durch (Maurer and Heilhecker, 1969; Maurer, et al., 1972).
Exotech, Inc. Rockville, Md.	Pulsstrahlen	Forschungsarbeit über die Entwicklung der Druckwasserkanonen und der Verbindungssysteme	Beton, Metall und eine Auswahl der Gesteinstypen; unter ihnen sind Granit, Sandstein, Kalkstein und Schiefer	60 000 - 5 000 000	410 - 35 000	Eine Druckwasserkanone mit 5 Pulsen/s wurde für die U.S. Army entwickelt; spezifische Energien verschiedener Gesteine wurden festgestellt. Eine Druckwasserkanone mit kleinen Patronen und Geschwindigkeiten bis auf 25 000 ft/s (7 620 m/s) wurde fürs Metallschneiden für die U.S. Navy entwickelt (Clipp und Cooley, 1969; Cooley und Clipp, 1970).
Fenix and Scisson, Inc. Reno, Nev.	Dauerstrahlen	Der Abbau der unterirdischen Kämmer	Geschweisste Tüffe, Granit, Rhyolit, Gabbro und Tonolit-Diorit	10 000 - 15 000	70 - 100	Der Gebrauch der Dauerstrahlen, um unterirdische Kämmer bei geschweissten Tüffe im Zentrum Nevadas für die Atomic Energie Commission abzubauen (Ash, 1972).
Flow Research, Inc. Kent, Wash.	Dauerstrahlen	Anwendung auf die Niederreissensarbeit und auf den Tunnelbau	Beton und Sandstein	20 000	140	Die Verwendung der Dauerstrahlen beim Niederreissen der Strassen und Gebäuden aus Beton und ihre Verwendung beim Tunnelbau (Crow, 1972).
Gulf Research and Development Co. Pittsburgh, Pa.	Dauerstrahlen mit Schleifmitteln	Anwendung der in den Wasserstrahl eingesetzten Schleifpartikeln aufs Erosionsbohren der Löcher	Granit, Kalkstein, Schiefer, Hornstein, Trümmergesteine, Anhydrit	10 000	70	Das Schleifmittel war der Maschenstahlschrot; Laboritoriums- und Feldproben sind durchgeführt worden. Konzentrische Rillen werden durch den Wasserstrahl geschnitten, und die Erhebungen zwischen den Rillen werden mittels der Bohrerspitze abgebrochen. Betriebsartige Feldproben, um die Bohrgeschwindigkeiten und Haltbarkeit der Bohrerspitzen mit den Schleifpartikeln festzustellen, sind bei verschiedenen Tiefen durchgeführt worden. Sie fanden in den Quellen statt, die in den Öl- und Gasfeldern gebohrt worden wurden (Oil and Gas Journal, 1971).
Honshu-Shikoku Bridge Auth. and Kobe Steel Co. Japan	Dauerstrahl	Anwendung der Hochdruckwasserstrahlen auf die Unterwasserauschöhlung für die Brückengründung	Granit, Sandstein und Quarzporphyr	43 000 - 58 000	300 - 400	Der Beschluss der Proben war, dass die Unterwasserverwendung der Wasserstrahlen wirksam war, und dass die Hinzufügung der Bohrerspitzen die Leistungsfähigkeit wohl erhöhen würde (Matsumoto, et al., 1972).
Hydraulic Coal Mining Co. Novokuznetsk, USSR	Pulsstrahl	Kohlenbruch, Streckentreiben	Kohle, Sandstein, Argilite	35 000 - 50 000	240 - 350	Eine Druckwasserkanone, die ein Liter von Wasser jede zwei Sekunden durch ein 10 bis 15 mm Mundstück feuern kann. Die Kanone wird auf ein Schienenfahrzeug aufgestellt, und kann in Kohlenflöze mit einer Mächtigkeit von 1 Meter und mit Einfallswinkeln bis auf 18° operieren. Die Eingangsenergie ist 160 hp (119 kW) (Cooley, 1972).
Hydro-Jet Services, Inc. Amarillo, Tex.	Dauerstrahl	Bohrlochabbau	Sandsteine, Kalksteine und die Schiefern	800	5.5	Die Verwendung der Nebenwandswasserstrahlen, um unterirdische Kämmer und Seitengraben auszuhöhlen (Fly, 1970).
Hydronautics, Inc. Laurel, Md.	Hohlsog	Die Durchführbarkeit der Schlagkorrosion	Schiefer, Serpentin, Kalkstein, Marmor und die Sandsteine	2 000	14	Das Phänomem der Schlagkorrosion wurde untersucht, und die Erosionsgeschwindigkeiten, minimale Erosionsintensitäten, Entfernungswirkungen, erosionsstärke, Mundstücksgeometrie, Mundstücksgeschwindigkeit und andere Perameter wurden festgestellt (Conn, 1972; Johnson, et al., 1972).

Illinois Institute of Technology Research Institute (IITRI) Chicago, Ill.	Dauer- und Pulsstrahlen	Anwendung der Dauer- und Pulsstrahlen auf den Abbau und Tunnelbau	Sandstein, Kalkstein, Dolomit, Limonit, Granit, Gabbro und die Kohlen	50 000 - 172 000	350 - 1 200	Experimente über die Schneidfähigkeit einer Auswahl von Gesteinstypen durch die Erzeugung der Kräter mit einem einzigen Puls des Wasserstrahls. Rückläufige Gleichungen, die die Kratertiefe in Wechselbeziehung mit dem Wasserstrahlsdruck und den reziproken Werten der Druckfestigkeit und einer Schmidt Hammermessung (Singh und Huck, 1970; Singh, et al., 1972).
Kaiser Resources Ltd. Canada	Dauerstrahlen	Kohlenabbau	Kohle	1 500 - 2 000	10 - 14	Untertageproben des hydraulischen Kohlenabbaus, worin eine Hochvolumen-Hochdruckspumpe verwendet wird. Anfangsproben zeigen, dass 2 500 Tonnen (2,3 Mkg) der Kohle von zwei Männer in einer 6-stündigen Schicht erzeugt werden können (Grimley, 1972).
Inst. for Hydro-Dynamics Novsibirsk, USSR	Dauer- und Pulsstrahlen	Verwendung der Hochdruckswasserstrahlen beim Abbau	Kalkstein, Sandstein, Granit, Metall	29 000 - 100 000	200 - 690	Studien der Zertrümmerung grosser Gesteinsblöcke bei der Verwendung spezifischer Energien zwischen 60 - 100 J/cm³. Unterwasserzertrümmerung des Gesteins und der Metallplatten (Voitsekhovsky, et al., 1962; Voitsekhovsky, et al., 1972b).
Oak Ridge National Laboratories Oak Ridge, Tenn.	Dauerstrahlen	Verwendung der Hochdruckswasserstrahlen beim Tunnelbau	Sandstein, Kalkstein und Granit	2 000 - 12 000	14 - 83	Die spezifische Energie der hydraulischen Zerstückelung einer Auswahl der Gesteinstypen bei den einzigen Laufen und bei den Einschnittsprobenwurde, in denen die Erhebungen zwischen den Einschnitten ausgebrochen wurden, festgestellt. Schwellen- und Gesteinslagerungsexperimente Wurden auch ausgeführt (Bressee, et al., 1972; Hahs, 1972).
St. Anthony Falls Hydraulic Laboratories University of Minn. Minneapolis, Minn.	Pulsstrahlen	Anwendung der Pulsstrahlen auf den Tunnelbau	Sandstein und Kalkstein	2 000 - 3 000	14 - 21	Ein Versuch, die Wasserhammerwirkung zu verwenden, aber wegen der schlechten Vorderfestsetzung der 2-in (5 cm) Pressblöcke, war das Ergebnis die verhältnismässig niedrigen Schlagdrücke von sehr kurzen Dauern (Ripkin und Wezel, 1972).
Terraspace, Inc. Bethesda, Md.	Pulsstrahlen	Steinbrechende Experimente in einem Tunnel oder Steinbruch	Sandstein, Kalkstein, Granit	256 000	1 770	Entwurf einer Hochdruck-Pulswasserstrahlskanone, die ein Aufspeicherungsmundstück gebraucht (Cooley 1970 - 1972a).
Railway Technical Res. Inst., Japanese National Railways Japan	Pulsstrahl	Verwendung der Hochdruckswasserstrahlen beim Tunnelbau	Sandstein, Diorit, Granit, Basalt, Andesit und Gabbro	30 000 - 242 000	210 - 1 670	Die bei der Verwendung der 2-stufigen Verstärker durchgeführten Experimente werden vom hydrodynamischen Gesichtspunkt besprochen, und die gesteinbrechenden Wirkungen werden gemerkt (Kinoshita, et al., 1972).
Railway Technical Res. Inst., Japanese National Railways Japan	Dauerstrahl mit den mechanischen Tunnelbohrschneidern, und ohne sie	Verwendung der Hochdruckswasserstrahlen beim Tunnelbau	Andesit, Granit, Basalt und Gabbro	29 000 - 72 000	200 - 500	Schneide- und Bruchsproben des Gesteins bei der Verwendung eines Verbindungssytems zeigen die Leistungsfähigkeiten, die 2-5-mal höher sind, als bei der Verwendung der mechanischen Tunnelbohrschneider allein (Hoshino, et al., 1972).
Rock Mechanics and Explosives Research Center University of Missouri-Rolla Rolla, Mo.	Dauer- und Pulsstrahlen	Abbaussysteme für den Tunnelbau und den Kohlenabbau	Kalkstein und Kohle	8 000 - 50 000	55 - 350	Wirkungen des Wasserdrucks, des Mundstücksdurchmessers, der Durchlaufsgeschwindigkeit und der Laufenanzahl auf das Durchdringen und die spezifische Energie. Wirksamkeit des hydraulischen Kohlenbruchs auf die Verstäubungsverminderung (Summers, 1972; Summers und Henry, 1972).
Safety in Mines Res. Establishment U.K.	Dauer- und Pulsstrahlen	Schneide- und Bruchsexperimente aufs Gestein	Sandstein	22 000 - 90 000	150 - 620	Leistungsfähigkeit des Wasserstrahlsschneideverfahrens bei verschiedenen Drücken und linearen Durchlaufsgeschwindigkeiten wird ausgewertet. Die Leistungsfähigkeit des Wasserstrahlsschneidens ist niedriger als die der konventionellen gesteinschneidenden Maschinen, aber bei der Verwendung der Pulsstrahlen ist die Leistungsfähigkeit der Wasserstrahlsbruchbildung vergleichbar (Moodie und Artingstall, 1972).
Skochinsky Mining Inst. USSR	Dauerstrahl	Kohlenproben und das Gesteinsdurchdringen	Kohle, Marmor, Granit und Labradorit	735 - 7 350	5.1 51	Theoretische Studien und Eindringensproben, in denen die feinen Hochdrucksdauerstrahlen verwendet werden, werden geprüft. Methoden für die Berechnung der Leistungsfähigkeit des Kohlendurchdringens und für die Berechnung der Durchschnittsgeschwindigkeit werden entwickelt, und die Daten über die feinen Wasserstrahlen werden für den Entwurf der Kohlenabbausvorrichtung präsentiert (Kuzmich, 1972; Nikonov und Goldin, 1972).
U.S. Army Cold Regions Research and Engineering Laboratory (CRREL) Hanover, N.H.	Dauer- und Pulsstrahlen	Verwendung der Hochdruckswasserstrahlen im Nordpolargebiet	Permafrost und Eis	1 500 - 24 000	10 - 170	Die Durchführbarkeit der Verwendung der Hochdruckswasserstrahlen für den Bruch, die Aushöhlung und den Abbau bei den gefrorenen Böden (Mellor, 1972).
U.S. Bureau of Mines	Dauerstrahlen	Kohlenabbau	Kohle, Beton und Kies	4 000 - 5 000	28 - 35	Sieben Forschungsprogramme über den Kohlenabbau wurden fertiggestellt. Andere Forschungsarbeit über das Betonschneiden und den Kiesabbau (Die Forschungsarbeit wurde von Frank, et al., 1972 zusammengefasst).

Entlastung. Ein gutes Beispiel des Pulsstrahls ist die Wasserkanone, die die kinetische Energie eines freien Kolbens verwendet, um den Wasserpuls durch ein Strahlrohr auszustossen. Diese Wasserpulse dürfen aber, mittels des im Dauerstrahl eingefügten Verschlussapparats oder durch die Konstruktion der wassererzeugenden Verstärker, erzeugt werden. Die Dauer dieser Pulsen darf zwischen Millisekunden und mehreren Sekunden schwanken, und bei den längeren Dauerfristen sind die Pulsen praktisch ununterbrochen.

Ein grosser Teil der gegenwärtigen Forschungsarbeit beschäftigt sich mit der Datenentwicklung für den schliesslichen Entwurf der praktischen Abbausmaschinen. Die Interessenparameter schliessen den Strahldruck, den Strahldurchmesser, die Durchquergeschwindigkeit, die Dauer, den Angriffswinkel, die Eigenschaften des Stoffes und die spezifische Energie ein. Tafel 3 zeigt die typischen Werte der ersten vier Strahlparameter. Zwecks dieser Tafel, werden die Dauerstrahlen auf jene Systeme beschränkt, die kommerziell zu haben sind und die hauptsächlich als Dauerstrahlen gebraucht werden.

hydraulischen Abbaussysteme errichtet werden sollen. Das erste Problem betrifft die hohen Kraftforderungen, die für die Hochdrucksdauerstrahlen nötig sind, und die daraus entstehende Vorrichtungsgrösse. Zum Beispiel, um bei der Verwendung eines 4 mm Strahlrohrs einen Strahldruck von 20 000 psi (138 MN/m²) zu erreichen, ist eine Pferdestärke von ungefähr 1 250 (932 kW) nötig, und wenn der Druck verdoppelt wird, nimmt die erforderliche Pferdestärke bis auf 4 000 hp (2 983 kW) zu (Cooley, 1972b). Diese grossen Kraftforderungen sind der Entwicklung der Wasserkanonen und anderer Pulsstrahlssystemen teils die Ursache.

Zweitens, leiden die Dauerstrahlen an einem Zuverlässigkeitsmangel des Pumpsystems selbst, und wenn sie allein oder in Verbindung mit mechanischen Bohrern gebraucht werden sollen, werden biegsame Gelenke und passende Drehabdichtungen entwickelt werden müssen. Wenn dies nicht getan wird, werden die Verstärker ein vollständiger Teil des Drehkopfs werden müssen.

In Japan, sind die Strahldrücke so hoch wie 240 000 psi (1 655 MN/m²) bei einem Pulsstrahl erreicht worden,

TAFEL 3. - Typische Werte der vier Wasserstrahlsparameter

	Dauerstrahlen	Pulsstrahlen	Wasserstrahlskanonen
Wasserstrahlsdruck	500-100 000 psi (3,5-690 $\frac{MN}{m^2}$)	10 000-240 000 psi (70-1 650 $\frac{MN}{m^2}$)	to 1 000 000 psi (7 000 $\frac{MN}{m^2}$)
Wasserstrahlsdurchmesser	1-6 mm	.1-1 mm	10-30 mm
Abstand	.1-6 cm	.5-20 cm	5-100 cm
Durchlaufsgeschwindigkeit	0-1 m/s	0-4 m/s	

Die bei den Dauerstrahlssystemen gegenwärtig verwendeten Strahldrücke sind in der Regel weniger als 100 000 psi (690 MN/m²). Kommerzielle System zwischen 30 000 und 40 000 psi (207 und 276 MN/m²) sind erhältlich, und die Sondersysteme für die Drücke bis auf 100 000 psi (690 MN/m²) können errichtet werden. Während die Kohle mittels der Strahldrücke von ungefähr 2 000 psi (13,8 MN/m²) geschnitten werden kann, erfordert das erfolgreiche Schneiden des härteren Gesteins bei den Druckfestigkeiten zwischen 5 000 und 50 000 psi (34 und 345 MN/m²) beträchtlich grössere Drücke. Eine Untergrenze dieser für den Anfang des Durchdringens erforderlichen Drücke ist von mehreren Forschern schon festgestellt worden. Diese Untergrenze wird "die Durkschwelle" genannt, Matsumoto, et al., (1972) berichten, dass die Druckschwellen des Granits zwischen (0,3 und 0,5)σ_c schwanken. (σ_c ist die Druckfestigkeit). Bresse, et al., (1972) bezeichnen für den Sandstein, Kalkstein und Granit die Druckschwellen von beziehungsweise: 2 000 psi (13.8 MN/m²) σ_c = 6 550 psi (45,2 MN/m²), 3 500 psi (24,1 MN/m²) σ_c = 8 150 psi (56,2 MN/m²) und 6 000 psi (41,4 MN/m²) σ_c = 25 700 psi (177 MN/m²). Im allgemeinen, erlauben die höheren Drücke ein grösseres Gesteinsdruchdringen, und da viele Gesteine eine Druckfestigkeit grösser als 20 000 psi (138 MN/m²) haben, sind viele Proben, in denen die Wasserstrahldrücke dieses Wert übertreiben, schon unterwegs. Obgleich die höheren Drücke beim Schneiden des härteren Gesteins wirksamer sind, gibt es mit den Dauerstrahlen zwei wichtige Vorrichtungsprobleme, die aufgelöst werden müssen, wenn die praktischen

und einen Druck von 1 000 000 psi (35 000 MN/m²) ist bei sowetischen Wasserkanonen berichtet worden (Cooley, 1972). Eine kleine durch die Patronen betätigte Wasserstrahlkanone, die von Exotech in den Vereinigten Staaten entwickelt wurde, hat die Drücke von 5 000 000 psi (35 000 MN/m²) erreicht (Cooley und Clipp, 1970). Exotech berichtet auch die Entwicklung eines Pulsstrahls, der zu den Drücken von 300 000 psi (2 070 MN/m²) und zu einer Wiederholungsgeschwindigkeit von 5 Pulsen in der Sekunde fähig ist (Exotech, 1972). Daten, die zeigen, dass die Leistungsfähigkeit der Wasserkanonen bei zunehmenden Strahldrücken zunehmen, sind von Cooley präsentiert worden (1972). Abbildung 8 zeigt einen Riss der spezifischen Energie gegen den spezifischen Druck (das Verhältnis zwischen dem Strahldruck und der Druckfestigkeit) verschiedener Gesteinstypen. Obgleich die Abnahmegeschwindigkeit der spezifischen Energie (bei spezifischen Drücken grösser als 2) weniger ist, wird bei spezifischen Drücken bis auf 10 kein Minimum in der Kurve angedeutet. Singh und Huck (1970) fanden, weiterhin, bis auf einen spezifischen Druck von 35, kein Minimum.

Die Wasserstrahlsdurchmesser bei den Dauerstrahlen schwanken gewöhnlich zwischen 1 und 6 mm, während bei den Wasserkanonen (wie die, die in der UdSSR von Voitsekhosky entwickelt wurde) reichen sie bis auf ungefähr 30 mm. Die gegenwärtige Beschränkung auf die grösseren Strahlsdurchmesser ist zum grössten Teil die Schuld der schon erwähnten grossangewachsenen Kraftforderungen.

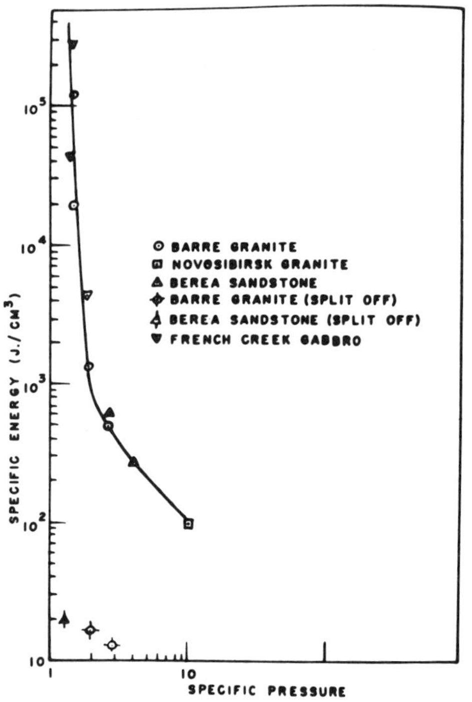

ABBILDUNG 8. - Spezifische Energie gegen spezifischen Druck; die durch einzige Pulse erzeugten Kräter im Granit und Sandstein (Cooley, 1972).

in Erwägung gezogen worden sind. In der UdSSR hat man die Versuche mit den ins Gestein eintretenden kreisenden Doppelstrahlen geführt. Diese Versuche haben gezeigt, dass die Optimumleistungsfähigkeiten des Granitsschneidens, bei einem seigeren Winkel von 12-1/2° liegen; fürs Kohlenschneiden ist der Winkel 8° (Kuzmich, 1972). Die Versuche, die vom U.S. Bureau of Mines (Frank und Chester, 1971) geführt wurden, haben gezeigt, dass beim Beton, ein Angriffswinkel von 12-1/2° die maximale Leistungsfähigkeit erzeugte.

Die Wirkung der Gesteinseigenschaften aufs Wasserstrahlseindringen wird nicht klar verstanden, und daher braucht dieser Aspekt weitere Untersuchung. Brook entdeckte, dass wegen des Streufelds der Daten, die Wasserstrahlleistung in Wechselbeziehung mit den Gesteinseigenschaften nicht gebracht werden konnte. Die besten Wechselbeziehungen waren für den Modul Youngs und das Gesteinsschlag-Härtezahl (Brook und Page, 1972). Singh und Huck (1970) berichten, dass die Druckfestigkeit und die Schmidt Hammerhärte die zwei Gesteinseigenschaften waren, die bei der Verwendung eines einzigen Pulsstrahls, die beste Wechselbeziehung mit der Kratertiefe verschufen. Matsumoto, et al., (1972) entdeckten, dass bei den Versuchen auf den Granit, die Druckfestigkeit und die Schneidetiefe aufeinander bezogen. Zelenin (1968) hat gezeigt, dass die durch den Dauerstrahl im Gestein gemachte Schlitztiefe und der Protodyakonov Härtezahl umgekehrt aufeinander beziehen. Eine ähnliche Beziehung wurde auch von Nikonov und Goldin (1972) bei den dauerstrahlsverwendenden Versuchen auf die Kohle erreicht. Frank und Chester (1971) entdeckten, dass beim Beton, die durch den Dauerstrahl erzeugt Schneidetiefe und die Durchlässigkeit, Dichte Betonhärte, Druckfestigkeit und Zugfestigkeit aufeinander beziehen.

Ausser den Wasserkanonen, die einen Abstand von 1 Meter oder mehr erreichen dürfen, schwankt der Abstand zwischen dem Strahlrohr und der Zeilscheibe, bei allen Wasserstrahlen, zwischen ungefähr 0,1 und 20 cm.

Im allgemeinen, je grösser der Abstand, desto kleiner die Leistungsfähigkeit des Wasserstrahls, und bei den Abständen grösser als ungefähr 100 Durchmesser, fällt der Strahldruck schnell herab. Man glaubt, dass eine beträchtliche Verbesserung der Wasserstrahlsleistungsfähigkeit und ein grösserer Abstand möglich sind, wenn langkettige Moleküle zur arbeitenden Flüssigkeit hinzugefügt werden (Franz, 1972).

Die Durchquergeschwindigkeit des Wasserstrahls bezüglich des Gesteins ist, bei der Leistungsfähigkeit des Schneideverfahrens ein wichtiger Faktor. Brook (1972) hat bewiesen, dass der grösste Teil des Durchdringens statischer Zielscheiben im ersten Sekundenbruch stattfindet, und dass die Anfangsgeschwindigkeit des Gesteinabräumens hoch ist. Eine grössere Leistungsfähigkeit wird ohne ernste Beschränkung der Durchdringenstiefe erhalten, wenn der Wasserstrahl bei Geschwindigkeiten bis auf ungefähr (6-1/2 ft/s (2 m/s) übers Gestein durchgequert wird. Dieses Betriebsverfahren steigert nicht nur die Leistungsfähigkeit (mittels der Abnahme der spezifischen Energie), sondern auch erzeugt die Rippen ins Gestein, die mit mechanischen Schneidern möglicherweise abgebrochen werden können.

Der Angriffswinkel des Wasserstrahls aufs Gestein ist meistens ein seigerer, ausser wenn die Doppelstrahlen

Andere wichtige Eigentümluchkeiten, die das Wasserstrahlsverfahren beeinflüssen und daher erwägt werden müssen, sind die Strukturbesonderheiten in der Gesteinmasse, unter denen die Korngrösse, die Blättrigkeit, die Schichtung und die Spalten sich befinden.

Die spezifischen Energien variieren bei den verschiedenen Wasserstrahlssystemen und Gesteinstypen sehr. Bei den Schlitzschneideversuchen bei harten und weichen Gesteinstypen in denen die Drücke bis auf 44 000 psi (303 MN/m²) verwendet wurden, berichtet Brook (1972) für weiches und hartes Gestein, typische spezifische Energien von beziehungsweise 400 J/cm³ und 70 000 J/cm³. Wegen der schnellen Zunahme der Energieforderungen bei den harten Gesteinen, haben einige Förscher die Möglichkeit erwägt, die Wasserstrahlen mit den mechanischen Schneidern zu verbinden, um die Leistungsfähigkeit des Gesamtsystems zu verbessern. Die von Hoshino, et al., (1972) in Japan geführten Versuche (in denen die Tunnelbohrmaschinen verwendet wurden) auf das Gabbro, den Granit, den Andesit und den Basalt zeigten, dass das kombinierte Wasserstrahl-Schneidersystem 2- bis 5-mal leistungsfähiger ist als die allein verwendeten Schneider. Abbildung 9 zeigt, für diese vier Gesteinstypen, einen Riss des Bruchverhältnisses gegen die Rillenweite (den Abstand zwischen den Rillen).

Tafel 4 zeigt die Daten aus den von Kurko und Chadwick geführten Studien, in denen die Wirksamkeit des Wasserstrahls und der hypothetischen Tunnelbaumaschine (die den Wasserstrahl mit einem mechanischen Bruch-

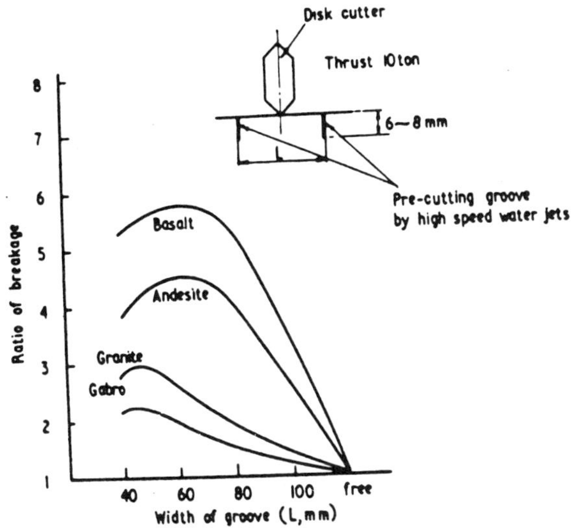

ABBILDUNG 9. - Die Wirkung des durch die Hochgeschwindigkeitswasserstrahlen erzeugten Vorschneidens (Hoshino, et al., 1972).

grössere Schwierigkeiten an, besonders bei der Wirksamkeit des allein verwendeten Wasserstrahls, aber auch wegen der grösseren Kraftforderungen. Die Studien der kombinierten Systeme (In denen die Wasserstrahlen, Schneidemaschinen und Erhitzer in verschiedenen Verbindungen verwendet würden.) sollen betont werden, um die Gesamtwirksamkeit zu verbessern.

DIE CHEMISCHEN METHODEN

Die Forschungsarbeit, in der die Chemikalien verwendet werden, ist gewöhnlich mit der Hinzufügung der Lösungen niedriger Konzentration (um die mechanische Zerstückelung zu fördern) beschäftigt worden. Einige Studien sind, aber, über die Methoden der Auflösung des Gesteins oder seines Bindmittels schon geführt worden.

Vor 29 Jahren berichteten Rehbinder, et al., (1944), dass die Dreh-Bohrgeschwindigkeiten zwischen 10 und 60 Prozent zunahmen, wenn man eine Aluminiumchloridlösung statt nur des Wassers verwendet. Diese gesteigerten Durchdringensgeschwindigkeiten wurden der Abnahme der Oberflächenhärte zugeschrieben. Dieses Abnahme wurde von der Anwesenheit der zugesetzten Lösung verursacht. Seit jener Zeit, haben einige andere Förscher die Wirkung der chemischen Lösungen auf die mechanischen Zerstückelungsmethoden untersucht.

TAFEL 4. - Ein Leistungsvergleich verschiedener Aushöhlungssysteme (Kurko und Chadwick, 1972)

	Geforderte Kraft (hp)	(kW)	Aushöhlungsgeschwindigkeit (yd^3/hr)	(m^3/hr)	Spezifische Energie (ft lb/in^3)	Spezifische Energie (J/cm^3)
Argillite (σ_c = 35 000 psi (241 MN/m^2))						
Lawrence HRT-12	600	447	22,7	17,4	1 122	93
Wasserstrahl	51 100	38 100	22,7	17,4	47 901	3 963
Wasserstrahl/ mechanisches Mittel	16 450	12 300	22,7	17,4	15 409	1 275
Quarzite (σ_c = 50 000 psi (345 MN/m^2))						
Lawrence HRT-12	600	447	4,5	3,4	5 608	464
Wasserstrahl	17 100	12 750	4,5	3,4	79 708	6 611
Wasserstrahl/ mechanisches Mittel	4 096	3 054	4,5	3,4	19 145	1 584

apparat verbindet) mit den Daten von einer Lawrence HRT-12 Maschine verglichen werden. Die Daten sind aus den Proben bei den Argilliten und Quarziten. Die berechneten Energien der vorher erwähnten hypothetischen Tunnelbaumaschine waren beträchtlich niedriger als die Energien des allein verwendeten Wasserstrahls, aber noch so niedrig als die Energien der Lawrence HRT-12 Bohrmaschine. Während der Energieverbrauch für dieses hypothetischen Verbindungssystem grösser ist als für die Lawrence Bohrmaschine, hat es andere potentielle Vorteile: verminderte Schneiderabnutzung und, möglicherweise, erhöhte Durchdringensgeschwindigkeiten.

Angesichts der andauernden Entwicklung besserer Vorrichtungen, bietet die Verwendung der hydraulischen Methoden für den Abbau der Kohle und des weichen Gesteins beträchtliche Hoffnung für die zukünftige Ausweitung an. Der Abbau des harten Gesteins bietet

Im Jahre 1967, beschrieb Robinson die Resultaten des Bohrens (mit einer Mikrobohrerspitze), das im Kalkstein mit der Verwendung der Natriumsalzlösungen vollgeführt wurde. Wenn ein Mikroschleppbohrerspitze gebraucht wurde, wurde die Bohrgeschwindigkeit mittels der Natriumsalzlösung beinahe verdoppelt, aber wenn eine Zweikonus-Mikrobohrerspitze fürs Gestein gebraucht wurde, gab es eine kleine Abnahme der Bohrgeschwindigkeit. Um des Vergleichnisses willen, wurde das Wasser als ein Standard gebraucht.

Strebig, et al., (1971) zeigten, dass die Bohrgeschwindigkeiten beim Quarzit Zunahmen, als die organischen Zusätzen mit den imprägnierten Diamantenstückchen verwendet wurden. Insbesondere, beschliessen sie, nach einer Kostenanalyse der Resultaten, dass die Bohrkosten vermindert werden können, im Vergleich mit denen, die sich aus der Verwendung des Wassers allein ergaben.

McGary und Moavenzadeh (1972) gebrauchten eine Probe mit einem eingekerbten Balken, um die Wirksamkeit 30-er Oberflächenwirkmitteln auf die Oberflächenenergiehöhe (die für den stabilen Bruch in den Gesteinsexemplaren nötig ist) zu messen. Eine 50-prozentige Verminderung der Gesteinsstärke wurde im Laboritorium bemerkt, und die beschränkten Feldproben zeigten, dass wenn die Surfaktente gebraucht wurden, nahmen die Durchdringensgeschwindigkeiten der Bohrmaschine zwischen 10 und 20 Prozent zu. Sie beschliessen, dass die durch die Spannung aktivierte Korrosion das wichtigste gesteinschwächende Mittel war.

Unger, et al., (1973) führten, in den amygdaloidischen Basalten der in Übermichigan liegenden Kupferabbausgegend, die Feldsbohrproben durch. Nichtionogene, anionogene und kathionogene surfaktente Lösungen (alle durch biologische Mitteln scheidbar) wurden in Verbindung mit den an der Oberfläche angebrachten Diamantenbohrerspitzen gebraucht.

Das nichtionogene Surfaktent erzeugte eine Gesamtdurchschnittszunahme der Durchdringensgeschwindigkeiten, die 35 Progent höher ist als die Geschwindigkeiten, die durch die Verwendung des Wassers allein zu erreichen sind. Beim anionogenen Surfaktent gab es eine 29 prozentige Zunahme, und beim kathionogenen Surfaktent gab es eine 23 prozentige Zunahme. Im Vergleich zur Verwendung des Wassers allein, hatten diese Zunahmen der Eindringensgeschwindigkeiten eine 22 bis 28 prozentige Kostenabnahme zur Folge. Das Einspülen mit den surfaktenten Lösungen vermindert auch die Bohrerspitzensabnutzung, und erleichterte die Herauscholung des Bohrerkerns aus dem Rohr.

Westwood (1973) berichtete, dass das Bohrverhalten des Granits durch das chemisch-mechanische Verhalten der härteren Quarzitsphase eher als durch die Risse oder durch andere mikrostrukturelle Eigenheiten entschieden wird. Er zeigte, dass durch eine chemisch erzeugte 20 prozentige Zunahme der Quarz- und Mikroklinhärte, das folgende erreicht werden konnte: eine 13-faltige Zunahme der Bohrgeschwindigkeit beim Quarz und eine 3-faltige Zunahme der Bohrgeschwindigkeit beim Mikroklin und Granit. Diese Resultaten sind interessant, besonders wenn sie mit den früheren Berichten auf den vorzüglichen Gebrauch der "Oberflächenhärtereduktionsmitteln" verglichen werden.

Diese Studien empfehlen kräftig, dass weitere Forschungsarbeit über die Wirkungen der chemischen Lösungen auf die Leistungsfähigkeit der Gesteinsschneide- und Bohrvorrichtungen getan werden muss. Beträchtlich weitere Arbeit ist auch erforderlich, um ein grundlegendes Verständnis für die Oberflächenchemie und Physik Dieser Phänomene zu erreichen. Angesichts der weitläufigen Tunnelbau- und Abbaubetriebe, die für die Zukunft betrachtet werden, könnten bedeutsame Ersparnisse mittels sehr bescheidener Verbesserungen der Leistungsfähigkeit errungen werden.

Der Projektilschlag

Die Physics International Company demonstrierte neulich, dass die Hochgeschwindigkeitsprojektile verwendet werden konnten, um einen Tunnel anzulegan. Bei der Verwendung der 10 lb (4,53 kg) Betonprojektile, die mittels einer 105 mm Kanone bis auf eine Geschwindigkeit von 5 000 ft/s (1 525 m/s) beschleunigt werden, wurde in einer granitischen Gesteinsbildung in Hope Valley, California, einen Tunnel mit einem Durchmesser von 13-ft (4 m) und eine Tiefe von 26 ft (7,9 m) angelegt. Abbildung 10 zeigt die

ABBILDUNG 10. - Die 105-mm Kanone auf dem beweglichen Gestell in der Feuerungslage für den Tunnelbau (Watson, 1973).

Feldeinrichtung, und Abbildung 11 zeigt den beinahe

ABBILDUNG 11. - Der beinahe fertiggestellte Hope Valley Tunnel; die Tunneltiefe ist ungefähr 24 ft (Watson, 1973).

vollendeten Tunnel. Die durchschnittliche Gesteinmasse, die durch jedes Projektil abgeräumt wurde, war 3 000 lb (1 360 kg), und die spezifische Energie des Schlagverfahrens während der Tunnelanlage war 120 ft-lb/in^3 (10 J/cm^3). Die typischen spezifischen Energien der Bohrmaschinen, wenn sie die Roll- oder Schleppbohrerspitzen bei hartem Gestein gebrauchen, schwanken zwischen 100 und 200 J/cm^3 (Maurer, 1968). Auch Singh (1969b) berichtet, dass die spezifischen

Energien der Hochgeschwindigkeitskügelchen bei verschiedenen Gesteinstypen zwischen 100 und 300 J/cm³ schwanken.

Die Wandkontrolle wurde durch zwei Methoden geleistet. In der ersten Methode, wurde das Liniebohren verwendet, um glatte Wände (die keine Unterstützungsbalken brauchten) zu erzeugen. Die zweite Methode zeigte, dass, ohne vorher einzukerben, solche festen Wände mit dem normalen Aufbruch erzeugt werden konnten, wenn die kleineren Kanonen fürs Abgraten verwendet werden.

Wie es scheint, war die Auswerfergefahr ein geringes Problem, und die Staubkontrolle wurde mittels eines einfachen Spritzwasserssystems ermöglicht. Die Grösse und Ausbreitung des Haufwerks wurden für die konventionellen Wegfüllensmethoden angemessen, und die Möglichkeit des Sekundärbruchs der grossen Gesteinsblöcke wurde bewiesen.

Die Kostenanalyse eines auf die Resultaten dieser Proben gegründeten hypothetischen Hochgeschwindigkeitstunnelbaussystems zeigte, dass ein Tunnel mit einem Durchmesser von 10-ft (3 m), bei der Verwendung der 4-in (102 mm) Kanonen, mit einer Geschwindigkeit von 226 ft/day (69 m/day) angelegt werden könnte. Ein Tunnel mit einem Durchmesser von 20 ft (6,1 m) könnte, bei der Verwendung der 8-in (203 mm) Kanonen, mit einer Geschwindigkeit von 550 ft/day (168 m/day) angelegt werden. Die vergleichenden Kosten wurden als 60 Prozent der für die konventionelle Bohr- und Sprengmethode nötigen Summe vorausgesagt.

Die Analyse zeigte auch, dass das Transportsystem die Abbaufortschritte (bei der Ausholung der ausgehauten Gesteinsstückchen aus dem Tunnel) beschränkt.

Die durch diese Anfangsproben erreichten Leistungsfähigkeiten sind ermutigend. Ein praktisches Abbaussystem, das auf diesen Begriff gegründet würde, dürfe wohl möglich sein, wenn solche Probleme wie die Mündungssprengwirkungen und das Transportsystem gelöst werden könnten. Ein merklicher Vorteil, hinsichtlich der technischen Entwicklung, ist, dass, eine weitläufige Schnellfeuerkanonentechnologie schon vorhanden ist.

ANERKENNUNGEN

Der Verfasser ist seinen Kollegen, für ihre Mitwirkungen an dieser Abhandlung, sehr dankbar. Sie sind: K. Thirumalai, J. N. Frank, und W. H. Engelmann, Twin Cities Mining Research Center, U.S. Bureau of Mines.

VERWEISE

Armstrong, D. E., J. S. Coleman, B. B. McInteer, R. M. Potter and E. S. Robinson, March 1965, Rock melting as a drilling technique, Los Alamos Scientific Laboratory, Rept. 3243.

Ash, J. L., April 1972, Hydraulic jetting with clear water for rock excavation, 1st Internat. Symp. on Jet Cutting Tech., BHRA, Fluid Eng., Cranfield, p. B3-29 - B3-51.

Baker, J. H., May 1959, Mining by hydraulic jet, Min. Cong. J., Vol. 45, No. 5, p. 45-46, 52.

Bergman, E. D. and G. N. Pokrovskii, November-December 1968, Some results of plasma rock breaking, Fiziko-Tekhnicheskie Problemy Razrabotki Poleznykh Iskopaemykh, No. 6, p. 48-52.

Borden, P. E., 1964, Latest technological developments in mining methods, Ninth Annual Minerals Symp., Moab, Utah, p. 1-7.

Bouche, R. E., 1964, Drilling rocks with plasma jets, MS thesis T-992, Colorado School of Mines.

Bowles Engineering Corp., December 1969, Externally augmented hypervelocity jet program, R-10-31-69, Contract DOT-FR-9-0015, 103 p.

Bresee, J. C., G. A. Cristy, and W. C. McClain, April 1972, Some comparisons of continuous and pulsed jets for excavation, 1st Internat. Symp. on Jet Cutting Tech., BHRA, Fluid Eng., Cranfield, p. B9-125 - B9-132.

Brock, T. E. and C. A. Richardson (editors), April 1972, 1st Internat. Symp. on Jet Cutting Tech., BHRA, Fluid Eng., Cranfield.

Brook, N., June 1972, Water jet cutting likely to play a major role in ore mining, Min. Mag., p. 450-452.

Brook, N. and C. H. Page, April 1972, Energy requirements for rock cutting by high speed water jets. 1st Internat. Symp. on Jet Cutting Tech., BHRA, Fluid Eng., Cranfield, p. B1-1 - B1-12.

Browning, J. A., W. B. Horton, and H. L. Hartman, June 1965, Recent advances in flame jet working of minerals VII Symp. on Rock Mech., Pennsylvania State University.

Buch, J. W., 1964, Hydraulic mining of anthracite: Engineering development studies, U.S. BuMines Rept. of Inv. 6610, 24 pp.

Calaman, J. J., A. L. Bonsall, and J. Hoelzlhammer, Jan. 11-12, 1966, Developments in jet piercing, 27th Ann. Min. Symp., Univ. of Minn.

Canadian Mines Branch Staff, 1962, Jet-piercing research project, Mines Branch Inv. Rept. IR 62-27, Dept. of Mines and Technical Surveys, Ottawa.

Carstens, J. P., W. R. Davison, C. A. Brown, A. R. Smith, and F. J. McGarry, September 1970, Heat-assisted tunnel boring machines, United Aircraft Research Laboratories, Rept. No. J-970802-12, U.S. Dept. of Transportation, Contract No. FR-9-0035.

Carstens, J. P., 1972, Thermal fracture of rock - a review of experimental results, RETC Proceedings, Vol. 2, p. 1363-1392.

Carstens, J. P., et al., November 1972, Research investigation of laser rock kerfing, United Aircraft Research Laboratories Final Rept. DOT Contract FR 20021.

Clark, G. B., T. F. Lehnhoff, V. D. Allen, M. R. Patel, and J. K. Weng, June 1972, An investigation of thermal mechanical fragmentation of rock, Contract No. USDI H0210028, U.S. BuMines, Ann. Tech. Rept.

Clark, G. B., T. F. Lehnhoff, V. Allen, and M. Patel, January 1973, An investigation of combined thermal weakening and mechanical disintegration of hard rock, Contract No. H0220068, U.S. BuMines Semiannual Rept.

Clipp, L. L. and W. C. Cooley, March 1969, Development, test and evaluation of an advanced design experimental pneumatic powered water cannon, Exotech Inc., Final Rept. TR-RD-040, DOA, U.S. Army Mobility Equipment R&D Center, Contract No. DAAK 02-68-C-0444, 62 p.

Conn, A. F., March 1972, Recent developments of the cavitating water jet ("Cavijet") method, Hydronautic, Inc. Tech. Memorandum PMB-16-1, 7 p.

Cooley, W. C., 1970, Correlation of data on erosion and breakage of rock by high pressure water jets, Proc. 12th Symp. Rock Mech., University of Missouri-Rolla, p. 653-665.

Cooley, W. C. and L. L. Clipp, May 1970, High pressure water jets for undersea rock excavation, Trans. ASME J. Eng. for Industry, p. 281-287.

Cooley, W. C., April 1972a, Rock breakage by pulsed high pressure water jets, 1st Internat. Symp. on Jet Cutting Tech., BHRA, Fluid Eng., Cranfield, p. B7-101 - B7-112.

Cooley, W. C., 1972b, Water jets and rock hammers for tunneling in the U.S. and U.S.S.R., RETC Proceedings, Vol. 2, p. 1325-1360.

Crow, S. C., June 1972, A theory of hydraulic rock cutting, Flow Research Rept. No. 5, 31 p.

Exotech Inc., 1972, Gaithersburg, Md., Annual Rept.

Fly, A. B., Sept. 1-4, 1970, Subsurface hydraulic mining through small diameter boreholes, 1st Internat. Conf. on the Hydraulic Transport of Solids in Pipes, University of Warwick, England, Paper BT, 6 p.

Fowkes, R. S. and J. J. Wallace, 1968, Hydraulic coal mining research: assessment of parameters affecting the cutting rate of bituminous coal, U.S. BuMines Rept. of Inv. 7090, 23 p.

Frank, J. N. and J. W. Chester, 1971, Fragmentation of concrete with hydraulic jets, U.S. BuMines Rept. of Inv. 7572, 32 p.

Frank, J. N., D. E. Fogelson, and J. W. Chester, April 1972, Hydraulic mining in the U.S.A., 1st Internat. Symp. on Jet Cutting Tech., BHRA, Fluid Eng., Cranfield, p. E4-45 - E4-66.

Franz, N. C., April 1972, Fluid additives for improving high velocity jet cutting, 1st Internat. Symp. on Jet Cutting Tech., BHRA, Fluid Eng., Cranfield, p. A7-93 - A7-104.

Grimley, A. W. T., November 1972, Underground hydraulic mining at Michel Colliery, Western Miner, p. 52-53.

Hahs, C. A., June 12-14, 1972, Design parameters for water jet tunneling machines, Proc. 14th Symp. on Rock Mech., Penn. State University, University Park, Pa.

Hanninen, C. C. and J. W. Sipola, June 12-14, 1972, Thermechanized mining system at White Pine, Proc. 14th Symp. on Rock Mech., Penn. State University.

Holdbrook, R. G. and B. W. Schumacher, December 1972, Use of electron beam gun for hard rock excavation, Westinghouse Electric Corp., Final Tech. Rept. on U.S. BuMines Contract No. H0110377.

Hoshino, K., T. Nagano, and H. Tsuchishima, April 1972, Rock cutting and breaking using high speed water jets together with 'TBM' cutters, 1st Internat. Symp. on Jet Cutting Tech., BHRA, Fluid Eng., Cranfield, p. B6-89 - B6-100.

Huck, P. J. and M. M. Singh, December 1970, Rock fracture by high speed water jets, Final Rept. No. D6009-11, Contract DOT-No. Fr 9-0031, p. 92.

Johnson, V. E., Jr., R. A. Kohl, A. Thiruvengadam, and A. F. Conn, April 1972, Tunneling, fracturing, drilling, and mining with high speed water jets utilizing cavitation damage, 1st Internat. Symp. on Jet Cutting Tech., BHRA, Fluid Eng., Cranfield, p. A3-37 - A3-56.

Kinoshita, T., K. Hoshino, and K. Takagi, April 1972, Rock breaking with continuous high speed water jet stream, 1st Internat. Symp. on Jet Cutting Tech., BHRA, Fluid Eng., Cranfield, p. B2-13 - B2-28.

Kravchenko, V. S., A. P. Obrastsov, and V. V. Ustinov, May 1961, Min. Cong. J., Vol. 47, No. 5, p. 53-55.

Kurko, M. C. and R. F. Chadwick, May 1972, Continuous high velocity jet excavation - Phase I, Final Rept. No. 6241, ARPA Contract No. H0210034, 85 p.

Kuzmich, I. A., April 1972, Some relationships in the coal penetration by high pressure thin water jets, 1st Internat. Symp. on Jet Cutting Tech., BHRA, Fluid Eng., Cranfield, p. E1-1 - E1-8.

LaTour, H. and H. D. Wren, Nov. 11, 1958, Mining of taconite ores using high frequency magnetic energy, U.S. Patent 2,859,952.

Liessmann, Y., 1966, Das mikrowellenverfahren zur zerkleinerung von gesteinvershucsanlage und erzielten ergebrisse (The microwaves for rock breaking-experimental technique and results), Bergbantechnik, Vol. 16, No. 10, p. 537-540.

Lindroth, D. P. and W. G. Krawza, April 1971, Heat content and specific heat of six rock types at temperatures to 1,000^{o} C, U.S. BuMines Rept. of Inv. 7503, 24 p.

Malenka, W. T., 1969, Hydraulic mining of anthracite: analysis of operating variables, U.S. BuMines Rept. of Inv. 7120, 19 p.

Matsumoto, K., H. Hamada, T. Fukada, and A. Shizyo. April 1972, High-pressure jet cutting, 1st Internat. Symp. on Jet Cutting Tech., BHRA, Fluid Eng., Cranfield, B4-53 - B4-75.

Maurer, W. C., 1968, Novel drilling techniques, Pergamon Press, New York, 114 p.

Maurer, W. C. and J. K. Heilhecker, January 1969, Hydraulic jet drilling, AIME, Proc. of 4th Symp. on Drilling and Rock Mech. SPE 2324, University of Texas, Austin, Tex., p. 213-304.

Maurer, W. C., J. K. Heilhecker, and W. W. Love, Oct. 9-11, 1972, High pressure jet drilling, AIME, 47th Ann. Fall Meeting of the Soc. of Petrol., Engineering SPE 3988, San Antonio, Tex.

McGarry, F. J. and F. Moavenzadeh, Nov. 16-18, 1970, Laser heating effects on rock samples, 12th Symp. on Rock Mech., University of Missouri, Rolla, Missouri.

McGarry, F. J. and F. Moavenzadeh, June 5-7, 1972, Rock weakening potentials of surface active agents, RETC Proceedings, Vol. 2, p. 1361.

Mellor, M., April 1972, Jet cutting in frozen ground, 1st Internat. Symp. on Jet Cutting Tech., BHRA, Fluid Eng., Cranfield, p. G2-13 - G2-24.

Moavenzadeh, F., R. B. Williamson, and F. J. McGarry, January 1967, Laser assisted rock fracture, Dept. of Civil Eng., MIT, Rept. No. R67-3.

Moavenzadeh, F., R. B. Williamson, and F. J. McGarry, May 1968, Thin disk technique for analyzing rock fractures induced by laser irradiation, Dept. of Civil Eng., MIT Rept. No. R68-21.

Moodie, K. and G. Artingstall, April 1972, Some experiments on the application of high pressure water jets for mineral excavation, 1st Internat. Symp. on Jet Cutting Tech., BHRA, Fluid Eng., Cranfield, p. E3-25 - E3-44.

Nasiatka, T. M. and F. Badda, 1963, Hydraulic coal mining research: tests in a steeply pitching coalbed, Roslyn, Wash., U.S. BuMines Rept. of Inv. 6276, 16 p.

Nikonov, G. P. and Y. A. Goldin, April 1972, Coal and rock penetration by fine, continuous high pressure water jets, 1st Internat. Symp. on Jet Cutting Tech., BHRA, Fluid Eng., Cranfield, p. E2-9 - E2-24.

Oil and Gas Journal, June 21, 1972, New Gulf method of jetted particle drilling promises speed and economy, Vol. 62, No. 25, p. 109-114.

Olson, J. J. and T. C. Atchison, 1972, Research and development - key to advances for rapid excavation in hard rock, RETC Proc., Vol. 2, p. 1393-1441.

Palowitch, E. R. and W. T. Malenka, September 1964, Hydraulic mining research, a progress report, Min. Cong. J., Vol. 50, No. 9, p. 63-73.

Poole, J. and M. L. Thorpe, October 1972, Study of high powered plasmas for in situ hard rock disintegration, TAFA Division, Humphreys Corp., Semiannual Tech. Rept. ARPA Contract No. H0220051.

Price, G. C. and F. Badda, 1965, Hydraulic coal mining research: development mining in a steeply pitching coalbed, Roslyn, Wash., U.S. BuMines Rept. of Inv. 6685, p. 16.

Rad, P. F. and E. J. McGarry, Nov. 16-18, 1970, Thermally assisted cutting of granite, 12th Symp. on Rock Mech., University of Missouri-Rolla, Mo.

Rad, P. F., November 1971, Thermally assisted fracture of marble and granite, Tunnels and Tunneling, p. 442-450.

Rehbinder, P. A., L. A. Shreiner, and K. F. Zhigach, 1944, Hardness reducers in drilling, Akademiya Nank USSR, Moscow, trans. by C.S.I.R.O., Melbourne, 1948, 163 p.

Ripken, J. F. and J. M. Wetzel, February 1972, A study of the fragmentation of rock by impingement with water and solid impactors, Final Rept. No. 131, ARPA Contract No. H0210021, 39 p.

Robinson, L. H., September 1967, Effect of hardness reducers on failure characteristics of rock, J. Soc. Petrol. Eng., Vol. 7, No. 3, p. 295-300.

Sarapuu, E., 1969, Electrical fragmentation of magnetic iron ores, AIME Ann. Meeting, Feb. 16-20, 1969, Washington, D.C., preprint 69-AD-52, 13 p.

Sarapuu, E., June 1973, Electro-energetic rock breaking systems, Mining Congress J., p. 44-54.

Seldenroth, T. R., J. Verstraten, and F. J. H. Timmermans, Nov. 23, 1965, Method of splitting nonmetallic brittle materials and devices for carrying out such methods, U.S. Patent 3,219,280.

Singh, M. M., October 16-17, 1969a, Novel methods of rock breakage, Proc. 2nd Symp. of Rapid Excavation, Sacramento State College, Sacramento, Calif. p. 4-1 - 4-27.

Singh, M. M., December 1969b, Rock breakage by pellet impact, IITRI, Final Rept., U.S. Dept. of Transportation, Contract No. DOT 3-0171.

Singh, M. M. and P. J. Huck, Nov. 16-18, 1970, Correlation of rock properties to damage effected by water jet, Proc. 12th Symp. Rock Mech., University of Missouri-Rolla, Rolla, Mo., p. 681-695.

Singh, M. M., L. A. Finlayson, and P. J. Huck, April 1972, Rock breakage by high pressure water jets, 1st Internat. Symp. on Jet Cutting Tech., BHRA, Fluid Eng., Cranfield, p. B8-113 - B8-124.

Smith, M. C., ed., April 1971, A preliminary study of the nuclear subterrene, Los Alamos Scientific Laboratory, Rept. 4547.

Steudel, J., April 1965, Versuche mit mikrowellen zerstöring von sandsteinen, (Investigations on disintegration of sandstones using microwaves), Glückauf Forschungshefte, Vol. 26, No. 2, p. 117-125.

Strebig, K. C., A. A. Selim, and C. W. Schultz, March 1971, Effect of organic additives on impregnated diamond drilling, U.S. BuMines Rept. of Inv. 7494, 31 p.

Summers, D. A. and R. L. Henry, April 1972, The effect of change in energy and momentum levels on rock removal rate in Indiana limestone, 1st Internat. Symp. on Jet Cutting Tech., BHRA, Fluid Eng., Cranfield, p. B5-77 - B5-88.

Summers, D. A. and R. L. Henry, July 1972, Water jet cutting of sedimentary rock, J. of Petrol. Tech., Vol. 24, p. 797-802.

Thirumalai, K., June 16-19, 1969, Process of thermal spalling behavior in rocks - an exploratory study, 11th Symp. on Rock Mech., University of Calif., Berkeley, Calif.

Thirumalai, K., September 1970, Rock fragmentation by creating a thermal inclusion with dielectric heating, U.S. BuMines Rept. of Inv. 7424, 33 p.

Thirumalai, K., 1971, Potentials of internal heating methods for rock fragmentation - dynamic rock mechanics, ed. by G. B. Clark, Proc. of 12th Symp. on Rock Mech., AIME, New York, p. 697-719.

Thirumalai, K. and R. L. Fischer, August 1971, Development and potentials of moiré method of strain analysis for rock testing, 13th Symp. on Rock Mech., Urbana, Ill.

Thirumalai, K., May 9-13, 1972, Single fracture and fragmentation of brittle solids subjected to thermal shock, Internat. Symp. on Defect Interaction in Solids, Bangalore, India.

Thirumalai, K. and J. B. Cheung, June 12-14, 1972, A study on a new concept of thermal hard rock crushing, 14th Symp. on Rock Mech., Penn. State University.

Thirumalai, K. and O. McNary, Feb. 25, 1973, Development and testing of a thermohydraulic process for hard rock cutting, AIME Ann. Meeting, Chicago.

Unger, H. F., B. S. Snowden, and W. H. Engelmann, 1973, Diamond drilling with surfactants in upper Michigan conglomerates using surface-set bits, 6th Conf. on Drilling and Rock Mech., Austin, Texas, SPE 4236 Soc. of Petrol. Eng. - AIME.

United Aircraft Research Laboratories, May 1968, Feasibility of flame-jet tunneling, Rept. No. G-910560-10 on U.S. DOT Contract No. 7-35126, Vol. I, Summary Rept.

Voitsekhovsky, B. V., et al., 1962, Some results of the destruction of rock by means of a pulsed water jet, Siberian Branch of the Academy of Sciences, USSR, Series of Tech. Sciences, No. 1 (2), Novosobirsk, p. 7-11.

Voitsekhovsky, B. V., et al., April 1972, On destruction of rocks and metals by high pressure jets of water, 1st Internat. Symp. on Jet Cutting Tech., BHRA, Fluid Eng., Cranfield, p. G8-93 - G8-112.

Vorobjev, B. M. and R. T. Deshmukh, 1966, Advanced coal mining, Asia Publishing House, London, 909 p.

Wallace, J. J., G. C. Price, and M. S. Ackerman, 1961, Hydraulic coal mining research: equipment and preliminary tests, U.S. BuMines Rept. of Inv. 5915, 25 p.

Watson, J. D., January 1973, Full scale field test results of the REAM concept for hard rock excavation, PIFR - 391, sponsored by the Advanced Research Projects Agency through Bureau of Mines contract No. H0220015, Physics International Co., San Leandro, Calif.

Westwood, A. R. C., N. H. Macmillan, and R. S. Kalyoncu, 1973, Chemomechanical phenomena in hard rock drilling, Trans. AIME (in press).

Williamson, R. B., F. Moavenzadeh, and F. J. McGarry, August 1968, Some relationships between power level exposure time, sample size, and weakening in laser assisted rock fracture, Dept. of Civil Eng., MIT Rept. No. R68-30.

Wingquist, C. F., June 1969, Elastic moduli of rock at elevated temperatures, U.S. BuMines Rept. of Inv. 7269, 18 p.

Young, F. M., 1963, The secondary breaking effect of high frequency electrical energy applied to rock fragmentation, Rock Mech., ed., C. Fairhurst, Pergamon Press, Oxford, England, p. 185-203.

Zar, J. L., October 1972, The use of a laser for ARPA military geophysics program, (Rock Mechanics and Rapid Excavation) AVCO Everett Research Laboratory, Final Tech. Rept., U.S. Bureau of Mines, Contract No. H0210039.

Zelenin, A. N., G. M. Vesselov, and Y. G. Koniashin, 1968, Rock breaking with jetstream under pressure up to 2,000 ATM, (Zakonomernosti razrusheniya gornyh porod struey vody pri davlenii do 2,000 ATM), Article published in "Problems in Mining," Terpigoriv Volume edited by Protodyaknov, M. M., issued by Mining Institute, Academy of Science, USSR, published by Ugltekhizdat, Moscow, in Russian, p. 112-122, translated by C. Procopov, Bureau of Mines, Washington.

SOME ASPECTS ON THEORY AND PRACTICE OF ROCK FRAGMENTATION BY BLASTING

Professor A.N. Khanukayev
Doctor of Technical Science
Leningrad Mining Institute

Leningrad, USSR

CONTENTS

1. Introduction

It is well known that the quality of fragmentation significally affects the efficiency of mining equipment and the cost of minerals exploration. Since blasting is the principal method of fragmentation, it requires a special attention. This taken into account and proceeding from the volume alloted for a supplementary report, here will be considered only the questions concerning the fragmentation of rocks by blasting, with those aspects being dwelled upon which, to our opinion, were either not considered at all or considered not sufficiently.

2. Energy of shock wave

In order to calculate the energy of a shock wave there must be available experimental data on pressure and displacement velocity versus time and distance. The displacement velocity was determined by $V=V(t)$. For this, impulsive X-ray survey was used. Basing on the boundary displacement value "charge-rock" and on the value of the bench mark introduced into a rock at different distance from the charge a diagram "displacement speed-time" was plotted.

The density of the energy flow or specific energy will be:

$$E_s = \rho_0 N_{av} \int_0^t V^2(t)\,dt, \qquad (1)$$

where ρ_0 - rock density ,

N_{av} - average speed of propagation of the shock wave front at t time.

Total energy of the shock wave

$$E_t = E_s \cdot S, \qquad (2)$$

where S - the surface of the wave.

The amount of energy transmitted to a rock by a shock wave is characterized by an energy transmission factor:

$$K = \frac{E_t}{E_p}, \qquad (3)$$

where E - potential energy of the charge.

The velocity of shock wave propagation was determined analytically (by the speed of particles displacement) and experimentally. Fig. 1 gives the X-ray pattern and the diagram of displacement speed of the boundary "charge-rock" versus time.

Fig. 2 shows the curve of the factor of energy transmission to a rock for pentaerythritol tetronitrate of density from 0.6 to 1.7 g/cm^3 and for three types of rocks. The factor of energy transmission to a rock makes up 0.5 - 0.85 of the charge potential energy.

As it can be seen from the curves, the higher the density of acoustic stiffness of the rock as well as the density of an explosive the more energy is transmitted to the rock. This conclusion is of great significance since with the increase of the amount of energy transmitted, the fragmentation of hard rocks gets higher.

3. Change of shock and stress waves parameters versus time

There have been accumulated quite a volume of the experimental data on the parameters of a stress wave [1], but data available on the parameters of a shock wave are scarce.

A shock wave, as we understand it, is characterized by disturbances propagated with a velocity higher than the sonic speed in a given rock. A stress wave propagates at the sonic speed.

In hard rocks the disturbances which propagate at a super sonic speed have been found to be at a distance up to 10-12 charge radii from the blast center.

Fig. 3 gives a diagram of the maximum speed of particles displacement in the wave front as a function of a distance when blasting marble with an explosive of 1.6 g/cm^3 density, detonation velocity of about 8000 m/sec and blast heat of 1400 kcal/kg.

As it is seen from the diagram the highest extinction coefficient is in the area up to 5-10 charge radii from the center of blasting what indicated large losses of energy (due to an inconvertible deformation in a nearby blasting zone).

At a distance from 200 to 400-500 charge radii from the blasting center the velocities of particles displacement are from several dozens of cm/sec to several cm/sec.

A surface Rayleigh wave in this area has the highest energy. The energy of the surface wave is sufficient for relatively extensive displacements particularly at tectonic cracks. These displacements can result in appreciable destruction of a bench surface and unstability of quarry sides.

As the wave propagates further, its energy lessens and at displacement velocity less than 2-3 cm/sec it does not present any danger for buildings and structures. While the wave-energy in marble at the boundary "change-rock" makes up 0.58 of the potential energy of the cylindrical charge, at a distance of 2-3 charge radii from the centre it is only 0.42-0.38. At distances being equal to the line of the lowest resistance (60 charge radii) the stress wave total energy makes up only several percents of a charge potential energy. However, this energy is still sufficient toseparate a rock off a massif because tensile stresses resulted from a reflected wave are higher than separation resistance limits of the rock. Tensile limits of the mass affected with the reflected waves are close to one-axis static tensile strengths.

4. Consumption of charge energy for fragmentation and displacement of rock

Determination of energy consumption needed for fragmentation and dislocation is of great practical significance for controlling the blasting action since on this depends an efficiency factor of blasting.

Special experiments on rock fragmentation by blasting carried out in a calorimeter bomb have shown that per each square meter of newly formed surface from 25 to 100 kgm of energy (from 0.25 to 1 Kjoules) is consumed.

Total energy consumption for a new area

$$E_{fr} = qS, \qquad (4)$$

where q - specific consumption per a unit of newly formed surface,

S - new surface.

The calculations using (4) show that energy consumption for fragmentation is only 0.25 - 2% of potential energy of a charge.

Energy consumption for displacement of a blasted mass can be easily calculated using the equation for kinetic energy determination.

According to calculations the kinetic energy of the blasted mass equals 25-35% of the potential energy of a charge (flying speed being 15-25 m/sec).

Data on energy consumption for separation big granite blocks for monuments, big plates etc. off a massif are also of interest.

Separation of such blocks is usually carried out with a help of powder charge of 20-25 mm diameter in blast holes of 40-45 mm diameter.

Big boulders of granite can be fragmentated by blasting sections of a detonating cord without an explosive in blast holes of 25-30 mm diameter (Fig. 4).

Rupture along the line crossing number of blast holes can take place with a value of tensile stresses slightly higher than one-axis tensile strength (for granite a bit over 200 kg/cm^2) with a very small consumption of an explosive (0.01 kg/m^3) and mainly under the action of a reflected wave.

Large amounts of energy in a nearby blast area are due to a sharp increase of dinamic compression limits. Studies carried out by A.N.Stavrogin and his colleagues [2] as well as rock pressure measurements made by us and comparison of these pressures with ultimate strengths show that strengths in the nearby blast area as against one-axis static compression can increase 50-100 times and more (big values refer to less hard rocks).

5. **Estimation of the rate of rocks fragmentation by blasting**

To estimate the quality of the rock fragmentation by blasting data on a quantity of blo blocks with higher than standard sizes or data on a size of an average block of total blasted mass are often applied.

All these indices only partly characterize the energy consumption for fragmentation.

In order to estimate the rate of fragmentation we have adopted a complex index [3].

$$D_{fr.} = \sum_{i=1}^{n} \frac{Vi}{V} \lg \frac{V}{Vi}, \qquad (5)$$

where Vi - content of blocks of i fraction,

V - blasted volume.

The first co-multiplier characterizes the amount of each fraction in a blasted mass. The second one relates to the number of boulders of the given fraction. Calculations made using (5) show that the rate of fragmentation varies from 3-5 to 6-8.

The higher this figure the higher is the efficiency of load-handling and crushing equipment.

Special attention should be paid to the classification of a massif regarding its fracturing because a degree of fracturing significantly affects the specific consumption of explosives and fragmentation ability of rocks. It has been found that yield of big boulders of a blasted rock is proportional to their content in the massif before blasting.

For determination of the rate of fragmentation it is necessary to have data on a granulometric composition of a blasted mass which can be obtained by taking photo of the blasted bench.

6. **Effect of rock fragmentation on the efficiency of mining equipment. Methods for increasing the rock fragmentation rate when blasting.**

To increase the rate of fragmentation, usually charges of small diameter (up to 150 mm) with a thick grid of bores are used. In this case, since explosives are relatively expensive, the cost of boring and blasting is higher, but the total cost of a production unit is less.

It has been found through quarry experience in the Soviet Union that with bores of 270 mm diameter, when blasting rocks with liquid explosives of 1.5-1.6 g/cm³ density, detonation speed of 6000-6500 m/sec and blast heat of about 870 kcal/kg (1350 kcal/l) it was possible to reduce cost of drilling and blasting and at the same time to increase the rate of fragmentation.

Liquid explosives can be easily charged mechanically. They have a relatively high impendance and factor of energy transmission to rocks. Fig. 5 gives a schematic diagram of relation between the cost of the technological operations and rate of fragmentation for the indicated conditions. As is seen in the diagram, the cost of all technological operations gets less as the fragmentation rate increases.

The use of liquid explosives permits to reduce the energy consumption in the nearby zone and, at the expence of this, to rise the total efficiency of blasting.

7. **Calculation of bore grid when using explosives with high energy concentration per a unit of bore volume.**

Bores are usually drilled by a square grid with a distance between the sides of a square being

$$E_1 = 50 \div 70 \; R_o, \qquad (6)$$

where R_o - charge radius.

The use of liquid explosives makes it possible to enlarge the grid of bores.

$$E_2 = E_1 \sqrt{\frac{Q_2}{Q_1} \cdot \frac{D_1}{D_2} \cdot \frac{K_2}{K_1}}, \qquad (7)$$

where Q_1 and Q_2 - energy concentration per a unit of a bore volume for an old and new explosives,

D_1 and D_2 - fragmentation rate with an old and new explosives,

K_2 and K_1 - factor of energy transmission with an old and new explosives.

The specified volume of the supplementary Report restricts the presentation of other interesting aspects of the rock fragmentation problem.

References

1. А.Н.Ханукаев "Энергия волн напряжений при разрушении пород взрывом". Издательство Недра, Москва, 1962.

2. А.Н.Ставрогин и др. "Каталог механических свойств горных пород". Всесоюзный научно-исследовательский институт горной геомеханики и маркшейдерского дела, Ленинград, 1972.

3. К.А.Долгов "О затратах энергии на дробление горной породы". Сборник: Механизм разрушения горных пород взрывом. Издательство "Наукова думка", Киев, 1971

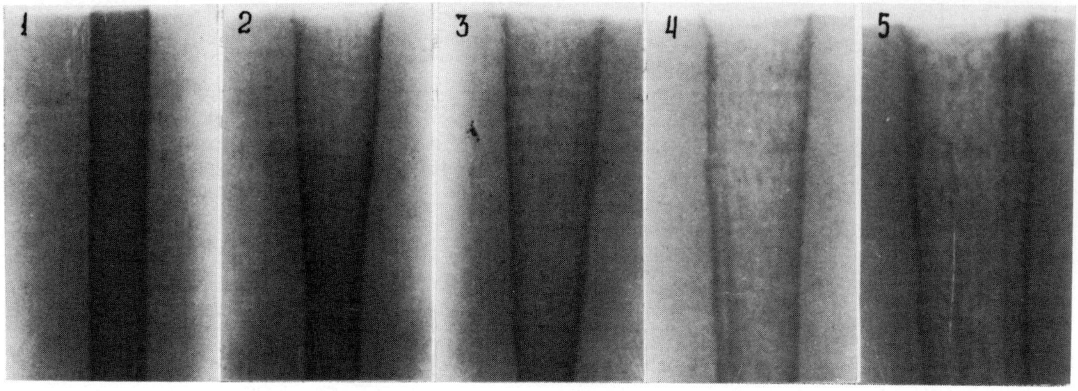

Fig. 1. a) Typical X-ray diagram of cylindrical charge blasting of limestone at the boundary "charge-rock". Time from the beginning of detonation in a blast hole, microsec.: 1-0; 2-4; 3-5.5; 4-7; 5-10.2.

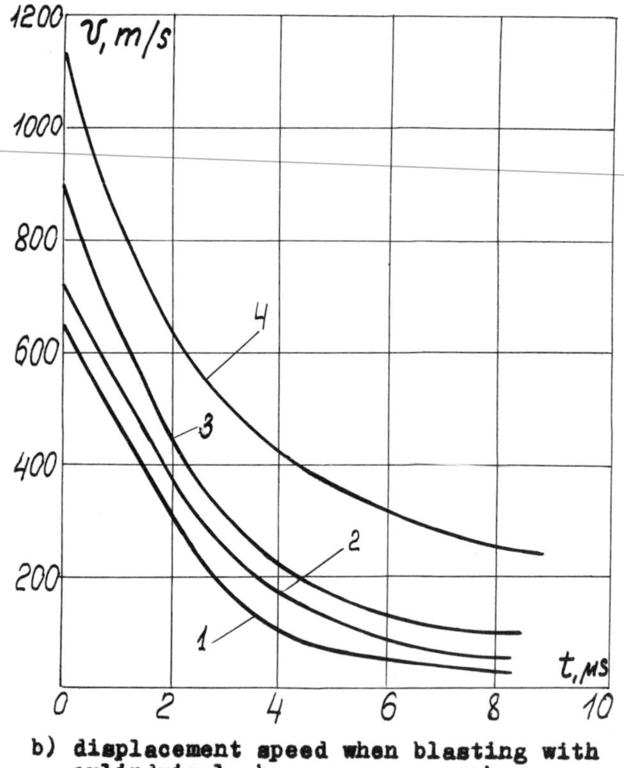

b) displacement speed when blasting with cylindrical charge versus rock properties in granite (1), marble (2), limestone (3), and combustible shale (4).

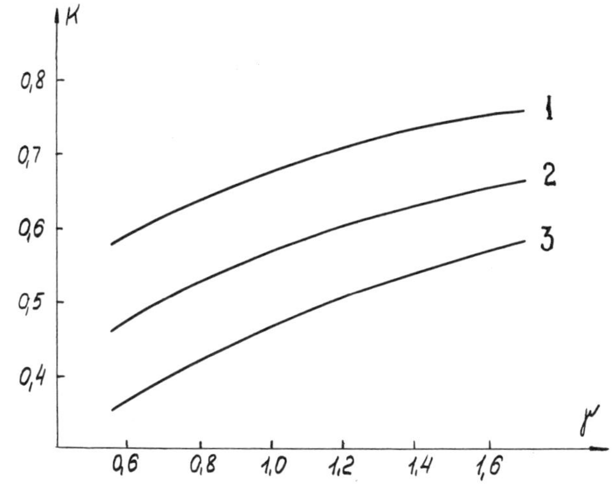

Fig. 2. Effect of bulk weight of an explosive energy transmission to the rock when blasting cylindrical charge in marble (1), limestone (2), and combustible shale (3).

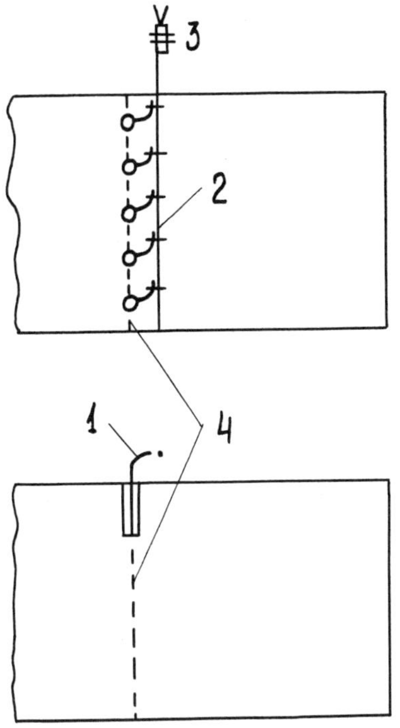

Fig. 4. Schematic location of a detonation cord in blast holes when splitting a block in two parts.
1 - section of detonation cord; 2 - main detonation cord; 3 - electric detonator; 4 - separation line.

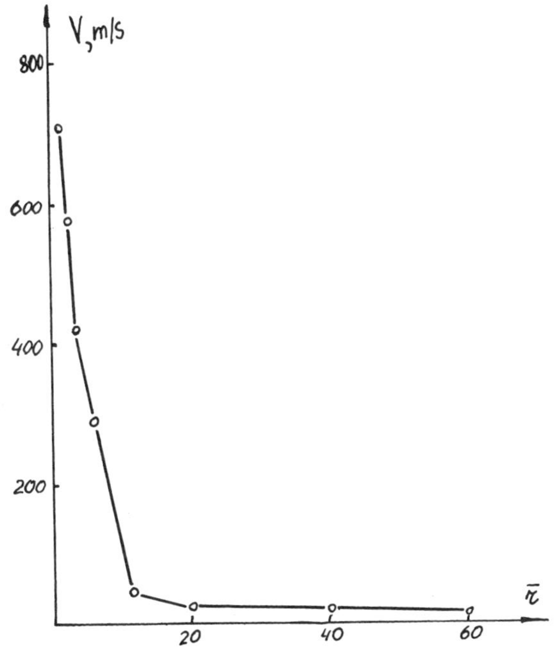

Fig. 3. Diagram of change of maximum speed of particles displacement as a function of a distance (for marble).

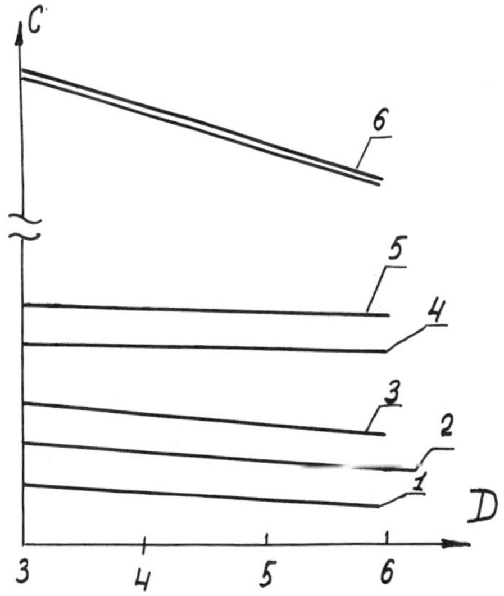

Fig. 5. Effect of the fragmentation rate on the cost of technological operations.
1 - boring; 2 - blasting; 3 - excavation; 4 - transport; 5 - factory fragmentation; 6 - total cost of production unit.

CERTAINES QUESTIONS DE LA THÉORIE ET DE LA PRATIQUE DE LA FRAGMENTATION DES ROCHES PAR LE COUP DE MINE

Professeur A.N. Khanukayev
Docteur-ingénieur
École Supérieure des mines de Léningrad

Léningrad, L'URSS

Contenu

1. Introduction

Il est connu que la qualité de la fragmentation influence considérablement sur le rendement de l'équipement de mine et le coût de l'extraction des minéraux. Puisque le procédé de la destruction par le coup de mine est le procédé essentiel il faut faire une attention principale à ce problème. A partir de cela et du volume accordé à ce rapport annexe nous n'allons considérer que des questions de la fragmentation des roches par le coup de mine touchant seulement tels côtés du probleme qui étaient d'aprés notre avis peu éclairés dans le rapport essentiel ou n'étaient pas du tout éclairés pour tel ou tel raison.

2. Energie de l'onde de choc

Pour calculer l'énergie de l'onde de choc il faut avoir des données expérimentales sur la grandeur de la pression ou de la vitesse du déplacement élastique en fonction du temps et de la distance. Nous avons défini la vitesse du déplacement $v = v(t)$. Pour cela le levé d'impulsion à rayons X était employé. D'apres la grandeur du déplacement de la limite "charge-roche" et du déplacement du repère introduit dans la roche à des distances différentes de la charge une épure "vitesse du déplacement - temps" érait construite.
La densité du courant d'énergie ou l'énergie spécifique

$$E \text{ spécifique} = \rho_0 N_{moyen} \int_0^t v^2(t)dt \quad ,(1)$$

où ρ- densité de la roche,

N_{moyen} - vitesse moyenne de la propagation du front de l'onde de choc pendant le temps t.

L'énergie totale de l'onde de choc

$$E_{totale} = E_{sp} \cdot S, \quad (2)$$

où S - surface de l'onde.

Une quantité d'énergie transmise à la roche par l'onde de choc est caractérisée du coefficient de transmission d'énergie

$$K = \frac{E_{totale}}{E_{potentielle}} \quad , \quad (3)$$

où E - énergie potentielle de la charge.

La vitesse de la propagation de l'onde de choc était définie d'une maniere analytique (d'après la vitesse du déplacement des particules) ou d'une maniere empérique. Le diagramme à rayons X et l'épure de la vitesse des déplacements en fonction du temps pour la limite "charge-roche" sont présentés sur la fig. 1.

La fig.2 présente les graphiques du coefficient de transmission d'énergie à la roche pour le tétranitro-érythrol de la densité de 0,6 jusqu'à 1.7 g/cm³ et pour trois types de roches. Le coefficient de transmission d'énergie à la roche est de 0.5--0.85 de l'énergie potentielle de la charge.

Des graphiques suit que la roche reçoit de tant plus d'énergie que la dureté où une rudesse acoustique et la densité de l'explosif sont plus grandes. Cette conclusion a une grande importance pratique car avec l'augmentation de la quantité d'énergie transmise s'élève le dégré de la fragmentation des roches dures.

3. Changement des paramètres de l'onde de choc et de l'onde de tensions avec la distance

Il y a assez beaucoup de données expérimentales sur les parametres de l'onde de tensions [1]. Nous sous-entendons sous le mot - l'onde de choc-des perturbations se répandant avec la vitesse dépassant la vitesse du son dans une roche donnée. Quant à l'onde de tensions elle se propage avec la vitesse du son.

Dans des roches dures les perturbations se répandant avec la vitesse supersonique sont régistrées à la distance jusqu'à 10-12 rayons de la charge du centre de l'explosion.

La fig.3 est le graphique du changement d'une vitesse maximum du déplacement des particules en fonction de la distance pour le marbre lors du coup de mine des explosifs de la densité de 1.6 g/cm³, de la vitesse de la détonation près de 8000 m/sec et de la chaleur de l'explosion de 1400 ccal/kg.

Comme nous voyons du graphique le coefficient d'extinction dans une zone de 5-10 rayons de la charge du centre de l'explosion est le plus grand ce qui témoigne de grandes pertes d'énergie (à cause de déformations irréversibles dans une zone voisine).

A la distance de 200 jusqu'à 400-500 rayons de la charge du centre de l'explosion les vitesses du déplacement des particules sont de quelques dizaines cm/sec jusqu'à quelques cm/sec. L'onde superficielle de lord Rayleigh possède la plus grande énergie dans cette zone. L'énergie de l'onde superficielle est suffisante pour des déplacements comparativement grands surtout quant aux fissures tectoniques. Ces déplacements peuvent amener aux destructions visibles sur la surface du gradin et à la violation de la rigidité des bords de la carrière.

Au fur et à mesure que l'onde se propage plus loin son énergie continue a diminuer et aux vitesses du déplacement moins de 2-3 cm/sec elle n'est pas dangereuse pour les bâtiments et les constructions.

Si l'énergie de l'onde dans le marbre sur la limite "charge-roche" est de 0,58 de l'énergie potentielle de la charge cylindrique elle est seulement de 0,42-0,38 à la distance de 2-3 rayons de la charge du centre du coup de mine. Aux distances égales à la ligne de la plus basse résistance (60 rayons de la charge) l'énergie totale de l'onde des tensions est seulement quelques pourcents de l'énergie potentielle de la charge. Cependant cette énergie est encore suffisante pour la rupture de la roche du massif parce que des tensions de traction provoquées par une onde réfléchie dépassent des limites de résistance de la roche à la rupture. Les limites de résistance du massif à la traction sous l'action des ondes réfléchies sont voisines à la limite de résistance à la traction statique uniaxe.

4. Consommation d'énergie de la charge pour la fragmentation et la translation de la roche.

La définition de la consommation d'énergie pour la fragmentation et la translation d'une roche sautée a une grande importance pratique pour le contrôle de l'action du coup de mine car ce n'est que la consommation d'énergie qui détermine le rendement de celui-ci.

Des essais spéciaux de la fragmentation de roches à l'aide d'une bombe calorimétrique ont montré que sur chaque mètre carré d'une surface nouvellement formée se consomment de 25 jusqu'à 100 kgm d'énergie (de 0,25 jusqu'à I kj).

La consommation sommaire d'énergie pour la surface nouvellement formée

$$E_{fragmentation} = qS , \qquad (4)$$

où q - consommation spécifique sur une unité de la surface nouvellement formée;
S - surface nouvellement formée.

Les calculs selon (4) montrent que la consommation d'énergie pour la fragmentation est en tout 0,25-2% de l'énergie potentielle de la charge.

On peut facilement calculer la consommation d'énergie pour la translation d'une masse sautée à l'aide de la formule pour le calcul de l'énergie cinétique.

D'après les calculs l'énergie cinétique de la masse sautée est de 25-35% de l'énergie potentielle de la charge (à la vitesse du vol 15-25 m/sec). Les données sur la consommation d'énergie pour la séparation de grands blocs de granit du massif pour la construction des monuments, la fabrication de grandes dalles et d'autres sont également intéressantes.

La séparation de tels blocs s'effectuent habituellement avec des charges de poudre du diamètre 20-25 mm dans les troues de mine du diamètre 40-45 mm. Pour la cassure de grands blocs de granit en parties on peut utiliser seulement des sections d'un cordeau détonant sans charger des explosifs dans les troues de mine du diametre de 25-30 mm (fig.4). La cassure selon la ligne tracée à travers une série de troues de mine peut s'éffectuer à la grandeur des tensions de traction qui ne dépassent que légèrement la limite de résistance à la traction uniaxe (pour le granit un peu plus grand que 200 kg/cm^2) à une très petite consommation spécifique de l'explosif (0,01 kg/m^3) et pour le compte essentiellement de l'action de l'onde réfléchie.

De grandes consommations d'énergie dans la zone voisine s'expliquent d'une brusque augmentation des limites de résistances à une pression dynamique. Les études faites par A.N.Stavroguin et ses collaborateurs [2] ainsi que les mesures de la pression dans la roche effectuées par nous et la confrontation de ces pressions avec les limites de résistance montrent qu'en comparaison avec la traction statique uniaxe les limites de résistance dans la zone voisine du coup de mine peuvent accroître en 50-100 fois et plus (de grandes valeurs se rapportent aux roches moins dures).

5. Estimation du dégré de la fragmentation des roches par le coup de mine

Pour l'estimation de la qualité de la fragmentation des roches par le coup de mine on utilise souvent des données sur la quantité des morceaux dépassant les dimensions déterminées ou des données sur la dimension d'un morceaux moyen de toute la masse sautée.

Tous ces données ne caractérisent que partiellement la consommation d'énergie pour la fragmentation. Pour l'estimation du degré de la fragmentation nous avons accepté un indice complexe 3 .

$$D_{fragmentation} = \sum_{i=1}^{n} \frac{V_i}{V} \lg \frac{V}{V_i} , \qquad (5)$$

où V_i - quantité de morceaux de cette fraction,
V - volume de la roche sautée.

Le premier facteur caractérise la part de chaque fraction dans une masse sauté et le deuxième indique le nombre de morceaux d'une fraction donnée. Les calculs selon (5) montrent que la valeur du degré de la fragmentation subit des fluctuations de 3-4 jusqu'à 6-8. Plus cet indice est élevé plus le rendement de l'équipement de chargement de transport et de concassage est élevé.

Il convient de faire und grande attention à la classification des massifs d'après leur fissurité parce que la consommation spécifique d'explosifs et l'aptitude à la fragmentation des roches dépendent considérablement du dégré de la fissurité du massif. Il est déterminé que le rendement de gros morceaux dans la roche sautée est proportionel à leur quantité dans le massif avant le coup de mine.

Pour la détermination du dégré de la fragmentation il faut avoir des données sur la granulométrie de la masse sauté. Ces données peuvent être reçues à l'aide de la prise de photos du gradin sauté.

6. Influence du degré de la fragmentation sur le rendement de l'équipement de mine. Les moyens de l'élévation du degré de la fragmentation des roches par le coup de mine.

Pour l'élévation du degré de la fragmentation on utilise habituellement des charges d'un diametre relativement petit (jusqu'à 150 mm), un réseau serré de puits et des explosifs puissants mais relativement chers. Ainsi le coût des travaux de sondage et de sautage augmente et le coût total d'une unité de la production diminue.

L'expérience de la marche des carrières de l'URSS montre que lors de l'utilisation des puits du diamètre de 270 mm et lors du coup de mine des roches à l'aide des explosifs liquides (remplis d'eau) avec la densité de 1.5-1.6 g/cm^3, la vitesse de la détonation 6000-6500 m/sec et la chaleur de l'explosion égale à 870 ccal/kg (1350 ccal/l) près on réussit d'abaisser les frais pour les travaux de sondage et de sautage avec une élévation simultanée du degré de la fragmentation.

Les explosifs liquides supportent bien le chargement mécanisé, possèdent une impédance relativement grande et un grand coefficient de transmission d'énergie à la roche.

La fig. 5 présente le graphique de la dépendance du coût des opérations technologiques du dégré de la fragmentation pour des conditions indiquées. Le graphique montre que le coût de toutes les opérations technologiques diminue avec l'augmentation du degré de la fragmentation de la roche.

L'utilisation des explosifs liquides permet d'abaisser la consommation d'énergie dans une zone voisine du coup de mine et pour ce compte augmenter un effet général de l'explosion.

7. Calcul du réseau des puits lors de l'utilisation des explosifs avec une grande concentration d'énergie en une unité du volume du puit.

Le sondage des puits est effectué plus souvent selon un réseau carré a la distance entre les côtés du carré

$$E_1 = 50 \div 70 \quad R_o , \qquad (6)$$

où R_o - rayon de la charge.

La transition pour les explosifs liquides permet d'élargir le réseau des puits

$$E_2 = E_1 \sqrt{\frac{Q_2}{Q_1} \cdot \frac{D_1}{D_2} \cdot \frac{K_2}{K_1}} , \qquad (7)$$

où Q_1 et Q_2 - concentration d'énergie en une unité du volume du puit lors de l'utilisation du neuf et ancien explosif;

D_1 et D_2 - degré de la fragmentation lors de l'utilisation du neuf et ancien explosif;

K_2 et K_1 - coefficient de transmission d'énergie à la roche lors de l'utilisation du neuf et ancien explosif.

Le volume déterminé du rapport annexe limite l'exposition d'autres questions intéressantes du problème de la fragmentation des roches.

Littérature

1. А.Н.Ханукаев "Энергия волн напряжений при разрушении пород взрывом". Издательство Недра, Москва, 1962.

2. А.Н.Ставрогин и др. "Каталог механических свойств горных пород". Всесоюзный научно-исследовательский институт горной геомеханики и маркшейдерского дела, Ленинград, 1972.

3. К.А.Долгов "О затратах энергии на дробление горной породы". Сборник: Механизм разрушения горных пород взрывом. Издательство "Наукова Думка", Киев, 1971.

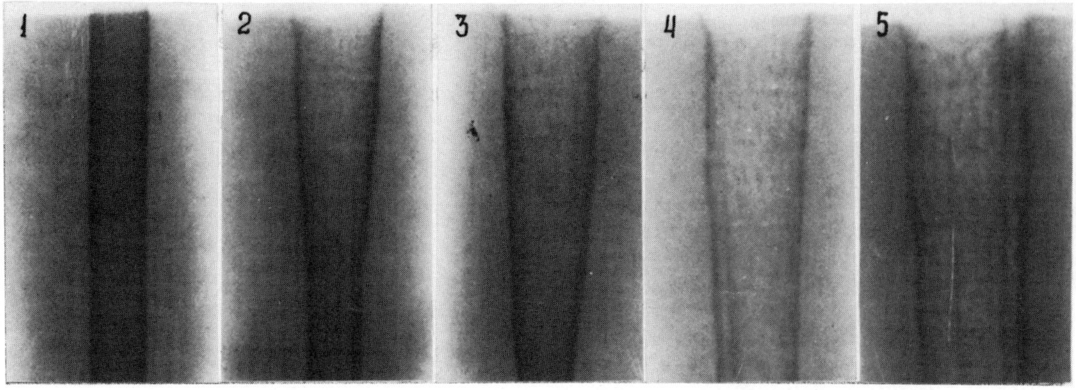

Fig. 1. a) Série typique des diagrammes à rayons X du coup de mine de la charge cylindrique dans le calcaire sur la limite "charge - roche". Le temps du commencement de la détonation dans le troue de mine, microsec: 1 - 0, 2-4; 3-5,5; 4-7,4; 5-10,2.

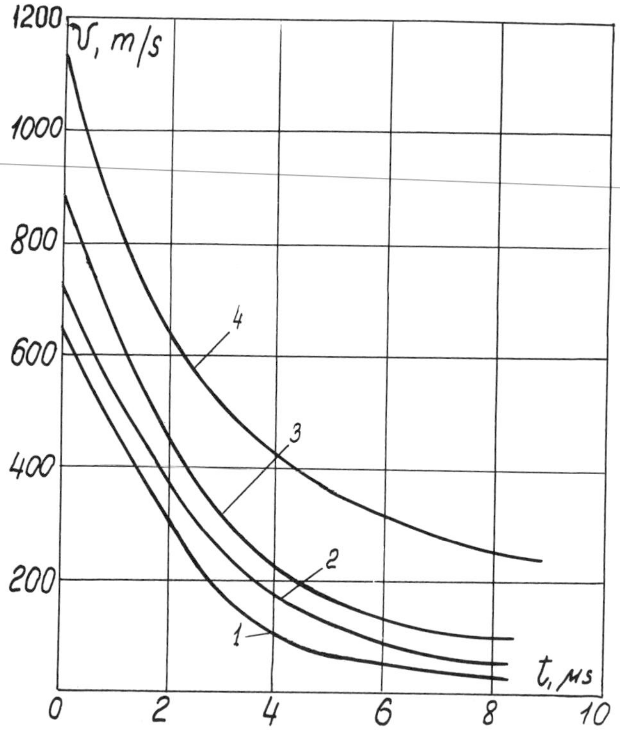

b) Dépendance de la vitesse du déplacement lors du coup du mine de la charge cylindrique de propriétés des roches: du granit (1), du marbre (2), du calcaire (3) et du pyroschiste (4).

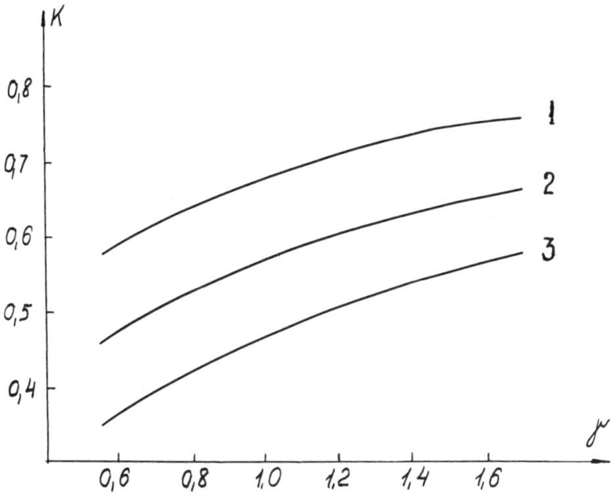

Fig. 2. Dépendance du coefficient de transmission d'énergie des explosifs à la roche du poids spécifique des explosifs lors du coup de mine des charges cylindriques dans le marbre (1), le calcaire (2) et le pyroschiste (3).

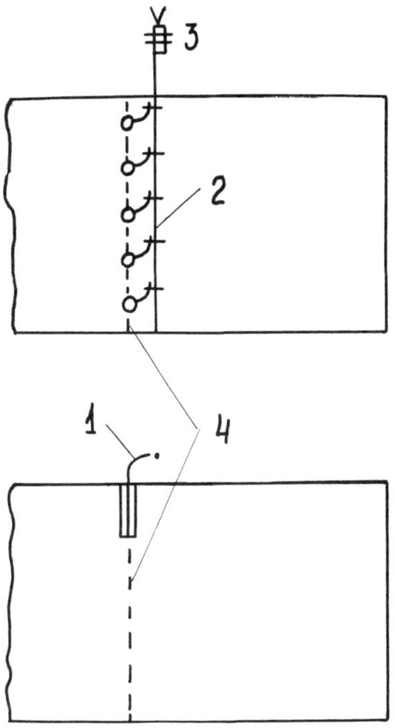

Fig. 4. Schéma de la disposition du cordeau détonant dans les troues de mine lors de la cassure du bloc en deux parties;
1 - section du cordeau détonant;
2 - cordeau détonant magistral;
3 - détonateur électric; 4 - ligne de la cassure.

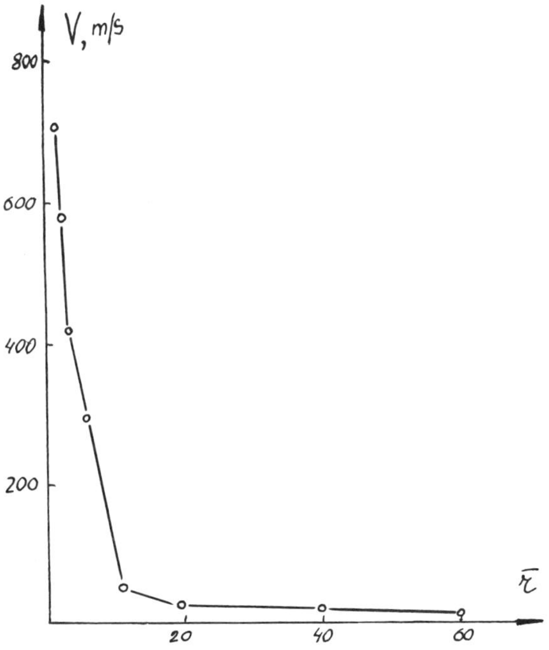

Fig. 3. Graphique du changement de la vitesse maximum du déplacement des particules en fonction de la distance pour le marbre.

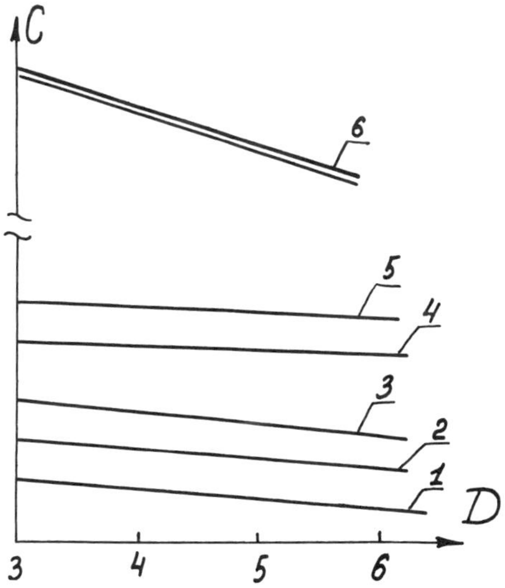

Fig. 5. Influence du degré de la fragmentation sur le coût des opérations technologiques.
1 - sondage; 2 - sautage; 3 - excavation; 4 - transport; 5 - concassage à l'usine; 6 - coût total d'une unité de la production.

FRAGEN DER THEORIE UND PRAXIS VON GESTEINSZERKLEINERUNG DURCH EXPLOSION

Professor A.N. Khanukayev
Doktor der technischen Wissenschaften
Leningrader Bergbauinstitut

Leningrad, UdSSR

INHALTSVERZEICHNIS

1. Einführung

Bekanntlich beeinflußt die Qualität der Zerkleinerung die Leistung von Bergbauausrüstung und die Kosten der Gewinnung von Bodenschätzen im wesentlichen Maße. Da das Explosionsverfahren das Hauptverfahren ist, muß man diesem Problem große Aufmerksamkeit schenken. Ausgehend von dem Umfang des Ergänzungsvortrags werden wir nur die Fragen der Gesteinzerkleinerung durch Explosion behandeln, dabei die Seiten des Problems betrachten, welche nach unserer Meinung im Hauptvortrag wenig bzw. nicht betrachtet sind.

2. Energie von Stoßwellen

Für die Berechnung der Energie einer Stoßwelle sind experimentelle Angaben über die Größe des Drucks oder die Geschwindigkeit der Verschiebung in der Funktion von Zeit und Entfernung notwendig. Wir haben die Geschwindigkeit der Verlagerung $v = v(t)$ bestimmt. Zu diesem Zweck wurde Impulsröntgenaufaufnahme verwendet. Nach der Größe der Verschiebung der Grenze "Ladung-Gestein" und nach der Größe der Verschiebung einer ins Gestein auf verschiedene Entfernungen von der Ladung eingeführten Höhenmarke wurde die Zeichenebene "Geschwindigkeit der Verschiebung-Zeit" gebildet.

Die Dichte des Energiestroms oder spezifische Energie

$$E_{sp.} = \rho_0 N_m \int_0^t v^2(t)\,dt, \qquad (1)$$

wo

ρ_0 - Gesteindichte,
N_m - Mittelgeschwindigkeit der Verbreitung von Stoßwellenfront in der Zeit "t".

Vollenergie der Stoßwelle

$$E_v = E_{sp} \cdot S, \qquad (2)$$

wo S - Wellenfläche.

Die Menge der dem Gestein durch die Stoßwelle zugeführten Energie zeichnet sich durch einen Energieübertragungsfaktor aus

$$K = \frac{E_v}{E_p}, \qquad (3)$$

wo E_p - potentielle Energie der Ladung.

Die Geschwindigkeit der Verbreitung der Stoßwelle wurde analytisch (nach der Geschwindigkeit der Verschiebung von Teilchen) und experimentell bestimmt. Das Röntgenogramm und die Zeichenebene der Geschwindigkeit der Verschiebungen in der Funktion von Zeit für die Grenze "Ladung-Gestein" sind im Bild 1 angegeben.

Im Bild 2 sind Diagramme des Faktors der

Energieübertragung aufs Gestein für Tetranitropentaerythrit mit Dichte 0,6-1,7 g/cm³ und drei Gesteinarten gegeben. Der Faktor beträgt 0,5-0,85 der potentiellen Energie der Ladung.

Aus den Diagrammen geht hervor, daß die Menge der dem Gestein zugeführten Energie mit der Härte oder Schallhärte des Gesteins und der Dichte des Sprengstoffes steigt. Diese Schlußfolgerung ist von großer praktischen Bedeutung, weil mit der Erhöhung der Menge der übertragenen Energie der Zerkleinerungsgrad vom Hartgestein steigt.

3. Veränderung der Parameter von Stoß- und Spannungswellen mit der Entfernung

Experimentelle Angaben über die Parameter von Spannungswellen gibt es viel, die über Parameter von Stoßwellen gibt es weniger[1].

Unter Stoßwelle verstehen wir die sich im gegebenen Gestein mit der Uberschallgeschwindigkeit verbreitenden Anregungen. Eine Spannungswelle verbreitet sich mit der Schallgeschwindigkeit.

Im Hartgestein sind die sich mit der überschallgeschwindigkeit verbreitenden Anregungen in der Ernfernung bis 10-12 Radien der Ladung von dem Explosionszentrum registriert.

Im Bild 3 ist das Diagramm der Veränderung der maximalen Geschwindigkeit der Verschiebung von Teilchen in der Wellenfront in der Funktion von der Entfernung für Marmor bei Explosion von Sprengstoffen mit Dichte 1,6 g/cm³, Detonationsgeschwindigkeit ca. 8000 m/s und Explosionswärme 1400 kkal/kg gegeben.

Wie aus dem Diagramm hervorgeht, hat der Dämpfungsfaktor in der Zone bis 5-10 Radien der Ladung von dem Explosionszentrum den höchsten Wert, was von den großen Energieverlusten (im Zusammenhang mit den nicht umkehrbaren Deformationen in der näheren Zone der Explosion) zeugt. In der Entfernung von 200 bis 400-500 Radien der Ladung von dem Explosionszentrum betragen die Geschwindigkeiten der Verschiebung von Teilchen hinter der Wellenfront von einigen Zehnten cm/s bis einigen cm/s.

In dieser Zone hat Rayleighs Oberflächenwelle die größte Energie. Die Energie der Oberflächenwelle reicht für relativ große Verschiebungen, insbesondere an den tektonischen Spalten. Diese Verlagerungen können zu sichtbaren Zertrümmerungen auf der Oberfläche einer Strosse und zur Störung der Standfestigkeit der Ränder einer Grube führen.

Mit der weiteren Verbreitung der Welle nimmt ihre Energie weiter ab und bei Geschwindigkeiten der Verlagerung unter 2-3 cm/s ist sie für Gebäude und Bauten nicht gefährlich.

Wenn die Wellenenergie im Marmor an der Grenze "Ladung-Gestein" 0,58 der potentiellen Energie einer Zylinderladung beträgt, so beträgt sie in der Entfernung von 2-3 Radien der Ladung vom Explosionszentrum nur 0,42-0,38. In den Entfernungen, die der Linie des minimalen Widerstandes (60 Radien der Ladung) gleich sind, beträgt die Vollenergie der Spannungswelle nur einige Prozente der potentiellen Energie der Ladung. Aber diese Energie reicht noch für das Abreißen des Gesteins vom Massiv, weil die durch die reflektierte Welle hervorgerufenen Dehnspannungen die Festigkeit des Gesteins gegen das Abreißen übersteigen. Die Festigkeit des Massivs gegen die Dehnung ist unter Wirkung von reflektierten Wellen der Festigkeit gegen die einachsige statische Dehnung nah.

4. Ladungsenergieaufwand für die Gesteinzerkleinerung und Verlagerung

Die Bestimmung des Energieaufwandes für die Gesteinzerkleinerung und Verlagerung hat eine große praktische Bedeutung für die Regelung der Explosionswirkung, weil er den Wirkungsgrad der Explosion bestimmt.

Die Sonderversuche der Gesteinzerkleinerung durch Explosion in einer kalorimetrischen Bombe haben gezeigt, daß pro m² neugebildeter Fläche von 25 bis 100 kgm (von 250 bis 1000 Joules) verbraucht wird.

Der Gesamtaufwand von Energie für neugebildete Fläche

$$E_{Zerkl.} = qS, \qquad (4)$$

wo q - spezifischer Aufwand pro Einheit neugebildeter Fläche,
S - neugebildete Fläche.

Die Berechnungen nach (4) zeigen, daß der Energieaufwand für Zerkleinerung nur 0,25 - 2% der potentiellen Ladungsenergie beträgt.

Die Energieaufwand für die Verlagerung der gesprengten Masse läßt sich leicht nach der Formel für die Berechnung der kinetischen Energie errechnen.

Laut Berechnungen beträgt die kinetische Energie der gesprengten Masse 25-35% der potentiellen Ladungsenergie (bei Fluggeschwindigkeit 15-25 m/s). Interessant sind auch Angaben über den Energieaufwand für das Abreißen vom Massiv großer Granitblöcke für Errichtung von Denkmälern, Erzeugung großer Platten usw.

Das Abreißen solcher Blöcke erfolgt gewöhnlich durch Pulverladungen mit Durchmesser 20-25 mm in Bohrlöchern mit Durchmesser 40-45 mm. Die Spaltung großer Granitblöcke kann durch Explosion von Abschnitten einer Sprengschnur ohne Sprengstoffladung in Bohrlöchern mit Durchmesser 25-30 mm erfolgen (Bild 4)

Der Verbrauch für eine durch Reihe von Bohrlöchern geführte Linie kann bei der Größe von Dehnspannungen, die nur wenig die Festigkeit gegen die einachsige Dehnung (für Granit etwa über 200 kg/cm²) übersteigt, bei einem sehr kleinen spezifischen Verbrauch von Sprengstoff (0,01 kg/m³) und hauptsächlich auf Kosten der Wirkung der reflektierten Welle erfolgen.

Der große Energieaufwand in der nahen Zone der Explosion erklärt sich durch eine rasche

Steigerung der Festigkeit gegen dynamische Pressung.

Die von A.N. Stawrogin und seinen Mitarbeitern durchgeführten Forschungen (2) und die von uns durchgeführten Messungen des Drucks im Gestein sowie der Vergleich dieser Druckmessungen mit den Festigkeiten zeigen, daß die Festigkeiten in der nahen Zone der Explosion im Vergleich mit der einachsigen statischen Pressung um 50-100 fache und mehr steigen können (große Werte beziehen sich auf weniger hartes Gestein).

5. Bewertung des Grades der Zerkleinerung von gesprengtem Gestein

Für die Bewertung der Qualität der Gesteinszerkleinerung werden oft Angaben über die Zahl der die Standartabmessungen übersteigenden Stücke oder Angaben über die Größe des Durchschnittstücks der gesprengten Masse verwendet.

Alle diese Kennwerte kennzeichnen teilweise den Energieaufwand für die Zerkleinerung.

Für die Bewertung des Zerkleinerungsgrades haben wir einen Komplexkennwert [3] angenommen.

$$D_{zerkl.} = \sum_{i=1}^{n} \frac{Vi}{V} \lg \frac{V}{Vi} \quad , \qquad (5)$$

wo Vi - Inhalt der Stückfraktion,
V - der gesprengte Umfang.

Der erste Ko-Multiplikator kennzeichnet den Anteil jeder Fraktion an der gesprengten Masse und der zweite - die Zahl der Stücke gegebener Fraktion. Die Berechnungen nach (5) zeigen, daß die Größe des Zerkleinerungsgrades von 3-4 bis 6-8 schwankt.

Je mehr ist dieser Kennwert, desto höher ist die Leistung der Ladungs- und Beförderungsausrüstung sowie der Zerkleinerungsmaschinen.

Der Klassifizierung des Massivs nach seiner Zerklüftung soll große Bedeutung beigemessen werden, weil vom Grade der Zerklüftung der spezifische Verbrauch von Sprengstoffen und die Brechbarkeit des Gesteins wesentlich abhängen. Es ist festgestellt, daß die Ausbeute der großen Stücke im gesprengten Gestein ihrem Inhalt im Massiv vor der Explosion proportional ist.

Für die Bestimmung des Zerkleinerungsgrades sind Angaben über die Körnung der gesprengten Masse notwendig, die sich durch Fotografieren der gesprengten Strosse erhalten lassen.

6. Einfluß des Zerkleinerungsgrades auf die Leistung von Bergbauausrüstung, Methoden der Erhöhung des Zerkleinerungsgrades von gesprengtem Gestein

Für die Erhöhung des Zerkleinerungsgrades werden Ladungen mit relativ kleinem Durchmesser (bis 150 mm), ein dichtes Netz von Bohrungen und Leistungssprengstoffe mit relativ hohem Preis verwendet, dabei steigen die Kosten für Bohrungs- und Sprengarbeiten und die Gesamtkosten pro Fertigungseinheit sinken.

Die Praxis der Arbeit von Gruben in der Sowjetunion hat gezeigt, daß man bei Verwendung von Bohrungen mit Durchmesser 270 mm und bei Gesteinsprengen durch wassergefüllte Sprengstoffe mit Dichte 1,5-1,6 g/cm^3, Detonationsgeschwindigkeit 6000-6500 m/s und Explosionswärme ca. 870 kkal/kg (1350 kkal/Liter) auch den Aufwand für Bohrungs- und Sprengarbeiten bei gleichzeitiger Erhöhung des Zerkleinerungsgrades senken kann.

Die wassergefüllten Sprengstoffe lassen sich leicht mechanisiert laden, kennzeichnen sich durch eine relativ große Impedanz und einen großen Ubertragungsfaktor der Energie aufs Gestein. Ein ungefähres Diagramm der Abhängigkeit der Kosten der technologischen Operationen vom Zerkleinerungsgrad für erwähnte Verhältnisse ist im Bild 5 gegeben. Aus den Diagrammen geht hervor, daß die Kosten aller technologischen Operationen mit der Erhöhung des Zerkleinerungsgrades des Gesteins sinken.

Die Verwendung der wassergefüllten Sprengstoffe läßt die Energiekosten in der nahen Zone der Explosion senken und dadurch die allgemeine Sprengwirkung erhöhen.

7. Berechnung des Bohrungsnetzes bei Verwendung von Sprengstoffen mit hoher Energiekonzentration pro Raumeinheit der Bohrung

Das Bohren wird am häufigsten nach dem Quadratnetz durchgeführt, bei der Entfernung zwischen den Seiten des Quadrats

$$E_1 = 50 + 70\, R_o \quad , \qquad (6)$$

wo R_o - Radius der Ladung.

Der Ubergang zu den wassergefüllten Sprengstoffen läßt das Netz der Bohrungen erweitern

$$E_2 = E_1 \sqrt{\frac{Q_2}{Q_1} \; \frac{D_1}{D_2} \; \frac{K_2}{K_1}} \quad , \qquad (7)$$

wo Q_1 und Q_2 - Konzentrationen der Energie in einer Raumeinheit der Bohrung bei dem alten und neuen Sprengstoff;

D_1 und D_2 - Grad der Zerkleinerung bei dem alten und neuen Sprengstoff

K_2 und K_1 - Faktor der Energieübertragung aufs Gestein bei dem alten und neuen Sprengstoff

Der bedingte Umfang des Ergänzungsvortrags begrenzt die Darlegung anderer interessanten Fragen in Zusammenhang mit dem Problem der Gesteinzerkleinerung.

Literatur

1. А.Н.Ханукаев "Энергия волн напряжений при разрушении пород взрывом". Издательство Недра, Москва, 1962.
2. А.Н.Ставрогин и др."Каталог механических свойств горных пород". Всесоюзный научно-исследовательский институт горной геомеханики и маркшейдерского дела. Ленинград, 1972.
3. К.А.Долгов "О затратах энергии на дробление горной породы". Сб.Механизм разрушения горных пород взрывом."Наукова Думка", Киев, 1971.

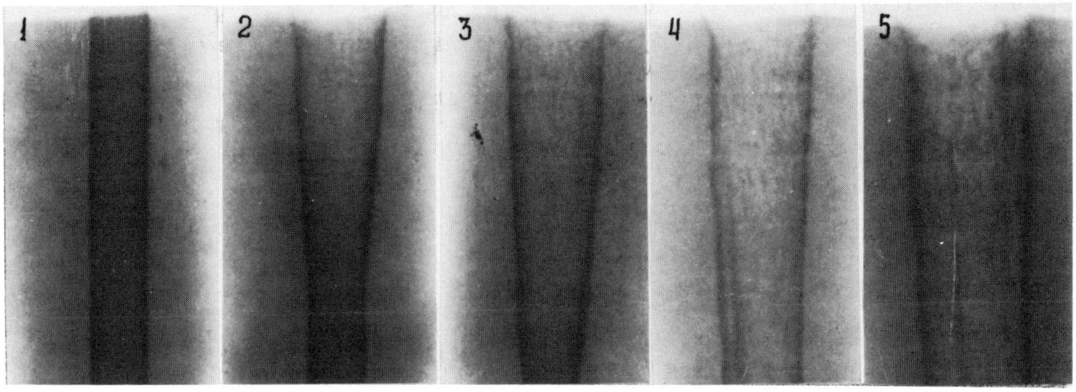

Bild 1. a) Eine charakteristische Serie von Röntgenogrammen der Explosion einer Zylinderladung im Kalkstein an der Grenze "Ladung - Gestein". Zeit seit dem Beginn der Detonation im Bohrloch, mks; 1-0; 2-4; 3-5,5; 4-7; 5-10,2.

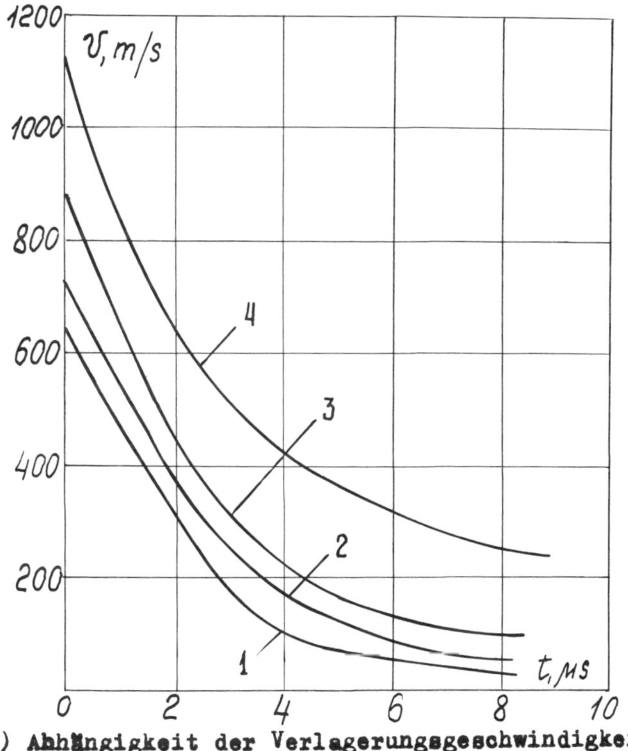

b) Abhängigkeit der Verlagerungsgeschwindigkeit bei der Explosion der Zylinderladung von den Eigenschaften der Gesteine im Granit (1), Marmor (2), Kalkstein (3) und Brennschiefer(4).

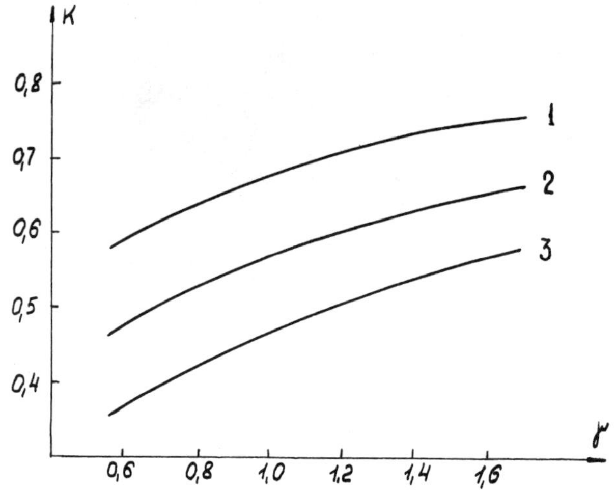

Bild 2. Abhängigkeit des Faktors der Energieübertragung aufs Gestein von der Dichte des Sprengstoffes bei der Explosion von Zylinderladungen in Marmor (1), Kalkstein (2) und Brennschiefer (3).

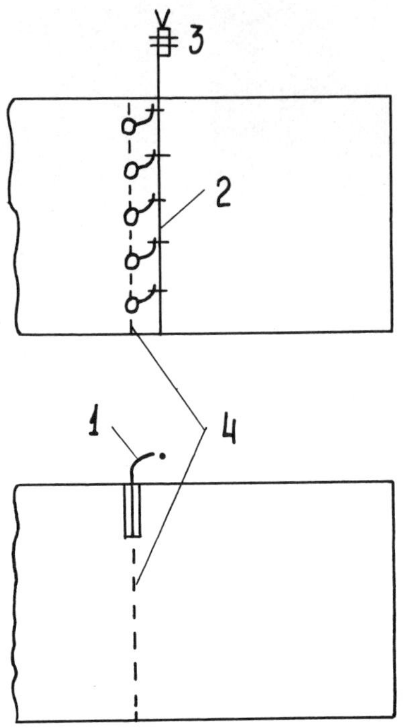

Bild 4. Schema der Anordnung der Detonationsschnur in den Bohrlöchern bei der Spaltung eines Blocks in zwei Teile.
1 - Abschnitt der Detonationsschnur; 2 - Hauptdetonationsschnur; 3 - elektrischer Zünder mit Sprengkapsel; 4 - Linie der Spaltung.

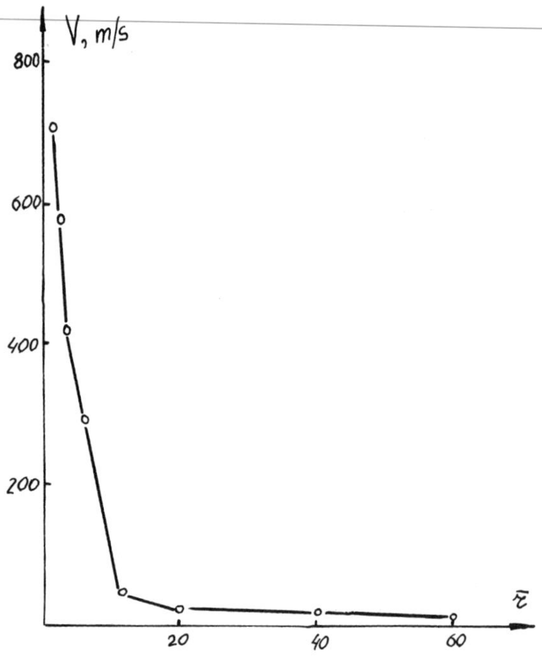

Bild 3. Diagramm der Veränderung der maximalen Geschwindigkeit der Verschiebung von Teilchen in der Funktion von der Entfernung für Marmor.

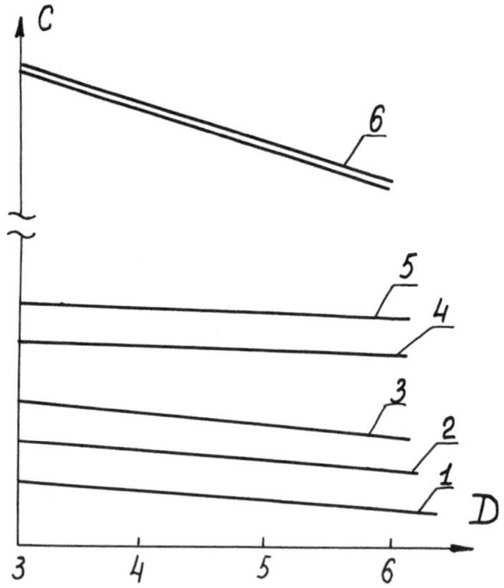

Bild 5. Einfluß des Zerkleinerungsgrades auf Kosten der technologischen Operationen.
1 - Bohren; 2 - Sprengen; 3 - Baggern; 4 - Beförderung; 5 - Zerkleinerung in der Fabrik; 6 - Gesamtkosten der Fertigungseinheit.

MECHANICAL FRACTURE CHARACTERISTICS OF ROCK WITH A CUTTER BIT AND A DISK CUTTER

Dr. S. Takaoka, H. Hayamizu, S. Misawa, and M. Kuriyagawa

National Research Institute for Pollution and Resources, Agency of Industrial Science and Technology MITI

Tokyo, Japan

The authors carried out the fundamental experiments on cutting or fracturing of rocks to obtain data for developing a tunnel boring machine and obtained following results:

1. The thrust required for the cutter bit is only about one-tenth compared with the thrust for the disk cutter in making the grooves on the surface of soft rocks whose compression strength is under 800 kg/cm^2.

2. The cutting force is almost the same independent of the kind of cutting tools. Therefore, it is generally hard to alter the torque of tunnel boring machine, while the thrust may be considerably altered according to the cutting tools provided.

The torque, however, is desired to reduce because it acts as the energy. This may be accomplished by improving the arrangement of the cutters on the cutter head to remove cuttings as the lump from the rock.

1. Introduction

In drifting a gallery or a tunnel, the fracture of rocks has usually been achieved by explosives in the conventional means. And a mechanical means has mainly been applied to its small scale such as the boring of a blasting hole.

In recent years, however, there has appeared a tunnel boring machine, for example, to increase the excavation efficiency and to attain the "unmanned" operation of work. Features of this means are the no-use of any explosive for fracturing the rocks and the simply mechanical procedure of cutting or fracturing.

In this scheme, therefore, the rocks are the object, not for blasting but for mechanical fracturing. And furthermore, the amount of rocks involved is tremendous, unlike the case of boring a blasting hole by an explosive.

Under the situation, the performance of a rock fracturing tool becomes important in connection with the efficiency of excavation. There are a variety of such tools available to be attached to a tunnel boring machine, which are broadly in two types, i.e. those of cutting and of compressive fracturing. Then, depending on the nature of a rock concerned, there occurs a choice to be made among the various tools. To achieve the high efficiency in tunnel making with a tunnel boring machine, therefore, the employment of the most suitable tool becomes highly significant.

A tunnel boring machine was constructed in trial by the present authors. And prior to this development, a series of experiments was made on the rock fracturing with several different tools. These results were already reported in part. Descritions, however, have been confined to the rock-fracturing characteristic of each individual cutting tool, and no comparison between the respective tools.

In the present study, basic experiments have been made comparatively on the rock cutting or fracturing with a cutter bit and a disk cutter, respectively, which are representative of the types mentioned, i.e. cutting and compressive fracturing. The objects of studies are: general nature of the rock fracturing, independent of the cutter tool used; variable nature influenced by the particular tool; and finally the effect of both natures on actual specification of a tunnel boring machine.

2. Experimental apparatus

As already indicated, the cutter bit and the disk cutter are quite different in the mechanism of rock fracturing. The experimental apparatuses used are therefore in this manner. These two are shown schematically in Figs. 1 and 2.

2.1 Rotary cutting apparatus

This apparatus is for rock fracturing experiment with a cutter bit. As shown in the figure, a test rock, polished smooth and flat, 60 x 60 x 20 cm, is fixed to a rotary plate, which is rotated at a speed between 0 to 63 rpm. Cutter bits, two in number, are attached to a rod, and pressed against the rock surface by means of a pneumatic pusher. The cutting force is then obtained from the torque to the rod, by computation. The two bits are so positioned on the rod that, with a certain shift between, each bit cuts the adjoining region with regard to the other bit. In the experiment, the cutting speed was held constant at 30 m/min by adjustment of the speed of rod revolution.

As seen, in the apparatus the rock move around, instead of the bits in an actual case. The experiments with actual conditions, including the cutting speed, however, are possible.

2.2 Linear cutting apparatus

As shown in the figure, the disk cutter is fixed to the lower end of a piston rod in the pneumatic pusher, with the upper end in a free rotatable state. The test rock moves horizontally along rails at 0 - 40 cm/min, and a groove of fracture is cut on

Fig. 1. Rotary cutting apparatus

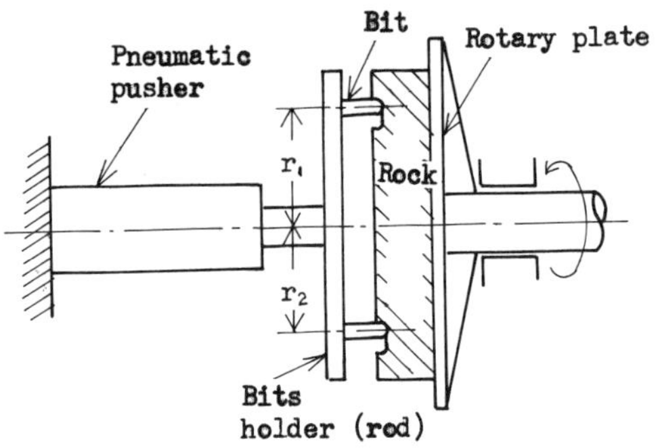

Fig. 2. Linear cutting apparatus

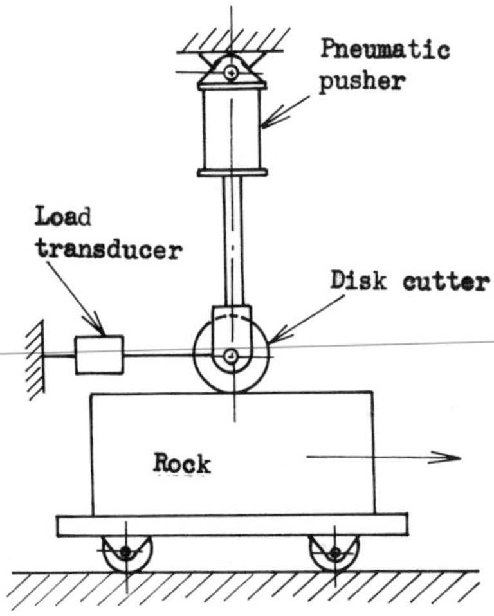

the surface as it travels. The horizontal resistance to the disk cutter is measured by means of a load transducer. This resistance is correspondent to the tractive effort in actual operation; it is called the "tractive force" in the present paper.

The size of rock, formed and polished, is 30 x 30 x 60 cm; and its travel speed was held constant at 30 cm/min.

Unlike the case of the rotary cutting apparatus, this apparatus is purely experimental, that is, the speed of a test rock and hence that of a disk cutter is much lower than in an actual case.

2.3 Cutter tools

The cutter bit used is with a carbide tip, and its size and shape are as shown in Fig. 3. In actual rock cutting, the cutter bit is in wear, the shape of this wearing being flat at the tip. In the experiment, therefore, this wearing of cutting edge, V_B in Fig. 3, was given in advance, simulating the actual situation.

The disk cutter is of steel, 20 cm in outer

Fig. 3. Detail of tip

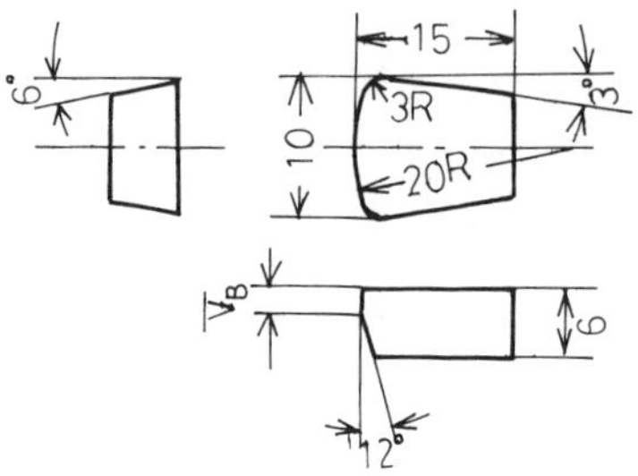

diameter and 15 mm thick. The edge hardness is equivalent to RHC 60 by heat treatment. The disk-edge angle is then in four, 60°, 70°, 80° and 90°.

2.4 Test rocks

Mechanical properties of the test rocks used are shown in Table 1. The rocks are, first, soft andesite rocks with compressive strength less than 800 kg/cm², from Saku, Yura and Fukushima respectively, and then, intermediate-hardness rocks of about 1,500 kg/cm², from Kofu and Sori, andesite and granite respectively.

The usual practice is the application of a cutter bit to soft rocks and of a disk cutter to hard rocks. In the experiment, however, the two types of cutting tool were used for both soft and (intermediate) hard rocks for the purpose of comparison, where it was possible. Cutting or fracturing was all successful with all the rocks, except the cutting for Sori granite.

Table 1. Mechanical properties of the test rocks

Rock	Shore hardness	Compressive strength, kg/cm²
Saku andesite	46	510
Yura andesite	69	610
Fukushima andesite	65	780
Kofu andesite	82	1,680
Sori granite	88	1,370

3. Shapes of the cutting fracture

The shape of a fracture or crater is groove in both the cutter bit and the disk cutter. More significant, however, is the relation between the load on a cutting tool and the crater depth produced. This provides information on the cutting speed versus the thrust in a tunnel boring machine.

Figure 4 shows the results of experiment with a cutter bit. Since the bits move along the same circuit repeatedly, the depth of crater increases with this revolution.

In the figure, therefore, the cutting depth is obtained through relation of the number of rotations and crater depth.

When the load on the cutting tool is small, the bits hardly cut into the rock, and the cuttings are either in powder. Beyond a certain point, the cuttings take the form of laminae, giving a better efficiency in the cutting. In Fig. 4, this (critical) point is indicated by a sharp turn upward

Fig. 4. Cutting depth vs. load on the cutter bit (Yura andesite)

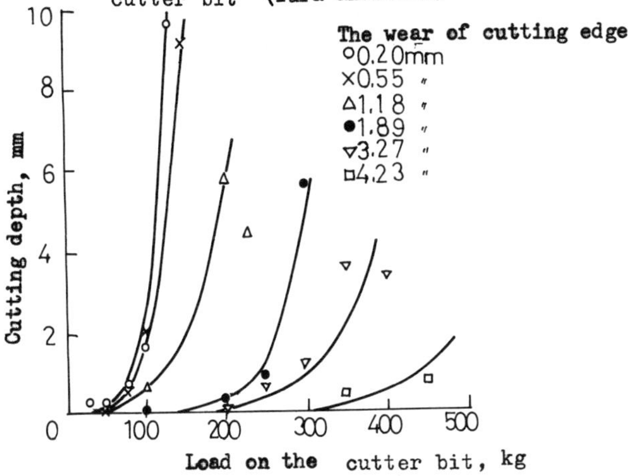

Fig. 6. Cutting depth vs. load on the disk cutter. (Fukushima andesite)

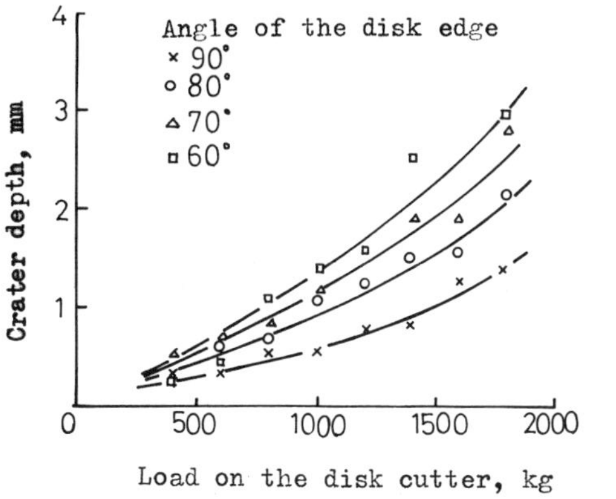

of the curve, in the case of a relatively small wear of the cutting edge. It turns somewhat obscure as the wearing increases, becoming more pronounced with its further widening.

As is expected, for the same load on the cutter bit , the smaller the wear of cutting edge, the deeper becomes the cutting depth. The load on the cutting tool required to obtain a given value of the cutting depth, as obtained from Fig. 4, is indicated in Fig. 5. In each case, the load versus the wear of cutting edge is nearly in linear relation.

No tests were made with sharp edges in the experiment. By Fig. 5, however, the relation of load and cutting depth in this case can be grasped.

In Fig. 6 is shown the relation between the load on disk cutter and the crater depth for the rock cutting with a disk cutter. In the experiment, the disk cutter passes only one time along the surface of test rock, so the crater depth in the figure is mean value. The crater depth is the seen to increase in a certain manner with increase of the load on disk cutter, in each case of the disk edge angle. And no such critical as in the cutter bit is observed. For the same load on disk cutter , the smaller the angle of disk edge, the larger becomes the crater depth. The load necessary to obtain a given crater depth, as derived from Fig. 6, is shown in Fig. 7. The relation between the load on cutting tool and tan $\theta/2$, half the disk-edge angle, is nearly linear. The angle of edge in the rock cutting with a disk cutter is thus a similar factor to that of the wear of cutting edge in the case of a cutter bit.

Concerning then the crater width produced, this width in the case of a cutter bit is almost all determined by the width of cutting edge. Since the bit travels along the same circuit. In the disk cutter, however, the situation is different, for the passage along the rock surface is only one. As shown in Fig. 8, the crater width is proportional to its depth, almost independent of the disk-edge angle.

Finally, the comparison between a cutter bit and a disk cutter, based mostly on Fig. 4 and 6, is as follows. First, the load on cutting tool to obtain a given cutting depth (fracture depth in the disk

Fig. 5. Load on the cutter bit vs. wear of the cutting edge. (Yura andesite)

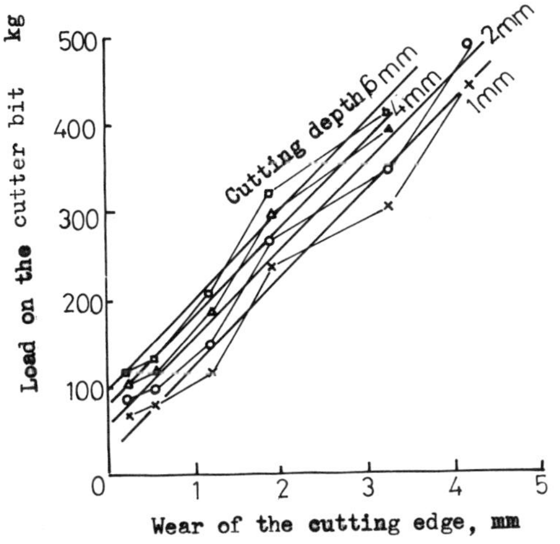

Fig. 7. Load on the disk cutter vs. angle of the disk edge (θ). (Fukushima andesite)

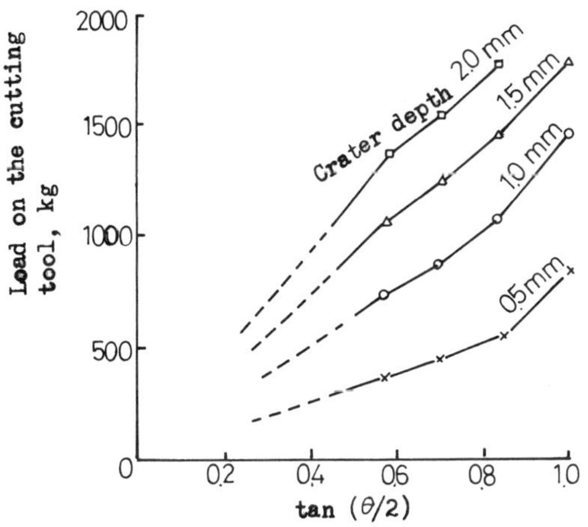

cutter) is about one figure smaller for the cutter bit than for the disk cutter. In the case of a cutter bit, the load to give a certain cutting depth is also related to the tip width. In the experiment performed, however, the crater widths are nearly the same for both cutter bit and disk cutter; and mechanical properties of the test rocks are also similar. For the soft rocks, therefore, it is seen that the load to obtain a given fracture groove with a cutter bit may be about 1/10 of that for the disk cutter.

Fig. 8. Crater width vs. crater depth. (Fukushima andesite)

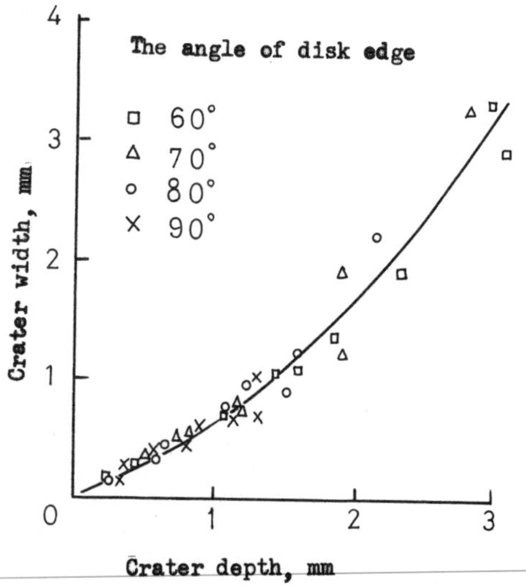

4. Cutting force, and tractive force

The cutting force in cutter bit and the tractive force in disk cutter are both related to the torque of a tunnel boring machine. And how the forces mentioned be connected to the load on cutting tool is important in determining the torque vs. thrust of a tunnel boring machine.

Figure 9 shows the relation between load on the cutter bit and cutting force in rock cutting with a cutter bit. The cutting force is seen to increase more than the load. This is because the cutting depth increases rather rapidly with load on the cutter bit. The cutting force per unit cutting depth, as shown in Fig. 10, thus decreases, thereby leading to a rise in the operation efficiency.

The cutting force for a given load on the cutter bit then also increases with decrease of the wear of cutting edge. This is similarly due to the fact that the smaller the wear the larger becomes the cutting depth for a given load on the cutter bit; the operation efficiency thus increases with decrease of the wear.

In Fig. 9, the broken lines show the relation of load and cutting force for a given cutting depth; the intersection with a solid curve then indicates the same relation for the respective wear of cutting edge. It is seen that to obtain the same cutting depth, the cutter bit with small wear requires less load and less cutting force than does that with large wear.

Fig. 9. Cutting force vs. load on the cutter bit. (Yura andesite)

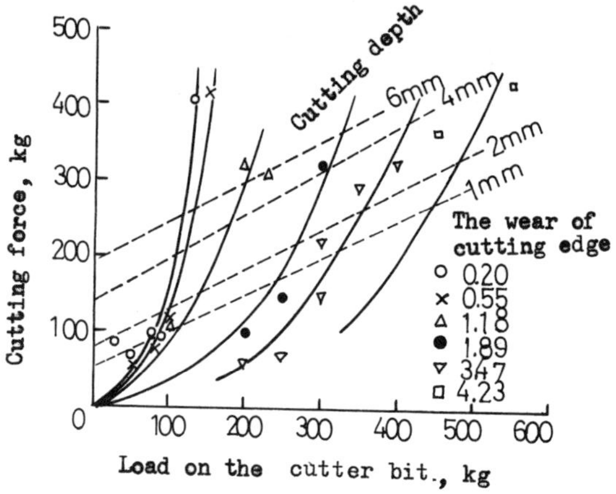

Fig. 10. Cutting force vs. cutting depth. (Yura andesite)

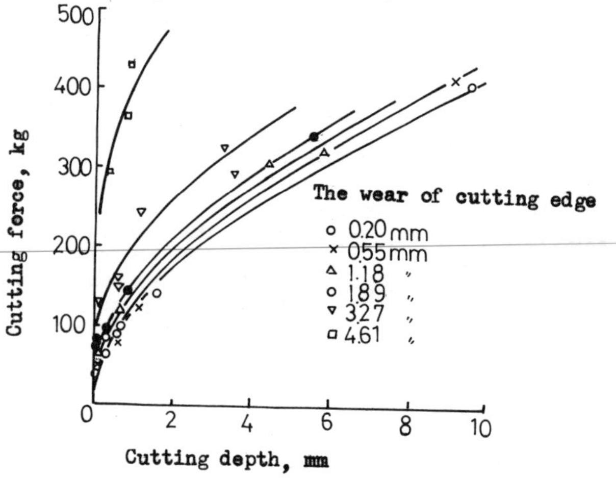

In Fig. 11, the wear of cutter bit, instead of load in Fig. 9, is given as abscissa, which is derived from the relation in Fig. 5. The figure, as seen, gives the relation between wear of the cutting edge and cutting force for a given cutting depth. The cutting force vs. cutting depth, with a "sharp" cutting edge, can thus be indicated.

The cutting force is related to the wear of cutting edge, as well as to the cutting depth. In the cutter bit, however, the cutting force should also be related to the shape of rock cuttings. It is thus also so to the cutter face shape, rake angle, etc. The cutting force should, however, be independent of the wear of cutting edge occurring in parallel to the direction of rock cutting. Contrarily, in the experiment, this phenomenon is not observed, probably for the reason of there being a sliding friction between tip wear and rock surface. That is, the load on cutter bit to obtain a given cutting depth, as seen in Fig. 5, increases with wear of the cutting edge, so that the cutting force also increases. This friction is thus introduced in the cutting force. The cutting force observed in experiment is thus not purely that of cutting resistance; it is the force plus frictional resistance.

Considering in this way, the slope of broken lines in Fig. 9 indicates the coefficient of frictional resistance between bit tip and rock surface. In the figure, it is approximately 0.5, which is almost similar to 0.3 - 0.4 observed generally between metal and rock. Frictional resistance is operative between bit tip and rock, so that when the wear of cutting edge is large and the load on cutter bit in a given cutting depth is considerable, the frictional resistance in the cutting force becomes higher even than 80%. The cutting power is thus seen to be mostly wasted for a useless purpose. This loss of energy then appears as wearing of the bit tip, as well as in the heat of friction; its effect on the life of a bit is thus fairly large.

Figure 12 shows the relation between load on the disk cutter and the tractive force, in the case of a disk cutter. This tractive force is correspondent to the cutting force in a cutter bit; and the relation of load and force is also similar to that in the latter case. That is, with increase of the load on disk cutter, the tractive force rapidly increases, and further, for the same load the tractive force becomes larger as the angle of disk edges decreases. This is because with decrease of the disk edge, the crater depth becomes larger. The angle of disk edge is thus seen to have a similar effect to that by the wear of cutting edge in a cutter bit.

In Fig. 12, the broken lines indicate the relation between load and tractive force for a given crater depth. The tendency is similar to that in the case of a cutter bit. In the disk cutter, however, the angle of disk edge has influence upon the fracture of rock, so the slope of broken lines does not necessarily give the coefficient of frictional resistance. If, however, this slope is taken to be due only to the frictional resistance, the coefficient gives a larger value than that in actuality. In the figure, it is about 0.04, which is by one figure smaller than that in a cutter bit.
The load on the disk cutter, however, is larger by one figure than in the cutter bit, so that the frictional resistance is not small. This frictional resistance in the tractive force is actually reported to be as high as 40%.

In comparing the results in Figs. 9 and 12, the cutting force and the tractive force, both minus the frictional resistance, are seen to be nearly the same. In other words, the energy required to produce a fracture in a rock by mechanical means is not much influenced by the method of its cutting.

5. Relief angle of the cutter bit

The effect of wear of the cutting edge upon rock fracture has mainly been described. This wear, however, is formed as the rock cutting proceeds. It is therefore more important to determine the relief angle of cutting edge, in shaping the cutter bit.

Experiments were made with the cutter bits with different relief angles, other than that in Fig. 3. The results are shown in Fig. 13 and 14. The edge width of tips is 20 mm, so it is not possible to compare the results with those already described. Neverthless, similarity in other respects may be sufficient.

Figure 13 shows the relation between load on the cutter bit and cutting depth. The cutting depth is seen to increase with increase of the relief angle, the overall tendency being similar to that in Fig. 4. Fig. 14 is the relation of load on the cutter bit and cutting force; the broken lines are the same relation for a given cutting depth. The larger the relief angle, the higher becomes the cutting force, the tendency being similar to that in Fig. 9.

As seen above, in cutting the rock with a cutter bit, the large relief angle is correspondent to the small wear of cutting edge; and vice versa. Though this aspect is described more fully later, the bit with a small relief angle is disadvantageous, since large wear of the cutting edge is caused by little use of the cutter bit. The relief angle is thus better to be as large as strength of the cutter bit permits.

Fig. 11. Cutting force vs. wear of the cutting edge. (Yura andesite)

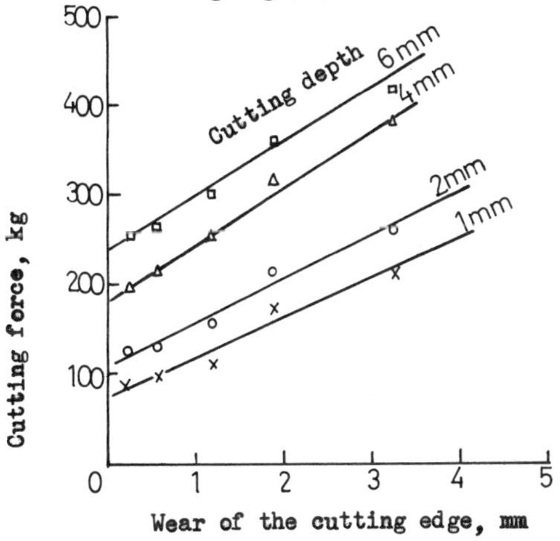

Fig. 12. Tractive force vs. load on the disk cutter (Fukushima andesite)

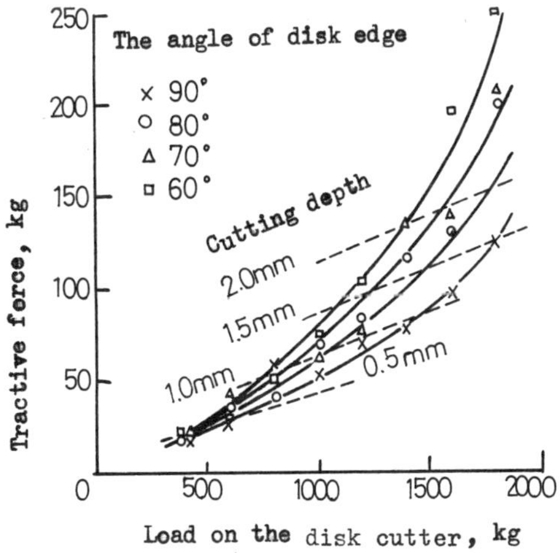

Fig. 13. Cutting depth vs. load on the cutter bit. (Fukushima andesite)

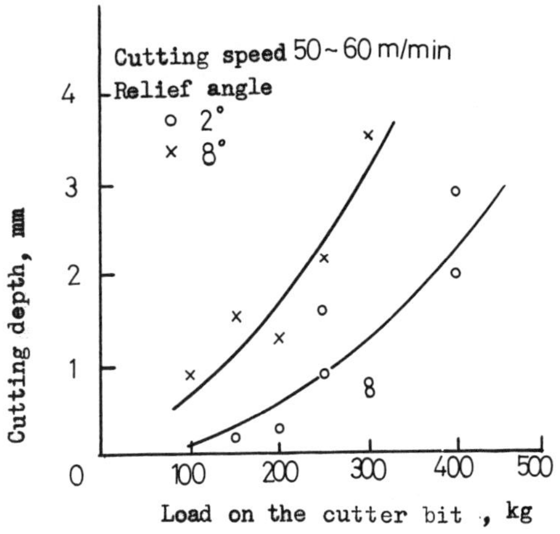

Fig. 14. Cutting force vs. load on the cutter bit. (Fukushima andesite)

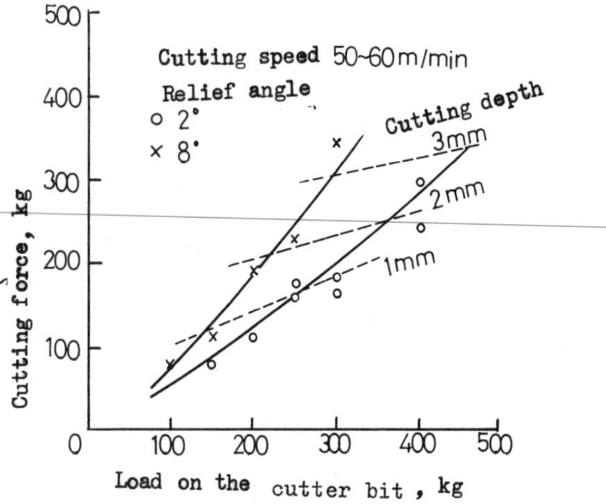

6. The ratio of cutting force and load on the cutting tool

It was described previously that the relation of cutting force, or tractive force, to the load on cutting tool is important in determining the relation between thrust and torque in a tunnel boring machine. In this chapter, the relation between the ratio of cutting (or tractive) force and load, on one hand, and the cutting depth, on the other, will be considered, and further the basic aspects of thrust, torque and cutting speed together will also be examined.

Figure 15 shows the results for rock cutting with a cutter bit, and Fig. 16 gives the results for compressive fracturing with a disk cutter.

As seen in the figure, in the case of a cutter bit the ratio about 1 of cutting force to load is largely influenced by both the wear of cutting edge and the cutting depth. Though it is not shown in the figure, the ratio is also influenced by the relief angle.

In the case of a disk cutter, on the other hand, the ratio about 0.1 as in the figure is affected by the crater depth, but little influenced by the angle of disk edge. In this respect only, the difference is observed between the wear, or relief angle, of cutting edge in a cutter bit, and the angle of disk edge in a disk cutter.

It is thus seen in Figs. 15 and 16 that the thrust and the torque of a tunnel boring machine must both be increased at a high speed of the rock cutting, compared with the low cutting speed; but not only this, the ratio of torque to thrust needs also to be raised.

7. The mechanism of rock fracture with a cutter bit and a disc cutter

As already described, there are both similarity and difference in rock cutting or fracturing between a cutter bit and a disk cutter. These aspects will be considered from the viewpoint of fracture mechanism.

Fig. 15. The ratio of cutting force to load on the cutter bit. (Yura andesite)

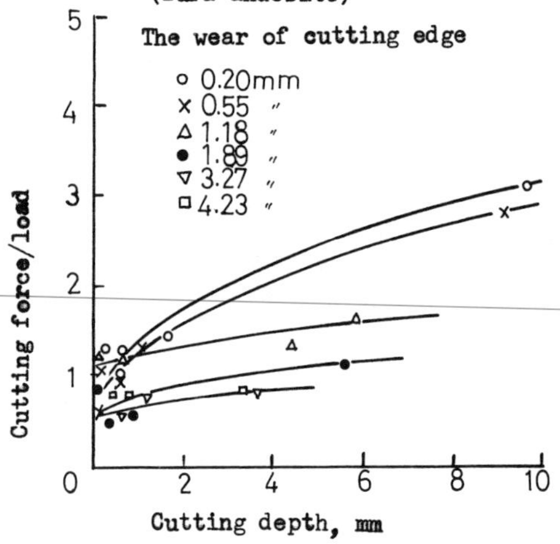

Fig. 16. The ratio of tractive force to load on the disk cutter (Fukushima andesite)

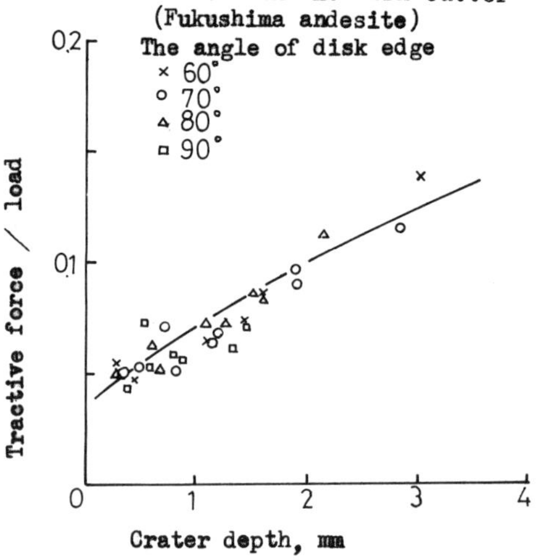

First, the relation of load on the cutting tool and the cutting depth or crater depth will be treated. For a given cutting depth (or crater depth), the load on cutting tool is in linear relation to the wear of cutting edge ($\tan \theta/2$; θ, the disk-edge angle). This can be understood from the fact that the resistance by a cutting tool intruding into the rock is dependent not only on the depth concerned but also on the area of contact between tool and rock. In the present case, however, it is not a mere intrusion into the rock; it is intrusion as the tool is in movement. This difference between needs to be examined. When rock is cut-fractured, there must be a certain distribution of stress along the line of fracture. And the requirement here is the definite specific value of stress at the front tip of the fracture line, below the cutting face of the cutter bit. The stress distribution occurring in the rock in contact with the tool is generally continuous, and the stress value below the wear of cutting edge is almost constant, regardless of the width of wear. As the result, the load on cutting edge increases linearly with wear of the cutting edge. The situation of the relief angle is also similar, due to the area of contact concerned.

When rock is fractured by a disk cutter, the contact between disk edge in the front half of tool and rock is similar to the case of a mere intrusion. So, the load on cutting tool is related to $\tan \theta/2$, θ being the angle of disk edge.

Then, the nearly same values of cutting force and tractive force, to produce a given fracture, will be considered. In both the cutter bit and the disk cutter, fracture of the rock is mainly by shearing, and further, the surfaces of fracture also are not much different. These phenomena may explain the similar "surface" energies required to produce a fracture for both cutter bit and disk cutter.

8. Conclusion

Of the results of basic experiments performed by the present authors to provide information on the design of a tunnel boring machine, those of a cutter bit and a disk cutter have been described. And comparative studies revealed the following.

The load on cutting tool necessary to produce a given fracture groove in soft rocks of compressive strength less than 800 kg/cm^2 differs largely between the types of cutting tool. The load on a cutter bit is thus about 1/10 of that on a disk cutter.

The cutting or tractive force, on the other hand, if the frictional resistance involved is disregarded, is not much different from one form to another of the cutting tool.

Therefore, in a tunnel boring machine, the thrust can be varied greatly by means of the cutting tool employed, but the torque must remain almost constant. The thrust in the machine is mainly so-to-speak force, while the torque is energy. In order to raise its efficiency, therefore, the frictional resistance in movement of the cutting tool must be minimized, and also the arrangement of cutting tools has to be proper such that the rock cuttings may be removed as lumps.

For the intermediate-hardness rocks of compressive strength about 1,500 kg/cm^2, cutting-fracture is feasible for andesite in the range of load on the cutting tool in the present experiment. But it is impossible for granite. However, this may be done by raising the load. Considering the strength of tools and their abrasion property in this case, however, the fracturing of granite by a disk cutter, rather than the cutting with a cutter bit, may be advantageous. These results described are confined to the apparatuses and methods used in the present experiment, so for different conditions, further studies may be necessary.

References

1) Sasaki, Yamakado, Shiobara and Tobe: "Studies on the cutting resistance of rocks," J. Min. Met. Inst. Japan, Vol. 77, No. 881
2) Suzuki and Nishimatsu: "Cutting resistance of rocks and cement mortar," J. Min. Met. Inst. Japan, Vol. 84, No. 961
3) Takaoka, Hayamizu and Misawa: "Studies on the rock fracture with a rotary cutter, (I)," J. Min. Met. Inst. Japan, Vol. 84, No. 960
4) Takaoka, Hayamizu, Misawa and Kuriyagawa: "Studies on the rock fracture with a rotary cutter, (II)," J. Min. Met. Inst. Japan, Vol. 85, No. 975

CARACTÈR DE ROCHE DANS LE CASSAGE MÉCANIQUE PAR TRÉPANT TRANCHANT ET PAR OUTIL COUPANT À DISQUE

Dr. S. Takaoka, H. Hayamizu, S. Misawa, and M. Kuriyagawa

National Research Institute for Pollution and Resources, Agency of Industrial Science and Technology MITI

Tokyo, Japan

Les auteurs du présent article ont mis à exécution quelques expériences de base dans le domaine d'excavation ou fracture de roches, en vue d'obtenir les données requises pour le développement d'un excavateur (machine à percer le tunnel). Ces expériences ont abouti aux conclusions suivantes:

1. Pour que les rainures soient tracées en surface d'une roche d'une solidité faible - dont la résistance à la compression se trouvant inférieure à 800 kg/cm^2, la poussée exigée d'un fleuret est un dixième seulement, comparée avec celle d'un disque-haveur.

2. La puissance de coupage est pratiquement invariable indépendamment du genre d'outil utilisé.

Par conséquent, il est généralement difficile de changer la couple d'excavateur, tandis que la poussée peut être modifiée considérablement selon l'outillage.

Le coupel, toutefois, doit mieux être diminué puisqu'il agit en tant qu'une enérgie. Cette réduction du couple pourra être réalisée par une amélioration de l'arrangement de coupoirs sur la poupée d'excavateur, ce qui permet de dégager en blocs les débris de coupure de la roche.

1. Préface

Lors de l'excavation de tunnel ou de galerie par des travaux conventionels, le cassage de roche était exécuté principalement par explosion et le cassage mécanique n'était pas utilisé qu'en cas de petite échelle supplémentaire comme le sondage du trou de mine.

Récemment, pour but d'élever l'efficacité d'excavation ainsi que d'exécuter l'excavation sans travailleur, des excavateurs sont mis an point qui sont progressivement mis en pratique au lieu de procédés conventionels à l'excavation à sautage, caractère desquelles consiste principalement au moyen mécanique sans explosif pour le cassage de roche.

Aussi, il faut, daus ces procédés, que l'on ne considère pas roche comme l'objet de cassage par sautage mais celui de cassage mécanique. De plus, il faut de les saisir comme l'objet de travail à grande quantité autrement que le cas du sondage du trou de mine.

Lorsqu'on considère ainsi roche comme l'objet de cassage mécanique, il arrivera un grand problème sur le rendement d' outil utilisé à propos de l'efficacité de cassage de roche.

C'est à dire, on peut concevoir plusiers types d' outils de cassage de roche munis à l' excavateur de tunnel lesquels sont divisés en deux classes principales l'une consistant essentiellement en coupure et l' autre en concassage, ensuite de plus entre eux l' une peut présenter la supériorité en adaptation sur l' autre selon des natures des roches traités. C'est ainsi que le choix d' outil utilisé propre à l'excavation de tunnel en haute efficacité posera un problème important.

Les auteurs avaient mis au point un excavateur de tunnel suivant des essais préalablement exécutés sur cassage des roches avec plusieurs sortes d' outils quelques résultats desquels sont déja présentés. Mais tous ces comptes rendus sous considération des propriétés de cassages de roches avec une seule sorte d' outil de cassage n'ont pas compris à peu près la considération sur la comparaison fondamentale entre les propriétés des cassages exécutés par differents types d' outils.

C'est à dire, ce compte rendu-ci a pour but d' étudier des résultats des expériences fondmentales sur le cassage de roches par trépan tranchant ainsi que par outil coupant à disque, représentant respectivement le procédé à coupure et celui à concassage, ensuite d'éclaircir des propriétés générales peu sensibles au procédé de cassage ainsi que celles variables directement dépendantes de procédé de cassage et enfin d'en considérer des influences sur les spécifications de l'excavateur de tunnel.

2. Appareils d'essai

Comme precédent, le trépan tranchant et l' outil coupant à disque ayant tout autre mécanisme de cassage l'un de l'autre, on y a appliqué l' appareil d'essai propre à chaqun, la schéma duquel est respectivement représenté sur les figures 1 et 2.

2.1 Appareil à coupe rotative (trépan)

Cet appareil a pour but d'exécuter l'essai de cassage de roches en utilisant un trépan tranchant où l'on fixe un échantillon de roche platement poli de 60 x 60 x 20 cm sur une plaque d'appui tournante comme présentée sur la figure 1, y donnant une vitesse de rotation comprise entre 0 et 63 r.p.m, tandis que l' on procède à coupe par deux trépans tranchants fixés aux porte-mèche qui sont poussés sur roche au moyen d' un cylindre à air. On peut calculer le charge sur trépan à partir d' une couple agissant sur le porte-mèche.

Fig. 1. Appareil à coupe rotative

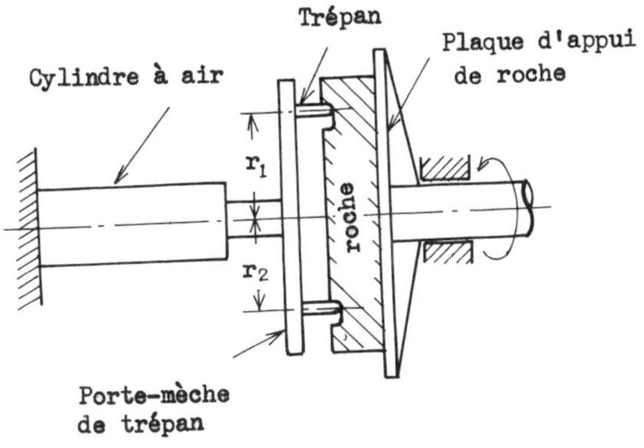

Fig. 2. Appareil à coupe linéaire

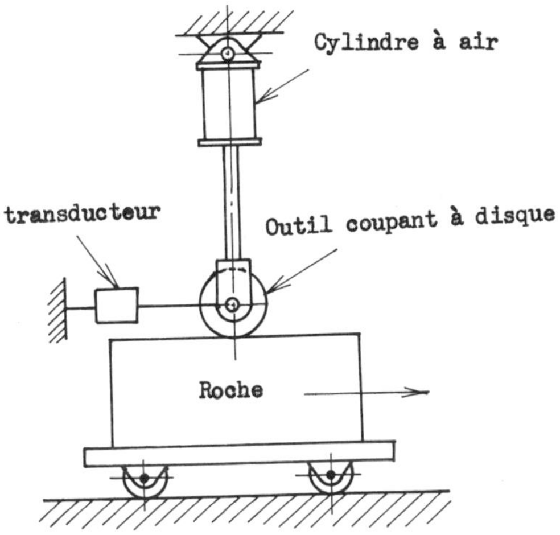

De plus, on a déplacé les positions fixées des trépans l' un contre l' autre pour la largeur d' un tranchant de sorte que chaque trépan coupe la différente partie. De plus, on a apporté la vitesse de coupe à une valeur constante, soit 30 m/min, en ajustant ladite vitesse de rotation.

Bien que cet appareil soit tellement préparé contrairement à la pratique, que ce n'est pas le trépan mais le roche qui est mis en tournure, on peut réaliser l'essai en même échelle que la pratique en ce qui concerne la vitesse de coupure etc.

2.2 Appareil à coupe linéaire (outil à disque)

Comme montré sur la figure 2, on fixe l' outil coupant à disque au bout inférieur de la tige de piston de cylindre à air, le bout supérieur de laquelle est supporté de façon libre à rotation de manière qu'un cratère se formé sur la surface de roche échantillon qui marche sur les rails avec une vitesse comprise entre 0 et 40 cm/min.

Lors de la coupe de roche, une résistance horizontale sur l' outil coupant à disque est mesurée au moyen d' une transducteur de charge, et cette résistance s'oppose à la force tractive nécessaire pour tourner l' outil coupant à disque sur le roche, laquelle on appelle ici la force tractive pour la commodité. A propos, on a poli le roche échantillon pour former 30 x 30 x 60 cm et fixe la vitesse de marche pour une valeur constante, soit 30 cm/min.

Autrement que l' appareil d'essai pour coupe rotative, cet appareil-ci décrit au dessus est pour l'essai tout fondamental où la vitesse de marche de roche, soit celle de l' outil à disque est portée à une valeur assez basse par rapporte à celle pratique.

2.3 Outil utilisé à cassage de roche

Le trépan tranchant utilisé est muni de tranchant en acier cimenté, une forme duquel est représentée sur la figure 3. De plus, parce que le tranchant du trépan muni à l'excavateur pratique est usuellement mis en service dans l' usure produite en général de façon à rendre le tranchant plat, on a donné d'avance au tranchant une largeur usurée de tranchant comme indiquée de V_B sur la figure 3 de sorte de correspondre à l' usure produite en pratique. D'autre part, les outils coupants à

Fig. 3. Détail de tranchant

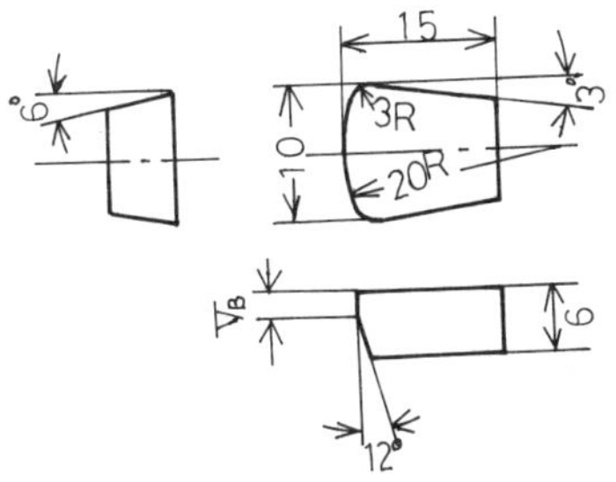

disque utilisés qui sont en acier ont été faits à un diamètre extérieur de 20 cm, à une épaisseur de 15 mm, et à la dureté de son tranchant apportée à 60 RHC par traitement thermique et quatre types de l'angle de coupe 60°, 70°, 80°, ou 90° sont choisies respectivement.

2.4 Roches mises essai

Les propriétés des roches mises essais sont présentées sur la table 1. C'est à dire, on a choisi 3 types des andésites: Saku, Yura, et Fukushima pour roches tendres à la résistance à la compression au dessus de 800 kg/cm², et un granite Sawairi et une andésite Kofu pour roches à dureté moyenne à la résistance de 1500 kg/cm² environ.

Table 1. Propriétés mécaniques des roches en essais

Nom de roche	Dureté Shore	Résistance à la compression
Andésite Saku	46	510 kg/cm²
Andésite Yura	69	610 "
Andésite Fukushima	65	780 "
Andésite Kofu	82	1,680 "
Granite Sawairi	88	1,370 "

En effet, on dit qu' il convient d' une part de couper des roches tendres par le trépan et d' autre part de concasser des roches dures par l' outil coupant à disque, mais pour cet essai, afin d' établir une comparaison pratique entre ces deux procédés de cassage, on a fait l' objet d'essai tous les roches à la portée où les conditions d' essai le permettent. Il en résulte qu' on a réalisé tous les essais, granite Sawairi incapable de couper près.

3. Formes de cratères

Au cas de trépan ainsi que d' outil coupant à disque les cratères se présentant les fossés, un problème le plus fondamental est le rapport entre la profondeur de cratère et la force de poussée dont les outils de cassage ont été chargés. Ce rapport donne une base de raisonnement concernant le rapport entre la force de poussée et la vitesse de marche de l'excavateur de tunnel.

La figure 4 qui donne un exemple de résultat de la coupure de roche montre que les fossés sont approfondies avec la rotation de trépan qui coupe le roche à plusieurs reprises le long d' une même cercle, due à la construction d'appareil d'essai.

De plus, sur la figure 4, l' ordonnée porte les valeurs de profondeur de coupe obtenues à partir du nombre de rotation en relation avec profondeur de fossé. Dans l'essai, ne pouvant entamer le roche à peu près avec une force de poussée insuffisante, le trépan produit des fragments poudreuses ou sableuses. Avec une force de poussée à une valeur au dessus d' une limite, cependant, une entamure efficace ayant été réalisée avec des fragments en feuilles minces. Sur la figure 4, avec une petite largeur d' usure de tranchant, cette limite se révèle notablemant à l'aide de la variation en pente de courbe, tandis qu' avec un tranchant à grande largeur d' usure cette limite ne se révèle qu' indistinctment, tout en présentant un accroissement de pente avec l'accroissement de largeur d' usure de tranchant.

En effet, c'est bien entendu qu' avec une poussée constante, la largeur d' usure de tranchant diminue avec une profondeur croissante d'entamure. Au contraire, la force de poussée nécessaire à produire une profondeur constante d'entamure obtenue à partir de la figure 4 est présentée sur la figure 5 qui indique un rapport linéaire entre la force et la largeur d' usure de tranchant dans aucune de profondeur d'entamure.

Fig. 4. Force de poussée en fonction de profondeur d'entamure (Andésite Yura)

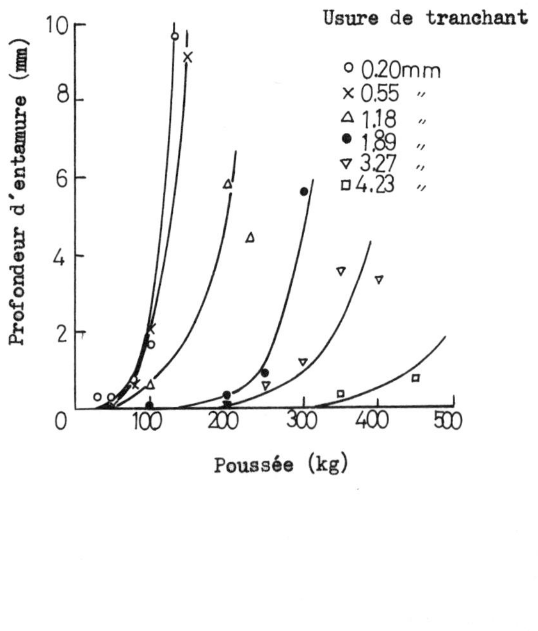

Dans cet exemple, bien qu' on n'ait pas exécuté de coupure de roche par un tranchant aigu, d' après la figure 5 on peut estimer le rapport entre la profondeur d' entamure et la force de poussée pour un trépan à tranchant aigu.

D'autre part, la figure 6 montre le rapport entre la profondeur de coupe et la force de poussée dans le cassage de roche par outil coupant à disque. Parce que, en effet, la construction d' appareil d' essai ne permet l' outil coupant à disque de passer qu' une fois sur la surface de roche, profondeur moyenne de cratère est posée sur l' ordonnée de cette figure.

D'après cette figure, avec aucun angle de coupe la profondeur de cratère augmente daus une tendance constante avec la poussée croissante où l'on n'a pas pu trouver une limite comme avec le trépan tranchant. De plus, sous une même force de poussée, la profondeur de cratère accroît avec la diminution de l' angle de coupe de tranchant. De plus, des valeurs de force de poussée obtenues à partir de la figure 6 pour une même profondeur de cratère ont presenté un rapport linéaire avec le tangent d'une moitié de l' angle de coupe comme indiqué sur la figure 7.

Ce qui precède nous exprime que l' angle de coupe de l'outil coupant à disque dans la coupe de roche est un facteur correspondant à la largeur d' usure de tranchant de trépan. Ensuite avec trépan tranchant la largeur de cratère est à peu près déterminée de celle de tranchant à cause de la coupe répétée le long d' une même cercle due à la constitution de l' appareil d'essai. D'autre part, avec l'outil coupant à disque, la coupe exécutée une fois seulement, a produit un rapport proportiounel entre la profondeur et la largeur de cratère comme montré sur la figure 8, qui a été à peu près indépendant de l'angle de coupe.

Une comparaison établie sur les figures 4 et 6, entre deux types de coupes de roche à savoir par trépan tranchant et par outil coupant à disque indique qu'il suffit d' une valeur une dixième plus base pour la poussée nécessaire à trépan tranchant pour atteindre une profondeur donnée d'entamure (celle de cratère ou cas de l'outil à disque).

Fig. 5. Largeur d'usure en fonction de force de poussée (Andésite Yura)

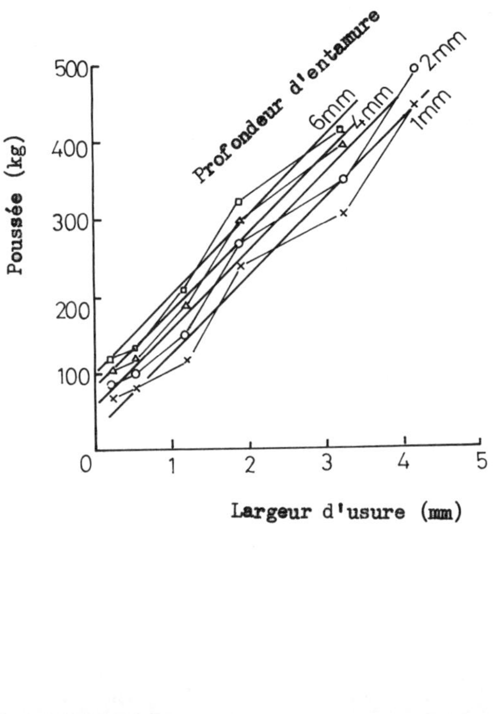

Fig. 6. Force de poussée et profondeur de cratère (Andésite Fukushima)

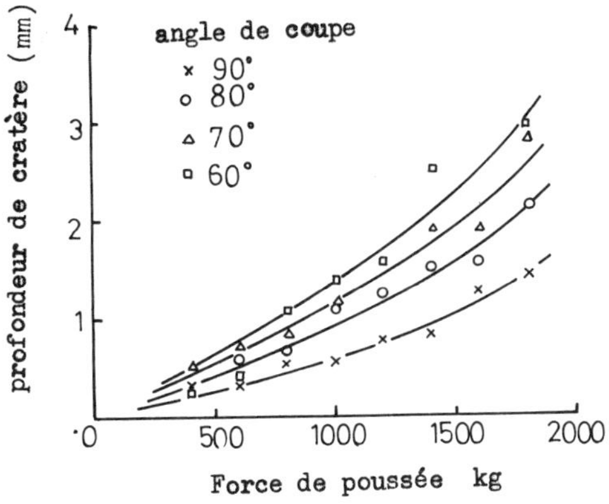

Fig. 7. Angle de coupe (θ) et force de poussée (Andésite Fukushima)

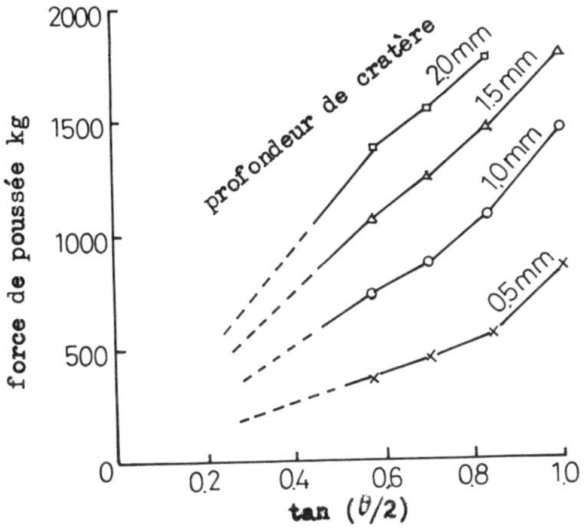

De plus, avec trépan tranchant, la force de poussée nécessaire pour atteindre une profondeur d'entamure varie avec la largeur de tranchant, mais dans le résultat de cet essai, tous les deux, trépan tranchant et outil coupant à disque, présentent une même niveau de largeur de cratère. Les roches se présentant des propriétés mécaniques même en gros, on peut considérer qu'il ne faut qu' une dixième environ de la force de poussée dans l' outil coupant à disque pour que le trépan tranchant forme une cratère fixé sur une roche tendre.

4. Résistance à la coupe et la force tractive

La résistance à la coupe en trépan tranchant ainsi que la force tractive en outil coupant à disque sont les facteurs en fonction le la force rotative de l'excavateur de tunnel. Un rapport entre la résistance à la coupe et la force de poussée est bien important pour déterminer la balance entre la poussée et la force rotative d'excavateur de tunnel. La figure 9 présente un rapport obtenu expérimentalement entre la résistance à la coupe et la force de poussée où la résistance à la coupe augmente plus rapidement que la force de poussée. Cette tendance étant principalement causée de l'accroissement rapide de profondeur d'entamure ainsi que de la force de poussée, la résistance à la coupe par l' unité de profondeur d'entamure diminue comme supposé à partir de la figure 10, et ladite efficacité de production est élevè.

Aussi, la résistance à la coupe pour une force de poussée définie est d'autant plus grande que la largeur d' usure de tranchant est plus petite, ce qui étant causé du fait que la profondeur de coupe est d'autant plus grande que la largeur d'usure de tranchant est plus petite de même que plus haut, l'efficacté de production aussi se trouve à une même tendance. Les lignes pointillée sur la figure 9 représentante la résistance à la coupe en fonction de la force de poussée pour des profondeurs données d'entamure où les points intersection avec les lignes pleines donnant le rapport entre la résistance à la coupe et la force de poussée de chaque tranchant dans une différente largeur d' usure.

Aussi c'est évident que pour une entamure à une profondeur définie, le trépant à moins de largeur de l' usure de tranchant présente moins de force de poussée et moins de résistance à la coupe par rapport au trépan à plus de largeur de tranchant. Puis, en changeant l'abscisse de la figure 9 en celle de la figure 5 qui présente la largeur d' usure de tranchant, on obtient la figure 11 qui permet d'estimer pour le trépan à tranchant aigu un rapport entre la profondeur d' entamure et la résistance à la coupe.

D'après les résultats ci-dessus, la résistance à la coupe se rapporte non seulement à la profondeur d'entamure mais à la largeur d' usure de tranchant aussi. Mais, parce que la résistance à la coupe doit dépendre de la forme du fragment de roche cassé par trépan, elle se rapporte à la forme de la surface affutée, l' angle d'affutée, la profondeur d'entamure etc, mais doit être indépendant de la largeur de tranchant en usure produite parallèlement au sens de coupe.

La raison pour que le résultat d'essai n'a pas conformé à cettes exigeances peut être attribuée à l'existance d' un frottement de glissement entre

Fig. 8 Profondeur et largeur de cratère (Basalte Fukushima)

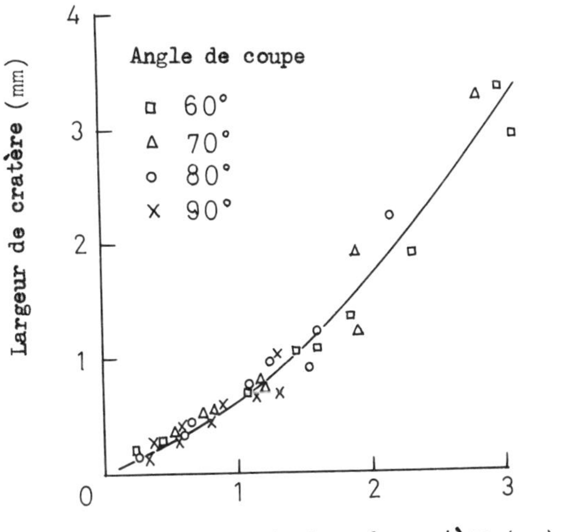

la surface usurée de tranchant et celle de roche. A savoir, la force de poussée necessaire à maintenir une profondeur définie d'entamure s'accroissant avec la largeur d' usure de tranchant comme indiqué sur la figure 5, la résistance de frottement s'accroît également, qui est ajoutée à la valeur mesurée de la résistance à la coupe. C'est ainsi que, en général, la résistance à la coupe obtenue à partir d'un essai ordinaire de coupe comprend une résistance simple à la coupe non seulement, mais aussi inévitablement une résistance de frottement qu'on a exprimée ci-dessus. Tellement considéré, il arrive que la pente de ligue pointillée sur la figure 9 signifie le coefficient de résistance de frottement, soit 0.5 dans l'exemple présenté ici, qui a approximativement conformé à 0.3 - 0.4, coefficient de frottement qui se trouve en général entre métal et roche. Ainsi, une résistance qui se trouve entre le tranchant et le roche amène au niveau de 80 pourcents la raison de la résistance de frottement dans la résistance à la coupe lors d' une grande largeur d' usure de tranchant avec une grande poussée pour la profondeur de coupe. Il en résulte que la plupart de l' energie pour excavation est inutilement consommée. De plus, outre la

Fig. 9. Poussée et résistance à la coupe (Andésite Yura)

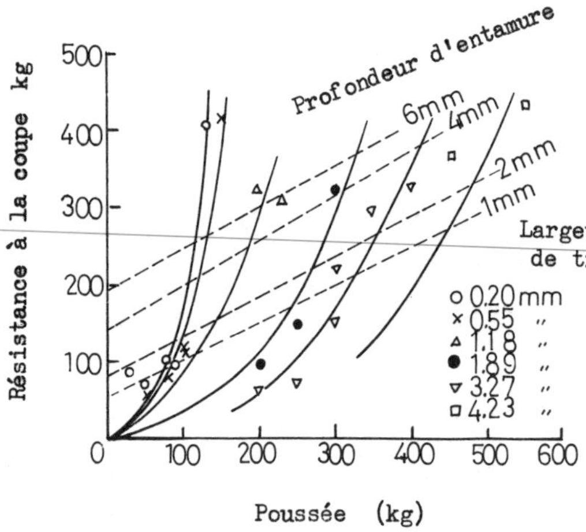

Fig. 10. Profondeur d'entamure et résistance à la coupe (Andésite Yura)

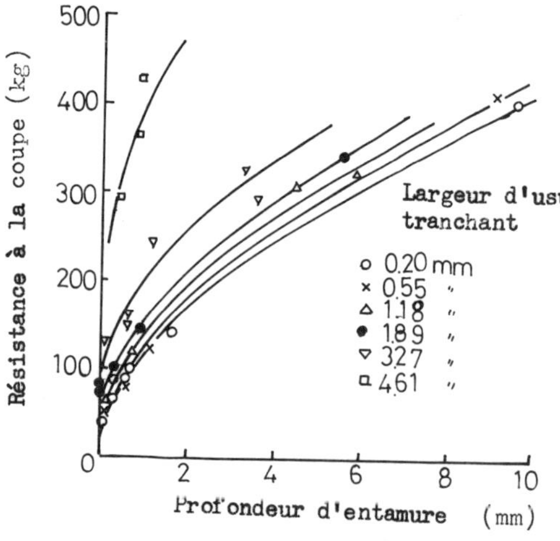

production de la chaleur de frottement, part de cette perte d'energie est considérée comme consistant à l' usure de tranchant qui affecte gravement la durée de trépan.

La figure 12 obtenue en essai montre la force de poussée appliquée au cassage du roche par l' outil coupant à disque en fonction de la force tractive. La force tractive pour l' outil conpaut à disque corresponde à la résistance à la coupe avec le trépan tranchant, tandis qu'on a trouvé que la force de poussée en fonction de cette tractive a une tendance semblable à la force de poussée en founction de la résistance à la coupe. Autrement dit, pareil au cas de trépan tranchant, c'est dù à l' accroissement de la profondeur de cratère que l'accroissement de la force de poussée apporte un accroissement rapide de la force tractive laquelle s'accroît d' autant plus que l' angle de coupe diminue, pour une même force de poussée, ce qui a également montré que la largeur d' usure de tranchant du trépan ainsi que l' angle de coupe de l' outil coupant à disque apportente une semblable influence sur le cassage de roche.

De plus, également, le rapport entre la force de poussée et cette tractive pour une profondeur définie de cratére est présentée en ligne pointillée sur la figure 12 montrant une tendence semblable au cas de trépan tranchant. Cependant, avec l' outil coupant à disque l'angle de coupe ayant rapport au cassage de roche, la pente de ligne pointillée ne donne pas toujours le coefficient de frottement. Mais si l' on considère cette pente est due à la résistance de frottement, le coefficient de frottement doit représenter une valeur plus grande que pratique. En effet, l'exemple sur cette figure montre une valeur de 0.04 environ qui est pour une chiffre plus petite que celle de trépan tranchant. Mais la valeur elle même de la résistance de frottement ne diminuant pas toujours avec la force de poussée plus grande pour une dixième, un autre essai montre qu' un rapport de la résistance de frottement dans la force tractive atteint un ordre de 40%. Ensuite dans la comparaison de la résistance à la coupe avec la force tractive selon les figures 9 et 12 à l'exception de la résistance de frottement, cettes valeurs se trouvent à peu près memes l'un à l'autre. Ce qui, à savoir, nous permet de considérer que l'energie nécessaire pour mécaniquement former un cratère défini en roche ne varie pas fortement avec la différence en procédés de cassage.

Fig. 11. Largeur d'usure de tranchant et résistance à la coupe (Andésite Yura)

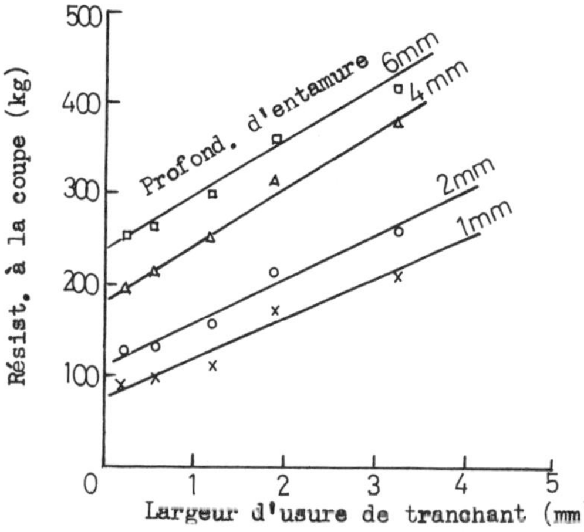

5. **Angle d'incidence**

On a considiré ci-dessus sur l'effet de la largeur d'usure de tranchant de trépan sur la coupe de roche. Cette largeur, cependant, devant être donnée ultérieurement au cas de déterminer la forme de tranchant, il y aura des problèms sur la détermination de l'angle d'incidence.

C'est ainsi que nous avons executé des essais avec un autre tranchant à un angle d'incidence autre que celui indiqué sur la figure 3, les résultats desquels sont présentés sur les figures 13 et 14. De plus, la largeur de tranchant utilisé pour ces essais étant de 20 mm, on ne peut le comparer directement avec les résultats précedents. Néanmoins, on y trouvera une tendance assez ressemblable. La figure 13 présente la force de poussée en fonction de la profondeur d'entamure montrant que l'accroissement de l'angle d'incidence sera avantageux.

6. **Rapport de la résistance à la coupe avec la poussée**

Fig. 12. Force de poussée et celle tractive (Andésite Fukushima)

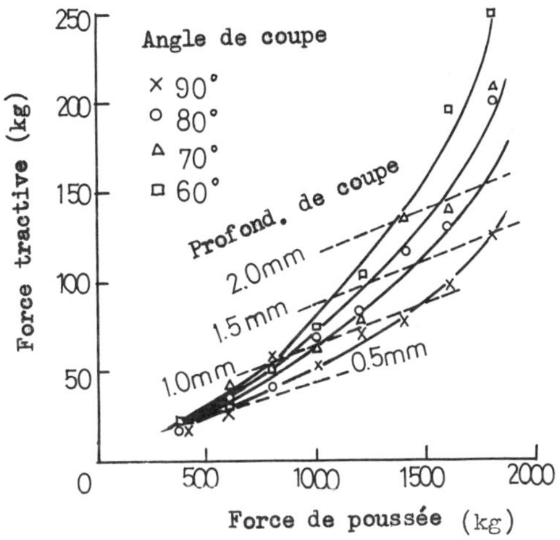

Fig. 13. Poussée et profondeur d'entamure (Andésite Fukushima)

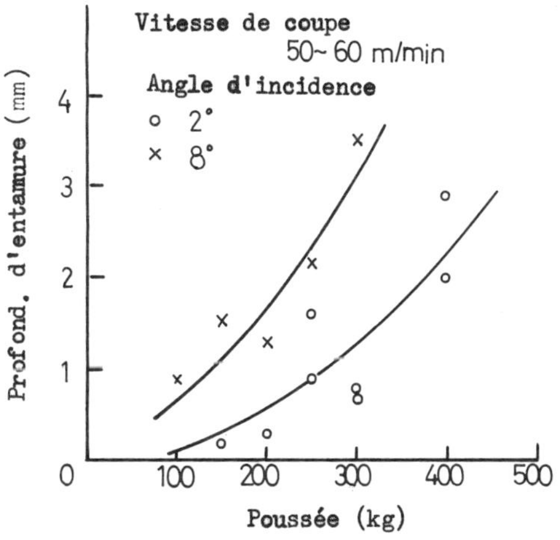

Tandis que l'on a indiqué précédemment que le rapport de la force de poussée avec la résistance à la coupe ou avec la force tractive est important pour déterminer de la poussée avec la force rotative, nous allons préciser maintenant des problèmes fondamentaux concernant le rapport entre poussée, force rotative et vitesse d'excavation.

A savoir, la figure 15 présente un exemple lors de la coupe par trépan, la figure 16 de concassage par outil coupaut à disque.

Comme évident d'après les deux figures, au cas de la coupe par trépan tranchant le rapport de la résistance à la coupe avec la force de poussée est d'un nombre à un chiffre qui varie largement avec largeur d'usure de tranchant ainsi que la profondeur d'entamure; hors de l'exemple, on a trouvé aussi une grande variation dans ce rapport avec la variation de l'angle d'incidence. D'autre part, au cas du concassage par outil coupant à disque, on a trouvé que ce rapport à l'ordre de 0.1 variant avec la profondeur de cratère est indépendant à peu près de l'angle de coupe. A cet égard seulement, on a trouvé une difference dans les influences que la largeur d'usure ou l'angle d'incidence de tranchant de trépan et l'angle de coupe d'outil coupant à disque ont sur le cassage de roche.

De plus, on peut estimer sur les figures 15 et 16 que, afin d'exécuter une excavation rapide, it faut angmenter les forces de poussée et de rotation non seulement, mais le rapport de la force rotative à celle de poussée aussi.

7. **Mécanismes de cassage de roche au cas de trépan ainsi que d'outil coupant à disque**

Comme précédent, dans la coupe par trépan ainsi que daus le concassage par outil à lisque, on trouve des différences ainsi que des ressemblances dans leurs propriétés de fracture, sur lesquelles on va étudier à partir de leurs mécanismes propres de cassage de roche.

D'abord, en ce qui concerne le rapport de profondeur d'entamure ou de cratère à la force de poussée, la dernière a présenté un rapport linéaire en fonction de la largeur d'usure de tranchant (la tangent d'une moitié de l'angle de coupe) à un niveau d'entamure (une profondeur de cratère), ce qui est entendu du point de vue que la résistance au perçage d'outil contre roche dépend non seulement de

Fig. 14. Force de poussée et résistance à la coupe

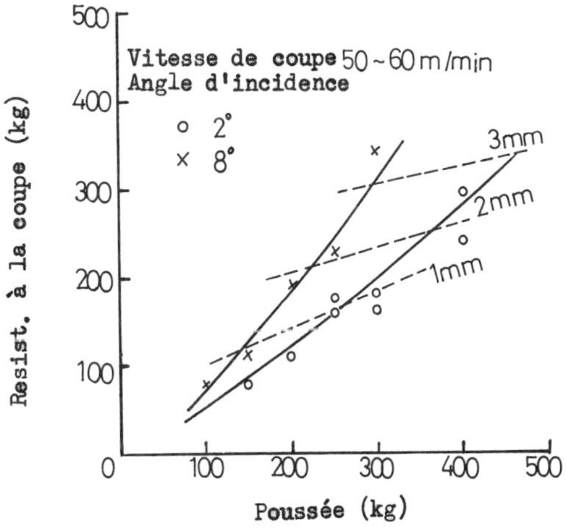

la profondeur de perçage, mais de la grandeur de la surface de contact de l'outil avec le roche aussi. Cependant, ici, ce n'est pas de perçage simple mais une perçage au cours de déplacement d'outil, il faudra ainsi une explication sur l'influence de cette différence: lors de cassage de roche par coupe, il faut une distribution d' effort définie le long de la ligne de cratère, et il en résulte qu'il arrive, pour réaliser un cassage par coupe, une exigeance que l'effort au point de départ de la ligne de cratère au bout inférieur de la surface affutée doit atteindre une valeur constante.

D'autre part, parce que la distribution d'effort produit à la surface de contact de l'outil avec le roche varie successivement en général, des valeurs d'effort juste sous la surface d'usure de tranchant atteignent une meme valeur n'importe quelle largeur d'usure, d'où arrivera t-il l'accroissement temporaire de la force de poussée ainsi que de la largeur d'usure de tranchant. D'ailleurs, au cas de changer l'angle d'incidence également, le même résultat est supppsé, du an changement avec l'angle d'incidence

Fig. 15. Résistance à la coupe force de poussée (Andésite Yura)

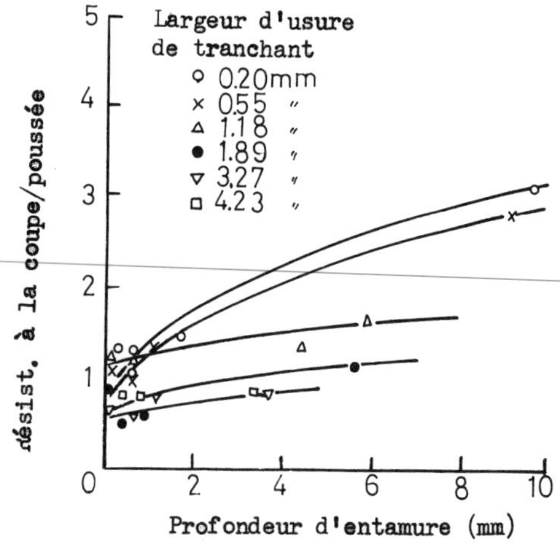

Fig. 16. Force tractive/Force de poussée (Andésite Fukushima)

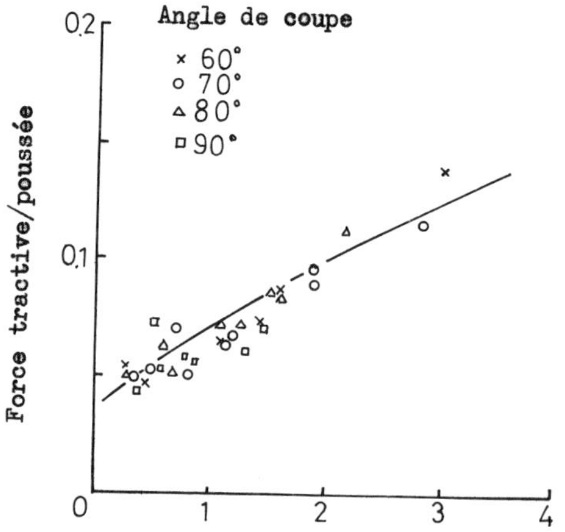

dans l'etendue de contact de l'angle d'incidence avec le roche.

Lors de concassage de roche par l'outil coupant à disque, la condition de contact d'outil avec roche se comporte à peu près de même que dans l'essai de perçage dans la première moitié de trépan, ce qui nous facilite de supposer que la force de poussée se rapporte à la tangent d'une moitié d'angle de coupe.

Ensuite, en ce qui concerne la raison pour que la résistance à la coupe ainsi que la force tractive qui se produisent dans la formation d'un cratère défini tombent à un meme ordre de valeur, ce sera parce que toutes les deux énergies nécessaires pour le cassage atteignent une semblable valeur du fait que le cassage de roche est principalement réalisé du cisaillement tant par le trépan que par l'outil coupant à disque et également il y a peu de différence entre les surfaces de roche ainsi produites.

8. Conclusion

Parmis les résultats d'essais fondamentaux exécutés pour obtenir des matériaux de plan pour mettre au point une excavateur de tunnel, les auteurs ont reudu compte de résultats par le trépan ainsi que par outil coupant à disque, chacun desquels on a étudié en établissant une comparaison entre l'un et l'antre, ce qui a permis de préciser comme suit: lorsqu'on produit une fossé de cratàre, sur la surface de roche tendre à la résistance à la compression inférieure à 800 kg/cm^2 la force de poussée exigée varie largement avec la forme d'outil pour cassage de roche et au cas de trépan tranchant il suffit de 1/10 environ de la force de poussée nécessaire pour l'outil coupant à disque.

Quand à la résistance à la coupe (la force tractive), elle est à peu près indépendant de la forme d'outil sauf la résistance de frottement.

C'est ainsi que la poussée dans l'excavateur de tunnel en général peut être modifiée en grande échelle par l'outil muni pour le cassage de roche, mais la force rotative doit toujours être maintenue à une valeur presque identique. De plus, parce que dans l'excavateur de tunnel, la poussée s'agisse comme une force, tandis que la force rotative l'est comme une énergie, il nous faut considérer pour obtenir une haute efficacité d'excavation à la fois de diminuer la résistance de frottement au déplacement d'outil de cassage et de mettre l'outil à la position appropriée de sorte d'éliminer de roche cassé en état massif à partir de roche de fond.

Ensuite, quand à roche à dureté moyenne ayant 1,500 kg/cm^2 environ de la résistance à la compression, dans une limite de la force de poussée que l'appareil d'essai utilisé peut présenter on n'a pas pu coupé le granite mais on a pu exécuter le cassage par coupe sur l'andésite Bien entendu, l'accroissement de la force de poussée permettrait de couper granite, mais tenu compte de la ténacité et la résistance à l'usure d'outil, il conviendrait d'utiliser l'outil coupant à disque plustôt que le trépan tranchant. Tels étant les résutats d'étude et comparaison obtenus dans les présents appareils et procédés, on considère qu'il y aura une plus de place d'étude dans d'autres procédés de coupe éventuels.

Bibliographie:

1) Sasaki, Yamakado, Shiobara et Tabé: Etude sur la résistance à la coupe. Nihonkogyo Gakkai Shi, Tom. 77, No. 881
2) Suzuki et Nishimatsu: Sur la Résistance à la coupe de roche et de gâchis. Nihonkogyo Gakkai Shi, Tom 84, No. 961
3) Takaoka, Hayami et Misawa: Etude sur le cassage de roche par machine coupante rotative (1re compte rendu) Nihonkogyo Gakkai Shi, Tom 84, No. 960
4) Takaoka, Hayami, Misawa et Kuriyagawa: Etude sur la cassage de roche par machine coupante rotative (2nd compte rendu) Nihonkogyo Gakkai Shi, Tom 85, No. 975

MECHANISCHE ZERBRECHEIGENSCHAFTEN VON GESTEIN MITTELS SCHNEIDMEISSEL UND ZERDRÜCKSCHEIBE

Dr. S. Takaoka, H. Hayamizu, S. Misawa, and
M. Kuriyagawa

National Research Institute for Pollution and
Resources, Agency of Industrial Science and
Technology MITI

Tokyo, Japan

Um zwecks der Entwicklung von einer Aufbohrmaschine für Tunnel verschiedene Daten zu erhalten, führte der Verfasser die gründlichen Untersuchungen über Schneiden oder einen Ausbruch des Gesteins durch, und daraus wurde es folgendermassen ersichtlich;

1. Bei der Riefenbildung auf der Oberfläche des weichen Gesteins, wie seine Druckfestigkeit unter 800 Kp/cm^2 beträgt, ist die für Drehzahn notwendige Druckkraft nur etwa ein Zehntel im Vergleich mit der für Scheibenschneider notwendigen Druckkraft wert.

2. Die Schnittkraft ist ungefähr gleich, unabhängig vom Art des Schnittwerkzeugs.

Daher ist es im Allgemeinen schwer, die Drehkraft der Aufbohrmaschine für Tunnel umzuwandeln, während die Druckkraft durch das Umwechseln von den Schnittwerkzeugen ziemlich willkürlich umgewandelt werden kann.

Aber in Bezug auf die Drehkraft ist es wünschenswert, sie abzunehmen, weil sie als eine Energie wirken kann. Diese Massnahme kann durch die Verbesserung der Anordnung des auf einem Schrämkopfe zugeordneten Schneiders zwecks des Auschaltens des Schrämkleins als ein aus dem Gestein entstehender Krumpen getroffen werden.

1. EINLEITUNG

In gewöhnlicher Bauweise von Minengang und Tunnel wird das Gestein hauptsächlich durch Sprengmittel zerbrochen, während mechanisches Verfahren in kleinen Massstab und nur für Beistandzweck, z.B Bohren zum Sprengmittelsladen, durchgeführt wird. Neulich um die höhere Arbeitsleistung und unbemannte Arbeit zu realisieren, sind Tunnelbohrmaschinen entwickelt, die abwechselnd mit alter Bauweise zum praktischen Gebrauch verwendet werden. Das charakteristische Merkmal der neuen Bauweise besteht darin, dass das Gestein nicht durch Sprengmittel sondern, durch mechanisches Verfahren zerbrochen wird.

In der neuen Bauweise soll das Gestein als der Zerbruchgegenstand nicht von Sprengmittel, sondern von mechanischem Verfahren in Betracht kommen und auch als Grossmenge Bearbeitungsgegenstand erfasst werden, während das beim Bohren von Sprengmittelloch sehr wenig ist.

Wenn das Gestein als Gegenstand von mechanischem Zerbrechen erfasst wird, zusammenhängend mit der Arbeitsleistung kommt die Fähigkeit des Zerbruchwerkzeugs als wichtige Frage in Betracht. Die an Tunnelbohrmaschinen einsetzbare verschiedene Werkzeuge können sich druch Arbeitweise in zwei Kategorien, zerschneiden und zerdrücken, grob teilen. Die beiden Arbeitweisen unterscheiden sich in der Anpassungsfähigkeit an der Beschaffenheit des zu bearbeitenden Gesteins, daher zum Hochleistungszerbrechen mit Tunnelbohrmaschinen ist es wichtig geeigneten Werkzeug zu wählen.

Die Autoren haben vorher eine Tunnelbohrmaschine entwickelt und vor der Entwicklung führten sie die Untersuchung von Gesteinbruch mit verschiedenen Werkzeugen durch, dessen Ergebnisse sind schon teilweise verkündet . In dem Bericht war nur die Bruchbeschaffenheit von Gestein mit einem bestimmten Werkzeug betrachtet und die mit verschiedenen Werkzeugen kaum behandelt. Dieser Bericht daher handelt sich um die fundamentale Untersuchung von Gesteinzerbruch mit Schneidmeissel und Zerdruckscheibe, jene ist der repräsentative Werkzeug in Zerschneidverfahren und diese in Zerdrückverfahren.

Die von Zerbruchverfahren kaum abhängige allgemeine Beschaffenheit und die von Zerbruchverfahren unmittelbar abhängig wechselnde Beschaffenheit sind klar gemacht und dessen Einflüsse auf den Ausführungen von Tunnelbohrmaschinen betrachtet.

2. VERSUCHSEINRICHTUNGEN

Weil Schneidmeissel und Zerdruckscheibe in Zerbruchmechanismus wesentlich verschieden sind, war die für jeden Verfahren geeignete Versuchseinrichtung verwendet. Bild 1 und 2 zeigt den Umriss der Einrichtung.

2.1 VERSUCHSEINRICHTUNG VON SCHNEIDMEISSEL

Diese Einrichtung war benutzt beim Zerschneidversuch von Gestein mit Schneidmeissel. Das glatt geschliffene Werkstuch von 60 x 60 x 20 cm ist auf der Drehscheibe fixiert und kann mit einer beliebigen Geschwindigkeit von 0-63 U/min rotiert werden,

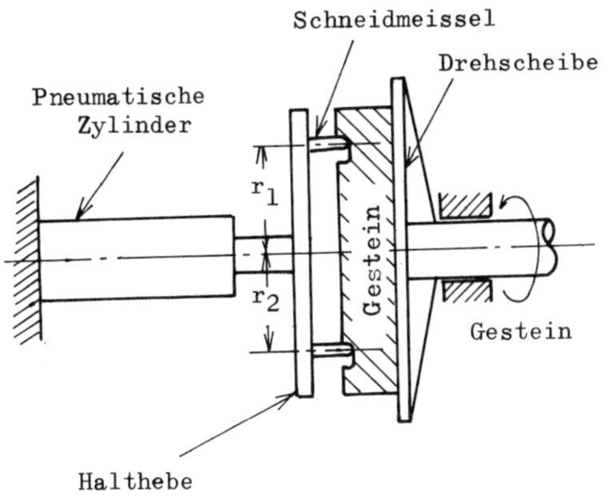

Bild 1. Versuchseinrichtung von Schneidmeissel

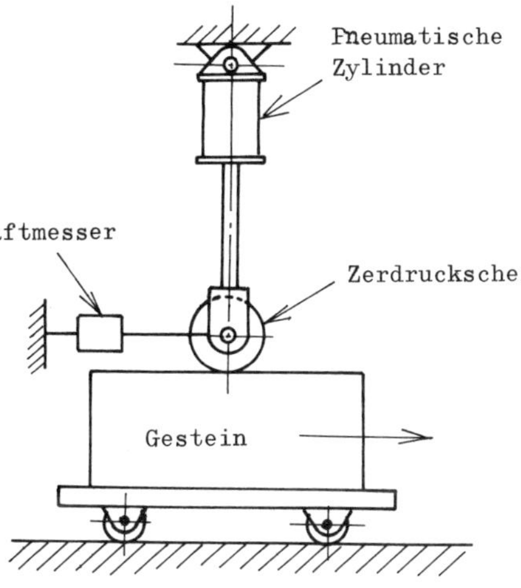

Bild 2. Versuchseinrichtung von Zerdrückscheibe

wie in Bild 1. Zwei Schneidmeissel sind am Halthebel fixiert und vom pneumatischen Zylinder gegen dem Gestein angedrückt und zerschneiden das Gestein. Die Hauptschnittkraft kann aus dem am Halthebel wirkenden Drehmoment errechnet werden. Die zwei Schneidmeissel so angeordnet, dass sie verschiedene Gesteinsteile zerschneiden. Während der Untersuchung ist die Schnittgeschwindigkeit von 30 m/min konstant erhalten, durch Einstellen der oben genannten Drehgeschwindigkeit. Bei dieser Einrichtung ins Gegentoil von Tatsache halten die Schneidmeissel still und rotiert das Gestein, aber bei der Einrichtung ist die in Praxis gebrauchte Schnittgeschwindigkeit ermittelbar.

2.2 VERSUCHSEINRICHTUNG VON ZERDRUCKSCHEIBE

Bei dieser Versuchseinrichtung ist die Zerdruckscheibe an der Kolbenstange der pneumatischen Zylinder, dessen Oberende frei schwenkbar gestützt ist, angelegt und das Probgestein ist auf dem Wagen fixiert, der mit Geschwindigkeit von 0-40 cm/min auf der Schiene fahren kann. Die am Gestein angedrückte Zerdrückscheibe macht auf der Probenoberfläche Krater.

Die an der Zerdruckscheibe wirkende waagerecht Widerkraft kann mit dem Kraftmesser gemessen werden. Die Widerkraft ist bequem als Zugkraft bezeichnet. Das Probgestein ist zur Grösse von 30 x 30 x 60 cm geschliffen und dessen Versuchsgeschwindigkeit ist 30 konstant erhalten. Unterscheidend von der Versuchseinrichtung von Schneidmeissel ist diese Einrichtung nur eine fundamentale Einrichtung.
Im Vergleich mit Praxis bei der Einrichtung ist die Vorschubgeschwindigkeit des Gesteins oder der Zerdrückscheibe wesentlich niedrig.

2.3 ZERBRUCHSWERKZEUGE

Die im Versuch gebrauchte Schneidmeissel haben die Hartmetallplatte an der Spitze, dessen Gestalt ist 3, dargestellt. In Praxis entsteht der Verschleiss an der Werkzeugschneide und das Werkzeug wird gewöhnlich in diesem Stand benutzt. Der Verschleiss entwickelt sich so, dass die Kante flach wird. Im Versuch ist die Verschleissbreite V_B an der Schneidkante zuvor angegeben, wie in Bild 3, die dem in Praxis entstehenden Kantverschleiss entspricht.

Die Zerdrückscheibe ist aus Stahl hergestellt und dessen Aussendurchmesser ist 20 cm, Dicke 15 mm und Kantenhärte RHC 60 nach Wärmehandlung. Die Kantenwinkel sind 4 in Arten, 60°, 70°, 80°, 90°.

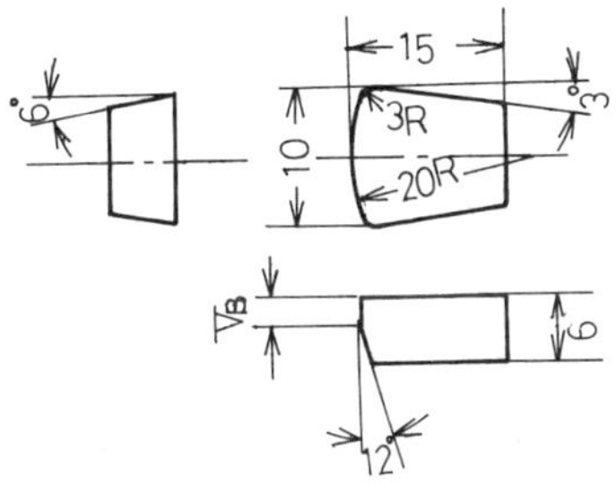

Bild 3. Grösse des Schneidmeissels

2.4 GESTEINSPROBEN

In Tafel 1 ist die mechanische Beschaffenheit der Gesteinsproben dargestellt. Als Weichgestein mit Druckfestigkeit niedriger wie 800 kg/cm^2 sind 3 Andesite ausSAKU, YURA, FUKUSHIMA und als Mittelhartgestein mit Druckfestigkeit ca. 1,500 kg/cm^2 Andesit aus KOFU und Granit aus SAWAIRI benutzt.

Tafel 1. Mechanishe Beschaffenheit der Gesteinsproben

Namen	Shore Härte	Druckfestigkeit
SAKU Andesit	46	510 kg/cm^2
YURA Andesit	69	610 "
FUKUSHIMA Andesit	65	780 "
KOFU Andesit	82	1,680 "
SAWAIRI Granit	88	1,370 "

Gewöhnlich ist der Zerbruch mit Schneidmeissel gegen Weichgesteine als vorteilhaft bezeichnet und die Zerdrückung mit Zerdrückscheibe gegen Hartgesteine.

In diesem Versuch aber sind alle Probgesteinarten im von der Einrichtungen erlaubten Bedingungsbereich benutzt, um beide Zerbruchverfahren in Wirklichkeit zu vergleichen.
Zuletzt knooten die Versuche mit allen Gesteinen ausser SAWAIRI-Granit durchgeführt werden.

3. ZERBRUCHFORM

Sowohl der Schneidmeissel als auch die Zerdruckscheibe erzeugen auf der Gesteinsoberfläche durch Zerbrechen nutformige Spuren. Die meist fundamentale Probleme ist der Zusammenhang zwischen der Andrückkraft des Werkzeuges und die Kratertiefe, der dem Zusammenhang zwischen die Schubkraft und Ausgrabungsgeschwindigkeit bei der Tunnelbohrmaschine entspricht.

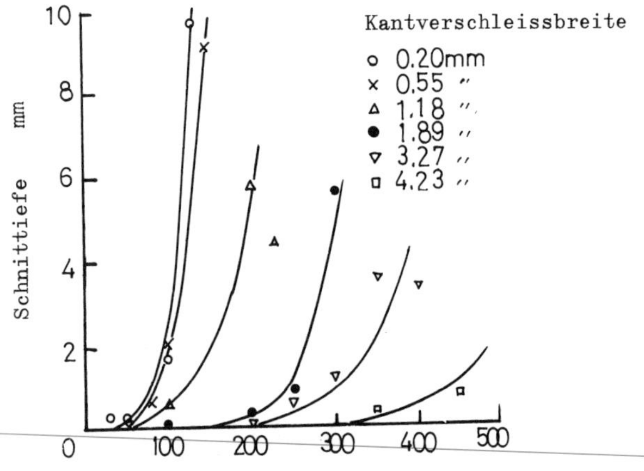

Bild 4. Andruckkraft gegen Schnittiefe
(YURA Andesit)

In Bild 4 sind die Ergebnisse von Gesteinschneiden mit dem Schneidmeissel beispielweise dargestellt. Gemäss der Konstruktion der Versuchseinrichtung zerschneidet der Schneidmeissel immer wieder denselben Umkreis, folglich nimmt die Kratertiefe mit der Umdrehung zu. Deswegen in Bild 4 ist die Längsachse mit Schnittiefe dargestellt, die aus Umdrehungsanzahl und die Kratertiefe errechnet werden kann. Wenn die Andruckkraft klein ist, kann der Schneidmeissel kaum ins Gestein eindringen, folglich erzeugend Pulver- oder Sandformigspanne. Aber wenn die Andruckkraft über gewisse Grenze ansteigt, wird die Wirkungsschnittiefe realisiert, die dünne Blättchen erzeugt.

Wenn die Schneidkantverschleissbreite klein ist, sind diese Grenzen aus der Neigungsänderung der Kurven in Bild 4 deutlich erkennbar, während die Grenze unsicher wenn die Verschleissbreite gross ist. Die Grenze neigt anzusteigen mit der Verschleissbreite. Selbtverständlich unter konstanter Andruckkraft nimmt die Schnittiefe mit grösserer Verschleissbreite ab.

Die zu einer bestimmten Schnittiefe erforderte Andruckkraft kann aus Bild 4 gewonnen werden.
Bei jeder Schnittiefe linear sind die Zusammenhänge zwischen der Andruckkraft und der Schneidkantverschleissbreite wie in Bild 5.
Ist der Versuch mit scharfem Schneidmeissel nicht durchgeführt , kann der Zusammenhang zwischen Andruckkraft und Schnittiefe für scharfen Schneidmeissel aus Bild 5 vermuten.

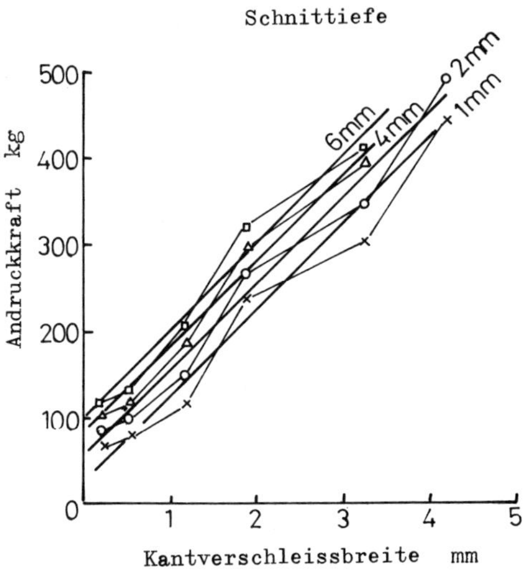

Bild 5. Verschleissbreite gegen Andruckkraft
(YURA Andesit)

Andesit beispielsweise zeigt Bild 6 den gleichen Zusammenhang beim Zerdrücken mit der Zerdrückscheibe. Gemäss der Konstruktion der Versuchseinrichtung geht die Zerdrückscheibe nur einmalig auf der Gesteinsoberfläche durch. Auf der Längsachse in Bild 6 ist die durchschnittliche Kratertiefe dargestellt.

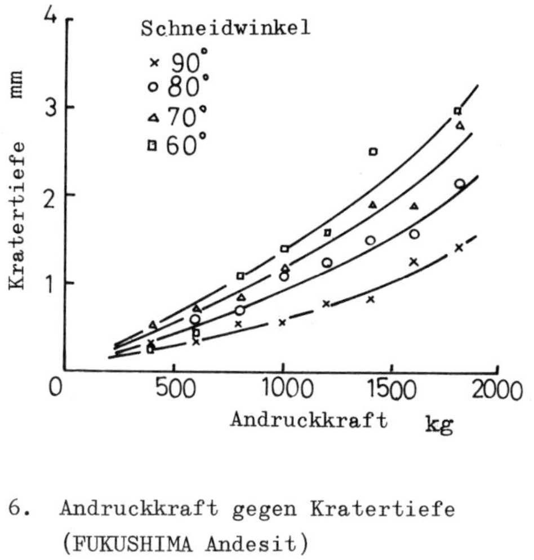

Bild 6. Andruckkraft gegen Kratertiefe
(FUKUSHIMA Andesit)

Wie das Bild erwähnt, nimmt die Kratertiefe mit der Andruckkraft in bestimmtem Verhältnis zu und die beim Schneidmeissel erkannbare Grenze ist unsicher. Bei der konstanten Andruckkraft nimmt die Kratertiefe mit kleinerem Schneidwinkel zu. Die zur bestimmten Kratertiefe erforderte Andruckkraft, die aus Bild 6 ermittelbar, steht mit der Tangente der Halbschneidwinkel in Linearenverhältnis, wie in Bild 7.

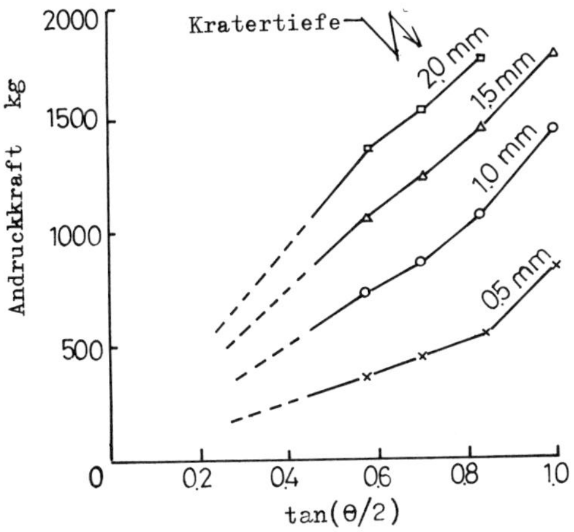

Bild 7. Schneidwinkel gegen Andruckkraft (FUKUSHIMA Andesit)

Das Versuchsergebnis zeigt, dass die Schneidwinkel der Zerdrückscheibe der Faktor ist, der zur Verschleissbreite des Schneidmeissels geeignet ist, beim Gesteinzerbrechen.

Beim Schneidmeissel ist die Kraterbreite durch die Meisselbreite wesentlich bestimmt, weil der Meissel gemäss der Versuchseinrichtungskonstruktion immer wieder denselben Umkreis zerschneiden. Beim Zerdrücken aber steht die Kraterbreite mit der Kratertiefe annähernd im Verhälthis, wie in Bild 8, weil das Zerdrücken nur einmalig durchgeführt wird. Noch mehr ist der Zusammenhang von der Schneidwinkel fast unabhängig.

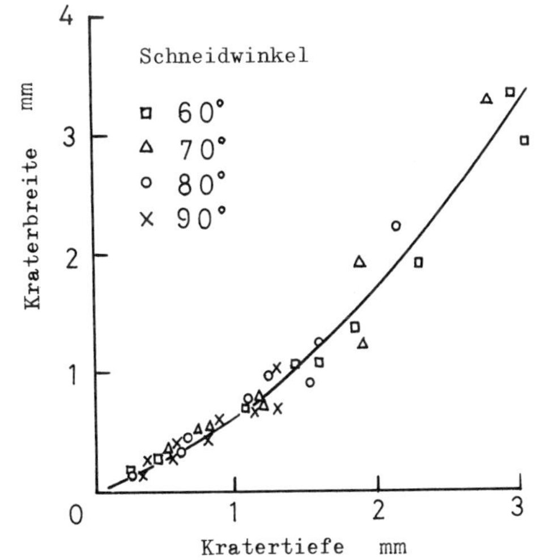

Bild 8. Kratertiefe gegen Kraterbreite

Aus der Vergleichung von Bild 4 mit Bild 5 ist es klar, dass die zur gleichen Schnittiefe oder Kratertiefe notwendige Andruckkraft und dem Schneidmeissel etwa ein zehntel von der an der Zerdrückscheibe ist.

4. HAUPTSCHNITTKRAFT UND ZUGKRAFT

Die Hauptschnittkraft auf dem Schneidmeissel und Zugkraft auf der Zerdrückscheibe sind die Faktoren, die mit der Drehkraft der Tunnelbohrmaschine zusammenhängen. Das Verhälthis beider Kräfte mit der Andruckkraft ist sehr wichtig, um die Drehkraft und Schubkraft im Gleichgewicht zu halten.

Der Zusammenhang zwischen der Andruck- und Hauptschnittkraft auf dem Schneidmeissel ist in Bild 9 beispielweise dargestellt. Die Hauptschnittkraft nimmt rascher als die Andruckkraft zu. Die Ursache der Tendenz liegt hauptsächlich daran, dass die Schnittiefe mit der Andruckkraft rasch zunimmt. Aber die Hauptschnittkraft pro Schnittiefe nimmt ab, wie aus Bild 10 vermutbar und folglich nimmt die Produktivität zu. Bei konstanter Andruckkraft und kleinerer Kantenverschleissbreite ist die Hauptschnittkraft grösser. Diese Tendenz kann auch dadurch erklärt werden, dass bei konstanter Andruckkraft die Schnittiefe mit abnehmendem Kantverschleiss zunimmt. Die Produktivität wird höher mit kleinerer Kantenverschleissbreite. Die punktierte Linien in Bild 9 zeigen den Zusammenhang zwischen der Andrück- und Hauptschnittkraft bei konstanten Schnittiefen. Die Kreuzungspunkte von punktierten und festen Linien geben den Zusammenhang zwischen der Andruck- und Hauptschnittkraft bei bestimmten Kantverschleissbreiten. Daher bei konstanter Schnittiefe und kleinerer Kantverschleissbreite werden sowohl die Andrückkraft als auch die Hauptschnittkraft kleiner. Mit Hilfe von Bild 5 und ersetzend die Abszissenachse von Bild 9 durch die Kantverschleissbreite kann Bild 11 erzeugt werden, das den Zusammenhang zwischen der Kantverschleissbreite und Hauptschnittkraft bei konstanter Schnittiefe gibt. Deswegen aus Bild 11 ist es möglich die Schnittiefe und Hauptschnittkraft auf dem scharfen Schneidmeissel zu vermuten. Die Versuchsergebnisse zeigen, dass die Hauptschnittkraft in Zusammenhang nicht nur mit der Schnittiefe, sondern auch mit der Kantverschleissbreite stehen.

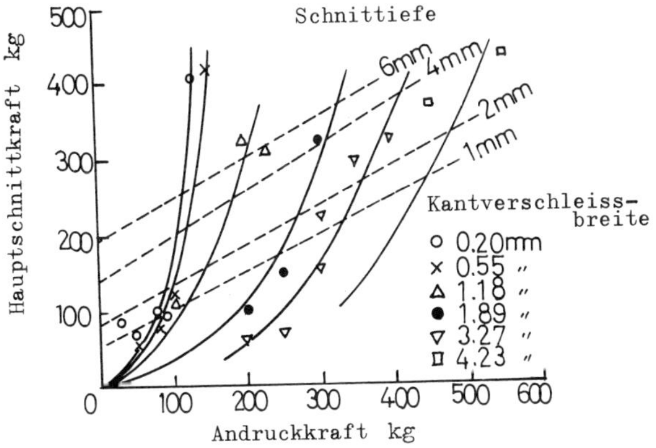

Bild 9. Andruckkraft gegen Hauptschnittkraft (YURA Andesit)

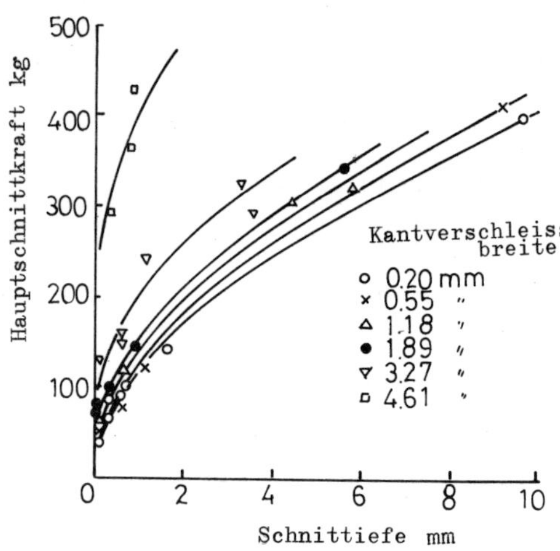

Bild 10. Schnittiefe gegen Hauptschnittkraft (YURA Andesit)

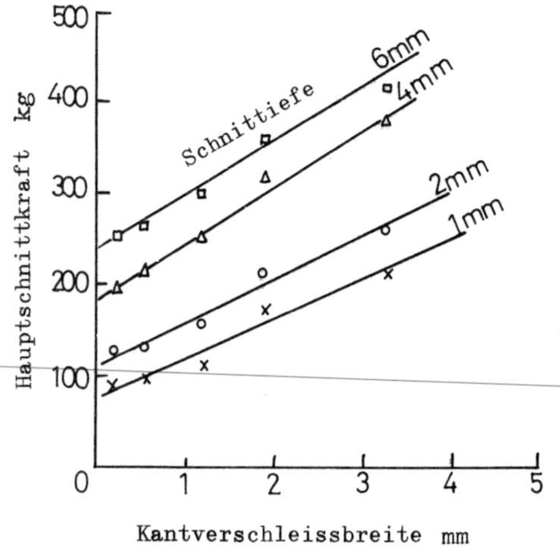

Bild 11. Kantverschleissbreite gegen Hauptschnittkraft (YURA Andesit)

Die Hauptschnittkraft aber soll sich beziehen auf die Blättchensform nämlich auf die Gestalt der Spanfläche, Spanwinkel und Schnittiefe festgesetzt werden und eigentlich von zur Schnittrichtung parallel entstehenden Kantverschleiss unabhängig sein. Diese Ursache, die das Versuchsergebnis nicht in Übereinstimmung mit der Erforderungen bringt, kann durch die Reibung zwischen der Verschleiss- und Gesteinfläche wie folgt erklärt werden. Die für konstante Schnittiefe notwendige Andruckkraft nimmt mit der Kantverschleissbreite zu, wie in Bild 5, folglich nimmt auch die Reibungskraft zu, die zusammen mit der Hauptschnittkraft gemessen ist. Nämlich wird die Reibungskraft in der gewöhnlich gemessenen Hauptschnittkraft unvermeidlich eingeschlossen. Aus dieser Gründe ist die Neigung der punktierten Linie in Bild 9 der Reibungskoeffizient zwischen dem Schneidmeissel und der Gesteinfläche, der beim Beispiel ca. 0.5 ist und dem gewöhnlichen Reibungskoeffizient zwischen Metall und Gestein 0.3-0.4 entspricht. Wenn die Kantenverschleissbreite und Andruckkraft pro Schnittiefe sehr gross sind, steigt das Verhältnis von der Reibungskraft in der Hauptschnittkraft über 80% an. In diesem Fall wird der Hauptteil der Betriebskraft vergeblich verbraucht. Vermutlich wird die Verlustenergie zum Verschleiss and der Schneidkante sowohl der Wärmerzeugung verbraucht, haltend entscheidenden Einfluss auf die Gebrauchsdauer der Schneidkante. In Bild 12 ist der Zusammenhang zwischen der Andruck- und Zugkraft auf der Zerdrückscheibe beispielweise dargestellt.
Die Zugkraft auf der Zerdrückscheibe entspricht der Hauptschnittkraft auf dem Schneidmeissel.
Der Zusammenhang zwischen der Andrück- und Zugkraft zeigt ähnliche Neigung wie der Zusammenhang zwischen der Andrück- und Hauptschnittkraft.

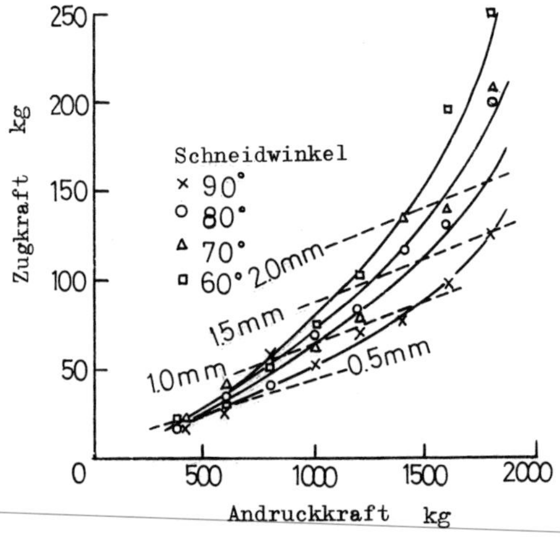

Bild 12. Andruckkraft gegen Zugkraft (FUKUSHIMA Andesit)

Nämlich steigt die Zugkraft mit zunehmender Andruckkraft rasch an und bei gleicher Andrückkraft und kleinerer Schnittwinkel wird die Zugkraft grösser. Diese Ursache kann in die zunehmende Kratertiefe begründet werden, wie bei der Schneidmeissel.
In diesem Fall auch haben die Kantverschleissbreite und Schnittwinkel der Zerdrückscheibe gleichen Einfluss auf den Gesteinzerbruch. In Bild 12 sind die Zusammenhänge zwischen der Andrück und Zugkraft in punktierten Linien zusammen dargestellt. Die Neigung der punktierten Linie ist der bei der Schneidmeissel ähnlich. Bei der Zerdrückscheibe beeinflusst der Schnittwinkel auf den Zerbruchmechanismus des Gesteins, folglich entspricht die Neigung der punktierten Linie nicht immer dem Reibungskoeffizient. Vorausgesetzt, dass die Neigung dem Reibungskoeffizient entspricht, kann der Koeffizient errechnet werden, der beim Beispiel in Bild 4 ca. 0.04 und um eine Stelle kleiner als dessen beim Schneidmeissel ist. Die Reibungskraft selbst aber steigt nicht immer ab, weil die Andruckkraft um eine Stelle grösser ist.

Ein anderer Versuch[2] macht klar, dass das Verhältnis der Reibungskraft in der Zugkraft ca. 40 % ist. Nachdem die Reibungskraft von der Hauptschnitt- und Zugkraft abgezogen wird, werden die beiden Kräfte vergleichbar (zum Errechnen sind Bild 9 und Bild 12 benutzt). Dies bedeutet, dass, um gewisse Zerbruchteile am Gestein mechanisch herzustellen, die notwendige Energiemenge unveränderlich bleibt.

5. FREIWINKEL AN SCHNITTKANTE

Der Einfluss der Kantverschleissbreite auf dem Gesteinzerbruch ist oben betrachtet. Aber wichtiger ist die Bestimmung der Freiwinkel an Schnittkante, weil die Kantverschleissbreite sich während Arbeiten zeigt. Um die Probleme klar zu machen, wurde der Versuch mit Schneidmeissel von verschiedenen Freiwinkeln durchgeführt. Die Ergebnisse sind in Bild 13 und 14 dargestellt.
Das Ergebnis kann nicht mit dem früheren unmittelbar vergleicht werden, weil die Schnittbreite 20 mm nicht gleich ist. Aber die Neigung zeigt wesentlich genug Ähnlichkeit.

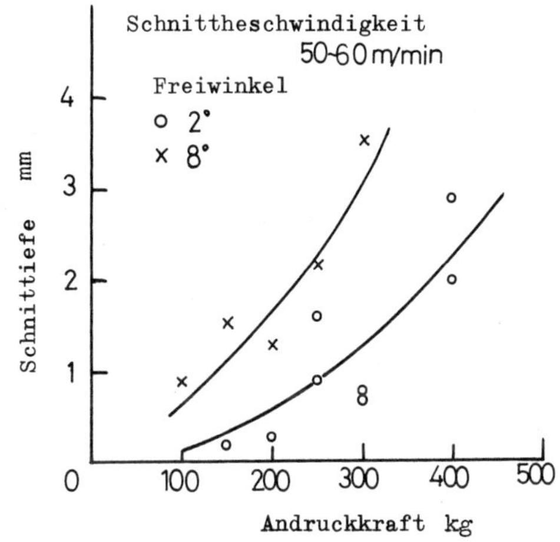

Bild 13. Andruckkraft gegen Schnittiefe (FUKUSHIMA Andesit)

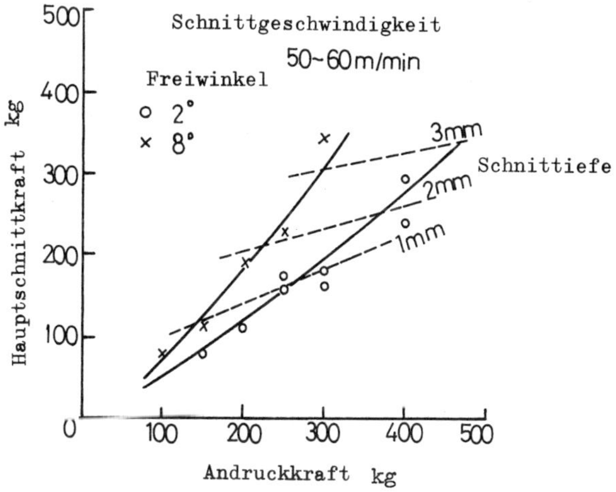

Bild 14. Andruckkraft gegen Hauptschnittkraft (FUKUSHIMA Andesit)

In Bild 13 ist der Zusammenhang zwischen der Andrückkraft und Schnittiefe dargestellt. Die Schnittiefe des Schneidmeissels mit grösserem Freiwinkel ist tiefer und die allgemeine Tendenz ist der in Bild 4 gleich. Die feste Linie in Bild 14 zeigt den Zusammenhang zwischen der Andrück- und Hauptschnittkraft und die punktierte Linie dessen bei k stanter Schnittiefe. Nach diesem Bild ist die Hauptschnittkraft grösser, bei dem Schneidmeissel mit grösserem Freiwinkel. Die allgemeine Tendenz ist der in Bild 9 gleich. Aus diesen Ergebnissen selbstverständlich hat der Schneidmeissel mit grösserem Freiwinkel ähnliche Eigenheit zum Schneidmeissel mit kleinerer Kantenverschleissbreite und die Umkehrung ist auch wahr. Der Schneidmeissel mit kleinere Freiwinkel erzeugt durch geringeren Verschleiss grössere Verschleissbreite, folglich soll der Freiwinkel möglichst gross sein, soweit die Festigkeit erlaubt.

6. VERHÄLTNIS VON HAUPTSCHNITTKRAFT ZU ANDRÜCKKRAFT

Bei Tunnelbohrmaschinen um den Zusammenhang zwischen Schub- und Drehkraft zu bestimmen, wichtig ist der Zusammenhang zwischen Andrückkraft und Hauptschnitt- oder Zugkraft.

Hier soll das Verhältnis beider Kräfte weiter überlegt werden und der fundamentale Zusammenhang unter der Schubkraft, Drehkraft und Aufgrabungsgeschwindigkeit erläutert werden.
In Bild 15 ist das Beispiel von Gesteinszerschneiden mit Schneidmeissel dargestellt und in Bild 16 der von Zerdrücken mit Zerdrückscheibe.

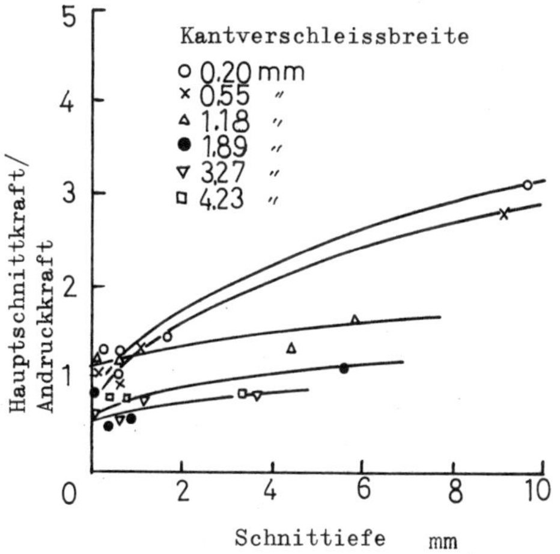

Bild 15. Hauptschnittkraft/Andruckkraft (YURA Andesit)

Wie Bild 15 zeigt beim Zerschneiden mit Schneidmeissel ist das Verhältnis von Hauptschnittkraft zur Andrückkraft ungefähr eins, das sich von der Kantverschleissbreite und Schnittiefe abhängig beträchtig verändert. Das Verändert. Das Verhältnis ist auch von dem Freiwinkel abhängig. Andererseits, wie Bild 16 zeigt, beim Zerdrücken mit Zerdrückscheibe ist das Verhältnis ungefähr 0.1, das sich von Kratertiefe abhängig verändert, aber von dem Schneidwinkel kaum beeinflusst wird. Nur an diesem Punkt unterscheiden sich die Einflüsse der Kantverschleissbreite oder Freiwinkel des Schneidmeissels und der Schneidwinkel der Zerdrückscheibe auf den Gesteinszerbruch.

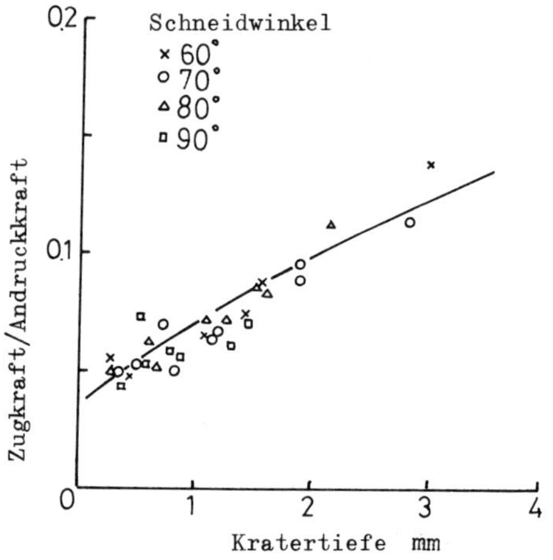

Bild 16. Zugkraft/Andruckkraft (FUKUSHIMA Andesit)

Aus Bild 15 und 16 vermutbar ist es notwendig für Hochgeschwindigkeitsaufgaben, nicht nur die Schubkraft und Drehkraft, sondern auch das Verhältnis von Drehkraft zur Schubkraft zu vergrössern.

7. GESTEINZERBRUCHSMECHANISMUS MIT SCHNEIDMEISSEL UND ZERDRÜCKSCHEIBE

Wie obenerwähnt, haben das Zerschneiden mit Schneidmeissel und das Zerdrücken mit Zerdrückscheibe Ähnlichkeit und Unterschied in Zerbruchbeschaffenheit. Der Zerbruchmechanismus soll in beiden Arbeitweisen erforscht werden.

Bei konstanter Schnittiefe (bzw. Kratertiefe) steht die Andrückkraft mit der Kantverschleissbreite (bzw. Tangente von Halbschneidwinkel) im linearen Zusammenhang. Diese Tatsache ist erst dadurch verständlich, dass die Eindrängkraft des Werkzeuges ins Gestein von der Eindrängstiefe sowohl der Grösse der Berührungsfläche zwischen dem Werkzeug und Gestein abhängig ist.
Genauer zu sagen wird das Eindrängen während der Werkzeugbewegung durchgeführt. Der Einfluss des Unterschiedes soll noch erläutert werden. Um Gestein zu zerschneiden, ist es notwendig, dass eine gewisse Druckverteilung der Zerbruchlinie entlang entsteht und dass der Druck am Ausgangspunkt der Zerbruchlinie unter der Spanfläche den bestimmten Wert erreicht. Die Druckverteilung, die auf der Berührungsfläche zwischen dem Werkzeug und dem Gestein entsteht, verändert sich kontinuierlich, folglich wird der Druck gerade unter der Kantenverschleissfläche von der Verschleissbreite unabhängig. Daher steigt die Andruckkraft der Kantverschleissbreite entsprechend an.

Bei der Veränderung der Freiwinkel an der Schneide verändert sich wieder die Grösse der Berührungsfläche von dem Freiwinkel abhängig. Beim Zerdrücken mit Zerdrückscheibe wird der Berührungszustand zwischen der Scheibe und dem Gestein annähernd gleich wie bei der Eindrängungsprüfung. Daher hängt die Andruckkraft mit der Tangente der Halbschneidwinkel zusammen.

Bei der Schneidmeissel und Zerdrückscheibe wird der Gesteinzerbruch hauptsächlich durch Scheren durchgeführt, und zwar bleibt die Gesteinsoberfläche, die durch dem Zerbruch erzeugt wird, in beiden Fällen vergleichbar. Es bedeutet, dass die beim Zerbruch erforderte Oberflächenenergie in beiden Fällen auch gleich ist. Deswegen vergleichbar werden die zum gewissen Zerbruchteil erforderte Hauptschnittkraft und Zugkraft.

8. ZUSAMMENFASSUNG

Die Autoren haben den fundamentalen Versuch über Zerschneiden und Zerdrücken von Gestein durchgeführt, um die zur Entwicklung von Tunnelbohrmaschinen notwendige Grundlage zu schaffen.

Die Ergebnisse sind folgend:
Die Andrückkraft, die, um auf der Weichgesteinsoberfläche eine gewisse Zerbruchnute zu erzeugen erfordert, verändert sich von der Werkzeuggestalt abhängig. Beim Schneidmeissel ist die Andrückkraft um eine Stelle kleiner als bei der Zerbruchscheibe.

Die Hauptschnittkraft (bzw. Zugkraft) ist kaum von der Werkzeugsgestalt abhängig, wenn die Reibungskraft daraus abgezogen ist. Die Schubkraft von Tunnelbohrmaschine kann gewöhnlich nach dem zu benutzenden Zerbruchwerkzeug beträchtlich verändert werden, aber die Drehkraft soll meistens konstant erhalten werden. Bei Tunnelbohrmaschinen wirkt die Schubkraft hauptsächlich als Kraft, während die Drehkraft als Energie. Deswegen um die Aufgrabungsleistung zu erhöhen, soll die Reibungskraft während Werkzeugsbewegung verkleinert werden. Die Zerbruchwerkzeuge sollen so angeordnet werden, dass das massenhaftige Gestein von dem Felsengrund getrennt wird.

Beim Mittelhartgestein von ca. 1500 kg/cm^2 Druckfestigkeit ist das Zerschneiden von Andesit möglich, aber Zerschneiden von Granit unmöglich, im Andrückbereich der Versuchseinrichtung. Selbstverständlich bei hoher Andruckkraft ist das Zerschneiden von Granit auch möglich. Bei Granit aber ist das Zerdrücken mit Zerdrückscheibe mehr vorteilhaft als das Zerschneiden mit Schneidmeissel.

SCHRIFTTUM

1) Sasaki, Yamakado, Shiobara und Tobe: Untersuchung über Schnittkraft von Gestein Journal von Bergbau und Metallurgie Institut von Japan Jg. 77, Nr. 881

2) Suzuki und Nishimatsu: Untersuchung über Schnittkraft von Gestein und Zement-Mörtel Journal von Bergbau und Metallurgie Institut von Japan Jg. 84, Nr. 961

3) Takaoka, Hayamizu und Misawa:
Untersuchung über Gesteinbruch mit Zerdrücksch-
eibe (1. Bericht) Journal von Bergbau und
Metallurgie Institut von Japan
Jg. 84, Nr. 960

4) Takaoka, Hayamizu und Misawa:
Untersuchung über Gesteinbruch mit Zerdrücksch-
eibe (2. Bericht)
Jg. 85, Nr. 975

ROCK FRAGMENTATION BY HIGH ENERGY IMPACT

B.V. Voitsekhovskii

Corresponding Member of the
USSR Academy of Sciences
Institute for Hydrodynamics

Novosibirsk, U.S.S.R.

SUMMARY

At present fragmentation of hard rocks is generally done by blasting. Although this method is the only effective one at present, it has certain disadvantages caused by propagation of cracks in the neighbourhood of the working area of operation and by the impossibility of using blasting everywhere because of its high danger.

This article is concerned with fragmentation of hard rock without the use of blasting, when driving horizontal workings, sinking vertical mines or drilling wells of different diameters.

The search for new methods of rock fragmentation is particularly of current interest for solving the problems of superdeep drilling since rock hardness increases with the depth and the high hydrostatic pressure as well as the rock pressure prevents rock from fragmenting. These factors greatly complicate the problem. In this case effective rock fragmentation will be facilitated by rarefication waves generated at the bottom of a borehole synchronously with breaking the impact mass. The highest rarefaction value will be determined from the expression $\Delta\rho = \rho\mu c$ where ρ is the density of liquid, μ is maximum velocity of liquid being forced out, and c the velocity of sound in liquid.

To successfully conduct superdeep drilling, it is necessary to solve a number of technical problems connected with caving the wall of a well, well deviation, and rock withdrawal. However, the main problem is the durability of that part of the tool which is brought into contact with the rock. Though it may seem paradoxical, it is the increase in the energy of a single impact that permits solution of the bit durability problem. If one considers that with increasing impact energy it is possible to use a heavily blunted tool, the paradox practically disappears.

Rocks, unlike the other materials and particularly some kinds of engineering steel, have very pronounced non-homogeneity in their structure. One piece of rock may have both very hard inclusions and relatively soft inclusions located on the boundaries between the hard grains. When measuring microhardness along points in various directions across a polished surface of any rock we can observe considerable scatter in the readings. Some can be found which exceed the hardness of tungsten carbide, and places in which hardness as well as the shear strength decreases practically to zero can be located next to them at a distance of fractions of a millimeter. An approximate characteristic of microhardness scatter along some given direction is shown in Fig. 1 (curve c).

If microhardness measurements are made on steel, we can also find some scatter in the readings but their values (the ratio of maximum hardness to minimum one) appear to be less by 1 order (Fig. 1, curve d).

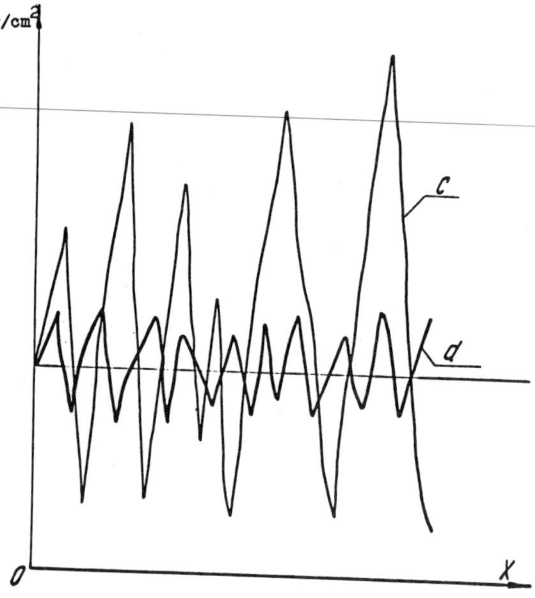

Fig. 1 - Approximate microhardness scatter along X direction. Curve c shows microhardness of rock, curve d - microhardness of steel.

This statistical influence of rock non-homogeneity is the main prerequisite for explaining the possibility of obtaining durable bits by increasing the contact area where the bit strikes the rock. In other words, by increasing the contact area between the percussive tool and rock, the probability of finding the weak places in the region of high stress increases. This is illustrated in Fig. 2 which shows the diagram of dependence of breaking stress σ kg/cm² on the contact area F.

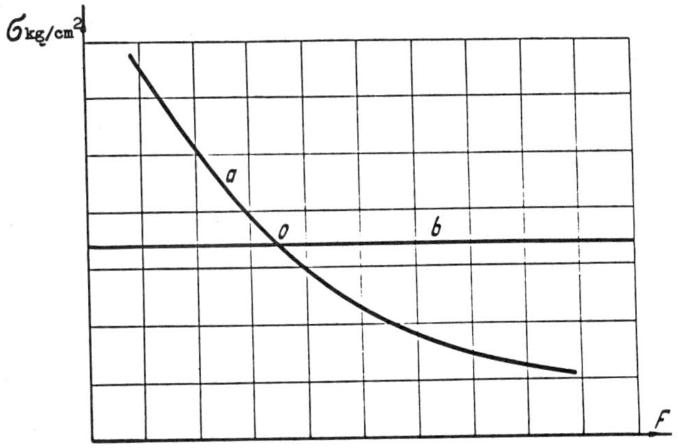

Fig. 2 - Diagram of dependence of breaking stress σ kg/cm² for rock (curve a) and metal (straight line b) on contact area F.

Because of statistical peculiarities of rock, the specific load is observed to decrease with increasing the contact area (curve a). For macroscopic dimensions of the contact area in metal this relationship takes the form of a straight line b parallel to the F axis. It is evident that work should be done in the region located to the right of point 0, the intersection of the curve a and the straight line b, since this is the region where the metal is stronger than the rock.

To effect the possibility of delivering blows against large areas, it is necessary to build a rock breaking member with high impact energy. It is interesting to note that increasing the impact energy sharply decreased the specific energy capacity. The most efficient region of impact energies is in the range of 5 to 15 ton-metres. The decrease of energy capacity of rock broken by increasing the impact energy was confirmed by many American researchers.

At present hydraulic and pneumatic breakers with the impact energy of several tens of kilogram-metres are widely spread in industry. Hydraulic hammers having the impact energy of several hundred kilogram-metres are used in rare cases and only for work on the surface of the earth. In both cases the energy capacity is considerable, and the durability of the percussive tool is unsatisfactory. The table and Fig. 3 show our data on the energy capacity at impact energies of 4,8 and 12 ton-metres. The most striking phenomenon is that when breaking rock with a Protodyakonov hardness range of 7-16, the energy capacity is practically the same. When high impact energy is used for driving tunnels with the cross section of 20 m² the wear of the bit is only 5 linear centimetres per 1 linear metre of a tunnel. In this case the bit has the constant cross section along its entire length and does not require special resharpening. The bit is advanced out of the impact mass in proportion to its wear.

TABLE

Impact energy kgm	Specific energy capacity kwhr/m³
4000	3.51
8000	3.24
12000	2.32

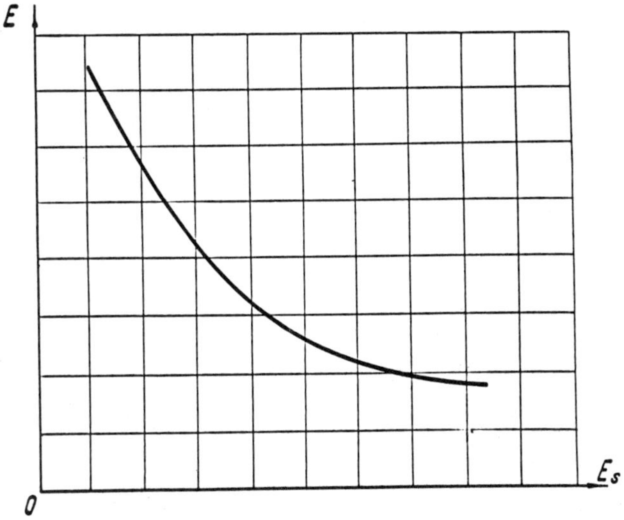

Fig. 3 - Dependence of specific energy capacity E_s on impact energy E of hydropercussive machine.

Tests, which we have carried out using a powerful hydro-hammer offer hope that near future rock fragmentation by high-energy impact will be the main method of excavation in hard rock because of its commercial practicability, universality and possibility of continuous operation.

REFERENCE

1. Voitsekhovski, B. V., Voitsekhovskaya, F. F., Mitin, L. A. Efficiency of Application of High Energy Impacts for Crushing Hard Rocks. Fiziko-Tekhnicheskie Problemi Razrabotki Poleznikh Iskopaemikh (In Russian), No. 4, 1973, pp. 28-32.

FRAGMENTATION DE LA ROCHE AU MOYEN D'UN IMPACT DE GRANDE ÉNERGIE

B.V. Voitsekhovskii

Corresponding Member of the
USSR Academy of Sciences
Institute for Hydrodynamics

Novosibirsk, U.S.S.R.

RÉSUMÉ

A l'heure actuelle la fragmentation des roches dures se fait généralement au moyen d'explosifs. Toutefois cette méthode que l'on croyait être unique au point de vue efficacité, a un nombre de désavantages: la propagation de fissures dans le voisinage de la taille, l'intermittence de l'opération et aussi l'impossibilité d'utiliser des explosifs dans toutes les situations, dû aux dangers inhérents à son utilisation.

Cette communication se rapporte à la fragmentation en roche dure, excluant l'abattage aux explosifs. Nous considérerons successivement le percement de tailles horizontales, le forage de mines verticales ou de puits de différents diamètres.

La recherche de nouvelles méthodes de fragmentation de la roche est particulièrement intéressante dans le contexte du forage de puits super-profond vu que la dureté de la roche augmente avec la profondeur; de plus la grande pression hydrostatique et la contrainte rocheuse empêchent la fragmentation de la roche, ce qui complique évidemment le problème, Dans ce cas, la fragmentation effective de la roche sera facilitée par la raréfaction de l'onde engendrée au fond du puits simultanément avec le ralentissement de la masse d'impact. La plus grande valeur de cette raréfaction sera déterminée à partir de l'expression $\Delta\rho = \rho uc$ où ρ représente la densité du liquide, u la vitesse maximum du liquide sortant et c la vitesse du son dans le liquide considéré.

Afin de promouvoir le creusement super-profond, il est toutefois nécessaire de résoudre un certain nombre de problèmes techniques qui y sont associés tels que l'effondrement des parois du puits, la déviation du puits, l'évacuation des débris, etc... Toutefois, le problème principal est l'endurance de l'outil en contact avec la roche. Bien que cela semble paradoxal, c'est l'augmentation d'énergie d'un seul impact qui permet de résoudre le problème de l'endurance de l'outil. Si l'on tient compte qu'en augmentant l'énergie d'impact il est possible d'utiliser un outil très émoussé, le paradoxe mentionné auparavant disparaît pratiquement complètement.

La structure des roches, à l'encontre d'autres matériaux - en particulier - les différents types d'acier, a un caractère non-homogène prononcé. A l'intérieur d'un morceau de roche ainsi que dans une roche contenant des inclusions très dures, il y a des inclusions relativement tendres, situées à la frontière des grains. Lorsque l'on mesure la dureté microscopique le long d'une direction quelconque d'une surface polie d'un échantillon de roche, on observera une grande disparité dans les mesures. On trouvera, par exemple, des points dont la dureté dépasse celle du carbide de wolfram ainsi que des endroits où la dureté et la résistance au cisaillement décroît pratiquement jusqu'à zéro; ces endroits pouvant être situés à seulement une fraction de millimètre des premiers. Une caractéristique approximative de la dureté microscopique, le long d'une direction donnée, est représentée à la figure 1 (courbe c).

Lorsque l'on effectue la même expérience de dureté microscopique sur un échantillon d'acier, l'on trouve également une certaine dispersion mais sa valeur (le rapport entre la dureté maximum et minimum) est inférieure d'au moins un ordre de grandeur. (figure 1, courbe d).

C'est cette influence statistique de la non-homogénéité de la roche qui fournit l'explication quant à la possibilité de fabriquer un outil durable en augmentant la surface de contact avec la roche. En d'autres mots, en augmentant la surface de contact entre l'outil à percussion et la roche, la probabilité de trouver un endroit faible, dans une région où de larges contraintes existent, augmente. Ceci est illustré à la figure 2, représentant la dépendance entre la

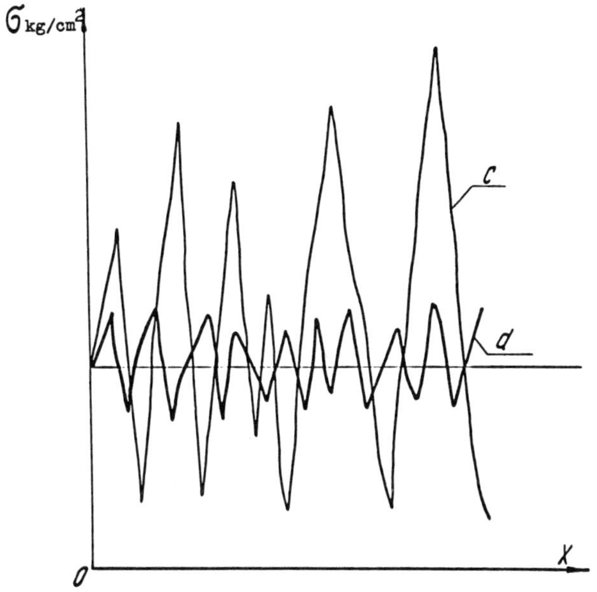

FIGURE 1. Variation de dureté microscopique approximative le long de la direction X. La courbe c représente la dureté microscopique de la roche tandis que la courbe d se rapporte à l'acier.

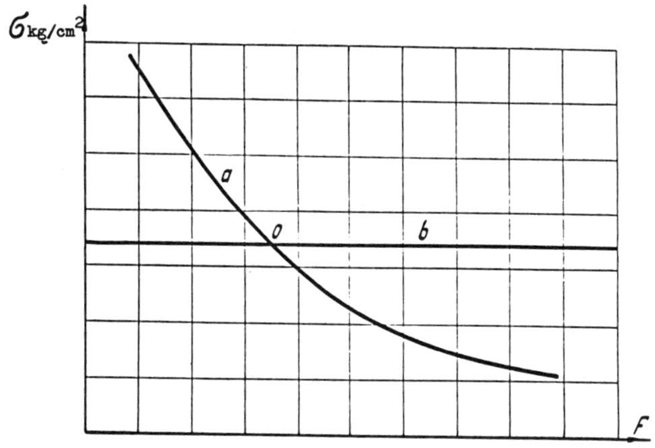

FIGURE 2. Diagramme représentant la contrainte de fracturation σ(en kg/cm²) pour la roche (courbe a) et pour le métal (ligne droite b) en fonction de la surface de contact F.

contrainte de fracturation σ (en kg/cm^2) et la surface de contact F.

Dûe aux particularités statistiques de la roche, la charge spécifique décroît lorsque la surface de contact augmente (courbe a). Lorsque l'on considère la surface de contact du point de vue macroscopique, cette caractéristique devient une ligne droite, parallèle à l'axe F, dans le cas des métaux. Il est évident que des recherches devraient être effectuées à la droite du point 0, intersection de la courbe a et de la droite b, vu que c'est dans cette région que le métal est plus résistant que la roche.

Afin d'influencer la possibilité de donner des coups à de grandes surfaces, il est nécessaire de construire un élément fracturant la roche en utilisant une haute énergie d'impact. Il est intéressant de noter que lorsque l'on augmente l'énergie d'impact, la capacité de l'énergie spécifique décroît également de façon notoire. La région la plus efficace en ce qui concerne l'énergie d'impact est la région 5-15 tonnes-mètres. La réduction de la capacité énergétique de la comminution lors de l'augmentation de l'énergie d'impact fut confirmée par de nombreux chercheurs américains.

A l'heure actuelle, des concasseurs hydrauliques et pneumatiques ayant une énergie d'impact de plusieurs dizaines de kilogrammes-mètres sont largement utilisés par l'industrie; de même que des marteaux hydrauliques ayant une énergie d'impact de plusieurs centaines de kilogrammes-mètres et qui sont utilisés rarement et uniquement lors de travaux de surface. Dans les deux cas la capacité énergétique est considérable et l'endurance de l'outil à percussion n'est pas satisfaisant. Le tableau suivant ainsi que la figure 3 représentent nos données relatives à la capacité énergétique dans le cas d'énergies d'impacts de 4,8 et 12 tonnes-mètres.

Le phénomène le plus intéressant est que, pour briser des roches ayant une dureté de Protod'yakonov variant entre 7 et 16, la capacité énergétique est pratiquement identique. Lorsque l'on utilise de l'énergie à grand impact dans le cas de creusement de tunnels ayant une section de 20 m^2, l'usure des outils n'est que de 5 centimètres linéaires par mètre linéaire de tunnel.

TABLEAU

Energie d'impact en kgm	Capacité d'énergie spécifique en $kwhr/m^3$
4000	3.51
8000	3.24
12000	2.32

Valeurs montrant la dépendance entre la capacité d'énergie spécifique et l'énergie d'impact du marteau hydraulique dans le cas de la comminution de roches ayant une dureté comprise entre 5 et 11, suivant l'échelle du prof. Protod'yakonov's.

Dans ce cas, l'outil a une section constante tout au long de sa longueur et ne nécessite pas un nouvel affûtage spécial. L'outil est avancé en dehors de la masse d'impact, proportionnellement à son usure.

Des essais ont été conduits en utilisant un marteau hydro-pneumatique puissant et nous permettent d'espérer que dans un futur proche la fragmentation de la roche au moyen de grande énergie d'impact sera la méthode principale d'excavation pour les travaux en roche dure et ceci dû à sa praticabilité commerciale, son universalité et la possibilité d'utiliser une opération continue.

REFERENCE

1. Voitsekhovski, B.V., Voitsekhovskaya, F. F., Mitin, L.A. "Efficacité de l'application de grandes énergies d'impacts lors de la comminution des roches dures". Fiziko-Tekhnicheskie Problemi Razrabotki Poleznikh Iskopaemikh (en Russe), No. 4, 1973, pp. 28-32.

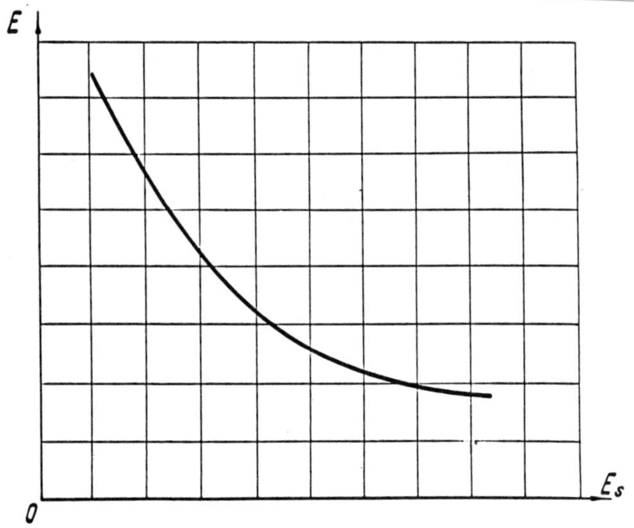

FIGURE 3. Relation entre la capacité d'énergie spécifique E_s et l'énergie d'impact E dans le cas d'une machine à percussion hydraulique E.

GESTEINSZERKLEINERUNG DURCH STOSS MIT HOHER ENERGIE

B.V. Voitsekhovskii

Corresponding Member of the
USSR Academy of Sciences
Institute for Hydrodynamics

Novosibirsk, U.S.S.R.

Zusammenfassung

Gegenwärtig wird die Zerkleinerung von hartem Gestein mittels Sprengung durchgeführt. Obwohl dies gegenwärtig die einzige effektive Technik ist, sind damit gewisse Nachteile verbunden, wie z.B. das Auftreten von Gesteinsklüften in der Umgebung des Arbeitsplatzes und die mit Sprengarbeiten verbundene Gefahr.

Dieser Beitrag diskutiert Gesteinszerkleinerung in hartem Gestein ohne die Verwendung von Sprengmitteln, wie z.B. im Vortrieb horizontaler Stollen, Absenken vertikaler Schächte oder für das Abteufen von Bohrlöchern mit verschiedenem Durchmesser.

Die Suche nach einer neuen Gesteinszerkleinerungsmethode ist derzeit für ultra-tiefe Bohrarbeiten von grossem Interesse, da die Gesteinshärte mit Teufe zunimmt und sowohl hydrostatischer als auch Formationsdruck die Gesteinszerkleinerung verhindern. Diese Faktoren komplizieren das Problem. Unter diesen Umständen wird die effektive Gesteinszerkleinerung durch die Kompressionswellen erleichtert, welche auf der Bohrlochsohle während des Zerbrechens der Stossmasse entstehen. Der höchste Wert der longitudinalen Wellen wird durch die Beziehung $\Delta\rho = \rho\mu c$ bestimmt, worin ρ die Flüssigkeitsdichte, μ die maximale Fliessgeschwindigkeit der angepressten Flüssigkeit, und c die akustische Geschwindigkeit in dieser Flüssigkeit ist.

Eine erfolgreiche Durchführung von ultra-tiefen Bohrarbeiten ist von einer Anzahl technischer Probleme abhängig, welche mit der Stabilität der Bohrlochwand, Bohrlochneigung und Gesteinsdurchteufung verbunden sind. Das Hauptproblem allerdings ist die Widerstandsfähigkeit jenes Geräteteiles, welcher mit dem Gestein in Kontakt ist. Paradoxerweise ist es die Energieerhöhung in einem einzelnen Stoss, welche das Problem der Bohrmeisselwiderstandsfähigkeit lösen kann. Dieses Paradox verschwindet aber praktisch, wenn man bedenkt, dass mit erhöhter Stossenergie ein wesentlich stumpferes Gerät verwendet werden kann.

Gesteine, im Gegensatz zu anderem Material und vor allem gewissen Spezialstählen, haben eine sehr inhomogene Struktur. Ein einziges Gesteinsstück kann sowohl sehr harte als auch relativ weiche Einschlüsse am Kontakt zwischen harten Gesteinskörnern aufweisen. Messungen der Mikrohärte auf einer polierten Gesteinsoberfläche in verschiedenen Punkten und Richtungen weisen stark schwankende Resultate auf. Es können Werte gefunden werden, welche die Härte von Wolfram-Karbid überschreiten, während in anderen lokalen Messungen sowohl die Härte als auch die Scherfestigkeit praktisch null sind, obwohl diese Messpunkte von den ersteren nur Teile eines Millimeters entfernt sind. Eine annähernde Darstellung der Mikrohärteschwankungen ist in Abbildung 1 (Kurve C) gegeben.

Mikrohärtemessungen an Stahl zeigen ebenfalls schwankende Resultate, allerdings scheinen diese Werte (d.h., das Verhältnis von maximaler zu minimaler Härte) etwa um eine Grössenordnung geringer zu sein (Abbildung 1, Kurve d).

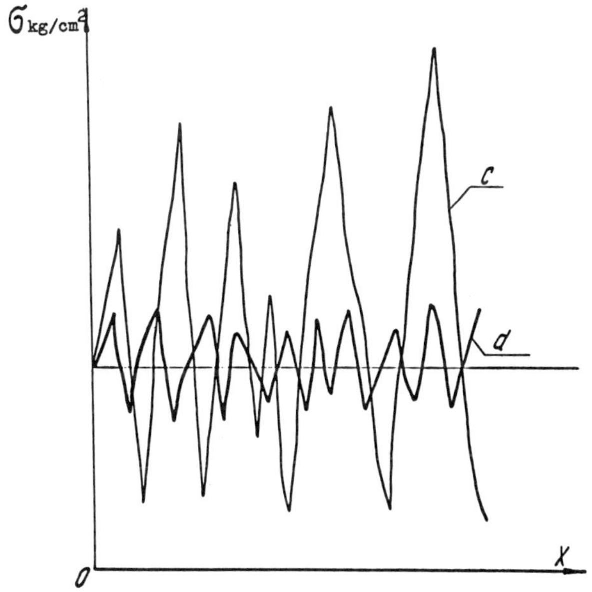

Abb. 1 : Mikrohärteschwankungen entlang der x-Richtung. Kurve C zeigt Mikrohärte eines Gesteines, Kurve D zeigt Mikrohärte von Stahl.

Dieser statistische Effekt der Gesteinsinhomogenität

ist die bedeutendste Voraussetzung und erklärt widerstandsfähigere Bohrmeissel durch die Vergrösserung der Kontaktfläche zwischen Meissel und Gestein. In anderen Worten, durch Erhöhung der Kontaktfläche zwischen dem Schlaggerät und Gestein erhöht sich die Wahrscheinlichkeit, die Schwächebereiche im Gebiet der hohen Spannung aufzufinden. Dies ist in Abbildung 2 illustriert, welche die Abhängigkeit der Bruchspannung σ (kg/cm²) von der Kontaktfläche F aufzeigt.

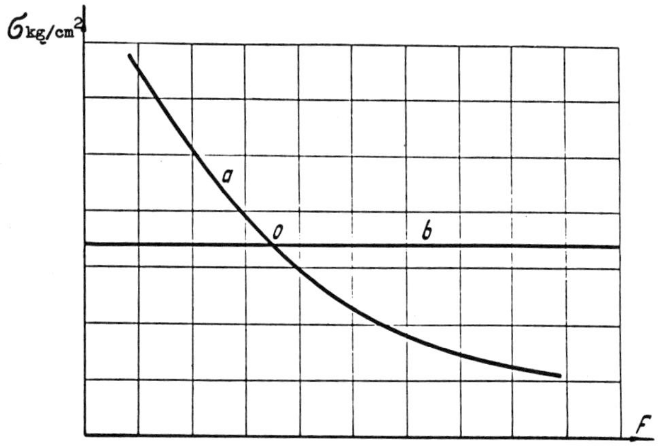

Abb. 2: Diagramm der Abhängigkeit der Bruchspannung σ (kg/cm²) für Gestein (Kurve a) und Metall (horizontale Linie b) von der Kontaktfläche F.

Durch diese statistischen Eigenheiten des Gesteines bedingt nimmt das Ladegewicht mit zunehmender Kontaktfläche ab (Kurve a). Für makroskopische Dimensionen der Kontaktfläche in Metall nimmt die Beziehung die Form der Geraden b parallel zur F-Achse an. Daher sollten Untersuchungen im Bereiche rechts vom Schnittpunkt der Kurve a und der Geraden b (Punkte 0) durchgeführt werden, da in diesem Bereich Metall stärker ist als Gestein.

Um Schläge gegen grosse Flächen durchführen zu können, ist es erforderlich, ein Gesteinsbrechgerät mit hoher Impaktenergie zu konstruieren. Es ist von besonderem Interesse, dass die Erhöhung der Impaktenergie die spezifische Energieaufnahme drastisch verringert. Der wirksamste Bereich der Stossenergie liegt zwischen 5 und 15 t-m. Die Abnahme der Energieaufnahmekapazität in zerkleinertem Gestein mittels erhöhter Stossenergie wurde von zahlreichen amerikanischen Wissenschaftlern bestätigt.

Gegenwärtig werden in der Industrie weitgehend hydraulische und pneumatische Brechgeräte verwendet, welche eine Stossenergie von einigen 10 kg-m aufweisen. Hydraulische Hämmer mit Stossenergie von einigen 100 kg-m werden manchmal verwendet, allerdings nur über Tage. In beiden Fällen ist die Energieaufnahme bedeutend und die Widerstandsfähigkeit des Schlaggerätes unzureichend. Die Tabelle und Abbildung 3 zeigen uns Daten für die Energieaufnahme mit Stossenergien von 4, 8 und 12 t-m. Das auffallendste Phänomen ist die Tatsache, dass über einen Protodyakonov Härtebereich von 7-16 die Energieaufnahme praktisch die gleiche ist. Wenn eine hohe Schlagenergie für Stollenvortrieb mit einem Querschnitt von 20 m² verwendet wird, dann ist die Meisselabnützung nur 5 lineare Zentimeter pro 1 linearen Meter des Tunnelvortriebes. In diesem Falle hat der Meissel entlang seiner ganzen Länge einen konstanten Querschnitt und erfordert daher keine speziellen Schärfungen. Die Distanz des Meisselhubes aus der Schlagmasse ist zu einer Abnützung proportional.

TABELLE

Impaktenergie, km-m	Spezifische Energieaufnahme, kg h/m³
4000	3.51
8000	3.24
12000	2.32

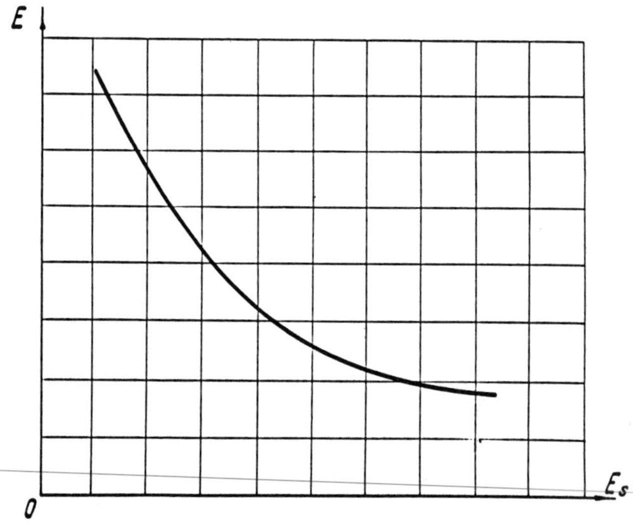

Abb. 3 : Abhängigkeit der spezifischen Energieaufnahme E_s von der Stossenergie für eine Hydro-Schlaganlage.

Testuntersuchungen, welche wir mit einem kraftvollen Hydro-Hammer durchgeführt haben, weisen auf die Möglichkeit hin, dass in naher Zukunft die Gesteinszerkleinerung mittels hoher Stossenergie die hauptsächliche Methode für die Ausschachtung von harten Gesteinen werden wird, da diese Technik wirtschaftlich und universal ist bzw. die Möglichkeit eines kontinuierlichen Arbeitsganges bietet.

Literaturangabe:

1. Voitsekhovski, B.V. Voitsekhovskaya, F.F., Mitin, L.A. Efficiency of Application of High Energy Impacts for Crushing Hard Rocks. Fiziko-Tekhnicheskie Problemi Razrabotki Poleznikh Iskopaemikh (In Russian), No. 4, 1973, pp. 28-32.